한번에
합격하기

한번에
합격하는
온실가스관리
기사 필기

강헌·박기학·김서현 지음

KB189635

BM (주)도서출판 **성안당**

■ 도서 A/S 안내

머리말

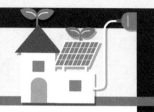

   교토의정서 이후 2015년 체결된 파리기후협약에서 교토의정서를 대체할 새로운 기후변화 체제를 합의함에 따라 전세계 195개 당사국 모두에서 감축의무를 부담하도록 협의되었다. 이에 따라 온실가스 감축 및 관리에 대한 관심이 증대되고 있으며, 우리나라는 기존 '저탄소 녹색성장 기본법(2010)'에서 '탄소중립기본법(2022)'을 시행하게 되었다. 온실가스 중장기 감축목표 달성 및 탄소중립사회로의 전환을 위하여 배출권거래제 활성화, 탄소중립 이행절차 체계화 등을 통한 조직적인 추진체계를 구축함에 따라 온실가스 감축관리뿐만 아니라 기후위기 적응, 정의로운 전환, 녹색성장 측면에서 구체적인 이행방향을 추진할 전망이다.

   「온실가스 목표관리제도」 및 「온실가스 배출권거래제」는 국가 온실가스 감축목표 달성과 기후변화 대응을 위한 글로벌 온실가스 감축 동력을 창출하기 위하여 온실가스 배출이 많고 다량의 에너지를 소비하는 대규모 사업장에 대해 온실가스 감축목표를 부여하고 관리하는 제도이다. 이러한 제도를 성공적으로 수행하고 온실가스 감축관리를 체계적으로 수립·이행하기 위해서는 산업 전반에 걸쳐 온실가스에 대한 전문지식을 보유한 인력을 갖는 것이 필수적인 요소이다.

   이러한 산업계 및 사회적인 요구 속에서 태동한 온실가스관리기사는 기후변화와 에너지 위기에 능동적으로 대처하고 온실가스 감축정책이 원활하게 지속될 수 있도록 하는 교두보가 될 것이다.

   본서는 우리나라 산업계에 온실가스 및 에너지를 관리하는 실무 종사자를 비롯하여 기후변화에 대한 전반적인 지식을 얻고자 하는 사람, 그리고 온실가스관리기사 자격 취득을 비롯하여 환경과 온실가스를 공부하는 학생들이 활용할 수 있도록 정리하였다.

   끝으로, 이 책의 발간을 위하여 힘써주신 온실가스 전문가님들과 성안당 관계자분들에게 감사드리며 지속적인 보완과 수정을 통하여 온실가스관리기사 공부와 실무를 위한 최고의 수험서가 되도록 하겠습니다.

강헌, 박기학, 김서현

NCS 안내

🔷 국가직무능력표준(NCS)이란?

국가직무능력표준(NCS, National Competency Standards)은 산업현장에서 직무를 행하기 위해 요구되는 지식·기술·태도 등의 내용을 국가가 산업 부문별, 수준별로 체계화한 것이다.

(1) 국가직무능력표준(NCS) 개념도

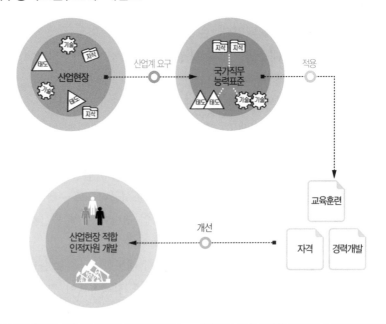

직무능력 : 일을 할 수 있는 On-spec인 능력	보다 효율적이고 현실적인 대안 마련
① 직업인으로서 기본적으로 갖추어야 할 공통 능력 → **직업기초능력** ② 해당 직무를 수행하는 데 필요한 역량(지식, 기술, 태도) → **직무수행능력**	① 실무중심의 교육·훈련 과정 개편 ② 국가자격의 종목 신설 및 재설계 ③ 산업현장 직무에 맞게 자격시험 전면 개편 ④ NCS 채용을 통한 기업의 능력중심 인사관리 및 근로자의 평생경력 개발 관리 지원

(2) 국가직무능력표준(NCS) 학습모듈

국가직무능력표준(NCS)이 현장의 '**직무 요구서**'라고 한다면, **NCS 학습모듈은 NCS 능력단위를 교육훈련에서 학습할 수 있도록 구성한 '교수·학습 자료**'이다.
NCS 학습모듈은 구체적 직무를 학습할 수 있도록 이론 및 실습과 관련된 내용을 상세하게 제시하고 있다.

◆ 국가직무능력표준(NCS)이 왜 필요한가?

능력 있는 인재를 개발해 핵심 인프라를 구축하고, 나아가 국가경쟁력을 향상시키기 위해 국가직무능력표준이 필요하다.

(1) 국가직무능력표준(NCS) 적용 전/후

⊖ 지금은,
- 직업 교육·훈련 및 자격제도가 산업현장과 불일치
- 인적자원의 비효율적 관리 운용

→ 국가직무 능력표준 →

⊕ 바뀝니다.
- 각각 따로 운영되던 교육·훈련을 국가직무능력표준 중심 시스템으로 전환 (일–교육·훈련–자격 연계)
- 산업현장 직무중심의 인적자원 개발
- 능력중심사회 구현을 위한 핵심 인프라 구축
- 고용과 평생직업능력개발 연계를 통한 국가경쟁력 향상

(2) 국가직무능력표준(NCS) 활용범위

기업체 Corporation	교육훈련기관 Education and training	자격시험기관 Qualification
– 현장 수요 기반의 인력채용 및 인사 관리 기준 – 근로자 경력 개발 – 직무기술서	– 직업교육 훈련과정 개발 – 교수계획 및 매체, 교재 개발 – 훈련기준 개발	– 자격종목의 신설·통합·폐지 – 출제기준 개발 및 개정 – 시험문항 및 평가 방법

★ 좀더 자세한 내용에 대해서는 **NCS 국가직무능력표준** National Competency Standards 홈페이지(www.ncs.go.kr)를 참고해 주시기 바랍니다. ★

자격증 취득과정

◆ 원서 접수 유의사항

① 원서 접수는 온라인(인터넷, 모바일앱)에서만 가능하다.

스마트폰, 태블릿 PC 사용자는 모바일앱 프로그램을 설치한 후 접수 및 취소/환불 서비스를 이용할 수 있다.

② 원서 접수 확인 및 수험표 출력기간은 접수 당일부터 시험 시행일까지이다.

이외 기간에는 조회가 불가하며, 출력장애 등을 대비하여 사전에 출력하여 보관하여야 한다.

③ 원서 접수 시 반명함 사진 등록이 필요하다.

사진은 6개월 이내 촬영한 3.5cm×4.5cm 컬러사진으로, 상반신 정면, 탈모, 무 배경을 원칙으로 한다.

※ 접수 불가능 사진 : 스냅사진, 스티커사진, 측면사진, 모자 및 선글라스 착용 사진, 혼란한 배경사진, 기타 신분확인이 불가한 사진

STEP 01	STEP 02	STEP 03	STEP 04
필기시험 원서접수	필기시험 응시	필기시험 합격자 확인	실기시험 원서접수
• Q-net(q-net.or.kr) 사이트 회원가입 후 접수 가능 • 반명함 사진 등록 필요 (6개월 이내 촬영본, 3.5cm×4.5cm)	• 입실시간 미준수 시 시험응시 불가 (시험 시작 20분 전까지 입실) • 수험표, 신분증, 필기구 지참 (공학용 계산기 지참 시 반드시 포맷)	• CBT 시험 종료 후 즉시 합격여부 확인 가능 • Q-net 사이트에 게시된 공고로 확인 가능	• Q-net 사이트에서 원서 접수 • 실기시험 시험일자 및 시험장은 접수 시 수험자 본인이 선택 (먼저 접수하는 수험자가 선택의 폭이 넓음)

🔹 필기시험 합격(예정)자 응시자격서류 제출 및 심사

① 대상 : 응시자격이 제한된 종목(기술사, 기능장, 기사, 산업기사, 전문사무 일부 종목)

② 필기시험 접수지역과 관계없이 우리공단 지역본부 및 지사에 응시자격서류 제출

③ 기술자격취득자(필기시험일 이전 취득자) 중 동일 직무분야의 동일 등급 또는 하위 등급의 종목에 응시할 경우 응시자격서류를 제출할 필요가 없음

④ 응시자격서류 제출기한 내(토, 일, 공휴일 제외)에 소정의 응시자격서류(졸업증명서, 공단 소정 경력증명서 등)를 제출하지 아니할 경우에는 필기시험 합격 예정이 무효됨

⑤ 응시자격서류를 제출하여 합격 처리된 사람에 한하여 실기시험 접수가 가능함

※ "기사, 산업기사, 서비스" 종목의 온라인 응시자격서류 제출은 필기시험 원서 접수일부터 합격자 발표일+7일까지 가능

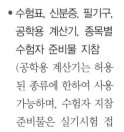

STEP 05	STEP 06	STEP 07	STEP 08
실기시험 응시	실기시험 합격자 확인	자격증 교부 신청	자격증 수령

• 수험표, 신분증, 필기구, 공학용 계산기, 종목별 수험자 준비물 지참 (공학용 계산기는 허용된 종류에 한하여 사용 가능하며, 수험자 지참 준비물은 실기시험 접수기간에 확인 가능)	• 문자메시지, SNS 메신저를 통해 합격 통보 (합격자만 통보) • Q-net 사이트 및 ARS (1666-0100)를 통해서 확인 가능	• Q-net 사이트에서 신청 가능 • 상장형 자격증, 수첩형 자격증 형식 신청 가능	• 상장형 자격증은 합격자 발표 당일부터 인터넷으로 발급 가능 (직접 출력하여 사용) • 수첩형 자격증은 인터넷 신청 후 우편 수령만 가능

CBT 안내

◆ CBT란?

Computer Based Test의 약자로, 컴퓨터 기반 시험을 의미한다.

정보기기운용기능사, 정보처리기능사, 굴삭기운전기능사, 지게차운전기능사, 제과기능사, 제빵기능사, 한식조리기능사, 양식조리기능사, 일식조리기능사, 중식조리기능사, 미용사(일반), 미용사(피부) 등 12종목은 이미 오래 전부터 CBT 시험을 시행하고 있으며, 이외에 기능사는 2016년 5회부터, 산업기사는 2020년 4회부터, 온실가스관리기사 등 모든 기사는 2022년 3회부터 CBT 시험이 시행되었다.

◆ CBT 시험 과정

한국산업인력공단에서 운영하는 홈페이지 큐넷(Q-net)에서는 누구나 쉽게 CBT 시험을 볼 수 있도록 실제 자격시험 환경과 동일하게 구성한 가상 웹 체험 서비스를 제공하고 있으며, 그 과정을 요약한 내용은 아래와 같다.

1. 시험시작 전 신분 확인절차

수험자가 자신에게 배정된 좌석에 앉아 있으면 신분 확인절차가 진행된다.

이것은 시험장 감독위원이 컴퓨터에 나온 수험자 정보와 신분증이 일치하는지를 확인하는 단계이다.

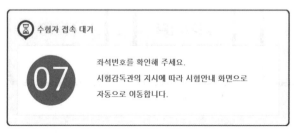

2. CBT 시험안내 진행

신분 확인이 끝난 후 시험시작 전 CBT 시험안내가 진행된다.

> **안내사항 > 유의사항 > 메뉴 설명 > 문제풀이 연습 > 시험준비 완료**

(1) 시험 [안내사항]을 확인한다.

- 시험은 총 5문제로 구성되어 있으며, 5분간 진행된다.
  ※ 자격종목별로 시험문제 수와 시험시간은 다를 수 있다.
- 시험도중 수험자 PC 장애 발생 시 손을 들어 시험감독관에게 알리면 긴급장애조치 또는 자리이동을 할 수 있다.
- 시험이 끝나면 합격여부를 바로 확인할 수 있다.

(2) 시험 [유의사항]을 확인한다.

시험 중 금지되는 행위 및 저작권 보호에 관한 유의사항이 제시된다.

(3) 문제풀이 [메뉴 설명]을 확인한다.

문제풀이 기능 설명을 유의해서 읽고 기능을 숙지해야 한다.

(4) 자격검정 CBT [문제풀이 연습]을 진행한다.

실제 시험과 동일한 방식의 문제풀이 연습을 통해 CBT 시험을 준비한다.

- CBT 시험 문제화면의 기본 글자크기는 150%이다. 글자가 크거나 작을 경우 크기를 변경할 수 있다.
- 화면배치는 1단 배치가 기본 설정이다. 더 많은 문제를 볼 수 있는 2단 배치와 한 문제씩 보기 설정이 가능하다.

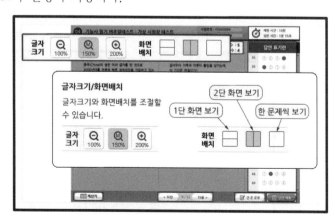

- 답안은 문제의 보기번호를 클릭하거나 답안표기 칸의 번호를 클릭하여 입력할 수 있다.
- 입력된 답안은 문제화면 또는 답안표기 칸의 보기번호를 클릭하여 변경할 수 있다.

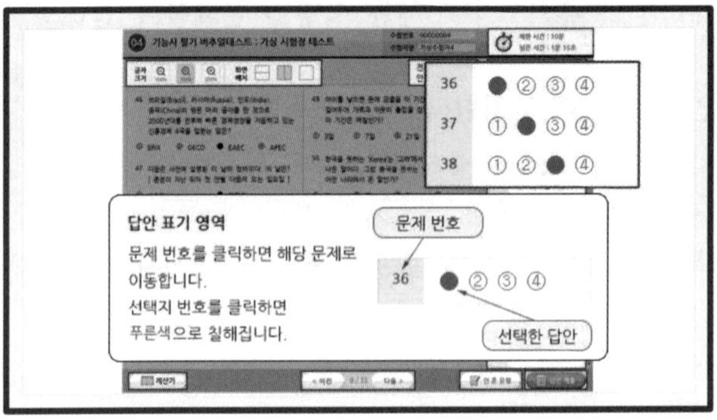

- 페이지 이동은 아래의 페이지 이동 버튼 또는 답안표기 칸의 문제번호를 클릭하여 이동할 수 있다.

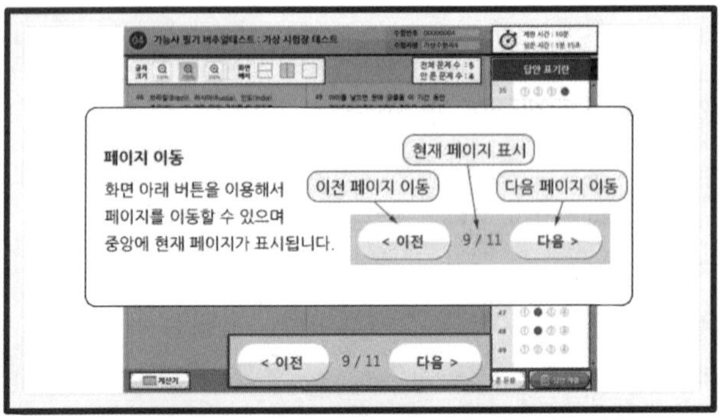

- 응시종목에 계산문제가 있을 경우 좌측 하단의 계산기 기능을 이용할 수 있다.

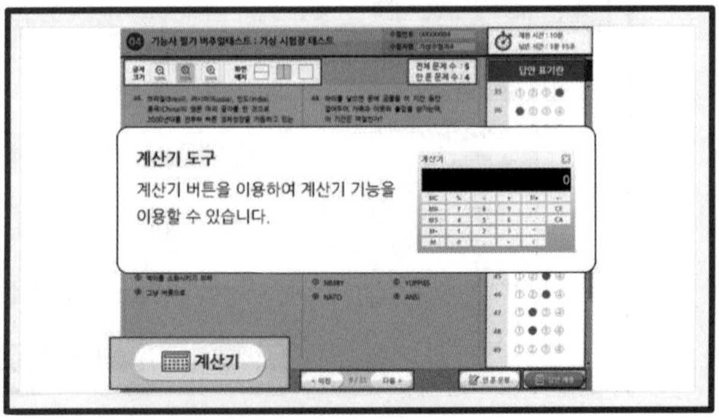

• 안 푼 문제 확인은 답안 표기란 좌측에 안 푼 문제 수를 확인하거나 답안 표기란 하단 [안 푼 문제] 버튼을 클릭하여 확인할 수 있다. 안 푼 문제번호 보기 팝업창에 안 푼 문제번호가 표시된다. 번호를 클릭하면 해당 문제로 이동한다.

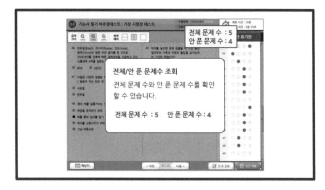

• 시험문제를 다 푼 후 답안 제출을 하거나 시험시간이 모두 경과되었을 경우 시험이 종료되며 시험결과를 바로 확인할 수 있다.
• [답안 제출] 버튼을 클릭하면 답안 제출 승인 알림창이 나온다. 시험을 마치려면 [예] 버튼을 클릭하고 시험을 계속 진행하려면 [아니오] 버튼을 클릭하면 된다. 답안 제출은 실수 방지를 위해 두 번의 확인 과정을 거친다. 이상이 없으면 [예] 버튼을 한 번 더 클릭하면 된다.

(5) [시험준비 완료]를 한다.

　　시험 안내사항 및 문제풀이 연습까지 모두 마친 수험자는 [시험준비 완료] 버튼을 클릭한 후 잠시 대기한다.

3. CBT 시험 시행

4. 답안 제출 및 합격 여부 확인

시험안내 & 출제기준

🔷 자격 소개

- 시행기관 : 한국산업인력공단(http://www.q-net.or.kr)
- 관련부처 : 환경부
- 자격개요 : 기후변화와 에너지 위기에 대응하기 위해 온실가스 감축정책이 요구되고 있으며, 온실가스 감축정책의 원활한 시행을 위해 기후변화에 대한 전문지식을 보유한 인력 양성을 위한 자격을 제정하였다.
- 직무내용 : 온실가스 관리 및 감축을 위하여 온실가스 배출량의 산정과 보고 업무를 수행하고, 온실가스 감축활동 및 배출권 거래를 기획·수행·관리하는 직무

🔷 시험 검정 안내

- 시험일정 : 연 2회 정기시험 시행
- 시험과목
  - 필기 : 기후변화의 이해, 온실가스 배출원 파악, 온실가스 산정과 데이터 품질관리, 온실가스 감축관리, 온실가스 관련 법규
  - 실기 : 온실가스관리 실무
- 검정방법
  - 필기(객관식) : 100문제(1시간 40분)
  - 실기(필답형) : 15~20문제(3시간)
- 시험 수수료
  - 필기 : 19,400원
  - 실기 : 22,600원
- 합격기준
  - 필기 : 100점 만점으로 과목당 40점 이상 / 전과목 평균 60점 이상
  - 실기 : 100점 만점으로 60점 이상

◆ 온실가스관리기사(필기) 출제기준표

〈적용기간 : 2024.1.1. ~ 2026.12.31.〉

➤ 제1과목 : 기후변화의 이해

주요 항목	세부 항목	세세 항목
기후변화 조사	(1) 기후변화 파악	① 기후변화 개념 ② 기후변화 원인 ③ 기후변화 영향
	(2) 기후변화 대응방안 파악	① 기후변화 완화의 개념 ② 기후변화 적응의 개념
	(3) 국제 정책 파악	① 기후변화 대응을 위한 국제 협약 ② 탄소시장 메커니즘과 최근 시장 동향 ③ 기후변화 대응정책의 국제 동향
	(4) 국내 정책 파악	① 국내 온실가스 배출통계 ② 국내 온실가스 감축정책 ③ 국내 기후변화 적응정책

➤ 제2과목 : 온실가스 배출원 파악

주요 항목	세부 항목	세세 항목
배출원 파악	(1) 배출경계 파악	배출경계(조직 및 운영경계) 설정
	(2) 배출공정 분석 및 파악	① 단위공정별 온실가스 배출의 이해 ② 고정연소 ③ 이동연소 ④ 제품생산 공정 및 제품 사용 ⑤ 폐기물 처리 ⑥ 간접배출 ⑦ 배출시설의 종류
	(3) 배출활동 파악	① 단위공정별 온실가스 배출활동 ② 단위공정별 배출되는 온실가스 종류 ③ 배출활동별 활동자료 종류

시험안내 & 출제기준

➤ **제3과목 : 온실가스 산정과 데이터 품질관리**

주요 항목	세부 항목	세세 항목
1. 온실가스 모니터링	(1) 모니터링 유형 파악	모니터링 유형 파악
	(2) 배출량 산정계획 수립	① 배출량 산정계획 수립원칙 ② 배출량 산정계획 수립절차
	(3) 측정 · 분석하기	① 시료 채취 및 분석의 최소주기 ② 연속측정방법
2. 배출량 산정	(1) 배출량 산정방법	① 배출량 산정방법 결정 ② 배출활동별, 시설규모별 산정등급 결정 ③ 사업장 고유배출계수 개발 ④ 열(스팀) 배출계수 개발
	(2) 배출량 결정	① 배출량 자료 처리기준 ② 바이오매스 등 배출량 산정 제외항목
3. 품질 관리 · 보증	(1) 품질관리 및 품질보증	① 품질관리 개념 ② 품질보증 개념
	(2) 불확도 관리	① 불확도 개념 ② 불확도 종류 및 산정절차
4. 온실가스 보고서 작성	보고 시스템 파악	① 배출량 산정 및 보고 체계 ② 배출량 산정 및 보고 일정
5. 배출량 평가 · 검증	배출량 검증 및 인증	① 배출량 산정계획 및 배출량 명세서 검증 원칙 ② 검증의견의 이해 ③ 중요도 평가 이해 ④ 배출량 평가 및 인증

➤ **제4과목 : 온실가스 감축관리**

주요 항목	세부 항목	세세 항목
온실가스 감축	(1) 온실가스 감축 진단	감축 잠재량 진단
	(2) 대체물질 이용	대체물질을 이용한 온실가스 감축
	(3) 대체공정 이용 및 공정 개선	① 대체공정을 이용한 온실가스 감축 ② 공정 개선을 이용한 온실가스 감축
	(4) 온실가스 처리	① 온실가스 포집방법 ② 온실가스 이용방법 ③ 온실가스 처리방법
	(5) 신재생에너지 이용	① 신재생에너지 원리 및 종류 ② 신재생에너지를 이용한 온실가스 감축

➤ 제5과목 : 온실가스 관련 법규

주요 항목	세부 항목	세세 항목
1. 온실가스 관련 법규	(1) 기후위기 대응을 위한 탄소중립 · 녹색성장 기본법	기후위기 대응을 위한 탄소중립 · 녹색성장 기본법 시행령 등
	(2) 온실가스 배출권의 할당 및 거래에 관한 법률	온실가스 배출권의 할당 및 거래에 관한 법률 시행령 등
	(3) 온실가스 관련 기타 법률	① 온실가스 관련 기타 법률에 따른 시행령 등 ② 온실가스 관련 기타 법률에 따른 시행규칙 등
	(4) 온실가스 관련 지침	온실가스 관련 지침 및 규정 등
2. 배출권 거래	(1) 배출권 할당 파악	① 할당대상업체의 지정 및 배출권의 할당 ② 할당방식(GF, BM)
	(2) 상쇄사업 시행	① 상쇄사업(외부사업) 개념 ② 상쇄사업(외부사업) 등록절차
	(3) 배출권 거래하기	① 배출권의 제출, 이월 및 차입 ② 배출권의 거래 ③ 배출권의 시장 조성 및 시장 안정화

차 례

차 례

차 례

부록 │ 최신 기출문제

PART 1

기후변화의 이해

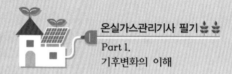

온실가스관리기사 필기

Part 1.
기후변화의 이해

1 Chapter

기후변화 과학 및 대응방안

01 기후변화의 원인 및 현상

(1) 자연적 원인

1) 내적 요인

① 기후시스템 : 대기, 육지, 눈, 얼음, 바다, 기타 수원, 생물체가 서로 복잡하게 상호작용하고 있는 복잡한 시스템이다.

② 대기가 기후시스템 내의 해양, 빙하, 육지, 이들의 특징, 눈 덮인 정도, 육지 얼음, 물 수지들과 상호작용으로 인해 온난화 현상이 일어난다.

2) 외적 요인

① 기후시스템 변화

㉮ 흑점이란 태양복사에너지 양의 변화로 인해 태양 표면에 보이는 검은 반점으로, 광구의 온도보다 약 2,000℃ 정도 더 낮기 때문에 검게 보인다.

㉯ 태양의 흑점 수는 약 11년의 주기로 증감하고 있으며, 현재 주기적인 변화 이외에는 특별한 흑점 수의 변화가 감지되지 않고 있어 흑점이 기후변화에 미치는 영향은 미미하다고 여겨진다.

② 천문학적 요인

㉮ 밀란코비치 효과란 천년 이상의 기간을 가지고 있는 지구의 변동이 지구의 계절별·점위도별 에너지 분포에 영향을 미치는 것으로, 수천 년에 걸쳐 발생하는 자연적인 현상을 말한다.

㉯ 지구 궤도의 변동은 10,000~100,000년의 기간을 가지고 있으며, 빙하기와 간빙기 사이의 변동을 유추할 수 있다.

㉠ **지구 자전축 경사의 변화**

• 현재 지구 자전축은 지구 공전축에 대해 23.5° 기울어져 있으나, 이 기울기는 약 41,000년을 주기로 22.1~24.5° 사이로 변하고 있다.

• 지축의 기울기가 작을 때에는 계절변화가 상대적으로 작지만, 기울기가 커질수록 계절의 변화와 극과 적도의 기온차가 뚜렷해진다.

ⓛ 세차운동
- 태양 주위를 지구의 공전축에 대하여 지축이 19,000~23,000년 주기로 팽이처럼 원을 그리며 회전하는 것이다.
- 현재 세차운동으로 인해 북반구 여름철에 태양에서 가장 멀고, 북반구 겨울철에 가장 가깝다.
- 약 10,000~13,000년 후에는 북반구 여름철에 태양에서 가장 가깝고, 북반구 겨울철에 가장 멀게 되어 북반구에서는 현재보다 여름은 더욱 더워지고, 겨울은 더욱 추워지는 계절의 변화가 뚜렷해질 것이다.

ⓒ **지구 공전궤도의 이심률 변화**
- 지구의 공전궤도는 약 10만 년 주기로 거의 완전한 원에서 타원으로 점차 편평하였다가 원래대로 돌아가며, 이 사이에 변하는 태양과 지구 사이의 거리는 약 1,800만km 이상이며, 지구 공전궤도가 원일 때보다 타원일 때 계절적 기후변화는 훨씬 더 크게 일어난다.
- 현재는 지구의 궤도가 거의 원에 가까우므로 여름과 겨울의 일사량 차이가 약 7%에 불과하지만, 최대 이심률이 되어 차이가 약 30%에 이르면 여름은 현재보다 더 더워지고, 겨울은 더 추워지게 된다.

③ 화산폭발에 의한 태양에너지의 변화
- ㉮ 화산 분출물이 성층권까지 상승하여 수 개월에서 수 년 동안 머물며 태양빛을 흡수하여 성층권 온도는 상승하나, 대류권에 도달하는 태양빛이 감소되어 대류권 온도는 낮아지게 된다.
- ㉯ 화산폭발에 의한 기후변화 현상으로는 1815년 인도네시아 탐보라 화산폭발로 인한 저온발생(여름이 없던 해 기록), 1991년 필리핀 피나투보 화산폭발 후(화산재가 지상 30km까지 치솟았음) 성층권 에어로졸 증가로 1992~1993년 동안 태양복사가 산란되어 지상과 대류권 기온강하가 목격된다.

(2) 인위적 원인

1) 인위적 온실가스 배출의 증가
① 대표적인 온실가스는 화석연료의 연소 과정에서 생성·배출되는 이산화탄소(CO_2)이다.
- ㉮ 산업혁명 이후 CO_2 농도는 280ppm에서 345ppm으로 높아졌으며, 1960~1980년 사이 CO_2 농도가 약 7% 증가하였다.
- ㉯ 지구 대기의 1% 미만을 구성하며, 지구에 들어오는 짧은 파장의 태양에너지는 통과시키는 반면, 지구로부터 유출되는 긴 파장의 적외선 복사에너지는 흡수하여 지구 기온을 상승시킨다.

② 온실효과
- ㉮ 육지와 바다가 방출하는 열복사의 많은 부분이 구름을 포함해 대기에 흡수되어 다시 지구로 방출되는 것으로, 온실의 유리벽이 공기 흐름을 감소시킴과 동시에 내부 공기의 온도를 상승시키는 작용을 하는 것과 같은 원리이다.
- ㉯ 지구의 자연적 온실효과로 인해 지구상에 생명체의 존속이 가능하다(자연적 온실효과가 없다면 지표의 평균 기온은 물의 빙점보다도 훨씬 낮은 온도를 나타내게 됨).

③ 지구온난화(Global Warming)

온실효과의 결과로 지구의 평균 대기온도가 상승하는 현상이다.

㉮ 직접 온실가스 : 직접적으로 관여하는 물질로 **이산화탄소(CO_2), 메탄(CH_4), 아산화질소(N_2O), 과불화탄소(PFCs), 수소불화탄소(HFCs), 육불화황(SF_6), 염화불화탄소(CFCs), 수증기(H_2O)** 등 8종이다.

㉯ 6개의 직접 온실가스 : 기후변화협약(UNFCCC)에서 규제하고 있으며, **이산화탄소(CO_2), 메탄(CH_4), 아산화질소(N_2O), 과불화탄소(PFCs), 수소불화탄소(HFCs), 육불화황(SF_6)이다**(CFCs는 이미 몬트리올 의정서에 의해 규제받고 있으며, H_2O는 자연계에서 순환된다고 가정하여 인위적인 온실가스가 아니라고 규정).

④ 지구온난화지수(GWP ; Global Warming Potential)

이산화탄소가 지구온난화에 미치는 영향을 기준으로 각각의 온실가스가 지구온난화에 기여하는 정도를 수치로 표현한 것이다.

| IPCC 평가보고서에 따른 온실가스별 지구온난화지수(GWP) |

온실가스명	화학식	IPCC 2차 평가보고서 (1995)	IPCC 4차 평가보고서 (2007)	IPCC 5차 평가보고서 (2014)
이산화탄소	CO_2	1	1	1
메탄	CH_4	21	25	28
아산화질소	N_2O	310	298	265
HFC-23	CHF_3	11,700	14,800	12,400
HFC-32	CH_2F_2	650	675	677
HFC-41	CH_3F_2	150	–	116
HFC-125	CHF_2CF_3	2,800	3,500	3,170
HFC-134	CHF_2CHF_2	1,000	–	1,120
HFC-134a	CH_2FCF_3	1,300	1,430	1,300
HFC-143	CH_2FCHF	300	–	328
HFC-143a	CH_3CF_3	3,800	4,470	4,800
HFC-152a	CH_3CHF_2	140	124	138
HFC-227ea	CF_3CHFCF_3	2,900	3,220	3,350
HFC-236fa	CF_3CH2CF	6,300	9,810	8,060
HFC-245ca	$CH_2FCF_2CHF_2$	560	–	716
HFC-43-10mee	$CF_3CHFCHFCF_2CF_3$	1,300	1,640	1,650
육불화황	SF_6	23,900	22,800	23,500
삼불화질소	NF_3	–	17,200	16,100
PFC-14	CF_4	6,500	7,390	6,630
PFC-116	C_2F_6	9,200	12,200	11,100
PFC-218	C_3F_8	7,000	8,830	8,900
PFC-318	$c-C_4F_8$	8,700	10,300	9,540
PFC-31-10	C_4F_{10}	7,000	8,860	9,200
PFC-41-12	C_5F_{12}	7,500	9,160	8,550
PFC-51-14	C_6F_{14}	7,400	9,300	7,910
PCF-91-18	$C_{10}F_{18}$	–	>7,500	7,190

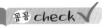

온실가스별 지구온난화지수(GWP)로 틀린 것은?
① CO_2-1
② CH_4-31
③ N_2O-310
④ $SF_6-23,900$

해설 메탄(CH_4)의 지구온난화지수는 21이다.
① CO_2 : 교통, 건물의 냉난방, 시멘트 및 기타 상품의 제조에 화석연료가 사용됨으로써 증가하며, 삼림벌채(Deforestation)는 CO_2를 배출시키고, 식물의 CO_2 흡수를 감소시킨다.
② CH_4 : 농사, 천연가스 보급 및 폐기물 매립과 관련된 인간활동의 결과로 증가한 것이 주원인이며, 습지에서 일어나는 자연적 과정으로부터도 발생한다. 지난 20년 간 메탄의 증가율이 감소했기 때문에 현재는 대기의 메탄 농도가 증가하지 않고 있다.
③ N_2O : 비료의 사용과 화석연료 연소와 같은 인간활동에 의해서 배출되고, 토양과 바다의 자연적 과정에서도 N_2O가 발생한다.
④ 불소화합물(HFCs, PFCs, SF_6) : 자연적 과정에서도 소량 발생하지만 주로 인간활동에 의해 발생이 증가한다. 주요 불소화합물로는 CFCs(예 CFC-11과 CFC-12)가 있는데, 이는 성층권의 오존층을 파괴하는 것으로 밝혀지기 전에는 냉매와 기타 산업 공정에서 광범위하게 사용되었다. CFCs의 대기 중 농도는 오존층 보호를 위한 국제 규제가 시행된 결과로 감소 중이다.

답 ②

꼼꼼 check ✔ 6대 온실가스 및 지구온난화지수

1. 이산화탄소(CO_2)
   • 주로 화석연료의 연소를 통해 발생되는 기체
   • 지구온난화지수는 낮으나 전체 온실가스 배출량 중 약 80% 이상을 차지(GWP : 1)
2. 메탄(CH_4)
   • 유기물이 분해될 때 주로 발생, 소나 닭과 같은 가축의 배설물 분해과정에서 발생
   • 메탄의 발생량은 약 4.8%로 이산화탄소에 비해 작은 양이 발생됨.
   • 지구 전체 온실효과의 15~20% 이상을 차지(GWP : 21)
3. 아산화질소(N_2O)
   • 석탄을 캐거나 연료의 고온 연소 시, 질소비료를 통해 발생
   • 전체 온실가스 배출량의 약 2.8%를 차지(GWP : 310)
4. 수소불화탄소(HFCs)
   • 흔히 냉장고나 에어컨 등의 냉매로 사용
   • 불연성, 무독성(GWP : 140~11,700)
5. 과불화탄소(PFCs)
   불소(F)의 화합물로 전자제품, 도금산업, 반도체 제조 시 세척용으로 사용(GWP : 6,500~9,200)
6. 육불화황(SF_6)
   전기제품, 변압기 등의 절연가스로 사용(GWP : 23,900)

2) 에어로졸(Aerosol) 배출의 증가

산업화 등 인간활동으로 인해 에어로졸이 대기 중으로 배출되며, 에어로졸의 체류시간은 수 일에 불과하여 대부분 발원지역인 산업지대 부근에 집중되는 경향을 보인다. 에어로졸은 온실가스와는 반대로 **태양광을 차단하고 산란시켜 대기를 냉각시키는 역할**을 하며, 빗물의 핵이 되기도 한다.

〈에어로졸의 세 가지 효과〉

① 직접효과

  ㉠ 태양방사나 지표면, 대기에서 사출되는 적외선 방사를 산란시키거나 흡수하여 대기의 방사수지를 변화시킨다.

  ㉡ 에어로졸의 입경, 복사굴절률(Complex Refractive Index), 흡습성 등 물리·화학적 특성에 크게 좌우된다.

② 간접효과

  ㉠ 비구름의 핵인 응결핵이나 얼음구름의 핵인 빙정핵 역할을 담당한다.

  ㉡ 제1종 간접효과 : 비구름의 질량이 변하지 않고 에어로졸의 수가 증가하면 구름입자나 얼음결정의 개당 크기가 작아져 태양방사, 적외선 방사의 산란이나 흡수가 강해진다.

  ㉢ 제2종 간접효과 : 구름입자나 얼음결정의 크기가 변화하면 강수, 강설로 성장하는 시간에 변화를 가져온다.

③ 준직접효과

  ㉠ 태양방사나 적외선 방사를 흡수하는 특성을 가진 흑색탄소나 광물입자에 의한 것으로 방사 흡수성 에어로졸이 주변 대기를 가열시켜서 대기안정도의 변화나 포화증기압의 변화에 의해 구름 생성에 영향을 준다.

  ㉡ 에어로졸은 온실가스와 달리 대기 중에서 수명이 짧아 발생원에 가까운 곳으로 편재하므로, 기후에 대한 효과를 정량적으로 평가하려면 지구 규모의 광역적인 에어로졸에 대한 시공간 분포를 파악하고, 에어로졸의 시공간에서의 기후변화에 미치는 함수관계를 규명해야 한다.

3) 산림벌채

① 주요 원인 : 도로 건설, 벌목, 농업의 확장, 땔감으로의 산림 사용이다.

② 산림의 역할 : 종의 서식과 생물다양성의 보존은 물론, 기후와 물의 순환, 영양분의 순환에 의해서 인류의 생명유지시스템 일부를 담당한다.

③ 대규모 산림 제거는 온실가스인 CO_2 흡수원을 제거함으로써 자연계의 CO_2 흡수 역량을 그만큼 감소시킨다.

02 기후변화의 영향

(1) 자연계 영향

1) 북극의 해빙

① 산악빙하와 적설 평균은 남반구와 북반구 모두에서 감소하였고, 1979년 9월에는 북극해의 얼음이 278만km^{2}이었는데, 2007년에는 165만km^{2}로 감소하였다. 또한 계절적 동토의 최대 면적이 1900년 이후 북반구에서 약 7% 감소했고, 봄에는 최대 15% 감소한다.

② 영구동토층의 표층온도는 1980년대 이후 북극에서 최대 3% 상승하였고, 온도상승 과 해빙이 서로 맞물려 상승작용을 일으킨다. 눈과 얼음은 태양빛을 거울처럼 반사 하여 지구온난화를 줄여주지만, 해수는 태양열을 흡수하여 온난화를 가속시킨다.

③ 해수온도가 상승하면서 바닷물은 얼음의 가장자리를 압박해서 더욱 빨리 녹게 만 든다. 그로 인해 얼음이 녹는 속도가 점점 빨라지고 있으며, 임계점에 도달하면 나 머지 얼음이 폭발적으로 녹아내려 해수면이 급속히 상승하게 되고, 결국 섬과 같 은 저지대 해안지역은 물에 잠기게 된다.

2) 해수면 상승

기온과 해양온도의 상승으로 인해 빙하가 융해되면서 해수면 상승은 불가피할 전망 이다.

① 기후변화와 해수면의 상승으로 인해 해안침식을 비롯한 위험이 증가할 것으로 전 망되며, 해안지역에 대한 인위적 영향의 증가는 해수면의 상승을 더욱 심화시킬 것이다.

② 화석연료에 의존한 성장이 지속된다면 1980~1999년 대비 2090~2099년 지구의 평균 기온은 최대 6.4℃, 해수면은 59cm 상승할 것으로 예측된다. 2080년대 쯤 해수면 상승으로 현재보다 수백만 명의 사람들이 매년 홍수를 겪을 전망이다(아시 아와 아프리카처럼 인구밀도가 높고, 저지대인 지역에서 피해가 가장 클 것이며, 작은 섬들이 특히 취약할 것으로 예측됨).

3) 생태계 변화

① 기후변화로 인하여 홍수, 가뭄, 산불, 병충해, 해양 산성화 등과 같은 생태계 교란 과 더불어 토지의 사용 변화, 오염, 무분별한 개발 등이 결합하여 생태계 자정능력 을 이미 상회하였다고 예측한다.

② 지구의 평균 기온 상승이 1.5~2.5℃를 초과하게 되면 동ㆍ식물종의 약 20~30%는 멸종될 것으로 예상된다.

4) 수자원

대기권, 수권, 생물권, 지표면 등 기후시스템을 구성하고 있는 모든 요소가 포함되어 있으므로 기후변화는 여러 가지 메커니즘을 통해 물 분야에 다양한 영향을 미칠 것이다.

┃ 기후변화 현상이 물 분야에 미치는 영향 ┃

기후변화 현상	가능성	영 향
저온일(day) 감소, 고온일(day) 증가	거의 확실	• 고산빙하 감소로 수자원에 영향 • 증발산 증가
육지에서 열파 증가	매우 높음	수자원 수요 증가
호우 증가	매우 높음	• 지표 및 지하수 수질 악화 • 수자원 부족 감소
가뭄지역 증가	높음	물 스트레스 증가
해수면 상승	높음	담수 자원의 감소

① **수자원의 직접적인 영향** : 기온 상승에 따른 가뭄과 강우량 및 강우강도가 증가한다 (강우패턴 변화로 인한 홍수의 빈번한 발생).

② **관련 피해의 종류** : 용수 수요 증대 및 시기변화, 하천 유출량의 감소 및 시간적 변화, 기존 수자원시설 기능 저하, 수질 악화 및 하천 생태계 변화, 지하수의 염수화 등이다.

5) 식량자원

지속적으로 증가하고 있는 인구를 충족시키기 위한 식량 확보는 가장 중요한 과제 중 하나이다. 최근 지구온난화의 영향으로 기상이변이 과거보다 많아지면서 호주, 남미, 중국 등과 같은 주요 곡물생산지역에서 가뭄, 병충해, 폭우와 같은 기상이변으로 전 세계 식량 공급에 영향을 미치고 있다.

6) 이상기후

① 최근 수년간 홍수, 폭염, 한파와 같은 극심한 이상기후 현상이 일부 아시아 지역에서 빈번하게 발생하고 있으며, 자연생태계와 인간사회에 직·간접적인 영향을 끼치고 있다.

② 기후변화와 극심한 이상기후 간의 상관관계는 명확히 구분하기는 다소 어려운 부분이 있지만, 기후변화는 태풍 및 엘니뇨와 관계가 있음이 밝혀진 바 있다.

| 21세기에 발생할 것으로 예상되는 이상기후 현상 및 주요 영향 |

현 상	예상되는 이상기후 현상과 발생 가능성	예상되는 주요 영향
단순한 이상기후	최고 기온의 상승, 모든 지역에서 무더운 일수와 혹서기간 증가 (가능성 매우 큼 : 90~99%)	• 고령자와 도시 빈곤층의 사망률 및 중증질환 발생률 증가 • 가축 및 야생동물에 대한 혹서 스트레스 증가 • 여행 목적지 변경 • 많은 곡물에 대한 피해위험 증가 • 전기냉방 수요 증가 및 에너지 공급 신뢰성 감소
	최저 기온의 상승, 모든 지역에서 추운 날 수와 한파기간 감소 (가능성 매우 큼 : 90~99%)	• 추위 관련 인간의 사망률 감소 • 일부 곡물에 대한 피해위험 감소, 여타 곡물에 대해서는 피해위험 증가 • 일부 질병의 병균 매개체 범위와 활동 확산 • 난방에너지 수요 감소
	보다 집중적인 호우 (많은 지역에서 가능성 매우 큼 : 90~99%)	• 홍수, 산사태, 눈사태 등의 피해 증가 • 토양 부식 심화 • 홍수 유량 증가로 일부 대수층의 물 함유량 증대 • 정부 및 민간 홍수보험 및 재난구조 시스템에 대한 압력 증가

7) 환경보전

① 기후변화로 인한 건강 영향의 종류 : 직접적인 건강 영향(폭염, 홍수 등 기상재해), 간접적인 건강 영향(대기오염, 동물 매개 전염병, 수인성, 식품 매개 전염병 등)이 있다.

② 환경보전과 관련된 영향 : 영양공급 부족의 증가, 기상이변으로 인한 사망, 질병·상해 증가, 설사병 위험 증가, 기후변화에 관련된 도시·지상 오존농도 증가, 전염성 질병의 공간적 분포 변화 등이 발생될 것으로 예측된다.

(2) 산업계 영향

지구온난화가 지속되고 현재 기후변화 관련 국제협약의 강도가 점점 강해지는 추세로 볼 때 산업계에 미치는 영향은 점차 커질 것으로 예측된다.

① 2009년 12월 29일에 「저탄소 녹색성장 기본법」이 통과되면서 관리업체(기준량 이상의 온실가스 배출업체)는 온실가스 저감 목표를 수립·제시하고, 매년 온실가스 배출량을 의무 보고하고, 제3자 검증을 받도록 되어 있다.

2021년 9월 24일 기존 「저탄소 녹색성장 기본법」에서 「기후위기 대응을 위한 탄소중립·녹색성장기본법(약칭 : 탄소중립기본법)」으로 변경 제정됨에 따라 2050년까지 탄소중립 사회로 가기 위한 방향을 설정하였다.

② 산업체에서는 기후변화로 인한 영향을 예측하고, 철저한 준비가 필요한 시점이다.

‖ 기후변화로 인한 산업체의 분야별 위험요소 ‖

구 분	위험요소
물리적	기상이변 때문에 발생하는 재해파손, 질병 및 전염병, 생산입지의 매력도 변화 등
제도적	온실가스 및 기타 환경규제, 환경공시의 압박 때문에 규제 준수 비용이 증가하고 기존 사업 관행이 한계에 봉착할 위험
평판적	생태환경 및 기후문제와 관련해 소비자, 사회단체, 투자자 등 이해관계자들의 산업인식이 변하면서 발생하는 영향
신사업	기후변화의 진전에 따라 기존 기술, 제품, 사업 등에 위협을 받고, 환경친화적, 온실가스 감축적, 에너지 효율적인 신기술, 신제품, 신사업 등이 힘을 얻는 것을 말함
경쟁적	위의 영향들이 산업의 경쟁구도에 미치는 종합적 결과

03 기후변화의 취약성

(1) 취약성의 정의

기후변화의 영향으로 특정 시스템의 기후 위해에 노출된 위험 정도를 말하며, IPCC는 취약성을 적응 조치가 취해진 다음의 기후변화 잔여 영향으로 정의하고 있다.

(2) 취약성 평가

취약성 평가를 위해서는 현재 시스템이 어떤 부분에서 어느 정도로 취약한지를 알아야 하며, 기후변화 영향에 대한 평가가 우선적으로 이뤄져야 한다.

① **취약성 파악** : 영향평가를 통해 어느 시스템이 어떤 부분에서 취약한지를 파악이 가능하다.

② **주요 지표** : 시스템의 기후변화 영향에 대한 대응력이 필요하다.

③ 취약성은 기후변동의 크기와 속도, 기후변화에 대한 민감도[1], 적응능력[2]의 함수로 표현한다.

④ 특정 시스템이 기후변화에 의한 영향이 높고 적응능력이 낮으면 취약성은 높으며, 특정 시스템의 적응능력이 높고 기후변화 영향이 낮은 경우는 지속 가능한 발전을 할 수 있다.

---

1) 기후 관련 자극에 의해 특정 시스템이 위해한 또는 이로운 영향을 직·간접적으로 받는 정도
2) 특정 시스템이 기후변화에 적응하기 위해 스스로를 조절하거나 잠재 피해를 감소시키고, 기회를 이용하거나 기후변화 결과에 대처하는 능력

⑤ 취약성 평가기법 : 하향식 접근법(Top-down Approach)과 상향식 접근법(Bottom-up Approach)이 있다.

  ㉮ 하향식 접근법 : 기후 시나리오와 기후 모형을 기반으로 기후변화에 의한 순영향평가를 통해 물리적인 취약성을 평가하는 접근법

  ㉯ 상향식 접근법 : 지역에 기반을 둔 여러 지표들을 바탕으로 그 시스템의 적응능력을 평가함으로써 사회 · 경제적 취약성을 파악하는 접근법

⑥ 접근법들은 상호 보완적으로 항상 조화를 이루어야 한다.

04 기후변화의 완화와 적응

(1) 기후변화 완화

① 완화(Mitigation) : 기후변화의 주된 원인이 되는 인간활동에 의한 지구온난화 현상을 저감시키는 것으로 완화 또는 감축이라고 하며, 자원의 활용을 줄이기 위한 인류의 조정활동 또는 온실가스의 흡수원을 증대시키는 활동(IPCC, 2012)

② 완화는 온실가스 배출을 저감시킴으로써 기후변화로 인하여 발생되고 있거나 발생 가능한 다양한 위험요소를 회피 · 저감 · 지연시키는 데 기여하는 것으로, 장기적인 관점에서의 대응방안임.

(2) 기후변화 적응

① 적응(Adaptation) : 기후자극과 기후자극의 효과에 대응하는 자연과 인간시스템의 조절작용(IPCC)

② 적응 과정을 통해 기후변화의 부정적 요인이 감소되고 기후변화가 기회로 활용될 수 있음.

③ 발생할 가능성이 있는 피해를 줄이거나 기후변화로 인한 기회를 활용하기 위한 과정, 관행 또는 구조상의 변화를 의미함.

④ 적응의 분류 : 시점(**사전적응**, **사후적응**), 주체(개별적응, 공공적응), 의도(자생적 적응, 계획된 적응)

(3) 적응의 구성요소

① 적응 주체 : 누가 또는 무엇이 적응을 하는가?

② 적응 대상 : 어떤 기후변화의 현상에 대해 적응해야 하는가?

③ 적응 유형 : 적응의 과정과 형태는 어떠한가?

(4) 적응의 주체

적응과 관련된 다양한 의사결정자들을 구분하는 것도 중요한 문제이다.

① 각 관련자들은 이해관계, 정보, 위험, 재원 등이 각기 다르고, 필요하다고 판단하는 적응에 대응하는 조치의 유형도 다를 수밖에 없다.

② 적응은 관리되지 않는 자연시스템 내에서는 자생적이고 반응적으로 이루어지며, 생물종 및 사회의 조건변화에 대한 대응수단이다.

③ 민간부문은 개인, 가계, 기업 등이 공공부문은 정부가 적응에 관한 의사결정의 주체가 된다.

(5) 적응의 대상

기후변화의 적응 대상은 시스템과 지역에 따라 상이하며, 시간에 따라서도 변화할 수 있다. 일정 범위 내의 기후조건 변화에 적응하는 능력뿐만 아니라 기존 방법의 변화 또는 새로운 방법의 도입을 통한 대응능력과 범위를 확대시킬 수 있는 것도 포함한다.

(6) 적응의 유형

적응이 의도적으로 이루어졌는지 여부와 대응시점 등을 기준으로 구분한다. 자생적 또는 내부적으로 자연히 일어나는 적응은 기후변동의 초기 영향이 나타난 이후에 인위적 개입 없이 반사적으로 대응하여 이루어지는 것을 의미한다.

① **자생적 적응** : 기후변화에 대해 시장 등이 즉각적으로 반응하여 대응하는 형태로 주로 민간부문에서 이뤄지는 활동이다.

② **계획된 적응** : 기후변화 영향이 나타나기 이전에 그 영향을 미리 예상하고 대응하여 이뤄지는 적응으로, 조건이 변할 것이라는 또는 변화했다는 인식에 대응하여 손실을 최소화하거나 기회를 최대한 활용하기 위해서 어떤 행동이 필요하다는 인식을 바탕으로 공공기관이 의도적으로 수행하는 정책적 의사결정의 결과로 해석된다.

|| 기후변화에 따른 적응의 특성별 분류 ||

분 류		예비적 조치	반 응
자연시스템		–	• 경작시즌 기간의 변화 • 생태계 구성의 변화
경계(인간) 시스템	민간	• 보험 증가 • 가옥 및 정주구조 변화 • 오일 채굴방식 변화	• 농업양식의 변화 • 보험요율의 변화 • 냉방 및 공기정화기 구매
	공공	• 조기경보체제 구성 • 새로운 건물 설계 및 건축방식 도입 • 재정착에 대한 유인제도 시행	• 보상금 및 보조금 지급 • 건물코드 강화 • 해안 양식 증대

(7) 적응의 단계

① 감지단계 : 기후변화로 인한 위험을 인지하게 된다.

② 의사결정단계 : 기후 위해와 그 부정적 영향을 감소시키거나 관리하기 위한 실행단계이다.

③ 기회를 모색하는 단계 : 기후변화를 긍정적으로 이용하게 된다.

④ 적응 과정에서 내려진 결정은 다시 미래의 기후조건에 영향을 미치며, 일련의 과정에서 나온 결과물(미래 조건에 영향을 미치는 정책이나 물리적 조건의 변화 등)도 포함된다.

(8) 기후변화 적응 대응방안

기후변화 영향 및 위험으로 인한 물리적 피해 증가로 적응 비용이 증대되어 국제사회의 적응기금 마련 및 적응 기술의 이전이 주요 이슈로 부각된다.

① 기후변화로 인한 경제적 손실은 매년 세계 GDP의 5~20%에 이를 것으로 전망하는 반면, 2030년 전 지구적 차원의 적응 비용은 GDP의 0.06~0.21%에 불과하다(지금부터 적응에 투자하는 것이 장기적으로는 경제적으로도 유리).

② 부문별 적응대책 분야로 건강·재난·재해, 농업, 산림, 해양·수산업, 물관리, 생태계를 설정한다.

③ 적응기반 대책 분야로는 기후변화 감시 및 예측, 적응산업 및 에너지, 교육홍보 및 국제협력이 있다.

| 기후변화 대응방법(감축(완화)과 적응) |

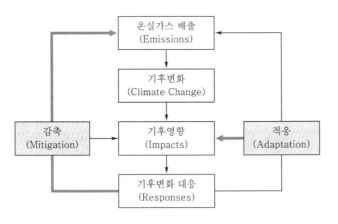

출제예상문제

01 다음 중 지구 기후시스템의 주 동력원으로 옳은 것은?

① 태양복사 ② 지구복사
③ 자전운동 ④ 공전운동

해설 지구 기후시스템의 주 동력원은 태양복사이다.

02 다음 기후변화의 원인 중 천문학적 요인으로 가장 먼 것은?

① 세차운동
② 태양의 흑점 활동
③ 지구 자전축 경사의 변화
④ 지구 공전궤도의 이심률 변화

해설 흑점 활동은 약 11년 주기로 증감하고 있다. 흑점 활동은 주기적인 변화 이외에는 특별한 변화가 감지되지 않고 있어 기후변화에 미치는 영향은 거의 없는 것으로 여겨진다.

03 다음 중 기후변화의 원인으로 틀린 것은?

① 태양 흑점 수의 감소로 인한 태양복사에너지 양의 변화
② 지구의 공전궤도 및 자전축의 경사 변화
③ 화산폭발에 의한 태양에너지 변화로 인한 성층권 온도 하강
④ 지표면의 변화에 따른 비표면의 반사율 변화

해설 화산폭발에 따라 화산 분출물이 성층권까지 상승하여 수개월~수년 동안 머물며 태양빛을 흡수하여 성층권의 온도는 상승하나, 대류권에 도달하는 태양빛이 감소되어 대류권의 온도는 하강하게 된다.

04 기후변화는 크게 자연적 원인과 인위적 원인으로 구분할 수 있다. 자연적 원인이 아닌 것은?

① 지구 자전축 경사의 변화
② 에어로졸 배출의 증가
③ 지구 공전궤도의 이심률 변화
④ 화산폭발에 의한 태양에너지 변화

해설 에어로졸 배출의 증가는 인위적인 원인에 해당한다.

05 기후변화 적응의 구성요소로 틀린 것은?

① 적응 주체
② 적응 대상
③ 적응 평가
④ 적응 유형

해설 기후변화 적응의 구성요소는 적응 주체, 적응 대상, 적응 유형의 세 가지로 구성되어 있다.

06 다음 기후변화의 원인 중 천문학적 요인인 이심률 변화에 대한 설명으로 옳은 것은?

① 지구의 자전궤도가 원일 때보다 타원일 때 계절적 기후변화가 훨씬 더 크다.
② 지구의 자전궤도가 타원일 때보다 원일 때 계절적 기후변화가 훨씬 더 크다.
③ 지구의 공전궤도가 원일 때보다 타원일 때 계절적 기후변화가 훨씬 더 크다.
④ 지구의 공전궤도가 타원일 때보다 원일 때 계절적 기후변화가 훨씬 더 크다.

해설 지구 공전궤도가 원일 때보다 타원일 때 계절적 기후변화가 훨씬 더 크다.

07 다음의 기후변화를 일으키는 요인 중 인위적인 요인이 아닌 것은?

① 대기 중 온실가스 증가
② 산림파괴
③ 잘못된 토지 사용
④ 대기 중의 에어로졸

해설 기후변화를 일으키는 요인 중 인위적인 요인이 아닌 것은 ④이다. 하지만 에어로졸의 인위적 배출이 증가하는 경우는 인위적인 요인에 포함된다.

08 [보기]의 화산폭발에 의한 태양에너지 변화의 설명에서 ( ) 안에 들어갈 내용으로 옳은 것은?

┌─ **보기** ┐
화산 분출물이 성층권까지 상승하여 수개월에서 수년 동안 머물며 태양빛을 흡수하면 성층권 온도는 (㉮), 대류권 온도는 (㉯).
└─────────┘

① ㉮ 높아지고, ㉯ 높아진다
② ㉮ 높아지고, ㉯ 낮아진다
③ ㉮ 낮아지고, ㉯ 높아진다
④ ㉮ 낮아지고, ㉯ 낮아진다

해설 화산 분출물이 성층권까지 상승하여 수개월에서 수년 동안 머물며 태양빛을 흡수하여 성층권 온도는 높아지지만, 대류권에 도달하는 태양빛이 감소되어 대류권 온도는 낮아지게 된다.

09 다음 중 지구복사 균형이 변하게 되는 요인으로 틀린 것은?

① 태양복사 입사량의 변화
② 태양복사가 반사되는 비율(알베도)의 변화
③ 지구에서 외부로 되돌아가는 단파복사의 변화
④ 온실가스 농도의 변화

해설 지구에서 외부로 되돌아가는 장파복사의 변화가 지구복사 균형에 영향을 미친다.

10 다음 중 기후변화의 증거로 틀린 것은?

① 지구의 평균 온도 증가
② 북반구의 적설량 증가
③ 해수면 상승
④ 해양보다 육지의 빠른 온도 상승

해설 북반구의 적설은 지속적으로 감소하는 추세이며, 이는 해수면 상승을 야기한다.

11 다음 중 기후변화의 특징으로 옳지 않은 것은?

① 광범위하고 전 세계에 걸쳐서 흩어져 있다.
② 온실가스는 대기 중에서 쉽게 이동이 되고 영향이 광범위하다.
③ 아황산가스 등과 같은 것은 지역적 산성비만 유발한다.
④ 온실가스의 인위적 배출이 적더라도 전 지구적 차원의 대응이 쉽지 않다.

해설 아황산가스는 런던 스모그의 원인 물질이며, 산성비의 주요 원인 물질이다.

12 다음 중 기후변화에 의한 각 지방별 강수량 변화의 특징으로 옳지 않은 것은?

① 적도지방－강수량 증가
② 아열대지방－강수량 감소
③ 고위도 지방－강수량 증가
④ 저위도 지방－강수량 증가

해설 적도지방과 고위도 지방의 경우 강수량은 증가 추세이며, 아열대지방은 감소하는 추세이다(IPCC, 2007).

13 다음 중 우리나라의 기후변화에 따른 영향이 아닌 것은?

① 기온 상승으로 인한 집중호우 및 태풍 증가
② 농작물 재배지 북상
③ 온대림에서 아열대림으로 변화
④ 난류성 어종 감소 및 한류성 어종 증가

해설 우리나라 기후변화의 원인에 관한 설명은 다음의 표와 같다(출처 : 해양과 기후변화, 47p).

구 분	내 용
기상	• 1920년대보다 겨울은 약 30일 감소, 봄과 여름은 20일 증가 • 21세기 말 온대에서 아열대로 한반도 기후변화 예측 • 집중호우 및 폭풍 증가
농업	• 농작물 재배지 북상(사과 주산지는 경상북도에서 충청북도로 북상) • 앞으로 벼의 생산량이 감소할 것으로 예상
산림생태	• 기온 상승으로 한반도 식생이 온대림에서 아열대림으로 변화 • 기온 상승으로 제주도 식생이 아열대림에서 열대림으로 변화 • 외래종 증가와 동종 생태계 위협
보건	• 폭염으로 인한 질병과 사망 증가 • 말라리아, 뎅기열, 쯔쯔가무시병 등 열대성 질병 확산
해양	• 해수면 상승으로 연안지역 범람 및 침수 등 위험 노출 • 명태, 조기 등 한류성 어족이 감소하고 오징어, 멸치 등 난류성 어족 증가 • 유해성 해양생물의 유입으로 어업에 큰 피해

14 다음 중 기후변화에 따른 우리나라의 영향에 대한 설명으로 틀린 것은?

① 중국의 사막화가 가속되어 발원지로부터 황사 피해가 심해진다.

② 난지과수(감귤, 유자 등) 재배 확대가 일반화되고, 온대과수(사과, 배, 복숭아 등) 재배는 어려움이 발생한다.
③ 서해에는 열대성 어종이 증가하고, 동해에는 한류성 어종이 증가한다.
④ 남한 저지대의 상록활엽수림과 낙엽활엽수림이 북위 40°까지 북상하고, 남해안과 서해안 식생이 아열대로 변한다.

해설 동해에서 해수온도 상승으로 인해 한류성 어종이 감소된다.

15 기후변화의 영향이란 기후변화로 인하여 자연계와 인위적 시스템이 겪게 되는 변화를 의미한다. 다음 중 기후변화의 영향이 아닌 것은?

① 기후변화 관련 국제협약에 따른 산업계의 변화
② 온도 상승에 따른 생태계의 변화
③ 온도 상승에 따른 경제성장
④ 지구적 식량 부족

해설 기후변화의 영향으로는 북극의 해빙, 해수면 상승, 생태계 변화, 수자원의 영향, 식량자원의 영향, 이상기후, 산업계의 변화 등이 있다.

16 다음 중 기후변화의 정의로 틀린 것은?

① UNFCCC : 인간의 직·간접적인 활동뿐만 아니라 자연적인 원인에 의한 기후변화
② IPCC : 장기간에 걸친 기간(수십 년 또는 그 이상) 동안 지속되면서 기후의 평균 상태나 그 변동 속에서 통계적으로 의미 있는 변동
③ UNFCCC : 인간행위에 의한 기후변화
④ IPCC : 인간행위로 인한 것이든 자연적인 변동이든 시간의 경과에 따른 기후의 변화를 모두 포함

해설 UNFCCC의 경우 전 지구 대기의 조성을 변화시키는 인간의 활동이 직접적 또는 간접적으로 원인이 되어 일어나고, 충분한 기간 동안 관측된 자연적인 기후변동성에 추가하여 일어나는 기후변화를 의미한다. 이때 '인간행위에 의한 기후변화'만을 정의하고 있다.

17 기후변화 영향으로 특정 시스템의 기후 위해에 노출된 위험 정도를 뜻하는 말은?

① 기후변화 대응성　　② 기후변화 위해성
③ 기후변화 위험성　　④ 기후변화 취약성

해설 취약성(Vulnerability)이란 기후변화 영향으로 특정 시스템의 기후 위해에 노출된 위험 정도로 정의할 수 있다.

18 온실효과를 일으키는 물질을 모두 고르면?

┤ 보기 ├
a. H_2O　　　　　b. CH_4
c. SO_4　　　　　d. O_3
e. N_2O　　　　　f. HF

① b, d, e　　　　② a, b, c, d
③ b, d, e, f　　　④ a, b, d, e

해설 온실효과의 원인이 되는 물질은 CO_2, CH_4, N_2O, CFCs, O_3, H_2O 등이 있다.

19 다음 중 온실효과와 관련된 물질이 아닌 것은?

① CO_2　　　　　② CH_4
③ NO_2　　　　　④ CFCs

해설 NO_2의 경우 대기오염물질 중 하나이다.

20 전체 온실가스 중 배출량이 가장 많은 것은?

① 이산화탄소(CO_2)
② 메탄(CH_4)
③ 일산화이질소(N_2O)
④ 오존(O_3)

해설 전체 온실가스 중 배출량이 가장 많은 물질은 이산화탄소이다. 또한 아산화질소(N_2O)는 일산화이질소라고 불리기도 한다.

21 온실가스별 지구온난화지수(GWP)로 틀린 것은?

① 이산화탄소 : 1
② 메탄 : 310
③ HFC-125 : 2,800
④ 육불화황 : 23,900

해설 메탄의 지구온난화지수는 21이며, 310은 아산화질소의 지구온난화지수이다.

22 다음 중 온실가스별 지구온난화지수(GWP)가 알맞지 않은 것은?

① 메탄 : 21
② 아산화질소 : 310
③ 육불화황 : 23,900
④ HFC-23 : 1,170

해설 HFC-23의 GWP는 11,700이다.

23 다음 중 간접 온실가스로 틀린 것은?

① 수증기(H_2O)
② 질소산화물(NO_x)
③ 황산화물(SO_x)
④ 비메탄계 휘발성 유기화합물(NMVOC)

해설 간접 온실가스는 온실효과에 직접 관여하지는 않지만, 다른 물질과 반응하여 온실가스로 전환이 가능한 물질로 질소산화물(NO_x), 황산화물(SO_x), 비메탄계 휘발성 유기화합물(NMVOC)이 있다. 수증기는 직접 온실가스이다.

24 이산화탄소 발생의 주요 요인으로 틀린 것은?

① 건물의 냉난방
② 삼림벌채
③ 교통연료 사용
④ 비료 사용

해설 ④는 아산화질소 발생의 주요 요인이다.

Answer 17.④　18.④　19.③　20.①　21.②　22.④　23.①　24.④

25 기후 시나리오와 기후 모형을 기반으로 기후변화에 의한 순영향 평가를 통해 물리적인 취약성을 평가하는 접근법은?

① 하향식 접근법　　② 상향식 접근법
③ 내재적 접근법　　④ 구조적 접근법

해설 기후 시나리오와 기후 모형을 기반으로 기후변화에 의한 순영향 평가를 통해 물리적인 취약성을 평가하는 접근법은 하향식 접근법이다.

26 다음 중 지구온난화지수가 큰 순서로 나열된 것은?

① HFC-23 > HFC-32 > HFC-41 > HFC-125
② HFC-23 > HFC-125 > HFC-32 > HFC-41
③ HFC-125 > HFC-41 > HFC-32 > HFC-23
④ HFC-125 > HFC-32 > HFC-41 > HFC-23

해설 각각의 지구온난화지수는 HFC-23(11,700), HFC-32(650), HFC-41(150), HFC-125(2,800)이다.

27 다음 중 지구온난화지수(GWP)에 대한 설명으로 틀린 것은?

① 아산화질소의 GWP는 310이다.
② 이산화탄소 1mol의 열 흡수능력을 1로 본다.
③ 이산화탄소보다 GWP가 낮은 온실가스는 없다.
④ 육불화황의 GWP는 23,900으로 온실가스 중 가장 높다.

해설 이산화탄소 1kg의 열 흡수능력을 1로 본다.

28 다음 중 온실가스와 관련된 설명으로 틀린 것은?

① CO_2는 교통, 건물의 냉난방, 시멘트 및 기타 상품의 제조에 화석연료가 사용되면서 증가되었다.

② N_2O는 비료 사용, 화석연료 연소와 같은 인간활동에 의해서 배출된다.
③ 메탄은 습지에서 일어나는 자연적 과정에서만 발생한다.
④ 불소화합물은 자연적 과정에서도 소량이 발생하나 주로 인간활동에 의해 발생·증가된다.

해설 메탄은 습지에서 일어나는 자연적 과정에서만 발생하는 것이 아니라 자연적 과정과 함께 농사, 천연가스 보급 및 폐기물 매립과 관련된 인간활동의 결과로 증가했다.

29 다음 중 지구온난화지수(GWP)가 가장 높은 온실가스는?

① CO_2　　　　　　② N_2O
③ CH_4　　　　　　④ SF_6

해설 GWP는 CO_2를 1로 기준으로 하여 각 온실가스의 수치를 제시한 것으로 CH_4는 21, N_2O는 310, SF_6는 23,900이다.

30 다음 중 IPCC 가이드 라인에서 온실가스로 규정하고 있는 기체로 옳은 것은?

① CO_2, CH_4, HFCs, PFCs
② CH_4, PFCs, SF_6, NF_3
③ CO_2, PFCs, SF_6, SF_5CH_3
④ CH_4, SF_6, NF_3, CO

해설 NF_3, SF_5CH_3, CO는 IPCC 가이드 라인에서 규정한 온실가스가 아니다.

31 이산화탄소의 지구온난화 기여도를 1로 보았을 때 N_2O의 온실가스 기여도는 몇인가?

① 21
② 31
③ 210
④ 310

해설 아산화질소(N_2O)의 지구온난화지수는 310이다.

Answer 　25.① 　26.② 　27.② 　28.③ 　29.④ 　30.① 　31.④

32 다음 중 온실효과의 기여도를 순서대로 나열한 것은?

① $CO_2 > CFC > CH_4 > N_2O$
② $CO_2 > CH_4 > CFC > N_2O$
③ $CO_2 > CFC > N_2O > CH_4$
④ $CO_2 > CH_4 > N_2O > CFC$

해설 온실가스별 온실효과의 기여도는 $CO_2 > CFC > CH_4 > N_2O$의 순서이다. CO_2는 전체 온실효과의 70% 정도를 차지하고 있다.

33 기후변화 취약성을 나타낼 수 있는 함수로 틀린 것은?

① 기후변화의 크기
② 기후변화의 속도
③ 기후변화에 대한 국제회의 수
④ 기후변화에 대한 민감도

해설 기후변화 취약성을 나타낼 수 있는 함수는 기후변화의 크기 및 속도, 기후변화에 대한 민감도와 기후변화에 대한 적응능력(대응능력)이다.

34 다음 중 온실가스에 대한 설명으로 옳은 것은?

┤ 보기 ├
ⓐ 온실가스란 지구온난화 현상을 유발하는 가스로 CO_2, CH_4, N_2O, HFCs, PFCs, SF_6 등을 지칭한다.
ⓑ CO_2는 주로 에너지 연소 및 산업공정에서, CH_4는 산업공정과 비료 사용으로 인해 발생한다.
ⓒ 온실가스별로 지구온난화에 기여하는 정도가 다르며, 지구온난화지수(GWP ; Global Warming Potential)로 표시한다. CO_2의 온난화지수는 1이고, SF_6는 CO_2의 23만 배이다.
ⓓ 지구온난화를 일으키는 6가지 기체로, 이 가운데 CO_2가 절반 이상을 차지한다.

① ⓐ, ⓒ　　　　② ⓑ, ⓒ
③ ⓐ, ⓓ　　　　④ ⓒ, ⓓ

해설 CH_4는 농사, 천연가스, 폐기물 매립 등에 의하여 발생되며, 비료 사용으로 발생되는 온실가스는 N_2O이다. SF_6의 지구온난화지수는 CO_2의 23,900배이다.

35 다음 중 온실가스의 정의로 맞는 것은?

① 온실가스란 자외선 복사열을 흡수하거나 방출하여 온실효과를 유발하는 가스 상태의 물질이다.
② 온실가스란 적외선 복사열을 흡수하거나 방출하여 온실효과를 유발하는 가스 상태의 물질이다.
③ 온실가스란 태양으로부터 방사되는 적외선을 흡수하는 가스 상태의 물질이다.
④ 온실가스란 태양으로부터 방사되는 자외선을 흡수하는 가스 상태의 물질이다.

해설 온실가스란 적외선 복사열을 흡수하거나 방출하여 온실효과를 유발하는 가스 상태의 물질을 말한다.

기후변화 관련 국제 동향

 01 기후변화협약

(1) 기후변화에 대한 정부 간 패널(IPCC)

1979년 세계기후회의에서 논의되었으며, 1988년 11월 UN 산하 세계기상기구(WMO)와 유엔환경계획(UNEP)이 기후변화와 관련된 전 지구적인 환경문제에 대처하기 위해 각국의 기상학자, 해양학자, 빙하전문가, 경제학자 등 3천여 명의 전문가로 구성한 '정부 간 기후변화협의체'이다.

- IPCC의 업무 : 기후변화의 정도와 사회·경제적 측면에서의 잠재적 충격과 현실성 있는 대응전략 등에 관하여 국제적 평가기준을 마련한다.
- 3개의 실행그룹(Working Group)과 특별대책반의 역할을 수립한다.

1) WG 1(Working Group 1, 기후변화과학 분야)

① 온실가스 및 에어로졸, 방사성 물질, 프로세스 및 모델링, 기후변동 관찰 및 기후변화에서의 온실가스의 효과 측정 등에 대한 폭넓은 과학적 평가를 수행한다.

② 인간활동으로 발생한 온실가스 증가로 인한 영향을 예측한다.

2) WG 2(Working Group 2, 기후변화영향 평가, 적응 및 취약성 분야)

농업 및 산림, 자연생태시스템, 수자원, 인류 정착지, 해안지방 및 계절별 강설, 빙하 및 영구동결층에 대한 지구온난화 영향을 평가한다.

3) WG 3(Working Group 3, 배출량 완화, 사회·경제적 비용-편익 분석 등 정책 분야)

① 에너지, 상업, 농업, 산림 및 인간활동 부분 및 해안지역에서의 완화·적응 대응 옵션의 정의 및 평가를 한다.

② 지구온난화의 사회·경제적 파급효과 분석 및 기후변화협약체제를 설립한다.

4) 국가 배출목록 작성 특별대책반

① IPCC/OECD/IEA가 공동으로 국가 온실가스 배출목록 작성을 위한 프로그램을 가동한다.

② 국가 온실가스 배출 가이드라인 및 최우수 사례 가이드라인을 작성한다.

③ 배출계수 데이터베이스 운영 등으로 구성된다.

5) IPCC 보고서의 특징

① IPCC 1차 평가보고서(1990년)

지구온난화로 인해 발생되는 온실가스 저감을 위해 2000년까지 1990년 수준에서 온실가스를 안정화시키는 비구속력 목표를 수립했던 1992년 유엔 기후변화협약에 동의하기 위하여 각 정부들을 독려하는 역할을 하였다. 지난 100년 동안 지구 표면 대기의 평균 온도가 섭씨 0.3~0.6℃ 상승했고, 해수면 높이는 10~15cm 상승했으며, 산업활동 및 에너지 이용 시스템이 현 상태로 계속될 경우 이산화탄소 배출량이 해마다 1.7배 늘어날 것으로 전망되었다.

② IPCC 2차 평가보고서(1995년)

지구의 기후에 대한 감지할 수 있는 인간의 영향을 제안하는 증거를 제시하였다. 보고서에 제시된 사항을 구체적으로 이행하기 위하여 1997년 유엔의 교토의정서가 채택되었다.

③ IPCC 3차 평가보고서(2001년)

기후변화가 자연적인 요인이 아니라 인간에 의한 공해물질에서 비롯된 것임을 천명하고, 공해물질이 현재 추세로 배출되면 21세기 안에 앞서 1만 년 동안 겪었던 피해보다 심각한 기후변화가 올 것이라고 평가했다.

④ IPCC 4차 평가보고서(2007년)

3차 평가보고서 이후 3개 실무그룹(기후변화과학, 영향·적응 및 취약성 완화)이 수행했던 연구결과를 바탕으로 지구온난화에 의한 기후변화가 미치는 영향이 보다 명백해짐을 언급하고, 이에 관련된 적응과 완화정책을 위한 과학적 근거들을 제시하였다.

⑤ IPCC 5차 평가보고서(2014년)

2014년 덴마크 코펜하겐에서 채택된 보고서로, 기후변화에 대한 과학적 근거, 영향 및 위험, 해결방안에 대한 종합적인 정보를 포함하며, 특히 '전 세계 정책결정자를 위한 요약본(SPM ; Summary for Policy Makers)'을 별도로 작성하여 제공하도록 하였다.

⑥ **IPCC 6차 평가보고서(2021년)**

인간활동으로 인한 인위적 배출이 계속 증가하고 있어 이에 따른 기후변동이 있지 않아 범지구적 대응을 촉구하는 '최후통첩'으로써 발행한 보고서로 환경을 고려하지 않는 인간의 탐욕적 경제활동은 지구의 대기·해양·육지의 온난화에 악영향을 미쳐 앞으로 10년 만에 예상을 뛰어넘는 폭염·가뭄·홍수 같은 대재앙이 늘어날 것이라고 경고했다.

6) 4차 보고서의 주요 내용

① 지구 기후시스템의 온난화는 지구의 평균 기온과 해수 온도의 상승, 광범위한 눈과 얼음의 융해 및 지구의 평균 해수면 상승 등이 관측자료에서 명백하게 나타났다(지난 100년(1906~2005년) 동안 지구 평균 기온은 0.74℃ 상승하고, 북극 해빙 범위는 1978년 이후 10년에 2.7% 감소하였다. 그리고 해수면 상승 폭은 1993년 이후 3.1mm/yr로 나타났으며, 대부분의 육지에서 폭염 발생빈도, 호우 발생빈도가 증가한 것으로 나타남).

② 기후변화 완화대책과 지속가능한 발전대책은 상호간 상승효과가 나타날 수 있으며, 적극적 적응활동을 통해서만 기후변화를 감소시킬 수 있다(향후 2030년까지의

기간 중 행해지는 어떠한 완화활동에 상관없이 미래 기후변화의 부정적인 영향을 감소하기 위해서는 적응조치는 필수적이라고 보고 있음).

③ 기후변화에 대한 취약성 및 적응 가이드라인으로 제3차 평가보고서에 비해 기후변화에 대한 5가지 우려할만한 이유와 기후변화의 구체적 위협을 제시하였다.

㉮ 극지방, 고산지대 등 취약지역 생물의 멸종, 산호의 백화현상 등 위험이 뚜렷함.

㉯ 열파, 가뭄, 홍수의 극한 기상현상과 부정적 영향 증가

㉰ 빈곤층, 노령층 등 취약계층과 특히 저위도, 저개발국가에 미칠 위험의 증대

㉱ 온난화로 인한 비용은 시간에 따라 온난화의 강도에 따라 증가

㉲ 해수면 상승 및 그린란드 빙하 감소 등 광범위하고 돌이킬 수 없는 위협의 증가 등

7) 5차 보고서의 주요 내용

① 기후변화현상으로 기온, 해수면 상승, 해양 산성화, 빙하·해빙 등 현상이 발생하고 그 원인이 인위적인 온실가스로 인한 것이라는 것에 95% 정도의 가능성이 있다고 제시하고 있다. 2000~2010년에 연간 온실가스 배출량이 2.2% 증가한 것으로 나타났으며, 기후변화로 인한 영향이 전 세계적으로 광범위하게 나타나고 있다.

② 전 지구 평균 온도 상승을 2도 이내로 제한하기 위해 이산화탄소 누적배출량은 $2,900GtCO_2$로 이내로 제한되어야 하며, 온실가스 배출이 계속됨에 따라 기후변화가 돌이킬 수 없는 영향(irreversible impact)을 미치게 될 위험성이 증가할 것으로 예측되고 있다.

③ 적응과 감축 및 지속가능개발을 위한 경로(pathway)로는 지속가능한 발전과 형평성(equity) 실현을 위해서는 기후변화대응이 필수적이며, 감축과 적응은 상호보완적 전략을 수립해야 한다(적응과 감축하기 위한 방안으로는 미흡한 제도(weak institution)와 조정·협력 거버넌스의 미비가 적응·감축 이행 시 장애로 작용하고, 기후변화적응 및 온실가스 감축효과는 정책에 의해 크게 좌우되며, 특히 적응·감축을 여타 사회적 목표와 연계할 때 효과는 배가 될 것으로 예측되고 있다).

8) 6차 보고서의 주요 내용

① 1850~2019년 누적된 CO_2 배출량은 $2,390GtCO_2$으로 $1,890Gt$[(1861~1880)~2011년 누적]과 비교해 약 20% 정도 증가하였으며 인간활동에 의해 누적된 CO_2 배출량과 지구온난화 사이에 거의 선형적인 관계에 있다는 것을 재확인하였다.

② 인류로 인한 지구온난화를 특정 수준으로 완화하려면 **누적 CO_2 배출을 제한하고 CO_2 순배출 제로를 달성하고, 기타 온실가스 감축이 필요**하다.

③ 탄소중립 및 저감 등을 위한 국경조정세 도입, 국가별 탄소감축 의무 강화 등 움직임을 야기해 청정 및 재생에너지 인프라 생태계로의 전환에 미칠 영향에 크게 작용할 전망이다.

확인 문제

기후변화 문제에 대처하기 위하여 세계기상기구와 유엔환경계획이 1988년 공동 설립하였고, 4차에 걸친 보고서를 통해 기후변화 추세, 원인, 영향, 대응 등을 분석한 국제기구의 이름은?
① UNFCCC   ② IPCC   ③ GCF   ④ WHO

해설 본 문제는 기후변화에 대한 정부 간 패널(IPCC)에 대한 설명이다.   **답** ②

(2) 기후변화협약(UNFCCC)

1992년 브라질 리우데자네이루에서 열린 환경회의에서 기후변화협약(UNFCCC)이 채택되었으며, 우리나라는 1993년 12월에 47번째 가입국으로 등록하였다. 1994년 3월 협약이 발효되었는데, 공통되지만 차별화된 부담원칙(Common but Differentiated Responsibility)을 당사국들 간에 적용하고, 당사국들을 부속서 국가와 비부속서 국가로 구분하여 차별화된 의무부담을 갖기로 결정하였다.

선진국은 과거로부터 발전을 이뤄오면서 대기 중으로 배출한 온실가스에 대한 역사적 책임을 갖고 있으므로 선도적 역할을 수행하도록 하고, 개발도상국들은 현재의 개발상황에 대한 특수사정을 배려하여 공통되지만 차별화된 책임과 능력에 입각한 의무부담을 갖는 것으로 정하였다.

• 목적 : 인간활동에 의해 발생되는 위험하고 인위적인 영향이 기후시스템에 미치지 않도록 대기 중 온실가스 농도를 안정화시키는 것이다.
• 기본 원칙 : 기후변화의 예측 방지를 위한 예방적 조치의 시행과 모든 국가의 지속가능한 성장의 보장을 정한다.

1) 공통 공약 5가지

① 몬트리올 협정에 적용되지 않는 모든 온실가스에 대한 배출원 및 흡수원 인벤토리를 개발하고, 주기적으로 갱신 공표하며 당사국 총회에서 활용할 수 있도록 하였다.
② **기후변화를 완화하기 위한 국가 및 지역의 프로그램을 구축, 실행 및 공표하였다.**
③ 에너지, 운송, 산업, 농업, 산림 및 폐기물 등 모든 분야에서 온실가스가 감축되도록 기술 및 공정의 개발, 적용, 확산 및 이전이 증진되어야 한다.
④ 바이오매스, 산림, 해양 및 생태계와 같은 온실가스 흡수원이 보호되고 향상되도록 지속가능한 관리가 증진되어야 한다.
⑤ 기후시스템 및 변화에 관련된 과학적, 기술적, 사회·경제적 및 법률적 정보가 개방적이고 신속하게 교환될 수 있도록 공동으로 노력해야 한다.

2) 선진국 공약사항

① 국가정책을 채택하고, 온실가스 배출원 제한 및 흡수원 보호를 통해 기후변화를 완화시키는 조치를 취해야 한다.
② 이산화탄소 및 기타 온실가스의 배출량을 1990년대 수준으로 감축하기 위해 노력한다.
③ Annex Ⅱ 국가 및 선진국은 개발도상국, 특히 기후변화의 영향에 취약한 국가에 협력해야 하고, 또한 환경적으로 건전한 기술을 이전하기 위한 실제적인 조치를 취해야 한다(Annex Ⅱ 국가란 Annex I 국가들 중 동구권 국가를 제외한 OECD 24개국 및 EU 국가를 의미).

3) 공통 의무사항

공동협약의 모든 당사국들은 온실가스 배출량 감축을 위한 국가전략을 자체적으로 수립·시행하고, 이를 공개해야 함과 동시에 온실가스 배출량 및 흡수량에 대한 국가통계와 정책이행에 관한 국가보고서를 작성, 당사국 총회(COP)에 제출하도록 규정한다.

4) 특정 의무사항

① 공동·차별화 원칙에 따라 협약 당사국을 Annex I, Annex Ⅱ 및 Non-Annex I 국가로 구분, 각기 다른 의무를 부담하도록 규정한다.

② Annex I 국가는 온실가스 배출량을 1990년 수준으로 감축하기 위하여 노력하도록 규정하였으나, 강제성은 부여하지 않는다.

③ Annex Ⅱ 국가는 개발도상국에 대한 재정 및 기술이전의 의무를 갖는다.

5) 기후변화협약과 관련된 기구 및 역할

① 당사국 총회(COP ; Conference of Parties)
   최고의사결정기구로, COP/MOP(Meeting Of Parties : 교토의정서 발효 시 COP의 역할 수행)라고도 함.

② 부속 기구(Subsidiary Bodies)
   ㉮ SBSTA(Subsidiary Body for Scientific and Technological Advice) : 국가보고서 및 배출통계방법론, 기술개발 및 기술이전에 관한 실무 수행
   ㉯ SBI(Subsidiary Body for Implementation) : 협약이행 관련 사항, 국가보고서 및 배출통계자료 검토, 행정 및 재정 관리

③ 협약서 기구(Convention Bodies)
   ㉮ 전문가 그룹(Consultative Group of Experts) : Non-Annex I(비부속서 국가 I) 국가보고서 지원
   ㉯ 저개발국 전문가 그룹(Least Developed Country Expert Group) : 저개발국가의 적용대책 지원
   ㉰ 기술이전 전문가 그룹(Expert Group on Technology Transfer) : 환경친화기술 이전에 대한 자문

④ 교토의정서 기구(Kyoto Protocol Bodies)
   ㉮ CDM 이사회(CDM Executive Board) : 청정개발체제(CDM) 관련 활동(Operational Entity 지정, Certified Emission Reduction CERs 발급) 총괄
   ㉯ 관리감독위원회(Supervisory Committee) : 공동이행(JI) 사업의 관리감독
   ㉰ 의무준수위원회(Compliance Committee) : 의무준수사항 감독

(3) 교토의정서

1997년 제3차 당사국 총회에서 구체적인 감축의무를 규정한 교토의정서를 채택하였다.

• 대상 온실가스 : 6개의 온실가스(CO_2, N_2O, CH_4, HFCs, PFCs, SF_6)
• 감축목표 : 협약서 Annex I 국가 중 미국을 제외한 38개국(동구권 포함)이 1990년 대비 평균 5.2%를 감축하여야 하는 강제적 감축의무를 규정하였다.

- 의정서를 비준한 전체 Annex I 국가들의 배출량이 1990년 기준 이산화탄소 배출량의 55% 이상을 차지해야만 의정서가 발효되는 것으로 규정되어 있었다.
- 2001년 3월 미국은 중국, 인도 등 개발도상국들의 온실가스 감축의무대상국에서 제외하고 있다는 이유로 비준을 하지 않았다.
- EU 국가들의 노력으로 러시아가 2004년 10월 비준하게 됨에 따라 55% 배출량을 초과하게 되면서 러시아가 비준한 날로부터 90일이 경과된 2005년 2월 16일에 발효하게 되었다.
- 이산화탄소(CO_2), 메탄(CH_4), 아산화질소(N_2O), 수소불화탄소(HFCs), 과불화탄소(PFCs), 육불화황(SF_6) 등 **6개 가스를 감축대상 온실가스로 규정**하였다.
- Annex I 국가(총 38개국)를 분류하여 2008~2012년 동안에 1990년 기준으로 **평균 5.2%를 감축하는 것으로 규정**하였는데, 각 국가별로 −8%에서 +10%까지 차별화된 배출량 감축의무를 규정하였다(예 EU 국가들은 −8%, 일본은 −6%, 호주는 +8% 등으로 할당).
- 의무감축국가들의 자체적인 감축에 한계를 고려하여 시장원리를 도입한 **교토메커니즘을 도입**하였다.

∥ 교토의정서의 주요 내용 ∥

목표년도(3조)	2008~2012년(5년 간)	
감축대상가스 및 기준년도(3조)	CO_2, N_2O, CH_4로 1990년 기준	
	HFCs, PFCs, SF_6로 1990년 또는 1995년 기준	
Annex I 국가들의 온실가스 감축목표율	−8%	EU 국가들, 동유럽, 스위스
	−7%	미국
	−6%	일본, 캐나다, 헝가리, 폴란드
	−5%	크로아티아
	0%	러시아, 뉴질랜드, 우크라이나
	1%	노르웨이
	8%	호주
	10%	아이슬란드
흡수원(3조)	1990년 이후의 조림, 재조림, 벌목 등에 의한 흡수원의 변화 인정	
공동달성(4조)	복수의 국가가 감축목표를 공동 달성하는 것을 허용(EU 버블)	
공동이행(6조)	Annex I 국가 간의 공동 프로젝트 실시로 감축분 획득	
청정개발체제(12조)	Annex I 국가와 비부속서 I 국가의 공동 프로젝트 실시로 감축분 획득	
배출권 거래(17조)	선진국 간의 감축 할당량 거래	
발효조건(25조)	• 55개국 이상이 비준 • 비준국들이 90년도 Annex I 국가의 온실가스 배출 총량의 55% 이상을 차지하고, 55% 이상 되게끔 비준한 마지막 국가의 비준일로부터 90일 이후 발효됨.	

확인 문제 🍴

다음 중 교토의정서에 대한 내용으로 맞지 않은 것은?
① 1997년 12월 일본 교토에서 개최된 기후변화협약 제3차 당사국 총회에서 채택되었다.
② 2000년 2월 16일 공식 발효되었다.
③ 배출권 거래(Emission Trading), 공동이행(Joint Implementation), 청정개발체제(Clean Development Mechanism) 등의 제도를 도입하였다.
④ 온실가스 감축목표는 1990년 대비 5.2% 감축을 목표로 한다.

해설 교토의정서는 2005년 2월 16일 공식 발효되었다. **답** ②

1) 교토메커니즘의 종류

① **배출권거래제도(Emission Trading)** : 교토의정서 제17조에 정의되어 있으며, 온실가스 감축의무국가가 의무감축량을 초과하여 달성하였을 경우 이 초과분을 다른 온실가스 감축의무국가와 거래할 수 있도록 하는 제도이다.

㉮ 의무를 달성하지 못한 온실가스 감축의무국가는 부족분을 다른 온실가스 감축의무국가로부터 구입할 수 있음(온실가스 감축량도 시장의 상품처럼 사고 팔 수 있도록 허용한 것).

㉯ 현재 유럽에는 유럽 기후거래소, Powernext, Nordpool, 유럽 에너지거래소(EEX), 클라이맥스, 오스트리아 에너지거래소 등 총 7개가 운영됨.

㉰ EU 배출권거래제에서 운용되는 할당탄소배출권(EUA ; European Union Allowence)과 청정개발체제 사업에서 발행되는 감축거래권(CERs ; Certified Emission Reduction)은 연동되어 거래되고 있음.

② **청정개발체제(CDM ; Clean Development Mechanism)** : 청정개발체제는 교토의정서 제12조에 규정되어 있는 사항으로 선진국인 A국이 개도국인 B국에 투자하여 발생된 온실가스 배출 감축분을 자국의 감축실적으로 인정할 수 있는 제도이다.

㉮ 온실가스 감축목표를 받은 선진국이 감축목표가 없는 개도국에 자본과 기술을 투자하여 발생한 온실가스 감축분을 자국의 감축목표 달성으로 활용할 수 있고, 선진국은 보다 적은 비용으로 온실가스 감축이 가능하며, 개도국은 청정개발체제를 통한 자본의 유치 및 기술이전을 기대할 수 있는 체제

㉯ 교토의정서에서는 선진국의 온실가스 감축의무가 시작되는 시기는 2008년도로 규정되어 있지만, CDM 제도는 2006~2007년간 발생한 온실가스 감축실적도 감축거래권(CERs ; Certified Emission Reduction)으로 소급 인정받을 수 있도록 규정되어 있음(즉, 2000년 이후 개시된 청정개발체제 사업으로 확보된 탄소감축거래권(CERs)은 의무감축기간인 2008~2012년까지 활용할 수 있음).

③ 공동이행체제(Joint Implementation) : 교토의정서 제6조의 공동이행제도는 감축의 무가 있는 Annex I 국가들 사이에서 온실가스 감축사업을 공동으로 수행하는 것을 인정하는 것으로, Annex I의 한 국가가 다른 국가에 투자하여 감축한 온실가스 감 축량의 일부분을 투자국의 감축실적으로 인정하는 제도이다.

㉮ 현재 Non-Annex I 국가인 우리나라가 활용할 수 있는 제도는 아니며, 특히 EU 는 동부유럽국가와 공동이행을 추진하기 위하여 활발히 움직이고 있음.

㉯ 공동이행제도에서 발생되는 이산화탄소 감축분을 ERU(Emission Reduction Unit)라고 함.

㉰ ERU는 2008년 이후에 발행되고 있는데, 현재 ERU를 인증하는 기관(IE ; Independent Entity)은 15개가 등록되어 있음.

㉱ 공동이행체제 사업은 추진절차에 따라 2개로 구분되는데, 국가 온실가스 가이 드라인 지침에 따른 Track 1과 CDM 사업과 같이 제3차 검증인 Independent Entity(IE)와 Joint Implementation Supervisory Committee(JISC)의 통제를 통한 Track 2로 구분됨.

꼼꼼 check ✔   교토메커니즘의 종류

1. **배출권거래제도**(ET ; Emission Trading)
   온실가스 감축의무국가가 의무감축량을 초과하여 달성하였을 경우 이 초과분을 다른 온실가스 감축의무국가(부속서 국가)와 거래할 수 있도록 하는 제도
2. **청정개발체제**(CDM ; Clean Development Mechanism)
   부속서 I 국가가 비부속서 I 국가에서 감축사업을 수행하여 달성 실적 일부를 부속서 I 국가의 감축량으로 허용하는 제도
3. **공동이행체제**(JI ; Joint Implement)
   부속서 I 국가들 간에 온실가스 감축사업을 공동으로 수행하는 것을 인정하는 제도

확인 문제 🌱

국가들의 온실가스 배출량 감축을 의무화하기 위하여 교토의정서에서 도입한 메커니즘이 아닌 것은?

① 청정개발체제   ② 공동이행체제
③ ISO 국제표준   ④ 배출권거래제

해설 ISO 국제표준은 해당하지 않는다. 교토메커니즘에는 청정개발체제(CDM), 공동이행체제(JI), 배출권거래제 (ET)가 있다.

답 ③

(4) 주요 당사국 회의

제1차 당사국 총회 (독일 베를린)	2000년 이후의 온실가스 감축을 위한 협상그룹을 설치하고, 논의 결과를 제3차 당사국 총회에 보고하도록 하는 베를린 위임사항을 결정함.
제2차 당사국 총회 (스위스 제네바)	미국과 EU는 감축목표에 대해 법적 구속력을 부여하기로 합의하고 또한 기후변화에 관한 IPCC의 2차 평가보고서 중 인간의 활동이 지구의 기후에 명백한 영향을 미치고 있다는 주장을 과학적 사실로 공식 인정함.
제3차 당사국 총회 (일본 교토) [1997년]	**Annex I 국가들의 온실가스 배출량 감축의무화, 공동이행제도, 청정개발체제, 배출권거래제 등 시장원리에 입각한 새로운 온실가스 감축수단 도입 등을 주요 내용으로 하는 교토의정서가 채택됨.**
제4차 당사국 총회 (아르헨티나 부에노스아이레스)	교토의정서의 세부 이행절차 마련을 위한 행동계획을 수립하였으며, 아르헨티나와 카자흐스탄이 비부속서 I 국가로는 처음으로 감축부담 의사를 표명함.
제5차 당사국 총회 (독일 본)	아르헨티나가 자국의 자발적인 감축목표를 발표함에 따라 개발도상국의 온실가스 감축의무부담 문제가 부각되었으며, 아르헨티나 자국의 온실가스 감축부담방안으로 경제성장에 연동된 온실가스 배출목표를 제시함.
제6차 당사국 총회 및 속개회의 (네덜란드 헤이그, 독일 본)	2002년 교토의정서를 발효하기 위해 교토의정서의 상세 운영규정을 확장할 예정이었으나 미국, 호주, 일본 등 Umbrella 그룹과 EU 간의 입장차이로 협상이 결렬됨. 속개회의에서는 교토메커니즘, 흡수원 등에서 EU와 개발도상국의 양보로 캐나다, 일본이 참여하면서 협상이 극적으로 타결되어 미국을 배제한 교토의정서 체제 합의가 이루어짐.
제7차 당사국 총회 (모로코 마라케시) [2001년]	제6차 회의에서 해결되지 않았던 교토메커니즘, 의무준수체제, 흡수원 등에 있어서 정책적 현안에 대한 최종 협의가 도출되어 CDM 등 교토메커니즘 관련 사업을 추진하기 위한 기반을 마련함.
제8차 당사국 총회 (인도 뉴델리)	통계 작성, 보고, 메커니즘, 기후변화협약 및 교토의정서 향후 방향 등을 논의하였고 적응, 지속가능발전 및 온실가스 감축노력 촉구 등을 담은 뉴델리 각료선언을 채택함.
제9차 당사국 총회 (이탈리아 밀라노)	기술이전 등 기후변화협약의 이행과 조림 및 재조림의 CDM 포함을 위한 정의 및 방식 문제 등 교토의정서의 발효를 전제로 한 이행체제 보완에 대한 논의가 진행되고, 기술이전 전문가그룹 회의의 활동과 개도국의 적응 및 기술이전 등에 지원할 기후변화 특별기금 및 최빈국 기금의 운용방안이 타결됨.
제10차 당사국 총회 (아르헨티나 부에노스아이레스)	과학기술자문부속기구가 기후변화 영향, 취약성 평가, 적응수단 등에 관한 5년 활동계획을 수립하였으며, 1차 공약기간(2001~2012년) 이후의 의무부담에 대한 비공식논의가 시작됨.
제11차 당사국 총회 (캐나다 몬트리올) [2005년]	교토의정서 이행절차 보고방안을 담은 19개의 마라케시 결정문을 제1차 교토의정서 당사국 회의에서 승인함. 2012년 이후 기후변화체제 협의회(2track approach)에 합의함.
제12차 당사국 총회 (케냐 나이로비)	제12차 당사국 총회 결의문의 주요 내용은 선진국들의 2차 공약기간 온실가스 감축량 설정을 위한 논의 일정에 합의하고 개도국들의 의무감축 참여를 당사국 총회로 결정할 수 있다는 것이며, 개도국의 온실가스 감축 문제는 제13차 총회에서 재논의하기로 함.
제13차 당사국 총회 (인도네시아 발리) [2007년]	2012년 이후 선·개도국의 의무감축부담에 대한 논의가 활발히 이루어졌으며, 특히 교토의정서의 의무감축에 상응한 노력을 하기 위해 선·개도국 등 모든 국가들은 측정, 보고, 검증 가능한 방법으로 온실가스 감축을 수행하도록 하는 발리 로드맵을 채택하여 2009년 말을 목표로 협상 진행을 합의함.
제14차 당사국 총회 (폴란드 포츠난) [2008년]	2010년 이후 선진국 및 개도국이 참여하는 기후변화체제의 본격적인 협상모드 전환을 위한 기반을 마련한 회의로, 특히 2009년 6월까지 협상문의 구성요소 및 초안을 마련하자는 일정에 합의함. 그러나 발리와 2009년 12월 코펜하겐의 중간 미국의 정권교체기 등의 상황으로 인해 공유비전, 기술이전, 재원확대 등 중요 쟁점에 대해서는 선·개도국 간 입장차이를 재확인하는 수준으로 협상의 구체적 성과는 미흡한 회의로 평가됨.
제15차 당사국 총회 (덴마크 코펜하겐) [2009년]	100여 개국의 정상들이 모인 제15차 UN 기후변화협상에서는 선·개도국 간의 대립으로 난항을 겪었으며, 최종적 코펜하겐 합의라는 형태로 합의를 도출했으나 법적 구속력은 없고 선·개도국 간의 민감한 주요 쟁점들을 미해결과제로 남기고 정치적 합의문 수준으로 종료함.
제16차 당사국 총회 (멕시코 칸쿤) [2010년]	2011년 남아공 총회까지 Post-2012 기후체제 합의를 위한 협상을 지속하기로 하였으며, 기본적 내용에 합의한 감축, 재원, 적응, Measurable, Reportable, Verifiable(측정, 보고, 검증) 등에 대한 논의가 핵심이슈가 될 것으로 전망함.
제17차 당사국 총회 (남아프리카공화국 더반) [2011년]	2012년 효력이 만료되는 교토의정서를 연장하는 한편, 2015년까지 법적으로 효력이 있는 새로운 조약을 마련하고 2020년까지 이 조약을 강제적으로 적용함. 또한 주요 선진국들은 2차 공약기간 설정을 약속하였으며, 2020년 이후부터는 우리나라를 포함한 중국, 인도 등 주요 개도국이 모두 참여하는 단일 온실가스 감축체제 설립을 위한 협상을 개시하는 것에 합의하는 '더반 플랫폼(Durban platform)'을 채택함.

제18차 당사국 총회 (카타르 도하) [2012년]	제2차 교토의정서 공약기간은 2013~2020년(8년)으로 확정하고 2020년까지 1990년 대비 18%를 감축하는 새로운 감축목표를 설정하였음. 발리행동계획 관련 실무그룹 논의 종결, 더반 플랫폼 이행작업계획에 합의하였고 녹색기후기금(GCF ; Green Climate Fund)을 송도에 유치하기로 하였으며, 개도국 지원을 단기 재원수준 이상으로 향후 3년간 지속하고 개별 선진국이 재원 확대 및 조성에 관한 경로 제시를 합의하는 '도하 게이트웨이(Doha climate gateway)'를 채택함.
제19차 당사국 총회 (폴란드 바르샤바) [2013년]	Pre-2020 기후체제 수립을 위해 대회 논의하였지만 일부 선진국들의 협약내용 후퇴로 선진국과 개도국 간의 의견상충이 나타났으며, 탄소배출권 거래제 확대시행을 통한 시장 메커니즘 본격 추진과 CCS 기술 및 신재생에너지 사용 확대, 에너지효율 개선, HFCs 감축목표 강화 등 비시장 메커니즘 활용을 강화하도록 요구됨. 산림 부분에서 온실가스 감축을 위한 재정 확보에 대한 합의가 도출되었으며, 개도국에 대한 선진국의 재정 지원을 위해 기후자금 마련과 투자환경 투명성 확보가 전제되어야 할 것으로 논의됨.
제20차 당사국 총회 (페루 리마) [2014년]	각국이 정하는 기여(INDC)와 2020년 이전 기후대응 강화(Pre-2020)에 대한 당사국 총회 결정문. 新기후체제 합의문 초안 마련 시한(2015. 5.) 대비 합의문 주요 요소 논의, EU · 미국 등 17개 부속서 I 국가의 격년 보고서 제출내용에 대한 다자평가 최초 실시 및 협약이행의 투명성 제고, 녹색기후기금(GCF) 초기재원 조성 관련 논의 등이 주요 내용임. 당사국 간 의견조율 및 합의를 통한 리마 결정문이 채택됨.
제21차 당사국 총회 (프랑스 파리) [2015년]	지구온난화를 대비해 전 세계 195개국 정상들이 한자리에 모여 온실가스 배출에 대한 지속적인 관리와 책임 이행을 약속하는 내용의 '파리 기후협정문'을 채택함. 주요 목적은 산업화 이전과 비교하여 지구 평균온도의 상승폭을 2℃ 미만 수준으로 유지하는 데 있으며 궁극적으로 1.5℃까지 제한하고자 함. 이를 달성하기 위해 모든 당사국은 탄소배출량 감축에 적극 동참하고, 향후 감축목표량과 그 이행방안에 관한 내용을 담은 국가별 기여방안(Nationally Determined Contributions ; NDC)을 5년마다 제출할 의무를 가짐.
제22차 당사국 총회 (모로코 마라케시) [2016년]	파리협정의 실제적인 이행기반을 마련하는 데 중점을 두고 개최되었으며, 197개 당사국이 참석하여 세부 이행규칙 마련을 위한 실무협의를 중심으로 국가별 기여방안(NDC), 적응활동 및 전 지구적 이행점검 등 앞으로의 구체적인 작업일정과 계획을 협의하였다. 2018년까지 파리협정 이행지침을 마련할 수 있도록 각 당사국들이 자국의 분야별 이해상황을 반영하는 국가제안서를 작성하여 2017년 5월에 있을 협상회의 전까지 사무국에 제출하도록 하였으며, 제출된 국가제안서를 바탕으로 차후 심층적으로 분야별 실무논의를 진행할 예정임.
제23차 당사국 총회 (독일 본) [2017년]	군소도서국인 피지가 의장을 수임하여 기후변화 위협에 대한 적응을 중심으로 많은 논의와 성과가 있었던 것으로 평가되고 있으며 개도국들의 기후변화 적응을 위한 주요 재원 중 하나인 적응기금(adaptation fund) 관련 논의 진전이 있었으며, 손실과 피해, 여성 및 토착민 관련 문서도 채택되었음.
제24차 당사국 총회 (폴란드 카토비체) [2018년]	정의로운 전환*을 정상선언문에 반영하였으며 온실가스 감축, 기후변화 영향에 대한 적응, 감축 이행에 대한 투명성 확보, 개도국에 대한 재원 제공 및 기술이전 등 파리협정을 이행하는 데 필요한 세부 이행지침(rulebook)이 마련되었음. *정의로운 전환(just transition) : 저탄소사회로의 전환과정에서 발생할 수 있는 실직인구 등 기후 취약계층을 사회적으로 포용해야 한다는 개념
제25차 당사국 총회 (스페인 마드리드) [2019년]	최대목표는 탄소시장 지침을 타결하여 2015년 채택된 파리협정의 이행에 필요한 17개 이행규칙을 모두 완성하는 것이었으나, 거래금액 일부의 개도국 지원 사용, 2020년 이전 발행된 감축분(주로 CDM) 인정, 온실가스 감축분 거래 시 이중사용 방지 등 여러 쟁점에 대해 개도국-선진국, 또는 잠정 감축분 판매국-구매국 간 입장이 대립되면서 국제탄소시장 이행규칙에 합의하지 못하고 2020년에 재논의하기로 함.
제26차 당사국 총회 (영국 글래스고) [2021년]	각국 정부 및 민간부문 참여자들은 온실가스 감축과 탈탄소 투자에 관한 선언을 발표하며 전지구적인 기후변화 대응 노력을 강조하였으며 '글래스고 기후합의(Glasgow Climate Pact)'를 채택함. 국제 탄소시장 메커니즘(파리협정 6조)의 세부이행지침이 도출되어 2015년 합의한 파리 기후협정의 세부이행규칙을 모두 완성하였다. 이에 기후변화 영향에 대한 '적응' 및 '손실과 피해'에 대한 논의가 활발히 전개되었으며, 2025년까지 對개도국 적응재원을 2019년 대비 2배 이상 늘리기로 함
제27차 당사국 총회 (이집트 샤름엘셰이크) [2022년]	UNFCCC 채택 이후 30년만에 처음으로 '기후변화로 인한 손실과 피해 대응을 위한 재원 마련' 문제가 정식 의제로 채택되었으며, 기후변화에 가장 취약한 국가를 위한 기금 설립에 합의함. 파리협정 목적 달성 경로를 논의하기 위한 '정의로운 전환 작업 프로그램'을 설립하기로 결정함.

제28차 당사국 총회 (아랍에미리트 두바이) [2023년]	파리협정의 이행정도를 평가하는 전지구적 이행점검(GST)이 첫 시행되고, '손실과 피해' 기금이 공식 출범하여 7.9억 달러 규모의 출연금이 모여 기후변화로 인한 개도 국 피해 지원을 위한 첫걸음을 시작하였음. 기후변화로 인한 보건(Health) 의제를 최초로 다루며 다양한 주제에 대한 논의가 진행됨.

꼼꼼 check✓ 당사국 총회 개최 순서

제1차(독일 베를린) → 제2차(스위스 제네바) → **제3차(일본 교토)** → 제4차(아르헨티나 부에노스아이레스)
→ 제5차(독일 본) → 제6차(네덜란드 헤이그, 독일 본) → **제7차(모로코 마라케시)** → 제8차(인도 뉴델리)
→ 제9차(이탈리아 밀라노) → 제10차(아르헨티나 부에노스아이레스) → 제11차(캐나다 몬트리올) → 제12차
(케냐 나이로비) → **제13차(인도네시아 발리)** → 제14차(폴란드 포츠난) → **제15차(덴마크 코펜하겐)** →
제16차(멕시코 칸쿤) → **제17차(남아프리카공화국 더반)** → **제18차(카타르 도하)** → **제19차(폴란드 바르샤바)**
→ **제20차(페루 리마)** → **제21차(프랑스 파리)** → 제22차(모로코 마라케시) → 제23차(독일 본) → 제24차
(폴란드 카토비체) → 제25차(스페인 마드리드) → 제26차(영국 글래스고) → 제27차(이집트 샤름엘셰이크)
→ 제28차(아랍에미리트 두바이) → 제29차(아제르바이잔 바쿠)

1) 마라케시 합의문(Marrakeshi Accords)

교토의정서는 온실가스 감축목표를 Annex I 국가에 설정하고 개괄적인 방법론만 합
의하였기 때문에 구체적인 이행방안에 대한 협의가 필요하였고, 교토의정서 채택 이
후 3년간 어려운 협의를 하여 제7차 당사국 총회인 마라케시에서 합의하였다.

① 주요 내용

    ㉮ 의무사항(Commitments) : 교토의정서의 핵심은 Annex I에 해당하는 국가들의 배출 제한
    에 법적 구속력을 갖고 있으며, 그 외 다른 국가들은 공통 의무사항을 준수해야 함.

    ㉯ 시행(Implementation)

      ㉠ 감축의무를 지키기 위해서 Annex I에 해당하는 국가들은 국내 배출정책과 기
      준을 먼저 정해야 함.

      ㉡ 탄소흡수원을 이용하여 온실가스 배출량을 감소하도록 해야 함.

      ㉢ 국내 정책과 더불어 조약국들은 공동이행제도(Joint Implementation), 청정개
      발체제(Clean Development Mechanism), 배출권거래제(Emissions Trading)
      의 세 가지 제도를 이용할 수 있음.

    ㉰ 개도국에 대한 영향 최소화(Minimizing Impacts on Developing Countries)

      ㉠ 교토의정서와 그 정책 중에는 개발도상국들이 협약으로 인해서 특별한 불이
      익을 받지 않도록 개도국들의 필요를 고려한 조항도 포함되어 있음.

      ㉡ 기후변화에 큰 영향을 받는 열악한 환경의 개발도상국과 의정서에 의해 경제
      적 타격을 받는 국가들을 고려하고 있으며, 국가들의 적응을 돕기 위한 보조
      금의 설립 등을 제시함.

❙ 마라케시 합의문 개요 ❙

구 분	합의 내용	과제 및 문제점
배출량 거래	배출한도를 타국에 과도하게 매매하여 운용규칙을 준수하지 못하는 것을 막기 위해 일정 부분 보유 의무화	러시아 등 배출한도 잉여분의 매매 방지 불충분
공동이행	• 원자력 이용 금지 • 크레디트의 공약기간으로 이월은 초기 할당량의 2.5%를 넘지 못함.	–
CDM	• 원자력 이용 금지 • ODA(정부개발원조)의 유용 금지 • 소규모 재생에너지 등 사업절차 간소화 • 크레디트의 차기 공약기간으로 이월은 초기 할당의 2.5%를 넘지 못함.	베이스라인 과대 계산 가능성
목표의무 불이행 시 (준수사항)	수치목표의 의무를 지키지 않은 경우 • 저감할 수 없었던 양에 30%를 더해서 차기 공약기간에 덧붙여 차감 • 준수행동계획을 제정 • 배출량 거래의 이전 자격 정지	• 합의한 준수조치에 법적인 구속력 미흡 • EU-ETS는 1차 공약기간 40유로, 2차 공약기간 100유로로 패널티 적용
개도국 지원	조약하에 특별기후변화기금 및 후발개도국기금 설치	선진국 자금 각출은 정치적 문제와 연결
배출량 심사보고	• 배출량 산정방법 규칙 결정 • 각국의 배출량과 정책, 목표달성 전망에 대해서 전문가가 검토하고 심사	신속하게 미준수 여부를 파악할 수 있는 체제 구축이 과제

2) 발리 로드맵(Bali Roadmap)

2012년까지 감축의무를 규정한 교토의정서의 대상기간의 한정과 미국, 중국, 인도 등 온실가스 대량배출국가의 감축이 포함되어 있지 않은 교토의정서를 대체할 새로운 기후변화협약 마련이 필요하였기에 새로운 협약 도출을 위해 제13차 당사국 총회가 2007년 인도네시아 발리에서 개최되었다.

① 주요 내용

㉮ Post-2012 체제 기후변화협상의 기본방향 및 일정을 다음 발리 로드맵으로 채택함.

㉯ 2008년 4월부터 시작해 2009년까지 2년 동안 논의하기로 하고 덴마크 코펜하겐에서 새로운 협약을 채택하기로 함.

㉠ 기후변화 대처 노력

• 구체적인 온난화가스 배출 감축 목푯값을 정하지 않았으나 대신 온난화가스 배출을 상당히 감축(Deeper Cut)한다는 목표를 설정하는 데 합의함.

• 선진국과 개도국을 구별해 선진국의 경우는 측정, 보고, 검증 가능한(MRV ; Measurable, Reportable, Verifiable) 감축 공약을 자국의 사정을 고려하여 조치(NAMA ; National Appropriate Mitigation Action)를 취하는 것으로 결정함.

- 개도국의 경우는 기술, 재정 및 역량 형성 지원에 의한 지속가능 발전을 위하여 측정, 보고, 검증 가능한 방법(MRV)으로 국내적으로 적정한 온실가스 감축을 위한 노력을 기울이도록 되어 있음.
- ⓒ 적응기금 마련
  - 가뭄과 해수면 상승 등 기후변화로 인한 피해를 극복할 수 있도록 유엔기금을 마련하기로 하였으며, 기금 사무국은 지구환경기금(GEF ; Global Environmental Facilities) 기관으로 정함.
  - 기금 수탁처는 World Bank로 결정하였고, 적응지원을 위하여 CDM 사업 CER의 2% 적응기금 적립을 상향하는 조정방안을 논의하기로 함.
- ⓒ 산림훼손 방지(REDD ; Reducing Emmission from Deforestation and Forest Degradation in Developing Countries)
  - 개도국의 산림 개간에서 나오는 가스를 줄이기 위한 현금 지불·보호 정책은 2013년부터 개도국이 탄소 상쇄분을 선진국에 팔도록 허용해 열대우림을 태우지 않도록 유도함.
  - 산림 전용 방지뿐만 아니라 산림악화 방지, 보존까지 인센티브 제공 대상범위로 확대키로 하고 시범사업추진 등을 통해 방법론을 개발·추진하기로 합의하였지만, 인센티브 부여방식에 대해서는 합의되지 않음.

‖ 발리 로드맵 주요 내용 ‖

항 목	내 용
새 협약을 위한 추가 논의	2년 간의 협상을 지속해 2009년 덴마크 코펜하겐 총회에서 새 기후변화협약을 결정하기로 함.
온실가스 감축목표	• 선진국은 수치화된 목표는 없지만 상당히 감축(Deeper Cut)한다는 목표 제시 • 개도국은 MRV 방식에 의한 감축방안 제시
적응기금 마련	• 탄소배출권 거래 시 2%씩 징수하여 개도국의 기후변화 적응기금으로 활용 • 가뭄, 홍수, 해수면 상승 등 기후변화 피해를 돕는 유엔기금 마련
산림훼손 방지	개도국의 산림훼손을 막기 위해 인센티브 부여
기술이전	기후변화대응에 노력하는 개도국에 과학기술이전을 촉진하는 제도 확립

3) 코펜하겐 합의문

제15차 유엔기후변화 당사국 총회가 코펜하겐에서 개최되었으며, 우리나라를 비롯한 미국, 일본, 중국 등 105개국 국가 정상이 참석하여 2012년 이후 온실가스 감축체제에 관하여 협상을 진행하였다.

① 주요 내용

㉮ 2020년 감축목표는 교토의정서상의 의무감축국은 1990년 대비 25~40%, 개도국은 2020년 경제성장 규모의 15~30%를 감축목표로 설정할 것을 권고, 그것을 기초로 협상회의가 시작됨.

　　㉯ 발리행동계획 합의사항에 따라 선진국과 개도국이 모두 참여하는 Post-2012 온실
　　　가스 감축체제에 대한 합의를 코펜하겐 회의에서 결정하기로 설정하였기에 많은
　　　관심 속에서 회의가 개최됨.

　　㉰ 새로운 감축체제의 설립과 관련하여 선진국과 개도국 간의 극심한 대립으로 Post-2012
　　　기후체제에 관한 구속력 있는 합의는 물론, 향후 협상 타결을 위한 포괄적인 정치적
　　　합의문 채택에 실패함.

▌주요 의제별 선·개도국 의견 ▌

선진국	주요 쟁점	개도국
모든 국가의 일괄감축	2020년 감축목표	선진국의 Deeper Cut 감축 주장
제3자 검증 필요	측정, 보고, 검증	국가별 감축보고서 제출
연간 400억 달러 수준	개도국 재정지원 규모	2020년 선진국 GDP의 0.5%인 연간 2,500억 불
EU, 일본 등은 완전폐기 후 새 협정비준 주장	교토의정서 존폐	아프리카 등 개도국은 교토의정서 유지 주장
법적 구속력 있는 국제조약 형식 주장	법적 구속력	중국, 인도 등 각국의 자율적 감축방식 주장

② 합의문의 의의

　　㉮ 문안 작성 작업에서 배제된 개도국들의 반발로 총회 차원에서 채택되지는 못하였
　　　으나 첨예한 대립상황에서 주요 선진국과 개도국이 모두 참여하여 최대 공약수를
　　　도출하였다는 데 의의가 있음.

　　㉯ 합의문은 일단 앞으로 서명할 국가들 사이에서만 유효하나 협상 진전의 토대를 마
　　　련한 것으로 향후 협상에서 중요한 기준이 될 것으로 예상됨.

4) 2012년 이후 국제 기후변화 대응정책 동향

2012년 이후 대응체제 : EU 주도의 교토체제, 미국 주도의 기술협약체제

• EU 주도의 교토체제 : 구속적인 감축목표와 하향식(Top-down) 목표설정방법을 지
  지하고 있으며, 최근 UN 고위급 회의를 거쳐 2007년 12월 발리 당사국 회의에서 채
  택된 Bali Action Plan을 근거로 우리나라를 비롯한 중국, 인도, 브라질 등 보다 많
  은 의무감축국가의 확대를 고려하고 있음.

• 미국 주도의 아·태 파트너십(APP), 17개국 회의체 : 미국 부시 대통령은 G-8 정상
  회의('07.5.31) 이전 현재의 교토의정서 방식과 다른 별도의 포스트 교토 협상체제
  를 제안하였고, 2009년 9월 27일 첫 회의를 시작으로 전 세계적인 중장기 온실가스
  감축목표와 국가의 단기·중기 감축목표 설정을 위한 합의 도출을 시도할 계획이라
  고 밝혔었음.

- 미국의 행정부가 오바마 정부로 교체되었어도 부시 행정부와 마찬가지로 자발적인 중장기 목표를 발표하였는데 비구속적 감축목표, 상향식(Bottom-Up) 자발적 목표 설정방식을 지향하는 17개국 회의체는 다양한 입장을 가지고 있는 국가들이 모두 참여하고 있어 공동의 목표수립이 쉽지 않을 것이라는 것이 전문가들의 전망이었고, 이 역시 지난 코펜하겐 회의에서 확실히 보여줌.
- 코펜하겐 협상 실패 이후 현재 각 당사국들은 UN 체제에서 타협을 이루기 위해 지속적으로 회의를 개최하고 협상하고 있음.
- 현재 온실가스 감축에 대해 국제사회가 논의 중인 일반적인 가이드 라인은 선진국 그룹은 1990년 대비 25~40% 삭감, 개도국 그룹은 BAU 대비 15~30% 삭감 수준임.

① Stern 보고서

　㉮ 스턴은 약 700페이지에 달하는 방대한 보고서를 통해 기후변화로 인한 최악의 결과를 피하기 위해서는 매년 전 세계 GDP 1%의 투자가 필요한 반면, 그렇게 하지 않는다면 이로 인하여 실제 GDP가 예상 GDP보다 약 20% 정도 낮아질 수 있다고 발표함.

　㉯ 기후변화 정책의 바람직한 목표(Goal)에 대하여 세계가 함께 이해하는 것이 활동의 귀중한 토대가 될 것임을 과학과 경제학은 시사하고 있음.

　㉰ 대기 중 온실가스의 최종 농도의 특정 목표(Target) 범위를 지향하는 것은 정책 결정자들에게 이해할 수 있고 유용한 지침을 제공할 수 있음.

　㉱ 가능한 빨리 내려야 할 첫 번째 중요 결정은 강력한 행동이 정말로 필요하고, 긴박하다는 것임.

　㉲ 정확한 안정화 목표에 대한 당장의 합의를 필요로 하지 않지만, 함께 이해하면서 올바른 방향으로 조치를 시작하는 중요성에 대한 합의를 필요로 함.

② 선진국의 기후변화 정책 및 동향

　㉮ 온실가스 감축목표를 제시하는 방식 : 절대량 기준 방식(기준년도 대비 감축량을 제시), 전망치 기준 방식(배출전망치(BAU ; Business As Usual) 대비 감축량을 제시)

　㉯ 기준년도 대비 감축량 제시 : 주로 Annex I에 속하는 선진국들이 채택하는 방식

　㉰ 배출전망치 대비 감축량 제시 : IPCC가 개도국에 권고하는 방식

　㉱ 두 가지 방식은 기본적으로 현재 수준에서 획기적으로 감축해야 하는 의무를 가지는 선진국과 경제성장을 위해 어느 정도 배출량 증가가 불가피한 측면이 있는 개도국 간의 의무부담에 차이를 두기 위한 설정임.

　㉲ 선진국들을 중심으로 중기(2020년) 및 장기(2050년) 온실가스 감축목표들이 제시되고 있으며, 최근 이러한 목표들이 점차 강화되어 발표되고 있음(목표를 평가하는 기준은 IPCC가 제시한 1990년 대비 25~40% 삭감(선진국) 및 BAU 대비 15~30% 삭감 수준이라 볼 수 있음).

㉠ 미국
- 미국은 기후변화협약 및 교토의정서 체결을 주도하였으나, 부시 행정부의 출범과 함께 2001년 3월 교토의정서 비준을 거부하고 기술혁신에 의한 자발적 온실가스 감축을 주장하면서 국제사회에서 이를 관철시키기 위하여 주요 경제국 회의(MEM)를 주도하여 UN 차원의 기후변화 논의를 약화시킴.
- 오바마 행정부의 출범과 함께 다시 UN 기후변화협상에 복귀를 선언하고[3], 국내적으로도 온실가스 감축을 위한 대책들을 쏟아내고 있는 상황임.
- 2009년 3월 하원에서 발의된 미국의 「청정에너지 안보법(일명 Waxman-Markey 법안)」은 우리나라의 「저탄소 녹색성장 기본법」과 같이 기후변화 대응을 위한 기본법적 성격을 가지는 법안으로서, 2020년까지 총량제한 배출권거래제의 제한을 받는 배출량을 당초 20%까지 삭감하겠다고 제안되었으나, 하원 논의 과정에서 17%로 후퇴하여 통과된 상태임.
- 2021년 3월 31일에 발표한 미국 일자리 계획(The American Jobs Plan)에 따르면, 미국은 기후위기를 대처하기 위한 연구개발에 향후 10년간 350억 달러를 투자할 것을 제시하였으며, 세부적인 방향으로는 ARPA-C 설립, 기후변화 관련 연구, 에너지기술 실증(대규모 에너지 저장, 탄소 포집 및 저장, 수소, 고등원자력기술, 희토류 원소분리, 부유식 해상 풍력, 바이오연료/바이오제품, 양자 컴퓨팅, 전기자동차 등)에 투자를 제시함.

㉡ EU
- EU는 산업화 이전 대비 지구 기온의 2℃ 이내 상승 억제를 대전제로 자체적인 중기 온실가스 감축목표로 2020년까지 1990년 대비 20% 감축을 제시하였고, 협상 경과에 따라 30% 상향 조정도 가능하다면서 2050년까지는 50% 이상을 감축하겠다고 발표함.
- 영국의 경우 배출권거래제도를 비롯한 많은 탄소시장 정책을 주도적으로 이끌어 왔으며, 2008년 11월 기후변화법을 의회에서 승인받아 1990년 대비 2020년까지 26%, 그리고 2050년까지는 80% 감축목표를 설정하고, 탄소예산을 통해 단계별 할당을 설정하였고 민간부분 간의 상호협력과 피드백을 매우 중요하게 생각하고 있음.
- 프랑스는 2008년 12월 신환경법을 하원에 의결시켰는데 주요 목표는 20년까지 가장 효율적인 탄소 경제체제 구축으로 건물부문에서 20년까지 최종에너지 소비 40%를 감축하고, 교통부문에서 20%를 감축하는 등 기업의 감축을 유도하기보다는 사회적 감축을 통한 목표를 설정하였으며 2050년까지 1990년도 대비 75%를 감축한다는 야심찬 목표를 설정함.

---

3) 그러나 선진국 의무감축 중심의 교토체제에는 여전히 반대하고 있다.

- 독일의 경우는 2020년까지 1990년 대비 약 40%를 감축하는 목표를 설정

- EU의 기후변화 대응전략은 1991년 최초로 수립되어 2000년 유럽의 기후변화 프로그램(ECCP ; The European Climate Change Programme) 설치를 통하여 총괄적으로 운영되고 있음.

- ECCP는 정부, 기업, NGO 등 다양한 이해관계자의 참여를 기반으로 하고 있으며, ECCP 최초의 중장기 계획인 2000~2005년 대응정책은 11개 워킹그룹을 구성하여 배출권거래제, 에너지 수요, 수송 및 농업부문의 전략 등을 수립(2003년 EU ETS와 2004년 연계정책(Linking Directive)에서는 교토메커니즘의 적극적 활용을 위한 정책적 토대를 마련함)

- 독일은 '기후행동 프로그램 2030' 내 연구개발 및 혁신에 대한 24개 분야4)를 제시하고, 2045년 탄소중립 목표 설정에 따라 기후행동 프로그램에 '22년부터 즉시 80억 유로가 추가로 투자됨.

- 영국은 '녹색산업혁신에 대한 10대 중점계획'으로 전력, 건물, 산업 분야에 대한 혁신적인 저탄소기술, 시스템, 프로세스 상용화를 위하여 10억 파운드 규모의 '탄소중립 혁신 포트폴리오(Net Zero Innovation Portfolio)'를 수립함. 포트폴리오에 대한 10대 중점 분야로는 차세대 해상풍력, 첨단모듈식 원자로, 에너지 저장, 바이오에너지, 수소, 가정, 공기 중 탄소 직접포집(DAC) 및 온실가스 제거, CCUS, 산업용 연료 전환, 파괴적 기술을 제시함

- 프랑스는 'France 2030'으로 프랑스가 달성해야 할 10개 목표 중 6개를 탄소중립과 연계함. 원자력, 재생에너지를 활용한 그린 수소연료전지 등을 생산하는 GW급 발전소 건설 및 풍력, 태양광 등에 투자함. 또한 철강, 시멘트, 화학공정상 배출되는 CO_2 배출량을 줄이기 위한 산업탈탄소화를 위해 디지털 및 로봇기술 등을 활용하며, 2030년까지 200만 대의 전기 및 하이브리드 차량 및 최초의 저탄소 항공기를 생산하고, 디지털, 로봇, 유전 기술을 활용하여 식품에서 배출할 수 있는 이산화탄소를 저감하기로 함.

- EU 집행위원회는 환경적으로 지속가능한 활동에 대한 투자를 지원하는 것을 목표로 하는 EU Taxonomy Climate Delegated Act(녹색산업 분류체계에 관한 규정)를 2022년부터 적용하였으며, 이는 유럽을 탄소중립으로 만들기 위한 EU의 전반적인 노력의 일부로, 기후변화 완화 및 적응에 실질적으로 기여하는 활동을 정의하기 위한 기준을 제공하고, 제공된 기준은 정기적으로 검토를 통한 부문과 활동을 확대하여 더 많은 경제활동과 환경목표를 포함하도록 함.

---

4) 그린수소, 수소 저장 및 운송, 메탄 열분해, 풍력, 태양광, 바이오, 에너지 그리드, 에너지 저장, 디지털화, 배터리 공급, 체인역량 구축, 산업분야 온실가스 감축, 난방시스템, 건물 신축/개조, 미래건축, OME 활용 합성연료, 육상/해상/항공 혁신기술, DAC, 산업 CO_2 활용, 토양, 에어로졸, 클라우드 및 미량가스 연구 및 정책, 역량배양 등

- 탄소국경조정제도(CBAM ; Carbon Border Adjustmennt Mechanism)는 EU ETS(Emissions Trading Schemes, 탄소배출권거래제)에 따른 탄소누출 방지를 위해 탄소비용이 반영되지 않은 수입품에 대해 EU 생산제품과 동일한 수준의 탄소비용을 부과하는 제도로, 2023년 5월 발효됨. 전환기간은 2023년 10월부터 2025년 12월까지이고, 2026년부터 본격 시행 예정이며, 2026~2023년 3년간 EU ETS 무상할당 폐지가 추진될 예정임. 대상 수출업종은 철강, 알루미늄, 비료, 시멘트 등이 포함됨.

ⓒ 일본
- 일본은 우리나라와 비슷하게 2008년 10월 중기목표 검토위원회가 설립되어 6가지 시나리오를 제시하였고, 이에 대한 각계의 의견을 수렴하여 결론을 내려 2009년 6월 UN 기후변화 협상에서 이를 일본 정부의 입장으로 국제사회에 공식 발표함.
- 소극적인 감축목표라는 국제사회의 비난여론이 있었으며 하토야마 내각은 기후변화 대응에 있어 이전의 자민당 내각에 비해 훨씬 적극적인 입장을 취하고 있고, 중기 감축목표는 1990년 대비 8% 감축에서 25% 감축으로 훨씬 강화하여 발표함.
- 당초 민주당이 제출한 기후변화 대책법안을 다시 추진하고 있는 상황으로, 현재의 자발적 참여방식의 배출권거래제를 폐기하고 총량제한 배출권거래제를 추진하겠다는 등의 내용을 담고 있었음.
- 코펜하겐 회의에서 일본은 절대감축량에 따른 의무감축을 지지하고 있는 것처럼 보이나, 내심 미국의 자발적 감축목표도 지지하고 있는 상황임.
- 일본은 EU와 함께 Sectoral Approach(부문별 접근) 방식을 통하여 선·개도국 간의 공동감축을 이행하도록 제안함.
- 최근 호주 및 EU가 Sectoral Crediting을 주장하고 있어 다시 한 번 일본은 관심을 갖고 있는 상황임.
- 2050년 탄소중립 실현을 위해 그린이노베이션 기금으로 NEDO에 2억 엔을 조성하고, 탄소중립 목표 달성에 적극적으로 기여하는 기업에는 10년간 연구개발부터 실증, 상용화까지 지원
- 지급대상은 녹색성장 전략에 따른 14개 산업분야[5])에서 정책적 효과가 크고, 상용화까지 장기간 지원이 필요한 기술에 지원

---

5) ① 해상 풍력·태양광·지열(차세대 재생가능 에너지), ② 수소·연료 암모니아, ③ 차세대 열에너지, ④ 원자력, ⑤ 자동차·축전지, ⑥ 반도체·정보통신, ⑦ 선박, ⑧ 물류·인류·토목 인프라, ⑨ 식료·농림수산업, ⑩ 항공기, ⑪ 탄소 리사이클, ⑫ 주택·건축물 산업·차세대 전력관리, ⑬ 자원순환, ⑭ 라이프스타일

③ 개도국의 기후변화 정책 및 동향

㉮ 개도국 : 중국, 남아공, 브라질, 인도 등

㉯ 남아공 : 교통분야에 탄소배출가스 감축을 연료부담금 및 환경부담금을 부과하기로 결정함.

㉰ 중국, 인도 : 2020년 BAU 대비 2005년 기준 GDP 원 단위로 중국은 40~45%를, 인도는 20~25%를 감축하기로 함.

㉠ 중국

• 2006년을 기준으로 화석연료 사용으로 인한 온실가스 배출량 1위

• COP 15 회의에서 미국과 EU 등 모든 선진국가들이 중국의 의무감축국가 편입을 위해 회유와 압력을 가함.

• 2007년 중국은 National Climate Change Programme을 발표하고 2010년까지 2005년 대비 GDP당 에너지 소비량 20% 감축과 20년까지는 30%를 추가 감축하겠다고 하였으며, 신재생에너지 비율을 10%까지 확대하겠다고 발표하였음.

• 많은 선진국들은 지속적으로 중국의 보다 적극적인 의무감축을 요구하였기에 최근에 국제사회의 움직임에 편승하고 지속가능한 성장을 위해 저탄소 경제로의 전환을 적극 시도·발표하면서 2020년까지 GDP당 CO_2 배출량을 2005년 수준 대비 40~45% 감축목표를 제시

• 세부적 감축방안으로 기존의 '신재생에너지 중장기 발전계획'을 대폭 수정하여 풍력과 태양광 발전 능력을 각각 5배, 10배 이상 확대하였고, 전기자동차와 하이브리드 자동차 연구개발지원, 시장조성 및 인프라 건설에 대한 투자를 확대하고 있음.

• 2025년까지 산업구조, 에너지구조, 운송구조 최적화 및 녹색 저탄소 순환 발전의 생산체계/유통체계/소비체계 구축, 2035년까지 핵심산업 및 제품의 에너지자원 이용효율을 선진국 수준으로 향상시키는 목표를 수립함.

㉡ 인도

• 1999년을 기준으로 온실가스 전 세계 총 배출량의 52%를 차지하는 다배출 5개국의 하나로, CO_2를 약 2억4천6백만 톤을 배출하고 있지만, 1인당 배출량을 본다면 0.25t으로 매우 낮음.

• 인도는 중국과 마찬가지로 이산화탄소 배출 비중이 GDP의 생산비중보다 월등히 높은 그룹에 속하며, 이는 탄소집약도[6]가 549로 매우 높음.

---

6) 탄소집약도란 소비한 에너지로 인해 배출된 CO_2량을 총 에너지 소비량으로 나눈 값으로 탄소집약도가 높다는 것은 상대적으로 탄소 함유량이 높은 에너지 사용 비율이 높다는 것임.

- 기본정책의 원칙 : 오염배출원자 부담을 적용하고 시장 메커니즘을 통한 환경 및 자원보호를 위한 비용으로 사용함.
- UN Millenium Declaration을 근거로 저출산을 통한 온실가스 저감과 자원 및 국토 면적의 문제도 해결하려고 계획 중이며, 수력 및 재생에너지를 활용한 온실가스 및 오염물질 배출저감을 실시하고 있음.
- 주요 오염된 하천의 정화사업을 통하여 수질과 식량 및 보건증진으로 적응 능력 향상에 노력을 기울이고, 2012년까지 10%의 고용을 통해 빈곤을 퇴치하여 1인당 수입을 두 배로 증가시키려는 계획을 수립함.
- 인도에서 석탄은 지속적인 상업적 에너지원으로 사용되기 때문에 에너지 효율을 증대시키고 이상적인 석탄 사용과 가격 결정, 그리고 민간부문의 참여와 기술증진을 통하여 해결하려고 노력하고 있음.
- 주요 대책 : 신재생에너지 확대, 대규모 수력발전 프로젝트 수행, 전기의 송배전 손실률 최소화, 에너지 효율 증대의 벤치마킹, 에너지 집약적 산업 및 자동차에 에너지 절약 목표제, 가스점화방지, 열손실 방지, 그리고 이중연료 엔진의 사용 등
- 2009년 12월 감축목표를 발표하였으며, 2005년을 기준으로 단위 GDP당 CO_2 배출량을 2020년까지 24%, 2030년에는 37% 감축하겠다고 발표함.
- 현재는 2050년까지의 감축목표량 설정에 반대하는 입장(선진국과의 형평성을 고려한다면 개도국은 감축목표를 설정해서는 안 된다는 입장)
- 온실가스의 주 배출국으로 분류되는 것을 반대하는 입장
- 기술에 있어서는 미국과 재생에너지 및 청정기술분야에서의 공동연구개발들을 수행하고 기후변화 문제와 관련해선 서로 협력하기로 결정하는 등 자국의 이익을 충분히 고려한 협상을 하고 있으며, 무엇보다도 CDM 사업을 통하여 가장 혜택을 본 국가들 중 하나임.

ⓒ 우리나라
- 현재 우리나라는 세계 11위의 경제규모와 9위의 온실가스 배출규모를 가지고 있음(2019년 기준).
- 과거 150년의 역사적 배출 총량으로 따져도 16위로 국제적 온실가스 감축 의무에서 자유로울 수 있는 상황이 아님(2019년 기준).
- **파리협정 이후 2030년까지 2018년 온실가스 배출량 대비 35% 이상 감축을 목표로 NDC 상향안을 제출하였으며, 「탄소중립기본법」상 감축 목표도 이와 동일하게 수정됨.**

01 다음 중 용어의 설명이 잘못된 것은?

① 지구온난화지수 : 잘 혼합된 온실가스의 복사 특성에 기초하여 현재 대기의 잘 혼합된 온실가스 단위질량의 복사강제력을 일정 기간에 대해 적분하여 CO_2의 복사강제력과 비교한 지수

② 배출권거래 : 온실가스 배출량을 배출능력 아래로 저감하는 국가들은 국내외 다른 배출원의 배출량을 상쇄하기 위해 여분의 감소량을 사용하거나 거래하는 제도

③ 청정개발체제 : 부속서 Ⅰ 국가와 비부속서 Ⅰ 국가에서 감축사업 수행달성 실적의 일부를 부속서 Ⅰ 국가의 감축량을 허용하는 제도

④ 공동이행체제 : 선진국 간, 선진국과 개도국 간의 온실가스 감축사업을 공동으로 수행하는 것을 인정하는 제도

해설 공동이행체제는 부속서 Ⅰ 국가들 간에 온실가스 감축사업을 공동으로 수행하는 것을 인정하는 제도를 의미한다.

02 기후변화 문제에 대처하기 위하여 세계기상기구와 유엔환경계획이 1988년 공동 설립하였고, 4차에 걸친 보고서를 통해 기후변화 추세, 원인, 영향, 대응 등을 분석한 국제기구의 이름은?

① UNFCCC   ② IPCC
③ GCF   ④ WHO

해설 IPCC에 대한 설명이다.

03 지구 온난화로 인한 기온상승에 대한 설명으로 틀린 것은?

① 기온상승은 북반구 고위도로 갈수록 더 크다.

② 육지보다 해양이 더 빠른 온도상승을 보인다.

③ 북반구의 적설이 지속적으로 감소하는 추세를 보인다.

④ 지구의 평균 온도는 지난 100년 동안 약 0.74℃ 상승하였다.

해설 해양보다 육지가 더 빠른 온도상승을 보인다.

04 기후변화에 대한 정부 간 패널(IPCC) 특별대책반의 역할로 틀린 것은?

① 배출계수 데이터베이스 운영

② 국가 온실가스 배출목록 작성을 위한 프로그램 가동

③ 인간활동으로 발생한 온실가스 증가로 인한 영향을 예측

④ 국가 온실가스 배출 가이드 라인 및 최우수 사례 가이드 라인 작성

해설 ③은 IPCC Working Group 1(기후변화 과학분야)의 역할이다.

05 다음 중 IPCC Working Group 3에 해당하는 설명으로 알맞은 것은?

① 기후변화에서의 온실가스의 효과 측정 등에 대한 폭넓은 과학적 평가를 수행

② 인간활동으로 발생한 온실가스 증가로 인한 영향을 예측

③ 지구 온난화의 사회 · 경제적 파급효과 분석 및 기후변화협약 체제 설립

④ 농업 및 산림, 지구 자연생태시스템, 수자원, 인류정착지, 해안지방 및 계절별 강설, 빙하 및 영구 동결층에 대한 지구 온난화 영향평가

해설 ①, ②는 Working Group 1인 기후변화 과학분야를 의미하며, ④는 Working Group 2 기후변화 영향평가의 적응 및 취약성 분야에 해당하는 내용이다.

06 IPCC 제4차 보고서의 내용으로 틀린 것은?

① 인간활동에 의한 전 지구 온실가스 배출량은 산업시대 이전에 비해 1970~2004년 70% 증가하였으며, 이 중 CO_2의 연간 배출량은 약 80% 증가하였다.
② 지난 100년 동안 지구 표면의 대기 평균 온도가 0.3~0.6℃ 상승했고 해수면 높이는 10~15cm 상승했으며, 산업활동 및 에너지 이용 시스템이 현 상태로 계속될 경우 이산화탄소 배출량이 해마다 1.7배 늘어날 것으로 전망했다.
③ 현재의 발전 시나리오를 유지할 경우 21세기 말 기온은 20세기 말 대비 최대 6.4℃, 해수면은 최대 59cm 상승할 것으로 전망하였다.
④ 인위적인 온난화와 해수면의 상승은 온실가스 농도가 안정화되더라도 기후변화의 관성과 피드백 때문에 수백 년간 지속될 것이라 전망하였다.

해설 ②는 1990년에 발표한 1차 특별보고서에 포함되어 있는 내용이다.

07 다음 중 기후변화협약(UNFCCC)에서 선진국의 공약사항으로 옳지 않은 것은?

① 국가정책을 채택하고, 온실가스 배출원 제한 및 흡수원 보호를 통해 기후변화를 완화시키는 조치를 취해야 한다.
② 이산화탄소 및 기타 온실가스의 배출량을 1990년대 수준으로 감축하기 위해 노력한다.
③ Annex Ⅱ 국가 및 선진국은 개발도상국, 특히 기후변화의 영향에 취약한 국가에 협력해야 한다.
④ 기후변화를 완화하기 위한 국가 및 지역의 프로그램을 구축, 실행 및 공표해야 한다.

해설 ④는 공통 공약사항 5가지 중 하나의 내용이다.

08 교토의정서의 주요 내용 중 6개의 가스를 감축 대상 온실가스로 규정하였다. 다음 중 아닌 것은?

① CO
② N_2O
③ SF_6
④ CO_2

해설 6대 온실가스 : 이산화탄소(CO_2), 메탄(CH_4), 아산화질소(N_2O), 수소불화탄소(HFCs), 과불화탄소(PFCs), 육불화황(SF_6)

09 교토의정서 의무감축국의 1차 감축기간은 다음 중 어디인가?

① 1998~2002년
② 2003~2007년
③ 2008~2012년
④ 2013~2017년

해설 교토의정서 의무감축국의 1차 감축기간은 2008년부터 2012년까지이다.

10 국가들의 온실가스 배출량 감축을 의무화하기 위하여 교토의정서에서 도입한 메커니즘이 아닌 것은?

① 청정개발체제
② 공동이행체제
③ ISO 국제표준
④ 배출권거래제

해설 ISO 국제표준은 해당하지 않는다. 교토메커니즘에는 청정개발체제(CDM), 공동이행체제(JI), 배출권거래제(ET)가 있다.

11 다음 중 청정개발체제로 인한 선진국의 편익으로 틀린 것은?

① 사회 간접자본의 확충
② 새로운 투자기회의 확대
③ 신기술 및 첨단기술에 대한 시장 확보
④ 온실가스 배출 저감 비용의 절감 및 의무 달성의 유연성 확보

해설 ①은 개도국의 편익에 해당한다.

Answer 06.② 07.④ 08.① 09.③ 10.③ 11.①

12 교토의정서의 Annex B 국가 중 온실가스 감축목표율이 0%가 아닌 국가는?

① 러시아
② 뉴질랜드
③ 우크라이나
④ 크로아티아

> **해설** 교토의정서에 의하면 크로아티아는 −5%의 감축목표 의무가 있다.

13 다음 중 교토의정서의 주요 내용 및 특징으로 틀린 것은?

① 구속적인 감축목표를 가진다.
② 상향식 목표설정방법을 지지한다.
③ 목표년도는 2008년부터 2012년까지 5년간이다.
④ 감축대상 가스는 이산화탄소, 메탄, 아산화질소, 수소불화탄소, 과불화탄소, 육불화황의 6가지이다.

> **해설** 교토의정서는 하향식 목표설정방법을 지지한다.

14 다음 중 교토의정서에 대한 설명으로 틀린 것은?

① Annex I 국가의 경우 1990년 대비 평균 5.2% 감축하여여 한다.
② 1997년 제4차 당사국 총회에서 구제적인 감축의무를 규정하였다.
③ 미국, 중국, 인도 등은 감축의무 대상국에서 제외하고 있다.
④ 1990년 이후의 조림, 재조림, 벌목 등에 의한 흡수원의 변화를 인정하였다.

> **해설** 1997년 교토에서 시행된 당사국 총회는 제3차 당사국 총회이다.

15 교토의정서의 각 국가별 온실가스 감축목표율로 틀린 것은?

① 노르웨이, −7%
② 일본, −6%
③ EU 국가들, −8%
④ 크로아티아, −5%

> **해설** 노르웨이의 경우 온실가스 감축목표율이 1%이다.

16 교토의정서 발효 후 대한민국이 이 협약에 비준한 때는 언제인가?

① 2000년
② 2002년
③ 2004년
④ 2006년

> **해설** 협약에 비준한 시기는 2002년이다.

17 다음 중 교토의정서에 대한 내용으로 맞지 않는 것은?

① 1997년 12월 일본 교토에서 개최된 기후변화협약 제3차 당사국 총회에서 채택되었다.
② 2000년 2월 16일 공식 발효되었다.
③ 배출권거래제(Emission Trading), 공동이행체제(Joint Implementation), 청정개발체제(Clean Development Mechanism) 등의 제도를 도입하였다.
④ 온실가스 감축목표는 1990년 대비 5.2% 감축을 목표로 한다.

> **해설** 교토의정서는 2005년 2월 16일 공식 발효되었다.

18 다음 중 교토의정서의 Annex I 온실가스 의무 감축국이 아닌 나라는?

① 영국
② 일본
③ 호주
④ 한국

> **해설** 한국은 Annex I 국가에 포함되어 있지 않다.

19 교토메커니즘 중 하나로 Annex I 국가가 공동으로 온실가스 감축활동을 실시하여 투자국이 그 감축량을 자국의 감축분으로 이용할 수 있는 시스템은?

① CDM   ② JI
③ ET   ④ CER

해설 JI(공동이행체제)는 국가 간 온실가스 감축을 통해 자국의 감축분으로 이용할 수 있는 제도를 말한다.

20 Annex I 국가들의 온실가스 배출량 감축의무화, 공동이행제도, 청정개발체제, 배출권거래제 등 시장원리에 입각한 새로운 온실가스 감축수단의 도입 등을 주요 내용으로 하는 당사국 총회는 몇 차이며, 어느 지역에서 개최하였는가?

① 제2차 당사국 총회 – 스위스 제네바
② 제3차 당사국 총회 – 일본 교토
③ 제7차 당사국 총회 – 모로코 마라케시
④ 제11차 당사국 총회 – 캐나다 몬트리올

해설 교토에서 개최된 제3차 당사국 총회를 말한다.

21 기후변화협약체제의 최고 의사결정기구인 당사국 총회 중 연도와 장소가 일치하지 않는 것은?

① 1995년, 베를린   ② 1997년, 도쿄
③ 2005년, 몬트리올   ④ 2009년, 코펜하겐

해설 1997년 제3차 당사국 총회는 일본 교토에서 개최하였다.

22 다음 중 각 당사국 총회의 회차와 개최국이 일치하지 않는 것을 고르면?

① 제3차 당사국 총회 – 일본 교토
② 제5차 당사국 총회 – 독일 본
③ 제9차 당사국 총회 – 모로코 마라케시
④ 제11차 당사국 총회 – 캐나다 몬트리올

해설 제9차 당사국 총회는 이탈리아 밀라노에서 개최되었다. 모로코 마라케시에서 개최된 당사국 총회는 제7차 당사국 총회이다.

23 다음 중 당사국 총회(COP)에 대한 설명으로 옳지 않은 것은?

① 당사국 총회는 제1차 당사국 총회 이후에 매년 개최된다.
② 당사국 총회가 필요하다고 인정하거나 당사국의 서면요청이 있는 경우에는 특별 총회가 개최된다.
③ 특별 총회는 사무국이 서면요청 이후 당사국에게 통보한 5개월 이내 최소한 당사국 3분의 1 이상의 찬성이 있을 경우에만 개최된다.
④ 제1차 당사국 총회는 1995년 독일의 베를린에서 개최되었다.

해설 특별 총회는 사무국이 서면요청한 이후 당사국에게 통보한 5개월 이내에 개최된다.

24 2010년 12월 멕시코 칸쿤에서 열린 UN 기후변화협약 제16차 당사국 총회에서 선진국이 개도국의 기후변화 대응을 지원하기 위해 설립한 것으로 인천 송도에 유치를 확정한 이것은 무엇인가?

① IPCC   ② UNFCCC
③ COP   ④ GCF

해설 기후변화기금(GCF)에 관한 설명이다.

25 2007년 12월에 열린 유엔기후변화협약 당사국 총회에서 포스트 교토에서의 기후변화 대응체제를 결정하는 새 기후변화협상을 담은 이것을 채택하였는데, 다음 중 어느 것인가?

① 교토의정서   ② 발리 로드맵
③ 포스트 교토협약   ④ 스톡홀름협약

해설 발리 로드맵에 관한 설명이다.

Answer   19.②   20.②   21.②   22.③   23.③   24.④   25.②

26 기후변화 국제협상의 당사국 총회 개최장소 및 연도로 알맞은 것은?

① 1992년, 제1차 당사국 총회, 브라질 리우
② 1997년, 교토의정서, 일본 교토
③ 2005년, 발리 로드맵, 인도네시아 발리
④ 2009년, 칸쿤 결정문, 덴마크 코펜하겐

해설 당사국 총회의 장소 및 연도는 다음과 같다.

연 도	COP	개최장소
1992	UN 기후변화협약	브라질 리우
1997	COP 3 교토의정서	일본 교토
2005	COP 11	캐나다 몬트리올
2007	COP 13 발리 로드맵	인도네시아 발리
2009	COP 15 코펜하겐 합의문	덴마크 코펜하겐

27 제3차 당사국 총회인 교토의정서의 주요 내용이 아닌 것은?

① 6대 온실가스 규정(Annex A)
② 기후변화협약의 목표를 달성하기 위한 실행법적 역할 제시
③ 선진국에 구속력 있는 온실가스 감축목표 규정 (Annex B)
④ 선진·개도국이 모두 참여하는 Post-2012 기후체제협상을 2000년도까지 종료하기로 합의

해설 ④는 2007년 제13차 당사국 총회인 발리 로드맵의 주요 내용이다.

28 제16차 당사국 총회인 칸쿤회의에 관한 설명으로 옳은 것은?

① Post-2012 기후체제 합의를 위한 협상을 지속하기로 하였으며, 기본적 내용에 합의한 감축, 재원, 적응, Measurable, Reportable, Verifiable(측정, 보고, 검증) 등에 대한 논의가 핵심 이슈가 될 것으로 전망하였다.

② 교토의정서 이행절차보고 방안을 담은 19개의 마라케시 결정문을 제1차 교토의정서 당사국 회의에서 승인하였다.
③ 선진국들의 2차 공약기간 온실가스 감축량 설정을 위한 논의 일정에 합의하고 개도국들의 의무감축 참여를 당사국 총회에서 결정할 수 있다.
④ 2012년 효력이 만료되는 교토의정서를 연장하는 한편, 2015년까지 법적으로 효력이 있는 새로운 조약을 마련, 2020년까지 이 조약을 강제적으로 적용하였다.

해설 ②는 몬트리올 총회에 관한 설명이며, ③은 나이로비에서 개최된 당사국 총회, ④는 더반 총회에 대한 설명이다.

29 마라케시 합의문과 관련된 내용으로 다른 것은?

① 배출한도를 타국에 과도하게 매매하여 운용규칙을 준수하지 못하는 것을 막기 위해 일정 부분 보유 의무화
② 온실가스 감축량 설정을 위한 논의 일정에 합의하고 개도국들의 의무감축 참여를 당사국 총회에서 결정할 수 있음.
③ 조약 하에 기후변화기금 및 후발개발도상국기금 설치
④ 각 국의 배출량과 정책, 목표달성 전망에 대해서 전문가가 검토하고 심사

해설 ②는 제12차 당사국 총회, 케냐 나이로비에서 개최된 총회에 관한 설명이다.

30 교토의정서의 제1차 공약기간이 만료됨에 따라 2012년 이후 대응방안을 마련하기 위한 노력의 결과로 진행된 것은?

① 스톡홀름협약 ② 칸쿤 회의
③ 코펜하겐 합의 ④ 도쿄 회의

해설 2012년 이후 온실가스 감축체제에 관하여 협상을 한 것은 제15차 당사국 총회인 코펜하겐 합의에 해당한다.

31 발리 행동계획의 주요 4개 부문이 아닌 것은?

① 온실가스 저감
② 온실가스 산정
③ 온실가스 적응
④ 온실가스 재정

해설 발리 행동계획의 주요 4개 부문은 온실가스 저감, 온실가스 적응, 온실가스 재정, 온실가스 기술이 있다.

32 다음 중 발리 로드맵의 주요 내용으로 옳은 것은?

① 선진국들의 2차 공약기간 온실가스 감축량 설정을 위한 논의 일정에 합의하고 개도국들의 의무 감축 참여를 당사국 총회에서 결정할 수 있다.
② 2012년 효력이 만료되는 교토의정서를 연장하는 한편, 2015년까지 법적으로 효력이 있는 새로운 조약을 마련하였다.
③ 기후변화 대응에 노력하는 개도국에 과학기술이전을 촉진하는 제도를 확립하였다.
④ Post-2012 기후체제 합의를 위한 협상을 지속하기로 하였으며, 기본적 내용에 합의한 감축, 재원, 적응, Measurable, Reportable, Verifiable (측정, 보고, 검증) 등에 대한 논의가 핵심 이슈가 될 것으로 전망하였다.

해설 ① 나이로비 회의
② 더반 회의
④ 칸쿤 회의

33 우리나라에서 공표한 온실가스 자발적 감축목표에 해당하는 것은?

① 2030년 BAU 대비 20% 감축
② 2030년 BAU 대비 30% 감축
③ 2030년 2018년 온실가스 배출량 대비 20% 감축
④ 2030년 2018년 온실가스 배출량 대비 35% 감축

해설 우리나라의 온실가스 감축목표는 2030년 2018년 온실가스 배출량 대비 35% 이상 감축이다.

34 다음 중 각 당사국 총회의 주요 이슈가 아닌 것은?

① COP 2 : 제네바 선언을 통해 선진국을 대상으로 한 구속력 있는 감축목표 도입을 제안
② COP 4 : 교토의정서 채택
③ COP 7 : 마라케시 합의서를 통해 교토의정서의 세부운영규칙에 대한 최종 합의가 이루어짐.
④ COP 13 : 발리 로드맵 채택

해설 교토의정서는 COP 3에서 채택되었다.

35 2011년 남아프리카공화국 더반에서 열린 더반 결정문에서 채택한 것을 모두 고르면?

┌─────────────────────────────────────┐
│ ㉠ 교토의정서 2차 공약기간 연장 : 2017년 또는 2020년까지
│ ㉡ 녹색기후기금(GCF ; Green Climate Fund) 출범
│ ㉢ 칸쿤 합의사항 이행 : 적응위원회 구체화, 기술메커니즘 설립
│ ㉣ 국가별 적절한 감축행동(NAMA) 명시
│ ㉤ 교토메커니즘의 재도입
└─────────────────────────────────────┘

① ㉠, ㉤
② ㉠, ㉣, ㉤
③ ㉢, ㉣, ㉤
④ ㉠, ㉡, ㉢

해설 NAMA는 제13차 당사국 총회 발리 로드맵의 주요 내용이며, 교토메커니즘은 교토의정서에서 도입한 제도이다.

36 우리나라 온실가스 배출 감축목표율은 2030년까지 몇 %인가?

① 2018년 온실가스 배출량 대비 30% 이상 감축
② 2018년 온실가스 배출량 대비 37% 이상 감축
③ 2018년 온실가스 배출량 대비 35% 이상 감축
④ 2018년 온실가스 배출량 대비 40% 이상 감축

해설 우리나라는 온실가스 배출을 2030년까지 2018년 온실가스 배출량 대비 35% 이상 감축하는 것을 목표로 잡았다.

37 유엔기후변화협약에 대한 설명으로 옳지 않은 것은?

① 리우 유엔환경개발회의에서 기후변화에 관한 국제연합기본협약으로 채택
② 온실가스로 인한 기후시스템의 변화를 방지할 수 있는 수준으로 온실가스 농도를 안정화하는 데 목적을 두고 있음.
③ 제3차 당사국 총회에서 교토의정서를 채택함으로써 선진국에 대한 법적 구속력이 있는 온실가스 감축의무 부여
④ 부속서 I 국가(45개국)는 1차 공약기간(08~12년) 만료 시까지 1990년 대비 평균 5.2% 감축의무 부담

해설 부속서 I 국가(38개국)는 1차 공약기간(08~12년) 만료 시까지 1990년 대비 평균 5.2% 감축의무 부담을 하여야 한다.

38 다음 중 당사국 총회 개최 차수와 국가가 잘못 연결된 것은?

① COP 3 : 일본(교토)
② COP 8 : 모로코(마라케시)
③ COP 10 : 아르헨티나(부에노스아이레스)
④ COP 13 : 인도네시아(발리)

해설 8차 당사국 총회는 2002년 인도 뉴델리에서 개최되었다. 모로코 마라케시의 경우는 7차 당사국 총회이다.

39 다음 당사국 총회의 주요 결과 중 잘못 연결된 것은?

① COP 3 : 교토의정서 채택
② COP 7 : 교토의정서 체제 공식 출범
③ COP 12 : 개도국 지원 및 청정개발체제(CDM) 활성화
④ COP 13 : 발리 로드맵 채택

해설 교토의정서 체제를 공식적으로 출범한 것은 캐나다 몬트리올에서 개최한 11차 당사국 총회에 관한 설명이다.

40 오존층 보호를 위해 지구 대기권 오존층을 파괴하는 물질에 대한 사용 금지 및 규제를 통해 오존층 파괴로부터 초래되는 인체 및 동식물에 대한 피해를 최소화하기 위한 목적으로 발효된 것은 다음 중 어느 것인가?

① 교토의정서 ② 스톡홀름협약
③ 몬트리올의정서 ④ 람사협약

해설 오존층 파괴물질의 국제적 사용 금지를 목적으로 한 것은 몬트리올의정서에 관한 설명이다.

41 염화불화탄소와 할론과 같이 오존층 파괴물질에 대한 구체적인 규제 기준을 마련하여 규제 범위와 방법을 확대했으며, 오존층 파괴물질에 대한 규제가 매우 성공적인 이것은 다음 중 어느 것인가?

① 몬트리올의정서
② 교토의정서
③ 비엔나협약
④ 코펜하겐협약

해설 몬트리올의정서에 관한 설명이다.

42 UN의 환경 및 발전에 관한 세계위원회에서 채택된 브룬트란트 보고서에서 개념 정립이 시도된 것으로 "미래 세대가 그들의 필요를 충족시킬 능력을 저해하지 않으면서 현 세대의 필요를 충족시키는 것"으로 정의된 이 용어는 다음 중 무엇인가?

① GD ② SE
③ SD ④ ES

해설 지속가능한 발전(SD ; Sustainable Development)에 관한 설명이다.

43 교토의정서는 지구환경조약체제의 의무준수체제 중에서 가장 광범위하고 강력한 이행준수체제를 도입하였는데, 이는 의무준수위원회를 통해 운영된다. 다음 중 의무준수위원회의 강제분과와 관련된 내용을 고르면?

① 부속서 B 국가의 온실가스 저감목표의 준수
② 기후변화 문제를 완화하고 부속서 Ⅰ 국가들의 교토메커니즘 보조적 사용
③ 이행수단 행사
④ 당사국의 교토의정서 이행 및 의무준수를 위한 조언 및 촉진책 제공

[해설] 이행수단의 행사는 의무준수위원회의 강제분과에 해당한다.

44 교토의정서에 대한 설명으로 잘못된 것은?

① 제3차 당사국 총회에서 채택
② 선진국(38개국)의 의무적 감축목표 설정
③ 공동이행제도, 청정개발체제, 배출권거래제 등 시장원리에 입각한 새로운 온실가스 감축수단 제시
④ 1990년 대비 4.5% 감축

[해설] 의무감축국인 부속서 Ⅰ 국가의 경우 1990년 대비 5.2% 감축을 의무감축 목표로 설정하였다.

45 다음 중 교토의정서의 특징이 아닌 것은?

① 선진국, 즉 부속서 Ⅰ 국가에 대한 구체적인 기준을 부과하고 있다.
② 독립적인 조약으로 교토의정서 회원국이 되기 위해서는 비엔나 조약에 의한 가입, 수락 등의 절차를 거치면 된다.
③ 미국의 경우 교토의정서 당사국이므로 선진국이 부담하는 온실가스 저감의무를 부담하고 있다.
④ 강제성은 없으며, 세계기후변화 대응을 위한 공동 노력의 일환이다.

[해설] 미국의 경우 중간에 교토의정서에서 나와 온실가스 저감의무를 부담하지 않았다.

46 교토의정서 부속서 Ⅰ 당사국들이 공약기간 동안 감축해야 하는 양은?

① 1990년도 수준의 5% 이상
② 1990년도 수준의 10% 이상
③ 1990년도 수준의 15% 이상
④ 1990년도 수준의 20% 이상

[해설] 1990년 수준의 5.2% 감축의무가 있다.

47 교토의정서에서 정의한 온실가스가 아닌 것은?

① 이산화탄소   ② 메탄
③ 육불화황   ④ 이산화황

[해설] 이산화황은 포함되어 있지 않다.

48 다음 중 교토메커니즘에 해당하지 않는 것은?

① CER(Certified Emission Reduction)
② JI(Joint Implementation)
③ CDM(Clean Development Mechanism)
④ ET(Emissions Trading)

[해설] 교토메커니즘에는 JI, CDM, ET가 포함되어 있다.

49 Annex Ⅰ 국가가 다른 Annex Ⅰ 국가에서의 온실가스 감축 프로젝트에 투자하고, 이를 통해 발생되는 크레딧을 공동 분배하여 감축목표 달성에 사용하는 제도는?

① 공동이행제도   ② 청정개발체제
③ 배출권거래제   ④ 온실가스목표관리제

[해설] 공동이행제도(JI)에 대한 설명이다.

50 CDM 사업으로 발생된 탄소배출권의 이름은?

① UAC   ② CER
③ ETU   ④ COP

[해설] CER, 즉 탄소 크레딧이라고 한다.

기후변화 관련 국내 동향

3 Chapter

01 국내 온실가스 배출 통계

우리나라는 국가 온실가스 통계 산정 및 공표를 위해 분야·부문별 배출량을 산정·제출하는 관장기관과 관장기관별 통계를 취합·검증·공표하는 총괄기관으로 이루어진 체계를 구성하고, 국가 온실가스 배출량 산정절차를 마련하였다.

총괄기관인 온실가스 종합정보센터가 국가 온실가스 통계 산정·보고·검증 지침을 관장기관에 제공하면, 관장기관은 이를 바탕으로 분야별 온실가스 통계를 산정하여 온실가스 종합정보센터에 제출하고, 온실가스 종합정보센터는 이를 검증하여 수정·보완한다. 검토 및 보완이 완료된 통계 초안은 분야별 관장기관과 통계청, 산림청 등 유관기관으로 구성된 국가 온실가스 통계 실무협의회를 거쳐 최종적으로 관리위원회에서 심의·의결하고, 온실가스 종합정보센터가 공표한다. 매년 '국가 온실가스 인벤토리 보고서'를 발간하여 배출량 및 흡수량에 대한 내용을 공표하고 있다.

(1) 총괄

2021년 국가 온실가스 총배출량은 676.6백만tCO_2-eq으로, 2018년 대비 6.7% 감소하고 전년보다 3.4% 증가한 수준이다. 2020년 대비 에너지(3.5%↑), 산업공정(5.9%↑), 농업(1.1%↑), 폐기물(3.5%↓)로 나타났다. 2021년 GDP당 배출량은 352.7톤/10억 원으로, GDP는 2020년 대비 4.3% 증가한 반면, GDP당 배출량은 0.9% 감소하였고, 1인당 온실가스 배출량은 전년 대비 3.6% 증가한 13.1톤/명으로 나타났다.

국가 온실가스 총배출량 및 순배출량

(단위 : 백만tCO_2-eq)

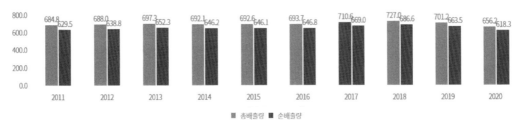

〈출처 : 환경부, 국가 온실가스 통계 ; 2023 국가 온실가스 인벤토리〉

┃ 온실가스 총배출량과 GDP 대비 및 1인당 배출량 ┃

(단위 : 백만tCO₂-eq, tCO₂-eq/십억 원, tCO₂-eq/인)

구 분	2011	2012	2013	2014	2015	2016	2017	2018	2019	2020	2021
총배출량 (백만tCO₂-eq)	683.8	687.0	695.7	690.8	691.3	692.4	709.4	725.0	699.2	654.4	676.6
에너지	593.7	595.0	602.9	595.6	599.0	601.0	614.4	630.7	609.6	568.1	587.7
산업공정	53.0	54.4	55.1	57.9	54.5	53.5	56.5	55.8	52.2	48.5	51.4
농업	21.1	21.5	21.3	21.4	21.0	20.8	21.0	21.1	21.0	21.2	21.4
폐기물	16.0	16.1	16.4	15.8	16.9	17.2	17.6	17.4	16.5	16.7	16.1
GDP 대비 온실가스 배출량 (tCO₂-eq/십억 원)	462.3	453.5	445.2	428.3	417.0	405.7	402.9	400.1	377.4	355.8	352.7
1인당 온실가스 배출량 (tCO₂-eq/인)	13.7	13.7	13.8	13.6	13.6	13.5	13.8	14.1	13.5	12.6	13.1

〈출처 : 환경부, 국가 온실가스 통계 ; 2023 국가 온실가스 인벤토리〉

(2) 에너지 분야

에너지 분야의 2021년 배출량은 국가 총 배출량의 86.9%에 해당하는 587.7백만 톤으로 2018년 대비 6.8% 감소, 전년 대비 3.5% 증가한 것으로 나타났다. 연료연소 배출량은 583.2백만 톤으로 에너지 분야 배출량의 대부분인 99.2%를 차지하며, 탈루 부문은 0.8% 배출로 나타났다.

(3) 산업공정 분야

산업공정 분야의 2021년 배출량은 국가 총 배출량의 7.6%에 해당하는 51.4백만 톤으로 2018년 대비 7.9% 감소, 전년보다 5.9% 증가하였다. 광물산업이 산업공정 배출량의 65.1% 를 차지하며, 할로카본 및 육불화황 소비 32.5%, 화학산업 2.0%, 금속산업 0.4% 순으로 나타났다.

(4) 농업 분야

2021년 배출량은 국가 총 배출량의 3.2%인 21.4백만 톤으로 2018년 대비 1.3%, 전년 대비 1.1% 증가하였다. 농경지 토양 부문이 26.5%를 차지하며, 벼 재배 25.4%, 가축분뇨 처리 25.1%, 장내 발효 22.9% 순으로 나타났다.

(5) 폐기물 분야

2021년 배출량은 국가 총 배출량의 2.4%에 해당하는 16.1백만 톤으로 2018년 대비 7.5% 감소, 전년 대비 3.5% 감소하였으며, 그 중 매립 46.8%, 소각 39.3%, 하폐수 처리 8.9%, 기타 5.0% 순으로 나타났다.

(6) LULUCF 분야

2021년 LULUCF 분야 배출·흡수량은 −37.8백만 톤으로 2018년 대비 6.4% 감소, 전년 대비 0.3% 감소하였으며, LULUCF 부문 중 흡수량[7]은 총 41.1백만 톤으로, 산림지 부문에서 40.4백만 톤이 흡수되었으며, 농경지 및 습지 부문에서는 각각 3.0백만 톤, 0.3백만 톤 순배출로 나타났다.

02 국내 기후변화 감축정책

우리나라는 1993년 12월에 유엔기후변화협약(UNFCCC)을 비준하고 2002년 10월에는 교토의정서를 비준함으로써 세계의 기후변화 방지 노력에 참여하는 제도적인 준비를 마쳤고, 교토의정서에 의한 제1차 공약기간(2008~2012년)에 온실가스 감축의무 부담을 부여받지는 않았지만, 선발개도국으로서의 책임을 다하기 위해 기후변화협약에 의거한 의무를 충실하게 이행할 필요성을 인식하게 되었다.

기후변화협약에 대응하기 위해 1998년 4월에 관계부처 장관회의를 통해 국무총리를 위원장으로 하는 범정부대책기구를 설치하여 기후변화협약에 대응하는 정책추진체제를 갖추고, 2001년 9월에는 국무총리훈령으로 '기후변화협약 대책위원회 등의 구성 및 운영에 대한 규정'을 제정하여 범정부대책기구를 정부부처, 산업계 및 전문가 등으로 구성된 기후변화대책위원으로 변경하여 기후변화협약 대책을 수립하여 추진하였다. 기후변화대책위원회는 정부부처의 차관급으로 구성된 실무위원회와 국장급으로 구성된 실무조정위원회, 그리고 6개 주요 분야별 대책반과 각 분야 전문가로 구성된 5개의 연구팀으로 구성하였으며 제 1, 2, 3, 4차 종합대책을 발표하여 각 분야별 실천계획을 추진하였다. 1999년부터 기후변화정책을 종합적으로 추진하는 3개년 단위의 기후변화협약 대응 종합계획을 수립하여 기후변화 대응정책을 추진하고 있다.

---

7) 흡수량은 IPCC 지침 기준에 따라 "-" 표기

기후변화종합대책은 제1차 종합대책(1999~2001년), 제2차 종합대책(2002~2004년), 제3차 종합대책(2005~2007년), 제4차 기후변화 종합대책(2008~2012년)으로 분류되며, 기후변화대책 위원회의 업무를 2008년 새로운 정부가 출범하면서 에너지 안보, 기후변화 및 지속가능발전 등을 총괄하는 녹색성장위원회 및 녹색성장 기획단을 대통령 직속으로 설립하여 실제적 종합추진 계획을 이관하여 이행하고 있다.

(1) 제1차 종합대책(1999~2001년)

1) 주요 내용

기후변화협약에 따른 의무부담과 관계없이 온실가스 저감에 최대의 노력을 기울이고, 매년 온실가스 배출현황 분석과 동시에 장기 전망치를 수정·보완하여 이에 적합한 대책을 마련해야 하며, 향후 기후변화협상에 대비한 논리개발, 자발적 협약, 대체 에너지 개발, 하수처리를 제고하는 등 17개 과제와 에너지절약전문기업(ESCO) 사업 지원 및 흡수원 확대 등 111개의 세부 실천계획 등을 추진하여야 한다.

2) 필요성 및 기대효과

교토의정서가 채택됨으로써 온실가스가 하나의 상품으로 거래되게 됨을 인지하게 되었고, 현재까지 추구한 경제성장정책에서 친환경 성장 추진정책으로 전환되는 계기가 되었으며 온실가스 저감을 위한 투자 필요성을 제시하였다.

3) 평가

기후변화협약 대응 종합대책은 포괄적인 분석을 기초로 하여 다가오는 의무부담에 대한 우리나라 경제발전 전반에 미치는 영향을 최소화하고, 국제사회의 노력에 동참하기 위한 방안을 모색하여 나아가 향후 예상되는 환경과 관련된 무역 규제의 사전대비 등의 효과를 거둘 수 있을 것이다.

(2) 제2차 종합계획(2002~2004년)

기후변화협약 대응 제2차 종합대책에서는 제1차 종합대책 이후 국내·외 환경변화를 반영하여 2002년 기후변화협약 대응을 위한 제2차 종합대책을 확정하여 발표하였다.

1) 주요 내용

의무부담협상에의 적극적인 대응, 온실가스 감축시책의 지속적인 추진, 교토메커니즘 대응기반 구축 및 활용, 민간부문의 참여 유도 및 대응능력을 제고한다.

① 의무부담 협상에의 적극적인 대응방안은 교토의정서에서 명시한 제2차 공약기간인 2013~2017년 중 의무부담에 대한 협상에 효율적인 대비를 강조하였으며, 의무부담에 대한 협상에 효율적으로 대비하기 위해서는 국가 온실가스 배출통계의 정확성과 투명성의 제고가 필요하고, 온실가스 배출통계의 정확성을 제고하기 위한 Activity Data 및 Emission Factor에 대한 정확도를 강조하였다.

② 국가고유배출계수의 개발을 위한 기초연구를 추진하고 중장기적인 온실가스 배출 통계 작성의 투명성을 제공하기 위하여 국가인벤토리시스템(National Inventory System) 구축 계획을 수립하였다.

2) 평가

기후변화협약 대응 제2차 종합대책에서는 기후변화협약의 중장기적인 국민경제 전반에 파급효과를 인지하고 정부, 공공기관 등을 중심으로 기후변화협약에 대한 중장기 대응계획을 수립하고 산업계와 민간부문이 자발적으로 참여할 수 있는 정책을 수립하는 것에 중점을 두었다고 볼 수 있다.

(3) 제3차 종합대책(2005~2007년)

지구온난화 문제에 대응하기 위한 국제적 노력에 적극 동참하고 온실가스 저배출형 경제구조로의 전환을 위한 기반 구축과 함께 기후변화가 국민생활에 미치는 부정적 영향을 최소화하는 것으로, 주요 추진사업은 협약이행 기반의 구축으로 의무부담협상기반 구축, 통계 및 분석시스템 구축, 온실가스 감축기술 D/B, 기후변화 관련 교육·홍보, 교토메커니즘 활용기반 구축 등으로 산업계와 민간부문이 자발적으로 참여할 수 있는 정책을 수립하는 것에 중점을 두었다.

1) 협약이행 기반 구축사업
① 협상대응 논리개발, 국제공조체제 강화 등 협상기반 구축
② 온실가스 관련 통계·분석시스템 구축
③ 온실가스 감축 관련 연구개발
④ 기후변화협약 대응 관련 교육·홍보
⑤ 교토메커니즘 활용기반 구축

2) 분야별 온실가스 감축사업
① 통합형 에너지 수요관리
② 에너지 공급부문 온실가스 감축
③ 에너지 이용 효율 개선
④ 건물에너지 관리
⑤ 수송·교통부문 에너지 관리
⑥ 환경·폐기물부문 사업추진
⑦ 농축산·임업부문 사업추진

3) 기후변화 적응기반 구축사업
① 기후변화 모니터링 및 방재기반 확충
② 생태계 및 건강 영향평가 관련 연구개발

(4) 제4차 종합대책(2008~2012년)

제4차 기후변화 종합대책은 제1차 의무공약기간(2008~2012년)과의 조화를 위해 종합대책 이행기간을 기존의 3년에서 5년으로 변경하여 수립하였고, 친환경적인 녹색성장 기반 마련, 본격적인 기후변화 적응대책을 통해 사회·경제적 피해를 최소화하고, 기후변화 대응 핵심 분야 기술경쟁력 강화를 통해 신성장동력사업 확충과 동시에 온실가스 감축 노력에 적극적으로 동참함으로써 국제적 위상 또한 강화될 것으로 기대하고 있다.

1) 온실가스 감축 분야
① 저탄소 에너지 공급 시스템 구축
② 원자력 비중 확대 검토
③ 부문별 에너지 수요 중점 관리
④ 농축산·산림·폐기물 온실가스 감축
⑤ 환경친화형 신산업구조 유도
⑥ 탄소시장 활성화 추진

2) 기후분야 적응 분야
① 기후변화 예측능력 제고
② 기후변화 영향평가 및 적응
③ 범사회적 역량 강화

3) 연구개발 분야
① 연구개발투자의 전략 강화 및 종합 조정기능 보강
② 기초·원천기술 확보
③ 온실가스 배출 감축기술 개발
④ 원자력 기술개발 확대

4) 인프라 구축 분야
① 기후변화대책법(가칭) 제정 추진
② 기후변화대응 재원대책 강구
③ 국가 인벤토리시스템 구축
④ 국가 총체적 대응체계 구축

5) 국제협력 분야
① 감축의무부담 대비 협상
② 국제공조 및 개도국 지원

저탄소 녹색성장 기본법과 탄소중립기본법

2009년 3월 국무회의를 거친 후 2009년 11월 5일 국회 기후변화대책특위 법안 심사소위원회를 통과하였다. 「저탄소 녹색성장 기본법」은 저탄소 녹색성장을 효율적, 체계적으로 추진하기 위해 녹색성장국가 전략을 수립·심의하는 녹색성장위원회의 설립 등 추진체계를 구축하고, 저탄소 녹색성장을 위한 각종 제도적 장치를 마련한 것으로, 정부안을 토대로 자동차 분야에서 온실가스 규제를 선택적으로 할 수 있도록 완화하고, 원자력 산업 육성 정책을 삭제한 것이 골자이다.

우리나라는 기존 「저탄소 녹색성장 기본법」을 「탄소중립기본법」으로 변경하면서, 전 세계에서 14번째로 2050 탄소중립 비전과 이행체계를 법제화하였다.

(1) 기본 방향

① 기후변화 대응, 에너지 효율화, 신재생에너지, 녹색기술 및 녹색산업 발전, 녹색국토 등 녹색성장에 관한 부문을 종합적·포괄적으로 담은 사실상 세계 최초 녹색성장 기본법이다.

② 제반 저탄소 녹색성장 관련 대책에서 '녹색성장 국가전략'을 정점으로 하여 일관성 있는 정책방향을 설정하고 체계화하고 있다.

③ 녹색기술·산업을 신성장동력으로 집중·육성 및 지원한다.

④ 저탄소 사회 구현을 위해 기후변화와 에너지 대책을 하나의 법체계 내에서 유기적으로 연계 및 조화시킨다.

⑤ 에너지 자립, 온실가스 감축 등을 위한 목표 설정 관리와 추진성과 점검 및 평가 등 제도적 장치를 마련한다.

⑥ 친환경제품 생산 및 소비 확대 유도를 위한 환경친화적인 세제 운영 방향을 제시한다.

⑦ 온실가스 배출량, 에너지 생산량 등의 보고와 공개를 통한 정확한 통계자료 확보와 기업의 녹색경영 촉진 토대를 마련한다.

⑧ 세계 탄소시장 참여와 비용, 효과적 온실가스 감축수단인 총량 제한 배출권거래제 도입 근거를 마련한다.

⑨ 국토, 교통, 건물 등 녹색생활, 지속 가능 발전에 관한 규정을 통해 현 세대와 미래 세대의 푸른 삶을 영위할 수 있는 기반을 마련한 계기가 된다.

⑩ 녹색생산, 소비문화의 확산을 유도한다.

⑪ 정부와 민간 공동의 녹색산업 펀드 조성과 금융, 세제 지원 등을 통한 녹색기술, 녹색산업으로의 효율적 재원 배분과 투자를 유도한다.

04 온실가스 목표관리제와 배출권거래제

온실가스 목표관리제도는 대규모 사업장의 온실가스 감축목표를 설정하고 관리하는 제도로, 「기후위기 대응을 위한 탄소중립·녹색성장 기본법」의 온실가스 감축정책 중 하나이다. 온실가스 목표관리제 운영은 관리업체 지정, 목표설정, 산정·보고·검증 등에 관한 사항을 포괄적으로 담고 있으며, 온실가스 목표관리 운영지침을 제정하면서 국제사회에 통용될 수 있는 온실가스 산정·보고·검증체계를 구축하는 데 주력한다.

개별 기업들의 온실가스 의무보고제도에 관한 규정 지침을 상세히 발표한 사례는 EU, 미국, 호주, 캐나다, 뉴질랜드 다음이며, Non-Annex I 국가 중에서는 우리나라가 최초라는 점에서 온실가스 목표관리 운영지침의 고시는 큰 의의가 있다고 볼 수 있으며, 온실가스 목표관리 운영지침 고시로 인해 2010년 9월에 관리대상으로 지정된 468개의 관리업체들은 본격적인 온실가스 목표관리에 착수하게 되었으며, 2014년부터 업체의 경우 5만tCO_2와 사업장의 경우는 1만5천tCO_2로 강화되었다. 또한, 「온실가스 배출권의 할당 및 거래에 관한 법률」이 제정되었으며 2015년부터 온실가스 배출권거래제를 운영하고 있다. 국가 온실가스 감축목표를 효과적으로 달성하기 위해 배출권 총수량을 정하고, 기업별로 할당하는 계획기간별 국가 배출권 할당계획을 수립하여 운영하고 있다.

(1) 온실가스 목표관리 운영지침 주요 내용

1) 관리업체의 지정 및 관리
관리업체의 지정기준, 조직경계 설정방법, 관리업체의 지정절차 및 이의신청 등에 관한 사항

2) 목표의 협의·설정
기준년도 배출량 산정방법, 목표설정방법(과거 실적 기반, 벤치마크 기반), 목표이행 평가방법, 목표설정협의체 구성방법 등에 관한 사항

3) 온실가스 배출량 등의 산정·보고
고정연소 등 44개 배출활동별 온실가스 배출량 산정·보고방법론, 배출량 산정계획 작성, 명세서 작성방법 및 품질관리·품질보증(QC/QA) 등에 관한 사항

4) 온실가스 배출량 등의 검증
관리업체가 작성한 명세서 등을 검증하는 절차 및 준수사항 등 규정

5) 이행실적·명세서의 작성 및 확인
관리업체의 이행실적 보고서·명세서 작성방법, 정부의 확인절차 등 규정

6) 기타
명세서의 공개절차, 관장기관 소관사무 점검·평가 등

(2) 전체 목표관리업체 현황

목표관리업체의 수는 지정연도(2016~2023년) 기준 총 3,778개(대상 사업장 수 : 3,371개)가
지정되었다.

1) 부문별 지정 현황(2023. 12. 22. 명세서 기준)

구 분	관리업체		온실가스 배출량		에너지 사용량	
	업체 수	비율	배출량(tCO₂-eq)	비율	사용량(TJ)	비율
건물·건설·교통 (해운 제외)	92	23.7%	2,480,862	10.1%	48,429	14.6%
농업·축산	27	6.9%	796,837	3.2%	17,446	5.2%
산업	195	50.1%	5,583,362	22.7%	105,332	31.7%
발전	5	1.3%	10,208,221	41.6%	111,405	33.5%
교통(해운)	9	2.3%	202,290	0.8%	2,839	0.9%
폐기물	61	15.7%	5,272,014	21.5%	47,264	14.2%
합 계	389	100%	24,543,586	100%	332,715	100%

(3) 배출권거래제 현황

교토의정서에서 인정된 시장메커니즘을 통한 감축의무 이행방식을 교토메커니즘이라 하며,
이는 배출권거래제도, 공동이행제도, 청정개발체제 등 3가지로 구분된다. 그 중 배출권거
래제도는 정부가 온실가스를 배출하는 사업장을 대상으로 연단위로 배출권을 할당하여 할
당범위 내에서 배출행위를 할 수 있도록 하고, 할당된 사업장의 실질적 온실가스 배출량을
평가하여 잉여분 또는 부족분의 배출권에 대하여는 사업장 간 거래를 허용하는 제도를 말한
다. 기업들은 배출권 가격과 직접감축 비용을 비교하여 비용이 가장 적은 옵션을 선택하게
되므로 사회 전체적 감축비용이 최소화(Cost-Effectiveness)되며, 배출권의 초기할당과 거
래 후의 최종배분은 서로 독립적인 관계를 가짐으로써 초기할당의 결과는 최종 균형, 나아
가 사회 전체적인 감축비용의 크기에 영향을 주지 않는다(Independent Property).
2012년 「온실가스 배출권의 할당 및 거래에 관한 법률」 및 그 시행령이 제정되었으며, 2014년
제1차 배출권거래제 기본계획을 수립하여 제1차 계획기간 국가 배출권 할당계획을 수립하
였다. 2015년 배출권거래제 제1차 계획기간(2015~2017년)을 시행하면서 배출권거래제 및
배출권거래시장이 시행되었다. 2017년 기존 배출권거래 운영체계를 기재부 총괄에서 환경
부 총괄로 개편하였으며, 제2차 배출권거래제 기본계획을 수립하였다. 2018년 배출권거래
제 제2차 계획기간(2018~2020년)이 시행되었으며, 2020년 제3차 계획기간 국가 배출권 할
당계획을 수립하고 파리협정에 따른 2050 장기 저탄소 발전전략(LEDS)을 제출하였다.

2021년부터 배출권거래제 제3차 계획기간(2021~2025년)이 시행되었으며, 상향된 2030 국가 온실가스 감축목표(NDC)를 제출하였다. 2022년 「기후위기 대응을 위한 탄소중립·녹색성장 기본법」이 시행되었으며, 2023년 탄소중립·녹색성장 국가전략 및 제1차 국가 기본계획을 수립하였다.

환경규제는 경제주체들의 행위에 어떻게 영향을 미치는가에 따라 구분하며, 직접규제, 경제적 유인제도, 권고, 자발적 접근 등이 있다. 그 중에서도 경제적 유인제도인 탄소세나 배출권거래제가 직접규제에 비해 효율적이며, 탄소세와 배출권거래제를 시급성, 효과성, 효율성, 시행가능성, 정치적 수용성 등의 기준으로 비교했을 때 배출권거래제는 효율성 면에서만 탄소세와 비슷할 뿐 그 외 다른 모든 부문에서 탄소세보다 높다.

▮ 탄소세와 배출권거래제의 정책 비교 ▮

구 분	탄소세	배출권거래제
경제적 효율성	온실가스 감축을 달성하는 데 발생하는 총 저감비용을 줄이는 데 효과적	
기술개발 촉진	온실가스 감축과 관련된 신기술 도입 등 저감기술 개발 촉진	
형평성 및 배출자 부담	• 세수 환원방법에 의해 결정 • 세수 활용방법에 따라 배출자 부담 변화	배출권의 할당방법과 경매 수입의 환원방법에 의해 참여자의 부담 변화
탄소가격 형평성 확보	세율의 적정수준 결정이 어려워 탄소가격에 대한 형평성 확보가 어려움	시장메커니즘에 의한 가격 형성으로 탄소가격 형평성 확보 용이
정책 수용성	• 조세저항이 있을 수 있고, 세수 활용방법에 따라 배출자 부담의 차이가 클 수 있기에 특정 배출자들의 반대가 있을 수 있음 • 타 조세정책과의 조화 필요	배출권의 할당방법과 전체 온실가스 감축목표량의 수준에 대한 의견 수렴이 어렵기 때문에 정책 도입에 대한 산업계의 반대가 있을 수 있음
국제 연계	정부 간 협약을 통해서만 이루어질 수 있음	배출권거래제를 도입한 타 국가들과 연계 가능

(4) 배출권거래제 관련 주요 내용

① 할당대상업체의 지정 및 관리 : 할당대상업체의 지정기준, 조직경계 결정방법, 배출량 산정계획 및 명세서 작성방법 등에 관한 사항

② 배출권의 보고·검증 및 인증 : 배출량의 인증기준, 배출권의 할당 및 거래, 보고·검증 및 인증, 배출권의 제출, 이월·차입, 상쇄 및 소멸에 관한 사항, 적합성 평가, 제3자에 의한 검증 등

③ 기타 : 명세서의 공개, 업무의 위탁 등에 관한 사항

(5) 전체 할당대상업체 현황

2022년 기준 할당대상업체의 수는 707개로, 그 중 산업 부문이 64.9%, 폐기물 11.6%, 수송 9.2% 순으로 지정되었다.

‖ 할당대상업체 현황(2023. 12. 22. 명세서 기준) ‖

구 분	할당대상업체		온실가스 배출량		에너지 사용량	
	업체 수	비율	배출량(tCO$_2$-eq)	비율	사용량(TJ)	비율
건물	41	5.8%	6,834,170	1.2%	135,078	1.8%
공공 · 기타	2	0.3%	891,957	0.2%	18,619	0.3%
산업	459	64.9%	313,673,842	54.8%	3,729,360	51.0%
수송	65	9.2%	6,728,200	1.2%	117,097	1.6%
전환	58	8.2%	230,173,448	40.2%	3,207,605	43.9%
폐기물	82	11.6%	13,622,110	2.4%	104,746	1.4%
합계	707	100%	571,923,727	100%	7,312,505	100%

05 기후변화 대응전략 수립

(1) 기후변화 대응전략 수립

감축분야, 적응분야에 대한 대응전략 수립으로, 인간활동에 의한 온실가스 배출이 기후변화의 주원인으로 밝혀지면서 온실가스 감축이 최근까지의 주요 이슈로 다뤄지고 있다. 각국은 온실가스 감축을 위한 여러 방안을 내 놓으며 적극적인 행보를 하고 있으며, 우리나라도 2008년 8월에 국가 비전으로서 「저탄소 녹색성장」을 선언하였으며 2009년 11월에 감축목표를 발표하고, 2010년 1월에 「저탄소 녹색성장 기본법」이 공표되었다. 감축부문에 있어서는 체계적인 대응전략이 수립 추진되고 있으나 기후변화 적응분야는 최근에 와서야 각광을 받고 전략수립을 계획하고 추진 중에 있다.

(2) 세계적 추세 분석

기후변화와 관련 세계적 추세를 파악하여 향후 기후변화 대응과 관련된 방향을 추정하는 것이 필요하며 정치, 경제, 사회변화에 영향을 미치는 요인을 파악하고, 이를 토대로 세계적 추세를 예측하여 이러한 변화가 기후변화 대응에 미치는 영향을 분석하여 이를 토대로 전략을 수립해야 한다.

1) 미래 환경 전망

기후변화 관련 미래 환경 종합정리

구 분	미래 환경변화 전망	기후변화 관련 시사점
정치 (Political)	• 국가 비전으로 저탄소 녹색성장 제시 • 녹색기술 개발을 통한 경제성장 추진	• 지속 성장을 위한 온실가스 감축정책 강화 • 온실가스 감축 관련 녹색기술 개발을 위한 R&D 투자 확대 • 에너지 효율과 환경관리 강화
경제 (Economic)	• 기후변화에 대응하는 새로운 기술 출현으로 시장구조 변화 • 에너지와 환경문제가 국가 경제의 미래를 결정하는 주요 변수로 부각 • 국제 탄소 거래 시장과의 거래 및 협력 강화	• 환경보호와 경제성장의 선순환 • 저탄소 제품 시장 확대 • 개인 및 사업장의 탄소 사용량 저감에 인센티브 제공 • 온실가스 감축 관련 중국 및 개도국 시장의 확대 • 온실가스의 효율적 감축을 위한 배출거래제 도입 검토
사회 (Social)	• 기후변화 적응에 대한 심각성 대두 • 저탄소 사회 요구에 대한 탄소 중립 경영의 중요성 확대	• 기후변화라는 범지구적 공유 비전에 의한 생활양식 변화 • 친환경적인 주택 및 시설 보급 확대 • 저탄소 및 친환경 제품 소비구조 확산 • 에너지 효율 향상 기술 발전 • 탄소 중립형 사회구조로 변화
과학기술 (Technological)	• 고에너지 효율 및 탄소 무배출 소재, 기기의 개발 • 태양전지 등 신재생에너지 기술 보급 및 개발 증대	• 신재생에너지 등의 환경친화적 에너지 및 친환경 기술 개발 • 온실가스 배출 사업장의 대체 공정 및 대체 물질 개발 • 화석에너지의 사용 관련 고효율 에너지 변환 기술의 개발
법·제도 (Legal)	기후변화 대응을 위한 법체계 정비	• 온실가스 배출 사업장별 배출량의 양적 규제 강화 • 저탄소형 생활양식 및 저탄소 제품 개발 유도
환경 (Ecological or Environmental)	• 기후변화로 인한 사막화, 불규칙한 강우량으로 인한 물 부족 • 기후변화협약의 강제적 온실가스 감축 의무 • 환경에 대한 기업의 사회적 책임 인지	• 온실가스 중심의 환경 국제협력 강화 • 온실가스 배출 인벤토리 관리 시스템 구축 • 신재생에너지 등의 환경친화적 에너지의 공급체계 확립

2) 미래사회 주요 이슈

① 지속 가능 발전[8]

㉮ 등장 : 1972년 6월 유엔 인간환경회의의 '유엔 환경선언'에서 태동되었으며, 지구를 환경 파괴로부터 보호하고 천연자원이 고갈되지 않도록 국제적인 협력체제를 만든다는 목적으로 113개국에서 1,200여 명의 대표가 참가한 국제회의

㉯ 유엔 인간환경회의 주요 내용

　㉠ 환경 제약을 고려하지 않은 경제발전은 낭비적이고 지속 불가능하다는 것이며 지속가능발전에 대한 개념을 제시하게 되었고, 유엔환경기구(UNEP) 창설의 모티브가 됨.

　㉡ UN의 국제자연보전연맹회의(IUCN)에서는 환경보전을 지속 가능한 삶의 질을 성취하기 위하여 인간을 포함한 대기, 수질, 토양, 자연자원 및 생태계를 관리하는 것이라고 정의하여 지속가능발전의 환경 측면을 강조한 기초 개념을 제시

　㉢ 1974년 멕시코에서 열린 UN 회의는 지속가능발전이란 용어를 사용한 Cocoyoc 선언을 채택함으로써 지속가능발전을 공식적 개념으로 수용하였으며, 1987년 환경과 개발에 관한 세계위원회인 WCED의 'Our Common Future'에서 개념이 정립되어, 1992년 UN의 '환경과 개발에 관한 리우선언'과 실천과제인 '의제 21'의 근간이 됨.

　㉣ 지속가능발전의 개념은 해당 분야에 따라 보는 관점의 차이로 상이한 정의를 내리고 있으나 일반적으로 경제, 환경, 사회적 차원에서 지속가능발전의 개념을 이해하고 있음.

　㉤ 경제적 측면에서 볼 때 지속 가능한 시스템(Economically Sustainable System)은 제품 및 서비스를 생산할 때 정부나 외부 부채가 관리하기 쉬운 수준을 유지하고, 산업 또는 농업 생산을 저해하는 극단적 계층 간 불균형을 피하기 위한 원칙을 지속적으로 적용해야 함.

　㉥ '3E' : 경제(Economy), 환경 또는 생태계(Environment or Ecology), 사회적 형평성(Equity)

　㉦ 국제적인 추세는 '경제성장＋환경보전＋사회개발'의 3가지를 동시에 추구하는 것을 지속가능발전의 3대 축으로 간주하고 있으며, 궁극적으로 지속가능발전은 이를 통해 현재와 미래세대 모두 삶의 질 향상 또는 사회 후생 증대를 지향하는 데 있음.

---

8) 최초로 지속 가능이란 말이 논의되기 시작한 것은 어업자원 남획으로 생겨난 최대 지속 가능 어획량(Maximum Sustainable Yield)이란 이론에서 나온 것이다. 물리적, 생물학적 논리에서 출발한 지속 가능한 개발(ESSD ; Environmental Sound and Sustainable Development) 또는 지속 가능성(Sustainability)의 개념은 지구와 인류가 이대로 가다가는 존멸하리라는 위기의식에서 이를 타개하기 위한 방안 모색의 일환으로 세계가 머리를 맞대고 오랜 토론을 거쳐 도출해낸 개념이다.

┃ 지속 가능성의 국제적 원칙 ┃

원 칙	내 용
세대 간 형평성 (Intergenerational Equity)	현재 존재하는 것과 같은 환경적 잠재 가능성을 미래세대에게 제공해야 함.
경제성장과 환경붕괴의 분리 (Decoupling Economic Growth From Environmental Degradation)	자원 집약적인 성격이 낮고, 오염을 적게 시키는 경제성장이 되도록 관리함.
총괄적 가치축의 통합 (Integration of All Pillars)	지속 가능성을 위한 정책을 수립 및 발전시킬 때 환경적 측면과 사회적 측면, 경제적 측면을 통합하여 고려함.
환경적응성과 회복력 보장 (Ensuring Environmental Adaptability and Resilience)	환경 시스템의 적합한 환경 용량을 유지 및 향상시키고, 생태계와 인류 보건에 대한 회복할 수 없는 장기적인 손실을 피해야 함.
분배의 형평성 보장 (Ensuring Distributional Equity)	불공정하거나 높은 환경 비용을 취약계층에게 부담시키는 것을 피해야 함.
국제적 책임감 수용 (Accepting Global Responsibility)	관할권 외부에서 발생하는 환경적 효과에도 책임이 있음을 인정함.
교육과 대중의 참여 (Education and Grassroots Involvement)	시민과 단체가 문제에 대하여 조사 및 연구를 하고 새로운 해결책을 발전시킴.

② 녹색성장

녹색성장은 Economist지(2000.12.27)에서 최초로 언급되었으며, 다보스 포럼을 통해 널리 사용되기 시작된 이후 '아·태 환경과 개발에 관한 장관회의(2005)'에서 '녹색성장을 위한 서울이니셔티브(SI)'가 채택되어 UN 아·태경제사회위원회(UNESCAP) 등 국제사회에서 논의가 본격화되었다. 아·태지역 저개발 국가들이 선진국들의 산업화 단계를 거치지 않고 경제성장 단계에서부터 환경과 조화를 이룩하기 위한 전략을 수립하였는데, 이를 녹색성장 전략이라고 한다.

㉮ UN ESCAP(2006)은 '녹색성장'이란 용어가 '지속 가능한 발전'이라는 개념보다는 환경적으로 지속 가능한 경제성장이란 의미를 보다 명확히 전달할 수 있다고 판단하여 용어를 채택함.

㉯ 원래 녹색성장이란 개념은 '지속가능발전' 개념에 기초를 둔 개념이지만 지속 가능한 발전 개념과 녹색성장 개념은 적용 대상이나 배경, 지향하는 목표에 있어 다소 차이가 있음.

┃ 지속 가능한 발전과 녹색성장 비교 ┃

구 분	지속 가능한 발전	녹색성장
기구	UN CSD	UN ESCAP
태동	Our Common Future('87)	UN 아·태 환경개발 장관회의('05.3)
대상	전 세계 국가	아·태 지역 국가
배경	성장의 결과인 환경오염 복구	성장단계에서 환경오염 방지
목적	경제성장, 사회발전, 환경보호 동시 추구	빈곤 극복과 환경적 지속 가능성 확보

㉱ 녹색성장은 환경적으로 지속 가능한 경제성장으로 정의하고 있으며, 지속가능발전 개념(경제발전, 사회발전, 환경보호의 통합)의 추상성 및 광범위성을 보완하기 위한 도구로서 그 정의가 확대·발전됨.

㉲ 전 세계는 소위 '녹색경주(Green Race)' 중으로 요소 투입 위주의 기존 경제성장 방식은 환경적·경제적 한계에 도달하였다고 판단하여 실질적으로 녹색기술 육성 및 환경 규제를 통한 새로운 성장 동력을 추진하고 있으며, 향후 녹색성장은 아·태 지역에만 국한되는 개념이 아닌 전 세계적인 화두로서 부상할 가능성이 높음.

┃ 미래사회 이슈에 따른 R&D 니즈 ┃

환경변화에 의한 이슈	R&D 니즈
기후변화 가속화	지구 온난화에 의한 지구 표면온도 및 해수면 상승 등이 가속화됨에 따라 생태계와 사회·경제적 분야에 돌이킬 수 없는 영향을 초래할 것으로 예측되므로 이에 대한 대응 전략이 필요함.
온실가스 감축사업의 증대	CDM 사업 등 온실가스 감축을 위한 사업 증가에 따른 보다 폭넓은 분야에 적용 가능한 기술 및 대체 자원의 개발이 요구됨.
국제 환경규제 강화	기후변화협약을 중심으로 대기오염물질 등의 배출 규제가 국제적으로 강화되고 있어 이에 대한 적극적 대응이 요구됨.
에너지·자원 위기 고조	천연자원의 고갈 위기와 화석연료의 탄소 다배출 현상으로 인한 신재생에너지 및 저탄소 배출, 온실가스 감축기술의 개발 및 보급이 필요함.
국민의식수준	범지구적 기후변화 문제를 공유 비전으로 삼아 저탄소 배출의 생활양식이 요구, 증대되며 문화생활이 변화되고 있어, 이에 부합하기 위한 고효율 기기 및 친환경 주택 등의 개발·보급이 필요함.
정부의 환경정책 변화	기후변화협약에 의한 차후 강제적 온실가스 감축의무에 대비하여 정부의 여러 정책들이 계획되고 있고, 이에 따른 기술 개발의 적극적인 투자를 유도할 수 있으며, 더불어 정부는 사업장의 온실가스 배출량 등 관련 투명한 정보의 제공을 유도해야 함.
기후변화 현상 규명, 모니터링 및 통합 제어·관리 기술 개발	구체적인 온실가스 감축 계획에 앞서 배출량 인벤토리 및 배출권 등 사업장에서 온실가스 모니터링과 관리를 위한 DB 구축이 필요함.
국제시장 동향 파악 및 선점	온실가스 배출 관련 유관 산업의 선진 기술 동향 파악과 중국 등 향후 영향력이 커질 개도국에 대한 체계적인 온실가스 감축 기술 수출 방향 설정이 필요함.
친환경적 융·복합 CO_2 감축기술산업	IT, BT, ET, NT 등 타 산업과의 융·복합 기술 개발과 이에 따른 사업장에서의 대체 공정 및 대체 물질 개발 등 온실가스 감축 기술의 발전이 요구됨.

③ 기후변화 가속화

지난 100년 동안 지구의 평균 기온은 약 0.74℃ 상승하였고, 해수면은 17cm 상승하였다(IPCC 4차 보고서). 기후변화는 빠르게 진행되어 21세기 말까지 지구의 평균 기온은 최대 6.4℃, 해수면은 59cm 상승한다고 예측되며, 온도 상승 추세가 지속되면 자연재해로 인한 사망자가 급증하고 21세기 말에는 생물종의 95%가 멸종한다고 내다보고 있으며, 2025년 안에 1인당 마실 수 있는 물이 현재 수준보다 30% 줄어들 것이며, 2020년 안에 아시아 농작지의 30%가 사막화되리라 UN에서는 전망한다.

㉮ 열파, 가뭄, 홍수, 태풍 등의 극한 기후변화 현상이 전 세계적으로 빈번히 발생하고 있으며, 또한 바람·강수량의 패턴 교란, 일교차의 확대 등의 영향으로 작물 생산량 감소를 우려

㉯ 전 세계 해수면 침수, 열파, 홍수, 폭염 등의 기상재해로 사망자가 증가하고 알레르기, 열대성 질병 등 전염성 질환이 확산될 것이며, 식량작물 생산 감소는 식량자원 확보라는 또 다른 안보 위협 요인으로 작용할 것으로 예상

㉰ 우리나라의 경우 태풍·게릴라성 집중호우로 인한 피해액이 10년 단위로 3.2배 증가하였고, 해수면 상승으로 해안선 유실·침수 및 범람이 잦아지고 있다. 1991~2001년 11년간 기상재해로 인한 연평균 피해액은 5,885억 원이며, 그 중에서 태풍, 호우, 폭풍에 의한 피해가 96.4%를 차지하고 있음.

㉱ 기후변화의 가속화에 따른 필요한 조치사항
  ㉠ 온실가스 농도 증가는 기후변화의 주된 요인으로 온실가스 농도를 줄이기 위한 혁신적 기술 개발이 필요
  ㉡ 해수면 온도 상승과 연안지형의 변화는 해양생태계의 큰 변화를 유발하고 있으며, 따라서 해양생태계에 대한 지속적인 관측·조사 요구
  ㉢ 기상재해 등 기후변화 위기에 대응·적응 대책 추진을 위한 연구개발이 필요
  ㉣ 물·식량 부족에 대응할 수 있는 기술개발 및 관리 시스템 구축이 필요

④ 국제협력 및 규제 강화

2013년 이후 Post-2012 체제에 대한 논의가 본격화되면서 기후변화 대응 강화를 위해 온실가스 규제의 국제적 틀을 마련하고자 노력하고 있으며, Post-2012에서는 감축목표 및 범위를 두고 선진국과 개도국 사이의 지속적인 대립 양상을 보이고 있다.

㉮ 교토의정서에 근거하여 온실가스 감축의무를 부여 받은 선진국들은 경쟁적으로 기후변화 대책법을 제정 또는 강화하고 있고, 유럽의회는 2050년까지 온실가스 배출량의 최대 80% 감축이라는 목표를 달성하기 위해 2009년까지 유럽지역의 환경세 도입, 운수부문에 CO_2 배출 규제 의무부과 등의 제도 마련을 예고하였으며, 신규 등록 차량의 CO_2 배출 한도를 2015년부터 125g/km, 2020년 95g/km, 2025년 70g/km로 규제를 강화하여 추진하고 있음.

㉯ 미국도 2020년까지 유럽 수준으로 연비규제법을 개정할 예정이며 유럽, 일본, 미국 등 반도체 기업의 PFCs 배출량을 2010년까지 1995년 기준으로 10% 이상 감축하기로 협의함.

㉰ 중국과 인도는 빠른 경제성장을 기반으로 해외시장을 겨냥한 제품 개발에 박차를 가하고 있으며, 이에 따라 선진국은 자국의 산업보호 측면에서 온실가스 배출 규제 강화와 수입품에 대해 자국과 동일한 기술 규격을 요구하려는 움직임이 필요함.

㉱ 우리나라의 경제가 지속적으로 성장하기 위해서는 온실가스 배출을 최소화할 수 있는 제품 개발 및 공정기술 개발에 중점을 둘 필요성이 크게 부각되고 있음.

㉲ 그 밖에 전기 · 전자제품 폐기지침 및 유해물질 사용 제한지침을 제정하여 중금속 · 유해물질 사용 제한, 회수 · 재사용 의무화 등 제품에 대한 환경 규제를 크게 강화하고 있는 상황이며, 기술 개발을 통해 친환경 제품을 생산하지 못한다면 글로벌 시장에서 우위를 확보할 수 없을 것으로 여겨짐.

⑤ **온실가스 감축사업의 증대**

청정에너지 등의 사용이 미흡한 개발도상국에 온실가스 감축사업을 통한 감축량(크레딧)을 시장에 팔 수 있거나 선진국의 감축으로 인정하는 CDM 사업이 활성화되고 있으며, CDM 사업에 대한 기업의 투자 증가는 감축기술의 향상과 온실가스 감축량 획득 등으로 상당한 시장성이 확보될 것으로 예상된다.

㉮ 중국, 인도는 세계 최대 CDM 사업 시장을 형성하고 있고, 특히 중국의 경우 연간 CO_2 감축 잠재력이 2억 톤으로 추정되며, CDM 사업을 추진하기 위한 기술 개발을 통해 국내뿐만 아니라 해외시장을 개척할 기술적 역량을 확보할 필요가 있음.

㉯ 온실가스 감축 관련 폭넓은 분야의 기술 개발 투자 및 정책 수립이 필요하고 글로벌화에 따른 온실가스 배출량 증가가 예상되며, 이동 오염원에서 발생되는 온실가스에 대한 소형 저감장치 등 기술 개발 정책이 필요함.

㉰ 산업공정 전 과정에서의 에너지의 고효율화를 위한 설계기술, 바이오매스를 활용한 대체 에너지 기술, 바이오 가스와 연료전지 결합 기술 등 해외 의존도가 높은 기술의 국내 기술 개발이 필요한 시점임.

㉱ 사이버 공간에서의 홍보 및 관련 웹사이트 증설을 통한 기업 및 개인의 자발적 온실가스 감축에 대한 각종 정책 지원이 필요함.

⊙ CDM 등 온실가스 저감을 위한 사업 증가에 따른 보다 폭넓은 분야에 적용 가능한 기술 및 대체 자원의 개발이 요구됨.

⊙ 이와 동시에 탄소 거래 시장 확장에 대한 국가적 지원체계 마련이 필요함.

⑥ 에너지 및 자원 위기 고조

기후변화는 환경보전 차원만의 문제가 아니라 각 국의 경제성장, 에너지 이용, 국제 경제 질서의 재편성 등을 포괄하는 문제이다. 선진국뿐만 아니라 개도국에 대해서도 에너지 사용량 삭감을 통해 오염 배출을 줄여야 하는 규제가 강화되고 있는 실정으로, 상대적으로 고가인 유류 사용에 부담을 느끼는 개도국에서는 비교적 가격이 저렴한 석탄에 눈길을 돌리는 등 온실가스를 가장 많이 배출하는 석탄의 수요가 또다시 급증하고 있는 추세이다.

㉮ 중국과 인도는 전력 생산의 대부분을 석탄을 이용한 화력발전에 의존하며, 세계 석탄 수요에서 중국과 인도가 차지하는 비중도 현재 45%에서 2030년 80%로 높아질 전망임.

㉯ 우리나라의 경우 2009년 상반기 전체 수입 약 2,198억 달러 중 원유, 석탄, 천연가스 등 에너지 수입액이 총 702억 달러로 상반기 전체 수입의 31.9%를 차지함.

㉰ 상위 10대 수입 품목 중 원유가 2005년 426억 달러, 2006년 559억 달러, 2007년 603억 달러 수입으로 1위를 차지함.

㉱ 2009년 기준 천연가스 수입량 세계 3위, 석탄은 9위로 에너지 자원의 수입 의존도가 큰 것으로 나타났으며, 에너지 자급률은 3%에 불과하고, 신재생에너지 보급률은 2.24%이고, 그 중에서 폐기물에너지 비율이 76%를 차지함.

㉲ 철강, 석유화학 등 에너지 다소비형 소재산업 비중이 선진국보다 높은 산업구조를 가지고 있어, 화석연료 사용 제약 및 고유가로 인한 에너지 자원 위기는 국가 경제에 부정적 영향을 끼칠 것으로 판단됨.

㉳ 기후변화로 인한 에너지 자원 위기는 국가산업 경쟁력을 위협하는 요인으로 자원과 환경이라는 새로운 제약요인을 극복할 수 있는 기술 개발을 통해서만 경쟁우위를 확보할 수 있을 것임.

㉴ 자원, 환경제약 문제를 동시에 해결할 수 있는 기후변화 대응 기술 개발에 주력할 필요성이 강력히 대두되고 있는 상황이며 석유, 석탄 등 화석연료나 금속소재 등의 사용량을 줄임으로써 오염 배출을 감축시키는 기술 개발이 필요한 실정임.

㉠ 기후변화 측면에서의 화석연료 사용 제약은 경제성장을 위협하는 요인으로 이를 해결하기 위해서는 자원과 환경이라는 새로운 제약요인을 극복할 수 있는 대체에너지 개발 및 보급이 시급

㉡ 중국, 인도 등 신흥개발도상국가의 경제성장은 온실가스 배출량을 증가시켜, 이들 국가의 기후변화 대응 기술 개발을 지원할 필요성이 대두

㉢ 고유가로 인해 저렴한 석탄 사용은 앞으로 더욱 증가할 수밖에 없을 것으로 판단되며, 이에 따른 석탄의 온실가스 배출량을 획기적으로 줄이는 신기술 개발이 필요

3) 국가단위 기후변화 대응 및 적응계획

우리나라 최초의 국가단위 기후변화 적응대책인 '국가 기후변화 적응 종합계획'이 수립(2008. 12.)되었으며, 「저탄소 녹색성장 기본법」 시행에 따라 최초의 법정계획인 '국가 기후변화 적응대책(2011~2015)'이 수립(2010. 10.)되었다.

‖ 국가단위 기후변화 적응계획 연혁 ‖

구 분	국가 기후변화 적응대책			기후변화대응 기본계획	
	종합계획 ('08. 12.)	제1차 ('10. 10.)	제2차 ('15. 12.)	제1차 ('16. 12.)	제2차 ('19. 10.)
계획기간	'09~'30	'11~'15	'16~'20	'17~'36	'20~'40
비전	기후변화 적응을 통한 안전사회 구축 및 녹색성장 지원	기후변화 적응을 통한 안전사회 구축 및 녹색성장 지원	기후변화 적응으로 국민이 행복하고 안전한 사회 구축	이상기후에 안전한 사회 구현 ※ 총괄비전 : 효율적 기후변화 대응을 통한 저탄소 사회 구현	– ※ 총괄비전 : 지속가능한 저탄소 녹색사회 구현
목표	• 단기(~'12) : 종합적이고 체계적인 기후변화 적응역량 강화 • 장기(~'30) : 기후변화 위험 감소 및 기회의 현실화	–	기후변화로 인한 위험 감소 및 기회의 현실화	–	기후변화 적응 주류화로 2℃ 온도 상승에 대비
체계	1. 기후변화 위험 평가 체계 구축 2. 6개 부문별 기후변화 적응 프로그램 추진(생태계, 물관리, 건강, 재난, 적응산업, 에너지, SOC) 3. 국내외 협력 및 제도적 기반 확보	〈7대 부문〉 1. 건강 2. 재난/재해 3. 농업 4. 산림 5. 해양/수산업 6. 물관리 7. 생태계 〈적응기반대책〉 1. 기후변화 감시 및 예측 2. 적응산업/에너지 3. 교육, 홍보 및 국제협력	〈4대 정책〉 1. 과학적 위험관리 2. 안전한 사회 건설 3. 산업계 경쟁력 확보 4. 지속가능한 자연자원 관리 〈이행기반〉 5. 국내외 이행기반 마련	1. 과학적인 기후변화 위험관리 체계 마련 2. 기후변화에 안전한 사회 건설 3. 지속가능한 자연자원 관리	1. 5대 부문 기후변화 적응력 제고 2. 기후변화 감시·예측 고도화 및 적응평가 강화 3. 모든 부문·주체의 기후변화 적응 주류화 실현

01 우리나라의 기후변화 종합대책 중 1차 종합대책에 관한 설명으로 틀린 것은?

① 기후변화협상에 대비한 논리개발, 자발적 협약, 대체에너지 개발, 하수처리를 제고하는 등 17개 과제와 에너지 절약 전문기업(ESCO) 사업 지원 및 흡수원 확대 등 111개의 세부 실천계획 등을 추진하였다.

② 교토의정서가 채택됨으로써 온실가스가 하나의 상품으로 거래되게 됨을 인지하게 되었고, 현재까지 추구한 경제성장 정책에서 친환경 성장 추진 정책으로 전환되는 계기가 되었으며, 온실가스 저감을 위한 투자 필요성을 제시하였다.

③ 기후변화협약에 따른 의무부담과 관계없이 온실가스 저감에 최대의 노력을 기울이고, 매년 온실가스 배출현황 분석과 동시에 장기 전망치를 수정 · 보완하여 이에 적합한 대책을 마련하는 내용이 수록되었다.

④ 온실가스 감축시책의 지속적인 추진을 위해 1996년 에너지 기술 개발을 통하여 BAU(Business As Usual) 대비 에너지 소비를 10%씩 감축하기 위해 10개년 계획 수립을 추진하였다.

[해설] ④는 2차 종합대책에 대해 제시한 것이다.

02 지구 온난화가 우리나라 해양에 미치는 영향이 아닌 것을 모두 고르면?

a. 해수온 상승	b. 해수면 상승
c. 염분의 증가	d. 해양의 산성화
e. 한류성 어종의 증가	f. 해양의 pH 증가

① a, c, d ② c, e, f
③ c, d, e ④ d, e, f

[해설] 지구 온난화가 우리나라에 미치는 영향으로는 해수온의 상승, 해수면 상승, 해양의 산성화, 난류성 어종의 증가, 해양의 pH 감소 등이 있다.

03 다음 중 4차 종합대책에 따른 온실가스 감축분야로 틀린 것은?

① 원자력 비중 축소
② 저탄소 에너지 공급 시스템 구축
③ 탄소시장 활성화 추진
④ 농축산 · 산림 · 폐기물 온실가스 감축

[해설] 4차 종합대책에 따르면 원자력 비중 증가를 검토하는 내용이 포함되어 있다.

04 다음 온실가스 목표관리제에 관한 설명 중 옳은 것은?

① 법인 또는 법인 내 사업장 기준으로 관리업체를 선정하고 건물은 건축물 대장, 등기부, 에너지 연계성 등을 기준으로 판단한다.

② 관리업체(업체) 기준은 125,000tCO₂ 이상인 경우이다.

③ 관리업체 지정에 이의가 있을 경우 10일 이내 관장기관에 재심사를 요청할 수 있다.

④ 기준년도의 경우 최초 지정된 해의 직전년도를 포함한 5년간 연평균 배출량으로 설정한다.

[해설] ② 관리업체(업체) 기준은 50,000tCO₂ 이상인 경우이다.
③ 관리업체 지정에 이의가 있을 경우 30일 이내 관장기관에 재심사를 요청할 수 있다.
④ 기준년도의 경우 최초 지정된 해의 직전년도를 포함한 3년간 연평균 배출량으로 설정한다.

Answer 01.④ 02.② 03.① 04.①

05 다음 중 온실가스 목표관리제와 배출권거래제도 비교 중 틀린 것은?

① 배출권거래제는 목표관리제에 비해 감축비용을 절감할 수 있다.
② 목표관리제는 배출권거래제에 비해 정책 집행이 상대적으로 간단하고 온실가스 감축효과가 빠르게 나타난다.
③ 목표관리제와 배출권거래제는 추가적으로 감축한 것에 대해 경제적인 인센티브가 있다.
④ 배출권거래제는 직접 규제 수단인 목표관리제와는 달리 시장 유인 수단인 제도이다.

해설 목표관리제의 경우 추가 감축을 해도 보상은 없고 목표 미달성 시 과태료만 납부하는 형태인 반면, 배출권거래제의 경우 참여 개별 기업의 자체적인 감축비용 절감이 가능하며, 경제적 인센티브가 있다.

06 관리업체의 산정·보고 절차로 옳은 것은?

① 조직경계 설정 → 조직경계 내 배출원 규명 → 배출량 산정 및 모니터링 체계 구축 → 배출량 산정 방법론, 관리기준 등 선택 → 배출량 산정 → 제3자 검증 및 명세서 제출
② 조직경계 내 배출원 규명 → 조직경계 설정 → 배출량 산정방법론, 관리기준 등 선택 → 배출량 산정 및 모니터링 체계 구축 → 배출량 산정 → 제3자 검증 및 명세서 제출
③ 조직경계 설정 → 조직경계 내 배출원 규명 → 배출량 산정방법론, 관리기준 등 선택 → 배출량 산정 → 배출량 산정 및 모니터링 체계 구축 → 제3자 검증 및 명세서 제출
④ 조직경계 설정 → 조직경계 내 배출원 규명 → 배출량 산정방법론, 관리기준 등 선택 → 배출량 산정 및 모니터링 체계 구축 → 배출량 산정 → 제3자 검증 및 명세서 제출

해설 산정·보고 절차
조직경계 설정 → 조직경계 내 배출원 규명 → 배출량 산정 및 모니터링 체계 구축 → 배출량 산정방법론, 관리기준 등 선택 → 배출량 산정(계산 또는 측정) → 제3자 검증 및 명세서 제출의 순으로 진행된다.

07 관리업체의 온실가스 배출량 산정·보고 체계는 목표설정, 이행계획 수립, 목표이행, 명세서 및 이행실적보고서 작성으로 구성되어 있는데, 각각의 제출시기로 옳은 것은?

① 전년도 명세서 : 1월 31일
② 전년도 이행실적보고서 : 2월 28일
③ 차년도 목표설정 : 9월 30일
④ 차년도 이행계획서 : 11월 30일

해설 차년도 목표설정은 당해 9월 30일까지 제출하여야 한다.

08 명세서 작성 시 포함해야 할 사항을 모두 고르면?

a. 사업장 목록
b. 사업장에 대한 일반 정보
c. 해당 조직의 경영시스템 인증 현황
d. 품질관리(QC)/품질보증(QA)
e. 소량 배출사업장 배출활동 정보

① a, b, c
② a, b, d
③ a, b, e
④ a, b, c, d, e

해설 명세서 작성 시 포함되어야 할 사항은 사업장 목록, 사업장에 대한 일반 정보, 소량 배출사업장 배출활동 정보 등이 포함되어야 한다.

09 다음 ( ) 안에 알맞은 내용은?

| 총괄운영(㉠) |
| 운영기준 및 지침 마련 국가 인벤토리 대표기관 |

| 부문별 온실가스 목표관리 |

| 산업·발전 (㉡) | 건물·교통·건설 (해운·항만 제외) (㉢) | 농업·임업 ·축산·식품 (㉣) | 폐기물 (㉤) |

	㉠	㉡	㉢	㉣	㉤
①	환경부	산업통상 자원부	국토교통부	농림축산 식품부	환경부
②	미래창조 과학부	국토교통부	산업통상 자원부	농림축산 식품부	환경부
③	산업통상 자원부	산업통상 자원부	국토교통부	농림축산 식품부	환경부
④	국토교통부	미래창조 과학부	국토교통부	농림축산 식품부	환경부

[해설] 총괄 운영기관은 환경부이고, 다른 부문별 관장기관은 산업통상자원부, 국토교통부, 농림축산식품부, 환경부의 순이다.

10 목표관리제의 관리업체 지정기준은 최근 3년간 업체의 모든 사업장에서 배출한 온실가스의 연평균 총량을 기준으로 정하고 있다. 다음 표에서 업체 및 사업장 기준이 잘못된 것은?

구 분	2011.12.31까지		2012.1.1부터		2014.1.1부터	
	업체 기준	사업장 기준	업체 기준	사업장 기준	업체 기준	사업장 기준
온실가스 배출량 (tCO₂eq)	125,000	25,000	87,500 ⓐ	20,000 ⓑ	40,000 ⓒ	15,000 ⓓ

① ⓐ   ② ⓑ
③ ⓒ   ④ ⓓ

[해설] 2014년 1월 1일부터 업체 기준은 온실가스 배출량 50,000tCO₂eq 이상이다.

11 다음 표를 보고 관리업체 지정 시 어떤 기준으로 관리업체를 선정하며, 배출량 등 산정 · 보고 대상은 어느 사업장인지 ( ) 안에 알맞은 내용은?

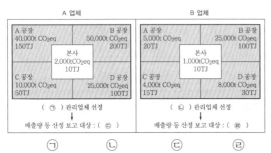

① 업체 기준   사업장 기준   전 사업장   B, D 사업장
② 사업장 기준 사업장 기준 A, B, D 사업장 B 사업장
③ 업체 기준   사업장 기준   전 사업장   B 사업장
④ 업체 기준   사업장 기준   B 사업장   B 사업장

[해설] 업체 기준, 사업장 기준, 전 사업장, B 사업장 순이다.

12 관리업체에서 배출량 등의 산정 및 보고 중 직접 배출에 해당하지 않는 것은?

① 이동연소   ② 탈루성 배출
③ 폐기물 처리   ④ 외부 전력

[해설] 외부 전력의 경우 간접 배출원에 해당한다.

13 온실가스 산정 · 보고 범위에 대한 설명 중 틀린 것은?

① 관리업체는 온실가스 직접 배출과 간접 배출로 온실가스 배출 유형을 구분하여 온실가스 배출량 등을 산정 · 보고한다.
② 연간 배출량이 100tCO₂eq 미만의 소규모 배출시설은 배출시설 단위로 구분하지 않고, 사업장 총 배출량에 포함하여 보고할 수 있다.
③ 직접 배출과 간접 배출을 구분하는 이유는 전력 · 열을 공급하는 사업자와 전력 · 열을 공급받는 사업자(수급자)가 같은 운영경계에서 중복 산정을 방지하기 위함이다.
④ 외부에서 공급된 전기 사용에 따른 간접 배출량의 산정 · 보고 범위는 사업장 단위가 아닌 배출시설 단위로 정한다.

[해설] 외부에서 공급된 전기 사용에 따른 간접 배출량의 산정 · 보고 범위는 배출시설 단위가 아닌 사업장 단위로 정한다.

14 기후변화 대응에는 적응과 완화 두 가지 측면이 있다. 이 중에 완화 측면으로 맞는 것은?

① 취약계층 지원
② 취약국가(최빈국) 지원
③ 기술 개발 및 이전
④ 예방적 조치

[해설] 기후변화 완화 측면에는 기술 개발 및 이전, 온실가스 배출의 감축, 정책 및 국제적 공조 등이 내용에 포함된다. 나머지 내용은 기후변화의 적응 측면에 해당한다.

15 온실가스 배출량이 가장 많은 업종은?

① 석유화학 　　② 시멘트
③ 철강 　　④ 정유

해설 철강 > 석유화학 > 시멘트 > 정유 순으로 배출량이 많은 업종이다.

16 지속 가능한 발전의 3E에 해당하지 않는 것은?

① Economy 　　② Ecology
③ Efficiency 　　④ Equity

해설 3E는 경제(Economy), 환경 또는 생태계(Environment or Ecology), 사회적 형평성(Equity)이다. 효율성(Efficiency)은 포함되지 않는다.

17 지속 가능한 발전과 녹색성장을 비교하여 지속 가능한 발전에 관한 설명으로 옳지 않은 것은?

① 1987년 Our Common Future에서 언급되었다.
② 대상은 전 세계의 국가가 해당한다.
③ 성장단계에서의 환경오염을 방지하기 위해 발생하였다.
④ 경제성장, 사회발전, 환경보호 등을 동시에 추구하는 목적을 가진다.

해설 성장단계에서 환경오염을 방지하려는 배경을 가지는 것은 녹색성장에 관한 설명이다.

18 녹색성장에 관한 설명으로 알맞은 것은?

① 1987년 Our Common Future에서 언급되었다.
② 대상은 아시아·태평양 지역 국가이다.
③ 성장의 결과인 환경오염을 복구하기 위한 배경에서 언급되었다.
④ 경제성장, 사회발전, 환경보호 등을 동시에 추구하는 목적을 가진다.

해설 녹색성장의 개념은 아시아·태평양 지역 국가를 대상으로 한다.

19 배출량 산정 보고서와 관련하여 ISO 지침 원칙을 충족하는 조건으로 틀린 것은?

① 완전성 　　② 일관성
③ 정확성 　　④ 보충성

해설 배출량 산정 보고서와 관련하여 ISO 지침 원칙을 충족하는 조건은 완전성, 일관성, 정확성, 투명성이다.

20 온실가스와 관련한 ISO 국제 표준으로 틀린 것은?

① ISO 14064 TC207/WG5 N77
② ISO 14064 TC207/WG5 N89
③ ISO 14064 TC207/WG5 N90
④ ISO 14064 TC207/WG5 N114

해설 온실가스와 관련한 ISO 국제 표준은 ISO 14064 TC207/WG5 N89, ISO 14064 TC207/WG5 N90, ISO 14064 TC207/WG5 N114의 세 가지가 있다.

21 배출량 산정 보고서와 관련하여 온실가스의 정량화는 실제 배출·흡수의 초과도, 미만도 아님을 보증해야 하고, 불확실성은 정량화되고 감소되어야 하는 것을 나타내는 원칙으로 옳은 것은?

① 완전성 　　② 일관성
③ 정확성 　　④ 투명성

해설 온실가스의 정량화는 실제 배출·흡수의 초과도, 미만도 아님을 보증해야 하고, 불확실성은 정량화되고 감소되어야 하는 것은 정확성을 말한다.

22 유엔 기후변화협약의 CDM 사업 분야에 해당하지 않는 것은?

① 수송
② 할로겐화탄소, 육불화황 생산·소비
③ 산림경영
④ 농업

해설 CDM의 사업 분야에 산림경영은 포함되지 않는다.

23 배출권거래제에 대한 설명으로 틀린 것은?

① 배출권거래제는 오염물질 배출에 대한 권리를 설정하고 이에 대한 거래를 허용하여 최소의 비용으로 오염물질을 감축하고자 하는 제도이다.
② 환경기준이나 행정명령과 같은 직접 규제 방식에 의존한다.
③ 배출되는 오염물질의 환경적 책임과 배출 권리를 명확히 하고 있다.
④ 참여 기업들은 주어진 배출 허용 총량 내에서 배출권 가격을 중심으로 추가 감축하거나 배출권을 구매하여 비용을 최소화하도록 배출량을 조정할 수 있다.

해설 환경기준이나 행정명령과 같은 직접 규제 방식에 의존하지 않고, 시장유인제도를 통해 오염물질 배출을 규제하는 방식이다.

24 다음 중 CDM 사업에 대한 신재생에너지의 세부 사업으로 해당하지 않는 것은?

① 태양광
② 원자력
③ 매립가스
④ 소수력

해설 원자력 발전은 신재생에너지에 포함되지 않는다.

25 해수면 상승으로 인한 2080년대 홍수 위협 시나리오로 알맞은 것은?

① 평균 온도 3℃ 이상 상승
② 해안가 20% 이상 유실
③ 해수면 59cm 상승
④ 3백만 명의 홍수 위협

해설 2080년대 홍수 위협으로 인하여 평균 온도가 3℃ 이상 증가하며, 해안가의 30% 이상이 유실되고, 1,500만 명 이상이 홍수 위협에 처하게 된다.

26 Tier 3의 불확도로 알맞은 것은?

① ±7.5%
② ±5.0%
③ ±3.0%
④ ±2.5%

해설 ①은 Tier 1의 불확도, ②는 Tier 2의 불확도이다.

27 다음 중 기후변화 대응을 위한 국내의 주요 활동으로 옳지 않은 것은?

① 국가 기후변화 적응대책을 마련하여 정부 및 지자체 세부 시행계획 수립을 위한 기본계획을 설립하였고, 기후변화 영향의 불확실성을 감안한 5년 단위 연동계획을 세웠다.
② 가정 및 상업시설에서 전기, 수도, 가스 사용량이 줄어든 경우 경제적 인센티브로서 탄소포인트제를 실시하여 에너지 사용량을 감소시켰다.
③ 온실가스 배출량을 제품에 표시한 탄소라벨링 제도를 통해 소비자 알권리 보장과 저탄소 녹색소비 유도를 실시하고 있으며, 이는 탄소 배출량을 인증하는 1단계와 저탄소 상품 인증을 하는 2단계로 구성되어 있다.
④ 에너지 작물인 옥수수 등의 재배를 통한 바이오에탄올 등 연료 생산과 바이오매스를 이용한 혐기성 소화를 통해 메탄가스를 생산하여 대체에너지로 이용한다.

해설 에너지 작물을 통한 에너지 공급은 세계 식량문제 등과 상충되는 문제로 야기될 수 있다.

28 이산화탄소를 흡수하는 LULUCF의 범위에 해당하지 않는 것은?

① 토지 이용
② 토지 이용 변화
③ 해양업
④ 임업

해설 LULUCF는 토지 이용, 토지 이용 변화 및 임업을 말한다.

29 이산화탄소를 대량 발생원으로부터 포집한 후 압축, 수송 과정을 거쳐 육상 또는 해양지중에 안전하게 저장하거나 유용한 물질로 전환하는 일련의 과정을 뜻하는 용어는?

① IPCC   ② UNFCCC
③ GHG   ④ CCS

해설 CCS는 이산화탄소 포집 및 저장(Carbon dioxide Capture and Storage)의 약자로 이산화탄소를 대량 발생원으로부터 포집한 후 압축, 수송 과정을 거쳐 육상 또는 해양지중에 안전하게 저장하거나 유용한 물질로 전환하는 일련의 과정을 말한다.

30 국가별 주요 감축목표와 일치하지 않는 것은?

① EU : 2005년 배출권거래제를 최초 시행하였고, 2020년까지 20% 감축을 목표로 한다.
② 일본 : 2009년 하토야마 총리는 2020년까지 1990년 대비 20% 감축을 목표로 발표하였다.
③ 미국 : 2005년 대비 2020년까지 17% 감축을 목표로 하고 있다.
④ 중국 : 2005년 대비 탄소집약도 40~45% 감축목표를 2009년에 발표하였다.

해설 일본의 경우 2009년 하토야마 총리는 2020년까지 1990년 대비 25% 감축목표를 발표하였다.

31 다음의 ( ) 안에 들어갈 것은?

우리나라는 1993년 12월에 ( )을 비준하고, 2002년 10월에는 ( )를 비준함으로써 세계의 기후변화방지 노력에 참여하는 제도적인 준비를 마쳤다.

① 유엔환경계획, 교토의정서
② 기후변화협약, 몬트리올의정서
③ 유엔환경계획, 몬트리올의정서
④ 기후변화협약, 교토의정서

해설 1993년 기후변화협약에 비준하고, 2002년에 교토의정서를 비준하였다.

32 제품의 온실가스 배출량 정보를 공개함으로써 저탄소 녹색생산·소비를 유도하여 기후변화에 대응하는 제도로 한국환경산업기술원이 인증기관인 이 제도는?

① 탄소발자국제
② 탄소포인트제
③ 환경성적표지제도
④ 탄소배출량크레디트

해설 제품의 온실가스 배출량 정보를 공개함으로써 저탄소 녹색생산·소비를 유도하여 기후변화에 대응하는 제도로 한국환경산업기술원이 인증기관인 이 제도는 환경성적표지제도이다.

33 다음 중 각 운영기관에서 하고 있는 업무가 일치하지 않는 것은?

① 환경부 : 환경성적표지제도 총괄 운영
② 한국환경산업기술원 : 환경성적표지 작성지침 제·개정
③ 환경보전협회 : 환경성적표지 인증 및 사후관리
④ 한국환경공단 : 온실가스 인력양성과정 운영

해설 환경성적표지 인증 및 사후관리를 하는 기관은 한국환경산업기술원이다.

34 국내 녹색산업 육성 및 일자리 창출과 관련하여 핵심 녹색기술 성장 동력화의 항목으로 일치하지 않는 것은?

① 원자력 기술의 경쟁력을 확보
② 상수 및 하·폐수처리기술을 통한 수처리 산업 육성
③ CCS 마스터 액션 플랜의 수립을 통해 온실가스 감축 비용의 획기적 저감
④ 차세대 이차전지 개발을 위한 부품·소재 등 취약한 부분을 개선하고 기초기술, 원천기술 개발을 강화하여 중장기적으로 국가 경쟁력을 강화

해설 상수 및 하수처리기술 향상이 아니라 하·폐수 재이용 기술 개발을 통한 수처리 산업의 양성이 필요하다.

PART 2

온실가스 배출원 파악

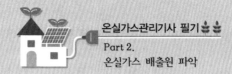

온실가스관리기사 필기

Part 2.
온실가스 배출원 파악

온실가스 인벤토리 개요

Chapter 1

01 온실가스 인벤토리의 정의

(1) 온실가스 인벤토리의 필요성

현재의 지구 온난화가 인간의 개발행위에서 발생한 부정적 결과임이 기정사실로 받아들여지면서 그 주요 원인인 인위적 온실가스의 배출을 감축하자는 데 전세계가 공감대를 형성한다.

- 이러한 공감대가 1992년에 기후변화협약으로 구현되었으며, 온실가스 감축 의무를 선진국에 부과하는 교토의정서가 발효되면서 지난 20년 동안 전세계는 기후변화에 적극적으로 대응하게 됨.
- 온실가스 감축을 위해서는 온실가스 배출원에서 얼마만큼의 온실가스가 배출되는가를 우선적으로 알아야 함.
- 인벤토리 구축이 온실가스 감축의 기본이고 출발이라고 할 수 있음.
- 잘못된 인벤토리는 잘못된 감축정책을 낳을 수 있으며, 이로 인해 막대한 사회적 · 경제적 손실이 초래될 수 있음.
- 그러므로 **인벤토리의 관리가 온실가스 감축정책 수립 및 평가 과정에서 중요한 역할을 담당**하므로 정확하고 투명한 인벤토리의 구축이 절실하고, 이를 위한 체계 마련이 선행되어야 함.

(2) 온실가스 인벤토리 정의 및 목적

온실가스 인벤토리는 관심 있는 온실가스 배출 또는 흡수 주체의 조직경계 내에서 온실가스 배출량과 흡수량을 정의한다(ISO 14064).

- 온실가스 인벤토리 구축이라 하면 조직경계 내에서 온실가스 배출원과 흡수원을 규명하고, 배출원과 흡수원으로부터의 배출 또는 흡수되는 온실가스 양을 파악하여 목록화하는 것을 의미함.
- 온실가스 인벤토리의 목적은 배출 주체의 조건과 역량 내에서 가장 정확하게 온실가스 배출량과 흡수량을 산정하는 것임.
- 인벤토리는 배출원의 감축 잠재력 평가, 감축목표 선정, 감축이행계획 수립 · 추진 등에 활용되는 가장 기초적이고 중요한 결과임.

(3) 온실가스 인벤토리 종류

온실가스 인벤토리는 첫째 배출 주체 범위, 둘째 배출 특성, 셋째 인벤토리 산정방식에 따라 구분할 수 있으며, 배출 주체에 따라 일반적으로 국가 인벤토리, 지방자치단체(이하 지자체) 인벤토리, 기업체 인벤토리 등으로 구분한다.

1) 국가 인벤토리
특정 국가의 물리적 경계 내에서 온실가스의 직접 배출 또는 흡수행위에 의한 온실가스 배출 총량으로 정의한다.

2) 지자체 인벤토리 및 기업체 인벤토리
이러한 직접 배출 또는 흡수행위 이외에도 수전과 수열 등 경계 외부에서 온실가스를 배출하지만, 경계 내로 유입되는 간접 배출행위도 온실가스 배출량에 포함하기도 한다.

3) 경계 설정의 일관성
인벤토리를 관리하는 상위기관과 협의를 거쳐 이를 결정·고시할 필요가 있다.

확인 문제

다음 중 인벤토리의 종류로 알맞지 않은 것은?
① 국가 인벤토리　　　　　② 국제 인벤토리
③ 지방자치단체 인벤토리　④ 기업체 인벤토리

해설 인벤토리의 종류는 배출 주체에 따라 일반적으로 국가 인벤토리, 지방자치단체(지자체) 인벤토리, 기업체 인벤토리 등으로 구분할 수 있다.

답 ②

---

4) 온실가스 인벤토리 배출원의 특성
에너지, 산업공정, 농축산, LULUCF(Land Use and Land Use Change, Forest : 토지 이용, 토지 이용 변경 및 임업), 폐기물 등으로 구분·산정한다.
① UNFCCC(기후변화협약)에서 국가 인벤토리를 작성할 때 현재 요구하고 있는 분류체계이나 감축정책의 효율성을 높이기 위해 배출원 특성에 적합하게 고유분류체계를 개발·적용할 수 있음.
② 온실가스 인벤토리를 산정하는 접근방식에 따라 하향식(Top-down)과 상향식(Bottom-up)으로 구분함.
　㉮ 하향식 접근방법은 유사 배출원 또는 흡수원의 온실가스 배출량 또는 흡수량 산정을 위해 통합 활동자료(Activity Data)를 활용하고, 동일한 산정방법과 배출계수를 적용·산정하는 방식으로 대부분의 국가 인벤토리와 지자체 인벤토리에서 사용
　㉯ 상향식 접근방법은 단위 배출원의 배출 특성 자료를 활용하여 배출량을 산정하고 이를 통합하여 배출 주체의 온실가스 인벤토리를 결정하는 방식

③ 단위 배출원 또는 흡수원의 특성을 반영하여 온실가스 인벤토리를 산정하기 때문에 배출 주체의 정확한 인벤토리를 결정할 수 있는 장점을 가짐. 그러나 국가와 지자체 인벤토리의 경우 모든 단위 배출원과 흡수원에 대한 조사·분석이 이루어져야 하므로 현실적으로 상향식을 당장 적용하기는 어려움.

(4) 온실가스 인벤토리 산정원칙

1) 온실가스 인벤토리 산정원칙은 다음에서 보는 것과 같이 일반적으로 유사하나 배출 주체 범위와 주체에 따라 다소 차이를 보임.

‖ 온실가스 인벤토리 산정원칙 ‖

국가 인벤토리	지자체 인벤토리	기업체 인벤토리
• 투명성(Transparency) • 정확성(Accuracy) • 완전성(Completeness) • 일관성(Consistency) • 상응성(Comparability)	• 투명성(Transparency) • 정확성(Accuracy) • 완전성(Completeness) • 일관성(Consistency) • 적합성(Relevance) • 보수성(Conservativeness)	• 투명성(Transparency) • 정확성(Accuracy) • 완전성(Completeness) • 일관성(Consistency) • 적합성(Relevance)

확인 문제

국가 온실가스 인벤토리 산정원칙으로 알맞지 않은 것은?
① 투명성(Transparency)   ② 정확성(Accuracy)
③ 완전성(Completeness)   ④ 적합성(Relevance)

해설 국가 온실가스 인벤토리 산정원칙으로는 투명성(Transparency), 정확성(Accuracy), 완전성(Completeness), 일관성(Consistency), 상응성(Comparability)이 해당한다. 적합성(Relevance)의 경우 지자체 인벤토리, 기업체 인벤토리 산정원칙에 해당한다.

답 ④

2) 인벤토리 종류와 상관없이 투명성, 정확성, 완전성, 일관성 원칙은 동일하게 적용되고 있으며, 주요 내용은 다음과 같음.
① 투명성 : 인벤토리 산정을 위해 사용된 가정과 방법이 투명하고 명확하게 기술되어 제3자에 의한 평가와 재현(Replication)이 가능해야 함.
② 정확성 : 산정 주체의 역량과 확보 가능한 자료 범위 내에서 가장 정확하게 인벤토리를 산정해야 함.
③ 완전성 : 인벤토리 조직경계 범위 내의 모든 온실가스 배출원 및 흡수원에 의한 배출량과 흡수량을 산정·보고해야 함.
④ 일관성 : 보고기간 동안의 인벤토리 산정방법과 활동자료가 일관성을 유지해야 함.

3) 국가 인벤토리는 국가 간 비교 검토가 중요하기 때문에 UNFCCC에서는 비교 가능성의 원칙을 강조하고 있으며, 이를 위해 표준화된 산정공정과 방법을 제안함.

4) 지자체와 기업체 인벤토리에서는 상응성 원칙 대신에 배출 주체의 온실가스 배출 특성과 상황을 적절하게 반영해야 한다는 적합성 원칙을 택하고 있음.

5) 지자체 인벤토리의 경우는 보수성의 원칙도 준수할 것을 요구하고 있으며, 보수성은 온실가스 배출 감축량이 과대평가되지 않도록 인벤토리 산정에 있어서 보수적인 가정과 절차를 적용해야 함.

확인 문제

인벤토리 종류에 상관없이 동일하게 적용되는 산정원칙으로 알맞은 것은?
① 투명성, 정확성, 완전성, 일관성
② 투명성, 정확성, 일관성, 적합성
③ 투명성, 정확성, 완전성, 보수성
④ 투명성, 정확성, 적합성, 보수성

해설 인벤토리 종류와 상관없이 투명성, 정확성, 완전성, 일관성 원칙은 동일하게 적용되고 있다.

답 ①

---

02 온실가스 인벤토리 산정

배출 주체에서의 온실가스 인벤토리 산정 단계는 6단계에 걸쳐 이루어진다.
① 온실가스 배출 주체의 조직경계를 결정
② 배출 주체 내의 온실가스 배출원을 파악하고 분류·목록화
③ 배출원별로 온실가스 배출량 관련 자료 수준에 적합한 배출량 산정방법을 선정
④ 산정방법에 근거하여 배출량을 산정하고, 각 부문별 배출량 결과를 취합하여 배출주체의 인벤토리를 일차적으로 결정
⑤ 인벤토리 결과의 품질관리(QC) 및 품질보증(QA) 단계로 인벤토리 결과를 검토하고, 질적 개선이 이루어지며 최종적으로 인벤토리가 결정
⑥ 인벤토리 결과의 신뢰도를 진단·평가하여 개선 및 발전 방향을 수립·제시

‖ 온실가스 인벤토리 산정 흐름도 ‖

```
┌─────────────────────────────────────┐
│     온실가스 배출 주체의 조직경계 설정        │
└─────────────────────────────────────┘
                  ▼
┌─────────────────────────────────────┐
│     온실가스 배출원 파악 및 분류 목록화        │
└─────────────────────────────────────┘
                  ▼
┌─────────────────────────────────────┐
│         온실가스 산정방법 결정              │
└─────────────────────────────────────┘
                  ▼
┌─────────────────────────────────────┐
│         온실가스 인벤토리 산정             │
└─────────────────────────────────────┘
                  ▼
┌─────────────────────────────────────┐
│    온실가스 인벤토리 정도관리 및 정도보증       │
└─────────────────────────────────────┘
                  ▼
┌─────────────────────────────────────┐
│        온실가스 인벤토리 결과 평가           │
└─────────────────────────────────────┘
```

(1) 온실가스 배출 주체의 조직경계 설정

조직경계의 설정은 온실가스 배출량 산정·보고 절차에 있어서 가장 먼저 이루어지는 과정으로, 「산업 집적 활성화 및 공장 설립에 관한 법률」, 「건축법」 등 관련 법률에 따라 정부에 허가받거나 신고한 문서(사업자등록증, 사업보고서 등)를 이용하여 사업장의 부지경계를 식별하게 된다.

- 조직경계 설정이란 특정 관리주체의 지배적인 영향력이 미치는 시설의 부지경계로의 설정을 의미함.
- 배출 주체의 조직경계는 인벤토리 산정 초기 단계에 설정하는 것으로, 배출 주체의 물리적 범위로 정의할 수 있음.
- 조직경계를 설정하는 방법은 통제접근법과 지분할당접근법으로 구분됨.

구 분		정 의
지분할당접근법		배출원을 관리·운영상의 경제적 위협과 보상의 분율에 따라 온실가스 배출량을 분배하는 방식(일반적으로 기업체 인벤토리 산정에 적용하는 방법)
통제접근법		기업의 통제권하에 있는 운영으로부터 나오는 온실가스 배출량의 100% 산정하는 방법
	운영통제	기업 혹은 종속기업 중 하나가 운영상의 정책 도입과 실행에 대한 모든 권리를 가지는 경우 운영에 대한 통제권을 가짐.
	재정통제	기업 혹은 종속기업이 경영활동에서 경제적 이득에 대한 재정상, 운영상 정책을 이끄는 경우 재정통제권을 가짐.

- 기업의 구조는 법적·조직적 구조에 따라 다양한 형태를 가지고 있으며, 사업을 효율적으로 운영하기 위해 사업환경에 맞춰 조직체제를 유연하게 변경하는 경우가 많음.

- 기업(할당대상업체)은 조직경계를 결정하기 위해 조직의 지배적인 영향력을 행사할 수 있는 지리적 경계, 물리적 경계, 업무활동 경계 등을 고려한 운영통제범위를 설정해야 함.
- 운영통제범위에 의한 조직경계를 결정하기 위해 할당대상업체는 사업장의 지리적 경계, 지리적 경계 내 온실가스 배출시설 및 에너지 사용시설, 온실가스 감축시설, 조직의 변경, 경계 내 상주하는 타 법인, 모니터링 관련 시설의 유무 등을 확인하고, 해당 시설 및 시설관리의 주체와 해당 활동에 의한 경제적 이익 등의 귀속 주체를 파악해야 함.
- 국가와 지자체 인벤토리는 통제접근법을 적용하고, 기업의 경우 지분할당접근법과 통제접근법의 두 방법 모두 적용이 가능함.
- 대부분 기업은 사업활동을 하면서 하나의 법인 형태보다는 자회사 및 관련 회사를 포함한 그룹 단위 형태이거나 회사구조에 따라 여러 형태가 될 수 있음.
- 국가와 지자체 인벤토리는 통제접근법을 적용하고, 기업의 경우 두 방법을 모두 적용 가능하며, 기업의 이해관계자와 인벤토리 관리기관과의 합의에 의해 결정됨.

1) 업체 및 사업장의 기준

업체 및 사업장에 대한 정의는 온실가스 목표관리제 등에 관한 지침에서 제시된 바와 같음.

① 업체 : 동일한 법인 등의 지배적인 영향력을 미치는 모든 사업장의 집단
(관리업체(업체) 지정 온실가스 배출량 기준을 충족하는 경우)
② 사업장 : 업체에 포함된 각각의 사업장으로, 업체 내 사업장
(관리업체(사업장) 지정 온실가스 배출량 기준을 충족하는 경우)
③ 업체기준이 기준보다 미만이거나 개별 사업장 기준 이상의 경우 각각 사업장을 개별 관리업체로 지정해서 관리한다.

꼼꼼 check✔ 관리업체

관리업체란 해당 연도 1월 1일을 기준으로 최근 3년간 업체 또는 사업장에서 배출한 온실가스 연평균 총량이 기준치 이상인 경우를 말한다.

1. 관리업체(업체) 지정 온실가스 배출량 기준

구 분	온실가스 배출량(tCO₂-eq)
2011년 12월 31일까지	125,000 이상
2012년 1월 1일부터	87,500 이상
2014년 1월 1일부터	50,000 이상

2. 관리업체(사업장) 지정 온실가스 배출량 기준

구 분	온실가스 배출량(tCO₂-eq)
2011년 12월 31일까지	25,000 이상
2012년 1월 1일부터	20,000 이상
2014년 1월 1일부터	15,000 이상

2) 조직경계 결정방법

사업장의 특징에 따라 조직경계를 결정하고, 조직경계 결정과 관련된 설명을 배출량 산정계획에 구체적으로 작성해야 한다.

① 다수 할당대상업체에서 에너지를 연계하여 사용 시 조직경계 결정방법

다수의 할당대상업체에서 에너지를 연계하여 사용하더라도 법인이 서로 다르기 때문에 각 할당대상업체는 별도로 에너지 사용량을 모니터링하도록 경계를 설정해야 함.

② 타 법인이 조직경계 내에 상주하는 경우 조직경계 결정방법

타 법인의 운영통제권을 할당대상업체가 가지고 있는 경우 할당대상업체는 상주하고 있는 타 법인의 온실가스 배출시설 및 에너지 사용시설을 조직경계에 포함해야 함. 반면에 할당대상업체가 상주하고 있는 타 법인의 운영통제권을 가지고 있지 않으며, 해당 상주업체의 온실가스 배출시설 및 에너지 사용시설에 대한 정보 및 활동 자료를 파악할 수 있는 경우는 할당대상업체의 조직경계에서 제외할 수 있음. 단, 이 경우 조직경계 제외에 대한 타당한 사유를 배출량 산정계획에 포함해야 함.

③ 건물의 조직경계 결정방법

건물의 경우 할당대상업체에 해당하는 법인 등의 조직경계를 결정함.

④ 교통부문의 조직경계 결정방법

교통부문의 경우 할당대상업체에 해당하는 법인 등의 조직경계를 결정함.

⑤ 소량배출 사업장의 조직경계 결정방법

할당대상업체의 소량배출 사업장이 동일한 목적을 가지고 유사한 배출활동을 하는 경우(주유소, 기지국, 영업점, 마을 하수도 등)에는 다수의 소량배출 사업장을 하나의 사업장으로 통합하여 보고할 수 있음. 이 경우 환경부장관으로부터 사용가능 여부를 통보받은 후 보고해야 함. 단, 해당 할당대상업체는 온실가스 배출량이 누락 및 중복되지 않도록 해당 사업장의 보고대상 시설 목록을 배출량 산정계획서 및 명세서에 포함해야 함.

확인 문제

1. 관리업체(업체) 지정 온실가스 배출량 기준으로 알맞은 것은? (단, 2014년 1월 1일부터 기준으로 한다.)
① 50,000tCO$_2$-eq 이상
② 87,500tCO$_2$-eq 이상
③ 100,000tCO$_2$-eq 이상
④ 125,000tCO$_2$-eq 이상

해설 관리업체(업체) 지정 온실가스 배출량 기준은 50,000tCO$_2$-eq 이상이다.

답 ①

> **2. 2014년 1월 1일부로 사업장의 온실가스 배출량 기준으로 알맞은 것을 고르면?**
> ① 5,000tCO₂-eq 이상
> ② 10,000tCO₂-eq 이상
> ③ 15,000tCO₂-eq 이상
> ④ 20,000tCO₂-eq 이상
>
> **해설** 2014년 이후 사업장 온실가스 배출량 기준은 15,000tCO₂-eq 이상이다.
>
> **답** ③

3) 온실가스 소량 배출사업장 등에 대한 기준

업체 내 사업장에서 **온실가스 배출량**이 다음과 같은 경우 소량 배출사업장이라고 함.

온실가스 배출량(tCO₂-eq)
3,000 미만

① 업체 내 모든 사업장의 **온실가스 배출량 총합이 5% 미만**의 경우 제외할 수 있음(소량 배출 사업장 기준 미만인 경우에 한함).
② 모든 기준은 다음의 공통점을 갖음.
  ㉮ 해당 연도 1월 1일을 기준으로 최근 3년간 업체의 모든 사업장에서 배출한 온실가스의 연평균 총량을 기준으로 함.
  ㉯ 신설 등으로 인해 최근 3년간 자료가 없을 경우에는 보유(최초 가동연도를 포함)하고 있는 자료를 기준으로 함.
  ㉰ 사업장의 조직경계를 확인·증빙하기 위한 자료를 4가지로 분류하여 제시해야 함.
    ㉠ **사업장의 약도**
    ㉡ **사업장의 사진**
    ㉢ **사업장의 시설배치도**
    ㉣ **사업장의 공정도**

(2) 온실가스 배출원 파악 및 분류 목록화

- **조직경계**에 의해 설정된 온실가스 배출 주체 내의 배출원을 파악하고, 배출 특성에 따라 분류하여 목록화해야 한다.
- 배출원은 운영경계에 의해 **직접 배출원과 간접 배출원**으로 구분하고 있으며, 간접 배출원은 다시 Scope 2와 Scope 3으로 구분할 수 있다.
- 국가 인벤토리에서는 직접 배출원만 고려하나 지자체와 기업체 인벤토리에서는 직접 배출원 이외에 간접 배출원을 포함하는 경우도 있다.

1) 운영경계의 정의

① 조직경계가 결정된 후 운영경계를 설정하는데, 이는 기업의 운영과 관련하여 배출원을 규명하는 것과 직·간접, 기타 간접 배출량을 분류하고 산정 및 보고하는 일련의 선택을 포함함.

② **직접 배출원은 고정연소, 이동연소, 탈루배출, 공정배출**이 있고, **간접 배출원은 외부 전기 및 열·증기 사용**이 있음.

2) 운영경계의 파악

① 운영경계 설정 단계에서 배출 주체와 인벤토리 관리기관과의 합의를 통해 직접 배출원 뿐만 아니라 간접 배출원의 범위에 대해 결정이 이루어져야 함.

② 국가 인벤토리에서는 직접 배출원만 고려하나 지자체와 기업체 인벤토리에서는 직접 배출원 이외의 간접 배출원을 포함하는 경우도 있음.

③ 직접 배출량에 간접 배출량을 고려한 값을 종합 배출량으로 하여 온실가스 최종 배출량으로 함.

④ 기업의 배출량이 아닌 지역(지자체)의 배출량을 산정할 경우에는 상향식(Bottom-up), 국가 배출량 산정에는 Scope 1의 배출량만을 적용함.

3) 고정연소시설의 직접 배출원 파악

① 고정연소는 보일러, 노, 버너, 터빈, 히터, 소각로, 엔진, Flare 등과 같은 고정장비에서의 화석연료의 연소로 이를 통하여 이산화탄소(CO_2), 메탄(CH_4), 아산화질소(N_2O)가 배출됨.

② 고정연소에 의한 온실가스 배출량을 산정하는 방법은 연료의 종류별 사용량을 기준으로 계산하는 방법(Simple Method)과 설비별 연료 사용량을 기준으로 계산하는 방법(Advanced Method)으로 구분됨.

③ CH_4과 N_2O의 경우 설비의 종류, 적용 기술, 저감 효율 등에 배출량이 영향을 받는다.

④ CO_2의 경우 설비 특성보다는 연료 특성에 따른 탄소 배출 및 산화율에 의하여 배출량이 결정되어 두 가지 중 어떠한 방법을 사용하여도 동일한 값을 얻게 됨.

4) 이동연소의 직접 배출원 파악

① 이동연소(Mobile combustion)는 자동차, 트럭, 버스, 기차, 비행기, 보트, 선박, 바지선, 항공기 등과 같은 수송장치에서의 화석연료의 연소를 의미함.

② 이동연소에 의한 온실가스 배출량을 계산하는 방법은 연료의 종류별 사용량을 기준으로 계산하는 방법(Simple Method)과 설비별 연료 사용량을 기준으로 계산하는 방법(Advanced Method)가 있음.

5) 생산공정 및 제품 사용 시 배출원

① 공정 배출량은 일반적으로 활동 데이터와 배출계수의 곱으로 나타낼 수 있음.

② 활동 데이터란 각 산업공정별로 사용되는 원료 등의 사용량 또는 생산량 등에 대한 데이터를 말함.

③ 데이터에 근거한 계산된 배출량은 정확성이 높으며, 만약 이용 가능한 데이터가 없는 경우 IPCC 배출계수 등 기본값을 사용하여 계산할 수 있음.

- 시멘트 생산
- 생석회 생산
- 석회석 및 백운석
- 소다회 생산 및 사용
- 유리 생산
- 암모니아 생산
- 질산 생산
- 아디프산 생산
- 탄화물 생산
- 기타 화학물질 생산
- 정유공정
- 선철 및 강철 생산

6) 간접 배출원의 파악

① 지금까지의 사례에 비추어 볼 때 간접 배출원 중에서 Scope 2만 산정범위로 규정하는 경우가 대부분이지만, 드물게 Scope 3을 포함하기도 함.

② 인벤토리 설계 단계에서 배출 주체와 인벤토리 관리기관과의 합의를 통해 직접 배출원 뿐만 아니라 간접 배출원의 범위에 대해 결정·고시가 이루어져야 함.

③ 아직까지 Scope 3에 해당되는 배출원의 범위 설정과 온실가스 산정방법에 대한 논란이 많은 상황이고, 국제적으로 일관성 있는 기준이 마련되지 않아 Scope 3에서의 온실가스 배출량 산정·보고는 다소 이른 감이 있음.

┃ 온실가스 배출원 운영경계 ┃

운영경계		내 용
직접 배출원 (Scope 1)	고정연소	배출경계 내의 고정연소시설에서 에너지를 사용하는 과정에 발생하는 온실가스 배출 형태
	이동연소	배출원 관리영역에 있는 차량 및 이동장비에 의한 온실가스 배출 형태
	공정배출	화학반응을 통해 온실가스가 생산물 또는 부산물로서 배출되는 형태
	탈루배출	원료(연료), 중간 생성물의 저장, 이송, 공정과정에서 배출되는 형태
간접 배출원(Scope 2)		배출원의 일상적인 활동에 필요한 전기, 스팀 등을 구매함으로써 간접적으로 외부(예 발전)에서 배출
간접 배출원(Scope 3)		Scope 2에서 속하지 않는 간접 배출로 원재료의 생산, 제품 사용 및 폐기 과정에서 배출

‖ 배출원별 산정 대상 온실가스 ‖

산정방법			온실가스 종류					
대분류	중분류	소분류	CO_2	CH_4	N_2O	HFCs	PFCs	SF_6
직접	고정연소 배출원		○	○	○			
	이동연소 배출원		○	○	○			
	공정 배출원	시멘트 생산	○					
		생석회 생산	○					
		석회석 및 백운석 사용	○					
		소다회 생산 및 사용	○					
		유리 생산	○					
		암모니아 생산	○					
		질산 생산			○			
		아디픽산 생산			○			
		탄화물 생산	○	○				
		기타 화학물질 생산	○	○				
		정유공정	○					
		선철 및 강철 생산	○					
		합금철 생산	○					
		알루미늄 생산	○				○	○
		마그네슘 생산						○
		펄프 및 제지	○					
		반도체 생산					○	
		자동차 공정	○			○		
		제품 또는 원료로 사용되는 화석연료에 의한 배출	○					
		HFC, PFC, SF_6 생산				○	○	○
	탈루 배출원			○				
간접	전력, 스팀 소비로부터의 배출원		○					

확인 문제

1. 다음 중 Scope 1에 해당하지 않는 것은?
① 고정연소
② 이동연소
③ 탈루배출
④ 외부 전기 및 외부 열 · 증기 사용

해설 Scope 1은 직접 배출원이며, 배출원에는 고정연소, 이동연소, 탈루배출, 공정배출이 해당한다. '외부 전기 및 외부 열 · 증기 사용'은 간접 배출원(Scope 2)에 해당한다.
답 ④

> **2. 온실가스 산정 시 운영경계에서 Scope 1의 설명으로 맞지 않는 것은?**
> ① 고정연소 배출 : 배출경계 내 고정연소시설에서 에너지를 사용하는 과정에 발생하는 온실가스 배출 형태를 말한다.
> ② 이동연소 배출 : 배출원 관리영역에 있는 차량 및 이동장비에 의한 온실가스 배출 형태를 말한다.
> ③ 공정 사용 배출 : 화학반응을 통해 온실가스가 생산물 또는 부산물로 배출되는 형태를 말한다.
> ④ 탈루배출 : 배출원의 일상적인 활동에 필요한 전기, 스팀 등을 구매함으로써 간접적으로 외부에서 배출되는 것을 말한다.
>
> **해설** 간접 배출원(Scope 2) : 배출원의 일상적인 활동에 필요한 전기, 스팀 등을 구매함으로써 간접적으로 외부에서 배출되는 것을 말한다.

(3) 온실가스 산정방법

1) 온실가스 배출량 산정

직접 측정에 의해 결정하거나, 관련 주요 변수를 결정하여 간접적으로 산정하는 방법이 있음.

① 직접 측정에 의해 온실가스 배출량을 결정하는 방법은 배출지점에서 온실가스 농도와 유량을 측정하여 온실가스 배출량을 직접 결정하는 것임.

② 주요 변수 산정을 통해 온실가스 배출을 결정하는 방법은 다음과 같음.

$$Q_{i,j} = \sum_j AC_i \times EF_{i,j}$$

여기서,　Q : 온실가스 배출량(ton CO_2-eq)
　　　　　AC : 활동자료
　　　　　EF : 배출계수
　　　　　i : 배출원
　　　　　j : 온실가스의 종류

③ 매개변수인 활동자료와 배출계수를 결정하여 산정하는 방법은 배출계수를 결정하는 방법에 따라 직접 산정법과 간접 산정법으로 구분함.
- 직접 산정법은 배출계수를 측정 또는 계산방식에 의해 직접 결정하는 방식
- 간접 산정법은 배출계수와 연관된 변수들을 결정하여 배출계수를 간접적으로 결정하는 방식(예 소각에서 CO_2 배출계수는 건조 함량, 유기탄소 함량, 화석탄소 비율 등의 변수값 결정을 통해 간접적으로 결정함)

④ 배출 주체 내의 배출원별로 온실가스 배출량 산정을 위해 필요한 활동자료, 배출계수 또는 이를 결정하기 위해 필요한 변수를 파악해야 함.

⑤ 현재 확보 가능한 관련 자료의 수준이 어느 정도인지를 조사 · 분석한 후 이에 적합한 산정방법을 결정하는 것이 합리적임.

⑥ 배출원의 온실가스 배출 특성 및 확보 가능한 자료의 수준에 적합한 배출량 산정방법을 선정할 수 있는 의사결정도를 개발 · 적용해야 함.

⑦ 현재 우리나라에서 추진하고 있는 보고제에 의하면 배출량 규모에 따라 관리업체에서 적용해야 할 최소 산정 Tier[1])가 제시되어 있기 때문에 관리업체에서는 배출 규모에 적합한 Tier 적용이 가능토록 자료를 확보해야 함.

(4) 온실가스 인벤토리 산정

배출원별 산정방법을 적용하여 각 배출원별로 배출량을 산정하고, 이를 통합하여 배출주체인 국가, 지자체, 기업체 등의 인벤토리를 산정원칙에 입각하여 결정한다.

(5) 온실가스 인벤토리의 품질관리(Quality Control) 및 품질보증(Quality Assurance)

온실가스 인벤토리 품질관리(QC) 및 보증(QA)을 위해서는 이를 위한 별도의 조직 및 체계를 갖추고, QA/QC 계획을 수립 · 추진해야 함.

• 품질관리는 인벤토리 작성자에 의해 인벤토리의 품질(Quality)을 평가하거나, 인벤토리 관리를 위한 일련의 기술적 활동임.

• 산정된 값에 대한 정량적 평가뿐만 아니라 조직 및 운영경계 설정의 적정성 여부, 산정방법 결정 과정의 적합성 등을 평가하며, 산정에 사용된 활동자료, 배출계수 및 관련 변수의 출처를 확인하고, 자료의 정확성 및 신뢰성에 대한 검토가 수행됨.

• 온실가스 인벤토리 품질보증은 품질관리 이후에 인벤토리 작성 및 개발 과정에 직접적으로 관여하지 않은 제3자에 의해 수행되는 검토 절차임.

• 인벤토리 산정 목적이 충족되었는지 여부와 산정 시 주어진 과학적 지식 및 자료 가용성을 고려해 볼 때 최적 방법론을 사용하였는지 여부 등을 확인하게 됨.

(6) 온실가스 인벤토리 결과 평가

• '측정 · 평가할 수 없는 것은 개선할 수 없다'는 원칙의 중요성을 인식하고 인벤토리 결과의 정확도와 신뢰도에 대해 진단 · 평가가 이루어져야 하며, 이를 위해 정성적 · 정량적 평가가 가능한 지표를 개발해야 함.

• 인벤토리의 정확도에 대해 측정 가능한 목표를 설정하고, 인벤토리 산정단계별로 평가지표를 적용하여 평가하고, 문제점을 파악하고 개선 방안을 제시해야 함.

---

1) Tier는 산정방법의 복잡성을 나타내며 일반적으로 세 종류의 Tier가 있다. Tier가 높을수록 배출량 산정 결과의 정확도가 높아지는 것으로 인식되고 있으며, 배출원의 온실가스 배출 특성을 반영한 산정방법으로 알려지고 있다.

01 국가 인벤토리에 관한 설명으로 알맞은 것은?

① 배출 주체에 따라 일반적으로 국가 인벤토리, 지방자치단체(이하 지자체) 인벤토리 등으로 구분할 수 있다.

② 직접 배출 또는 흡수행위 이외에도 수전과 수열 등 경계 외부에서 온실가스를 배출하지만, 경계 내로 유입되는 간접 배출행위도 온실가스 배출량에 포함하기도 한다.

③ 특정 국가의 물리적 경계 내에서 온실가스의 직접 배출 또는 흡수행위에 의한 온실가스 배출 총량으로 정의할 수 있다.

④ 경계 설정의 일관성을 위해서 인벤토리를 관리하는 상위 기관과 협의를 거쳐 이를 결정·고시할 필요가 있다.

해설 ① 배출 주체에 따라 일반적으로 국가 인벤토리, 지방자치단체(이하 지자체) 인벤토리, 기업체 인벤토리 등으로 구분할 수 있다.
② 지자체와 기업체 인벤토리의 경우는 직접 배출 또는 흡수행위 이외에도 수전과 수열 등 경계 외부에서 온실가스를 배출하지만 경계 내로 유입되는 간접 배출행위도 온실가스 배출량에 포함하기도 한다.
④ 지자체와 기업체 인벤토리의 경우는 경계 설정의 일관성을 위해서 인벤토리를 관리하는 상위 기관과 협의를 거쳐 이를 결정·고시할 필요가 있다.

02 다음 중 인벤토리 종류로 알맞지 않은 것은?

① 국가 인벤토리
② 국제 인벤토리
③ 지방자치단체 인벤토리
④ 기업체 인벤토리

해설 인벤토리의 종류는 배출 주체에 따라 일반적으로 국가 인벤토리, 지방자치단체(지자체) 인벤토리, 기업체 인벤토리 등으로 구분할 수 있다.

03 다음 중 온실가스 인벤토리를 산정하는 접근방식 중 상향식 접근방식에 관한 설명으로 알맞지 않은 것은?

① 단위 배출원의 배출 특성 자료를 활용하여 배출량을 산정하고, 이를 통합하여 배출 주체의 온실가스 인벤토리를 결정하는 방식이다.

② 단위 배출원 또는 흡수원의 특성을 반영하여 온실가스 인벤토리를 산정하기 때문에 배출 주체의 정확한 인벤토리를 결정할 수 있는 장점을 갖고 있다.

③ 국가와 지자체 인벤토리의 경우 모든 단위 배출원과 흡수원에 대한 조사·분석이 이루어져야 하므로 현실적으로 상향식을 당장 적용하기는 현재로서는 용이하지 않다.

④ 유사 배출원 또는 흡수원의 온실가스 배출량 또는 흡수량 산정을 위해 통합 활동자료(Activity Data)를 활용하고, 동일한 산정방법과 배출계수를 적용·산정하는 방식으로 대부분의 국가 인벤토리와 지자체 인벤토리에서 사용하고 있다.

해설 ④는 하향식(Top-down) 접근방법에 관한 설명이다.

04 인벤토리 종류에 상관없이 동일하게 적용되는 산정원칙으로 알맞은 것은?

① 투명성, 정확성, 완전성, 일관성
② 투명성, 정확성, 일관성, 적합성
③ 투명성, 정확성, 완전성, 보수성
④ 투명성, 정확성, 적합성, 보수성

해설 인벤토리 종류와 상관없이 투명성, 정확성, 완전성, 일관성 원칙은 동일하게 적용되고 있다.

05 국가 온실가스 인벤토리 산정원칙으로 알맞지 않은 것은?

① 투명성(Transparency)
② 정확성(Accuracy)
③ 완전성(Completeness)
④ 적합성(Relevance)

해설 국가 온실가스 인벤토리 산정원칙으로는 투명성(Transparency), 정확성(Accuracy), 완전성(Completeness), 일관성(Consistency), 상응성(Comparability)이 해당한다. 적합성(Relevance)의 경우 지자체 인벤토리, 기업체 인벤토리 산정원칙에 해당한다.

06 지자체 인벤토리 산정원칙에 포함되지 않는 것은?

① 상응성(Comparability)
② 일관성(Consistency)
③ 적합성(Relevance)
④ 보수성(Conservativeness)

해설 지자체 인벤토리 산정원칙으로는 투명성(Transparency), 정확성(Accuracy), 완전성(Completeness), 일관성(Consistency), 적합성(Relevance), 보수성(Conservativeness)이 포함된다. 상응성(Comparability)의 경우 국가 인벤토리 산정원칙에 해당한다.

07 기업체 온실가스 인벤토리 산정원칙에 해당하는 것은?

① 투명성(Transparency), 상응성(Comparability)
② 정확성(Relevance), 보수성(Conservativeness)
③ 상응성(Comparability), 보수성(Conservativeness)
④ 완전성(Completeness), 일관성(Consistency)

해설 기업체 인벤토리 산정원칙으로는 투명성(Transparency), 정확성(Accuracy), 완전성(Completeness), 일관성(Consistency), 적합성(Relevance)이 해당하며, 상응성(Comparability), 보수성(Conservativeness)은 국가 인벤토리, 지자체 인벤토리 산정원칙에 각각 해당한다.

08 다음은 인벤토리 산정원칙 중 하나에 관한 설명이다. 이에 해당하는 것은?

인벤토리 조직경계 범위 내의 모든 온실가스 배출원 및 흡수원에 의한 배출량과 흡수량을 산정·보고해야 한다. 온실가스 배출량 등 산정·보고에서 제외되는 배출활동과 배출시설이 있는 경우에는 그 제외 사유를 명확하게 제시해야 한다.

① 투명성(Transparency)
② 정확성(Relevance)
③ 완전성(Completeness)
④ 일관성(Consistency)

해설 설명에 해당하는 원칙은 완전성(Completeness)에 해당한다.
① 투명성(Transparency) : 인벤토리 산정을 위해 사용된 가정과 방법이 투명하고 명확하게 기술되어 제3자에 의한 평가와 재현이 가능해야 한다.
② 정확성(Relevance) : 인벤토리가 사업자의 온실가스 배출량을 적절하게 반영하고, 사업 내·외부의 인벤토리 정보 이용자들이 의사결정 시 필요한 사항을 충족시켜야 한다.
④ 일관성(Consistency) : 시간의 경과에 따른 온실가스 배출량 등의 변화를 비교·분석할 수 있도록 인벤토리 산정방법과 활동자료가 일관성을 유지해야 한다. 또한, 온실가스 배출량 등의 산정과 관련된 요소의 변화가 있는 경우에는 이를 명확히 기록·유지해야 한다.

09 다음 중 인벤토리 산정원칙에 관한 설명으로 알맞지 않은 것은?

① 투명성 : 인벤토리 산정을 위해 사용된 가정과 방법이 투명하고 명확하게 기술되어 제3자에 의한 평가와 재현(Replication)이 가능해야 한다.
② 정확성 : 산정 주체의 역량과 확보 가능한 자료 범위 내에서 가장 정확하게 인벤토리를 산정해야 한다.
③ 적합성 : 국가 인벤토리는 국가 간 비교 검토가 중요하므로 비교 가능성의 원칙을 강조하고 있고, 이를 위한 표준화된 산정공정 및 방법을 제시하고 있다.
④ 보수성 : 온실가스 감축량이 과대평가되지 않도록 인벤토리 산정에 있어서 보수적인 가정과 절차를 적용해야 함을 의미한다.

해설 ③은 상응성에 해당한다. 적합성은 인벤토리가 사업자의 온실가스 배출량을 적절하게 반영하고, 사업 내·외부의 인벤토리 정보 이용자들이 의사결정 시 필요한 사항을 충족시켜야 한다.

10 온실가스 인벤토리 산정단계 순서로 알맞은 것은?

① 조직경계 설정 → 배출원 파악 및 분류 목록화 → 산정방법 결정 → 인벤토리 산정 → 품질관리 및 품질보증 → 인벤토리 결정
② 조직경계 설정 → 산정방법 결정 → 배출원 파악 및 분류 목록화 → 인벤토리 산정 → 품질관리 및 품질보증 → 인벤토리 결정
③ 조직경계 설정 → 배출원 파악 및 분류 목록화 → 산정방법 결정 → 품질관리 및 품질보증 → 인벤토리 산정 → 인벤토리 결정
④ 배출원 파악 및 분류 목록화 → 조직경계 설정 → 산정방법 결정 → 인벤토리 산정 → 품질관리 및 품질보증 → 인벤토리 결정

해설 온실가스 인벤토리 산정단계의 순서는 조직경계 설정 → 배출원 파악 및 분류 목록화 → 산정방법 결정 → 인벤토리 산정 → 품질관리 및 품질보증 → 인벤토리의 순이다.

11 다음 중 통제접근법에 관한 설명으로 알맞지 않은 것은?

① 운영통제에 의해서는 배출 주체 운영상의 정책관리에 있어서 대부분의 권리와 책임을 가지는 주체를 통제권자로 결정하는 방법이다.
② 배출 주체의 통제권자에게 배출 책임을 부과하며, 배출 주체의 통제권자를 결정하는 방식은 재정통제와 운영통제로 구분할 수 있다.
③ 재정통제에 의한 통제권자는 배출 주체의 자산소유권에 대한 위험과 보상의 대부분을 누가 책임지느냐에 따라 결정된다.
④ 배출원을 관리·운영상의 경제적 위협과 보상의 분율에 따라 온실가스 배출량을 분배하는 방식으로 일반적으로 기업체 인벤토리 산정에 적용하는 방법이다.

해설 ④의 설명은 지분할당접근법에 대한 내용이다.

12 다음 중 기업체 인벤토리 선정원칙에 포함되지 않는 것은?

① 투명성　② 일관성
③ 완전성　④ 정밀성

해설 기업체 인벤토리 산정원칙에는 투명성(Transparency), 정확성(Accuracy), 일관성(Consistency), 완전성(Completeness), 적절성 또는 적합성(Relevance) 등이 있다.

13 2014년 이후 기준의 관리업체(업체 기준)의 온실가스 배출량으로 적절한 것은?

① $125,000tCO_2-eq$
② $87,500tCO_2-eq$
③ $70,000tCO_2-eq$
④ $50,000tCO_2-eq$

해설 2014년 이후 업체 온실가스 배출량의 기준은 $50,000tCO_2-eq$이다.

14 다음 중 온실가스 소량 배출 사업장 기준으로 옳은 것은?

① 온실가스 배출량 3,000tCO₂-eq 미만
② 온실가스 배출량 5,000tCO₂-eq 미만
③ 온실가스 배출량 10,000tCO₂-eq 미만
④ 온실가스 배출량 15,000tCO₂-eq 미만

해설 온실가스 소량 배출 사업장은 업체 내 사업장에서 온실가스 배출량 3,000tCO₂-eq 미만인 곳을 말한다.

15 다음 설명의 (   ) 안에 알맞지 않은 내용은 무엇인가?

- 조직경계란 업체의 (①) 아래에서 발생되는 활동에 의한 인위적인 온실가스 배출량의 산정 및 보고의 기준이 되는 조직의 범위를 말한다.
- 관리업체는 조직경계를 결정하기 위해 조직의 (①)를(을) 행사할 수 있는 지리적 경계, (②), 업무활동 경계 등을 고려한 (③) 범위를 설정하여야 한다.
- 온실가스 소량 배출 사업장은 온실가스 배출량이 (④) tCO₂-eq 미만의 사업장을 말한다.

① 지배적인 영향력
② 물리적 경계
③ 재정통제
④ 3,000

해설 조직경계란 업체의 지배적인 영향력 아래에서 발생되는 온실가스 배출량의 산정 및 보고의 기준이 되는 조직의 범위를 말하고, 운영통제 범위란 조직의 지배적인 영향력을 행사할 수 있는 지리적 경계, 물리적 경계, 업무활동 경계 등을 의미한다. 소량 배출 사업장은 온실가스 배출량이 3,000tCO₂-eq 미만의 사업장을 말한다.

16 다음 중 조직경계 설정의 의미로 옳은 것은?

① 특정 관리 주체의 지배적인 영향력이 미치는 시설의 부지경계로의 설정을 의미한다.
② 특정 관리 주체의 지배적인 영향력이 미치는 업체의 부지경계로의 설정을 의미한다.
③ 특정 관리 주체의 지배적인 영향력이 미치는 업체 내 사업장의 부지경계로의 설정을 의미한다.
④ 특정 관리 주체의 지배적인 영향력이 미치는 사업장의 부지경계로의 설정을 의미한다.

해설 조직경계 설정이란 특정 관리 주체의 지배적인 영향력이 미치는 시설의 부지경계로의 설정을 의미한다.

17 다음 중 관리업체의 구분으로 옳은 것은?

① 업체
② 업체, 업체 내 사업장
③ 업체, 업체 내 사업장, 사업장
④ 업체, 업체 내 사업장, 사업장, 사업장 내 사업장

해설 관리업체는 업체, 업체 내 사업장 및 사업장으로 구분된다.

18 온실가스 산정 시 운영경계에서 Scope 1에 해당되지 않는 배출원은?

① 고정연소 배출
② 이동연소 배출
③ 스팀 사용 배출
④ 공정배출

해설 Scope 1은 직접 배출원으로 고정연소, 이동연소, 공정배출, 탈루배출이 이에 해당한다. 스팀 사용을 위한 구매는 Scope 2에 해당된다.

19 온실가스 산정 시 운영경계에서 Scope 1의 설명으로 맞지 않는 것은?

① 고정연소 배출 : 배출경계 내의 고정연소시설에서 에너지를 사용하는 과정에서 나오는 온실가스 배출 형태를 말한다.
② 이동연소 배출 : 배출원 관리영역에 있는 차량 및 이동장비에 의한 온실가스 배출 형태를 말한다.
③ 공정 사용 배출 : 화학반응을 통해 온실가스가 생산물 또는 부산물로 배출되는 형태를 말한다.
④ 탈루배출 : 배출원의 일상적인 활동에 필요한 전기, 스팀 등을 구매함으로써 간접적으로 외부에서 배출되는 것을 말한다.

해설 간접 배출원(Scope 2) : 배출원의 일상적인 활동에 필요한 전기, 스팀 등을 구매함으로써 간접적으로 외부에서 배출되는 것을 말한다.

20 온실가스 산정 시 운영경계에 대한 설명으로 옳지 않은 것은?

① 직접 온실가스 배출량은 기업이 소유하고 통제하는 배출원을 말하며, 여기에는 고정연소 배출, 이동연소 배출, 공정배출, 탈루배출이 포함된다.
② 간접 온실가스 배출량은 기업의 활동 결과에 따라 배출되는 것이지만, 다른 기업에 의해 소유되거나 통제되는 배출원을 말하며 여기에는 전기, 스팀 구매 등이 포함된다.
③ 국가 인벤토리에서는 직접 배출원(Scope 1)만 고려하나, 지자체와 기업체 인벤토리에서는 간접 배출원(Scope 2)을 포함하는 경우도 있다.
④ 기타 간접 온실가스 배출량은 데이터 수집이 수월하고, Scope 1, 2보다 수치가 높기 때문에 온실가스 배출량 산정대상에 포함된다.

해설 기타 간접 온실가스 배출량의 경우 신뢰성 있고 정확한 데이터 수집에 큰 어려움이 있고, 그 수치가 미미하므로 직접 · 간접 온실가스 배출량까지만 산정대상에 포함하고, 기타 간접 온실가스 배출량은 산정대상에 포함되지 않는다.

21 다음 중 운영경계 파악과 관련한 설명으로 알맞지 않은 것은?

① 운영경계 설정 단계에서 배출 주체와 인벤토리 관리기관과의 합의를 통해 직접 배출원 뿐만 아니라 간접 배출원의 범위에 대해 결정이 이루어져야 한다.
② 기업의 배출량이 아닌 지역(지자체)의 배출량을 산정할 경우에는 하향식(top-down), 국가 배출량 산정에는 Scope 1의 배출량만을 적용한다.
③ 국가 인벤토리에서는 직접 배출원만 고려하나, 지자체와 기업체 인벤토리에서는 직접 배출원 이외에 간접 배출원을 포함하는 경우도 있다.
④ 직접 배출량에 간접 배출량을 고려한 값을 종합 배출량으로 하여 온실가스 최종 배출량으로 한다.

해설 기업의 배출량이 아닌 지역(지자체)의 배출량을 산정할 경우에는 상향식(bottom-up), 국가 배출량 산정에는 Scope 1의 배출량만을 적용한다.

22 다음의 공정 배출원 중 아디프산 생산 시 산정하는 온실가스의 종류로 알맞은 것은?

① CO_2
② CH_4
③ N_2O
④ HFCs

해설 아디프산 생산 시 산정하는 온실가스는 N_2O이다.

23 다음 중 알루미늄 생산 시 산정하는 온실가스의 종류로 옳은 것은?

① CO_2, CH_4
② CO_2, N_2O, HFCs
③ CH_4, N_2O, PFCs
④ CO_2, PFCs, SF_6

해설 알루미늄 생산 시 산정하는 온실가스의 종류는 CO_2, PFCs, SF_6가 해당한다.

고정연소 및 이동연소

 Chapter 2

01 고정연소

(1) 고정연소 공정의 개요

고정연소 공정은 특정 시설에 열에너지를 제공하기 위한 목적 또는 특정 공정에 열에너지 혹은 다른 형태의 에너지(例 Mechanical Work)로 전환·제공하기 위해 설계된 연소장치로, 에너지원인 화석연료 등의 연소가 이루어지는 공정이다.

(2) 연료별 연소의 공정도 및 공정 설명

1) 고체연료의 연소공정

고체연료의 연소는 연료에 따라 유연탄 연소, 무연탄 연소, 갈탄 연소로 구분한다.

┃ 고체연료의 연소공정도 ┃

연소 종류	연소 유형(대분류)	연소 유형(소분류)	주요 용도
유연탄 연소	유동상 연소	미분탄 연소로	유틸리티 및 산업용 보일러
		사이클론식 노	유틸리티 생산 및 대규모 산업시설
	화상 연소	상하부급탄식 스토커로	난방용, 스팀 및 전기 생산, 코크스 제조, 소결 및 펠릿화, 기타 산업용
무연탄 연소	화상 연소	이동격자식 스토커로	
		소형 수동식 연소설비	
갈탄 연소			발전소

① 유연탄 연소

유연탄은 무연탄과 달리 휘발 성분 함량이 높아(14% 이상) 화염을 내며 연소하고, 발열량 기준 5,833kcal/kg 이상이어야 한다. 유연탄은 화력발전용으로 많이 사용되며, **우리나라에서는 생산되지 않아 전량 수입**하고 있다(유연탄 연소로의 유형에는 유동상 연소로와 화상 연소로가 있다).

㉮ 유동상 연소로 : 미분탄 연소로(유틸리티 및 산업용 보일러), 사이클론식 노(爐) (유틸리티 생산 및 대규모 산업시설)

㉯ 화상 연소로 : 상하부급탄식 스토커로

② **무연탄 연소**

무연탄은 유연탄이나 갈탄에 비하여 고정탄소가 많고 휘발 성분이 적은 고급탄이며, 회분 함량이 상대적으로 높아 점화 및 용해온도가 높은 편이다. 무연탄의 발열량은 4,500kcal/kg 이하인 반면, 유연탄은 5,000~7,000kcal/kg으로 무연탄 발열량이 낮은 편이다. 이러한 발열량의 차이로 **2,000℃ 이상의 화력을 유지할 수 있는 것은 유연탄이며, 화력발전소 등에서는 유연탄을 주로 사용**한다.

무연탄 연소는 휘발 성분이 적고, 클링커 형성이 미미하므로 **중 · 소규모의 이동격자식 스토커로와 소형 수동식 연소설비에 많이 사용**되고 있다. 유황 함량이 적고 연기가 적은 무연탄은 이용이 가능한 곳에서는 상대적으로 이상적인 고체 연료로 여겨지고 있다. 무연탄의 가장 큰 용도는 난방용이고, 그 외 스팀, 전기 생산, 코크스 제조, 소결 및 펠릿화, 그리고 기타 산업용으로 일부 사용된다.

③ **갈탄 연소**

갈탄 또는 갈색탄은 석탄의 한 종류로 발열량이 대략 4,000~6,000kcal/kg, 휘발 성분 40% 정도, 수분 함량 60% 이상, 회분 함량이 높으며, 수분과 재가 많기 때문에 건조시키면 가루가 된다. 한편 탄소 성분이 70% 정도로 탄화도가 낮으며, 원목의 형상, 나이테, 줄기 등의 조직이 육안으로 보일 정도로 생성 연륜이 비교적 짧은 석탄이며, 유연탄과 토탄의 중간 성질을 띠고 있다.

발열량이 상당히 낮아 운송수단의 연료로 사용되기에는 비효과적이며, 산업용이나 상업용에 소량 사용되고, 발전소에서 전기와 스팀을 생산하는 데 주로 사용된다. 갈탄은 유연탄에 비하여 단위 발전량당 더 많은 연료가 필요하고, 더 큰 장치를 필요로 하므로 일반적으로 비효율적인 연료로 알려져 있다.

2) 액체 및 기체 연료의 연소공정

액체 및 기체 연료의 연소공정도는 그림과 같으며, 액체 연료 연소는 증류유 연소와 잔사유 연소로 구분할 수 있고, 기체 연료 연소는 천연가스 연소와 LPG 연소로 구분하고 있다.

① **액체 연료의 연소공정**

액체 연료의 연소공정은 증류유와 잔사유로 크게 분류된다.

㉮ 증류유 연소

원유의 분리 · 정제공정에서 분별 증류하여 여러 종류의 탄화수소를 분리 · 생성하며, 이 과정에서 생성된 여러 종류의 오일을 증류유라 하고 휘발유, 경유, 등유, 증유 등이 여기에 포함된다. 증류유는 휘발성이 크고, 점성이 낮으며, 회분과 질소분은 무시할 정도이며, 황 성분이 중량을 기준으로 0.3% 이하인 것이 보통이다. 발열량도 10,000kcal/kg 정도로 상당히 높은 편이다.

|| 액체 및 기체 연료의 연소공정 ||

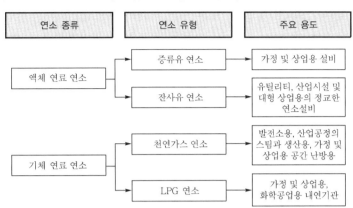

㉯ 잔사유 연소

잔사유는 원유의 분리·정제공정에서 상압 증류탑과 감압 증류탑 저부에서 채취된 각각 상압 잔사유와 감압 잔사유가 있고, 용제분리장치, 열분해장치 등에서 부생되는 분해 잔사유가 있다. 잔사유는 증류하고 잔류하는 분자량이 큰 물질로 점성도가 높은 성분으로 회분 함량도 상당히 높고, 황 및 질소와 결합된 유기금속 성분을 많이 함유하고 있다. 전체 납사 중에서 약 5% 정도를 차지하고 있다.

증류유는 주로 연소를 손쉽게 사용하여야 하는 가정, 산업용 설비, 상업용 설비에 사용된다. 잔사유는 유틸리티, 산업시설, 그리고 대형 상업용의 연소설비가 있는 곳에 주로 사용한다. 중질의 잔사유는 증류유보다 점성도가 더 크고, 휘발성이 적기 때문에 취급을 용이하게 하고, 적절하게 분사를 하기 위해 가열해야 한다.

② 기체 연료의 연소공정

㉮ 천연가스 연소

천연가스는 탄소 1개와 수소로 이루어진 메탄이 주성분이며, 탄소가 7개 또는 그 이상의 탄화수소가 포함된 혼합물이다. 가스전에서 생산되는 천연가스가 있고, 원유 생산 시 함께 나오는 부수가스(Associated Gas)가 있다. 가스를 사용하기 전에 액화성 성분을 회수하며, 황화수소를 제거하는 가스처리공장을 필요로 한다.

천연가스는 전국적으로 사용되는 주요 연료 중 하나로 주로 발전소용, 산업공정의 스팀과 열 생산용, 가정이나 상업용 공간의 난방 등에 쓰인다.

㉯ 액화석유가스(LPG) 연소

흔히 LPG로 불리는 액화석유가스는 유전에서 원유를 생산하거나 원유를 정제할 때 나오는 탄화수소를 비교적 낮은 압력을 가하여 냉각·액화시킨 것이다. 탄소 3~4개로 이루어진 탄소화합물(프로판, 부탄 또는 두 가지 가스와 혼합물과 미량의 프로필렌과 부틸렌으로 구성)이 섞여 있는 혼합물로, 이 가스는 유정이나 가스정에서 가솔린 정제 부산물로 얻고, 고압력하에 금속 실린더 속에 액체상태로 충전하여 판매한다.

LPG는 최대 증기압에 따라 등급을 정하는데, 등급 A는 주로 부탄, 등급 F는 프로판, 그리고 등급 B 또는 E는 부탄과 프로판의 혼합 정도에 따라 결정된다. LPG는 가정용, 공업용, 자동차를 포함한 내연기관과 연료로 쓰인다.

(3) 배출시설별 고정연소의 특성

고정연소에서 온실가스 배출시설은 화력발전시설, 열병합발전시설, 발전용 내연기관, 일반 보일러 시설, 공정연소시설, 대기오염물질 방지시설 등이 있다.

▌ 고정연소 배출공정과 온실가스 종류 ▐

배출공정	온실가스
화력발전시설	
열병합발전시설	
발전용 내연기관	CO_2
일반 보일러 시설	CH_4
공정연소시설	N_2O
대기오염물질 방지시설(배연탈황, 배연탈질 등)	
고형연료제품 사용시설(고체연료만 해당)	

꼼꼼 check✔ **고정연소 배출공정별 배출 원인**

1. **화력발전시설, 열병합발전시설, 발전용 내연기관, 일반 보일러 시설, 공정연소시설**
   화석연료의 의도적 연소에 의한 온실가스 배출로 CO_2는 화석연료 중 탄소 성분의 산화에 의한 배출이고, CH_4는 탄소 성분의 불완전연소에 의한 배출, N_2O는 질소 성분의 불완전연소에 의한 배출임.
2. **대기오염물질(NO_x) 방지시설(SCR)**
   • 고정연소 배출 : 대기오염물질 처리를 위한 추가적인 에너지(연료 연소활동)에 의한 온실가스 배출로 그 배출 원인은 연소시설과 동일
   • 공정 배출 : N_2O는 연소과정에서 배출 이외에도 SCR 공정에서 NO_x를 환원·처리하는 과정에서 중간 생성물로 N_2O가 발생·배출될 개연성이 있음.

(4) 온실가스 배출량 산정 · 보고 · 검증 절차

온실가스 배출량 산정 · 보고 · 검증 절차는 총 9단계로 구성되어 있지만, 에너지 고정연소 부문에서 특화되어 설명해야 할 부분은 1, 2, 5단계이다.

1) 1단계 : 조직경계 설정

조직경계란 특정 관리주체의 지배적인 영향력이 미치는 시설의 부지경계이다. 고정연소에 대한 조직경계는 연소설비와 부대설비에 대해 설정하면 되고, 온실가스는 CO_2, CH_4, N_2O가 배출되는 것으로 알려져 있다.

2) 2단계 : 온실가스 배출활동 확인

고정연소의 온실가스의 배출활동은 생산활동 및 부대시설에서 필요한 에너지 공급을 위한 연료 연소에 의한 배출로, 설비 가동을 위한 에너지 공급, 보일러 가동, 난방 및 취사 등이 여기에 속한다.

온실가스 CO_2는 연료 성분 중에서 화석탄소가 산화되면서 발생되는 필연적인 생성물이며, CH_4는 연료의 불완전연소에 의해 발생되거나, 저장 및 이송설비 중에서 탈루되는 것이 그 원인으로 주목된다. N_2O는 연료 중의 질소 성분이 불완전연소되면서 발생되거나 대기오염물질인 NO_x를 처리하는 과정에서 중간 생성물로 배출될 수 있다.

3) 5단계 : 배출활동별 배출량 산정방법론의 선택

배출 주체 내의 배출원별로 온실가스 배출량 산정을 위해 필요한 활동자료, 배출계수 또는 이를 결정하기 위해 필요한 변수를 파악해야 한다. 확보 가능한 관련 자료의 수준이 어느 정도인지를 조사·분석한 다음에 이에 적합한 산정방법을 결정하는 것이 합리적이다. 그러므로 배출원의 온실가스 배출 특성 및 확보 가능한 자료 수준에 적합한 배출량 산정방법을 산정할 수 있는 의사결정도를 개발·적용해야 한다.

꼼꼼 check ✔ 산정기준(Tier)

1. 산정에 적용된 요소의 정확성 및 신뢰성을 나타냄.
2. 일반적으로 3단계로 구분(Tier 1~3)되며, 온실가스 목표관리의 경우 Tier 4까지 구분됨.

산정기준	IPCC	목표 관리
Tier 1	기본값	기본값
Tier 2	국가 고유값	국가 고유값
Tier 3	시설 고유값	시설 고유값
Tier 4	–	CEMS

* CEMS ; Continuous Emission Monitoring System

(5) 온실가스 배출량 산정방법

고정연소의 대표적인 보고 대상 배출시설은 총 6개(고체 연료는 7개)이며, 각 시설의 배출활동은 크게 고체·액체·기체 연료(화석연료)의 연소로부터 CO_2, CH_4, N_2O가 배출된다.

다음은 보고 대상 온실가스와 산정방법론을 나타낸 표이다.

구 분	CO_2	CH_4	N_2O
산정방법론	Tier 1, 2, 3, 4	Tier 1	Tier 1

꼼꼼 check ✓ **고정연소의 대표적인 보고 대상 배출시설**

1. 화력발전시설
2. 열병합발전시설
3. 발전용 내연기관
4. 일반 보일러 시설
5. 공정연소시설
6. 대기오염물질 방지시설

확인 문제 ✎

고정연소시설에서 CO_2의 산정방법론으로 알맞은 것을 고르면?
① Tier 1   ② Tier 1, 2
③ Tier 1, 2, 3   ④ Tier 1, 2, 3, 4

해설 고정연소시설에서 CO_2의 산정방법론은 Tier 1, 2, 3, 4이다.

답 ④

1) 고체연료 연소 배출량 산정방법

Tier 1~3까지 동일한 산정방법을 사용하며, Tier에 따라 배출계수를 다르게 적용하게 된다.

① Tier 1~3

㉮ 산정식

Tier 1은 IPCC 기본배출계수, Tier 2는 국가 고유배출계수, Tier 3은 사업장 고유배출계수를 적용하여 CO_2, CH_4, N_2O 배출량을 산정한다.

산화계수는 CO_2 산화율에 대한 매개변수로써 CO_2 배출계수와 동일한 산정등급을 사용하여야 한다.

$$E_{i,j} = Q_i \times EC_i \times EF_{i,j} \times f_i \times F_{eq,j} \times 10^{-6}$$

여기서, $E_{i,j}$: 연료(i)의 연소에 따른 온실가스(j)의 배출량(tCO_2-eq)

Q_i : 연료(i)의 사용량(측정값, t-연료)

EC_i : 연료(i)의 열량계수(연료 순발열량, MJ/kg-연료)

$EF_{i,j}$: 연료(i)의 온실가스(j)의 배출계수(kg-GHG/TJ-연료)

f_i : 연료(i)의 산화계수(CH_4, N_2O는 미적용)

$F_{eq,j}$: 온실가스(CO_2, CH_4, N_2O)별 CO_2 등가계수(CO_2=1, CH_4=21, N_2O=310)

㉯ 산정방법 특징
  ㉠ 활동자료로 공정에 투입되는 각 고체연료 사용량 적용
  ㉡ 배출계수로 연료의 단위열량당 온실가스 배출량을 적용하고 있음.
  ㉢ 에너지 부문에서의 온실가스 배출량 산정에서는 열량계수라는 개념을 도입·적용하고 있음.
  ㉣ 열량계수란 연료질량당 순발열량을 의미하고, 배출계수와 열량계수를 곱하게 되면 단위연료 사용당 온실가스 배출량을 산정할 수 있음.
  ㉤ 산정 대상 온실가스는 CO_2, CH_4, N_2O임.
㉰ 산정 필요 변수

‖ 산정에 필요한 변수들의 관리기준 및 결정방법 ‖

매개변수	세부변수	관리기준 및 결정방법
활동자료	공정에 투입되는 각 연료 사용량(t)	Tier 1~3 기준에 관하여 측정을 통해 결정(측정불확도 Tier 1 : ±7.5%, Tier 2 : ±5.0%, Tier 3 : ±2.5% 이내)
열량계수	순발열량(MJ/kg)	• Tier 1 : IPCC 지침서 기본 발열량값 사용 • Tier 2 : 국가 고유 발열량값 사용 • Tier 3 : 사업자가 자체적으로 개발하거나 연료 공급자가 분석하여 제공한 발열량값 사용
배출계수	연료별 온실가스의 배출계수 (kg-GHG/TJ)	• Tier 1 : IPCC 기본배출계수를 사용 • Tier 2 : 산정방법에서는 국가고유배출계수 사용 • Tier 3 : 사업자가 자체 개발하거나 연료 공급자가 분석하여 제공한 고유배출계수 사용
산화계수	연료별 산화계수	• Tier 1 : 기본값인 1.0 적용 • Tier 2 : 발전 부문은 산화계수(f) 0.99를 적용하고, 기타 부문은 0.98을 적용 • Tier 3 : 사업자가 자체 개발하거나 연료 공급자가 분석하여 제공한 고유산화계수 사용

‖ 2006 IPCC 지침서에서 제공한 연료별 열량계수 ‖

연료명		국내 에너지원 기준	순발열량(TJ/Gg)
I. 액체 연료			
원유		원유	42.3
오리멀전		–	27.5
천연가스액		–	44.2
가솔린	자동차용 가솔린	휘발유	44.3
	항공용 가솔린	–	44.3
	제트용 가솔린	JP–8	44.3
제트용 등유		JET A–1	44.1
기타 등유		실내 등유, 보일러 등유	43.8

연료명		국내 에너지원 기준	순발열량(TJ/Gg)
혈암유		–	38.1
가스/디젤오일		경유, B-A	43.0
잔여 연료유		B-B, B-C	40.4
액화석유가스		LPG	47.3
에탄		–	46.4
나프타		납사	44.5
역청(아스팔트)		아스팔트	40.2
윤활유		윤활유	40.2
석유 코크스		석유 코크	32.5
정유공장 원료		정제연료(반제품)	43
기타 오일	정유가스	정제가스	49.5
	접착제(파라핀 왁스)	파라핀 왁스	40.2
	백유	용제	40.2
	기타 석유제품	기타	40.2
Ⅱ. 고체 연료			
무연탄		국내 무연탄, 수입 무연탄	26.7
점결탄		원료용 무연탄	28.2
기타 역청탄		연료용 유연탄	25.8
하위 유연탄		아역청탄	18.9
갈탄		갈탄	11.9
유혈암 및 역청암		–	8.9
갈탄 연탄		–	20.7
특허 연료		–	20.7
코크스	코크스로 코크스	코크스	28.2
	가스 코크스		28.2
콜타르		–	28
Ⅲ. 기체 연료			
부생가스	가스공장 가스	–	38.7
	코크스로 가스	코크스 가스	38.7
	고로가스	고로가스	2.47
	산소강철로 가스	철로가스	7.06
천연가스		천연가스(LNG)	48
Ⅳ. 기타 화석연료			
도시 폐기물(비-바이오매스 부분)		–	10
산업 폐기물		–	–

연료명	국내 에너지원 기준	순발열량(TJ/Gg)
폐유	-	40.2
토탄	이탄	9.76

V. 바이오매스

	연료명	국내 에너지원 기준	순발열량(TJ/Gg)
고체 바이오 연료	목재/목재 폐기물	-	15.6
	아황산염 잿물	-	11.8
	기타 고체 바이오매스	-	11.6
	목탄	-	29.5
액체 바이오 연료	바이오 가솔린		27
	바이오 디젤	-	27
	기타 액체 바이오 연료	-	27.4
기체 바이오매스	매립지 가스	-	50.4
	슬러지 가스	-	50.4
	기타 바이오 가스	-	50.4
기타 비-화석연료	도시 폐기물(바이오매스 부분)	-	11.6

〈출처 : 환경부, 통합운영지침(2011)〉

┃ 2006 IPCC 지침서에서 제공한 연료별 배출계수 ┃

(단위 : kg-GHG/TJ-연료)

연료명		국내 에너지원 기준	CO₂	CH₄				N₂O	
				에너지 산업	제조업, 건설업	상업 공공	가정 기타	에너지산업, 제조업, 건설업	상업공공, 가정 기타

I. 액체 연료

연료명		국내 에너지원 기준	CO₂	에너지산업	제조업건설업	상업공공	가정기타	에너지산업제조건설	상업공공가정기타
원유		원유	73,300	3	3	10	10	0.6	0.6
오리멀전		-	77,000	3	3	10	10	0.6	0.6
천연가스액		-	64,200	3	3	10	10	0.6	0.6
가솔린	자동차용 가솔린	휘발유	69,300	3	3	10	10	0.6	0.6
	항공용 가솔린	-	70,000	3		10	10	0.6	0.6
	제트용 가솔린	JP-8	70,000	3	3	10	10	0.6	0.6
제트용 등유		JET A-1	71,500	3	3	10	10	0.6	0.6
기타 등유		실내 등유, 보일러 등유	71,900	3	3	10	10	0.6	0.6
혈암유		-	73,300	3	3	10	10	0.6	0.6
가스/디젤오일		경유, B-A	74,100	3	3	10	10	0.6	0.6
잔여 연료유		B-B, B-C	77,400	3	3	10	10	0.6	0.6
액화석유가스		LPG	63,100	1	1	5	5	0.1	0.1

연료명		국내 에너지원 기준	CO_2	CH_4				N_2O	
				에너지 산업	제조업, 건설업	상업 공공	가정 기타	에너지산업, 제조업, 건설업	상업공공, 가정 기타
에탄		–	61,600	1	1	5	5	0.1	0.1
나프타		납사	73,300	3	3	10	10	0.6	0.6
역청(아스팔트)		아스팔트	80,700	3	3	10	10	0.6	0.6
윤활유		윤활유	73,300	3	3	10	10	0.6	0.6
석유 코크스		석유 코크	97,500	3	3	10	10	0.6	0.6
정유공장 원료		정제연료 (반제품)	73,300	3	3	10	10	0.6	0.6
기타 오일	정유가스	정제가스	57,600	1	1	5	5	1	1
	접착제 (파라핀 왁스)	파라핀 왁스	73,300	3	3	10	10	0.6	0.6
	백유	용제	73,300	3	3	10	10	0.6	0.6
	기타 석유제품	기타	73,300	3	3	10	10	0.6	0.6

Ⅱ. 고체 연료

연료명		국내 에너지원 기준	CO_2	에너지 산업	제조업, 건설업	상업 공공	가정 기타	에너지산업, 제조업, 건설업	상업공공, 가정 기타
무연탄		국내 무연탄, 수입 무연탄	98,300	1	10	10	300	1.5	1.5
점결탄		원료용 무연탄	94,600	1	10	10	300	1.5	1.5
기타 역청탄		연료용 유연탄	94,600	1	10	10	300	1.5	1.5
하위 유연탄		아역청탄	96,100	1	10	10	300	1.5	1.5
갈탄		갈탄	101,000	1	10	10	300	1.5	1.5
유혈암 및 역청암		–	107,900	1	10	10	300	1.5	1.5
갈탄 연탄		–	97,500	1	10	10	300	1.5	1.5
특허 연료		–	97,500	1	10	10	300	1.5	1.5
코크스	코크스로 코크스	코크스	107,000	1	10	10	300	1.5	1.5
	가스 코크스	–	107,000	1	1	5	5	0.1	0.1
콜타르		–	80,700	1	10	10	300	1.5	1.5

Ⅲ. 기체 연료

연료명		국내 에너지원 기준	CO_2	에너지 산업	제조업, 건설업	상업 공공	가정 기타	에너지산업, 제조업, 건설업	상업공공, 가정 기타
부생가스	가스공장 가스	–	44,400	1	1	5	5	0.1	0.1
	코크스로 가스	코크스 가스	44,400	1	1	5	5	0.1	0.1
	고로가스	고로가스	260,000	1	1	5	5	0.1	0.1
	산소강철로 가스	철로가스	182,000	1	1	5	5	0.1	0.1
천연가스		천연가스(LNG)	56,100	1	1	5	5	0.1	0.1

연료명		국내 에너지원 기준	CO_2	CH_4				N_2O	
				에너지 산업	제조업, 건설업	상업 공공	가정 기타	에너지산업, 제조업, 건설업	상업공공, 가정 기타
Ⅳ. 기타 화석연료									
	도시 폐기물 (비-바이오매스 부분)	-	91,700	30	30	300	300	4	4
	산업 폐기물	-	143,000	30	30	300	300	4	4
	폐유	-	73,300	30	30	300	300	4	4
	토탄	이탄	106,000	1	2	10	300	1.5	1.4
Ⅴ. 바이오매스									
고체 바이오 연료	목재/목재 폐기물	-	112,000	30	30	300	300	4	4
	아황산염 잿물	-	95,300	3	3	3	3	2	2
	기타 고체 바이오매스	-	100,000	3	30	300	300	4	4
	목탄	-	112,000	3	200	200	200	4	1
액체 바이오 연료	바이오 가솔린	-	70,800	1	3	10	10	0.6	0.6
	바이오 디젤	-	70,800	1	3	10	10	0.6	0.6
	기타 액체 바이오 연료	-	79,600	1	3	10	10	0.6	0.6
기체 바이오 매스	매립지 가스	-	54,600	30	1	5	5	0.1	0.1
	슬러지 가스	-	54,600	1	1	5	5	0.1	0.1
	기타 바이오 가스	-	54,600	1	1	5	5	0.1	0.1
기타 비-화석 연료	도시 폐기물 (바이오매스 부분)	-	100,000	30	30	300	300	4	4

〈출처 : 환경부, 통합운영지침(2011)〉

* 주) "에너지 산업"이란 연료 추출 또는 전력생산, 열병합발전, 열 공장(heat plant), 석유정제사업, 고체 연료의 제조(코크스, 갈탄 등) 등의 산업을 의미한다.

㉠ 사업장별 배출계수는 다음 식에 따라 개발하여 사용한다.

$$EF_{i,CO_2} = EF_{i,C} \times 3.664 \times 10^3$$

$$EF_{i,C} = C_{ar,i} \times \frac{1}{EC_i} \times 10^3$$

여기서, EF_{i,CO_2} : 연료(i)에 대한 CO_2 배출계수(kg-CO_2/TJ-연료)

$EF_{i,C}$: 연료(i)에 대한 탄소배출계수(kg-C/GJ-연료)

3.664 : CO_2의 분자량(44.010)/C의 원자량(12.011)

$C_{ar,i}$: 연료(i) 중의 탄소의 질량분율(인수식, 0에서 1 사이의 소수)

EC_i : 연료(i)의 열량계수(연료 순발열량, MJ/kg-연료)

ⓛ 사업장별 산화계수(f_i)는 다음 식에 따라 개발하여 사용한다.

$$f_i = 1 - \frac{C_{a,i} \times A_{ar,i}}{(1 - C_{a,i}) \times C_{ar,i}}$$

여기서, $C_{a,i}$: 재 중 탄소의 질량분율(비산재와 바닥재의 가중평균, 측정값, 0에서 1 사이의 소수)

$A_{ar,i}$: 연료의 재 질량분율(인수식, 측정값, 0에서 1 사이의 소수)

$C_{ar,i}$: 연료 중의 탄소의 질량분율(인수식, 계산값, 0에서 1 사이의 소수)

2) 액체 연료 연소 배출량 산정방법

Tier 1~3까지 동일한 산정방법을 사용하며, Tier에 따라 배출계수를 다르게 적용한다.

① Tier 1~3

㉮ 산정식

Tier 1은 IPCC 기본배출계수, Tier 2는 국가 고유배출계수, Tier 3은 사업장 고유배출계수를 적용하여 CO_2, CH_4, N_2O 배출량을 산정한다.

$$E_{i,j} = Q_i \times EC_i \times EF_{i,j} \times f_i \times F_{eq,i} \times 10^{-6}$$

여기서, $E_{i,j}$: 연료(i) 연소에 따른 온실가스(j)별 배출량(tCO_2-eq)

Q_i : 연료(i)의 사용량(측정값, kL-연료)

EC_i : 연료(i)의 열량계수(연료 순발열량, MJ/L-연료)

$EF_{i,j}$: 연료(i)의 온실가스(j) 배출계수(kg-GHG/TJ-연료)

f_i : 연료(i)의 산화계수(CH_4, N_2O는 미적용)

$F_{eq,i}$: 온실가스(j) CO_2 등가계수(CO_2=1, CH_4=21, N_2O=310)

㉯ 산정방법 특징

㉠ 활동자료로 공정에 투입되는 각 액체 연료 사용량 적용

㉡ 배출계수로 연료의 단위열량당 온실가스 배출량을 적용하고 있음.

㉢ 에너지 부문의 온실가스 배출량 산정에서는 열량계수라는 개념을 도입·적용하고 있음.

㉣ 열량계수란 연료의 질량당 순발열량을 의미하고, 배출계수와 열량계수를 곱하면 단위연료 사용당 온실가스 배출량을 산정할 수 있음.

㉤ 산정 대상 온실가스는 CO_2, CH_4, N_2O임.

㉑ 산정 필요 변수

‖ 산정에 필요한 변수들의 관리기준 및 결정방법 ‖

매개변수	세부변수	관리기준 및 결정방법
활동자료	공정에 투입되는 각 연료 사용량(L)	Tier 1~3 기준에 의하여 측정을 통해 결정(측정불확도 Tier 1 : ±7.5%, Tier 2 : ±5.0%, Tier 3 : ±2.5% 이내)
열량계수	순발열량(MJ/L)	• Tier 1 : IPCC 가이드 라인 기본 발열량값 사용 • Tier 2 : 국가 고유 발열량값 사용 • Tier 3 : 사업자가 자체적으로 개발하거나 연료 공급자가 분석하여 제공한 발열량값 사용
배출계수	연료별 온실가스 배출계수 (kg-GHG/TJ)	• Tier 1 : IPCC 가이드 라인 기본배출계수 사용 • Tier 2 : 국가 고유배출계수 사용 • Tier 3 : 산정방법에서는 사업자가 자체 개발하거나 연료 공급자가 분석하여 제공한 고유배출계수 사용
산화계수	연료별 산화계수	• Tier 1 : 기본값인 1.0 적용 • Tier 2 : 0.99 적용 • Tier 3 : 0.99 적용

배출계수는 다음 식에 따라 개발하여 사용한다.

$$EF_{i,\mathrm{CO_2}} = C_i \times \frac{D_i}{EC_i} \times 3.664 \times 10^3$$

여기서, $EF_{i,\mathrm{CO_2}}$: 연료(i)의 배출계수(kg-CO₂/TJ-연료)
C_i : 연료(i) 중 탄소의 질량분율(0에서 1 사이의 소수)
D_i : 연료(i)의 밀도(g-연료/L-연료)
EC_i : 연료(i)의 열량계수(연료 순발열량, MJ/L-연료)
3.664 : CO₂의 분자량(44.010)/C의 원자량(12.011)

3) 기체 연료 연소 배출량 산정방법

Tier 1~3까지 동일한 산정방법을 사용하며, Tier에 따라 배출계수를 다르게 적용한다.

① Tier 1~3

㉮ 산정식

Tier 1은 IPCC 기본배출계수, Tier 2는 국가 고유배출계수, Tier 3은 사업장 고유배출계수를 적용하며 CO₂, CH₄, N₂O 배출량을 산정한다.

$$E_{i,j} = Q_i \times EC_i \times EF_{i,j} \times f_i \times F_{eq,j} \times 10^{-6}$$

여기서, $E_{i,j}$: 연료(i) 연소에 따른 온실가스(j)별 배출량(tCO₂-eq)
Q_i : 연료(i) 사용량(측정값, 천m³-연료)
EC_i : 연료(i)의 열량계수(연료 순발열량, MJ/m³-연료)
$EF_{i,j}$: 연료(i) 온실가스(j) 배출계수(kg-GHG/TJ-연료)
f_i : 연료(i)의 산화계수(CH₄, N₂O는 미적용)
$F_{eq,j}$: 온실가스(j)별 CO₂ 등가계수(CO₂=1, CH₄=21, N₂O=310)

④ 산정방법 특징
  ㉠ 활동자료로 공정에 투입되는 각 기체 연료 사용량 적용
  ㉡ 배출계수로 연료의 단위열량당 온실가스 배출량을 적용하고 있음.
  ㉢ 에너지 부문의 온실가스 배출량 산정에서는 열량계수라는 개념을 도입·적용하고 있으며, 열량계수란 연료질량당 순발열량을 의미하고, 배출계수와 열량계수를 곱하면 단위연료 사용당 온실가스 배출량을 산정할 수 있음.
  ㉣ 산정 대상 온실가스는 CO_2, CH_4, N_2O임.
  ㉤ Tier 3 산정방법에서는 산화계수를 별도로 적용하지 않음.
⑤ 산정 필요 변수

│ 산정에 필요한 변수들의 관리기준 및 결정방법 │

매개변수	세부변수	관리기준 및 결정방법
활동자료	공정에 투입되는 각 연료 사용량(m^3)	Tier 1~3 기준에 준하여 측정을 통해 결정(측정불확도 Tier 1 : ±7.5%, Tier 2 : ±5.0%, Tier 3 : ±2.5% 이내)
열량계수	순발열량(MJ/m^3)	• Tier 1 : IPCC 가이드 라인 기본 발열량값 사용 • Tier 2 : 국가 고유 발열량값 사용 • Tier 3 : 사업자가 자체적으로 개발하거나 연료 공급자가 분석하여 제공한 발열량값 사용
배출계수	연료별 온실가스의 배출계수 (kg-GHG/TJ)	• Tier 1 : IPCC 가이드 라인 기본배출계수 사용 • Tier 2 : 국가 고유배출계수 사용 • Tier 3 : 산정방법에서는 사업자가 자체 개발하거나 연료 공급자가 분석하여 제공한 고유배출계수 사용
산화계수	연료별 산화계수	• Tier 1 : 기본값인 1.0 적용 • Tier 2 : 0.995 적용 • Tier 3 : 0.995 적용

배출계수는 다음 식에 따라 개발하여 사용한다.

$$EF_{i,CO_2} = \frac{EF_{i,t}}{EC_i} \times D_i \times 10^3$$

$$EF_{i,t} = \sum_y \left[\left(\frac{MW_y}{MW_{y,total}} \right) \times \left(\frac{44,010 \times N_y}{mw_y} \right) \right]$$

여기서, EF_{i,CO_2} : 연료(i)의 CO_2 배출계수(kg CO_2/TJ-연료)
  EC_i : 연료(i)의 열량계수(연료 순발열량, MJ/m^3-연료)
  $EF_{i,t}$: 연료(i)의 CO_2 환산계수(kg CO_2/kg-연료)
  D_i : 연료(i)의 밀도(g-연료/m^3-연료, 공급자가 제공한 값을 우선 적용)
  MW_y : 연료(i) 1몰에 포함된 가스 성분(y)별 질량(g/mol)
  mw_y : 연료(i)의 가스 성분(y)의 물질량(g/mol)
  N_y : 연료(i)의 가스 성분(y)의 탄소 원자수(개)

02 이동연소

(1) 이동연소의 특성

1) 이동연소 공정의 개요

이동연소 부문의 공정은 사업자가 소유하고 통제하는 운송수단으로 인한 연료 연소로 인해 온실가스가 발생하는 과정이다. 이는 **자동차, 기차, 선박, 항공기** 등 수송차량에서 연료를 소비하는 과정에서 온실가스를 배출하는 설비를 말한다. 수송용 내연기관은 이동수단의 종류와 차종에 따라서 세부적으로 구분할 수 있다.

2) 이동연소 온실가스의 배출 특성

이동연소에서 온실가스 배출시설은 항공(국내항공, 기타 항공기), 도로(승용, 승합, 화물, 특수, 이륜, 비도로 및 기타 자동차), 철도(고속차량, 전기기관차, 전기동차, 디젤기관차, 디젤동차, 특수차량), 선박(여객선, 화물선, 어선, 기타 선박) 등이 있다. 각 배출시설의 배출 원인은 다음 표와 같다.

‖ 이동연소 배출공정 및 온실가스 ‖

배출공정	온실가스
항공	
도로	CO_2
철도	CH_4
선박	N_2O

꼼꼼 check ✔ 이동연소 배출공정별 배출 원인

1. **항공**
   - 항공기 엔진의 연소가스는 대략 CO_2는 70%, H_2O는 30% 이하, 기타 대기오염물질 1% 미만으로 구성
   - 최신 기술이 적용된 항공기에서는 CH_4와 N_2O는 거의 배출되지 않음.
   - 온실가스 배출량은 항공기의 운항횟수, 운전조건, 엔진효율, 비행거리, 비행단계별 운항시간, 연료 종류 및 배출고도 등에 따라 달라짐.
   - 공기 중에 배출되는 오염물질의 약 10%는 공항 내에서의 운행과 이착륙 중에 발생하고, 90% 가량이 순항과정의 높은 고도에서 발생함.
   - 국제선 운항(국제 벙커링)에 따른 온실가스 배출량 등은 산정 및 보고서 제외함.
2. **도로**
   - 자동차는 내연기관에서의 화석연료에 의해 CO_2, CH_4, N_2O 등 온실가스가 배출됨.
   - 건설기계, 농기계 등 비도로 차량에 의한 온실가스 배출도 별도 구분없이 도로수송에 포함시켜 배출량을 산정함.

3. **철도**
철도 부문은 일반적으로 디젤, 전기, 증기 중 하나를 사용하여 구동하는 철도 기관차에서 배출되는 온실가스 배출량을 산정
4. **선박**
국제수상운송(국제 벙커링)에 의한 온실가스 배출량은 산정 및 보고에서 제외

(2) 육상 이동연소

1) 도로

① 도로 차량의 종류

도로 차량의 종류는 승용자동차, 승합자동차, 화물자동차, 특수자동차, 이륜자동차, 비도로 및 기타로 구분되며, 각 종류별로 크기에 따라 경형, 소형, 중형, 대형으로 구분된다.

▌ 도로 차량의 종류 ▌

종 류	경 형	소 형	중 형	대 형
승용 자동차	배기량이 1,000cc 미만으로서 길이 3.6m, 너비 1.6m, 높이 2.0m 이하인 것	배기량이 1,600cc 미만으로서 길이 4.7m, 너비 1.7m, 높이 2.0m 이하인 것	배기량이 1,600cc 이상 2,000cc 미만이거나, 길이·너비·높이 중 어느 하나라도 소형을 초과하는 것	배기량이 2,000cc 이상이거나, 길이·너비·높이 중 어느 하나라도 소형을 초과하는 것
승합 자동차	배기량이 1,000cc 미만으로서 길이 3.6m, 너비 1.6m, 높이 2.0m 이하인 것	승차 정원이 15인 이하인 것으로서 길이 4.7m, 너비 1.7m, 높이 2.0m 이하인 것	승차 정원이 16인 이상 35인 이하이거나, 길이·너비·높이 중 어느 하나라도 소형을 초과하여 9m 미만인 것	승차 정원이 36인 이상이거나, 길이·너비·높이 중 어느 하나라도 소형을 초과하여 9m 이상인 것
화물 자동차	배기량이 1,000cc 미만으로서 길이 3.6m, 너비 1.6m, 높이 2.0m 이하인 것	최대 적재량이 1ton 이하인 것으로서, 총 중량이 3.5ton 이하인 것	최대 적재량이 1ton 초과 5ton 미만이거나, 총 중량이 3.5ton 초과 10ton 미만인 것	최대 적재량이 5ton 이상이거나, 총 중량이 10ton 이상인 것
특수 자동차	배기량이 1,000cc 미만으로서 길이 3.6m, 너비 1.6m, 높이 2.0m 이하인 것	총 중량이 3.5ton 이하인 것	총 중량이 3.5ton 초과 10ton 미만인 것	총 중량이 10ton 이상인 것
이륜 자동차	-	배기량이 100cc 이하(정격출력 1kW 이하)인 것으로서, 최대 적재량(기타 형에 한함)이 60kg 이하인 것	배기량이 100cc 초과 260cc 이하(정격출력 1kW 초과 1.5kW 이하)인 것으로서, 최대 적재량이 60kg 초과 100kg 이하인 것	배기량이 260cc(정격출력 1.5kW)를 초과하는 것
비도로 및 기타	건설기계, 농기계 등 비도로 차량 및 위에서 규정하지 않은 기타 차량			

② 도로 배출시설

도로 부문의 배출시설은 **승용, 승합, 화물, 특수, 이륜, 비도로 및 기타 자동차**로 구분한다.

┃ 도로 배출시설의 구분 ┃

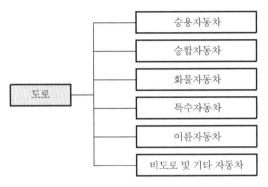

③ 도로 온실가스 배출량 산정방법

도로 이동 부문은 승용차, 소형 트럭과 같은 소형차, 트랙터, 트레일러 및 버스와 같은 대형차와 스쿠터, 삼륜차 등의 모터사이클을 포함한다. 이러한 차종들은 가스와 액체 연료의 형태로 운행된다. 도로 이동 부문의 배출은 연료 연소에 의해 발생되는 것과 촉매변환장치 사용에 따른 배출량도 도로 이동 부문에서 다루어진다.

현재는 연료의 완전산화를 가정하고 배출계수를 산정하고 있으며, 요소를 사용하는 촉매변환장치에서의 CO_2 배출원 배출량 산정방법은 여기서 다루지 않고 있다.

도로 이동 부문에서 산정된 배출량은 연료 사용량과 차량 주행거리에 근거를 둘 수 있다. 두 가지 자료 모두 사용할 경우 연료 사용량과 차량 이동거리를 비교할 수 있는 중요한 도구가 될 것이다. 두 가지 자료를 모두 사용할 수 없다면 다른 온실가스에 대한 배출량 산정이 일관성이 없게 될 수도 있다.

보고 대상 온실가스와 온실가스별로 적용해야 하는 산정방법론은 다음과 같다.

구 분	CO_2	CH_4	N_2O
산정방법론	Tier 1, 2	Tier 1, 2, 3	Tier 1, 2, 3

도로 부문에서 온실가스 배출량 산정방법은 다음과 같이 Tier 1, 2, 3의 세 가지 방법이 있다.

㉮ Tier 1

  ㉠ 산정식

  Tier 1 산정방법은 연료 종류별 사용량을 활동자료로 하고, 2006 IPCC 기본 배출계수를 적용하여 배출량을 산정하는 방법이다.

$$E_{i,j} = \sum (Q_i \times EC_i \times EF_{i,j} \times F_{eq,j} \times 10^{-6})$$

여기서, $E_{i,j}$: 연료(i)의 연소에 따른 온실가스(j)의 배출량(tCO$_2$-eq)

Q_i : 연료 종류(i)의 연료 소비량(kL-연료)

EC_i : 연료(i)의 순발열량(MJ/L-연료)

$EF_{i,j}$: 연료(i)의 온실가스(j)의 배출계수(kg-GHG/TJ-연료)

$F_{eq,j}$: 온실가스(CO$_2$, CH$_4$, N$_2$O)별 CO$_2$ 등가계수(CO$_2$=1, CH$_4$=21, N$_2$O=310)

i : 연료 종류

ⓛ 산정방법 특징

- Tier 1의 이동연소 도로 부문은 도로 또는 비도로 차량 운행을 위해 사용된 연료 종류별 사용량을 활동자료로 함.
- 배출계수는 연료의 단위열량당 온실가스 배출량을 적용하고 있음.
- 온실가스 배출량 산정에서는 열량계수라는 개념을 도입·적용하고 있으며 열량계수란 연료질량당 순발열량을 의미하고, 배출계수와 열량계수를 곱하면 단위연료 사용당 온실가스 배출량을 산정할 수 있음.
- 산정대상 온실가스는 CO$_2$, CH$_4$, N$_2$O임.

ⓒ 산정 필요 변수

┃ 산정에 필요한 변수들의 관리기준 및 결정방법 ┃

매개변수	세부변수	관리기준 및 결정방법
활동자료	종류별 연료 사용량(Q_i)	연료 사용량은 Tier 1 기준(측정불확도 ±7.5% 이내)에 준하여 측정을 통해 결정
배출계수	• 배출계수($EF_{i,j}$) • 열량계수(EC_i)	Tier 1 산정방법에서는 2006 IPCC 기본배출계수 사용

┃ 연료별·온실가스별 기본배출계수 ┃

연료 종류	기본배출계수(kg/TJ)		
	CO$_2$	CH$_4$	N$_2$O
휘발유	69,300	25	8.0
경유	74,100	3.9	3.9
LPG	63,100	62	0.2
등유	71,900	–	–
윤활유	73,300	–	–
CNG	56,100	92	3
LNG	56,100	92	3

〈출처 : 2006 IPCC G/L〉

㉯ Tier 2

　㉠ 산정식

Tier 2는 연료 종류, 차량 종류, 제어기술의 종류 등에 따른 온실가스 배출 특성을 반영한 활동자료와 배출계수를 적용한 경우로 보다 정확도가 제고된 온실가스 배출량 산정방법이다.

$$E_{i,j} = \sum \left(Q_{i,j,k,l} \times EC_i \times EF_{i,j,k,l} \times F_{eq,j} \times 10^{-6} \right)$$

여기서, $E_{i,j}$: 연료(i) 연소에 따른 온실가스(j)별 배출량(tCO$_2$-eq)

　　　　 $Q_{i,j,k,l}$: 연료 종류(i), 차량 종류(k), 제어기술 종류(l)의 연료 소비량(kL-연료)

　　　　 EC_i : 연료(i)의 순발열량(MJ/L-연료)

　　　　 $EF_{i,j,k,l}$: 연료 종류(i), 차종(k), 제어기술(l)에 따른 온실가스(j)의 배출계수 (kg/TJ)

　　　　 $F_{eq,j}$: 온실가스(j)별 CO$_2$ 등가계수(CO$_2$=1, CH$_4$=21, N$_2$O=310)

　　　　 i : 연료 종류

　　　　 j : 온실가스 종류

　　　　 k : 차량 종류

　　　　 l : 제어기술 종류

　㉡ 산정방법 특징

- Tier 2 산정방법은 연료 종류별, 차종별, 제어기술별 연료 사용량을 활동자료로 사용하고, 배출계수 또한 이에 적합한 국가 고유배출계수를 적용해야 함.
- 산정대상 온실가스는 CO$_2$, CH$_4$, N$_2$O임.

　㉢ 산정 필요 변수

| 산정에 필요한 변수들의 관리기준 및 결정방법 |

매개변수	세부변수	관리기준 및 결정방법
활동자료	연료 종류별, 차종별, 제어기술별 연료 사용량($Q_{i,j,k,l}$)	연료 사용량은 Tier 2 기준(측정불확도 ±5.0% 이내)에 준하여 측정을 통해 결정
배출계수	• 배출계수($EF_{i,j,k,l}$) • 열량계수(EC_i)	Tier 2는 연료별, 온실가스별, 국가 고유배출계수와 열량계수를 사용

㉰ Tier 3

　㉠ 산정식

Tier 3은 CH$_4$와 N$_2$O 산정방법에 대한 것으로 이동거리 엔진 작동별 활동자료와 이에 상응한 배출계수를 곱하여 결정하는 방법이다. 본 방법의 적용은 저감기술별 차량 대수와 차종별 주행거리를 추정하는 상세 모델을 적용하거나 또는 관련 자료를 수집해야 가능하다.

$$E_{CH_4/N_2O} = Distance_{i,k,l,m} \times EF_{i,j,k,l,m} \times F_{eq,j} \times 10^{-6}$$

여기서, E_{CH_4/N_2O} : CH_4 또는 N_2O 배출량(tCO_2-eq)

$Distance_{i,k,l,m}$: 주행거리(km)

$EF_{i,j,k,l,m}$: 배출계수(g/km)

$F_{eq,j}$: 온실가스(j)의 CO_2 등가계수(CO_2=1, CH_4=21, N_2O=310)

i : 연료 종류(예 휘발유, 경유, LPG 등)

j : 온실가스 종류(CH_4, N_2O)

k : 차량 종류

l : 제어기술 종류(또는 차량제작년도)

m : 운전조건(이동 시 평균 차속)

ⓛ 산정방법의 특징
- Tier 3은 CH_4, N_2O에 대한 산정방법으로 차종별, 연료별, 배출제어기술별 주행거리를 활동자료로 활용하며, 이에 상응하는 배출계수를 결정·적용하는 상당히 정확도가 높은 방법임.
- 관련된 정보를 광범위하게 수집·분석하거나 모델을 개발하여 추정하는 방법으로, 관련된 여러 정보에 대한 고유값을 개발·적용해야 함.

ⓒ 산정 필요 변수

┃ 산정에 필요한 변수들의 관리기준 및 결정방법 ┃

매개변수	세부변수	관리기준 및 결정방법
활동자료	주행거리($Distance_{i,k,l,m}$)	연료 사용량은 Tier 3 기준(측정불확도 ±2.5% 이내)에 준하여 측정을 통해 결정
배출계수	배출계수($EF_{i,j,k,l,m}$)	Tier 3 배출계수는 다음 표에 제시된 차종별 CH_4, N_2O의 배출계수를 사용

┃ 자동차의 CH_4 배출계수 산출식 ┃

차 종	연 료	연식 구분	배출계수 산출식
승용	휘발유	2000년 이전	$y = 0.3561x^{-0.7619}$
		2000년~2002년 6월	$y = 0.2625x^{-0.817}$
		2002년 7월~2005년	$y = 0.0859x^{-0.7655}$
		2006~2008년	$y = 0.0351x^{-0.7754}$
		2009년~	$y = 0.0432x^{-1.0208}$
	LPG	2002년 6월 이전	$y = 0.2324x^{-0.704}$
		2002년 7월~2005년	$y = 0.1282x^{-0.7798}$
		2006~2008년	$y = 0.0913x^{-0.956}$
		2009년~	$y = 0.1066x^{-1.0906}$
	경유	2006~2008년	$y = 0.052x^{-0.8767}$
		2009년~	$y = 0.0277x^{-0.9094}$
택시	LPG	2002년 6월 이전	$y = 0.6813x^{-0.8049}$
		2002년 7월~2005년	$y = 0.3267x^{-0.7956}$

차 종		연 료	연식 구분	배출계수 산출식
RV	소형	경유	2006년~2008년	$y=0.0512x^{-0.8062}$
		LPG	2006년~2008년	$y=0.1509x^{-1.2521}$
	중형	경유	2006년~2008년	$y=0.0534x^{-1.0371}$
		LPG	2006년~2008년	$y=0.2307x^{-1.3878}$
승합	경형	LPG	2006~2008년	$y=0.0305x^{-0.5298}$
	소형	경유	2000년~2002년 6월	$y=0.0650x^{-0.8969}$
			2002년 7월~2005년	$y=0.1004x^{-1.0693}$
			2006년~2008년	$y=0.1581x^{-1.273}$
			2009년~	$y=0.0182x^{-0.708}$
		LPG	2000년~2002년 6월	$y=0.6372x^{-0.8366}$
			2002년 7월~2005년	$y=0.1794x^{-0.9135}$
	중형	경유	2002년 7월~2005년	$y=14.669x^{-1.9562}$
			2009년~	$y=0.0432x^{-0.7}$
	전세버스	경유	2000년 이전	$y=0.173x^{-0.734}$
			2000년~2002년 6월	$y=2.9097x^{-1.3937}$
			2002년 7월~2005년	$y=1.34x^{-1.748}$
			2009년~	$y=0.0327x^{-0.538}$
	시내버스	경유	2002년 7월 이전	$y=0.173x^{-0.734}$
			2002년 7월~2005년	$y=0.1744x^{-1.0596}$
			2009년~	$y=0.0272x^{-0.481}$
		CNG	2005년 이전	$y=46.139x^{-0.6851}$
			2006~2008년	$y=117.64x^{-1.0596}$
			2009년~	$y=75.307x^{-0.877}$
화물	소형	경유	load 0% 2000년~2002년 6월	$y=0.0185x^{-0.3837}$
			2002년 7월~2005년	$y=0.0328x^{-0.5697}$
			2009년~	$y=0.1915x^{-1.112}$
			load 50% 2009년~	$y=0.1186x^{-1.105}$
			load 100% 2009년~	$y=0.0633x^{-0.873}$
	중형	경유	load 0% 2009년 이전	$y=0.4064x^{-0.6487}$
			2009년~	$y=0.0111x^{-0.417}$
			load 50% 2009년~	$y=0.0114x^{-0.431}$
			load 100% 2009년~	$y=0.0128x^{-0.444}$
	대형	경유	–	$y=0.402x^{-0.6197}$
	대형 후처리	경유	load 0% 2009년~	$y=0.0251x^{-0.477}$
			load 50% 2009년~	$y=0.0272x^{-0.505}$
			load 100% 2009년~	$y=0.0322x^{-0.519}$
	대형 미후처리	경유	load 0% 2009년~	$y=0.0324x^{-0.524}$
			load 50% 2009년~	$y=0.0249x^{-0.477}$
			load 100% 2009년~	$y=0.024x^{-0.467}$

▌자동차의 N₂O 배출계수 산출식 ▌

차 종		연 료	연식 구분	배출계수 산출식
승용		휘발유	2000년 이전	$y = 0.6459x^{-0.741}$
			2000년~2002년 6월	$y = 0.9191x^{-0.9485}$
			2002년 7월~2005년	$y = 0.1262x^{-0.8382}$
			2006~2008년	$y = 0.0307x^{-0.8718}$
			2009년~	$y = 0.2405x^{-1.3945}$
		LPG	2002년 6월 이전	$y = 2.0024x^{-1.2053}$
			2002년 7월~2005년	$y = 0.191x^{-0.9666}$
			2006~2008년	$y = 0.1162x^{-1.1582}$
			2009년~	$y = 0.0210x^{-0.9761}$
		경유	2006~2008년	$y = 0.1479x^{-0.9224}$
			2009년~	$y = 0.1172x^{-0.8684}$
택시		LPG	2002년 6월 이전	$y = 0.4397x^{-0.7735}$
			2002년 7월~2005년	$y = 0.6240x^{-1.0010}$
RV	소형	경유	2006년~2008년	$y = 0.007x^{-0.5533}$
		LPG	2006년~2008년	$y = 0.02x^{-0.9571}$
	중형	경유	2006년~2008년	$y = 0.0142x^{-0.7368}$
		LPG	2006년~2008년	$y = 0.0099x^{-0.7863}$
승합	경형	LPG	2006~2008년	$y = 0.12x^{-1.1688}$
	소형	경유	2000년~2002년 6월	$y = 0.0991x^{-0.672}$
			2002년 7월~2005년	$y = 0.1088x^{-0.8582}$
			2006~2008년	$y = 0.2225x^{-1.0293}$
			2009년~	$y = 0.1897x^{-0.905}$
		LPG	2000년~2002년 6월	$y = 0.4366x^{-0.9723}$
			2002년 7월~2005년	$y = 0.2808x^{-1.2565}$
	중형	경유	2002년 7월~2005년	$y = 0.2742x^{-0.5359}$
			2009년~	$y = 0.1133x^{-0.937}$
	전세버스	경유	2000년~2002년 6월	$y = 2.08x^{-0.8055}$
			2002년 7월~2005년	$y = 1.2359x^{-0.785}$
			2009년~	$y = 0.2242x^{-0.83}$
	시내버스	경유	2002년 7월 이전	$y = 0.5268x^{-0.4932}$
			2009년~	$y = 0.173x^{-0.713}$
		CNG	2005년 이전	$y = 0.5438x^{-0.556}$
			2006~2008년	$y = 0.1248x^{-0.5754}$
			2009년~	$y = 0.2412x^{-0.742}$

차 종		연 료	연식 구분	배출계수 산출식
화물	소형	경유	load 0%	2002년 7월~2005년	$y=0.0984x^{-0.7969}$
				2009년~	$y=0.2869x^{-0.98}$
			load 50%	2009년~	$y=0.086x^{-0.9}$
			load 100%	2009년~	$y=0.0613x^{-0.789}$
	중형	경유	load 0%	2002년 7월~2005년	$y=0.0522x^{-0.5206}$
				2009년~	$y=0.0689x^{-0.572}$
			load 50%	2009년~	$y=0.0806x^{-0.577}$
			load 100%	2009년~	$y=0.1078x^{-0.686}$
	대형	경유	–		$y=2.0311x^{-0.8501}$
	대형 후처리	경유	load 0%	2009년~	$y=0.0719x^{-0.319}$
			load 50%	2009년~	$y=0.2776x^{-0.622}$
			load 100%	2009년~	$y=0.1723x^{-0.533}$
	대형 미후처리	경유	load 0%	2009년~	$y=0.0801x^{-0.577}$
			load 50%	2009년~	$y=0.0741x^{-0.59}$
			load 100%	2009년~	$y=0.0573x^{-0.492}$

2) 철도

① 철도 차량의 종류

철도 차량은 **고속차량, 전기기관차, 전기동차, 디젤기관차, 디젤동차, 특수차량** 등 6종류가 있다. 이 중 디젤유를 사용하는 철도 차량으로는 디젤유를 연료로 사용하는 내연기관에 의해 발전한 전기동력을 이용하여 모터를 돌려 열차를 견인하는 디젤기관차와 디젤유를 연료로 하는 내연기관에 의해 철도 차량을 움직이는 디젤동차, 특수차량 등이 있다.

발전소에서 생산된 전기를 동력원으로 하는 철도 차량으로는 고속차량, 전기기관차, 전기동차 등이 이에 해당된다. 증기기관차는 일반적으로 관광용 같은 국한된 용도로만 사용하고 있으며, 발생되는 온실가스는 상대적으로 적다.

② 철도 배출시설

철도 부문의 배출시설은 고속차량, 전기기관차, 전기동차, 디젤기관차, 디젤동차, 특수차량 등 6종류로 나눌 수 있다.

┃ 철도 배출시설의 구분 ┃

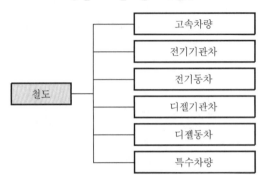

③ 철도 온실가스 배출량 산정방법

보고 대상 온실가스와 온실가스별로 적용해야 하는 산정방법론은 다음과 같다.

구 분	CO_2	CH_4	N_2O
산정방법론	Tier 1, 2	Tier 1, 2, 3	Tier 1, 2, 3

철도 부문에서 온실가스 배출량 산정방법은 Tier 1, 2, 3의 세 가지 방법이 있다.

㉮ Tier 1

㉠ 산정식

Tier 1은 활동자료인 연료 사용량에 IPCC 기본배출계수를 곱하여 결정하는 가장 단순한 방법이다.

$$E_{i,j} = \sum (Q_i \times EC_i \times EF_{i,j} \times F_{eq,j} \times 10^{-6})$$

여기서, $E_{i,j}$: 연료(i)의 사용에 따른 온실가스(j)의 배출량(tCO_2-eq)

$\quad\quad Q_i$: 연료 종류(i)의 연료 소비량(kL-연료)

$\quad\quad EC_i$: 연료 종류(i)의 순발열량(MJ/L-연료)

$\quad\quad EF_{i,j}$: 연료 종류(i)에 대한 온실가스(j)의 배출계수(kg-GHG/TJ-연료)

$\quad\quad F_{eq,j}$: 온실가스(j)의 CO_2 등가계수(CO_2=1, CH_4=21, N_2O=310)

$\quad\quad i$: 연료 종류

㉡ 산정방법 특징

• Tier 1의 산정 대상 온실가스는 CO_2, CH_4, N_2O이며, 연료 종류별 사용량을 활동자료로 하고 IPCC 기본배출계수를 이용하여 배출량을 산정

• 연료별 순발열량과 순발열량을 토대로 결정한 배출계수를 근거로 온실가스 배출량을 산정하고 있음.

ⓒ 산정 필요 변수

▎산정에 필요한 변수들의 관리 기준 및 결정방법 ▎

매개변수	세부변수	관리기준 및 결정방법
활동자료	연료 종류별 사용량(Q_i)	연료 사용량은 Tier 1 기준(측정불확도 ±7.5% 이내)에 준하여 측정을 통해 결정
배출계수	• 배출계수($EF_{i,j}$) • 순발열량(EC_i)	Tier 1 방법을 이용하여 배출량을 산정하는 경우 IPCC 기본배출계수를 이용

▎철도 부문 IPCC 기본배출계수(kg/TJ) ▎

구 분	기본배출계수(kg/TJ)		
	CO_2	CH_4	N_2O
디젤	74,100	4.15	28.6
아역청탄	96,100	2	1.5

〈출처 : 2006 IPCC G/L〉

ⓑ Tier 2

ⓐ 산정방법

Tier 2는 연료별·기관차 종류별·엔진 종류별 연료 사용량을 활동자료로 활용하며, 연료별 국가 고유발열량값과 연료별·기관차 종류별·엔진 종류별 국가 고유배출계수를 적용하는 국내 철도 부문의 온실가스 배출 특성을 반영한 정확도가 제고된 산정방법이다.

$$E_{i,j} = \sum (Q_{i,k,l} \times EC_i \times EF_{i,j,k,l} \times F_{eq,j} \times 10^{-6})$$

여기서, $E_{i,j}$: 연료 종류(i)의 사용에 따른 온실가스(j)의 배출량(tCO$_2$-eq)

$Q_{i,k,l}$: 연료 종류(i), 기관차 종류(k), 엔진 종류(l)의 연료 소비량(kL-연료)

EC_i : 연료 종류(i)의 순발열량(MJ/L-연료)

$EF_{i,j,k,l}$: 연료 종류(i), 기관차 종류(k), 엔진 종류(l)에 대한 온실가스(j)의 배출계수(kg-GHG/TJ-연료)

$F_{eq,j}$: 온실가스(j)의 CO_2 등가계수(CO_2=1, CH_4=21, N_2O=310)

i : 연료 종류

k : 기관차 종류

l : 엔진 종류

ⓛ 산정방법 특징
- Tier 2는 연료별 · 기관차 종류별 · 엔진 종류별 활동자료와 이에 상응하는 국가 고유배출계수를 적용하는 방법임.
- 관련된 정보를 광범위하게 수집 · 분석할 뿐만 아니라 국가 고유값을 개발 · 적용해야 함.
- 산정 대상 온실가스는 CO_2, CH_4, N_2O임.

ⓒ 산정 필요 변수

┃ 산정에 필요한 변수들의 관리기준 및 결정방법 ┃

매개변수	세부변수	관리기준 및 결정방법
활동자료	연료 종류별, 기관차 종류별, 엔진 종류별 연료 사용량($Q_{i,k,l}$)	연료 사용량은 Tier 2 기준(측정불확도 ±5.0% 이내)에 준하여 측정을 통해 결정
배출계수	• 배출계수($EF_{i,j,k,l}$) • 연료별 순발열량(EC_i)	Tier 2는 제46조 제2항에 따른 국가 고유배출계수를 사용하거나, 아직 개발 · 적용되지 못한 경우에는 IPCC 기본값 적용을 한시적으로 허용

㉱ Tier 3

㉠ 산정식

Tier 3은 CH_4와 N_2O 산정방법에 대한 것으로 특정 기관차의 연간 운행시간, 평균 정격출력, 부하율, 배출계수 등 기관차에 대한 상세 정보를 수집하도록 되어 있는 전형적인 상향식 온실가스 배출량 산정방법이다. 본 방법의 적용은 개별 기관차에 대한 관련 자료를 수집해야 가능하다.

$$E_{k,j} = \sum (N_k \times H_k \times P_k \times LF_k \times EF_k \times F_{eq,j} \times 10^{-6})$$

여기서, $E_{k,j}$: CH_4 또는 N_2O 배출량(tCO_2-eq)

N_k : 기관차 k의 수

H_k : 기관차 k의 연간 운행시간(h)

P_k : 기관차 k의 평균 정격출력(kW)

LF_k : 기관차 k의 전형적인 부하율(0에서 1 사이의 소수)

EF_k : 기관차 k의 배출계수(g/kWh)

$F_{eq,j}$: 온실가스(j)의 CO_2 등가계수(CO_2=1, CH_4=21, N_2O=310)

ⓛ 산정방법 특징
- Tier 3은 CH_4와 N_2O 배출량 산정방법에 대한 것이며(CO_2는 제외), 개별 기관차에 대한 정보를 토대로 배출량 산정이 이뤄지는 전형적인 상향식 방법으로 결과의 정확도가 상당히 높으리라 판단됨.
- 관련된 정보를 광범위하게 수집 · 분석할 뿐만 아니라 국가 고유값을 개발 · 적용해야 함.

ⓒ 산정 필요 변수

‖ 산정에 필요한 변수들의 관리기준 및 결정방법 ‖

매개변수	세부변수	관리기준 및 결정방법
활동자료	• 기관차 종류별 연간 사용시간(H_k) • 기관차 수(N_k) • 기관차 정격출력(P_k) • 기관차 부하율(LF_k)	연료 사용량은 Tier 1 기준(측정불확도 ±2.5% 이내)에 준하여 측정을 통해 결정
배출계수	배출계수(EF_k)	Tier 3은 기관차 종류별 연간 사용시간, 정격출력, 부하율 등을 고려하여 기관차 고유배출계수를 개발·적용

(3) 선박 이동연소

1) 선박

① 선박의 종류

휴양용 선박에서 대형 화물 선박까지 주로 디젤 엔진 또는 증기나 가스터빈에 의해 운항되는 모든 수상교통(선박)에 의해 배출되는 온실가스가 포함되며, 선박의 운항에 의해 CO_2, CH_4, N_2O 등 온실가스와 기타 대기오염물질이 배출된다.

‖ 선박 부문 배출시설 ‖

배출원	적용 범위
여객선	여객 운송을 주목적으로 하는 선박의 연료연소 배출
화물선	화물 운송을 주목적으로 하는 선박의 연료연소 배출
어선	내륙, 연안, 심해 어업에서의 연료연소 배출
기 타	화물선, 여객선, 어선을 제외한 모든 수상 이동의 연료연소 배출

② 선박 배출시설

선박 부문의 보고대상 배출시설은 아래와 같다. 국제 수상운송(국제 벙커링)에 의한 온실가스 배출량은 산정·보고에서 제외한다.

‖ 선박 배출시설의 구분 ‖

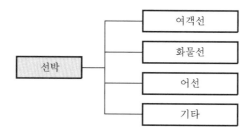

③ 선박 부문 온실가스 배출량 산출방법

║ 국내 선박 부문의 목표관리제 보고 대상 온실가스 및 산정방법론 ║

구 분	CO_2	CH_4	N_2O
산정방법론	Tier 1, 2, 3	Tier 1, 2, 3	Tier 1, 2, 3

선박 부문에서 온실가스 배출량 산정방법은 Tier 1, 2, 3의 세 가지 방법이 있다.

㉮ Tier 1

㉠ 산정식

선박 부문에서의 온실가스 배출량 산정방법 Tier 1은 활동자료인 연료 사용량에 IPCC 기본배출계수를 곱하여 결정하는 가장 단순한 방법이다.

$$E_{i,j} = Q_i \times EC_i \times EF_{i,j} \times F_{eq,j} \times 10^{-6}$$

여기서, $E_{i,j}$: 연료 종류(i)의 사용에 따른 온실가스(j)의 배출량(tCO₂-eq)

Q_i : 연료 종류(i)의 연료 소비량(kL-연료)

EC_i : 연료 종류(i)의 순발열량(MJ/L-연료)

$EF_{i,j}$: 연료 종류(i)에 대한 온실가스(j)의 배출계수(kg-GHG/TJ-연료)

$F_{eq,j}$: 온실가스(j)의 CO_2 등가계수(CO₂=1, CH₄=21, N₂O=310)

i : 연료 종류

㉡ 산정방법 특징

• Tier 1의 산정 대상 온실가스는 CO_2, CH_4, N_2O이며, 연료 종류별 사용량을 활동자료로 하고 IPCC 기본배출계수를 이용하여 배출량을 산정

• 연료별 순발열량과 순발열량을 토대로 결정한 배출계수를 근거로 온실가스 배출량을 산정하고 있음.

㉢ 산정 필요 변수

║ 산정에 필요한 변수들의 관리기준 및 결정방법 ║

매개변수	세부변수	관리기준 및 결정방법
활동자료	종류별 연료 사용량(Q_i)	연료 사용량은 Tier 1 기준(측정불확도 ±7.5% 이내)에 준하여 측정을 통해 결정
배출계수	• 배출계수($EF_{i,j}$) • 열량계수(EC_i)	Tier 1은 다음에 제시된 연료 종류 및 물질별 IPCC 기본배출계수를 사용

| 선박 부문 IPCC 기본배출계수 |

구 분		CO₂ 배출계수(kg/TJ)
휘발유		69,300
등유		71,900
경유		74,100
중질유		77,400
LPG		63,100
기타 유	정제가스	57,600
	파라핀 왁스	73,300
	백유	73,300
	기타 석유제품	73,300
천연가스		56,100
구 분	CH₄(kg/TJ)	N₂O(kg/TJ)
선박	7	2

〈출처 : 2006 IPCC G/L〉

④ Tier 2~3

㉠ 산정식

Tier 2, 3은 연료별 · 선박 종류별 · 엔진 종류별 연료 사용량을 활동자료로 활용하며, 연료별 국가 고유(Tier 2) 또는 사업장 고유(Tier 3) 발열량값과 연료별 · 선박 종류별 · 엔진 종류별 국가 고유배출계수(Tier 2) 또는 사업장 고유배출계수(Tier 3)를 적용하는 국내 선박 부문의 온실가스 배출 특성을 반영한 정확도가 제고된 산정방법이다.

$$E_{i,j} = \sum (Q_{i,k,l} \times EC_i \times EF_{i,j,k,l} \times F_{eq,j} \times 10^{-6})$$

여기서, $E_{i,j}$: 연료 종류(i)의 사용에 따른 온실가스(j)의 배출량(tCO₂-eq)

$Q_{i,k,l}$: 연료 종류(i), 선박 종류(k), 엔진 종류(l)의 연료 소비량(kL-연료)

EC_i : 연료 종류(i)의 순발열량(MJ/L-연료)

$EF_{i,j,k,l}$: 연료 종류(i), 선박 종류(k), 엔진 종류(l)에 대한 온실가스(j)의 배출계수(kg/TJ)

$F_{eq,j}$: 온실가스(j)의 CO₂ 등가계수(CO₂=1, CH₄=21, N₂O=310)

i : 연료 종류

k : 선박 종류

l : 엔진 종류

ⓛ 산정방법 특징
- Tier 2와 3은 연료별·선박 종류별·엔진 종류별 활동자료와 각각 이에 상응하는 국가 고유배출계수와 사업장 고유배출계수를 적용하는 방법임.
- 관련된 정보를 광범위하게 수집·분석할 뿐만 아니라 국가 고유값과 사업장 고유값을 개발·적용해야 함.
- 산정 대상 온실가스는 CO_2, CH_4, N_2O임(도로, 철도 부문에서는 Tier 3의 경우 CO_2를 산정하지 않았으나, 선박에서는 Tier 3에서 CO_2를 산정하고 있음).

ⓒ 산정 필요 변수

║ 산정에 필요한 변수들의 관리기준 및 결정방법 ║

매개변수	세부변수	관리기준 및 결정방법
활동자료	연료 종류별, 선박 종류별, 선박에 탑재된 엔진 종류별 연료 사용량($Q_{i,k,l}$)	연료 사용량은 Tier 2 기준(측정불확도 ±5.0% 이내), Tier 3 기준(측정불확도 ±2.5% 이내)에 준하여 측정을 통해 결정
배출계수	• 배출계수($EF_{i,j,k,l}$) • 열량계수(EC_i)	• Tier 2는 연료 종류, 선박 종류, 엔진 종류별로 특성화된 국가 고유배출계수를 사용 • Tier 3은 사업자가 자체 개발한 고유배출계수를 사용

(4) 항공 이동연소

1) 항공의 종류

① 민간 항공

민간 항공은 이착륙을 포함하는 국내 및 국제 민간 항공에 의한 배출이며, 국내 항공과 국제 항공의 구분을 위한 기준은 다음과 같다.

║ 국내 항공과 국제 항공의 구분 기준 ║

구 분	두 항공 사이의 항해 유형
국내선	동일 국가에서의 출발과 도착
국제선	한 나라에서 출발 후 다른 나라에 도착

② 국내 항공

국내 항공은 이착륙을 동일한 국가에서 하는 민간 국내 여객 및 화물항공기(상업수송기, 개인 비행기, 농업용 비행기 등)로부터의 온실가스 배출로 동일 국가 내의 멀리 떨어진 두 항공 사이의 비행이 포함된다.

③ 기타 항공

기타 항공은 위에서 지정되지 않은 모든 항공 이동원의 연소 배출이 포함된다.

2) 항공 배출시설

항공 부문의 배출시설은 다음과 같으며, **국내 항공기와 기타 항공으로 구분된다. 국내 항공은 이·착륙을 같은 나라에서 하는 민간 국내 여객 및 화물항공기(상업수송기, 개인비행기, 농업용 비행기 등)로부터의 배출을 포함한다.** 일반적으로 군용 항공기도 여기에 포함될 수 있으나, 대외비이므로 군용 항공기에 의한 온실가스 배출은 산정하지 않고 있다.

‖ 항공 부문 배출시설 ‖

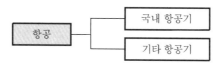

3) 항공 온실가스 배출량 산정방법

보고 대상 온실가스와 온실가스별로 적용해야 하는 산정방법론은 다음과 같다.

구 분	CO_2	CH_4	N_2O
산정방법론	Tier 1, 2	Tier 1, 2	Tier 1, 2

항공 부문에서 온실가스 배출량 산정방법은 Tier 1, 2의 두 가지 방법이 있다.

① Tier 1

㉮ 산정식

Tier 1은 활동자료인 연료 사용량에 IPCC 기본배출계수를 곱하여 결정하는 가장 단순한 방법이다.

$$E_{i,j} = \sum \left(Q_i \times EC_i \times EF_{i,j} \times F_{eq,i} \times 10^{-6} \right)$$

여기서, $E_{i,j}$: 연료(i)의 연소에 따른 온실가스(j)의 배출량(tCO_2-eq)

Q_i : 연료(i)의 사용량(측정값, kL-연료)

다만, 지상에서 사용되는 연료 사용량 파악이 어려울 경우에는 다음과 같이 적용한다.

$Q_i = Q \times (AF+1)$

여기서, Q : 지상부분 연료 사용량이 제외된 연료 사용량

AF : 연료 사용량 보정계수(항공사업법 제44조에 따라 항공기취급업을 등록한 계열회사로부터 항공기 지상조업 지원받는 경우 0.0164, 그렇지 아니한 경우 0.0215)

EC_i : 연료(i)의 열량계수(연료 순발열량, MJ/L-연료)

$EF_{i,j}$: 연료(i)의 온실가스(j)의 배출계수(kg-GHG/TJ-연료)

$F_{eq,i}$: 온실가스(j)의 CO_2 등가계수(CO_2=1, CH_4=21, N_2O=310)

ⓐ 산정방법 특징

㉠ Tier 1 산정방법은 항공 휘발유를 사용하는 소형 비행기에 주로 적용하고 있음.

㉡ 제트연료를 사용하는 항공기의 경우에는 운항자료가 이용 가능하지 않을 경우 에만 Tier 1을 적용하도록 하고 있음.

㉢ 국내 항공과 국제 항공으로 구분한 연료 사용량을 활동자료로 하여 CO_2, CH_4, N_2O 배출량을 산정하고 있음.

ⓑ 산정 필요 변수

┃ 산정에 필요한 변수들의 관리기준 및 결정방법 ┃

매개변수	세부변수	관리기준 및 결정방법
활동자료	연료 사용량(Q_i)	연료 사용량은 Tier 1 기준(측정불확도 ±7.5% 이내)에 준하여 측정을 통해 결정

배출계수	• 배출계수($EF_{i,j}$)
	• 열량계수(EC_i)
		• 배출계수의 결정방법은 다음의 연료별, 온실가스별 기본배출계수를 사용
		• Tier 1 산정방법에서는 운영지침에 따른 2006 IPCC 가이드라인 기본배출계수를 사용
		  – 항공 휘발유(Aviation Gasoline) CO_2 : 70,000kg/TJ
		  – 제트용 등유(Jet Kerosene) CO_2 : 71,500kg/TJ
		  – 모든 연료
		    CH_4 : 0.5kg/TJ
		    N_2O : 2kg/TJ

② Tier 2

㉮ 산정식

제트연료를 사용하는 항공기에 적용되며, 이착륙(LTO)과 순항(cruise) 모드로 구분·산정하였다. 이착륙 모드에서는 순항 모드보다 연료 사용량이 높기 때문에 이를 구분하여 온실가스 배출량을 산정함으로써 배출량에 대한 정확도가 높아졌다고 할 수 있다. 배출량 산정과정은 '총 연료 소비량 산정 → 이착륙 과정 연료 소비량 산정 → 순항 과정의 연료 소비량 산정 → 이착륙과 순항 과정에서의 온실가스 배출량 산정' 순으로 진행한다.

$$E_{i,j} = \sum(E_{i,j,LTO} + E_{i,j,cruise}) \times F_{eq,j}$$
$$E_{i,j,LTO} = \sum_i N_{i,j,LTO} \times EF_{i,j,LTO}$$
$$E_{i,j,cruise} = \sum[(Q_i \times D_i) - Q_{i,LTO}] \times EF_j \times 10^{-6}$$

여기서, $E_{i,j}$: 연료(i) 사용에 따른 온실가스(j) 배출량(tCO$_2$-eq)

$E_{i,j,LTO}$: 연료(i) 사용에 따른 온실가스(j)의 LTO 배출량(t-GHG)

       (=LTO 횟수×LTO 배출계수)

$E_{i,j,cruise}$: 연료(i) 사용에 따른 온실가스(j)의 순항과정 배출량(t-GHG)

$N_{i,j,LTO}$: 기종별 이착륙 횟수

$EF_{i,j,LTO}$: 기종별 이착륙 온실가스 배출계수

Q_i : 지상에서 사용되는 연료 사용량을 포함한 연료(i)의 사용량(측정값, kL-연료)

다만, 지상에서 사용되는 연료 사용량 파악이 어려울 경우에는 다음과 같이 적용된다.

$$Q_i = Q \times (AF+1)$$

여기서, Q : 지상부분 연료 사용량이 제외된 연료 사용량

AF : 연료 사용량 보정계수(항공사업법 제44조에 따라 항공기취급업을 등록한 계열회사로부터 항공기 지원받는 경우 0.0164, 그렇지 아니한 경우 0.0215)

$Q_{i,LTO}$: 연료(i)의 LTO 사용량(kg-연료)

(=LTO 횟수×(연료 소비량/LTO), kg-연료)

D_i : 연료(i)의 밀도(g-연료/L-연료)

$EF_{i,j}$: 연료(i)에 대한 온실가스(j)의 배출계수(kg-GHG/t-연료)

$F_{eq,j}$: 온실가스(j)의 CO_2 등가계수(CO_2=1, CH_4=21, N_2O=310)

㉱ 산정방법 특징

㉠ Tier 2는 제트 연료를 사용하는 항공기에 적용되며, 이착륙 과정(LTO 모드)과 순항 과정(Cruise 모드)을 구분하여 산정해야 함.

㉡ 이착륙 과정에서의 온실가스 배출량은 LTO 횟수에 LTO 배출계수를 곱하여 산정하고, 순항과정에서의 온실가스 배출량은 순항 과정의 연료 사용량에 배출계수를 곱하여 산정해야 함.

※ 주의사항은 순항 과정의 연료 사용량을 구하기 위해서는 전체 연료 사용량에서 LTO 과정의 연료 사용량을 제외해야 함.

㉲ 산정 필요 변수

∥ 산정에 필요한 변수들의 관리기준 및 결정방법 ∥

매개변수	세부변수	관리기준 및 결정방법
활동자료	• 연료 사용량(Q_i) • 기종별 LTO 횟수 • 연료 LTO 사용량($Q_{i,LTO}$)	연료 사용량은 Tier 2 기준(측정불확도 ±5.0% 이내)에 준하여 측정을 통해 결정
배출계수	• 배출계수($EF_{i,j}$) • 열량계수(EC_i)	• Tier 2 산정방법에서는 기종별 이착륙(LTO)당 배출계수는 다음 표의 값을 사용하며, 여기에 명시되지 않은 기종에 대한 계수는 자료 출처(2006 IPCC 국가온실가스 인벤토리 가이드 라인)를 참조 • 항공유(Jet Kerosene) CO_2 : 71,500kg/TJ – CH_4 : 0.5kg/TJ, N_2O : 2kg/TJ

∥ 순항 모드의 온실가스 배출계수 ∥

구 분	배출계수(kg/t Fuel)						
	CO_2	CH_4	N_2O	NO_x	CO	NMVOC	SO_2
순항 모드(Cruise)	3,150	0	0.1	11	7	0.7	1.0

⟨출처 : 2006 IPCC G/L⟩

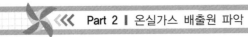

┃ 연료별·온실가스별 기본배출계수 ┃

연 료	기본배출계수(kg/TJ)		
	CO_2	CH_4	N_2O
항공용 가솔린(Aviation Gasoline)	70,000	–	–
제트용 등유(Jet Kerosene)	71,500	–	–
모든 연료	–	0.5	2

┃ 항공기종별 이착륙(LTO)당 배출계수-1 ┃

항공기		LTO 배출계수(kg/LTO)			LTO 연료 소비(kg/LTO)
		CO_2	CH_4	N_2O	
대형 상업 항공기	A300	5,450	0.12	0.2	1,720
	A310	4,760	0.63	0.2	1,510
	A319	2,310	0.06	0.1	730
	A320	2,440	0.06	0.1	770
	A321	3,020	0.14	0.1	960
	A330-200/300	7,050	0.13	0.2	2,230
	A340-200	5,890	0.42	0.2	1,860
	A340-300	6,380	0.39	0.2	2,020
	A340-500/600	10,600	0.01	0.3	3,370
	707	5,890	9.75	0.2	1,860
	717	2,140	0.01	0.1	680
	727-100	3,970	0.69	0.1	1,260
	727-200	4,610	0.81	0.1	460
	737-100/200	2,740	0.45	0.1	870
	737-300/400/500	2,480	0.08	0.1	780
	737-600	2,280	0.10	0.1	720
	737-700	2,460	0.09	0.1	780
	737-800/900	2,780	0.07	0.1	880
	747-100	10,401	4.84	0.3	3,210
	747-200	11,370	1.82	0.1	3,600
	747-300	11,080	0.27	0.1	3,510
	747-400	10,240	0.22	0.3	3,240
	757-200	4,320	0.02	0.1	1,370
	757-300	4,630	0.01	0.1	1,460
	767-200	4,620	0.33	0.1	1,460
	767-300	5,610	0.12	0.2	1,780
	767-400	5,520	0.10	0.2	1,750
	777-200/300	8,100	0.07	0.3	2,560
	DC-10	7,290	0.24	0.2	2,310

┃ 항공기종별 이착륙(LTO)당 배출계수-2 ┃

항공기		LTO 배출계수(kg/LTO)			LTO 연료 소비(kg/LTO)
		CO₂	CH₄	N₂O	
대형 상업 항공기	DC8-50/60/70	5,360	0.15	0.2	1,700
	DC-9	2,650	0.46	0.1	840
	L-1011	7,300	7.40	0.2	2,310
	MD-11	7,290	0.24	0.2	2,310
	MD-80	3,180	0.19	0.1	1,010
	MD-90	2,760	0.01	0.1	870
	TU-134	2,930	1.80	0.1	930
	TU-154-M	5,960	1.32	0.2	4,890
	TU-154-B	7,030	11.90	0.2	2,230
단거리 제트기	RJ-RJ85	1,910	0.13	0.1	600
	BAE 146	1,800	0.14	0.1	570
	CRJ-100ER	1,060	0.06	0.03	330
	ERJ-145	99	0.06	0.03	310
	Fokker 100/70/28	2,390	0.14	0.1	760
	BAC111	2,520	0.15	0.1	800
	Dornier 328 Jet	870	0.06	0.03	280
	Gulfstream IV	2,160	0.14	0.1	680
	Gulfstream V	1,890	0.03	0.1	600
	YAK-42M	2,880	0.25	0.1	910
제트기	Cessna 525/560	1,070	0.33	0.03	340
터보 프로펠러기	Beech King Air	230	0.06	0.01	70
	DHC8-100	640	0.00	0.02	200
	ATR72-500	620	0.03	0.02	200

01 고정연소의 고체 연료로 옳지 않은 것은?

① 무연탄
② 유연탄
③ 갈탄
④ 우드펠릿

해설 고정연소의 고체 연료는 무연탄, 유연탄, 갈탄으로 구분된다. 우드펠릿은 바이오 연료에 해당된다.

02 다음 중 유연탄 연소에 대한 설명으로 옳지 않은 것은?

① 무연탄보다 휘발 성분 함량이 낮다.
② 발열량 기준은 5,833kcal/kg 이상이어야 한다.
③ 화력발전용으로 많이 사용된다.
④ 유동상 연소 유형과 화상 연소 유형이 있다.

해설 유연탄 연소는 무연탄보다 휘발 성분 함량이 높다(14%).

03 다음 중 무연탄 연소에 대한 설명으로 옳지 않은 것은?

① 고정탄소가 많고, 휘발 성분이 적다.
② 회분 함량이 상대적으로 높다.
③ 발열량 4,500kcal/kg 이상이다.
④ 난방용으로 많이 사용된다.

해설 무연탄은 발열량 4,500kcal/kg 이하이다.

04 발전소에서 무연탄의 사용량이 33,000ton이다. 온실가스 배출량을 Tier 1을 이용하여 구하면? (단, 단위는 tCO_2-eq이다.)

- 무연탄 순발열량 : 26.7MJ/kg
- 온실가스 배출계수 : CO_2 - 98,300, CH_4 - 1, N_2O - 1.5
- GWP : CO_2 - 1, CH_4 - 21, N_2O - 310

① 86,960tCO_2-eq
② 87,000tCO_2-eq
③ 87,040tCO_2-eq
④ 87,100tCO_2-eq

해설

$$E_{i,j} = Q_i \times EC_i \times EF_{i,j} \times f_i \times F_{eq,j} \times 10^{-6}$$

$E_{i,j}$: 연료(i)의 연소에 따른 온실가스(j)의 배출량(tCO_2-eq)
Q_i : 연료(i)의 사용량(측정값, ton-연료)
EC_i : 연료(i)의 열량계수(연료 순발열량, MJ/kg-연료)
$EF_{i,j}$: 연료(i)의 온실가스(j)의 배출계수 (kg-GHG/TJ-연료)
f_i : 연료(i)의 산화계수(CH_4, N_2O는 미적용)
$F_{eq,j}$: 온실가스(CO_2, CH_2, N_2O)별 CO_2 등가계수 (CO_2=1, CH_4=21, N_2O=310)

$$33,000\,t \times \frac{26.7MJ}{kg} \times \frac{10^3 kg}{t} \times \frac{TJ}{10^6 MJ} = 881.1\,TJ$$

$$881.1\,TJ \times \frac{(98,300 \times 1 + 1 \times 21 + 1.5 \times 310)kgCO_2eq}{TJ}$$

$$\times \frac{tCO_2eq}{10^3 kgCO_2eq} = 87,040\,tCO_2eq$$

05 다음 중 갈탄 연소에 관한 설명으로 알맞지 않은 것은?

① 발열량이 대략 4,000~6,000kcal/kg이다.
② 연소 유형은 유동상 연소와 화상 연소가 있다.
③ 운송수단의 연료로 사용되기에는 비효과적이며, 산업용이나 상업용에 소량 사용된다.
④ 탄소 성분이 70% 정도로 탄화도가 낮으며, 원목의 형상이나 나이테, 줄기 등의 조직이 육안으로 보일 정도로, 생성 연륜이 비교적 짧은 석탄으로 유연탄과 토탄의 중간 성질을 띠고 있다.

해설 ②는 유연탄 연소의 유형에 해당한다.

06 액체 연료 중 증류유에 대한 설명으로 옳지 않은 것은?

① 휘발성이 크다.
② 점성이 낮다.
③ 황 성분이 중량 기준 0.3% 이상이다.
④ 발열량이 10,000kcal/kg 정도이다.

해설 증류유의 황 성분은 중량 기준 0.3% 이하이다.

07 다음 중 잔사유에 관한 설명으로 알맞은 것을 고르면?

① 회분 함량이 상당히 높고, 유기금속 성분을 많이 함유하고 있다.
② 휘발성이 크다.
③ 황 성분이 중량 기준 0.3% 이하이다.
④ 점성이 낮다.

해설 ②, ③, ④는 증류유에 관한 설명이다.

08 다음 중 증류유와 잔사유의 특징에 관한 설명 중 알맞지 않은 것을 고르면?

① 증류유는 주로 연소를 손쉽게 행하는 가정, 산업용 설비, 상업용 설비에 사용한다.
② 중질의 잔사유는 증류유보다 점성이 작고 휘발성이 크다.
③ 잔사유는 원유의 분리·정제공정에서 상압 증류탑과 감압 증류탑 저부에서 채취된 각각 상압 잔사유와 감압 잔사유가 있다.
④ 원유의 분리·정제공정에서 분별 증류하여 여러 종류의 탄화수소를 분리·생성하며, 이 과정에서 생성된 여러 종류의 오일을 증류유라고 한다.

해설 중질의 잔사유는 증류유보다 점성이 크고, 휘발성이 작아 취급을 용이하게 할 수 있으며, 적절하게 분사하기 위해서 가열을 하여야 한다.

09 경유 240kL의 발열량을 구하면? (단, 단위는 TJ이며, 소수점 넷째자리에서 반올림한다. 총 발열량 =37.7MJ/L)

① 6.780   ② 7.579
③ 9.048   ④ 9.267

해설 단위환산에 유의하여야 한다.
$1TJ = 10^3 GJ = 10^6 MJ$

$$240kL \times \frac{37.7MJ}{L} \times \frac{10^3 L}{kL} \times \frac{TJ}{10^6 MJ}$$

$= 9.048TJ$

∴ 경유의 발열량 = 9.048TJ

10 휘발유 300L, 등유 800L, 경유 650L의 에너지 환산량의 합을 구하면? (단, 단위는 TJ이며, 소수점 넷째자리에서 반올림한다.)

① 0.029
② 0.034
③ 0.053
④ 0.064

해설 각각의 값을 구한 다음 합을 하게 되면 에너지 환산량이 된다.

1. 휘발유 = $300L \times \dfrac{32.6MJ}{L} \times \dfrac{TJ}{10^6 MJ}$

   $= 0.00978TJ$

2. 등유 = $800L \times \dfrac{36.8MJ}{L} \times \dfrac{TJ}{10^6 MJ}$

   $= 0.02944TJ$

3. 경유 = $650L \times \dfrac{37.7MJ}{L} \times \dfrac{TJ}{10^6 MJ}$

   $= 0.024505TJ$

∴ $1 + 2 + 3 = 0.063725 ≒ 0.064TJ$

11 어느 사업장에서 경유를 사용하는 비상발전기를 보유하고 있다. 산정기간 동안 자가발전기 가동에 사용된 경유의 양은 6,000L이다. 이때 이 사업장의 온실가스 배출량을 산정하면? (단, 단위 : tCO₂eq)

• 배출량 산정식 :

$E_{i,j} = Q_i \times EC_i \times EF_{i,j} \times f_i \times F_{eq,i} \times 10^{-6}$

• 경유의 배출계수 : $CO_2 = 74.1tCO_2/TJ$

  $CH_4 = 0.003tCH_4/TJ$

  $N_2O = 0.0006tN_2O/TJ$

• 지구온난화지수(GWP) : $CO_2 = 1$, $CH_4 = 21$,

  $N_2O = 310$

• 경유의 순발열량 : $35.4MJ/L$

• 연료산화계수 : 1

---

① $15.79tCO_2eq$

② $16.79tCO_2eq$

③ $17.79tCO_2eq$

④ $18.79tCO_2eq$

해설 $E_{i,j} = Q_i \times EC_i \times EF_{i,j} \times f_i \times F_{eq,i} \times 10^{-6}$

$E_{i,j}$: 연료(i) 연소에 따른 온실가스(j)별 배출량(CO_2-eq ton)

Q_i : 연료(i)의 사용량(측정값, 1(liter)-연료)

EC_i : 연료(i)의 열량계수

  (연료 순발열량, MJ/1-연료)

$EF_{i,j}$: 연료(i)의 온실가스(j) 배출계수

  (kg-GHG/TJ-연료)

f_i : 연료(i)의 산화계수(CH_4, N_2O는 미적용)

$F_{eq,i}$: 온실가스(j) CO_2 등가계수

  ($CO_2 = 1$, $CH_4 = 21$, $N_2O = 310$)

$6,000L \times \dfrac{35.4MJ}{L} \times \dfrac{1TJ}{10^6 MJ} = 0.2124TJ$

1. CO_2 : $0.2124TJ \times \dfrac{74.1tCO_2}{TJ} \times \dfrac{1tCO_2eq}{1tCO_2}$

   $= 15.73884tCO_2eq$

2. CH_4 : $0.2124TJ \times \dfrac{0.003tCH_4}{TJ} \times \dfrac{21tCO_2eq}{1tCH_4}$

   $= 0.0133812tCO_2eq$

3. N_2O : $0.2124TJ \times \dfrac{0.0006tN_2O}{TJ} \times \dfrac{310tCO_2eq}{1tN_2O}$

   $= 0.0395064tCO_2eq$

∴ $1 + 2 + 3 = 15.7917276 ≒ 15.79tCO_2eq$

12 기체 연료 연소 중 천연가스에 관한 설명으로 알맞지 않은 것은?

① 탄소 1개와 수소로 이루어진 메탄이 주성분이다.

② 유전에서 원유를 생산하거나 원유를 정제할 때 나오는 탄화수소를 비교적 낮은 압력을 가하여 냉각 · 액화시킨 것이다.

③ 원유 생산 때 함께 나오는 부수가스(Associated Gas)가 있으며, 가스를 사용하기 전에 액화성 성분을 회수하며 황화수소를 제거하는 가스처리 공장을 필요로 한다.

④ 주로 발전소용, 산업공정의 스팀과 열 생산용, 가정이나 상업용 공간 난방 등에 쓰인다.

해설 ②는 경유 액화 석유가스(LPG)에 관한 설명이다.

13 LPG에 관한 설명으로 옳지 않은 것을 고르면?

① 탄소 3~4개로 이루어진 탄소화합물(프로판, 부탄 또는 두 가지 가스와 혼합물과 미량의 프로필렌과 부틸렌으로 구성)이 섞여 있는 혼합물이다.

② 유전에서 원유를 생산하거나 원유를 정제할 때 나오는 탄화수소를 비교적 낮은 압력을 가하여 냉각·액화시킨 것이다.

③ 액화 천연가스라고도 하며 주로 발전소용, 산업공정의 스팀과 열 생산용으로 주로 쓰인다.

④ 유정이나 가스정에서 가솔린 정제 부산물로 얻고, 고압력 하에 금속 실린더 속에 액체상태로 충전하여 판매한다.

해설 ③ 액화 천연가스는 LNG(Liquefied Natural Gas)를 의미하며, 설명 또한 이에 관한 설명이다. LPG(Liquefied Petroleum Gas)는 액화 석유가스라 하며 가정용, 공업용, 자동차를 포함한 내연기관과 연료로 사용된다.

14 어느 회사에서는 LNG 보일러를 2대 보유하고 있다. Tier 1에 의한 온실가스 배출량을 산정하면? (단, kgCO₂-eq로 표기할 것)

• 배출량 산정식 :
$$E_{i,j} = Q_i \times EC_i \times EF_{i,j} \times f_i \times F_{eq.j} \times 10^{-9}$$
• 연간 연료 사용량 : 보일러 1=5,000Nm³
  보일러 2=4,200Nm³
• LNG의 순발열량 : 39.4MJ/Nm³
• 지구온난화지수(GWP) : CO₂=1, CH₄=21, N₂O=310
• LNG 온실가스 배출계수 : 56,100kg CO₂/TJ, 1kg CH₄/TJ, 0.1kg N₂O/TJ

① 20,200kgCO₂eq
② 20,350kgCO₂eq
③ 20,500kgCO₂eq
④ 20,650kgCO₂eq

해설
$$E_{i,j} = Q_i \times EC_i \times EF_{i,j} \times f_i \times F_{eq,i} \times 10^{-9}$$

$E_{i,j}$: 연료(i) 연소에 따른 온실가스(j)별 배출량(CO₂-eq ton)
Q_i : 연료(i)의 사용량(측정값, 1(liter)-연료)
EC_i : 연료(i)의 열량계수 (연료 순발열량, MJ/1-연료)
$EF_{i,j}$: 연료(i)의 온실가스(j) 배출계수 (kg-GHG/TJ-연료)
f_i : 연료(i)의 산화계수(CH₄, N₂O는 미적용)
$F_{eq,i}$: 온실가스(j) CO₂ 등가계수 (CO₂=1, CH₄=21, N₂O=310)

보일러 1 발열량
$$= 5,000\,Nm^3 \times \frac{39.4MJ}{Nm^3} \times \frac{TJ}{10^6 MJ} = 0.197\,TJ$$

1. 보일러 1 배출량
$$= 0.197\,TJ \times \frac{(56,100 \times 1 + 1 \times 21 + 0.1 \times 310)\,kg\,CO_2eq}{TJ}$$
$$= 1,061.944\,kg\,CO_2eq$$

보일러 2 발열량
$$= 4,200\,Nm^3 \times \frac{39.4MJ}{Nm^3} \times \frac{TJ}{10^6 MJ} = 0.16548\,TJ$$

2. 보일러 2 배출량
$$= 0.16548\,TJ \times \frac{(56,100 \times 1 + 1 \times 21 + 0.1 \times 310)\,kg\,CO_2eq}{TJ}$$
$$= 9292.03296\,kg\,CO_2eq$$

∴ 1+2=총 온실가스 배출량 = 20,353.98 kgCO₂eq

15 화력발전시설에서 온실가스가 배출되는 원인으로 알맞지 않은 것은?

① CO₂는 화석연료 중의 탄소 성분의 산화에 의한 배출
② CO는 화석연료 중의 불완전연소에 의한 배출
③ CH₄는 탄소 성분의 불완전연소에 의한 배출
④ N₂O는 질소 성분의 불완전연소에 의한 배출

해설 고정연소 배출공정에서 배출되는 온실가스는 CO₂, CH₄, N₂O이다.

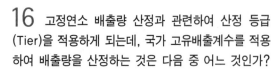

16 고정연소 배출량 산정과 관련하여 산정 등급(Tier)을 적용하게 되는데, 국가 고유배출계수를 적용하여 배출량을 산정하는 것은 다음 중 어느 것인가?

① Tier 1   ② Tier 2
③ Tier 3   ④ Tier 4

해설 Tier 1은 IPCC 기본 배출계수, Tier 2는 국가 고유배출계수, Tier 3는 사업장 고유배출계수, Tier 4는 직접 배출량을 구하는 것이다.

17 고정연소시설에서 CO_2의 산정방법론으로 알맞은 것을 고르면?

① Tier 1
② Tier 1, 2
③ Tier 1, 2, 3
④ Tier 1, 2, 3, 4

해설 고정연소시설에서 CO_2의 산정방법론은 Tier 1, 2, 3, 4이다.
[참고] 고정연소시설에서 보고대상 온실가스와 산정방법론

구 분	CO_2	CH_4	N_2O
산정방법론	Tier 1, 2, 3, 4	Tier 1	Tier 1

18 다음 중 이동연소의 특징으로 알맞지 않은 것은?

① 사업자가 소유하고 통제하는 운송수단으로 인한 연료 연소로 인해 온실가스가 발생하는 과정이다.
② 자동차, 기차, 항공기 등 수송차량에서 연료를 소비하는 과정에서 온실가스를 배출하는 설비를 말하며, 선박은 제외한다.
③ 국내 항공은 이착륙을 동일한 국가에서 하는 민간 국내 여객 및 화물항공기(상업 수송기, 개인 비행기, 농업용 비행기 등)로부터의 온실가스 배출로 동일 국가 내의 멀리 떨어진 두 항공 사이의 비행이 포함된다.

④ 철도 차량은 고속차량, 전기기관차, 전기동차, 디젤기관차, 디젤동차, 특수차량 등 6종류가 있다.

해설 자동차, 기차, 선박, 항공기 등 수송차량에서 연료를 소비하는 과정에서 온실가스를 배출하는 설비를 말한다.

19 다음 중 국내선의 항해 유형에 관한 설명으로 알맞은 것은?

① 동일 국가에서 출발과 도착
② 동일 국가에서 출발과 경유 후 다른 나라에 도착
③ 한 나라에서 출발 후 다른 나라에 도착
④ 한 나라에서 출발한 다음 다른 나라에서 경유한 후 다른 나라에 도착

해설 국내선은 동일 국가에서 출발과 도착을 하는 경우를 뜻하고, 국제선의 경우 한 나라에서 출발 후 다른 나라에 도착하는 것을 의미한다.

20 다음 중 항공 부문의 온실가스 산정방법론으로 옳은 것은?

① Tier 1   ② Tier 1, 2
③ Tier 1, 2, 3   ④ Tier 1, 2, 3, 4

해설 항공 부문의 온실가스 산정방법은 Tier 1, 2의 두 가지 방법이 있다.

21 다음 중 항공 부문 산정방법의 특징으로 옳지 않은 것은?

① Tier 1은 제트 연료를 사용하는 항공기에 적용한다.
② 이착륙 과정(LTO 모드)과 순항 과정(Cruise 모드)을 구분하여 산정해야 한다.
③ 이착륙 과정에서의 온실가스 배출량은 LTO 횟수에 LTO 배출계수를 곱하여 산정한다.
④ 순항 과정에서의 온실가스 배출량은 순항 과정의 연료 사용량에 배출계수를 곱하여 산정한다.

해설 Tier 2는 제트 연료를 사용하는 항공기에 적용한다.

22 도로 부문의 온실가스 중 CH_4의 산정방법론에 대하여 알맞은 것은?

① Tier 1
② Tier 1, 2
③ Tier 2, 3
④ Tier 1, 2, 3

해설 도로 부문의 메탄의 경우 Tier 1, 2, 3을 적용할 수 있다.

23 다음 중 도로 부문 배출량 산정 대상 및 특징에 해당되지 않는 것은?

① 연료 연소에 의해 발생되는 것
② 촉매변환장치 사용에 따른 배출량
③ 연료의 완전산화를 가정하여 배출계수를 산정
④ 액체 연료로 운행되는 차종의 배출계수를 산정

해설 가스와 액체 연료 형태로 운행되는 차종의 배출계수를 산정한다.

24 다음 중 도로 부문 산정방법의 특징으로 옳지 않은 것은?

① Tier 1의 이동연소 도로 부문은 도로 또는 비도로 차량 운행을 위해 사용된 연료 종류별 사용량을 활동자료로 한다.
② 배출계수는 연료의 단위 열량당 온실가스 배출량을 적용한다.
③ 열량계수란 연료 부피당 순발열량을 의미한다.
④ 배출계수와 열량계수를 곱하여 단위 연료 사용당 온실가스 배출량을 산정한다.

해설 열량계수란 연료 질량당 순발열량을 의미한다.

25 다음 중 도로 부문 Tier 3 대상으로 옳은 것은?

① CO_2
② CO_2, CH_4
③ CH_4
④ CH_4, N_2O

해설 도로 부문 Tier 3은 CH_4와 N_2O 산정방법에 대한 것이다.

26 어느 회사에서 사업 활동을 위한 7대의 승용 차량(경유 사용)과 3대의 지게차(경유 사용)를 보유하고 있다. 산정기간 동안 3대의 지게차에 주유한 경유의 총 값은 12,655L이고, 승용차에 주유한 경유의 총 값은 22,345L이다. 이 사업장에서 발생하는 이동배출의 온실가스 배출량을 산정하면? (단, 단위 : tCO₂-eq)

- 배출량 산정식 :
$$E_{i,j} = \sum \left(Q_i \times EC_i \times EF_{i,j} \times f_i \times F_{eq,j} \times 10^{-9} \right)$$
- 경유의 배출계수 : CO_2 = 74,100kg CO_2/TJ
  CH_4 = 3.9kg CH_4/TJ
  N_2O = 3.9kg N_2O/TJ
- 지구온난화지수(GWP) : CO_2 = 1, CH_4 = 21, N_2O = 310
- 경유의 순발열량 : 35.3MJ/L(국가 고유발열량)

① 73.2tCO₂eq
② 83.2tCO₂eq
③ 93.2tCO₂eq
④ 103.2tCO₂eq

해설
$$E_{i,j} = Q_i \times EC_i \times EF_{i,j} \times F_{eq,i} \times 10^{-9}$$

$E_{i,j}$: 연료(i) 연소에 따른 온실가스(j)별 배출량(CO_2-eq ton)

Q_i : 연료(i)의 사용량(측정값, 1(liter)-연료)

EC_i : 연료(i)의 열량계수
(연료 순발열량, MJ/1-연료)

$EF_{i,j}$: 연료(i)의 온실가스(j) 배출계수
(kg-GHG/TJ-연료)

$F_{eq,i}$: 온실가스(j) CO_2 등가계수
(CO_2 = 1, CH_4 = 21, N_2O = 310)

i : 연료 종류

연료의 총 사용량 : 12,655 + 22,345 = 35,000L

$$35,000\,L \times \frac{35.3\,MJ}{L} \times \frac{TJ}{10^6 MJ}$$
$$\times \frac{(74,100 \times 1 + 3.9 \times 21 + 3.9 \times 310)\,kgCO_2eq}{1TJ}$$
$$\times \frac{tCO_2eq}{10^3 kgCO_2eq} = 93.15\,tCO_2eq$$

27 휘발유 차량을 이용하여 연간 20,000L의 연료를 소비할 때의 온실가스 배출량을 Tier 1을 적용하여 산정하면? (단, 단위 : tCO₂-eq)

- 휘발유 순발열량 : 44.3MJ/L
- 배출계수 : CO₂=69,300, CH₄=25, N₂O=8.0
- GWP : CO₂=1, CH₄=21, N₂O=310

① 44tCO₂eq   ② 64tCO₂eq
③ 84tCO₂eq   ④ 104tCO₂eq

해설

$$E_{i,j} = Q_i \times EC_i \times EF_{i,j} \times F_{eq,i} \times 10^{-9}$$

$E_{i,j}$: 연료(i) 연소에 따른 온실가스(j)별 배출량(CO₂-e ton)
Q_i : 연료(i)의 사용량(측정값, 1(liter)-연료)
EC_i : 연료(i)의 열량계수
(연료 순발열량, MJ/1-연료)
$EF_{i,j}$: 연료(i)의 온실가스(j) 배출계수
(kg-GHG/TJ-연료)
$F_{eq,i}$: 온실가스(j) CO₂ 등가계수
(CO₂=1, CH₄=21, N₂O=310)
i : 연료 종류

$$20,000\,L \times \frac{44.3\,MJ}{L} \times \frac{TJ}{10^6 MJ}$$
$$\times \frac{(69,300\times1+25\times21+8\times310)kgCO_2eq}{TJ}$$
$$\times \frac{tCO_2eq}{10^3 kgCO_2eq} = 64.06\,tCO_2eq$$

28 다음 중 철도 부문 CO₂의 산정방법으로 옳은 것은?

① Tier 1
② Tier 1, 2
③ Tier 1, 2, 3
④ Tier 1, 2, 3, 4

해설 철도 부문 CO₂의 산정방법은 Tier 1, 2의 두 가지 방법이 있다.

29 다음 중 철도 부문 CH₄, N₂O의 산정방법으로 옳은 것은?

① Tier 1
② Tier 1, 2
③ Tier 1, 2, 3
④ Tier 1, 2, 3, 4

해설 철도 부문 CH₄, N₂O의 산정방법은 Tier 1, 2, 3의 세 가지 방법이 있다.

30 철도 운영 시 아역청탄 12,000t을 가지고 이동을 한다. 이때 온실가스 배출량을 Tier 1을 이용하여 산정하면?

- 아역청탄 순발열량 : 18.9MJ/kg
- 배출계수 : CO₂=96,100, CH₄=2, N₂O=1.5
- GWP : CO₂=1, CH₄=21, N₂O=310

① 21,000tCO₂eq   ② 21,900tCO₂eq
③ 22,000tCO₂eq   ④ 22,500tCO₂eq

해설

$$E_{i,j} = Q_i \times EC_i \times EF_{i,j} \times F_{eq,i} \times 10^{-9}$$

$E_{i,j}$: 연료(i) 연소에 따른 온실가스(j)별 배출량(CO₂-eq ton)
Q_i : 연료(i)의 사용량(측정값, 1(liter)-연료)
EC_i : 연료(i)의 열량계수
(연료 순발열량, MJ/1-연료)
$EF_{i,j}$: 연료(i)의 온실가스(j) 배출계수
(kg-GHG/TJ-연료)
$F_{eq,i}$: 온실가스(j) CO₂ 등가계수
(CO₂=1, CH₄=21, N₂O=310)
i : 연료 종류

$$12,000\,t \times \frac{18.9\,MJ}{kg} \times \frac{10^3 kg}{t} \times \frac{TJ}{10^6 MJ}$$
$$\times \frac{(96,100\times1+2\times21+1.5\times310)kgCO_2eq}{TJ}$$
$$\times \frac{tCO_2eq}{10^3 kgCO_2eq} = 21,910\,tCO_2eq$$

31 관리업체 내에 LPG를 연료로 사용하는 승용자동차가 있다. 연간 사용한 LPG 사용량이 500kL일 때 온실가스 배출량(tCO₂eq)을 구하면?

> - LPG(차량)의 배출계수 : $CO_2 = 63,100 kgCO_2/TJ$, $CH_4 = 62 kgCH_4/TJ$, $N_2O = 0.2 kgN_2O/TJ$
> - LPG(차량)의 밀도 : 0.578kg/L
> - 도시가스(LPG)의 열량계수 : 총 발열량 62.8MJ/Nm³, 순발열량 57.7MJ/Nm³
> - 프로판의 열량계수 : 총 발열량 50.4MJ/kg, 순발열량 46.3MJ/kg
> - 부탄의 열량계수 : 총 발열량 49.6MJ/kg, 순발열량 45.6MJ/kg

① 800tCO₂eq   ② 850tCO₂eq
③ 900tCO₂eq   ④ 950tCO₂eq

해설 LPG(차량)의 발열량은 지침 별표 22 국가고유발열량의 부탄을 적용하고, 활동자료 단위가 부피(L)이기 때문에 밀도를 적용하여 중량으로 변환한다. 순발열량을 온실가스 배출량 산정에 적용한다.

$$B_i \times j = Q_i \times BC_i \times EF_i \times j \times F_i \times 10^{-6}$$

- CO_2 배출량
  $= 500kL \times 0.578kg/L \times 45.6MJ/kg$
    $\times 63,100kgCO_2/TJ \times 10^{-6}$
  $= 831.557tCO_2$
- CH_4 배출량
  $= 500kL \times 0.578kg/L \times 45.6MJ/kg$
    $\times 62kgCH_4/TJ \times 10^{-6}$
  $= 0.817tCH_4$
- N_2O 배출량
  $= 500kL \times 0.578kg/L \times 45.6MJ/kg$
    $\times 0.2kgN_2O/TJ \times 10^{-6}$
  $= 0.003tN_2O$
- ∴ 총 온실가스 배출량
  $= 831.557tCO_2 \times 1 + 0.817tCH_4$
    $\times 21 + 0.003tN_2O \times 310$
  $= 849.644tCO_2eq$

32 다음 중 선박 부문의 온실가스 산정방법에 대하여 알맞은 것은?

① Tier 1   ② Tier 1, 2
③ Tier 2, 3   ④ Tier 1, 2, 3

해설 선박 부문에서 CO_2, CH_4, N_2O 모두 Tier 1, 2, 3 방법을 적용할 수 있다.

3 Chapter

산업분야별 온실가스 배출 특성

01 철강 생산

(1) 주요 공정의 이해

철강 생산공정은 불순물이 함유된 산화철을 순수 철(Fe)인 환원상태로 만드는 과정이며, 철광석을 원료로 하는 공정과 철 스크랩을 원료로 하는 공정으로 구분할 수 있다. 철광석을 원료로 하여 최종 철강제품을 생산하는 공정은 크게 제선공정, 제강공정, 연주공정, 압연공정으로 구분된다. 반면에 철 스크랩을 원료로 하는 공정은 전기로를 사용하는 제강공정을 의미한다.

‖ 철강 생산 공정도 ‖

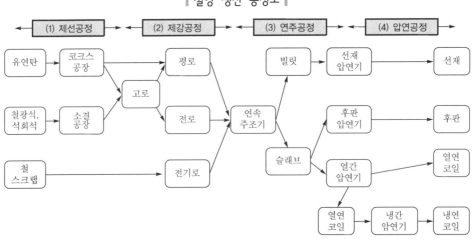

1) 제선공정

제선공정은 원료공정, 소결공정, 고로공정, 코크스 제조공정으로 구성된다.

① 원료공정

원료공정은 철광석, 유연탄, 석회석 등의 원료를 보관·저장하는 공정이다. 철광석은 일반적으로 30~70%의 철 성분을 함유하고 있는 광석을 의미하고, 산화물 형태로 존재하며 황, 인 등과 같은 불순물이 함유되어 있다.

우리나라는 철광석을 대부분 호주 등에서 수입하고 있어 해안가에 제철소가 발달하였고, 철광석 등을 해안의 부두에 하역하고 그 근처에 원료를 저장하고 있다.

철광석 등의 원료물질은 대부분이 개방형으로 보관되고 있어 바람 등에 의해 유실되는 양이 많고, 주변환경에 미치는 영향도 큰 것으로 알려지고 있다.

주요 원료물질인 유연탄은 환원제, 열원, 통기성 및 통액성 확보의 목적으로 활용되고 있다. 유연탄이 직접 환원제로 사용되지는 않고 유연탄으로부터 코크스를 제조한 다음에 코크스를 환원제로 사용하여 철광석을 탈산(Deoxygenation)하는 데 이용하고 있다. 유연탄으로부터 제조된 코크스가 연소하면서 발생하는 열을 이용하여 철광석의 용융 및 환원에 필요한 열량을 공급한다. 고로 내부에서의 가스 흐름을 균일하고, 원활하게 이루어질 수 있도록 통기성 확보가 중요하다. 한편 고로 하부에서는 액체상태의 장입물인 용선과 슬래그가 원활하게 노상으로 흘러내릴 수 있도록 공간 확보가 필요하며, 고체상태의 코크스는 이러한 통액성 확보에 중요한 역할을 담당한다. 석회석($CaCO_3$)은 Al_2O_3, SiO_2 등의 불순물을 제거하는 용도로 사용되며, 이러한 불순물들은 석회석과 반응하여 슬래그(Slag)로 만들어지는데, 이들은 비중이 철보다 가벼워서 부상하여 표면에 집적하게 된다.

- $CaCO_3 \rightarrow CaO + CO_2$
- $CaO + SiO_2 \rightarrow CaSiO_3$(슬래그 형성)

② 소결공정

소결공정은 입자가 미세한 철광석을 고로에서 처리가 가능한 입자 크기로 고형화하는 열처리 공정이다. 철광석은 입자의 크기가 작아 고로에 직접 투입하기 어렵기 때문에 소결과정을 거쳐 일정한 크기로 만드는 작업이 선행되고 있다. 소결공정은 철광석 가루를 고형화하여 일정한 크기의 소결광을 제조하는 공정이다. 철광석을 고로에 투입하기 전 10~30mm의 크기로 파쇄하고, 분광석은 소결과정을 거쳐 6~50mm의 소결광을 제조하게 된다. 이외에도 미분광은 조립기와 소성로에서 처리하여 9~16mm의 펠릿(Pellet)으로 제조한다.

소결공정의 유입물질은 분체 형태의 철광석, 코크스 등의 주원료와 첨가제[1](CaO 또는 CaCO₃), 압축공기, 용수 등의 부원료가 있는 반면 유출물질은 소결광, CO₂, 대기오염물질, 폐수 등이 있다.

③ 고로공정

고로(용광로)는 제철소의 핵심이며, 상징이라고 할 수 있다. 고로공정은 코크스와 반응하면서 연소에 의해 생성된 CO에 의해 환원되어 선철을 생성하는 공정으로, 반응식은 직접 환원과 간접 환원으로 구분할 수 있다. 직접 환원반응은 철광석과 코크스가 반응하여 CO₂가 직접 생산되는 과정이고, 간접 환원반응은 코크스의 반응에 의해 생성된 CO와 철광석이 반응하여 CO₂가 생성되는 과정이다.

---

1) 결합제 역할

- **직접 환원반응** : 〈제1산화철(자철석)〉 $Fe_3O_4 + 2C \rightarrow 3Fe + 2CO_2$
  〈제2산화철(적철석)〉 $Fe_2O_3 + 1.5C \rightarrow 3Fe + 2CO_2$
- **간접 환원반응** : $FeO + 2CO \rightarrow Fe + CO_2$

고로(용선로)는 높이가 약 100m의 수직형 반응기로 상부를 통해 철광석[2], 소결광(분광석으로부터 제조), 펠릿(미분광으로부터 제조), 코크스가 투입되고 하부에서 약 1,200℃의 열풍을 주입하여 코크스를 연소시킨다. 코크스가 연소되면서 발생하는 CO가 철광석, 코크스 등과 환원반응하여 선철(쇳물)이 생산된다. 한편 대부분이 흙 성분(SiO_2)인 불순물(이외에도 Al_2O_3)이 석회석($CaCO_3$)과 반응하여 슬래그를 형성하게 된다. 슬래그는 비중이 낮아 선철과 분리되어 고로 상부로 부상·결집하게 된다.

- $CaCO_3 \rightarrow CaO + CO_2$
- $CaO + SiO_2 \rightarrow CaSiO_3$

④ 코크스 제조공정

철강 생산공정에서는 환원과정이 필수적이므로 환원제로 활용되는 코크스의 수요는 엄청난 수준이며, 이의 안정적 공급은 필연적이다. 철강 생산에서 저렴한 연료인 석탄의 사용은 필연적이므로 석탄을 활용하여 코크스를 제조하게 되었고, 코크스의 외부 공급보다는 석탄을 활용하여 철강 생산현장에서 코크스를 제조·공급하게 되었다. 코크스 제조공정은 석탄(주로 유연탄)을 코크스로(Cokes Oven)에 투입하여 1,000~ 1,300℃의 고온에서 파괴증류법(무산소 상태)에 의해 코크스를 생산하는 고온 탄화공정이다. 그 과정에서 유연탄 중의 휘발 성분, 수분 등이 제거되고 잔류 물질인 고정탄소와 재 성분이 용용되어 코크스가 생성된다.

코크스를 제조하기 위하여 석탄을 3.2mm 스크린을 통해서 80~90% 정도 통과할 수 있도록 분쇄하여 준비한다. 간접 가열방식에 의해 코크스를 제조하며, 제조시간은 12~20시간 정도 소요되고, 투입된 석탄의 중량 대비 약 35%가 코크스로 생산된다. 생산된 1,100℃ 정도의 코크스는 냉각탑으로 이송되어 물을 분사하여 코크스 온도를 80℃ 정도로 급랭시켜 점화를 방지한다.

한편 코크스 이외에도 기체 및 액체 부산물이 생성된다. 기체 부산물은 소위 코크스 오븐가스(Cokes Oven Gas : COG)[3]로 H_2, CH_4, C_2H_4, CO, CO_2, H_2S, NH_3 및 N_2로 이루어져 있다. COG는 이외에도 수증기, 타르, 경질유, 고체 입자상 물질 등 복잡한 성분으로 구성되어 있어 일반적으로 정제과정을 거쳐 연료로 활용되고 있다. 정제된 COG는 연료로서의 가치가 높아서 코크스 제조공정에 연료로 사용되거나 다른 공정에 연료로 이용되고 있다. 액체 부산물은 물, 타르, 조경유[4]로 이루어져 있다.

---

2) 소결이 필요 없는 일정한 크기의 철광석
3) COG는 석탄 1톤당 약 338kL 생성됨.
4) 석탄건류가스에서 분리되는 오일 성분으로 경유의 일종으로 분류됨.

2) 제강공정

제강공정은 고로에서 생산된 용선(쇳물)에서 불순물을 제거하여 철의 강도를 높이는 공정으로 제강공정을 통해 용강이 생산된다. 고로에서 생산된 용선은 탄소(C) 함량이 높고, 인(P), 황(S)과 같은 불순물이 포함되어 있어 강도가 크게 떨어진다(부스러지는 현상 발생). 그러므로 용선에서 탄소 함량을 낮추고, 불순물을 제거하는 제강공정이 필수적이며, 제강공정은 용선예비처리, 전로제강, 2차 정련으로 구분할 수 있다.

첫째, 용선예비처리는 용선에 포함된 불순물인 인과 황 성분을 제거하는 공정이다. 둘째, 전로 제강공정은 전로에 용선을 부은 다음에 고압, 고순도의 산소를 주입하여 탄소를 연소·제거하고, 불순물을 제거하는 공정으로 철강의 기본적인 품질을 결정하는 중요한 공정이다. 세 번째 2차 정련은 최종 제품 내부 품질(성분과 재질 등)이 요구조건에 충족할 수 있도록 최종적으로 제어하는 공정이다.

제강공정은 70~90%의 용선과 10~30%의 철 스크랩(Steel Scrap)을 전로에 투입하고, 고압의 순산소를 주입하여 불순물인 탄소, 인, 황 등을 연소·제거한다. 토마스 전로는 내화벽돌로 내장된 세로로 긴 항아리 모양의 용기로 회전하면서 제강하는 설비이다. 반면에 전기로는 전열을 이용한 설비로서 두 종류가 있다.

첫 번째는 전기 양도체인 전극에 전류를 통하여 철 스크랩 사이에 발생하는 아크열에 의해 철 스크랩을 녹이는 반응로, 두 번째는 도가니 주위를 감은 코일에 전열을 통해 유도전류에 의한 저항열로 정련하는 유도로의 두 가지 방식이 있다. 전기로는 특히 철 스크랩을 용해하는 과정에서 전력 소모가 높은 단점이 있다.

전기로에서 용해된 쇳물은 순도를 높이기 위해 2차 정련과정을 거치게 된다. 소위 평로(레들 로, Ladle Furnace)에 투입하여 화학 성분을 더욱 세밀하게 조절해주면서 불순물을 제거하여 고순도의 용강을 생산하게 된다.

3) 연주공정

연주공정은 액체상태의 철이 고체로 전환되는 공정으로 액체상태의 용강을 주형(Mold)에 주입하고, 연속주조기를 통과하면서 물로 냉각·응고되어 연속적으로 슬래브, 빌릿, 블룸 등의 중간 소재를 제조하게 된다.

슬래브는 후강을 만들기 위한 반제품 강괴로 제철소의 분괴공장에서 만들어지며, 형상은 두께 50~400mm, 폭 220~1,000mm 장방형의 반제품으로 후판, 박판 등의 강판용 소재이다.

빌릿은 단면이 거의 정방형이며, 한 변의 길이가 130mm 이하의 강편 또는 단면이 원형인 강편, 단조, 압연 사출에 의해 열간 가공된 원형 또는 각형의 반제품으로 형강, 선재 등의 조강용 소재이다.

블룸은 강괴를 압연시켜 단조 조직을 파괴하여 4각 또는 원형 단면으로 만든 가늘고, 긴 강재로 제강공정에서 생성된 강괴를 분리·압연시킨 반제품으로 형강, 선재 등의 조강용 소재이다.

4) 압연공정

압연공정은 연속주조공정(연주공정)에서 생산된 슬래브, 빌릿, 블룸 등을 압연하기 위해 적정 온도인 1,100~1,300℃로 가열한 다음 회전하는 여러 개의 롤러(Roller) 사이를 통과시켜 늘리거나 얇게 만드는 과정이다.

압연공정은 크게 열간 압연과 냉간 압연으로 구분하며, 열간 압연공정을 거치면 열연 강판이 생성된다. 열연 강판은 자동차, 건설, 조선, 파이프, 산업기계 등 산업 전반의 주요 소재로 사용된다. 열연 강판의 일부는 냉각 압연을 거쳐 가공되어 다양한 제품으로 생산된다.

> **꼼꼼 check ✔ 철광석을 원료로 하는 철강 생산공정**
>
> 1. 제선공정 : 철광석에서 선철(용선)을 제조하는 공정
> 2. 제강공정 : 선철로부터 용강을 제조하는 공정
> 3. 연주공정 : 액체상태의 용강을 주형에 주입하여 중간 소재를 만드는 공정
> 4. 압연공정 : 중간 소재를 늘리거나 얇게 만드는 공정

(2) 주요 배출시설의 이해

철강산업에서 온실가스 공정배출시설은 일관제철시설, 코크스로, 소결로, 용선로(고로), 제강로(전로, 전기로, 평로) 등이 있다.

┃ 철강 생산시설의 온실가스 공정배출원별 온실가스 종류 및 배출 원인 ┃

배출공정	온실가스	배출 원인
일관제철시설	CO_2, CH_4	제선, 제강, 압연 등 일련의 공정을 지칭함.
코크스로		석탄을 열분해하여 코크스를 생산하는 공정으로 CO_2와 CH_4가 생성 배출되며, 특히 반응 특성상 CH_4 배출이 높음.
소결로		철광석 입자를 코크스, 용제와 혼합한 다음에 연소·환원반응을 거쳐 괴광을 제조하는 과정에서 CO_2와 CH_4가 생성·배출되며, 특히 반응 특성상 CO_2 배출이 높음.
용선로		철광석이 코크스와 반응하여 환원되는 과정에서 CO_2가 주로 배출됨.
전로		용선 중의 탄소 불순물을 제거하기 위해 주입하는 순산소와 산화·분해되면서 CO_2가 주로 배출됨.
전기로(전기아크로)		용선과 철 스크랩 중의 탄소 불순물이 산화·분해되면서 CO_2가 주로 배출됨.
평로		용강 중의 탄소 불순물이 산화·분해하는 과정에서 CO_2가 주로 배출됨.

(3) 온실가스 배출량 산정 · 보고 · 검증 절차

온실가스 배출량 산정 · 보고 · 검증 절차는 총 9단계로 구성되어 있다. 여기서는 에너지 고정연소 부문에 특화되어 설명해야 할 부분인 1, 2, 5단계에 대해서만 다루었다.

1) 1단계 : 조직경계 설정

배출형태는 크게 직접 배출과 간접 배출로 구분할 수 있으며, 직접 배출은 고정연소에 의한 배출, 공정배출, 이동연소에 의한 배출, 탈루배출로 구분할 수 있다. 특히 철강산업에서는 철광석을 환원하는 과정에서 공정배출인 CO_2가 다량 배출되는 특성을 지니고 있다.

┃ 철강 생산시설의 조직경계 및 온실가스 배출 특성 ┃

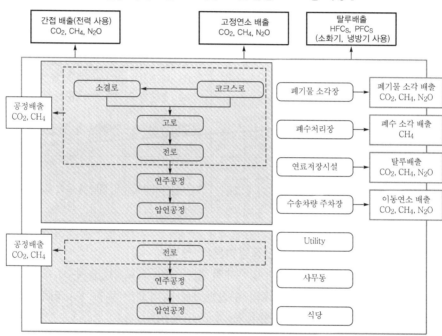

2) 2단계 : 철강 생산시설의 온실가스 배출활동 확인

철강 생산시설의 온실가스 배출활동은 운영경계를 기준으로 살펴보았다. 직접 배출원과 간접 배출원으로 구분되며, 직접 배출원에는 고정연소, 이동연소, 탈루배출, 공정배출이 있고, 간접 배출원은 외부 전기 및 열 · 증기 사용을 꼽을 수 있다. 철강 생산시설의 온실가스 배출활동은 다음 표와 같다.

❘ 철강 생산시설의 온실가스 배출활동 ❘

운영경계	배출원	온실가스	배출활동
직접 배출원 (Scope 1)	고정연소	CO_2	철강 생산 및 부대시설에서 필요한 에너지 공급을 위한 연료 연소에 의한 배출(예 설비 가동을 위한 에너지 공급, 보일러 가동, 난방 및 취사 등)
		CH_4	
		N_2O	
	이동연소	CO_2	철강 생산시설에서 업무용 차량 운행에 따른 온실가스 배출
		CH_4	
		N_2O	
	탈루배출	CH_4	• 철강 생산시설에서 사용하는 화석연료와 연관된 탈루배출 • 목표관리지침에서는 탈루배출은 없는 것으로 가정 (2013년부터 고려)
	공정배출원	CO_2	• 공정 : 석탄의 고열탄화 과정에서 COG가 발생하고, 그 중에 CO_2, CH_4 발생 • 소결공정 : 코크스의 연소과정에서 CO_2, CH_4 발생 • 고로 : 철광석 환원과정에서 CO_2, CH_4 발생 • 전로 : 불순물 제거를 위해 순산소를 통한 산화반응에서 CO_2, CH_4 발생 • 전기로 : 철 스크랩을 산화·정련하는 과정에서 CO_2, CH_4 발생
		CH_4	
간접 배출원 (Scope 2)	외부 전기 및 외부 열·증기 사용	CO_2	철강 생산시설에서의 전력 사용에 따른 온실가스 배출
		CH_4	
		N_2O	

3) 5단계 : 배출활동별 배출량 산정방법론의 선택

철강산업에서의 배출량 산정방법론에서 정한 활동자료, 배출계수, 배출가스농도, 유량 등 각 매개변수에 대하여 자료의 수집방법을 정하고 자료를 모니터링한다.

❘ 철강 생산 배출시설 배출량 규모별 공정배출 산정방법 적용(최소 기준) ❘

구 분	산정방법론			활동자료 원료 생산량 또는 제품 생산량			배출계수		
시설 규모	A	B	C	A	B	C	A	B	C
철강 생산	1	2	3	1	2	3	1	2	3

(4) 온실가스 배출량 산정방법(공정배출)

철강 생산공정의 보고 대상 배출시설은 총 7개 시설이다.

- 일관제철시설
- 코크스로
- 소결로
- 용선로(제선로, 고로)
- 전로
- 전기아크로(전기로, 전기유도로)
- 평로

보고 대상 온실가스와 온실가스별로 적용해야 하는 산정방법론은 다음과 같다.

구 분	CO_2	CH_4	N_2O
산정방법론	Tier 1, 2, 3, 4	Tier 1	–

1) 일관제철시설

① Tier 3(물질수지법)

일관제철공정의 온실가스 배출량 산정방법은 Tier 3밖에 없으며, 탄소물질수지에 근거하여 개발되었다.

㉮ 산정식

$$E_f = \sum(Q_i \times EF_i) - \sum(Q_p \times EF_p) - \sum(Q_e \times EF_e)$$

여기서, E_f : 공정에서의 온실가스(f) 배출량(tCO_2)

Q_i : 공정에 투입되는 각 원료(i)의 사용량(ton)

Q_p : 공정에서 생산되는 각 제품(p)의 생산량(ton)

Q_e : 공정에서 배출되는 각 부산물(e)의 반출량(ton)

㉯ 산정방법 특성

㉠ 탄소의 물질수지를 토대로 CO_2만 산정(CH_4는 산정하지 않도록 되어 있음)
- Tier 1에서는 CO_2, CH_4를 산정하는 것과는 차이를 보이고 있음.

㉡ 공정에 유출·입 재고물질 중의 탄소 함량을 기준으로 탄소물질수지를 완성하고, 유입되는 물질과 유출 및 재고되는 물질의 탄소가 CO_2로 전환된다고 가정하였으며, 일부는 CO, CH_4, C 또는 유기물질 형태의 C로 전환될 개연성이 있으므로 배출량이 과다 산정될 개연성이 있음.

㉓ 산정 필요 변수

┃ 산정에 필요한 변수들의 관리기준 및 결정방법 ┃

매개변수	세부변수	관리기준 및 결정방법
활동 자료	• 공정에 투입되는 각 원료의 사용량(Q_i) • 공정에서 생산되는 각 제품의 생산량(Q_p) • 공정에서 배출되는 각 부산물의 반출량(Q_e)	• 원료 및 연료 사용량, 부산물 양은 Tier 3 기준(측정불확도 ±2.5% 이내)에 준해 측정을 통해 결정 • 재고 순 증가량은 Tier 3 기준에 준하여 전년도 재고량, 생산량, 사용량 등의 정보 활용 결정
배출 계수	물질별 배출계수(EF_X)	Tier 3 기준(측정불확도 ±2.5% 이내)에 적합한 국내외적으로 공인된 표준화 방법으로 측정

2) 코크스로

코크스로에서의 온실가스 배출량 산정방법은 Tier 1, 2, 3의 세 가지 방법이 있다.

① Tier 1

㉠ 산정식

Tier 1은 활동자료인 코크스 생산량에 IPCC 기본배출계수를 곱하여 결정하는 가장 단순한 방법이다.

$$E_{Coke,i} = Q_{Coke} \times EF_{Coke} \times F_{eq,i}$$

여기서, $E_{Coke,i}$: 코크스로에서의 온실가스(CO_2, CH_4) 배출량(tCO_2-eq)
Q_{Coke} : 코크스 생산량(t)
EF_{Coke} : 온실가스(CO_2, CH_4) 배출계수(tCO_2/t, tCH_4/t)
$F_{eq,i}$: 온실가스(CO_2, CH_4)의 CO_2 등가계수 또는 지구온난화지수(CO_2=1, CH_4=21)
i : 온실가스 종류(CO_2, CH_4)

㉡ 산정방법 특징

㉠ 활동자료로 코크스 생산량 적용(투입되는 석탄량이 아님에 유의)
㉡ 배출계수는 코크스 생산량에 대비한 온실가스 배출량
㉢ 산정 대상 온실가스는 CO_2, CH_4로 연소공정과 유사하므로 CH_4도 산정

㉢ 산정 필요 변수

┃ 산정에 필요한 변수들의 관리기준 및 결정방법 ┃

매개변수	세부변수	관리기준	결정방법
활동자료	코크스 생산량	Tier 1 기준인 측정불확도 ±7.5% 이내	제시된 기준 이내에서 생산된 코크스의 중량 측정
배출계수	–	–	IPCC에서 제공하는 기본배출계수 • CO_2 : $0.56tCO_2$/t Cokes • CH_4 : $0.1gCH_4$/t Cokes

② Tier 2

㉮ 산정식

Tier 2 산정방법은 코크스로에 사용된 원료 및 연료 사용량과 코크스 생산량을 활용하여 CO_2 배출량을 산정하는 방법이다.

$$E_{Coke} = CC \times EF_{CC} + \sum (PM \times EF_{PM})$$
$$- CO \times EF_{CO} - COG \times EF_{COG} - \sum (COB \times EF_{COB})$$

여기서, E_{Coke} : 코크스로부터 연간 CO_2 배출량(tCO_2)

CC : 원료탄 사용량(t)

PM : 원료탄 이외의 원료 사용량(t)

CO : 코크스 생산량(t)

COG : 코크스 오븐가스 발생량(t)

COB : 코크스 오븐 부산물 발생량(t)

EF_X : X물질의 배출계수(tCO_2/t)

※ 여기서 X란 CC, PM, CO, COG, COB가 모두 해당되므로 X를 표기하여 나타내고 있다.

㉯ 산정방법 특징

㉠ 탄소의 물질수지를 토대로 CO_2만 산정(CH_4, N_2O는 산정하지 않음)
  • Tier 1에서는 CO_2, CH_4를 산정하는 것과는 차이를 보이고 있음.
㉡ 유입되는 원료탄의 탄소 함량, 유출물질인 코크스와 코크스 오븐가스의 탄소 함량의 차이가 CO_2로 생성·배출된다고 가정하였음.

㉰ 산정 필요 변수

┃ 산정에 필요한 변수들의 관리기준 및 결정방법 ┃

매개변수	세부변수	관리기준 및 결정방법
활동자료	• 원료탄 사용량(ton) • 원료탄 이외 원료 사용량(ton) • 코크스 생산량(ton) • 코크스 오븐가스 발생량(ton) • 코크스 오븐 부산물 발생량(ton)	• Tier 2는 국가 고유탄소함량값, Tier 3은 사업장 고유탄소함량을 이용 • Tier 2인 국가 고유탄소함량값은 온실가스 종합정보센터(GIR)에서 고시한 값을 사용 • Tier 3인 사업장 고유값은 GIR에서 검토 및 검증을 통해 확정 고시
탄소함량계수	• 원료탄의 탄소 함량 • 원료탄 이외 원료의 탄소 함량 • 코크스의 탄소 함량 • 코크스 오븐가스의 탄소 함량 • 코크스 오븐 부산물의 탄소 함량	

③ Tier 3

Tier 3 산정방법은 철강 생산 공정의 Tier 3 산정방법(물질수지법)을 적용한다.

3) 소결로

소결로에서의 온실가스 배출량 산정방법은 Tier 1, 2, 3의 세 가지 방법이 있다.

① Tier 1

㉮ 산정식

Tier 1은 소결물 생산량에 IPCC 기본배출계수를 곱하여 CO_2, CH_4 배출량을 산정하는 가장 단순한 방법이다.

$$E_{SI} = SI \times EF_{SI} \times F_{eq}$$

여기서, E_{SI} : 소결로에서의 연간 CO_2 및 CH_4 배출량(tCO$_2$-eq)
SI : 소결물 생산량(t)
EF_{SI} : CO_2 및 CH_4 배출계수(tCO$_2$/t, tCH$_4$/t)
F_{eq} : 온실가스(CO_2, CH_4)의 CO_2 등가계수(CO_2=1, CH_4=21)

㉯ 산정방법 특징

㉠ 활동자료로서 소결물 생산량 적용
㉡ 배출계수는 소결물 생산량에 대비한 온실가스 배출량
㉢ 산정 대상 온실가스는 CO_2, CH_4

㉰ 산정 필요 변수

┃ 산정에 필요한 변수들의 관리기준 및 결정방법 ┃

매개변수	세부변수	관리기준 및 결정방법
활동자료	소결물 생산량	Tier 1 기준인 측정불확도 ±7.5% 이내의 소결물 생산량의 중량 측정
배출계수	─	IPCC에서 제공하는 기본배출계수 • CO_2 : 0.2tCO$_2$/t 소결물 • CH_4 : 0.07gCH$_4$/t 소결물

② Tier 2~3

㉮ 산정식

Tier 2, 3 산정방법은 소결로에 사용된 원료 및 연료 사용량, 소결물 생산량, 소결가스 발생량을 기준하여 CO_2 배출량을 산정하는 방법이다.

$$E_{SI} = CBR \times EF_{CBR} + \sum (PM \times EF_{PM}) - SOG \times EF_{SOG}$$

여기서, E_{SI} : 소결로에서의 연간 CO_2 및 CH_4 배출량(tCO$_2$)
CBR : 코크브리즈 사용량(t)
PM : 원료탄 이외의 원료 사용량(t)
SOG : 소결로 가스 발생량(t)
EF_X : X물질의 배출계수(tCO$_2$/t)

⑭ 산정방법 특징

   ㉠ 탄소의 물질수지를 토대로 CO_2만 산정(CH_4, N_2O는 산정하지 않음)

     • Tier 1에서는 CO_2, CH_4를 산정하는 것과는 차이를 보이고 있음.

   ㉡ 유입물질인 원료탄과 그 이외 원료물질의 탄소 함량과 유출물질인 소결물과 소결로 가스의 탄소 함량 차이가 CO_2로 생성·배출된다고 가정하였음.

⑭ 산정 필요 변수

| 산정에 필요한 변수들의 관리기준 및 결정방법 |

매개변수	세부변수	관리기준 및 결정방법
활동자료	• 원료탄 사용량(ton) • 원료탄 이외 원료 사용량(ton) • 소결물 생산량(ton) • 소결물 가스 발생량(ton)	• Tier 2는 국가 고유탄소함량값, Tier 3은 사업장 고유탄소함량을 이용 • Tier 2인 국가 고유탄소함량값은 온실가스 종합정보센터(GIR)에서 고시한 값을 사용 • Tier 3인 사업장 고유값은 GIR에서 검토 및 검증을 통해 확정 고시
탄소함량계수	• 원료탄의 탄소 함량 • 원료탄 이외 원료의 탄소 함량 • 소결물의 탄소 함량 • 소결로 가스의 탄소 함량	

4) 고로(Blast Furnace)

고로에서의 온실가스 배출량 산정방법은 다음에서 보는 것처럼 Tier 1, 2, 3의 세 가지 방법이 있다.

① Tier 1

  ㉮ 산정식

    Tier 1 산정방법은 용선 생산량을 기준으로 한 CO_2, CH_4 배출량의 산정방법으로 배출계수는 IPCC의 기본값을 적용하고 있다.

$$E_{BF} = Q_{BF} \times EF_{BF} \times F_{eq,j}$$

  여기서, E_{BF} : 고로에서의 CO_2 및 CH_4 배출량(tCO_2-eq)

        Q_{BF} : 고로의 용선(Pig Iron) 생산량(t)

        EF_{BF} : 고로의 CO_2 및 CH_4 기본배출계수(tCO_2/t, tCH_4/t)

        $F_{eq,j}$: 온실가스(CO_2, CH_4)의 CO_2 등가계수(CO_2=1, CH_4=21)

  ㉯ 산정방법 특징

   ㉠ 활동자료로서 고로의 용선 생산량 적용

   ㉡ 배출계수는 소결물 생산량에 대비한 온실가스 배출량

   ㉢ 산정 대상 온실가스는 CO_2, CH_4임.

㉰ 산정 필요 변수

∥ 산정에 필요한 변수들의 관리기준 및 결정방법 ∥

매개변수	세부변수	관리기준 및 결정방법
활동자료	용선 생산량	Tier 1 기준인 측정불확도 ±7.5% 이내의 소결물 생산량의 중량 측정
배출계수	−	IPCC에서 제공하는 기본배출계수 • CO_2 : 1.35tCO_2/t 용선 • CH_4 : IPCC에서 제시하지 않고 있음.

② Tier 2

㉮ 산정식

Tier 2 산정방법은 탄소의 물질수지에 기초하고 있으며, 산정방법은 고로에 유입된 탄소의 총량에서 고로로부터 유출되는 물질의 탄소 총량의 차이가 CO_2로 배출된다는 가정에 근거하여 개발되었다. Tier 2는 유·출입물질의 탄소 함량으로 국가 고유값을 사용하는 경우이다.

$$E_{BF} = CC \times EF_{cc} + \sum (COB \times EF_{COB}) + \sum (PCI \times EF_{PCI})$$
$$+ Car \times EF_{Car} + \sum (O \times EF_O) - PI \times EF_{PI} - BFG \times EF_{BFG}$$

여기서, E_{BF} : 고로에서의 선철 생산에 따른 CO_2 배출량(tCO_2)
CC : 고로에 투입된 코크스 양(t)
COB : 고로에서 소모된 현지 코크스 오븐의 부산물 양(t)
PCI : 고로에 투입된 코크스 외 환원제 사용량(t)
Car : 고로에 투입된 탄산염 물질의 양(t)
O : 고로에 투입된 기타 공정물질(소결물, 폐플라스틱 등)의 양(t)
PI : 고로의 용선(Pig Iron) 생산량(t)
BFG : 고로의 BFG 발생량(t)
EF_X : X물질의 배출계수(tCO_2/t)

㉯ 산정방법 특징

㉠ 탄소의 물질수지를 토대로 CO_2만 산정(CH_4는 산정하지 않도록 되어 있음)
• Tier 1에서는 CO_2, CH_4를 산정하는 것과는 차이를 보이고 있음.
㉡ 고로에 투입된 코크스, 코크스 외 환원제, 탄산염, 기타 공정물질의 탄소 총량에서 유출물질인 용선과 고로가스(BFG)의 탄소 함량의 차이로부터 CO_2를 산정하였음.

㉔ 산정 필요 변수

∥ 산정에 필요한 변수들의 관리기준 및 결정방법 ∥

매개변수	세부변수	관리기준 및 결정방법
활동자료	• 코크스 사용량(t) • 코크스 이외 환원제 사용량(t) • 코크스 오븐의 부산물 투입량(t) • 탄산염 투입량(t) • 기타 공정물질의 투입량(t) • 용선 생산량(t) • BFG 발생량(t)	• Tier 2는 국가 고유탄소함량값, Tier 3은 사업장 고유탄소 함량을 이용 • Tier 2인 국가 고유탄소함량값은 온실가스 종합정보센터(GIR)에서 고시한 값을 사용
탄소함량계수	• 코크스의 탄소 함량 • 코크스 이외 환원제의 탄소 함량 • 코크스 오븐의 부산물 탄소 함량 • 탄산염 물질의 탄소 함량 • 기타 공정물질의 탄소 함량 • 용선의 탄소 함량 • BFG의 탄소 함량	

③ Tier 3

Tier 3 산정방법은 철강 생산 공정의 Tier 3 산정방법(물질수지법)을 적용한다.

5) 전로

전로에서의 온실가스 배출량 산정방법은 Tier 1, 2, 3의 세 가지 방법이 있다.

① Tier 1

㉮ 산정식

Tier 1은 조강 생산량에 IPCC 기본배출계수를 곱하여 CO_2, CH_4 배출량을 산정하는 가장 단순한 방법이다.

$$E_{BOF} = Q_{BOF} \times EF_{BOF} \times F_{eq,j}$$

여기서, E_{BOF} : 전로에서의 CO_2 및 CH_4 배출량(tCO_2-eq)

Q_{BOF} : 전로의 조강 생산량(t)

EF_{BOF} : 전로의 CO_2 및 CH_4 기본배출계수(tCO_2/t, tCH_4/t)

$F_{eq,j}$: 온실가스(CO_2, CH_4)의 CO_2 등가계수(CO_2=1, CH_4=21)

㉯ 산정방법 특징

㉠ 활동자료로서 전로의 조강 생산량 적용

㉡ 배출계수는 전로 생산량을 대비한 온실가스 배출량으로 IPCC 기본값 사용

㉢ 산정 대상 온실가스는 CO_2, CH_4, N_2O임.

㉰ 산정 필요 변수

┃ 산정에 필요한 변수들의 관리기준 및 결정방법 ┃

매개변수	세부변수	관리기준 및 결정방법
활동자료	조강 생산량	Tier 1 기준인 측정 불확도 ±7.5% 이내의 조강 생산량의 중량 측정
배출계수	–	IPCC에서 제공하는 기본배출계수 • CO_2 : 1.46tCO_2/t 조강 • CH_4 : IPCC에서 제시하지 않고 있음.

② Tier 2

㉮ 산정식

Tier 2 산정방법은 탄소의 물질수지에 기초하고 있으며, 산정방법은 전로에 유입된 탄소 총량에서 전로로부터 유출되는 물질의 유기탄소 총량의 차이가 CO_2로 배출된다는 가정에 근거하여 개발되었다.

$$E_{BOF} = (PI \times EF_{PI}) + (Car \times EF_{Car})$$
$$+ \sum (O \times EF_O) - (S \times EF_S) - (LDG \times EF_{LDG})$$

여기서, E_{BOF} : 전로에서 조강 생산에 따른 CO_2 배출량(tCO_2)

PI : 전로에 투입된 용선(Pig Iron)의 양(t)

Car : 전로에 투입된 탄산염 물질의 양(t)

O : 전로에 투입된 기타 공정물질(소결물, 폐플라스틱 등)의 양(t)

S : 전로의 조강 생산량(t)

LDG : 전로의 LDG 발생량(t)

EF_X : X물질의 배출계수(tCO_2/t)

㉯ 산정방법 특징

㉠ 탄소의 물질수지를 토대로 CO_2만 산정(CH_4는 산정하지 않도록 되어 있음)
  • Tier 1에서는 CO_2, CH_4를 산정하는 것과는 차이를 보이고 있음.

㉡ 전로에 투입된 물질과 유출된 물질 간의 유기탄소 총량의 차이가 CO_2로 배출된다는 가정에 의해 CO_2 배출량을 산정하였으나, 일부는 CO, CH_4, 유기탄소 등의 다른 형태로 배출될 개연성이 있으므로 과대평가될 소지가 있음.

㉢ Scrap과 슬래그에 대한 고려가 없기 때문에 이런 면에서는 과소평가될 여지가 있음.

㉒ 산정 필요 변수

‖ 산정에 필요한 변수들의 관리기준 및 결정방법 ‖

매개변수	세부변수	관리기준 및 결정방법
활동자료	• 용선 사용량(t) • 탄산염 사용량(t) • 기타 공정물질의 투입량(t) • 조강 생산량(t) • LDG 발생량(t)	• Tier 2는 국가 고유탄소함량값을 이용 • Tier 2인 국가 고유탄소함량값은 온실가스 종합정보센터(GIR)에서 고시한 값을 사용
탄소함량계수	• 용선의 탄소 함량 • 탄산염의 탄소 함량 • 기타 공정물질의 탄소 함량 • 조강의 탄소 함량 • LDG의 탄소 함량	

③ Tier 3

Tier 3 산정방법은 철강 생산 공정의 Tier 3 산정방법(물질수지법)을 적용한다.

6) 전기아크로

전기아크로(전기로)에서의 온실가스 배출량 산정방법은 Tier 1, 2, 3의 세 가지 방법이 있다.

① Tier 1

㉮ 산정식

Tier 1은 조강 생산량에 IPCC 기본배출계수를 곱하여 CO_2, CH_4 배출량을 산정하는 가장 단순한 방법이다.

$$E_{EAF} = Q_{EAF} \times EF_{EAF} \times F_{eq,j}$$

여기서, E_{EAF} : 전기로에서의 CO_2 및 CH_4 생산량(tCO_2-eq)

Q_{EAF} : 전기로의 조강 생산량(t)

EF_{EAF} : 전기로의 CO_2 및 CH_4 기본배출계수(tCO_2/t, tCH_4/t)

$F_{eq,j}$: 온실가스(CO_2, CH_4)의 CO_2 등가계수(CO_2=1, CH_4=21)

㉯ 산정방법 특징

㉠ 활동자료로서 전기로의 조강 생산량 적용

㉡ 배출계수는 전로 생산량에 대비한 온실가스 배출량으로 IPCC 기본값 사용

㉢ 산정대상 온실가스는 CO_2, CH_4임(N_2O는 산정하지 않음).

㉻ 산정 필요 변수

▌ 산정에 필요한 변수들의 관리기준 및 결정방법 ▌

매개변수	세부변수	관리기준 및 결정방법
활동자료	조강 생산량	Tier 1 기준인 측정불확도 ±7.5% 이내의 조강 생산량의 중량 측정
배출계수	–	IPCC에서 제공하는 기본배출계수 • CO_2 : 0.08tCO_2/t 조강 • CH_4 : IPCC에서 제시하지 않고 있음.

② Tier 2

㉮ 산정식

Tier 2 산정방법은 탄소의 물질수지에 기초하고 있다. 전기로에 유입된 유기탄소 총량이 모두 CO_2로 배출된다는 가정에 근거하여 개발되었다.

$$E_{EAF} = (CE \times EF_{CE}) + (CA \times EF_{CA}) + \sum (O \times EF_O)$$

여기서, E_{EAF} : 전기로에서 조강 생산에 따른 CO_2 배출량(tCO_2)
　　　　CE : 전기로에서 사용된 탄소전극봉의 양(t)
　　　　CA : 전기로에 투입된 가탄제의 양(t)
　　　　O : 전로에 투입된 기타 공정물질(소결물, 폐플라스틱 등)의 양(t)
　　　　EF_X : X물질의 배출계수(tCO_2/t)

㉯ 산정방법 특징

㉠ 탄소의 물질수지를 토대로 CO_2만 산정(CH_4는 산정하지 않도록 되어 있음)
　　• Tier 1에서는 CO_2, CH_4를 산정하는 것과는 차이를 보이고 있음.
㉡ 전로에 투입된 물질과 유출된 물질 간의 유기탄소 총량의 차이가 CO_2로 배출된다는 가정에 의해 CO_2 배출량을 산정하였으나, 일부는 CO, CH_4, 유기탄소 등의 다른 형태로 배출될 개연성이 있으므로 과대평가될 소지가 있음.

㉰ 산정 필요 변수

▌ 산정에 필요한 변수들의 관리기준 및 결정방법 ▌

매개변수	세부변수	관리기준 및 결정방법
활동자료	• 탄소전극봉 사용량(t) • 가탄제 사용량(t) • 기타 공정물질의 투입량(t)	Tier 2 기준인 측정불확도 ±5.0% 이내에서 활동자료 결정
탄소함량계수 (ton C/ton, ton C/Nm³)	• 탄소전극봉의 탄소 함량 • 가탄제 탄소 함량 • 기타 공정물질의 탄소 함량	Tier 2인 국가 고유탄소함량값은 온실가스 종합정보센터(GIR)에서 고시한 값을 사용

③ Tier 3

Tier 3 산정방법은 철강 생산 공정의 Tier 3 산정방법(물질수지법)을 적용한다.

7) 직접 환원로(Direct Reduction Furnace)

직접 환원로에서 온실가스 공정 배출량 산정방법은 Tier 1, 2, 3의 세 가지 방법이 있다.

① Tier 1

㉮ 산정식

Tier 1은 직접 환원 철 생산량에 IPCC 기본배출계수를 곱하여 CO_2, CH_4 배출량을 산정하는 가장 단순한 방법이다.

$$E_{DRI} = DRI \times EF_{DRI} \times F_{eq,j}$$

여기서, E_{DRI} : 직접 산화철 생산에 따른 CO_2, CH_4 생산량(tCO_2-eq)

DRI : 직접 환원철 생산량(t)

EF_{DRI} : CO_2 및 CH_4 기본배출계수(tCO_2/t, tCH_4/t)

$F_{eq,j}$: 온실가스(CO_2, CH_4, N_2O)별 CO_2 등가계수(CO_2=1, CH_4=21, N_2O=310)

㉯ 산정방법 특징

㉠ 활동자료로서 직접 환원 철 생산량

㉡ 배출계수는 직접 환원 철 생산량 대비 온실가스 배출량으로 IPCC 기본값 사용

㉢ 산정대상 온실가스는 CO_2, CH_4임(N_2O는 산정하지 않음).

㉰ 산정 필요 변수

┃ 산정에 필요한 변수들의 관리기준 및 결정방법 ┃

매개변수	세부변수	관리기준 및 결정방법
활동자료	직접 환원 철 생산량	Tier 1 기준인 측정불확도 ±7.5% 이내의 직접 환원 철 생산량의 중량 측정
배출계수	–	IPCC에서 제공하는 기본배출계수 • CO_2 : 0.08tCO_2/t 조강 • CH_4 : IPCC에서 제시하지 않고 있음.

② Tier 2

㉮ 산정식

Tier 2 산정방법은 탄소의 물질수지에 기초하고 있다. 직접 환원로에 유입된 유기탄소 총량이 모두 CO_2로 배출된다는 가정에 근거하여 개발되었다.

$$E_{DRI} = DRI_{NG} \times EF_{NG} + DRI_{BZ} \times EF_{BZ} + DRI_{CK} \times EF_{CK}$$

여기서, E_{DRI} : 직접 환원 철 생산에 따른 CO_2 생산량(tCO_2)

DRI_{NG} : 직접 환원 철 생산에 사용된 천연가스의 에너지 양(GJ)

DRI_{BZ} : 직접 환원 철 생산에 사용된 코크브리즈의 에너지 양(GJ)

DRI_{CK} : 직접 환원 철 생산에 사용된 야금코크스의 에너지 양(GJ)

EF_X : X물질의 배출계수(tCO_2/GJ)

④ 산정방법 특징
㉠ 탄소의 물질수지를 토대로 CO_2만 산정(N_2O, CH_4는 산정하지 않도록 되어 있음)
• Tier 1에서 CO_2, CH_4를 산정하는 것과는 차이를 보이고 있음.
㉡ 직접 환원로에 투입된 물질과 유출된 물질 간의 유기탄소 총량의 차이가 CO_2로 배출된다는 가정에 의해 CO_2 배출량을 산정하였으나, 일부는 CO, CH_4, 유기탄소 등의 다른 형태로 배출될 개연성이 있으므로 과대평가될 소지가 있음.
㉢ 산정 필요 변수

│ 산정에 필요한 변수들의 관리기준 및 결정방법 │

매개변수	세부변수	관리기준 및 결정방법
활동자료	• 직접 환원 철 생산에 사용된 천연가스의 양(GJ) • 직접 환원 철 생산에 사용된 코크브리지의 양(GJ) • 직접 환원 철 생산에 사용된 야금코크스의 양(GJ)	Tier 2 기준인 측정불확도 ±5.0% 이내에서 활동자료 결정
탄소함량계수 (ton C/GJ)	• 천연가스의 탄소 함량(ton-C/GJ) • 코크브리지의 탄소 함량(ton-C/GJ) • 야금코크스의 탄소 함량(ton-C/GJ)	Tier 2인 국가 고유탄소함량값은 온실가스 종합정보센터(GIR)에서 고시한 값을 사용

③ Tier 3
Tier 3 산정방법은 철강 생산 공정의 Tier 3 산정방법(물질수지법)을 적용한다.

 02 합금철 생산

(1) 합금철 생산의 개요

합금철(Ferro Alloy)은 철 이외의 금속(망간, 실리콘, 크롬, 니켈 등)의 혼합물로 이루어져 있으며, 철강 제련 과정에서 용탕(금속이 녹은 쇳물)의 황 성분 등 불순물을 제거하거나, 철 이외의 성분 원소 첨가를 목적으로 제조·사용되고 있다.
합금철 생산은 일반적으로 4단계로 구분하며 원자재 투입(철광석, 비철금속, 환원제), 원료 배합, 정련 및 출탕, 기계적 파쇄 등을 거쳐 최종적으로 합금철 제품이 생산된다. 이외에도 적절한 크기의 합금철 선별 시설과 출하를 위한 건조설비 등이 후단에 붙어 있는 경우도 있다.
합금철 제조는 초기 단계에는 고로에서 이뤄졌으나, 고로에서 생산 가능한 품종 및 제품 규격이 한정되어 있으므로 전기로가 개발된 이후에는 주로 전기로에서 제조되고 있다.

합금철은 특성 및 용도에 따라 페로망간(FeMn), 실로콘망간(SiMn), ULPC(극저인탄소 FeMn), 페로크롬(FeCr), 페로실리크롬(FeSiCr), 페로니켈(FeNi) 등으로 분류하고 있다. 페로망간은 철강 생산 과정에서 산소, 황 등 불순물을 제거할 뿐만 아니라 망간의 유용한 특성을 부여해준다. 망간은 철을 보다 단단하게 만드는 성질을 줄 뿐만 아니라 진공과 소음을 줄이는 제진성을 갖고 있어 철강 제조 시 많이 사용되고 있다.

(2) 합금철 생산공정

합금철 생산공정은 원자재 투입, 원료 배합, 정련 및 출탕, 기계적 파쇄로 구분할 수 있다.

1) 원자재 투입

원자재 투입 공정은 철광석, 철 이외의 금속(실리콘, 망간, 크롬, 몰리브덴, 바나듐, 텅스텐 등), 탄소성 환원제(석탄, 코크스, 일부에서는 목탄과 나무 등 사용) 등을 혼합 투입하는 공정이다. 고로를 사용하는 경우에는 탄소성 환원제를 사용하였으나, 전기로를 사용하는 경우에는 전기양도체인 전극으로 탄소봉을 사용하며, 탄소봉이 환원제로서 역할을 담당한다.

2) 원료 배합

원료 배합 공정은 투입된 원자재가 균일하게 혼합될 수 있도록 배합하는 공정으로 제품의 목표물성과 제련로(주로 전기로)의 반응 특성을 고려하여 투입 원자재의 배합 비율을 결정하게 된다.

3) 정련 및 출탕

정련 및 출탕 공정은 전기아크로에서 전기의 양도체인 전극(탄소봉)에 전류를 통하여 전극 사이에 아크열을 발생시키고, 이 전기열을 이용하여 철과 여타의 금속을 산화·정련하며, 산화·정련 후 환원제를 이용하여 환원·정련함으로써 탈산 및 탈황 과정을 거치게 된다. 이 과정을 거쳐 합금철이 생산되고, 출탕하게 된다. 환원제로는 코크스 또는 탄소봉이 이용되며, 이 과정에서 온실가스(CO_2)가 배출된다.

- $FeO + C \rightarrow Fe + CO$
- $FeO + CO \rightarrow Fe + CO_2$
- $MnO_2 + 2C \rightarrow Mn + 2CO$

4) 기계적 파쇄

기계적 파쇄공정은 출탕공정 이후 생산된 합금철을 제품 규격에 맞추어 기계적으로 파쇄하는 공정이다.

5) 선별 및 건조 후 출하

생산된 합금철 중에서 원하는 크기로 선별하며, 최종적으로 생산된 합금철에 대하여 품질검사 실시 이후 합격한 합금철 제품을 건조시킨 후 출하한다.

(3) 온실가스 배출량 산정 · 보고 · 검증 절차

합금철 생산에서는 소위 제강공정인 전로와 전기로가 배출시설로 분류되고 있다.

❙ 철강 생산시설의 온실가스 공정배출원별 온실가스 종류 및 배출원인 ❙

배출공정	온실가스	배출원인
전로	CO_2, CH_4	• 코크스와 같은 환원제의 야금환원(Metallurgical Reduction) 과정에서 CO_2가 발생 • 실리콘(Si)계 합금철을 생산할 경우 CH_4가 발생
전기로 (전기아크로)		• 전기로는 전기양도체인 전극(탄소봉)에 전류를 통하여 고철과 전극 사이에 발생하는 아크열을 이용하여 고철 등 내용물을 산화 · 정련하며, 그 이후에 탄소봉에 의해 금속산화물이 환원되면서 탈산과정에 의해 CO_2가 발생 • 실리콘(Si)계 합금철을 생산할 경우 CH_4가 발생

온실가스 배출량 산정 · 보고 · 검증 절차는 총 9단계로 구성되어 있으며, 에너지 고정연소 부문에서 특화되어 설명해야 할 부분은 1, 2, 5단계에 대해서만 다루었다.

1) 1단계 : 조직경계 설정

배출 형태는 크게 직접 배출과 간접 배출로 구분할 수 있으며, 직접 배출은 고정연소에 의한 배출, 공정배출, 이동연소에 의한 배출, 탈루배출로 구분할 수 있다. 특히 합금철 생산에서는 철광석(산화물 형태)과 투입되는 금속산화물(예 MnO_2)을 환원하는 과정에서 공정배출인 CO_2가 다량 배출되는 특성을 지니고 있다.

❙ 합금철 생산시설의 조직경계 및 온실가스 배출 특성 ❙

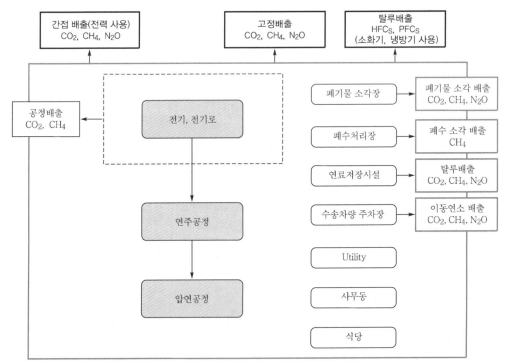

2) 2단계 : 합금철 생산시설의 온실가스 배출활동 확인

합금철 생산시설의 온실가스 배출활동을 운영경계를 기준으로 살펴보면 직접 배출원과 간접 배출원으로 구분된다. 직접 배출원에는 고정연소, 이동연소, 탈루배출, 공정배출이 있고, 간접 배출원에는 외부 전기 및 열·증기의 사용이 있다. 합금철 생산시설의 온실가스 배출활동은 다음과 같이 정리할 수 있다.

▐ 합금철 생산시설의 온실가스 배출활동 ▐

운영경계	배출원	온실가스	배출활동
직접 배출원 (Scope 1)	고정연소	CO_2	합금철 생산 및 부대시설에서 필요한 에너지 공급을 위한 연료의 연소에 의한 배출(예 설비 가동을 위한 에너지 공급, 보일러 가동, 난방 및 취사 등)
		CH_4	
		N_2O	
	이동연소	CO_2	합금철 생산시설에서 업무용 차량운행에 따른 온실가스 배출
		CH_4	
		N_2O	
	탈루배출	CH_4	• 합금철 생산시설에서 사용하는 화석연료 사용과 연관된 탈루배출 • 목표관리지침에서는 탈루배출은 없는 것으로 가정(2013년부터 고려)
	공정배출원	CO_2	• 전로 : 코크스와 같은 환원제의 야금환원(Metallurgical reduction) 과정에서 CO_2가 발생 • 전기로 : 아크열을 이용하여 고철 등 내용물을 산화·정련한 이후 탄소봉이 산화되면서 금속산화물을 환원하는 과정에서 CO_2가 발생
		CH_4	실리콘(Si)계 합금철을 생산할 경우에는 CH_4가 발생
간접 배출원 (Scope 2)	외부 전기 및 외부 열·증기 사용	CO_2	합금철 생산시설에서의 전력 사용에 따른 온실가스 배출
		CH_4	
		N_2O	

3) 5단계 : 배출활동별 배출량 산정방법론의 선택

합금철 생산의 배출량 산정방법론에서 정한 활동자료, 배출계수, 배출가스농도, 유량 등 각 매개변수에 대하여 자료의 수집방법을 정하고 자료를 모니터링한다.

▐ 합금철 생산 배출시설 배출량 규모별 공정배출 산정방법 적용(최소 기준) ▐

구 분	산정방법론			활동자료 합금철 생산량			배출계수		
시설 규모	A	B	C	A	B	C	A	B	C
철강 생산	1	2	3	1	2	3	1	2	3

(4) 온실가스 배출량 산정방법(공정배출)

합금철 생산공정의 보고 대상 배출시설은 총 2개 시설이다.

① 전로

② 전기아크로

보고 대상 온실가스와 온실가스별로 적용해야 하는 산정방법론은 다음과 같다.

구 분	CO₂	CH₄	N₂O
산정방법론	Tier 1, 2, 3, 4	Tier 1, 2	-

1) Tier 1

① 산정식

Tier 1은 활동자료인 합금철 생산량에 IPCC 기본배출계수를 곱하여 결정하는 가장 단순한 방법이다.

$$E_{i,j} = Q_i \times EF_{i,j} \times F_{eq,j}$$

여기서, $E_{i,j}$: 각 합금철(i) 생산에 따른 CO_2 및 CH_4 배출량(tCO_2-eq)

   Q_i : 합금철 제조공정에 생산된 각 합금철(i)의 양(t)

   $EF_{i,j}$: 합금철(i) 생산량당 배출계수(tCO_2/t-합금철, tCH_4/t-합금철)

   $F_{eq,j}$: 온실가스(CO_2, CH_4)의 CO_2 등가계수(CO_2=1, CH_4=21)

② 산정방법 특징

㉮ 활동자료로서 합금철 생산량 적용

㉯ 배출계수는 합금철 생산량에 대비한 온실가스 배출량

㉰ 산정 대상 온실가스는 CO_2, CH_4이며, CO_2는 환원제에 의해 금속산화물이 환원되면서 생성·배출되는 것이며, CH_4는 실리콘계 합금철을 생산하는 과정에서 배출되는 것임.

③ 산정 필요 변수

∥ 산정에 필요한 변수들의 관리기준 및 결정방법 ∥

매개변수	세부변수	관리기준 및 결정방법
활동자료	합금철의 생산량 자료(Q_i)	합금철 생산량을 Tier 1 기준인 측정불확도 ±7.5% 이내에서 중량을 측정하여 결정
배출계수	-	IPCC에서 제공하는 기본배출계수로서 배출계수는 다음 표에 제시

｜ 합금철 생산량당 CO_2 기본배출계수 ｜

합금철 종류	CO_2 배출계수(tCO₂/t-합금철)
합금철(Ferrosilicon) 45% Si	2.5
합금철(Ferrosilicon) 65% Si	3.6
합금철(Ferrosilicon) 75% Si	4.0
합금철(Ferrosilicon) 90% Si	4.8
망간철(Ferromanganese) 7% C	1.3
망간철(Ferromanganese) 1% C	1.5
Silicomanganese	1.4
실리콘메탈	5.0

｜ 합금철 생산량당 CH_4 기본배출계수(tCH₄/t-합금철) ｜

합금철 종류	전기로(EAF) 작동방식		
	회차충진방식 (Batch Charging)	흩뿌림충진방식 (Sprinkle Charging)	흩뿌림충진, 750℃ 이상 (Sprinkle Charging > 750℃)
Si 금속	1.5	1.2	0.7
FeSi 90	1.4	1.1	0.6
FeSi 75	1.3	1.0	0.5
FeSi 65	1.3	1.0	0.5

｜ 환원제별 CO_2 기본배출계수 ｜

환원제의 종류	배출계수(tCO₂/t-환원제)
석탄	3.10
코크스	3.30
가소성 전극봉	3.54
전극봉 페이스트	3.40
석유코크스	3.50

2) Tier 2

① 산정식

Tier 2는 활동자료로서는 유출·입 물질의 중량을 적용하였고, 환원제는 국가 고유 배출계수를 사용하고, 그 이외의 유출·입 물질은 물질별 국가 고유탄소함량계수를 적용하여 온실가스 배출량을 결정하는 방법이다.

$$E_{CO_2} = \sum (M_{ra} \times EF_{ra}) + \sum (M_{ore} \times EF_{ore}) + \sum (M_{sfm} \times EF_{sfm}) \\ - \sum (M_p \times EF_p) - \sum (M_{npos} \times EF_{npos})$$

여기서, E_{CO_2} : 합금철 생산에 따른 CO_2 배출량(tCO_2)

M_{ra} : 환원제(Reducing Agent)의 무게(t)

EF_{ra} : 환원제의 배출계수(tCO_2/t-환원제)

M_{ore} : 원석(Ore)의 무게(t)

CC_{ore} : 원석(Ore)의 탄소 함량(tCO_2/t-원석)

M_{sfm} : 슬래그 형성 물질(Slag Forming Material)의 양(t)

EF_{sfm} : 슬래그 형성 물질 내 탄소 함량(tCO_2/t-슬래그 형성 물질)

M_p : 생산제품(Product)의 무게(t)

EF_p : 생산제품 내 탄소 함량(tCO_2/t-제품)

M_{npos} : 비제품 외부 반출량(Non-product Outgoing Stream)(t)

EF_{npos} : 외부 반출된 비제품 중 탄소 함량(tCO_2/t-비제품)

$$E_{CH_4} = Q \times EF_{CH_4} \times F_{eq,j}$$

여기서, E_{CH_4} : 각 합금철(i) 생산에 따른 CH_4 배출량(tCO_2-eq)

Q : 합금철 제조공정에 생산된 각 합금철(i)의 양(t)

EF_{CH_4} : 합금철 생산량당 배출계수(tCH_4/t-합금철)

$F_{eq,j}$: 온실가스(CO_2, CH_4)의 등가계수(CO_2=1, CH_4=21)

② 산정방법 특징

㉮ 환원제의 경우는 철강산업의 경우와 다르게 탄소 함량 변화(전기로의 경우는 탄소봉에서의 탄소 소모량)에 따른 CO_2 배출량을 산정하지 않고, 환원제 중량 대비 배출계수를 결정하여 적용하도록 하고 있음.

㉯ 환원제를 제외한 다른 유·출입 물질은 탄소의 물질수지를 토대로 CO_2 배출량을 산정하였음.

㉰ 산정 대상 온실가스는 CO_2, CH_4이며, CH_4는 실리콘 계열 합금철 생산 시에 배출되는 것임.

③ 산정 필요 변수

┃ 산정에 필요한 변수들의 관리기준 및 결정방법 ┃

매개변수	세부변수	관리기준 및 결정방법
활동자료	• 환원제(Reducing Agent)의 무게(M_{ra}) • 원석(Ore)의 무게(M_{ore}) • 슬래그 형성 물질(Slag Forming Material)의 양(M_{sfm}) • 생산제품(Product)의 무게(M_p, Q) • 비제품 외부 반출량(M_{npos}) (Non-Product Outgoing Stream)	Tier 2 관리기준(측정불확도 ±5.0% 이내) 이내에서 환원제, 원석, 슬래그 형성 물질, 생산제품, 외부 반출된 비제품의 중량 측정
배출계수	• 환원제의 배출계수(EF_{ra})	• 국가 고유배출계수를 사용 • 다만, 한시적으로 국가 고유배출계수가 고시되지 않은 경우에는 IPCC 지침서의 기본배출계수 사용
탄소함량계수	• 환원제의 탄소 함량 • 원석(Ore)의 탄소 함량 • 슬래그 형성 물질의 탄소 함량 • 생산제품의 탄소 함량 • 외부 반출되는 비제품의 탄소 함량	Tier 2 기준(측정불확도 ±5.0% 이내)에 적합한 국내외적으로 공인된 표준화 방법으로 사업장 고유값을 측정 결정

3) Tier 3

① 산정식

Tier 3은 반응로에 유출·입되는 물질의 탄소물질수지를 통해 온실가스 배출량을 결정하는 방법이다.

$$E_{CO_2} = \sum (M_i \times EF_i) - \sum (M_p \times EF_p) - \sum (M_{npos} \times EF_{npos})$$

여기서, E_{CO_2} : 합금철 생산에 따른 CO_2 배출량(tCO_2)

M_i : 원료(i)의 투입량(t)

EF_i : 투입되는 원료(i)의 배출계수(tCO_2/t-원료)

M_p : 제품(product)의 생산량(t)

EF_p : 생산제품 내 탄소 함량(tCO_2/t-제품)

M_{npos} : 비제품 외부 반출량(t)

EF_{npos} : 외부 반출된 비제품 중 탄소 함량(tCO_2/t-비제품)

② 산정방법 특징

㉮ 유출·입 물질의 탄소물질수지를 이용하여 온실가스 배출량을 산정하였음.

㉠ 반응로에 투입된 물질의 유기탄소 총량에서 유출되는 유기탄소 총량의 차이가 모두 CO_2로 배출된다는 가정에 의해 CO_2 배출량을 산정

㉡ Tier 2에서는 환원제의 배출계수를 적용하여 온실가스 배출량을 산정하였으나, Tier 3에서는 환원제의 경우도 탄소물질수지를 적용하여 배출량을 산정하였음.

㉯ Tier 1, 2와 달리 CH_4의 배출량을 산정하지 않았음.

③ 산정 필요 변수

‖ 산정에 필요한 변수들의 관리기준 및 결정방법 ‖

매개변수	세부변수	관리기준 및 결정방법
활동자료	• 생산제품(Product)의 무게(M_p, Q) • 비제품 외부 반출량(M_{npos}) (Non-Product Outgoing Stream)	Tier 3 관리기준(측정불확도 ±2.5% 이내) 이내에서 환원제, 원석, 슬래그 형성 물질, 생산제품, 외부 반출된 비제품의 중량 측정
탄소함량계수	• 생산제품의 탄소 함량 • 외부 반출되는 비제품의 탄소 함량	Tier 3 관리기준(측정불확도 ±2.5% 이내)에 적합한 국내외적으로 공인된 표준화 방법으로 사업장 고유값을 측정 결정

03 아연 생산

(1) 아연 생산의 개요

아연은 중요한 비출금속으로 전세계적으로 매장량이 가장 풍부한 금속 중의 하나이다. 아연은 유리된 금속상태로 존재하지 않고, 화합물 형태로 존재하며, 제련에 주로 이용되는 광석은 일반 금속과 달리(산화물) 황화합물인 섬아연광(Sphalerite, ZnS)이다. 대부분의 섬아연광은 철 함량이 높고, 구리, 납 등이 포함된 경우도 많다. 또한, 아연광석은 여러 불순물이 함유되어 있기 때문에 전처리 과정을 거쳐 아연의 순도를 높여야 한다.

아연의 생산방법에는 원광석을 사용하는 1차 생산공정과 재활용 아연을 사용하는 2차 생산공정으로 구분하고 있다. 1차 아연 생산공정은 습식 아연 제련법(전해법)과 건식 야금법으로 구분할 수 있으며, 2차 아연 생산공정은 Waelz Kiln 공정, Fuming 공정이 있다.

1차 아연 생산공정은 아연정광공정과 아연 제련 생산공정으로 구분된다. 아연광석의 아연 함량은 5~15% 가량으로 제련소에서 바로 처리할 수가 없으므로 아연정광공정을 거쳐 순도가 높은 아연정광[5]을 생산한다. 아연정광공정은 아연광석을 조분쇄, 미분쇄, 부유선광 등의 과정을 통해 아연 품위가 50% 가량인 아연정광을 생산하는 공정이다. 현재 국내에서는 아연정광을 생산하는 사업장은 없다.

아연 제련 생산공정은 아연정광을 이용하여 아연괴를 생산하는 공정이다. 아연 제련 생산공정은 배소공정, 용융·융해공정, 정액공정, 전해공정, 주조공정 등으로 구성되어 있다. 배소공정은 아연정광을 황산에 용해되기 쉬운 소광(ZnO)으로 변형하는 공정이고, 용융·융해공정은 소광을 황산으로 용해하여 황화아연용액인 아연중성액($ZnSO_4$)을 생산하는 공정이다. 정액공정은 아연중성액에서 불순물인 Cu, Cd, Co, Ni 등을 제거하는 공정이며, 전해공정에서 아연중성액은 전기분해되어 음극(Cathode)에 아연이 정착·생산되게 된다. 주조공정은 아연 캐소드를 주조로에서 주조하여 최종 제품인 아연괴를 생산하는 공정이다.

(2) 아연 생산공정

1) 1차 아연 생산방법

① 습식 아연 제련법

1차 생산방법인 습식 아연 제련법은 희석황산에 용해되어 있는 황산아연으로부터 전기분해를 통해 아연을 생산하는 방법으로 전세계 80% 이상의 아연 제련소에서 도입하고 있는 방법이며, 국내의 아연 생산업체인 고려아연과 (주)영풍에서도 모두 습식 아연 제련법을 택하고 있다. 습식 아연 제련법은 배소공정, 용융·융해공정, 정액공정, 전해공정, 주조공정으로 이루어져 있고 국내에서 아연을 생산하는 유일한 방법이며 세부공정에 대한 설명은 다음과 같다.

‖ 습식 아연 제련법(전해법) ‖

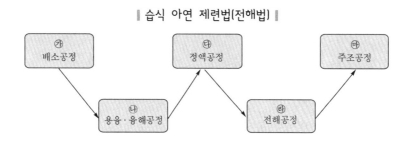

---

5) Zn 50%, S 30%, Fe 8%, 그리고 20여 가지의 미량원소로 구성되어 있음.

㉮ 배소공정

아연정광(아연광석이 전처리 과정을 거쳐 Zn 50%, S 30%, Fe 8% 정도의 물질)이 컨베이어를 타고 배소로에 투입되어 약 950℃에서 공기 중의 산소와 반응하여 소광(ZnO)이 생성된다.

$$ZnS + 1.5O_2 \rightarrow ZnO + SO_2$$

배소로는 유동 배소로(Fluidized Roaster), 다단 배소로, 로터리 킬른(Rotary Kiln) 등이 있으며, 그 중에서 가장 많이 사용하는 것은 유동 배소로이며, 정광 중의 황화아연(ZnS)은 산화되어 황산에 용해되기 쉬운 산화물 형태인 소광으로 변형된다. 배소로에서 발생한 가스는 SO_2을 함유하고 있으며, 소광을 융해공정에 투입하기 전에 Silo Bin에 저장하고, SO_2 가스가 세정 및 흡수 과정을 거쳐 황산 제조설비로 유입된다. 배소 시의 열원은 자체 발열반응의 열을 이용하므로 외부에서 특별한 연료 공급없이 반응이 자생적으로 이루어진다.

배소공정은 생산 목표 물질에 따라 구분되며, 목표 물질이 산화물, 황산염, 염화물인 경우는 각각 산화배소, 황산화배소, 염화배소라 부르며, 산화물 광석을 환원하는 환원배소, 물에 가용인 나트륨염으로 하는 소다배소 등이 있다.

㉯ 용융 · 융해공정

용융 · 융해공정은 배소공정에서 생성된 소광을 황산으로 용해시켜 황화아연용액인 아연중성액을 만드는 공정으로 화학반응식은 다음과 같다.

$$ZnO + H_2SO_4 \rightarrow ZnSO_4 + H_2O$$

융해공정에서는 아연 이외의 다른 금속불순물(Fe, Cu, Pb, Ni, Co 등)도 함께 용해되므로 불순물 함량을 분리 · 추출하여 최소화하기 위해 융해공정은 pH가 다른 여러 공정으로 이루어져 있다. 불순물은 잔류 고상물질(Residue) 형태로 분리되는데, Residue에는 중금속 및 여러 유가금속이 함유되어 있으므로 추가적인 유가금속 회수 및 안정화 처리가 반드시 필요하다.

㉰ 정액공정

정액공정은 융해공정을 통해 생성된 중성액에서 금속류 불순물을 제거하는 공정이다. 아연 전해에 문제를 일으킬 수 있는 소지가 있는 Cu, Cd, Co, Ni 등을 아연말을 투입하여 침전 · 제거한다. 제거된 불순물은 부산물 회수공정에서 완제품 또는 반제품의 형태로 회수된다.

$$MeSO_4 + Zn \rightarrow ZnSO_4 + Me\,(Me : Cu, Cd, Co, Ni)$$

㉓ 전해공정

전해공정은 전해질 용액, 용융 전해질 등의 이온전도체에 전류를 통해서 화학변화를 일으키는 전해액 냉각을 위해 냉각탑을 설치·운영한다. 공정온도는 950~1,000℃이며, 정제된 아연액은 전해공정에서 정류기를 거쳐 직류 전류를 통전하여 순수한 아연인 음극판에 전착하게 된다.

- 양극(Anode) : $H_2O \rightarrow 2H^+ + 0.5O_2 + 2e^-$
- 음극(Cathode) : $Zn^{+2} + 2e^- \rightarrow Zn$

아연의 전해공정에서 채취 시 황산이 유리되므로 아연이 전착되고 남은 미액은 용해공정으로 보내 소광 중의 아연을 용해하는 데 재이용한다. 아연이 전착된 음극판은 주기적으로 박리하여 주조공정으로 보내게 된다.

전해공정은 전체 공정에서 전력 사용의 85%를 차지하는 에너지 다소비 공정이다. 따라서 일정한 아연 생산량을 유지하기 위해서는 일정한 전력량이 반드시 필요하다.

㉔ 주조공정

주조공정은 박리된 아연 음극판을 저주파 유도로에 용융시켜 여러 종류의 아연제품을 생산하는 공정으로 고순도 아연의 경우 순도는 99.995% 이상으로 건식 제련을 통해 생산된 아연보다 순도가 높다. 아연 음극판을 주조로에서 주조하여 최종 제품인 아연괴를 생산하고, 정액공정에서 불순물 제거를 위한 아연말도 생산하며, 주조 시에 발생된 아연산화물인 드로스는 배소공정으로 보내어 아연을 회수하고 있다.

② 건식 제련법

1차 생산방법인 건식 제련법은 증류법과 건식 야금법이 있으며, 증류법은 정광을 배소시켜 산화아연으로 환원하는 배소공정, 가열·증류시켜 아연증기를 생성하는 증류공정, 아연증기를 응축하여 금속아연을 제조하는 농축공정으로 구성되어 있다. 증류법에는 수평 증류법, 수형 증류법, 전기·열 증류법이 있다. 전기·열 증류법은 수형 증류기로 연속 증류시키기 위해 노(Furnace) 내를 전기로 가열하는 방법으로 개량형이 개발되어 왔으나, 세계 아연 생산능력은 2%에 불과하다.

건식 야금법은 ISF(Imperial Smelting Furnace)가 있다. ISP는 아연과 납을 하나의 Shaft Furnace에서 동시에 환원하기 위하여 개발되었으며, 아연 2톤당 납 1톤 가량을 생산할 수 있다. 고로에서 코크스를 환원제로 활용하여 아연정광과 산화물 형태의 납을 환원시켜 아연과 납을 동시에 생산하는 방식이다.

ISF의 생산공정도는 소결공정, 용융공정, 아연/납 분리공정으로 구성되어 있다. ISF는 매우 에너지 집약적인 공정으로 최근 에너지 비용의 상승으로 가격 경쟁력이 떨어지고, 납 함량이 높은 아연정광의 감소와 더불어 점점 쇠퇴하여 현재 일본, 중국 및 폴란드의 일부 공장에서만 사용하고 있다. 현재는 세계 아연 생산의 10%가 ISF 공정을 통해 생산되고 있다.

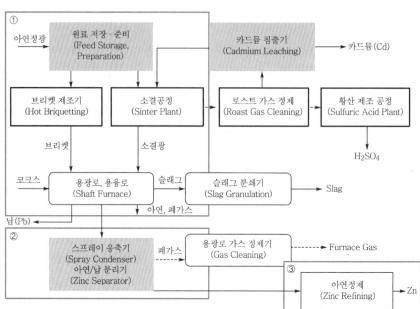

ISF 건식 야금 생산 공정로

① • 예열된 공기가 Shaft Furnace의 하부로 유입되고, Sintering 공장에서 만들어진 Sinter와 함께 예열된 코크스를 상부에 주입
  • 1,200℃의 고온에서 탄소는 일산화탄소로 전환되어 아연 및 연을 금속상태로 환원
  • 비등점 이하인 연은 Blast Furnace의 하부에서 동, 금, 은 등을 함유한 채 조연(Lead Bulion) 형태로 배출되고, 비등점 이상인 아연은 증발되어 다른 가스와 함께 노(Furnace) 상부로 빠져 나감
② 금속아연의 증기(Fume)의 재산화를 방지하기 위해 아연증기는 Spray Condenser에서 용융된 연을 분사하여 급랭시킨 후 Zn/Pb Separator에서 연과 분리
③ 조연은 정제공정에서 금, 은, 동으로 분리

2) 2차 아연 생산방법

2차 아연 생산방법인 Waelz Kiln 공정은 20세기 초에 아연산화광을 처리하기 위하여 개발되었으나 현재는 아연 함유 2차 원료, 특히 전기로 제강분진을 처리하기 위하여 사용되는 공법이다. Waelz Kiln 공정의 생산공정은 원료처리공정, Rotary Kiln 공정, Gas 처리공정으로 구분된다.

원료처리공정은 2차 원료인 전기로 제강분진 등을 코크스, 용제와 함께 Pellet 형태로 제조하여 Rotary Kiln 공정으로 유입시킨다. Rotary Kiln 공정에서 킬른의 길이는 40~50mm, 직경은 3m 정도로 기울어져 있으며, 1~1.2rpm으로 천천히 회전한다. 1,200℃ 가량의 조업온도에서 강환원성 분위기(코크스가 환원제 역할)로 인하여 아연과 납이 환원되어 가스 상태로 증발·배출된다.

가스처리공정은 조분진을 제거하기 위한 챔버와 물로 가스를 냉각하기 위한 냉각단계, Waelz 산화물을 제거하기 위한 정전기 집진기로 구성되어 있다. 환원된 후 증발되어 재산화 되면서 산화물 형태(Waelz Oxide)로 집진기에서 포집된다. Waelz Oxide는 고순도 아연이 아닌 산화물 형태로 Zn 함량은 50~60% 정도로 다량의 불순물을 포함하고 있는 2차 아연 원료이며, 특히 불소와 염소가 많이 포함되어 있어 일반적인 아연제련공정에서는 사용이 어려워 건식 ISF에서만 처리가 가능하다.

‖ Waelz Kiln 공정 ‖

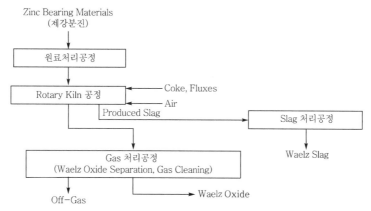

2차 아연 생산방법인 Fuming 공정은 Zn(아연), Fe(철), Pb(납), Au(금), Cu(구리), In(인 듐) 등의 금속을 함유한 비철 제련 공정 부산물을 용융로와 휘발로의 상부에 설치된 TSL을 이용하여 분해, 용융, 환원하는 공정이다. 석탄과 연소용 공기, 산소 등 고온고압의 연소용 가스를 각 노의 용탕 속으로 직접 주입함으로써 강력한 Turbulence를 유발시켜 고온 휘발, 용융 환원된 유가금속의 회수가 가능하다. 한편 잔류물은 불용성 슬래그로 안정화하는 방식이다. 용융공정, Slag 형성공정, 회수공정으로 구분된다.

‖ Fuming 공정 ‖

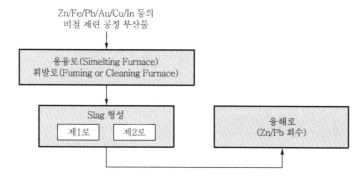

(3) 주요 배출시설의 이해

아연 생산공정의 보고대상 배출시설은 배소로, 용융·용해로, 전해로, 기타 제련공정(TSL 등)이다.

❙ 아연 생산시설의 온실가스 공정 배출원별 온실가스 종류 및 배출원인 ❙

배출공정	온실가스	배출원인
배소로	CO_2	광석이 융해되지 않을 정도의 온도에서 광석과 산소, 수증기, 탄소, 염화물 또는 염소 등을 상호작용시켜서 다음 제련조작에서 처리하기 쉬운 화합물로 변화시키거나 어떤 성분을 기화시켜 제거하는 데 사용되는 노
용융·용해로		금속을 용융·용해시키는 데 사용되는 각종 노를 총칭하는 것으로서 용융로는 고상인 물질이 가열되어 액상의 상태로 되는 데 사용되는 노를 말하며, 용해로는 액체 또는 고체 물질이 다른 액체 또는 고체 물질과 혼합하여 균일한 상의 혼합물, 즉 용체를 만드는 데 사용되는 노를 말함
전해로		전해질용액이나 용융전해질 등의 이온전도체에 전류를 통해서 화학변화를 일으키는 노를 말하며 주로 비철금속 계통의 물질을 용융시키는 데 이용되며 대표적인 것으로 알루미늄전해로임
기타 제련공정 (TSL 등)		아연 제련을 비롯한 각종 비철 제련 시 필연적으로 발생하는 잔재(Residue/Cake) 또는 타 산업에서 배출되는 폐기물로부터 각종 유가금속(아연, 연, 동, 은, 인듐 등)을 회수하고, 최종 잔여물을 친환경적인 청정슬래그로 만들어 산업용 골재로 사용하는 공정

(4) 온실가스 배출량 산정·보고·검증 절차

온실가스 배출량 산정·보고·검증 절차는 총 9단계로 구성되어 있으며, 에너지 고정연소 부문에서 특화되어 설명해야 할 부분은 1, 2, 5단계에 대해서만 다루었다.

❙ 아연 생산시설의 조직경계 및 온실가스 배출 특성 ❙

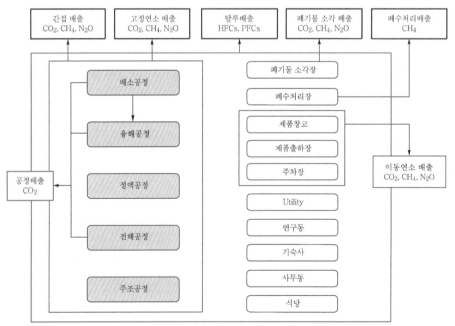

1) 1단계 : 조직경계 설정

국내에서는 습식 제련방법만 적용하고 있어 여기서는 습식 아연 제련 생산의 경우만 다루었고, 그 경우의 조직경계와 온실가스 배출 특성은 다음과 같다. 배출 형태는 크게 직접 배출과 간접 배출로 구분할 수 있으며, 직접 배출은 고정연소에 의한 배출, 공정배출, 이동연소에 의한 배출, 탈루배출로 구분할 수 있다.

2) 2단계 : 아연 생산시설의 온실가스 배출활동 확인

습식 아연 제련시설의 온실가스 배출활동은 운영경계를 기준으로 살펴보았다. 직접 배출원과 간접 배출원으로 구분되며, 직접 배출원에는 고정연소, 이동연소, 탈루배출, 공정배출이 있고, 간접 배출원은 외부 전기 및 열·증기 사용을 꼽을 수 있다.

| 습식 아연 제련시설의 온실가스 배출활동 |

운영경계	배출원	온실가스	배출활동
직접 배출원 (Scope 1)	고정연소	CO_2	아연 생산 및 부대시설에서 필요한 에너지 공급을 위한 연료 연소에 의한 배출(예 설비 가동을 위한 에너지 공급, 보일러 가동, 난방 및 취사 등)
		CH_4	
		N_2O	
	이동연소	CO_2	아연 생산시설에서 업무용 차량 운행에 따른 온실가스 배출
		CH_4	
		N_2O	
	탈루배출	HFCs	• 냉매의 사용 과정에서의 탈루배출 • 목표관리지침에서는 탈루배출은 없는 것으로 가정(2013년부터 고려)
간접 배출원 (Scope 2)	외부 전기 및 외부 열·증기 사용	CO_2	아연 생산시설에서의 전력 사용에 따른 온실가스 배출
		CH_4	
		N_2O	

3) 5단계 : 배출활동별 배출량 산정방법론의 선택

아연산업의 배출량 산정방법론에서 정한 활동자료, 배출계수, 배출가스농도, 유량 등 각 매개변수에 대하여 자료의 수집방법을 정하고 자료를 모니터링한다.

| 아연 생산 배출시설의 배출량 규모별 공정배출 산정방법 적용(최소 기준) |

구 분	산정방법론			활동자료 철강 생산량			배출계수		
시설 규모	A	B	C	A	B	C	A	B	C
아연 생산	1	2	3	1	2	3	1	2	3

(5) 온실가스 배출량 산정방법(공정배출)

아연 생산공정의 보고대상 배출시설은 총 2개 시설이다.

① 배소로

② 용융·융해로

보고대상 온실가스와 온실가스별로 적용해야 하는 산정방법론은 다음과 같다.

구 분	CO_2	CH_4	N_2O
산정방법론	Tier 1, 2, 3, 4	–	–

1) Tier 1A

① 산정식

Tier 1A는 활동자료인 아연 생산량에 IPCC 기본배출계수를 곱하여 결정하는 가장 단순한 방법으로 아연을 생산하는 공정을 세분화하여 산정하도록 규정하지는 않고 있다.

$$E_{CO_2} = Zn \times EF_{default}$$

여기서, E_{CO_2} : 아연 생산으로 인한 CO_2 배출량(ton CO_2-eq)

Zn : 생산된 아연의 양(t)

$EF_{default}$: 아연 생산량당 배출계수(tCO_2/t-생산된 아연)

② 산정방법 특징

㉠ 활동자료로서 아연 생산량 적용

㉡ CO_2만 산정 및 보고대상 온실가스임.

③ 산정 필요 변수

▌ 산정에 필요한 변수들의 관리기준 및 결정방법 ▌

매개변수	세부변수	관리기준 및 결정방법
활동자료	아연 생산량	아연 생산량을 Tier 1 기준인 측정불확도 ±7.5% 이내에서 중량을 측정하여 결정
배출계수	–	IPCC에서 제공하는 기본배출계수 • CO_2 : 1.72tCO_2/t-아연

2) Tier 1B, 2

① 산정식

Tier 1B는 활동자료인 생산공정별 아연 생산량에 IPCC 기본배출계수를 곱하여 결정하는 방식이다. Tier 2는 국가고유배출계수를 활용한다.

$$E_{CO_2} = ET \times EF_{ET} + PM \times EF_{PM} + WK \times EF_{WK}$$

여기서, E_{CO_2} : 아연 생산으로 인한 CO_2 배출량(tCO_2)

ET : 전기·열 증류법에 의해 생산된 아연의 양(ton)

EF_{ET} : 전기·열 증류법 CO_2 배출계수(tCO_2/t-아연)

PM : 건식 야금 과정에 의해 생산된 아연의 양(ton)

EF_{PM} : 건식 야금 과정의 배출계수(tCO_2/t-아연)

WK : Waelz Kiln 과정에 의해 생산된 아연의 양(ton)

EF_{WK} : Waelz Kiln 공정배출계수(tCO_2/t-아연)

② 산정방법 특징

㉮ 활동자료로서 생산공정별 아연 생산량 적용

㉯ 배출계수는 생산공정별 아연 생산량 대비 온실가스 배출량으로 IPCC 기본값 적용

㉰ CO_2만 산정 및 보고대상 온실가스임.

③ 산정 필요 변수

┃ 산정에 필요한 변수들의 관리기준 및 결정방법 ┃

매개변수	세부변수	관리기준 및 결정방법
활동자료	생산공정별 아연 생산량	공정별 아연 생산량을 Tier 1 기준(측정불확도 ±7.5% 이내), Tier 2 기준(측정불확도 ±5.0% 이내)에서 중량을 측정하여 결정
배출계수	–	IPCC에서 제공하는 기본배출계수 • Waelz Kiln : 3.66tCO_2/t-아연 • 건식 야금법 : 0.43tCO_2/t-아연

3) Tier 3

① 산정식

Tier 3은 2차 아연 생산공정에 대한 것으로, 두 공정에 투입되는 물질의 유기탄소 전량이 모두 CO_2로 전환된다고 가정한다.

$$E_{CO_2} = \sum (Z_i \times EF_i) - \sum (Z_o \times EF_o)$$

여기서, E_{CO_2} : 아연 생산으로 인한 CO_2 배출량(tCO_2)

Z_i : 아연 생산을 위하여 투입된 원료(i)의 양(ton)

EF_i : 투입된 원료의 배출계수(tCO_2/t-원료)

Z_o : 아연 생산에 의하여 생산된 생산물(o)의 양(ton)

EF_o : 생산된 생산물의 배출계수(tCO_2/t-생산물)

$$EF_x = x\text{물질의 탄소질량분율}\times 3.664$$

여기서, EF_x : x물질의 배출계수(tCO_2/t)

3.664 : CO_2의 분자량(44.010)/C의 원자량(12.011)

② 산정방법 특징

㉮ 탄소의 물질수지를 바탕으로 CO_2 배출량을 산정하였음.

㉯ 반응로에 투입된 물질의 유기탄소 총량이 모두 CO_2로 배출된다는 가정에 의해 CO_2 배출량을 산정하였으나, 일부는 유출물에 잔류하고, CO, CH_4, 유기탄소 등으로 배출될 개연성이 있으므로 과대평가될 소지가 있음.

③ 산정 필요 변수

┃ 산정에 필요한 변수들의 관리기준 및 결정방법 ┃

매개변수	세부변수	관리기준 및 결정방법
활동자료	• 아연 생산을 위하여 투입된 원료의 양(Z_i) • 아연 생산에 의해 생산된 생산물의 양(Z_o)	유입되는 물질의 사용량은 Tier 3 기준(측정불확도 ±2.5% 이내)에 준해 측정을 통해 결정

 납 생산

(1) 납 생산공정

납 생산공정은 원광석을 사용하는 1차 생산공정과 재활용 납(대부분이 납을 사용하는 배터리 스크랩)을 제련하여 납을 생산하는 2차 생산공정으로 구분하고 있다.

1차 생산공정은 산화 상태로 존재하는 연정광을 환원하여 미가공 조연(Bullion)을 생산하는 공정으로 소결과 제련공정을 거치는 소결·제련공정이 납 생산공정의 약 78%를 차지하는 반면 직접 제련공정은 소결공정이 생략된 연정광을 직접 제련하는 공정으로 납 생산공정의 약 22%를 차지하고 있다.

소결·제련공정에서는 납 광석을 용광로 제련에 적합하도록 괴상으로 만들고, 용광로에서 2회 소결함으로써 유해한 이온을 제거하며 연료와 코크스, 석회석, 설철 등을 투입하고 측면에서 송풍하여 제련한다.

납은 자동차용 축전지, 연화합물, 방사선 차폐재, 도료 첨가제, 합금 등 다양한 용도로 활용되고 있다.

1) 1차 납 생산방법

납 생산공정도는 원료준비공정, 소결공정, 제련공정으로 구분할 수 있다.

❚ 납 생산공정도 ❚

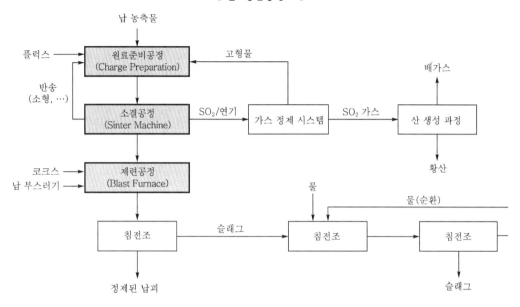

① **원료준비공정**

원료준비공정은 1차 원료(황화물 형태의 연정광)와 2차 원료(재활용 납)를 소결·제련공정에 적합하도록 원료를 분쇄, 전처리하는 공정이다.

② **소결공정**

소결공정이란 용융점 이하의 온도 구간에서 가열하여 분말형태의 연정광을 소결광으로 전환, 제조하는 공정이다. 연정광을 재활용 소결물, 석회석과 실리카, 산소, 납 고함유 슬러지 등과 혼합하여 황과 휘발성 금속을 연소과정을 통해 제거한다. 산화납과 다른 금속산화물을 함유한 소결물을 생산하는 공정은 SO_4를 배출하고 납을 가열하는 천연가스로부터 에너지 관련 CO_2를 배출한다.

③ **제련공정**

소결물을 경우에 따라서는 원석과 함께 고로에 투입하며, 이외에도 공기, 야금 코크스, 용해 부산물 등도 투입된다. 코크스는 공기와 반응하여 연소되면서 일산화탄소(CO)를 생성하고, 이것은 화학반응을 통해 산화납을 환원시킨다. 제련공정은 일반적인 고로 또는 ISF(Imperial Smelting Furnace)를 이용하고 납 산화물의 환원과정에서 CO_2가 형성된다.

④ 침전조

제련공정을 거치게 되면 용융상태의 생성물은 체류하면서 냉각되고, 이 과정에서 저밀도의 슬래그는 표면으로 부상하면서 분리되고, 납 생성물(Lead Bullion)은 침전조 하단으로 배출되어 2차 처리과정을 위해 이송된다.

전술한 것처럼 1차 납 생산방법에는 소결제련공정이 생략된 직접 제련방법이 있다. 직접 제련공정에서는 소결공정이 생략되고, 연정광과 다른 물질들이 직접 고로에 투입되어 용융되고 산화된다. 다양한 종류의 로가 직접 제련공정에 이용되고 있다. Isamelt-Ausmelt, Queneau-Schnumann-Lurgi, Kaldo로 등이 용융 제련에 사용되고, Kivcet로가 플래시 용련(Flash Smelting)에 사용된다. 석탄, 야금 코크스, 천연가스 등 다양한 물질이 환원제로 사용되는데, 노의 형식에 따라 그 사용량이 달라지며 CO_2 배출량도 다르다.

2) 2차 납 생산방법

2차 납 생산공정에서는 납을 함유하고 있는 스크랩으로부터 납이나 납 합금을 생산한다. 납의 60% 이상이 자동차 배터리의 스크랩으로부터 생산된다. 다른 원료물질로 바퀴의 균형추(Wheel Balance Weights), 관(Pipe), 땜납, 금속 잔류물(Drosses)이나 납으로 된 피복(Sheathing) 등을 꼽을 수 있다.

2차 납 생산공정은 스크랩의 전처리, 용해, 정제의 3가지 주요 조업으로 구성되어 있다. 전처리는 납 함유 스크랩이나 잔류물에서 금속 및 비금속 오염물을 일부 제거하는 공정으로서 배터리의 파쇄 및 분해과정을 의미한다. 배터리 분해 이후 납을 분리한다. 분리된 납 스크랩은 가스나 오일을 사용하는 반사로 혹은 회전형 가열로에서 발한시켜 높은 용융 온도를 갖는 금속 추출물에서 납을 분리한다. 회전형 가열로는 납 함유가 낮은 스크랩이나 잔류물을 처리할 때 사용하고, 납 함량이 높은 스크랩을 처리할 때에는 반사로를 사용한다. 용융된 금속 및 비금속 오염물로부터 납 산화물을 분리한 다음에 환원시켜 금속 납을 생산한다. 이러한 일련의 과정이 폭발(Blast)로, 반사로, 회전형 가마로에서 이루어진다. 폭발로에서는 전처리된 금속 스크랩, 슬래그(Slag), 철 스크랩, 코크, 재순환 불순물, 도관 먼지 및 석회석 등을 가열로 원료물질로 사용한다. 가열로에 유입된 공기와 코크가 폭발적으로 반응하여 납의 용융에 필요한 에너지를 공급한다. 코크의 일부는 유입물을 용융시키기 위해 연료로 사용되며, 다른 일부는 산화납을 환원시켜 금속 납을 생성하는 데 사용된다. 납 유입물이 용융됨에 따라 석회석과 철이 용융조 상부로 부유하게 되고 플럭스를 형성하여 생성된 납의 산화를 지연시킨다. 용융 납은 거의 일정한 속도로 가열로로부터 Holding Pot으로 이동한다.

용광로에서 생성된 가공하지 않은 납의 정제와 주조(Casting)는 순도와 합금 형태에 따라 연화(Softening), 합금(Alloying) 및 산화공정으로 구성되며, 이런 공정은 반사로에서 이루어진다.

그러나 솥 형태의 가열로가 가장 일반적으로 사용된다. 합금 가열에서는 용융과 납 강괴(Ingot)와 합금물질의 혼합이 이루어진다. 안티몬(Antimony), 주석, 비소(Arsenic), 구리와 니켈이 가장 널리 쓰이는 합금물질이다. 솥 형태나 반사식의 산화 가열로가 납을 산화하기 위하여 사용되며, 연소공기 중에 함유되어 있는 납을 부유시켜 고효율 여과집진기에서 회수한다.

┃ 2차 납 생산공정 ┃

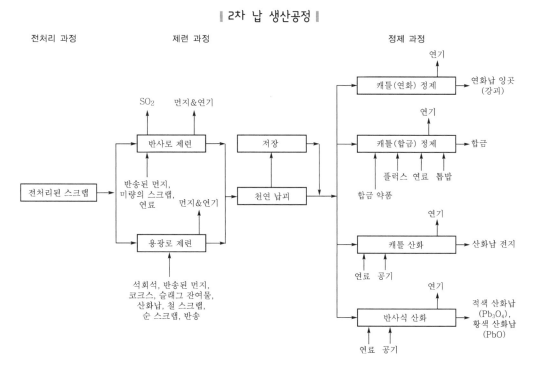

(2) 주요 배출시설의 이해

납 생산공정에서 온실가스 공정배출시설은 배소로, 용융·융해로, 기타 제련공정(TSL 등) 등이 있다.

(3) 온실가스 배출량 산정 · 보고 · 검증 절차

온실가스 배출량 산정 · 보고 · 검증 절차는 총 9단계로 구성되어 있으며, 에너지 고정연소 부문에서 특화되어 설명해야 할 부분은 1, 2, 5단계에 대해서만 다루었다.

1) 1단계 : 조직경계 설정

납 생산공정의 조직경계와 온실가스 배출 특성은 다음과 같다. 배출 형태는 크게 직접 배출과 간접 배출로 구분할 수 있으며, 직접 배출은 고정연소에 의한 배출, 공정배출, 이동연소에 의한 배출, 탈루배출로 구분할 수 있다. 특히 납 생산에서는 연정광을 환원하는 과정에서 공정배출인 CO_2가 다량 배출되는 특성을 지니고 있다.

┃ 납 생산시설의 조직경계 및 온실가스 배출 특성 ┃

간접 배출 CO_2, CH_4, N_2O	고정연소 배출 CO_2, CH_4, N_2O	탈루배출 HFCs, PFCs	이동연소 배출 CO_2, CH_4, N_2O

원료준비공정
(Charge Preparation)

소결공정
(Sinter machine)

공정배출
CO_2 ← 제련공정
(Blast Furnace)

주차장

연구동

기숙사

사무동

식당

Utility동

2) 2단계 : 납 생산시설의 온실가스 배출활동 확인

납 생산시설의 온실가스 배출활동은 운영경계를 기준으로 살펴보았다. 직접 배출원과 간접 배출원으로 구분되며, 직접 배출원에는 고정연소, 이동연소, 탈루배출, 공정배출이 있고, 간접 배출원에는 외부 전기 및 열 · 증기 사용이 있다.

| 납 생산시설의 온실가스 배출활동 |

운영경계	배출원	온실가스	배출활동
직접 배출원 (Scope 1)	고정연소	CO_2	납 생산 및 부대시설에서 필요한 에너지 공급을 위한 연료연소에 의한 배출(예 설비 가동을 위한 에너지 공급, 보일러 가동, 난방 및 취사 등)
		CH_4	
		N_2O	
	이동연소	CO_2	납 생산시설에서 업무용 차량 운행에 따른 온실가스 배출
		CH_4	
		N_2O	
	탈루배출	HFCs	냉매 사용 과정에서의 탈루배출 목표관리지침에서는 탈루배출은 없는 것으로 가정(2013년부터 고려)
	공정 배출원	CO_2	• 소결공정 : 분말 형태의 연정광을 야금 코크스 등과 혼합한 다음에 연소·환원반응을 거쳐 소결광을 제조하는 과정에서 CO_2 발생 • 용융·융해공정 : 코크스가 공기와 반응하여 연소되면서 CO가 발생하고 발생된 CO가 화학반응을 통해 산화납을 환원시키면서 CO_2가 배출됨.
간접 배출원 (Scope 2)	외부 전기 및 외부 열·증기 사용	CO_2	납 생산시설에서의 전력 사용에 따른 온실가스 배출
		CH_4	
		N_2O	

3) 5단계 : 배출활동별 배출량 산정방법론의 선택

납 생산공정의 배출량 산정방법론에서 정한 활동자료, 배출계수, 배출가스농도, 유량 등 각 매개변수에 대하여 자료의 수집방법을 정하고 자료를 모니터링한다.

| 납 생산 배출시설의 배출량 규모별 공정배출 산정방법 적용(최소 기준) |

구 분	산정방법론			활동자료 철강 생산량			배출계수		
	A	B	C	A	B	C	A	B	C
시설 규모									
납 생산	1	2	3	1	2	3	1	2	3

(4) 온실가스 배출량 산정방법(공정배출)

납 생산공정의 보고대상 배출시설은 총 3개 시설이다.
① 배소로
② 용융·융해로
③ 기타 제련공정(TSL 등)
보고대상 배출시설은 소결로, 용융·융해로이며 보고대상 온실가스는 다음과 같다.

구 분	CO_2	CH_4	N_2O
산정방법론	Tier 1, 2, 3, 4	–	–

1) Tier 1

① 산정식

Tier 1 산정방법에서는 생산된 납의 양에 IPCC 기본배출계수를 곱하여 결정하는 가장 단순한 방법이다.

$$E_{CO_2} = Pb \times EF_{default}$$

여기서, E_{CO_2} : 납 생산으로 인한 CO_2 배출량(ton CO_2-eq)

　　　　Pb : 생산된 납의 양(t)

　　　　$EF_{default}$: 배출계수, 납 생산량당 온실가스 배출량(tCO_2/t-납)

② 산정방법 특징

㉮ 활동자료로서 납 생산량 적용

㉯ 배출계수는 납 생산량에 대비한 온실가스 배출량으로 IPCC 기본값 적용

㉰ CO_2만 산정 및 보고대상 온실가스임.

③ 산정 필요 변수

‖ 산정에 필요한 변수들의 관리기준 및 결정방법 ‖

매개변수	세부변수	관리기준 및 결정방법
활동자료	납 생산량	납 생산량을 Tier 1 기준인 측정불확도 ±7.5% 이내에서 중량을 측정하여 결정
배출계수	납 생산량당 CO_2 배출량	IPCC에서 제공하는 기본배출계수 • CO_2 : 0.52tCO_2/t-아연

2) Tier 2

① 산정식

Tier 2 산정방법에서는 생산공정별 납 생산량 자료(활동자료)에 각 생산공정별 국가 고유배출계수를 곱하여 CO_2 배출량을 산정한다.

$$E_{CO_2} = DS \times EF_{DS} + ISF \times EF_{ISF} + S \times EF_S$$

여기서, E_{CO_2} : 납 생산으로 인한 CO_2 배출량(tCO_2)

　　　　DS : 직접 제련에 의해 생산된 납의 양(ton)

　　　　EF_{DS} : 직접 제련의 국가 고유배출계수(tCO_2/t-생산된 납)

　　　　ISF : ISF(Imperial Smelting Furnace)에서 생산된 납의 양(ton)

　　　　EF_{ISF} : ISF의 배출계수(tCO_2/t-생산된 납)

　　　　S : 2차 생산공정에서의 납 생산량(ton)

　　　　EF_S : 2차 생산공정의 국가 고유배출계수(tCO_2/t-생산된 납)

② 산정방법 특징

㉮ 활동자료로서 생산공정별 납 생산량 적용

㉯ 배출계수는 생산공정별 납 생산량에 대비한 온실가스 배출량으로 IPCC 기본값 적용

㉰ CO_2만 산정 및 보고대상 온실가스임.

③ 산정 필요 변수

┃ 산정에 필요한 변수들의 관리기준 및 결정방법 ┃

매개변수	세부변수	관리기준 및 결정방법
활동자료	생산공정별 납 생산량	공정별 납 생산량을 Tier 1 기준인 측정불확도 ±7.5% 이내에서 중량을 측정하여 결정
배출계수	납 생산량당 CO_2 배출량	국가 고유배출계수를 활용하도록 되어 있으나, 공시되지 않은 경우는 다음과 같은 IPCC 기본값 적용을 허용 • ISF 공정 : $0.59tCO_2/t$-납 • DS 공정 : $0.25tCO_2/t$-납 • 2차 생산공정 : $0.2tCO_2/t$-납

3) Tier 3

① 산정식

Tier 3 산정방법은 반응로에 유입되는 물질의 탄소 함량을 기준하여 CO_2 배출량을 결정하는 방법이다. 공정에 투입되는 물질로는 연정광, Residue 또는 Cake, 환원제, 탄산염류로 규정하고 있다. 각 물질의 투입량, 즉 활동자료에 각 물질의 사업장 고유탄소함량계수를 곱하여 CO_2 배출량을 산정한다.

$$E_{CO_2} = \sum(P_i \times EF_i) - \sum(P_o \times EF_o)$$

여기서, E_{CO_2} : 납 생산으로 인한 CO_2 배출량(tCO_2)

　　　P_i : 납 생산을 위하여 투입된 원료(i)의 양(ton)

　　　EF_i : 투입된 원료의 배출계수(tCO_2/t-원료)

　　　P_o : 납 생산에 의하여 생산된 생산물(o)의 양(ton)

　　　EF_o : 생산된 생산물의 배출계수(tCO_2/t-생산물)

② 산정방법 특징

㉮ 탄소의 물질수지를 바탕으로 CO_2 배출량을 산정하였음.

㉯ 반응로에 투입된 물질의 유기탄소 총량이 모두 CO_2로 배출된다는 가정에 의해 CO_2 배출량을 산정하였으나, 일부는 유출물에 잔류하고 CO, CH_4, 유기탄소 등으로 배출될 개연성이 있으므로 과대평가될 소지가 있음.

③ 산정 필요 변수

▎산정에 필요한 변수들의 관리기준 및 결정방법 ▎

매개변수	세부변수	관리기준 및 결정방법
활동자료	• 원료 투입량(P_i) • 생산물의 양(P_o)	연정광, 환원제 등의 양은 Tier 3 기준 (측정불확도 ±2.5% 이내)에 준해 측정을 통해 결정
배출계수	$EF_x = x$물질의 탄소질량분율 $\times 3.664$ 여기서, EF_x : x물질의 배출계수(tCO₂/t) $3.664 = \dfrac{\text{CO}_2\text{의 분자량}}{\text{C의 원자량}} = \dfrac{44.010}{12.011}$	Tier 3 기준(측정불확도 ±2.5% 이내)에 적합한 국내외적으로 공인된 표준화방법으로 사업장 고유값을 측정 결정

 전자산업

(1) 전자산업의 개요

전자산업은 반도체, 박막 트랜지스터 평면 디스플레이(TFT-FPD), 광전기(PV) 제조업 등을 포함한 것으로 전자산업공정은 웨이퍼 제조공정, 웨이퍼 가공공정, 조립 및 가공공정으로 구성되어 있으며, 사진(감광), 식각, 확산, 증착 등의 가공공정을 거쳐 전기회로를 구성하는 과정이 반도체 및 전자산업공정의 핵심이다.

전자산업에서는 실온에서 가스 상태인 불소화합물(Fluorinated Compounds, FCs) 및 N₂O가 사용되며, 주로 실리콘 포함 물질의 플라즈마식각, 실리콘이 침전되어 있던 화학증착(CVD)기구의 내벽을 세정하는 데 사용된다. 그리고 생산과정에서 사용되는 불소화합물들 중 일부분은 부산물인 CF₄, C₂F₆, CHF₃, C₃F₈로 전환되기도 한다.

(2) 전자산업공정

전자산업공정은 웨이퍼 제조공정, 웨이퍼 가공공정, 조립 및 가공의 3가지 주요 공정으로 구성되어 있다.

1) 웨이퍼 제조공정

웨이퍼 제조공정은 단결정 성장공정, 절단공정, 경마연마공정, 세척과 검사공정으로 구분할 수 있다.

① 단결정 성장공정

실리콘 웨이퍼의 제조를 위한 첫 번째 공정으로 무형의 폴리실리콘을 1,400℃ 이상의 고온에 녹여 큰 직경을 가진 단결정봉으로 성장시키는 공정이다. 세부공정으로 먼저 고순도의 일정한 모양이 없는 폴리실리콘을 자동화된 단결정 성장로 속에서 단결정봉으로 변형시킨 후 고진공 상태에서 1,400℃ 이상의 고온에 녹여 성장시킨다. 성장과정이 끝나면 뜨거워진 단결정봉을 실내온도로 냉각시켜 각각의 단결정봉이 여러 조건에 부합되는 지를 평가하고, 마지막으로 정확한 직경을 가질 수 있도록 부분별로 가공한다.

② 절단공정

절단에서는 실리콘 단결정봉을 웨이퍼, 즉 얇은 슬라이스로 변형시키는 공정으로 단결정 조직이 정확하게 정렬되도록 단결정봉을 흑연빔에 놓고, 고도의 절삭기술을 사용하여 실리콘 단결정봉을 웨이퍼로 변형한다. 이때 절삭작업을 거치는 동안 웨이퍼의 가장자리 부분은 매우 날카롭고 깨지기 쉬우므로 세척과정을 거친 후 정확한 모양과 치수로 가공해 손상을 줄이도록 한다. 마지막으로 웨이퍼들의 표면의 질을 높이기 위해서 조연마 과정을 거쳐 표면이 평탄하고 두께가 일정하게 한다.

③ 경면연마공정

웨이퍼를 평탄하고 결함이 없도록 만드는 공정으로, 웨이퍼의 질을 높이는 매우 중요한 공정이다. 우선적으로, 조연마 과정을 거친 웨이퍼를 식각공정을 통해 추가적인 표면 손상을 제거한 후 공정을 정밀하게 통제하는 자동화된 장비로 가장자리 부분과 표면을 경면연마한다. 이때 얻어지는 웨이퍼들은 극도로 평탄하고 결함이 없는 상태이다.

2) 웨이퍼 가공공정

웨이퍼 가공은 웨이퍼 표면에 반도체 소자나 IC를 형성하는 제조공정으로 앞에서 언급된 바와 같이 반도체 제조공정 중 가장 중요하며, 핵심적인 공정이라 할 수 있다. 세부 제조공정은 산화공정, 감광액 도포공정, 노광공정, 현상공정, 식각공정, 이온주입공정, 화학기상증착공정, 금속배선공정으로 구분할 수 있다.

‖ 반도체 제조공정도 - 웨이퍼 가공공정 ‖

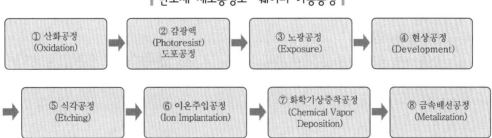

① 산화공정

고온(800~1,200℃)에서 산소나 수증기를 실리콘 웨이퍼 표면과 화학반응시켜 얇고 균일한 실리콘 산화막(SiO_2)을 형성시키는 공정으로, 이때 산화막은 배선 간의 간격이 미세하여 합선이 될 경우가 많기 때문에 산화막을 통해 웨이퍼 위에 그려질 배선끼리 합선되지 않기 위해 필요하다.

② 감광액 도포공정

감광액을 웨이퍼 표면에 고르게 바른 후 살짝 구워 얼라이너(Aligner)라고 불리는 사진촬영장치로 보내는 공정으로 이때부터 사진의 인화지 역할을 할 수 있다.

③ 노광공정

Stepper를 이용하여 포토 마스크 위에 그려진 회로패턴에 빛을 통과시켜 PR막이 형성된 웨이퍼 위에 회로패턴을 사진 찍는 공정으로, 반도체 공정 중 매우 중요한 공정의 하나이며, 특히 진동에 매우 민감하다.

④ 현상공정

웨이퍼 표면에서 빛을 받은 부분의 막을 현상시키는 공정으로 일반 사진현상과 동일하다. 현상액을 웨이퍼에 뿌리면 웨이퍼는 노광과정에서 빛을 받은 부분과 받지 않은 부분으로 구분된다.

⑤ 식각공정

웨이퍼에 회로패턴을 형성시켜 주기 위해 화학물질이나 반응성 가스를 사용하여 필요 없는 부분을 선택적으로 용해 · 제거시키는 공정이다.

⑥ 이온주입공정

회로패턴과 연결된 부분에 불순물을 미세한 가스 입자 형태로 가속하여 웨이퍼 내부에 침투시킴으로써 전자 소자의 특성을 만들어주는 공정이다. 이러한 불순물 주입은 고온의 전기로 속에서 불순물 입자를 웨이퍼 내부로 확산시켜 주입하는 확산공정에 의해서도 이루어진다.

⑦ 화학기상증착공정

기체, 액체 혹은 고체 상태의 원료화합물을 반응기 내에 공급하여 웨이퍼 표면에서의 화학적 반응을 유도함으로써 웨이퍼 위에 고체 반응 생성물인 박막층을 형성하는 공정이다.

⑧ 금속배선공정

웨이퍼 표면에 형성된 각각의 회로를 금, 은, 알루미늄과 같은 금속선으로 연결시키는 공정이다.

3) 조립 및 검사공정

세부 공정을 보면 웨이퍼 자동선별공정, 웨이퍼 절단공정, 칩 접착공정, 금선연결공정, 성형공정, 최종 검사공정이며, 자세한 공정에 대한 설명은 다음과 같다.

▎ 전자산업 반도체 제조 공정도 – 조립 및 검사 ▎

① 웨이퍼 자동선별공정

웨이퍼에 형성된 IC칩들의 전기적 동작 여부를 컴퓨터로 검사하여 불량품을 자동 선별하는 공정으로 통상적으로 불량제품은 검은 잉크로 동그란 마크를 찍어 분류한다.

② 웨이퍼 절단공정

웨이퍼상의 칩들을 다이아몬드 톱을 사용하여 절단, 분리 후 리드프레임 위에 올려 놓는 공정으로 웨이퍼에 그려진 하나하나의 칩들을 떼어내기 위해 웨이퍼를 손톱만한 크기로 계속 잘라낸다.

③ 칩 접착공정

낱개로 분리된 칩 가운데 제대로 작동하는 것만을 골라내어 리드 프레임 위에 올려놓는 공정으로, 불량으로 판정된 제품은 자동으로 제외된다. 이때 리드 프레임(Lead Frame)이란 반도체에서 지네발처럼 튀어나온 다리 부분인데, 반도체가 전자제품에 연결되는 소켓 구실을 한다.

④ 금선연결공정

칩의 외부 연결단자와 리드 프레임을 가느다란 금선으로 연결하는 공정으로, 이때 사용되는 금선은 머리카락보다 가는 순금이며, 동이나 알루미늄선도 사용한다.

⑤ 성형공정

칩과 연결된 금선부분을 보호하기 위해 화학수지로 밀봉해주는, 즉 외형을 만들어주는 공정이다. 이 과정을 거쳐 우리가 흔히 볼 수 있는 검은색 지네발 모양이 되며, 플라스틱이나 세라믹 같은 것으로 감싸준다. 그 다음 윗면에 제품명이나 고유번호, 제조회사의 마크 등을 인쇄한다.

⑥ 최종 검사공정

완성된 반도체의 전기적 특성 및 기능을 컴퓨터로 최종 검사하는 공정으로 강제로 높은 정전기를 흘린 다음 제품이 제대로 작동하는지, 높거나 낮은 습도에서, 높은 온도에서 잘 견디는지 등을 확인한다. 최종 합격된 제품들은 제품명과 회사명을 마킹한 후 입고 검사를 거쳐 최종 소비자에게 판매된다.

꼼꼼 check ✓   전자산업 공정의 주요 공정

1. **웨이퍼 제조공정** : 실리콘 원석에서 웨이퍼 제작
2. **웨이퍼 가공공정** : 제조된 웨이퍼를 이용하여 웨이퍼 표면에 집적회로 형성
3. **조립 및 가공** : 가공된 웨이퍼로 칩(Chip)을 제작하는 공정으로, Package 조립공정 및 Package를 Module에 부착하여 완전한 기능을 하는 제품으로 제작하는 Module 조립공정으로 나눌 수 있음.

(3) 주요 배출시설의 이해

전자산업에서 온실가스 공정배출시설은 식각공정과 화학기상증착(CVD)이 있다. 각 배출시설별 배출원인은 다음과 같다.

│ 전자산업시설의 온실가스 공정배출원별 온실가스 종류 및 배출원인 │

배출공정	온실가스	배출원인
식각공정	FCs (CHF_3, CH_2F_2)	실리콘 포함 물질의 플라즈마 식각 시 부식용 불소화합물 가스 배출
화학기상증착공정 (CVD)	FCs $(CF_4, C_3F_8, C_4F_8,$ $NF_3, C_4F_6, C_5F_8)$	CVD 방법(화학 증착)에 의해 SiO_2, Si_3N_4, W 등의 증착 이후 Chamber 내벽의 세정용 불소화합물 가스 배출

(4) 온실가스 배출량 산정·보고·검증 절차

온실가스 배출량 산정·보고·검증 절차는 총 9단계로 구성되어 있으며, 에너지 고정연소 부문에서 특화되어 설명해야 할 부분은 1, 2, 5단계에 대해서만 다루었다.

1) 1단계 : 조직경계 설정

전자산업의 조직경계와 온실가스 배출 특성은 그림에서와 같다. 배출 형태는 크게 직접 배출과 간접 배출로 구분할 수 있으며, 직접 배출은 고정연소에 의한 배출, 공정배출, 이동연소에 의한 배출, 탈루배출로 구분할 수 있다. 특히 전자산업에서는 플라즈마 식각 및 Chamber 내벽의 세정 과정에서 공정배출인 FCs가 다량 배출되는 특성을 지니고 있다.

| 전자산업시설의 조직경계 및 온실가스 배출 특성 |

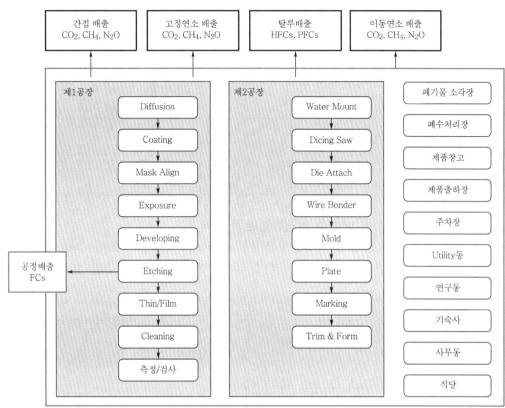

2) 2단계 : 전자산업의 온실가스 배출활동 확인

전자산업의 온실가스 배출활동은 운영경계를 기준으로 살펴보았다. 직접 배출원과 간접 배출원으로 구분되며, 직접 배출원에는 고정연소, 이동연소, 탈루배출, 공정배출이 있고, 간접 배출원은 외부 전기 및 열·증기 사용을 꼽을 수 있다. 전자생산시설의 온실가스 배출활동은 다음과 같다.

| 전자산업의 온실가스 배출활동 |

운영경계	배출원	온실가스	배출활동
직접 배출원 (Scope 1)	고정연소	CO_2	반도체/LCD/PV 생산 및 열전도 유체 사용 시설에서 필요한 에너지 공급을 위한 연료 연소에 의한 배출(예 설비 가동을 위한 에너지 공급, 보일러 가동, 난방 및 취사 등)
		CH_4	
		N_2O	
	이동연소	CO_2	반도체/LCD/PV 생산 및 열전도 유체 사용 시설에서 업무용 차량 운행에 따른 온실가스 배출
		CH_4	
		N_2O	

운영경계	배출원	온실가스	배출활동
직접 배출원 (Scope 1)	탈루배출	CH_4	• 반도체/LCD/PV 생산 및 열전도 유체 사용 시설 에서 사용하는 화석연료 사용과 연관된 탈루배출 • 목표관리지침에서는 탈루배출은 없는 것으로 가정(2013년부터 고려)
		N_2O	
	공정 배출원	FCs	실리콘 포함 물질의 플라즈마 식각, 화학 증착 (CVD) 기구의 내벽 세정 시 배출
간접 배출원 (Scope 2)	외부 전기 및 외부 열·증기 사용	CO_2	반도체/LCD/PV 생산 및 열전도 유체 사용 시 설에서의 전력 사용에 따른 온실가스 배출
		CH_4	
		N_2O	

3) 5단계 : 배출활동별 배출량 산정방법론의 선택

전자산업에서의 배출량 산정방법론에서 정한 활동자료, 배출계수, 배출가스농도, 유량 등 각 매개변수에 대하여 자료의 수집방법을 정하고 자료를 모니터링한다.

▎전자산업 배출시설 배출량 규모별 공정배출 산정방법 적용(최소 기준)▎

구 분	산정방법론			활동자료 제품 생산량/FC 가스 사용량			배출계수		
시설 규모	A	B	C	A	B	C	A	B	C
반도체/LCD/PV	1	2	3	1	2	3	1	2	3
열전도 유체	1	1	1	1	2	3	–	–	–

(5) 온실가스 배출량 산정방법

국내 목표관리제에서의 전자생산공정의 보고대상 배출시설은 총 2개 시설이다.

① 식각시설

② 증착시설(CVD 등)

보고대상 온실가스와 온실가스별로 적용해야 하는 산정방법론은 다음 표와 같다.

구 분	불소화합물(FCs)	N_2O
반도체/LCD/PV 생산 부문	Tier 1, 2, 3	Tier 2, 3
열전도 유체 부문	Tier 2	–

1) 반도체, LCD, PV 생산 부문

반도체, LCD, PV 생산 부문에서의 온실가스 배출량 산정방법은 Tier 1, 2, 3의 세 가지 방법이 있다.

① Tier 1

반도체, LCD, PV 생산 부문에서의 Tier 1 산정방법은 제품 생산 실적에 단위 실적당 사용되는 온실가스 양(IPCC 기본값)을 곱하여 산정하는 단순한 방법이다. 공정의 온실가스별로 배출되는 가스량(EF_{FC})을 계산하고, 이를 합산하여 산정한다.

㉮ 산정식

$$FC_{gas} = Q_i \times EF_{FC} \times F_{eq} \times 10^{-3}$$

여기서, FC_{gas} : FC 가스(j)의 배출량(CO_2-eq ton/yr)

          Q_i : 제품 생산 실적(m^2)

          EF_{FC} : 배출계수, 제품 생산 실적 m^2당 사용된 가스량(kg/m^2)

          F_{eq} : CO_2 등가계수(GWP)

㉯ 산정방법 특성

  ㉠ Tier 1 산정방법은 사업장에서의 종류별 불소계 온실가스의 배출 정보와 자료가 없을 경우에만 적용하는 방법임.

  ㉡ 여러 종류의 불소계 온실가스의 사용량에 대해 분리 · 결정하기가 어려운 경우 IPCC 기본값(공정별로 사용되는 온실가스량)을 적용하여 산정하는 방식으로 사업장의 특성을 반영하지 않았기 때문에 가장 정확도가 떨어지는 방법임.

㉰ 산정 필요 변수

┃ 산정에 필요한 변수들의 관리기준 및 결정방법 ┃

매개변수	세부변수	관리기준 및 결정방법
활동자료	제품 생산 실적(Q_i)	측정불확도 ±7.5% 이내의 사업장별 제품 생산량 등을 측정하여 적용
배출계수	제품 생산 실적 m^2당 사용되는 가스량(EF_{FC})	2006 IPCC 지침서의 기본배출계수 적용

┃ 2006 IPCC 지침서의 기본배출계수 ┃

전자산업	배출계수(기판의 단위 면적당 온실가스 배출 중량)					
	CF_4 (PFC-14)	C_2F_6 (PFC-116)	CHF_3 (HFC-23)	C_3F_8 (PFC-218)	SF_6	C_6F_{14} (PFC-51-14)
반도체(kg/m^2)	0.9	1.0	0.04	0.05	0.2	NA
TFT-FPDs(g/m^2)	0.5	NA*	NA	NA	4.0	NA
PV-cells(g/m^2)	5.0	0.2	NA	NA	NA	NA

〈출처 : 2006 IPCC G/L〉

* NA ; Not Available

② Tier 2a

반도체/LCD/PV 생산 부문에서의 Tier 2a 산정방법은 가스 소비량과 배출제어기술 등의 사업장 자료를 토대로 사용된 각각의 불소계 온실가스의 배출량을 산정하는 방법이다. 불소계 온실가스 사용량, 사용 후 잔류량, 감축기술 적용을 통한 불소계 온실가스의 감축량 등을 결정하고, 이를 통해 간접적으로 대기 중으로 배출되는 불소계 온실가스 양을 물질수지방식을 통해 결정하는 방식이다.

이외에도 초기 주입된 불소계 온실가스가 반응 과정에서 다른 불소계 온실가스로 전환·배출되므로 이 부생가스에 대한 배출량도 고려해 주어야 한다. 그러므로 Tier 2a에서는 불소계 온실가스 배출량은 초기 주입된 불소계 온실가스 배출량과 부생가스의 배출량을 합산·결정해야 한다.

㉮ 반도체/LCD/PV 생산 부문 산정식 – Tier 2a

$$FC_{gas} = (1-h) \times FC_j \times (1-U_j) \times (1-a_j \times d_j) \times F_{eq,j} \times 10^{-3}$$

여기서, FC_{gas} : FC 가스(j)의 배출량(ton CO_2-eq)

　　　FC_j : 가스(j)의 소비량(kg)

　　　h : 가스 bombe 내의 잔류 비율, 비율(기본값은 0.10)

　　　U_j : 가스(j) 사용 비율, 비율(공정 중 파기되거나 변환된 비율)

　　　a_j : 배출제어기술이 있는 공정 중의 가스(j)의 부피 분율, 비율

　　　d_j : 배출제어기술에 의한 가스(j)의 감축 효율, 비율

　　　$F_{eq,j}$: 온실가스(j)의 CO_2 등가계수(GWP)

㉯ 부생가스 배출량 산정식 – Tier 2a

투입된 불소계 온실가스가 반응 과정에서 다른 불소계 온실가스로 전환되며, 그 전환된 불소계 온실가스의 배출량을 산정하는 방법으로 사용량에 대비한 전환계수를 적용하여 산정하는 방법이다. 부생가스의 종류는 CF_4, C_2F_6, CHF_3, C_3F_8 등이다.

$$BPE_{i,j} = (1-h) \times \sum_j (B_{i,j} \times FC_j \times (1-a_j \times d_i) \times F_{eq,j} \times 10^3$$

여기서, $BPE_{i,j}$: FC 가스(j)의 사용에 따른 부생가스(i)의 배출량(tCO_2-eq)

　　　h : 가스 Bombe 내의 가스(j)의 잔류 비율(0에서 1 사이의 소수)

　　　$B_{i,j}$: 배출계수, 부생가스(i)의 발생량(kg)/가스(j)의 사용량(kg)

　　　FC_j : 가스(j)의 소비량(kg)

　　　a_j : 배출제어기술이 있는 공정 중의 가스(j)의 부피분율(0에서 1 사이의 소수)

　　　d_i : 배출제어기술에 의한 부생가스(i)의 저감 효율(0에서 1 사이의 소수)

　　　$F_{eq,j}$: 온실가스(j)의 CO_2 등가계수(GWP)

ⓒ 산정방법 특성

㉠ Tier 2a에 의한 온실가스 배출량 산정은 초기 투입된 불소계 온실가스 배출량 과 반응 과정에서 전환된 부생 불소계 온실가스 배출량의 합에 의해 결정하 나, 공정의 종류에 대해서는 구분, 산정하지 않고 있음.

- 초기 투입된 불소계 온실가스 배출량은 기본적으로 물질수지방식에 의한 것 으로 투입된 양, 사용량(파괴와 전환된 양 포함), 잔류량, 감축량 등에 대한 정보를 통해 배출량을 산정하는 방식임.
- 부생 불소계 온실가스 배출량은 부생가스로의 전환율, 감축률 등에 대한 정 보를 토대로 부생가스 생산·배출량을 간접적으로 산정하는 방식임.

㉡ 사업장별 자료를 기반으로 부생가스 생성·배출량을 결정하는 방식이며, 부생 가스로는 CF_4, C_2F_6, CHF_3, C_3F_8 등도 동일한 방법으로 산정하고, 합산하여 총 부생가스의 생성·배출량을 산출하는 방식임.

ⓓ 산정 필요 변수

‖ 산정에 필요한 변수들의 관리기준 및 결정방법 ‖

매개변수	세부변수	관리기준 및 결정방법
활동자료	가스(j)의 소비량(FC_{gas})(kg)	측정불확도 ±5.0% 이내의 사업장별 불소계 온실가스 소비량을 측정하여 적용
배출계수	• 가스(j)의 사용 비율(U_j) • 단위는 CF_4 발생량(kg)/가스(j)의 사용량(kg)	국가 고유배출계수 사용(단, 국가 고유배출계 수 사용 불가 시 2006 IPCC G/L 적용)

‖ 반도체 제조공정의 Tier 2a 배출계수(IPCC 기본값) ‖

전자산업		배출계수(kg-부생가스/kg-투입가스)										
		CF_4 (PFC-14)	C_2F_6 (PFC-116)	CHF_3 (HFC-23)	CH_2F_2 (HFC-33)	C_3F_8 (PFC-218)	c-C_4F_8 (PFC-318)	SF_6	C_4F_6	C_5F_8	C_4F_8O	N_2O
1-U_i		0.9	0.6	0.4	0.1	0.4	0.1	0.2	0.1	0.1	0.1	0.8
부생 가스 배출 계수	CF_4	NA*	0.2	0.07	0.08	0.1	0.1	NA	0.3	0.1	0.1	NA
	C_2F_6	NA	NA	NA	NA	NA	0.1	NA	0.2	0.04	NA	NA
	C_3F_8	NA	NA	NA	NA	NA	NA	NA	NA	NA	0.04	NA

〈출처 : 2006 IPCC G/L〉

* NA ; Not Available

┃ LCD 제조공정의 Tier 2a 배출계수(IPCC 기본값) ┃

전자산업		배출계수(kg-부생가스/kg-투입가스)							
		CF_4 (PFC-14)	C_2F_6 (PFC-116)	CHF_3 (HFC-23)	CH_2F_2 (HFC-33)	C_3F_8 (PFC-218)	c-C_4F_8 (PFC-318)	SF_6	N_2O
$1-U_i$		0.6	NA	0.2	NA	NA	0.1	0.6	0.8
부생가스 배출계수	CF_4	NA	NA	0.07	NA	NA	0.009	NA	NA
	C_2F_6	NA	NA	0.05	NA	NA	NA	NA	NA
	C_3F_8	NA	NA	NA	NA	NA	NA	NA	NA
	CHF_3	NA	NA	NA	NA	NA	0.02	NA	NA

〈출처 : 2006 IPCC G/L〉

┃ PV 제조공정의 Tier 2a 배출계수(IPCC 기본값) ┃

전자산업		배출계수(kg-부생가스/kg-투입가스)							
		CF_4 (PFC-14)	C_2F_6 (PFC-116)	CHF_3 (HFC-23)	CH_2F_2 (HFC-33)	C_3F_8 (PFC-218)	c-C_4F_8 (PFC-318)	SF_6	N_2O
$1-U_i$		0.7	0.6	0.4	NA	0.4	0.2	0.4	0.8
부생가스 배출계수	CF_4	NA	0.2	NA	NA	0.2	0.1	NA	NA
	C_2F_6	NA	NA	NA	NA	NA	0.1	NA	NA
	C_3F_8	NA	NA	NA	NA	NA	NA	NA	NA

〈출처 : 2006 IPCC G/L〉

③ Tier 2b

Tier 2b는 공정별 계수를 적용하는 방법으로 각각의 세부공정은 구분하지 않고, 크게 식각과 CVD 세정공정으로만 구분하여 산정하는 방법이다. 배출제어기술에 따른 공정별 가스 제거 비율을 적용한다. 배출제어기술이 설치되지 않은 공정에서는 0을 적용한다.

㉮ 반도체/LCD/PV 생산 부문 산정식 – Tier 2b

$$E_{gas} = (1-h) \times \sum_{j} G_{j,k,p} \times (1 - U_{j,k,p}) \times (1 - a_{j,k,p} \times d_{j,k,p}) \times F_{eq,j} \times 10^{-3}$$

여기서, E_{gas} : FC 가스(j), N_2O 가스(k)의 배출량(ton CO_2-eq)

　　　　p : 공정 종류(식각 또는 CVD 세척)

　　　　$G_{j,k,p}$: 공정에 주입되는 FC 가스(j), N_2O 가스(k)의 질량(kg)

　　　　h : 가스 Bombe 내의 가스(j)의 잔류 비율(0에서 1 사이의 소수)

　　　　$U_{j,k,p}$: 공정에서의 각 FC 가스(j), N_2O 가스(k)의 사용 비율(0에서 1 사이의 소수)

$a_{j,k,p}$: 배출제어기술이 있는 공정에서의 FC 가스(j), N$_2$O 가스(k)의 부피 분율
(0에서 1 사이의 소수)

$d_{j,k,p}$: 배출제어기술이 있는 공정에서의 FC 가스(j), N$_2$O 가스(k)의 저감 효율
(0에서 1 사이의 소수)

$F_{eq,j}$: 온실가스(j)의 CO$_2$ 등가계수(GWP)

㉯ 부생가스 배출량 산정식 – Tier 2b

투입된 불소계 온실가스가 반응 과정에서 다른 불소계 온실가스로 전환되며, 그 전환된 불소계 온실가스의 배출량을 산정하는 방법으로 사용량에 대비한 전환계수를 적용하여 산정하는 방법이다. 부생가스의 종류는 CF$_4$, C$_2$F$_6$, CHF$_3$, C$_3$F$_8$ 등이다.

$$BPE_{i,j} = (1-h)\sum_p B_{i,j,p} \times FC_{j,p} \times (1 - a_{j,p} \times d_{i,p}) \times F_{eq,j} \times 10^{-3}$$

여기서, $BPE_{i,j}$: FC 가스(j) 사용에 따른 부생가스(i)의 배출량(tonCO$_2$-eq)

h : 가스 Bombe 내의 가스(j)의 잔류 비율(0에서 1 사이의 소수)

$B_{i,j,p}$: 배출계수로서 공정(p)에서 가스(j) 사용에 따른 부생가스(i)의 배출량,
부생가스(i)의 생산량(kg)/가스(j)의 사용량(kg)

$FC_{j,p}$: 공정(p)에 주입되는 가스(j)의 질량(kg)

$a_{j,p}$: 배출제어기술이 있는 공정(p) 중의 가스(j)의 부피 분율(0에서 1 사이의 소수)

$d_{i,p}$: 공정(p)에서 배출제어기술에 의한 부생가스(i)의 파괴율(0에서 1 사이의 소수)

$F_{eq,j}$: 온실가스(j)의 CO$_2$ 등가계수

㉰ 산정방법 특성

㉠ Tier 2b는 공정별 계수를 적용하는 방법으로 각각의 세부공정은 구분하지 않고 크게 식각과 CVD 세정공정으로만 구분하여 변수값을 따로 적용하도록 구성되어 있음.

• 사업장별로 결정해야 할 변수는 가스 Bombe에 잔류하는 불소계 온실가스의 양(h), 공정(식각 또는 CVD)에 투입되는 불소계 온실가스의 양(FC), 배출제어기술 공정 중의 불소계 온실가스의 부피 분율(a), 배출제어기술에 의한 불소계 온실가스의 파괴율(d)

• IPCC 기본값을 적용해야 할 변수는 공정에 투입되는 불소계 온실가스의 사용 비율(U), 공정에서 불소계 온실가스 사용에 따른 부산물의 배출(배출계수 : B)

㉡ 배출제어기술에 따른 공정별 가스 제거 비율을 적용하고, 단 배출제어기술이 설치되어 있지 않은 공정에서는 0을 적용함.

㉡ 산정 필요 변수

▌ 산정에 필요한 변수들의 관리기준 및 결정방법 ▌

매개변수	세부변수	관리기준 및 결정방법
활동자료	공정(p)에 주입되는 가스(j)의 질량 ($FC_{j,p}$)(kg)	공정에 투입된 불소계 온실가스의 중량을 측정불확도 ±5.0% 이내에서 측정 결정
배출계수	• 공정(p)에서의 각 불소계 온실가스 (j) 사용 비율(U_i, p) • 공정(p)에서 가스(j) 사용에 따른 부산물 CF_4의 배출량, CF_4 생산량 (kg)/가스(j)의 사용량(kg)	국가 고유배출계수 사용(단, 국가 고유배출계수 사용 불가 시 2006 IPCC 지침서의 기본값 적용)

▌ 배출제어기술 적용에 따른 FC가스 저감효율 ▌

제어기술	CF_4 (PFC-14)	C_2F_6 (PFC-116)	CHF_3 (HFC-23)	C_3F_8 (PFC-218)	$c-C_4F_8$ (PFC-318)	SF_6	N_2O
분해	0.9	0.9	0.9	0.9	0.9	0.9	0.6
회수/재생	0.75	0.9	0.9	NT	NT	0.9	NA

〈출처 : 2006 IPCC G/L〉

* NT ; Not Tested

▌ 반도체 제조공정의 Tier 2b 배출계수(IPCC 기본값) ▌

전자산업			배출계수(기판의 단위 면적당 온실가스 배출 중량)										
			CF_4 (PFC-14)	C_2F_6 (PFC-116)	CHF_3 (HFC-23)	CH_2F_2 (HFC-33)	C_3F_8 (PFC-218)	$c-C_4F_8$ (PFC-318)	SF_6	C_4F_6	C_5F_8	C_4F_8O	N_2O
식각 공정	1-U_i		0.7	0.4	0.4	0.06	NA	0.2	0.2	0.1	0.2	NA	1.0
	부생 가스 배출 계수	CF_4	NA	0.4	0.07	0.08	NA	0.2	NA	0.3	0.2	NA	NA
		C_2F_6	NA	NA	NA	NA	NA	0.2	NA	0.2	0.2	NA	NA
증착 공정 (CVD)	FC 가스 사용 비율		0.9	0.6	NA	NA	0.4	0.1	NA	NA	0.1	0.1	0.8
	부생 가스 배출 계수	CF_4	NA	0.1	NA	NA	0.1	0.1	NA	NA	0.1	0.1	NA
		C_2F_6	NA	NA	NA	NA	NA	NA	NA	NA	NA	NA	NA
		C_3F_8	NA	NA	NA	NA	NA	NA	NA	NA	NA	0.04	NA

〈출처 : 2006 IPCC G/L〉

‖ LCD 제조공정의 Tier 2b 배출계수(IPCC 기본값) ‖

전자산업			배출계수(기판의 단위 면적당 온실가스 배출 중량)							
			CF_4 (PFC-14)	C_2F_6 (PFC-116)	CHF_3 (HFC-23)	CH_2F_2 (HFC-33)	C_3F_8 (PFC-218)	$c-C_4F_8$ (PFC-318)	SF_6	N_2O
식각 공정	$1-U_i$		0.6	NA	0.2	NA	NA	0.1	0.3	1.0
	부생가스 배출계수	CF_4	NA	NA	0.07	NA	NA	0.009	NA	NA
		CHF_3	NA	NA	NA	NA	NA	0.02	NA	NA
		C_2F_8	NA	NA	0.05	NA	NA	NA	NA	NA
증착 공정 (CVD)	$1-U_i$		NA	NA	NA	NA	NA	NA	0.9	0.8
	부생가스 배출계수	CF_4	NA	NA	NA	NA	NA	NA	NA	NA
		C_2F_6	NA	NA	NA	NA	NA	NA	NA	NA
		C_3F_8	NA	NA	NA	NA	NA	NA	NA	NA

〈출처 : 2006 IPCC G/L〉

‖ PV 제조공정의 Tier 2b 배출계수(IPCC 기본값) ‖

전자산업			배출계수(기판의 단위 면적당 온실가스 배출 중량)							
			CF_4 (PFC-14)	C_2F_6 (PFC-116)	CHF_3 (HFC-23)	CH_2F_2 (HFC-33)	C_3F_8 (PFC-218)	$c-C_4F_8$ (PFC-318)	SF_6	N_2O
식각 공정	$1-U_i$		0.7	0.4	0.4	NA	NA	0.2	0.4	1.0
	부생가스 배출계수	CF_4	NA	NA	0.07	NA	NA	0.1	NA	NA
		C_2F_6	NA	NA	NA	NA	NA	0.1	NA	NA
증착 공정 (CVD)	$1-U_i$		NA	0.6	NA	NA	0.1	0.1	0.4	0.8
	부생가스 배출계수	CF_4	NA	0.2	NA	NA	0.2	0.1	NA	NA
		C_2F_6	NA	NA	NA	NA	NA	NA	NA	NA
		C_3F_8	NA	NA	NA	NA	NA	NA	NA	NA

〈출처 : 2006 IPCC G/L〉

④ Tier 3

Tier 2b와 동일한 산정식을 사용하나 사업장 고유값을 사용해야 하는 것이 다르다.

‖ 산정에 필요한 변수들의 관리기준 및 결정방법 ‖

매개변수	세부변수	관리기준 및 결정방법
활동자료	공정에 주입되는 가스(j)의 질량(kg)	측정불확도 ±2.5% 이내의 사업장별 제품 생산량 등을 측정하여 적용
배출계수	• 공정별로 가스(j)의 사용 비율($U_{j,p}$) • 공정별로 가스(j) 사용에 따른 부산물 배출량, 부생가스 생산량(kg)/가스(j) 사용량(kg)	사업자가 자체 개발한 고유배출계수(공정별 FC 가스 사용 비율, 부생가스 배출계수, 배출감축기술 적용에 따른 감축 효율 등)를 사용

2) 열전도 유체 부문

실온에서 액체 상태인 불소화합물 중 일부 PFCs는 전자제품 제조 과정에서 온도 조절을 위한 열전도 유체로 사용되며, TFT-FPD 세정 시에도 종종 사용된다. 전자부품을 전자기판에 납땜하는 과정 중에 대기 중으로 유출되며, 공정 중에 특정 설비를 식힐 때와 때때로 불량 브라운관을 재가공하여 완제품화하기 위해 브라운관 전·후면을 플루오르산과 질산으로 분리하여 세척하는 공정 중에도 외부로 유출된다. 열전도 유체로 사용하는 불소계 온실가스의 배출량을 산정하는 방법으로 국내 목표관리제에는 Tier 2를 사용하고 있다.

① Tier 2

Tier 2는 연간 액체 불소화합물의 물질수지를 활용하여 산정하는 방식이다. 산정기간 전후의 인벤토리를 활용하고, 사용량, 구매량 및 회수량, 충진량 등을 종합적으로 고려하여 산정하도록 구성되어 있으며, 배출량 산정을 위해 여러 종류의 자료가 필요하다.

㉮ 산정식

$$FC_j = p_j \times [I_{j,t-1}(l) + P_{j,t}(l) - N_{j,t}(l) + R_{j,t}(l) - I_{j,t}(l) - D_{j,t}(l)]$$
$$\times F_{eq,j} \times 10^{-3}$$

여기서, FC_j : FC 액체(j)의 배출량(ton CO_2-eq)

p_j : 액체(j)의 밀도(kg/L)

$I_{j,t-1}$: 산정기간 중 액체(j)의 인벤토리 총량(L)

$P_{j,t}$: 산정기간 중 액체(j)의 구매량과 회수량의 총합(L)

$N_{j,t}$: 산정기간 중 신설된 설비의 총 충진량(L)

$R_{j,t}$: 산정기간 중 퇴출된 설비와 판매된 설비 충진량 총합(L)

$I_{j,t}$: 산정기간 말 액체(j)의 인벤토리 총량(L)

$D_{j,t}$: 산정기간 중 퇴출된 설비 잔류로 인해 방출된 액체(j)의 총량(L)

$F_{eq,j}$: 온실가스(j)의 CO_2 등가계수

㉯ 산정방법 특성

㉠ 연간 액체 불소화합물의 사용량과 폐기된 설비로부터의 탈루배출을 산정하는 방법으로 여러 결정해야 할 변수가 많으며, 사업장별 자료가 이용 가능할 때 적용됨.

• 산정방법은 국가 고유값을 적용하도록 하는 Tier 2만 존재하나, 활동자료는 Tier 1, 2, 3 모두 존재함.

㉡ 배출계수가 없으며, 불소계 온실가스의 물질수지를 통해 결정하는 방식임.

④ 산정 필요 변수

‖ 산정에 필요한 변수들의 관리기준 및 결정방법 ‖

매개변수	세부변수	관리기준 및 결정방법
활동자료	• 액체 불소계 온실가스의 밀도 • 산정기간 전 액체 불소계 온실가스의 인벤토리 총량 • 산정기간 중 액체 불소계 온실가스의 구매량과 회수량의 총합 • 산정기간 중 신설된 설비의 불소계 온실가스 총 충진량 • 산정기간 중 퇴출된 설비와 판매된 설비 불소계 온실가스 충진량의 총합 • 산정기간 말 액체 불소계 온실가스의 인벤토리 총량 • 산정기간 중 퇴출된 설비 중에 잔류하고 있는 불소계 온실가스에 의한 탈루배출 총량	사용량, 구매량 등 물질수지 산정에 필요한 변수값들을 측정할 경우에 Tier 1, Tier 2, Tier 3의 측정불확도는 각각 ±7.5%, ±5.0%, ±2.5% 이내이어야 함.
배출계수	–	Tier 2에서는 물질수지법으로 온실가스 배출량을 산정하므로 배출계수는 없기 때문에 배출계수에 대한 관리기준은 해당사항이 없음.

06 오존파괴물질(ODS)의 대체 물질 사용

(1) 주요 공정의 소개

1) 오존파괴물질의 대체 물질 사용 소개

오존파괴물질(ODS ; Ozone Depleting Substance)의 대표적인 것은 프레온 가스이며, 이를 대체하기 위해 불소계 온실가스(HFCs, PFCs, SF_6)가 개발·소개되었으나 지구온난화지수가 높은 온실가스로 밝혀졌다.

불소계 온실가스의 배출 형태는 탈루배출이 대부분이며, 국내 목표관리제에서는 의무보고대상으로 분류하고 있지 않으며, 2013년부터 의무보고 하도록 규정하고 있다. 그러므로 ODS를 포함한 제품 제작자는 배출량을 보고는 하나, 관리업체의 온실가스 총 배출량에는 합산하지 않는다.

2) 오존파괴물질의 대체 물질 정의

오존층 파괴의 대표적 물질인 프레온은 부식성이 없는 무색·무미의 화학물질로 인체에 무해하며 매우 안정하여 폭발성도 없고 불에 타지도 않기 때문에 냉매 이외에도 발포제,

스프레이나 소화기의 분무제 등으로 사용되고 있다. 또한 화학산업이나 전자산업 등에서 제품 생산공정의 세척제 등 다양한 용도로 소비된다. 그러므로 프레온의 우수한 물성을 지니면서 오존층을 파괴하지 않는 물질의 개발이 필요했으며, 이러한 목적을 충족하는 대체 물질로서 HCFC-22 및 HFC-134a가 개발 · 보급되었다. 그러나 대체 물질 역시 지구 온난화에 강력한 영향(GWP : HFCs는 140~11,700, PFCs는 6,500~9,200, SF$_6$는 23,900)을 미치는 것으로 밝혀짐에 따라 교토의정서에서는 온실가스로 채택하여 규제하고 있다.

ODS 대체 물질은 주요 용도에 따라 비에어로졸 용매, 에어로졸, 발포제, 냉동 및 냉방 부문의 냉매, 소화기, 전기설비 및 기타 부문으로 구분될 수 있다.

3) ODS 대체 물질 사용 공정도 및 공정 설명

2011년부터 국내에서 시행되고 있는 온실가스 목표관리제도에서는 ODS 대체물질을 함유하고 있는 제품의 제작단계에서 주입 또는 사용되는 양을 별도 보고대상으로 하며, 전기설비를 제외한 사용 단계에서의 탈루성 배출은 보고대상으로 정하지 않고 있다. 일반적으로 ODS 대체 물질 사용의 공정은 다음과 같고, 용도별 대표 물질에 대한 설명은 표에 기술되어 있다.

┃ ODS 대체 물질 사용 공정 ┃

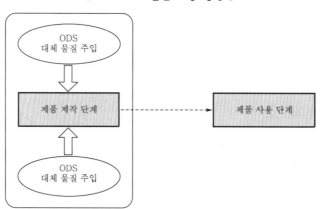

┃ ODS 대체 물질의 용도 및 대표 물질 ┃

배출시설	용 도	대표 물질
비에어로졸 용매	CFC-113 대체 물질로서 정밀 세척, 전자 세척, 금속 세척, 불순물 탈착 시 주요 사용	HFC-43-10me
에어로졸	추진제와 용매로 사용	• 추진제 : HFC-134a, HFC-227ea, HFC-152 • 용매 : HFC-245fa, HFC-365mfc, HFC-43-10mee

배출시설	용 도	대표 물질
발포제	CFCs 대체로 HFCs가 사용되고 있으며, 개방형 기포와 폐쇄형 기포로 구분	HFC-245fa, HFC-365mfc, HFC-227ea, HFC-134a, HFC-152a
냉동 및 냉방	CFCs와 HCFCs를 대체하기 위해 냉동 및 냉방장치의 냉매로 사용	HFC-134a, R-407, R-410A
소방 부문	• 할론 대체 물질로 개발 · 보급 • 전기의 공급원에서 공기 조절 시 화재 발생원 관리 • 화재 방재용 설비 충진물	HFCs, PFCs
전기설비	송전과 배전 중 전기절연체와 전류차단제	SF_6, PFCs
기타 사용	기타 ODS 사용	HFCs, PFCs

(2) 주요 배출시설의 이해

ODS 대체 물질 사용 부문에서 온실가스 공정배출 분야는 비에어로졸 용매, 에어로졸, 냉동 및 냉방, 소방 부문, 발포제, 전기설비 및 기타 부문이며 각 배출시설별 배출원인은 다음과 같다.

‖ ODS 대체 물질 사용 온실가스 공정배출원, 온실가스 종류 및 배출원인 ‖

배출공정	온실가스	배출원인
비에어로졸 용매	HFCs, PFCs	• 제품 제조 시 탈루배출 • 용매인 불소계 온실가스의 제품 보관 및 사용 형태는 반개방형으로 제품 사용 과정에서 외부로 즉각 배출 • 용매는 제품 사용 후 2년 이내에 모두 배출되는 것으로 판단
에어로졸		• 제품 제조 시 탈루배출 • 불소계 온실가스의 제품 보관 및 사용 형태는 반개방형으로 제품 사용 즉시 배출 • 대부분 제품 판매 후 2년 이내에 모두 배출됨.
발포제		• 개방형 기포는 HFCs가 제품 제조 과정 및 제조 직후 탈루배출 • 폐쇄형 기포는 HFCs가 제품 사용 중 탈루배출
냉동 및 냉방		• 냉매 주입(초기 주입 및 재충전 시) - 사용 - 폐기단계에서 탈루배출 • 냉매의 제품 보관 및 사용 형태는 폐쇄형으로 사용 과정에서 탈루배출은 미량으로 추정되고, 주입 및 재충전, 제품 폐기 과정에서 분해 · 처리하는 과정에서 탈루배출이 높음.
소방 부문		• 생산 과정에서의 탈루배출은 개방형 • 제품 사용 시는 개방형으로 즉시 탈루배출 • 소화가스는 용기 안에 충진하여 사용되므로 제품 수명과 배출이 밀접한 관련이 있는 폐쇄형 탈루배출 • 제품 사용 시 즉각 탈루
전기설비		• 생산 과정에서는 개방형 탈루배출 • 설치 - 사용 - 유지관리 - 폐기 과정에서 폐쇄형 탈루배출
기타 사용		기타 생산 과정 및 사용, 폐기 단계에서 탈루

(3) 온실가스 배출량 산정 · 보고 · 검증 절차

온실가스 배출량 산정 · 보고 · 검증 절차는 총 9단계로 구성되어 있으며, 에너지 고정연소 부문에서 특화되어 설명해야 할 부분은 1, 2, 5단계에 대해서만 다루었다.

1) 1단계 : 조직경계 설정

ODS 대체 물질 사용 시설의 조직경계와 온실가스 배출 특성은 그림과 같다. 배출 형태는 크게 직접 배출과 간접 배출로 구분할 수 있으며, 직접 배출은 고정연소에 의한 배출, 공정배출, 이동소에 의한 배출, 탈루배출로 구분할 수 있다.

| ODS 대체 물질 사용 시설의 조직경계 및 온실가스 배출 특성 |

2) 2단계 : 오존파괴물질의 대체 물질 사용 시설의 온실가스 배출활동 확인

ODS 대체 물질 사용 시설의 온실가스 배출활동을 운영경계를 기준으로 살펴보았다. 직접 배출원과 간접 배출원으로 구분되며, 직접 배출원에는 고정연소, 이동연소, 탈루배출, 공정배출이 있고, 간접 배출원은 외부 전기 및 열 · 증기 사용을 꼽을 수 있다. 철강 생산 시설의 온실가스 배출활동은 다음과 같다.

| 오존파괴물질의 대체 물질 시설의 온실가스 배출활동 |

운영경계	배출원	온실가스	배출활동
직접 배출원 (Scope 1)	고정연소	CO_2	ODS 대체 물질을 사용하는 시설에서 열분해 등 공정시설에서 사용되어지는 연료 연소에 의한 배출시설
		CH_4	
		N_2O	
	이동연소	CO_2	ODS 대체 물질을 사용하는 시설에서 업무용 차량 운행에 따른 온실가스 배출
		CH_4	
		N_2O	
	탈루배출	CO_2	• ODS 대체 물질을 사용하는 시설에서 화석 연료 사용과 연관된 탈루배출
		CH_4	• 목표관리지침에서는 탈루배출은 없는 것으로 가정 (2013년부터 고려)
	공정배출	HFCs	제품의 제조 – 사용 – 폐기 부문에서 탈루배출
		PFCs	
		SF_6	
간접 배출원 (Scope 2)	외부 전기 및 외부 열·증기 사용	CO_2	ODS 대체 물질 사용 시설의 전력 사용에 따른 온실가스 배출
		CH_4	
		N_2O	

3) 5단계 : 배출활동별 배출량 산정방법론의 선택

다음 표는 ODS 대체 물질 사용 시설에서의 배출량 산정방법론에서 정한 활동자료, 배출계수, 배출가스 농도, 유량 등 각 매개변수에 대하여 자료의 수집방법을 정하고 자료를 모니터링한 것이다.

| 배출시설 배출량 규모별 공정배출 산정방법 적용(최소 기준) |

배출활동	산정방법론			활동자료 제품 생산량/FC 가스 사용량			배출계수		
시설 규모	A	B	C	A	B	C	A	B	C
오존층파괴물질의 대체 물질 사용	1	1	1	1	1	1	1	1	1
기타 온실가스 배출 및 사용	–	–	–	–	–	–	–	–	–

(4) 온실가스 배출량 산정방법

오존파괴물질(ODS)의 대체 물질 사용 공정의 보고대상 배출시설은 총 7개 시설이다.

① 비에어로졸 용매

② 에어로졸

③ 발포제

④ 냉동 및 냉방

⑤ 소방

⑥ 전기설비

⑦ 기타 사용

보고대상 온실가스와 온실가스별로 적용해야 하는 산정방법론은 다음과 같다.

구 분	FCs
산정방법론	Tier 1, 2, 3

1) 비에어로졸 용매

용매는 제품 사용 후 1~2년 내에 모두 배출되므로 즉각배출로 간주하고 있다. 국내 목표관리제에서 적용하도록 요구하고 있는 비에어로졸 용매의 온실가스 배출량 산정방법은 Tier 1밖에 없으며, 산정식은 다음과 같다.

① Tier 1

㉮ 산정식

Tier 1은 용매를 충진한 제품의 수명을 2년으로 가정하여 2년 동안에 걸쳐 배출되며, 배출량은 잔류량의 50%가 배출된다고 가정하였다. 이러한 가정을 토대로 개발된 산정식은 다음과 같다.

활동자료인 t년도에 구매한 용매의 양(S_t), t-1년도에 구매한 용매의 양(S_{t-1})에 배출계수를 곱하고, 조직경계 내부에서 처리하거나 조직경계 외부로 반출한 양(D_{t-1})을 제외시켜 HFCs, PFCs 배출량을 산정하는 단순한 방법이다.

$$E_t = S_t \times EF + S_{t-1} \times (1 - EF) - D_{t-1}$$

여기서, E_t : t년도에 배출된 양(kg)

S_t : t년도에 구매한 용매의 양(kg)

S_{t-1} : t-1년도에 구매한 용매의 양(kg)

EF : 배출계수(구매한 첫 해의 배출률=0.5, 향후 센터에서 별도의 계수를 공표할 경우 그 값을 적용한다.)

D_{t-1} : 조직경계 내부에서 처리하거나 조직경계 외부로 반출한 양(kg)

㉯ 산정방법 특징

　㉠ 산정 대상 온실가스는 HFCs, PFCs임.

　㉡ 용매의 사용기간을 2년으로 가정하여, 특정년도의 배출량은 그 해에 생산·보급된 용매에 의한 배출량(생산·보급량의 0.5가 첫 해에 배출된다고 가정)과 그 전년도에 생산·보급된 용매에 의한 배출량(생산·보급량(S_{t-1})에서 첫 해에 배출된 양($S_{t-1}XEF$)을 제외한 양에서 잔류량(D_{t-1})을 빼준 양)의 합으로 표현함.

　㉢ 배출계수는 다른 부문에서 사용하는 원단위 배출량이 아닌 배출 비율로 첫 해를 기준하여 0.5 적용, 2차 연도에는 동일한 배출계수를 적용하지 않았고, 2차 연도에 이월된 양에서 잔류량을 제하여 산정하였음.

㉰ 산정 필요 변수

‖ 산정에 필요한 변수들의 관리기준 및 결정방법 ‖

매개변수	세부변수	관리기준 및 결정방법
활동자료	• t년도에 판매된 용매 양 • $t-1$년도에 판매된 용매 양 • $t-1$년도에 폐기된 용매 양	• 구매영수증 및 판매기 장부에 의해 결정 • 폐기물 용매의 양 측정하여 결정(Tier의 측정불확도 기준에 따라 측정 결정)
배출계수	사용한 첫 해의 배출률(=0.5)	제품을 사용하기 시작한 첫 해에 배출되는 양이 초기 주입량의 50%라는 비율을 배출계수로 사용

2) 에어로졸

국내 목표관리제에서 적용하도록 요구하고 있는 에어로졸에 의한 불소계 온실가스 배출량 산정방법은 Tier 1밖에 없으며, 산정식은 다음과 같다.

① Tier 1

에어로졸에 함유된 불소계 온실가스는 사용과 더불어 배출되며, 제품의 수명은 최대 2년으로 가정한다. 한편 에어로졸의 불소계 온실가스는 회수처리 또는 재활용을 하지 않고 있으며, 폐기된 제품에는 실제로 잔류량도 거의 없는 것으로 알려지고 있다. 그러므로 비에어로졸의 산정식에서 폐기된 양에 대한 항만 없애면 동일하다.

㉮ 산정식

Tier 1은 활동자료인 t년도에 판매된 에어로졸 제품에 포함된 HFCs와 PFCs의 양(S_t), $t-1$년도에 판매된 에어로졸 제품에 포함된 HFCs와 PFCs의 양(S_{t-1})에 배출계수를 곱하여 HFCs, PFCs 배출량을 산정하는 단순한 방법이다.

$$E_t = S_t \times EF + S_{t-1} \times (1 - EF)$$

여기서, E_t : 연간 배출량(kg)

　　　　S_t : t년도에 판매된 에어로졸 제품에 포함된 HFCs와 PFCs의 양(kg)

　　　　S_{t-1} : $t-1$년도에 에어로졸 제품에 포함된 HFCs와 PFCs의 양(kg)

　　　　EF : 배출계수(사용한 첫 해의 배출률=0.5)

④ 산정방법 특징

　　㉠ 산정 대상 온실가스는 HFCs, PFCs임.

　　㉡ 용매의 사용기간을 2년으로 가정하여 특정 연도의 배출량은 그 해에 생산·보급된 용매에 의한 배출량(생산·보급량의 0.5가 첫 해에 배출된다고 가정)과 그 전년도에 생산·보급된 용매에 의한 배출량(생산·보급량(S_{t-1})에서 첫 해에 배출된 양($S_{t-1} \times EF$)을 제외한 양에서 잔류량(D_{t-1})을 빼준 양)의 합으로 표현함.

　　㉢ 배출계수는 다른 부문에서 사용하는 원단위 배출량이 아닌 배출 비율로 첫 해를 기준하여 0.5를 적용하였으며, 비록 2차 연도의 배출계수는 정해주지 않았으나 실질적으로 2차 연도의 배출계수도 0.5가 되는 셈임.

　⑤ 산정 필요 변수

┃ 산정에 필요한 변수들의 관리기준 및 결정방법 ┃

매개변수	세부변수	관리기준 및 결정방법
활동자료	• t년도에 판매된 에어로졸 제품에 포함된 HFCs와 PFCs의 양 • $t-1$년도에 판매된 에어로졸 제품에 포함된 HFCs와 PFCs의 양	구매영수증 및 판매기록장부에 의해 결정
배출계수	사용한 첫 해의 배출률(=0.5)	에어로졸 제품의 수명이 2년 이하로 가정되기 때문에 초기 충진량의 50%를 기본배출계수로 적용

3) 발포제

국내 목표관리제에서 적용토록 요구하고 있는 발포제의 온실가스 배출량 산정방법은 Tier 1밖에 없으며, 산정식은 다음과 같다.

① 폐쇄형 기포(Closed Cell)발포제 : Tier 1

　㉮ 산정식

　　활동자료인 t년도에 폐쇄형 기포발포제 생산에 사용된 총 HFC의 양(M_t), 폐쇄형 발포제 생산 과정에서 $t-n$과 t년 사이의 HFC 몰입량($Bank_t$), t년도 폐기손실량(DL_t), t년도의 회수나 파기에 의한 HFC 배출방지량(RD_t)에 배출계수를 곱하여 HFCs 배출량을 산정하는 단순한 방법이다.

$$E_t = M_t \times EF_{FYL} + Bank_t \times EF_{AL} + DL_t - RD_t$$

여기서, E_t : t년도의 연간 폐쇄형 기포발포제에 의한 배출량(kg/yr)

M_t : t년도의 폐쇄형 기포발포제 생산에 사용된 총 HFC의 양(kg/yr)

EF_{FYL} : 첫 해의 손실배출계수, 비율

$Bank_t$: 폐쇄형 기포발포제 생산 과정에서 $t-n$과 t년 사이의 HFC 몰입량(kg)

EF_{AL} : 연간 손실배출계수, 비율

DL_t : t년도의 폐기손실량(kg), 즉 수명이 다한 제품을 폐기할 때 그 안에 남아 있는 불소계 온실가스의 양

RD_t : t년도의 회수나 파기에 의한 HFCs 배출방지량(kg)

n : 폐쇄형 기포발포제의 수명(year)

$t-n$: 발포제 안에서 HFC가 존재하고 있는 총 기간

㉯ 산정방법 특징

　㉠ 산정 대상 온실가스는 HFCs이고, 발포제 제품이 연속적으로 생산, 사용, 폐기되는 특정 시점(t)에서의 배출량을 산정하는 것임.

　㉡ 활동자료는 t년도에 폐쇄형 기포발포제 생산에 사용된 총 HFC의 양, 폐쇄형 발포제 생산 과정에서 $t-n$과 t년 사이의 HFC 총 몰입량임.

　㉢ 배출계수는 첫 해의 t년도 폐기손실비율, $t-n$과 t년 사이 연간손실비율로 일반적인 원단위 배출량이 아닌 잔류량 대비한 손실비율임.

　㉣ 이외에도 특정 시점 t에서의 폐기손실량, 회수 또는 파괴에 의한 HFCs 제거량 등은 본 방법에서 적용하고 있는 활동자료 및 배출계수와는 무관하나 배출량 산정에 직접 관련이 있는 변수임.

㉰ 산정 필요 변수

‖ 산정에 필요한 변수들의 관리기준 및 결정방법 ‖

매개변수	세부변수	관리기준 및 결정방법
활동자료	• t년도에 폐쇄형 기포발포제 생산에 사용된 총 HFC의 양 • 폐쇄형 발포제 생산 과정에서 $t-n$과 t년 사이의 HFC 몰입량	• 구매영수증 및 판매기록장부에 의해 결정 • 폐기손실량을 측정하여 결정(Tier 기준에 따라 측정불확도 적용) • 회수나 파기에 의한 HFCs 감축량 측정(Tier 기준에 따라 측정불확도 적용) 및 관련 내부 문서 활용
배출계수	• 첫 해의 손실배출계수(비율) • 기포제 내의 불소계 온실가스의 연간 손실배출계수(비율)	IPCC 기본배출계수 – 제품 수명 : $n=20$years – 첫 해의 손실률 : 10%(생산공정 중 재활용 사용에 따라 5%로 떨어지기도 함) – 연간 손실률 : 순수한 HFC는 4.5%/year
폐기손실량	t년도 폐기손실량	Tier 기준 근거하여 측정불확도 적용(Tier 1 : ±7.5%, Tier 2 : ±5.0%, Tier 3 : ±2.5%)
회수 및 파괴량	t년도의 회수나 파기에 의한 HFC 배출방지량	

② 개방형 기포(Open Cell)발포제 : Tier 1

㉮ 산정식

개방형 발포제는 생산된 첫 해에 모두 손실된다고 가정하므로, 첫 해 손실률이
100%이므로 초기 주입량이 모두 배출되며, 산정식은 다음과 같다.

$$E_t = M_t$$

여기서, E_t : t년도에 개방형 기포발포제 생산에 따른 배출량(kg)

M_t : t년도에 개방형 기포발포제 생산에 사용된 총 HFC의 양(kg)

㉯ 산정방법 특징

㉠ 산정 대상 온실가스는 HFCs이고, 생산 즉시 배출된다는 가정

㉡ 활동자료로서 t년도에 개방형 기포발포제 생산량이고, 생산 즉시 배출되며
1년 이내 모두 배출된다고 가정하므로 특별히 배출계수는 필요하지 않으나,
폐쇄형 기포발포제와 동일한 개념의 배출계수를 적용한다면 100%가 됨(폐쇄
형 기포발포제의 배출계수(EFFYL)는 50%).

㉰ 산정 필요 변수

┃ 산정에 필요한 변수들의 관리기준 및 결정방법 ┃

매개변수	세부변수	관리기준 및 결정방법
활동자료	t년도에 개방형 기포발포제 생산에 사용된 HFCs의 양(잔고량에 대한 보정 필요)	• 구매영수증 및 판매기록장부에 의해 결정 • Tier 기준 근거하여 측정불확도 적용(Tier 1 : ±7.5%, Tier 2 : ±5.0%, Tier 3 : ±2.5%)

4) 냉동 및 냉방

냉장고와 에어컨의 냉매 충진물로 사용되던 CFCs, HCFCs를 대체하여 HFCs를 주로 사
용하고 있다.

산업공정용 냉각장치와 이동식 냉방장치에서는 HFC-134a(CFC-12를 대체)를 사용하고,
고정 냉방장치는 R-407, R-410A 등 HFC 혼합물(HCFC-22 대체), 상업용 냉각시스템에
서는 R-404A, R-507A, R-502와 같은 HFC 혼합물(HCFC-22 대체)이 사용되고 있다.

꼼꼼 check✔ 냉동 및 냉장 부문의 6가지 용도

1. 가정용 냉동장치
2. 승객용 자동차, 트럭, 버스, 기차 등에 사용되는 이동식 냉방장치
3. 자동판매기로부터 슈퍼마켓의 중앙 냉동장치에 이르는 다양한 유형의 설비를 포함한 상업용 냉동장치
4. 냉각장치와 냉동 저장, 식품에 사용되는 산업 열펌프, 석유화학 및 기타 산업을 포함한 산업공정
5. 냉동 트럭과 저장고, 대형 냉장차, 트럭에 사용되는 설비와 시스템을 포함한 산업공정
6. 건설 및 거주 용도에 대한 공기 대 공기시스템, 열펌프, 그리고 냉각장치를 포함한 고정 냉방장치

국내 목표관리제에서 적용하도록 요구하고 있는 냉동 및 냉방의 온실가스 배출량 산정 방법은 Tier 1밖에 없다.

① Tier 1~2

  ㉮ 산정식

    냉동 및 냉방 부문에서의 불소계 온실가스 배출은 4단계(유통단계, 충진단계, 사용단계, 폐기단계)에서 이뤄진다고 보고, 각 단계에 대해 산정식을 제시하고 있다.

$$E_{T,t} = E_{Containers,t} + E_{Charge,t} + E_{LT,t} + E_{EOL,t}$$

여기서, $E_{T,t}$: t년도의 냉동 및 냉방 부문의 총 배출량(kg)

$E_{Containers,t}$: t년도의 HFCs를 이송·저장하는 과정에서의 총 배출량(kg)

$E_{Charge,t}$: t년도의 시스템 제조공정에서의 배출량(kg)

$E_{LT,t}$: t년도의 시스템 운전 시의 HFCs 배출량(kg)

$E_{EOL,t}$: t년도의 시스템 폐기 시의 HFCs 배출량(kg)

$$E_{Containers,t} = RM_t \times \frac{c}{100}$$

$$E_{Charge,t} = M_t \times \frac{k}{100}$$

$$E_{LT,t} = B_t \times \frac{x}{100}$$

$$E_{EOL,t} = M_{t-d} \times \frac{p}{100} \times \left(1 - \frac{\eta_{rec,d}}{100}\right)$$

여기서, RM_t : t년도의 냉동 사용 부문에 대한 HFCs 시장 규모(kg)

c : 현재 냉동시장의 HFCs 이송 전환에 대한 배출계수(%)

M_t : t년도의 신규 설비에 충진하는 HFCs의 양(kg)

k : t년도의 신규 설비에 충진 시 손실되는 HFCs에 대한 배출계수(%)

B_t : t년도의 시스템 안에 존재하는 HFCs의 Bank양(kg)

x : t년도의 설비를 운전하거나 유지보수 시 손실 또는 누출되는 HFCs 연간 배출률(%)

M_{t-d} : $t-d$년도에 새 시스템 설치 시 처음 충전한 HFCs의 양(kg), d는 제품의 수명

p : 충전 총량 대비 폐기 시 설비 안에 남은 HFCs 양의 비율(%)

$\eta_{rec,d}$: 폐기 시 회수 효율(%)

  ㉯ 산정방법 특징

    ㉠ 유통부터 폐기까지의 전 단계에서의 불소계 온실가스 배출에 대해 부문별로 구분하여 산정하였으며, 각 단계별 배출량은 활동자료와 배출계수(사용량 또는 잔류량 대비한 배출 비율)를 적용하여 산정

    ㉡ 제품의 재충전과 관련된 부분이 다뤄지지 않고 있으며, 배출량 산정이 과소평가될 수 있는 소지가 있음.

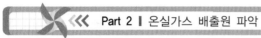

㉰ 산정 필요 변수

┃ 산정에 필요한 변수들의 관리기준 및 결정방법 ┃

매개변수	세부변수	관리기준 및 결정방법
활동자료	t년도의 냉동 및 냉장 부문에서의 HFCs 시장 규모(RM_t)	• 구매영수증 및 판매기록장부에 의해 결정 • Tier 기준 근거하여 측정불확도 적용 (Tier 1 : ±7.5%, Tier 2 : ±5.0%, Tier 3 : ±2.5%)
	t년도의 신규 설비 및 제품에 충진하는 HFCs의 양(M_t)	
	t년도의 설비 및 제품 내 존재하는 HFCs의 Bank 양(B_t)	
	$t-d$년도에 새 시스템 설치 시 처음 충전한 HFCs의 양(M_{t-d})	
배출계수	현재 냉동시장의 HFCs 용기에 대한 배출계수(c)	2006 IPCC 기본배출계수
	t년도 설비를 운전하거나 유지보수 시 손실 또는 누출되는 HFCs의 연간 배출률(x)	
	충전 총량 대비 폐기 시 설비 안에 남은 HFCs 양의 비율(p)	
회수효율	폐기 시 회수효율($\eta_{rec,d}$)	

┃ 냉동 및 냉방 시스템의 충진량, 수명, 배출계수 추정치 ┃

하위 용도	배출계수(초기충진율%/year)		수명이 다한 후 최종배출량(%)
식의 계수	k	x	p
구 분	최초배출량	운전 중 배출량	초기충진 잔량
가정용 냉장고	0.6	0.3	40
상업용 독립형 냉장고	1.75	8	40
상업용 중대형 냉장고	1.75	22.5	75
수송용 냉장고	0.6	32.5	25
식품가공 및 보관용 산업 냉장고	1.75	16	75
냉각장치	0.6	8.5	90
주거 및 상업용 에어컨(열펌프 포함)	0.6	5.5	40
차량용 에어컨	0.35	15	25

〈출처 : 2006 IPCC 국가 인벤토리 작성을 위한 가이드라인〉

5) 소방 부문

할론(Halon Gas, Bromotrifluoromethane, CF_3Br)의 부분적 대체물로서 HFCs, PFCs 가 사용되고 있으며, 이동식 설비와 고정식 설비가 있다. 국내 목표관리제에서 적용하 도록 요구하고 있는 소방 부문의 온실가스 배출량 산정방법은 Tier 1밖에 없다.

① Tier 1

Tier 1은 소방시설의 불소계 온실가스의 물질수지(Bank양 결정)에 기초하여 온실가 스 배출량을 산정하는 방법이다.

㉮ 산정식

$$Emissions_t = Bank_t \times EF + RRL_t$$

$$여기서, \ Bank_t = \sum_{i=t_0}^{t}(PR_i + Imports_i - Exports_i - Destruction_i - Emissions_{i-1} - RRL_t)$$

여기서, $Emissions_t$: t년도의 소방설비로부터 불소계 온실가스 배출량(kg)

$Bank_t$: t년도의 소방설비로부터의 불소계 온실가스 Bank(kg)

EF : 매년 소방설비에서 배출되는 불소계 온실가스의 비율(고정설비 IPCC 기본 값은 2%, 휴대장비의 IPCC 기본값은 4% 적용)

PR_i : $t-t_0$년간 소방설비 사용을 위해 새로 제공된(재활용된) 약품량(kg)

$Imports_i$: $t-t_0$년간 소방설비의 약품 수입량(kg)

$Exports_i$: $t-t_0$년간 소방설비의 약품 수출량(kg)

$Destruction_t$: 소방설비 폐기에 의해 수집 및 파기된 약품의 양(kg)

RRL_t : t년도의 소방시설의 회수, 재활용, 폐기 시 배출량(kg)

㉯ 산정방법 특징

소방 부문의 불소계 온실가스의 생산량, 수입량, 수출량, 파괴량 등을 고려하 여 특정 연도의 잔류량을 결정하고 이 잔류량에 대비한 탈루비율을 곱하여 배 출량을 결정

• 활동자료는 소방시설 불소계 온실가스의 Bank양으로서, 생산량＋수입량－수 출량－파괴량－배출량으로 표현되며, 배출계수는 Bank양 대비 배출비율로서 일반적인 배출계수인 원단위 배출량하고는 다른 개념의 배출계수임.

ⓓ 산정 필요 변수

▎ 산정에 필요한 변수들의 관리기준 및 결정방법 ▎

매개변수	세부변수		관리기준 및 결정방법
활동자료	유입량	t년도의 소방설비의 불소계 온실가스 Bank 양($Bank_t$)	• 구매영수증 및 판매기록장부에 의해 결정 • Tier 기준 근거하여 측정불확도 적용(Tier 1 : ±7.5%, Tier 2 : ±5.0%, Tier 3 : ±2.5%)
		특정 기간($t-t_0$) 동안의 소방설비 불소계 온실가스 생산량, $\sum_{i=t_0}^{t} Production_i$	
		특정 기간($t-t_0$) 동안의 소방설비의 약품 수입량, $\sum_{i=t_0}^{t} Imports_i$	
활동자료	유출량	특정 기간($t-t_0$) 동안의 소방설비의 약품 수출량, $\sum_{i=t_0}^{t} Exports_i$	• 구매영수증 및 판매기록장부에 의해 결정 • Tier 기준 근거하여 측정불확도 적용(Tier 1 : ±7.5%, Tier 2 : ±5.0%, Tier 3 : ±2.5%)
		특정 기간($t-t_0$) 동안의 소방설비의 약품 수입량, $\sum_{i=t_0}^{t} Destruction_i$	
		t년 이전까지의 배출량, $\sum_{i=t_0}^{t-1} E_i$	
배출계수	소방시설 불소계 온실가스 Bank에 대한 탈루비율		2006 IPCC 기본배출계수
수집 및 파괴량	t년의 소방시설 폐기에 의해 수집 및 파기된 약품의 양		• 구매영수증 및 판매기록장부에 의해 결정 • Tier 기준 근거하여 측정불확도 적용(Tier 1 : ±7.5%, Tier 2 : ±5.0%, Tier 3 : ±2.5%)

6) 전기설비

전기설비에는 SF₆과 PFCs가 주로 사용되며, 송전과 배전 중 전기설비에서 전기절연체와 전류차단제로 주로 사용되고 있다. 우리나라에서는 대부분 SF₆을 사용한다고 알려져 있다.

① Tier 1~2

산정방법은 설비의 정격용량에 따른 SF₆과 PFCs의 생산단계, 설치단계, 사용단계, 폐기단계에서의 사용량을 결정하고, 각 단계별 SF₆과 PFCs의 배출 비율인 배출계수를 곱하여 결정하는 방식이다. IPCC에서 제공한 기본배출계수를 사용하는 경우는 Tier 1이 되고, 국가 고유배출계수를 적용하는 경우는 Tier 2가 된다.

ⓐ 산정식

$$E_t = E_{Man} + E_{Ins} + E_{Use} + E_{Disposal}$$

여기서, E_t : 전기설비 부문에서 발생하는 총 배출량(kg)

E_{Man} : 제작단계 배출계수×전기설비 제작에 사용된 총 온실가스(SF_6 또는 PFCs) 소비량(kg)

E_{Ins} : 설치단계 배출계수×사용 중인 전기설비의 총 온실가스(SF_6 또는 PFCs) 정격용량(kg)

E_{Use} : 사용단계 배출계수×사용 중인 전기설비의 총 온실가스(SF_6 또는 PFCs) 정격용량(kg)

$E_{Disposal}$: 폐기 전기설비의 총 온실가스 정격용량(kg)×폐기 전기설비의 온실가스 잔여율(fraction)×(1−재활용 또는 파괴 목적의 온실가스 회수율(fraction))

㉯ 산정방법 특징

　㉠ 제조, 설치, 사용, 폐기단계에서의 SF_6과 PFCs의 사용량을 활동자료로 사용하고, 각 단계별 배출 비율을 배출계수로서 적용하여 산정하는 방법임.

　㉡ 신규 설비의 설치과정에서의 SF_6과 PFCs 배출은 거의 일어나지 않는다고 알려지고 있어 SF_6과 PFCs의 배출단계를 제조, 사용, 폐기의 세 단계로 가정해도 큰 문제는 없음.

㉰ 산정 필요 변수

∥ 산정에 필요한 변수들의 관리기준 및 결정방법 ∥

매개변수	세부변수	관리기준 및 결정방법
활동자료	설비 생산 시 사용되는 SF_6 또는 PFCs의 양	Tier 1과 Tier 2는 측정불확도 각각 ±7.5%, ±5.0% 이내에서 사용량 측정 결정
	신규 설비의 충진용량	Tier 1과 Tier 2는 측정불확도 각각 ±7.5%, ±5.0% 이내에서 신규 충진용량 측정 결정
	설치된 설비의 충진용량	Tier 1과 Tier 2는 측정불확도 각각 ±7.5%, ±5.0% 이내에서 충진용량 측정 결정
	폐기되는 설비의 충진용량	Tier 1과 Tier 2는 측정불확도 각각 ±7.5%, ±5.0% 이내에서 폐기된 설비의 충진용량 측정 결정
배출계수	생산배출계수	• Tier 1 : 2006 IPCC 기본배출계수
	사용배출계수	• Tier 2 : 국가 고유배출계수(GIR에서 고시한 값 사용)를 적용해야 하나, 아직까지 국가 고유배출계수
	폐기 시의 잔류 비율	가 개발·소개되지 않고 있는 실정임.

SF_6이 들어있는 밀폐압력 전기설비(MV 개폐기), 가스절연체, 폐쇄압력 전기설비(HV 개폐기)의 IPCC 기본배출계수를 도시하고 있다.

∥ SF_6이 들어있는 전기·전자설비의 IPCC 배출계수 ∥

조건 / 지역	생산(제조업자의 SF_6 소비율)	사용(누출, 파손/아크, 결점, 유지손실 포함) (설치된 설비의 연간 정격용량 대비 비율)	폐기(폐기설비의 정격용량 비율)	
			수명(년)	폐기 시 잔류 비율
일본	0.29	0.007	Not Reported	0.95

② Tier 3

Tier 3은 물질수지법을 적용하여 사용단계에서의 SF₆ 또는 PFCs 배출량을 산정하는 방법으로 제조, 설치, 폐기단계에서의 배출은 실제로는 크지 않기 때문에 고려하지 않았다.

㉮ 산정식

산정식은 사용 중인 설비의 SF₆ 또는 PFCs 재충전량에서 회수량을 빼서 사용단계에서의 배출량을 결정하는 물질수지방법이다. 설비의 SF₆ 또는 PFCs는 적게나마 탈루가 일어나며, 일정한 주기로 재충전하고 있다. 이 과정에서 잔류량을 회수하고, 재충전하기 때문에 재충전량에서 회수량을 빼주게 되면 충전기간 사이의 배출량을 산정할 수 있다.

$$E_{Use} = FG_{Recharge} - FG_{Recovery}$$

여기서, E_{Use} : 설비 사용단계에서 배출되는 온실가스(SF₆ 또는 PFCs)의 총량(kg)
$FG_{Recharge}$: 사용 중인 설비의 온실가스(SF₆ 또는 PFCs) 재충전량(kg)
$FG_{Recovery}$: 사용 중인 설비의 온실가스(SF₆ 또는 PFCs) 회수량(kg)

㉯ 산정방법 특징

설비 사용단계의 Tier 3 배출량 산정방법은 물질수지접근법을 이용하여 산정하였고, 배출계수를 적용하지 않고, 재충전량과 회수량을 직접 측정하여 결정하는 방법이다.

㉰ 산정 필요 변수

┃ 산정에 필요한 변수들의 관리기준 및 결정방법 ┃

매개변수	세부변수	관리기준 및 결정방법
활동 자료	사용 중인 설비의 온실가스 (SF₆ 또는 PFCs) 재충전량	• 측정불확도 ±2.5% 이내의 재충전량과 회수량 측정 결정 • 충전물질의 구매영수증 및 측정에 의하여 사용 중인 설비의 재충전량 결정 • 회수업체에 의해 회수된 양을 측정 결정
	사용 중인 설비의 온실가스 (SF₆ 또는 PFCs) 회수량	

07 암모니아 생산

(1) 주요 공정의 이해

1) 암모니아 생산공정 정의

암모니아 생산공정은 수소와 질소를 고온고압에서 촉매반응을 통해 암모니아로 합성하는 과정으로 정의할 수 있으며, 반응식은 다음과 같다.

$$N_2 + 3H_2 \longrightarrow 2NH_3$$

반응식에서도 알 수 있듯 암모니아 생산을 위해서는 원료물질인 질소와 수소를 안정적이고 저렴하게 확보하는 방안이 필요하다.

질소는 대기로부터 분리·정제하여 사용하거나 직접 공기 사용이 가능한 반면에 수소는 탄화수소(예 납사, 천연가스, LPG)를 부분산화하여 생성·확보해야 한다.

2) 공정도 및 공정 설명

암모니아 생산공정은 크게 합성원료 제조공정, 정제공정, 암모니아 합성공정으로 구분할 수 있다. 합성원료 제조공정은 탈황공정, 개질공정, 변성공정으로 구성되어 있고, 정제공정은 수소의 순도를 높이는 공정으로 흡수탑과 메탄화로로 구성되어 있다. 암모니아 합성공정은 합성탑과 암모니아 분리공정으로 이루어져 있다.

화학비료 및 질소화합물 제조시설 중 암모니아 생산시설의 제조공정은 나프타 탈황 → 나프타 개질 → 가스전환 → 가스정제 → 암모니아 합성의 5단계로 구분된다.

① 합성원료 제조공정

⑦ 탈황공정

탈황공정은 수소화를 위한 전처리공정이며, 황 성분은 접촉개질공정에서 사용되고 있는 촉매 기능을 저하시키고 산성 분위기 형성 등을 초래하므로 반드시 제거해야 할 성분 중 하나이다.

탈황공정은 원료유와 수소를 혼합하여 고온고압 하에서 촉매(주로 Co-Mo계 또는 Ni-Mo계)와 접촉시켜 납사 등의 원료물질에 포함되어 있는 황 성분을 제거하는 공정이다. 탈황공정에서는 탈질소, 탈산소, 탈금속 및 수소화 포화반응도 함께 진행되므로 부가적인 효과도 거둘 수 있다.

⑭ 수소제조공정

암모니아 합성을 위한 수소(H_2)를 제조하는 단계로, 우리나라나 일본에서는 천연가스 산출량이 적어 납사가 원료로 가장 많이 사용되고 있다. 그 다음으로 부탄을 중심으로 한 석유잔사가스, LPG 등이 사용된다. 유체 원료로부터 수소를 제조하는 방법으로는 수증기 개질법(메탄과 납사까지의 경질 유분에 적용하는 가압식 방법), 부분산화법(중질유분, 콜타르, 석탄까지 사용 가능한 상압식 방법)으로 구분할 수 있다. 현재는 상압식에서 가압식으로 바뀌고 있는 과정에 있다.

⑭ 수증기 개질법

수증기 개질기술 중 촉매(ICI 25-4와 57-4 등의 니켈 산화물 계열 촉매)를 이용한 개질공정은 황 성분이 제거된 원료물질(예 천연가스)을 개질시켜 고농도의 수소를 생성하게 된다. CH_4 1mole당 수소생산수율(3mole)이 높아 경제적인 수소 생산방법이기는 하지만, 반응속도가 느려 공정 규모가 커지고, 부하변동에 대한 정상상태로서의 응답 특성이 느린 단점이 있다.

천연가스와 수증기를 반응시켜 수소를 생성하는 수증기 개질화 반응은 CO와 CO_2가 부생된다.

$$CH_4 + H_2O \leftrightharpoons CO + 3H_2$$
$$2C_7H_{15} + 14H_2O \rightarrow 14CO + 29H_2$$
$$CO + H_2O \leftrightharpoons CO_2 + H_2$$

CO_2는 촉매를 오염시키기 때문에 메탄올, 아세톤, 액화질소 등의 유기용매에 흡수·제거해야 한다. 이러한 과정을 거치고 나면 수소 기체에는 약 0.1%의 CO_2와 0.5%의 CO가 남게 된다.

㉣ 부분산화법

부분산화법은 순산소를 공급하여 CH_4를 부분산화하여 수소를 생산하는 방법으로 촉매의 유무에 따라 무촉매 부분산화법(POX), 촉매 부분산화법(CPO ; Catalytic Partial Oxidation)으로 분류되며, 천연가스와 산화제가 반응기로 주입되어 1,200~1,400℃ 정도의 고온에서 합성가스를 생성한다. 부분산화법은 수증기 개질법과 비교하여 수소가 적게 생산되며, 공정 특성상 산소가 필요하므로, 산소제조설비를 위한 투자비가 증가하는 문제점과 고온에서 반응하므로 코크스가 부산물로 생성되는 단점이 있다.

㉤ 변성공정

개질공정의 부산물로 생성된 CO는 수증기와 촉매 하에서 반응하여 CO_2와 H_2를 생산한다.

$$CO + H_2O \rightarrow CO_2 + H_2$$

전환반응은 1950년경 저온전환촉매(Cu-Zn계)가 개발되고 탈황기술의 발전에 따라 저온전환반응(200~500℃)을 병용하는 2단 전환법을 사용함으로써 CO의 농도는 0.3%로 낮아졌다.

㉥ CO_2 제거 및 회수공정

수증기 개질공정 및 변성공정에서 발생한 CO_2를 제거하는 과정으로 과거에는 가압(10~20atm) 하에서 물을 흡수·제거하는 고압수 세정방식을 이용하였으나, 현재는 탄산가스의 고순도·고농도 회수방식을 사용하고 있다. 탄산칼륨수용액을 이용하여 제거하는 방법이 가장 많이 사용된다.

$$CO_2 + H_2O \rightarrow K_2CO_3 \rightarrow 2KHCO_3$$

가스 생산과정 중 배출된 CO_2의 흡수 이후 반응식에서처럼 탄산칼륨과 모노에탄올아민(MEA)과 같은 포화된 가스세정액을 통하여 중탄산염으로부터 CO_2를 제거하기 위하여 수증기 스트리핑(Stripping)이나 가열을 실시한다. CO_2를 제거한 이후 탄산칼륨수용액은 재사용한다.

$$2KHCO_3 \xrightarrow{가열} K_2CO_3 + H_2O + CO_2$$
$$(C_2H_5ONH_2)_2 + H_2CO_3 \xrightarrow{가열} 2C_2H_5ONH_2 + H_2O + CO_2$$

㉔ 메탄화 공정

탄산가스 제거장치에서 나온 가스에 포함된 미량의 CO와 CO_2는 암모니아 합성
촉매에 피독작용을 하므로 수소와 반응시켜 메탄올로 전환시켜 제거하여야 한
다. 메탄화 반응은 300~400℃에서 Ni계 촉매를 사용하여 행하여지며, 주반응은
다음과 같다.

$$CO + 3H_2 \rightarrow CH_4 + H_2O$$
$$CO_2 + 4H_2 \rightarrow CH_4 + 2H_2O$$

㉕ 암모니아 합성공정

고온·고압에서 철을 촉매로 수소와 질소를 3 : 1 혼합비로 맞추어 암모니아를 합
성하는 공정($N_2 + 3H_2 \rightarrow 2NH_3$)이다. 미반응된 질소와 수소가스를 지속적으로
순환하여 반응시키는 방식이나, N_2 또는 H_2가 과잉으로 존재하면 순환 중에 축
적되어 합성반응을 저해하게 된다. 암모니아 합성에 영향을 미치는 반응인자는
다음과 같다.

㉠ 압력 : 압력이 높을수록 원료가스로부터 얻어지는 암모니아 수율은 높아
300atm에서는 25~30%, 150atm에서는 10~15%의 수율이 얻어진다.

㉡ 온도 : 온도를 높이면 반응속도는 빨라지나 평형 암모니아 농도는 낮아지고 장
치 재료의 부식도 발생하기 쉽다. 또한 사용하는 촉매에 대한 최적 온도에도
제한이 생김에 따라 합성탑의 온도를 500±50℃의 범위에서 유지하는 방법을
많이 사용한다.

㉢ 공간속도 : 일정 온도의 조건에서는 공간속도가 크면 합성탑 출구가스 중의 암
모니아 농도는 감소하나, 단위 촉매량, 시간당의 암모니아 생성량은 증가하게
된다. 이를 고려하여 경제적인 공간속도를 결정하게 되는데, 일반적으로
15,000~50,000m^3/m^3-촉매/hr의 공간속도를 많이 사용하고 있다.

㉣ 촉매 : 암모니아 합성공업에서 가장 큰 비중을 차지하는 것은 촉매로, 가능한
저온에서 반응속도를 촉진시킬 수 있는 촉매를 사용하는 것이 일반적이다.
오늘날 가장 많이 사용하는 철 촉매는 합성탑 내에서 고온·고압의 수소에 의
해 환원되어 순수철이 되면서 촉매로 활성을 나타내며, 환원 전의 산화철 조성
이 Fe(Ⅱ)/Fe(Ⅲ)≒0.5, Fe_3O_4의 조성에서 가장 활성이 높다. K_2O의 첨가는
Al_2O_3의 존재 하에서 효과적으로 촉매 활성을 높여주며, Al_2O_3, K_2O, CaO의
첨가는 촉매독에 대한 내성을 높여줄 뿐만 아니라 열 안정성도 높여준다.

㉔ 암모니아 회수공정

암모니아 회수공정은 암모니아의 합성방법(고압법과 저압법)에 따라 달라진다. 고압법(>300atm)에 의한 암모니아의 합성은 합성탑 출구가스 중의 암모니아 농도가 높음에 따라 반응가스를 열 회수한 다음 물로 냉각하여 암모니아의 냉각·분리가 가능하다. 그러나 저압법에서는 압력과 농도가 낮아 고압법의 회수과정을 수행한 후 다시 저온(약 −20℃)처리가 필요하다. 암모니아를 액화, 분리한 후의 미반응가스는 순환압축기에서 합성탑으로 재순환시킨다.

(2) 주요 배출시설의 이해

암모니아 생산시설에서 온실가스 배출공정은 수증기 개질공정, 변성공정, CO_2 제거 및 회수공정 등이 있다. 각 배출공정별 배출원인은 다음과 같다.

┃ 암모니아 생산시설에서의 온실가스 공정 배출원, 온실가스 종류 및 배출원인 ┃

배출공정	온실가스	배출원인
수증기 개질공정	CO_2	납사의 개질공정을 통하여 수소 분리 시 배출 • $7C_7H_{15} + 14H_2O \rightarrow 14CO + 29H_2$ • $CO + H_2O \rightarrow CO_2 + H_2$
변성공정		개질공정의 공정가스 중 CO를 수증기(H_2O)와 반응 시 배출 • $CO + H_2O \rightarrow CO_2 + H_2$
CO_2 제거 및 회수공정 (CO_2 흡수용액 재사용 공정)		수증기 제조 및 변성공정에서 배출된 CO_2를 회수 후 탄산칼륨과 모노에탄올아민(MEA) 수용액 재사용 과정에서 CO_2 배출 • $2KHCO_3 \rightarrow K_2CO_3 + H_2O + CO_2$ • $(C_2H_5ONH_2)_2 + H_2CO_3 \rightarrow 2C_2H_5ONH_2 + H_2O + CO_2$

(3) 온실가스 배출량 산정 · 보고 · 검증 절차

온실가스 배출량 산정 · 보고 · 검증 절차는 총 9단계로 구성되어 있으며, 에너지 고정연소 부문에서 특화되어 설명해야 할 부분은 1, 2, 5단계에 대해서만 다루었다.

1) 1단계 : 조직경계 설정

암모니아 생산시설의 조직경계와 온실가스 배출 특성은 다음과 같다. 배출 형태는 크게 직접 배출과 간접 배출로 구분할 수 있으며, 직접 배출은 고정연소에 의한 배출, 공정배출, 이동연소에 의한 배출, 탈루배출로 구분할 수 있다.

| 암모니아 생산시설의 조직경계 및 온실가스 배출 특성 |

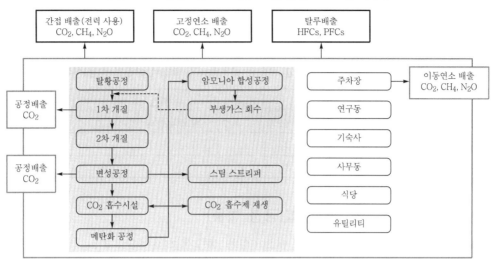

2) 2단계 : 암모니아 생산시설의 온실가스 배출활동 확인

암모니아 생산시설의 온실가스 배출활동을 운영경계를 기준으로 살펴보았다. 직접 배출원과 간접 배출원으로 구분되며, 직접 배출원에는 고정연소, 이동연소, 탈루배출, 공정배출이 있고, 간접 배출원은 외부 전기 및 열·증기 사용을 꼽을 수 있다. 암모니아 생산시설의 배출활동은 다음과 같다.

| 암모니아 생산시설의 온실가스 배출활동 |

운영경계	배출원	온실가스	배출활동
직접 배출원 (Scope 1)	고정연소	CO_2	암모니아 생산 및 부대시설에서 필요한 에너지 공급을 위한 연료 연소에 의한 배출(예 설비 가동을 위한 에너지 공급, 보일러 가동, 난방 및 취사 등)
		CH_4	
		N_2O	
	이동연소	CO_2	암모니아 생산시설에서 업무용 차량 운행에 따른 온실가스 배출
		CH_4	
		N_2O	
	탈루배출	CH_4	• 암모니아 생산시설에서 사용하는 화석 연료 사용과 연관된 탈루배출 • 목표관리지침에서는 탈루배출은 없는 것으로 가정 (2013년부터 고려)
	공정 배출원	CO_2	• 수증기 개질 및 변성공정에서 수소 제조 시 CO_2 배출 • CO_2 제거 및 회수공정에서 CO_2 흡수용액 재사용 과정에서 CO_2 재배출
간접 배출원 (Scope 2)	외부 전기 및 외부 열·증기 사용	CO_2	암모니아 생산시설에서의 전력 사용에 따른 온실가스 배출
		CH_4	
		N_2O	

3) 5단계 : 배출활동별 배출량 산정방법론의 선택

암모니아 생산시설에서의 배출량 산정방법론에서 정한 활동자료, 배출계수, 배출가스농도, 유량 등 각 매개변수에 대하여 자료의 수집방법을 정하고 자료를 모니터링한다.

▌ 암모니아 생산시설 배출량 규모별 공정배출 산정방법 적용(최소 기준) ▌

배출활동	산정방법론			활동자료			배출계수		
				암모니아 생산량 외 2					
시설 규모	A	B	C	A	B	C	A	B	C
암모니아 생산	1	2	2	1	2	2	1	2	2

(4) 온실가스 배출량 산정방법(공정 배출)

암모니아 생산공정의 보고대상 배출시설은 총 1개 시설이다.

보고대상 온실가스와 온실가스별로 적용해야 하는 산정방법론은 다음과 같다.

구 분	CO_2	CH_4	N_2O
산정방법론	Tier 1, 2, 3, 4	–	–

1) 암모니아 생산공정

① Tier 1~3

Tier 1, 2, 3 산정방법은 암모니아 생산시설에 사용된 연료 사용에 따른 암모니아 생산량, 암모니아 생산량당 연료 사용량을 기준하여 CO_2 배출량을 산정하는 방법이다. 산정방법은 동일하나 Tier 1은 IPCC 기본배출계수 적용, Tier 2는 국가 고유배출계수, Tier 3는 사업장 고유배출계수를 적용하는 것에 차이가 있다.

㉮ 산정식

활동자료는 원료 사용량(암모니아 생산량에 암모니아 생산량당 원료 사용량의 곱으로 표현되며, 단위는 발열량)이며, 배출계수는 천연가스, 납사 등 원료 중의 단위 발열량당 탄소 함량과 탄소산화계수의 곱으로 표현된다.

$$E_{CO_2} = \sum_i \left(\sum_j (AP_{ij} \times AEF_{ij}) \right) - R_{CO_2}$$

여기서, E_{CO_2} : 암모니아 생산에 따른 CO_2의 배출량(tCO_2)

AP_{ij} : 공정(j)에서 원료(i)(천연가스 및 납사 등) 사용에 따른 암모니아 생산량(t)

AEF_{ij} : 공정(j)에서 암모니아 생산량당 CO_2 배출계수(tCO_2/t-NH_3)

R_{CO_2} : 요소 등 부차적 제품 생산에 의한 CO_2 회수·포집·저장량(t)

④ 산정방법 특징
   ㉠ 활동자료로서 원료 사용량으로 발열량 단위를 사용하고 있으며, 이를 계산하기 위해 암모니아 생산량에다 암모니아 생산량당 연료의 사용량을 곱하여 결정
   ㉡ 배출계수는 원료의 탄소함량계수, 탄소산화계수 적용
   ㉢ 산정 대상 온실가스는 CO_2임.
⑤ 산정 필요 변수

‖ 산정에 필요한 변수들의 관리기준 및 결정방법 ‖

매개변수	세부변수	결정방법
활동자료	암모니아 생산량	Tier 1, Tier 2, Tier 3는 각각 측정불확도 ±7.5, ±5.0, ±2.5% 이내의 암모니아 생산량의 중량 측정
	암모니아 생산량당 연료의 사용량(FR_{ij})	$FR_{ij} = EC_{ij} \times \dfrac{원료\ 사용량}{NH_3\ 생산량}$ EC_{ij}는 2006 IPCC 지침의 기본 발열량 사용 • Tier 1은 IPCC 지침의 기본값 사용 • Tier 2는 국가 고유값 사용 • Tier 3 기준은 사업장 고유값 사용
배출계수	• 탄소함량계수 • 탄소산화계수	• Tier 1은 IPCC에서 제공하는 기본배출계수 • Tier 2는 국가 고유 연료별 탄소함량계수를 이용하며, 산화계수는 1.0을 적용, Tier 3은 사업장 고유 연료별 탄소함량계수를 이용 • Tier 2인 국가 고유 연료별 탄소함량계수는 온실가스 종합정보센터(GIR)에서 고시한 값을 사용 • Tier 3는 사업장 고유값은 GIR에서 검토 및 검증을 통해 확정·고시

‖ 암모니아 생산량당 CO_2 배출계수 ‖

생산공정(j) 구분	CO_2 배출계수(t-CO_2/t-NH_3)
전통적 개질공정(천연가스)	1.694
과잉 개질공정(천연가스)	1.666
자열 개질공정(천연가스)	1.694
부분산화	2.772

08 질산 생산

(1) 질산 생산공정 소개

1) 질산 생산공정 정의

질산(HNO_3) 생산은 질소 비료 제조뿐만 아니라 아디프산, 폭발물 생산, 비철금속공정 등 다양한 부문에서 이용되고 있다. 질산 생산공정은 크게 산화공정(제1산화공정과 제2산화공정)과 흡수공정으로 구분할 수 있다. 제1산화공정은 암모니아를 산화시켜 일산화질소(NO)를 생산하는 것이며, 제2산화공정은 일산화질소를 산화시켜 이산화질소(NO_2)를 생산하는 공정이며, 흡수공정은 이산화질소를 물에 용해시켜 질산을 생산하는 공정이다.

2) 공정도 및 공정 설명

질산 생산공정은 제1산화공정, 제2산화공정, 흡수공정이며, 공정 특성상 NO_x 생산이 높기 때문에 배기가스 처리시설로 SCR(Selective Catalytic Reduction, 선택적 촉매환원법)이 설치·운영되고 있다.

① 암모니아 산화반응(제1산화공정)

암모니아 산화반응에서는 백금 또는 5~10%의 로듐(Rh)이 포함된 촉매를 사용하며, 반응온도는 700~1,000℃이고, 암모니아를 공기 중의 산소와 반응시켜 일산화질소(NO)를 생산한다. 한편 질소가스(N_2)와 아산화질소(N_2O)가 무반응으로 생성된다.

㉮ 주반응 : 암모니아 산화반응

$$4NH_3 + 5O_2 \longrightarrow 4NO(g) + 6H_2O$$

㉯ 부반응 : N_2 생성반응

$$2NH_3 \longrightarrow N_2 + 3H_2$$
$$2NO \longrightarrow N_2 + O_2$$
$$4NH_3 + 3O_2 \longrightarrow 2N_2 + 6H_2O$$
$$4NH_3 + 6NO \longrightarrow 5N_2 + 6H_2O$$

㉰ 부반응 : N_2O 생성반응

$$NH_3 + O_2 \longrightarrow 0.5H_2O + 1.5H_2O$$
$$NH_3 + 4NO \longrightarrow 2.5N_2O + 1.5H_2O$$
$$NH_3 + NO + 0.75O_2 \longrightarrow N_2O + 1.5H_2O$$

암모니아 산화반응은 일산화질소를 생성하는 주반응 이외에도 부반응인 질소와 아산화질소 반응이 동시에 일어나며, 서로 경쟁적으로 반응이 진행되므로 주요 반응인자(온도, 압력, O_2/NH_3, 가스유속 등)에 따라 주반응에 의한 일산화질소 생성률과 촉매반응성이 달라지므로 공정조건의 세밀한 제어가 중요하다.

예를 들어, 온도 상승이 급격하게 이루어지면 부반응인 N_2 생성 반응속도가 빨라지므로 주반응인 일산화질소 생성물이 낮아지며, 촉매 또한 휘발·손실된다. 또한 압력이 상승하면 최적 일산화질소 생성률의 반응온도도 상승하며, 암모니아 산화반응의 평형도 반응물 쪽으로 이동하여 일산화질소 생성률이 떨어진다.

한편, 혼합가스(공기/암모니아)는 폭발성이 있기 때문에 $[O_2]/[NH_3]$의 비율이 2.2 ~2.3이 되도록 제어해야만 한다.

┃ 암모니아 산화에 미치는 온도와 압력 ┃

압력(atm)	온도(℃)	산화율(%)
1	790~850	97~98
3.5	870	96~97
8	920	95~96
10.5	940	94~95

② 제2산화공정

암모니아 산화반응기를 통해 생산된 일산화질소(NO)는 공기 중의 산소와 반응(발열반응)하여 이산화질소(NO_2)를 생성하며(연속반응으로 사산화질소도 생성), 발열반응이므로 온도가 낮아질수록 반응속도는 증가하여 이산화질소의 생성률이 높아진다.

㉮ NO_2 생성반응

$$NO(g) + 0.5O_2 \rightarrow NO_2(g) + 13.45kcal$$

㉯ N_2O_4 생성반응

$$2NO_2 \rightarrow N_2O_4 + 13.8kcal$$

이산화질소 및 사산화질소를 생성하는 반응은 최초 600℃에서 산화반응을 통해 이산화질소가 생성되기 시작하여 약 150℃ 정도가 되면 대부분이 이산화질소로 전환되고, 상온 부근까지 냉각되면 이산화질소 이분자의 중합반응을 통해 단일 고체 상태의 사산화질소(N_2O_4)나 이산화질소를 소량 함유하는 기체, 액체 상태의 사산화질소가 생성된다.

③ **흡수공정**

제1산화공정과 제2산화공정을 거쳐 생성된 이산화질소와 사산화질소가 함유된 혼합가스를 가능한 낮은 온도(발열량 반응이므로 온도가 낮을수록 반응에 유리)와 높은 압력조건(압력이 높을수록 물에 용해도가 높아지므로 유리)에서 물에 흡수시켜 질산을 생산하게 된다.

㉮ HNO₃ 생성반응

$$3NO_2(g) + H_2O(I) \rightarrow 2HNO_3(aq) + NO(g) + 32.3kcal$$
$$3N_2O_4 + 2H_2O(I) \rightarrow 4HNO_3(aq) + 2NO(g) + 64.4kcal$$

생성된 질산의 농도는 보통 55~65% 정도의 저농도 질산으로, 추가적인 농축공정을 거쳐 고농도 질산을 생산하게 된다. 질산은 68%에서 최고 공비점(Azeotropic Point)을 가지고 있어 가열을 통해 68%까지 농축이 가능하나, 유기화합물의 니트로화 등을 위해서는 약 98~100%의 고순도 질산이 필요하다. 이러한 고순도 질산을 생산하기 위해서는 저순도 질산에 진한 황산을 가하여 증류하는 Pauling식이나, 탈수제로 Mg(NO₃)₂를 가하여 탈수·농축하는 Maggie식 등이 이용되고 있다.

④ 배기가스처리공정(SCR, 선택적 촉매환원법)

질산 생산공정은 특성상 NOₓ의 발생이 높으므로 대기 중으로 배출하기 전에 적절한 처리과정을 거쳐 NOₓ 배출허용기준을 충족시켜야 한다. SNCR(선택적 무촉매환원법)은 질산 생산공정에 영향을 미칠 수가 있어 대부분이 SCR을 적용하고 있다.

SCR 반응은 암모니아 가스를 처리할 배기가스에 분사시켜 질소산화물과 암모니아가 혼합된 배기가스를 티탄듐산화물(TiO₂)과 바나듐산화물(V₂O₅)의 촉매와 접촉하여 NOₓ를 N₂와 H₂O로 환원시킨다. 최적 탈질촉매반응은 300~350℃이며, 100%의 제거율을 보여주고 있다.

$$NO + NH_3 + \frac{1}{4}O_2 \rightarrow N_2 + \frac{2}{3}H_2O$$
$$NO_2 + \frac{4}{3}NH_3 \rightarrow \frac{7}{6}N_2 + 2H_2O$$
$$NO + NO_2 + 2NH_3 \rightarrow 2N_2 + 3H_2O$$
$$NO + \frac{2}{3}NH_3 \rightarrow \frac{5}{6}N_2 + H_2O$$

마지막 반응은 아주 낮은 비율로 발생하고, 나머지 세 반응이 주로 일어난다. 일반적으로 배기가스에는 산소가 많이 포함되어 있어 첫 번째 반응확률이 가장 높아 SCR에 의한 탈질의 주된 반응으로 판단된다.

3) N₂O 저감대책

① 1차 저감대책 : 암모니아 연소기에서 형성되는 N₂O 저감을 목적으로, 암모니아의 산화공정과 산화 촉매 변형을 포함

② 2차 저감대책 : 암모니아 전환기와 흡수 칼럼 사이에 존재하는 NOₓ 가스로부터 N₂O를 제거

③ 3차 저감대책 : N₂O를 분해시키는 흡수 칼럼에서 배출되는 배출가스(tail-gas) 처리를 포함

④ 4차 저감대책 : 순수 배출구 방법(pure end-of-pipe solution)으로, 배출가스는 굴뚝으로 나가는 팽창기의 하단에서 처리

(2) 주요 배출시설의 이해

질산 생산에서 온실가스 공정배출시설은 제1산화공정이며, 그 배출원인은 다음 표에 정리되었다. 이외에도 SCR 공정에서도 N_2O가 배출될 수 있으나 미량이고 체계적으로 조사·분석되어 보고된 사례는 거의 없다. 그래서 제1산화공정의 N_2O 배출량이 높기 때문에 여기서는 SCR을 배출공정에서 제외하였다.

┃ **질산 생산공정의 온실가스 공정 배출원, 온실가스 종류 및 배출원인** ┃

배출공정	온실가스	배출원인

질산제조시설
(제1산화공정)
	N_2O	• 암모니아(NH_3)의 촉매산화 과정에서 부반응으로 다음 반응식에 의해 N_2O 생성 배출
		   – $NH_3 + O_2 \rightarrow 0.5NO_2 + 1.5H_2O$
		   – $NH_3 + 4NO \rightarrow 2.5N_2O + 1.5H_2O$
		   – $NH_2 + NO + 0.750O_2 \rightarrow N_2O + 1.5H_2O$
		• 위 반응은 저산소 조건과 일산화질소 농도가 높은 경우에 반응이 잘 이루어지므로 과잉 공기 주입과 생성 가스(NO)를 신속히 배출시켜 부반응 조건 형성을 가능한 낮춰야 함.

(3) 온실가스 배출량 산정·보고·검증 절차

온실가스 배출량 산정·보고·검증 절차는 총 9단계로 구성되어 있으며, 에너지 고정연소 부문에서 특화되어 설명해야 할 부분은 1, 2, 5단계에 대해서만 다루었다.

1) 1단계 : 조직경계 설정

질산 생산시설의 조직경계와 온실가스 배출 특성은 다음과 같다. 배출 형태는 크게 직접 배출과 간접 배출로 구분할 수 있으며, 직접 배출은 고정연소에 의한 배출, 공정배출, 이동연소에 의한 배출, 탈루배출로 구분할 수 있다.

┃ **질산 생산시설의 조직경계 및 온실가스 배출 특성** ┃

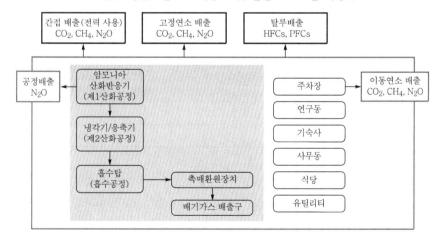

2) **2단계 : 질산 생산시설의 온실가스 배출활동 확인**

질산 생산시설의 온실가스 배출활동은 운영경계를 기준으로 살펴보았다. 직접 배출원과 간접 배출원으로 구분되며, 직접 배출원에는 고정연소, 이동연소, 탈루배출, 공정배출이 있고, 간접 배출원은 외부 전기 및 열·증기 사용을 꼽을 수 있다. 질산 생산시설의 온실가스 배출활동은 다음과 같다.

┃ 질산 생산시설의 온실가스 배출활동 ┃

운영경계	배출원	온실가스	배출활동
직접 배출원 (Scope 1)	고정연소	CO_2	질산 생산 및 부대시설에서 필요한 에너지 공급을 위한 연료 연소에 의한 배출(예 설비 가동을 위한 에너지 공급, 보일러 가동, 난방 및 취사 등)
		CH_4	
		N_2O	
	이동연소	CO_2	질산 생산시설에서 업무용 차량 운행에 따른 온실가스 배출
		CH_4	
		N_2O	
	탈루배출	CH_4	• 질산 생산시설에서 사용하는 화석 연료 사용과 연관된 탈루배출 • 목표관리지침에서는 탈루배출은 없는 것으로 가정(2013년부터 고려)
	공정 배출원	N_2O	제1산화공정 : 암모니아의 촉매산화 과정에서 부반응으로 인하여 N_2O 배출
간접 배출원 (Scope 2)	외부 전기 및 외부 열·증기 사용	CO_2	질산 생산시설에서의 전력 사용에 따른 온실가스 배출
		CH_4	
		N_2O	

3) **5단계 : 배출활동별 배출량 산정방법론의 선택**

질산 생산시설에서의 배출량 산정방법론에서 정한 활동자료, 배출계수, 배출가스농도, 유량 등 각 매개변수에 대하여 자료의 수집방법을 정하고 자료를 모니터링한다.

┃ 질산 생산 배출시설 배출량 규모별 공정배출 산정방법 적용(최소 기준) ┃

배출활동	산정방법론			활동자료 질산 생산량			배출계수		
시설 규모	A	B	C	A	B	C	A	B	C
질산 생산	1	1	1	1	2	2	1	2	2

(4) 온실가스 배출량 산정방법(공정 배출)

질산 생산공정의 보고대상 배출시설은 질산 제조시설이다. 보고대상 온실가스와 온실가스
별로 적용해야 하는 산정방법론은 다음과 같다.

구 분	CO₂	CH₄	N₂O
산정방법론	-	-	Tier 1, 2, 3

1) 질산 생산시설(제1산화공정)

① Tier 1~3 산정방법

국내 목표관리제에서 적응하도록 요구하고 있는 질산 생산시설의 온실가스 배출량
산정방법은 Tier 1, 2, 3 모두 공통된 하나의 산정식을 사용하나, 활동자료 및 배출
계수는 Tier별로 구분하여 각각의 변수를 결정하고 있다.

㉮ 산정식

$$E_{N_2O} = \sum_{k,h}[EF_{N_2O} \times NAP_k \times (1 - DF_h \times ASUF_h) \times F_{eq,j} \times 10^{-3}]$$

여기서, E_{N_2O} : N₂O 배출량(tCO₂-eq)

EF_{N_2O} : 질산 1ton당 N₂O 배출량(kg N₂O/t-질산)

k : 생산기술

h : 감축기술

NAP_k : 생산기술(k)별 질산 생산량(t-질산)

DF_h : 저감기술(h)별 분해계수(0에서 1 사이의 소수)

$ASUF_h$: 저감기술(h)별 저감 시스템 이용계수(0에서 1 사이의 소수)

$F_{eq,j}$: 온실가스(j)의 CO₂ 등가계수(N₂O=310)

㉯ 산정방법 특성

㉠ 활동자료로서 질산 생산량을 기본적으로 적용하고 있으나, 여러 생산기술이
적용된 경우에는 각 생산기술별로 구분하여 질산 생산량을 결정한 다음에 합
산하도록 하고 있음.

㉡ 배출계수는 생산기술에 따른 단위 질산 생산량에 대비한 N₂O 배출량임.

㉢ 산정방법 중에서 특이한 점은 N₂O 감축기술의 적용 정도를 고려하여 감축량
을 제하도록 하고 있으나, 감축량을 배출량에서 빼주는 것이 아니라 배출계수
에 감축 비율을 고려하여 적용하도록 하고 있음.

• 감축기술별 감축계수(기술별로 제공된 계수값)와 그 감축기술의 적용 비율
을 종합적으로 고려하여 감축 비율을 결정하고, 이를 배출계수에 적용한 다
음에 활동자료와 곱하여 배출량 최종 결정

㉓ 산정 필요 변수

┃ 산정에 필요한 변수들의 관리기준 및 결정방법 ┃

매개변수	세부변수	관리기준 및 결정방법	
활동자료	생산기술 k별 질산 생산량(NAP_k)	• Tier 1 : 측정불확도 ±7.5% 이내 • Tier 2 : 측정불확도 ±5.0% 이내 • Tier 3 : 측정불확도 ±2.5% 이내 • 각 Tier별 기준에 준해 측정을 통해 결정	
배출계수	질산 1ton당 N$_2$O 배출량 (EF_{N_2O})	Tier 1 : IPCC에서 제공하는 기본배출계수 활용	
		생산공장(k) 구분	N$_2$O 배출계수 (100% Pure Acid)
		NSCR(무촉매환원법)을 사용하는 모든 공정	2kg N$_2$O/질산 ton
		통합공정이나 배출가스 N$_2$O 분해를 사용하는 공장	2.5kg N$_2$O/질산 ton
		대기압 공장(낮은 압력)	5kg N$_2$O/질산 ton
		중간 압력 연소공장	7kg N$_2$O/질산 ton
		고압력 공장	9kg N$_2$O/질산 ton
		• Tier 2 : 국가 고유배출계수를 적용하며, 이는 온실가스 종합정보센터(GIR)에서 고시한 값을 사용 • Tier 3 : 사업장 고유배출계수를 이용하고, 이는 GIR에서 검토 및 검증을 통해 확정 고시	
활용계수	감축기술 h별 감축 시스템 활용계수($ASUF_h$)	감축기술별로 감축 시스템 활용계수와 감축계수로서 활용 가능한 값이 있으면 적용하되, 값이 없으면 각각 0을 적용	
감축계수	감축기술 h별 감축계수(DF_h)		

아디프산 생산

(1) 주요 공정의 이해

1) 아디프산 생산공정 정의

아디프산($C_6H_{10}O_4$)은 유기산의 일종으로 Ketone인 Cyclohexanone(사이클로헥사논, $(CH_2)_5CO$), Alcohol인 Cyclohexanol(사이클로헥사놀, $(CH_2)_5CHOH$), 질산을 반응시켜 아디프산과 아산화질소가 생성되는 공정이다.

$$(CH_2)_5CO + (CH_2)_5CHOH + (w)HNO_3 \rightarrow HOOC(CH_2)_4COOH + (x)N_2O + (y)H_2O$$

아디프산은 유화제, 안정제, pH 조정제, 향료 고정제로 사용되며, 나일론, 폴리우레탄, 가소제 등의 화학제품의 기초 원료로도 이용되는 백색 결정의 고체이다.

2) 공정도 및 공정 설명

아디프산 생산공정은 반응공정(Ketone-Alcohol Oil과 질산이 반응), 결정화 공정(고체상 결정을 생산하는 공정), 정제공정, 건조공정으로 구성되어 있다. 이외에 반응 생성물인 N_2O를 처리하기 위해 열분해 공정을 도입하고 있다.

아디프산 생산공정은 1차 반응기에서 Cyclohexanone과 Cyclohexanol을 6대 4의 비율로 투입·혼합한 다음 130~170℃에서 산화시켜 Ketone-Alcohol Oil을 제조하고, 2차 반응기에 옮겨서 질산과 촉매(질산동과 바나듐, 암모니아염의 혼합물)와 반응시켜 아디프산을 생산하게 된다.

> **• 아디프산 생산반응**
> 1. $(CH_2)_5CO + (w)HNO_3 \rightarrow HOOC(CH_2)_4COOH + (x)N_2O + (y')H_2O$
> 2. $(CH_2)_5CHOH + (w')HNO_3 \rightarrow HOOC(CH_2)_4COOH + (x')N_2O + (y')H_2O$
> 1+2 : $(CH_2)_5CO + (CH_2)_5CHOH + (w'')HNO_3$
> $\rightarrow HOOC(CH_2)_4COOH + (x'')H_2O + (y'')H_2O$

생성된 아디프산을 고체상의 결정화 과정을 통해 고체 상태의 아디프산이 생산된다. 고체상 결정화된 아디프산을 정제하여 순도가 일정하도록 유지관리한다. 정제된 아디프산은 조립공정을 거쳐 건조공정으로 이송되고, 수분 및 기타 불순물을 제거하기 위해 고온에서 건조한다. 최종 생산된 아디프산은 일정 크기로 선별한 후 저장 및 포장된다. 반응식에서도 알 수 있듯 N_2O는 반응 생성물로, 상당량이 생성되므로 적절한 처리과정을 거쳐서 배출해야 하며, 일반적으로 N_2O는 열분해(Thermal Destruction Process) 공정을 통해 99% 이상 분해되며, 분해하는 과정에서 CO_2가 발생된다. 한편 이외에도 아디프산 제조공정에서는 대기오염물질인 NO_x, VOCs 등이 배출된다.

(2) 주요 배출시설의 이해

아디프산 생산에서 온실가스 공정배출시설은 아디프산 생산시설이며, 배출시설의 배출원인은 다음과 같다.

┃ **아디프산 생산의 온실가스 공정 배출원, 온실가스 종류 및 공정 배출원인** ┃

배출공정	온실가스	배출원인
아디프산 생산시설 (반응공정)	N_2O	• 질산과 촉매(질산동과 바나듐, 암모니아염의 혼합물) 존재 하에 $700\sim1,000℃$에서 KA Oil 용액의 산화반응에 의해 N_2O 배출 $(CH_2)_5CO + (CH_2)_5CHOH + (w)HNO_3$ $\rightarrow HOOC(CH_2)_4COOH + (x)N_2O + (y)H_2O$

(3) 온실가스 배출량 산정 · 보고 · 검증 절차

온실가스 배출량 산정 · 보고 · 검증 절차는 총 9단계로 구성되어 있으며, 에너지 고정연소 부문에서 특화되어 설명해야 할 부분은 1, 2, 5단계에 대해서만 다루었다.

1) 1단계 : 조직경계 설정

아디프산 생산시설의 조직경계와 온실가스 배출 특성은 그림과 같다. 배출 형태는 크게 직접 배출과 간접 배출로 구분할 수 있으며, 직접 배출은 고정연소에 의한 배출, 공정배출, 이동연소에 의한 배출, 탈루배출로 구분할 수 있다.

┃ **아디프산 생산시설의 조직경계와 온실가스 배출 특성** ┃

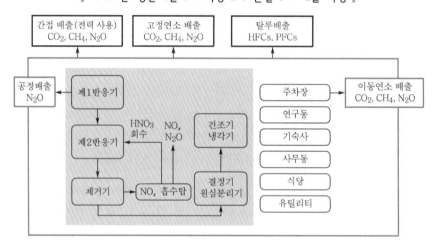

2) 2단계 : 아디프산 생산시설의 온실가스 배출활동 확인

아디프산 생산시설의 온실가스 배출활동을 운영경계를 기준으로 살펴보았다. 직접 배출원과 간접 배출원으로 구분되며, 직접 배출원에는 고정연소, 이동연소, 탈루배출, 공정배출이 있고, 간접 배출원은 외부 전기 및 열 · 증기 사용을 꼽을 수 있다. 아디프산 생산시설의 온실가스 배출활동은 다음과 같다.

| 아디프산 생산시설의 온실가스 배출활동 |

운영경계	배출원	온실가스	배출활동
직접 배출원 (Scope 1)	고정연소	CO_2	아디프산 생산 및 부대시설에서 필요한 에너지 공급을 위한 연료 연소에 의한 배출(예 설비 가동을 위한 에너지 공급, 보일러 가동, 난방 및 취사 등)
		CH_4	
		N_2O	
	이동연소	CO_2	아디프산 생산시설에서 업무용 차량 운행에 따른 온실가스 배출
		CH_4	
		N_2O	
	탈루배출	CH_4	• 아디프산 생산시설에서 사용하는 화석연료 사용과 연관된 탈루배출 • 목표관리지침에서는 탈루배출은 없는 것으로 가정(2013년부터 고려)
	공정 배출원	N_2O	반응공정 : 질산과 촉매(질산동과 바나듐, 암모니아염의 혼합물) 존재 하에 700~1,000℃에서 KA Oil 용액의 산화반응에 의해 N_2O 배출
간접 배출원 (Scope 2)	외부 전기 및 외부 열·증기 사용	CO_2	아디프산 생산시설에서의 전력 사용에 따른 온실가스 배출
		CH_4	
		N_2O	

3) 5단계 : 배출활동별 배출량 산정방법론의 선택

아디프산 생산시설에서는 배출량 산정방법론에서 정한 활동자료, 배출계수, 배출가스 농도, 유량 등 각 매개변수에 대하여 자료의 수집방법을 정하고 자료를 모니터링해야 한다.

| 아디프산 생산 배출시설 배출량 규모별 공정배출 산정방법 적용(최소 기준) |

배출활동	산정방법론			활동자료 아디프산 생산량			배출계수		
시설 규모	A	B	C	A	B	C	A	B	C
아디프산 생산	1	1	1	1	2	3	1	2	3

(4) 온실가스 배출량 산정방법(공정배출)

아디프산 생산공정의 보고대상 배출시설은 아디프산 생산시설이다. 아디프산 보고대상 온실가스와 온실가스별로 적용해야 하는 산정방법론은 다음과 같다.

구 분	CO_2	CH_4	N_2O
산정방법론	–	–	Tier 1, 2, 3

1) 아디프산 생산시설

① Tier 1~3 산정방법

국내 목표관리제에서 적용토록 요구하고 있는 아디프산 생산시설의 온실가스 배출량 산정방법은 Tier 1, 2, 3의 세 가지이나 공통된 하나의 산정식을 사용하고 있다. Tier 1별로 활동자료 및 배출계수는 구분하여 각각의 변수를 결정하고 있다.

㉮ 산정식

산정식은 질산의 경우와 동일하며 활동자료, 배출계수, 감축 비율 등을 고려하여 산정하고 있다.

$$E_{N_2O} = \sum_{k,h}[EF_k \times AAP_k \times (1 - DF_h \times ASUF_h)] \times F_{eq,j} \times 10^{-3}$$

여기서, E_{N_2O} : N_2O 배출량(tCO_2-eq)

EF_k : 기술유형 k에 따른 아디프산의 N_2O 배출계수(kg-N_2O/t-아디프산)

k : 기술유형

h : 감축기술

AAP_k : 기술유형 k별 아디프산 생산량(ton)

DF_h : 저감기술(h)별 분해계수(0에서 1 사이의 소수)

$ASUF_h$: 저감기술(h)별 저감 시스템 이용계수(0에서 1 사이의 소수)

$F_{eq,j}$: 온실가스(j)의 CO_2 등가계수(N_2O=310)

㉯ 산정방법 특성

㉠ 활동자료로서 아디프산 생산량을 기본적으로 적용하고 있으나, 여러 생산기술이 적용된 경우에는 각 생산기술별로 구분하여 아디프산 생산량을 결정한 다음에 합산하도록 하고 있음.

㉡ 배출계수는 생산기술에 따른 단위 아디프산 생산량에 대비한 N_2O 배출량임.

㉢ 산정방법 중에서 특이한 점은 N_2O 감축기술의 적용 정도를 고려하여 감축량을 제하도록 하고 있으나, 감축량을 배출량에서 빼주는 것이 아니라 배출계수에 감축 비율을 고려하여 적용하도록 하고 있음.

• 감축기술별 감축계수(기술별로 제공된 계수값)와 그 감축기술의 적용 비율을 종합적으로 고려하여 감축 비율을 결정하고, 이를 배출계수에 적용한 다음에 활동자료와 곱하여 배출량 최종 결정

㉱ 산정 필요 변수

┃ 산정에 필요한 변수들의 관리기준 및 결정방법 ┃

매개변수	세부변수	관리기준 및 결정방법
활동자료	생산기술 k별 아디프산 생산량 (AAP_k)	• Tier 1 : 측정불확도 ±7.5% 이내 • Tier 2 : 측정불확도 ±5.0% 이내 • Tier 3 : 측정불확도 ±2.5% 이내 • 각 Tier별 기준에 준해 측정을 통해 결정
배출계수	기술유형 k에 따른 아디프산의 N_2O 배출계수(EF_{N_2O})	• Tier 1 : IPCC에서 제공하는 기본배출계수, 이용계수, 감축계수 활용 　－ 배출계수(질산 산화공정) : 300kg N_2O/t-아디프산 　－ 기술 h별 분해계수 및 이용계수 表
활용계수	감축기술별 h별 감축시스템 활용계수$(ASUF_h)$	감축기술별로 감축시스템 활용계수와 감축계수로서 활용 가능한 값이 있으면 적용하되, 값이 없으면 각각 0을 적용
감축계수	감축기술 h별 감축계수(DF_h)	

아래는 배출계수 셀 내의 표 및 이어지는 내용:

감축기술	분해계수	이용계수
촉매분해	0.925	0.89
열분해	0.985	0.97
질산으로 재활용	0.985	0.94
아디프산 원료로 재활용	0.940	0.89

• Tier 2 : 국가 고유배출계수를 적용하며, 이는 온실가스 종합정보센터(GIR)에서 고시한 값을 사용
• Tier 3 : 사업장 고유배출계수를 이용하고, 이는 GIR에서 검토 및 검증을 통해 확정 고시

---

⑩ 카바이드 생산

(1) 주요 공정의 이해

1) 카바이드 생산공정 정의

　　카바이드의 생산은 일반적으로 원료 종류에 따라 칼슘카바이드 생산공정과 실리콘카바이드(탄화규소, SiC) 생산공정으로 구분하고 있다. 생산공정은 원료를 전기아크로 또는 전기저항가마에서 열을 가하여 용융시켜 생산된다.

2) 공정도 및 공정 설명

① 칼슘카바이드 생산공정

칼슘카바이드(탄화석회) 생산공정은 일반적으로 코크스 건조공정, 석회석 생산공정, 카바이드 생산공정, 분쇄 및 선별공정의 4단계로 구성되어 있으며, 이외에 공정 특성상 분진 발생이 높아 집진설비를 일반적으로 설치 · 운영하고 있다.

㉮ 코크스 건조공정

칼슘카바이드의 생산공정에서 코크스는 주요 반응물질(환원제와 산화제 역할을 동시에 수행)로 사용되며, 대기 중의 수분흡수능력이 높다. 그러므로 공정 투입에 앞서 코크스를 건조할 필요가 있다.

㉯ 생석회 생산공정

생석회는 칼슘카바이드의 주요 원료로 이를 생산하기 위해 석회석($CaCO_3$)을 고온(>1,000℃)에서 소성하여 생석회를 생산하며, 이 과정에서 공정 부산물로서 CO_2가 배출된다.

> **• 생석회 생성반응 :** $CaCO_3 + \Delta h \rightarrow CaO + CO_2$

반응로는 일반적으로 로터리 킬른(Rotary Kiln)을 많이 사용하며, 소성의 경우는 고온반응으로 인하여 직화방식을 택하고 있다. 소성공정은 고온이므로 폐열을 회수하여 코크스 건조로에서 사용하는 에너지 순환 재이용 공정이 적용되고 있다.

㉰ 전기아크로

전기아크로는 1,900℃ 이상의 고온에서 주원료인 석유 코크스, 무연탄, 생석회를 혼합하여 칼슘카바이드를 생산하는 반응로이다. 생석회가 코크스와 반응하여 칼슘카바이드를 생성하며, 코크스는 산화제와 환원제의 역할을 동시에 수행한다. 이 과정에서 CO가 생성되고, CO는 산소와 반응하여 최종적으로 CO_2로 전환, 배출된다.

> **• 칼슘카바이드 생산반응 :** $CaO + 3C \rightarrow CaC_2 + CO$
> $$CO + 0.5O_2 \rightarrow CO_2$$

석유 코크스 탄소 성분 중에서 약 67% 정도가 칼슘카바이드에 잔존하며(나머지 33%는 CO와 CO_2로 배출), 생석회의 불순물 함량에 대해 제재를 가하고 있으며, 마그네슘산화물, 알루미늄산화물, 철산화물은 생석회 중량에 기준하여 각각 0.5% 이내, 인화합물은 0.004% 이하를 유지하도록 하고 있다.

㉱ 분쇄 및 선별

전기아크로에서 생성된 칼슘카바이드는 냉각과정을 거치면서 굳어지게 된다. 칼슘카바이드는 분쇄과정을 거친 다음에 크기별로 선별되어 최종 출하 준비를 마치게 된다.

② 실리콘카바이드 생산공정(SiC)

실리콘카바이드는 탄소와 규소의 결합체로서 반짝이는 흑색을 띠며, 고온 강도가 높고 내마모성, 내산화성, 내식성 등이 우수하여 비산화물계 고온구조 재료로 주로 사용된다.

실리콘카바이드 생산공정은 칼슘카바이드 생산공정과 매우 유사하나 생산물로 얻기 위해 사용되는 원료(생석회 대신에 규소 사용)가 다르다.

주원료는 석유 코크스와 규소가 사용되며, 이들은 고온의 전기저항가마에서 고순도 규소와 저유황 석유 코크스를 1 : 3의 몰비율(Mole Ratio)로 혼합하여 2,200~2,500℃에서 반응하여 생성된다. 규사가 코크스와 반응하여 환원되어 1차적으로 규소가 되었다가 코크스와 산화반응하여 실리콘카바이드가 생성된다.

> • 실리콘카바이드 생산반응
> - $SiO_2 + 2C \rightarrow Si + 2CO$
> - $Si + C \rightarrow SiC$
> - $SiO_2 + 3C \rightarrow SiC + 2CO$
> - $CO + 0.5O_2 \rightarrow CO_2$

이러한 반응을 통해 사용된 원료 중 약 35%의 탄소는 생산물 안에 함유되고, 나머지 65%는 산소와 반응하여 CO와 CO_2로 전환되어 공정 부산물로 대기 중에 배출된다.

(2) 주요 배출시설의 이해

카바이드 생산에서 온실가스 공정배출시설은 칼슘카바이드의 경우는 소성로(생석회 생산용 로터리 킬른), 전기아크로(칼슘카바이드 생산용 반응로)이고, 실리콘카바이드는 실리콘카바이드 생산용인 전기저항가마가 배출원이다. 한편 생산공정에서 사용되는 코크스 종류 중 석유 코크스는 CH_4를 포함한 휘발성 화합물을 함유하고 있는데, 특히 생산공정의 초기단계에서 CH_4의 일부가 대기 중으로 방출되기도 한다. 카바이드 생산과정에서의 배출시설별 배출원인은 다음과 같다.

| 카바이드 생산의 온실가스 공정 배출원, 온실가스 종류 및 배출원인 |

배출공정	온실가스	배출원인
칼슘카바이드 [탄화칼슘(CaC₂)] 제조시설	CO_2	• 생석회 생산공정 : 석회석을 생석회로 전환하는 과정에서 배출 　$CaCO_3 \rightarrow CaO + CO_2$ • 전기아크로 : 1,900℃ 이상의 고온에서 석회와 탄소 혼합물(석유 코크스 등)과의 산화·환원과정에서 CO_2 배출 　- $CaO + 3C \rightarrow CaC_2 + CO$ 　- $CO + 0.5O_2 \rightarrow CO_2$

배출공정	온실가스	배출원인
실리콘카바이드 [탄화규소(SiC)] 제조시설	CO_2	전기저항가마(또는 전기아크로) : 규사와 탄소는 대략 1 : 3의 몰비율로 혼합되며, 약 35%의 탄소는 생산물 안에 함유되고, 나머지는 산소와 반응하여 CO_2 배출 - $SiO_2 + 2C \rightarrow Si + 2CO$ - $Si + C \rightarrow SiC$ - $SiO_2 + 3C \rightarrow SiC + 2CO$ - $CO + 0.5O_2 \rightarrow CO_2$
카바이드 제조시설	CH_4	공정에서 사용되는 석유 코크스에 함유되어 있는 CH_4의 탈루배출

(3) 온실가스 배출량 산정 · 보고 · 검증 절차

온실가스 배출량 산정 · 보고 · 검증 절차는 총 9단계로 구성되어 있으며 에너지 고정연소 부문에서 특화되어 설명해야 할 부분은 1, 2, 5단계에 대해서만 다루었다.

1) 1단계 : 조직경계 설정

카바이드 생산시설의 조직경계와 온실가스 배출 특성은 그림과 같다.

┃ 카바이드 생산시설의 조직경계와 온실가스 배출 특성 ┃

배출 형태는 크게 직접 배출과 간접 배출로 구분할 수 있으며, 직접 배출은 고정연소에 의한 배출, 공정배출, 이동연소에 의한 배출, 탈루배출로 구분할 수 있다.

2) 2단계 : 카바이드 생산시설의 온실가스 배출활동 확인

카바이드 생산시설의 온실가스 배출활동은 운영경계를 기준으로 살펴보았다. 직접 배출원과 간접 배출원으로 구분되며, 직접 배출원에는 고정연소, 이동연소, 탈루배출, 공정배출이 있고, 간접 배출원은 외부 전기 및 열 · 증기 사용을 꼽을 수 있다. 카바이드 생산시설의 온실가스 배출활동은 다음과 같다.

◆ 소방 분야

강좌명	수강료	학습일	강사
소방기술사 전과목 마스터반	620,000원	365일	유창범
[쌍기사 평생연장반] 소방설비기사 전기 x 기계 동시 대비	549,000원	합격할 때까지	공하성
소방설비기사 필기+실기+기출문제풀이	370,000원	170일	공하성
소방설비기사 필기	180,000원	100일	공하성
소방설비기사 실기 이론+기출문제풀이	280,000원	180일	공하성
소방설비산업기사 필기+실기	280,000원	130일	공하성
소방설비산업기사 필기	130,000원	100일	공하성
소방설비산업기사 실기+기출문제풀이	200,000원	100일	공하성
소방시설관리사 1차+2차 대비 평생연장반	850,000원	합격할 때까지	공하성
소방공무원 소방관계법규 문제풀이	89,000원	60일	공하성
화재감식평가기사·산업기사	240,000원	120일	김인범

◆ 위험물 · 화학 분야

강좌명	수강료	학습일	강사
위험물기능장 필기+실기	280,000원	180일	현성호,박병호
위험물산업기사 필기+실기	245,000원	150일	박수경
위험물산업기사 필기+실기[대학생 패스]	270,000원	최대4년	현성호
위험물산업기사 필기+실기+과년도	344,000원	150일	현성호
위험물기능사 필기+실기	240,000원	240일	현성호
화학분석기사 필기+실기 1트 완성반	310,000원	240일	박수경
화학분석기사 실기(필답형+작업형)	200,000원	60일	박수경
화학분석기능사 실기(필답형+작업형)	80,000원	60일	박수경

┃ 카바이드 생산시설의 온실가스 배출활동 ┃

운영경계	배출원	온실가스	배출활동
직접 배출원 (Scope 1)	고정연소	CO_2 CH_4 N_2O	카바이드 생산 및 부대시설에서 필요한 에너지 공급을 위한 연료 연소에 의한 배출(예 설비 가동을 위한 에너지 공급, 보일러 가동, 난방 및 취사 등)
	이동연소	CO_2 CH_4 N_2O	카바이드 생산시설에서 업무용 차량 운행에 따른 온실가스 배출
	탈루배출	CH_4	• 카바이드 생산시설에서 사용하는 화석연료 사용과 연관된 탈루배출 • 공정에서 사용되는 석유 코크스에 함유되어 있는 CH_4 탈루배출 • 목표관리지침에서는 탈루배출은 없는 것으로 가정(2013년부터 고려)
	공정 배출원	CO_2, CH_4	• 칼슘카바이드[탄화칼슘(CaC_2)] 제조시설 – 생석회 생산공정 : 석회석을 소성하는 과정에서 부산물로서 CO_2 배출($CaCO_3 \rightarrow CaO + CO_2$) – 전기아크로 : 생석회와 코크스와 반응과정에서 CO_2 배출 • 실리콘카바이드[탄화규소(SiC)] 제조시설 규사와 코크스와 반응하여 탄화규소 생성과정에서 부산물로 CO_2 배출
간접 배출원 (Scope 2)	외부 전기 및 외부 열·증기 사용	CO_2 CH_4 N_2O	카바이드 생산시설에서의 전력 사용에 따른 온실가스 배출

3) 5단계 : 배출활동별 배출량 산정방법론의 선택

카바이드 생산시설에서의 배출량 산정방법론에서 정한 활동자료, 배출계수, 배출가스농도, 유량 등 각 매개변수에 대하여 자료의 수집방법을 정하고 자료를 모니터링한다.

┃ 카바이드 생산 배출시설 배출량 규모별 공정배출 산정방법 적용(최소 기준) ┃

배출활동	산정방법론			활동자료 카바이드 생산량			배출계수		
시설 규모	A	B	C	A	B	C	A	B	C
카바이드 생산	1	1	1	1	2	2	1	2	2

(4) 온실가스 배출량 산정방법(공정배출)

카바이드 생산공정의 보고대상 배출시설은 총 2개 시설이다.

① 카바이드 제조시설

② 실리콘카바이드 제조시설

보고대상 온실가스와 온실가스별로 적용해야 하는 산정방법론은 다음과 같다.

구 분	CO₂	CH₄	N₂O
산정방법론	Tier 1, 4	Tier 1	-

1) 칼슘 및 실리콘카바이드 제조시설

칼슘카바이드와 실리콘카바이드 제조시설은 투입 원료만 다르고, 온실가스 배출 양상은 유사하다. 단지 적용해야 할 변수값만 다를 뿐 두 제조시설의 산정방법은 동일하다. 배출량 산정방법은 Tier 1이며, 공통된 하나의 산정식을 사용하고 있다. Tier 1별로 활동자료 및 배출계수는 구분하여 각각의 변수를 결정하고 있다.

① Tier 1 산정방법

㉮ 산정식

활동자료에 배출계수를 곱하는 단순한 형태로 어떤 배출계수를 사용하느냐에 따라 Tier를 구분하고 있다.

$$E_{i,j} = AD_i \times EF_{i,j} \times F_{eq,j}$$

여기서, $E_{i,j}$: 활동자료(i)에 대한 온실가스(j)의 배출량(ton CO₂-eq)

AD_i : 활동자료(i) 사용량(ton)(사용된 원료, 카바이드 생산량)

$EF_{i,j}$: 활동자료(i)에 따른 온실가스(j) 배출계수

(tGHG/t-카바이드, tGHG/t-사용된 원료)

$F_{eq,j}$: 온실가스(CO₂, CH₄)의 등가계수(CO₂=1, CH₄=21)

㉯ 산정방법 특성

㉠ 활동자료로서 생산량 기준의 경우와 원료량 기준의 경우로 구분·제시하고 있음.

　• 생산량 기준의 경우는 탄화칼슘과 탄화규소, 원료량 기준의 경우는 산화칼슘(생석회) 사용량, 산화규소임.

㉡ 배출계수는 단위 활동자료에 대한 온실가스 배출량으로서 Tier 1은 IPCC 기본배출계수임.

㉢ CaCO₃의 소성을 통해 CaO를 생산하는 과정에서의 온실가스 배출은 석회 및 시멘트 생산공정에서 언급하였기에 여기서는 생략하였고, 석유 코크스 저장과정에서의 CH₄ 탈루배출은 2013년부터 보고대상이므로 산정방법을 제안하지는 않았음.

㉯ 산정 필요 변수

‖ 산정에 필요한 변수들의 관리기준 및 결정방법 ‖

매개변수	세부변수	관리기준 및 결정방법			
활동자료 (AD_i)	활동자료(i) 사용량 (사용된 원료, 카바이드 생산량) (AD_i)	• Tier 1 : 측정불확도 ±7.5% 이내 • Tier 4 : 연속측정방식(CEM)을 사용 • 각 Tier별 기준에 준해 측정을 통해 결정			
배출계수 $(EF_{i,j})$	활동자료(i)에 따른 온실가스(j) 배출계수	Tier 1 : IPCC에서 제공하는 기본배출계수 활용			
		활동자료(i) 종류 공정 구분		카바이드 생산량(ton) 기준	원료 소비량(ton) 기준
		탄화칼슘 (CaC_2)	CO_2	1.09tCO$_2$/ton	1.70tCO$_2$/ton
			CH_4	–	–
		탄화규소 (SiC)	CO_2	2.62tCO$_2$/ton	2.30tCO$_2$/ton
			CH_4	11.6kgCH$_4$/ton	10.2kgCH$_4$/ton

㉠ 사업장 자체 개발한 고유값을 적용한 개발식

$$EF_{SiC} = 0.65 \times CCF_{SiC} \times 3.664$$

여기서, EF_{SiC} : 탄화수소(SiC) 생산 시 석유 코크스의 배출계수(tCO$_2$/t)

$\quad\quad\quad CCF_{SiC}$: 석유 코크스의 배출계수(tC/t-Coke)

$\quad\quad\quad$ 3.664 : CO$_2$의 분자량(44.010)/C의 원자량(12.011)

$$EF_{CaC_2} = 0.33 \times CCF_{CaC_2} \times 3.664$$

여기서, EF_{CaC_2} : 탄화칼슘(CaC$_2$) 생산 시 석유 코크스의 배출계수(tCO$_2$/t)

$\quad\quad\quad CCF_{CaC_2}$: 석유 코크스의 배출계수(tC/t-Coke)

$\quad\quad\quad$ 3.664 : CO$_2$의 분자량(44.010)/C의 원자량(12.011)

 11 소다회 생산

(1) 주요 공정의 이해

1) 소다회 생산공정 정의

소다회(탄산나트륨, Na$_2$CO$_3$)는 유리 제조, 비누와 세정제, 펄프와 종이 생산, 정수처리 등을 포함한 많은 산업에 원료로 사용되는 백색의 결정체이다.

공정은 생산원료에 따라 구분되고 있으며, 천연에 존재하는 탄산나트륨염을 원료로 하는 천연 소다회 공정과 합성 소다회 공정이 있다. 한편 합성 소다회법은 NaCl을 원료로 하는 Leblanc법, 암모니아 소다법(Solvay법), 염안 소다법으로 구분하고 있다.

세계적인 소다회 생산의 약 75%는 합성공정을 통해 만들어지며, 약 25%는 천연공정에 의해 생산된다. 국내에서는 1개 회사가 Solvay법을 사용하고 있었으나, 현재는 경제성 등의 이유로 운영되지는 않는다.

2) 공정도 및 공정 설명

① 암모니아 소다회 공법(Solvay 공정)

암모니아 소다회 공정은 진한 식염수(NaCl)에 암모니아(NH_3)를 흡수·포착시키고, 여기에 CO_2를 연속적으로 흡수시켜 탄산수소나트륨($NaHCO_3$) 침전을 얻은 다음 이를 하소시켜 탄산나트륨(Na_2CO_3)을 만드는 방법이다. Solvay 공법은 여러 반응이 연속적으로 진행되며 최종 반응식은 다음과 같다.

$$CaCO_3 + 2NaCl \rightarrow Na_2CO_3 + CaCl_2$$

제조공정은 10단계로 구성되어 있으며, 공정에 대한 간략한 설명은 다음과 같다.

▎암모니아 소다회 제조공정 ▎

공 정	개 요
원염 용해조	원염(NaCl)을 녹여서 포화상태에 가까운 식염용액을 생성
1차 침강조	식염용액에 석회유(소석회)를 가하여 Mg^{2+} 등 불순물을 침전·제거하여 정제용액인 1차 간수를 생성
2차 침강조	1차 간수에 소다회를 가하여 Ca^{2+}를 침전시켜 2차 간수를 생성
흡수탑	2차 간수를 흡수탑 상부에 주입하고, 하부로부터는 암모니아 가스를 함유하고 있는 CO_2를 주입하여 암모니아 간수를 생성
탄산화탑	암모니아성 간수의 온도를 20~30℃로 유지하면서 석회로에서 오는 CO_2를 포화시켜 탑 바닥에 $NaHCO_3$ 결정을 석출
여과기	탄산수소나트륨의 결정을 함유한 용액을 모액과 분리하고 소량의 물로 세척
가소로	외부에서 열을 가하여(하소) 소다회 생성
석회로	코크스를 석회석과 혼합 하소하여 생석회를 생성하는 반응으로 부산물인 CO_2는 탄산화탑에서 활용
제유기	생석회에 온수를 투입하여 석회유(소석회)를 생성하는 반응조로 석회유를 1차 침강조에 투입
증류탑	탄산나트륨을 분리한 모액 속에는 반응하지 않은 염화나트륨 및 탄산수소나트륨 이외에 탄산암모늄, 염화암모늄 등을 증류탑으로 보내어 암모니아를 회수하고, 회수된 암모니아를 흡수탑에 공급

② 천연 소다회 생산공정

천연 소다회 원료로 트로나[Trona, $Na_3(CO_3)(HCO_3) \cdot 2H_2O$] 광석 또는 트로나의 탈수 형태인 Sodium Sesquicarbonate[$Na_3(CO_3)(HCO_3)$][6]를 함유하고 있는 염수를 사용하는 방법이 있으나, 일반적으로 트로나 광석을 원료로 많이 사용하고 있다. 대부분 트로나는 미국에 존재하며, 소다회를 회수하기 위한 목적으로 많이 이용되었으나, 최근에는 Solvay 공법을 통해 소다회를 생산하고 있으므로 천연 소다회 공법은 거의 이용되고 있지 않다.

$$2(Na_2CO_3 \cdot NaHCO_3 \cdot 2H_2O)(Trona) \longrightarrow 3Na_2CO_3(SodaAsh) + 5H_2O + CO_2$$

천연 소다회 생산공정은 소다 성분과 유사한 성분의 자연상태 물질로부터 불순물 제거와 수분 제거 등의 과정을 거쳐 소다회를 회수하는 공정이다. 생산공정은 8단계로 구성되어 있으며, 공정에 대한 간략한 설명은 다음과 같다.

┃ 천연 소다회 공법의 공정 개요 ┃

공 정	내 용
분쇄기	트로나 광석을 미세분말로 분쇄
가소로	분쇄된 트로나 광석에서 불필요한 휘발성 가스를 제거하고, 천연 탄산나트륨으로 전환하기 위한 가열공정
여과기 탱크	물을 투입하여 천연 탄산나트륨을 녹인 다음 여과장치로 통과시켜 고형 불순물을 1차적으로 제거하는 정제공정
농축장치	중력작용으로 연속적으로 침전 농축을 수행하고, 농축 침전된 슬러리는 외부로 배출하고, 정제된 용액은 상부로 유출되는 장치로서 고형 불순물을 2차적으로 제거하는 공정
정화 필터	농축장치에서 나온 액체를 여과장치를 통해 정화하는 공정으로 미세 고형물질을 3차적으로 제거하는 공정
다중 효용 증발기	용존성 불순물을 제거하는 방식으로, 증발방식을 통해 결정체 형성 최종 제품 : $Na_2CO_3 \cdot H_2O$
결정 원심분리기	소다회 결정에 잔류하는 수분 분리
건조기	소다회 결정의 건조를 통한 최종 소다회 생산

---

6) Sodium Sesquicarbonate는 $NaHCO_3$와 Na_2CO_3가 1 : 1 몰비율로 구성되어 있는 바늘 모양의 Crystal 결정체임.

(2) 주요 배출시설의 이해

소다회 생산시설에서 온실가스 공정배출 시설은 석회로, 가소로 등이 있다. 각 배출시설별 배출원인은 다음과 같다.

▌ 소다회 생산시설에서의 온실가스 공정 배출원, 온실가스 종류 및 배출원인 ▌

배출공정		온실가스	배출원인
암모니아 소다회법 (Solvay 공정)	석회로	CO_2	석회석 소성에 의한 CO_2 발생 • $CaCO_3 \rightarrow CaO + CO_2$
	가소로		가소로 내에서 $NaHCO_3$의 하소 시 CO_2 발생 • $2NaHCO_3 \rightarrow Na_2CO_3 + CO_2 + H_2O$
천연 소다회법	석회로	CO_2	트로나 광석의 소성에 의한 CO_2 발생

(3) 온실가스 배출량 산정 · 보고 · 검증 절차

온실가스 배출량 산정 · 보고 · 검증 절차는 총 9단계로 구성되어 있다. 에너지 고정연소 부문에서 특화되어 설명해야 할 부분은 1, 2, 5단계에 대해서만 다루었다.

1) 1단계 : 조직경계 설정

소다회 생산시설의 조직경계와 온실가스 배출 특성은 그림과 같다. 배출 형태는 크게 직접 배출과 간접 배출로 구분할 수 있으며, 직접 배출은 고정연소에 의한 배출, 공정배출, 이동연소에 의한 배출, 탈루배출로 구분할 수 있다.

▌ 소다회 생산시설(암모니아 소다회법)의 조직경계 및 온실가스 배출 특성 ▌

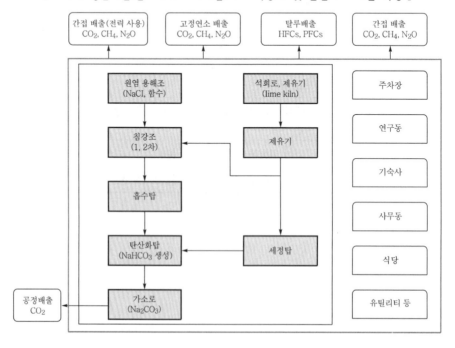

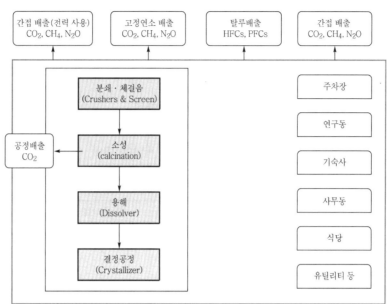

┃ 소다회 생산시설(천연 소다회법)의 조직경계 및 온실가스 배출 특성 ┃

2) 2단계 : 소다회 생산시설의 온실가스 배출활동 확인

소다회 생산시설의 온실가스 배출활동은 운영경계를 기준으로 살펴보았다. 직접 배출원과 간접 배출원으로 구분되며, 직접 배출원에는 고정연소, 이동연소, 탈루배출, 공정배출이 있고, 간접 배출원은 외부 전기 및 열·증기 사용을 꼽을 수 있다. 소다회 생산시설의 온실가스 배출활동은 다음과 같다.

┃ 소다회 생산시설의 온실가스 배출활동 ┃

운영경계	배출원	온실가스	배출활동
직접 배출원 (Scope 1)	고정연소	CO_2	소다회 생산 및 부대시설에서 필요한 에너지 공급을 위한 연료 연소에 의한 배출(예 설비 가동을 위한 에너지 공급, 보일러 가동, 난방 및 취사 등)
		CH_4	
		N_2O	
	이동연소	CO_2	소다회 생산시설에서 업무용 차량 운행에 따른 온실가스 배출
		CH_4	
		N_2O	
	탈루배출	CH_4	• 소다회 생산시설에서 사용하는 화석연료 사용과 연관된 탈루배출
		N_2O	• 목표관리지침에서는 탈루배출은 없는 것으로 가정 (2013년부터 고려)
	공정 배출원	CO_2	소다회 생산시설에서 트로나 광석 하소, 석회석 하소, $NaHCO_3$의 하소 시에 온실가스 배출

운영경계	배출원	온실가스	배출활동
간접 배출원 (Scope 2)	외부 전기 및 외부 열·증기 사용	CO_2	소다회 생산시설에서의 전력 사용에 따른 온실가스 배출
		CH_4	
		N_2O	

3) 5단계 : 배출활동별 배출량 산정방법론의 선택

소다회 생산시설에서의 배출량 산정방법론에서 정한 활동자료, 배출계수, 배출가스농도, 유량 등 각 매개변수에 대하여 자료의 수집방법을 정하고 자료를 모니터링한다.

▌소다회 배출시설 배출량 규모별 공정배출 산정방법 적용(최소 기준) ▌

배출활동	산정방법론			활동자료 원료 생산량 또는 제품 생산량			배출계수		
	A	B	C	A	B	C	A	B	C
시설 규모									
소다회 생산	1	1	1	1	2	2	1	2	2

(4) 온실가스 배출량 산정방법(공정배출)

소다회 생산공정의 보고대상 배출시설은 총 2개 시설이다.
① 암모니아 소다회 제조시설(Solvay 공정)
② 천연 소다회 생산공정
보고대상 온실가스와 온실가스별로 적용해야 하는 산정방법론은 다음과 같다.

구 분	CO_2	CH_4	N_2O
산정방법론	Tier 1, 4	−	−

1) 암모니아 소다회 제조시설(Solvay 공정) 및 천연 소다회 생산공정

① Tier 1

암모니아 소다회 공법과 천연 소다회 공법은 공정과 원료물질로 많이 다르나, 온실가스 공정배출이 탄산염 물질의 소성과정에서 배출된다는 공통점으로 인하여 온실가스 배출량 산정방법은 Tier 1으로서 공통된 하나의 산정식을 사용하며, 활동자료 및 배출계수는 구분하여 각각의 변수를 결정한다.

㉮ 산정식

본 산정식은 활동자료에 배출계수를 곱하는 단순한 형태로 어떤 배출계수를 사용하느냐에 따라 Tier을 구분하고 있다.

$$E_{CO_2} = AD \times EF$$

여기서, E_{CO_2} : 소다회 생산공정에서의 CO_2 배출량(tCO_2-eq)

　　　　AD : 트로나(Trona) 광석의 사용량 또는 소다회 생산량(t)

　　　　EF : 배출계수(tCO_2/t-Trona 투입량, tCO_2/t-소다회 생산량)

④ 산정방법 특징

　㉠ 활동자료로서는 천연 소다회법의 경우는 트로나(Trona) 광석의 사용량, 암모니아 소다회법에서는 소다회 생산량을 적용

　㉡ 배출계수는 단위 활동자료에 대한 온실가스 배출량으로 Tier 1은 IPCC 기본 배출계수를 적용하고 있음.

⑤ 산정 필요 변수

∥ 산정에 필요한 변수들의 관리기준 및 결정방법 ∥

매개변수	세부변수	관리기준 및 결정방법
활동자료	암모니아 소다회 제조시설 : 소다회 생산량	Tier 1 기준인 각각의 측정불확도 ±7.5% 이내의 사용된 트로나 광석의 양 또는 생산된 소다회의 양 또는 생산된 소다회 양의 중량 측정
	천연 소다회 생산공정 : 트로나(Trona) 광석 사용량	
배출계수	암모니아 소다회 제조시설 : 생산된 소다회 양	Tier 1은 IPCC에서 제공하는 기본배출계수 (천연 소다회법 : 0.097tCO_2/t-Trona, Solvay법 : 0.138tCO_2/t-소다회 생산량)
	천연 소다회 생산공정 : 사용된 트로나(Trona) 광석의 양	

⑫ 석유 정제 활동

(1) 주요 공정의 이해

1) 석유 정제공정 정의

석유 정제공정은 비등점 차이를 이용하여 원유를 휘발유, 등유, 경유 등과 같은 석유제품과 나프타와 같은 반제품을 제조하는 공정으로 정의하고 있으며 증류, 전환 및 정제, 배합의 세 단계로 구분하고 있다.

① 증류단계

원유 중에 포함된 염분을 제거하는 탈염장치 등 전처리 과정을 거친 후 가열된 원유를 상압 증류탑에 투입하며, 증류탑에서 비등점 차이에 의해 가벼운 성분 순으로 상부로부터 분리하는 단계이다.

② 전환 및 정제단계

㉮ '전환'단계는 활용가치가 낮은 석유 유분을 여러 방법으로 화학 변화를 주어 활용성이 우수한 석유제품으로 전환하는 과정이며, 그 예로는 크래킹, 개질, 수소화 분해 등이 있음.

㉯ '정제'단계는 증류탑으로부터 유출된 유분 중의 불순물을 제거하고, 생산목표 제품별 특성을 충족시키기 위해 증류ㆍ분리된 성분을 2차 처리하여 품질을 향상시키는 과정으로 정제공정의 예로는 메록스공정, 접촉개질공정, 수첨탈황공정 등이 있음.

③ 배합단계

각종 유분을 각 제품별 규격에 맞게 적당한 비율로 혼합하거나 첨가제를 주입하여 배합하는 단계이다.

2) 공정도 및 공정 설명

석유 정제공정도는 다음과 같으며, 전술한 것처럼 증류단계, 전환 및 정제단계, 배합단계로 구분할 수 있다.

┃ 석유 정제공정도 ┃

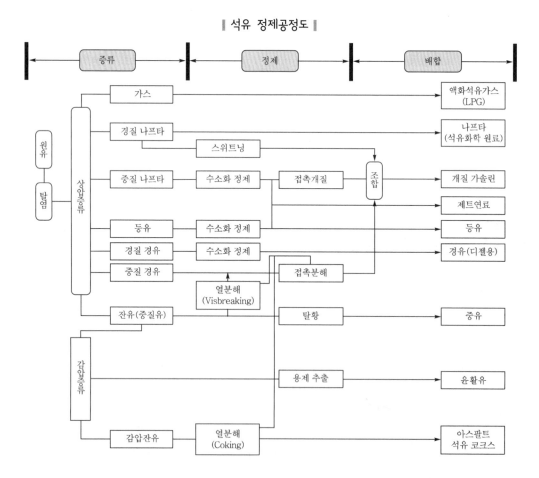

① **증류단계**

증류단계는 상압증류공정, 감압증류공정으로 구성되어 있으며, 자세한 공정은 다음과 같다.

㉮ 상압증류공정

상압증류공정은 원유 증류의 제1단계로 정유공정 중 가장 중요하고 기본이 되는 공정이다. 대기압 하에서 증류를 의미하며, 원유를 상압증류, 냉각, 응축과 같은 물리적 변화 과정을 통해 일정한 범위의 비점을 가진 석유 유분을 분리하는 공정으로 정의하고 있다.

상압증류장치는 "원유증류장치" 또는 "Crude Topping(Crude Distillation Unit)"라고도 말한다. 가열로에 넣어지는 원유는 300~350℃로 가열되며, 이때 발생되는 유증기는 증류탑을 상승하면서 온도가 낮아져 비점이 낮은 것이 먼저 탑의 윗부분부터 순서대로 각 트레이에 응축(액화)되어 휘발유, 등유, 경유 유분으로 모여 나오게 되며, 탑의 아랫부분에 남은 성분은 잔사유로서 회수된다.

㉯ 감압증류공정

대기압보다 낮은 압력 하에서의 증류로서 진공증류라고도 한다. 감압 하에서 증류함으로써 상압증류보다 낮은 온도에서 증류할 수 있다. 원유를 대기압 하에서 350℃ 이상 가열하면 열분해되면서 품질과 수율이 떨어지기 때문에 비점이 높은 윤활유와 같은 유분을 안정적으로 얻기 위해서는 보다 낮은 온도에서 증류시킬 필요가 있다. 그러므로 이를 위해 높은 비점의 유분이 낮은 온도에서 증발될 수 있도록 감압해서 증류하게 되었고, 이를 감압증류라고 한다.

상압증류에서 휘발유 유분, 등유 유분 및 경유 유분을 분리해낸 잔사유(Residual Oil)를 감압하여 증류탑에서 증발시키면 아스팔트나 찌꺼기 등의 각 유분으로 분리된다. 감압증류에서 얻어진 유분은 다시 용제정제공정을 거쳐서 각종 윤활유의 제품의 기본이 되는 기유가 되고, 또 일부는 분해장치에 의해 분해되어 가스나 분해 휘발유가 된다.

② **정제단계**

정제단계는 메록스공정, 접촉개질공정, 수첨탈황공정 등이 있으며, 자세한 공정에 대한 설명은 다음과 같다.

㉮ 메록스공정

메록스공정은 가스나 유분에 포함한 메르캅탄(Mercaptan)류의 황 성분을 무취의 이황화물(Disulfide)로 변환하는 공정으로 정의하고 있다. 메록스공정은 다른 공정에 비해서 에너지 소비가 적은 편이지만, 최종 제품인 휘발유나 경유 등으로 시판되기 위해서는 필수적으로 가져야 할 공정이며, 메록스공정의 세부공정별 특성은 다음과 같다.

세부공정	주요 특성
액화석유가스 메록스 (LPG Merox)	액화석유가스(LPG) 중에 있는 유황 성분(H_2S 및 메르캅탄)을 제거하는 공정
직류 가솔린 메록스 (LSR Merox)	LSR(Light Straight Run Naphtha) 유분 중 유황 성분을 제거하여 휘발유 배합원료를 제조하는 공정
고정상 메록스 (Solid Bed Merox)	조등유 중에 있는 H_2S를 제거하고 메르캅탄을 전환하여 등유 및 항공유의 배합원료를 제조하는 공정

㉯ 접촉개질공정

상압증류공정으로부터 생산되는 나프타 중에는 주로 노말 파라핀이나 측쇄가 적은 파라핀과 나프텐 성분이 포함되어 있기 때문에 이들을 방향족이나 측쇄가 많은 탄화수소로 변환하면 옥탄가가 높은 휘발유를 얻을 수 있는데, 이렇게 탄화수소의 구조를 바꾸어 옥탄가를 높이는 것을 접촉개질공정이라 정의한다.

접촉개질공정에서는 백금계 촉매 하에서 수소를 첨가반응시키며, 촉매독의 원인이 되는 황분과 금속(특히 비소)을 제거하기 위해 연료유(나프타)를 나프타 수소화 탈황장치에 의해 전처리하여 반응기로 보낸다. 반응이 완결된 반응생성물은 냉각되어 가스분리조에서 액체와 가스로 분리된다. 분리된 가스는 수소를 주성분으로 하는 가스로 공정 자체에서 사용 후 잉여가스는 나프타 수소화 탈황장치 등 수소 사용 공정으로 공급하거나 연료로 사용하는 경우도 있다.

한편 분리조에서 분리된 액상 반응생성물은 수소, 메탄, 에탄, 프로판, 부탄 등의 경질 탄화수소 유분을 안정탑 상부로부터 분리하여 경질가스와 LPG 연료를 부산물로 생산하고, 안정탑 하부로부터는 증기압이 조정된 제품(개질 휘발유)을 추출한다.

촉매재생방식에서는 촉매를 유동상태에서 사용하는데, 사용 중인 촉매의 일부를 독립된 재생탑에서 연속 재생시켜 반응기로 순환시킬 경우 촉매의 활성을 양호한 상태로 유지시킬 수 있기 때문에 옥탄가가 높은 개질 휘발유를 생산할 수 있다.

㉰ 수첨탈황공정

수첨탈황공정은 일반적으로 조나프타(Raw Naphtha), 조등유(Raw Kerosene), 경질 가스유(LGO) 등을 고온·고압 하에서 촉매를 사용하여 수소와 반응시켜, 황화합물을 황화수소의 형태로 만들어 탄화수소에서 분리시키는 탈황공정[7]으로 알려지고 있다. 이외에도 질소, 산소 및 금속유기화합물 등 각종 불순물을 제거(탈질, 탈산소 등)하고 불포화 성분의 포화 안정화 등을 통해 품질을 개선하는 효과가 있는 것으로 알려지고 있다.

---

7) 황의 95%가 제거되는 것으로 알려지고 있음.

③ 배합단계

배합단계는 상압증류공정이나 2차 처리공정에서 나오는 각종 유분을 각 제품별 규격에 맞게 적당한 비율로 혼합하거나 첨가제를 주입하여 배합하는 단계로 배합공정에는 유황분 배합, 옥탄가 배합, 증기압 배합, 동점도 배합 등이 있다.

(2) 주요 배출시설의 이해

석유정제활동에서 온실가스 공정배출시설은 수소제조시설, 촉매재생시설, 코크스 제조시설 등이 있다.

1) 수소제조공정

석유정제공정에서 수소를 필요로 하는 공정은 수첨분해공정과 탈황공정이며, 납사개질공정 등에서 부생가스로서 수소가 생성된다.

납사(대표적으로 경질 나프타 또는 부탄 사용)를 촉매 존재 하에서 수증기와 접촉반응시켜 약 70% 순도의 수소를 제조하고, PSA(Pressure Swing Adsorption) 공정을 거쳐 불순물을 제거하여 순도 99% 이상의 수소를 제조하는 공정이다. 수소제조공정의 화학반응식은 CH_4와 CO도 수증기와 반응하여 수소 생성이 가능하며, 이 모든 공정에서 CO_2가 생성·배출된다. 세 번째 반응에서 알 수 있듯이 부생가스인 CO는 수증기 또는 산소와 반응하여 산화되어 CO_2로 전환 배출된다.

$$C_nH_{2n+2}(납사) + 2nH_2O \rightarrow nCO_2 + (3n+1)H_2$$
$$CH_4 + H_2O \rightarrow CO + 3H_2$$
$$CO + H_2O \rightarrow CO_2 + H_2$$

2) 촉매재생공정

석유정제공정에서 촉매는 다양한 공정에서 사용되고 있으며, 그 중에서도 개질공정은 저옥탄가의 나프타를 백금계 촉매 하에서 수소를 첨가 반응시켜 휘발유의 주성분인 고옥탄가의 접촉개질유를 생산하는 공정이다. 그러나 개질과정에서 코크스가 생성되면서 촉매 표면에 침착하면 촉매를 비활성화하게 된다. 일반적으로 개질 성능이 높을수록 이러한 피독현상이 높게 나타난다. 촉매 재생은 코크스의 산화처리($C+O_2 \rightarrow CO_2$)로서 CO_2 발생량은 유입공기, 점착된 코크스량, 코크스 중의 탄소 비율 등에 근거하여 산정이 가능하다.

3) 코크스 제조시설

코킹은 감압증류의 잔사유, 아스팔트, 열분해 잔사유 등의 중질유를 원료로 하여 코크스를 생성시킴과 동시에 가스, 가솔린, 경유 등을 제조하는 것을 목적으로 하는 방법이다. 이들 잔사는 불순물이 촉매를 비활성화하고 피독시키기 때문에 접촉분해기에 공급될 수 없다. 코크스 제조방법은 지연 코킹법, 유체 코킹법, 플렉시 코킹법 등이 있다.

지연 코킹법에서는 코크스는 서서히 드럼 형태의 회분식 반응기에서 형성되며, 지연 코킹장치는 한 쌍 이상의 드럼으로 구성되어 있으며, 한 드럼에서 코크스가 예정된 수준에 이르면 원료가 다른 드럼으로 전환되어 공정이 계속된다. 드럼 상부의 증기는 분류기로 보내져 가스, 나프타, 등유, 경유로 분리된다. 코크스로 채워져 있는 드럼의 탈코킹은 적어도 3,000psig 하에서 여러 개의 물 제트를 사용하는 유압장치에 의해 이루어진다.

유체 코킹법의 주요 부분은 반응탑과 연소실로 코크스가 사이클론으로 두 장치 사이를 유동하게 되어 있다. 상압에서 520℃로 가열된 코크스가 들어 있는 반응탑 내에 예열된 원료유를 불어 넣으면 코크스에 접촉·분해되어 원료유가 유증기와 코크스로 전환된다. 이때 생성된 유증기와 코크스는 탑 꼭대기의 사이클론에서 분리되어 코크스는 반응탑에 다시 보내지고 유증기는 증류탑으로 들어가 가스, 나프타, 경유 등의 유분으로 분리된다. 새로 생성되어 반응탑에 보내진 코크스는 반응탑 내에 전부터 있던 순환 코크스에 부착, 하부에서 연속적으로 제거되어 연소실로 들어간다. 여기에서 일부의 코크스는 공기로 연소되며 연소열로 고온이 된 코크스는 반응탑에 순환되고 나머지는 제품으로 출하된다.

플렉시코킹법(Flexi Coking)은 생산된 코크스의 대부분을 증기 및 공기로 가스화하여 플렉시가스라고 하는 연료가스를 생산하며, 이 가스는 정유가스, 다용도 보일러 및 발전에 활용될 수 있다.

▎석유정제시설에서의 온실가스 공정 배출원별 온실가스 종류 ▎

배출공정	온실가스
수소제조시설	CO_2
촉매재생시설	
코크스 제조시설	

꼼꼼 check ✓ 석유정제시설 배출공정별 배출원인

1. **수소제조시설**
   수증기와의 접촉반응에 의해서 약 70% 순도의 수소를 제조하고, PSA 공정을 거쳐 불순물을 제거함으로써 높은 순도의 수소를 제조하는 과정에서 CO_2가 주로 배출됨.
2. **촉매재생시설**
   촉매재생기에서 코크스를 산화·제거하는 과정에서 CO_2가 주로 배출됨($C+O_2 \rightarrow CO_2$).
3. **코크스 제조시설**
   지연 코킹법에서는 고정연소 배출 외의 공정 내에서의 CO_2 배출은 없으나, 유체 코킹법과 플렉시 코킹법에서는 코크스 버너에서 코크스가 산화되면서 CO_2가 배출됨.

(3) 온실가스 배출량 산정·보고·검증 절차

온실가스 배출량 산정·보고·검증 절차는 총 9단계로 구성되어 있으며, 에너지 고정연소 부문에서 특화되어 설명해야 할 부분은 1, 2, 5단계에 대해서만 다루었다.

1) 1단계 : 조직경계 설정

석유정제시설의 조직경계와 온실가스 배출 특성은 그림과 같다. 배출 형태는 크게 직접 배출과 간접 배출로 구분할 수 있으며, 직접 배출은 고정연소에 의한 배출, 공정배출, 이동연소에 의한 배출, 탈루배출로 구분할 수 있다.

┃ 석유정제시설의 조직경계 및 온실가스 배출 특성 ┃

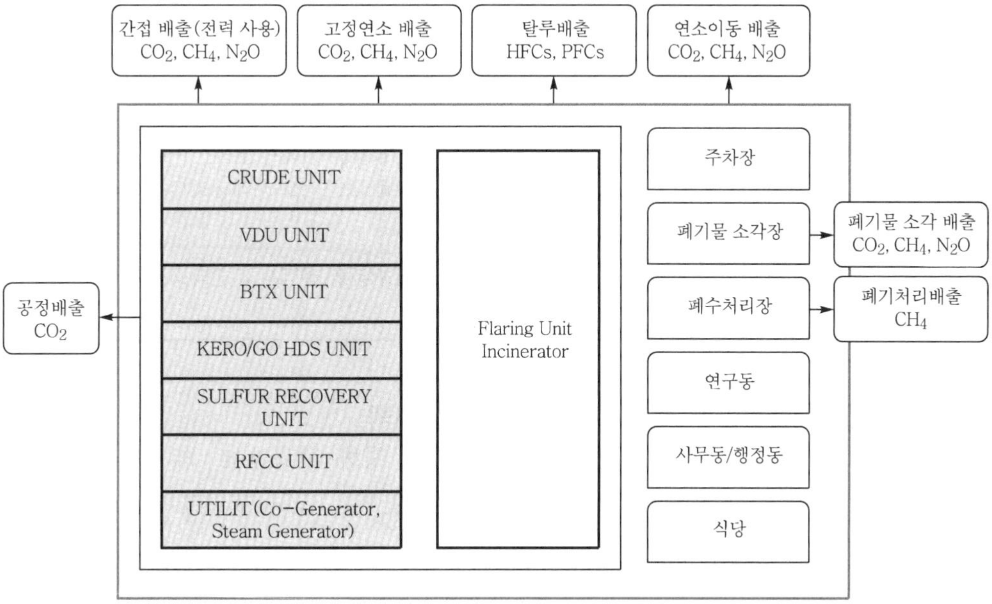

| 간접 배출(전력 사용) CO_2, CH_4, N_2O | 고정연소 배출 CO_2, CH_4, N_2O | 탈루배출 HFCs, PFCs | 연소이동 배출 CO_2, CH_4, N_2O |

공정배출 CO_2

| CRUDE UNIT |
| VDU UNIT |
| BTX UNIT |
| KERO/GO HDS UNIT |
| SULFUR RECOVERY UNIT |
| RFCC UNIT |
| UTILIT (Co-Generator, Steam Generator) |

Flaring Unit Incinerator

주차장

폐기물 소각장 → 폐기물 소각 배출 CO_2, CH_4, N_2O

폐수처리장 → 폐기처리배출 CH_4

연구동

사무동/행정동

식당

2) 2단계 : 석유정제시설의 온실가스 배출활동 확인

석유정제시설의 온실가스 배출활동은 운영경계를 기준으로 살펴보았다. 직접 배출원과 간접 배출원으로 구분되며, 직접 배출원에는 고정연소, 이동연소, 탈루배출, 공정배출이 있고, 간접 배출원은 외부 전기 및 열·증기 사용을 꼽을 수 있다. 석유정제시설의 온실가스 배출활동은 다음과 같다.

┃ 석유정제시설의 온실가스 배출활동 ┃

운영경계	배출원	온실가스	배출활동
직접 배출원 (Scope 1)	고정연소	CO_2	석유정제시설 및 부대시설에서 필요한 에너지 공급을 위한 연료 연소에 의한 배출(예 설비 가동을 위한 에너지 공급, 보일러 가동, 난방 및 취사 등)
		CH_4	
		N_2O	
	이동연소	CO_2	석유정제시설에서 업무용 차량 운행에 따른 온실가스 배출
		CH_4	
		N_2O	
	탈루배출	CH_4	• 석유정제시설에서 사용하는 화석연료 사용과 연관된 탈루배출
		N_2O	• 목표관리지침에서는 탈루배출은 없는 것으로 가정 (2013년부터 고려)
	공정 배출원	CO_2	• 수소제조공정에 의한 배출 • 촉매재생기에서 코크스 산화 제거과정에서 CO_2 배출 • 코크스 연소과정에서 CO_2 배출
간접 배출원 (Scope 2)	외부 전기 및 외부 열·증기 사용	CO_2	석유정제시설에서의 전력 사용에 따른 온실가스 배출
		CH_4	
		N_2O	

3) 5단계 : 배출활동별 배출량 산정방법론의 선택

석유정제시설에서의 배출량 산정방법론에서 정한 활동자료, 배출계수, 배출가스농도, 유량 등 각 매개변수에 대하여 자료의 수집방법을 정하고 자료를 모니터링한다.

┃ 석유정제 배출시설 배출량 규모별 공정배출 산정방법 적용(최소 기준) ┃

배출활동	산정방법론			활동자료 원료 생산량 또는 제품 생산량			배출계수		
시설 규모	A	B	C	A	B	C	A	B	C
수소제조공정	1	2	3	1	2	3	1	2	3
촉매재생공정	1	1	3	1	1	3	1	1	3
코크스 제조공정	1	1	1	1	2	3	1	2	3

(4) 온실가스 배출량 산정방법(공정배출)

석유정제공정의 보고대상 배출시설은 총 3개 시설이다.

① 수소제조공정
② 촉매재생공정
③ 코크스 제조공정

보고대상 온실가스와 온실가스별로 적용해야 하는 산정방법론은 다음과 같다.

구 분	CO_2	CH_4	N_2O
수소제조공정	Tier 1, 2, 3, 4	–	–
촉매재생공정	Tier 1, 3, 4	–	–
코크스 제조공정	Tier 1	–	–

1) 수소제조공정

수소제조공정에서의 온실가스 배출량 산정방법은 Tier 1, 2, 3의 세 가지 방법이 있다.

① Tier 1

㉮ 산정식

Tier 1은 활동자료인 경질 나프타, 부탄, 부생연료 등 원료 투입량에 IPCC 기본 배출계수를 곱하여 결정하는 가장 단순한 방법이다.

$$E_{i,CO_2} = FR_i \times EF_i$$

여기서, E_{i,CO_2} : 수소제조공정에서의 CO_2 배출량(tCO_2)

FR_i : 경질 나프타, 부탄, 부생연료 등 원료(i) 투입량(t 또는 천m^3)

EF_i : 원료(i)별 CO_2 배출계수

㉯ 산정방법 특징

활동자료는 경질 나프타, 부탄, 부생연료 등 원연료 투입량이고, 배출계수는 유입 원료물질의 원료별 CO_2 배출계수이다.

㉰ 산정 필요 변수

┃ 산정에 필요한 변수들의 관리기준 및 결정방법 ┃

매개변수	세부변수	관리기준 및 결정방법
활동자료	원료 투입량(FR)	Tier 1 기준인 측정불확도 ±7.5% 이내에서 투입된 경질 나프타, 부탄, 부생연료 등 원료의 투입량 중량을 측정
배출계수	–	IPCC에서 제공하는 기본배출계수(이 경우 보수적 배출량을 산정하기 위해 에탄(C_2H_6) 기준 배출계수 적용)

┃ 에탄 기준 원료 투입량에 대한 IPCC 기본배출계수값 ┃

활동자료(원료 투입량) 종류	에탄 기준 배출계수(tCO_2/t-Feed)
무게(t) 기준	2.9tCO_2/t-Feed
부피(천m^3) 기준	3.93tCO_2/천m^3-Feed

〈출처 : 2006 IPCC G/L〉

② Tier 2

㉮ 산정식

Tier 2는 활동자료인 수소 생산량에 대비한 CO_2 배출량을 다음과 같은 화학반응을 통해 결정하며, 수소 1mole당 CO_2 발생 mole수는 $(3n+1)/2n$이다.

$$C_nH_{2n+2}(납사) + 2nH_2O \rightarrow nCO_2 + (3n+1)H_2$$

$$E_{CO_2} = Q_{H_2} \times \frac{n\,mole\,CO_2}{(3n+1)mole\,H_2} \times 1.963$$

여기서, E_{CO_2} : 수소제조공정에서의 CO_2 배출량(tCO_2)

Q_{H_2} : 수소 생산량(천m^3)

$\dfrac{n\,mole\,CO_2}{(3n+1)mole\,H_2}$: 수소 1mole 생산량당 CO_2 발생 mole수

1.963 : CO_2의 분자량(44.010)/표준상태 시 몰당 CO_2의 부피(22.414)

㉯ 산정방법 특징

㉠ 활동자료로서 수소 생산량을 적용하고, CO_2 배출량은 화학양론 관계에 의해 결정하는 방식으로 배출계수를 적용하고 있지 않음.

㉡ 공정배출로서 산정 대상 온실가스는 CO_2뿐이고, 다른 온실가스는 공정 과정에서 배출되지 않고 있음.

㉰ 산정 필요 변수

❙ 산정에 필요한 변수들의 관리기준 및 결정방법 ❙

매개변수	세부변수	관리기준 및 결정방법
활동자료	수소 생산량	Tier 2 기준인 측정불확도 ±5.0% 이내에서 생산된 수소량 측정
배출계수	–	수소 생산 반응식 • $C_nH_{2n+2}(납사) + 2nH_2O \rightarrow nCO_2 + (3n+1)H_2$에 따라 수소 1mole 생산 시 발생되는 CO_2 양의 비율($n/(3n+1)$)을 사용

③ Tier 3

㉮ 산정식

Tier 3은 활동자료인 원료 투입량에 투입 원료의 탄소 함량비를 결정하여 CO_2 배출량을 산정한다. 이때 주의할 사항으로 수소제조공정에 투입되는 원료에 대한 성분의 무게비와 탄소 함량을 토대로 투입 원료의 탄소 함량비를 산정해야 한다. 원료 중 성분의 무게비는 투입 원료의 성분 함유비(mole비)와 분자량, 투입 원료의 평균 분자량을 토대로 산정하고, 원료 중 성분의 탄소 함량은 원료 중 성분의 분자량과 성분의 탄소수를 토대로 산정한다.

$$E_{i,\mathrm{CO}_2} = FR_i \times EF_i \times 10^{-3}$$

여기서, E_{i,CO_2} : 수소제조공정에서의 CO_2 배출량(tCO₂)

$\quad\quad FR_i$: 수소 제조 공정가스(i) 투입량(m³, 단 H_2O는 제외)

$\quad\quad EF_i$: 수소 제조 공정가스(i)의 CO_2 배출계수(tCO₂/천m³)

㉯ 산정방법 특징

 ㉠ 활동자료로서 원료(납사) 투입량을 적용하고, 배출계수는 투입 원료의 탄소 함량비로서, 단위는 부피당 중량임(t–C/천m³).

 ㉡ 공정배출로서 산정 대상 온실가스는 CO_2뿐이고, 다른 온실가스는 공정 과정에서 배출되지 않고 있음.

㉰ 산정 필요 변수

┃ 산정에 필요한 변수들의 관리기준 및 결정방법 ┃

매개변수	세부변수	관리기준 및 결정방법
활동자료	원료 투입량	Tier 3 기준인 측정불확도 ±2.5% 이내에서 투입된 원료의 중량 측정
배출계수	• 투입 원료(i)의 탄소 함량비 • 원료(i) 중 성분 j의 무게비 • 원료(i) 중 성분 j의 탄소 함량 • 원료(i) 중 성분 j의 함유비 • 원료(i) 중 성분 j의 분자량 • 투입 원료(i)의 평균 분자량 • 성분 j의 탄소수	Tier 3인 사업장 고유값은 GIR에서 검토 및 검증을 통해 확정 고시

2) 촉매재생공정

촉매재생공정에서의 온실가스 배출량 산정방법은 Tier 1, 3의 두 가지 방법이 있다.

① Tier 1

 Tier 1 산정방법은 투입 공기 중의 산소와 코크스가 화학양론반응($C + O_2 \rightarrow CO_2$)에 의해 CO_2가 생성·배출된다는 가정에 기초하고 있다.

 ㉮ 산정식

  Tier 1은 활동자료인 공기 투입량에 투입 공기 중 산소 함량비(=0.21)를 곱하여 결정하는 가장 단순한 방법이다.

$$E_{\mathrm{CO}_2} = AR \times CF \times 1.963$$

여기서, E_{CO_2} : CO_2 배출량(tCO₂)

$\quad\quad AR$: 공기 투입량(천m³)

$\quad\quad CF$: 투입 공기 중 산소 함량비(=0.21)

$\quad\quad 1.963$: CO_2의 분자량(44.010)/표준상태 시 몰당 CO_2의 부피(22.414)

④ 산정방법 특징

㉠ 활동자료로서 공기 투입량을 적용하고, 배출계수를 특별히 적용하지 않고, 공기량 중의 산소량으로 전환하기 위해 투입 공기 중 산소 함량비(=0.21)를 적용하여 산소 투입량을 결정하고 이를 CO_2 양으로 환산하였음.

- $C + O_2 \rightarrow CO_2$ 반응식을 이용하여 화학양론 관계식으로부터 O_2 1mole에 CO_2 1mole이 생성되는 관계식을 이용하여 결정하고, 이를 CO_2 분자량(44g/mole)을 곱하여 배출량을 중량단위로 환산

㉡ 본 방법은 화학양론에 근거하여 공기를 공급할 수 있는 방법이 없기 때문에 CO_2 배출량이 과다 또는 과소 산정할 소지가 있으며, 대부분의 경우 과잉공기를 불어 넣어 침착된 코크스의 완전 산화연소 제거 가능성이 높으므로 과다 산정될 개연성이 높음.

㉢ 공정배출로서 산정 대상 온실가스는 CO_2뿐이고, 다른 온실가스는 공정 과정에서 배출되지 않고 있음.

⑤ 산정 필요 변수

┃ 산정에 필요한 변수들의 관리기준 및 결정방법 ┃

매개변수	세부변수	관리기준 및 결정방법
활동자료	공기 투입량	Tier 1 기준인 측정불확도 ±7.5% 이내에서 투입된 공기량 측정
산소 함량비	–	투입 공기 중 산소 함량비(=0.21)

② Tier 3

㉮ 산정식

Tier 3은 활동자료인 촉매에 점착된 코크스양에 코크스 중의 탄소 함량비를 곱하여 결정하는 방법이다. 침착된 Coke 중의 탄소가 모두 CO_2로 배출된다고 가정한다.

㉠ Tier 3A

$$E_{CO_2} = CC \times EF$$

여기서, E_{CO_2} : 촉매재생공정에서의 CO_2 배출량(t)

CC : 연소된 코크스양(t)

EF : 연소된 코크스의 배출계수(tCO_2/t-Coke)

㉡ Tier 3B

$$E_{CO_2} = AR \times CF \times 1.963$$

여기서, E_{CO_2} : 촉매재생공정에서의 CO_2 배출량(tCO_2)

AR : 공기 투입량(천m^3)

CF : 배기가스 중 CO, CO_2 농도비의 합

1.963 : CO_2의 분자량(44.010)/표준상태 시 몰당 CO_2의 부피(22.414)

㉯ 산정방법 특징

　㉠ 본 산정방법은 촉매에 침착된 코크스의 양으로 침착된 코크스 중의 탄소가 모두 CO_2로 전환 배출된다는 가정을 도입한 것으로 다음과 같은 문제점을 갖고 있음.

　　• 침착된 코크스의 양을 결정하는 데 어려움이 예상되므로 표준화된 방법의 적용이 필요함(촉매재생 전후의 중량 차이로 코크스양을 결정할 것으로 예상되나, 촉매 중량에 비해 코크스양이 상당히 적기 때문에 오차가 클 개연성이 있음).

　　• 침착된 모든 코크스가 산화 분해된다는 가정은 과다 산정될 소지가 있으므로 CO_2 배출량도 과다 산정될 여지가 높음.

　㉡ 코크스의 연소에 의해 배출되는 온실가스 중에서 CO_2만 산정하는 것으로 되어 있으나, 에너지 부문의 고정연소에서는 CH_4 배출도 산정하도록 하고 있으므로 향후 CH_4 배출에 대한 것도 일관성 차원에서 고려할 필요가 있음.

㉰ 산정 필요 변수

▎ 산정에 필요한 변수들의 관리기준 및 결정방법 ▎

매개변수	세부변수	관리기준 및 결정방법
활동자료	침착된 코크스의 양	Tier 3 기준인 측정불확도 ±2.5% 이내에서 촉매에 침착된 코크스의 중량 측정
배출계수	–	• Tier 3은 사업장 고유 코크스 중의 탄소 함량비(CF) 이용 • Tier 3인 사업장 고유 코크스 중의 탄소 함량비(CF)는 온실가스 종합정보센터(GIR)에서 검토 및 검증을 통해 확정 고시

3) 코크스 제조공정

① 산정식

국내 목표관리제에서 적용토록 요구하고 있는 코크스 제조공정의 온실가스 배출량 산정방법은 다음의 산정식만을 제공하고 있으며, 활동자료인 버너에서 연소되는 코크스양에 코크스의 탄소 함량을 곱하여 결정하도록 하고 있다.

$$E_{CO_2} = CC \times EF$$

여기서, E_{CO_2} : 코크스 제조공정에서의 CO_2 배출량(tCO_2)

　　　　CC : 연소된 코크스양(t)

　　　　EF : 연소된 Coke의 배출계수(tCO_2/t-Coke)

② 산정방법 특징

㉮ 활동자료는 버너에서 연소된 코크스의 양으로 이에 대한 측정 결정이 필요하고, 배출계수는 버너에서 연소되는 코크스 중의 탄소 함량비로서 공정시험법 등을 통해 결정해야 할 필요가 있음.

㉯ 공정배출로서 산정 대상 온실가스는 CO_2뿐으로 가정했으나, 에너지 부문의 고정연소에서는 CH_4 배출을 산정하도록 하고 있으므로 향후 CH_4 배출에 대한 것도 일관성 차원에서 고려할 필요가 있음.

③ 산정 필요 변수

┃ 산정에 필요한 변수들의 관리기준 및 결정방법 ┃

매개변수	세부변수	관리기준 및 결정방법
활동자료	코크스의 양	• Tier 1 : 측정불확도 ±7.5% 이내 • Tier 2 : 측정불확도 ±5.0% 이내 • Tier 3 : 측정불확도 ±2.5% 이내 • 각 Tier별 기준에 준해 버너에 의해 연소 처리된 코크스의 양을 측정을 통해 결정
배출계수	석유 코크스 연소에 의한 CO_2 배출량	• Tier 1 : IPCC에서 제공하는 기본배출계수 　– 목표관리지침에서의 석유 코크스에 대한 CO_2 배출계수와 석유 코크스의 기본발열량값 사용 • Tier 2는 코크스의 국가 고유탄소함량비, Tier 3은 코크스의 사업장 고유탄소함량비 이용 • Tier 2는 국가 고유값으로 온실가스 종합정보센터(GIR)에서 고시한 값을 사용하며, Tier 3인 사업장 고유값을 GIR에서 검토 및 검증을 통해 확정 고시

13 석유화학제품 생산

(1) 주요 공정의 이해

1) 석유화학제품 생산공정 정의

석유화학산업은 정유정제품인 나프타와 에탄, LPG 등 천연가스 추출물을 원료로 사용하여 석유화학제품을 생산하는 산업으로 제품의 종류는 약 300여 종에 이른다.

국내에서는 주로 나프타 분해설비(NCC ; Naphtha Cracking Center)를 통해 석유화학제품을 생산하고 있다. 석유화학제품은 크게 기초 유분, 합성수지, 합성원료, 합성고무, 기타 등으로 구분하고 있다.

기초 유분의 구성비는 일반적으로 사슬 모양 고분자를 가진 지방족 화합물(에틸렌 31%, 프로필렌 16%, C₄ 유분 10% 등), 벤젠핵을 가지는 방향족 화합물 14%(벤젠, 톨루엔, 크실렌, 에틸벤젠, 페놀 등) 및 무기물(수소, 황 등)의 크게 세 가지로 분류된다. 또한 원료로 사용되는 종류에 따라 생산하는 목적물질이 다양할 뿐만 아니라 생산하는 과정 또한 다양하다.

∥ 주요 석유화학제품 ∥

기초 유분	합성원료	합성수지	합성원료
Ethylene Propylene Butadiene Benzene Toluene Xylene	EDC VCM SM PX OX	ABS EPS EVA HDPE LDPE LLDPE PP PS PVC	AN CPLM DMT EG TPA

〈출처 : 한국석유화학공업학회〉

합성원료(중간 원료)를 생산하기 위해 에틸렌과 프로필렌을 원료로 사용하는 경우 폴리에스테르섬유, 폴리에스테르수지, 냉각제로 사용하는 에틸렌글리콜, 폴리프로필렌 등을 생산할 수 있다. 이러한 제품들은 중합반응을 거쳐 석유화학제품이 생산되는 반면, 프로필렌을 주요 원료로 사용하여 암모니아와 산화반응을 통해 아크릴로니트릴을 생산하는 것과 같이 서로 다른 화학제품과의 반응을 통해 석유화학제품을 생산하기도 한다.

2) 공정도 및 공정 설명

석유화학산업은 다양한 제품을 생산하는 공정이 있으나, 대표적인 공정으로 메탄올(Methanol, CH_3OH), 에틸렌(Ethylene, C_2H_4), 염화비닐 모노머(Ethylene Dichloride/Vinyl Chloride Monomers, $C_2H_4Cl_2/CH_2CHCl$), 에틸렌 옥사이드(Ethylene Oxide, C_2H_4O), 아크릴로니트릴(Acryrlonitrile, C_3H_3N), 카본블랙(Carbon Black)을 생산하는 공정을 꼽을 수 있다.

① 메탄올 생산(Methanol, CH_3OH)

가볍고 무색의 가연성 성분인 메탄올은 CH_4와 CO_2를 주원료로 사용하여 증기개질반응을 통해 생산되며, 이러한 과정은 전 세계적으로 널리 사용되고 있다. 다음 그림은 메탄올 생산공정으로 수증기 개질공정, 메탄올 생산공정, 메탄올 생산정제, 에너지 회수공정으로 구성된다.

┃ 메탄올 생산공정 ┃

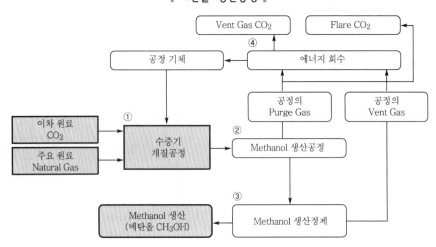

㉮ 수증기 개질공정

수증기 개질공정에서는 천연가스(주성분이 CH_4)의 증기개질반응으로 CO_2, CO, H_2 등의 합성가스를 생성하며, CO_2는 반응촉진제(보충 원료)로서 다른 산업공정 으로부터 회수된 CO_2를 사용하기도 한다.

> • 증기개질반응 : $2CH_4 + 3H_2O \rightarrow CO + CO_2 + 7H_2$

㉯ 메탄올 생산 및 정제공정

메탄올 생산공정에서는 천연가스의 수증기 개질화 과정을 거쳐 생성된 합성가스 (CO, CO_2, CH_4)를 촉매반응을 통해 메탄올을 합성하며, 그 다음 순도를 높이기 위한 정제공정을 거쳐 고순도의 메탄올 생산과 동시에 반응하지 못한 CO_2, CO, H_2 등은 순환 공급되는 형태로 재사용되기도 한다.

> • 메탄올 생산반응 : $CO + CO_2 + 7H_2 \rightarrow 2CH_3OH + 2H_2 + H_2O$

㉰ 에너지 회수

에너지 회수 시스템 과정에서는 CO_2, CO, H_2 등의 생산된 합성가스 및 증기 등 으로부터 에너지를 회수하고 CO_2, 증기 등은 Vent Gas로 배출된다.

② 에틸렌(Ethylene) 생산

에틸렌은 거의 모든 산업에 이용되고 있는 가장 기본적인 화합물로서 상온상압 하에 서 무색의 가연성 가스로 탄화수소 특유의 냄새를 갖고 있으며, 농업용 필름, 파이 프, 마취제, 포장제 등을 생산하는 데 이용된다. 미국에서 생산되는 대부분의 에틸 렌은 에탄의 증기분해에 의해 생산되는 반면, 유럽이나 한국, 일본에서는 대부분 나 프타 증기분해 과정을 통해 생산되고, 이러한 과정은 에틸렌 생산뿐만 아니라 비점 차 이에 의해 다른 기초 유분(프로필렌, 부타디엔, 방향족 화합물)을 생산할 수 있다.

현재 여천에서 사용되고 있는 에틸렌 증기분해공정(Naphtha Cracking Center)이며, 열분해공정, 급랭공정, 압축공정, 정제공정으로 구성되어 있다.

㉮ 열분해공정

납사탱크(원료저장설비)에서는 원유를 정제하여 생산된 나프타의 주요 원료(경유, 에탄, 프로판, 부탄)를 저장하며, 열분해공정에서 800~840℃의 운전조건 하에 원료를 분해하는 나프타 증기분해반응이 일어나 에틸렌을 생산하는 동시에 H_2, CH_4, 탄화수소 등이 부산물로서 생성된다.

> • 나프타 증기분해반응 : 나프타 → $C_2H_4 + H_2$

㉯ 급랭공정

급랭공정에서 순환되는 Quench Oil(1차 냉각매체)를 활용하여 분해 생성된 가스를 냉각하여 PFO(Pyrolysis Fuel Oil)와 PGO(Pylorisis Gas Oil)로 분리하게 된다. 순환되는 Quench Water(2차 냉각매체)를 이용하여 2차 냉각 후 압축공정으로 도입하게 된다. 열분해 출구물질을 급랭시키지 않을 경우 중합에 의해 코크스와 타르(Tar) 등을 형성하여 수율을 감소시키고, 기기 장치의 성능을 저하시킬 수 있다. 기기 장치의 손상을 방지하기 위해 C9+, C9-C10을 공정 투입하고 있다.

㉰ 압축공정

압축공정에서는 분해로 출구물질 중 여러 가지 성분은 고압에서만 경제적으로 분리되며, 분해가스 압축기(5단, 4단)를 이용하여 약 0.5~38kg/cm^{2}로 압축하게 된다. 그 다음 공정 중 Caustic Tower를 이용하여 Acid Gas를 흡수·제거하고 건조장치를 통해 수분을 제거한다. 압축공정에서도 급랭공정과 마찬가지로 기기 장치 내 손상을 방지하기 위해 C9+, C9-C10을 공정 투입해야 한다.

㉱ 정제공정

정제공정에서는 압축공정에서 고압으로 압축된 가스를 냉각시킨 후 비점차에 의해 단계별로 각 성분을 분리하게 된다. 주요 제품으로는 에틸렌, 프로필렌, PG(Propylene Glycol) 및 BD(Butadiene), Mixed C4 등을 생산하며, 정제공정을 거쳐 생성된 부산물 수소, 메탄 등은 연료로 재사용되거나 배출된다.

③ 염화비닐 모노머 생산(EDC/VCM, $C_2H_4Cl_2$/CH_2CHCl)

전 세계적으로 EDC(Ethylene Dichloride, 염화에틸렌)을 생산하는 공정은 에틸렌의 직접 연소화 반응과 산화 염소화 반응이 있으며, 두 공정을 조합한 조화형 공정이 있다. EDC는 에틸렌에 염소를 첨가시켜 얻는 유기화합물로 무색을 띠고 있으며, 폴리염화비닐의 주요 선구물질인 염화비닐 단위체를 만드는 데 주로 사용된다.

그림은 EDC / VCM(Vinyl Chloride Monomer) 생산공정이며, 산화염소화/직접적인
염소화 공정, 정제공정 및 공정의 Vent Gas, Vent Gas 소각로로 구성되어 있다.

| EDC/VCM 생산공정 |

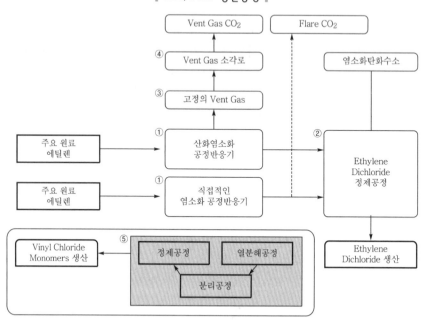

㉮ 산화염소화 및 직접 염소화 공정반응

산화염소화 공정반응에서는 에틸렌과 염화수소, 산소의 기체상태 반응에 따라
EDC가 생산되며, 부가적인 에틸렌 산화반응에 따라 부산물로 CO_2가 발생되게
된다. 다음의 직접적인 염소화 공정반응기에서는 에틸렌과 클로린(Chlorine,
Cl_2)의 기체상태 반응이 발생되어 EDC를 생산할 수 있다.

> • 산화염소화 반응
> – 에틸렌 산화반응 : $C_2H_4 + 3O_2 \rightarrow 2CO_2 + 2H_2O$
> – 에틸렌과 염화수소, 산소의 기체상태 반응
>
>   : $C_2H_4 + \frac{1}{2}O_2 + 2HCl \rightarrow C_2H_4Cl_2 + H_2O$
>
> • 직접적인 염소화 반응
> $C_2H_4 + Cl_2 \rightarrow C_2H_4Cl_2$

㉯ 정제공정 및 공정의 Vent Gas

정제공정에서는 정제를 통해 순도 높은 EDC를 생산하게 되며, 공정의 Vent Gas
에 산화염소화 공정에서 에틸렌 원료의 직접적인 산화반응으로 생성된 부산물
CO_2를 포함한 가스가 유입된 후 Vent Gas 소각로로 이동한다.

㉰ Vent Gas 소각로 및 VCM 생산

Vent Gas 소각로에서는 Vent로 유입된 가스가 소각처리되거나 외부로 배출되게 되며, 다음에서 보는 것처럼 EDC를 열분해 반응시켜 VCM을 생산한다.

• EDC 열분해 반응 : $2C_2H_4Cl_2 \rightarrow 2CH_2CHCl + 2HCl$

④ 에틸렌 옥사이드 생산(Ethylene Oxide, C_2H_4O)

촉매상에서 에틸렌과 산소의 직접 산화반응(발열반응)에 의해 생산되는 에틸렌 옥사이드는 에테르 구조를 갖고 있으며, 상온에서 무색의 기체로 글리콜, 글리콜에테르, 폴리에틸렌글리콜, 에탄올아민 및 기타 유도체의 원료로 사용되며 소독, 살균제, 계면활성제의 원료로도 사용되고 있다. 다음 그림은 에틸렌옥사이드 생산공정이다.

‖ Ethylene Oxide 생산공정 ‖

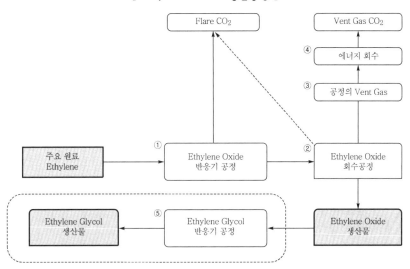

㉮ Ethylene Oxide 반응기 공정

Ethylene Oxide 반응기 공정에서는 에틸렌과 산소의 직접 산화반응에 의해 Ethylene Oxide가 1차적으로 생산되며, 원료 자체의 산화반응에 의해 부산물이 생성된다. 산화반응에 따른 부산물은 에탄, CO_2, H_2O 등을 생성하고 이들은 발열반응을 일으켜 공정 중 필요한 증기를 생산하는 데 이용될 수 있다. 또한 부산물 중 에탄은 공정 중 필요한 에너지를 얻기 위해 연소된다.

• 직접 산화반응 : $C_2H_4 + \frac{1}{2}O_2 \rightarrow C_2H_4O$

• 원료 산화반응 : $C_2H_4 + 3O_2 \rightarrow 2CO + 2H_2O$

④ 회수공정 및 공정의 Vent Gas

Ethylene Oxidedml 회수공정에서는 생성된 Ethylene Oxide와 부산물의 분리 과정이 일어나며, 공정의 Vent Gas에서는 에틸렌 원료의 직접 산화반응에 의해 생성된 CO_2를 재활용되는 탄산염 용액을 이용하여 제거시키거나 에너지 회수 시스템으로 이동하게 된다. 에너지 회수 시스템의 CO_2는 대기 중으로 배출되거나 다른 용도(음식 생산 등)로 사용된다.

ⓒ Ethylene Glycol 반응기 공정

마지막 Ethylene Glycol 반응기 공정에서는 Ethylene Glycol 전환을 통한 약 70% Mono Ethylene Glycol을 함유한 글리콜이 생산된다.

> • Ethylene Glycol 전환 : $C_2H_4O + H_2O \rightarrow C_2H_6O_2$

⑤ 아크릴로니트릴 생산(Acrylonitrile, C_3H_3N)

아크릴로니트릴은 무색, 무취의 인화성 있는 유독성 액체로 전 세계적으로 90% 이상이 프로필렌과 암모니아, 산소가 촉매에 의해 직접적인 암모니아 산화반응을 통해 생산된다(오하이오 표준정유회사, SOHIO 공정).

┃ 아크릴로니트릴 생산공정 ┃

㉠ 암모산화 반응기

암모산화 반응기에서는 프로필렌(Propylene, Propene, $CH_2=CHCH_3$)과 암모니아, 산소분자가 촉매제(중금속 산화물, Bismuth, Molybdenum)에 의해 직접적인 암모니아 산화반응 1차 생성물인 아크릴로니트릴(Acrylonitrile, $CH_2=CHC=N$)이 생성된다. 이 반응의 부산물로는 CO_2, CO, 용수(H_2O)가 생성된다.

- 암모니아 산화반응 : $2C_3H_6 + 5O_2 + NH_3 \rightarrow C_3H_3N + 6H_2O + 2CO + CO_2$

④ 생산물 회수공정

생산물 회수공정에서는 아크릴로니트릴 이외에 2차 생산물 아세토니트릴, 시안화수소, 부산물 등을 분리시키며 CO_2, CO, 질소, 수증기, 미반응 프로필렌, 탄화수소 등의 부산물은 에너지 회수 없이 주요 흡수장치 Vent에 의해 배출되거나 연소처리(Flared)된다.

④ 아세토니트릴 회수공정

생산물 정제공정을 통해 순도 높은 아크릴로니트릴 제품이 생산되며, 부산물 회수공정인 일련의 흡수반응을 통해 아세트로니트릴(Acetronitrile, $CH_3C\equiv N$)을 분리·회수하게 된다. 회수된 아세토니트릴은 생산물로서 판매될 수 있으나 주로 에너지 회수와 Flaring 시스템의 연소를 위해 사용되는 경우가 더욱 일반적이다.

- 2차 생산물 분리(아세토니트릴) : $C_3H_6 + 1.5O_2 + 1.5NH_3 \rightarrow 1.5CH_3CN + 3H_2O$

④ 시안화수소 회수공정

시안화수소 회수공정에서는 이전 단계의 공정에서와 같이 아크릴로니트릴로부터 2차 생산물이 분리(시안화수소)되게 된다. 회수된 시안화수소는 다른 생산물의 제조에 사용되거나 생산물로서 판매되며, 사용되지 않거나 판매되지 않은 시안화수소는 에너지 회수나 Flaring 시스템의 연소를 위해 사용된다.

- 2차 생산물 분리(시안화수소) : $C_3H_6 + 3O_2 + 3NH_3 \rightarrow 3HCN + 6H_2O$

④ 흡수장치 및 Vent Gas

에너지 회수에서는 2차 생산물의 에너지 회수가 발생하게 되고 회수되지 않은 부산물 및 생성가스는 흡수장치에 의해 제거되거나 대기로 배출된다.

⑥ 카본블랙 생산공정

카본블랙은 흑색의 미세한 분말로 무색, 무취의 성질을 갖고 있으며, 고무 보강제(타이어, 벨트, 튜브, 방진고무 등), 흑색 착색제(플라스틱, 잉크, 페인트용) 및 전도성 소재 등으로 우리 생활에 널리 이용되고 있다.

최초의 카본블랙 제품은 채널(Channel)공정에서 생산되었으며, 생산된 카본블랙 제품들은 천연고무 강화제로 많이 이용되었다. 그러나 고무시장에서 합성고무의 수요가 늘어남에 따라 채널공정은 점차 사라지게 되었고, 현재 세계적으로 생산되고 있는 카본블랙의 대부분은 고온로(Furnace) 공정에서 제조되고 있다.

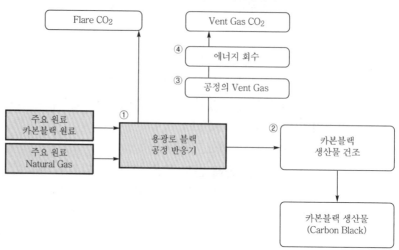

▎일반적인 카본블랙 생산공정 ▎

카본블랙이 생산되는 주요 공정은 첫째, 탄화수소 및 천연가스를 원료로 사용하여 1,300~1,500℃ 온도에서 연료들의 반응에 의해 10~500mm 직경의 검고 미세한 가벼운 입자로 모아지게 되며, 생성되는 입자의 크기, 구조 및 표면적에 따라 제품 등급, 성능 및 용도 등이 구분된다. 둘째, 생성된 탄소와 연소가스는 반응기 말단 부위에 설치된 강철판에 충돌하여 검댕이 생성되고, 카본블랙 공정에서 생긴 부생가스는 CO_2와 CO, 황화합물, CH_4, 휘발성 유기성분(NMVOC, Non-methane Volatile Organic Compound) 등으로 에너지 회수를 거쳐 Vent Gas로 배출되게 된다. 마지막 세 번째는 생성된 검댕은 천천히 움직이는 강철 채널에서 연속적으로 제거되어 카본블랙 제품으로 생산된다.

(2) 주요 배출의 이해

석유화학산업에서 온실가스 공정배출시설은 메탄올 생산공정, 이염화에틸렌/염화비닐 모노머 생산공정, 에틸렌옥사이드 생산공정, 아크릴로니트릴 생산공정, 카본블랙 생산공정 등이 있다. 각 배출시설별 배출원인은 다음과 같다.

▎석유화학산업에서의 온실가스 공정 배출원, 온실가스 종류 및 배출원인 ▎

배출공정	온실가스	배출원인
메탄올 생산공정	CO_2, CH_4	천연가스의 수증기 개질반응에 의해 CO_2 및 CH_4 배출 $2CH_4 + 3H_2O \rightarrow CO + CO_2 + 7H_2$
이염화에틸렌 생산공정		이염화에틸렌을 생산하는 공정에서 에틸렌의 산화반응에 따른 부산물로 CO_2 배출 $C_2H_4 + 3O_2 \rightarrow 2CO_2 + 2H_2O$

배출공정	온실가스	배출원인
에틸렌옥사이드 생산공정	CO$_2$, CH$_4$	에틸렌의 산화반응에 따른 CO$_2$ 및 CH$_4$ 배출 $C_2H_4 + 3O_2 \rightarrow 2CO_2 + 2H_2O$
아크릴로니트릴 생산공정		프로필렌의 산화반응에 따른 CO$_2$ 및 CH$_4$ 배출 • $C_3H_6 + 4.5O_2 \rightarrow 3CO_2 + 3H_2O$ • $C_3H_6 + 3O_2 \rightarrow 3CO + 3H_2O$
카본블랙 생산공정		카본블랙 원료와 천연가스 등의 원료 산화에 의한 CO$_2$ 및 CH$_4$ 배출

※ 에너지·목표관리제 지침서에 의하면 보고대상 배출시설에서 에틸렌 생산공정에 대한 공정배출은 언급되지 않았으므로, 에틸렌 생산공정에서의 온실가스 배출은 제외하였다. 실제로는 에틸렌 생산공정에서도 온실가스 배출이 있는 것으로 알려지고 있다.

(3) 온실가스 배출량 산정·보고·검증 절차

온실가스 배출량 산정·보고·검증 절차는 총 9단계로 구성되어 있으며, 에너지 고정연소 부문에서 특화되어 설명해야 할 부분은 1, 2, 5단계에 대해서만 다루었다.

1) 1단계 : 조직경계 설정

석유화학제품 생산시설의 조직경계와 온실가스 배출 특성은 그림에서 보는 것과 같다. 배출 형태는 크게 직접 배출과 간접 배출로 구분할 수 있으며, 직접 배출은 고정연소에 의한 배출, 공정배출, 이동연소에 의한 배출, 탈루배출로 구분할 수 있다.

┃ 석유화학제품 생산시설의 조직경계 및 온실가스 배출 특성 ┃

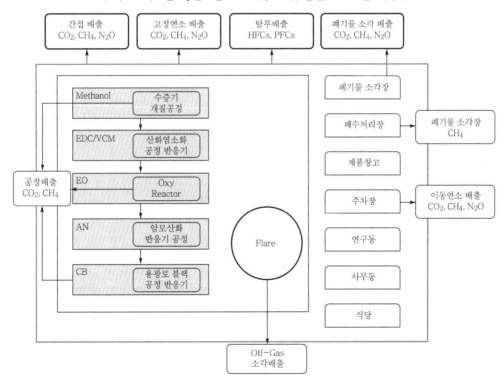

2) 2단계 : 석유화학제품 생산시설의 온실가스 배출활동 확인

석유화학제품 생산시설의 온실가스 배출활동은 운영경계를 기준으로 살펴보았다. 직접
배출원과 간접 배출원으로 구분되며, 직접 배출원에는 고정연소, 이동연소, 탈루배출,
공정배출이 있고, 간접 배출원은 외부 전기 및 열·증기 사용을 꼽을 수 있다. 석유화학
제품 생산시설의 온실가스 배출활동은 다음과 같다.

┃ 석유화학제품 생산시설의 온실가스 배출활동 ┃

운영경계	배출원	온실가스	배출원인
직접 배출원 (Scope 1)	고정연소	CO_2	석유화학제품 생산 및 부대시설에서 필요한 에너지 공급을 위한 연료 연소에 의한 배출(예 설비 가동을 위한 에너지 공급, 보일러 가동, 난방 및 취사 등)
		CH_4	
		N_2O	
	이동연소	CO_2	석유화학제품 생산시설에서 업무용 차량 운행에 따른 온실가스 배출
		CH_4	
		N_2O	
	탈루배출	CH_4	• 석유화학제품 생산시설에서 사용하는 화석연료 사용과 연관된 탈루배출 • 목표관리지침에서는 탈루배출은 없는 것으로 가정 (2013년부터 고려)
	공정 배출원	CO_2 CH_4	• 메탄올 생산공정 : 천연가스의 증기개질반응에 따른 CO_2, CH_4 배출 • 이염화에틸렌 생산공정 : 이염화에틸렌을 생산하는 경우에 에틸렌의 산화반응에 따른 부산물로 CO_2 배출 • 에틸렌옥사이드 생산공정 : 에틸렌의 산화반응에 따른 CO_2, CH_4 배출 • 아크릴로니트릴생산공정 : 프로필렌의 산화반응에 따른 CO_2, CH_4 배출 • 카본블랙 생산공정 : 카본블랙 원료와 천연가스 등의 원료 산화에 의한 CO_2, CH_4 배출
간접 배출원 (Scope 2)	외부 전기 및 외부 열·증기 사용	CO_2	석유화학제품 생산시설에서의 전력 사용에 따른 온실가스 배출
		CH_4	
		N_2O	

3) 5단계 : 배출활동별 배출량 산정방법론의 선택

다음 표는 석유화학제품 생산시설에서의 배출량 산정방법론에서 정한 활동자료, 배출계수,
배출가스농도, 유량 등 각 매개변수에 대하여 자료의 수집방법을 정하고 자료를 모니터링한다.

┃ 석유화학제품 생산 배출시설 배출량 규모별 공정배출 산정방법 적용(최소 기준) ┃

배출활동	산정방법론			활동자료			배출계수		
				원료 생산량 또는 제품 생산량					
시설 규모	A	B	C	A	B	C	A	B	C
석유화학제품 생산	1	2	3	1	2	3	1	2	3

(4) 온실가스 배출량 산정방법(공정배출)

석유화학제품 생산공정의 보고대상 배출시설은 총 7개 시설이다.

① 메탄올 생산공정

② EDC/VCM 생산공정

③ 에틸렌옥사이드(EO) 생산공정

④ 아크릴로니트릴(AN) 생산공정

⑤ 카본블랙(CB) 생산공정

⑥ 에틸렌 생산공정

⑦ 테레프탈산(TPA) 생산공정

⑧ 코크스 제거공정(De-coking)

보고대상 온실가스와 온실가스별로 적용해야 하는 산정방법론은 다음과 같다.

구 분	CO_2	CH_4	N_2O
석유화학제품 생산	Tier 1, 2, 3, 4	Tier 1	–
테레프탈산(TPA) 생산	Tier 1, 2, 3, 4	–	–
코크스 제거	Tier 1, 3, 4	–	–

1) 석유화학제품 생산공정

석유화학제품 생산공정의 온실가스 배출량 산정방법은 Tier 1, 2, 3, 4의 네 가지 방법이다.

① Tier 1

㉮ 산정식

각각의 보고대상 배출시설에서 공정배출에 의한 Tier 1 산정방법은 각각의 시설에서 석유화학제품 생산량과 원료 사용량을 활동자료로 사용하고, IPCC에서 제시하는 기본배출계수를 활용하여 온실가스 배출량을 계산하는 가장 단순한 방법이다.

$$E_{i,j} = PP_i \times EF_{i,j} \times F_{eq,j}$$

여기서, $E_{i,j}$: 석유화학제품(i)의 생산에 따른 온실가스(j) 배출량(tCO$_2$-eq)

$EF_{i,j}$: 석유화학제품(i)의 온실가스(j) 배출계수(t-GHG/t-제품)

PP_i : 연간 석유화학제품(i)의 생산량(t)

$F_{eq,j}$: 온실가스(CO_2, CH_4)의 CO_2 등가계수(CO_2=1, CH_4=21)

㉯ 산정방법 특징

　　㉠ 활동자료로서 다음 표와 같이 각각의 공정에 사용되는 원료 및 석유화학제품 적용

▎석유화학공정 공정별 유입·유출물질 ▎

생산시설	유 입	유 출
메탄올 생성공정	원료 : 천연가스, 이산화탄소 등	• 제품 : 메탄올 • 부산물 : 합성가스(CO_2, CO, H_2)
EDC 생산공정	• 원료 : 에틸렌, 염소, 산소, N_2, 공기, CTW, IW, CD 등 • 연료 : 천연가스, 스팀, 전기 등	• 제품 : EDC, VCM, HCl • 부산물 : CO_2, 폐가스, 온수, 폐기물
에틸렌옥사이드 생산공정	• 원료 : 에틸렌, 산소, 메탄 EDC, 알코올류 등 • 연료 : 화석연료, 스팀, 전기 등	• 제품 : EO, EG • 부산물 : CO_2, 폐가스, 스팀, 폐수, 중글리콜
아크릴로니트릴 생산공정	• 원료 : 프로필렌, 암모니아, 촉매, 황산 등 • 연료 : 스팀, 전기 등	• 제품 : 아크릴로니트릴, 아세토니트릴, 시안화수소산, 황산암모늄 • 부산물 : CO_2, 폐가스, 스팀, 폐수, 암모니아
카본블랙 생산공정	• 원료 : 탄화수소류 • 연료 : 보조연료, 전기 등	• 제품 : 카본블랙 • 부산물 : CO_2, CH_4, 전기, 스팀, 폐수 등

　　㉡ 배출계수는 석유화학제품 단위 생산량에 대비한 온실가스 배출량

　　㉢ 산정 대상 온실가스는 CO_2, CH_4로 석유화학제품의 배출공정을 보면 CO_2만 고려되어 있으나, 배출공정이 대부분 산화반응으로 연소공정과 유사하므로 CH_4도 산정하는 것으로 여겨짐.

㉰ 산정 필요 변수

▎산정에 필요한 변수들의 관리기준 및 결정방법 ▎

매개변수	세부변수	관리기준 및 결정방법
활동자료	$F_{A,i}$: 석유화학제품 생산을 위해 소비된 원료량(t)	원료량은 연간 구매량에서 재고량을 빼서 결정하거나, 원료 사용량을 측정(측정불확도 ±7.5% 이내)에 의해 결정
	PP_i : 연간 석유화학제품 생산량(t)	생산계수에 원료 사용량을 곱하여 결정하거나, 생산량 측정 (측정불확도 ±7.5% 이내)에 의한 생산 통계자료 활용
	SPP_i : 석유화학제품의 생산계수(t-제품/t-원료)	연간 제품 생산량을 알고 있는 경우는 생산량을 원료 투입량으로 나누어 결정하거나, 원료량 및 제품의 생산량 측정(측정불확도 ±7.5% 이내)에 의한 통계자료
배출계수	석유화학제품(i)의 온실가스(j) 배출계수(t-GHG/t-제품)	IPCC에서 제공하는 기본배출계수 사용

석유화학제품의 온실가스 배출계수는 IPCC에서 제공하는 기본배출계수를 사용함.

‖ 석유화학제품의 IPCC 온실가스 배출계수 ‖

석유화학제품(i)	CO₂ 배출계수($EF_{i,j}$)(tCO₂/t-제품)	CH₄ 배출계수($EF_{i,j}$)(kgCH₄/t-제품)
메탄올	0.67	2.3
EDC	0.196[1]	–
VCM	0.294[2]	–
EDC/VCM 통합공정	–	0.0226
에틸렌옥사이드(EO)	0.863	1.79
아크릴로니트릴(AN)	1.00	0.18
카본블랙	2.62	0.06

1) EDC의 배출계수에는 연소 배출량이 포함되어 있으며, 해당 제품 생산에 따른 연소 배출량을 별도로 산정하여 연소 배출에 포함시켜 보고하는 경우, 공정 배출량 산정에는 1톤당 0.0057tCO₂ 적용
2) VCM의 배출계수에는 연소 배출량이 포함되어 있으며, 해당 제품 생산에 따른 연소 배출량을 별도로 산정하여 연소 배출에 포함시켜 보고하는 경우, 공정 배출량 산정에는 1톤당 0.0086tCO₂ 적용

② Tier 2, 3 산정방법

석유화학제품을 생산하는 각각의 보고대상 배출시설에서 공정배출에 의한 Tier 2와 3의 산정방법은 공통된 산정식을 사용하나, 활동자료 및 배출계수는 관리기준에 따라 구분하여 각각의 변수를 결정한다.

㉮ 산정식

Tier 2, 3의 활동자료인 각각의 석유화학제품 생산공정에 사용된 원료량에 배출계수를 곱하되, 1차 및 2차 석유화학제품 생산량의 탄소 함량은 제외시켜야 한다.

$$E_{i,CO_2} = \sum_k (FA_{i,k} \times EF_k) - \left\{ PP_i \times EF_i + \sum_j (SP_{i,j} \times EF_{i,j}) \right\}$$

여기서, i : 1차 석유화학제품(반응공정의 주생산물을 의미)

j : 2차 석유화학제품(반응공정의 부생산물을 의미)

k : 원료(해당 반응공정으로 투입되는 에틸렌, 프로필렌, 부타디엔, 합성가스, 천연가스 등 원료를 모두 포함)

E_{i,CO_2} : 석유화학제품(i) 생산으로부터의 CO₂ 배출량(tCO₂)

$FA_{i,k}$: 석유화학제품(i) 생산에서 사용된 원료(k) 소비량(t)

EF_k : 원료(k)의 배출계수(tCO₂/t-원료)

PP_i : 1차 석유화학제품(i) 생산량(t)

EF_i : 1차 석유화학제품(i) 배출계수(tCO₂/t-제품(j))

$SC_{i,j}$: 2차 석유화학제품(i) 생산량(t)

$EF_{i,j}$: 2차 석유화학제품(j)의 배출계수(tCO₂/t-제품(j))

㉯ 산정방법 특징

탄소물질수지에 의해 CO_2 배출량을 산정하였으며, 1차 및 2차 석유화학제품에 함유된 탄소 함량은 CO_2 및 CH_4로 전환되지 않는다고 가정하여 탄소 총량에서 제하도록 되어 있음.

㉰ 산정 필요 변수

┃ 산정에 필요한 변수들의 관리기준 및 결정방법 ┃

매개변수	세부변수		관리기준 및 결정방법
활동자료	• 석유화학제품 생산에 사용된 원료 소비량($FA_{i,k}$) • 1차 석유화학제품 연간 생산량(PP_i) • 1차 석유화학제품의 생산공정에서 생산된 2차 석유화학제품의 연간 생산량($SP_{i,j}$) • 원료에 대한 2차 제품 생산물의 생산계수($SPP_{j,k}$)	Tier 2	• 측정불확도 ±5.0% 이내 • 원료 사용량, 1차 및 2차 석유화학제품 생산량은 Tier 2 기준에 준하여 측정을 통해 결정
		Tier 3	• 측정불확도 ±2.5% 이내 • 원료 사용량, 1차 및 2차 석유화학제품 생산량은 Tier 3 기준에 준하여 측정을 통해 결정
탄소함량계수	• 원료(k)의 탄소 함량(FC_k) • 1차 석유화학제품 탄소 함량(PC_i) • 2차 석유화학제품 탄소 함량(SC_j)	Tier 2	국가 고유탄소함량값을 적용하며, 이는 온실가스 종합정보센터(GIR)에서 고시한 값을 사용해야 하고, 고시되지 않았을 경우 2006 IPCC 지침서의 석유화학 원료 및 생산물 탄소 함량값을 적용
		Tier 3	사업장 고유탄소함량값을 이용하고, 이는 GIR에서 검토 및 검증을 통해 확정 고시

Tier 2의 국가 고유배출계수가 고시되지 않았을 경우, 2006 IPCC 지침서의 탄소 함량 기본값을 적용함.

┃ 석유화학연료 및 생산물 CO_2 배출계수 ┃

제 품	배출계수 (EF_k 또는 $EF_{i,j}$) [tCO₂/t-원료(k) 또는 생산물(i,j)]	제 품	배출계수 (EF_k 또는 $EF_{i,j}$) [tCO₂/t-원료(k) 또는 생산물(i,j)]
아세토니트릴	2.1442	에틸렌옥사이드	1.9969
아크릴로니트릴	2.4417	시안화수소	1.6283
부타디엔	3.2536	메탄올	1.3740
카본블랙	3.5541	메탄	2.7443
카본블랙 원료	3.2976	프로판	2.9935
에탄	3.1364	프로필렌	3.1375
에틸렌다이클로라이드	0.8977	염화비닐 모노머	1.4070
에틸렌글리콜	1.4180	에틸렌	3.1364

2) 테레프탈산 생산공정

테레프탈산 생산공정의 온실가스 배출량 산정방법은 Tier 1, 2, 3, 4의 네 가지 방법이다.

- Tier 1~3

산화반응기 또는 결정화조 후단에서 배출되는 배기가스의 CO_2, CO, O_2 함량을 활용하여 배출량을 산정한다. 산화반응기와 결정화조가 모두 설치된 경우, 각 시설에 대한 배출량을 산정·보고하여야 한다.

$$E_{CO_2} = \frac{AR \times CF \times CF_{CO_2}}{1 - SCF} \times 1.963$$

여기서, E_{CO_2} : TPA 생산공정에서 발생하는 CO_2 배출량(tCO_2)

AR : 투입공기량(천m^3)

CF : 투입공기 중 질소 함량비(=0.79)

CF_{CO_2} : 배기가스 중 CO_2 농도(0에서 1 사이의 소수)

SCF : 배기가스 중 CO_2, CO, O_2 농도비의 합(0에서 1 사이의 소수)

1.963 : CO_2의 분자량(44.010)/표준상태 시 몰당 CO_2의 부피(22.414)

3) 코크스 제거

① Tier 1

점착된 코크스의 양을 파악할 수 없을 경우 코크스 제거를 위해 투입된 공기가 전량 연소하여 CO_2를 발생한다고 가정하여 산정한다.

$$E_{CO_2} = AR \times CF \times 1.963$$

여기서, E_{CO_2} : CO_2 배출량(t)

AR : 공기투입량(천m^3)

CF : 투입공기 중 산소 함량비(=0.21)

1.963 : CO_2의 분자량(44.010)/표준상태 시 몰당 CO_2의 부피(22.414)

② Tier 3a

점착된 코크스의 양을 파악할 수 있으며, 연소된 코크스 중의 탄소가 모두 CO_2로 배출된다고 가정하여 산정한다.

$$E_{CO_2} = CC \times EF$$

여기서, E_{CO_2} : 코크스 제거공정에서의 CO_2 배출량(t)

CC : 연소된 코크스량(t)

EF : 연소된 코크스의 배출계수(tCO_2/t-코크스)

③ Tier 3b

코크스 제거공정이 연속재생공정으로 운영되어 산소 함량 변화 및 코크스 함량의 측정이 불가능한 경우는 배출시설의 규모와 상관없이 다음 방법론을 적용하여 배출량을 산정하도록 한다.

$$E_{CO_2} = AR \times CF \times 1.963$$

여기서, E_{CO_2} : 코크스 제거공정에서의 CO_2 배출량(tCO_2)

AR : 투입공기량(천m^3)

CF : 배기가스 중 CO, CO_2 농도비의 합

1.963 : CO_2의 분자량(44.010)/표준상태 시 몰당 CO_2의 부피(22.414)

 불소화합물 생산

(1) 주요 공정의 이해

1) 불소화합물 생산공정 정의

불소화합물 생산공정은 반도체를 비롯한 각종 전자산업의 세척제뿐만 아니라 발포제, 냉매, 소화기, 비에어로졸 용매 등의 제품 원료를 생산하는 공정으로 정의할 수 있다. 불소화합물은 특정 목적을 위해 인위적으로 합성된 물질로 여러 분야에서 활용되고 있는 소위 꿈의 물질로 인식되어 왔다.

▌ 불소화합물 용도 ▌

그러나 불소화합물이 안정된 물질(환경 내 체류시간이 70~550년)이라는 장점은 오히려 오랜 시간 동안 지속적이라는 치명적 단점을 갖고 있다. 특히 불소화합물이 주요 온실가스로 알려지면서 이에 대한 규제 움직임이 활발해지고 있다. 한편 우리나라는 냉매 및 반도체 산업이 활성화되어 있어 관련 불소화합물의 배출량도 높은 것으로 알려지고 있다. 2007년 기준 불소화합물의 배출 비율은 4.8%이고, 1997년 대비하여 73% 증가하였다.

┃ 불소화합물 온실가스 배출 특성 ┃

불소계 GHG	GWP	체류시간(yr)	2007년 배출 비율(%)	주요 배출원	주요 특성
HFCs(수소불화탄소)	140~11,700	70~550	1.3	반도체 세정용, 냉매/발포제	탈루배출, 점오염원
PFCs(과불화탄소)	6,500~9,200		0.4	반도체 제조 시	
SF₆(육불화황)	23,900		2.1	LCD 모니터 제조, 자동차 생산공정	

온실가스로 규정된 불소화합물(HFCs, PFCs, SF₆)은 생산제품으로 생성·배출되거나, 타 물질의 생산과정 중에 부산물로 생성·배출되는 경우로 구분할 수 있다. 주요 온실가스 배출원은 냉매인 HCFC-22(Chlorodifluoromehtane, CHClF₂) 생산공정에서 HFC-23(CHF₃)이 부산물로서 생성·배출된다. 한편 CFC-11과 CFC-12 생산공정, PFCs 물질의 할로겐 전환공정, NF₃ 제조공정, 불소 비료나 마취제용 불소화합물 생산공정에서 불소화합물이 배출된다.

2) 공정도 및 공정 설명

불소화합물 생산공정도는 다음 그림에서 보는 것과 같으며 합성제조공정, 분리공정, 세정공정, 제품화 공정으로 구분할 수 있다.

┃ 불소화합물 생산공정도 ┃

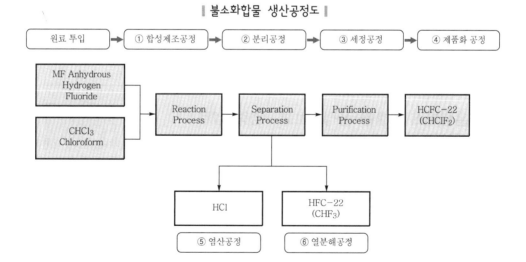

합성제조공정은 불소화합물 생산원료인 HF와 CHCl₃(Chloroform)을 SbCl₅ 촉매에 의해 HCFC-22로 합성 제조하는 공정이며, 부반응은 HCF-23이 생성되는 반응이다.

> • **주반응(HCFC-22 생성)** : $CHCl_3 + 2HF \rightarrow CHClF_2 + 2HCl$
> • **부반응(HCF-23 생성)** : $CHCl_3 + 3HF \rightarrow CHF_3 + 3HCl$

분리공정은 HCFC-22와 공정 불순물인 HFC-23, HCl 등을 분리하는 공정을 말한다. 세정공정에서는 액체 세정과정을 거쳐 HCFC-22에 잔존하는 HFC-23을 제거하는 공정을 말한다. 제품화 공정에서는 중화→건조→압축과정을 거쳐 냉매(HCFC-22)를 저장하고, 수요처에 공급하는 공정을 말한다. 부산물인 HCl을 분리하여 농축한 후 HCl을 생산하는 공정이다. HFC-23을 대기 중으로 직접 배출하지 않고 1,200℃ 이상의 고온에서 HFC-23을 열분해하여 처리하는 공정을 말한다.

(2) 주요 배출시설의 이해

불소화합물 생산에서 온실가스 공정배출시설은 HCFC-22 생산과정, 기타 불소화합물 생산공정 등이 있다. 각 배출시설별 배출원인은 다음과 같다.

∥ 불소화합물 생산의 온실가스 공정 배출원, 온실가스 종류 및 배출원인 ∥

배출공정	온실가스	배출원인
HCFC-22 생산시설	HFC-23	HFC-23은 HCFC-22 생산과정에서 부산물로 배출
기타 불소화합물 생산시설	SF_6, CF_4, C_2F_6, C_4F_{10}, C_5F_{12}, C_6F_{14}	CFC-11 및 CFC-12 생산공정, PFCs의 할로겐 전환공정, NF_3 제조공정, 불소 비료나 마취제용 불소화합물 생산공정에서 온실가스로 규정된 불소화합물(HFCs, PFCs, SF_6)이 부산물로서 생산되어 대기 중으로 배출

(3) 온실가스 배출량 산정 · 보고 · 검증 절차

온실가스 배출량 산정 · 보고 · 검증 절차는 총 9단계로 구성되어 있으며, 에너지 고정연소 부문에서 특화되어 설명해야 할 부분은 1, 2, 5단계에 대해서만 다루었다.

1) 1단계 : 조직경계 설정

불소화합물 생산시설의 조직경계와 온실가스 배출 특성은 그림과 같다. 배출 형태는 크게 직접 배출과 간접 배출로 구분할 수 있으며, 직접 배출은 고정연소에 의한 배출, 이동연소에 의한 배출, 탈루배출로 구분할 수 있다.

┃ 불소화합물 생산시설의 조직경계 및 온실가스 배출 특성 ┃

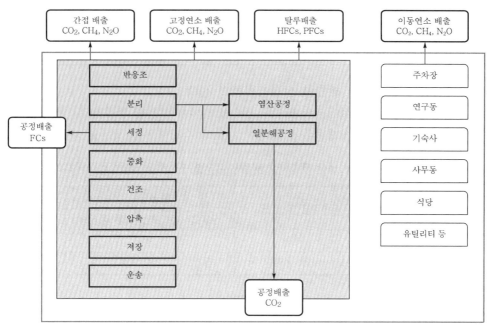

2) 2단계 : 불소화합물 생산시설의 온실가스 배출활동 확인

불소화합물 생산시설의 온실가스 배출활동은 운영경계를 기준으로 살펴보았다. 직접 배출원과 간접 배출원으로 구분되며, 직접 배출원에는 고정연소, 이동연소, 탈루배출, 공정배출이 있고, 간접 배출원은 외부 전기 및 열·증기 사용을 꼽을 수 있다.

┃ 불소화합물 생산시설의 온실가스 배출활동 ┃

운영경계	배출원	온실가스	배출활동
직접 배출원 (Scope 1)	고정연소	CO_2	불소화합물 생산시설에서 필요한 에너지 공급을 위한 연료 연소에 의한 배출(예 설비 가동을 위한 에너지 공급, 보일러 가동, 난방 및 취사 등)
		CH_4	
		N_2O	
	이동연소	CO_2	불소화합물 생산시설에서 업무용 차량 운행에 따른 온실가스 배출
		CH_4	
		N_2O	
	탈루배출	CO_2	• 불소화합물 생산시설에서 사용하는 화석연료 사용과 연관된 탈루배출 • 목표관리지침에서는 탈루배출은 없는 것으로 가정 (2013년부터 고려)
		CH_4	
		N_2O	
	공정 배출원	HCF-23	HCFC-22 생산과정에서 부산물로서 생성 배출
		CO_2	HCF-23을 열분해에 의해 파괴하는 과정에서 생성·배출되는 CO_2

운영경계	배출원	온실가스	배출활동
간접 배출원 (Scope 2)	외부 전기 및 외부 열·증기 사용	CO_2 CH_4 N_2O	불소화합물 생산시설에서의 전력 사용에 따른 온실가스 배출

3) 5단계 : 배출활동별 배출량 산정방법론의 선택

불소화합물 생산시설에서의 배출량 산정방법론에서 정한 활동자료, 배출계수, 배출가스 농도, 유량 등 각 매개변수에 대하여 자료의 수집방법을 정하고 자료를 모니터링한다.

┃ 불소화합물 생산 배출시설 배출량 규모별 공정배출 산정방법 적용(최소 기준) ┃

배출활동	산정방법론			활동자료 원료 생산량 또는 제품 생산량			배출계수		
시설 규모	A	B	C	A	B	C	A	B	C
불소화합물 생산	1	2	3	1	2	3	1	2	3

(4) 온실가스 배출량 산정방법

규정하고 있는 불소화합물 생산공정의 보고대상 배출시설은 총 10개 시설이다.

- HFC-22 생산시설
  - 환기과정에서의 배출
  - 탈루배출
  - 습식 스크러버로부터의 액상 세정
  - HCFC-22 생산물과 함께 제거
  - HFC-23 회수 시 저장탱크로부터의 누출
- 기타 불소화합물 생산시설
  - CFC-11 생산시설
  - CFC-12 생산시설
  - PFCs 물질의 할로겐 전환시설
  - 불소 비료 및 마취제용 화합물 생산시설
  - SF_6 생산시설

┃ 보고대상 온실가스와 온실가스별로 적용해야 하는 산정방법론 ┃

구 분	불소화합물(FCs)
산정방법론	Tier 1, 2, 3

1) 불소화합물 생산공정 산정방법

① Tier 1

국내 목표관리제에서 적용하도록 요구하고 있는 불소화합물 생산공정의 온실가스 배출량 산정방법은 다음과 같다. Tier 1 산정방법은 HCFC-22 생산량을 활동자료로 사용하고, IPCC에서 제시하는 기본배출계수를 적용하여 온실가스 배출량을 산정하는 가장 단순한 방법이다.

㉮ 산정식

$$E_{HFC-23} = EF_{default} \times P_{HCFC-22} \times F_{eq,j} \times 10^{-3}$$

여기서, E_{HFC-23} : HFC-23 배출량(tCO$_2$-eq)

$EF_{default}$: HFC-23 기본배출계수(kg HFC-23 배출량/kg HCFC-22 생산량)

$P_{HCFC-22}$: 전체 HCFC-22 생산량(kg)

$F_{eq,j}$: 온실가스(j)의 CO$_2$ 등가계수(HFC-23=11,700)

㉯ 산정방법 특징

Tier 1 산정방법은 생성된 HFC-23은 전량 대기로 배출된다는 것을 가정하였으나, 실제로는 HFC-23의 수집·파괴가 최근에는 활발히 진행되고 있으므로 본 산정결과의 정확도는 상당히 떨어진다고 여겨짐.

㉰ 산정 필요 변수

│ 산정에 필요한 변수들의 관리기준 및 결정방법 │

매개변수	세부변수		관리기준 및 결정방법
활동자료	사업장별 HCFC-22 생산량	Tier 2	사업장별 HCFC-22 생산량을 측정불확도 ±7.5% 이내 사용
배출계수	HCFC-22 단위 생산량당 HCF-23 배출량(kg HFC-23/kg HCFC-22)	Tier 3	IPCC에서 제공하는 기본배출계수 사용

│ HCFC-22 생산량당 기본배출계수 │

생산기술	배출계수(kg HFC-23/kg HCFC-22)
오래된 생산설비(1940년도~1990/1995년도)	0.04
최적화된 최근의 생산설비	0.03
지구 평균 배출(1978~1995년)	0.02

② Tier 2

Tier 2 산정방법은 HCFC-22 생산량을 활동자료로 사용하고, 공정 효율과 HFC-23
의 처리율을 고려한 방식이다. 배출계수는 탄소의 효율과 불소의 효율을 이용하여
산출하는데, 일반적으로는 두 계수의 평균값을 사용하거나 불확도가 낮은 한 가지를
선택하여 산출하고 있다.

㉮ 산정식

$$E_{\text{HFC}-23} = EF_{calculated} \times P_{\text{HCFC}-22} \times F_{released} \times 10^{-3}$$

여기서, $E_{\text{HFC}-23}$: HFC-23 배출량(tCO_2-eq)

　　　$EF_{calculated}$: 계산된 HFC-23 배출계수(kg HFC-23 배출량/kg HCFC-22)

　　　$P_{\text{HCFC}-22}$: 전체 HCFC-22 생산량(kg)

　　　$F_{released}$: 처리되지 않은 채 대기로 연간 방출되는 비율(0에서 1 사이의 소수)

　　　$F_{eq,j}$: 온실가스(j)의 CO_2 등가계수(HFC-23=11,700)

㉯ 배출계수 결정방법

HFC-23의 배출계수($EF_{calculated}$)는 다음 두 식에 의해 계산된 평균값을 사용하
거나 불확도가 낮은 한 가지를 선택하여 사용한다.

㉠ 탄소수지 활용방법

$$EF_{carbon-balance} = (1 - CBE) \times F_{efficiencyloss} \times FCC$$

여기서, $EF_{carbon-balance}$: 탄소수지에 의한 HFC-23 배출계수(kg HFC-23/kg HCFC-22)

　　　CBE : 탄소수지효율(0에서 1 사이의 소수, 사업장 고유 자료)

　　　$F_{efficiencyloss}$: HFC-23의 효율손실계수(0에서 1 사이의 소수, 사업장 고유 자료)

　　　FCC : 탄소함량계수(=0.81)(kg HFC-23/kg HCFC-22)

㉡ 불소수지 활용방법

$$EF_{fluorine-balance} = (1 - FBE) \times F_{efficiencyloss} \times FCC$$

여기서, $EF_{fluorine-balance}$: 불소수지에 의한 HFC-23 배출계수(HFC-23kg/HCFC-22kg)

　　　FBE : 불소수지효율(0에서 1 사이의 소수, 사업장 고유 자료)

　　　$F_{efficiencyloss}$: HFC-23의 효율손실계수(0에서 1 사이의 소수, 사업장 고유 자료)

　　　FCC : 탄소함량계수(=0.81)(kg HFC-23/kg HCFC-22)

㉰ 산정방법 특징

㉠ Tier 2 산정방법에서의 활동자료는 Tier 1과 동일하나 Tier 1에서는 기본배출계수를 사용하고, Tier 2에서는 공정효율을 고려하여 결정하고 있음.

㉡ 한편 Tier 2에서는 HFC-23의 처리율을 고려하고 있음.

· 실제로 최근에는 CDM 사업 등으로 인하여 HFC-23의 처리가 이뤄지고 있어 대기 중으로의 배출은 극히 적은 것으로 알려지고 있음.

㉱ 산정 필요 변수

│ 산정에 필요한 변수들의 관리기준 및 결정방법 │

매개변수	세부변수	관리기준 및 결정방법
활동자료	사업장별 HCFC-22 생산량	Tier 2 : 측정불확도 ±5.0% 이내의 사업장별 HCFC-22 생산량 사용
배출계수 ($EF_{Calculated}$)	· 탄소수지 또는 불소수지 효율 · HFC-23 효율손실계수	국가 고유값으로 인정받기 위해서는 GIR 검토 및 검증 이후 국가 고유배출계수로서 공표

③ Tier 3

Tier 3는 직접법, 프록시법, 공정 내 측정법 등 세 가지 산정방법을 적용하고 있다.

㉮ 산정식

㉠ Tier 3A : 직접법

직접법은 HFC-23의 배출농도와 유량을 일정 시간 동안 측정·분석하여 배출량을 결정하는 방식이다.

$$E_{\text{HFC-23}} = C \times f \times t \times F_{eq,j} \times 10^{-3}$$

여기서, $E_{\text{HFC-23}}$: HFC-23 배출량(tCO₂-eq)

C : 실제 배출되는 HFC-23의 농도(kg HFC-23/kg-gas)

f : 가스 유량의 총량(일반적으로 부피로 측정한 후 질량으로 환산하여 적용한다)(kg-gas/hour)

t : 각 변수들이 측정된 시간(hour)

$F_{eq,j}$: 온실가스(j)의 CO₂ 등가계수(HFC-23=11,700)

㉡ Tier 3B : 프록시법(Proxy Method)

프록시법은 단어의 의미처럼 시험운전기간에 측정된 HFC-23 농도와 유량, 공정가동률 등의 정보를 활용하여 실제 운전기간 동안의 HFC-23 배출량을 간접적으로 산정하는 방법이다. 일반적으로 시험운전기간 동안에는 온실가스 농도와 유량 등에 대해 면밀한 조사·분석이 이뤄지므로 이 기간 동안에 수집된 정보를 토대로 실제 운전기간의 HFC-23 배출량 산정에 적용하는 것이다. 대개 실제 운전기간 동안에 HFC-23 농도와 유량의 직접 측정이 어려운 경우에 프록시법을 택하고 있다. 프록시법에 의한 HFC-23 산정식은 다음과 같다.

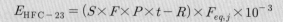

$$E_{HFC-23} = (S \times F \times P \times t - R) \times F_{eq,j} \times 10^{-3}$$

여기서, E_{HFC-23} : HFC-23 배출량(tCO_2-eq)

S : 시험운전 시 배출가스 중 HFC-23의 표준 배출량(kg/unit)

F : 공정 가동률에 따른 배출률(시험운전 시 배출률에 대한 상수)

P : 가동시간 중 공정 가동률(0에서 1 사이의 소수)

t : 공정 가동시간

R : 회수되거나 파괴되는 HFC-23의 양(kg)

$F_{eq,j}$: 온실가스(j)의 CO_2 등가계수(HFC-23=11,700)

$$S = C \times \frac{R}{P}$$

여기서, C : 시험운전 시 배출가스 중 HFC-23의 농도(kg HFC-23/kg-gas)

R : 시험운전 시 배출가스 유량(kg/hour)

P : 시험운전 시 공정 가동률

ⓒ Tier 3C : 공정 내 측정법

공정 내 측정법은 HCFC-22에 대한 HFC-23 중량 비율을 결정하고, 여기에 HCFC-22 생산량을 곱하여 생산되는 총 HFC-23의 양을 결정한 다음에 회수 또는 파괴되는 HFC-23의 양을 빼줌으로써 외부로 배출되는 HFC-23의 양을 결정하는 방법이다.

$$E_{HFC-23} = (C \times P \times t - R) \times F_{eq,j} \times 10^{-3}$$

여기서, E_{HFC-23} : HFC-23 배출량(tCO_2-eq)

C : 반응조 안의 HFC-23 농도(kg HFC-23/kg-HCFC-22 생산량)

P : HCFC-22 생산량(kg)

t : HFC-23이 실제로 배기되는 시간 분율(0에서 1 사이의 소수)

R : 회수한 HFC-23의 양(kg)

$F_{eq,j}$: 온실가스(j)의 CO_2 등가계수(HFC-23=11,700)

ⓑ 산정방법 특징

Tier 3 산정방법은 HFC-23에 대한 측정을 통해 배출량을 산정하는 방법으로 어떤 조건의 HFC-23을 측정하느냐에 따라 방법을 세 가지로 구분하고 있으며, 사업장별로 적용 가능한 산정방법임.

㉠ Tier 2A 직접법은 배출되는 HFC-23의 농도와 유량을 측정하여 HFC-23의 배출량을 산정하는 방법으로 가장 정확한 방법이라고 할 수 있으나, 연속 측정이 아닌 일정 시간 동안의 자료를 토대로 특정 기간(㉲ 1년)을 추정해야 하므로 오차의 가능성은 존재함.

㉡ Tier 2B 프록시법은 시운전기간 동안의 측정된 HFC-23 배출량 정보를 토대로 실제 운전기간 동안의 배출량을 간접적으로 추정하는 방식으로 이 방법의 정확성이 담보되기 위해서는 시운전기간 동안의 HFC-23 배출조건이 실제 운전기간 동안에도 일정해야 함.

㉢ Tier 3C 공정 내 측정법은 반응조의 HFC-23의 HCFC-22에 대한 중량 비율을 결정하고, 이 비율에 HCFC-22의 생산량을 곱하여 HFC-23 총 생산량을 결정하고, 회수·파괴되는 HFC-23의 양을 빼주어서 HFC-23의 대기로의 배출량을 결정함(이 방법은 반응조의 HFC-23의 HCFC-22에 대한 중량 비율이 시간에 따라 변하지 않고 일정하다는 것이 전제되어야 함).

㉣ 산정 필요 변수

∥ 산정에 필요한 변수들의 관리기준 및 결정방법 ∥

매개변수		세부변수	관리기준 및 결정방법
활동자료	Tier 3A	• 실제 발생하는 HFC-23의 농도(C) • 가스 유량의 총량(f) • 각 변수들의 측정시간(t)	Tier 3 : 측정이 필요한 자료에 대해 측정불확도 ±2.5% 범위 이내에서 측정 결정 • Tier 3A : HFC-23 배출가스 중의 농도 및 유량 • Tier 3B : 시험운전기간 중의 생성된 가스 중의 농도 및 유량, 가동률, 회수량 • Tier 3C : 반응조 안의 HFC-23 농도와 유량, HCFC-22 생산량, 회수량
	Tier 3B	• 시험운전 시 배출가스 HFC-23의 농도 • 시험운전 시 배출가스 유량 • 시험운전 시 공정 가동률 • 공정 가동률에 따른 배출률 • 가동시간 중에 공정 가동률 • 공정 가동시간 • 회수되거나 파괴되는 HFC-23의 양	
	Tier 3C	• 반응조 안의 HFC-23 농도 • HCFC 생산량 • HFC-23이 실제로 배기되는 시간 분율 • 회수한 HFC-23의 양	

15 시멘트 생산

(1) 주요 공정의 이해

1) 시멘트 생산공정 정의

시멘트는 주로 석회질 원료와 점토질 원료를 적당한 비율로 혼합하여 미분쇄한 후 약 1,450℃의 고온에서 소성하여 얻어지는 클링커에 적당량의 석고(응결 조절제)를 가하여 분말로 만든 제품이다.

시멘트는 물과 반응하여 경화하는 성질을 갖고 있으며, 주성분은 석회(CaO)·실리카(SiO_2)·알루미나(Al_2O_3)·산화철(Fe_2O_3)로, 이들 화합물의 적절한 조합이나 양적 비율을 변화시킴에 따라 성질이 크게 달라지므로 여러 가지 사용 용도에 적합한 물성을 갖는 시멘트가 제조될 수 있다.

시멘트의 종류는 크게 포틀랜드 시멘트, 고로 슬래그 시멘트, 포틀랜드 포졸란 시멘트, 플라이 애시 시멘트, 특수 시멘트의 5종으로 구분하며 국내에서는 포틀랜드 시멘트와 일부 고로 슬래그 시멘트를 생산한다.

가장 일반적으로 사용되는 포틀랜드 시멘트는 보통 포틀랜드 시멘트(1종), 중용열 포틀랜드 시멘트(2종), 조강 포틀랜드 시멘트(3종), 저열 포틀랜드 시멘트(4종), 내황산염 포틀랜드 시멘트(5종)가 있다. 이 중 일반적인 콘크리트 공사용으로 가장 많이 사용되고 있는 시멘트로 국내에서 생산되는 대부분의 시멘트는 보통 포틀랜드 시멘트이다.

고로 슬래그 시멘트는 1종 포틀랜드 시멘트에 산업 부산물인 고로 슬래그의 미분말을 혼합하거나 클링커와 슬래그를 분쇄한 후 혼합하여 제조하며, 내구성이 세고, 장기 강도 증진이 있으며, 수화열도 낮은 시멘트를 말한다.

2) 공정도 및 공정 설명

시멘트 생산공정은 원분공정, 소성공정, 제품공정으로 구분할 수 있다.

① 원분공정

원분공정은 채광공정, 원료분쇄(원분)공정으로 클링커 소성을 위한 전처리 과정이다.

㉮ 채광공정

본 공정은 크게 석회석 채굴, 1차, 2차 조쇄공정으로 구분되며, 공정의 개요는 다음과 같다.

㉠ 석회석 채광

시멘트 생산공정의 출발로 자연적으로 생성된 석회석, 이회석 같은 석회질 광물이 탄산칼슘(CaCO_3)을 공급하며, 이 광물들은 대개 시멘트 공장 인근에 위치한 광산에서 발파 효율이 좋은 계단식 노천채굴방식에 의해 채광되고 있다.

㉡ 1차 조쇄, 2차 조쇄

석회석 과정에서 채굴된 대형 석회를 30mm 크기로 분쇄하여, 총 3차 분쇄공정을 거쳐 분쇄된 후 컨베이어에 의해 생산공정으로 이송된다.

ⓝ 원료분쇄(원분)공정

컨베이어에 의해 운반된 석회석은 품질별로 석회석 저장소에 1차 저장되고, 석회석 및 분원료를 각 배합비에 맞게 정확히 조합하여 혼합한 후 Raw Mill에서 킬른 폐열을 이용하여 건조함과 동시에 분쇄한다.

분쇄기에서 분쇄된 분말은 분급기(Separator)에서 미분과 조분으로 분리돼 재분쇄되는 공정을 가지며, 미분원료는 원료저장시설(Silo)로 이송 · 저장된다.

ㄱ 석회석 혼합기

분쇄기를 통과한 석회석을 평균 화학 조성을 갖도록 STACKER로 적재하며, RECLAIMER로 긁어내려 벨트 컨베이어로 다음 공정에 투입한다.

ㄴ 부원료 치장

시멘트 원료 중 주원료인 석회석을 제외한 점토질 원료와 산화철 원료 등을 저장하고 공급한다.

ㄷ 원료분쇄기

석회석, 점토질 원료, 산화철 원료 등이 혼합된 조합 원료를 약 $100\mu m$ 이하의 크기로 미분쇄한다.

ㄹ 원료저장기

미분쇄된 원료를 콘크리트 대형 원기둥 저장소에 보관하며, 일정량을 다음 공정에 공급한다.

② **소성공정**

본 공정은 예열기, 소성로, 냉각기, 클링커 저장의 단계로 구분하며, 거의 모든 광물 반응 및 전이가 일어나고 시멘트의 품질을 결정할 수 있는 가장 중요한 공정이다. 일반적으로 예열기(Preheater)를 거친 원료가 소성로(Kiln)에서 1,350~1,450℃ 정도의 열에 의해 용융, 소성된 후 냉각기(Cooler)에서 냉각되고 20~60mm 정도의 동그란 덩어리인 시멘트 반제품인 클링커(Clinker)를 생산한다.

㉮ 예열기

미분쇄된 시멘트 원료를 주가열로인 소성로(Kiln)에 투입하기 전에 약 900℃까지 열교환 과정을 거쳐 예열하는 설비로서 열효율 및 생산성을 거친다.

㉯ 소성로

시멘트 제조공정 중 주공정이 이루어지는 부분으로, 예열기에서 1차 가열된 원료를 최고 1,500℃까지 가열하여 시멘트의 중간 제품인 클링커를 생산한다. Klin에는 원료를 소성하기 위하여 버너(Burner)가 설치되어 있으며, 원료로는 유연탄이나 중유, 기타 재활용 연료 등을 사용한다.

㉰ 냉각기

1,200℃ 정도의 클링커를 냉각하고 연소용 2차 공기를 가열함으로써 소성 효율을 향상시키는 데 쓰이는 일종의 열교환기로, 현재 대부분 강제 냉각이 가능한 공기 급랭식을 사용하고 있다.

㉑ 클링커 저장

냉각된 클링커를 저장, 공급한다.

③ 제품공정

킬른에서 소성된 클링커가 석고와 함께 미분쇄되어 시멘트로 되는 과정을 말하는 것으로 시멘트 분쇄, 시멘트 저장, 제품 출하단계로 구분될 수 있다.

㉮ 시멘트 분쇄

소성로에서 생산된 클링커를 주원료로 하고, 첨가재인 석고를 혼입, 미분쇄하여 최종 제품인 시멘트를 생산한다.

㉯ 시멘트 저장

최종 제품인 시멘트를 저장한다.

㉰ 제품 출하

벌크(Bulk) 및 포장(Bag) 시멘트를 자동차, 화물차, 배를 이용하여 출하기지 및 거래처, 하차장으로 수송된다.

(2) 주요 배출시설의 이해

시멘트 산업에서 온실가스 공정배출시설은 소성시설이며, 각 배출시설별 배출원인은 다음과 같다.

┃ 시멘트 생산시설에서의 온실가스 공정 배출원, 온실가스 종류 및 배출원인 ┃

배출공정	온실가스	배출원인
소성시설	CO_2	• 소성시설에 전체 온실가스 배출량의 90%가 배출되며, 이 가운데 약 60%가 공정배출이며, 30%는 소성로 킬른 내 가열연료 사용분임. • 탄산칼슘의 탈탄산반응에 의하여 배출 $CaCO_3 \rightarrow CaO + CO_2$

(3) 온실가스 배출량 산정 · 보고 · 검증 절차

온실가스 배출량 산정 · 보고 · 검증 절차는 총 9단계로 구성되어 있으며, 에너지 고정연소 부문에서 특화되어 설명해야 할 부분은 1, 2, 5단계에 대해서만 다루었다.

1) 1단계 : 조직경계 설정

시멘트 생산의 조직경계와 온실가스 배출 특성은 다음 그림과 같다. 배출 형태는 크게 직접 배출과 간접 배출로 구분할 수 있으며, 직접 배출은 고정연소에 의한 배출, 공정배출, 이동연소에 의한 배출, 탈루배출로 구분할 수 있다. 특히 시멘트 생산에서는 탄산칼슘의 탈탄산반응 과정에서 공정배출인 CO_2가 다량 배출되는 특성을 지니고 있다. 시멘트 회사는 광산을 직접 운영하는 경우가 많기 때문에 해당 부분 조직경계에 대한 이슈가 많이 발생하므로 광산채굴 부분을 조직경계에 포함시켰다.

‖ 시멘트 생산의 조직경계와 온실가스 배출 특성 ‖

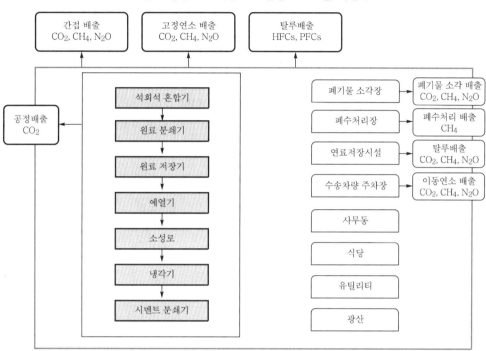

2) 2단계 : 시멘트 생산시설의 온실가스 배출활동 확인

시멘트 생산시설의 온실가스 배출활동은 운영경계를 기준으로 살펴보았다. 직접 배출원과 간접 배출원으로 구분되며, 직접 배출원에는 고정연소, 이동연소, 탈루배출, 공정배출이 있고, 간접 배출원은 외부 전기 및 열·증기 사용을 꼽을 수 있다. 시멘트 생산시설의 온실가스 배출활동은 다음과 같다.

‖ 시멘트 생산시설의 온실가스 배출활동 ‖

운영경계	배출원	온실가스	배출활동
직접 배출원 (Scope 1)	고정연소	CO_2	시멘트 생산 및 부대시설에서 필요한 에너지 공급을 위한 연료 연소에 의한 배출(예 설비 가동을 위한 에너지 공급, 보일러 가동, 난방 및 취사 등)
		CH_4	
		N_2O	
	이동연소	CO_2	시멘트 생산시설에서 업무용 차량 운행에 따른 온실가스 배출
		CH_4	
		N_2O	
	탈루배출	CH_4	• 시멘트 생산시설에 사용하는 화석 연료 사용과 연관된 탈루배출 • 목표관리지침에서는 탈루배출은 없는 것으로 가정(2013년부터 고려)
	공정배출원	CO_2	소성시설에서의 공정반응에 의한 온실가스 배출

운영경계	배출원	온실가스	배출활동
간접 배출원 (Scope 2)	외부전기 및 외부 열·증기 사용	CO_2	시멘트 생산시설에서의 전력 사용에 따른 온실가스 배출
		CH_4	
		N_2O	

5) 5단계 : 배출활동별 배출량 산정방법론의 선택

시멘트 생산에서의 배출량 산정방법론에서 정한 활동자료, 배출계수, 배출가스농도, 유량 등 각 매개변수에 대하여 자료의 수집방법을 정하고 자료를 모니터링한다.

❚ 시멘트 생산 배출시설 배출량 규모별 공정배출 산정방법 적용(최소 기준) ❚

배출활동	산정방법론			활동자료			배출계수		
				시멘트 생산량					
시설 규모	A	B	C	A	B	C	A	B	C
시멘트 생산	1	2	3	1	2	3	1	2	3

(4) 온실가스 배출량 산정방법

보고대상 온실가스와 온실가스별로 적용해야 하는 산정방법론은 다음과 같다.

구 분	CO_2	CH_4	N_2O
산정방법론	Tier 1, 2, 3, 4	–	–

소성시설의 온실가스 배출량 산정방법은 Tier 1~Tier 4로 산정식은 다음과 같다.

1) Tier 1~Tier 2

① 산정식

$$E_i = (EF_i + EF_{toc}) \times (Q_i + Q_{CKD} \times F_{CKD})$$

여기서, E_i : 클링커(i) 생산에 따른 CO_2 배출량(tCO_2)

EF_i : 클링커(i) 생산량당 CO_2 배출계수(tCO_2/t-Clinker)

EF_{toc} : 투입 원료(탄산염, 제강슬래그 등) 중 탄산염 성분이 아닌 기타 탄소 성분에 기인하는 CO_2 배출계수(기본값으로 0.010tCO_2/Clinker를 적용)

Q_i : 클링커(i) 생산량(t)

Q_{CKD} : 킬른에서 시멘트 킬른 먼지(CKD)의 반출량(t)

F_{CKD} : 킬른에서 유실된 시멘트 킬른 먼지(CKD)의 하소율(0에서 1 사이의 소수)

② 산정방법 특성

㉮ 활동자료로서 클링커 생산량 적용

㉯ 배출계수는 클링커 생산량에 대비한 온실가스 배출량(CO_2)

㉰ 산정 대상 온실가스는 CO_2임.

③ 산정 필요 변수

┃ 산정에 필요한 변수들의 관리기준 및 결정방법 ┃

매개변수	세부변수		관리기준 및 결정방법
활동자료	클링커 생산량(Q_i)	Tier 1	• 측정불확도 ±7.5% 이내이어야 함. • 소성공정에서의 클링커 생산량 측정
		Tier 2	• 측정불확도 ±5.0% 이내이어야 함. • 소성공정에서의 클링커 생산량 측정
	킬른에서 시멘트 킬른 먼지(CKD)의 반출량(Q_{CKD})	Tier 1	• 측정불확도 ±7.5% 이내이어야 함. • 소성공정에서의 시멘트 킬른 먼지 유실량 측정
		Tier 2	• 측정불확도 ±5.0% 이내이어야 함. • 소성공정에서의 시멘트 킬른 먼지 유실량 측정
	하소율(F_{CKD})	Tier 1	• 측정불확도 ±7.5% 이내이어야 함. • 공장 내 측정값을 사용하고, 측정값이 없을 경우 1.0(100%) 적용
		Tier 2	• 측정불확도 ±5.0% 이내이어야 함. • 공장 내 측정값을 사용하고, 측정값이 없을 경우 1.0(100%) 적용
배출계수	• 클링커 생산량당 CO_2 배출계수(EF_i) • 탄산염 아닌 기타 탄소 성분에 의한 CO_2 배출계수(EF_{toc})	Tier 1	2006 IPCC 가이드 라인 기본배출계수 사용
		Tier 2	국가 고유배출계수 적용(국가 고유배출계수가 없을 경우 클링커의 성분 분석을 통해 간접적으로 결정)

2) Tier 3

Tier 3의 산정방법은 활동자료의 수집 및 시료 분석방법에 따라 Tier 3A와 3B로 구분된다.

① 산정식

$$E_i = (Q_i \times EF_i) + (Q_{CKD} \times EF_{CKD}) + (Q_{toc} \times EF_{toc})$$

여기서, E_i : 클링커(i) 생산에 따른 CO_2 배출량(tCO_2)

Q_i : 클링커(i) 생산량(t)

EF_i : 클링커(i) 생산량당 CO_2 배출계수(tCO_2/t-clinker)

Q_{CKD} : 시멘트 킬른 먼지(CKD) 반출량(t)

EF_{CKD} : 시멘트 킬른 먼지(CKD) 배출계수(tCO_2/t-CKD)

Q_{toc} : 원료 소비량(t)

EF_{toc} : 투입 원료(탄산염, 제강 슬래그 등) 중 탄산염 성분이 아닌 기타 탄소 성분에 기인하는 CO_2 배출계수(기본값으로 0.0073tCO_2/t-원료를 적용)

② 산정방법의 특성

㉮ 클링커 생산량을 기반으로 산정하는 방법

㉯ 클링커, 시멘트, 킬른먼지, 탄산염 이외 탄소 성분 원료 물질을 토대로 이산화탄소 배출량 결정

③ 산정 필요 변수

┃ 활동변수 및 배출계수의 세부변수와 관리기준 및 결정방법 ┃

매개변수	세부변수	관리기준 및 결정방법
활동변수	• 킬른에 투입된 순수 탄산염의 소비량(Q_i) • 탄산염 성분이 아닌 탄소를 함유하는 원료 소비량(Q_{toc}) • 킬른에서 시멘트 킬른먼지(CKD) 생산량 (Q_{CKD})	• 측정불확도 ±2.5% 이내이어야 함. • 클링커 생산량, 시멘트 킬른먼지 생산량, 클링커 생산공정에 투입된 탄산염 성분 이외 탄소 함유 원료 투입량을 측정하여 결정
배출계수	순수 탄산염 원료의 소송에 따른 CO_2 배출계수(EF_i)	사업자가 클링커 및 킬른먼지의 CaO, MgO의 성분을 측정, 분석하여 배출계수 개발하고, 각 성분은 산업체 최적 관행(Best Practice)에 따라 분석
	킬른에 유실된 시멘트 킬른먼지의 기본배출계수(EF_{CKD})	
	투입 원료(탄산염, 제강 슬래그 등) 중 탄산염 성분이 아닌 기타 탄소 성분에 기인하는 CO_2 배출계수(EF_{toc})	기본값으로 0.0073tCO_2/t-원료 적용

석회 생산

(1) 주요 공정의 이해

1) 석회 생산공정 정의

석회의 주요 용도는 금속(알루미늄, 강철, 구리 등) 제련, 환경(배연탈황, 연수화, pH 조절, 폐기물처리 등), 건설(지반 안정화, 아스팔트 첨가물 등) 등에 사용된다.

석회는 원료로 석회석을 주로 사용하거나 Dolomite(또는 Dolomite Limestone)을 사용하여 소성로에서 900~1,500℃에서 다음의 반응에 의하여 석회를 생산한다.

$$CaCO_3 + Heat \rightarrow CO_2 + CaO(High\ Calcium\ Lime)$$

$$혹은\ CaCO_3 \cdot MgCO_3 + Heat \rightarrow 2CO_2 + CaO \cdot MgO(Dolomite\ Lime)$$

석회의 제조공정은 크게 석회석 채광 → 원료 석회석 준비 → 연료 준비 및 저장 → 소성공정 → 석회공정 → 저장 및 이송의 6단계로 구분할 수 있다.

2) 공정도 및 공정 설명

석회 생산공정도는 다음과 같으며, 전술한 것처럼 석회석 채광, 원료 석회석 준비, 연료 준비 및 저장, 소성공정, 석회공정, 저장 및 이송으로 구분된다.

┃ 석회 생산공정도 ┃

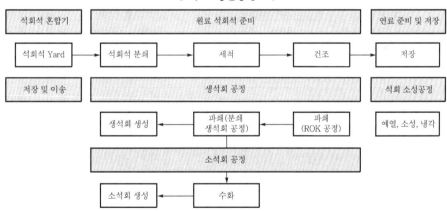

① **석회석 채광**

석회석은 노천광에서 채광, 일부는 바다 준설 및 지하 채광에서 얻을 수 있다. 채광 공정으로는 '표토층 제거 → 암석 폭파 → 폭파된 암석의 상차 → 분쇄 → 선별공정으로 이송'으로 구성되어 있다.

② **원료 석회석 준비**

원료로 사용되는 석회석을 준비하는 공정은 석회석 분쇄 → 세척 → 건조로 구성되어 있다.

⑦ 석회석 분쇄

석회석 분쇄는 1, 2차로 구분되며, 1차 분쇄의 경우 킬른의 형태에 따라 석회석을 5~200mm 크기로 분쇄하는 것으로 암석의 특성(경도, 적층, 크기 등)에 따라 다양한 형태의 분쇄기가 사용된다.

킬른에서는 너무 작은 입경이 필요하지 않기 때문에 2차 분쇄의 경우 Jaw Crusher, Gyratory Crusher, Impact Crusher 등이 Hammer Mill과 함께 사용하여 석회석을 10~500mm의 자갈 형태로 분쇄한다.

⑭ 세척

석회석 원료에는 실리카, 점토, 미세 석회석 가루 등의 불순물이 혼합되어 있으므로 세척제를 활용하여 세척한다.

⑮ 건조

슬러지나 Filter Cake에서 석회석이 얻어지는 경우 킬른 배가스의 열을 이용하여 건조한다.

③ 연료의 준비 및 저장

석회 제조공정에서 이용되는 연료는 천연가스, 석탄, 코크스, 연료유 등이 있으며, 킬른에서 사용하는 연료의 종류는 다음과 같다.

┃ 킬른에서 사용하는 연료의 종류 ┃

연료 구분	주로 사용	때때로 사용	드물게 사용
고체 연료	유연탄, 코크스	무연탄, 갈탄 등	토탄, Oil Shale
액체 연료	중유	중질유	경질유
기체 연료	천연가스	부탄/프로판, 공정가스	도시가스
기타	-	목재/톱밥, 폐타이어, 종이 등	폐액상·고상연료

연료의 선택이 중요한 이유는 연료비가 석회 생산단가의 40~50%를 차지하고, 부적절한 연료 및 원료에 따라 다음과 같은 문제가 야기될 수 있기 때문이다.

⑦ 부적절한 연료 : 운전비 상승

⑭ 부적절한 제품의 품질(잔존 CO_2 수준, 반응성, 황 함량 등) 및 중유 : 대기오염물질 배출

④ 소성공정

소성공정은 예열대, 소성대, 냉각대의 단계로 구분하며, 거의 모든 광물반응 및 전이가 일어나는 핵심 공정이다. 대부분 로터리 킬른으로 설치되어 있으며, 주 사용 연료는 석탄, 오일, 가스 등이다. 일반적으로 제품 냉각시설과 Kiln Feed Preheater가 고온의 석회 제품 및 고온의 배가스로부터 열을 회수하기 위해 사용된다.

수직형 킬른(Shaft Kiln)은 상부에서 장입되어 하부로 이동되는 방식의 킬른이며, 에너지 효율이 높은 장점이 있으나 생산율이 낮고, 석탄을 사용하는 경우 품질 저하를 가져오는 단점이 있기 때문에 현재는 거의 설치되지 않는다.

㉮ 예열대

석회석의 온도가 소성로를 지나 가스에 의해 800℃까지 상승한다.

㉯ 소성대

연료는 예열된 공기와 연소하며, 900℃ 이상에서 석회석($CaCO_3$)을 생석회(CaO)와 CO_2로 분해한다.

㉰ 냉각대

소성대를 지난 생석회를 냉각용 공기로 냉각한다.

⑤ **석회공정**

석회공정은 생석회 공정과 소석회 공정으로 구분될 수 있다.

㉮ 생석회 공정

생석회 공정은 ROK 공정과 분쇄 생석회 공정으로 구분되며 설명은 다음과 같다.

┃ ROK 공정과 분쇄 생석회 공정의 비교 ┃

ROK(Run Of Kiln) 공정	분쇄 생석회 공정
입경 45mm 이상인 생석회를 선별하여 입경 5~45mm로 파쇄하는 공정으로 이후 생석회를 저장하여 분쇄 및 수화공정으로 이송함.	Beater Mill, Vertical Roller Mill 등에서 생석회를 파쇄하여 요구하는 입경으로 제조한 이후 제품으로 출하하거나 수화공정(소석회 공정)으로 이송함.

㉯ 소석회 공정

생산되는 모든 석회의 약 15%는 수화 석회(소석회)로 생산되며, 수화에는 상압수화 및 가압수화가 있다. 일반적으로 Water Sprays 혹은 Wet Scrubber가 수화공정에 사용되고, 수화된 제품은 Mill로 갈아 추가 건조하여 이송된다. 생석회 수화 반응은 다음과 같다.

$$CaO(생석회) + H_2O \rightarrow Ca(OH)_2(소석회)$$

배출되는 스팀은 먼지를 함유하고 있으므로 Web Scrubber 등에서 불순물을 포집하여 처리한 후 스팀을 배출하거나 재순환한다.

⑥ **저장 및 이송**

생석회는 수분과 격리되어 저장되어야 하며, 소석회는 대기 중 CO_2를 흡수하여 탄산칼슘 및 물이 되므로 Dry Draft-Free 조건에서 저장한다.

(2) 온실가스 배출 특성

석회 생산산업에서 온실가스 공정배출시설은 소성시설이며, 배출시설별 배출원인은 다음과 같다.

┃ 석회 생산시설에서의 온실가스 공정 배출원, 온실가스 종류 및 배출원인 ┃

배출공정	온실가스	배출원인
소성시설	CO_2	석회석 탄산염의 열분해에 의한 CO_2 발생 • $CaCO_3 \rightarrow CaO + CO_2$ • $CaCO_3,\ MgCO_3 + Heat \rightarrow 2CO_2 + CaO,\ MgO$

(3) 온실가스 배출량 산정 · 보고 · 검증 절차

온실가스 배출량 산정 · 보고 · 검증 절차는 총 9단계로 구성되어 있으며, 일반론에서 언급한 내용을 제외하고 에너지 고정연소 부문에서 특화되어 설명해야 할 부분은 1, 2, 5단계에 대해서만 다루었다.

1) 1단계 : 조직경계 설정

석회 생산의 조직경계와 온실가스 배출 특성은 그림과 같다. 배출 형태는 크게 직접 배출과 간접 배출로 구분할 수 있으며, 직접 배출은 고정연소에 의한 배출, 공정배출, 이동연소에 의한 배출, 탈루배출로 구분할 수 있다. 특히 석회석 탄산염의 열분해 과정에서 공정배출인 CO_2가 다량 배출되는 특성을 지니고 있다.

┃ 석회 생산의 조직경계와 온실가스 배출 특성 ┃

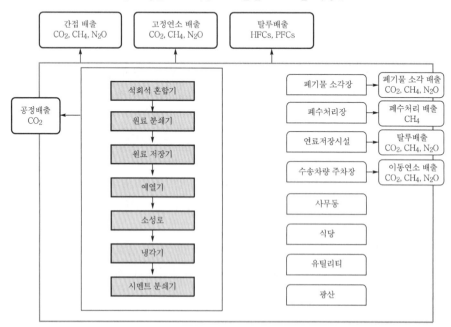

2) 2단계 : 석회 생산시설의 온실가스 배출활동 확인

석회 생산시설의 온실가스 배출활동은 운영경계를 기준으로 살펴보았다. 직접 배출원과 간접 배출원으로 구분되며, 직접 배출원에는 고정연소, 이동연소, 탈루배출, 공정배출이 있고, 간접 배출원은 외부 전기 및 열·증기 사용을 꼽을 수 있다. 석회 생산시설의 온실가스 배출활동은 다음과 같다.

| 석회 생산시설의 온실가스 배출활동 |

운영경계	배출원	온실가스	배출활동
직접 배출원 (Scope 1)	고정연소	CO_2	석회 생산 및 부대시설에서 필요한 에너지 공급을 위한 연료 연소에 의한 배출(예 설비 가동을 위한 에너지 공급, 보일러 가동, 난방 및 취사 등)
		CH_4	
		N_2O	
	이동연소	CO_2	석회 생산시설에서 업무용 차량 운행에 따른 온실가스 배출
		CH_4	
		N_2O	
	탈루배출	CH_4	• 석회 생산시설에 사용하는 화석연료 사용과 연관된 탈루배출 • 목표관리지침에서는 탈루배출은 없는 것으로 가정(2013년부터 고려)
	공정 배출원	CO_2	소성시설에서의 공정반응에 의한 온실가스 배출
간접 배출원 (Scope 2)	외부 전기 및 외부 열·증기 사용	CO_2	석회 생산시설에서의 전력 사용에 따른 온실가스 배출
		CH_4	
		N_2O	

3) 5단계 : 배출활동별 배출량 산정방법론의 선택

배출량 산정방법론에서 정한 활동자료, 배출계수, 배출가스농도, 유량 등 각 매개변수에 대하여 자료의 수집방법을 정하고 자료를 모니터링한다.

| 석회 생산배출시설 배출량 규모별 공정배출 산정방법 적용(최소 기준) |

배출활동	산정방법론			활동자료 석회 생산량			배출계수		
시설 규모	A	B	C	A	B	C	A	B	C
석회 생산	1	2	2	1	2	2	1	2	2

(4) 온실가스 배출량 산정방법

구 분	CO_2	CH_4	N_2O
산정방법론	Tier 1, 2, 3, 4	–	–

소성시설의 온실가스 배출량 산정방법은 Tier 1~Tier 4로 산정식은 다음과 같다.

1) Tier 1~Tier 2

① 산정식(Tier 1)

$$E_i = Q_i \times EF_i$$

여기서, E_i : 석회(i) 생산으로 인한 CO_2 배출량(tCO_2)

Q_i : 석회(i) 생산량(t)

EF_i : 석회(i) 생산량당 CO_2 배출계수(tCO_2/t-석회 생산량)

② 산정식(Tier 2)

$$E_i = Q_i \times r_i \times EF_i$$

여기서, E_i : 석회(i) 생산으로 인한 CO_2 배출량(tCO_2)

Q_i : 석회(i) 생산량(t)

r_i : 석회(i)의 순도(0에서 1 사이의 소수)

EF_i : 석회(i) 생산량당 CO_2 배출계수(tCO_2/t-석회 생산량)

③ 산정방법 특성

㉮ 활동자료로서 석회 생산량 적용

㉯ 배출계수는 석회 생산량에 대비한 온실가스 배출량(CO_2)으로 Tier 1의 경우 IPCC 기본값, Tier 2의 경우 국가 고유배출계수 사용

㉰ 산정 대상 온실가스는 CO_2임.

④ 산정 필요 변수

‖ 산정에 필요한 변수들의 관리기준 및 결정방법 ‖

매개변수	세부변수		관리기준 및 결정방법
활동자료	석회 생산량(Q_i)	Tier 1	• 측정불확도 ±7.5% 이내이어야 함. • 소성공정에서의 석회 생산량 측정
		Tier 2	• 측정불확도 ±5.0% 이내이어야 함. • 소성공정에서의 석회 생산량 측정
배출계수	석회 생산량당 CO_2 배출계수(EF_i)	Tier 1	2006 IPCC 가이드 라인 기본배출계수 사용
		Tier 2	국가 고유배출계수 적용(국가 고유배출계수가 없을 경우 클링커의 성분 분석을 통해 간접적으로 결정)

‖ 석회 생산량당 CO_2 배출계수(IPCC) ‖

구 분	tCO_2/t-생석회	tCO_2/t-경소백운석(고토석회)
석회 생산량당 CO_2 배출계수	0.750	0.770

2) Tier 3
① 산정식

$$E_i = (EF_i \times Q_i \times r_i \times F_i) - Q_{LKD} \times EF_{LKD} \times (1 - F_{LKD})$$

여기서, E_i : 석회 생산에서 탄산염(i)으로 인한 CO_2 배출량(tCO_2)

Q_i : 소성시설에 투입된 탄산염(i) 사용량(t)

r_i : 탄산염(i)의 순도(전체 투입량 중 순수 탄산염의 비율, 0에서 1 사이의 소수)

EF_i : 순수 탄산염(i)의 하소에 따른 CO_2 배출계수(tCO_2/t-탄산염)

F_i : 석회 소성시설에 투입된 탄산염(i)의 하소율(0에서 1 사이의 소수)

Q_{LKD} : 석회 생산 시 반출된 석회 킬른 먼지(LKD)의 양(t)

EF_{LKD} : 석회 생산 시 반출된 석회 킬른 먼지(LKD)에 따른 CO_2 배출계수(투입 탄산염이 석회석인 경우 0.4397tCO_2/t-LKD, 백운석인 경우 0.4773tCO_2/t-LKD)

F_{LKD} : 석회 킬른 먼지(LKD)의 하소율(0에서 1 사이의 소수)

② 산정방법의 특성
소성로에 투입되는 탄산염에 의한 이산화탄소 발생 가능 총량에서 석회 킬른 먼지 중에서 소성되지 않은 것에 의해 발생 가능한 이산화탄소 양을 제하여 결정하는 방식

③ 산정 필요 변수

║ 산정에 필요한 변수들의 관리기준 및 결정방법 ║

매개변수	세부변수	관리기준 및 결정방법
활동자료	소성시설에 투입된 순수 탄산염의 소비량(Q_i)	• 측정불확도 ±2.5% 이내로 측정하여 결정 • 구매영수증을 활용하여 결정 • 성분 분석을 통해 순수 탄산염 사용량 결정
	석회 생산 시 유실된 석회 킬른 먼지(LKD) 생산량(Q_{LKD})	측정불확도 ±2.5% 이내로 측정하여 결정
	• 석회 소성시설에 투입된 탄산염(i)의 하소율(F_i) • 석회 킬른 먼지(LKD)의 하소율(F_{LKD})	
배출계수	순수 탄산염 원료의 소성에 따른 CO_2 배출계수(EF_i)	사업자가 자체 개발한 고유배출계수 결정
	석회 킬른먼지의 기본배출계수(EF_{LKD})	

║ 순수 탄산염 성분에 따른 CO_2 배출계수 ║

탄산염(i)	광물 이름	배출계수(tCO_2/탄산염)
$CaCO_3$	석회석	0.4397(tCO_2/t$CaCO_3$)
$MgCO_3$	마그네사이트	0.5220(tCO_2/t$MgCO_3$)
$CaMg \cdot (CO_3)_2$	백운석	0.4773(tCO_2/t$CaMg \cdot (CO_3)_2$)
C	탄소	3.6640(tCO_2/tC)

17 **탄산염의 기타 공정 사용**

(1) 주요 공정의 이해

1) 탄산염의 기타 공정 사용 정의

본 공정에서는 탄산염 기타 공정 사용 시 배출되는 온실가스의 배출량을 산정하는 것으로 탄산염은 세라믹 생산, 유리 생산, 소다회의 기타 공정, 펄프 및 제거, 제지 제조공정 등 다양한 분야에서 사용된다.

❙ 주요 탄산염 사용 분야 ❙

구 분	사용 탄산염 종류	사용 용도
세라믹 생산	점토 내 탄산염 광물	원료 및 첨가제
유리 생산	석회석($CaCO_3$), 소다회(Na_3CO_3), 백운석($CaMg(CO_3)_2$)	원료
펄프 및 제지 생산	탄산칼슘($CaCO_3$), 탄산나트륨(Na_2CO_3)	약품회수 과정에서 보조물질
배연탈황시설	석회석($CaCO_3$), 백운석($CaMg(CO_3)_2$) 및 기타 탄산염	흡수제

2) 공정도 및 공정 설명

세라믹 생산, 유리 생산, 펄프 및 제지 생산, 배연탈황시설의 공정도 및 공정 설명은 다음과 같다.

① 세라믹 생산(도자기, 요업제품 제조)

세라믹 생산공정은 원료공정 → 성형공정 → 소성공정 → 가공공정 → 검사공정 → 제품공정으로 구분된다.

㉮ 원료공정

세라믹은 점토류, 광물류 및 탄산염류 등을 원료로 사용하므로 원료의 성형밀도를 조정하여 치밀한 조성을 갖도록 하여 원하는 크기별로 분쇄하는 공정이다. 이때 입도 및 종류가 다른 원료 분말을 특성에 적합하도록 균일하게 혼합한 후 일정량의 수분을 첨가하여 성형이 잘 될 수 있도록 한다. 이 공정을 혼련이라고도 한다.

㉯ 성형공정

성형체의 치밀한 구조를 위해 혼련이 완료된 원료를 형틀에 넣어 가압 또는 진동을 주어 형상화하고, 성형체의 수분을 제거한다.

㉰ 소성공정

건조가 완료된 제품을 고온에서 소성함으로써 제품이 사용되는 고온 분위기에서 안정성 확보 및 변형 방지를 위한 필수적인 공정이다.

　⑷ 가공공정

　　소성 과정을 거쳐 생산된 세라믹을 다양한 용도에 맞게 가공한다.

　⑸ 검사공정

　　제품화하여 출하하기 전에 제품의 품질 요건에 적합하도록 엄격한 품질관리를 실
　　시하는 단계이다.

　⑹ 제품공정

　　품질관리를 거친 세라믹 제품이 제품화되어 포장, 출하가 이루어진다.

② 유리 생산

　유리 생산공정은 혼합공정 → 용융공정 → 성형공정 → 서랭공정 → 검사/포장공정 →
　제품공정으로 구분된다.

　㉮ 혼합공정

　　주원료인 규사, 석회석, 소다회 등을 유리 성형에 알맞은 원료 조합비에 따라 적
　　정량의 파유리를 혼합하고 부원료를 배합하는 과정이다.

　㉯ 용융공정

　　배합 원료를 1,500℃ 이상의 고열로 용해시키는 공정으로, 원료가 용해로 내에서
　　가열 및 용해되어 제품 성형에 적합한 유리물로 되는 일련의 공정이다.

　㉰ 성형공정

　　용해로에서 제품 성형에 알맞게 용해된 유리물을 제품의 중량에 맞게 절단하고,
　　여러 가지 성형기계를 이용하여 제품이 만들어지는 과정이다.

　㉱ 서랭공정

　　성형된 제품을 Annealing Poing(약 550℃)까지 가열했다가 서서히 냉각하여 불
　　균일한 잔류 응력을 없애는 공정으로, 투명성을 잃지 않으면서 강한 강도를 가지
　　게 된다.

　㉲ 검사/포장공정

　　서랭공정을 거친 제품을 소비자가 요구하는 품질에 만족되도록 규격검사 후 자동
　　검사 및 육안검사하여 자동기계나 수작업을 통하여 Bulk나 지상자로 포장하는
　　공정이다.

　㉳ 제품공정

　　마지막으로 용도에 맞게 가공된 제품이 포장공정을 거친 후 제품화되어 배송하는
　　공정이다.

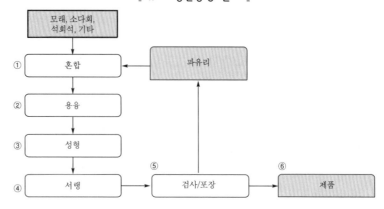

┃ 유리 생산공정 순서 ┃

③ 펄프 및 제지 생산

　㉮ 화학펄프 생산

　　펄프 생산공정은 목재칩 투입 → 증해공정 → 세정공정 → 1차 정선공정 → 표백공정 → 2차 정선공정 → 건조공정 → 마감 및 운송공정으로 구분된다.

　　㉠ 목재칩 투입

　　　원료를 준비하는 공정으로 사용되는 원목을 건조시킨 후 박피하여 쇄목기로 잘게 부수어 목재칩으로 가공하여 투입한다.

　　㉡ 증해공정

　　　증해약품을 이용해 목재칩을 고온, 고압의 압력용기인 증해기에서 증해함으로써 섬유질과 섬유질을 결속시키는 리그닌을 약화시키는 공정이다. 또한 이때 증해공정에서 발생되는 유기물의 폐기는 공해와 비용상 문제가 되므로, 몇 단계 과정을 거쳐 약품을 회수하여 재사용한다. 재사용은 흑액 회수 → 흑액 농축 → 녹액 생성 → 가성화조 공정 → 석회 소성공정으로 구분되며, 세부공정 내용은 다음과 같다.

┃ 발전 및 회수공정의 세부 설명 ┃

공정 순서	공정 설명
흑액 회수	증해 후에 생기는 흑액을 저장탱크에 모으는 공정
흑액 농축	회수된 흑액을 고형분이 50~70% 정도가 될 때까지 농축
녹액 생성	흑액에 Na_2CO_3 등의 보조물질을 첨가하여 보일러 하부로 모아지는 용융염을 물에 용해하여 녹액을 생성하는 공정
가성화조 공정	위에서 생성된 녹액을 증해에 필요한 액품(백액 : NaOH)으로 재생하는 공정 $Na_2CO_3 + CaO + H_2O \rightarrow 2NaOH + CaCO_3 \downarrow$
석회 소성공정	가성화 공정에서 필요한 생석회를 생산하는 공정 $CaCO_3 \rightarrow CaO + CO_2$

ⓒ 세척공정

증해공정을 거친 섬유소(Fiber)에서 분리된 리그닌을 물로 세척하는 공정이다.

ⓔ 1차 정선공정

세척공정을 거친 섬유소에서 이물질을 분리하고 순수한 펄프 성분만 건져내는 공정이다.

ⓜ 표백공정

표백약품을 사용해 산화, 환원반응을 통해 미표백 펄프 속에 함유되어 있는 착색 성분을 탈색 또는 제거하여 원하는 수준의 백색도를 얻는 공정을 말한다.

ⓗ 2차 정선공정

1차 정선공정 및 표백공정을 거친 펄프의 미세한 이물질을 분리하는 공정이다.

ⓢ 건조공정

표백된 펄프를 건조시키는 공정으로 크게 초지부, 압착부, 건조부의 3단계로 구분되며, 이 과정을 거치면서 2~80% 수준까지 펄프를 건조시킨다.

ⓞ 마감 및 운송공정

마지막 공정으로 최종 생산된 제품을 일정 크기 및 무게로 포장하여 야적 및 운송하는 공정을 말한다.

ⓝ 제지 생산

제지 생산공정은 크게 조성공정 → 초지공정 → 도공공정 → 완정공정으로 구분되며, 세부공정은 다음과 같다.

┃ 제지 생산공정 순서 ┃

검사/포장	1. 해리	2. 정선	3. 고해	4. 배합	
초지공정	5. 초조	6. 압착	7. 건조	8. 광택	9. 권취
도공공정	조약	도공	건조	초광택기	Roll지
완정공정	출고	12. 제품창고	11. 포장	10. 재권취/재단	

ⓞ 조성공정

조성공정은 초지기에 지료(원료+물)를 보내주기 전에 종이를 만들기 위한 원료를 조성하는 공정으로 세부공정으로는 해리 → 정선 → 고해 → 배합공정으로 구분되며, 세부공정 설명은 다음과 같다.

▎ 조성공정의 세부 설명 ▎

공정 순서	공정 설명
해리	펄프, 고지를 펄퍼에 투입하여 물에 풀어주는 공정
정선	스크린이나 클리너 등의 설비를 이용하여 원료 내 각종 이물질(모래, 철사, 비닐 등)을 제고하는 공정
고해	리파이너 설비를 이용하여 농축된 원료의 섬유를 갈아 유연하게 하는 공정
배합	섬유의 성질을 보완하여 기능을 부여하기 위한 약품을 투입하는 공정

ⓛ 초지공정

초지공정은 종이를 뜨는 공정으로 초조 → 압착 → 건조 → 광택 → 권취공정으로 구분되며, 세부공정 설명은 다음과 같다.

▎ 초지공정의 세부 설명 ▎

공정 순서	공정 설명
초조	배합공정을 거친 원료를 미세한 눈금을 가진 WIRE에 분사하여 원료에 포함된 물의 일부를 제거하면서 지필을 형성하는 공정
압착	롤 사이로 지필을 통과시켜 압착, 탈수하여 조직을 치밀화시키는 압착공정
건조	지필을 고온의 원통형 Dryer Cylinder로 말리는 공정
광택	최종 건조된 종이를 고압과 고온으로 유지되는 롤 사이를 통과시키면서 광택을 내주는 공정
권취	완성된 종이를 Spool에 감는 공정

ⓒ 도공공정

도공공정은 초지공정에서 만들어진 원지에 종이의 인쇄적성 및 후가공성(오버코팅)을 좋게 하기 위해 종이의 표면에 도공액을 도포하는 공정으로 조약 → 도공 → 건조 → 초광택기로 구분되며, 세부공정 설명은 다음과 같다.

▎ 도공공정의 세부 설명 ▎

공정 순서	공정 설명
조약	안료, 분산제, 바인더(접착제), 기타 첨가제 등 각 지종의 기능성을 부여하는 약품을 혼합 및 분산하는 공정
도공	원지 표면에 일정량의 도공액을 도포하여 기능성을 부여하거나 백색도, 광택, 인쇄적성을 향상시키는 공정
건조	Scaf Dryer로 종이를 통과시키면서 열풍을 이용하여 건조시키는 공정
초광택기	다단 롤 사이로 종이를 통과시켜 스팀으로 온도를 올리고 압력을 가하여 백지광택 및 표면 평활성을 향상시키는 공정

㉣ 완정공정

초지와 도공공정을 마친 종이는 완정공정을 통해 규격에 따라 권취 또는 평판으로 재단한 다음, 단위 포장되며 이 공정을 거친 종이는 제품으로 수요자에게 공급하는 과정이다. 완정공정은 재권취 및 재단 → 포장 → 제품창고 및 출고로 구분되며, 세부공정 설명은 다음과 같다.

┃ 완정공정의 세부 설명 ┃

공정 순서	공정 설명
재권취 및 재단	초지와 도공공정을 마친 종이를 규격에 따라 권취 또는 평판으로 재단하는 공정
포장	재권취 및 재단공정을 마친 제품을 단위 포장하는 공정
제품창고 및 출고	최종 제품이 수요자에게 공급하기 위해 출고하는 공정

3) 배연탈황시설

배연탈황설비는 배기가스설비, 석회석 준비 설비, 흡수탑, 석고탈수설비로 구분된다.

① 배기가스설비

연소 시스템에서 발생된 배기가스를 집진기(EP)에서 분진을 제거하고, 배기가스가 흡수탑으로 유입되기 전에 고온으로부터 설비 보호 및 흡수탑에서 석회석과 반응 시 증발을 방지하기 위하여 85℃ 이하 저온으로 냉각시킨다.

② 석회석 준비 설비

흡수탑인 배연가스와 반응하여 SO_2를 제거하는 석회석을 준비, 공급한다. 이 단계에서는 석회석($CaCO_3$) 덩어리들을 계량 공급용 계량대를 통과시켜 선별하여 습식 볼파쇄기(Wet Ball Mill)로 미세하게 분쇄하여 석회석 사일로에 저장하였다가 분체이송설비에 의해 석회석 일일 저장탱크로 이송되어 흡수탑에 공급한다.

③ 흡수탑

배연탈황설비의 주 설비로, 발전설비 연소가스 중의 황산화물이 습식, 석회식 석고 반응으로 제거공정이 이루어지며, 흡수탑의 반응식은 다음과 같다.

$$SO_2 + H_2O \rightarrow H_2SO_3$$
$$CaCO_3 + H_2SO_3 \rightarrow CaSO_3 + CO_2 + H_2O$$
$$CaSO_3 + \frac{1}{2}H_2O \rightarrow CaSO_3 \cdot \frac{1}{2}H_2O$$

흡수탑의 상부에서는 흡수탑 상부에 설치된 분무 노즐에서 분사하는 석회용액($CaCO_3$)에 의해 기체/액체 반응하여 SO_2를 제거하며, 하부에서 SO_2와 석회석이 반응하여 $CaSO_4$와 같은 고형 침전물로 슬러리를 생성한다.

④ 석고탈수설비

흡수탑에서 나오는 석고 슬러리를 농축, 탈수의 과정을 거쳐 시멘트 첨가제, 토양개발제, 또는 석고보드 제품에 사용하는 석고 고체를 만들어내는 설비이다.

(2) 주요 배출시설의 이해

탄산염 사용 공정에서 온실가스 공정배출시설은 소성시설, 용융·융해시설, 약품회수시설, 배연탈황시설이며, 각 배출시설별 배출원인은 다음과 같다.

┃ **탄산염의 기타 공정 사용 시설에서의 온실가스 공정 배출원, 온실가스 종류 및 배출원인** ┃

배출공정	온실가스	배출원인
소성시설(세라믹 생산)	CO_2	탄산칼슘의 탈탄산 반응에 의하여 배출 • $CaCO_3 \rightarrow CaO + CO_2$
용융·융해시설(유리 생산)	CO_2	석회석($CaCO_3$), 백운석($CaMg(CO_3)_2$), 소다회(Na_3CO_3)와 같은 유리 원료 융해공정 시 배출
약품회수시설 (펄프·종이 및 종이제품 제조시설)	CO_2	약품회수시설에서 탄산염 광물 사용 시 CO_2 배출
배연탈황시설(흡수탑)	CO_2	흡수탑에서 황산화물 제거를 위해 탄산염 광물 사용 시 CO_2 배출

(3) 온실가스 배출량 산정·보고·검증 절차

온실가스 배출량 산정·보고·검증 절차는 총 9단계로 구성되어 있으며, 일반론에서 언급한 내용을 제외하고 에너지 고정연소 부문에서 특화되어 설명해야 할 부분은 1, 2, 5단계에 대해서만 다루었다.

1) 1단계 : 조직경계 설정

탄산염의 기타 공정 사용 시설의 조직경계와 온실가스 배출 특성은 그림과 같다. 배출형태는 크게 직접 배출과 간접 배출로 구분할 수 있으며, 직접 배출은 고정연소에 의한 배출, 공정배출, 이동연소에 의한 배출, 탈루배출로 구분할 수 있다. 특히 탄산염의 기타 공정 사용 시설에서는 소성, 용융·용해, 약품회수, 배연탈황 공정에서 공정 배출인 CO_2가 다량 배출되는 특성을 지니고 있다.

① 소성시설(세라믹 생산)

❘ 세라믹 생산 시 소성공정 ❘

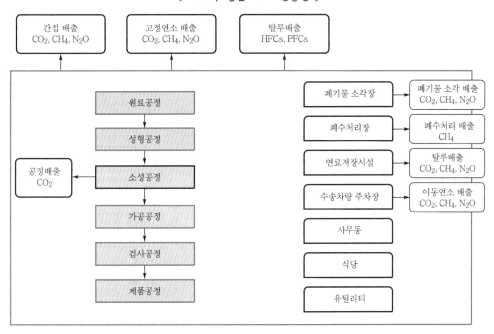

② 용융·융해시설(유리 생산)

❘ 유리 생산 시 용융·융해시설 ❘

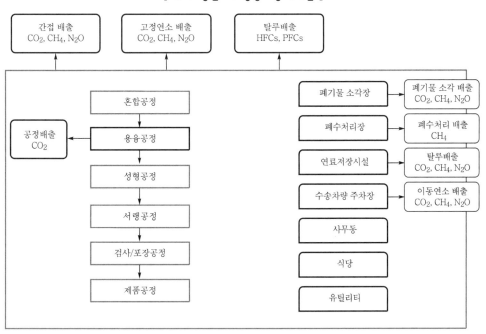

③ 약품회수시설

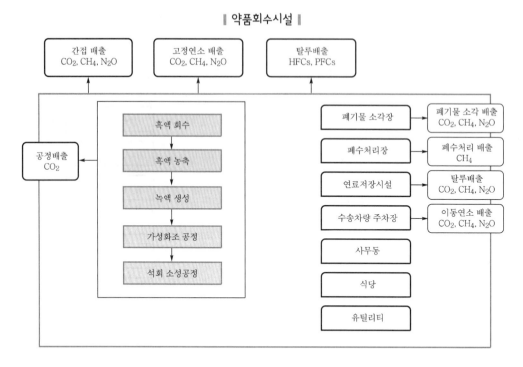

| 약품회수시설 |

④ 배연탈황시설

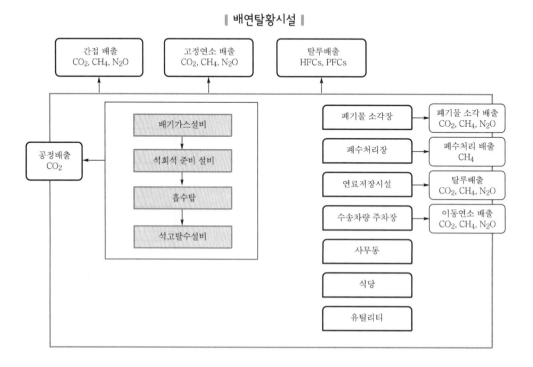

| 배연탈황시설 |

2) 2단계 : 탄산염의 기타 공정 사용 시설의 온실가스 배출활동 확인

탄산염의 기타 공정 사용 시설의 온실가스 배출활동은 운영경계를 기준으로 살펴보았다.
직접 배출원과 간접 배출원으로 구분되며, 직접 배출원에는 고정연소, 이동연소, 탈루
배출, 공정배출이 있고, 간접 배출원은 외부 전기 및 열·증기 사용을 꼽을 수 있다. 탄
산염의 기타 공정 사용 시설의 온실가스 배출활동은 다음 표와 같다.

‖ 탄산염의 기타 공정 사용 시설의 온실가스 배출활동 ‖

운영경계	배출원	온실가스	배출활동
직접 배출원 (Scope 1)	고정연소	CO_2 CH_4 N_2O	탄산염의 기타 공정 사용 시설에서 필요한 에너지 공급을 위한 연료 연소에 의한 배출(예 설비 가동을 위한 에너지 공급, 보일러 가동, 난방 및 취사 등)
	이동연소	CO_2 CH_4 N_2O	탄산염의 기타 공정 사용 시설에서 업무용 차량 운행에 따른 온실가스 배출
	탈루배출	CH_4	• 탄산염의 기타 공정 사용 시설에서 사용하는 화석연료 사용과 연관된 탈루배출 • 목표관리지침에서는 탈루배출은 없는 것으로 가정 (2013년부터 고려)
	공정 배출원	CO_2	소성시설, 용융·융해시설, 약품회수시설, 배연탈황시설에서의 공정반응에 의한 온실가스 배출
간접 배출원 (Scope 2)	외부 전기 및 외부 열·증기 사용	CO_2 CH_4 N_2O	탄산염의 기타 공정 사용 시설에서의 전력 사용에 따른 온실가스 배출

3) 5단계 : 배출활동별 배출량 산정방법론의 선택

탄산염의 기타 공정 사용 시설에서의 배출량 산정방법론에서 정한 활동자료, 배출계수,
배출가스농도, 유량 등 각 매개변수에 대하여 자료의 수집방법을 정하고 자료를 모니터
링한다.

‖ 배출시설 배출량 규모별 공정배출 산정방법 적용(최소 기준) ‖

배출활동	산정방법론			활동자료 원료 사용량/제품 생산량			배출계수		
시설 규모	A	B	C	A	B	C	A	B	C
탄산염의 기타 공정 사용	1	2	2	1	2	2	1	2	2

(4) 온실가스 배출량 산정방법

탄산염의 기타 공정 사용의 보고대상 배출시설은 소성시설, 용융·융해시설, 약품회수시설 및 배연탈황설비로로 이루어져 있다. 보고대상 온실가스와 온실가스별로 적용해야 하는 산정방법론은 다음과 같다.

구 분	CO_2	CH_4	N_2O
산정방법론	Tier 1, 2, 3, 4	-	-

온실가스 배출량 산정방법은 석회석 및 백운석 사용 등과 유리 생산 부문으로 구분되며, Tier 1~Tier 4로 산정식은 다음과 같다.

1) 석회석 및 백운석 사용 등

① Tier 1

㉮ 산정식

$$E_i = \sum_i (Q_i \times EF_i)$$

여기서, E_i : 탄산염(i)의 기타 공정 사용에 따른 CO_2 배출량(tCO_2)

Q_i : 해당 공정에서 소비된 탄산염(i)의 질량(t)

EF_i : 탄산염(i) 사용량당 CO_2 배출계수(tCO_2/t-탄산염)

㉯ 산정방법 특성

㉠ 활동자료로서 탄산염 사용량 적용

㉡ 배출계수는 탄산염 사용량에 대비한 온실가스 배출량(CO_2)

㉢ 산정 대상 온실가스는 CO_2임.

㉰ 산정 필요 변수

┃ 산정에 필요한 변수들의 관리기준 및 결정방법 ┃

매개변수	세부변수	관리기준 및 결정방법
활동자료	탄산염(i) 사용량	측정불확도 ±7.5% 이내로 측정하여 결정
배출계수	탄산염(i) 사용량당 CO_2 배출계수 (tCO_2/t-탄산염)	2006 IPCC 가이드 라인 기본배출계수 사용

② Tier 2
  ㉮ 산정식

$$E_i = \sum_i (Q_i \times r_i \times EF_i)$$

여기서, E_i : 탄산염(i)의 기타 공정 사용에 따른 CO_2 배출량(tCO_2)
    Q_i : 해당 공정에서의 소비된 탄산염(i)의 질량(t)
    r_i : 탄산염(i)의 순도(0에서 1 사이의 소수)
    EF_i : 탄산염(i) 사용량당 CO_2 배출계수(tCO_2/t-탄산염)

  ㉯ 산정방법 특성
    ㉠ 활동자료로서 소비된 석회석(ls) 및 백운석(d)의 질량 적용
    ㉡ 배출계수는 석회석 및 백운석의 온실가스 배출량(CO_2)
    ㉢ 산정 대상 온실가스는 CO_2임.
  ㉰ 산정 필요 변수

｜ 산정에 필요한 변수들의 관리기준 및 결정방법 ｜

매개변수	세부변수	관리기준 및 결정방법
활동자료	• 소비된 석회석 질량 • 소비된 백운석 질량	측정불확도 ±5.0% 이내로 탄산염 성분의 원료 사용량을 측정하여 결정
배출계수	• 석회석(ls)의 CO_2 배출계수(EF_{ls}) • 백운석(d)의 CO_2 배출계수(EF_d)	국가 고유배출계수 사용

③ Tier 3
  ㉮ 산정식

$$E_i = \sum_i (Q_i \times EF_i \times r_i \times F_i)$$

여기서, E_i : 탄산염(i)의 소비에 따른 CO_2 배출량(tCO_2)
    Q_i : 소비된 탄산염(i)의 질량(t)
    EF_i : 순수 탄산염(i) 사용량당 CO_2 배출계수(tCO_2/t-탄산염)
    r_i : 탄산염(i)의 순도(전체 사용량 중 순수 탄산염의 비율, 0에서 1 사이의 소수)
    F_i : 탄산염(i)의 기타 공정에서의 소성률(0에서 1 사이의 소수)

  ㉯ 산정방법 특성
    ㉠ 활동자료로서 소비된 탄산염(i)의 질량 적용
    ㉡ 배출계수는 탄산염 사용량당 온실가스 배출량(CO_2)
    ㉢ 산정 대상 온실가스는 CO_2임.

㉒ 산정 필요 변수

┃ 산정에 필요한 변수들의 관리기준 및 결정방법 ┃

매개변수	세부변수	관리기준 및 결정방법
활동자료	탄산염 사용량(Q_i)	측정불확도 ±2.5% 이내로 탄산염 사용량을 측정하여 결정
배출계수	탄산염(i) 사용량당 CO_2 배출계수(EF_i)	사업자 고유배출계수 사용(GIR에서 검토 및 검증을 통해 확정 고시)

┃ 순수 탄산염 성분에 따른 CO_2 배출계수(IPCC) ┃

탄산염(i)	광물 이름	배출계수(tCO₂/탄산염)
$CaCO_3$	석회석	$0.4397(tCO_2/tCaCO_3)$
$MgCO_3$	마그네사이트	$0.5220(tCO_2/tMgCO_3)$
$CaMg(CO_3)_2$	백운석	$0.4773(tCO_2/tCaMg(CO_3)_2)$
$FeCO_3$	능철광	$0.3799(tCO_2/tFeCO_3)$
$CA(Fe, Mg, Mn)(CO_3)_2$	철백운석	$0.4420(tCO_2/t철백운석)$
$MnCO_3$	망간광	$0.3829(tCO_2/tMnCO_3)$
$NaCO_3$	소다회	$0.4149(tCO_2/tNaCO_3)$
C	탄소	$3.6640(tCO_2/tC)$

2) 유리 생산

① Tier 1~2

㉮ 산정식

$$E_i = \sum [M_{gi} \times EF_i \times (1 - CR_i)]$$

여기서, E_i : 유리 생산으로 인한 CO_2 배출량(tCO₂)

M_{gi} : 용해된 유리(i) 양(t)(예 판유리, 용기, 섬유유리 등)

EF_i : 유리(i) 제조에 따른 CO_2 배출계수(tCO₂/t-용해된 유리 양)

CR_i : 유리 제조공정에서의 컬릿 비율(0에서 1 사이의 소수)

㉯ 산정방법의 특성

㉠ 활동자료로 유리 생산량 적용

㉡ 배출계수는 유리 생산당 온실가스 배출량(CO_2)

㉢ 산정 대상 온실가스는 CO_2임.

㉓ 산정 필요 변수

┃ 산정에 필요한 변수들의 관리기준 및 결정방법 ┃

매개변수	세부변수		관리기준 및 결정방법
활동자료	• 유리 생산량(M_{gi}) • 유리 제조공정 중 컬릿 비율(CR_i)	Tier 1	측정불확도 ±7.5% 이내로 측정하여 결정 (측정값이 없으면 활용하지 않음)
		Tier 2	측정불확도 ±5.0% 이내로 측정하여 결정 (측정값이 없으면 활용하지 않음)
배출계수	유리 생산에 따른 CO_2 배출계수(EF_i)	Tier 1	IPCC 기본배출계수 적용
		Tier 2	국가 고유배출계수 적용

┃ 유리제품 종류(i), 컬릿 비율에 따른 CO_2 배출계수 ┃

유리제품 종류(i)	CO_2 배출계수(kg CO_2/kg 유리)	컬릿 비율(%)
판유리 (Float)	0.21	10~25
유리용기(납유리) [Container(Flint)]	0.21	30~60
유리용기(착색유리) [Container(Amber/Green)]	0.21	30~80
유리장섬유 [Fiberglass(E-glass)]	0.19	0~15
유리단섬유 [Fiberglass(Insulation)]	0.25	10~50
브라운관용 유리 – Panel [Specialty(TV Panel)]	0.18	20~75
브라운관용 유리 – Funnel [Specialty(TV Funnel)]	0.13	20~70
가정용 유리제품 [Specialty(Tableware)]	0.10	20~60
실험용기, 약병 [Specialty(Lab/Pharma)]	0.03	30~75
전등용 유리 [Specialty(Lighting)]	0.20	40~70

② Tier 3

㉮ 산정식

$$E_i = \sum_i (M_i \times EF_i \times r_i \times F_i)$$

여기서, E_i : 유리 생산으로 인한 CO_2 배출량(tCO_2)

M_i : 유리 제조공정에 사용된 탄산염(i) 사용량(t)

r_i : 탄산염(i)의 순도(전체 사용량 중 순수 탄산염의 비율, 0에서 1 사이의 소수)

EF_i : 순수 탄산염(i)에 대한 CO_2 배출계수(tCO_2/t-탄산염)

F_i : 탄산염(i)의 소성비율(0에서 1 사이의 소수)

㉯ 산정방법의 특성

㉠ 투입 원료량을 기반으로 산정하는 방법

㉡ 유리 제조공정에 사용된 탄산염 물질을 토대로 이산화탄소 배출량 결정

㉰ 산정 필요 변수

‖ 산정에 필요한 변수들의 관리기준 및 결정방법 ‖

매개변수	세부변수	관리기준 및 결정방법
활동자료	유리 생산공정에서 사용된 탄산염(i)(M_i)	측정불확도 ±2.5% 이내로 측정하여 결정
	탄산염(i)의 소성 비율(%)(F_i)	측정불확도 ±2.5% 이내로 측정하여 결정 (적용이 어려울 경우, 1.0(100% 소성)을 적용)
배출계수	순수 탄산염 원료의 소성에 따른 CO_2 배출계수(EF_i)	사업자 고유배출계수 적용

18 농·축산 및 임업(AFOLU) 개요

2006 IPCC G/L에서는 농업, 축산, 임업 및 기타 토지 이용 분야에서의 온실가스 배출과 흡수는 다양한 형태로의 탄소 축적 또는 전환에 의해 모든 유형의 토지에 걸쳐 발생할 수 있음을 전제로 하여 AFOLU로 정의한다.

이는 온실가스 배출량과 흡수량을 산정하고 보고하는 데 있어 일관성과 완전성을 향상시키는 데 그 목적을 두고 있으며, 본 교육에서도 IPCC G/L에서 제시하는 바에 따라 농업, 축산, 임업 및 기타 토지 이용 분야를 통합하여 다루도록 하겠다.

AFOLU 부문에서 흡수 또는 배출에 관련된 온실가스는 CO_2, CH_4, N_2O로 농업, 축산, 임업 및 기타 토지 이용 모든 부문이 유기적으로 연계되어 배출에 영향을 끼치며, 배출원은 다음과 같다.

❙ AFOLU 부문 흡수원 및 배출원 ❙

구 분	명 칭	직접 온실가스					
		CO_2	CH_4	N_2O	HFCs	PFCs	SF_6
축산	가축장 내 발효		○				
	가축분뇨처리		○	○			
임업 및 기타 토지 이용	임지	○					
	농경지	○					
	초지	○					
	습지	○	○				
	거주지	○					
	기타 토지	○					
농업 및 non-CO_2 통합 배출	바이오매스 연소	○					
	석회 사용	○					
	요소 시비	○					
	관리 토양에서의 직접 배출(N_2O)			○			
	관리 토양에서의 간접 배출(N_2O)			○			
	가축분뇨, 비료에서의 간접 배출(N_2O)			○			
	벼 재배		○				
	목제품						

지난 2011년 온실가스 목표관리제가 시행됨에 따라 농업·축산 부문의 목표관리 대상 사업장은 27개 사업장으로 농림수산식품부에서 관장하고 있으며, 모두 식품업체(식료품제조업, 음료제조업)이다. 그러나 〈온실가스 목표관리 운영 등에 관한 지침〉에서는 농축산 및 임업에 대한 산정, 보고 절차에 대해서는 제시되지 않고 있다.

또한 국내의 경우 농축산업 및 임업과 같은 1차 산업은 저하되는 추세로, 미국 또는 호주와 같이 대규모 농장 형태가 아닌 소규모로 대부분 영세하기 때문에 온실가스 감축을 위해서는 사업장 단위 인벤토리 구축보다 국가 및 지자체 단위의 인벤토리 구축의 필요성이 더 높을 것으로 판단된다.

19 축산

(1) 축산 부문 개요

지구상에서는 약 5,400여 종의 포유동물 중 약 1,000여 종은 풀을 뜯어 먹고 사는 초식동물이다. 초식동물은 소화기관의 모양과 소화생리적 특성에 따라 반추동물, 유사반추동물 및 비반추초식동물로 분류된다. 초식동물 중에서 약 250여 종이 반추동물로 알려져 있다(2009, 농학박사 조무한). 축산 부문에서 가축은 소화기관에 따라 다음과 같이 분류될 수 있다.

- 반추동물 : 소, 물소, 양, 염소, 낙타
- 비반추초식동물 : 말, 노새/당나귀
- 가금류 : 닭, 오리, 칠면조, 거위
- 비가금류 단일 위 동물 : 돼지

축산 부문의 온실가스로는 CH_4, N_2O가 있으며, CH_4은 장내 발효 및 가축분뇨처리, N_2O는 가축의 분뇨처리 과정에서 배출되나 장내 발효에 의한 온실가스 배출이 대부분을 차지한다. 이때 가축의 호흡을 통해서 CO_2 역시 배출되기는 하나 사료작물 등의 식물이 광합성으로 CO_2를 흡수하여 자연계에서 순환되기 때문에 배출량 산정 시 고려되지 않는다.

축산업 부문에서 메탄 발생은 온실가스 총 배출량의 1% 정도로 전체 배출량 면에서 큰 비중을 차지하지 않고 있지만, 인류의 생활수준이 향상됨에 따라 육류 소비량 역시 증가하게 되고 축산업의 기여도도 증가할 것으로 사료된다. 또한 기후변화협약과 관련하여 국가별 저감압력은 총 발생량보다 생산성에 따른 메탄 발생량 기준으로 변화하고 있어 축산 부문의 메탄 배출을 감축할 수 있는 기술의 개발이 시급하다고 국립축산과학원(2011)에서 발표하였다.

(2) 온실가스 배출 특성

1) 가축의 장내 발효

장내 발효란 가축이 섭취한 탄수화물이 혈액 내로 흡수되도록 미생물에 의해 분해되는 소화과정으로, 가축의 소화기관 형태, 연령, 체중, 섭취 사료의 양 및 질 등의 영향을 받으며, 섭취 사료의 장내 발효를 활발히 촉진시키는 장 구조를 가진 '반추동물'에서 보다 많은 양이 배출된다.

2002년 Moss의 보고에 따르면 지구상에 연간 메탄가스 총 배출량은 689Tg으로서 이 중 가축의 장내 발효에 의한 메탄 배출량 중 약 75% 정도가 소에서 기인한다고 보고되었다.

2) 가축의 분뇨처리

IPCC에서는 가축의 분뇨처리 시스템을 다음과 같이 정의하고 있으며, 각각의 처리방법에 따라 온실가스 배출이 달라진다.

시스템	정 의
목초지/방목지/방목장	목초지와 방목지에서 자연적으로 처리하는 방법으로 가축분뇨는 관리되지 않음.
일일 살포	분뇨가 주기적으로 축가시설에서 제거되어 배설 후 24시간 안에 경작지나 목초지에 뿌려지는 방식
고형물 저장	전형적으로 몇 달의 기간 동안 퇴적 또는 더미로 옥외에 쌓아두는 방식
건조장	축적되는 분뇨가 주기적으로 제거되는 두드러질만한 식물성 덮개가 없는 포장 또는 비포장 노천축사방식
액체/슬러리	가축 축사 외부의 탱크나 토양호지에서 배설된 상태로 또는 소량의 물을 첨가하여 보통 1년 미만 동안 저장하는 방식
덮개 없는 혐기성 라군 (Lagoon)	• 폐기물 안정화와 저장을 겸하도록 설계된 액체 저장 시스템. 라군의 상층수는 보통 라군에 연결된 축사시설로부터 분뇨를 제거하는 데 사용됨. • 혐기성 라군은 기후지역, 휘발성 고형물 부하속도, 기타 운용요소에 따라 저장기간이 다양하게 설계
가축 축사 아래 Pit에 저장	전형적인 얇은 축사 바닥 밑(Pit)에서 거의 또는 전혀 물을 첨가하지 않은 상태로 분뇨를 수집하고 저장하는 방식
혐기성 소화조	• 분뇨를 수집하여 격납용기 또는 덮개 있는 라군에서 혐기적으로 소화하는 방식 • 소화조는 복합유기화합물을 CO_2와 CH_4으로 생물학적으로 감소시켜 폐기물 안정화를 위해 설계되었으며, 이때 발생하는 바이오 가스는 연료로 연소 가능
연료로 연소	가축의 분뇨 중 고형 배설물은 연료로 연소하는 방식
두꺼운 축사 바닥 깔개 (소 및 돼지)	깔짚방식 분뇨처리 시스템으로 생산주기에 배설되는 분뇨의 습기를 흡수하도록 바닥깔개를 끊임없이 깔아줘야 함.
용기 내 퇴비화	강제 통기와 끊임없는 혼합을 통해 전형적으로 퇴비화하는 방식
정치식 퇴비화	강제 통기는 하나 혼합은 하지 않으며, 더미 상태로 퇴비화하는 방식
집중 야적식 퇴비화	혼합과 통기를 위해 정기적으로 뒤집기해주는 건초 더미에서 퇴비화하는 방식
수동 야적식 퇴비화	혼합과 통기를 위해 정기적으로 뒤집기해주는 건초 더미에서 퇴비화하는 방식
깔짚 있는 가금류 분뇨	• 보통 드라이 로트(건조장)나 목초지와 결합시켜 사용하지 않는 점을 제외하고, 소 및 돼지의 두꺼운 축사 바닥 깔개 시스템과 유사한 방식 • 전형적으로 모든 가금류 종계군과 식육용 닭(육계) 생산, 기타 가금류에 이용됨.
깔짚 없는 가금류 분뇨	가축 축사시설이 노천 pit과 유사하거나 분뇨가 축적됨에 따라 건조되도록 설계된 방식
호기성 처리	• 강제 혹은 자연 통기를 거쳐 액체 상태로 수집된 분뇨의 생물학적 산화 방식 • 자연 통기는 호기성, 임의성, 안정화지 및 습기 시스템에 한정되며, 주로 광합성에 기인함. 따라서 전형적으로 어느 기간 동안 태양빛을 받지 못하면 무산소성이 되는 문제가 발생함.

(3) 온실가스 배출량 산정방법

축산업의 온실가스 배출 부문은 다음과 같이 두 가지이다.
① 가축의 장내 발효
② 가축의 분뇨관리

각 부문별 국내에서 일반적으로 적용 가능한 산정방법은 다음과 같다.

구 분	CH_4	N_2O
가축의 장내 발효	Tier 1	–
가축의 분뇨관리	Tier 1	Tier 1

꼼꼼 check ✔ 축산 부문 특징

1. **축산 부문의 온실가스 종류**
   - CH_4 : 장내 발효 및 가축분뇨처리(온실가스 총 배출량의 1%)
   - N_2O : 장내 발효에 의한 배출이 대부분(가축분뇨처리에서 배출되는 것은 미비함)
2. **배출량 산정 제외**
   가축의 호흡을 통한 CO_2 배출(식물의 광합성으로 CO_2를 흡수하여 자연계로 순환됨)

1) 가축의 장내 발효

① Tier 1

㉮ 산정식

가축의 장내 발효에 따른 온실가스 CH_4을 산정하는 방법으로서 본 산정에서는 2006 IPCC G/L Tier 1을 사용하였으며, 산정식은 다음과 같다.

$$Emissions = EF_{(T)} \times \left(\frac{N_{(T)}}{10^6} \right)$$

여기서, $Emissions$: 가축의 장내 발효에 의한 메탄 배출량(Gg CH_4 yr^{-1})
$EF_{(T)}$: 정의된 가축 개체수에 대한 배출계수(kg CH_4 $head^{-1}$ yr^{-1})
$N_{(T)}$: 국가 내에서 가축 종류와 분류에 따른 두 수(head)
T : 가축 종/카테고리

$$Total\,CH_{4,Enteric} = \sum_i E_i$$

여기서, $Total\,CH_{4,Enteric}$: 가축의 장내 발효에 의한 총 메탄 방출량(Gg CH_4 yr^{-1})
E_i : i번째 가축 카테고리와 하위 카테고리에 대한 배출량

㉯ 산정방법 특성

㉠ 국내 배출계수 적용을 위하여 젖소는 육성우, 착유우, 한육우는 송아지, 번식우, 비육우로 세부 종까지 구분해야 함.

㉡ 국내 통계상 '개'는 가구당 약 3.1마리(농림통계연보 '00~'08년 평균)를 사육 중이며, 이는 인간활동을 위한 사육보다는 애완용으로 사육되는 비중이 크다고 볼 수 있으므로, 배출량 산정 시 제외함.

㉰ 산정 필요 변수

‖ 산정에 필요한 변수들의 관리기준 및 결정방법 ‖

매개변수	세부변수	관리기준 및 결정방법
활동자료	가축사육두수($N_{(T)}$)	• 온실가스 배출량을 산정하기 위해 활동자료로서 '가축사육 두수'가 필요하며, 이는 각 '지자체 통계연보' 및 '가축통계' 에서 획득할 수 있음. • **젖소와 한육우의 경우** 육성우, 착유우, 송아지, 번식우, 비 육우로 분리하여 산정하므로, 국가 통계 포털의 연령, 성 별, 용도별 젖소 및 한육우 통계치를 활용하여 지자체 단위 로 추정해야 함. • 또한 한육우는 국가 통계 포털에서 2003년 자료부터 존재 하기 때문에 2000~2002년 자료는 연도별 가축두수의 자 료를 활용하여 평균값을 추정함. • 닭의 경우 산란계, 육계, 기타 닭으로 구분하기 위해 국가 통계 포털의 시·군·구별 산란계/육계 두수 자료와 지자 체 통계 연보의 자료를 활용하여 추정함. • 산란계/육계 두수 자료 역시 2006년부터 제동되기 때문에 이전 연도들에 대해서는 평균 비율 값으로 추정함.
배출계수	정의된 가축 개체수에 대한 배출계수($EF_{(T)}$)	• 2006 IPCC G/L에 제시된 기본값 중 선진국 값을 사용 하며, 젖소와 한육우는 국내 값이 존재하므로 국내 값을 적용함. • 세부 내용은 아래 [표]와 같음.

‖ Tier I 방법에 대한 장내 발표 배출계수(kg CH_4, head^{-1}, yr^{-1}) ‖

가 축	선진국	개발도상국	생체중
물소	55	55	300kg
양	8	5	65kg−선진국 45kg−개도국
염소	5	5	40kg
낙타	46	46	570kg
말	18	18	550kg
노새와 당나귀	10	10	245kg
사슴	20	20	120kg
알파카	8	8	65kg
돼지	1.5	1.0	−
가금류	계산하기에 불충분한 자료	계산하기에 불충분한 자료	−
기타(예 라미)	결정될 것임.	결정될 것임.	−

┃ 젖소 및 한육우 장내 발효 배출계수 ┃

구 분	젖 소		한육우		
	육성우	착유우	송아지	번식우	비육우
배출계수(kg CH_4, head^{-1}, yr^{-1})	61.813	106.690	39.191	48.979	50.712

┃ 토끼 장내 발효 배출계수 및 추정 근거 자료 ┃

노새/당나귀 배출계수 (kg CH_4, head^{-1}, yr^{-1})	노새/당나귀 체중(kg)	토끼 체중(kg)	토끼 배출계수 (kg CH_4, head^{-1}, yr^{-1})
10	245	1.6	0.2297

2) 가축의 분뇨관리

① Tier 1

㉮ 산정식

가축의 분뇨관리 중 발생하는 온실가스 배출량을 산정하는 것으로 분뇨관리에는 CH_4 및 직접적 N_2O가 배출된다.

㉠ 분뇨관리에 의한 CH_4 배출량 산정

$$CH_{4\,Manure} = \sum_{(T)} \frac{(EF_{(T)} \times N_{(T)})}{10^6}$$

여기서, $CH_{4\,Manure}$: 가축의 분뇨관리에 의한 CH_4 배출량(Gg CH_4 yr^{-1})
$EF_{(T)}$: T 가축 종에 대한 CH_4 배출계수(kg CH_4 head^{-1} yr^{-1})
$N_{(T)}$: 국가 내에서 가축 종류와 분류에 따른 두수(head)
T : 가축의 종

㉡ 분뇨관리에 의한 N_2O 배출량 산정

$$N_2O_{D(mm)} = \sum_S [\sum_T (N_{(T)} \times N_{ex(T)} \times MS_{(T,S)})] \times EF_{3(S)} \times \frac{44}{28}$$

여기서, $N_2O_{D(mm)}$: 국가 내에서 분뇨관리로부터의 직접적인 아산화질소 배출 (kg N_2O yr^{-1})
$N_{(T)}$: 국가 내에서 가축 종류와 분류에 따른 두수(head)
$N_{ex(T)}$: 국가 내에서 가축당 배출하는 연평균 질소량(kg N 가축$^{-1}$ yr^{-1})
$MS_{(T,S)}$: T 가축 종의 S 분뇨관리 시스템 비율
$EF_{3(S)}$: 국가 내에서 분뇨관리 시스템 S로부터 직접적인 N_2O 배출계수 (분뇨관리 시스템 S의 kg N_2O-N/kg N)
S : 분뇨처리 시스템
T : 가축의 종류/분류
$\frac{44}{28}$: N_2O-N을 N_2O로 전환

ⓒ 연평균 가축의 질소 배출량

$$N_{ex(T)} = N_{rate(T)} \times \frac{TAM}{1000} \times 365$$

여기서, $N_{ex(T)}$: T 가축 카테고리 T에서 연간 N 배출(kg N 가축$^{-1}$ yr^{-1})

$N_{rate(T)}$: N 배출률 기본값(kg N(1,000kg 가축 질량)$^{-1}$ 일$^{-1}$)

$TAM(T)$: 가축 카테고리 T에서 전형적인 가축 질량(kg 가축$^{-1}$)

㉯ 산정방법 특성

2006 IPCC G/L에는 '기타 닭' 및 '거위'의 CH_4 배출계수 기본값이 제시되지 않은 경우 배출량 산정을 위해 추정값을 사용해야 함.

㉠ 기타 닭 : '기타 닭'은 정확한 사육 용도를 알 수 없으므로 '산란계' 및 '육계'의 평균값을 적용

㉡ 거위 : '오리'의 값을 적용

㉰ 산정 필요 변수

┃ 산정에 필요한 변수들의 관리기준 및 결정방법 ┃

매개변수		세부변수	관리기준 및 결정방법
활동자료	CH_4	가축사육두수($N_{(T)}$)	• 온실가스 배출량을 산정하기 위해 활동자료로서 '가축사육두수'가 필요하며, 이는 각 '지자체 통계연보' 및 '농림통계연보'에서 획득할 수 있음. • 농림통계연보 및 지자체 통계연보의 '닭' 사육두수는 용도별로 구분이 되지 않음. • 따라서 국가 통계 포털의 닭 시·군·구/용도별 가구수 및 마리수를 통해 산란계 및 유계의 자료를 확보해야 함. • 또한 산란계와 육계의 합과 농림통계연보 및 지자체 통계 연보의 닭과의 차이를 기타 닭으로 구분하여야 함.
	N_2O		
배출계수	CH_4	T 가축 종에 대한 CH_4 배출계수($EF_{(T)}$)	2006 IPCC G/L에 제시된 기본값 중 선진국 값을 사용하며, 국내 배출계수가 존재하는 경우 이를 적용함.
	N_2O	국가 내에서 분뇨관리 시스템 S로부터 직접적인 N_2O 배출계수($EF_{3(S)}$)	
		T 가축 종의 S 분뇨관리 시스템 비율($MS_{(T,S)}$)	2006 IPCC G/L에 제시된 기본값을 사용
		질소 배출량($N_{ex(T)}$)	
		질소 배출률($N_{rate(T)}$)	

㉠ 분뇨관리에 따른 CH_4 및 직접적인 N_2O 배출계수

▌ 주요 축종별 분뇨관리 시 CH_4 배출계수 ▌

구 분		배출계수($kg\ CH_4,\ head^{-1},\ yr^{-1}$)
젖소		19.953
한육우		0.621
돼지		0.183
닭	산란계	0.022
	육계	0.016
	기타 닭	제시되지 않음

▌ 사슴, 순록, 토끼, 모피 가축의 분뇨관리 시 CH_4 배출계수 ▌

가 축	CH_4 배출계수($kg\ CH_4,\ head^{-1},\ yr^{-1}$)
사슴	0.22
순록	0.36
토끼	0.08
모피 가축(㉔ 여우, 밍크)	0.68

▌ 기온별 양, 염소, 낙타, 말, 노새, 나귀의 분뇨관리 시 CH_4 배출계수 ▌

가 축	구 분	연평균 기온별(℃) CH_4 배출계수($kg\ CH_4,\ head^{-1},\ yr^{-1}$)		
		한대(<15℃)	온대(15~25℃)	열대(>25℃)
양	선진국	0.19	0.28	0.37
	개도국	0.10	0.15	0.20
염소	선진국	0.13	0.20	0.26
	개도국	0.11	0.17	0.22
낙타	선진국	1.58	2.37	3.17
	개도국	1.28	1.92	2.56
말	선진국	1.56	2.34	3.13
	개도국	1.09	1.64	2.19
노새와 당나귀	선진국	0.76	1.10	1.52
	개도국	0.60	0.90	1.20

| 분뇨처리로부터 직접적인 N_2O 배출계수 기본값 |

시스템		EF$_3$[kg N_2O-N(kg 질소 배출량)$^{-1}$]
목초지/방목지/방목장		경작지와 농장, 방목구역, 작은 목장에 놓인 분뇨와 관계된 직접적·간접적인 N_2O 배출은 토양으로부터의 N_2O 배출로 취급한다.
일일 살포		0
고형물 저장		0.005
건조장		0.02
액체/슬러리	자연식 딱딱한 덮개 있음	0.005
	자연식 딱딱한 덮개 없음	0
덮개 없는 혐기성 Lagoon		0
축사 아래의 Pit에 저장		0.002
혐기성 소화조		0
연료로 연소		-
두꺼운 축사 바닥 깔개 (소 및 돼지)	혼합 없음	0.01
	활발한 혼합	0.07
용기 내 퇴비화		0.006
정치식 퇴비화		0.006
집중 야적식 퇴비화		0.1
수동 야적식 퇴비화		0.01
깔짚 있는 가금류 분뇨		0.001
깔짚 없는 가금류 분뇨		0.001
호기성 처리	자연적인 폭기 체계	0.01
	강제된 폭기 체계	0.005

ⓒ 분뇨관리 시스템 비율(MS)

| 가축별 분뇨관리 시스템 비율 |

가 축	혐기성 늪	액체/슬러리	고체저장	건조부지	목장/방목		일간살포	소화조	연료로 사용
					CPP	SO			
한육우	0	0	0	0.46	0.5	-	0.02	0	0.02
젖소	0.04	0.38	0	0	0.2	0.2	0.29	0.02	0.07
돼지	0	0.4	0	0.54	0	0	0	0	0.07
기타	0	0	0	0	-	1	0	0	-

┃ 가금류 분뇨관리 시스템 비율 ┃

가 축	깔짚 있는(With Litter)	깔짚 없는(Without Litter)
산란계	–	1
육계	1	–
그 외 가금류	1	–

ⓒ 질소 배출량(Nex(T))

질소 배출량은 국내에서 개발된 값을 적용하는 가축을 제외한 나머지 가축은 2006 IPCC G/L에 제시된 기본값 중 '아시아' 지역의 배출계수를 적용함.

┃ 가축별 질소 배출량(국내값)(kg N head^{-1}yr^{-1}) ┃

구 분		질소 배출량(Nex)
젖소		63.71
한육우		28.75
돼지		8.16
닭	산란계	0.147
	육계	0.087
	기타 닭	제시되지 않음.

ⓓ 질소 배출률(Nrate(T))

• 가축 체중 1,000kg당 배출되는 일일 질소량을 나타내는 계수로, 연평균 질소 배출량($N_{ex(T)}$) 산정을 위한 인자로 사용됨.

• 단, 젖소, 한육우, 돼지 및 닭의 경우 국내 연간 보고서에 제시된 분뇨 배설량 및 분뇨의 질소 함량을 토대로 질소 배출량을 산정할 수 있기 때문에 질소 배출률을 사용하여 별도로 질소 배출량을 산정할 필요가 없음.

┃ 질소 배출률(kg N (1,000kg Animal Mass)$^{-1}$day^{-1}) ┃

가축 카테고리	지 역
	아시아
가금류	0.82
기타 닭	0.96
칠면조	0.74
오리	0.83
거위	0.83
양(면양)	1.17
염소(산양)	1.37
말(노새, 나귀)	0.46
낙타	0.46
물소	0.32

ㅁ 가축의 평균 체중(TAM)

2006 IPCC G/L에서 제공하는 기본값을 사용함.

▎가축별 평균 체중 ▎

가축 카테고리	지 역
	아시아(선진국)(kg)
젖소	450
한육우	350
돼지	0.47
가금류 산란계 육계 기타 닭 칠면조 오리 거위	1.62 0.71 1.35 6.8 2.7 2.7(추정값임)
양(면양)	48.5
염소(산양)	38.5
말(노새, 나귀)	377
토끼	1.6
사슴	120

 20 ## 임업 및 기타 토지 이용(LULUCF)

(1) 임업 및 기타 토지 이용 소개

기후변화협약(UNFCC)에서는 흡수원을 대기에서 에어로졸, 온실가스 혹은 온실가스 생성물질을 제거할 수 있는 일련의 과정, 행동 혹은 메커니즘이라 정의하고 있다. 흡수원 관련 정책은 토지 이용(Land Use), 토지 용도의 변경(Land-Use-Change), 임업(Forestry)의 결과로 온실가스를 제거하거나 상쇄하는 것으로 발전하여 왔으며, 각 용어의 머리글자를 따서 LULUCF로 통칭되고 있다(조용성, 2005).

일반적으로 LULUCF의 온실가스 관련 메커니즘은 산림 및 기타 토지 용도를 변경함으로 인해 그 토지에 있는 탄소 축적의 변화로서, 농경지 또는 주거지로 사용되던 토지가 산림으로 신규 또는 재조림되었을 경우 온실가스(CO_2) 흡수량은 증가한다. 반면, 산림이 농경지 또는 주거지로 전용되었을 경우 탄소 축적량 감소에 따라 온실가스 배출량은 증가하게 된다. 임업 및 기타 토지 이용 부문에서는 CO_2 배출뿐만 아니라 탄소를 축적하는 저장고로는 크게 바이오매스, 고사 유기물, 토양 탄소로 구분된다.

IPCC G/L(2006)에서는 임업 및 기타 토지 이용 부문을 다음 표와 같이 분류하고 있으며, 국내는 통계 구축의 한계로 인해 통합하여 분류하고 있다.

| 임업 및 기타 토지 이용 부문 토지 분류 |

구 분	IPCC 분류		국내 분류
임지	임지로 유지되는 임지		임지로 유지되는 임지
	임지로 전환된 토지	임지로 전환된 농경지	임지로 전환된 토지
		임지로 전환된 주거지	
		임지로 전환된 초지	
		임지로 전환된 습지	
		임지로 전환된 기타 토지	
농경지	농경지로 유지되는 농경지		농경지로 유지되는 농경지
	농경지로 전환된 토지	농경지로 전환된 임지	농경지로 전환된 토지
		농경지로 전환된 주거지	
		농경지로 전환된 초지	
		농경지로 전환된 습지	
		농경지로 전환된 기타 토지	
초지	초지로 유지되는 초지		초지로 유지되는 초지
	초지로 전환된 토지	초지로 전환된 임지	초지로 전환된 토지
		초지로 전환된 주거지	
		초지로 전환된 농경지	
		초지로 전환된 습지	
		초지로 전환된 기타 토지	
습지	습지로 유지되는 습지		습지로 유지되는 습지
	습지로 전환된 토지	습지로 전환된 임지	습지로 전환된 토지
		습지로 전환된 농경지	
		습지로 전환된 초지	
		습지로 전환된 주거지	
		습지로 전환된 기타 토지	
주거지	주거지로 유지되는 주거지		주거지로 유지되는 주거지
	주거지로 전환된 토지	주거지로 전환된 임지	주거지로 전환된 토지
		주거지로 전환된 농경지	
		주거지로 전환된 초지	
		주거지로 전환된 습지	
		주거지로 전환된 기타 토지	
기타 토지	기타 토지로 유지되는 기타 토지		기타 토지로 유지되는 기타 토지
	기타 토지로 전환된 토지	기타 토지로 전환된 임지	기타 토지로 전환된 토지
		기타 토지로 전환된 농경지	
		기타 토지로 전환된 초지	
		기타 토지로 전환된 습지	
		기타 토지로 전환된 농경지	

또한, IPCC G/L(2006) 지목 분류에 따른 국내 지적공부등록지 현황의 지목은 다음과 같이 분류될 수 있다.

‖ IPCC G/L과 국내 지적공부등록지 현황의 지목 분류 비교 ‖

2006 IPCC G/L	지적공부등록지 현황
Forest	임야
Cropland	전, 답, 과수원
Grassland	목장 용지, 공원, 묘지
Wetlands	하천, 구거, 유지, 양어장
Settlements	대, 공장 용지, 학교 용지, 주차장, 주유소 용지, 창고 용지, 도로, 철도 용지, 제방, 수도 용지, 체육 용지, 유원지, 종교 용지, 사적지
Other Land	광천지, 염전, 잡종지

(2) 온실가스 배출/흡수 특성

임업 및 기타 토지 이용 부문에서 일반적으로 앞에서 언급된 바와 같이 5가지 탄소 저장고에 의해 탄소를 축적하여 온실가스를 제거하거나 배출하는 특성이 있다. 토지 범주별 배출 특성을 정리하면 다음 표와 같다.

‖ 토지 범주별 온실가스 배출/흡수 특성 ‖

구 분	배출/흡수 특성
임지	• 임지로 유지되는 임지에서의 바이오매스 및 토양탄소의 변화, 임지로 전환된 토지에 따른 탄소 축적량의 변화 • 바이오매스(지하부/지상부), 고사 유기물(고사목, 낙엽층 등), 토양탄소(유기 토양/무기 토양)
농경지	• 농경지로 유지되는 농경지와 농경지로 전환된 토지에 의한 탄소 축적량의 변화 • 바이오매스, 토양탄소(유기 토양/무기 토양)
초지	• 목재 바이오매스의 수확, 방목장의 방해, 목초지화, 산불, 재건, 목초지 경영 등을 포함하는 인간 활동과 자연적 장애요인, 지하부 바이오매스 및 토양 유기물에 의한 탄소 축적량의 변화 • 바이오매스, 토양탄소(유기 토양/무기 토양)
습지	• 1년 내내 혹은 일부 기간 동안 물을 흡수하거나 배수된 토지 또는 다른 토지로 용도 변경된 토지에 따른 탄소 축적량 변화 • 습지로 전환된 토지에서 이탄 추출물로 인한 탄소 축적량의 변화와 침수지로 전환된 토지에서의 탄소 축적량 변화 • 이탄지의 배수와 침수지에서 배출된 N_2O와 침수지에서 배출된 CH_4 배출 • 침수지로 전환된 토지에서 살아있는 바이오매스에 의한 탄소 축적
주거지	• 모든 형태의 도시림과 마을 근교 숲 포함 • 주거지로 전환된 토지의 살아있는 바이오매스에 의한 탄소 축적
기타 토지	기타 토지로 전환된 토지에서 살아있는 바이오매스와 토양탄소에 의한 탄소 축적량 변화

(3) 온실가스 배출량 산정방법

임업의 온실가스 배출 부문과 각 부문별 적용해야 하는 산정방법론은 다음과 같다.

구 분	산정방법
임지로 유지되는 임지	Tier 2
임지로 전환된 토지	Tier 1
농경지로 유지되는 농경지	
농경지로 전환된 토지	
초지로 유지되는 토지	
초지로 전환된 토지	
습지로 유지되는 습지	
습지로 전환된 토지	

1) 임지로 유지되는 임지

임지로 유지되는 임지의 온실가스 배출량/흡수량을 산정하기 위해 산정해야 할 항목으로는 바이오매스 탄소 축적 변화량, 고사 유기물의 탄소 축적 변화량, 무기 토양의 유기 탄소 축적 변화량이 있으며, 다음과 같이 고려되어야 한다.

① Tier 2

   ㉮ 산정식

      ㉠ 바이오매스 탄소 축적 변화량(ΔC)

바이오매스는 상당한 양의 탄소를 축적하며(특히, 목본 바이오매스) 용재, 연료 생산 및 산불, 병충해 등과 같은 교란으로 인한 탄소 소실도 발생하게 된다. 본 과정에서는 임지로 유지되는 임지에서의 바이오매스 증가 및 손실이 고려된 탄소 축적 변화량을 산정하게 되며, 증가량이 클 경우에는 흡수원으로서, 손실량이 클 경우에는 배출원으로서 작용하게 된다.

임지로 유지되는 임지의 온실가스 배출량 산정방법은 바이오매스 탄소 축적량의 변화량을 산정하기 위해 2006 IPCC G/L Tier 2 방법인 비축차 방법을 적용하여 산정한다.

$$\Delta C = \frac{(C_{t_2} - C_{t_1})}{t_2 - t_1} \times D \times BEF \times CF \times (1 + R)$$

여기서, ΔC : 연간 탄소 축적 변화량(tC yr^{-1})

      C_{t_2} : t_2연도에서의 임목 축적(m^3 yr^{-1}), C_{t_1} : t_1연도에서의 임목 축적(m^3 yr^{-1})

      D : 목재 기본 밀도(t/m^3), BEF : 바이오매스 확장계수

      CF : 바이오매스 건중량의 탄소 비율(t C(t d.m.)$^{-1}$)

      R : 지상부 바이오매스에 대한 지하부 바이오매스 비율

      (t d.m. 지하부/t d.m. 지상부$^{-1}$)

    ⓛ 고사 유기물의 탄소 축적 변화량(ΔC_{DOM})

       2006 IPCC G/L Tier 1 가정에 따르면 임지로 유지되는 임지에서는 고사 유기물의 증가와 분해가 평형을 이루며, 이로 인해 탄소 축적량의 변화는 발생하지 않는다. 따라서 임지로 유지되는 임지에서는 산정을 제외한다.

    ⓒ 무기 토양의 유기탄소 축적 변화량($\Delta C_{Mineral}$)

       2006 IPCC G/L Tier 1 가정에 따르면 동일한 지목으로 유지되는 토지에서는 토양 내 유기탄소(SOC ; Soil Carbon Carbon)가 평형상태에 이르게 된다. 결국 SOC의 차이는 '0'이 되며, 이에 따라 임지로 유입되는 임지에서는 산정을 제외한다.

  ⓑ 산정방법 특성

    ㉠ 20년간 유지된 임지에서의 임목 축적 변화 자료를 사용해야 함.

    ⓛ 임지로 유지되는 임지와 임지로 전환된 기타 토지의 임목 축적량을 추정하기 위해 영급을 기준으로 하며, 영급이 3 이상인 임목 축적량을 임지로 유지되는 임지에서의 임목 축적량이라 추정

    ⓒ 영급이 1, 2인 임목 축적량을 임지로 전환을 겪은 토지의 임목 축적량으로 추정할 수 있으나 본 산정에서는 통합하여 산정

  ⓓ 산정 필요 변수

│ 산정에 필요한 변수들의 관리기준 및 결정방법 │

매개변수	세부변수	관리기준 및 결정방법
활동자료	• t_1년도에서의 임목 축적(C_{t_1}) • t_2년도에서의 임목 축적(C_{t_2})	• 시 · 군 · 구별/임상별 임목 축적량은 임업통계연보 또는 지자체 통계연보를 통해 획득할 수 있으나 영급별 분리를 위해서는 추정방법을 사용 • 다만, '산림청'의 'Green 정보'의 '통계자료방'에서 시 · 군 · 구별/임상별/영급별 임목 축적량 획득 가능
배출계수	• 목재 기본 밀도(D) • 바이오매스 확장계수(BEF) • 바이오매스 건중량의 탄소 비율(CF) • 지상부 바이오매스에 대한 지하부 바이오매스 비율(R)	국내에 적용 가능한 개발값이 존재하는 경우 이를 우선 적용하며, 그 외에 대해서는 2006 IPCC G/L에 제시된 '기본값'을 적용

㉠ 임상별 목재 기본 밀도(D)

임 상	D(t/m³)
침엽수	0.47
활엽수	0.65
혼효림	0.56 (침엽수와 활엽수의 평균값으로 추정)

㉡ 임상별 지상부 바이오매스에 대한 지하부 바이오매스 비율(R)

임 상	R(t d.m. 지하부/t d.m. 지상부)
침엽수	0.28
활엽수	0.41
혼효림	0.345 (침엽수와 활엽수의 평균값으로 추정)

㉢ 바이오매스 건중량의 탄소 비율(CF)

임 상	CF [t C(t d.m.)$^{-1}$]
침엽수	0.51
활엽수	0.48
혼효림	0.47(추정값)

㉣ 임상별 바이오매스 확장계수(BEF)

임 상	BEF
침엽수	1.29
활엽수	1.22
혼효림	1.255 (침엽수와 활엽수의 평균값으로 추정)

2) 임지로 전환된 토지

임지로 전환된 토지의 온실가스 배출량, 흡수량을 산정하기 위해 산정해야 할 항목으로는 바이오매스 탄소 축적 변화량, 고사 유기물의 탄소 축적 증가량 및 토지 용도 전환에 의한 탄소 손실량, 무기 토양의 유기탄소 축적 변화량을 고려해야 한다.

단, 바이오매스에 의한 탄소 축적량 변화량은 임지로 유지되는 임지에서 통합하여 산정되었으므로 산정에서 제외된다. 또한 고사 유기물의 경우 임지 외의 토지에는 고사 유기물이 존재하지 않기 때문에 임지에서만 고려된다.

① 산정식

㉮ Tier 1

㉠ 고사 유기물의 탄소 축적 증가량

고사 유기물의 탄소 축적 증가량은 2006 IPCC G/L Tier 1 방법론을 산정원칙으로 한다.

$$\Delta C_{DOM} = \frac{(C_n - C_0) \times A_{ON}}{T_{ON}}$$

여기서, ΔC_{DOM} : 고사 유기물의 탄소 축적 증가량(톤 C yr^{-1})

C_n : 전환 이후 토지에서의 고사 유기물의 탄소 축적량(톤 C ha^{-1})

C_0 : 전환 이전 토지에서의 고사 유기물의 탄소 축적량(톤 C ha^{-1})

A_{ON} : 임상별 전환된 면적(ha)

T_{ON} : 토지 이용 전환에 소요되는 기간(기본값 20년)(yr)

㉡ 토지 용도 전환에 따른 고사 유기물의 탄소 손실량

$$\Delta C_{DOM-LOSS} = -(C_{DOM} + A_{FOREST})$$

여기서, $\Delta C_{DOM-LOSS}$: 토지 이용 카테고리의 전환에 따른 고사 유기물의 탄소 손실량 (톤 C yr^{-1})

C_{DOM} : 고사 유기물의 탄소 축적량(톤 C yr^{-1})

A_{FOREST} : 임상별 임지 감소 면적(ha)

㉢ 무기 토양의 유기탄소 축적 변화량

$$\Delta C_{Mineral} = \frac{(SOC_0 - SOC_{(0-T)})}{D}$$

$$SOC = \sum_{c,s,i}(SOC_{REF_{c,s,i}} \times F_{LU_{c,s,i}} \times F_{MG_{c,s,i}} \times F_{I_{c,s,i}} \times A_{c,s,i})$$

여기서, $\Delta C_{Mineral}$: 무기 토양에서 연간 탄소(C) 축적량의 변화(톤 C yr^{-1})

SOC_0 : 인벤토리 기간 중 마지막 해의 토양 유기탄소(C) 축적량(톤 C)

$SOC_{(0-T)}$: 인벤토리 기간 중 첫 해의 토양 유기탄소(C) 축적량(톤 C)

T : 단일 인벤토리 기간의 연수(yr)

D : 평형 SOC의 값 사이의 전환에 관한 기본값 기간인 저장변화계수의 시간 의존도(년)

c : 기후지대, s : 토양 유형, i : 각 나라에 존재하는 관리 시스템

SOC_{REF} : 탄소(C) 축적량 인용값(톤 C ha^{-1})

F_{LU} : 토지 이용 시스템이나 특정 토지 이용 하부 시스템의 저장변화계수,
단위 없음(주 : 체계(Regine)의 영향을 산정하기 위한 산림 토양 탄소
(C) 계산에서 F_{ND}는 F_{LU}로 대체된다).

F_{MG} : 관리체계에 대한 저장변화계수(단위 없음)

F_I : 유기물 투입에 대한 저장변화계수(단위 없음)

A : 산정된 층의 토지면적(층)

 ㉣ 임지의 과거 20년 전 면적

  무기 토양에 의한 탄소 축적량의 변화량을 산정하기 위해 사용되는 활동자료
는 이는 국토해양부의 '지적공부' 자료를 통해 획득할 수 있다(1971년~현재까
지 자료 제공 중).

㉯ 산정방법 특성

 ㉠ 임지로 전환된 임상별 산림 면적에서 영급이 2영급 이하의 산림 면적을 임지
로 전환된 토지의 면적, 3영급 이상을 임지로 유지된 임지 면적으로 구분

 ㉡ SOC_0과 $SOC_{(0-T)}$는 탄소(C) 축적량 인용값과 저장변화계수가 각 시점(시간 :
0과 시간 : $0-T$)에서 토지 이용과 관리방법, 그리고 이에 해당하는 토지 면적
에 따라 정해지는 SOC 공식을 이용해서 계산할 수 있음.

 ㉢ 평형 SOC값 사이의 전환에 관한 기본값 기간인 저장변화계수의 시간은 대개
20년이며, 계수 F_{LU}, F_{MG}, F_I를 계산하여 성립된 가정에 기초함.

 ㉣ T가 D를 초과하는 경우 인벤토리 기간($0-T$)에 대한 연간 변화율을 구하기
위해 T값을 사용함.

 ㉤ 산정된 층의 토지 면적층의 경우, 이 층의 모든 토지는 일반적인 생화학적 상
황(즉, 기후나 토양 유형)과 인벤토리 기간 동안 분석을 위해 종합적으로 다루
어진 관리 이력에 포함해야 함.

㉰ 산정 필요 변수

▎ 산정에 필요한 변수들의 관리기준 및 결정방법 ▎

매개변수	세부변수	관리기준 및 결정방법
활동자료	임상별 전환된 면적(A_{ON})	• 임업통계연보의 행정구역별/임상별/영급별 산림 면적 자료를 획득할 수 있으나 이는 광역 지자체 단위이므로 지자체 단위 추정 시 자료의 불확도가 높음. • 그러나 '산림청'의 'Green 정보'의 통계자료를 통해 시·군·구별/임상별/영급별 산림 면적 자료 획득 가능
	임상별 임지 감소면적(A_{FOREST})	–

매개변수	세부변수	관리기준 및 결정방법
활동자료	산정된 층의 토지 면적층(A)	• '한국토양정보시스템(흙토람)'의 '토지 이용 통계'를 통해 시·군·구별/지목별/성분별 면적 획득 가능 • 다만, 이 자료는 지적공부의 지목별 면적과 차이가 있기 때문에 각 토양 성분별 비율을 구하여 지적공부의 면적을 곱한 후 토양 분별 면적을 구해야 함. • '한국토양정보시스템'에서 제공하는 토양 성분과 IPCC G/L에서 제공하는 토양 성분과 매칭하기 위하여 다음과 같이 공단지침을 따름. USDA 분류 / IPCC 분류 Inceptisol / 고활성 Alfisol, mollisol / 토양(HAC) Andisol / 화산토 Ultisol, Entisol / 저활성 토양(LAC)
배출계수	• 전환 이후 토지에서의 고사 유기물 탄소 축적량(C_n) • 무기 토양에 대한 토양 유기탄소 축적량(SOC_{REF}) • 토양의 축적량 변화계수(F_{LU}, F_{MG}, F_I)	2006 IPCC G/L에 제시된 '기본'을 적용

㉠ 전환 이후 토지에서의 고사 유기물 탄소 축적량(C_n)

‖ 낙엽층과 고사목의 탄소 축적량에 대한 Tier 1의 기준치 ‖

기후	활엽수	침엽수	활엽수	침엽수
	성숙림에서 낙엽의 탄소(C) 축적량		성숙림에서 고사목의 탄소(C) 축적량	
	(톤 C ha^{-1})		(톤 C ha^{-1})	
온대, 건조	28.2 (23.4~33.0)	20.3 (17.3~21.1)	N/A	N/A
온대, 습윤	13 (2~31)a	22 (6~42)a	N/A	N/A

ⓛ 무기 토양에 대한 토양 유기탄소 축적량(COS_{REF})

무기 토양에 대한 토양 유기탄소 축적량은 2006 IPCC G/L 기본값 중 '온대 · 습윤'지역 배출계수를 적용

∥ 무기 토양에 대한 토양 유기탄소 축적량 기본 인용값 ∥

기후지역	HAC 토양	LAC 토양	사질토	염토	화산토	습지 토양
온대, 건조	38	24	19	NA	70	88
온대, 습윤	88	63	34	NA	80	

ⓒ 토양의 축적량 변화계수(F_{LU}, F_{MG}, F_I)

토지 분류(지목)	F_{LU}	F_{MG}	F_I
임지(임야)	1.00	1.00	1.00

3) 농경지로 유지되는 농경지

농경지로 유지되는 농경지의 온실가스 흡수량을 산정하기 위해 산정해야 할 항목으로는 바이오매스 탄소 축적 증가량, 바이오매스 탄소 손실량, 고사 유기물의 탄소 축적 변화량, 무기 토양의 유기탄소 축적 변화량이 있으며, 다음과 같이 고려되어야 한다.

① Tier 1

㉮ 산정식

㉠ 바이오매스 탄소 축적 증가량(ΔC_G)

20년 동안 유지된 과수원의 임목 성장에 따른 탄소 축적 증가량을 산정한다. 2006 IPCC G/L Tier 1을 산정 원칙으로 하며, 다음의 식을 이용하여 농경지로 유지되는 농경지에서의 바이오매스 탄소 축적 증가량을 산정한다.

$$\Delta C_G = \sum_{i,j} = (A_{i,j} \times 바이오매스\ 축적\ 증가량)$$

여기서, ΔC_G : 총 면적을 고려한 각 토지의 하부 카테고리에 대한 바이오매스의 성장에 따른 연간 탄소(C) 축적량의 증가(톤 yr^{-1})
A : 농경지 토지 이용 카테고리 내에 남아있는 농경지의 면적(ha)
C_G : 바이오매스 축적 증가량(톤 C ha^{-1} yr^{-1})

㉡ 바이오매스 탄소 손실량(ΔC_L)

바이오매스 손실은 농경지 내의 화재로 인해 발생될 수 있으나, 현재 국내에 이용이 용이한 통계 자료가 없으므로 산정 시 제외한다.

ⓒ 고사 유기물의 탄소 축적 변화량(ΔC_{DOM})

2006 IPCC G/L Tier 1 가정에 따라 농경지 내에 존재하는 고사 유기물은 없기 때문에 산정 시 제외한다.

ⓓ 무기 토양의 유기탄소 축적 변화량($\Delta C_{Mineral}$)

2006 IPCC G/L Tier 1 가정에 따라 농경지로 유지되는 농경지에서는 토양 유기탄소(SOC) 변화량이 없으므로 산정 시 제외한다.

ⓝ 산정방법 특성

ⓐ 2006 IPCC G/L에 따라 일년생 작물이 처음 심어지는 해에만 고려됨.

ⓑ 다음 해부터는 바이오매스의 증가와 수확 등으로 인한 바이오매스의 손실이 평형을 이루어 실질적인 변화는 없다고 가정되기 때문에 영년생(과수원)만 고려됨.

ⓓ 산정 필요 변수

▌산정에 필요한 변수들의 관리기준 및 결정방법▐

매개변수	세부변수	관리기준 및 결정방법
활동자료	농경지 토지 이용 카테고리 내에 남아있는 농경지의 면적(A)	'지적공부등록지 현황'에서 획득 가능하며, 인벤토리 산정 당해 연도와 20년 전의 면적을 고려
배출계수	바이오매스 축적 증가량(C_G)	2006 IPCC G/L의 기본값 중 '온대 · 습윤'지역의 배출계수 적용을 원칙으로 함. • 일년생(전/답) : 5.0tC ha^{-1} yr^{-1} • 영년생(과수원) : 2.1tC ha^{-1} yr^{-1}

4) 농경지로 전환된 토지

농경지로 전환되는 토지의 온실가스 흡수량을 산정하기 위해 산정해야 할 항목으로는 바이오매스 탄소 축적 증가량, 바이오매스 탄소 손실량, 고사 유기물의 탄소 축적 변화량, 무기 토양의 유기탄소 축적 변화량이 있다.

① Tier 1

㉮ 산정식

ⓐ 바이오매스 탄소 축적 증가량(ΔC_G)

20년 이내에 과수원으로 전환을 겪은 토지의 임목 성장에 따른 탄소 축적 증가량 및 당해 연도 전, 답으로 전환을 겪은 토지의 바이오매스에 따른 탄소 축적량을 산정한다. 바이오매스 탄소 축적 증가량은 농경지로 유지되는 농경지에서 사용된 산정방법과 동일하다.

ⓑ 바이오매스 탄소 손실량(ΔC_L)

농경지로 유지되는 농경지와 동일한 이유로 산정에서 제외된다.

ⓒ 고사 유기물의 탄소 축적 변화량(ΔC_{DOM})

농경지로 유지되는 농경지와 동일한 이유로 산정에서 제외된다.

ⓓ 무기 토양의 유기탄소 축적 변화량($\Delta C_{Mineral}$)

임지로 전환된 토지에서 사용된 산정방법과 동일하다.

ⓔ 토지 용도 전환에 따른 바이오매스 탄소 축적 초기 변화량(ΔC_B)

토지 이용 카테고리의 전환에 따른 바이오매스의 연간 탄소 축적량의 변화를 산정한다.

$$\Delta C_B = \Delta C_G + \Delta C_{CONVERSION} - \Delta C_L$$

여기서, ΔC_B : 토지 이용 카테고리의 전환에 따른 바이오매스의 연간 탄소(C) 축적 량의 변화(톤 C yr^{-1})

ΔC_G : 토지 이용 카테고리의 전환에 따른 바이오매스의 증가에 의한 연간 탄소(C) 축적량의 증가(톤 C yr^{-1})

$\Delta C_{CONVERSION}$: 토지 이용 카테고리의 전환에 따른 바이오매스의 탄소(C) 축적량의 초기 변화(톤 C yr^{-1})

ΔC_L : 산림 수확, 연료재 수집, 토지 이용 카테고리의 전환에 따른 교란으 로 감소한 바이오매스의 연간 탄소(C) 축적량의 감소(톤 C yr^{-1})

$$\Delta C_{CONVERSION} = \sum_i (B_{AFTER_i} - B_{BEFORE_i}) \times \Delta A_{TOOTHERS_i} \times CF$$

여기서, $\Delta C_{CONVERSION}$: 토지 이용 카테고리의 전환에 따른 바이오매스의 탄소(C) 축적량의 초기 변화(톤 C yr^{-1})

$\Delta A_{TOOTHERS_i}$: 토지 이용 카테고리가 전환된 해의 토지 이용 유형(i)의 면 적(ha/yr)

B_{AFTER_i} : 토지 이용 카테고리의 전환 직후 토지 이용 유형(i)에서 바이오매스 의 탄소(C) 축적량(tonnes d.m./ha(Tier 1에서는 0으로 가정))

B_{BEFORE_i} : 토지 이용 카테고리의 전환 전 토지 이용 유형(i)에서 바이오매 스의 탄소(C) 축적량(tonnes d.m./ha)

CF : 건중물의 탄소(C) 비율(tonne C/tonne d.m.)

ⓑ 산정방법 특성

전과 답의 경우 일년생 작물이기 때문에 심어지는 해에만 고려되며, 그 다음해부 터는 바이오매스의 증가와 수확 등으로 인한 바이오매스의 손실이 평형을 이루어 실질적인 증가가 없으므로, 인벤토리 산정 당해 연도와 바로 전년도의 차이를 고 려해야 함.

㉰ 산정 필요 변수

│ 산정에 필요한 변수들의 관리기준 및 결정방법 │

매개변수	세부변수	관리기준 및 결정방법
활동자료	농경지 토지 이용 카테고리 내에 남아있는 농경지의 면적(A)	• 과수원으로 전환된 과수원 면적의 경우 '지적공부등록지 현황'의 당해 연도 면적 자료와 20년 전 면적을 고려하여 과수원으로 전환된 면적을 산정하여 적용(예 2000년도 과수원 면적~1980년도 과수원 면적) • 전/답으로 전환된 면적의 경우 당해 연도와 전년도의 면적을 고려하여 전/답으로 전환된 면적을 산정하여 적용(2000년도 전/답 면적~1999년도 전/답 면적) • 답, 과수원, 전 및 답과 같은 농경지의 면적이 모두 동일하거나 감소하였을 겨울에는 농경지로 전환된 토지가 없는 것이므로 산정에서 제외
배출계수	무기 토양에 대한 토양 유기탄소 축적량(SOC_{REF})	2006 IPCC G/L에 제시된 '기본값'을 적용하며, 무기 토양에 대한 토양 유기탄소 축적량과 동일
	토양의 축적량 변화계수 (F_{MG}, F_{LU}, F_I)	2006 IPCC G/L에 제시된 '기본값'을 적용 표: 토지 분류(지목) / F_{LU} / F_{MG} / F_I 전 / 0.69 / 1.0 / 1.0 답 / 1.1 / 제시하지 않음. / — 과수원 / 1.0 / 1.15 / 1.11
	전환 후 토지 이용 유형 I에서 바이오매스의 탄소(C) 축적량 (B_{AGTER_i})	Tier 1 가정에 따라 토지 용도 전환 전 토지에서의 바이오매스는 전환 당해 연도에 모두 제거되며, 전환 직후 남아있는 바이오매스는 없으므로 전환 직후 남아있는 바이오매스 축적량은 '0'임.
	• 전환 후 토지 이용 유형 I에서 바이오매스의 탄소(C) 축적량 (B_{BEFORE_i}) • 전환된 해의 토지 이용 유형 I의 면적($\Delta A_{TOOTHERS_i}$)	• 2006 IPCC G/L에 제시된 '기본값'을 적용 표: 구분 / 과수원 / 전/답 $B_{BEFORE} \times CF$(t C ha^{-1}) / 63 / 4.7 • 농경지의 경우 값이 바로 주어져 지상부 바이오매스(B_w) 및 지하부 바이오매스 비율(R)을 고려할 필요가 없으며, 탄소 비율(CF)까지 포함되어 있어 산정식에 전환을 겪은 토지 면적($\Delta A_{TOOTHERS_i}$)만을 고려

5) 초지로 유지되는 토지

초지로 유지되는 토지의 온실가스 배출량, 흡수량을 산정하는 것을 기본적으로 2006 IPCC G/L Tier 1의 방식을 적용하여 산정한다.

보통 초지의 경우 IPCC Tier 1 가정에 따라 초지로의 전환 첫 해에 바이오매스가 안정 상태에 도달하기 때문에 비록 20년을 고려하여 카테고리를 구분한다 하더라도 전환 첫 해 이후 바이오매스 증가와 손실로 인한 변화량은 고려되지 않는다.

이는 농경지의 일년생 작물과 동일한 내용이며, 온실가스 배출량, 흡수량을 산정하기 위한 산정방법과 동일하며, 농경지의 일년생 작물과 마찬가지로 본 카테고리에서는 산정할 항목이 없다.

6) 초지로 전환된 토지

초지로 전환되는 토지의 온실가스 흡수량을 산정하기 위해 산정해야 할 항목으로는 바이오매스 탄소 축적 증가량, 바이오매스 탄소 손실량, 고사 유기물의 탄소 축적 변화량, 무기 토양의 유기탄소 축적 변화량, 토지 용도 전환에 따른 바이오매스 탄소 축적 초기 변화량이 있으며, 다음과 같이 고려되어야만 한다.

① Tier 1

㉮ 산정식

㉠ 바이오매스 탄소 축적 증가량(ΔC_G)

당해 연도에 초지로의 전환을 겪은 토지의 바이오매스에 따른 탄소 축적량을 산정한다.

$$\Delta C_G = \sum_{i,j}(A_{i,j} \times G_{TOTAL_{i,j}} \times CF)$$

여기서, ΔC_G : 연간 바이오매스 탄소 축적 증가량(tC yr^{-1})

$A_{i,j}$: 초지로 전환된 토지의 면적(ha)

G_{TOTAL} : 바이오매스 연평균 증가량(tonnes d.m. ha^{-1} yr^{-1})

i : 생태지대

j : 기후지대

CF : 건중물의 탄소(C) 비율(tonne C(tonne d.m.)$^{-1}$)

㉡ 바이오매스 탄소 손실량(ΔC_L)

농경지로 유지되는 농경지와 동일한 이유로 산정에서 제외된다.

㉢ 고사 유기물의 탄소 축적 변화량(ΔC_{DOM})

농경지로 유지되는 농경지와 동일한 이유로 산정에서 제외된다.

㉣ 무기 토양의 유기탄소 축적 변화량($\Delta C_{Mineral}$)

임지로 전환된 토지에서 사용된 산정방법과 동일하다.

㉤ 토지 용도 전환에 따른 바이오매스 탄소 축적 초기 변화량(ΔC_B)

임지로 전환된 토지에서 사용된 산정방법과 동일하다.

㉯ 산정방법 특성

초지는 농경지의 전, 답과 같이 초지로 전환된 당해 연도와 바로 전년도의 차이 (1년)를 고려하여 산정

㉰ 산정 필요 변수

┃ 산정에 필요한 변수들의 관리기준 및 결정방법 ┃

매개변수	세부변수	관리기준 및 결정방법
활동자료	초지로 전환된 토지의 면적($\Delta A_{i,j}$)	• '지적공부등록지 현황'의 '목장 용지', '공원', '묘지'의 면적을 고려하여 산정 가능 • 전년도 면적과 비교하여 증가하였을 경우만 초지로 전환된 토지가 있는 것이므로, 그렇지 않은 경우 산정에서 제외
배출계수	바이오매스 연평균 증가량(G_{TOTAL})	2006 IPCC G/L에 제시된 '기본값'을 적용 • 지상부 바이오매스 증가량(G_w), t d.m. ha^{-1} yr^{-1}=2.7 • 지상부 바이오매스에 대한 지하부 바이오매스 비율(R)=4.0 • 바이오매스 건중량의 탄소 비율(CF), t d.m. ha^{-1} yr^{-1}=13.5

	토양의 축적량 변화 계수 (F_{LU}, F_{MG}, F_I)	• 2006 IPCC G/L에 제시된 '기본값'을 적용
		• 초지(목장 용지, 공원, 묘지)
		  − F_{LU}=1.00
		  − F_{MG}=1.14
		  − F_I=1.11

7) 습지로 유지되는 습지

2006 IPCC G/L에서는 습지를 크게 '이탄 추출을 위한 이탄 습지', '침수지'로 구분하지만 국내에는 '이탄 습지'가 존재하나 그 면적이 매우 적으며, 이탄을 추출하지 않기 때문에 '침수지'만을 고려한다.

본 과정에서 온실가스의 배출량을 산정하기 위한 방법론은 현재까지 제시되어 있지 않으며, 미래의 온실가스 배출량 평가를 위한 대략적인 방법만 제시되어 있다. 따라서 본 산정 시에는 2006 IPCC G/L에 제시된 대략적인 방법을 사용하며, 습지로 유지되는 습지의 온실가스 배출량을 산정하기 위해 침수지에서의 CO_2 배출, 침수지에서의 CH_4 배출로 구분하여 산정한다.

① Tier 1

  ㉮ 산정식

    ㉠ 침수지에서의 CO_2 배출

      침수지에서의 CO_2 배출은 10년이 지나면 안정화 단계에 도달하기 때문에 침수지로 전환된 첫 10년에 대해서만 배출량을 산정하기 때문에 10년 이상 침수지로 유지되어 온 침수지에서 고려될 사항이 없으므로 산정에서 제외한다.

    ㉡ 침수지에서의 CH_4 배출

      침수지에서는 침수 이전의 토지 용도, 기후, 관리방법 등 다양한 요인에 따라 상당한 양의 CH_4을 배출하며, 수면에서의 확산 배출과 기포 배출로 구분되나 Tier 1 가정에서는 수면에서의 확산 배출만 고려하도록 한다.

$$CH_4Emission_{WWflood} = P \times E(CH_4)_{diff} \times A_{flood\_total\_surface} \times 10^{-6}$$

여기서, $CH_4Emission_{WWflood}$: 침수지역에서의 총 메탄 배출량(Gg CH_4 yr^{-1})

P : 해빙기(day yr^{-1})

$E(CH_4)_{diff}$: 확산을 통한 일평균 배출량(kg CH_4 ha^{-1} day^{-1})

$A_{flood\_total\_surface}$: 침수된 땅, 호수, 강 등을 포함한 침수된 지역의 표면적(ha)

㉯ 산정방법 특성

해빙기의 경우 대부분 연간 365를 이용하거나 결빙기가 있는 지역에서는 365일 보다 적음.

㉰ 산정 필요 변수

‖ 산정에 필요한 변수들의 관리기준 및 결정방법 ‖

매개변수	세부변수	관리기준 및 결정방법
활동자료	침수된 지역의 표면적 ($A_{flood\_total\_surface}$)	'지적공부등록지 현황'의 '하천', '구거', '유지', '양어장'의 면적을 고려하여 산정
배출계수	해빙일수(P)	• 기상청에서 제공하는 '기상연보'를 통해 획득 가능한 자료를 제공하며, 기상청이 없는 지역은 각 지자체 통계연보의 '토지 및 기후' 파트에 명시되어 있는 기상청의 자료를 활용하여 해빙일수를 측정 • 기상연보에서 제공되지 않은 지역에 한하여 기상청에 문의하여 2000~2008년까지의 자동기상관측 시스템(AWS)의 관측 결과의 평균값을 사용
	확산을 통한 일평균 배출량($E(CH_4)_{diff}$)	• 2006 IPCC G/L에 제시된 기본값 중 '온대·습윤'지역 배출계수를 적용 • 확산을 통한 메탄의 일평균 배출계수 – $E(CH_4)_{diff}$=0.15(kg CH_4 ha^{-1} day^{-1})

8) 습지로 전환된 토지

습지로 전환된 토지의 온실가스 배출량을 산정하기 위한 방법론은 현재까지 제시되어 있지 않으며, 미래의 온실가스 배출량 평가를 위한 대략적인 방법만이 제시된 2006 IPCC G/L 방법을 사용한다.

하천의 경우 자연적으로 형성된 것이기 때문에 산정에서 제외되며, 10년 이내의 침수지로의 전환을 겪은 토지에 한해서 Tier 1 가정에 따라 수면에서 확산·배출되는 CO_2 및 CH_4을 산정해야 한다.

① Tier 1

㉮ 산정식

㉠ 침수지에서의 CO_2 배출

$$CH_4Emission_{WWflood} = P \times E(CH_4)_{diff} \times A_{flood\_total\_surface} \times 10^{-6}$$

여기서, $CH_4 Emission_{WWflood}$: 침수지역에서의 총 메탄 배출량$(Gg\ CH_4\ yr^{-1})$

$\qquad P$: 해빙기$(day\ yr^{-1})$

$\qquad E(CH_4)_{diff}$: 확산을 통한 일평균 배출량$(kg\ CH_4\ ha^{-1}\ day^{-1})$

$\qquad A_{flood\_total\_surface}$: 침수된 땅, 호수, 강 등을 포함한 침수된 지역의 표면적(ha)

ⓒ 침수지에서의 CH_4 배출

침수지에서의 CH_4 배출량 산정방법은 2006 IPCC G/L에서 대략적으로 제시하는 방법을 사용하며, 산정식은 위의 침수지로 유지되는 침수지에서의 CH_4 배출량 산정을 위한 식과 같다.

⑭ 산정방법 특성

ⓐ 산정방법 중 하천의 경우 자연적으로 형성되므로 산정 대상에서 제외됨.

ⓑ 해빙기의 경우 대부분 연간 추정에서는 365를 이용하거나 결빙기가 있는 지역에서는 365일보다 적음.

⑮ 산정 필요 변수

‖ 산정에 필요한 변수들의 관리기준 및 결정방법 ‖

매개변수	세부변수	관리기준 및 결정방법
활동자료	침수지로 전환된 면적 $(A_{flood\_total\_surface})$	• '지적공부등록지 현황'의 '하천', '구거', '유지', '양어장'의 면적을 고려하여 산정 • 침수지로 전환된 토지 면적의 기준값은 10년이므로, 1990~1998년, 2000~2008년의 '구거', '유지', '양어장'의 면적을 획득
배출계수	해빙일수(P)	침수지로 유지되는 침수지에서 사용된 관리기준 및 결정방법과 동일
	• 확산을 통한 일평균 배출량$(E(CH_4)_{diff})$ • 확산을 통한 일평균 배출량$(E(CO_2)_{diff})$	2006 IPCC G/L에 제시된 기본값 중 '온대·습윤' 지역 배출계수를 적용 $-\ E(CO_2)_{diff}=8.1(kg\ CO_2\ ha^{-1}\ day^{-1})$ $-\ E(CH_4)_{diff}=0.15(kg\ CH_4\ ha^{-1}\ day^{-1})$

㉑ 농업

(1) 농업 부문 소개

농업은 국민의 식량생산, 주거공간, 정서공간, 국토 보존(홍수, 토양침식방지, 지하수 보전), 자연환경보전(기후환경, 생태계, 경관, 대기정화) 및 유전자원을 보전하는 역할을 담당한다.

❘ 국내 품목별 자급률 추이 ❘

(단위 : %)

구 분	1970	1980	1990	1995	2000	2006	2014(통계)
곡물(전체)	80.5	56.0	43.1	29.1	29.7	26.6	240.0
쌀	93.1	95.1	108.3	91.4	102.9	99.4	95.7
밀	15.4	4.8	0.05	0.3	0.1	0.2	1.4
육류	100.0	97.8	90.0	84.6	78.8	72.2	72.9

농업은 태양에너지 및 기타 직·간접적 에너지가 생태계 내에 유입하여 탄소, 질소, 인이 순환함에 따라 주산물 및 부산물을 생산하는 특징을 갖는다.

온실가스 종류별 농업 부문에서의 배출량을 보면 지구 전체 온실가스 배출량의 72%를 차지하는 이산화탄소의 경우 농경지에서 배출되는 양은 많지만, 이는 작물이 대기 중의 이산화탄소를 고정하여 생산한 식량과 식물체가 분해되어 대기로 환원되는 것이다. 따라서 농경지에서 발생하는 이산화탄소는 다른 산업 분야의 이산화탄소와는 달리 대기로의 배출과 농경지로의 흡수가 균형을 이루어 배출량 계산에는 포함되지 않는다. 그러나 요소 비료 및 석회의 사용에 의해 발생하는 이산화탄소는 농경지에서 배출하는 양으로 산정한다(에너지 경제 연구원, 2008).

본 교재의 농업 부문에서는 논에서의 메탄, 농경지에서의 아산화질소, 작물 소각(바이오매스 연소)에 의한 메탄 및 아산화질소, 석회 및 요소 시비에 의한 이산화탄소 배출량에 대한 온실가스 배출 특성 및 산정방법에 대해서 소개하도록 하겠다.

(2) 온실가스 배출 특성

농업 부문에서의 온실가스 배출원 및 배출 특성, 배출되는 온실가스의 종류는 다음과 같다.

배출원	배출 특성	온실가스
바이오매스 연소로 인한 온실가스 배출	산림 및 농경지 등 토지에 존재하는 바이오매스 연소로 인해 발생되는 non-CO_2 배출	N_2O, CH_4
석회 사용	사용된 석회 비료가 용해과정에서 중탄산염으로 전환되며 이후 CO_2와 H_2O를 배출	CO_2
요소 시비	토양에 사용된 요소는 암모늄, 수산화 이온 및 중탄산염으로 전환되고, 이후 CO_2와 H_2O를 배출	CO_2
관리 토양에서의 직접적 N_2O 배출	합성질소 비료, 유기질 비료, 농작물 잔류물, 방목 가축의 분뇨, 토양 탄소의 질소 손실 등에 의해 토양에 유입된 질소가 질산화 및 탈질화 과정을 거쳐 배출	N_2O
관리 토양에서의 간접적 N_2O 배출	NH_3 및 NO_x의 휘발 또는 토양 내 존재하는 무기질소의 용탈/용출에 의해 배출	N_2O
분뇨 관리에서의 간접적 N_2O 배출	가축 분뇨의 휘발성 유기질소가 분뇨 수집 및 저장과정에서 암모니아성 질소(NH_3) 및 질소 산화물(NO_x)로 변환되면서 발생	N_2O
벼 경작	• 물로 덮여 있는 논(벼)에서 혐기성 분해를 통해 배출 • 수문체계, 벼 품종, 작기일 등 영향	CH_4

다음은 농업 부문에서 주요 배출원인 농경지에서 직접적으로 배출되는 아산화질소의 배출 경로를 나타낸 것이다.

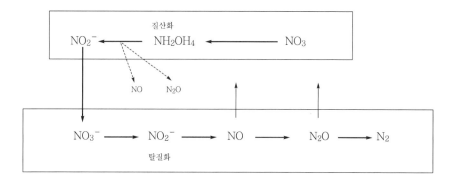

(3) 온실가스 배출량 산정방법

각 부문별 국내에서 적용 가능한 온실가스별 산정방법은 다음과 같다.

구 분	산정방법
바이오매스 연소로 인한 온실가스 배출	Tier 1
석회 사용	
요소 시비	
관리 토양에서의 직접적 N_2O 배출	
관리 토양에서의 간접적 N_2O 배출	
분뇨 관리에서의 간접적 N_2O 배출	
벼 경작	

꼼꼼 check ✔ **농업의 온실가스 배출 부문**

1. 바이오매스 연소로 인한 온실가스 배출   2. 석회 사용
3. 요소 시비   4. 관리 토양에서의 직접적 N_2O 배출
5. 관리 토양에서의 간접적 N_2O 배출   6. 분뇨 관리에서의 간접적 N_2O 배출
7. 벼 경작

1) 바이오매스 연소로 인한 온실가스 배출

바이오매스 연소로 인한 온실가스 배출과정에서는 불완전 연소로 인해 배출되는 CH_4, N_2O 및 다양한 온실가스 전구체의 양을 산정하는 방법으로, 본 산정에서는 CH_4 및 N_2O 만을 산정한다. 또한 우리나라는 농경지에서의 연소는 불법이며, 중복 산정을 피하기 위하여 임지 외 토지에서의 연소는 산정 시 제외되었으므로 임지에서의 연소, 즉 산불에 의한 온실가스 배출량만을 산정한다.

① Tier 1

㉮ 산정식

온실가스 배출량을 산정하기 위해 2006 IPCC G/L의 Tier 1을 적용하여 산불에 의한 온실가스 배출량을 산정한다.

$$L_{fire} = A \times M_B \times C_f \times G_{ef} \times 10^{-3}$$

여기서, L_{fire} : 화재로 인한 온실가스 배출량(예 CH₄ 및 N₂O)
A : 산불에 의한 연소된 면적(ha)
M_B : 연소 가능한 연료의 질량(톤 ha⁻¹)
C_f : 연소 가능한 연료의 연소계수(무차원)
G_{ef} : 연소에 의한 온실가스 배출계수(g kg⁻¹ 연소된 건물질)

㉯ 산정방법 특성

㉠ 화재로 인한 온실가스 배출량의 경우 각 온실가스의 무게를 톤으로 나타내어 산정함.

㉡ 연소 가능한 연료의 질량의 경우 바이오매스, 지상의 낙엽층, 그리고 고사 유기물을 포함하며, Tier 1의 방법이 사용된다면 낙엽층과 고사목의 저장고를 0으로 가정함(단, 토지 이용 변화가 없다는 조건임).

㉰ 산정 필요 변수

| 산정에 필요한 변수들의 관리기준 및 결정방법 |

매개변수	세부변수	관리기준 및 결정방법
활동자료	산불에 의해 연소된 면적(A)	각 지자체 통계연보에서 획득 가능
배출계수	• 연소 가능한 연료의 질량(M_B) • 연소 가능한 연소계수(C_f)	2006 IPCC G/L에 제시된 기본값 중 '온대림' 지역의 배출계수를 적용
	연소에 의한 온실가스 배출계수(G_{ef})	2006 IPCC G/L에 제시된 기본값 중 '기타 열대림' 지역의 배출계수를 적용

㉠ 연소 가능한 연료의 질량(M_B) 및 연소계수(C_f)

| 산불로 인한 식생 유형별 연료(고사 유기물과 살아있는 바이오매스) |

식생 유형	하위 카테고리	평균	표준오차
기타 온대림	자연 산불	19.8	6.3
	잔가지 연소 이후	77.5	65.0
	쓰러지고 연소된 목재 (토지 정리를 위한 산불)	48.4	62.7
	모든 기타 온대림	50.4	53.7

※ 바이오매스(톤 ha⁻¹) 소모값(MB) : $M_B \times C_f = 19.8t\ ha^{-1}$

○ 연소에 의한 온실가스 배출계수(G_{ef})

‖ 식생 유형별 연소에 대한 배출계수(G_{ef})[g kg^{-1} 연소된 건물질] ‖

카테고리	CO_2	CO	CH_4	N_2O	NO_x
사바나와 초지	$1,613\pm95$	65 ± 20	2.3 ± 0.9	0.21 ± 0.10	3.9 ± 2.4
농산물 잔류물	$1,515\pm177$	92 ± 84	2.7	0.07	2.5 ± 1.0
열대림	$1,580\pm90$	104 ± 20	6.8 ± 2.0	0.20	1.6 ± 0.7
기타 열대림	$1,569\pm131$	107 ± 37	4.7 ± 1.9	0.26 ± 0.07	3.0 ± 1.4
생물 연료 연소	$1,550\pm95$	78 ± 31	6.1 ± 2.2	0.06	1.1 ± 0.6

2) 석회 사용

본 과정의 온실가스 배출량 산정방법은 석회 비료 사용에 따라 CO_2 배출량을 산정하는 것으로 2006 IPCC G/L에서 제시하는 방법을 적용한다. 사용된 석회 비료는 용해과정에서 중탄산염이 형성되며, 이는 CO_2와 CH_4을 배출시킨다.

① Tier 1

㉮ 산정식

$$CO_2 - C = (M \times EF)_T + (M \times EF)_T$$

여기서, $CO_2 - C$: 석회 이용에서 발생하는 연간 탄소 배출량(t C yr^{-1})
M : 석회질 비료의 연간 사용량(t yr^{-1})
EF : 석회질 비료 종류별 배출계수(t C yr^{-1})
T : 석회질 비료 종류

㉯ 산정방법 특성

각 비종별 석회질 비료에 포함된 탄소 비율을 배출계수로 사용함.

㉰ 산정 필요 변수

‖ 산정에 필요한 변수들의 관리기준 및 결정방법 ‖

매개변수	세부변수	관리기준 및 결정방법
활동자료	석회질 비료의 연간 사용량(M)	국가 통계 포털에서 제공하는 '논벼/겉보리/쌀보리/참깨/고추/마늘/양파의 작물별 주요 투입물량'의 최신 자료를 사용하여 추정
배출계수	석회질 비료 종류별 배출계수(EF)	2006 IPCC G/L에 의거하여 각 비종별 석회질 비료에 포함된 탄소 비율을 배출계수로 사용 • 석회고토[CaMg(CO$_3$)$_2$]=0.13tonC/ton비료 • 석회석[CaCO$_3$]=0.12tonC/ton비료 • 폐화석[CaCO$_3$]=0.12tonC/ton비료

㉠ 석회질 비료의 연간 사용량(M)

‖ 누락된 작물에 대한 석회질 비료의 시비량 추정방법 ‖

석회질 비료 시비량이 주어진 작물	농림통계연보에 제시된 재배 작물	석회질 비료 시비량 추정방법
논벼 쌀보리 겉보리 참깨 고추 마늘 양파	밭벼	쌀보리, 겉보리 평균값 적용
	맥류(쌀보리, 겉보리 제외)	—
	서류	고추, 마늘, 양파 평균값 적용
	잡곡	쌀보리, 겉보리 평균값 적용
	두류	참깨 값 적용
	과채류, 엽채류, 근채류	고추, 마늘, 양파 평균값 적용
	조미 채소(고추, 마늘, 양파 제외)	
	과실	
	특용 작물(참깨 제외)	참깨 값 적용

‖ 석회질 비료의 시비량 비율 ‖

연 도	석회고토	석회석	패화석
2000	50.4	0.15	20.83
2001	61.98	0.17	5.73
2002	62.09	0.17	7.78
2003	61.92	0.09	11.78
2004	64.49	0.08	8.77
2005	63.24	0.06	12.88
2006	65.37	2.91	11.13
2007	57.16	0.18	15.85
2008	65.56	0.16	16.29

3) 요소 시비

요소 시비로 인해 배출되는 CO_2를 산정하는 방법으로, 2006 IPCC G/L에서 제시하는 방법을 적용한다. 석회 비료와 마찬가지로 중탄산염이 형성되며, 이는 CO_2와 CH_4을 배출시킨다.

① Tier 1

㉮ 산정식

$$CO_2 - C = (M_{요소} \times EF_{요소})$$

여기서, $CO_2 - C$: 요소 시비에 의한 탄소 배출량(t C yr^{-1})

M : 요소 비료의 연간 사용량(t yr^{-1})

EF : 요소 비료의 배출계수(t C yr^{-1})

㉯ 산정방법 특성

석회 사용에 의한 배출량 산정과 마찬가지로 비료에 함유된 탄소 비율로 배출계
수를 계산함.

㉰ 산정 필요 변수

‖ 산정에 필요한 변수들의 관리기준 및 결정방법 ‖

매개변수	세부변수	관리기준 및 결정방법
활동자료	요소 비료의 연간 사용량(M)	'지자체 통계연보'의 비료 공급량에서 획득 가능
배출계수	요소 비료의 배출계수(EF)	2006 IPCC G/L에 의거하여 요소에 포함된 탄소 비율을 배출계수로 사용 • 요소=0.2tonC/ton 요소 비료

4) 관리 토양에서의 직접적 N₂O 배출

관리 토양에서 직접적으로 배출되는 N_2O를 산정하는 과정으로, 2006 IPCC G/L Tier 1
을 적용하여 산정한다. 국내에는 유기질 토양의 면적이 매우 적기 때문에 존재하지 않
는다고 가정하여 N_2O-NOS는 산정에서 제외된다.

① Tier 1

㉮ 산정식

$$N_2O_{Direct} - N = N_2O - N_{N_{inputs}} + N_2O - N_{PRP}$$
$$N_2O - N_{N_{inputs}} = [(F_{SN} + F_{ON} + F_{CR} + F_{SOM}) \times EF_1]$$
$$+ [(F_{SN} + F_{ON} + F_{CR} + F_{SOM})_{FR} \times EF_{1FR}]$$
$$N_2O - N_{PRP} = [(F_{PRP,CPP} \times EF_{3PRP,CPP}) + (F_{PRP,SO} \times EF_{3PRP,SO})]$$

여기서, $N_2O_{Direct} - N$: 관리 토양에서 생산된 연간 직접 N_2O N 배출량(kg N_2O N yr^{-1})

$N_2O - N_{N_{inputs}}$: 질소 유입에서 관리 토양까지의 연간 직접 N_2O N 배출량
(kg N_2O N yr^{-1})

$N_2O - N_{PRP}$: 소변과 분변물 유입에서 초지 토양까지 연간 직접 N_2O N 배출량
(kg N_2O N yr^{-1})

F_{SN} : 토양에 이용한 합성비료 질소의 연간 사용량(kg N_2O N yr^{-1})

F_{ON} : 토양에 이용되는 동물 분변물, 거름, 하수 슬러지, 다른 유기질소 추가물의 연
간 이용량(kg N yr^{-1})(만약 하수슬러지를 포함시킨다면 하수슬러지의 질소로
부터 발생한 N_2O 배출량의 이중계산이 없도록 폐기물 부문에서 비교·검토해
야 함)

F_{CR} : 질소 고정 작물을 포함한 곡류 작물 잔사 내의 질소와 토양으로 되돌아가는
사료/목초지 재생에서 발생하는 질소의 연간 사용량(땅 위와 땅 아래)
(kg N yr^{-1})

F_{SOM} : 토지 이용 또는 관리 변화의 결과로 토양 유기물에서 발생한 토양 탄소의 손실과 관련되고, 무기화된 무기질 토양 내의 질소의 연간 사용량(kg N yr^{-1})

F_{PRP} : 연간 목장, 방목장, 그리고 농장의 가축에 의해 쌓인 소변과 분변물의 질소량(kg N yr^{-1})(CPP : 소, 돼지, 가금류, CO : CPP 외 가축)

EF_1 : 질소 유입에서 발생하는 N$_2$O 발생량에 대한 배출계수 (kg N$_2$O-N(kg N_{input})$^{-1}$)

EF_{1FR} : 논, 벼에 질소 유입에서 발생하는 N$_2$O에 대한 배출계수 (kg N$_2$O-N(kg N_{input})$^{-1}$)

EF_{3PRP} : 가축에 의해 농장, 방목장, 목장에 쌓여진 소변과 분변물의 질소에 대한 배출계수(kg N$_2$O-N(kg N_{input})$^{-1}$) (CPP : 소, 돼지, 가금류, CO : CPP 외 가축)

㉠ 토양에서 사용된 유기질소

$$F_{ON} = F_{AM} + F_{SEW} + F_{COMP} + F_{OOA}$$

여기서, F_{ON} : 방목된 가축들 이외 토양에 이용된 유기질소 비료의 연간 사용량 (kg N yr^{-1})

F_{AM} : 토양에 이용된 동물 거름질소의 연간 사용량(kg N yr^{-1})

F_{SEW} : 토양에 이용된 총 연간 하수질소 사용량(하수질소가 이중으로 계수되지 않도록 확인하기 위해 폐기물 부문과 비교)(kg N yr^{-1})

F_{COMP} : 토양에 이용된 총 연간 퇴비 사용량(퇴비 내 거름질소가 이중 계수되지 않도록 확인)(kg N yr^{-1})

F_{OOA} : 비료로 사용된 다른 유기토양 개량제의 연간 사용량(예 정제된 폐기물, 구아노, 양조장 폐기물 등)(kg N yr^{-1})

㉡ 목장, 방목구역 그리고 가축의 소변과 분변 내의 질소

$$F_{PRP} = \sum_T [(N_{(T)} \times N_{ex(T)}) \times MS_{(T,PRP)}]$$

여기서, F_{PRP} : 방목된 동물에 의한 농장, 방목장, 목장에 침적된 소변과 분변물의 연간 질소량(kg N yr^{-1})

$N_{(T)}$: 국가 내 가축종의 마리 수/카테고리 T

$N_{ex(T)}$: 국가 내 종의 마리당 연간 평균 질소 배출량/카테고리 T (kg N animal^{-1} yr^{-1})

$MS_{(T,PRP)}$: 농장, 방목장과 목장에 침적된 각 가축종에 대한 연간 총 질소 배출량의 부분/카테고리 T

ⓒ 토양에 사용된 동물의 분비물에서 배출된 질소

$$F_{PRP} = N_{MS,Avb} \times [1 - (Frac_{FEED} + Frac_{FUEL} + Frac_{CNST})]$$

여기서, F_{PRP} : 토양에 이용된 연간 동물 거름질소량(kg N yr^{-1})

$N_{MS,Avb}$: 토양 이용, 먹이, 연료 또는 건설에 이용 가능한 관리된 거름질소량
(kg N yr^{-1})

$Frac_{FEED}$: 먹이로 사용된 관리된 거름의 부분

$Frac_{FUEL}$: 연료로 사용된 관리된 거름의 부분

$Frac_{CNST}$: 건설에 사용된 관리된 거름의 부분

ⓔ 곡류의 작물 잔사와 사료와 목초 재생에서 발생하는 질소

$$F_{CR} = \sum_T Crop_{(T)} \times (Area_{(T)} - Areaburnt_{(T)} \times C_f) \times Frac_{Renew(T)}$$
$$\times [R_{AG(T)} \times N_{AG(T)} \times (1 - Frac_{Removal(T)}) + R_{BG(T)} \times N_{BG(T)}]$$

여기서, F_{CR} : 질소 고정 작물을 포함하고, 사료/목초지 재생에서 발생하고, 토양으로
되돌아가는 농작물 잔존물에서 연간 질소량(지상과 지하)(kg N yr^{-1})

$Crop_{(T)}$: 농작물 T에 대한 수확된 연간 건조 생산량(kg d.m. ha^{-1})

$Area_{(T)}$: 농작물 T에 수확이 일어난 연간 총 면적(ha yr^{-1})

$Areaburnt_{(T)}$: 농작물 T가 소각된 연간 면적(ha yr^{-1})

C_f : 연소계수(크기 없음)

$Frac_{Renew(T)}$: 연간 개간되는 농작물 T가 재배되는 총 면적의 보정계수

$R_{AG(T)}$: 지상 잔여물의 건조 중량($A_{GDM(T)}$)에 대한 농작물 $T(Crop_{(T)})$에
대한 수확량의 비율(kg d.m.)$^{-1}$=$A_{GDM(T)}$ 1,000 $Crop_{(T)}$

$N_{AG(T)}$: 농작물 T에 대한 지상 잔존물의 질소 함유량(kg N (kg d.m.)$^{-1}$)

$Frac_{Removal(T)}$: 먹이, 깔짚, 그리고 건설의 목적으로 연간 제거되는 농작물
T의 지상 잔존물의 부분(kg N (kg Crop-N)$^{-1}$)

$R_{BG(T)}$: 지하 잔존물에 대한 농작물 T의 수확량의 비율
(kg N (kg Crop-N)$^{-1}$)

$N_{BG(T)}$: 농작물 T에 대한 지하 잔존물의 질소 함유량(kg N (kg d.m.)$^{-1}$)

T : 농작물 또는 목초의 유형

ⓜ 보고된 곡식 생산량의 건조 중량 보정

$$Crop_{(T)} = YieldFresh_{(T)} \times DRY$$

여기서, $Crop_{(T)}$: 농작물 T에 대한 수확된 건조 생산량(kg d.m. ha^{-1})

$YieldFresh_{(T)}$: 농작물 T에 대한 수확된 신선한 농작물 생산량
(kg Fresh Weight ha^{-1})

DRY : 수확된 농작물 T의 건조물 부분(kg d.m. (kg Fresh Weight)$^{-1}$)

ⓑ 토지 이용 또는 관리의 변화에 따른 토양탄소 손실의 결과로서 무기질 토양에 무기화된 탄소

$$F_{SOM} = \sum_{LU} \left[\left(\Delta C_{Mineral,LU} \times \frac{1}{R} \right) \times 1,000 \right]$$

여기서, F_{SOM} : 토지 이용 또는 관리방법의 변화를 통한 토양탄소 손실의 결과로 무기질 토양에서 무기화된 순연간 질소량(kg N)

$\Delta C_{Mineral,LU}$: 토지 이용 유형(LU)에 대한 토양탄소의 연평균 손실량(tonnes C)

R : 토양 유기물의 C : N 비율

LU : 토지 이용 그리고/또는 관리체계 유형

㉯ 산정방법 특성

㉠ 우리나라는 농경지를 소각하는 것을 법으로 금지하고 있기 때문에 작물 잔사에 의한 질소 고정량 산정 시 농작물 소각 면적은 제외함.

㉡ 곡류의 작물 잔사와 사료와 목초 재생에서 발생하는 질소의 산정변수 중 $Frac_{Renew(T)}$는 매 X년마다 목초를 평균적으로 재생하는 국가에 대해서 $Frac_{Renew(T)} = 1/X$, 연간 농작물량에 대해서는 $Frac_{Renew(T)} = 1$을 적용함. $Frac_{Renew(T)}$는 국가의 전문자료를 얻도록 요구되며, $Frac_{Removal(T)}$에 대한 자료가 이용하기 어려운 경우, 제거가 없다고 가정함.

㉢ $R_{BG(T)}$의 대안적 자료를 이용하기 어려운 경우 $R_{BG(T)}$는 $R_{BG} - BIO$를 농작물 생산량에 대한 총 지상 생체량의 비율($= [(A_{GDM(T)} - 1,000 + Crop_{(T)} / Crop_{(T)})]$로 곱함으로써 계산됨.

㉣ 무기질 토양의 무기화된 탄소의 산정변수 중 C : N 비율인 R에 대한 고정값의 산정방법 특성은 다음과 같음.

• 15라는 고정값(불확도 범위 10~30)은 지역에 대한 특별한 자료의 부재에서 임지 또는 초지에서 농경지로 토지 이용 변화를 유발하는 상황에서 이용될 수 있음.

• 10이라는 고정값(불확도 범위 8~15)은 농경지로 남아있는 농경지에 대한 관리방법 변화를 유발하는 상황에서 사용될 수 있음.

• C : N 비율은 시간, 토지 이용 또는 관리방법에 따라 달라질 수 있으며, 국가들이 C : N 비율에서 변화를 문서화할 수 있는 경우 다른 값들은 시계열, 토지 이용 또는 관리방법에 대하여 사용할 수 있음.

㉔ 산정 필요 변수

‖ 산정에 필요한 변수들의 관리기준 및 결정방법 ‖

매개변수	세부변수	관리기준 및 결정방법
활동자료	합성 질소질 비료 시비량(F_{SN})	• ‘지자체 통계연보’의 ‘비료 공급량’에 제시된 자료 활용이 가능하며, 이때 주의할 것은 논과 밭에 투입된 질소질 비료로 구분하여 산정해야 함. • 질소질 비료 시비량을 논과 밭으로 구분하기 위하여 한국환경공단의 지침에 의거한 논 면적에 보통 질소 성분 필요량인 5.5kg $N/10a$를 곱하여 논에 투입된 질소질 비료 시비량을 추정 • 또한, 전체 질소질 비료 시비량에 논에 투입된 질소질 비료 시비량을 감하여 추정
	유기질 비료 시비량(F_{ON})	• 유기질 비료는 2006 IPCC G/L에 따라 가축분뇨, 하수슬러지, 퇴비, 기타 유기질 비료로 구분되어 있으나 국내 통계인 작물별(논벼/밭 작물) 주요 투입물량에 의해 작물별 유기질 비료가 제시되어 있음. • 유기질 비료 내 질소 성분을 추정하기 위하여 농촌진흥청에서 고시한 표준 유기질 비료 내 질소 성분 비율인 최소 0.5%를 이용하여 산정 • 가축분뇨, 하수슬러지, 퇴비, 기타 유기질 비료와 같이 비중을 따로 구분하지 않고 유기질 비료 전체를 사용하며, 주의할 것은 앞에서 언급된 바와 같이 논과 밭으로 구분하여 사용
	농작물 생산량	• 비질소 고정 작물, 질소 고정 작물 및 두류, 뿌리와 덩이줄기 농작물 및 사료작물 등에 대한 생산량 자료이며, 이는 지자체 통계연보를 통해 획득 • 주의할 점은 지자체 통계연보에는 ‘미곡 및 맥류’는 정곡량으로 제시되어 있으므로 조곡량으로 환산하여야 하며, ‘조곡’ 및 ‘서류’의 경우 생산량 자료를 사용
	재배면적($Area_{(T)}$)	‘지자체 통계연보’를 통해 세부 작물별 재배면적을 획득하며, 일부 누락된 자료들에 대해서는 지자체 농축산과에 문의하여 획득
	농작물이 소각된 면적 ($Areaburnt_{(T)}$)	우리나라는 법으로 노천소각이 금지되어 있으므로 농경지에서의 소각은 없다고 가정하여 농작물이 소각된 면적은 ‘0’으로 사용
	토양탄소 손실량 ($\Delta C_{Mineral,LU}$)	• 토지 이용 부문에서 산정된 값을 적용 • 토양탄소가 증가했을 경우 ‘0’으로 적용
	가축두수($N_{(T)}$)	‘지자체 통계연보’ 및 ‘가축통계’에서 획득
	관리 토양에서의 직접적인 N_2O 배출량 산정을 위한 기본배출계수	2006 IPCC G/L에 제시된 기본값을 사용
	관리 토양에서의 직접적인 N_2O 배출량 산정을 위한 작물별 기본계수	• 2006 IPCC G/L에 제시된 기본값을 사용 • 재배작물별 국내 통계 분류와 IPCC 분류체계가 상이하기 때문에 한국환경공단지침에 따라 국내 통계 분류와 IPCC 분류를 매칭 • 제시되지 않은 계수들에 대해 가장 유사한 작물의 값을 토대로 추정

매개변수	세부변수	관리기준 및 결정방법
활동자료	경작기간에 따른 재배면적 보정 ($Frac_{Renew}$)	• 여러 해에 걸쳐 재배되는 작물에 대한 보정계수로 재배까지 X년이 소요될 경우 $1/X$를 사용 • 다만, 국내 작물의 경우 대부분 일년생이므로 X값은 1이며, 경작기간에 따른 재배면적 보정 역시 1을 적용
	먹이, 깔짚, 건설 등의 목적으로 제거되는 농작물 잔류물 ($Frac_{Removal}$)	2006 IPCC G/L에 의거하여 국내 통계 자료의 미존재로 인하여 자료 이용이 어렵기 때문에 제거가 없다고 가정
	토양 유기물의 C : N 비율(R)	• 2006 IPCC G/L에 제시된 기본값 '15'를 적용 • 농경지로 유지되는 농경지에서는 15가 아닌 10을 적용하도록 되어 있으나, Tier 1 가정에서는 같은 카테고리로 유지되는 토지에 대하여 토양 유기물의 변화는 없으므로 10을 적용하는 경우는 없음.

㉠ 관리 토양에서의 직접적인 N_2O 배출량 산정을 위한 기본배출계수

배출요인	기본값	불확도 범위
무기질 비료, 유기토량 개량제와 농작물 잔존물에서 발생하는 질소 추가량에 대한 EF_1, 그리고 토양탄소의 손실의 결과로 무기질 토양으로부터 무기화된 질소[kg N_2O N (kg N)$^{-1}$]	0.01	0.003~0.03
물에 잠긴 농경지에 대한 EF_{1FR} [kg N_2O N (kg N)$^{-1}$]	0.003	0.000~0.006
온대지역 유기 농작물과 초지 토양에 대한 $EF_{2CG,Temp}$(kg N_2O N ha^{-1})	8	2~24
열대지역 유기 농작물과 초지 토양에 대한 $EF_{2CG,Trop}$(kg N_2O N ha^{-1})	16	5~48
온대지역과 아한대의 유기물질이 비옥한 산림 토양에 대한 $EF_{2F,temp,Org,R}$ (kg N_2O N ha^{-1})	0.6	0.16~2.4
온대지역과 아한대의 유기물질이 부족한 산림 토양에 대한 $EF_{2F,temp,Org,P}$ (kg N_2O N ha^{-1})	0.1	0.02~0.3
열대지역 유기질 산림 토양에 대한 $EF_{2F,Trop}$(kg N_2O N ha^{-1})	8	0~24
가축(젖소, 비젖소와 들소), 가금류와 돼지에 대한 $EF_{3PRP,cpp}$ [kg N_2O N (kg N)$^{-1}$]	0.02	0.007~0.06
양과 다른 가축들에 대한 $EF_{3PRP,so}$[kg N_2O N (kg N)$^{-1}$]	0.01	0.003~0.03

ⓛ 관리 토양에서의 직접적인 N₂O 배출량 산정을 위한 작물별 배출계수

∥ 작물별 분류체계 매칭 ∥

국내 통계 분류 항목	IPCC 분류 항목	국내 통계 분류 항목	IPCC 분류 항목
미곡	Rice	기타 잡곡	Grains
겉보리		콩	soyabean
쌀보리	Barley	팥	
맥주보리		녹두	Beans & Pulses
밀		기타 두류	
메밀	Wheat	채소	
호밀	Rye	참깨	Root Crops & Other
감자	Potato	들깨	
고구마	Tubers	땅콩	Peanut
조	Milet	유채	Grass-Clover Mixtures
옥수수			

∥ 제시되지 않은 계수의 추정값 ∥

국내 통계 분류 항목	RBG-BIO	NBG
미곡	-	0.009(Grains값 적용)
호밀	0.24(Wheat값 적용)	-
조	0.22(Grains값 적용)	0.009(Grains값 적용)
수수	0.22(Grains값 적용)	-
땅콩	0.20(Root Crops값 적용)	0.014(Root Crops값 적용)

∥ 농작물 잔존물로부터 토양에 투입된 N의 산정을 위한 기본계수 ∥

농작물	수확된 작물의 건조물 부분 (DRY)	지상 잔존물의 건조물 $A_{GDM(T)}$(Mg/ha) : $A_{GDM(T)} = Crop_{(T)} \times Slope_{(T)} + Intercept_{(T)}$				지상부 잔존물의 N 함량 (NAG)	지상부 바이오매스에 대한 지하부 잔존물의 비율(RBG-BIO)	지하부 잔존물의 N 함량 (NBG)
		경사도	$A_{GDM(T)}$ $= Crop_{(T)}$ $\times Slope_{(T)}$ $+ Intercept_{(T)}$	차단	±2 s.d. as% of Mean	R2 adj			
곡물	0.88	1.09	±2%	0.88	±6%	0.65	0.006	0.22(±16%)	0.009
강낭콩과 콩	0.91	1.13	±19%	0.85	±56%	0.28	0.008	0.19(±45%)	0.008

| 농작물 | 수확된 작물의 건조물 부분 (DRY) | 지상 잔존물의 건조물 $A_{GDM(T)}$(Mg/ha) : $A_{GDM(T)}=Crop_{(T)}\times Slope_{(T)}+Intercept_{(T)}$ | | | | | 지상부 잔존물의 N 함량 (NAG) | 지상부 바이오매스에 대한 지하부 잔존물의 비율(RBG-BIO) | 지하부 잔존물의 N 함량 (NBG) |
		경사도	$A_{GDM(T)}$ $=Crop_{(T)}$ $\times Slope_{(T)}$ $+Intercept_{(T)}$	차단	±2 s.d. as% of Mean	R2 adj			
덩이줄기 작물	0.22	0.10	±69%	1.06	±70%	0.18	0.18	0.20(±50%)	0.014
뿌리작물, 그 밖	0.94	1.07	±19%	1.54	±41%	0.63	0.016	0.20(±50%)	0.014
질소 고정 마초	0.90	0.3	±50% default	0	—	—	0.027	0.40(±50%)	0.014
비질소 고정 마초	0.90	0.3	±50% default	0	—	—	0.015	0.54(±50%)	0.022
다년생 초지	0.90	0.3	±50% default	0	—	—	0.015	0.80(±50%)	0.012
초지-토끼풀 조합	0.90	0.3	±50% default	0	—	—	0.025	0.80(±50%)	0.016
개별 농작물									
옥수수	0.87	1.03	±3%	0.61	±19%	0.76	0.006	0.22(±26%)	0.007
밀	0.89	1.51	±3%	0.52	±17%	0.68	0.006	0.24(±32%)	0.009
겨울밀	0.89	1.61	±3%	0.40	±25%	0.67	0.006	0.23(±41%)	0.009
봄밀	0.89	1.29	±5%	0.75	±26%	0.76	0.006	0.28(±26%)	0.009
벼	0.89	0.95	±9%	2.46	±41%	0.47	0.007	0.16(±35%)	N/A
보리	0.89	0.98	±8%	0.59	±41%	0.68	0.007	0.22(±33%)	0.014
귀리	0.89	0.91	±5%	0.89	±8%	0.45	0.007	0.25(±120%)	0.008
기장	0.90	1.43	±8%	0.14	±308%	0.50	0.007	N/A	N/A
사탕수수	0.89	0.88	±13%	1.33	±27%	0.36	0.007	N/A	0.006
호밀	0.89	1.09	±50% default	0.88	±50% default	—	0.005	N/A	0.011
대두	0.91	0.93	±31%	1.35	±49%	0.16	0.008	0.19(±45%)	0.008
건조콩	0.90	0.36	±100%	0.68	±47%	0.15	0.01	N/A	0.01
감자	0.22	0.10	±69%	1.06	±70%	0.18	0.019	0.20(±50%)m	0.014
땅콩 (w/pod)	0.94	1.07	±19%	1.54	±41%	0.63	0.016	N/A	N/A
자주개자리	0.90	0.29	±31%	0	—	—	0.027	0.40(±50%)n	0.019
비콩과류 건초	0.90	0.18	±50% default	0	—	—	0.15	0.54(±50%)n	0.012

5) 관리 토양에서의 간접적 N$_2$O 배출

관리 토양에서 간접적으로 배출되는 N$_2$O를 산정하는 방법으로서 2006 IPCC G/L Tier 1을 적용하였으며, 그 외 세부 내용은 한국환경공단지침에 따라 산정한다.

① Tier 1

㉮ 산정식

㉠ 관리된 토양에서 휘발된 N의 대기 내 침전물로부터 N$_2$O 배출량

$$N_2O_{(ATD)}-N = [(F_{SN} \times Frac_{GASF}) + ((F_{ON}+F_{PRP}) \times Frac_{GASM})] \times EF_4$$

여기서, $N_2O_{(ATD)}-N$: 관리된 토양에서 휘발되는 질소의 대기 중 침적에서 생산되는 연간 N$_2$O-N의 양(kg N yr^{-1})

F_{SN} : 토양으로 유입된 합성비료 질소의 연간 사용량(kg N yr^{-1})

$Frac_{GASF}$: NH$_3$와 NO$_x$로 휘발되는 유기비료 질소

(kg N Volatilised(kg of N Applied)$^{-1}$)

F_{ON} : 토양에 유입되는 관리동물 거름, 퇴비, 하수슬러지와 다른 유기질소 첨가물의 연간 사용량(kg N yr^{-1})

F_{PRP} : 농장, 방목지, 그리고 목장의 방목 중인 가축들에 의하여 침적된 소변과 분변물 질소의 연간량(kg N yr^{-1})

$Frac_{GASM}$: 유기질소 비료 물질(F_{ON})과 NH$_3$와 NO$_x$로 휘발되는 방목된 가축들의 소변과 분변물 질소(F_{PRP})의 부분

(kg N Volatilised(kg of N Applied or deposited)$^{-1}$)

EF_4 : 토양과 수 표면에서 질소의 대기 중 침전으로 발생하는 N$_2$O 배출량에 대한 배출계수(kg N N$_2$O(kg NH$_3$-N+NO$_x$ N Volatilised)$^{-1}$)

㉡ 용탈·유출이 일어나는 지역의 관리된 토양에서 질소의 용탈·유출로부터 N$_2$O 배출량

$$N_2O_{(L)}-N = (F_{SN}+F_{ON}+F_{PRP}+F_{CR}+F_{SOM}) \times Frac_{\leq ACH-(H)} \times EF_s$$

여기서, $N_2O_{(L)}-N$: 용탈과 표면유출이 일어나는 지역들에서 관리 토양으로 질소 첨가물의 용탈과 표면유출에서 생산되는 연간 N$_2$O-N의 양(kg N yr^{-1})

F_{SN} : 용탈/표면유출이 일어나는 토양에 이용되는 합성비료 질소의 연간 사용량(kg N yr^{-1})

F_{ON} : 용탈/표면유출이 일어나는 지역의 토양에 이용되는 관리된 동물거름, 퇴비, 하수슬러지, 그리고 다른 유기질소 첨가물의 연간 사용량(kg N yr^{-1})

F_{PRP} : 용탈/표면유출이 일어나는 지역의 방목된 가축들에 의해 침전된 연간 소변과 분변물 질소의 양(kg N yr^{-1})

F_{CR} : 용탈/표면유출이 일어나는 지역의 매년마다 비료/목초지 재생에서 토양으로 되돌아오는 농작물 잔존물의 질소량(지상과 지하)(kg N yr^{-1})

F_{SOM} : 용탈/표면유출이 일어나는 지역에서 토지 이용 또는 관리방법의 결과로서 토양 유기물질로부터 토양탄소의 손실과 관련된 무기질 토양 내에서 무기화되는 연간 질소량(kg N yr^{-1})

$Frac_{\leq ACH-(H)}$: 용탈/표면유출이 일어나는 지역에서 관리 토양으로 첨가되
고 무기화되는 모든 질소 부분(kg N (kg of N additions)$^{-1}$)
EF_s : 질소의 용탈과 표면유출로 발생하는 N_2O 배출량에 대한 배출계수
(kg N_2O N(kg Nleached and runoff)$^{-1}$)

④ 산정방법 특성

㉠ 용탈/표면유출이 일어나는 지역에서 매년 비료/목초지 재생에서 토양으로 되
돌아오는 농작물 잔존물의 질소량(지상과 지하)은 질소 고정작물을 포함함.

㉡ 이전에 이용된 $Frac_{REACH}$의 용어는 수정되어서 강우 또는 관개의 경과로 토양
수분 함량을 초과하며, 용탈과 표면유출이 일어나고 $Frac_{REACH-(H)}$로 다시 선정
된 지역에서만 이용됨.

㉢ $Frac_{REACH-(H)}$의 정의에서, PE는 잠재적 증발량이고, 우기는 강우>0.5×
팬 증발량이 되는 기간으로 받아들일 수 있으며, (잠재와 팬 증발량의 설명은
표준기상학과 농학 서적에서 이용 가능) 다른 지역에 대해서는 기본
$Frac_{REACH}$ 값은 0으로 받아들임.

⑤ 산정 필요 변수

∥ 산정에 필요한 변수들의 관리기준 및 결정방법 ∥

매개변수	세부변수	관리기준 및 결정방법
활동자료	본 산정에서 사용되는 활동자료들은 모두 관리 토양에서 직접적으로 배출되는 N_2O의 양을 산정하기 위해 사용된 활동자료와 동일	
배출계수	토양의 간접적인 N_2O 배출량에 대한 기본배출, 휘발, 용탈계수	2006 IPCC G/L에 제시된 기본값을 적용

∥ 토양의 간접적인 N_2O 배출량에 대한 기본배출, 휘발, 용탈계수 ∥

계 수	기본값	불확도 범위
EF_4[N Volatilisation and Re-Deposition], kg N_2O N(kg NH_3-N+NO_x-N Volatilised)$^{-1}$	0.010	0.002~0.05
EF_5[Leaching/Runoff], kg N_2O-N (kg N Leaching/Runoff)$^{-1}$	0.0075	0.005~0.025
$Frac_{GASF}$(Volatilisation from Synthetic Fertiliser), (kg NH_3-N+NO_x-N) (kg N Applied or Deposited)$^{-1}$	0.10	0.03~0.3
$Frac_{GASM}$[이용된 모든 유기질소 비료로부터 발생하는 휘발, 그리고 방목 가축에 의해 침적된 분변물과 소변], (kg NH_3-N+NO_x-N)(kg N Applied or Deposited)$^{-1}$	0.20	0.05~0.5
$Frac_{LEACH-(H)}$[Σ(우기의 강수량)-Σ(같은 기간의 PE) > 토양 수분 함유 능력인 지역 또는 관개시설(점적 관수 제외)이 채용된 지역에 대한 용탈/표면유출에 의한 질소 손실량], kg N(kg N Additionsor Deposition by Grazing Animals)$^{-1}$	0.30	0.1~0.8

6) 분뇨관리에서의 간접적 N₂O 배출

가축의 분뇨관리 중 발생되는 간접적 N₂O 배출량을 산정하는 방법으로 2006 IPCC G/L 의 Tier 1을 적용하며, 목장 등 방목 환경에서 자라는 가축의 분뇨 및 연료로 이용 및 폐기물로 소각되는 분뇨는 산정 시 제외된다.

① Tier 1

㉮ 산정식

㉠ 분뇨처리로부터 간접적인 N₂O 배출량

$$N_2O_{indirect(mm)} = N_2O_{G(mm)} + N_2O_{L(mm)}$$

여기서, $N_2O_{indirect(mm)}$: 국가 내에서 분뇨처리로부터의 간접적인 아산화질소 배출 (kg N₂O yr^{-1})

$N_2O_{G(mm)}$: 분뇨처리에 의한 질소 휘발로 인한 간접적 아산화질소 배출(kg N₂O yr^{-1})

$N_2O_{L(mm)}$: 분뇨처리에 의한 침출로 인한 간접적 아산화질소 배출(kg N₂O yr^{-1})

㉡ 분뇨처리로부터 N의 휘발에 기인한 간접적인 N₂O 배출량

$$N_{Volatilization-MMS} = \left[\sum_S \left\{ \sum_T (N_{(T)} \times N_{ex(T)} \times MS_{(T,S)}) \right\} \times \left(\frac{Frac_{GasMS}}{100} \right)_{(T,S)} \right]$$

여기서, $N_{Volatilization-MMS}$: NH₃와 NO$_x$로 손실되는 분뇨의 질소량(kg N yr^{-1})

$N_{(T)}$: 국가 내에서 가축 종류와 분류에 따른 두수

$N_{ex(T)}$: 국가 내에서 가축당 배출하는 연평균 양(kg N 가축$^{-1}$ yr^{-1})

$MS_{(T,S)}$: 국가 내에서 분뇨처리 시스템 S 안에서 관리하는 각각의 가축수 의 총 연간 배출량의 부분(단위 없음)

$Frac_{GasMS}$: 분뇨처리 시스템 S 안에서 NH₃와 NO$_x$로 휘발되는 가축 분류 T 에서 처리된 분뇨의 질소 백분율(%)

㉯ 산정방법 특성

질소 손실은 축수 등에서 배설되는 순간 발생하며, 분뇨처리과정에서 지속적으로 발생함.

㉯ 산정 필요 변수

┃ 산정에 필요한 변수들의 관리기준 및 결정방법 ┃

매개변수	세부변수	관리기준 및 결정방법
활동자료	축산 부분의 가축의 분뇨 관리와 동일	
배출계수	분뇨관리 시스템 비율(MS)	축산 부문의 분뇨관리 시스템 비율과 동일한 값을 사용
	질소 손실률($Frac_{GasMS}$)	2006 IPCC G/L의 기본값을 적용
	간접적 N_2O 배출계수(EF_4)	2006 IPCC G/L의 기본값을 적용

┃ 분뇨처리로부터 NH_3와 NO_x 휘발로 인한 질소 손실량 기본값 ┃

가축 유형	분뇨처리 시스템(MSS)	N-N_3H와 N-NO_x의 휘발로 인한 MSS로부터의 질소 유실량(%) $Frac_{GasMS}$($Frac_{GasMS}$의 범위)
돼지	혐기성 Lagoon	40%(25~75)
	구덩이 저장소	25%(15~30)
	깊은 깔짚	40%(10~60)
	액체/슬러리	48%(15~60)
	고체 저장소	45%(10~65)
젖소	혐기성 Lagoon	35%(20~80)
	액체/슬러리	40%(15~45)
	구덩이 저장소	28%(10~40)
	건조 부지	20%(10~35)
	고체 저장소	30%(10~40)
	매일 살포	7%(5~60)
가금류	깃 없는 가금류	55%(40~70)
	혐기성 Lagoon	40%(25~75)
	깃 있는 가금류	40%(10~60)
다른 소	건조 부지	30%(20~50)
	고체 저장소	45%(10~65)
	깊은 깔짚	30%(20~40)
기타	깊은 깔짚	25%(10~30)
	고체 저장소	12%(5~20)

7) 벼 경작

논에서 혐기성 분해를 통해 배출되는 CH_4를 산정하는 방법으로 수문체계, 벼 품종, 작기일 등의 영향을 받으며, 2006 IPCC G/L Tier 1을 적용하여 산정한다.

① Tier 1

㉮ 산정식

㉠ 벼 경작으로부터 메탄 배출

$$CH_{4rice} = \sum_{i,j,k}(EF_{i,j,k} \times t_{i,j,k} \times A_{i,j,k} \times 10^{-6})$$

여기서, CH_{4rice} : 논에서 연간 메탄 배출($Gg\ CH_4\ yr^{-1}$)

$EF_{i,j,k}$: i, j, k 조건에서 일 배출계수($kg\ CH_4\ ha^{-1}\ day^{-1}$)

$t_{i,j,k}$: i, j, k 조건에서 벼 경작기간(day)

$A_{i,j,k}$: i, j, k 조건에서 벼의 연간 수확면적($ha\ yr^{-1}$)

i, j, k : 다른 생태계, 수문체계, 유기 개량제의 양과 종류, 그리고 벼로부터 메탄 배출이 변화하는 다른 조건을 나타냄.

㉡ 조절된 일 배출계수

$$EF_i = EF_c \times SF_w \times SF_p \times SF_o \times SF_{s,r}$$

여기서, EF_i : 특정한 수확면적에 대하여 조절된 일 배출계수

EF_c : 유기 개량제가 없는 지속적으로 범람된 농경지에 대한 표준배출계수

SF_w : 경작기 동안의 수문체계의 차이에 대한 규모계수

SF_p : 경작기 이전의 수문체계의 차이에 대한 규모계수

SF_o : 사용된 유기질 비료의 종류와 양에 대한 규모계수

$SF_{s,r}$: 토양형, 벼 품종, 기타에 대한 규모계수

㉢ 유기 개량제에 대한 조정된 메탄배출규모계수

$$SF_o = (1 + \sum_i ROA_i \times CFOA_i)^{0.59}$$

여기서, SF_o : 적용된 유기 개량제의 종류와 양에 대한 규모계수

ROA_i : 유기 개량제 i의 적용 비율(짚에 대한 건중량이 다른 것에 대한 바이오매스 $tonne\ ha^{-1}$)

$CFOA_i$: 유기 개량제 i에 대한 전환계수

㉯ 산정방법 특성

적용된 유기 개량제의 종류와 양에 대하여 규모계수는 달라야 함.

㉓ 산정 필요 변수

| 산정에 필요한 변수들의 관리기준 및 결정방법 |

매개변수	세부변수	관리기준 및 결정방법
활동자료	논벼의 경작기간	각 품종별 논벼 경작기간은 각 지자체 농업기술센터에 문의하여 획득함.
	논벼의 재배면적	• 논벼의 재배면적은 지자체 통계연보를 통해 확인이 가능 • 다만, 재배양식/물 관리 형태/품종별 재배면적과 같이 세분화되어 있지 않음. • 따라서 각 지자체 농업기술센터에 문의하여 벼 재배면적을 재배양식/물 관리 형태/물떼기 횟수/품종별로 구분하여 각각의 재배면적에 대한 자료를 획득해야 함.
	유기물 사용량	유기질 비료 사용량은 '국가 통계 포털'의 논벼 주요 투입물량 및 시간의 자료를 통해 확보
배출계수	지속적으로 범람된 농경지에 대한 표준배출계수	2006 IPCC G/L 기본값 사용
	경작기 동안의 수문체계에 대한 규모계수	
	경작기 이전의 수문체계에 대한 규모계수	
	유기질 비료에 대한 전환계수($CFOA$)	

㉠ 지속적으로 범람된 농경지에 대한 표준배출계수

| 180일보다 적은 기간 동안 범람이 없고, 경작기 동안에 유기 개량제 없이 범람되는 농경지로 가정한 메탄의 기본배출계수 |

메탄배출계수(kg CH_4 ha^{-1} d^{-1})	오차범위
1.30	0.80~2.20

㉡ 경작기 동안의 수문체계에 대한 규모계수

| 지속적으로 범람된 농경지에 비교하여 경작기 동안 기본 메탄배출규모계수 |

수문체계		합쳐진 경우		구분된 경우	
		규모계수 (SFw)	오차범위	규모계수 (SFw)	오차범위
육지		0	-	0	-
관개(물대기)	지속적 범람	0.78	0.62~0.98	1	0.79~1.26
	간헐적 범람-통기			0.60	0.46~0.80
	간헐적 범람-다중 통기			0.52	0.41~0.66
비로 채워진, 그리고 깊은 물	일반적으로 비로 채워진 물	0.27	0.21~0.34	0.28	0.21~0.37
	가뭄 경향의 물			0.25	0.18~0.36
	깊은 물			0.31	ND

ⓒ 경작기 이전의 수문체계에 대한 규모계수

‖ 경작기 이전의 수문체계에 대한 기본 메탄배출규모계수 ‖

경작기 이전 수문체계	집합 경우		분해 경우	
	비례계수(SFP)	오차범위	비례계수(SFP)	오차범위
비범람 시기 <180d			1	0.88~1.14
비범람 시기 >180d	1.22	1.07~1.40	0.68	0.58~0.80
범람 시기(>30d)a, b			1.90	1.65~2.18

ⓓ 유기질 비료에 대한 전환계수($CFOA$)

‖ 유기 개량제의 종류별 기본 전환계수 ‖

유기 개량제	전환계수($CFOA$)	오차범위
경작 이전에 (30일 이내) 짚 서론	1	0.97~1.04
경작 이전에 (30일 이후) 짚 서론	0.29	0.20~0.40
혼합 비료	0.05	0.01~0.08
농장 퇴비	0.14	0.07~0.20
자연 퇴비	0.50	0.30~0.60

22 고형 폐기물의 매립

(1) 주요 공정의 이해

1) 고형 폐기물의 매립 정의

매립은 토양에 폐기물을 처분하기 위하여 사용되는 물리적 시설을 말하며, 매립지에 폐기물을 처분하는 것으로 반입되는 폐기물을 감시하고 배치 및 압축하는 작업을 의미한다. 매립지는 토양에 폐기물을 처분하기 위하여 사용되는 물리적 시설을 말하며, 위생매립지는 폐기물의 매립 처분으로 인한 공공의 건강과 환경적인 영향을 최소화시키기 위해 설계·운전하는 공학적인 시설을 의미하는 것으로 침출수 및 매립가스처리를 안전하게 할 수 있도록 설계되어 있다. 반면에 비위생매립지는 폐기물 관리에 대한 고려 없이 폐기물을 단순 매립하는 형태이다.

2) 공정도 및 공정 설명

고형 폐기물의 매립공정도는 폐기물반입공정, 매립공정, 침출수처리공정, 매립가스처리공정으로 구분할 수 있다. 매립시설에 투입성 생활폐기물과 사업장 폐기물 중에서 분해가능한 유기 성분은 물리, 화학, 생물학적 분해과정을 거쳐서 CH_4과 CO_2가 주성분인 LFG와 침출수로 전환되고 분해가 어려운 난분해성 유기물질(예 플라스틱, 고무, 피혁 성분 등)과 불연성 물질이 잔류 성분으로 남게 된다.

매립지를 온실가스 측면에서 살펴본다면 다량의 CH_4 발생으로 인하여 주요 CH_4 배출원으로 인식되고 있다. 미국의 경우 매립지가 가장 중요한 CH_4 가스의 발생원으로, 총 메탄가스 배출량의 30% 이상을 차지하는 것으로 알려지고 있다.

한편 매립시설에서의 LFG 및 CH_4 배출은 세 가지 경로를 거치게 된다. 첫 번째는 포집정을 통한 LFG 회수로 대부분 포집 · 회수되고, 두 번째는 매립지 표면을 통하여 확산되어 대기로 배출되는 것, 세 번째는 매립지 표면의 구조적 결함으로 금이 간 곳 또는 취약한 지점을 통해 LFG 및 CH_4이 표면 배출되는 형태로 구분할 수 있다. 그러므로 온실가스 배출 측면에서 본다면 표면확산과 취약지점(표면 등에 균열이 생겨 매립가스가 배출되기 용이한 곳)에서의 CH_4 배출을 고려할 수 있으며, 이러한 배출 경로의 최소화가 필요하다.

① 폐기물반입공정

폐기물반입공정은 폐기물 적환장, 계량대 공정으로 구성되어 있으며, 폐기물 적환장은 매립장 이송 전에 폐기물을 임시로 모아두고 재활용품을 분리하고, 압축과정 등을 통해 폐기물을 이송한다. 계량대는 정확한 폐기물의 무게를 측정하여 무게에 따라 처리비용을 결정한다. 계량기는 수집, 운반차의 이동경로상에 설치해야 하며, 차량의 중량도 함께 측정할 수 있는 구조이어야 하고, 최소 눈금은 20kg 이하로 하고 있다. 계량기는 적재대, 계량부, 계량 결과와 기록장치로 구성되어 있다. 적재대는 표준 치수가 정해져 있다.

┃ 칭량과 적재대 치수와의 관계 ┃

항 목	10t	20t	30t
정밀도(최소 눈금)	10kg(1/1,000 이상)	20kg(1/1,000 이상)	20kg(1/1,500 이상)
사용 범위	0.5~10t	1~20t	1~30t
적재대 치수	2.4~5.4m	2.7~5.6m	3.0~7.5m

② 매립공정

매립공정은 생물학적, 화학적, 물리적 반응에 의해 유기성 폐기물이 매립가스, 침출수, 불연성 잔류 물질로 전환되는 공정을 의미한다. 매립공정의 목적은 폐기물을 안전하게 처분하여 공공의 건강과 환경적인 영향을 최소화하기 위해 침출수 및 매립가스처리를 안전하게 하는 데 있다.

매립지에서 가장 중요한 반응은 생물학적 분해반응으로 크게 호기성과 혐기성 반응으로 구분할 수 있다. 매립 초기에는 폐기물과 함께 잠입된 산소가 존재하므로 호기성 분해가 진행되며, 호기성 분해되는 동안 주요 발생가스는 CO_2이다. 이용 가능한 산소가 모두 소모된 후에는 혐기성 분해로 전환되고, 분해산물로 CO_2, CH_4, 미량의 암모니아와 황화수소 등이 발생된다.

③ **침출수처리공정**

매립지 침출수는 표면유출수, 우수, 지하수 등의 외부 발생원과 폐기물의 분해 시 생성된 물로 매립지 내에서 생성되는 내부 발생원으로 구분할 수 있다. 침출수는 악성 폐수(COD가 10,000ppm이 넘는 경우도 존재)로 적절한 처리과정을 거쳐 외부로 배출되어야 한다.

일반적으로 침출수 처리는 제거대상물질과 제거율 목표에 따라 처리공정이 달라진다. 즉 매립물이 가연성 쓰레기가 주인 경우에는 생물학적 처리가 중심이 되고, 불연성 쓰레기가 많은 경우에는 물리학적 처리가 중심이 되어야 한다. 매립 초기에는 생물학적 처리가 중심이 되다가 매립 후기부터는 물리·화학적 처리가 중심이 되는 경우가 많다. 생물학적 처리는 호기성과 혐기성 처리가 있으며, 물리·화학적 처리는 침전, 흡착, 화학적 산화, 이온 교환, 탈기, 역삼투압, 습식 산화 등이 있다. 많은 침출수는 매립시설의 침출수 처리시설에서 1차 처리한 다음에 인근의 하수 또는 폐수처리장으로 이송하여 병합처리하고 있다.

④ **매립가스처리**

매립시설에서 중요한 공정은 매립가스(LFG ; Land Fill Gas) 포집·회수와 처리시설이다. LFG 포집·회수시설은 그림에서처럼 처리 및 활용 목적에 따라 여러 경로를 거치게 된다. LFG를 포집·회수하여 단순 소각처리(Flaring)하는 방법이 주로 적용되었으나, LFG의 연료로의 활용 가치가 부각되고 에너지 문제가 대두되면서 신재생에너지원으로서의 중요성이 강조되어 LFG의 활용이 적극적으로 검토되기 시작했다.

┃ 매립가스처리설비 ┃

㉮ 발전설비

LFG 발전기술은 가스엔진, 가스터빈, 증기터빈으로 구분할 수 있다.

가스엔진의 에너지 변환 효율은 25~35%로 다른 발전방식(예 가스터빈, 증기터빈)에 비해 비교적 효율이 좋은 편이며, 전 세계적으로 수많은 운전 사례가 존재하기 때문에 적용성 및 기술적 안정성이 높은 편이다. 또한 시설을 설치하기 위해 필요한 부지 면적이 작아도 되는 장점을 갖고 있다. 가스엔진은 1MW 또는 0.865kW의 발전 규모를 가진 단위 모듈로 필요에 따라 연결하거나 제거하여 총 발전 용량의 조정이 가능하므로, 매립가스의 농도와 양이 시간이 지남에 따라 부하변동에 능동적으로 대응할 수 있는 장점이 있다.

가스터빈은 가스엔진에 비해서는 운영 · 보수비가 저렴하고, 운전 · 보수가 용이한 편이다. 가스터빈의 경우 터빈에서 발생하는 고온의 배기가스와 온수를 이용하여 열병합이 가능하다. 고온의 배기가스를 물로 증발시켜 얻은 증기를 이용해 증기터빈으로 전력을 생산할 수 있으며(Combined Cycle), 회수된 온수를 이용하여 지역난방에 공급할 수도 있다. 반면, 단점으로는 매립가스의 부하변동에 취약하므로 가스가 불규칙적으로 발생하는 매립장에 설치할 경우 가스 발생의 부하변동을 조절시켜 줄 수 있는 설비를 추가하거나 가스터빈 설치 전에 매립가스가 일정량 지속적으로 발생한다는 것을 확인해야 한다. 또한 가스엔진과 마찬가지로 규소화합물(Siloxane)에 의해 터빈이 손상될 수 있다.

증기터빈은 대규모 시설일수록 경제적 효과는 증가하는 것으로 알려져 있으며, 가스엔진과 가스터빈에 비해 운영 · 보수비가 저렴하다. 매립가스가 발전시설로 들어가 연소되는 가스엔진과 가스터빈과는 달리 증기터빈은 발전시설과 분리되어 있어 매립가스 내 불순물의 영향을 받지 않는 장점이 있다. 가스엔진과 가스터빈에 비해 질소산화물과 일산화탄소 배출량이 적은 편이며, 열병합이 가능하여 발전에 사용되고 난 뒤의 고온의 증기를 지역난방 등에 사용할 수 있다. 단점으로는 초기 시설비가 매우 높으므로 대규모 매립장 외에는 설치하기가 어렵다. 증기터빈을 운영하기 위해서는 중질가스를 이용하는 데 필요한 수준의 전처리 수준을 필요로 하며, 일반적으로 수분과 미세입자를 제거한다.

(2) 주요 배출시설의 이해

폐기물 매립시설의 특성에 근거하여 배출되는 온실가스가 있다. 폐기물 매립지에서는 폐기물의 혐기성 분해를 통한 안정화 과정에서 LFG가 발생하는데, LFG에서는 CH_4과 CO_2 등의 온실가스가 고농도로 존재할 뿐만 아니라 악취 유발 성분이나 휘발성 유기화합물이 미량으로 존재하여 주변 환경 및 지구 환경을 오염시킬 수 있다.

LFG의 발생은 매립시기에 따라 다섯 단계로 구분할 수 있다.

첫째 초기 조정단계, 둘째 전이단계, 셋째 산 형성단계, 넷째 메탄발효단계, 다섯째 숙성단계로 구성되어 있다. 메탄은 네 번째 단계인 메탄 발효 시기에 집중적으로 많이 나오며, 실제로 그 단계가 시간적으로도 가장 긴 것으로 알려지고 있다.

단계별로 나오는 LFG가 다르나 전술했듯이 일반적으로 CH_4 55(±5)%, CO_2 45(±5)%이고, 나머지는 미량 성분들로 매립 폐기물과 생물학적 반응에 따라 그 양과 종류가 달라진다. CH_4과 CO_2 다음으로 질소, 산소, 암모니아 등의 순서이며, 나머지는 미량 성분으로 출현한다. LFG의 상대습도는 100%이며, 이를 LFG의 전체 질량에 대비하여 물이 차지하는 비율은 3~7% 정도이다. LFG의 겉보기 밀도는 공기보다 약간 높은 1.16kg/m^{3}이다.

┃ 매립시설에서의 온실가스 공정 배출원, 온실가스 종류 및 배출원인 ┃

배출공정	온실가스	배출원인
매립공정	CH_4	매립지 내 산소의 공급이 없어지면서 **혐기성 분해에 의한 CH_4 가스 생성 · 배출**, 이 과정에서 CO_2도 배출되나 생물계 기원 CO_2이므로 온실가스에서 제외

(3) 온실가스 배출량 산정 · 보고 · 검증 절차

온실가스 배출량 산정 · 보고 · 검증 절차는 총 9단계로 구성되어 있으며, 일반론에서 언급한 내용을 제외하고 에너지 고정연소 부문에서 특화되어 설명해야 할 부분은 1, 2, 5단계에 대해서만 다루었다.

1) 1단계 : 조직경계 설정

고형 폐기물 매립시설의 조직경계와 온실가스 배출 특성은 그림과 같다. 배출 형태는 크게 직접 배출과 간접 배출로 구분할 수 있으며 직접 배출은 고정연소에 의한 배출, 공정배출, 이동연소에 의한 배출, 탈루배출로 구분할 수 있다. 특히 고형 폐기물 매립과정은 혐기성 상태에서 공정배출인 CH_4이 다량 배출되는 특성을 지니고 있다.

┃ 고형 폐기물 매립시설 조직경계 ┃

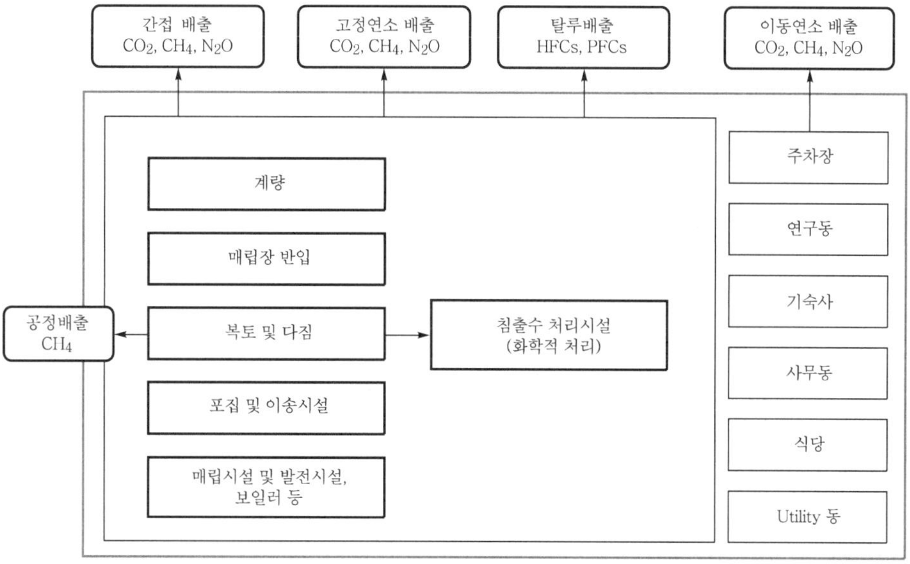

2) 2단계 : 고형 폐기물 매립시설의 온실가스 배출활동 확인

고형 폐기물 매립시설의 온실가스 배출활동은 운영경계를 기준으로 살펴보았다. 직접 배출원과 간접 배출원으로 구분되며, 직접 배출원에는 고정연소, 이동연소, 탈루배출, 공정배출이 있고, 간접 배출원은 외부 전기 및 열·증기 사용을 꼽을 수 있다. 고형 폐기물의 매립시설의 온실가스 배출활동은 다음과 같다.

▎ 고형 폐기물 매립시설의 온실가스 배출활동 ▎

운영경계	배출원		온실가스	배출활동
직접 배출원 (Scope 1)	고정연소		CO_2	매립시설에서 보일러 가동, 난방 및 취사 등에 사용되어지는 연료 연소에 의한 배출
			CH_4	
			N_2O	
	이동연소	도로(차량)	CO_2	매립시설에서 업무용 차량 운행에 따른 온실가스 배출
			CH_4	
			N_2O	
		비도로(중장비)	CO_2	매립시설에서 압축, 복토 등을 위해 사용되는 중장비와 같은 시설의 연료 사용에 따른 온실가스 배출
			CH_4	
			N_2O	
	공정 배출원		CH_4	폐기물의 미생물 분해에 의한 매립지 표면에서의 온실가스 배출
간접 배출원 (Scope 2)	구매전력 및 구매 스팀		CO_2	매립 운영시설에서의 전력 사용에 따른 온실가스 배출
			CH_4	
			N_2O	

3) 5단계 : 배출활동별 배출량 산정방법론의 선택

매립시설에서의 배출량 산정방법론에서 정한 활동자료, 배출계수, 배출가스농도, 유량 등 각 매개변수에 대하여 자료의 수집방법을 정하고 자료를 모니터링한다.

▎ 배출시설 배출량 규모별 공정배출 산정방법 적용(최소 기준) ▎

배출활동	산정방법론			활동자료 고형 폐기물 매립량			배출계수		
시설 규모	A	B	C	A	B	C	A	B	C
고형 폐기물 매립	1	1	1	1	1	1	1	1	1

(4) 온실가스 배출량 산정방법

고형 폐기물의 매립공정의 보고대상 배출시설은 총 3개 시설이다.
① 차단형 매립시설
② 관리형 매립시설
③ 비관리형 매립시설
보고대상 온실가스와 온실가스별로 적용해야 하는 산정방법론은 다음과 같다.

구 분	CO_2	CH_4	N_2O
산정방법론	–	Tier 1	–

1) Tier 1

Tier 1 방법에 의한 CH_4 가스 배출은 FOD(First Order Decay, 1차 분해반응)에 기초하고 있으며, CH_4 가스 배출에 영향을 미치는 주요 인자는 메탄 잠재 발생량과 메탄 발생속도상수이다. 메탄 잠재 발생량은 매립 폐기물의 물성과 밀접한 관련이 있으며, 매립 폐기물이 분해되어 CH_4으로 배출될 수 있는 총량을 의미한다. 매립 폐기물이 매립과 동시에 CH_4 가스가 생성·배출되는 것이 아니라 일정한 시간(20~50년 정도)을 두고 지속적으로 배출된다. 그 배출 총량은 메탄 잠재 발생량과 일치하며 시간별로 배출 정도를 나타내는 것이 메탄 발생 속도상수가 된다.

① 산정방법

CH_4 배출 산정식은 다음과 같이 2006 IPCC 지침서를 따르고 있다.

$$E_{T,CH_4} = \left[\sum_X G_{X,T_{CH_4}} - R_T\right] \times (1 - OX)$$

여기서, E는 온실가스 배출량(ton GHG/yr), R은 CH_4 회수량(ton CH_4/yr), OX는 산화율, 아래첨자 T는 특정 산정년도, X는 폐기물 성상을 의미한다. 한편 위 식의 $G_{X,T_{CH_4}}$는 폐기물 성상 X의 T년도의 CH_4 배출량이고, 다음에서 보는 것처럼 표현된다.

$$G_{X,T_{CH_4}} = DDOC_{m,decomp_T} \times F \times 1.336$$

여기서, $DDOC_{m,decomp_T}$는 T년도에 혐기적으로 분해된 유기탄소의 양(ton C/yr), F는 매립가스 중 CH_4 비율, 1.336은 탄소(C)를 메탄(CH_4)으로 전환하기 위한 계수이다. $DDOC_{m,decomp_T}$은 다음과 같이 표현 가능하다.

$$DDOC_{m,decomp_T} = DDOC_{ma_{T-1}} \times (1 - e^{-k})$$

식에서 $DDOC_{ma_{T-1}}$은 $T-1$년도의 잔류 유기탄소의 양(ton C/yr), k는 메탄 발생 속도상수(yr^{-1})이고, $DDOC_{ma_{T-1}}$는 다음과 같이 표현 가능하다.

$$DDOC_{ma_{T-1}} = DDOC_{md_{T-i}} + (DDOC_{ma_{T-2}} \times e^{-k})$$

식에서 $DDOC_{md_{T-i}}$는 $T-i$년도에 매립된 유기성 폐기물의 혐기적 분해 가능한 유기탄소의 양(ton C/yr)을 의미하고, 이는 다음과 같이 표현 가능하다.

$$DDOC_{md_{T-1}} = W_{T-1} \times DOC \times DOC_f \times MCF$$

여기서, W는 연간 폐기물 매립량(ton waste/yr)이며, DOC는 폐기물 중의 유기탄소 비율(ton C/ton Waste), DOC_f는 DOC의 분해 가능한 비율(모든 유기탄소가 관심 있는 기간 동안에 분해가 가능하지는 않기 때문에 여기서는 분해가 가능한 비율을 의미함), MFC는 메탄보정계수를 의미한다.

매립 부문에서 활동자료는 연간 폐기물 매립량이고, 배출계수는 실제로 여러 변수가 관여되어 있으며 다음과 같이 표현 가능하다.

$$EF_i = DOC_i \times DOC_{f,i} \times MCF \times F \times 1.336$$

여기서, i는 폐기물 성상 i를 의미하고, F는 등가계수로서 CH_4은 21을 적용하고 있다. 매립에서의 CH_4 배출계수는 L_0(메탄 잠재 발생량)과 동일함을 알 수 있다. 즉 매립에서의 CH_4 배출계수는 메탄 잠재 발생량을 의미한다.

매립 부문에서는 다른 배출원과 다르게 메탄 회수율(R)과 산화율(OX)이라는 CH_4 배출에 영향을 미치는 변수가 존재한다. 메탄 회수율은 일반적으로 CH_4을 연료로 사용하기 위한 목적으로 회수하고 있으며, 그 정도를 의미한다. 여기서 적용한 값은 상당히 낮은 비현실적인 값으로 새로운 조사·연구를 통해 보완할 필요가 있다. 메탄산화율(OX)은 매립지 내부에서 생성된 CH_4이 매립지의 복토층을 통과하면서 산화되는 정도를 의미하는 것으로 위생매립지의 경우 0.1을 적용하도록 IPCC에서 권고하고 있으며, 현재 관리 운영되고 있는 우리나라 매립지의 대부분이 위생매립지이므로 0.1을 적용하였다.

다만, LFG 회수량이 전체 발생량의 75% 미만인 경우에는 위 식에 따라 CH_4 발생량 및 배출량을 산정하면 되나, 회수량이 발생량의 75% 이상인 경우에는 다음과 같은 간이식을 활용하여 결정하도록 국내 목표관리제 지침에서는 규정하고 있다.

$$E_{T,CH_4} = \frac{\partial \times R_T}{0.75}$$

여기서, ∂ : 표준 조건에서 m^3와 tCH_4의 환산계수($\partial = 6.784 \times 10^{-4}$)
　　　　(단, 회수량이 무게 단위일 경우=1.0)

② 산정방법 특성

본 산정방법은 2006 IPCC의 Tier 1을 적용하였으며, 그 방법은 매립폐기물 중에서 유기성분이 1차 분해된다고 가정한 것이며, 여기서 사용한 주요 변수는 IPCC 기본값을 택하고 있다.

매립폐기물 중에서 유기성분이 분해되면서 CH_4 가스가 지수함수 형태로 급속히 생성·배출되며, 성분에 따라 다른 분해속도를 적용하였다.

③ 산정 필요 변수

┃ 산정에 필요한 변수들의 관리기준 및 결정방법 ┃

매개변수	세부변수	관리기준 및 결정방법
활동자료	폐기물 성상별 매립량 (W)	• 폐기물 공정시험법에 근거한 성상별 매립량 분석결과 적용 • Tier 1 : 측정불확도 ±7.5% 이내의 반입 폐기물의 양으로 결정 • Tier 2 : 측정불확도 ±5.0% 이내의 반입 폐기물의 양으로 결정
	메탄 회수량(R_T)	• 측정불확도 ±5.0% 이내 메탄 회수량(회수한 LFG 중 순수 메탄만을 회수량으로 사용) 자료 사용 • 회수된 메탄가스가 일부 공급 · 판매, 자체 연료 사용 및 Flaring 등으로 처리되기 위한 별도의 측정이 없을 경우는 0으로 처리
배출계수	분해 가능한 유기탄소 비율	2006 IPCC 기본값 적용
	메탄으로 전환 가능한 DOC 비율	
	메탄보정계수	
	산화율	
	메탄 부피	
	메탄 발생 속도상수	

┃ 폐기물 종류 · 성상별 유기탄소(DOC ; Degradable Organic Carbon) 함량 ┃

생활 폐기물		사업장 폐기물	
폐기물 성상	DOC 기본값	폐기물 성상	DOC 기본값
혼합 폐기물(Bulk)	0.14	혼합 폐기물(Bulk)	0.15
종이/판지	0.40	음식, 음료 및 담배	0.15
섬유	0.24	섬유	0.24
음식물	0.15	나무 및 목제품	0.43
목재	0.43	제지	0.40
정원 및 공원 폐기물	0.20	석유제품, 용매, 플라스틱	0.00
기저귀	0.24	고무	0.39
고무 및 가죽	0.39	건설 및 파쇄 잔재물	0.04
플라스틱	0.00	기타	0.01
금속	0.00	하수슬러지	0.05
유리	0.00	폐수슬러지	0.09
기타 비활성(불연성)	0.00	–	–

┃ 매립시설 유형별 메탄보정계수(MCF) ┃

매립시설 유형	MCF 기본값
관리형 매립지 – 혐기성	1.0
관리형 매립지 – 준호기성	0.5
비관리형 매립지 – 매립고 5m 이상	0.8
비관리형 매립지 – 매립고 5m 미만	0.4
기타	0.6

┃ 매립시설 유형별 산화계 ┃

매립시설 유형	OX
토양, 퇴비 등으로 복토되는 매립지	0.1
기타	0

┃ 폐기물 성상별 메탄 발생 속도상수 ┃

분해속도	폐기물 성상	$K(\text{yr}^{-1})$	
느림	종이, 직물(섬유)	기본값	0.06
		범위	0.05~0.07
	목재, 짚	기본값	0.03
		범위	0.02~0.04
보통	기타 유기성 폐기물, 정원 폐기물	기본값	0.10
		범위	0.06~0.1
빠름	음식물 · 채소류, 유기성 오니	기본값	0.185
		범위	0.1~0.2
	혼합 폐기물(Bulk)	기본값	0.09
		범위	0.08~0.1

고형 폐기물의 생물학적 처리

(1) 주요 공정의 이해

1) 고형 폐기물의 생물학적 처리공정 정의

미생물의 작용을 이용하여 유기성 폐기물을 분해하는 방법으로, 우리나라 폐기물 재활용 및 중간 처리방식으로 사료화, 퇴비화 시설 또는 감량화, 소멸화 시설 등을 이용하고 있으며, 이러한 시설은 음식물, 동 · 식물성 폐잔재류, 오니류 등을 대상으로 혐기성 소화과정을 포함한다. 폐기물의 부피 감소, 폐기물의 안정화, 폐기물의 원균 사멸, 에너지로 이용하기 위한 바이오 가스를 생산하는 데 그 목적이 있다.

현재 음식물류 폐기물 직·매립 금지 등의 정책 추진에 따라 음식물류의 재활용은 점점 늘어나는 추세로 본문에서는 음식물 혐기성 처리시설의 공정에 대하여 알아보도록 한다.

2) 공정도 및 공정 설명

고형 폐기물의 생물학적 처리 중 음식물 혐기성 처리시설 공정은 폐기물 반입설비, 이송설비, 파쇄·선별기, 탈수설비, 건조설비로 구분할 수 있다. 첫 번째로 음식물 쓰레기는 반입호퍼를 통해 공급되고, 컨베이어 설비를 통해 파쇄·선별기로 이송된다. 파쇄·선별기에서는 사료로 생산되는 데 있어 제거되어야 할 뼈 등의 불순물이 파쇄 또는 제거가 된다. 선별된 음식물 쓰레기는 이송펌프를 통해 탈수기로 보내 탈수과정이 진행된다. 이때 발생된 탈리액은 수거하여 위탁처리하고 탈수과정을 거친 음식물 쓰레기는 몇 차례의 건조과정을 거쳐 사료 생산시설로 보내지게 된다.

① 반입설비

음식물 쓰레기 수거 차량이 처리시설에 반입되는 음식물 쓰레기의 양, 재활용 제품을 생산하여 반출하는 양 등 처리시설에서 반·출입되는 물량을 파악하기 위한 시설로 수동방식과 자동방식으로 구분된다. 수동방식은 반입되는 음식물 쓰레기를 수거 차량이 계량대에 진입하면 계량된 수치를 운영자가 기록하는 방법이며, 자동방식은 로드 셀에 의해 하중이 감지되고, 제어실에 설치된 컴퓨터 시스템에 전달되어 자동으로 적재량 및 투입량이 기록되어 운영하는 방법이다.

자동화 방법은 계량시설에 음식물 수거 차량이 진입하여 카드 리더에 수거 차량 고유의 카드를 인식시키면 자동으로 수거 차량의 총 중량, 공차 중량, 실중량, 연월일, 시간, 차량번호, 소속 등이 중앙제어실에서 감시, 출력이 가능한 시스템으로 구성되어 있다.

┃ 유기 폐기물의 혐기성 소화 공정도 ┃

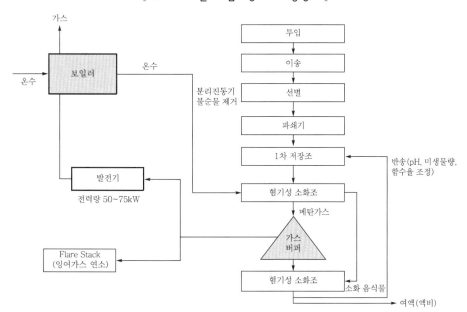

② 이송설비

투입시설에서 파쇄·선별시설로 이송 등 단위시설을 연결 및 연속적으로 처리하기 위하여 컨베이어밸트, 플라이트체인, 스크류 등 이송시설을 설치하며, 밀폐구조로 악취에 대한 예방대책 및 고정에 따른 복구가 용이하도록 설치하여야 한다. 음식물 쓰레기를 습식으로 가공하여 펌프로 이송할 경우 잔사 등 이물질에 의한 막힘 현상과 철편에 의한 이송설비 손상 방지에 대한 충분한 검토가 요구된다.

③ 파쇄·선별기

음식물 쓰레기에 포함된 비닐, 뼈다귀, 주방용품 등 이물질은 전용 수거용기 또는 전용 봉투 사용 등 수거방법에 따라 차이가 있으나 약 5~10% 정도의 이물질이 포함되어 있으며, 이물질을 어떻게 효율적으로 잘 제거하느냐에 따라 생산된 제품의 품질에 많은 영향을 미친다. 선별시설은 처리효율 및 공정을 개선하기 위하여 전처리 과정에서 1차 선별하고, 가열 또는 발효공정이 끝난 후 1차 선별시설에서 제거되지 않은 불순물을 제거하여 품질을 향상하기 위하여 2차 선별공정으로 구분할 수 있다. 음식물처리시설에 있어서 쇠붙이, 동물의 뼈와 같이 단단한 이물질은 파쇄기의 틈 사이에 걸려 파쇄날을 부러뜨리고, 비닐류는 선별기의 구멍을 막으며 철수세미와 이쑤시개 같은 이물질은 가축이 먹을 경우 위벽 손상 등 심각한 피해가 발생하게 되어 축산농가에서 사용을 기피하고 있으므로 가정에서의 철저한 분리수거가 매우 중요하다. 파쇄시설은 음식물 쓰레기를 원하는 크기의 입경을 가지도록 파쇄하는 기능을 갖고 있으며, 처리 효율을 높이기 위하여 사용한다. 음식물 쓰레기가 전용 수거봉투에 담겨 반입되는 경우 봉투를 파봉하는 파봉기를 사용하기도 한다. 파쇄하는 입자는 유기물 덩이가 작을수록 표면적이 넓어 가열 또는 미생물 작용이 빨라져 처리시간을 줄일 수 있으나, 호기성 퇴비화의 경우 입자가 작을수록 공극률이 감소하기 때문에 이를 보완할 수분조절제의 양이 많이 필요하므로 입도를 20~50mm로 조절하여 발효조에 투입할 경우 발효기간을 단축시킬 수 있다.

④ 탈수설비

호기성 퇴비의 최적 발효조건인 수분 함유량을 조절하기 위하여 탈수시설을 설치할 수 있으며, 음식물 쓰레기에 톱밥 등 수분조절제나 건조시설을 설치할 경우 탈수시설을 설치하지 않을 수 있다. 혼합시설은 음식물 쓰레기와 톱밥, 축분 등 퇴비의 원료를 적정량으로 균일하게 혼합하여 퇴비화에 필요한 유기물질과 질소의 비율을 조절하여 생산된 퇴비는 퇴비공정 규격에 적합한 유기물질과 질소의 비가 50 이하로 조절하여 질소 기아 등을 방지할 수 있어야 한다.

⑤ 건조설비

음식물 쓰레기는 배출원에 따라 그 조성과 함량이 다르다. 영양소의 조성으로 볼 때 음식물 쓰레기는 단백질 함량이 높아 사료로서의 이용 가치가 있으나, 수분 함량이 높아 쉽게 부패되어 악취가 발생하는 단점이 있다. 대장균을 비롯한 각종 병원성 미생물이 증식할 위험이 있으므로 사료로서의 안정성을 위해서는 반드시 가열공정을 거쳐야 한다. 음식물 쓰레기를 이용한 사료화 제품은 사료관리법에서 규정한 바와 같이 100℃에서 30분 이상 가열할 수 있는 시설을 갖추어야 한다. 다만, 돼지 전용 사료로 제조하는 경우에는 80℃에서 30분 이상 가열할 수 있는 시설을 갖추어야 한다. 건조시설에서는 선별·파쇄된 음식물 쓰레기를 건조기에 투입하여 가열처리와 건조를 병행할 수 있으며, 건조방식의 선택과 시설 운영에서는 사료의 영양소 파괴 및 탄화 현상 방지에 대하여 충분히 고려하여야 한다.

(2) 주요 배출시설의 이해

폐기물 생물학적 처리시설에서의 온실가스 배출에서 음식물 처리공정은 혐기성 공정과 호기성 공정으로 구분할 수 있다. 호기성 공정은 시설의 관리·운영과정에서 배출되는 일반적인 온실가스만 고려한다. 혐기성 공정은 음식물이 혐기 분위기에서 생물학적 분해가 일어날 때 CH_4이 발생하게 된다. 또한 음식물 내 수분을 탈수시키는 과정에서 발생한 탈리액을 저장조에 보관 시 CH_4이 발생할 수 있다. 그러나 이를 일반화하여 정량화하기는 용이하지가 않다.

기계·생물학적 처리에서는 혐기성 조건에서 생물학적 분해로 인한 CH_4 배출과 퇴비화 과정에서 유기성 질소 성분에 의한 N_2O가 배출된다.

‖ 생물학적 처리시설에서의 온실가스 공정 배출원, 온실가스 종류 및 배출원인 ‖

배출공정	온실가스	배출원인
혐기성 공정	CH_4, N_2O	생물학적 처리시설에서의 혐기 소화에 의한 온실가스 배출

(3) 온실가스 배출량 산정·보고·검증 절차

온실가스 배출량 산정·보고·검증 절차는 총 9단계로 구성되어 있으며, 일반론에서 언급한 내용을 제외하고 에너지 고정연소 부문에서 특화되어 설명해야 할 부분은 1, 2, 5단계에 대해서만 다루었다.

1) 1단계 : 조직경계 설정

생물학적 처리시설의 조직경계와 온실가스 배출 특성은 그림에서와 같다. 배출 형태는 크게 직접 배출과 간접 배출로 구분할 수 있으며, 직접 배출은 고정연소에 의한 배출, 공정배출, 이동연소에 의한 배출, 탈루배출로 구분할 수 있다. 특히 생물학적 처리시설에서는 혐기성 조건에서 생물학적 분해로 인한 CH_4 배출과 퇴비화 과정에서 유기성 질소 성분에 의한 N_2O가 다량 배출되는 특성을 지니고 있다.

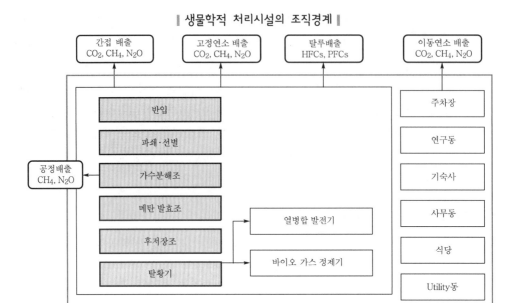

▐ 생물학적 처리시설의 조직경계 ▐

2) 2단계 : 고형 폐기물의 생물학적 처리시설의 온실가스 배출활동 확인

고형 폐기물의 생물학적 처리시설의 온실가스 배출활동은 운영경계를 기준으로 살펴보았다. 직접 배출원과 간접 배출원으로 구분되며, 직접 배출원에는 고정연소, 이동연소, 탈루배출, 공정배출이 있고, 간접 배출원은 외부 전기 및 열·증기 사용을 꼽을 수 있다. 고형 폐기물의 생물학적 처리시설의 온실가스 배출활동은 다음과 같다.

▐ 고형 폐기물의 생물학적 처리시설의 온실가스 배출활동 ▐

운영경계	배출원	온실가스	배출활동
직접 배출원 (Scope 1)	고정연소	CO_2	생물학적 처리시설에서 보일러 가동, 난방 및 취사 등에 사용되어지는 연료 연소에 의한 배출
		CH_4	
		N_2O	
	이동연소	CO_2	생물학적 처리시설에서 업무용 차량 운행에 따른 온실가스 배출
		CH_4	
		N_2O	
	탈루배출	CH_4	• 생물학적 처리시설에서 사용하는 도시가스 사용 등과 연관된 탈루배출
		N_2O	• 목표관리제 지침에서는 탈루배출이 없다고 가정(2013년부터 고려)
	공정 배출원	CH_4	생물학적 처리 혐기소화에 의한 온실가스 배출
		N_2O	
간접 배출원 (Scope 2)	외부 전기 및 외부 열, 증기 사용	CO_2	생물학적 처리운영시설에서의 전력 사용에 따른 온실가스 배출
		CH_4	
		N_2O	

3) 5단계 : 배출활동별 배출량 산정방법론의 선택

생물학적 처리시설에서의 배출량 산정방법론에서 정한 활동자료, 배출계수, 배출가스농도, 유량 등 매개변수에 대하여 자료의 수집방법을 정하고 자료를 모니터링한다.

배출활동	산정방법론			활동자료			배출계수		
				고형 폐기물의 생물학적 처리량					
	A	B	C	A	B	C	A	B	C
시설 규모									
고형 폐기물의 생물학적 처리	1	1	1	1	1	1	1	1	1

(4) 온실가스 배출량 산정방법

고형 폐기물의 생물학적 처리공정의 보고대상 배출시설은 총 2개 시설이 있다.
① 사료화, 퇴비화, 소멸화, 부숙토 생산시설
② 호기성, 혐기성 분해시설
보고대상 온실가스와 온실가스별로 적용해야 하는 산정방법론은 다음과 같다.

구 분	CO_2	CH_4	N_2O
산정방법론	–	Tier 1	Tier 1

1) 폐기물 생물학적 처리분야 산정방법

① Tier 1

㉮ CH_4 산정방법

국내 목표관리제에서 적용하도록 요구하고 있는 생물학적 처리공정에서의 CH_4 배출량 산정방법의 Tier 1 산정식은 다음과 같다.

$$CH_{4Emissions} = \left[\sum_i (M_i \times EF_i) \times 10^{-3} - R\right] \times F_{eq,j}$$

여기서, $CH_{4Emissions}$은 고형 폐기물의 생물학적 처리과정에서 배출되는 온실가스(CO_2-eq ton/yr)의 양을 말하며, M_i는 생물학적 처리 유형(I)에 의해 처리된 유기폐기물량(tWaste/yr), EF_i는 처리 유형(I)에 대한 배출계수(gCH_4/kg Waste), i는 퇴비화, 혐기성 소화 등 처리 유형, R은 메탄 회수량(tCH_4/yr)을 의미한다. 이때, R(메탄 회수량, tCH4)=연간 바이오가스 회수량(m^3 bio-gas)×바이오가스의 연평균 메탄 농도(%, V/V)×γ(0℃, 1기압에서의 CH_4의 m^3과 t의 환산계수, 0.7156×10^{-3}) 다만,

㉠ $\dfrac{R_T(\text{회수량})}{M_i \times EF_i \times 10^{-3}(\text{발생량})} \leq 0.95$인 경우에는 위 식에 따라 발생량 및 배출량을 산정한다.

㉡ $\dfrac{R_T(\text{회수량})}{M_i \times EF_i \times 10^{-3}(\text{발생량})} > 0.95$인 경우에는 배출량은 위 식에 따라 산정하되, 다음과 같이 변경하여 적용한다.

$$CH_{4Emissions} = \sum (M_i \times EF_i) \times 10^{-3} \times 0.05 \times F_{eq,j}$$

㉯ N₂O 산정방법

국내 목표관리제에서 적용하도록 요구하고 있는 생물학적 처리공정에서의 N₂O 배출량 산정방법의 Tier 1 산정식은 다음과 같다.

$$N_2O_{Emissions} = \sum_i (M_i \times EF_i) \times F_{eq,j} \times 10^{-3}$$

여기서, $N_2O_{Emissions}$은 고형 폐기물의 생물학적 처리과정에서 배출되는 온실가스(CO_2-eq ton/yr)양을 말하며, M_i는 생물학적 처리 유형(I)에 의해 처리된 유기폐기물량(tWaste/yr), EF_i는 처리 유형(I)에 대한 배출계수(gCH₄/kg Waste), i는 퇴비화, EF_i는 처리 유형(I)에 의한 배출계수(g N₂O/kg Waste)를 의미한다.

㉰ 산정방법 특성

　㉠ 사료화, 퇴비화 시설별 폐기물처리량에 가이드 라인 제시 배출계수 기본값을 곱하고, CH₄이 회수될 경우 그 양을 제외하여 배출량 산정

　㉡ 이때 회수된 CH₄은 매립에서와 마찬가지로 그 처리방법(소각처리 또는 에너지원으로 활용 등)에 따라 배출량 및 보고 카테고리가 달라짐.

㉱ 산정 필요 변수

| 산정에 필요한 변수들의 관리기준 및 결정방법 |

매개변수	세부변수	관리기준 및 결정방법
활동자료	처리된 유기폐기물의 양(M_i)	• 폐기물공정시험법에 근거한 성상별 생물학적 처리량 분석결과 적용 • 측정불확도 ±7.5% 이내의 처리된 유기폐기물의 양으로 결정
	메탄 회수량(R)	• 측정불확도 ±7.5% 이내의 메탄 회수량 자료 사용(회수한 LFG 중 순수 메탄만을 회수량으로 활용) • 회수된 메탄가스가 외부 공급/판매, 자체 연료 사용 및 Flaring 등으로 처리되기 위한 별도의 측정이 없을 경우 기본값은 0으로 처리
배출계수	CH₄ 배출계수	2006 IPCC G/L
	N₂O 배출계수	2006 IPCC G/L

| 생물학적 처리 유형에 따른 CH₄, N₂O 기본배출계수 |

생물학적 처리 유형(i)	CH₄(g-CH₄/kg-Waste)		N₂O(g-N₂O/kg-Waste)	
	건량 기준	습량 기준	건량 기준	습량 기준
퇴비화	10	4	0.6	0.3
혐기성 소화	2	1	0	0

하·폐수 처리

(1) 주요 공정의 이해

1) 하·폐수처리공정 정의

하수처리시설은 가정 및 사업장에서 배출되는 생활오수로서 인체에 해를 미치는 유해한 성분은 많지 않고, 부유물질과 BOD가 높은 것이 특징이다. 하수처리시설은 하수 중의 부유물질과 BOD를 환경에 미치는 영향이 없을 정도의 수준으로 제거·처리하여 하천 또는 바다로 방류하는 시설이다. 반면 폐수처리시설은 산업공정에서 발생하는 폐수를 처리하여 하천 또는 바다 등으로 방류하는 시설로, 부유물질과 BOD 이외에도 중금속 등의 유해한 오염물질이 포함되어 있는 것이 특징이다. 하·폐수처리시설은 하·폐수에 포함되어 있는 유·무기성 오염물질을 물리, 화학, 생물학적으로 처리하여 환경에 미치는 영향을 최소화하는 데 그 목적을 두고 있다.

2) 하수처리시설

① 공정도 및 공정 설명

하수처리시설은 크게 하수처리공정과 슬러지처리공정으로 구분할 수 있다. 하수의 일반적인 처리는 1차, 2차, 3차 처리로 구분할 수 있다. 1차 처리는 하수 중에 부유하는 물질이나 침강성 물질을 물리적으로 제거하는 방법으로 중력 침강, 부상분리 등의 시설이 이용되며, 대개 하수처리장에서 최초 침전지까지의 공정이 이에 해당한다. 2차 처리는 하수 중에 용존되어 있는 유기물 및 1차 처리에서 처리되지 않은 유기성 고형물의 제거를 목적으로 생물학적 처리방식이 주로 이용되며, 방식에 따라 처리효율에 차이가 있지만, 대개 80% 이상의 제거율을 나타낸다. 3차 처리는 물리, 화학, 생물학적 처리방식을 조합하여 2차 처리에서 제거되지 않은 유기물 이외에 질소, 인과 같은 영양물질을 제거하는 고도의 처리과정이다.

‖ 하수처리시설(활성슬러지법)의 개략 공정도 ‖

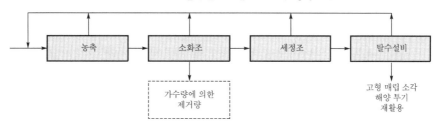

한편 침사지에서 제거되는 부유물질은 슬러지 형태로 슬러지처리시설로 유입된다. 슬러지 처리는 여러 방법(물리/화학적 방법 : 소각 또는 재활용, 생물학적 방법 : 혐기 또는 호기 소화)을 거쳐 무해화한 다음에 자연계로 배출하게 된다.

⑦ 표준 활성슬러지법

가장 일반적인 표준 활성슬러지법은 침사지, 스크린, 유량조정조, 1차 침전조, 폭기조, 2차 침전조, 방류의 순서를 거치며, 여기서 발생된 슬러지는 농축조, 소화조, 개량, 탈수를 거쳐 최종 매립되는 형식이고, 소화조에서 발생된 소화가스는 가스저장조로 회수되어 재이용되는 시스템이다.

▌ **표준 활성슬러지법** ▌

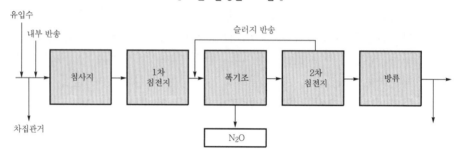

활성슬러지 공정은 도시하수 및 산업폐수처리에 가장 널리 사용되고 있는 생물학적 공정이다. 유입되는 하수는 반송슬러지와 함께 포기조로 투입되어 혼합되며, 포기조 내로 연속적인 포기가 진행된다.

포기조를 거친 혼합액은 2차 침전지에서 고액 분리가 되어 상층수는 처리수로 소독되어 방류되고, 침전된 슬러지 중의 일부는 포기조로 반송되고, 일부는 잉여슬러지로 배출된다. 특징은 수리학적 체류시간(HRT) 6~8시간, MLSS 농도 1,500~3,000mg/L, 그리고 BOD-MLSS(F/M비)는 유입하수의 수질, 처리 정도, 제거율 등을 고려하여 결정하되 대체로 0.2~0.4kg BOD/SS kg·일률을 표준으로 한다.

⑭ A₂O 공법

A₂O 공법은 침사지, 스크린, 유량조정조, 1차 침전조, 혐기조, 무산소조, 호기조, 2차 침전조, 방류의 순서를 거쳐 방류되고, 여기서 발생된 슬러지는 슬러지 저류조를 거쳐 탈수되어 최종 처리된다.

질소 제거를 위해 호기조에서 질산화된 질소는 내부 반송에 의해 무산소조로 이송되어 탈질되며, 최종 침전지 바닥의 슬러지는 혐기조로 반송되어 인 제거에 이용된다. 일반적으로 무산소조의 체류시간은 약 1시간 정도이다.

A_2O(Anaerobic/Anoxic/Oxic) 공법의 질소 제거 효율은 40~70% 정도이고, 유출수 내의 인 농도는 유출수 여과 없이 2mg/L 이하로 처리되며, 유출수 여과 시 1.5mg/L 이하인 것으로 보고된다.

혐기조에서는 인 방출 및 유기물 제거(HRT : 1.0~2.0hr)로 호기조에서 반송된 질산성 질소를 유기물을 이용하여 탈질하는데 탈질 시 유입수의 탄소원을 최대한 효과적으로 이용할 수 있다.

그리고 호기조에서는 유기물 산화, 질산화 및 인 제거(과잉 섭취) (HRT : 4.0~6.0hr)의 기능을 하는데, Heterotrophs 미생물은 산소를 이용하여 유기물을 산화하거나 NH_4-N을 NO_3-N로 전환하는 질산화(Nitrification) 공정에 주로 이용되고 있으며, PAO는 혐기조에서 체내에 축적된 BOD를 이용하여 인을 섭취하는 특징이 있다.

┃ A₂O 공법 ┃

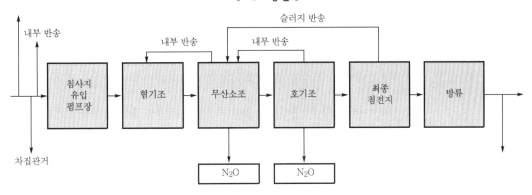

3) 분뇨처리시설

① 공정도 및 공정 설명

국내의 분뇨처리시설은 크게 두 가지 형태로 처리되고 있다. 첫 번째는 전처리 없이 하수처리시설에 병합처리하거나, 두 번째는 1차 처리한 다음 하수처리장으로 이송하여 처리하는 방법이다. 다음에서 보는 것처럼 분뇨는 1차 처리시설의 주공정인 질소 처리공정과 응집침전 과정을 거친 다음에 액상은 하수처리시설로 이송되고, 슬러지는 탈수 후 매립 또는 소각처리되고 있다.

┃ 분뇨처리시설 공정 ┃

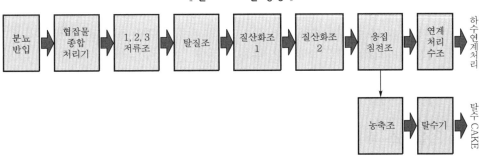

(2) 주요 배출시설의 이해

1) 하수처리시설

하수처리시설에서의 온실가스 배출은 연료 및 전기 사용 등과 같은 하수처리시설 운영과 관련된 경우와 하수처리시설의 배출 특성에 의해 배출되는 경우로 구분할 수 있다. 여기서는 하수처리시설이라는 특성에 근거한 온실가스 배출 특성에 대해서만 다루었다.

한편, 폐수처리시설은 전술한 것처럼 처리공정이 다양하므로 일반화할 수 없어 여기서는 제외하고, 하수처리시설의 온실가스 배출 특성에 대해서만 기술하였다.

국내 하수처리시설은 유기물질을 제거하기 위해 대부분이 호기적 생물학적 공정을 택하고 있으며 이론적으로는 온실가스인 CH_4이 발생하지 않는다. 그러나 반응과정에서 혐기 분위기가 조성되는 경우가 있다. 표준 활성슬러지법에서 온실가스가 배출될 수 있는 공정은 폭기조가 있다. 한편 슬러지를 처리하는 과정에서 혐기성 소화를 적용하는 경우에는 CH_4 배출이 상당하나, 이를 회수하여 연료로 활용하고 있다. 그러므로 외부로의 CH_4 배출은 거의 없는 것으로 알려지고 있다. 한편 N_2O 배출은 폭기조의 탈질과정에서 발생할 개연성이 있고, A_2O 공법에서는 무산소조와 호기조에서 N_2O가 발생할 가능성이 있다.

┃ **하수처리시설에서의 온실가스 공정 배출원, 온실가스 종류 및 배출원인** ┃

분 류	배출공정	온실가스	배출원인
활성슬러지법	폭기조	N_2O	탈질과정에 의한 배출
	2차 침전지	CH_4	혐기성 소화에 의한 배출
		N_2O	유기성 질소 성분의 불완전연소에 의한 배출
A_2O 공법	혐기조	CH_4	유기성 폐기물의 혐기 조건에서 분해 배출
	무산소조, 호기조	N_2O	탈질과정에 의한 배출

2) 분뇨처리시설

분뇨는 현장에서 1차 처리되어 인근의 하수처리시설에서 병합처리되거나 직접 하수처리시설로 이송되어 처리된다. 분뇨처리에서의 CH_4은 유기물이 혐기적으로 분해되는 과정에서 배출되며, 기본적으로 분뇨 내의 분해 가능한 유기물질, 온도, 처리시스템의 유형에 따라 배출량이 변한다. N_2O의 경우에는 질소 성분(요소, 질산염, 단백질)을 포함한 분뇨처리 과정에서 배출되며, 질산화 및 탈질화 작용을 통해 발생하게 된다.

분뇨처리시설에서의 온실가스 공정 배출원, 온실가스 종류와 원인은 하수처리시설과 동일하므로 중복을 피하기 위해 여기서는 생략했으며, 자세한 내용은 하수처리시설의 '온실가스 배출 특성'을 참고하면 된다.

(3) 온실가스 배출량 산정 · 보고 · 검증 절차

온실가스 배출량 산정 · 보고 · 검증 절차는 총 9단계로 구성되어 있으며, 일반론에서 언급한 내용을 제외하고 에너지 고정연소 부문에서 특화되어 설명해야 할 부분은 1, 2, 5단계에 대해서만 다루었다.

1) 1단계 : 조직경계 설정

하수처리시설의 조직경계와 온실가스 배출 특성은 그림과 같다. 배출 형태는 크게 직접 배출과 간접 배출로 구분할 수 있으며, 직접 배출은 고정연소에 의한 배출, 공정 배출, 이동연소에 의한 배출, 탈루배출로 구분할 수 있다. 특히 하·폐수처리시설에서는 탈질과정과 혐기성 조건에서 각각 공정 배출인 N_2O와 CH_4이 다량 배출되는 특성을 지니고 있다.

‖ 하수처리시설의 시설경계 ‖

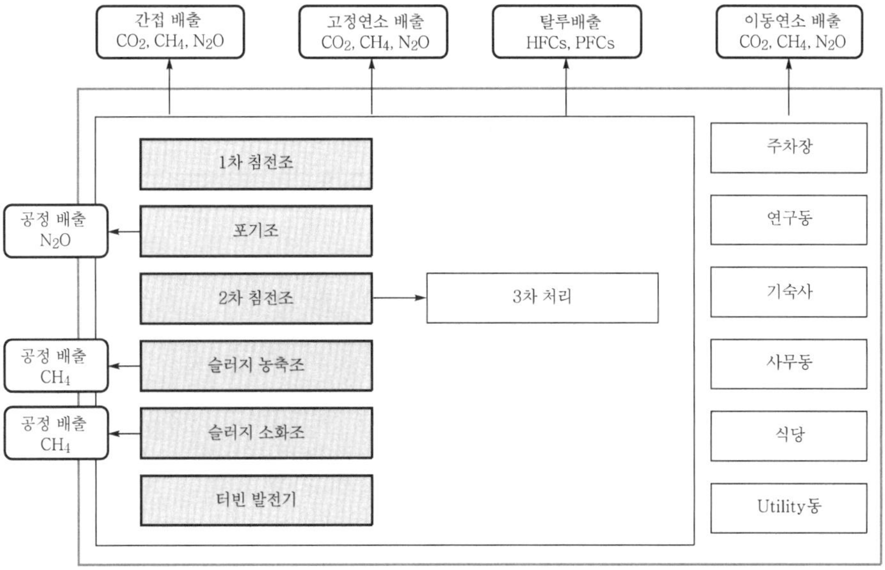

2) 2단계 : 하수처리시설의 온실가스 배출활동 확인

하수처리시설의 온실가스 배출활동은 운영경계를 기준으로 살펴보았다.

‖ 하수처리시설의 온실가스 배출활동 ‖

운영경계	배출원	온실가스	배출활동
직접 배출원 (Scope 1)	고정연소	CO_2	하·폐수처리시설에서 보일러 가동, 난방 및 취사 등에 사용되어지는 연료 연소에 의한 배출
		CH_4	
		N_2O	
	이동연소	CO_2	하·폐수처리시설에서 업무용 차량 운행에 따른 온실가스 배출
		CH_4	
		N_2O	
	공정 배출원	CH_4	하·폐수 슬러지의 혐기 소화에 의한 배출
		N_2O	하수처리 시 질산화 공정에서의 온실가스 배출
간접 배출원 (Scope 2)	외부 전기 및 외부 열·증기 사용	CH_4	하·폐수처리 운영시설에서의 전력 사용에 따른 온실가스 배출
		N_2O	
		CO_2	

직접 배출원과 간접 배출원으로 구분되며, 직접 배출원에는 고정연소, 이동연소, 탈루배출, 공정배출이 있고, 간접 배출원은 외부 전기 및 열·증기 사용을 꼽을 수 있다.

3) 5단계 : 배출활동별 배출량 산정방법론의 선택

하수처리시설에서의 배출량 산정방법론에서 정한 활동자료, 배출계수, 배출가스농도, 유량 등 각 매개변수에 대하여 자료의 수집방법을 정하고 자료를 모니터링한다.

┃ 배출시설 배출량 규모별 공정배출 산정법 적용(최소 기준) ┃

배출활동	산정방법론			활동자료 하·폐수처리량			배출계수		
시설 규모	A	B	C	A	B	C	A	B	C
하·폐수처리	1	1	1	1	1	1	1	1	1

(4) 온실가스 배출량 산정방법

하수처리공정의 보고대상 배출시설은 총 5개 시설이다.

① 가축분뇨공공처리시설

② 공공폐수처리시설

③ 공공하수처리시설

④ 분뇨처리시설

⑤ 기타 하·폐수처리시설

국내 하수, 폐수, 분뇨처리시설에서의 보고대상 온실가스와 온실가스별로 적용해야 하는 산정방법론은 다음과 같다.

구 분	CO_2	CH_4	N_2O
하수처리	–	Tier 1	Tier 1
폐수처리	–	Tier 1	–

1) 하·폐수처리 분야 온실가스 산정방법

① 하수처리

㉮ CH_4 산정방법

국내 목표관리제에서 적용하도록 요구하고 있는 하수처리공정에서 온실가스 배출량 산정방법의 Tier 1 산정식은 다음과 같다(폐수 유입 시 하수처리에 포함한다).

$$CH_{4Emissions} = [(BOD_{in} \times Q_{in} - BOD_{out} \times Q_{out} - BOD_{sl} \times Q_{sl}) \times 10^{-6} \times EF - R] \times F_{eq,j}$$

여기서, $CH_{4Emissions}$: 하수처리에서 배출되는 CH_4 배출량(tCO_2-eq)

BOD_{in}, BOD_{out} : 유입수와 방류수의 BOD_5 농도(mgBOD/L)

BOD_{sl} : 반출 슬러지의 BOD_5 농도(mg-BOD/L)

Q_{in} : 유입수의 유량(m^3)

Q_{out} : 방류수의 유량(m^3)

Q_{sl} : 슬러지의 반출량(m^3)

EF : 메탄배출계수(kg CH_4/kg BOD)

R : 메탄 회수량(tCH_4)

$F_{eq,j}$: 온실가스의 CO_2 등가계수

다만,

㉠ $\dfrac{R}{(BOD_{in} \times Q_{in} - BOD_{out} \times Q_{out} - BOD_{sl} \times Q_{sl}) \times 10^{-6} \times EF_i} \leq 0.95$인 경우

에는 위 식에 따라 발생량 및 배출량을 산정한다.

㉡ $\dfrac{R}{(BOD_{in} \times Q_{in} - BOD_{out} \times Q_{out} - BOD_{sl} \times Q_{sl}) \times 10^{-6} \times EF_i} > 0.95$인 경우

에는 배출량은 위 식에 따라 산정하되, 다음과 같이 변경하여 적용한다.

$$CH_{4Emissions} = (BOD_{in} \times Q_{in} - BOD_{out} \times Q_{out} - BOD_{sl} \times Q_{sl})$$
$$\times EF \times 10^{-6} \times 0.05 \times F_{eq,j}$$

㉯ N_2O 산정방법

$$N_2O_{Emissions} = [(TN_{in} \times Q_{in} - TN_{out} \times Q_{out} - TN_{sl} \times Q_{sl}) \times 10^{-6} \times EF \times 1.571] \times F_{eq,j}$$

여기서, $N_2O_{Emissions}$: 하수처리에서 배출되는 N_2O 배출량(tCO_2-eq)

TN_{in}, TN_{out} : 유입수, 방류수의 총 질소농도(mg T-N/L)

TN_{sl} : 반출 슬러지의 총 질소 농도(mg T-N/L)

Q_{in} : 유입수의 유량(m^3)

Q_{out} : 방류수의 유량(m^3)

Q_{sl} : 슬러지의 반출량(m^3)

1.571 : N_2O의 분자량(44.013)/N_2의 분자량(28.013)

EF : 아산화질소 배출계수(kg N_2O-N/kg T-N)

$F_{eq,j}$: 온실가스의 CO_2 등가계수

② 폐수처리

국내 목표관리제에서 적용하도록 요구하고 있는 폐수처리공정에서 온실가스 배출량 산정방법의 Tier 1 산정식은 다음과 같다(하수 유입 시 폐수처리에 포함한다).

$$\text{CH}_{4Emissions} = [(\text{COD}_{in} \times Q_{in} - \text{COD}_{out} \times Q_{out} - \text{COD}_{sl} \times Q_{sl}) \times EF \times 10^{-6} - R] \times F_{eq,j}$$

여기서, $\text{CH}_{4Emissions}$: 폐수처리에서 배출되는 온실가스(tCO_2-eq)

COD_{in}, COD_{out} : 유입수, 방류수의 COD 농도(mg COD/L)

COD_{sl} : 반출 슬러지의 COD농도(mg COD/L)

Q_{in} : 유입수의 유량(m^3)

Q_{out} : 방류수의 유량(m^3)

Q_{sl} : 슬러지의 반출량(m^3)

EF : 배출계수(kg CH₄/kg COD)

R : 메탄 회수량(tCH₄)

$F_{eq,j}$: 온실가스의 CO₂ 등가계수

다만,

㉠ $\dfrac{R}{(\text{COD}_{in} \times Q_{in} - \text{COD}_{out} \times Q_{out} - \text{COD}_{sl} \times Q_{sl}) \times EF_i \times 10^{-6}} \leq 0.95$인 경우에

는 위 식에 따라 발생량 및 배출량을 산정한다.

㉡ $\dfrac{R}{(\text{COD}_{in} \times Q_{in} - \text{COD}_{out} \times Q_{out} - \text{COD}_{sl} \times Q_{sl}) \times EF_i \times 10^{-6}} > 0.95$인 경우 배

출량은 위 식에 따라 산정하되, 다음과 같이 변경하여 적용한다.

$$\text{CH}_{4Emissions} = (\text{COD}_{in} \times Q_{in} - \text{COD}_{out} \times Q_{out} - \text{COD}_{sl} \times Q_{sl})$$
$$\times EF \times 10^{-6} \times 0.05 \times F_{eq,j}$$

③ 산정방법 특성

㉮ 하수처리 및 미차집/미처리에 의한 CH₄ 배출량 산정은 2006 IPCC G/L의 Tier 2 수준으로 산정

㉯ N₂O의 경우 Tier 구분없이 가이드 라인 그대로 적용

㉰ 하수처리에 의한 CH₄ 산정의 경우 처리시설별 산정을 원칙으로 함.

④ 산정 필요 변수

‖ 산정에 필요한 변수들의 관리기준 및 결정방법 ‖

매개변수	세부변수		관리기준 및 결정방법
활동자료	• 유입하수량 • 메탄 회수량 • 유·출입 하수의 BOD 농도 • 유·출입 하수의 총 질소 농도 • 유·출입 폐수의 COD 농도		• 측정불확도 ±7.5% 이내의 유입하수량으로 결정 • 측정불확도 ±5.0% 이내의 메탄 회수량 자료 사용 • 수질오염공정시험 기준에 따라 측정하여 BOD 농도와 총 질소 농도, COD 농도 사용
배출계수	하수	CH_4 배출계수	• Case 1 : 2006 IPCC G/L • Case 2 : 국가 고유배출계수 • Case 3 : 사업자 자체 개발한 고유배출계수 결정 • N_2O 배출계수 : 0.005kg N2O-N/kg T-N
		N_2O 배출계수	
	폐수	CH_4 배출계수	

‖ CH_4 국가 고유배출계수(Tier 2) ‖

혐기적 처리공정이 없을 경우	혐기적 처리공정이 있을 경우
0.01532kg CH_4/kg BOD	0.18452 kg CH_4/kg BOD

‖ 처리 유형별 폐수처리 분야 CH_4 배출계수 ‖

처리 유형	EF(t CH_4/t COD)
슬러지의 혐기성 소화조	0.2
혐기성 반응조	0.2
혐기성 라군(2m 이하)	0.05
혐기성 라군(2m 초과)	0.2

25 폐기물의 소각

(1) 주요 공정의 이해

1) 폐기물의 소각공정 정의

소각은 가연성분 폐기물이 공기 중의 산소와 반응하여 열에 의해 산화·분해되면서 CO_2, H_2O, 소각 잔재로 전환되는 발열반응으로 정의할 수 있다. 소각은 폐기물의 위생처리와 감량화가 주목적이며, 소각과정에서 발생되는 대기오염물질과 소각재를 환경친화적으로 처리하여 환경에 미치는 영향을 최소화하는 데 그 목적이 있다.

2) 공정도 및 공정 설명

소각시설은 폐기물의 반입·공급설비, 연소설비, 연소가스, 냉각설비, 배출가스처리설비, 급·배수설비, 배출수처리설비, 여열이용설비, 통풍설비, 소각재배출설비 등으로 구성되어 있다.

다음 그림은 대표적인 국내 대형 소각시설의 공정도이며, 일반적으로 배출가스 중의 분진처리시설로 어떤 것을 적용하느냐에 따라 크게 전기집진기와 여과집진기로 구분할 수 있다. 전기집진기를 택하는 경우에는 산성 가스 제거 목적으로 습식 세정탑을 사용하고 있다. 반면에 여과집진기를 택하는 경우에는 산성 가스 제거 목적으로 반건식 반응탑을 많이 적용하고 있으며, 두 방식 모두 NO$_x$ 제거 목적으로 SCR 또는 SNCR을 적용하고 있다.

| 소각시설의 개략 공정도 |

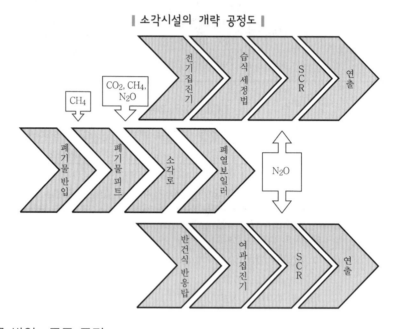

① 폐기물 반입·공급 공정

폐기물 반입·공급 공정은 계량기, 반입·반출로, 쓰레기 반입동, 쓰레기 저장소, 쓰레기 크레인, 쓰레기 파쇄기 등으로 구성되어 있다.

㉮ 계량기

계량기는 유입되는 쓰레기 및 반출되는 재의 중량을 측정하는 설비이다. 계량기는 소각시설에 유입되는 양을 결정하기 때문에 전체 소각시설의 물질수지를 파악하는 데 필수적이다.

㉯ 반입·반출로

쓰레기 및 소각재 운반 차량이 소각시설 내에서 폐기물을 반입·반출하기 위한 도로이다. 반입·반출로는 처리시설의 배치도와 반입동의 위치를 고려하여 최단거리로 선정하되 안전하게 운행할 수 있도록 해야 한다. 쓰레기 수거차, 재의 반출차 및 그 밖의 차량이 각자 동선상의 교차가 일어나지 않도록 구분해두고 가능한 일방통행방식이 바람직하다.

ⓓ 쓰레기 반입동

쓰레기 운반 차량이 쓰레기를 저장조에 투입하기 위한 장소이며, 설치 목적은 쓰레기 차량이 효율적이고 안전하게 쓰레기를 투입할 수 있도록 하는 것이다. 쓰레기 반입동은 일방통행방식의 동선계획이 필요하고, 폭과 길이는 쓰레기 운반 차량의 이동 및 쓰레기 투입 시 용이할 수 있도록 충분한 공간을 확보해야 하고, 세척수가 고이지 않도록 배수로를 갖추고 배수가 용이하도록 2% 정도의 구배를 주어야 한다.

ⓔ 쓰레기 저장소

쓰레기 저장소는 소각시설에 반입되는 쓰레기를 일시 저장하는 설비로 쓰레기 반입량이 일정하지 않기 때문에 소각로에 일정량의 쓰레기를 지속적으로 공급하기 위한 조절 기능과 과반입을 완충하는 역할을 갖고 있다. 쓰레기 저장소는 중량 기준 계획 1일 최대 처리량의 3배 이상의 규모로 설치하고, 침출수의 배수가 용이한 구조이어야 한다.

ⓕ 폐기물 크레인

폐기물 저장소의 쓰레기는 크레인을 통해 호퍼로 운반시키는 설비로서 저장소에서 폐기물을 잘 혼합하여 쓰레기의 질을 균일하게 해주는 역할을 담당하고 있다.

ⓖ 쓰레기 파쇄기

쓰레기를 소각에 용이하도록 대형 쓰레기를 일정한 크기로 파쇄하는 설비이다. 파쇄의 목적은 크게 네 가지로 꼽을 수 있다. 첫째 쓰레기의 겉보기 밀도의 증가를 꼽을 수 있으며, 쓰레기의 운반, 저장 및 취급이 용이하게 될 수 있다. 둘째, 가연 성분 쓰레기의 분리를 위한 목적으로 이용될 수 있다. 파쇄가 이루어지면 밀도차를 이용하여 가연 성분 쓰레기와 밀도가 비교적 큰 불연 성분 쓰레기와의 분리가 용이해진다. 셋째, 쓰레기 표면적의 증가를 위한 목적이 될 수 있다. 파쇄 등으로 쓰레기의 표면적을 증가시켜 소각 시 열전도를 증가시켜 연소 효율을 높일 수 있다. 넷째, 쓰레기 입도의 균일화가 이루어질 수 있다.

② **소각공정**

소각은 가연성 폐기물을 고온에서 공기와 반응시켜 산화·분해시키는 발열반응으로 소각반응조는 스토커, 유동상 등이 대표적인 생활폐기물 소각로 형식이다. 소각설비는 호퍼, 공급장치, 연소장치, 연소보조장치로 구성되어 있다.

ⓐ 호퍼

호퍼는 연소장치로 쓰레기를 공급하기 위한 투입구로 쓰레기 크레인에 의해 호퍼로 쓰레기가 이송되면 공급장치에 의해 연소장치로 투입된다. 주요 설치 목적은 첫째, 쓰레기의 순조로운 공급, 둘째, 소각로와 외부를 차단하여 연소가스의 누출을 방지, 셋째, 쓰레기를 일시 저장하여 소각로 내의 연속 투입을 가능하게 하는 것이다.

㉯ 공급장치

　　　　호퍼 내의 쓰레기를 소각로 내에 공급하기 위한 장치이며, 연속적이고 정량적으로 공급해야 하는 것이 공급장치의 목적이고, 주요 기능은 다음과 같다.

　　　　㉠ 쓰레기를 연속적으로 안정되게 공급할 수 있을 것

　　　　㉡ 공급량을 적절하게 조정할 수 있을 것

　　　　㉢ 연소장치

　　　　　생활폐기물의 대표적인 연소시설은 스토커식 소각로로 화격자식 형식이며, 소각로 내에 고정화 격자 또는 구동화 격자를 설치하고, 그 화격자 위에 피소각물을 올려놓아 연소시키는 방식으로 연소 잔재는 화격자 사이를 통하여 소각로 하부로 배출된다. 반면에 연소된 가스는 소각로의 상부를 통해 배출된다. 소각로 공급장치로부터 연소기의 출구까지의 소요 이동시간은 일반적으로 2시간이다.

③ 냉각공정

연소가스 냉각설비는 고온의 배출가스(850℃ 이상) 방지설비의 적정 처리 온도까지 낮추어 처리 효율을 높이고 방지설비를 보호하기 위한 설비이다. 산성류 가스 등이 응축되어 저온 부식을 방지하고, 고온으로 인해 분진의 연화가 일어나 고온 부식이 발생하지 않는 온도인 250~300℃까지 냉각시키는 것이 필요하다.

쓰레기처리시설의 연소가스 냉각설비는 폐열보일러식, 공기혼합식, 수분사식, 간접 공랭식 가스냉각설비의 4가지 방식이 있다. 공기혼합식은 냉각 후의 배출 가스량이 대폭적으로 증가함에 따라 배출가스처리설비, 통풍설비 등의 용량이 커지게 되고, 간접 공랭식은 배출구와 공기와의 열교환기가 매우 커지게 되고, 공기 냉각을 위해 통풍에 필요한 동력도 무시할 수 없기 때문에 설치·운영비가 매우 높다. 따라서 일반적으로 쓰레기 소각시설에서는 폐열보일러와 물분사식이 많이 사용된다.

④ 배출가스처리

배출가스처리설비는 배출가스 내의 분진, SO_x, NO_x, HCl, CO 등의 유해가스를 배출허용기준치 이하로 처리하기 위한 설비이다. 배출가스처리설비에는 집진기와 유해가스 제거설비가 있다.

NO_x 제거설비에서 N_2O가 배출되는 것으로 알려지고 있으며, NO_x 제거설비는 선택접촉환원법(SCR)과 무촉매환원법(SNCR)으로 구분할 수 있다.

SCR은 환원제로서 보통 암모니아를 사용하지만, 일산화탄소(CO) 또는 황화수소(H_2S)를 사용하는 경우도 있다. 여기에서는 암모니아를 사용한 SCR에 대해 설명하며, 암모니아 가스를 처리할 배기가스에 분사시켜 질소산화물과 암모니아가 혼합된 배기가스를 티탄듐산화물(TiO_2)과 바나듐산화물(V_2O_5)의 촉매와 접촉하여 NO_x를 N_2와 H_2O로 환원시킨다.

SNCR은 촉매 없이 870~1,200℃ 온도 범위의 고온 배출가스에 암모니아, 암모니아 수를 분사하여 SCR과 마찬가지 원리로 NO_x로 환원하여 무해한 N_2와 H_2O를 생성시킨다. 이 SNCR 방식은 SCR과 견줄 수 있는 성능을 가지고 있으며, SCR 공정에 비해 건설비, 유지관리비가 저렴한 경제성 있는 탈질공정이다.

(2) 주요 배출시설의 이해

폐기물 소각시설에서는 고형 및 액상 폐기물의 연소로 인해 CO_2, CH_4 및 N_2O가 배출되며, 소각되는 폐기물 유형은 도시 고형 폐기물, 사업장계 폐기물, 지정 폐기물, 하수 슬러지 등이다. 단, 바이오매스 폐기물(음식물, 목재 등)의 소각으로 인한 CO_2 배출은 생물학적 배출량이므로 배출량 산정 시 제외되어야 하며, 화석연료로 인한 폐기물의 소각으로 인한 CO_2만 배출량에 포함되어야 한다. 이러한 이유로 폐기물 소각으로 인한 CO_2 배출은 투입 유기성 폐기물의 화석탄소 함량을 기준으로 산정하며, 그 밖의 Non-CO_2(CH_4 및 H_2O)의 경우에는 측정을 통하여 배출량을 산정하고 있다.

폐기물 소각시설에서 온실가스 공정배출시설은 폐기물 저장소, 소각로, SNCR, SCR 등이 있다. 각 배출시설별 배출원인은 다음과 같다.

배출공정	온실가스	배출원인
폐기물 저장소	CH_4	유기성 폐기물의 혐기 조건에서 분해 배출
소각로	CO_2	비생물계 유기성 폐기물의 연소분해 배출
	CH_4	유기성 폐기물의 불완전연소에 의한 배출
SNCR, SCR	N_2O	유기성 질소 성분의 불완전연소에 의한 배출
		NO_x 처리과정에서 중간 생성물로 배출

(3) 온실가스 배출량 산정 · 보고 · 검증 절차

온실가스 배출량 산정 · 보고 · 검증 절차는 총 9단계로 구성되어 있으며, 에너지 고정연소 부문에서 특화되어 설명해야 할 부분은 1, 2, 5단계에 대해서만 다루었다.

1) 1단계 : 조직경계 설정

폐기물 소각시설의 배출 형태는 크게 직접 배출과 간접 배출로 구분할 수 있으며, 직접 배출은 고정연소에 의한 배출, 공정배출, 이동연소에 의한 배출, 탈루배출로 구분할 수 있다.

2) 2단계 : 폐기물 소각시설의 온실가스 배출활동 확인

폐기물 소각시설의 온실가스 배출활동은 운영경계를 기준으로 살펴보았다. 직접 배출원과 간접 배출원으로 구분되며, 직접 배출원에는 고정연소, 이동연소, 탈루배출, 공정배출이 있고, 간접 배출원은 외부 전기 및 열 · 증기 사용을 꼽을 수 있다. 폐기물 소각시설의 온실가스 배출활동은 다음과 같다.

┃ 폐기물 소각시설의 온실가스 배출활동 ┃

운영경계	배출원	온실가스	배출활동
직접 배출원 (Scope 1)	고정연소	CO_2	소각시설에서 보일러 가동, 난방 및 취사 등에 사용되어지는 연료 연소에 의한 배출
		CH_4	
		N_2O	
	이동연소	CO_2	• 소각시설에서 업무용 차량 운행에 따른 온실가스 배출 • 소각시설에서 압축, 복토 등을 위해 사용되는 중장비와 같은 시설의 연료 사용에 따른 온실가스 배출
		CH_4	
		N_2O	
	탈루배출	CH_4	• 소각시설에 사용하는 화석연료 사용 등과 연관된 탈루배출 • 목표관리제 지침에서는 탈루배출이 없다고 가정(2013년부터 고려)
		N_2O	
	공정 배출원	CO_2	비생물계 폐기물 소각에 의한 배출
		CH_4	폐기물의 불완전연소로 인한 배출
		N_2O	• 폐기물 중 질소 성분의 불완전연소 • NO_x 처리과정에서 중간 산물로 N_2O 배출
간접 배출원 (Scope 2)	외부 전기 및 외부 열·증기 사용	CO_2	소각운영시설에서의 전력 사용에 따른 온실가스 배출
		CH_4	
		N_2O	

3) 5단계 : 배출활동별 배출량 산정방법론의 선택

폐기물 소각시설에서의 배출량 산정방법론에서 정한 활동자료, 배출계수, 배출가스농도, 유량 등 각 매개변수에 대하여 자료의 수집방법을 정하고 자료를 모니터링한다.

┃ 배출시설 배출량 규모별 공정배출 산정법 적용(최소 기준) ┃

배출활동	산정방법론			활동자료 폐기물 소각량			배출계수		
시설 규모	A	B	C	A	B	C	A	B	C
폐기물의 소각	1	1	1	1	2	3	1	2	3

(4) 온실가스 배출량 산정방법

폐기물 소각공정의 보고대상 배출시설은 총 8개 시설이 있다.

① 소각 보일러
② 일반 소각시설
③ 고온 소각시설
④ 열분해시설(가스화시설 포함)
⑤ 고온 용융시설
⑥ 열처리 조합시설
⑦ 폐가스 소각시설(배출가스 연소탑, Flare Stack 등)
⑧ 폐수 소각시설

국내 목표관리제의 소각시설 보고대상 온실가스와 온실가스별로 적용해야 하는 산정방법론은 다음과 같이 CO_2는 Tier 1과 Tier 4를 적용하도록 하고 있으며, CH_4과 N_2O는 배출규모에 상관없이 Tier 1 적용도 허용하였다.

구 분	CO_2	CH_4	N_2O
산정방법론	Tier 1, 4	Tier 1	Tier 1

1) 폐기물 소각분야 CO_2 산정방법

국내 목표관리제에서 고상과 액상 폐기물의 소각에 의한 온실가스 CO_2 산정방법으로 Tier 1 이상을 요구하고 있으며, 연속측정방법은 Tier 4도 허용하고 있다. IPCC에서도 소각 부문에서는 동일한 산정방법을 제공하고 있으며, Tier의 구분은 산정방법이 아닌 어떤 활동자료와 배출계수를 적용하느냐에 따라 Tier를 구분하고 있다.

① 고상 폐기물

국내 목표관리제에서 택하고 있는 고상 폐기물의 소각과정에서의 CO_2 배출량 산정방법인 Tier 1 산정식은 다음과 같으며 배출량은 활동자료인 소각량에 건조 화석 탄소량을 곱하여 결정하도록 하고 있다.

$$CO_{2Emissions} = \sum_i (SW_i \times dm_i \times CF_i \times FCF_i \times OF_i) \times 3.664$$

여기서, $CO_{2Emissions}$: 폐기물 소각에서 발생되는 온실가스 양(tCO_2/yr)

SW_i : 폐기물 성상(i)별 소각량(ton Waste/yr)

dm_i : 폐기물 성상(i)별 건조물질 질량분율(0에서 1 사이의 소수)

CF_i : 폐기물 성상(i)별 탄소 함량(t C/t-Waste)

FCF_i : 화석탄소 질량분율(0에서 1 사이의 소수)

OF_i : 산화계수(소각 효율, 0에서 1 사이의 소수)

3.664 : CO_2의 분자량(44.010)/C의 원자량(12.011)

② 액상 폐기물

국내 목표관리제에서 적용하도록 요구하고 있는 소각공정에서 액상 폐기물의 CO_2 배출량 산정방법인 Tier 1 산정식은 다음과 같다.

$$CO_{2Emissions} = \sum_i (AL_i \times CL_i \times OF_i) \times 3.664$$

여기서, AL_i : 액상 폐기물 성상(i) 소각량(t-Waste)

CL_i : 폐기물 성상(i) 탄소 함량(t C/t-Waste)

OF_i : 산화계수(소각 효율, 0에서 1 사이의 소수)

3.664 : CO_2의 분자량(44.010)/C의 원자량(12.011)

③ 기상 폐기물

$$\mathrm{CO}_{2Emissions} = \sum_{i}(GW_i \times EF_i \times OF_i)$$

여기서, $\mathrm{CO}_{2Emissions}$: 폐기물 소각에서 발생되는 온실가스 양(tCO₂)

　　　　GW_i : 기상 폐기물(i)의 소각량(t-Waste)

　　　　EF_i : 기상 폐기물(i)별 배출계수(tCO₂/t-Waste)

　　　　OF_i : 산화계수(소각 효율, 0에서 1 사이의 소수)

2) 폐기물 소각분야 CH₄, N₂O 산정방법

국내 목표관리제에서 적용하도록 요구하고 있는 소각공정의 CH₄과 N₂O 배출량 산정방법인 Tier 1 산정식은 다음과 같다.

$$\mathrm{CH}_{4Emissions} = IW \times EF_j \times F_{eq,j} \times 10^{-3}$$
$$\mathrm{N}_2\mathrm{O}_{Emissions} = IW \times EF_j \times F_{eq,j} \times 10^{-3}$$

여기서, $\mathrm{CH}_{4Emissions}$: 폐기물 소각에서 발생되는 온실가스 양(tCO₂-eq/yr)

　　　　$\mathrm{N}_2\mathrm{O}_{Emissions}$: 폐기물 소각에서의 N₂O 배출량(tCO₂-eq/yr)

　　　　IW : 총 폐기물 소각량(t)

　　　　EF_j : 온실가스 j의 배출계수(kg CH₄/t-Waste, kg N₂O/t-Waste)

① 산정방법 특성

CO₂ 배출량 산정을 위해서는 활동자료인 폐기물의 소각량과 화석탄소의 건조탄소 함량 비율에 의해 결정됨.

㉮ 온실가스 CO₂ 배출로 인정되는 폐기물은 화석연료와 연관된(비생물계) 폐기물은 합성수지류, 합성피혁류, 합성고무류이고, 생물계 폐기물은 음식물 쓰레기, 종이류, 목재류 소각에 의해 생성·배출되는 CO₂는 온실가스로 인정하지 않고 있음.

㉯ 생물계 폐기물 소각에 의한 CO₂ 배출은 원료 및 가공과정에서 CO₂ 흡수를 산정하지 않기 때문에 중복 산정을 피하기 위해 소각과정에서의 CO₂ 배출은 산정하지 않고 있음.

㉠ CH₄, N₂O 배출량 산정을 위해서는 활동자료인 폐기물의 소각량에 측정에 의해 결정된 배출계수를 곱하여 결정하며, 만약 측정에 의한 고유값이 없는 경우에는 IPCC의 기본값을 적용해야 함.

㉡ 소각처리 시 에너지 회수(예 소각 폐열을 지역난방용으로 공급)를 하는 경우에는 CO₂ 배출량을 에너지 분야에서 보고하도록 규정하고 있음.

② 산정 필요 변수

‖ 산정에 필요한 변수들의 관리기준 및 결정방법 ‖

매개변수	세부변수	관리기준 및 결정방법
활동자료	폐기물 성상별 소각량(SW)	• 폐기물공정시험법에 근거한 성상별 소각량 분석결과 적용 • Tier 1 : 측정불확도 ±7.5% 이내의 반입 폐기물의 양으로 결정 • Tier 2 : 측정불확도 ±5.0% 이내의 반입 폐기물의 양으로 결정 • Tier 3 : 측정불확도 ±2.5% 이내의 반입 폐기물의 양으로 결정
배출계수	폐기물 성상별 건조물질 질량분율(dm) 폐기물 성상별 탄소 함량(CF) 폐기물 성상별 화석탄소 건조물질 질량분율(FCF) 산화계수(OF) 폐기물 성상별 탄소 함량(CL)	• Case 1 : 2006 IPCC G/L • Case 2 : 국가 고유값 적용 • Case 3 : 사업자 자체 개발한 고유값 적용

꼼꼼 check ✓   Tier 1~3별 불확도

구 분	불확도(%)
Tier 1(IPCC 배출계수 이용)	±7.5%
Tier 2(국가계수 이용)	±5.0%
Tier 3(사용자 개발)	±5.0%(고체 연료) ±2.5%(액체, 기체 연료)

‖ 폐기물 소각분야 CO_2 IPCC 기본값(dm, CF, FCF) ‖

생활 폐기물				사업장 폐기물			
폐기물 성상	dm	CF	FCF	폐기물 성상	dm	CF	FCF
종이/판지	0.9	0.46	0.01	음식, 음료 및 담배	0.4	0.15	0
섬유	0.8	0.5	0.2	섬유	0.8	0.4	0.16
음식물	0.4	0.38	0	나무 및 목제품	0.85	0.43	0
목재	0.85	0.5	0	제지	0.9	0.41	0.01
정원 및 공원 폐기물	0.4	0.49	0	석유제품, 용매, 플라스틱	1	0.8	0.8
기저귀	0.4	0.7	0.1	고무	0.84	0.56	0.17
고무 및 가죽	0.84	0.67	0.1	건설 및 파쇄 잔재물	1	0.24	0.2
플라스틱	1	0.75	1	기타	0.9	0.04	0.03
금속	1	−	−	하수 슬러지	0.1	0.45	0
유리	1	−	−	폐수 슬러지	0.35	0.45	0
기타 비활성(불연성)	0.9	0.03	1	병원성 폐기물	0.65	0.4	0.25
−	−	−	−	액상 폐기물	−	0.8	1.0

┃ 폐기물 소각분야 IPCC에서 제시한 CH₄ 기본배출계수 ┃

소각기술		CH₄ 배출계수(kg CH₄/t Waste)
연속식	고정상	0.0002
	유동상	0
준연속식	고정상	0.006
	유동상	0.188
회분식(배치형)	고정상	0.06
	유동상	0.237

┃ 폐기물 소각분야 N₂O 국가 고유배출계수 ┃

폐기물 형태	N₂O 배출계수(g N₂O/t Waste)
생활 폐기물	39.8
사업장 폐기물(슬러지 제외)	113.19
사업장 폐기물(슬러지)	408.41
건설 폐기물	109.57
지정 폐기물(슬러지 제외)	83.52
지정 폐기물(슬러지)	408.41

26 간접 배출

(1) 주요 공정의 이해

1) 간접 배출 공정 정의

목표관리제 지침에서는 온실가스 간접 배출은 '관리업체가 외부로부터 공급된 전기 또는 열(연료 또는 전기를 열원으로 하는 것만 해당)을 사용함으로써 발생하는 온실가스 배출을 말한다.'라고 정의하고 있다. 즉 간접 배출은 특정 부문의 일상적인 활동에 의해 온실가스가 직접 배출되는 것이 아니라 간접 배출원의 조직경계 외부에서 온실가스를 배출하는 직접 활동에 의해 생성된 것(전기 또는 스팀)을 간접 배출원의 조직경계 내에서 활용 또는 처리하는 과정에서 온실가스 배출을 간접적으로 유도하는 배출활동으로 정의할 수 있다. 이외에도 폐기물을 조직경계 밖에서 처리하여 온실가스가 배출되는 경우도 폐기물을 발생하는 입장에서는 간접 배출이라고 할 수 있다.

① 외부에서 공급된 전기

관리업체가 소유 및 통제하는 설비와 사업활동에 의한 외부로부터 공급된 전력 사용으로 인해 발생하는 간접적 온실가스 배출은 연료 연소, 원료 사용 등으로 인한 직접적 온실가스 배출과 함께 관리업체의 온실가스 배출량에 포함되어야 한다.

단, 관리업체의 조직경계 내에 발전설비가 위치하여 생산된 전력을 자체적으로 사용할 경우에는 간접적 온실가스 배출량 산정에서 제외하도록 하고 있다. 이는 발전설비에서 전력 생산으로 인해 배출된 직접적 온실가스가 해당 관리업체의 배출량으로 이미 산정되었기 때문이며, 자체 생산한 전력의 자체 사용에 따른 간접적 온실가스 배출량을 포함할 경우 직접적 온실가스 배출량과 함께 중복 산정을 초래하기 때문이다.

② 외부에서 공급된 열

모든 사업장에서는 제품생산공정 또는 이와 관련된 각종 장치 및 설비(Unit) 등을 가동하기 위하여 열에너지를 사용하고 있으며, 이에 따라 온실가스 간접 배출이 발생한다.

보고 수준과 관련하여 이 지침의 다른 배출활동에서 규정하는 온실가스 배출시설에 대해서는 외부로부터 공급된 열 사용에 따른 온실가스 간접 배출도 해당 배출시설의 배출량에 포함하여 보고하여야 한다. 이를 제외한 장치·설비(Unit) 등의 외부 열 사용에 따른 온실가스 간접 배출은 사업장 단위로 보고할 수 있다.

(2) 온실가스 배출 특성

1) 외부에서 공급된 전기 사용 배출 특성

배출공정	온실가스	배출원인
조명설비	CO_2 CH_4 N_2O	전기에너지를 빛에너지로 전환하는 설비로 전기 사용 시 CO_2, CH_4, N_2O가 간접 발생함.
기계설비		전기에너지를 운동에너지로 전환하는 설비로 전기 사용 시 CO_2, CH_4, N_2O가 간접 발생함.
환기설비		전기를 이용하여 에어컨을 가동하는 설비로 CO_2, CH_4, N_2O가 간접 발생함.
냉·난방설비		전기에너지를 열에너지로 전환하거나 히트펌프를 이용하여 냉방함으로써 CO_2, CH_4, N_2O가 간접 발생함.

외부에서 공급된 전기 사용에서 온실가스 배출시설은 조명설비, 기계설비, 환기설비, 냉·난방설비 등이 있다.

‖ 전력 사용에 따른 간접 온실가스 배출경로 ‖

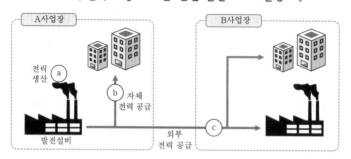

ⓐ A사업장 내에 위치한 발전설비에서의 전력 생산에 따른 직접 온실가스 배출량
(A사업장의 직접적 온실가스 배출량으로 보고)
ⓑ A사업장에서 생산한 전력을 A사업장 내에서 자체적으로 공급한 경우
(전력 사용에 따른 간접적 온실가스 배출량 산정에서 제외)
ⓒ A사업장에서 생산한 전력을 B사업장에 공급한 경우
(B사업장의 간접적 온실가스 배출량으로 보고)

2) 열(스팀) 사용 배출 특성

외부에서 공급된 열(스팀)을 사용하는 온실가스 공정배출시설은 냉·난방설비가 있고,
배출원인은 다음과 같다.

배출공정	온실가스	배출원인
냉·난방설비	CO_2 CH_4 N_2O	냉·난방설비에 사업장에서 외부로부터 공급된 열(스팀) 사용으로 인해 온실가스 간접 배출 발생

‖ 폐열 사용에 따른 간접 온실가스 배출경로 ‖

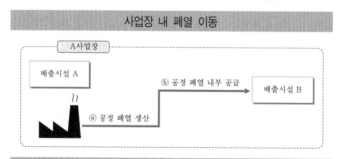

사업장 내 폐열 이동

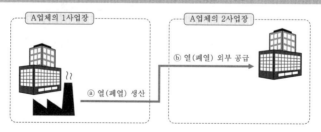

동일 업체 내 사업장 간 열(폐열) 이동

(3) 온실가스 배출량 산정·보고·검증 절차

온실가스 배출량 산정·보고·검증 절차는 총 9단계이며, 일반론에서 언급한 내용을 제외하고 에너지 고정연소 부문에서 특화되어 설명해야 할 부분은 1, 3단계에 대해서만 다루었다.

1) 1단계 : 조직경계 설정

조직경계 설정이란 특정 관리주체의 지배적인 영향력이 미치는 시설의 부지경계로 설정을 의미한다. 즉 간접 배출 조직경계는 간접 배출이 발생하는 시설의 부지경계로 정의할 수 있다. 전력 사용에 따른 간접 온실가스 배출 경로는 직접 배출, 간접 배출이나 이중 산정으로 제외(동일한 조직경계 내에서 사용), 간접 배출(다른 조직경계에서 사용하는 전력 또는 일)이 있다.

2) 3단계 : 모니터링 유형 및 방법 결정

온실가스 배출시설과 산정방법에 따라 모니터링 유형 및 방법이 달라지며, 각 배출활동 및 배출시설에 대하여 활동자료와 모니터링 유형을 선정한다. 모니터링 유형, 활동자료의 불확도 수준, 시료의 채취 및 분석방법, 빈도 등 통합지침에서 요구하는 관리기준(Tier 구분)을 충족하는지 확인한다.

(4) 온실가스 배출량 산정방법

1) 외부에서 공급된 전기 배출량 산정

외부에서 공급된 전기 사용에 따른 보고대상 배출시설은 배출시설 단위가 아닌 사업장 단위로 정한다. 다만, 전력다소비시설(예 폐기물처리시설)인 전기아크로에 대해서는 전기 사용량과 이에 따른 간접 배출량을 구분하여 산정·보고하여야 한다. 외부에서 공급된 전기에 의한 간접 배출량 산정과 관련된 국내 목표관리제의 보고대상 온실가스 및 산정방법은 다음과 같다.

구 분	CO_2	CH_4	N_2O
산정방법론	Tier 1	Tier 1	Tier 1

① Tier 1 산정식

운영지침상 배출량 산정방법은 Tier 1만 존재하며, 산정방법에서는 전력 사용량을 이용하여 CO_2, CH_4, N_2O 배출량을 산정한다.

$$CO_2eq_{Emissions} = \sum (Q \times EF_j \times F_{eq,j})$$

여기서, $CO_2eq_{Emissions}$: 전력 사용에 따른 온실가스 배출량(ton CO_2eq)

Q : 외부에서 공급받은 전력 사용량(MWh)

EF_j : 전력 간접배출계수(t GHG/MWh)로 국가 고유값 적용

$F_{eq,j}$: 온실가스(j)의 CO_2 등가계수(CO_2=1, CH_4=21, N_2O=310)

j : 배출 온실가스 종류

② 산정방법 특징

활동자료로서 공정에 투입되는 전력 사용량이 적용하며, 배출계수는 전력 사용량에 대비한 온실가스 배출량으로 국가 고유값 적용

㉮ 활동자료 수집방법은 Tier 1 기준에 준한 전력량계 등 법정계량기로 측정된 사업 장별 총량 단위의 전력 사용량을 활용함.

㉯ 산정 대상 온실가스는 CO_2, CH_4, N_2O임.

③ 산정 필요 변수

∥ 산정에 필요한 변수들의 관리기준 및 결정방법 ∥

매개변수	세부변수	관리기준 및 결정방법
활동자료	외부에서 공급되는 전력 사용량(MWh)	Tier 1 : 전력량계 등 법정계량기로 측정된 사업장별 총량 단위의 전력 사용량을 활용(측정불확도 Tier 1 : ±7.5% 이내)
배출계수	전력 간접배출계수 (t GHG/MWh)	• Tier 2 : 산정방법에서는 전력 간접배출계수는 다음 표에서 제시된 기준 연도에 해당하는 3개 연도(2014~2016년) 평균값을 적용 • 배출계수는 3년 간 고정하여 적용하며, 향후 한국전력거래소에서 제공하는 전력 간접배출계수를 센터에서 확인·공표한 값을 적용

∥ 국가 고유 전력배출계수(2014~2016년 평균) ∥

구 분	CO_2(t CO_2/MWh)	CH_4(kg CH_4/MWh)	N_2O(kg N_2O/MWh)
3개년 평균	0.4567	0.0036	0.0085

〈출처 : 국가 온실가스 배출계수(온실가스 종합정보센터, 2018)〉

2) 외부에서 공급된 열(스팀) 배출량 산정

외부에서 공급된 열에 의한 간접 배출량 산정과 관련된 국내 목표관리제의 보고대상 온실가스와 온실가스별로 적용해야 하는 산정방법론은 다음과 같다.

구 분	CO_2	CH_4	N_2O
산정방법론	Tier 1	Tier 1	Tier 1

① Tier 1 산정식

Tier 1은 활동자료인 연료 사용량에 IPCC 기본배출계수를 곱하여 산정한다.

$$CO_2 eq_{Emissions} = \sum_j (Q \times EF_j \times F_{eq,j})$$

여기서, $CO_2 eq_{Emissions}$: 열(스팀) 사용에 따른 온실가스 배출량(ton CO_2eq)

Q : 외부에서 공급받은 열(스팀) 사용량(TJ)

EF_j : 열(스팀) 간접배출계수(t GHG/TJ)로 국가 고유값 적용

$F_{eq,j}$: 온실가스(j)의 CO_2 등가계수($CO_2=1$, $CH_4=21$, $N_2O=310$)

j : 배출 온실가스

② 산정방법 특징

㉮ 열병합발전설비를 통하여 열(스팀)을 공급받을 경우에는 전력 간접 배출과 구분하여 열(스팀) 간접배출계수를 개발하여 사용

㉯ 폐기물 소각시설에서의 열 회수를 통하여 열(스팀)을 공급받을 경우에는 열(스팀) 간접배출계수를 개발하여 사용

㉰ 다만, 열(스팀)을 생산하여 외부로 공급하는 업체가 자체적으로 열(스팀) 간접배출계수를 제공할 수 없는 경우에는 센터가 검증·공표하는 국가 고유의 열(스팀) 간접배출계수 등을 활용

③ 산정 필요 변수

‖ 산정에 필요한 변수들의 관리기준 및 결정방법 ‖

매개변수	세부변수	관리기준 및 결정방법
활동자료	열(스팀) 사용량(Q)	열(스팀) 사용량은 Tier 2 기준(측정불확도 ±5.0% 이내)에 준하여 측정을 통해 결정
배출계수	간접배출계수(EF_j)	• 열(스팀) 공급자*가 개발하여 제공한 열(스팀) 간접배출계수를 사용(Tier 3) • 열(스팀) 공급자가 간접배출계수 또는 이와 관련된 자료를 관리업체에 제공할 수 없는 경우 센터가 고시하는 간접배출계수(Tier 2)를 사용

* ① 열병합발전설비를 이용한 열(스팀) 공급자
  ② 폐기물 소각시설에서 열 회수하는 열(스팀) 공급자

‖ 열(스팀) 배출계수 ‖

| 시설 종류 | 배출계수 | | | kgCO₂-eq/TJ |
	CO_2(kgCO₂/TJ)	CH_4(kgCH₄/TJ)	N_2O(kgN₂O/TJ)	
열전용	56,373	1.278	0.166	56,452
열병합	60,760	2.053	0.549	60,974
평균	59,510	1.832	0.440	59,685

01 다음 중 간접 배출원 중 외부에서 공급된 전기에서 온실가스 배출량 산정방법으로 알맞은 것은?

① Tier 1
② Tier 1, 2
③ Tier 2, 3
④ Tier 1, 2, 3

해설 외부에서 공급된 전기의 온실가스 배출량은 Tier 1을 적용한다.

02 어느 회사의 2014년 전력 사용량이 4,689,204kWh에 대한 온실가스 배출량을 산정하면? (단, 단위는 tCO_2eq로 나타낼 것)

> 산정식 : $CO_2eq_{Emissions} = \sum(Q \times EF_j \times F_{eq,j})$
> • 배출계수 : CO_2 – $0.4653 tCO_2/MWh$
> CH_4 – $0.0054 kgCH_4/MWh$
> N_2O – $0.0027 kgN_2O/MWh$
> • GWP : CO_2 – $1 kgCO_2eq/kgCO_2$
> CH_4 – $21 kgCO_2eq/kgCH_4$
> N_2O – $310 kgCO_2eq/kgN_2O$

① $2,186 tCO_2eq$
② $2,354 tCO_2eq$
③ $3,629 tCO_2eq$
④ $4,786 tCO_2eq$

해설 $CO_2eq_{Emissions} = \sum(Q \times EF_j \times F_{eq,j})$,

배출계수 $\times$ GWP = $[tCO_2eq/MWh]$

$배출량 = 4,689,204\,kWh \times \dfrac{MWh}{10^3 kWh}$

$\times \dfrac{\left[\begin{array}{c}(465.3 \times 1 + 0.0054 \times 21 \\ + 0.0027 \times 310)\,kgCO_2eq\end{array}\right]}{MWh}$

$\times \dfrac{tCO_2eq}{10^3 kgCO_2eq}$

$= 2186.34\, tCO_2eq$

$\therefore 2,186\, tCO_2eq$

03 광물공정 중 시멘트 생산공정 순서로 옳은 것은?

① 원분공정 → 소성공정 → 제품공정
② 소성공정 → 원분공정 → 제품공정
③ 원분공정 → 제품공정 → 소성공정
④ 소성공정 → 제품공정 → 원분공정

해설 시멘트 생산공정은 원분공정 – 소성공정 – 제품공정의 순이다.

04 다음 중 시멘트 생산공정에 관한 설명으로 알맞지 않은 것은?

① 시멘트는 주로 석회질 원료와 점토질 원료를 적당한 비율로 혼합하여 미분쇄한 후 약 1,450℃의 고온에서 소성하여 얻어지는 클링커에 적당량의 석고(응결조절제)를 가하여 분말로 만든 제품이다.
② 시멘트는 물과 반응하여 연화하는 성질을 갖고 있으며, 주성분은 석회(CaO) · 실리카(SiO_2) · 알루미나(Al_2O_3) · 산화철(Fe_2O_3)로, 이들 화합물의 적절한 조합이나 양적 비율을 변화시킴에 따라 성질 변화가 거의 없으며, 여러 가지 사용 용도에 적합한 물성을 갖는 시멘트가 제조될 수 있다.
③ 시멘트의 종류는 크게 포틀랜드 시멘트, 고로 슬래그 시멘트, 포틀랜드 포졸란 시멘트, 플라이 애시 시멘트, 특수 시멘트의 5종으로 구분하며, 국내에서는 포틀랜드 시멘트와 일부 고로 슬래그 시멘트를 생산한다.
④ 시멘트의 제조공정은 크게 원분공정 → 소성공정 → 제품공정의 3단계로 구분할 수 있다.

해설 시멘트는 물과 반응하여 경화하는 성질을 갖고 있으며, 주성분은 석회(CaO) · 실리카(SiO_2) · 알루미나(Al_2O_3) · 산화철(Fe_2O_3)로, 이들 화합물의 적절한 조합이나 양적 비율을 변화시킴에 따라 성질이 크게 달라지므로 여러 가지 사용 용도에 적합한 물성을 갖는 시멘트가 제조될 수 있다.

05 석회 생산공정의 산정기준으로 옳지 않은 것은?

① 산정대상은 CO_2이다.
② 산정방법은 Tier 1, 2, 3, 4를 사용한다.
③ 온실가스 공정배출시설은 소성시설이다.
④ 석회 생산량당 CO_2 배출계수는 $0.500tCO_2$/t-생석회이다.

해설 석회 생산량당 CO_2 배출계수는 $0.750tCO_2$/t-생석회이다.

06 석회의 제조공정 순서로 알맞은 것을 고르면?

① 석회석 채광 → 원료 석회석 준비 → 연료 준비 및 저장 → 소성공정 → 석회공정 → 저장 및 이송
② 연료 준비 및 저장 → 석회석 채광 → 원료 석회석 준비 → 소성공정 → 석회공정 → 저장 및 이송
③ 연료 준비 및 저장 → 원료 석회석 준비 → 석회석 채광 → 소성공정 → 석회공정 → 저장 및 이송
④ 석회석 채광 → 연료 준비 및 저장 → 원료 석회석 준비 → 소성공정 → 석회공정 → 저장 및 이송

해설 석회의 제조공정 순서는 석회석 채광 → 원료 석회석 준비 → 연료 준비 및 저장 → 소성공정 → 석회공정 → 저장 및 이송의 순이다.

07 시멘트 생산공정에서 CO_2의 산정방법론으로 알맞은 것은?

① Tier 1   ② Tier 1, 2
③ Tier 1, 2, 3   ④ Tier 1, 2, 3, 4

해설 시멘트 생산공정에서 CO_2의 산정방법론으로는 Tier 1, 2, 3, 4가 적용될 수 있다.

08 시멘트 생산공정에서 생산량이 1,500t일 때 온실가스 배출량을 산정하면 어느 정도인지 고르면? (단, Tier 1 산정방법을 이용하여 구한다.)

• 배출계수 : $0.750tCO_2$/t생석회

① $1,000tCO_2eq$
② $1,056tCO_2eq$
③ $1,125tCO_2eq$
④ $1,237tCO_2eq$

해설
$$CO_{2_{Emissions}} = Q_i \times EF_i$$

$CO_{2_{Emissions}}$: 석회 생산공정에서의 CO_2의 배출량(t)
Q_i : 석회(i) 생산량(t)
EF_i : 석회(i) 생산량당 CO_2 배출계수(tCO_2/t-석회 생산량)

$$1,500t \times \frac{0.750\,tCO_2}{t-생산량} \times \frac{tCO_2eq}{tCO_2} = 1,125tCO_2eq$$

09 세라믹 생성공정 중 다음 설명에 해당하는 공정으로 알맞은 것은?

원료의 성형 밀도를 조정하여 치밀한 조성을 갖도록 하여 원하는 크기별로 분쇄하는 공정이다.

① 성형공정
② 소성공정
③ 원료공정
④ 가공공정

해설 원료의 성형 밀도를 조정하여 치밀한 조성을 갖도록 하기 위하여 원료 분말을 특성에 적합하도록 균일하게 혼합해주는데, 이 과정은 원료공정에 해당한다.

10 다음 중 유리 생산공정에 대한 설명으로 옳지 않은 것은?

① 용융공정 : 배합원료를 1,800℃ 이상의 고열로 용해시키는 공정으로, 성형에 적합하게 만드는 공정이다.

② 성형공정 : 주원료인 규사, 석회석, 소다회 등을 유리 성형에 알맞은 원료 조합비에 따라 적정량의 파유리를 혼합하고, 부원료를 배합하는 공정이다.

③ 서랭공정 : 성형된 제품을 Annealing Poing(약 550℃)까지 가열했다가 서서히 냉각하여 불균일한 잔류 응력을 없애는 공정이다.

④ 검사·포장공정 : 서랭공정을 거친 제품을 소비자가 요구하는 품질에 만족되도록 규격검사 후 자동검사 및 육안검사하여 자동기계나 수작업을 통하여 Bulk나 지상자로 포장하는 공정

해설 ②는 혼합공정에 관한 설명이다.

11 유리 생산공정에서 생산량이 2,450t일 때 온실가스 배출량을 산정하면? (단, Tier 1 산정방식을 이용하여 구하여라.)

- 유리제품의 종류 : Float
- 배출계수 및 컬릿 비율 : 0.21kgCO₂/kg 유리, 20%

① 400tCO₂eq
② 404tCO₂eq
③ 408tCO₂eq
④ 412tCO₂eq

해설

$$E_i = \sum [M_{gi} \times EF_i \times (1 - CR_i)]$$

E_i : 유리 생산으로 인한 CO_2 배출량

M_{gi} : 유리(i)의 생산량(t)

　　　(예 용기, 섬유유리 등)

EF_i : 유리(i)의 생산에 따른 CO_2 배출계수

　　　(tCO_2/t-유리 생산량)

CR_i : 유리(i)의 유리 제조공정에서의 컬릿 비율(%)

$$2,450\,\mathrm{t} \times \frac{0.21\mathrm{kgCO_2}}{\mathrm{kg}\,\text{유리}} \times \frac{10^3\mathrm{kg}}{\mathrm{t}} \times \frac{\mathrm{kgCO_2eq}}{\mathrm{kgCO_2}}$$
$$\times \frac{\mathrm{tCO_2eq}}{10^3\mathrm{kgCO_2eq}} \times (1-0.2)$$
$$= 411.6\,\mathrm{tCO_2eq}$$

12 다음 중 펄프 생산공정의 순서로 알맞은 것은?

① 목재칩 투입 → 증해공정 → 세정공정 → 1차 정선공정 → 표백공정 → 건조공정 → 2차 정선공정 → 마감 및 운송공정

② 목재칩 투입 → 세정공정 → 증해공정 → 1차 정선공정 → 표백공정 → 2차 정선공정 → 건조공정 → 마감 및 운송공정

③ 목재칩 투입 → 증해공정 → 세정공정 → 표백공정 → 1차 정선공정 → 2차 정선공정 → 건조공정 → 마감 및 운송공정

④ 목재칩 투입 → 증해공정 → 세정공정 → 1차 정선공정 → 표백공정 → 2차 정선공정 → 건조공정 → 마감 및 운송공정

해설 펄프 생산공정은 목재칩 투입 → 증해공정 → 세정공정 → 1차 정선공정 → 표백공정 → 2차 정선공정 → 건조공정 → 마감 및 운송공정의 순으로 진행된다.

13 다음은 펄프 생산공정의 어떤 공정을 나타내는 것인가?

세척공정을 거친 섬유소에서 이물질을 분리하고 순수한 펄프 성분만 건져내는 공정이다.

① 증해공정
② 1차 정선공정
③ 2차 정선공정
④ 세정공정

해설 설명은 1차 정선공정을 의미한다.

14 다음 제지공정 중 초지공정에 관한 설명으로 알맞은 것은?

① 종이를 뜨는 공정으로 초조 → 압착 → 건조 → 광택 → 권취공정으로 구분된다.

② 초지기에 지료(원료+물)를 보내주기 전에 종이를 만들기 위한 원료를 조성하는 공정이다.

③ 종이의 인쇄적성 및 후가공성(오버코팅)을 좋게 하기 위해 종이의 표면에 도공액을 도포하는 공정이다.

④ 규격에 따라 권취 또는 평판으로 재단한 다음 단위 포장되며, 이 공정을 거친 종이는 제품으로 수요자에게 공급하는 과정이다.

해설 ②는 조성공정에 해당하며, 세부공정은 해리 → 정선 → 고해 → 배합공정이다.
③은 도공공정으로 조양 → 도공 → 건조 → 초광택기 순이며, ④는 완정공정으로 재권취 및 재단 → 포장 → 제품창고 및 출고로 구분된다.

15 탄산염의 보고대상 온실가스와 산정방법론을 고르면?

① CO_2, Tier 1, 2, 3
② CO_2, Tier 1, 2, 3, 4
③ CO_2, CH_4 Tier 1, 2, 3
④ CO_2, CH_4 Tier 1, 2, 3, 4

해설 보고대상 온실가스는 CO_2이며, Tier 1, 2, 3, 4 방법론을 이용할 수 있다.

16 다음 중 수소제조공정에서 온실가스 배출량에 대하여 구하면? (단, 단위는 tCO_2eq이며, Tier 1 산정식을 이용한다.)

• 원료 투입량 : 에탄 3,500t
• 배출계수(원료 투입량) : 2.9tCO_2/t-원료
(원료는 에탄임)

① 10,000tCO_2eq ② 10,150tCO_2eq
③ 10,300tCO_2eq ④ 10,450tCO_2eq

해설
$$E_{i,CO_2} = FR_i \times EF_i$$

E_i : 수소제조공정에서의 CO_2 배출량(tCO_2eq)
FR_i : 경질나프타, 부탄, 부생연료 등 원료(i) 투입량(ton 또는 천m^3)
EF_i : 원료(i)별 CO_2 배출계수

배출량$=3,500t$에탄$\times\dfrac{2.9tCO_2eq}{t에탄}$
$=10,150tCO_2eq$

17 다음 중 암모니아 합성공정에서 영향을 미치는 반응인자에 관한 설명으로 알맞지 않은 것은?

① 압력은 300atm에서 25~30%의 암모니아 수율이 얻어진다.

② 합성탑의 온도를 500±50℃의 범위에서 유지하는 방법을 많이 사용한다.

③ 공간속도는 일반적으로 15,000~50,000m^3/m^3-촉매/hr 많이 사용하고 있다.

④ 고온에서 반응속도를 촉진시킬 수 있는 촉매를 사용하는 것이 일반적이다.

해설 암모니아 합성공정에서는 저온에서 반응속도를 촉진하는 촉매를 사용하는 것이 일반적이다.

18 전통적 개질공정을 사용하여 암모니아 250t을 생산하였다. 이 과정에서 발생되는 온실가스의 종류는 무엇이며, 배출량(tCO_2-eq)은 얼마인가?

• 전통적 개질공정(천연가스) CO_2 배출계수
  : 1.694tCO_2/tNH_3
• CO_2 회수·포집·저장량은 없음.

① 421tCO_2-eq ② 422tCO_2-eq
③ 424tCO_2-eq ④ 425tCO_2-eq

해설

$$E_{CO_2} = \sum_i \left[\sum_j (AP_{ij} \times AEF_{ij}) \right] - R_{CO_2}$$

E_{CO_2} : 암모니아 생산에 따른 CO_2의 배출량 (tCO_2)

AP_{ij} : 공정(j)에서 원료(i)(천연가스 및 나프타 등) 사용에 따른 암모니아 생산량(ton)

AEF_{ij} : 공정(j)에서 암모니아 생산량당 CO_2 배출계수($tCO_2/t-NH_3$)

R_{CO_2} : 요소 등 부차적 제품생산에 의한 CO_2 회수·포집·저장량(ton)

$E_{CO_2} = (250\,tNH_3 \times 1.694\,tCO_2/tNH_3) - 0$
$\qquad = 423.5\,tCO_2 - eq$

$\therefore\ 424\,tCO_2 - eq$

19 SCR(선택적 촉매환원법)에 관한 설명으로 옳은 것은?

① 백금 또는 5~10%의 로듐(Rh)이 포함된 촉매를 사용하며, 반응온도는 700~1,000℃이고, 암모니아를 공기 중의 산소와 반응시켜 일산화질소(NO)를 생산한다.

② 생산된 일산화질소(NO)는 공기 중의 산소와 반응(발열반응)하여 이산화질소(NO_2)를 생성한다.

③ 암모니아 가스를 처리할 배기가스에 분사시켜 질소산화물과 암모니아가 혼합된 배기가스를 티탄듐산화물(TiO_2)과 바나듐산화물(V_2O_5)의 촉매와 접촉하여 NO_x를 N_2와 H_2O로 환원시킨다.

④ 생성된 이산화질소와 사산화질소가 함유된 혼합가스를 가능한 낮은 온도와 높은 압력조건에서 물에 흡수시켜 질산을 생성하는 과정이다.

해설 ① 암모니아 산화반응(제1산화공정)에 관한 설명이다.
② 제2산화공정에 관한 설명이다.
④ 흡수공정에 관한 설명이다.

20 촉매재생공정에서 온실가스 배출량을 산출하면? (단, 단위는 kgCO₂eq)

- 산정식 : $E_{CO_2} = AR \times CF \times 1.963$
- 공기 투입량 : $12,450m^3$
- 배출계수(원료 투입량) : $2.9tCO_2/t-$원료
  (원료는 에탄임.)

① 5,000kgCO₂eq

② 5,060kgCO₂eq

③ 5,132kgCO₂eq

④ 5,200kgCO₂eq

해설

$$E_{CO_2} = AR \times CF \times 1.963$$

E_{CO_2} : CO_2 배출량(t)

AR : 공기 투입량(천m^3)

CF : 투입공기 중 산소 함량비($=0.21$)

1.963 : CO_2의 분자량(44.010)/표준상태 시 몰당 CO_2의 부피(22.444)

$tCO_2 - eq = 12.450$천$m^3 \times 0.21 \times 1.963$
$\qquad = 5.132$

$\therefore\ 5.132\,tCO_2 - eq \times \dfrac{10^3 kgCO_2 - eq}{tCO_2 - eq}$
$\qquad = 5,132\ kgCO_2 - eq$

21 질산 생성공정에서 보고대상 온실가스와 적용해야 하는 산정방법론으로 알맞은 것은?

① N_2O/Tier 1, 2, 3

② N_2O/Tier 1, 2, 3, 4

③ CO_2, N_2O/Tier 1, 2, 3

④ CO_2, N_2O/Tier 1, 2, 3, 4

해설 질산 생성공정에서 보고대상 온실가스는 N_2O이며, 산정방법론으로는 Tier 1, 2, 3을 적용할 수 있다.

22 SNCR(비선택적 촉매환원법)을 사용하여 질산을 100t 생산하였다. 발생되는 온실가스 배출량은 얼마인지 산정하면?

- SNCR의 N_2O 배출계수 : $2kgN_2O$/질산 ton
- 감축계수 및 활용계수는 각각 0을 적용한다.

① $67tCO_2eq$
② $52tCO_2eq$
③ $57tCO_2eq$
④ $62tCO_2eq$

해설

$$E_{N_2O} = \sum_{k,h} [EF_{N_2O} \times NAP_k \times (1 - DF_h \times ASUF_h) \times F_{eq,j} \times 10^{-3}]$$

E_{N_2O} : N_2O 배출량(ton CO_2-eq)
EF_{N_2O} : 질산 1ton당 N_2O 배출량
　　　　(kg N_2O/t-질산 생산량)
k : 생산기술
h : 감축기술
NAP_k : 생산기술 k별 질산 생산량(ton-질산)
DF_h : 감축기술 h별 감축계수(%)
$ASUF_h$: 감축기술 h별 감축 시스템의 활용계수
$F_{eq,j}$: 온실가스 j의 CO_2 등가계수(N_2O=310)

$$100t \times \frac{2\,kgN_2O}{t\,질산} \times 1 \times \frac{310\,kgCO_2eq}{kgN_2O}$$
$$\times \frac{tCO_2eq}{10^3 kgCO_2eq} = 62\,tCO_2eq$$

23 석유화학제품의 특징에 관한 설명으로 알맞지 않은 것은?

① 보고대상 온실가스는 CO_2와 CH_4이 있으며, 산정방법론은 각각 Tier 1, 2, 3, 4와 Tier 1이다.
② 탄소물질수지에 의해 CO_2 배출량을 산정하였으며, 1차 및 2차 석유화학제품에 함유된 탄소 함량은 CO_2 및 CH_4으로 전환되므로 총량에 포함된다.
③ 배출계수는 석유화학제품 단위 생산량에 대비한 온실가스 배출량을 의미한다.

④ Tier 2의 국가 고유배출계수가 고시되지 않았을 경우 2006 IPCC 지침서의 탄소 함량 기본값을 적용한다.

해설 탄소물질수지에 의해 CO_2 배출량을 산정하였으며, 1차 및 2차 석유화학제품에 함유된 탄소 함량은 CO_2 및 CH_4으로 전환되지 않는다고 가정하여 탄소 총량에서 제하도록 되어 있다.

24 석유 정제공정에서 수소를 제조하기 위한 나프타 사용량이 1,600t이다. 온실가스 배출량을 Tier 1 산정방법을 이용하여 산정하면? (단, 단위 : tCO_2eq)

① $5,000tCO_2eq$
② $5,200tCO_2eq$
③ $5,400tCO_2eq$
④ $5,600tCO_2eq$

해설

$$E_{i,CO_2} = FR_i \times EF_i$$

E_i : 수소제조공정에서의 CO_2 배출량(tCO_2)
FR_i : 경질나프타, 부탄, 부생연료 등 원료(i) 투입량(ton 또는 천m^3)
EF_i : 원료(i)별 CO_2 배출계수

$$배출량 = 1,600t \times \frac{44.5\,MJ}{kg} \times \frac{TJ}{10^6 MJ} \times \frac{10^3 kg}{t}$$
$$\times \frac{73,000\,kgCO_2eq}{TJ} \times \frac{tCO_2eq}{10^3 kgCO_2eq}$$
$$= 5,197.6\,tCO_2eq$$
$$\therefore 5,198\,tCO_2eq$$

25 아디프산 생산량이 320t일 때 발생되는 온실가스 종류와 배출량으로 알맞은 것을 고르면? (단, 감축기술은 촉매분해방법을 이용함.)

- 배출계수 : $300kg\,N_2O$/t-아디프산
- 촉매분해 시 분해계수 : 92.5%, 이용계수 : 89%

① $5,000tCO_2eq$
② $5,260tCO_2eq$
③ $5,540tCO_2eq$
④ $5,920tCO_2eq$

[해설]

$$E_{N_2O} = \sum_{k,h} [EF_{N_2O} \times AAP_k \times (1 - DF_h \times ASUF_h)] \times F_{eq,j} \times 10^{-3}$$

E_{N_2O} : N2O 배출량(CO2eq ton)

EF_{N_2O} : 기술 유형 k에 따른 아디프산의 N2O
　　　　배출계수(kg-N2O/t-아디프산)

k : 기술 유형

h : 감축기술

AAP_k : 기술 유형 k별 아디프산 생산량
　　　　(ton-아디프산)

DF_h : 감축기술 h별 감축계수(%)

$ASUF_h$: 감축기술 h별 감축 시스템의 이용계수

$F_{eq,j}$: 온실가스 j의 CO2 등가계수(N2O=310)

$$320t \times \frac{300kgN_2O}{t-아디프산} \times (1 - 0.925 \times 0.89)$$

$$\times \frac{310kgCO_2eq}{kgN_2O} \times \frac{tCO_2eq}{10^3kgCO_2eq}$$

$$= 5,260.08 \, tCO_2eq$$

---

26 철강 생산에 관한 설명 중 해당하지 않는 것을 고르면?

① 불순물이 함유된 산화철을 순수철(Fe)인 환원상 태로 만드는 과정이다.

② 철광석은 일반적으로 30~70%의 철 성분을 함 유하고 있는 광석을 의미한다.

③ 우리나라의 경우는 철광석을 대부분 호주 등에서 수입하고 있다.

④ 육지 내륙에 제철소가 발달되어 있으며, 철광석 등을 해안의 부두에 하역하고 그 근처에서 운송 하는 형태이다.

[해설] 해안가 근처에 제철소가 발달되어 있으며, 철광석 등 을 해안의 부두에 하역하고 그 근처에 원료를 저장하 고 있다.

---

27 철강 생산공정에서 보고대상 온실가스와 산정 방법론으로 알맞은 것은?

① CO2/Tier 1, 2, 3

② CO2/Tier 1, 2, 3, 4

③ CO2, CH4/Tier 1, 2, 3, 4 Tier 1

④ CO2, CH4/Tier 1, 2, 3, Tier 1

[해설] 철강 생산공정에서 보고대상 온실가스는 이산화탄소 와 메탄이며, 산정방법은 각각 Tier 1, 2, 3, 4와 Tier 1이다.

---

28 합금철 생산공정의 산정 대상으로 옳은 것은?

① CO2

② CO2, CH4

③ CO2, N2O

④ CO2, CH4, N2O

[해설] 합금철 생산공정의 산정 대상은 CO2, CH4의 두 가 지이다.

---

29 합금철 생산공정에서 280t이 생산되고 있다. 합금철의 종류는 45% Si이며, 전기로 작동방식은 흩 뿌림 충진방식으로 750℃ 이상으로 적용하였다. 이 중 온실가스 배출량은 어느 정도인가?

> • 합금철 생산량당 CO2 기본배출계수 : 합금철 45% Si, 2.5tCO2/t-합금철
> • 전기로(EAF) 작동방식 중 흩뿌림 충진, 750℃ 이상

① 4,816tCO2eq

② 4,820tCO2eq

③ 4,834tCO2eq

④ 4,848tCO2eq

[해설]

$$E_{i,j} = Q_i \times EF_{i,j} \times F_{eq,j}$$

$E_{i,j}$: 각 합금철(i) 생산에 따른 CO2 및 CH4
　　　　배출량(CO2-e ton)

Q_i : 합금철 제조공정에 생산된 각 합금철(i)의
　　　양(ton)

$EF_{i,j}$: 합금철(i) 생산량당 배출계수
　　　　(tCO2/t-합금철, tCH4/t-합금철)

$F_{eq,j}$: 온실가스(CO2, CH4)의 CO2 등가계수
　　　　(CO2=1, CH4=21)

$$280t \times (2.5 \times 1 + 0.7 \times 21) = 4,816 \, tCO_2eq$$

30 아연 생산방법 중 습식 아연 제련법의 전기분해에 사용되는 물질로 옳은 것은?

① 황산아연
② 질산아연
③ 염산아연
④ 불산아연

해설 습식 아연 제련법은 희석황산에 용해되어 있는 황산아연으로부터 전기분해를 통해 아연을 생산하는 방법이다.

31 아연 생산공정에서 생성된 아연의 양은 400t이었다. 이때 발생하는 온실가스의 양을 산출하면? (단, Tier 1A를 적용하시오.)

• 배출계수 : CO_2 : 1.72 tCO_2/t-아연

① 650tCO_2 ② 670tCO_2
③ 690tCO_2 ④ 710tCO_2

해설

$$E_{CO_2} = Zn \times EF_{default}$$

E_{CO_2} : 아연 생산으로 인한 CO_2 배출량(tCO_2-eq)
Zn : 생산된 아연의 양(t)
$EF_{default}$: 아연 생산량당 배출계수
  (tCO_2/t-생산된 아연)

$$400t \times \frac{1.72tCO_2}{t-아연} = 688 tCO_2 \fallingdotseq 690tCO_2$$

32 습식 아연 제련방법 중 정액공정으로 옳은 것은?

① $ZnS + 1.5O_2 \rightarrow ZnO + SO_2$
② $ZnS + H_2SO_4 \rightarrow ZnSO_4 + H_2O$
③ $MeSO_4 + Zn \rightarrow ZnSO_4 + Me$(Me : Cu, Cd, Co 등)
④ 양극 – $H_2O \rightarrow 2H^+ + 0.5O_2 + 2e^-$, 음극 – $Zn^{2+} + 2e^- \rightarrow Zn$

해설 정액공정은 ③의 식이며, ①은 배소공정, ②는 용융공정, ④는 전해공정이다.

33 납 생산공정에 관한 설명으로 알맞지 않은 것은?

① 소결과 제련공정을 거치는 소결·제련공정은 납 생산공정의 약 78%를 차지한다.
② 소결·제련공정에서는 납 광석을 용광로 제련에 적합하도록 괴상으로 만들고 용광로에서 1회 소결함으로써 유해한 이온을 제거하며 연료와 코크스, 석회석, 설철 등을 투입하고 측면에서 송풍하여 제련한다.
③ 납은 자동차용 축전지, 연 화합물, 방사선 차폐재, 도료 첨가제, 합금 등 다양한 용도로 활용되고 있다.
④ 1차 생산공정은 산화상태로 존재하는 연정광을 환원하여 미가공조연(Bullion)을 생산하는 공정이다.

해설 소결·제련공정에서는 납 광석을 용광로 제련에 적합하도록 괴상으로 만들고 용광로에서 2회 소결함으로써 유해한 이온을 제거하며 연료와 코크스, 석회석, 설철 등을 투입하고 측면에서 송풍하여 제련한다.

34 다음 중 웨이퍼 제조공정의 구성요소로 옳지 않은 것은?

① 감광액 도포공정
② 단결정 성장공정
③ 절단공정
④ 세척 및 검사공정

해설 감광액 도포공정은 웨이퍼 가공공정의 구성요소이다.

35 오존파괴물질(ODS)에 관한 설명으로 알맞지 않은 것은?

① 오존파괴물질(ODS ; Ozone Depleting Substance)의 대표적인 것은 프레온 가스이며, 이를 대체하기 위해 불소계 온실가스(HFCs, PFCs, SF_6)가 개발·소개되었으나 지구온난화지수가 높은 온실가스로 밝혀졌다.

② 불소계 온실가스의 배출 형태는 공정배출이 대부분이다.

③ 국내 목표관리제에서는 의무 보고대상으로 분류하고 있지 않으며, 2013년부터 의무 보고하도록 규정하고 있다.

④ 프레온은 부식성이 없는 무색·무미의 화학물질로 인체에 무해하며 매우 안정하여 폭발성도 없고 불에 타지도 않기 때문에 냉매 이외에도 발포제, 스프레이나 소화기의 분무제 등으로 사용되고 있다.

해설 불소계 온실가스의 배출 형태는 탈루배출이 대부분이다.

36 전자산업의 열전도 유체 부문 산정방법으로 옳은 것은?

① Tier 1 ② Tier 2
③ Tier 3 ④ Tier 4

해설 전자산업의 열전도 유체 부문 산정방법은 Tier 2이다.

37 오존파괴물질 중 에어로졸의 산정 기준으로 옳지 않은 것은?

① 에어로졸에 의한 불소계 온실가스 배출량 산정방법은 Tier 1이다.

② 산정 대상 온실가스는 HFCs, PFCs이다.

③ 제품의 수명은 최대 3년으로 가정한다.

④ 배출계수는 배출 비율로 0.5를 적용한다.

해설 오존파괴물질 중 에어로졸 제품의 수명은 최대 2년으로 가정한다.

38 다음 중 반추동물이 아닌 것은?

① 소 ② 양
③ 낙타 ④ 말

해설 반추동물로는 소, 물소, 양, 염소, 낙타 등이 있다. 말의 경우 비반추 초식동물에 해당한다.

39 축산업의 온실가스 배출에 관련하여 알맞은 것은?

① 가축의 장내 발효 : CH_4/Tier 1

② 가축의 장내 발효 : CH_4/Tier 1, N_2O/Tier 1

③ 가축의 분뇨관리 : CH_4/Tier 1

④ 가축의 분뇨관리 : CH_4/Tier 1, 2, N_2O/Tier 1

해설 가축의 장내 발효의 경우 메탄을 Tier 1로 적용할 수 있으며, 가축의 분뇨관리의 경우 메탄과 일산화질소 모두 Tier 1로 적용한다.

40 임업 및 기타 토지 이용(LULUCF) 부문 중 Tier 1 산정방법을 사용하는 부문으로 옳지 않은 것은?

① 농경지로 유지되는 농경지

② 초지로 유지되는 초지

③ 습지로 유지되는 습지

④ 임지로 유지되는 임지

해설 임지로 유지되는 임지는 Tier 2 산정방법을 사용한다.

41 고형 폐기물의 매립공정에서 호기성 분해되는 동안 주로 발생되는 온실가스는 무엇인가?

① CO_2 ② CH_4
③ NH_3 ④ H_2S

해설 고형 폐기물의 매립공정에서 호기성 분해되는 동안 주요 발생가스는 CO_2이다.

42 하수처리, 폐수처리시설의 공통 산정 대상 온실가스로 옳은 것은?

① CO_2
② CH_4
③ N_2O
④ CO_2, CH_4

해설 하수처리시설은 CH_4과 N_2O를, 폐수처리시설에서는 CH_4을 산정 대상으로 한다.

43 농업의 온실가스 배출 부문 대상으로 옳지 않은 것은?

① 벼 경작
② 관리토양에서의 직접적 N_2O 배출
③ 관리토양에서의 간접적 N_2O 배출
④ 분뇨관리에서의 직접적 N_2O 배출

해설 농업 부문에서는 분뇨관리에서의 간접적 N_2O 배출을 대상으로 한다.

44 간접 배출공정 중 외부에서 공급된 전기 배출량 산정 기준으로 옳지 않은 것은?

① 산정 대상은 CO_2, CH_4, N_2O이다.
② CO_2의 산정에는 Tier 1을 사용한다.
③ CH_4의 산정에는 Tier 1을 사용한다.
④ 보고대상 배출시설은 배출시설 단위이다.

해설 대상 배출시설은 배출시설 단위가 아닌 사업장 단위이다.

45 다음 설명에 해당하는 하수처리시설 공법에 대해 고르면?

가장 일반적인 방법으로, 도시하수 및 산업폐수처리에 가장 널리 사용되고 있는 생물학적 공정이다.

① 표준 활성슬러지법
② A_2O 공법
③ Bardenpho 공법
④ 살수여상법

해설 설명에 해당하는 방법은 표준 활성슬러지법이다.

46 시멘트 생산공정에 관한 설명으로 알맞지 않은 것은?

① 시멘트는 물과 반응하여 경화하는 성질을 갖고 있으며, 주성분은 석회(CaO) · 실리카(SiO_2) · 알루미나(Al_2O_3) · 산화철(Fe_2O_3)이다.
② 시멘트는 석회질 원료와 점토질 원료를 적당한 비율로 혼합한 후 약 900℃의 고온에서 소성하여 얻어지는 클링커에 적당량의 석고(응결 조절제)를 가하여 분말로 만든 제품이다.
③ 국내에서 생산되는 시멘트는 포틀랜드 시멘트와 일부 고로 슬래그 시멘트이다.
④ 시멘트의 제조공정은 크게 원분공정 → 소성공정 → 제품공정의 3단계로 구분된다.

해설 시멘트는 주로 석회질 원료와 점토질 원료를 적당한 비율로 혼합하여 미분쇄한 후 약 1,450℃의 고온에서 소성하여 얻어지는 클링커에 적당량의 석고(응결조절제)를 가하여 분말로 만든 제품이다.

47 다음 중 시멘트의 원료분쇄공정에서 분쇄기에 관한 설명 중 빈칸에 들어갈 것으로 알맞은 것을 고르면?

석회석, 점토질 원료, 산화철 원료 등이 혼합된 조합원료를 약 (   ) 이하의 크기로 미분쇄한다.

① $10\mu m$ ② $50\mu m$
③ $100\mu m$ ④ $200\mu m$

해설 석회석, 점토질 원료, 산화철 원료 등이 혼합된 조합원료를 약 $100\mu m$ 이하의 크기로 미분쇄한다.

48 시멘트 생산시설 중 온실가스를 가장 많이 배출하는 공정의 형태로 옳은 것은?

① 채광공정
② 원료분쇄공정
③ 소성공정
④ 제품공정

해설 소성시설에 전체 온실가스 배출량의 90%가 배출되며, 이 가운데 약 60%가 공정배출이며, 30%는 소성로 킬른 내 가열연료 사용분이다.

49 시멘트 생산에서 직접 배출 중 탈루배출을 통해 나오는 온실가스로 알맞은 것은?

① CO_2
② CH_4
③ N_2O
④ PFCs

해설 시멘트 생산에서 직접 배출 중 탈루배출을 통해 나오는 온실가스는 HFCs, PFCs가 있다.

50 다음 중 시멘트 생산 시 공정의 순서로 알맞은 것은?

① 석회석 혼합기 → 원료 분쇄기 → 원료 저장기 → 예열기 → 소성로 → 냉각기 → 시멘트 분쇄기
② 원료 분쇄기 → 석회석 혼합기 → 원료 저장기 → 예열기 → 소성로 → 냉각기 → 시멘트 분쇄기
③ 석회석 혼합기 → 원료 분쇄기 → 예열기 → 원료 저장기 → 소성로 → 냉각기 → 시멘트 분쇄기
④ 석회석 혼합기 → 원료 분쇄기 → 원료 저장기 → 예열기 → 시멘트 분쇄기 → 냉각기 → 소성로

해설 시멘트 생산 시 공정의 순서는 석회석 혼합기 → 원료 분쇄기 → 원료 저장기 → 예열기 → 소성로 → 냉각기 → 시멘트 분쇄기의 순이다.

51 시멘트 생산시설에서 폐수처리장에서 배출되는 온실가스로 알맞은 것은?

① CO_2
② CH_4
③ CO_2, CH_4
④ CO_2, CH_4, N_2O

해설 시멘트 생산시설 중 폐수처리장에서 배출되는 온실가스는 CH_4이다.

52 다음 중 석회의 주요 용도로 옳지 않은 것은?

① 금속(알루미늄, 강철, 구리 등) 제련
② 배연탈황
③ 알칼리도 조절
④ 지반 안정화

해설 석회의 주요 용도는 금속(알루미늄, 강철, 구리 등) 제련, 환경(배연탈황, 연수화, pH 조절, 폐기물처리 등), 건설(지반 안정화, 아스팔트 첨가물 등) 등에 사용된다.

53 다음 중 석회 제조공정에 관한 설명으로 알맞은 것은?

① 석회석 채광 → 연료 준비 및 저장 → 원료 석회석 준비 → 소성공정 → 석회공정 → 저장 및 이송
② 석회석 채광 → 원료 석회석 준비 → 소성공정 → 연료 준비 및 저장 → 석회공정 → 저장 및 이송
③ 석회석 채광 → 연료 준비 및 저장 → 원료 석회석 준비 → 석회공정 → 소성공정 → 저장 및 이송
④ 석회석 채광 → 원료 석회석 준비 → 연료 준비 및 저장 → 소성공정 → 석회공정 → 저장 및 이송

해설 석회 제조공정 순서는 석회석 채광 → 원료 석회석 준비 → 연료 준비 및 저장 → 소성공정 → 석회공정 → 저장 및 이송이다.

Answer 48.③ 49.④ 50.① 51.② 52.③ 53.④

54 다음 중 석회석 채광공정 순서로 알맞지 않은 것은?

① 암석 폭파 → 표토층 제거 → 폭파된 암석의 상차 → 분쇄 → 선별공정으로 이송
② 표토층 제거 → 암석 폭파 → 폭파된 암석의 상차 → 분쇄 → 선별공정으로 이송
③ 표토층 제거 → 암석 폭파 → 분쇄 → 폭파된 암석의 상차 → 선별공정으로 이송
④ 표토층 제거 → 분쇄 → 암석 폭파 → 폭파된 암석의 상차 → 선별공정으로 이송

해설 석회석 채광공정의 순서는 표토층 제거 → 암석 폭파 → 폭파된 암석의 상차 → 분쇄 → 선별공정으로 이송이다.

55 다음 중 석회석 생산공정에 대한 설명으로 알맞지 않은 것은?

① 세척 : 석회석 원료에는 실리카, 점토, 미세 석회석 가루 등의 불순물이 혼합되어 있으므로 세척제를 활용하여 세척한다.
② 건조 : 슬러지나 Filter Cake에서 석회석이 얻어지는 경우 킬른 배가스의 열을 이용하여 건조한다.
③ 1차 분쇄의 경우 킬른의 형태에 따라 석회석을 20~500mm 크기로 분쇄하는 것으로 암석의 특성(경도, 적층, 크기 등)에 따라 다양한 형태의 분쇄기가 사용된다.
④ 2차 분쇄의 경우 Jaw Crusher, Gyratory Crusher, Impact Crusher 등이 Hammer Mill과 함께 사용하여 석회석을 10~500mm의 자갈 형태로 분쇄한다.

해설 1차 분쇄의 경우 킬른의 형태에 따라 석회석을 5~200mm 크기로 분쇄하는 것으로 암석의 특성(경도, 적층, 크기 등)에 따라 다양한 형태의 분쇄기가 사용된다.

56 석회 제조공정 중 킬른에서 사용하는 연료의 형태로 옳지 않은 것은?

① 고체 연료(주로 사용) - 유연탄, 코크스
② 액체 연료(때때로 사용) - 경질유
③ 기체 연료(드물게 사용) - 도시가스
④ 기타(때때로 사용) - 목재/톱밥, 폐타이어, 종이 등

해설 액체 연료 중 때때로 사용하는 것은 중질유이며, 경질유의 경우 드물게 사용된다.

57 연료 비용이 석회 생산단가에 미치는 영향으로 알맞지 않은 것은?

① 연료 비용이 석회 생산단가의 60~70%를 차지한다.
② 부적절한 제품 품질은 중유를 사용할 경우 대기오염물질이 배출된다.
③ 부적절한 제품 품질은 잔존 CO_2 수준, 반응성, 황 함량 등에 따라 좌우된다.
④ 부적절한 연료 사용은 운전비를 상승시킨다.

해설 연료 비용이 석회 생산단가의 40~50%를 차지한다.

58 ROK 공정에 관한 설명으로 알맞지 않은 것은?

① Run of Kiln의 약어이다.
② 입경 45mm 이상인 생석회를 선별한다.
③ 석회를 저장하여 분쇄 및 수화공정으로 이송한다.
④ 입경 1~30mm로 파쇄하는 공정이다.

해설 ROK 공정은 입경 5~45mm로 파쇄하는 공정이다.

59 다음 중 석회 생산시설 중 간접 배출원에서 배출되는 온실가스 종류로 알맞은 것은?

① CO_2, CH_4
② CO_2, N_2O
③ CO_2, CH_4, N_2O
④ CH_4

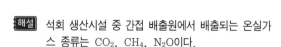

해설 석회 생산시설 중 간접 배출원에서 배출되는 온실가스 종류는 CO_2, CH_4, N_2O이다.

60 석회 생산공정에서 이산화탄소 산정방법론으로 적절한 것은?

① Tier 1
② Tier 1, 2
③ Tier 1, 2, 3
④ Tier 1, 2, 3, 4

해설 석회 생산공정에서 이산화탄소 산정방법론은 Tier 1, 2, 3, 4이다.

61 다음 중 주요 탄산염 사용 분야로 알맞지 않은 것은?

① 세라믹 생산
② pH 조절
③ 유리 생산
④ 배연탈황시설

해설 탄산염 사용 분야는 세라믹 생산, 유리 생산, 펄프 및 제지 생산, 배연탈황시설 등에서 사용된다.

62 다음 중 세라믹 생산공정 순서로 알맞은 것은?

① 원료공정 → 소성공정 → 성형공정 → 가공공정 → 검사공정 → 제품공정
② 원료공정 → 성형공정 → 가공공정 → 소성공정 → 검사공정 → 제품공정
③ 원료공정 → 성형공정 → 소성공정 → 가공공정 → 검사공정 → 제품공정
④ 원료공정 → 성형공정 → 소성공정 → 가공공정 → 제품공정 → 검사공정

해설 세라믹 생산공정은 원료공정 → 성형공정 → 소성공정 → 가공공정 → 검사공정 → 제품공정의 순이다.

63 다음 중 유리 생산공정에 관한 순서로 알맞은 것은?

① 혼합공정 → 용융공정 → 성형공정 → 서랭공정 → 제품공정 → 검사/포장공정
② 혼합공정 → 용융공정 → 서랭공정 → 성형공정 → 검사/포장공정 → 제품공정
③ 혼합공정 → 성형공정 → 용융공정 → 서랭공정 → 검사/포장공정 → 제품공정
④ 혼합공정 → 용융공정 → 성형공정 → 서랭공정 → 검사/포장공정 → 제품공정

해설 유리 생산공정은 혼합공정 → 용융공정 → 성형공정 → 서랭공정 → 검사/포장공정 → 제품공정의 순이다.

64 펄프 및 제지 생산과 관련하여 다음 설명에 해당하는 공정을 고르면?

증해 후에 생기는 흑액을 저장탱크에 모으는 공정

① 흑액 회수
② 흑액 농축
③ 녹액 생성
④ 가성화 초공정

해설 증해 후에 생기는 흑액을 저장탱크에 모으는 공정은 흑액 회수공정에 해당한다. ②의 흑액 농축은 회수된 흑액을 고형분이 50~70% 정도가 될 때까지 농축한다. ③ 녹액 생성은 흑액에 Na_2CO_3 등의 보조물질을 첨가하여 보일러 하부로 모아지는 용융염을 물에 용해하여 녹액을 생성하는 공정이다. ④ 가성화 초공정은 생성된 녹액을 증해에 필요한 백액(NaOH)으로 재생하는 공정을 말한다.

65 다음 제지공정 중 종이의 인쇄 적성 및 후가공성(오버코팅)을 좋게 하기 위해 종이의 표면에 도공액을 도포하는 공정은 어느 공정에 관한 설명인가?

① 조성공정   ② 도공공정
③ 초지공정   ④ 완정공정

해설 ① 조성공정은 초지기에 지료(원료+물)를 보내주기 전에 종이를 만들기 위한 원료를 조성하는 공정이며, ③ 초지공정은 종이를 뜨는 공정이며, ④ 완정공정은 규격에 따라 권취 또는 평판으로 재단한 다음 단위 포장된 후 제품으로 수요자에게 공급하는 과정이다.

66 수소제조시설, 촉매재생시설, 코크스 제조시설의 보고대상 온실가스로 옳은 것은?

① CO_2 ② CH_4
③ N_2O ④ FCs

해설 수소제조시설, 촉매재생시설, 코크스 제조시설의 보고대상 온실가스는 CO_2이다.

67 습지에서 배출되는 온실가스 종류로 알맞은 것은?

① CO_2
② CH_4
③ CO_2, CH_4
④ CO_2, CH_4, N_2O

해설 습지에서 배출되는 온실가스 종류로는 CO_2, CH_4가 있다.

68 석유 정제공정의 순서로 옳은 것은?

① 배합 → 증류 → 전환 및 정제
② 증류 → 배합 → 전환 및 정제
③ 증류 → 전환 및 정제 → 배합
④ 배합 → 전환 및 정제 → 증류

해설 석유 정제공정은 증류 → 전환 및 정제 → 배합의 순서로 진행된다.

69 소다회 생산공정에 대한 설명으로 틀린 것은?

① 전세계 소다회 생산의 약 75%는 합성공정을 통해 만들어진다.
② 암모니아 소다회 제조시설과 천연 소다회 생산공정으로 구분된다.
③ 보고대상 온실가스는 CO_2이다.
④ Tier 1, 2, 3의 산정방법론을 사용한다.

해설 소다회 생산공정은 Tier 1, 2, 3, 4의 산정방법론을 사용한다.

70 가축의 장내 발효에 관한 설명으로 알맞지 않은 것은?

① 가축의 소화기관 형태, 연령, 체중, 섭취 사료의 양 및 질 등의 영향을 받는다.
② 섭취 사료의 장내 발효를 활발히 촉진시키는 장 구조를 가진 '반추동물'에서 보다 많은 양이 배출된다.
③ 가축의 장내 발효에 의한 메탄 배출량 중 약 60% 정도가 소에서 기인한다고 보고되었다.
④ 장내 발효란 가축이 섭취한 탄수화물이 혈액 내로 흡수되도록 미생물에 의해 분해되는 소화과정이다.

해설 가축의 장내 발효에 의한 메탄 배출량 중 약 75% 정도가 소에서 기인한다고 보고되었다.

71 다음 중 가축의 분뇨관리와 관련된 온실가스 종류와 산정방법으로 적절한 것은?

① CO_2 : Tier 1
② CH_4 : Tier 1
③ CH_4 : Tier 1, N_2O : Tier 1
④ CO_2 : Tier 1, CH_4 : Tier 1, N_2O : Tier 1

해설 가축의 분뇨관리와 관련된 온실가스로는 CH_4, N_2O 이며, 각각 Tier 1 산정방법을 적용한다.

72 다음 중 가축사육두수에 관한 설명 중 알맞지 않은 것은?

① 온실가스 배출량을 산정하기 위해 활동자료로서 '가축사육두수'가 필요하며, 이는 각 '지자체 통계연보' 및 '가축통계'에서 획득할 수 있다.
② 닭의 경우 산란계, 육계, 기타 닭으로 구분하기 위해 지자체 통계연보의 자료를 활용하여 추정한다.
③ 젖소와 한육우의 경우 육성우, 착유우, 송아지, 번식우, 비육우로 분리하여 산정하므로 국가 통계 포털의 연령, 성별, 용도별 젖소 및 한육우 통계치를 활용하여 지자체 단위로 추정해야 한다.
④ 한육우는 국가 통계 포털에서 2003년 자료부터 존재하기 때문에 2000~2002년 자료는 연도별 가축두수의 자료를 활용하여 평균값을 추정한다.

해설 닭의 경우 산란계, 육계, 기타 닭으로 구분하기 위해 국가 통계 포털의 시·군·구별 산란계/육계 두수 자료와 지자체 통계연보의 자료를 활용하여 추정한다.

73 다음 중 임지로 유지되는 임지의 경우 적용해야 하는 산정방법으로 알맞은 것은?

① Tier 1
② Tier 1, 2
③ Tier 2
④ Tier 1, 2, 3

해설 임지로 유지되는 임지는 Tier 2 산정방법론을 적용한다.

74 다음 중 농업 부문에 관한 설명으로 알맞지 않은 것은?

① 농경지에서 발생하는 이산화탄소는 다른 산업분야의 이산화탄소와 마찬가지로 대기로의 배출로 배출량 계산에 포함된다.
② 농업은 태양에너지 및 기타 직·간접적 에너지가 생태계 내에 유입하여 탄소, 질소, 인이 순환함에 따라 주산물 및 부산물을 생산한다.
③ 온실가스 종류별 농업 부문에서의 배출량을 보면 지구 전체 온실가스 배출량의 72%를 차지하는 이산화탄소의 경우 농경지에서 배출되는 양은 많지만, 이는 작물이 대기 중의 이산화탄소를 고정하여 생산한 식량과 식물체가 분해되어 대기로 환원되는 것이다.
④ 요소 비료 및 석회 사용에 의해 발생하는 이산화탄소는 농경지에서 배출하는 양으로 산정한다.

해설 농경지에서 발생하는 이산화탄소는 다른 산업분야의 이산화탄소와는 달리 대기로의 배출과 농경지로의 흡수가 균형을 이루어 배출량 계산에는 포함되지 않는다.

75 다음 중 철강 생산공정의 순서로 옳은 것은?

① 제강공정 → 제선공정 → 연주공정 → 압연공정
② 제선공정 → 제강공정 → 연주공정 → 압연공정
③ 제선공정 → 제강공정 → 압연공정 → 연주공정
④ 제강공정 → 제선공정 → 압연공정 → 연주공정

해설 철강 생산공정은 제선공정 → 제강공정 → 연주공정 → 압연공정의 순서이다.

76 철강 생산공정 중 제선공정으로 틀린 것은?

① 원료공정
② 소결공정
③ 고로공정
④ 연주공정

해설 철강 생산공정 중 제선공정에는 원료공정, 소결공정, 고로공정, 코크스 제조공정이 있다.

77 철강 생산공정의 CO_2 산정방법론으로 옳은 것은 어느 것인가?

① Tier 1
② Tier 1, 2
③ Tier 1, 2, 3
④ Tier 1, 2, 3, 4

해설 철강 생산공정에서 발생하는 온실가스 중 CO_2는 Tier 1, 2, 3, 4를 사용해야 하며, CH_4는 Tier 1의 산정방법론을 사용해야 한다.

78 합금철 생산공정의 CO_2 산정방법론으로 옳은 것은?

① Tier 1
② Tier 1, 2
③ Tier 1, 2, 3
④ Tier 1, 2, 3, 4

해설 합금철 생산공정에서 발생하는 온실가스 중 CO_2는 Tier 1, 2, 3, 4를 사용해야 하며, CH_4는 Tier 1, 2의 산정방법론을 사용해야 한다.

79 아연 생산공정의 보고대상 온실가스로 옳은 것은?

① CO_2
② CO_2, CH_4
③ CO_2, N_2O
④ CO_2, N_2O, CH_4

해설 아연 생산공정의 보고대상 온실가스는 CO_2이다.

80 1차 납 생산공정 순서로 옳은 것은?

① 원료 준비 → 제련 → 소결 → 침전
② 원료 준비 → 소결 → 침전 → 제련
③ 원료 준비 → 소결 → 제련 → 침전
④ 원료 준비 → 침전 → 소결 → 제련

해설 1차 납 생산공정은 원료 준비 → 소결 → 제련 → 침전의 순서이다.

81 납 생산공정의 보고대상 온실가스로 옳은 것은?

① CO_2
② CO_2, CH_4
③ CO_2, N_2O
④ CO_2, N_2O, CH_4

해설 납 생산공정의 보고대상 온실가스는 CO_2이다.

82 납 생산공정의 CO_2 산정방법론으로 옳은 것은?

① Tier 1
② Tier 1, 2
③ Tier 1, 2, 3
④ Tier 1, 2, 3, 4

해설 납 생산공정에서 발생하는 온실가스 중 CO_2는 Tier 1, 2, 3, 4를 사용해야 한다.

83 전자산업의 보고대상 온실가스로 옳은 것은?

① CO_2
② CH_4
③ N_2O
④ FCs

해설 전자산업의 보고대상 온실가스는 불소화합물(FCs)이다.

84 전자산업 온실가스 배출시설에서 Tier 2 산정방법론만 사용해야 하는 분야로 옳은 것은?

① PV 생산
② 열전도 유체
③ LCD 생산
④ 반도체 생산

해설 전자산업에서 열전도 유체 부문은 Tier 2를 사용한다. 반도체/LCD/PV 생산 부문은 Tier 1, 2a, 2b, 3의 방법을 사용한다.

85 ODS 대체 물질 사용 시설의 보고대상 온실가스로 옳은 것은?

① CO_2
② CH_4
③ N_2O
④ FCs

해설 ODS 대체 물질 사용 시설의 보고대상 온실가스는 불소화합물(FCs)이다.

86 ODS 대체물질 사용시설의 FCs 산정방법론은?

① Tier 1
② Tier 1, 2
③ Tier 1, 2, 3
④ Tier 1, 2, 3, 4

해설 ODS 대체 물질 사용 시설의 보고대상 가스인 FCs 는 Tier 1, 2, 3을 사용해야 한다.

87 암모니아 생산공정의 보고대상 온실가스는?

① CO_2
② CH_4
③ N_2O
④ FCs

해설 암모니아 생산공정의 보고대상 온실가스는 CO_2이다.

88 메탄올 생산공정의 보고대상 온실가스로 옳은 것은?

① CO_2
② CO_2, CH_4
③ CO_2, N_2O
④ CO_2, N_2O, CH_4

해설 메탄올 생산공정의 보고대상 온실가스는 CO_2, CH_4 이다.

89 질산 생산공정 순서로 옳은 것은?

① 제1산화공정 → 흡수공정 → 제2산화공정 → 배 가스처리공정
② 흡수공정 → 배가스처리공정 → 제1산화공정 → 제2산화공정
③ 제1산화공정 → 제2산화공정 → 흡수공정 → 배 가스처리공정
④ 흡수공정 → 제1산화공정 → 제2산화공정 → 배 가스처리공정

해설 질산 생산공정은 제1산화공정 → 제2산화공정 → 흡 수공정 → 배가스처리공정의 순서로 이루어진다.

90 질소 생산공정의 보고대상 온실가스로 옳은 것은?

① CO_2
② CH_4
③ N_2O
④ FCs

해설 질소 생산공정의 보고대상 온실가스는 N_2O이다.

91 질소 생산공정의 N_2O 산정방법론으로 옳은 것은?

① Tier 1
② Tier 1, 2
③ Tier 1, 2, 3
④ Tier 1, 2, 3, 4

해설 질소 생산공정의 보고대상 가스인 N_2O는 Tier 1, 2, 3을 사용해야 한다.

92 아디프산 생산공정의 순서로 옳은 것은?

① 반응공정 → 결정화 공정 → 정제공정 → 건조공정
② 정제공정 → 건조공정 → 반응공정 → 결정화 공정
③ 건조공정 → 반응공정 → 정제공정 → 결정화 공정
④ 건조공정 → 정제공정 → 반응공정 → 결정화 공정

해설 아디프산 생산공정은 반응공정 → 결정화 공정 → 정제공정 → 건조공정의 순서로 이루어진다.

93 아디프산 생산공정의 보고대상 온실가스로 옳은 것은?

① CO_2
② CH_4
③ N_2O
④ FCs

해설 아디프산 생산공정의 보고대상 온실가스는 N_2O이다.

94 아디프산 생산공정의 N_2O 산정방법론으로 옳은 것은?

① Tier 1
② Tier 1, 2
③ Tier 1, 2, 3
④ Tier 1, 2, 3, 4

해설 질소 생산공정의 보고대상 가스인 N_2O는 Tier 1, 2, 3을 사용해야 한다.

Answer 86.③ 87.① 88.② 89.③ 90.③ 91.③ 92.① 93.③ 94.③

95 카바이드 생산공정의 보고대상 온실가스로 옳은 것은?

① CO_2
② CO_2, CH_4
③ CO_2, N_2O
④ CO_2, N_2O, CH_4

해설 카바이드 생산공정의 보고대상 온실가스는 CO_2, CH_4이다.

96 관리업체 내에 목탄을 연료로 사용하는 배출시설이 있는데 보고연도 일 년간 연료로 사용한 목탄의 양이 10,000ton일 경우 온실가스 배출량(tCO_2eq)을 구하면?

- 목탄의 배출계수 : $CO_2 = 112,000 kgCO_2/TJ$
$CH_4 = 200 kgCH_4/TJ$
$N_2O = 4 kgN_2O/TJ$
- 목탄의 열량계수 : 순발열 $= 29.5 TJ/Gg$
총 발열량 $= 30.4 TJ/Gg$
---

① $1,600 tCO_2-eq$
② $1,605 tCO_2-eq$
③ $1,610 tCO_2-eq$
④ $1,615 tCO_2-eq$

해설 목탄은 고체 바이오 연료로서 바이오매스 사용에 따른 CO_2 배출량은 제외하고, CH_4, N_2O 배출량만 산정에 포함한다. 순발열량을 온실가스 배출량 산정에 적용한다.

$$B_{i \times j} = Q_i \times EC_i \times EF_{i \times j} \times F_i \times 10^{-6}$$

- CO_2 배출량 $= 0 tCO_2$
- CH_4 배출량 $= 10,000 ton \times 29.5 TJ/Gg$
$\times 200 kgCH_4/TJ \times 10^{-6}$
$= 59 tCH_4$
- N_2O 배출량 $= 10,000 ton \times 29.5 TJ/Gg$
$\times 4 kgN_2O/TJ \times 10^{-6}$
$= 1.18 tN_2O$
∴ 총 온실가스 배출량
$= 0 tCO_2 \times 1 + 59 tCH_4 \times 21 + 1.18 tN_2O$
$\times 310$
$= 1,604.8 tCO_2eq$

97 수소 제조공정의 Tier 1 배출량 산정식은 $E_{i,CO_2} = FR_i \times EF_i$이다. 배출계수는 $2.9 tCO_2/t$ 이고, 원료인 메탄올(Mw 32g/mol) 투입량은 120 ton, 제품인 수소(Mw 2g/mol) 생산량은 110ton일 경우 온실가스 배출량(tCO_2)을 구하면?

① $348 tCO_2-eq$
② $448 tCO_2-eq$
③ $548 tCO_2-eq$
④ $648 tCO_2-eq$

해설 수소 제조공정의 Tier 1 배출량 산정식은 활동자료가 원료 투입량이다.

$$E_{i,CO_2} = FR_i \times EF_i$$

E_{i,CO_2} : 수소 제조공정에서의 CO_2 배출량(tCO_2)
FR_i : 경질나프타, 부탄, 부생연료 등 원료(i) 투입량(ton 또는 천 m^3)
EF_i : 원료(i)별 CO_2 배출계수
$FR_i = 120 ton$
$EF_i = 2.9 tCO_2/t$-원료
∴ $E_{i,CO_2} = 120 ton \times 2.9 tCO_2/t = 348 tCO_2$

98 전기사업자인 관리업체 내에 가스절연개폐기(GIS)가 있는데 절연가스로 SF_6를 사용한다. GIS는 3대가 있고 SF_6의 충진 용량은 200kg이며, 보고년도 중 SF_6 100kg을 재충진하였다. 절연가스 SF_6 사용에 따른 사용 단계의 온실가스 배출량(tCO_2eq)을 구하면?

- 사용 단계의 배출계수 : 0.007
- 지구온난화지수(GWP) : $SF_6 = 23,900$
---

① $80 tCO_2-eq$
② $90 tCO_2-eq$
③ $100 tCO_2-eq$
④ $110 tCO_2-eq$

해설 재충진량 100kg SF₆의 경우 온실가스 배출량을 산정하지 않고, 명세서 "온실가스 사용실적"에 연도별 재충진량을 보고한다.
배출량=사용단계 배출계수×사용 중인 전기설비의 총 온실가스(SF₆) 정격용량(kg)
=0.007×200kgSF₆×3대×23,900×10⁻³
=100.38tCO₂eq

99 폐기물소각회사인 관리업체에는 온실가스 배출시설이 일반폐기물 소각시설, 호기성 폐수처리시설, 환원제로 암모니아를 사용하는 배연탈질시설(SCR), 중화제로 석회석을 사용하는 배연탈황시설, 승용자동차, 화물자동차, 임직원 개인차량, 한국전력공사 공급전력사용시설이 있다. 다음 표의 ( ) 안에 해당하는 배출시설로 알맞지 않은 것은?

운영 경계		배출시설
직접 배출 (Scope 1)	고정연소	(①)
	이동연소	(②)
	공정배출	(③)
간접 배출 (Scope 1)	외부전기	(④)

① 일반폐기물 소각시설, 배연탈황시설, 배연탈질시설(SCR)
② 승용자동차, 화물자동차
③ 일반폐기물 소각시설
④ 한국전력공사 공급전력사용시설 또는 사업장 단위 전력사용시설

해설
• 일반폐기물 소각시설은 버너의 화석연료 사용으로 인한 고정연소와 폐기물 소각 공정배출이 있음.
• 배연탈질시설(SCR)은 환원제로 암모니아를 사용할 경우 온실가스가 배출되지 않고, 요소수를 사용할 경우 온실가스가 배출되며, SCR은 반응온도 승온용 연료를 사용하기 때문에 고정연소를 산정하여야 함.
• 배연탈황시설은 석회석(CaCO₃)을 중화제로 사용할 경우 온실가스가 배출되며, 탄산염의 기타 공정배출에서 보고되어야 함.

100 자동차를 생산하는 관리업체 내에 경유를 연료로 사용하는 일반 보일러 시설이 있다. 보고년도 일년간 일반 보일러 시설에서 사용한 경유의 양이 20,000kL일 경우 온실가스 배출량(tCO₂-eq)과 에너지 사용량(TJ)은?

• 경유의 배출계수 : CO₂=74,100kgCO₂/TJ
　　　　　　　　　 CH₄=3kgCH₄/TJ
　　　　　　　　　 N₂O=0.6kgN₂O/TJ
• 경유의 열량계수 : 총 발열량 37.7MJ/L
　　　　　　　　　 순발열량 35.3MJ/L
• 산화계수 : Tier 1이면 1.0, Tier 2이면 0.99, Tier 3이면 0.99

① 5,667tCO₂-eq, 754TJ
② 5,767tCO₂-eq, 764TJ
③ 5,967tCO₂-eq, 754TJ
④ 5,867tCO₂-eq, 764TJ

해설 순발열량은 온실가스 배출량 산정에, 총 발열량은 에너지 사용량 산정에 적용한다. 일반 보일러 시설의 시설 규모는 연간 5만 톤 이상, 50만 톤 미만이므로 B그룹에 해당하고 산화계수의 Tier 최소 적용 기준은 Tier 2이기 때문에 0.99를 사용한다. 산화계수는 CO₂만 적용한다.
1) 온실가스 배출량
$$B_{i \times j} = Q_i \times BC_i \times EF_{i \times j} \times F_i \times 10^{-6}$$
• CO₂ 배출량
=20,000kL×35.3MJ/L
　×74,100kgCO₂/TJ×0.99×10⁻⁶
=51,791.454tCO₂
• CH₄ 배출량
=20,000kL×35.3MJ/L
　×3kgCH₄/TJ×10⁻⁶=2.118tCH₄
• N₂O 배출량
=20,000kL×35.3MJ/L
　×0.6kgN₂O/TJ×10⁻⁶=0.424tN₂O
∴ 총 온실가스 배출량
=51,791.454tCO₂×1+2.118tCH₄×21
　+0.424tN₂O×310=5,967.372tCO₂eq
2) 에너지 사용량
20,000kL×37.7MJ/L×10⁻³=754TJ

온실가스 산정과
데이터 품질관리

온실가스관리기사 필기

Part 3.
온실가스 산정과 데이터
품질관리

온실가스 배출시설 모니터링

Chapter 1

01 모니터링 유형 · 방법 정의

온실가스 배출시설과 산정방법에 따라 모니터링 유형 및 방법이 달라지며, 각 배출활동 및 배출시설에 대하여 활동자료와 모니터링 유형을 선정해야 한다.

모니터링 유형, 활동자료의 불확도 수준, 시료의 채취 및 분석방법, 빈도 등 통합지침에서 요구하는 관리기준(Tier) 구분을 충족하는지 확인해야 한다.

| 모니터링 기호 및 세부내용 |

기 호	세부내용	측정기기 예시
WH	상거래 또는 증명에 사용하기 위한 목적으로 측정량을 결정하는 법정 계량에 사용하는 측정기기로 계량에 관한 법률 제2조에 따른 법정 계량기	가스미터, 오일미터, 주유기, LPG미터, 눈새김탱크, 눈새김탱크로리, 적산열량계, 전력량계 등 법정 계량기
FL	관리업체가 **자체적으로 설치한 계량기**로 국가표준기본법 제14조에 따른 시험기관, 교정기관, 검사기관에 의하여 주기적인 정도검사를 받는 측정기기	가스미터, 오일미터, 주유기, LPG미터, 눈새김탱크, 눈새김탱크로리, 적산열량계, 전력량계 등 법정 계량기 및 그 외 계량기
FL	관리업체가 자체적으로 설치한 계량기이나 **주기적인 정도검사를 실시하지 않는** 측정기기	

02 모니터링의 유형

모니터링은 크게 연료 등 구매량 기반 모니터링 방법, 연료 등의 직접 계량에 따른 모니터링 방법, 근사법에 따른 모니터링으로 구분된다.

(1) 연료 등 구매량 기반 모니터링 방법

연료 및 원료의 공급자가 상거래 등의 목적으로 설치·관리하는 측정기기를 이용하여 활동자료의 양을 수집하는 방법으로 4가지의 유형이 있음.

▮ 모니터링 유형 ▮

모니터링 유형	모식도	해당 항목	설 명
A-1		구매전력, 구매열 및 증기, 도시가스, 화석연료	연료 및 원료 공급자가 상거래 등을 목적으로 설치·관리하는 측정기기를 이용하여 연료 사용량 등 활동자료를 수집하는 방법
A-2			연료 및 원료 공급자가 상거래 등을 목적으로 설치·관리하는 측정기기와 주기적인 정도검사를 실시하는 내부 측정기기가 설치되어 있을 경우 활동자료를 수집하는 방법
A-3		액체 화석연료, 저장탱크의 재고량, 보관탱크 입고량, 보관탱크 재고량, 판매량	연료 및 원료 공급자가 상거래를 목적으로 설치·관리하는 측정기기와 주기적인 정도검사를 실시하는 내부 측정기기를 사용하며, 저장탱크에서 연료나 원료가 일부 저장되어 있거나 외부로 이송하는 경우 활동자료를 수집하는 방법
A-4		구매전력, 구매열 및 증기, 도시가스, 판매량	연료나 원료 공급자가 상거래를 목적으로 설치·관리하는 측정기기와 주기적인 정도검사를 실시하는 내부 측정기기를 사용하며, 연료나 원료 일부를 파이프 등으로 연속적으로 외부에 공급할 경우 활동자료를 결정하는 방법
B		화석연료/ 원료 등	배출시설별로 정도검사를 실시하는 내부 측정기기가 설치되어 있을 경우 해당 측정기기를 활용하여 활동자료를 결정하는 방법
C-1		화석연료, 구매전력	구매한 연료 및 원료, 전력 및 에너지를 정도검사를 받지 않은 내부 측정기기를 이용하여 활동자료를 분배·결정하는 방법
C-2		화석연료, 구매전력	구매한 연료 및 원료, 전력 및 열에너지를 측정기기가 설치되지 않았거나 일부 시설에만 설치되어 있는 배출시설로 공급하는 경우 배출시설별 활동자료를 결정할 수 있는 근사법

모니터링 유형	모식도	해당 항목	설 명
C-3	사업장 경계 WH → FL → 배출시설 FL → 배출시설 사업장 경계 WH → FL → 배출시설 배출시설	원료 및 연료의 누락값	연료의 사용량을 측정하는 데 있어 원료 및 연료의 누락 데이터에 대한 대체 데이터를 활용·추산하여 활동 자료를 결정하는 방법
C-4	–	이동연소의 사용연료	차량 등의 이동연소 부문에 대하여 적 용할 수 있는 방법으로 아래 식 적용 $\dfrac{\text{원료}}{\text{사용량}} = \sum \dfrac{\text{연료별 배출원별}}{\text{연료별 배출원별}} \dfrac{\text{연료 구매비용}}{\text{구매단가}}$
C-5	–	이동연소의 사용연료	차량 등의 이동연소 부문에 대하여 적 용할 수 있는 방법으로 아래 식 적용 $\dfrac{\text{원료}}{\text{사용량}} = \sum \dfrac{\text{연료별 배출원별}}{\text{연료별 배출원별}} \dfrac{\text{주행거리(km)}}{\text{연비(km/L)}}$

① 모니터링 유형(A-1)

㉮ A-1 유형은 연료 및 원료 공급자가 상거래 등을 목적으로 설치·관리하는 측정 기기(WH)를 이용하여 연료 사용량 등 활동자료를 수집하는 방법임.

㉯ 주로 전력 및 열(증기), 도시가스를 구매하여 사용하는 경우 혹은 화석연료를 구매하여 단일 배출시설에 공급하는 경우에 적용할 수 있음.

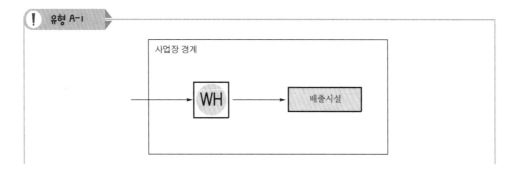

┃ 모니터링 유형 A-1에서 활동자료를 결정하기 위한 자료 ┃

해당 항목	관련 자료
구매 전력	전력 공급자(한국전력)가 발행한 전력요금청구서
구매 열 및 증기	열에너지 공급자가 발행하고 열에너지 사용량이 명시된 요금청구서, 열에너지 사용 증빙문서
도시가스	도시가스 공급자(도시가스 회사)가 발행하고, 도시가스 사용량이 기입된 요금 청구서
화석연료	판매/공급자가 발행하고, 구입량이 기입된 요금청구서 또는 Invoice

② 모니터링 유형(A-2)

㉮ A-2 유형은 연료 및 원료 공급자가 **상거래 등을 목적으로 설치·관리하는 측정 기기(** WH **)와 주기적인 정도검사를 실시하는 내부 측정기기(** FL **)가 같이 설치** 되어 있을 경우 활동자료를 수집하는 방법임.

㉯ 각 배출시설에 설치된 내부 측정기기의 측정값을 기준으로 배출시설별 활동자료 를 결정함.

㉰ 상거래를 목적으로 연료나 원료 공급자가 설치·관리하는 측정기기의 계측자료 는 참고자료로 활용할 수 있음.

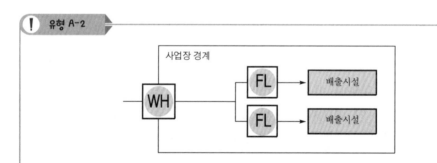

┃ 모니터링 유형 A-2에서 활동자료를 결정하기 위한 자료 ┃

해당 항목	관련 자료
구매 전력	전력 공급자(한국전력)가 발행한 전력 요금청구서
구매 열 및 증기	열에너지 공급자가 발행하고 열에너지 사용량이 명시된 요금청구서, 열에 너지 사용 증빙문서
도시가스	도시가스 공급자(도시가스 회사)가 발행하고, 도시가스 사용량이 기입된 요금청구서
화석연료/원료 등	내부 모니터링 기기(계량기 등)의 데이터 기록일지

③ 모니터링 유형(A-3)

㉮ A-3 유형은 연료·원료 공급자가 상거래를 목적으로 설치·관리하는 측정기기(WH)와 주기적인 정도검사를 실시하는 내부 측정기기(FL)를 사용하며, 저장탱크에서 연료나 원료가 일부 저장되어 있거나 그 일부를 판매 등 기타 목적으로 외부로 이송하는 경우 배출시설의 활동자료를 결정하는 방법임.

㉯ 주로 화석연료의 사용, 불소계 온실가스를 구매하여 사용하는 경우에 적용할 수 있음.

㉰ 식에 따라서 연료 및 원료의 구매량, 재고량, 판매량 등의 물질수지를 활용하여 활동자료를 결정할 수 있음.

> 활동자료=신규 구매량+(회계년도 시작일 재고량-차기년도 시작일 재고량)-기타 용도(판매·이송 등) 사용량

유형 A-3

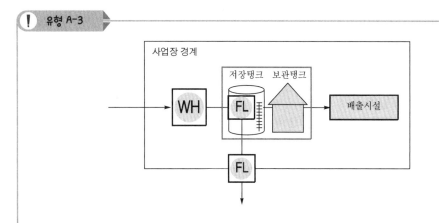

| 모니터링 유형 A-3에서 활동자료를 결정하기 위한 자료 |

해당 항목	관련 자료
액체 화석연료	연료 공급자가 발행하고 구입량이 기입된 요금청구서, 기타 연료 공급자 및 사업자(구매자)가 합의하는 측정방식에 따른 계측값
저장탱크의 재고량	정도관리되는 모니터링 기기로 측정한 저장탱크의 수위 데이터
보관탱크 입고량	연료 공급자가 발행한 구입량이 기입된 요금청구서(용기 수량, 용기 용량 등)
보관탱크 재고량	보관된 물품량(용기 수량, 용기 용량 등)
판매량	사업자가 연료의 판매 목적으로 설치하여 정도관리하는 모니터링 기기의 측정값, 기타 사업자와 연료 구매자가 합의하는 측정방식에 따른 계측값

④ 모니터링 유형(A-4)

  ㉮ A-4 유형은 연료나 원료 공급자가 상거래를 목적으로 설치·관리하는 측정기기 (WH)와 주기적인 정도검사를 실시하는 내부 측정기기(FL)를 사용하며, 연료 나 **원료 일부를 파이프 등을 통해 연속적으로 외부 사업장이나 배출시설에 공 급할 경우** 활동자료를 결정하는 방법임.

  ㉯ 사업장에 공급된 화석연료 사용량에서 외부 사업장 혹은 배출시설에 판매하거나 공급한 양을 제외하여 배출시설의 활동자료를 결정함.

  ㉰ 만약 열(스팀), 전기 등 에너지의 경우 외부 사업장에 공급하는 과정에서 손실이 발생할 경우 손실분은 해당 사업장에서 에너지를 사용한 것으로 간주함.

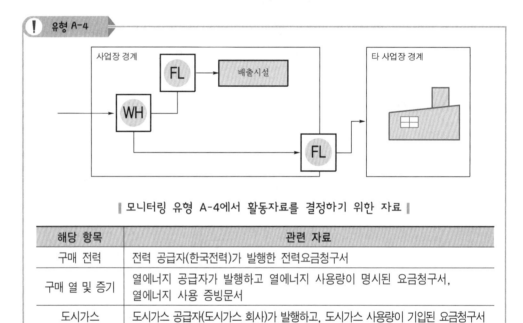

‖ 모니터링 유형 A-4에서 활동자료를 결정하기 위한 자료 ‖

해당 항목	관련 자료
구매 전력	전력 공급자(한국전력)가 발행한 전력요금청구서
구매 열 및 증기	열에너지 공급자가 발행하고 열에너지 사용량이 명시된 요금청구서, 열에너지 사용 증빙문서
도시가스	도시가스 공급자(도시가스 회사)가 발행하고, 도시가스 사용량이 기입된 요금청구서
판매량	사업자가 연료의 판매 목적으로 설치하여 정도관리하는 모니터링 기기의 측정값, 기타 사업자와 연료 구매자가 합의하는 측정방식에 따른 계측값

(2) 연료 등의 직접 계량에 따른 모니터링 방법

① 모니터링 유형(B)

  ㉮ B유형은 배출시설별로 정도검사를 실시하는 내부 측정기기(FL)가 설치되어 있을 경우 해당 측정기기를 활용하여 활동자료를 결정하는 방법임.

  ㉯ 이 유형은 이 지침에서 가장 권장하고 있는 활동자료의 결정방법이며, 주기적인 정 도검사를 받지 않을 경우 정확한 활동자료 결정을 위하여 시설별로 정도검사/정도관 리를 실시하는 등 품질관리를 할 필요성이 있음.

㉰ 이 유형은 배출시설별로 연료 및 원료(부생가스 등을 포함), 폐기물 처리량, 제품 생산량, 불소계 온실가스 사용량 등의 활동자료 결정 과정에 광범위하게 사용됨.

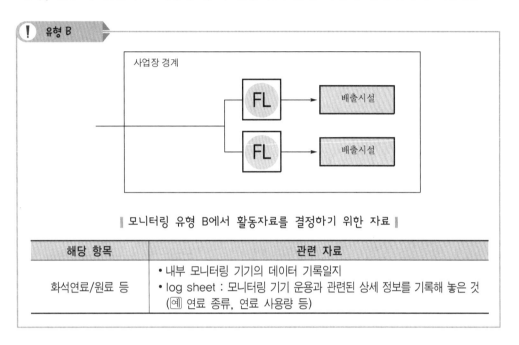

| 모니터링 유형 B에서 활동자료를 결정하기 위한 자료 |

해당 항목	관련 자료
화석연료/원료 등	• 내부 모니터링 기기의 데이터 기록일지 • log sheet : 모니터링 기기 운용과 관련된 상세 정보를 기록해 놓은 것 (예 연료 종류, 연료 사용량 등)

(3) 근사법에 따른 모니터링 유형

① 활동자료를 결정하는 과정에서 부득이한 사유로 인하여 모니터링 유형 A(구매량 기준에 따른 모니터링), 유형 B(직접 계량에 따른 모니터링)를 적용하지 못할 경우에는 근사법을 통하여 활동자료를 결정할 수 있음.

② 이 경우 관리업체는 근사법을 사용할 수밖에 없는 합당한 이유, 배출시설 단위로 측정기기의 신규 설치 및 정도검사/관리 일정 등의 사항을 이행계획에 포함하여 관장기관에게 전자적 방식으로 제출해야 함.

③ C-1 유형 및 C-2 유형과 같이 구매한 연료 및 원료 등의 활동자료가 측정기기가 설치되어 있지 않거나 정도관리를 받지 않은 측정기기를 지나 각 배출시설로 공급된다고 가정할 때 각 배출시설별 활동자료의 불확도는 구매연료 및 원료의 측정을 위한 메인 측정기기(WH)의 불확도값을 준용하여 결정할 수 있음.

④ 다음과 같은 배출시설 등에 대하여 모니터링 **유형 C(근사법에 따른 모니터링)를 적용**할 수 있음.

㉮ **식당 LPG, 비상발전기, 소방펌프 및 소방설비 등 저배출원**

㉯ **이동연소 배출원**(사업장에서 개별 차량별로 온실가스 배출량을 산정하는 경우를 의미)

⒟ 타 사업장 또는 법인과의 수급계약서에 명시된 근거를 이용하여 활동자료를 배출 시설별로 구분하는 경우

⒠ 기타 모니터링이 불가능하다고 관장기관이 인정하는 경우

⑤ 모니터링 유형(C-1)

⒜ C-1 유형은 구매한 연료 및 원료, 전력 및 열에너지를 정도검사를 받지 않은 내부 측정기기를 이용하여 활동자료를 분배ㆍ결정하는 방법임.

⒝ 사업장 총 사용량은 공급업체에서 제공된 연료 및 원료량을 바탕으로 하되, 각 배출 시설별로는 정도검사를 받지 않은 내부 측정기기의 측정값을 이용하여 활동자료를 분배ㆍ결정하는 방법임.

⒞ 이때 예시와 같은 유형으로 산출한 활동자료값과 비교하여 큰 차이가 없어야 바람직함.

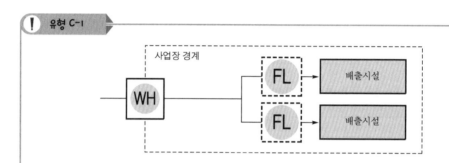

‖ 모니터링 유형 C-1에서 활동자료를 결정하기 위한 자료 ‖

해당 항목	관련 자료
화석연료	구매한 총 화석연료 청구서 및 측정값, 각 배출시설별 정도검사를 받지 않은 측정기의 화석연료 측정값, 운전기록일지, 물 사용량, 근무일지, 생산일지 등의 배출시설을 운전한 간접 자료 등
구매전력	구매한 총 전력요금청구서 및 측정값, 각 배출시설별 정도검사를 받지 않은 측정기의 전력측정값, 운전기록일지, 물 사용량, 근무일지, 생산일지 등의 배출시설을 운전한 간접 자료 등

확인 문제

소성로와 사업장 내 보일러를 운영 중인 시멘트 회사는 시멘트 생산을 위해 연간 중유를 1,000톤 구매하였으며, 구매량은 공급자가 제공한 요금청구서에 기록된 측정량이다(중유는 전량 소성로 및 사업장 내 보일러에 공급). 사업장의 측정기기는 그림과 같이 배출시설별로 검ㆍ교정 등 정도검사를 받지 않은 측정기이다. 이때 소성로와 보일러의 연간 중유 사용량을 C-1 유형으로 산출하면?

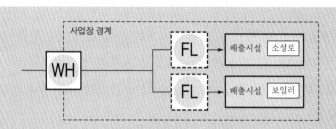

해설 배출시설별 활동자료를 결정하기 위한 자료(중유의 비중을 1이라 가정)

구 분	소성로	보일러
측정기기 측정값	800톤	400톤
측정기기 측정값을 이용한 활동자료 결정	667톤	333톤
보일러 급수량(전량이 스팀으로 생산됨을 가정)	–	680,000톤
보일러 설계 효율에 따른 중유 사용량과 스팀 생산량		2톤-스팀/중유L

보일러의 급수량이 전부 생산된 스팀량으로 전환된다고 가정하면 보일러에서 연간 스팀 680,000톤을 생산하였고, 이때 중유 사용량은 보일러 설계 효율 2톤-스팀/중유L에 의하여 340,000L(340톤)가 소비되었다.

답 340,000L(340톤)

⑥ 모니터링 유형(C-2)

㉮ C-2 유형은 구매한 연료 및 원료, 전력 및 열에너지를 측정기기가 설치되지 않았거나 일부 시설에만 설치되어 있는 배출시설로 공급하는 경우 배출시설별 활동자료를 결정할 수 있는 근사법

㉯ 관리업체는 배출시설별로 측정기기가 설치되지 않았거나 검·교정 등 정도검사를 받지 않은 측정기기가 있을 경우 이때 총 사용량은 공급업체에서 제공된 연료 및 원료량을 바탕으로 하되, 각 배출시설별로는 배출시설 및 공정상의 운전기록일지, 물 사용량, 근무일지, 생산일지 등을 활용하여 활동자료를 분배·결정하는 방법

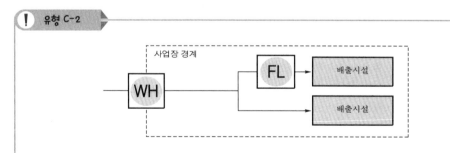

| 모니터링 유형 C-2에서 활동자료를 결정하기 위한 자료 |

해당 항목	관련 자료
화석연료	운전기록일지, 물 사용량, 근무일지, 생산일지 등의 배출시설을 운전한 간접 자료 등
구매전력	운전기록일지, 물 사용량, 근무일지, 생산일지 등의 배출시설을 운전한 간접 자료 등

⑦ 모니터링 유형(C-3)

C-3 유형은 연료 및 원료 공급자가 상거래 등을 목적으로 설치·관리하는 측정기기
(WH), 주기적인 정도검사를 실시하는 내부 측정기기(FL)와 주기적인 정도검사를
실시하지 않는 내부 측정기기(FL)가 같이 설치되어 있거나 측정기기가 없을 경우
활동자료를 수집하는 방법

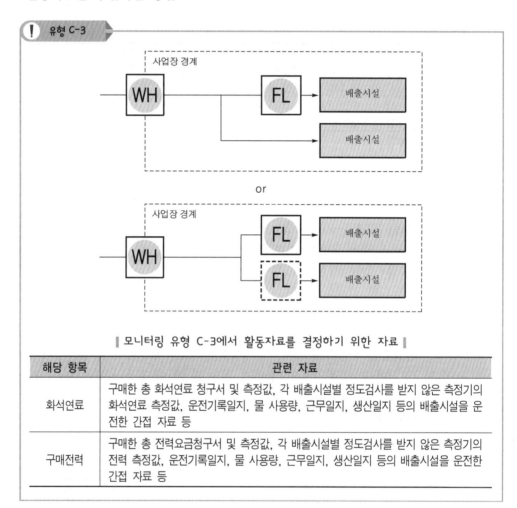

┃ 모니터링 유형 C-3에서 활동자료를 결정하기 위한 자료 ┃

해당 항목	관련 자료
화석연료	구매한 총 화석연료 청구서 및 측정값, 각 배출시설별 정도검사를 받지 않은 측정기의 화석연료 측정값, 운전기록일지, 물 사용량, 근무일지, 생산일지 등의 배출시설을 운전한 간접 자료 등
구매전력	구매한 총 전력요금청구서 및 측정값, 각 배출시설별 정도검사를 받지 않은 측정기의 전력 측정값, 운전기록일지, 물 사용량, 근무일지, 생산일지 등의 배출시설을 운전한 간접 자료 등

⑧ 모니터링 유형(C-4)

㉮ C-4 유형은 연료의 사용량을 측정하는 데 있어 생산공정으로 투입된 원료 및 연료의 누락값, 공정 과정의 변환으로 투입된 원료 및 연료의 누락값, 시설의 변형 및 장해로 인한 원료 및 연료의 누락값, 유량계의 정확도나 정밀도 시험에서 불합격할 경우 및 오작동 등이 생길 경우 등 각각의 누락 데이터에 대한 대체 데이터를 활용·추산하여 활동자료를 결정하는 방법임.

㉴ 예를 들어, 고장난 계측기의 유량 측정값은 유용하지 않고 계측기의 질량 및 유량 측정은 제품 생산량으로 추정해야 함.

㉵ 즉, 이전의 제품 생산량 대비 연료 유량값과 질량값을 추정하는 방법임.

$$결측기간의 연료(또는 원료) 사용량 = \frac{정상기간\ 중\ 사용된\ 연료(또는\ 원료)\ 사용량(Q)}{정상기간\ 중\ 생산량(P)} \times 결측기간\ 총\ 생산량(P)$$

⑨ 모니터링 유형(C-5)

C-5 유형은 사업장에서 운행하고 있는 차량 등의 **이동연소 부문에 대하여 적용할 수 있는 방법**으로, 다음과 같이 차량별 **연료의 구매비용(주유영수증 등)과 연료별 구매단가를 활용**하여 차량별 연료 사용량을 결정할 수 있음.

$$연료\ 사용량 = \sum \frac{연료별\ 이동연소\ 배출원별\ 연료\ 구매비용}{연료별\ 이동연소\ 배출원별\ 구매단가}$$

⑩ 모니터링 유형(C-6)

C-6 유형은 사업장에서 운행하고 있는 차량 등의 **이동연소 부문에 대하여 적용 가능한 방법**으로 **차량별 이동거리 자료와 연비 자료를 활용하여 계산**에 따라 연료 사용량을 결정하는 방식임.

$$연료\ 사용량 = \sum \frac{연료별\ 이동연소\ 배출원별\ 주행거리(km)}{연료별\ 이동연소\ 배출원별\ 연비(km/L)}$$

⑪ 모니터링 기타 유형(D)

D 유형은 A~C 유형 이외 기타 유형을 이용하여 활동자료를 수집하는 방법으로 이행계획에 세부사항을 포함하여 관장기관에 전자적 방식으로 제출해야 함.

꼼꼼 check ✔ 모니터링 유형에 따른 검토사항

모니터링 유형	주요 검토사항
구매기준	• 신뢰할 수 있는 원장 데이터의 근거 • 데이터 처리의 정확성 • 데이터 측정방법 및 출처의 변경 • 데이터 수집기간과 산정기간의 일치 여부 • 재고량의 변화 등
실측기준	• 계측기의 검·교정 상태 • 모니터링 계획과 동일한 측정방법의 사용 여부 • 기록의 정확성/단위 조작의 적절성/유효숫자의 처리 등
근사법	• 모니터링 계획과 동일한 계산방법 사용 • 기초 데이터의 적절성, 합리성 등

출제예상문제

01 다음 중 모니터링 유형에서 기호로 설명하는 내용으로 알맞은 것은?

① 상거래 또는 증명에 사용하기 위한 목적으로 측정량을 결정하는 법정 계량에 사용하는 측정기기
② 관리업체가 자체적으로 설치한 계량기이나 주기적인 정도검사를 실시하지 않는 측정기기
③ 관리업체가 자체적으로 설치한 계량기이며, 주기적인 정도검사를 받는 측정기기
④ 실측한 데이터를 기초로 계측기의 값을 추정하기 위한 과정

[해설] 그림이 나타내는 것은 법정 계량기를 의미하며, 이에 해당하는 보기는 ①이다. ②는 FL, ③은 FL 의 설명이다.

02 그림의 모니터링 유형으로 옳은 것은?

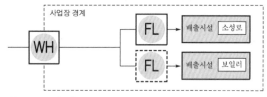

① C-1 유형
② C-2 유형
③ C-3 유형
④ C-4 유형

[해설] 주기적인 정도검사를 실시하는 내부 측정기기와 정도검사를 받지 않는 내부 측정기기가 같이 설치되어 있거나 측정기기가 없을 경우에 사용한다.

03 다음 중 모니터링 유형에 대하여 그림과 일치하는 것은 무엇인가?

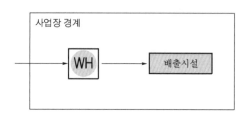

① 연료·원료 공급자가 상거래를 목적으로 설치·관리하는 측정기기와 주기적인 정도검사를 실시하는 내부 측정기기를 사용하며, 저장탱크에서 연료나 원료가 일부 저장되어 있거나 그 일부를 판매 등 기타 목적으로 외부로 이송하는 경우 배출시설의 활동자료를 결정하는 방법이다.
② 연료 및 원료 공급자가 상거래 등을 목적으로 설치·관리하는 측정기기와 주기적인 정도검사를 실시하는 내부 측정기기가 같이 설치되어 있을 경우 활동자료를 수집하는 방법이다.
③ 연료 및 원료 공급자가 상거래 등을 목적으로 설치·관리하는 측정기기를 이용하여 연료 사용량 등 활동자료를 수집하는 방법이다.
④ 연료나 원료 공급자가 상거래를 목적으로 설치·관리하는 측정기기와 주기적인 정도검사를 실시하는 내부 측정기기를 사용하며, 연료나 원료 일부를 파이프 등을 통해 연속적으로 외부 사업장이나 배출시설에 공급할 경우 활동자료를 결정하는 방법이다.

[해설] 그림은 모니터링 유형 중 A-1을 의미한다. ①은 A-3 유형, ②는 A-2 유형, ④는 A-4 유형에 각각 해당한다.

Answer   01.① 02.③ 03.③

04 다음 중 모니터링 유형 A-2에서 활동자료를 결정하기 위한 자료에 관한 설명으로 알맞지 않은 것은?

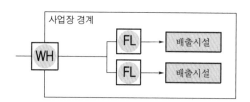

① 구매전력 : 전력 공급자(한국전력)가 발행한 전력요금청구서
② 화석연료/원료 등 : 판매/공급자가 발행하고 구입량이 기입된 요금청구서 또는 Invoice
③ 구매 열 및 증기 : 열에너지 공급자가 발행하고 열에너지 사용량이 명시된 요금청구서, 열에너지 사용 증빙문서
④ 도시가스 : 도시가스 공급자(도시가스 회사)가 발행하고, 도시가스 사용량이 기입된 요금청구서

해설 ②의 '화석연료/원료 등'은 내부 모니터링 기기(계량기 등)의 데이터 기록일지 관련 자료이다.

05 다음 그림의 모니터링 유형으로 옳은 것은?

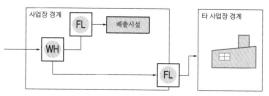

① A-1 유형
② A-2 유형
③ A-3 유형
④ A-4 유형

해설 A-4 유형은 연료나 원료 공급자가 상거래를 목적으로 설치·관리하는 측정기기(WH)와 주기적인 정도검사를 실시하는 내부 측정기기(FL)를 사용하며, 연료나 원료 일부를 파이프 등을 통해 연속적으로 외부 사업장이나 배출시설에 공급할 경우 활동자료를 결정하는 방법이다.

온실가스 MRV 개요

01 MRV 정의 및 목적

(1) MRV 정의

MRV[1]란 산정(Measurement), 보고(Reporting), 검증(Verification)의 약자로 온실가스 배출량 및 에너지 소비량 등이 MRV 목적에 부합되어 작성되었는지 여부를 판단하기 위한 일련의 활동 및 과정을 말한다.

(2) MRV 목적

온실가스 배출량 및 에너지 소비량 등의 신뢰도가 목표 보증 수준을 달성하도록 계획과 지침을 제공하고, 그 계획과 지침에 의하여 산정 및 보고가 이루어졌는지 여부를 판단하기 위함이다.

02 MRV 원칙

(1) 산정·보고 원칙

온실가스 배출량은 적절성, 완전성, 일관성, 정확성, 투명성에 입각하여 산정 및 보고되어야 한다.

원 칙	설 명
적절성 (Relevance)	MRV 지침 또는 규정에서 정하는 방법 및 절차에 따라 온실가스 배출량 등을 산정·보고해야 함.
완전성 (Completeness)	MRV 지침 또는 규정에 제시된 범위 내에서 모든 배출활동과 배출시설에서 온실가스 배출량 등을 산정·보고해야 한다. 온실가스 배출량 등의 산정·보고에서 제외되는 배출활동과 배출시설이 있는 경우에는 그 제외 사유를 명확하게 제시해야 함.
일관성 (Consistency)	시간의 경과에 따른 온실가스 배출량 등의 변화를 비교·분석할 수 있도록 일관된 자료와 산정방법론 등을 사용해야 한다. 또한, 온실가스 배출량 등의 산정과 관련된 요소의 변화가 있는 경우에는 이를 명확히 기록·유지해야 함.

---

1) MRV라는 용어는 제13회 UNFCCC 당사국 총회(COP13)의 발리행동계획에서 처음 등장하였으며, 국내에서는 '온실가스 보고.검증 제도' 등으로 주로 사용되고 있다.

원 칙	설 명
정확성 (Accuracy)	배출량 등을 과대 또는 과소 산정하는 등의 오류가 발생하지 않도록 최대한 정확하게 온실가스 배출량 등을 산정·보고해야 함.
투명성 (Transparency)	온실가스 배출량 등의 산정에 활용된 방법론, 관련 자료와 출처 및 적용된 가정 등을 명확하게 제시할 수 있어야 함.

(2) 검증 원칙

온실가스 배출량 검증은 배출량이 산정·보고 원칙에 입각하여 작성되었는지 여부를 검토 및 확정하는 일련의 활동 및 과정이다.

원 칙	설 명
독립성 (Independence)	• 검증활동은 독립성을 유지하고 편견 및 이해상충이 없어야 함. • 발견사항 및 결론은 객관적인 증거에만 근거해야 함.
윤리적 행동 (Ethical Conduct)	검증의 전 과정에서 신뢰, 성실, 비밀준수 등 윤리적 행동을 실천해야 함.
공정성 (Fair Presentation)	• 검증 결과를 정확하고 신뢰할 수 있게 반영하여 보고해야 함. • 검증과정에서 해결되지 않은 중요한 불일치 및 상충되는 이견을 공정하게 보고해야 함.
전문가적 주의 (Due Professional Care)	검증을 수행하기 위한 충분한 숙련도와 적격성을 보유해야 함.

03 국내 MRV 관련 규정 및 관리체계

우리나라는 환경부가 온실가스 정보체계 전반을 관장하며, 일정 규모 이상의 업체 및 사업장은 부문별 관장기관에 의무적으로 연간 온실가스 배출량을 보고하고 있다.

원 칙	내 용	비 고
법적 근거	저탄소 녹색성장 기본법	2010년 1월 13일 공표
주관 부서	환경부	–
보고대상 업체	업체 기준 : 연간 50,000tCO$_2$-eq 이상(2014년 1월 1일부터)	–
보고대상 온실가스	CO$_2$, CH$_4$, N$_2$O, HFCs, PFCs, SF$_6$	–
배출량 산정범위 (운영경계)	• 직접 배출원(Scope 1) • 간접 배출원(Scope 2)	–
보고기한 및 방법	매년 보고하도록 규정하고 있으며, 3월 31일까지 보고서 제출	온실가스 종합정보센터에 등록
보고내용	온실가스 배출량, 에너지 소비량	–
산정방법	산정지침에 배출원별로 산정 정확도에 따라 네 종류 방법론을 제시하고 사업장의 온실가스 배출 규모에 따라 최소 산정 등급 결정	–
제출방법	전자식	–
검증	제3자 검증	–

주요 국가의 MRV 제도

(1) 규제 대상

주요 국가는 온실가스 규제 대상 범위를 6개의 온실가스 물질로 대부분 인정하고 있다.

온실가스명	미국	EU	영국	일본	호주
이산화탄소(CO_2)	○	○	○	○	○
메탄(CH_4)	○	○	○	○	○
이산화질소(N_2O)	○	○	○	○	○
과불화탄소(PFCs)	○	○	○	○	○
수소불화탄소(HFCs)	○	○	○	○	○
육불화황(SF_6)	○	○	○	○	○
기 타	보고 의무	—	보고 의무	보고 의무	보고 의무

(2) 온실가스 감축 국가목표 설정

| 주요 국가가 설정한 온실가스 감축목표 |

국 가	감축목표	입법화	목표연도/기준연도
EU	20% 이상	No.406/2009/EC	2010/1990
영국	80%	기후변화법	2050/1990(온실가스 물질별 자동)
일본	25%	지구온난화 대책 추진에 관한 법률	2020/1990
호주	25%	배출권 거래법(CPRS)	2020/2000

(3) 산정방법

| 주요 국가의 온실가스 산정방법 |

연 도	제도·규정	주요 내용	주관 기관
2003	EU-ETS	산정과 측정을 선택하도록 하였으나, 실측을 활용할 경우 당국의 승인을 받도록 규정	EU 환경위
2007	EU-ETS	측정의 활용을 위한 가이드 라인의 필요성 언급	EU 환경위
2007	호주 NGER	• 실측방법이 산정방법보다는 정확성면에서 우수함. • 실측과 산정방법을 혼용하여 적용하는 부분이 많음. • 산정방식도 단순한 계산 또는 환산방식을 적용하는 것은 아님. • 굴뚝과 배관 등에서의 측정은 실측방식을 채택할 수 있음을 명시	기후변화 수자원부

연 도	제도·규정	주요 내용	주관 기관
2008	영국 기후변화법 (인벤토리 가이드 라인)	• 단일 사업장 또는 법인에 대해서는 실측방식에 의한 온실가스 보고 • 다국적 기업 또는 지주회사 등 실질적 경영권(의사결정권)이 일원화되지 않은 기업 집단에 대해서는 산정방식 적용	DEFRA (환경)
2009	일본 지구온난화 대책 추진에 관한 법률 (산정·보고 매뉴얼)	• 시행령상에 실측에 기초한 산정방식 규정(실측에 의한 배출량 측정 가능 명시) • 매뉴얼상에서는 실측 또는 산정방식의 선택적 적용 가능 명시	환경성/ 경제산업성
2009	미국 MRR	• 다양한 보고제도를 검토한 후, 실측의 정확성 측면을 인정 • 비용 효과성 차원에서 측정-계산 혼합형(hybrid) 방식 채택	환경청 (EPA)

(4) 관리대상 업체

MRV의 대상이 되는 관리대상 업체는 지정 단위를 기업 단위로 하느냐, 사업장 단위로 하느냐와 함께 온실가스 배출량을 기준으로 하는지 논점이 된다.
• 호주의 경우 NGER법에서 지주회사를 포함한 모든 회사와 사업장을 단위로 하고 있음.
• 일본의 경우는 사업장 단위에서 기업 또는 프랜차이즈 사업자를 포함하는 것으로 변경됨.
• 영국의 경우는 기업 단위로, 미국의 경우는 사업장 단위로 함.

(5) 온실가스 종합정보센터 및 등록부의 관리

1) 미국

① 온실가스 의무보고법(MRR)에 의해 환경청(EPA)에 전자적 방식으로 보고하고 있음.
② 지정된 관리업체는 명세서를 외부 검증기관에 검증을 거쳐 환경청에 전자적 방식으로 제출함.
③ 미국 환경청의 Facility Registry System(FRS)를 통해 전자식 등록부의 형태로 관리함.

2) 영국

① 영국 에너지 기후변화부(DECC ; Department of Energy and Climate Change) 산하 AEA(Inventory Agency)에서 총괄 관리함.
② 대규모 기업과 중소기업을 구분하여 온실가스 배출량에 관한 보고를 받고 있고, 이에 관한 정보는 전자식 방식으로 AEA에 제출함.
③ AEA는 GHGI(UK Greenhouse Gas Inventory National System)를 통해 전자식 등록부의 형태로 등록부를 관리함.

3) 일본

① 일본의 경우 지구 온난화 대책 추진에 관한 법률 및 동 시행령에서 규정하고 있음. 보고대상 기업(관리업체)은 소관 부처에 배출량에 관한 사항을 보고함.

② 소관 부처의 장관은 환경성 장관과 경제산업성 장관에게 보고사항을 통지함.

③ 환경성 장관과 경제산업성 장관은 전자식 방식으로 관련 내용을 등록부 형태로 기록함.

④ 일본의 경우는 공동관리체계를 취하고 있기 때문에 공동방식으로 운영함.

⑤ 다만, 국가 인벤토리 보고서는 환경성 단독으로 제출함.

4) 호주

① 온실가스 및 에너지 보고법(NGER)에서 규정함.

② 호주 기후변화부(Australian Government Department of Climate Change)의 내부기관(조직)인 'Greenhouse and Energy Date Officer(GEDO)'에서 온실가스 배출보고에 관한 등록 및 실적을 종합·총괄함.

③ GEDO는 전자식(온라인) 방식인 OSCAR 시스템을 통하여 정보를 취합하고 관리함.

④ GEDO는 National Greenhouse and Energy Register(등록부)의 관리, 관련 법령의 집행과 준수에 관한 감독, 외부 검증 업무에 관한 감독, 관리업체 등록 및 취소 등의 업무를 수행하고 있음.

05 온실가스 MRV 절차 및 방법

(1) 온실가스 MRV 절차

온실가스 배출량 산정·보고·검증 절차는 총 9단계로 구성되어 있다.

┃ 온실가스 산정·보고·검증 절차 ┃

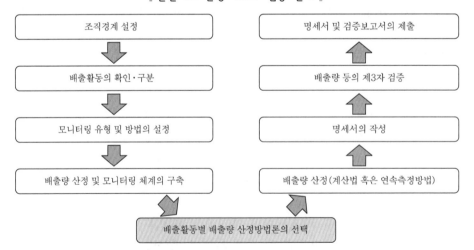

(2) 온실가스 MRV 방법

1) 1단계 : 조직경계 설정

① 조직경계 설정이란 특정 관리주체의 지배적인 영향력이 미치는 시설의 부지경계로의 설정을 의미함.

② 지배적인 영향력이란 동일 법인 등이 당해 사업장의 조직변경, 신규 사업에의 투자, 인사, 회계, 녹색경영 등 사회 통념상 경제적 일체로서 주요 의사결정이나 온실가스 감축 등의 업무 진행에 필요한 영향력을 행사하는 것을 의미함.

③ 주요 의사결정 주체는 회사 관계자 및 이해 관계자의 진술, 이사회 의사록, 주주총회 의사록, 정관 및 법인 등기부 기재, 기타 계약서 등 관련 자료를 종합적으로 검토하여 판단하는 주체를 의미함.

④ 온실가스 배출량 보고 및 관리주체는 배출량 산정 및 보고, 감축목표 이행 등 목표관리지침에 규정된 의무이행 주체는 자연인(개인) 또는 법인이 되며, 이는 업체가 지정되었다 하더라도 사업장의 배출량 보고의무 미이행, 감축목표 미달성 등 온실가스 목표관리제와 관련된 법적 책임은 그 사업장이 속한 법인에게 귀속됨.

⑤ 관리업체는 업체, 업체 내 사업장 및 사업장으로 구분됨.

⑥ 여기에서 관리업체에 해당하는 업체는 관리업체 지정기준(업체 기준)을 충족하는 경우를 말하고, 관리업체에 해당하는 사업장은 관리업체 지정기준(사업장 기준)을 충족하는 경우를 말함.

⑦ 관리업체 지정기준(업체 기준)을 충족하는 업체에 속하는 사업장은 업체 내 사업장이라고 지칭함.

‖ 관리업체의 조직경계 ‖

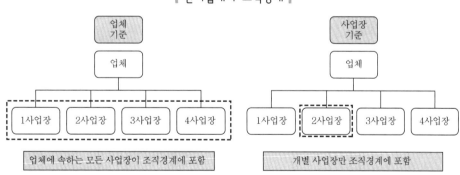

2) 2단계 : 배출활동의 확인/구분

① 온실가스 배출원은 직접 배출원과 간접 배출원으로 구분되며, 직접 배출원에는 고정연소, 이동연소, 탈루배출, 공정배출이 있고, 간접 배출원은 외부 전기 및 열·증기 사용이 있음.

② 공정배출은 관리업체의 성격에 따라 다르게 나타나며, 모든 관리업체에 공통된 에너지 사용에 의한 온실가스 배출활동은 다음과 같음.

┃ 온실가스 배출활동의 예 ┃

운영경계	배출원	온실가스	배출활동
직접 배출원 (Scope 1)	고정연소	CO_2	생산활동 및 부대시설에서 필요한 에너지 공급을 위한 연료 연소에 의한 배출(예 설비 가동을 위한 에너지 공급, 보일러 가동, 난방 및 취사 등)
		CH_4	
		N_2O	
	이동연소	CO_2	시설 내에서 업무용 차량 운행에 따른 온실가스 배출
		CH_4	
		N_2O	
	탈루배출	CH_4	• 시설에서 사용하는 화석연료 사용과 연관된 탈루배출 • 목표관리지침에서는 탈루배출은 없는 것으로 가정(2013년부터 고려)
간접 배출원 (Scope 2)	외부 전기 및 외부 열·증기 사용	CO_2	생산시설에서의 전력 사용에 따른 온실가스 배출
		CH_4	
		N_2O	

┃ 관리업체의 배출활동 ┃

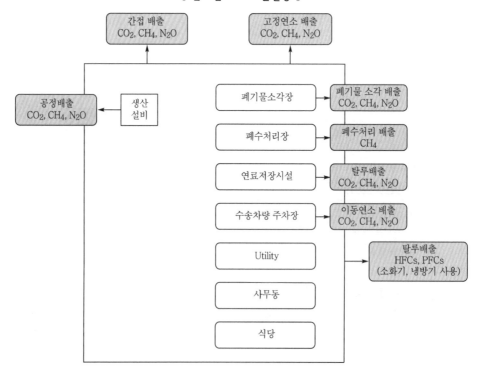

3) 3단계 : 모니터링 유형 및 방법 결정

① 온실가스 배출시설과 산정 방법에 따라 모니터링 유형 및 방법이 달라지며, 각 배출활동 및 배출시설에 대하여 활동자료와 모니터링 유형을 선정함.

② 모니터링 유형, 활동자료의 불확도 수준, 시료의 채취 및 분석방법, 빈도 등 통합지침에서 요구하는 관리기준(Tier 구분)을 충족하는지 확인함.

4) 4단계 : 배출량 산정 및 모니터링 체계 구축

① 사업장 내 온실가스 산정 책임자(최고 책임자) 및 산정 담당자와 모니터링 지점의 관리책임자 · 담당자 등을 정해야 함.

② 품질관리와 품질보증에 따라 '누가', '어떤 방법으로' 활동자료 혹은 배출가스 등을 감시하고 산정을 하는지, 세부적인 방법론, 역할 및 책임을 정함.

③ 배출량 산정팀은 배출량 산정범위 결정, 배출량 산정방법 결정, 활동자료 수집, 배출량 산정, 명세서 작성 등의 역할을 갖게 되며, 모니터링 담당팀은 모니터링 계획 작성, QA/QC 활동, 활동자료 및 배출량 모니터링 등을 수행하게 됨.

▎모니터링 관리체계 예시 ▎

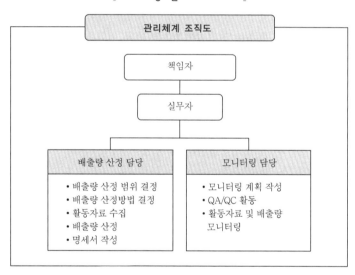

5) 5단계 : 배출활동별 배출량 산정방법론의 선택

① 배출 주체 내의 배출원별로 온실가스 배출량 산정을 위해 필요한 활동자료, 배출계수 또는 이를 결정하기 위해 필요한 변수를 파악해야 함.

② 확보 가능한 관련 자료의 수준이 어느 정도인지를 조사 · 분석한 다음에 이에 적합한 산정방법을 결정하는 것이 합리적임.

③ 배출원의 온실가스 배출 특성 및 확보 가능한 자료수준에 적합한 배출량 산정방법을 선정할 수 있는 의사결정도를 개발 · 적용해야 함.

④ 배출량 규모에 따라 관리업체에서 적용해야 할 최소 산정 Tier[2])가 제시되어 있기 때문에 관리업체에서는 배출 규모에 적합한 Tier 적용이 가능하도록 자료를 확보해야 함.

⑤ 산정등급은 4단계가 있으며, Tier가 높을수록 결과의 신뢰도와 정확도가 높아짐.

⑥ 정확도가 가장 높은 Tier 4는 연속 측정에 의해 온실가스 배출량을 결정하는 방법임.

Ι 산정등급 체계 Ι

산정 등급	내 용
Tier 1	활동자료, IPCC 기본배출계수(기본산화계수, 발열량 등 포함)를 활용하여 배출량을 산정하는 기본 방법
Tier 2	Tier 1보다 더 높은 정확도를 갖는 활동자료, **국가 고유배출계수** 및 발열량 등 일정 부분 시험·분석을 통해 개발한 매개변수값을 활용한 배출량 산정방법
Tier 3	Tier 2보다 더 높은 정확도를 갖는 **활동자료, 사업장 배출시설 및 감축기술 단위의 배출계수** 등 상당 부분 시험·분석을 통해 개발한 매개변수값을 활용한 배출량 산정방법
Tier 4	굴뚝자동측정기기 등 배출가스 **연속측정방법**을 활용한 배출량 산정방법

확인 문제

IPCC 기본배출계수를 사용하는 산정방법론으로 옳은 것은?
① Tier 1
② Tier 2
③ Tier 3
④ Tier 4

해설 IPCC 기본배출계수를 사용하는 산정방법론은 Tier 1 방법이다.

답 ①

⑦ 배출량 산정방법론(계산법 또는 연속측정방법) 및 통합지침은 최소 산정등급(Tier) 요구 기준에 따라 사업자는 배출활동별로 배출량 산정방법론을 선택해야 함.

Ι 배출시설 배출량 규모별 산정등급 적용 Ι

분류 기준	배출시설
A 그룹	연간 5만 톤($50,000tCO_2$-eq) 미만의 배출시설
B 그룹	연간 5만 톤($50,000tCO_2$-eq) 이상, 연간 50만 톤($500,000tCO_2$-eq) 미만의 배출시설
C 그룹	50만 톤($500,000tCO_2$-eq) 이상의 배출시설

---

2) Tier는 산정방법의 복잡성을 나타내며, IPCC에서는 세 종류의 Tier가 있다. Tier가 높을수록 배출량 산정 결과의 정확도가 높아지는 것으로 인식되고 있다.

⑧ 배출량 산정방법론에서 정한 활동자료, 배출계수, 배출가스농도, 유량 등 각 매개 변수에 대하여 자료의 수집방법을 정하고 자료를 모니터링함.

⑨ 다음은 모든 관리업체에 공통된 에너지 부문의 산정법을 제시함.

‖ 배출시설 배출량 규모별 산정방법 적용(최소 기준) ‖

배출활동	산정방법론			활동자료						배출계수			산화계수		
				연료 사용량			순발열량								
시설 규모	A	B	C	A	B	C	A	B	C	A	B	C	A	B	C
고정연소	1	2	3	1	2	3	2	2	3	1	2	3	1	2	3
이동연소 항공/도로	1	1	2	1	1	2	2	2	2	1	1	2	–	–	–
이동연소 철도/선박	1	1	1	1	1	1	2	2	2	1	1	1	–	–	–

‖ 외부 전기 및 스팀 사용에 따른 온실가스 간접 배출 ‖

배출활동	산정방법론			활동자료						간접 배출계수		
				외부 에너지 사용량			순발열량					
시설 규모	A	B	C	A	B	C	A	B	C	A	B	C
외부 전기 사용	1	1	1	2	2	2	–	–	–	2	2	2
외부 열증기 사용	1	1	1	2	2	2	–	–	–	3	3	3

6) 6단계 : 배출량 산정

① 배출원인별 산정방법을 적용하여 각 배출원별로 배출량을 산정하고, 이를 통합하여 인벤토리 산정원칙에 입각하여 결정하게 됨.

② 기업체 인벤토리의 산정원칙은 투명성(Transparency), 정확성(Accuracy), 일관성(Consistency), 완전성(Completeness), 적절성(Relevance)임.

㉮ **투명성(Transparency)** : 인벤토리 산정을 위해 사용된 가정과 방법이 투명하고 명확하게 기술되어 제3자에 의한 평가와 재현(Replication)이 가능해야 함.

㉯ **정확성(Accuracy)** : 산정 주체의 역량과 확보 가능한 자료 범위 내에서 가장 정확하게 인벤토리를 산정해야 함.

㉰ **일관성(Consistency)** : 보고 기간 동안의 인벤토리 산정방법과 관련된 자료가 일관성을 유지해야 함.

㉱ **완전성(Completeness)** : 인벤토리 조직경계 범위 내의 모든 온실가스 배출원 및 흡수원에 의한 배출량과 흡수량을 산정·보고해야 함.

㉲ **적절성(Relevance)** : 산정된 온실가스 배출량은 관리업체의 실제 온실가스 배출량을 적절하게 반영해야 하며, 정책 결정에 있어서 근거자료 역할을 해야 함.

③ 온실가스 배출량을 산정하게 되면 이에 대한 품질관리(QC) 및 품질보증(QA)을 위해서 별도의 조직 및 체계를 갖추고, QA/QC 계획을 수립·추진해야 함.

④ 품질관리는 인벤토리 작성자에 의해 인벤토리 품질(Quality)을 평가하거나, 인벤토리 관리를 위한 일련의 기술적 활동임.

⑤ 산정된 값에 대한 정량적 평가뿐만 아니라 조직 및 운영경계 설정의 적정성 여부, 산정방법 결정 과정의 적합성 등을 평가함.

⑥ 산정에 사용된 활동자료, 배출계수 및 관련 변수의 출처를 확인하고, 자료의 정확성 및 신뢰성에 대한 검토가 수행됨.

⑦ 온실가스 인벤토리 품질보증은 품질관리 이후에 인벤토리 작성 및 개발과정에 직접적으로 관여하지 않은 제3자에 의해 수행되는 검토 절차임.

⑧ 인벤토리 산정 목적이 충족되었는지 여부와 산정 시 주어진 과학적 지식 및 자료 가용성을 고려해 볼 때 최적 방법론을 사용하였는지 여부 등을 확인하게 됨.

7) 7단계 : 명세서 작성

① 관리업체는 온실가스 배출량 등의 산정 결과를 명세서로 작성하고, 검증기관의 검증을 거쳐 매년 3월 31일까지 전자적 방식으로 부분별 장관기관에 제출해야 함.

② 명세서 작성 순서 및 내용은 다음과 같음.

┃ 명세서 작성 순서 ┃

작성 순서	작성 내용
1. 관리업체 총괄 정보	1. 업체(법인)에 대한 일반 정보 1.1. 사업장 목록 일반 정보 2. 업체(법인)의 온실가스 배출량 및 에너지 사용량 총괄
2. 사업장 일반 정보	3. 사업장에 대한 일반 정보 4. 사업장 조직경계 입력
3. 사업장별 배출시설 현황	5. 배출시설 정보 5.1 소규모 배출시설 정보
4. 사업장 배출량 현황(총괄)	6. 사업장 온실가스 배출량 총괄 현황 7. 바이오메스 사용량에 따른 배출량 8. 배출시설 및 배출량 산정방법 변동 현황
5. 배출활동별 배출량 현황(세부)	9. 배출활동별 배출량 현황(고정연소 분야) 10. 배출활동별 배출량 현황(이동연소 분야) 11~20. 배출활동별 배출량 현황(간접 배출-외부)
6. 생산품 및 공정별 원단위	21. 생산품 및 공정별 원단위
7. 에너지 판매 실적	22. 에너지 판매 실적
8. 온실가스 감축, 흡수, 제거 실적	23. 온실가스 감축, 흡수, 제거 실적
9. 온실가스 사용 실적(오존파괴물질의 대체 물질)	24. 온실가스 사용 실적 25. 전기설비 사용에 따른 PFCs 배출량
10. 사업장 고유계수(Tier 3) 개발 실적	26. 고유계수(Tier 3) 개발 실적

8) 8단계 : 검증

① 환경부장관이 지정·고시한 검증기관을 활용하여 관리업체가 작성한 명세서에 대한 제3자 검증을 실시함.

② 검증은 온실가스 배출량의 산정과 외부 온실가스 감축량의 산정이 이 지침에서 정하는 절차와 기준 등에 적합하게 이루어졌는지를 검토·확인하는 체계적이고 문서화된 일련의 활동으로 정의함.

③ 검증의 목적은 조직경계 내의 온실가스 배출 정보에 대해 이해관계자에게 신뢰성과 객관성을 제공하기 위함.

④ 검증기관은 검증을 전문적으로 수행할 수 있는 인적·물적 능력을 갖춘 기관으로 환경부장관이 부문별 관장기관과 협의를 거쳐 지정·고시하는 기관을 말함.

9) 9단계 : 명세서 및 검증보고서 제출

관리업체는 제3자 검증 종료 후 매년 3월 31일까지 온실가스 배출량 등의 명세서와 검증보고서를 부문별 관장기관에게 전자방식으로 제출해야 함.

01 관리업체 A의 기체연료 고정연소시설 배출량이 621,000톤으로 산정되었다고 한다면, 온실가스 배출량 산정방법론에 대한 최소 산정등급은?

① Tier 1
② Tier 2
③ Tier 3
④ Tier 4

해설 배출시설 배출량 규모별 산정등급에 따라 50만톤 이상 배출시설은 C 그룹에 해당한다. 이때, 고정연소시설의 C 그룹의 경우 Tier 3 산정등급에 해당한다.

02 온실가스 배출량 등의 산정절차를 순서대로 나열한 것으로 옳은 것은?

① 조직경계의 설정 → 모니터링 유형 및 방법의 설정 → 배출활동별 배출량 산정방법론 선택 → 배출량 산정 및 모니터링 체계의 구축
② 배출량 산정 및 모니터링 체계의 구축 → 조직경계의 설정 → 모니터링 유형 및 방법의 설정 → 배출활동별 배출량 산정방법론 선택
③ 모니터링 유형 및 방법의 설정 → 조직경계의 설정 → 배출량 산정 및 모니터링 체계의 구축 → 배출활동별 배출량 산정방법론 선택
④ 조직경계의 설정 → 모니터링 유형 및 방법의 설정 → 배출량 산정 및 모니터링 체계의 구축 → 배출활동별 배출량 산정방법론 선택

해설 산정절차는 조직경계의 설정 → 모니터링 유형 및 방법의 설정 → 배출량 산정 및 모니터링 체계의 구축 → 배출활동별 배출량 산정방법론 선택과 같이 나타낼 수 있다.

03 산정등급(Tier)과 배출계수 적용에 관한 설명으로 가장 거리가 먼 것은?

① Tier 1 - IPCC 기본배출계수 활용
② Tier 2 - 국가 고유배출계수 사용
③ Tier 3 - 사업장·배출시설별 배출계수 사용
④ Tier 4 - 전 세계 공통의 배출계수 사용

해설 Tier 4는 굴뚝자동측정기기 등 배출가스 연속측정방법을 활용한 배출량 산정방법이다.

04 온실가스 배출권거래제하에서 관리업체가 배출량 산정계획을 작성할 때 적용하여야 할 원칙으로 거리가 먼 것은?

① 예측성
② 완전성
③ 일관성
④ 정확성

해설 배출량 산정계획을 작성할 때 적용해야 하는 원칙
㉠ 준수성 : 배출량 산정계획 작성에 대한 기준을 준수하여 작성하여야 한다.
㉡ 완전성 : 조직경계 내 모든 배출시설의 배출활동에 대해 배출량 산정계획을 수립·작성하여야 한다.
㉢ 일관성 : 데이터는 상호 비교가 가능하도록 배출시설의 구분은 가능한 한 일관성을 유지하여야 한다.
㉣ 투명성 : 배출량 산정에 적용되는 데이터 및 정보관리 과정을 투명하게 알 수 있도록 작성되어야 한다.
㉤ 정확성 : 배출량의 정확성을 제고할 수 있도록 배출량 산정계획을 수립하여야 한다.
㉥ 일치성 및 관련성 : 배출량 산정계획은 관리업체의 현장과 일치되고 각 배출시설 및 배출활동, 그리고 배출량 산정방법과 관련되어야 한다.
㉦ 지속적 개선 : 관리업체는 지속적으로 배출량 산정계획을 개선해 나가야 한다.

05 온실가스 배출량 등의 산정절차는 7단계로 구분될 수 있다. 다음 중 각 단계에 관한 설명으로 틀린 것은?

① 1단계 : 조직경계의 설정
② 2단계 : 배출활동의 확인 및 구분
③ 3단계 : 배출량 등의 제3자 검증
④ 4단계 : 배출량 산정 및 모니터링 체계의 구축

해설 3단계는 배출량 산정 및 모니터링 체계의 구축에 해당한다.
   ※ 배출량 등의 제3자 검증은 배출량 산정 후 이루어지는 과정에 해당된다.

06 온실가스 배출량 등의 산정원칙에 관한 설명으로 가장 거리가 먼 것은?

① 관리업체는 목표관리지침에 제시된 범위 내에서 모든 배출활동과 배출시설에서 온실가스 배출량 등을 산정하여야 한다.
② 관리업체는 배출계수를 새로 개발하였을 때에는 기존 배출계수와 비교하여 보수적인 계수를 사용하여야 한다.
③ 관리업체는 배출량 등을 과대 또는 과소 산정하는 등의 오류가 발생하지 않도록 최대한 정확하게 온실가스 배출량 등을 산정하여야 한다.
④ 관리업체는 온실가스 배출량 등의 산정에 활용된 방법론, 관련 자료와 출처 및 적용된 가정 등을 명확하게 제시할 수 있어야 한다.

해설 관리업체는 시간의 경과에 따른 온실가스 배출량 등의 변화를 비교·분석할 수 있도록 일관된 자료와 산정방법론 등을 사용해야 한다.

07 다음은 배출량 산정·보고의 5대 원칙 중 무엇에 관한 내용인가?

┤ 보기 ├
인벤토리 산정을 위해 산정된 가정과 방법이 투명하고 명확하게 기술되어 제3자에 의한 평가와 재현이 가능해야 한다.

① Completeness
② Consistency
③ Transparency
④ Accuracy

해설 문제에서 설명하는 내용은 투명성(Transparency)에 관한 설명이다.
   ① Completeness(완전성) : 인벤토리 조직경계 범위 내의 모든 온실가스 배출원 및 흡수원에 의한 배출량과 흡수량을 산정·보고해야 한다.
   ② Consistency(일관성) : 보고기간 동안의 인벤토리 산정방법과 활동자료가 일관성을 유지해야 한다.
   ④ Accuracy(정확성) : 산정 주체의 역량과 확보 가능한 자료범위 내에서 가장 정확하게 인벤토리를 산정해야 한다.

08 고정연소(고체연료)에서의 CO_2 배출량 산정 시 Tier 2 방법론의 배출계수 적용기준은?

① IPCC 기본배출계수
② 국가 고유배출계수
③ 사업자 자체개발 배출계수
④ 연료 공급자 분석 제공 배출계수

해설 고체연료에서 Tier 2 산정방법론을 적용할 때 배출계수 적용기준은 국가 고유배출계수를 적용한다.

09 다음 중 Scope 1에 해당하지 않는 것은?

① 고정연소
② 이동연소
③ 탈루배출
④ 외부 전기 및 외부 열·증기 사용

해설 Scope 1은 직접 배출원이며, 배출원에는 고정연소, 이동연소, 탈루배출, 공정배출이 해당한다. '외부 전기 및 외부 열·증기 사용'은 간접 배출원(Scope 2)에 해당한다.

10 다음 중 Scope 3에 관한 설명으로 알맞은 것은?

① 원료(연료), 중간 생성물의 저장, 이송, 공정 과정에서 배출되는 형태
② 배출원의 일상적인 활동에 필요한 전기, 스팀 등을 구매함으로써 간접적으로 외부(예 발전)에서 배출
③ Scope 2에 속하지 않는 간접 배출로 원재료의 생산, 제품 사용 및 폐기 과정에서 배출
④ 화학반응을 통해 온실가스가 생산물 또는 부산물로서 배출되는 형태

해설 ①은 직접 배출원인 Scope 1의 탈루배출에 해당하며, ②는 간접 배출원인 Scope 2, ④는 직접 배출원인 Scope 1의 공정배출에 해당한다.

11 MRV에 관한 설명으로 옳지 않은 것은?

① 산정(Measurement), 보고(Reporting), 검증(Verification)의 약자이다.
② 온실가스 배출량 및 에너지 소비량 등의 신뢰도가 목표보증수준을 달성하도록 계획과 지침을 제공하고, 그 계획과 지침에 의하여 산정 및 보고가 이루어졌는지 여부를 판단하기 위함이다.
③ 제15회 UNFCCC 당사국 총회(COP 15)에서 처음 등장하였다.
④ 온실가스 배출량 및 에너지 소비량 등이 MRV 목적에 부합되어 작성되었는지 여부를 판단하기 위한 일련의 활동 및 과정이다.

해설 제13회 UNFCCC 당사국 총회(COP 13)의 발리행동계획에서 처음 등장하였다.

12 우리나라 MRV 관련 규정 및 관리체계에 관한 설명으로 알맞지 않은 것은?

① 우리나라 MRV 관련 법적 근거원칙은 저탄소 녹색성장 기본법에 의거한다.
② 보고대상 온실가스는 6가지로 CO_2, CH_4, N_2O, HFCs, PFCs, SF_6이다.
③ 주관 기관은 산업통상자원부이다.
④ 매년 보고하도록 규정하고 있으며, 3월 31일까지 보고서를 제출해야 한다.

해설 주관 기관은 환경부이다.

13 직접 배출원(Scope 1)의 배출원으로 옳지 않은 것은?

① 고정연소
② 이동연소
③ 탈루배출
④ 외부 전기 사용

해설 직접 배출원(Scope 1)은 고정연소, 이동연소, 탈루배출을 배출원으로 한다.

14 간접 배출원(Scope 2)에 해당하는 온실가스로 옳지 않은 것은?

① CO_2
② CH_4
③ SF_6
④ N_2O

해설 직접 배출원 및 간접 배출원의 온실가스는 CO_2, CH_4, N_2O를 말한다.

15 탈루배출에 해당하는 온실가스는 무엇인가?

① CO_2
② CH_4
③ SF_6
④ N_2O

해설 탈루배출은 CH_4을 대상 온실가스로 한다.

3

Chapter

온실가스 배출량 산정

01   온실가스 배출량 산정

온실가스 배출량 산정에 대한 개략적인 내용은 다음과 같다.

대분류	중분류	세분류
1. 고정연소 및 이동연소	• 고정연소 • 이동연소	• 생산공정 소개 • 온실가스 배출 특성 • 온실가스 산정 · 보고 · 검증 절차 • 온실가스 배출량 산정방법
2. 철강 및 금속	• 철강 생산　　• 합금철 생산 • 아연 생산　　• 납 생산	
3. 전기, 전자	• 전자산업 • 오존파괴물질 대체 물질 사용 • 기타 온실가스 배출 및 사용	
4. 화학	• 암모니아 생산　• 질산 생산 • 아디프산 생산　• 카바이드 생산 • 소다회 생산　　• 석유정제공정 • 석유화학제품 생산　• 불소화합물 생산	
5. 광물	• 시멘트 생산　　• 석회 생산 • 탄산염 기타 공정 사용	
6. 농 · 축산 및 임업	• 축산 • 임업 및 기타 토지 이용 • 농업	
7. 폐기물	• 고형 폐기물의 매립 • 고형 폐기물의 생물학적 처리 • 하 · 폐수처리 및 배출 • 폐기물 소각	
8. 간접 배출	• 전기　　　　　• 열 • 스팀	

꼼꼼 check ✔   세분류에 대한 교육 목적

① **생산공정 소개** 과정에서는 품목별 생산공정에 대한 메커니즘을 이해하는 것에 목적을 두고 있음.
② **온실가스 배출 특성**에서는 온실가스 배출공정을 파악하고, 배출원인에 대해 파악하도록 하는 데 있으며, 배출공정과 원인으로 구성되어 있음.
③ **배출량 산정 · 보고 · 검증**에서는 단계별 절차에 대해 이해하도록 하는 데 있음.
④ **온실가스 배출량 산정방법**에서는 공정배출에 대한 온실가스 배출량 산정방법을 숙지하도록 하는 데 있으며, 각 배출시설에 대해 Tier 1 ～ Tier 3 산정방법에 대해 기술하고 있음.

출제예상문제

01 다음 직접 배출원 중 고정연소에 관한 설명으로 알맞은 것은?

① 화학반응을 통해 온실가스가 생산물 또는 부산물로 배출되는 형태이다.
② 배출경계 내의 고정연소시설에서 에너지를 사용하는 과정에 발생하는 온실가스 배출 형태이다.
③ 원료(연료), 중간 생성물의 저장, 이송, 공정 과정에서 배출되는 형태이다.
④ 배출원 관리 영역에 있는 차량 및 이동장비에 의한 온실가스 배출 형태이다.

해설 ① 공정배출, ③ 탈루배출, ④ 이동연소에 관한 설명이다.

02 Tier에 관한 설명으로 알맞지 않은 것은?

① Tier는 산정방법의 복잡성을 나타내며, 일반적으로 세 종류가 있다.
② Tier는 낮을수록 배출량 산정 결과의 정확도가 높아지는 것으로 인식되고 있다.
③ 배출원의 온실가스 배출 특성을 반영한 산정방법으로 알려지고 있다.
④ Tier 2는 국가 인벤토리를 활용한 산정방법이다.

해설 Tier는 높을수록 배출량 산정 결과의 정확도가 높아지는 것으로 인식되고 있다.

03 기타 간접 배출원(Scope 3)으로 틀린 것은?

① 구입자재와 연료의 추출 및 생산
② 외부 열·증기 사용
③ 아웃소싱 활동
④ 판매상품 및 서비스 이용

해설 외부 열·증기 사용은 간접 배출원(Scope 2)에 해당하고, ①, ③, ④는 기타 간접 배출원(Scope 3)에 해당한다.

04 직접 배출원의 공정 배출원 중 HFCs를 배출하는 공정으로 옳은 것은?

① 시멘트 생산
② 정유공정
③ 자동차 공정
④ 반도체 생산

해설 시멘트 생산과 정유공정은 CO_2, 자동차 공정은 CO_2와 HFCs, 반도체 생산은 PFCs를 배출한다.

05 IPCC 기본배출계수를 사용하는 산정방법론으로 옳은 것은?

① Tier 1
② Tier 2
③ Tier 3
④ Tier 4

해설 IPCC 기본배출계수를 사용하는 산정방법론은 Tier 1 방법이다.

06 국가 고유배출계수를 사용하는 산정방법론으로 옳은 것은?

① Tier 1
② Tier 2
③ Tier 3
④ Tier 4

해설 국가 고유배출계수를 사용하는 산정방법론은 Tier 2 방법이다.

07 다음 중 온실가스 배출량 산정 및 보고의 원칙으로 알맞지 않은 것은?

① 상응성   ② 완전성
③ 일관성   ④ 정확성

[해설] 온실가스 배출량 산정 및 보고의 원칙은 적절성(Relevance), 완전성(Completeness), 일관성(Consistency), 정확성(Accuracy), 투명성(transparency)이다.

08 다음 중 온실가스 배출량 검증원칙 중 공정성에 관한 설명은 어느 것인가?

① 발견사항 및 결론은 객관적인 증거에만 근거해야 한다.
② 검증 결과를 정확하고 신뢰할 수 있게 반영하여 보고해야 한다.
③ 검증의 전 과정에서 신뢰, 성실, 비밀준수 등 윤리적 행동을 실천해야 한다.
④ 검증을 수행하기 위한 충분한 숙련도와 적격성을 보유해야 한다.

[해설] 공정성(Fair Presentation)은 검증 결과를 정확하고 신뢰할 수 있게 반영하여 보고해야 한다. 검증 과정에서 해결되지 않은 중요한 불일치 및 상충되는 이견을 공정하게 보고해야 한다.
  ① 독립성(Independence)에 관한 설명으로, 검증 활동은 독립성을 유지하고 편견 및 이해상충이 없어야 한다.
  ③ 윤리적 행동(Ethical Conduct)을 의미한다.
  ④ 전문가적 주의(Due Professional Care)에 해당한다.

09 온실가스 배출량 산정 담당이 해야 할 역할로 알맞지 않은 것은?

① 배출량 산정범위 결정
② 배출량 산정방법 결정
③ 배출량 산정
④ QA/QC 활동

[해설] QA/QC 활동은 모니터링 담당에서 해야 할 역할이다.

10 다음의 설명 중 빈칸에 들어갈 말로 알맞은 것은?

> 조직경계를 설정하기 위해 기준은 다음의 조건을 만족하게 된다. 해당 연도 (   )을 기준으로 최근 (   )간 업체의 모든 사업장에서 배출한 온실가스와 소비한 에너지의 연평균 총량을 기준으로 한다.

① 1월 1일, 3년
② 1월 1일, 5년
③ 1월 1일, 7년
④ 1월 1일, 9년

[해설] 조직경계를 설정할 때 해당 연도의 1월 1일을 기준으로 최근 3년 간 업체의 모든 사업장에서 배출한 온실가스 및 소비 에너지의 연평균 총량을 기준으로 한다.

11 사업장의 조직경계를 확인 · 증빙하기 위한 자료로 알맞지 않은 것은?

① 사업장의 약도
② 사업장의 등기부등본
③ 사업장의 시설배치도
④ 사업장의 공정도

[해설] 사업장의 등기부등본은 포함되지 않는다. 조직경계를 위한 자료로는 약도, 사진, 시설배치도, 공정도 등이 포함되어야 한다.

12 다음 중 명세서 작성 시 작성되어야 할 사항이 아닌 것은?

① 사업자 등록번호
② 담당자 전화번호
③ 상시 종업원수
④ 연평균 매출액

> **해설** 명세서에 작성되어야 할 사항은 다음과 같다. 연평균 매출액을 기록하는 것이 아니라 당해 연도 매출액을 기록해야 한다.
> - 사업장명
> - 대표자
> - 사업장 일련번호
> - 사업자 등록번호
> - 업종
> - 소재지
> - 전화번호
> - 사업장 담당부서
> - 사업장 담당자
> - 사업장 담당자 직급
> - 사업장 담당자 전화번호
> - 사업장 담당자 휴대전화
> - 사업장 담당자 이메일
> - 주요 생산제품 또는 처리물질
> - 연간 생산량 또는 처리량
> - 상시 종업원수
> - 당해 연도 매출액
> - 당해 연도 에너지 비용
> - 자본금

13 다음 중 산정등급에 대한 설명으로 알맞지 않은 것은?

① 산정등급은 4단계가 있으며, 높을수록 결과의 신뢰도와 정확도가 높아진다.
② Tier 1은 IPCC 기본배출계수를 활용하여 배출량을 산정하는 방법이다.
③ Tier 2는 굴뚝자동측정기기 등 배출가스 연속측정방법을 활용하는 산정방법으로 Tier 1보다 더 높은 정확도를 갖는다.
④ Tier 3은 사업장 배출시설 및 감축기술 단위의 배출계수 등 상당 부분 시험·분석을 통해 개발한 매개변수값을 활용한 배출량 산정방법이다.

> **해설** ③의 경우 Tier 4에 관한 설명이다. Tier 2는 국가 고유배출계수 및 발열량 등 일정 부분 시험·분석을 통해 개발한 매개변수값을 활용한 배출량 산정방법이다.

14 다음 중 배출시설 배출량 규모별 산정등급 적용기준 중 A그룹에 해당하는 것은?

① 연간 1만 톤(10,000tCO$_2$-eq) 미만의 배출시설
② 연간 5만 톤(50,000tCO$_2$-eq) 미만의 배출시설
③ 연간 5만 톤(50,000tCO$_2$-eq) 이상, 연간 50만 톤 (500,000tCO$_2$-eq) 미만의 배출시설
④ 50만 톤(500,000tCO$_2$-eq) 이상의 배출시설

> **해설** ③은 B그룹, ④는 C그룹에 해당한다. A그룹은 연간 5만 톤 미만의 배출시설을 의미한다.

15 산정등급(Tier)이 높아질수록 나타나는 결과로 옳은 것은?

① Tier가 높을수록 결과의 신뢰도와 정확도가 높아진다.
② Tier가 높을수록 결과의 신뢰도와 정확도가 낮아진다.
③ Tier가 높을수록 결과의 신뢰도가 높아지고, 정확도는 낮아진다.
④ Tier가 높을수록 결과의 신뢰도가 낮아지고, 정확도는 높아진다.

> **해설** Tier가 높을수록 결과의 신뢰도와 정확도가 높아진다.

16 굴뚝자동측정기기 등 배출가스 연속측정방법을 활용한 배출량 산정방법은 산정등급(Tier) 몇에 해당하는가?

① Tier 1
② Tier 2
③ Tier 3
④ Tier 4

> **해설** 굴뚝자동측정기기 등 배출가스 연속측정방법을 활용한 배출량 산정방법은 산정등급(Tier) 4에 해당한다.

17 배출량 산정원칙 중 완전성에 대한 설명으로 옳은 것은?

① 산정 주체의 역량과 확보 가능한 자료 범위 내에서 가장 정확하게 인벤토리를 산정해야 한다.

② 인벤토리 조직경계 범위 내의 모든 온실가스 배출원 및 흡수원에 의한 배출량과 흡수량을 산정·보고해야 한다.

③ 산정된 온실가스 배출량은 관리업체의 실제 온실가스 배출량을 적절하게 반영해야 하며, 정책 결정을 함에 있어서 근거자료 역할을 해야 한다.

④ 보고 기간 동안의 인벤토리 산정 방법과 관련하여 일관있게 유지되어야 한다.

해설 완전성이란 인벤토리 조직경계 범위 내의 모든 온실가스 배출원 및 흡수원에 의한 배출량과 흡수량을 산정·보고해야 하는 것을 말하며, ①은 정확성, ③은 적절성, ④는 일관성에 대한 설명이다.

18 국내 목표관리제의 보고대상 온실가스 중 고정연소의 CH₄ 산정방법으로 옳은 것은?

① Tier 1
② Tier 2
③ Tier 3
④ Tier 4

해설 메탄(CH₄)의 산정방법은 Tier 1을 사용한다.

19 온실가스 배출량 산정방법 중 Tier 2의 기준으로 옳은 것은?

① IPCC 기본배출계수
② 국가 고유배출계수
③ 사업장 고유배출계수
④ 연속측정계수

해설 Tier 2는 국가 고유배출계수를 말한다.

20 주요 국가별 온실가스 감축목표와 관련된 설명으로 옳지 않은 것은?

① EU의 경우 감축목표를 1990년 대비 20% 이상으로 하며, 목표년도는 2010년이다.

② 영국의 경우 감축목표를 1990년 대비 50%로 하며, 목표년도는 2030년이다.

③ 일본의 경우 감축목표를 1990년 대비 25%로 하며, 목표년도는 2020년이다.

④ 호주의 경우 감축목표를 2000년 대비 25%로 하며, 목표년도는 2020년이다.

해설 영국의 경우 감축목표를 1990년 대비 80%로 하며, 목표년도는 2050년이다.

21 다음 중 관리업체에 관한 설명으로 옳은 것은?

① 해당 연도 1월 1일을 기준으로 최근 1년간 업체 또는 사업장에서 배출한 온실가스와 소비한 에너지의 연평균 총량이 모두 기준치 이상인 경우를 말한다.

② 해당 연도 1월 1일을 기준으로 최근 3년간 업체 또는 사업장에서 배출한 온실가스의 연평균 총량이 기준치 이상인 경우를 말한다.

③ 해당 연도 1월 1일을 기준으로 최근 1년간 업체 또는 사업장에서 배출한 온실가스와 소비한 에너지의 연평균 총량이 모두 기준치 이하인 경우를 말한다.

④ 해당 연도 1월 1일을 기준으로 최근 3년간 업체 또는 사업장에서 배출한 온실가스와 소비한 에너지의 연평균 총량이 모두 기준치 이하인 경우를 말한다.

해설 관리업체란 해당 연도 1월 1일을 기준으로 최근 3년간 업체 또는 사업장에서 배출한 온실가스의 연평균 총량이 기준치 이상인 경우를 말한다.

22 온실가스 MRV 절차에 해당하지 않는 것은?

① 조직경계 설정
② 배출량 산정 및 모니터링 체계 구축
③ 산정등급 선정
④ 명세서 작성

[해설] 온실가스 MRV 절차 : 조직경계 설정 – 배출활동의 확인/구분 – 모니터링 유형 및 방법 결정 – 배출량 산정 및 모니터링 체계 구축 – 배출활동별 배출량 산정 방법론의 선택 – 배출량 산정 – 명세서 작성 – 검증 – 명세서 및 검증보고서 제출

23 다음 중 직접 배출원의 예로 알맞지 않은 것은?

① 생산활동 및 부대시설에서 필요한 에너지 공급을 위한 연료 연소에 의한 배출원
② 시설 내에서 업무용 차량 운행에 따른 온실가스 배출
③ 생산시설에서의 전력 사용에 따른 온실가스 배출
④ 시설에서 사용하는 화석연료 사용과 연관된 탈루 배출

[해설] 생산시설에서의 전력 사용에 따른 온실가스 배출은 간접 배출원에 해당한다.

24 다음 중 산정등급 Tier 3에 관한 설명으로 옳은 것은?

① 활동자료, IPCC 기본배출계수를 활용하여 배출량을 산정하는 방법이다.
② 국가 고유배출계수 및 발열량 등 일정 부분을 시험 · 분석을 통해 개발한 매개변수값을 활용하여 배출량을 산정하는 방법이다.
③ 사업장 배출시설 및 감축기술 단위의 배출계수 등 상당 부분 시험 · 분석을 통해 개발한 매개변수값을 활용한 배출량 산정방법이다.
④ 굴뚝자동측정기기 등 배출가스 연속측정방법을 활용한 배출량 산정방법이다.

[해설] Tier 3은 Tier 2보다 더 높은 정확도를 갖는 활동자료로, 사업장 배출시설 및 감축기술 단위의 배출계수 등 상당 부분 시험 · 분석을 통해 개발한 매개변수값을 활용한 배출량 산정방법이다.

25 다음 중 배출시설 배출량 규모별 산정등급에서 B그룹에 해당하는 시설로 알맞은 것은?

① 연간 5만 톤 미만의 배출시설
② 연간 5만 톤 이상, 연간 50만 톤 미만의 배출시설
③ 연간 50만 톤 이상의 배출시설
④ 연간 100만 톤 이상의 배출시설

[해설] A그룹의 경우 연간 5만 톤($50,000tCO_2$-eq) 미만의 배출시설, B그룹은 연간 5만 톤($50,000tCO_2$-eq) 이상, 연간 50만 톤($500,000tCO_2$-eq) 미만의 배출시설이며, C그룹은 50만 톤($500,000tCO_2$-eq) 이상의 배출시설이다.

26 동일 법인 등이 당해 사업장의 주요 의사결정이나 온실가스 감축 및 에너지 절약 등의 업무 진행에 필요한 영향력을 행사하는 것을 뜻하는 것은?

① 조직경계 설정
② 부지경계 설정
③ 운영경계 설정
④ 지배적인 영향력

[해설] 동일 법인 등이 당해 사업장의 주요 의사결정이나 온실가스 감축 및 에너지 절약 등의 업무 진행에 필요한 영향력을 행사하는 것은 지배적인 영향력이라고 한다.

27 시설 규모 A그룹의 고정연소 산정방법론으로 옳은 것은?

① Tier 1
② Tier 2
③ Tier 3
④ Tier 4

[해설] 시설 규모 A그룹의 고정연소, 이동연소 산정방법론은 Tier 1을 사용한다.

Answer **22.**③ **23.**③ **24.**③ **25.**② **26.**④ **27.**①

28 C그룹의 배출시설 배출량 기준으로 옳은 것은?

① 10만 톤 CO_2-eq 이상의 배출시설
② 30만 톤 CO_2-eq 이상의 배출시설
③ 50만 톤 CO_2-eq 이상의 배출시설
④ 100만 톤 CO_2-eq 이상의 배출시설

[해설] A그룹의 경우 연간 5만 톤(50,000tCO_2-eq) 미만의 배출시설, B그룹은 연간 5만 톤(50,000tCO_2-eq) 이상, 연간 50만 톤(500,000tCO_2-eq) 미만의 배출시설이며, C그룹은 50만 톤(500,000tCO_2-eq) 이상의 배출시설이다.

29 발전소의 무연탄 사용량이 33,000ton이다. 온실가스 배출량을 Tier 1을 이용하여 구하면? (단, 단위는 tCO_2-eq이다.)

- 무연탄 순발열량 : 26.7MJ/kg
- 온실가스 배출계수 : CO_2=98,300, CH_4=1, N_2O=1.5
- GWP : CO_2=1, CH_4=21, N_2O=310

① 86,960tCO_2-eq   ② 87,000tCO_2-eq
③ 87,040tCO_2-eq   ④ 87,100tCO_2-eq

[해설]
$$E_{i,j} = Q_i \times EC_i \times EF_{i,j} \times f_i \times F_{eq,j} \times 10^{-6}$$

$E_{i,j}$: 연료(i)의 연소에 따른 온실가스(j)의 배출량(tCO_2-eq)
Q_i : 연료(i)의 사용량(측정값, ton-연료)
EC_i : 연료(i)의 열량계수 (연료 순발열량, MJ/kg-연료)
$EF_{i,j}$: 연료(i)의 온실가스(j)의 배출계수 (kg-GHG/TJ-연료)
f_i : 연료(i)의 산화계수
$F_{eq,j}$: 온실가스(CO_2, CH_4, N_2O)별 CO_2 등가계수(CO_2=1, CH_4=21, N_2O=310)

$$33,000t \times \frac{26.7MJ}{L} \times \frac{10^3L}{t} \times \frac{TJ}{10^6MJ} = 881.1TJ$$

$$881.1TJ \times \frac{(98,300\times1+1\times21+1.5\times310)kgCO_2-eq}{TJ}$$
$$\times \frac{tCO_2-eq}{10^3kgCO_2-eq} = 87,040tCO_2-eq$$

30 어느 사업장에서 경유를 사용하는 비상발전기를 보유하고 있다. 산정기간 동안 자가발전기 가동에 사용된 경유의 양은 6,000L이다. 이때 이 사업장의 온실가스 배출량을 산정하면? (단, 단위는 tCO_2-eq이다.)

- 배출량 산정식
$$E_{i,j} = Q_i \times EC_i \times EF_{i,j} \times f_i \times F_{eq,i} \times 10^{-9}$$
- 경유의 배출계수 : CO_2=74.1tCO_2/TJ
  CH_4=0.003tCH_4/TJ
  N_2O=0.0006tN_2O/TJ
- 지구온난화지수(GWP) : CO_2=1, CH_4=21, N_2O=310
- 경유의 순발열량 : 35.4MJ/L
- 연료산화계수 : 1

① 15.79tCO_2-eq   ② 16.79tCO_2-eq
③ 17.79tCO_2-eq   ④ 18.79tCO_2-eq

[해설]
$$E_{i,j} = Q_i \times EC_i \times EF_{i,j} \times f_i \times F_{eq,i} \times 10^{-9}$$

$E_{i,j}$: 연료(i)의 연소에 따른 온실가스(j)별 배출량(CO_2-eq ton)
Q_i : 연료(i)의 사용량(측정값, L-연료)
EC_i : 연료(i)의 열량계수 (연료 순발열량, MJ/L-연료)
$EF_{i,j}$: 연료(i)의 온실가스(j) 배출계수 (kg-GHG/TJ-연료)
f_i : 연료(i)의 산화계수
$F_{eq,j}$: 온실가스(j)별 CO_2 등가계수 (CO_2=1, CH_4=21, N_2O=310)

$$6,000L \times \frac{35.4MJ}{L} \times \frac{1TJ}{10^6MJ} = 0.2124TJ$$

1. CO_2 : $0.2124TJ \times \frac{74.1tCO_2}{TJ} \times \frac{1tCO_2-eq}{1tCO_2}$
   $= 15.73884tCO_2-eq$
2. CH_4 : $0.2124TJ \times \frac{0.003tCH_4}{TJ} \times \frac{21tCO_2-eq}{1tCH_4}$
   $= 0.0133812tCO_2-eq$
3. N_2O : $0.2124TJ \times \frac{0.0006tN_2O}{TJ} \times \frac{310tCO_2-eq}{1tN_2O}$
   $= 0.0395064tCO_2-eq$
∴ $1+2+3 = 15.7917276 ≒ 15.79tCO_2-eq$

31 경유 240kL의 발열량을 구하면? (단, 단위는 TJ이며, 소수점 넷째자리에서 반올림하며, 순발열량 계수, NCV=35.4MJ/L)

① 6.780   ② 7.579
③ 8.496   ④ 9.267

해설 단위환산에 유의해야 한다. $1TJ = 10^3 GJ = 10^6 MJ$

$$240\,kL \times \frac{35.4\,MJ}{L} \times \frac{10^3\,L}{kL} \times \frac{TJ}{10^6\,MJ} = 8.496\,TJ$$

경유의 발열량 = 8.496 TJ

32 어느 회사에서는 LNG 보일러를 2대 보유하고 있다. Tier 1에 의한 온실가스 배출량을 산정하면? (단, 단위는 $kgCO_2$-eq로 표기)

- 배출량 산정식
$$E_{i,j} = Q_i \times EC_i \times EF_{i,j} \times f_i \times F_{eq,j} \times 10^{-9}$$
- 연간 연료 사용량 : 보일러 1 = $5,000 Nm^3$
               보일러 2 = $4,200 Nm^3$
- LNG의 순발열량 : $39.4 MJ/Nm^3$
- 지구온난화지수(GWP) : $CO_2 = 1$, $CH_4 = 21$
                              $N_2O = 310$
- LNG 온실가스 배출계수 : $56,100kg\ CO_2/TJ$,
                               $1kg\ CH_4/TJ$,
                               $0.1kg\ N_2O/TJ$

① $20,200 kgCO_2$-eq
② $20,350 kgCO_2$-eq
③ $20,500 kgCO_2$-eq
④ $20,650 kgCO_2$-eq

해설
$$E_{i,j} = Q_i \times EC_i \times EF_{i,j} \times f_i \times F_{eq,i} \times 10^{-9}$$

$E_{i,j}$: 연료(i)의 연소에 따른 온실가스(j)별 배출량(ton CO_2-eq)
Q_i : 연료(i) 사용량(측정값, m^3-연료)
EC_i : 연료(i)의 열량계수
      (연료 순발열량, MJ/m^3-연료)

$EF_{i,j}$: 연료(i)의 온실가스(j) 배출계수
        (kg-GHG / TJ-연료)
f_i : 연료(i)의 산화계수
$F_{eq,j}$: 온실가스(j)별 CO_2 등가계수
      ($CO_2 = 1$, $CH_4 = 21$, $N_2O = 310$)

1. 보일러 1의 발열량
$$= 5,000\,Nm^3 \times \frac{39.4\,MJ}{Nm^3} \times \frac{TJ}{10^6\,MJ}$$
$$= 0.197\,TJ$$

2. 보일러 1의 배출량
$$= 0.197\,TJ \times \frac{\left[\begin{array}{c}(56,100 \times 1 + 1 \times \\ 21 + 0.1 \times 310)\end{array}\right] kg\,CO_2 - eq}{TJ}$$
$$= 11,061.944\,kg\,CO_2 - eq$$

3. 보일러 2의 발열량
$$= 4,200\,Nm^3 \times \frac{39.4\,MJ}{Nm^3} \times \frac{TJ}{10^6\,MJ}$$
$$= 0.16548\,TJ$$

4. 보일러 2의 배출량
$$= 0.16548\,TJ$$
$$\times \frac{\left[\begin{array}{c}(56,100 \times 1 + 1 \times \\ 21 + 0.1 \times 310)\end{array}\right] kg\,CO_2 - eq}{TJ}$$
$$= 9292.03296\,kg\,CO_2 - eq$$
$$\therefore\ 2 + 4 = 총\ 온실가스\ 배출량$$
$$= 20,353.98\,kg\,CO_2 - eq$$

33 아디프산 생산량이 320t일 때 발생되는 온실가스 종류와 배출량으로 알맞은 것을 고르면? (단, 감축기술은 촉매분해방법을 이용함.)

- 배출계수 : $300kg\ N_2O/t$-아디프산
- 촉매분해 시 분해계수 : 92.5%, 이용계수 : 89%

① $5,000 tCO_2$-eq
② $5,260 tCO_2$-eq
③ $5,540 tCO_2$-eq
④ $5,920 tCO_2$-eq

해설

$$E_{N_2O} = \sum_{k,h} [EF_{N_2O} \times AAP_k \times (1 - DF_h \times ASUF_h)] \times F_{eq,j} \times 10^{-3}$$

E_{N_2O} : N_2O 배출량(CO_2-eq ton)

EF_{N_2O} : 기술 유형(k)에 따른 아디프산의 N_2O 배출계수(kg-N_2O/t-아디프산)

k : 기술 유형

h : 감축기술

AAP_k : 기술 유형(k)별 아디프산 생산량 (ton-아디프산)

DF_h : 감축기술(h)별 감축계수(%)

$ASUF_h$: 감축기술(h)별 감축 시스템의 이용계수

$F_{eq,j}$: 온실가스(j)의 CO_2 등가계수 (N_2O=310)

$$320t \times \frac{300kgN_2O}{t-\text{아디프산}} \times (1-0.925 \times 0.89)$$
$$\times \frac{310kgCO_2-eq}{kgN_2O} \times \frac{tCO_2-eq}{10^3kgCO_2-eq}$$
$$= 5,260.08tCO_2-eq$$

---

34 휘발유 차량을 이용하여 연간 20,000L의 연료를 소비한다면 온실가스 배출량을 Tier 1을 적용하여 산정하면? (단, 단위는 tCO₂-eq이다.)

- 휘발유 순발열량 : 44.3MJ/L
- 배출계수 : CO_2=69,300, CH_4=25, N_2O=8.0
- GWP : CO_2=1, CH_4=21, N_2O=310

① 44tCO₂-eq ② 64tCO₂-eq
③ 84tCO₂-eq ④ 104tCO₂-eq

해설

$$E_{i,j} = \sum (Q_i \times EC_i \times EF_{i,j} \times f_i \times F_{eq,j} \times 10^{-9})$$

$E_{i,j}$: 연료(i)의 연소에 따른 온실가스(j)의 배출량(tCO₂-eq)

Q_i : 연료(i)의 사용량(측정값, L-연료)

EC_i : 연료(i)의 열량계수 (연료 순발열량, MJ/L-연료)

$EF_{i,j}$: 연료(i)의 온실가스(j)의 배출계수 (kg-GHG/TJ-연료)

f_i : 연료(i)의 산화계수(=1.0을 적용)

$F_{eq,j}$: 온실가스(j)의 CO_2 등가계수 (CO_2=1, CH_4=21, N_2O=310)

j : 연료 종류

$$20,000L \times \frac{44.3MJ}{L} \times \frac{TJ}{10^6MJ}$$
$$\times \frac{(69,300 \times 1 + 25 \times 21 + 8 \times 310)kgCO_2-eq}{TJ} \times \frac{tCO_2-eq}{10^3kgCO_2-eq}$$
$$= 64.06tCO_2-eq$$

---

35 철도 운영 시 아역청탄 12,000t을 가지고 이동을 한다. 이때 온실가스 배출량을 Tier 1을 이용하여 산정하면?

- 아역청탄 순발열량 : 18.9MJ/kg
- 배출계수 : CO_2=96,100, CH_4=2, N_2O=1.5
- GWP : CO_2=1, CH_4=21, N_2O=310

① 21,000tCO₂-eq ② 21,900tCO₂-eq
③ 22,000tCO₂-eq ④ 22,500tCO₂-eq

해설

$$E_{i,j} = \sum (Q_i \times EC_i \times EF_{i,j} \times f_i \times F_{eq,j} \times 10^{-9})$$

$E_{i,j}$: 연료(i)의 연소에 따른 온실가스(j)의 배출량(tCO₂-eq)

Q_i : 연료(i)의 사용량(측정값, L-연료)

EC_i : 연료(i)의 열량계수 (연료 순발열량, MJ/L-연료)

$EF_{i,j}$: 연료(i)의 온실가스(j)의 배출계수 (kg-GHG/TJ-연료)

f_i : 연료(i)의 산화계수(=1.0을 적용)

$F_{eq,j}$: 온실가스(j)의 CO_2 등가계수 (CO_2=1, CH_4=21, N_2O=310)

j : 연료 종류

$$12,000t \times \frac{18.9MJ}{kg} \times \frac{10^3kg}{t} \times \frac{TJ}{10^6MJ}$$
$$\times \frac{(96,100 \times 1 + 2 \times 21 + 1.5 \times 310)kgCO_2-eq}{TJ}$$
$$\times \frac{tCO_2-eq}{10^3kgCO_2-eq} = 21,910tCO_2-eq$$

36 어느 회사의 2014년 전력 사용량 4,689,204kWh 에 대한 온실가스 배출량을 산정하면? (단, 단위는 tCO_2-eq로 나타낼 것)

- 산정식
  $$CO_2 - eq_{Emissions} = \sum (Q \times EF_j \times F_{eq,j})$$
- 배출계수 : $CO_2 = 0.4653 tCO_2/MWh$
  $CH_4 = 0.0054 kg\ CH_4/MWh$
  $N_2O = 0.0027 kgN_2O/MWh$
- GWP : $CO_2 = 1 kgCO_2 - eq/kgCO_2$
  $CH_4 = 21 kgCO_2 - eq/kgCH_4$
  $N_2O = 310 kgCO_2 - eq/kgN_2O$

① $2,186 tCO_2 - eq$

② $2,354 tCO_2 - eq$

③ $3,629 tCO_2 - eq$

④ $4,786 tCO_2 - eq$

해설 $CO_2 - eq_{Emissions} = \sum (Q \times EF_j \times F_{eq,j})$

배출계수 × GWP = $[tCO_2-eq/MWh]$

배출량 $= 4,689,204\,kWh \times \dfrac{MWh}{10^3 kWh}$

$\times \dfrac{(465.3 \times 1 + 0.0054 \times 21 + 0.0027 \times 310)\,tCO_2 - eq}{MWh}$

$\times \dfrac{tCO_2 - eq}{10^3 kgCO_2 - eq} = 2,186.34\,tCO_2 - eq$

∴ $2,186 tCO_2 - eq$

37 시멘트 생산공정에서 생산량이 1,500t일 때 온실가스 배출량을 산정하면? (단, Tier 1 산정방법을 이용하여 구한다.)

- 배출계수 : $0.750 tCO_2/t$생석회

① $1,000 tCO_2 - eq$

② $1,056 tCO_2 - eq$

③ $1,125 tCO_2 - eq$

④ $1,237 tCO_2 - eq$

해설
$$CO_{2_{Emissions}} = Q_i \times EF_i$$

$CO_{2_{Emissions}}$: 석회 생산공정에서의 CO_2의
배출량(ton)

Q_i : 석회(i) 생산량(ton)

EF_i : 석회(i) 생산량당 CO_2 배출계수
(tCO_2/t-석회 생산량)

$1,500\,t \times \dfrac{0.750\,tCO_2}{t - 생산량} \times \dfrac{tCO_2 - eq}{tCO_2}$

$= 1,125\,tCO_2 - eq$

38 유리 생산공정에서 생산량이 2,450t일 때 온실가스 배출량을 산정하면? (단, Tier 1 산정방식을 이용하여 구하여라.)

- 유리제품의 종류 : Float
- 배출계수 및 컬릿 비율 : $0.21 kgCO_2/kg$유리, 20%

① $400 tCO_2 - eq$

② $404 tCO_2 - eq$

③ $408 tCO_2 - eq$

④ $412 tCO_2 - eq$

해설
$$E_i = \sum [M_{gi} \times EF_i \times (1 - CR_i)]$$

E_i : 유리 생산으로 인한 CO_2 배출량

M_{gi} : 유리(i)의 생산량(ton)
(예 용기, 섬유유리 등)

EF_i : 유리(i)의 생산에 따른 CO_2 배출계수
(tCO_2/t-유리 생산량)

CR_i : 유리(i)의 유리 제조공정에서의 컬릿 비율(%)

$2,450\,t \times \dfrac{0.21 kgCO_2}{kg 유리} \times \dfrac{10^3 kg}{t} \times \dfrac{kgCO_2 - eq}{kgCO_2}$

$\times \dfrac{tCO_2 - eq}{10^3 kgCO_2 - eq} \times (1 - 0.2)$

$= 411.6\,tCO_2 - eq$

39 다음 중 수소 제조공정에서 온실가스 배출량에 대하여 구하면? (단, 단위는 tCO₂-eq이며, Tier 1 산정식을 이용한다.)

- 원료 투입량 : 에탄 3,500t
- 배출계수(원료 투입량) : 2.9tCO₂/t-원료
  (원료는 에탄임)

---

① 10,000tCO₂-eq
② 10,150tCO₂-eq
③ 10,300tCO₂-eq
④ 10,450tCO₂-eq

해설

$$E_{i, CO_2} = FR_i \times EF_i$$

E_i : 수소 제조공정에서의 CO₂ 배출량 (tCO₂-eq)

FR_i : 경질나프타, 부탄, 부생연료 등 원료(i) 투입량(ton 또는 천m³)

EF_i : 원료(i)별 CO₂ 배출계수

$$배출량 = 3,500\,t\,에탄 \times \frac{2.9\,tCO_2 - eq}{t\,에탄}$$

$$= 10,150\,tCO_2 - eq$$

40 전통적 개질공정을 사용하여 암모니아를 250t 생산하였다. 이 과정에서 발생되는 온실가스의 종류는 무엇이며, 배출량(tCO₂-eq)은 얼마인가?

- NH₃ 생산량당 연료 사용량 : 30.2GJ/t-NH₃
- 배출계수 : 1.694tCO₂/tNH₃
- 탄소함량계수 : 15.3kg/GJ, 탄소산화계수 : 1.0%

---

① 700tCO₂-eq   ② 705tCO₂-eq
③ 710tCO₂-eq   ④ 713tCO₂-eq

해설

$$E_{CO_2} = \sum_i \left(\sum_j (AP_{ij} \times FR_{ij}) CCF_i \right.$$
$$\left. \times COF_i \times \frac{44}{12} \right) - R_{CO_2}$$

E_{CO_2} : 암모니아 생산량당 CO₂의 배출량 (ton-CO₂/ton-암모니아)

AP_{ij} : 공정(j)에서 원료(i)(CH₄ 및 납사 4 등) 사용에 따른 암모니아 생산량(ton)

FR_{ij} : 공정(j)에서 암모니아 생산량당 원료(i) 사용량(TJ/t-NH₃)

CCF_i : 원료(i)의 탄소함량계수(ton C/TJ)

COF_i : 원료(i)의 탄소산화계수(%)

R_{CO_2} : 요소 등 부차적 제품생산에 의한 CO₂ 회수·포집·저장량(ton)

$$배출량 = 250\,t \times \frac{30\,GJ}{t\,NH_3} \times 1.694\,\frac{tCO_2 - eq}{t\,NH_3}$$

$$\times \frac{15.3\,kg}{GJ} \times \frac{t}{10^3\,kg} \times 1 \times \frac{44}{12}$$

$$= 712.75\,tCO_2 - eq$$

41 촉매 재생공정에서 온실가스 배출량을 산출하면? (단, 단위는 kgCO₂-eq이다.)

- 산정식 : $E_{CO_2} = AR \times CF \times \frac{44}{22.4}$
- 공기 투입량 : 12,450m³
- 배출계수(원료 투입량) : 2.9tCO₂/t-원료
  (원료는 에탄임.)

---

① 5,000kgCO₂-eq
② 5,060kgCO₂-eq
③ 5,140kgCO₂-eq
④ 5,200kgCO₂-eq

해설

$$E_{CO_2} = AR \times CF \times \frac{44}{22.4}$$

E_{CO_2} : CO₂ 배출량(ton)

AR : 공기 투입량(천m³)

CF : 투입공기 중 산소 함량비(=0.21)

$$tCO_2 - eq = 12.450\,천\,m^3 \times 0.21 \times \frac{44}{22.4} = 5.136$$

$$\therefore\ 5.136\,tCO_2 - eq \times \frac{10^3\,kgCO_2 - eq}{tCO_2 - eq}$$

$$= 5,136\,kgCO_2 - eq \fallingdotseq 5,140\,kgCO_2 - eq$$

42 석유 정제공정에서 수소를 제조하기 위한 나프타 사용량이 1,600t이다. 온실가스 배출량을 Tier 1 산정방법을 이용하여 산정하면? (단, 단위는 tCO₂-eq이다.)

① 5,000tCO₂-eq ② 5,200tCO₂-eq
③ 5,400tCO₂-eq ④ 5,600tCO₂-eq

해설

$$E_{i,CO_2} = FR_i \times EF_i$$

E_i : 수소 제조공정에서의 CO_2 배출량(tCO₂)
FR_i : 경질나프타, 부탄, 부생연료 등 원료(i) 투입량(ton 또는 천m³)
EF_i : 원료(i)별 CO_2 배출계수

$$\text{배출량} = 1,600\,t \times \frac{44.5\,MJ}{kg} \times \frac{TJ}{10^6 MJ} \times \frac{10^3 kg}{t}$$

$$\times \frac{73,000 kgCO_2 - eq}{TJ} \times \frac{tCO_2 - eq}{10^3 kgCO_2 - eq}$$

$$= 5,197.6\,tCO_2 - eq$$

$$\therefore 5,198\,tCO_2 - eq$$

43 아연 생산공정에서 생성된 아연의 양은 400t이었다. 이때 발생하는 온실가스의 양을 산출하면? (단, Tier 1A를 적용하시오.)

- 배출계수 : $CO_2 = 1.72tCO_2/t$-아연

① 650tCO₂ ② 670tCO₂
③ 690tCO₂ ④ 710tCO₂

해설

$$E_{CO_2} = Z_n \times EF_{default}$$

E_{CO_2} : 아연 생산으로 인한 CO_2 배출량 (tCO₂-eq)
Z_n : 생산된 아연의 양(t)
$EF_{default}$: 아연 생산량당 배출계수 (tCO₂/t-생산된 아연)

$$400t \times \frac{1.72tCO_2}{t-\text{아연}} = 688\,tCO_2 ≒ 690\,tCO_2$$

44 합금철 생산공정에서 280t이 생산되고 있다. 합금철의 종류는 45% Si이며, 전기로 작동방식은 흩뿌림 충진방식으로 750℃ 이상으로 적용하였다. 이중 온실가스 배출량은 어느 정도인가?

- 합금철 생산량당 CO_2 기본배출계수
  : 합금철 45% Si, 2.5tCO₂/t-합금철
- 전기로(EAF) 작동방식 중 흩뿌림 충진, 750℃ 이상

① 4,816tCO₂-eq ② 4,820tCO₂-eq
③ 4,834tCO₂-eq ④ 4,848tCO₂-eq

해설

$$E_{i,j} = Q_i \times EF_{i,j} \times F_{eq,j}$$

$E_{i,j}$: 각 합금철(i)생산에 따른 CO_2 및 CH_4 배출량(CO₂-eq ton)
Q_i : 합금철 제조공정에 생산된 각 합금철(i)의 양(ton)
$EF_{i,j}$: 합금철(i) 생산량당 배출계수 (tCO₂/t-합금철, tCH₄/t-합금철)
$F_{eq,j}$: 온실가스(CO_2, CH_4)의 CO_2 등가계수 ($CO_2=1$, $CH_4=21$)

$$280t \times (2.5 \times 1 + 0.7 \times 21) = 4,816\,tCO_2 - eq$$

품질보증 및 품질관리

01 품질보증 및 품질관리 개요

온실가스 배출량 결과에 대한 품질보증(QA) 및 품질관리(QC)를 위한 방법론을 개발·적용하여 온실가스 배출량 결과의 신뢰도를 제고해야 한다.

(1) QA/QC의 목적

① 온실가스 국가 인벤토리의 기본 항목인 TACCC(Transparency, Accuracy, Comparability, Completeness, Consistency), 즉 투명성, 정확성, 상응성, 완전성, 일관성을 제고하기 위한 것임.

② QA/QC 과정을 거치게 되면 인벤토리의 재산정과 배출원별 배출량 결과의 불확도를 파악하게 됨.

③ QA/QC를 수행하기에 앞서서 QA/QC를 어떻게 적용하고, 어느 곳의 어떤 시점에 적용해야 하는가를 결정해야 한다. 이러한 결정을 내리기 위해서는 기술적·현실적으로 고려할 사항이 있고, 국가의 고유한 상황(자료와 정보 수준, 전문성, 인벤토리와 관련된 국가별 고유 특성)도 고려해야 함.

④ QA/QC의 적용 수준이 배출량 산정의 적용 수준과 비슷해야 함.

(2) 품질보증 및 품질관리의 정의

① QC는 인벤토리의 질적 수준을 조사·관리하기 위해 정기적으로 행해지는 기술적인 점검 과정으로 QC의 목적은 다음과 같음.
　㉮ 자료의 신뢰도, 정확성과 완성도를 조사하기 위한 정기적이고 일관성 있는 조사 방법
　㉯ 오류와 누락된 부분의 발견
　㉰ 모든 QC 작업에 대한 문서화와 기록

② QC 활동은 자료수집과 계산 과정에 대한 정확성 검사와 배출량 산정과 측정, 불확도 산정, 정보와 보고에 대한 문서화와 같은 일반적인 방법을 포함하고 있다. 높은 단계의 QC 활동은 배출원 범위, 활동자료와 배출계수, 방법론에 대한 기술적 검토를 포함하고 있음.

③ QA는 QC 과정을 거친 최종 온실가스 배출량 결과에 대해 인벤토리 작업에 직접 관여하지 않은 제3의 전문가 또는 기관에 의한 점검 과정으로 정의할 수 있으며, 점검 과정은 자료의 질적 수준이 목표 수준을 만족하고 있는가, 인벤토리 결과가 현재의 과학적 지식과 자료 범위 내에서 산정할 수 있는 최선인지 여부를 조사하는 것이며, 또한 이러한 일련의 QA 과정이 QC 효과를 보완할 수 있게 됨.

02 품질보증 및 품질관리 시스템 구축

QA/QC 시스템 개발 및 구축을 위해 준비해야 할 사항은 다음과 같다.
• QA/QC를 책임지고 수행할 수 있는 인벤토리 기관
• QA/QC 수행계획
• 일반 품질관리 방법론(Tier 1)
• 배출원 고유 품질관리 방법론(Tier 2)
• 품질보증 점검 방법론
• 보고, 문서화, 기록 및 보관에 대한 체제 구축

(1) 인벤토리 총괄 관리기관

① 인벤토리 총괄 관리기관에서 QA/QC에 대해서 총괄적으로 책임져야 함.
② 총괄기관에서는 다른 기관의 QA/QC의 역할을 조정하고 관리·감독해야 함.
③ 인벤토리 산정과 관련된 여타 기관에서 적정한 QA/QC 방법론을 적용하고 있는지의 여부 등을 점검하고 정보 교환, 교육 및 훈련 등의 지원업무도 수행해야 함.
④ 가능하면 QA/QC 총괄 책임자를 임명하여 모든 QA/QC 업무에 대해서 책임지고 수행할 수 있도록 권한을 부여할 필요가 있음.

(2) QA/QC 계획

① QA/QC 계획은 QA/QC 활동의 순서도와 QA/QC 진행시간표를 작성하는 것임.
② QA/QC 작업이 온실가스 배출의 전체 산정 과정에서 이루어질 수 있도록 계획해야 함.
③ 모든 배출원에 대한 QA/QC 작업이 이루어질 수 있도록 작업공정과 스케줄을 설정해야 함.
④ QA/QC 계획은 QA/QC 활동을 단계별로 계획·추진하는 내부계획이나 한 번 수립되면 최소한의 보완·개선 과정을 거치면서 지속적으로 사용될 개연성이 높기 때문에 외부의 자문을 통해서 확정짓는 것이 필요함.

⑤ QA/QC 계획을 수립·추진하기 위해서는 국제표준화기구(ISO ; lInternational Orga-nization for Standardization)의 자료관리에 대한 표준화된 방법을 참고할 필요가 있음.

⑥ ISO의 방법론이 직접적으로 온실가스 배출과 관련되어 있지는 않지만, 자료관리의 방법 및 원칙은 온실가스 배출자료의 질적 수준을 관리하는 데 무리 없이 적용할 수 있다. ISO 자료는 온실가스 인벤토리 QA/QC 계획을 설정하고, 실행하는 데 도움이 될 수 있음.

‖ ISO 자료에 따른 온실가스 인벤토리 QA/QC 계획 ‖

ISO 항목	내 용
ISO 9004-1	질적 수준이 우수한 시스템을 만들기 위한 일반적 품질관리 지침서
ISO 9004-4	자료수집과 분석에 기초한 방법을 활용하여 지속적으로 품질을 향상시키기 위한 지침서
ISO 10005	프로젝트의 품질관리 계획을 수립하는 방법에 대한 지침서
ISO 10011-1	시스템의 질적 수준 검수 지침서
ISO 10011-2	시스템의 질적 수준 검수인으로서의 자격조건에 대한 지침서
ISO 10011-3	시스템의 질적 수준을 검수하는 프로그램 관리 지침서
ISO 10012	측정결과가 목표정확도의 수준의 만족 여부를 확인하기 위한 보정 시스템과 통계처리방법에 대한 지침서
ISO 10013	특정 목적을 달성하기 위한 품질관리 지침서를 개발하기 위한 지침서

(3) 일반 정도관리

① 일반 정도관리는 모든 배출원에 적용 가능한 일반적인 사항으로 자료수집 및 분석, 문서화, 기록 및 보관, 보고 등에 대한 부분을 다루고 있음.

② 대부분의 정도관리는 교차점검, 재산정, 시각적 검사 과정[3]으로 해석할 수 있음.

③ 매년 모든 인벤토리 입력자료, 변수, 산정결과 등을 상세하게 점검하기는 사실상 어려움이 있음.

④ 주요 배출원에 대한 인벤토리 관련 자료와 산정 과정에 대해 선택적으로 매년 점검해야 하나 그 외의 배출원에 대해서는 품질관리 빈도수를 줄여도 큰 문제는 없으며, 몇 년을 주기로 강도 높은 품질관리를 수행해야 하는가를 결정해야 함.

---

3) 일반적인 점검 과정으로 전반적으로 자료를 살펴보면서 이상치가 있는지 복사, 붙이기 등의 과정에서 문제가 없었는지 등의 정도관리 과정

‖ 인벤토리에 대한 일반 품질관리 ‖

정도관리 항목	내 용
활동자료와 배출계수 선택의 가정이나 기준이 보고서에 적절하게 기술되었는지 확인	배출원의 활동자료와 배출계수에 대한 정보 및 이 정보의 기록과 보존이 적절하게 이루어졌는가를 점검
입력자료와 참고문헌의 인용 및 복사 과정에서의 오류가 없는지 점검	• 참고문헌 및 문헌자료가 원문에서 올바르게 인용되었는지 확인 • 배출원별 입력자료(계산에 사용된 변수나 측정결과)의 복사 및 기록 오류에 대한 점검
배출량 산정이 올바르게 되었는지의 점검	• 주요 배출량 산정결과의 재산정 및 비교 • 복잡한 계산 과정 및 모델을 통해 결정한 배출량 산정결과를 단순화한 산정방법을 이용하여 산정해 보고, 이를 비교하여 산정결과의 정확성을 점검
변수 및 배출량 결과의 단위와 전환계수가 올바르게 사용되었는지 여부 조사	• 단위가 올바르게 표시되었는지 확인 • 단위들이 계산 전 과정을 통해서 일관성 있게 사용되었는지 여부 점검 • 단위전환계수 등이 올바르게 사용되었는지 확인 • 보정계수 등이 올바르게 사용되었는지 점검
DB 파일의 정확성 조사	• DB의 자료처리 과정 등이 정확하게 이루어졌는지 여부 점검 • DB에서 자료 간의 관계가 정확하게 기술되어 있는지 여부 확인 • DB 설계가 적절하게 이루어져 있고, 자료의 선택 및 활용이 적합한지 점검 • DB에 대한 설명이 적합하고, DB 모델의 구조 및 사용에 대한 기록이 잘 되어 있고, DB 접근 및 활용이 용이하도록 정리 및 관리가 잘 되어 있는지 여부 점검
배출원 간의 자료 일관성 조사	여러 배출원에서 공히 사용되는 변수(예 활동자료, 상수)를 파악하고, 배출량 산정 과정에서 이 변수들이 일관성을 갖고 계산되었는지 여부 점검
배출량 결과의 여러 산정 과정에서 결과를 옮기고 계산하는 과정의 오류가 없었는지 여부 확인	• 기초계산 단계에서부터 최종계산 단계의 전 과정 동안에 배출량 관련 자료 등이 단계별로 이동하는 과정에서 올바르게 옮겨지고 계산되었는지 확인 점검 • 중간계산 단계에서 배출량 관련 자료가 정확하게 산정되었는지 확인 점검

‖ 인벤토리에 대한 일반 품질보증 ‖

정도보증 항목	내 용
배출원 및 흡수원에서의 배출량 결과의 불확도가 정확하게 결정되었는지 여부 점검	• 불확도를 결정한 전문가 자질에 대한 평가 • 가정, 전문가 평가, 불확도 방법론의 적정성 등에 대해 기술되었는지 여부를 확인하고, 산정된 불확도의 정확성과 완성도 점검
내부 보고서 검토	배출량 산정결과를 보증하고, 그 결과와 불확도 결과를 재현할 수 있을 정도로 자세한 내부 보고서 및 자료가 있는지 확인
산정방법론 및 자료 일관성 여부 점검	• 연도별(또는 특정 시기 동안) 입력자료의 일관성(자료결정 및 산정방법 등) 조사 • 모든 산정시기 동안의 배출산정 알고리즘 및 방법의 일관성 점검
완성도 점검	• 모든 배출원에 대해서 배출량 산정이 이루어졌는지 여부 확인 • 자료 등이 부족하여 배출량을 산정하지 못한 배출원을 확인하고, 이에 대해 기술하고 있는지 여부 확인
기존 산정결과와 비교	기존에 산정한 결과와 비교하여 큰 차이가 목격되면 배출량을 재산정해 보고, 그 차이에 대해 기술하고 원인을 규명

(4) 배출원 고유 품질관리

배출원별로 온실가스 배출 특성이 다르기 때문에 배출원에 적합한 고유 품질관리의 개발·적용이 필요하다. 배출원의 특성 다음의 세 가지 주요 사항에 대한 품질관리가 필요하다.

1) 배출량 산정의 품질관리

배출원 결과의 품질관리는 산정방법에 따라 달라질 수 있으며, 일반적으로 배출량을 산정하기 위한 방법은 다음과 같음.

① IPCC에서 제시한 기본배출계수를 사용하는 경우

㉮ 인벤토리 관리 책임기관에서는 우선적으로 IPCC의 기본배출계수값이 자국 상황을 반영하고 있는지 여부를 판단해야 함.

㉯ 이를 위해서는 IPCC에서 배출계수를 산정할 때 도입한 가정 및 방법이 자국 상황에 적합한지 여부를 살펴봐야 함.

㉰ 만약 IPCC의 기본배출계수값의 결정 배경 등에 대한 설명 및 정보가 부족한 경우는 이를 이용하여 산정한 배출량 결과의 불확도 분석을 실시해야 함.

㉱ 특히 주요 배출원(Key Source Categories)에 대해서는 자국의 상황을 제대로 반영할 수 있는 배출계수인지의 여부에 대해 조사·평가해야 하고, 이를 보고서에 기술해야 함.

㉲ 가능하다면 IPCC 기본배출계수값을 현장에 적용하여 기본값 적용의 타당성을 검증할 필요가 있음.

② 국가 고유배출계수를 사용하는 경우

㉮ 배출원의 국가 고유배출계수는 배출원의 보편적이고 대표적 특성을 반영해야 하고, 단위 배출원의 특성을 구태여 반영할 필요는 없음.

㉯ 품질관리의 첫 번째 단계는 배출계수를 도출하는 데 사용된 자료에 대한 부분임.

㉰ 배출계수와 배출계수 도출 과정에서 수행한 QA/QC의 적절성에 대한 검토가 이루어져야 함.

㉱ 배출계수가 현장조사에 의해 이루어졌다면 조사 과정에 대해 품질관리가 이루어졌는가를 점검해야 함.

㉲ 국가 고유배출계수는 이미 발표된 연구결과 또는 다른 문헌자료, 즉 2차 자료에 근거하여 결정하는 사례가 많음(이러한 경우는 자료결정 과정을 조사·분석하고, 이 과정에서 품질관리가 이루어졌는지 여부를 파악하여 자료의 신뢰도에 대한 평가가 이루어져야 하고, 자료의 한계를 밝히고 이를 보고서에 기술해야 함).

㉳ 또한 인벤토리 관장기관에서는 전문가로 하여금 2차 자료의 적정성 등에 대해 검토할 수 있도록 시스템을 갖추어야 함.

ⓐ 2차 자료의 QA/QC 과정이 적합한 것으로 판명나면 인벤토리 관장기관에서는 품질관리에 대한 자료출처 등을 명시하고, 배출량 산정의 적절성 등에 대해 기술하면 충분함.

ⓗ 만약 그렇지 않다고 결론을 내리게 되면 인벤토리 관장기관에서는 2차 자료에 대한 QA/QC를 실시해야 함.

ⓩ 또한 불확도 분석도 실시해야 하고, 대안자료의 존재 여부를 파악하며, 대안자료(IPCC 기본배출계수도 포함)의 활용 가능성을 검토하여, 어느 자료가 보다 신뢰성 있는 배출량 결과를 가져다주는지 조사·분석해야 함.

ⓒ 국가 고유배출계수에 의해 결정한 배출량 결과와 IPCC의 기본배출계수를 적용하여 산정한 결과와 비교·검토해야 함.

ⓚ 이 비교의 목적은 국가 고유배출계수의 타당성을 검증하기 위한 것으로 두 결과 사이에 5% 이상의 차이가 존재하는 경우에는 그 이유를 밝히고 기술해야 함.

ⓣ 가능할 경우 국가 고유배출계수값을 단위 사업장에서 산출한 배출계수(사업장 고유배출계수)와 비교하는 것임.

ⓟ 단위 사업장의 배출계수와 국가 고유배출계수를 비교하여 국가 고유배출계수의 타당성과 대표성을 검증할 필요가 있음.

③ 배출량을 직접 측정하는 경우

㉮ 배출원으로부터의 온실가스 배출량을 직접 측정하여 배출계수와 배출량을 결정하는 방법으로 두 가지 접근법을 고려할 수 있음.

  ㉠ 배출시설로부터의 온실가스 배출량을 대표성으로 가질 수 있는 빈도수로 측정하여(간헐 또는 주기적 측정), 측정한 배출원 또는 전체 배출원의 배출계수 결정

  ㉡ 배출원으로부터의 온실가스 배출량을 연속측정(CEMS ; Continuous Emissions Monitoring System)하여 배출계수와 연간 배출량을 결정

㉯ 배출량을 직접 측정하는 경우에도 인벤토리 관리기관에서는 측정결과에 대해 품질관리를 실시해야 함.

㉰ 표준화된 측정방법을 적용하는 것이 자료의 일관성을 유지하고, 자료의 통계적 의미를 해석하는 데 도움을 줄 수 있음.

㉱ 배출원에 따라 표준화된 측정방법이 없는 경우에는 대내외적으로 공인된 표준화 방법(예 ISO 10012)을 활용하여 측정에 적용하고, 측정장치를 보정·관리하는 것이 필요함.

⑩ ISO는 대기와 관련된 측정에 대해 표준화된 방법을 제안하고 있으나, 이러한 방법이 특정 온실가스의 경우에는 적용되지 못하는 사례도 있음. 그렇지만 최소한 ISO의 표준화 방법에서는 측정과 관련된 품질관리 방법을 제안하고 있어 이를 활용할 필요가 있음.

⑪ 배출원으로부터 직접 측정한 결과의 신뢰도가 떨어진다고 판단되면 배출원의 대기환경 담당자와 협의하여 현장에서의 QA/QC 활동을 제고하는 방안을 모색해야 함.

⑫ 현장 결과에 기초하여 결정한 배출계수의 불확도가 높은 경우에는 기본 품질관리 이외에 추가로 품질관리를 수행할 필요가 있음.

⑬ 특정 시설에서의 온실가스 배출을 측정하여 결정한 배출계수는 다른 시설의 결과와 비교할 뿐만 아니라 IPCC 기본값, 국가 고유배출계수와도 비교하여 배출량 산정결과를 검증할 필요가 있음.

⑭ 다른 배출계수 결과와 차이가 있는 경우에는 그 이유를 밝히고, 문서화할 필요가 있음.

④ 배출량 비교

㉮ 배출량 산정결과에 대한 표준화된 품질관리는 기존 배출량 결과, 과거 배출량 추세, 다른 방법에 의해 산정된 결과와 비교하는 것임.

㉯ 기존 결과와 비교하는 목적은 배출량 산정결과의 신뢰성을 점검하기 위한 것으로 예상할 수 있는 합리적인 배출량 범위 내에 속해 있는가를 확인하는 것임.

㉰ 배출량 산정결과가 예상했던 것과 달리 상당히 많은 차이를 보이게 되면 배출계수와 활동자료를 재평가할 필요가 있음.

㉱ 배출량 결과를 비교하는 첫 번째 단계에서는 과거 배출량의 일관성과 완성도를 조사하는 것임.

㉲ 대부분의 배출원의 경우 배출량이 갑자기 증가하는 경우는 거의 없으며, 활동자료와 배출계수가 점진적으로 변화되는 양상을 보임.

㉳ 대부분의 경우 배출량의 연간 변화폭은 10% 이내이므로 전년도와 비교하여 배출량이 크게 변하는 경우 입력자료 또는 산정 과정에서의 오류에 기인한 것이라 할 수 있음.

㉴ 큰 차이를 나타내는 시점에 대해서 표시하고, 이를 시각적으로 표현하는 것이 필요함(전년도와 비교하여 10% 이상의 온실가스 배출량 차이를 보이는 배출원에 대해서 면밀한 조사가 필요하며, 전년도와 온실가스 배출량 차이가 큰 배출원을 서열화하여 변화 양상을 관찰할 필요가 있음).

㉠ Order-of-Magnitude(OM) 조사

- OM 조사는 산정 계산의 큰 오류와 온실가스의 주요 상위 배출원 또는 하위 배출원이 누락되지 않았는가를 밝히기 위한 것임.

- OM 조사는 보고된 온실가스 배출량 산정방법과 다른 접근방식을 택하여 온실가스를 산정하고 이를 비교하는 것임(예 특정 배출원에서의 온실가스 배출량 산정을 위해서 Bottom-up 방식을 택했다면, Top-down 방식과 IPCC 기본배출계수를 적용하여 산정하고 이를 비교함).

- 방법론에 따라서 발생량에 큰 차이가 관찰되면 배출원 고유 품질관리를 실시해야 하고, 다음과 같은 사항을 점검해야 함.
  - 부정확한 결과가 특정 단위 배출원에 의한 것인가를 점검(특정한 1~2개의 배출원에서 비정상적으로 높은 배출량으로 인하여 Top-down 방식과 비교하여 커다란 배출량 차이 초래)
  - 특정 단위 배출원의 배출계수가 다른 단위 배출원의 배출계수와 상당히 다른지 여부 점검
  - 단위 배출원에서 보고한 활동자료가 국가 차원에서 보고한 활동자료와 일치하는지 여부 조사
  - 다른 원인은 없는지 조사(예 산정에 사용된 가정이 보고되지 않은 경우와 활동자료를 결정하는 방법의 차이 등)

㉡ 기초 비교 계산(Reference Calculation)

- 소위 Reference 계산은 화학양론적인 관계식 또는 온실가스를 함유한 제품의 소비자료에 근거하여 배출량을 산정하는 기초 계산방식임(IPCC Tier 1에서 이러한 계산방식을 적용하는 사례도 있음).

- 기초 계산방식에 의해 산출한 결과는 국가 배출량 결과와 비교하는 데 종종 사용되며, 국가 배출량 결과의 신뢰도를 파악 및 점검을 위한 출발점이 됨.

- Reference 계산은 특정 국가의 특성을 반영하지 않고, 단순한 계산식에 기초하고 있으므로 높은 불확도가 있음을 유념해야 함.

2) 활동자료의 품질관리

배출원에서의 온실가스 배출량 산정결과의 정확도는 활동자료와 이와 관련된 변수를 얼마나 정확하게 결정하느냐에 달려 있다. 활동자료는 국가 차원에서 수집한 문헌 등에서 보고된 2차 자료의 형태이거나 단위 배출원에서 측정 또는 산정에 의해 결정한 활동자료를 합하여 전체 활동자료를 결정하는 방식임.

① 국가 차원에서의 활동자료(Top-down 방식)

㉮ 2차 자료를 토대로 활동자료를 결정하는 경우에는 인벤토리 관리기관에서는 활동자료에 대한 QA/QC를 실시하여 활동자료의 정확도와 신뢰도를 평가해야 함.

㉯ 2차 자료는 대부분의 경우 온실가스 배출량 산정을 위해 수집한 것이 아니므로 자료 특성상 온실가스 활동자료로 활용하는 데는 문제점을 갖고 있을 개연성이 있음.

㉰ 기본적으로 통계 관련 정부부처에서는 통계자료의 질적 수준을 조사·파악하기 위한 방안을 마련하고 이를 적용하고 있음.

㉱ 인벤토리 관리기관에서는 통계부처와의 협의를 통해 온실가스 배출량의 QA/QC에 대한 역할을 분담 추진할 필요가 있음(인벤토리 관리기관에서 2차 자료의 품질관리가 적절하다고 여겨지면 자료의 출처를 밝히고, 배출량 산정의 활동자료로서 어떻게 활용했음을 밝혀야 함. 그러나 만약 품질관리가 적절하지 못하다고 여겨지면 인벤토리 관리기관은 2차 자료에 대한 QA/QC를 통해 검증해야 하고, QA/QC와 연계하여 불확도 분석도 다시 이루어져야 함).

㉲ 활동자료는 전년도 값과 비교·평가해야 하며, 변화 양상을 살펴볼 필요가 있음.

㉳ 안정적인 조건에서의 활동자료는 일반적으로 완만한 변화 양상을 보이므로 연간 변화가 큰 시점에서는 활동자료의 오류 가능성을 예상하여 면밀히 점검할 필요가 있음.

㉴ 가능하다면 다양한 문헌으로부터 활동자료를 도출하고, 이를 서로 비교·평가해야 함.

㉵ 특히 불확도가 높은 배출원의 경우에는 여러 경로를 통해 활동자료를 추정하고, 비교·평가하여 가장 적합한 활동자료를 선정할 필요가 있음.

② 단위 배출원 차원에서의 활동자료(Bottom-up 방식)

㉮ 단위 배출원 차원에서의 활동자료를 결정하는 경우에는 품질관리의 초점은 단위 배출원 간의 활동자료가 일관성을 유지하고 있는지의 여부임.

㉯ 단위 배출원에서 활동자료는 대부분 측정을 통해 결정하고 있음.

㉰ 이 경우에는 결정방법이 대내외적인 표준방법에 근거하여 QA/QC가 수행되었는지 여부 파악이 필요함.

㉱ 대내외적인 표준화된 방법을 적용한 경우에는 사용한 방법 적용 여부를 보고서 등에서 밝혀야 하며, 그렇지 않은 경우에는 활동자료의 채택 여부를 면밀히 조사·분석하여 결정하고, 불확도와 자료의 신뢰도에 대해 밝힐 필요가 있음.

㉲ 여러 문헌 및 자료로부터 활동자료 결과를 결정할 수 있다면 이를 비교·평가함으로써 활동자료를 품질관리할 수 있으며, 또한 Top-down과 Bottom-up 방식에 의해 결정된 활동자료 결과를 비교·평가하여 큰 차이가 목격되는 경우에는 이유를 밝히고, 이에 대해 설명해야 함.

3) 불확도의 품질관리

① 온실가스 배출량 산정결과가 정확하게 이루어져 있는가를 판단하는 것이 불확도 품질관리의 목적이므로 불확도에 대한 품질관리는 필수적으로 수행되어야 함.

② 불확도에 대한 품질관리는 일반적으로 배출량 산정이 거의 종결된 마지막 단계에서 이루어지며, 이 과정을 통해서 배출량 결과의 신뢰도에 대한 평가가 이루어짐.

③ 불확도 분석은 두 가지 측면에서 접근이 가능함.

㉮ 첫 번째, 측정에 의해 배출량을 산정한 경우

㉯ 두 번째, IPCC의 기본배출계수 또는 문헌 등의 2차 자료 등을 활용하여 배출량을 산정한 경우

④ 첫 번째 경우는 통계적인 방법에 의한 불확도 분석이 가능하면 IPCC에서도 Tier 1과 Tier 2 방법을 제안하여 배출량 결과에 대한 불확도 결정 방법을 제안하고 있음. 그러므로 측정에 의해 배출량을 산정한 경우에는 통계적 방법에 의해 불확도 결정이 가능한 반면, IPCC의 기본배출계수와 문헌자료 등을 활용한 경우에는 전문가 판단에 의해 불확도를 결정할 수밖에 없음.

⑤ 이런 경우에는 전문성 여부를 근거로 전문가의 자질을 판단해야 하고, 1~2명이 아닌 여러 전문가의 의견을 수렴하여 불확도를 결정해야 함.

(5) 품질보증

품질보증의 목적은 인벤토리 결과의 질적 수준을 평가하는 데 있을 뿐만 아니라 정확도와 완성도 등이 떨어지는 분야를 파악하고 개선해야 할 부분도 지적하는 데 있으며, 이를 위해서는 인벤토리 작업에 참여하지 않은 전문가에 의한 분석과 평가가 이루어져야 한다.

• 전문가에 의한 점검(Tier 1 QA)은 전 배출원에 대해서 모두 수행하는 것이 바람직함.

• 상당한 시간과 노력이 수반되므로 주요 배출원과 방법 또는 관련 자료가 전년도와 비교하여 바뀐 배출원에 대해서는 품질보증을 우선적으로 수행해야 함.

• 면밀한 조사 · 분석이 필요한 배출원에 대해서는 Tier 2 품질보증과 심도 있는 전문가 분석이 이루어져야 함.

1) 전문가에 의한 정도보증

① 전문가 품질보증의 주목적은 배출량 결과, 가정, 방법 등이 적절한지를 판단하는 데 있음.

② 그러므로 전문가 검토는 배출량 산정과 관련된 기술적인 부분에 대해 이루어지며, 산정을 위해 도입된 가정의 타당성과 계산의 정확성을 중심적으로 점검하게 됨.

③ 이 과정은 보고서와 계산 근거 서류 등을 검토하는 것이며, 공인된 자료의 여부 등에 대한 면밀한 조사 · 분석은 본격적인 검증 과정에서 이루어짐.

④ 전문가에 의한 검토에는 표준화된 방법과 메커니즘은 없으며, 경우에 따라서 접근 방법론이 달라짐.

⑤ 불확도가 높은 배출원에 대해서 전문가는 배출량 산정결과의 신뢰도 제고 방안을 제시하고, 불확도를 정량화하여 제시하는 것이 필요함.

2) 점검

① 배출량 결과에 대한 점검은 인벤토리 관리기관이 얼마나 효과적으로 품질관리를 수행하고 있는가를 파악하는 것임.

② 점검 수행기관은 인벤토리 작업에 참여하지 않은 기관에서 독립적으로 수행해야 한다. 새로운 방법의 적용 또는 방법론 개선으로 인해 배출량을 재산정하는 경우 점검 과정은 필수적으로 이루어져야 함.

③ 점검은 배출량 산정 단계별로 수행하는 것이 바람직하다. 즉 자료수집 단계, 측정 단계, 자료정리 단계, 계산 단계, 그리고 보고서 작성 단계별로 점검이 이루어져야 함.

(6) 배출량 결과의 검증

배출량 결과에 대한 점검은 배출량 산정 과정과 산정 결과를 정리하여 종합하는 과정에서 이루어진다. 다른 독립된 산정 결과가 존재한다면 이 결과와 비교하여 산정의 완성도, 산정 수준, 배출원의 분류체계 등의 정확성 등을 검증할 수 있다.

또한 관련 유사 자료를 수집·분석하고 이를 통해 결정한 산정 결과와 비교하고, 차이가 발생하면 그 이유를 설명할 필요가 있으며, 검증 과정 또한 인벤토리 결과의 불확도를 평가하는 데 도움을 줄 뿐만 아니라 인벤토리 결과의 질적 수준을 제고하게 된다.

01 다음 중 QA와 QC에 관한 설명으로 알맞지 않은 것은?

① QA/QC의 목적은 국가 인벤토리의 TACCC를 제고하기 위함이다.

② QC는 인벤토리의 질적 수준을 조사·관리하기 위해 정기적으로 행해지는 기술적인 점검 과정이다.

③ QA는 QC 과정을 거친 최종 온실가스 배출량 결과에 대해 인벤토리 작업에 직접 관여하지 않은 제3의 전문가 또는 기관에 의한 점검 과정으로 정의할 수 있다.

④ QA 활동은 자료수집과 계산 과정에 대한 정확성 검사와 배출량 산정과 측정, 불확도 산정, 정보와 보고에 대한 문서화와 같은 일반적인 방법을 포함하고 있다.

> 해설 ① TACCC는 Transparency, Accuracy, Comparability, Completeness, Consistency의 약어로 투명성, 정확성, 상응성, 완전성, 일관성을 의미한다.
> ④는 QC(품질관리)에 관한 설명이다.

02 다음 중 인벤토리 총괄 관리기관의 역할이 아닌 것은?

① 정보 교환, 교육 및 훈련 등의 지원업무도 수행해야 한다.

② 총괄 기관에서는 다른 기관의 QA/QC의 역할을 조정하고 관리·감독해야 한다.

③ 인벤토리 산정과 관련된 여타 기관에서 적정한 QA/QC 방법론을 적용하고 있는지의 여부 등을 점검해야 한다.

④ 각 기관별 총괄 책임자는 과반수 투표를 통해 결정하고, 모든 QA/QC 업무에 대해서 책임지고 수행할 수 있도록 권한을 부여한다.

> 해설 가능하면 QA/QC 총괄 책임자를 임명하여 모든 QA/QC 업무에 대해서 책임지고 수행할 수 있도록 권한을 부여할 수 있다.

03 다음 중 온실가스 인벤토리 QA/QC 계획에 관련된 ISO 항목으로 알맞지 않은 것은?

① ISO 10005
② ISO 10010
③ ISO 10012
④ ISO 10013

> 해설 ISO 자료에 따른 인벤토리 QA/QC 계획은 다음과 같다.
>
> | ISO 항목 | 내 용 |
> |---|---|
> | ISO 9004-1 | 질적 수준이 우수한 시스템을 만들기 위한 일반적 품질관리 지침서 |
> | ISO 9004-4 | 자료수집과 분석에 기초한 방법을 활용하여 지속적으로 품질을 향상시키기 위한 지침서 |
> | ISO 10005 | 프로젝트 품질관리계획의 수립방법에 대한 지침 |
> | ISO 10011-1 | 시스템의 질적 수준 검수 지침서 |
> | ISO 10011-2 | 시스템의 질적 수준 검수인으로서의 자격조건에 대한 지침 |
> | ISO 10011-3 | 시스템의 질적 수준을 검수하는 프로그램 관리 지침서 |
> | ISO 10012 | 측정결과가 목표정확도 수준의 만족 여부를 확인하기 위한 보정 시스템과 통계처리방법에 대한 지침서 |
> | ISO 10013 | 특정 목적을 달성하기 위한 품질관리 지침서를 개발하기 위한 지침서 |

04 온실가스 인벤토리 QA/QC 계획과 관련된 ISO 10012의 기준으로 옳은 것은?

① 질적 수준이 우수한 시스템을 만들기 위한 일반적 품질관리 지침서
② 자료수집과 분석에 기초한 방법을 활용하여 지속적으로 품질을 향상시키기 위한 지침서
③ 측정결과가 목표정확도 수준의 만족 여부를 확인하기 위한 보정 시스템과 통계처리방법에 대한 지침서
④ 특정 목적을 달성하기 위한 품질관리 지침서를 개발하기 위한 지침서

해설 ISO 10012는 측정결과가 목표정확도 수준의 만족 여부를 확인하기 위한 보정 시스템과 통계처리방법에 대한 지침서를 말한다.

05 다음 중 품질관리(QC)의 목적으로 알맞지 않은 것은?

① 자료의 질적 수준이 목표 수준을 만족하는지 점검
② 자료의 신뢰도, 정확성과 완성도를 조사하기 위한 정기적이고 일관성 있는 조사 방법
③ 모든 QC 작업에 대한 문서화와 기록
④ 오류와 누락된 부분의 발견

해설 자료의 질적 수준이 목표 수준을 만족하는지 점검하는 것은 QA(품질보증)에 관한 사항이다.

06 다음 중 품질보증 항목으로 옳지 않은 것은?

① 산정방법론 및 자료 일관성 여부 점검
② 배출량 산정이 올바르게 산정되었는지의 점검
③ 완성도 점검
④ 기존 산정 결과와 비교

해설 배출량 산정이 올바르게 산정되었는지 점검하는 것은 품질관리에 해당한다.

07 배출원 산정의 품질관리와 관련한 설명으로 알맞지 않은 것은?

① IPCC 기본배출계수가 자국 상황에 적합한지 여부를 살펴본 후 반영해야 한다.
② 배출원으로부터 온실가스 배출량을 직접 측정하여 배출계수와 배출량을 결정하는 방법이 있다.
③ 배출량 산정 결과에 대한 표준화된 품질관리는 기존 배출량 결과, 과거 배출량 추세, 다른 방법에 의해 산정된 결과와 비교하는 것이다.
④ 국가 고유배출계수를 반영하기보다는 단위 배출원의 특성을 반영해야 한다.

해설 국가 고유배출계수가 보편적이므로 대표적 특성을 반영해야 한다.

불확도 평가

01 불확도 분석 개요

불확도는 온실가스 배출량 등의 산정 결과와 관련하여 정량화된 양을 합리적으로 추정한 값의 분산 특성을 나타내는 정도로 정의하고 있다. IPCC에서는 불확도를 변수의 참값에 대한 정보의 부족으로 기인한 참값에 대한 불신 정도로 정의하고 있으며, 이는 참값의 범위를 표현하는 **확률분포함수**(Probability Density Function, PDF)로 **정량화된다**(IPCC, 2006).

(1) 불확도와 관련된 주요 통계 용어의 정의

1) 오차(Error)

이론적 참값과 측정값(또는 계산값) 사이의 불일치

① 계통오차(Systematic Error)

㉮ 편의(Bias)와 동일한 개념으로, 반복해서 측정하더라도 변하지 않거나 예측이 가능하게 변하는 측정오차의 성분

㉯ 측정기기를 제작할 때의 불완전성이나 마모, 손실 등에서 오는 계기오차, 측정하는 장소의 온도나 습도 등과 같은 환경조건에 의해 발생하는 환경오차, 복잡한 이론식으로 실제 적용시키기 편리하기 위해 사용한 근사식에서 오는 이론오차, 측정하는 사람의 습관 등에서 오는 개인오차 등이 있음.

② 확률오차(우연오차, Random Error)

㉮ 측정치와 같이 어떤 변량이 평균치에서 벗어나는 오차로 평균값 주변으로 확산·유발하므로 정밀도와 반비례 관계에 있음.

㉯ 불분명한 많은 미소한 원인이 독립적이고 불규칙적으로 작용하여 피할 수 없이 나타나는 오차를 의미하고, 확률오차는 측정값에 산표를 주는 것으로 기온의 미세한 변동, 측정기기의 미세한 탄성적 진동, 측정기기 접촉부의 전기저항 변화 등 수많은 요인이 있을 수 있음.

③ 정확도(Accuracy) : 참값과 측정값(또는 계산값)의 일치하는 근접성 정도로 계통오차와 반비례 관계에 있음.

④ 정밀도(Precision) : 동일한 변수에 대한 결과들의 근접성 정도로 정밀도가 높다는 것은 확률오차가 적음을 의미함.

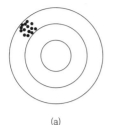 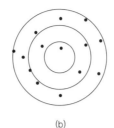 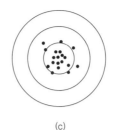 

(a)   (b)   (c)   (d)

(a) 부정확하나, 정밀도는 높은 경우   (b) 부정확하고, 정밀도도 낮은 경우
(c) 정확하나, 정밀도가 낮은 경우   (d) 정확하고, 정밀도도 높은 경우

⑤ 확률밀도함수(PDF ; Probability Density Function) : 측정값(또는 계산값)의 가능한 값 범위 등을 제시하는 함수로 불확도를 묘사하고 있음.

⑥ 변이성(Variability) : 변수값의 시간, 공간, 시료수 등에 의해 측정값(또는 계산값)의 일관성이 없는 경우로 측정값(또는 계산값)의 불확도 요인으로 작용하고 있음.

⑦ 반복성(Repeatability) : 동일 조건으로 같은 방법에 의해 같은 특성을 반복하여 측정했을 때의 특정치의 산포도임.

⑧ 재현성(Reproducibility) : 동일 방법으로 측정 대상을 측정자, 측정일시, 측정장치의 전부가 다른 조건으로 측정하였을 때 개개 측정값이 일치하는 정도임.

⑨ 신뢰구간(Confidence Interval) : 참값을 포함한 신뢰할 수 있는 범위로 온실가스 배출량에서는 일반적으로 95% 신뢰구간을 적용하고 있으며, 95% 신뢰구간이란 PDF의 2.5%와 97.5% 사이의 범위를 의미함.

확인 문제 💉

다음 중 불확도와 관련된 주요 통계 용어의 정의로 알맞지 않은 것은?

① 정확도(Accuracy) : 참값과 측정값(또는 계산값)이 일치하는 근접성 정도로, 계통오차와는 비례 관계에 있다.

② 정밀도(Precision) : 동일한 변수에 대한 결과들의 근접성 정도로, 정밀도가 높다는 것은 확률오차가 적음을 의미한다.

③ 변이성(Variability) : 변수값의 시간, 공간, 시료수 등에 의해 측정값(또는 계산값)의 일관성이 없는 경우로 측정값(또는 계산값)의 불확도 요인으로 작용하고 있다.

④ 신뢰구간(Confidence Interval) : 참값을 포함한 신뢰할 수 있는 범위로 온실가스 배출량에서는 일반적으로 95% 신뢰구간을 적용하고 있으며, 95% 신뢰구간이란 확률밀도함수의 경우 2.5%와 97.5% 사이의 범위를 의미한다.

해설 정확도(Accuracy) : 참값과 측정값(또는 계산값)이 일치하는 근접성 정도로, 계통오차와는 반비례 관계에 있다.

답 ①

2) 불확도 분석

자료의 불확실성이 결과에 미치는 영향을 정량화하고 규명하는 시스템적인 절차라 할수 있으며, 입력자료의 확률분포 및 범위를 결정하여 결과에 대한 불확실성을 나타낼수 있음.

① 장점

불확도 분석은 정량적인 분석 결과를 제공하므로 결과의 신뢰성이 높고, 의사결정이용이함.

② 단점

모든 입력자료를 확률분포로 나타내는 데 한계가 있고 시간이 많이 소요되며, 수행과정이 복잡하여 전문지식을 필요로 함.

③ 불확도 평가

온실가스 배출량과 저감량의 신뢰도 파악을 위한 필수적 요소이며, 불확도는 온실가스 배출수준과 경향뿐만 아니라 배출계수, 활동자료 및 각 산정변수와 관련된 여러요소로부터 비롯됨.

㉮ 인벤토리에 사용된 각 변수들(특정 분야 배출량의 산정, 배출계수, 활동도 자료등)에 대한 불확도

㉯ 구성요소 불확도를 전체 인벤토리의 불확도로 종합

㉰ 배출 경향에 대한 불확도

㉱ 자료수집의 우선순위를 정하고 인벤토리의 정확도 제고를 위해 인벤토리 불확도의 주요 원인 파악

④ 배출량 및 감축량 산정을 위해서는 단계적 접근이 필요

㉮ 배출원의 배출 특성에 대한 개념화

㉯ 배출 양상의 모델화

㉰ 입력자료와 가정의 결정(배출계수와 활동도 자료 산정을 위한 가정) 등

㉱ 각 단계별로 불확도의 요소가 내재되어 있음.

㉲ 분석은 개념화에서부터 시작되며, 인벤토리 산정을 위해 가설을 설정해야 함.

㉳ 이러한 가설에 의해 산정방법이 도출되고, 산정에 필요한 변수 결정을 위해 자료가 필요하며, 자료 획득이 어려운 경우에는 가정을 도입하여 추정하게 됨.

⑤ 불확도 분석방법은 활동자료와 배출계수의 불확도 분석을 통해 가능하나 그 과정은 의외로 아주 복잡하게 진행될 수 있음.

⑥ 자료수집으로부터 배출량 산정 전 과정에서 발생하는 불확도를 종합하여 인벤토리불확도를 결정하는 개략도는 다음과 같음.

| 일반적인 불확도 분석의 전체적인 구조 |

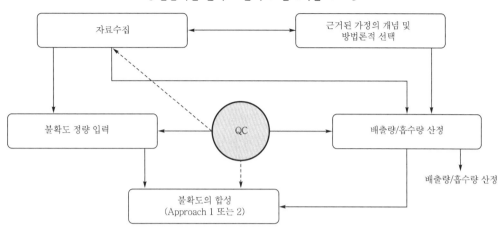

02 불확도 분석의 기초

불확도 분석에서 주요하게 다루는 개념은 확률밀도함수(PDF)와 신뢰구간이라 정의할 수 있으며, 불확도는 주로 확률오차와 계통오차에 의해 발생한다.

(1) 확률오차(Random Error)

① 확률밀도함수가 시·공간적으로 예측할 수 없게 변동함에 따라 발생하며, 이는 보정할 수는 없으나 측정횟수를 늘림으로써 줄일 수 있음.

② IPCC 우수실행지침(2000)에 의한 확률오차의 정량을 위해서는 95% 신뢰구간의 사용이 요구된다. 확률밀도함수가 대칭일 경우 신뢰구간은 중점에서 산정된 가변의 값에 가감(±)된다. 확률밀도함수가 비대칭 신뢰구간일 경우 상·하의 한계는 따로 지정할 필요가 있음.

③ 음(−)이 아닌 변수의 불확도 범위가 평균값과 관련하여 충분히 작을 경우 불확도는 평균값에 대하여 대칭적인 범위로 설명될 수 있음.

④ 예를 들어, 평균값이 1.0일 경우 불확도의 2.5번째 백분위 수는 0.7이고, 97.5번째 백분위 수는 1.3일 경우, 불확도의 범위는 1.0±0.3(30% 범위)으로 나타낼 수 있으나, 평균값이 1.0이고, 불확도의 2.5번째 백분위 수가 0.5, 97.5번째 백분위수가 2.0인 불확도의 범위는 1.0~0.5(50% 범위)~1.0+1.0(100% 범위)으로 불확도의 상대적 범위가 크므로 평균에서 비대칭 양상을 보임.

(2) 계통오차(Systematic Error)

① 정량화 될 수 있으며, 제거될 수는 없으나 측정조건 등을 개선하여 줄일 수 있음.

② 계통오차가 측정에서 요구하는 정확도에 비하여 무시할 수 없는 정도의 크기라면 이를 보정하기 위하여 보정값이나 보정인자를 적용할 수 있음.

03 불확도 유형

불확도의 유형은 모형 불확도와 매개변수 불확도로 구분할 수 있다.

(1) 모형 불확도

배출량을 산정하기 위해 적용된 모형과 산정방법이 특정 배출원의 배출 특성을 적절하게 반영하지 못하여 발생하는 인벤토리의 불확실성으로 정의함.
① 원인은 부적절한 가정에 근거하여 개발된 산정방법을 적용하는 경우와 부적합한 입력 변수의 적용 때문임.
② 일반적으로 모형 불확도는 IPCC 지침서에서 제공한 공인된 표준화 산정방법이 특정 배출원의 인벤토리 산정에 부적합할 때 발생하며, 배출원의 온실가스 배출 특성을 반영한 사업장 고유의 방법을 개발·적용해서 모형 불확도를 줄이거나 없앨 수 있음.

(2) 매개변수 불확도

① 배출량을 산정하기 위해 필요한 활동자료와 배출계수 등 매개변수의 측정 및 정량화 과정에서 발생한 불확도로 정의할 수 있음.
② 원인은 자료의 대표성 결여, 통계적 표본추출오차 발생, 측정기기의 오차, 이용 가능한 자료가 없거나 부족한 경우임.

04 불확도 원인

불확도는 정량적인 값에 대한 정보가 부족한 경우에 주로 발생한다. 예를 들어 자료를 이용할 수 없거나, 이용 가능한 자료의 오류 또는 부정확성이 이에 해당된다. 반면, 변이성은 복잡한 자연현상에 따라 시시각각 변하는 성질을 의미한다.

(1) 불확도 원인

① 불완전성 : 측정방법이 존재하지 않거나 그 과정이 인정되지 않은 경우 통상적으로 이러한 요인에 의해서 불완전성이 생기게 됨.
② 모델 : 온실가스 발생량을 추정하기 위한 모델의 사용은 편의(Bias)와 확률오차를 포함하여 불확도를 가져올 수 있음.
③ 자료의 부족 : 특정 부문 배출량과 흡수량을 계산하는 데 필요한 자료가 부족하거나 유용하지 않을 경우 불확도를 유발하게 됨.
④ 자료의 대표성 결여 : 자료의 부정확성은 부정확한 측정, 추정(가정), 모집단을 대표하지 못하는 시료수의 부족, 부적절한 측정기간 등에서 비롯됨.

⑤ **통계학적 임의 표본추출오차** : 무작위 추출된 표본의 자료와 관련이 있으며, 전형적으로 추출되는 표본의 크기는 모집단의 분산과 표본 자체의 크기에 영향을 받게 되며 독립적인 표본의 수를 증가시킴으로써 감소될 수 있으며, 많은 표본의 크기는 임의적 요소를 산정하기 위한 보다 정밀한 신뢰구간의 값을 가져올 수 있음.

⑥ **측정오차** : 부정확한 측정에는 측정장비 및 측정기술의 오류로 인한 확률오차(Random Error)와 자료수집 및 측정 과정에서 편의(Bias)를 유발시키는 계통오차(System Error) 등이 있음.

⑦ **보고와 분류의 오차** : 배출원 및 흡수원의 누락(불완전성), 분류체계의 불명확성, 부정확한 기재 등에 기인한 것으로 편의(Bias)를 초래함.

⑧ **자료 누락** : 측정을 시도했지만 값이 이용 가능하지 않은 경우에 불확도가 초래될 수 있으며, 검출한계 이하의 측정값이 그 예임. 불확도의 이러한 원인은 편의(Bias)와 확률오차를 초래함.

(2) 불확도의 원인별 대처방안

불확도 원인	대 책			설 명
	개념화/모델	경험/통계	전문가 판단	
불완전성	✔			• 시스템의 중요한 구성이 생략되었는가? • 계통오차에서 계측 가능하거나 불가능한 인자는 무엇인가? • QA/QC를 통해 불완전성이 개선될 수 있음.
모델 (편의 및 확률오차)	✔	✔	✔	• 모델에 적용한 공식이 완전하고 정확한가? • 모델 예측에 있어서의 불확도는 무엇인가? • 통계적으로 의미 있는 자료가 없다면 전문가 판단에 근거한 모델의 정확성과 정밀성에 대한 근거는 무엇인가?
자료 부족			✔	자료가 부족할 시 유사자료나 통계적인 추론을 통한 전문가의 판단이 가능한가?
자료의 대표성 결여	✔	✔	✔	
통계적 무작위 표본추출오차		✔		예 자료와 표본의 수에 기초한 신뢰구간을 산정하기 위한 통계 이론
측정오차(확률오차)		✔	✔	
측정오차(계통오차)	✔		✔	QA/QC와 검정을 통해 확인이 가능
작성/분류오차		✔	✔	적절한 QA/QC를 통해 가능
자료 누락		✔	✔	자료 누락이나 방법론의 부재로 인한 통계 혹은 판단에 기초한 산정방법

05 불확도 저감방안

불확도를 줄이기 위해서는 기본적으로 사용된 산정 모델과 자료가 특정 배출원의 배출 특성을 잘 반영해야 한다. 특히 배출원의 배출량 불확도가 전체 인벤토리 결과에 미치는 영향을 판단하여 불확도를 줄여야 할 대상 배출원의 우선순위를 결정하고, 우선순위가 높은 배출원에 대해서 불확도를 줄이기 위한 노력이 먼저 이뤄져야 한다.

1) 현장상황 및 조건반영 제고(Improving Conceptualization)
현장상황 및 조건을 보다 충실히 반영한 정교한 가정을 도입하여 불확도를 저감함.

2) 모델 개선(Improving Models)
현장상황 및 조건을 보다 적합하게 반영한 변수를 적용하거나, 모델 구조 개선을 통해 불확도를 저감함.

3) 대표성 제고(Using Representativeness)
모집단의 온실가스 배출 특성을 반영할 수 있도록 표본 시료 수집방법의 개선을 통한 불확도를 저감함.

4) 정밀한 측정방법 적용(Using More Precise Measurement Methods)
보다 정밀한 측정방법 도입, 부적절한 가정의 개선, 측정장치 및 방법의 적합한 검·교정을 통해 측정오차를 저감함.

5) 자료수 및 측정 횟수의 증가(Collecting More Measured Data)
시료수 증가를 통해 표본의 임의 추출에 의한 오차를 줄임으로써 불확도를 저감함.

6) 규명된 계통오차의 제거(Eliminating Known Risk of Bias)
측정장치의 위치 선정, 측정지점 선정, 측정시기, 적합한 검·교정방법의 적용, 적합한 모델 및 산정방법 적용을 통해 불확도를 저감함.

7) 배출 특성에 대한 이해 제고(Improving State of Knowledge)
배출원의 온실가스 배출 특성에 대한 이해도를 높임으로써 오차 원인을 파악하고, 이를 줄이는 데 기여할 수 있음.

06 불확도 정량화

(1) 불확도 산정에 필요한 자료와 정보

- 모델과 연관된 정보
- 배출량 측정과 관련된 자료
- 전수 및 표본조사를 통해 수집한 활동자료
- 전문가 판단에 의한 불확도값 등

1) 모델 관련 정보

배출량 산정과 관련된 모델의 불확도에서 고려해야 할 사항은 다음과 같음.

① 모델이 특정 배출원의 배출 특성을 잘 반영했는지 여부(가정의 타당성 등)와 이러한 배출 특성을 개념화하여 모델로 발전시키는 과정이 합리적인가를 판단해야 함.

② 모델이 특정 배출원을 정확하게 잘 대변하고 있는가를 면밀히 살펴야 함.

③ 이러한 조사·분석을 기반으로 모델과 관련된 불확도가 도출될 수 있음.

④ 모델의 불확도를 판단하기 위해서는 앞서 제기한 두 가지 고려사항에 대한 정보수집이 필요함.

2) 배출량 산정 관련 자료에 대한 정보

① 측정을 통해 수집한 자료 불확도

측정을 통해 수집한 자료의 불확도를 산정하는 과정에서 필요한 것은 다음과 같음.

㉮ 자료의 대표성 여부와 계통오차 가능성에 대한 판단

㉯ 측정 결과의 정밀도와 정확도에 대한 조사·분석

㉰ 시료수와 측정에서의 변이성(Variability)과 이러한 변수들이 연간 평균 배출량에 미치는 영향

㉱ 연간 배출량의 변동폭과 양상에 대한 면밀한 조사

② 문헌자료를 활용한 배출계수와 여타 변수 관련 불확도

㉮ 일반적으로 두 가지 형태의 문헌자료의 획득이 가능

㉯ 하나는 국가 고유자료를 포함한 연구결과, 문헌자료와 IPCC 같은 공인기관에서 제공하는 기본값 등의 문헌자료

㉰ 전문가 검토와 외부에서의 검증이 있는 상황이면 자료의 신뢰성이 높고 불확도가 낮다고 할 수 있음.

㉱ IPCC 지침서와 같은 곳에서 인용한 기본값 등을 이용한 경우 그 값들이 특정 기관의 배출 특성을 반영하고 있는지 여부를 판단해야 함.

㉲ 만약 기본값들이 부적합하다고 판단되면 관련 분야 전문가들에 의한 검토와 판단에 의해 관련 값들의 불확도를 줄이기 위한 방안 마련이 필요함.

③ 활동자료 관련 불확도
- 온실가스 인벤토리에서의 활동자료는 일반적으로 사회·경제통계와 관련된 것이 많고 다른 경로를 통해 이미 관리되고 있는 경우가 많음.
- 실제로 통계청에서 관련 정보에 대해 불확도를 이미 관리하고 있기 때문에 활동자료 관련 불확도는 배출계수와 비교하면 상당히 낮은 수준임.

3) 전문가 판단

자료가 없는 경우에는 관련 분야 전문가로부터 자료와 정보를 수집해야 하고, 이러한 경우 그 자료들의 불확도에 대한 판단도 이루어져야 함.

① 전문가 판단에 의한 자료 추정과 관련되어서 부딪힐 수 있는 가장 큰 문제는 전문가들의 주관적 관점에 따라 결과의 차이가 심할 수 있고, 일관성 확보가 어려움.
② 가능한 다수의 전문가 의견을 구하고 수렴하는 과정이 필요하며, 전문가 활용에 대한 지침 등을 마련하여 전문가에 의해 획득한 관련 자료의 불확도 관리방안도 수립할 필요가 있음.

(2) 불확도 정량화 방법

불확도 산정을 위해 필요한 자료가 획득되면 본격적으로 불확도 산정이 이루어져야 한다.
- 모델불확도
- 자료의 통계학적 분석
- PDFs의 선정
- 불확도와 관련된 전문가 판단에 대한 해석 등

1) 모델불확도

① 검증 목적의 자료(모델 결과 예측이 가능한 입력자료)를 모델에 입력하여 산정된 결과와 예상 결과치를 비교 평가하여 모델불확도를 간접적으로 판단함.
② 이미 검증된 다른 모델을 적용한 산정 결과와 비교·평가하여 현재 적용하고자 하는 모델의 불확도를 점검함.
③ 모델불확도의 크기와 관련된 전문가 판단으로 구분함.
④ 결과를 예상할 수 있는 입력자료에 의해 모델이 특정값을 얼마나 정확하게 산정 가능한지를 파악하여 모델의 정확도와 정밀도를 평가할 수 있음.
⑤ 이 결과로부터 모델이 특정값에 대해 어느 정도 과다 또는 과소 평가하는지를 파악할 수 있음.
⑥ 인벤토리 산정을 위해 여러 모델들이 적용 가능한 경우 서로 다른 가정과 자료에 근거하여 적용된 모델들의 결과를 비교·평가하고, 그 결과의 불일치 정도를 통해 적용하고자 하는 모델의 가정과 방법의 기본적 한계와 문제점을 파악할 수 있음.

⑦ 적용 결과를 토대로 모델의 가정 및 변수를 수정하여 오차를 줄이고, 불확도를 개선하는 것이 바람직하다. 또한 자료의 불확도가 모델 변수값으로 편입되면서 최종 인벤토리 결과에 미치는 영향 정도를 전문가가 조사·분석하여 모델불확도를 결정하거나 몬테카를로 분석을 통해 불확도를 정량·평가할 수 있음.

2) 측정자료의 통계학적 분석

측정자료의 통계학적 분석은 인벤토리의 불확도뿐만 아니라 배출계수 및 다른 변수들의 불확도를 평가할 수 있는 방법 중 하나이며, 단계별 접근방법을 택하고 있음.

① 1단계 : 활동자료, 배출계수, 다른 산정 관련 변수에 대해 평가하고, DB를 구축함.

② 2단계 : 활동자료와 배출계수의 변이성을 대변하는 PDF 모델을 선정함.

③ 3단계 : PDF의 분포 특성에 근거하여 불확도 특성을 파악함. 표준오차가 적으면 시료 크기 등과 무관하게 정규분포의 가정을 적용할 수 있으며, 표준오차가 크면 로그정규분포의 가정을 사용함.

④ 4단계 : 총 배출량의 불확도를 산정하기 위한 목적으로 확률분석을 위한 입력자료로 사용함.

⑤ 5단계 : 민감도 분석을 통해 주요 불확도 요인을 밝히고, 주요 불확도를 정확하게 산정할 수 있는 방법을 개발·적용함.

3) 전문가 판단에 의한 방법

이용 가능한 자료가 부족하고, 불확도의 모든 요인에 대한 분석이 가능하지 않은 경우 전문가의 판단에 의해 불확도를 산정할 수 있으며, 전문가 판단 시 IPCC에서는 다음과 같은 우수실행(Good Practice)을 제한함.

① 균등(Uniform)함수이고, 그 범위는 95% 신뢰구간에 해당한다고 가정함.

② 전문가에 의해 가장 가능성이 있는 값이 제공되는 경우 최빈값(Mode)으로 가장 가능성이 있는 값을 이용하는 삼각 확률밀도함수를 가정하고, 상한값과 하한값은 각각 모집단의 2.5%를 제외한다고 가정함.

③ 분포가 대칭적일 필요는 없으나 전문가의 직관과 더불어 합리적인 추론 과정을 통해 PDF를 선택함.

④ 전문가의 판단은 주관적 성격이 강하므로 불확도 결과가 비현실적일 수 있으므로 QA/QC 과정을 반드시 거쳐야 함.

⑤ 특히 품질보증단계를 강화하여 제3자의 검토 과정과 유사한 배출 특성을 지니고 있는 배출원의 불확도 결과와 비교·평가하는 과정과 더불어 타 국가의 사례와도 비교해 볼 필요가 있음.

4) 확률밀도함수 분석

확률밀도함수는 배출계수 및 활동자료와 같은 변수 각각이 참값에 대하여 분포하는 정도, 즉 가능한 값의 범위 등을 제시하는 함수로서 다양한 종류의 확률밀도함수가 존재함.

▌ 주요 확률밀도함수 유형 ▌

정규분포 (Nomal Distribution)	• 불확도의 범위가 작고, 평균에 대해 대칭을 이룰 때 가장 적합함. • 정규분포는 여러 개의 입력변수가 전체의 불확도를 생성시키고, 전체의 불확도를 지배하는 개별의 불확도가 없을 때 사용하며, 국가 보고서의 경우 불확도가 여러 개별 불확도의 합으로 나타나지만 전체 불확도를 지배하는 요소가 없으므로 정규분포를 따름.
로그정규분포 (Lognormal Distribution)	• 로그정규분포는 대칭의 형태를 이루고 있으며, 불확도가 큰 경우에 적당함. • 토양에 공급되는 비료에서의 N_2O 배출계수가 그 예이다. 많은 불확실한 변수들이 곱해지게 되면 결과는 점차적으로 로그정규분포에 가까워지게 됨.
균일분포(Uniform Distribution)	• 어떤 범위 내에서 얻은 값들이 비슷한 값을 가질 경우를 모사함. • 균일분포는 0과 1 사이에서 분포하게 되는 비율 등의 물리적인 양을 표현하는 데 유용함.
삼각분포(Triangular Distribution)	• 삼각분포는 다른 확률밀도함수에 대한 정보 없이 전문가의 판단에 의한 상한치와 하한치, 그리고 최빈값이 제공될 때 사용됨. • 삼각분포는 비대칭일 수도 있음.
프랙탈 분포(Fractile Distribution)	• 변수값에 대한 다른 범위별로 구분을 한 경험적인 분포 형태임. • 이 분포는 불확도에 대한 전문가의 판단을 표현하는 데 유용함.

① 확률밀도함수를 결정할 때는 몇 가지 고려할 사항이 있음.
　㉮ 첫째, 정규분포가 적절한지의 여부이며 정규분포의 표준편차는 평균값의 30%를 초과하지 말아야 함.
　㉯ 둘째, 전문가 판단이 적용되는 경우 확률분포함수는 전형적으로 정규 내지 로그정규일 것이고 균등, 삼각, 프랙탈 분포 등을 그 다음 분포 형태로 고려해야 함.
　㉰ 마지막으로, 실증적 관찰 내지 이론적 언급에 의해 타당한 근거와 이유가 존재하는 경우 다른 분포가 이용될 수 있음.
② 일반적으로 자료에 적합한 분포를 확인하는 문제는 매우 어렵지만, 왜도(Skewness) 및 첨도(Kurtosis)의 제곱을 이용하여 자료에 적합한 함수 형태를 찾아볼 수 있으며, 카이제곱검정(Chi-squared Test)과 같은 검정방법을 통하여 적합성을 평가할 수 있음.

(3) 합성불확도

각각의 산정 변수 또는 각 부문별 배출량에 대한 불확도가 결정되면 합성불확도를 통해 종합적인 불확도를 표현할 수 있으며, 합성불확도는 Tier 1 오차증식법(Error Propagation Method)과 Tier 2 몬테카를로 시뮬레이션(Monte Carlo Simulation Method)이 있다.

1) Tier 1 오차증식법(Error Propagation Method)

① 오차증식에 의한 불확도 산정은 인벤토리 산정에 관여되어 있는 변수들의 개별오차가 전체 인벤토리 오차 산정 과정에서 증가한다는 이론에 기초하여 개발되었고, 이를 정량화하는 방법임.

② 배출 또는 흡수원 각 분야에 대한 불확도 뿐만 아니라 전체 인벤토리에 대한 불확도 및 기준년도와 특정년도 사이의 추세에 대한 불확도 산정에도 이용될 수 있음.

③ 오차증식법의 주요 가정은 인벤토리 산정과 관련된 주요 변수인 활동자료, 배출계수 및 다른 주요 변수들의 개별오차가 전체 인벤토리 오차를 산정하는 과정에서 증가되며, 그 정량적인 관계는 오차증가방정식(Error Propagation Function)에 의해 표현될 수 있음.

④ 개별오차 간에 상관관계가 존재하는 경우 오차가 중복되어 산정되는 문제가 존재할 수 있으며, 이러한 상관관계가 희석될 수 있도록 자료의 준비 과정을 통합적 관점과 적절한 수준에서 관리할 필요가 있음.

⑤ 이론적으로 오차증식법은 평균값에 의해 분할된 표준편차(변동계수 또는 상대표준편차 : 표준편차/평균)가 0.3 이하가 되도록 요구함.

⑥ 그러나 실제로 이러한 접근은 대부분의 경우 충족되지 않으며, 어느 정도의 상관관계가 존재하는 결과를 가져옴.

⑦ 오차증식법은 배출계수와 활동자료의 불확도 상대 범위가 기준년도와 특정년도 t와 동일하다고 가정하고 있으며, 이러한 가정은 일반적으로 타당하다고 볼 수 있음.

⑧ 오차증식법의 주요 가정이 적용되지 않는 경우가 존재하면 오차증식법을 개선 적용하거나 Tier 2 방법을 대신 사용해야 함.

⑨ 각 입력에 대한 평균과 표준편차 산출을 통해 Tier 1을 사용하여 정량불확도를 산정하기 위해서는 모든 입력변수에 대한 방정식과 마찬가지로 산정 결과를 위해 합성해야 하며, 통계적으로 독립적인(비상관적인) 입력을 포함함.

⑩ Tier 1의 불확도 산정은 Addition과 Multiplication하의 비상관 불확도 합성을 통해 이루어짐.

⑪ 한편, 특정년도 인벤토리의 불확도 산정 이외에 배출 경향에 대한 불확도도 산정하고 있으며, 이를 위해서 Type A[4]와 Type B[5]의 민감도 분석방법을 적용하여 배출 경향 불확도도 산정하고 있음.

⑫ 특정년도 인벤토리의 불확도 산정

㉮ Multiplication에 의한 정량불확도는 표준편차 제곱의 합에 대한 양의 제곱근으로 합성되고, 변수로 나타난 모든 계수의 표준편차가 추가되어 평균값에 적합한 표준편차의 비율이 되며, 이는 모든 확률변수에 사용됨.

㉯ 전형적인 경우 이러한 규칙은 변동계수(표준편차/평균)가 약 0.3보다 작을 경우 비교적 정확하며, 다음 식에 의하여 비율로 표현된 자료의 불확도가 계산될 수 있음.

〈합성불확도 Tier 1 – Multiplication〉

$$U_{total} = \sqrt{U_1^2 + U_2^2 + \cdots + U_n^2}$$

여기서, U_{total} : 합성불확도(%)

U_n : 변수 n의 불확도(%)

㉰ Addition과 Subtraction에 의한 정량불확도는 표준편차 제곱의 합에 대한 양의 제곱근으로 합성됨.

㉱ 이는 서로 비상관관계 변수에 적합하고, 이를 활용하여 다음 식에 의하여 비율로 표현된 총계의 불확도가 계산됨.

〈합성불확도 Tier 1 – Addition and Subtraction〉

$$U_{total} = \frac{\sqrt{(U_1 \cdot x_1)^2 + (U_2 \cdot x_2)^2 + \cdots + (U_n \cdot x_n)^2}}{|x_1 + x_2 + \cdots + x_n|}$$

여기서, U_{total} : 합성불확도(%)

U_n : 배출원 n의 불확도(%)

x_n : 배출원 n의 배출량

---

4) 기준년도와 최근년도의 배출량이 1% 증가하였을 때의 기준년도와 최근년도의 총 배출량 차이의 변화를 %로 표시한 것

5) 최근년도의 배출량이 1% 증가하였을 때의 기준년도와 최근년도의 총 배출량 차이의 변화를 %로 표시한 것

2) Tier 2 몬테카를로 시뮬레이션(Monte Calro simulation)

몬테카를로 분석은 부문별 불확도가 크고 분포가 비정규적이며, 활동자료와 배출계수의 상호관계가 복잡할 경우에 적합함.

① 몬테카를로 시뮬레이션에서 각 확률밀도함수(PDF) 특성에 따라 일반화된 난수를 입력함.

② 모델 결과인 평균값, 표준편차, 95% 신뢰구간, 그리고 다른 PDF값들에 대한 분석에 의해 PDF 유형이 추론될 수 있다. 이는 몬테카를로 시뮬레이션은 절대치 방법에 대한 반복 회수의 결과로 전형적 개선 결과로 정밀도가 높아지기 때문임.

③ 절대치 통계기술 중 하나인 몬테카를로 시뮬레이션은 일반적으로 적용될 수 있는 것으로 다음과 같은 경우에는 배출량, 흡수량의 불확도 산정 시 Tier 1보다 좀 더 적절하다고 여겨짐.

    ㉮ 불확도가 클 경우

    ㉯ 분포가 정규분포(Gaussian Distribution)를 따르지 않을 경우

    ㉰ 알고리즘이 복잡한 경우

    ㉱ 활동자료 및 배출계수 혹은 두 가지 모두의 경우에서 상관관계가 발생할 경우

    ㉲ 인벤토리가 작성된 연도별로 불확도가 다를 경우

④ 몬테카를로 모사는 특정 분야 PDFs를 위해 불확도 정량을 각각의 모델 입력에 대해 합리적으로 제시할 수 있는 분석자료를 요구함.

⑤ 주요 사항에는 시간, 지역 및 특정 평가의 적절한 계수 조정과 관련된 일관된 가정에 근거해야 배출량 및 흡수량 산정변수 입력을 위한 분포도를 개발할 수 있음.

⑥ 몬테카를로 시뮬레이션 분석은 물리적으로 가능한 모양과 폭의 PDFs에 대한 상관관계를 다양한 각도에서 다룰 수 있음.

⑦ 몬테카를로 분석은 활동자료에 배출계수를 곱하여 배출량을 산정하는 단순모델 뿐만 아니라, 매립지 CH_4 발생에 대한 FOD(First Order Decay) 방법과 같이 복잡한 모델에도 사용이 가능함.

01 다음 중 불확도 개념과 관련하여 알맞지 않은 것은?

① 정확도 : 참값과 측정값이 일치하는 근접성 정도로 계통오차와는 반비례 관계에 있음.

② 정밀도 : 동일한 변수에 대한 결과들의 근접성 정도로 정밀도가 높다는 것은 확률오차가 적음을 의미함.

③ 신뢰구간 : 참값을 포함한 신뢰할 수 있는 범위로 온실가스 배출량에서는 일반적으로 99% 신뢰구간을 적용하고 있음.

④ 변수값의 시간, 공간, 시료수 등에 의해 측정값(또는 계산값)의 일관성이 없는 경우로 측정값(또는 계산값)의 불확도 요인으로 작용하고 있음.

해설 신뢰구간(Confidence Interval) : 참값을 포함한 신뢰할 수 있는 범위로 온실가스 배출량에서는 일반적으로 95% 신뢰구간을 적용하고 있으며, 95% 신뢰구간이란 PDF의 2.5%와 97.5% 사이 범위를 의미한다.

02 다음 중 불확도의 원인과 대처방안으로 일치하는 것을 고르면?

① 불완전성 – 개념화/모델

② 자료의 대표성 결여 – 경험/통계, 전문가 판단

③ 측정오차(계통오차) – 개념화/모델, 전문가 판단

④ 자료 누락 – 경험/통계, 전문가 판단

해설 자료의 대표성 결여가 불확도의 원인인 경우 개념화/모델, 경험/통계, 전문가 판단 등으로 대처할 수 있다.

03 다음 설명에 적합한 저감방안은 무엇인가?

> 모집단의 온실가스 배출 특성을 반영할 수 있도록 표본 시료 수집방법의 개선을 통한 불확도 저감

① 현장상황 및 조건 반영 제고

② 모델 개선

③ 자료수 및 측정횟수 증가

④ 대표성 제고

해설 대표성의 제고는 모집단의 온실가스 배출 특성을 반영할 수 있도록 표본시료 수집방법의 개선을 통해 불확도를 저감하는 방식이다.

04 다음 중 불확도와 관련된 주요 통계 용어의 정의로 알맞지 않은 것은?

① 정확도(Accuracy) : 참값과 측정값(또는 계산값)이 일치하는 근접성 정도로 계통오차와는 비례관계에 있다.

② 정밀도(Precision) : 동일한 변수에 대한 결과들의 근접성 정도로 정밀도가 높다는 것은 확률오차가 적음을 의미한다.

③ 변이성(Variability) : 변수값의 시간, 공간, 시료수 등에 의해 측정값(또는 계산값)의 일관성이 없는 경우로 측정값(또는 계산값)의 불확도 요인으로 작용하고 있다.

④ 신뢰구간(Confidence Interval) : 참값을 포함한 신뢰할 수 있는 범위로 온실가스 배출량에서는 일반적으로 95% 신뢰구간을 적용하고 있으며, 95% 신뢰구간이란 확률밀도함수의 경우 2.5%와 97.5% 사이의 범위를 의미한다.

해설 정확도(Accuracy) : 참값과 측정값(또는 계산값)이 일치하는 근접성 정도로 계통오차와는 반비례 관계에 있다.

05 다음 조건에서 Multiplication에 의한 합성불확도(%)를 구하면?

- 변수 1의 불확도 : 1.5%
- 변수 2의 불확도 : 2.5%
- 변수 3의 불확도 : 1.3%
- 변수 4의 불확도 : 3.2%
- 변수 5의 불확도 : 1.8%

① 3.87% ② 4.87%
③ 5.87% ④ 6.87%

해설 $U_{total} = \sqrt{U_1^2 + U_2^2 + \cdots + U_n^2}$ 에 따라 합성불확도를 구할 수 있다.

$\therefore U_{total} = \sqrt{1.5^2 + 2.5^2 + 1.3^2 + 3.2^2 + 1.8^2}$
$= 4.865182 \fallingdotseq 4.87\%$

06 다음 중 불확도에 관한 설명으로 알맞지 않은 것은?

① 불확도는 온실가스 배출량 등의 산정 결과와 관련하여 정량화된 양을 합리적으로 추정한 값의 분산 특성을 나타내는 정도로 정의하고 있다.
② 불확도 분석은 정량적인 분석 결과를 제공하므로 결과의 신뢰성이 높고 의사결정이 용이하다.
③ 불확도 분석방법은 활동자료와 배출계수의 불확도 분석을 통해 가능하나 그 과정은 의외로 간단하게 진행된다.
④ 모든 입력자료를 확률분포로 나타내는 데 한계가 있고 시간이 많이 소요되며, 수행과정이 복잡하여 전문지식을 필요로 하는 단점이 있다.

해설 불확도 분석방법은 활동자료와 배출계수의 불확도 분석을 통해 가능하나 그 과정은 의외로 아주 복잡하게 진행될 수 있다.

07 다음 중 불확도 원인으로 옳지 않은 것은?

① 자료의 부정확성은 부정확한 측정, 추정(가정), 모집단을 대표하지 못하는 시료수의 부족, 부적절한 측정기간 등에서 비롯된다.
② 추출되는 표본의 크기는 모집단의 분산과 표본 자체의 크기가 클 경우 불확도를 크게 하는 원인이 될 수 있다.
③ 배출원 및 흡수원의 누락(불완전성), 분류체계의 불명확성, 부정확한 기재 등에 기인한 것으로 편의(Bias)를 초래한다.
④ 측정을 시도했지만 값이 이용 가능하지 않은 경우에 불확도가 초래될 수 있다.

해설 추출되는 표본의 크기는 모집단의 분산과 표본 자체의 크기에 영향을 받게 되며, 표본의 수가 증가할수록 정밀한 신뢰구간의 값을 갖게 된다.

08 주요 확률밀도함수 유형 중 삼각분포에 관한 설명으로 알맞은 것은?

① 여러 개의 입력변수가 전체의 불확도를 생성시키고, 전체의 불확도를 지배하는 개별의 불확도가 없을 때 사용한다.
② 많은 불확실한 변수들이 곱해지게 되면 결과는 점차적으로 로그정규분포에 가까워지게 된다.
③ 다른 확률밀도함수에 대한 정보 없이 전문가의 판단에 의한 상한치와 하한치, 그리고 최빈값이 제공될 때 사용된다.
④ 변수값에 대한 다른 범위별로 구분을 한 경험적인 분포 형태이다.

해설 ① 정규분포
② 로그정규분포
④ 프랙탈 분포

09 다음의 불확도 분석 중 정밀도(b)에 대한 설명으로 옳은 것은?

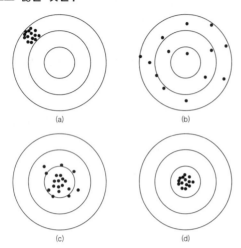

(a)　(b)

(c)　(d)

① 정확하고, 정밀도도 높은 경우
② 부정확하나, 정밀도는 높은 경우
③ 정확하나, 정밀도가 낮은 경우
④ 부정확하고, 정밀도도 낮은 경우

해설 불확도 분석요소 중 정밀도의 경우 (a)는 부정확하나, 정밀도가 높은 경우, (b)는 부정확하고, 정밀도도 낮은 경우, (c)는 정확하나, 정밀도가 낮은 경우, (d)는 정확하고, 정밀도도 높은 경우를 말한다.

10 다음 설명을 나타내는 용어로 옳은 것은?

> 변수값의 시간, 공간, 시료수 등에 의해 측정값(또는 계산값)의 일관성이 없는 경우로 측정값(또는 계산값)의 불확도 요인으로 작용하고 있다.

① 계통오차
② 확률오차
③ 변이성
④ 재현성

해설 변이성은 변수값의 시간, 공간, 시료수 등에 의해 측정값(또는 계산값)의 일관성이 없는 경우로 측정값(또는 계산값)의 불확도 요인으로 작용하고 있는 것을 말한다.

11 온실가스 배출량에서 일반적으로 적용하고 있는 신뢰구간으로 옳은 것은?

① 90%
② 92.5%
③ 95%
④ 97.5%

해설 온실가스 배출량에서 일반적으로 95%의 신뢰구간을 적용한다.

12 다음 중 95% 신뢰구간에 대한 설명으로 옳은 것은?

① PDF의 10%와 90% 사이 범위를 의미함.
② PDF의 7.5%와 92.5% 사이 범위를 의미함.
③ PDF의 5%와 95% 사이 범위를 의미함.
④ PDF의 2.5%와 97.5% 사이 범위를 의미함.

해설 온실가스 배출량에서 95%의 신뢰구간은 PDF의 2.5%와 97.5% 사이 범위를 의미한다.

13 Tier 2 몬테카를로 시뮬레이션이 Tier 1보다 더 적절한 경우로 틀린 것은?

① 불확도가 클 경우
② 분포가 정규분포를 따를 경우
③ 알고리즘이 복잡한 경우
④ 활동자료 및 배출계수 혹은 두 가지 모두의 경우에서 상관관계가 발생할 경우

해설 Tier 2 몬테카를로 시뮬레이션은 분포가 정규분포를 따르지 않을 경우에 Tier 1보다 더 적절하다.

온실가스 검증

Chapter 6

 01 검증의 개요

(1) 검증의 목적

검증의 목적은 일정 경계 내의 온실가스 배출량 및 에너지 소비량 정보에 대하여 이해관계자에게 **신뢰성과 객관성을 제공**하기 위함이다.

(2) 용어의 정리

1) 검증

온실가스 배출량의 산정과 외부 온실가스 감축량의 산정이 온실가스 배출권거래제 운영을 위한 검증지침에서 정하는 절차와 기준 등에 적합하게 이루어졌는지를 검토·확인하는 체계적이고 문서화된 일련의 활동

2) 검증기관

검증을 전문적으로 할 수 있는 인적·물적 능력을 갖춘 기관으로, 환경부장관이 부문별 관장 기관과의 협의를 거쳐 지정·고시하는 기관

3) 검증심사원

검증업무를 수행할 수 있는 능력을 갖춘 자로서 일정기간 해당 분야 실무경력 등을 갖추고 해당 지침에 따라 등록된 자

4) 검증심사원보

검증심사원이 되기 위해 일정한 자격과 교육과정을 이수한 자로서 해당 지침에 따라 등록된 자

5) 검증팀

검증을 수행하는 2인 이상의 검증심사원과 이를 보조하는 검증심사원보로 구성된 집단

6) 피검증자

검증기관으로부터 온실가스 배출량의 명세서와 외부사업 온실가스 감축량의 모니터링 보고서에 대한 검증을 받는 할당대상업체 또는 외부사업 사업자

7) 공평성

검증기관이 객관적인 증거와 사실에 근거한 검증활동을 함에 있어 피검증자 등의 이해관계자로부터 어떠한 영향도 받지 않는 것

8) 내부 심의

검증기관이 검증의 신뢰성 확보 등을 위해 검증팀에서 작성한 검증보고서를 최종 확정하기 전에 검증 과정 및 결과를 재검토하는 일련의 과정

9) 리스크

검증기관이 온실가스 배출량 등의 산정과 연관된 오류를 간과하여 잘못된 검증의견을 제시할 위험의 정도

10) 적격성

검증에 필요한 기술, 경험 등의 능력을 적정하게 보유하고 있음을 의미

11) 중요성

온실가스 배출량 등의 최종 확정에 영향을 미치는 개별적 또는 총체적 오류, 누락 및 허위기록 등의 정도

12) 합리적 보증

검증기관(검증심사원을 포함)이 검증 결론을 적극적인 형태로 표명함에 있어 검증 과정에서 이와 관련된 리스크가 수용 가능한 수준 이하임을 보증하는 것

(3) 역할과 책임

검증기관은 피검증자가 작성한 **온실가스 배출량 산정 결과를 객관적으로 검증**해야 하며, 검증 결과에서 피검증자가 산정한 **내용을 실제로 정확하게 에러, 누락 또는 기술상 오류가 없다는 사실을 보증**해야 한다. 이를 위하여 검증기관은 피검증자가 작성한 온실가스 배출량 산정 및 보고 내용의 신뢰성을 보증하기 위하여 검증을 실시하는 동안 객관적인 증거를 수집·평가해야 하며, 피검증자와 충분한 의사소통을 통하여 원활한 검증을 실시해야 한다.

1) 검증기관

피검증자가 산정한 온실가스 배출량 보고서를 제3의 입장에서 내용을 검증하고, 검증 결과를 계약서상에 명시된 당사자들(운영기관, 관리업체 등)에게 제출해야 함.

2) 피검증자

'온실가스 배출권거래제 운영을 위한 검증지침'에 따른 배출량 산정·보고 및 검증 과정에서 요구되는 자료 및 정보를 검증기관에 제공해야 함.

(4) 검증원칙

검증은 객관적인 자료와 증거 및 관련 규정에 따라 사실에 근거해야 하고, 그 내용을 정확하게 기록하여야 하며 검증을 하는 과정에서 필요한 경우에는 피검증자나 관계인의 의견을 충분히 수렴해야 한다.

1) 독립성 원칙

검증기관 및 검증심사원은 그 책임을 완수하기 위해 독립성을 유지해야 하며, 피검증자와 이해관계에 있어서는 안 되며, 검증 결과는 객관적인 증거에 기초하여 작성하여야 하며 객관성을 유지해야 함.

2) 적정한 주의

검증심사원은 검증계획의 수립 단계부터 검증 실시 및 검증 결과 도출까지 참여자가 제출한 보고서에 중요한 오류가 포함될 가능성에 대하여 주의를 기울여야 함.

3) 검증 결과 제시

검증업무의 품질유지를 위하여 검증 결과에 대한 명확한 근거를 제시해야 하며, 이를 증명하기 위한 객관적 증거를 수집해야 하고 최종적으로 검증의견의 근거가 되는 검증심사의 기록을 관리해야 함.

4) 기밀준수

검증심사원은 검증을 진행하는 과정에서 취득한 정보를 정당한 사유 없이 다른 곳에 누설하거나 사용하여서는 안 됨.

5) 기밀준수 예외사항

① 상대방에 의해 공개되기 전에 정보를 알고 있는 경우
② 정보공개 시점에 공개적인 정보영역에 포함된 정보의 경우
③ 관련 법률에 따라 공공기관에 의해 정보공개를 요구받은 경우

6) 공정한 의견 제시

검증 결과는 신뢰성 있고 정확하게 반영해야 하며, 검증 과정에서 발생한 이해관계자 간 해결되지 않은 주요 쟁점에 대해서는 관계자별 이해 차이를 공정하게 평가하여 의견을 제시해야 함.

(5) 검증의 보증수준

검증팀은 검증의 수준을 최대한 완벽하게 유지할 수 있도록 노력하여 합리적인 보증수준 이상을 확보 · 제공해야 함.

(6) 검증에 필요한 자료 요구

검증기관은 검증을 위해 피검증자에게 서면 또는 전자적 방식을 통해 관련 자료 제출을 요구할 수 있으며, 피검증자는 특별한 사유가 없으면 협조해야 함.

검증방법론

(1) 기본 방향

피검증자가 산정한 배출량의 검증은 사전에 설정된 기준과의 일치 여부 평가일 뿐만 아니라, 산정된 배출량의 정확도와 완전성의 평가로서 제3자의 검증을 원칙으로 함.

(2) 접근방법

배출량 산정에 대한 검증은 배출량 산정 결과와 일치하는 정보를 입증하는 과정으로 주요 검증대상 자료와 검증접근방법은 다음과 같음.

1) 검증대상 자료

물리적(Physical) 자료	연료 측정 결과(Fuel Meters), 모니터링 결과(Emission Monitors), 정도검사 결과(Calibration)와 같이 직접적인 현장조사를 통하여 확보가 가능한 자료로 배출량 산정·입증에 실질적으로 활용
문건 및 기록 (Documentary)	배출량 간접 결과의 과거 이력 및 산정 과정에 적용된 주요 계수를 입증할 자료로 서류, 기록(Computer), 점검기록(Inspection), 명세표(Invoices) 형태의 자료 확보가 가능하며, 배출량 산정의 근본적 기초 자료로 활용
시험(Testimonial) 자료 확보	물리적 자료 및 문건·기록 자료의 전후 관계를 입증할 수 있는 근거로 활용

2) 검증접근

자료입증 (Vouching)	배출량 산정에 적용된 자료의 검증절차로 산정방식에 적용된 자료 외의 자료를 수집하여 검증하는 방법(예 연료 사용량 산정에 "유량계"를 적용한 경우 연료 구입에 따른 명세표 및 관련 대상 자료를 수집·평가함으로써 비교·검토가 가능)
재계산 (Re-computation)	산정된 배출량 결과를 다른 방법으로 배출량을 재계산하는 방법으로 산정된 결과의 정확성을 검증하는 방법(예 계산에 의하여 산정된 배출량을 직접 측정방식으로 배출량을 재산정하여 계산방식의 정확성을 평가)
자료 추적 (Retracing Data)	배출량 산정에 적용된 모든 자료는 적절하게 기록·유지·관리되어 보고된다는 것을 재검토하는 과정으로, 자료의 생략 부분을 밝힘(예 각 배출원별 배출량 산정에 적용된 자료의 보고체계를 역으로 추적하여 자료의 정확성 및 신뢰성을 검증).
확정 (Confirmation)	배출원 산정에 적용된 자료 및 정보의 일부가 제3자에 의하여 제공된 경우 적용 자료 및 정보로 최종 확정하는 방법(예 유량계의 정도검사 등은 검증심사원이 물리적으로 관측하지 못하는 경우이므로 관련 서류 검토 등으로 확정)

03 검증기관

(1) 인력 및 조직

1) 검증기관이 갖추어야 할 조직과 업무 구분

항 목	개 요
검증심사원	상근 검증심사원을 5명 이상 갖추어야 함.
전문 분야 검증업무	소속 검증심사원이 보유한 전문 분야에 한하여 검증업무를 수행할 수 있으며, 다만 상근심사원이 전문 분야를 중복하여 보유하고 있을 경우에는 이를 같이 인정함.
조직의 구분	검증업무가 공평하고 독립적으로 수행될 수 있도록 검증을 담당하는 조직과 행정적으로 지원하는 조직이 명확히 구분되어야 함.

2) 검증기관의 운영원칙
① 검증은 공평하고 독립적으로 이루어져야 하며, 검증기관은 이를 최대한 보장할 수 있도록 필요한 조치를 강구해야 함.
② 검증기관은 소속 검증심사원이 보유한 전문 분야에 대해서만 검증업무를 수행해야 하며, 피검증자 등의 특성과 조건 등을 종합적으로 고려하여 적격성 있는 검증팀을 구성해야 함.
③ 검증기관은 검증업무를 수행하는 과정에서 취득한 정보를 외부로 유출하거나 다른 목적으로 사용하여서는 안 됨.

3) 검증업무의 운영체계
① 검증기관의 최고 책임자는 검증업무의 공평성과 독립성이 훼손되지 않도록 필요한 조치를 해야 함.
② 검증기관은 적격성 유지, 검증업무의 향상과 이해상충 예방을 위해 관련 업무의 평가, 모니터링 등을 통한 환류기능 및 역량 강화 매뉴얼을 구비해야 함.
③ 검증기관은 '온실가스 배출권거래제 운영을 위한 검증지침'에서 규정한 검증절차에 필요한 세부 운영 매뉴얼을 구비해야 함.
④ 검증기관은 업무수행 과정에서 피검증자의 의견수렴 및 이의제기에 따른 해소방안 절차 등을 구비해야 함.
⑤ 검증업무 수행 과정에서 취득한 정보의 타 용도 사용 및 외부 유출 방지를 위한 시설 및 내부 관리 절차를 구비해야 함.
⑥ 검증기관은 검증업무의 공평성과 독립성 보장 등을 위한 내부 처리 규정 및 역할 분담 등이 명확히 구분되어 있어야 함.
⑦ 검증기관 운영체계와 관련한 모든 절차와 매뉴얼 등은 기관 최고 책임자의 결재를 받아 문서 형태로 작성되어야 함.

4) 검증팀의 구성

① 검증기관은 검증을 개시하기 전에 2명 이상이 검증심사원으로 검증팀을 구성하고, 이 가운데 1명을 검증팀장으로 선임해야 하며 검증팀에는 피검증자의 해당 분야 자격을 갖춘 검증심사원이 1명 이상 포함되어야 하며, 피검증자에 포함된 분야가 다수인 경우에도 이와 같음.

② 검증팀에는 검증심사원의 검증업무를 보조 및 지원하기 위해 검증심사원보가 참여할 수 있고, 이 경우 참여한 검증심사원보의 인적사항 등을 검증보고서에 기재해야 함.

③ 검증팀에 포함되는 검증심사원은 다음의 해당 지식을 갖추어야 함.
  ㉮ 피검증자의 공정, 운영체계 등 기술적 이해
  ㉯ 온실가스 배출량 등의 산정·보고 및 검증의 방법과 절차
  ㉰ 데이터 및 정보에 대한 중요성 판단과 리스크 분석
  ㉱ 기타 검증에 필요한 사항

④ 다음에 해당하는 검증심사원(검증심사원보를 포함)은 검증팀의 구성원이 될 수 없으나, ㉮ 및 ㉯의 경우 2년이 경과한 때에는 그렇지 않음.
  ㉮ 피검증자의 임·직원으로 근무한 자
  ㉯ 피검증자에 대한 컨설팅에 참여한 자
  ㉰ 기타 당해 검증의 독립성을 저해할 수 있는 사항에 연관된 자

┃ 검증심사원 자격요건 ┃

검증심사원보
지침이 정한 학력 및 경력요건 보유자로서 환경부장관이 정한 소정의 교육과정 이수자

→

검증심사위원
• 검증심사원보로서 2년 내 5회 이상 해당 분야 검증업무 참여자
• 폐기물, 농축산·임업 분야는 3회 이상 참여 시 해당 분야 심사원 등록

┃ 검증심사원 세부 자격요건 ┃

검증심사원보 학력 및 경력 기준
• 전문학사 이상으로 3년 이상 실무경력을 보유한 자
• 고등학교 졸업자로서 7년 이상의 실무경력을 보유한 자
• 기술사 또는 이공계열 박사학위 소지자

실무경력의 인정 범위
• CDM 인정위원회에 보고한 타당성 평가 및 검증업무에 종사한 경우
• 에너지이용합리화법 제32조의 에너지 진단 관련 업무에 종사한 경우
• 환기법 제7조의 신기술 개발 또는 신기술 검·인증 업무에 종사한 경우
• 환친법 제10조 환경분야 품질인정 업무 또는 제16조의 환경경영인증업무에 종사한 경우, 지속가능보고서(ISO26000 내지 SR26000) 작성 실적 보유 등
• 환친법 제10조 환경분야 품질인정 업무 또는 제16조의 환경경영인증업무에 종사한 경우, 지속가능보고서(ISO26000 내지 SR26000) 작성 실적 보유, 회계감사 업무 종사 등

5) 기술전문가

① 검증팀장은 검증팀과는 별도로 검증의 전문성 보완을 위하여 해당 분야에 대한 전문지식을 갖춘 자이거나 또는 이와 동등한 자격을 갖춘 자를 기술전문가로 선임할 수 있음.

② 검증기관은 기술전문가를 선임할 때는 검증팀 구성요건과 같으며, 피검증자 임·직원으로 근무한 자와 피검증자 컨설팅에 참여한 자인 경우는 2년이 경과한 때에는 참여할 수 있음.

③ 기술전문가는 당해 검증 과정에 직접 참여할 수 없으며, 기술전문가의 활동 범위는 검증팀장이 요청하는 해당 전문 분야에 대한 정보 제공 등에 한함.

6) 내부 심의팀의 구성

① 검증기관은 소속 검증심사원 1명 이상으로 내부 심의를 위한 심의팀을 구성해야 함.

② 심의팀에는 당해 검증에 참여하였거나 위 4)의 ④에 해당되는 검증심사원은 제외해야 함.

04 검증 절차

(1) 검증의 절차 및 방법

① 관리업체는 검증기관이 검증업무를 수행할 수 있는지를 확인하고 계약을 체결함.

② 검증기관은 공평성 확보를 위해 계약체결 이전에 '공평성 위반 자가진단표'(온실가스 배출권거래제 운영을 위한 검증지침)에 의해 자가진단을 실시함.

③ 온실가스 배출량 등의 검증은 '온실가스 배출량 등의 검증 절차'에 따라 실시하며, 세부적인 절차 및 방법은 '검증 절차별 세부 방법'에 따라야 하나, 검증기관이 필요하다고 인정되는 경우에는 검증 절차를 추가할 수 있음.

④ 검증팀은 필요한 경우 '온실가스 배출량 검증 체크리스트'(온실가스 배출권거래제 운영을 위한 검증지침)를 참고하여 체크리스트를 작성하여 이용할 수 있음.

(2) 시정조치

① 검증팀장은 검증기준 미준수 사항 및 온실가스 배출량 등의 산정에 영향을 미치는 오류(이하 "조치 요구사항") 등에 대해서는 피검증자에게 시정을 요구해야 함.

② 검증기관은 제1항의 조치 요구사항 및 시정 결과에 대한 내역을 "배출량 검증 결과 조치 요구사항 목록"에 따라 작성하여 검증보고서를 제출할 때 함께 제출해야 함.

③ 피검증자는 조치 요구사항에 대한 시정 내용 등이 반영된 명세서와 이에 대한 객관적인 증빙자료를 검증팀에 제출해야 함.

(3) 검증의견의 결정

① 검증팀장은 모든 검증 절차 및 시정조치가 완료되면 최종 검증의견을 제시해야 함.

② 검증 결과에 따른 최종 의견은 다음 각 호의 기준에 따름.

⑦ 적정 : 검증기준에 따라 배출량이 산정되었으며, 불확도와 오류(잠재 오류, 미수정된 오류 및 기타 오류를 포함) 및 수집된 정보의 평가 결과 등이 중요성 기준 미만으로 판단되는 경우

⑭ 조건부 적정 : 중요한 정보 등이 검증기준을 따르지 않았으나, 불확도와 오류 평가 결과 등이 중요성 미만으로 판단되는 경우

⑭ 부적정 : 불확도와 오류 평가 결과 등이 중요성 기준 이상으로 판단되는 경우

(4) 검증보고서 작성

① 검증팀장은 검증의견을 확정한 후 온실가스 배출량 검증보고서(온실가스 배출권거래제 운영을 위한 검증지침)에 따라 검증보고서를 작성해야 함.

② 검증보고서에는 다음 각 호의 사항이 포함되어야 함.

⑦ 검증 개요 및 검증의 내용

⑭ 검증 과정에서 발견된 사항 및 그에 따른 조치내용

⑭ 최종 검증의견 및 결론

⑭ 내부 심의 과정 및 결과

⑭ 기타 검증과 관련된 사항

(5) 내부 심의

① 검증기관은 내부 심의팀으로 하여 검증 절차 준수 여부 및 검증 결과에 대한 내부 심의를 실시해야 함.

② 검증팀은 다음 각 호의 자료를 내부 심의팀에 제출해야 함.

⑦ 검증수행계획서, 체크리스트 및 검증보고서

⑭ 검증 과정에서 발견된 오류 및 시정·조치사항에 대한 이행 결과

⑭ 피검증자가 작성한 이행계획, 이행실적보고서 및 명세서

⑭ 기타 검토에 필요한 자료

③ 내부 심의팀은 내부 심의 과정에서 발견된 문제점을 즉시 검증팀에 통보해야 하며, 검증팀은 이를 반영하여 검증보고서를 수정해야 함.

(6) 검증보고서의 제출

검증기관은 검증의 보증수준이 합리적 보증수준 이상이라고 판단되는 경우에 최종 검증보고서를 피검증자에게 제출해야 함.

‖ 온실가스 배출량 등의 검증절차(온실가스 배출권거래제 운영을 위한 검증지침 [별표 1] 관련) ‖

	절 차	개 요	수행주체
1 단 계	검증개요 파악	• 피검증자 현황 파악 • 검증범위 확인 • 배출량 산정기준 및 데이터 관리시스템 확인	검증팀 + 피검증자
	검증계획 수립	• 리스크 분석 • 데이터 샘플링계획의 수립 • 검증계획의 수립	검증팀 + 피검증자
2 단 계	문서검토	• 온실가스 산정기준 평가 • 명세서 평가 및 주요 배출원 파악 • 데이터 관리 및 보고 시스템 평가 • 전년 대비 운영상황 및 배출시설의 변경사항 확인 및 반영 • 문서검토 결과 시정조치 요구	검증팀 + 피검증자
	현장검증	• 배출량 산정계획과 현장과의 일치성 확인 • 데이터 및 정보 검증 • 측정기기 검교정 관리상태 확인 • 데이터 및 정보시스템 관리상태 확인 • 이전 검증결과 및 변경사항 확인	검증팀 + 피검증자
3 단 계	검증결과 정리 및 평가	• 수집된 증거 평가 • 오류의 평가 • 중요성 평가 • 검증결과의 정리 • 발견사항에 대한 시정조치 및 검증보고서 작성	검증팀
	내부심의	• 검증절차 준수 여부 • 검증의견에 대한 적절성 심의	내부심의팀
	검증보고서 제출	검증보고서 제출	검증팀

(7) 검증절차별 세부방법

(온실가스 배출권거래제 운영을 위한 검증지침 [별표 2] 배출량 산정계획서 검증의 세부방법 /
[별표 3] 온실가스 배출량 검증절차별 세부방법 관련)

1) 검증개요 파악
① 개요
  ㉮ 피검증자의 사업장 운영현황, 공정 전반 및 온실가스 배출원의 모니터링 현황을 파악
  ㉯ 피검증자에게 검증 목적·기준·범위 고지 및 검증 세부일정 협의
  ㉰ 검증에 필요한 관련 문서자료 수집
② 관련자료 수집
  ㉮ 피검증자의 사업장 현황 파악 및 주요 배출원의 배출량 산정계획 확인
    ㉠ 조직의 소유·지배구조 현황
    ㉡ 생산 제품·서비스 및 고객현황
    ㉢ 사용 원자재 및 사용 에너지
    ㉣ 사업장 공정, 설비 현황
    ㉤ 주요 온실가스 배출원의 배출량 산정계획 및 측정장치 현황 및 위치
    ㉥ Tier 3 산정방법론 또는 Tier 3 매개변수(사업장 고유배출계수, 발열량 등) 현황 등
  ㉯ 검증범위의 확인
    ㉠ 온실가스 배출량 등의 산정·보고 방법 및 배출량 산정계획 작성방법에 따른 부지경계 식별 여부
    ㉡ 온실가스 배출량 등의 산정·보고 방법 및 배출량 산정계획 작성방법에 따른 배출활동(직접·간접) 분류 및 파악 여부
    ㉢ 배출량 산정계획의 변경이 발생한 경우 온실가스 배출량 등의 산정·보고 방법 및 배출량 산정계획 작성방법에 따라 변경사항이 파악되었는지 여부
  ㉰ 온실가스 산정기준 및 데이터관리 시스템 확인
    ㉠ 피검증자가 작성한 온실가스 산정기준에 대한 개요 및 데이터 관리시스템에 대한 개략적인 정보 입수
    ㉡ 원자재 투입, 배출량 측정·기록 및 데이터 종합 등의 데이터 관리시스템 파악 및 기존 관리시스템(ERP 등)과의 연계현황 파악
    ㉢ 데이터 시스템을 운영·유지하는 조직구조 파악 등

2) 검증계획 수립
① 개요
  ㉮ 검증개요 파악을 바탕으로 온실가스 배출시설 관련 데이터 관리상의 취약점 및 중요한 불일치를 야기하는 불확도 또는 오류발생 가능성을 평가함으로써 적절한 대응절차를 결정하기 위함

㉯ 검증팀은 피검증자에 의해 발생하는 리스크를 평가하고, 그 정도에 따라 검증계획을 수립함으로써 전체적인 리스크를 낮은 수준으로 억제할 필요가 있다.

㉰ 문서검토 및 현장검증을 실시하기 전에 검증의견을 도출하기 위하여 문서 및 현장에서 확인해야 할 사항(배출량 산정계획과 현장과의 일치성 및 적정성, 방문해야 할 사업장 등) 검증방법에 대한 계획을 수립하여야 한다.

㉱ 검증팀장은 리스크 분석결과를 바탕으로 문서검토 및 현장에서 확인할 사항과 검증대상, 적용할 검증기법, 실시 기간을 결정하여야 한다.

㉲ 검증팀장은 수립된 검증계획을 최소 1주일 전에 피검증자에 통보함으로써 효율적인 문서검토 및 현장검증이 실시될 수 있도록 해야 한다.

㉳ 검증팀장은 업무의 진척 상황 및 새로운 사실의 발견 등 검증의 실시과정에서 최초의 상황과 변경된 경우 검증계획을 수정할 수 있다.

② 리스크 분석

㉮ 리스크의 분류

㉠ 피검증자에 의해 발생하는 리스크

• 고유리스크 : 검증대상의 업종 자체가 가지고 있는 리스크(업종의 특성 및 산정방법의 특수성 등)

• 통제리스크 : 검증대상 내부의 관리구조상 오류를 적발하지 못할 리스크

㉡ 검증팀의 검증 과정에서 발생하는 리스크

검출리스크 : 검증팀이 검증을 통해 오류를 적발하지 못할 리스크

㉯ 리스크 평가

㉠ 배출량 산정계획 등의 중요한 오류 가능성 및 배출량 산정계획 작성방법과 관련된 부적합 리스크를 평가하기 위하여 다음의 사항 등을 고려하여야 한다.

㉡ 리스크 평가시 고려 사항

• 예상 배출량의 적절성 및 배출시설에서 발생하는 온실가스 비율

• 경영시스템 및 운영 상의 복잡성

• 관리시스템 및 데이터 관리환경의 적절성

• 이전 검증활동으로부터의 관련 증거

㉢ 검증팀장은 리스크 평가 결과를 검증 체크리스트에 기록하고, 그 사항을 현장검증 시 중점적으로 확인하거나, 객관적 자료를 확보하여 중요한 오류가 발생하지 않음을 확인하여야 한다.

③ 검증계획의 수립

㉮ 검증팀장은 아래 항목을 포함한 검증계획을 수립하여야 한다.

㉠ 검증대상 · 검증 관점, 검증 수행방법 및 검증절차

㉡ 정보의 중요성

ⓒ 현장검증 단계에서의 인터뷰 대상 부서 또는 담당자

ⓓ 현장검증을 포함한 검증일정 등

㉯ 현장검증 등 세부일정 협의

　㉠ 파악된 조직구조 및 배출원의 배출량 산정계획을 바탕으로 피검증자의 주관 부서장과 협의하여 현장검증 실시 일정 및 검증대상 항목을 협의한다.

　㉡ 단, 현장검증 일정은 문서검토 결과에 따라 추후에 조정 가능하다.

㉰ 검증대상과 검증관점

검증대상	검증관점	개요
배출시설별 모니터링 방법	완전성	모든 배출시설의 포함 여부
	적절성	• 지침에 의거한 산정방법론의 경우 배출활동과의 적절성 확인 • 자체 산정방법론의 경우 이에 대한 타당성 확인
활동자료의 모니터링 방법	적절성	설치된 측정기기의 관리계획의 적절성 확인
산정등급 적용계획	정확성	• 지침에 의거한 산정등급 적용계획 여부 확인 • 미충족 사유에 대한 타당성 확인
사업장 고유배출계수 등 Tier 3 개발계획	적절성	Tier 3(사업장 고유배출계수, 발열량 등)에 대한 산정식 및 개발계획에 대한 타당성 확인, 분석에 대한 적절성 확인

㉱ 검증기법

기 법	개 요
열람	문서와 기록을 확인
실사	측정기기 등을 통해 배출량 산정계획에 대한 정보 등 확인
관찰	업무 처리과정과 절차를 확인
인터뷰	검증대상의 책임자 및 담당자 등에 질의, 설명 또는 응답을 요구(외부 관계자에 대한 인터뷰도 포함)

3) 문서검토

① 개요

　㉮ 개요파악 과정에서 확인된 배출활동 관련 정보, 피검증자의 온실가스 산정기준 및 배출량 산정계획에 대한 정밀한 분석

　㉯ 온실가스 데이터 및 정보 관리에 있어 취약점이 발생할 수 있는 상황을 식별하고, 오류 발생 가능성 및 불확도 등을 파악

② 온실가스 산정기준 평가

　㉮ 온실가스 배출량 등의 산정·보고 방법의 기준 이행 여부 및 배출량 산정계획 준수 여부를 확인한다.

　㉯ 동 과정에서 발견된 특이사항 및 부적합 사항에 대하여 검증 체크리스트에 기록하고, 검증보고서에 반영하여야 한다.

ⓓ 관련 확인항목
  ㉠ 배출활동별 운영경계 분류상태
  ㉡ 배출량 산정방법
  ㉢ 적절한 매개변수 사용 여부
  ㉣ 데이터 관리시스템
  ㉤ 배출량 산정계획에 따른 관련 데이터 모니터링 실시 여부
  ㉥ 데이터 품질관리 방안 등

③ 배출량 산정계획 평가 및 주요 배출원 파악
  ㉮ 검증팀은 피검증자가 작성한 배출량 산정계획 등에 대하여 다음 사항을 파악하여야 한다.
    ㉠ 온실가스 배출시설 및 흡수원 파악
    ㉡ 온실가스 산정기준과의 부합성 등
    ㉢ 온실가스 활동자료의 모니터링 방법의 선택에 대한 타당성
    ㉣ 온실가스 배출계수 선택에 대한 타당성
    ㉤ 계산법에 의한 배출량 산정방법의 정확성
    ㉥ 실측법에 의한 배출량 산정 시 관련 측정기 형식승인서 및 정도검사 계획의 적절성
  ㉯ 검증팀은 주요 배출시설(온실가스 예상 배출량의 총량 대비 누적합계가 100분의 95를 차지하는 배출시설)의 배출량 산정계획을 식별하여 구분 관리한다. 주요 배출시설의 경우 현장검증 시 검증시간 배분 등에 우선적으로 반영한다.

④ 데이터 관리 및 보고시스템 평가
  ㉮ 검증팀은 피검증자의 온실가스 배출시설 관련 데이터 산출·수집·가공, 보고 과정에서 사용되는 방법 및 책임권한을 파악하고, 데이터 관리과정에서 발생할 수 있는 중요한 리스크를 산출한다.
  ㉯ 검증팀은 아래에 해당되는 사항이 있을 경우 주요 리스크가 발생할 가능성이 높은 것으로 판단하여 현장검증 시 검증시간 배분 등에 우선적으로 반영하여야 한다.
    ㉠ 데이터 산출 및 관리시스템이 문서화되지 않은 경우
    ㉡ 데이터 관리업무의 책임 권한이 명확히 이루어지지 않은 경우
    ㉢ 별도의 정보시스템을 사용하여 배출량 등의 산정에 필요한 데이터를 따로 만든 경우
      ※ 예를 들어 배출량 정보시스템이 조직의 일반 자산관리시스템과 분리된 경우 등이 있다.
    ㉣ 산정, 분석, 확인, 보고 업무가 분리되지 않고 동일한 인원에 의해 수행될 경우

⑤ 배출시설의 변경사항 확인 및 반영

㉮ 검증팀은 피검증자의 이전 배출량 산정계획 등과 비교하여 조직의 운영상황 및 배출시설·배출량 데이터의 변경 사항 등을 파악하여 주요 리스크가 예상되는 부분을 식별하여 현장검증 시 검증시간 배분 등에 반영한다.

㉯ 관련 항목

㉠ 장비, 시설의 신축 또는 폐쇄 등 변경사항

㉡ 모니터링 및 보고과정의 변경사항

㉢ 배출시설의 변경사항

㉣ 데이터 관리시스템 및 품질관리 절차 변경사항 등

⑥ 피검증자에 대한 시정조치 요구

㉮ 검증팀장은 상기의 문서검토 과정에서 발견된 문제점 및 보완이 필요한 사항을 피검증자에게 통보하고 관련 자료 및 추가적인 설명을 요구하여야 한다.

㉯ 동 과정을 통해 확인되지 않은 사항은 검증계획 수립 시 반영하여 현장검증을 통해 확인할 수 있도록 하여야 한다.

4) 현장검증

① 개요

㉮ 검증팀은 피검증자가 배출량 산정계획 등에 작성한 내용과 관련 근거 데이터 등의 정확성을 확인하기 위하여 사전에 수립된 검증계획에 따라 현장검증을 실시한다.

㉯ 리스크 분석결과 중대한 오류가 예상되는 부분을 집중적으로 확인함으로써 정해진 기간 내에 검증의 신뢰성을 확보할 수 있도록 하여야 한다.

㉰ 현장검증 과정에서 발견된 사항은 객관적 증거를 확보한 후, 검증 체크리스트에 기록한다.

② 배출량 산정계획과 현장과의 일치성 확인

㉮ 검증팀은 피검증자가 배출량 산정계획과 현장이 일치하게 모니터링 및 불확도 관리를 실시하고 있는지 여부를 확인하여야 한다.

㉯ 동 과정에서 발견된 특이사항 및 부적합 사항에 대하여 검증 체크리스트에 기록하고, 검증보고서에 반영하여야 한다.

③ 활동자료 모니터링 방법의 검증

㉮ 단위 발열량, 배출계수 등의 검증

㉠ 온실가스 산정지침 및 배출량 산정계획 작성 방법과 배출량 산정계획과의 매개변수 일치 여부

㉡ 배출량 산정계획에 기재된 연료, 폐기물 등의 실태 여부

㉢ 피검증자가 자체 개발한 배출계수의 타당성 여부

㉣ 물질(유류, 가스, 투입된 화학물질 등)성분 분석기록 등 배출계수 및 배출량 산정에 사용된 산정방법론의 적절성 및 정확성 확인 등

　　ⓝ 모니터링 유형에 따른 검토사항

　　　배출량 산정계획에서 제시한 모니터링 유형(구매기준, 실측기준, 근사업 등)이 현장에서 적용 가능한지의 여부를 확인

④ **측정기기 검교정 관리**

　　㉮ 검증팀은 현장에서 사용되고 있는 모니터링 및 측정장비의 검교정 관리상태를 확인하여야 한다.

　　㉯ 확인항목

　　　㉠ 측정장비별 검교정 관리기준 및 검교정 주기

　　　㉡ 검교정 책임과 권한

　　　㉢ 측정장비 고장 시 데이터 관리방안

　　　㉣ 검교정기록(검교정 성적서 등) 관리방안

　　　㉤ 검교정결과가 규정된 불확도를 만족하는지 여부 등

⑤ **시스템 관리상태 확인**

　　㉮ 검증팀은 검증대상의 온실가스 관리업무가 지속적으로 운영됨을 확인하여야 한다.

　　㉯ 확인항목

　　　㉠ 온실가스 업무 절차에 대한 표준화 및 책임권한

　　　㉡ 온실가스 관련 문서 및 기록의 체계적인 관리체계

　　　㉢ 온실가스 관련 업무 수행자에 대한 교육훈련 관리체계

　　　㉣ 온실가스 관리 업무의 지속적 개선을 위한 내부심사체계 등

5) 검증결과의 정리 및 검증보고서 작성

① **수집된 증거 평가**

　　㉮ 검증팀은 문서검토 및 현장검증 완료 후, 수집된 증거가 검증의견을 표명함에 있어 충분하고 적절한지를 평가한다.

　　㉯ 미흡한 경우에는 추가적인 증거수집 절차를 실시하여야 한다.

② **오류의 평가**

　　㉮ 검증팀에 의해 수집된 증거에 오류가 포함된 경우에는 그 오류의 영향을 평가해야 한다.

오류 발생분야	오류 점검시험 및 관리방법	
입력	•기록 카운트 시험 •유효특성 시험 •소실 데이터 시험	•한계 및 타당성 시험 •오류 재보고 관리
변환	•바탕 시험 •일관성 시험	•한계 및 타당성 시험 •마스터파일 관리
결과	•결과분산 관리	•입/출력 시험

　　㉯ 측정기기의 불확도와 관련하여 다음과 같은 사항이 발견된 경우에는 배출량 산정에 끼치는 영향을 종합적으로 평가하여 검증보고서 상에 반영하여야 한다.

ⓒ 불확도 관리가 되지 않은 계량기를 사용한 경우
ⓓ 배출량 산정계획과 실제 모니터링 방법 간에 차이가 발생한 경우
- 활동자료와 관련된 측정기기가 누락된 경우
- 계획과 다른 측정기기를 사용하는 경우
- 측정기기에 대한 불확도 관리(검교정 등)가 되지 않은 경우

③ 검증결과의 정리

검증팀은 문서검토 및 현장검증 결과 수집된 자료에 대한 평가를 완료한 후, 아래와 같이 분류하고 발견사항을 정리한다.

㉮ 조치 요구사항 : 온실가스 산정지침 및 배출량 산정계획 작성방법의 기준에 의거 하여 적절하지 않은 발견사항

㉯ 개선 권고사항 : 온실가스 관련 데이터 관리 및 보고 시스템의 개선 및 효율적인 운영을 위한 개선 요구사항(즉각적인 조치를 요구하지 않으며, 시스템의 정착 및 효율적 운영을 위해 조직 차원에서 개선활동을 추진할 수 있음)

④ 발견사항에 대한 시정조치 및 검증보고서 작성

㉮ 온실가스 산정지침 및 배출량 산정계획 작성방법의 기준에 의거하여 적절하지 않은 '조치 요구사항'을 피검증자에 즉시 통보하여 수정 조치를 요구하여야 한다.

㉯ 개선 권고사항은 온실가스 산출 및 관리방안 개선을 위한 제언사항으로, 피검증 자는 향후 지속적인 개선을 실시하여야 한다.

㉰ 검증팀장은 검증개요 및 내용, 검증과정에서 발견된 사항 및 그에 따른 조치내용 등을 고려한 최종 검증의견이 포함된 검증보고서를 작성하여야 한다.

6) 내부심의

① 개요

㉮ 검증보고서 제출 이전에 검증기관은 검증절차 준수 여부 및 검증결과에 대한 내부 심의를 실시하여야 한다.

㉯ 검증팀은 내부심의에 필요한 자료를 내부심의팀에 제출하여야 하며, 내부심의가 종료되면 검증보고서를 제출하여야 한다.

② 내부심의

내부심의 확인사항

㉮ 검증계획의 적절성

㉯ 산정방법 검토의 적절성

㉰ 모니터링 방법 등 정보확인의 적절성

㉱ 검증의견의 적절성

7) 검증보고서 제출

검증기관은 검증의 보증수준이 합리적 보증수준 이상이라고 판단되는 경우에 최종 검증 보고서를 피검증자에게 제출하여야 한다.

출제예상문제

01 검증기관이 갖추어야 할 조직과 업무로 알맞지 않은 것은?

① 상근 검증심사원을 3명 이상 갖추어야 한다.

② 소속 검증심사원이 보유한 전문 분야에 한하여 검증업무를 수행할 수 있다.

③ 상근 심사원이 전문 분야를 중복하여 보유하고 있을 경우에는 이를 같이 인정한다.

④ 검증업무가 공평하고 독립적으로 수행될 수 있도록 검증을 담당하는 조직과 행정적으로 지원하는 조직이 명확히 구분되어야 한다.

[해설] 상근 검증심사원을 5명 이상 갖추어야 한다.

02 검증기관이 갖추어야 할 조직과 업무로 옳지 않은 것은?

① 상근 심사원이 전문 분야를 중복하여 보유하고 있을 경우에는 이를 같이 인정한다.

② 상근 검증심사원을 5명 이상 갖추어야 한다.

③ 검증을 담당하는 조직과 행정적으로 지원하는 조직이 동일할 경우 검증업무가 원활하게 수행될 수 있다.

④ 소속 검증심사원이 보유한 전문 분야에 한하여 검증업무를 수행할 수 있다.

[해설] 검증업무가 공평하고 독립적으로 수행될 수 있도록 검증을 담당하는 조직과 행정적으로 지원하는 조직이 명확히 구분되어야 한다.

03 검증기관은 상근 검증심사원을 몇 명 이상 갖추어야 하는가?

① 1명

② 3명

③ 5명

④ 7명

[해설] 검증기관은 상근 검증심사원 5명 이상을 갖추어야 한다.

04 다음 중 검증기관의 운영원칙으로 알맞지 않은 것은?

① 검증은 공평하고 독립적으로 이루어져야 하며, 검증기관은 이를 최대한 보장할 수 있도록 필요한 조치를 강구해야 한다.

② 검증기관은 검증업무를 수행하는 과정에서 취득한 정보를 공유하여 원활한 검증업무를 진행할 수 있도록 협조해야 한다.

③ 피검증자 등의 특성과 조건 등을 종합적으로 고려하여 적격성 있는 검증팀을 구성해야 한다.

④ 검증기관은 소속 검증심사원이 보유한 전문 분야에 대해서만 검증업무를 수행해야 한다.

[해설] 검증기관은 검증업무를 수행하는 과정에서 취득한 정보를 외부로 유출하거나 다른 목적으로 사용하여서는 아니 된다.

05 다음 중 검증심사원보의 학력 및 경력 기준으로 알맞지 않은 것은?

① 전문학사 이상으로 3년 이상 실무경력을 보유한 자
② 고등학교 졸업자로서 7년 이상의 실무경력을 보유한 자
③ 기술사 또는 이공계열 박사학위 소지자
④ 2년 이내 5회 이상 해당 분야 검증업무 참여자

[해설] ④의 경우 검증심사원에 관한 설명으로 검증심사원보로서 2년 내 5회 이상 해당 분야 검증업무 참여자에 해당하게 되며 폐기물, 농축산·임업 분야는 3회 이상 참여 시 해당 분야 심사원으로 등록할 수 있다.

06 다음 중 내부 심의 시 제출해야 할 자료로 알맞지 않은 것은?

① 검증수행 계획서, 체크리스트 및 검증보고서
② 검증 과정에서 발견된 오류 및 시정조치 사항에 대한 이행결과
③ 피검증자가 작성한 이행계획, 이행실적 보고서 및 명세서
④ 검증기관의 사업자 등록증

[해설] 검증기관의 사업자 등록증은 검증과 관련된 자료로 포함되지 않는다.

07 다음 설명에 들어갈 표현으로 알맞은 것은?

> 리스크에는 검증대상의 산정방법의 특수성 등 업종 자체가 가지는 리스크를 ( )라 한다.

① 합리적 보증
② 고유 리스크
③ 통제 리스크
④ 검출 리스크

[해설] 검증대상의 산정방법의 특수성 등 업종 자체가 가지는 리스크를 고유 리스크라고 한다. 통제 리스크는 검증대상 내부의 데이터 관리구조상 오류를 발견하지 못할 리스크이며, 검출 리스크는 검증팀이 검증을 통해 오류를 발견하지 못할 리스크를 의미한다.

PART **4**

온실가스 감축관리

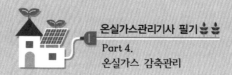

온실가스관리기사 필기

Part 4.
온실가스 감축관리

온실가스 감축방법의 개요

01 온실가스 감축방법의 정의 및 분류

(1) 온실가스 감축방법의 정의

대기 중의 온실가스 순감축에 기여하는 행위이다.

(2) 온실가스 감축방법의 분류

직접 감축방법과 간접 감축방법으로 구분된다.

1) 온실가스 직접 감축방법

온실가스 배출원으로부터 배출되는 온실가스를 감축 및 근절하는 행위 및 방법이다.

2) 온실가스 간접 감축방법

온실가스 배출원에서 배출되는 온실가스를 감축 또는 근절하는 직접 행위가 아닌 온실가스 배출을 상쇄하는 간접적인 행위 및 방법이다.

3) 온실가스 직·간접 감축방법의 분류

종 류	정 의	방 법
직접 감축방법	배출원으로부터 배출되는 온실가스를 감축 및 근절하는 행위 및 방법	• 대체 물질 개발 • 대체 공정 • 온실가스 활용 • 온실가스 전환 • 온실가스 처리
간접 감축방법	온실가스 배출원에서 배출되는 온실가스를 감축 또는 근절하는 직접 행위가 아닌 온실가스 배출을 상쇄하는 간접적인 행위 및 방법	• 1차 간접 감축방법 : 배출원 공정을 활용한 신재생에너지 생산 · 활용 • 2차 간접 감축방법 : 배출원 공정과 무관한 신재생에너지 적용을 통한 온실가스 배출 상쇄 • 3차 간접 감축방법 : 탄소배출권 구매

확인 문제

다음 중 간접 감축방법으로 알맞지 않은 것은?
① 탄소 상쇄   ② 탄소배출권 구매
③ 대체 물질 개발   ④ 신재생에너지 생산

해설 탄소 상쇄, 탄소배출권 구매, 신재생에너지 생산은 간접 감축방법에 해당한다.
　　 ③ 대체 물질 개발은 직접 감축방법에 해당하는 내용이다.

답 ③

┃ 온실가스 감축방법 기술 ┃

감축방법	분류	항목	내용
직접 감축방법	1차 방법론	대체 물질 적용	• 공정에서 사용되는 온실가스를 온실가스가 아닌 또는 지구온난화지수(GWP ; Global Warming Potential)가 낮은 물질로 대체 • 공정에서 사용되는 온실가스 배출을 유발하는 물질을 GWP가 낮은 또는 온실가스 배출이 없는 물질로 대체
	2차 방법론	대체 공정 적용	온실가스 배출이 높은 공정에 대한 배출이 적거나 없는 대체 공정
	3차 방법론	공정 개선	에너지 효율 향상을 위한 운전조건 개선 등을 통한 온실가스 배출 감축 또는 근절
	4차 방법론	온실가스 활용	온실가스를 재활용 또는 다른 목적으로 활용
	5차 방법론	온실가스 전환	GWP가 높은 온실가스를 낮은 온실가스로 전환 또는 온실가스가 아닌 물질로 전환
	6차 방법론	온실가스 처리	온실가스를 처리하여 대기로의 배출량 감축
간접 감축방법	7차 방법론	신재생에너지 적용	신재생에너지를 도입·적용하여 배출원의 온실가스 배출을 상쇄
	8차 방법론	탄소 상쇄	외부로부터 탄소배출권 구매

확인 문제

다음 중 감축방법론 중 4차 방법론에 해당하는 것은?
① 대체 물질 적용   ② 온실가스 활용
③ 온실가스 처리   ④ 탄소 상쇄

해설 ① 1차 방법론, ③ 6차 방법론, ④ 8차 방법론에 해당한다.

답 ②

01 다음 중 온실가스의 직접 감축방법에 해당하지 않는 것은?

① 신재생에너지 생산
② 대체 물질 개발
③ 온실가스 처리
④ 온실가스 활용

해설 온실가스 직접 감축방법은 대체 물질 개발, 대체 공정, 온실가스 활용, 온실가스 전환, 온실가스 처리가 있다. 신재생에너지 생산은 간접 감축방법에 해당한다.

02 감축방법론 중 7차 방법론인 것은 다음 중 어느 것인가?

① 온실가스 처리
② 대체 물질 적용
③ 탄소 상쇄
④ 신재생에너지 적용

해설 7차 방법론은 신재생에너지 적용이다. ① 온실가스 처리는 6차 방법론, ② 대체 물질 적용은 1차 방법론, ③ 탄소 상쇄는 8차 방법론에 해당한다.

03 다음 중 온실가스를 처리하여 대기로의 배출량을 감축하는 감축방법으로 옳은 것은?

① 온실가스 활용
② 온실가스 전환
③ 온실가스 처리
④ 탄소 상쇄

해설 온실가스를 처리하여 대기로의 배출량을 감축하는 감축방법은 온실가스 처리이다.

04 다음 중 1차 방법론에 해당하는 설명으로 알맞지 않은 것은?

① 화석연료의 탄소 함량에 따라 CO_2 배출량이 낮아진다.
② 연료의 발열량이 높을수록 에너지 효율이 높아 연소공정이 보다 효과적으로 이루어질 수 있다.
③ 연소공정에 연소 매체인 공기를 혼합공기로 사용하는 것은 온실가스 배출을 줄이는 데 효과적이다.
④ 바이오매스 및 바이오 연료의 연소에 의해 배출되는 CO_2 배출량이 낮아진다.

해설 연소공정에 연소 매체인 공기를 순산소로 바꾸는 것으로도 온실가스 배출을 줄일 수 있다.

05 다음 중 온실가스 직접 감축방법으로 틀린 것은?

① 대체 물질 적용
② 공정 개선
③ 온실가스 전환
④ 탄소 상쇄

해설 신재생에너지 적용, 탄소 상쇄는 온실가스 간접 감축방법에 해당된다.

06 다음 중 온실가스 직접 감축방법으로 옳은 것은?

① 대체 공정
② 신재생에너지 적용
③ 탄소 상쇄
④ 탄소배출권 구매

해설 온실가스 직접 감축방법에는 대체 물질 적용, 대체 공정 적용, 공정 개선, 온실가스 활용, 온실가스 전환, 온실가스 처리가 있다.

Answer   01.①   02.④   03.③   04.③   05.④   06.①

직접 감축방법

01 에너지

(1) 고정연소

1) 1차 방법론 : 대체 물질 적용

① 고정연소에서는 청정연료로의 전환에 의해 온실가스를 저감한다.

② 화석연료의 탄소 함량에 따라 CO_2 배출량이 낮아진다.

③ 연료의 발열량이 높을수록 에너지 효율이 높아 연소공정이 보다 효과적이다.

④ 바이오매스 및 바이오 연료의 연소 사용에 의해 온실가스 배출량을 저감한다.

⑤ 바이오매스 및 바이오 연료의 연소에 의해 배출되는 CO_2는 온실가스로 간주하지 않기 때문에 바이오 연료로의 적극적 전환이 온실가스 배출 감소의 주요 방법이다.

⑥ 일반적으로 연소공정에 연소 매체인 공기를 순산소로 전환하여 온실가스 배출을 저감한다.

⑦ 일반적으로 에너지 연소공정에서는 산화제가 필요하다.

⑧ 순산소 연소방식은 효율에서 매우 뛰어나지만, 가격이 높기 때문에 공기를 연소공정의 산화제로 대신 사용한다.

⑨ 순산소 연소의 효율 측면과 CO_2 발생 측면에서의 장점은 다음과 같다.

    ㉮ 높은 산소 함량은 연소 온도를 상승시켜 연료량을 저감시키고, 공정의 에너지 전환율을 높이면 에너지 효율이 상승되며, 연소 매체 중에 질소가 없기 때문에 NO_2와 N_2O의 배출을 근본적으로 줄일 수 있음.

    ㉯ 순산소가 아닌 공기의 80%가 질소이므로 배가스 유량이 크게 감소하여 배가스처리시설의 **에너지 사용량이 줄어들고**, 그만큼 CO_2와 기타 대기오염물질 배출이 감소됨.

    ㉰ CO_2의 포집 및 분리를 쉽게 할 수 있음.

2) 2차 방법론 : 공정 개선

연소기술에서의 에너지 절감 방안은 배가스 온도 감소, 공기 또는 물 예열기의 설치·운영, 열회수 방식 및 축열식 버너, 잉여공기 감소를 통한 배가스 유량 감소, 버너 조절 및 제어, 단열에 의한 열 손실을 줄이는 방안 등이 있다.

① 배가스 온도의 감소로 연소공정에서 발생하는 열 손실을 줄이기 위해 연돌로 배출되는 배가스의 온도를 줄인다. 다음의 방법을 적용해서 달성이 가능하다.
  ㉮ 열전달 비율 및 열전달 표면을 증가시켜 열전달 효율을 향상시킴.
  ㉯ 배기가스 내의 폐열을 회수하기 위한 추가적인 공정(예 이코노마이저를 이용한 증기 발생)을 이용하여 열을 회수
  ㉰ 공기(또는 물) 예열기의 설치 또는 배가스와의 열교환을 이용하여 연료를 예열
  ㉱ 재 또는 탄소질 분진으로 덮여 있는 열전달 표면을 세척
  ㉲ 연소 출력을 열 수요에 부합하도록 하여 과잉되지 않도록 함.
② 공기 또는 물 예열기를 통해 버너로 유입되는 공기 또는 물을 가열한다. 공기 또는 물은 온도가 높아질수록 연소 및 보일러의 효율이 향상된다.
③ 열회수 방식 및 축열식 버너 부문으로 가열공정의 주요 문제 중 하나인 에너지 손실을 줄인다(열회수 방식 버너는 소각로에서 배출 폐가스의 연소공기 등에서 발생하는 다양한 열을 추출하는 열 교환기이며, 축열식 버너는 한 쌍으로 작동하는 세라믹 축열기를 이용해 단기간 동안 열을 보관하는 원리로 작동하는 버너를 말한다).
④ 잉여공기의 감소를 통한 배기가스 유량의 감소 부문으로 잉여공기는 연료 유량에 비례해 공기 유량을 조정하는 방식으로 최소화할 수 있다.
⑤ 버너 조절 및 제어 부문으로 연료 흐름, 공기 흐름, 배기가스 내의 산소 흐름 및 열 요구량을 모니터링하여 버너를 자동으로 조정하여 연소를 제어하며, 에너지 활용 효율을 제고시킨다.
⑥ 단열에 의한 열 손실 감소 부문으로 경제적 측면에서 에너지 소모와 연관되는 최적 단열 두께가 설비별로 다르기 때문에 최적 단열 두께를 설비별로 유지시켜야 한다. 단열재료는 성능이 지속적으로 감소하기 때문에 유지·보수계획에 따른 관리가 필요하다.
⑦ 로 개방을 통해 일어나는 열 손실을 줄이는 방안으로 복사에 의한 열 손실이 하역을 위한 로 개방에 의해 발생할 수 있다.
⑧ 기타 연소공정 부문으로 열 손실 감소 및 연소 효율 향상을 위한 방안은 다음과 같다.
  ㉮ 고형 폐기물(재) 및 잔여물 등에 포함되어 있는 미연분에 의한 열손실을 최소화
  ㉯ 전력생산시설의 경우 수증기 압력과 온도를 높이거나 과열 수증기를 반복적으로 사용하는 등의 방안을 통해 전력 생산 효율을 개선
  ㉰ 증기터빈의 방출구에서 저온·저압의 냉각수를 사용하는 등의 방안을 통해 수증기의 압력 저하를 최대화
  ㉱ 폐열재 이용 및 지역난방 등 연도가스(Flue Gas)의 열 손실 최소화
  ㉲ 슬래그(Slag)로부터의 열 손실 최소화
  ㉳ 격리 전도 및 복사 등 열 손실의 최소화

ⓘ 증발기의 농축·분리법 적용, 급수펌프의 에너지 효율 개선

ⓘ 시설 내부에서의 에너지 사용 절감

ⓘ 스팀을 통한 보일러 급수의 예열(Preheating)

ⓘ 터빈날개(Turbine Blade) 형상의 개선 등

(2) 이동연소

1) 1차 방법론 : 대체 물질 적용

대체 연료 적용 기술은 바이오 연료를 화석연료의 대체 연료로 이용하는 기술이다.

① 바이오 연료는 휘발유나 경유 등과 혼합해서 사용할 경우 기존 차량과 주유시설을 그대로 활용 가능하다.

② 바이오 연료 생산기술의 발달로 인해 제조단가가 낮아지고, 국제 유가 상승으로 인해 가격 경쟁력이 높다는 장점이 있다.

③ 바이오 에탄올은 녹말(전분) 작물에서 포도당을 얻은 뒤 발효시켜 얻으며, 가솔린 옥탄가를 높이는 첨가제로 주로 사용된다(바이오 에탄올은 기존 첨가제인 MTBE의 대체 용도로 사용).

ⓐ 바이오 에탄올의 장점 : 이론적으로 모든 식물은 원료로 사용 가능하며, 연소율이 높고, 오염물질 발생이 적음.

ⓑ 바이오 에탄올의 단점 : 곡물 가격이 높기 때문에 값싼 원료로의 선정이 요구됨.

④ 바이오 디젤은 유지작물(콩, 깨, 유채, 해바라기 등)에서 식물성 기름을 추출하여 얻으며, 석유계 디젤과 혼합하여 사용

ⓐ 바이오 디젤의 장점 : 비교적 단기간 내에 보급 확대가 가능

ⓑ 바이오 디젤의 단점 : 추출 가능한 원재료가 제한적

2) 2차 방법론 : 대체 공정 적용

가솔린 및 디젤엔진 자동차를 저공해 차량인 하이브리드 자동차, 플러그인 하이브리드 자동차, 연료전지 자동차 등으로 교체하여 에너지 사용량과 더불어 온실가스 배출량을 줄일 수 있다.

① 하이브리드 자동차(HEV ; Hybrid Electric Vehicle)

ⓐ 내연기관과 전기모터를 이용하여 주행

ⓑ 전기에너지 이용 시스템인 모터로 구동과 회생(감속 시 에너지 회수)을 수행

ⓒ 회생을 위한 전력 공급·저장장치를 추가함으로써 브레이크를 통한 감속 시 생성되는 열과 같은 운동에너지를 이용해 발전을 하고, 이 에너지를 구동력으로 사용함으로써 엔진이 소비하는 연료를 절감

ⓓ 하이브리드의 연비 향상 효과는 저속조건으로 제한된다는 단점이 있음.

② 플러그인 하이브리드 자동차(PHEV)

㉮ 차량에 탑재된 가솔린이나 디젤엔진으로 전기를 만들거나 전기 콘센트에 접속시
킴으로써 배터리를 충전하는 차량

㉯ 플러그인 하이브리드가 기존의 하이브리드와 구분되는 가장 큰 특징은 외부 충전
이 가능하다는 점

㉰ 플러그인 하이브리드 자동차는 가정용 소켓을 통해 전기를 충전

㉱ 충전된 배터리의 힘만으로 움직일 수 있는 짧은 거리는 배출가스를 전혀 배출하
지 않고, 연료도 소모하지 않음.

③ 연료전지 자동차의 차량 내에 장착된 연료전지(Fuel Cell)

㉮ 연료인 수소와 산소를 반응시켜 전기를 생산하여 모터를 움직여 주행하는 자동차

㉯ 에너지 효율이 높고, 화석연료인 휘발유와 경유 등을 사용하지 않기 때문에 온실
가스 배출이 없을 뿐만 아니라 정숙성과 가속 성능면에서도 뛰어남.

3) 3차 방법론 : 공정 개선

가솔린 엔진 부문은 **페이저 시스템, 실린더 디액티베이션, 가솔린 직접 분사, 터보차
징/다운사이징 가솔린 엔진, 예혼합 압축착화기술**을 통해 온실가스를 감축할 수 있다.

① 페이저 시스템(Cam Phaser Systems)

㉮ 직접 분사방식 터보차저 엔진에서의 가변 밸브 타이밍 기구의 사용(Cam Phaser
Systems)은 전체 부하운전 영역에서 옥탄 요구량과 높은 토크의 결과를 내어 배
기를 개선

㉯ 낮은 부하에서의 저부하 연료 소모의 개선으로 인해 펌핑 손실을 감소

② 실린더 디액티베이션(Cylinder Deactivation)

실린더 일부의 전원을 끄거나(Switching Off) 작동을 정지시켜(Deactivating) 펌핑
손실을 감소

③ 가솔린 직접 분사

㉮ 가솔린 직접 분사 엔진에서 흡기 매니폴드 또는 흡입 포트가 아닌 실린더 내부로
연료를 분사하는 기술

㉯ 연료분사 시스템은 연료 압력을 200Bar로 작동하게 하는 고압 기계식 펌프를 추가하
여 인젝터가 연료의 평균 유효 입경(SMD ; Sauter Mean Diameter)을 $15 \sim 20 \mu m$
크기로 미립화하여 분사함으로써 연소 효율을 개선시키고 연비를 향상

④ 터보차징/다운사이징 가솔린 엔진 부문

기존에는 고출력 또는 스포츠 자동차에 적용하여 성능을 향상시켰으나 최근에는
일반 주행용 자동차의 연비 향상을 위한 기술로도 터보차저 엔진의 적용을 확대하
고 있다.

⑤ 예혼합 압축착화기술

높은 수준의 내부 배기가스 재순환(EGR ; Exhaust Gas Recirculation : 대체적으로 40~70%)을 사용하여 혼합기 온도를 올리고 열손실률을 제어한다. 반면 디젤엔진 부문은 **예혼합 압축착화연소, 고압 연료 분사 시스템, 과급기술**을 통해 온실가스를 저감시키며, 세부 내용은 다음과 같다.

㉮ 예혼합 압축착화 연소기술

㉠ 주로 휘발유를 이용하는 스파크 점화(SI, Spark Ignition) 엔진과 경유를 이용하는 압축착화(CI, Compression Ignition) 엔진의 장점이 혼합된 개념

㉡ 기존 스파크 점화 엔진에 비해 연료 소비율 약 15~20% 정도 향상 및 질소산화물을 크게 저감

㉢ 부분 부하에서 스로틀밸브의 작동 없이 운전하는 것이 가능

㉣ 펌핑 손실을 없앰으로써 스파크 점화 엔진에 비하여 부분 부하에서의 연비를 개선

㉯ 고압 연료 분사 시스템 기술

기존의 커먼레일용 인젝터에 전자 작동과 기계 작동의 내부 가압 펌프를 조합하여 보다 높은 분사압력이 요구되는 상황에서는 유닛 인젝터와 같은 방식으로 분사 밸브 내에서 연료를 직접 가압하는 기능이 추가되는 방향으로 발전될 전망

㉰ 과급기 부문

㉠ 과급기는 수퍼차저, 터보차저, 2단 터보차저, 전자식 부스터 등을 포함하는 시스템으로 흡입 공기량을 늘려 출력을 증대시키는 기술

㉡ 국내에서는 고출력을 요구하는 대형 트럭이나 버스에 장착되어 있으며, 최근에는 4륜 구동 RV 자동차에도 장착이 확대

4) 4차 방법론 : 온실가스 활용

디젤엔진에서의 **배기가스 재순환(EGR ; Exhaust Gas Recirculation) 공정**을 통해 에너지를 재사용한다. 배기가스 재순환은 한 번 배출된 배기가스를 다시 흡입공기와 혼합하여 연소 온도를 저하시킴으로써 NO_2를 저감시키며, 고온의 재순환 가스를 배기가스 재순환 장치인 Cooler로 냉각하여 연소 온도를 일반 배기가스 재순환보다 더욱 저하시켜 NO_x를 저감시킨다.

5) 기타 온실가스 감축방법

① 1차 방법론 : 대체 물질 적용

㉮ 에어컨 시스템에서의 지구온난화지수(GWP ; Global Warming Potential)가 높은 (140~11,700) 온실가스인 HFCs 냉매를 CO_2로 대체하여 온실가스 배출량을 저감

㉯ CO_2는 비등온도와 임계온도가 다른 냉매들에 비해 낮으며, 특히 임계온도는 냉방기 설계 외기 조건인 35℃보다 낮아 초임계 사이클이 되지만, 단위 용적당 냉각능력이 다른 냉매보다 다섯 배 이상 크다는 것이 특징

② 3차 방법론 : 공정 개선

　기타 온실가스 저감기술로는 **에코 타이어, 마찰 저감 및 경량화, 공회전 제한장치 부착** 등이 있으며, 이를 통해 에너지 효율을 제고할 수 있다.

　㉮ 주행저항(Rolling Resistance)

　　㉠ 차량의 에너지 균형에 중요한 작용을 하고 연비에 미치는 영향이 큼.

　　㉡ CO_2 배출량과도 밀접한 연관

　　㉢ 차량의 주행저항은 주로 타이어에서 결정되며, 낮은 주행저항을 갖는 에코 타이어를 사용함으로써 CO_2 배출을 감소

　　㉣ 차량의 주행저항을 낮추는 데 도입된 소프트웨어적 방법은 적절한 타이어 관리 중 특히 타이어 압력과 관련이 있음.

　　㉤ 최적의 타이어 공기압 유지는 연비와 타이어 성능을 모두 향상

　㉯ 마찰 저감 및 경량화

　　㉠ 엔진의 마찰손실은 연비와 밀접함.

　　㉡ 밸브트레인 및 구동계의 마찰손실 개선을 위해서는 저마찰 엔진오일 및 가공기술의 개선, 기구학적인 공학기술의 설계 최적화가 필요

　　㉢ 최근 출시되는 엔진들은 피스톤과 실린더 라이너의 마찰손실을 줄이기 위한 가공기술과 신소재 재질을 코팅하는 기술을 접목

　　㉣ 엔진에서의 경량화 가능 부품으로는 흡기 매니폴드(Manifold)를 금속 계통에서 합성수지 등으로 교체하는 것과 설계하는 방식 등이 있음.

　　㉤ 알루미늄 실린더 블록의 채용과 엔진 단체의 크기를 축소하는 방안 등도 경량화의 예시

　㉰ 공회전 제한장치 부착

　　㉠ 공회전 제한장치는 일정시간 주·정차 시 엔진을 자동으로 정지시키고 출발 시 변속기 조작 등의 조작을 통해 엔진을 재시동시키는 장치

　　㉡ 공회전 제한장치를 부착할 경우에는 미세먼지와 NO_2는 27%, CO는 최대 7.3%의 저감 효과와 최대 7.8%의 연비 절약 효과

02 광물산업

(1) 시멘트 생산

　EU의 경우 최적화된 운전상태에서 클링커 생산 시 에너지 소모량은 2,900~3,000MJ/ton-clinker로 보고되었으며, 일반적인 경우는 이보다 160~320MJ/ton-clinker 정도 높은 것으로 알려지고 있다. 사이클론 예열기의 **단수가 많으면 많을수록** 킬른공정에서 에너지 효율성은 더욱 높아지고,

예열기의 5~6단 사이클론에서는 에너지 소비가 가장 낮다. 예열기 사이클론의 이론적인 단수는 주로 **원료의 수분 함량**에 따라 결정된다.

1) 원료물질 개선 : 3차 방법론(공정 개선)

① 원료의 처리량과 수분 함량은 전반적인 에너지 효율에 영향을 주며, 사이클론의 이론적인 단수를 결정하게 됨.

② 원료에 수분 함량이 높을수록 에너지 수요량이 많아지고, 예열기에서 열에너지가 덜 손실되도록 사이클론의 수가 많아짐.

③ 킬른 또는 시멘트 공장 외부에서 석탄과 갈탄 같은 화석연료의 수분 함량 감소를 통해 에너지의 효율을 향상시킬 수 있음.

④ 큰 입자의 고체 연료보다는 잘 건조된 미세분말의 고체 연료가 에너지 효율성이 높음.

2) 예열기(Preheater) : 3차 방법론(공정 개선)

예열기는 원료물질을 소성로에 투입하여 에너지 소모를 줄이기 위해 예열하는 장치로, 공정개선방법으로는 공정 및 에너지 효율 등을 높이는 데 집중되어 있다.

① 예열기 내 압력을 낮게 유지(Low Pressure Drop)하여 사이클론의 열적 회복성을 높이고, 사이클론 회수율 증대

② 가스관에 원료를 균질하게 분배하여 공정 효율 제고

③ 2단 현열 예열기(Two-String preheater)의 사용으로 증기 등을 균질하게 분배시킴.

④ 사이클론은 형태의 단수(3단부터 6단형)가 많을수록 킬른공정에서 에너지 효율성을 높일 수 있음.

3) 분쇄기(Mill)

시멘트 제조공정에서는 원료물질을 미세한 입자로 분쇄하여 소성로에 투입하기 때문에 전처리 분쇄공정이 존재한다.

① 1차 방법론 : 대체 물질 적용

㉮ 시멘트의 원료물질을 대체함으로써 클링커 함량을 줄이는 방법으로 시멘트 성분 중 클링커 함량을 줄이는 것은 에너지 사용과 배출가스를 줄일 수 있는 중요한 요소임.

㉯ 원료를 분쇄하는 공정에서 모래(Sand), 슬래그(Slag), 석회암(Limestone), 비산재(Fly Ash), 화산회(Pozzolana, 포졸라나) 등과 같은 물질을 원료물질인 석회석에 첨가함으로써 클링커 함량을 줄일 수 있음.

㉰ 장점으로는 **에너지 및 천연자원 소비 절약, 배가스 배출량 감소, 폐기물의 매립량 감소**를 꼽을 수 있음.

㉱ 유럽에서 사용되는 시멘트의 클링커 함량은 보통 80~85%이며, 많은 시멘트 제조업자들은 시멘트 중 클링커 함량을 낮추기 위한 기술을 개발하고 있음. 그러나 클링커 함량이 낮은 시멘트의 소비는 소수의 특정 분야에만 사용되는 단점을 갖음.

② 3차 방법론 : 공정 개선

분쇄기의 공정 개선방법으로는 전력관리 시스템의 설치, 클링커 고압 분쇄롤 설치, 고속 구동형 팬 및 원료분쇄기의 신형 교체 등 에너지 효율이 높은 장비를 설치하여 전기 사용량을 줄일 수 있음.

4) 소성로(Kiln) : 3차 방법론(공정 개선)

소성로에서의 공정 개선을 통한 온실가스 배출 감축은 에너지 사용 절감과 연계된다.

① 소성로에서의 공정 개선사항은 **공정 및 에너지 효율이 높은 시설로 교체하는 방법, 최적화된 킬른의 "길이 : 직경" 비율, 연료의 성상 및 종류에 적합한 최적화된 킬른 설계, 동일하고 안정적인 운전조건, 최적화된 공정제어, 3단 에어덕트(Tertiary Air Duct) 및 Mineralizer 사용, 킬른 내에서의 기체 누출 감소**를 꼽을 수 있다.

② 이외에도 폐열발전의 에너지 회수 및 사용을 통한 화석연료 사용 절감으로 온실가스 배출을 감소시킬 수 있다.

③ 시멘트 제조공정에서 발생하는 **전체 CO_2 배출량의 60%가 석회석 소성과정**에서 배출된다.

④ 최근에는 많은 시멘트 공장에서 석회석을 소성로에서 가열할 때 나오는 고온의 배가스로 증기터빈을 돌려 전기를 생산하는 폐열발전설비를 도입하였다.

5) 냉각기(Cooler) : 공정 개선(3차 방법론)

소성과정을 통해 생성된 클링커를 냉각하기 위한 목적으로 공랭식 냉각장치를 적용하고 있다. 냉각기의 공정 개선방법으로는 다음과 같은 기술을 적용하여 에너지 소비 효율을 개선시킬 수 있다.

① 최신 쿨러 설치(고정형 예비 그레이트, Stationary Preliminary Grate)

② 균질한 냉각용 공기분사장치를 설치하기 위해 냉각용 격판 사용

③ 각 Grate Section별 냉각용 공기분사장치를 조절하여 사용

6) 전기 사용량 감소 : 3차 방법론(공정 개선)

① 전기 사용량은 전력관리 시스템(Power Management System)의 설치, 클링커 고압 분쇄롤의 설치, 고속 구동형 팬 및 원료분쇄기를 구형에서 신형으로 교체 설치 등 에너지 효율성이 높은 장비를 설치하여 전기 사용량을 줄일 수 있다.

② 개선된 모니터링 시스템의 공정 시스템에서 기체 누출을 줄여 전기 사용량을 최적화한다.

(2) 석회 생산

1) 대체 연료 적용 : 1차 방법론(대체 물질 적용)

① 석회 생산산업은 시멘트 산업과 마찬가지로 에너지 집약적 산업으로 에너지원의 선택이 중요하다.

② 킬른의 형태와 연료의 화학적 성분에 따라 적절하게 연료를 선택 및 배합한다면 에너지 연소 효율을 증진시키고, CO_2 배출량을 감소시킬 수 있다.

③ 화석연료를 바이매스로 대체하여 CO_2 배출을 줄이고, 폐기물 연료의 사용을 확대하여 화석연료의 사용 절감과 더불어 CO_2 배출을 감소할 수 있다.

2) 원료 사용량 감소 : 3차 방법론(공정 개선)

채광과정에서는 최적화된 채광(발파 및 드릴)기술을 적용하여 석회석 원석으로부터 킬른용 원석의 수율을 최대로 높이고, 생산공정기술을 최적화하여 원료 사용량을 최대로 줄일 필요가 있다.

3) 소성로(Kiln)

① 2차 방법론 : 대체 공정

㉮ 에너지 효율성과 CO_2만을 고려한다면 수직형 킬른(Vertical Kilin)과 PERK(Parallel Flow Regenerative Kiln)가 가장 효율이 좋은 킬른임.

㉯ 킬른 및 원료를 선택하기 전에 다른 기계적인 사양도 고려해야 함.

㉰ 현재 소성공정에서는 에너지 효율이 높은 신형 킬른으로 교체하고, 그렇지 못한 경우라도 연료용 에너지 사용량을 줄이려고 지속적으로 수정·보완하고 있음.

② 3차 방법론 : 공정 개선

㉮ 킬른의 에너지 사용량을 지속적으로 모니터링 할 수 있는 **에너지 관리 시스템(Energy Management System)을 적용**하여 비정상적인 에너지 사용 부분을 찾고, 이를 개선하여 에너지 사용의 최적화를 도모할 수 있음.

㉯ 한편 기계적 보완과 소프트웨어적 공정 개선을 통해 에너지 효율을 높일 수 있으며, 이와 더불어 CO_2 배출도 줄일 수 있음.

㉠ 광범위한 연료의 선택성과 배출가스로부터 생성된 여열을 회수하기 위해 장형 로터리 킬른(Long Rotary Kiln)에 열교환기를 장착

㉡ 석회석 분쇄장치와 같은 다른 공정에서도 석회석을 건조시키기 위해 로터리 킬른의 여열을 사용

㉢ 샤프트 킬른을 수평형 재생 킬른(Parallel Flow Regenerative Kiln)과 연동시켜 실용성을 확대

㉣ 석회석 투입 시스템과 석회석 처리·저장공정에서 이루어지는 킬른의 구조 변경 작업은 킬른장치의 수명을 연장

㉤ 장형 로터리 킬른의 단축, 연료 사용량을 줄이는 예열기 장착은 경제성을 높일 수 있음.

㉥ 에너지 효율 등급이 높은 장비를 사용하여 전기 사용을 최소화

(3) 탄산염의 기타 공정 사용

1) 유리 및 유리제품 제조시설

유리 제조업은 에너지 집약적인 산업공정이며, 에너지 효율과 환경오염에 영향을 미치는 중요한 요소이다. 따라서 에너지원의 선택, 가열(Heating)방법, 열복원 방법은 용해로

설계에 있어 필수적이며, 경제적인 생산공정을 수행하는 실천방법이다. **유리 제조업에서 사용하는 총 에너지의 75% 이상이 유리 용해공정에서 사용**되며, 비용을 고려할 경우 에너지 단가가 유리 용해공정에서 가장 많이 차지한다. 즉, 해당 사업자가 에너지 사용을 줄일 경우 비용 절감에 있어 가장 큰 인센티브이므로 사업자에게 매우 필수적이다.

① 1차 방법론 : 대체 물질(대체 연료) 적용

    ㉮ 석탄 등의 고체 연료 또는 경유, 등유 등의 액체 연료 사용을 천연가스로 대체하여 사용하게 되면 타 화석연료(경유, 등유)보다 수소 함량 비율이 높아 결과적으로 CO_2 배출량이 줄어들며, 일반적으로 25% 정도 줄어드는 것으로 알려지고 있다.

    ㉯ 한편 원료물질의 대체를 꼽을 수 있으며, 원료보다 낮은 융점을 갖고 있는 파유리를 이용하여 유리를 만들면, 원료를 사용하는 경우보다 에너지 사용량을 크게 줄일 수 있음.

② 3차 방법론 : 공정 개선

    ㉮ 용해로에 효율이 탁월한 열 회수 시스템인 **축열식(Regenerator) 또는 복열식 (Recuperator) 시스템**을 설계하여 에너지 효율을 높인다.

    ㉯ **폐열보일러 개선**을 통해 에너지 효율을 개선하는 방법으로 수증기를 생성하는 수관보일러에 폐가스를 직접 접촉시킴으로써 증기예열이 필요한 연료보관탱크와 파이프를 예열하는 데 사용한다.

    ㉰ 폐열을 활용한 원료물질의 예열을 통한 **에너지 사용량 절감** 등이 있으며, 원료물질은 일반적으로 상온의 상태에서 용해로에 들어가지만 폐가스의 잔류열을 이용하여 예열시키면 상당한 에너지양을 절약시킬 수 있다.

2) **도자기 · 요업제품 제조시설 중 용융 · 융해시설**

① 세라믹 생성공정에서 1차 에너지는 킬른의 연소와 중간 생성물의 건조 등에서 많이 사용되며, 천연가스, LPG, 액체 연료는 연소와 건조공정 중에 사용하는 연료이다. 고체 연료, 전기, 바이오가스 및 바이오매스도 사용한다.

② 연료 사용 이외에도 원료의 분쇄 및 혼합 등의 공정에서는 전기에너지를 사용한다. 디젤연료는 채석장으로부터 원료 운반, 현장 운송의 차량, 내부의 화물 운송, 전기 배터리 및 LPG 운반차량, 지게차 등에 사용된다. 벽돌과 지붕타일, 벽 및 바닥타일 분야는 가장 큰 에너지 소비원이며, 생산제품들의 생산량과 비례한다.

③ 3차 방법론 : 공정 개선

    공정 최적화 및 에너지 회수 등의 기술을 적용하여 에너지 소비를 줄일 수 있다.

    ㉮ 건조기에서 사용되는 습도, 온도의 자동제어 시스템을 설치하여 에너지 효율적 운전이 가능하도록 하며, 건조기 내부에 에너지 분배가 균일하게 이뤄질 수 있도록 팬(Fan) 등을 설치하여 공간적으로 에너지를 분배시킴.

    ㉯ 내화재 라이닝 및 세라믹 섬유는 킬른의 열 단열장치에 사용되어 열손실을 줄일 수 있고, 열손실과 관련된 공장 가동 중지를 예방할 수 있음.

ⓒ 용량에 따라 터널형 킬른의 폭과 길이를 개선하고, 구식 킬른을 신식 킬른으로 교체(Rollerhearth Kilns와 같은 연소 킬른은 특정 에너지 소비를 줄일 수 있음)

ⓓ 에너지 소비 및 대기오염을 줄일 수 있도록 킬른의 연소체제를 쌍방향형 Interactive 장치로 제어하고, 터널식 킬른 및 간헐식 킬른의 메탈케이싱 등을 이용하여 열손실을 예방할 수 있음.

ⓔ 건조공정 하부에 위치한 킬른 예열지대와 건조기의 통로를 최적화하고, 고속 버너를 사용하여 연소 및 열전달 효율을 개선시킴.

ⓕ 1차 연료의 소비를 줄이기 위해 열 수요를 예측하는 열병합 발전시설을 공정에 적용

3) 펄프 · 종이 및 종이제품 제조시설

① **2차 방법론 : 대체 공정 적용**

펄프 · 종이 제조시설에서는 목재 잔재물과 흑액 형태의 슬러지 발생이 높고, 현재는 이러한 유기성 폐기물을 단순 폐기 또는 퇴비화하고 있다. 이를 효과적으로 활용하기 위해 **가스화 기술을 적용**하여 가연성 가스를 생산하고, 이를 전력 생산에 활용할 수 있다.

② **흑액 가스화 기술**

ⓐ 주요 원리는 고농도의 무기상태 흑액을 고온상태에서 열분해하여 공기 중의 산소와 반응시켜 가스상태로 만드는 것

ⓑ 수많은 흑액 가스화 공정은 지금까지 계속 개발되고 있으며, 크게 무기염화물의 녹는점(700~750℃) 이상 또는 이하에서 반응기를 운전하느냐에 따라 두 방식으로 구분

　　ㄱ 녹는점 이하의 저온 가스화 반응에서는 CO_2를 가스화 반응 매체로 활용하고, 유동층을 적용

　　ㄴ 가스 발생량은 고온 가스화 반응보다 적지만, 에너지 투입량이 그만큼 줄어들고 유지관리가 상대적으로 유리

　　ㄷ 녹는점 이상의 고온 가스화 반응은 H_2O을 가스화 반응 매체로 활용하고 있으며, 가연성 가스의 발생이 상대적으로 높으나 고온반응이므로 에너지 투입량이 그만큼 많음.

ⓒ 스웨덴 Frovifors 펄프 공장은 증발공정으로부터 얻어진 가열된(130~135℃) 흑액을 고온 가스화하는 공정을 운영하고 있으며, 가열된 흑액(수분이 약 35%)은 Chemrec 공정의 첫 번째 단계인 가스화 반응기로 들어가고 고압(12bar)에서 반응기의 하단에 미세 수증기 상태로 분사됨. 공정에 필요한 공기 흐름의 압력은 0.5bar, 예열은 80~500℃, 반응기의 온도는 950℃로 흑액은 미세한 물방울 형태로 분사되거나 일부 연소되고, 흑액에서의 무기화합물은 황화물 또는 탄산염이 용융된 방울 형태로 전환되며, 반응기 및 Quenching Cooler를 통해 생산된 미스트 방울은 반응기의 전체적인 부분에 존재함. 또한 유기화합물들은 일산화탄소, 메탄, 수소를 함유한 가연가스로 전환됨.

⑷ 흑액을 연료로 하는 **복합 가스화 발전(IGCC ; Integrated Gasification Combined Cycle)**을 통해 전력 생산을 증대시킬 수 있고, 대기오염물질 배출을 크게 줄일 수 있으나, 수증기 생산이 줄고 전체적인 효율(수증기+전력)이 낮아지는 단점이 있음. 그러므로 흑액 발생량이 높은 일부 펄프 공장에서만 적용이 가능한 기술로 흑액을 IGCC로 적용하는 경우에 대한 기술적 내용은 다음과 같음.

    ㉠ 대기오염물질의 배출을 경감할 수 있음.

    ㉡ 일반적인 펄프 공장에 IGCC 기술을 도입하는 경우 현재 800kWh/ton AD(Activity Data, 활동자료)와 비교하면 잠재적으로 1,700kWh/ton AD을 생산할 수 있음.

    ㉢ 따라서 전력 생산은 900kWh/ton AD 증가되는 반면 수증기 생산은 4GJ/ton AD로 감소됨.

③ **3차 방법론 : 공정 개선**

수증기와 전력 소비를 줄이고, 내부적으로 전력과 수증기 생산 증진을 위해 다음과 같은 방법을 사용하고 있다.

⑦ 에너지 자동 모니터링 시스템을 설치하고, 습도 및 온도 자동제어 시스템을 설치하여 에너지의 효율적 운전이 가능하도록 함.

⑷ 효율성이 좋은 2차 가열 시스템(온수 온도 85℃), 밀폐된 용수 시스템(Well Closed-up Water System)과 표백공정, 예비 건조 등과 같은 공정 개선을 통해 열을 재생하거나 에너지 소비를 낮게 유지시킴.

⑤ 각종 대형 모터의 속도 조절, 진공 펌프 및 파이프, 팬의 규격을 적절히 유지하여 전력 소비량을 줄임.

⑷ 잉여증기를 이용한 응축터빈, 보일러에 주입되는 연료와 연소공기의 예열 정선, 세척공정에서 펄프의 농도를 균일하게 유지하여 에너지 효율을 높일 수 있음.

---

03   화학산업

(1) 화학산업의 온실가스 감축기술

화학산업에서 우선적으로 추진해야 할 온실가스 감축 수단은 에너지 효율을 높이고, 화석연료 사용을 최소화하는 것이다. 이를 위해서는 **생산설비 갱신 시점에 최첨단 설비 및 세계 최고 수준의 BPT(Best Practice Technologies) 보급, 연료 조합의 최적화, 폐기물의 에너지원으로의 적극적 활용, 바이오매스 등의 재생에너지 이용** 등을 추진하는 것이다. 한편 에너지 효율 개선을 위해 다음과 같은 공정 개선을 적극적으로 적용할 필요가 있다.

1) 에너지 효율 제고를 위해 제조법의 전환 및 공정 개발
2) 설비 및 기기 효율의 개선
3) 운전방법의 개선
4) 배출에너지의 회수
5) 공정의 합리화

(2) 화학산업의 배출량 감축 대책

화학산업에서는 지속적으로 에너지 원단위 지수의 개선, 온실가스 배출량 감축을 위한 대
책이 필요하다.

1) CFCs 대체를 위한 작업공정의 개선, 일상 점검의 강화, 설비의 계획적 갱신 등을 통한
온실가스 배출의 감축 노력이 지속적으로 필요하다. 정부는 이를 위해 기금 조성 등을
통하여 미량 온실가스의 연소제어설비의 보강을 지원하는 온실가스 배출 감축의 추진이
필요하다.

2) 최근에는 제품의 제조단계에서의 CO_2 배출 감축에만 초점을 맞춘 지금까지의 논의를 벗
어나 원료 채취, 제조, 유통, 소비를 경유하여 폐기에 이르기까지의 전 과정에서의 CO_2
배출 특성을 파악하고, 전 과정에서의 온실가스 감축을 통합적으로 다루는 움직임이 가시
화되고 있다. 2009년 ICCA(International Council of Chemical Associations)에서 발표
한 "Innovations for Greenhouse Gas Reduction"에서는 CLCA(Carbon Life Cycle
Analysis)를 화학 관련 제품에 적용하여 온실가스 배출을 전 과정(원료 채취부터 폐기)에
대해 조사·분석하였다.

3) 원료 채취부터 폐기까지의 전 과정에서의 온실가스 배출량을 100여 개 화학제품과 대체 제
품을 비교·평가하였고, 온실가스 감축 효과에 기여할 수 있는 화학제품의 범위는 에너지
부문, 운송 부문, 가정·생활용품 부문 등 다양한 분야에서 이루어질 수 있다.

┃ 평가 대상 분류 및 화학제품과 최종 대체 제품의 예 ┃

분류	화학제품	최종 제품	비교 대상
재생 가능 에너지	태양광발전용 재료 및 풍력발전용 재료	태양광발전설비 및 풍력발전설비	공공 전력
경량화로 연비 향상	자동차 및 항공기용 재료	탄소수지의 자동차 및 항공기	철재 자동차 및 알루미늄 합금재 항공기
에너지 절약	LED 관련 재료	LED 전구	백열전구
	주택용 단열재	주택 단열재	단열재 미사용
	배관재료	PVC 파이프	철재 파이프
	해수 담수화 플랜트 재료	막을 이용한 해수 담수화 플랜트	증발법에 의한 해수 담수화 플랜트

(3) 석유 정제 활동

1) 3차 방법론 : 공정 개선

① 에너지 효율 제고

㉮ 공정 개선을 통해 에너지 사용량 저감

㉠ 전체 공정에서의 에너지 사용 부분과 각 에너지 사용원의 주요 원인을 파악하고, 이를 줄이기 위한 방안을 마련하여 제시할 필요가 있음.

㉡ 이를 위해서는 모니터링 기술이 적용되어야 하며, 연속적으로 모니터링하면서 에너지 사용을 줄일 수 있도록 자동제어하는 것이 필요

㉯ 최근에는 IT 기술과 연동하여 에너지 사용 등을 자동으로 모니터링하여 에너지 사용을 최적으로 제어하는 **에너지 관리 시스템**(EMS ; Energy Management System)이 적용

㉠ EMS로 어느 수준까지 통제하여 에너지 사용의 최적화를 모색하는지는 시스템 설계 과정에서 결정

㉡ 설계 과정은 일반적으로 다음과 같은 사항을 고려하여 설계 사양에 포함시킨다.

- 공정의 에너지 효율 개선을 위한 계획 수립 및 보고
- 에너지 소비 저감 계획 수립
- 에너지 소비 활동에 대한 벤치마킹 참여

② 환경관리 시스템

대기오염물질, 폐수 및 폐기물 배출이 배출허용기준 등의 환경관리 기준에 적합한지 여부를 실시간으로 모니터링하여 자동 또는 수동으로 공정을 제어하는 시스템이다.

㉮ 두 시스템을 통합적으로 관리·운영할 수도 있으며, 에너지 효율 향상, 오염물질 제어 등의 목적을 동시에 제어할 수 있도록 시스템을 개선·적용

㉠ 실제로 최근 두 시스템을 통합·운영하고 있는 곳도 많으며, 또한 온실가스 배출도 자동으로 모니터링하면서 배출 최소화 조건을 조사·분석하여 시스템과 접목시키려는 움직임도 있음.

㉡ 이를 위해서는 온실가스 배출을 연속적으로 자동으로 측정할 수 있는 시스템(CEMS ; Continuous Emission Monitoring System)을 갖추고 이러한 자동제어 시스템과 연동하여 사용하면 됨.

㉢ EMS 이외에도 에너지 효율 개선을 위해서 다음과 같은 기술을 고려할 수 있다.

- 가스터빈, 열병합 발전(CHP), IGCC, 효율적으로 설계·운영되는 노와 보일러 등을 사용하고, 효율이 낮은 보일러와 히터 등을 교체
- Stripping 공정에서 증기 사용 최적화
- 정유공정에서 에너지와 전력의 회수 제고
- 증기 생산을 위한 연료 소비 저감을 위해 폐열보일러 사용

③ 공정 최적화 기술

㉮ 석유 정제공정

　알킬화 공정, 기초 연료 생산, 비투맨 공정, 촉매식 접촉분해, 접촉개질공정, 코크스 공정, 냉각 시스템, 수소 생산공정에서 에너지 효율을 개선

㉯ 알킬화 공정(Alkylation)

　HF Alkylation 또는 Sulphuric Alkylation을 이용하여 공정을 최적화한 후 원료 사용을 줄이고, 반응시간을 단축시켜 에너지 사용을 경감

㉰ 기초 오일 생산(Base Oil Production)공정

㉠ 디아스팔트, 추출, 디왁싱 공정의 용매 재생 부분에서 Triple Effect Evaporation System을 이용하여 에너지 사용 등을 줄임.

㉡ 아로마틱 추출에서 N-Methyl Pyrrolidone(NMP)을 용매로 이용하여 공정을 최적화

㉢ 최종 세정이 필요한 경우에는 Base Oil Stream과 Wax Finishing의 세정에 Hydrotreating을 이용하며, 노의 수를 줄이기 위해 용매 재생 시스템으로 Common Hot Oil System의 적용을 고려하고, 용매 보관 용기로부터의 VOC 배출 방지를 위한 기술을 적용하여 누출 방지를 위한 조치를 취함.

㉱ 비투맨 공정(Bitumen Production)

㉠ 비투맨 투입 혼합처리 및 저장 중 배출되는 에어로졸의 액상 성분 회수, 800℃ 이상에서의 연소나 공정 히터에서의 연소로 인해 에어로졸과 VOC 배출을 저감시키는 일련의 활동 등이 공정 개선에 해당

㉡ 폐기물 배출 저감방안을 적용하며, 비투맨 정체설비의 황 회수를 위해 최적가용기법(BAT ; Best Available Technology)을 적용하여 공정활동별 최적화를 수행

㉲ 촉매식 접촉분해(Catalytic Cracking)

㉠ 부분 산화 조건에서 Co-Furnace/Boiler를 적용하고 O_2 농도를 2%로 제어함으로써 CO 배출 농도를 저감

㉡ 축열기 가스에 Expander를 적용하고 열분해기로 발생하는 부생가스의 에너지를 회수하기 위해 폐열보일러 등을 이용하여 에너지 회수 효율을 높임.

㉳ 접촉개질공정(Catalytic Reforming)

　접촉개질공정 중 발생한 축열기 가스를 집진 시스템(Scrubbing System)으로 순환시키며, 촉매 재생에서 염화조 촉매(Chlorinate Promoter)의 양을 최적화하고, 촉매재생기로부터 배출되는 다이옥신을 정량화하여 공정을 최적화

⑭ 코크스 공정(Coking Processes)
  ㉠ 코킹/하소공정 중 발생한 에너지의 회수를 위해 폐열보일러를 사용하고, 정유공정
    에서의 연료가스 생산을 최대화하고, 에너지 발생을 증가시키기 위해 플렉스
    코킹(Fluid Coking+Gasification)의 적용을 고려
  ㉡ 유분 잔재물과 슬러지를 처리하기 위해 대체 방법으로 코커를 사용하여 공정
    을 최적화
⑮ 냉각시스템(Cooling System)
  ㉠ 복합적인 방법과 에너지 최적화 분석을 통해 정유공정의 냉각 수요를 저감
  ㉡ 설계 시 공기 냉각의 사용을 고려하고, 냉각수 배출 시 유류 손실을 최소화하
    여 공정을 최적화
⑯ 수소생산시설(Hydrogen Production)
  신규 설비에 Gas Treated 수증기 개질 기술 적용을 고려하고, 중유와 코크의 가
  스화 공정으로부터 수소를 재생하며, 수소설비에 열병합체계를 적용하고, 정제
  공정에서 연료가스로 PAS 퍼지가스를 사용하여 공정을 최적화

(4) 암모니아 생산

암모니아 생산에서는 수소를 생산하는 개질로에서 고온·고압의 수증기를 사용하므로 공
정 개선 등을 통해 에너지 효율을 제고할 수 있다.

1) 2차 방법론 : 대체 공정 적용

① 암모니아 합성에서 철 성분을 촉매로 사용하는 공정은 반응성이 뛰어난 루테늄
  (Ruthenium) 성분의 촉매공정으로 대체하게 되면 사용되는 촉매의 양과 부피가 감
  소하므로 저압 운전이 가능하고, 변환율이 높아져 에너지를 그만큼 절약하게 된다.
② 반응성이 높은 소립자 촉매[1]를 적용하여 촉매공정의 에너지 사용을 절감하여 온실가
  스 배출 감소를 유도한다.

2) 3차 방법론 : 공정 개선

① 공정 제어의 고도화 – 고급 공정 제어(APC ; Advanced Process Control) 시스템
  ㉮ 생산공정의 안정적 효율을 거두는 데 도움이 되는 것으로 알려지고 있으며, 최근
    암모니아 공장에서도 성공적으로 적용됨.
  ㉯ APC는 반응을 모사한 예측 모델로 여러 반응조건 및 상황에 따라 차별된 해결책
    과 최적화 방안을 제시할 수 있어 최근에는 광범위하게 적용
② 폐열 활용 시스템 개선
  ㉮ 1차 및 2차 개질공정에서 발생되는 고온의 배가스를 순환, 재이용하는 공정 개선을
    통하여 수증기 생산에 필요한 에너지의 일부를 대체하여 에너지 사용량을 줄여 줌.

---

1) 촉매 표면적이 증가하여 반응성이 높아짐.

㉯ 고온 변환반응기(High Temperature Shift Reactor)와 저온 변환반응기(Low Temperature Shift Reactor)에서 발생하는 배가스를 이용하여 수증기를 생산하는 등 폐열 사용이 적극적으로 가능한 단일 등온 매체 변환반응기(Single Isothermal Temperature Shift Reactor)로 대체

  ③ 개질기 개선

      ㉮ 1차 개질단계 이전에 예비 개질기를 설치함으로써 에너지 사용 절감 및 질소산화물(NO_x) 배출량을 감축시킬 수 있음.

      ㉯ 20년 이상인 1차 개질기에 연료를 예열할 수 있는 설비를 부착하고, 고효율의 가스터빈을 설치하여 에너지 효율을 향상시키고, 가스터빈의 배가스는 1차 개질기의 연소 공기 예열용으로 사용하여 에너지 사용률을 제고

      ㉰ 2차 개질에서는 과잉 공기 투입을 자제하고, 가능한 화학양론반응을 위한 이론(화학양론반응 이론에 따른 H/N 비율) 공기량을 투입하여 과잉 공기 주입에 따른 질소 투입량을 줄여줌으로써 N_2O의 발생을 원천적으로 줄임.

      ㉱ 2차 개질반응기는 압축공기를 사용하며, 압축 과정에서 증기터빈을 많이 사용하고 있으나 이를 **가스터빈으로 교체**하거나 폐열을 활용하는 방법의 적용을 통해 증기터빈에서 발생하는 열에너지 손실[2]을 상당 부분 줄여줄 수 있음.

(5) 질산 생산

1) 2차 방법론 : 대체 공정 적용

질산 생산과정 중 제1산화공정[3]의 코발트 촉매공정을 반응성이 개선된 촉매(백금 또는 5~10% 로듐이 포함된 촉매) 고정으로 대체하여 암모니아에서 NO로의 산화율을 높임으로써 N_2O 생성 배출을 감소시킨다.

2) 3차 방법론 : 공정 개선

  ① 산화반응 최적화

    산화반응을 최적화하는 목적은 NO의 수율을 높이고 N_2O의 발생을 억제하는 데 있다. NO 생산 최적화는 공기 중 암모니아의 중량비(NH_3/Air)를 9.5~10.5%로 유지시키고, 가능한 저압에서 온도를 750~900℃로 유지시켜 공정을 최적화한다.

  ② 흡수반응 최적화

      ㉮ NO에서 N_2O로의 산화와 HNO_3 생산은 저온·고압, NO_x와 O_2, H_2O 투입 비율 등에 영향을 받는다. 예를 들어 저온에서 NO_2의 흡수율은 상승하나 에너지 소모는 증가함.

      ㉯ 흡수단계 반응을 최적화하여 에너지 소모의 경감 필요

---

2) 증기에너지의 절반 이상은 활용되지 못하고 폐열로서 버려지고 있음.
3) 촉매하에서 산소와 암모니아가 반응하여 일산화질소(NO)를 생성

③ N_2O 분해 조건 개선

고온(800~950℃) 영역에서 체류시간을 증가시켜 N_2O 생성을 줄이는 기술이 개발, 소개되었다. 이러한 기술은 반응기 내부에 백금 촉매층과 1차 열교환기 사이에 약 3.5m 여분의 공간을 갖추게 하고, 체류시간을 1~3초간 증가시켜 N_2O 감소율을 70~85%로 향상시킬 수 있다. 이때 N_2O는 준안정상태에서 N_2 및 O_2로 분해한다.

④ 산화반응기에 N_2O 분해 촉매반응 적용

고온 영역(800~950℃)에서 백금거즈 바로 다음의 선택적 N_2O 분해 촉매에 의해 N_2O가 즉시 분해된다. 50~200mm의 촉매층은 압력 저하로 인해 분해율을 높일 수 있으며, 산화 압력의 증가와 함께 촉매층의 강하 압력은 높아진다.

⑤ NO_x와 N_2O 저감장치 설치

420~480℃의 배기가스를 이용한 히터와 가스터빈 사이에 설치된 NO_x 및 N_2O 분해 반응기를 설치한다. NO_x 및 N_2O 분해 반응기는 제올라이트와 같은 소재로 된 두 개의 촉매층과 중간에 있는 암모니아 주입층으로 구성되어 있다. 첫 번째 층에서는 N_2O를 N_2 및 O_2로 분해하여 NO_x를 생성하며, 두 번째 층은 암모니아를 주입하여 NO_x 및 N_2O(첫 번째 층에서 분해되지 않은 N_2O)를 분해한다.

(6) 아디프산 생산

아디프산 공정에서 N_2O는 탈기반응탑(Stripping Column)과 결정화 반응기(Crystallizer)에서 배출되며, 아디프산 1kg 생산 시 N_2O 가스는 약 300g 정도 생성·배출된다.

1) 4차 방법론 : 온실가스 활용

벤젠을 페놀로 산화시키는 공정에서 N_2O를 사용하며, 이 경우 약 20% 정도의 비용 절감 효과가 나타난다.

2) 6차 방법론 : 온실가스 처리

① N_2O를 처리하는 가장 일반적인 분해 기술은 촉매분해 및 열분해법이다.

② 촉매분해법은 MgO 촉매를 이용하여 N_2O 가스를 질소(N_2) 및 산소(O_2)로 분해시키는 것이며, 발열반응으로 생성된 열에너지는 수증기를 생산하는 데 사용한다.

③ 열분해법은 메탄이 존재하는 배출가스를 연소시키는 방법이며, 이때 N_2O 가스는 산소원으로 쓰여 질소를 감소시키고 배출가스 중에는 NO 및 소량의 N_2O 성분만이 존재하게 된다. 열분해 시 발생하는 배출가스는 증기를 생산하는 폐열로 이용한다.

┃ 국가별 공정에 따른 기술현황 ┃

국 가	공 장	기 술	2000년까지 효율	시작 연도
영국	듀퐁(Du Pong)	열분해	94%	1998
프랑스	로디아(Rhodia)	질산 전환	98%	1998
독일	바이엘(Bayer)	열분해	96%	1994
독일	바스프(BASF)	촉매분해	95%	1997

(7) 소다회 생산

1) 암모니아 소다회 제조공정(Solvay 공정)

① 2차 방법론 : 대체 공정 적용

㉮ 수직형 샤프트 킬른으로의 공정 전환은 전체 반응 효율을 높여 CO_2의 외부 배출을 감소시킴.

㉯ 수직형 킬른에서의 CO_2 배출가스 농도가 높으면 소다회 생산공정에서의 석회석 사용과 에너지 효율성이 높아지며, 제품의 생산성이 높아짐에 따라 CO_2 배출은 감소

㉰ 수직형 샤프트 킬른은 다른 킬른에 비해 CO_2 배출가스 농도가 높으며, 충분한 양의 CO_2를 공급하기 위해 코크스 연소를 통해 부수적으로 CO_2를 생산·공급한다. 석회석의 입자 크기에 큰 영향을 받지 않고 사용이 가능하므로 다른 반응기에서는 활용하지 못했던 소규모 입자의 석회석도 적용이 가능하므로 자원의 이용 효율성도 향상됨.

② 3차 방법론 : 공정 개선

열병합 발전 시스템은 소다회 공정에서 에너지 효율을 전반적으로 향상시킬 수 있는 방법으로 관련된 부문은 다음과 같다.

㉮ 다양한 압력 수위의 증기 수요량, 높은 증기응축, 열병합 발전과 연계한 공정설계

㉯ 소다회 생산공정의 규모와 적합한 열병합 발전 시스템의 이용

㉰ 소다회 공정에서 높은 조업률을 성취하기 위해 현대적인 최신 설비와 신뢰성 있는 열병합 발전 시스템 등의 설비 투자

③ 4차 방법론 : 온실가스 활용

소다회 생산공정에서 대기 중으로 배출되는 CO_2를 포집·회수하여 중탄산나트륨을 생산하는 데 사용한다.

$$NH_3 + CO_2 + H_2O \longrightarrow NH_4HCO_3$$

2) 천연 소다회 제조공정

① 원료물질 개선 : 3차 방법론(공정 개선)

가공되지 않은 중탄산나트륨을 하소하기 전에 원심 분리하여 수분 함량을 줄임으로써 중탄산나트륨의 분해에 요구되는 에너지양을 감소시켜 준다.

(8) 석유화학제품 생산

1) 에틸렌 생산공정

① 안정적이고 고효율의 운전조건 및 시스템 성능을 유지하기 위해서는 효과적인 공정 제어 시스템을 적용할 필요가 있다.

② 수질오염물질의 배출을 줄이기 위해서 폐수 재사용률을 높이고, 중앙처리장치에서의 폐수처리[4] 등이 필요하다.

③ 공정 설계를 통해서도 최적화 기술을 적용할 수 있는데, 이는 다음과 같다.

㉮ 모든 장치와 파이프에서의 가스 누출 최소화

㉯ 배출가스 안전처리를 위한 탄화수소가스 포집 및 연소시설(Flaring Facility)의 설치·운영

㉰ 에너지의 단계적 사용, 회수율 극대화, 에너지 소모량 감소 등을 위한 효율적 에너지 재생 시스템 적용

㉱ 공정 내에서의 수증기 재사용 및 재처리에 의한 폐열 발생 최소화를 위한 기술 적용

㉲ 공정의 안전한 운전장치(Shut Down)를 위한 자동화 시스템 설치

2) EDC/VCM 제조공정

① EDC와 VCM 제조에서의 최적 기술은 에틸렌 염소화를 통한 생산이며, 에너지 소비를 감소시키기 위해서 열분해로에서의 열을 재사용한다.

② 효율적인 연소 기술을 이용하여 Off-Gas 중 에틸렌과 염소화물의 농도를 낮추고 폐열을 활용하여 수증기를 생산·공급한다.

3) 에틸렌옥사이드(EO) 제조공정

EO(Ethylene Oxide) 제조공정에서의 최적화 기술은 다음과 같다.

① 순수 산소를 사용하여 에틸렌을 직접 산화함으로써 에틸렌 소비량을 줄이고 Off-Gas 생산을 낮춤.

② 효과적인 산화 촉매를 이용하여 공정의 선택성을 극대화하고, 공정 변수들을 Plant 설계와 지역적 조건 등에 따라 최적화

③ 생산설비 내부 또는 EO/EG 공장과 주변 외부 사업장에서의 열 사용 최적화

④ 높은 촉매 선택성에 따른 원료 소비량 감축

4) 아크릴로니트릴(AN) 제조공정

AN 제조공정에서 공정 개선을 통한 온실가스 배출 감축과 관련된 내용은 다음과 같다.

① 유동층 반응기에 프로필렌의 암모니아 산화반응과 이어지는 아크릴로니트릴의 회수

② 아크릴로니트릴의 시장 수요가 있을 때 회수 및 정제하거나 연소시켜서 열을 회수

③ 과잉 암모니아의 중화에 의해 발생하는 황산암모늄은 비료업계로 판매하거나 황산 재생설비에서 처리

④ 정상운전을 통해 배출되는 유기물 함유 배가스는 먼저 이동과 유입 과정에서 가스상 평형을 유지하여 최소화하고, 회수 시스템 또는 배가스 처리 시스템과 연결하여 처리

---

4) 폐수처리 과정에서의 에너지 사용을 절감할 수 있음.

5) 카본블랙 제조공정

카본블랙 제조공정에서의 공정 개선을 통한 온실가스 배출 감축과 관련된 내용은 다음과 같다.

① 연평균 황 함량이 0.5~1.5%인 원료를 사용

② 에너지 절약을 위해 공정에서 사용되는 공기를 예열

③ 카본블랙 수집 시스템의 운전조건을 최적으로 유지

④ Tail-Gas의 에너지 재사용을 통해 전력, 증기, 온수 등을 생산

⑤ 에너지 생산 시스템에서 Tail-Gas 연소에 의해 발생되는 Flue-Gas 중 NO_x 제거를 위해 일차 탈질(DeNOx)기술 적용

⑥ 기준 이하의 불량제품을 공정에서 재사용

⑦ 제품 품질에 영향이 없는 경우 공정의 세정수를 재순환하여 사용

(9) HCFC-22 생산공정

HCFC-22 생성 과정에서는 부산물로서 HFC-23이 생성·배출되며, 이를 포집·회수하여 1,200℃ 이상의 고온으로 열분해하여 HFC-23을 제거한다(6차 방법론).

 철강산업

(1) 코크스로(3차 방법론 : 공정 개선)

코크스 냉각방식을 수랭식에서 **건식방법**으로의 전환을 통해 에너지 회수를 높일 수 있다. 또한 건식방식에서는 고온의 가스를 이용(폐열 활용)하여 증기를 발생시키고, 발생 증기를 이용하여 전력을 생산할 수 있다.

1) 코크스 건식 Quenching

① 코크스 오븐에서 생산된 고온의 코크스를 질소가스로 서서히 냉각시키는 냉각설비

② 이러한 냉각설비는 건식 냉각방식을 통해 고경도의 코크스를 얻을 수 있고, 냉각수 및 미세먼지가 발생하지 않는 친환경적 냉각방식으로 개선

③ 기존의 습식 방식에 비해 코크스 균열을 크게 줄일 수 있어 코크스 품질을 향상시킬 수 있는 장점을 가짐.

④ 이외에도 코크스 오븐의 COG(Cokes Oven Gas)가 누출되면 압력과 온도를 일정한 수준으로 유지하기 위해 더 많은 에너지 투입이 불가피하므로 누출 최소화를 통해 연료 소비량을 줄일 수 있다. 따라서 시설의 지속적인 유지·관리를 통해 COG 누출을 최소화할 필요가 있음.

(2) 소결로(3차 방법론 : 공정 개선)

1) 소결로에서는 소성 및 소결, 냉각 과정에서 열을 회수하는 등 다음과 같은 방법을 통해 에너지를 절감시킬 수 있다.
   ① 배출가스 중 열교환기를 이용하여 열을 회수하거나 폐가스를 소결로 등으로 재순환하여 에너지를 절감시킬 수 있음.
   ② 소결광 냉각기의 가열된 공기를 폐열보일러를 통해 증기를 생산하거나 연소용 공기의 예열 등에 재이용될 수 있음.

2) 펠릿 제조시설에서는 경화 스트랜드(Induration Strand)의 가스 흐름에서 열을 효율적으로 재사용함으로써 연료 소비량을 절감시킬 수 있다. 1차 냉각부에서 가열된 공기는 화염부의 2차 연소용 공기로 사용하고, 배출되는 열을 경화 스트랜드에 사용한다. 또한 2차 냉각부분의 발생된 열을 건조기에 재사용함으로써 에너지 소비를 줄일 수 있다.

(3) 고로공정(Blast Furnace)

1) 1차 방법론 : 대체 물질 적용
   고로공정에서 사용하는 코크스의 일부를 중질연료유, 오일 잔사, 입상 또는 분말석탄, 천연가스, 폐플라스틱 등 환원제로 대체하여 에너지 소비량을 줄일 수 있다.

2) 3차 방법론 : 공정 개선
   고로공정에서는 다음과 같은 방법을 통해 에너지를 절감시킬 수 있다.
   ① 고압의 상층 고로가스는 가스정제시설 후단에 설치된 확장터빈(Expansion Turbine)을 통하여 에너지를 회수할 수 있음(에너지의 회수 정도는 상층 가스의 양, 압력 차이, 유입 온도의 영향을 받게 됨).
   ② Hot Stove의 에너지 효율을 최적화시킴.
      ㉮ Hot Stove의 자동제어, 냉각·송풍 라인 및 폐가스의 보온과 함께 연료의 예열, 효율적인 버너를 사용하여 연소율 개선
      ㉯ 산소 농도 측정에 따라 연소조건을 최적 조건에서 조절

(4) 염기성 산소 제강공정

1) BOF(Basic Oxygen Furnace)
   ① 가스로부터 에너지를 회수하는 방법으로 1차 통풍 시스템의 가스관(Gas Duct)에 공기를 유입하여 BOF 가스를 연소하고, 이로 인해 1차 통풍 시스템의 에너지와 가스 유량이 증가하여 폐열보일러에서 보다 많은 증기를 생산할 수 있다. 그러므로 에너지 사용 효율 증가로 인하여 온실가스 배출량 감소가 기대됨.
   ② BOF 가스를 직접 연소하게 되면 외부로 열손실도 심하기 때문에 직접 연소를 억제시키고, BOF 가스를 저장탱크에 저장시킨 후 필요한 때에 연료 목적으로 적절한 연소설비에서 사용하게 되면 에너지 회수율을 높일 수 있음.

(5) 전기아크로(Electric Arc Furnace)

1) 전기아크로 공정에서는 배기가스 중의 폐열을 이용하여 스크랩을 예열시켜 전력 소비량을 절감시킬 수 있으며, 공정을 최적화하여 생산성 향상 및 단위 에너지 소비량을 절감시킬 수 있다.

① 초고압의 로(Furnace)를 사용함으로써 생산성 향상, 단위 전극 소모량을 감소시킬 수 있음.

② 순산소 버너(Oxy-Fuel-Burner)와 산소창 절단(Oxygen Lancing)에 의해 추가되는 에너지 공급은 총 에너지 소요량을 감소시킬 수 있음.

③ 로(Furnace) 내에서 거품 형태의 슬래그(Foamy Slag)는 장입물질에 열전달 효율을 향상시켜 에너지 소비량, 전극 소모량 감소 및 생산성을 향상시킬 수 있음.

2) 그외 공정 개선방법은 배기가스 중의 폐열을 이용하여 스크랩을 예열함으로써 전력 소비량을 절감시킬 수 있다.

05 폐기물 처리

폐기물 처리는 인간활동에 의해 부수적으로 발생되는 오염물질을 안전하게 처리하는 시설로 우리나라에서는 이러한 처리가 환경기초시설에서 이뤄진다. 환경기초시설은 각종 오염원에서 발생되는 오염물질을 정화·처리하는 시설을 의미하며, 이는 국가나 지방자치단체에서 설치·운영하는 공공시설과 민간기업에서 건설한 시설로 나눌 수 있는데, 일반적인 의미에서의 환경기초시설이라 함은 공공 환경기초시설을 의미한다.

공공 환경기초시설은 표에서 보는 것처럼 생활 및 산업 폐기물을 매립 또는 소각처리하는 폐기물처리시설, 2005년부터 시행된 음식물쓰레기 직·매립 금지로 인한 음식물처리시설, 도시의 주거 및 상업지구에서 발생하는 하수를 처리하기 위한 하수처리시설, 공업단지(국가공단, 지방공단, 농어촌공단)에서 배출되는 공장 폐수를 처리하기 위하여 공업단지 내에 설치된 폐수처리시설, 축산단지(양계장, 돈사, 우사 등)에서 발생하는 가축의 분뇨를 처리하기 위한 축산폐수처리시설, 주거환경 개선이 되지 않은 주택의 재래식 화장실에서 발생하는 분뇨를 처리하기 위한 분뇨처리시설 등이 여기에 속한다.

단 위	폐기물	처리시설
공공 환경기초시설	폐기물	매립시설
		소각시설
		음식물처리시설
		재활용시설
	하 · 폐수	하수처리시설
		폐수처리시설
		분뇨처리시설
	정수시설	

(1) 폐기물 매립

매립 부문에서의 온실가스 배출은 그림과 같이 배제공에서의 배출, 표면확산에 의한 배출, 균열이 생긴 부분에서의 배출로 구분할 수 있다. 일반적으로 배제공에서의 **CH₄ 배출은 연소처리하거나(Flaring), 포집하여 연료로 사용 또는 전기 생산에 이용**하고 있다. 반면에 표면확산과 균열지점을 통한 배출은 포집처리되지 않으므로 지구 온난화에 기여하는 배출 형태로 분류할 수 있다.

‖ 매립 부문 온실가스 배출원 ‖

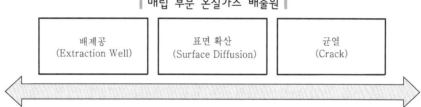

매립 부문에서 온실가스를 저감할 수 있는 기술은 크게 두 가지로 나눌 수 있다.
첫째, 기존의 혐기성 매립지를 준호기성 또는 호기성 매립지로 변환시키는 대체 공정 적용으로 2차 방법론
둘째, 매립지에서 발생하는 매립가스를 포집·회수를 이용하는 활용 공정 적용으로 4차 방법론

1) 2차 방법론 : 대체 공정 적용

매립의 대체 공정은 2차 방법론이며, 대체 공정으로는 첫째 매립을 준호기성/호기성 매립으로 변환, 둘째 소각시설로 대체하는 방법, 셋째 재활용 시설로 대체하는 것을 들 수 있다.
① 준호기성 또는 호기성 매립으로 변환
㉮ 폐기물들의 비산 방지 및 침출수 발생을 억제하기 위한 유입수 차단을 위해 매립장에 복토층과 차단층을 설치하게 되면, 주변 공기의 유입이 최소화됨.

이런 매립장은 혐기성 상태가 조성되며, 유기성 폐기물이 혐기적으로 분해가 이루어지면서 CH_4 가스가 발생하게 됨. 그러나 혐기성 매립장을 준호기성 또는 호기성 매립장으로 변환시키면 원천적으로 CH_4 가스의 발생을 막을 수 있고, 호기성 매립장으로 변환시켰을 경우 호기성 분해가 혐기성 분해보다 빠르기 때문에 매립장이 안정화되는 데 필요한 기간이 30년에서 10년으로 단축되며, 계획 매립 용량보다 더 많은 양을 매립할 수 있고 반영구적으로 사용이 가능함.

㉴ 혐기성 매립을 호기성 매립으로 전환하면 이론상으로는 CH_4 배출이 없기 때문에 저감 효과가 탁월하다고 할 수 있으나, 호기성 매립이라 할지라도 완벽하게 호기성 분위기를 조성하기는 쉽지 않기 때문에 일부는 혐기 분해에 의한 CH_4 배출은 불가피함. 기존의 혐기성 매립지를 준호기성 또는 호기성 매립장으로 바꾸기 위해서는 매립된 폐기물을 모두 굴착하여 이송한 뒤 준호기성 또는 호기성 매립장으로 설계한 다음에 재매립해야 하므로 비용적으로 만만치 않아 CH_4을 저감하기 위한 목적만으로 혐기성 매립을 호기성 매립으로 전환한다는 것은 실현되기 쉽지 않음.

② 소각시설로 대체하는 방법

㉮ 매립시설을 소각시설로 대체하는 것으로 CH_4 가스를 저감하는 방법

㉴ 매립을 소각으로 전환하는 경우 매립에 의한 CH_4 배출량에서 비생물계 폐기물이 소각에 의해 CO_2로 배출되는 양(비생물계 폐기물 소각에 의한 CO_2는 온실가스로 간주)을 뺀 값이 매립에서 소각으로 전환하는 것에 따른 저감량으로 결정하게 됨.

③ 재활용 시설로 대체하는 방법

㉮ 매립을 재활용 시설로 대체하는 것은 재활용 방법으로 어떤 것을 선택하느냐에 따라 달라질 수 있다. 유기성 폐기물을 혐기성 소화공정으로 처리한다면 CH_4 발생 저감은 없으나, 매립지에서 표면확산되는 CH_4은 포집·회수하여 이용하므로 표면확산되는 CH_4의 저감은 기대할 수 있음.

㉴ 가연성 매립 폐기물을 물리적으로 재활용한다면 재활용 과정에서의 에너지 사용량을 제외하고, 그만큼의 온실가스 저감을 기대할 수는 있고, 만약 화학적 재활용을 적용한다면 방법에 따라 달라질 수는 있으나 연료 사용의 목적으로 화학적 재활용하는 경우에는 CH_4을 배출하는 대신 CO_2를 배출하기 때문에 지구온난화지수만큼의 저감 효과를 기대할 수 있음.

2) 4차 방법론 : 온실가스 활용

① 전력 생산

매립가스를 통해 온실가스를 활용하는 4차 방법론은 크게 발전, 중질가스, 고질가스로의 활용을 꼽을 수 있다. 매립가스를 발전하는 방법은 가스엔진, 가스터빈, 증기터빈, 마이크로 터빈, 소규모 가스엔진, 스털링 엔진, 유기 랭킨 사이클 엔진, 인산 연료전지, 용융탄산염 연료전지, 고체 산화물 연료전지를 들 수 있다.

㉮ 가스엔진(Gas Engine, Internal Combustion Engine)

- 가스엔진은 기존에 개발되어 양산·보급 중인 디젤엔진을 베이스 엔진으로 하여 개조·제작하며, 크게 혼소(Dual Fuel)엔진과 전소(Dedicated)엔진으로 나눔.
- 혼소엔진은 기존의 디젤엔진에 천연가스 연료공급장치를 추가하고, 기존의 디젤분사계를 사용하여 미량의 디젤연료를 분사(Pilot Injection)하여 점화(압축착화)하는 방식으로 개조가 간단하지만 배기 저감 효과 측면에서는 불리함.
- 전소엔진은 연료분사 노즐 대신 점화 플러그를 장착하기 위해서 실린더 헤드를 변경해야 할 뿐만 아니라 압축비 감소를 위하여 피스톤의 형상을 변경하고, 출력제어를 위하여 스로틀을 설치해야 하는 등 개조는 복잡하지만 배기 저감 효과 측면에서는 혼소엔진에 비해 우수함.

㉠ 혼소형 가스엔진

- 개조가 간단하여 가스엔진 개발 초기에 많이 사용된 기술
- 비상용 디젤발전기를 활용하여 쉽게 개조할 수 있다는 장점과 디젤발전기보다 공해 측면에서 유리
- 일본에서는 열병합 발전 시스템의 일부분을 일정 규모 이상의 건물에 의무적으로 설치되어야 하는 비상용 발전기로 대체할 수 있도록 허용하고 있다. 따라서 국내에서도 이와 같은 제도가 시행된다면 기존의 건물에 설치된 비상용 디젤발전기를 혼소형 가스엔진 열병합 시스템으로 개조하여 여름철 피크전력 시 일시적으로 사용할 수 있어 국가 경제적으로 유리
- 일반적으로 혼소엔진의 경우 경유를 10% 미만으로 사용하고, 도시가스를 90%(발열량 기준) 이상으로 작동이 가능하며, 가스 공급이 안 되는 경우 100% 디젤발전을 할 수 있으므로 비상발전기의 역할을 수행

㉡ 전소형 가스엔진

효율은 희박연소 쪽으로 갈수록 증가하며, 이론공연비 부근에서는 질소산화물(NO_x)이 많이 배출되고, 노킹(Knocking)이 발생하기 쉽다. 희박연소 영역에서는 상대적으로 NO_x가 낮게 배출될 뿐만 아니라 노킹 또한 쉽게 발생하지 않으며, 가스엔진에서는 배기가스 저감 기술 방법상 이론 공연비 연소와 희박연소 방식으로 나눔.

㉢ 매립가스 발전에 적용

- 가스엔진은 매립가스를 이용하여 전력을 생산할 때 보편적으로 이용되는 방식으로, 발전원리는 자동차에 사용되는 엔진과 동일함. 매립가스를 이용해 압축-점화-폭발-배기의 4행정을 통해 얻어진 운동에너지를 통해 전기가 생산되며, 3MW 이하의 소규모 발전 규모에 적합하므로 소규모 매립장에 적용이 가능

- 가스엔진의 에너지 변환 효율은 25~35%로 다른 발전방식(예 가스터빈, 증기터빈)에 비해 비교적 효율이 좋은 편이며, 전 세계적으로 수많은 운전 사례가 존재하기 때문에 적용성 및 기술적 안정성이 높은 편임. 또한 시설을 설치하기 위해 필요한 부지 면적이 작아도 되는 장점이 있고, 가스엔진은 1MW 또는 0.865kW의 발전 규모를 가진 단위 모듈로서 필요에 따라서 연결하거나 제거하여 총 발전 용량의 조정이 가능하므로 매립가스의 농도와 양이 시간이 지남에 따라 부하변동에 능동적으로 대응할 수 있음.

- 가스엔진 운영 시 소음이 발생하므로 도시나 주택가 근처에 위치한 매립장에서는 적용이 어려울 수 있고, 또한 매립가스 연소 후 발생하는 NO_x와 일산화탄소(CO)의 배출량이 여타 다른 엔진(예 가스터빈, 증기터빈)에 비해 높은 편으로 매립장에 별도의 대기오염물질 제한 규정이 법으로 명시되어 있을 경우 설치 이전에 이러한 부분들을 먼저 고려해야 함. 그리고 매립가스 내 불순물 또는 특히 규소화합물(Siloxane)이 있을 경우 엔진의 구동 부분에 부식 또는 마모를 일으켜 엔진을 손상시킬 위험이 있으며, 가스터빈 및 증기터빈과 비교 시 설치 비용은 적게 들지만 운영·보수 비용이 가장 높음.

- 일반적인 전처리 공정으로 가스의 발열량을 높이기 위해 매립가스 내 존재하는 수분을 응축시켜 제거하는 공정과 가스엔진 모듈 구동부를 보호하기 위해 미세입자를 제거하는 공정이 필요하며, 최근 규소 화합물에 의한 가스엔진 수명이 단축되는 사례가 보고됨에 따라 전처리를 통해서 규소 화합물도 제거하고 있음.

㉯ 가스터빈(Gas Turbine)

　㉠ 가스터빈의 정의 및 원리

가스 등의 연료를 동작유체의 내부 또는 외부에서 연소시켜 동작유체에 열에너지를 준 다음 고압·고온의 가스를 만들어 이것을 터빈에 공급함으로써 직접 회전할 수 있게 한 원동기로 크게 압축기, 연소기, 터빈의 3부분으로 구성되며, 먼저 공기를 압축기로 압축한 후 연소기로 보내 고압·고온의 연소가스를 만들어서 터빈을 동작시키고, 연소된 가스를 대기 중에 방출, 즉 가스터빈 사이클은 압축·가열·팽창·배기의 4과정으로 이루어짐.

- 압축기(Compressor) : 대기를 흡입하여 압력을 상승시킨 후 연소기로 보내어 연소에 필요한 산소를 공급하는 역할을 하며, 단열압축 과정이므로 공기의 온도가 상승함.

- 연소기(Combustor) : 연소기에 유입된 압축공기를 연료와 혼합, 연소시켜 높은 에너지의 연소가스를 만드는 등압가열 과정으로 연소가스 온도를 터빈 메탈이 견딜 수 있는 온도까지 상승시킴.

- 터빈(Turbine) : 연소기에서 나온 고온·고압의 연소가스가 팽창하면서 터빈의 회전날개에 충돌하고, 반동력을 주어 기계적인 에너지로 변환. 터빈에서 얻은 기계적 에너지는 압축기에서 공기를 압축하기 위한 에너지로 공급되며, 나머지는 발전기를 구동하는 데 이용되어 전력을 생산. 단열팽창 과정으로 가스압력, 온도가 떨어지며, 배기가스는 대기로 배출되거나 배열 회수 보일러로 들어감. 압축기에서 소모되는 동력이 터빈출력의 60% 정도를 차지하고 높은 온도의 배기가스가 대기로 배출되므로 가스터빈 단독운전만의 효율은 대용량 증기터빈에 비해 비교적 낮음.

  ○ 매립가스 발전에 적용

  - 가스터빈은 미국의 매립장에서 널리 사용되는 발전방식이며, 발전원리는 가스를 고압으로 터빈 내에 유입시킨 뒤 터빈 내에서 연소시킴으로써 터빈을 돌려 전기를 생산하는 것이며, 3~5MW의 중규모 발전 규모에 적합함.
  - 가스엔진에 비해 운영·보수비가 저렴하고, 운전·보수가 용이한 편이며, 터빈에서 발생하는 고온의 배기가스와 온수를 이용하여 열병합이 가능. 고온의 배기가스로 물을 증발시켜 얻은 증기를 이용해 증기터빈으로 전력을 생산할 수 있으며(Combined Cycle), 회수된 온수를 이용하여 지역난방에 공급할 수도 있음. 이런 열병합 기술을 통해 에너지 변환 효율을 최대 80%까지 끌어올릴 수 있는 반면, 단점으로는 매립가스의 부하변동에 취약하므로 가스가 불규칙적으로 발생하는 매립장에 설치할 경우 가스 발생의 부하변동을 조절시켜 줄 수 있는 설비를 추가하거나 가스터빈 설치 전에 매립가스가 일정량 지속적으로 발생한다는 것을 확인해야 함. 또한 가스엔진과 마찬가지로 규소 화합물에 의해 터빈이 손상될 수 있음.
  - 전처리 공정은 가스엔진과 비슷하며 일반적으로 수분 및 미세입자를 제거해야 함.

⑭ 증기터빈(Steam Turbine)

  ○ 증기터빈은 수도권 매립지에 발전 규모 50MW의 설비가 설치된 사례가 있으며, 발전 원리는 매립가스로 보일러를 가열하여 물을 증발시켜 얻은 증기로 터빈을 가동시켜 전기를 생산. 일반적으로 10MW 이상의 대규모 발전 규모에 적합한 것으로 알려져 있음.

  ○ 증기터빈은 대규모 시설일수록 경제적 효과가 증가하는 것으로 알려져 있으며, 가스엔진과 가스터빈에 비해 운영·보수비가 저렴함. 매립가스가 발전시설로 들어가 연소되는 가스엔진, 가스터빈과는 달리 증기터빈은 발전시설과 분리되어 있어서 매립가스 내 불순물의 영향을 받지 않는 장점이 있고, 가스엔진과 가스터빈에 비해 NO_x과 CO의 배출량이 적은 편이며, 열병합이 가능하여 발전에 사용되고 난 뒤 고온의 증기를 지역난방 등에 사용할 수 있음.

ⓒ 단점은 초기 시설비가 매우 높으므로 대규모 매립장 외에는 설치하기가 어렵고, 증기터빈을 운영하기 위해서는 중질가스를 이용하는데 필요한 수준의 전처리를 해야 함(일반적으로 수분과 미세입자를 제거).

㉱ 마이크로 터빈(Microturbine)

㉠ 마이크로 터빈은 초기에는 비행기 내 발전을 위해 만들어진 소형 발전기이며, 매립가스에 대한 적용성이 확인됨에 따라 매립가스를 이용한 발전에 사용되기 시작함. 마이크로 가스터빈은 기본적으로 대형 가스터빈과 같은 원리에 기초하고 있으나 재생 사이클의 채용으로 소용량이지만, 비교적 높은 발전 효율을 유지하고 있음. 또 공기 베어링의 채용으로 윤활유 관련 장치의 생략, 발전기 직결로 감속기의 생략 등 구성에 의해 부품수를 삭감하여 신뢰성·유지보수성이 향상되어 있음.

㉡ 에너지 효율은 25% 안팎으로 다른 발전시설에 비해 낮은 편이지만, 발전 과정에서 50~80℃의 온수가 생성되므로 열병합시설을 추가시킬 경우 총 에너지 변환 효율을 85%까지 높일 수 있음. 가스엔진의 경우 매립가스 중의 CH_4 농도가 45% 이하로 내려가면 안정적 가동이 어렵지만, 마이크로 터빈은 35%의 낮은 CH_4 농도에서도 발전이 가능함. 발전시설 단위 발전 용량은 30~200kW이며, 가스엔진과 동일하게 발생되는 매립가스의 양에 따라 설비를 추가/제거하여 발전 용량을 조절할 수 있으며, NO_x나 CO와 같은 대기오염물질 배출이 가스엔진의 10분의 1로 매우 적어 도시 내 혹은 근교에서도 사용 가능할 것으로 기대됨.

㉢ 마이크로 터빈은 소형·경량이며, 환경 특성이 우수한 소용량의 발전장치로 배열 회수가 용이하여 열 이용을 포함하여 종합적으로 효율이 70% 이상이지만, 마이크로 터빈은 매립가스 내에 포함된 규소 화합물이나 불순물에 의한 터빈의 손상과 부식의 문제가 잦은 것으로 알려져 있어 사용된 배기가스를 재순환시키는 Recuperator나 열병합시설을 이용하지 않을 경우에는 에너지 변환 효율이 25%로 가스엔진보다 낮으며, 규소 화합물에 매우 취약한 것으로 알려져 있음.

㉣ 마이크로 터빈의 설치 비용은 기존에 주로 사용되는 가스엔진보다 비싸기 때문에 0.8~1MW 이상의 발전 용량을 가지는 매립가스 활용 사업의 경우 가스엔진과 비교하여 사업성이 떨어지며, 또한 아직까지 10년 이상의 장기간 운영에 대한 사례 및 정보가 없으므로 기술적 안정성이 확인되지 않았고, 소규모의 발전에 용이하므로 생산된 전력은 외부로의 판매보다 지역별로 생산되는 전기의 사용을 선호하고 있음.

ⓜ 소규모 가스엔진(Small Internal Combustion Engine)

2005년에 US EPA에 발표된『Conventional and Emerging Technology Application for Utilizing Landfill Gas』에 소개된 소규모 가스엔진은 가스엔진과 동일한 발전 원리를 가지고 있으나 기존에 사용되던 가스엔진의 단위 발전 용량을 55~800kW로 줄인 방식으로, 아직 적용 가능성을 논할 수 없지만 마이크로 터빈보다 시설비 및 운영·보수비가 적을 것으로 기대하고 있음.

ⓑ 스털링 엔진(Stirling Cycle Engine)

　　ⓐ 스털링 엔진은 1816년에 개발되었으나 고온·고압의 운영조건 등의 문제로 실용화되지 못했고, 최근 엔진을 구성하는 재질과 엔진 설계의 성능이 발전하고 기후변화협약 등에 의해 주목받기 시작한 엔진으로, Closed-cycle Engine, External Combustion Engine이라고도 명명되는데 이는 엔진 내에 포함된 엔진을 구동시키는 유체가 영구적으로 계속 사용되며, 열원이 엔진의 외부에 있기 때문임. 현재 실험되고 있는 발전 규모는 22~55kW 정도로, 미국 미시간주에서는 매립가스를 이용한 2~25kW와 10~25kW의 스털링 엔진 시범사업이 2004년 1월부터 시작되었으며, 성공적으로 운영되고 있다고 보고되었음. 2005년 3월부터는 텍사스의 매립지에서 스털링 엔진이 적용되어 운영하고 있음.

　　ⓑ 스털링 엔진은 일반 가스엔진에 비해 에너지 변환 효율이 높고, 연료가 엔진의 외부에서 연소되므로 연료 내 불순물에 크게 영향을 받지 않으므로 규소화합물에 의한 엔진의 손상이 적다는 장점이 있고, 열병합 운영이 가능함. 외부 열원으로는 핵분열, 태양열, 지열, 매립가스 등을 이용할 수 있기 때문에 매립가스를 열원으로 사용하는 동시에 태양열을 열원으로 사용하는 것과 같이 다중으로 열원 사용이 가능함.

ⓢ 유기 랭킨 사이클 엔진(Organic Rankine Cycle Engine)

　　ⓐ 유기 랭킨 사이클 엔진은 스털링 엔진과 동일하게 외부 연소방식(external combustion system)을 가진 Closed-cycle Engine으로, 엔진을 가동하는 유체로 증기 대신 프레온(Freon)이나 이소펜탄(Iso-pentane), 염화불화탄소(CFCs), 수소불화탄소(HFCs), 부탄(Butane), 프로판(Propane), 암모니아(Ammonia)와 같은 유기성 유체를 사용함. 2004년 텍사스와 일리노이에서 유기 랭킨 사이클 엔진을 이용한 매립가스 발전 시범사업이 시작되었으며, 발전 규모는 200kW였고, 특히 일리노이의 댄빌(Danville)에서는 가스엔진에서 발생하는 여열을 이용해 유기 랭킨 사이클 엔진으로 200kW 규모의 전력을 생산한 사례가 있음.

　　ⓑ 유기 랭킨 사이클 엔진의 경우 외부 연소방식으로 매립가스의 불순물에 크게 영향을 받지 않는 장점이 있으나 에너지 효율이 18% 정도로 낮은 편이며, 시설비가 기존 발전시설에 비해 높은 편으로 경제적 구매력이 떨어짐.

⑪ 인산연료전지(PAFC ; Phosphoric Acid Fuel Cell)

㉠ 연료전지는 전기화학적 과정을 통해 연료를 직접 전기에너지로 변환시켜 전력을 생산하며, 연료로는 물 또는 메탄을 함유하고 있는 매립가스에서 생산한 수소와 대기 중의 산소를 사용하고 매립가스를 이용할 경우에는 매립가스 중의 불순물은 연료전지 운영에 치명적이므로 고순도의 정제시설이 필요함. 현재 실용화된 인산연료전지의 단위 전력 용량은 200kW로 250kW까지도 개발된 상황임.

㉡ 인산연료전지는 150~200℃로 다른 연료전지와는 비교적 저온에서 운영되나 열병합시설을 이용해 에너지 효율을 높일 수 있음. 기본적으로 인산연료전지는 40~50%의 에너지 변환 효율을 가지며, 열병합 시에는 80% 이상의 에너지 효율을 기대할 수 있음. 또한 가스엔진, 마이크로 터빈과 같이 모듈화되어 있기 때문에 발생하는 질소산화물(NO_x)과 일산화탄소(CO) 외에 발생하는 대기오염 배출물질이 거의 없으며, 구동 부분이 없기 때문에 소음이 거의 없다는 장점이 있으나 시설 비용이 높은 편이며, 철저한 전처리 공정이 필요하다는 단점이 있음.

㉢ 연료전지에 공급되는 연료로는 천연가스가 대부분을 이루고 있으며, 전세계에 설치·운영 중인 연료전지 중 80~90%가 이에 해당됨. 하지만 연료 다변화의 일환으로 천연가스 이외에도 매립가스와 하수처리장의 슬러지를 소화조에서 소화함에 따라 발생하는 CH_4을 주성분으로 한 ADG를 연료전지의 연료로 공급하려는 많은 노력이 진행 중에 있으며, 바이오 가스인 ADG 이외에도 석탄가스를 연료전지의 연료화하기 위한 많은 연구가 진행 중에 있음.

㉣ 일반적인 전처리 공정은 고순도의 수소를 얻기 위해 수분, 염소이온, 황화수소, 미세입자, 탄화수소, 할라이드 등 매립가스 내 포함된 불순물들을 제거해야 함.

| 연료전지의 구성 |

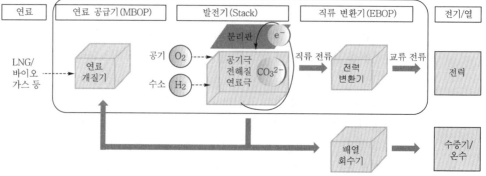

㉔ 용융 탄산염 연료전지(MCFC ; Molten Carbonate Fuel Cell)

인산연료전지의 발전 원리와 비슷하며 기본적인 장점과 단점도 인산연료전지와 유사함. 운영 온도는 650℃로 인산연료전지보다 높은 편이며, 높은 온도로 인해 다른 연료전지와 달리 고가의 금속 촉매를 필요로 하지 않으며, 금속 촉매가 필요하지 않으므로 일산화탄소에 의한 촉매의 비활성화를 걱정하지 않아도 되고 이는 연료 사용에 유연성을 주므로 연료의 불순물에 영향을 적게 받고, 수소 외에 메탄, 부탄, 심지어는 일산화탄소도 연료로 사용될 수 있음. US Department of Energy(DOE)에서 매립가스를 이용한 MCFC 적용 테스트를 실행한 사례가 있음.

㉕ 고체 산화물 연료전지(SOFC ; Solid Oxide Fuel Cell)

발전 용량 1kW에서 2MW까지 가능하며, 700~1,000℃에서 운영되므로 운영 후 발생되는 배기가스를 이용해 열병합 시설을 가동하거나 가스터빈을 이용해 잉여 발전을 할 수 있음. 또한 높은 온도에서 운영되므로 고가의 금속 촉매를 필요로 하지 않고 연료의 유연성을 가지고 있고 높은 운영 온도는 장비를 가동하기 위한 시간이 많이 필요하기 때문에 단점으로 작용되며, 고체 산화물 연료전지의 경우 약 8시간 이상으로 예측하고 있다.

㉮ 대표적 발전 기술의 비교 평가

㉠ 일반적으로 가스엔진, 가스터빈, 증기터빈이 그 동안 가장 많이 적용된 방식으로 세 기술의 특성 비교는 다음의 표에서와 같다. 매립가스(LFG)용 발전 설비의 주요 특징은 가스엔진은 소규모, 가스터빈은 중규모 이상, 증기터빈은 대규모 매립지에 적합함. 가스엔진이 발전 효율이 가장 높으며, 현재까지 미국에서 보급된 LFG용 발전 설비의 약 60%가 가스엔진을 적용하고 있으나 열에너지와 병용해서 사용할 수 있는 가능성은 발전 효율이 가장 낮은 증기터빈이 높음. 증기터빈은 장치의 특성상 열에너지를 활용하기 유리하므로 전력 생산과정에서 발생되는 폐열을 활용하여 전체적 에너지 효율이 크게 향상될 수 있음.

㉡ 결론적으로 기술적인 측면에서는 세 기술 모두 장단점을 갖고 있으며, 어느 특정 기술이 우위를 점하고 있지는 않음. 단지 LFG 발생 규모에 따라 최적 적용이 가능한 기술이 달라질 뿐이며, **소규모 매립지에서는 가스엔진, 중대규모는 가스터빈, 대규모는 증기터빈**이 기술적으로 적절하며, **가스엔진의 경우는 대기오염 규제가 엄격한 지역에서는 설치 운영이 어려운 단점**을 갖고 있음.

┃ 발전 기술의 특성 비교 ┃

항 목	가스엔진	가스터빈	증기터빈
발전 용량(MW)	0.1~3	3(3~8)	>8
LFG 최소 필요 유량(m^3/min)	≥1	30(1~80)	>80
발전 효율(%)	25~35	20~28	20~31
발전과 열에너지 활용의 동시 수행 가능성	낮음	보통	높음
유입 가스의 필요 압력(psig)	2~35	165+	2~5
특이사항	–	1.2~12.8MW를 생산하고 있으며, 가장 많이 보급되어 있는 단위 용량은 3MW임.	10MW 이상은 돼야 경제성이 있는 것으로 알려지고 있으며, 현재 보급된 것은 6~50MW임.

ⓒ 나머지 발전 기술은 비교적 최근에 개발 보급된 것으로 기존 세 가지의 발전 기술처럼 자세한 정보는 없는 상황이며, **마이크로 터빈** 등은 **소규모 매립지**에서 발전하기에 유리한 방식으로 알려지고 있고 모듈 형태로 적용이 가능하므로 대규모 매립지라 할지라도 경제성만 확보된다면 모듈의 수를 늘리는 방식으로 적용이 가능함.

ⓓ 연소방식에 의한 발전이 아닌 연료전지를 활용한 발전방식도 최근에는 각광을 받고 있으며, 매립지에서는 고순도의 CH_4이 발생하므로 연료전지에 적용하기 적합하고 효율도 높은 것으로 알려지고 있음. 그러나 아직까지 대규모 상업화에 적용하기에 충분할 정도로 기술적 안정도가 높지 않고, 경제성이 취약하여 현재 단계에서는 발전방식을 대체할 수 있는 정도는 아니며, 향후 적용 가능성이 높은 주목 받을 가치가 있는 기술로 평가할 수 있음.

② 중질가스 활용

중질가스로 활용하는 방법은 LFG 중에서 수분, 분진, 규소화합물 등을 제거한 다음에 연료로 직접 사용하는 방식으로 보일러, 적외선 히터 등을 들 수 있다. 우리나라에서는 매립지에서 중질가스를 직접 수요처에 공급하기보다는 지역난방공사 등 지역의 가스업체 등에 공급하여 천연가스 등과 혼합하여 사용하는 방식을 많이 택하고 있다.

㉮ 보일러, 킬른에 연료로 공급(Medium-BTU Fuel for Boiler or Kiln)

5km 이내 보일러 또는 킬른이 있는 경우 간단한 정제를 통해 연료로 공급한다. 적용 범위는 온실 난방, 공장 및 시설 내 난방, 도자기 소성, 벽돌 생산 등 가열에 필요한 연료로 어디든 공급할 수 있으며, 국내에서는 대구 방천리 매립지에서

생산되는 중질가스를 지역난방공사에 판매하고 있다. 난지도 매립지에서 발생하는 매립가스도 지역난방에 사용되고 있고, 울산 성암동 매립지의 경우 주변 소각장의 연료로 사용되며, 원주 흥업면 매립지의 경우에는 주변의 온실 난방에 사용되고 있다.

중질가스를 이용한 매립가스 이용은 매립장에서 발생된 가스의 **90% 이상**을 이용할 수 있다는 점과 가격대비 회수율이 높은 장점이 있다. 그러나 수요처가 매립장 주변에 있어야 하며, 큰 규모의 매립장이 아닐 경우에는 사업화하기 어렵고 매립가스에 맞도록 기존 보일러 설비를 개조해야 하기 때문에 개조 비용에 의한 사업자의 부담이 커질 수 있다.

㉯ 적외선 히터(Infrared Heater)

미국의 버지니아 주 프렌드릭 카운티 매립장에서는 매립장 내 시설의 난방을 위해 매립가스로 적외선 히터를 운영하는 시범사업이 2001년에 진행되었다. 이 방법은 매립가스를 최소한의 전처리를 하더라도 사용이 가능하며(규소화합물 처리는 필요함), $30\,\text{ft}^3/\text{min}$ 이하의 매립가스 유량에도 적용이 가능하다($6,500\,\text{ft}^2$ 면적의 건물 난방 시). 기본적으로 운영이 간편하며 자본회수 기간은 5~10년으로 예상된다.

㉰ 침출수 증발공정(Leachate Evaporation System)

침출수 증발공정은 이미 상용화된 기술로 매립가스 내 CH_4을 산화시켜 얻은 에너지를 이용해 침출수 내 오염물질을 소각하여 제거하거나 증발시켜 부피를 줄이는 공정이다(전체 발생되는 침출수의 약 98% 부피 감소). 침출수 증발공정 이후 생성된 고농도의 침출수는 농도 측정 후 매립지로 반송하는 형태로 운영된다. 기본적으로 증발기 및 소각기로 이루어져 있으며, 발생한 침출수는 먼저 증발기로 이송되어 부피가 감소되고, 증발기에서 발생한 오염물질 증기들은 소각기에서 소각된다. 이때 증발기 운영 온도는 180~190℉(82~83℃), 소각기 운영 온도는 1,400~1,600℉(760~871℃)이다. 매립가스는 증발기와 소각기 운영을 위한 연료로 사용되며, 일반적으로 수분 및 미세입자를 제거하는 전처리 공정을 사용한다. 경험적으로 1갤런(Gallon)의 침출수 처리를 위해서는 50 SCF(Standard Cubic Feet)의 매립가스가 필요한 것으로 알려져 있으며, 열회수 공정이 추가되면 필요한 매립가스는 45 SCF로 줄어든다.

③ **고질가스 활용**

고질가스 활용은 40~50%의 CH_4 농도를 가지고 있고, 메탄 함량에 따라 발열량이 4,000~5,000kcal/Nm³(천연가스의 절반 수준)로 연료로서 충분한 가치가 있는 매립가스를 정제하여 CH_4 농도 95% 이상의 연료로 정제하는 방법이다. 매립가스를 포집하여 정제하는 일련의 공정 과정에서 정제가스의 질을 결정하는 데 가장 중요한 공정은 전처리 공정이라 할 수 있다. 일반적으로 전처리 공정으로는 수분, 비메탄계 유기화합물(NMOC ; Non-methane Organic Compound), 탄화수소류(HCs) 등의 불순물을 제거하며, 최종적으로는 매립가스의 50% 이상을 차지하는 이산화탄소를 분리하는 것이 핵심이다. 고질가스로 활용하는 방법에는 첫째 도시가스로 활용, 둘째 자동차 연료로 활용하는 방법으로 크게 구분할 수 있다.

㉮ 도시가스로 활용

매립가스의 도시가스 활용은 발열량을 도시가스 수준으로 만드는 것이 핵심이며, 시설비가 고가이므로 경제 규모 측면에서 본다면 대형 매립지에만 적용 가능한 것으로 알려져 있다. 그러나 매립가스로부터 메탄만을 100% 정제한다고 해도 순수 메탄 발열량만으로는 도시가스 발열량을 맞출 수 없기 때문에 프로판과의 혼합으로 발열량을 높여야 한다. 그러므로 프로판의 혼합 비율을 낮추는 것이 경제성 확보의 핵심이라고 할 수 있다. 일반적인 전처리 공정에서는 수분, 비메탄계 유기화합물(non-methane organic compound), 탄화수소류(HCs) 등의 불순물을 제거하며, 최종적으로는 매립가스의 50% 이상을 차지하는 이산화탄소를 분리하는 것이 핵심이다. 이산화탄소 분리공정으로는 크게 두 가지가 사용되고 있다.

㉠ SeparexTM

이산화탄소는 통과시키고, 메탄만 정제할 수 있는 membrane을 이용한 기술이다.

㉡ Selexol®+PSA(Pressure Swing Adsorption) Process

Selexol®은 이산화탄소만 선택적으로 녹일 수 있는 용제로 사용한 뒤 다시 회수 가능하며, PSA는 drum을 회전시켜 얻는 압력의 차이로 분리하는 공정이다. 매립가스 발생량이 큰 시설에서만 사용 가능(300,000scf/day 이상)하며, 매립가스 발생이 비교적 균일해야 한다.

㉯ 자동차 연료화(Compressed Natural Gas, CNG)로 활용

매립가스를 정제하여 발열량을 높인 후 자동차의 연료로 사용하는 방법이다. 대형 매립지에서 포집한 매립가스를 이용하기 위한 방안으로 사용되나 매립가스를 발전 등으로 사용하고 남은 매립가스를 활용하기 위한 대안으로도 사용 가능하다. 이 방법 또한 매립가스의 발열량을 높이는 것이 핵심이므로 공기 유입을 최소화할 수 있는 매립가스 추출정 디자인 및 1% 이하의 산소농도를 가진 매립가스 이송 파이프 시스템과 민감한 산소 농도 센서 및 조정 시스템이 필요하다. 매립장에서 발생하는 매립가스를 자동차 연료화하였을 경우 수요처 확보는 또 다른 문제가 된다.

자동차 연료로 판매하기 위해서는 연료의 이송이 필요한데 이는 자동차 연료의 가격을 높이는 요인이 되기 때문이다. 그러므로 대부분 생산된 자동차 연료는 매립지를 드나드는 수거차량, 청소차량 또는 매립지 내 운영되는 차량에 공급되며, 자동차 연료화하여 얻은 연료를 사용하기 위해 기존 차량을 개조할 필요가 있다. 일반적으로 차량 한 대당 3,500~4,000달러가 소요되는 것으로 알려져 있다.

연료의 판매 금액은 생산된 연료의 소비율, 운영비, 자본회수 기간의 설정, 이자율, 운영에 필요한 전력 소비량 등에 달려 있으며, 기존 연료의 가격이 오를 경우 매립가스로부터 얻은 연료는 더욱 더 경제적 구매력을 가질 것으로 예상된다. 또한 일반 디젤엔진보다 대기오염물질 발생량이 적어 환경적인 측면에서의 이득 또한 크다.

(2) 폐기물 소각

소각시설 온실가스 배출원은 그림과 같다. 소각시설에서는 폐기물 저장소에서 CH_4이 발생하고, 연소실에서는 CO_2, CH_4, N_2O가 발생된다. 또한 NO_x 처리설비인 SNCR, SCR에서 N_2O가 발생된다.

‖ 소각시설 온실가스 배출원 ‖

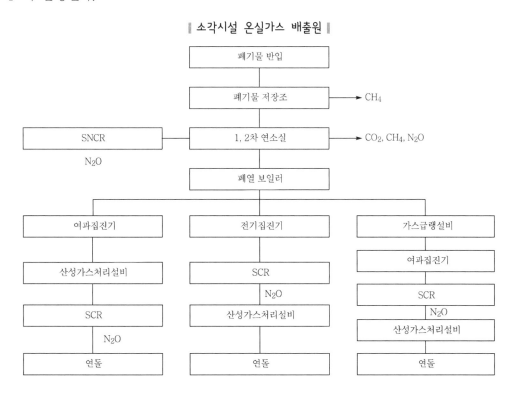

1) 2차 방법론 : 대체 공정 적용

① 재활용 공정으로의 대체

소각을 재활용 시설로 대체하는 것으로 인한 온실가스 저감은 재활용 방법으로 어떤 것을 선택하느냐에 따라 달라질 수 있다. 크게 물질 재활용은 자체의 물성을 변화시키지 않고 다른 제품을 만드는 원료로 재활용하는 방법으로, 물질을 재활용하는 방식으로의 대체는 가장 바람직한 환경친화적인 기술로서 온실가스 저감 효과가 있으나 이는 폐기물 특성상 이물질이 혼재되어 있어 전처리 비용이 높으며, 재활용된 제품의 질이 낮고 기능성이 떨어진다는 문제점도 있다. 화학적 재활용은 화학적 변화를 일으켜 다른 물질로 전환한 후 재활용하는 기술로 대부분의 화학적 재활용의 경우 생성물을 연료로 사용하는 경우가 많기 때문에 온실가스 저감 효과는 없다고 할 수 있다.

2) 3차 방법론 : 공정 개선

소각의 공정 개선은 3차 방법론이며, 두 가지 방법을 고려할 수 있다. 첫 번째는 소각시설에서 비생물계 폐기물의 투입을 줄이는 방법, 두 번째는 소각시설의 열회수 효율 제고를 꼽을 수 있다.

① 비생물계 소각처리량 최소화

소각시설에서 발생되는 온실가스 이산화탄소는 비생물계 폐기물(플라스틱, 합성고무/피혁 등)의 소각에 의해 발생된다. 그러므로 소각시설에 반입되는 비생물계 폐기물을 원천적으로 선별·분리하여 재활용함으로써 이산화탄소의 발생을 저감할 수 있다. 최근 MBT(Mechanical Biological Treatment)『폐기물을 최종 처분하기 전에 기계적 분리·선별 및 생물학적 처리를 거쳐 재활용 가치가 있는 물질을 최대한 회수하고, 환경부하를 감소시키는 시설』에 대한 관심이 증대되고 있어 비생물계 폐기물의 전처리 과정을 통한 사전 분리·제거는 재활용 관점에서도 중요하므로 조만간에 상업화되어 적용될 공산이 높다. 그러므로 소각에서 온실가스 저감 목적으로 전처리가 활성화되기보다는 재활용 목적으로의 폐플라스틱 분리·제거 과정에서 부수적으로 소각에서 온실가스 저감이 이루어지리라 본다.

② 열회수 효율 제고

소각시설에서 에너지 효율을 높이기 위한 공정 개선 기술로 소각 여열을 이용한 기술이 있다. 이 기술은 가연성 폐기물을 연소하여 발생하는 폐열을 회수하여 이용하는 것으로 소각로에서 발생한 열을 보일러에서 흡수하여 증기로 이용할 수 있기 때문에 발전, 온열, 흡수식 냉동기에 의해 냉열·제조 등 다용도로 활용할 수 있어 이용 잠재성이 높다. 이러한 소각시설 내 열회수 설비의 효율을 제고하여 에너지 회수 및 이용률을 높이는 것도 가능성이 높고 적용 가능한 대안으로 소각시설의 열회수 방식 등의 공정 개선을 통해서 온실가스 저감 달성이 간접적으로 가능하다고 판단된다.

3) 6차 방법론 : 온실가스 처리

① N₂O 처리기술

소각시설에서 발생하는 N₂O를 처리하여 온실가스 배출을 줄이는 6차 방법론 적용이 가능하다. N₂O만을 선택적으로 처리하기 위한 목적으로 개발·소개된 기술은 없는 상황이다. 그러나 대기 중의 NOₓ를 제거할 목적으로 개발·적용되고 있는 선택적 촉매환원처리방법(SCR ; Selective Catalytic Reduction)과 선택적 비촉매환원처리방법(SNCR ; Selective Non-catalytic Reduction)에 의해 N₂O가 부수적으로 제거된다고 알려지고 있다.

NOₓ를 포함한 N₂O의 저감 기술은 크게 고온 처리, 중온 처리(300℃ 내외), 상온 처리로 나눌 수 있다. 고온 처리는 보통 800~1,200℃ 내외의 온도에서 N₂O를 분해·처리하는 방법으로, NH₃을 투입하여 환원분해하는 방법(SNCR)이다. 또한 중온 처리에는 N₂O를 촉매상에서 직접 분해하여 제거하는 직접 촉매분해방법과 환원제를 추가적으로 주입하는 직접 촉매분해방법이 있다. 환원제를 추가적으로 주입하는 직접 촉매분해방법은 선택적 촉매환원방법, 비선택적 환원방법이 있다. 상온 처리는 습식 흡수법과 전기화학적 분해방법이 있다.

여러 처리 방법 중에서 1990년대 이후 국내외적으로 많이 적용되어 온 방법은 고온 처리에 의한 환원방법(SNCR)과 중온처리의 직접 촉매분해와 선택적 촉매환원이다. 그 중에서도 선택적 촉매환원(SCR)이 각광을 받고 있는 실정이지만, 촉매 교체 비용이 높아 최근에는 SNCR이 확대·보급되고 있는 추세이다.

② 하수처리시설

하수처리시설 온실가스 배출원은 다음 그림과 같다. 하수처리공정은 크게 표준활성슬러지 공법과 A₂O 공법으로 나눌 수 있다. 표준활성슬러지 공법에서는 혐기성 소화조에서 CH₄이 발생되고, 폭기조에서 N₂O가 발생된다. A₂O 공법에서는 무산소조, 호기조에서 N₂O가 발생된다.

‖ 하수처리시설 메탄가스 배출원(표준활성슬러지 공법) ‖

∥ 하수처리시설 아산화질소 배출원(표준활성슬러지 공법) ∥

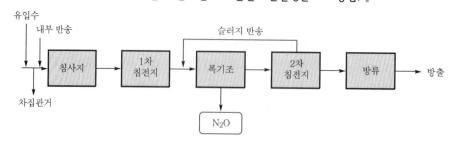

∥ 하수처리시설 아산화질소 배출원(A₂O 공법) ∥

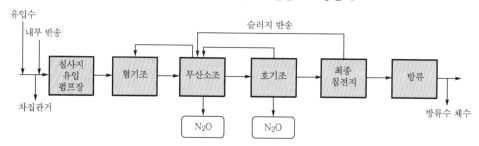

하수처리시설에서 온실가스를 저감할 수 있는 기술은 크게 네 가지로 구분할 수 있다. 첫째 혐기성 공정을 호기성 공정으로 전환하는 방식으로 2차 방법론에 속하고, 둘째 공정 개선을 통해 효율을 제고하는 방식으로 3차 방법론, 셋째 매립지에서 발생하는 매립가스를 포집 · 회수하여 이용하는 활용공정 적용으로 4차 방법론, 넷째 처리 및 전환공정으로 5, 6차 방법론으로 분류할 수 있다.

㉮ 2차 방법론 : 대체 공정 적용

　㉠ 호기성 공정으로 전환

　　하수처리시설의 경우 CH_4이 주로 발생되는 혐기성 공정을 호기성 공정으로 전환하는 것이다. 그러나 현재 국내에 설치 · 운영되고 있는 하수처리시설은 대부분이 호기성 공정으로 구축되고 있어 대체 공정은 큰 의미가 없다고 여겨진다. 하수슬러지처리 과정에서 혐기소화 공정을 일부에서 택하고 있으나 생성가스인 CH_4이 대기 중으로 직접 배출하지는 않고, 슬러지 가온용으로 자체 연료 등으로 사용하거나 연소처리하여 배출하고 있어 하수처리시설에서 CH_4 배출이 심각하지 않은 것으로 알려지고 있다. 혐기소화를 호기소화로 대체하는 것에 의해 근본적으로 CH_4 생성을 쉽게 처리할 수 있으며, 이런 경우는 대체 공정으로 분류할 수 있다.

㉯ 3차 방법론 : 공정 개선
  ㉠ 혐기성 소화조의 효율 제고
   공정 개선은 3차 방법론에 속하며, 하수처리시설의 에너지 사용 효율을 제고하는 일반적인 방법 이외에 하수처리시설의 특성을 고려한 경우는 혐기성 소화조의 효율 제고를 꼽을 수 있다.

   저농도 하수 유입 및 고도처리 등으로 인한 슬러지 내 유기 성분이 적어 소화조 유지ㆍ관리 비용 측면에서 경제성이 떨어진다는 이유로 소화조 설치를 기피하는 실정이다. 소화조 효율 향상으로 발생되는 CH_4을 회수하여 처리장 내 난방용 또는 인근 지역 공장 등에 산업용으로 공급 및 발전시설을 통해 처리장 내 전력 공급이 가능하다.

   혐기성 소화조의 소화 효율을 향상시키기 위하여 소화조 내 스컴층 및 하부 침적물 제거를 위한 준설공사를 실시하며, 소화조 가온방법을 기존의 스팀 직접 주입방식에서 열병합 발전시설 폐열을 열원으로 이용한 외부 열교환기에 슬러지를 순환시켜 간접 가온하는 방법으로 변경하는 방법이 있다. 소화조에서 발생하는 소화가스를 열병합 발전시설에 연료로 공급하기 위하여 소화가스 내에 함유된 불순물(분진, H_2S, 수분 등)을 제거하기 위한 여과기, 수분제거기 등의 정제시설을 기존의 탈황탑 후단에 추가로 설치한다. 소화조에 발생하는 소화가스를 이용하여 하수처리장 내 필요한 전력을 생산하고, 소화조 가온용 열원을 공급하기 위하여 가스엔진 발전기를 중심으로 한 열병합 발전시설을 설치한다.

┃ **소화조 준설 공정도** ┃

또한 CH_4과 N_2O 발생을 줄이기 위해서 운전조건의 개선과 공정 효율 향상이 필요하다. 아직까지 이에 대한 구체적인 사례와 연구 등이 진행된 경우는 거의 없으나 운전조건 개선 등을 통해 온실가스 배출의 원천적 감소를 기대할 수 있다.

ⓓ 4차 방법론 : 온실가스 활용

하수처리시설에서 배출되는 CH_4 활용은 4차 방법론으로 분류할 수 있다. 하수처리시설에서는 CH_4이 배출되며, CH_4은 연료로서 활용 가치가 높기 때문에 이를 포집·회수하고 있다. 그러나 국내 하수처리시설은 대부분이 호기성 공정으로 이론적으로는 CH_4 배출이 없고, 배출된다 하더라도 농도가 극히 낮아 추가적으로 설비를 투입하거나 개선하는 것은 의미가 없다고 본다. 또한 대부분이 저류조에서 혐기적으로 분해되어 CH_4이 배출되는 경우가 존재할 수 있으며, 호기성 공정의 혐기조건이 형성되는 부분에서 CH_4이 배출되는 경우가 존재할 수 있다. 이처럼 CH_4 발생을 줄이기 위해 저류조 등에 덮개를 씌워서 포집·회수할 수 있는 설비가 필요하고 CH_4의 농축이 필요하나 배출량이 미량일 것으로 추정되는 CH_4을 포집·회수하여 이용하는 목적으로 막대한 비용을 들여 설비에 투자하는 것은 의미가 없다고 본다. 반면 슬러지의 혐기소화에서 발생하는 CH_4은 고농도이고 발생량이 많기 때문에 CH_4 활용이 가능하며, CH_4의 활용공정은 매립지에서의 LFG와 동일하므로 여기서는 생략하였다.

ⓔ 6차 방법론 : 온실가스 처리

하수처리시설에서 표준활성슬러지 공법일 경우 폭기조에서 A_2O 공법일 경우에는 무산소조와 호기조에서 N_2O가 발생할 개연성이 있다. 한편 N_2O 처리기술은 소각시설의 경우와 동일하다. 하수처리시설에서 N_2O를 처리하기 위해서는 저류조나 반응조 등에 덮개를 설치하여 내부 공기를 순환처리해야 하나, N_2O 농도도 상당히 낮은 것으로 알려져 있고 덮개 설치 비용뿐만 아니라 SCR 또는 SNCR의 설치·운영 비용도 만만치 않기 때문에 비용 편의 측면에서는 효용성이 없다고 본다.

(3) 음식물처리시설

음식물처리시설 온실가스 배출원은 그림과 같이 저장호퍼와 반응조인 메탄 발효조와 산발효조에서 CH_4이 발생할 수 있다.

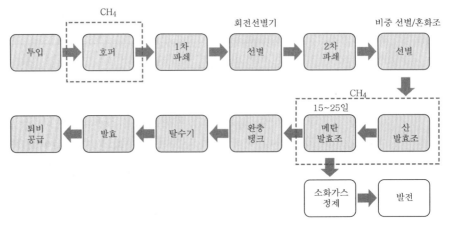

┃ 음식물처리공정 개략도 ┃

음식물처리시설에서 온실가스를 저감할 수 있는 기술은 크게 세 가지로 구분할 수 있다. 첫째 혐기성 소화방식을 호기성 소화방식으로 전환시키는 대체 공정 적용인 2차 방법론, 둘째 공정 개선을 통한 CH_4 포집·회수 이용의 극대화로 3차 방법론, 셋째 혐기성 소화 과정에서 발생하는 CH_4을 포집·회수 이용하는 활용공정 적용으로 4차 방법론으로 분류할 수 있다.

1) 2차 방법론 : 대체 공정 적용

음식물쓰레기 혐기성 소화의 대체 공정은 2차 방법론으로서 첫째 호기성 소화공정으로의 변환, 둘째 소각시설로 대체하는 방법, 셋째 사료화 등으로 대체하는 것을 들 수 있다.

① 호기성 공정으로 전환

음식물쓰레기의 혐기성 소화를 호기성 소화로 전환하면 이론상으로는 CH_4 배출이 없기 때문에 온실가스 감축 효과가 탁월하다고 할 수 있다. 현재 국내에서 운영되고 있는 음식물소화시설 40개소 중 혐기성 처리시설은 4개소에 불과하고 나머지는 호기성 처리시설이다. 혐기성 처리시설을 호기성 처리시설로 바꾸기 위해서는 기존 혐기성 처리시설을 제거한 뒤 호기성 처리시설을 재설계하여 설치해야 한다. 온실가스를 줄이는 편익보다는 비용 측면에서의 막대한 부담이 예상된다. 또한 호기성 소화에 의해 생성된 퇴비의 활용도가 국내에서는 상당히 낮아 호기성 공정에 대한 부정적 이미지가 형성되어 있다. 따라서 특별한 상황을 제외하고는 기존의 혐기성 처리시설을 호기성 처리시설로 변환시키는 명분이 약하므로 본 대안의 적용 가능성은 낮다고 본다.

② 소각시설로 대체하는 방법

음식물쓰레기의 소각은 높은 수분 함량으로 음식물쓰레기를 단독으로 소각처리하는 대안으로 부적절하다. 따라서 생활폐기물에서 음식물쓰레기를 분리하지 않고 병합해서 처리하는 방법이 대안이 될 수 있다. 음식물쓰레기는 바이오매스 성분이므로 소각처리 과정에서 배출되는 CO_2는 온실가스로 분류되지 않으므로 생활폐기물에서 분리하지 않고 처리하게 되면 온실가스 감축 효과가 높다고 할 수 있다.

③ 사료화

음식물쓰레기의 사료화도 대안이 될 수 있으나 국내에서 음식물쓰레기의 사료화는 수집·운반·보관 과정에서의 부패로 인하여 음식물쓰레기의 사료로의 활용은 바람직하지 않다고 결론이 난 상태이므로 대안에서는 제외해야 한다고 판단된다.

음식물쓰레기의 혐기성 소화공정의 대체를 위해서는 음식물쓰레기의 혐기성 소화과정에서 배출되는 CH_4의 외부 누출이 많다는 것이 전제되어야 한다. 그러나 현재는 대부분의 음식물쓰레기 혐기성 소화가 CH_4 포집·회수 이용이 목적이므로 회수율이 상당히 높아서 CH_4의 외부 누출은 미미한 수준이라고 여겨진다. 또한 음식물쓰레기 등의 유기성 폐기물의 에너지화가 대세인 상황이므로 혐기성 소화방식의 대안을 통한 저감보다는 혐기성 소화 과정에서 CH_4의 외부 누출을 최소화하고, 소화가스 활용을 극대화하는 방안으로의 공정 개선이 더 필요한 시점이라고 본다.

2) 3차 방법론 : 공정 개선

음식물쓰레기 혐기성 소화 과정에서 CH_4 누출과 포집·회수 과정에서의 효율 저하로 CH_4의 외부 배출을 예상할 수 있으므로 누출을 줄이기 위한 공정 개선과 포집·회수 과정에서의 손실을 최소화하기 위한 방안이 필요하다. 음식물의 혐기성 소화시설에서는 저장호퍼와 혐기성 반응조에서 CH_4이 발생·누출될 공산이 높으므로 이러한 설비의 기밀성을 높여 CH_4 누출을 최소화하는 것이다. 한편 반응 효율을 제고하여 메탄가스 발생을 극대화하고, 메탄 포집·회수율을 향상시켜 온실가스 감축 효과를 거둘 수 있다.

3) 4차 방법론 : 활용 기술

음식물쓰레기 혐기성 소화 과정에서 배출되는 CH_4 활용 기술은 매립의 경우와 동일하므로 여기서는 생략하였다.

 ## 06 CCS(Carbon Capture and Storage)

CCS는 직접 감축방법 중 하나인 온실가스 처리기술(6차 방법론)로 아직까지 기술개발단계이며, 최근 실용화를 위한 pilot 설비 정도는 설치·운영되고 있으나 상업화되지는 않았다. CCS는 CO_2를 배출하는 모든 부문에 적용할 수 있으나 특성상 CO_2 배출농도가 높고, 배출량이 많은 분야(예 화력발전소)에 우선적으로 적용하는 것이 유리하다.

(1) CCS 정의

CCS 기술은 발전소 및 각종 산업에서 발생하는 CO_2를 대기로 배출시키기 전에 고농도로 포집·압축·수송하여 안전하게 저장하는 기술로 정의할 수 있다.

1) 포집

배가스로부터 CO_2만을 선택적으로 분리·포집하는 기술을 의미하며, 세부 기술에 따라 **연소 후 포집(Post-combustion Capture), 연소 전 포집(Pre-consumption Capture), 순산소 연소 포집기술(Oxy-combustion Capture)**로 구분하고 있다.

2) 저장

포집된 CO_2는 압축하여 다양한 방법(파이프, 선박, 트럭 등)으로 저장소로 수송된다. 저장은 수송된 CO_2를 저장소에 안전하게 영구히 저장시키는 것이다. 저장방법에 따라 지중저장, 해양저장, 지상저장(자연흡수원 포함)이 있다. 저장된 CO_2 모니터링, 저장된 CO_2 양의 입증 등의 주요 기술이다.

| CO₂ 포집공정의 기술적 분류(IPCC 특별보고서) |

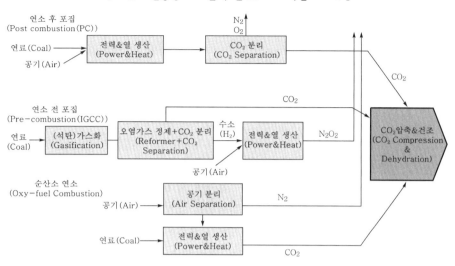

확인 문제

다음 중 CCS 기술에 관한 설명으로 알맞지 않은 것은?

① CCS 기술은 발전소 및 각종 산업에서 발생하는 CO_2를 대기로 배출시키기 전에 고농도로 포집·압축·수송하여 안전하게 저장하는 기술로 정의할 수 있다.

② CCS는 CO_2 제거 측면에서 가장 효율이 높은 기술이고, 처리 비용 또한 저렴하기 때문에 적용 대상 분야를 다양하게 선정할 수 있다.

③ 현재 전세계 CO_2 배출량의 약 1/3을 차지하고 있는 화력발전소와 같은 대량 CO_2 배출원에서 CO_2를 회수하는 것이 가장 적합한 것으로 인식되고 있다.

④ CO_2 포집기술은 연소 후 포집, 연소 전 포집, 순산소 연소 세 가지 형태로 분류할 수 있다.

해설 CCS는 CO_2 제거 측면에서 가장 효율이 높은 기술인 반면 처리 비용이 고가이기 때문에 적용 대상 분야를 신중하게 선정해야 한다.

답 ②

(2) CCS 적용 대상 분야

CCS는 CO_2 제거 측면에서 가장 효율이 높은 기술인 반면 처리 비용이 고가이기 때문에 적용 대상 분야를 신중하게 선정해야 한다. 우선적으로 다배출업종이 고려 대상이고, CO_2 포집·회수의 용이성도 주요 고려사항이 된다.

현재 전세계 CO_2 배출량의 약 1/3을 차지하고 있는 화력발전소와 같은 대량 CO_2 배출원에서 CO_2를 회수하는 것이 가장 적합한 것으로 인식되고 있다. 화력발전소는 CO_2 배출밀도(시간당 배출량)가 높기 때문에 CO_2 회수·처리 비용 및 기술 타당성에 비추어 볼 때 적합하다. 이외에도 CO_2 다배출원인 석유정유, 석유화학, 비료공장, 철강사업, 시멘트 사업, 제지산업 등에 CCS 기술 적용이 타당하다.

(3) CO₂ 포집기술

CO₂ 포집기술은 전술한 것처럼 **연소 후, 연소 전, 순산소 연소**의 세 가지 형태로 분류할 수 있다.

1) 연소 후 포집기술

연소 후 포집은 기존 발전소에서 발생하는 배가스의 일부에서 CO₂를 회수하는 데 사용한다.

① 화학적 흡수법(습식 흡수법)

㉮ 습식 아민 기술

아민계 흡수제로 가장 널리 이용되고 있는 모노에탄올아민(MEA; Mono Ethanol Amine)은 아민기의 비공유 전자에 의해 형성되는 알칼리성 수용액이 산성인 CO₂ 용액(H_2CO_3)과 산−염기 중화반응을 통해 CO₂를 제거하는 원리이다. 반응생성물인 염(Carbonate 또는 Bicarbonate)은 약 110~130℃에서 분해 · 재생된다. MEA는 CO₂의 분압이 낮은 경우에도 흡수를 할 수 있으나 포집능력은 평형에 의해 한계를 갖게 된다. 아민 흡수법은 비료나 화학공장에서 오래전부터 사용하여 왔으나 다양한 오염물질이 포함된 석탄 화력발전소와 같은 연소 배가스에 적용하기 위해서는 흡수제 성능 및 공정 개선이 필요하다.

㉯ 암모니아 기술

암모니아 용액은 (NH_4OH)CO₂와 반응하여(산−염기반응) NH_4HCO_3 또는 $(NH_4)_2CO_3$이 되면서 CO₂를 제거하는 방법이다. 반응열이 적으며, 재생온도가 80℃로 아민계 흡수반응과 비교하여 수분증발열(Heat of Stripping)이 없다는 장점을 갖고 있다. 또한 가격이 다른 흡수액에 비해 1/10 정도로 저렴하며, 배가스 중의 NO_x와 SO_x의 영향을 거의 받지 않는다. 반면에 암모니아 증기압이 높아서 암모니아 유출문제 해결과 25℃ 이하에서 흡수를 해야 성능이 유지되므로 발전소 탈황설비 후단에서 나오는 50℃ 배가스를 냉각해야 하는 단점이 있다.

㉰ 탄산칼륨 기술

40wt% 탄산칼륨수용액을 이용하여 CO₂를 흡수 · 제거하는 방식이다. 약 100℃와 15~20기압의 등온흡수탑(40wt% 탄산칼륨수용액)과 탈거탑으로 구성되어 있다. 이 공정은 MEA 흡수공정에 비해 두 반응탑(흡수탑과 탈거탑)을 등온에서 운전하여 순환 속도가 빠르고, SO_2에 의해 흡수제가 열화되는 현상이 낮기 때문에 효율적 CO₂ 흡수공정으로 평가받고 있다. 그러나 아민계 흡수제에 비해 흡수 속도가 느리기 때문에 다양한 아민과 무기촉매를 첨가하여 성능을 개선하는 방향으로 연구가 진행되고 있다.

② 건식 포집법

㉮ 고체 흡수제

알칼리금속, 알칼리토금속, 건식 아민 등의 다양한 건식 재생용 흡수제가 개발되었고, 이러한 고체 입자와 CO_2가 반응하여 안정된 화합물을 형성하게 된다. 폐수가 발생되지 않고 부식 문제가 적으며, 재생 과정에서의 높은 에너지 소모의 문제점을 극복할 것으로 기대를 모으고 있다. 현재 상용화 단계는 아니며, 상용화를 위해서는 흡수제 효율 제고 등 성능 향상을 기술 개발과 동시에 공정 비용에 대한 검토가 필요하다. CO_2의 대량 분리·회수에 사용 가능한 혁신 기술로 주목을 받고 있다.

㉯ 고체 흡착제

CO_2를 선택적으로 흡착하는 세공형 흡착제(제올라이트, 알루미나, 실리카, 활성탄)를 사용하여 CO_2를 분리하는 방법이다. PSA(Pressure Swing Adsorption)와 TSA(Temperature Swing Adsorption) 등 두 종류의 흡착공정이 개발되었고, PSA 공정은 상대적으로 처리시간이 단축되어 적용성이 높다고 알려지고 있다.

③ 분리막 기술

CO_2를 선택적으로 투과시키는 막을 사용하여 CO_2를 분리·회수하는 방법으로 **하이브리드막, 촉진수송막** 등의 분야에서 연구가 활발히 진행되고 있으며, 아직까지 상업화되지는 않았다. 그러나 상업화가 되면 장치비와 운전비가 저렴하기 때문에 경쟁력이 있을 것으로 기대된다. 연소 후 배가스는 500MW 발전소 기준 $1,500,000Nm^3/h$ 수준이고, 주입부 압력이 매우 낮고 다량의 수분을 함유하고 있다. 미량의 산성가스를 포함하고 있어 막분리 공정 적용이 용이하지 않고, 효율적 포집 시스템 구축을 위해 가장 중요한 기술인 분리막 소재의 투과성, 분리막 유효층 박막화를 통한 단위 모듈의 처리 용량 증대, 막분리 시스템의 최적화를 위한 기술 개발이 매우 치열한 상황이다.

2) 연소 전 포집기술

연소 전 기술은 SO_x, NO_x, 분진 등 대기오염물질과 더불어 온실가스를 원천적으로 제거하는 오염 무배출 발전기술(ZEP ; Zero Emission Plant)이다. 석탄의 가스화 또는 천연가스의 개질반응에 의해 합성가스(주성분이 CO, CO_2, H_2)를 생산한 다음 CO는 수성가스 전이 반응(Watet Gas Shift Reaction)을 통해 H_2와 CO_2로 전환한 다음에 CO_2를 포집함과 동시에 H_2를 생산하는 기술로 정의하고 있다.

① 흡수법

㉮ 물리적 흡수법

물리적 흡수법은 석탄가스 복합 발전(IGCC ; Integrated Gasification Combined Cycle)처럼 CO_2 농도가 높고, 압력이 높은 상태에서 분리가 잘 이뤄진다. IGCC에서는 고농도의 CO_2를 고압(20~60atm)에서 포집하고, 저압에서 회수하므로 CO_2 분리 시 에너지 소비가 낮아 CO_2 분리 비용을 크게 줄일 수 있는 장점을 갖고 있다. 상업적으로 사용되고 있는 물리적 흡수제는 Selexol, Rectisol 등이 대표적이다.

㉯ 화학적 흡수법

MDEA(Methldiethanolamine) 용제를 주로 사용하며, 초기 투자비가 저렴하고 재생 후 고압을 유지하여 CO_2 저장에 유리한 장점이 있으나 흡수제 재생공정에서 많은 증기열을 사용해야 하는 단점이 있다.

┃ 흡수법에 사용되는 주요 흡수제 ┃

방 법		흡수제 주요 물질
물리적 흡수법	Rectisol	Methanol
	Purisol	N-methyl-2-pyrolidone(NMP)
	Selexol	Dimethyl Ethers of Polyethylene Glycol(DMPEG)
화학적 흡수법	Benefield	Potassium Carbonate
	MEA	Monoethanolamine
	MDEA	Methyldiethylamine
	Sulfinol	Tetrahydrothiophene 1,1-dioxide(Sulfolane) Alkaloamine and water

② 흡착법

고농도 H_2 분리·회수에 사용되고 있는 방식으로 PSA 공정이 널리 사용되고 있으며, 고농도 H_2 분리가 주목적으로 CO_2의 경우 40~50% 농도로 분리되며, 고농도 CO_2로 분리·회수하기 위해서는 분리 공정을 한 번 더 거쳐야 한다.

③ 막분리법

막분리법은 현재 개발 중에 있으며, 연소 전 포집기술은 대부분의 운전조건이 고온이므로 열적 안정성을 확보하는 것이 기술 개발의 핵심사항이다. 고온에서 견딜 수 있는 세라믹 또는 무기막 기술 개발이 유망하다고 알려지고 있다.

3) 순산소 연소기술

순산소 연소는 공기를 대신하여 순산소를 산화제로 이용하는 연소방식으로 특별한 공정 없이 단순 냉각함으로써 80~90% 농도의 CO_2 가스의 분리·회수가 가능하다. 순산소 연소는 공기 연소에 비해 매우 높은 온도 특성을 보이며, 이로 인해 전열 특성이 개선되어 열효율이 증대되고 연료 절감이 가능하다. 또한 탄화수소 연료를 이용하는 경우 배가스가 대부분이 CO_2와 H_2O로 이루어져 있으므로 배가스 중의 수증기를 응축함으로써 고농도의 CO_2를 포집할 수 있어 주목을 받고 있다.

순산소 연소의 핵심 기술 개발은 어떻게 공기 중에서 순도가 높은 산소를 생산하느냐이다. 산소 이외의 불순물이 존재하면 배가스 중에 CO_2와 H_2O 이외에 SO_x, NO_x, HCl, 수은 등의 부산물이 포함될 수 있다. 그러므로 CO_2 효율적 분리 회수 목적 이외에도 순산소 연소를 위해서는 고순도 산소를 생성하는 것이 핵심적 사항이다. 이를 위해 연소 전 탈탄소화 공정과 극저온 냉각분리법, 흡착법, 이온전도성 분리막 기술 등이 개발 중에 있다.

(4) CO_2 저장기술

CO_2 저장기술은 포집된 CO_2를 영구 또는 반영구적으로 격리하는 것으로 **지중저장, 해양저장, 지표저장** 등으로 구분할 수 있다.

1) 지중저장

① 지중저장 기술

CO_2를 특정한 지질구조를 가지는 지중에 강제적으로 주입하여 오랜 기간 동안 누출되지 않도록 폐쇄 저장하는 방법이다. 이러한 방법은 CO_2 처리를 위한 목적이 아니라 석유 점성도를 낮추어 유정 효율을 증가시키기 위한 목적으로 개발되어 왔다. 현재까지 개발된 지중저장시설의 CO_2 저장 용량은 약 800Gt으로 알려지고 있으며, 모든 지중에 저장할 수 있는 용량은 2,000Gt으로 추정하고 있다. 지중저장에서 CO_2를 저장하기 가장 적합한 곳은 대수층(심부염수층), 유전/가스전 저장, 석탄층 저장 등을 들 수 있다.

㉮ 대수층 주입은 불투수층/대수층 구조로 이루어져 있는 지하 대수층에 저장하는 방법으로 다른 저장소에 비해 널리 분포되어 있으며, 기대 저장 용량도 가장 높은 기술이다.

㉯ 고갈된 유전 및 가스전에 저장하는 방법에 있어서 CO_2 저장량은 저장소로부터 회수된 탄화수소(석유 및 천연가스)의 양만큼 가능하며, 저장 용량은 부피, 다공성, 침투도, 온도 및 압력과 같은 다양한 인자의 영향을 받는다. 이러한 공정은 수십 년 전부터 석유회사에서 사용하던 완성된 기술이다. 고갈된 유전이더라도 실제로는 상당량의 석유가 잔존하는 경우가 많기 때문에 잔류하고 있는 석유를 효과적으로 회수하기 위해 CO_2를 주입해야 한다. 또한 CO_2 저장을 위해서는 최소한 800m 깊이 이상, 저장소 압력 7.38MPa 이상인 조건이어야 한다. 고갈된 저장소는 외부와 차단된 가압상태의 저장소와 물로 채워진 저장소의 두 종류로 구분할 수 있다. CO_2는 액상 및 초임계상으로 주입이 가능하며, 물이 채워진 저장소의 경우는 주입하려는 CO_2의 밀도, 점도가 낮은 경우는 2~4% 정도의 소량 CO_2만이 저장되리라 예상하고 있다.

㉰ EOR(Enhanced Oil Recovery)은 액체 CO_2를 주입하여 원유의 점도를 낮추어 원유 회수를 증진시키는 방법으로 세계적으로도 널리 적용되고 있는 안정된 기술이다. 이를 통해 CO_2 회수 및 저장에 필요한 비용 중 일부를 원유 회수 증진을 통해 보상받을 수 있는 장점이 있다. 소량의 CO_2가 원유 회수 과정에서 대기 중으로 누출되기도 하나 대부분의 CO_2는 유전에 남아 있는 것으로 알려지고 있다. EOR을 통해 약 73~238Gt의 CO_2를 저장할 수 있다고 평가된다.

㉱ ECBM(Enhanced Coal Bed Methane Recovery)은 석탄층에 CO_2를 주입하여 석탄층에 CO_2를 흡착·저장하면서 CH_4 가스를 회수하는 방법으로 오래 전부터 사용되어 온 기술이다. 석탄층의 내부 석탄면은 약 5mm 이하의 미세공극으로 이루어져 있으며, 생성된 CH_4 가스의 저장소 역할을 한다. 이렇게 흡착되어 있는 CH_4을 CO_2로 대체함으로써 CH_4 가스의 회수를 증진시키고 CO_2를 저장하는 것이다. 회수된 CH_4을 이용하여 경제성을 갖출 수 있으나, 탄층에 흡착된 CO_2는 누출되기가 용이하므로 CO_2 저장 기능에 대해서는 불확실한 상황이다.

2) 해양저장

해양저장기술은 회수한 CO_2를 해양에 저장·처리하는 방법으로 **용해·희석법, 심해격리저장법, 지표저장법** 등이 있다.

지구에서 발생하는 CO_2를 500년간 저장할 수 있는 장점이 있으나 아직까지 직접 투입하는 용해·희석 방법 이외에는 기술적으로 안정된 기술이 없는 상황이며, 생태계 파괴와 해양의 산성화와 같은 안정성 문제가 존재하며, 이외에도 예상하지 못했던 2차 환경문제를 초래할 수 있으므로 신중한 접근이 필요하다.

① 용해·희석법

　㉮ 파이프 라인을 이용하여 해양에 CO_2를 용해·희석하는 방법

　㉯ 선박에 의한 용해·희석 방법

　㉰ 천해(수심 200m 정도)에 방류하는 방법

　㉱ 수심 1,000~2,000m의 중층역에 방류하는 방법

　㉲ 드라이아이스를 투입·희석하는 방법

고정된 파이프 라인을 이용하여 CO_2를 용해·희석하는 방법은 CO_2 주입 지점으로부터 수 km의 산성도가 약 1 정도 상승하여 생태계에 악영향을 미칠 수 있는 단점이 있다. 해양생태계에 영향을 최소화하기 위한 대안으로서 선박으로 이동하면서 주입 또는 주입 지점을 늘리는 방법 등이 고려되고 있다. 고정된 파이프 라인·해상 플랫폼을 통해 심해에 격리·저장하는 방법은 비교적 좁은 지역의 해저생태계에만 영향을 주지만, 추가적인 영향에 대해서는 현재 예측이 안 되고 있는 실정이다.

② 심해격리저장법

　㉮ 액체 CO_2를 3,000m 수심의 심해에 투입하는 방법

　㉯ CO_2 하이드레이트를 중층역에 투입하는 방법으로 해수보다 밀도가 높은 CO_2의 특성을 이용해 해저에 포섭화합물로 덮인 CO_2 Lake를 형성하게 하는 방법이다. 그러나 저장 용량은 막대하지만, 1972년 런던협약에 의해 CO_2도 산업폐기물로 분류되어 해양에서 처리할 수 없는 실정이다.

③ 지표저장법(광물 탄산염화 기술)

CO_2를 주로 칼슘, 마그네슘 등의 금속산화물과 화학적으로 반응시켜 불용해성의 탄산염 광물(Carbonate Mineral) 상태로 CO_2를 저장하는 기술이다. 그러나 이러한 화학반응은 반응속도가 너무 느리고, 반응을 위해 많은 에너지 투입이 불가피하다. 또한 탄산염 광물의 저장과 처리 자체가 새로운 환경문제를 야기할 수 있다. 아직까지는 개발단계의 기술로 적용하기에는 시간이 필요한 기술로 인식되어 있다.

(5) 시장 현황 및 전망

CCS 시장의 특징은 국제 CO_2 관련법과 규제 정책, 탄소시장에서의 가격 책정, CCS에 대한 대중적 인식이 강한 영향을 미치고 있으며, 세 가지 요인을 종합해 볼 때 2015년부터 초기 시장이 형성되어 2020년 이후에는 관련 설비의 보급이 본격적으로 이루어지리라 판단된다.

1) 2008 G8 정상회담에서 2050년까지 전체 CO_2 배출량의 50%($48GtCO_2$)를 감축해야 하며, 이는 CCS 기술을 포함한 혁신기술로서 달성 가능하다고 발표하였다. 2010년까지 20여 개의 대규모 실증 사업을 발족하고 2020년까지 CCS를 보급하겠다는 계획으로 이에 투자되는 재원은 연간 약 $10억이다.

2) CCS의 감축 기여도는 전체 CO_2 배출 감축량의 약 10~20%에 해당하여 단위 기술로는 가장 큰 부분을 차지하고 있다(2030년 $19GtCO_2$ 감축 목표이며, CCS에 의해 $2.3GtCO_2$ 감축 예상). IEA(International Energy Agency)에서도 발전 및 산업 부문에 CCS를 적용함으로써 전체 감축 목표량의 19%를 달성 가능하리라 예상하고 있다.

3) 주요 CCS 시장이 될 산업 분야는 대규모 CO_2 고정 배출원인 화력발전소이고, 우선적으로 적용할 계획이다. 2013~2017(교토의정서 2차 공약기간)에 전세계 화력발전소의 신규 발주 물량(111GW)의 일부에 CCS 기술이 적용되리라 예측하고 있다. 또한 시멘트 산업, 철강산업, 정유산업, 석유화학산업, 석유 및 가스산업 등으로 CCS 시장을 확대할 계획이다.

4) 국제적으로 CCS 기술의 CDM 사업화 검토가 진행 중이지만, 이 경우 확보된 CER(Certified Emission Reduction)은 배출권 거래제를 통해 거래가 가능하도록 계획하고 있다. CCS 기술의 보급 시점에서 CCS 비용이 배출권 거래(ETS) 가격보다 저렴해야 한다. CCS 기술의 시장 창출과 원활한 보급을 위해서는 CCS 기술의 신뢰도 확보와 함께 ETS에 비해 가격 경쟁력을 갖추어야 한다. 이 가격은 공산품으로서의 CO_2 가격($50/tCO_2$)보다 낮은 것으로 이에 따라 투명하고 신뢰성 있는 CO_2 배출 가격이 정해지면 CCS의 보급이 급격히 진행되리라 예측된다.

5) 온실가스 감축 필요성 증대에 따라 CCS 세계 시장 규모는 2020년 $3,300억(우리나라는 $44억)으로 성장하리라 예상[5]하고 있다.

---

[5] 한전전력연구원(2007), 이산화탄소 회수 저장 기술 개발에 관한 기술 예측 보고서

01 최적가용기법 개발 시 고려사항에 대한 내용으로 알맞지 않은 것은?

① 실제 온실가스를 감축할 수 있다고 여겨지는 최고 수준의 공정, 시설 및 운전방법을 모두 포함한다.
② 실제로 이용할 수 있는 기술이어야 하며, 이는 일반적으로 사용되고 있는 기술을 의미한다.
③ 새로운 기술의 성공 사례가 있을 경우 최적 가용 기술 범위에 포함할 수 있으며, 새로운 기술에 대한 경제성 평가, 검증 등에 일정 기간이 필요한 점을 함께 고려하여야 한다.
④ 온실가스의 사후처리 기술(end of pipe technology)뿐만 아니라 연료의 대체, 연소기술, 환경친화적인 공정과 운전방법 등 온실가스의 배출을 감축할 수 있는 일련의 기술군을 총칭한다.

해설 실제로 이용할 수 있는 기술이어야 하며, 이는 특정 기술이 일반적으로 사용되고 있는 기술이어야 함을 의미하는 것이 아니라 누구나 사용하고 접근할 수 있는 기술이어야 함을 뜻한다.

02 다음 중 최적가용기법의 약어로 알맞은 것은?

① AOT   ② AUT
③ BAT   ④ BUT

해설 최적가용기법은 Best Available Technology로, BAT라고 한다.

03 연소시설에서 BAT 도출 시 고려해야 할 사항으로 알맞지 않은 것은?

① 증기 발생 과정에서 주로 증기 발생기와 증기 파이프의 단열 정도에 따라 손실은 달라진다.

② 열회수 방식 및 축열식 버너는 연소공기 예열을 통한 직접적인 폐열 회수를 위해 고안되었다.
③ 자동화된 버너 조절 및 제어는 연료 흐름, 공기 흐름, 배기가스 내의 산소 흐름 및 열 요구량을 모니터링하고 제어하는 방식을 이용해 연소를 제어하는 데 이용될 수 있다.
④ 일반적으로 연료의 발열량이 낮을수록 연소공정은 더 효과적이다.

해설 연료 선택은 개별 장치에 공급되는 열에너지의 양에 영향을 미치며, 잉여공기를 제거하고 에너지 효율을 높이기 위해 연료의 선택이 필요하다. 일반적으로 연료는 발열량이 높을수록 연소공정에 더 효과적이다.

04 수송 부문의 온실가스 감축을 위한 주요 정책에 해당하지 않는 것은?

① 저공해 자동차 보급정책
② 수도권광역급행철도 보급정책
③ 교통수요 관리정책
④ 비공해 자동차 보급정책

해설 수송 부문의 온실가스 감축을 위한 주요 정책으로 자동차 온실가스 배출기준 설정, 저공해 자동차 보급정책, 교통수요 관리정책(광역 교통망 확충, 지능형 교통체계 구축, 대중교통 이용 활성화 등) 등이 있다. 여기에서 철도, 항공, 선박 부문의 온실가스 감축기술은 생략한다.

05 다음 중 수송 부문의 온실가스 감축을 위한 주요 정책 중 교통수요 관리정책에 해당하지 않는 것은?

① 광역 교통망 확충   ② 지능형 교통체계 구축
③ 자동차 10부제 실시   ④ 대중교통 이용 활성화

해설 자동차 10부제 실시는 해당하지 않는다.

Answer   01.②   02.③   03.④   04.②   05.③

06 다음 중 아래의 설명에 해당하는 저감 기술을 고르면?

> 배기관에서 배출되는 CH_4과 N_2O를 줄이기 위한 후처리 장치를 부착하는 것

① Mobile Air-Conditioning System
② Exhaust Catalyst Improvement
③ Engine Valvetrain Modification
④ Charge Modification

해설 Exhaust Catalyst Improvement의 설명에 해당한다. ①은 CO_2 저감을 위한 에어컨 구조 변경과 HFC 저감을 위한 냉매 변경을 하는 것이며, ③의 VVT(Variable Valve Timing) 및 VVL(Variable Valve Lift)은 밸브의 개폐를 정확하고 최적으로 관리하여 엔진의 CO_2 배출량을 개선시키는 것이며, ④는 실린더 내에 공기-연료의 혼합 압력의 증가(또는 "boostion")는 엔진으로부터 더 높은 출력(power output)을 나타내는 것을 말한다.

07 가솔린 엔진 중 페이저 시스템(Cam Phaser Systems)에 관한 설명으로 알맞지 않은 것은?

① 대부분은 엔진오일의 압력에 의해서 힘을 전달받고, 솔레노이드에 의해 페이저에 공급되는 오일 압력을 조절하는 방식을 사용한다.
② 직접 분사방식 터보 차저엔진에서 가변밸브 타이밍 기구의 사용은 전부하 운전영역에서 옥탄 요구량과 높은 토크의 결과로 배기를 개선시킨다.
③ 낮은 부하에서 가변밸브 타이밍 기구의 사용은 저부하 연료 소모의 개선으로 펌핑 손실을 줄일 수 있다.
④ 가변밸브 타이밍 기구의 사용은 고정된 밸브 타이밍과 비교하여 전부하 시 체적 효율을 저하시킨다.

해설 가변밸브 타이밍 기구의 사용은 고정된 밸브 타이밍과 비교하여 전부하 시 체적 효율을 향상시킨다.

08 다음 중 가솔린 엔진 감축기술에 관한 설명으로 알맞지 않은 것은?

① 연료분사 시스템은 연료 압력을 200bar로 작동하게 하는 고압 기계식 펌프가 추가됨으로써 인젝터는 연료의 평균 유효입경(SMD ; Sauter Mean Diameter)을 $5 \sim 10\mu m$ 크기로 미립화하여 분사함으로써 연소 효율을 개선시켜 연비를 향상시킨다.
② 실린더 디액티베이션은 북미시장에서 오늘날 사용되고 있는 연비를 향상시킬 수 있는 기술로, 지금까지는 V6, V8, V12 엔진에 적용되어 있다.
③ 주행에서의 연비 향상을 가지는 터보 차저엔진은 연비를 향상시켜 주는 기술 중의 하나로 간주된다.
④ 가변밸브 타이밍 기구의 사용은 고정된 밸브 타이밍과 비교하여 전부하 시 체적 효율을 향상시킨다.

해설 연료분사 시스템은 연료 압력을 200bar로 작동하게 하는 고압 기계식 펌프가 추가됨으로써 인젝터는 연료의 평균 유효입경(SMD ; Sauter Mean Diameter)을 $15 \sim 20\mu m$ 크기로 미립화하여 분사함으로써 연소 효율을 개선시켜 연비를 향상시킨다.

09 다음 중 디젤엔진 감축기술과 관련된 내용에 대하여 옳지 않은 것을 고르면?

① 혼합압축착화 연소기술을 통해 기존 스파크 점화 엔진에 비해 연료 소비율을 약 $15 \sim 20\%$ 정도 향상시킬 수 있으며, 질소산화물을 크게 저감할 수 있는 것으로 알려져 있다.
② 높은 분사압력이 요구되는 상황에서는 유닛 인젝터와 같은 방식으로 분사밸브 내에서 연료를 직접 가압하는 기능을 추가한 것이다.
③ 배기가스 재순환은 한 번 배출된 배기가스를 다시 흡입공기와 혼합하여 연소온도를 증가시킴으로써 NO_x를 저감시키는 것이다.
④ 과급기는 수퍼차저, 터보차저, 2단 터보차저, 전자식 부스터 등을 포함하는 시스템으로 흡입공기량을 늘려 출력을 증대시키는 기술이다.

[해설] 배기가스 재순환은 한 번 배출된 배기가스를 다시 흡입 공기와 혼합하여 연소온도를 저하시킴으로써 NO_x를 저감시키는 것이다.

10 다음 중 하이브리드 자동차(HEV)에 관한 설명으로 알맞지 않은 것은?

① 두 가지 이상의 에너지원을 이용하여 움직이는 자동차를 말한다.
② 차 내에 탑재된 가솔린이나 디젤엔진으로 전기를 만들기도 하고, 전기 콘센트에 접속시킴으로써 배터리를 충전할 수도 있다.
③ 내연기관만으로 주행하는 기존의 자동차와 달리 내연기관과 모터를 이용하여 주행한다.
④ 연비 향상 효과는 이동 평균 속도가 비교적 낮은 구역에 한한다는 단점이 있다.

[해설] 차 내에 탑재된 가솔린이나 디젤엔진으로 전기를 만들기도 하고, 전기 콘센트에 접속시킴으로써 배터리를 충전할 수 있는 방식은 플러그-인 하이브리드 자동차(PHEV)에 관한 설명이다.

11 건축물의 최적가용기법 적용 시 고려하여야 할 규정으로 알맞지 않은 것은?

① 건축물 에너지 효율 등급 인증 규정(국토해양부 고시)
② 친환경건축물 인증기준(국토해양부 · 환경부 고시)
③ 건축물의 에너지 절약 설계기준(국토해양부 고시)
④ 건축물 유지 · 관리 점검 세부기준(국토교통부 고시)

[해설] 건축물의 온실가스 감축을 위한 규정은 '건축물 에너지 효율 등급 인증 규정'(국토해양부 고시), '친환경건축물 인증기준'(국토해양부 · 환경부 고시), '건축물의 에너지 절약 설계기준'(국토해양부 고시)을 참조한다.

12 전기모터 구동 서브 시스템에 관한 특징으로 옳지 않은 것은?

① 시스템 접근법을 통한 절감은 개별 구성요소를 고려했을 때 획득할 수 있으며, 30% 이상이 될 수 있다.
② 전기모터 구동 서브 시스템은 전력을 역학적 동력으로 전환한다.
③ 전기모터는 유럽의 경우 산업계에서 전력의 약 40%를 소비하며, 서비스 부문 전기 소비의 1/3을 차지하는 주요 에너지 소비원이다.
④ 전기모터는 펌프, 팬, 압축기, 믹서, 컨베이어, 디스크 드럼, 그라인더, 톱, 압출성형기, 원심분리기, 프레스, 압연기 등 대부분의 산업기계의 원동기이다.

[해설] 전기모터는 유럽의 경우 산업계에서 전력의 약 68%를 소비하며, 서비스 부문 전기 소비의 1/3을 차지하는 주요 에너지 소비원이다.

13 전기 사용 측면에서 AC 모터의 강점이 아닌 것은?

① 견고하고 설계가 단순하며, 유지 · 보수가 거의 필요 없다.
② 속도의 전기적 제어가 용이하다.
③ 가격이 비교적 저렴하다.
④ 효율성이 높다(특히 고출력 모터의 경우).

[해설] 속도의 전기적 제어가 용이한 것은 DC 모터의 강점 중 하나이다.

14 에너지 효율적인 모터(EEM)에 관한 특징으로 알맞지 않은 것은?

① 감소된 에너지 손실로 모터의 온도 상승폭이 낮아지므로 모터 권선의 절연 및 베어링의 수명은 증가한다.
② 비가동시간 및 유지 · 보수 비용이 감소한다.
③ 비정상 작동조건에 대한 저항과 저전압, 과전압, 상불평형, 비정상적 전압파형 및 전류파형(예 고조파)이 개선된다.
④ 열응력에 대한 내성이 감소한다.

[해설] 열응력에 대한 내성이 증가한다.

15 가변속도 드라이브(VSD)에 관한 설명으로 옳지 않은 것은?

① 부하의 변동이 있는 경우 VSD는 전기에너지의 소비를 줄이기 힘들다.
② 변동하는 가동조건에 대응하는 속도 및 신뢰도를 개선할 수 있다.
③ 선로에서 모터를 분리하여 모터응력 및 비효율을 감소할 수 있다.
④ 다중모터의 정확한 동기화가 가능하다.

해설 부하의 변동이 있는 경우 VSD는 전기에너지 소비를 줄일 수 있다. 특히 원심 펌프, 압축기 및 팬이 적용되는 곳에서 4~50% 범위의 절감이 가능하다.

16 다음 중 압축공기 시스템(CAS)의 특징으로 알맞지 않은 것은?

① 대다수의 대규모 장치산업에서 압축공기는 산업공정의 불가결한 구성요소가 되고 있다.
② 압축공기 시스템(CAS)의 에너지 효율은 압축공기의 생산, 처리 및 배분의 효율성에 의해 결정된다.
③ 압축공기는 산업전력 소비의 30%를 차지하며, 유럽 15개국에서 연간 100TWh 이상 소비한다.
④ 압축공기 시스템은 특정 공간을 차지하는 일정 질량의 공기를 받아 이를 보다 작은 공간에 압축하여 넣는 역할을 한다.

해설 압축공기는 산업전력 소비의 10%를 차지하며, 유럽 15개국에서 연간 80TWh 이상 소비한다.

17 다음 중 펌프 시스템에 관한 설명으로 옳지 않은 것은?

① 세계 전기 수용의 20%를 차지하며, 산업설비 운영에 소요되는 에너지의 25~50%를 사용한다.
② 펌프는 하나의 운전점을 포함한 것이어야 하며, 가장 큰 흐름 및 수두가 펌프의 정격운전을 결정한다.

③ 산업시설에서 펌프는 대부분 전기모터로 구동되며, 대규모 산업시설의 경우 증기터빈을 사용하기도 한다.
④ 효율적 펌프 시스템을 구축하려면 최대 효율점에 최대한 근접한 가동점을 갖는 펌프를 선택해야 한다.

해설 펌프는 여러 개의 운전점을 포함한 것이어야 하며, 이 중 가장 큰 흐름 및 수두가 펌프의 정격운전을 결정한다.

18 펌프 시스템의 제어 및 조절에 관한 제어기술 중 알맞은 것은?

① 펌프의 배출을 조절함으로써(밸브를 사용해서) 원심 펌프를 제어하면 에너지를 절약할 수 있다.
② 전기모터의 가변속도 드라이브는 시스템의 변동하는 요구량에 펌프 출력을 맞출 때 최대의 절감 효과를 달성할 수 있을 뿐만 아니라 다른 용량 제어에 비하여 투자 비용이 적게 든다.
③ 다중 펌프 시스템에서 잉여 용량의 우회, 불필요한 펌프 가동, 과도한 압력의 유지 및 펌프 사이의 다량의 흐름 증가분 때문에 에너지 손실이 발생한다.
④ 불필요한 펌프를 닫는다.

해설 불필요한 펌프를 닫는 것은 쉽지만, 소홀히 취급되는 경향이다. 이 방안은 설비에서 사용하는 물 또는 기타 주입된 액체가 현저히 감소하면 실시할 수 있다.
[참고]
① 펌프의 배출을 조절함으로써(밸브를 사용해서) 원심 펌프를 제어하면 에너지를 낭비하게 된다.
② 전기모터의 가변속도 드라이브는 시스템의 변동하는 요구량에 펌프 출력을 맞출 때 최대의 절감 효과를 달성할 수 있을 뿐만 아니라 다른 용량 제어에 비하여 투자 비용이 매우 높다.
③ 소형 펌프 시스템에서 잉여 용량의 우회, 불필요한 펌프 가동, 과도한 압력의 유지 및 펌프 사이의 다량의 흐름 증가분 때문에 에너지 손실이 발생한다.

Answer **15.**① **16.**③ **17.**② **18.**④

19 시멘트 생산과 관련하여 최적가용기법 도출 시 고려하여야 할 사항으로 알맞지 않은 것은?

① 최적화된 킬른의 "높이 : 직경" 비율을 적용한다.
② 균질한 냉각용 공기분사장치를 설치하기 위해 큰 기체 유량에 적용할 수 있는 냉각용 격자판(grate plate)을 사용한다.
③ 사이클론 예열기의 단수가 많으면 많을수록 킬른 공정에서 에너지 효율성은 더욱 높아진다.
④ 고체 연료 중 반응성이 낮고 입자가 거친 연료보다는 적당한 발열량을 가지고 잘 건조된 미세분말의 고체 연료가 에너지 효율성이 높다.

해설 최적화된 킬른의 "길이 : 직경" 비율을 적용한다.

20 석회 생산에서 최적 실용화 기술(BAT) 도출 시 고려사항으로 옳지 않은 것은?

① 에너지 효율성과 CO_2만을 고려한다면 수직형 킬른(vertical kiln)과 PFRK(Parallel Flow Regenerative Kiln)가 가장 효율이 좋은 킬른이다.
② 에너지 효율 등급이 높은 장비를 사용하여 전기 사용을 최소화할 수 있다.
③ 일부에서 예외적으로 단형 로터리 킬른을 길게 한다거나, 연료 사용량을 줄이는 예열기를 적합시키는 행위는 경제성에 긍정적으로 작용한다.
④ 광범위한 연료의 선택성과 배출가스로부터 생성된 여열을 회수를 위해 장형 로터리 킬른(long rotary kiln)에 열교환기를 장착한다.

해설 일부에서 예외적으로 장형 로터리 킬른을 짧게 한다거나, 연료 사용량을 줄이는 예열기를 적합시키는 행위는 경제성에 긍정적으로 작용한다.

21 다음 중 유리 및 유리제품 제조시설과 관련된 설명으로 알맞지 않은 것은?

① 유리 제조업에서 사용하는 총 에너지의 75% 이상이 유리 용해공정에서 사용된다.
② 비용을 고려할 경우 에너지 단가가 유리 용해공정에서 가장 많이 차지한다.
③ 에너지원의 선택, 가열(heating)의 방법, 열 복원 방법은 용해로 설계에 있어 중심적인 요소이고, 경제적인 생산공정을 수행하는 실천방법이다.
④ 유리 제조업은 에너지 사용량이 비교적 적은 산업공정이다.

해설 유리 제조업은 에너지 집약적인 산업공정이다.

22 펄프, 종이 및 종이제품 제조시설에서 에너지를 낮게 하기 위한 수단으로 알맞지 않은 것은?

① 정선 및 세척공정에서 가능한 펄프의 균일한 농도를 유지한다.
② 흑액을 가스화하여 IGCC로 전력 생산을 증대시킬 수 있으며, 스팀 생산이 늘어나며 전체적인 효율(스팀+전력)이 증가한다.
③ 보일러에 주입되는 연료와 연소 공기의 예열을 통해 효율을 증대할 수 있다.
④ 흑액을 연료로 한 복합 가스화 발전(IGCC ; Integrated Gasification Combined Cycle)에서 흑액의 열값(heat value)은 약 30%의 전력 효율로 계산되며, 전형적인 회수 보일러의 12~13% 전력 효율값과 비교된다.

해설 흑액을 가스화하여 IGCC로 전력 생산을 증대시킬 수 있지만, 스팀 생산이 줄고 전체적인 효율(스팀+전력)이 낮아지며, 스팀이 과도하게 남는 공장이 아니면 가스화 기술을 적용시키기 어려운 한계점이 존재한다.

23 암모니아의 개선된 고급 전통공정의 특징으로 알맞지 않은 것은?

① 60bar 이상의 고압 주 개질기를 이용한다.
② 기존의 스팀공정을 수정한 개선된 전통공정은 질량과 에너지 흐름을 통합한다.
③ 저 NO_x 버너를 사용한다.
④ 2차 개질에서 스토이치메트릭 이론에 따른 공기량(스토이치메트릭 이론에 따른 H/N 비율)을 가진다.

해설 40bar 이상의 고압 주 개질기를 이용한다.

24 질산 생성에서 산화촉매반응을 저해하는 원인으로 해당하지 않는 것은?

① 대기오염으로 인한 독성 및 암모니아로부터의 오염
② 암모니아-공기의 혼합 부족
③ 촉매 부근의 가스 분포 부족
④ 암모니아 : NO_2 비율이 1 : 2 이상

해설 암모니아 : NO_2 비율이 1 : 2 이상은 해당하지 않는다.

25 아디프산 생산에서 산화반응의 최적화를 위한 조건으로 알맞은 것은?

① 아디프산 1kg 생산 시 N_2O 가스 약 600g 정도가 배출된다.
② 열분해법은 메탄이 존재하는 배출가스를 연소시키는 방법이며, 이때 N_2O 가스는 산소원으로 쓰여 질소를 증가시키고 배출가스 중에는 NO 및 소량의 N_2O 성분만이 존재하게 한다.
③ 촉매분해법은 MgO 촉매를 이용하여 N_2O 가스를 질소(N_2) 및 산소(O_2)로 분해시키는 것이며, 발열반응에서 생성된 강력한 열은 스팀을 생산하는 데 쓰인다.
④ 질산공정에서 발생하는 스팀에서 이루어지는 저온 연소이며, 이때 N_2O 배출가스를 이용하여 질산 생산 시 발생하는 N_2O를 예방한다.

해설 ③은 촉매분해법에 대한 설명이다.
① 아디프산 1kg 생산 시 N_2O 가스 약 300g 정도가 배출된다.
② 열분해법은 메탄이 존재하는 배출가스를 연소시키는 방법이며, 이때 N_2O 가스는 산소원으로 쓰여 질소를 감소시키고 배출가스 중에는 NO 및 소량의 N_2O 성분만이 존재하게 한다.
④ 질산공정에서 발생하는 스팀에서 이루어지는 고온 연소이며, 이때 N_2O 배출가스를 이용하여 질산 생산 시 발생하는 N_2O를 예방한다.

26 소다회 생산공정에서 수직형 샤프트 킬른에 대한 설명으로 알맞지 않은 것은?

① 소다회 생산공장과 정제된 탄산나트륨 생산공장에서 충분한 양의 CO_2를 공급하기 위해 코크스 연소에 의한 부수적인 CO_2를 생산한다.
② CO_2 배출가스 농도는 25~32%이며, 기타 다른 킬른은 36~42%이다.
③ 석회석의 입자 크기에 상관없이 킬른의 사용 범위를 광범위하게 해야 한다.
④ 수직형 샤프트 킬른의 설계와 조작은 킬른의 공정제어에 손실 없이 수 시간의 비축가스를 제공하는 부수적인 장점을 가진다.

해설 CO_2 배출가스 농도는 36~42%이며, 기타 다른 킬른은 25~32%이다.

27 에틸렌 생산공정에 있어 플랜트 설계에서의 최적 기술의 특징으로 알맞지 않은 것은?

① 모든 장치와 파이프 시스템의 누출 최소화
② 에너지의 단계적 사용, 회수율 극대화, 에너지 소모량 감소 등 매우 효율적인 에너지 재생 시스템 적용
③ 플랜트 내에서 스팀의 재사용과 재처리에 의한 폐열을 최소화하기 위한 기술 적용
④ 플랜트의 안전한 운전정지(shut down)를 위한 전문인력 관리 시스템

해설 인력을 통한 관리 시스템이 아니라 플랜트의 안전한 운전정지(shut down)를 위한 자동화 시스템이 적절하다.

28 카본블랙 제조공정에 관한 설명으로 옳지 않은 것은?

① 연평균 황 함량이 0.5~1.5%로 낮은 원료를 사용
② 외부로부터 충분한 과잉공기 공급
③ 제품의 품질에 영향이 없는 경우 공정의 세정수를 재순환하여 사용
④ 카본블랙 수집 시스템의 운전조건을 최적으로 유지

해설 외부로부터의 과잉공기 공급이 아닌, 공정에서 사용되는 공기를 예열하게 되면 에너지를 절약할 수 있다.

29 다음 중 합금철 생산과 관련하여 전기아크로 특징에 대해서 잘못 설명한 것은?

① 초고압의 로를 사용함으로써 생산성 향상, 단위 전극 소모량 감소, 단위 폐가스 발생량 감소

② 순산소 버너(oxy-fuel burner)와 산소창 절단(oxygen lancing)에 의한 추가 에너지 공급은 총 에너지 소요량을 감소시킴.

③ 1차 통풍 시스템의 가스 덕트상에 공기를 유입시킴으로써 BOF 가스가 연소될 수 있으며, 이로 인해 1차 통풍 시스템의 열과 총 가스 유량이 증가하게 되어 폐열보일러에서 보다 많은 스팀이 생산될 수 있음.

④ 노 내에서 거품 형태의 슬랙(foamy slag)은 장입물질에 열전달 효율을 향상시켜 에너지 소비량, 전극 소모량 감소 및 생산성 향상

[해설] ③은 전로(Basic Oxygen Steel Making)에서 BOF 가스로부터 에너지 회수를 할 경우의 특징이다.

30 다음 중 CCS 기술에 관한 설명으로 알맞지 않은 것은?

① CCS 기술은 발전소 및 각종 산업에서 발생하는 CO_2를 대기로 배출시키기 전에 고농도로 포집·압축·수송하여 안전하게 저장하는 기술로 정의할 수 있다.

② CCS는 CO_2 제거 측면에서 가장 효율이 높은 기술이고, 처리 비용 또한 저렴하기 때문에 적용 대상 분야를 다양하게 선정할 수 있다.

③ 현재 전세계 CO_2 배출량의 약 1/3을 차지하고 있는 화력발전소와 같은 대량 CO_2 배출원에서 CO_2를 회수하는 것이 가장 적합한 것으로 인식되고 있다.

④ CO_2 포집기술은 연소 후 포집, 연소 전 포집, 순산소 연소의 세 가지 형태로 분류할 수 있다.

[해설] CCS는 CO_2 제거 측면에서 가장 효율이 높은 기술인 반면, 처리 비용이 고가이기 때문에 적용 대상 분야를 신중하게 선정해야 한다.

31 다음 중 순산소 연소의 특징으로 틀린 것은?

① 이산화탄소 포집에 유리하다.

② 배가스 처리시설의 에너지 사용이 줄어든다.

③ 이산화탄소 및 온실가스 배출이 줄어든다.

④ 비용이 저렴하다.

[해설] 순산소 연소방법은 일반 공기 연소에 비해 비용이 많이 들어간다.

32 대체 공정 적용 방법 중 흑액을 원료로 하는 복합 가스화 발전의 특징으로 틀린 것은?

① 대기오염물질의 배출을 경감할 수 있다.

② 수증기 생산이 증가된다.

③ 전력 생산이 증가된다.

④ 활동자료(AD) 생산이 증가된다.

[해설] 복합 가스화 발전에서 흑액을 사용할 경우 수증기 생산은 감소된다.

33 이산화탄소 포집 및 저장(CCS)의 이산화탄소 포집기술로 틀린 것은?

① 연소 전 포집기술

② 연소 중 포집기술

③ 연소 후 포집기술

④ 순산소 연소 기술

[해설] 이산화탄소 포집기술에는 연소 전, 연소 후, 순산소 연소 기술이 있다.

34 이동연소에 적용할 수 있는 온실가스 감축기술로 가장 먼 것은?

① 대체 물질 적용   ② 대체 공정 적용

③ 온실가스 활용   ④ 온실가스 처리

[해설] 이동연소에는 주로 대체 물질 적용, 대체 공정 적용, 공정 개선, 온실가스 활용방법을 사용한다.

35 광물산업의 시멘트 생산공정 중 예열기에 사용할 수 있는 온실가스 감축기술로 옳은 것은?

① 공정 개선
② 대체 공정 적용
③ 탄소 상쇄
④ 온실가스 활용

해설 시멘트 생산공정의 예열기에 사용할 수 있는 기술은 공정 개선이다.

36 2차 방법론(대체 공정 적용)을 사용하는 공정으로 옳은 것은?

① 도자기·요업제품 제조시설 중 용융·융해시설
② 유리 및 유리제품 제조시설
③ 펄프·종이 및 종이제품 제조시설
④ 시멘트 생산시설

해설 펄프·종이 및 종이제품 제조시설은 2차 방법론(대체 공정 적용)과 3차 방법론(공정 개선)을 사용한다.

37 석유정제활동에서 주로 사용하는 온실가스 감축기술로 옳은 것은?

① 1차 방법론
② 2차 방법론
③ 3차 방법론
④ 4차 방법론

해설 석유정제활동에서 주로 사용되는 온실가스 감축기술은 3차 방법론(공정 개선)이다.

38 폐기물 소각시설에서 사용하는 온실가스 감축기술로 옳은 것은?

① 대체 물질 적용
② 온실가스 활용
③ 온실가스 전환
④ 온실가스 처리

해설 폐기물 소각시설에서는 대체 공정 적용, 공정 개선, 온실가스 처리방법을 사용한다.

39 하수처리시설에서 사용하는 온실가스 감축기술로 틀린 것은?

① 3차 방법론 : 공정 개선
② 4차 방법론 : 온실가스 활용
③ 5차 방법론 : 온실가스 전환
④ 6차 방법론 : 온실가스 처리

해설 하수처리시설에서는 2차, 3차, 4차, 6차 방법론을 사용한다.

40 다음 중 높은 압력의 증기가 갖는 이점으로 알맞은 것은?

① 보일러 및 분배 시스템에서 에너지 손실이 더 적음.
② 응축액 내의 잔존 에너지량이 상대적으로 더 적음.
③ 규모가 작으며, 더 작은 분배 파이프를 필요로 함.
④ 관석 생성의 감소

해설 규모가 작고, 작은 분배 파이프를 필요로 하는 것이 높은 압력의 증기가 갖는 이점이다. ①, ②, ④의 경우 낮은 압력 시스템의 이점에 해당한다.
[참고]
① 높은 압력 증기의 이점
 ㉮ 포화된 증기의 온도는 더 높음.
 ㉯ 규모가 더 작음, 즉 더 작은 분배 파이프를 필요로 함.
 ㉰ 고압에서 증기를 분배하고 적용에 앞서 압력을 줄이는 것이 가능하며, 따라서 증기는 더 건조해지고 안정성은 더 높아짐.
 ㉱ 더 높은 압력은 보일러 내의 가열공정을 더 안정적이게 함.
② 낮은 압력 증기의 이점
 ㉮ 보일러 및 분배 시스템에서 에너지 손실이 더 적음.
 ㉯ 응축액 내의 잔존 에너지량이 상대적으로 더 적음.
 ㉰ 파이프 시스템에서의 누손 손실이 더 적음.
 ㉱ 관석 생성의 감소

41 다음 중 증기 시스템에서 고려해야 할 사항으로 알맞지 않은 것은?

① 용존산소 및 이산화탄소의 농도를 부식이 최소화 되는 수준까지 줄임으로써 탈기를 수행한다.
② 공급수 예열을 통한 열회수 시 폐열을 이용하여 진행할 수 있다.
③ 증기트랩을 대체하는 경우 오리피스 벤투리 증기 트랩으로 교체하는 것이 고려될 수 있다.
④ 단순환 동안의 손실은 보일러가 장기간 동안 꺼 져 있을 때마다 발생한다.

> **해설** 보일러 단순환(Short cycle) 손실은 보일러가 짧은 기간 동안 꺼져 있을 때마다 발생하며, 보일러의 순환 과정은 정화기간, 포스트 퍼지(후 정화), 유휴기간, 프리퍼지(전 정화) 및 점화로의 반환으로 구성된다.

42 CCS 지중저장장소로 알맞지 않은 것은?

① 심부염수층
② 유전/가스전
③ 석탄층
④ 폐광산

> **해설** CCS 지중저장장소로는 심부염수층, 유전/가스전, 석탄층 저장 등이 있다.

43 다음 중 플러그인 하이브리드 자동차의 특징으로 알맞지 않은 것은?

① 플러그인 하이브리드 자동차는 외부 충전이 불가 능하다.
② 차량에 탑재된 가솔린이나 디젤엔진으로 전기를 만들거나 전기 콘센트에 접속시킴으로써 배터리 를 충전하는 차량이다.
③ 충전된 배터리의 힘만으로 움직일 수 있는 짧은 거리는 배출가스를 전혀 배출하지 않고, 연료도 소모하지 않는다.
④ 플러그인 하이브리드 자동차는 가정용 소켓을 통해 전기를 충전한다.

> **해설** 플러그인 하이브리드 자동차의 경우 외부 충전이 가능하도록 하이브리드 자동차를 보완한 방식이다.

간접 감축방법

01 1차 간접 감축방법

1차 간접 감축방법은 배출원 공정을 통해 신재생에너지를 활용하는 방법이다. 환경기초시설의 공정을 활용한 신재생에너지 생산·활용으로는 하수처리시설에서의 방류수 낙차를 이용한 소수력 발전과 하수처리시설에서 방류수 수온차를 이용한 냉난방 기술 등을 꼽을 수 있다.

(1) 하수처리시설에서의 소수력 발전

1) 소수력 개요

소수력은 국내의 일반적인 설비 용량을 기준으로 통상적인 수력에 비해 설비 용량이 **10,000kW 이하의 수력발전소를 소수력 발전사업으로 정의**하고 있다(대체 에너지 개발 및 이용·보급 촉진법, 2003년). 수력 발전은 물의 낙차에 의한 위치에너지로 수차를 회전시켜서 전력을 생성하는 방식으로 이루어진다. 물의 수량이 많고 물의 낙차가 클수록 많은 전력을 생성하여 발전 용량이 커진다. 발전방식에 따라 소수력 발전은 수로식, 댐식, 터널식으로 구분되며, 수로식은 일반적으로 하천 경사가 급한 상·중류에 적합하며, 일반적인 발전 경로는 댐 - 취수구 - 침사지 - 수로 - 수입관로 - 발전소 - 방수로이다. 댐식은 주로 댐에 의해서 낙차를 얻는 형식으로 하천 경사가 작은 중·하류의 유량이 풍부한 지점이 유리하다. 터널식은 댐식과 수로식을 혼합한 방식으로 하천의 형태가 오메가형인 지점에 적합하며, 자연 낙차를 크게 얻을 수 있고, 댐 - 취수구 - 터널수로 - 수로 - 수압관로 - 발전소 - 방수로 등의 경로를 갖는다.

┃ 소수력 발전의 장·단점 ┃

장 점	단 점
• 대수력 발전에 비해 친환경적이고, 연간 유지비가 투자비의 3.63%로 아주 낮으며, 비교적 설계 및 시공 기간이 짧으며, 주위의 인력이나 자재를 이용하기가 용이함. • 민간 주도의 반영구적인 공익사업으로 지역 개발의 촉진과 이로 인한 경제적 파급 효과를 극대화할 수 있음.	초기 투자 비용이 높고, 자연 낙차로 인해 소수력의 발전 입지는 매우 제한되어 있음.

2) 소수력 발전의 기본 설계

① 수차

수차(Watet Turbine)는 **물이 가지는 위치에너지를 기계적 에너지로 바꾸는 기계로 수력 발전의 가장 중요한 설비**이다. 충동식 수차는 수류가 대기압 상태에서 수차의 날개를 부딪치면서 속도에너지를 기계적 에너지로 바꾸는 원리를 이용하는 것으로 통상 고낙차에서 효율적이며, 반동식 수류속도보다 압력에너지를 기계적 에너지로 바꾸는 원리를 이용한 것인데, 통상 유량이 많고 저낙차인 곳에 사용된다.

‖ 수차의 종류 ‖

구 분	수차의 종류
충동식 수차	펠톤(Pelton), 크로스 플로(Crossflow), 튜고 임펄스(Turgo Impulse)
반동식 수차	프란시스(Francis), 프로펠러(Propeller), 카플란(Kaplan), 벌브(Bulb), 튜뷸러(Tubular)

② 발전기

소수력 발전에 주로 적용되고 있는 발전기는 동기발전기와 유도발전기가 있으며, 최근 1,000kW 이하의 경우에는 유도발전기의 사용이 두드러지고 있다. 유도발전기는 경제적이고 구조가 간단하여 유지보수가 용이한 장점이 있는 반면 단독 운전이 불가능하고 전력 계통에 병입 시 돌입전류가 계통의 전압강하를 초래하여 계통으로부터 여자전류를 공급받기 때문에 무효전류를 소비하게 되어 계통의 효율을 저하시키는 단점이 있다.

3) 하수처리시설에서의 소수력 발전

하수처리시설 방류수를 이용한 소수력 발전 시스템을 도입하여 전기를 발전하는 기술로, 소수력 발전 설치 타당성 유무를 판단하기 위해서는 사용 수량, 유효낙차, 발전 용량의 검토가 이루어져야 한다. 국내에는 5개 하수처리장에서 적용하고 있으며 규모 10kW에서 620kW까지 다양한 반면, 일본의 경우는 9.4kW에서 954kW로 4개소에 적용한 것으로 알려져 있다. 일반적으로 하수처리장에 적용하고 있는 소수력 발전의 경우는 1MW 이하인 것으로 나타났다.

(2) 하수처리시설에서의 수온차 냉난방

온도차에너지는 하천수, 하수, 해수 등과 같이 그 수온이 통상 여름철에는 대기온도보다 낮고, 겨울철에는 대기온도보다 높아서 이들의 수온과 외기온과의 온도차를 이용하는 것으로 열펌프의 열원수로 이용하여 냉난방, 급탕 등에 이용하는 것을 말한다.

온도차 에너지의 수온조사 결과 지역에 따라 다소 차이가 있으나 통상 여름철에는 21~27℃로 대기온도보다 5℃ 정도 낮고, 겨울철에는 5~15℃로 대기온도보다 10℃ 정도 높게 나타났다.

이러한 온도차를 이용하여 겨울철 대체 열 공급, 여름철 대체 냉방 등을 통하여 화석연료 사용을 줄임으로써 간접적으로 온실가스를 저감하는 기술이다.

하수처리는 일반적으로 미생물학적 처리 과정을 거치므로 계절과 무관하여 일정한 반응조건을 유지하는 것이 필요하다. 또한 하수[6]는 여름에는 18~22℃, 겨울에는 10~12℃를 유지하고 있어 외기온도와 비교하면 여름철에는 5℃ 정도 낮고, 겨울철에는 10℃ 정도 높다. 따라서 방류수의 수온차 냉난방은 가능하다고 여겨지나 관련된 설비·투자 등을 고려하여 판단할 필요가 있다.

‖ 국내의 온도차에너지 이용 현황 ‖

항 목		한전 생활연수원	탄동 하수처리장	경주 토비스콘도
열도		생활하수		
수처리 여부		AOUT strainer		
열교환기		Shell & Tube Copper		
Fouling 제거장치		불세정장치	브러시 타입	불세정장치
냉난방 온도	냉수	7℃ 생산 12℃ 회수	7℃ 생산 12℃ 회수	7℃ 생산 12℃ 회수
	온수	50℃ 생산 40℃ 회수	45℃ 생산 40℃ 회수	50℃ 생산 45℃ 회수
열원수원		• 비하절기 : 28.5~37.5℃ • 하절기 : 대기	• 여름철 : 20~25℃ • 겨울철 : 8~12℃	
열펌프		• 스크류형 열펌프 – 1기 142Mcal/h(난방) – 40RT(냉방+급탕) • 난방 COP : 3.0 • 냉방+급탕 COP : 4.0~4.5	• 스크류형 열펌프 1기 – 172Mcal/h(난방) – 50RT(냉방) • 난방 COP : 4.4 • 냉방 COP : 3.9	• 스크류형 열펌프 1기 – 716Mcal/h(난방) – 160RT(냉방) • 냉난방 통합 COP : 5.2
축열조		• 냉온수 : 220m³ • 급탕 : 80m³	180m³	• 냉온수 : 2,150m³ • 급탕 : 400m³
에너지 절약 효과 (원유 확산)		63.5kL/년	150kL/년	210kL/년
환경 개선 효과		• CO_2 : 53.2TC/년 • NO_x : 160kg/년	• CO_2 : 126TC/년 • NO_x : 380kg/년	• CO_2 : 176TC/년 • NO_x : 530kg/년
기타 열원설비		증기보일러 – 1.0톤×1기		공기열원 스크린 열펌프 – 100RT×4시

---

6) 일반 가정에서 배출되는 하수 온도는 25℃ 정도이다.

02 2차 간접 감축방법

2차 간접 감축방법은 배출원 공정과 무관한 신재생에너지를 생산·활용하는 경우이다. 신재생에너지는 「신에너지 및 재생에너지 이용·개발·보급 촉진법 제2조」에 의해 기존의 화석연료를 변환시켜 이용하거나 햇빛, 물, 지열, 강수, 생물유기체 등을 포함하는 재생 가능한 에너지를 변환시켜 이용하는 에너지로 12개 분야가 지정되었다. **신에너지는 연료전지, 석탄액화가스화, 수소에너지, 그 밖에 석유·석탄·원자력 또는 천연가스가 아닌 에너지의 4개 분야이고, 재생에너지는 태양에너지, 풍력, 수력, 해양에너지, 지열에너지, 생물자원을 변환시켜 이용하는 바이오에너지, 폐기물에너지, 그 밖에 석유·석탄·원자력 또는 천연가스가 아닌 에너지의 8개 분야이다.**

(1) 연료전지

1) 연료전지 정의

연료전지는 연료의 산화에 의해서 생기는 화학에너지를 직접 전기에너지로 변환시키는 전지라고 정의할 수 있다. 연료전지는 산화·환원반응을 이용한 점 등 기본적으로는 보통의 화학전지와 같다. 일반 전지는 전지 내부의 반응물질이 지니고 있는 화학적 결합에너지를 전기로 전환시키는 것이므로 전지 사용에 따라 반응물질이 점차 소진된다. 반면 연료전지는 지속적으로 외부에서 반응물질을 공급하여 반영구적으로 사용할 수 있는 장점을 지니고 있다.

2) 연료전지 원리

① 연료전지의 가장 전형적인 것이 수소–산소 연료전지로 수소와 산소의 반응을 통해 전기 및 열을 발생하는 전기화학적 장치이다.

$$H_2 + \frac{1}{2}O_2 \rightarrow H_2O + 전기 및 열$$

② 연료전지에서는 전기와 동시에 열이 발생하게 된다. 연료전지의 기본 구성은 연료극/전해질층/공기극으로 접합되어 있는 셀(Cell)이며, 다수의 셀을 적층하여 소위 Stack을 구성함으로써 원하는 전합 및 전류를 얻을 수 있다.

③ 수소를 이용한 연료전지의 원리는 다음의 그림처럼 외부의 공기가 음극과 접촉하는 과정에서 공기 중의 산소가 산소이온으로 환원되어 전해물질(Electrolyte)을 통과하여 양극으로 이동하게 되며, 양극에서는 외부로부터 공급된 수소가 산화반응에 의해 수소이온으로 전환되어 음극에서는 탄소극판에서 생성된 탄소와 수소이온이 반응하여 이산화탄소를 생성한다. 이러한 과정에서 양극에서 생성된 전자는 전지의 이동을 차단하기 위해 선정된 인산 전해질을 통과하지 못하기 때문에 두 전극판을 연결한 전선을 통해 전류가 흐르게 되어 전기를 발생하게 된다.

‖ 수소-산소 연료전지의 반응 개략도 ‖

3) 연료전지 특징

연료전지의 특징은 크게 네 가지로 저공해성, 저소음성, 탁월한 융통성, 높은 발전 효율을 꼽을 수 있다. 기본적으로 수소와 산소가 반응에 의해 에너지를 생산하면 부산물로 물이 생성되므로 오염물질 발생이 없고, 소음도 발생하지 않으며 효율도 탁월하다고 알려져 있다. 단지 고가이고, 수소를 생산하는 과정이 만만치 않기 때문에 전체 공정에서 수소를 어떻게 효율적으로 생산·공급하느냐가 관건이 된다.

① 저공해성

연료전지는 기본적으로 수소와 산소(공기 중의 산소)를 전기화학적으로 반응시켜 전력을 발생하는 발전 장치이기 때문에 화력발전이나 디젤발전기에서와 같이 연소 과정이 없다. 반응산물로 발생하는 것은 기본적으로 H_2O(물)밖에 없기 때문에 폐기물, 수질 및 대기오염물질의 배출은 거의 없다. 다만, 수소를 발생시키는 개질 과정에서 CO_2를 발생하지만 에너지 효율이 높기 때문에 전기 출력당 배출량은 상대적으로 적고, 내연기관에 비교해서 60~80%에 지나지 않는다. 또한 공정 중 고온 연소를 포함하지 않기 때문에 질소산화물(NO_x)의 발생은 전혀 없고, 황산화물(SO_x)의 배출도 거의 없다.

② 저소음성

수소와 산소의 반응이 전기화학반응이기 때문에 내연기관에서 보는 것과 같은 폭발 현상이 없는 변환기이므로 반응 과정에서의 소음 발생은 없고, 부대설비인 운전장치(블로어, 컴프레서 등)에서 비롯된 소음만 있을 수 있다.

③ 탁월한 융통성

연료전지는 모듈 형태로 조합이 가능하므로 부하변동에 따라 신속한 대처가 가능하며, 설치 형태에 따라 현지 설치형, 분산 배치형 중앙 집중형 등 다양한 용도로의 사용도 가능하다. 즉 수요처의 상황에 따라 융통성 있는 대처가 용이하다. 또한 수소 이외에도 천연가스, 메탄올, 석탄가스 등 다양한 연료의 사용이 가능한 장점도 갖고 있다.

④ 높은 발전 효율

기존의 화석연료를 연소하여 발생하는 에너지로부터 전기를 생산하는 과정은 그 과정 중에서 열 발생 및 운동에너지로의 전환 등이 필연적이며, 이러한 과정이 모두 에너지 손실과 관련되어 있어 발전 효율(약 30%)의 저하 요인이 된다. 연료전지의 달성 가능한 효율은 80% 이상이나 운전장치 또는 열 손실 등을 감안한 실제 효율도 40~60% 이상이며, 열병합 발전과 연계하는 경우 80% 이상도 달성 가능한 것으로 보고 있다. 화석연료를 사용한 엔진(디젤엔진, 가솔린 엔진, 가스터빈)의 경우 출력 규모가 클수록 발전 효율이 높아지는 경향이 있지만, 연료전지의 경우 출력 크기에 상관이 일정한 높은 효율을 얻는 것도 큰 이점이다.

▮ 연료전지 발전 시스템 구상도 ▮

4) 연료전지의 종류

연료전지는 이온의 통로인 전해질의 종류에 따라 분류되고 있다. 그 중에서도 현재 적극적으로 개발이 진행되고 있는 것은 고분자 전해질 연료전지(PEMFC 또는 PEFC ; Proton Exchange Membrane Fuel Cell 또는 Polymer Electrolyte Fuel Cell), 인산염 연료전지(PAFC ; Phosphoric Acid Fuel Cell), 응용탄산염 연료전지(MCFC ; Molten Carbonate Fuel Cell), 고체 산화물 연료전지(SOFC ; Soild Oxide Fuel Cell), 알칼리 연료전지(AFC ; Alkaline Fuel Cell), 직접 메탄올 연료전지(DMFC ; Direct Methanol Fuel Cell) 등이 있다.

연료전지는 종류에 따라 반응 온도도 크게 다르며, 출력 규모나 이용 분야 등도 각각 다르다. 예를 들면 PAFC, PEMFC는 비교적 저온에서 동작하므로 저온형 연료전지로 구분되며, 분산형 열병합 전원이나 자동차용 동력원으로서 적용된다. 또한 MCFC 및 SOFC는 각각 600℃ 이상 및 800~1,000℃의 고온에서 동작하므로 고온형 연료전지로 분류되며 중규모 발전시설에서 이용되는 경우가 많다. DMFC의 경우 휴대전화나 랩톱컴퓨터용 전원으로 실용화하고자 하는 경향이 나타나고 있다. 각종 연료전지의 비교 및 용도는 다음과 같다.

‖ 연료전지의 비교 및 용도 ‖

종류/특징	고온형 연료전지		저온형 연료전지			
구 분	응용탄산염 연료전지 (MCFC)	고체 산화물 연료전지 (SOFC)	인산염 연료전지 (PAFC)	알칼리 연료전지 (AFC)	고분자전해질막 연료전지 (PEMFC)	직접 메탄올 연료전지 (DMFC)
작동온도	550~700℃	600~1,000℃	150~250℃	50~120℃	50~100℃	50~100℃
주촉매	Perovskites	니켈	백금	니켈	백금	백금
전해질의 상태	Li/K alkali carbonates mixture	YSZ GDC	H_3PO_4	KOH	이온교환막	이온교환막
전해질 지지체	immobilized liquid	Solid	immobilized liquid	–	Solid	Solid
전하 전달이온	CO_3^{2-}	O^{2-}	H^+	OH^-	H^+	H^+
가능한 연료	H_2, CO (천연, 석탄가스)	H_2, CO (석탄, 석탄가스)	H_2, CO (메탄올, 석탄가스)	H_2	H_2, CO (메탄올, 석탄가스)	메탄올
외부 연료 개질기의 필요성	No	No	Yes	Yes	Yes	Yes
효율(%LHV)	50~60	50~60	40~45		40	–
주용도	대규모 발전, 중소 사업소 설비	대규모 발전, 중소 사업소 설비, 이동체용 전원	중소 사업소 설비, biogas plant	우주발사체 전원	수송용 전원, 가정용 전원, 휴대용 전원	휴대용 전원
특징	발전 효율 높음, 내부 개질 가능, 열병합 대응 가능	발전 효율 높음, 내부 개질 가능, 복합 발전 가능	CO 내구성 큼, 열병합 대응 가능	–	저온 작동 고출력 밀도	저온 작동 고출력 밀도
과제	재료 부식, 용융염 휘산	고온 열화, 열 파괴	재료 부식, 인산 유출	전해질에서 누수현상 방지	고온 운전 불가능, 재료비/가공비 높음(고가의 촉매 및 전해질), 낮은 효율 (30~50%)	고온 운전 불가능, 재료비/가공비 높음, 메탄올 크로스 오버 문제

5) 시장 현황 및 전망

친환경에너지 수요와 분산전원체계가 확대되고 있으며, 기존 화력발전 대비 효율이 높고, CO_2 배출량이 적은 연료전지발전 시장은 지속적으로 확대될 것으로 전망하고 있다.

건물용 연료전지는 일본, 한국, 중국, 북미, 유럽을 중심으로 급성장하여 2015년 1,000MW, 2020년 3,200MW 이상의 세계 시장을 형성하리라 전망하고 있다. 발전용 연료전지는 2010년에 20GW, 2020년에 96GW로 성장하리라 추정하고 있다.

(2) 태양광 발전

1) 태양광 발전 정의

태양광 발전은 반도체가 갖는 광전 효과(Photovoltaic Effect)를 이용하여 반도체 혹은 염료, 고분자 등의 물질로 이루어진 태양전지를 이용하여 태양의 빛에너지를 전기에너지로 변환시키는 발전 형태이다. 태양전지의 최소 단위는 셀이며, 그 셀을 직·병렬로 연결한 것이 태양전지 모듈(Module), 모듈을 연결한 것이 어레이(Array)이다. 태양광 발전의 태양전지 모듈은 외부 환경으로부터 태양전지를 보호하기 위해서 유리, 완충제, 표면제 등을 사용하여 패널 형태로 제작되며, 내구성 및 내후성을 가진 출력을 인출하기 위한 외부 단자를 포함하게 된다.

2) 태양광 발전 원리 및 시스템

① 태양광 발전 원리

태양전지는 p형과 n형 반도체를 접합시키고('p-n 접합') 각각의 표면에 금속 전극을 붙여 제작한다. 빛이 반도체에서 흡수되면 전자와 정공 쌍이 생성되고 전자와 정공은 p-n 접합부에 존재하는 전기장의 영향으로 서로 반대 방향으로 흘러간다. 따라서 도선으로 연결된 외부 회로에 전기가 발생하게 된다. 에너지 변환 효율을 높이기 위해서는 가급적 많은 빛이 반도체 내부에 흡수되도록 하고, 직류를 교류로 변환하고 계통에 연결시켜 주는 설비(PCS/인버터), 송전설비 등으로 구성되어 있다. 태양광 발전과 직접 관련된 부분은 계통의 연계장치까지이고, 그 이후는 일반적인 송전설비이다.

② 태양광 발전 시스템

태양광 발전 시스템은 '태양광을 포집하고, 태양에너지를 전기로 전환하는 설비, 직류를 교류로 변환하고 계통에 연결시켜 주는 설비(PCS/인버터), 송전설비' 등으로 구성되어 있다. 태양광 발전과 직접 관련된 부분은 계통연계 장치까지이고, 그 이후는 일반적인 송전설비이다. 태양광 발전 시스템의 평균 설치비 내용을 보면 전체 비용 중 소재가 차지하는 부분(원자재, 태양전지, 모듈 등)이 약 60%에 이를 정도로 소재를 어떻게 저렴하게 확보하느냐가 태양광 발전의 가격 경쟁력을 결정하는 데 중요 인자가 된다.

㉮ 태양전지

태양광 발전 시스템의 구성요소 중 핵심 부품은 태양전지이다. 태양전지는 기본적으로 반도체 소자이며 빛을 전기로 변환하는 기능을 수행한다.

태양전지의 최소 단위는 셀이라고 하며, 보통 셀 1개로부터 나오는 전압이 약 0.5~0.6V로 매우 작으므로 여러 개를 직렬로 연결하여 수 V에서 수백 V 이상의 전압을 얻도록 패널 형태로 제작한 것을 모듈(Module)이라 한다. 이 모듈을 여러 개 이어서 용도에 맞게 설치한 것을 어레이(Array)라고 한다. 또한 태양전지는 물성에 따라 '결정질 실리콘 태양전지(Crystalline Silicon Solar Cell), 박막 태양전지 (Thin Film Solar Cell), 유기계 태양전지, 집광형 태양전지(Concentrator Solar Cell)'로 분류한다.

㉠ 결정질 실리콘은 물리적 특성 면에서는 태양전지를 위한 이상적인 물질은 아니지만, 반도체 산업에서 이미 개발된 기술 및 장비를 동일하게 활용할 수 있다는 장점을 가지고 있다. 실리콘 태양전지의 이론적 최대 효율은 약 25%이며, 이미 실험실 수준에서는 이 한계치에 가까운 효율이 보고된 바 있다. 단결정 또는 다결정 웨이퍼를 사용하며, 양산용 셀의 효율은 14~17%를 보이고 있다.

㉡ 박막 태양전지는 유리, 스테인리스 강 또는 플라스틱과 같은 저가의 기판에 반도체 막을 코팅하여 제작한다. 결정질 실리콘 태양전지에 비해 소재를 적게 사용하고 자동화를 통해 모듈공정까지 일관화시킬 수 있다는 장점을 가지고 있지만, 대체로 효율이 낮고 모듈의 수명에 관한 실증 연구가 부족하다는 단점을 가지고 있다. 양산 관련 기술의 부족으로 아직까지는 결정질 실리콘에 비하여 가격 경쟁력이 검증되지 않은 상태이다.

㉢ 유기계 태양전지는 유기 소재를 광활성층의 전부 또는 일부에 적용하는 신형 태양전지로 염료감응형과 유기분자형 구조가 있다. 시스템 가격을 낮출 수 있는 가능성이 크나 집중적인 연구 개발을 통해 내구성 등의 검증이 필요한 기술이다.

㉣ 집광형 태양전지는 프레넬 렌즈나 반사경을 사용하여 넓은 면적의 빛을 태양전지에 집중시키는 방식이다. 대개 수배~500배 정도로 집광하며, 동일한 면적에 대하여 태양전지의 크기를 감소시키고 이에 따라 시스템 가격을 낮출 수 있는 장점이 있지만, 집광도를 높일 경우 산란광을 활용하기 어렵다. 또한 추적장치를 통해 항상 태양 방향을 행하도록 해야 한다는 점과 냉각장치가 필요하다는 점 등이 단점으로 지적되고 있다.

현재 실용화되어 전원용으로 사용되고 있는 것은 주로 결정질 실리콘(Si) 태양전지이다. 실리콘 태양전지 기술은 반도체 분야의 기술과 더불어 발전되어 왔으며, 기술의 신뢰성이 높다. 현재 결정질 실리콘 태양전지는 전체 태양전지 시장의 90% 이상을 차지하며, 저가 고효율화를 달성하기 위한 연구가 활발히 진행되고 있다. 또한 태양전지의 저가화를 위하여 박막형 태양전지에 대한 연구도 활발히 진행되고 있으며 향후 태양전지 시장에서의 점유율이 높아질 것으로 예상하고 있다.

㉯ 태양모듈

실리콘 태양전지 모듈은 일반적으로 유리/충진재(EVA ; Ethylenr Vinyl Acetate)/태양전지 소자(Cell)/충진재(EVA)/표면재(백시트)의 형태로 구성되어 있다. 일반적으로 표면재는 철 성분의 함량이 낮은 강화유리를 사용하는데 높은 광투과도를 유지하고, 표면의 광반사 손실을 낮추기 위해 특수처리가 되어 있어야 한다.

충진재로 쓰이는 EVA는 깨지기 쉬운 태양전지 소자를 보호하기 위해 태양전지 전·후면과 표면재 사이에 삽입하는 물질이다. EVA 시트는 장기간 자외선에 노출될 경우 변색되고 방습성이 떨어지는 등의 문제가 발생할 수 있으므로 모듈 제조 시 EVA 시트의 특성에 맞는 공정을 채택해서 모듈 수명을 연장하고 신뢰성을 확보하는 것이 중요하다.

백시트는 태양전지 모듈 뒷면에 위치하는데 각 층간의 접착력이 좋아야 하고 다루기가 간편해야 하며, 후면에서 침투하는 습기를 방지하여 태양전지 소자를 외부 환경으로부터 보호할 수 있어야 한다.

㉰ PCS/인버터

PCS/인버터는 인버터 부분과 전력제어 부분으로 구성된다. 인버터는 태양전지에서 생성되는 직류 전지를 상용 주파수 전압의 교류전지로 변환시켜 전력 계통에 공급하는 역할을 한다. 전력제어 부분은 시스템의 직류, 교류측의 전기적인 감시·보호 기능을 수행한다.

㉱ 시스템 설계

태양광 발전 시스템을 설계 및 설치하는 경우에는 '태양광을 최대한 활용하기 위한 경사각 및 방위각에 대한 설계, 계통 연계를 위한 설계, 사후관리를 위한 설계' 등 시스템 효율의 최적화를 위한 사항들이 검토되어야 한다.

3) 태양광 발전 특징 및 설치 조건

① 태양광 발전의 장점

㉮ 무한·무공해 에너지원

㉯ 설치 및 시스템이 단순하고 유지·보수가 용이

㉰ 규모에 관계없이 발전 효율이 일정

㉱ 긴 수명

② 태양광 발전의 단점

㉮ 낮은 에너지 밀도

㉯ 기상조건에 따라서 출력에 영향을 받음.

㉰ 교류로 변환하는 과정에서 고주파가 발생

㉱ 효율에 비해 고가

㉲ 넓은 설치장소를 필요로 함.

③ 태양광 발전을 위한 기본 조건

㉮ 그림자 영향을 받지 않는 곳에 정남향으로 설치할 것

㉯ 현장 여건에 따라 정남을 기준으로 동·서로 45°. 범위 내에서 설치(단, 박막 모듈을 설치할 경우에는 제한하지 않음)해야 하며, 일사량 연평균이 3,039kcal/m² 이상이고 일조 시간은 최소 3.5시간 이상이어야 함.

㉰ 주변에 일사량을 저해하는 장애물과 오전 9시에서 오후 4시 사이 모듈 전면에 음영이 없어야 하며, 건축물 또는 토지 면적은 태양광이 설치될 수 있는 최소한의 일사 면적(2kW 기준 20m²)이 확보되어야 함.

4) 태양광 발전 시스템의 종류

태양광 발전 시스템은 전력공급 방법에 따라 계통 연계형 시스템(Grid-connected System)과 독립형 시스템(Off-grid 또는 Stand-alone System)으로 구분할 수 있다.

① 계통 연계형 시스템은 태양광 발전에 의해 생산된 전력을 지역 전력망에 공급하는 전력저장설비가 필요 없는 방식으로 주택용이나 상업용 태양광 발전에서 가장 일반적인 형태이다. 계통 연계형과 역송 불가능 계통 연계형으로 구분하고 있다.

㉮ 역송 가능 계통 연계형은 상용전원과 상시 접속되어 있어 초과 생산된 전력을 계통에 보내거나 전력 생산이 불충분할 경우 계통으로부터 전력을 받을 수 있으므로 전력저장장치가 필요하지 않아 시스템 가격이 상대적으로 저렴하다. 반면 계통과 연계되어 있으나 잉여 전력을 계통에 송전할 수 없고 Back-up 전원으로만 사용 가능하다.

② 독립형 시스템은 전력 계통과 분리된 발전방식으로 축전지에 태양광 전력을 저장하고 사용하는 방식이다. 생산된 직류 전력을 그대로 사용할 수 있도록 직류용 가전제품과 연결하거나 인버터를 통해 교류로 바꿔준다. 오로지 도서지역의 주택에 전력 공급용이나 통신, 양수펌프, 백신용의 약품 냉동보관, 안전표지, 제어 및 항해 보조 도구 등 소규모 전력 공급용으로 사용된다.

5) 시장 현황 및 전망

태양광 발전산업은 지난 6년간 연평균 30% 이상 성장하였으며 특히 최근 2~3년간은 약 40% 이상 성장했다. 일본 및 독일을 비롯한 세계 여러 나라의 태양광 보급 정책에 힘입어 2003년에는 불과 493MW이었던 것이 4년 후인 2007년에는 2,392MW로 5배 정도 성장하였고, 2007년 기준 태양전지 생산 용량은 결정질 실리콘 태양전지 3,036MW와 박막 태양전지 400MW를 포함한 총 3,436MW 규모를 달성하였다. 태양광 발전이 최근 급성장을 하고 있으나 효율적 집전기술의 개발, 축전지 이용 시스템 개발, 연계운용 기술 개발, 발전소 건설 비용 저감이라는 향후 과제를 갖고 있다.

(3) 태양열

1) 태양열에너지 정의

태양열에너지는 태양으로부터 오는 복사에너지가 특정 물체에 의해 흡수·전환된 열에너지로 정의할 수 있다. 태양열에너지는 '직접 이용하거나 저장했다가 필요 시 이용하는 방법, 복사광선을 고밀도로 집광해 열발전장치를 통해 전기를 발생하는 방법'이 있다. 태양에너지는 밀도가 낮고(평균 : $342W/m^2$), 계절별, 시간별 변화가 심하기 때문에 집광하는 경우가 대다수이다.

2) 태양열에너지 원리 및 시스템

① 태양열에너지 원리

검은색 물체에 빛을 쪼이면 표면에서 태양복사에너지가 열에너지로 바뀌어 물체가 점점 뜨거워지는 원리를 이용하는 것이 태양열에너지 시스템이다. 즉 태양에서 지구 표면에 도달하는 복사에너지를 효과적으로 흡수하여 열에너지로 전환하고, 이렇게 전환된 태양에너지를 집열하여 활용하는 것이다. 지표면에 도달되는 태양복사에너지는 파장대별 분포를 가지며, 우리가 주로 열에너지로 이용하는 파장대는 가시광선대이다. 태양으로부터 지표면에 도달되는 복사광선은 크게 직달일사와 산란일사로 구분하고 있다. 직달일사는 태양으로부터 구름이나 먼지 등에 산란되지 않고 지표면에 직접 도달되는 복사광선으로 광선의 입사각도는 동일하다. 반면 산란일사는 태양으로부터 지구로 오는 도중 구름이나 먼지 등에 산란되어 지표면에 도달되는 복사광선으로 광선의 입사각도는 산란 정도에 따라 다르다. 그러므로 태양을 추적하는 고집광의 경우 직달일사만을 사용하게 된다.

② 태양열에너지 시스템

태양열에너지는 저밀도 에너지이면서 낮 시간에만 집중되는 태양에너지를 어떻게 효과적으로 흡수하여 열에너지로 활용하느냐가 관건이므로 집열기술이 핵심이다. 태양열에너지를 활용하는 대표적 시스템 구성은 집열부, 축열부, 이용부의 세 부분으로 구성되어 있다.

㉮ 집열부의 핵심은 태양복사에너지를 흡수하는 집열판(또는 흡수판)이고, 집열판 주위는 열 손실을 최소화하기 위해 단열재로 채워져 있다. 집열판은 유리나 플라스틱과 같은 투명한 판이 덮인 평판형이 가장 널리 사용되고 있다. 빛이 투명 평판을 통과하여 지속적으로 흡수되면서 단열이 잘 이루어진 집열기 내부에서는 온도가 상승하게 되고, 열에너지 흡수율이 높은 매체 등을 집열기 하단부에서 순환시키면서 열에너지를 흡수·이용하게 된다.

㉯ 집열부의 효율은 **태양복사에너지의 흡수효율과 태양복사에너지의 열에너지로의 전환효율에 달려 있다.** 태양복사에너지가 모두 집열판에 의해 흡수되지 않고 일부는 반사되므로 얼마만큼의 태양에너지를 흡수하느냐가 집열판의 성능을 평가하는 주요 척도가 된다. 흡수효율은 집열판의 표면색과 구조에 좌우되는데 표면색이 어둡고 표면에 미세한 굴곡이 많을수록 흡수율이 높아진다. 태양복사에너지의 열에너지로의 전환효율은 단열의 정도와 열에너지로의 전환 용이성에 달려 있다. 즉 집열기의 열성능 곡선에서 드러난 열에너지 전환효율과 열손실률을 파악하여 사용 목적에 적합한 집열기를 선택해야 한다.

㉰ 집열부에서 열에너지를 획득한 열 매체가 축열조로 이동하여 열교환 과정을 거쳐 열 매체 에너지가 축열조의 물로 전환되면서 물을 가열하게 된다. 축열조는 부식성이 높은 뜨거운 물이 유·출입되고, 물 중의 염소와 산소이온 등 금속을 부식시키는 물질로 인하여 부식에 강한 강철이나 특수강으로 제작하고 있다. 또한 열손실을 가능한 줄이기 위해 단열재로 외부를 포설하고 있다.

㉱ 비나 눈 등 햇빛이 오랫동안 비치지 않을 경우를 대비하여 축열조에는 물을 데우기 위해 석유 또는 전기를 사용하는 보조가열장치가 설치되기도 한다. 축열조는 열 손실이 가능한 적게 일어나도록 하기 위해 두터운 단열재로 에워싼다. 축열조는 보통 부식에 강한 강철이나 특수강으로 제작되는데, 이는 금속에 대한 부식성이 높은 뜨거운 물이 들어 있고, 또 이 물 속에는 염소이온과 산소이온 등 금속을 부식시키는 물질이 포함되어 있기 때문이다.

3) 태양열에너지 특징 및 설치 조건

① 태양열에너지의 장점

㉠ 무한·무공해 에너지원

㉡ 유지보수가 용이

㉢ 상대적으로 긴 사용기간

② 태양열에너지의 단점

㉠ 에너지 밀도가 낮고, 에너지 이용이 불연속적

㉡ 기상조건이 성능에 미치는 영향이 큼.

㉢ 초기 투자 비용이 높음.

③ 태양열에너지 설치를 위한 기본 조건

㉠ 남향에 햇빛을 가리는 장애물이 없고, 일조 조건이 좋은 곳

㉡ 태양열 집열판 설치를 위한 면적이 $6m^2$ 이상

㉢ 오전 9시에서 오후 4시 사이에는 집열기 전면에 음영이 없어야 함.

㉣ 일사량은 $3,088kcal/m^2 \cdot day$ 이상, 일조시간은 태양광 발전과 동일하게 3.5시간 이상

4) 태양에너지 활용에 의한 분류

태양열에너지는 집열온도에 따라 저온 분야, 중·고온 분야로 분류하고 있다. 저온 분야는 주로 건물의 냉난방 및 급탕과 대규모 온수급탕시설이 포함되고, 중·고온 분야는 산업공정 열 및 열발전과 기타 특수 분야에 이용되며 구체적으로 다음과 같다.

┃ 태양열에너지 이용 시스템의 종류 ┃

구 분	태양열 건물(자연형)	저온용(설비용)	중온용(산업용)	고온용(발전용)
활용온도	60℃ 이하	90℃ 이하	300℃ 이하	300℃ 이상
집열(광)부	자연형 시스템, 진공관식 집열기, CPC형 집열기	평판형 집열기, 진공관식 집열기, CPC형 집열기	진공관형 집열기, CPC형 집열기, PTC형 집열기	PTC형 집열기, DISH형 집열기, Power Tower Furnace
축열부	축열벽, Tromb Wall	저온 축열	중온 축열(잠열 축열)	고온 축열(화학 축열)
적용 분야	건물 난방, 조명	건물 난방 및 급탕 농수산 분야	건물 냉난방, 산업공정 열, 폐수처리	발전, 광화학 우주용

자연형 태양열 건물은 Tromb Wall(자갈, 현열), 부착 온실, 직접 획득 시스템 등의 자연형 태양열 시스템 기술을 적용하여 태양열에너지를 얻는다. 저온형은 주거 건물, 골프장, 양어장, 수영장, 목욕탕 등에서 주로 사용하는 온수급탕을 위한 태양열 시스템이다. 중온용은 90℃ 이상 300℃ 이하로 산업 분야의 공정상에 필요한 열에너지를 태양열을 통해 공급·이용하는 방식이다. 발전을 위한 고온용은 태양열에너지를 이용하는 증기를 발생시키고, 이를 스털링 엔진과 같은 발전기에 활용하여 전기를 생산하고 있다.

(4) 풍력 발전

1) 풍력 발전 정의

풍력 발전은 바람의 운동에너지를 전기에너지로 변환시키는 발전방식이다. 블레이드의 공력(Aerodynamic) 특성을 이용하여 바람의 운동에너지를 회전에너지로 바꾼 후 이 회전에너지를 발전기에서 전기에너지로 변환시키는 방식이다. 설치 위치에 따라 해상용과 육상용으로 구분할 수 있고, 육상용과 해상용 풍력 발전 시스템은 기본적 구조가 동일하나 해상의 경우는 해수 특성상 염분에 견딜 수 있도록 공조 시스템 등이 다르다.

2) 풍력 발전 원리

① 바람에 의한 풍력에너지 생산율 P_W는 다음과 같이 표현된다.

$$P_W = \frac{1}{2}\rho A v^3 \quad \cdots\cdots\cdots\cdots\cdots \text{식 ①}$$

여기서, P_W : 풍력에너지 생산율(W)

ρ : 공기밀도(kg/m^3)

A : 블레이드의 회전 단면적(m^2)

v : 회전속도(m/s)

② 블레이드와 발전기 사이의 기계적 효율 η_m, 발전기의 전기적 효율 η_g을 고려하고, 이상적인 블레이드라면 Betz의 출력계수 c_p(프로펠러형 0.593, 사보니우스 0.15, 다리우스 0.35)를 고려하여 발전 시스템에서 출력 가능한 전기적 파워 P_e를 구하면 다음과 같다.

$$P_e = \frac{1}{2}\rho A c_p \eta_m \eta_g v^3 \cdots\cdots\cdots\cdots 식 ②$$

③ 그러나 식 ②는 시스템의 효율 등은 고려하였으나 풍속에 따른 시스템의 운전 특성은 고려하지 않았다. 즉, 시동풍속 v_0에서 정격풍속 v까지는 풍속의 3승에 비례하여 증가하며, 출력계수 및 각 효율은 풍속과 회전수에 따라서 값이 달라진다. 그러나 정격풍속 v에서 종단풍속 v_f까지는 출력이 일정하게 유지되므로 c_p, η_m, η_g는 풍속 v에 무관하게 일정하다.

④ 일반적인 풍력발전기는 시동풍속 2~4m/sec에서 발전을 시작하며 정격풍속 이상에서는 출력을 일정한 상태로 유지하고, 대략적으로 15~20m/s 이상의 태풍이나 돌풍이 불면 풍력발전기의 파손 방지를 위해 팁 스포일러(Tip Spoiler)와 기계적 브레이크를 이용해 운행을 정지한다. 이때의 풍속을 한계풍속(Cut Out Wind Speed)이라고 한다.

⑤ 풍력 발전에서 중요한 것은 적당한 풍속의 바람이 얼마나 오랫동안 불어주느냐이며, 그 정도를 나타내는 것이 풍속의 빈도수이다. 발전기가 최대 출력을 낼 때의 풍속을 최대 출력 풍속(Rated Wind Speed)이라고 하며, 발전량은 풍속의 빈도수에 달려 있고, 최대 에너지를 얻을 수 있는 풍속으로 풍력 발전 시스템 설계에 사용하며, 이때의 풍속을 설계풍속(Design Speed)이라고 한다.

3) 풍력 발전 특징 및 입지 조건

① 풍력 발전의 특징
- ㉮ 에너지원이 고갈되지 않는 재생 가능한 무공해 에너지원
- ㉯ 풍속의 변화에 능동적으로 대처 가능
- ㉰ 오랜 기술적 축적으로 인한 기술 성숙도와 가격 경쟁력을 가지고 있다는 점
- ㉱ 유지보수가 용이
- ㉲ 설치 비용은 높으나 건설 및 설치기간이 상대적으로 짧음.

② 풍력 발전은 풍속이 세고, 풍차가 클수록 더 많은 풍력에너지를 생산할 수 있으므로 발전량은 풍속과 풍차의 크기에 좌우된다. 높이가 높을수록 풍속이 높아지므로 높은 곳에 풍력발전기를 설치하려는 경향이 있다. 풍력으로 발전하기 위해서는 평균 초속 4m/s 이상의 풍속이 되어야 한다.

4) 풍력 발전 종류

풍력발전기는 크게 지면에 대한 회전축의 방향에 따라 수평형과 수직형으로 구분하고 있다.

① **수직형 풍력발전기(VAWT ; Vertical Axis Wind Turbine)**

수직형 풍력 터빈은 회전축이 지면에 수직한 형태로 회전축이 바람의 방향에 대해 수직이며, 현재 실용화된 대형 시스템은 없는 실정이다. 바람의 방향에 관계없이 운전이 가능하며, 증속기 및 발전기가 지상에 설치되어 있어 유지ㆍ보수ㆍ점검이 용이하다. 지표면으로부터 고도가 증가함에 따라 속도가 증가하는 경계층 효과로 인해 회전축에 전달되는 풍속이 일정하지 않게 되어 시스템이 불안정해질 수 있으며, 이로 인해 시스템 효율이 낮아진다. 또한 타워를 지지하기 위해 가이드를 설치해야 하며, 설치ㆍ운영을 위해 넓은 면적이 필요하게 된다. 주베어링의 분해 시에는 시스템 전체를 분해해야 하는 단점이 있다. 이러한 문제점으로 인해 연구용과 일부 소형 풍력 발전용으로 사용되고 있으며 현재 상용화되지는 않고 있다.

② **수평축 풍력발전기(HAWT ; Horizontal Axis Wind Turbine)**

수평축 풍력발전기는 회전축이 바람이 불어오는 방향에 수평인 풍력 발전 시스템으로 현재 가장 안정적인 고효율 풍력 발전 시스템으로 인정되고 있다.

㉮ 바람맞이 방향에 따른 분류

수평축 풍력발전기로는 바람을 맞이하는 방식에 따라 맞바람 형식(Upwind Type)과 뒷바람 형식(Downwind Type)으로 구분하고 있다.

㉠ 맞바람 형식은 바람이 블레이드를 먼저 만나게 되어 있는 형태로 타워에 의한 풍력 손실이 없고, 풍속 변동에 의한 피로하중과 소음이 뒷바람 형식보다 적지만, 바람의 방향이 바뀌었을 때 효율을 증가시키기 위해 로터의 회전면과 바람 방향이 수직이 되도록 하는 요잉 시스템이 필요하게 되어 시스템 구성이 복잡하고, 로터와 타워의 충돌을 고려하여 설계해야 하는 단점이 있다.

㉡ 뒷바람 형식은 바람이 타워와 나셀을 먼저 만나고 그 다음 블레이드를 만나게 되는 형태로 자체 요잉[7] 모멘트 발생으로 요잉 시스템이 불필요하게 되며, 타워와 로터의 충돌을 피할 수 있지만 타워와 나셀에 의한 풍속의 손실이 발생하게 되며 주기적인 풍속의 변동으로 인한 피로하중 및 소음이 증가한다. 자유 요잉으로 인해 전력선이 꼬일 수 있다는 단점이 있다.

㉯ 출력제어 방식에 따른 구분

수평축 풍력발전기는 출력제어 방식에 따라 피치제어 방식과 실속제어 방식으로 나눌 수 있다. 현재 대부분의 MW급 이상의 풍력발전기는 대형화에 따른 시스템의 안정적 출력 확보를 위해 정격풍속 이상에서 피치제어를 통해 일정한 출력을, 중ㆍ소형 풍력발전기의 경우는 경제성을 고려하여 실속제어 방식을 채택하고 있다.

---

7) 비행체, 차체, 선체 등의 상하방향을 향한 축회전의 진동

　ⓓ 로터 회전수에 따른 분류

회전수에 따른 분류로는 정속회전과 비정속회전으로 구분할 수 있는데, 과거 덴마크형 풍력발전기는 저렴하고 견고한 유도발전기와 전력변환장치를 적용하기 위해 정속을 유지시키는 방법을 채택해 왔었다. 하지만, 최근에 동기식 발전기와 슬립을 허용하는 유도발전기와 더불어 전력변환장치의 개발로 인해 비정속회전이 가능하게 되었다. 비정속회전은 풍속의 변화에 따른 출력계수가 최적이 되도록 익단 속도비를 조절할 수 있으므로 정속회전에 비해 출력이 좋아 대부분의 풍력발전기에서 채택하고 있다.

　ⓔ 파워트레인 구성방식에 따른 분류

파워트레인의 구성방식에 따라서는 간접 구동형(Geared Type), 직접 구동형(Gearless Type) 및 이 두 가지의 복합 시스템인 하이브리드형(Hybrid Type)으로 구분할 수 있다. 현재 가장 많이 사용되고 있는 방식은 간접 구동형이다. 견고하면서도 유도발전기가 저렴하다는 등의 이유로 인해 과거부터 많이 사용되어 왔으나 대형화에 따른 기어박스 유지·보수문제, 기계적 손실 증가, 나셀부터의 무게 증가 등의 이유로 직접 구동형과 저단의 기어와 동기식 발전기를 결합한 하이브리드형이 개발되어 제품을 생산 중에 있다.

　ⓕ 발전기에 따른 분류

풍력 발전용 발전기에는 직류발전기, 교류동기발전기, 교류유도발전기 등 세 종류의 발전기가 주로 사용되고 있다. 직류발전기는 발전 용량이 작으며 축전지의 충전이나 전열용(급탕, 난방 등)에 주로 이용하고, 교류동기발전기는 동기발전기와 일반 권선형 동기발전기, 영구자석 여자동기발전기가 있고, 교류유도발전기는 유도발전기, 농형 유도발전기, 권선형 유도발전기가 있다.

5) 시장 현황 및 전망

전세계 풍력산업은 연평균 12% 이상 고성장하여 2012년 시장 규모는 1,120억불로 확대되리라 전망하고 있으며, 유럽 중심의 시장에서 아시아 및 북미 시장으로 확장하는 추세에 있다. 풍력 발전 시스템의 대형화를 통해 경제성을 확보하고, 육상의 풍력 입지 포화로 대규모 단지 건설이 가능한 해상 풍력 시장이 확대하는 추세에 있다. 유럽풍력협회는 2020년까지 전세계 전력 소비량의 12%를 풍력으로 대체할 계획에 있으며, 약 70GW까지 해상풍력발전을 늘릴 계획이다. 누적 설치 용량은 2007년 현재 94GW, 2015년 929GW, 2030년에 3,484GW로 기하급수적으로 증가하리라 예상하고 있다.

(5) 소수력 발전

1) 소수력 발전 정의

수력 발전(Hydropower)은 **높은 위치에 있는 하천이나 저수지의 물을 낙차에 의한 위치에너지를 이용하여 수차의 회전력을 발생시키고, 수차와 직결되어 있는 발전기에 의해서 전기에너지를 변환시키는 방식**이다.

최근 유가 급등으로 인한 수력 개발의 필요성이 확대되고 있으나 환경단체와 지역 주민의 반대, 주민들의 보상문제, 입지 선정 문제 등으로 인하여 건설에 어려움을 겪고 있다. 그러므로 대수력보다는 소규모 수력 건설을 통해 환경 위해를 최소화하는 소규모 수력 발전 개발이 최근 각광받기 시작했다. 소수력(Small Hydropower)은 일반적인 수력 발전과 원리에서는 차이가 없으나 자연조건을 크게 훼손하지 않는 범위에서 10,000kW 이하의 발전시설을 소수력으로 규정하고 있다. 신규 법에서는 소수력을 포함한 수력 전체를 신재생에너지로 정의하고 있다. 현재 우리나라의 신재생에너지 연구개발 및 보급대상은 주로 소수력 발전을 대상으로 이루어지고 있다.

2) 소수력 발전 원리 및 시스템

① 수력 발전은 낙차로 인한 수력의 위치에너지를 전기에너지로 전환하는 방식으로 물이 낙차에 의해 떨어지면서 수차를 회전시켜 발전기를 이용하여 전력을 생성하는 발전방식이다. 낙차는 상부에서 하부로 이용 가능한 최대 수직거리이며, 손실로 인하여 감속한 낙차를 정격낙차라 하고, 유량은 초당 지나가는 물의 양(m^3/sec)으로 수차를 회전시키는 물의 유량이 많고, 낙차가 클수록 발전설비 용량이 커지고 전력량도 많아진다.

② 수력 발전 시스템은 하천이나 수로에 댐이나 보를 설치하고, 발전소까지 물을 유도하는 수압관로, 물이 떨어지는 낙차로 전기를 생산하는 수차발전기, 생산된 전기를 공급하기 위한 송·변전설비, 출력제어를 위한 감시제어설비, 유수를 차단하기 위한 밸브설비로 구성되어 있다.

3) 소수력 발전 특징 및 입지조건

신재생에너지의 한 분야인 수력은 탄산가스를 배출하지 않는 환경 친화적인 청정에너지로서 자연적인 지역조건에서 얻어지는 국내 잠재량이 많은 부존 자원으로 지역의 분산 전원에 기여할 수 있는 유용한 자원으로 평가되고 있다.

① 소수력 발전의 장점

㉮ **수력 발전은 CO_2를 포함한 기타 대기오염물질의 배출이 가장 적은 청정에너지** (수력 : 11.3gCO_2/kWh, 지열 : 15.0gCO_2/kWh, 풍력 : 20.5gCO_2/kWh, 석탄화력 : 975.2gCO_2/kWh)

㉯ **반영구적인 에너지 자원으로 에너지 안전 측면에서 우수**(수력은 지형이나 기후 등 자연적인 조건과 조화를 이루며 국내 부존 잠재량이 많아 보급 효과가 큰 분야로서 에너지 밀도가 높아 지속적으로 에너지 공급이 가능(30~100년))

㉰ **전력 공급량 조정 기능이 탁월**(수력 발전은 전력을 생산하는 시간이 5분 이내로 짧아 전력 수요량의 변화에 가장 민첩하게 대응이 가능한 피크 시간대 발전이 가능하며, 주파수 조절을 담당함으로써 전력수요 변화에 가장 신속하게 대응)

㉱ **발전 단가의 장기적 안정성**(수력 발전의 원가 구성은 자본비가 대부분이라서 인플레이션이나 연료 가격 변동이 거의 없으므로 타 전원에 비교해 발전 단가가 저렴하고 장기적으로 안정되어 있으며, 수력 발전은 유가 변동에 영향을 받지 않아 전력요금 안정화에 기여할 수 있음)

⑩ **높은 에너지 변환 효율**(열 효율이 최고 40~50% 정도인 화력 발전과 비교해 수력 발전은 발전 효율이 80~90% 정도로 약 2배가 될 정도로 에너지 변환 효율이 높음)

⑪ **지역사회의 기반 시설로서 지역 발전에 공헌**(수력 발전을 위한 저수댐은 차수, 관개용수, 상수도, 공업용수 등으로 사용이 가능하기 때문에 지역사회의 기반 시설로서 지역 주민에게 문화관광 장소를 제공하고, 문화적 행사 등 각종 행사의 장소를 제공할 수 있어 지역사회에 친수공간을 통한 여가활동에 기여할 수 있음)

② 수력 발전의 단점

㉮ **높은 초기 투자비**

㉯ **높은 투자 회수기간**

㉰ **강수량 변화에 민감한 발전량의 불안정성**

우리나라는 연평균 강수량이 1,245mm로 강수량이 풍부하고 전국토의 2/3가 산지로 구성되어 있어 지형과 수문학적으로 일반 하천, 농업용수, 관개용수, 하수처리장의 방류수, 수도용 관로, 기력발전소의 해수 방류수, 양어장의 순환수 등 각 지역에 산재한 미활용 수력자원이 많이 부존하고 있다. 소수력 발전의 입지는 기술적으로 낙차가 큰 지역이어야 하며, 환경적 피해가 최소화되도록 주변 환경을 가능한 변화시키지 않고 설치하는 것이 바람직하다. 낙차가 큰 입지가 점차 줄어들고 있으므로 저낙차를 활용한 소수력 발전이 향후에는 중요해질 것이므로 저낙차용 수차를 개발하고, 소수력 발전의 경제성을 극대화할 수 있는 소수력 발전소의 최적 설계방법과 최적 운영기법 개발이 적극적으로 추진되어야 한다.

4) **소수력 발전 종류**

소수력 발전은 설비 용량, 낙차 및 발전방식에 따라 다음과 같이 분류할 수 있다. 설비 용량은 규모에 따라 마이크로, 미니, 소수력 발전으로 구분하며, 낙차는 저낙차, 중낙차, 고낙차로 구분하고 있다.

‖ 소수력 발전의 분류 ‖

분류			비 고
설비 용량	Micro Hydropower Mini Hydropower Small Hydropower	100kW 미만 100~1,000kW 1,000~10,000kW	국내의 경우 소수력 발전은 저낙차, 터널식 및 댐식으로 이용 (예 방우리, 금강 등)
낙차	저낙차(Low Head) 중낙차(Medium Head) 고낙차(High Head)	2~20m 2~150m 150m 이상	
발전방식	수로식(Run-of-River Typer) 댐식(Storage Type) 터널식(Tunnel Type)	하천 경사가 급한 중·상류지역 하천 경사가 작고, 유량이 큰 지점 하천의 형태가 오메가(Ω)인 지점	

발전방식을 살펴보면 수로식은 하천의 급경사와 굴곡 등을 이용하여 수로에 의해 낙차를 얻는 방식으로 하천 경사가 급한 상·중류에 적합한 형식이다. 댐식은 주로 댐에 의해서 낙차를 얻는 형식으로 발전소는 댐에 근접해서 건설하고 하천 경사가 작은 중·하류로서 유량이 풍부한 지점이 유리하다. 그러므로 하천의 구배가 완만하나 유량이 풍부한 곳과 낙차는 크지만 하천의 수위 변동이 심한 지역을 택한다. 터널식은 댐식과 수로식을 혼합한 방식으로 지형상 지하터널로 수로를 만들어 큰 낙차를 얻을 수 있는 곳에 설치하게 되므로 수로식 소수력 발전의 변형이라 할 수 있다. 우리나라는 대부분 토목건축비 부담 등의 이유로 수로식이나 터널식보다 경제성이 있는 농사용 댐 등을 주로 이용하고 있는 실정이다. 소수력의 가장 중요한 설비는 수차(Turbine)이며, 설비별 특징은 다음과 같다.

┃ 수차의 특징 ┃

수차의 종류			특 징
충격 수차	• 펠톤(Pelton) 수차 • 튜고(Turgo) 수차 • 오스버그(Ossberger) 수차		• 수차가 물에 완전히 잠기지 않는다. • 물은 수차의 일부 방향에서만 공급되며, 운동에너지만을 전환한다.
반동 수차	프란시스(Francis) 수차		수차가 물에 완전히 잠긴다.
	프로펠러 수차	• 카플란(Kaplan) 수차 • 튜뷸러(Tubular) 수차 • 벌브(Bulb) 수차 • 림(Rim) 수차	• 수차의 원주 방향에서 물이 공급된다. • 동압(Dynamic Pressure) 및 정압(Static Pressure)이 전환된다.

5) 시장 현황 및 전망

① 국내 소수력 발전소 현황

국내 소수력 발전소 현황은 2010년 말 기준하여 68개소, 설비 용량은 95,220kW이며, 2010년도 소수력 연간 발전량은 339백만kWh이다. 한국전력공사 및 발전회사 13개소, 민간발전사업자 18개소, 한국수자원공사 19개소, 한국농어촌공사 11개소, 지자체 7개소(하수종말처리장 5개소, 정수장 1개소, 하천 1개소)가 운영 중에 있다. 국내 수력 발전 산업은 다목적 댐 개발에 따른 대형 발전소 위주였으나 입지조건이 유리한 개발 지점이 거의 남아 있지 않고, 환경보호문제로 대형 수력 개발은 점차 어려워지고 있다. 국내 소수력 에너지는 부존 잠재량에 비해 개발량은 부진한 실정이며, 특히 환경친화적인 청정에너지로서 수도관로, 화력발전소 온배수, 농업용 저수지, 하수종말처리장 등에도 소수력을 개발할 수 있으므로 적용 범위가 급격히 확대되고 있다. 최근에는 RPS 제도 도입으로 소수력 발전 사업의 경제성이 높아져 개발 욕구가 증대되고 있다.

② 소수력 발전의 장애요인

㉮ **경제성 부족**(소수력은 초기 투자비 과다와 민원문제로 경제성이 낮아 계획 대비 설치비율은 타 신재생에너지에 비해 계속 낮아지고 있음)

㉯ **투자 규모의 절대적 부족**(소수력은 1987년부터 개발되었으나 그 이후 기술 개발에 대한 관심과 투자가 저조하여 경제성 확보를 위한 상용화에 어려움이 발생하고 있으며, 산·학·연 기술 개발, 실증연구지원, 발전 사업자에 대한 설치비 융자, 지자체 지원사업, 발전차액지원제도 등을 확대해 왔으나 발전 사업자의 소수력 개발 동기부여가 부족한 상황)

㉰ **국내 산업기반이 취약**(소수력은 국내 시장이 협소하고 산업기반이 취약하여 기술 개발 및 대량 생산에 의한 저가화에 어려움이 존재)

㉱ **인·허가에 따른 갈등이 심화**(사업 추진을 위한 인·허가 절차가 복잡하고, 지역 주민과의 소수력 개발 갈등이 심하여 인·허가를 받기 어려움)

(6) 지열에너지

1) 지열에너지 정의

지열에너지란 지구가 가지고 있는 열에너지를 총칭하며, 그 에너지 근원은 지구 내부에서 발생하는 방사선 붕괴에 의한 것으로 알려지고 있다. 내부로부터 확산 전달된 지열에너지는 지표까지 전달된다. 최근에 지열에너지는 인간에 의해 발견되고 개발된 또는 개발될 수 있는 지구의 열을 지칭하는 의미로 사용되고 있다.

2) 지열에너지 원리 및 시스템

지열의 근원은 첫째 지각 및 맨틀을 구성하고 있는 물질 내부의 방사성 동위원소, 즉 우라늄(U^{238}, U^{235}), 토륨(TH^{232}), 칼륨(K^{40})의 붕괴에 의한 것이 약 83%, 둘째 맨틀 및 그 하부의 열 방출, 셋째 지구가 서서히 식어가는 과정에서 배출되는 열에너지에 의한 것이 약 17%로 알려져 있다. 지하로 내려갈수록 지온은 높아지게 되며, 이를 지온 증가율 또는 지온경사(Geothermal Gradient)라 부르는데, 현대의 시추기술로 파내려갈 수 있는 깊이, 즉 10km까지의 평균 지온 증가율은 약 25~30℃/km이다.

한편 지하심부의 고온지대와 천부의 저온지대 사이의 온도차는 심부로부터 천부로의 전도에 의한 열 흐름(Conductive Heat Flow)을 발생시키며, 평균적인 대륙 및 해양의 지열 유량(Terrestrial Heat Flow)은 각각 65와 $101mW/m^2$이고, 각각의 면적을 고려하여 평균하면 지구 전체의 평균 지열 유량은 $87mW/m^2$이 된다.

3) 지열에너지 특징

① 지열에너지의 장점

㉮ 장비의 유지비 이외에 다른 비용은 들지 않아 운영 비용이 매우 저렴

㉯ CO_2가 배출되지 않는 청정에너지

㉰ 가동률이 높으며 잉여열을 지역에너지로 이용 가능

㉱ 반영구적인 에너지원

② 지열에너지의 단점

㉮ 지열발전소의 초기 투자 비용이 높음.

㉯ 지열에너지를 활용 가능한 지역이 한정적

㉰ 지열에너지가 발생하는 지역 대부분이 경관이 뛰어난 곳으로 주변 경관과의 조화
가 필요

㉱ 시설의 구동 중 CO_2, H_2S, NH_3, CH_4 등의 가스가 배출될 수 있음.

㉲ 지반침하의 개연성

지열에너지 부존량 평가는 이를 추출해 낼 수 있는 기술에 의해 좌우된다. 따라서 이
를 평가하는 사람 및 방법에 따라 각기 다른 추정치를 내고 있는데, Electric Power
Research Institute(EPRI, 1978)에 따르면 대륙 지각의 3km 깊이 이내에 저장되어
있는 지열 총량은 43×10^6EJ(Exa$=10^{18}$)에 이른다. 이 양은 2001년 전세계 에너지
소비량 420EJ과 비교하면 인류가 약 100,000년 동안 사용할 거대한 양이다. 물론
현재 사용되는 지열에너지의 양은 이보다 훨씬 적은데, 최근에 Stefansson(2005)은
미국과 아이슬란드의 지열 발전 및 직접 이용 현황으로부터 기술적으로 확인된 전세
계 지열자원의 부존량은 6TWt($=189$EJ/year)에 이르며, 이는 전세계 연간 에너지
사용량의 절반에 가까운 양을 지열에 의해 공급할 수 있음을 알 수 있다.

4) 지열에너지 종류 및 활용방법

① 지열에너지 종류

지열에너지는 지하 수 km의 지열원(증기)을 이용하는 심부 지열에너지와 300m 이
내의 연중 일정한 온도 이용이 가능한 천부 지열에너지(히트펌프를 활용하여 냉난방
시스템으로 활용)로 크게 분류하고 있다. 한편 지열에너지는 온도에 따라 고온, 중·
저온 지열에너지로 구분하고 있다. 고온 지열에너지는 120℃(또는 150℃) 이상으로
물, 증기, 고온의 건조된 암석으로 구성되어 있으며, 대부분 지열 발전에 활용되고
있다. 중·저온 지열에너지는 120℃(또는 150℃) 미만으로 지열수와 고온의 건조 암
석으로 이루어져 있고, 직접 이용되고 있다.

② 활용방법

지열에너지의 활용 기술은 크게 150℃ 이상의 지열유체(증기 및 지열수)를 이용한
발전(간접 이용) 기술과 이보다 낮은 온도의 지열수를 지역난방 등에 이용하는 직접
이용 기술로 나눌 수 있는데, 최근에는 깊이 300m 이내 지하의 연중 일정한 온도를
이용하여 냉난방 시스템을 구현하는 지열펌프 또는 지열 열펌프를 따로 분류하기도
한다.

| 지열에너지 활용방법 |

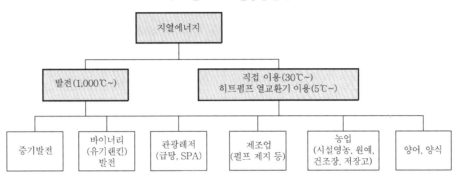

㉮ 직접 이용

우리나라와 같이 화산활동과 관련된 고온성 지열에너지가 부존하지 않는 지역에서의 지열 이용은 냉난방 등에 직접 활용하는 기술이 필요하게 된다. 고온의 지열수를 직접 이용할 때는 저류층까지의 시추공 굴착을 통해 지열수를 생산해서 직접 배관망을 통해 공급하거나 열교환기를 통해 열만을 회수해서 사용하는 방식을 통하는데, 최근에는 지열수의 성분에 따른 배관의 부식 문제로 인해 주로 열교환기를 통해 열만을 회수하고, 다시 지하로 주입함으로써 지속 가능한 자원을 유지하는 방향으로 개발하고 있다. 한편 최근 들어 폭발적으로 증가하고 있는 지열의 열펌프 시스템은 고온이 아닌 지하의 연중 일정한 온도만을 이용하므로 지역 제한이 없어 활용면에서 매우 유리하며, 이러한 이유로 보급이 날로 증가하고 있다. 건물의 냉난방 열원으로 지열이 활용될 경우 지열을 회수하기 위해 열교환기와 회수한 지열을 유효에너지로 변환시키기 위한 히트펌프[8]가 있다.

다음 표는 1995년, 2000년 및 2005년도의 활용방식별 전세계 지열에너지의 직접 이용 설비 용량 및 사용량을 나타낸 것이다. 표에서 보면 2005년도의 직접 이용 설비는 27,825MWt로 5년 전에 비해 거의 두 배에 이르며, 매년 약 12.9%의 증가율을 보이고 있다. 사용량에서는 2005년에 261,418TJ로 2000년 대비 40%(연간 6.5%)의 증가를 나타내었는데, 설비 용량에 비해 사용량의 증가가 낮은 것은 바로 지열 열펌프의 증가 때문이다. 지열 열펌프의 증가는 주로 미국 및 서유럽에서 주도하고 있는데 가장 많이 보급되어 있는 미국의 경우(600,000대) 주로 냉방용으로 사용되고 있으며, 냉방이 필요한 시간이 연간 1,000시간 정도이므로 가동률이 0.11에 불과하기 때문에 전체적인 사용량을 줄이는 요인이 된다.

---

8) 히트펌프란 지열과 같은 고온의 열원으로부터 열을 흡수하여 저온의 열원에 열을 주는 장치로서 저온 부문은 여름철 냉방에 활용하고, 고온 부문은 겨울철 난방에 이용할 수 있는 설비

| 활용방식별 지열에너지 직접 이용 현황 |

구 분	시설 용량			사용량			가동률		
	1995	2000	2005	1995	2000	2005	1995	2000	2005
지열원 펌프	1,854 (21.4)	5,275 (34.8)	15,723 (56.5)	14,617 (13.0)	23,275 (12.2)	86,673 (33.2)	0.25	0.14	0.17
지역난방	2,579 (29.8)	3,263 (21.6)	4,158 (14.9)	38,230 (34.0)	42,926 (22.5)	52,868 (20.2)	0.47	0.42	0.40
온실난방	1,085 (12.5)	1,246 (8.2)	1,348 (4.8)	15,742 (14.0)	17,864 (9.4)	19,607 (7.5)	0.46	0.45	0.46
양어	1,097 (12.7)	605 (4.0)	616 (2.2)	13,493 (12.0)	11,733 (6.2)	10,969 (4.2)	0.39	0.61	0.56
농산물 건조	67 (0.8)	74 (0.5)	157 (0.6)	1,124 (1.0)	1,038 (0.5)	2,013 (0.8)	0.53	0.44	0.41
산업 이용	544 (6.3)	474 (3.1)	489 (1.8)	10,120 (9.0)	10,220 (5.4)	11,068 (4.2)	0.59	0.68	0.72
온천/수영	1,085 (12.5)	3,957 (26.1)	4,911 (17.7)	15,742 (14.0)	79,546 (41.7)	75,289 (28.8)	0.46	0.64	0.49
제설	115 (1.3)	114 (0.8)	338 (1.2)	1,124 (1.0)	1,063 (0.6)	1,885 (0.7)	0.31	0.30	0.18
기타	238 (2.7)	137 (0.9)	66 (0.2)	2,249 (2.0)	3,034 (1.6)	1,045 (0.4)	0.30	0.70	0.39
합계	8,664 (100.0)	15,145 (100.0)	27,825 (100.0)	112,441 (100.0)	190,699 (100.0)	261,418 (100.0)	0.41	0.40	0.30

㉯ 간접 이용(지열 발전)

지열 발전은 보통 지하 2km 이상의 깊이까지 굴착된 시추공을 따라 고압으로 분출되는 증기(증기+물 혼합물인 경우에는 증기만을 분리)로 터빈을 돌려서 이루어진다. 최근의 기술 동향에서 흥미로운 것은 독일, 오스트리아, 호주 등에서 1MW급보다 작은 소형의 지열 발전이 새롭게 시작된 점이다. 이들 나라는 우리나라와 같은 고온성 화산활동이 없는 나라임에도 불구하고 지하 5km까지의 심부 시추를 통해 인공적으로 물을 주입한 후 데워진 고온의 물을 이용해 Binary 발전을 함으로써 전기를 생산하고 있는데, 이는 우리나라에서도 기술 개발과 투자를 통해 소규모 지열 발전이 가능함을 보여주는 사례라 할 것이다.

지열 발전이 기존의 화석연료나 대수력, 그리고 기타 재생에너지에 비해 유리한 점은 설비의 실제 가동률이 뛰어나다는 점이다. 이는 설비량 비율 및 생산량 비율의 비교에서 확인할 수 있는데, 필리핀의 경우 설비량은 12.7%인데 비해 생산량은 19.1%, 미국은 설비량 0.3%인데 반해 생산량은 0.5%로 매우 높다. 지열 발전의 경우 저류층의 압력이 떨어지지 않는 한 24시간 연속 가동이 가능하며, 실제로 가동률이 90%를 상회하고 있다. 반면에 화석연료의 경우에는 지속적으로 연료를 공급해야 하며, 수력 발전의 경우에는 갈수기에 발전이 줄고, 최근에 각광받고 있는 풍력 발전도 바람이 항상 부는 것이 아니므로 가동률에서는 불리하다.

다음 표는 2005년 현재 각 나라별 지열발전설비 용량, 실제 가동되는 설비량, 연간 에너지 생산량 및 지열 발전이 차지하는 비율을 정리한 것이다(Bertani, 2005). 표에서는 미국이 압도적으로 다수이며(주로 California, Geysers field), 다음으로 필리핀, 멕시코, 인도네시아, 이탈리아, 일본, 뉴질랜드가 많은 용량을 자랑한다. 특히 필리핀의 경우에는 전체 국가의 발전 용량 중 19.2%를 차지하고 있으며, 전체 발전량도 곧 미국을 추월해서 전세계에서 가장 지열 발전이 앞선 나라가 될 전망이다.

국가명	설치 용량	운영 용량	연간 에너지 생산량	개 수	국가 용량 비율(%)	국가 에너지 비율(%)
오스트레일리아	0.2	0.1	0.5	1	무시할만한 양	무시할만한 양
오스트리아	1	1	3.2	2	무시할만한 양	무시할만한 양
중국	28	19	95.7	13	30	30
코스타리카	163	163	1,145	5	8.4	15
엘살바도르	151	119	967	5	14	24
프랑스	15	15	102	2	9	9
독일	0.2	0.2	15	1	무시할만한 양	무시할만한 양
과테말라	33	29	212	8	1.7	3
아이슬란드	202	202	1,406	19	13.7	16.6
인도네시아	797	838	6,085	15	2.2	6.7
이탈리아	790	699	5,340	32	1.0	1.9
일본	535	530	3,467	19	0.2	0.3
케냐	127	127	1,088	8	11.2	19.2
멕시코	953	953	6,282	36	2.2	3.1
뉴질랜드	435	403	2,774	33	5.5	7.1
필리핀	1,931	1,838	9,419	57	12.7	19.1
포르투갈	16	13	90	5	25	–
러시아	79	79	85	11	무시할만한 양	무시할만한 양
태국	0.3	0.3	1.8	1	무시할만한 양	무시할만한 양
터키	20	18	105	1	무시할만한 양	무시할만한 양
미국	2,544	1,914	17,840	189	0.3	0.5
총계	8,912	9,010	56,798	468	–	–

국가별 지열 발전 현황

5) 시장 현황 및 전망

지열에너지의 경제적 활용의 시초는 고대 로마시대의 온천에서부터 찾을 수 있는데, 온천은 현재에도 가장 손쉽고 가장 인기 있는 지열의 활용방안이라 하겠다. 그러나 근대적인 의미에서의 지열에너지 활용의 역사는 약 100년 정도이다. 20세기 초인 1904년 이탈리아의 Larderello에서 지열 증기를 이용하여 처음으로 지열 발전을 했으며, 1913년 상업적인 발전이 시작된 후 현재에도 이 지역에서는 543MWe의 발전 용량을 갖추고 있다. 그 후 일본의 Beppu(1919), 미국 California(1958), 멕시코(1959) 등 세계로 퍼져나가 현재 전세계 발전시설 용량은 8,900MWe에 이르고 있으며, 연간 57,000GWh의 전기를 공급하고 있다.

(7) 바이오에너지

1) 바이오에너지 정의

바이오에너지(바이오 연료)는 바이오매스를 원료로 사용하여 생산된 에너지이다. 바이오매스는 생체뿐만 아니라 동물의 배설물 등 대사활동에 의한 부산물도 모두 포함한다. 바이오 원료는 화석연료와 달리 신재생에너지로 분류된다.

2) 바이오에너지 원리

바이오에너지의 범위는 상당히 광범위하다. 식물과 미생물의 광합성에 의해 생성된 식물체, 균체와 이를 섭식하는 동물체를 포함한 생물유기체를 일컫는다. 이러한 관점에서 본다면 석유와 천연가스, 석탄 등의 기원도 역시 동식물에 기인한 것이므로 바이오에너지라고 할 수 있으나 이는 화석연료로 분류하여 바이오에너지에는 포함하지 않고 있다.

① 먹이사슬의 가장 하단에 있는 녹색식물은 태양에너지를 활용하여 무기물질인 CO_2와 H_2O을 합성하여(광합성) 유기물질을 생성하는 생물체의 근간을 이루는 공정을 담당하고 있다. 식물이 광합성 과정을 거치면서 탄소와 수소 등이 환원되고 에너지가 높은 유기물질인 탄화수소물질로 전이되면서 에너지를 축적하게 된다. 녹색식물과 달리 상위단계 생물체들은 자생적으로 에너지를 생성·축적하지는 못하지만 하위단계 생물체들을 섭취하면서 물질과 더불어 에너지도 전이된다.

② 이러한 에너지 및 물질전환 과정을 거치면서 생물체들은 태양에너지에서 시작된 에너지가 먹이사슬을 통해 분산·공유하게 되고, 생체에 축적되어 바이오에너지로 활용된다. 바이오매스가 에너지로 활용되면서 분해 과정을 거치게 되며 그 과정에서 최종 산물은 가장 안정된 형태인 CO_2와 H_2O이 되고, 이 물질은 광합성 과정에서 녹색식물로 편입됨으로써 자연계 내에서 순환된다.

3) 바이오에너지 특징

태양광과 풍력은 첫째, 다양한 용도로의 적용이 가능하다. 전기 및 지열은 열과 전기 등 제한적으로 활용되지만 바이오에너지는 신재생에너지 중에서 유일하게 열에너지, 전기에너지, 직접 연료 등 다양한 형태로의 사용이 가능하다.

둘째, 저장성이 탁월하다. 태양광과 풍력 등에 의해 생성된 에너지는 저장이 용이하지 않은 반면 바이오에너지는 그 자체로도 저장이 용이할 뿐만 아니라 다른 에너지 형태로 (바이오 가스, 바이오 오일 등) 전환되더라도 저장이 용이하다.

셋째, 타 신재생에너지와 마찬가지로 청정연료이다.

넷째, 재생 가능한 에너지원이다.

4) 바이오에너지 종류 및 활용방안

바이오매스는 활용 관점에서 열원, 동력, 전력의 세 가지 형태로 나눌 수 있으며, 바이오매스 종류에 따른 바이오에너지 이용 체계도는 다음과 같다.

| 바이오에너지 이용 기술 체계도 |

섬유질 계통의 바이오매스(목재, 농업 부산물)는 고형 연료로 직접 연소하여 열과 전기를 생산하거나 Chip(칩)과 Pellet(펠릿)으로 가공하여 난방 연료 또는 발전 연료로도 사용하고 있다. 열분해 또는 가스화 공정을 거치게 되면 액상 또는 가스상으로 전환 사용이 가능하다. 전분질계 바이오매스는 주로 액상의 바이오 에탄올을 생산하여 수송용 연료로 사용하고 있다. 그러나 전분질계 바이오매스는 식량에 대한 수요와 겹치기 때문에 원료 확보가 용이하지 않은 문제점을 갖고 있다. 유채, 대두, 해바라기 등은 기름 성분을 추출하여 경유와 물성이 비슷한 바이오 디젤로 전환 가능하며, 이를 수송 연료로 이용할 수 있다. 가축 분뇨, 음식물 쓰레기, 유기성 폐수 등은 혐기성 발효를 통해 바이오가스를 생산하여 보일러, 발전, 수송 연료로 활용이 가능하다. 또한 이들 물질들은 수소 생산균을 활용하여 바이오 수소의 생산이 가능하다.

① 메탄가스 이용

바이오매스의 혐기성 분해 과정에서 CH_4 가스가 다량 생성되고 있다. 일반적으로 바이오매스를 혐기적으로 분해하면 약 50% 정도의 CH_4이 생성되는 것으로 알려지고 있다. 폐기물 매립지, 음식물 쓰레기 등의 유기성 폐기물처리시설, 하수처리시설 등에서 바이오매스 성분이 혐기적 분해되면서 CH_4 가스가 주로 발생된다. CH_4을 함유한 바이오 가스의 활용방법은 다음과 같다.

∥ 바이오 가스의 이용방법 ∥

구 분	활용방법	비 고
발전	가스엔진 마이크로 가스터빈 가스터빈 증기터빈	1MW 이하 1MW 이하 5~10MW 10MW 이상
중질가스	보일러 연료	수분 제거 등 최소한의 전처리
고질가스	도시가스 Grid 수송(차량) 연료	정제 과정을 통해 메탄 97% 이상, 유해가스 제거

② 열 또는 전력 생산 기술

㉮ 고형 연료화 기술

인류는 오래전부터 나무 등의 셀룰로오스(Cellulose)계 바이오매스를 연료로 사용하였다. 이러한 단순한 활용 기술은 필요성에 따라 다양한 형태로 발전하게 된다. 임산자원이 풍부한 북반구의 여러 국가들(예 핀란드, 스웨덴 등)에서는 조림에 의해 생산된 목재를 칩(Chip) 또는 펠릿으로 가공하여 지역난방 등 대규모 소비에 주로 사용하고 있다.

또한 미국, 독일 등 여러 선진국에서는 미활용 임산 폐기물뿐만 아니라 도시에서 배출되는 폐목재 등을 펠릿화하여 석탄화력발전소에서 석탄과 함께 사용하는 혼소 기술도 개발·적용하고 있다. 바이오매스의 열 생산을 위해서는 연소가 불가피하고, 기본적으로 연소의 기본 조건인 3T(Temperature, Time, Turbulence)를 고려한 완전연소를 통한 오염물질 배출의 최소화를 달성할 수 있는 조건에서 운전하여야 한다.

㉯ 열분해 및 가스화 기술

고형 연료로 만들어 연소하여 열을 생산하는 방법은 상대적으로 적용이 용이하지만, 생산된 에너지의 형태가 부가가치가 가장 낮기 때문에 보다 유용한 형태의 에너지로 활용하려는 시도도 이루어졌다. 이러한 시도의 대표적인 것이 바이오매스를 공기(산소)가 희박한 조건에서 열분해, 가스화하여 바이오 오일과 바이오 가스(CO, CH_4, H_2 등)를 생산하는 기술이다. 생산된 가스는 열과 전기를 동시에 생산하는 열병합 발전에 사용되거나, 응축하여 액상 연료로 활용하는 기술은 현재 Pilot 규모 연구를 완료하고 실용화 시작 단계에 있다.

㉡ 연료전지

연료전지는 일종의 전기화학적 에너지 전환장치이다. 이러한 연료전지는 바이오 가스 등을 직접적으로 물과 산소로 전환시키며, 이러한 공정을 통해 열과 전기를 직접 사용 가능한 형태로 얻을 수 있다.

㉢ 열병합 발전

바이오 에너지원을 이용하여 생산되는 전력은 열병합 발전에 의한 것이 지배적으로 많다. 열병합 발전의 경우 전력 생산의 효율은 33%로 기존의 일반 보일러가 36%인 점과 비교해보면 다소 효율이 떨어지는 면이 있으나, 일반 보일러에서는 전력 생산 외의 64% 에너지가 손실되는 데 반해 열병합 발전에서는 손실되는 에너지가 10%이며, 나머지 57%는 열로 회수되기 때문에 단순히 전력 생산의 효율 측면을 떠나 에너지 관점에서 본다면 높은 효율성을 가진다.

③ 수송용 연료 생산기술

다른 신재생에너지원이 갖지 못하는 바이오에너지의 고유 특성이 바로 수송용 연료로 전환 가능하다는 점이다. 즉 바이오매스는 휘발유의 대체 연료인 바이오 에탄올과 경유 대체 연료인 바이오 디젤 생산이 가능하다.

㉠ 바이오 에탄올

가솔린의 대체 연료로 사용되는 바이오 에탄올은 재생성이 있는 바이오매스를 원료로 생산 가능할 뿐만 아니라 환경오염물질의 배출도 적어 미국, 브라질 및 EU의 여러 국가들에서 보급량이 증가하고 있다. 현재 브라질, 미국 등에서는 자국의 풍부한 바이오매스인 사탕수수 또는 옥수수를 원료로 바이오 에탄올을 생산하는 기술을 개발하였다. 사탕수수로부터 추출한 사탕액은 효모에 의해 직접 에탄올로 전환된다. 이후 에탄올을 농축하여 연료용 알코올(함량 : 99.27%)로 만들어 가솔린과 혼합 또는 에탄올 자체만으로 휘발유 대체 연료로 사용 가능하다. 옥수수, 고구마 등과 같은 전분질계 바이오매스로부터 바이오 에탄올 생산을 위해서는 녹말을 효모가 발효할 수 있는 당으로 전환하기 위한 증자단계가 필요하며, 이후 과정은 당질계에서 에탄올 생산방법과 동일하다.

현재 상용화된 바이오 에탄올 생산기술은 모두 사람이 식량으로 사용할 수 있는 당질계 또는 전분질계 바이오매스를 원료로 사용하므로 식량을 에너지로 사용한다는 데 대한 도덕적 문제(식량을 에너지로 사용하는 문제)뿐만 아니라 앞으로 식량 수요가 늘어날 경우 원료 수급에 문제가 발생할 수 있다는 우려가 존재한다. 이러한 피상적 이유 외에도 현재 생산하고 있는 바이오 에탄올은 원료 비용이 높아 원가 측면에서 비교하면 휘발유에 비해 가격이 높은 문제점이 있다. 그러므로 관련 국가의 정부에서는 세금 감면 등의 지원정책을 실시하고 있다.

이러한 문제를 극복하기 위해 보다 값싸고 원료 수급에 문제가 적은 셀룰로오스
계 바이오매스를 원료로 사용하는 기술을 개발해야 한다. 하지만 셀룰로오스계
바이오매스는 당질계, 전분질계 바이오매스에 비해 매우 견고한 구조를 가지고
있어 이를 분해하여 에탄올을 생산하는 데는 여러 단계의 공정이 필요하다. 목질
계 바이오매스로부터 당의 고분자인 셀룰로오스를 먼저 분리하고 효소에 의해
당으로 분해한 다음 효모에 의해 에탄올을 만들게 된다. 이러한 기술은 현재 미
국, 스웨덴 등에서 Pilot 공정의 연구 단계이며 실용화에는 약 5~10년이 더 걸릴
것으로 예상된다.

㉯ **바이오 디젤**

요즘 경유 대체 친환경 연료로 주목받고 있는 바이오 디젤도 바이오매스로부터 생
산 가능하다. 즉 바이오 디젤은 약 10%의 산소를 포함하고 있어 연소 시 완전연
소의 가능성이 화석연료와 비교하여 높고, 경유에 비해 대기오염물질 배출이
40~60% 이상 적다. 또한 바이오 디젤 사용에 따른 전과정 평가(Life Cycle
Analysis)에 의하면 바이오 디젤 1kg 사용 시 경유에 비해 2.2kg의 이산화탄소
배출 절감 효과가 있는 것으로 밝혀졌다.

이러한 바이오 디젤은 바이오매스의 한 종류인 식물성 기름으로부터 만들어진
다. 즉 식물성 기름은 차량 연료로 사용하기에 충분한 열량을 가지고 있지만, 고
분자 물질이어서 점도가 너무 높아 디젤엔진에 직접 적용이 어렵다. 따라서 화학
반응에 의해 식물성 기름을 분해하여 저분자화함으로써 점도를 디젤유와 비슷한
수준으로 낮출 수 있다. 식물성 기름에 촉매를 넣고 알코올과 반응시키면 알킬에
스터와 글리세린으로 전환된다. 반응에 의해 생산된 알킬에스터를 바이오 디젤
이라고 한다. 식물성 기름과의 반응물질로서 모든 종류의 알코올 사용이 가능하
지만 가장 가격이 저렴한 메탄올을 주로 사용하고 있기 때문에 생산된 알킬에스
터를 메틸에스터라고 한다. 촉매도 마찬가지로 산 또는 염기 촉매가 사용 가능하
지만 반응 활성이 우수한 염기 촉매를 주로 사용하고 있다. 에탄올의 경우와 마
찬가지로 현재 바이오 디젤 생산에 원료로 사용되는 기름은 식용유로도 사용 가
능하다. 따라서 바이오 디젤의 보급이 전세계적으로 활성화될 경우 원료의 가격
상승과 수급 불안 문제가 있다. 이러한 문제를 해결하기 위해 식용으로 사용이
어려운 원료를 활용하려는 기술 개발 및 연구가 진행되고 있다. 폐식용유는 현재
상용공정에서 원료로 사용하는 깨끗한 식물성 기름과는 달리 많은 불순물이 있
어 여러 단계의 전처리 기술이 필요하다. 또한 독성이 있어 식용으로 활용이 어
려운 다양한 유지식물들 중에서 바이오 디젤 생산 목적에 적합한 식물종을 찾기
위한 연구가 미국 등에서 진행되고 있다.

5) 시장 동향 및 전망

미국과 브라질이 바이오에너지 부문에서는 선두를 유지하고 있다. 세계 바이오 에탄올 생산량은 2000년 이후 연평균 20%대의 증가율을 보이고 있으며, 브라질과 미국이 생산량의 대부분을 차지하고 있다. 주요 선진국의 대체 에너지 사용량 중 바이오에너지의 비중은 30~50%로 상당히 높은 편이며, 화석연료 고갈 및 에너지 시장 불안정으로 바이오매스 에너지에 대한 관심이 확대되고 있는 추세이다.

① EU는 2020년의 전체 에너지 중 바이오 연료의 소비 비중은 1세대 바이오 연료가 7%, 2세대 바이오 연료가 1.5%로 총 8.5%에 이를 것으로 전망하고 있다(2008년 기준하여 1세대는 1.9%, 2세대는 0%).

② 우리나라의 경우 2005년 기준하여 대체 에너지 사용량 중 바이오 에너지의 비중은 3.7%에 불과하나 지속적으로 증가하는 추세이다. 바이오 디젤이 국내 바이오 연료 중에서 가장 주목을 받고 있으며, 2002년 5월부터 BD20[9]이 168개 지정 주유소에서 시범적으로 공급되었다. 반면에 바이오 에탄올의 국내 보급 전망은 불투명한 상황이다. 저장과 유통 인프라 구축 비용 및 원료의 수입 문제로 연료용으로 사용된 실적은 없다. 향후 바이오 에탄올 생산기술 확보와 보급을 위해서는 정부 차원의 적극적 노력이 필요하다. 우리나라는 바이오 연료 개발에서 EU와 미국과 비교하여 5~10년 정도의 격차를 보이고 있음을 감안하여 2030년까지 경유 및 휘발유의 20%를 바이오 디젤과 바이오 에탄올이 대체할 것으로 전망하고 있다.

| 국내 바이오 디젤(BD) 및 바이오 에탄올(BE) 보급량 및 비중 전망 |

(단위 : 1,000toe)

구 분 \ 연 도	2005년	2010년	2015년	2020년	2025년	2030년
경유 소비량	16,301	18,635	20,016	22,437	24,531	25,942
바이오 디젤	8	373	1,001	2,244	3,680	5,188
경유 중 BD 비중(%)	0.05	2	5	10	15	20
휘발유 소비량	7,512	7,818	8,945	9,001	9,158	9,403
바이오 에탄올	–	78	447	900	1,374	1,881
휘발유 중 BE 비중(%)	0	1	5	10	15	20

9) BD20은 바이오 디젤을 20% 혼합한 연료이고, 전세계적으로는 BD5(바이오 디젤 5%)가 가장 널리 사용되고 있음.

(8) 폐기물에너지

1) 폐기물에너지 정의

폐기물에너지는 사업장 또는 가정에서 발생하는 가연성 폐기물 중 에너지 함량이 높은 **폐기물을 소각에 의한 열회수 기술, 성형 고체 연료 제조기술, 열분해에 의한 연료유 생성기술, 가스화에 의한 가연성 가스 제조기술 등의 가공ㆍ처리방법**을 말한다. 이를 통해 고체 연료, 액체 연료, 기체 연료, 폐열을 생산하고, 산업 생산활동에 필요한 에너지로 이용될 수 있도록 한 **재생에너지**라고 정의할 수 있다.

▎폐기물에너지 전환기술 개념도▎

```
                                                    ┌──────────────┐
                                          ┌─────────│  고체 연료    │
                                          │         └──────────────┘
                                          │                        ┌──────────────┐
┌──────────┐                              │       저온      ┌────────│  액체 연료    │
│ 폐기물/   │     ┌────────────┐          │    300~500℃   ┌──────┐ └──────────────┘
│ 고형 연료 │─────│ 열분해/가스화 │──────────┤            ─│ 열분해 │─┐┌──────────────┐
│(RDF, RFE)│     └────────────┘          │                └──────┘ ├│화학제품 연료 │
└──────────┘                              │       고온              └──────────────┘
                                          │    700~1,000℃ ┌──────┐ ┌──────────────┐
                                          │            ─│ 가스화 │──│  기체 연료    │
                                          │                └──────┘ └──────────────┘
                                          │         ┌──────┐  ┌────────┐ ┌──────────────┐
                                          └─────────│ 소각 │──│ 폐열 회수│─│열(전기, 난방)│
                                                    └──────┘  └────────┘ └──────────────┘
```

2) 폐기물에너지 특징

폐기물에너지의 장점은 **경제성이 높고, 폐자원의 활용 극대화, 화석연료 사용을 줄임으로써 온실가스 배출 감축에 기여**한다. 반면 에너지화 과정에서 2차 오염물질 배출 가능성이 있으며, 폐기물 열분해와 가스화 기술은 아직까지 기술적으로 안정되지 못하였고, 경제성도 부족한 것으로 알려지고 있다. 그러므로 실질적으로 폐기물에너지화는 소각기술처럼 단순 연소기술만이 안정적 에너지화 기술로 꼽힐 정도로 기술적 취약성이 높은 분야이다.

3) 폐기물에너지 기술 종류

폐기물에너지는 이용하는 방법에 따라 **폐기물의 소각열을 회수하는 기술, 성형 고체 연료를 생산하는 기술, 폐기물의 열분해에 의한 연료유 생산기술, 폐유를 정제하는 기술, 가연성 폐기물 가스화 기술** 등으로 분류할 수 있다. 그 구성과 내용은 다음과 같다.

종 류	내 용
성형 고체 연료(RDF) 생산기술	종이, 나무, 플라스틱 등의 가연성 고체 폐기물을 파쇄, 분리, 건조, 성형 등의 공정을 거쳐 제조된 고체 연료
폐유 정제유 생산기술	자동차 폐윤활유 등의 폐유를 정제하여 생산된 재생유
플라스틱 열분해 연료유 생산기술	플라스틱, 합성수지, 고무, 타이어 등의 고분자 폐기물을 열분해하여 생산되는 청정연료유
폐기물 소각열 회수 기술	소각열 회수에 의한 스팀 생산 및 발전
가연성 폐기물 가스화	합성가스(Synthesis Gas) 생산 및 연료 제조기술

① 소각 폐열 이용

폐기물 소각시설이나 산업체 공장에서 일련의 소각 과정을 통해 발생되는 고온의 열을 이용하여 폐열을 증기나 고온수의 형태로 회수하고, 그 상태로 난방·급탕 또는 흡수식 냉동기 등을 사용하여 온·냉방 등의 목적으로 사용할 수 있다.

② 성형 고체 연료(RDF ; Refuse Derive Fuel)

RDF 기술은 폐기물을 파쇄, 선별, 건조, 성형공정을 거쳐서 석탄과 비슷한 고체 연료를 만드는 것으로 생활폐기물을 재료로 해서 만든 RDF는 발열량이 3,500~5,000kcal/kg 정도로 석탄과 비슷하다. 사업장에서 발생하는 폐플라스틱을 재료로 만든 RDF는 발열량이 7,000~8,500kcal/kg 정도로 석탄보다 훨씬 높은 발열량을 나타낸다. RDF는 적절한 연소기술을 적용하여 열병합 발전에 이용하는 등 에너지 회수에 일익을 담당하고 있다.

③ 폐기물 열분해

폐기물 열분해 반응은 무산소 환원반응으로 일반적으로 온도가 800℃ 이하이며, 온도에 따라 크게 세 반응으로 구분할 수 있다. 첫 번째는 반응온도가 300~600℃의 저온 열분해, 두 번째는 750℃ 전후의 중온 열분해, 세 번째는 반응온도가 1,100℃ 이상의 고온 열분해 공정이다.

저온 열분해에서는 액체 생성물의 생성 비율이 높고, 중온 열분해에서는 가스 생성물의 생성 비율이 압도적으로 높고, 고온 열분해에서는 저분자 가스연료만 생성된다. 따라서 고온 열분해 반응은 환원반응이 아닌 가스화 매체를 활용한 산화반응으로 연료가스 생성이 목적이므로 열분해 반응이라기보다는 가스화 반응으로 일컬어지고 있다. 폐기물의 저온 열분해는 무산소 조건에서 반응온도가 300~600℃이며, 액체 생성물의 생산이 주목적인 공정으로 정의할 수 있다. 액체 생성물은 연료유 또는 생화학 원료로 사용 가능한 물질로서 특징지을 수 있다.

┃ 운전온도에 따른 열분해 공정의 비교 ┃

구 분	운전온도	생성물	주성분	비 고
저온 열분해 (유화공정)	300~600℃	액체 연료 (탄화수소유)	C_6~C_{12}	탄화수소화합물의 연료유
중온 열분해 (가스화 공정)	750℃ 전후	기체 연료	C_1~C_6	탄화수소, 일산화탄소 및 수소 등의 가연성 가스
고온 열분해 (용융가스화 공정)	1,100℃ 이상	기체 연료	C_1~C_2, H_2	

반응온도가 300~600℃인 조건에서는 단위시간당 투입되는 에너지의 양이 작아서 고분자 화합물(다량체)의 결합(Bond)이 크게 절단되므로 탄소수가 상대적으로 큰 탄화수소 화합물이 주로 생성된다. 따라서 탄소수가 적은 가스 부산물의 생성 비율은 낮지만, 액체와 고체 생성물의 생성 비율이 높다. 반면에 온도가 높을수록 에너지 투입량이 증가하면서 고분자 화합물의 탄소수가 짧게 끊어져 가스 생성물의 생성이 증가하고, 탄소수가 높은 액체와 고체 생성물의 비율은 감소한다. 저온 열분해는 액체 생성물, 즉 연료 오일의 생산량 극대화에 목표를 두고 있다. 그러므로 고분자 화합물의 저온 열분해는 폐기물 열분해 유화기술과 동일한 개념이다.

④ 폐기물 가스화

가스화는 탄화수소로 구성된 폐기물을 산소 및 수증기를 첨가하거나 무산소 상태에서 탄화수소, CO, H_2 등으로 구성되는 합성가스를 제조하여 메탄올을 합성하거나 복합 발전에 이용하여 전력을 생산, 회수, 이용하거나 증기 생산에 이용하는 기술이다. 폐기물 가스화의 주원료는 가연성 폐기물이며, 선별도 불필요하고 금속이나 불연성 물질이 혼합되어도 처리가 가능하다. 또한 가스화 기술은 촉매를 사용하지 않기 때문에 PVC의 허용도가 상대적으로 높고, 고분자 폐기물, 생활쓰레기 종말처리품, 폐목재류를 포함한 농수산 폐기물류, Shredder Dust 등과 다양한 종류의 폐기물도 처리가 가능하므로 가연성 폐기물의 에너지 회수 및 처리문제를 동시에 해결할 수 있다는 장점을 가지고 있다.

4) 시장 현황 및 전망

2006년의 신재생에너지 총 생산량은 523만TOE이고, 이 중 폐기물에너지는 약 400만 TOE에 달해 총 신재생에너지 생산량 중 76%를 차지하고 있다(2006년 1차 에너지 대비 신재생에너지의 비율은 2.24%에 불과). 폐기물에너지 중에서 폐가스의 비중이 가장 높으며, 폐가스를 제외한 폐기물 재생에너지 생산량은 244만TOE(폐기물에너지 생산량 : 216만TOE, 바이오 가스(매립가스, 유기성 폐기물 바이오 가스) 생산량 : 28만TOE)로 1차 에너지의 1%, 신재생에너지의 61%를 차지하고 있다.

‖ 폐기물에너지 생산현황(2006년 기준) ‖

폐가스	소각시설 여열 회수	폐목재 연료화	시멘트 소성로 연료	정체 폐유 및 기타	합 계
181(45.6%)	121(30.4%)	23(5.7%)	37(9.3%)	36(9.0%)	398(100%)

국내 폐기물의 에너지화 가능 물량은 1일 평균 3.3만톤으로 추산하고 있다. 즉 폐기물 발생량 33만톤 중 10% 정도가 에너지화가 가능하다고 판단하고 있으며, 가연성 폐기물 중 매립처리량 1만 3천톤 및 유기성 폐기물 중 해양 배출 처리량 2만톤이 에너지화가 가능하다고 여겨진다.

‖ 폐기물 자원화 가능량(환경부, 폐기물에너지화 종합대책, 2008) ‖

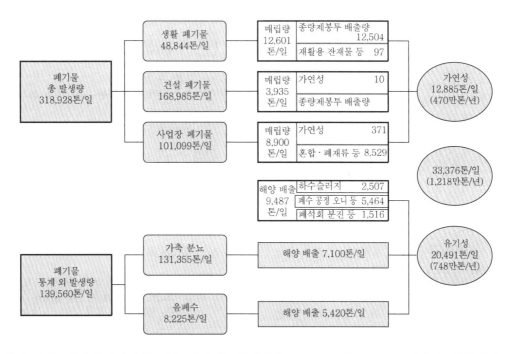

현재 국내 폐기물에너지화 기술 수준은 선진국의 50~60%이고, RDF 기술은 실증단계 이나 불안정한 발열량으로 품질이 미흡하고, 유기성 폐기물 에너지화 기술은 아직 초보 수준으로 바이오 가스 생산공정의 안전성 및 경제성 확보에 필요한 기술이 부족한 상황 이다. 정부는 지자체 생활폐기물을 중심으로 폐기물을 최대한 에너지화 할 계획을 수립 하고 있다. 2013년까지 폐자원 고형 연료와 바이오 가스 전용 보일러 등 48개소 시설, 소각장 여열 17개소, 매립가스 회수·이용 시설 25개소를 확충하고, 2020년까지 26개 시설을 추가로 확충할 예정이다. 또한 전국 8대 권역별로 총 14개의 '환경에너지 타운' 을 조성하여 거점화함으로써 폐기물에너지화에 있어 규모의 경제를 실현할 예정이다.

01 다음 중 바이오 에탄올의 특징이 아닌 것은?

① 녹말(전분) 작물에서 포도당을 얻은 뒤 발효(사탕수수, 밀, 옥수수, 감자, 보리, 고구마)를 통해 추출한다.
② 모든 식물이 원료로 가능하며, 연소율이 높고 오염물질 발생이 적다.
③ 선진국의 경우 가솔린에 10~20% 섞은 혼합 형태로 유통하여 사용한다.
④ 미국, 중남미 등 주요 곡물 수출국에서 사용이 가능하다.

해설 선진국의 경우 바이오 디젤을 10~20% 섞은 혼합 형태로 유통하고 있다.

02 다음 중 연료의 M85에서 구성 비율로 알맞은 것은?

① 메탄올 85%+가솔린 15%
② 메탄올 85%+디젤 15%
③ 메탄올 15%+가솔린 85%
④ 메탄올 15%+디젤 85%

해설 M85는 메탄올 85%와 가솔린 15%가 혼합된 연료를 말한다.

03 다음 중 연료전지의 특징으로 틀린 것은?

① 공해가 적다.
② 소음이 적다.
③ 발전 효율이 낮다.
④ 부하변동에 신속한 대처가 가능하다.

해설 연료전지는 기존 화석연료에 비해 높은 발전 효율을 보인다.

04 다음 중 소수력 발전의 특징으로 틀린 것은?

① 대기오염물질 배출이 적다.
② 반영구적으로 사용할 수 있다.
③ 전력 공급량 조절이 쉽다.
④ 발전 단가가 비싸다.

해설 소수력 발전은 발전 단가가 다른 발전에 비하여 저렴하고 안정적이다.

05 다음 중 지열에너지의 특징으로 옳은 것은?

① 시설 초기의 투자 비용이 저렴하다.
② 에너지 활용 가능한 지역이 한정적이다.
③ 운영 비용이 비싸다.
④ 시설 가동률이 낮다.

해설 지열에너지는 에너지 활용 가능한 지역이 한정적이다. ①, ③, ④는 지열에너지의 특징과 반대되는 내용이다.

06 다음 중 재생에너지로 알맞지 않은 것은?

① 풍력
② 태양에너지
③ 수소에너지
④ 수력

해설 수소에너지는 신에너지에 포함된다. 재생에너지로는 태양에너지, 바이오에너지, 폐기물에너지, 그 밖에 석유 · 석탄 · 원자력 또는 천연가스가 아닌 에너지가 해당된다.

07 다음 중 신에너지로 알맞은 것은?

① 풍력
② 연료전지
③ 바이오에너지
④ 폐기물에너지

해설 신에너지란 기존의 화석연료를 변환시켜 이용하거나 수소 · 산소 등의 화학반응을 통하여 전기 또는 열을 이용하는 에너지로 수소에너지, 연료전지, 석탄을 액화 · 가스화한 에너지 및 중질 잔사유를 가스화한 에너지로서 대통령령으로 정하는 기준 및 범위에 해당하는 에너지 등이 포함된다.

Answer 01.③ 02.① 03.③ 04.④ 05.② 06.③ 07.②

탄소배출권거래제도

 01 배출권거래제도와 시장의 역사

(1) 배출권거래제도의 기원

1) 배출권거래제도의 원형적 형태와 그 종류

세계 최초의 본격적인 배출권거래제도는 1994년 미국에서 실시된 산성비 프로그램 (ARP ; Acid Rain Program)이다. 그리고 현재 운영되고 있는 온실가스 배출권거래제도 중에서 가장 대규모로 체계적으로 운영되고 있는 것은 EUETS(European Union Emission Trading System)이다. 그러나 이러한 체계적인 배출권거래제도의 운영 이전 에 미국 등 선진국을 중심으로 배출권 거래의 원형이라고 할 수 있는 여러 가지의 거래 형태들이 존재하여 왔는데 이들을 소개하면 다음과 같다.

① 배출감소신용(ERC ; Emission Reduction Credit)

법이 정한 규정치보다 오염배출 통제를 월등하게(효율적으로) 달성 시 초과 통제분 에 대하여 해당 오염원은 행정당국에 배출감소신용(Credit)을 인정받아(예치하여) 다른 시점이나 다른 곳에서 사용할 수 있다. 이렇게 인증된 권리는 예치되거나 묶음 (Bubble), 상쇄(Offset), 상계(Netting)정책 등에서 사용된다.

② 상쇄정책(Offset Policy)

대기정화법이 정한 환경기준에 미달하는 지역(Non-Attainable Area)에 신규 오염 원 또는 기준 오염원의 시설 확장이 허가되면 오염이 증가될 가능성이 커지기 때문 에 그 지역의 환경보존을 위해서는 증가될 오염을 상쇄할 수 있는 수단이 필요하다. 상쇄정책은 환경기준 미달 지역에서 서로 상충되는 경제성장과 환경기준 달성의 문 제를 해결하기 위하여 도입되었다. 이 정책의 핵심은 한 지역의 대기환경이 악화되 지 않는 범위 내에서 그 지역에 오염원의 신규 설립 및 증설(기존 오염원의 변경)을 허용하며, 이때 상쇄정책하에서 자격을 갖춘 신규 또는 확장 오염원은 기준 오염원 으로부터 충분한 ERC를 구입해야만 그 지역에서 사업을 시작할 수 있다는 것이다. 1992년의 미국 환경청의 조사에 따르면 약 2,500회의 상쇄거래가 일어났는데, 그 중 10%가 외부거래였으며 90%가 캘리포니아 주에서 이루어진 것으로 나타났다.

이러한 상쇄제도는 오염 수준의 순증가를 방지할 수 있도록 하는 거래제한 규정이 필요한데 지금까지 제안되었거나 사용 중인 거래 규칙은 크게 세 가지이다.

㉮ **오염상쇄제도(Pollution Offset)** : 거래결과 어떤 지역에서도 환경기준을 초과하지 않는 한 거래가 허용되는 제도

㉯ **양호상쇄제도(Non-Degradation Offset)** : 어떤 지역에서의 오염기준도 초과하지 않을 뿐만 아니라 오염물질의 배출 총량이 증가하지 않는 한 거래를 허용하는 제도

㉰ **수정오염상쇄제도(Modified Pollution Offset)** : 모든 지역에서의 오염기준이 준수되어야 할 뿐만 아니라 거래 전의 환경 수준보다 양호한 결과를 낳을 수 있을 때에만 거래를 허용하는 제도

이와 같이 상쇄제도는 다양한 형태의 거래 규칙에 따라 적용될 수 있는데, 그 취사선택은 오염문제의 실태와 경제적 발전의 필요성 등을 종합적으로 고려해서 결정되어야 한다.

③ **묶음(거품)정책(Bubble Policy)**

이 제도는 몇 개의 기업을 그룹으로 묶어서 그룹 전체의 정해진 배출 총량만 충족시키면 되는 제도로, 그룹 내에서는 배출 총량을 초과할 수밖에 없는 기업과 정해진 총량보다 덜 배출할 수 있는 기업으로 역할을 분담할 수 있는 제도이다. 즉 배출원들은 묶음(그룹) 전체의 배출 총량 규제 기준을 준수하는 한 그룹 내의 각 기업들의 오염물질 배출량 수준을 서로 자유롭게 조정할 수 있는 것이다. 이 제도는 기존의 배출원에 대하여 규제 준수의 유연성을 제공한다고 할 수 있다.

④ **상계정책(Netting Policy)**

상계제도는 오염원의 시설이 변경되거나 확장된 후에 공장 전체의 순오염 증가가 미미할 경우 오염원이 내부에서 얻은 ERC를 이용하여 번거로운 신규 오염원 이행기준을 적용받지 않도록(신규 오염원 이행기준 적용 면제) 하기 위한 정책이다. 즉, 오염원이 시설변경 또는 확장 후에 신규 오염원 검사 과정을 거쳐야 하는지의 여부는 예상오염 증가량을 계산하여 결정하게 되는데, 만약 예상 증가량이 허용치보다 많다면 오염원은 검사를 받아야 하고, 이 경우 오염원은 시설변경으로 인한 오염 증가량을 공장의 다른 부분에서 얻은 ERC를 사용하여 상쇄할 수 있다. 이상을 종합해 볼 때 다른 정책과는 다르게 상계정책은 환경규제정책이라기보다는 기업의 부담을 덜어주기 위한 규제완화정책의 일종이라 볼 수 있다.

(2) 최초의 본격적 배출권거래제도

본격적인 배출권거래제도는 배출권 거래를 위한 레지스트리의 존재, 상시적으로 거래되는 배출권 시장 등이 구비된 배출권거래제도라고 할 수 있다. 이러한 의미에서 최초의 본격적 배출권거래제도는 온실가스 부문이 아닌 대기오염물질을 대상으로 한 미국의 ARP(Acid Rain Program, 산성비 프로그램)이며, 이후 RECLAIM, NO$_x$ Budget Program 등이 시행된 바 있다.

1) 산성비 프로그램(Acid Rain Program)

1994년 산성비의 원인물질인 SO_x를 대상으로 미국 전 지역에서 실시되었다. 참여 범위는 발전소는 의무적으로 참여하도록 하였으며, 점차 범위와 규모가 확대되었다. 차익을 노리는 민간기업, 환경보호를 목적으로 한 시민단체도 참여가 허용되었고, 적용 범위가 확대되면서 배출권거래제라는 개념을 미국에 인식시키는 계기가 되었다.

┃ 미국의 대기오염물질 배출권거래제도 ┃

구 분	Acid Rain Program	RECLAIM	NO_x Budget Program
목적	산성비 원인물질 저감	오존 등 대기오염물질 해결	오존문제 해결
적용지역	미국 전지역	캘리포니아, LA	미동북부 13개 주
대상물질	아황산가스	아황산가스, 질소산화물	질소산화물
도입시기	1994년	1994년	1995년
참여대상	발전소 의무 참여, 민간기업, NGO	대규모 배출업소, 기타 희망자	화석연료 보일러, 대용량 전력설비, 대용량 연소설비

ARP 중 SO에 대한 배출권거래 시스템을 보면 배출권거래제의 의무 참여대상이 아닌 소규모 또는 기타 사업장의 자발적 참여가 가능하도록 하였다. 그리고 NO_x 배출 삭감을 위해서는 기존의 연료보일러에 대한 새로운 NO_x 배출 기준치를 설정하였다. 배출권거래제도는 최대한 비용 효과적인 삭감방법론을 제공하였다고 평가된다. 그러나 신뢰성 있는 대기오염물질 배출량 자료를 확보하기 위하여 연속 배출량 측정을 해야 하며, 이러한 기술적, 제도적 기반을 마련하는 것이 중요하다.

2) RECLAIM(Regional Clean Air Incentives Market)

RECLAIM은 오존발생물질 저감을 목표로 1994년에 시행되었다. 아황산가스와 질소산화물을 모두 대상으로 하고 있으며, 캘리포니아주 내에서 실시되었다. 대규모 배출업소는 의무적으로 참여하도록 하였으며, 소규모 사업체도 자발적으로 참여가 가능하다.

┃ RECLAIM의 감축비용 절감 효과 ┃

비용 저감 효과	직접 규제방식	RECLAIM
연간 비용	$138.7백만	$80.8백만
비율	100%	58%

3) NO_x Budget Program

1995년 미 동북부 13개 주에서 오존문제 해결을 위해 시행되었으며, 질소산화물을 대상으로 실시되었다. 화석연료를 사용하는 보일러, 대용량 연소시설, 대용량 전력생산시설은 의무적으로 참여해야 한다.

(3) 교토의정서와 온실가스 배출 신용시장

1) 기후변화 기본협약

기후변화 기본협약(UNFCCC ; United Nations Framework Convention on Climate Change)은 1992년 브라질 리우데자네이루에서 개최된 유엔 환경개발회의(178국 참가, 154국 서명)에서 체결되었고, 1994년에 발효되었다. 동 협약은 지구 온난화 방지를 위해 대기 중 온실가스 농도를 안정화시키기 위한 전 지구적 노력을 경주함을 목적으로 하고 있다. UNFCCC는 그 명칭대로 기본협약(Framework Convention)으로 온실가스의 배출을 안정화시켜서 기후변화를 중단 내지는 관리 가능한 수준으로 억제한다는 목적을 달성하는 데 필요한 구체성과 실효성 면에서 부족한 점이 많았다. 따라서 UNFCCC의 체결 이후에도 주요 국가들이 온실가스 감축의 경제적 비용을 이유로 온실가스 저감 노력을 회피할 수 있는 가능성이 존재해왔다. 이러한 감축의무 불이행의 가능성을 줄이기 위한 국제사회의 노력의 결과물로 1997년에는 교토의정서가 채택되었다.

2) 교토의정서

교토의정서는 기후변화 기본협약보다 한층 강화된 강제적 의무를 부과하고 있다. 감축의무국(Annex 1 국가, 선진국 및 전환기 국가)은 온실가스 전체 배출량을 1990년 대비 평균 5.2% 감축하는 의무가 부과되었다. 부속서 2 국가는 개도국에 대한 재정 및 기술지원의 의무를 지는 국가로 부속서 1 국가에서 전환기 국가(구 공산권 동유럽 국가 등[10])를 제외한 국가들이다.[11] 우리나라는 Annex 1 국가에 포함되지 않았으므로 의무부담에서 제외되었다. 교토의정서 채택과 관련하여 특기할 사항은 실질적으로 온실가스 감축에 의한 경제적 비용을 이유로 미국과 호주가 교토의정서의 비준을 거부하여 교토의정서 체제에 동참하지 않았다는 것이다.

선진국에게 부과된 온실가스 감축의무는 획기적인 온실가스 저감기술과 대체 에너지의 개발 등이 수반되지 않을 경우 강제적인 에너지 소비 감축으로 연결되어 국가의 생산 및 소비활동을 위축시키는 경제적 비용을 유발할 개연성이 매우 크며, 이것이 미국과 호주의 비준 거부 이유이기도 하다.

---

10) 동유럽 국가들은 감축의무를 가지고 있지만, 1990년 기준으로 배출감축의무를 산정함에 따라 1990년대 이후 공산주의 국가들이 자본주의화되면서 경제침체, 배출시설 폐쇄 등으로 인하여 자연적으로 배출량이 감소함에 따라 발생하게 된 배출감축 노력 없이 저절로 생성된 배출권, 이른바 "자연발생 잉여배출권(hot air)"을 다량 보유하게 되었다.

11) 혼동되지 말아야 할 용어로서 부속서 A와 부속서 B가 있다. 부속서 A는 교토의정서의 6대 온실가스와 배출 분야 및 배출원들의 목록을 기록한 부속서이며, 부속서 B는 교토의정서가 제시하는 부속서 1 국가들의 1차 공약기간 중 기준년도 대비 배출한도(QELRC ; Quantified Emission Limitation and Reduction Commitment) 및 감축목표 목록을 나타낸 부속서를 말한다.

2010년 제16차 당사국 총회(COP 16)를 개최하였으나 2012년으로 만료되는 교토의정서 체제를 대체할 포스트 교토체제의 성립은 아직 이루어지지 못한 실정이다. 2007년 발리 로드맵(Bali Roadmap)에서 2012년 이후 온실가스 감축의 일정을 합의한 바 있고, 2011년 마라케시 합의(Marrakech Accords)에서는 구체적인 실행방안에 대한 합의가 있었기기는 하지만, 2013년에 시작되는 2차 공약기간(2013~2017) 중의 구체적인 의무감축량 등의 합의에는 도달하지 못한 상태이다.

3) 교토메커니즘

교토의정서에서는 '교토메커니즘' 혹은 '유연성 메커니즘'으로 불리는 직접적인 온실 가스 감축 외에도 배출 감축을 한 것으로 인정되는 새로운 제도적 수단이 합의되었 다. 여기에는 국제 배출권거래제도, 공동이행, 청정개발체제, 흡수원의 인정 등이 포함 된다.

① **국제 배출권거래제도(International Emission Trading)**는 각국이 주어진 배출감축 의무를 달성하기 위해 자체적으로 실시하는 국내의 배출권거래제도와는 다른 것으로 국가 간의 배출 실적의 거래를 말한다. 국제 배출권거래제도는 부속서 1 국가(선진 국)에 대해서만 적용되는 것으로, 저감목표를 고려하여 최대 허용배출량을 부여한 다음 저감목표 달성을 위하여 국가 간 배출권거래를 허용한 제도이다.

② **공동이행(Joint Implementation)**은 부속서 1 국가(선진국/시장 전환 국가)간 온실 가스 저감사업을 수행하여 발생한 저감분을 공동의 저감 실적으로 인정하는 제도이 다. 동유럽 국가 등 기술 발전이 미진한 시장 전환 국가가 주요 대상이다. 여기서 생 성된 배출권(Credit)은 ERU(Emission Reduction Unit)라고 한다.

③ **청정개발체제(CDM ; Clean Development Mechanism)**는 부속서 1 국가(선진국)가 비부속서 국가(개도국)에서 온실가스 저감 사업을 수행하여 발생한 저감분(CERs ; Certified Emission Reduction)을 선진국의 저감 실적으로 인정하는 제도이다. 비 용 효과적인 선진국의 저감목표 달성에 기여하며 개도국의 지속 가능한 발전에 기여 하는 양대 목적을 가지고 있다. CDM에서 생성된 배출감소신용인 CER은 EU에서 생 성된 할당배출권인 EUA(European Union Allowance) 다음으로 많이 통용되는 국 제적인 배출권이다.[12]

④ 한편 흡수원(Sink)의 증대를 통한 이산화탄소 제거와 크레딧으로 인정하는 것은 경 우에 따라 교토메커니즘에 포함되기도 한다. 흡수원이란 이산화탄소 등 온실가스 를 흡수하여 비기체 상태로 고정하는 역할을 하는 것을 말하며 삼림, 해양 등이 포 함된다.

---

12) CER 중 CDM 집행위원회(EB : Executive Board)에 등록되고 모니터링과 검증을 거쳐서 최종적으로 발행되어 유통이 가능한 CDM 저감 실적을 2차 CER(secondary CER)이라고 한다. 일반적으로 거래되는 CER은 대부분 2차 CER이다.

4) 배출권거래제도가 광범위하게 채택되고 있는 이유

교토의정서에서는 국가 간 배출권거래를 교토메커니즘의 하나로 규정하였다. 그러나 교토의정서가 국가의 국내 온실가스 감축 수단으로서 배출권거래를 장려하고 있는 것으로 오해해서는 안 된다. 배출권거래제도는 국가 혹은 지역 공동체(EU 등)가 온실가스 감축 목표를 달성하기 위하여 선택할 수 있는 여러 가지의 정책 대안 중 하나일 뿐이다. 그러나 온실가스 감축에 있어서 가장 선두에 서 있는 EU가 배출권 거래를 감축을 위한 정책 수단으로 채택하였고, 많은 국가들이 이미 도입하였거나 준비 중이다. 즉, 배출권거래 제도는 온실가스 감축을 위한 정책수단 중에서 목표관리제와 같은 직접 규제나 탄소세와 같은 조세 혹은 부과금 방식을 제치고, 온실가스 감축의 주도적인 정책수단으로 자리잡아 가고 있다. 배출권거래제도는 배출권과 감축 목표를 강제로 할당한다는 점에서는 오히려 직접 규제와 유사하다. 그러나 기업 스스로 판매와 구입을 결정한다는 점에서는 결정적으로 시장 지향적이다.

앞에서 설명한 바와 같이 배출권 거래가 직접 규제에 비하여 월등히 비용 효율적이며 (감축비용 30~60% 절감), 탄소세에 비하여 주어진 감축 목표를 달성하는 데에 효과적이기 때문이다. 한 경제적 제도의 우열은 정태적 효율성뿐만 아니라 동태적 효율성에 의하여 평가된다. 배출권거래제도는 동태적 효율성, 즉 기술 진보를 위한 유인의 크기 면에서 직접 규제보다 우월하다. 배출권거래제도의 도입은 온실가스 감축 기술의 진보를 가져오는 데에 결정적 역할을 할 것이다.

① 배출권 거래의 특징은 강제적으로 배출 총량을 결정한다는 것으로 신규 진입 및 시설 증설 시에도 총량 배출량 규제 목적이 여전히 달성된다는 것이 특징이다. 따라서 이러한 점에서 같은 경제적 수단인 탄소세 및 배출부과금보다 정책목표 달성면에서 불확실성을 제거할 수 있다는 장점이 있다. 탄소세나 배출권거래제도는 배출량 한 단위당 가격(탄소세율 혹은 부과금률)이 고정되어 있는 반면, 배출 총량에는 불확실성이 존재한다. 또한 배출권거래제도는 배출권 가격이 수시로 변동되는 데에 비하여 배출 총량은 강제적으로 고정되어 있다는 점이 다르다.

② 배출권거래제도는 발달한 MRV 시스템으로 인하여 감축의무의 준수를 감시함에 있어서 다른 구제수단보다 탁월하다. 이 '감축의무준수 감시의 탁월함'은 그동안 교과서적이거나 이론적인 논의에서는 간과되어 왔던 부분이다. 다른 정책수단은 규제 당국과 배출원 간의 양자적으로 감축의무준수의 감시가 이루어지지만, 배출권 거래는 감축의무준수 감시가 부적절하게 이루어지면 많은 이해관계자들이 즉각적으로 반발할 수밖에 없는 구조로 되어 있어서 감축의무준수가 철저하게 이루어지게 된다. 이론적으로 배출권거래제도가 기업에 유리한 제도임에도 불구하고 기업이 반기지 않는 이유도 여기에서 찾을 수 있을 것으로 추론된다.

③ 배출권거래제도의 단점은 거래 비용(Transaction Costs)이 상당히 발생할 수 있는 제도라는 점이다. 배출권거래제도의 고유한 비용에는 상시 측정망 유지비용, 승인-정산비용 등이 있으며, 중개업자에 대한 수수료, 중앙집중화된 배출권 거래소의 설립 및 운영비용 등이 있으며, 이러한 비용은 초기 시장이나 규모가 작은 시장, 기술 수준이 낮은 국가 등에서는 크지만, 배출권 거래의 경험이 쌓이고(학습곡선 효과), 시장 규모가 커지면서(규모의 경제), 그리고 IT 기술과 제도 및 관련 금융상품들이 개발되면서 점차 하락하는 경향이 있는 것으로 생각된다.

5) 배출권거래제도의 도입

기후변화협약 및 교토의정서 발효, 최근 더반합의문의 교토체제 연장 합의에 이르기까지 온실가스 감축을 위한 국제적 논의는 지속되고 있다. 기후변화협약은 대기 중의 온실가스 농도를 안정화하는 것을 목적으로 제정되었으며, 최근 지구의 온도 상승을 2℃ 이내로 억제하는 것으로 정량화되었다. 기후변화협약에 따른 1차 공약기간(2008~2012년)의 교토의정서는 38개 국의 의무감축량과 감축기간 등에 대하여 규정하였으며, 국가별 비용효과적 온실가스 감축을 위한 교토메커니즘을 도입하였다. 교토메커니즘은 CDM (청정개발체제, 의무감축국+비의무감축국), JI(공동이행, 의무감축국+의무감축국)를 도입함으로써 국가 간 연계를 통한 온실가스 감축목표 달성이 가능하도록 하였다. 또한 CDM, JI 등 자발적 온실가스 감축사업을 통해 발행된 배출권(크레딧)을 상호 시장메커니즘을 적용한 배출권 거래 시장을 통해 거래할 수 있는 기반이 마련되었으며, 탄소배출권거래제도는 경제적 메커니즘을 적용한 온실가스 감축수단 중 가장 비용효과적인 수단으로 인식되고 있다.

영국은 2002년 자발적 탄소배출권거래제도를 세계 최초로 시행하였으며, 이후 유럽연합의 탄소배출권거래제도(EU-ETS) 등 국가별 탄소배출권거래제도를 시행 또는 예정 중에 있다. 2012년 현재 EU 회원국(27개국)을 비롯한 유럽 31개국과 뉴질랜드가 배출권거래제를 도입하여 시행 중이며, 오스트레일리아는 2012년 7월부터 시행 예정이다. 또한 미국, 캐나다, 일본도 지역단위 배출권거래제를 시행 중에 있으며, 중국도 2013년 (7개 지역)부터 에너지 총량 제한 배출권거래제를 시범 시행할 예정이며, 인도는 2011년부터 전국 단위 에너지 절약 인증서 거래제를 도입하였다.[13]

(4) 탄소배출권 시장 동향

1) 배출권 시장의 특성

① 탄소배출권 시장의 기본적인 특징은 제도에 의해 만들어진 시장이라는 것이다. 개별 국가나 지역 공동체가 정한 배출목표, 그리고 배출권의 거래를 가능하게 하는 각종 제도적 장치 등에 의하여 배출권거래제도가 유지된다. 따라서 배출권거래제도는 국제정치, 국내정치, 정책 및 제도적 변화에 크게 영향을 받는다.

---

13) 한국 기후변화대응 연구센터, '최근 국내 자발적 탄소배출권(상쇄)제도 동향

② 배출권거래제도가 가지는 또 하나의 특징은 거래대상 자산(배출권)이 다양하고 복잡하다는 점이다. AAU(Assigned Amount Unit, 거래 가능한 '교토 단위' 혹은 '탄소신용'으로 CO_2 환산 톤 1톤이 1단위이며, 교토의정서 부속서 1 국가의 초기 할당량만큼 발행됨, 국가단위의 배출권 거래에만 적용), EUA(European Union Allowance), CER(Certified Emission Reduction), ERU(Emission Reduction Unit, JI에서 생성된 배출감축신용), RMU(Removal Unit, 토지 이용 및 조림사업(LULUCF)으로부터 생성된 배출신용), VER(Voluntary Emission Reduction, 교토의정서 체제의 바깥에서 생성된 사후인증방식 배출권, 즉 자발적 배출권거래제도하의 배출신용을 말함), CFI(Carbon Financial Instruments, CCX에서 거래되는 자발적인 총량 제한 배출권거래제도하의 배출권에 대한 선물상품), KCER(Korea Certified Emission Reduction, 배출감축실적인증, 우리나라의 자발적 사후인증방식 배출권거래제도에서 생성된 배출신용) 등 다양한 배출권 및 유사 배출권이 존재한다.

③ 배출권거래제도는 그 운영이 복잡하여 NAP(National Allocation Plan, 국가별 할당계획), CDM/JI(Clean Development Mechanism/Joint Implementation, 청정개발체제/공동이행), Banking/Borrowing(예치(배출권을 사용하지 않고 예치하여 다음 기간에 사용하는 것), 차입(미래의 배출권을 당겨서 미리 사용하는 것)), Penalty(벌칙, 온실가스 목표배출량 달성에 실패할 경우의 벌과금 등 벌칙), Hot Air(전환기 국가(구 공산권 국가)에 대한 배출권 과다할당으로 인하여 발생한 잉여 배출권) 등의 용어를 이해하여야 한다.

④ 배출권거래제도의 성쇠와 배출권 가격의 변동에는 정치적 요인이 중요하며 국가간, 산업간 다양한 이해관계가 걸려 있다. 예를 들면 의무감축 수준 결정과 배출권 할당 등은 국제적으로나 국내적으로나 정치적, 정책적 이슈이다. 더군다나 배출권거래제도는 제도 자체가 아직 변화하고 있다. 2012년 이후의 포스트 교토 감축프로그램이 미정인 상태인 것이 제도 자체가 불확실하고 계속 변화하고 있는 단적인 예이다. 또한 배출권거래제도는 국가에 따라서, 상황에 따라서 어떤 주체들이 시장에 참여할지가 다 상이하다. 한마디로 배출권 거래 시장은 진화 중인 시장이라고 할 수 있다.

2) 배출권 시장의 거래 및 가격 동향

① 교토의정서 발효 이후 탄소 시장이 큰 폭의 성장세를 기록 중이다. 2005~2009년 사이 거래 규모는 연평균 약 68% 증가하였고, 이것은 2009년 기준 국제 밀시장의 연간 거래 규모의 약 5배 규모이다. 탄소 가격은 EUA의 경우 12~17유로 수준에서 안정적인 추세이다. Post-Kyoto 합의 실패와 미국의 정치상황의 악재에도 불구하고, 2007년 예치 불허용과 과다 할당에 따른 가격폭락, 그리고 2008년 금융위기 시의 폭락을 겪은 이후 2011년 중반까지 가격이 지속적인 안정세에 있었다. 이는 시장에서 탄소배출권이 지속적으로 거래될 것이라는 정책에 대한 신뢰가 형성된 것으로 설명되었다.

그러나 2011년 이후 EUA 가격은 하락세를 보이고 있다. 2011년 말에는 배출권 가격이 7~8유로 수준으로, 유럽의 신용위기 등에 의한 것으로 판단된다. 그러나 가격 하락에도 불구하고 거래량은 비교적 안정세를 유지하고 있다. Point Carbon은 2016년 배출권(EUA) 가격을 20~60유로로 전망하였다.

② 배출권은 주로 선물의 형태로 거래된다. 따라서 배출권의 인모 및 정산 시기에 따라서 여러 정산 시기의 배출권 선물이 같이 거래된다. 한편 배출권 시장에는 EUA 이외에도 여러 배출권이 존재한다. CER은 CDM에 의하여 창출된 배출권이며, RGGI(Regional Greenhouse Gas Initiative)는 미국의 동북부 지역의 주에서 실시되는 총량 제한 배출권거래제도하의 배출권을 의미한다. CFI(Carbon Financial Instrument)는 시카고 기후거래소(CCX ; Chicago Climate Exchange)에서 거래되는 자발적 배출권거래제도하의 배출권을 의미한다.

3) 지역별 탄소배출권 시장의 전망

탄소배출권 시장의 규모는 New Carbon Finance의 추정에 의하면 2009년 1,200억 달러 수준인 것으로 추정되었다. 이는 2005년의 100억 달러에 비하면 약 12배, 2007년의 약 650억 달러에 비하면 2배에 가까운 수준으로 확대된 것이다. Point Carbon이 탄소배출권의 규모를 지역별로 나누어 전망한 내용이 다음 표에 나타나 있다. 2009년 119억 달러의 전체 배출권 시장에서 유럽이 차지하는 비중이 절대적으로 약 86%를 차지하고 있지만, 2020년에는 총 시장 규모가 2,116억 달러로 2009년의 18배에 달하며, 이 중에서 유럽이 차지하는 비중은 46% 수준으로 크게 하락할 전망이다.

┃ 지역별 탄소배출권 시장 규모 전망치 ┃

(단위 : 백만 달러)

구 분	2009년	2012년	2020년
유럽	101,577	216,315	980,723
미국	972	116,425	860,716
호주	154	19,863	50,974
교토	15,619	48,335	194,758
기타	384	55,646	28,527
전체 시장	118,706	408,249	2,115,698

4) 탄소배출권 시장의 구조와 주요 거래소 현황

세계의 탄소배출권 시장은 다양하다. 우선 교토의정서의 감축의무로부터 파생된 배출권시장인 교토 시장과 비교토 시장으로 대분된다. 그리고 이와는 별도로 할당배출권 시장(Allowance Market)과 배출감소신용 시장(Credit Market)으로도 구분되며, 거래소(Exchange) 시장과 장외 시장(OTC ; Over-the-Counter)으로도 구분된다.

대표적인 거래소로는 유럽 EUA 선물의 대부분을 거래하는 ECX(European Climate Exchange)가 있으며, 비교토, 자발적 배출권을 거래하는 대표적 거래소로서 CCX (Chicago Climate Exchange)가 있다.

┃ European Climate Exchange(ECX) ┃

구 분	내 용
소재지	영국 런던

개 요	• Climate Exchange Plc 그룹 자회사, CCX 자매회사
	• 세계 최대 탄소배출권 거래소로 2005년 첫 거래 시작
	   – 2005년 4월 22일 설립
	• 거래상품
	   – 탄소배출권 파생거래 : EUAs 선물(Future), CERs 선물, EUAs 옵션, CERs 옵션
	   – 탄소배출권 현물거래 중개 : EUAs, CERs
	• 회원사 : 1만 5천개 사
	• 시장 점유율 : 1위(86.7%)

특 징	• 2008년 일평균 거래량은 천만톤, 거래 회원수는 95개 사
	• EUAs 현물, 선물 특화, 기업 규제 비준수 위험 회피 수요 파악 후 선물 집중
	   – CERs 현물거래는 프랑스 BlueNext가 세계 최고
	   – 매년 거래물량 2배 급증
	• 장외거래 청산서비스 : 런던 증권거래소와 유로넥스트 청산소인 LCH가 운영
	• 결제방식은 배출권 양도에 대한 현금결제
	• 결제일은 최종 거래일로부터 3일
	• 거래 단위는 1,000톤 CO_2
	• 거래 수수료는 회원은 톤당 0.002유로, 비회원은 톤당 0.0025유로 부과
	• 회비는 가입 시 2,500유로, 매년 2,500유로

┃ BlueNext ┃

구 분	내 용
소재지	프랑스 파리
개 요	• 2007년 12월 21일 개설 • BNP 파리바 및 깔리온 은행 등 74개 회원 • NYSE(뉴욕 증권거래소), Euronext, Powernext가 탄소거래소 분리, 설치

특 징	• 제공 서비스
	   – CERs 현물시장(세계 최고 거래량)
	   – 탄소배출권 현물시장(거래 종목은 BlueNext Spot EUA, 기초자산은 모두 EUA)
	• 거래시간 : 오전 9시부터 오후 5시(월~금)
	• 결제 : BlueNext에 의해 실시간
	• 향후 사업확장계획 : 날씨 및 기후변화 기초상품 개발
	• 시장 점유율 : 약 5.5%

European Energy & Exchange AG(EEX), EUrex Frankfurt AG(Eurex)	
구 분	내 용
소재지	독일 라이프치히, 독일 프랑크푸르트
개 요	• 2007년 12월부터 EEX, Eurex가 배출권 거래시장에서 협업 - EEX는 2005년 3월 9일 성립 - 전력거래소로 탄소시장 독자 개척은 불가능하다고 판단 - 금융선물거래소인 모회사 Eurex와 거래 연계하여 유동성 증대 추진 • 역할 분담 - EEX는 에너지 마켓 및 유럽 전력시장 네트워크 제공 - Eurex는 금융시장 네트워크 제공 • 제공 서비스 - 탄소배출권 거래 중개(거래소 및 OTC 포함) - EUA 선물, CER 선물, EUA 선물과 연계한 옵션 - 에너지 상품 거래 중개 - 현물상품으로는 전력, 천연가스 등 - 선물상품으로는 전력, 천연가스, 석탄 등
특 징	• 영업대상 - 에너지거래소(EEX) 회원사 - 에너지 파생상품 거래소(Eurex) 회원사 • 시장 점유율 : 1.4% 수준 • 거래소 특성에 따른 원활한 결제서비스 제공

(5) EU-ETS 운영체계 및 현황

1) EU-ETS의 탄생

1997년 교토의정서가 체결될 당시 이에 서명했던 EU 15개국은 1990년을 기준년도로 8%의 온실가스를 감축할 것에 만장일치로 동의하였다. 이에 근거하여 EU 내의 국가별 목표가 할당되었는데, 포르투갈 27%, 독일 21%, 영국 12.5%, 프랑스 0% 등이었다. 이러한 국가별 할당이 이루어지면 각국은 자국의 EUA(EU 할당배출권, European Union Allowances)에 대한 배출원별 할당량을 자세히 기술하는 NAP(National Allocation Plan)를 제출하여야 한다. 2005년 1월 다자가 참여하고 온실가스 배출권 거래에 관여하는 많은 부문이 참여하는 EU 온실가스 배출권 거래 시장이 운영을 개시하였다. 본 배출권거래제도는 2003년 10월 25일부터 효력을 발휘한 Directive 2003/87/EC를 토대로 하고 있다.

2) EU ETS의 산업별 감축목표 할당

EU는 산업별로 배출감축목표를 할당하였는데, EU-ETS Phase 1에서의 분야별 배출감축목표 할당량은 다음 표와 같다. 표에 나온 배출권거래제도에 의한 감축목표량은 EU 배출감축목표량의 52%만 담고 있다. EU의 나머지 48% 감축량은 EU-ETS에 포함되어 있지 않기 때문에 세금이나 법률을 통한 방법으로 통제되고 있다. 이들 나머지 48%는 운송, 주거용 연료 사용, 농업, 항공 분야 등으로 구성되어 있다.

┃ EU ETS Phase Ⅰ 분야별 감축목표 할당량 ┃

분 야	연간 할당량(단위 MtCO₂e)
전력 생산(20MW 이상)	1,400
시멘트 생산	207
금속	176
오일 정제	158
펄프 및 제지	37
광물	22

3) EU-ETS와 타국가의 연계 메커니즘

EU ETS에서 거래된 할당액은 회원국가들 간에 설치된 전자 계정을 통해 보관된다. 이러한 형식으로 등록된 거래내역은 EU의 중앙관리기관을 통하여 관리·감독되고 역내 탄소배출권거래 시스템(CITL ; Community Independent Transaction Log)을 통해 변칙거래행위가 없는지를 확인·감독받게 된다. 이러한 제도는 은행거래 시스템과 비슷하다고 볼 수 있으며, CITL를 통해 각 의무국의 의무이행상황이 모니터링된다. 교토의정서 감축의무국들은 교토의정서의 테두리 안에서 국가 거래 프로그램들이 상호 링크된 지역 안에서는 자유롭게 배출권 거래를 할 수 있도록 되어 있다. EU-ETS와 같은 지역 배출권 거래 시스템은 독립적인 역내 등록 시스템(CITL ; Community Independent Transaction Log)을 갖추고 이를 교토의정서 배출권 등록 시스템(ITL; International Transaction Log)과 연계하여 운영하여야 한다. ITL을 통해서 각 국의 배출권거래 시스템이 연계된다면 전 세계적으로 통일된 거래기준이 적용되는 단일 시장이 형성될 것으로 전망된다.

4) EU ETS의 실행 : Phase 1, Phase 2, Phase 3

① EU-ETS Phase별 기간은 교토의정서의 공약기간과 대응하여 유사하게 정해져 있다. EU-ETS Phase 1은 2005년에 시작되었지만, 첫 거래는 OTC 선도계약을 통하여 2004년 7월 개시되었으며, EU-ETS 제1기는 2007년 12월 종료되었다.

② EU-ETS 제2기(Phase 2)는 2008년부터 시작되어 현재 진행중이며, 2012년에 종료된다. 교토의정서에서는 2015년 1회만 의무결산하면 종료하도록 규정하고 있지만, EU-ETS에서는 매년 할당과 의무결산을 이행해야 한다.

③ EU-ETS 제3기(Phase 3)는 2013년 이후 2020년까지로 계획되어 있다.

5) EU ETS의 시기별 특징

① EU ETS Phase 1(2005~2007년)

EU ETS Phase 1의 거래대상 온실가스는 이산화탄소에 국한되어 있었다. 규제 업종은 전력, 열병합, 정유, 철, 비철, 금속, 시멘트, 유리, 요업, 펄프 등 에너지 다소비 업종이다.

㉮ EU ETS Phase 1 기간 중의 배출권 거래의 가장 큰 특징은 무엇보다도 이상 급등락을 보인 가격추이이다. 2005년 3월 10유로/톤 CO_2e선에 머물러 있던 가격이 약 1년 후인 2006년 4월에는 30유로로 3배 이상 급등하였다. 단기간 내 3배의 급등을 보이던 가격은 그 후로 급락하여 EUA 가격은 1주일 만에 60%까지 하락하였다. EU ETS Phase 1 가격 하락의 원인으로 지목되는 요인들 중에서 가장 두드러진 것은 수요보다 공급이 많았던 것, 즉 과잉할당이 첫째 원인이었다. 그리고 부차적으로 민감한 가격정보의 과잉공급으로 인한 결과라는 견해가 있다. 가격정보의 과잉공급이 가격 급등락의 원인이라는 견해가 많지만 인과관계 여부는 아직 검증되지 않았기 때문에 추후 검증이 필요하다고 생각된다.

㉯ 배출권 가격의 변동이 연료 가격의 변동 때문이라는 주장이 존재한다. 또한 Phase 1에서의 EUA가 Phase 2로 예치가 되지 않기 때문에 Phase 1에서 소진되지 못한 EUA 가치가 하락한 것도 원인이다. Phase 1에서 EUA 가격이 낮았던 또 하나의 원인은 경매를 실행하지 않았다는 점이다. 각 국가들은 국가할당계획 내에서 허용량의 5%를 경매할 수 있었지만 아일랜드, 헝가리, 덴마크를 제외한 다른 국가들은 체제 도입과 관련된 충격 축소를 위해서 대부분 경매를 실행하지 않았는데 이로 인해 축적인 EUA 수요가 창출되지 못했다.

㉰ EUA Phase 1 시장에서 가격 하락의 특징은 속도라고 할 수 있다. 특히 과잉할당으로 인한 EUA 과잉유동성이 이의 가격을 0.1유로로 하락시키는 데 1년이 걸렸다. 가격 하락이 천천히 나타난 이유는 전기, 수도, 상하수도 등 상당수의 배출권을 할당받은 업체들이 자신들의 배출량이 연말에 늘어날 것으로 예상하여 배출권을 시장에 내놓지 않고 계속 보유하고 있었기 때문이라고 분석된다.

② EU ETS Phase 2 : 배출권 거래시장의 작동(2008~2012년)

실제 EU-ETS Phase 2는 2008년 1월 시작이 되었으나 선도시장의 개념에서 보자면 2005년 중반에 선도 거래가 이루어졌기 때문에 실제 시작은 이때부터라고 볼 수 있다. EU ETS에서는 매년 2월 28일 배출권의 할당이 이루어지며, 차기년도 4월 30일까지 의무감축 이행을 한다. 이는 EU-ETS 규정에 따른 것으로 각 사업장이 국가로부터 매년 2월 28일에 배출목표를 할당받은 후에 이에 대해 한 해 동안 사용한 배출량에 해당되는 배출권을 차기 년도 4월 30일까지 반환해야 한다는 의미이다. 그러므로 EU-ETS Phase 2에서는 2008년부터 시작하여 2012년까지 총 5회의 할당과 의무결산이 이루어지게 된다.

㉮ Phase 2에서는 EUA에 대해 Phase 3으로의 뱅킹이 가능하도록, 즉 발행년도 (Vintage)에 구애받지 않고 자유롭게 이용할 수 있게 제도를 변경하였다. 따라서 Phase 1에서와 같이 단순히 발행년도가 끝나버렸다는 이유만으로 급격한 가격 하락 상황은 발생하지 않을 것으로 보인다.

㉯ Phase 2에서는 Phase 1과 마찬가지로 교토메커니즘에 의해 발급된 CER이나 ERU의 사용이 국가별 할당된 허용량 내에서 가능하며, 이러한 교류를 원활하게 하기 위해 EU-ETS 통신 허브인 TITL과 ITL간의 연계를 추진하였다. EUA를 발 행하는 배출권거래제도는 EU-ETS 하나만 존재하고 있지만, 거래가 이루어지는 장소로서는 ECX, NordPool, EEX, BlueNext 등 다양한 거래소 및 장외시장 (Over-the Counter Market)이 존재한다. 모든 배출권 거래는 각 회원국 명의의 계좌에 전자등록을 하여 진행되어 2008년 후반부터 교토의정서에 따라 운영되는 ITL과 연계하여 운영되고 있다. EU ETS 시장의 거래 규모는 이미 20억 톤이 훨 씬 넘는 것으로 조사되었으며, 이들 중 80% 이상이 런던 에너지중개인협회 (LEBA) 회원으로 가입되어 있는 중개업체들과 런던에 위치한 ECX(European Climate Exchange)를 통해 청산된 거래로 조사되었다.

㉰ EU ETS Phase 2에는 Phase 1에서의 실패를 교훈삼아 여러 가지 보완대책이 실 시되었다. 이를 통하여 제도의 완성도를 한층 높였으며 이를 통하여 더욱 시장을 활성화시킬 수 있게 되었다.

   ㉠ 첫 번째 보완책은 국가별 할당량 축소이다. 이를 통해 Phase 1에서의 가장 큰 폐단이었던 공급과잉의 문제를 해결하였다. 공급이 줄어든 덕분에 의무감축 량을 보유한 바이어들은 시장에 와서 더욱 활발히 거래할 수밖에 없게 되었 고, 이를 통해 정상적인 시장 유동성이 대폭 상승하게 되었다.

   ㉡ 두 번째 보완책은 경매할당의 확대이다. Phase 2 체제에서는 경매허용량이 국가 별 총 할당량의 10%에 불과하지만, 각국 정부들이 EUA 경매에 참여하였기 때문 에 이를 통해 이익을 생성하려고 하는 금융권과 중개업자들이 더 많은 배출권을 보유하게 되었으며, 이는 곧 시장에서의 풍부한 유동성으로 연결되었다.

   ㉢ 세 번째 보완책은 예치(Banking)의 허용이다. Phase 2의 EUA는 Phase 1에 서와는 달리 해당 기간 중 의무량 감축을 위해 미처 사용되지 못하였을 경우 라 할지라도 Phase 3으로의 예치가 가능할 것이라는 정보가 시장 전반에 퍼져 있었다. 이로 인하여 Phase 1에서와 같은 가격 폭락 현상은 일어나지 않았으 며 EUA의 적정 가격이 유지되었다.

ⓔ 네 번째 보완책은 정보 유통의 정비이다. EU-ETS Phase 1에서 가격에 영향을 줄 수 있는 민감한 정보들이 무질서하게 유통되어 시장의 혼란을 초래했었다는 점을 반영하여 EU-ETS 당국은 관련 정보를 취급하는 데에 많은 관심을 기울였다. 이러한 여러 보완책으로 말미암아 EU-ETS Phase 2에서 EUA의 가격은 점차적으로 안정화되었다.

ⓡ EU ETS에서는 국가별 상한선까지 CER, ERU 등을 허용하고 있다. 따라서 CER 수요에 있어 제한을 가한 셈이었고, 이로 인해 CER 가격은 EUA에 비해 항상 디스카운트된 가격 수준에 머물러 있을 수밖에 없게 되었다. 하지만 근래에는 CER이 2차 시장에서 매매가 시작됨에 따라 EUA 가격에 상당히 근접하게 되었으며, 이 또한 시장 유동성을 높이는 역할을 하였다. 그러나 만약 Post-Kyoto에 대한 국제 협의가 이루어지지 않는다면 EU-ETS의 제2차 이행기간 동안 허용된 CER과 ERU 사용량은 제3차 이행단계에도 동일 또는 축소되어 적용될 수밖에 없는 상황이 올 수도 있다. 이러한 경우 CER과 ERU에 대한 새로운 수요 창출은 제한을 받게 될 것이고, 이에 따라 CDM 프로젝트들도 부정적인 영향을 받게 될 가능성이 높다.

③ EU-ETS Phase 3(2013~2020년)

EU-ETS 3기 기간을 언제까지로 해야 할지에 대해서는 아직까지도 많은 논란이 계속되고 있다. 일부 전문가들은 EU-ETS 2기가 끝나는 2013년부터 2018년까지로 하자는 제안을 하고 있지만, 현재 상황으로 보자면 2013년부터 2020년까지로 하자는 의견이 가장 힘을 얻고 있다. 왜냐하면 2020년은 EC에 의해 승인되었던 'EU2020 환경목표'와 같은 해이기 때문이다.

㉮ EU는 2020년까지 1990년도 대비하여 온실가스를 20% 감축하겠다는 모범적인 목표를 세웠으며, 다른 선진국들이 비슷한 수준의 감축에 성공할 경우에는 30%로 상향 조정하겠다는 당찬 계획을 설정하였다. 글로벌 탄소시장을 리드하겠다는 EU의 강한 열정을 엿볼 수 있는 부분이라고 할 수 있다. 1990년 대비 20% 감축 시, 실제 감축량은 EU-ETS Phase 2가 포함하고 있는 부문별 감축량과 달성하기 위한 철저한 실행계획을 세워놓고 있는데, 이의 일환으로 20%의 에너지 효율과 20% 신재생에너지 연료 사용을 강력히 추진할 전망이다.

㉯ Phase 3에서 예상되는 주요 변화는 다음과 같다.

㉠ 국가별 할당에 중점을 두고 있는 현재의 NAP 체제를 벗어나 유럽지역을 대상으로 한 분야별 할당(Sectoral Approach)을 확대하겠다는 것이다. 이를 통해 국가별 할당량에 대한 회원국들 간의 논쟁을 종식시키고, 각 산업 부문별로 공정한 경쟁 체제를 갖추게 할 계획인 것으로 알려져 있다. 일부 기업들이 자국에서의 과도한 의무감축량을 피해 부담이 덜한 역내 국가로 생산기지를 이전하는 사례도 점차 줄어들 것으로 예상된다.

또한 CER과 ERU에 대한 사용량을 EUA 대비 10% 선에서 제한하는 내용도 계속 유지될 것으로 예상된다. 이는 실제적인 감축이 EU 권역에서 발생되도록 하겠다는 취지에서 비롯된 것이다. 과도한 CER의 수입 허용은 결국 EU 지역에서가 아니라 다른 지역에서의 감축으로 EU 지역의 감축을 대체하는 것이므로 바람직하다고 보기 어려운 점이 있다. 2007년 하순에는 EU 집행위원회에서 Post-Kyoto에서의 CER 사용을 대폭 제한할 것이라는 방침을 발표한 적도 있기 때문에 CDM 사업의 미래에도 많은 영향을 미칠 것이다.

ⓛ 보다 효율적인 EU-ETS의 운영과 통제를 통하여 새로운 시장 진입자들이 상호 규정을 준수하며 조화롭게 시장에 참여할 수 있도록 효율성을 제고할 방침이고, 이를 위한 대책을 마련 중이다.

ⓒ 경매의 비중을 대폭 높여 배출권의 2/3까지 늘리고, 이를 위하여 EU 권역 내의 배출권 경매 할당량을 어떻게 효율적으로 분배할 것인가에 대한 논의도 활발히 전개될 예정이다.

ⓔ Phase 3에서는 현재 규제 대상 가스를 이산화탄소에서 확대하여 감축 비용을 줄이고 체제가 더욱 효율적으로 운용될 수 있도록 모니터링이 가능한 기타 가스를 포함하는 것으로 예상된다. 이는 석유화학 제품 및 화학 생산 과정에서 발생한 이산화탄소, 알루미늄 생산 과정에서 발생한 이산화탄소, 질산 및 지방산 생산 과정에서의 N_2O, 광산에서의 메탄, 항공, 육상운송, 해상운송 등의 내용을 포괄한다.

ⓓ EU ETS Phase 3의 새로운 내용 중 특기할 것은 항공 부문이다. 2012년부터 EU-ETS 내에 항공 분야도 포함될 것이며, EU 지역을 경유 또는 입·출항하는 모든 항공기에 온실가스 배출 할당량을 배분하게 된다. 이는 2004년부터 2006년 기간 중의 평균 배출량을 베이스 라인으로 하여 의무감축량을 할당하되, 15~25% 정도는 경매방식, 즉 유상으로 이루어지도록 할 계획이다. 또한 약 14% 정도의 수준에서 CER이나 ERU도 사용할 수 있게 될 전망이다. 다만 항공 부문은 자체적으로 항공 분야 배출권을 발급하여 사용할 계획이며, 이는 EU-ETS의 다른 부문의 Allowance와는 대체되지 못할 것으로 보인다. 하지만 필요에 의해 항공사에서 추가로 배출권을 구입해야 할 경우에 EU-ETS의 타 부문에서 구입해 오는 것은 가능한데 배출량 1톤당 2개의 EUA를 구입해야 한다. 이는 제트기도 배출가스에 함유되어 있는 NO_x가 오존을 생성하기 때문이다.

ⓔ EU-ETS의 규제에 의하여 항공 부문은 온실가스 배출량을 2004~2006년간 평균 배출량을 기준으로 2012년까지 3%를 감축해야 하고, 2013년부터는 5%를 감축해야 할 것으로 전망된다. 물론 이에 대해 국제항공협회측은 상호 합의 없는 일방적인 조치라며 반발하고 있는 상태지만, 계획대로 추진된다면 동 분야는 2020년까지 183Mt의 이산화탄소를 감축할 수 있을 것으로 기대되고 있다.

6) EU ETS와 경쟁력 이슈, 다른 거래제와의 연계 문제

Phase 1 사례에서 경험하였듯 전력 분야의 경우 과다한 감축 할당량을 부여(EU-ETS 배출 감축의 70% 정도) 받게 되면 배출권 구입을 위한 비용을 전력 가격에 포함시키게 되고, 이는 결국 유럽 지역의 시민들에게 부담을 가중시키기 때문에 이를 방지하기 위하여 전력 부문은 국가적으로 어느 정도 선에서 보호해 주고 있는 것이 현실이다. 하지만 기타 산업 부문은 의무감축량 할당에 따른 추가비용 부담에 그대로 노출되어 있어 국제 경쟁에 심하게 노출되어 있는 분야의 경우에는 국제적인 협상을 통하여 부문별로 협의를 해야 할 필요가 있으며, 필요 시는 국경세 등에 대한 조정을 통하여 자국 산업을 경쟁력 상쇄로부터 보호해야 할 필요도 있다는 주장이 받아들여지는 추세이다.[14] 또한 EU-ETS와 다른 거래제와의 연계에 대한 활발한 논의가 이루어질 전망인데 캘리포니아, 크로아티아, 스위스 등의 다른 배출권거래체제와 EU-ETS를 연결하는 범위까지의 논쟁을 포함하는 내용이다.

7) EUA 가격변동 요인

일반적인 상황에서 EU-ETS 체제하에서 EUA 가격변동을 주도하는 요인들은 무엇이 있을까? 만일 우리가 EUA 가격변동 요인에 대하여 잘 알고 있다면 배출권을 이용한 각종 투자나 배출권 매매전략을 수립, 정책 수립에 많은 도움이 될 수 있을 것이다. EU-ETS에서의 EUA 가격은 수요와 공급에 의하여 결정된다. EU-ETS 시장 등 배출권 시장은 기본적으로 1차 공급이 국가별 할당계획(NAP)에 의해 결정된다는 독특한 성격을 지니고 있다는 점이 다른 시장과의 커다란 차이점이라고 할 수 있겠다.

① EU-ETS에서의 주요 공급원은 할당이다.

할당에는 무상 할당과 경매를 통한 유상 할당이 있다. Phase 2에서는 21억 톤에 상당하는 양을 무상으로 할당한다. 경매를 통한 EUA 공급은 최대 국가별 할당계획량의 10%까지 가능하도록 규정되어 있다. 한편 Phase 2에서는 EU-ETS 역내에 새로 가입하는 참가자들을 위하여 항상 일정량의 할당량을 보유한다. 이를 가지고 새로운 참가자들이 EU-ETS에 가입하게 되면 제공을 해주는 것인데, EUA 총 할당량의 14% 수준이다. 기타 공급 요인은 EU-ETS에 신규 분야가 포함이 되는 경우이다. 예를 들면 2012년부터 항공 부문이 EU-ETS에 새롭게 포함되면 그때마다 발생하는 수요량과 공급량 또한 이로 인한 매수세와 매도세에 따라 EUA 가격을 변동시키는 요인으로 작용할 것이다. 탄소 시장 전문가들에 따르면 Phase 2에서 항공 분야의 수요는 2억 톤 정도가 될 것이라고 한다.

---

14) 이와 같이 온실가스 배출 규제로 인하여 온실가스 배출 규제가 없는 국가로 배출원인 산업시설이 이전하여 규제가 있는 국가의 배출량이 규제가 없는 국가로 이전되는 경향이 존재한다. 이를 탄소 누출(Carbon Leakage)이라고 한다.

② EUA 수요의 최대 분야는 전력 부문이다.

전력 부문은 EU-ETS 배출의 70% 정도를 차지하고 있는 최대 수요처인 이유로 EUA 수요의 상당 부분 전력 수요에 의해 좌우된다고 봐도 무리가 없는 상황이다. 전력과 관련한 EUA 수요에 가장 크게 영향을 미치는 것은 날씨이며, 지금까지의 여러 관찰 사례를 보더라도 날씨가 수요 변동에 가장 큰 영향을 주는 요소로 증명된 바 있다. 예를 들어 어느 해 겨울이나 여름이 평년에 비해 몹시 춥거나 더웠다고 가정해보자. 그렇게 된다면 난방이나 냉방을 위한 전력수요가 가중될 것이고, 발전소에서는 넘치는 전력수요를 충당하기 위해서 석유나 석탄을 더 많이 때가며 전력을 생산하게 되어 이산화탄소 배출도 정비례하여 늘어나게 되는 것이다. 한편 홍수나 바람도 신재생에너지 공급 등에 영향을 미쳐 결국 배출권 수요와 직결되는 요소라 할 수 있다. 홍수나 태풍으로 신재생에너지 시설이 파괴되어 발전된 전력공급이 줄어들게 되면 석유 등을 사용한 전력 발전에 의존하게 되고, 이것이 이산화탄소의 배출을 증대시켜 결국 배출권 가격의 상승으로 연결되는 것이다. 그리고 가스나 석탄 가격은 배출권 수요에 직접적인 영향을 미치는 요소이다. 석탄의 경우는 가스보다 전력 생산을 위해 2배의 이산화탄소를 배출한다. 따라서 가스 가격이 높아지면 자연스럽게 석탄의 사용이 증가되고 이산화탄소 배출량이 증가한다. 그래서 배출권의 수요가 증가하여 가격 상승을 불러오는 것이다. 가스 가격이 올라가면 배출권 가격도 올라가고, 석탄 가격이 올라가면 배출권 가격이 내려가는 등식이 성립한다.

③ 지금까지 설명한 EU ETS의 시기별 운영방식을 표로 요약하면 다음과 같다.

‖ EU ETS의 시기별 운영방식 ‖

구 분	제1기	제2기	제3기
기간	2005~2007년 (Kyoto protocol 준비기)	2008~2012년 (Kyoto protocol 1차 이행)	2013~2020년 (Post 2012 체제)
목표	• ETS 제도 확립을 위한 시험가동 • 등록, 감독, 보고, 인증 등 인프라 구축	• ETS 1기 문제점 점검 및 범위 확대 • 교토의정서 의무감축 목표 달성 • ETS를 통해 2012년까지 2005년 대비 6.5% 감축	• EU 목표 : 2020년까지 1990년 대비 20% 감축 • EU ETS cap : 2020년까지 2005년 대비 21% 감축
참여 대상	25개국 • 11,500여 개 Installation • 발전 및 정유, 철강, 제지, 시멘트, 유리 등	30개국(루마니아, 불가리아, 노르웨이, 아이슬란드, 리히텐슈타인 포함)	30개국 • 항공 부문, 석유화학, 알루미늄 등
할당	• Burden Sharing Agreement에 의한 국가별 할당 • 과거 실적 기준(Grandfathering)과 벤치마킹을 통한 무상 할당 • 조기 행동(Early Action)에 대해서는 벤치마킹 • 국가별로 일정 비율(1기 : 5%, 2기 : 10%)까지 경매를 통한 유상 배분 선택적 허용		• EU 차원의 단일 할당치만 허용 • 경매를 주된 할당방식으로 선정 • 무상 할당의 기준은 벤치마킹임.

구 분	제1기	제2기	제3기
거래 대상	CO_2	CO_2 등 교토의정서상 6대 온실가스 • CO_2 외 온실가스에 대한 참여 여부는 선택사항	
Offset	CDM 프로젝트에 의한 배출권 획득 허용	CDM/JI 프로젝트에 의한 배출권 획득 허용 • ETS 연간 할당량의 13%	
예치와 대출	예치와 대출 불가	다음 거래로 예치(Banking)는 가능하나 대출(Borrowing)은 불가	
벌금	40유로/t	100유로/tCO_2	100유로/tCO_2 (유럽 소비자 물가지수 연동)
비고		Coverage : EU CO_2 배출량의 46%(온실가스 배출량의 40%)	Coverage : Phase II에서 6% 추가

(6) 주요국의 배출권거래제도

1) 미국

① RGGI(Regional Greenhouse Gas Initiative)

미국 북동부 및 대서양 연안 중부지역 주에서 시행 중인 배출권거래제로 2009년 1월부터 시작되어 미국 최초로 강제적인 감축의무가 시행되는 프로그램이다. 뉴욕, 코네티컷 등 10개 주가 참여하고 있으며, 25MW 이상의 전력을 생산하는 화력발전소약 225개를 대상으로 한다.

㉮ RGGI 10개 주는 RGGI Model Rule을 기반으로 개별적인 CO_2 거래 프로그램을 가지고 있지만, 각 주의 프로그램은 서로 연계되어 있어서 CO_2 배출 허용량은 상호 교환이 가능하다. 즉, 10개의 독립된 주의 프로그램들이 연계되어 하나의 지역적 탄소 시장을 형성하는 것이다. 2009년 전력 분야 온실가스 배출량 기준 10% 감축을 목표로 하고 있고, 10개 주 전체에 대한 CO_2 배출 허용량은 18.8억 톤이다.

㉯ RGGI는 점진적인 목표강화방식을 채택하고 있는데, 초기(2009~2014)에는 허용 배출량 안정화에 초점을 두고 있다. 이후 4년간(2015~2018) 매년 2.5%씩 허용 배출량을 낮추면서 최종적으로 10% 감축하도록 설정되어 있다. 이때 초기 배출 허용량 설정 과정은 경매에 의하고 있다. 2009년부터 RGGI 운영을 목표로 2008년 탄소 경매가 시작되었으며, 경쟁 시장에서 배출권 판매로 얻은 수익은 10개 주의 에너지 효율 향상, 재생에너지 프로젝트, 청정에너지 기술 개발 등과 같은 기금에 사용된다.

② WCI(서부 기후 이니셔티브)와 MGGA(중서부 온실가스 협정)

WCI와 MGGA는 미국과 캐나다 주정부 간의 국경을 뛰어넘는 협정으로 2010년 도입을 목표로 구성되었다. WCI는 2007년 2월 미국과 캐나다의 서부연안 주(캘리포니아 포함) 8개가 구성하였다. WCI는 2020년까지 온실가스 배출을 2005년 수준에서 15%

감축하는 것을 목표로 정하고 있다. MGGA는 일리노이 등 미국 중서부의 6개 주와 캐나다 매니토바 주가 온실가스 감축을 위하여 연합체를 구성하고 2005년 배출기준의 약 16%를 감축하기로 하였다.

③ 미국의 US ETS(당초 2010년 도입 예정이었으나 보류됨)

US ETS가 도입될 경우 WCI와 MGGA 모두가 흡수될 것으로 전망되고 있다. 한편 미국이 연방정부 차원의 배출권거래제를 도입할 경우 2020년경 미국 탄소 시장 규모는 EU의 2배에 달할 것으로 전망되고 있다.

| 미국의 온실가스 배출권거래제 |

구 분	US ETS	RGGI	WCI	MGGA
체제명	Unites States Emission Trading Scheme	Regional Greenhouse Gas Initiative	Western Climate Initiative	Midwestern Greenhouse Gas Accord
가입 주체	-	코네티컷, 델라웨어, 메인, 메릴랜드, 매사추세츠, 뉴저지, 뉴욕, 로드아일랜드, 버몬트	애리조나, 몬태나, 뉴멕시코, 온태리오, 오래곤, 유타, 워싱턴, 브리티시, 콜럼비아, 매니토바, 퀘벡	일리노이, 아이오와, 캔자스, 미시간, 미네소타, 위스콘신, 매니토바
입법상태	보류	시행 중	논의 중, 법안은 없음.	논의 중, 법안은 없음.
종류	의무적 총량 제한거래제(Cap and Trade)			
공급 규제	정부, EPA, 기타 정부기관	RGGI, Inc., 및 주환경부서	미정	미정
기간	2012~2050	2009~2019 (1단계 : 2009~2011)	2012~2020 단계별 3년	2012~2020

2) 호주 CPRS(Carbon Pollution Reduction Scheme)

호주는 2008년 3월 교토의정서에 가입하였으며, 2010년 1월 온실가스 배출량을 2000년 대비 2020년까지 기존 제시안인 5% 감축을 하고, 범세계적 합의 달성 및 주요 배출국 참여 시 15%를 감축하기로 UN에 제출한 바 있다. 호주는 정부, 기업, 공공 부문에서 위원회를 구성하고, 주정부와 지방정부를 아우르는 복합적인 Cap & Trade 방식의 배출권거래제도인 CPRS를 준비 중에 있다.

이 제도를 통해 2050년까지 2000년 온실가스 배출량 대비 60%를 감축하겠다는 목표를 수립하였으며, 규제 대상 배출원은 1,000여 개의 온실가스 다배출업체이며, 초기 허용 배출량 중 일부는 무상 할당을 할 예정이지만 주로 경매방식을 활용하여 점차 무상 할당 비율을 낮출 계획에 있다. 호주는 당초 2011년 7월부터 CPRS를 도입하려 하였으나 상원에서의 3차례 거부로 도입이 2013년까지 연기되었다가 최종적으로 2012년 7월부터 배출권거래 실시 예정이다. 또한 호주는 2012년 7월부터 탄소세를 도입하기로 결정하였다.

3) 일본 JVETS(Japan's Voluntary Emssion Trading Scheme)

2005년 Baseline-and-Credit 방식인 자발적 배출권거래제도인 JVETS를 도입하였으나 큰 성과가 없었다. 이 제도는 일정량의 온실가스 감축을 달성한 참가자에게 CO_2 배출감소시설의 설치비를 보조하는 제도였다. 2008년에는 보다 확대되고 구체적인 시범 배출권거래제도(TETS ; Trial Emission Trading Scheme)가 도입되었고, 총량 제한 배출권거래제도와 Baseline and Credit를 혼합하여 사용하였다.

2009년 이후 하토야마 총리 정부는 지구 온난화 기본대책 법안을 통하여 총량 제한 배출권거래제도 도입을 추진하였고, 업계는 반대하였다. 이에 결국 동 법안은 총량 제한을 고려할 수도 있지만 생산 단위당 배출량과 같은 에너지 효율 기반 규제도 고려 가능하다고 수정하였다. 기본적으로 일본은 2020년까지 온실가스 총 배출량을 1990년 대비 25% 삭감을 목표로 설정하였다. 단, 이 목표는 주요국들이 의욕적인 삭감 목표를 제시하고 지구 온난화 방지를 위한 공평하고 실효성 있는 국제적 합의가 이루어졌을 경우를 전제로 하고 있다.

4) 우리나라의 배출권거래제도

① 배경 – 녹색성장정책의 주요 내용

우리나라의 온실가스 배출권거래제도는 그동안 꾸준히 논의되어 왔지만, 본격적인 논의는 2010년에 정부가 녹색성장을 국가 전략으로 선포하고 저탄소 녹색성장 기본법을 제정하고서부터 구체적으로 논의되기 시작한 것이라고 할 수 있다. 저탄소 녹색성장 기본법은 2010년 4월에 시행된 법으로, 녹색성장을 위한 제도적인 큰 틀을 마련한 총괄적 성격의 법이다. 기후변화 대응정책, 에너지 정책 및 지속 가능 발전 정책에 관한 시행 등을 포함할 것을 명시하고 있으며, 기후변화 대응 기본계획을 5년마다 수립·시행하도록 규정하고 있다. 동 법은 사업장의 온실가스 목표관리제, (총량 제한)배출권거래제도의 도입, 교통 부문의 온실가스 관리 등의 내용을 포함하고 있다. 법의 주요 내용은 다음과 같다.

㉮ 온실가스 감축목표 설정(2020 BAU 대비 30% 감축)

㉯ 온실가스/에너지 목표 관리

㉰ (총량제)배출권거래제도(Cap-and-Trade)

㉱ 녹색성장 계획의 수립, 추진

㉲ 장기 계획 2009~2050년

㉳ 중기 계획 2009~2013년 : 녹색성장 5개년 계획

② 배출권거래제도의 도입 일정

녹색성장 기본법은 시장 기능을 활용하여 효율적으로 국가의 온실가스 감축목표를 달성하기 위하여 총량 제한 온실가스 배출권거래제도를 도입할 수 있다고 규정하고 있다. 특히 업종의 국제 경쟁력 약화에 대비하기 위하여 배출권거래제를 도입할 때 경쟁력 상실의 우려가 있는 업체에 대해서는 필요한 조치를 강구할 수 있다는 내용이 포함되어 있다. 배출권거래제도의 실시를 위한 배출허용 총량의 할당방법, 등록, 관리방법 및 거래소 설치·운영 등은 별도의 법률로 정하는 것으로 규정하고 있다. 이 규정에 근거하여 정부는 "온실가스 배출권거래제도에 관한 법률"의 제정을 추진해 왔다. 당초 정부는 배출권거래제도를 2013년부터 도입하기로 하였다. 이러한 내용을 담은 법률안이 2010년 11월 17일 입법 예고되었다. 그러나 이후 산업계 등에서 연기 및 완화 요구가 강력히 대두되었고, 정부는 산업계의 요구를 상당 부분 받아들여 배출권거래제도의 도입을 예정보다 2년 늦춘 2015년부터 시행하고 그 내용도 상당히 완화하기로 하였다. 수정된 법률안에 따르면 배출권거래제 도입 시기는 당초 2013~2014년 2년 간은 온실가스 목표관리제의 적용을 받게 된다. 배출권 무상 할당 비율은 기존 90%에서 95%로 상향 조정했다. 초과 배출분에 대한 과징금은 시장가 5배에서 3배로, 과태료는 5,000만원에서 1,000만원으로 완화했다.

이러한 방향으로 수정된 온실가스 배출권거래제도에 관한 법률을 2011년 2월 28일에 다시 입법을 예고하였다. 이에 따라 2011년 4월 12일 국무회의 의결로 수정된 법안이 확정되었고, 아직 국회 통과는 되지 않은 상태이다. 정부는 당초 '2020년까지 예상 배출량(BAU) 대비 30% 감축'의 목표를 확정, 발표하고 배출권거래제의 조속한 도입이 필요하다는 입장을 견지했다. 이에 따라 연간 이산화탄소량 2억 5,000만 톤 이상 배출업체를 대상으로 2013년부터 배출권거래제를 시행키로 하고, 지난해 11월 관련 법안을 입법 예고한 바 있다. 하지만 전국경제인연합, 대한상공회의소 등 산업계는 연기를 주장하였다. 연기의 근거로는 배출권거래제 도입 시 국제 경쟁력 약화, 매출 감소, 전기료 인상 등 역효과가 발생할 것이라며 제도 시행에 대해 반발해왔다. 특히 시기에 대해서는 2015년 이후 도입을 강력히 요구했다.

③ 온실가스 감축목표

우리나라는 2020년까지 BAU 대비 30% 감축을 선언하였는데, 절대량 기준으로 보면 2005년 대비 약 4% 감축하는 것에 해당하는 것으로 당초 추정되었다. 그러나 이 수치는 예측치일 뿐이고 정부의 공식 목표와는 무관하다. 다음 표에서 보듯이 선진국들(부속서 Ⅰ 국가)은 교토의정서 감축목표의 적용을 받으므로 절대량 기준 감축목표를 설정해 놓고 있으며, 비부속서 Ⅰ 국가들은 원단위 기준 혹은 BAU 기준 감축목표를 설정해 놓고 있다.

‖ 각 국가별 2020년 감축목표 ‖

분 류	국 가	2020년 감축목표
부속서 Ⅰ 국가	호주	2000년 대비 5~15% 또는 25%
	벨라루스	1990년 대비 5~10%
	캐나다	2005년 대비 17%
	크로아티아	1990년 대비 −6%
	EU27	1990년 대비 20% 또는 30%
	아이슬란드	1990년 대비 30%
	일본	1990년 대비 25%
	카자흐스탄	1992년 대비 15%
	리히텐슈타인	1990년 대비 20%
	모나코	1990년 대비 30%
	뉴질랜드	1990년 대비 10~20%
	노르웨이	1990년 대비 30~40%
	러시아연합	1990년 대비 10~20%
	미국	2005년 대비 17%
비부속서 Ⅰ 국가	한국	BAU 대비 30%
	중국	2005년 GHG/GDP 대비 40~45%
	브라질	BAU 대비 36.1~38.9%
	인도	2005년 GHG/GDP 대비 20~25%
	멕시코	BAU 대비 30%
	싱가포르	BAU 대비 16%
	남아프리카공화국	BAU 대비 34%
	인도네시아	BAU 대비 26%

이러한 온실가스 감축목표를 달성하기 위해서는 여러 가지 제도적 대안이 있을 수 있지만, 총량 제한 배출권거래제도를 시행하는 것이 목표 달성의 확실성과 경제적 효율성을 동시에 달성하는 최적의 대안으로 보는 것이 일반적인 견해이다.

우리나라는 환경공단 등에서 현재 배출권거래제도 시범사업이 실시 중이며, 2015년 에는 본격적인 배출권거래제도 시행을 목표로 하고 있다. 또한, 파리협정 체결로 자발적 감축목표를 제출하게 됨에 따라 2030년 온실가스 감축목표를 2018년 온실가스 배출량 기준 35% 이상 저감하는 것을 목표로 설정하여 부분별 감축목표 이행을 위한 탄소중립기본법을 제정하였다.

배출권거래제도는 발전 부문 및 일부 산업에 적용되는 것으로 되어 있다. 감축목표의 많은 부분은 다른 수단, 예컨대 원자력 발전 증가, 탄소 배출량을 반영한 세제 개편 등으로 달성될 것으로 추정된다.

④ 환경부의 온실가스 배출권거래제도 시범사업

환경부 산하 환경공단이 시행 중인 온실가스 배출권거래제도 시범사업은 2010~2012년의 3년에 걸쳐서 시행되는 것으로 계획되어 있다. 참여 원칙은 자발적(Voluntary)이며, 참여 대상은 환경친화기업 혹은 대기배출시설 기준 1종 사업장 및 대형 건물 등이다. 이에 따라 사업장 31개, 대형 건물 163개, 14개 광역지자체, 검증기관 15개 등이 참여하고 있다. 환경부 온실가스 배출권거래제도 시범사업의 기준 배출량은 기준년도(2005~2007년 3년간) 배출량의 평균치로 설정되어 있다. 그리고 시행기간 연도의 감축목표는 기준 배출량의 1%를 감축하는 것으로 되어 있다.

㉮ 환경부 온실가스 배출권거래제도 시범사업의 목적은 2013년으로 예정되어 있던 배출권거래제도의 본격적 운영을 위한 준비 작업이었다. 이 준비 과정을 통하여 효율적 탄소저감방안 모색, 배출권거래제도의 운영 준비 등을 도모하고자 한 것이다. 시범사업의 운영에서 환경부는 조정 및 예산 통제를 담당하고 환경공단은 주무기관으로 교육 및 기술지원을 담당하고 있다. 그리고 지방정부는 공공 부문 관련 조정 역할을 수행하고 있다. 시범사업의 특징으로는 사이버 거래, 참여자 평가, 인센티브의 부여 등이 있다.

㉯ 시범사업의 특성 및 절차는 다음과 같다. 시범사업의 특성은 자발적인 총량제 배출권거래제도라는 점이다. 그리고 여러 경제 주체들이 참여하는 통합된 배출권거래제라는 점도 특징 중 하나이다. 시범사업에서는 국제 기준과 동일한 MRV 체제(Monitoring, Reporting and Verification, 감축·보고 및 검증)를 채택하고 있다.

㉰ 시범사업의 주요 내용은 다음과 같다. 참여자를 보면 자발적 참여를 원칙으로 한다. 참여자는 환경친화기업 및 대용량 배출시설(제1급 배출시설, 대형 건물(3,000톤 이상 배출), 기타 환경부 승인업체 등으로 구성되어 있다. 참여 단위는 기본적으로 개별업체 단위이며, 그룹 참여도 가능하다. 2010년 9월 기준으로 볼 때 개별 참여자는 참여업체 23개 업체(31개 시설), 대형 건물은 3개(163개 시설), 지방정부는 15개(159개 시설), 인증업체는 15개 업체 등이다.

㉱ 배출량 계산을 위한 목표 분야는 다음과 같다. 의무대상 온실가스는 Scope 1(직접 배출) 및 Scope 2(에너지 간접 배출) CO_2이다. 그리고 자발적 감축대상 온실가스는 CH_4, N_2O, Scope 3(기타 간접 배출) CO_2 등이다.

시범사업이 대상으로 하고 있는 온실가스 배출 유형 및 배출활동은 다음 표와 같다.

배출 유형	배출활동
고정 화석연료 연소에 의한 직접적 온실가스 배출	가솔린, 디젤유, 천연가스, 역청탄 등 화석연료
이동 화석연료 연소에 의한 직접적 온실가스 배출	가솔린, 디젤유, 항공유, NPG 등의 화석연료
시설 내 공정상 화학반응에 의한 배출	시멘트, 암모니아, 석회석, 화학제품, 반도체, LCD 등의 생산활동
탈루 온실가스에 의한 탈루성 배출	냉각, 냉장(에어컨/냉장고), 소방장비(소화기, 자동소화기)
매립/소각/폐수처리시설에 의한 온실가스 배출	폐기물 매립에 따른 CH_4, 폐기물 소각, 혐기성/고도 폐수처리시설
전력, 온수, 스팀에 의한 간접 온실가스 배출	전력 및 경계 밖의 온수, 스팀

시범사업의 기준 배출량은 기업체, 대형 건물의 경우에는 2005~2007년(기준년도)의 평균 배출량으로 정하고 있으며, 지방정부에 대해서는 2008~2009년 배출량 평균을 적용하고 있다. 그리고 시범사업기간(2010~2012년) 절대 배출 총량(Cap)은 추후 결정될 기준 배출량의 1% 감축량으로 정하고 있다. 시범사업의 효과로 기대되는 것은 무엇보다도 GHG 인벤토리 구축, 본격적 배출권거래 실시에 대비한 경험 축적, 조기 행동을 통한 비용 저감 등이다. 부수적으로는 기후변화 방지를 위한 지구적 노력에 동참하면서 자발적 감축 노력을 통하여 국제적 이미지를 개선하는 효과도 기대된다.

⑤ 우리나라의 온실가스 관리체계

㉮ 온실가스 관리를 위해 탄소세, 배출권거래제, 목표관리제 등이 논의되고 있다. 배출권거래제도는 2015년 시행으로 결정되었고 2012년부터 목표관리제가 시행 중이며, 탄소세에 대한 논의는 진행 중이다. 온실가스 목표관리제는 저감량과 같이 양을 관리하기 위한 것으로 정부 당국 입장에서 정책의 불확실성을 없애고 목표를 달성하고자 하는 제도라고 볼 수 있으며, 현재 470개의 관리대상이 지정되어 있다.

㉯ 배출권거래제와 목표관리제는 그 성격이 매우 다르지만 온실가스 인벤토리 및 MRV의 정비라는 공통의 제도적 기반을 공유하고 있다. 따라서 배출권거래제도와 목표관리제의 성공적 수행을 위해서는 인벤토리 관리가 매우 중요하다. 과거에는 지식경제부가 국가 온실가스 인벤토리 작성의 주무부서이고, 에너지 경제연구원이 실무책임기관으로 지정되어 있으며, 배출원별로 협력기관을 지정하여 국가 온실가스 인벤토리를 작성하는 구조로 되어 있었으나, 2010년 GIR(국가 온실가스 종합정보센터)과 환경부 산하에 설치되면서 GIR이 주무부서가 되었다. 에너지 및 산업공정 부문은 에너지 경제연구원이 담당하고 있으며, 임업 부문은 산림청 산하의 국립산림과학원, 농축산 부문 중에서 농업 부문은 농업진흥청 산하의 농업과학기술원, 축산 부문은 축산과학원이 담당하고 있다. 폐기물 부문은 환경부 산하의 환경관리공단이 매립, 하·폐수, 소각 분야에서 배출되는 온실가스 배출량 산정을 담당하고 있다.

㉰ 현행의 국가 온실가스 인벤토리 관리제도는 다른 국가와는 달리 우리나라는 협력기관에서 분야별 온실가스 배출량을 산정·보고하면 실무책임기관인 GIR에서는 단순히 취합하여 국가 온실가스 인벤토리를 완성하는 전형적인 분산관리형 체계이다. 미국, 영국, 일본 등은 협력기관에서 활동 시 자료를 제공하면 실무담당기관에서는 분야별로 여러 단계의 검토 및 검증 과정을 통해 결정된 산정방법을 적용하여 온실가스 배출량을 산정하는 중앙관리형 체계이다.

⑥ **목표관리제와 배출권거래제도**

우리나라는 2015년에 배출권거래제도의 본격적 시행이 예정되어 있지만, 배출권거래제도의 시행에 앞서서 2011년 준비단계를 거쳐서 2012년부터는 목표관리제를 시행하고 있다. 목표관리제의 성격은 이상적인 형태의 유연한 규제와는 거리가 있으며, 오히려 명령 통제형의 규제와 가깝다. 다만, 목표를 정할 때 업체와 협의하도록 되어 있어 한국식 자율협약이라고 불리기도 한다.

법 제42조와 시행령 제29조, 제30조가 제도의 주요 내용을 담고 있는데 크게 목표 설정, 이행 및 감독의 부분으로 나누어 생각할 수 있다. 감축목표의 설정은 원칙적으로 여러 가지 모형을 사용한 "감축잠재량 분석"에 의하여 설정되는 것으로 되어 있지만, 실제로는 여러 가지 사정을 감안한 협상 과정을 거쳐서 결정되게 된다. 이렇게 결정된 감축목표는 각 사업장별로 할당되며 실적은 주기적으로 검토되어 피드백되도록 되어 있다. 목표관리제는 배출권거래제도와 같은 경제적 수단이 아니다. 목표관리제는 경제적 수단의 효율성을 분석할 때 비교 대상이 되는 직접 규제의 하나이다.

‖ 목표관리제와 배출권거래제도 ‖

구 분	목표관리제	배출권거래제
지침, 기준	대상 지정, 목표 설정, 검증	유·무상 할당 계획
지정	산업 발전, 건물 수송 등 6대 온실가스, Max 25,000t인 사업장	산업 부문 CO_2, 6대 온실가스, 25,000t 이상 의무 15,000~25,000 사이 자발적 참여 가능
보고 항목	사업장별 설비 및 배출현황	사업장별 설비 및 배출현황
배출량 설정	목표 협의 및 설정	사업장별 할당
등록부	관리업체 정보, 목표, 이행실적	감축이행, 배출권 확보
이행	이행계획 제출 및 실행	감축이행, 배출권 확보
이월, 차입	〈미정〉	일반적으로 허용
상쇄	〈인정, 세부절차 미정〉	일정 비율 허용
실적보고	배출량 산정 및 보고	배출량 산정 및 보고
평가, 인증	실적 평가, 개선 명령	배출권 보유량 인증
페널티	과태료	배출권 구매, 과징금
검증기관	명세서, 실적 검증	배출량 검증

02 배출권 거래의 유형

(1) 배출권 거래 시장의 분류

배출권 거래 시장은 그 분류기준에 따라서 다음 표와 같이 분류된다.

‖ 배출권 시장의 분류 ‖

법적 강제성	자발적 시장(Voluntary Commitment)	UK ETS, BPETS, JVETS, CCX, NSW
	강제적 시장(Legally Binding Market)	EU ETS, RGGI
교토의정서 이행 여부	교토 시장(Kyoto Market)	UK ETS, EU ETS, ACX, JVETS
	비교토 시장(Non-Kyoto Market)	UK ETS, EU ETS, CCX
거래 대상 배출권의 출처	할당 배출권 시장(Allowance Market)	UK ETS, EU ETS, CCX
	배출감소신용 시장(Credit Market)	ACX, Climax, EEX, CCX
거래 장소	거래소(Exchanges) 시장	ECX, Nord Pool, Powernext, EEX, CCX, ACX
	장외 시장(OTC ; Over-the-Counter Market)	ERPA에 의하여 양자적으로 체결, 중개수수료 지급

(2) 자발적 탄소 시장

탄소 시장과 관련한 제도들의 Post-Kyoto 논의가 아직 진행 중이며, CDM 사업 개선에는 동의하고 있으나 구체적인 합의사항은 없는 상황이다. NAMA(Nationally Appropriate Mitigation Action)가 새로이 도입 예정이다. 향후 MRV 등 이에 대한 논의가 활발할 것으로 예상된다. 자발적 탄소 시장의 최대 이슈의 하나는 CDM의 불확실성의 심화에 대한 것이다. UNPCCC의 CDM EB의 심사가 엄격해짐에 따라 수정 혹은 거절이 증가할 것으로 예상된다. HFCS 관련 프로젝트는 전면 재검토되고 있는 실정이다. 관련업계 종사자 설문에서도 CDM 불확실성에 대한 우려를 보여주는 것이 상당하다.

(3) 총량제 배출권 거래/사후인증방식 배출권거래제도

1) 총량제 배출권거래제도(Cap-and-Trade)

총량제 배출권거래제도는 제도의 대상이 되는 배출원에 대한 최대 배출 총량을 설정하는 것이다. 규제 당국은 오염물질 배출량의 특정 단위(예 1톤)를 배출할 수 있는 권리(배출권, Allowance)를 생성한다. 총 배출권의 크기는 배출 총량(Cap)과 일치한다. 규제를 준수하기 위해서는 각 배출원들은 실제 배출량과 동일한 양의 배출권을 제출해야만 한다. 배출원들은 각자 나름대로의 배출 감축, 타 배출원들과 거래를 할 수 있다. 각 배출원들은 각자 나름대로의 배출 감축, 배출권 구매, 배출권 판매 등 규제 준수 전략을 선택하여 준수 비용을 최소화할 수 있다. 또한 각 배출원들은 기술 및 시장 상황의 변화에 따라 전략을 자유로이 변경할 수 있다.

Cap-and-Trade에서는 총 저감량을 감안하여 배출 총량 목표치가 정해지고, 배출 총량을 적당한 단위로 나누어진 배출권 단위(Allowance)로 만들어 이를 경매방법에 의해서 사업장에 분배함으로써 기금을 조성할 수도 있고, 혹은 특별한(Ad Hoc) 기준에 의해 피규제자들인 사업장에 분배할 수도 있다. 배출권을 배분하는 특별한 방법 중의 하나는 Grand Fathering이라고 불리는데, 이는 무상으로 배출권을 규제되는 사업장에 나누어 주는 방식이다. 배출권거래제도를 도입하게 되면 일정 기간이 지난 후 실제 배출량이 할당된 배출권의 양보다 적은 사업장에서는 이를 Credit으로 하여 실제 배출량이 소유하고 있는 배출권의 배출량보다 많은 사업장에게 판매함으로써 수익을 올릴 수 있는 기회를 갖게 된다.

2) 사후인증방식(B&C : Baseline and Credit) 배출권거래제도

총량제 배출권거래제도와 사후인증방식 배출권거래제도는 총 배출량 제한 가능성 여부, 비용 최소화 달성 가능성, 간접 행정비용, 그리고 거래비용 등의 관점에서 비교 · 평가할 수 있다.

① 배출권거래제도에서 Baseline-and-Credit를 도입한다는 것은 총 배출량을 명확하게 제한하는 총량제의 도입이 아니라 각 기업별로 정해진 배출량 기준치(Baseline)까지 배출할 수 있는 권한을 부여하고 그 기준치보다 적게 배출하면 Credit를 부여하는 것으로, 그 대표적인 예는 CDM(청정개발체제, Clean Development Mechanism)이 있다. 여기서 Baseline을 정하는 것은 경험적으로 지난 연도들의 실제 평균 배출량을 사용할 수도 있고, 적절한 저감량을 감안한 목표 설정치에 따른 배출권 할당에 의한 방법에 의해 배출량 기준치가 정해질 수 있다.

② 사후인증방식 배출권거래제도에는 두 가지가 존재한다. 이는 프로젝트 기반 배출권거래제도(Project-Based Trading)와 비율기준 배출권거래제도(Rate-Based Trading)이다. 프로젝트 기반 배출권거래제도는 신용거래(Credit Trading) 혹은 상쇄거래(Offset Trading)라고도 한다. 이 제도는 독자적으로 사용되는 제도는 아니며, 배출원들이 프로그램 외부에서 더 낮은 비용의 배출상쇄를 추구할 수 있도록 유연성을 제공하는 것이다. 배출상쇄(Emission Offsets) 혹은 크레딧은 베이스 라인과 실제 배출량을 비교하여 산출된다. 이 크레딧의 산출기준은 추가성(Additionality) 테스트를 통과하여야 인정된다.

③ 비율기준 배출권거래제도(Rate-Based Trading)는 특정 부문에 대하여 성과기준(Performance Standard, 산출량 단위당 배출량 비율)을 부여하고 이 비율 이하로 배출을 한 기업은 크레딧을 획득하고, 이 기준 이상으로 배출을 한 기업은 배출권을 획득해야 하는 방식이다.

(4) 배출권거래제도 운영 관련 주요 개념

배출권거래와 관련하여서 다음과 같은 개념들이 사용되며, 혼동을 피하기 위하여 개념들을 정리한다.

1) 측정(Measurement)

특정 물질의 배출량을 기록하거나 사업장의 생산활동의 정도를 기록하기 위한 목적으로 유량계나 센서를 활용한 전자계측을 이용한 기기를 활용하여 기록하는 행위

2) 모니터링(Monitoring)

한 개 또는 여러 가지의 측정방법을 이용하여 일정 기간 동안에 한 직접·간접적인 배출량이나 생산활동 정도를 체계적으로 기록하는 행위

3) 검증(Verification)

제3자 혹은 합당한 정부기구에 의해서 모니터링해서 보고된 자료에 대해 보고 과정의 적합성과 보고된 활동기록에 대한 합당성을 인정하기 위해 점검하는 행위

이와 비슷하지만 혼동하지 말아야 할 개념들은 다음과 같다.

① 인증(Validation)

　　주로 프로젝트 디자인이 기준에 맞는지의 여부를 평가하는 데에 사용하며, 그로 인해 CDM 사업에서 많이 볼 수 있는 용어임.

② 인정(Accreditation)

　　제3자 검증이나 인증을 할 경우에 어떤 제3자가 독립적이고 적절히 검증이나 인증을 할 능력이 있다고 인가해주는 행위

③ 증명(Certification)

　　검증 과정의 최종 단계로 검증하는 기관이 일년 간의 총 배출량을 확정하거나 저감량을 확정하는 행위

　　경우에 따라서는 용어의 혼선이 있을 수 있는데, 예를 들면 California Climate Action Registry에서는 이 '증명(Certification)'이라는 용어를 위의 '검증(Verification)' 행위에 대해 적용하기도 함.

(5) 배출권과 크레딧

교토의정서 및 마라케시 합의문(Marrakesh Accords)에 따라 배출권거래제도에 대한 구체적 이행방안이 합의되었다. 배출권 거래 시장은 교토의정서가 의무감축국에게 할당한 AAU, 국가별 할당 시스템과 연계된 배출권(EUA), CDM 및 JI를 통해 발행된 Credits(CERs, REU), 그리고 자발적 감축제도를 통해 발행된 크레딧(VCU, CFI 등) 등을 거래한다.

일반적으로 크레딧(Credits)과 배출허용권(Emission)에 대하여 많은 부분에서 배출할 수 있는 권리의 배출권 개념으로 통칭되어 일반화되어 사용되는 경우가 많다. 그러나 크레딧과 배출허용권은 원칙적 정의 측면에서 다르게 사용되어야 한다. 크레딧은 자발적 온실가스 감축제도(CDM, VER, KVER 등) 등의 사업을 통해 발행된 감축실적을 의미하며, 배출허용권은 할당 시스템과 연계된 제도를 통해 발행(또는 거래)되는 것으로 정의하곤 한다. 또한 크레딧의 일부(또는 전체)를 할당제도에서 배출허용권으로 전용하여 사용할 수 있다는 측면에서 차이점을 가지고 있다.

꼼꼼 check✔　　탄소배출권

> 1. 일반 정의 : 탄소배출권이란 탄소를 배출할 수 있는 양을 규정하고, 탄소배출량을 배출할 수 있는 권리를 의미하며, 배출권을 사고, 팔 수 있는 시장이 바로 탄소배출권 시장제도임.
> 2. 법률 정의 : 온실가스 배출권의 할당 및 거래에 관한 법률안의 배출권 정의. 온실가스 감축목표를 달성하기 위하여 설정된 온실가스 배출허용 총량의 범위에서 개별 온실가스 배출업체에 할당되는 온실가스 배출허용량
> 3. 거래 단위 : 1이산화탄소 상당톤(1tCO_2-eq)

출제예상문제

01 온실가스 배출 감축사업을 설명한 용어로 적합하지 않은 것은?

① "베이스 라인 배출량"이라 함은 사업 시행자가 감축사업을 하지 않았을 경우 사업경계 내에서 발생 가능성이 가장 높은 조건을 고려한 온실가스 배출량을 말한다.

② "베이스 라인 방법론"이라 함은 감축사업의 베이스 라인 배출량을 계산하기 위하여 적용되는 기준, 가정, 계산방법, 절차 등을 말한다.

③ "누출량"이라 함은 감축사업 시행과정 중 당해 사업의 범위 밖에서 부수적으로 발생하는 온실가스 배출의 증가량 또는 감소량을 말하며, 그 양은 계산과 측정이 가능하여야 한다.

④ "검증"이라 함은 사업 시행자가 작성한 감축사업 신청을 위한 사업계획서가 관련 기준에 맞게 작성되었는지를 평가하기 위하여 검증전문기관이 수행하는 체계적이고 독립적이며 문서화된 프로세스를 말한다.

해설 "타당성 평가"라 함은 사업 시행자가 작성한 감축사업 신청을 위한 사업계획서가 관련 기준에 맞게 작성되었는지를 평가하기 위하여 검증전문기관이 수행하는 체계적이고 독립적이며 문서화된 프로세스를 말한다. "검증"이라 함은 사업 시행자가 작성한 온실가스 배출감축 실적 모니터링 보고서가 관련 기준에 맞게 작성되었는지를 평가하기 위하여 검증전문기관이 수행하는 체계적이고 독립적이며 문서화된 프로세스를 말한다.

02 다음 중 온실가스 감축사업으로 옳지 않은 것은?

① 온실가스 배출 감축 예상량이 이산화탄소(CO_2) 환산량으로 연간 500ton 이상인 사업은 일반 감축사업으로 등록할 수 있다.

② 온실가스 배출 감축 예상량이 이산화탄소(CO_2) 환산량으로 연간 100ton 이상 500ton 미만인 사업은 소규모 감축사업으로 등록할 수 있다.

③ 산업단지, 조합 등 지역 또는 소속을 같이 하는 사업장 간 공동으로 대표 사업자를 선정하여 동일한 내용의 감축사업을 묶어서 하나의 사업으로 신청할 수 있다.

④ 대상사업 중 사업을 통한 온실가스 배출 감축 예상량이 이산화탄소(CO_2) 환산량으로 연간 10,000ton 이하로 예상되는 사업의 경우 여러 개를 묶어서 하나의 사업으로 신청할 수 있다.

해설 대상사업 중 사업을 통한 온실가스 배출 감축 예상량이 이산화탄소(CO_2) 환산량으로 연간 2,000ton 이하로 예상되는 사업의 경우 여러 개를 묶어서 하나의 사업으로 신청할 수 있다.

03 온실가스 감축사업으로 등록평가 위원회에서 검토해야 하는 등록 여부 평가사항이 아닌 것은?

① 감축사업으로 발생되는 경제적 이익

② 감축사업으로 인한 환경적, 사회적 영향

③ 예상 온실가스 배출 감축량 산출의 적합성

④ 환경 및 관련 법규 저촉 여부

해설 감축사업으로 발생되는 경제적 이익에 대해서는 평가하지 않는다.

04 다음 중 온실가스 감축사업의 사업계획서 및 모니터링 보고서의 작성원칙으로 바르지 않은 것은?

① 완전성
② 일관성
③ 투명성
④ 대표성

해설 작성원칙은 적절성, 완전성, 일관성, 투명성, 정확성, 보수성의 원칙으로 작성되어야 한다.

Answer **01.**④ **02.**④ **03.**① **04.**④

05 온실가스 감축사업의 이행 및 보고의 원칙이 잘못된 것은?

① 등록된 감축사업의 사업 시행자는 사업계획서에 따라 감축사업을 이행하여야 한다.
② 모니터링 보고서를 실적이 발생하는 시점부터 매 1년마다 1회 이상 작성하여 보고하여야 한다.
③ 감축사업등록 승인 시 연간 온실가스 감축 예상량이 $2,000tCO_2$ 이하인 사업의 경우에는 모니터링 보고서를 매 2년마다 작성할 수 있다.
④ 모니터링 보고서는 반드시 12개월 단위로 작성 가능하며, 해당 이행기간 종료일로부터 1개월 이내에 작성하여야 한다.

해설 모니터링 보고서는 3개월 단위, 6개월 단위, 12개월 단위로 작성 가능하며, 해당 이행기간 종료일로부터 1개월 이내에 작성하여야 한다.

06 온실가스 감축사업의 사업 전 공정분석으로 해당하지 않는 것은?

① 설정된 사업경계 내의 설비 또는 공정에서의 상위 90% 이상을 차지하는 온실가스 배출원/흡수원과 기준활동이 나타나도록 해야 한다.
② 도식화된 공정도에는 운전상태를 파악할 수 있도록 시간당 평균 운전 데이터 또는 연평균 운전 데이터가 제시되어야 한다.
③ 사업경계 내의 설비 또는 공정에 대한 개략적인 설명을 제시하여 사업 내용에 대한 파악이 용이하도록 작성하여야 한다.
④ 사업경계 밖에서 해당 감축사업의 시행에 따라 영향을 받는 온실가스 배출원이 있는 경우 관련된 내용도 제시하여야 한다.

해설 사업 전 공정은 설정된 사업경계 내의 설비 또는 공정에서의 모든 온실가스 배출원/흡수원과 기준활동이 나타나도록 도식화하여야 한다.

07 국내 온실가스 배출권거래제도 시범사업에 대한 설명으로 틀린 것은?

① 환경부 산하 한국환경공단에서 시행중이다.
② 자발적 참여를 원칙으로 한다.
③ 기준 배출량은 기준년도(2005~2007) 배출량의 평균치로 설정되어 있다.
④ 시행기간 감축목표는 기준 배출량의 3%이다.

해설 시행기간 감축목표는 기준 배출량의 1%이다.

청정개발체제(CDM)

Chapter 5

 01 **CDM 사업**

(1) CDM 개요

CDM(Clean Development Mechanism, 청정개발체제) 사업이란 **기후변화협약 교토의정서하의 감축의무 이행에 대한 비용 효율성을 제고하기 위해 도입된 교토메커니즘[15]의 하**나로, **의무감축 대상이 아닌 비부속서 I 국가에서 행해지는 온실가스 감축활동으로 발생되는 감축실적(CERs ; CERstified Emission Reductions)을 감축의무를 지고 있는 부속서 I 국가의 감축의무 이행에 활용할 수 있도록 하는 제도**이다(교토의정서 제12조). 사업이 벌어지는 곳은 온실가스 의무감축 대상이 아닌 비부속서 I 국가이며 그로 인한 감축실적을 감축의무를 지고 있는 부속서 I 국가에서 사용한다는 점이 주요 특징이라고 할 수 있다. 현재의 기후변화 현상이 산업혁명 이후 온실가스를 많이 배출한 선진국에 책임이 있는 만큼 선진국이 자체적으로 온실가스를 줄이지 않고 CDM 사업을 통해 간접적으로 온실가스를 줄이는 것에 대해 여러 비판이 있기는 하지만, 한편으로는 CDM 사업이 개도국의 지속가능한 발전에 기여할 수 있다는 점과 CDM 사업을 개도국의 개별적인 상황하에서 여러 가지 장해요인으로 인하여 보급이 어려운 사업으로 한정하였다는 점으로 인해 긍정적으로 평가받고 있다. 즉, CDM의 주목적은 개발도상국의 지속가능한 개발을 돕는 동시에 부속서 I 국가의 온실가스 감축의무를 비용대비 효과적으로 달성하는 데 기여함으로써 기후변화협약의 궁극적인 목적을 달성하는 데 있다(교토의정서 제12조 2항).

따라서 CDM 사업을 통해 부속서 I 국가는 비부속서 I 국가에서 보다 적은 비용으로 온실가스를 감축할 수 있는 사업을 찾아내어 수행하고, 그 결과 발생한 온실가스 감축실적을 자국의 감축실적으로 인정받고, 비부속서 I 국가는 선진국의 자본을 유치하거나 기술 이전을 받음으로써 지속 가능한 발전(Sustainable Development)에 기여할 수 있다. 이러한 CDM 사업을 수행하고 발생한 온실가스 감축실적은 CERs의 형태로 UN으로부터 CDM 사업자에게 발급된다.

---

15) 선진국의 온실가스 감축의무 달성에 소요되는 비용을 최소화할 목적으로 시장 기능을 활용하기 위해 교토의정서에 도입된 제도로서 배출권 형태와 참여 국가의 특성에 따라 배출권거래제(Emission Trading), 공동이행(Joint Implementation), 청정개발체제(Clean Development Mechanism)로 구분되어 있다.

더불어 제18차 CDM 집행위원회(EB ; Executive Board) 회의의 결과에 따라 개발도상국이 단독으로 추진하는 CDM 사업인 Unilateral CDM 사업도 허용되었다.

‖ CDM 사업 구분 ‖

구 분	내 용
양국 간 청정개발체제 (Bilateral CDM)	교토메커니즘의 기본 구상안으로, CDM 사업은 선진국에서 개발하고 이를 후진국에서 유치하는 형태
다국간 청정개발체제 (Multilateral CDM)	양국 간 청정개발체제(Bilateral CDM)의 사업 개발에서의 위험을 분담하는 의미에서 다수의 선진국들이 공동으로 사업을 개발하여 후진국에서 이를 유치하는 형태
일국 청정개발체제 (Unilateral CDM)	개발도상국이 단독으로 사업 개발부터 크레딧 발생에 이르는 CDM 전 과정을 개발해 낼 수 있는 형태로, 선진국이 후진국의 CDM 사업을 개발하여 의무부담국에 크레딧을 판매하는 형태

확인 문제

다음 중 청정개발체제의 진행 절차로 맞는 것은?
① 사업계획 → 타당성 평가 → 승인 및 등록 → 모니터링 → 검증 및 인증 → CERs 발행
② 사업계획 → 승인 및 등록 → 타당성 평가 → 모니터링 → 검증 및 인증 → CERs 발행
③ 사업계획 → 타당성 평가 → 모니터링 → 승인 및 등록 → 검증 및 인증 → CERs 발행
④ 사업계획 → 타당성 평가 → 검증 및 인증 → 모니터링 → 승인 및 등록 → CERs 발행

해설 청정개발체제의 진행 절차는 사업계획 → 타당성 평가 → 승인 및 등록 → 모니터링 → 검증 및 인증 → CERs 발행의 순으로 이루어진다.

답 ①

(2) CDM 사업의 특징 및 범위

1) CDM 사업의 특징

CDM 사업이 일반 투자사업과 구별되는 특징은 다음과 같다.

① CDM 사업은 사업을 수행하여 발생되는 이득이 소요 비용보다 작아 상업적으로 추진이 불가능한 사업이지만, 온실가스 감축실적의 판매 및 환경 비용을 고려할 경우 상업성이 확보되므로 진행될 수 있는 사업이다. 그렇다면 근본적으로 상업성이 있는 사업은 CDM 사업이 될 수 없는 것일까? 현실적으로 상업성이 있는 사업들조차 다양한 장해요인들(Barriers)에 의해 실시되지 못하는 경우가 존재하기 때문에 단순히 추가성을 재정적 추가성이나 환경적 추가성이라고 정의하여 적용하기보다는 온실가스 배출감축 사업을 수행하는 데 걸림돌이 되는 장해요인 극복(Barrier test)을 통해 입증하기 위한 관점이 필요하다.

② 사업이 수행되는 전 기간 동안 추가성이나 사업 수행에서 비롯되는 환경영향 관련 자료 및 베이스 라인 관련 자료를 일반 대중에게 공개하여 투명성을 확보하여야 하며, 환경적으로 안전하고 이로운 기술 및 지식(EST ; Environmentally Safe And Sound Technology)의 비부속서 I 국가로의 이전을 추구해야 한다(마라케시 합의문 결정문 17/CP.7).

③ CDM 사업은 6가지 종류의 온실가스를 감축하는 사업과 조림 및 재조림 등 온실가스를 흡수하는 사업을 포함하고 있으며, 이에 해당하는 6가지 온실가스와 각 가스별 주요 배출원은 다음과 같다.

‖ CDM 사업 구분 ‖

가스 종류	주요 배출원(CDM 대상 사업원)	GWP (지구온난화지수)
CO_2	연료 사용, 산업공정, 신재생에너지	1
CH_4	폐기물, 농업, 축산, 매립장	21
N_2O	산업공정, 비료 사용, 질산/카프로락탐/아디픽산	310
HFCs	반도체 세정용, 냉매, 발포제 사용	140~11,700
PFCs	반도체 제조용	6,500~9,200
SF_6	LCD, 반도체 공정, 자동차 생산공정, 전기절연체, 세정가스 사용	23,900

2) CDM 사업의 범위

CDM 사업의 범위(Sectoral Scope)는 CDM 사업 형태에 따라 에너지 산업(Energy Industries), 에너지 공급(Energy Distribution), 에너지 효율 향상(Energy Demand), 공정 개선에 의한 온실가스 감축(Manufacturing Industries), 화학원료 물질 대체에 의한 온실가스 감축(Chemical Industries) 등 15개 분야(Sector)로 분류된다.

‖ 유엔 기후변화협약의 CDM 사업 분야 ‖

번 호	분 야
1	에너지 산업(Energy Industries(Renewable/Non-renewable sources))
2	에너지 공급(Energy Distribution)
3	에너지 수요(Energy Demand)
4	제조업(Manufacturing Industries)
5	화학산업(Chemical Industries)
6	건설(Construction)
7	수송(Transport)
8	광업/광물(Mining. Mineral Production)
9	금속공업(Metal Production)

번 호	분 야
10	연료로부터 탈루성 배출(Fugitive Emission From Fuels(solid, oil and gas))
11	할로겐화탄소, 육불화황 생산 · 소비(Fugitive Emission From Production and Consumption of halocarbons and Sulphur Hexafluoride)
12	용제 사용(Solvent use)
13	폐기물 취급 및 처리(Waste Handling and Disposal)
14	조림 및 재조림(Afforestation and Reforestation)
15	농업(Agriculture)

① 제7차 당사국 총회에서 채택된 마라케시 합의문에서는 제1차 의무감축기간 동안 흡수원(Sink)에 관한 CDM 사업은 조림 및 재조림으로 한정되며, 산림경영 CDM 사업은 인정하지 않기로 하였다. 이때 조림 CDM 사업은 50년간 산림이 아닌 토지를 산림으로 전환하는 사업을 말하며, 재조림 CDM 사업은 1990년 이전에 산림이 아닌 토지를 전환하는 사업을 말한다.

② 소규모 조림/재조림 CDM 사업은 CDM 사업유치국(개발도상국)에서 연간 8,000CO$_2$톤 이하를 순흡수하는 조림 및 재조림 사업에 적용할 수 있으며, 조림 규모는 나무의 종류에 따라 차이가 있으나 일반적으로 300~1,000ha 정도이다. 소규모를 초과하는 일반 조림/재조림 CDM 사업은 흡수량을 계측할 때 실제 측정이 요구되지만, 소규모 사업에서는 미리 정해진 수치를 이용할 수 있다.

③ 흡수원 CDM에서 발생되는 CERs은 일시적인 CERs(tCERs, temporary CERs)과 장기적인 CERs(lCERs, long-term CERs) 두 가지 종류가 있다. 흡수원 CDM 사업자는 tCERs과 lCERs 중 하나를 선택할 수 있으며, 일단 선택한 CERs는 CERs 발생기간 중(갱신한 CERs 발생기간 포함) 다른 종류의 CERs로 변경이 불가능하다.

3) CDM 사업의 참여 요건

CDM 사업에 참여하고자 하는 부속서 I 국가(선진국) 및 비부속서 I 국가(개발도상국)는 다음의 요건을 만족해야 한다.

① 교토의정서의 비준

② CDM 사업의 자발적 참여

③ 국가 CDM 승인기구(DNA) 설립

④ 단, 비부속서 I 국가의 경우 다음 4가지의 요건을 충족해야 한다.

  ㉮ 기감축목표가 확정되어 있을 것

  ㉯ 국가 배출량, 흡수량 산정 시스템을 갖고 있을 것

  ㉰ 국가 온실가스 등기부(레지스트리, Registry)를 가지고 있을 것

  ㉱ 연간 온실가스 인벤토리 제출

4) CDM 사업조직 체계

CDM 사업 관련 국내 또는 국제기관은 **당사국 총회(COD/MOP)**, **CDM 집행위원회(EB)**, **CDM 사업운영기구(DOE)**, **국가 CDM 승인기구(DNA)**가 있다.

❚ CDM 사업 관련 주요 기관 및 역할 ❚

구 분	구 성	기 능	세부역할
당사국 총회 (COP/MOP)		CDM 사업 관련 최고 의사결정기관	• CDM 집행위원회의 절차에 대한 결정 • 집행위원회가 인증한 운영기구의 지정 및 인증기관 결정 • CDM 집행위원회 연간 보고서 검토 • DOE와 CDM 사업의 지역적 분배 검토 • 필요한 경우, CDM 사업활동 기금 조성 지원
CDM 집행위원회 (EB)	• 총 10명 • 교토의정서 당사국 중 UN 5개 지역 그룹에서 각 1명(총 5명) • 부속서 Ⅰ 국가 2명 • 비부속서 Ⅰ 국가 2명 • 도서국가 1명	COP/MOP의 지침에 따라 CDM 사업 관리·감독	• CDM 사업의 추가적인 방식 및 절차를 COP/MOP에 권고 • 새로운 베이스 라인 및 모니터링 방법론 승인 • 소규모 CDM 사업의 간소화된 방식 및 절차 등을 검토하여 COP/MOP에 권고 • DOE 지정 업무 및 관련 기준 및 검토사항을 COP/MOP에 제시 • CDM 사업의 지리적 배분에 관한 COP/MOP에 보고 • 각종 절차와 방법, 가이드 라인 결정 전 최소 8주간의 의견수렴(Public Comment) 이행 • CDM 사업의 투자자에 CDM 사업에 관한 다양한 정보 제공
CDM 사업운영기구 (DOE)	CDM 집행위원회에서 지정	CDM 사업 타당서 확인 및 배출 감축량 검증	• 신청된 CDM 사업의 타당성 확인 심사 • 사업의 타당성 확인이 종료된 CDM 사업의 배출 저감에 관한 검증, 인증 • 유치국 국내의 관련 법률 준수 • 사업의 타당성 확인, 검증, 인증을 행하는 CDM 사업과 CDM 사업 운영기구 간에 이해관계가 없음을 증명 • 타당성 확인, 검증, 인증을 수행할 대상 CDM 사업의 리스트 공개 및 유지 • CDM 집행위원회가 요구할 경우, CDM 사업자로부터 얻은 정보를 공표(단, 기업 비밀에 관한 사항은 CDM 사업자의 승낙 없이 공표하지 않으며, 베이스 라인과 환경영향평가 관련 사항은 기업 비밀로 간주하지 않음)
국가 CDM 승인기구 (DNA)	교토의정서 비준국의 CDM 사업 관련 정부기관	CDM 사업승인서 발급	• 비부속서 Ⅰ 국가 : 제안된 CDM 사업의 자국의 지속 가능 개발 요구사항 만족 여부를 확인하여 승인서(Letter of Approval) 발급 • 부속서 Ⅰ 국가 : 승인서(Declaration of Approval) 발급

출제예상문제

01 유엔 기후변화협약은 지구 온난화를 예방하기 위해 제시한 이상기후 현상의 원인인 지구 온난화에 대한 국제적 차원의 대응 필요성 및 부담원칙이 아닌 것은?

① 형평성(Equity) : 공동책임 및 국가별 능력에 입각한 의무부담
② 예방적 조치(Precautionary Measure) : 선진국의 기술 개발의 특수 사정 배려
③ 지속 가능한 발전(Sustainable Development) : 기후변화의 예측 방지를 위한 예방적 조치 시행
④ 국제협력(International Cooperation) : 모든 국가의 지속 가능한 성장 보장

해설 예방적 조치는 개발도상국의 특수 사정을 배려한 것이다.

02 기후변화 협약에서 모든 당사국이 부담해야 하는 의무사항이 아닌 것은?

① 모든 협약 당사국들은 온실가스 배출량 감축을 위한 국가 전략을 자체적으로 수립 · 시행하고 이를 공개해야 한다.
② 온실가스 배출량 및 흡수량에 대한 국가 통계와 정책이행 내용을 수록한 국가 보고서를 당사국 총회에 제출해야 한다.
③ 기후변화협약 당사국을 Annex I, Annex II 및 Non-Annex I으로 구분하여 각각 동일하게 부담하도록 규정하고 있다.
④ Annex I 국가는 이후 채택된 교토의정서에 따라 1차 감축기간(2008~2012년) 중에 온실가스를 1990년 배출량 대비 전체적으로 5% 이상을 감축해야 하는 의무를 부담하고 있다.

해설 공동 · 차별화 원칙에 따라 당사국을 Annex I, Annex II 및 Non-Annex I으로 구분하여 각기 다른 의무를 부담하도록 규정하고 있다.

03 다음 중 온실가스 감축 수단으로 교토메커니즘에서 제시하는 방법이 아닌 것은?

① 배출권 거래
② 녹색기후기금
③ 공동이행제도
④ 청정개발체제

해설 교토메커니즘에서 온실가스 감축 수단으로 제시하는 방법은 3가지로 배출권거래제(ET ; Emission Trading), 청정개발체제(CDM ; Clean Development Mechanism), 공동이행제도(JI ; Joint Implementation)가 있다.

04 청정개발체제와 관련한 주요 기관의 기능이 잘못된 것은?

① 당사국 총회(COP/MOP) - CDM 사업 관련 최고 의사결정기관
② CDM 집행위원회(EB) - COP/MOP의 지침에 따라 CDM 사업 관리 · 감독
③ CDM 운영기구(DOE) - CDM 사업 타당성 확인 및 감축량 검증
④ 국가 CDM 승인기구(DNA) - CER 가격 결정 및 거래

해설 국가 CDM 승인기구(DNA)에서는 CDM 사업 승인서를 발급하는 기능을 갖고 있다.

05 청정개발체제의 추가성 분석 시 해당되지 않는 것은?

① 환경적 추가성
② 기술적 추가성
③ 경제적 추가성
④ 사회적 추가성

해설 CDM 사업의 추가성 분석에는 환경, 기술, 경제, 재정적 추가성을 분석해야 한다.
- 환경적 추가성(Environmental Additionality) : 해당 사업의 온실가스 배출량이 베이스 라인 배출량보다 적게 배출할 경우 대상 사업은 환경적 추가성이 있음.
- 재정적 추가성(Financial Additionality) : CDM 사업의 경우 투자국이 유치국에 투자하는 자금은 투자국이 의무적으로 부담하고 있는 해외원조기금(Official Development Assistance)과는 별도로 조달되어야 함.
- 기술적 추가성(Technological Additionality) : CDM 사업에 활용되는 기술은 현재 유치국에 존재하지 않거나 개발되었지만 여러 가지 장해요인으로 인해 활용도가 낮은 선진화된(more advanced) 기술이어야 함.
- 경제적 추가성(Commercial/Economical Additionality) : 기술의 낮은 경제성, 기술에 대한 이해부족 등의 여러 장해요인으로 인해 현재 투자가 이루어지지 않는 사업을 대상으로 하여야 함.

06 다음 괄호 안에 들어갈 내용으로 알맞은 것은?

> CDM 방법론은 감축량을 정량적으로 계산할 수 있는 논리와 절차를 전개한 (   )과 감축활동의 실체를 확인할 수 있는 구체적인 방법을 제시한 (   )으로 구성되어 있다.

① 추가성 분석, 시나리오
② 베이스 라인, 모니터링
③ 시나리오, 베이스 라인
④ 베이스 라인, 시나리오

해설 논리 절차를 전개한 베이스 라인 방법론과 실체를 확인할 수 있는 모니터링 방법론을 제시하여야 한다.

07 CDM 사업 시 베이스 라인 접근법과 선정방법이 아닌 것은?

① 현존하는 또는 과거의 온실가스 배출상황
② 경제성 측면에서 상대적으로 유리한 기술을 적용할 때의 온실가스 배출상황
③ 사업장에서 배출한 온실가스와 소비한 에너지의 최근 3년간 연평균 총량
④ 이전 5년 동안 행해졌던 유사한 사업의 평균 배출량

해설 사업장에서 배출한 온실가스와 소비한 에너지의 최근 3년간 연평균 총량을 기준으로 온실가스 목표관리제의 관리업체 지정에 사용되는 기준이다.

08 다음 중 CDM 사업에서 베이스 라인 설정 시 사업자가 고려해야 할 사항으로 잘못된 것은?

① 사업자는 CDM 집행위원회에 의해 승인된 방법론을 이용하여야 한다.
② 불확실성을 고려하여 가정, 방법론, 매개변수, 자료출처, 주요 인자 및 추가성에 대해 투명하고 보수적인 방법으로 설정하여야 한다.
③ 유치국의 고유 환경에 의해 향후 인위적인 배출은 현재 수준 이상으로 상승된다는 시나리오를 포함해야 한다.
④ 비슷한 사회적, 경제적, 환경적 및 기술적 환경에서 과거 5년 동안에 수행된 비슷한 사업활동(성과가 동일 범주의 20% 이내)의 보수적인 방법을 적용한 최소 배출량을 산정한다.

해설 비슷한 사회적, 경제적, 환경적 및 기술적 환경에서 과거 5년 동안에 수행된 비슷한 사업활동(성과가 동일 범주의 20% 이내)의 평균 배출량을 고려한다.

09 CDM 사업에서 발생된 CER의 유효기간으로 맞는 것을 모두 고르면?

> Ⓐ 갱신 가능한 유효기간 1회당 최대 7년으로 2회에 걸쳐 갱신 가능하며, 최대 총 21년
> Ⓑ 갱신 가능한 유효기간 1회당 최대 10년으로 2회에 걸쳐 갱신 가능하며, 총 30년
> Ⓒ 고정 유효기간으로 최대 10년
> Ⓓ 고정 유효기간으로 최대 7년

① Ⓐ, Ⓒ   ② Ⓑ, Ⓓ
③ Ⓐ, Ⓓ   ④ Ⓑ, Ⓒ

해설 CER의 유효기간은 갱신 가능한 유효기간 1회당 최대 7년으로 2회에 걸쳐 갱신이 가능하며, 최대 총 21년과 고정 유효기간으로 최대 10년을 설정할 수 있다.

10 다음 중 CDM 사업의 모니터링 데이터 수집 자료로 부적합한 것은?

① 베이스 라인 및 프로젝트 배출량 관련 데이터
② 모니터링 장비에 대한 정확도 및 검·교정 정보
③ 변화된 CER의 가격 정보에 관한 데이터
④ QA/QC 절차서

해설 모니터링 데이터 수집 자료에 CER의 가격 정보는 기재하지 않는다.

11 CDM 사업의 요건으로 해당되지 않는 것은?

① CDM 사업 참여 당사국들이 자발적으로 참여할 것
② 비부속서 I(Non-Annex I) 국가들의 지속 가능한 개발을 지원할 것
③ CDM 사업의 온실가스 배출저감활동이 추가적일 것
④ CDM 사업으로 국가 및 사업자의 경제적 수익이 발생할 것

해설 CDM 사업은 추가성 분석을 통해 경제적 수익이 발생하지 않는 기술로 진행되어야 한다.

12 청정개발체제의 진행절차로 맞는 것은?

① 사업계획 → 타당성 평가 → 승인 및 등록 → 모니터링 → 검증 및 인증 → CERs 발행
② 사업계획 → 승인 및 등록 → 타당성 평가 → 모니터링 → 검증 및 인증 → CERs 발행
③ 사업계획 → 타당성 평가 → 모니터링 → 승인 및 등록 → 검증 및 인증 → CERs 발행
④ 사업계획 → 타당성 평가 → 검증 및 인증 → 모니터링 → 승인 및 등록 → CERs 발행

해설 청정개발체제의 진행절차는 사업계획 → 타당성 평가 → 승인 및 등록 → 모니터링 → 검증 및 인증 → CERs 발행의 순으로 이루어진다.

13 CDM은 사업의 크기별로 구분된다. 소규모 CDM으로 지정한 사업의 종류가 아닌 것은?

① 폐수처리시설에서 50kt CH_4 이하를 회수하는 사업
② 연간 60GWh(또는 상당분) 이하의 에너지를 감축하는 에너지 효율 향상 사업
③ 연간 배출감축량이 60kt CO_2eq 이하의 사업
④ 최대 발전용량이 15MW(또는 상당분) 이하의 재생에너지 사업

해설 폐수처리에 의한 50kt의 메탄 회수는 1,050kt CO_2eq으로 배출감축량이 60kt CO_2eq 이상의 사업으로 해당되지 않는다.

PART 5

온실가스 관련 법규

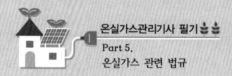

온실가스관리기사 필기

Part 5.
온실가스 관련 법규

기후위기 대응을 위한 탄소중립 · 녹색성장기본법

 기후위기 대응을 위한 탄소중립 · 녹색성장기본법(탄소중립기본법)

제1장 총칙

제1조(목적) 이 법은 기후위기의 심각한 영향을 예방하기 위하여 온실가스 감축 및 기후위기 적응대책을 강화하고 탄소중립 사회로의 이행 과정에서 발생할 수 있는 경제적 · 환경적 · 사회적 불평등을 해소하며 녹색기술과 녹색산업의 육성 · 촉진 · 활성화를 통하여 경제와 환경의 조화로운 발전을 도모함으로써, 현재 세대와 미래 세대의 삶의 질을 높이고 생태계와 기후체계를 보호하며 국제사회의 지속가능발전에 이바지하는 것을 목적으로 한다.

제2조(정의) 이 법에서 사용하는 용어의 뜻은 다음과 같다.

1. **"기후변화"**란 사람의 활동으로 인하여 온실가스의 농도가 변함으로써 상당 기간 관찰되어 온 자연적인 기후변동에 추가적으로 일어나는 기후체계의 변화를 말한다.

2. **"기후위기"**란 기후변화가 극단적인 날씨뿐만 아니라 물 부족, 식량 부족, 해양 산성화, 해수면 상승, 생태계 붕괴 등 인류 문명에 회복할 수 없는 위험을 초래하여 획기적인 온실가스 감축이 필요한 상태를 말한다.

3. **"탄소중립"이란 대기 중에 배출 · 방출 또는 누출되는 온실가스의 양에서 온실가스 흡수의 양을 상쇄한 순배출량이 영(零)이 되는 상태를 말한다.**

4. **"탄소중립 사회"**란 화석연료에 대한 의존도를 낮추거나 없애고 기후위기 적응 및 정의로운 전환을 위한 재정 · 기술 · 제도 등의 기반을 구축함으로써 탄소중립을 원활히 달성하고 그 과정에서 발생하는 피해와 부작용을 예방 및 최소화할 수 있도록 하는 사회를 말한다.

5. **"온실가스"**란 적외선 복사열을 흡수하거나 재방출하여 온실효과를 유발하는 대기 중의 가스 상태의 물질로서 이산화탄소(CO_2), 메탄(CH_4), 아산화질소(N_2O), 수소불화탄소(HFCs), 과불화탄소(PFCs), 육불화황(SF_6) 및 그 밖에 대통령령으로 정하는 물질을 말한다.

6. **"온실가스 배출"**이란 사람의 활동에 수반하여 발생하는 온실가스를 대기 중에 배출 · 방출 또는 누출시키는 직접배출과 다른 사람으로부터 공급된 전기 또는 열(연료 또는 전기를 열원으로 하는 것만 해당한다)을 사용함으로써 온실가스가 배출되도록 하는 간접배출을 말한다.

7. "**온실가스 감축**"이란 기후변화를 완화 또는 지연시키기 위하여 온실가스 배출량을 줄이거나 흡수하는 모든 활동을 말한다.

8. "**온실가스 흡수**"란 토지이용, 토지이용의 변화 및 임업활동 등에 의하여 대기로부터 온실가스가 제거되는 것을 말한다.

9. "**신·재생에너지**"란 「신에너지 및 재생에너지 개발·이용·보급 촉진법」 제2조 제1호 및 제2호에 따른 신에너지 및 재생에너지를 말한다.

10. "**에너지 전환**"이란 에너지의 생산, 전달, 소비에 이르는 시스템 전반을 기후위기 대응(온실가스 감축, 기후위기 적응 및 관련 기반의 구축 등 기후위기에 대응하기 위한 일련의 활동을 말한다. 이하 같다)과 환경성·안전성·에너지안보·지속가능성을 추구하도록 전환하는 것을 말한다.

11. "**기후위기 적응**"이란 기후위기에 대한 취약성을 줄이고 기후위기로 인한 건강피해와 자연재해에 대한 적응역량과 회복력을 높이는 등 현재 나타나고 있거나 미래에 나타날 것으로 예상되는 기후위기의 파급효과와 영향을 최소화하거나 유익한 기회로 촉진하는 모든 활동을 말한다.

12. "**기후정의**"란 기후변화를 야기하는 온실가스 배출에 대한 사회계층별 책임이 다름을 인정하고 기후위기를 극복하는 과정에서 모든 이해관계자들이 의사결정과정에 동등하고 실질적으로 참여하며 기후변화의 책임에 따라 탄소중립 사회로의 이행 부담과 녹색성장의 이익을 공정하게 나누어 사회적·경제적 및 세대 간의 평등을 보장하는 것을 말한다.

13. "**정의로운 전환**"이란 탄소중립 사회로 이행하는 과정에서 직·간접적 피해를 입을 수 있는 지역이나 산업의 노동자, 농민, 중소상공인 등을 보호하여 이행 과정에서 발생하는 부담을 사회적으로 분담하고 취약계층의 피해를 최소화하는 정책방향을 말한다.

14. "**녹색성장**"이란 에너지와 자원을 절약하고 효율적으로 사용하여 기후변화와 환경훼손을 줄이고 청정에너지와 녹색기술의 연구개발을 통하여 새로운 성장동력을 확보하며 새로운 일자리를 창출해 나가는 등 경제와 환경이 조화를 이루는 성장을 말한다.

15. "**녹색경제**"란 화석에너지의 사용을 단계적으로 축소하고 녹색기술과 녹색산업을 육성함으로써 국가경쟁력을 강화하고 지속가능발전을 추구하는 경제를 말한다.

16. "**녹색기술**"이란 기후변화대응 기술(「기후변화대응 기술개발 촉진법」 제2조 제6호에 따른 기후변화대응 기술을 말한다), 에너지 이용 효율화 기술, 청정생산기술, 신·재생에너지 기술, 자원순환(「순환경제사회 전환촉진법」 제2조 제6호에 따른 자원순환을 말한다. 이하 같다) 및 친환경 기술(관련 융합기술을 포함한다) 등 사회·경제 활동의 전 과정에 걸쳐 화석에너지의 사용을 대체하고 에너지와 자원을 효율적으로 사용하여 탄소중립을 이루고 녹색성장을 촉진하기 위한 기술을 말한다.

17. **"녹색산업"**이란 온실가스를 배출하는 화석에너지의 사용을 대체하고 에너지와 자원 사용의 효율을 높이며, 환경을 개선할 수 있는 재화의 생산과 서비스의 제공 등을 통하여 탄소중립을 이루고 녹색성장을 촉진하기 위한 모든 산업을 말한다.

제3조(기본원칙) 탄소중립 사회로의 이행과 녹색성장은 다음 각 호의 기본원칙에 따라 추진되어야 한다.

1. 미래 세대의 생존을 보장하기 위하여 현재 세대가 져야 할 책임이라는 **세대 간 형평성의 원칙과 지속가능발전의 원칙**에 입각한다.

2. 범지구적인 기후위기의 심각성과 그에 대응하는 국제적 경제환경의 변화에 대한 합리적 인식을 토대로 종합적인 위기 대응 전략으로서 탄소중립 사회로의 이행과 녹색성장을 추진한다.

3. 기후변화에 대한 과학적 예측과 분석에 기반하고, 기후위기에 영향을 미치거나 기후위기로부터 영향을 받는 모든 영역과 분야를 포괄적으로 고려하여 온실가스 감축과 기후위기 적응에 관한 정책을 수립한다.

4. 기후위기로 인한 책임과 이익이 사회 전체에 균형 있게 분배되도록 하는 기후정의를 추구함으로써 기후위기와 사회적 불평등을 동시에 극복하고, 탄소중립 사회로의 이행 과정에서 피해를 입을 수 있는 취약한 계층 · 부문 · 지역을 보호하는 등 **정의로운 전환을 실현**한다.

5. 환경오염이나 온실가스 배출로 인한 경제적 비용이 재화 또는 서비스의 시장가격에 합리적으로 반영되도록 조세체계와 금융체계 등을 개편하여 **오염자 부담의 원칙**이 구현되도록 노력한다.

6. 탄소중립 사회로의 이행을 통하여 기후위기를 극복함과 동시에, **성장 잠재력과 경쟁력이 높은 녹색기술과 녹색산업에 대한 투자 및 지원을 강화**함으로써 국가 성장동력을 확충하고 국제 경쟁력을 강화하며, 일자리를 창출하는 기회로 활용하도록 한다.

7. 탄소중립 사회로의 이행과 녹색성장의 추진 과정에서 모든 국민의 민주적 참여를 보장한다.

8. 기후위기가 인류 공통의 문제라는 인식 아래 지구 평균기온 상승을 **산업화 이전 대비 최대 섭씨 1.5도로 제한**하기 위한 국제사회의 노력에 적극 동참하고, 개발도상국의 환경과 사회정의를 저해하지 아니하며, 기후위기 대응을 지원하기 위한 협력을 강화한다.

제4조(국가와 지방자치단체의 책무)

① 국가와 지방자치단체는 경제 · 사회 · 교육 · 문화 등 모든 부문에 제3조에 따른 기본원칙이 반영될 수 있도록 노력하여야 하며, 관계 법령 개선과 재정 투자, 시설 및 시스템 구축 등 제반 여건을 마련하여야 한다.

② 국가와 지방자치단체는 각종 계획의 수립과 사업의 집행과정에서 기후위기에 미치는 영향과 경제와 환경의 조화로운 발전 등을 종합적으로 고려하여야 한다.

③ 지방자치단체는 탄소중립 사회로의 이행과 녹색성장의 추진을 위한 대책을 수립·시행할 때 해당 지방자치단체의 지역적 특성과 여건 등을 고려하여야 한다.

④ 국가와 지방자치단체는 기후위기 대응 정책을 정기적으로 점검하여 이행성과를 평가하고, 국제협상의 동향과 주요 국가 및 지방자치단체의 정책을 분석하여 면밀한 대책을 마련하여야 한다.

⑤ 국가와 지방자치단체는 「공공기관의 운영에 관한 법률」제4조에 따른 공공기관(이하 "공공기관"이라 한다)과 사업자 및 국민이 온실가스를 효과적으로 감축하고 기후위기 적응역량을 강화할 수 있도록 필요한 조치를 강구하여야 한다.

⑥ 국가와 지방자치단체는 기후정의와 정의로운 전환의 원칙에 따라 기후위기로부터 국민의 안전과 재산을 보호하여야 한다.

⑦ 국가와 지방자치단체는 기후변화 현상에 대한 과학적 연구와 영향 예측 등을 추진하고, 국민과 사업자에게 관련 정보를 투명하게 제공하며, 이들이 의사결정 과정에 적극 참여하고 협력할 수 있도록 보장하여야 한다.

⑧ 국가와 지방자치단체는 탄소중립 사회로의 이행과 녹색성장의 추진을 위한 국제적 노력에 능동적으로 참여하고, 개발도상국에 대한 정책적·기술적·재정적 지원 등 기후위기 대응을 위한 국제협력을 적극 추진하여야 한다.

⑨ 국가와 지방자치단체는 탄소중립 사회로의 이행과 녹색성장의 추진 등 기후위기 대응에 필요한 전문인력의 양성에 노력하여야 한다.

제5조(공공기관, 사업자 및 국민의 책무)

① 공공기관은 탄소중립 사회로의 이행을 위한 국가 및 지방자치단체의 시책에 적극 협조하고, 제66조 제4항에 따른 녹색제품의 우선 구매 등을 통하여 녹색기술·녹색산업에 대한 투자 및 고용 확대를 유도하며, 예산의 수립과 집행, 사업의 선정과 추진 등 모든 활동에서 기후위기에 미치는 영향을 최소화하도록 노력하여야 한다.

② 사업자는 제55조에 따른 녹색경영을 통하여 사업활동으로 인한 온실가스 배출을 최소화하고 녹색기술 연구개발과 녹색산업에 대한 투자 및 고용을 확대하도록 노력하여야 하며, 국가와 지방자치단체의 시책에 참여하고 협력하여야 한다.

③ 국민은 가정과 학교 및 사업장 등에서 제67조 제1항에 따른 녹색생활을 적극 실천하고, 국가와 지방자치단체의 시책에 참여하며 협력하여야 한다.

제6조(다른 법률과의 관계) 탄소중립 사회로의 이행과 녹색성장의 추진에 관하여 다른 법률에 특별한 규정이 있는 경우를 제외하고는 이 법에서 정하는 바에 따른다.

제2장 국가비전 및 온실가스 감축 목표 등

제7조(국가비전 및 국가전략)

① 정부는 2050년까지 탄소중립을 목표로 하여 탄소중립 사회로 이행하고 환경과 경제의 조화로운 발전을 도모하는 것을 국가비전으로 한다.

② 정부는 제1항에 따른 국가비전(이하 "국가비전"이라 한다)을 달성하기 위하여 다음 각 호의 사항을 포함하는 **국가 탄소중립 녹색성장전략**(이하 "국가전략"이라 한다)을 수립하여야 한다.

1. 국가비전 등 정책목표에 관한 사항

2. 국가비전의 달성을 위한 부문별 전략 및 중점추진과제

3. 환경·에너지·국토·해양 등 관련 정책과의 연계에 관한 사항

4. 그 밖에 재원조달, 조세·금융, 인력양성, 교육·홍보 등 탄소중립 사회로의 이행을 위하여 필요하다고 인정되는 사항

③ 정부는 국가전략을 수립·변경하려는 경우 공청회 개최 등을 통하여 관계 전문가 및 지방자치단체, 이해관계자 등의 의견을 듣고 이를 반영하도록 노력하여야 한다.

④ 국가전략을 수립하거나 변경하는 경우에는 제15조 제1항에 따른 2050 탄소중립 녹색성장위원회(이하 "위원회"라 한다)의 심의를 거친 후 국무회의의 심의를 거쳐야 한다. 다만, 대통령령으로 정하는 경미한 사항을 변경하는 경우에는 위원회 및 국무회의의 심의를 생략할 수 있다.

⑤ 정부는 기술적 여건과 전망, 사회적 여건 등을 고려하여 국가전략을 5년마다 재검토하고, 필요한 경우 이를 변경하여야 한다.

⑥ 제2항부터 제5항까지의 규정에 따른 국가전략의 내용 및 수립·변경 절차 등에 관하여 필요한 사항은 대통령령으로 정한다.

제8조(중장기 국가 온실가스 감축목표 등)

① 정부는 국가 온실가스 배출량을 2030년까지 2018년의 국가 온실가스 배출량 대비 35퍼센트 이상의 범위에서 대통령령으로 정하는 비율만큼 감축하는 것을 중장기 국가 온실가스 감축목표(이하 "중장기 감축목표"라 한다)로 한다.

② 정부는 중장기 감축목표를 달성하기 위하여 **산업, 건물, 수송, 발전, 폐기물 등 부문별 온실가스 감축목표(이하 "부문별 감축목표"라 한다)를 설정**하여야 한다.

③ 정부는 중장기 감축목표와 부문별 감축목표의 달성을 위하여 국가 전체와 각 부문에 대한 연도별 온실가스 감축목표(이하 "연도별 감축목표"라 한다)를 설정하여야 한다.

④ 정부는 「파리협정」(이하 "협정"이라 한다) 등 국내외 여건을 고려하여 **중장기 감축목표, 부문별 감축목표 및 연도별 감축목표(이하 "중장기 감축목표등"이라 한다)를 5년마다 재검토**하고 필요할 경우 협정 제4조의 진전의 원칙에 따라 이를 변경하거나 새로 설정하여야 한다. 다만, 사회적·기술적 여건의 변화 등에 따라 필요한 경우에는 5년이 경과하기 이전에 변경하거나 새로 설정할 수 있다.

⑤ 정부는 중장기 **감축목표등을 설정 또는 변경**할 때에는 다음 각 호의 사항을 고려하여야 한다.

1. 국가 중장기 온실가스 배출·흡수 전망

2. 국가비전 및 국가전략

3. 중장기 감축목표등의 달성 가능성

4. 부문별 온실가스 배출 및 감축 기여도

5. 국가 에너지정책에 미치는 영향

6. 국내 산업, 특히 화석연료 의존도가 높은 업종 및 지역에 미치는 영향

7. 국가 재정에 미치는 영향

8. 온실가스 감축 등 관련 기술 전망

9. 국제사회의 기후위기 대응 동향

⑥ 정부는 중장기 감축목표등을 설정·변경하는 경우에는 공청회 개최 등을 통하여 관계 전문가나 이해관계자 등의 의견을 듣고 이를 반영하도록 노력하여야 한다.

⑦ 제1항부터 제6항까지의 규정에 따른 중장기 감축목표등의 설정·변경 등에 관하여 필요한 사항은 대통령령으로 정한다.

제9조(이행현황의 점검 등)

① 위원회의 위원장(이하 "위원장"이라 한다)은 중장기 감축목표 및 부문별 감축목표를 달성하기 위하여 연도별 감축목표의 이행현황을 매년 점검하고, 그 결과 보고서를 작성하여 공개하여야 한다.

② 제1항에 따른 결과 보고서에는 온실가스 배출량이 연도별 감축목표에 부합하는지의 여부, 제1항에 따른 점검결과 확인된 부진사항 및 그 개선사항과 그 밖에 대통령령으로 정하는 사항이 포함되어야 한다.

③ 제1항에 따른 점검결과 온실가스 배출량이 연도별 감축목표에 부합하지 아니하는 경우 해당 부문에 관한 업무를 관장하는 행정기관의 장은 온실가스 감축계획을 작성하여 위원회에 제출하여야 한다.

④ 중앙행정기관의 장, 지방자치단체의 장 및 공공기관의 장은 제2항에 따른 부진사항 또는 개선사항이 있는 경우 해당 기관의 정책 등에 이를 반영하여야 한다.

⑤ 제1항에 따른 이행현황의 점검방법 및 결과 보고서의 공개절차, 제3항에 따른 온실가스 감축 계획의 제출방법 등에 관하여 필요한 사항은 대통령령으로 정한다.

제3장 국가 탄소중립 녹색성장 기본계획의 수립 등

제10조(국가 탄소중립 녹색성장 기본계획의 수립·시행)

① 정부는 제3조의 기본원칙에 따라 국가비전 및 중장기감축목표등의 달성을 위하여 **20년을 계획기간으로 하는 국가 탄소중립 녹색성장 기본계획**(이하 "국가기본계획"이라 한다)을 **5년마다 수립·시행**하여야 한다.

② **국가기본계획**에는 다음 각 호의 사항이 포함되어야 한다.

1. 국가비전과 온실가스 감축 목표에 관한 사항

2. 국내외 기후변화 경향 및 미래 전망과 대기 중의 온실가스 농도변화

3. 온실가스 배출·흡수 현황 및 전망

4. 중장기감축목표등의 달성을 위한 부문별·연도별 대책

5. 기후변화의 감시·예측·영향·취약성평가 및 재난방지 등 적응대책에 관한 사항

6. 정의로운 전환에 관한 사항

7. 녹색기술·녹색산업 육성, 녹색금융 활성화 등 녹색성장 시책에 관한 사항

8. 기후위기 대응과 관련된 국제협상 및 국제협력에 관한 사항

9. 기후위기 대응을 위한 국가와 지방자치단체의 협력에 관한 사항

10. 탄소중립 사회로의 이행과 녹색성장의 추진을 위한 재원의 규모와 조달방안

11. 그 밖에 탄소중립 사회로의 이행과 녹색성장의 추진을 위하여 필요한 사항으로서 대통령령으로 정하는 사항

③ 국가기본계획을 수립하거나 변경하는 경우에는 위원회의 심의를 거친 후 국무회의의 심의를 거쳐야 한다. 다만, 대통령령으로 정하는 경미한 사항을 변경하는 경우에는 위원회 및 국무회의의 심의를 생략할 수 있다.

④ 환경부장관은 국가기본계획의 수립·시행 등에 관한 업무를 지원하며, 관계 중앙행정기관의 장은 환경부장관이 요청하는 자료를 제공하는 등 최대한 협조하여야 한다.

⑤ 제1항부터 제3항까지의 규정에 따른 국가기본계획의 수립 및 변경의 방법·절차 등에 필요한 사항은 대통령령으로 정한다.

제11조(시·도계획의 수립 등)

① 특별시장·광역시장·특별자치시장·도지사 및 특별자치도지사(이하 "시·도지사"라 한다)는 국가기본계획과 관할 구역의 지역적 특성 등을 고려하여 10년을 계획기간으로 하는 시·도 탄소중립 녹색성장 기본계획(이하 "시·도계획"이라 한다)을 5년마다 수립·시행하여야 한다.

② 시·도계획에는 다음 각 호의 사항이 포함되어야 한다.

1. 지역별 온실가스 배출·흡수 현황 및 전망

2. 지역별 중장기 온실가스 감축 목표 및 부문별·연도별 이행대책

3. 지역별 기후변화의 감시·예측·영향·취약성평가 및 재난방지 등 적응대책에 관한 사항

4. 기후위기가 「공유재산 및 물품 관리법」 제2조 제1호에 따른 공유재산에 미치는 영향과 대응방안

5. 기후위기 대응과 관련된 지역별 국제협력에 관한 사항

6. 기후위기 대응을 위한 지방자치단체 간 협력에 관한 사항

7. 탄소중립 사회로의 이행과 녹색성장의 추진을 위한 교육·홍보에 관한 사항

8. 녹색기술·녹색산업 육성 등 녹색성장 촉진에 관한 사항

9. 그 밖에 탄소중립 사회로의 이행과 녹색성장의 추진을 위하여 시·도지사가 필요하다고 인정하는 사항

③ 시·도지사는 시·도계획을 수립 또는 변경하는 경우에는 제22조 제1항에 따른 2050 지방 탄소중립 녹색성장위원회(이하 "지방위원회"라 한다)의 심의를 거쳐야 한다. 다만, 대통령령으로 정하는 경미한 사항을 변경하는 경우에는 심의를 생략할 수 있다.

④ 시·도지사는 시·도계획이 수립 또는 변경된 경우 이를 환경부장관에게 제출하여야 하며, 환경부장관은 제출받은 시·도계획을 종합하여 위원회에 보고하여야 한다.

⑤ 정부는 시·도계획의 이행을 촉진하기 위하여 필요한 지원시책을 마련할 수 있다.

⑥ 제1항부터 제5항까지의 규정에 따른 시·도계획의 수립·시행 및 변경, 제출·보고, 지원시책의 마련 등에 관하여 필요한 사항은 대통령령으로 정한다.

제12조(시·군·구계획의 수립 등)

① 시장·군수·구청장(자치구의 구청장을 말한다. 이하 같다)은 국가기본계획, 시·도계획과 관할 구역의 지역적 특성 등을 고려하여 10년을 계획기간으로 하는 시·군·구 탄소중립 녹색성장 기본계획(이하 "시·군·구계획"이라 한다)을 5년마다 수립·시행하여야 한다.

② 시·군·구계획을 수립·변경하는 경우에는 제11조 제2항·제3항을 준용한다. 이 경우 "시·도지사"는 각각 "시장·군수·구청장"으로 본다.

③ 시장·군수·구청장은 시·군·구계획이 수립 또는 변경된 경우 이를 환경부장관 및 관할 시·도지사에게 제출하여야 하며, 환경부장관은 제출받은 시·군·구계획을 종합하여 위원회에 보고하여야 한다.

④ 정부는 시·군·구계획의 이행을 촉진하기 위하여 필요한 지원시책을 마련할 수 있다.

⑤ 제1항부터 제4항까지의 규정에 따른 시·군·구계획의 수립·시행 및 변경, 지원시책의 마련 등에 관하여 필요한 사항은 대통령령으로 정한다.

제13조(국가기본계획 등의 추진상황 점검)

① 위원장은 국가기본계획의 추진상황 및 주요 성과를 매년 정성·정량적으로 점검하고, 그 결과 보고서를 작성하여 공개하여야 한다.

② 시·도지사 및 시장·군수·구청장은 시·도계획 및 시·군·구계획의 추진상황과 주요 성과를 매년 정성·정량적으로 점검하고, 그 결과 보고서를 작성하여 지방위원회의 심의를 거쳐 시·도계획은 환경부장관에게, 시·군·구계획의 경우에는 환경부장관과 관할 시·도지사에게 각각 제출하여야 하며, 환경부장관은 이를 종합하여 위원회에 보고하여야 한다.

③ 위원장은 제1항 및 제2항에 따른 점검결과 개선이 필요한 사항에 관하여 관계 중앙행정기관의 장, 시·도지사 또는 시장·군수·구청장에게 개선의견을 제시할 수 있다. 이 경우 관계 중앙행정기관의 장, 시·도지사 또는 시장·군수·구청장은 특별한 사정이 없는 한 해당 기관의 정책 등에 이를 반영하여야 한다.

④ 제1항 및 제2항에 따른 점검 방법 및 공개 절차 등에 관하여 필요한 사항은 대통령령으로 정한다.

제14조(법령 제정·개정에 따른 통보 등)

① 중앙행정기관의 장은 국가비전에 영향을 미치는 내용을 포함하는 법령을 제정·개정 또는 폐지하려고 하거나, 국가기본계획과 관련이 있는 중·장기 행정계획을 수립·변경하려는 때에는 위원회에 그 내용을 통보하여야 한다.

② 지방자치단체의 장은 국가비전에 영향을 미치는 내용을 포함하는 조례를 제정·개정 또는 폐지하려고 하거나, 시·도계획 또는 시·군·구계획과 관련이 있는 행정계획을 수립·변경하려는 때에는 위원회와 지방위원회에 그 내용을 통보하여야 한다.

③ 위원회 또는 지방위원회는 제1항 또는 제2항의 규정에 따라 통보받은 법령, 조례 또는 행정계획의 내용을 검토한 후 그 검토결과를 관계 중앙행정기관의 장 또는 관계 지방자치단체의 장(이하 이 조에서 "관계기관장"이라 한다)에게 통보하여야 한다.

④ 위원회 또는 지방위원회는 제3항에 따른 검토에 필요하다고 인정하는 경우 관계기관장에게 관련 자료를 제출하도록 요청할 수 있다. 이 경우 관계기관장은 특별한 사유가 없으면 요청에 따라야 한다.

⑤ 관계기관장은 제3항에 따라 검토결과를 통보받은 때에는 해당 법령 또는 조례의 제·개정, 폐지 또는 행정계획의 수립·변경에 그 검토내용을 적절하게 반영하여야 한다.

⑥ 제1항부터 제4항까지의 규정에 따른 검토대상, 방법 및 통보절차 등에 관하여 필요한 사항은 대통령령으로 정한다.

제4장　2050 탄소중립 녹색성장위원회 등

제15조(2050 탄소중립 녹색성장위원회의 설치)

① 정부의 탄소중립 사회로의 이행과 녹색성장의 추진을 위한 주요 정책 및 계획과 그 시행에 관한 사항을 심의·의결하기 위하여 **대통령 소속으로 2050 탄소중립 녹색성장위원회**를 둔다.

② **위원회는 위원장 2명을 포함한 50명 이상 100명 이내의 위원으로 구성한다.**

③ **위원장은 국무총리와 제4항 제2호의 위원 중에서 대통령이 지명하는 사람**이 된다.

④ **위원회의 위원은 다음 각 호에 해당하는 사람으로 한다.**

　　1. **기획재정부장관, 과학기술정보통신부장관, 산업통상자원부장관, 환경부장관, 국토교통부장관, 국무조정실장 및 그 밖에 대통령령으로 정하는 공무원**

　　2. **기후과학, 온실가스 감축, 기후위기 예방 및 적응, 에너지·자원, 녹색기술·녹색산업, 정의로운 전환 등의 분야에 관한 학식과 경험이 풍부한 사람 중에서 대통령이 위촉하는 사람**

⑤ 제4항 제2호에 따라 위원을 위촉할 때에는 청년, 여성, 노동자, 농어민, 중소상공인, 시민사회단체 등 다양한 사회계층으로부터 후보를 추천받거나 의견을 들은 후 각 사회계층의 대표성이 반영될 수 있도록 하여야 한다.

⑥ 위원회의 사무를 처리하게 하기 위하여 **간사위원 1명을 두며, 간사위원은 국무조정실장**이 된다.

⑦ 위원장이 부득이한 사유로 직무를 수행할 수 없는 때에는 국무총리인 위원장이 미리 정한 위원이 위원장의 직무를 대행한다.

⑧ **제4항 제2호의 위원의 임기는 2년으로 하며 한 차례에 한정하여 연임**할 수 있다.

⑨ 제1항부터 제8항까지의 규정에 따른 위원회의 구성과 운영 등에 관하여 필요한 사항은 대통령령으로 정한다.

제16조(위원회의 기능) 위원회는 다음 각 호의 사항을 심의·의결한다.

1. 탄소중립 사회로의 이행과 녹색성장의 추진을 위한 정책의 기본방향에 관한 사항
2. 국가비전 및 중장기감축목표등의 설정 등에 관한 사항
3. 국가전략의 수립·변경에 관한 사항
4. 제9조에 따른 이행현황의 점검에 관한 사항
5. 국가기본계획의 수립·변경에 관한 사항
6. 제13조에 따른 국가기본계획, 시·도계획 및 시·군·구계획의 점검결과 및 개선의견 제시에 관한 사항
7. 제38조 및 제39조에 따른 국가 기후위기 적응대책의 수립·변경 및 점검에 관한 사항
8. 탄소중립 사회로의 이행과 녹색성장에 관련된 법·제도에 관한 사항
9. 탄소중립 사회로의 이행과 녹색성장의 추진을 위한 재원의 배분방향 및 효율적 사용에 관한 사항
10. 탄소중립 사회로의 이행과 녹색성장에 관련된 연구개발, 인력양성 및 산업육성에 관한 사항
11. 탄소중립 사회로의 이행과 녹색성장에 관련된 국민 이해 증진 및 홍보·소통에 관한 사항
12. 탄소중립 사회로의 이행과 녹색성장에 관련된 국제협력에 관한 사항
13. 다른 법률에서 위원회의 심의를 거치도록 한 사항
14. 그 밖에 위원장이 온실가스 감축, 기후위기 적응, 정의로운 전환 및 녹색성장과 관련하여 필요하다고 인정하는 사항

제17조(회의)

① 위원장은 위원회의 회의를 소집하고 그 의장이 된다.

② 위원회의 회의는 위원 과반수의 출석으로 개의하고, 출석위원 과반수의 찬성으로 의결한다. 다만, 대통령령으로 정하는 경우에는 서면으로 심의·의결할 수 있다.

제18조(위원의 제척·기피·회피)

① 위원은 다음 각 호의 어느 하나에 해당하는 경우에는 위원회의 심의·의결에서 제척된다.

1. 위원 또는 그 배우자나 배우자였던 자가 해당 사안의 당사자가 되거나 그 사건에 관하여 공동의 권리자 또는 의무자의 관계에 있거나 있었던 경우

2. 위원이 해당 사안의 당사자와 친족이거나 친족이었던 경우

3. 위원이 해당 사안에 관하여 증언, 감정, 법률자문을 하거나 하였던 경우

4. 위원이 해당 사안에 관하여 당사자의 대리인으로서 관여하거나 관여하였던 경우

② 위원에게 심의·의결의 공정을 기대하기 어려운 사정이 있는 경우 당사자는 기피 신청을 할 수 있고, 위원회는 의결로 이를 결정한다. 이 경우 기피 신청의 대상인 위원은 그 의결에 참여하지 못한다.

③ 위원이 제1항 각 호의 어느 하나에 따른 제척 사유에 해당하는 경우에는 스스로 해당 안건의 심의에서 회피(回避)하여야 한다.

제19조(분과위원회 등의 설치)

① 위원회는 그 소관 업무를 효율적으로 수행하기 위하여 대통령령으로 정하는 바에 따라 위원회에 분과위원회 또는 특별위원회를 둘 수 있다.

② 분과위원회는 위원회의 위원으로 구성하며, 분과위원회의 위원장은 분과위원회 위원 중에서 호선한다.

③ 분과위원회 또는 특별위원회가 위원회로부터 위임받은 사항에 관하여 심의·의결한 것은 위원회가 심의·의결한 것으로 본다.

④ 분과위원회는 분과별로 심의·의결할 안건을 미리 검토하고, 위원회에서 위임받은 사항을 처리하기 위하여 전문위원회를 둘 수 있다.

⑤ 제1항부터 제4항까지의 규정에 따른 분과위원회, 특별위원회와 전문위원회의 구성 및 운영에 필요한 사항은 위원회의 의결을 거쳐 위원장이 정한다.

제20조(조사 및 의견청취 등)

① 위원회는 위원회, 분과위원회 및 특별위원회의 운영을 위하여 필요한 경우 다음 각 호의 요구 또는 조사를 할 수 있다.

1. 관계 중앙행정기관의 장에 대한 자료·서류 등의 제출 요구

2. 이해관계인·참고인 또는 관계 공무원의 출석 및 의견진술 요구

3. 관계 행정기관 등에 대한 현지조사

② 관계 중앙행정기관의 장은 탄소중립 사회로의 이행 및 녹색성장과 관련하여 소속 공무원이나 관계 전문가를 위원회에 출석시켜 의견을 진술하게 하거나 필요한 자료를 제출할 수 있다.

제21조(사무처)

① 위원회의 사무를 처리하기 위하여 위원회 소속으로 사무처를 둔다.

② 사무처에는 사무처장 1명과 필요한 직원을 두며, 사무처장은 정무직공무원으로 한다.

③ 그 밖에 사무처의 조직 및 운영 등에 필요한 사항은 대통령령으로 정한다.

제22조(2050 지방 탄소중립 녹색성장위원회의 구성 및 운영 등)

① 지방자치단체의 탄소중립 사회로의 이행과 녹색성장의 추진을 위한 주요 정책 및 계획과 그 시행에 관한 사항을 심의·의결하기 위하여 지방자치단체별로 2050 지방 탄소중립 녹색성장위원회를 둘 수 있다.

② 지방위원회는 지방자치단체의 장과 협의하여 지방위원회의 운영 및 업무를 지원하는 사무국을 둘 수 있다.

③ 지방위원회의 구성, 운영 및 기능 등 필요한 사항은 조례로 정한다.

④ 시·도지사 또는 시장·군수·구청장은 지방위원회가 설치되지 아니한 경우 제11조 제3항(제12조 제2항에 따라 준용되는 경우를 포함한다), 제13조 제2항, 제14조 제2항 및 제40조 제2항·제4항에 따른 심의 또는 통보를 생략할 수 있다.

제5장 온실가스 감축 시책

제23조(기후변화영향평가)

① 관계 행정기관의 장 또는 「환경영향평가법」에 따른 환경영향평가 대상 사업의 사업계획을 수립하거나 시행하는 사업자는 같은 법 제9조·제22조에 따른 전략환경영향평가 또는 환경영향평가의 대상이 되는 계획 및 개발사업 중 온실가스를 다량으로 배출하는 사업 등 대통령령으로 정하는 계획 및 개발사업에 대하여는 전략환경영향평가 또는 환경영향평가를 실시할 때, 소관 정책 또는 개발사업이 기후변화에 미치는 영향이나 기후변화로 인하여 받게 되는 영향에 대한 분석·평가(이하 "기후변화영향평가"라 한다)를 포함하여 실시하여야 한다.

② 제1항에 따라 기후변화영향평가를 실시한 계획 및 개발사업에 대하여 관계 행정기관의 장 또는 사업자가 환경부장관에게 「환경영향평가법」 제16조·제27조에 따른 전략환경영향평가서 또는 환경영향평가서의 협의를 요청할 때에는 기후변화영향평가의 검토에 대한 협의를 같이 요청하여야 한다.

③ 제2항에 따른 협의를 요청받은 환경부장관은 기후변화영향평가의 결과를 검토하여야 하며, 필요한 정보를 수집하거나 사업자에게 요구하는 등의 조치를 할 수 있다.

④ 제1항에 따른 기후변화영향평가의 방법, 제3항에 따른 검토의 방법 등에 관하여 필요한 사항은 대통령령으로 정한다.

제24조(온실가스 감축인지 예산제도)
국가와 지방자치단체는 관계 법률에서 정하는 바에 따라 예산과 기금이 기후변화에 미치는 영향을 분석하고 이를 국가와 지방자치단체의 재정 운용에 반영하는 온실가스 감축인지 예산제도를 실시하여야 한다.

제25조(온실가스 배출권거래제)

① 정부는 국가비전 및 중장기감축목표등을 효율적으로 달성하기 위하여 **온실가스 배출허용총량을 설정하고 시장기능을 활용하여 온실가스 배출권을 거래하는 제도**(이하 "**배출권거래제**"라 한다)를 운영한다.

② 배출권거래제의 실시를 위한 배출허용량의 할당방법, 등록·관리방법 및 거래소의 설치·운영 등에 관하여는 「온실가스 배출권의 할당 및 거래에 관한 법률」에 따른다.

제26조(공공부문 온실가스 목표관리)

① 정부는 국가비전 및 중장기감축목표등을 달성하기 위하여 관계 중앙행정기관, 지방자치단체, 시·도 교육청, 공공기관 등 대통령령으로 정하는 기관(이하 이 조에서 "공공기관등"이라 한다)에 대하여 해당 기관별로 온실가스 감축 목표를 설정하도록 하고 그 추진상황을 지도·감독할 수 있다.

② 공공기관등은 제1항에 따른 목표를 준수하여야 하며, 매년 이행실적을 정부에 제출하고 공개하여야 한다.

③ 정부는 제2항에 따라 제출받은 이행실적에 대하여 등록부를 작성하고 체계적으로 관리하여야 한다.

④ 정부는 공공기관등의 이행실적이 제1항에 따른 목표에 미달하는 경우 목표달성을 위하여 필요한 개선을 명할 수 있다. 이 경우 공공기관등은 개선명령에 따른 개선계획을 작성하여 이를 성실히 이행하여야 한다.

⑤ 국회, 법원, 헌법재판소, 선거관리위원회(이하 이 조에서 "헌법기관등"이라 한다)는 기관별 온실가스 감축 목표를 매년 자발적으로 설정하여 이행하여야 하며, 그 실적을 정부에 통보하고 공개하여야 한다. 이 경우 정부는 통보받은 실적에 대하여 등록부를 작성하고 체계적으로 관리하여야 한다.

⑥ 정부는 공공기관등이 제1항에 따라 설정된 목표를 달성하고 제4항에 따른 개선계획을 차질 없이 이행할 수 있도록 하기 위하여 필요한 경우 재정·세제·경영·기술 지원, 실태조사 및 진단, 자료·정보의 제공 및 관련 정보시스템의 구축 등을 할 수 있으며, 헌법기관등이 제5항에 따른 목표를 자발적으로 설정하여 이행할 수 있도록 하기 위하여 필요한 경우 재정·기술 지원, 자료 및 정보의 제공 등을 할 수 있다.

⑦ 제1항에 따른 온실가스 감축 목표의 설정, 제2항에 따른 목표의 준수 및 이행실적의 제출·공개, 제3항에 따른 등록부의 작성·관리, 제4항에 따른 개선명령 및 이행, 제5항에 따른 온실가스 감축 목표의 설정, 실적의 통보·공개 및 등록부의 작성·관리 등에 관하여 필요한 사항은 대통령령으로 정한다.

제27조(관리업체의 온실가스 목표관리)

① 정부는 대통령령으로 정하는 기준량 이상의 온실가스를 배출하는 업체(이하 "관리업체"라 한다)를 지정하고 대통령령으로 정하는 계획기간 내에 달성하여야 하는 온실가스 감축 목표를 관리업체와 협의하여 설정·관리하여야 한다.

② 정부는 관리업체를 지정하기 위하여 관리업체 및 관리업체에 해당될 것으로 예상되는 업체(이하 이 조에서 "예비관리업체"라 한다)에 최근 3년간의 온실가스 배출량 산정을 위한 자료를 요청할 수 있다. 이 경우 자료제공을 요청받은 관리업체 및 예비관리업체는 특별한 사정이 없으면 요청에 따라야 한다.

③ 관리업체는 제1항에 따른 목표를 준수하여야 하며, 온실가스 배출량 명세서(이하 "명세서"라 한다)를 「온실가스 배출권의 할당 및 거래에 관한 법률」 제24조의 2 제1항에 따른 외부 검증 전문기관(이하 "검증기관"이라 한다)의 검증을 받아 정부에 제출하여야 한다. 이 경우 정부는 제출받은 명세서를 검토한 결과 수정·보완할 필요가 있는 경우에는 관리업체에 대하여 명세서의 수정·보완을 요청할 수 있으며 관리업체는 특별한 사정이 없으면 요청에 따라야 한다.

④ 정부는 제3항에 따라 제출받은 명세서를 바탕으로 등록부를 작성하여 체계적으로 관리하여야 하며, 관리업체별 온실가스 배출량, 목표달성 여부 등을 공개할 수 있다. 이 경우 관리업체는 그 공개로 인하여 권리나 영업상의 비밀이 현저히 침해될 수 있는 특별한 사유가 있는 경우에는 비공개를 요청할 수 있다.

⑤ 정부는 관리업체로부터 제4항 후단에 따른 정보의 비공개 요청을 받았을 때에는 심사위원회를 구성하여 공개 여부를 결정하고 그 결과를 비공개 요청을 받은 날부터 30일 이내에 해당 관리업체에 통지하여야 한다.

⑥ 정부는 **관리업체의 온실가스 감축 실적이 제1항에 따라 설정된 목표에 미달하는 경우에는 1년 이내의 범위에서 기간을 정하여 개선을 명할 수 있다.** 이 경우 관리업체는 개선명령에 따른 개선계획을 작성하여 이행하여야 한다.

⑦ 정부는 관리업체가 제1항에 따라 설정된 목표를 달성하고 제6항에 따른 개선계획을 차질 없이 이행할 수 있도록 하기 위하여 필요한 경우 재정·세제·경영·기술 지원, 실태조사 및 진단, 자료·정보의 제공 및 관련 정보시스템의 구축 등을 할 수 있다.

⑧ 제1항에 따른 관리업체의 지정 및 온실가스 감축 목표의 설정, 제3항에 따른 목표의 준수 및 명세서의 제출·수정·보완, 제4항에 따른 등록부의 관리, 정보공개의 범위·방법, 비공개 요청의 방법, 제5항에 따른 심사위원회의 구성·운영 및 비공개 여부의 결정, 제6항에 따른 개선명령 및 이행 등에 관하여 필요한 사항은 대통령령으로 정한다.

제28조(관리업체의 권리와 의무의 승계)

① 관리업체가 합병·분할하거나 해당 사업장 또는 시설을 양도·임대한 경우 이 법에서 정한 관리업체의 권리와 의무는 해당 관리업체에 속한 사업장 또는 시설이 이전될 때 합병·분할 후 설립된 법인이나 양수인·임차인에게 승계된다. 다만, 합병·분할·양수·임차 등으로 그 권리와 의무를 승계하여야 하는 업체가 이를 승계하여도 제27조 제1항에 따른 관리업체 지정요건에 해당하지 아니하는 경우에는 그러하지 아니하다.

② 제1항에 따라 자신의 권리와 의무를 이전한 관리업체는 그 이전의 원인인 합병·분할·양수·임대에 관한 계약서를 작성한 날부터 15일 이내에 그 사실을 정부에 보고하여야 한다. 다만, 권리와 의무를 이전한 관리업체가 더 이상 존립하지 아니하는 경우에는 이를 승계한 업체가 보고하여야 한다.

③ 제1항에 따른 권리와 의무의 승계, 제2항에 따른 보고 등에 관하여 필요한 사항은 대통령령으로 정한다.

제29조(탄소중립도시의 지정 등)

① 국가와 지방자치단체는 **탄소중립 관련 계획 및 기술 등을 적극 활용하여 탄소중립을 공간적으로 구현하는 도시**(이하 "탄소중립도시"라 한다)를 조성하기 위한 정책을 수립·시행하여야 한다.

② 정부는 다음 각 호의 사업을 시행하고자 하는 도시를 직접 또는 지방자치단체의 장의 요청을 받아 탄소중립도시로 지정할 수 있다.

   1. 도시의 온실가스 감축 및 에너지 자립률 향상을 위한 사업

   2. 도시에서 제33조 제1항에 따른 탄소흡수원등을 조성·확충 및 개선하는 사업

   3. 도시 내 생태축 보전 및 생태계 복원

   4. 기후위기 대응을 위한 자원순환형 도시 조성

   5. 그 밖에 도시의 기후위기 대응 및 탄소중립 사회로의 이행, 환경의 질 개선을 위하여 필요한 사업

③ 제2항에 따라 지정된 탄소중립도시를 관할하는 지방자치단체의 장은 탄소중립도시 조성사업계획을 수립·시행하여야 한다.

④ 정부는 탄소중립도시 조성사업의 시행을 위하여 필요한 비용의 전부 또는 일부를 보조할 수 있다.

⑤ 정부는 제3항에 따른 사업계획의 수립·시행 및 이행점검, 조사·연구 등을 수행하기 위하여 공공기관 중 대통령령으로 정하는 기관을 지원기구로 지정할 수 있다.

⑥ 정부는 제2항에 따라 지정된 탄소중립도시가 대통령령으로 정하는 지정기준에 맞지 아니하게 된 경우에는 그 지정을 취소할 수 있다.

⑦ 제2항부터 제6항까지의 규정에 따른 탄소중립도시의 지정 및 지정취소, 탄소중립도시 조성사업계획의 수립·시행, 지원기구의 지정 및 지정취소 등에 관하여 필요한 사항은 대통령령으로 정한다.

제30조(지역 에너지 전환의 지원)

① 정부는 기후위기에 대응하기 위하여 제3조의 기본원칙에 따라 지역별로 신·재생에너지의 보급·확대 방안을 마련하는 등 지방자치단체의 에너지 전환을 지원하는 정책을 수립·시행하여야 한다.

② 정부는 제1항에 따른 에너지 전환 지원 정책의 시행에 필요한 비용의 전부 또는 일부를 예산의 범위에서 지방자치단체에 보조할 수 있다.

제31조(녹색건축물의 확대)

① 정부는 에너지 이용효율과 신·재생에너지의 사용비율이 높고 온실가스 배출을 최소화하는 건축물(이하 "녹색건축물"이라 한다)을 확대하기 위한 정책을 수립·시행하여야 한다.

② 정부는 건축물에 사용되는 에너지 소비량과 온실가스 배출량을 줄이기 위하여 대통령령으로 정하는 기준 이상의 건물에 대하여 중장기 및 기간별 목표를 설정·관리하여야 한다.

③ 정부는 건축물의 설계·건설·유지관리·해체 등의 전 과정에서 에너지·자원 소비를 최소화하고 온실가스 배출을 줄이기 위하여 설계기준 및 허가·심의를 강화하는 등 설계·건설·유지관리·해체 등의 단계별 대책 및 기준을 마련하여 시행하여야 한다.

④ 정부는 기존 건축물이 녹색건축물로 전환되도록 에너지 진단 및 「에너지 이용 합리화법」 제25조에 따른 에너지 절약사업과 「녹색건축물 조성 지원법」 제27조에 따른 그린리모델링 사업을 통하여 온실가스 배출을 줄이는 사업을 지속적으로 추진하여야 한다.

⑤ 정부는 신축되거나 개축되는 건축물에 대해서는 전력소비량 등 에너지의 소비량을 조절·절약할 수 있는 지능형 계량기를 부착·관리하도록 할 수 있다.

⑥ 정부는 중앙행정기관, 지방자치단체, 대통령령으로 정하는 공공기관 및 교육기관 등의 건축물을 녹색건축물로 전환하기 위한 이행계획을 수립하고, 제1항부터 제5항까지의 규정에 따른 시책을 적용하여 그 이행사항을 점검·관리하여야 한다.

⑦ 정부는 대통령령으로 정하는 바에 따라 일정 규모 이상의 신도시 개발 또는 도시 재개발을 하는 경우에는 녹색건축물을 적극 보급하여야 한다.

⑧ 정부는 녹색건축물의 확대를 위하여 필요한 경우에는 대통령령으로 정하는 바에 따라 재정적 지원을 할 수 있다.

제32조(녹색교통의 활성화)

① 정부는 효율적 에너지 사용을 촉진하고 온실가스 배출을 최소화하는 교통체계로서의 녹색교통을 활성화하기 위하여 대통령령으로 정하는 바에 따라 온실가스 감축 목표 등을 설정·관리하고 내연기관차의 판매·운행 축소 정책을 수립·시행하여야 한다.

② 정부는 자동차의 평균 에너지 소비효율을 개선함으로써 에너지 절약을 도모하고, 자동차 배기가스 중 온실가스를 줄임으로써 쾌적하고 적정한 대기환경을 유지할 수 있도록 자동차 평균 에너지 소비효율기준 및 자동차 온실가스 배출허용기준을 각각 정하여야 한다. 이 경우 「대기환경보전법」 제46조 제1항에 따른 자동차 제작자는 자동차 평균 에너지 소비효율기준과 자동차 온실가스 배출허용기준 중 하나를 선택하여 준수하여야 한다.

③ 정부는 「환경친화적 자동차의 개발 및 보급 촉진에 관한 법률」 제2조 제3호·제4호·제6호에 따른 전기자동차, 태양광자동차, 수소전기자동차 및 「환경친화적 선박의 개발 및 보급 촉진에 관한 법률」 제2조 제3호 다목·마목에 따른 전기추진선박, 연료전지추진선박의 보급을 촉진하기 위하여 연도별 보급목표 등을 설정하고, 그 이행결과를 위원회에 보고하여야 한다.

④ 정부는 제3항에 따른 전기자동차 등의 보급을 촉진하기 위하여 재정·세제 지원, 연구개발, 구매의무화, 저공해자동차 보급목표제 등 관련 제도의 도입 및 확대방안을 강구할 수 있다.

⑤ 정부는 철도가 국가기간교통망의 근간이 되도록 철도에 대한 투자를 지속적으로 확대하고 버스·지하철·경전철 등 대중교통수단을 확대하며, 철도수송분담률, 대중교통수송분담률 등에 대한 중장기 및 단계별 목표를 설정·관리하여야 한다.

⑥ 정부는 온실가스와 대기오염을 최소화하고 교통체증으로 인한 사회적 비용을 획기적으로 줄이며 대도시·수도권 등에서의 교통체증을 근본적으로 해결하기 위하여 대통령령으로 정하는 바에 따라 다음 각 호의 사항을 포함하는 교통수요관리대책을 마련하여야 한다.

1. 혼잡통행료 및 교통유발부담금 제도 개선
2. 버스·저공해차량 전용차로 및 승용차 진입 제한지역 확대
3. 통행량을 효율적으로 분산시킬 수 있는 지능형 교통정보시스템의 확대·구축
4. 자전거 이용 및 연안해운 활성화 등 다양한 이동수단의 도입방안

제33조(탄소흡수원 등의 확충)

① 정부는 산림지, 농경지, 초지, 습지, 정주지 및 「수산자원관리법」 제2조 제6호에 따른 바다숲 등에서 온실가스를 흡수하고 저장(흡수된 온실가스를 대기로부터 영구 또는 반영구적으로 격리하는 것을 말한다)하는 「탄소흡수원 유지 및 증진에 관한 법률」 제2조 제10호에 따른 탄소흡수원 및 그 밖의 바이오매스 등(이하 "탄소흡수원등"이라 한다)을 조성·확충하거나 온실가스 흡수 능력을 개선하기 위한 시책을 수립·시행하여야 한다.

② 제1항에 따른 탄소흡수원등의 조성·확충 및 온실가스 흡수 능력의 개선을 위한 시책에는 다음 각 호의 사항이 포함되어야 한다.

1. 탄소흡수원등의 조성·확충 및 온실가스 흡수 능력의 개선을 위한 목표와 기본방향
2. 탄소흡수원등의 조성·확충 현황 및 온실가스 흡수 능력의 개선 현황에 대한 이행평가·점검 방안
3. 탄소흡수원등의 조성·확충 및 온실가스 흡수 능력의 개선 관련 사업 수행 시 생물다양성 등 생태계 건강성 보호·보전을 위한 방안
4. 온실가스 흡수 관련 정보 및 통계 구축에 관한 사항
5. 그 밖에 연구개발, 전문인력 양성, 재원조달, 교육·홍보 등 탄소흡수원등의 조성·확충과 온실가스 흡수 능력 개선을 위하여 필요한 사항

③ 정부는 사업자가 탄소흡수원등의 조성·확충을 자발적으로 실시하려는 때에는 이에 필요한 행정적·재정적·기술적 지원 등을 할 수 있다.

제34조(탄소포집·이용·저장기술의 육성)

① 정부는 국가비전과 중장기감축목표등의 달성에 기여하기 위하여 **이산화탄소를 배출단계에서 포집하여 이용하거나 저장하는 기술**(이하 "탄소포집·이용·저장기술"이라 한다)의 개발과 발전을 지원하기 위한 시책을 마련하여야 한다.

② 탄소포집·이용·저장기술의 실증을 위한 규제특례 등에 관하여는 따로 법률로 정한다.

제35조(국제 감축사업의 추진)

① 협정 제6조에 따라 온실가스 감축 실적을 얻기 위하여 행하는 기술지원, 투자 및 구매 등의 사업(이하 "국제감축사업"이라 한다)을 수행하려는 자는 대통령령으로 정하는 바에 따라 사업내용, 온실가스 예상감축량 등을 포함한 사업계획서를 정부에 제출하고, 사전 승인을 받아야 한다.

② 제1항에 따른 사전 승인을 받은 자(이하 이 조에서 "사업수행자"라 한다)는 해당 사업으로 부터 취득하게 되는 온실가스 감축량을 객관적으로 증명하기 위하여 모니터링을 수행하고, 모니터링 보고서를 측정·보고·검증이 가능한 방식으로 작성하여 검증기관의 검증을 받아 정부에 보고하여야 한다.

③ 국제감축사업을 통하여 협정 제6조에 따른 측정·보고·검증방법상 적합하다고 인정되는 온실가스 감축량(이하 "국제감축실적"이라 한다)을 취득한 사업수행자는 지체 없이 정부에 신고하여야 하며, 정부는 신고받은 국제감축실적을 국제감축등록부에 등록하고 체계적으로 관리하여야 한다. 다만, 보고내용이 협정의 기준에 부합하지 아니하는 경우에는 보완을 요청할 수 있다.

④ 사업수행자는 등록된 국제감축실적을 매매나 그 밖의 방법으로 거래할 수 있으며, 거래· 소멸 시 그 사실을 정부에 신고하여야 한다. 다만, 국제감축실적을 해외로 이전하거나 국내로 이전받으려는 때에는 정부의 사전 승인을 받아야 한다.

⑤ 정부는 등록된 국제감축실적을 중장기감축목표등의 달성을 위하여 활용할 수 있다.

⑥ 정부는 외국 정부와 공동으로 국제감축사업을 수행할 수 있으며, 다음 각 호의 사항에 관한 심의를 위하여 공동으로 사업을 수행하는 외국 정부와 협의하여 국제감축사업 협의체를 둘 수 있다.
   1. 사업수행방법의 승인
   2. 국제감축사업의 등록
   3. 국제감축실적의 이전

⑦ 제1항에 따른 사전 승인 기준·방법 및 절차, 제2항에 따른 모니터링 보고서 작성방법 및 검증절차, 제3항에 따른 신고방법, 제4항에 따른 신고방법 및 사전 승인 기준·절차 등에 관하여 필요한 사항은 대통령령으로 정한다.

제36조(온실가스 종합정보관리체계의 구축)

① 정부는 국가 및 지역별 온실가스 배출량·흡수량, 배출·흡수 계수(係數) 등 온실가스 관련 각종 정보 및 통계를 개발·분석·검증·작성하고 관리하는 종합정보관리체계를 구축·운영하여야 하며, 이를 위하여 **환경부에 온실가스 종합정보센터**(이하 "종합정보센터"라 한다)를 둔다.

② 관계 중앙행정기관의 장은 제1항에 따른 종합정보관리체계가 원활히 운영될 수 있도록 에너지·산업공정·농업·폐기물·해양수산·산림 등 부문별 소관 분야의 정보 및 통계를 매년 작성하여 종합정보센터에 제출하는 등 적극 협력하여야 한다.

③ 시·도지사 및 시장·군수·구청장은 제1항에 따른 종합정보관리체계가 원활히 운영될 수 있도록 지역별 온실가스 통계 산정·분석 등을 위한 관련 정보 및 통계를 매년 작성하여 제출하는 등 적극 협력하여야 하며, 정부는 국가 온실가스 배출량 및 지역별 온실가스 배출량 간의 정합성을 확보하도록 하여야 한다.

④ 정부는 제1항에 따른 각종 정보 및 통계를 개발·분석·검증·작성·관리하거나 종합정보 관리체계를 구축함에 있어 협정의 기준을 최대한 준수하여 투명성·정확성·완전성·일관 성 및 비교가능성을 제고하여야 한다.

⑤ 정부는 국가 및 부문별·지역별 온실가스 배출량 및 잠정치를 포함하여 제1항에 따른 각종 정보 및 통계를 분석·검증하고 그 결과를 매년 공개하여야 한다.

⑥ 제1항부터 제5항까지의 규정에 따른 종합정보관리체계 구축, 종합정보센터 운영, 관계 중 앙행정기관의 장, 시·도지사 및 시장·군수·구청장의 제출의무대상 정보·통계의 범위, 정보 및 통계의 개발·분석·검증·작성·관리, 각종 정보·통계의 공개 시기와 방법 등에 관하여 필요한 사항은 대통령령으로 정한다.

제6장   기후위기 적응 시책

제37조(기후위기의 감시·예측 등)

① 정부는 대통령령으로 정하는 바에 따라 대기 중의 온실가스 농도 변화를 상시 측정·조사 하고 기상현상에 대한 관측·예측·제공·활용 능력을 높이며 기후위기에 대한 감시·예 측의 정확도를 향상시키는 기상정보관리체계를 구축·운영하여야 한다.

② 정부는 기후위기가 생태계, 생물다양성, 대기, 물환경, 보건, 농림·식품, 산림, 해양·수 산, 산업, 방재 등에 미치는 영향과 취약성, 위험 및 사회적·경제적 파급효과를 조사·평 가하는 기후위기 적응 정보관리체계를 구축·운영하여야 한다.

③ 정부는 제1항에 따른 기상정보관리체계 및 제2항에 따른 기후위기 적응 정보관리체계의 구 축·운영을 위하여 조사·연구, 기술개발, 전문기관 지원, 국내외 협조체계 구축 등의 시 책을 추진할 수 있다.

④ 제1항에 따른 기상정보관리체계 및 제2항에 따른 기후위기 적응 정보관리체계의 구축·운 영, 제3항에 따른 시책 추진 등에 필요한 사항은 대통령령으로 정한다.

제38조(국가 기후위기 적응대책의 수립·시행)

① 정부는 국가의 **기후위기 적응에 관한 대책**(이하 "**기후위기 적응대책**"이라 한다)을 **5년마다 수립·시행**하여야 한다.

② **기후위기 적응대책**에는 다음 각 호의 사항이 포함되어야 한다.

1. 기후위기에 대한 감시·예측·제공·활용 능력 향상에 관한 사항
2. 부문별·지역별 기후위기의 영향과 취약성 평가에 관한 사항
3. 부문별·지역별 기후위기 적응대책에 관한 사항
4. 기후위기에 따른 취약계층·지역 등의 재해 예방에 관한 사항
5. 기후위기 적응을 위한 국제협약 등에 관한 사항
6. 그 밖에 기후위기 적응을 위하여 필요한 사항으로서 대통령령으로 정하는 사항

③ 기후위기 적응대책을 수립하거나 변경하는 경우에는 위원회의 심의를 거쳐야 한다. 다만, 대통령령으로 정하는 경미한 사항을 변경하는 경우에는 그러하지 아니하다.

④ 관계 중앙행정기관의 장은 기후위기 적응대책의 소관사항을 효율적·체계적으로 이행하기 위하여 세부시행계획(이하 "적응대책 세부시행계획"이라 한다)을 수립·시행하여야 한다.

⑤ 정부는 기후위기 적응대책에 따라 관계 중앙행정기관, 지방자치단체, 공공기관, 사업자 등이 기후위기에 대한 적응역량을 강화할 수 있도록 필요한 기술적·행정적·재정적 지원을 할 수 있다.

⑥ 제1항부터 제4항까지의 규정에 따른 기후위기 적응대책 및 적응대책 세부시행계획의 수립·시행 및 변경 등에 관하여 필요한 사항은 대통령령으로 정한다.

제39조(기후위기 적응대책 등의 추진상황 점검)

① 정부는 기후위기 적응대책 및 적응대책 세부시행계획의 추진상황을 매년 점검하고 결과 보고서를 작성하여 위원회의 심의를 거쳐 공개하여야 한다.

② 제1항에 따른 결과 보고서에는 부문별 주요 적응대책 및 이행실적, 적응대책 관련 주요 우수사례, 제1항에 따른 점검결과 확인된 부진사항 및 개선사항이 포함되어야 한다.

③ 정부는 제1항의 결과 보고서 작성에 필요하다고 인정되는 경우 관계 중앙행정기관의 장에게 관련 정보 또는 자료의 제출을 요청할 수 있으며, 관계 중앙행정기관의 장은 특별한 사정이 없으면 요청에 따라야 한다.

④ 관계 중앙행정기관의 장은 제2항에 따른 부진사항 또는 개선사항이 있는 경우 해당 기관의 정책 등에 이를 반영하여야 한다.

⑤ 제1항에 따른 점검의 방법 및 절차 등에 관하여 필요한 사항은 대통령령으로 정한다.

제40조(지방 기후위기 적응대책의 수립·시행)

① 시·도지사, 시장·군수·구청장은 기후위기 적응대책과 지역적 특성 등을 고려하여 관할 구역의 기후위기 적응에 관한 대책(이하 "지방 기후위기 적응대책"이라 한다)을 5년마다 수립·시행하여야 한다.

② 시·도지사, 시장·군수·구청장은 지방 기후위기 적응대책을 수립하거나 변경하는 경우에는 지방위원회의 심의를 거쳐야 한다. 다만, 대통령령으로 정하는 경미한 사항을 변경하는 경우에는 심의를 생략할 수 있다.

③ 지방 기후위기 적응대책이 수립 또는 변경된 경우 시·도지사는 이를 환경부장관에게, 시장·군수·구청장은 이를 환경부장관 및 관할 시·도지사에게 각각 제출하여야 하며, 환경부장관은 제출받은 지방 기후위기 적응대책을 종합하여 위원회에 보고하여야 한다.

④ 시·도지사 및 시장·군수·구청장은 지방 기후위기 적응대책의 추진상황을 매년 점검하고 그 결과 보고서를 작성하여 지방위원회의 심의를 거쳐 시·도지사는 환경부장관에게, 시장·군수·구청장은 환경부장관 및 관할 시·도지사에게 각각 제출하여야 하며, 환경부장관은 이를 종합하여 위원회에 보고하여야 한다.

⑤ 제1항부터 제4항까지에 따른 지방 기후위기 적응대책의 수립 · 시행 및 변경, 점검 등에 관하여 필요한 사항은 대통령령으로 정한다.

제41조(공공기관의 기후위기 적응대책)

① 기후위기 영향에 취약한 시설을 보유 · 관리하는 공공기관 등 대통령령으로 정하는 기관(이하 "취약기관"이라 한다)은 기후위기 적응대책과 관할 시설의 특성 등을 고려하여 공공기관의 기후위기 적응에 관한 대책(이하 "공공기관 기후위기 적응대책"이라 한다)을 5년마다 수립 · 시행하고 매년 이행실적을 작성하여야 한다.

② 취약기관의 장은 공공기관 기후위기 적응대책을 수립하거나 이행실적을 작성한 때에는 그 결과를 환경부장관, 관계 중앙행정기관의 장 및 관할 지방자치단체의 장에게 제출하여야 한다.

③ 제1항에 따른 공공기관 기후위기 적응대책의 수립 · 시행, 이행실적 작성 등에 관하여 필요한 사항은 대통령령으로 정한다.

제42조(지역 기후위기 대응사업의 시행)

① 국가 또는 지방자치단체는 기후변화로 심화되는 환경오염 · 훼손에 종합적 · 효과적으로 대응하고, 기후위기에 따른 자연환경의 변화나 자연재해 등으로 농업 등 기존 산업을 유지하기 어려운 취약 지역 및 계층 등을 중점적으로 보호 · 지원하기 위하여 지역 기후위기 대응사업을 시행할 수 있다.

② 정부는 제1항에 따른 지역 기후위기 대응사업의 시행을 위하여 필요한 비용의 전부 또는 일부를 보조할 수 있다.

③ 정부는 제1항에 따른 지역 기후위기 대응사업의 계획 수립 · 시행 및 이행점검, 조사 · 연구 등을 수행하기 위하여 공공기관 중 대통령령으로 정하는 기관을 지원기구로 지정할 수 있다.

④ 제1항에 따른 지역 기후위기 대응사업의 시행, 제3항에 따른 지원기구의 지정 및 지정취소의 기준 · 절차 등에 관하여 필요한 사항은 대통령령으로 정한다.

제43조(기후위기 대응을 위한 물 관리)

정부는 기후위기로 인한 **가뭄, 홍수, 폭염 등 자연재해와 물 부족 및 수질악화와 수생태계 변화에 효과적으로 대응**하고 모든 국민이 물의 혜택을 고루 누릴 수 있도록 하기 위하여 다음 각 호의 사항을 포함하는 시책을 수립 · 시행하여야 한다.

1. 깨끗하고 안전한 먹는 물 공급과 가뭄 등에 대비한 안정적인 수자원의 확보
2. 수생태계의 보전 · 관리와 수질 개선
3. 물 절약 등 수요관리, 적극적인 빗물관리 및 하수 재이용 등 물 순환체계의 정비 및 수해의 예방
4. 자연친화적인 하천의 보전 · 복원
5. 수질오염 예방 · 관리를 위한 기술 개발 및 관련 서비스 제공 등

제44조(녹색국토의 관리)

① 정부는 기후위기로부터 안전하며 지속가능한 국토(이하 "녹색국토"라 한다)를 보전·관리하기 위하여 다음 각 호의 계획을 수립·시행할 때 기후위기 대응에 관한 사항을 반영하여야 한다.

1. 「국토기본법」에 따른 국토종합계획(이하 이 조에서 "국토종합계획"이라 한다)

2. 「국토의 계획 및 이용에 관한 법률」에 따른 도시·군기본계획

3. 그 밖에 지속가능한 국토의 보전·관리를 위하여 대통령령으로 정하는 계획

② 정부는 녹색국토를 조성하기 위하여 다음 각 호의 사항을 포함하는 시책을 마련하여야 한다.

1. 도시 및 농어촌의 온실가스 배출량 감축, 마을·도시 단위의 에너지 자립률 및 자원 순환성 제고

2. 산림·녹지의 확충, 광역 생태축 보전 및 생태계 복원

3. 개발대상지 및 도시지역 생태계서비스 유지·증진

4. 농지 및 해양의 친환경적 개발·이용·보존

5. 도로·철도·공항·항만 등 인프라 시설의 친환경적 건설 및 기존 시설의 친환경적 전환

6. 친환경 교통체계의 확충

7. 기후재난 등 자연재해로 인한 국토의 피해 최소화 및 회복력 제고

③ 정부는 국토종합계획, 「국가균형발전 특별법」에 따른 국가균형발전 5개년계획 등 대통령령으로 정하는 계획을 수립할 때에는 미리 위원회의 의견을 들어야 한다.

제45조(농림수산의 전환 촉진 등)

① 정부는 농작물의 생산 및 가축 생산 등의 과정에서 발생하는 온실가스 배출을 줄이고 기후위기에 대응하여 식량안보를 확보함으로써 탄소중립 사회로의 이행에 기여하기 위하여 농림수산의 전환시책을 수립·시행하여야 한다.

② 제1항에 따른 **농림수산의 전환시책**에는 다음 각 호의 사항이 포함되어야 한다.

1. 정밀농업, 유기농업 등 농림수산 구조의 전환에 관한 사항

2. 농림수산 분야 온실가스 감축 기술·기자재·시설의 개발 및 보급에 관한 사항

3. 농림수산 분야의 화석연료 사용량 감축, 신·재생에너지 보급과 에너지 순환 및 자립체계 구축에 관한 사항

4. 기후위기로 인한 농림수산업 여건 변화 예측과 신품종 개량 등을 통한 식량 자급률 제고에 관한 사항

③ 정부는 「농업·농촌 및 식품산업 기본법」 제14조에 따른 농업·농촌 및 식품산업 발전계획을 수립·시행할 경우 온실가스 감축과 기후 회복력을 높일 수 있는 시책을 반영하여야 한다.

제46조(국가 기후위기 적응센터 지정 및 평가 등)

① 환경부장관은 기후위기 적응대책의 수립·시행을 지원하기 위하여 국가 기후위기 적응센터(이하 "적응센터"라 한다)를 지정할 수 있다.

② 적응센터는 기후위기 적응대책 추진을 위한 조사·연구 등 기후위기 적응 관련 사업으로서 대통령령으로 정하는 사업을 수행한다.

③ 환경부장관은 적응센터에 대하여 수행실적 등을 평가할 수 있다.

④ 환경부장관은 적응센터에 대하여 예산의 범위에서 사업을 수행하는 데에 필요한 비용의 전부 또는 일부를 지원할 수 있다.

⑤ 제1항부터 제3항까지의 규정에 따른 적응센터의 지정·사업 및 평가 등에 관하여 필요한 사항은 대통령령으로 정한다.

제7장 정의로운 전환

제47조(기후위기 사회안전망의 마련)

① 정부는 기후위기에 취약한 계층 등의 현황과 일자리 감소, 지역경제의 영향 등 사회적·경제적 불평등이 심화되는 지역 및 산업의 현황을 파악하고 이에 대한 지원 대책과 재난대비 역량을 강화할 수 있는 방안을 마련하여야 한다.

② 정부는 탄소중립 사회로의 이행에 있어 사업전환 및 구조적 실업에 따른 피해를 최소화하기 위하여 실업의 발생 등 고용상태의 영향을 대통령령으로 정하는 바에 따라 정기적으로 조사하고, 재교육, 재취업 및 전직(轉職) 등을 지원하거나 생활지원을 하기 위한 방안을 마련하여야 한다.

제48조(정의로운 전환 특별지구의 지정 등)

① 정부는 다음 각 호의 어느 하나에 해당하는 지역을 위원회의 심의를 거쳐 정의로운 전환 특별지구(이하 "특구"라 한다)로 지정할 수 있다.

1. 탄소중립 사회로의 이행 과정에서 급격한 일자리 감소, 지역경제 침체, 산업구조의 변화에 따라 고용환경이 크게 변화되었거나 변화될 것으로 예상되는 지역

2. 탄소중립 사회로의 이행 과정에서 사회적·경제적 환경의 급격한 변화가 예상되거나 변화된 지역으로서 대통령령으로 정하는 요건을 갖춘 지역

3. 그 밖에 위원회가 탄소중립 사회로의 이행 과정에서 발생할 수 있는 사회적·경제적 불평등을 해소하기 위하여 특구 지정이 필요하다고 인정하는 지역

② 정부는 특구로 지정된 지역에 대하여 다음 각 호의 지원을 포함하는 대책을 수립·시행하여야 한다.

1. 기업 및 소상공인의 고용안정 및 연구개발, 사업화, 국내 판매 및 수출 지원

2. 실업 예방, 실업자의 생계 유지 및 재취업 촉진 지원

3. 새로운 산업의 육성 및 투자 유치를 위한 지원

4. 고용 촉진과 관련된 사업을 하는 자에 대한 지원

5. 그 밖에 산업 및 고용전환을 촉진하기 위하여 필요한 행정상·금융상 지원 조치 또는 「조세특례제한법」 등 조세에 관한 법률에서 정하는 바에 따른 세제상의 지원 조치

③ 정부는 제1항에 따른 지정사유가 소멸하는 등 대통령령으로 정하는 사유가 있는 경우 위원회의 심의를 거쳐 특구 지정을 변경 또는 해제할 수 있다.

④ 제1항부터 제3항까지의 규정에 따른 특구의 지정·변경·해제, 지원의 내용·방법 등에 관하여 필요한 사항은 대통령령으로 정한다.

제49조(사업전환 지원)

① 정부는 기후위기 대응 및 탄소중립 사회로의 이행 과정에서 영향을 받을 수 있는 대통령령으로 정한 업종에 종사하는 기업 중 「중소기업기본법」 제2조 제1항에 따른 중소기업자가 녹색산업 분야에 해당하는 업종으로의 사업전환을 요청하는 경우 이를 지원할 수 있다.

② 제1항에 따른 사업전환 지원의 대상, 녹색산업 분야에 해당하는 업종, 선정절차, 지원의 종류 및 범위 등에 관하여 필요한 사항은 대통령령으로 정한다.

제50조(자산손실 위험의 최소화 등)

① 정부는 온실가스 배출량이 대통령령으로 정하는 기준 이상에 해당하는 기업에 대하여 탄소중립 사회로의 이행이 기존 자산가치의 하락 등 기업 운영에 미치는 영향을 평가하고, 사업의 조기 전환 등 손실을 최소화할 수 있는 지원 시책을 마련하여야 한다.

② 정부는 투자자 등의 보호를 위하여 기업 등 경제주체가 기후위기로 인한 자산손실 등의 위험을 투명하게 공시·공개하도록 하는 제도를 마련하여야 한다.

제51조(국민참여 보장을 위한 지원)

① 정부는 탄소중립 사회로의 이행을 위한 정책의 수립·시행 과정에서 국민참여를 보장하고 국가와 지방자치단체의 정책 제안 플랫폼을 통해 제안된 의견을 반영하기 위하여 「행정절차법」 제52조 및 제53조에 따라 필요한 행정적·재정적 지원을 할 수 있다.

② 제1항에 따른 지원 범위·방법 등에 관하여 필요한 사항은 대통령령으로 정한다.

제52조(협동조합 활성화)

① 정부는 신·재생에너지의 보급·확산 등 에너지 전환과 탄소중립 사회로의 이행 과정에서 발생하는 이익을 공정하고 공평하게 공유하기 위하여 「협동조합 기본법」 제2조 제1호 및 제3호에 따른 협동조합 및 사회적 협동조합의 활동을 행정적·재정적·기술적으로 지원할 수 있다.

② 제1항에 따른 지원 범위·방법 등에 관하여 필요한 사항은 대통령령으로 정한다.

제53조(정의로운 전환 지원센터의 설립 등)

① 국가와 지방자치단체는 탄소중립 사회로의 이행 과정에서 일자리 감소, 지역경제 침체 등 사회적·경제적 불평등이 심화되는 산업과 지역에 대하여 그 특성을 고려한 정의로운 전환 지원센터(이하 "전환센터"라 한다)를 설립·운영할 수 있다.

② 전환센터의 업무는 다음 각 호와 같다.

  1. 탄소중립 사회로의 이행에 따른 일자리 및 지역사회 영향 관련 실태조사
  2. 산업·노동 및 지역경제의 전환방안, 일자리 전환모델의 연구 및 지원
  3. 재취업, 전직 등 직업전환을 위한 교육훈련 및 취업의 지원

4. 업종전환 등 기업의 사업전환에 관한 컨설팅 및 지원

5. 관련 법령·제도 개선 건의

6. 그 밖에 탄소중립 사회로의 이행 과정에서 취약한 지역 및 계층을 지원하기 위하여 대통령령으로 정하는 사항

③ 국가와 지방자치단체는 전환센터의 설립·운영에 소요되는 예산을 지원할 수 있다.

④ 제1항에서 제3항까지의 규정에 따른 전환센터의 설립·운영 등에 관하여 필요한 사항은 대통령령으로 정한다.

제8장 녹색성장 시책

제54조(녹색경제·녹색산업의 육성·지원) 정부는 녹색경제를 구현함으로써 국가경제의 건전성과 경쟁력을 강화하고 성장잠재력이 큰 새로운 녹색산업을 육성·지원하기 위하여 다음 각 호의 사항을 포함하는 시책을 마련하여야 한다.

1. 국내외 경제여건 및 전망에 관한 사항

2. 기존 산업에서 녹색산업으로의 단계적 전환에 관한 사항

3. 녹색산업을 촉진하기 위한 중장기·단계별 목표, 추진전략에 관한 사항

4. 녹색산업을 신성장동력으로 육성·지원하기 위한 사항

5. 전기·정보통신·교통 등 기존 국가기반시설을 친환경시설로 전환하기 위한 사항

6. 제55조에 따른 녹색경영을 위한 자문서비스 산업의 육성에 관한 사항

7. 녹색산업 인력 양성 및 일자리 창출에 관한 사항

8. 그 밖에 녹색경제·녹색산업의 촉진에 관한 사항

제55조(기업의 녹색경영 촉진 등) 정부는 기업이 경영활동에서 자원과 에너지를 절약하고 효율적으로 이용하며 온실가스 배출 및 환경오염의 발생을 최소화하면서 사회적·윤리적 책임을 다하는 경영(이하 "녹색경영"이라 한다)을 할 수 있도록 지원·촉진하기 위하여 다음 각 호의 사항을 포함하는 시책을 수립·시행하여야 한다.

1. 친환경 생산체제로의 전환을 위한 기술지원

2. 기업의 온실가스 배출량, 온실가스 감축 실적 및 온실가스 감축 계획의 공개

3. 기업의 에너지·자원 이용 효율화, 산림 조성 및 자연환경 보전, 지속가능발전 정보 등 녹색경영 성과의 공개

4. 중소기업의 녹색경영에 대한 지원 및 녹색기술의 사업화 촉진을 위한 지원

5. 대기업의 중소기업에 대한 녹색기술 지도·기술이전 및 기술인력 파견에 대한 지원

6. 대기업과 중소기업의 녹색기술 공동개발에 대한 지원

7. 녹색기술·녹색산업에 관한 전문인력 양성·확보 및 국외 진출

8. 그 밖에 기업의 녹색기술 및 녹색경영 촉진에 관한 사항

제56조(녹색기술의 연구개발 및 사업화 등의 촉진)

① 정부는 녹색기술의 연구개발 및 사업화 등을 촉진하기 위하여 다음 각 호의 사항을 포함하는 시책을 수립 · 시행하여야 한다.

    1. 녹색기술과 관련된 정보의 수집 · 분석 및 제공

    2. 녹색기술 평가기법의 개발 및 보급

    3. 녹색기술 연구개발 및 사업화 등의 촉진을 위한 금융지원

    4. 녹색기술 전문인력의 양성 및 국제협력 등

② 정부는 정보통신 · 나노 · 생명공학기술 등 다른 기술 영역과의 융합을 촉진하고 녹색기술의 지식재산권화를 통하여 지식기반 녹색경제로의 이행을 신속하게 추진하여야 한다.

③ 「과학기술기본법」 제7조에 따른 과학기술기본계획에 제1항의 시책이 포함되는 경우에는 미리 위원회의 의견을 들어야 한다.

제57조(조세 제도운영) 정부는 기후위기와 에너지 · 자원의 고갈 문제에 효과적으로 대응하기 위하여 온실가스와 오염물질을 발생시키거나 에너지 · 자원 이용효율이 낮은 재화와 서비스를 줄이고 환경 및 기후친화적인 재화와 서비스를 촉진하는 방향으로 조세제도를 운영하여야 한다.

제58조(금융의 지원 및 활성화)

① 정부는 탄소중립 사회로의 이행과 녹색성장의 추진 등 기후위기 대응을 위하여 재원 조성, 자금 지원, 금융상품의 개발, 민간투자 활성화, 탄소중립 관련 정보 공시제도 강화, 탄소시장 거래 활성화 등을 포함하는 금융시책을 수립 · 시행하여야 한다.

② 제1항에 따른 기후위기 대응을 위한 금융의 촉진에 관한 사항은 따로 법률로 정한다.

제59조(녹색기술 · 녹색산업에 대한 지원 · 특례 등)

① 국가 또는 지방자치단체는 녹색기술 · 녹색산업에 대하여 예산의 범위에서 보조금의 지급 등 필요한 지원을 할 수 있다.

② 「신용보증기금법」에 따라 설립된 신용보증기금 및 「기술보증기금법」에 따라 설립된 기술보증기금은 녹색기술 · 녹색산업에 우선적으로 신용보증을 하거나 보증조건 등을 우대할 수 있다.

③ 국가 또는 지방자치단체는 녹색기술 · 녹색산업과 관련된 기업을 지원하기 위하여 「조세특례제한법」과 「지방세특례제한법」에서 정하는 바에 따라 소득세 · 법인세 · 취득세 · 재산세 · 등록세 등을 감면할 수 있다.

④ 국가와 지방자치단체는 녹색기술 · 녹색산업과 관련된 기업이 「외국인투자 촉진법」 제2조 제1항 제4호에 따른 외국인투자를 유치하는 경우에 이를 최대한 지원하기 위하여 노력하여야 한다.

⑤ 위원회는 매년 녹색기술 · 녹색산업 관련 기업이나 연구기관 등의 고충을 조사하고 불합리한 규제 등 시정이 필요한 사항이 발견될 경우 관계 기관에 대하여 시정권고 또는 의견표명을 할 수 있다.

⑥ 제5항에 따른 고충조사, 시정권고 및 의견표명 등에 관하여 필요한 사항은 대통령령으로 정한다.

제60조(녹색기술·녹색산업의 표준화 및 인증 등)

① 정부는 국내에서 개발되었거나 개발 중인 녹색기술·녹색산업이 「국가표준기본법」 제3조 제2호에 따른 국제표준에 부합하도록 표준화 기반을 구축하고 녹색기술·녹색산업의 국제 표준화 활동 등에 필요한 지원을 할 수 있다.

② 정부는 녹색기술·녹색산업의 발전을 촉진하기 위하여 녹색기술, 제66조 제4항에 따른 녹색제품 등에 대한 적합성 인증을 하거나 녹색기술 및 제66조 제4항에 따른 녹색제품의 매출비중이 높은 기업(이하 "녹색전문기업"이라 한다)의 확인, 공공기관 등 대통령령으로 정하는 기관의 구매의무화 또는 기술지도 등을 할 수 있다.

③ 정부는 다음 각 호의 어느 하나에 해당하는 경우에는 제2항에 따른 적합성 인증 또는 녹색전문기업 확인을 취소하여야 한다.

1. 거짓이나 그 밖의 부정한 방법으로 인증이나 확인을 받은 경우
2. 중대한 결함이 있어 인증이나 확인이 적당하지 아니하다고 인정되는 경우

④ 제1항부터 제3항까지의 규정에 따른 표준화, 인증 및 확인, 그 취소 등에 관하여 필요한 사항은 대통령령으로 정한다.

제61조(녹색기술·녹색산업 집적지 및 단지 조성 등)

① 정부는 녹색기술의 공동연구개발, 시설장비의 공동활용 및 산·학·연 네트워크 구축 등의 사업을 위한 집적지나 단지를 조성하거나 이를 지원할 수 있다.

② 제1항에 따른 사업을 추진하는 경우에는 다음 각 호의 사항을 고려하여야 한다.

1. 집적지·단지별 산업집적 현황에 관한 사항
2. 기업·대학·연구소 등의 연구개발 역량강화 및 상호연계에 관한 사항
3. 산업집적기반시설의 확충 및 우수한 녹색기술·녹색산업 인력의 유치에 관한 사항
4. 녹색기술·녹색산업의 사업추진체계 및 재원 조달방안
5. 효율적 에너지 사용체계 구축 및 집적지·단지의 필요 에너지를 신·재생에너지로 조달할 수 있는 방안 마련에 관한 사항

③ 정부는 녹색기술 및 녹색산업의 발전을 위하여 대통령령으로 정하는 기관 또는 단체로 하여금 녹색기술·녹색산업 집적지 및 단지를 조성하게 할 수 있다.

④ 정부는 제3항에 따른 기관 또는 단체가 같은 항에 따른 집적지 및 단지를 조성하는 사업을 수행하는 데에 소요되는 비용의 전부 또는 일부를 출연할 수 있다.

제62조(녹색기술·녹색산업에 대한 일자리 창출 등)

① 정부는 녹색기술·녹색산업에 대한 일자리를 창출·확대하여 많은 국민이 탄소중립 사회로의 이행과 녹색성장의 추진 과정에서 혜택을 누릴 수 있도록 하여야 한다.

② 정부는 녹색기술·녹색산업에 대한 일자리를 창출하는 과정에서 산업분야별 노동력의 원활한 이동·전환을 촉진하고 국민이 새로운 기술을 습득할 수 있는 기회를 확대하며, 녹색기술·녹색산업에 대한 일자리를 창출하기 위하여 기업과 국민에게 예산의 범위에서 재정적·기술적 지원을 할 수 있다.

제63조(정보통신 기술·서비스 시책)

① 정부는 정보통신 기술 및 서비스를 적극 활용함으로써 온실가스를 감축하고, 에너지를 절약하며 에너지 이용효율을 향상시키기 위하여 다음 각 호의 사항을 포함한 정보통신 기술·서비스 시책을 수립·시행하여야 한다.

1. 방송통신 네트워크 등 정보통신 기반 확대
2. 새로운 정보통신 서비스의 개발·보급
3. 정보통신 산업 및 기기 등에 대한 녹색기술 개발 촉진

② 정부는 제67조 제1항에 따른 녹색생활을 확산시키기 위하여 재택근무·영상회의·원격교육·원격진료 등을 활성화하는 등의 정보통신 시책을 수립·시행하여야 한다.

③ 정부는 정보통신기술을 활용하여 전력 네트워크를 지능화·고도화함으로써 고품질의 전력 서비스를 제공하고 에너지 이용효율을 극대화하며 온실가스를 획기적으로 감축할 수 있도록 하여야 한다.

제64조(순환경제의 활성화) 정부는 제품의 지속가능성을 높이고 버려지는 자원의 순환망을 구축하여 **투입되는 자원과 에너지를 최소화함으로써, 생태계의 보전과 온실가스 감축을 동시에 구현하기 위한 친환경 경제 체계**(이하 이 조에서 "순환경제"라 한다)를 활성화하기 위하여 다음 각 호의 사항을 포함하는 시책을 수립·시행하여야 한다.

1. 제조공정에서 사용되는 원료·연료 등의 순환성 강화에 관한 사항
2. 지속가능한 제품 사용기반 구축 및 이용 확대에 관한 사항
3. 폐기물의 선별·재활용 체계 및 재제조 산업의 활성화에 관한 사항
4. 에너지자원으로 이용되는 목재, 식물, 농산물 등 바이오매스의 수집·활용에 관한 사항
5. 국가 자원 통계 관리체계의 구축 등 자원 모니터링 강화에 관한 사항

제9장 탄소중립 사회 이행과 녹색성장의 확산

제65조(탄소중립 지방정부 실천연대의 구성 등)

① 지방자치단체는 자발적인 기후위기 대응활동을 촉진하고 탄소중립 사회로의 이행과 녹색성장의 추진을 위한 지방자치단체 간의 상호 협력을 증진하기 위하여 지방자치단체의 장이 참여하는 탄소중립 지방정부 실천연대(이하 "실천연대"라 한다)를 구성·운영할 수 있다.

② 실천연대는 원활한 협력과 체계적인 사업의 추진을 위하여 실천연대에 참여하는 지방자치단체의 장 중에서 복수의 대표자를 정할 수 있다.

③ 실천연대는 다음 각 호의 사항을 실천하기 위하여 노력하여야 한다.

1. 2050년까지 탄소중립 달성
2. 탄소중립 사회로의 이행에 대한 사회적 합의 도출과 공감대 형성
3. 탄소중립 달성을 위한 사업의 발굴과 지원
4. 탄소중립 사회로의 이행을 촉진하기 위한 선도적인 기후행동 실천 및 확산
5. 온실가스 감축 및 기후위기 적응을 위한 상호 소통 및 공동 협력
6. 그 밖에 온실가스 감축 및 기후위기 적응, 녹색성장 등 기후위기 대응을 위하여 필요한 사항으로서 실천연대에 참여하는 지방자치단체의 장이 상호 합의하여 정하는 사항

④ 실천연대활동을 지원하기 위하여 사무국을 둔다.

⑤ 제1항에 따른 실천연대의 구성·운영, 제4항에 따른 사무국의 구성·운영 등에 필요한 사항은 대통령령으로 정한다.

제66조(탄소중립 사회 이행과 녹색성장을 위한 생산·소비 문화의 확산)

① 정부는 재화의 생산·소비·운반 및 폐기(이하 "생산등"이라 한다)의 전 과정에서 에너지와 자원을 절약하고 효율적으로 이용하며 온실가스의 발생을 줄일 수 있도록 관련 시책을 수립·시행하여야 한다.

② 정부는 소비자의 선택권을 확대·제고하기 위하여 재화 및 서비스의 가격에 에너지 소비량 및 온실가스 배출량 등이 합리적으로 연계·반영되도록 하고 그 정보가 소비자에게 정확하게 공개·전달되도록 하여야 한다.

③ 정부는 재화의 생산등 전 과정에서 에너지와 자원의 사용량, 온실가스와 오염물질의 배출량 등을 분석·평가하고 그 결과에 관한 정보를 축적하여 이용할 수 있는 정보관리체계를 구축·운영하여야 한다.

④ 정부는 에너지·자원의 투입과 온실가스 및 오염물질의 발생을 최소화하는 제품(이하 "녹색제품"이라 한다)의 사용·소비의 촉진 및 확산을 위하여 재화의 생산자와 판매자 등으로 하여금 그 재화를 생산하는 과정 등에서 발생되는 온실가스와 오염물질의 양에 대한 정보 또는 등급을 소비자가 쉽게 인식할 수 있도록 표시·공개하도록 하는 등의 시책을 수립·시행하여야 한다.

⑤ 정부는 탄소중립 사회로의 이행과 녹색성장의 추진을 위한 생산·소비 문화를 촉진하기 위하여 대통령령으로 정하는 바에 따라 기업과 협력체계를 구축하고, 「여신전문금융업법」 제2조제3호에 따른 신용카드 등을 활용한 인센티브를 부여할 수 있다.

제67조(녹색생활운동 지원 및 교육·홍보)

① 정부는 국민의 생산·소비·활동 등 일상생활에서 에너지와 자원을 절약하고 녹색제품으로 소비를 전환함으로써 온실가스와 오염물질의 발생을 최소화하는 생활(이하 "녹색생활"이라 한다)을 지원할 수 있는 시책을 마련하고 지방자치단체·기업 및 민간단체 등과 탄소중립을 지향하는 협력체계를 구축하며, 교육·홍보를 강화하는 등 범국민적 녹색생활운동을 적극 전개하여야 한다.

② 정부는 녹색생활운동이 민간주도형의 자발적 실천운동으로 전개될 수 있도록 관련 민간단체 및 기구 등에 대하여 필요한 재정적·행정적 지원 등을 할 수 있다.

③ 정부는 녹색생활의 확산을 위하여 다음 각 호의 제도를 시행할 수 있다.

　1. 가정용 또는 상업용 건물을 대상으로 전기, 상수도, 도시가스 등의 사용량을 절감하는 수준에 따라 인센티브를 부여하는 제도

　2. 승용·승합 자동차의 연간 주행거리 감축률에 따라 인센티브를 부여하는 제도

　3. 그 밖에 탄소중립 사회로의 이행과 녹색성장에 관한 국민 인식을 확산하고 실천을 지원하기 위하여 필요한 제도로서 대통령령으로 정하는 제도

④ 정부는 탄소중립 사회로의 이행과 녹색성장에 관한 교육·홍보를 확대함으로써 사업자와 국민 등이 관련 정책과 활동에 자발적으로 참여하고 일상생활에서 녹색생활을 실천할 수 있도록 하여야 한다.

⑤ 정부는 녹색생활 실천이 모든 세대에 걸쳐 확대될 수 있도록 교과용 도서를 포함한 교재 개발 및 교원 연수 등 학교 교육을 강화하고, 일반 교양교육, 직업교육, 기초평생교육 과정 등과 통합·연계한 교육을 강화하여야 하며, 탄소중립 사회로의 이행과 녹색성장에 관련된 전문인력의 육성과 지원에 관한 사업을 추진하여야 한다.

⑥ 정부는 녹색생활의 정착과 확산을 촉진하기 위하여 신문·방송·인터넷포털 등 대중매체를 통한 교육·홍보 활동을 강화하여야 한다.

⑦ 공영방송은 기후위기 대응을 위한 프로그램을 제작·방영하고 기후위기 관련 공익광고를 활성화하도록 적극 노력하여야 한다.

제68조(탄소중립 지원센터의 설립)

① 지방자치단체의 장은 지역의 탄소중립·녹색성장에 관한 계획의 수립·시행과 에너지 전환 촉진 등을 통해 탄소중립 사회로의 이행과 녹색성장의 추진을 지원하기 위하여 대통령령으로 정하는 바에 따라 지역에 탄소중립 지원센터를 설립 또는 지정하여 운영할 수 있다.

② 제1항에 따른 탄소중립 지원센터는 다음 각 호의 업무를 수행한다.

　1. 시·도계획 또는 시·군·구계획의 수립·시행 지원

　2. 지방 기후위기 적응대책의 수립·시행 지원

　3. 지방자치단체별 에너지 전환 촉진 및 전환 모델의 개발·확산

　4. 그 밖에 해당 지역의 탄소중립 사회로의 이행과 녹색성장의 추진을 위하여 필요한 사항으로서 대통령령으로 정하는 업무

③ 지방자치단체의 장은 제1항에 따라 지정된 탄소중립 지원센터가 대통령령으로 정하는 지정 기준에 맞지 아니하게 된 경우에는 그 지정을 취소할 수 있다.

④ 관계 중앙행정기관의 장은 소관 분야에 대하여 예산의 범위에서 제1항에 따른 탄소중립 지원센터에 대한 재정적 지원을 할 수 있다.

⑤ 제1항 및 제3항에 따른 탄소중립 지원센터의 지정 및 지정취소 등에 관하여 필요한 사항은 대통령령으로 정한다.

제10장 기후대응기금의 설치 및 운용

제69조(기후대응기금의 설치)

① 정부는 기후위기에 효과적으로 대응하고 탄소중립 사회로의 이행과 녹색성장을 촉진하는 데 필요한 재원을 확보하기 위하여 기후대응기금(이하 "기금"이라 한다)을 설치한다.

② 기금은 다음 각 호의 재원으로 조성한다.

1. 정부의 출연금

2. 정부 외의 자의 출연금 및 기부금

3. 다른 회계 및 기금으로부터의 전입금

4. 제71조에 따른 일반회계로부터의 전입금

5. 제3항에 따른 금융기관·다른 기금과 그 밖의 재원으로부터의 차입금

6. 「공공자금관리기금법」에 따른 공공자금관리기금으로부터의 예수금(豫受金)

7. 「온실가스 배출권의 할당 및 거래에 관한 법률」 제12조 제3항에 따라 배출권을 유상으로 할당하는 경우 발생하는 수입

8. 기금을 운영하여 생긴 수익금

9. 그 밖에 대통령령으로 정하는 수입금

③ 기금을 지출할 때 자금 부족이 발생하거나 발생할 것으로 예상되는 경우에는 기금의 부담으로 금융기관·다른 기금과 그 밖의 재원으로부터 차입을 할 수 있다.

④ 지방자치단체는 지역 특성에 따른 기후위기 대응사업을 추진하기 위하여 조례로 정하는 바에 따라 지역기후대응기금을 설치할 수 있다.

제70조(기금의 용도) 기금은 다음 각 호의 어느 하나에 해당하는 용도에 사용한다.

1. 정부의 온실가스 감축 기반 조성·운영

2. 탄소중립 사회로의 이행과 녹색성장의 추진을 위한 산업·노동·지역경제 전환 및 기업의 온실가스 감축 활동 지원

3. 기후위기 대응 과정에서 경제적·사회적 여건이 악화된 지역이나 피해를 받는 노동자·계층에 대한 일자리 전환·창출 지원

4. 기후위기 대응을 위한 녹색기술 연구개발 및 인력양성

5. 기후위기 대응을 위하여 필요한 융자·투자 또는 그 밖에 필요한 금융지원

6. 기후위기 대응을 위한 교육·홍보

7. 기후위기 대응을 위한 국제협력

8. 차입금의 원리금 상환

9. 「공공자금관리기금법」에 따른 공공자금관리기금으로부터의 예수금에 대한 원리금 상환

10. 기금의 조성·운용 및 관리를 위한 경비의 지출

11. 그 밖에 기후위기 대응을 위하여 대통령령으로 정하는 용도

제71조(일반회계로부터의 전입) 정부는 매 회계연도마다 「교통·에너지·환경세법」에 따른 교통·에너지·환경세의 1천분의 70에 해당하는 금액을 일반회계로부터 기금에 전입하여야 한다.

제72조(기금의 운용·관리)

① 기금은 기획재정부장관이 운용·관리한다.

② 기획재정부장관은 기금의 운용·관리에 관한 사무의 일부를 기획재정부장관이 정하는 법인 또는 단체에 위탁할 수 있다.

③ 기획재정부장관은 기금의 효율적인 운용·관리를 위하여 필요한 경우 대통령령으로 정하는 바에 따라 계정을 설치하여 회계처리할 수 있다.

④ 기금의 운용·관리에 관한 종합적인 사항을 심의하기 위하여 「국가재정법」 제74조에 따라 기획재정부장관 소속으로 기금운용심의회를 둔다.

⑤ 기획재정부장관은 기금의 운용·관리에 관하여 대통령령으로 정하는 중요한 사항을 위원회에 보고할 수 있다.

⑥ 그 밖에 기금의 운용·관리에 관하여 필요한 사항은 대통령령으로 정한다.

제73조(기금의 회계기관)

① 기획재정부장관은 소속 공무원 중에서 기금의 수입과 지출에 관한 사무를 수행할 기금수입징수관·기금재무관·기금지출관 및 기금출납공무원을 임명하여야 한다.

② 기획재정부장관은 제72조 제2항에 따라 기금의 운용·관리에 관한 사무를 위탁한 경우에는 위탁받은 기관의 임원 중에서 기금수입담당임원과 기금지출원인행위담당임원을, 그 직원 중에서 기금지출원과 기금출납원을 각각 임명하여야 한다. 이 경우 기금수입담당임원은 기금수입징수관의 업무를, 기금지출원인행위담당임원은 기금재무관의 업무를, 기금지출원은 기금지출관의 업무를, 기금출납원은 기금출납공무원의 업무를 각각 수행한다.

제74조(이익금과 손실금의 처리)

① 기금의 결산결과 이익금이 생긴 때에는 이를 전액 적립하여야 한다.

② 기금의 결산결과 손실금이 생긴 때에는 제1항의 적립금으로 보전하고, 그 적립금으로 부족할 때에는 정부가 일반회계에서 보전할 수 있다.

제11장 보칙

제75조(국제협력의 증진)

① 정부는 외국정부 및 국제기구 등과 기후위기 대응에 관한 정보교환, 기술협력 및 표준화, 공동조사·연구 등의 활동에 참여하는 등 국제협력을 강화하기 위한 각종 시책을 마련하여야 한다.

② 정부는 개발도상국이 기후위기 대응을 촉진할 수 있도록 재정 지원을 하는 등 국제사회의 일원으로서의 책무를 성실히 이행할 수 있도록 노력하여야 한다.

③ 정부는 지방자치단체 또는 민간단체 등의 기후위기 대응과 관련한 국제협력 활동을 촉진하기 위하여 정보 제공 및 재정 지원 등 필요한 조치를 강구하여야 한다.

제76조(국제규범 대응)

① 정부는 외국 정부 또는 국제기구에서 제정하거나 도입하려는 기후위기 대응과 관련된 제도·정책에 관한 동향과 정보를 수집·조사·분석하여 관련 제도·정책을 합리적으로 정비하고 지원체제를 구축하는 등 적절한 대책을 마련하여야 한다.

② 정부는 제1항의 동향·정보 및 대책에 관한 사항을 기업·국민들에게 충분히 제공함으로써 국내 기업과 국민들이 기후위기 대응 역량을 높일 수 있도록 하여야 한다.

제77조(국가 보고서 등 작성)

① 정부는 「기후변화에 관한 국제연합 기본협약」(이하 "협약"이라 한다) 및 협정에 따라 다음 각 호의 보고서를 작성·갱신할 수 있다.

　1. 협약에 따른 국가 보고서

　2. 협정에 따른 국가 결정기여에 관한 보고서

　3. 협정에 따른 격년 투명성 보고서

　4. 협정에 따른 적응 보고서

　5. 그 밖에 협약 및 협정에 따른 보고서로서 대통령령으로 정하는 보고서

② 정부는 제1항에 따른 보고서의 작성에 필요한 자료의 제출을 관계 중앙행정기관의 장 및 지방자치단체의 장에게 요청할 수 있으며, 이 경우 관계 중앙행정기관의 장은 특별한 사정이 없으면 요청에 따라야 한다.

③ 정부는 제1항에 따른 보고서를 협약의 당사국총회에 제출할 때에는 위원회의 심의를 거쳐야 한다.

④ 제1항에서 제3항까지의 규정에 따른 보고서의 작성 및 자료 제출에 관하여 필요한 사항은 대통령령으로 정한다.

제78조(국회 보고 등)

① **정부는 국가기본계획을 수립·변경하였을 때에는 지체 없이 국회에 보고하여야 한다.** 다만, 대통령령으로 정하는 경미한 사항을 변경하는 경우에는 그러하지 아니하다.

② 시·도지사 또는 시장·군수·구청장은 시·도계획 또는 시·군·구계획을 수립·변경하였을 때에는 지체 없이 지방의회에 보고하여야 한다. 다만, 대통령령으로 정하는 경미한 사항을 변경하는 경우에는 그러하지 아니하다.

③ 위원회는 제13조 제1항에 따른 국가기본계획의 추진상황 점검결과를 매년 국회에 보고하고, 시·도지사 또는 시장·군수·구청장은 같은 조 제2항에 따른 시·도계획 또는 시·군·구계획의 추진상황 점검결과를 매년 지방의회에 보고하여야 한다.

④ 제1항부터 제3항까지의 규정에 따른 국회 보고 및 지방의회 보고의 시점, 방법 등에 관하여 필요한 사항은 대통령령으로 정한다.

제79조(탄소중립이행책임관의 지정)

① 탄소중립 사회로의 원활한 이행과 녹색성장의 추진을 위하여 중앙행정기관의 장, 시·도지사, 시장·군수·구청장은 소속 공무원 중에서 탄소중립이행책임관을 지정한다.

② 제1항에 따른 탄소중립이행책임관의 지정 요건 및 임무 등에 관하여 필요한 사항은 대통령령으로 정한다.

제80조(청문) 정부는 다음 각 호의 어느 하나에 해당하는 처분을 하려면 청문을 하여야 한다.

1. 제29조 제6항에 따른 지정의 취소

2. 제29조 제7항에 따른 지원기구의 지정취소

3. 제42조 제4항에 따른 지정취소

4. 제60조 제3항에 따른 적합성 인증 또는 녹색전문기업 확인의 취소

5. 제68조 제3항에 따른 지정의 취소

제81조(권한의 위임과 위탁)

① 중앙행정기관의 장은 이 법에 따른 권한의 일부를 대통령령으로 정하는 바에 따라 지방자치단체의 장 또는 소속 기관의 장에게 위임할 수 있다.

② 중앙행정기관의 장은 이 법에 따른 업무의 일부를 대통령령으로 정하는 바에 따라 공공기관 또는 대통령령으로 정하는 기후위기 대응 관련 전문기관에 위탁할 수 있다.

제82조(벌칙 적용 시의 공무원 의제) 다음 각 호의 어느 하나에 해당하는 사람은 「형법」 제129조부터 제132조까지의 규정을 적용할 때에는 공무원으로 본다.

1. 위원회, 지방위원회, 제19조 제1항·제4항에 따른 특별위원회·전문위원회의 위원 중 공무원이 아닌 위원

2. 제81조 제2항에 따라 위탁받은 업무에 종사하는 자

제83조(과태료)

① 다음 각 호의 어느 하나에 해당하는 자에게는 **1천만원 이하의 과태료를 부과**한다.

1. 제27조 제2항을 위반하여 온실가스 배출량 산정을 위한 자료를 제출하지 아니하거나 거짓으로 제출한 자

2. 제27조 제3항을 위반하여 명세서를 제출(같은 항 후단에 따라 수정·보완하여 제출하는 경우를 포함한다. 이하 같다)하지 아니하거나 거짓으로 제출한 자

3. 제27조 제6항을 위반하여 개선명령을 이행하지 아니한 자

② 제1항에 따른 과태료는 대통령령으로 정하는 바에 따라 관계 행정기관의 장이 부과·징수한다.

기후위기 대응을 위한 탄소중립·녹색성장기본법 시행령

제1장 총칙

제1조(목적) 이 영은 「기후위기 대응을 위한 탄소중립·녹색성장기본법」에서 위임된 사항과 그 시행에 필요한 사항을 규정함을 목적으로 한다.

제2장 국가비전 및 온실가스 감축목표 등

제2조(탄소중립 국가전략의 수립·변경 등)

① 환경부장관은 「기후위기 대응을 위한 탄소중립·녹색성장기본법」(이하 "법"이라 한다) 제7조 제2항 및 제5항에 따른 국가 탄소중립 녹색성장전략(이하 "탄소중립 국가전략"이라 한다)의 수립·변경에 관한 업무를 지원한다.

② 환경부장관은 제1항에 따라 탄소중립 국가전략의 수립 및 변경에 관한 업무를 지원하기 위하여 필요한 경우 관계 중앙행정기관의 장, 지방자치단체의 장과 「공공기관의 운영에 관한 법률」 제4조에 따른 공공기관(이하 "공공기관"이라 한다)의 장에게 관련 자료의 제출을 요청할 수 있다.

③ 법 제7조 제4항 단서에서 "대통령령으로 정하는 경미한 사항을 변경하는 경우"란 정책목표의 범위에서 같은 조 제2항 제2호에 따른 부문별 전략 또는 중점추진과제의 세부 내용의 일부를 변경하거나 주관 기관 또는 관련 기관을 변경하는 경우를 말한다.

제3조(중장기 국가 온실가스 감축목표 등)

① 법 제8조 제1항에서 "대통령령으로 정하는 비율"이란 40퍼센트를 말한다.

② **환경부장관**은 법 제8조 제1항부터 제3항까지의 규정에 따른 **중장기 국가 온실가스 감축목표, 부문별 온실가스 감축목표 및 연도별 온실가스 감축목표**(이하 "온실가스 중장기 감축목표등"이라 한다)의 **설정·변경에 관한 업무를 총괄·조정**한다.

③ 정부는 법 제8조 제1항부터 제4항까지의 규정에 따라 온실가스 중장기 감축목표등을 설정·변경하거나 새로 설정하는 경우에는 법 제15조 제1항에 따른 2050 탄소중립 녹색성장위원회의 심의를 거쳐야 한다.

④ 정부는 법 제8조 제1항부터 제4항까지의 규정에 따라 온실가스 중장기 감축목표등을 설정·변경하거나 새로 설정하는 경우에는 법 제33조 제1항에 따른 탄소흡수원 등을 활용한 감축실적과 법 제35조 제3항 본문에 따른 국제감축실적 등을 고려할 수 있다.

⑤ 중앙행정기관의 장이 다음 각 호의 계획을 수립·변경할 때에는 온실가스 중장기 감축목표등에 부합하도록 해야 한다.

1. 법 제10조 제1항에 따른 국가 탄소중립 녹색성장 기본계획

2. 「전기사업법」 제25조 제1항에 따른 전력수급 기본계획

3. 「국토기본법」 제9조 제1항에 따른 국토종합계획

4. 「지속가능발전법」 제7조에 따른 중앙 지속가능발전 기본계획

5. 「신에너지 및 재생에너지 개발·이용·보급 촉진법」 제5조 제1항에 따른 신·재생에너지의 기술개발 및 이용·보급을 촉진하기 위한 기본계획

6. 「국가통합교통체계 효율화법」 제4조 제1항에 따른 국가기간교통망에 관한 계획

7. 「수소경제 육성 및 수소 안전관리에 관한 법률」 제5조 제1항에 따른 수소경제 이행 기본계획

8. 「농업·농촌 및 식품산업 기본법」 제14조 제1항에 따른 농업·농촌 및 식품산업 발전계획

9. 「순환경제사회 전환촉진법」 제10조 제1항에 따른 순환경제 기본계획

10. 「녹색건축물 조성 지원법」 제6조 제1항에 따른 녹색건축물 기본계획

11. 「탄소흡수원 유지 및 증진에 관한 법률」 제5조 제1항에 따른 탄소흡수원 증진 종합계획

12. 그 밖에 법 제15조 제1항에 따른 2050 탄소중립 녹색성장위원회의 의결을 거쳐 같은 항에 따른 2050 탄소중립 녹색성장위원회의 위원장이 선정한 주요 계획

제4조(이행현황의 점검 등)

① 법 제15조 제1항에 따른 2050 탄소중립 녹색성장위원회의 위원장은 법 제9조 제1항에 따른 이행현황 점검을 실시하기 위하여 **매년 점검계획을 수립**해야 한다.

② 법 제9조 제1항에 따른 이행현황 점검은 서면점검으로 실시하되, 필요한 경우 현장점검으로 실시할 수 있다.

③ 환경부장관은 법 제9조 제1항에 따른 이행현황 점검에 관한 업무를 지원한다.

④ 법 제15조 제1항에 따른 2050 탄소중립 녹색성장위원회의 위원장은 법 제9조 제1항에 따른 이행현황 점검 및 결과 보고서의 작성을 위하여 필요한 경우 관계 행정기관의 장에게 관련 자료의 제출을 요청할 수 있다.

⑤ 법 제15조 제1항에 따른 2050 탄소중립 녹색성장위원회의 위원장은 법 제9조 제1항에 따라 작성한 결과 보고서를 법 제15조 제1항에 따른 2050 탄소중립 녹색성장위원회의 심의를 거쳐 같은 항에 따른 2050 탄소중립 녹색성장위원회의 인터넷 홈페이지에 공개해야 한다.

⑥ 법 제9조 제2항에서 "대통령령으로 정하는 사항"이란 다음 각 호의 사항을 말한다.

1. 법 제8조 제3항에 따른 연도별 온실가스 감축목표(이하 "연도별 감축목표"라 한다)의 이행현황에 대한 이해관계자의 의견수렴 결과

2. 연도별 감축목표의 이행현황을 확인하기 위하여 법 제15조 제1항에 따른 2050 탄소중립 녹색성장위원회의 위원장이 필요하다고 인정하는 사항

⑦ 제1항부터 제6항까지에서 규정한 사항 외에 연도별 감축목표의 이행현황 점검에 필요한 사항은 법 제15조 제1항에 따른 2050 탄소중립 녹색성장위원회의 의결을 거쳐 같은 항에 따른 2050 탄소중립 녹색성장위원회의 위원장이 정한다.

제3장 국가 탄소중립 녹색성장 기본계획의 수립 등

제5조(국가 탄소중립 녹색성장 기본계획의 수립 · 시행)

① 정부는 법 제10조 제1항 및 제3항에 따라 같은 조 제1항에 따른 국가 탄소중립 녹색성장 기본계획(이하 "탄소중립 국가기본계획"이라 한다)을 수립하거나 변경하는 경우에는 법 제15조 제1항에 따른 2050 탄소중립 녹색성장위원회의 심의를 거치기 전에 공청회 개최 등을 통하여 관계 전문가나 국민, 이해관계자 등의 의견을 들어야 한다.

② 법 제10조 제2항 제11호에서 "대통령령으로 정하는 사항"이란 다음 각 호의 사항을 말한다.

1. 농업 · 축산 · 수산, 산업, 에너지, 발전, 환경, 폐기물, 국토, 건물, 수송, 해양, 중소기업, 산림 등 탄소중립사회로의 이행과 녹색성장의 추진에 관련된 각 분야별 정책과의 연계에 관한 사항

2. 온실가스 감축목표 및 감축대책에 따른 경제적 효과 분석

3. 법 제35조 제1항에 따른 국제 감축사업의 목적, 원칙 및 추진방안

4. 그 밖에 탄소중립사회로의 이행과 녹색성장의 추진을 위하여 탄소중립 국가기본계획에 포함할 필요가 있다고 법 제15조 제1항에 따른 2050 탄소중립 녹색성장위원회가 인정하여 의결한 사항

③ 법 제10조 제3항 단서에서 "대통령령으로 정하는 경미한 사항을 변경하는 경우"란 다음 각 호의 경우를 말한다.

1. 변화된 국내외 여건을 반영하여 법 제10조 제2항 제2호 및 제3호에 관한 사항 중 일부를 변경하는 경우

2. 탄소중립 국가기본계획의 본질적인 내용에 영향을 미치지 않는 사항으로서 정책목표의 범위에서 법 제10조 제2항 제4호에 따른 부문별 · 연도별 대책의 세부 내용의 일부를 변경하거나 주관 기관 또는 관련 기관을 변경하는 경우

제6조(탄소중립 시 · 도계획의 수립 등)

① 특별시장 · 광역시장 · 특별자치시장 · 도지사 및 특별자치도지사(이하 "시 · 도지사"라 한다)는 탄소중립 국가기본계획이 수립되거나 변경(법 제10조 제3항 단서에 따른 경미한 사항이 변경된 경우는 제외한다)된 날부터 6개월 이내에 법 제11조 제1항에 따른 시 · 도 탄소중립 녹색성장 기본계획(이하 "탄소중립 시 · 도계획"이라 한다)을 수립하거나 변경해야 한다.

② 시 · 도지사는 제1항에 따라 탄소중립 시 · 도계획을 수립하거나 변경하는 경우에는 법 제22조 제1항에 따른 2050 지방 탄소중립 녹색성장위원회(이하 "지방위원회"라 한다)의 심의를 거치기 전에 관할 시장 · 군수 · 구청장(자치구의 구청장을 말한다. 이하 같다), 지역주민, 관계 전문가 및 이해관계자의 의견을 들어야 한다.

③ 법 제11조 제3항 단서에서 "대통령령으로 정하는 경미한 사항을 변경하는 경우"란 다음 각 호의 경우를 말한다.

1. 변화된 국내외 여건을 반영하여 법 제11조 제2항 제1호의 사항 중 일부를 변경하는 경우

2. 탄소중립 시·도계획(법 제12조 제2항에 따라 준용되는 경우에는 같은 조 제1항에 따른 시·군·구 탄소중립 녹색성장 기본계획을 말한다)의 본질적인 내용에 영향을 미치지 않는 사항으로서 정책목표의 범위에서 법 제11조 제2항 제2호에 따른 부문별·연도별 이행대책의 세부 내용의 일부를 변경하거나 주관 기관 또는 관련 기관을 변경하는 경우

④ 시·도지사는 법 제11조 제4항에 따라 탄소중립 시·도계획이 수립 또는 변경된 날부터 1개월 이내에 탄소중립 시·도계획을 환경부장관에게 제출해야 하며, 환경부장관은 탄소중립 시·도계획을 모두 제출받은 날부터 3개월 이내에 제출받은 탄소중립 시·도계획을 종합하여 법 제15조 제1항에 따른 2050 탄소중립 녹색성장위원회에 보고해야 한다.

⑤ 관계 중앙행정기관의 장은 법 제11조 제5항에 따라 특별시·광역시·특별자치시·도·특별자치도(이하 "시·도"라 한다)의 부문별 탄소중립 정책 추진을 촉진하기 위한 행정적·재정적 지원을 할 수 있다.

⑥ 환경부장관은 법 제11조 제5항에 따라 다음 각 호의 지원을 할 수 있다.

　　1. 탄소중립 시·도계획 작성을 위한 지침 마련·제공 등의 지원

　　2. 탄소중립 시·도계획의 분야별 실행전략 마련을 위한 컨설팅

　　3. 탄소중립 시·도계획 이행 촉진을 위한 교육·훈련과 관련 정보시스템 구축 지원

⑦ 제1항부터 제6항까지에서 규정한 사항 외에 탄소중립 시·도계획의 수립·변경에 필요한 사항은 시·도의 조례로 정한다.

제7조(탄소중립 시·군·구계획의 수립 등)

① 시장·군수·구청장은 탄소중립 시·도계획이 수립되거나 변경(법 제11조 제3항 단서에 따른 경미한 사항이 변경된 경우는 제외한다)된 날부터 6개월 이내에 법 제12조 제1항에 따른 시·군·구 탄소중립 녹색성장 기본계획(이하 "탄소중립 시·군·구계획"이라 한다)을 시·도지사와의 협의를 거쳐 수립하거나 변경해야 한다.

② 시장·군수·구청장은 제1항에 따라 탄소중립 시·군·구계획을 수립하거나 변경하는 경우에는 지방위원회의 심의를 거치기 전에 지역주민, 관계 전문가 및 이해관계자의 의견을 들어야 한다.

③ 시장·군수·구청장은 법 제12조 제3항에 따라 탄소중립 시·군·구계획이 수립 또는 변경된 날부터 1개월 이내에 탄소중립 시·군·구계획을 환경부장관 및 관할 시·도지사에게 제출해야 하며, 환경부장관은 탄소중립 시·군·구계획을 모두 제출받은 날부터 3개월 이내에 제출받은 탄소중립 시·군·구계획을 종합하여 법 제15조 제1항에 따른 2050 탄소중립 녹색성장위원회에 보고해야 한다.

④ 관계 중앙행정기관의 장은 법 제12조 제4항에 따라 시·군·구(자치구를 말한다. 이하 같다)의 부문별 탄소중립 정책 추진을 촉진하기 위한 행정적·재정적 지원을 할 수 있다.

⑤ 환경부장관은 법 제12조 제4항에 따라 다음 각 호의 지원을 할 수 있다.

　　1. 탄소중립 시·군·구계획 작성을 위한 지침 마련·제공 등의 지원

2. 탄소중립 시·군·구계획의 분야별 실행전략 마련을 위한 컨설팅

3. 탄소중립 시·군·구계획 이행 촉진을 위한 교육·훈련과 관련 정보시스템 구축 지원

⑥ 제1항부터 제5항까지에서 규정한 사항 외에 탄소중립 시·군·구계획의 수립·변경에 필요한 사항은 시·군·구의 조례로 정한다.

제8조(탄소중립 국가기본계획 등의 추진상황 점검)

① 법 제15조 제1항에 따른 2050 탄소중립 녹색성장위원회의 위원장은 법 제13조 제1항에 따라 탄소중립 국가기본계획의 추진상황과 주요 성과를 점검하기 위한 계획을 매년 수립해야 한다.

② 법 제15조 제1항에 따른 2050 탄소중립 녹색성장위원회의 위원장은 법 제13조 제1항에 따른 점검을 위하여 필요한 경우 관계 행정기관의 장에게 관련 자료의 제출을 요청할 수 있다.

③ 법 제15조 제1항에 따른 2050 탄소중립 녹색성장위원회의 위원장은 법 제13조 제1항에 따른 탄소중립 국가기본계획 추진상황의 점검 결과를 「정부업무평가 기본법」에 따른 정부업무평가에 반영하도록 요청할 수 있다.

④ 법 제15조 제1항에 따른 2050 탄소중립 녹색성장위원회의 위원장은 법 제13조 제1항에 따른 결과 보고서를 법 제15조 제1항에 따른 2050 탄소중립 녹색성장위원회의 심의를 거쳐 같은 항에 따른 2050 탄소중립 녹색성장위원회의 인터넷 홈페이지에 공개해야 한다.

⑤ 시·도지사는 법 제13조 제2항에 따라 탄소중립 시·도계획의 추진상황과 주요 성과에 대한 점검 결과 보고서를 매년 5월 31일까지 환경부장관에게 제출해야 하고, 시장·군수·구청장은 탄소중립 시·군·구계획의 추진상황과 주요 성과에 대한 점검 결과 보고서를 매년 5월 31일까지 환경부장관과 관할 시·도지사에게 각각 제출해야 한다.

⑥ 환경부장관은 탄소중립 시·도계획 및 탄소중립 시·군·구계획의 추진상황과 주요 성과에 대한 점검 결과 보고서 작성에 필요한 사항을 지원할 수 있다.

⑦ 환경부장관은 제5항에 따라 제출받은 시·도와 시·군·구의 점검 결과 보고서를 종합한 점검 결과 보고서를 작성하여 매년 7월 31일까지 법 제15조 제1항에 따른 2050 탄소중립 녹색성장위원회에 보고해야 한다.

⑧ 환경부장관은 법 제13조 제1항 및 제2항에 따른 탄소중립 국가기본계획, 탄소중립 시·도계획 및 탄소중립 시·군·구계획의 추진상황과 주요 성과에 대한 점검 등에 관한 법 제15조 제1항에 따른 2050 탄소중립 녹색성장위원회의 위원장의 업무를 지원한다.

⑨ 제1항부터 제8항까지에서 규정한 사항 외에 탄소중립 국가기본계획 등의 추진상황과 주요 성과의 점검에 필요한 사항은 법 제15조 제1항에 따른 2050 탄소중립 녹색성장위원회의 의결을 거쳐 같은 항에 따른 2050 탄소중립 녹색성장위원회의 위원장이 정한다.

제9조(법령 제정·개정에 따른 통보 등)

① 법 제14조 제1항에 따라 중앙행정기관의 장이 법 제15조 제1항에 따른 2050 탄소중립 녹색성장위원회에 그 내용을 통보해야 하는 법령은 온실가스 감축 또는 기후위기 적응과 관련된 법령으로 한다.

② 법 제14조 제1항에 따라 중앙행정기관의 장이 법 제15조 제1항에 따른 2050 탄소중립 녹색성장위원회에 그 내용을 통보해야 하는 중·장기 행정계획의 종류는 [별표 1]과 같다.

③ 법 제14조 제1항에 따라 중앙행정기관의 장이 법 제15조 제1항에 따른 2050 탄소중립 녹색성장위원회에 법령 등의 내용을 통보해야 하는 시기는 다음 각 호의 구분에 따른다.

　　1. 국가비전에 영향을 미치는 내용을 포함하는 법령 : 「법제업무 운영규정」 제11조에 따라 법령안을 관계 기관의 장에게 보낼 때

　　2. 탄소중립 국가기본계획과 관련이 있는 중·장기 행정계획 : 중·장기 행정계획을 수립하거나 변경하기 전(해당 계획의 근거 법령에서 관계 기관과 협의하도록 규정하고 있거나 같은 법령에서 규정하는 위원회 등의 심의를 거치도록 규정하고 있는 경우에는 관계 기관과 협의하기 전 또는 위원회 등의 심의를 거치기 전을 말한다)

④ 법 제14조 제2항에 따라 지방자치단체의 장이 법 제15조 제1항에 따른 2050 탄소중립 녹색성장위원회 및 지방위원회에 그 내용을 통보해야 하는 조례와 행정계획은 다음 각 호의 구분에 따른다.

　　1. 국가비전에 영향을 미치는 내용을 포함하는 조례 : [별표 1의 2]에 따른 행정계획과 관련된 조례 중 온실가스 감축 또는 기후위기 적응에 관련된 조례

　　2. 탄소중립 시·도계획 또는 탄소중립 시·군·구계획과 관련이 있는 행정계획 : [별표 1의 2]에 따른 행정계획

⑤ 법 제14조 제2항에 따라 지방자치단체의 장이 법 제15조 제1항에 따른 2050 탄소중립 녹색성장위원회 및 지방위원회에 조례 등의 내용을 통보해야 하는 시기는 다음 각 호의 구분에 따른다.

　　1. 제4항 제1호의 조례 : 해당 조례의 입법예고 시작일부터 3일 이내

　　2. 제4항 제2호의 행정계획 : 행정계획을 수립하거나 변경하기 전

⑥ 법 제14조 제1항 또는 제2항에 따른 통보를 받은 법 제15조 제1항에 따른 2050 탄소중립 녹색성장위원회 또는 지방위원회는 법 제14조 제3항에 따라 통보를 받은 날부터 30일 이내에 그 검토 결과를 관계 중앙행정기관의 장 또는 관계 지방자치단체의 장에게 통보해야 한다. 다만, 부득이한 사유로 30일 이내에 통보를 할 수 없는 경우에는 30일의 범위에서 그 기간을 연장할 수 있다.

제4장　2050 탄소중립 녹색성장위원회 등

제10조(2050 탄소중립 녹색성장위원회 위원장의 직무)　법 제15조 제1항에 따른 2050 **탄소중립 녹색성장위원회**(이하 "위원회"라 한다)의 **2명의 위원장**(이하 "위원장"이라 한다)은 각자 위원회를 대표하고, **위원회의 업무**를 총괄한다.

제11조(위원회의 구성 등)

① 법 제15조 제4항 제1호에서 "대통령령으로 정하는 공무원"이란 **교육부장관, 외교부장관, 통일부장관, 행정안전부장관, 문화체육관광부장관, 농림축산식품부장관, 보건복지부장관, 고용노동부장관, 여성가족부장관, 해양수산부장관, 중소벤처기업부장관, 방송통신위원회위원장, 금융위원회위원장, 산림청장과 기상청장**을 말한다.

② 법 제15조 제4항 제2호에 따른 **위원(이하 "위촉위원"이라 한다)의 해촉으로 새로 위촉된 위원의 임기는 전임위원 임기의 남은 기간**으로 한다.

③ 위촉위원은 법 제15조 제8항에 따른 **임기가 만료된 경우에도 후임위원이 위촉될 때까지 그 직무를 수행**할 수 있다.

④ 대통령은 위촉위원이 다음 각 호의 어느 하나에 해당하는 경우에는 해당 위원을 해촉(解囑)할 수 있다.

 1. 심신장애로 직무를 수행할 수 없게 된 경우

 2. 직무와 관련된 비위사실이 있는 경우

 3. 직무태만, 품위손상이나 그 밖의 사유로 위원으로 적합하지 않다고 인정되는 경우

 4. 법 제18조 제1항 각 호의 어느 하나에 해당함에도 불구하고 회피(回避)하지 않은 경우

 5. 위원 스스로 직무를 수행하는 것이 곤란하다고 의사를 밝히는 경우

제12조(위원회의 심의)

① 위원회는 법 제16조 각 호에 따른 심의를 지원하기 위하여 농업 · 축산 · 수산, 산업, 에너지, 발전, 환경, 폐기물, 국토, 건물, 수송, 해양 등의 분야별로 관련 전문기관을 지정할 수 있다.

② 제1항에 따라 지정된 전문기관의 지정 유효기간은 3년으로 하되, 위원회는 기간 만료 전에 전문기관 지정의 유효기간을 갱신할 수 있다.

제13조(회의)

① 법 제17조 제2항 단서에서 "대통령령으로 정하는 경우"란 다음 각 호의 경우를 말한다.

 1. 긴급한 사유로 위원이 출석하는 회의를 개최할 시간적 여유가 없는 경우

 2. 천재지변이나 그 밖의 부득이한 사유로 위원의 출석에 의한 의사정족수를 채우기 어려운 경우 등 위원장이 특별히 필요하다고 인정하는 경우

② 위원회 회의의 공개 방법 · 절차나 비공개 사유에 관한 사항은 위원회의 의결을 거쳐 위원장이 정한다.

제14조(사무처의 운영 등)

① 법 제21조 제1항에 따라 위원회 소속으로 두는 사무처(이하 "사무처"라 한다)의 장은 국무조정실장이 지명하는 국무조정실 소속 정무직 공무원으로 하며, 사무처의 업무를 총괄한다.

② 위원회는 위원회의 운영 및 사무처의 업무 수행을 위하여 필요한 경우에는 관계 중앙행정기관 및 지방자치단체 소속 공무원과 공공기관이나 관계 기관 · 단체 · 연구소 소속 임직원 등의 파견 또는 겸임을 요청할 수 있다.

③ 위원회는 사무처의 운영에 필요한 경우에는 예산의 범위에서 농업·축산·수산, 산업, 에너지, 발전, 환경, 폐기물, 국토, 건물, 수송, 해양 등 관련 분야의 전문가를 「국가공무원법」 제26조의 5에 따른 임기제 공무원으로 둘 수 있다.

④ 위원회와 법 제19조에 따른 분과위원회·특별위원회·전문위원회의 위촉 위원, 관계 전문가, 의견수렴 과정에 참여한 시민, 이해관계자 등이나 공무원이 아닌 직원 등에게는 예산의 범위에서 수당과 여비 또는 그 밖에 필요한 경비를 지급할 수 있다. 다만, 공무원이 소관 업무와 직접 관련되어 위원회에 출석하는 경우에는 지급하지 않는다.

제5장 온실가스 감축시책

제15조(기후변화 영향평가)

① 법 제23조 제1항에서 "온실가스를 다량으로 배출하는 사업 등 대통령령으로 정하는 계획 및 개발사업"이란 [별표 2]의 계획 및 개발사업을 말한다.

② 법 제23조 제1항에 따른 기후변화 영향평가(이하 "기후변화 영향평가"라 한다)의 대상이 되는 계획을 수립하려는 관계 행정기관의 장은 다음 각 호의 사항을 고려하여 기후변화 영향평가를 실시해야 한다.
   1. 기후변화 관련 법령, 제도 및 주요 시책 등의 현황
   2. 기후변화 관련 국제 협약 및 국가비전과의 정합성
   3. 기후변화에 미치는 영향 및 온실가스 감축방안
   4. 기후변화로부터 받게 되는 영향과 적응방안

③ 기후변화 영향평가의 대상이 되는 개발사업을 시행하려는 사업자는 다음 각 호의 사항을 고려하여 기후변화 영향평가를 실시해야 한다.
   1. 기후변화 관련 법령, 제도 및 주요 시책 등의 현황
   2. 탄소중립 시·도계획, 탄소중립 시·군·구계획 등 관련 계획과의 정합성
   3. 개발사업 실시에 따라 예상되는 온실가스 배출량 및 감축방안
   4. 개발사업이 기후변화로부터 받게 되는 영향과 위험성 평가
   5. 온실가스 배출원·흡수원
   6. 기후위기 적응방안과 개발사업의 사후관리 계획

④ 제2항 및 제3항에서 규정한 사항 외에 기후변화 영향평가방법에 관하여 필요한 사항은 환경부장관이 정하여 고시한다.

⑤ 환경부장관은 법 제23조 제3항에 따라 기후변화 영향평가 결과를 검토할 때 필요한 경우 다음 각 호의 기관이나 관련 전문가의 의견을 들을 수 있다.
   1. 법 제36조 제1항에 따른 온실가스 종합정보센터
   2. 법 제46조 제1항에 따른 국가 기후위기 적응센터
   3. 「환경부와 그 소속기관 직제」 제15조에 따른 국립환경과학원
   4. 「국립생태원의 설립 및 운영에 관한 법률」에 따른 국립생태원

5. 「정부출연 연구기관 등의 설립 · 운영 및 육성에 관한 법률」에 따라 설립된 한국환경연구원

6. 「한국환경공단법」에 따른 한국환경공단(이하 "한국환경공단"이라 한다)

7. 「책임운영기관의 설치 · 운영에 관한 법률」에 따라 설치된 국립기상과학원

⑥ 제5항에서 규정한 사항 외에 법 제23조 제3항에 따른 기후변화 영향평가 결과의 검토에 필요한 사항은 환경부장관이 정한다.

제16조(온실가스 감축인지 예산제도) 환경부장관은 기획재정부장관 또는 행정안전부장관과 협의하여 법 제24조에 따른 온실가스 감축인지 예산제도의 실시에 필요한 다음 각 호의 업무를 지원한다.

1. 예산과 기금이 기후변화에 미치는 영향 분석

2. 대상사업 선정기준, 온실가스 감축인지 예산 · 결산서 작성방법 등을 포함한 운영지침 마련

3. 온실가스 감축인지 예산 · 결산서의 검토 · 분석

4. 온실가스 감축인지 기금운용계획서 및 기금결산서의 검토 · 분석

5. 온실가스 감축인지 예산제도의 홍보 및 예산기법의 교육

6. 그 밖에 예산과 기금이 기후변화에 미치는 영향을 분석한 결과 국가와 지방자치단체의 재정 운용에 반영할 필요가 있다고 환경부장관이 기획재정부장관 또는 행정안전부장관과 협의하여 정하는 업무

제17조(공공부문 온실가스 목표관리)

① 법 제26조 제1항에서 "관계 중앙행정기관, 지방자치단체, 시 · 도 교육청, 공공기관 등 대통령령으로 정하는 기관"이란 다음 각 호의 기관(이하 "공공기관등"이라 한다)을 말한다.

1. 중앙행정기관

2. 지방자치단체

3. 시 · 도 교육청

4. 공공기관

5. 「지방공기업법」 제49조에 따른 지방공사(이하 "지방공사"라 한다) 및 같은 법 제76조에 따른 지방공단(이하 "지방공단"이라 한다)

6. 「고등교육법」 제2조 및 제3조에 따른 국립대학 및 공립대학

7. 「한국은행법」에 따른 한국은행

8. 「금융위원회의 설치 등에 관한 법률」 제24조에 따른 금융감독원

② 공공기관등의 장은 법 제26조 제1항에 따라 매년 12월 31일까지 다음 연도의 온실가스 감축목표를 설정하여 전자적 방식으로 환경부장관에게 제출해야 한다.

③ 공공기관등의 장은 제2항에 따라 온실가스 감축목표를 설정하는 경우 다음 각 호의 사항을 포함하여 설정할 수 있다.

1. 다른 공공기관등의 장과의 공동 이행 여부

2. 해당 기관 외부에서의 온실가스 감축사업 수행 여부

④ 환경부장관은 제2항에 따라 제출받은 온실가스 감축목표를 검토하여 온실가스 중장기 감축목표등의 달성에 적절하지 않다고 인정하는 경우에는 공공기관등의 장에게 감축목표의 개선·보완을 요청할 수 있다.

⑤ 공공기관등의 장은 법 제26조 제2항에 따른 이행실적을 전자적 방식으로 다음 연도 3월 31일까지 환경부장관에게 제출해야 한다.

⑥ 제5항에 따라 제출하는 이행실적에는 다음 각 호의 사항이 포함되어야 한다.

　　1. 해당 연도의 온실가스 감축실적 및 감축목표 달성 여부

　　2. 온실가스 배출시설별 온실가스 배출량 및 총 온실가스 배출량

　　3. 그 밖에 연도별 온실가스 감축목표를 달성하기 위하여 환경부장관이 정하는 사항

⑦ 법 제26조 제3항에 따라 환경부장관은 제5항에 따라 제출받은 이행실적에 대하여 전자적 방식으로 등록부를 작성하고 관리해야 한다.

⑧ 행정안전부장관, 산업통상자원부장관, 환경부장관 및 국토교통부장관은 제5항에 따라 환경부장관이 이행실적을 제출받은 날부터 3개월 이내에 이를 공동으로 검토하고, 그 결과를 위원회에 보고해야 한다. 이 경우 환경부장관은 이행실적 검토에 관한 업무를 총괄·조정한다.

⑨ 환경부장관은 제8항에 따른 검토 결과를 법 제36조 제1항에 따른 온실가스 종합정보관리체계를 통해 공개할 수 있다.

⑩ 환경부장관은 법 제26조 제4항에 따라 공공기관등의 이행실적이 제출한 감축목표에 미달하는 경우 공공기관등의 장에게 온실가스 감축을 촉진하기 위한 개선을 명할 수 있다.

⑪ 제10항에 따라 개선명령을 받은 공공기관등의 장은 개선명령을 받은 날부터 1개월 이내에 개선계획을 전자적 방식으로 환경부장관에게 제출해야 한다.

⑫ 법 제26조 제5항에 따른 국회, 법원, 헌법재판소, 선거관리위원회(이하 이 조에서 "헌법기관등"이라 한다)의 온실가스 감축목표의 설정, 이행실적의 통보·공개 및 등록부의 작성·관리에 관하여는 제2항·제3항 및 제5항부터 제9항까지의 규정을 준용한다. 이 경우 "공공기관등"은 "헌법기관등"으로, "제출"은 "통보"로 본다.

⑬ 제1항부터 제12항까지에서 규정한 사항 외에 공공기관등의 감축목표 설정, 이행실적의 제출·공개, 등록부의 작성·관리 및 개선명령 등에 필요한 세부 사항은 환경부장관이 정하여 고시한다.

제18조(온실가스 배출관리업체의 온실가스 목표관리)

① 다음 각 호의 구분에 따른 부문별 중앙행정기관(이하 "부문별 관장기관"이라 한다)의 장은 해당 호에서 정한 분야별로 법 제27조 제1항에 따른 온실가스 감축목표(이하 "온실가스 관리목표"라 한다)의 설정·관리와 법 제28조에 따른 권리와 의무의 승계에 관한 업무를 관장하며, **환경부장관은 이를 총괄·조정**한다. 이 경우 부문별 관장기관의 장은 환경부장관의 총괄·조정 업무에 최대한 협조해야 한다.

1. 농림축산식품부 : 농업·축산·식품·임업 분야

2. 산업통상자원부 : 산업·발전(發電) 분야

3. 환경부 : 폐기물 분야

4. 국토교통부 : 건물·교통(해운·항만은 제외한다)·건설 분야

5. 해양수산부 : 해양·수산·해운·항만 분야

② 환경부장관은 온실가스 관리목표를 관리하기 위하여 필요한 경우에는 부문별 관장기관의 장의 소관 사무에 대하여 종합적인 점검을 할 수 있으며, 그 결과에 따라 부문별 관장기관의 장에게 법 제27조 제1항에 따른 관리업체(이하 "온실가스 배출관리업체"라 한다)에 대한 개선명령 등 필요한 조치를 하도록 요구할 수 있다.

③ 환경부장관은 국가비전, 온실가스 중장기 감축목표등, 국내산업의 여건, 탄소중립 관련 국제동향 등을 고려하여 다음 각 호의 사항을 포함한 온실가스 배출관리업체의 온실가스 목표관리에 관한 종합적인 기준 및 지침을 부문별 관장기관의 장과의 협의를 거쳐 정하여 고시한다.

1. 온실가스 관리목표의 설정·관리

2. 법 제27조 제3항에 따른 검증

3. 법 제28조 제1항에 따른 권리와 의무의 승계

4. 제21조 제2항에 따른 온실가스 관리목표의 이행계획 작성방법

제19조(온실가스 배출관리업체의 지정기준 및 계획기간)

① 법 제27조 제1항에서 "대통령령으로 정하는 기준량 이상의 온실가스를 배출하는 업체"란 **최근 3년간 연평균 온실가스 배출총량이 5만 이산화탄소상당량톤(tCO_2-eq) 이상인 업체이거나 연평균 온실가스 배출량이 1만 5천 이산화탄소상당량톤(tCO_2-eq) 이상인 사업장을 하나 이상 보유하고 있는 업체**를 말한다.

② 제1항에서 "최근 3년간"이란 **온실가스 배출관리업체로 지정된 연도(이하 "지정연도"라 한다)의 직전 3년간**을 말한다. 다만, 사업기간이 3년 미만이거나 사업장의 휴업 등으로 3년간의 자료가 없는 경우에는 해당 사업기간 또는 자료 보유기간을 대상으로 산정할 수 있다.

③ 법 제27조 제1항에서 "대통령령으로 정하는 계획기간"이란 1년을 말한다.

제20조(온실가스 배출관리업체의 지정절차)

① 부문별 관장기관의 장은 제19조 제1항에 해당하는 업체를 온실가스 배출관리업체 지정대상으로 선정하고 법 제27조 제2항에 따른 온실가스 배출량 산정을 위한 자료를 첨부하여 제19조 제3항에 따른 계획기간(이하 "계획기간"이라 한다) 전전년도의 4월 30일까지 환경부장관에게 통보해야 한다.

② 환경부장관은 제1항에 따라 통보받은 온실가스 배출관리업체 지정대상에 대하여 온실가스 배출관리업체 선정의 중복·누락, 규제의 적절성 등을 검토하여 그 결과를 계획기간 전전년도의 5월 31일까지 부문별 관장기관의 장에게 통보해야 한다.

③ 제2항에 따라 검토 결과를 통보받은 부문별 관장기관의 장은 그 결과를 고려하여 온실가스 배출관리업체 지정대상 중에서 온실가스 배출관리업체를 지정한다.

④ 제3항에 따라 온실가스 배출관리업체를 지정한 부문별 관장기관의 장은 그 사실을 해당 온실가스 배출관리업체에 통보하고, 계획기간 전전년도의 6월 30일까지 관보에 고시해야 한다.

⑤ 부문별 관장기관의 장은 온실가스 배출관리업체가 다음 각 호의 어느 하나에 해당하게 된 경우에는 그 지정을 취소할 수 있다.

 1. 폐업 신고, 법인 해산, 영업 허가의 취소 등의 사유로 온실가스 배출관리업체가 존립하지 않는 경우

 2. 법 제28조 제1항에 따라 권리와 의무를 다른 업체에 이전한 경우

제21조(온실가스 배출관리업체에 대한 목표관리 방법 및 절차)

① 법 제27조 제1항에 따라 **부문별 관장기관의 장은 온실가스 관리목표를 온실가스 배출관리업체와의 협의 및 위원회의 심의를 거쳐 설정한 후 계획기간 전년도의 9월 30일까지 온실가스 배출관리업체에 통보**하고, 그 사실을 법 제27조 제4항에 따른 등록부(이하 "온실가스 배출관리업체 등록부"라 한다)에 기재해야 한다.

② 제1항에 따라 온실가스 관리목표를 통보받은 온실가스 배출관리업체는 계획기간 전년도의 12월 31일까지 다음 각 호의 사항이 포함된 온실가스 관리목표의 이행계획을 부문별 관장기관의 장에게 제출해야 한다.

 1. 업체의 사업장 현황 등 일반정보

 2. 사업장별 온실가스 관리목표 및 관리범위

 3. 사업장별 배출 온실가스의 종류 및 배출량

 4. 사업장별 사용 에너지의 종류·사용량

 5. 배출시설별 활동자료의 측정지점, 모니터링 유형 및 방법

 6. 그 밖에 온실가스 관리목표의 이행을 위하여 환경부장관이 정하여 고시하는 사항

③ 제2항에 따라 온실가스 관리목표의 이행계획을 제출받은 부문별 관장기관의 장은 그 내용을 확인하여 계획기간 해당 연도의 1월 31일까지 등록부를 작성해야 한다.

④ 온실가스 배출관리업체는 제1항에 따라 설정된 온실가스 관리목표에 이의가 있는 경우에는 온실가스 관리목표를 통보받은 날부터 30일 이내에 부문별 관장기관의 장에게 소명자료를 첨부하여 이의를 신청할 수 있다.

⑤ 온실가스 배출관리업체는 법 제27조 제3항 전단에 따라 계획기간 전전년도부터 해당 연도(온실가스 배출관리업체로 최초로 지정된 경우에는 계획기간 전년도 직전 3년간을 말한다)의 온실가스 배출량 명세서(이하 "온실가스 배출량 명세서"라 한다)에 「온실가스 배출권의 할당 및 거래에 관한 법률」 제24조의 2 제1항 전단에 따른 외부 검증 전문기관(이하 "검증기관"이라 한다)의 검증 결과를 첨부하여 부문별 관장기관의 장에게 다음 각 호의 구분에 따라 해당 호에서 정한 날까지 제출해야 한다.

1. 계획기간 전전년도의 온실가스 배출량 명세서(온실가스 배출관리업체로 최초로 지정된 경우 계획기간 전년도 직전 3년간의 온실가스 배출량 명세서) : **계획기간 전년도의 3월 31일**

2. 계획기간 전년도의 온실가스 배출량 명세서 : **계획기간 해당 연도의 3월 31일**

3. 계획기간 해당 연도의 온실가스 배출량 명세서 : **계획기간 다음 연도의 3월 31일**

⑥ **온실가스 배출량 명세서**에는 다음 각 호의 사항이 포함되어야 한다.

1. **업체의 규모, 생산공정도, 생산제품 및 생산량**

2. **사업장별 배출 온실가스의 종류 및 배출량**

3. **사업장별 사용 에너지의 종류 및 사용량, 사용연료의 성분, 에너지 사용시설의 종류·규모·수량 및 가동시간**

4. **온실가스 배출시설의 종류·규모·수량 및 가동시간, 배출시설별 온실가스 배출량·종류**

5. **그 밖에 온실가스 배출관리업체의 온실가스 배출량 관리를 위하여 필요한 사항으로서 환경부장관이 정하여 고시한 사항**

⑦ 제5항에 따라 온실가스 배출량 명세서를 제출받은 부문별 관장기관의 장은 그 내용을 검토한 후 계획기간 다음 연도의 5월 31일까지 온실가스 배출량 명세서의 내용과 검증 결과를 온실가스 배출관리업체 등록부에 기재해야 한다.

⑧ **부문별 관장기관**의 장은 온실가스 배출관리업체가 제5항에 따라 제출한 계획기간의 온실가스 배출량 명세서를 바탕으로 온실가스 배출관리업체의 온실가스 관리목표 달성 여부를 위원회의 심의를 거쳐 결정하고, 그 결과를 계획기간 다음 연도의 **6월 30일까지 온실가스 배출관리업체 등록부에 기재**해야 한다.

⑨ 부문별 관장기관의 장은 제8항에 따라 온실가스 배출관리업체가 온실가스 관리목표를 달성하지 못하였다고 결정한 경우에는 온실가스 배출관리업체에 법 제27조 제6항에 따른 개선명령을 하고, 그 사실을 온실가스 배출관리업체 등록부에 기재해야 한다.

⑩ 제9항에 따른 개선명령을 받은 온실가스 배출관리업체는 법 제27조 제6항 후단에 따라 개선계획을 수립하여 다음 계획기간의 이행계획을 수립할 때 이를 반영해야 한다.

⑪ 제1항부터 제10항까지에서 규정한 사항 외에 온실가스 배출관리업체의 온실가스 관리목표의 설정·관리, 온실가스 배출량 명세서의 작성·보고 및 개선명령 등에 필요한 세부사항은 환경부장관이 부문별 관장기관의 장과의 협의를 거쳐 정한다.

제22조(온실가스 배출관리업체 등록부의 작성·관리) 환경부장관은 법 제27조 제4항 전단에 따라 다음 각 호의 사항이 포함된 온실가스 배출관리업체 등록부를 전자적 방식으로 작성·관리해야 한다.

1. 온실가스 배출관리업체의 상호 및 대표자

2. 온실가스 배출관리업체의 지정에 관한 사항

3. 온실가스 배출량 명세서 및 검증보고서

    4. 온실가스 관리목표

    5. 이행계획

    6. 온실가스 관리목표 달성 여부 및 개선명령(개선명령을 받은 경우만 해당한다)에 관한 사항

제23조(온실가스 배출량 및 목표 달성 여부의 공개 등)

① 부문별 관장기관의 장은 법 제27조 제4항에 따라 다음 각 호의 사항을 법 제36조 제1항에 따른 온실가스 종합정보관리체계를 통하여 전자적 방식으로 공개해야 한다.

    1. 온실가스 관리목표의 달성 여부

    2. 온실가스 배출관리업체의 상호·명칭 및 업종

    3. 온실가스 배출관리업체의 본점 및 사업장 소재지

    4. 온실가스 배출관리업체의 지정연도 및 소관 관장기관

    5. 온실가스 배출관리업체의 온실가스 배출량 명세서 검증 기관

    6. 온실가스 배출량 명세서 중 온실가스 배출관리업체의 온실가스 배출량 및 에너지사용량

② 법 제27조 제4항 후단에 따라 온실가스 배출량이나 온실가스 관리목표 달성 여부 등의 비공개를 요청하려는 온실가스 배출관리업체는 온실가스 배출량 명세서를 제출할 때 비공개신청서에 비공개사유서를 첨부하여 같은 조 제5항에 따른 심사위원회에 제출해야 한다.

제24조(온실가스 정보공개 심사위원회의 구성 등)

① 법 제27조 제5항에 따른 **심사위원회(이하 "온실가스 정보공개 심사위원회"라 한다)는 위원장 1명을 포함하여 12명 이내의 위원**으로 성별을 고려하여 구성한다.

② **온실가스 정보공개 심사위원회의 위원장**은 법 제36조 제1항에 따른 **온실가스 종합정보센터의 장**으로 하고, 온실가스 정보공개 심사위원회의 위원은 다음 각 호의 사람으로 한다.

    1. 제18조 제1항 각 호의 중앙행정기관의 소속 공무원 중에서 해당 기관의 장이 각각 1명씩 지명하는 사람 5명과 국무조정실 소속 공무원 중에서 국무조정실장이 지명하는 사람 1명

    2. 탄소중립·녹색성장 및 정보공개에 관한 학식과 경험이 풍부한 사람 중에서 환경부장관이 부문별 관장기관의 장과 협의하여 위촉하는 사람

③ 제2항 제2호에 따라 **위촉하는 위원의 임기는 2년으로 하며, 한 차례만 연임**할 수 있다.

④ 온실가스 정보공개 심사위원회의 회의는 재적위원 과반수의 출석으로 개의(開議)하고, 출석위원 과반수의 찬성으로 의결한다.

⑤ 제1항부터 제4항까지에서 규정한 사항 외에 온실가스 정보공개 심사위원회의 구성·운영에 필요한 사항은 온실가스 정보공개 심사위원회의 의결을 거쳐 온실가스 정보공개 심사위원회의 위원장이 정한다.

제25조(온실가스 정보공개 심사위원회 위원의 제척 및 회피)

① 온실가스 정보공개 심사위원회의 위원은 다음 각 호의 어느 하나에 해당하는 경우에는 해당 안건의 심사·결정에서 제척(除斥)된다.

1. 온실가스 정보공개 심사위원회의 위원 또는 그 배우자나 배우자였던 사람이 해당 안건의 당사자(당사자가 법인·단체 등인 경우에는 법인·단체 등의 임원을 말한다. 이하 이 항에서 같다)가 되거나 그 안건의 당사자와 공동권리자 또는 공동의무자인 경우
2. 온실가스 정보공개 심사위원회의 위원이 해당 안건의 당사자와 친족이거나 친족이었던 경우
3. 온실가스 정보공개 심사위원회의 위원이 해당 안건에 대하여 증언, 진술, 자문, 연구, 용역 또는 감정을 한 경우
4. 온실가스 정보공개 심사위원회의 위원이 속한 법인이 해당 안건의 당사자의 대리인이거나 대리인이었던 경우

② 온실가스 정보공개 심사위원회의 위원은 제1항 각 호에 따른 제척 사유에 해당하거나 본인에게 심사의 공정성을 기대하기 어려운 사정이 있다고 판단되는 경우에는 스스로 해당 안건의 심사에서 회피해야 한다.

제26조(온실가스 정보공개 심사위원회 위원의 해촉 등)

① 제24조 제2항 제1호에 따라 온실가스 정보공개 심사위원회의 위원을 지명한 기관의 장은 해당 위원이 다음 각 호의 어느 하나에 해당하는 경우에는 그 지명을 철회할 수 있다.
1. 심신장애로 직무를 수행할 수 없게 된 경우
2. 직무와 관련된 비위사실이 있는 경우
3. 직무태만, 품위손상이나 그 밖의 사유로 위원으로 적합하지 않다고 인정되는 경우
4. 제25조 제1항 각 호의 어느 하나에 해당하는데도 불구하고 회피하지 않은 경우
5. 위원 스스로 직무를 수행하는 것이 곤란하다고 의사를 밝히는 경우

② 환경부장관은 제24조 제2항 제2호에 따라 위촉된 위원이 제1항 각 호의 어느 하나에 해당하는 경우에는 해당 위원을 해촉할 수 있다.

제27조(온실가스 배출관리업체의 권리와 의무의 승계)

① 법 제28조 제1항 본문에 따라 자신의 권리와 의무를 이전한 온실가스 배출관리업체(같은 조 제2항 단서에 해당하는 경우에는 승계한 업체를 말한다)는 같은 조 제2항에 따라 권리와 의무의 이전·승계 사실을 환경부장관이 정하여 고시하는 바에 따라 전자적 방식으로 부문별 관장기관의 장에게 보고해야 한다.

② 부문별 관장기관의 장은 법 제28조 제1항 본문에 따라 온실가스 배출관리업체의 권리와 의무가 승계되어 제20조 제3항에 따라 지정된 온실가스 배출관리업체가 변경되는 경우에는 제1항에 따라 보고받은 날부터 1개월 이내에 온실가스 배출관리업체의 변경내용을 고시하고, 환경부장관에게 통보해야 한다.

③ 제1항 및 제2항에서 규정한 사항 외에 온실가스 배출관리업체의 권리와 의무의 승계에 관하여 필요한 사항은 부문별 관장기관의 장과의 협의를 거쳐 환경부장관이 정하여 고시한다.

제28조(탄소중립도시의 지정 등)

① 환경부장관과 국토교통부장관은 법 제29조 제2항에 따라 같은 조 제1항에 따른 탄소중립도시(이하 "탄소중립도시"라 한다)를 공동으로 지정할 수 있다.

② 환경부장관과 국토교통부장관은 법 제29조 제2항에 따라 직접 탄소중립도시를 지정하려는 경우에는 관할 지방자치단체의 장 및 관계 중앙행정기관의 장의 의견을 들어야 하고, 지방자치단체의 장의 요청을 받아 탄소중립도시를 지정하려는 경우에는 관계 중앙행정기관의 장의 의견을 들어야 한다.

③ 법 제29조 제2항에 따라 탄소중립도시의 지정을 요청하려는 지방자치단체의 장은 다음 각 호의 사항이 포함된 지정요청서를 환경부장관과 국토교통부장관에게 각각 제출해야 한다.

　1. 탄소중립도시 지정의 필요성과 조성목표

　2. 법 제29조 제2항 각 호의 사업 중 시행 예정 사업 및 사업분야별 추진계획

　3. 탄소중립도시 조성을 위한 관할구역의 여건 및 인프라 구축계획

　4. 탄소중립도시 조성에 필요한 재원조달계획

　5. 탄소중립도시 조성에 필요한 토지의 이용 등 도시계획에 관한 사항

④ 환경부장관과 국토교통부장관은 법 제29조 제2항에 따라 탄소중립도시를 지정한 경우에는 그 사실을 위원회에 보고한 후 해당 지방자치단체의 장 및 관계 중앙행정기관의 장에게 지체 없이 통보해야 하고, 다음 각 호의 사항을 환경부 및 국토교통부의 인터넷 홈페이지에 각각 공고해야 한다.

　1. 탄소중립도시의 조성 위치·범위와 면적 등 사업 규모

　2. 탄소중립도시 지정 사유

　3. 탄소중립도시 조성 사업 내용 및 추진기간

⑤ 법 제29조 제3항에 따른 탄소중립도시 조성 사업 계획에는 다음 각 호의 사항이 포함되어야 한다.

　1. 탄소중립도시 조성 사업의 목표와 기간

　2. 탄소중립도시 조성을 위한 관련 여건 분석

　3. 탄소중립 시·도계획 및 탄소중립 시·군·구계획과의 연계방안

　4. 「국토의 계획 및 이용에 관한 법률」 제11조 제1항에 따른 광역도시계획, 같은 법 제18조 제1항에 따른 도시·군기본계획 및 같은 법 제24조 제1항에 따른 도시·군관리계획과의 연계방안

　5. 탄소중립도시 조성 사업의 재원조달방안

⑥ 탄소중립도시를 관할하는 지방자치단체의 장은 법 제29조 제3항에 따라 탄소중립도시 조성 사업 계획을 수립·시행하는 경우에는 미리 해당 지역 주민의 의견을 들어야 한다.

⑦ 법 제29조 제5항에서 "대통령령으로 정하는 기관"이란 다음 각 호의 기관을 말한다.

　1. 「한국수자원공사법」에 따른 한국수자원공사(이하 "한국수자원공사"라 한다)

2. 한국환경공단

3. 「한국환경산업기술원법」에 따른 한국환경산업기술원(이하 "한국환경산업기술원"이라 한다)

4. 「국토교통과학기술 육성법」에 따른 국토교통과학기술진흥원

5. 「한국토지주택공사법」에 따른 한국토지주택공사

6. 「국가공간정보 기본법」에 따른 한국국토정보공사

7. 「임업 및 산촌 진흥촉진에 관한 법률」 제29조의 2에 따른 한국임업진흥원

8. 「정부출연 연구기관 등의 설립·운영 및 육성에 관한 법률」에 따른 정부출연 연구기관 (이하 "정부출연 연구기관"이라 한다)

9. 「과학기술분야 정부출연 연구기관 등의 설립·운영 및 육성에 관한 법률」 제8조 제1항에 따른 연구기관(이하 "과학기술분야 정부출연 연구기관"이라 한다)

⑧ 환경부장관과 국토교통부장관은 법 제29조 제5항에 따라 지정된 지원기구의 업무 수행에 필요한 경비를 예산의 범위에서 지원할 수 있다.

⑨ 법 제29조 제6항에서 "대통령령으로 정하는 지정기준"이란 다음 각 호의 기준을 말한다.

1. 법 제29조 제2항 각 호의 사업 시행을 추진할 것

2. 탄소중립 시·도계획 및 탄소중립 시·군·구계획과 추진 사업과의 연계성이 확보될 것

3. 사업계획이 구체적이고 실현 가능하며, 온실가스 중장기 감축목표 등의 달성에 기여할 수 있을 것

⑩ 환경부장관과 국토교통부장관은 법 제29조 제6항에 따라 탄소중립도시의 지정을 취소하려는 경우에는 미리 해당 지방자치단체의 장의 의견을 들어야 한다.

⑪ 환경부장관과 국토교통부장관은 법 제29조 제6항에 따라 지정을 취소한 경우에는 그 사실을 위원회에 보고한 후 해당 지방자치단체의 장 및 관계 중앙행정기관의 장에게 지체 없이 통보해야 하고, 다음 각 호의 사항을 환경부 및 국토교통부의 인터넷 홈페이지에 각각 공고해야 한다.

1. 탄소중립도시의 지정취소 사유

2. 탄소중립도시의 지정일 및 지정취소일

3. 탄소중립도시의 조성 위치와 조성 사업 내용

⑫ 제1항부터 제11항까지에서 규정한 사항 외에 탄소중립도시의 지정·지정취소와 탄소중립도시의 조성 사업 계획의 수립·시행에 필요한 사항은 환경부장관과 국토교통부장관이 공동으로 정하여 고시한다.

제29조(지역 에너지 전환의 지원) 산업통상자원부장관은 법 제30조에 따라 지방자치단체의 에너지 전환을 지원하는 다음 각 호의 정책을 수립·시행해야 한다.

1. 「에너지법」 제7조에 따른 지역 에너지계획의 수립·시행 지원정책

2. 법 제68조 제2항 제3호에 따른 에너지 전환 촉진 및 전환 모델의 개발·확산 지원정책

3. 지역 에너지 전환과정에서의 의견수렴 및 홍보 등 주민수용성 확대 지원정책

4. 그 밖에 산업통상자원부장관이 지역 에너지 전환을 위하여 필요하다고 인정하는 정책

제30조(녹색건축물의 확대)

① 법 제31조 제2항에서 "대통령령으로 정하는 기준 이상의 건물"이란 「녹색건축물 조성 지원법 시행령」 제11조 제1항에 따른 건축물을 말한다.

② 법 제31조 제6항에서 "대통령령으로 정하는 공공기관 및 교육기관 등"이란 다음 각 호의 기관을 말한다.

1. 공공기관

2. 지방공사 및 지방공단

3. 정부출연 연구기관 및 「정부출연 연구기관 등의 설립 · 운영 및 육성에 관한 법률」 제18조에 따른 연구회

4. 과학기술분야 정부출연 연구기관 및 「과학기술분야 정부출연 연구기관 등의 설립 · 운영 및 육성에 관한 법률」 제18조에 따른 연구회

5. 「지방자치단체 출연 연구원의 설립 및 운영에 관한 법률」에 따른 지방자치단체 출연 연구원(이하 "지방자치단체 출연 연구원"이라 한다)

6. 「고등교육법」 제2조 및 제3조에 따른 국립대학 및 공립대학

③ 국토교통부장관은 법 제31조 제7항에 따라 다음 각 호에 해당하는 신도시 개발 또는 도시 재개발을 하는 경우에는 녹색건축물을 적극 보급해야 한다.

1. 「공공주택 특별법」에 따라 330만제곱미터 이상의 규모로 시행되는 공공주택지구 조성사업

2. 「기업도시개발 특별법」에 따라 시행되는 기업도시 개발사업

3. 「도시개발법」에 따라 시행되는 100만제곱미터 이상의 도시개발사업

4. 「신행정수도 후속대책을 위한 연기 · 공주지역 행정중심복합도시 건설을 위한 특별법」에 따라 시행되는 행정중심복합도시 건설사업

5. 「택지개발촉진법」에 따라 330만제곱미터 이상의 규모로 시행되는 택지개발사업

6. 「혁신도시 조성 및 발전에 관한 특별법」에 따라 시행되는 혁신도시개발사업

④ 국토교통부장관은 법 제31조 제8항에 따라 녹색건축물의 확대를 위하여 다음 각 호에 해당하는 건축물을 조성하는 자에게 재정적 지원을 할 수 있다.

1. 「녹색건축물 조성 지원법」 제16조에 따른 녹색건축 인증을 받았거나 받으려는 건축물

2. 「녹색건축물 조성 지원법」 제17조에 따른 건축물 에너지효율등급 인증 또는 제로에너지 건축물 인증을 받았거나 받으려는 건축물

3. 「건축법」 제22조에 따라 사용승인을 받은 후 10년이 지난 건축물 중 국토교통부장관이 에너지효율을 개선하기 위하여 지원이 필요하다고 인정하는 건축물

4. 그 밖에 녹색건축물을 확대하기 위하여 국토교통부장관이 재정적 지원이 필요하다고 인정하는 건축물

제31조(녹색교통의 활성화)

① 국토교통부장관은 법 제32조 제1항에 따라 교통부문의 온실가스 감축목표(이하 "교통부문 감축목표"라 한다)를 관계 중앙행정기관의 장과의 협의를 거쳐 수립·시행해야 한다. 이 경우 수립한 교통부문 감축목표를 위원회에 보고해야 한다.

② **교통부문 감축목표**에는 다음 각 호의 사항이 포함되어야한다.

1. **교통수단별·연료별 온실가스 배출현황 및 에너지소비율**

2. **5년 단위의 교통부문 감축목표와 그 이행계획**

3. **연차별 교통부문 감축목표와 그 이행계획**

③ 법 제32조 제2항에 따라 산업통상자원부장관은 환경부장관 및 국토교통부장관과의 협의를 거쳐 자동차 평균 에너지소비효율기준을 정하고, 환경부장관은 산업통상자원부장관 및 국토교통부장관과의 협의를 거쳐 자동차 온실가스 배출허용기준을 정해야 한다.

④ 환경부장관은 법 제32조 제2항 후단에 따라 「대기환경보전법」 제46조 제1항에 따른 자동차 제작자의 자동차 평균 에너지소비효율기준 또는 자동차 온실가스 배출허용기준의 준수 여부의 확인·관리에 필요한 사항을 정하여 고시한다. 이 경우 환경부장관은 산업통상자원부장관 및 국토교통부장관의 의견을 들어야 한다.

⑤ 국토교통부장관은 법 제32조 제6항에 따라 교통수요 관리대책을 마련하는 경우에는 다음 각 호의 사항과 정합성을 갖추도록 해야 한다.

1. 「국가통합교통체계 효율화법」 제77조에 따른 교통체계 지능화사업의 시행

2. 「도시교통정비 촉진법」에 따른 교통수요 관리

3. 「도시교통정비 촉진법」 제34조에 따른 자동차의 운행제한

4. 「지속가능 교통물류 발전법」 제21조에 따른 전환교통 지원

5. 「지속가능 교통물류 발전법」 제30조에 따른 자동차 운행의 제한

6. 「지속가능 교통물류 발전법」 제34조에 따른 연계교통시설 확보지원 등

⑥ 국토교통부장관은 제5항 제4호에 따른 전환교통 지원 중 연안해운 활성화에 관한 교통수요 관리대책을 마련하는 경우에는 해양수산부장관과 협의해야 한다.

⑦ 제5항 및 제6항에서 규정한 사항 외에 교통수요 관리대책 마련을 위하여 필요한 사항은 국토교통부장관이 정하여 고시한다.

제32조(국제감축사업의 사전 승인 기준·방법 및 절차)

① 법 제35조 제1항에 따른 국제감축사업(이하 "국제감축사업"이라 한다)을 수행하려는 자는 다음 각 호의 사항을 포함하는 사업계획서를 부문별 관장기관의 장에게 제출해야 한다.

1. 사업명, 사업이 시행되는 국가, 사업의 내용·기간과 참여자

2. 온실가스 예상감축량과 산정 방법 및 근거

3. 법 제35조 제2항에 따른 모니터링 방법과 계획

② 제1항에 따라 사업계획서를 제출받은 부문별 관장기관의 장이 법 제35조 제1항에 따른 사전 승인을 하려는 경우에는 제33조 제1항에 따른 국제감축심의회의 심의를 거쳐 승인해야 한다.

③ 제33조 제1항에 따른 국제감축심의회는 제2항에 따라 사전 승인을 심의할 때 다음 각 호의 사항을 고려해야 한다.

  1. 법 제35조 제3항에 따른 국제감축실적(이하 "국제감축실적"이라 한다)의 지속성, 환경성 및 측정·검증 가능성

  2. 국제감축사업의 추진 방법 및 법 제35조 제2항에 따른 모니터링의 적절성

  3. 국제감축사업이 시행되는 국가의 사업승인 조건에 따른 이행가능성

④ 부문별 관장기관의 장은 제2항에 따라 사전 승인한 국제감축사업이 다음 각 호의 어느 하나에 해당하는 경우에는 제33조 제1항에 따른 국제감축심의회의 심의를 거쳐 그 사전 승인을 취소할 수 있다. 다만, 제1호에 해당하는 경우에는 그 승인을 취소해야 한다.

  1. 거짓이나 부정한 방법으로 국제감축사업의 사전 승인을 받은 경우

  2. 정당한 사유 없이 사전 승인을 받은 날부터 1년 이내에 해당 사업을 시행하지 않는 경우

  3. 사전 승인된 국제감축사업이 「파리협정」에 따라 유효하지 않게 된 경우

  4. 법령의 개정이나 기술의 발전 등을 고려할 때 해당 국제감축사업이 일반적인 경영 여건에서 할 수 있는 활동 이상의 추가적인 노력이라고 보기 어려운 경우

⑤ 부문별 관장기관의 장은 제2항에 따라 국제감축사업을 사전 승인하거나 제4항에 따라 그 승인을 취소한 경우에는 지체 없이 사전 승인을 받은 자(이하 "국제감축사업 수행자"라 한다)와 환경부장관에게 통보해야 한다.

⑥ 제1항부터 제5항까지에서 규정한 사항 외에 사전 승인의 기준·방법 및 절차에 관한 세부 사항은 제33조 제1항에 따른 국제감축심의회의 심의를 거쳐 국무조정실장이 고시한다.

제33조(국제감축심의회)

① 국제감축사업에 관한 사항을 심의·조정하기 위하여 국무조정실에 국제감축심의회(이하 "국제감축심의회"라 한다)를 둔다.

② 국제감축심의회의 위원장은 국무조정실 소속의 정무직 공무원 중에서 국무조정실장이 지명한 사람으로 하고, 국제감축심의회의 위원은 기획재정부, 외교부, 농림축산식품부, 산업통상자원부, 환경부, 국토교통부, 해양수산부, 국무조정실, 산림청의 고위공무원단에 속하는 공무원 중에서 해당 기관의 장이 지명하는 사람으로 한다.

③ 국제감축심의회는 심의를 위하여 필요한 경우에는 온실가스 감축 분야 전문가의 의견을 들을 수 있다.

④ 제1항부터 제3항까지에서 규정한 사항 외에 국제감축심의회의 구성·운영에 필요한 사항은 국제감축심의회의 의결을 거쳐 국제감축심의회의 위원장이 정한다.

제34조(국제감축사업의 보고)

① 국제감축사업 수행자는 법 제35조 제2항에 따라 모니터링을 수행한 후 다음 각 호의 서류를 첨부하여 부문별 관장기관의 장에게 보고해야 한다. 다만, 국제감축사업 수행자의 국제감축실적이「파리협정」제6조 제4항에 따른 배출 감축 실적에 해당하는 경우에는 해당 협정에서 정하는 바에 따른다.

1. 법 제35조 제2항에 따라 국제감축사업 수행자가 작성한 모니터링 보고서

2. 검증기관의 검증보고서

3. 그 밖에 국무조정실장이 국제감축실적 보고에 필요하다고 인정하는 서류로서 부문별 관장기관의 장과 협의하여 고시로 정하는 서류

② 제1항에서 규정한 사항 외에 국제감축실적의 보고에 필요한 세부사항은 국제감축심의회의 심의를 거쳐 국무조정실장이 고시한다.

제35조(국제감축 등록부)

① 환경부장관은 법 제35조 제1항에 따라 사전 승인된 국제감축사업과 같은 조 제3항·제4항에 따라 신고받은 국제감축실적을 등록·관리하기 위하여 같은 조 제3항에 따른 국제감축 등록부(이하 "국제감축 등록부"라 한다)를 전자적 방식으로 작성·관리해야 한다.

② 국제감축실적은 온실가스별 지구온난화계수에 따라 1이산화탄소상당량톤을 1국제감축실적으로 환산한 단위로 등록한다.

③ 국제감축 등록부는「파리협정」제6조 및 같은 협정에 대한 당사국회의 결정문에 따라 구축된 보고 플랫폼과 상호 연계할 수 있다.

제36조(국제감축실적의 취득 및 거래·소멸의 신고)

① 법 제35조 제3항에 따라 국제감축실적을 취득한 국제감축사업 수행자는 취득 사실을 국제감축 등록부를 통하여 전자적 방식으로 부문별 관장기관의 장에게 신고해야 한다.

② 국제감축사업 수행자는 법 제35조 제4항 본문에 따라 국제감축실적을 매매나 그 밖의 방법으로 거래한 경우에는 국제감축실적의 거래 또는 소멸사실을 국제감축 등록부를 통하여 전자적 방식으로 환경부장관에게 신고해야 한다.

③ 법 제35조 제4항에 따라 국제감축실적을 거래하는 경우에는 제35조 제2항에 따른 1이산화탄소상당량톤을 1국제감축실적으로 하며, 이를 국제감축실적 거래의 최소단위로 한다.

④ 제1항부터 제3항까지에서 규정한 사항 외에 국제감축실적의 취득 및 거래·소멸의 신고 방법에 관한 세부사항은 국제감축심의회의 심의를 거쳐 국무조정실장이 고시한다.

제37조(국제감축실적 이전의 사전 승인)

① 법 제35조 제4항 단서에 따라 국제감축실적을 해외로 이전하거나 국내로 이전받으려는 국제감축사업 수행자는 다음 각 호의 구분에 따라 해당 호에서 정하는 자에게 사전 승인을 전자적 방식으로 신청해야 한다.

1. 법 제35조 제3항에 따라 신고하여 등록된 국제감축실적으로서 국내로 이전된 이력이 없
   는 국제감축실적을 국내로 이전받으려는 경우 : 부문별 관장기관의 장
2. 국제감축실적을 해외로 이전하거나 제1호 외의 사유로 국제감축실적을 국내로 이전받으
   려는 경우 : 환경부장관

② 제1항에 따라 신청을 받은 부문별 관장기관의 장 또는 환경부장관은 국제감축심의회의 심
   의를 거쳐 사전 승인 여부를 결정하고 지체 없이 그 결과를 신청인에게 통보해야 한다.
③ 제1항 및 제2항에서 규정한 사항 외에 국제감축실적 이전의 사전 승인 기준 및 절차에 관한
   사항은 국제감축심의회의 심의를 거쳐 국무조정실장이 고시한다.

제38조(국제감축사업 전담기관)
① 관계 중앙행정기관의 장은 국제감축사업을 지원하기 위하여 국제감축사업 전담기관을 지정
   할 수 있다.
② 관계 중앙행정기관의 장은 제1항에 따라 지정받은 국제감축사업 전담기관의 지원 업무에
   필요한 비용의 전부 또는 일부를 예산의 범위에서 지원할 수 있다.

제39조(온실가스 종합정보 관리체계의 구축 및 관리 등)
① 법 제36조 제1항에 따른 온실가스 종합정보센터(이하 "온실가스 종합정보센터"라 한다)는
   다음 각 호의 업무를 수행한다.
1. 법 제36조 제1항에 따른 **온실가스 종합정보 관리체계(이하 "온실가스 종합정보 관리체
   계"라 한다)의 구축 및 운영**
2. **국가 및 지역별 온실가스 배출량 · 흡수량, 배출 · 흡수 계수(係數) 등 온실가스 관련 각
   종 정보 및 통계의 개발 · 분석 · 검증 · 작성 · 관리와 정보시스템 구축 · 운영**
3. 제17조부터 제23조까지의 규정에 따른 **업무에 대한 협조 및 지원과 관계 중앙행정기
   관 · 지방자치단체에 대한 관련 정보 및 통계 제공**
4. **온실가스 종합정보체계 구축 관련 국제기구 · 단체 및 개발도상국과의 협력**

② 온실가스 종합정보 관리체계의 원활한 운영을 위하여 온실가스 종합정보센터에 국가 통계
   관리위원회와 지역 통계관리위원회를 둔다.
③ 제2항에 따른 국가 통계관리위원회의 위원장은 환경부차관으로 하고, 위원은 다음 각 호의
   사람 중에서 위원장이 임명하거나 위촉한다. 이 경우 제2호에 따른 위원은 성별을 고려하
   여 위촉해야 한다.
1. 관계 중앙행정기관의 고위공무원단에 속하는 공무원 중에서 해당 중앙행정기관의 장이
   지명하는 사람
2. 온실가스 통계에 관한 학식과 경험이 풍부한 사람

④ 제2항에 따른 지역 통계관리위원회의 위원장은 온실가스 종합정보센터의 장으로 하고, 위
   원은 다음 각 호의 사람 중에서 위원장이 임명하거나 위촉한다. 이 경우 제2호에 따른 위원
   은 성별을 고려하여 위촉해야 한다.

1. 시·도의 「지방자치단체의 행정기구와 정원기준 등에 관한 규정」 제10조 및 [별표 2] 또는 제12조 및 [별표 7]에 따라 본청에 두는 실장·국장·본부장의 직급기준에 해당하는 사람으로서 해당 지방자치단체의 장이 지명하는 사람

2. 온실가스 통계에 관한 학식과 경험이 풍부한 사람

⑤ 제3항 제2호 및 제4항 제2호에 따른 위원의 임기는 2년으로 한다.

⑥ 제3항에 따른 국가 통계관리위원회의 위원장과 제4항에 따른 지역 통계관리위원회의 위원장은 제3항 제2호 또는 제4항 제2호에 따라 위촉한 위원이 다음 각 호의 어느 하나에 해당하는 경우에는 그 위원을 해촉할 수 있다.

1. 심신장애로 직무를 수행할 수 없게 된 경우

2. 직무와 관련된 비위사실이 있는 경우

3. 직무태만, 품위손상이나 그 밖의 사유로 위원으로 적합하지 않다고 인정되는 경우

4. 위원 스스로 직무를 수행하는 것이 곤란하다고 의사를 밝히는 경우

⑦ 제3항부터 제6항까지에서 규정한 사항 외에 제2항에 따른 국가 통계관리위원회와 지역 통계관리위원회의 구성·운영에 관한 세부사항은 환경부장관이 정한다.

⑧ 다음 각 호의 구분에 따른 중앙행정기관의 장은 법 제36조 제2항에 따라 해당 호에서 정하는 **분야별로 온실가스 정보 및 통계를 매년 3월 31일까지 온실가스 종합정보센터에 제출**해야 한다.

1. 농림축산식품부장관 : 농업·축산·산림 분야

2. 산업통상자원부장관 : 에너지·산업공정 분야

3. 환경부장관 : 폐기물·내륙습지 분야

4. 국토교통부장관 : 건물·정주지·교통(해운·항만은 제외한다) 분야

5. 해양수산부장관 : 해양·수산·해운·항만·연안습지 분야

⑨ 시·도지사 및 시장·군수·구청장은 법 제36조 제3항에 따라 해당 지역의 다음 각 호의 분야의 온실가스 정보 및 통계를 매년 3월 31일까지 온실가스 종합정보센터에 제출해야 한다.

1. 에너지 분야

2. 산업공정 분야

3. 농업·토지이용·산림 분야

4. 폐기물 분야

⑩ 환경부장관은 시·도지사 및 시장·군수·구청장이 제9항에 따른 정보 및 통계를 원활히 작성할 수 있도록 통계분석 관련 전문인력 양성·교육, 컨설팅, 정보제공 등의 지원을 할 수 있다.

⑪ 법 제36조 제5항에 따라 온실가스 종합정보센터는 제8항 및 제9항에 따라 제출받은 정보·통계를 분석·검증한 결과를 매년 12월 31일까지 온실가스 종합정보센터의 인터넷 홈페이지에 공개해야 한다.

⑫ 환경부장관은 온실가스 종합정보센터를 효율적으로 운영하기 위하여 필요한 경우에는 다음 각 호의 기관의 장과 협의하여 해당 기관에 인력, 정보 제공 및 분석 등의 지원(제5호의 기관에 대해서는 정보 제공으로 한정한다)을 요청할 수 있다.

1. 중앙행정기관·지방자치단체와 그 소속기관
2. 정부출연 연구기관
3. 과학기술분야 정부출연 연구기관
4. 공공기관
5. 「에너지법」에 따른 에너지공급자와 에너지공급자로 구성된 법인·단체

⑬ 환경부장관과 국토교통부장관은 지역·공간 단위의 온실가스 배출량·흡수량 등의 정보를 반영한 공간정보 및 지도를 작성하여 관리할 수 있다.

제6장 기후위기 적응 시책

제40조(기후위기의 감시·예측 등)

① 환경부장관 및 기상청장은 법 제37조 제1항에 따라 대기 중의 온실가스 농도 변화를 상시 측정·조사하여 해당 정보를 환경부와 기상청의 인터넷 홈페이지에 각각 공개해야 한다.

② 기상청장은 법 제37조 제1항에 따른 기상정보 관리체계를 구축·운영하고, 기후위기 감시 및 예측에 관한 업무를 총괄·지원한다.

③ 환경부장관은 법 제37조 제2항에 따른 기후위기 적응정보 관리체계(이하 "기후위기 적응정보 관리체계"라 한다)를 구축·운영한다.

④ 관계 중앙행정기관의 장은 법 제37조 제1항에 따른 기상정보 관리체계와 기후위기 적응정보 관리체계의 원활한 구축·운영을 위하여 필요한 경우 소관 분야의 정보를 제공하는 등 적극 협력해야 한다.

제41조(국가 기후위기 적응대책의 수립·시행)

① 환경부장관은 법 제38조 제1항에 따른 국가의 기후위기 적응에 관한 대책(이하 "기후위기 적응대책"이라 한다)을 관계 중앙행정기관의 장과 협의하여 수립·시행해야 한다.

② 법 제38조 제2항 제6호에서 "대통령령으로 정하는 사항"이란 법 제67조 제1항에 따른 범국민적 녹색생활운동과 기후위기 적응대책의 연계 추진에 관한 사항을 말한다.

③ 법 제38조 제3항 단서에서 "대통령령으로 정하는 경미한 사항을 변경하는 경우"란 기후위기 적응대책의 본질적인 내용에 영향을 미치지 않는 사항으로서 같은 조 제2항 제3호에 따른 부문별·지역별 기후위기 적응대책의 세부 내용이나 주관 기관 또는 관련 기관 등에 관한 사항의 일부를 변경하는 경우를 말한다.

④ 환경부장관은 법 제38조 제4항에 따른 세부시행계획(이하 "적응대책 세부시행계획"이라 한다)의 수립·시행에 관한 업무를 총괄·조정한다.

⑤ 환경부장관은 기후위기 적응정보 관리체계의 효율적인 구축·운영과 기후위기 적응대책 및 적응대책 세부시행계획의 수립·시행을 위하여 관계 중앙행정기관의 고위공무원단에 속하는 공무원으로 구성된 협의체를 구성·운영할 수 있다.

⑥ 관계 중앙행정기관의 장은 다음 각 호의 사항이 포함된 적응대책 세부시행계획을 법 제38조 제1항 및 제3항에 따라 기후위기 적응대책이 수립되거나 변경된 날부터 3개월 이내에 수립하거나 변경해야 한다.

1. 소관 분야의 국내외 동향
2. 추진경과 및 추진실적
3. 소관 분야의 정책목표 및 세부이행과제
4. 소관 분야의 연차별 추진계획
5. 그 밖에 기후위기 적응대책을 이행하기 위하여 필요한 사항

제42조(기후위기 적응대책 등의 추진상황 점검)

① 환경부장관은 법 제39조 제1항에 따라 기후위기 적응대책 및 적응대책 세부시행계획의 전년도 추진상황을 점검하고, 그 결과 보고서를 작성하여 위원회의 심의를 거쳐 매년 12월 31일까지 환경부의 인터넷 홈페이지에 공개해야 한다.

② 환경부장관은 제1항에 따른 기후위기 적응대책 및 적응대책 세부시행계획의 추진상황 점검을 위하여 다음 각 호의 사항이 포함된 점검계획을 수립하여 관계 중앙행정기관의 장에게 통보해야 한다.

1. 점검 대상 및 일정
2. 추진실적의 작성방법
3. 우수사례 선정방법
4. 그 밖에 환경부장관이 점검을 위하여 필요하다고 인정하는 사항

제43조(지방 기후위기 적응대책의 수립·시행)

① 법 제40조 제2항 단서에서 "대통령령으로 정하는 경미한 사항을 변경하는 경우"란 같은 조 제1항에 따른 관할 구역의 기후위기 적응에 관한 대책(이하 "지방 기후위기 적응대책"이라 한다)의 본질적인 내용에 영향을 미치지 않는 사항으로서 지방 기후위기 적응대책의 세부 내용이나 주관 기관 또는 관련 기관 등에 관한 사항 중 일부를 변경하는 경우를 말한다.

② 시·도지사, 시장·군수·구청장은 다음 각 호에 해당하는 경우에는 지방위원회의 심의를 거치기 전에 환경부장관과 협의해야 한다.

1. 법 제40조 제1항 및 제2항에 따라 지방 기후위기 적응대책을 수립하거나 변경(같은 조 제2항 단서에 따른 경미한 사항의 변경은 제외한다)하는 경우
2. 법 제40조 제4항에 따른 결과 보고서를 작성하는 경우

③ 환경부장관은 제2항에 따라 협의를 할 때에는 법 제46조 제1항에 따른 국가 기후위기 적응센터 등 관계 전문기관의 의견을 들을 수 있다.

④ 시 · 도지사와 시장 · 군수 · 구청장은 법 제40조 제4항에 따른 결과 보고서를 매년 4월 30일까지 시 · 도지사는 환경부장관에게, 시장 · 군수 · 구청장은 환경부장관과 관할 시 · 도지사에게 각각 제출해야 한다.

⑤ 법 제40조 제4항에 따라 환경부장관은 제4항에 따라 제출된 결과 보고서를 종합하여 매년 5월 31일까지 위원회에 보고해야 한다.

⑥ 제1항부터 제5항까지에서 규정한 사항 외에 지방 기후위기 적응대책의 수립 · 변경 및 이행 점검 등에 필요한 사항은 환경부장관이 정하여 고시한다.

제44조(공공기관의 기후위기 적응대책)

① 환경부장관은 법 제41조 제1항에 따른 공공기관의 기후위기 적응에 관한 대책(이하 "공공기관 기후위기 적응대책"이라 한다)의 수립 · 시행 및 이행실적 관리에 관한 사무를 총괄한다.

② 법 제41조 제1항에서 "기후위기 영향에 취약한 시설을 보유 · 관리하는 공공기관 등 대통령령으로 정하는 기관"이란 공공기관 또는 「지방공기업법」에 따른 지방공기업에 해당하는 기관으로서 다음 각 호의 시설을 보유 · 관리하는 기관 중 환경부장관이 정하여 고시하는 기관을 말한다.

1. 교통 · 수송 분야 : 도로, 철도, 지하철, 공항, 항만
2. 에너지 분야 : 에너지 생산, 에너지 유통 및 공급
3. 용수 분야 : 상수도, 댐, 저수지
4. 환경 분야 : 하수도, 폐기물 처리, 방사성 폐기물 처리
5. 제1호부터 제4호까지의 분야 외에 환경부장관이 공공기관 기후위기 적응대책의 수립이 필요하다고 인정하여 고시하는 분야의 시설

③ 환경부장관은 제2항에 따른 기관(이하 "기후위기 취약기관"이라 한다)을 정하여 고시하려는 경우에는 미리 관계 중앙행정기관의 장과 관할 지방자치단체의 장의 의견을 들어야 한다.

④ 공공기관 기후위기 적응대책에는 다음 각 호의 사항이 포함되어야 한다.

1. 기관의 일반현황 및 주요 업무
2. 기관의 시설 운영 · 관리와 관련된 기후변화영향의 조사 · 분석 · 전망 및 기후변화 위험도 평가
3. 기관의 기후위기 적응계획과 그 이행 · 관리에 필요한 사항

⑤ 기후위기 취약기관의 장은 환경부장관이 제2항 각 호 외의 부분에 따라 고시한 날부터 1년 이내에 공공기관 기후위기 적응대책을 수립한 후 이를 지체 없이 환경부장관, 관계 중앙행정기관의 장과 관할 지방자치단체의 장에게 제출해야 한다.

⑥ 환경부장관, 관계 중앙행정기관의 장 및 관할 지방자치단체의 장은 제5항에 따라 제출된 공공기관 기후위기 적응대책을 검토한 후 필요하면 해당 기후위기 취약기관의 장에게 보완을 요청할 수 있다.

⑦ 환경부장관은 기후위기 취약기관에 공공기관 기후위기 적응대책의 수립·시행과 이행실적의 작성에 필요한 행정적·기술적 지원을 기후위기 취약기관에 할 수 있다.

제45조(지역 기후위기 대응사업의 시행)

① 지방자치단체의 장은 법 제42조 제1항에 따른 지역 기후위기 대응사업을 시행하기 위하여 다음 각 호의 사항을 포함하는 지역 기후위기 대응사업계획을 수립할 수 있다.

1. 지역 기후위기 현황 및 문제점
2. 사업의 목표·내용·규모·범위
3. 사업의 추진전략 및 타당성
4. 사업 추진을 위한 재원조달방안
5. 이행점검 및 관리방안

② 법 제42조 제3항에서 "대통령령으로 정하는 기관"이란 다음 각 호의 기관을 말한다.

1. 한국수자원공사
2. 한국환경공단
3. 한국환경산업기술원
4. 정부출연 연구기관
5. 그 밖에 관계 중앙행정기관의 장이 지역 기후위기 대응사업의 지원에 필요한 전문인력과 조직을 갖추었다고 인정하는 기관

③ 법 제42조 제3항에 따른 지원기구(이하 "기후위기 지원기구"라 한다)로 지정받은 기관의 장은 매년 2월 말일까지 전년도 업무수행 결과와 해당 연도의 업무계획을 관계 중앙행정기관의 장에게 제출해야 한다.

④ 관계 중앙행정기관의 장은 법 제42조 제3항에 따라 기후위기 지원기구를 지정한 경우에는 기후위기 지원기구의 명칭과 업무의 범위를 관보와 해당 기관의 인터넷 홈페이지에 공고해야 한다.

⑤ 기후위기 지원기구가 다음 각 호의 어느 하나에 해당하는 경우에는 법 제42조 제4항에 따라 그 지정을 취소할 수 있다. 다만, 제1호에 해당하는 경우에는 지정을 취소해야 한다.

1. 거짓이나 그 밖의 부정한 방법으로 지정을 받은 경우
2. 지정받은 사항을 위반하여 업무를 수행한 경우

⑥ 관계 중앙행정기관의 장은 제5항에 따라 기후위기 지원기구의 지정을 취소한 경우에는 그 사실을 관보와 해당 기관의 인터넷 홈페이지에 공고해야 한다.

제46조(녹색국토의 관리)

① 법 제44조 제1항 제3호에서 "대통령령으로 정하는 계획"이란 [별표 3]에 따른 계획을 말한다.

② 법 제44조 제3항에서 "국토종합계획, 「국가균형발전 특별법」에 따른 국가균형발전 5개년 계획 등 대통령령으로 정하는 계획"이란 다음 각 호의 계획을 말한다.

1. 「국토기본법」제9조 제1항에 따른 국토종합계획 및 같은 법 제13조 제1항에 따른 도종합계획
2. 「국가균형발전 특별법」제4조 제1항에 따른 국가균형발전 5개년계획
3. 「수도권정비계획법」제4조 제1항에 따른 수도권정비계획

제47조(국가 기후위기 적응센터의 지정 및 평가)

① 환경부장관은 법 제46조 제1항에 따라 다음 각 호의 기관 또는 단체를 국가 기후위기 적응센터(이하 "국가 기후위기 적응센터"라 한다)로 지정하여 운영할 수 있다.
   1. 국공립 연구기관
   2. 정부출연 연구기관
   3. 한국환경공단
   4. 그 밖에 환경부장관이 기후위기 적응대책의 수립·시행 지원업무를 수행할 수 있는 역량을 갖추었다고 인정하여 고시하는 기관 또는 단체

② 국가 기후위기 적응센터의 지정기간은 3년 이내로 한다.

③ 법 제46조 제2항에서 "대통령령으로 정하는 사업"이란 다음 각 호의 사업을 말한다.
   1. 다음 각 목의 대책 또는 계획 추진을 위한 조사·연구 사업
      가. 기후위기 적응대책
      나. 적응대책 세부시행계획
      다. 지방 기후위기 적응대책
   2. 기후위기 적응대책의 수립·시행 지원 및 관계기관과의 협력 추진사업
   3. 기후위기 적응을 위한 국제교류 및 교육·홍보 사업
   4. 기후위기 적응정보 관리체계의 구축·운영 지원사업
   5. 법 제37조 제3항에 따른 조사·연구, 기술개발, 전문기관 지원 및 국내외 협조체계 구축 지원사업
   6. 제1호부터 제5호까지의 사업과 관련하여 국가, 지방자치단체 또는 공공기관으로부터 위탁받은 사업

④ 환경부장관은 법 제46조 제3항에 따른 수행실적 등을 다음 각 호의 구분에 따라 평가할 수 있다.
   1. 정기평가 : 매년 국가 기후위기 적응센터의 전년도 사업실적 등을 평가
   2. 종합평가 : 지정기간의 마지막 연도에 국가 기후위기 적응센터의 운영 전반을 평가

⑤ 환경부장관은 제4항에 따른 평가를 실시하기 위하여 관계 전문가로 구성된 국가 기후위기 적응센터 평가단(이하 "기후위기 적응센터 평가단"이라 한다)을 구성·운영할 수 있다.

⑥ 기후위기 적응센터 평가단은 평가 예정일부터 2개월 전에 단장 1명을 포함하여 10명 이내의 단원으로 구성한다.

⑦ 기후위기 적응센터 평가단의 단장은 기후위기 적응 업무를 담당하는 환경부의 고위공무원으로 하고, 적응센터 평가단의 단원은 기후위기 적응대책 등에 관한 학식과 경험이 풍부한 사람 중에서 환경부장관이 위촉하는 사람으로 한다.

⑧ 환경부장관은 제4항에 따른 평가를 실시하려는 경우 같은 항 각 호의 구분에 따른 평가의 방법 및 시기를 정하여 국가 기후위기 적응센터에 통보해야 한다.

⑨ 환경부장관은 법 제46조 제4항에 따른 지원을 하는 경우 제4항에 따른 평가 결과를 반영할 수 있다.

제7장 정의로운 전환

제48조(고용상태 영향조사 등)

① 고용노동부장관은 법 제47조 제2항에 따라 탄소중립사회로의 이행과정에서 실업의 발생 등 고용상태의 영향을 5년마다 조사해야 한다. 다만, 탄소중립사회로의 이행과정에서 사업 전환 및 구조적 실업에 따른 피해가 심각한 경우 등 고용노동부장관이 추가적인 조사가 필요하다고 인정하는 경우에는 추가로 조사를 실시할 수 있다.

② 고용노동부장관은 제1항에 따른 조사를 실시하기 위하여 조사 대상 및 방법 등을 포함하는 조사계획을 수립해야 한다.

③ 고용노동부장관은 제2항에 따른 조사계획을 수립할 때에는 기후위기에 취약한 계층, 사회적 · 경제적 불평등이 심화되는 지역의 주민 및 산업계 등 이해관계자의 의견을 들어야 한다.

④ 고용노동부장관은 법 제47조 제2항에 따라 제1항에 따른 조사 결과를 반영하여 다음 각 호의 사항을 포함하는 지원대책을 수립 · 시행해야 하며, 이를 지체 없이 위원회에 보고해야 한다.

 1. 취업지원 · 구직활동지원 · 직업능력 개발훈련 프로그램 개발 및 운영

 2. 실업자에 대한 생계 지원

 3. 그 밖에 탄소중립사회로의 이행과정에서 사회적 · 경제적 불평등이 심화되는 지역 또는 산업을 지원하기 위하여 고용노동부장관이 필요하다고 인정하여 고시하는 지원

제49조(정의로운 전환 특별지구의 지정 등)

① 시 · 도지사는 관할 행정구역을 법 제48조 제1항에 따른 정의로운 전환 특별지구(이하 "정의로운 전환 특구"라 한다)로 지정받으려는 경우에는 다음 각 호의 사항을 포함하는 신청서를 산업통상자원부장관과 고용노동부장관에게 각각 제출해야 한다.

 1. 지정대상 행정구역

 2. 법 제48조 제1항 각 호의 기준 해당 여부에 관한 검토자료

 3. 지역의 산업 · 고용 및 경제 회복을 위한 자체 계획

 4. 지역의 산업 · 고용 및 경제 회복을 위하여 필요한 지원 내용

② 제1항에 따른 신청서를 제출받은 산업통상자원부장관과 고용노동부장관은 법 제48조 제1항에 따라 위원회의 심의를 거치기 전에 관계 중앙행정기관과의 협의를 거쳐 정의로운 전환 특구를 공동으로 지정할 수 있다.

③ 정의로운 전환 특구의 지정기간은 2년 이내로 한다.

④ 산업통상자원부장관과 고용노동부장관은 정의로운 전환 특구로 지정된 지역의 산업 · 고용 및 지역경제 여건 등을 검토하여 2년 이내의 범위에서 지정기간을 연장할 수 있다. 다만, 전체 지정기간은 5년을 초과할 수 없다.

⑤ 산업통상자원부장관과 고용노동부장관은 정의로운 전환 특구의 지정 여부를 검토하기 위하여 산업통상자원부, 고용노동부 및 관계 중앙행정기관 소속 공무원과 기업 · 소상공인 · 산업 · 고용 · 노동 · 지역 등의 분야에 관한 전문가 등으로 조사단을 구성하여 현지실사 및 자료 수집을 할 수 있다.

⑥ 산업통상자원부장관과 고용노동부장관은 법 제48조 제2항에 따라 지원대책을 수립하는 경우에는 관계 중앙행정기관의 장과의 협의를 거쳐야 하고, 수립된 지원대책을 위원회에 보고해야 한다.

⑦ 법 제48조 제1항 제2호에서 "대통령령으로 정하는 요건을 갖춘 지역"이란 해당 지역에서 탄소중립 정책의 직접적 영향을 받는 기업의 경영환경 악화 등이 예상되거나 발생한 지역을 말한다.

⑧ 관계 중앙행정기관의 장과 정의로운 전환 특구로 지정된 지역을 관할하는 시 · 도지사 또는 시장 · 군수 · 구청장은 법 제48조 제2항에 따른 지원대책 시행을 위한 실행계획을 수립하여 산업통상자원부장관과 고용노동부장관에게 각각 제출해야 한다.

⑨ 제8항에 따라 실행계획을 제출받은 산업통상자원부장관과 고용노동부장관은 이를 위원회에 공동으로 보고해야 한다.

⑩ 정의로운 전환 특구로 지정된 지역을 관할하는 시 · 도지사는 매년 해당 정의로운 전환 특구의 운영현황과 지원 실적 및 효과 등에 관한 보고서를 작성하여 산업통상자원부장관과 고용노동부장관에게 각각 제출해야 한다.

⑪ 법 제48조 제3항에서 "지정사유가 소멸하는 등 대통령령으로 정하는 사유가 있는 경우"란 다음 각 호의 경우를 말한다.

  1. 법 제48조 제1항 각 호의 지정사유가 소멸한 경우

  2. 법 제48조 제2항에 따른 지원대책의 시행으로 효과가 발생하여 정의로운 전환 특구 지정이 필요 없게 된 경우

⑫ 산업통상자원부장관과 고용노동부장관이 법 제48조 제1항 · 제3항에 따라 정의로운 전환 특구를 지정 · 변경 또는 해제한 경우에는 다음 각 호의 사항을 공동으로 고시해야 한다.

  1. 정의로운 전환 특구의 위치

  2. 정의로운 전환 특구의 지정, 변경 또는 해제의 사유

3. 정의로운 전환 특구에 대한 지원대책의 주요 내용(정의로운 전환 특구를 지정하는 경우만 해당한다)

⑬ 제1항부터 제12항까지에서 규정한 사항 외에 정의로운 전환 특구의 지정, 변경 또는 해제, 정의로운 전환 특구에 대한 지원의 내용 및 방법 등에 관하여 필요한 사항은 산업통상자원부장관 및 고용노동부장관이 관계 중앙행정기관의 장과 협의를 거쳐 공동으로 고시한다.

제50조(사업전환 지원)

① 법 제49조 제1항에서 "대통령령으로 정한 업종"이란 온실가스 다배출업종 등 중소벤처기업부장관이 정하여 고시하는 업종을 말한다.

② 법 제49조 제1항에 따른 녹색산업 분야에 해당하는 업종은 녹색산업 중 중소벤처기업부장관이 사업전환 지원이 필요하다고 인정하여 고시하는 업종으로 한다.

③ 법 제49조 제1항에 따라 사업전환 지원을 요청하려는 사업자는 중소벤처기업부장관에게 다음 각 호의 사항이 포함된 지원신청서를 제출해야 한다.

1. 현재 영위하는 업종과 사업을 전환하려는 업종

2. 사업전환계획

④ 중소벤처기업부장관은 제3항에 따라 지원신청서를 받은 경우에는 해당 사업장에 대한 현장 조사를 한 후 지원 여부를 결정해야 한다. 다만, 해당 사업장에 대한 현장 조사가 필요하지 않다고 판단되면 이를 생략할 수 있다.

⑤ 법 제49조 제2항에 따른 지원의 종류와 범위는 다음 각 호와 같다.

1. 사업전환에 관한 정보 제공

2. 사업전환에 필요한 컨설팅 지원

3. 사업전환에 필요한 자금융자 등의 지원

4. 그 밖에 원활한 사업전환을 위하여 중소벤처기업부장관이 필요하다고 인정하는 지원

⑥ 제4항에 따른 현장 조사의 범위, 방법, 절차 및 그 밖에 필요한 사항은 중소벤처기업부장관이 정하여 고시한다.

제51조(자산손실 위험의 최소화)

① 법 제50조 제1항에서 "온실가스 배출량이 대통령령으로 정하는 기준 이상에 해당하는 기업"이란 최근 3년간 연평균 온실가스 배출총량이 5만 이산화탄소상당량톤 이상인 기업이거나 연평균 온실가스 배출량이 1만 5천 이산화탄소상당량톤 이상인 사업장을 하나 이상 보유한 기업을 말한다.

② 산업통상자원부장관은 법 제50조 제1항에 따라 다음 각 호의 사항을 포함하는 지원 시책을 마련하여 위원회에 보고해야 한다.

1. 사업전환을 위한 컨설팅 지원

2. 전환대상 사업의 연구·개발 지원

3. 사업전환비용에 대한 금융 및 자금 지원

제52조(협동조합 활성화) 정부는 법 제52조 제1항에 따라 협동조합 및 사회적 협동조합에 다음 각 호의 지원을 할 수 있다.

    1. 「협동조합기본법」 제10조의 2에 따른 경영 지원

    2. 「협동조합기본법」 제10조의 3에 따른 교육훈련 지원

    3. 「협동조합기본법」 제95조의 2에 따른 공공기관의 우선 구매

제53조(정의로운 전환 지원센터의 설립·운영 등)

① 산업통상자원부장관과 고용노동부장관은 법 제53조 제1항에 따라 다음 각 호의 기관에 각각 같은 항에 따른 정의로운 전환 지원센터(이하 "정의로운 전환 지원센터"라 한다)를 둘 수 있다.

    1. 「산업기술혁신 촉진법」 제38조에 따라 설립된 한국산업기술진흥원

    2. 「고용정책 기본법」 제18조에 따라 설립된 한국고용정보원

    3. 그 밖에 탄소중립사회로의 이행과정에서 사회적·경제적 불평등이 심화되는 산업과 지역에 관한 전문성을 보유한 기관으로서 산업통상자원부장관과 고용노동부장관이 협의하여 고시하는 기관

② 산업통상자원부장관과 고용노동부장관은 제1항에 따라 정의로운 전환 지원센터를 두려는 경우에는 설립계획을 수립하여 위원회에 보고해야 한다.

③ 정의로운 전환 특구로 지정된 지역을 관할하는 시·도지사는 법 제53조 제1항에 따라 조례로 정하는 바에 따라 정의로운 전환 지원센터를 설립할 수 있다.

④ 법 제53조 제2항 제6호에서 "대통령령으로 정하는 사항"이란 다음 각 호의 사항을 말한다.

    1. 국내외 정의로운 전환 추진동향의 조사 및 연구

    2. 지역별·산업별 대체산업 육성

    3. 정부와 지방자치단체의 일자리 창출 관련 사업의 연계·조정 지원

    4. 정의로운 전환 특구의 산업·고용·지역경제 회복 등을 위한 사업의 발굴 및 추진

⑤ 정의로운 전환 지원센터는 매년 1월 31일까지 전년도의 업무수행 실적과 해당 연도의 업무계획을 산업통상자원부장관, 고용노동부장관 및 관할 시·도지사에게 각각 제출해야 한다.

⑥ 제1항부터 제5항까지에서 규정한 사항 외에 정의로운 전환 지원센터의 설립·운영 등에 필요한 사항은 관계 중앙행정기관의 장과 협의를 거쳐 산업통상자원부장관과 고용노동부장관이 공동으로 정하여 고시한다.

제8장 녹색성장 시책

제54조(중소기업의 녹색경영 촉진 등) 중소벤처기업부장관은 법 제55조에 따라 중소기업의 녹색기술 및 녹색경영 촉진을 위한 연차별 추진계획을 수립하여 위원회에 보고하고 시행해야 한다.

제55조(시정권고 및 의견표명 등)

① 위원회는 법 제59조 제5항에 따라 시정권고 또는 의견표명을 할 때에는 고충조사 결과에 대한 녹색기술·녹색산업 분야의 전문가 또는 전문기관의 의견을 들을 수 있다.

② 법 제59조 제5항에 따른 시정권고 또는 의견표명은 그 내용을 명시한 서면으로 해야 한다.

③ 제1항 및 제2항에서 규정한 사항 외에 고충조사, 시정권고 및 의견표명에 필요한 세부 사항은 위원회의 의결을 거쳐 위원장이 정한다.

제56조(녹색기술·녹색산업의 표준화)

① 과학기술정보통신부장관, 문화체육관광부장관, 농림축산식품부장관, 산업통상자원부장관, 환경부장관, 국토교통부장관, 해양수산부장관, 중소벤처기업부장관, 방송통신위원회위원장과 산림청장은 법 제60조 제1항에 따라 소관 분야의 녹색기술·녹색산업의 표준화 기반을 구축하기 위하여 다음 각 호의 활동에 필요한 지원을 할 수 있다.

1. 국제표준과 연계한 표준화 기반 및 적합성 평가체계 구축

2. 국내에서 개발되었거나 연구·개발 중인 녹색기술·녹색산업의 표준화

3. 표준화 기반을 구축하기 위한 전문인력 양성

② 산업통상자원부장관은 제1항에 따른 녹색기술·녹색산업의 표준화 기반 구축에 관한 사항을 총괄한다.

제57조(녹색기술 등의 적합성 인증 및 녹색전문기업 확인)

① 중앙행정기관의 장은 소관 분야에 대하여 법 제60조 제2항에 따라 녹색기술에 대한 적합성 인증(인증된 녹색기술이 적용된 제품에 대한 확인을 포함하며, 이하 "녹색인증"이라 한다)을 하거나 녹색기술과 녹색제품의 매출 비중이 높은 기업의 확인(이하 "녹색전문기업 확인"이라 한다)을 할 수 있다.

② 제1항에 따라 녹색인증이나 녹색전문기업 확인을 받으려는 자는 소관 중앙행정기관의 장에게 인증 또는 확인을 신청해야 한다.

③ 제2항에 따른 신청을 받은 중앙행정기관의 장은 신청한 내용을 평가하는 기관(이하 "평가기관"이라 한다)을 지정하여 녹색인증 또는 녹색전문기업 확인의 평가를 의뢰해야 한다.

④ 평가기관의 평가 결과를 확인하고 녹색인증 또는 녹색전문기업 확인 여부를 결정하기 위하여 관계 중앙행정기관 공동으로 녹색인증 및 녹색전문기업 확인 심의위원회(이하 "녹색인증등 위원회"라 한다)를 둔다.

⑤ 중앙행정기관의 장은 제2항에 따라 녹색인증이나 녹색전문기업 확인을 신청한 자에게 인증 또는 확인에 필요한 비용을 부담하게 할 수 있다.

⑥ 녹색인증 또는 녹색전문기업 확인의 유효기간은 3년으로 하고, 1회에 한정하여 3년 이내의 범위에서 연장할 수 있다.

⑦ 제1항부터 제6항까지에서 규정한 사항 외에 녹색인증 및 녹색전문기업 확인의 대상·기준·절차·방법, 평가기관의 지정, 녹색인증등 위원회의 구성·운영, 녹색인증 및 녹색전문기업 확인의 비용, 유효기간 연장 등 녹색인증 및 녹색전문기업 확인에 필요한 사항은 기획재정부장관, 과학기술정보통신부장관, 문화체육관광부장관, 농림축산식품부장관, 산업통상자원부장관, 환경부장관, 국토교통부장관, 해양수산부장관, 중소벤처기업부장관과 방송통신위원회위원장이 공동으로 정하여 고시한다.

제58조(녹색제품에 대한 구매촉진)

① 법 제60조 제2항에서 "공공기관 등 대통령령으로 정하는 기관"이란 「녹색제품 구매촉진에 관한 법률」 및 「중소기업제품 구매촉진 및 판로지원에 관한 법률」에 따른 공공기관(이하 이 조에서 "녹색공공기관"이라 한다)을 말한다.

② 조달청장은 법 제60조 제2항에 따라 녹색공공기관의 녹색제품 구매를 촉진하기 위하여 필요한 품목을 지정·고시하고, 이에 따른 조달기준을 마련할 수 있다.

③ 조달청장은 녹색공공기관의 장이 제품 또는 공사의 구매 또는 발주를 요청한 경우 해당 녹색공공기관의 장과의 협의를 거쳐 녹색제품으로 구매하거나 공사과정에 녹색기술을 반영하도록 할 수 있다.

제59조(녹색기술·녹색산업 집적지 및 단지 조성 등) 법 제61조 제3항에서 "대통령령으로 정하는 기관 또는 단체"란 다음 각 호의 기관 또는 단체를 말한다.

1. 「산업기술단지 지원에 관한 특례법」 제4조에 따른 사업시행자
2. 「산업집적활성화 및 공장설립에 관한 법률」 제45조의 17에 따른 한국산업단지공단
3. 「특정연구기관 육성법」 제2조에 따른 특정연구기관 및 같은 법 제8조에 따른 공동관리 기구
4. 「고등교육법」에 따른 대학·산업대학·전문대학 및 기술대학
5. 과학기술분야 정부출연 연구기관
6. 「민법」 제32조 및 「공익법인의 설립·운영에 관한 법률」에 따라 과학기술정보통신부장관의 허가를 받아 설립된 한국산업기술진흥협회
7. 한국환경공단
8. 한국환경산업기술원
9. 「한국교통안전공단법」에 따른 한국교통안전공단
10. 「산업입지 및 개발에 관한 법률」 제16조 제1항 제1호에 따른 산업단지 개발사업의 시행자
11. 「중소기업진흥에 관한 법률」 제68조에 따른 중소벤처기업진흥공단

제9장 탄소중립사회 이행과 녹색성장의 확산

제60조(탄소중립 지방정부 실천연대의 구성 등)

① 법 제65조 제2항에 따른 탄소중립 지방정부 실천연대(이하 "탄소중립 실천연대"라 한다)의 복수의 대표자는 「지방자치법」 제182조 제1항 제1호 및 제3호의 전국적 협의체의 장으로 하되, 탄소중립 실천연대가 정하는 운영협약으로 달리 정할 수 있다.

② 법 제65조 제2항에 따른 복수의 대표자는 탄소중립 실천연대를 각자 대표하고, 실천연대의 사무를 총괄한다.

③ 법 제65조 제2항에 따른 복수의 대표자는 각자 탄소중립 실천연대의 회의를 소집하며, 공동으로 의장이 된다.

④ 제1항에 따른 운영협약에는 다음 각 호의 사항이 포함되어야 한다.

1. 탄소중립 실천연대 참여 지방자치단체

2. 탄소중립 실천연대의 처리 사무와 사무국의 구성·운영 방안

3. 탄소중립 실천연대의 조직 구성과 대표자의 선출방법 및 임기

4. 탄소중립 실천연대의 운영과 사무처리에 필요한 경비의 부담과 지출방법

5. 그 밖에 탄소중립 실천연대의 구성과 운영에 필요한 사항

⑤ 법 제65조 제4항에 따라 탄소중립 실천연대 활동을 지원하기 위하여 「지방자치법」 제182조 제1항 제1호 또는 제3호의 전국적 협의체에 사무국(이하 "탄소중립 실천연대 사무국"이라 한다)을 둘 수 있다.

⑥ 탄소중립 실천연대 사무국에는 사무국장 1명과 필요한 직원을 두며, 사무국장은 탄소중립 실천연대의 대표자가 탄소중립 실천연대의 동의를 받아 임명한다.

⑦ 탄소중립 실천연대는 탄소중립 실천연대의 운영 또는 탄소중립 실천연대 사무국의 사무 처리를 위하여 필요한 경우에는 지방자치단체 소속 공무원, 공공기관 및 관계 기관·단체·연구소 소속 임직원 등의 파견 또는 겸임을 요청할 수 있다.

⑧ 행정안전부장관과 환경부장관은 탄소중립 실천연대가 법 제65조 제3항 각 호의 사항을 실천하는 데 필요한 지원을 할 수 있다.

제61조(탄소중립사회 이행을 위한 협력체계 구축) 관계 중앙행정기관의 장은 법 제66조 제5항에 따라 기업과 협력체계를 구축하여 대중교통을 이용하거나 친환경 농산물 또는 친환경 제품을 구입하는 경우 할인, 적립 등의 경제적 혜택을 제공할 수 있다.

제62조(녹색생활 확산) 법 제67조 제3항 제3호에서 "대통령령으로 정하는 제도"란 전자영수증 사용, 빈 용기를 활용한 제품의 구매 등 녹색생활 실천활동에 인센티브를 부여하는 제도를 말한다.

제63조(탄소중립 지원센터의 설립)

① 법 제68조 제1항에 따라 지방자치단체의 장은 조례로 정하는 바에 따라 같은 항에 따른 탄소중립 지원센터(이하 "탄소중립 지원센터"라 한다)를 설립하거나 다음 각 호의 기관·단체 중에서 탄소중립 지원센터를 지정하여 운영할 수 있다.

1. 지방자치단체의 소속기관, 국공립 연구기관 또는 지방자치단체 출연 연구원

2. 「고등교육법」 제2조에 따른 학교

3. 「한국과학기술원법」에 따른 한국과학기술원, 「광주과학기술원법」에 따른 광주과학기술원, 「대구경북과학기술원법」에 따른 대구경북과학기술원 및 「울산과학기술원법」에 따른 울산과학기술원

4. 그 밖에 제3항 각 호의 요건을 갖춘 기관·단체로서 조례로 정하는 기관·단체

② 법 제68조 제2항 제4호에서 "대통령령으로 정하는 업무"란 다음 각 호의 업무를 말한다.

1. 지역의 탄소중립 참여 및 인식 제고방안의 발굴과 그 시행의 지원

2. 지역의 탄소중립 관련 조사 · 연구 및 교육 · 홍보

　3. 외국의 지방자치단체와의 탄소중립사업 협력

　4. 수송, 건물, 폐기물, 농업 · 축산 · 수산 등 분야별 탄소중립 구축모델의 개발

　5. 탄소중립 실천연대의 기후위기 대응활동 지원

　6. 지방자치단체 간 탄소중립 실천을 위한 상호협력 증진활동 지원

　7. 지역의 탄소중립정책 추진역량 강화사업 지원

　8. 지역의 온실가스 통계 산정 · 분석을 위한 관련 정보 및 통계의 작성 지원

③ 법 제68조 제3항에서 "대통령령으로 정하는 지정기준"이란 다음 각 호의 기준을 말한다.

　1. 법 제68조 제2항의 업무를 수행할 수 있는 전담조직 및 시설을 갖출 것

　2. 법 제68조 제2항의 업무를 수행할 수 있는 전문인력을 갖출 것

④ 지방자치단체의 장은 제1항에 따라 탄소중립 지원센터를 지정하려는 경우에는 제3항 각 호의 기준 충족 여부를 검토하여 지정 여부를 결정해야 한다.

⑤ 지방자치단체의 장은 제4항에 따라 탄소중립 지원센터를 지정한 경우에는 그 사실을 해당 지방자치단체의 인터넷 홈페이지 등을 통하여 공고해야 한다.

⑥ 지방자치단체의 장은 탄소중립 지원센터의 운영을 지원하기 위하여 탄소중립 지원센터에 다음 각 호의 사항에 관한 자료의 제출을 요청할 수 있다.

　1. 탄소중립 지원센터의 운영계획

　2. 탄소중립 지원센터의 인력 · 조직 및 시설 확보 현황

　3. 탄소중립 지원센터의 예산 조달계획

　4. 탄소중립 지원센터가 지원받은 자금의 사용명세에 관한 자료

　5. 그 밖에 지방자치단체의 장이 탄소중립 지원센터의 운영 지원을 위하여 필요하다고 인정하는 자료

⑦ 지방자치단체의 장은 탄소중립 지원센터가 다음 각 호의 어느 하나에 해당하는 경우에는 그 지정을 취소할 수 있다. 다만, 제1호에 해당하는 경우에는 그 지정을 취소해야 한다.

　1. 거짓이나 그 밖의 부정한 방법으로 지정을 받은 경우

　2. 정당한 사유 없이 지정받은 날부터 3개월 이상 탄소중립 지원센터의 업무를 수행하지 않은 경우

　3. 제3항에 따른 지정기준에 맞지 않게 된 경우

⑧ 지방자치단체의 장은 제7항에 따라 탄소중립 지원센터의 지정을 취소한 경우에는 지체 없이 그 사실을 해당 기관에 알리고, 해당 지방자치단체의 인터넷 홈페이지에 공고해야 한다.

⑨ 탄소중립 지원센터는 국가와 지역의 탄소중립 · 녹색성장 정책 추진을 위하여 필요한 경우에는 환경부장관에게 탄소중립 지원센터의 운영을 위한 컨설팅 등의 지원을 요청할 수 있다. 이 경우 환경부장관은 특별한 사유가 없으면 이에 필요한 지원을 제공해야 한다.

제10장 기후대응기금의 설치 및 운용

제64조(기후대응기금의 운용·관리 사무의 위탁)

① 기획재정부장관은 법 제72조 제2항에 따라 법 제69조 제1항에 따른 기후대응기금(이하 "기금"이라 한다)의 운용·관리에 관한 다음 각 호의 업무를 기획재정부장관이 지정하여 고시하는 법인 또는 단체에 위탁한다.

1. 기금의 운용·관리에 관한 회계처리

2. 기금의 결산보고서 작성

3. 기금의 자산운용

4. 그 밖에 기금의 운용·관리를 위하여 기획재정부장관이 정하여 고시하는 업무

② 제1항에 따라 업무를 위탁받은 자(이하 "기금수탁관리자"라 한다)는 기금을 다른 운영재원과 구분하여 회계처리해야 한다.

③ 기금수탁관리자가 제1항 각 호의 업무처리를 위하여 경비가 필요한 경우 해당 경비는 기금에서 부담한다.

④ 기금수탁관리자는 위탁받은 기금의 운영·관리 업무를 전담할 부서를 설치해야 한다.

⑤ 기금수탁관리자는 분기별 기금의 조성 및 운용현황을 각 분기가 끝난 후 40일 이내에 기획재정부장관에게 보고해야 한다.

제65조(기금계정의 설치) 기획재정부장관은 법 제72조 제3항에 따라 계정을 설치하는 경우에는 기금의 수입과 지출을 명확하게 하기 위하여 「한국은행법」에 따른 한국은행에 기금계정을 설치해야 한다.

제66조(기금운용심의회의 구성 및 운영)

① 법 제72조 제4항에 따른 **기금운용심의회**(이하 "기금운용심의회"라 한다)는 **위원장 1명을 포함하여 10명 이내의 위원으로 구성**한다.

② 기금운용심의회의 위원장은 **기획재정부 제1차관**으로 한다.

③ 기금운용심의회의 위원은 다음 각 호의 사람 중에서 기금운용심의회의 위원장이 임명하거나 위촉하는 사람으로 한다. 이 경우 위원장은 제3호 및 제4호에 해당하는 위원을 2분의 1 이상 위촉해야 한다.

1. 기획재정부의 고위공무원단에 속하는 공무원으로서 기금의 관리를 담당하는 사람

2. 산업통상자원부·환경부·국토교통부 및 그 밖에 기금운용심의회의 위원장이 필요하다고 인정하는 관계 중앙행정기관의 고위공무원단에 속하는 공무원 중에서 해당 기관의 장이 지명하는 사람

3. 기금의 운용·관리에 관한 전문지식과 경험이 풍부하다고 인정되는 사람

4. 기후위기 대응에 관련 전문지식과 경험이 풍부하다고 인정되는 사람

④ 제3항 제3호 및 제4호에 해당하는 **위원의 임기는 2년**으로 한다.

⑤ 기획재정부장관은 제3항 제3호 및 제4호에 따라 위촉한 위원이 다음 각 호의 어느 하나에 해당하는 경우에는 그 위원을 해촉할 수 있다.

1. 심신장애로 직무를 수행할 수 없게 된 경우
2. 직무와 관련된 비위사실이 있는 경우
3. 직무태만, 품위손상이나 그 밖의 사유로 위원으로 적합하지 않다고 인정되는 경우
4. 위원 스스로 직무를 수행하는 것이 곤란하다고 의사를 밝히는 경우

⑥ 기금운용심의회의 위원장은 기금운용심의회를 대표하고 기금운용심의회의 업무를 총괄한다. 다만, 위원장이 부득이한 사유로 직무를 수행할 수 없는 경우에는 기획재정부장관이 지명하는 위원이 그 직무를 대행한다.

⑦ 기금운용심의회는 심의를 위하여 필요한 경우에는 관계 기관의 장 또는 해당 분야의 전문가를 출석시켜 의견을 들을 수 있다.

⑧ 제1항부터 제7항까지에서 규정한 사항 외에 기금운용심의회의 구성 및 운영에 필요한 사항은 기획재정부장관이 정한다.

제67조(기금의 운용·관리에 관한 사항에 대한 위원회 보고) 법 제72조 제5항에서 "대통령령으로 정하는 중요한 사항"이란 기금의 주요 수입 및 지출에 관련된 사항을 말한다.

제68조(구분 회계처리) 기금을 배분받은 중앙행정기관의 장은 배분받은 기금을 다른 회계나 기금과 구분하여 회계처리하거나 관리해야 한다.

제69조(기금의 운용규정) 이 영에서 규정한 사항 외에 기금의 운용·관리 및 기금 사업의 수행에 필요한 사항은 기획재정부장관이 정한다.

제11장 보칙

제70조(국가보고서 등의 작성)

① 환경부장관은 법 제77조 제1항에 따라 같은 항 각 호의 보고서를 관계 중앙행정기관의 장과의 협의 후 위원회의 심의를 거쳐 작성·갱신한다.

② 환경부장관과 관계 중앙행정기관의 장은 제1항에 따른 보고서의 작성·갱신에 필요한 경우에는 관계 전문가나 이해관계자 등의 의견을 들을 수 있다.

③ 외교부장관은 제1항에 따라 작성·갱신된 보고서를 「기후변화에 관한 국제연합 기본협약」의 당사국총회에 제출한다.

④ 법 제77조 제1항 제5호에서 "대통령령으로 정하는 보고서"란 「파리협정」 제6조에 따른 보고서를 말한다.

제71조(국회 보고 등)

① 법 제78조 제1항 단서에서 "대통령령으로 정하는 경미한 사항을 변경하는 경우"란 제5조 제3항 각 호의 경우를 말한다.

② 법 제78조 제2항 단서에서 "대통령령으로 정하는 경미한 사항을 변경하는 경우"란 제6조 제3항 각 호의 경우를 말한다.

③ 법 제78조 제3항에 따라 **위원회는 탄소중립 국가기본계획의 전년도 추진상황 점검 결과를 매년 12월 31일까지 국회에 보고**하고, 시·도지사 또는 시장·군수·구청장은 탄소중립 시·도계획 또는 탄소중립 시·군·구계획의 전년도 추진상황 점검 결과를 매년 12월 31일 까지 지방의회에 보고해야 한다.

제72조(탄소중립이행 책임관의 지정)

① 법 제79조 제1항에 따른 탄소중립이행 책임관의 지정 요건은 다음 각 호의 구분에 따른다.

1. 중앙행정기관의 장이 지정하는 경우 : 해당 기관의 탄소중립 정책 수립·시행을 담당하는 고위공무원단에 속하는 공무원

2. 시·도지사가 지정하는 경우 : 다음 각 목의 어느 하나에 해당하는 사람

가. 「지방자치법 시행령」 제71조 제2항 및 제3항에 따른 부시장·부지사

나. 「지방자치단체의 행정기구와 정원기준 등에 관한 규정」 제10조 및 [별표 2] 또는 제12조 및 [별표 7]에 따라 본청에 두는 실장·국장의 직급기준에 해당하는 사람으로서 해당 지방자치단체의 탄소중립 정책 수립·시행을 담당하는 사람

3. 시장·군수·구청장이 지정하는 경우 : 다음 각 목의 어느 하나에 해당하는 사람

가. 「지방자치법 시행령」 제71조 제7항에 따른 부시장·부군수·부구청장

나. 「지방자치단체의 행정기구와 정원기준 등에 관한 규정」 제14조 및 [별표 3]에 따라 본청에 두는 실장(국장급을 말한다)·국장의 직급기준에 해당하는 사람으로서 해당 지방자치단체의 탄소중립 정책수립·시행을 담당하는 사람. 다만, 「지방자치단체의 행정기구와 정원기준 등에 관한 규정」 제13조에 따라 실·국을 두지 않는 시·군·구의 경우에는 같은 규정 [별표 3]에 따라 본청에 두는 실장(과장급을 말한다)·과장·담당관의 직급기준에 해당하는 사람을 말한다.

② 법 제79조 제2항에 따른 탄소중립이행 책임관의 임무는 다음 각 호의 구분에 따른다.

1. 중앙행정기관의 장이 지정한 탄소중립이행 책임관의 임무

가. 온실가스 중장기 감축목표등의 설정과 법 제9조 제1항에 따른 이행현황 점검

나. 탄소중립 국가기본계획 수립·시행과 법 제13조 제1항에 따른 추진상황 및 주요 성과의 점검

다. 법 제36조 제2항에 따른 소관 분야의 정보 및 통계의 작성·제출

라. 기후위기 적응대책의 수립·시행과 법 제39조 제1항에 따른 추진상황의 점검

마. 탄소중립 정책의 교육·홍보

바. 그 밖에 탄소중립 사회로의 원활한 이행과 녹색성장의 추진을 위하여 소관 중앙행정기관의 장이 필요하다고 인정하는 임무

2. 시·도지사, 시장·군수·구청장이 지정한 탄소중립이행 책임관의 임무

　　가. 탄소중립 시·도계획 또는 탄소중립 시·군·구계획 수립·시행과 법 제13조 제2항에 따른 추진상황 및 주요 성과의 점검

　　나. 법 제36조 제3항에 따른 지역별 온실가스 통계 산정·분석 등을 위한 관련 정보·통계의 작성·제출

　　다. 지방 기후위기 적응대책의 수립·시행과 법 제40조 제4항에 따른 추진상황의 점검

　　라. 탄소중립 정책의 교육·홍보

　　마. 그 밖에 탄소중립사회로의 원활한 이행과 녹색성장의 추진을 위하여 시·도지사 또는 시장·군수·구청장이 필요하다고 인정하는 임무

제73조(권한의 위임)

① 환경부장관은 법 제81조 제1항에 따라 다음 각 호의 권한을 온실가스 종합정보센터의 장에게 위임한다.

1. 제4조 제3항에 따른 연도별 감축목표의 이행현황 점검 업무 지원

2. 제5조 제2항 제2호에 따른 경제적 효과 분석

3. 제17조 제7항에 따른 등록부의 작성·관리

4. 제22조에 따른 온실가스 배출관리업체 등록부의 작성·관리

5. 제35조 제1항에 따른 국제감축 등록부의 작성·관리

6. 제39조 제13항에 따른 공간정보 및 지도의 작성·관리

7. 제70조 제1항에 따른 보고서의 작성·갱신

② 환경부장관은 법 제81조 제1항에 따라 제40조에 따른 대기 중의 온실가스 농도 변화 상시 측정·조사 및 공개에 관한 권한을 국립환경과학원장에게 위임한다.

③ 기상청장은 법 제81조 제1항에 따라 제40조에 따른 대기 중의 온실가스 농도 변화 상시 측정·조사 및 공개에 관한 권한을 국립기상과학원장에게 위임한다.

④ 농림축산식품부장관은 법 제81조 제1항에 따라 다음 각 호의 권한을 산림청장에게 위임한다.

1. 제32조 제1항·제2항·제4항 및 제5항에 따른 임업 분야 국제감축사업의 사전 승인 및 사전 승인의 취소와 그 통보

2. 제34조 제1항에 따른 임업 분야 국제감축사업 보고내용의 검토

3. 제37조 제1항 및 제2항에 따른 임업 분야 국제감축실적 이전의 사전 승인

제74조(업무의 위탁)

① 중앙행정기관의 장은 법 제81조 제2항에 따라 제57조 제2항에 따른 녹색인증과 녹색전문기업 확인의 신청 접수에 관한 업무를 「산업기술혁신 촉진법」 제38조에 따른 한국산업기술진흥원에 위탁한다.

② 환경부장관은 법 제81조 제2항에 따라 다음 각 호의 업무를 한국환경공단에 위탁한다.

1. 법 제11조 제4항 및 제12조 제3항에 따른 탄소중립 시·도계획 및 탄소중립 시·군·구계획의 종합·보고 지원

2. 제6조 제6항 각 호 및 제7조 제5항 각 호의 지원

3. 제8조 제7항에 따른 보고서 작성 및 위원회 보고의 지원

4. 제16조 각 호의 업무 지원

5. 제17조 제4항에 따른 공공기관등의 온실가스 감축목표의 검토 지원, 같은 조 제8항 전단에 따른 이행실적의 검토 지원

6. 법 제26조 제6항 및 제27조 제7항에 따른 기술 지원, 실태조사 및 진단, 자료·정보의 제공 및 정보시스템의 구축

7. 제18조 제1항에 따른 온실가스 관리목표의 설정·관리와 권리와 의무의 승계에 관한 총괄·조정 업무의 지원 및 같은 항 제3호에 따른 폐기물 분야의 온실가스 관리목표의 설정·관리와 권리와 의무의 승계에 관한 업무의 지원

8. 제32조 제2항에 따른 사전 승인을 위한 조사·분석 및 검토

9. 제34조 제1항에 따른 국제감축사업 보고내용의 검토

10. 제36조 제1항에 따른 국제감축실적 취득신고내용의 검토

11. 제37조 제2항에 따른 사전 승인을 위한 조사·분석 및 검토

12. 제39조 제8항 제3호에 따른 폐기물 분야의 온실가스 정보 및 통계의 작성·제출 지원

13. 제39조 제10항에 따른 전문인력 양성·교육, 컨설팅, 정보제공 등의 지원

14. 법 제67조 제3항 각 호의 제도 시행 지원

15. 제63조 제9항에 따른 탄소중립 지원센터의 운영을 위한 컨설팅 등의 지원

16. 법 제76조에 따른 기후위기 대응과 관련된 제도·정책에 관한 동향과 정보의 수집·조사·분석·제공의 지원

③ 환경부장관은 법 제81조 제2항에 따라 제39조 제8항 제3호에 따른 내륙습지 분야의 온실가스 정보 및 통계의 작성·제출 지원 업무를 「국립생태원의 설립 및 운영에 관한 법률」에 따른 국립생태원에 위탁한다.

④ 환경부장관은 법 제81조 제2항에 따라 다음 각 호의 업무를 「환경정책기본법」 제59조 제1항에 따른 환경보전협회에 위탁한다.

1. 법 제67조 제4항에 따른 교육·홍보

2. 법 제67조 제5항에 따른 전문인력의 육성과 지원에 관한 사업 지원

3. 법 제67조 제6항에 따른 대중매체를 통한 교육·홍보활동 지원

⑤ 농림축산식품부장관은 법 제81조 제2항에 따라 다음 각 호의 구분에 따른 분야의 온실가스 감축목표의 설정·관리와 권리와 의무의 승계에 관한 업무를 해당 호에서 정한 기관에 각각 위탁한다.

1. 제18조 제1항 제1호의 농업·축산·식품 : 「농촌진흥법」 제33조에 따른 한국농업기술진흥원

2. 제18조 제1항 제1호의 임업 : 「임업 및 산촌 진흥촉진에 관한 법률」 제29조의 2에 따른 한국임업진흥원

⑥ 농림축산부장관은 법 제81조 제2항에 따라 농업·축산·식품 분야의 다음 각 호의 업무를 「한국농어촌공사 및 농지관리기금법」에 따른 한국농어촌공사에 위탁한다.

1. 제32조 제2항에 따른 사전 승인을 위한 조사·분석 및 검토

2. 제34조 제1항에 따른 국제감축사업 보고내용의 검토

3. 제36조 제1항에 따른 국제감축실적 취득신고내용의 검토

4. 제37조 제2항에 따른 사전 승인을 위한 조사·분석 및 검토

⑦ 농림축산부장관은 법 제81조 제2항에 따라 임업 분야의 다음 각 호의 업무를 「임업 및 산촌 진흥촉진에 관한 법률」 제29조의 2에 따른 한국임업진흥원에 위탁한다.

1. 제32조 제2항에 따른 사전 승인을 위한 조사·분석 및 검토

2. 제36조 제1항에 따른 국제감축실적 취득신고내용의 검토

3. 제37조 제2항에 따른 사전 승인을 위한 조사·분석 및 검토

⑧ 산업통상자원부장관은 법 제81조 제2항에 따라 제18조 제1항 제2호에 따른 산업·발전 분야의 온실가스 감축목표의 설정·관리와 권리와 의무의 승계에 관한 업무를 「에너지이용 합리화법」 제45조 제1항에 따른 한국에너지공단에 위탁한다.

⑨ 산업통상자원부장관은 법 제81조 제2항에 따라 다음 각 호의 업무를 「에너지이용 합리화법」 제45조 제1항에 따른 한국에너지공단 및 「대한무역투자진흥공사법」에 따른 대한무역투자진흥공사에 위탁한다. 이 경우 산업통상자원부장관은 수탁자 및 위탁업무의 내용을 고시해야 한다.

1. 제32조 제2항에 따른 사전 승인을 위한 조사·분석 및 검토

2. 제34조 제1항에 따른 국제감축사업 보고내용의 검토

3. 제36조 제1항에 따른 국제감축실적 취득신고내용의 검토

4. 제37조 제2항에 따른 사전 승인을 위한 조사·분석 및 검토

⑩ 산업통상자원부장관은 법 제81조 제2항에 따라 제49조 제5항에 따른 현지실사 및 자료 수집에 관한 업무를 「정부출연 연구기관 등의 설립·운영 및 육성에 관한 법률」 제8조 및 별표 제8호에 따른 산업연구원에 위탁한다.

⑪ 국토교통부장관은 법 제81조 제2항에 따라 다음 각 호의 구분에 따른 분야의 온실가스 감축목표의 설정·관리와 권리와 의무의 승계에 관한 업무를 해당 호에서 정한 기관에 각각 위탁한다.

1. 제18조 제1항 제4호의 건물 : 「에너지이용 합리화법」 제45조 제1항에 따른 한국에너지공단

2. 제18조 제1항 제4호의 교통(해운·항만은 제외한다) : 「한국교통안전공단법」에 따른 한국교통안전공단

3. 제18조 제1항 제4호의 건설 : 「한국부동산원법」에 따른 한국부동산원

⑫ 국토교통부장관은 법 제81조 제2항에 따라 다음 각 호의 업무를 「해외건설 촉진법」 제23조에 따른 해외건설협회에 위탁한다.

1. 제32조 제2항에 따른 사전 승인을 위한 조사·분석 및 검토

2. 제34조 제1항에 따른 국제감축사업 보고내용의 검토

3. 제36조 제1항에 따른 국제감축실적 취득신고내용의 검토

4. 제37조 제2항에 따른 사전 승인을 위한 조사·분석 및 검토

⑬ 국토교통부장관은 법 제81조 제2항에 따라 제39조 제13항에 따른 공간정보 및 지도의 작성·관리에 관한 업무를 다음 각 호의 기관에 위탁할 수 있다. 이 경우 국토교통부장관은 수탁자 및 위탁업무의 내용을 고시해야 한다.

1. 정부출연 연구기관

2. 과학기술분야 정부출연 연구기관

3. 공공기관

⑭ 해양수산부장관은 법 제81조 제2항에 따라 다음 각 호의 업무를 「해양환경관리법」 제96조 제1항에 따른 해양환경공단에 위탁한다.

1. 제18조 제1항 제5호에 따른 해양·수산·항만 분야의 온실가스 감축목표의 설정·관리와 권리와 의무의 승계에 관한 업무

2. 제32조 제2항에 따른 사전 승인을 위한 조사·분석 및 검토

3. 제34조 제1항에 따른 국제감축사업 보고내용의 검토

4. 제36조 제1항에 따른 국제감축실적 취득신고내용의 검토

5. 제37조 제2항에 따른 사전 승인을 위한 조사·분석 및 검토

⑮ 해양수산부장관은 법 제81조 제2항에 따라 제18조 제1항 제5호에 따른 해운 분야의 온실가스 감축목표의 설정·관리와 권리와 의무의 승계에 관한 업무를 「한국해양교통안전공단법」에 따른 한국해양교통안전공단에 위탁한다.

제75조(규제의 재검토) 환경부장관은 다음 각 호의 사항에 대하여 해당 호에서 정한 기준일을 기준으로 5년마다(매 5년이 되는 해의 기준일과 같은 날 전까지를 말한다) 그 타당성을 검토하여 개선 등의 조치를 해야 한다.

1. 제15조에 따른 기후변화 영향평가 : 2022년 9월 25일

2. 제19조에 따른 온실가스 배출관리업체의 지정기준 : 2022년 3월 25일

3. 제32조에 따른 국제감축사업의 사전 승인 기준과 방법·절차 : 2022년 3월 25일

4. 제37조에 따른 국제감축실적 이전의 사전 승인 기준과 방법·절차 : 2022년 3월 25일

제76조(과태료의 부과·징수)

① 법 제83조 제1항에 따른 과태료는 부문별 관장기관의 장이 환경부장관과 협의하여 부과·징수한다.

② 제1항에 따른 과태료의 부과기준은 [별표 4]와 같다.

▌[별표 4] 과태료의 부과기준(제76조 제2항 관련) ▌

1. 일반기준

    가. 위반행위의 횟수에 따른 과태료의 가중된 부과기준은 최근 1년간 같은 위반행위로 과태료 부과처분을 받은 경우에 적용한다. 이 경우 기간의 계산은 위반행위에 대하여 과태료 부과처분을 받은 날과 그 처분 후 다시 같은 위반행위를 하여 적발된 날을 기준으로 한다.

    나. 가목에 따라 가중된 부과처분을 하는 경우 가중처분의 적용차수는 그 위반행위 전 부과처분 차수(가목에 따른 기간 내에 과태료 부과처분이 둘 이상 있었던 경우에는 높은 차수를 말한다)의 다음 차수로 한다. 다만, 적발된 날부터 소급하여 1년이 되는 날 전에 한 부과처분은 가중처분의 차수 산정대상에서 제외한다.

    다. 부과권자는 위반행위자가 다음의 어느 하나에 해당하는 경우에는 제2호의 개별기준에 따른 과태료 금액의 2분의 1 범위에서 그 금액을 줄여 부과할 수 있다. 다만, 과태료를 체납하고 있는 위반행위자에 대해서는 그렇지 않다.

      1) 위반행위가 사소한 부주의나 오류로 인한 것으로 인정되는 경우

      2) 위반행위자가 법 위반상태를 시정하거나 해소하기 위하여 노력한 것이 인정되는 경우

      3) 그 밖에 위반행위의 정도, 위반행위의 동기와 그 결과 등을 고려하여 줄일 필요가 있다고 인정되는 경우

    라. 부과권자는 다음의 어느 하나에 해당하는 경우에는 제2호의 개별기준에 따른 과태료의 2분의 1 범위에서 그 금액을 늘려 부과할 수 있다. 다만, 늘려 부과하는 경우에도 법 제83조 제1항에 따른 과태료 금액의 상한을 넘을 수 없다.

      1) 위반의 내용·정도가 중대하여 국민 등에게 미치는 피해가 크다고 인정되는 경우

      2) 법 위반상태의 기간이 6개월 이상인 경우

      3) 그 밖에 위반행위의 정도, 위반행위의 동기와 그 결과 등을 고려하여 늘릴 필요가 있다고 인정되는 경우

2. 개별기준

위반행위	근거 법조문	과태료 금액(단위 : 만원)		
		1차 위반	2차 위반	3차 이상 위반
가. 법 제27조 제2항을 위반하여 온실가스 배출량 산정을 위한 자료를 제출하지 않거나 거짓으로 제출한 경우 1) 자료를 제출하지 않은 경우 **2) 거짓으로 제출한 경우**	법 제83조 제1항 제1호	500 1,000		
나. 법 제27조 제3항을 위반하여 명세서를 제출하지 않거나 거짓으로 제출한 경우 1) 명세서를 제출하지 않은 기간이 1개월 이내인 경우 2) 명세서를 제출하지 않은 기간이 1개월 초과 3개월 이내인 경우 3) 명세서를 제출하지 않은 기간이 3개월 초과인 경우 **4) 거짓으로 제출한 경우**	법 제83조 제1항 제2호	500 650 800 1,000		
다. 관리업체가 법 제27조 제6항을 위반하여 **개선명령을 이행하지 않은 경우**	법 제83조 제1항 제3호	500	700	1,000

01 탄소중립기본법중 목적에 관한 설명이다. 괄호 안에 들어갈 말로 적절한 것은?

이 법은 기후위기의 심각한 영향을 예방하기 위하여 온실가스 감축 및 기후위기 적응대책을 강화하고 (㉠) 사회로의 이행 과정에서 발생할 수 있는 경제적·환경적·사회적 불평등을 해소하며 녹색기술과 녹색산업의 육성·촉진·활성화를 통하여 경제와 환경의 조화로운 발전을 도모함으로써, 현재 세대와 미래 세대의 삶의 질을 높이고 생태계와 기후체계를 보호하며 국제사회의 (㉡)에 이바지하는 것을 목적으로 한다.

① ㉠ 탄소중립, ㉡ 지속가능발전
② ㉠ 탄소저감, ㉡ 지속가능발전
③ ㉠ 탄소중립, ㉡ 정의로운 전환
④ ㉠ 탄소저감, ㉡ 정의로운 전환

[해설] 법 제1조(목적)에 관한 문제이다.
기후위기의 심각한 영향을 예방하기 위하여 온실가스 감축 및 기후위기 적응대책을 강화하고 탄소중립 사회로의 이행 과정에서 발생할 수 있는 경제적·환경적·사회적 불평등을 해소하며 녹색기술과 녹색산업의 육성·촉진·활성화를 통하여 경제와 환경의 조화로운 발전을 도모함으로써, 현재 세대와 미래 세대의 삶의 질을 높이고 생태계와 기후체계를 보호하며 국제사회의 지속가능발전에 이바지하는 것을 목적으로 한다.

02 탄소중립기본법령상의 정의로 알맞지 않은 것은?

① "온실가스"란 적외선 복사열을 흡수하거나 재방출하여 온실효과를 유발하는 대기 중의 가스 상태의 물질로서 이산화탄소(CO_2), 메탄(CH_4), 아산화질소(N_2O), 수소불화탄소(HFCs), 과불화탄소(PFCs), 육불화황(SF_6) 및 그 밖에 대통령령으로 정하는 물질을 말한다.
② "온실가스 감축"란 토지이용, 토지이용의 변화 및 임업활동 등에 의하여 대기로부터 온실가스가 제거되는 것을 말한다.
③ "기후정의"란 기후변화를 야기하는 온실가스 배출에 대한 사회계층별 책임이 다름을 인정하고 기후위기를 극복하는 과정에서 모든 이해관계자들이 의사결정과정에 동등하고 실질적으로 참여하며 기후변화의 책임에 따라 탄소중립 사회로의 이행 부담과 녹색성장의 이익을 공정하게 나누어 사회적·경제적 및 세대 간의 평등을 보장하는 것을 말한다.
④ "탄소중립"이란 대기 중에 배출·방출 또는 누출되는 온실가스의 양에서 온실가스 흡수의 양을 상쇄한 순배출량이 영(零)이 되는 상태를 말한다.

[해설] 법 제2조(정의)에 관한 문제이다.
②번의 설명은 '온실가스 흡수'에 관한 정의이다.

03 탄소중립기본법 중 '기후위기 적응'에 관한 정의이다. 괄호 안에 들어갈 말로 알맞은 것은?

> "기후위기 적응"이란 기후위기에 대한 (   )을 줄이고 기후위기로 인한 건강피해와 자연재해에 대한 적응역량과 회복력을 높이는 등 현재 나타나고 있거나 미래에 나타날 것으로 예상되는 기후위기의 파급효과와 영향을 최소화하거나 유익한 기회로 촉진하는 모든 활동을 말한다.

① 안정성　　　　　② 환경성
③ 경제성　　　　　④ 취약성

해설 법 제2조(정의)에 관한 문제이다.
　　기후위기 적응은 기후위기에 대한 취약성을 줄이고 기후위기 파급효과의 영향을 최소화하기 위한 모든 활동을 말한다.

04 탄소중립기본법령상의 정의로 옳은 것은?

① "녹색기술"이란 에너지와 자원을 절약하고 효율적으로 사용하여 기후변화와 환경훼손을 줄이고 청정에너지와 녹색기술의 연구개발을 통하여 새로운 성장동력을 확보하며 새로운 일자리를 창출해 나가는 등 경제와 환경이 조화를 이루는 것을 말한다.
② "녹색경제"란 기후변화 대응기술, 에너지 이용 효율화 기술, 청정생산기술, 신·재생에너지 기술, 자원순환 및 친환경 기술(관련 융합기술을 포함한다) 등 사회·경제 활동의 전 과정에 걸쳐 화석에너지의 사용을 대체하고 에너지와 자원을 효율적으로 사용하여 탄소중립을 이루고 녹색성장을 촉진하기 위한 경제활동을 말한다.
③ "녹색산업"이란 온실가스를 배출하는 화석에너지의 사용을 대체하고 에너지와 자원 사용의 효율을 높이며, 환경을 개선할 수 있는 재화의 생산과 서비스의 제공 등을 통하여 탄소중립을 이루고 녹색성장을 촉진하기 위한 모든 산업을 말한다.

④ "녹색성장"란 화석에너지의 사용을 단계적으로 축소하고 녹색기술과 녹색산업을 육성함으로써 국가경쟁력을 강화하고 지속가능발전을 추구하는 경제를 말한다.

해설 법 제2조(정의)에 관한 문제이다.
　　①은 '녹색성장'에 관한 정의이다.
　　②는 '녹색기술'에 관한 정의이다.
　　④는 '녹색경제'에 관한 정의이다.

05 탄소중립기본법상 "기후정의"로 알맞은 것은?

① 대기 중에 배출·방출 또는 누출되는 온실가스의 양에서 온실가스 흡수의 양을 상쇄한 순배출량이 영(零)이 되는 상태를 말한다.
② 기후변화를 야기하는 온실가스 배출에 대한 사회계층별 책임이 다름을 인정하고 기후위기를 극복하는 과정에서 모든 이해관계자들이 의사결정과정에 동등하고 실질적으로 참여하며 기후변화의 책임에 따라 탄소중립 사회로의 이행 부담과 녹색성장의 이익을 공정하게 나누어 사회적·경제적 및 세대 간의 평등을 보장하는 것을 말한다.
③ 화석연료에 대한 의존도를 낮추거나 없애고 기후위기 적응 및 정의로운 전환을 위한 재정·기술·제도 등의 기반을 구축함으로써 탄소중립을 원활히 달성하고 그 과정에서 발생하는 피해와 부작용을 예방 및 최소화할 수 있도록 하는 사회를 말한다.
④ 탄소중립 사회로 이행하는 과정에서 직·간접적 피해를 입을 수 있는 지역이나 산업의 노동자, 농민, 중소상공인 등을 보호하여 이행 과정에서 발생하는 부담을 사회적으로 분담하고 취약계층의 피해를 최소화하는 정책방향을 말한다.

해설 법 제2조(정의)에 관한 문제이다.
　　①은 '탄소중립', ③은 '탄소중립 사회'에 관한 정의이다.

06 탄소중립기본법령상 탄소중립 사회로의 이행과 녹색성장을 위한 기본원칙으로 알맞지 않은 것은?

① 미래 세대의 생존을 보장하기 위하여 현재 세대가 져야 할 책임이라는 세대 간 형평성의 원칙과 지속가능발전의 원칙에 입각한다.

② 기후변화에 대한 과학적 예측과 분석에 기반하고, 기후위기에 영향을 미치거나 기후위기로부터 영향을 받는 모든 영역과 분야를 포괄적으로 고려하여 온실가스 감축과 기후위기 적응에 관한 정책을 수립한다.

③ 환경오염이나 온실가스 배출로 인한 경제적 비용이 재화 또는 서비스의 시장가격에 합리적으로 반영되도록 조세체계와 금융체계 등을 개편하여 오염자 부담의 원칙이 구현되도록 노력한다.

④ 기후위기가 인류 공통의 문제라는 인식 아래 지구 평균기온 상승을 산업화 이전 대비 최대 섭씨 2.0도로 제한하기 위한 국제사회의 노력에 적극 동참하고, 개발도상국의 환경과 사회정의를 저해하지 아니하며, 기후위기 대응을 지원하기 위한 협력을 강화한다.

해설 법 제3조(기본원칙)에 관한 문제로 다음의 기본원칙에 따라 추진되어야 한다.
1. 미래 세대의 생존을 보장하기 위하여 현재 세대가 져야 할 책임이라는 세대 간 형평성의 원칙과 지속가능발전의 원칙에 입각한다.
2. 범지구적인 기후위기의 심각성과 그에 대응하는 국제적 경제환경의 변화에 대한 합리적 인식을 토대로 종합적인 위기 대응 전략으로서 탄소중립 사회의 이행과 녹색성장을 추진한다.
3. 기후변화에 대한 과학적 예측과 분석에 기반하고, 기후위기에 영향을 미치거나 기후위기로부터 영향을 받는 모든 영역과 분야를 포괄적으로 고려하여 온실가스 감축과 기후위기 적응에 관한 정책을 수립한다.
4. 기후위기로 인한 책임과 이익이 사회 전체에 균형 있게 분배되도록 하는 기후정의를 추구함으로써 기후위기와 사회적 불평등을 동시에 극복하고, 탄소중립 사회로의 이행 과정에서 피해를 입을 수 있는 취약한 계층 · 부문 · 지역을 보호하는 등 정의로운 전환을 실현한다.

5. 환경오염이나 온실가스 배출로 인한 경제적 비용이 재화 또는 서비스의 시장가격에 합리적으로 반영되도록 조세체계와 금융체계 등을 개편하여 오염자 부담의 원칙이 구현되도록 노력한다.
6. 탄소중립 사회로의 이행을 통하여 기후위기를 극복함과 동시에, 성장 잠재력과 경쟁력이 높은 녹색기술과 녹색산업에 대한 투자 및 지원을 강화함으로써 국가 성장동력을 확충하고 국제 경쟁력을 강화하며, 일자리를 창출하는 기회로 활용하도록 한다.
7. 탄소중립 사회로의 이행과 녹색성장의 추진 과정에서 모든 국민의 민주적 참여를 보장한다.
8. 기후위기가 인류 공통의 문제라는 인식 아래 지구 평균기온 상승을 산업화 이전 대비 최대 섭씨 1.5도로 제한하기 위한 국제사회의 노력에 적극 동참하고, 개발도상국의 환경과 사회정의를 저해하지 아니하며, 기후위기 대응을 지원하기 위한 협력을 강화한다.

07 탄소중립기본법령상 국가의 책무로 알맞지 않은 것은?

① 국가는 경제 · 사회 · 교육 · 문화 등 모든 부문에 제3조에 따른 기본원칙이 반영될 수 있도록 노력하여야 하며, 관계 법령 개선과 재정투자, 시설 및 시스템 구축 등 제반 여건을 마련하여야 한다.

② 국가는 탄소중립 사회로의 이행과 녹색성장의 추진을 위한 대책을 수립 · 시행할 때 해당 지방자치단체의 지역적 특성과 여건 등을 고려하여야 한다.

③ 국가는 기후정의와 정의로운 전환의 원칙에 따라 기후위기로부터 국민의 안전과 재산을 보호하여야 한다.

④ 국가는 기후정의와 정의로운 전환의 원칙에 따라 기후위기로부터 국민의 안전과 재산을 보호하여야 한다.

해설 법 제4조(국가와 지방자치단체의 책무)에 관한 문제로 ②번의 경우 지방자치단체의 책무에 해당한다.
①, ③, ④번은 국가와 지방자치단체의 책무에 해당한다.

08 탄소중립기본법령상 지방자치단체의 책무로 알맞지 않은 것은?

① 녹색경영을 통하여 사업활동으로 인한 온실가스 배출을 최소화하고 녹색기술 연구개발과 녹색산업에 대한 투자 및 고용을 확대하도록 노력하여야 한다.

② 국가와 지방자치단체는 각종 계획의 수립과 사업의 집행과정에서 기후위기에 미치는 영향과 경제와 환경의 조화로운 발전 등을 종합적으로 고려하여야 한다.

③ 지방자치단체는 탄소중립 사회로의 이행과 녹색성장의 추진을 위한 대책을 수립·시행할 때 해당 지방자치단체의 지역적 특성과 여건 등을 고려하여야 한다.

④ 국가와 지방자치단체는 탄소중립 사회로의 이행과 녹색성장의 추진 등 기후위기 대응에 필요한 전문인력의 양성에 노력하여야 한다.

해설 법 제4조(국가와 지방자치단체의 책무)에 관한 문제로, ①번의 경우 사업자의 책무에 해당한다.

09 탄소중립기본법령상 국민의 책무로 알맞은 것은?

① 기후정의와 정의로운 전환의 원칙에 따라 기후위기로부터 국민의 안전과 재산을 보호하여야 한다.

② 기후변화 현상에 대한 과학적 연구와 영향 예측 등을 추진하고, 국민과 사업자에게 관련 정보를 투명하게 제공하며, 이들이 의사결정 과정에 적극 참여하고 협력할 수 있도록 보장하여야 한다.

③ 가정과 학교 및 사업장 등에서 녹색생활을 적극 실천하고, 국가와 지방자치단체의 시책에 참여하며 협력하여야 한다.

④ 녹색경영을 통하여 사업활동으로 인한 온실가스 배출을 최소화하고 녹색기술 연구개발과 녹색산업에 대한 투자 및 고용을 확대하도록 노력하여야 하며, 국가와 지방자치단체의 시책에 참여하고 협력하여야 한다.

해설 법 제5조(공공기관, 사업자 및 국민의 책무)에 관한 문제이다.
국민은 가정과 학교 및 사업장 등에서 녹색생활을 적극 실천하고, 국가와 지방자치단체의 시책에 참여하며 협력하여야 한다. ①, ②번은 국가와 지방자치단체의 책무이다. ④번은 사업자의 책무이다.

10 탄소중립기본법상 2050년까지 탄소중립을 목표로 하는 국가비전을 달성하기 위한 국가 탄소중립 녹색성장전략 수립 시 고려해야 하는 사항으로 옳지 않은 것은?

① 국가비전 등 정책목표에 관한 사항

② 국가비전의 달성을 위한 부문별 전략 및 중점추진과제

③ 환경·에너지·국토·해양 등 관련 정책과의 연계에 관한 사항

④ 국가 에너지정책에 미치는 영향

해설 법 제7조(국가비전 및 국가전략)에 관한 문제이다.
정부는 2050년까지 탄소중립을 목표로 하여 탄소중립 사회로 이행하고 환경과 경제의 조화로운 발전을 도모하는 것을 국가비전으로 한다.
④번은 중장기 감축목표 등을 설정 또는 변경할 때 고려해야 할 사항에 해당한다.

11 탄소중립기본법상 국가비전 및 국가전략 수립 시 고려하는 사항으로 알맞지 않은 것은?

① 정부는 2050년까지 탄소중립을 목표로 하여 탄소중립 사회로 이행하고 환경과 경제의 조화로운 발전을 도모하는 것을 국가비전으로 한다.

② 정부는 국가전략을 수립·변경하려는 경우 공청회 개최 등을 통하여 관계 전문가 및 지방자치단체, 이해관계자 등의 의견을 듣고 이를 반영하도록 노력하여야 한다.

③ 정부는 기술적 여건과 전망, 사회적 여건 등을 고려하여 국가전략을 3년마다 재검토하고, 필요한 경우 이를 변경하여야 한다.

④ 국가전략을 수립하거나 변경하는 경우에는 2050 탄소중립 녹색성장위원회의 심의를 거친 후 국무회의의 심의를 거쳐야 한다.

해설 법 제7조(국가비전 및 국가전략)에 관한 문제이다. 정부는 기술적 여건과 전망, 사회적 여건 등을 고려하여 국가전략을 5년마다 재검토하고, 필요한 경우 이를 변경하여야 한다.

12 탄소중립기본법령상 2030년까지 국가 온실가스 감축목표로 알맞은 것은?

① 2030년까지 2018년의 국가 온실가스 배출량 대비 10% 이상 감축

② 2030년까지 2018년의 국가 온실가스 배출량 대비 20% 이상 감축

③ 2030년까지 2018년의 국가 온실가스 배출량 대비 35% 이상 감축

④ 2030년까지 2018년의 국가 온실가스 배출량 대비 45% 이상 감축

해설 법 제8조(중장기 국가 온실가스 감축목표 등)에 관한 문제로 정부는 국가 온실가스 배출량을 2030년까지 2018년의 국가 온실가스 배출량 대비 35퍼센트 이상의 범위에서 대통령령으로 정하는 비율만큼 감축하는 것을 중장기 국가 온실가스 감축목표(중장기 감축목표)로 한다.

13 탄소중립기본법상 정부는 중장기 감축목표 등을 설정 또는 변경할 때 고려하여야 할 사항으로 적절하지 않은 것은?

① 국가 중장기 온실가스 배출·흡수 전망

② 에너지 감축에 대한 영향

③ 온실가스 감축 등 관련 기술 전망

④ 부문별 온실가스 배출 및 감축 기여도

해설 법 제8조(중장기 국가 온실가스 감축목표 등)에 관한 문제이다.
중장기 감축목표 설정 시 고려할 사항은 다음과 같다.
1. 국가 중장기 온실가스 배출·흡수 전망
2. 국가비전 및 국가전략
3. 중장기 감축목표등의 달성 가능성
4. 부문별 온실가스 배출 및 감축 기여도

5. 국가 에너지정책에 미치는 영향
6. 국내 산업, 특히 화석연료 의존도가 높은 업종 및 지역에 미치는 영향
7. 국가 재정에 미치는 영향
8. 온실가스 감축 등 관련 기술 전망
9. 국제사회의 기후위기 대응 동향

14 탄소중립기본법령상 2030년 중장기 국가 온실가스 감축목표에 관한 설명이다. 괄호 안에 들어갈 숫자로 적절한 것은?

> 정부는 국가 온실가스 배출량을 2030년까지 ( )년의 국가 온실가스 배출량 대비 35퍼센트 이상의 범위에서 대통령령으로 정하는 비율만큼 감축하는 것을 중장기 국가 온실가스 감축 목표로 한다.

① 2015   ② 2016
③ 2017   ④ 2018

해설 법 제8조(중장기 국가 온실가스 감축목표 등)에 관한 문제로, 정부는 국가 온실가스 배출량을 2030년까지 2018년의 국가 온실가스 배출량 대비 35퍼센트 이상의 범위에서 대통령령으로 정하는 비율만큼 감축하는 것을 중장기 국가 온실가스 감축목표(중장기 감축목표)로 한다.

15 탄소중립기본법상 이행현황의 점검에 관한 설명이다. 괄호 안에 들어갈 단어로 알맞은 것은?

> 위원회의 위원장(이하 "위원장"이라 한다)은 중장기감축목표 및 부문별감축목표를 달성하기 위하여 연도별감축목표의 이행현황을 ( ) 점검하고, 그 결과 보고서를 작성하여 공개하여야 한다.

① 매년   ② 2년마다
③ 3년마다   ④ 5년마다

해설 법 제9조(이행현황의 점검 등)에 관한 문제이다.
위원회의 위원장은 중장기 감축목표 및 부문별 감축목표를 달성하기 위하여 연도별 감축목표의 이행현황을 매년 점검하고, 그 결과 보고서를 작성하여 공개하여야 한다.

16 탄소중립기본법상 중장기 국가 온실가스 감축 목표 등에 관한 설명으로 알맞지 않은 것은?

① 정부는 국가 온실가스 배출량을 2030년까지 2018년의 국가 온실가스 배출량 대비 35퍼센트 이상의 범위에서 대통령령으로 정하는 비율만큼 감축하는 것을 중장기 국가 온실가스 감축목표로 한다.

② 정부는 중장기 감축목표를 달성하기 위하여 산업, 건물, 수송, 발전, 폐기물 등 부문별 온실가스 감축목표를 설정하여야 한다.

③ 정부는 「파리협정」 등 국내외 여건을 고려하여 중장기 감축목표, 부문별 감축목표 및 연도별 감축목표를 5년마다 재검토하고 필요할 경우 파리협정 제4조의 진전의 원칙에 따라 이를 변경하거나 새로 설정하여야 한다.

④ 정부는 중장기 감축목표 등을 설정·변경하는 경우에는 상향된 목표 설정을 위해 정부 및 환경부장관의 결정에 따라 수립하여야 한다.

해설 법 제8조(중장기 국가 온실가스 감축 목표 등)에 관한 문제로 정부는 중장기감축목표등을 설정·변경하는 경우에는 공청회 개최 등을 통하여 관계 전문가나 이해관계자 등의 의견을 듣고 이를 반영하도록 노력하여야 한다.

17 탄소중립기본법상 이행현황의 점검 등에 관한 설명으로 옳지 않은 것은?

① 위원회의 위원장은 중장기 감축목표 및 부문별 감축목표를 달성하기 위하여 연도별 감축목표의 이행현황을 5년마다 점검하고, 그 결과 보고서를 작성하여 공개하여야 한다.

② 결과 보고서에는 온실가스 배출량이 연도별 감축목표에 부합하는지의 여부, 점검 결과 확인된 부진사항 및 그 개선사항과 그 밖에 대통령령으로 정하는 사항이 포함되어야 한다.

③ 점검 결과 온실가스 배출량이 연도별 감축목표에 부합하지 아니하는 경우 해당 부문에 관한 업무를 관장하는 행정기관의 장은 온실가스 감축계획을 작성하여 위원회에 제출하여야 한다.

④ 이행현황의 점검 방법 및 결과 보고서의 공개절차, 온실가스 감축계획의 제출방법 등에 관하여 필요한 사항은 대통령령으로 정한다.

해설 법 제9조(이행현황의 점검 등)에 관한 문제이다. 위원회의 위원장은 중장기 감축목표 및 부문별 감축목표를 달성하기 위하여 연도별 감축목표의 이행현황을 매년 점검하고, 그 결과 보고서를 작성하여 공개하여야 한다.

18 탄소중립기본법상 국가 탄소중립 녹색성장 기본계획 수립·시행하여야 하는 기간으로 알맞은 것은?

① 3년
② 5년
③ 10년
④ 20년

해설 법 제10조(국가 탄소중립 녹색성장 기본계획의 수립·시행)에 관한 문제로, 정부는 기본원칙에 따라 국가비전 및 중장기 감축목표 등의 달성을 위하여 20년을 계획기간으로 하는 국가 탄소중립 녹색성장 기본계획을 5년마다 수립·시행하여야 한다.

19 탄소중립기본법상 국가 탄소중립 녹색성장 기본계획에 포함되어야 할 사항이 아닌 것은?

① 국가비전과 온실가스 감축목표에 관한 사항
② 기후변화의 감시·예측·영향·취약성평가 및 재난방지 등 적응대책에 관한 사항
③ 정의로운 녹색소비에 관한 사항
④ 녹색기술·녹색산업 육성, 녹색금융 활성화 등 녹색성장 시책에 관한 사항

Answer 16.④ 17.① 18.② 19.③

해설 법 제10조(국가 탄소중립 녹색성장 기본계획의 수립·시행)에 관한 문제로, 국가 탄소중립 녹색성장 기본계획에 포함되어야 할 사항은 다음과 같다.

1. 국가비전과 온실가스 감축목표에 관한 사항
2. 국내외 기후변화 경향 및 미래 전망과 대기 중의 온실가스 농도변화
3. 온실가스 배출·흡수 현황 및 전망
4. 중장기 감축목표 등의 달성을 위한 부문별·연도별 대책
5. 기후변화의 감시·예측·영향·취약성평가 및 재난방지 등 적응대책에 관한 사항
6. 정의로운 전환에 관한 사항
7. 녹색기술·녹색산업 육성, 녹색금융 활성화 등 녹색성장 시책에 관한 사항
8. 기후위기 대응과 관련된 국제협상 및 국제협력에 관한 사항
9. 기후위기 대응을 위한 국가와 지방자치단체의 협력에 관한 사항
10. 탄소중립 사회로의 이행과 녹색성장의 추진을 위한 재원의 규모와 조달 방안
11. 그 밖에 탄소중립 사회로의 이행과 녹색성장의 추진을 위하여 필요한 사항으로서 대통령령으로 정하는 사항

20 탄소중립기본법상 2050 탄소중립 녹색성장 위원회의 구성에 관한 설명으로 알맞지 않은 것은?

① 위원회는 위원장 2명을 포함한 50명 이상 100명 이내의 위원으로 구성한다.
② 위원장은 국무총리와 위원 중에서 대통령이 지명하는 사람이 된다.
③ 위원회의 사무를 처리하게 하기 위하여 간사위원 1명을 두며, 간사위원은 국무조정실장이 된다.
④ 위원의 임기는 2년으로 하며 연임이 가능하다.

해설 법 제15조(2050 탄소중립 녹색성장위원회의 설치)에 관한 문제로, 위원의 임기는 2년으로 하며 한 차례에 한정하여 연임할 수 있다.

21 탄소중립기본법에 따라 2050 탄소중립 녹색성장위원회의 위원에 해당하지 않는 것은?

① 중소벤처기업부장관 ② 기획재정부장관
③ 산업통상자원부장관 ④ 환경부장관

해설 법 제15조(2050 탄소중립 녹색성장위원회의 설치)에 관한 것으로, 위원회의 위원은 아래에 해당하는 사람으로 한다.

1. 기획재정부장관, 과학기술정보통신부장관, 산업통상자원부장관, 환경부장관, 국토교통부장관, 국무조정실장 및 그 밖에 대통령령으로 정하는 공무원
2. 기후과학, 온실가스 감축, 기후위기 예방 및 적응, 에너지·자원, 녹색기술·녹색산업, 정의로운 전환 등의 분야에 관한 학식과 경험이 풍부한 사람 중에서 대통령이 위촉하는 사람

22 탄소중립기본법상 기후위기 대응을 위한 물 관리를 위해 수립해야 하는 시책에 해당하지 않는 것은?

① 깨끗하고 안전한 먹는 물 공급과 가뭄 등에 대비한 안정적인 수자원의 확보
② 수질오염 예방·관리를 위한 기술 개발 및 관련 서비스 제공 등
③ 자연친화적인 하천의 보전·복원
④ 대형 보·댐 설치를 통한 수자원 관리

해설 법 제43조(기후위기 대응을 위한 물 관리)에 관한 것으로, 기후위기로 인한 가뭄, 홍수, 폭염 등 자연재해와 물 부족 및 수질악화와 수생태계 변화에 효과적으로 대응하고 모든 국민이 물의 혜택을 고루 누릴 수 있도록 하기 위하여 다음 각 호의 사항을 포함하는 시책으로 다음과 같다.

1. 깨끗하고 안전한 먹는 물 공급과 가뭄 등에 대비한 안정적인 수자원의 확보
2. 수생태계의 보전·관리와 수질 개선
3. 물 절약 등 수요관리, 적극적인 빗물관리 및 하수 재이용 등 물 순환 체계의 정비 및 수해의 예방
4. 자연친화적인 하천의 보전·복원
5. 수질오염 예방·관리를 위한 기술 개발 및 관련 서비스 제공 등

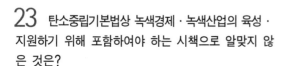
23 탄소중립기본법상 녹색경제 · 녹색산업의 육성 · 지원하기 위해 포함하여야 하는 시책으로 알맞지 않은 것은?

① 국내외 경제여건 및 전망에 관한 사항
② 기존 국가기반시설의 축소 및 간소화에 관한 사항
③ 녹색산업을 촉진하기 위한 중장기 · 단계별 목표, 추진전략에 관한 사항
④ 녹색산업을 신성장동력으로 육성 · 지원하기 위한 사항

해설 법 제54조(녹색경제 · 녹색산업의 육성 · 지원)에 관한 사항으로, 녹색산업을 육성 · 지원하기 위하여 포함하는 시책은 다음과 같다.
1. 국내외 경제여건 및 전망에 관한 사항
2. 기존 산업에서 녹색산업으로의 단계적 전환에 관한 사항
3. 녹색산업을 촉진하기 위한 중장기 · 단계별 목표, 추진전략에 관한 사항
4. 녹색산업을 신성장동력으로 육성 · 지원하기 위한 사항
5. 전기 · 정보통신 · 교통 등 기존 국가기반시설을 친환경 시설로 전환하기 위한 사항
6. 녹색경영을 위한 자문서비스 산업의 육성에 관한 사항
7. 녹색산업 인력 양성 및 일자리 창출에 관한 사항
8. 그 밖에 녹색경제 · 녹색산업의 촉진에 관한 사항

24 탄소중립기본법에 따라 순환경제를 활성화하기 위하여 포함해야 하는 시책으로 해당하지 않는 것은?

① 지자체 자원 통계 관리체계의 구축 등 자원 모니터링 강화에 관한 사항
② 제조 공정에서 사용되는 원료 · 연료 등의 순환성 강화에 관한 사항
③ 폐기물의 선별 · 재활용 체계 및 재제조 산업의 활성화에 관한 사항
④ 지속가능한 제품 사용기반 구축 및 이용 확대에 관한 사항

해설 법 제64조(순환경제의 활성화)에 관한 사항으로 포함해야하는 시책은 다음과 같다.
1. 제조 공정에서 사용되는 원료 · 연료 등의 순환성 강화에 관한 사항
2. 지속가능한 제품 사용기반 구축 및 이용 확대에 관한 사항
3. 폐기물의 선별 · 재활용 체계 및 재제조 산업의 활성화에 관한 사항
4. 에너지자원으로 이용되는 목재, 식물, 농산물 등 바이오매스의 수집 · 활용에 관한 사항
5. 국가 자원 통계 관리체계의 구축 등 자원 모니터링 강화에 관한 사항

25 탄소중립기본법상 온실가스 배출량 산정을 위한 자료를 제출하지 아니하거나 거짓으로 제출하는 자에게 부과하는 과태료로 알맞은 것은?

① 5백만원 이하
② 1천만원 이하
③ 2천만원 이하
④ 5천만원 이하

해설 법 제83조(과태료)에 관한 문제로 아래에 해당하는 자에게는 1천만원 이하의 과태료를 부과한다.
1. 온실가스 배출량 산정을 위한 자료를 제출하지 아니하거나 거짓으로 제출한 자
2. 명세서를 제출하지 아니하거나 거짓으로 제출한 자
3. 개선명령을 이행하지 아니한 자

26 다음 중 2050 탄소중립 녹색성장위원회의 구성에 관한 설명으로 잘못된 것은?

① 위원회의 위원장은 2명으로 각자 위원회를 대표하고, 위원회의 업무를 총괄한다.
② 위원회 구성 위원은 교육부장관, 외교부장관, 통일부장관 등 대통령령으로 정하는 공무원들이 포함된다.
③ 위촉위원은 임기가 만료된 이후 후임위원이 위촉될 경우 직무를 중단한다.
④ 위촉위원의 해촉으로 새로 위촉된 위원의 임기는 전임위원 임기의 남은 기간으로 한다.

해설 시행령 제10조(2050 탄소중립 녹색성장위원회 위원장의 직무), 제11조(위원회의 구성 등)에 관한 문제로 위촉위원은 임기가 만료된 경우에도 후임위원이 위촉될 때까지 그 직무를 수행할 수 있다.

27 기후변화 영향평가의 대상이 되는 계획을 수립하려는 관계 행정기관의 장이 기후변화 영향평가를 수행할 때 고려해야 할 항목에 해당하지 않는 것은?

① 기후변화 관련 법령, 제도 및 주요 시책 등의 현황
② 기후변화 관련 국제 협약 및 국가비전과의 정합성
③ 기후변화에 미치는 영향 및 온실가스 감축방안
④ 온실가스 배출원·흡수원

해설 시행령 제15조(기후변화 영향평가)에 관한 문제로, 온실가스 배출원·흡수원의 경우 개발사업을 시행하려는 사업자가 고려해야 하는 사항이다. 관계 행정기관의 장이 고려해야 하는 항목은 4가지로 다음과 같다.
1. 기후변화 관련 법령, 제도 및 주요 시책 등의 현황
2. 기후변화 관련 국제 협약 및 국가비전과의 정합성
3. 기후변화에 미치는 영향 및 온실가스 감축방안
4. 기후변화로부터 받게 되는 영향과 적응방안

28 기후위기 영향에 취약한 시설을 보유·관리하는 공공기관시설에 해당하지 않는 것은?

① 교통·수송 분야 : 도로, 철도, 지하철, 공항, 항만
② 에너지 분야 : 에너지 생산, 에너지 유통 및 공급
③ 용수 분야 : 상수도, 댐, 저수지, 정수처리장
④ 환경 분야 : 하수도, 폐기물 처리, 방사성 폐기물 처리

해설 시행령 제44조(공공기관의 기후위기 적응대책)에 관한 문제로, 기후위기 영향에 취약한 시설을 보유·관리하는 공공기관시설은 다음의 시설을 보유·관리하는 기관이다.
1. 교통·수송 분야 : 도로, 철도, 지하철, 공항, 항만
2. 에너지 분야 : 에너지 생산, 에너지 유통 및 공급
3. 용수 분야 : 상수도, 댐, 저수지
4. 환경 분야 : 하수도, 폐기물 처리, 방사성 폐기물 처리

29 온실가스 배출관리업체의 지정기준으로 알맞은 것은?

① 최근 3년 동안의 연평균 온실가스 배출총량이 50,000tCO2-eq 이상인 업체이거나 연평균 온실가스 배출량이 15,000tCO2-eq 이상인 사업장을 하나 이상 보유하고 있는 업체
② 최근 3년 동안의 연평균 온실가스 배출총량이 100,000tCO2-eq 이상인 업체이거나 연평균 온실가스 배출량이 50,000tCO2-eq 이상인 사업장을 하나 이상 보유하고 있는 업체
③ 최근 3년 동안의 연평균 온실가스 배출총량이 50,000tCO2-eq 이상인 업체이면서 연평균 온실가스 배출량이 15,000tCO2-eq 이상인 사업장을 하나 이상 보유하고 있는 업체
④ 최근 3년 동안의 연평균 온실가스 배출총량이 100,000tCO2-eq 이상인 업체이면서 연평균 온실가스 배출량이 50,000tCO2-eq 이상인 사업장을 하나 이상 보유하고 있는 업체

해설 시행령 제19조(온실가스 배출관리업체의 지정기준 및 계획기간)에 관한 문제로 온실가스 배출관리업체는 최근 3년간 연평균 온실가스 배출총량이 5만 이산화탄소상당량톤(tCO2-eq) 이상인 업체이거나 연평균 온실가스 배출량이 1만 5천 이산화탄소상당량톤(tCO2-eq) 이상인 사업장을 하나 이상 보유하고 있는 업체를 말한다.

30 탄소중립기본법상 관리업체가 온실가스 감축실적에 대한 개선명령을 이행하지 않은 경우 2차 위반 시 과태료 금액은?

① 500　　② 700
③ 800　　④ 1,000

해설 시행령 제76조(과태료의 부과·징수) [별표 4] 과태료의 부과기준에 따라, 관리업체가 개선명령을 이행하지 않은 경우 1차 위반 시 500만원, 2차 위반 시 700만원, 3차 이상 위반 시 1,000만원의 과태료를 부과한다.

온실가스 배출권의 할당 및 거래에 관한 법률

Chapter 2

 01 온실가스 배출권의 할당 및 거래에 관한 법률

제1장 총칙

제1조(목적) 이 법은 「기후위기 대응을 위한 탄소중립 · 녹색성장기본법」 제25조에 따라 온실가스 배출권을 거래하는 제도를 도입함으로써 시장 기능을 활용하여 효과적으로 국가의 온실가스 감축 목표를 달성하는 것을 목적으로 한다.

제2조(정의) 이 법에서 사용하는 용어의 뜻은 다음과 같다.

1. **"온실가스"**란 「기후위기 대응을 위한 탄소중립 · 녹색성장기본법」(이하 "기본법"이라 한다) 제2조 제5호에 따른 온실가스를 말한다.
2. **"온실가스 배출"**이란 기본법 제2조 제6호에 따른 온실가스 배출을 말한다.
3. **"배출권"**이란 기본법 제8조에 따른 중장기 국가 온실가스 감축목표(이하 "국가 온실가스 감축목표"라 한다)를 달성하기 위하여 제5조 제1항 제1호에 따라 설정된 온실가스 배출허용 총량의 범위에서 개별 온실가스 배출업체에 할당되는 온실가스 배출허용량을 말한다.
4. **"계획기간"**이란 국가 온실가스 감축 목표를 달성하기 위하여 5년 단위로 온실가스 배출 업체에 배출권을 할당하고 그 이행실적을 관리하기 위하여 설정되는 기간을 말한다.
5. **"이행연도"**란 계획기간별 국가 온실가스 감축 목표를 달성하기 위하여 1년 단위로 온실 가스 배출업체에 배출권을 할당하고 그 이행실적을 관리하기 위하여 설정되는 계획기간 내의 각 연도를 말한다.
6. **"1 이산화탄소 상당량톤(tCO_2-eq)"**이란 **이산화탄소 1톤** 또는 기본법 제2조 제5호에 따른 **기타 온실가스의 지구 온난화 영향이 이산화탄소 1톤에 상당하는 양**을 말한다.

제3조(기본원칙) 정부는 배출권의 할당 및 거래에 관한 제도(이하 "배출권 거래제"라 한다)를 수립하거나 시행할 때에는 다음 각 호의 기본원칙에 따라야 한다.

1. 「기후변화에 관한 국제 연합 기본협약」 및 관련 의정서에 따른 원칙을 준수하고, 기후변화 관련 국제 협상을 고려할 것
2. 배출권 거래제가 경제 부문의 국제 경쟁력에 미치는 영향을 고려할 것
3. 국가 온실가스 감축 목표를 효과적으로 달성할 수 있도록 시장 기능을 최대한 활용할 것

4. 배출권의 거래가 일반적인 시장 거래 원칙에 따라 공정하고 투명하게 이루어지도록 할 것

5. 국제 탄소 시장과의 연계를 고려하여 국제적 기준에 적합하게 정책을 운영할 것

제2장 배출권 거래제 기본계획의 수립 등

제4조(배출권 거래제 기본계획의 수립 등)

① 정부는 이 법의 목적을 효과적으로 달성하기 위하여 **10년을 단위로 하여 5년마다** 배출권 거래제에 관한 **중장기 정책목표와 기본방향**을 정하는 배출권 거래제 기본계획(이하 "기본계획"이라 한다)을 **수립**하여야 한다.

② 기본계획에는 다음 각 호의 사항이 포함되어야 한다.

1. 배출권 거래제에 관한 **국내외 현황 및 전망에 관한 사항**

2. 배출권 거래제 **운영의 기본방향**에 관한 사항

3. 국가 온실가스 감축 목표를 고려한 배출권 거래제 **계획기간의 운영에 관한 사항**

4. 경제 성장과 부문별 · 업종별 신규 투자 및 시설(온실가스를 배출하는 사업장 또는 그 일부를 말한다. 이하 같다) 확장 등에 따른 **온실가스 배출 전망에 관한 사항**

5. 배출권 거래제 운영에 따른 **에너지 가격 및 물가 변동 등 경제적 영향에 관한 사항**

6. 무역집약도 또는 탄소집약도 등을 고려한 **국내 산업의 지원대책에 관한 사항**

7. 국제 탄소 시장과의 연계 방안 및 **국제 협력에 관한 사항**

8. 그 밖에 재원 조달, 전문인력 양성, 교육 · 홍보 등 배출권 거래제의 효과적 운영에 관한 사항

③ 정부는 제8조에 따른 주무관청이 변경을 요구하거나 기후변화 관련 국제 협상 등에 따라 기본계획을 변경할 필요가 있다고 인정할 때에는 그 타당성 여부를 검토하여 기본계획을 변경할 수 있다.

④ 정부는 기본계획을 수립하거나 변경할 때에는 관계 중앙행정기관, 지방자치단체 및 관련 이해관계인의 의견을 수렴하여야 한다.

⑤ 기본계획의 수립 또는 변경은 대통령령으로 정하는 바에 따라 기본법 제15조 제1항에 따른 2050 탄소중립 녹색성장위원회(이하 "탄소중립 녹색성장위원회"라 한다.) 및 국무회의의 심의를 거쳐 확정한다. 다만, 대통령령으로 정하는 경미한 사항을 변경하는 경우에는 그러하지 아니하다.

제5조(국가 배출권 할당계획의 수립 등)

① 정부는 국가 온실가스 감축 목표를 효과적으로 달성하기 위하여 계획기간별로 다음 각 호의 사항이 포함된 **국가 배출권 할당계획**(이하 "할당계획"이라 한다)을 매 **계획기간 시작 6개월 전까지 수립**하여야 한다.

1. 국가 온실가스 감축 목표를 고려하여 설정한 **온실가스 배출허용 총량**(이하 "배출허용 총량"이라 한다)에 관한 사항

2. 배출허용 총량에 따른 **해당 계획기간 및 이행연도별 배출권의 총 수량에 관한 사항**

3. 배출권의 할당대상이 되는 부문 및 업종에 관한 사항

4. 부문별·업종별 배출권의 할당기준 및 할당량에 관한 사항

5. 이행연도별 배출권의 할당기준 및 할당량에 관한 사항

6. 제8조에 따른 할당대상업체에 대한 배출권의 할당기준 및 할당방식에 관한 사항

7. 제12조 제3항에 따라 배출권을 유상으로 할당하는 경우 그 방법에 관한 사항

8. 제15조에 따른 조기 감축실적의 인정 기준에 관한 사항

9. 제18조에 따른 배출권 예비분의 수량 및 배분기준에 관한 사항

10. 제28조에 따른 배출권의 이월·차입 및 제29조에 따른 상쇄의 기준 및 운영에 관한 사항

11. 그 밖에 해당 계획기간의 배출권 할당 및 거래를 위하여 필요한 사항으로서 대통령령으로 정하는 사항

② 정부는 제1항 각 호에 관한 사항을 정할 때에는 부문별·업종별 배출권 거래제의 적용 여건 및 국제 경쟁력에 대한 영향 등을 고려하여야 한다.

③ 정부는 계획기간 중에 국내외 경제상황의 급격한 변화, 기술 발전 등으로 할당계획을 변경할 필요가 있다고 인정할 때에는 그 타당성 여부를 검토하여 할당계획을 변경할 수 있다.

④ 정부는 할당계획을 수립하거나 변경할 때에는 미리 공청회를 개최하여 이해관계인의 의견을 들어야 하며, 공청회에서 제시된 의견이 타당하다고 인정할 때에는 할당계획에 반영하여야 한다.

⑤ 할당계획의 수립 또는 변경은 대통령령으로 정하는 바에 따라 탄소중립 녹색성장위원회 및 국무회의의 심의를 거쳐 확정한다. 다만, 대통령령으로 정하는 경미한 사항을 변경하는 경우에는 그러하지 아니하다.

제6조(배출권 할당위원회의 설치) 배출권 거래제에 관한 다음 각 호의 사항을 심의·조정하기 위하여 기획재정부에 배출권 할당위원회(이하 "할당위원회"라 한다)를 둔다.

1. 할당계획에 관한 사항

2. 제23조에 따른 시장 안정화 조치에 관한 사항

3. 제25조에 따른 배출량의 인증 및 제29조에 따른 상쇄와 관련된 정책의 조정 및 지원에 관한 사항

4. 제36조에 따른 국제 탄소 시장과의 연계 및 국제 협력에 관한 사항

5. 그 밖에 배출권 거래제와 관련하여 위원장이 할당위원회의 심의·조정을 거칠 필요가 있다고 인정하는 사항

제7조(할당위원회의 구성 및 운영)

① 할당위원회는 위원장 1명과 20명 이내의 위원으로 구성한다.

② 할당위원회 위원장은 기획재정부장관이 되고, 위원은 다음 각 호의 사람이 된다.

1. 기획재정부, 과학기술정보통신부, 농림축산식품부, 산업통상자원부, 환경부, 국토교통부, 국무조정실, 금융위원회, 그 밖에 대통령령으로 정하는 관계 중앙행정기관의 차관급 공무원 중에서 해당 기관의 장이 지명하는 사람

2. 기후변화, 에너지·자원, 배출권 거래제 등 저탄소 녹색성장에 관한 학식과 경험이 풍부한 사람 중에서 기획재정부장관이 위촉하는 사람

③ 할당위원회 위원장은 위원회를 대표하고, 위원회의 사무를 총괄한다.

④ 제2항 제2호에 따라 **위촉된 위원의 임기는 2년으로 하며, 한 차례만 연임**할 수 있다.

⑤ 할당위원회에는 대통령령으로 정하는 바에 따라 **간사위원 1명**을 둔다.

⑥ 간사위원은 위원장의 명을 받아 할당계획의 수립·준비 등 할당위원회의 사무를 처리한다.

⑦ 이 법에서 규정한 사항 외에 할당위원회의 구성 및 운영 등에 필요한 사항은 대통령령으로 정한다.

제3장 할당대상업체의 지정 및 배출권의 할당

제1절 할당대상업체의 지정

제8조(할당대상업체의 지정 및 취소)

① 대통령령으로 정하는 중앙행정기관의 장(이하 "주무관청"이라 한다)은 매 계획기간 시작 5개월 전까지 제5조 제1항 제3호에 따라 할당계획에서 정하는 배출권의 할당대상이 되는 부문 및 업종에 속하는 온실가스 배출업체 중에서 다음 각 호의 어느 하나에 해당하는 업체를 배출권 할당대상업체(이하 "할당대상업체"라 한다)로 지정·고시한다.

1. **최근 3년간 온실가스 배출량의 연평균 총량이 125,000 이산화탄소 상당량톤(tCO_2-eq) 이상인 업체이거나 25,000 이산화탄소 상당량톤(tCO_2-eq) 이상인 사업장을 하나 이상 보유한 업체**로서 다음 각 목의 어느 하나에 해당하는 업체

   가. 직전 계획기간 당시 할당대상업체

   나. 기본법 제27조 제1항에 따른 관리업체(이하 "관리업체"라 한다)

2. 제1호에 해당하지 아니하는 관리업체 중에서 할당대상업체로 지정받기 위하여 신청한 업체로서 대통령령으로 정하는 기준에 해당하는 업체

② 주무관청은 제1항에 따라 할당대상업체로 지정·고시한 업체가 다음 각 호의 어느 하나에 해당하게 된 경우에는 해당 업체에 대한 할당대상업체의 지정을 취소할 수 있다.

1. 할당대상업체가 폐업·해산 등의 사유로 더 이상 존립하지 아니하는 경우

2. 할당대상업체가 분할하거나 사업장 또는 일부 시설을 양도하는 등의 사유로 사업장을 보유하지 아니하게 된 경우

3. 그 밖에 할당대상업체가 더 이상 이 법의 적용을 받을 수 없게 된 경우로서 대통령령으로 정하는 경우

③ 할당대상업체로 지정된 업체의 지정이 취소되거나 다음 계획기간의 할당대상업체로 다시 지정되지 아니하는 경우 해당 업체 또는 해당 업체의 사업장은 관리업체로 지정된 것으로 본다. 이 경우 해당 업체 또는 업체의 사업장이 제24조 제1항에 따라 주무관청에 보고한 명세서는 기본법 제27조 제3항에 따라 정부에 제출한 명세서로 본다.

④ 제1항부터 제3항까지에 따른 할당대상업체의 지정·고시, 신청 및 지정취소 등에 필요한 사항은 대통령령으로 정한다.

제8조의 2(할당대상업체의 권리와 의무의 승계)

① 할당대상업체가 합병·분할하거나 해당 사업장 또는 시설을 양도·임대한 경우에는 해당 업체에 속한 사업장 또는 시설이 이전될 때 이 법에서 정한 할당대상업체의 권리와 의무 또한 승계된다. 다만, 분할·양수·임차 등으로 그 권리와 의무를 승계하여야 하는 업체가 할당대상업체가 아닌 경우로서 이를 승계하여도 제8조 제1항 제1호에 해당하지 아니하는 경우에는 그러하지 아니하다.

② 제1항에 따라 자신의 권리와 의무의 전부 또는 일부를 이전한 할당대상업체는 그 이전의 원인이 발생한 날부터 15일 이내에 그 사실을 주무관청에 보고하여야 한다. 다만, 권리와 의무를 이전한 할당대상업체가 더 이상 존립하지 아니하는 경우에는 이를 승계한 업체가 보고하여야 한다.

③ 주무관청은 제2항에 따른 보고가 있는 경우 그 사실 여부를 확인하여 승계된 권리와 의무에 상응하는 배출권을 관계된 할당대상업체 간에 이전(제1항 단서에 해당하는 경우에는 상응하는 배출권의 할당을 취소하는 것을 포함한다)하는 조치를 하여야 한다.

④ 주무관청은 제2항에 따른 보고의 존부(存否)와 관계없이 할당대상업체의 권리와 의무의 승계가 이루어진 사실을 알게 된 경우 직권으로 상응하는 배출권을 이전 또는 취소할 수 있다.

⑤ 제1항부터 제4항까지에 따른 할당대상업체의 권리와 의무의 승계 등에 필요한 사항은 대통령령으로 정한다.

제9조(신규 진입자에 대한 할당대상업체의 지정)

① 주무관청은 계획기간 중에 시설의 신설·변경·확장 등으로 인하여 새롭게 제8조 제1항 제1호에 해당하게 된 업체(이하 "신규 진입자"라 한다)를 할당대상업체로 지정·고시할 수 있다.

② 제1항에 따른 신규 진입자에 대한 할당대상업체 지정·고시에 관하여 필요한 세부사항은 대통령령으로 정한다.

제10조(목표관리제의 적용 배제) 관리업체로서 제8조 제1항 및 제9조 제1항에 따라 할당대상업체로 지정·고시된 업체에 대하여는 제12조 제1항에 따라 배출권을 할당받은 연도부터 기본법 제27조 제1항·제2항, 같은 조 제3항 전단(목표 준수에 관한 사항만 해당한다), 같은 조 제6항 및 제83조 제1항 제1호·제3호의 규정을 적용하지 아니한다.

제11조(배출권 등록부)

① 배출권의 할당 및 거래, 할당대상업체의 온실가스 배출량 등에 관한 사항을 등록·관리하기 위하여 주무관청에 배출권 거래 등록부(이하 "배출권 등록부"라 한다)를 둔다.

② 배출권 등록부는 주무관청이 관리·운영한다.

③ 배출권 등록부에는 다음 각 호의 사항을 등록한다.

1. 계획기간 및 이행연도별 배출권의 총 수량
2. 할당대상업체, 그 밖의 개인 또는 법인 명의의 배출권 계정 및 그 보유량
3. 제18조에 따른 배출권 예비분 관리를 위한 계정 및 그 보유량
4. 제25조에 따라 주무관청이 인증한 온실가스 배출량
5. 그 밖에 효과적이고 안정적인 배출권의 할당 및 거래를 위하여 필요한 사항으로서 대통령령으로 정하는 사항

④ 배출권 등록부는 기본법 제36조에 따른 온실가스 종합정보관리체계와 유기적으로 연계될 수 있도록 전자적 방식으로 관리되어야 한다.

⑤ 제20조에 따라 배출권 등록부에 배출권 거래 계정을 등록한 자는 그가 보유하고 있는 배출권의 수량 등 대통령령으로 정하는 등록사항에 대하여 증명서의 발급을 주무관청에 신청할 수 있다.

⑥ 배출권 등록부의 관리 · 운영방법 등에 관하여 필요한 세부사항은 대통령령으로 정한다.

제2절 배출권의 할당

제12조(배출권의 할당)

① 주무관청은 계획기간마다 할당계획에 따라 할당대상업체에 해당 계획기간의 총 배출권과 이행연도별 배출권을 할당한다. 다만, 신규 진입자에 대하여는 해당 업체가 할당대상업체로 지정 · 고시된 다음 이행연도부터 남은 계획기간에 대하여 배출권을 할당한다.

② 제1항에 따른 **배출권 할당의 기준**은 다음 각 호의 사항을 고려하여 대통령령으로 정한다.
1. 할당대상업체의 **이행연도별 배출권 수요**
2. 제15조에 따른 **조기감축실적**
3. 제27조에 따른 **할당대상업체의 배출권 제출실적**
4. 할당대상업체의 **무역집약도 및 탄소집약도**
5. 할당대상업체 간 **배출권 할당량의 형평성**
6. **부문별 · 업종별 온실가스 감축기술 수준 및 국제 경쟁력**
7. **할당대상업체의 시설투자 등이 국가 온실가스 감축목표 달성에 기여하는 정도**
8. 기본법 제27조 제1항에 따른 **관리업체의 목표 준수 실적**

③ 제1항에 따른 배출권의 할당은 유상 또는 무상으로 하되, 무상으로 할당하는 배출권의 비율은 국내 산업의 국제 경쟁력에 미치는 영향, 기후변화 관련 국제 협상 등 국제적 동향, 물가 등 국민 경제에 미치는 영향 및 직전 계획기간에 대한 평가 등을 고려하여 대통령령으로 정한다.

④ 제3항에도 불구하고 다음 각 호의 어느 하나에 해당하는 할당대상업체에는 **배출권의 전부를 무상으로 할당**할 수 있다.
1. **이 법 시행에 따른 온실가스 감축으로 인한 비용발생도 및 무역집약도가 대통령령으로 정하는 기준에 해당하는 업종에 속하는 업체**
2. **공익을 목적으로 설립된 기관 · 단체 또는 비영리법인으로서 대통령령으로 정하는 업체**

제13조(배출권 할당의 신청 등)

① 할당대상업체는 **매 계획기간 시작 4개월 전까지**(할당대상업체가 신규 진입자인 경우에는 배출권을 할당받는 이행연도 시작 4개월 전까지) 자신의 모든 사업장에 대하여 다음 각 호의 사항이 포함된 **배출권 할당신청서**(이하 "할당신청서"라 한다)를 작성하여 주무관청에 제출하여야 한다.

1. 할당대상업체로 지정된 연도의 직전 3년간 온실가스 배출량 또는 배출효율을 기준으로 대통령령으로 정하는 방법에 따라 산정한 이행연도별 배출권 할당신청량

2. 제12조 제4항 각 호의 어느 하나에 해당하는 업체의 경우 이를 확인할 수 있는 서류

② 할당대상업체는 제1항에 따라 할당신청서를 제출할 때에 계획기간 중 실제 온실가스 배출량을 산정하기 위한 제반 자료를 수집·측정·평가하는 방법 등을 정하는 온실가스 배출량 산정계획서(이하 "배출량 산정계획서"라 한다)를 작성하여 주무관청에 함께 제출하여야 한다.

③ 할당신청서, 배출량 산정계획서의 작성 및 절차 등에 관하여 필요한 사항은 대통령령으로 정한다.

제14조(할당의 통보)

① 주무관청은 제12조에 따라 할당대상업체에 배출권을 할당한 때에는 지체 없이 그 사실을 할당대상업체에 통보하고, 배출권 등록부의 각 업체별 계정에 그 할당내역을 등록하여야 한다.

② 제1항에 따른 할당의 통보 및 할당내역의 등록에 필요한 세부사항은 대통령령으로 정한다.

제15조(조기감축실적의 인정)

① 주무관청은 할당대상업체가 제12조에 따라 배출권을 할당받기 전에 제24조의 2 제1항에 따른 외부 검증 전문기관의 검증을 받은 온실가스 감축량(이하 "조기감축실적"이라 한다)에 대하여는 대통령령으로 정하는 바에 따라 할당계획 수립 시 반영하거나 제12조에 따른 **배출권 할당 시 해당 할당대상업체에 배출권을 추가 할당할 수 있다.**

② 제1항에 따라 조기감축실적을 할당계획 수립 시 반영하거나 배출권을 추가 할당하는 경우에는 국가 온실가스 감축 목표의 효과적인 달성과 배출권 거래시장의 안정적 운영을 위하여 할당계획에 반영되거나 추가 할당되는 배출권의 비율을 대통령령으로 정하는 바에 따라 총 배출권 수량 대비 일정 비율 이하로 제한할 수 있다.

제16조(배출권의 추가 할당)

① 주무관청은 다음 각 호의 어느 하나에 해당하는 경우에는 직권으로 또는 신청에 따라 할당대상업체에 배출권을 추가 할당할 수 있다.

1. 제5조 제3항에 따른 **할당계획 변경으로 배출허용 총량이 증가한 경우**

2. **계획기간 시작 직전 연도 또는 계획기간 중에 사업장이 신설되어 해당 이행연도에 온실가스를 배출한 경우**

3. **계획기간 시작 직전 연도 또는 계획기간 중에 사업장 내 시설의 신설이나 증설 등으로 인하여 해당 이행연도의 온실가스 배출량이 대통령령으로 정하는 기준 이상으로 증가된 경우**

4. 그 밖에 **계획기간 중에 할당대상업체가 다른 법률에 따른 의무를 준수하거나 국가 온실가스 감축목표 달성에 기여하는 활동을 하여 온실가스 배출량이 증가된 경우로서 대통령령으로 정하는 경우**

② 제1항에 따른 **배출권의 추가 할당 기준 및 절차 등에 관하여 필요한 사항은 대통령령으로 정한다.**

제17조(배출권 할당의 취소)

① 주무관청은 다음 각 호의 어느 하나에 해당하는 경우에는 제12조 및 제16조에 따라 할당 또는 추가 할당된 배출권(무상으로 할당된 배출권만 해당한다)의 전부 또는 일부를 취소할 수 있다.

1. **제5조 제3항에 따른 할당계획 변경으로 배출허용 총량이 감소한 경우**
2. **할당대상업체가 전체 또는 일부 사업장을 폐쇄한 경우**
3. **시설의 가동중지 · 정지 · 폐쇄 등으로 인하여 그 시설이 속한 사업장의 온실가스 배출량이 대통령령으로 정하는 기준 이상으로 감소한 경우**
4. **사실과 다른 내용으로 배출권의 할당 또는 추가 할당을 신청하여 배출권을 할당받은 경우**
5. **제8조 제2항에 따라 할당대상업체의 지정이 취소된 경우**

② 제1항 제2호 또는 제3호에 따른 배출권 할당의 취소사유가 발생한 할당대상업체는 그 사유 발생일부터 1개월 이내에 주무관청에 그 사실을 보고하여야 한다.

③ 제1항에 따라 배출권의 할당이 취소된 할당대상업체가 할당이 취소된 양보다 배출권을 적게 보유한 경우 주무관청은 할당대상업체에 기한을 정하여 그 부족한 부분의 배출권을 제출하도록 명할 수 있다.

④ 제1항부터 제3항까지에 따른 배출권 할당 취소의 기준 및 절차 등에 관하여 필요한 사항은 대통령령으로 정한다.

제18조(배출권 예비분) 주무관청은 다음 각 호에 해당하는 사항을 처리하기 위하여 일정 수량의 배출권을 배출권 예비분으로 보유하여야 한다. 이 경우 배출권 예비분은 그 용도나 목적 등에 따라 구분하여 보유할 수 있다.

1. 제16조에 따른 배출권의 추가 할당
2. 제22조의 2에 따른 배출권시장 조성자의 시장조성 활동
3. 제23조에 따른 시장 안정화 조치를 위한 배출권 추가 할당
4. 제38조 제1항 제2호부터 제4호까지의 규정에 따른 이의신청의 처리
5. 그 밖에 배출권 예비분 보유가 필요한 경우로서 대통령령으로 정하는 사항

제4장 배출권의 거래

제19조(배출권의 거래)

① 배출권은 매매나 그 밖의 방법으로 거래할 수 있다.

② 배출권은 온실가스를 대통령령으로 정하는 바에 따라 이산화탄소 상당량톤으로 환산한 단위로 거래한다.

③ 배출권 거래의 최소 단위 등 배출권 거래에 필요한 세부사항은 대통령령으로 정한다.

제20조(배출권 거래 계정의 등록)

① 배출권을 거래하려는 자는 대통령령으로 정하는 바에 따라 배출권 등록부에 배출권 거래 계정을 등록하여야 한다.

② 외국 법인 또는 개인은 대통령령으로 정하는 경우에만 제1항에 따른 등록을 신청할 수 있다.

제21조(배출권 거래의 신고)

① 배출권을 거래한 자는 대통령령으로 정하는 바에 따라 그 사실을 주무관청에 신고하여야 한다.

② 제1항에 따른 신고를 받은 주무관청은 지체 없이 배출권 등록부에 그 내용을 등록하여야 한다.

③ 배출권 거래에 따른 배출권의 이전은 제2항에 따라 배출권 거래 내용을 등록한 때에 효력이 생긴다.

④ 제1항부터 제3항까지의 규정은 상속이나 법인의 합병 등 거래에 의하지 아니하고 배출권이 이전되는 경우에 준용한다.

제22조(배출권 거래소 등)

① 주무관청은 배출권의 공정한 가격 형성과 매매, 그 밖에 거래의 안정성과 효율성을 도모하기 위하여 배출권 거래소를 지정하거나 설치·운영할 수 있다.

② 제1항에 따라 배출권 거래소를 지정하는 경우 그 지정을 받은 배출권 거래소는 다음 각 호의 사항이 포함된 운영 규정을 정하여 거래소 개시일 전까지 주무관청의 승인을 받아야 한다. 승인을 받은 사항 중 대통령령으로 정하는 중요 사항을 변경하려는 경우에도 대통령령으로 정하는 바에 따라 주무관청의 승인을 받아야 한다.

1. 배출권 거래소의 회원에 관한 사항
2. 배출권 거래의 방법에 관한 사항
3. 배출권 거래의 청산·결제에 관한 사항
4. 배출권 거래의 정보공개에 관한 사항
5. 배출권 거래시장의 감시에 관한 사항
6. 배출권 거래에 관한 분쟁 조정에 관한 사항
7. 그 밖에 배출권 거래시장의 운영을 위하여 필요한 사항으로서 대통령령으로 정하는 사항

③ 배출권 거래소에서의 거래와 관련된 시세 조종행위 등의 금지 및 배상책임, 부정거래행위 등의 금지 및 배상책임, 정보이용금지에 관하여는 「자본시장과 금융투자업에 관한 법률」 제176조 제1항·제2항 및 제3항 각 호 외의 부분 본문, 제177조(「자본시장과 금융투자업에 관한 법률」 제176조 제1항·제2항 및 제3항 각 호 외의 부분 본문을 위반한 경우만 해당한다)부터 제179조까지 및 제383조 제1항·제2항을 각각 준용한다. 이 경우 "상장증권 또는 장내 파생상품" 또는 "금융투자상품"은 "배출권"으로, "전자증권중개회사"는 "배출권 거래를 중개하는 회사"로, "거래소"는 "배출권 거래소"로, "금융투자업자 및 금융투자업 관계기관"은 "배출권 거래소 회원"으로 본다.

④ 배출권 거래소의 지정 또는 설치 절차, 배출권 거래소의 업무 및 감독, 배출권 거래를 중개하는 회사 등에 필요한 사항은 대통령령으로 정한다.

제22조의 2(배출권시장 조성자)

① 주무관청은 제22조에 따라 지정된 배출권 거래소에 의하여 개설된 시장에서 배출권 거래를 활성화시키는 등 배출권 거래시장의 안정적 운영을 위하여 다음 각 호의 어느 하나에 해당하는 자를 배출권시장 조성자(이하 "시장조성자"라 한다)로 지정할 수 있다.

    1. 「한국산업은행법」에 따른 한국산업은행

    2. 「중소기업은행법」에 따른 중소기업은행

    3. 「한국수출입은행법」에 따른 한국수출입은행

    4. 그 밖에 시장조성 업무에 관한 전문성과 공공성을 갖춘 자로서 대통령령으로 정하는 자

② 주무관청은 제1항에 따라 시장조성자로 지정된 자가 더 이상 시장조성자로서의 역할을 수행할 수 없게 된 경우에는 그 지정을 취소할 수 있다.

③ 제1항에 따라 시장조성자로 지정된 자는 정기적으로 시장조성 활동실적을 주무관청에 보고하여야 한다.

④ 주무관청은 제3항에 따라 보고된 실적을 평가하여 그 시장조성자로서의 활동이 적절하지 아니한 경우에는 시정을 요구할 수 있다. 이 경우 시정요구를 받은 시장조성자는 정당한 사유가 없으면 이에 따라야 한다.

⑤ 제1항부터 제4항까지에 따른 시장조성자의 지정 및 지정취소, 시장조성 활동실적의 제출 및 평가, 시정요구 및 그 이행 등에 필요한 사항은 대통령령으로 정한다.

제23조(배출권 거래시장의 안정화)

① 주무관청은 배출권 거래가격의 안정적 형성을 위하여 다음 각 호의 어느 하나에 해당하는 경우 또는 해당할 우려가 상당히 있는 경우에는 대통령령으로 정하는 바에 따라 할당위원회의 심의를 거쳐 시장 안정화 조치를 할 수 있다.

    1. 배출권 가격이 6개월 연속으로 직전 2개 연도의 평균 가격보다 대통령령으로 정하는 비율 이상으로 높게 형성될 경우

    2. 배출권에 대한 수요의 급증 등으로 인하여 단기간에 거래량이 크게 증가하는 경우로서 대통령령으로 정하는 경우

    3. 그 밖에 배출권 거래시장의 질서를 유지하거나 공익을 보호하기 위하여 시장 안정화 조치가 필요하다고 인정되는 경우로서 대통령령으로 정하는 경우

② 제1항에 따른 **시장 안정화 조치**는 다음 각 호의 방법으로 한다.

    1. 제18조에 따른 **배출권 예비분의 100분의 25까지의 추가 할당**

    2. 대통령령으로 정하는 바에 따른 **배출권 최소 또는 최대 보유한도의 설정**

    3. 그 밖에 국제적으로 인정되는 방법으로서 대통령령으로 정하는 방법

제5장 배출량의 보고·검증 및 인증

제24조(배출량의 보고 및 검증)

① 할당대상업체는 매 이행연도 종료일부터 3개월 이내에 대통령령으로 정하는 바에 따라 **해당 이행연도에 자신의 모든 사업장에서 실제 배출된 온실가스 배출량에 대하여 배출량 산정계획서를 기준으로 명세서를 작성하여 주무관청에 보고하여야 한다.**

② 제1항에 따른 보고에 관하여는 기본법 제27조 제3항을 준용한다. 이 경우 "관리업체"는 "할당대상업체"로, "정부"는 "주무관청"으로 본다.

③ 제1항 및 제2항에서 규정한 사항 외에 온실가스 배출량의 보고·검증에 필요한 세부사항은 대통령령으로 정한다.

제24조의 2(검증기관)

① 주무관청은 다음 각 호에 해당하는 사항을 객관적이고 전문적으로 검증하기 위하여 대통령령으로 정하는 기준에 적합한 자로부터 신청을 받아 외부 검증 전문기관(이하 "검증기관"이라 한다)을 지정할 수 있다. 이 경우 대통령령으로 정하는 바에 따라 업무의 범위를 구분하여 지정할 수 있다.

1. 배출량 산정계획서
2. 제24조 제1항에 따른 명세서
3. 제30조에 따른 외부사업 온실가스 감축량
4. 그 밖에 할당대상업체의 온실가스 감축량

② (삭제)

③ 검증기관은 대통령령으로 정하는 업무기준을 준수하여야 한다.

④ 주무관청은 검증기관이 다음 각 호의 어느 하나에 해당하는 경우 그 지정을 취소하거나 1년 이내의 기간을 정하여 업무의 정지 또는 시정을 명할 수 있다. 다만, 제1호부터 제3호까지 중 어느 하나에 해당하는 경우에는 그 지정을 취소하여야 한다.

1. 거짓이나 부정한 방법으로 지정을 받은 경우
2. 검증기관이 폐업·해산 등의 사유로 사실상 영업을 종료한 경우
3. 고의 또는 중대한 과실로 검증업무를 부실하게 수행한 경우
4. 이 법 또는 다른 법률을 위반한 경우
5. 제1항에 따른 지정기준을 갖추지 못하게 된 경우

⑤ 검증기관은 대통령령으로 정하는 바에 따라 정기적으로 검증업무 수행결과를 주무관청에 제출하여야 한다. 이 경우 주무관청은 제출된 수행결과를 평가하여 그 결과를 인터넷 홈페이지 등에 공개할 수 있다.

⑥ 제1항부터 제5항까지에 따른 검증기관의 지정 및 지정취소, 업무정지 및 시정명령 등에 필요한 사항은 대통령령으로 정한다.

제24조의 3(검증심사원)

① 검증기관의 검증업무는 전문분야별 자격요건을 갖추어 주무관청이 발급한 자격증을 보유한 검증심사원(이하 "검증심사원"이라 한다)이 수행하여야 한다.

② 검증심사원은 검증업무를 수행할 때 업무기준을 준수하여야 한다.

③ 주무관청은 검증심사원이 다음 각 호의 어느 하나에 해당하는 경우 그 자격을 취소하거나 1년 이내의 기간을 정하여 정지할 수 있다. 다만, 제1호 또는 제2호에 해당하는 경우에는 그 자격을 취소하여야 한다.

    1. 거짓이나 부정한 방법으로 자격을 취득한 경우

    2. 고의 또는 중대한 과실로 검증업무를 부실하게 수행한 경우

    3. 이 법 또는 다른 법률을 위반한 경우

    4. 정당한 이유 없이 필수적인 교육에 참석하지 아니하거나 그 교육의 평가결과가 현저히 낮은 경우 또는 장기간 검증업무를 수행하지 아니한 경우

④ 제1항부터 제3항까지에 따른 검증심사원의 자격 및 전문분야별 자격요건, 업무기준, 자격 취소·자격정지의 요건 및 절차 등에 관하여 필요한 사항은 대통령령으로 정한다.

제25조(배출량의 인증 등)

① 주무관청은 제24조에 따른 보고를 받으면 그 내용에 대한 적합성을 평가하여 할당대상업체의 실제 온실가스 배출량을 인증한다.

② 주무관청은 할당대상업체가 제24조에 따른 배출량 보고를 하지 아니하는 경우에는 제37조에 따른 실태조사를 거쳐 대통령령으로 정하는 기준에 따라 직권으로 그 할당대상업체의 실제 온실가스 배출량을 인증할 수 있다.

③ 주무관청은 제1항 또는 제2항에 따라 실제 온실가스 배출량을 인증한 때에는 지체 없이 그 결과를 할당대상업체에 통지하고, 그 내용을 이행연도 종료일부터 5개월 이내에 배출권 등록부에 등록하여야 한다.

④ 제1항부터 제3항까지의 규정에 따른 배출량 인증의 방법·절차, 통지 및 등록에 필요한 세부사항은 대통령령으로 정한다.

제26조(배출량 인증위원회)

① 제25조에 따른 적합성 평가 및 실제 온실가스 배출량의 인증, 제29조에 따른 상쇄에 관한 전문적인 사항을 심의·조정하기 위하여 주무관청에 배출량 인증위원회(이하 "인증위원회"라 한다)를 둔다.

② 인증위원회의 구성 및 운영 등에 필요한 사항은 대통령령으로 정한다.

제6장 배출권의 제출, 이월·차입, 상쇄 및 소멸

제27조(배출권의 제출)

① 할당대상업체는 **이행연도 종료일부터 6개월 이내**에 대통령령으로 정하는 바에 따라 제25조에 따라 **인증받은 온실가스 배출량에 상응하는 배출권**(종료된 이행연도의 배출권을 말한다)**을 주무관청에 제출**하여야 한다.

② 주무관청은 제1항에 따라 배출권을 제출받으면 지체 없이 그 내용을 배출권 등록부에 등록하여야 한다.

제28조(배출권의 이월 및 차입)

① 배출권을 보유한 자는 보유한 배출권을 주무관청의 승인을 받아 계획기간 내의 다음 이행 연도 또는 다음 계획기간의 최초 이행연도로 이월할 수 있다.

② 할당대상업체는 제27조에 따라 배출권을 제출하기 위하여 필요한 경우로서 대통령령으로 정하는 사유가 있는 경우에는 주무관청의 승인을 받아 계획기간 내의 다른 이행연도에 할 당된 배출권의 일부를 차입할 수 있다.

③ 제2항에 따라 차입할 수 있는 배출권의 한도는 대통령령으로 정한다.

④ 주무관청은 제1항 또는 제2항에 따라 이월 또는 차입을 승인한 때에는 지체 없이 그 내용을 배출권 등록부에 등록하여야 한다. 이 경우 이월 또는 차입된 배출권은 각각 그 해당 이행 연도에 제12조에 따라 할당된 것으로 본다.

⑤ 제1항 및 제2항에 따른 배출권의 이월 및 차입의 세부 절차는 대통령령으로 정한다.

제29조(상쇄)

① 할당대상업체는 국제적 기준에 부합하는 방식으로 외부사업에서 발생한 온실가스 감축량 (이하 "외부사업 온실가스 감축량"이라 한다)을 보유하거나 취득한 경우에는 그 전부 또는 일부를 배출권으로 전환하여 줄 것을 주무관청에 신청할 수 있다.

② 주무관청은 제1항의 신청을 받으면 대통령령으로 정하는 기준에 따라 외부사업 온실가스 감축량을 그에 상응하는 배출권으로 전환하고, 그 내용을 제31조에 따른 상쇄등록부에 등 록하여야 한다.

③ 할당대상업체는 제2항에 따라 상쇄등록부에 등록된 배출권(이하 "상쇄배출권"이라 한다)을 제27조에 따른 배출권의 제출을 갈음하여 주무관청에 제출할 수 있다. 이 경우 주무관청은 상쇄배출권 제출이 국가 온실가스 감축목표에 미치는 영향과 배출권 거래가격에 미치는 영 향 등을 고려하여 대통령령으로 정하는 바에 따라 상쇄배출권의 제출한도 및 유효기간을 제한할 수 있다.

제30조(외부사업 온실가스 감축량의 인증)

① 제29조에 따라 배출권으로 전환할 수 있는 외부사업 온실가스 감축량은 다음 각 호의 어느 하나에 해당하는 온실가스 감축량으로서 대통령령으로 정하는 기준과 절차에 따라 주무관 청의 인증을 받은 것에 한정한다.

  1. 이 법이 적용되지 아니하는 국내외 부분에서 국제적 기준에 부합하는 측정 · 보고 · 검증 이 가능한 방식으로 실시한 온실가스 감축사업을 통하여 발생한 온실가스 감축량

  2. 「기후변화에 관한 국제 연합 기본협약」 및 관련 의정서에 따른 온실가스 감축사업 등 대통령령으로 정하는 사업을 통하여 발생한 온실가스 감축량

② 제1항에 따른 인증을 받으려는 자는 대통령령으로 정하는 바에 따라 주무관청에 신청하여 야 한다.

③ 주무관청은 제1항에 따라 외부사업 온실가스 감축량을 인증한 때에는 지체 없이 제31조에 따른 상쇄등록부에 등록하여야 한다.

제31조(상쇄등록부)

① 제30조에 따라 인증된 외부사업 온실가스 감축량 등을 등록·관리하기 위하여 주무관청에 배출권 상쇄등록부(이하 "상쇄등록부"라 한다)를 둔다.

② 상쇄등록부는 주무관청이 관리·운영한다.

③ 상쇄등록부는 배출권 등록부와 유기적으로 연계될 수 있도록 관리되어야 한다.

제32조(배출권의 소멸) 이행연도별로 할당된 배출권 중 제27조에 따라 주무관청에 제출되거나 제28조에 따라 다음 이행연도로 이월되지 아니한 배출권은 각 이행연도 종료일부터 6개월이 경과하면 그 효력을 잃는다.

제33조(과징금)

① 주무관청은 다음 각 호의 어느 하나에 해당하는 경우에는 그 부족한 부분에 대하여 **이산화 탄소 1톤당 10만원의 범위에서 해당 이행연도의 배출권 평균 시장가격의 3배 이하의 과징 금을 부과**할 수 있다.

　1. 할당대상업체가 제25조에 따라 인증받은 온실가스 배출량보다 제27조에 따라 제출한 배출권이 적은 경우

　2. 할당대상업체가 제17조 제1항에 따라 할당이 취소된 양보다 같은 조 제3항에 따라 제출기한 내에 제출한 배출권이 적은 경우

② 주무관청은 과징금을 부과하기 전에 미리 당사자 또는 이해관계인 등에게 의견을 제출할 기회를 주어야 한다.

③ 제1항 및 제2항에 따른 과징금의 부과 기준 및 절차 등에 관하여 필요한 사항은 대통령령으로 정한다.

제34조(과징금의 징수 및 체납처분)

① 주무관청은 과징금 납부의무자가 납부기한까지 과징금을 납부하지 아니한 경우에는 납부기한의 다음 날부터 납부한 날의 전날까지의 기간에 대하여 대통령령으로 정하는 가산금을 징수할 수 있다.

② 주무관청은 과징금 납부의무자가 납부기한까지 과징금을 납부하지 아니한 경우에는 기간을 정하여 독촉을 하고, 그 지정한 기간에 과징금과 제1항에 따른 가산금을 납부하지 아니한 경우에는 국세 체납처분의 예에 따라 징수할 수 있다.

③ 제1항 및 제2항에 따른 과징금의 징수 및 체납처분 절차 등에 관하여 필요한 사항은 대통령령으로 정한다.

제7장　보칙

제35조(금융상·세제상의 지원 등)

① 정부는 배출권 거래제 도입으로 인한 기업의 경쟁력 감소를 방지하고 배출권 거래를 활성화하기 위하여 온실가스 감축설비를 설치하거나 관련 기술을 개발하는 사업 등 대통령령으로 정하는 사업에 대하여는 금융상·세제상의 지원 또는 보조금의 지급, 그 밖에 필요한 지원을 할 수 있다.

② 정부는 제1항에 따른 지원을 하는 경우 「중소기업기본법」 제2조에 따른 중소기업이 하는 사업에 우선적으로 지원할 수 있다.

③ 정부는 제12조 제3항에 따라 배출권을 유상으로 할당하는 경우 발생하는 수입과 제33조에 따른 과징금, 제39조에 따른 수수료 및 제43조에 따른 과태료 수입의 전부 또는 일부를 제1항 및 제2항에 따른 지원활동에 사용할 수 있다.

제36조(국제 탄소시장과의 연계 등)

① 정부는 「기후변화에 관한 국제 연합 기본협약」 및 관련 의정서 또는 국제적으로 신뢰성 있게 온실가스 배출량을 측정 · 보고 · 검증하고 있다고 인정되는 국가와의 합의서에 기초하여 국내 배출권시장을 국제 탄소시장과 연계하도록 노력하여야 한다. 이 경우 정부는 할당 대상업체의 영업비밀 보호 등을 고려하여야 한다.

② 주무관청은 대통령령으로 정하는 바에 따라 국제 탄소시장과의 연계를 위한 조사 · 연구 및 기술개발 · 협력 등을 전문적으로 수행하는 기관을 배출권 거래 전문기관으로 지정하거나 설치 · 운영할 수 있다.

③ 정부는 제2항에 따라 지정하거나 설치 · 운영하는 배출권 거래 전문기관의 사업 수행에 필요한 경비를 지원할 수 있다.

제37조(실태조사) 주무관청은 다음 각 호의 신청이나 처분 등에 관하여 그 사실 여부 및 적정성을 확인하기 위하여 필요하면 해당 할당대상업체, 시장조성자, 검증기관 또는 검증심사원(이하 이 조에서 "실태조사대상자"라 한다)에게 보고 또는 자료 제출을 요구하거나 필요한 최소한의 범위에서 현장조사 등의 방법으로 실태조사를 할 수 있다. 이 경우 실태조사 대상자는 정당한 사유가 없으면 이에 따라야 한다.

    1. 제13조에 따른 배출권 할당의 신청

    2. 제15조에 따른 조기감축실적의 인정

    3. 제16조에 따른 배출권의 추가 할당

    4. 제17조에 따른 배출권 할당의 취소

    4의 2. 제22조의 2에 따른 시장조성자의 지정 · 지정취소 및 시장조성자에 대한 시정요구

    5. 제24조에 따른 배출량의 보고 및 검증

    5의 2. 제24조의 2에 따른 검증기관의 지정 · 지정취소 · 업무정지 및 시정명령

    5의 3. 제24조의 3에 따른 검증심사원의 자격취득 · 자격취소 및 자격정지

    6. 제25조에 따른 배출량의 인증

    7. 제30조에 따른 외부사업 온실가스 감축량의 인증

제37조의 2(청문) 주무관청은 다음 각 호의 어느 하나에 해당하는 처분을 하려는 경우에는 청문을 하여야 한다.

    1. 제22조의 2 제2항에 따른 시장조성자의 지정취소

    2. 제24조의 2 제4항에 따른 검증기관의 지정취소

    3. 제24조의 3 제3항에 따른 검증심사원의 자격취소

제38조(이의신청 특례)

① 다음 각 호의 처분에 대하여 이의(異議)가 있는 자는 각 호에 규정된 날부터 30일 이내에 대통령령으로 정하는 바에 따라 소명자료를 첨부하여 주무관청에 이의를 신청할 수 있다.

1. 제8조 제1항 및 제9조 제1항에 따른 지정 : 고시된 날

2. 제12조 제1항에 따른 할당 : 할당받은 날

3. 제16조에 따른 배출권의 추가 할당 : 배출권이 추가 할당된 날

4. 제17조에 따른 배출권 할당의 취소 : 배출권의 할당이 취소된 날

5. 제22조의 2 제1항 및 제2항에 따른 시장조성자의 지정 및 지정취소 : 통보된 날

6. 제24조의 2 제1항 및 제4항에 따른 검증기관의 지정 · 지정취소 · 업무정지 및 시정명령 : 통보된 날

7. 제24조의 3 제1항 및 제3항에 따른 검증심사원의 자격부여 · 자격취소 및 자격정지 : 통보된 날

8. 제25조 제1항에 따른 배출량의 인증 : 인증받은 날

9. 제33조 제1항에 따른 과징금 부과처분 : 고지받은 날

② 주무관청은 제1항에 따라 이의신청을 받으면 이의신청을 받은 날부터 30일 이내에 그 결과를 신청인에게 통보하여야 한다. 다만, 부득이한 사정으로 그 기간 내에 결정을 할 수 없을 때에는 30일의 범위에서 기간을 연장하고 그 사실을 신청인에게 알려야 한다.

③ 제1항 및 제2항에서 규정한 사항 외에 이의신청에 관한 사항은 「행정기본법」 제36조에 따른다.

제39조(수수료) 다음 각 호의 어느 하나에 해당하는 자는 대통령령으로 정하는 바에 따라 수수료를 내야 한다.

1. 제11조 제5항에 따라 증명서의 발급을 신청하는 자

2. 제20조에 따라 배출권 거래계정의 등록을 신청하는 자(할당대상업체는 제외한다)

제40조(권한의 위임 또는 위탁)

① 주무관청은 이 법에 따른 권한의 일부를 대통령령으로 정하는 바에 따라 다른 중앙행정기관의 장 또는 소속기관의 장에게 위임하거나 위탁할 수 있다.

② 주무관청은 이 법에 따른 업무의 일부를 대통령령으로 정하는 바에 따라 공공기관 또는 대통령령으로 정하는 온실가스 감축 관련 전문기관에 위탁할 수 있다.

제40조의 2(벌칙 적용에서 공무원 의제) 다음 각 호의 어느 하나에 해당하는 사람은 「형법」 제129조부터 제132조까지의 규정을 적용할 때에는 공무원으로 본다.

1. 인증위원회의 위원 중 공무원이 아닌 사람

2. 검증심사원

제8장 벌칙 및 과태료

제41조(벌칙)

① 다음 각 호의 어느 하나에 해당하는 자는 **3년 이하의 징역 또는 1억원 이하의 벌금**에 처한다. 다만, 그 위반행위로 얻은 이익 또는 회피한 손실액의 3배에 해당하는 금액이 1억원을 초과하는 경우에는 그 이익 또는 회피한 손실액의 3배에 해당하는 금액 이하의 벌금에 처한다.

1. 제22조 제3항에서 준용하는 「자본시장과 금융투자업에 관한 법률」 제176조 제1항을 위반하여 배출권의 매매에 관하여 그 매매가 성황을 이루고 있는 듯이 잘못 알게 하거나, 그 밖에 타인에게 그릇된 판단을 하게 할 목적으로 같은 항 각 호의 어느 하나에 해당하는 행위를 한 자

2. 제22조 제3항에서 준용하는 「자본시장과 금융투자업에 관한 법률」 제176조 제2항을 위반하여 배출권의 매매를 유인할 목적으로 같은 항 각 호의 어느 하나에 해당하는 행위를 한 자

3. 제22조 제3항에서 준용하는 「자본시장과 금융투자업에 관한 법률」 제176조 제3항 각 호 외의 부분 본문을 위반하여 배출권의 시세를 고정시키거나 안정시킬 목적으로 그 배출권에 관한 일련의 매매 또는 그 위탁이나 수탁을 한 자

4. 제22조 제3항에서 준용하는 「자본시장과 금융투자업에 관한 법률」 제178조 제1항을 위반하여 배출권의 매매, 그 밖의 거래와 관련하여 같은 항 각 호의 어느 하나에 해당하는 행위를 한 자

5. 제22조 제3항에서 준용하는 「자본시장과 금융투자업에 관한 법률」 제178조 제2항을 위반하여 배출권의 매매, 그 밖의 거래를 할 목적이나 그 시세의 변동을 도모할 목적으로 풍문의 유포, 위계(僞計)의 사용, 폭행 또는 협박을 한 자

② 다음 각 호의 어느 하나에 해당하는 사람은 **1년 이하의 징역 또는 3천만원 이하의 벌금**에 처한다.

1. 제22조 제3항에서 준용하는 「자본시장과 금융투자업에 관한 법률」 제383조 제1항을 위반하여 그 직무에 관하여 알게 된 비밀을 누설하거나 이용한 배출권 거래소의 임직원 또는 임직원이었던 사람

2. 제22조 제3항에서 준용하는 「자본시장과 금융투자업에 관한 법률」 제383조 제2항을 위반하여 배출권 거래소의 회원과 자금의 공여, 손익의 분배, 그 밖에 영업에 관하여 특별한 이해관계를 가진 배출권 거래소의 상근 임직원

③ 다음 각 호의 어느 하나에 해당하는 자는 1억원 이하의 벌금에 처한다. 다만, 그 위반행위로 얻은 이익 또는 회피한 손실액의 3배에 해당하는 금액이 1억원을 초과하는 경우에는 그 이익 또는 회피한 손실액의 3배에 해당하는 금액 이하의 벌금에 처한다.

1. 거짓이나 부정한 방법으로 배출권 할당 또는 추가 할당을 신청하여 제12조 제1항 또는 제16조 제1항 제2호부터 제4호까지에 따른 할당 또는 추가 할당을 받은 자

2. 거짓이나 부정한 방법으로 외부사업 온실가스 감축량을 배출권으로 전환하여 줄 것을 신청하여 제29조 제3항에 따라 상쇄배출권을 제출한 자

3. 거짓이나 부정한 방법으로 인증을 신청하여 제30조에 따른 외부사업 온실가스 감축량을 인증받은 자

제42조(양벌 규정) 법인(단체를 포함한다. 이하 이 조에서 같다)의 대표자나 법인 또는 개인의 대리인, 사용인, 그 밖의 종업원이 그 법인 또는 개인의 업무에 관하여 제41조의 위반행위를 하면 그 행위자를 벌하는 외에 그 법인 또는 개인에게도 해당 조문의 벌금형을 과(科)한다. 다만, 법인 또는 개인이 그 위반행위를 방지하기 위하여 해당 업무에 관하여 상당한 주의와 감독을 게을리하지 아니한 경우에는 그러하지 아니다.

제43조(과태료) 주무관청은 다음 각 호의 어느 하나에 해당하는 자에게는 **1천만원 이하의 과태료를 부과 · 징수**한다.

    1. 제17조 제2항에 따른 **기한 내에 보고를 하지 아니하거나 사실과 다르게 보고한 자**

    2. 제21조 제1항에 따른 **신고를 거짓으로 한 자**

    3. 제24조 제1항에 따른 **보고를 하지 아니하거나 거짓으로 보고한 자**

    4. 제24조 제2항에서 준용하는 기본법 제27조 제3항을 위반하여 **시정이나 보완 명령을 이행하지 아니한 자**

    5. 제24조의 2 제5항에 따른 **검증업무 수행결과를 제출하지 아니한 검증기관**

    6. 제27조에 따른 **배출권 제출을 하지 아니한 자**

 온실가스 배출권의 할당 및 거래에 관한 법률 시행령

제1장 총칙

제1조(목적) 이 영은 「온실가스 배출권의 할당 및 거래에 관한 법률」에서 위임된 사항과 그 시행에 필요한 사항을 규정함을 목적으로 한다.

제2장 배출권 거래제 기본계획의 수립 등

제2조(배출권 거래제 기본계획의 수립 등)

① 「온실가스 배출권의 할당 및 거래에 관한 법률」(이하 "법"이라 한다) 제4조에 따라 **기획재정부장관과 환경부장관은 배출권 거래제 기본계획**(이하 "기본계획"이라 한다)**을 매 계획기간 시작 1년 전까지 공동으로 수립**하여야 한다.

② 기획재정부장관과 환경부장관은 기본계획을 수립하거나 변경할 때에는 법 제4조 제4항에 따라 공청회 등의 방법으로 이해관계인 등의 의견을 수렴하여야 하며, 제시된 의견이 타당하다고 인정될 때에는 기본계획에 반영하여야 한다.

③ 기획재정부장관과 환경부장관은 기본계획을 수립하거나 변경(제4항에 해당하는 사항은 제외한다)할 때에는 제2항에 따른 의견 수렴 후 법 제4조 제5항 본문에 따라 「기후위기 대응을 위한 탄소중립 · 녹색성장기본법」(이하 "기본법"이라 한다) 제15조에 따른 2050 탄소중립 녹색성장위원회(이하 "탄소중립위원회"라 한다) 및 국무회의의 심의를 거쳐야 한다.

④ 법 제4조 제5항 단서에서 "대통령령으로 정하는 경미한 사항"이란 다음 각 호의 어느 하나에 해당하는 사항을 말한다.

    1. 법 제4조 제2항 제7호에 따른 국제협력에 관한 사항

    2. 법 제4조 제2항 제8호에 따른 전문인력 양성 및 교육 · 홍보 등에 관한 사항

⑤ 기획재정부장관과 환경부장관은 기본법 제36조 제1항에 따른 온실가스 종합정보센터(이하 "종합정보센터"라 한다)에 기본계획을 수립하기 위한 조사·연구를 수행하도록 요청할 수 있다.

제3조(국가 배출권 할당계획의 수립 등)

① 환경부장관은 법 제5조에 따라 기본법 제8조 제1항 제1호에 따른 중장기 국가 온실가스 감축목표(이하 "중장기 감축목표"라 한다)와의 정합성을 고려하여 국가 배출권 할당계획(이하 "할당계획"이라 한다)을 수립하여야 한다.

② 환경부장관은 할당계획을 수립하거나 변경할 때에는 관계 중앙행정기관의 장과 협의하여야 하며, 법 제6조에 따른 배출권 할당위원회(이하 "할당위원회"라 한다)의 심의·조정을 거쳐야 한다.

③ 환경부장관은 할당계획의 수립·변경을 위하여 필요한 경우에는 관계 중앙행정기관의 장에게 관련 자료를 요청할 수 있으며, 요청을 받은 기관의 장은 특별한 사유가 없으면 이에 협조하여야 한다.

④ 법 제5조 제1항 제11호에서 "대통령령으로 정하는 사항"이란 다음 각 호의 사항을 말한다.

1. 배출권의 할당대상이 되는 부문 및 업종의 분류에 관한 사항

2. 법 제16조에 따른 배출권의 추가 할당에 관한 사항

3. 법 제17조에 따른 할당 또는 추가 할당된 배출권의 취소에 관한 사항

4. 제18조 제3항에 따라 법 시행 후 세 번째 계획기간(이하 "3차 계획기간"이라 한다) 이후 무상으로 할당하는 배출권의 비율에 관한 사항

5. 제47조 제3항에 따른 상쇄배출권의 제출한도에 관한 사항

6. 다음 계획기간으로 이월하는 배출권 수량 등 배출권 거래의 활성화를 위하여 필요한 사항으로서 법 제5조 제1항 제4호 및 제5호에 따른 배출권의 할당기준에 영향을 미치는 사항

7. 그 밖에 해당 계획기간의 배출권 할당 및 거래를 위하여 필요한 사항으로서 할당위원회에서 의결한 사항

⑤ 환경부장관은 다음 각 호의 어느 하나에 해당하는 경우에는 할당계획을 변경할 수 있다.

1. 국내외 경제상황의 급격한 변화, 기술 발전, 국내 전력수요의 예상하지 못한 급격한 변화 등으로 인하여 할당계획을 변경하여야 할 중대한 사유가 발생한 경우

2. 기후변화 관련 국제협상의 결과에 따라 할당계획을 변경하여야 할 필요가 있는 경우

⑥ 환경부장관은 할당계획을 수립하거나 변경(제7항에 해당하는 사항은 제외한다)할 때에는 법 제5조 제5항 본문에 따라 같은 조 제4항에 따른 의견 수렴, 제2항에 따른 관계 중앙행정기관의 장과의 협의 및 할당위원회의 심의·조정을 거친 후 탄소중립위원회 및 국무회의의 심의를 거쳐야 한다.

⑦ 법 제5조 제5항 단서에서 "대통령령으로 정하는 경미한 사항"이란 다음 각 호의 어느 하나에 해당하는 사항을 말한다.

1. 법 제5조 제1항 제10호에 따른 배출권의 이월·차입 및 상쇄의 기준·운영에 관한 사항
2. 제4항 제8호에 따라 할당위원회에서 의결한 사항

⑧ 환경부장관은 법 제5조 제5항에 따라 확정된 할당계획을 관보 및 인터넷 홈페이지 등에 공고하여야 한다.

⑨ 환경부장관은 종합정보센터가 할당계획을 수립하기 위한 조사·연구를 수행하도록 할 수 있다.

제4조(할당위원회의 구성 및 운영)

① 법 제7조 제2항 제1호에서 "대통령령으로 정하는 관계 중앙행정기관"이란 외교부, 행정안전부, 해양수산부 및 산림청을 말한다.

② 법 제7조 제2항 제2호에 따른 할당위원회 위원은 관계 중앙행정기관의 장의 추천을 받아 기획재정부장관이 위촉하는 사람이 된다.

③ 법 제7조 제5항에 따른 할당위원회의 간사위원(이하 "간사위원"이라 한다)은 환경부차관이 된다.

④ 간사위원은 할당위원회의 위원장의 명을 받아 다음 각 호의 사무를 처리한다.
   1. 할당위원회의 심의 안건 작성(검토보고서 작성을 포함한다)
   2. 심의 안건에 관한 관계 중앙행정기관과의 협의 및 관계 전문가 등의 의견 수렴
   3. 그 밖에 할당위원회 회의 준비에 관한 사항

제5조(할당위원회의 위원의 제척·기피·회피)

① 할당위원회의 위원(할당위원회의 위원장을 포함한다. 이하 이 조에서 같다)이 다음 각 호의 어느 하나에 해당하는 경우에는 할당위원회의 심의·조정에서 제척(除斥)된다.
   1. 할당위원회의 위원 또는 그 배우자나 배우자였던 사람이 해당 안건의 당사자(당사자가 법인·단체 등인 경우에는 법인·단체 등의 임원을 말한다. 이하 이 호 및 제2호에서 같다)가 되거나 그 안건의 당사자와 공동권리자 또는 공동의무자인 경우
   2. 할당위원회의 위원이 해당 안건의 당사자와 친족이거나 친족이었던 경우
   3. 할당위원회의 위원이 해당 안건에 대하여 증언, 진술, 자문, 연구, 용역 또는 감정을 한 경우
   4. 할당위원회의 위원이나 할당위원회의 위원이 속한 법인이 해당 안건의 당사자의 대리인이거나 대리인이었던 경우

② 당사자는 제1항에 따른 제척 사유가 있거나 할당위원회의 위원에게 공정한 심의·조정을 기대하기 어려운 사정이 있는 때에는 할당위원회에 기피 신청을 할 수 있고, 할당위원회는 의결로 기피 여부를 결정한다. 이 경우 기피 신청의 대상인 할당위원회의 위원은 그 의결에 참여할 수 없다.

③ 할당위원회의 위원이 제1항 각 호에 따른 제척 사유에 해당하는 경우에는 스스로 해당 안건의 심의·조정에서 회피(回避)하여야 한다.

제6조(할당위원회 위원의 해촉) 기획재정부장관은 법 제7조 제2항 제2호에 따른 할당위원회의 위촉위원이 다음 각 호의 어느 하나에 해당하는 경우에는 해당 위원을 해촉(解囑)할 수 있다.

    1. 심신장애로 인하여 직무를 수행할 수 없게 된 경우

    2. 직무와 관련된 비위사실이 있는 경우

    3. 직무태만, 품위손상이나 그 밖의 사유로 인하여 위원으로 적합하지 아니하다고 인정되는 경우

    4. 할당위원회의 위원 스스로 직무를 수행하는 것이 곤란하다고 의사를 밝히는 경우

    5. 제5조 제1항 각 호의 어느 하나에 해당함에도 불구하고 회피하지 않은 경우

제7조(할당위원회의 회의 등)

① 할당위원회의 회의는 **할당위원회의 위원장이 필요하다고 인정하거나 재적위원 3분의 1 이상이 요구할 때에 개최**한다.

② 할당위원회의 회의는 **재적위원 과반수의 출석으로 개의**(開議)하고, **출석위원 과반수의 찬성으로 의결**한다.

③ 할당위원회의 위원장은 필요한 경우 중앙행정기관의 관계 공무원이나 해당 분야의 전문가를 회의에 참석하게 하여 의견을 들을 수 있다.

④ 제4조, 제5조 및 이 조 제1항부터 제3항까지에서 규정한 사항 외에 할당위원회의 운영에 필요한 세부사항은 할당위원회의 의결을 거쳐 할당위원회의 위원장이 정한다.

제8조(배출권거래제 협의체 구성 및 운영)

① 환경부장관은 다음 각 호의 사항을 협의하기 위하여 배출권거래제 협의체를 구성·운영한다.

    1. 기본계획의 수립 등에 관한 사항

    2. 할당계획의 수립 등에 관한 사항

    3. 제17조 제2항에 따른 배출권 할당량의 산정방법 등에 관한 세부사항

    4. 제20조 제4항에 따른 할당신청서의 제출 및 심사절차, 활동자료량 검증 등에 관한 세부사항

    5. 제26조에 따른 추가 할당에 관한 사항

    6. 제28조 제8항에 따른 배출권의 추가 할당에 관한 세부사항

    7. 제29조 제13항에 따른 할당된 배출권의 취소에 관한 세부사항

    8. 제42조 제5항에 따른 배출량 인증기준 및 절차 등에 관한 세부사항

    9. 제48조 제8항에 따른 외부사업 승인·승인취소의 기준 및 절차에 관한 세부사항

    10. 제49조 제8항에 따른 외부사업 온실가스 감축량 인증 및 인증취소에 관한 세부사항

    11. 그 밖에 환경부장관이 관계 중앙행정기관의 의견을 들을 필요가 있다고 인정하는 사항

② 제1항에 따른 협의체의 위원장은 환경부의 고위공무원 중에서 환경부장관이 지명하는 사람이 되며, 협의체의 위원은 다음 각 호의 관계 중앙행정기관에 속하는 4급 이상의 공무원 중에서 해당 기관의 장이 지명하는 사람이 된다.

    1. 기획재정부

    2. 농림축산식품부

    3. 산업통상자원부

4. 환경부

5. 국토교통부

6. 국무조정실

7. 그 밖에 환경부장관이 필요하다고 인정하는 관계 중앙행정기관

제3장 할당대상업체의 지정 및 배출권의 할당
제1절 할당대상업체의 지정

제9조(할당대상업체의 지정 등)

① 법 제8조, 제8조의 2, 제9조, 제11조부터 제18조까지, 제21조, 제22조, 제22조의 2, 제23조, 제24조, 제24조의 2, 제24조의 3, 제25조부터 제31조까지, 제33조, 제34조, 제36조, 제37조, 제37조의 2, 제38조, 제40조 및 제43조에 따른 주무관청은 다음 각 호의 구분에 따른 기관으로 한다.

1. 다음 각 목의 사항 : 환경부장관

　가. 법 제8조 및 제9조에 따른 할당대상업체의 지정 및 지정취소

　나. 법 제8조의 2에 따른 할당대상업체의 권리와 의무의 승계

　다. 법 제11조에 따른 배출권 거래등록부(이하 "배출권등록부"라 한다)의 관리·운영

　라. 법 제12조부터 제14조까지의 규정에 따른 배출권 할당신청서·온실가스 배출량 산정계획서의 접수, 배출권의 할당·통보 및 할당내역의 등록

　마. 법 제15조 및 제16조에 따른 배출권의 추가 할당

　바. 법 제17조에 따른 배출권 할당의 전부 또는 일부 취소

　사. 법 제18조에 따른 배출권 예비분의 보유

　아. 법 제21조에 따른 배출권 거래의 신고 수리 및 배출권 거래내용의 등록

　자. 법 제22조에 따른 배출권 거래소의 지정 또는 설치·운영 및 배출권 거래소 운영규정의 승인·변경승인

　차. 법 제22조의 2에 따른 배출권시장 조성자의 지정·지정취소, 시장조성 활동실적 보고의 접수, 평가 및 시정요구

　카. 법 제23조에 따른 배출권 거래시장의 안정화 조치

　타. 법 제24조 제1항에 따른 온실가스 배출량에 대한 명세서의 보고 접수 및 같은 조 제2항에 따른 시정·보완 명령

　파. 법 제24조의 2에 따른 외부 검증 전문기관(이하 "검증기관"이라 한다)의 지정, 지정취소·업무정지·시정명령, 검증업무 수행결과의 접수, 평가 및 공개

　하. 법 제24조의 3에 따른 검증심사원 자격증의 발급 및 자격취소·자격정지

　거. 법 제25조에 따른 실제 온실가스 배출량의 인증 및 그 결과의 통지·등록

　너. 법 제26조에 따른 배출량 인증위원회의 설치 및 운영

　더. 법 제27조에 따른 배출권 제출의 접수 및 등록

러. 법 제28조에 따른 배출권의 이월·차입의 승인 및 등록

머. 법 제29조에 따른 배출권 전환 신청의 접수, 배출권 전환 및 배출권 상쇄등록부의 등록

버. 법 제31조에 따른 배출권 상쇄등록부(이하 "상쇄등록부"라 한다)의 관리·운영

서. 법 제33조 및 제34조에 따른 과징금의 부과·징수, 가산금의 징수 및 독촉·체납처분

어. 법 제36조 제2항에 따른 배출권 거래 전문기관의 지정 또는 설치·운영

저. 법 제37조(제7호는 제외한다)에 따른 실태조사

처. 법 제37조의 2에 따른 청문

커. 법 제38조에 따른 이의신청의 접수 및 그 결과의 통보

터. 법 제40조에 따른 권한의 위임 또는 위탁(가목부터 커목까지 및 퍼목의 사항만 해당한다)

퍼. 법 제43조에 따른 과태료의 부과·징수

2. 다음 각 목의 사항 : 부문별 관장기관(「기후위기 대응을 위한 탄소중립 녹색성장 기본법 시행령」(이하 "기본법 시행령"이라 한다) 제18조 제1항에 따라 소관 부문별로 정해진 관계 중앙행정기관의 장을 말한다. 이하 같다)

가. 법 제30조에 따른 외부사업 온실가스 감축량의 인증 신청의 접수, 인증 및 상쇄등록부의 등록

나. 법 제37조 제7호에 따른 실태조사

다. 법 제40조에 따른 권한의 위임 또는 위탁(가목의 사항만 해당한다)

② 법 제8조 제1항 제1호 각 목 외의 부분에 따른 **최근 3년간은 매 계획기간 시작 4년 전부터 3년간**(이하 "기준기간"이라 한다)으로 한다. 다만, 법 제9조 제1항에 따른 업체(이하 "신규진입자"라 한다)에 대해서는 배출권 할당대상업체(이하 "할당대상업체"라 한다)로 지정·고시하는 연도의 직전 3년간(이하 "신규진입자 기준기간"이라 한다)으로 한다.

③ 환경부장관은 다음 각 호의 어느 하나에 해당하는 업체를 할당대상업체로 지정하여 매 계획기간 시작 5개월 전까지 고시하고, 그 내용을 해당 업체 및 부문별 관장기관에 통보해야 한다.

1. 법 제8조 제1항 제1호에 따른 업체(같은 호 나목에 따른 관리업체의 경우에는 기본법 제27조에 따른 명세서 제출을 1회 이상 한 업체만 해당한다)

2. 법 제8조 제1항 제2호에 따른 업체(이하 "자발적 참여업체"라 한다)

④ 법 제8조 제1항 제2호에서 "대통령령으로 정하는 기준에 해당하는 업체"란 다음 각 호의 요건을 모두 충족하는 업체를 말한다.

1. 기본법 제27조 제1항에 따른 관리업체(이하 "관리업체"라 한다)로서 같은 조 제6항 전단에 따른 개선명령이나 같은 법 제83조 제1항에 따른 과태료를 부과받은 사실이 없을 것

2. 기본법 제27조 제3항에 따른 명세서의 제출을 1회 이상 했을 것

3. 이전 계획기간에 할당대상업체로서 사실과 다른 내용으로 배출권의 할당 또는 추가 할당을 신청하여 배출권을 할당받은 사실이 없을 것(해당 업체가 이전 계획기간에 할당대상업체였다가 관리업체가 된 경우만 해당한다)

⑤ 자발적 참여업체는 계획기간 시작 6개월 전까지 자발적 참여신청서를 작성하여 전자적 방식(기본법 제36조에 따른 온실가스 종합정보관리체계에 입력하는 방식을 말한다. 이하 같다)으로 환경부장관에게 제출해야 한다.

⑥ 환경부장관은 법 제38조 제1항 제1호에 따른 할당대상업체 지정에 관한 이의신청을 받아들인 경우에는 변경된 내용을 매 계획기간(신규진입자의 할당대상업체 지정에 대한 이의신청의 경우에는 이행연도를 말한다) 시작 3개월 전까지(같은 조 제2항 단서에 따라 기간을 연장한 경우에는 매 계획기간 시작 2개월 전까지를 말한다) 고시해야 한다.

⑦ 자발적 참여업체 중 다음 계획기간에 할당대상업체로 지정받기를 원하지 않는 업체는 다음 계획기간 시작 6개월 전까지 자발적 참여 포기신청서를 전자적 방식으로 환경부장관에게 제출해야 한다.

⑧ 환경부장관은 할당대상업체를 다음 계획기간의 할당대상업체로 지정하지 않는 경우에는 해당 계획기간의 마지막 이행연도에 대한 법 제27조 제1항에 따른 배출권 제출기한이 지나면 즉시 배출권등록부에 등록되어 있는 해당 업체의 배출권 거래계정을 폐쇄해야 한다.

⑨ 제2항부터 제8항까지에서 규정한 사항 외에 할당대상업체의 지정에 관한 세부사항은 환경부장관이 정하여 고시한다.

제10조(할당대상업체의 지정 취소 등)

① 법 제8조 제2항 제3호에서 "대통령령으로 정하는 경우"란 다음 각 호의 어느 하나에 해당하는 경우를 말한다.

　　1. 자발적 참여업체가 제9조 제4항 각 호의 어느 하나에 해당하는 요건을 충족하지 못함에도 불구하고 거짓이나 부정한 방법으로 할당대상업체로 지정받은 경우

　　2. 파산, 영업허가의 취소 등으로 인하여 계획기간 중 영업을 지속하지 못할 것이 분명한 경우

② 환경부장관은 법 제8조 제2항에 따라 할당대상업체의 지정을 취소한 경우에는 지체 없이 그 내용을 고시하고, 해당 업체 및 부문별 관장기관에 통보해야 한다.

③ 제2항에 따라 할당대상업체의 지정 취소 통보를 받은 업체는 지정이 취소된 연도의 직전 연도까지에 대한 법 제24조 제1항에 따른 명세서를 환경부장관에게 보고하고, 법 제27조 제1항에 따라 법 제25조에 따른 인증을 받은 배출권을 제출해야 한다.

④ 환경부장관은 제2항에 따라 할당대상업체의 지정이 취소된 업체에 대하여 법 제17조 제1항 제5호에 따라 할당된 배출권을 취소하고, 지정이 취소된 연도의 직전 연도에 대한 법 제27조 제1항에 따른 배출권 제출기한이 지나면 배출권등록부에 등록되어 있는 해당 업체의 배출권 거래계정을 즉시 폐쇄해야 한다.

⑤ 제1항부터 제4항까지에서 규정한 사항 외에 할당대상업체의 지정취소에 관한 세부사항은 환경부장관이 정하여 고시한다.

제11조(할당대상업체의 권리와 의무의 승계)

① 권리와 의무를 이전한 할당대상업체는 법 제8조의 2 제2항에 따라 권리와 의무의 이전·승계 사실을 전자적 방식으로 환경부장관에게 보고해야 한다.

② 환경부장관은 법 제8조의 2 제1항 본문에 따라 할당대상업체의 권리와 의무가 승계되어 법 제8조 제1항 및 제9조 제1항에 따라 지정·고시된 할당대상업체가 변경되는 경우에는 법 제8조의 2 제2항에 따라 그 사실을 보고받거나 같은 조 제4항에 따라 그 사실을 알게 된 날부터 1개월 이내에 할당대상업체의 변경내용을 고시하고, 지체 없이 관계된 할당대상업체 및 부문별 관장기관에 통보해야 한다.

③ 환경부장관은 법 제8조의 2 제3항 및 제4항에 따른 배출권 이전 조치를 하는 경우에는 같은 조 제2항 또는 제4항에 따라 그 사실을 보고받거나 알게 된 날부터 1개월 이내에 관계된 할당대상업체에 배출권 이전 결과를 통보해야 한다.

④ 제1항부터 제3항까지에서 규정한 사항 외에 할당대상업체의 권리와 의무의 승계에 관한 세부사항은 환경부장관이 정하여 고시한다.

제12조(신규진입자에 대한 할당대상업체의 지정·고시)

① 환경부장관은 신규진입자로서 기본법 제27조 제3항에 따라 명세서를 검증기관의 검증을 받아 1회 이상 제출한 업체를 법 제9조에 따라 할당대상업체로 지정하여 매 이행연도 시작 5개월 전까지 고시해야 한다.

② 제1항에서 규정한 사항 외에 신규진입자에 대한 할당대상업체의 지정에 관한 세부사항은 환경부장관이 정하여 고시한다.

제13조(할당대상업체의 지정·고시에 대한 통보 등)

① 환경부장관은 제9조 및 제12조에 따라 할당대상업체를 지정·고시하거나 다음 계획기간의 할당대상업체로 다시 지정하지 않는 경우에는 지체 없이 해당 업체 및 부문별 관장기관에 통보해야 한다.

② 할당대상업체로 지정·고시된 업체는 지정된 연도에 해당하는 기본법 제27조 제1항에 따른 목표의 준수 실적 및 같은 조 제3항에 따른 명세서를 기본법 시행령 제21조에 따라 지정된 연도의 다음 연도 3월 31일까지 부문별 관장기관에 제출해야 한다.

③ 제1항 및 제2항에서 규정한 사항 외에 할당대상업체의 지정·고시에 대한 통보 등에 관한 세부사항은 환경부장관이 정하여 고시한다.

제14조(배출권등록부의 관리 및 운영 등)

① 다음 각 호의 어느 하나에 해당하는 자는 환경부장관에게 배출권등록부에 등록된 정보의 열람을 요청할 수 있으며, 환경부장관은 특별한 사유가 없으면 이에 따라야 한다.

　1. 법 제7조 제2항 제1호에 따른 관계 중앙행정기관의 장(온실가스 감축정책의 수립 및 기본법 제8조·제26조·제27조에 따른 목표관리를 위하여 필요한 경우만 해당한다)

　2. 법 제22조에 따른 배출권거래소의 장

② 법 제11조 제3항 제5호에서 "대통령령으로 정하는 사항"이란 다음 각 호의 사항을 말한다.

　1. 법 제8조의 2 제3항·제4항에 따른 배출권의 이전량 또는 취소량

　2. 법 제12조에 따른 배출권의 할당량

　3. 법 제15조 제1항 및 제16조에 따른 배출권의 추가 할당량

　4. 법 제17조에 따른 배출권의 취소량

　5. 법 제21조에 따른 배출권의 이전량

6. 법 제27조에 따라 제출된 배출권의 수량

7. 법 제28조에 따른 배출권의 이월량 및 차입량

8. 상쇄등록부에 등록된 배출권(이하 "상쇄배출권"이라 한다)의 수량

9. 제21조에 따라 제출된 온실가스 배출량 산정계획서 및 검증기관의 검증보고서

10. 제39조에 따라 제출된 명세서 및 검증기관의 검증보고서

③ 법 제11조 제5항에서 "배출권의 수량 등 대통령령으로 정하는 등록사항"이란 다음 각 호의 사항을 말한다.

1. 법 제11조 제3항 제1호·제2호 및 제4호의 사항

2. 제2항 각 호의 사항

3. 제2항 각 호의 사항을 포함하여 계산한 배출권의 총 보유량

4. 그 밖에 제16조 제3항에 따라 배출권등록부의 관리·운영에 관하여 환경부장관이 정하여 고시하는 사항

제15조(배출권등록부에 등록된 사항의 공개) 배출권등록부에 등록된 사항 중 다음 각 호의 사항은 공개하는 것을 원칙으로 한다.

1. 법 제11조 제3항 제1호 및 제4호의 사항

2. 제14조 제2항 각 호(제5호·제6호·제9호·제10호는 제외한다)의 사항

제16조(배출권등록부 등록사항의 수정 등)

① 환경부장관은 배출권등록부 등록사항에 오류나 착오가 있는 경우에는 법 제20조에 따라 배출권 거래계정을 등록한 자의 신청에 따라 또는 직권으로 등록사항을 수정할 수 있다.

② 환경부장관은 제1항에 따라 등록사항을 수정한 경우에는 배출권 거래계정을 등록한 자에게 통보해야 한다.

③ 제14조, 제15조 및 이 조 제1항·제2항에서 규정한 사항 외에 배출권등록부에 등록된 사항 및 기업 영업비밀의 보호, 법 제39조 제1호에 따른 수수료 등 배출권등록부의 관리 및 운영에 관한 세부사항은 환경부장관이 정하여 고시한다.

제2절 배출권의 할당

제17조(배출권 할당의 기준)

① 환경부장관은 법 제12조 제2항에 따라 같은 항 각 호 및 다음 각 호의 사항을 고려하여 할당대상업체별 배출권의 할당량을 결정한다.

1. 법 제5조 제1항 제3호부터 제7호까지 및 이 영 제3조 제4항 제1호·제4호·제6호·제7호에 따라 할당계획에서 정한 배출권의 할당에 관한 사항

2. 중장기 감축목표 및 기본법 제8조 제2항에 따른 부문별 온실가스 감축목표

3. 제18조에 따라 무상으로 할당하는 배출권의 비율(이하 "무상할당비율"이라 한다)

4. 해당 할당대상업체의 과거 온실가스 배출량

5. 해당 할당대상업체의 기준기간(신규진입자인 할당대상업체의 경우에는 신규진입자 기준기간을 말한다. 이하 같다) 동안 사업장 또는 시설 변경에 따른 온실가스 배출량의 증감

6. 제품 생산량·용역량 또는 열·연료 사용량 등 단위활동자료량(이하 "활동자료량"이라 한다)당 온실가스 배출량 등의 실적자료를 국내의 동종(同種) 사업장·시설 또는 공정의 실적자료와 비교하는 방식(이하 "배출효율 기준방식"이라 한다)으로 평가한 결과

② 제1항에 따른 배출권의 할당량 결정 시 할당량 산정방법 등에 관한 세부사항은 환경부장관이 정하여 고시한다.

제18조(배출권의 무상할당비율 등)

① 법 부칙 제2조 제1항에 따른 1차 계획기간(이하 "1차 계획기간"이라 한다)에는 할당대상업체별로 할당되는 배출권의 전부를 무상으로 할당한다.

② 법 부칙 제2조 제1항에 따른 2차 계획기간(이하 "2차 계획기간"이라 한다)에는 할당대상업체별로 할당되는 배출권의 100분의 97을 무상으로 할당한다.

③ 3차 계획기간 이후의 무상할당비율은 100분의 90 이내의 범위에서 관련 국제적 동향 및 이전 계획기간의 감축실적에 대한 평가 등을 고려하여 할당계획에서 정한다. 이 경우 무상할당비율은 직전 계획기간의 무상할당비율을 초과할 수 없다.

④ 법 제12조 제3항에 따라 계획기간에 할당대상업체에 유상으로 할당하는 배출권은 할당대상업체를 대상으로 경매의 방법으로 할당한다.

⑤ 제4항에 따른 경매의 시기 및 장소 등 배출권의 유상할당에 관한 세부사항은 환경부장관이 정하여 고시한다.

제19조(무상할당대상 업종 및 업체의 기준)

① 법 제12조 제4항 제1호에서 "대통령령으로 정하는 기준에 해당하는 업종"이란 [별표 1]에 따른 **비용발생도와 무역집약도를 곱한 값이 1천분의 2 이상인 업종**으로서 할당계획에서 정하는 업종을 말한다.

② 법 제12조 제4항 제2호에서 "대통령령으로 정하는 업체"란 다음 각 호의 어느 하나에 해당하는 할당대상업체를 말한다.

1. 지방자치단체
2. 「초·중등교육법」 제2조 및 「고등교육법」 제2조에 따른 학교
3. 「의료법」 제3조 제2항에 따른 의료기관
4. 「대중교통의 육성 및 이용촉진에 관한 법률」 제2조 제4호에 따른 대중교통운영자
5. 「집단에너지사업법」 제2조 제3호에 따른 사업자(3차 계획기간의 1차 이행연도부터 3차 이행연도까지의 기간으로 한정한다.)

▮ [별표 1] 비용발생도와 무역집약도[제19조 제1항 관련] ▮

1. 비용발생도 $= \dfrac{[\text{해당 업종의 기준기간 연평균 온실가스 배출량}(tCO_2-eq/\text{년}) \times \text{기준기간의 배출권 평균 시장가격}(\text{원}/tCO_2-eq)]}{\text{해당 업종의 기준기간 연평균 부가가치 생산액}(\text{원}/\text{년})}$

2. 무역집약도 $= \dfrac{[\text{해당 업종의 기준기간 연평균 수출액}(\text{원}/\text{년}) + \text{해당 업종의 기준기간 연평균 수입액}(\text{원}/\text{년})]}{[\text{해당 업종의 기준기간 연평균 매출액}(\text{원}/\text{년}) + \text{해당 업종의 기준기간 연평균 수입액}(\text{원}/\text{년})]}$

제20조(배출권 할당신청서의 제출 등)

① 할당대상업체는 법 제13조 제1항에 따른 배출권 할당신청서(이하 "할당신청서"라 한다)를 다음 각 호의 단위별로 작성하여 전자적 방식으로 환경부장관에게 제출해야 한다.
1. 할당대상업체의 소속 사업장 전체를 포함한 업체 단위
2. 할당대상업체의 소속 사업장 단위

② 배출권 할당 시 배출효율 기준방식을 적용받는 할당대상업체는 할당신청서에 검증기관의 검증(온실가스 배출량 및 활동자료량을 제39조 제1항에 따른 명세서에 포함하여 이미 검증을 받아 보고한 경우는 제외한다)을 받은 다음 각 호의 단위별 온실가스 배출량 및 활동자료량을 첨부하여 전자적 방식으로 환경부장관에게 제출해야 한다.
1. 할당대상업체의 소속 사업장이 생산·제공하는 생산품목·용역별 단위
2. 할당대상업체의 소속 사업장이 제1호에 따른 생산품목·용역을 생산·제공하기 위하여 활용하는 시설·공정별 또는 원료·연료별 단위
3. 할당대상업체의 소속 사업장이 제1호에 따른 생산품목·용역을 생산·제공함에 따른 시설·공정의 온실가스 배출활동별 단위

③ 법 제13조 제1항 제1호에서 "대통령령으로 정하는 방법"이란 제17조 제2항에 따라 환경부장관이 정하여 고시한 배출권의 할당량 결정 시 할당량 산정방법을 말한다.

④ 제1항 및 제2항에 따른 할당신청서의 제출 및 심사 절차, 활동자료량 검증 등에 관한 세부사항은 환경부장관이 정하여 고시한다.

제21조(온실가스 배출량 산정계획서의 제출 및 검증)

① 할당대상업체는 법 제13조 제2항에 따른 온실가스 배출량 산정계획서(이하 "배출량 산정계획서"라 한다)를 제출할 때 검증기관의 검증보고서를 첨부하여 전자적 방식으로 환경부장관에게 제출해야 한다.

② 환경부장관은 다음 각 호의 어느 하나에 해당하는 경우에는 해당 할당대상업체 또는 검증기관에 시정이나 보완을 명할 수 있다.
1. 제1항에 따라 제출받은 배출량 산정계획서 또는 검증보고서에 흠이 있거나 빠진 부분이 있는 경우
2. 제39조에 따라 할당대상업체가 제출한 명세서와 그에 따른 검증보고서를 검토한 결과 제출된 배출량 산정계획서와 그 검증보고서의 내용이 적절하지 않은 경우

③ 제2항에 따라 환경부장관이 시정이나 보완을 명하면 해당 할당대상업체 또는 검증기관은 배출량 산정계획서나 검증보고서를 시정·보완하여 15일 이내에 전자적 방식으로 환경부장관에게 제출해야 한다.

④ 할당대상업체는 제출한 배출량 산정계획서의 내용이 변경되는 때에는 해당 이행연도 종료 2개월 전까지 배출량 산정계획서를 변경하여 제출해야 한다. 이 경우 제1항부터 제3항까지의 규정을 준용한다.

⑤ 제1항부터 제4항까지에서 규정한 사항 외에 배출량 산정계획서의 제출 및 검증에 관한 세부사항은 환경부장관이 정하여 고시한다.

제22조(할당대상업체별 배출권 할당량의 결정)

① 환경부장관은 제23조 제1항에 따른 할당결정심의위원회의 심의·조정을 거쳐 계획기간(신규진입자인 할당대상업체의 경우에는 배출권을 할당받는 이행연도를 말한다) 시작 2개월 전까지 할당대상업체별 배출권 할당량을 결정한다.

② 환경부장관은 제1항에 따라 결정한 할당대상업체별 배출권 할당량을 할당위원회에 보고해야 한다.

제23조(할당결정심의위원회)

① 할당대상업체별 배출권의 할당 등에 관한 다음 각 호의 사항을 심의·조정하기 위하여 환경부에 할당결정심의위원회(이하 "할당결정심의위원회"라 한다)를 둔다.

  1. 제22조 제1항에 따른 할당대상업체별 배출권의 할당

  2. 제26조 제1항에 따른 할당계획 변경으로 인한 배출권의 추가 할당

  3. 제28조 제2항에 따른 배출권의 추가 할당

  4. 제29조 제1항부터 제6항까지의 규정에 따른 배출권 할당의 취소

② 할당결정심의위원회는 **위원장 1명을 포함하여 16명 이내의 위원으로 구성**한다.

③ 할당결정심의위원회의 **위원장은 환경부차관**이 되고, 위원은 다음 각 호의 사람이 된다.

  1. 기획재정부, 농림축산식품부, 산업통상자원부, 환경부, 국토교통부, 국무조정실 및 그 밖에 환경부장관이 필요하다고 인정하는 관계 중앙행정기관에 소속된 고위공무원 중 해당 기관의 장이 지명하는 사람

  2. 기후변화·탄소시장·온실가스감축 분야 등에 관한 학식과 경험이 풍부한 사람 중에서 제1호에 따른 중앙행정기관의 장의 추천을 받아 환경부장관이 위촉하는 사람

④ 제3항 제2호에 따라 위촉된 **위원의 임기는 2년으로 하며, 한 차례만 연임**할 수 있다.

⑤ 할당결정심의위원회 위원의 제척·기피·회피 및 해촉에 관하여는 제5조 및 제6조를 준용한다. 이 경우 "할당위원회"는 "할당결정심의위원회"로, "기획재정부장관"은 "환경부장관"으로, "법 제7조 제2항 제2호"는 "제23조 제3항 제2호"로 본다.

⑥ 할당결정심의위원회의 회의, 개의·의결 및 의견 청취에 관하여는 제7조 제1항부터 제3항까지의 규정을 준용한다. 이 경우 "할당위원회"는 "할당결정심의위원회"로 본다.

⑦ 제4항부터 제6항까지에서 규정한 사항 외에 할당결정심의위원회의 운영에 필요한 세부사항은 할당결정심의위원회의 의결을 거쳐 할당결정심의위원회의 위원장이 정한다.

제24조(할당대상업체별 배출권 할당량의 통보 등) 환경부장관은 법 제14조 제1항에 따라 이 영 제22조 제1항의 심의·조정을 거쳐 결정된 할당대상업체별 배출권 할당량 중 무상으로 할당하는 배출권은 할당되는 이행연도를 표시하여 해당 할당대상업체의 배출권 거래계정에 지체 없이 등록하고, 제18조 제4항에 따라 유상으로 할당하는 배출권은 경매의 방법으로 할당되는 이행연도를 표시하여 해당 할당대상업체의 배출권 거래계정에 등록한다.

제25조(조기감축실적의 인정)

① 법 제15조 제1항에 따른 조기감축실적(이하 "조기감축실적"이라 한다)은 다음 각 호의 어느 하나에 해당하는 실적으로 한다.

  1. (삭제)

  2. 해당 할당대상업체가 관리업체로 지정되어 최초로 목표를 설정받은 연도의 다음 연도부터 제2항에 따라 신청서를 제출하기 전까지 인정된 전체 감축목표량에 대한 초과달성분

② 조기감축실적을 인정받으려는 할당대상업체는 1차 계획기간의 2차 이행연도 시작 이후 8개월 이내에 조기감축실적 인정신청서를 전자적 방식으로 환경부장관에게 제출해야 한다.

③ 환경부장관은 제2항에 따라 제출받은 조기감축실적 인정신청서를 검토하여 인정된 조기감축실적에 상응하는 배출권을 1차 계획기간의 2차 및 3차 이행연도분의 배출권으로 추가 할당한다. 다만, 인정된 전체 조기감축실적이 1차 계획기간에 할당된 전체 배출권 수량을 초과하는 경우에는 조기감축실적을 인정받은 할당대상업체별로 조기감축실적 인정을 위하여 할당되는 배출권의 총수량에 다음 계산식에 따른 조기감축실적 기여계수를 곱한 값에 해당하는 배출권을 추가 할당한다.

$$조기감축실적\ 기여계수 = \frac{해당\ 할당대상업체의\ 조기감축실적\ 인정량}{전체\ 할당대상업체의\ 조기감축실적\ 인정량의\ 합}$$

④ 제3항에 따라 추가 할당하는 배출권의 수량은 1차 계획기간에 할당된 전체 배출권 수량을 고려하여 할당계획으로 정한다.

⑤ 제3항에 따라 추가 할당하는 배출권은 법 제18조에 따른 배출권 예비분(이하 "배출권 예비분"이라 한다)에서 사용한다.

⑥ 제1항부터 제5항까지에서 규정한 사항 외에 조기감축실적의 인정절차 및 인정기준 등에 관한 세부사항은 환경부장관이 정하여 고시한다.

제26조(할당계획 변경으로 인한 추가 할당)

① 환경부장관은 법 제16조 제1항 제1호에 따라 할당계획 변경으로 법 제5조 제1항 제1호에 따른 온실가스 배출허용총량(이하 "배출허용총량"이라 한다)이 증가한 경우에는 직권으로 증가된 배출허용총량에 상응하는 배출권을 전체 할당대상업체에 각각의 기존 할당량에 비례하여 추가 할당하거나 특정 부문 또는 업종에 증가된 배출권의 전부 또는 일부를 추가 할당할 수 있다.

② 제1항에 따른 추가 할당은 환경부장관이 부문별 관장기관과의 협의와 할당결정심의위원회의 심의·조정을 거쳐 결정한다.

제27조(신청에 의한 배출권의 추가 할당)

① 법 제16조 제1항 제3호에서 "대통령령으로 정하는 기준"이란 해당 할당대상업체의 해당 이행연도 배출권 할당량 중에서 그 사업장 단위로 결정된 할당량보다 증가한 경우를 말한다.

② 법 제16조 제1항 제4호에서 "대통령령으로 정하는 경우"란 다음 각 호의 어느 하나에 해당하는 경우를 말한다.

1. 전력계통 운영의 제약(발전기 고장, 송전선로 고장 또는 열공급·연료·송전의 제약 등을 말하며, 자기가 원인을 제공한 경우는 제외한다)으로 인하여 할당대상업체가 자신의 발전시설에서 「전기사업법」 제45조 제2항에 따라 전력시장에서 결정된 우선순위와 다른 한국전력거래소의 지시를 이행함에 따른 해당 이행연도의 발전량이 그에 따른 기준기간의 연평균(기준기간 중 신설된 발전시설의 경우에는 신설된 연도부터의 연평균을 말한다) 발전량보다 증가한 경우

2. 「집단에너지사업법」 제2조 제3호의 사업자(이하 "집단에너지사업자"라 한다)인 할당대
상업체가 자신의 사업장에서 같은 법 제16조 제1항에 따른 집단에너지 공급의무를 준수
함에 따른 해당 이행연도의 열공급량(공급의무에 해당하지 않는 자신의 사업장 간의 열
공급량이나 집단에너지사업자 간의 열공급량은 제외한다. 이하 이 호에서 같다)이 그에
따른 기준기간의 연평균(기준기간 중 신설된 사업장의 경우에는 신설된 연도부터의 연
평균을 말한다) 열공급량보다 증가한 경우

3. 「항공안전법」 제77조에 따른 운항기술기준을 준수하기 위하여 할당대상업체가 추가로
항공기를 운항함에 따른 해당 이행연도의 온실가스 배출량(배출효율 기준방식을 적용받
는 경우에는 활동자료량을 말한다. 이하 이 조에서 같다)이 그에 따른 기준기간의 연평
균 온실가스 배출량보다 증가한 경우

4. 「하수도법」 제2조 제9호에 따른 공공하수처리시설(이하 "공공하수처리시설"이라 한다)
에 적용되는 같은 법 제7조에 따른 방류수 수질기준(공공하수처리시설이 다른 법률에
따른 방류수 수질기준을 적용받지 않는 경우만 해당한다)이 강화되거나 다음 각 목의
어느 하나에 해당하는 규정에 따라 환경부장관 또는 특별시장·광역시장·특별자치시
장·시장·군수가 최종 방류구별·단위기간별로 할당한 오염부하량이 감소하여 이를
준수하기 위하여 공공하수처리시설 개선공사(시설의 신설·증설에 해당하는 경우는 제
외한다)를 시행함에 따라 그 시설의 해당 이행연도의 온실가스 배출량이 기준기간의 연
평균(기준기간 중 신설된 시설의 경우에는 신설된 연도부터의 연평균을 말한다) 온실가
스 배출량보다 증가한 경우
가. 「물환경보전법」 제4조의 5
나. 「금강수계 물관리 및 주민지원 등에 관한 법률」 제12조
다. 「낙동강수계 물관리 및 주민지원 등에 관한 법률」 제12조
라. 「영산강·섬진강수계 물관리 및 주민지원 등에 관한 법률」 제12조
마. 「한강수계 상수원수질개선 및 주민지원 등에 관한 법률」 제8조의 4

5. 다음 각 목의 어느 하나에 해당하는 정책 및 조치를 이행함에 따른 할당대상업체의 해
당 이행연도의 온실가스 배출량이 그에 따른 기준기간의 연평균 온실가스 배출량보다
증가한 경우
가. 기본법 제32조에 따른 녹색교통의 활성화를 위한 대중교통수단의 확대
나. 「지속가능 교통물류 발전법」 제20조에 따른 대형중량화물의 운송대책에 따른 조치
의 준수

6. 할당대상업체가 화석연료 대신 가연성 폐기물을 연료로 사용함에 따른 해당 이행연도의
온실가스 배출량이 그에 따른 기준기간의 연평균 온실가스 배출량보다 증가한 경우

제28조(신청에 의한 배출권의 추가 할당량 결정 등)
① 법 제16조 제1항 제2호부터 제4호까지의 규정에 따른 사유로 할당대상업체별로 할당된 해당
이행연도의 배출권보다 온실가스 배출량이 증가한 할당대상업체는 매 이행연도 종료일부터
3개월 이내에 전자적 방식으로 환경부장관에게 배출권의 추가 할당을 신청할 수 있다.

② 제1항에 따른 신청을 받은 환경부장관은 다음 각 호의 사항을 고려하여 해당 할당대상업체에 추가 할당량을 산정한다.

    1. 증가된 온실가스 배출량(배출효율 기준방식을 적용받는 경우에는 활동자료량을 말한다)

    2. 중장기 감축목표 및 기본법 제8조 제2항에 따른 부문별 온실가스 감축목표

    3. 배출권 예비분의 잔여량

③ 제2항에 따라 산정된 배출권의 추가 할당량은 환경부장관이 부문별 관장기관과의 협의와 할당결정심의위원회의 심의·조정을 거쳐 결정한다.

④ 환경부장관은 제3항에 따라 결정된 추가 할당량을 해당 이행연도 종료일부터 5개월 이내에 해당 할당대상업체에 통보해야 한다.

⑤ 제3항에 따라 추가 할당하는 배출권은 배출권 예비분에서 사용한다.

⑥ 유상으로 추가 할당하는 배출권은 할당대상업체를 대상으로 경매의 방법으로 할당한다.

⑦ 제27조 및 이 조 제1항부터 제6항까지에서 정한 사항 외에 배출권의 추가 할당에 관한 세부사항은 환경부장관이 정하여 고시한다.

제29조(배출권 할당의 취소)

① 환경부장관은 법 제17조 제1항 제1호에 해당하는 사유가 발생한 경우에는 감소된 배출허용총량에 상응하는 배출권을 전체 할당대상업체에 각각의 기존 할당량에 비례하여 취소하거나 특정 부문 또는 업종에 감소된 배출권의 전부 또는 일부를 취소할 수 있다.

② 환경부장관은 할당대상업체가 전체 또는 일부 사업장을 폐쇄(사업장을 분할·양도·임대했으나 법 제8조의 2 제1항 단서에 따라 그 권리와 의무가 승계되지 않는 경우를 포함한다. 이하 이 항에서 같다)한 경우에는 해당 할당대상업체의 배출권 중에서 그 사업장 단위로 할당된 배출권을 다음 각 호의 구분에 따라 취소한다.

    1. 해당 이행연도에 할당된 배출권 : 사업장 폐쇄일부터 해당 이행연도의 말일까지 남아 있는 일수에 비례한 배출권

    2. 다음 이행연도부터 마지막 이행연도까지의 기간에 할당된 배출권 : 배출권 전부

③ 법 제17조 제1항 제3호에서 "대통령령으로 정하는 기준"이란 해당 할당대상업체의 배출권 할당량 중에서 그 사업장 단위로 할당된 배출권 할당량의 100분의 50을 말한다.

④ 환경부장관은 할당대상업체가 법 제17조 제1항 제3호에 따른 사유(시설의 폐쇄는 시설을 분할·양도·임대했으나 법 제8조의 2 제1항 단서에 따라 그 권리와 의무가 승계되지 않는 경우를 포함한다)에 해당하는 경우에는 해당 할당대상업체의 해당 이행연도 배출권 중 그 사업장 단위로 할당된 배출권에서 그 사업장의 해당 이행연도의 온실가스 배출량을 제외한 수량의 배출권을 취소한다.

⑤ 환경부장관은 할당대상업체가 법 제17조 제1항 제4호에 따른 사유에 해당하는 경우에는 해당 할당대상업체에 할당된 배출권 중 그 부분에 해당하는 배출권을 취소한다.

⑥ 환경부장관은 할당대상업체가 법 제17조 제1항 제5호에 따른 사유에 해당하는 경우에는 해당 할당대상업체의 배출권 중에서 지정이 취소된 연도부터 마지막 이행연도까지의 기간에 할당된 배출권을 취소한다.

⑦ 할당대상업체는 법 제17조 제2항에 따라 배출권 할당의 취소사유의 발생 사실을 전자적 방식으로 환경부장관에게 보고해야 한다.

⑧ 환경부장관은 제1항부터 제6항까지의 규정에 따라 할당된 배출권을 취소하려는 경우에는 부문별 관장기관과의 협의와 할당결정심의위원회의 심의·조정을 거쳐 결정한다.

⑨ 환경부장관은 제8항에 따라 할당된 배출권의 취소가 결정되면 지체 없이 해당 할당대상업체에 그 사실을 통보해야 한다.

⑩ 제1항부터 제6항까지의 규정에 따른 배출권의 취소는 환경부장관이 해당 할당대상업체의 배출권 거래계정에서 제32조 제5항 제2호에 따른 배출권 예비분을 위한 배출권 거래계정으로 배출권을 이전하는 방식으로 한다.

⑪ 환경부장관은 제10항에 따라 배출권을 이전하는 경우 해당 할당대상업체가 배출권 거래계정에 보유한 해당 이행연도의 배출권이 배출권의 취소에 따른 이전량보다 적으면 해당 계획기간 또는 다음 계획기간의 다른 이행연도의 배출권을 이전할 수 있다.

⑫ 환경부장관이 법 제17조 제3항에 따라 배출권 제출을 명할 때에는 해당 할당대상업체가 명령일부터 1개월 이내에 거래 등을 통하여 그 부족한 부분의 배출권을 자신의 배출권 거래계정에 보유하도록 하는 방법으로 배출권을 제출하도록 한다.

⑬ 제1항부터 제12항까지에서 규정한 사항 외에 할당된 배출권의 취소에 관한 세부사항은 환경부장관이 정하여 고시한다.

제30조(배출권 예비분) 법 제18조 제5호에서 "대통령령으로 정하는 사항"이란 다음 각 호의 사항을 말한다.

1. 법 제12조 제1항 단서에 따른 신규진입자에 해당하는 할당대상업체에 대한 배출권 할당
2. 할당대상업체 또는 법 제22조의 2 제1항에 따른 배출권시장 조성자가 아닌 자의 배출권 보유로 인한 유동성 저해 방지

제4장 배출권의 거래

제31조(배출권의 거래)

① 배출권은 법 제19조 제2항에 따라 온실가스를 [별표 2]에 따른 온실가스별 지구온난화계수에 따라 이산화탄소상당량톤(tCO_2-eq)으로 환산한 단위로 거래한다.

② 제1항에 따라 환산한 **1 이산화탄소상당량톤을 1 배출권**으로 하되, 이를 배출권 거래의 최소단위로 한다.

③ 배출권은 다음 각 호의 구분에 따라 거래하되, 법 제20조에 따라 배출권 거래계정을 등록한 자 중에서 할당대상업체가 아닌 자 또는 법 제22조의 2 제1항에 따른 배출권시장 조성자가 아닌 자는 제1호에 따른 방법으로 거래해야 한다.

1. 법 제22조에 따른 배출권 거래소에서 거래(이하 "장내거래"라 한다)
2. 제1호 외의 장소에서 거래

| [별표 2] 온실가스별 지구온난화계수(제31조 제1항 관련) |

온실가스의 종류		지구온난화계수
이산화탄소(CO_2)		1
메탄(CH_4)		21
아산화질소(N_2O)		310
수소불화탄소(HFCs)	HFC−23	11,700
	HFC−32	650
	HFC−41	150
	HFC−43−10mee	1,300
	HFC−125	2,800
	HFC−134	1,000
	HFC−134a	1,300
	HFC−143	300
	HFC−143a	3,800
	HFC−152a	140
	HFC−227ea	2,900
	HFC−236fa	6,300
	HFC−245ca	560
과불화탄소(PFCs)	PFC−14	6,500
	PFC−116	9,200
	PFC−218	7,000
	PFC−31−10	7,000
	PFC−c318	8,700
	PFC−41−12	7,500
	PFC−51−14	7,400
육불화황(SF_6)		23,900

제32조(배출권 거래계정의 등록 등)

① 배출권을 거래하려는 자는 법 제20조에 따라 배출권 거래계정 등록신청서를 전자적 방식으로 환경부장관에게 제출해야 한다.

② 환경부장관은 제1항에 따라 배출권 거래계정 등록신청서를 제출받으면 그 적절성을 검토한 후 배출권등록부에 신청인의 배출권 거래계정을 개설해야 한다.

③ 제1항 및 제2항에도 불구하고 할당대상업체의 배출권 거래계정은 환경부장관이 직권으로 배출권등록부에 등록해야 한다.

④ 법 제20조 제2항에서 "대통령령으로 정하는 경우"란 배출권 거래시장의 연계 또는 통합을 위한 조약 또는 국제협정에 따라 외국 법인 또는 개인의 배출권 거래가 허용된 경우를 말한다.

⑤ 환경부장관은 필요한 경우 다음 각 호의 구분에 따른 배출권 거래계정을 등록할 수 있다.

1. 법 제12조에 따른 배출권의 할당을 위한 배출권 거래계정
2. 법 제18조에 따른 배출권 예비분을 위한 배출권 거래계정
3. 법 제27조에 따른 배출권의 제출을 위한 배출권 거래계정
4. 그 밖에 배출권 거래시장의 안정을 위하여 필요하다고 인정되는 업무를 위한 배출권 거래계정

제33조(배출권 거래의 신고)

① 배출권을 거래한 자는 법 제21조 제1항에 따라 다음 각 호의 내용이 포함된 배출권 거래 신고서를 전자적 방식으로 환경부장관에게 제출해야 한다.

1. 거래한 배출권의 종류, 수량 및 가격
2. 양도인과 양수인 간의 배출권 거래 합의에 관한 공증서류(상속이나 법인의 합병 등 거래에 의하지 않고 배출권을 이전하는 경우는 제외한다)
3. 그 밖에 거래일시, 거래자 정보 등 거래내용의 확인을 위해 필요한 사항으로서 환경부장관이 정하여 고시하는 사항

② 환경부장관은 제1항에 따른 배출권 거래 신고서를 제출받으면 지체 없이 다음 각 호의 사항을 확인한 후 신고된 종류와 수량의 배출권을 양도인의 배출권 거래계정에서 양수인의 배출권 거래계정으로 이전한다.

1. 법 제20조에 따라 배출권 거래계정을 등록한 자인지 여부
2. 법 제23조 제2항 제2호에 따른 배출권 최소 또는 최대보유한도의 준수 여부
3. 양수인과 양도인 간 배출권 거래의 합의 성립 여부
4. 다음 각 목의 어느 하나를 회피하기 위한 것인지 여부

   가. 법 제8조의 2 제3항에 따른 배출권 이전 및 취소
   나. 법 제17조 제1항에 따른 배출권 할당의 취소
   다. 법 제27조 제1항에 따른 배출권 제출

③ 제31조, 제32조 및 이 조 제1항·제2항에서 규정한 사항 외에 배출권의 거래, 배출권 거래계정의 등록, 법 제39조 제2호에 따른 등록수수료 및 배출권 거래의 신고 등에 관한 세부사항은 환경부장관이 정하여 고시한다.

제34조(배출권 거래소의 설치·지정)

① 환경부장관은 관계 중앙행정기관의 장과 협의하여 법 제22조 제1항에 따른 배출권 거래소(이하 "배출권 거래소"라 한다)를 설치하거나 배출권 거래업무를 수행할 수 있는 기관 등의 신청을 받아 배출권 거래소를 지정할 수 있다.

② 환경부장관은 제1항에 따라 배출권 거래소를 설치하거나 지정하려면 탄소중립위원회의 심의를 거쳐야 한다.

③ 법 제22조 제2항 각 호 외의 부분 후단에서 "대통령령으로 정하는 중요 사항"이란 같은 항 제1호부터 제4호까지 및 제6호에 해당하는 사항과 이 조 제4항 각 호에 해당하는 사항을 말한다.

④ 법 제22조 제2항 제7호에서 "대통령령으로 정하는 사항"이란 다음 각 호의 사항을 말한다.

1. 배출권 거래시장의 개설·폐쇄 및 운영 중단에 관한 사항

2. 법 제22조 제3항에 따른 배출권 거래소 회원의 배출권 거래시장에서의 거래에 관한 사항

3. 제36조에 따른 배출권 거래를 중개하는 회사의 배출권 거래의 수탁, 영업을 위한 관리 기준의 설정 및 그 감시에 관한 사항

4. 장내거래의 대상 및 규모 등에 관한 사항

⑤ 제1항부터 제4항까지에서 규정한 사항 외에 배출권 거래소의 지정 기준 및 지정 신청절차 등에 관한 세부사항은 환경부장관이 정하여 고시한다.

제35조(배출권 거래소의 업무 및 감독)

① 배출권 거래소는 다음 각 호의 업무를 수행한다.

1. 배출권 거래시장의 개설·운영

2. 배출권의 매매(경매를 포함한다) 및 청산 결제

3. 불공정거래에 관한 심리(審理) 및 회원의 감리(監理)

4. 배출권의 매매와 관련된 분쟁의 자율조정(당사자가 신청하는 경우만 해당한다)

5. 그 밖에 배출권 거래소의 장이 필요하다고 인정하여 법 제22조 제2항에 따른 운영규정 으로 정하는 업무

② 배출권을 기초자산으로 한 파생상품의 거래에 관하여는 「자본시장과 금융투자업에 관한 법률」의 파생상품에 관한 규정을 적용한다.

③ 환경부장관은 배출권 거래시장의 안정 및 건전한 거래질서가 유지될 수 있도록 배출권 거래소를 감독해야 한다.

제36조(배출권 거래를 중개하는 회사)

① 법 제22조 제4항에 따른 배출권 거래를 중개하는 회사(이하 "배출권거래중개회사"라 한다)는 「자본시장과 금융투자업에 관한 법률」 제8조 제3항에 따른 투자중개업자로서 정보통신 망이나 정보처리시스템을 이용하여 동시에 다수를 각 당사자로 하여 배출권 거래의 중개업 무를 하는 자로 한다.

② 제1항에 따른 배출권거래중개회사가 갖춰야 하는 정보통신망이나 정보처리시스템에 관한 세부사항은 환경부장관이 정하여 고시한다.

제37조(배출권시장 조성자)

① 법 제22조의 2 제1항에 따라 환경부장관이 지정한 배출권시장 조성자(이하 "시장조성자"라 한다)는 다음 각 호의 업무를 한다.

1. 배출권의 매도 또는 매수 호가의 제시

2. 배출권의 거래

② 법 제22조의 2 제1항 제4호에서 "대통령령으로 정하는 자"란 「자본시장과 금융투자업에 관한 법률」 제4조 제4항에 따른 지분증권을 대상으로 같은 법 제12조에 따른 투자매매업과 투자중 개업의 인기를 모두 받은 자를 말한다.

③ 법 제22조의 2 제2항에 따라 환경부장관이 시장조성자의 지정을 취소할 수 있는 경우는 시 장조성자가 다음 각 호의 어느 하나에 해당하는 경우로 한다.

　　1. 합병·파산·폐업 등의 사유로 사실상 영업을 종료한 경우

　　2. 법 제22조 제3항을 위반한 경우

　　3. 법 제22조의 2 제3항에 따른 활동실적을 고의 또는 중과실로 사실과 다르게 보고하거나 그 기한 내에 보고하지 않은 경우

　　4. 법 제22조의 2 제4항에 따라 환경부장관이 활동실적을 평가하여 시정을 요구했음에도 불구하고 정당한 사유 없이 시정하지 않은 경우

④ 시장조성자는 법 제22조의 2 제3항에 따라 매월 환경부장관에게 활동실적을 제출해야 한다.

⑤ 환경부장관은 제4항에 따라 제출받은 실적을 평가할 때 배출권 거래소의 의견을 들을 수 있다.

⑥ 환경부장관은 법 제22조의 2 제4항에 따라 시정을 요구하는 경우에는 그 이유와 시정기한을 적은 서면으로 해당 시장조성자에게 통보해야 한다.

⑦ 제6항에 따른 통보를 받은 시장조성자는 정당한 사유가 없으면 시정기한까지 필요한 이행 조치를 해야 한다.

⑧ 제1항부터 제7항까지에서 규정한 사항 외에 시장조성자의 지정절차, 실적 제출 및 평가, 시정요구 및 그 이행 등에 관한 세부사항은 환경부장관이 정하여 고시한다.

제38조(시장 안정화 조치의 기준 등)

① 법 제23조 제1항 제1호에서 "대통령령으로 정하는 비율"이란 3배를 말한다.

② 법 제23조 제1항 제2호에서 "대통령령으로 정하는 경우"란 최근 1개월의 평균 거래량이 직전 2개 연도의 같은 월의 평균 거래량 중 많은 경우보다 2배 이상 증가하고, 최근 1개월의 배출권 평균 가격이 직전 2개 연도의 배출권 평균 가격보다 2배 이상 높은 경우를 말한다.

③ 법 제23조 제1항 제3호에서 "대통령령으로 정하는 경우"란 다음 각 호의 어느 하나에 해당하는 경우를 말한다.

　　1. 최근 1개월의 배출권 평균 가격이 직전 2개 연도 배출권 평균 가격의 100분의 60 이하가 된 경우

　　2. 할당대상업체가 보유하고 있는 배출권을 매매하지 않은 사유 등으로 배출권 거래시장에서 거래되는 배출권의 공급이 수요보다 현저하게 부족하여 할당대상업체 간 배출권 거래가 어려운 경우

④ 환경부장관은 법 제23조 제2항 제2호 외의 같은 조 제1항에 따른 시장 안정화 조치(이하 "시장 안정화 조치"라 한다)로는 목적을 달성하기 어렵다고 인정하는 경우 할당위원회의 심의를 거쳐 같은 조 제2항 제2호에 따른 배출권의 최소 또는 최대 보유한도를 설정할 수 있다. 다만, 시장 안정화 목적이 달성되었다고 인정하는 경우에는 즉시 최소 또는 최대 보유한도의 설정을 철회해야 한다.

⑤ 제4항에 따른 배출권의 최소 및 최대 보유한도는 다음 각 호의 구분에 따른 범위에서 정해야 한다. 다만, 직전 6개월간 배출권 평균 보유량이 2만5천 배출권 미만인 거래 참여자(할당대상업체는 제외한다)에 대해서는 그 최대 보유한도를 달리 정할 수 있다.

　　1. 최소 보유한도 : 할당대상업체에 할당된 해당 이행연도 배출권의 100분의 70 이상

2. 최대 보유한도 : 할당대상업체에 할당된 해당 이행연도 배출권(할당대상업체가 아닌 거래 참여자의 경우에는 직전 6개월간 배출권의 평균 보유량을 말한다)의 100분의 150 이하

⑥ 법 제23조 제2항 제3호에서 "대통령령으로 정하는 방법"이란 일시적인 최고 또는 최저 배출권 매매가격의 설정을 말한다.

⑦ 환경부장관은 시장 안정화의 목적이 달성되었다고 인정하면 할당위원회의 심의를 거쳐 시장 안정화 조치를 종료할 수 있다. 다만, 할당위원회가 시장 안정화 조치의 종료를 의결한 경우에는 시장 안정화 조치를 종료해야 한다.

⑧ 환경부장관은 시장 안정화 조치를 하거나 종료하는 즉시 해당 시장 안정화 조치의 주요 사유 및 내용 또는 종료사실 등을 공고해야 한다.

⑨ 제1항부터 제8항까지에서 규정한 사항 외에 시장 안정화 조치의 시행 방법 및 절차 등에 관한 세부사항은 환경부장관이 정하여 고시한다.

제5장 배출량의 보고·검증 및 인증

제39조(배출량의 보고 및 검증)

① 할당대상업체는 법 제24조 제1항에 따라 다음 각 호의 내용이 포함된 명세서를 측정·보고·검증이 가능한 방식으로 작성하고, 검증기관의 검증보고서를 첨부하여 전자적 방식으로 환경부장관에게 제출해야 한다.

1. 업체의 업종, 매출액, 공정도, 시설배치도, 온실가스 배출량 및 에너지 사용량 등 총괄 정보
2. 사업장별 온실가스 배출시설의 종류·규모·부하율, 온실가스 배출량 및 에너지 사용량
3. 배출시설·배출활동별 온실가스 배출량의 계산·측정 방법 및 그 근거, 온실가스 배출량
4. 온실가스 배출시설·배출량 산정방법의 변동사항 및 온실가스 배출량 산정 제외 관련 보고사항
5. 사업장별 제품 생산량 또는 용역량, 공정별 배출효율(배출효율 기준방식으로 배출권을 할당하는 경우에는 사업장·시설·공정별, 생산제품 또는 용역별 온실가스 배출량 및 에너지 사용량)
6. 온실가스 사용·감축 실적 및 온실가스·에너지의 판매·구매 등 이동정보
7. 사업장 고유배출계수의 개발 결과
8. 그 밖에 환경부장관이 관계 중앙행정기관의 장과 협의하여 고시하는 사항

② 할당대상업체는 제출된 명세서의 변경사항이 있는 경우에는 15일 이내에 명세서를 변경하여 작성하고, 검증기관의 검증보고서를 첨부하여 전자적 방식으로 환경부장관에게 제출해야 한다.

③ 환경부장관은 제1항 및 제2항에 따라 제출받은 자료에 흠이 있거나 빠진 부분이 있으면 해당 할당대상업체 또는 검증기관에 그 시정이나 보완을 명할 수 있다.

④ 제3항에 따라 환경부장관이 시정이나 보완을 명하면 해당 할당대상업체 또는 검증기관은 명세서나 검증보고서를 시정·보완하여 전자적 방식으로 환경부장관에게 제출해야 한다.

⑤ 환경부장관은 제1항부터 제4항까지의 규정에 따라 제출받은 자료 전부를 배출권등록부에 포함하여 관리해야 한다.

⑥ 환경부장관은 제1항부터 제4항까지의 규정에 따라 제출받은 자료에 포함된 정보 중 업체·사업장별 온실가스 배출량 등 주요 정보를 할당대상업체별로 공개할 수 있다. 다만, 할당대상업체는 정보공개로 인하여 해당 업체의 권리나 영업상의 비밀이 침해될 우려가 있는 경우 비공개를 요청할 수 있다.

⑦ 환경부장관은 할당대상업체로부터 제6항 단서에 따른 비공개 요청을 받은 경우 기본법 제27조 제5항에 따른 심사위원회의 심사를 거쳐 공개 여부를 결정하고, 그 결과를 즉시 해당 할당대상업체에 통보해야 한다.

⑧ 제1항부터 제7항까지에서 규정한 사항 외에 명세서의 제출 및 검증, 정보공개에 관한 세부사항은 환경부장관이 정하여 고시한다.

제40조(검증기관의 지정 등)

① 법 제24조의 2 제1항 각 호 외의 부분 전단에서 "대통령령으로 정하는 기준"이란 다음 각 호의 기준을 말한다.

   1. 온실가스 배출량에 대한 측정·보고·검증 업무를 전문적으로 수행할 수 있는 전문인력(법 제24조의 3 제1항에 따른 검증심사원을 말한다) 5명 이상과 시설·장비를 갖출 것

   2. 온실가스 배출량 검증과 관련하여 배상액 10억원 이상의 책임보험에 가입한 법인일 것

② 환경부장관은 법 제24조의 2 제1항 각 호 외의 부분 후단에 따라 검증기관의 업무의 범위를 같은 항 각 호에서 규정하는 사항을 검증하는 업무로 각각 구분하여 지정할 수 있다.

③ 환경부장관은 법 제24조의 2 제1항에 따라 검증기관을 지정하거나 같은 조 제2항에 따라 이미 지정된 것으로 보는 경우에는 그 내용을 지체 없이 고시하고, 해당 기관에 검증기관 지정서를 발급해야 한다.

④ 법 제24조의 2 제3항에서 "대통령령으로 정하는 업무기준"이란 [별표 3]에 따른 업무기준을 말한다.

⑤ 검증기관은 할당대상업체의 명세서를 검증할 때 다음 각 호의 어느 하나에 해당하는 경우에는 이를 할당대상업체에 통보하고, 할당대상업체는 통보받은 사항에 대하여 명세서를 수정·보완해야 한다.

   1. 명세서의 내용이 제39조 제1항에 따라 작성되지 않은 경우

   2. 명세서를 배출량 산정계획서를 기준으로 작성하지 않은 경우

   3. 실제 배출량과 명세서의 내용이 일치하지 않은 경우

⑥ 법 제24조의 2 제4항에 따른 검증기관의 지정취소 등 행정처분기준은 [별표 4]와 같다.

⑦ 환경부장관은 법 제24조의 2 제4항에 따라 검증기관의 지정을 취소한 경우에는 그 사실을 해당 검증기관에 통보하고, 그 내용을 지체 없이 고시해야 한다.

⑧ 제7항에 따라 지정 취소를 통보받은 검증기관은 검증기관지정서를 환경부장관에게 반납해야 한다.

⑨ 검증기관은 법 제24조의 2 제5항에 따라 매년 반기별로 검증업무 수행결과를 작성하여 환경부장관에게 제출해야 한다.

⑩ 제9항에 따라 수행결과를 제출받은 환경부장관은 검증업무 수행의 적절성에 대하여 정기 또는 수시 평가를 할 수 있다.

⑪ 제1항부터 제10항까지에서 규정한 사항 외에 검증기관의 시설·장비 기준, 지정·지정취소 및 업무의 정지 또는 시정, 명세서 검증 기준 ·절차, 검증업무 수행결과의 제출 및 평가에 관한 세부사항은 환경부장관이 정하여 고시한다.

[별표 3] 검증기관의 업무기준(제40조 제4항 관련)

1. 검증기관은 검증업무를 다른 기관에 재위탁해서는 안 된다.
2. 검증기관은 다른 기관에 검증기관 지정서를 대여해서는 안 된다.
3. 검증기관은 지정받은 검증업무의 범위를 벗어나서 검증업무를 수행해서는 안 된다.
4. 검증기관은 검증업무 수행과정에서 취득한 자료에 대하여 보안조치를 하고, 검증업무 수행과정에서 알게 된 비밀을 누설해서는 안 된다.
5. 검증보고서의 배출량 오류 정도가 고시에서 정한 기준을 넘어서는 안 되며, 검증보고서의 세부 내용을 누락시키지 말아야 한다.
6. 소속 임직원 및 검증심사원에 대한 보안교육 등을 정기적으로 실시하고, 이를 위한 업무처리절차를 마련해야 한다.
7. 검증심사원 등 검증업무에 관련된 모든 사람에 대하여 주기적으로 적격성을 평가해야 한다.
8. 검증기관은 할당대상업체를 위하여 자문이나 용역을 제공해서는 안 된다.
9. 공평성을 확보하고 이해상충을 회피하기 위한 관리절차를 마련하고, 이를 지속적이며 적절하게 관리해야 한다.
10. 업무정지 또는 시정명령을 받은 경우에는 그 정지기간 동안 업무를 수행하지 않거나 기한 내에 업무를 시정해야 한다.
11. **검증심사원 2명 이상이 한 조(組)가 되어 검증을 수행하도록 배정하고, 배정된 검증심사원 외의 검증심사원이 해당 조에 참여하여 검증을 수행하게 해서는 안 된다.**
12. 검증기관은 법인의 명칭, 대표자 및 사무실 소재지가 변경된 경우에는 변경된 날부터 30일 이내에, 검증 전문 분야가 변경된 경우에는 변경된 날부터 7일 이내에 환경부장관에게 변경신고를 해야 한다.

[별표 4] 검증기관의 지정취소 등 행정처분기준(제40조 제6항 관련)

1. 일반기준
   가. 위반행위가 둘 이상인 경우로서 그에 해당하는 각각의 처분기준이 다른 경우에는 그 중 무거운 처분기준을 따른다.
   나. 위반행위의 횟수에 따른 행정처분의 기준은 최근 1년간 같은 위반행위로 행정처분을 받은 경우에 적용한다. 이 경우 기간의 계산은 위반행위에 대하여 행정처분을 받은 날과 그 처분 후 다시 같은 위반행위를 하여 적발된 날을 기준으로 한다.
   다. 나목에 따라 가중된 행정처분을 하는 경우 가중처분의 적용 차수는 그 위반행위 전 행정처분 차수(나목에 따른 기간 내에 행정처분이 둘 이상 있었던 경우에는 높은 차수를 말한다)의 다음 차수로 한다.
   라. 처분권자는 위반행위의 동기·내용·횟수 및 위반정도 등 다음의 감경사유에 해당하는 경우 그 처분기준의 2분의 1 범위에서 제2호의 개별기준 따른 처분을 감경할 수 있다. 이 경우 그 처분이 업무정지인 경우에는 그 처분기준의 2분의 1의 범위에서 감경할 수 있고, 지정취소(법 제24조의 2 제4항 제1호부터 제3호까지의 어느 하나에 따른 지정취소는 제외한다)인 경우에는 1개월 이상 3개월 이하의 업무정지처분으로 감경할 수 있다.
      1) 위반행위가 고의나 중대한 과실이 아닌 사소한 부주의나 오류로 인한 것으로 인정되는 경우
      2) 위반행위자가 위반행위를 바로 정정하거나 시정하여 법 위반상태를 해소한 경우
      3) 그 밖에 위반행위의 동기·내용·횟수 및 위반정도 등을 고려하여 감경할 필요가 있다고 인정되는 경우

2. 개별기준

위반행위	근거 법조문	처분기준			
		1차	2차	3차	4차
가. 거짓이나 부정한 방법으로 지정을 받은 경우	법 제24조의 2 제4항 제1호	지정취소	–	–	–
나. 검증기관이 폐업·해산 등의 사유로 사실상 영업을 종료한 경우	법 제24조의 2 제4항 제2호	지정취소	–	–	–
다. 고의 또는 중대한 과실로 검증업무를 부실하게 수행한 경우	법 제24조의 2 제4항 제3호	지정취소	–	–	–
라. 법 제24조의 2 제3항에 따른 업무기준을 준수하지 않은 경우	법 제24조의 2 제4항 제4호				
1) [별표 3] 제1호부터 제4호까지의 규정에 따른 업무기준을 준수하지 않은 경우		지정취소	–	–	–
2) [별표 3] 제5호부터 제11호까지의 규정에 따른 업무기준을 준수하지 않은 경우		업무정지 1개월	업무정지 3개월	지정취소	–
3) [별표 3] 제12호에 따른 업무기준을 준수하지 않은 경우		시정명령	업무정지 1개월	업무정지 3개월	지정취소
마. 다른 법률을 위반한 경우	법 제24조의 2 제4항 제4호	업무정지 3개월	지정취소	–	–
바. 법 제24조의 2 제1항에 따른 지정기준을 갖추지 못하게 된 경우	법 제24조의 2 제4항 제5호	지정취소	–	–	–

제41조(검증심사원의 자격 등)

① 법 제24조의 3 제1항에 따라 검증심사원이 검증업무를 수행할 수 있는 전문분야와 자격요건은 [별표 5]와 같다.

② 환경부장관은 제1항에 따른 자격을 갖춘 검증심사원에게 자격을 부여한 경우에는 지체 없이 그 자격증을 발급해야 한다.

③ 법 제24조의 3 제1항에 따른 검증심사원(이하 "검증심사원"이라 한다)이 같은 조 제2항에 따라 준수해야 하는 업무기준은 [별표 6]과 같다.

④ 법 제24조의 3 제3항에 따른 검증심사원의 자격취소 등 행정처분기준은 [별표 7]과 같다.

⑤ 환경부장관은 법 제24조의 3 제3항에 따라 검증심사원의 자격을 취소한 경우에는 지체 없이 그 사실을 해당 검증심사원에게 통보해야 한다.

⑥ 제5항에 따라 자격취소를 통보받은 검증심사원은 제2항에 따른 자격증을 환경부장관에게 반납해야 한다.

⑦ 제1항부터 제6항까지에서 규정한 사항 외에 검증심사원의 자격부여 및 자격취소 등에 관한 세부사항은 환경부장관이 정하여 고시한다.

‖ [별표 5] 검증심사원의 전문분야와 자격요건(제41조 제1항 관련) ‖

1. 전문분야
   검증심사원이 검증할 수 있는 전문분야는 다음 각 호와 같이 구분한다. 다만, 환경부장관은 검증심사원의 전문성을 보다 강화할 필요가 있는 경우 그 전문분야를 세분화할 수 있다.
   가. 광물 분야
   나. 화학 분야
   다. 철강·금속 분야
   라. 전기·전자 분야
   마. 폐기물 분야
   바. 농축산 및 임업 분야
   사. 항공 분야
   아. 공통 분야
   자. 외부사업 분야
2. 자격요건
   가. 전문학사 이상 또는 이와 동등한 학력을 취득한 후 3년 이상의 실무경력을 보유한 사람
   나. 고등학교를 졸업한 후 5년 이상의 실무경력[중앙행정기관 또는 「공공기관의 운영에 관한 법률」 제4조에 따른 공공기관에서 환경(기후, 해양, 농축산, 산림환경 등을 포함한다) 또는 온실가스 배출량 통계의 작성·관리 및 에너지 진단 관련 업무에 종사한 경우에는 3년 이상의 실무경력을 말한다]을 보유한 사람
비고 1) 제2호에도 불구하고 「국가기술자격법」에 의한 온실가스관리기사·산업기사 자격 소지자의 실무경력은 2년 이상으로 한다.
   2) 제1호 자목에 따른 외부사업의 세부 분야, 제2호에 따른 실무경력의 인정범위 및 경력증명에 관한 사항은 환경부장관이 정하여 고시한다.

‖ [별표 6] 검증심사원의 업무기준(제41조 제3항 관련) ‖

1. 사실과 다른 내용으로 검증하거나 자격의 범위 또는 전문분야를 벗어나는 사항에 대하여 검증하지 않아야 한다.
2. 자신이 맡은 검증 및 그 부대업무를 다른 사람에게 다시 맡기지 않아야 한다.
3. 자신이 검증을 맡은 할당대상업체를 위하여 고시에서 정한 자문이나 용역을 제공해서는 안 된다.
4. 고시에서 정한 필수적인 교육에 참여해야 한다.
5. 자격정지처분을 받은 경우에는 그 정지기간 동안 업무를 수행하지 않아야 한다.
6. 검증보고서의 세부 검증내용 및 발견사항을 누락하지 않아야 한다.
7. 검증심사원은 같은 기간에 둘 이상의 검증기관에서 검증업무를 수행하지 않아야 한다.
8. 검증보고서의 배출량 오류 정도가 고시에서 정한 기준을 넘어서는 안 된다.

‖ [별표 7] 검증심사원의 자격취소 등 행정처분 기준(제41조 제4항 관련) ‖

1. 일반기준
   가. 위반행위가 둘 이상인 경우로서 그에 해당하는 각각의 처분기준이 다른 경우에는 그 중 무거운 처분기준을 따른다.
   나. 위반행위의 횟수에 따른 행정처분기준은 최근 1년간 같은 위반행위로 행정처분을 받은 경우에 적용한다. 이 경우 기간의 계산은 위반행위에 대하여 행정처분을 받은 날과 그 처분 후 다시 같은 위반행위를 하여 적발된 날을 기준으로 한다.
   다. 나목에 따라 가중된 행정처분을 하는 경우 가중처분의 적용 차수는 그 위반행위 전 행정처분 차수(나목에 따른 기간 내에 행정처분이 둘 이상 있었던 경우에는 높은 차수를 말한다)의 다음 차수로 한다.

라. 처분권자는 위반행위의 동기·내용·횟수 및 위반정도 등 다음의 감경사유에 해당하는 경우 그 처분기준의 2분의 1 범위에서 제2호의 개별기준에 따른 처분을 감경할 수 있다. 이 경우 그 처분이 자격정지인 경우에는 그 처분기준의 2분의 1의 범위에서 감경할 수 있고, 자격취소(법 제24조의 3 제3항 제1호·제2호에 따른 자격취소는 제외한다)인 경우에는 1개월 이상 3개월 이하의 자격정지 처분으로 감경할 수 있다.

    1) 위반행위가 고의나 중대한 과실이 아닌 사소한 부주의나 오류로 인한 것으로 인정되는 경우

    2) 위반행위자가 위반행위를 바로 정정하거나 시정하여 법 위반상태를 해소한 경우

    3) 그 밖에 위반행위의 동기·내용·횟수 및 위반정도 등을 고려하여 감경할 필요가 있다고 인정되는 경우

2. 개별기준

위반행위	근거 법조문	처분기준			
		1차 위반	2차 위반	3차 위반	4차 위반
가. 거짓이나 부정한 방법으로 자격을 취득한 경우	법 제24조의 3 제3항 제1호	자격취소	–	–	–
나. 고의 또는 중대한 과실로 검증업무를 부실하게 수행한 경우	법 제24조의 3 제3항 제2호	자격취소	–	–	–
다. 법 제24조의 3 제2항에 따른 업무기준을 준수하지 않은 경우	법 제24조의 3 제3항 제3호				
1) [별표 6] 제1호 및 제2호에 따른 업무기준을 준수하지 않은 경우		자격정지 1개월	자격정지 3개월	자격취소	–
2) [별표 6] 제3호에 따른 업무기준을 준수하지 않은 경우		자격정지 3개월	자격취소	–	–
3) [별표 6] 제5호부터 제8호까지의 규정에 따른 업무기준을 준수하지 않은 경우		자격정지 1개월	자격정지 3개월	자격취소	–
라. 다른 법률을 위반한 경우	법 제24조의 3 제3항 제3호	자격정지 3개월	자격취소	–	–
마. 정당한 이유 없이 필수적인 교육에 참석하지 않은 경우	법 제24조의 3 제3항 제4호	자격정지 (교육이수 시까지)	–	–	–
바. 필수적인 교육의 평가결과가 현저히 낮은 경우	법 제24조의 3 제3항 제4호	자격정지 3개월	자격취소	–	–
사. 장기간(최종 검증종료일부터 연속하여 2년 이상인 경우를 말한다) 검증업무를 수행하지 않은 경우	법 제24조의 3 제3항 제4호	자격정지 3개월	–	–	–

제42조(배출량의 인증)

① 환경부장관은 법 제25조 제1항에 따라 할당대상업체의 실제 온실가스 배출량을 인증할 때에는 법 제26조에 따른 배출량 인증위원회의 심의를 거쳐야 한다.

② 환경부장관은 법 제24조 제1항에 따른 기한까지 배출량을 보고하지 않은 할당대상업체에 1개월의 범위에서 기간을 정하여 명세서의 제출을 명할 수 있다.

③ 환경부장관은 할당대상업체가 제2항에 따른 명세서의 제출기간 내에 배출량을 보고하지 않았을 때에는 법 제37조에 따른 실태조사를 거쳐 해당 할당대상업체의 온실가스 배출량을 직권으로 산정하여 인증할 수 있다. 다만, 실태조사로 온실가스 배출량을 산정하기 어려운 경우에는 해당 할당대상업체의 과거 배출량이나 동종 또는 유사 규모의 다른 할당대상업체의 배출량을 기준으로 배출량을 직권으로 산정하여 인증할 수 있다.

④ 환경부장관은 법 제25조 제3항에 따라 배출량 인증 결과를 해당 할당대상업체에 통지할 때에는 부문별 관장기관에도 그 내용을 통보해야 한다.

⑤ 제1항부터 제4항까지에서 규정한 사항 외에 배출량의 인증 기준 및 절차 등에 관한 세부사항은 환경부장관이 정하여 고시한다.

제43조(배출량 인증위원회)

① 법 제26조에 따른 **배출량 인증위원회(이하 "인증위원회"라 한다)는 위원장 1명을 포함하여 16명 이내의 위원으로 구성**한다.

② 인증위원회의 **위원장은 환경부차관**이 되고, 위원은 다음 각 호의 사람이 된다.

1. 기획재정부, 농림축산식품부, 산업통상자원부, 환경부, 국토교통부, 해양수산부, 국무조정실, 산림청 및 그 밖에 인증위원회의 위원장이 필요하다고 인정하는 관계 중앙행정기관의 고위공무원단에 속하는 공무원 중에서 해당 기관의 장이 지명하는 사람
2. 관련 산업계 · 연구계 · 학계 등에 속한 전문가 중에서 관계 중앙행정기관의 장의 추천을 받아 환경부장관이 위촉하는 사람

③ 인증위원회는 다음 각 호의 사항을 심의 · 조정한다.

1. 법 제24조 제1항에 따라 할당대상업체가 보고한 명세서에 대한 법 제25조 제1항에 따른 적합성 평가 결과
2. 제48조 제1항 본문에 따른 외부사업에 대한 타당성 평가 결과
3. 제49조 제3항에 따른 외부사업 온실가스 감축량 인증 신청에 대한 부문별 관장기관의 검토 및 환경부장관과의 협의 결과
4. 그 밖에 법 제29조에 따른 외부사업의 국제적 기준 부합에 관한 전문적인 사항 중 인증위원회에서 의결한 사항

④ 제2항 제2호에 따른 **위원의 임기는 2년으로 하며, 한 차례만 연임**할 수 있다.

⑤ 인증위원회 위원의 제척 · 기피 · 회피 및 해촉에 관하여는 제5조 및 제6조를 준용한다. 이 경우 "할당위원회"는 "인증위원회"로, "기획재정부장관"은 "환경부장관"으로, "법 제7조 제2항 제2호"는 "제43조 제2항 제2호"로 한다.

⑥ 인증위원회의 회의, 개의 · 의결 및 의견 청취에 관하여는 제7조를 준용한다. 이 경우 "할당위원회"는 "인증위원회"로 본다.

⑦ 제3항부터 제6항까지에서 규정한 사항 외에 인증위원회의 운영에 필요한 세부사항은 인증위원회의 의결을 거쳐 인증위원회의 위원장이 정한다.

제6장 배출권의 제출, 이월·차입 및 상쇄

제44조(배출권의 제출)

① 할당대상업체는 법 제27조 제1항에 따른 배출권의 제출을 위하여 이행연도 종료일부터 6개월 이내(법 제38조 제1항 제3호·제4호·제8호의 어느 하나에 해당하는 사유로 이의를 신청한 경우에는 이의신청에 대한 결과를 통보받은 날부터 10일 이내를 말한다)에 다음 각 호의 사항이 포함된 배출권 제출 신고서(이하 이 조에서 "신고서"라 한다)를 환경부장관에게 제출해야 한다.

1. 해당 할당대상업체의 배출권등록부 및 상쇄등록부의 등록번호
2. 법 제25조에 따라 인증받은 온실가스 배출량
3. 법 제28조 제2항에 따라 승인받은 배출권 차입량
4. 법 제29조 제3항에 따라 제출하려는 상쇄배출권의 수량

② 환경부장관은 제1항에 따라 신고서를 제출받으면 그 내용을 검토하여 이상이 있는 경우 즉시 해당 할당대상업체에 해당 내용의 수정을 요구하거나 직권으로 이를 수정할 수 있다.

③ 환경부장관은 제1항에 따라 제출받은 신고서를 검토하여 이상이 없는 경우 지체 없이 그 내용을 배출권등록부에 등록하고, 제출된 배출권을 해당 할당대상업체의 배출권 거래계정에서 제32조 제5항 제3호에 따른 배출권 거래계정으로 이전한다.

④ 법 제27조 제1항에 따라 할당대상업체가 제출하는 배출권은 다음 각 호의 어느 하나에 해당하는 것이어야 한다.

1. 온실가스가 실제 배출된 이행연도분으로 할당된 배출권
2. 이전 이행연도에서 이월된 배출권
3. 다음 이행연도에서 차입한 배출권
4. 법 제29조 제3항에 따른 상쇄배출권

제45조(배출권의 차입)

① 법 제28조 제2항에서 "대통령령으로 정하는 사유"란 법 제27조 제1항에 따른 배출권의 제출 시 제출해야 할 배출권의 수량보다 보유한 배출권의 수량이 부족하여 배출권 제출의무를 완전히 이행하기 곤란한 경우를 말한다.

② 법 제28조 제3항에 따라 차입할 수 있는 배출권의 한도는 다음 각 호의 구분에 따른 계산식에 따라 산정한다.

1. 해당 계획기간의 1차 이행연도

> 해당 할당대상업체가 환경부장관에게 제출해야 하는 배출권 수량×100분의 15

2. 해당 계획기간의 2차 이행연도부터 마지막 이행연도 직전 이행연도까지

> 해당 할당대상업체가 환경부장관에게 제출해야 하는 배출권 수량×[해당 계획기간 내 직전 이행연도에 제출해야 하는 배출권 수량 중 차입할 수 있는 배출권 한도의 비율-(해당 계획기간 내 직전 이행연도에 제출해야 하는 배출권 수량 중 차입한 배출권 수량의 비율×100분의 50)]

제46조(배출권의 이월 및 차입 절차)

① 법 제28조에 따라 배출권의 이월 및 차입을 하려는 할당대상업체는 다음 각 호의 구분에 따른 날 중 늦은 날부터 10일 이내에 배출권의 이월 또는 차입에 관한 신청서를 전자적 방식으로 환경부장관에게 제출해야 한다.

1. 법 제25조에 따라 온실가스 배출량을 인증받은 결과를 통보받은 경우에는 그 통보를 받은 날

2. 법 제38조 제1항 제3호·제4호·제8호의 어느 하나에 해당하는 사유로 이의를 신청한 경우에는 이의신청에 대한 결과를 통보받은 날

② 할당대상업체가 아닌 자로서 배출권을 보유한 자는 이행연도 종료일에서 5개월이 지난 날부터 10일 이내에 보유한 배출권의 이월에 관한 신청서를 전자적 방식으로 환경부장관에게 제출해야 한다.

③ 환경부장관은 제44조 제1항에 따른 배출권의 제출기한 10일 전까지 제1항 및 제2항에 따른 신청에 대하여 검토 후 승인 여부를 결정하고, 지체 없이 그 결과를 해당 신청인에게 통보해야 한다.

제47조(상쇄)

① 법 제29조 제2항에 따른 배출권의 전환기준은 제1항에 따른 외부사업 온실가스 감축량 1 이산화탄소상당량톤을 1 배출권으로 전환하는 것으로 한다.

② 환경부장관은 법 제30조 제1항 제2호에 따라 「기후변화에 관한 국제연합 기본협약에 대한 교토의정서」 제12조에 따른 청정개발체제사업(할당대상업체의 사업장 안에서 시행된 사업을 포함하며, 이하 "청정개발체제사업"이라 한다)을 통하여 확보한 온실가스 감축량을 인증하는 경우 중복판매 등으로 인한 부당이득을 방지하기 위하여 필요한 조치를 해야 한다.

③ 법 제29조 제3항 후단에 따른 상쇄배출권의 제출한도는 법 제27조 제1항에 따라 해당 할당대상업체가 환경부장관에게 제출해야 하는 배출권의 100분의 10 이내의 범위에서 할당계획으로 정한다.

④ 상쇄배출권 중 법 제28조에 따라 다음 이행연도로 이월되지 않거나 법 제29조 제3항에 따라 환경부장관에게 제출되지 않은 상쇄배출권은 같은 항 후단에 따라 각 이행연도 종료일부터 6개월(법 제38조 제1항 제3호·제4호·제8호의 어느 하나에 해당하는 사유로 이의를 신청한 경우에는 이의신청에 대한 결과를 통보받은 날부터 10일)이 지나면 그 효력을 잃는다.

제48조(외부사업에 대한 타당성 평가 및 승인·승인취소)

① 부문별 관장기관은 법 제30조 제1항에 따른 외부사업 온실가스 감축량 인증을 위하여 필요한 때에는 외부사업에 대한 타당성 평가, 환경부장관과의 협의와 인증위원회의 심의를 거쳐 외부사업을 승인할 수 있다. 이 경우 부문별 관장기관은 사업의 유효기간을 정하여 외부사업을 승인할 수 있다.

② 외부사업을 하는 자가 제1항에 따른 외부사업 승인을 신청한 경우 부문별 관장기관은 해당 외부사업에 대하여 다음 각 호의 사항에 대한 타당성 평가를 한다. 다만, 「탄소흡수원 유지 및 증진에 관한 법률」 제19조 제1항 제1호에 해당하는 사업 중 같은 조 제3항에 따라 사업의 타당성이 인정된 산림탄소상쇄사업은 부문별 관장기관의 타당성 평가를 받은 것으로 본다.

1. 인위적으로 온실가스를 줄이기 위하여 일반적인 경영 여건에서 할 수 있는 활동 이상의 추가적인 노력이 있었는지 여부
2. 온실가스 감축사업을 통한 온실가스 감축효과가 장기적으로 지속 가능한지 여부
3. 온실가스 감축사업을 통하여 계량화가 가능할 정도로 온실가스 감축이 이루어질 수 있는지 여부
4. 온실가스 감축사업이 제8항에 따른 고시에서 정하는 기준과 방법을 준수하는지 여부

③ 인증위원회는 제1항에 따라 외부사업에 대하여 심의할 때에는 다음 각 호의 사항을 고려해야 한다.

1. 상쇄실적의 지속성 및 정량화된 검증 가능성
2. 상쇄사업의 추진방법 및 모니터링의 적절성

④ 부문별 관장기관은 제1항에 따라 승인한 외부사업이 다음 각 호의 어느 하나에 해당하는 경우에는 인증위원회의 심의를 거쳐 그 승인을 취소할 수 있다. 다만, 제1호에 해당하는 경우에는 그 승인을 취소해야 한다.

1. 거짓이나 부정한 방법으로 외부사업을 승인받은 경우
2. 정당한 사유 없이 그 승인을 받은 날부터 1년 이내에 해당 사업을 시행하지 않는 경우
3. 법 제30조 제1항 제2호에 해당하는 사유로 외부사업으로 승인된 사업이 「기후변화에 관한 국제연합 기본협약」 및 관련 조약에 따라 유효하지 않게 된 경우
4. 법령 개정, 기술 발전 등에 따라 해당 사업이 일반적인 경영여건에서 할 수 있는 활동 이상의 추가적인 노력이라고 보기 어려운 경우

⑤ 부문별 관장기관은 제1항에 따라 외부사업을 승인하거나 제4항에 따라 그 승인을 취소한 경우에는 지체 없이 해당 외부사업을 하는 자에게 통보해야 한다.

⑥ 부문별 관장기관은 제1항에 따라 승인한 외부사업 및 제4항에 따라 그 승인을 취소한 외부사업을 상쇄등록부에 등록하여 관리해야 한다.

⑦ 법 제30조 제1항 제2호에서 "대통령령으로 정하는 사업"이란 청정개발체제 사업 및 이에 준하는 외부사업을 말하며, 해당 사업의 종류는 부문별 관장기관이 공동으로 정하여 고시한다.

⑧ 제1항부터 제6항까지에서 규정한 사항 외에 외부사업의 유효기간 등 외부사업의 승인·승인취소의 기준 및 절차에 관한 세부사항은 부문별 관장기관이 공동으로 정하여 고시한다.

제49조(외부사업 온실가스 감축량의 인증 및 인증취소)

① 법 제30조 제2항에 따라 외부사업 온실가스 감축량을 인증받으려는 자는 환경부장관이 고시로 정하는 인증신청서에 다음 각 호의 서류를 첨부하여 부문별 관장기관에 제출해야 한다.

1. 외부사업 사업자가 작성한 감축량 모니터링 보고서

2. 검증기관의 검증보고서

3. 그 밖에 부문별 관장기관이 온실가스 감축량 인증에 필요하다고 인정하여 고시하는 자료

② 제1항에 따라 외부사업 온실가스 감축량의 인증을 신청하는 자는 「탄소흡수원 유지 및 증진에 관한 법률」 제21조 제1항에 따른 인증서를 발급받은 때에는 산림청장에게 해당 인증 결과 및 해당 인증 시 검토한 사항을 부문별 관장기관에 제출해 줄 것을 요청할 수 있다. 이 경우 요청을 받은 산림청장은 특별한 사정이 없으면 이에 협조해야 한다.

③ 부문별 관장기관은 제1항에 따른 신청을 받으면 제48조에 따른 외부사업 승인 시 검토한 사항 및 이 조 제2항에 따라 산림청장으로부터 제출받은 인증결과와 해당 인증 시 검토한 사항 등을 고려하여 환경부장관과의 협의 및 인증위원회의 심의를 거쳐 외부사업 온실가스 감축량을 인증한다.

④ 부문별 관장기관은 제3항에 따른 인증을 할 때 외국에서 시행된 외부사업에서 발생한 온실가스 감축량에 대해서는 1차 계획기간과 2차 계획기간 동안에는 인증하지 않는다. 다만, 국내기업 등이 외국에서 직접 시행한 제48조 제7항에 따른 청정개발체제 사업에서 2016년 6월 1일 이후 발생한 온실가스 감축량에 대해서는 2차 계획기간부터 인증할 수 있다.

⑤ 부문별 관장기관은 인증된 외부사업 온실가스 감축량이 다음 각 호의 어느 하나에 해당하는 경우에는 인증위원회의 심의를 거쳐 그 인증을 취소할 수 있다. 다만, 제1호에 해당하는 경우에는 그 인증을 취소해야 한다.

1. 거짓이나 부정한 방법으로 외부사업 온실가스 감축량을 인증받은 경우

2. 외부사업 온실가스 감축량이 이 법 또는 다른 법률에 따른 의무이행의 결과로 발생되거나 그와 동일한 감축량을 다른 제도 또는 사업에서 중복으로 활용한 경우

3. 법 제30조 제1항 제2호에 해당하는 사유로 외부사업으로 승인된 사업에서 발생한 외부사업 온실가스 감축량이 「기후변화에 관한 국제연합 기본협약」 및 관련 조약에 따라 유효하지 않게 된 경우

4. 법령 개정, 기술 발전 등에 따라 해당 외부사업 온실가스 감축량이 일반적인 경영여건에서 할 수 있는 활동 이상의 추가적인 노력에 의해 발생된 것이라고 보기 어려운 경우

⑥ 부문별 관장기관은 제3항에 따라 외부사업 온실가스 감축량을 인증하거나 제5항에 따라 그 인증을 취소한 경우에는 지체 없이 해당 외부사업을 하는 자에게 통보해야 한다.

⑦ 부문별 관장기관은 제3항에 따라 인증하거나 제5항에 따라 그 인증을 취소한 외부사업 온실가스 감축량을 상쇄등록부에 등록하여 관리해야 한다.

⑧ 제1항부터 제7항까지에서 규정한 사항 외에 국내기업 등의 기준, 외국에서 직접 시행한 사업의 기준 등 외부사업 온실가스 감축량 인증 및 인증취소에 관한 세부사항은 부문별 관장기관이 공동으로 정하여 고시한다.

제50조(상쇄등록부의 관리 및 운영 등)

① 환경부장관은 외부사업 온실가스 감축량의 인증 등이 지속적이며 체계적으로 이루어질 수 있도록 상쇄등록부를 전자적 방식으로 관리해야 한다.

② 상쇄등록부에는 다음 각 호의 사항을 등록한다.

　1. 외부사업의 계획서

　2. 외부사업 온실가스 감축량의 인증실적

　3. 그 밖에 환경부장관이 필요하다고 인정하여 고시한 사항

③ 상쇄등록부에 등록된 정보의 열람, 공개 및 수정 등에 관하여는 제14조 제1항, 제15조 및 제16조를 준용한다. 이 경우 "배출권등록부"는 "상쇄등록부"로, "배출권 거래계정을 등록한 자"는 "상쇄등록부에 외부사업을 등록한 자"로 본다.

제51조(과징금)

① 법 제33조 제1항에 따른 과징금의 부과기준 금액은 배출권 제출의무가 있는 이행연도에 배출권 거래소에서 거래된 배출권의 거래대금 합계를 총거래량으로 나누어 산출한 배출권 평균 시장가격의 3배로 한다.

② 환경부장관은 법 제27조 제1항에 따른 배출권 제출기한이 지나도록 법 제25조에 따라 인증된 온실가스 배출량만큼의 배출권을 제출하지 않은 할당대상업체에 과징금 부과사유, 예정금액 및 납부기한 등을 통보하고 10일 이상의 기간을 정하여 의견을 제출할 기회를 주어야 한다. 이 경우 과징금의 납부기한은 과징금을 부과한 날부터 30일 이내로 한다.

③ 환경부장관은 제2항에 따른 의견제출기간 동안 할당대상업체가 의견을 제출하지 않거나 제출된 의견이 타당하지 않은 경우에는 통보한 예정금액과 납부기한대로 해당 할당대상업체에 과징금을 부과한다.

④ 환경부장관이 「행정기본법」 제29조 단서에 따라 과징금의 납부기한을 연기하는 경우에는 그 납부기한의 다음 날부터 1년을 초과할 수 없다.

⑤ 환경부장관이 「행정기본법」 제29조 단서에 따라 과징금을 분할 납부하게 하는 경우에는 24개월의 범위에서 분할 납부의 횟수를 8회 이내로 한다.

제52조(과징금에 대한 가산금) 환경부장관은 법 제34조 제1항에 따라 납부기한이 지난 날부터 1개월이 지날 때마다 체납된 과징금의 1천분의 12에 해당하는 가산금을 징수한다. 다만, 가산금을 가산하여 징수하는 기간은 60개월을 초과할 수 없다.

제7장 보칙

제53조(금융상·세제상의 지원)

① 법 제35조 제1항에서 "온실가스 감축설비를 설치하거나 관련 기술을 개발하는 사업 등 대통령령으로 정하는 사업"이란 다음 각 호의 사업을 말한다.

1. 온실가스 감축 관련 기술·제품·시설·장비의 개발 및 보급 사업
2. 온실가스 배출량에 대한 측정 및 체계적 관리시스템의 구축 사업
3. 온실가스 저장기술 개발 및 저장설비 설치 사업
4. 온실가스 감축모형 개발 및 배출량 통계 고도화 사업
5. 부문별 온실가스 배출·흡수 계수의 검증·평가 기술개발 사업
6. 온실가스 감축을 위한 신재생에너지 기술개발 및 보급 사업
7. 온실가스 감축을 위한 에너지 절약, 효율 향상 등의 촉진 및 설비투자 사업
8. 그 밖에 온실가스 감축과 관련된 중요 사업으로서 할당위원회의 심의를 거쳐 인정된 사업

② 환경부장관 및 관계 중앙행정기관의 장은 법 제35조 제1항에 따른 지원을 하는 경우 같은 조 제2항에 따른 중소기업이 하는 사업에 준하여 배출권 전부를 무상으로 할당받지 못하는 할당대상업체가 하는 사업을 우선적으로 지원할 수 있다.

제54조(배출권 거래 전문기관)

① 환경부장관은 법 제36조 제2항에 따른 배출권 거래 전문기관(이하 "배출권 거래 전문기관"이라 한다)을 지정하는 경우 기본법 제36조에 따른 온실가스 종합정보관리체계와의 연계를 고려해야 한다.

② 배출권 거래 전문기관은 다음 각 호의 업무를 수행한다.

1. 법 제24조에 따른 보고 및 검증에 관한 조사·연구
2. 법 제25조에 따른 배출량의 인증 및 법 제30조에 따른 외부사업 온실가스 감축량의 인증에 관한 조사·연구
3. 그 밖에 국제 탄소시장과의 연계를 위한 조사·연구, 기술개발 및 국제협력에 관한 업무

제55조(이의신청)

① 법 제38조 제1항에 따라 이의를 신청하는 자는 환경부장관이 고시로 정하는 이의신청서에 처분의 내용 및 이의 내용 등을 적고, 그에 대한 소명자료를 환경부장관에게 제출해야 한다.

② 다음 각 호의 처분에 대하여 이의가 있는 자는 각 호의 구분에 따른 날부터 30일 이내에 제1항에 따른 소명자료를 첨부하여 환경부장관에게 이의를 신청할 수 있다. 이 경우 이의신청 결과 통보 및 기간연장에 관하여는 법 제38조 제2항을 준용한다.

1. 제9조 제5항에 따른 자발적 참여신청서를 제출한 업체에 대한 할당대상업체 지정 거부 : 그 거부를 통보받은 날
2. 제37조 제6항에 따른 시장조성자에 대한 시정 요구 : 그 시정 요구를 통보받은 날

③ 다음 각 호의 처분에 대하여 이의가 있는 자는 각 호의 구분에 따른 날부터 30일 이내에 제1항에 따른 소명자료를 첨부하여 부문별 관장기관에 이의를 신청할 수 있다. 이 경우 이의신청 결과 통보 및 기간 연장에 관하여는 법 제38조 제2항을 준용한다.

    1. 제48조 제4항에 따른 외부사업 승인의 취소 : 그 승인의 취소를 통보받은 날

    2. 제49조 제5항에 따른 외부사업 온실가스 감축량 인증의 취소 : 그 인증의 취소를 통보받은 날

④ 법 제38조 제1항 제2호부터 제4호까지의 규정에 따른 이의신청 처리결과에 따라 배출권을 추가로 할당하는 경우에는 배출권 예비분에서 사용한다.

제56조(수수료) 법 제39조에 따른 수수료를 내야 하는 자는 제16조 제3항 및 제33조 제3항에 따른 고시에서 정하는 수수료를 환경부장관에게 내야 한다.

제57조(권한 또는 업무의 위임·위탁)

① 환경부장관은 법 제40조 제1항에 따라 다음 각 호의 권한을 종합정보센터의 장에게 위임한다.

    1. 법 제4조 제2항 제7호에 따른 국제 탄소시장과의 연계방안 및 국제협력에 관한 조사·연구

    2. 법 제5조 제1항 제1호에 따른 배출허용총량의 산정 등에 관한 조사·연구

    3. 법 제11조 및 제31조에 따른 배출권등록부 및 상쇄등록부의 관리·운영

    4. 법 제24조에 따른 배출량의 보고 및 검증에 관한 조사·연구

    5. 제15조, 제39조 제6항 및 제7항에 따른 정보의 공개

② 환경부장관은 법 제40조 제1항에 따라 다음 각 호의 권한을 국립환경과학원장에게 위임한다.

    1. 법 제24조의 2 제1항 및 제4항에 따른 검증기관의 지정·지정취소·업무정지 및 시정명령

    2. 법 제24조의 2 제5항에 따른 검증업무 수행결과의 접수 및 평가

    3. 법 제37조 제5호의 2에 따른 실태조사

    4. 법 제37조의 2 제2호에 따른 청문

    5. 법 제38조 제6호에 따른 이의신청의 접수 및 그 결과의 통보

    6. 법 제43조 제5호에 따른 과태료의 부과·징수

③ 환경부장관은 법 제40조 제2항에 따라 다음 각 호의 업무를 「한국환경공단법」에 따른 한국환경공단에 위탁한다.

    1. 법 제4조 및 제5조에 따른 기본계획 및 할당계획의 수립 등을 위한 자료의 조사·분석 및 검토

    2. 다음 각 목의 업무와 관련된 자료의 조사·분석 및 검토

        가. 법 제8조, 제8조의 2 및 제9조에 따른 할당대상업체의 지정·지정취소 및 권리와 의무의 승계

        나. 법 제12조 제1항에 따른 배출권의 할당

        다. 법 제16조 제1항에 따른 배출권의 추가 할당

        라. 법 제17조 제1항에 따른 배출권 할당의 취소

3. 법 제18조에 따른 배출권 예비분의 보유 관련 비율의 산정을 위한 자료의 조사·분석 및 검토

4. 법 제23조에 따른 배출권 거래시장의 안정화를 위한 자료의 조사·분석 및 검토

5. 법 제25조 제1항 및 제2항에 따른 온실가스 배출량의 인증을 위한 자료의 조사·분석 및 검토

6. 제48조 제1항에 따른 외부사업 승인절차 및 제49조 제3항에 따른 외부사업 온실가스 감축량의 인증절차에서 부문별 관장기관과의 협의를 위한 자료의 조사·분석 및 검토

④ 부문별 관장기관은 법 제40조 제2항에 따라 법 제30조에 따른 외부사업 온실가스 감축량의 인증에 관한 업무를 부문별 관장기관이 공동으로 정하여 고시하는 바에 따라 다음 각 호의 기관에 위탁한다.

1. 「농촌진흥법」 제33조에 따른 한국농업기술진흥원

2. 「에너지이용합리화법」 제45조에 따른 한국에너지공단

3. 「임업 및 산촌 진흥촉진에 관한 법률」 제29조의 2에 따른 한국임업진흥원

4. 「한국교통안전공단법」에 따른 한국교통안전공단

5. 「한국해양교통안전공단법」에 따른 한국해양교통안전공단

6. 「한국환경공단법」에 따른 한국환경공단

7. 「해양환경관리법」 제96조 제1항에 따른 해양환경공단

8. 그 밖에 해당 업무를 수행할 수 있는 전문인력과 장비 등을 갖춘 기관으로서 부문별 관장기관이 정하는 기관

01 다음 중 온실가스 배출권의 할당 및 거래에 관한 법률과 관련된 정의로 알맞지 않은 것은?

① "배출권"이란 기본법 제8조에 따른 중장기 국가 온실가스 감축목표(이하 "국가 온실가스 감축목표"라 한다)를 달성하기 위하여 제5조 제1항 제1호에 따라 설정된 온실가스 배출허용 총량의 범위에서 개별 온실가스 배출업체에 할당되는 온실가스 배출허용량을 말한다.

② "계획기간"이란 국가 온실가스 감축 목표를 달성하기 위하여 1년 단위로 온실가스 배출업체에 배출권을 할당하고 그 이행실적을 관리하기 위하여 설정되는 기간을 말한다.

③ "이행연도"란 계획기간별 국가 온실가스 감축 목표를 달성하기 위하여 1년 단위로 온실가스 배출업체에 배출권을 할당하고 그 이행실적을 관리하기 위하여 설정되는 계획기간 내의 각 연도를 말한다.

④ "1 이산화탄소 상당량톤(tCO_2-eq)"이란 이산화탄소 1톤 또는 기본법 제2조 제9호에 따른 기타 온실가스의 지구온난화 영향이 이산화탄소 1톤에 상당하는 양을 말한다.

해설 "계획기간"이란 국가 온실가스 감축 목표를 달성하기 위하여 5년 단위로 온실가스 배출업체에 배출권을 할당하고 그 이행실적을 관리하기 위하여 설정되는 기간을 말한다.

02 다음 중 배출권 거래제를 운영할 때 기본원칙으로 옳지 않은 것은?

① 배출권 거래제가 경제 부문의 국제 경쟁력에 미치는 영향을 고려할 것

② 국제 탄소 시장과의 연계를 고려하여 국제적 기준에 적합하게 정책을 운영할 것

③ 국가 온실가스 감축 목표를 효과적으로 달성할 수 있도록 시장 기능을 최소한 활용할 것

④ 배출권의 거래가 일반적인 시장거래 원칙에 따라 공정하고 투명하게 이루어지도록 할 것

해설 국가 온실가스 감축 목표를 효과적으로 달성할 수 있도록 시장 기능을 최대한 활용할 것

03 다음 중 ( ) 안에 들어갈 것으로 알맞은 것을 고르면?

> 정부는 이 법의 목적을 효과적으로 달성하기 위하여 ( )년을 단위로 하여 ( )년마다 배출권 거래제에 관한 중장기 정책목표와 기본방향을 정하는 배출권 거래제 기본계획(이하 "기본계획"이라 한다)을 수립하여야 한다.

① 5년, 3년   ② 10년, 3년
③ 5년, 5년   ④ 10년, 5년

해설 정부는 이 법의 목적을 효과적으로 달성하기 위하여 10년을 단위로 하여 5년마다 배출권 거래제에 관한 중장기 정책목표와 기본방향을 정하는 배출권 거래제 기본계획(이하 "기본계획"이라 한다)을 수립하여야 한다.

04 다음 중 국가의 배출권 할당계획을 시작하기 전에 계획수립을 시행해야 하는 기간으로 알맞은 것은?

① 1개월 이내   ② 3개월 이내
③ 6개월 이내   ④ 12개월 이내

해설 정부는 배출권 할당계획(이하 "할당계획"이라 한다)을 매 계획기간 시작 6개월 전까지 수립하여야 한다.

05 할당위원회의 위원장을 비롯한 위원의 구성으로 옳은 것은?

① 위원장 1명, 20명 이내의 위원으로 구성한다.
② 위원장 1명, 30명 이내의 위원으로 구성한다.
③ 위원장 2명, 20명 이내의 위원으로 구성한다.
④ 위원장 2명, 30명 이내의 위원으로 구성한다.

해설 할당위원회는 위원장 1명과 20명 이내의 위원으로 구성한다.

06 다음 중 할당위원회의 설명으로 알맞지 않은 것은?

① 할당위원회 위원장은 기획재정부장관이 된다.
② 할당위원회 위원장은 위원회를 대표하고, 위원회의 사무를 총괄한다.
③ 위촉된 위원의 임기는 2년으로 하며, 여러 번 연임할 수 있다.
④ 할당위원회에는 대통령령으로 정하는 바에 따라 간사위원 1명을 둔다.

해설 위촉된 위원의 임기는 2년으로 하며, 한 차례만 연임할 수 있다.

07 할당대상업체의 지정과 관련된 내용에서 (   ) 안에 들어갈 내용으로 알맞은 것은?

대통령령으로 정하는 중앙행정기관의 장(이하 "주무관청"이라 한다)은 매 계획기간 시작 (   )까지 제5조 제1항 제3호에 따라 할당계획에서 정하는 배출권의 할당대상이 되는 부문 및 업종에 속하는 온실가스 배출업체 중에서 다음 각 호의 어느 하나에 해당하는 업체를 배출권 할당대상업체(이하 "할당대상업체"라 한다)로 지정·고시한다.

① 3개월 전
② 5개월 전
③ 6개월 전
④ 12개월 전

해설 대통령령으로 정하는 중앙행정기관의 장(이하 "주무관청"이라 한다)은 매 계획기간 시작 5개월 전까지 제5조 제1항 제3호에 따라 할당계획에서 정하는 배출권의 할당대상이 되는 부문 및 업종에 속하는 온실가스 배출업체 중에서 다음 각 호의 어느 하나에 해당하는 업체를 배출권 할당대상업체(이하 "할당대상업체"라 한다)로 지정·고시한다.

08 다음 중 할당대상업체의 조건으로 옳은 것은?

① 최근 3년간 온실가스 배출량의 연평균 총량이 500,000 이산화탄소 상당량톤(tCO₂-eq) 이상인 업체이거나 50,000 이산화탄소 상당량톤(tCO₂-eq) 이상인 사업장의 해당 업체
② 최근 3년간 온실가스 배출량의 연평균 총량이 500,000 이산화탄소 상당량톤(tCO₂-eq) 이상인 업체이거나 45,000 이산화탄소 상당량톤(tCO₂-eq) 이상인 사업장의 해당 업체
③ 최근 3년간 온실가스 배출량의 연평균 총량이 125,000 이산화탄소 상당량톤(tCO₂-eq) 이상인 업체이거나 30,000 이산화탄소 상당량톤(tCO₂-eq) 이상인 사업장의 해당 업체
④ 최근 3년간 온실가스 배출량의 연평균 총량이 125,000 이산화탄소 상당량톤(tCO₂-eq) 이상인 업체이거나 25,000 이산화탄소 상당량톤(tCO₂-eq) 이상인 사업장의 해당 업체

해설 최근 3년간 온실가스 배출량의 연평균 총량이 125,000 이산화탄소 상당량톤(tCO₂-eq) 이상인 업체이거나 25,000 이산화탄소 상당량톤(tCO₂-eq) 이상인 사업장의 해당 업체의 경우 할당대상업체로 지정·고시한다.

09 다음 중 배출권 할당기준으로 옳지 않은 것은?

① 조기감축실적
② 부문별·업종별 온실가스 감축기술 수준 및 국제경쟁력
③ 할당대상업체의 이행연도 중 최근연도 배출권 수요
④ 할당대상업체의 배출권 제출실적

해설 배출권 할당의 기준은 다음의 사항을 고려하여야 한다.
- 할당대상업체의 이행연도별 배출권 수요
- 조기감축실적
- 할당대상업체의 배출권 제출실적
- 할당대상업체의 무역집약도 및 탄소집약도
- 할당대상업체 간 배출권 할당량의 형평성
- 부문별 · 업종별 온실가스 감축기술 수준 및 국제경쟁력
- 할당대상업체의 시설투자 등이 국가온실가스감축목표 달성에 기여하는 정도
- 관리업체의 목표준수 실적

10 다음 중 배출권 할당 취소와 관련된 설명으로 알맞은 것은?

① 할당대상업체가 시설 운영을 중단한 경우
② 배출권의 할당 또는 추가 할당을 신청하여 배출권을 할당받은 경우
③ 할당계획 변경으로 배출허용총량이 증가한 경우
④ 시설의 가동중지 · 정지 · 폐쇄 등으로 인하여 그 시설이 속한 사업장의 온실가스 배출량이 기준 이상으로 감소한 경우

해설 주무관청은 다음의 어느 하나에 해당하는 경우 할당 또는 추가 할당된 배출권(무상할당배출권)의 전부 또는 일부를 취소할 수 있다.
- 할당계획 변경으로 배출허용총량이 감소한 경우
- 할당대상업체가 전체 또는 일부 사업장을 폐쇄한 경우
- 시설의 가동중지 · 정지 · 폐쇄 등으로 인하여 그 시설이 속한 사업장의 온실가스 배출량이 기준 이상으로 감소한 경우
- 사실과 다른 내용으로 배출권의 할당 또는 추가 할당을 신청하여 배출권을 할당받은 경우
- 할당대상업체의 지정이 취소된 경우

11 다음 중 배출권의 거래와 관련된 내용의 ( ) 안에 해당하는 내용으로 적절한 것은?

> 배출권은 온실가스를 대통령령으로 정하는 바에 따라 ( )으로 환산한 단위로 거래한다.

① 이산화탄소 상당량킬로그램
② 이산화탄소 상당량톤
③ 메탄 상당량킬로그램
④ 메탄 상당량톤

해설 배출권은 온실가스를 대통령령으로 정하는 바에 따라 이산화탄소 상당량톤으로 환산한 단위로 거래한다.

12 배출권 거래시장의 안정화를 위한 조치에 관한 설명으로 알맞은 것은?

① 배출권 예비분의 100분의 25까지의 추가할당
② 환경부장관령으로 정하는 바에 따른 배출권 최소 보유한도 설정
③ 국내 인정되는 방법으로 대통령령으로 정하는 방법
④ 배출권 가격의 강제 하향조치

해설 시장 안정화 조치에 관련된 내용은 배출권 예비분의 100분의 25까지의 추가할당, 대통령령으로 정하는 바에 따른 배출권 최소 또는 최대 보유한도의 설정, 그 밖에 국제적으로 인정되는 방법으로서 대통령령으로 정하는 방법 등이 있다.

13 할당대상업체가 배출량의 보고 및 검증을 할 때 기간으로 알맞은 것은?

① 매 이행연도 종료일로부터 1개월 이내
② 매 이행연도 종료일로부터 3개월 이내
③ 매 이행연도 종료일로부터 4개월 이내
④ 매 이행연도 종료일로부터 6개월 이내

해설 할당대상업체는 매 이행연도 종료일 3개월 이내에 대통령령으로 정하는 바에 따라 해당 이행연도에 자신이 모든 사업장에서 실제 배출한 온실가스 배출량에 대하여 배출량 산정계획서를 기준으로 명세서를 작성하여 주무관청에 보고하여야 한다.

Answer 10.④ 11.② 12.① 13.②

14 다음 중 할당대상업체가 배출권을 제출하여야 하는 시기로 옳은 것은?

① 이행연도 종료일로부터 1개월 이내
② 이행연도 종료일로부터 3개월 이내
③ 이행연도 종료일로부터 5개월 이내
④ 이행연도 종료일로부터 6개월 이내

해설 할당대상업체는 이행연도 종료일부터 6개월 이내에 대통령령으로 정하는 바(제25조)에 따라 인증받은 온실가스 배출량에 상응하는 배출권(종료된 이행연도의 배출권을 말한다)을 주무관청에 제출하여야 한다.

15 다음 중 할당대상업체가 제출한 배출권이 배출량보다 적을 경우 부과되는 과징금으로 알맞은 것은?

① 이산화탄소 1톤당 5만원의 범위에서 해당 이행연도의 배출권 평균 시장가격의 2배 이하의 과징금
② 이산화탄소 1톤당 5만원의 범위에서 해당 이행연도의 배출권 평균 시장가격의 3배 이하의 과징금
③ 이산화탄소 1톤당 10만원의 범위에서 해당 이행연도의 배출권 평균 시장가격의 2배 이하의 과징금
④ 이산화탄소 1톤당 10만원의 범위에서 해당 이행연도의 배출권 평균 시장가격의 3배 이하의 과징금

해설 주무관청은 제27조에 따라 할당대상업체가 제출한 배출권이 제25조에 따라 인증한 온실가스 배출량보다 적은 경우에는 그 부족한 부분에 대하여 이산화탄소 1톤당 10만원의 범위에서 해당 이행연도의 배출권 평균 시장가격의 3배 이하의 과징금을 부과할 수 있다.

16 다음 중 처분에 대해 이의가 있는 경우 이의신청이 가능한 기간으로 옳은 것은?

① 7일 이내
② 15일 이내
③ 30일 이내
④ 100일 이내

해설 처분에 대하여 이의(異議)가 있는 자는 각 호에 규정된 날부터 30일 이내에 대통령령으로 정하는 바에 따라 소명자료를 첨부하여 주무관청에 이의를 신청할 수 있다.

17 다음 중 배출권 할당 및 거래에 관한 법률의 벌칙 및 과태료와 관련한 내용 중 3년 이하의 징역 또는 1억원 이하의 벌금에 처하는 내용에 해당하지 않는 것은?

① 배출권 거래소의 회원과 자금의 공여, 손익의 분배, 그 밖에 영업에 관하여 특별한 이해관계를 가진 배출권 거래소의 상근 임직원
② 배출권의 매매를 유인할 목적으로 같은 항 각 호의 어느 하나에 해당하는 행위를 한 자
③ 배출권의 매매에 관하여 그 매매가 성황을 이루고 있는 듯이 잘못 알게 하거나 그 밖에 타인에게 그릇된 판단을 하게 할 목적으로 같은 항 각 호의 어느 하나에 해당하는 행위를 한 자
④ 배출권의 매매, 그 밖의 거래와 관련하여 같은 항 각 호의 어느 하나에 해당하는 행위를 한 자

해설 배출권 거래소의 회원과 자금의 공여, 손익의 분배, 그 밖에 영업에 관하여 특별한 이해관계를 가진 배출권 거래소의 상근 임직원의 경우 1년 이하의 징역 또는 3천만원 이하의 벌금에 처한다.

18 다음 중 배출권 제출을 하지 아니한 자에 관한 과태료로 알맞은 것은?

① 5백만원 이하
② 1천만원 이하
③ 2천만원 이하
④ 3천만원 이하

해설 배출권 제출을 하지 아니한 자에 관한 과태료는 1천만원 이하에 처한다.

19 정부는 국가 온실가스 감축 목표를 효과적으로 달성하기 위하여 계획기간별로 국가 배출권 할당계획을 매 계획기간 시작 몇 년(또는 몇 개월) 전까지 수립하여야 하는가?

① 6개월
② 1년
③ 3년
④ 5년

해설 [법률 제5조] 국가 배출권 할당계획은 계획기간 시작 6개월 전까지 수립하여야 한다.

Answer 14.④ 15.④ 16.③ 17.① 18.② 19.①

20 다음 중 온실가스 배출권 할당 및 거래에 관한 법률과 거리가 먼 것은?

① "배출권"이란 온실가스 배출허용 총량의 범위에서 개별 온실가스 배출업체에 할당되는 온실가스 배출 허용량을 말한다.

② "계획기간"이란 국가 온실가스 감축 목표를 달성하기 위하여 3년 단위로 온실가스 배출업체에 배출권을 할당하고 그 이행실적을 관리하기 위하여 설정되는 기간을 말한다.

③ "이행연도"란 계획기간별 국가 온실가스 감축 목표를 달성하기 위하여 1년 단위로 온실가스 배출업체에 배출권을 할당하고 그 이행실적을 관리하기 위하여 설정되는 계획기간 내의 각 연도를 말한다.

④ "1 이산화탄소 상당량톤(tCO_2-eq)"이란 이산화탄소 1톤 또는 기타 온실가스의 지구온난화 영향이 이산화탄소 1톤에 상당하는 양을 말한다.

해설 "계획기간"이란 국가 온실가스 감축 목표를 달성하기 위하여 5년 단위로 온실가스 배출업체에 배출권을 할당하고 그 이행실적을 관리하기 위하여 설정되는 기간을 말한다.

21 다음은 온실가스 배출권의 할당 및 거래에 관한 법률상 "배출권 거래제 기본계획"의 수립기준이다. ( ) 안에 알맞은 것은?

> 정부는 이 법의 목적을 효과적으로 달성하기 위하여 (ⓐ)년을 단위로 하여 (ⓑ)년마다 배출권 거래제에 관한 중장기 정책목표와 기본 방향을 정하는 배출권 거래제 기본계획을 수립하여야 한다.

① ⓐ 5년, ⓑ 5년
② ⓐ 5년, ⓑ 10년
③ ⓐ 10년, ⓑ 5년
④ ⓐ 10년, ⓑ 10년

해설 [법률 제4조] 배출권 거래제 기본계획은 10년을 단위로 하여 5년마다 수립하여야 한다.

22 배출권 할당위원회의 구성 및 운영에 대한 설명으로 옳지 않은 것은?

① 할당위원회는 위원장 1명과 20명 이내의 위원으로 구성한다.
② 할당위원회 위원장은 환경부장관이 된다.
③ 할당위원회 위원의 임기는 2년으로 하며, 한 차례만 연임할 수 있다.
④ 할당위원회에는 대통령령으로 정하는 바에 따라 간사위원 1명을 둔다.

해설 [법률 제7조] 할당위원회 위원장은 기획재정부장관이 된다.

23 배출권 할당대상업체의 정의로 틀린 것은?

① 대통령령으로 정하는 중앙행정기관의 장이 배출권 할당대상업체를 지정·고시한다.
② 중앙행정기관의 장은 매 계획기간 시작 6개월 전까지 배출권 할당대상업체를 지정·고시한다.
③ 3년간 온실가스 배출량의 연평균 총량이 125,000 이산화탄소 상당량톤(tCO_2-eq) 이상인 업체이거나 25,000 이산화탄소 상당량톤(tCO_2-eq) 이상인 사업장의 해당 업체를 지정·고시한다.
④ 할당대상업체의 지정·고시 및 신청 등에 관하여 필요한 세부사항은 대통령령으로 정한다.

해설 [법률 제8조] 중앙행정기관의 장은 매 계획기간 시작 5개월 전까지 배출권 할당대상업체를 지정·고시한다.

24 배출권의 할당 및 거래, 할당대상업체의 온실가스 배출량 등에 관한 사항을 등록·관리하기 위한 "배출권 등록부" 등록사항으로 옳지 않은 것은?

① 계획기간 및 이행연도별 할당권의 총 수량
② 할당대상업체, 그 밖의 개인 또는 법인 명의의 배출권 계정 및 그 보유량
③ 배출권 예비분 관리를 위한 계정 및 그 보유량
④ 주무관청이 인증한 온실가스 배출량

해설 [법률 제11조] 계획기간 및 이행연도별 배출권의 총 수량을 등록해야 한다.

25 배출권 할당기준으로 옳지 않은 것은?

① 할당대상업체의 이행연도별 배출권 목표
② 할당대상업체 간 배출권 할당량의 형평성
③ 부문별·업종별 온실가스 감축기술 수준 및 국제 경쟁력
④ 할당대상업체의 시설투자 등이 국가 온실가스 감축 목표 달성에 기여하는 정도

해설 [법률 제12조] 할당대상업체의 이행연도별 배출권 수요를 고려하여 대통령령으로 정한다.

26 배출권 할당 신청서 작성과 가장 거리가 먼 것은?

① 할당대상업체는 매 계획기간 시작 4개월 전까지 배출권 할당 신청서를 작성하여 제출하여야 한다.
② 할당대상업체로 지정된 연도의 직전 1년간의 온실가스 배출량을 작성하여야 한다.
③ 계획기간 내 온실가스 감축설비 및 기술 도입 계획을 작성하여야 한다.
④ 계획기간 내 시설 확장 및 변경 계획을 작성하여야 한다.

해설 [법률 제13조] 할당대상업체로 지정된 연도의 직전 3년간의 온실가스 배출량을 작성하여야 한다.

27 할당·조정된 배출권의 전부 또는 일부가 취소될 수 있는 기준으로 옳지 않은 것은?

① 할당계획 변경으로 배출허용 총량이 감소한 경우
② 할당대상업체가 전체 시설을 폐쇄한 경우
③ 할당대상업체가 정당한 사유없이 시설의 가동예정일부터 1개월 이내에 시설을 가동하지 아니한 경우
④ 할당대상업체의 시설 가동이 1년 이상 정지된 경우

해설 [법률 제17조] 할당대상업체가 정당한 사유없이 시설의 가동 예정일부터 3개월 이내에 시설을 가동하지 아니한 경우 할당·조정된 배출권의 전부 또는 일부가 취소된다.

28 배출권 거래시장의 안정화에 대한 설명으로 옳지 않은 것은?

① 배출권 가격이 6개월 연속으로 직전 2개 연도의 평균 가격보다 대통령령으로 정하는 비율 이상으로 높게 형성될 경우 안정화 조치를 취해야 한다.
② 배출권에 대한 수요의 급증 등으로 단기간에 거래량이 크게 증가하는 경우 대통령령으로 정하는 안정화 조치를 취해야 한다.
③ 배출권 거래시장의 질서를 유지하거나 공익을 보호하기 위하여 시장 안정화 조치가 필요하다고 인정되는 경우로 대통령령으로 정하는 안정화 조치를 취해야 한다.
④ 배출권 예비분의 100분의 30까지 추가할당하여 안정화 조치를 취한다.

해설 [법률 제23조] 배출권 예비분의 100분의 25까지 추가할당하여 안정화 조치를 취한다.

29 온실가스 배출량 이행실적 부족에 따른 과징금 기준으로 ( ) 안에 알맞은 것은?

> 할당대상업체가 제출한 배출권이 인증한 온실가스 배출량보다 적은 경우에는 그 부족한 부분에 대하여 이산화탄소 1톤당 (ⓐ)의 범위에서 해당 이행연도의 배출권 평균 시장가격의 (ⓑ) 이하의 과징금을 부과할 수 있다.

① ⓐ 10만원, ⓑ 3배
② ⓐ 10만원, ⓑ 5배
③ ⓐ 100만원, ⓑ 3배
④ ⓐ 100만원, ⓑ 5배

해설 [법률 제33조] 주무관청은 제27조에 따라 할당대상업체가 제출한 배출권이 제25조에 따라 인증한 온실가스 배출량보다 적은 경우에는 그 부족한 부분에 대하여 이산화탄소 1톤당 10만원의 범위에서 해당 이행연도의 배출권 평균 시장가격의 3배 이하의 과징금을 부과할 수 있다.

30 이의신청에 대한 설명으로 옳지 않은 것은?

① 배출권의 할당이 취소된 날로부터 30일 이내에 주무관청에 이의를 신청할 수 있다.

② 배출권이 추가 할당된 날 또는 이행연도별 배출권 할당량이 조정된 날로부터 30일 이내에 주무관청에 이의를 신청할 수 있다.

③ 주무관청은 이의신청을 받으면 이의신청을 받은 날부터 15일 이내에 그 결과를 신청인에게 통보하여야 한다.

④ 주무관청은 다만, 부득이한 사정으로 그 기간 내에 결정을 할 수 없을 때에는 30일의 범위에서 기간을 연장하고 그 사실을 신청인에게 알려야 한다.

해설 [법률 제38조] 주무관청은 제1항에 따라 이의신청을 받으면 이의신청을 받은 날부터 30일 이내에 그 결과를 신청인에게 통보하여야 한다. 다만, 부득이한 사정으로 그 기간 내에 결정을 할 수 없을 때에는 30일의 범위에서 기간을 연장하고 그 사실을 신청인에게 알려야 한다.

31 온실가스 배출권 할당 및 거래에 관한 법률상 1천만원 이하의 과태료에 처하는 기준으로 옳지 않은 것은?

① 신고를 거짓으로 한 자

② 보고를 아니하거나 거짓으로 보고한 자

③ 시정이나 보완 명령을 이행하지 않은 자

④ 거짓으로 인증을 신청하여 감축량을 인증받은 자

해설 [법률 제43조]에 의하여 ①, ②, ③은 1천만원 이하의 과태료를, ④는 [법률 제41조]에 의하여 1억원 이하의 벌금에 처한다.

32 배출권 거래제 기본계획 수립의 기한으로 알맞은 것은?

① 매 계획기간 시작 1개월 전까지

② 매 계획기간 시작 3개월 전까지

③ 매 계획기간 시작 6개월 전까지

④ 매 계획기간 시작 1년 전까지

해설 [시행령 제2조] 기획재정부장관과 환경부장관은 배출권 거래제 기본계획을 매 계획기간 시작 1년 전까지 수립하여야 한다.

33 국가 배출권 할당계획의 수립 주체는 누구인가?

① 대통령

② 국무총리

③ 환경부장관

④ 기획재정부장관

해설 법 제5조에 따라 환경부장관은 기본법 제42조 제1항 제1호에 따른 온실가스 감축 목표와의 정합성을 고려하여 국가 배출권 할당계획을 수립하여야 한다.

34 다음 중 국가 배출권 할당계획 수립에서 대통령령으로 정하는 사항에 해당하지 않는 것은?

① 배출권의 할당대상이 되는 부문 및 업종의 분류에 관한 사항

② 배출권의 이월·차입 및 상쇄의 기준·운영에 관한 사항

③ 조기감축실적의 인정량에 관한 사항

④ 배출권 할당·조정의 취소에 관한 사항

해설 배출권의 이월·차입 및 상쇄의 기준·운영에 관한 사항은 대통령령으로 정하는 경미한 사항에 포함된다.

35 다음 중 할당위원회의 대통령령으로 정하는 관계 중앙행정기관에 속하지 않는 것은?

① 환경부

② 행정안전부

③ 해양수산부

④ 외교부

해설 "대통령령으로 정하는 관계 중앙행정기관"이란 외교부, 행정안전부, 해양수산부 및 산림청을 말한다.

36 다음 중 ( ) 안에 들어갈 말로 알맞은 것은?

> 할당위원회 위원은 관계 중앙행정기관의 장의 추천을 받아 ( )이 위촉하는 사람이 된다.

① 환경부장관
② 행정안전부장관
③ 해양수산부장관
④ 기획재정부장관

해설 할당위원회 위원은 관계 중앙행정기관장의 추천을 받아 기획재정부장관이 위촉하는 사람이 된다.

37 할당위원회의 간사위원을 맡게 되는 사람은 다음 중 누구인가?

① 환경부장관
② 환경부차관
③ 기획재정부장관
④ 기획재정부차관

해설 할당위원회의 간사위원을 맡게 되는 사람은 환경부차관이다.

38 다음 중 할당대상업체 지정과 관련된 내용 중 알맞지 않은 것은?

① 법 제8조 제1항 제1호에서 "최근 3년간"이란 매 계획기간 시작 4년 전부터 3년간을 말한다. 다만, 법 제9조에 따른 신규 진입자(이하 "신규 진입자"라 한다)에 대해서는 신규 진입자로 지정·고시하는 연도의 직전 3년간을 말한다.
② 환경부장관은 다음 각 호의 어느 하나에 해당하는 업체를 배출권 할당대상업체(이하 "할당대상업체"라 한다)로 지정하여 매 계획기간 시작 6개월 전까지(제2호에 해당하는 업체의 경우에는 매 이행연도 시작 6개월 전까지) 관보에 고시하여야 한다.
③ 자발적 참여업체는 이행연도 시작 6개월 전까지 다음 각 호의 내용이 포함된 자발적 참여신청서를 작성하여 전자적 방식(기본법 제45조에 따른 온실가스 종합정보관리체계를 통한 방식을 말한다. 이하 같다)으로 주무관청에 제출하여야 한다.
④ 자발적 참여업체 중 다음 계획기간에 더 이상 할당대상업체로 지정받기를 원하지 아니하는 업체(법 제8조 제1항 제1호에 해당하는 업체는 제외한다)는 다음 계획기간 시작 6개월 전까지 자발적 참여 포기신청서를 주무관청에 제출하여야 한다.

해설 환경부장관은 다음 각 호의 어느 하나에 해당하는 업체를 배출권 할당대상업체(이하 "할당대상업체"라 한다)로 지정하여 매 계획기간 시작 5개월 전까지(제2호에 해당하는 업체의 경우에는 매 이행연도 시작 5개월 전까지) 관보에 고시하여야 한다.

39 신규 진입자의 할당대상업체 지정 및 고시 절차에 관한 설명으로 옳은 것은?

① 명세서를 작성하여 검증을 받아 1회 이상 보고한 업체를 할당대상업체로 지정하여 매 이행연도 시작 1개월 전까지 관보에 고시하여야 한다.
② 명세서를 작성하여 검증을 받아 1회 이상 보고한 업체를 할당대상업체로 지정하여 매 이행연도 시작 3개월 전까지 관보에 고시하여야 한다.
③ 명세서를 작성하여 검증을 받아 1회 이상 보고한 업체를 할당대상업체로 지정하여 매 이행연도 시작 5개월 전까지 관보에 고시하여야 한다.
④ 명세서를 작성하여 검증을 받아 1회 이상 보고한 업체를 할당대상업체로 지정하여 매 이행연도 시작 6개월 전까지 관보에 고시하여야 한다.

해설 환경부장관은 신규진입자로서 저탄소 녹색성장 기본법 제44조에 따라 명세서를 작성하여 검증을 받아 1회 이상 보고한 업체를 법 제9조에 따라 할당대상업체로 지정하여 매 이행연도 시작 5개월 전까지 고시해야 한다.

40 배출권 할당기준에 관한 설명으로 알맞지 않은 것은?

① 국가 온실가스 감축 목표 및 부문별 온실가스 감축 목표
② 해당 할당대상업체의 과거 온실가스 배출량 또는 기술수준
③ 유상으로 할당하는 배출권의 비율
④ 계획기간 중의 해당 업종 또는 할당대상업체의 예상 성장률

해설 유상으로 할당하는 배출권의 비율이 아니라 무상으로 할당하는 배출권의 비율(이하 "무상 할당 비율"이라 한다)이 배출권 할당기준에 속한다.

41 다음 중 할당결정심의위원회의 위원장으로 알맞은 사람은?

① 기획재정부장관　② 기획재정부차관
③ 환경부장관　④ 환경부차관

해설 할당결정심의위원회의 위원장은 환경부차관이다.

42 배출권의 무상 할당 비율에 관한 설명 중 옳지 않은 것은?

① 1차 계획기간에는 할당대상업체별로 할당되는 배출권의 전부를 무상으로 할당한다.
② 2차 계획기간에는 할당대상업체별로 할당되는 배출권의 100분의 95를 무상으로 할당한다.
③ 3차 계획기간 이후의 무상 할당 비율은 100분의 90 이내의 범위에서 이전 계획기간의 평가 및 관련 국제 동향 등을 고려하여 할당계획에서 정한다.
④ 계획기간에 할당대상업체에 유상으로 할당하는 배출권은 할당대상업체를 대상으로 경매 등의 방법으로 할당한다.

해설 법 부칙 제2조 제1항에 따른 2차 계획기간(이하 "2차 계획기간"이라 한다)에는 할당대상업체별로 할당되는 배출권의 100분의 97을 무상으로 할당한다.

43 무상할당 대상업종 및 업체의 기준에 해당하지 않는 곳은?

① 국가연구기관
② 의료기관
③ 대중교통운영자
④ 지방자치단체

해설 무상할당 대상업종 및 업체의 기준에 해당하는 업체는 다음과 같다.
1. 지방자치단체
2. 학교
3. 의료기관
4. 대중교통운영자

44 다음 중 무역집약도에 대한 설명으로 옳은 것은 어느 것인가?

① (해당 업종의 기준기간의 연평균 매출액＋해당 업종의 기준기간의 연평균 수출액)/(해당 업종의 기준기간의 연평균 수출액＋해당 업종의 기준기간의 연평균 수입액)
② (해당 업종의 기준기간의 연평균 수출액＋해당 업종의 기준기간의 연평균 수입액)/(해당 업종의 기준기간의 연평균 매출액＋해당 업종의 기준기간의 연평균 수입액)
③ (해당 업종의 기준기간의 연평균 매출액＋해당 업종의 기준기간의 연평균 수입액)/(해당 업종의 기준기간의 연평균 매출액＋해당 업종의 기준기간의 연평균 수입액)
④ (해당 업종의 기준기간의 연평균 수출액＋해당 업종의 기준기간의 연평균 수출액)/(해당 업종의 기준기간의 연평균 매출액＋해당 업종의 기준기간의 연평균 수입액)

해설 [별표 1] 무역집약도란 "(해당 업종의 기준기간의 연평균 수출액＋해당 업종의 기준기간의 연평균 수입액)/(해당 업종의 기준기간의 연평균 매출액＋해당 업종의 기준기간의 연평균 수입액)"을 말한다.

45 할당대상업체별 배출권 할당량의 통보를 하여야 하는 시기로 적절한 것은?

① 시작 1개월 전까지   ② 시작 2개월 전까지
③ 시작 3개월 전까지   ④ 시작 6개월 전까지

해설 환경부장관은 제23조 제1항에 따른 할당결정심의위원회의 심의·조정을 거쳐 계획기간(신규진입자인 할당대상업체의 경우에는 배출권을 할당받는 이행연도를 말한다) 시작 2개월 전까지 할당대상업체별 배출권 할당량을 결정한다.

46 다음 중 할당결정심의위원회의 구성에 관한 설명으로 옳은 것은?

① 위원장 1명과 10명 이내의 위원으로 구성한다.
② 위원장 1명과 16명 이내의 위원으로 구성한다.
③ 위원장 1명과 20명 이내의 위원으로 구성한다.
④ 위원장 1명과 30명 이내의 위원으로 구성한다.

해설 할당결정심의위원회는 위원장 1명과 16명 이내의 위원으로 구성한다.

47 다음 중 조기감축실적 인정과 관련된 설명으로 알맞지 않은 것은?

① 해당 할당대상업체가 관리업체로 지정되어 최초로 목표를 설정받은 연도의 12월 31일까지 자발적으로 한 온실가스 감축실적 중 기본법 시행령 제33조에 따라 검증기관의 검증을 받은 실적으로 목표 관리 실적에 반영하지 아니한 실적
② 조기감축실적이 있는 할당대상업체는 1차 계획기간의 2차 이행연도 시작 이후 8개월 이내에 조기감축실적 인정신청서를 주무관청에 전자적 방식으로 제출하여야 한다.
③ 제3항에 따라 추가 할당되는 배출권의 수량은 1차 계획기간에 할당된 전체 배출권 수량의 100분의 5 이내의 범위에서 할당계획으로 정한다.
④ 제3항에 따라 추가 할당되는 배출권은 법 제18조에 따른 배출권 예비분(이하 "배출권 예비분"이라 한다)에서 사용한다.

해설 제3항에 따라 추가 할당하는 배출권의 수량은 1차 계획기간에 할당된 전체 배출권 수량을 고려하여 할당계획을 정한다.

48 다음 중 과징금에 대한 가산금으로 옳은 것을 고르면?

① 납부기한이 지난 날부터 1개월이 지날 때마다 체납된 과징금의 1천분의 10에 해당하는 가산금을 징수한다. 다만, 가산금을 가산하여 징수하는 기간은 30개월을 초과하지 못한다.
② 납부기한이 지난 날부터 1개월이 지날 때마다 체납된 과징금의 1천분의 10에 해당하는 가산금을 징수한다. 다만, 가산금을 가산하여 징수하는 기간은 60개월을 초과하지 못한다.
③ 납부기한이 지난 날부터 1개월이 지날 때마다 체납된 과징금의 1천분의 12에 해당하는 가산금을 징수한다. 다만, 가산금을 가산하여 징수하는 기간은 30개월을 초과하지 못한다.
④ 납부기한이 지난 날부터 1개월이 지날 때마다 체납된 과징금의 1천분의 12에 해당하는 가산금을 징수한다. 다만, 가산금을 가산하여 징수하는 기간은 60개월을 초과하지 못한다.

해설 [시행령 제52조] 납부기한이 지난 날부터 1개월이 지날 때마다 체납된 과징금의 1천분의 12에 해당하는 가산금을 징수한다. 다만, 가산금을 가산하여 징수하는 기간은 60개월을 초과하지 못한다.

49 배출권 거래소의 업무와 관련된 내용으로 알맞지 않은 것은?

① 배출권 거래시장의 개설·운영에 관한 업무
② 배출권의 매매에 관한 업무
③ 배출권의 경매 업부
④ 배출권 거래시장의 개설에 관한 업무

해설 배출권 거래시장의 개설에 관한 업무가 아니라 배출권 거래시장의 개설에 수반되는 부대업무를 실시한다.

50 다음 중 배출권의 최소 보유한도로 알맞은 것을 고르면?

① 할당대상업체에 할당된 해당 이행연도 배출권의 100분의 50 이상
② 할당대상업체에 할당된 해당 이행연도 배출권의 100분의 60 이상
③ 할당대상업체에 할당된 해당 이행연도 배출권의 100분의 70 이상
④ 할당대상업체에 할당된 해당 이행연도 배출권의 100분의 80 이상

해설 최소 보유한도는 할당대상업체에 할당된 해당 이행연도 배출권의 100분의 70 이상이다.

51 다음 중 배출권 시장 안정화 조치 기준에 관한 설명으로 옳지 않은 것은?

① 최근 1개월의 평균 거래량이 직전 2개 연도의 같은 월평균 거래량 중 많은 경우보다 2배 이상 증가하고, 최근 1개월의 배출권 평균 가격이 직전 2개 연도의 배출권 평균 가격보다 2배 이상 높은 경우를 말한다.
② 최근 6개월의 배출권 평균 가격이 직전 2개 연도의 배출권 평균 가격보다 100분의 50 이상 낮은 경우를 말한다.
③ 환경부장관은 다른 시장 안정화 조치로는 목적을 달성하기 어렵다고 인정되는 경우 할당위원회의 심의를 거쳐 법 제23조 제2항 제2호에 따른 배출권 최소 또는 최대 보유한도를 설정할 수 있다. 다만, 시장 안정화 목적이 달성되었다고 인정하는 경우에는 즉시 보유한도 설정을 철회하여야 한다.
④ 제4항에 따른 배출권의 최소 및 최대 보유한도는 법규상 구분에 따른 범위에서 정하여야 한다. 다만, 직전 6개월간 배출권 평균 보유량이 2만5천 배출권 미만인 거래 참여자(할당대상업체는 제외)의 경우에는 그 최대 보유한도를 달리 정할 수 있다.

해설 법 제23조 제1항 제3호에서 "대통령령으로 정하는 경우"란 다음 각 호의 어느 하나에 해당하는 경우를 말한다.
1. 최근 1개월의 배출권 평균 가격이 직전 2개 연도 배출권 평균 가격의 100분의 60 이하가 된 경우
2. 할당대상업체가 보유하고 있는 배출권을 매매하지 않은 사유 등으로 배출권 거래시장에서 거래되는 배출권의 공급이 수요보다 현저하게 부족하여 할당대상업체 간 배출권 거래가 어려운 경우

52 기획재정부장관과 환경부장관은 배출권 거래제 기본계획을 매 계획기간 시작 몇 년 전까지 수립하여야 하는가?

① 1년 　　　　② 2년
③ 3년 　　　　④ 5년

해설 [시행령 제2조] 기획재정부장관과 환경부장관은 배출권 거래제 기본계획을 매 계획기간 시작 1년 전까지 수립하여야 한다.

53 배출권 할당위원회의 회의에 대한 기준으로 옳지 않은 것은?

① 할당위원회의 회의는 할당위원회의 위원장이 필요하다고 인정하거나 재적위원 과반수 이상이 요구할 때에 개최한다.
② 할당위원회의 회의는 재적위원 과반수의 출석으로 개의(開議)하고, 출석위원 과반수의 찬성으로 의결한다.
③ 할당위원회의 위원장은 필요한 경우 중앙행정기관의 관계 공무원이나 해당 분야의 전문가를 회의에 참석하게 하여 의견을 들을 수 있다.
④ 할당위원회의 운영에 필요한 세부사항은 할당위원회의 의결을 거쳐 할당위원회의 위원장이 정한다.

해설 [시행령 제7조] 할당위원회의 회의는 할당위원회의 위원장이 필요하다고 인정하거나 재적위원 3분의 1 이상이 요구할 때에 개최한다.

Answer　　50.③　51.②　52.①　53.①

54 배출권의 무상 할당 비율에 대한 기준으로 옳지 않은 것은?

① 1차 계획기간에는 할당대상업체별로 할당되는 배출권의 전부를 무상으로 할당한다.
② 2차 계획기간에는 할당대상업체별로 할당되는 배출권의 100분의 95를 무상으로 할당한다.
③ 3차 계획기간 이후의 무상 할당 비율은 100분의 90 이내의 범위에서 이전 계획기간의 평가 및 관련 국제 동향 등을 고려하여 할당계획에서 정한다.
④ 계획기간에 할당대상업체에 유상으로 할당하는 배출권은 할당대상업체를 대상으로 경매 등의 방법으로 할당한다.

해설 [시행령 제18조] 2차 계획기간에는 할당대상업체별로 할당되는 배출권의 100분의 97을 무상으로 할당한다.

55 온실가스별 지구온난화계수 기준으로 틀린 것은?

① 이산화탄소(CO_2) − 1
② 메탄(CH_4) − 21
③ 아산화질소(N_2O) − 510
④ 육불화황(SF_6) − 23,900

해설 아산화질소의 지구온난화계수는 310이다.

56 다음 중 생산비용 발생도에 대한 설명으로 옳은 것은?

① 생산비용 발생도=(해당 업종의 기준기간의 연평균 온실가스 배출량+기준기간의 배출권 가격)/해당 업종의 기준기간의 연평균 부가가치 생산액
② 생산비용 발생도=(해당 업종의 기준기간의 연평균 온실가스 배출량+기준기간의 배출권 가격)×해당 업종의 기준기간의 연평균 부가가치 생산액
③ 생산비용 발생도=(해당 업종의 기준기간의 연평균 온실가스 배출량×기준기간의 배출권 가격)/해당 업종의 기준기간의 연평균 부가가치 생산액
④ 생산비용 발생도=(해당 업종의 기준기간의 연평균 온실가스 배출량×기준기간의 배출권 가격)+해당 업종의 기준기간의 연평균 부가가치 생산액

해설 [별표 1] 생산비용 발생도란 "(해당 업종의 기준기간의 연평균 온실가스 배출량×기준기간의 배출권 가격)/해당 업종의 기준기간의 연평균 부가가치 생산액"을 말한다.

57 금융상·세제상의 지원을 위해 "대통령령으로 정하는 사업"이 아닌 것은?

① 온실가스 감축 관련 기술·제품·시설·장비의 개발 및 보급 사업
② 온실가스 배출량에 대한 측정 및 체계적 관리 시스템의 구축 사업
③ 온실가스 저장 기술개발 및 수송설비 설치 사업
④ 온실가스 감축 모형 개발 및 배출량 통계 고도화 사업

해설 [시행령 제53조] 온실가스 저장 기술개발 및 저장설비 설치 사업을 대통령령으로 정하는 사업으로 한다.

58 조기감축실적에 대한 설명으로 틀린 것은?

① 해당 할당대상업체가 관리업체로 지정되어 최초로 목표를 설정받은 연도의 12월 31일까지 자발적으로 한 온실가스 감축실적 중 검증기관의 검증을 받은 실적으로 목표 관리 실적에 반영하지 아니한 실적을 말한다.
② 해당 할당대상업체가 관리업체로 지정되어 최초로 목표를 설정받은 연도의 다음 연도부터 인정 신청서를 제출하기 전까지 인정된 전체 감축 목표량에 대한 초과 달성분을 실적으로 한다.
③ 조기감축실적이 있는 할당대상업체는 1차 계획기간의 2차 이행연도 시작 이후 6개월 이내에 조기감축실적 인정신청서를 주무관청에 전자적 방식으로 제출하여야 한다.
④ 환경부장관은 제출받은 조기감축실적 인정신청서를 검토하여 인정된 조기감축실적에 상응하는 배출권을 1차 계획기간의 3차 이행연도분의 배출권으로 추가할당해야 한다.

해설 [시행령 제25조] 조기감축실적이 있는 할당대상업체는 1차 계획기간의 2차 이행연도 시작 이후 8개월 이내에 조기감축실적 인정신청서를 주무관청에 전자적 방식으로 제출하여야 한다.

59 배출권 할당의 취소에 대한 기준으로 옳지 않은 것은?

① 할당계획 변경으로 배출허용 총량이 감소한 경우에는 감소된 배출허용 총량에 상응하는 배출권을 전체 할당대상업체에게 각각의 기존 할당량에 비례하여 취소하거나 특정 부문 또는 업종에 감소된 배출권의 전부 또는 일부를 취소할 수 있다.

② 할당대상업체가 전체 시설을 폐쇄한 경우에는 시설의 폐쇄일부터 남아 있는 해당 이행연도의 날짜에 비례하여 해당 할당대상업체에 할당된 배출권과 다음 이행연도부터 마지막 이행연도까지에 할당된 배출권을 취소한다.

③ 가동하지 아니한 시설이 할당량에서 차지하는 비중과 가동이 중단된 날짜에 비례하여 해당 할당대상업체에 할당된 배출권을 취소한다.

④ 할당대상업체의 시설 가동이 6개월 이상 정지된 경우에는 해당 할당대상업체에 할당된 배출권 중 가동이 정지된 시설이 할당량에서 차지하는 비중과 정지된 날짜에 비례하는 배출권을 취소한다.

<details>
해설 [시행령 제29조] 할당대상업체의 시설 가동이 1년 이상 정지된 경우에는 해당 할당대상업체에 할당된 배출권 중 가동이 정지된 시설이 할당량에서 차지하는 비중과 정지된 날짜에 비례하는 배출권을 취소한다.
</details>

60 다음 중 배출권 거래계정의 등록 기준으로 옳지 않은 것은?

① 배출권을 거래하려는 자는 배출권 거래계정 등록신청서를 전자적 방식으로 환경부장관에게 제출하여야 한다.

② 환경부장관은 배출권 거래계정 등록신청서를 제출받으면 지체없이 배출권 등록부에 신청인의 배출권 거래계정을 등록하여야 한다.

③ 할당대상업체의 배출권 거래계정은 환경부장관이 직권으로 배출권 등록부에 등록하여야 한다.

④ "환경부령으로 정하는 경우" 배출권 거래시장의 연계 또는 통합을 위한 조약 또는 국제 협정에 따라 외국 법인 또는 개인의 배출권 거래가 허용될 수 있다.

<details>
해설 [시행령 제32조] "대통령령으로 정하는 경우" 배출권 거래시장의 연계 또는 통합을 위한 조약 또는 국제 협정에 따라 외국 법인 또는 개인의 배출권 거래가 허용될 수 있다.
</details>

61 배출권 거래소가 하는 업무로 옳지 않은 것은?

① 배출권 거래시장의 개설·운영에 관한 업무
② 배출권의 매수에 관한 업무
③ 배출권의 거래에 따른 매매 확인, 채무 인수, 차감, 결제할 배출권·결제품목·결제금액의 확정, 결제이행보증, 결제불이행에 따른 처리 및 결제 지시에 관한 업무
④ 배출권의 경매 업무

<details>
해설 [시행령 제35조] 배출권 거래소는 배출권의 매매에 관한 업무를 한다.
</details>

62 시장 안정화를 위한 조치로 옳은 것은?

① "대통령령으로 정하는 비율"이란 3배를 말한다.
② "대통령령으로 정하는 경우"란 최근 1개월의 평균 거래량이 직전 2개 연도의 같은 월평균 거래량 중 많은 경우보다 2배 이상 증가하고, 최근 3개월의 배출권 평균 가격이 직전 2개 연도의 배출권 평균 가격보다 2배 이상 높은 경우를 말한다.
③ "대통령령으로 정하는 경우"란 최근 1개월의 배출권 평균 가격이 직전 2개 연도의 배출권 평균 가격보다 100분의 50 이상 낮은 경우를 말한다.
④ 환경부장관은 시장 안정화 목적이 달성되었다고 인정되면 배출권 거래소의 심의를 거쳐 시장 안정화 조치를 종료할 수 있다.

해설 [시행령 제38조]
시장 안정화를 위한 조치
② "대통령령으로 정하는 경우"란 최근 1개월의 평균 거래량이 직전 2개 연도의 같은 월평균 거래량 중 많은 경우보다 2배 이상 증가하고, 최근 1개월의 배출권 평균 가격이 직전 2개 연도의 배출권 평균 가격보다 2배 이상 높은 경우를 말한다.
③ "대통령령으로 정하는 경우"란 최근 1개월의 배출권 평균 가격이 직전 2개 연도의 배출권 평균 가격보다 100분의 60 이상 낮은 경우를 말한다.
④ 환경부장관은 시장 안정화 목적이 달성되었다고 인정되면 할당위원회의 심의를 거쳐 시장 안정화 조치를 종료할 수 있다.

63 배출량의 보고 및 검증기준으로 옳지 않은 것은?

① 업체의 규모, 주요 생산시설·공정별 연료 및 원료소비량, 제품생산량
② 사업장별 배출 온실가스의 종류 및 배출량, 온실가스 배출시설의 종류·규모·수량 및 가동률
③ 포집(捕執)·수송한 온실가스의 종류 및 양
④ 온실가스 흡수·제거 실적

해설 [시행령 제39조] 배출량의 보고 및 검증기준에는 포집(捕執)·처리한 온실가스의 종류 및 양이 있다.

64 배출량 인증위원회의 기준으로 옳지 않은 것은?

① 배출량 인증위원회는 위원장 1명과 15명 이내의 위원으로 구성한다.
② 인증위원회의 위원장은 환경부장관이 된다.
③ 인증위원회의 회의는 재적위원 과반수의 출석으로 개의하고, 출석위원 과반수의 찬성으로 의결한다.
④ 인증위원회의 구성 및 운영에 필요한 사항은 인증위원회의 의결을 거쳐 인증위원회의 위원장이 정한다.

해설 [시행령 제43조] 인증위원회의 위원장은 환경부차관이 된다.

65 배출권 이월 및 차입의 절차에 대한 설명으로 옳지 않은 것은?

① 배출권의 이월 및 차입을 하려는 할당대상업체는 각 호의 구분에 따른 날부터 15일 이내에 배출권 이월 또는 차입에 관한 신청서를 전자적 방식으로 주무관청에 제출하여야 한다.
② 할당대상업체가 아닌 자로서 배출권을 보유한 자는 이행연도 종료일에서 5개월이 지난날부터 10일 이내에 보유한 배출권의 이월에 관한 신청서를 전자적 방식으로 주무관청에 제출하여야 한다.
③ 주무관청은 배출권 제출기한 10일 전까지 이월 및 차입신청에 대하여 검토하여 승인 여부를 결정해야 한다.
④ 주무관청은 배출권 이월 및 차입신청 결과를 지체없이 해당 신청인에게 통보하여야 한다.

해설 [시행령 제46조] 배출권의 이월 및 차입을 하려는 할당대상업체는 각 호의 구분에 따른 날부터 10일 이내에 배출권 이월 또는 차입에 관한 신청서를 전자적 방식으로 주무관청에 제출하여야 한다.

66 다음 중 외부 사업에 대한 평가사항 기준으로 옳지 않은 것은?

① 인위적으로 온실가스를 줄이기 위하여 특수한 경영 여건에서 할 수 있는 활동 이상의 추가적인 노력이 있었는지 여부
② 온실가스 감축사업을 통한 온실가스 감축 효과가 장기적으로 지속 가능한지 여부
③ 온실가스 감축사업을 통하여 계량화가 가능할 정도로 온실가스 감축이 이루어질 수 있는지 여부
④ 온실가스 감축사업이 고시에서 정하는 기준과 방법을 준수하는지 여부

해설 [시행령 제48조] 인위적으로 온실가스를 줄이기 위하여 일반적인 경영 여건에서 할 수 있는 활동 이상의 추가적인 노력이 있었는지 여부를 평가해야 한다.

온실가스 목표관리 운영 등에 관한 지침

3 Chapter

01 온실가스 목표관리 운영 등에 관한 지침

제1편 온실가스 목표관리 운영
제1장 총칙

제1조(목적) 이 지침 이 편은 「기후위기 대응을 위한 탄소중립·녹색성장 기본법」(이하 "법"이라 한다) 제27조, 제28조 및 같은 법 시행령(이하 "시행령"이라 한다) 제18조 제3항 및 제21조 제2항, 제21조 제6항, 제21조 제11항, 제27조 제3항의 온실가스 목표관리제 운영 등에 관한 세부사항과 절차를 정하는 것을 목적으로 한다.

제2조(용어의 정의) 이 지침에서 사용되는 용어의 뜻은 다음과 같다.

1. **"검증"**이란 온실가스 배출량의 산정이 이 지침에서 정하는 절차와 기준 등(이하 "검증기준"이라 한다)에 적합하게 이루어졌는지를 검토·확인하는 체계적이고 문서화된 일련의 활동을 말한다.

2. **"검증기관"**이란 검증을 전문적으로 할 수 있는 인적·물적 능력을 갖춘 기관으로서 환경부장관이 부문별 관장기관과의 협의를 거쳐 지정·고시하는 기관을 말한다.

3. **"검증심사원"**이란 검증 업무를 수행할 수 있는 능력을 갖춘 자로서 일정 기간 해당 분야 실무경력 등을 갖춘 사람을 말한다.

4. **"검증심사원보"**란 검증심사원이 되기 위해 일정한 자격을 갖추고 교육과정을 이수한 사람을 말한다.

5. **"공정배출"**이란 제품의 생산공정에서 원료의 물리·화학적 반응 등에 따라 발생하는 온실가스의 배출을 말한다.

6. **"관리업체"**란 온실가스 배출관리업체로 해당 연도 1월 1일을 기준으로 최근 3년간 업체 또는 사업장에서 배출한 온실가스의 연평균 총량이 제8조 제2항의 기준 이상인 경우를 말한다.

7. **"구분 소유자"**란 「집합건물의 소유 및 관리에 관한 법률」 제1조 또는 제1조의 2에 규정된 건물부분(「집합건물의 소유 및 관리에 관한 법률」 제3조 제2항 및 제3항에 따라 공용부분(共用部分)으로 된 것은 제외한다)을 목적으로 하는 소유권을 가지는 자를 말한다.

8. **"기준연도"**란 온실가스 배출량 등의 관련 정보를 비교하기 위해 지정한 과거의 특정 기간에 해당하는 연도를 말한다.

9. **"매개변수"**란 두 개 이상 변수 사이의 상관관계를 나타내는 변수로 온실가스 배출량을 산정하는 데 필요한 활동자료, 배출계수, 발열량, 산화율, 탄소함량 등을 말한다.

10. **"심사위원회"**라 함은 법 제27조 제5항 및 시행령 제23조 제2항에 따라 관리업체가 제출한 비공개 신청서를 심사하여 공개 여부를 결정하기 위해 센터에 두는 온실가스 정보공개 심사위원회를 말한다.

11. **"목표 설정"**이란 부문별 관장기관이 이 지침에서 정한 원칙과 절차 등에 따라 관리업체와 협의하여 온실가스 감축에 관한 목표를 정하는 것을 말한다.

12. **"배출계수"**란 해당 배출시설의 단위 연료 사용량, 단위 제품 생산량, 단위 원료 사용량, 단위 폐기물 소각량 또는 처리량 등 단위 활동자료당 발생하는 온실가스 배출량을 나타내는 계수(係數)를 말한다.

13. **"배출시설"**이란 온실가스를 대기에 배출하는 시설물, 기계, 기구, 그 밖의 유형물로서 각각의 원료(부원료와 첨가제를 포함한다)나 연료가 투입되는 지점 및 전기 · 열(스팀)이 사용되는 지점부터의 해당 공정 전체를 말한다. 이때 해당 공정이란 연료 혹은 원료가 투입 또는 전기 · 열(스팀)이 사용되는 설비군을 말하며, 설비군은 동일한 목적을 가지고 동일한 연료 · 원료 · 전기 · 열(스팀)을 사용하여 유사한 역할 및 기능을 가지고 있는 설비들을 묶은 단위를 말한다.

14. **"배출허용량"**이란 연간 배출 가능한 온실가스의 양을 이산화탄소 무게로 환산하여 나타낸 것으로서 부문별, 업종별, 관리업체별로 구분하여 설정한 배출상한치를 말한다.

15. **"배출활동"**이란 온실가스를 배출하거나 에너지를 소비하는 일련의 활동을 말한다.

16. **"법인"**이란 민법상의 법인과 상법상의 회사를 말한다.

17. **"벤치마크"**란 온실가스 배출과 관련하여 제품생산량 등 단위 활동자료당 온실가스 배출량(이하 "배출집약도"라 한다)의 실적 · 성과를 국내 · 외 동종 배출시설 또는 공정과 비교하는 것을 말한다.

18. **"보고"**란 관리업체가 법 제27조 제3항 및 시행령 제21조에 따라 온실가스 배출량을 전자적 방식으로 부문별 관장기관에 제출하는 것을 말한다.

19. **"불확도"**란 온실가스 배출량의 산정결과와 관련하여 정량화된 양을 합리적으로 추정한 값의 분산특성을 나타내는 정도를 말한다.

20. **"사업장"**이란 동일한 법인, 공공기관 또는 개인(이하 "동일법인등"이라 한다) 등이 지배적인 영향력을 가지고 재화의 생산, 서비스의 제공 등 일련의 활동을 행하는 일정한 경계를 가진 장소, 건물 및 부대시설 등을 말한다.

21. **"산정"**이란 법 제27조 제3항 및 시행령 제21조에 따라 관리업체가 온실가스 배출량을 계산하거나 측정하여 이를 정량화하는 것을 말한다.

22. **"산정등급(Tier)"**이란 활동자료, 배출계수, 산화율, 전환율, 배출량 및 온실가스 배출량의 산정방법의 복잡성을 나타내는 수준을 말한다.

23. **"산화율"**이란 단위 물질당 산화되는 물질량의 비율을 말한다.

24. **"순발열량"**이란 일정 단위의 연료가 완전 연소되어 생기는 열량에서 연료 중 수증기의 잠열을 뺀 열량으로써 온실가스 배출량 산정에 활용되는 발열량을 말한다.

25. **"업체"**란 동일 법인 등이 지배적인 영향력을 미치는 모든 사업장의 집단을 말한다.

26. **"업체 내 사업장"**이란 업체에 포함된 각각의 사업장을 말한다.

27. **"에너지"**란 연료(석유, 가스, 석탄 및 그 밖에 열을 발생하는 열원으로써 제품의 원료로 사용되는 것은 제외)·열 및 전기를 말한다.

28. **"에너지 관리의 연계성(連繫性)"**이란 연료, 열 또는 전기의 공급점을 공유하고 있는 상태, 즉 건물 등에 타인으로부터 공급된 에너지를 변환하지 않고 다른 건물 등에 공급하고 있는 상태를 말한다.

29. **"연소배출"**이란 연료 또는 물질을 연소함으로써 발생하는 온실가스 배출을 말한다.

30. **"연속측정방법(Continuous Emission Monitoring)"**이란 일정 지점에 고정되어 배출가스 성분을 연속적으로 측정·분석할 수 있도록 설치된 측정장비를 통해 모니터링하는 방법을 의미한다.

31. **"예비관리업체"**란 관리업체에 해당될 것으로 예상되는 업체를 말한다.

32. **"온실가스"**란 적외선 복사열을 흡수하거나 재방출하여 온실효과를 유발하는 가스 상태의 물질로서 법 제2조 제5호에서 정하고 있는 이산화탄소(CO_2), 메탄(CH_4), 아산화질소(N_2O), 수소불화탄소(HFCs), 과불화탄소(PFCs) 또는 육불화황(SF_6)을 말한다.

33. **"온실가스 배출"**이란 사람의 활동에 수반하여 발생하는 온실가스를 대기 중에 배출·방출 또는 누출시키는 직접 배출과 외부로부터 공급된 전기 또는 열(연료 또는 전기를 열원으로 하는 것만 해당한다)을 사용함으로써 온실가스가 배출되도록 하는 간접 배출을 말한다.

34. **"온실가스 간접배출"**이란 관리업체가 외부로부터 공급된 전기 또는 열(연료 또는 전기를 열원으로 하는 것만 해당한다)을 사용함으로써 발생하는 온실가스 배출을 말한다.

35. **"운영통제 범위"**란 조직의 온실가스 배출과 관련하여 지배적인 영향력을 행사할 수 있는 지리적 경계, 물리적 경계, 업무활동 경계 등을 의미한다.

36. **"이산화탄소 상당량"**이란 이산화탄소에 대한 온실가스의 복사강제력을 비교하는 단위로서 해당 온실가스의 양에 지구온난화지수를 곱하여 산출한 값을 말한다.

37. **"이행계획"**이란 시행령 제21조 제3항에 따라 관리업체가 온실가스 감축목표를 달성하기 위하여 작성·제출하는 모니터링을 포함한 세부적인 계획을 말한다.

38. **"전환율"**이란 단위 물질당 변화되는 물질량의 비율을 말한다.

39. **"조직경계"**란 업체의 지배적인 영향력 아래에서 발생되는 활동에 의한 인위적인 온실가스 배출량의 산정 및 보고의 기준이 되는 조직의 범위를 말한다.

40. **"종합적인 점검·평가"**란 환경부장관이 법 제27조 및 시행령 제18조에서 정하고 있는 부문별 관장기관의 소관 사무에 대하여 서면 등의 방법으로 온실가스 목표관리제의 전반적인 제도 운영 또는 집행과정에서의 문제점을 발굴·시정·개선하는 것을 말한다.

41. **"주요 정보 공개"**란 법 제27조 제4항에 따라 관리업체 명세서의 주요 정보를 전자적 방식 등으로 국민에게 공개하는 것을 말한다.

42. **"중앙행정기관등"**이란 중앙행정기관, 지방자치단체 및 다음 각 목의 공공기관을 말한다.

　　가. 「공공기관의 운영에 관한 법률」 제4조에 따른 공공기관

　　나. 「지방공기업법」 제49조에 따른 지방공사 및 같은 법 제76조에 따른 지방공단

　　다. 「국립대학병원 설치법」, 「국립대학치과병원 설치법」, 「서울대학교병원 설치법」 및 「서울 대학교치과병원 설치법」에 따른 병원

　　라. 「고등교육법」 제3조 국립학교 및 공립학교

43. **"지배적인 영향력"**이란 동일 법인 등이 해당 사업장의 조직 변경, 신규 사업에의 투자, 인 사, 회계, 녹색경영 등 사회통념상 경제적 일체로서의 주요 의사결정이나 온실가스 감축 의 업무 집행에 필요한 영향력을 행사하는 것을 말한다.

44. **"총발열량"**이란 일정 단위의 연료가 완전 연소되어 생기는 열량(연료 중 수증기의 잠열까 지 포함한다)으로서 에너지사용량 산정에 활용되는 것을 말한다.

45. **"최적가용기법(Best Available Technology)"**이란 온실가스 감축과 관련하여 경제적 · 기 술적으로 사용이 가능하면서 가장 최신이고 효율적인 기술, 활동 및 운전방법을 말한다.

46. **"추가성"**이란 인위적으로 온실가스를 저감하기 위하여 일반적인 경영여건에서 실시할 수 있는 활동 이상의 추가적인 노력을 말한다.

47. **"활동자료"**란 사용된 에너지 및 원료의 양, 생산 · 제공된 제품 및 서비스의 양, 폐기물 처 리량 등 온실가스 배출량의 산정에 필요한 정량적인 측정결과를 말한다.

48. **"바이오매스"**란 「신에너지 및 재생에너지 개발 · 이용 · 보급 촉진법」 제2조 제2호 바목에 따른 재생 가능한 에너지로 변환될 수 있는 생물자원 및 생물자원을 이용해 생산한 연료 를 의미한다.

49. **"배출원"**이란 온실가스를 대기로 배출하는 물리적 단위 또는 프로세스를 말한다.

50. **"흡수원"**이란 대기로부터 온실가스를 제거하는 물리적 단위 또는 프로세스를 말한다.

51. **"명세서"**란 관리업체가 해당 연도에 실제 배출한 온실가스 배출량을 이 지침 제2편 제2장 에 따라 작성한 배출량 보고서를 말한다.

52. **"이산화탄소 포집 및 이동"**이란 관리업체 조직경계 내부의 이산화탄소가 배출되는 시설에 서 관리업체의 조직경계 내부 및 외부로의 이동을 목적으로 이산화탄소를 대기로부터 격 리한 후 포집하여 이동시키는 활동을 말한다.

제3조(타 규정과의 관계)

① 법의 온실가스 목표관리(이하 "목표관리"라 한다)에 관하여는 이 지침을 우선하여 적용한다.

② 부문별 관장기관은 이 지침에 따라 관리업체의 목표 설정, 이행실적 평가, 명세서의 확인 등 목표관리와 관련한 제반조치 등을 실시해야 한다.

제4조(주체별 역할분담)

① **환경부장관**은 다음 각 호의 사항을 담당한다.

1. **목표관리에 관한 제도 운영 및 총괄 · 조정**

2. **목표관리에 관한 종합적인 기준과 지침의 제 · 개정 및 운영**

3. 부문별 관장기관 등의 소관 사무에 관한 **종합적인 점검 · 평가**

4. **부문별 관장기관이 선정한 관리업체의 중복 · 누락, 규제의 적절성 등의 확인**

5. 관리업체 지정에 대한 부문별 관장기관의 이의신청 재심사 결과 확인

6. 부문별 관장기관이 지정 · 고시한 관리업체의 종합 · 공표

7. **검증기관의 지정 · 관리, 검증심사원 교육 및 양성**

8. 2050 탄소중립 녹색성장위원회(이하 "탄소중립 녹색성장위원회"라 한다) 심의안건에 관한 부문별 관장기관 협의 및 관계 전문가 등의 의견 수렴

9. 부문별 관장기관이 설정한 감축목표와 이행실적 평가결과를 취합하여 탄소중립 녹색성장위원회 심의안건 작성

② **부문별 관장기관**은 다음 각 호의 사항을 담당한다.

1. **관리업체의 선정 · 지정 · 관리 및 필요한 조치 등에 관한 사항**

2. **관리업체에 대한 온실가스 감축목표의 설정**

3. 관리업체 지정에 대한 이의신청 재심사, 결과 통보 및 변경내용에 대한 고시

4. **관리업체 선정 및 지정 관련 자료 제출**

5. 이행실적 및 명세서의 확인

6. 관리업체에 대한 개선명령, 과태료 부과, 필요한 조치 요구 등 목표 이행의 관리 및 평가에 관한 사항

7. 산정등급 3(Tier 3) 배출계수에 대한 검토와 관리업체에 대한 사용 가능 여부 및 시정사항의 통보

③ **센터**는 다음 각 호의 사항을 담당한다.

1. 목표관리 업무 수행 지원 및 체계적 관리를 위한 **국가 온실가스 종합관리시스템**(이하 **"전자적 방식"이라 한다)의 구축 및 관리 등에 관한 사항**

2. 금융위원회 또는 한국거래소의 요청에 따른 관리업체 명세서의 통보

3. 심사위원회의 운영

4. **국가 및 부문별 온실가스 감축목표 설정의 지원**

5. **국가 온실가스 배출량 · 흡수량, 배출 · 흡수 계수(係數), 온실가스 관련 각종 정보 및 통계의 검증 · 관리**

6. 국내외 온실가스 감축 지원을 위한 조사 · 연구

7. 저탄소 녹색성장 관련 국제기구 · 단체 및 개발도상국과의 협력 등

④ **관리업체**는 다음 각 호의 의무와 권리를 행사한다.

    1. **온실가스 감축목표의 달성**

    2. 시행령 제21조에 따른 **이행계획 제출**

    3. 시행령 제21조에 따른 명세서의 작성 및 검증기관의 검증을 거친 **명세서의 제출**

    4. 시행령 제21조 제9항에 따른 관장기관의 개선명령 등 필요한 조치에 대한 성실한 이행

    5. 부문별 관장기관이 관리업체 선정 · 지정 · 관리를 위해 필요한 자료의 제출

    6. **관리업체 지정에 대한 이의신청**

⑤ 예비관리업체는 부문별 관장기관이 관리업체 선정 · 지정 · 관리를 위해 필요한 자료의 제출을 요구할 경우 이에 협조하여야 한다.

⑥ 환경부장관은 제1항에 관한 업무를 수행하기 위해 필요한 경우 소속기관 또는 소관 공공기관에 다음 각 호의 업무를 담당하게 할 수 있다.

    1. 관리업체 선정 누락 · 중복 및 적절성 등 확인

    2. 관리업체 지정 및 관리 등의 총괄 · 조정을 위한 자료의 조사 · 분석 · 관리 및 연구 · 지원

    3. 관리업체 이의 신청에 대한 관장기관의 재심사 결과 확인

    4. 검증기관의 지정 및 관리를 위한 현장심사

    5. 그 밖에 온실가스 목표관리제에 관한 제도 운영 및 총괄 · 조정 등을 위해 환경부장관이 필요하다고 인정하는 사항

⑦ 부문별 관장기관은 제2항에 관한 업무를 수행하기 위해 필요한 경우 소속기관 또는 공공기관에 다음 각 호의 업무를 담당하게 할 수 있다

    1. 관리업체 선정 · 지정을 위한 자료의 조사 · 분석 · 관리

    2. 관리업체의 지정을 위한 연구 및 지원

    3. 관리업체 지정에 대한 이의신청 재심사

    4. 관리업체 선정 · 지정 관련 자료 및 목록의 작성

    5. 그 밖에 부문별 관장기관이 목표관리 운영에 필요하다고 인정하는 사항

제5조(비밀 준수)

① 이 지침에 의해 취득한 정보(취득한 정보를 가공한 경우를 포함한다)를 다른 용도로 사용하거나 외부로 유출해서는 안 된다.

② 다음 각 호에 해당하는 자는 관련 정보를 취급함에 있어 보안유지 의무를 따른다.

    1. 총괄기관 또는 부문별 관장기관(해당 기관으로부터 관련 업무를 위임받은 기관을 포함한다. 이하 같다) 및 센터에서 관리업체의 온실가스 통계자료를 취급하는 자

    2. 법 제27조에 따라 구성된 심사위원회의 위원

    3. 공공기관 정보 제공에 의해 온실가스 정보를 취급하는 관련 행정기관 및 공공기관에 근무하는 자

    4. 공시를 위한 정보 제공에 의해 온실가스 정보의 열람 및 공개가 허가된 금융위원회 또는 한국거래소에 근무하는 자

5. 관리업체의 명세서의 검증업무를 수행하는 검증심사원(검증심사원보를 포함한다) 및 검증기관

6. 그 밖에 관련 법률에 따라 온실가스 통계자료를 취급하는 자

7. 제1호부터 제6호까지에 종사하였던 자

③ 이 지침 등을 통해 취득한 정보를 외부로 공개하거나 다른 용도로 사용하고자 하는 경우에는 부문별 관장기관 및 센터와 사전에 협의해야 한다.

제6조(자료제출 협조)

① 환경부장관은 목표관리 총괄 운영 및 평가 등을 위해 부문별 관장기관 및 검증기관에 필요한 자료의 제출을 요청할 수 있다. 이 경우 자료 제출을 요청받은 기관은 이에 협조해야 한다.

② 환경부장관은 목표관리의 원활한 추진을 위해 이행계획서, 명세서 및 검증보고서 등을 전자적 방식을 통해 제출토록 할 수 있다.

③ 부문별 관장기관은 소관 부문의 목표관리 및 부문별 온실가스 감축정책의 수립·이행을 위해 필요한 경우 다른 관장기관이 보유한 자료의 협조 또는 공유를 요청할 수 있다. 자료 협조 등의 요청을 받은 관장기관은 특별한 이유가 없으면 이에 협조해야 한다.

④ 관리업체가 관리대상 배출원별 온실가스 배출량을 알기 위해 전력사용량, 열사용량 등에 관한 정보를 관련 공공기관 등에 요청할 경우 해당 공공기관은 이에 적극 협조해야 한다.

제7조(정책협의회)

① 관리업체의 관리, 온실가스 감축목표 설정 등 이 지침에서 정하는 온실가스 목표관리의 운영과 관련된 주요 사항은 환경부, 부문별 관장기관, 기획재정부 및 탄소중립 녹색성장위원회 등으로 구성된 온실가스 목표관리제 정책협의회(이하 "정책협의회"라 한다)에서 협의하여 정할 수 있다.

② 제1항의 정책협의회 구성 및 운영 등에 관하여는 환경부장관이 부문별 관장기관 등과 협의하여 별도로 정한다.

제2장 관리업체의 지정 및 관리

제8조(관리업체의 구성 및 지정기준)

① 관리업체(중앙행정기관 등을 포함한다. 이하 같다)는 업체, 업체 내 사업장으로 구분한다.

② 제9조 제1항의 부문별 관장기관은 다음 각 호의 업체를 관리업체로 지정해야 한다. 다만, 사업장의 신설 등으로 인해 최근 3년간 자료가 없을 경우에는 보유하고 있는 자료를 기준으로 산정할 수 있다.

1. 해당 연도 1월 1일을 기준으로 최근 3년간 업체의 모든 사업장에서 배출한 온실가스의 연평균 총량이 **5만 이산화탄소상당량톤**(tCO_2-eq) **이상인 업체**

2. 해당 연도 1월 1일을 기준으로 최근 3년간 연평균 온실가스 배출량이 **1만 5천 이산화탄소상당량톤**(tCO_2-eq) **이상인 사업장**을 보유하고 있는 업체

제9조(소관 부문별 관장기관 등)

① 제8조의 관리업체의 소관 관장기관 구분은 다음 각 호에 따른다. 이 경우 관리업체의 소관 관장기관 구분은 가장 많은 온실가스를 배출하는 업체 내 사업장을 기준으로 한다.

 1. **농림축산식품부 : 농업 · 임업 · 축산 · 식품 분야**

 2. **산업통상자원부 : 산업 · 발전(發電) 분야**

 3. **환경부 : 폐기물 분야**

 4. **국토교통부 : 건물 · 교통(해운 · 항만은 제외한다) · 건설 분야**

 5. **해양수산부 : 해양 · 수산 · 해운 · 항만 분야**

② 한국표준산업분류 기준에 의한 일부 업종의 관장기관은 다음 각 호와 같다. 이 경우 관리업체 업종 구분은 제1항의 후단에 따른다.

 1. 농림축산식품부 : 농업 및 임업(01~02), 제조업(10~12, 16, 식료품, 음료, 담배, 목재 및 나무 제품 ; 가구 제외)

 2. 환경부 : 하수 · 폐기물 처리, 원료재생 및 환경복원업(37~39), 수도사업(36)

 3. 국토교통부 : 건설업(41~42), 도매 및 소매업(45~47), 육상운송 및 파이프라인 운송업(49), 항공운송업(51), 창고 및 운송 관련 서비스업(52) ; 해운 · 항만 분야 제외, 숙박 및 음식점업(55~56), 출판업(58), 영상 · 오디오 기록물 제작 및 배급업(59), 방송업(60), 금융 및 보험업(64~66), 부동산업 및 임대업(68, 76), 전문 · 과학 및 기술서비스업(70~73), 사업시설관리 및 사업지원서비스업(74~75), 보건업 및 사회복지 서비스업(86~87), 교육서비스업(85), 예술, 스포츠 및 여가 관련 서비스업(90~91) ; 해양 및 수산 분야 제외, 협회 및 단체, 수리 및 기타 개인 서비스업(94~96)

 4. 해양수산부 : 어업(03), 수상운송업(50), 창고 및 운송 관련 서비스업(52) 중 해운 · 항만 분야

 5. 산업통상자원부 : 그 외 산업 · 발전 분야 업종

③ 제1항 및 제2항에도 불구하고 소관 관장기관 구분이 어려울 경우에는 부문별 관장기관과 환경부장관이 협의하여 정한다.

제10조(관리업체 지정대상 선정 등)

① 예비관리업체와 기존 관리업체를 관리업체로 지정하기 위한 온실가스 배출량 산정은 시행령 제21조에 따라 제출되는 명세서 등을 기준으로 하여야 한다.

② 부문별 관장기관은 제1항의 자료로 확인이 곤란할 경우에는 다음 각 호의 자료를 활용할 수 있으며, 각 부문별 관장기관은 자료를 공유한다.

 1. 환경부의 "자원순환 정보시스템"(http://www. recycling-info.or.kr), "폐기물 적법처리시스템"(http://allbaro.or.kr), "수질 TMS 연간배출량 공개시스템"(https://www.soosiro.or.kr), "국가 하수도정보시스템"(www.hasudoinfo.or.kr), "국가 온실가스 종합관리시스템"(NGMS)

2. 산업통상자원부의 "국가 온실가스 배출량 종합정보시스템"(National GHG Emission Total Information System, http://min24.energy.or.kr/netis) 및 에너지이용합리화법 제31조에 따른 에너지사용량 신고자료

3. 국토교통부의 "유가보조금 관리시스템"(FSMS), "화물차 유류구매카드 통합한도관리시스템", "국가건물에너지 통합관리시스템"(http://greentogether.go.kr), "건설산업 지식정보시스템"(https://www.kiscon.net)

4. 해양수산부의 "선박 대기오염물질 관리시스템"(Ship Emission Management System, https://www.sem.go.kr)

③ 제1항 및 제2항에도 불구하고 관련 자료의 확인이 곤란할 경우에는 해당 예비관리업체에게 별지 제1호 서식의 관리업체 지정 활동자료 조사표에 따라 관련 자료를 요청할 수 있으며, 요청받은 해당 법인 등은 이에 적극 협조해야 한다.

④ 제3항의 경우 구체적인 작성방법 등은 제2편 제2장의 작성방법 등의 기준에 따른다.

제11조(관리업체의 적용 제외 등)

① 제8조 제1항에 해당되는 **업체 내 사업장의 온실가스 배출량이 「온실가스 배출권거래제의 배출량 보고 및 인증에 관한 지침」**(이하 "배출량 인증지침"이라 한다)에 따른 "소량배출사업장"에 해당되는 경우(이하 "소량배출사업장"이라 한다)에는 시행령 제21조 제1항, 제21조 제2항, 제21조 제8항을 적용하지 아니할 수 있다. 다만, 사업장의 신설 등으로 인해 최근 3년간 자료가 없을 경우에는 보유(최초 가동연도를 포함한다)하고 있는 자료를 기준으로 한다.

② 제1항에 해당되는 **소량배출사업장들의 온실가스 배출량의 합은 업체 내 모든 사업장의 온실가스 배출량 총합의 1,000분의 50 미만이어야 하고** 제1항의 기준 미만인 경우로 한정한다.

③ 제1항과 제2항을 적용함에 있어 사업장의 일부를 포함시키거나 제외해서는 안 된다.

제12조(건물 분야 특례)

① 제8조의 관리업체에 해당하는 법인 등의 건축물(이하 "건물"이라 한다)이 업체 내 사업장과 지역적으로 달리하더라도 관리업체에 포함된 것으로 본다.

② 건물에 대하여는 「건축물대장의 기재 및 관리에 관한 규칙」에 따라 등재되어 있는 건축물대장과 「부동산등기법」에 따라 등재되어 있는 등기부를 기준으로 한다. 다만, 「건축법 시행령」 [별표 1]의 제1호, 제2호 가목에서부터 다목까지는 제외한다.

③ 건물이 제2항의 건축물 대장 또는 등기부에 각각 등재되어 있거나 소유지분을 달리하고 있는 경우에는 다음 각 호에 따른다.

1. **인접 또는 연접한 대지에 동일 법인이 여러 건물을 소유한 경우에는 한 건물로 본다.**

2. **에너지관리의 연계성(連繫性)이 있는 복수의 건물 등은 한 건물로 보며, 동일 부지 내 있거나 인접 또는 연접한 집합건물이 동일한 조직에 의해 에너지 공급·관리 또는 온실가스 관리 등을 받을 경우에도 한 건물로 간주한다.**

3. 건물의 소유구분이 지분형식으로 되어 있을 경우에는 최대지분을 보유한 법인 등을 해당 건물의 소유자로 본다.

④ 동일 건물에 구분 소유자와 임차인이 있는 경우에도 하나의 건물로 본다. 다만, 동일 건물 내에 제1항에 의해 관리업체에 포함된 경우에는 적용을 제외한다.

제13조(교통 분야 특례)

① 동일 법인 등이 여객자동차 운수사업자로부터 차량을 일정 기간 임대 등의 방법을 통해 실질적으로 지배하고 통제할 경우에는 해당 법인 등의 소유로 본다.

② 일반화물자동차 운송사업을 경영하는 법인 등이 허가받은 차량은 차량 소유 유무에 상관없이 해당 법인 등이 지배적인 영향력을 미치는 차량으로 본다.

③ 제10조의 관리업체 지정을 위해 온실가스 배출량을 산정할 때에는 항공 및 선박의 국제항공과 국제해운 부문은 제외한다.

④ 화물운송량이 연간 3천만 톤-km 이상인 화주기업의 물류 부문에 대해서는 교통 분야 관장기관인 국토교통부에서 다른 부문의 소관 관장기관에게 관련 자료의 제출 또는 공유를 요청할 수 있다. 이 경우 해당 관장기관은 특별한 사유가 없으면 이에 협조해야 한다.

⑤ 교통 분야에 속하는 관리업체를 지정할 때 동일한 사업자등록번호로 등록된 복수의 교통 분야 사업장은 하나의 사업장에 속한 배출시설로 본다.

⑥ 동일 업체하에 개별 사업자등록번호로 관리되는 교통 분야 사업장의 경우, 법인등록번호를 기준으로 개별 교통 분야 사업장을 하나의 사업장으로 적용하여 관리업체로 지정한다.

제13조의 2(건설업 분야 특례) 동일 업체하에 관리되는 모든 건설현장은 하나의 사업장으로 본다. 이 경우 개별 건설현장을 하나의 배출시설로 간주한다.

제14조(중앙행정기관 등에 대한 특례)

① 중앙행정기관과 지방자치단체에 대하여는 다음 각 호에 대하여만 이 지침을 적용한다.

1. 「가축분뇨의 관리 및 이용에 관한 법률」 제24조에 따른 가축분뇨 공공처리시설
2. 「자원의 절약과 재활용촉진에 관한 법률」 제34조의 4에 의한 공공재활용 기반시설
3. 「폐기물관리법」 제4조에 따른 폐기물 처리시설
4. 「물환경보전법」 제48조에 따른 공공폐수 처리시설
5. 「하수도법」 제11조에 따른 공공하수도시설 및 제41조에 따른 분뇨처리시설
6. 「수도법」 제17조, 제49조, 제52조 및 제54조에 따른 수도
7. 「전기사업법」 제7조에 따른 전기사업시설
8. 「집단에너지사업법」 제9조에 따른 집단에너지 사업시설

② 이 지침에 의해 관리업체로 지정된 중앙행정기관 등은 시행령 제17조의 이행실적을 시행령 제21조의 관리업체 명세서 등으로 갈음할 수 있다.

③ 제2항의 경우 부문별 관장기관은 시행령 제21조에 따른 중앙행정기관 등에 해당하는 관리업체의 명세서 등을 받는 즉시 센터에 제출해야 한다.

제15조(권리와 의무의 승계 등)

① 관리업체가 합병·분할하거나 업체 내 사업장 또는 시설을 양도·임대하는 경우에는 합병·분할 이후 존속하는 업체나 합병·분할에 의하여 설립되는 업체 또는 해당 사업장 및 시설이 속하게 되는 해당 업체에게 법과 시행령에 따른 권리와 의무가 승계된 것으로 본다. 다만, 분할·양수·임차 등으로 해당 관리업체의 권리와 의무를 승계해야 하는 업체가 관리업체가 아닌 경우 해당 사업장 및 시설을 이전받은 이후 해당 업체의 최근 3년간(해당 사업장 및 시설을 이전받은 연도의 직전 3년간을 말한다. 이하 이 항에서 같다) 온실가스 배출량(이전받은 해당 사업장 및 시설의 온실가스 배출량을 포함한다. 이하 이 항에서 같다)의 연평균 총량이 50,000이산화탄소상당량톤(tCO$_2$-eq) 이상이 되지 아니하거나 최근 3년간 온실가스 배출량의 연평균 총량이 15,000이산화탄소상당량톤(tCO$_2$-eq) 이상인 사업장을 하나 이상 보유하지 아니한 경우에는 그러하지 아니한다.

② 관리업체는 제1항에 따라 해당 업체의 권리와 의무의 전부 또는 일부를 이전한 경우에는 그 원인이 발생한 날로부터 15일 이내에 전자적 방식으로 부문별 관장기관에게 보고해야 한다. 다만, 관리업체가 분할하거나 자신에게 속한 사업장 및 시설의 일부를 다른 업체에게 양도하여 더 이상 관리업체가 존립하지 않는 경우에는 관리업체의 권리와 의무를 승계한 업체가 보고해야 하며, 권리와 의무 승계를 판단하는 데 필요한 증빙자료는 권리와 의무를 이전한 업체 및 승계 받은 업체 모두 제출해야 한다.

제16조(지정대상 관리업체의 목록 작성)

① 부문별 관장기관은 시행령 제10조에 따른 예비관리업체 선별 시 활용한 자료를 별지 제2호 서식에 따라 작성해야 한다.

② 부문별 관장기관은 시행령 제20조 제1항에 따라 선정한 관리업체에 대하여 별지 제3호 서식에 따라 지정대상 관리업체 목록을 작성해야 한다.

③ 부문별 관장기관은 제2항 목록의 관리업체에 대한 온실가스 배출량의 산정근거를 별지 제4호 서식에 따라 작성해야 한다.

제17조(지정대상 관리업체 목록 등의 제출시기) 부문별 관장기관은 제16조 제1항의 활용자료를 매년 3월 31일까지, 제16조 제2항, 제3항의 목록 및 산정근거 자료를 매년 4월30일까지 전자적 방식 등으로 환경부장관에게 통보해야 한다.

제18조(적절성 등 확인)

① 환경부장관은 부문별 관장기관이 통보한 관리업체의 중복·누락, 규제의 적절성 등을 확인하고 그 결과를 매년 5월 31일까지 부문별 관장기관에게 통보한다.

② 환경부장관은 지정대상 관리업체의 중복·누락 또는 규제의 적절성 등을 검토하기 위해 필요한 경우 센터에 관련 자료의 제출을 요구할 수 있다.

제19조(확인결과 보완 등)

① 부문별 관장기관은 제18조에 따른 환경부장관의 확인결과를 반영하여 관리업체의 목록을 수정·보완해야 한다.

② 부문별 관장기관은 환경부장관의 확인결과에 이의가 있을 경우에는 제20조에 따른 관리업체 지정·고시 이전에 그 사유 등을 첨부하여 환경부장관에게 재확인을 요청해야 한다.

③ 환경부장관은 제2항에 따라 관장기관으로부터 재확인 요청을 받는 즉시 이를 검토하고 그 결과를 관장기관에게 통보해야 한다. 이 경우 부문별 관장기관은 특별한 사유가 없는 한 재확인 결과를 반영해야 한다.

제20조(관리업체의 지정·고시)

① 부문별 관장기관은 제18조 및 제19조에 따라 환경부장관의 확인을 거쳐 **매년 6월 30일까지 소관 관리업체를 관보에 고시**해야 한다.

② 부문별 관장기관은 제1항에 따라 소관 관리업체를 고시할 때에는 관리업체명, 사업장명, 소재지, 업종, 적용기준 등의 내용을 포함해야 한다.

③ 부문별 관장기관은 제1항 및 제2항에 따라 소관 관리업체를 고시한 경우에는 환경부장관과 관리업체에 즉시 통보하고, 해당 사항을 전자적 방식으로 센터에 통보해야 한다.

④ 환경부장관은 부문별 관장기관이 지정·고시한 관리업체를 종합하여 공표할 수 있다.

⑤ 관리업체를 고시한 이후 다음 각 호에 해당되는 경우에는 제18조 및 제19조에 따른 환경부장관의 확인을 거쳐 변경하여 고시하고 이를 해당 관리업체에 통보해야 한다.

1. 관리업체로 지정 고시한 관리업체의 업종, 상호명, 소재지 등이 변경된 경우
2. 관리업체 적용기준이 제8조 제2항 제1호에서 제2호로 변경되거나 제2호에서 제1호로 변경된 경우
3. 제8조에 따라 관리업체 지정 대상에 해당됨에도 불구하고 누락된 경우
4. 관리업체 지정 고시 이후 분할·합병 또는 영업·자산 양수도로 인하여 관리업체에 해당하게 된 경우
5. 제22조의 규정에 의한 재심사 결과 변경사항이 발생한 경우
6. 그 밖에 당초 관리업체 지정 고시 내용이 변경된 경우

제21조(이의신청서 작성 등)

① 관리업체는 관장기관의 지정·고시에 이의가 있는 경우 고시된 날부터 30일 이내에 별지 제5호 서식에 따라 소명자료를 작성하여 지정·고시한 부문별 관장기관에게 이의를 신청할 수 있다.

② 제1항에 따른 이의신청 시 다음 각 호의 내용을 포함하는 소명자료를 첨부해야 한다.

1. 업체의 규모, 생산설비, 제품원료 및 생산량 등 사업현황
2. 사업장별 배출 온실가스의 종류 및 배출량, 온실가스 배출시설의 종류·규모·수량 및 가동시간
3. 사업장별 사용에너지의 종류 및 사용량, 사용연료의 성분
4. 제2호부터 제3호까지의 부문별 온실가스 배출량의 계산 또는 측정 방법
5. 그 밖에 관리업체의 온실가스 배출량을 확인할 수 있는 자료

③ 관리업체가 제2항 각 호를 작성할 때에는 검증기관의 검증결과를 첨부하지 아니할 수 있다.

제22조(관리업체 재심사)

① 관장기관은 이의신청기한이 만료된 날부터 17일 이내에 이의신청에 대한 재심사를 실시하고 별지 제6호 서식에 따라 재심사 결과 및 검토자료 등을 첨부하여 환경부장관의 확인을 받아야 한다.

② 부문별 관장기관은 필요한 경우 이의를 신청한 관리업체에 추가 자료 제출을 요청하거나 현장조사 등을 실시할 수 있다.

③ 부문별 관장기관은 제21조의 이의신청내용 검토 등을 위해 관계 전문가로 구성된 자문단의 의견을 들을 수 있다. 다만, 「온실가스 배출권의 할당 및 거래에 관한 법률」 제24조의 2 제1항에 따라 지정된 검증기관 중 이의신청 관리업체의 검증을 수행한 검증기관 소속 검증심사원 등은 관계 전문가에서 제외해야 한다.

④ 환경부장관은 부문별 관장기관이 제1항에 따라 제출한 이의신청에 대한 재심사 결과를 확인하고 그 결과를 7일 이내에 부문별 관장기관에게 통보한다.

⑤ 환경부장관은 제4항에 따른 검토를 위해 필요한 경우 관계 전문가로 구성된 자문단의 의견을 들을 수 있다.

⑥ 부문별 관장기관은 환경부장관으로부터 통보받은 확인결과를 반영해야 한다. 다만, 확인결과에 중대한 하자가 있을 경우 추가 확인을 요청할 수 있으며, 이 경우 환경부장관은 재확인하고 즉시 그 결과를 부문별 관장기관에게 통보한다.

⑦ 부문별 관장기관은 이의신청기한이 만료된 날부터 30일 이내에 별지 제7호 서식에 따라 재심사 결과를 이의신청 업체에게 통보해야 한다.

⑧ 부문별 관장기관은 이의신청에 대한 재심사 결과 당초 고시한 내용에 변경이 있을 경우에 그 내용을 즉시 관보에 고시해야 한다.

제22조의 2(관리업체의 지정취소)

① 계획기간 중 관리업체가 다음 각 호의 어느 하나에 해당하는 경우 부문별 관장기관은 해당 관리업체에 대한 지정취소 등의 조치를 할 수 있다.

   1. 폐업 신고, 법인 해산, 영업 허가의 취소 등의 사유로 인하여 더 이상 존립하지 않은 상태에 있는 경우

   2. 제15조 제2항에 따라 권리와 의무를 다른 업체에 이전한 경우

② 부문별 관장기관은 관리업체가 제1항 각 호의 어느 하나에 해당하게 되어 관리업체 지정을 취소한 경우 지체 없이 문서 또는 전자적 방식으로 해당 업체에 지정 취소 사실 및 사유를 통보하고 그 내용을 관보에 고시해야 한다.

제3장 온실가스 감축목표의 설정 및 관리

제23조(목표 설정의 원칙) 부문별 관장기관은 관리업체의 관리목표(이하 "목표"라 한다)를 협의·설정함에 있어서 다음 각 호의 원칙을 준수해야 한다.

1. 목표의 설정 방법과 수준 등은 관리업체가 예측할 수 있도록 가능한 범위에서 사전에 공표해야 한다.
2. 목표의 협의 및 설정은 다수 이해관계자들의 신뢰를 확보할 수 있도록 투명하게 진행해야 한다.
3. 관리업체의 과거 온실가스 배출량 이력을 적절하게 반영해야 한다.
4. 관리업체의 신·증설 계획과 탄소중립 관련 국제동향을 적절하게 고려해야 한다.
5. 국내 산업의 여건 등을 고려해야 한다.
6. 관리업체의 목표는 시행령 제3조에서 정한 중장기 국가 온실가스 감축목표의 달성을 위한 범위 이내에서 설정해야 한다.

제24조(기준연도 배출량)

① 목표관리를 위한 기준연도는 **관리업체가 지정된 연도의 직전 3개년으로 하며, 이 기간의 연평균 온실가스 배출량을 기준연도 배출량**으로 한다.

② 제1항에서 **기준연도 중 신·증설(건물의 신·증축을 포함한다)이 발생한 경우 해당 신·증설 시설의 기준연도 배출량은 최근 2개년 평균 또는 단년도 배출량으로 정할 수 있다.**

③ 제1항에서 **관리업체의 최근 3개년 배출량 자료가 없는 경우에는 활용 가능한 최근 2개년 평균 또는 단년도 배출량을 기준연도 배출량으로 정할 수 있다.**

제25조(기준연도 배출량의 재산정)

① 관리업체는 다음 각 호에 해당하는 사유가 발생할 경우 부문별 관장기관과 협의하여 기준연도 배출량을 재산정하여 수정하되, 변경사유 발생 후 60일 이내에 검증기관의 검증보고서를 첨부한 수정된 명세서를 부문별 관장기관에 제출하여야 한다.
1. 관리업체의 합병·분할 또는 영업·자산 양수도 등 권리와 의무의 승계 사유가 발생된 경우
2. 조직경계 내·외부로 온실가스 배출원 또는 흡수원의 변경이 발생하는 경우
3. 온실가스 배출량 산정방법론이 변경된 경우

② 부문별 관장기관은 제1항에 의해 기준연도 배출량이 재산정된 경우 변경사유 접수 30일 이내에 배출허용량 등 목표를 수정하여 관리업체 및 센터에 통보해야 한다.

③ 제1항 각 호의 사유로 기준연도 배출량을 수정한 관리업체는 재산정 이유와 근거 및 세부 절차 등을 문서화하여 관리하여야 한다.

제26조(목표관리 계획기간)

① 관리업체의 목표관리 계획기간은 부문별 관장기관으로부터 목표를 설정받은 다음 해의 1월 1일부터 12월 31일까지로 한다.

② 해당 연도에 새로이 관리업체로 지정된 경우(업체별 목표 설정 이후 합병·분할 또는 영업·자산 양수도 등 권리와 의무의 승계로 인하여 목표관리를 받게 되는 시설을 포함한다)에는 다음 해에 목표를 설정하고 그 다음 해 1월 1일부터 12월 31일까지를 목표관리 계획기간으로 한다.

제27조(목표 설정의 기준 및 절차)

① 관리업체의 예상배출량은 기존 배출시설(공정, 건물 등을 포함한다. 이하 같다)에 해당하는 예상배출량과 신·증설 시설(건물의 신·증축 등을 포함한다. 이하 같다)에 해당하는 예상배출량을 합산하여 산정한다.

② 제1항에 따른 기존 배출시설의 예상배출량 산정은 제24조 제1항 기준연도의 온실가스 배출량을 기준으로 다음 각 호 중 어느 하나의 방법을 이용해야 한다.

    1. 기준연도 배출시설 배출량의 선형 증감 추세

    2. 기준연도 배출시설 배출량의 증감률

    3. 배출시설의 단위활동자료(연료 사용량, 제품 생산량, 원료 사용량, 폐기물 소각량 또는 처리량, 연면적 등을 말한다)당 발생하는 온실가스 배출량

    4. 기준연도 배출시설의 단위활동자료와 온실가스 배출량과의 상관 관계식을 이용한 배출량

    5. 기준연도 배출시설 평균 배출량

    6. 최근연도 배출시설 배출량

③ 제1항에 따른 관리업체의 예상배출량에 시행령 제3조 제1항에 따른 중장기 국가 온실가스 감축목표의 세부 감축목표 수립 시 설정한 연도별 감축률을 적용하여 배출허용량을 산정한다.

④ 각 부문별 관장기관은 제3항에도 불구하고, 최초로 목표를 부여받는 신규 관리업체에 대해서는 제23조에 의한 목표 협의 시 파악한 감축 준비상황 등을 고려하여, 제7조에 의한 정책협의회의 협의를 거쳐 별도의 연도별 감축률을 적용할 수 있다.

⑤ 부문별 관장기관은 관리업체의 배출허용량을 설정하려는 경우 다음 각 호의 사항에 대하여 탄소중립 녹색성장위원회의 심의를 거쳐야 한다.

    1. 관리업체별 예상배출량 설정방법 및 감축률 적용에 관한 사항

    2. 관리업체의 목표가 시행령 제3조에 따른 감축목표 범위에서 설정되었는지에 관한 사항

    3. 제31조에 따른 목표 설정 및 관리 특례에 관한 사항

    4. 그 밖에 관장기관의 장이 환경부장관과 협의하여 필요하다고 인정되는 사항

⑥ 부문별 관장기관은 제5항의 심의사항을 계획기간 전년도 8월 31일까지 환경부장관에게 제출하고, 환경부장관이 취합한 안건을 탄소중립 녹색성장위원회의 심의를 거친 후에 계획기간 전년도 9월 30일까지 해당 관리업체에 통보하고, 목표 설정 결과를 전자적 방식으로 센터에 제출해야 한다.

⑦ 각 부문별 관장기관은 계획기간 전년도 9월 30일 이후에 추가 지정한 경우, 목표를 설정한 업체에 대해서 탄소중립 녹색성장위원회 심의를 거친 후에 환경부장관 및 관리업체에 즉시 통보하고, 목표설정 결과를 전자적 방식으로 센터에 제출해야 한다.

제28조(과거실적 기반의 목표 설정방법)

① 부문별 관장기관은 기존 배출시설에 대한 배출허용량과 신·증설 시설에 대한 배출허용량을 합산하여 관리업체의 배출허용량을 설정한다.

② 관리업체로 지정된 연도 이전에 정상 가동한 기존 배출시설의 배출허용량은 다음 각 호를 고려하여 설정한다.

   1. 제27조의 제1항에 따른 예상 배출량

   2. 제27조 제3항에 따른 해당 업종의 목표설정 대상 연도 감축률

③ 관리업체로 지정된 연도의 1월 1일 이후부터 가동을 개시하는 신·증설 배출시설에 대한 배출허용량은 다음 각 호를 고려하여 정한다.

   1. 해당 신·증설 시설의 설계용량 및 부하율(또는 가동률)

   2. 해당 신·증설 시설의 목표 설정 대상 연도의 예상 가동시간

   3. 해당 신·증설 시설에 대한 활동자료당 평균 배출량

   4. 해당 업종의 목표 설정 대상 연도 감축률

④ 제3항에 따라 목표가 설정된 신·증설 시설이 정상적으로 가동되어 1년 단위의 실제 배출량을 산정·보고할 경우 해당 배출시설은 제2항의 방법에 따라 목표를 설정한다. 이 경우 해당 배출시설의 기준연도 배출량은 최근 연도의 실제 배출량으로 한다.

⑤ 제1항부터 제4항까지의 세부적인 목표 설정방법은 [별표 1]에 따른다.

제29조(벤치마크 기반의 목표 설정방법)

① 최적가용기법(BAT)을 고려한 벤치마크 방식에 따라 관리업체의 목표를 설정하는 경우에는 기존 배출시설에 대한 배출허용량과 신·증설 시설에 대한 배출허용량을 합산하여 관리업체의 배출허용량을 설정한다.

② 관리업체로 지정된 연도 이전에 정상 가동한 기존 배출시설의 배출허용량은 다음 각 호를 고려하여 설정한다.

   1. 해당 기존 시설의 설계용량 및 일일 가동시간

   2. 해당 기존 시설의 목표 설정 대상 연도의 가동일수

   3. 해당 기존 시설의 벤치마크 할당계수

③ 관리업체로 지정된 연도의 1월 1일 이후부터 가동을 개시하는 신·증설 배출시설의 배출허용량은 다음 각 호를 고려하여 정한다.

   1. 해당 신·증설 시설의 설계용량 및 일일 가동시간

   2. 해당 신·증설 시설의 목표 설정 대상 연도의 가동일수

   3. 해당 신·증설 시설의 벤치마크 할당계수

④ 제3항에 따라 목표가 설정된 신·증설 시설이 정상적으로 가동되어 1년 단위의 실제 배출량을 산정·보고할 경우 해당 배출시설은 제2항의 방법에 따라 목표를 설정한다. 이 경우 해당 배출시설의 기준연도 배출량은 최근연도의 실제 배출량으로 한다.

⑤ 제1항부터 제4항까지의 세부적인 목표 설정방법은 [별표 2]를 따른다.

⑥ 제1항부터 제5항까지의 벤치마크 방식을 적용하여 목표를 설정하는 배출시설은 제30조 제1항의 벤치마크계수 개발계획에 따라 개발·고시되는 배출시설 등을 말한다. 이 경우 벤치마크 방식을 적용받지 아니하는 배출시설에 대한 목표 설정은 제28조의 규정을 따른다.

제30조(벤치마크 할당계수의 개발 등)

① 환경부장관과 부문별 관장기관은 공동으로 제29조의 목표 설정을 위하여 벤치마크계수 개발계획을 수립하고, 이 계획에 따라 배출시설(공정, 건축물 등을 포함한다) 및 신·증설 배출시설의 최적가용기법(BAT)의 종류와 운전방법 및 이를 적용하였을 때의 단위활동자료당 온실가스 배출량에 해당하는 벤치마크 할당계수를 개발하여 고시한다. 이 경우 관리업체 및 민간전문가의 의견을 들을 수 있다.

② 제1항의 벤치마크 할당계수를 개발함에 있어 다음 각 호에 해당하는 배출시설과 국내 관리업체의 배출시설의 온실가스 배출실적 및 성능 등을 조사·비교하여 적용할 수 있다.

　1. 세계 최고 수준의 온실가스 배출집약도 또는 에너지효율 성능을 보유한 배출시설

　2. 유럽연합(EU), 미국, 일본 등 특정 국가 단위에서 최고의 온실가스 배출집약도 또는 에너지효율 성능을 보유한 배출시설

③ 제1항의 최적가용기법(BAT)과 이에 따른 벤치마크 할당계수를 개발할 경우 제2항 각 호의 배출시설 대비 상위 100분의 10에 해당하는 실적·성능을 보유한 관리업체의 배출시설은 서로 동등한 수준으로 본다.

④ 제1항의 최적가용기법(BAT)의 종류 및 운전방법 등을 개발함에 있어 고려할 사항은 [별표 3]과 같다.

⑤ 국내외 기술발전 등을 고려하여 최적가용기법(BAT)의 변경 또는 추가 등이 있을 경우에는 이를 변경하여 고시한다.

┃ **[별표 3] 최적가용기법(BAT) 개발 시 고려사항(제30조 제4항 관련)** ┃

가. 최적 또는 최고 수준과 관련한 고려요소
　1) 실제 온실가스를 감축할 수 있다고 여겨지는 최고 수준의 공정, 시설 및 운전방법을 모두 포함한다.
　2) 온실가스를 감축하거나 최소화할 수 있는 것 중 가장 효과적인 것을 의미한다. 따라서 다양한 기술이 존재할 수 있다.
　3) 신뢰할만한 과학적 지식을 근거로 그 기능이 시험되고 증명되어진 최선의 기술과 공정, 설비, 운전방법을 의미한다.

나. 이용가능성과 관련한 고려요소
　1) 실제로 이용할 수 있는 기술이어야 한다. 이는 특정 기술이 일반적으로 사용되고 있는 기술이어야 함을 의미하는 것이 아니라, 누구나 사용하고 접근할 수 있는 기술이어야 함을 뜻한다.
　2) 파일럿(pilot) 규모로서 실증된 기술도 원칙적으로 최적가용기법의 범위에 포함된다. 다만, 이 경우 실제 양산단계에서 적용되지 못할 가능성을 고려하여야 한다.
　3) 최적가용기법에는 국내 기술뿐만 아니라, 외국의 기술도 해당된다.
　4) 새로운 기술의 성공사례가 있을 경우 최적가용기법의 범위에 포함할 수 있다. 다만, 새로운 기술에 대한 경제성 평가, 검증 등에 일정 기간이 필요한 점을 함께 고려하여야 한다.
　5) 경제적으로 그리고 기술적으로 가능한 조건하에서 관련 산업에서 적용할 수 있는 규모 및 특성(내구성, 신뢰성 등)에 부합하도록 개발된 것을 의미하며, 합리적으로 획득할 수 있다면 그 기술이 국내에서 사용되었는지 외국에서 개발되었는지의 여부는 중요하지 않다.

다. 감축기술과 관련한 고려요소

1) 저감기술에 국한하지 않고 온실가스의 배출을 감축할 수 있다면 공정의 설계와 운전자의 자질 등도 기술의 범주에 포함한다.

2) 온실가스의 사후처리기술(end of pipe technology)뿐만 아니라 연료의 대체, 연소기술, 환경친화적인 공정과 운전방법 등 온실가스의 배출을 감축할 수 있는 일련의 기술군을 총칭한다.

라. 기타 최적가용기법(BAT) 개발 시 고려요소

1) 환경피해를 방지함으로써 얻을 수 있는 이익이 최적가용기법(BAT)을 적용하는 데 필요한 비용보다 커야 한다.

2) 기존 및 신규 공장에 최적가용기법을 설치하는 데 필요한 시간을 고려한다.

3) 폐기물의 발생을 줄이고 폐기물 회수와 재사용 등을 촉진할 수 있는지 여부를 고려하여야 한다.

4) 관련 법률에 따른 환경규제, 인·허가 등이 해당 기술을 적용하는 데 상당한 제약이 발생하는지 여부를 고려하여야 한다.

5) 기술의 진보와 과학의 발전을 고려한다.

6) 온실가스와 기타 오염물질의 통합 감축을 촉진하여야 한다.

제31조(목표의 설정 및 관리 특례)

① 부문별 관장기관은 국제적 동향, 국가 온실가스 감축목표 관리와의 연계성, 국가 온실가스 감축효과 및 기여도, 전력수급계획 등을 종합적으로 고려하여 필요하다고 인정되는 다음 각 호의 부문에 대해서는 환경부장관과 협의하여 제28조 및 제29조에서 정한 것과 다른 방식으로 목표를 설정할 수 있다. 이 경우 기준연도 배출량의 산정, 목표의 설정방법 등은 제24조부터 제29조까지를 준용한다.

1. 발전

2. 철도(지하철을 포함한다)

3. 그 밖에 환경부장관이 부문별 관장기관과 협의하여 정하는 업종 또는 배출시설

② 관리업체가 목표를 설정·통보받기 이전에 「기후변화에 관한 국제연합 기본협약」(이하 "협약"이라 한다)에 따라 청정개발체제사업으로 등록·인정된 사업의 경우 부문별 관장기관은 해당 청정개발체제 사업의 유형, 적용범위, 감축량 등을 감안하여 목표를 설정할 수 있다. 다만, 관리업체가 목표를 설정·통보받기 이전에 청정개발체제 사업으로 국가승인을 받았거나 해당 청정개발체제 사업을 위한 신규 방법론을 제안하여 승인된 경우, 관리업체의 목표가 설정된 후 협약에 따라 해당 사업이 등록된 때에도 부문별 관장기관은 이를 감안하여 목표를 재설정할 수 있다.

제32조(이의신청)

① 제28조, 제29조 및 제31조에 따른 목표 설정 결과에 대하여 이의가 있는 관리업체는 목표를 통보받은 날로부터 30일 이내에 부문별 관장기관에 이의를 신청할 수 있다. 이 경우 관리업체는 다음 각 호의 사항을 작성하여 문서에 첨부·제출해야 한다.

1. 신청법인명, 사업장 소재지, 대표자의 이름 및 담당자의 이름과 연락처
2. 이의신청 대상이 되는 처분의 내용
3. 이의신청 취지 및 이유와 이를 증빙할 수 있는 자료

② 제1항에 따라 이의신청을 받은 부문별 관장기관은 이의신청기한이 만료된 날부터 14일 이내에 인정 여부를 결정하여 청구인과 환경부장관에게 지체 없이 알려야 한다. 다만, 부득이한 사유로 14일 이내에 결정할 수 없을 때에는 7일 이내의 범위에서 연장할 수 있으며, 그 사유를 청구인에게 문서로 즉시 알려야 한다.

③ 부문별 관장기관은 제32조 제1항에 따른 이의신청으로 제27조 제5항에 의하여 심의한 관리업체의 온실가스 감축목표에 변동이 발생하는 경우 환경부장관에게 통보하고, 탄소중립 녹색성장위원회에 보고해야 한다.

제33조(목표 달성의 평가 등)

① 부문별 관장기관은 온실가스 목표 달성에 대하여 평가한다.

② 부문별 관장기관은 제1항에 따른 목표 달성에 대한 평가에 앞서 관리업체별로 다음 각 호의 어느 하나에 해당하는 경우 당초 설정한 온실가스 관리목표를 조정할 수 있다.

1. 기존 배출시설을 일정 기간 이상 미가동하거나 폐쇄한 경우 실제 가동에 따른 배출량 산정
2. 목표 설정 시 고려했던 신·증설이 이행되지 않거나 지연된 경우 실질 가동일수 및 가동시간, 가동률을 고려하여 배출량을 산정
3. 합병·분할 또는 영업·자산 양수도, 조직경계 변경 등으로 전체 배출량이 변동된 경우 당초 목표가 설정된 부분에 한정하여 변경된 조직경계로 구분하여 배출량을 산정
4. 전력계통 운영의 제약(발전기 고장, 송전선로 고장 또는 열공급·연료·송전의 제약 등을 말하며, 자기가 원인을 제공한 경우는 제외한다)으로 인하여 관리업체가 자신의 발전시설에서 「전기사업법」 제45조 제2항에 따라 전력시장에서 결정된 우선순위와 다른 한국전력거래소의 지시를 이행함에 따른 해당 이행연도의 발전량이 그에 따른 기준연도의 연평균(기준연도 중 신설된 발전시설의 경우에는 신설된 연도부터의 연평균을 말한다) 발전량보다 증가한 경우
5. 「집단에너지사업법」 제2조 제3호의 사업자(이하 "집단에너지사업자"라 한다)인 관리업체가 자신의 사업장에서 같은 법 제16조 제1항에 따른 집단에너지 공급의무를 준수함에 따른 해당 이행연도의 열 공급량(공급의무에 해당하지 않는 자신의 사업장 간의 열 공급량이나 집단에너지사업자 간의 열 공급량은 제외한다. 이하 이 호에서 같다)이 그에 따른 기준연도의 연평균(기준연도 중 신설된 사업장의 경우에는 신설된 연도부터의 연평균을 말한다) 열 공급량보다 증가한 경우

6. 「항공안전법」 제77조에 따른 운항기술기준을 준수하기 위하여 관리업체가 추가로 항공기를 운항함에 따른 해당 이행연도의 온실가스 배출량(배출효율기준방식을 적용받는 경우에는 활동자료량을 말한다. 이하 이 조에서 같다)이 그에 따른 기준연도의 연평균 온실가스 배출량보다 증가한 경우

7. 「하수도법」 제2조 제9호에 따른 공공하수처리시설(이하 "공공하수처리시설"이라 한다)에 적용되는 같은 법 제7조에 따른 방류수 수질기준(공공하수처리시설이 다른 법률에 따른 방류수 수질기준을 적용받지 않는 경우만 해당한다)이 강화되거나 다음 각 목의 어느 하나에 해당하는 규정에 따라 환경부장관 또는 특별시장·광역시장·특별자치시장·시장·군수가 최종 방류구별·단위기간별로 할당한 오염부하량이 감소하여 이를 준수하기 위하여 공공하수처리시설 개선공사(시설의 신설·증설에 해당하는 경우는 제외한다)를 시행함에 따라 그 시설의 해당 이행연도의 온실가스 배출량이 기준연도의 연평균(기준연도 중 신설된 시설의 경우에는 신설된 연도부터의 연평균을 말한다) 온실가스 배출량보다 증가한 경우

   가. 「물환경보전법」 제4조의 5

   나. 「금강수계 물관리 및 주민지원 등에 관한 법률」 제12조

   다. 「낙동강수계 물관리 및 주민지원 등에 관한 법률」 제12조

   라. 「영산강·섬진강수계 물관리 및 주민지원 등에 관한 법률」 제12조

   마. 「한강수계 상수원 수질개선 및 주민지원 등에 관한 법률」 제8조의 4

8. 다음 각 목의 어느 하나에 해당하는 정책 및 조치를 이행함에 따른 관리업체의 해당 이행연도의 온실가스 배출량이 그에 따른 기준연도의 연평균 온실가스 배출량보다 증가한 경우

   가. 법 제32조에 따른 녹색교통의 활성화를 위한 대중교통수단의 확대

   나. 「지속가능 교통물류 발전법」 제20조에 따른 대형중량화물의 운송대책에 따른 조치의 준수

   다. 「대중교통의 육성 및 이용촉진에 관한 법률」 제3조에 따른 대중교통 정책 이행

9. 관리업체가 화석연료 대신 가연성 폐기물을 연료로 사용함에 따른 해당 계획연도의 온실가스 배출량이 그에 따른 기준연도의 연평균 온실가스 배출량보다 증가한 경우

10. 그 밖에 환경부장관이 부문별 관장기관과 협의하여 정하는 경우

③ 부문별 관장기관은 관리업체의 연도별 온실가스관리목표 설정 시 고려하지 않은 시설(신·증설 등을 말한다)에 대한 배출량을 조정하여 산정할 수 있다.

④ 부문별 관장기관은 제2항 및 제3항에 따른 목표 조정결과와 최종 목표 달성 여부 평가 결과를 환경부장관에게 제출한 후, 그 사유와 결과를 관리업체 및 센터에 전자적 방식을 활용하여 통보하고 관련 근거자료 등을 관리하여야 한다.

⑤ 제2항 및 제3항에 따라 목표와 배출량 조정결과와 사유, 목표 달성 여부 평가결과를 전자적 방식으로 통보받은 센터는 이를 제42조에 따른 온실가스 배출관리업체 등록부에 지체 없이 반영하고 그 이력을 관리한다.

⑥ 환경부장관은 제2항 및 제3항에 따른 목표 달성의 평가에 관한 세부적인 사항을 부문별 관장기관의 장과 협의하여 따로 정할 수 있다.

제34조(이행실적 확인)

① 부문별 관장기관은 관리업체가 제36조에 따라 제출한 명세서를 바탕으로 이행실적에 대해 다음 각 호의 사항을 확인해야 한다.

1. 이행계획과의 연계성 및 정확성 여부
2. 온실가스 배출량의 산정 · 보고 기준 준수 여부
3. 제33조에 따른 목표 달성 평가
4. 개선명령의 이행 여부
5. 그 밖에 이 지침에서 정한 절차 및 기준 등의 준수 여부 등

② 부문별 관장기관은 제1항 각 호에 따른 사항을 확인하기 위하여 필요한 경우 해당 관리업체의 의견을 듣거나 관련 자료의 제출 등을 요청할 수 있다.

③ 부문별 관장기관은 제34조 제1항의 확인결과를 계획기간의 다음 연도 5월 31일까지 환경부장관에게 제출하고, 환경부장관이 취합한 안건을 탄소중립 녹색성장위원회의 심의를 거쳐 계획기간의 다음 연도 6월 30일까지 전자적 방식을 통해 센터에 제출해야 한다.

제35조(개선명령)

① 부문별 관장기관은 관리업체가 시행령 제21조 제9항에 따라 평가한 결과 관리업체의 실적이 연도별 온실가스 관리목표를 달성하지 못하는 경우에는 법 제27조 제6항에 따른 개선명령 등 필요한 조치를 해야 한다. 다만 「온실가스 배출권의 할당 및 거래에 관한 법률」 제8조 제1항에 따라 할당대상업체로 지정되어 개선기간이 이행연도와 중복되는 업체에게는 개선을 명하지 아니한다.

② 제1항에 따라 개선명령을 받은 관리업체는 다음 연도 이행계획에 개선계획을 반영하여 부문별 관장기관에 제출해야 한다.

③ 부문별 관장기관은 제1항의 개선명령 등 관리업체에 대해 필요한 조치를 하는 경우에는 환경부장관에게 그 사실을 즉시 통보해야 한다.

제4장 목표관리제의 배출량 산정 및 보고체계

제36조(명세서의 작성 및 배출량 등의 산정·보고체계) 관리업체는 이 지침 제2편에 따라 온실가스 배출량이 포함된 명세서를 작성하여야 하며, **배출량 등의 산정·보고 체계는 [별표 4]와 같다.**

❚ [별표 4] 목표관리제 배출량 등의 산정·보고체계(제36조 관련) ❚

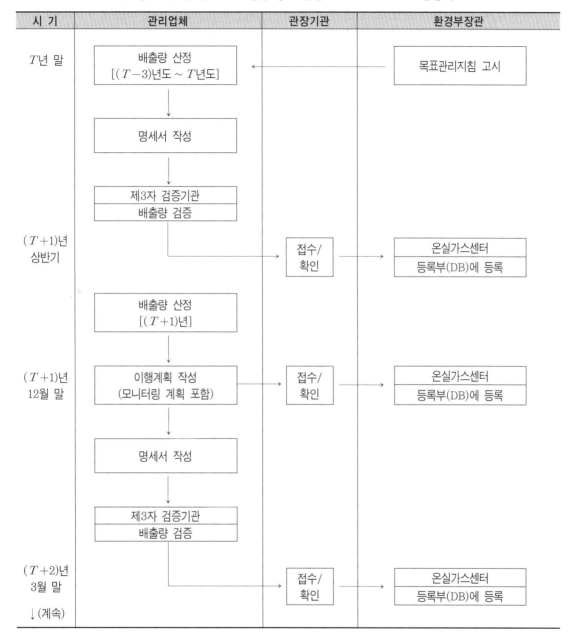

제37조(명세서의 제출)

  ① 관리업체는 검증기관의 검증을 거친 명세서를 관리업체로 지정받은 다음 해부터 매년 3월 31일까지 전자적 방식으로 부문별 관장기관에 제출하여야 한다.

② 관리업체는 다음 각 호에 해당하는 경우 목표 설정을 위한 기준연도 명세서를 수정하고 검증기관의 검증을 거쳐 제1항의 해당 연도 명세서와 함께 부문별 관장기관에게 전자적 방식으로 제출해야 한다.

  1. 관리업체의 권리와 의무가 승계된 경우

  2. 조직경계 내·외부로 온실가스 배출원 또는 흡수원의 변경이 발생한 경우

  3. 배출량 등의 산정방법론이 변경되어 온실가스 배출량에 변경이 유발된 경우

  4. 사업장 고유배출계수를 제64조 제2항에 따라 검토·확인을 받거나, 그 값이 변경된 경우

③ 관리업체는 제45조 제1항 및 제57조 제1항에 따른 점검·평가 결과를 반영하여 항목이 수정되는 경우 제3자 검증을 거친 후 재제출해야 한다.

제38조(이행계획서의 작성 및 제출)

① 부문별 관장기관으로부터 다음 계획기간 목표를 통보받은 관리업체는 계획기간 전년도 12월 31일까지 전자적 방식으로 다음 계획기간 이행계획을 작성하여 부문별 관장기관에 제출해야 한다.

② 제1항의 이행계획에는 다음 연도를 시작으로 하는 5년 단위의 연차별 목표와 이행계획이 포함되어야 한다.

③ 관리업체는 다음 각 호의 사항이 포함된 이행계획서를 작성하고, 이행계획 수립의 세부적인 작성양식 및 방법 등은 별지 제8호 서식에 따른다.

  1. 사업장의 조직경계에 대한 세부내용(사업장의 위치, 조직도, 시설배치도 등을 포함한다. 다만, 동일한 형태의 시설이 다수인 경우 대표 시설에 대한 세부내용으로 갈음할 수 있다)

  2. 배출시설 및 배출활동의 목록과 세부 내용

  3. 각 배출활동별 배출량 산정방법론(계산방식 또는 측정방식을 말한다) 및 산정등급(Tier)의 적용현황과 이와 관련된 내용

  4. 온실가스 배출량 등의 산정·보고와 관련된 품질관리(QC) 및 품질보증(QA)의 내용

  5. 활동자료의 설명 및 수집방법 등 온실가스 배출량 등의 모니터링에 관한 내용

  6. 이 지침에서 요구하는 산정등급(Tier)과 관련하여 활동자료의 불확도 기준의 준수 여부에 대한 설명

  7. 이 지침에서 요구하는 산정등급(Tier)을 준수하지 못하는 경우 이를 준수하기 위한 조치 및 일정 등에 관한 사항

  8. 배출시설 단위 고유배출계수 등을 개발 또는 적용해야 하는 관리업체의 경우에는 고유배출계수 등의 개발계획 또는 개발방법, 시험분석기준 등에 관한 설명

  9. 연속측정방법을 사용하는 관리업체의 경우에는 굴뚝자동측정기기 설치시기, 굴뚝자동측정기기에 의한 배출량 산정방법 적용시기 등에 관한 설명

  10. 조직경계, 배출활동, 배출시설, 배출량 산정방법론 및 산정등급(Tier) 등과 관련하여 이전 방법론 대비 변동사항에 대한 비교·설명, 사업장별 온실가스 관리목표 및 관리범위

④ 부문별 관장기관은 소관 관리업체의 이행계획이 적절하게 수립되었는지를 확인하고 이를 1월 31일까지 센터에 제출해야 한다. 다만, 이행계획을 센터에 제출한 이후에도 계획이 부실하게 작성되었거나 보완이 필요한 경우에는 해당 관리업체에 시정을 요청할 수 있으며, 시정된 이행계획을 받는 즉시 센터에 제출해야 한다.

제39조(이행계획 수립의 적용 특례)

① 관리업체는 이행계획을 제출함에 있어 제11조의 소량배출사업장에 대해서는 시행령 제21조 제2항 제3호 및 제4호를 제외한 각 호의 내용은 제출하지 않을 수 있다.

② 관리업체가 부문별 관장기관이 통보한 목표를 해당 소량배출사업장도 포함하여 이행하고자 하는 경우에는 제1항에도 불구하고 시행령 제21조 제2항 각 호의 내용을 모두 포함한 이행계획을 부문별 관장기관에 제출해야 한다.

제40조(명세서의 확인)

① 부문별 관장기관은 관리업체가 제37조에 따라 제출한 명세서에 대하여 시행령 제21조 제6항 각 호의 사항에 대한 누락 및 검증기관의 검증 여부 등을 확인해야 한다.

② 부문별 관장기관은 제1항에 따른 확인 결과 누락되었거나 부적절한 사항이 있는 관리업체에 대해서는 그 시정을 요구할 수 있다.

③ 부문별 관장기관은 관리업체가 명세서를 제출한 날부터 60일 이내에 전자적 방식으로 센터에 제출해야 한다.

④ 부문별 관장기관은 소관 관리업체 중 중앙행정기관 등의 명세서를 받는 즉시 전자적 방식으로 센터에 제출해야 한다. 다만, 센터에 제출한 이후 제2항에 따른 시정요청에 의해 명세서 내용에 수정 또는 보완이 있는 경우에는 해당되는 사항을 센터에 제출해야 한다.

제5장 온실가스 배출량의 검증

제41조(온실가스 배출량의 검증) 온실가스 배출량 및 에너지 사용량의 검증에 관하여는 「온실가스 배출권거래제 운영을 위한 검증지침」을 준용한다.

제6장 온실가스 배출관리업체 등록부의 관리

제42조(온실가스 배출관리업체 등록부 구축) 센터는 시행령 제21조에 따라 부문별 관장기관으로부터 제출받은 다음 각 호의 사항에 대하여 온실가스 배출관리업체 등록부를 구축하고 전자적 방식으로 통합 관리·운영해야 한다.

1. 관리업체의 상호 또는 명칭
2. 관리업체의 대표
3. 관리업체의 본점 및 사업장 소재지

4. 관리업체 지정에 관한 사항

5. 시행령 제21조 제3항, 제5항, 제9항에 따른 이행계획, 연도별 온실가스 관리목표 달성 실적 및 개선명령 등에 관한 사항

6. 시행령 제21조에 따른 명세서에 관한 사항

7. 그 밖에 목표관리제 운영에 필요한 사항으로서 환경부장관이 부문별 관장기관과 협의하여 정하는 사항

제43조(온실가스 배출관리업체 등록부 관리) 전자적 방식에 의한 온실가스 배출관리업체 등록 부의 운영 및 관리 등에 관한 세부적인 사항은 환경부장관이 부문별 관장기관과 협의하여 따로 고시한다.

제7장 검증기관의 지정 및 관리

제44조(검증기관의 지정 및 관리) 검증기관의 지정 및 관리에 관하여는 「온실가스 배출권 운영을 위한 검증지침」을 준용한다.

제8장 부문별 관장기관 소관 사무의 종합적인 점검 · 평가

제45조(점검 · 평가의 원칙)

① 부문별 관장기관 소관 사무의 종합적인 점검 · 평가(이하 "점검 · 평가"라 한다)는 시행령 제18조 제2항에 따라 환경부장관이 온실가스 목표관리제의 신뢰성을 높여 선진적인 국가 온실가스 관리시스템을 마련하고 탄소중립사회로의 이행 기반을 조성하는 것을 목적으로 한다.

② 점검 · 평가는 관련 법령과 규정에 따라 조사와 증거를 통한 사실에 근거하여 수행한다.

③ 점검 · 평가는 대상 관장기관의 장이나 관계인의 의견을 충분히 수렴하고 적법절차를 준수해야 한다.

④ 점검 · 평가의 중복, 과도한 자료요구 등으로 인한 대상 관장기관의 부담이 최소화되도록 한다.

제46조(대상기관 및 사무 등)

① 점검 · 평가 대상기관은 다음 각 호와 같다.

1. 시행령 제18조 제1항의 부문별 관장기관

2. 제1호의 부문별 관장기관으로부터 온실가스 목표관리제와 관련된 소관 사무를 위탁받거나 대행하는 행정기관 또는 「공공기관의 운영에 관한 법률」 제4조에 따른 공공기관

② 점검 · 평가 대상 기관이 온실가스 목표관리제와 관련하여 행하는 업무수행 및 이와 관련된 결정 · 집행 등의 모든 사무가 점검 · 평가 대상이 된다.

③ 부문별 관장기관은 온실가스 목표관리제와 관련한 소관 사무를 소속기관 또는 「공공기관의 운영에 관한 법률」 제4조에 따른 공공기관 등에 위탁하거나 대행하게 한 경우에는 해당 기관, 소재지, 대표자, 담당부서, 업무범위 등을 환경부장관에게 즉시 통보해야 한다.

제47조(자료제출 요구의 원칙)

① 점검·평가와 관련한 자료 요구 시에는 필요 최소한의 범위 안에서 충분한 준비기간 등을 고려해야 한다.

② 시행령 제18조에 따른 업체별 목표 설정의 적절성에 대한 점검·평가를 위해 요구할 수 있는 자료는 다음 각 호와 같다.

1. 건축물 인·허가 및 착공 관련 자료
2. 신설 시설 설계 관련 보고서 및 내역서
3. 신설 시설의 활동자료를 예측할 수 있는 근거자료

③ 점검·평가와 관련한 자료는 체계적으로 관리하여 중복적으로 제출되지 않도록 해야 하며, 센터에 전자적 방식으로 구축된 자료를 최대한 활용해야 한다.

제48조(관련 자료의 제출)

① 제46조 제1항 각 호의 대상 기관은 환경부장관이 시행령 제18조 제2항의 규정에 의하여 점검·평가와 관련한 자료를 요청하는 경우 적극 협조하여 지체 없이 그에 합당한 조치를 시행해야 한다.

② 점검·평가와 관련하여 필요한 제출자료의 종류, 제출시기 등에 대한 세부사항은 환경부장관이 필요하다고 인정하는 때에 제46조 제1항 각 호의 대상 기관에게 통보한다.

제49조(자료의 제출방법)

① 온실가스 목표관리제와 관련하여 각종 문서나 대장으로 관리하는 자료는 문서의 사본을 서면으로 제출하거나 문서의 정본 또는 사본을 전자적 방식으로 제출함을 원칙으로 한다.

② 점검·평가와 관련하여 제출할 자료의 양이 많거나 내용이 복잡한 경우에는 일정한 서식에 따라 집계하여 제출할 수 있다.

③ 관리업체가 시행령 제21조에 따라 직접 또는 부문별 관장기관을 거쳐 제출한 온실가스 감축목표 등의 이행계획, 명세서 등은 센터로부터 관련 자료를 제출받거나 전자적 방식으로 열람하는 것으로 대체할 수 있다.

제50조(비밀유지 의무)

① 점검·평가를 담당하는 관계 공무원은 이 규정에 따라 알게 된 내용을 타인에게 제공하거나 누설 또는 목적 외의 용도로 사용하여서는 아니 된다.

② 환경부장관은 점검·평가 대상 기관으로부터 제출받은 자료 중 비밀로 분류된 자료를 보안 관련 규정에 따라 별도로 관리·보존한다.

제51조(점검·평가계획의 수립)

① 환경부장관은 매년 연간 점검·평가계획을 수립하여 매년 1월 31일까지 제46조 제1항의 점검·평가 대상 기관에게 통보한다.

② 연간 점검 · 평가계획에는 다음 각 호의 사항이 포함된다.

　　1. 점검 · 평가의 목적 및 필요성

　　2. 점검 · 평가 대상 기관

　　3. 점검 · 평가의 내용

　　4. 점검 · 평가의 방법 및 시기

　　5. 제출자료의 종류와 제출시기

　　6. 그 밖에 점검 · 평가에 필요한 사항 등

제52조(사전조사)

① 환경부장관은 관장기관의 소관 사무에 대한 종합적인 점검 · 평가에 필요한 자료를 수집 · 활용하기 위해 관련 자료의 수집계획을 수립하여 시행한다.

② 환경부장관은 다양한 자료 수집을 위해 점검 · 평가 대상 기관으로부터 자료를 제출받거나 센터에 구축된 정보를 열람할 수 있다.

제53조(서면 점검 · 평가)

① 환경부장관은 점검 · 평가 대상 기관으로부터 제출받은 자료와 제52조의 사전조사 등을 통해 점검 · 평가를 실시한다.

② 점검 · 평가를 실시하면서 업무처리내용 등에 확인이 필요한 경우에는 점검 · 평가 대상 기관으로부터 의견을 들을 수 있다.

제54조(공동 실태조사 등)

① 환경부장관은 관리업체의 목표의 이행실적, 시행령 제21조에 따른 명세서의 신뢰성 여부 등에 중대한 문제가 있다고 인정될 경우에는 부문별 관장기관과 공동으로 실태조사를 실시할 수 있다.

② 제1항에 따라 공동조사를 실시하고자 할 경우에는 사전에 소관 관장기관에 그 내용을 사전에 알리고 공동 실태조사 일정 등을 협의해야 한다. 이 경우 해당 관리업체에 조사 사유 및 일시 등을 조사개시 7일 전에 통보할 수 있다.

③ 환경부장관과 소관 관장기관은 공동 실태조사를 위한 조사반을 편성 · 운영한다.

④ 공동조사반은 활동기간, 공동조사 대상 지역 및 규모 등을 고려하여 소관 관장기관과 협의하여 결정한다.

⑤ 환경부장관은 공동조사반의 활동기간이 종료된 날부터 30일 이내에 부문별 관장기관과 공동으로 조사 결과보고서를 작성한다.

제55조(점검 · 평가 보고서의 작성)

① 환경부장관은 제53조에 따라 실시한 점검 · 평가 결과에 대하여 결과보고서를 작성해야 하며, 제54조에 따라 실시한 공동 실태조사에 대해서는 소관 관장기관과 공동으로 결과보고서를 작성한다.

② 제53조에 따른 점검 · 평가 결과보고서는 점검 · 평가 종료 후 2개월 이내에 작성하여야 한다.

③ 제2항의 평가보고서는 다음 각 호의 내용이 포함되어야 한다.

1. 점검 · 평가의 목적, 필요성, 범위 및 대상 기관
2. 점검 · 평가 내용 및 결과
3. 조치 필요사항
4. 그 밖에 점검 · 평가와 관련된 사항 및 참고자료

④ 환경부장관은 점검 · 평가 결과보고서를 작성하면서 필요한 경우 점검 · 평가 대상 기관으로부터 의견을 들을 수 있다.

제56조(점검 · 평가 업무 등의 지원)

① 환경부장관은 관장기관의 소관 사무에 대한 종합적인 점검 · 평가를 위해 필요할 경우 환경부 소속기관 또는 소관 공공기관으로부터 인력지원, 자료조사 및 검토 등의 업무를 담당하게 하거나 지원을 받을 수 있다.

② 환경부장관은 점검 · 평가를 위해 필요한 경우 관계 전문가로 구성된 자문단의 자문을 받을 수 있다.

제57조(점검 · 평가 결과의 통보)

① 환경부장관은 점검 · 평가 대상 기관의 소관 사무 점검 · 평가 결과 및 제54조의 공동 실태조사 결과(조치가 필요한 사항을 포함한다)를 해당 기관과 부문별 관장기관에 통보한다.

② 환경부장관은 점검 · 평가결과 다음 각 호에 해당되는 경우에는 법 제27조 제1항의 관리업체에 대한 개선명령 등 필요한 조치를 요구할 수 있고 부문별 관장기관은 특별한 사정이 없으면 이에 따라야 한다.

1. 관리업체가 법 제27조 제3항에 따른 보고를 허위로 한 경우
2. 그 밖에 점검 · 평가 결과 관리업체의 개선 등의 조치가 필요한 사항

제58조(점검 · 평가 결과의 반영)

① 부문별 관장기관은 환경부장관이 제57조 제1항에 따라 통보한 점검 · 평가 결과에 대하여 배출량 변동분 및 수정 필요사항을 확정하여, 통보받은 날로부터 60일 이내에 해당 관리업체의 기준연도 배출량 및 목표를 재설정하고 해당되는 보고서류를 수정해야 한다.

② 부문별 관장기관은 제1항에 따라 관리업체의 기준연도 배출량, 목표 및 보고 서류를 수정하는 경우 환경부장관에게 별지 제9호 서식에 따라 통보하여 확인받은 후, 그 사유와 결과를 관리업체 및 센터에 통보하고 관련 근거자료 등을 별지 제10호 서식에 따라 문서화하여 관리해야 한다.

③ 제2항에 따른 결과를 전자적 방식으로 통보 받은 센터는 이를 제42조에 따른 온실가스 배출관리업체 등록부에 지체 없이 반영하고 그 이력을 관리한다.

제59조(개선명령 등)

① 부문별 관장기관은 해당 관리업체에 대해 필요한 조치를 하고 그 결과를 별지 제9호 서식에 따라 작성하여 환경부장관에게 통보해야 한다.

② 환경부장관 및 부문별 관장기관은 조치결과 등을 별지 제10호 서식의 대장에 기록·보전한다.

③ 부문별 관장기관은 관리업체가 제1항에 따른 조치명령에도 불구하고 이를 이행하지 않을 경우에는 시행령 제76조에 따라 과태료를 부과하는 등의 조치를 취해야 한다.

제2편 명세서의 작성방법 등

제1장 총칙

제60조(목적) 이 지침 이 편은 법 제27조 및 시행령 제21조 제6항의 명세서의 작성방법, 보고절차 등에 관한 세부사항과 절차를 정하는 것을 목적으로 한다.

제61조(타 규정과의 관계)

① 법의 온실가스 배출량 산정에 관하여는 이 지침 이 편을 우선하여 적용한다.

② 「온실가스 배출권의 할당 및 거래에 관한 법률」에 의한 할당대상업체의 온실가스 배출량을 산정하여 명세서를 보고, 공개할 경우 이 지침 이 편의 "관리업체"는 "할당대상업체"로 본다.

③ 온실가스 배출량의 산정에 대하여 이 지침 이 편에서 정하지 아니한 사항에 대해서는 관리업체의 이해를 돕기 위해 센터에서 공표하는 내용을 우선 적용하고 그 밖에 국제적으로 통용되는 기준 등을 적용할 수 있다.

제62조(비밀 준수)

① 이 지침 이 편에 의해 취득한 정보(취득한 정보를 가공한 경우를 포함한다)를 다른 용도로 사용하거나 외부로 유출하여서는 아니 된다.

② 다음 각 호에 해당하는 자는 관련 정보를 취급함에 있어 보안유지 의무를 따른다.

1. 부문별 관장기관(해당 기관으로부터 관련 업무를 위임받은 기관을 포함한다. 이하 같다) 및 센터에서 관리업체의 온실가스 및 에너지 통계자료를 취급하는 자

2. 법 제27조에 따라 구성된 심사위원회의 위원

3. 공공기관 정보제공에 의해 온실가스 정보를 취급하는 관련 행정기관 및 공공기관에 근무하는 자

4. 공시를 위한 정보제공에 의해 온실가스 정보의 열람 및 공개가 허가된 금융위원회 또는 한국거래소에 근무하는 자

5. 관리업체의 명세서의 검증업무를 수행하는 검증심사원(검증심사원보를 포함한다) 및 검증기관

6. 그 밖에 관련 법률에 의해 온실가스 통계자료를 취급하는 자

7. 제1호부터 제6호까지에 종사하였던 자

③ 이 지침 이 편 등을 통해 취득한 정보를 외부로 공개하거나 다른 용도로 사용하고자 하는 경우에는 부문별 관장기관 및 센터와 사전에 협의해야 한다.

제2장 명세서의 작성방법 등

제63조(배출량 등의 산정원칙)

① 관리업체는 이 지침에서 정하는 방법 및 절차에 따라 온실가스 배출량 등을 산정해야 한다.

② 관리업체는 이 지침에 제시된 범위 내에서 모든 배출활동과 배출시설에서 온실가스 배출량 등을 산정해야 한다. 온실가스 배출량 등의 산정에서 제외되는 배출활동과 배출시설이 있는 경우에는 그 제외 사유를 명확하게 제시해야 한다.

③ 관리업체는 시간의 경과에 따른 온실가스 배출량 등의 변화를 비교·분석할 수 있도록 일관된 자료와 산정방법론 등을 사용하여야 한다. 또한, 온실가스 배출량 등의 산정과 관련된 요소의 변화가 있는 경우에는 이를 명확히 기록·유지해야 한다.

④ 관리업체는 배출량 등을 과대 또는 과소 산정하는 등의 오류가 발생하지 않도록 최대한 정확하게 온실가스 배출량 등을 산정해야 한다.

⑤ 관리업체는 온실가스 배출량 등의 산정에 활용된 방법론, 관련 자료와 출처 및 적용된 가정 등을 명확하게 제시할 수 있어야 한다.

제64조(배출량 등의 산정절차)

① 관리업체는 온실가스 배출량의 산정과 관련하여 아래 각 호에 대해서는 「온실가스 배출권의 할당 및 거래에 관한 법률」에 따른 배출량 인증지침) 제8조, 제10조부터 제23조까지를 적용한다. 이 경우 "할당대상업체"는 "관리업체"로, "환경부장관"은 "부문별 관장기관"으로 본다.

  1. 배출량 등의 산정절차

  2. 조직경계 결정방법

  3. 배출량 등의 산정방법 및 적용기준

  4. 활동자료의 수집방법

  5. 불확도 관리 기준 및 방법

  6. 배출계수 활용 및 개발

  7. 연속측정방법에 따른 배출량 산정 방법 및 기준

  8. 바이오매스 등에 관한 사항

  9. 적용 특례 등에 관한 사항

  10. 모니터링 계획 작성방법

  11. 품질 관리 및 보증

② 제1항에도 불구하고, 관리업체가 자체적으로 개발한 산정방법 및 배출계수 산정등급 3 (Tier 3)에 따라 배출량 등을 산정할 경우에는 부문별 관장기관으로부터 배출시설 또는 공정단위의 산정방법 또는 고유배출계수의 사용 가능 여부를 통보받은 후 사용해야 한다.

제65조(배출량 등의 산정범위)

① 관리업체는 법 제2조 제5호에 정의된 온실가스에 대하여 빠짐이 없도록 배출량을 산정해야 한다.

② 관리업체는 온실가스 직접배출과 간접배출로 온실가스 배출유형을 구분하여 온실가스 배출량을 산정해야 한다.

③ 관리업체는 법인 단위, 사업장 단위, 배출시설 단위 및 배출활동별로 온실가스 배출량을 산정해야 한다.

④ 관리업체가 온실가스 배출량을 산정해야 하는 배출활동의 종류는 배출량 인증지침을 따른다.

⑤ **보고대상 배출시설 중 연간 배출량이 배출량 인증지침에 따른 "소규모 배출시설"인 경우 부문별 관장기관의 확인을 거쳐 제3항에 따른 배출시설 단위로 구분하여 보고하지 않고 시설군으로 보고할 수 있다.**

제66조(명세서의 작성) 관리업체는 온실가스 배출량의 산정결과를 배출량 인증지침 별지 제11호 서식에 따라 명세서를 작성하여야 한다. 이 경우 "할당대상업체"는 "관리업체"로 "환경부장관"은 "부문별 관장기관"으로 보며, 첨부양식은 작성하지 않는다.

제3장   명세서의 공개

제67조(명세서의 공개) 명세서 공개에 관하여는 「명세서 공개 심사위원회 구성 및 운영에 관한 규정」을 준용한다.

제4장   보칙

제68조(재검토기한) 환경부장관은 이 고시에 대하여 「훈령·예규 등의 발령 및 관리에 관한 규정」에 따라 2024년 1월 1일을 기준으로 매 3년이 되는 시점(매 3년째의 12월 31일까지를 말한다)마다 그 타당성을 검토하여 개선 등의 조치를 하여야 한다.

출제예상문제

01 온실가스 목표관리 운영 등에 관한 지침상 용어의 뜻으로 옳지 않은 것은?

① "공정배출"이란 제품의 생산공정에서 원료의 물리·화학적 반응 등에 따라 발생하는 온실가스의 배출을 말한다.
② "관리업체"란 해당 연도 1월 1일을 기준으로 최근 5년간 업체 또는 사업장에서 배출한 온실가스와 소비한 에너지의 연평균 총량이 기준 이상인 경우를 말한다.
③ "기준연도"란 온실가스 배출량 등의 관련 정보를 비교하기 위해 지정한 과거의 특정 기간에 해당하는 연도를 말한다.
④ "리스크"란 검증기관이 온실가스 배출량 등의 산정과 연관된 오류를 간과하여 잘못된 검증의견을 제시할 위험의 정도 등을 말한다.

해설 [지침 제2조] "관리업체"란 온실가스 배출 관리업체로 해당 연도 1월 1일을 기준으로 최근 3년간 업체 또는 사업장에서 배출한 온실가스의 연평균 총량이 제8조 제2항의 기준 이상인 경우를 말한다.

02 온실가스 목표관리 운영 등에 관한 지침상 용어의 뜻으로 옳지 않은 것은?

① "산화율"이란 단위 이산화탄소당 산화되는 물질량의 비율을 말한다.
② "불확도"란 온실가스 배출량 등의 산정결과와 관련하여 정량화된 양을 합리적으로 추정한 값의 분산 특성을 나타내는 정도를 말한다.
③ "배출허용량"이란 연간 배출 가능한 온실가스의 양을 이산화탄소 무게로 환산하여 나타낸 것으로 부문별, 업종별, 관리업체별로 구분하여 설정한 배출상한치를 말한다.

④ "배출계수"란 당해 배출시설의 단위 연료 사용량, 단위 제품 생산량, 단위 원료 사용량, 단위 폐기물 소각량 또는 처리량 등 단위 활동자료당 발생하는 온실가스 배출량을 나타내는 계수(係數)를 말한다.

해설 [지침 제2조] "산화율"이란 단위 물질당 산화되는 물질량의 비율을 말한다.

03 온실가스 목표관리 운영 등에 관한 지침상 용어의 뜻으로 옳지 않은 것은?

① "온실가스 간접 배출"이란 관리업체가 외부로부터 공급된 전기 또는 열(연료 또는 전기를 열원으로 하는 것만 해당)을 사용함으로써 발생되는 온실가스 배출을 말한다.
② "이산화탄소 상당량"이란 이산화탄소에 대한 온실가스의 복사 강제력을 비교하는 단위로 해당 온실가스의 양에 지구온난화지수를 곱하여 산출한 값을 말한다.
③ "전환율"이란 단위 물질당 변화되는 물질량의 비율을 말한다.
④ "온실가스"란 적외선 복사열을 흡수하거나 재방출하여 온실효과를 유발하는 가스상태의 물질로서 법 제2조 제9호에서 정하고 있는 이산화탄소(CO_2), 메탄(NH_3), 아산화질소(N_2O), 수소불화탄소(HFCs), 과불화탄소(PFCs) 또는 육불화황(SF_6) 등을 말한다.

해설 [지침 제2조] "온실가스"란 적외선 복사열을 흡수하거나 재방출하여 온실효과를 유발하는 가스상태의 물질로서 법 제2조 제5호에서 정하고 있는 이산화탄소(CO_2), 메탄(CH_4), 아산화질소(N_2O), 수소불화탄소(HFCs), 과불화탄소(PFCs) 또는 육불화황(SF_6) 등을 말한다.

Answer **01.**② **02.**① **03.**④

04 다음 중 부문별 관장기관이 담당하는 사항으로 옳지 않은 것은?

① 관리업체의 선정·지정·관리 및 필요한 조치 등에 관한 사항
② 관리업체에 대한 온실가스 감축, 에너지 절약 등 목표의 설정
③ 관리업체 지정에 대한 이의신청 재심사, 결과 통보 및 변경 내용에 대한 고시
④ 관리업체 지정에 대한 부문별 관장기관의 이의신청 재심사 결과 확인

해설 [지침 제4조] 관리업체 지정에 대한 부문별 관장기관의 이의신청 재심사 결과 확인은 환경부장관이 담당한다.

05 온실가스 종합정보센터에서 담당하는 일이 아닌 것은?

① 목표관리 업무수행 지원 및 체계적 관리를 위한 국가 온실가스 종합관리 시스템의 구축 및 관리 등에 관한 사항
② 금융위원회 또는 한국거래소의 요청에 따른 관리업체 명세서의 통보
③ 국가 및 부문별 온실가스 감축 목표 설정의 지원
④ 국내외 온실가스 감축지원기술 개발·보급

해설 [지침 제4조] 온실가스 종합정보센터는 국가 및 부문별 온실가스 감축 목표 설정의 지원을 담당한다.

06 다음 중 관리업체의 구분 기준으로 옳지 않은 것은?

① 관리업체는 업체, 업체 내 사업장 및 사업장으로 구분한다.
② 관리업체는 업체에서 배출한 온실가스와 소비한 에너지의 최근 2년간 연평균 총량이 별표 1에서 정하는 기준 이상인 경우를 말한다.

③ 관리업체에 해당되는 사업장은 사업장에서 배출한 온실가스와 소비한 에너지의 최근 3년간 연평균 총량이 모두 별표 2의 기준 이상인 경우를 말한다.
④ 관리업체는 업체 내 사업장에서 배출한 온실가스와 소비한 에너지의 최근 3년간 연평균 총량이 별표 2에서 정하는 기준 미만이더라도 체에서 배출한 온실가스와 소비한 에너지의 최근 3년간 연평균 총량이 별표 1에서 정하는 기준 이상인 경우를 말한다.

해설 [지침 제8조] 관리업체는 업체, 업체 내 사업장으로 구분되며, 다음의 기준으로 산정할 수 있다.
1. 해당 연도 1월 1일을 기준으로 최근 3년간 업체의 모든 사업장에서 배출한 온실가스의 연평균 총량이 5만 이산화탄소상당량톤(tCO_2-eq) 이상인 업체
2. 해당 연도 1월 1일을 기준으로 최근 3년간 연평균 온실가스 배출량이 1만5천 이산화탄소상당량톤(tCO_2-eq) 이상인 사업장을 보유하고 있는 업체

07 다음 중 소관 부문별 관장기관으로 옳지 않은 것은?

① 농림축산식품부 : 농업·임업·축산·식품 분야
② 산업통상자원부 : 산업·발전 분야
③ 환경부 : 폐기물 분야
④ 국토교통부 : 도로·교통 분야

해설 [지침 제9조] 국토교통부는 건물·교통·건설 분야(해운·항만 분야는 제외)를 관장한다.

08 환경부가 관장하는 관리업체 업종 구분으로 옳지 않은 것은?

① 하수처리 업종   ② 폐기물처리 업종
③ 대기사업 업종   ④ 수도사업 업종

해설 [지침 제9조] 환경부가 관장하는 관리업체 업종은 하수·폐기물처리, 원료재생 및 환경복원업, 수도사업 업종이다.

09 업체 내 사업장인 소량 배출 사업장의 온실가스 배출량에 대한 기준으로 옳은 것은?

① 소량 배출 사업장들의 온실가스 배출량 등의 합은 업체 내 모든 사업장의 온실가스 배출량 등 총합의 1,000분의 50 미만이어야 한다.

② 소량 배출 사업장들의 온실가스 배출량 등의 합은 업체 내 모든 사업장의 온실가스 배출량 등 총합의 1,000분의 100 미만이어야 한다.

③ 소량 배출 사업장들의 온실가스 배출량 등의 합은 업체 내 모든 사업장의 온실가스 배출량 등 총합의 1,000분의 200 미만이어야 한다.

④ 소량 배출 사업장들의 온실가스 배출량 등의 합은 업체 내 모든 사업장의 온실가스 배출량 등 총합의 1,000분의 500 미만이어야 한다.

해설 [지침 제11조] 소량 배출 사업장들의 온실가스 배출량 등의 합은 업체 내 모든 사업장의 온실가스 배출량 총합의 1,000분의 50 미만이어야 하고, 연평균 총량이 3,000이산화탄소상당량톤 미만인 경우로 한정한다.

10 다음 중 지침을 적용해야 하는 중앙행정기관으로 옳지 않은 것은?

① 축산폐수공공처리시설　② 공공재활용기반시설

③ 폐기물재활용시설　④ 집단에너지사업시설

해설 [지침 제14조] 「폐기물관리법」 제4조에 의한 폐기물처리시설은 지침을 적용해야 한다.

11 지정대상 관리업체 목록 등의 제출시기에 대한 기준으로 옳은 것은?

① 부문별 관장기관은 지정대상 관리업체의 목록 및 산정 근거 자료를 매년 1월 31일까지 전자적 방식 등으로 환경부장관에게 통보하여야 한다.

② 부문별 관장기관은 지정대상 관리업체의 목록 및 산정 근거 자료를 매년 4월 30일까지 전자적 방식 등으로 환경부장관에게 통보하여야 한다.

③ 부문별 관장기관은 지정대상 관리업체의 목록 및 산정 근거 자료를 매년 7월 31일까지 전자적 방식 등으로 환경부장관에게 통보하여야 한다.

④ 부문별 관장기관은 지정대상 관리업체의 목록 및 산정 근거 자료를 매년 10월 31일까지 전자적 방식 등으로 환경부장관에게 통보하여야 한다.

해설 [지침 제17조] 부문별 관장기관은 지정대상 관리업체의 목록 및 산정 근거 자료를 매년 4월 30일까지 전자적 방식 등으로 환경부장관에게 통보하여야 한다.

12 다음 중 관리업체의 지정·고시에 대한 기준으로 옳은 것은?

① 부문별 관장기관은 환경부장관의 확인을 거쳐 매년 3월 31일까지 소관 관리업체를 관보에 고시해야 한다.

② 부문별 관장기관은 환경부장관의 확인을 거쳐 매년 6월 30일까지 소관 관리업체를 관보에 고시해야 한다.

③ 부문별 관장기관은 환경부장관의 확인을 거쳐 매년 9월 30일까지 소관 관리업체를 관보에 고시해야 한다.

④ 부문별 관장기관은 환경부장관의 확인을 거쳐 매년 12월 31일까지 소관 관리업체를 관보에 고시해야 한다.

해설 [지침 제20조] 부문별 관장기관은 환경부장관의 확인을 거쳐 매년 6월 30일까지 소관 관리업체를 관보에 고시해야 한다.

13 2014년 1월 1일부터 적용되는 교통(자동차) 부문 업종별 허가 대수가 큰 순서로 나열된 것은?

① 시내버스 > 시외버스 > 고속버스 > 전세버스

② 전세버스 > 시내버스 > 시외버스 > 고속버스

③ 고속버스 > 전세버스 > 시내버스 > 시외버스

④ 시외버스 > 고속버스 > 전세버스 > 시내버스

해설 [지침 별표 5] 2014년 1월 1일부터 적용되는 교통(자동차) 부문 업종별 허가 대수는 법인택시(2,063), 시내버스(1,176), 시외버스(806), 고속버스(673), 전세버스(2,038)이다.

14 다음 중 배출량 등의 산정·보고 범위에 대한 설명으로 옳은 것은?

① 보고대상 배출시설 중 연간 배출량이 30tCO₂-eq 미만인 소규모 배출시설은 부문별 관장기관의 확인을 거쳐 제2항에 따른 배출시설 단위로 구분하여 보고하지 않고 사업장 단위 총 배출량에 포함하여 보고할 수 있다.
② 보고대상 배출시설 중 연간 배출량이 50tCO₂-eq 미만인 소규모 배출시설은 부문별 관장기관의 확인을 거쳐 제2항에 따른 배출시설 단위로 구분하여 보고하지 않고 사업장 단위 총 배출량에 포함하여 보고할 수 있다.
③ 보고대상 배출시설 중 연간 배출량이 100tCO₂-eq 미만인 소규모 배출시설은 부문별 관장기관의 확인을 거쳐 제3항에 따른 배출시설 단위로 구분하여 보고하지 않고 시설군으로 보고할 수 있다.
④ 보고대상 배출시설 중 연간 배출량이 150tCO₂-eq 미만인 소규모 배출시설은 부문별 관장기관의 확인을 거쳐 제3항에 따른 배출시설 단위로 구분하여 보고하지 않고 시설군으로 보고할 수 있다.

해설 [지침 제65조] 보고대상 배출시설 중 연간 배출량이 100tCO₂-eq 미만인 소규모 배출시설은 부문별 관장기관의 확인을 거쳐 배출시설 단위로 구분하여 보고하지 않고 시설군으로 보고할 수 있다.

15 다음 중 등록부 구축을 위한 사항으로 옳지 않은 것은?

① 관리업체의 상호 또는 명칭
② 관리업체의 규모
③ 관리업체의 대표
④ 관리업체의 본점 및 사업장 소재지

해설 [지침 제42조] 온실가스 종합정보센터는 관리업체의 상호 또는 명칭, 관리업체의 대표, 관리업체의 본점 및 사업장 소재지, 관리업체 지정에 관한 사항을 등록부로 구축해야 한다.

16 배출량 등의 산정·보고 범위에 대한 설명으로 옳지 않은 것은?

① 관리업체는 온실가스 직접 배출과 간접 배출로 온실가스 배출 유형을 구분하여 온실가스 배출량 등을 산정·보고하여야 한다.
② 관리업체는 법인 단위, 사업장 단위, 배출시설 단위 및 배출활동별로 온실가스 배출량 등을 산정·보고하여야 한다.
③ 보고대상 배출시설 중 연간 배출량이 100tCO₂-eq 미만인 소규모 배출시설은 부문별 관장기관의 확인을 거쳐 배출시설 단위로 구분하여 보고하지 않고 시설군으로 보고할 수 있다.
④ 관리업체는 CO₂, CH₄, N₂O에 대한 배출량만을 산정하여야 한다.

해설 [지침 제65조] 관리업체는 6대온실가스(법률 내 정의)에 대하여 빠짐이 없도록 배출량을 산정해야 한다.

17 다음 중 용어에 대한 설명으로 틀린 것은 어느 것인가?

① 매개변수란 세 개 이상 변수 사이의 상관관계를 나타낸다.
② 매개변수에는 배출계수, 발열량, 산화율이 있다.
③ 배출계수란 단위활동 자료당 발생하는 온실가스 배출량을 나타내는 계수이다.
④ 목표 설정이란 온실가스 감축 및 에너지 절약 등에 관한 목표를 정하는 것을 말한다.

해설 [지침 제2조] 매개변수란 두 개 이상 변수 사이의 상관관계를 나타낸다.

18 "배출허용량"에 대한 설명으로 옳은 것은?

① 일간 배출 가능한 온실가스의 양을 이산화탄소 무게로 환산하여 나타낸 것이다.
② 주간 배출 가능한 온실가스의 양을 이산화탄소 무게로 환산하여 나타낸 것이다.
③ 월간 배출 가능한 온실가스의 양을 이산화탄소 무게로 환산하여 나타낸 것이다.
④ 연간 배출 가능한 온실가스의 양을 이산화탄소 무게로 환산하여 나타낸 것이다.

해설 [지침 제2조] 배출허용량은 연간 배출 가능한 온실가스의 양을 이산화탄소 무게로 환산하여 나타낸 것을 말한다.

19 다음 중 "법인"에 대한 설명으로 옳은 것은?

① 민법상의 법인과 상법상의 회사를 말한다.
② 민법상의 법인과 민법상의 회사를 말한다.
③ 상법상의 법인과 민법상의 회사를 말한다.
④ 상법상의 법인과 상법상의 회사를 말한다.

해설 [지침 제2조] 법인은 민법상의 법인과 상법상의 회사를 말한다.

20 목표관리 계획기간에 대하여 알맞은 것은?

① 관리업체별로 목표가 설정된 이후 목표의 이행·달성을 관리하는 연도를 말하며, 목표를 부여받은 당해 1월 1일부터 12월 31일까지가 된다.
② 관리업체별로 목표가 설정된 이후 목표의 이행·달성을 관리하는 연도를 말하며, 목표를 부여받은 당해 7월 1일부터 다음 해 6월 30일까지가 된다.
③ 관리업체별로 목표가 설정된 이후 목표의 이행·달성을 관리하는 연도를 말하며, 목표를 부여받은 다음 해 1월 1일부터 12월 31일까지가 된다.
④ 관리업체별로 목표가 설정된 이후 목표의 이행·달성을 관리하는 연도를 말하며, 목표를 부여받은 다음 해 7월 1일부터 그 다음 해 6월 30일까지가 된다.

해설 관리업체별로 목표가 설정된 이후 목표의 이행·달성을 관리하는 연도를 말하며, 목표를 설정받은 다음 해 1월 1일부터 12월 31일까지가 된다.

21 다음 중 용어에 관한 설명으로 잘못된 것은 어느 것인가?

① "매개변수"란 두 개 이상 변수 사이의 상관관계를 나타내는 변수로서 온실가스 배출량 등을 산정하는 데 필요한 배출계수, 발열량, 산화율, 탄소 함량 등을 말한다.
② "배출계수"란 당해 배출시설의 단위 연료 사용량, 단위 제품 생산량, 단위 원료 사용량, 단위 폐기물 소각량 또는 처리량 등 단위 활동자료당 발생하는 온실가스 배출량을 나타내는 계수(係數)를 말한다.
③ "순발열량"이란 일정 단위의 연료가 완전연소되어 생기는 열량에서 연료 중 수증기의 잠열을 포함한 열량으로서 온실가스 배출량 산정에 활용되는 발열량을 말한다.
④ "산정등급(Tier)"이란 활동자료, 배출계수, 산화율, 전환율, 배출량 및 온실가스 배출량 등의 산정방법의 복잡성을 나타내는 수준을 말한다.

해설 "순발열량"이란 일정 단위의 연료가 완전연소되어 생기는 열량에서 연료 중 수증기의 잠열을 뺀 열량으로 온실가스 배출량 산정에 활용되는 발열량을 말한다.

22 다음 중 목표관리 지침에서 환경부장관의 역할로 알맞지 않은 것은?

① 국가 및 부문별 온실가스 감축 목표 설정의 지원
② 목표관리에 관한 제도 운영 및 총괄·조정
③ 검증기관의 지정·관리, 검증심사원 교육 및 양성
④ 부문별 관장기관 등의 소관 사무에 관한 종합적인 점검·평가

해설 국가 및 부문별 온실가스 감축 목표 설정의 지원은 센터에서 담당하고 있다. 환경부장관이 담당하는 역할은 다음과 같다.
1. 목표관리에 관한 제도 운영 및 총괄·조정
2. 목표관리에 관한 종합적인 기준과 지침의 제·개정 및 운영
3. 부문별 관장기관 등의 소관 사무에 관한 종합적인 점검·평가
4. 부문별 관장기관이 선정한 관리업체의 중복·누락, 규제의 적절성 등의 확인
5. 관리업체 지정에 대한 부문별 관장기관의 이의신청 재심사 결과 확인
6. 부문별 관장기관이 지정·고시한 관리업체의 종합·공표
7. 검증기관의 지정·관리, 검증심사원 교육 및 양성
8. 부문별 관장기관이 검토한 산정등급 3(Tier 3) 배출계수에 대한 확인
9. 2050 탄소중립 녹색성장위원회(탄소중립 녹색성장위원회) 심의안건에 관한 부문별 관장기관 협의 및 관계 전문가 등의 의견 수렴
10. 부문별 관장기관이 설정한 감축 목표와 이행실적 평가결과를 취합하여 탄소중립위원회 심의안건 작성

23 다음 중 용어의 정의로 옳지 않은 것은?
① "검증심사원"이란 검증업무를 수행할 수 있는 능력을 갖춘 자로서 일정기간 해당 분야 실무경력 등을 갖추고 제102조에 따라 등록된 자를 말한다.
② "기준연도"란 온실가스 배출량 등의 관련 정보를 비교하기 위해 해당하는 해로부터 지난 3년 전에 해당하는 연도를 말한다.
③ "검증심사원보"란 검증심사원이 되기 위해 일정한 자격과 교육과정을 이수한 자로서 제102조에 따라 등록된 자를 말한다.
④ "공정배출"이란 제품의 생산공정에서 원료의 물리·화학적 반응 등에 따라 발생하는 온실가스의 배출을 말한다.

해설 "기준연도"란 온실가스 배출량 등의 관련 정보를 비교하기 위해 지정한 과거의 특정기간에 해당하는 연도를 말한다.

24 다음 중 정의에 관한 설명으로 알맞은 것은?
① "온실가스 배출"이란 사람의 활동에 수반하여 발생하는 온실가스를 대기 중에 배출·방출 또는 누출시키는 직접 배출만을 말한다.
② "최적가용기법(Best Available Technology)"이란 온실가스 감축 및 에너지 절약과 관련하여 경제적·기술적으로 사용이 가능하면서 가장 최신이고 효율적인 기술, 활동 및 운전방법을 말한다.
③ "검증심사원"이란 검증심사원이 되기 위해 일정한 자격과 교육과정을 이수한 자로서 일정기간 해당 분야 실무경력 등을 갖추고 등록된 자를 말한다.
④ "총발열량"이란 일정 단위의 연료가 완전연소되어 생기는 열량에서 연료 중 수증기의 잠열을 뺀 열량으로서 온실가스 배출량 산정에 활용되는 발열량을 말한다.

해설 ② 최적가용기법에 관한 설명만이 알맞은 내용이다.
[참고]
① "온실가스 배출"이란 사람의 활동에 수반하여 발생하는 온실가스를 대기 중에 배출·방출 또는 누출시키는 직접 배출과 다른 사람으로부터 공급된 전기 또는 열(연료 또는 전기를 열원으로 하는 것만 해당)을 사용함으로써 온실가스가 배출되도록 하는 간접 배출을 말한다.
③ "검증심사원"이란 검증업무를 수행할 수 있는 능력을 갖춘 자로서 일정기간 해당 분야 실무경력 등을 갖추고 등록된 자를 말한다.
④ "총발열량"이란 일정 단위의 연료가 완전연소되어 생기는 열량(연료 중 수증기의 잠열까지 포함)으로서 에너지 사용량 산정에 활용된다.

25 다음 중 관리업체의 구분에 관한 설명으로 옳지 않은 것은?

① 관리업체(중앙행정기관 등을 포함)는 업체, 업체 내 사업장으로 구분한다.
② 해당 연도 1월 1일을 기준으로 최근 3년간 연평균 온실가스 배출량이 1만 5천 이산화탄소상당량톤 (tCO_2-eq) 이상인 사업장을 보유하고 있는 업체의 경우 관리업체(업체기준)로 지정할 수 있다.
③ 해당 연도 1월 1일을 기준으로 최근 3년간 업체의 모든 사업장에서 배출한 온실가스 연평균 총량이 5만 이산화탄소상당량톤 이상인 업체의 경우 관리업체(업체기준)로 지정할 수 있다.
④ 사업장의 신설 등으로 인해 최근 3년간 자료가 없을 경우에는 관리업체로 지정될 수 없다.

해설 사업장의 신설 등으로 인해 최근 3년간 자료가 없을 경우에는 보유하고 있는 자료를 기준으로 산정할 수 있다.

26 다음 중 온실가스 감축 목표의 설정 원칙으로 옳은 것은?

① 목표의 설정방법과 수준 등은 관리업체가 예측할 수 있도록 가능한 범위에서 사전에 공표되어야 한다.
② 목표의 협의 및 설정은 다수 이해관계자들의 신뢰를 확보할 수 있도록 비공개 상태로 진행되어야 한다.
③ 관리업체의 과거 온실가스 배출량과 에너지 사용량의 이력을 적절하게 반영하지 않아도 된다.
④ 관리업체의 목표는 시행령 제25조에서 정한 온실가스 감축 국가 목표를 달성하기 위한 범위 이상으로 설정되어야 한다.

해설 목표의 설정방법과 수준 등은 관리업체가 예측할 수 있도록 가능한 범위에서 사전에 공표되어야 한다.
② 목표의 협의 및 설정은 다수 이해관계자들의 신뢰를 확보할 수 있도록 투명하게 진행되어야 한다.
③ 관리업체의 과거 온실가스 배출량과 에너지 사용량의 이력을 적절하게 반영하여야 한다.

④ 관리업체의 목표는 시행령 제25조에서 정한 온실가스 감축 국가 목표를 달성하기 위한 범위 이내에서 설정되어야 한다.

27 당해 연도에 새로 관리업체로 지정된 경우의 목표관리 대상기간으로 알맞은 것은?

① 당해 목표를 설정하고, 다음 해 1월 1일부터 12월 31일까지를 목표관리 대상기간으로 한다.
② 당해 목표를 설정하고, 다음 해 7월 1일부터 그 다음 해 6월 30일까지를 목표관리 대상기간으로 한다.
③ 다음 해에 목표를 설정하고, 그 다음 해 1월 1일부터 12월 31일까지를 목표관리 대상기간으로 한다.
④ 다음 해에 목표를 설정하고, 다음 해 7월 1일부터 그 다음 해 6월 30일까지를 목표관리 대상기간으로 한다.

해설 다음 해에 목표를 설정하고, 그 다음 해 1월 1일부터 12월 31일까지를 목표관리 대상기간으로 한다.

28 이행계획을 작성할 때 제출기한으로 알맞은 것은?

① 관리업체는 당해 연도 9월 30일까지 전자적 방식으로 다음 연도 이행계획을 작성하여 부문별 관장기관에 제출하여야 한다.
② 관리업체는 당해 연도 10월 31일까지 전자적 방식으로 다음 연도 이행계획을 작성하여 부문별 관장기관에 제출하여야 한다.
③ 관리업체는 당해 연도 11월 30일까지 전자적 방식으로 다음 연도 이행계획을 작성하여 부문별 관장기관에 제출하여야 한다.
④ 관리업체는 당해 연도 12월 31일까지 전자적 방식으로 다음 연도 이행계획을 작성하여 부문별 관장기관에 제출하여야 한다.

해설 관리업체는 당해 연도 12월 31일까지 전자적 방식으로 다음 연도 이행계획을 작성하여 부문별 관장기관에 제출하여야 한다.

Answer **25.**④ **26.**① **27.**③ **28.**④

온실가스 배출권거래제 운영을 위한 검증지침

 01 온실가스 배출권거래제 운영을 위한 검증지침

제1장 총칙

제1조(목적) 이 지침은 「기후위기 대응을 위한 탄소중립·녹색성장기본법」(이하 "기본법"이라 한다) 제44조 및 같은 법 시행령(이하 "기본법 영"이라 한다) 제32조, 「온실가스 배출권의 할당 및 거래에 관한 법률」(이하 "법"이라 한다) 제24조, 제24조의 2, 제24조의 3, 제30조 및 같은 법 시행령(이하 "영"이라 한다) 제39조, 제40조, 제41조, 제49조의 검증기관의 지정·관리와 검증심사원의 관리 및 검증업무에 관한 세부사항, 법 제40조 및 영 제57조 제2항의 검증기관 지정 등에 관한 업무의 위임에 관한 사항을 정하는 것을 목적으로 한다.

제2조(용어의 정의) 이 지침에서 사용되는 용어의 뜻은 다음과 같다.

1. **"검증"**이란 온실가스 배출량의 산정과 외부사업 온실가스 감축량의 산정이 이 지침에서 정하는 절차와 기준 등(이하 "검증기준"이라 한다)에 적합하게 이루어졌는지를 검토·확인하는 체계적이고 문서화된 일련의 활동을 말한다.

2. **"검증심사원"**이란 검증업무를 수행할 수 있는 능력을 갖춘 자로서 일정기간 해당 분야 실무경력 등을 갖추고 제28조 또는 제29조에 따라 등록된 자를 말한다.

3. **"검증심사원보"**란 검증심사원이 되기 위해 일정한 자격을 갖추고 교육과정을 이수한 자로서 제28조 또는 제29조에 따라 등록된 자를 말한다.

4. **"검증팀"**이란 검증을 수행하는 2인 이상의 검증심사원과 이를 보조하는 검증심사원보 및 제10조에 따른 기술전문가로 구성된 집단을 말한다.

5. **"공평성"**이란 검증기관이 객관적인 증거와 사실에 근거한 검증활동을 함에 있어 피검증자 등 이해관계자로부터 어떠한 영향도 받지 않는 것을 말한다.

6. **"누출량"**이란 감축사업 시행과정 중 외부사업의 범위 밖에서 부수적으로 발생하는 온실가스 배출량의 증가량 또는 감축량을 말하며, 그 양은 계산과 측정이 가능한 경우를 말한다.

7. **"내부심의"**란 검증기관이 검증의 신뢰성 확보 등을 위해 검증팀에서 작성한 검증보고서를 최종 확정하기 전에 검증과정 및 결과를 재검토하는 일련의 과정을 말한다.

8. **"리스크"**란 검증기관이 온실가스 배출량의 산정과 연관된 오류를 간과하여 잘못된 검증 의견을 제시할 위험의 정도 등을 말한다.

9. "**불확도**"란 온실가스 배출량의 산정결과와 관련하여 정량화된 양을 합리적으로 추정한 값의 분산특성을 나타내는 정도를 말한다.

10. "**베이스라인 배출량**"이란 외부사업 사업자가 감축사업을 하지 않았을 경우 사업경계 내에서 발생 가능성이 가장 높은 조건을 고려한 온실가스 배출량을 말한다.

11. "**외부사업 온실가스 감축량**"이란 외부사업 사업자가 법 제8조 제1항에 따라 지정·고시된 할당대상업체의 조직경계 외부의 배출시설 또는 배출활동 등에서 국제적 기준에 부합하는 방식으로 온실가스를 감축, 흡수 또는 제거하는 사업을 통해 저감되는 감축량을 말한다.

12. "**적격성**"이란 검증에 필요한 기술, 경험 등의 능력을 적정하게 보유하고 있음을 말한다.

13. "**중요성**"이란 온실가스 배출량의 최종 확정에 영향을 미치는 개별적 또는 총체적 오류, 누락 및 허위 기록 등의 정도를 말한다.

14. "**피검증자**"란 이 지침에 의한 검증기관으로부터 온실가스 배출량의 명세서와 외부사업 온실가스 감축량의 모니터링 보고서에 대한 검증을 받는 할당대상업체 또는 외부사업 사업자를 말한다.

15. "**합리적 보증**"이란 **검증기관(검증심사원을 포함한다)이 검증 결론을 적극적인 형태로 표명함에 있어 검증과정에서 이와 관련된 리스크가 수용 가능한 수준 이하임을 보증**하는 것을 말한다.

제3조(타 규정과의 관계)

① 검증기관의 지정·관리와 검증심사원의 관리 및 검증업무에 관하여는 다른 지침에 우선하여 이 지침을 적용한다.

② 온실가스 배출량의 검증 등과 관련하여 이 지침에서 정하지 아니한 사항에 대해서는 국제 표준화기구(ISO)에서 승인한 국제규격 등 국제적으로 통용되는 기준을 준용한다.

제4조(주무관청의 업무)

① 이 지침과 관련하여 주무관청(이하 "환경부장관"이라 한다)은 다음 각 호의 업무를 수행한다.

   1. 검증기관 지정·관리

   2. 검증심사원의 교육·양성 및 관리

② 환경부장관은 제1항 각 호의 업무의 일부 또는 전부를 국립환경과학원장 및 국립환경인력개발원장에게 위탁하여 수행할 수 있다.

제5조(비밀 준수)

① 이 지침에 따른 업무를 수행하면서 취득한 정보(취득한 정보를 가공한 경우를 포함한다)는 다른 용도로 사용되거나 외부로 유출되어서는 아니 된다. 다만 관계 법령 또는 이 지침의 규정에 의한 경우는 그러하지 아니하다.

② 할당대상업체의 명세서의 검증업무를 수행하는 검증심사원(검증심사원보, 기술전문가 등을 포함한 검증팀) 및 검증기관은 관련 정보를 취급함에 있어 보안유지 의무를 따라야 한다.

제6조(자료제출 요청) 환경부장관과 부문별 관장기관의 장(기본법 영 제26조 제3항에 따라 정해진 관계 중앙행정기관의 장을 말한다)은 온실가스 배출권거래제 운영 및 평가 등을 위해 검증기관에게 필요한 자료의 제출을 요청할 수 있다.

제2장 온실가스 배출량 및 에너지 소비량 등의 검증

제7조(검증의 기본원칙) 검증기관은 피검증자의 온실가스 배출량 및 에너지 소비량 등에 관한 검증 및 외부사업 온실가스 감축량에 관한 검증을 수행할 때에 다음 각 호의 원칙에 따라야 한다.

1. **객관적인 자료와 증거 및 관련 규정에 따라 사실에 근거하여 검증을 수행**하고 그 내용을 정확하게 기록할 것
2. 검증을 수행하는 과정에서 **피검증자나 관계인의 의견을 충분히 수렴**할 것
3. 외부사업 온실가스 감축량 검증은 감축량 산정 시 **보수적인 관점으로 평가**할 것
4. **합리적 보증이 가능한 수준으로 검증을 수행**할 것

제8조(검증에 필요한 자료의 요구) 검증기관은 검증업무를 수행하기 위해 필요한 경우 피검증자에게 관련 자료의 제출을 요구할 수 있다. 이때 자료제출을 요구받은 피검증자는 특별한 사정이 없는 한 이에 따라야 한다.

제9조(검증팀의 구성)

① 검증기관은 피검증자의 온실가스 배출량의 산정 또는 외부사업 온실가스 감축량의 산정(이하 "검증대상"이라 한다)에 대한 검증을 수행할 때에 **2인 이상의 검증심사원으로 검증팀을 구성**하여 검증을 수행하여야 하며, 이 중 1인의 검증심사원을 검증팀장으로 선임하여야 한다.

② 검증팀에는 제28조 제2항 각 호의 분야 중 검증대상이 속하는 분야에 대한 자격을 갖춘 검증심사원이 1인 이상 포함되어야 한다. 다만, 검증대상이 속하는 분야가 다수인 경우에는 각각의 분야에 대한 자격을 갖춘 검증심사원이 1인 이상 포함되어야 하며, 1인의 검증심사원이 복수의 분야에 대한 자격을 갖춘 경우에는 해당 검증심사원이 자격을 갖춘 분야에 대하여는 자격을 갖춘 검증심사원이 포함된 것으로 본다.

③ 검증팀에는 검증심사원의 검증업무를 보조 및 지원하기 위해 검증심사원보가 포함될 수 있다. 이 경우 검증팀에 포함된 검증심사원보의 인적사항 등을 검증보고서에 기재하여야 한다.

④ 다음 각 호에 해당하는 자는 해당 검증대상의 검증을 위한 검증팀에 포함될 수 없다.

1. 피검증자의 임·직원으로 근무한 자로서 근무를 종료한 날로부터 2년이 경과되지 아니한 자
2. 피검증자에 대한 컨설팅에 참여한 자로서 참여를 종료한 날로부터 2년이 경과되지 아니한 자
3. 기타 당해 검증의 독립성을 저해할 수 있는 사항에 연관된 자

⑤ 환경부장관은 제4항 각 호에 해당하는 자가 검증팀에 포함되어 있는 경우 해당하는 자를 검증팀에서 제외하거나 다른 검증심사원으로 교체하도록 검증기관에 요구할 수 있다.

제10조(기술전문가)

① 검증팀장은 검증의 전문성을 보완하기 위하여 검증대상에 대한 전문지식을 갖춘 자를 기술전문가로 선임할 수 있다.

② 제1항에 따른 기술전문가는 다음 각 호의 지식을 갖추어야 한다.

　1. 피검증자의 공정, 운영체계 등 기술적 이해

　2. 온실가스 배출량 및 감축량(흡수량) 등의 산정ㆍ보고 및 검증의 방법과 절차

　3. 데이터 및 정보에 대한 중요성 판단과 리스크 분석

　4. 기타 검증에 필요한 사항

③ 제1항에 따른 기술전문가 선임에 관하여는 제9조 제4항을 준용한다. 이 경우 "검증심사원"은 "기술전문가"로 본다.

④ 기술전문가의 업무는 검증팀장이 요청하는 해당 전문분야에 대한 정보를 제공하는 업무에 한한다.

제11조(내부심의팀의 구성)

① 검증기관은 검증팀의 검증에 대한 내부심의를 위하여 1인 이상의 소속 검증심사원으로 내부심의팀을 구성하여야 한다. 이 경우 심의를 하여야 할 검증에 참여하였던 자는 내부심의팀에 포함될 수 없다.

② 제1항에 따른 내부심의팀의 구성에 관하여는 제9조 제4항 및 제10조 제2항을 준용한다. 이 경우 "해당 검증대상의 검증을 위한 검증팀" 및 "기술전문가"는 "내부심의팀"으로 본다.

제12조(배출량 산정계획서 검증의 절차 및 방법)

① 할당대상업체는 검증기관이 배출량 산정계획서 검증업무를 수행할 수 있는지를 확인하고 이를 명시하여 계약을 체결하여야 한다.

② 검증기관은 할당대상업체와 배출량 산정계획서 검증에 관한 계약을 체결하는 경우 계약을 체결하기 전에 별지 제1호 서식에 따른 공평성 위반 여부 자가진단표를 작성하여 계약서에 첨부하여야 한다.

③ 배출량 산정계획서의 검증은 [별표 1]에서 정한 절차에 따른다. 이 경우 세부적인 검증방법은 [별표 2]에서 정한 바에 따른다.

④ 제3항에도 불구하고 검증기관이 검증의 합리적 보증을 위하여 필요하다고 인정하는 경우에는 [별표 1]에서 정한 검증절차 이외에 추가적인 절차를 수행할 수 있다.

⑤ 소규모 배출시설에 대한 배출량 산정계획서의 검증은 합리적 보증 및 효율적 관리를 위하여 시설항목관리 등으로 단순화할 수 있다.

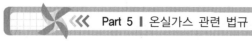

┃ [별표 1] 온실가스 배출량 등의 검증절차 ┃

	절 차	개 요	수행주체
1 단계	검증개요 파악	• 피검증자 현황 파악 • 검증범위 확인 • 배출량 산정기준 및 데이터 관리시스템 확인	검증팀 + 피검증자
	검증계획 수립	• 리스크 분석 • 데이터 샘플링계획의 수립 • 검증계획의 수립	검증팀 + 피검증자
2 단계	문서검토	• 온실가스 산정기준 평가 • 명세서 평가 및 주요 배출원 파악 • 데이터 관리 및 보고 시스템 평가 • 전년 대비 운영상황 및 배출시설의 변경사항 확인 및 반영 • 문서검토 결과 시정조치 요구	검증팀 + 피검증자
	현장검증	• 배출량 산정계획과 현장과의 일치성 확인 • 데이터 및 정보 검증 • 측정기기 검교정 관리상태 확인 • 데이터 및 정보시스템 관리상태 확인 • 이전 검증결과 및 변경사항 확인	검증팀 + 피검증자
3 단계	검증결과 정리 및 평가	• 수집된 증거 평가 • 오류의 평가 • 중요성 평가 • 검증결과의 정리 • 발견사항에 대한 시정조치 및 검증보고서 작성	검증팀
	내부심의	• 검증절차 준수 여부 • 검증의견에 대한 적절성 심의	내부심의팀
	검증보고서 제출	검증보고서 제출	검증팀

제13조(온실가스 배출량 검증의 절차 및 방법)

① 할당대상업체는 검증기관이 온실가스 배출량 검증업무를 수행할 수 있는지를 확인하고 이를 명시하여 계약을 체결하여야 한다.

② 검증기관은 할당대상업체와 온실가스 배출량 등의 검증에 관한 계약을 체결하는 경우 계약을 체결하기 전에 별지 제1호 서식에 따른 공평성 위반 여부 자가진단표를 작성하여 계약서에 첨부하여야 한다.

③ 온실가스 배출량 등의 검증은 [별표 1]에서 정한 절차에 따른다. 이 경우 세부적인 검증방법은 [별표 3]에서 정한 바에 따른다.

④ 제3항에도 불구하고 검증기관이 검증의 합리적 보증을 위하여 필요하다고 인정하는 경우에는 [별표 1]에서 정한 검증절차 이외에 추가적인 절차를 수행할 수 있다.

⑤ 검증기관은 검증을 위하여 필요한 경우 별지 제2호 서식을 참고하여 검증 체크리스트를 작성하여 이용할 수 있다.

제14조(외부사업 온실가스 감축량 검증의 절차 및 방법)

① 외부사업 사업자는 검증기관이 외부사업 온실가스 감축량 검증업무를 수행할 수 있는지를 확인하고 이를 명시하여 계약을 체결하여야 한다.

② 검증기관은 외부사업 사업자와 외부사업 온실가스 감축량 검증에 관한 계약을 체결하는 경우 계약을 체결하기 전에 별지 제1호 서식에 따른 공평성 위반 여부 자가진단표를 작성하여 계약서에 첨부하여야 한다.

③ 외부사업 온실가스 감축량의 검증은 [별표 4]에서 정한 절차에 따른다. 이 경우 세부적인 검증방법은 [별표 5]에서 정한 바에 따른다.

④ 제3항에도 불구하고 검증기관이 검증의 합리적 보증을 위하여 필요하다고 인정하는 경우에는 [별표 4]에서 정한 검증절차 이외에 추가적인 절차를 수행할 수 있다.

⑤ 검증기관은 필요한 경우 별지 제5호 서식을 참고하여 외부사업 온실가스 감축량 검증 체크리스트를 작성하여 검증 시 이용할 수 있다.

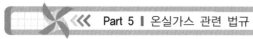

┃ [별표 4] 외부사업 온실가스 감축량 검증절차 ┃

절 차	개 요	수행주체
1단계 검증개요 파악	• 피검증자 현황 파악 • 검증범위 확인 • 외부사업 온실가스 감축량 산정기준 및 데이터 관리 시스템 확인	검증팀 + 피검증자
검증계획 수립	• 리스크 분석 • 데이터 샘플링계획의 수립 • 검증계획의 수립	검증팀 + 피검증자
2단계 문서검토	• 사업계획서와 적용 방법론의 기준 이행 여부 평가 • 모니터링 보고서 평가 및 주요 배출원 파악 • 데이터 관리 및 보고 시스템 평가 • 운영상황 및 외부사업 온실가스 감축시설의 변경사항 확인 및 반영 • 문서검토 결과 시정조치 요구	검증팀 + 피검증자
현장검증	• 사업계획에 따른 사업의 이행 여부 확인 • 적용방법론에 따른 모니터링계획의 준수 여부 확인 • 사업계획서에 따른 모니터링 이행 여부 확인 • 데이터 검증 및 온실가스 감축량(흡수량) 산정 확인 • 데이터 QA/QC 절차 확인 • 온실가스 감축량의 타 제도에서의 중복인증 여부 확인	검증팀 + 피검증자
3단계 검증결과 정리 및 평가	• 수집된 증거 평가 • 검증결과의 정리 • 발견사항에 대한 시정조치 및 검증보고서 작성	검증팀
내부심의	• 검증절차 준수 여부 • 검증의견에 대한 적절성 심의	내부심의팀
검증보고서 제출	검증보고서 제출	검증팀

제15조(시정조치)

① 검증기관은 검증을 수행하며 발견된 검증기준 미준수사항 및 온실가스 배출량의 산정에 영향을 미치는 오류 등(이하 "조치 요구사항"이라 한다)에 대한 시정을 피검증자에게 요구하여야 한다.

② 제1항에 따라 시정을 요구받은 피검증자는 조치 요구사항에 대한 시정내용 등이 반영된 법 제13조 제2항에 따른 배출량 산정계획서 또는 법 제24조 제1항에 따른 명세서 또는 영 제49조 제1항에 따른 모니터링 보고서와 이에 대한 객관적인 증빙자료(이하 "시정결과"라 한다)를 검증기관에 제출하여야 한다. 다만, 외부사업 온실가스 감축량에 대한 검증의 경우에는 시정을 요구받은 날로부터 30일 이내에 시정결과를 검증기관에 제출하여야 하며, 3회까지 제출할 수 있다.

③ 검증기관은 조치 요구사항에 대한 시정을 피검증자에게 요구한 경우 해당 조치 요구사항 및 시정결과에 대한 내역을 별지 제3호 서식에 따라 작성하여 검증보고서와 함께 환경부장관에게 제출하여야 한다.

제16조(검증의견의 결정)

① 검증팀장은 모든 검증절차 및 시정조치가 완료되면 해당 검증대상에 대한 최종 검증의견을 확정하여야 한다.

② 온실가스 배출량 검증결과에 따른 최종 검증의견은 다음 각 호 중 하나로 하여야 한다.

　1. 적정 : 검증기준에 따라 배출량이 산정되었으며, 불확도와 오류(잠재 오류, 미수정된 오류 및 기타 오류를 포함한다) 및 수집된 정보의 평가결과 등이 [별표 3] 제5호 다목의 중요성 기준 미만으로 판단되는 경우

　2. 조건부 적정 : 중요한 정보 등이 온실가스 배출량 등의 산정·보고 기준을 따르지 않았으나, 불확도와 오류 평가결과 등이 [별표 3] 제5호 다목의 중요성 기준 미만으로 판단되는 경우

　3. 부적정 : 불확도와 오류 평가결과 등이 [별표 3] 제5호 다목의 중요성 기준 이상으로 판단되는 경우

|| [별표 3] [제5호 다목] 중요성 평가 양적 기준치 ||

---

1. 중요성의 양적 기준치는 할당대상업체의 배출량 수준에 따라 차등화한다.
2. 총 배출량이 500만tCO$_2$-eq 이상인 할당대상업체는 총 배출량의 2.0%, 50만tCO$_2$-eq 이상, 500만tCO$_2$-eq 미만인 할당대상업체에서는 총 배출량의 2.5%, 50만tCO$_2$-eq 미만인 할당대상업체는 총 배출량의 5.0%로 한다.

---

③ 외부사업 온실가스 감축량 검증결과에 따른 최종 검증의견은 다음 각 호 중 하나로 하여야 한다.

　1. 적정 : 검증기준에 따라 외부사업 온실가스 감축량이 산정되었으며, 검증기관의 모든 조치 요구사항에 대한 외부사업 사업자의 조치가 적절하게 이행된 경우

　2. 부적정 : 중요한 정보 등이 온실가스 감축량 등의 산정·보고기준을 따르지 않았으며, 이에 따른 검증기관의 모든 조치 요구사항에 대하여 제15조 제2항에 제시된 기간 안에 시정조치를 완료하지 못하였을 경우

제17조(검증보고서 작성)

① 검증팀장은 최종 검증의견을 확정한 후, 별지 제3호의 2 서식, 별지 제4호 서식 또는 별지 제6호 서식에 따라 검증보고서를 작성하여야 한다.

② 제1항에 따른 검증보고서에는 다음 각 호의 사항이 포함되어야 한다.

1. 검증 개요 및 검증의 내용
2. 검증과정에서 발견된 사항 및 그에 따른 조치내용
3. 최종 검증의견 및 결론
4. 내부심의 과정 및 결과
5. 기타 검증과 관련된 사항

제18조(내부심의)

① 검증팀장은 제17조에 따른 검증보고서 작성이 완료되면 제11조에 따라 구성된 내부심의팀에게 해당 검증에서의 검증절차 준수 여부 및 최종 검증의견에 대한 내부심의를 요청하여야 한다.

② 검증팀장은 제1항에 따른 내부심의를 위하여 다음 각 호의 자료를 내부심의팀에 제출하여야 한다.

1. 검증 수행계획서, 체크리스트 및 검증보고서
2. 검증과정에서 발견된 오류 및 시정조치사항에 대한 이행결과
3. 법 제13조 제2항에 따른 배출량 산정계획서
4. 법 제24조 제1항에 따른 명세서
5. 영 제49조 제1항에 따른 사업계획서와 모니터링 보고서
6. 기타 검토에 필요한 자료

③ 내부심의팀은 내부심의 과정에서 발견된 문제점을 즉시 검증팀장에게 통보하여야 하며, 검증팀장은 이를 반영하여 검증보고서를 수정하여야 한다.

④ 내부심의팀은 제3항에 따라 수정한 검증보고서를 확인하여 내부심의 결과가 적절하게 반영되었다고 판단되는 경우 심의를 종료하고 이를 검증팀장에게 통보하여야 한다.

제19조(검증보고서의 제출) 검증기관은 제18조에 따른 내부심의가 종료된 검증의 보증수준이 합리적 보증수준 이상이라고 판단되는 경우에 최종 검증보고서를 피검증자에게 제출하여야 한다.

제3장 검증기관의 지정 및 관리

제20조(검증기관 등의 운영원칙)

① 검증은 객관적 증거에 근거하여 공평하고 독립적으로 이루어져야 하며, 검증기관은 이를 최대한 보장할 수 있도록 필요한 조치를 강구하여야 한다.

② 검증기관은 소속 검증심사원이 자격을 갖춘 분야에 대해서만 검증업무를 수행하여야 하며, 피검증자 등의 특성과 조건 등을 종합적으로 고려하여 적격성 있는 검증팀을 구성하여야 한다.

③ 검증기관은 검증을 수행하는 과정에서 취득한 정보(취득한 정보를 가공한 경우를 포함한다)를 할당대상업체의 동의 없이 외부로 유출하거나 다른 목적으로 사용하여서는 아니 된다. 다만, 법과 영에서 공개할 수 있도록 정한 정보는 그러하지 아니하다.

제21조(검증기관의 지정)

① 검증기관으로 지정을 받고자 하는 자(법인을 포함한다. 이하 "지정신청인"이라 한다)는 [별표 6]에서 정한 검증기관 지정요건을 충족하고 있음을 증명하는 서류를 첨부하여 별지 제7호 서식에 따른 신청서를 국립환경과학원장에게 제출하여야 한다.

② (삭제)

③ 국립환경과학원장은 제1항에 따른 신청에 대한 서면심사 및 현장조사 등을 실시하여 관련 규정에 적합하다고 인정될 경우에는 지정신청인을 검증기관으로 지정하고 별지 제8호 서식에 따른 검증기관 지정서를 지정신청인에게 교부하여야 한다. 이 경우 국립환경과학원장은 다음 각 호의 사항을 관보에 고시하여야 한다.

　1. 검증기관의 명칭 및 소재지

　2. 검증기관 지정일 및 지정만료일

　3. 검증기관의 지정분야

④ 제3항에도 불구하고 국립환경과학원장은 지정신청인이 다음 각 호의 어느 하나에 해당하는 경우에는 검증기관으로 지정하지 않을 수 있다.

　1. 임원 중 피성년후견인 또는 피한정후견인이 있는 경우

　2. 법 제24조의 2 제4항에 따라 지정이 취소된 날로부터 3년이 경과하지 아니한 경우

　3. 최근 3년간 「부정경쟁방지 및 영업비밀 보호에 관한 법률」 제18조에 의해 벌금형 이상의 처분을 받은 경우

　4. 할당대상업체와 동일 법인(개인 및 공공기관 등을 포함한다)이거나 제4조 제2항의 업무를 수행하는 경우

　5. 법 제40조에 따라 이 법에 따른 권한 또는 업무의 일부를 위임받거나 위탁받은 경우

　6. 온실가스 또는 에너지 관련한 컨설팅업, 저감시설 설치·관리 등의 업무를 수행하는 법인 및 개인

⑤ (삭제)

⑥ 제3항에 따른 검증기관의 지정의 유효기간은 지정일로부터 3년으로 한다.

⑦ 지정유효기간 이후에 재지정을 받고자 하는 검증기관은 지정기간 만료일 이전 3개월 전까지 검증기관 재지정 신청서를 국립환경과학원장에게 제출하여야 한다. 이 경우 재지정 신청에 대한 심사에 관하여는 제3항부터 제4항까지를 준용한다.

▌[별표 6] 검증기관 지정요건 ▐

1. 일반사항
   가. 검증기관은 법인이어야 한다. 법인 정관이나 등기부상의 사업내용에 「탄소중립기본법」에 따른 검증업무가 명시되어 있어야 한다.
   나. 검증기관은 검증서비스 제공 시 고객과 법적으로 구속력 있는 계약을 체결해야 하며, 검증활동, 결정사항 및 검증보고서에 대한 권한과 책임을 가져야 한다.
   다. 검증기관은 검증업무에 대한 총괄적 권한과 책임을 보유한 최고경영자를 선정해야 하며, 검증업무에 관련된 모든 인원의 책임, 권한 및 의무를 명시한 조직 구조 및 상호관계를 기술하여야 한다.
   라. 검증기관은 공평하게 활동해야 하며, 이해 상충을 방지하기 위한 조치를 하여야 한다.
   마. 검증활동과 관련하여 발생할 수 있는 리스크에 대한 재정적 보상 등에 대한 대책(책임보험 가입 등)이 마련되어 있어야 한다.
2. 인력 및 조직
   가. 검증기관은 검증업무에 관련된 모든 인원의 자격요건을 규정하고, 인원의 적격성을 입증할 책임이 있다.
   나. 검증기관은 상근 검증심사원을 5명 이상 갖추어야 하며, 심사원을 선정, 교육훈련 및 주기적으로 업무능력을 평가하기 위한 절차를 구비하여야 한다.
   다. 검증심사팀은 심사원 자격요건, 검증지침 등 배출권거래제도에 대한 세부 지식이 있어야 한다.
   라. 검증심사팀은 배출권거래제 관련 법규를 포함하여 조직경계에 영향을 미칠 수 있는 재정적, 운영적, 계약적 또는 그 밖의 협약사항을 평가할 수 있는 전문지식과 다음 각 호의 사항을 평가할 수 있는 기술적 전문지식이 있어야 한다.
      1) 특정 온실가스 활동 및 기술
      2) 온실가스 배출원, 흡수원 또는 저장소의 식별 및 선정
      3) 관련 기술 및 전문분야별 특성에 따른 온실가스 정량화, 모니터링 및 보고
      4) 정상적이거나 비정상적인 운영조건을 포함하여, 온실가스 배출량 산정 시 중요성에 영향을 줄 수 있는 상황
   마. 검증심사팀은 다음 각 호에 대한 능력을 포함하여, 온실가스 배출량을 평가하기 위한 데이터 및 정보 심사 전문성이 있어야 한다.
      1) 온실가스 정보시스템 평가
      2) 샘플링계획
      3) 리스크 분석
      4) 데이터 및 데이터시스템의 오류 판별
      5) 중요성 평가
   바. 검증팀장은 다항, 라항, 마항에 대한 지식 및 전문성과 검증수행능력 및 검증팀을 관리할 수 있는 능력이 있어야 한다.
   사. 검증심사원은 검증업무 관련 방침 및 절차를 준수하여야 하며, 심사업무를 공평하고 독립적으로 수행하여야 한다.
   아. 검증기관은 소속 검증심사원이 보유한 전문분야에 한하여 검증업무를 수행할 수 있다. 다만 상근 심사원이 전문분야를 중복하여 보유하고 있을 경우에는 이를 같이 인정한다.
   자. 검증기관은 검증업무 관련 인원의 교육, 훈련, 경력, 업무능력, 소속 및 전문자격 등에 대한 최신 기록을 유지해야 한다.
   차. 검증기관은 검증심사를 다른 검증기관에 외주 처리할 수 없다.
3. 검증업무의 운영체계
   가. 검증기관은 본 지침 및 [별표 1]에서 규정한 검증절차에 필요한 세부 운영 매뉴얼을 구비하여야 한다.
   나. 검증기관은 업무 수행과정에서 피검증자의 의견수렴 및 이의제기에 따른 해소방안 절차 등을 구비하여야 한다.
   다. 검증업무 수행과정에서 취득한 정보의 타 용도 사용 및 외부유출 방지를 위한 시설 및 내부 관리절차를 구비하여야 한다.
   라. 검증기관은 이해관계자의 요청 시 운영활동 및 부문에 대해 명확하고 추적 가능한 정보를 정확하게 제공해야 한다.

마. 검증기관은 본 지침 및 다음 사항에 대한 지속적 성과를 유지하고 증명할 수 있는 문서화된 운영체계를 수립하고 실행 및 유지해야 한다.
  1) 경영시스템 방침
  2) 문서관리
  3) 기록관리
  4) 내부심사
  5) 시정조치
  6) 예방조치
  7) 경영검토

바. 검증기관 운영체계와 관련한 모든 절차와 매뉴얼 등은 법인의 최고책임자의 결재를 받아 문서 형태로 작성되어야 한다.

4. 검증기관 국제 운영기준
  검증기관은 국립환경과학원장이 ISO 17011 7.1에 따라 정한 다음의 국제기준을 충족하여야 한다.
  1) KS I ISO 14064-1 온실가스 – 제1부 : 온실가스 배출 및 제거의 정량 및 보고를 위한 조직 차원의 사용규칙 및 지침
  2) KS Q ISO 14064-2 온실가스 – 제2부 : 온실가스 배출 감축 또는 제거의 정량, 모니터링 및 보고를 위한 프로젝트 차원의 사용규칙 및 지침
  3) KS Q ISO 14064-3 온실가스 – 제3부 : 온실가스 선언에 대한 타당성 평가 및 검증을 위한 사용규칙 및 지침
  4) KS I ISO 14065 온실가스 – 온실가스 타당성 평가 및 검증기관 인정에 관한 요구사항
  5) KS I ISO 14066 온실가스 – 온실가스 타당성 평가팀 및 검증심사팀에 관한 적격성 요구사항

제22조(검증기관의 변경신고 등)

① 검증기관은 다음 각 호의 사유가 발생한 경우 국립환경과학원장에게 변경신고를 하여야 한다.
  1. 검증기관 사무실 소재지의 변경
  2. 법인 및 대표자가 변경된 경우
  3. (삭제)
  4. 검증심사원의 변경
  5. 검증지정분야의 변경

② 제1항의 변경신고를 하려는 자는 다음 각 호에서 정한 기한까지 별지 제7호 서식의 변경신고서에 변경내용을 증명하는 서류와 검증기관 지정서를 첨부하여 국립환경과학원장에게 제출하여야 한다.
  1. 제1항 제1호 및 제2호에 해당하는 경우 : 변경이 있은 날로부터 30일 이내
  2. 제1항 제3호부터 제5호까지에 해당하는 경우 : 변경이 있은 날로부터 7일 이내

③ 국립환경과학원장은 변경내용의 적절성 등을 검토하여 타당하다고 인정되면 변경내역을 검증기관 지정서에 기재하여 해당 변경을 신고한 검증기관에 교부하여야 하며, 제1항 제1호, 제2호 및 제5호에 해당하는 경우에는 검증기관 변경내역을 홈페이지에 공지하여야 한다.

④ (삭제)

제23조(검증기관의 관리)

① 국립환경과학원장은 영 제40조 제10항에 따라 검증기관 지정 후 매 1년마다 검증업무 수행의 적절성, 검증심사원의 자격 유지 등 전반적인 운영실태에 대한 정기적인 종합평가(현장확인 및 입회심사를 포함한다)를 실시하여야 하며, 다음 각 호에 해당하는 경우에는 수시평가를 수행할 수 있다.

   1. 법령 등의 위반에 대한 신고를 받거나 민원이 접수된 경우

   2. 검증기관이 업무 정지 및 휴업 종료 후 업무를 재개할 경우

   3. 그 밖에 환경부장관, 국립환경과학원장이 필요하다고 인정하는 경우

② 국립환경과학원장은 제1항에 따른 평가를 실시한 경우 다음 각 호의 사항이 포함된 평가결과보고서를 작성해야 하며, 평가결과에 따라 행정처분 등 필요한 조치를 해야 한다.

   1. 검증기관 사무소 소재지, 조직 등 일반현황

   2. 검증기관의 지정요건 및 운영절차의 준수 여부, 검증절차의 적절성 등에 대한 현장조사를 포함한 평가결과

   3. 조치 필요사항 등

③ 제21조부터 제23조까지에서 규정한 사항 외에 검증기관의 지정, 변경신고 및 관리에 관한 세부사항은 국립환경과학원장이 정한다.

제24조(검증기관의 준수사항)

① 검증기관은 검증결과보고서, 검증업무 수행내역 등 관련 자료를 5년 이상 보관하여야 한다.

② 검증기관은 영 제40조 제9항에 따른 반기별 검증업무 수행내역을 별지 제9호 서식에 따라 작성하여 매 반기 종료일로부터 30일 이내에 국립환경과학원장에게 제출하여야 한다.

③ 검증기관은 소속 검증심사원의 적격성을 주기적으로 평가 및 관리하는 등의 영 [별표 3]의 업무기준을 준수해야 한다.

④ 검증기관은 피검증자 등으로부터 위탁받은 검증업무를 다른 검증기관에 재위탁 또는 수탁하여서는 아니 된다.

⑤ 검증기관은 검증기관 및 동일한 법인 내에서 다음 각 호에 해당하는 온실가스 또는 에너지 관련된 자문이나 서비스를 제공해서는 안 된다. 또한, 다음 각 호의 자문 또는 서비스에 참여한 검증심사원은 자문 종료 후 2년 이내에 해당 피검증자에 대한 검증심사를 수행해서는 안 된다.

   1. 온실가스 인벤토리의 설계, 개발 또는 온실가스 및 에너지 감축을 위한 이행 및 관리, 프로젝트의 설계

   2. 온실가스 배출량 및 에너지 사용량의 산정, 보고, 관리를 위한 정보시스템을 설계하거나 개발

   3. 온실가스 배출 관련 측정 및 분석(Tier4 수준의 온실가스 연속측정 등) 기기의 설치 및 관리, 특정 할당대상업체만을 위해 온실가스 관련 매뉴얼, 핸드북 또는 절차를 준비하거나 작성

4. 온실가스 배출권거래제 관련 탄소자산관리, 온실가스 감축사업 경제성 평가 자문, 배출권 할당 및 거래에 대한 자문 또는 중개서비스

⑥ 검증기관은 공평성 준수 및 이해 상충을 회피하기 위한 관리절차를 마련하여, 공평성 관리가 지속적으로 이루어지고 있음을 입증해야 한다.

제25조(검증기관의 지정취소 등)

① 국립환경과학원장은 검증기관이 법 제24조의 2 제4항 또는 영 [별표 4]의 행정처분기준에 해당하는 경우 지정을 취소하거나 업무의 정지 또는 시정을 명할 수 있다.

② 제1항의 처분에 따른 실태조사, 청문 및 이의신청에 관한 사항은 법 제37조, 제37조의 2 및 제38조의 규정을 따른다. 이 경우 이의신청은 별지 제9호의 2 서식을 따른다.

③ 국립환경과학원장은 제1항에 따른 처분을 하는 경우 해당 검증기관명, 대표자, 처분사유 및 처분일자 등을 관보에 공고하고 이를 관계 중앙행정기관에게 즉시 통보해야 하며, 지정을 취소하는 경우에는 해당 검증기관의 검증기관 지정서를 즉시 회수해야 한다.

④ (삭제)

⑤ (삭제)

⑥ (삭제)

제26조(검증기관의 휴·폐업 신고 등)

① 휴업 또는 폐업하려는 검증기관은 별지 제10호 서식에 따른 신고서와 검증기관 지정서, 검증과 관련하여 취득한 정보의 관리계획(폐업신고에 한한다) 및 해당 기간까지의 검증업무 수행내역서를 작성하여 휴업 또는 폐업 예정일로부터 10일 이전에 국립환경과학원장에게 제출하여야 한다.

② 국립환경과학원장은 검증업무와 관련하여 취득한 정보의 관리방안 등을 확인하고 필요한 경우 관련 정보를 제출토록 하여 별도로 관리할 수 있다.

③ 국립환경과학원장은 사업장명, 휴업기간 또는 폐업일 등을 즉시 공고한 뒤 관계 중앙행정기관에 통보한다. 다만, 폐업의 경우는 관보에 공고한다.

④ 검증기관이 업무를 재개하고자 할 때에는 휴업기간 종료일로부터 7일 이전에 별지 제10호 서식에 따라 국립환경과학원장에게 신고하여야 한다. 이 경우 국립환경과학원장은 업무 재개를 신고한 검증기관 지정요건을 유지하고 있다고 판단되면 이를 공고하고 관계 중앙행정기관에 즉시 통보하여야 한다.

⑤ 제21조 제6항에 따른 지정 유효기간 이내에 휴업기간은 총 6개월을 넘을 수 없다.

제27조(검증 소요일수 기준) 검증기관은 [별표 7]에서 정한 검증 소요일수를 준수하여야 한다.

제4장 검증심사원의 등록 및 관리

제28조(검증심사원 및 검증심사원보의 자격 및 등록)

① 검증심사원보는 학력 및 경력 등이 [별표 8]에서 정한 기준에 적합한 자로서 환경부장관이 정한 교육과정을 이수한 자를 말한다. 이 경우 검증심사원보는 검증심사원의 업무를 보조한다.

② 검증심사원보가 검증기관에서 「온실가스·에너지 목표관리 운영 등에 관한 지침」 [별표 2] 및 [별표 3]의 배출활동 구분에 따른 다음 각 호에 해당하는 분야에서 검증실적 신고일을 기준으로 최근 3년 이내에 각 호에서 정하는 횟수 이상 검증에 참여한 경우에 해당 분야 검증심사원이 될 수 있다. 이 경우 2개 이상의 분야의 자격을 인정받고자 하는 경우에는 각각에 해당하는 검증 실적과 제31조 제1항 제1호 또는 제4호에 해당하는 해당 분야 교육 및 평가를 이수하여야 한다.
   1. 광물산업 분야(시멘트·석회 생산, 유리 생산 등 탄산염의 기타 공정 사용 등) : 5회
   2. 화학분야(암모니아·질산·아디프산·카바이드·이산화티탄·소다회·석유화학제품·불소화합물 생산 등) : 5회
   3. 철강·금속분야(철강·합금철·아연 생산 등) : 5회
   4. 전기·전자분야(전자·전기산업 등) : 5회
   5. 폐기물 분야(폐기물, 하·폐수처리, 바이오매스 등) : 3회
   6. 농축산 및 임업분야(농업, 축산, 조림 및 재조림 등) : 3회
   7. 공통 분야(연소, 전기·열·스팀의 사용, 수송 및 탈루성 배출 등) : 전문분야에 관계없이 5회
③ 환경부장관은 제2항에 따른 검증실적 인정에 있어 [별표 1]에 따른 검증절차 중 2단계부터 3단계까지만 참여한 경우에는 해당 단계의 모든 세부절차에 모두 참여한 자에 대해서만 1회 실적으로 인정할 수 있으며, 실적 분야는 가장 주된(공통은 제외할 수 있다) 배출활동 분야에 대하여 인정한다. 다만, 해당 할당대상업체가 사업장을 기준으로 「온실가스·에너지 목표관리 운영 등에 관한 지침」 [별표 2]의 사업장 지정 최소기준 이상의 다른 유형의 배출활동을 포함하고 있는 경우에는 해당 분야에 대한 검증실적을 추가로 인정할 수 있다.
④ 환경부장관은 국제적인 동향과 국내 여건 등을 고려하여 필요하다고 인정될 경우에는 제2항의 전문분야를 보다 세분화하여 전문성을 강화할 수 있다.
⑤ 검증심사원으로 등록(전문분야의 추가 또는 변경을 포함한다)하고자 하는 자는 별지 제11호 서식에 따른 등록신청서를 작성하여 환경부장관에게 제출하여야 하며, 검증심사원보의 등록은 교육기관으로부터 통보된 교육이수자 명단으로 갈음한다.
⑥ 환경부장관은 검증심사원으로 등록하고자 하는 자가 제2항의 검증심사원 자격요건에 적합하다고 인정되는 경우 별지 제12호 서식에 따른 등록증을 교부하고 그 결과를 별지 제13호 서식에 따라 검증심사원 관리대장에 기록하여야 한다.
⑦ 다음 각 호의 경우에는 검증심사원으로 등록할 수 없다.
   1. 피성년후견인 또는 피한정후견인
   2. 법 제24조의 3 제3항에 따라 검증심사원의 자격이 취소된 후 3년이 경과되지 아니한 자
   3. 최근 3년간 「부정경쟁방지 및 영업비밀보호에 관한 법률」 제18조 내지 제18조의 3에 해당하는 처벌을 받은 자

제29조(외부사업 검증심사원 자격 및 등록)
① 외부사업 검증심사원은 제28조에 따른 검증심사원으로서 환경부장관이 정한 교육과정을 이수한 자를 말한다.

② 외부사업 검증심사원은 다음 각 호에 해당하는 실무경력 또는 심사경력을 모두 갖춘 경우 [별표 8] 제3호의 해당 분야 검증심사원이 된다. 이 경우 2개 이상의 분야의 자격을 인정받고자 하는 경우에는 각각에 해당하는 실무경력 또는 심사경력을 갖추어야 한다.

　1. [별표 8] 제3호의 해당 분야에서 1년 이상의 실무경력

　2. [별표 8] 제3호의 해당 분야에서 3회 이상 심사한 경력

③ 환경부장관은 제2항에 따른 검증실적 인정에 있어 [별표 4]에 따른 검증절차 중 2단계부터 3단계까지만 참여한 경우에도 1회 실적으로 인정할 수 있으며, 실적 분야는 가장 주된(공통은 제외할 수 있다) 배출활동 분야에 대하여 인정한다.

④ 환경부장관은 국제적인 동향과 국내 여건 등을 고려하여 필요하다고 인정될 경우에는 [별표 8]의 외부사업 전문분야를 추가하거나 보다 세분화하여 전문성을 강화할 수 있다.

⑤ 제1항부터 제4항까지에서 규정한 사항 외에 외부사업 검증심사원 자격 및 등록에 관한 사항은 제28조를 준용한다.

제30조(검증심사원의 관리)

① 검증심사원은 등록증을 교부받은 날로부터 매 2년마다 제31조 제1항 제3호에 따른 보수교육을 이수하여야 하며, 미이수 시 환경부장관은 해당 분야의 자격을 정지하여야 한다.

② 검증심사원은 영 [별표 6]의 업무기준을 준수하여야 한다.

③ 환경부장관은 검증심사원으로 등록된 자가 법 제24조의 3 제3항 또는 영 [별표 7]의 행정처분기준에 해당하는 경우에는 자격을 취소하거나 정지를 명할 수 있다.

④ 제3항의 처분에 따른 실태조사, 청문 및 이의신청에 관한 사항은 법 제37조, 제37조의 2 및 제38조의 규정을 따른다. 이 경우 이의신청은 별지 제9호의 2 서식을 따른다.

⑤ 환경부장관은 제3항에 따른 처분을 하는 경우 해당 검증심사원과 소속 검증기관 및 교육기관의 장에게 통보하고, 자격이 취소되는 경우에는 해당 검증심사원의 등록증을 즉시 회수해야 한다.

제31조(검증심사원의 교육과정)

① 검증심사원의 교육과정은 다음 각 호와 같다.

　1. 검증심사원보 양성교육과정 : 새로이 검증심사원보가 되고자 하는 자가 받아야 하는 교육으로 이론교육과 실습 및 평가를 포함하여 총 40시간 이상

　2. 외부사업 검증심사원 교육과정 : 제28조에 따른 검증심사원이 외부사업 검증심사원으로 인정받고자 하는 경우 받아야 하는 교육으로 이론교육과 실습 및 평가를 포함하여 총 24시간 이상

　3. 검증심사원 보수교육과정 : 검증심사원이 등록일로부터 매 2년마다 받아야 하는 교육으로 해당 전문분야별 이론교육, 실습 및 평가를 포함하여 16시간 이상. 단, 외부사업 검증심사원에 대한 보수교육의 경우 8시간 이상으로 함

　4. 전문분야 추가과정 : 제1호에 의한 분야 외의 전문분야를 인정받고자 하는 검증심사원(검증심사원보를 포함하며, 해당 분야 검증실적이 있는 자에 한한다)이 받아야 하는 교육으로서 이론교육과 실습 및 평가를 포함하여 16시간 이상

② 제1항 각 호의 교육과정에서 정한 평가기준을 만족한 경우 해당 교육과정을 이수한 것으로 본다.

③ 교육기관의 장은 관련 근거 규정에 따라 제1항 제1호 내지 제3호의 교육과정과 유사한 교육을 이수한 자에 대해서는 그 내용의 중복성을 검토하여 교육과정의 일부를 경감할 수 있다.

④ 교육기관의 장은 제1항의 교육생을 선발하는 데 있어 분야별 검증수요, 해당 분야 검증실적 등을 감안하여 우선 선발기준을 마련할 수 있다.

⑤ 교육기관의 장은 검증심사원 교육신청자가 영 [별표 5]의 검증심사원 자격요건과 [별표 8]의 검증심사원보 자격요건에 해당하는지 여부를 사전에 확인하여야 한다.

제32조(검증심사원 교육기관) 검증심사원 교육기관은 국립환경인재개발원으로 한다. 다만, 환경부장관은 교육 수요 등을 고려하여 필요하다고 인정할 경우 교육기관을 추가로 지정할 수 있다.

제33조(교육계획의 수립)

① 교육기관의 장은 매년 2월 28일까지 검증심사원 교육에 관한 기본계획을 수립하여 환경부장관의 승인을 받아야 한다.

② 제1항에 따른 기본계획에는 다음 각 호의 사항이 포함되어야 한다.

1. 교육의 목표 및 교육의 기본방향
2. 제31조 제1항 제3호 교육대상 검증심사원의 중장기 추계
3. 교육과정별 주요 내용 및 교재, 과정별 최소 이수시간
4. 교육과정별 평가방법 및 시기
5. 교육장소 및 교수요원 확보방안
6. 기타 검증심사원 교육에 관한 사항

제34조(교육실적 보고) 교육기관의 장은 매년 1월 31일까지 다음 각 호의 사항이 포함된 전년도 교육실적을 환경부장관에게 제출하여야 한다. 다만, 제2호의 사항은 매회 교육이 완료된 날로부터 7일 이내에 환경부장관에게 보고하고 국립환경과학원장에게 통보하여야 한다.

1. 제33조 제1항의 교육계획에 대한 추진실적
2. 검증심사원 교육과정 입교생 및 수료생 명단
3. 교육생의 교육만족도 등 설문조사 결과
4. 기타 환경부장관이 필요하다고 요청한 사항

제35조(수수료 기준)

① 국립환경과학원장은 검증에 소요되는 비용의 산출기준 및 방법 등을 정하여 환경부장관의 승인을 거쳐 공고할 수 있다.

② 교육기관의 장은 검증심사원 등의 교육내용 및 기간 등을 고려하여 정한 기준에 따라 일정 비용을 교육대상자로부터 징수할 수 있다. 이 경우 환경부장관의 승인을 거쳐야 한다.

01 온실가스 목표관리 운영 등에 관한 지침상 용어의 뜻으로 옳지 않은 것은?

① "검증"이란 온실가스 배출량의 산정과 외부 온실가스 감축량의 산정이 이 지침에서 정하는 절차와 기준 등에 적합하게 이루어졌는지를 검토·확인하는 체계적이고 문서화된 일련의 활동을 말한다.

② "검증기관"이란 검증을 전문적으로 할 수 있는 인적·물적 능력을 갖춘 기관으로 환경부장관이 부문별 관장기관과의 협의를 거쳐 지정·고시하는 기관을 말한다.

③ "검증심사원보"란 검증업무를 수행할 수 있는 능력을 갖춘 자로서 일정기간 해당 분야 실무경력 등을 갖추고 해당 지침에 따라 등록된 자를 말한다.

④ "검증팀"이란 검증을 받는 자에 대한 검증을 수행하는 2인 이상의 검증심사원과 이를 보조하는 검증심사원보로 구성된 집단을 말한다.

해설 [지침 제2조] "검증심사원"이란 검증업무를 수행할 수 있는 능력을 갖춘 자로서 일정기간 해당 분야 실무경력 등을 갖추고 해당 지침에 따라 등록된 자를 말한다. "검증심사원보"란 검증심사원이 되기 위해 일정한 자격과 교육과정을 이수한 자로서 해당 지침에 따라 등록된 자를 말한다.

02 온실가스 배출권거래제 운영을 위한 검증지침상 검증심사원보의 자격요건 중 학력 및 경력 기준으로 옳지 않은 것은?

① 고등학교 졸업자로서 5년 이상의 실무경력을 보유한 자

② 온실가스관리산업기사 자격 소지자로서 2년 이상의 실무경력을 보유한 자

③ 온실가스관리기사 자격 소지자로서 1년 이상의 실무경력을 보유한 자

④ 전문학사 이상 학력을 보유한 자로서 3년 이상의 실무경력을 보유한 자

해설 [제28조(검증심사원 및 검증심사원보의 자격 및 등록) [별표 8] 검증심사원보의 자격요건]
㉠ 전문학사 이상 또는 이와 동등한 학력을 보유한 자로서 3년 이상의 실무경력을 보유한 자
㉡ 고등학교 졸업자로서 5년 이상의 실무경력을 보유한 자
㉢ 기사·산업기사·기능사 소지자 또는 국가 전문자격 소지자는 7년 이상의 실무경력을 보유하여야 함.
㉣ 온실가스관리기사·산업기사 자격 소지자의 경우 실무경력을 2년 이상으로 함.
㉤ 실무경력은 인정범위에 한하여 인정함.

03 다음 중 검증심사원에 대한 설명으로 옳지 않은 것은?

① 검증심사원은 등록증을 교부받은 날로부터 매년마다 보수교육을 이수하여야 한다.

② 새로이 검증심사원보가 되고자 하는 자가 받아야 하는 교육은 이론교육과 실습 및 평가를 포함하여 총 80시간 이상이다.

③ 검증심사원이 등록일로부터 매 2년마다 받아야 하는 보수교육은 해당 전문 분야별 이론교육, 실습 및 평가를 포함하여 24시간 이상이다.

④ 교육기관의 장은 관련 근거 규정에 따라 검증심사원보 양성교육과정과 유사한 교육을 이수한 자에 대해서는 그 내용의 중복성을 검토하여 교육과정의 일부를 경감할 수 있다.

해설 [온실가스 배출권거래제 운영을 위한 검증지침 제28조, 제29조, 제30조] 검증심사원은 등록증을 교부받은 날로부터 매 2년마다 보수교육을 이수하여야 한다.

04 다음 중 검증팀의 구성으로 올바른 것은?

① 검증을 개시하기 전에 2명 이상의 검증심사원으로 검증팀을 구성하고, 이 가운데 1명을 검증팀장으로 선임하여야 한다.
② 검증을 개시하기 전에 3명 이상의 검증심사원으로 검증팀을 구성하고, 이 가운데 1명을 검증팀장으로 선임하여야 한다.
③ 검증을 개시하기 전에 4명 이상의 검증심사원으로 검증팀을 구성하고, 이 가운데 1명을 검증팀장으로 선임하여야 한다.
④ 검증을 개시하기 전에 5명 이상의 검증심사원으로 검증팀을 구성하고, 이 가운데 1명을 검증팀장으로 선임하여야 한다.

해설 검증을 개시하기 전에 2명 이상의 검증심사원으로 검증팀을 구성하고, 이 가운데 1명을 검증팀장으로 선임하여야 한다. 이 경우 검증팀에는 피검증자의 해당 분야 자격을 갖춘 검증심사원이 1명 이상 포함되어야 한다.

05 다음 중 검증기관의 지정요건에 관한 설명으로 옳지 않은 것은?

① 검증기관은 등기부상의 사업내용에 검증업무가 명시되어 있어야 하며, 법인을 설립하지 않아도 된다.
② 검증기관은 상근 검증심사원을 5명 이상 갖추어야 한다.
③ 검증활동과 관련하여 발생할 수 있는 리스크에 대한 재정적 보상 등에 대한 대책(책임보험 가입 등)이 마련되어 있어야 한다.
④ 검증기관의 조직은 검증업무가 공평하고 독립적으로 수행될 수 있도록 검증을 담당하는 조직과 행정적으로 지원하는 조직이 명확히 구분되어야 한다.

해설 검증기관은 법인이어야 한다. 법인 정관이나 등기부상의 사업내용에 따른 검증업무가 명시되어 있어야 한다.

06 다음 온실가스 배출권거래제 운영을 위한 검증지침상 검증기관의 준수사항에서 ( ) 안에 적합한 것은?

> 검증기관은 검증결과보고서, 검증업무 수행내역 등 관련 자료를 (ⓐ) 보관하여야 한다. 또한, 검증기관은 별지 서식에 따라 반기별 검증업무 수행내역을 작성하여 매 반기 종료일로부터 (ⓑ)에 국립환경과학원장에게 제출하여야 한다.

① ⓐ 3년 이상, ⓑ 15일 이내
② ⓐ 3년 이상, ⓑ 30일 이내
③ ⓐ 5년 이상, ⓑ 15일 이내
④ ⓐ 5년 이상, ⓑ 30일 이내

해설 [지침 제24조(검증기관의 준수사항)] 검증기관은 검증결과보고서, 검증업무 수행내역 등 관련 자료를 5년 이상 보관하여야 하며, 반기별 검증업무 수행내역을 작성하여 매 반기 종료일로부터 30일 이내에 국립환경과학원장에게 제출하여야 한다.

07 다음은 온실가스 배출권거래제 운영을 위한 검증지침상 외부사업 온실가스 감축량 검증절차이다. ( ) 안에 단계 순으로 옳게 배열된 것은?

> 검증개요 파악 → 검증계획 수립 → ( ) → 검증보고서 제출

① 현장검증 → 문서검토 → 내부심의 → 검증결과 정리 및 평가
② 문서검토 → 내부심의 → 검증결과 정리 및 평가 → 현장검증
③ 문서검토 → 검증결과 정리 및 평가 → 현장검증 → 내부심의
④ 문서검토 → 현장검증 → 검증결과 정리 및 평가 → 내부심의

해설 [지침 [별표 1] 온실가스 배출량 등의 검증절차] 검증절차는 '검증개요 파악 → 검증계획 수립 → 문서검토 → 현장검증 → 검증결과 정리 및 평가 → 내부심의 → 검증보고서 제출' 순으로 진행된다.

08 다음은 온실가스 배출권거래제 운영을 위한 검증지침상 용어의 뜻이다. ( ) 안에 알맞은 것은?

> ( )이란 검증기관(검증심사원을 포함)이 검증 결론을 적극적인 형태로 표명함에 있어 검증과정에서 이와 관련된 리스크가 수용 가능한 수준 이하임을 보증하는 것을 말한다.

① 총괄적 보증　　② 객관적 보증
③ 논리적 보증　　④ 합리적 보증

해설 [지침 제2조(정의)] 합리적 보증이란 검증기관(검증심사원을 포함)이 검증 결론을 적극적인 형태로 표명함에 있어 검증과정에서 이와 관련된 리스크가 수용 가능한 수준 이하임을 보증하는 것을 말한다.

09 온실가스 배출권거래제 운영을 위한 검증지침상 검증기관의 휴·폐업신고 등에 관한 사항으로 거리가 먼 것은?

① 휴업 또는 폐업하려는 검증기관은 신고서와 검증기관 지정서, 검증과 관련하여 취득한 정보의 관리계획(폐업신고에 한한다) 및 해당 기간까지의 검증업무 수행내역서를 작성하여 휴업 또는 폐업 예정일로부터 15일 이전에 국립환경과학원장에게 제출하여야 한다.
② 국립환경과학원장은 사업장명, 휴업기간 또는 폐업일 등을 즉시 공고한 뒤 환경부장관에게 보고하고 관계 중앙행정기관에 통보한다.
③ 검증기관이 업무를 재개하고자 할 때에는 휴업기간 종료일로부터 7일 이전에 국립환경과학원장에게 신고하여야 한다.
④ 검증기관의 지정 유효기간 이내에 휴업기간은 총 6개월을 넘을 수 없다.

해설 [지침 제26조(검증기관의 휴·폐업신고 등)] 휴업 또는 폐업하려는 검증기관은 신고서와 검증기관 지정서, 검증과 관련하여 취득한 정보의 관리계획(폐업신고에 한한다) 및 해당 기간까지의 검증업무 수행내역서를 작성하여 휴업 또는 폐업 예정일로부터 10일 이전에 국립환경과학원장에게 제출하여야 한다.

10 다음은 온실가스 배출권거래제 운영을 위한 검증지침상 검증기관의 재지정과 관련된 사항이다. ( ) 안에 알맞은 것은?

> 지정 유효기간 이후에 재지정을 받고자 하는 검증기관은 지정기간 만료일 이전 (ⓐ)까지 검증기관 재지정 신청서를 (ⓑ)에게 제출하여야 한다.

① ⓐ 3개월 전, ⓑ 국립환경과학원장
② ⓐ 3개월 전, ⓑ 온실가스종합정보센터장
③ ⓐ 6개월 전, ⓑ 국립환경과학원장
④ ⓐ 6개월 전, ⓑ 온실가스종합정보센터장

해설 [지침 제21조(검증기관의 지정)] 유효기간 이후 재지정 받고자 하는 검증기관은 지정기간 만료일 이전 3개월 전까지 재지정 신청서를 국립환경과학원장에게 제출하여야 한다.

11 온실가스 배출권거래제 운영을 위한 검증지침상 검증팀장이 온실가스 배출량 검증결과에 따라 확정할 수 있는 최종 검증의견이 아닌 것은?

① 적정
② 부적정
③ 조건부 적정
④ 조건부 부적정

해설 [지침 제16조(검증의견의 결정)] 검증결과에 따른 최종 검증의견은 적정, 조건부 적정, 부적정이 있다.
　㉠ 적정 : 검증기준에 따라 배출량이 산정되었으며, 불확도와 오류(잠재 오류, 미수정된 오류 및 기타 오류를 포함한다) 및 수집된 정보의 평가결과 등이 중요성 기준 미만으로 판단되는 경우
　㉡ 조건부 적정 : 중요한 정보 등이 온실가스 배출량 등의 산정·보고기준을 따르지 않았으나, 불확도와 오류 평가결과 등이 중요성 기준 미만으로 판단되는 경우
　㉢ 부적정 : 불확도와 오류 평가결과 등이 중요성 기준 이상으로 판단되는 경우

온실가스 배출권거래제의 배출량 보고 및 인증에 관한 지침

Chapter 5

01 온실가스 배출권거래제의 배출량 보고 및 인증에 관한 지침

제1장 총칙

제1조(목적) 이 지침은 「온실가스 배출권의 할당 및 거래에 관한 법률」(이하 "법"이라 한다) 제24조 및 법 시행령(이하 "영"이라 한다) 제39조의 명세서의 제출 및 정보 공개에 관한 세부사항, 법 제25조 및 영 제42조의 온실가스 배출량 인증기준 및 인증절차 등에 관한 세부사항, 법 제40조 및 영 제57조 제3항 적합성 평가에 관한 업무의 위탁에 관한 사항을 정하는 것을 목적으로 한다.

제2조(용어의 정의) 이 지침에서 사용하는 용어의 뜻은 다음 각 호와 같다.

1. **"사전검토"**란 배출량의 정확성과 신뢰성을 위해 계획기간 시작 이전에 신규 할당대상업체로 지정된 할당대상업체가 검토를 요청한 배출량 산정계획을 검토하여 타당성을 확인하는 과정을 말한다.

2. **"배출량 인증"**이란 할당대상업체가 제출한 명세서를 최종 검토하여 온실가스 배출량을 확정하는 것을 말한다.

3. **"적합성 평가"**란 할당대상업체에서 제출한 명세서와 검증보고서를 활용하여 배출량 산정 결과의 적합성을 평가하는 과정을 말한다.

4. **"추가검토"**란 계획기간 내 할당대상업체가 제1호에 따른 사전검토가 완료된 모니터링 계획에 대해 제26조 제1항 및 제2항에 따른 변경사항이 발생한 경우 검토를 요청한 사항의 타당성을 확인하는 과정을 말한다.

5. **"재산정"**이란 할당대상업체가 제출한 명세서의 적합성 평가 결과가 부적합일 경우 해당 배출활동 및 배출계수 등에 대해 재평가하여 적합한 배출량을 도출하는 절차 및 방법을 의미하며, 단순 계산오류값을 올바른 값으로 '재계산'하는 것과 보수적(保守的) 가정, 값 및 절차를 적용하여 배출량을 산정하는 것을 의미하는 '보수적(保守的) 계산'을 포함한다.

6. (삭제)

7. (삭제)

8. **"공정배출"**이란 제품의 생산공정에서 원료의 물리·화학적 반응 등에 따라 발생하는 온실가스의 배출을 말한다.

9. **"구분 소유자"**란 「집합건물의 소유 및 관리에 관한 법률」 제1조 또는 제1조의 2에 규정된 건물부분(「집합건물의 소유 및 관리에 관한 법률」 제3조 제2항 및 제3항에 따라 공용부분(共用部分)으로 된 것은 제외한다)을 목적으로 하는 소유권을 가지는 자를 말한다.

10. **"매개변수"**란 두 개 이상 변수 사이의 상관관계를 나타내는 변수로써 온실가스 배출량 등을 산정하는 데 필요한 활동자료, 배출계수, 발열량, 산화율, 탄소함량 등을 말한다.

11. **"온실가스 정보공개 심사위원회"**란 법 제24조 제3항 및 영 제39조 제6항에 따라 할당대상업체가 제출한 비공개 신청서를 심사하여 공개 여부를 결정하기 위해 기본법 제27조 제5항 및 기본법 시행령 제24조에 따라 센터에 두는 위원회를 말한다.

12. **"배출량 산정계획"**이란 온실가스 배출량 등의 산정에 필요한 자료와 기타 온실가스·에너지 관련 자료의 연속적 또는 주기적인 수집·감시·측정·평가 및 매개변수 결정에 관한 세부적인 방법, 절차, 일정 등을 규정한 계획을 말한다.

13. **"배출계수"**란 해당 배출시설의 단위 연료 사용량, 단위 제품 생산량, 단위 원료 사용량, 단위 폐기물 소각량 또는 처리량 등 단위 활동자료당 발생하는 온실가스 배출량을 나타내는 계수(係數)를 말한다.

14. **"배출시설"**이란 온실가스를 대기에 배출하는 시설물, 기계, 기구, 그 밖의 유형물로써 각각의 원료(부원료와 첨가제를 포함한다)나 연료가 투입되는 지점 및 전기·열(스팀)이 사용되는 지점부터의 해당 공정 전체를 말한다. 이때 해당 공정이란 연료 혹은 원료가 투입 또는 전기·열(스팀)이 사용되는 설비군을 말하며, 설비군은 동일한 목적을 가지고 동일한 연료·원료·전기·열(스팀)을 사용하여 유사한 역할 및 기능을 가지고 있는 설비들을 묶은 단위를 말한다.

15. **"배출활동"**이란 온실가스를 배출하거나 에너지를 소비하는 일련의 활동을 말한다.

16. **"법인"**이란 민법상의 법인과 상법상의 회사를 말한다.

17. **"벤치마크"**란 온실가스 배출 및 에너지 소비와 관련하여 제품생산량 등 단위 활동자료당 온실가스 배출량(이하 "배출집약도"라 한다) 등의 실적·성과를 국내·외 동종 배출시설 또는 공정과 비교하는 것을 말한다.

18. **"보고"**란 할당대상업체가 법 제24조 제1항 및 영 제39조 제2항에 따라 온실가스 배출량 등을 전자적 방식으로 환경부장관에게 제출하는 것을 말한다.

19. **"불확도"**란 온실가스 배출량 등의 산정결과와 관련하여 정량화된 양을 합리적으로 추정한 값의 분산특성을 나타내는 정도를 말한다.

20. **"사업장"**이란 동일한 법인, 공공기관 또는 개인(이하 "동일 법인 등"이라 한다) 등이 지배적인 영향력을 가지고 재화의 생신, 서비스의 제공 등 일련의 활동을 행하는 일정한 경계를 가진 장소, 건물 및 부대시설 등을 말한다.

21. **"산정"**이란 법 제24조 제1항 및 영 제39조 제1항에 따라 할당대상업체가 온실가스 배출량 등을 계산하거나 측정하여 이를 정량화하는 것을 말한다.

22. **"산정등급(Tier)"**이란 **활동자료, 배출계수, 산화율, 전환율, 배출량 및 온실가스 배출량 등의 산정방법의 복잡성을 나타내는 수준**을 말한다.

23. **"산화율"**이란 단위 물질당 산화되는 물질량의 비율을 말한다.

24. **"순발열량"**이란 일정 단위의 연료가 완전 연소되어 생기는 열량에서 연료 중 수증기의 잠열을 뺀 열량으로써 온실가스 배출량 산정에 활용되는 발열량을 말한다.

25. **"업체"**란 동일 법인 등이 지배적인 영향력을 미치는 모든 사업장의 집단을 말한다.

26. **"업체 내 사업장"**이란 제25호의 업체에 포함된 각각의 사업장을 말한다.

27. **"에너지"**란 연료(석유, 가스, 석탄 및 그밖에 열을 발생하는 열원으로써 제품의 원료로 사용되는 것은 제외)·열 및 전기를 말한다.

28. **"에너지 관리의 연계성(連繫性)"**이란 연료, 열 또는 전기의 공급점을 공유하고 있는 상태, 즉 건물 등에 타인으로부터 공급된 에너지를 변환하지 않고 다른 건물 등에 공급하고 있는 상태를 말한다.

29. **"연소배출"**이란 연료 또는 물질을 연소함으로써 발생하는 온실가스 배출을 말한다.

30. **"연속측정방법(Continuous Emission Monitoring)"**이란 일정 지점에 고정되어 배출가스 성분을 연속적으로 측정·분석할 수 있도록 설치된 측정장비를 통해 모니터링하는 방법을 의미한다.

31. **"온실가스"**란 적외선 복사열을 흡수하거나 재방출하여 온실효과를 유발하는 가스 상태의 물질로서 기본법 제2조 제5호에서 정하고 있는 이산화탄소(CO_2), 메탄(CH_4), 아산화질소(N_2O), 수소불화탄소(HFCs), 과불화탄소(PFCs), 육불화황(SF_6)을 말한다.

32. **"온실가스 배출"**이란 사람의 활동에 수반하여 발생하는 온실가스를 대기 중에 배출·방출 또는 누출시키는 직접배출과 외부로부터 공급된 전기 또는 열(연료 또는 전기를 열원으로 하는 것만 해당한다)을 사용함으로써 온실가스가 배출되도록 하는 간접배출을 말한다.

33. **"온실가스 간접배출"**이란 할당대상업체가 외부로부터 공급된 전기 또는 열(연료 또는 전기를 열원으로 하는 것만 해당한다)을 사용함으로써 발생하는 온실가스 배출을 말한다.

34. **"운영통제 범위"**란 조직의 온실가스 배출과 관련하여 지배적인 영향력을 행사할 수 있는 지리적 경계, 물리적 경계, 업무활동 경계 등을 의미한다.

35. **"이산화탄소 상당량"**이란 이산화탄소에 대한 온실가스의 복사강제력을 비교하는 단위로서 해당 온실가스의 양에 지구온난화지수를 곱하여 산출한 값을 말한다.

36. **"전환율"**이란 단위 물질당 변화되는 물질량의 비율을 말한다.

37. **"조직경계"**란 업체의 지배적인 영향력 아래에서 발생되는 활동에 의한 인위적인 온실가스 배출량의 산정 및 보고의 기준이 되는 조직의 범위를 말한다.

38. **"주요 정보 공개"**란 법 제24조 제3항 및 영 제39조 제5항에 따라 할당대상업체 명세서의 주요 정보를 전자적 방식 등으로 국민에게 공개하는 것을 말한다.

39. **"중앙행정기관 등"**이란 중앙행정기관, 지방자치단체 및 다음 각 목의 공공기관을 말한다.
    가. 「공공기관의 운영에 관한 법률」 제4조에 따른 공공기관
    나. 「지방공기업법」 제49조에 따른 지방공사 및 같은 법 제76조에 따른 지방공단
    다. 「국립대학병원 설치법」, 「국립대학치과병원 설치법」, 「서울대학교병원 설치법」 및 「서울대학교치과병원 설치법」에 따른 병원
    라. 「고등교육법」 제3조에 따른 국립학교 및 공립학교

40. **"지배적인 영향력"**이란 동일 법인 등이 해당 사업장의 조직 변경, 신규 사업에의 투자, 인사, 회계, 녹색경영 등 사회통념상 경제적 일체로서의 주요 의사결정이나 온실가스 감축 및 에너지 절약 등의 업무집행에 필요한 영향력을 행사하는 것을 말한다.

41. **"총발열량"**이란 일정 단위의 연료가 완전 연소되어 생기는 열량(연료 중 수증기의 잠열까지 포함한다)으로서 에너지사용량 산정에 활용된다.

42. **"최적가용기법(Best Available Technology)"**이란 온실가스 감축 및 에너지 절약과 관련하여 경제적·기술적으로 사용이 가능한 가장 효과적인 기술, 활동 및 운전방법을 말한다.

43. **"추가성"**이란 인위적으로 온실가스를 저감하거나 에너지를 절약하기 위하여 일반적인 경영여건에서 실시할 수 있는 활동 이상의 추가적인 노력을 말한다.

44. **"활동자료"**란 사용된 에너지 및 원료의 양, 생산·제공된 제품 및 서비스의 양, 폐기물 처리량 등 온실가스 배출량 등의 산정에 필요한 정량적인 측정결과를 말한다.

45. **"소규모 배출시설"**이란 기준연도 온실가스 배출량의 연평균 총량(이 경우 연평균 총량은 명세서를 기준으로 산정한다. 이하 같다)이 100 이산화탄소상당량톤(tCO_2-eq) 미만인 배출시설을 말한다.

46. **"소량배출사업장"**이란 기준연도 온실가스 배출량의 연평균 총량이 3,000 이산화탄소상당량톤(tCO_2-eq) 미만인 사업장을 말한다.

47. **"바이오매스"**라 함은 「신에너지 및 재생에너지 개발·이용·보급 촉진법」 제2조 제2호 바목에 따른 재생 가능한 에너지로 변환될 수 있는 생물자원 및 생물자원을 이용해 생산한 연료를 의미한다.

48. **"배출원"**이란 온실가스를 대기로 배출하는 물리적 단위 또는 프로세스를 말한다.

49. **"흡수원"**이란 대기로부터 온실가스를 제거하는 물리적 단위 또는 프로세스를 말한다.

50. **"명세서"**란 할당대상업체가 이행연도에 실제 배출한 온실가스 배출량을 측정·보고·검증 가능한 방식으로 작성한 배출량 보고서를 말한다.

51. **"이산화탄소 포집 및 이동"**이란 할당대상업체 조직경계 내부의 이산화탄소가 배출되는 시설에서 할당대상업체의 조직경계 내부 및 외부로의 이동을 목적으로 이산화탄소를 대기로부터 격리한 후 포집하여 이동시키는 활동을 말한다.

52. **"보수적 계산"**이란 온실가스 배출량을 산정함에 있어서 과소 산정되지 않았음을 보증하기 위하여 보수적인 가정, 값 및 절차를 적용하는 것을 말한다.

제3조(타 규정과의 관계)

① 할당대상업체의 명세서 제출 및 정보 공개와 온실가스 배출량 인증기준 및 절차에 관하여는 이 지침을 다른 지침에 우선하여 적용한다.

② 배출권거래제의 배출량 보고 및 인증, 명세서의 정보공개에 관하여 이 지침에서 정하지 아니한 사항에 대해서는 기본법과 같은 법 시행령에 따른 지침을 적용하며, 필요한 경우 국제표준화기구(ISO) 등 국제적으로 통용되는 기준을 적용할 수 있다.

제4조(주무관청의 업무) 이 지침과 관련하여 환경부장관은 다음 각 호의 업무를 수행한다.

    1. 배출량 인증에 관한 총괄·조정

2. 배출량 인증에 관한 종합적인 기준 수립

3. 배출량 인증위원회(이하 "인증위원회"라 한다) 구성 및 운영

4. 배출량 산정계획 사전검토 및 추가검토

5. 영 제39조 제1항에 따라 제출받은 자료에 대한 확인 및 시정이나 보완 명령

6. 할당대상업체의 온실가스 배출량 인증, 통지 및 배출권등록부 등록

7. 온실가스 배출량 인증을 위한 적합성 평가

8. 배출량을 보고하지 아니한 할당대상업체에 대한 명세서 제출 명령

9. 배출량을 보고하지 아니한 할당대상업체 온실가스 배출량의 직권산정

10. 온실가스 배출량의 인증을 위한 자료제출 요청

11. 배출량 인증에 대한 이의신청의 처리

12. 법 제37조 제5호 및 제6호에 관한 실태조사

13. 명세서의 정보공개에 관한 사항

제5조(자료제출 협조)

① 환경부장관은 배출권거래제의 원활한 추진을 위해 관계 행정기관, 공공기관 및 검증기관에 필요한 자료의 제출을 요청할 수 있다. 이때 자료제출을 요청받은 기관은 이에 협조하여야 한다.

② 제1항에 따라 요청된 자료가 할당대상업체의 동의가 필요한 경우 환경부장관은 정보 주체의 동의를 받아 협조 요청을 할 수 있다.

③ 할당대상업체가 관리대상 배출원별 온실가스 배출량 및 에너지 사용량 등을 알기 위해 전력 사용량, 열 사용량 등에 관한 정보를 관련 공공기관 등에 요청할 경우 해당 공공기관은 이에 적극적으로 협조하여야 한다.

제6조(비밀 준수)

① 이 지침에 의해 취득한 정보(취득한 정보를 가공한 경우를 포함한다)를 다른 용도로 사용하거나 외부로 유출하여서는 아니 된다.

② 다음 각 호에 해당하는 자는 관련 정보를 취급함에 있어 보안유지 의무를 따라야 한다.

1. 배출량 산정계획의 사전검토 및 추가검토를 위해 이와 관련된 자료를 취급하는 자

2. 인증위원회의 위원장 및 위원

3. 적합성 평가 수행을 위해 이와 관련된 자료를 취급하는 자

4. 실태조사 업무를 수행하거나 이와 관련된 자료를 취급하는 자

5. 기타 이 지침을 통해 할당대상업체의 정보 및 배출량 인증 관련 자료를 취급하는 자

③ 이 지침 등을 통해 취득한 정보를 외부로 공개하거나 다른 용도로 사용하고자 하는 경우에는 환경부장관과 사전에 협의하여야 한다.

제2장 배출량의 산정 및 보고

제7조(배출량 등의 산정원칙)

① 할당대상업체는 이 지침에서 정하는 방법 및 절차에 따라 온실가스 배출량 등을 산정하여야 하며, 산정 · 보고체계는 [별표 1]과 같다.

[별표 1] 배출량 등의 산정·보고체계(제7조 관련)

② 할당대상업체는 이 지침에 제시된 범위 내에서 모든 배출활동과 배출시설에서 온실가스 배출량 등을 산정하여야 한다. 온실가스 배출량 등의 산정에서 제외되는 배출활동과 배출시설이 있는 경우에는 그 제외사유를 명확하게 제시하여야 한다.

③ 할당대상업체는 시간의 경과에 따른 온실가스 배출량 등의 변화를 비교·분석할 수 있도록 일관된 자료와 산정방법론 등을 사용하여야 한다. 또한, 온실가스 배출량 등의 산정과 관련된 요소의 변화가 있는 경우에는 이를 명확히 기록·유지하여야 한다.

④ 할당대상업체는 배출량 등을 과대 또는 과소 산정하는 등의 오류가 발생하지 않도록 최대한 정확하게 온실가스 배출량 등을 산정하여야 한다.

⑤ 할당대상업체는 온실가스 배출량 등의 산정에 활용된 방법론, 관련 자료와 출처 및 적용된 가정 등을 명확하게 제시할 수 있어야 한다.

제8조(배출량 등의 산정절차) 할당대상업체가 온실가스 배출량 등을 산정하는 절차는 [별표 2] 와 같다.

▌[별표 2] 배출량 등의 산정절차(제8조 관련) ▌

1단계	조직경계의 설정

「산업집적활성화 및 공장설립에 관한 법률」, 「건축법」, 「수도법」, 「하수도법」, 「폐기물관리법」 등 관련 법률에 따라 정부에 허가받거나 신고한 문서(사업자등록증, 사업보고서, 허가신청서 등)을 이용하여 사업장의 부지경계를 식별한다.

2단계	배출활동의 확인 · 구분

[별표 3]에서 제시하는 산정대상 온실가스 배출활동에 따라 사업장 내 온실가스 배출활동을 확인하고, [별표 6]에서 제시하는 배출활동별 배출시설을 확인한다. 보고대상 배출활동의 파악 시 활용 가능한 자료로는 공정의 설계자료, 설비의 목록, 연료 등의 구매전표 등이 있다.

3단계	모니터링 유형 및 방법의 설정

각 배출활동 및 배출시설에 대하여 [별표 8]을 참조하여 활동자료의 모니터링 유형을 선정하고 해당 활동자료가 [별표 6]의 불확도 수준을 충족하는지 확인한다. 또한 시료의 채취, 분석 주기 및 방법 등이 [별표 13] 및 [별표 14] 에서 요구하는 기준을 충족하는지 확인한다.

4단계	배출량 산정 및 모니터링 체계의 구축

사업장 내 온실가스 산정책임자(최고책임자) 및 산정담당자와 모니터링 지점의 관리책임자 · 담당자 등을 정한다. [별표 19]에 따라 '누가', '어떤 방법으로' 활동자료 혹은 배출가스 등을 감시하고 산정을 하는지, 세부적인 방법론, 역할 및 책임을 정한다.

5단계	배출활동별 배출량 산정방법론의 선택

배출량 산정방법론(계산법 혹은 연속측정방법) 및 [별표 5]의 최소산정등급(Tier) 요구기준에 따라 사업자는 배출 활동별로 배출량 산정방법론을 선택한다. [별표 6] 배출량 세부 산정방법론에서 정하는 활동자료, 배출계수, 배출 가스 농도, 유량 등 각 매개변수에 대하여 자료의 수집방법을 정하고 자료를 모니터링한다.

6단계	배출량 산정(계산법 혹은 연속측정방법)

수집한 데이터를 이용하여 [별표 6]의 배출활동별 세부 산정방법에 따라 온실가스 배출량 등을 산정한다.

7단계	명세서의 작성

제28조(명세서의 작성)에 따라 할당대상업체는 별지 11호 서식에 따라 온실가스 배출량 등의 명세서를 작성한다. 제30조(자료의 기록관리 등)에 따라 배출량 등의 산정과 관련된 자료 등은 차기년도 배출량의 산정과 검증단계에서 활용하기 위하여 내부적으로 기록 · 관리한다.

제9조(배출량 등의 산정범위)

① 할당대상업체는 제2조 제31호에 정의된 온실가스에 대하여 빠짐이 없도록 배출량을 산정하여야 한다.

② 할당대상업체는 온실가스 직접배출과 간접배출로 온실가스 배출유형을 구분하여 온실가스 배출량 등을 산정하여야 한다.

③ 할당대상업체는 법인 단위, 사업장 단위, 배출시설 단위 및 배출활동별로 온실가스 배출량 등을 산정하여야 한다.

‖ [별표 3] 산정대상 온실가스 배출활동(제9조 제4항 관련) ‖

할당대상업체는 조직경계 내의 모든 온실가스 배출활동에 대하여 아래의 배출활동 구분에 따라 배출량을 산정하여야 한다. 이 지침에서 제시되지 않은 온실가스 배출활동에 대해서는 기타 배출활동으로 보고하여야 한다.

1. 고정 연소시설에서의 에너지 이용에 따른 온실가스 배출
   (1) 고체연료 연소
   (2) 기체연료 연소
   (3) 액체연료 연소
2 이동연소시설에서의 에너지 이용에 따른 온실가스 배출
   (1) 항공
   (2) 도로수송
   (3) 철도수송
   (4) 선박
3. 제품 생산공정 및 제품 사용 등에 따른 온실가스 배출
   (1) 시멘트 생산
   (2) 석회 생산
   (3) 탄산염의 기타 공정 사용
   (4) 유리 생산
   (5) 마그네슘 생산
   (6) 인산 생산
   (7) 석유정제활동
   (8) 암모니아 생산
   (9) 질산 생산
   (10) 아디프산 생산
   (11) 카바이드 생산
   (12) 소다회 생산
   (13) 석유화학제품 생산
   (14) 불소화합물 생산
   (15) 카프로락탐 생산
   (16) 철강 생산
   (17) 합금철 생산
   (18) 아연 생산
   (19) 납 생산
   (20) 전자산업
   (21) 연료전지
   (22) 오존층파괴물질(ODS)의 대체물질 사용
   (23) 기타 온실가스 배출
   (24) 기타 온실가스 사용

4. 폐기물 처리과정에서의 온실가스 배출
   (1) 고형폐기물의 매립
   (2) 고형폐기물의 생물학적 처리
   (3) 하 · 폐수 처리 및 배출
   (4) 폐기물의 소각
5. 탈루성 온실가스 배출(2013년 1월 1일부터 산정, 2014년 1월 1일 이후부터 보고한다.)
   (1) 석탄의 채굴, 처리 및 저장
   (2) 원유(석유) 산업
   (3) 천연가스 산업
6. 외부로부터 공급된 전기, 열, 증기 등에 따른 간접 온실가스 배출
   (1) 외부로부터 공급된 전기 사용
   (2) 외부로부터 공급된 열 및 증기 사용
7. 이산화탄소 포집 및 이동에 따른 이산화탄소 이동량
   (1) 이산화탄소 포집 및 이동

④ 할당대상업체가 온실가스 배출량 등을 산정해야 하는 배출활동의 종류는 [별표 3]과 같다.
⑤ 보고대상 배출시설 중 기준연도 온실가스 배출량의 연평균 총량이 $100tCO_2-eq$ 미만인 소규모 배출시설이 동일한 배출활동 및 활동자료인 경우 환경부장관의 확인을 거쳐 제3항에 따른 배출시설 단위로 구분하여 보고하지 않고 시설군으로 보고할 수 있다.

제10조(조직경계 결정방법)

① 할당대상업체는 온실가스 배출원의 누락이 없도록 [별표 4]에 따라 조직경계를 결정하여야 한다.
② 조직경계 결정 시 [별표 4]에서 제시하지 않은 사항에 대하여는 해당 사업장 배출량의 과다 산정 및 과소산정의 오류가 발생하지 않도록 경계를 결정하고, 결정된 조직경계의 타당성을 명확히 제시하여야 한다.
③ 할당대상업체는 조직경계에서 제외되는 시설이 조직경계 내의 배출량과 연계되어 있고 조직경계 내의 배출량을 정확하게 산정하기 위해 조직경계에서 제외되는 시설의 배출량 모니터링이 필요하다면 이 시설에 대해서도 모니터링 계획에 포함하여야 한다.

| [별표 4] 조직경계 결정방법(제10조 제1항 관련) |

1. 조직경계 결정원칙
   할당대상업체는 조직경계를 결정하기 위해 조직의 지배적인 영향력을 행사할 수 있는 지리적 경계, 물리적 경계, 업무활동 경계 등을 고려한 운영통제범위를 설정하여야 한다.
   운영통제범위에 의한 조직경계를 결정하기 위해서 할당대상업체는 사업장의 지리적 경계, 지리적 경계 내 온실가스 배출시설 및 에너지 사용시설, 온실가스 감축시설, 조직의 변경, 경계 내 상주하는 타 법인, 모니터링 관련 시설의 유무 등을 확인하고, 해당 시설 및 시설관리의 주체와 해당 활동에 의한 경제적 이익 등의 귀속 주체를 파악한다.
2. 조직경계 결정방법
   조직경계를 결정하는 방법은 다음과 같다. 사업장의 특징에 따라 조직경계를 결정하고 조직경계 결정과 관련된 설명을 모니터링 계획에 구체적으로 작성하여야 한다.
   1) 다수 할당대상업체에서 에너지를 연계하여 사용 시 조직경계 결정방법
      다수의 할당대상업체에서 에너지를 연계하여 사용하더라도 법인이 서로 다르기 때문에 각 할당대상업체는 별도로 에너지 사용량을 모니터링하도록 경계를 설정하여야 한다.

2) 타 법인이 조직경계 내에 상주하는 경우 조직경계 결정방법

타 법인의 운영통제권을 할당대상업체가 가지고 있는 경우 할당대상업체는 상주하고 있는 타 법인의 온실가스 배출시설 및 에너지 사용시설을 조직경계에 포함하여야 한다. 반면에 할당대상업체가 상주하고 있는 타 법인의 운영통제권을 가지고 있지 않으며, 해당 상주 업체의 온실가스 배출시설 및 에너지 사용시설에 대한 정보 및 활동자료를 파악할 수 있는 경우는 할당대상업체의 조직경계에서 제외할 수 있다. 단, 이 경우 조직경계 제외에 대한 타당한 사유를 모니터링 계획에 포함하여야 한다.

3) 건물의 조직경계 결정방법

건물의 경우 [별표 21]에 따라 할당대상업체에 해당하는 법인 등의 조직경계를 결정한다.

4) 교통부문의 조직경계 결정방법

교통부문의 경우 [별표 22]에 따라 할당대상업체에 해당하는 법인 등의 조직경계를 결정한다.

5) 소량배출사업장의 조직경계 결정방법

할당대상업체의 소량배출사업장이 동일한 목적을 가지고 유사한 배출활동을 하는 경우(주유소, 기지국, 영업점, 마을하수도 등)에는 다수의 소량배출사업장을 하나의 사업장으로 통합하여 보고할 수 있다. 이 경우 환경부장관으로부터 사용 가능 여부를 통보받은 후 보고하여야 한다. 단, 해당 할당대상업체는 온실가스 배출량이 누락 및 중복되지 않도록 해당 사업장의 보고대상 시설 목록을 모니터링 계획서 및 명세서에 포함하여야 한다.

제11조(배출량 등의 산정방법 및 적용기준)

① 할당대상업체는 배출시설의 규모 및 세부 배출활동의 종류에 따라 [별표 5]의 최소산정등급(Tier)을 준수하여 배출량을 산정하여야 한다. 이 경우 세부적인 온실가스 배출량 등의 산정방법 및 매개변수별 관리기준은 [별표 6]에 따른다.

║[별표 5] 배출활동별, 시설규모별 산정등급(Tier) 최소적용기준(제11조 관련)║

1. 산정등급(Tier) 분류체계
   ① Tier 1 : 활동자료, IPCC 기본배출계수(기본산화계수, 발열량 등 포함)를 활용하여 배출량을 산정하는 기본방법론
   ② Tier 2 : Tier 1보다 더 높은 정확도를 갖는 활동자료, 국가 고유배출계수 및 발열량 등 일정 부분 시험·분석을 통하여 개발한 매개변수값을 활용하는 배출량 산정방법론
   ③ Tier 3 : Tier 1, 2보다 더 높은 정확도를 갖는 활동자료, 사업자가 사업장·배출시설 및 감축기술단위의 배출계수 등 상당 부분 시험·분석을 통하여 개발하거나 공급자로부터 제공받은 매개변수값을 활용하는 배출량 산정방법론
   ④ Tier 4 : 굴뚝자동측정기기 등 배출가스 연속측정방법을 활용한 배출량 산정방법론
2. 배출량에 따른 시설규모 분류
   ① A그룹 : 연간 5만 톤 미만의 배출시설
   ② B그룹 : 연간 5만 톤 이상, 연간 50만 톤 미만의 배출시설
   ③ C그룹 : 연간 50만 톤 이상의 배출시설
3. 시설규모의 결정방법
   1) 시설규모의 최초결정
      할당대상업체는 배출시설 규모 최초결정 시 기준연도 기간 중 해당 시설의 최근년도 온실가스 배출량에 따라 결정한다. 단, 기준연도의 평균 온실가스 배출량이 기준연도 기간 중 최근년도 온실가스 배출량보다 큰 경우, 기준연도의 평균 온실가스 배출량에 따라 시설규모를 결정한다.
   2) 시설규모의 최초결정 이후
      배출시설규모 최초결정 이후, 매년 1월 1일을 기준으로 최근에 제출된 명세서의 해당 시설 온실가스 배출량에 따라 시설규모를 결정한다. 단, 최근에 제출된 명세서의 온실가스 배출량보다 최근에 제출된 3개년도 명세서의 평균 배출량이 큰 경우, 최근에 제출된 3개년도 명세서의 평균 배출량에 따라 시설규모를 결정한다.

3) 신설되는 배출시설의 시설규모

할당대상업체는 신설되는 배출시설규모 결정 시 신설되는 배출시설의 예상 온실가스 배출량을 계산하여 그 값에 따라 시설규모를 결정한다.

비고) 1. 외부 전기 및 열(스팀) 사용에 따른 온실가스 간접배출을 제외한 모든 배출활동의 산정등급 최소적용기준은 온실가스 간접배출량을 제외한 직접배출량만을 기준으로 적용한다.

2. 해당 배출시설에서 여러 종류의 연료를 사용하는 경우 각각의 연료별 사용에 따른 배출량의 총합으로 배출시설 규모 및 산정등급(Tier)을 결정하여야 한다. 단, C그룹의 배출시설에서 초기가동·착화연료 등 소량으로 사용하는 보조연료의 배출량이 시설 총 배출량의 5% 미만일 경우 차하위 산정등급을 적용할 수 있다. 이때 차하위 산정등급을 적용하는 배출시설 보조연료의 배출량 총합은 25,000tCO$_2$-eq 미만이어야 한다.

4. 배출활동별 및 시설규모별 산정등급(Tier) 최소적용기준

온실가스 배출 시설에 적용할 산정등급은 아래 표의 배출활동별, 시설규모별 산정등급(Tier) 최소 적용기준을 준수하여야 한다. 배출활동별, 시설규모별 산정등급(Tier) 최소적용기준을 준수하지 못할 경우 정당한 근거 및 사유를 설명하여야 한다.

비고) 1. 아래 표는 산정등급의 최소적용기준을 나타낸 것이며, 국가 고유발열량 등 정확도가 높은 자료를 활용할 수 있을 경우에는 이를 사용하는 것을 권고한다.

2. 아래 표는 배출활동별 주요 온실가스의 산정등급 최소적용기준을 나타낸 것이며, 그 외 온실가스의 경우 지침 [별표 6]의 '3. 보고대상 온실가스' 표의 산정등급 적용기준을 준수한다.

① 연소시설에서 에너지이용에 따른 온실가스 배출

배출활동	산정방법론			연료사용량			순발열량			배출계수			산화계수		
시설규모	A	B	C	A	B	C	A	B	C	A	B	C	A	B	C
1. 고정연소															
① 고체연료	1	2	3	1	2	3	2	2	3	1	2	3	1	2	3
② 기체연료	1	2	3	1	2	3	2	2	3	1	2	3	1	2	3
③ 액체연료	1	2	3	1	2	3	2	2	3	1	2	3	1	2	3
2. 이동연소[*]															
① 항공[**]	1	1	2	1	1	2	2	2	2	1	1	2	–	–	–
② 도로	1	1	2	1	1	2	2	2	2	1	1	2	–	–	–
③ 철도	1	1	1	1	1	1	2	2	2	1	1	1	–	–	–
④ 선박	1	1	1	1	1	1	2	2	2	1	1	1	–	–	–

[*] 운수업체의 경우 해당 부문(항공, 도로, 철도, 선박)의 배출량 합계를 기준으로 A, B, C로 구분한다.

[**] 항공 부문은 제트연료를 사용하고 이착륙(LTO)과 순항 과정이 구분되어 배출량을 산정할 경우 Tier 2 산정 방법론을 적용해야 한다.

② 제품 생산 공정 등에 따른 온실가스 배출

배출활동	산정방법론			원료사용량/제품생산량			순발열량			배출계수		
시설규모	A	B	C	A	B	C	A	B	C	A	B	C
1. 광물산업												
① 시멘트 생산	1	2	3	1	2	3	–	–	–	1	2	3
② 석회 생산	1	2	2	1	2	2	–	–	–	1	2	2
③ 탄산염의 기타 공정 사용	1	2	2	1	2	2	–	–	–	1	2	2
④ 유리 생산	1	2	2	1	2	2	–	–	–	1	2	2
⑤ 인산 생산	1	2	3	1	2	3	–	–	–	2	2	3

배출활동	산정방법론			원료사용량/제품생산량			순발열량			배출계수		
2. 석유정제활동												
① 수소 제조공정	1	2	3	1	2	3	–	–	–	1	2	3
② 촉매 재생공정	1	1	3	1	1	3	–	–	–	1	1	3
③ 코크스 제조공정	1	1	1	1	2	3	–	–	–	1	2	3
3. 화학산업												
① 암모니아 생산	1	1	1	1	2	2	–	–	–	1	2	2
② 질산 생산	1	1	1	1	2	2	–	–	–	1	2	2
③ 아디프산 생산	1	1	1	1	2	3	–	–	–	1	2	3
④ 카바이드 생산	1	1	1	1	2	2	–	–	–	1	2	2
⑤ 소다회 생산	1	1	1	1	2	2	–	–	–	1	2	2
⑥ 석유화학제품 생산	1	2	3	1	2	3	–	–	–	1	2	3
⑦ 불소화합물 생산	1	2	3	1	2	3	–	–	–	1	2	3
⑧ 카프로락탐 생산	2	2	3	1	2	3	–	–	–	2	2	3
4. 금속산업												
① 철강 생산	1	2	3	1	2	3	–	–	–	1	2	3
② 합금철 생산	1	2	3	1	2	3	–	–	–	1	2	3
③ 아연 생산	1	2	3	1	2	3	–	–	–	1	2	3
④ 납 생산	1	2	3	1	2	3	–	–	–	1	2	3
⑤ 마그네슘 생산	1	2	3	1	2	3	–	–	–	2	2	3
5. 전자산업												
① 반도체/LCD/PV	1	2	2	1	2	2	–	–	–	1	1	1
② 열전도 유체	1	1	1	1	2	3	–	–	–	–	–	–
6. 기타												
① 연료전지	1	2	3	1	2	3	–	–	–	2	2	3

③ 오존층파괴물질(ODS)의 대체물질 사용 등

배출활동	산정방법론			활동자료			순발열량			배출계수		
시설규모	A	B	C	A	B	C	A	B	C	A	B	C
1. 오존층파괴물질의 대체물질 사용	1	1	1	1	1	1	–	–	–	1	1	1
2. 기타 온실가스 배출	1	1	1	1	1	1	–	–	–	1	1	1

④ 폐기물 처리과정에서의 온실가스 배출

배출활동	산정방법론			폐기물처리량			순발열량			배출계수		
시설규모	A	B	C	A	B	C	A	B	C	A	B	C
1. 폐기물의 처리												
① 고형폐기물 매립	1	1	1	1	1	1	–	–	–	1	1	1
② 고형폐기물의 생물학적 처리	1	1	1	1	1	1	–	–	–	1	1	1
③ 폐기물의 소각	1	1	1	1	2	3	–	–	–	1	2	3
④ 하수처리	1	1	1	1	1	1	–	–	–	2	2	2
⑤ 폐수처리	1	1	1	1	1	1				1	1	1

⑤ 탈루 배출

배출활동	산정방법론			생산량/가스량			순발열량			배출계수		
시설규모	A	B	C	A	B	C	A	B	C	A	B	C
1. 석탄 채굴 및 처리활동	1	2	3	1	2	3	–	–	–	1	2	3
2. 석유 산업	1	2	3	1	2	3	–	–	–	1	2	3
3. 천연가스 산업	1	2	3	1	2	3	–	–	–	2	2	3

⑥ 외부 전기 및 열(스팀) 사용에 따른 온실가스 간접배출

배출활동	산정방법론			외부에너지 사용량			순발열량			간접 배출계수		
시설규모	A	B	C	A	B	C	A	B	C	A	B	C
1. 외부 전기 사용	1	1	1	2	2	2	–	–	–	2	2	2
2. 외부 열·증기 사용	1	1	1	2	2	2	–	–	–	3	3	3

⑦ 이산화탄소 포집 및 이동에 따른 이산화탄소 이동량

배출활동	산정방법론			이산화탄소 이동량			순발열량			배출계수		
시설규모	A	B	C	A	B	C	A	B	C	A	B	C
1. 이산화탄소 포집 및 이동	1	1	1	1	1	1	–	–	–	–	–	–

5. 최소산정등급 적용기준 변경 시

가동률, 생산량, 매개변수, 산정방법론, 설비의 변경 등으로 인하여 배출시설의 배출량 규모가 변경된 경우에도 산정등급 최소적용기준이 충족되어야 한다. 단, 변경에 대한 내용은 배출량 산정계획에 포함하여야 한다.

② [별표 6]에서 세부적인 온실가스 배출량 등의 산정방법이 제시되지 않은 온실가스 배출활동은 할당대상업체가 자체적으로 산정방법을 개발하여 온실가스 배출량을 산정하여야 한다.

③ 할당대상업체는 [별표 6]에 제시된 온실가스 배출량 등의 산정방법보다 더 높은 정확도를 가진 산정방법을 자체적으로 개발하여 온실가스 배출량 등의 산정에 활용할 수 있다.

| [별표 6] 배출활동별 온실가스 배출량 등의 세부산정방법 및 기준(제11조 관련) |

사업장별 배출량은 정수로 보고한다. 배출활동별 배출량 세부산정 중 활동자료의 보고값은 소수점 넷째 자리에서 반올림하여 셋째 자리까지로 하며, 각 배출활동별 배출량 산정방법론의 단위를 따른다. 또한 활동자료를 제외한 매개변수의 수치맺음은 센터에서 공표하는 바에 따른다(단, Tier 4에 해당하는 연속측정에 의한 배출량 산정에서의 수치맺음은 [별표 15]에 따른다).

사업장 고유 배출계수 개발 시, 활동자료 측정주기와 동 활동자료에 대한 조성분석주기를 기준으로 가중평균을 적용한다. 이 지침에서 석유제품의 기체연료에 대해 특별한 언급이 없으면 모든 조건은 0℃, 1기압 상태의 체적과 관련된 활동자료이고 액체연료는 15℃를 기준으로 한 체적을 적용한다. 연료의 비중 및 밀도의 자료는 공급업체 및 사업자가 자체적으로 개발한 값이 없다면 산업통상자원부 고시 「석유제품의 품질기준과 검사방법 및 검사수수료에 관한 고시」 및 한국석유공사에서 발표된 자료를 인용하고 고시자료를 우선으로 인용한다.

[별표 6]에서 세부적인 온실가스 흡수량 등의 산정방법이 제시되지 않은 많은 배출활동은 할당대상업체가 자체적으로 산정방법을 개발하여 온실가스 배출량을 산정하여야 한다.

④ 할당대상업체는 제2항 및 제3항에 따라 온실가스 배출량 등의 산정방법을 개발하여 활용하려면 배출활동의 개요, 보고대상 배출시설, 보고대상 온실가스, 배출량 산정방법론, 매개변수별 관리기준 등이 포함된 제24조에 따른 모니터링 계획을 제출하여야 하며, 산정방법 개발 결과 및 근거자료 등은 다음 연도 명세서에 포함하여 제출하여야 한다.

⑤ 할당대상업체는 제2항 및 제3항에 따라 온실가스 배출량 등을 산정하고자 할 경우 [별표 7]의 절차에 따라 환경부장관으로부터 사용 가능 여부를 통보받은 후 사용하여야 한다.

▎[별표 7] 자체개발 산정방법론 및 사업장 고유배출계수의 승인·통보절차(제11조, 제15조, 제16조 관련)▎

1단계	자체개발 산정방법론 및 사업장 고유배출계수의 개발계획 제출

할당대상업체가 제11조 제4항에 따른 자체개발 산정방법론 및 제16조 제3항에 따른 배출시설 단위 고유배출계수의 개발계획이 포함된 제24조에 따른 배출량 산정계획을 주무관청에게 제출한다.

⇩

2단계	주무관청의 검토

주무관청은 할당대상업체가 제출한 자체개발 산정방법론 및 사업장 고유배출계수 개발계획을 검토하고, 기본법 제45조 제1항에 의한 국가 배출계수의 개발방법과의 정합성 등을 확인한다.

⇩

3단계	할당대상업체에게 계획의 사용 가능 여부 통보

주무관청은 할당대상업체에게 사용 가능 여부를 통보한다.

⇩

4단계	자체개발 산정방법론 및 사업장 고유배출계수의 개발결과 제출

할당대상업체는 주무관청으로부터 사용 가능 여부를 통보받은 자체개발 산정방법론 및 사업장 고유배출계수 개발계획에 따라 배출량 산정결과 및 사업장 고유배출계수 개발결과를 다음 연도 명세서에 포함하여 주무관청에게 제출한다.

⇩

5단계	주무관청의 검토

주무관청은 할당대상업체가 제출한 자체개발 산정방법론 및 사업장 고유배출계수 개발결과를 검토하고, 기본법 제45조 제1항에 의한 국가 배출계수의 개발결과와의 정합성과 부문간 유사시설에 대한 배출계수의 등가성 및 정확성 등을 확인한다.

⇩

6단계	할당대상업체에게 결과의 사용 가능 여부 통보

주무관청은 할당대상업체에게 사용 가능 여부를 통보한다.

제12조(활동자료의 수집방법) 할당대상업체의 배출량 등의 산정에 필요한 활동자료의 수집방법론은 [별표 8]에 따른다.

▎[별표 8] 활동자료의 수집방법론(제12조 관련)▎

1. 활동자료의 수집방법론 결정원칙

할당대상업체는 배출시설별로 모니터링 유형을 타당하게 결정하여야 한다. 모니터링 유형 결정을 위한 활동자료 측정지점 및 활동자료 수집방법은 사업장과 일치되어야 한다. 또한 판매·구매되는 부생가스, 부생연료, 스팀 등의 활동자료 수집방법에 대하여 배출량 산정계획을 수립하여야 한다.

할당대상업체가 활동자료 수집방법을 결정할 때에는 활동자료의 오류를 최소화할 수 있어야 하며, 적용할 수 있는 모니터링 유형 중에서 가장 정확성이 높은 모니터링 유형을 선정하여야 한다.

할당대상업체가 두 가지 이상의 모니터링 유형을 적용하여 배출시설의 활동자료를 수집하고자 할 경우, 모니터링 계획에 이에 대한 활동자료 수집방법을 도식화해야 하며, 활동자료를 수집하는 구체적인 방법을 배출량 산정계획에 기술하여야 한다.

할당대상업체는 결정된 모니터링 유형을 토대로 배출시설별 활동자료 수집방법을 결정하여야 한다.

2. 모니터링 유형 개요

할당대상업체는 다음 4항 내지 7항에서 제시하는 모니터링 유형에 따라 배출시설별로 활동자료를 수집·결정할 수 있다. 측정기기의 기호, 종류 등은 〈표−1〉과 같다.

〈표-1〉 측정기기의 기호 및 종류

기 호	세부내용	측정기기 예시
WH	상거래 또는 증명에 사용하기 위한 목적으로 측정량을 결정하는 법정계량에 사용하는 측정기기로서 계량에 관한 법률 제2조에 따른 **법정계량기**	가스미터, 오일미터, 주유기, LPG 미터, 눈새김탱크, 눈새김탱크크로리, 적산열량계, 전력량계 등 법정계량기
FL	할당대상업체가 자체적으로 설치한 계량기로서, 국가표준기본법 제14조에 따른 시험기관, 교정기관, 검사기관에 의하여 **주기적인 정도검사를 받는 측정기기**	가스미터, 오일미터, 주유기, LPG 미터, 눈새김탱크, 눈새김탱크크로리, 적산열량계, 전력량계 등 법정계량기 및 그 외 계량기
FL	할당대상업체가 자체적으로 설치한 계량기이나, 주기적인 정도검사를 실시하지 않는 측정기기	

* 비고) 할당대상업체가 자체적으로 설치한 측정기기 중 시험·교정기관 등으로부터 주기적인 정도검사를 받지 않았을 경우 해당 측정기기에 대한 정도검사 일정 등을 제24조에 따른 모니터링 계획에 포함하여야 한다.

3. 측정기기 정도검사 주기 등

할당대상업체가 자체적으로 설치한 측정기기 중 시험·교정기관 등으로부터 주기적인 정도검사를 실시할 경우 그 주기는 측정기기의 종류에 따라 「계량에 관한 법률 시행령」 제21조(검정)의 검정유효기간 및 「환경분야 시험·검사 등에 관한 법률」 제11조(측정기기의 정도검사)에 따른 주기 등을 준용하여 정도검사를 실시할 수 있다(정기보수기간 등 환경·안전·기술 특성을 고려하여 주기적 검사일정을 수립).

4. 연료 등 구매량 기반 모니터링 방법

이 방법은 연료 및 원료의 공급자가 상거래 등의 목적으로 설치·관리하는 측정기기를 이용하여 활동자료의 양을 수집하는 방법이다.

〈표-2〉 활동자료 수집에 따른 모니터링 유형

모니터링 유형	세부내용
A유형 [구매량 기반 모니터링 방법]	• 연료 및 원료의 공급자가 상거래 등의 목적으로 설치·관리하는 측정기기를 이용하여 배출시설의 활동자료를 모니터링하는 방법 • 연료나 원료 공급자가 상거래를 목적으로 설치·관리하는 측정기기(WH)와 주기적인 정도검사를 실시하는 내부 측정기기(FL)를 사용하여 활동자료를 결정하는 방법
B유형 [교정된 측정기로 직접계량에 따른 모니터링 방법]	• 구매량 기반 측정기기와 무관하게 배출시설 활동자료를 교정된 자체 측정기기를 이용하여 모니터링하는 방법 • 배출시설별로 주기적으로 교정검사를 실시하는 내부측정기기(FL)가 설치되어 있을 경우 해당 측정기기를 활용하여 활동자료를 결정하는 방법
C 유형 [근사법에 따른 모니터링 유형]	• 각 배출시설별 활동자료를 구매 연료 및 원료 등의 메인 측정기기(WH) 활동자료에서 타당한 배분방식으로 모니터링하는 방법 • 각 배출시설별 활동자료를 구매단가, 보증된 배출시설 설계사양 등 정부가 인정하는 방법을 이용하여 모니터링하는 방법
D유형 [기타 모니터링 유형]	D유형은 A~C 유형 이외 기타 유형을 이용하여 활동자료를 수집하는 방법

제13조(불확도 관리 기준 및 방법)

① 할당대상업체는 [별표 5]의 최소산정등급(Tier) 및 [별표 6]의 배출량 산정방법론에서 규정하고 있는 불확도 관리기준을 준수하여야 한다.

② 제1항에서 불확도 산정의 세부적인 방법은 [별표 9]를 따른다.

‖ [별표 9] 불확도 산정 절차 및 방법(제13조 제2항 관련) ‖

1. 일반사항
   1) 불확도의 개념
      계측에 의한 값이나 계산에 의한 값 등 어떠한 자료를 이용해 도출된 추정치는 계측기에 의한 불확실성, 계측 당시 환경조건에 의해 표준조건과 차이가 생기는 경우의 불확실성, 산정식에 의한 불확실성 등 다양한 불확실성 요인에 의해 영향을 받게 된다. 이에 따라 추정치는 미지의 참값과의 편차(bias)를 보이게 되며, 추정치가 반복 측정값인 경우는 평균값을 중심으로 무작위(random)로 분산되는 양상을 보인다. 이러한 편차와 분산을 유발하는 불확실성 요인을 정량화하여 불확도(uncertainty)로 표현하고 있다.

   2) 불확도 관리 목적 및 범위
      불확도는 온실가스 배출량의 신뢰도 관리와 제도 운영과정에서 배출량 산정과 관련된 방법론 및 방법 변경의 타당성을 입증하는 목적으로 평가·관리된다.
      온실가스 배출량은 활동자료, 배출계수 등 매개변수의 함수로 표현되며 배출량 불확도는 활동자료와 배출계수 불확도를 합성하여 결정한다.

   3) 불확도의 종류
      불확도는 표준불확도, 합성불확도, 확장불확도, 상대불확도 등으로 구분할 수 있다. 표준불확도는 반복측정값의 표준오차로 표현되고, 합성불확도는 여러 불확도 요인이 존재하는 경우 각 인자에 대한 표준불확도를 합성하여 결정한 불확도이며, 확장불확도는 합성불확도에 신뢰구간을 특정짓는 포함인자를 곱하여 결정하는 것으로 포함인자값은 관측값이 어떤 신뢰구간을 택하느냐에 따라 달라진다. 상대불확도는 불확도를 비교 가능한 값으로 환산하기 위해 불확도를 최적추정값(평균)으로 나누고 100을 곱하여 백분율로 표현하고 있다. 일반적으로 여러 배출원의 불확도를 비교하기 위해 상대불확도를 많이 사용한다.
      일반적으로 온실가스 배출량 불확도 산정에서는 특정 확률분포(t-분포)에서 95% 신뢰수준의 포함인자를 합성 불확도에 곱한 확장불확도를 사용하고 있다. 한편 할당대상업체에서 보고해야 할 불확도는 확장불확도를 최적 추정값(평균)으로 나누고 100을 곱하여 백분율로 표현한 상대불확도(%)이다.

2. 불확도 산정절차
   일반적인 온실가스 배출량의 측정불확도 산정절차는 다음과 같으며, 할당대상업체는 온실가스 측정불확도 산정절차 중 2단계까지의 불확도를 산정하여 보고한다. 측정을 외부기관에 의뢰하는 경우 측정값에 대한 불확도가 함께 제시 되므로, 산정절차의 2단계는 생략될 수 있다. 불확도 산정 시 동 지침의 [별표 9]를 우선 적용하나 사업장 현황에 따라 아래 제시된 방법을 우선순위로 적용 가능하다.
      ① 시험성적서상의 불확도
      ② 입증된 자료(측정기 성적서, 제작사 규격, 핸드북 등의 오차율, 정확도, 편차, 분해능 등 참고자료)를 이용할 경우 관련 가이드라인을 적용하여 해당 수치를 $\sqrt{3}$으로 나눈 값
         ※ 산업체의 온실가스 에너지 목표관리를 위한 불확도 산정관리 가이드('12.3, 한국에너지공단), 폐기물 부문 온실가스 배출시설 모니터링 바로 알기 안내서('14.6, 한국환경공단) 측정기기 불확도 확인방법을 준용하여 산출
      ③ 동 지침의 불확도 : 〈Tier 1〉 7.5%, 〈Tier 2〉 5%, 〈Tier 3〉 2.5%

<표-1> 온실가스 측정불확도 산정절차

1단계 (사전검토)	2단계 (매개변수의 불확도 산정)	3단계 (배출시설에 대한 불확도 산정)	4단계 (사업장 또는 업체에 대한 불확도 산정)
• 매개변수 분류 및 검토, 불확도 평가대상 파악 • 불확도 평가체계 수립	• 활동자료, 배출계수 등의 매개변수에 대한 불확도 산정 • 매개변수에 대한 확장불확도 또는 상대불확도 산정	배출시설별 온실가스 배출량에 대한 상대불확도 산정	배출시설별 배출량의 상대불확도를 합성하여 사업장 또는 업체의 총 배출량에 대한 상대불확도 산정

1) 사전검토(1단계)

할당대상업체 내 배출시설 및 배출활동에 대하여 배출량 산정과 관련한 매개변수의 종류, 측정이 필요한 자료, 불확도를 발생시키는 요인 등을 파악하고 규명하는 단계이다. 예를 들면 배출량 산정시 실측법을 활용할 경우 농도, 배출가스 유량 등이 불확도와 연관되는 자료이며, 계산법을 적용할 경우 활동자료와 발열량, 배출계수, 산화계수 등 각각의 변수들이 온실가스의 측정불확도와 연관된 변수들이다. 불확도 산정을 위한 사전검토 단계에서 각 매개변수별 자료값의 취득방법(예) 단일계측기, 다수계측기, 외부시험기관 분석 등)을 검토하여 불확도값을 구하기 위한 체계를 수립한다.

2) 매개변수의 불확도 산정(2단계)

불확도 산정은 신뢰구간에 의해 접근된다. 따라서 매개변수의 불확도는 보통 통계학적 방법으로 시료 수, 측정값 등을 통하여 신뢰구간과 오차범위 형태로 제시된다. 일반적으로 온실가스 배출량 산정과 관련한 불확도의 산정에서는 표본채취에 대한 확률분포가 정규분포를 따른다는 가정 하에 95%의 신뢰구간에서 불확도를 추정하는 것을 요구한다.

특정 매개변수와 관련된 반복측정에 의한 불확도의 추정절차는 다음과 같으며, 반복측정 외의 불확도 요인을 고려하는 경우에는 국제적으로 신뢰할 수 있는 방법에 따라 불확도가 추정되어야 한다.

① 활동자료 표본수에 따른 확률분포값을 계산

'표본수(n)에 따른 포함인자(t)를 구하기 위한 t-분포표'를 활용하여 활동자료 등의 측정횟수(표본횟수)에 따른 포함인자(t)를 결정한다. 이는 표본의 확률밀도함수가 t-분포를 따른다는 가정하에 표본으로부터 얻은 측정값이 특정 구간에 존재할 때의 포함인자(t)는 신뢰수준과 표본수(n)에 의해 결정된다.

② 측정값에 대한 통계량(표본평균과 표본표준편차), 표준불확도, 확장불확도 계산

표본평균($\bar{x}$)과 표본표준편차(s)를 「식-1」, 「식-2」에 따라 각각 구한다.

$$\bar{x} = \frac{1}{n}\sum_{k=1}^{n} x_k \quad\cdots\cdots\cdots\cdots\cdots\cdots\cdots\cdots\cdots\cdots\cdots\cdots\cdots (식-1)$$

$$s = \sqrt{\frac{1}{n-1}\sum_{k=1}^{n}(x_k - \bar{x})^2} \quad\cdots\cdots\cdots\cdots\cdots\cdots\cdots (식-2)$$

측정값이 정규분포를 따른다고 가정하면 표준불확도(표준오차)는 평균($\bar{x}$)의 표준편차로서 「식-3」에 따라 구한다.

$$U_s = \frac{s}{\sqrt{n}} \quad\cdots\cdots\cdots\cdots\cdots\cdots\cdots\cdots\cdots\cdots\cdots\cdots\cdots\cdots (식-3)$$

매개변수(p)의 확장불확도는 95% 신뢰수준에서의 포함인자(t)와 표본수(n), 표준편차(s)를 이용하여 「식-4」에 의해 구한다.

$$U_p = t \times \frac{s}{\sqrt{n}} \quad\cdots\cdots\cdots\cdots\cdots\cdots\cdots\cdots\cdots\cdots\cdots (식-4)$$

여기서, $\bar{x}$: 표본측정값의 평균

n : 표본채취(샘플링) 횟수

x_k : 개별 표본의 측정값

s : 표본측정값의 표준편차

U_s : 표본측정값의 표준불확도(표준오차)

U_p : 95% 신뢰수준에서의 확장불확도

t : t-분포표에 제시된 95% 신뢰수준에서의 포함인자

③ 각 매개변수에 대한 상대불확도(U_i) 계산

t-분포표에 제시된 95% 신뢰수준에서의 포함인자(t)와 표본수(n), 표본측정값의 표준편차(s)를 이용하여 「식-5」에 따라 매개변수의 상대불확도($U_{r,p}$)를 구한다.

$$U_{r,p} = \frac{U_p}{\bar{x}} \times 100 \quad\cdots\cdots (식-5)$$

여기서, $U_{r,p}$: 매개변수 p의 상대불확도(%)

U_p : 매개변수 p의 확장불확도

$\bar{x}$: 표본측정값의 평균

할당대상업체가 보고해야 할 불확도는 「식-5」의 상대불확도로서 표준불확도(식-3), 확장불확도(식-4)를 단계별로 산정한 다음에 결정해야 한다. 다양한 불확도의 요인이 존재하는 경우 각 요인에 대한 표준불확도를 산정하고 이를 합성하여 합성불확도를 산정한 후 확장불확도와 상대불확도를 산정한다.

3) 배출시설에 대한 불확도 산정(3단계)

2단계에서 산정된 매개변수의 상대불확도를 이용하여 배출시설의 온실가스 배출량에 대한 상대불확도로 산정한다. 온실가스 배출량을 산정하는 방법은 일반적으로 활동자료와 배출계수를 곱하여 산정하며, 경우에 따라서는 두 매개변수 이외에 다른 매개변수가 배출량 산정에 관여하는 경우도 있다. 배출량이 여러 매개변수의 곱으로 표현되는 경우 합성방법 중의 하나인 승산법에 따라 각 매개변수의 상대불확도를 합성하여 「식-4」에서 보는 것처럼 배출량의 불확도를 결정한다. 이 경우 개별 매개변수가 서로 독립적인 경우에 유효하다.

$$U_{r,E} = \sqrt{U_{r,A}^2 + U_{r,B}^2 + U_{r,C}^2 + U_{r,D}^2 + \cdots} \quad\cdots\cdots (식-4)$$

여기서, $U_{r,E}$: 배출량(E)의 상대불확도(%)

$U_{r,A}$: 활동자료(A)의 상대불확도(%)

$U_{r,B}$: 배출계수(B)의 상대불확도(%)

$U_{r,C}$: 매개변수 C의 상대불확도(%)

$U_{r,D}$: 매개변수 D의 상대불확도(%)

4) 사업장 또는 업체에 대한 불확도 산정(4단계)

사업장 혹은 할당대상업체의 온실가스 배출량은 개별 배출원 혹은 배출시설의 합으로 표현되며, 합으로 표현되는 값에 대한 불확도는 가감법에 따라 개별 불확도를 합성하여 산정한다. 즉 3단계의 「식-4」에 따라 개별 배출원 혹은 배출시설별 온실가스 배출량에 대한 불확도를 산정한 이후, 개별 배출원의 불확도로부터 사업장 혹은 할당대상업체의 총 배출량에 대한 불확도는 「식-5」에 의해 계산한다.

$$U_{r,E_T} = \frac{\sqrt{\sum (E_i \times U_{r,E_i}/100)^2}}{E_T} \times 100 \quad\cdots\cdots (식-5)$$

여기서, U_{r,E_T} : 사업장/배출시설 총 배출량(E_T)의 상대불확도(%)

E_T : 사업장/배출시설의 총 배출량(이산화탄소 환산톤)

E_i : E_T에 영향을 미치는 배출시설/배출활동(i)의 배출량(이산화탄소 환산톤)

U_{r,E_i} : E_T에 영향을 미치는 배출시설/배출활동(i)의 상대불확도(%)

제14조(산정등급 및 불확도 관리기준의 적용 특례)

① 할당대상업체로 지정된 업체 중 「중소기업기본법」 제2조 제1항에 따른 중소기업에 해당하는 할당대상업체가 제11조 및 제13조에 따른 최소산정등급(Tier), 매개변수별 관리기준 및 활동자료의 불확도 관리기준을 불가피하게 준수하지 못할 경우에는 할당대상업체 최초 지정 이후 2회 이내의 범위 안에서 명세서를 제출할 때 이를 적용하지 아니할 수 있다.

② 제1항에 해당하는 할당대상업체는 제11조 및 제13조의 관리기준을 준수하기 위한 조치 및 일정 등을 모니터링 계획에 반영하여 환경부장관에게 제출하여야 한다.

제15조(배출계수 등의 활용)

① 할당대상업체가 산정등급 1(Tier 1)에 따라 배출량 등을 산정할 경우 [별표 10]의 기본 배출계수와 [별표 11]의 기본발열량을 활용한다. 다만, [별표 10]에 제시되지 않은 원료 등의 배출계수는 [별표 6]의 각 배출활동별 산정방법론을 참조한다.

② 할당대상업체가 산정등급 2(Tier 2)에 따라 배출량 등을 산정하는 경우에는 온실가스종합정보센터가 확인·검증하여 공표하는 국가 고유배출계수 등을 활용한다. 다만, 연료별 국가 고유발열량값은 [별표 12]를 우선적으로 활용한다.

③ 할당대상업체가 산정등급 3(Tier 3)에 따라 배출량 등을 산정할 경우에는 [별표 7]의 절차에 따라 환경부장관으로부터 배출시설 또는 공정단위의 고유배출계수의 사용 가능 여부를 통보받은 후 사용하여야 한다.

제16조(사업장 고유배출계수 등의 개발 및 활용 등)

① 할당대상업체는 [별표 6]에서 제시하는 매개변수의 관리기준에 따라 사업장 고유배출계수 등을 개발·활용하기 위하여 연료, 원료 및 부산물 등의 시료를 채취하고 분석할 때에는 다음 각 호의 사항을 준수하여야 한다. 다만, 불가피한 사유로 인해 시료 채취 및 분석방법 등을 준수할 수 없는 경우 할당대상업체는 명확한 근거를 제시하여야 하며, 환경부장관은 이를 검토하여 허용할 수 있다.

  1. 시료의 채취 및 분석을 실시할 수 있는 기관은 다음과 같다.
    가. 「환경분야 시험·검사 등에 관한 법률」 제16조에 따른 측정대행업자
    나. 「KS A ISO/IEC 17025 : 시험기관 및 교정기관의 자격에 대한 일반 요구사항」에 따라 공인된 시험·교정기관
    다. 나목의 기준에 적합한 자체 실험실을 갖춘 할당대상업체
  2. 시료를 채취하는 경우에는 시료의 대표성을 확보할 수 있도록 충분한 횟수로 시료를 채취하여야 하며, 연료의 경우에는 [별표 13]의 시료의 최소분석주기를 만족하여야 한다.

┃ [별표 13] 시료 채취 및 분석의 최소주기 등(제16조 제1항 관련) ┃

연료 및 원료	분석항목	최소분석주기
고체연료	원소함량, 발열량, 수분, 회(Ash) 함량	**월 1회**(연 반입량이 24만 톤을 초과할 경우 입하량이 2만 톤 초과 시마다 1회 추가)
액체연료	원소함량, 발열량, 밀도 등	**분기 1회**(연 반입량이 24만 톤을 초과할 경우 입하량이 2만 톤 초과 시마다 1회 추가)

연료 및 원료		분석 항목	최소 분석 주기
기체 연료	천연가스, 도시가스	가스성분, 발열량, 밀도 등	반기 1회[1]
	공정부생가스	가스성분, 발열량, 밀도 등	월 1회
폐기물 연료	고체	원소함량, 발열량, 수분, 회(Ash) 함량	분기 1회(연 반입량이 12만 톤을 초과할 경우 입하량이 1만 톤 초과 시마다 1회 추가)
	액체	원소함량, 발열량, 밀도 등	분기 1회(연 반입량이 12만 톤을 초과할 경우 입하량이 1만 톤 초과 시마다 1회 추가)
	기체	가스성분, 발열량, 밀도 등	월 1회(연 반입량이 12만 톤을 초과할 경우 입하량이 1만 톤 초과 시마다 1회 추가)
탄산염원료		광석 중 탄산염 성분, 원소함량 등	월 1회(연 반입량이 60만 톤을 초과할 경우 입하량이 5만 톤 초과 시마다 1회 추가)
기타 원료		원소함량 등	월 1회(연 반입량이 24만 톤을 초과할 경우 입하량이 2만 톤 초과 시마다 1회 추가)
생산물		원소함량 등	월 1회

비고) 1. 고체 및 액체 연료 1회 입하 시 2만 톤을 초과할 경우 매 입하 시 기준으로 분석할 수 있다.
 2. 기간별 분석횟수(월 1회, 분기 1회, 반기 1회) 미만으로 연료가 입하되는 경우 매 입하 시 기준으로 분석할 수 있다.
주1) 가스공급처가 최소분석주기 이상 분석한 데이터를 제공할 경우, 이를 우선 적용한다.

3. 시료채취는 배출량의 과다산정 혹은 과소산정의 오류가 발생하지 않도록 실시하여야 한다.
② 제1항의 연료 등의 시료 채취 및 분석방법은 [별표 14]의 국가표준(KS) 또는 국제표준화기구(ISO), 미국재료시험학회(ASTM) 등 국제적으로 통용되는 방법론을 사용하고 있는 경우 이를 분석방법으로 활용할 수 있다.

‖ [별표 14] 시료채취 및 성분 분석·시험 기준(제16조 제2항 관련) ‖

1. 고체연료와 관련된 시료채취 및 분석 기준
   (가) 발열량 분석
   • KS E 3707(석탄류 및 코크스류의 발열량 측정방법)
   • ASTM D 5468-02[Standard Test Method for Gross Calorific and Ash Value of Waste Materials(폐기물의 회함량-ash value-과 총발열량에 대한 표준시험방법)]
   • ASTM D 5865[Standard Test Method for Gross Calorific Value of Coal and Coke(석탄과 코크스의 총발열량 표준시험방법)]
   • KS E 3709(석탄류의 샘플링, 분석 및 측정 방법 총칙)
   • 고형연료제품 품질 시험·분석방법
   (나) 탄소함량 분석
   • KS E 3709(석탄류의 샘플링, 분석 및 측정 방법 총칙)
   • KS E ISO 609(고체광물연료 – 탄소 및 수소함량 결정 – 고온연소법)
   • KS E ISO 625(고체광물연료 – 탄소 및 수소함량 결정 – 리비히법)
   • KS E ISO 925(고체광물연료 – 탄산염 탄소함량 측정 – 중량측정법)
   • ASTM D 5291-02(표준원소 분석)
   • ASTM D 5373-08(탄소, 수지, 질소 함량 측정)

- 원소분석기(원소분석기기로 측정)
- ASTM E 1915-13(Standard Test Methods for Analysis of Metal Bearing Ores and Related Materials for Carbon, Sulfur, and Acid-Base Characteristics)
- ASTM D 6316(Standard Test Method for Determination of Total, Combustible and Carbonate Carbon in Solid Residues from Coal and Coke)

(다) 수분함량 분석
- KS E 3709(석탄류의 샘플링, 분석 및 측정 방법 총칙)
- KS E ISO 331(석탄 – 샘플의 수분함량 측정 – 직접중량법)
- KS E ISO 5068(갈탄 및 아탄 – 수분함량 측정 – 간접중량법)
- KS E ISO 579(코크스 – 총 수분함량 측정)
- KS E ISO 589(무연탄 – 총 수분함량 측정)
- KS E ISO 687(코크스 – 샘플의 수분함량 측정)
- KS E ISO 11722(고체광물연료 – 석탄(하드콜) 일반분석 시험시료의 질소 분위기 건조에 의한 수분 측정
- ASTM D 3173-03[Standard Test Method for Moisture in the Analysis sample of Coal and Coke(석탄과 코크스의 분석 샘플의 수분에 대한 표준시험방법)]
- ASTM D 7582(Standard Test Methods for Proximate Analysis of Coal and Coke by Macro Thermogravimetric Analysis[MTA(매크로 열중량분석기)에 의한 석탄과 코크스의 근사분석에 대한 표준시험방법)]
- ASTM D 3302/D 3302M(Standard Test Method for Total Moisture in Coal)
- 고형연료제품 품질 시험 · 분석방법

(라) 연료의 회(Ash) 성분분석
- KS E 3716(석탄회 및 코크스회 분석방법)
- KS E 1171(고체광물연료 회분량 정량법)
- KS E ISO 540(고체광물연료 – 회분의 가용도 측정 – 고온튜브법)
- KS L 9004(석회의 화학분석방법)
- KS E 3071(석회석의 화학분석방법)
- KS E 3075(석회석과 백운석의 형광엑스선 분석방법)
- KS M 1104(산업용 소다회 성분분석)
- 고형연료제품 품질 시험 · 분석방법

(마) 시료채취방법
- KS E 3709(석탄류의 샘플링, 분석 및 측정 방법 총칙)
- KS L 9015(석회 및 석회제품의 시료채취, 검사, 포장 및 표시 방법)
- KS L 5101(시멘트의 시료채취방법)
- KS I 5201(산업폐기물의 시료채취방법)
- ASTM D 2234[Standard Practice for Collection of a Gross Sample of Coal(석탄의 총 샘플의 수집에 대한 시험표준)]
- KS E ISO 1988(무연탄 – 샘플링)
- 고형연료제품 품질 시험 · 분석방법

2. 액체연료와 관련된 시료 채취 및 분석 기준
(가) 발열량 분석
- KS M 2057(원유 및 석유제품 발열량 시험방법 및 계산에 의한 추정방법)
- ASTM D 240(Standard Test Method for Heat of Combustion of Liquid Hydrocarbon Fuels by Bomb Calorimeter)

(나) 탄소함량 분석
- KS M ISO 7941(상업용 프로판 및 부탄 – 가스 크로마토그래피에 의한 조성분석)
- KS M 2418(석유제품 및 윤활유의 탄소, 수소 및 질소의 기기분석 시험방법)
- KS M 2077(액화석유가스의 탄화수소 성분시험방법 – 가스 크로마토그래프법)

- KS M ISO 10370(석유제품 – 잔류탄소분 시험방법 – 마이크로법)
- ASTM D 5291[Standard Test Methods for Instrumental Determination of Carbon, Hydrogen, and Nitrogen in Petroleum Products and Lubricants(석유제품 및 윤활유의 탄소, 수소, 질소의 주요 측정에 관한 표준시험방법)]
- UOP 744(Chromatographic Specialties)

(다) 밀도 측정
- KS M 2002(석유계 원유 및 액체 석유제품 밀도 또는 상대밀도 측정방법 – 하이드로미터법)
- KS M 3993(액화석유가스 및 경질 탄화수소 – 밀도 또는 상대밀도 시험방법 – 하이드로미터법)
- KS M ISO 8973(액화석유가스 – 밀도와 증기압의 계산방법)
- KS M ISO 12185(원유 및 석유제품 – 밀도의 측정 – 진동 U자관법)
- KS M ISO 3838(석유계 원료와 액체 또는 고체 석유제품 밀도 또는 상대밀도 측정방법)
- KS M 0004(화학제품의 비중 측정방법)
- KS M ISO 2811(도료와 바니시 – 밀도 측정방법)
- ASTM D 1298(Standard Test Method for Density, Relative Density, or API Gravity of Crude Petroleum and Liquid Petroleum Products by Hydrometer Method)

(라) 시료채취방법
- KS M 2001(원유 및 석유제품 시료채취방법)
- KS M ISO 3171(석유 액체 – 파이프라인으로부터의 자동 시료채취)
- KS M ISO 8943(냉각 경질 탄화수소유 – 액화천연가스 시료채취 – 연속법)
- KS M ISO 7382(공업용 에틸렌 – 액상 및 기체상 시료채취)
- KS M ISO 8563(산업용 프로필렌 및 부타디엔 – 액상 시료채취)
- KS M 2071(액화석유가스 시료채취방법)
- KS M ISO 4257(액화석유가스 시료채취방법)
- ASTM D 4057-06[Standard Practice for Manual Sampling of Petroleum and Petroleum Products(석유 및 석유제품의 샘플링 매뉴얼을 위한 시험표준)]
- ASTM F 307[Standard Practice for Sampling Pressurized Gas for Gas Analysis, gas analysis, gas sampling, pressurized gas(압축가스의 가스분석, 샘플링을 위한 시험표준)]
- ASTM D 5503[Standard Practice for Natural Gas Sample – Handling and Conditioning Systems for Pipeline Instrumentation(파이프라인 측정을 위한 컨디셔닝 시스템과 천연가스 샘플 처리를 위한 시험표준)]
- KS M ISO 8943(Refrigerated light hydrocarbon fluids Sampling of liquefied natural gas – Continuous and intermittent methods)
- KS M ISO 7382(공업용 에틸렌 – 액상 및 기체상 시료채취)
  → ISO 7382(Ethylene for industrial use – Sampling in the liquid and the gaseous phase)
- KS M ISO 8563(산업용 프로필렌 및 부타디엔 – 액상 시료채취)
  → ISO 8563(Propylene and butadiene for industrial use – Sampling in the liquid phase)

(마) 수분 분석
- KS M ISO 6296(석유제품 – 수분 시험방법 – 칼피셔식 전위차적정법)
- KS M ISO 9029(석유계 원유 – 수분 시험방법 – 증류법)
- KS M ISO 12937(석유제품 – 수분 시험방법 – 칼피셔식 전기량적정법)

3. 기체연료와 관련된 시료채취 및 분석 기준
   (가) 발열량 및 성분 분석
   - KS I ISO 6974 1부, 2부, 3부, 4부, 5부, 6부(천연가스 – 가스 크로마토그래프법에 의한 정의된 불확도와 조성의 분석)
   - KS I ISO 6976(천연가스 – 가스 조성을 이용한 발열량, 밀도, 상대밀도 및 웨버지수 계산)
   - KS I ISO 15971(천연가스 – 특성치의 측정 – 발열량 및 웨버지수)
   - KS I ISO 6570(천연가스 – 존재 가능한 액화탄화수소의 함량 측정 – 중량법)
   - KS M 2077(액화석유가스의 탄화수소성분 시험방법)

- KS M 2085-1부(액화석유제품 – 탄화수소분 시험방법 – 가스 크로마토그래프)
- ASTM D 3588[Standard Practice for Calculating Heat Value, Compressibility Factor, and Relative Density of Gaseous Fuels(발열량, 압축계수, 기체연료의 상대밀도를 계산하기 위한 시험표준)]
- API[COMPENDIUM OF GREENHOUSE GAS EMISSIONS METHODOLOGIES FOR THE OIL AND NATURAL GAS INDUSTRY(석유와 천연가스 산업의 온실가스 배출량 산정방법론 개요)]
- 페리핸드북[Perrys Chemical Engineers Handbook(페리 화학공학 핸드북)]
- KS M ISO 7941(상업용 프로판 및 부탄 – 가스 크로마토그래프법에 의한 조성 분석)
- ASTM D 2505-88(GC 분석기를 활용한 표준실험)
- ASTM D 1945-03(GC 분석기를 활용한 분석)
- ASTM D 1946[Analysis of Reformed Gas by GC(GC에 의한 개질가스 분석)]
- ASTM D 2163[Standard Test Method for Determination of Hydrocarbons in Liquefied Petroleum(LP) Gases and Propane/Propene Mixtures by GC(GC에 의한 액화석유(LC)가스와 프로판/프로필렌 혼합물의 탄화수소 측정을 위한 표준시험방법)]
- ASTM D 2427[Standard Test Method for Determination of C2 through C5 Hydrocarbons in Gasolines by GC(GC에 의한 가솔린의 C2~C5 탄화수소 측정을 위한 표준시험방법)]
- ASTM D 2504(Standard Test Method for Noncondensable Gases in C2 and Lighter Hydrocarbon Products by Gas Chromatography)
- ASTM D 2593(Standard Test Method for Butadiene Purity and Hydrocarbon Impurities by Gas Chromatography)
- UOP 539(REFINERY GAS ANALYSIS BY GC)

(나) 시료채취방법
- KS I ISO 10715(천연가스 – 샘플링 지침서)
- KS I ISO 16017-1부(실내, 대기 및 작업장 공기 – 흡착 튜브/열 탈착/모세관 가스 크로마토그래피에 의한 휘발성 유기화합물의 샘플링과 분석)
- KS I ISO 16200-1부(작업장 공기 – 용매 탈착/기체 크로마토그래피에 의한 휘발성 유기화합물의 채취 및 분석)
- KS M ISO 8943(냉각 경질 탄화수소유 – 액화 천연가스 시료채취 – 연속법)
- KS I 2202(배기가스 시료채취방법)
- KS M ISO 7382(공업용 에틸렌 – 액상 및 기체상 시료채취)
- KS M 2071(액화석유가스 – 시료채취방법)

4. 기타 원료의 시료채취 및 분석 기준
- KS D ISO 14284(철 및 강 – 화학조성을 측정하기 위한 샘플링 및 시료 제조)
- KS D 0006(훼로아로이의 샘플링방법 통칙)
- KS D ISO 20081(아연 및 아연합금 시료채취방법)
- KS D 1652(철 및 강의 스파크 방전 원자방출 분광분석방법)
- KS D 1804(철 및 강의 탄소분석방법)
- KS D ISO 10719(철 및 강의 비결합된 탄소측정방법)
- KS D ISO 9556(철 및 강 탄소의 총량분석과 유도로 연소 후 적외선흡수법)
- KS E 3047(규조토 니켈 광석의 샘플링 방법 및 수분결정방법)
- KS E 3605(분괴혼합물의 샘플링 방법 통칙)
- KS E 3908(비철금속광석의 샘플링 시료 조제 및 수분결정방법)
- KS E 12185(원유 및 석유제품 밀도의 측정 진동 U-자관법)
- KS E 3709(석탄류의 샘플링, 분석 및 측정방법 총칙)
- KS E ISO 12743(구리, 납, 아연 및 니켈정광 – 금속과 수분량의 정량을 위한 샘플링 절차)
- KS E ISO 13909(하드콜 및 코크스 – 기계식 샘플링)
- KS E ISO 1988(무연탄 – 샘플링)

- KS E 3071(석회석의 화학분석방법)
- KS E 3075(석회석과 백운석의 형광엑스선 분석방법)
- KS E ISO 3082(철광석 – 샘플링 및 샘플 준비과정)
- KS E ISO 4296 1부, 2부(망간광석 – 샘플링)
- KS E ISO 5069-1(갈탄과 아탄 – 시료채취의 원리 – 제1부: 함수율 측정과 일반분석을 위한 시료채취)
- KS E ISO 5069-2(갈탄과 아탄 – 시료채취의 원리 – 제2부: 함수율 측정과 일반분석을 위한 시료조제)
- KS E ISO 6140(알루미늄광석 – 샘플의 준비)
- KS E ISO 6153(크롬광석 – 증분샘플링)
- KS E ISO 6154(크롬광석 – 샘플의 준비)
- KS E ISO 8685(알루미늄광석 – 샘플링 과정)
- KS I 5201(산업폐기물의 시료채취방법)
- KS L 5222(시멘트의 형광 X-선 분석방법)
- KS L 5120(포틀랜드시멘트의 화학적 분석방법)
- KS L 5101(시멘트 시료채취방법)
- KS L 9004(석회의 화학분석방법)
- KS L ISO 10058-2(마그네사이트 및 백운석 내화물의 화학분석 – 제2부 : 습식화학분석)
- KS L ISO 10058-3(마그네사이트 및 백운석 내화물의 화학분석 – 제3부 : 불꽃 원자흡수분광법 및 유도결합 플라즈마 방출분광법)
- KS M 2199(방향족제품 및 타르제품의 시료채취방법)
- KS M ISO 8754(석유제품 황분시험방법 에너지분산 X-선 형광분석법)
- KS M 2414[석유제품의 황분시험방법(고온법)]
- KS Q 1003(랜덤 샘플링 방법)
- ASTM D 578(Standard Specification for Glass Fiber Strands)
- JIS G 0417(Sampling and Preparation of Samples for the Determination of Chemical Composition)
- KS D ISO 4552-1(페로합금 – 화학적 분석을 위한 시료채취 및 시료조제 : 제1부 페로크로뮴, 페로실리콘크로뮴, 페로실리콘, 페로실리콘망가니즈, 페로망가니즈)
- KS D ISO 4552-2(페로합금 – 화학적 분석을 위한 시료채취 및 시료조제 : 제2부 페로티타늄, 페로몰리브데넘, 페로텅스텐, 페로니오븀, 페로바나듐)
- KS I 0587[반도체 및 디스플레이 공정에서 사용되는 Non-CO_2 온실가스(CF_4, NF_3, SF_6, N_2O) 체적 유량 측정방법)]
- ASTM C 114(Standard Test Methods for Chemical Analysis of Hydraulic Cement)
- KS L 0006(시멘트제조용 회전가마의 열정산방법)

③ 할당대상업체는 제1항 및 제2항에 따라 배출시설 단위 고유배출계수 등을 개발하여 활용하려면 분석대상 및 항목, 시료채취방법, 시험·분석방법, 계수의 산정식 등 검토·승인된 계수 개발계획 및 근거 등이 포함된 제24조에 따른 모니터링 계획을 제출하여야 하며, 검토·승인된 개발결과 및 근거자료 등은 다음 연도 명세서에 포함하여 제출하여야 한다.

제17조(연속측정방법에 따른 배출량 산정방법 및 기준)
① 할당대상업체가 연속측정방법을 사용하여 배출량 등을 산정·보고하고자 할 경우 해당 배출시설의 산정등급은 4(Tier 4)로 규정한다.
② 연속측정방법을 통한 배출량 산정방법, 측정기기의 설치 및 관리기준 등은 [별표 15]를 따른다.

|[별표 15] 연속측정방법의 배출량 산정방법 및 측정기기의 설치·관리기준 등(제17조 제2항 관련) |

1. 연속측정에 따른 배출량 산정방법
   가. 굴뚝연속자동측정기에 의한 배출량 산정방법
      측정에 기반한 온실가스 배출량 산정은 다음의 일반식을 따른다.

$$E_{CO_2} = K \times C_{CO_2 d} \times Q_{sd}$$

   여기서, E_{CO_2} : CO_2 배출량(g CO_2/30분)

   $C_{CO_2 d}$: **30분 CO_2 평균농도 %[건가스(dry basis) 기준, 부피농도]**

   Q_{sd} : 30분 적산유량(Sm^3)(건가스 기준)

   K : 변환계수(1.964×10, 표준상태에서 1kmol이 갖는 공기부피와 이산화탄소분자량 사이의 변환계수)

   나. 굴뚝연속자동측정기와 배출가스유량계 측정자료의 수치맺음 및 배출량 산정기준
      1) 측정자료의 수치맺음은 한국산업표준 KS Q 5002(데이터의 통계해석방법)에 따라서 계산한다. 이 경우 소수점 이하는 셋째 자리에서 반올림하여 산정한다(유량은 소수점 이하는 버림 처리하여 정수로 산정한다).
      2) 자동측정자료의 배출량 산정기준
         가) 30분 배출량은 g 단위로 계산하고, 소수점 이하는 버림 처리하여 정수로 산정한다.
         나) 월 배출량은 g 단위의 30분 배출량을 월 단위로 합산하고, kg 단위로 환산한 후, 소수점 이하는 버림 처리하여 정수로 산정한다.
2. 굴뚝연속자동측정방법에 따른 배출량 제출방법
   가. 할당대상업체는「대기환경보전법 시행령」제19조 제1항에 따른 굴뚝 원격감시체계 관제센터(이하 '관제센터'라 한다)에 전송되어 마감·확정된 CO_2 측정자료를 활용한 배출량 산정자료 및 관련 자료를 명세서 제출 시「별지 제11호 서식」의 제11번 서식에 따라 전자적 방식으로 환경부장관에게 제출한다.
   나. 가목에서 측정자료라 함은 CO_2 농도, 배출가스 유량, 배출구 온도 및 산소농도로서 해당 항목의 5분 및 30분 데이터를 말한다.
   다. 가목에서 관련 자료라 함은「굴뚝 원격감시체계 관제센터의 기능 및 운영 등에 관한 규정」(이하 '관제센터 규정'이라 한다) 별표 1의 무효자료 선별기준 및 대체자료 생성에 적용된 근거자료 등을 말한다.
   라. 관제센터 규정 제9조의 자동측정자료 보안유지 규정에도 불구하고 관제센터에 수집·저장된 측정자료를 국가의 온실가스 관리업무에 활용할 수 있다.
3. 측정기기의 설치 및 운영·관리 기준
   가. 관제센터 통신규격에 적용될 항목별 코드 및 측정단위는 다음과 같다.
      ① 항목별 코드

코드	항목명	코드	항목명
CO_2	이산화탄소	FLC	이산화탄소 유량

      ② 측정항목별 측정단위
         • % : 이산화탄소
         • Sm^3 : 이산화탄소 유량
   나. CO_2 연속자동측정방법에 적용되는 측정기기의 설치 및 운영·관리 일반적인 사항은「환경분야 시험·검사 등에 관한 법률」제6조 제1항의 환경오염공정시험기준과「대기환경보전법 시행규칙」제37조의 측정기기의 운영·관리 기준을 따른다.

③ 환경부장관은 배출량 산정·보고의 정확성, 객관성 및 신뢰성 확보를 위하여 대규모 연소시설과 폐기물 소각시설 등에 대해서는 연속측정방법의 적용이 확산되도록 권고할 수 있다.
④ 환경부장관은 연속측정방법을 활용하고자 하는 할당대상업체에게 기본법 제27조 제7항에 따라 필요한 기술지원 및 자료·정보의 제공 등을 할 수 있다.

제18조(배출량 산정 제외)

① 할당대상업체가 다음 각 호에 해당하는 온실가스를 배출하는 경우에는 총 온실가스 배출량에서 이를 제외한다. 단, 에너지사용량 산정에는 이를 포함한다.

1. [별표 16]의 바이오매스 사용에 따른 이산화탄소의 직접배출량(이산화탄소 이외의 기타 온실가스는 총 배출량 산정에 포함한다). 단, 바이오매스의 함량을 분석하여 그 함량에 대해서만 배출량을 제외할 수 있다.

‖ **[별표 16] 바이오매스로 취급되는 항목(제18조 제1항 관련)** ‖

1. 바이오매스

"바이오매스"라 함은 「신에너지 및 재생에너지 개발·이용·보급 촉진법」 제2조 제2호 바목에 따른 재생 가능한 에너지로 변환될 수 있는 생물자원 및 생물자원을 이용해 생산한 연료를 의미한다.

형 태	항 목
농업 작물	유채, 옥수수, 콩, 사탕수수, 고구마 등
농임산 부산물	임목 및 임목부산물, 볏짚, 왕겨, 건초, 수피 등
유기성 폐기물	폐목재, 펄프 및 제지(바이오매스 부문만 해당), 펄프 및 제지 슬러지, 동/식물성 기름, 음식물쓰레기, 축산분뇨, 하수슬러지, 식물류 폐기물 등
기타	해조류, 조류, 수생식물, 흑액 등

2. 바이오에너지

바이오에너지는 바이오매스를 원료로 하여 직접연소, 발효, 액화, 가스화, 고형연료화 등의 변환을 통해 얻어지는 에너지로서, 그 기준과 범위는 「신에너지 및 재생에너지 개발·이용·보급 촉진법 시행령」[별표 1]을 따른다. 단, 석유제품 등과 혼합된 경우에는 제1호에서 정의한 바이오매스를 통하여 생산된 부분만을 바이오에너지로 보며, 구분이 불가능할 경우에는 전체를 바이오매스에서 제외한다.

형 태	항 목
생물유기체 변환	바이오가스, 바이오에탄올, 바이오액화유 및 합성가스 등
유기성폐기물 변환	매립지가스(LFG) 등
동/식물 유지 변환	바이오디젤, 바이오중유
고체연료	땔감, 목재칩 · 펠릿 · 브리켓, 목탄, 가축분뇨 등

3. 폐기물 에너지 중 바이오매스 부분

폐기물 에너지는 각종 사업장 및 생활시설의 폐기물을 변환시켜 얻어지는 기체 · 액체 또는 고체의 연료로서, 그 기준은 「신에너지 및 재생에너지 개발 · 이용 · 보급 촉진법 시행령」[별표 1]을 따른다. 단, 화석탄소 기원의 폐기물(예 플라스틱, 합성섬유 등) 등과 혼합된 경우에는 제1호에서 정의한 바이오매스 부분만을 포함하며, 구분이 불가능할 경우에는 전체를 바이오매스에서 제외한다.

형 태	항 목
폐기물 에너지	SRF, Bio-SRF, 폐기물 유화/가스화 등

4. 원료로 사용되는 바이오매스

제1호에 불구하고 바이오매스를 제품 생산공정의 원료로 사용하는 경우에는 바이오매스를 사용한 것으로 본다. 다만, 바이오매스가 아닌 원료와 혼합하여 사용하는 경우에는 바이오매스 부분을 구분하여야 하며, 구분이 불가능한 경우에는 전체를 바이오매스에서 제외한다.

2. [별표 18]에 따라 할당대상업체 외부에서 폐열 이용 특례로 인정되는 대상 폐기물(고형연료를 포함한다) 및 시설 등으로부터 공급받아 사용한 열(스팀)의 간접배출량

[별표 18] 폐기물 소각에서 열회수를 통한 외부 열공급 시 간접배출계수 개발방법(제20조 제1항 관련)

1. 폐기물 소각시설의 열(스팀) 생산에 따른 온실가스 배출계수 산출

$$EF_{H,i} = \frac{GHG_{emission,i}}{H}$$

여기서, $EF_{H,i}$: 배출원별 열(스팀) 배출계수(kgGHG/TJ)

$GHG_{Emission,i}$: [별표 6]-'35. 폐기물의 소각' 산정방법에 따라 산정된 배출원별 배출량(kgGHG/yr)

H : 열 회수량(TJ/yr)

i : 배출 온실가스(CO_2, CH_4, N_2O)

2. 폐열 이용 특례로 인정받기 위한 대상 폐기물(또는 고형 연료) 및 시설

폐기물 소각시설이 폐열 이용 특례로 인정받기 위해서 하단 표의 대상 폐기물 또는 고형 연료와 대상 시설을 모두 만족시키는 경우, 간접배출계수를 0으로 적용할 수 있다.

<표-1> 폐열 이용 특례대상 폐기물(또는 고형 연료) 및 시설

구 분	세부내용
대상 폐기물 또는 고형 연료	(1) 폐기물관리법 제14조 제1항에 따른 생활폐기물 (2) 폐기물관리법 제18조 제1항에 따른 자체 발생한 사업장폐기물 (3) 폐기물관리법 제18조 제5항에 따라 공동으로 수집 · 운반, 재활용 및 처분되는 사업장폐기물 (4) 폐기물관리법 제25조에 따라 수집 · 운반, 재활용 또는 처분되는 사업장폐기물 중 저위발열량이 3,000kcal/kg 이상인 가연성 고형 폐기물 또는 폐유 (5) 「자원의 절약과 재활용촉진에 관한 법률 시행규칙」 제20조의 2 [별표 7]의 품질 · 등급기준에 따른 고형 연료 제품

구 분	세부내용
대상 시설	(1) 폐기물처리시설 중 소각시설 　(가) 일반소각시설 　(나) 고온소각시설 　(다) 열분해시설(가스화 시설을 포함한다) 　(라) 고온 용융시설 　(마) 열처리 조합시설[(가)~(라)] 중 둘 이상의 시설이 조합된 시설을 말한다 (2) 소각열 회수시설 등 「폐기물관리법 시행규칙」 제3조에 따른 에너지 회수기준에 적합하게 에너지를 회수하는 시설 (3) 「자원의 절약과 재활용 촉진에 관한 법률 시행규칙」 제20조의 3 [별표 7]의 품질·등급 기준에 따른 고형연료제품 전용 보일러(혼소는 제외한다) (4) 그 밖에 환경부장관이 인정하는 시설

　3. 할당대상업체 외부로부터 공급받은 공정폐열 사용에 따른 간접배출량

　4. 제2호 및 제3호의 열을 공급받아 생산된 전력의 사용에 따른 간접배출량(다만, 전력 사용량이 확인되는 경우에 한정한다.)

② 할당대상업체 외부로부터 열 또는 전기를 공급받아 이를 사용하지 않고 할당대상업체 외부로 공급하는 경우는 해당 열 또는 전기에 대한 간접배출량 및 에너지사용량을 모두 제외하고 보고한다.

③ 제1항 제1호에서 바이오매스와 화석연료를 혼합하여 사용하는 경우에는 제16조의 규정에 따라 바이오매스 혼합비율을 산정하여 해당 비율만큼의 이산화탄소 배출량을 제외한다.

④ 할당대상업체는 제1항 각 호의 배출량을 산정하는 경우 [별표 10]의 기본배출계수(바이오매스)를 활용할 수 있다.

⑤ 이산화탄소 포집 및 이동과 관련하여 할당대상업체 및 관리업체의 조직경계 내부에서 발생한 이산화탄소가 순수한 물질로 사용되거나 생산품, 원료로 사용 또는 결합되는 경우와 포집하여 격리시설에 저장된 경우에는 총 온실가스 배출량에서 이를 제외할 수 있다.

⑥ 할당대상업체가 「신·재생에너지 설비의 지원 등에 관한 규정」에 따른 재생에너지에서 생산한 전력을 다음 각 호의 어느 하나에 해당하는 방법으로 사용하고 재생에너지 사용확인서를 발급받아 온실가스 감축실적으로 활용하려는 경우에는 해당 재생에너지 전력사용량에 대한 온실가스 간접배출량을 제외할 수 있다. 다만, 바이오에너지로 생산한 전력의 경우 이산화탄소의 간접배출량에 한하여 제외할 수 있다.

　1. 전기판매사업자를 통한 전력구매계약의 체결

　2. 재생에너지 전기공급사업자를 통한 전력구매계약의 체결

　3. 「신에너지 및 재생에너지 개발·이용·보급 촉진법」 제12조의 7에 따른 신·재생에너지 공급인증서(REC)의 구매(신·재생에너지 의무이행에 사용하지 않은 신·재생에너지 공급인증서(REC)만 해당한다.)

　4. 지분 참여를 통한 전력 및 신·재생에너지 공급인증서(REC) 구매계약의 체결(신·재생에너지 의무이행에 사용하지 않은 신·재생에너지 공급인증서(REC)만 해당한다.)

제19조[열(스팀)의 외부 열 공급 시 배출계수의 개발·활용]

① 할당대상업체가 조직경계 외부로 열(스팀)을 공급하는 공급자로서, 다음 각 호에 해당하는 경우에는 [별표 17]에 따라 열 공급에 따른 배출계수를 개발하여 열을 사용하는 할당대상업체에게 제공하여야 한다.

▎ [별표 17] 열(스팀)의 외부 공급 시 배출계수 개발방법(제19조 제1항 관련) ▎

열(스팀) 생산에 따른 온실가스 배출계수 산출

$$EF_{H,i} = \frac{GHG_{emission,i}}{H} \times 10^3$$

여기서, $EF_{H,i}$: 열(스팀) 생산에 따른 온실가스 배출계수(kgGHG/TJ)

$GHG_{emission,i}$: 열(스팀) 생산에 따른 해당 배출시설의 배출원별 온실가스 배출량(tGHG)

H : 열 생산량(TJ), i : 배출 온실가스(CO_2, CH_4, N_2O)

1. 열전용 생산시설에서 열(스팀) 생산에 따른 온실가스 배출량 산출
   열전용 생산시설의 배출량은 [별표 6]의 고정연소활동의 산정방법론에 따라 산출한다.
2. 열병합 발전시설에서 열(스팀) 생산에 따른 온실가스 배출량 산출

$$E_{H,i} = \left\{ \frac{H}{H + P \times R_{eff}} \right\} \times E_{T,i}, \quad R_{eff} = \frac{e_H}{e_P}$$

여기서, $E_{H,i}$: 열 생산에 따른 온실가스 배출량(tGHG)

$E_{T,i}$: 열병합 발전설비(CHP)의 총 온실가스 배출량(tGHG)

H : 열 생산량(TJ)

P : 전기 생산량(TJ)

R_{eff} : 열 생산효율과 전력 생산효율의 비율

e_H : 열 생산효율(자체 데이터를 활용, 자료가 없는 경우 기본값 0.8)

e_P : 전기 생산효율(자체 데이터를 활용, 자료가 없는 경우 기본값 0.35)

i : 배출 온실가스(CO_2, CH_4, N_2O)

1. 열전용 생산시설에서 생산한 열(스팀) 공급자
2. 열병합 생산시설에서 생산한 열(스팀) 공급자
3. 외부수열(폐열 등)을 이용하여 생산한 열(스팀) 공급자

② 외부로 열을 공급하는 할당대상업체가 제1항의 배출계수를 개발·제공하지 못할 경우에는 배출계수 개발·활용을 위한 활동자료, 온실가스 배출량 및 열 생산량 등의 자료를 열을 사용하는 할당대상업체에게 제공하여야 한다.

제20조(폐열 이용 특례로 인정되는 시설에서 외부 열 공급 시 배출계수의 개발·활용)

① 할당대상업체가 폐열 이용 특례로 인정되는 시설에서 열을 회수하여 조직경계 외부로 열을 공급할 경우 [별표 18]의 열 공급에 따른 배출계수를 개발하여 열을 사용하는 할당대상업체에게 제공하여야 한다.

② 외부로 열을 공급한 할당대상업체가 제1항의 배출계수를 개발·제공하지 못할 경우에는 배출계수 개발·활용을 위한 활동자료, 온실가스 배출량, 소각열 회수량 및 공급량 등의 자료를 열을 사용하는 할당대상업체에게 제공하여야 한다.

제21조(기타 부생연료 발생시설에서 외부 기타 부생연료 등의 공급 시 배출계수의 개발·활용)

할당대상업체가 기타 부생연료(부생가스, 부생오일, 재생유 등) 등의 발생시설에서 기타 부생연료 등을 회수하여 조직경계 외부로 공급할 경우 기타 부생연료의 고유배출계수를 개발하여 기타 부생연료 등을 사용하는 할당대상업체에게 제공하여야 한다.

제22조(배출계수의 적용 특례) 제11조에 의해 산정등급 2(Tier 2)에 따라 배출량 등을 산정해야 하는 할당대상업체는 국가 고유배출계수가 이 지침에 고시되지 않았을 경우에 한하여 산정등급 1(Tier 1)에 해당하는 배출계수를 적용할 수 있다.

제23조(품질관리 및 품질보증)

① 할당대상업체는 온실가스 배출량 등의 산정에 대한 정확도 향상을 위해 측정기기 관리, 활동자료 수집, 배출량 산정, 불확도 관리, 정보 보관 및 배출량 보고 등에 대한 품질관리활동을 수행하여야 한다.

② 할당대상업체는 자료의 품질을 지속적으로 개선하는 체제를 갖추는 등 배출량 산정의 품질보증활동을 수행하여야 한다.

③ 제1항 및 제2항에 대한 세부내용은 [별표 19]에 따른다.

∥ [별표 19] 품질관리(QC) 및 품질보증(QA) 활동(제23조 제3항 관련) ∥

1. 품질관리(QC) 활동
   가. 의미
   품질관리(Quality Control)는 배출량 산정결과의 품질을 평가 및 유지하기 위한 일상적인 기술적 활동의 시스템
   이다. 이는 배출량 산정 담당자에 의해 수행된다. 품질관리는 다음 각 목의 목적을 위하여 설계·실시된다.
   1) 자료의 무결성, 정확성 및 완전성을 보장하기 위한 일상적이고 일관적인 검사의 제공
   2) 오류 및 누락의 확인 및 설명
   3) 배출량 산정자료의 문서화 및 보관, 모든 품질관리활동의 기록
   품질관리(QC) 활동에는 자료 수집 및 계산에 대한 정확성 검사와 배출량 감축량의 계산·측정, 불확도 산정, 정보의 보관 및 보고를 위한 공인된 표준절차의 이용과 같은 일반적인 방법이 포함된다. 품질관리(QC) 활동에는 배출활동, 활동자료, 배출계수, 기타 산정 매개변수 및 방법론에 관한 기술적 검토를 포함한다.
   나. 세부내용 및 방법

구 분	세부내용
기초자료의 수집 및 정리	① 측정자료(연료·원료 사용량, 제품생산량, 전력 및 열에너지 구매량, 유량 및 농도 등)의 정확한 취합·보관·관리 ② 측정기기의 주기적인 검·교정 실시 ③ 측정지점(하위 레벨)에서 배출량 산정 담당자(부서)(상위 레벨)까지의 정확한 자료 수집·정리체계의 구축 ④ 측정 관련 담당자가 직접 자료를 기록하는 과정에서 발생할 수 있는 오류의 점검 ⑤ 산정방법론, 발열량, 배출계수의 출처 기록관리 ⑥ 내부감사(internal audit) 및 제3자 검증을 위한 온실가스 배출량 관련 정보의 보관·관리 ⑦ 보고된 온실가스 배출량 관련 데이터의 안전한 기록·관리
산정과정의 적절성	① 각 자료의 단위에 대한 정확성 확인 ② 각 매개변수(활동자료, 발열량, 배출계수, 산화율 등) 활용의 적절성 확인 ③ 내부감사(internal audit) 및 제3자 검증단계에서, 배출량 산정의 재현 가능성 여부의 확인 ④ 배출량 산정과 관련한 정보화시스템을 구축하거나 활용할 경우, 자료의 입력 및 처리과정의 적절성 여부 확인 * 지침 산정방법론과의 일치 여부, 자체 매뉴얼 구축 여부 등

구 분	세부내용
산정결과의 적절성	① 조직경계 내 모든 온실가스 배출활동의 포함 여부 확인(포함되지 않는 배출활동에 대한 누락·제외 사유를 기재) ② 공정물질수지 등을 활용한 활동자료의 합(하위 레벨)과 사업장 단위 활동자료 (상위 레벨) 간 일치 여부 등 완전성의 확인 ③ 활동자료, 배출계수 등의 변경이 발생할 경우, 각 자료의 변동사항 확인 등 시계열적 일관성 확보에 관한 사항 ④ 기준연도부터 현재까지의 온실가스 배출량 산정에 활용된 기초자료 등의 기록·관리·보안 상태 확인 ⑤ 측정기기, 배출계수(필요 시), 온실가스 배출량 등에 대한 불확도 산정결과의 적절성 확인, 불확도 관리기준에 미달 시 측정기기 검·교정 등 개선활동의 실시 여부 확인 ⑥ 배출량 산정결과에 대한 내부감사(internal audit) 실시 여부
보고의 적절성	① 조직경계 설정의 적절성·정확성 확인 　－사업자등록증 등 정부에 허가받거나 신고한 문서를 근거로 수립한 조직경계와 실제 온실가스 배출시설, 배출활동에 따라 수립된 조직경계의 일치 여부 확인 ② 배출량 산정 및 보고 업무 담당자(실무자, 책임자) 및 내부감사 담당자 등에 책임·권한의 문서화 여부 ③ 이행계획, 명세서, 이행실적 등 지침에서 요구하는 자료의 목차, 내용, 서식에 따라 적절하게 배출량을 보고하는지 여부 ④ 품질보증(QA) 활동과 관련하여, 내부감사 담당자의 감사·검토 활동의 실시 여부 및 관련 규정(매뉴얼 등) 존재 여부

2. 품질보증(QA) 활동

　가. 의미

　　　품질보증(Quality Assurance)은 배출량 산정(명세서 작성 등) 과정에 직접적으로 관여하지 않은 사람에 의해 수행되는 검토절차의 계획된 시스템을 의미한다. 독립적인 제3자에 의해 산정절차 수행 이후 완성된 배출량 산정결과(명세서 등)에 대한 검토가 수행된다. 검토는 측정 가능한 목적(자료품질의 목적)이 만족되었는지 검증하고 주어진 과학적 지식 및 가용성이 현재상태에서 가장 좋은 배출량 산정결과를 나타내는지 확인하고, 품질관리(QC) 활동의 유효성을 지원한다.

　나. 세부내용 및 방법

　　　모니터링 계획에 근거하여 산정된 할당대상업체의 온실가스 배출량 명세서가 중요성의 관점에서 허위나 오류, 누락 없이 작성되기 위하여, 할당대상업체는 배출량 산정·보고와 관련한 효과적인 내부 통제활동들을 설계하고 운영하며 이를 문서화함으로써 품질보증(QA) 활동을 수행한다. 이를 위하여 온실가스 배출량 보고와 관련한 고유위험, 통제위험 및 오류·누락 사항을 적시에 방지하거나 적발하지 못할 경우 발생할 수 있는 위험(risk)에 대한 자체평가절차를 마련하여 문서화한다.

　　　배출량 보고와 관련한 위험(고유위험, 통제위험, 오류 및 누락 등)을 완화하는 일련의 활동을 내부감사(internal audit)라 하며, 할당대상업체는 매년 배출량 산정·보고 절차와 관련한 내부감사활동을 실시하고 이를 평가하여 주기적으로 이를 개선한다.

　　　품질보증활동은 다음 각 요소를 포함한다.

구 분	세부내용
내부감사 담당자, 책임자 지정	할당대상업체는 온실가스 배출량 산정 관련 내부감사활동을 담당할 책임자를 지정하고 이를 문서화한다. 내부감사 담당자는 온실가스 배출량 산정업무를 담당할 수 없도록 하는 등 상충되는 업무를 고려하여 업무분장이 이루어져야 한다.
품질감리	• 측정기기의 계측 정확성을 검·교정 절차를 통하여 주기적으로 확인하고, 국제적 측정기준과 비교하며 관련 검·교정 내역을 문서화한다. • 배출량 산정을 위한 정보화시스템을 구축·활용할 경우, 시스템에서 산출되는 자료가 위험평가절차에 의거하여 신뢰성 있고 정확한 데이터를 적시에 산출 가능하도록 정보화시스템이 설계·운영·통제·테스트 및 문서화되도록 한다(정보화시스템의 통제로는 백업, 자료보완 등을 포함한다).
배출량 정보 자체 검증(내부감사)	평가된 위험을 완화하기 위하여 할당대상업체는 온실가스 산정 근거자료에 대하여 자체검증을 수행하고 이를 문서화한다. 산정 관련 서류검토, 현장점검 등을 포함한 자체검증계획을 수립하고 이에 따라 검증하며, 검증결과 발견된 오류 및 수정결과를 보고서 형태로 작성할 수 있다.
배출량 산정업무 위탁 시 감독절차 마련	할당대상업체가 온실가스 배출량 산정업무를 외부기관에 위탁할 경우, 할당대상업체는 온실가스 산정·보고 위험과 관련한 위험평가결과에 따라 외부기관에 위탁한 산정업무에 대한 품질보증활동을 수행하여야 한다.
수정 및 보완 절차	할당대상업체가 수행하는 품질보증절차의 설계 및 운영상 미비점이 자체평가 또는 제3자 검증절차에 의하여 발견될 경우, 할당대상업체는 즉시 이에 대한 수정 및 보완절차를 수행하고 관련 결과를 문서화하여야 한다. 또한 발견된 미비점의 근본원인에 대하여 파악하고 할당대상업체의 품질보증 시스템에 따른 산출물의 유효성을 평가하여 미비점에 대해서는 보완하는 보정절차를 수행한다.

제24조(배출량 산정계획의 작성 등) 할당대상업체는 온실가스 배출량 등의 산정의 정확성과 신뢰성 향상을 위하여 다음 각 호의 사항이 포함된 배출량 산정계획을 [별표 20], 별지 제10호 서식에 따라 작성하여야 한다.

1. 업체 일반정보(법인명, 대표자, 계획기간, 담당자 정보 등)
2. 사업장의 일반정보 및 조직경계(사업장명, 사업장 대표자, 업종, BM 적용시설 포함 여부, 사업장 사진, 시설배치도, 공정도, 온실가스 및 에너지 흐름도 등)
3. 배출시설별 모니터링 방법(배출시설 정보, 산정등급 분류기준, 예상 신·증설 시설의 온실가스 배출정보 및 활동자료 측정지점 등)
4. 활동자료의 모니터링(측정) 방법(배출시설 및 배출활동별 측정기기 정보, 측정기기 개선 및 설치계획 등)
5. 배출시설별 배출활동의 산정등급 적용계획(배출시설별 산정방법론의 산정등급, 배출활동별 매개변수 산정등급, 최소산정등급 미충족 사유 등)
6. 에너지 외부유입 및 구매계획
7. 사업장 고유배출계수(Tier 3) 등 개발계획(개발 예정인 계수의 종류, 시험·분석 관련 정보, 계수산정식, 예상불확도 등)
8. 사업장별 품질관리(QC)/품질보증(QA) 활동계획(배출량 산정·보고 등의 품질관리 문서 및 담당자 정보)
9. 기타 배출량 산정계획의 작성과 관련된 특이사항

∥ [별표 20] 배출량 산정계획 작성방법(제24조 관련) ∥

1. 배출량 산정계획 작성원칙

할당대상업체는 동 지침에서 제시한 배출활동별 배출량 산정방법론을 준수하고, 배출량 산정과 관련된 활동자료, 매개변수 및 사업장 고유배출계수의 정확성과 신뢰성이 향상될 수 있도록 배출량 산정계획을 작성하여야 한다. 또한, 배출량 산정계획은 할당대상업체의 관리자 및 실무자가 즉각적으로 배출량 산정계획을 통해 배출량 산정 및 보고가 가능하도록 작성되어야 한다.

할당대상업체는 배출량 산정계획을 작성함에 있어 다음과 같은 원칙을 적용하여야 한다.

1) 준수성
배출량 산정계획은 배출량 산정 및 모니터링 계획 작성에 대한 기준을 준수하여 작성하여야 한다.

2) 완전성
할당대상업체는 조직경계 내 모든 배출시설의 배출활동에 대해 배출량 산정계획을 수립·작성하여야 한다. 모든 배출원이란 신·증설, 중단 및 폐쇄, 긴급상황 등 특수상황에 배출시설 및 배출활동이 포함됨을 의미한다.

3) 일관성
배출량 산정계획에 보고된 동일 배출시설 및 배출활동에 관한 데이터는 상호 비교가 가능하도록 배출시설의 구분은 가능한 한 일관성을 유지하여야 한다.

4) 투명성
배출량 산정계획은 동 지침에서 제시된 배출량 산정원칙을 준수하고, 배출량 산정에 적용되는 데이터 및 정보관리과정을 투명하게 알 수 있도록 작성되어야 한다.

5) 정확성
할당대상업체는 배출량의 정확성을 제고할 수 있도록 배출량 산정계획을 수립하여야 한다.

6) 일치성 및 관련성
배출량 산정계획은 할당대상업체의 현장과 일치되고, 각 배출시설 및 배출활동, 그리고 배출량 산정방법과 관련되어야 한다.

7) 지속적 개선
할당대상업체는 지속적으로 배출량 산정계획을 개선해 나가야 한다.

2. 모니터링 계획 작성방법

1) 조직경계 결정
할당대상업체의 배출원에 누락이 없도록 지침의 [별표 4] 조직경계 결정방법에 따라 작성하여야 한다.

2) 배출활동 및 배출시설 파악
배출활동과 배출시설은 기존 시설, 신·증설 시설, 폐쇄시설 및 조직경계 제외 시설로 구분하여야 하며, 조직경계 내·외부로의 온실가스 판매 또는 구매에 대하여 배출량 산정계획에 포함하여야 한다.

3) 배출시설별 모니터링 방법
할당대상업체는 지침 [별표 6]에 따라 배출시설 및 배출활동별 온실가스 배출량 및 에너지 사용량 산정방식을 결정하여야 한다.

4) 배출시설별 모니터링 대상 및 측정지점 결정
할당대상업체는 배출시설별 모니터링 대상 활동자료의 모니터링 유형을 지침 [별표 8]에 따라 결정하고, 이의 측정위치를 명확하게 파악하여 제시하여야 한다.

5) 활동자료의 모니터링 방법
할당대상업체는 결정된 활동자료의 모니터링 유형에 의거하여 측정기기, 측정범위, 정도검사 주기 등을 포함한 측정기기의 관리계획, 측정기기의 불확도를 포함한 모니터링 방법을 배출량 산정계획에 포함하여야 한다. 할당대상업체가 자체적으로 설치한 활동자료 측정기기의 정도검사를 주기적으로 실시할 경우는 지침 [별표 8]의 측정기기 정도검사주기에 따른다. 또한, 정도검사 대상 측정기기임에도 불구하고 정도검사가 불가능한 경우는 불가능한 사유에 대한 설명과 배출량 산정식에 적용하는 해당 활동자료의 신뢰성 입증방법을 배출량 산정계획에 제시하여야 한다.

6) 배출시설별 배출활동의 산정등급 적용계획
배출시설별 배출활동의 산정등급은 지침 [별표 5]에 따라 배출량 산정계획에 내용을 작성한다.

7) 품질관리/품질보증 활동계획
할당대상업체는 배출량 산정과 관련된 자료의 신뢰성을 향상시키고, 배출량 산정과정에서의 오류, 누락 등을 예방하기 위해 품질관리/품질보증 활동계획을 수립하여야 한다. 품질관리/품질보증 활동에는 활동자료의 생성, 수집, 가공 등을 포함한 활동자료의 흐름과 활동자료와 관련된 계측기기의 관리 등이 포함되어야 한다. 또한 할당대상업체는 지침 [별표 19]에 따라 품질관리/품질보증 활동과 관련된 문서화된 절차를 수립하여야 한다.

제25조(배출량 산정계획의 사전검토 등)

① 할당대상업체는 검증기관의 검증을 받은 배출량 산정계획에 대해 사전검토를 매 계획기간 4개월 전까지(할당대상업체가 신규 진입자인 경우에는 할당대상업체로 지정된 연도의 종료 4개월 전까지) 환경부장관에게 전자적 방식으로 요청하여야 한다. 다만, 「온실가스 배출권의 할당, 조정 및 취소에 관한 지침」 제6조에 따라 권리와 의무의 승계로 인해 할당대상업체로 지정받은 경우에는 권리와 의무의 승계 통보가 일어난 시점으로부터 1개월 이내에 요청할 수 있다.

② 환경부장관은 할당대상업체가 제1항에 따라 사전검토를 요청한 배출량 산정계획의 타당성을 검토해야 한다.

③ 환경부장관은 제2항의 검토결과를 전자적 방식으로 통지하여야 한다.

④ 환경부장관은 할당대상업체의 요청에 따라 사전검토를 마친 모니터링 계획을 전자적 방식으로 관리하여야 하며, 이력관리를 하여 명세서 제출 시 할당대상업체의 편의를 도모하여야 한다.

⑤ 제1항에 따른 사전검토에 필요한 경우 환경부장관은 법 제37조 제5호에 따라 할당대상업체에 추가자료 제출을 요청하거나 현장조사 등을 실시할 수 있다.

제26조(배출량 산정계획의 변경)

① 제25조의 사전검토를 완료한 할당대상업체는 계획기간 중에 다음 각 호의 중대한 변경사항이 발생한 경우 또는 제31조에 따른 명세서 확인과정에서 배출량 산정계획의 변경사항이 발생한 경우 매 이행연도 10월 31일까지 검증기관의 검증을 거쳐 배출량 산정계획을 변경한 후 환경부장관에게 추가검토를 요청하여야 한다. 할당대상업체는 환경부장관이 통지한 배출량 산정계획 추가검토 결과를 매 이행연도 종료일까지 검증기관의 검증을 거쳐 배출량 산정계획을 수정하고 환경부장관에게 전자적 방식으로 제출하여야 한다. 매 이행연도별 중대한 변경사항 외의 변경사항은 10월 31일까지 배출량 산정계획을 변경한 후 환경부장관에게 통지하여야 하며, 변경사항이 없는 경우에는 기존 배출량 산정계획을 사용할 수 있다.

1. 업종의 변경

2. 조직경계의 변경

3. 배출활동 및 배출시설의 변경

4. 배출량 산정방법의 변경(배출계수, 매개변수, 시료 채취·샘플링·분석 절차 포함)

5. 활동자료 수집, 측정방법의 변경사항(측정기기 포함)

6. 영 제39조 제3항의 시정명령, 보완명령에 따른 변경 및 환경부장관이 검토한 의견에 따른 변경

7. 기타 배출량에 영향을 미치는 변경사항

8. (삭제)

② 제1항의 규정에도 불구하고 할당대상업체는 배출시설의 신·증설 등의 변경사항이 할당량과 관련되는 경우에는 실제 온실가스 배출이 발생하기 이전에 배출량 산정계획을 작성·변경하여 추가검토를 요청해야 한다.

③ 할당대상업체는 제1항의 요청에 따라 환경부장관의 추가검토 결과를 통지받는 시점까지 기존 배출량 산정계획과 변경 배출량 산정계획을 병행하여 이행하여야 한다.

④ (삭제)

⑤ 환경부장관은 배출량 산정계획 변경사항에 대한 추가검토 처리절차에 관하여 제25조를 준용한다.

⑥ 할당대상업체는 권리와 의무 등의 변경사항이 발생하는 경우 해당 사유가 발생한 시점으로부터 1개월 이내에 검증기관의 검증을 거친 배출량 산정계획서를 제출하여야 한다.

제27조(배출량 산정계획의 일시적 적용 불가)

① 할당대상업체는 기술적인 이유 또는 불가항력적인 이유로 인하여 일시적인 기간 동안 사전 검토된 배출량 산정계획을 적용하는 것이 불가능한 경우 즉시 환경부장관에게 전자적 방식으로 통지하여야 한다.

② 제1항에 따른 통지가 있는 경우 다음 각 호의 내용을 포함하는 소명자료를 당해연도 명세서 제출 시 첨부하여야 한다.

   1. 배출량 산정계획의 일시적 적용 불가 사유

   2. 기존 계획을 대체하는 임시 모니터링 방법

   3. 원상 복귀된 시점(일자) 및 관련 조치사항

제28조(명세서의 작성)

① 할당대상업체는 이 지침에 따라 산정된 온실가스 배출량 등이 포함된 명세서를 별지 제11호 서식에 따라 작성하여야 한다.

② 할당대상업체는 제1항에 따른 명세서를 작성하는 경우 「온실가스 배출권의 할당 및 취소에 관한 지침」 제13조에 따라 할당량이 결정된 사업장 단위로 작성하여야 한다.

제29조(명세서의 제출)

① 할당대상업체는 영 제39에 따라 자신의 모든 사업장에 대해 검증기관의 검증을 거친 명세서를 매 이행연도 종료일부터 3개월 이내에 환경부장관에게 전자적 방식으로 제출하여야 한다. 다만, 제28조에 따른 명세서 작성에 대한 산정방법 등이 할당 시에 적용한 산정방법 등과 달라져 배출량의 차이가 발생하는 경우, 할당대상업체는 할당 시 산정방법 등을 적용한 명세서와 변경된 산정방법 등을 적용한 명세서를 함께 제출하여야 한다.

② 할당대상업체는 다음 각 호에 해당하는 경우 해당 사유가 적용되는 계획기간 과거 4년부터의 기제출한 명세서를 수정하여 검증기관의 검증을 거쳐 해당 사유가 발생한 시점으로부터 1개월 이내에 환경부장관에게 전자적 방식으로 제출하여야 한다.

   1. 「온실가스 배출권의 할당, 조정 및 취소에 관한 지침」 제6조에 따라 할당대상업체의 권리와 의무가 승계된 경우

   2. 조직경계 내·외부로 온실가스 배출원 또는 흡수원의 변경이 발생한 경우

   3. 배출량 등의 산정방법론이 변경되어 온실가스 배출량 등에 상당한 변경이 유발된 경우

   4. 환경부장관으로부터 고유배출계수에 대한 검토·확인을 받거나, 그 값이 변경된 경우

   5. 환경부장관이 시정·보완을 명한 경우

③ (삭제)

제30조(자료의 기록관리 등) (삭제)

제31조(명세서의 확인 등)

① 환경부장관은 할당대상업체가 영 제39조 제1항 또는 제2항에 따라 제출한 자료에 대하여 영 제39조 제1항 각 호의 사항에 대한 누락 및 검증기관의 검증 여부 등을 확인하여야 한다.

② 환경부장관은 제1항에 따른 확인 결과, 누락되었거나 부적절한 사항이 있는 할당대상업체에 대해서 14일 이내의 기한을 정하여 시정명령을 내릴 수 있다.

③ 환경부장관이 제2항 시정명령을 내린 경우 할당대상업체는 제2항의 기한 내에 이를 반영하여 환경부장관에게 제출하여야 한다.

④ 환경부장관은 제3항의 시정명령에 따르지 않는 할당대상업체에 대한 법 제43조 제4호에 따른 과태료의 부과기준은 [별표 23]과 같다.

⑤ 환경부장관은 제2항에 따른 기한 내에 시정명령에 따르지 않는 할당대상업체의 명세서를 직권으로 수정할 수 있다.

┃ [별표 23] 과태료의 부과기준(온실가스 배출권거래의 할당 및 거래에 관한 법률 법 제43조, 시행령 제39조 관련) ┃

위반행위	근거 조문	과태료 금액
1. 할당대상업체가 법 제24조 제1항에 따른 보고를 하지 아니하거나 거짓으로 보고한 경우 가. 1개월 초과 3개월 이내의 기간 경과 나. 3개월 초과 6개월 이내의 기간 경과 다. 6개월 초과 기간 경과 라. 거짓으로 보고한 경우	법 제43조 제3호	300만원 500만원 700만원 1,000만원
2. 할당대상업체가 법 제24조 제2항에 따른 시정이나 보완 명령을 이행하지 아니한 경우 가. 2차 위반 나. 3차 위반 다. 4차 이상 위반	법 제43조 제4호	300만원 600만원 1,000만원

비고) 위반행위의 횟수에 따른 과태료의 부과기준은 최근 1년간 같은 위반행위로 부과처분을 받은 경우에 적용한다.

제32조(실태조사) 환경부장관은 법 제37조에 따라 할당대상업체가 제출한 자료의 사실 여부 및 적정성을 확인하는 데 필요한 경우 실태조사를 실시할 수 있다.

제3장 온실가스 배출량의 인증

제33조(배출량의 인증 기준)

① 환경부장관은 법 제24조에 따라 보고받은 내용이 적합하다고 평가되는 경우에는 할당대상업체가 산정·보고한 배출량을 그 할당대상업체의 실제 배출량으로 인증한다.

② 환경부장관은 법 제24조에 따라 보고받은 내용이 부적합하다고 평가되는 경우, 명세서의 해당 배출활동 및 배출계수 등에 대해 재평가하여 적합한 배출량을 도출하고 재산정한 배출량을 그 할당대상업체의 실제 배출량으로 인증한다.

③ 환경부장관은 영 제42조 제3항 단서의 규정에 따라 할당대상업체의 배출량을 직권으로 산정하는 때에는 다음 각 호 중 가장 큰 값을 그 할당대상업체의 실제 배출량으로 인증한다.

다만, 결과값 산정이 불가능한 방법은 제외한다.

1. 직권산정 해당 연도 직전까지 할당대상업체가 환경부장관 또는 온실가스 종합정보센터의 장에게 보고한 과거 온실가스 배출실적 중 최대값

2. 직권산정 해당 연도 직전까지 할당대상업체가 환경부장관 또는 온실가스 종합정보센터의 장에게 보고한 과거 온실가스 배출실적으로 추세분석에 의해 산정된 해당연도 배출량

3. 직권산정 해당 연도 직전까지 할당대상업체가 환경부장관 또는 온실가스 종합정보센터의 장에게 제출한 명세서를 활용한 온실가스 배출원 단위의 최대값과 직권산정 해당 연도의 실태조사 불가 사유 발생시점까지의 생산량 데이터를 적용하여 산정한 배출량

4. 동일한 업종 내 유사 규모의 다른 할당대상업체의 배출량을 참고하여 산정한 배출량

④ 환경부장관은 제3항에 따라 온실가스 종합정보센터에 할당대상업체의 과거 온실가스 배출실적을 요청할 수 있다.

제34조(적합성 평가의 내용 및 방법)

① 환경부장관은 영 제57조 제3항에 따라 온실가스 배출량 인증을 위한 적합성 평가 업무를 위탁할 수 있으며, 적합성 평가 업무를 위탁받은 기관(이하 "적합성 평가기관"이라 한다)은 적합성 평가업무의 수행을 위하여 다음 각 호의 사항을 전자적 방식 등을 활용하여 검토한다.

1. 명세서상 산정방법으로 배출량 산정의 재현가능성(적합성 평가기관은 명세서상 배출량 산정과정의 오류 존재 여부를 계산을 통하여 점검할 수 있으며, 오류 존재 시 재산정을 수행하여 타당한 배출량 제시)

2. 명세서상 배출계수(사업장 고유배출계수를 포함) 및 활동자료의 적절성

3. 검증보고서의 검증의견 및 명세서상 검증의견의 적절한 반영 여부

4. 과거 배출실적과의 비교를 통한 배출량의 급격한 증감이나 배출시설 누락 여부

5. 조직경계 내·외부 온실가스 배출원 등 변경 발생 여부

6. 배출량 산정방법론 등의 변경 여부

7. 타당한 모니터링 계획에 따른 배출량 측정 및 보고가 이루어졌는지 여부

8. 영 제42조 제3항 단서규정에 해당 시 할당대상업체의 온실가스 배출량

9. 그 밖의 적합성 평가를 위해 필요한 사항

② 적합성 평가는 모든 할당대상업체에 대하여 수행한다.

③ 적합성 평가기관은 제1항에 따른 검토를 위하여 필요한 경우 할당대상업체 또는 검증기관에 추가적인 자료 제출을 요구하거나 환경부장관에게 현장조사의 실시를 요청할 수 있다.

④ 환경부장관은 적합성 평가기관의 현장조사 실시요청을 받으면 제32조에 따라 적합성 평가기관의 현장조사를 승인하고 해당 업체에 그 사실을 통보한다.

제35조(적합성 평가 결과의 보고)

① 적합성 평가기관은 제34조에 따른 적합성 평가를 수행하고 그 결과를 지체 없이 환경부장관에게 전자적 방식 등을 활용하여 보고하여야 한다.

② 적합성 평가기관은 제34조 제1항에 따른 적합성 평가항목의 검토결과를 바탕으로 적합 또는 부적합 여부를 판정하여 별지 제6호 서식에 따라 할당대상업체의 온실가스 배출량 및 검토의견을 제시한다.

③ 적합성 평가기관은 다음 각 호의 경우 부적합 판정을 내리고 제33조 제2항의 기준에 따라 배출량을 산정하여 환경부장관에게 전자적 방식 등을 활용하여 보고하여야 한다.

   1. 할당대상업체가 영 제39조 제3항에 따라 환경부장관이 요구한 시정이나 보완조치를 이행하지 않는 경우
   2. 배출량 산정에 필요한 자료가 미비하여 적합성 평가가 불가능한 경우
   3. 제34조 제1항에 따른 각 호 사항이 부적합한 경우

제37조(배출량의 인증 및 통보)

① 환경부장관은 제35조 제1항에 따라 적합성 평가기관이 제출한 자료를 바탕으로 할당대상업체의 해당 이행연도 온실가스 배출량 인증에 대한 심의를 인증위원회에 요청하여야 한다.

② 환경부장관은 인증위원회의 심의에 따른 인증결과를 할당대상업체에 매년 5월 31일까지 통보하여야 한다. 이 경우 배출량 인증결과에 대한 통보양식은 별지 제7호 서식에 따른다.

③ 환경부장관은 적합성 평가결과를 전자적 방식으로 이력 관리하여야 하며, 이를 통하여 할당대상업체의 편의를 도모하여야 한다.

제38조(이의신청)

① 배출량 인증결과에 이의가 있는 할당대상업체는 통지받은 날 부터 30일 이내에 별지 제8호 서식에 따라 환경부장관에게 전자적 방식으로 이의신청을 할 수 있다.

② 환경부장관은 이의신청을 받은 날부터 30일 이내에 그 결과를 신청인에게 별지 제9호 서식에 따라 전자적 방식으로 통보하여야 한다. 다만, 부득이한 사정으로 그 기간 내에 결정할 수 없을 때는 30일의 범위에서 기간을 연장하고 그 사실을 신청인에게 알려야 한다.

③ 환경부장관은 할당대상업체가 제출한 이의신청 내용이 타당한 경우 해당 할당대상업체의 배출량을 재산정하여 배출량 인증 및 통보를 한다.

제39조(제3자에 대한 자료의 요청) 환경부장관은 법 제37조에 따른 조사 시 할당대상업체 또는 검증기관이 배출량 산정에 필요한 근거자료를 제시하지 않을 경우에는 제3의 기관 또는 사업자에게 배출량 산정에 필요한 자료를 요청할 수 있다.

제40조(배출량 인증체계의 고도화) (삭제)

제4장 명세서의 공개 등

제41조(명세서의 공개 등) 할당대상업체가 제출한 명세서의 공개에 관하여 영에서 정하지 않은 사항은 기본법 시행령 제21조 제11항에 의한 고시를 준용한다. 이때, '온실가스 배출관리업체'는 '할당대상업체'로 본다.

제43조(규제의 재검토) 환경부장관은 행정규제기본법에 따라 이 고시에 대하여 2021년 1월 1일을 기준으로 매 3년이 되는 시점(매 3년째의 12월 31일까지를 말한다)마다 그 타당성을 검토하여 개선 등의 조치를 하여야 한다.

제44조(재검토 기한) 환경부장관은 이 고시에 대하여 「훈령·예규 등의 발령 및 관리에 관한 규정」에 따라 2023년 1월 1일 기준으로 매 3년이 되는 시점(매 3년째의 12월 31일까지를 말한다)마다 그 타당성을 검토하여 개선 등의 조치를 하여야 한다.

01 온실가스 배출권거래제의 배출량 보고 및 인증에 관한 지침에서 용어 정의에 관한 설명으로 옳지 않은 것은?

① "불확도"란 온실가스 배출량 등의 산정결과와 관련하여 정량화된 양을 합리적으로 추정한 값의 분산특성을 나타내는 정도를 말한다.

② "매개변수"란 두 개 이상 변수 사이의 상관관계를 나타내는 변수로서 온실가스 배출량 등을 산정하는 데 필요한 활동자료, 배출계수, 발열량, 산화율, 탄소함량 등을 말한다.

③ "순발열량"이란 일정 단위의 연료가 완전연소되어 생기는 열량(연료 중 수증기의 잠열까지 포함한다)으로서 에너지사용량 산정에 활용된다.

④ "최적가용기법(Best Available Technology)"이란 온실가스 감축 및 에너지 절약과 관련하여 경제적·기술적으로 사용이 가능한 가장 최신의 효율적인 기술, 활동 및 운전방법을 말한다.

> **해설** 지침 제2조(정의)에 관한 문제로, ③의 설명은 총발열량에 관한 설명이다.
> "순발열량"이란 일정 단위의 연료가 완전연소되어 생기는 열량에서 연료 중 수증기의 잠열을 뺀 열량으로, 온실가스 배출량 산정에 활용되는 발열량을 말한다.

02 온실가스 배출권거래제의 배출량 보고 및 인증에 관한 지침에 따른 품질관리에 관한 설명으로 잘못된 것은?

① 배출량 산정 관련 내부감사활동

② 자료의 무결성, 정확성 및 완전성을 보장하기 위한 일상적이고 일관적인 검사의 제공

③ 오류 및 누락의 확인 및 설명

④ 배출량 산정자료의 문서화 및 보관, 모든 품질관리 활동의 기록

> **해설** 지침 제23조 제3항 [별표 19] 품질관리(QC) 및 품질보증(QA) 활동에 관한 문제로, ①은 품질보증(QA)의 설명이다. 품질관리와 품질보증의 정의는 다음과 같다.
> • 품질관리(QC) : 배출량 산정과 측정, 불확도 산정, 정보와 보고에 대한 문서화 등 기술적 활동이 이루어지는 과정
> • 품질보증(QA) : 배출량 산정과정에서 직접적으로 관여하지 않은 제3의 전문가 또는 기관에 의한 점검되는 과정

03 온실가스 배출권거래제의 배출량 보고 및 인증에 관한 지침상 온실가스 배출시설의 배출량에 따른 시설규모 분류기준 중 C그룹 규모기준으로 옳은 것은?

① 연간 5만 톤 이상, 연간 50만 톤 미만의 배출시설

② 연간 10만 톤 이상, 연간 25만 톤 미만의 배출시설

③ 연간 50만 톤 이상의 배출시설

④ 연간 100만 톤 이상의 배출시설

> **해설** 지침 제11조(배출량 등의 산정방법 및 적용기준) 관련 [별표 5] 배출활동별, 시설규모별 산정등급(Tier) 최소적용기준에 따른 배출량에 따른 시설규모 분류는 다음과 같다.
> ㉠ A그룹 : 연간 5만 톤 미만의 배출시설
> ㉡ B그룹 : 연간 5만 톤 이상, 연간 50만 톤 미만의 배출시설
> ㉢ C그룹 : 연간 50만 톤 이상의 배출시설

04 온실가스 배출권거래제의 배출량 보고 및 인증에 관한 지침상 배출량 산정계획 작성원칙에 해당하지 않는 것은?

① 투명성
② 준수성
③ 완전성
④ 독창성

해설 배출량 산정계획 작성원칙에는 준수성, 완전성, 일관성, 투명성, 정확성, 일치성 및 관련성, 지속적 개선이 있다.

05 온실가스 배출권거래제의 배출량 보고 및 인증에 관한 지침상 온실가스 측정불확도 산정절차로 옳은 것은?

ⓐ 매개변수의 불확도 산정
ⓑ 사전검토
ⓒ 배출시설에 대한 불확도 산정
ⓓ 사업장 또는 업체에 대한 불확도 산정

① ⓐ → ⓑ → ⓒ → ⓓ
② ⓑ → ⓐ → ⓒ → ⓓ
③ ⓒ → ⓐ → ⓑ → ⓓ
④ ⓓ → ⓐ → ⓑ → ⓒ

해설 온실가스 측정불확도 산정절차는 사전검토 → 매개변수의 불확도 산정 → 배출시설에 대한 불확도 산정 → 사업장 또는 업체에 대한 불확도 산정의 순으로 진행된다.

06 온실가스 배출권거래제의 배출량 보고 및 인증에 관한 지침상 온실가스 배출량 등의 산정절차를 순서대로 나열한 것은?

① 조직경계의 설정 → 모니터링 유형 및 방법의 설정 → 배출활동별 배출량 산정방법론 선택 → 배출량 산정 및 모니터링 체계의 구축

② 배출량 산정 및 모니터링 체계의 구축 → 조직경계의 설정 → 모니터링 유형 및 방법의 설정 → 배출활동별 배출량 산정방법론 선택

③ 모니터링 유형 및 방법의 설정 → 조직경계의 설정 → 배출량 산정 및 모니터링 체계의 구축 → 배출활동별 배출량 산정방법론 선택

④ 조직경계의 설정 → 모니터링 유형 및 방법의 설정 → 배출량 산정 및 모니터링 체계의 구축 → 배출활동별 배출량 산정방법론 선택

해설 배출량 등의 산정절차는 조직경계의 설정 → 배출활동의 확인 · 구분 → 모니터링 유형 및 방법의 설정 → 배출량 산정 및 모니터링 체계의 구축 → 배출활동별 배출량 산정방법론의 선택 → 배출량 산정(계산법 혹은 연속측정방법) → 명세서의 작성의 순으로 진행된다.

07 온실가스 배출권거래제의 배출량 보고 및 인증에 관한 지침에 관한 문제로 배출량 산정계획에 대한 변경사항이 발생한 경우 매 이행연도의 언제까지 검증을 거쳐야 하는가?

① 매 이행연도 8월 31일까지
② 매 이행연도 10월 31일까지
③ 매 이행연도 12월 31일까지
④ 매 이행연도 1월 31일까지

해설 지침 제26조(배출량 산정계획의 변경)에 관한 문제로 계획기간 중 중대한 변경사항이 발생한 경우 매 이행연도 10월 31일까지 검증기관의 검증을 거쳐 배출량 산정계획을 변경한 후 환경부장관에게 추가검토를 요청하여야 한다.

08 과거에 제출한 명세서를 수정하여 검증기관의 검증을 거쳐 관장기관에게 재제출하여야 하는 경우로 적절하지 않은 것은?

① 관리업체의 권리와 의무가 승계된 경우
② 배출량 등의 산정방법론이 변경되어 온실가스 배출량 등에 변경이 유발된 경우
③ 동일한 배출활동 및 활동자료를 사용하는 소규모 배출시설의 일부가 신증설 또는 폐쇄되었을 경우
④ 환경부장관으로부터 사업장 고유배출계수를 검토·확인을 받거나, 그 값이 변경된 경우

해설 '온실가스 배출권거래제의 배출량 보고 및 인증에 관한 지침' 제29조(명세서의 제출)에 관한 문제이다. 할당대상업체는 다음의 사항에 해당할 경우 해당 사유가 적용되는 계획기간 과거 4년부터의 기제출한 명세서를 수정하여 검증기관의 검증을 거쳐 해당 사유가 발생한 시점으로부터 1개월 이내에 환경부장관에게 전자적 방식으로 제출하여야 한다.

1. 「온실가스 배출권의 할당, 조정 및 취소에 관한 지침」 제36조에 따라 할당대상업체의 권리와 의무가 승계된 경우
2. 조직경계 내·외부로 온실가스 배출원 또는 흡수원의 변경이 발생한 경우
3. 배출량 등의 산정방법론이 변경되어 온실가스 배출량 등에 상당한 변경이 유발된 경우
4. 환경부장관으로부터 고유배출계수에 대한 검토·확인을 받거나, 그 값이 변경된 경우
5. 환경부장관이 시정·보완을 명한 경우

신에너지 및 재생에너지 개발 · 이용 · 보급 촉진법

Chapter 6

01 신에너지 및 재생에너지 개발 · 이용 · 보급 촉진법

제1조(목적) 이 법은 신에너지 및 재생에너지의 기술 개발 및 이용 · 보급 촉진과 신에너지 및 재생에너지 산업의 활성화를 통하여 에너지원을 다양화하고, 에너지의 안정적인 공급, 에너지 구조의 환경친화적 전환 및 온실가스 배출의 감소를 추진함으로써 환경의 보전, 국가 경제의 건전하고 지속적인 발전 및 국민 복지의 증진에 이바지함을 목적으로 한다.

제2조(정의) 이 법에서 사용하는 용어의 뜻은 다음과 같다.

1. **"신에너지"**란 기존의 화석연료를 변환시켜 이용하거나 수소 · 산소 등의 화학반응을 통하여 전기 또는 열을 이용하는 에너지로서 다음 각 목의 어느 하나에 해당하는 것을 말한다.

   가. 수소에너지

   나. 연료전지

   다. 석탄을 액화 · 가스화한 에너지 및 중질잔사유(重質殘渣油)를 가스화한 에너지로서 대통령령으로 정하는 기준 및 범위에 해당하는 에너지

   라. 그 밖에 석유 · 석탄 · 원자력 또는 천연가스가 아닌 에너지로서 대통령령으로 정하는 에너지

2. **"재생에너지"**란 햇빛 · 물 · 지열(地熱) · 강수(降水) · 생물유기체 등을 포함하는 재생 가능한 에너지를 변환시켜 이용하는 에너지로서 다음 각 목의 어느 하나에 해당하는 것을 말한다.

   가. 태양에너지

   나. 풍력

   다. 수력

   라. 해양에너지

   마. 지열에너지

   바. 생물자원을 변환시켜 이용하는 바이오에너지로서 대통령령으로 정하는 기준 및 범위에 해당하는 에너지

   사. 폐기물에너지(비재생폐기물로부터 생산된 것은 제외한다)로서 대통령령으로 정하는 기준 및 범위에 해당하는 에너지

   아. 그 밖에 석유 · 석탄 · 원자력 또는 천연가스가 아닌 에너지로서 대통령령으로 정하는 에너지

3. **"신에너지 및 재생에너지 설비"**(이하 "신·재생에너지 설비"라 한다)란 신에너지 및 재생에너지(이하 "신·재생에너지"라 한다)를 생산 또는 이용하거나 신·재생에너지의 전력계통 연계 조건을 개선하기 위한 설비로서 산업통상자원부령으로 정하는 것을 말한다.

4. **"신·재생에너지 발전"**이란 신·재생에너지를 이용하여 전기를 생산하는 것을 말한다.

5. **"신·재생에너지 발전사업자"**란 「전기사업법」 제2조 제4호에 따른 발전사업자 또는 같은 조 제19호에 따른 자가용 전기설비를 설치한 자로서 신·재생에너지 발전을 하는 사업자를 말한다.

제4조(시책과 장려 등)

① 정부는 신·재생에너지의 기술 개발 및 이용·보급의 촉진에 관한 시책을 마련하여야 한다.

② 정부는 지방자치단체, 「공공기관의 운영에 관한 법률」 제4조에 따른 공공기관(이하 "공공기관"이라 한다), 기업체 등의 자발적인 신·재생에너지 기술 개발 및 이용·보급을 장려하고 보호·육성하여야 한다.

제5조(기본계획의 수립)

① 산업통상자원부장관은 관계 중앙행정기관의 장과 협의를 한 후 제8조에 따른 신·재생에너지정책심의회의 심의를 거쳐 신·재생에너지의 기술 개발 및 이용·보급을 촉진하기 위한 기본계획(이하 **"기본계획"**이라 한다)을 **5년마다 수립**하여야 한다.

② **기본계획의 계획기간은 10년 이상**으로 하며, 기본계획에는 다음 각 호의 사항이 포함되어야 한다.

1. 기본계획의 목표 및 기간
2. 신·재생에너지원별 기술 개발 및 이용·보급의 목표
3. 총 전력생산량 중 신·재생에너지 발전량이 차지하는 비율의 목표
4. 「에너지법」 제2조 제10호에 따른 온실가스의 배출 감소 목표
5. 기본계획의 추진방법
6. 신·재생에너지 기술 수준의 평가와 보급 전망 및 기대 효과
7. 신·재생에너지 기술 개발 및 이용·보급에 관한 지원 방안
8. 신·재생에너지 분야 전문인력 양성계획
9. 직전 기본계획에 대한 평가
10. 그 밖에 기본계획의 목표 달성을 위하여 산업통상자원부장관이 필요하다고 인정하는 사항

③ 산업통상자원부장관은 신·재생에너지의 기술 개발 동향, 에너지 수요·공급 동향의 변화, 그 밖의 사정으로 인하여 수립된 기본계획을 변경할 필요가 있다고 인정하면 관계 중앙행정기관의 장과 협의를 한 후 제8조에 따른 신·재생에너지정책심의회의 심의를 거쳐 그 기본계획을 변경할 수 있다.

제6조(연차별 실행계획)

① 산업통상자원부장관은 기본계획에서 정한 목표를 달성하기 위하여 신·재생에너지의 종류별로 신·재생에너지의 기술 개발 및 이용·보급과 신·재생에너지 발전에 의한 전기의 공급에 관한 실행계획(이하 "실행계획"이라 한다)을 매년 수립·시행하여야 한다.

② 산업통상자원부장관은 실행계획을 수립·시행하려면 미리 관계 중앙행정기관의 장과 협의하여야 한다.

③ 산업통상자원부장관은 실행계획을 수립하였을 때에는 이를 공고하여야 한다.

제7조(신·재생에너지 기술 개발 등에 관한 계획의 사전협의) 국가기관, 지방자치단체, 공공기관, 그 밖에 대통령령으로 정하는 자가 신·재생에너지 기술 개발 및 이용·보급에 관한 계획을 수립·시행하려면 대통령령으로 정하는 바에 따라 미리 산업통상자원부장관과 협의하여야 한다.

제8조(신·재생에너지정책심의회)

① 신·재생에너지의 기술 개발 및 이용·보급에 관한 중요 사항을 심의하기 위하여 산업통상자원부에 신·재생에너지정책심의회(이하 "심의회"라 한다)를 둔다.

② 심의회는 다음 각 호의 사항을 심의한다.

1. 기본계획의 수립 및 변경에 관한 사항. 다만, 기본계획의 내용 중 대통령령으로 정하는 경미한 사항을 변경하는 경우는 제외한다.

2. 신·재생에너지의 기술 개발 및 이용·보급에 관한 중요 사항

3. 신·재생에너지 발전에 의하여 공급되는 전기의 기준 가격 및 그 변경에 관한 사항

4. 신·재생에너지 이용·보급에 필요한 관계 법령의 정비 등 제도개선에 관한 사항

5. 그 밖에 산업통상자원부장관이 필요하다고 인정하는 사항

③ 심의회의 구성·운영과 그 밖에 필요한 사항은 대통령령으로 정한다.

제9조(신·재생에너지 기술 개발 및 이용·보급 사업비의 조성) 정부는 실행계획을 시행하는 데에 필요한 사업비를 회계연도마다 세출예산에 계상(計上)하여야 한다.

제10조(조성된 사업비의 사용) 산업통상자원부장관은 제9조에 따라 조성된 사업비를 다음 각 호의 사업에 사용한다.

1. 신·재생에너지의 자원조사, 기술수요조사 및 통계 작성

2. 신·재생에너지의 연구·개발 및 기술평가

3. 신·재생에너지 이용 건축물의 인증 및 사후관리

4. 신·재생에너지 공급 의무화 지원

5. 신·재생에너지 설비의 성능평가·인증 및 사후관리

6. 신·재생에너지 기술정보의 수집·분석 및 제공

7. 신·재생에너지 분야 기술지도 및 교육·홍보

8. 신·재생에너지 분야 특성화 대학 및 핵심기술연구센터 육성

9. 신·재생에너지 분야 전문인력 양성

10. 신·재생에너지 설비 설치전문기업의 지원

11. 신·재생에너지 시범사업 및 보급사업

12. 신·재생에너지 이용 의무화 지원

13. 신·재생에너지 관련 국제 협력

14. 신·재생에너지 기술의 국제 표준화 지원

15. 신·재생에너지 설비 및 그 부품의 공용화 지원

16. 그 밖에 신·재생에너지의 기술 개발 및 이용·보급을 위하여 필요한 사업으로서 대통령령으로 정하는 사업

제11조(사업의 실시)

① 산업통상자원부장관은 제10조 각 호의 사업을 효율적으로 추진하기 위하여 필요하다고 인정하면 다음 각 호의 어느 하나에 해당하는 자와 협약을 맺어 그 사업을 하게 할 수 있다.

1. 「특정연구기관 육성법」에 따른 특정연구기관

2. 「기초연구진흥 및 기술개발지원에 관한 법률」 제14조의 2 제1항에 따른 기업부설연구소

3. 「산업기술연구조합 육성법」에 따른 산업기술연구조합

4. 「고등교육법」에 따른 대학 또는 전문대학

5. 국공립연구기관

6. 국가기관, 지방자치단체 및 공공기관

7. 그 밖에 산업통상자원부장관이 기술개발능력이 있다고 인정하는 자

② 산업통상자원부장관은 제1항 각 호의 어느 하나에 해당하는 자가 하는 기술개발사업 또는 이용·보급 사업에 드는 비용의 전부 또는 일부를 출연(出捐)할 수 있다.

③ 제2항에 따른 출연금의 지급·사용 및 관리 등에 필요한 사항은 대통령령으로 정한다.

제12조(신·재생에너지 사업에의 투자권고 및 신·재생에너지 이용 의무화 등)

① 산업통상자원부장관은 신·재생에너지의 기술 개발 및 이용·보급을 촉진하기 위하여 필요하다고 인정하면 에너지 관련 사업을 하는 자에 대하여 제10조 각 호의 사업을 하거나 그 사업에 투자 또는 출연할 것을 권고할 수 있다.

② 산업통상자원부장관은 신·재생에너지의 이용·보급을 촉진하고 신·재생에너지 산업의 활성화를 위하여 필요하다고 인정하면 다음 각 호의 어느 하나에 해당하는 자가 신축·증축 또는 개축하는 건축물에 대하여 대통령령으로 정하는 바에 따라 그 설계 시 산출된 예상 에너지 사용량의 일정 비율 이상을 신·재생에너지를 이용하여 공급되는 에너지를 사용하도록 신·재생에너지 설비를 의무적으로 설치하게 할 수 있다.

1. 국가 및 지방자치단체

2. 「공공기관의 운영에 관한 법률」 제5조에 따른 공기업(이하 "공기업"이라 한다)

3. 정부가 대통령령으로 정하는 금액 이상을 출연한 정부출연기관

4. 「국유재산법」 제2조 제6호에 따른 정부출자기업체

5. 지방자치단체 및 제2호부터 제4호까지의 규정에 따른 공기업, 정부출연기관 또는 정부
   출자기업체가 대통령령으로 정하는 비율 또는 금액 이상을 출자한 법인

6. 특별법에 따라 설립된 법인

③ 산업통상자원부장관은 신·재생에너지의 활용 여건 등을 고려할 때 신·재생에너지를 이용하
는 것이 적절하다고 인정되는 공장·사업장 및 집단주택단지 등에 대하여 신·재생에너지의
종류를 지정하여 이용하도록 권고하거나 그 이용 설비를 설치하도록 권고할 수 있다.

제12조의 5(신·재생에너지 공급 의무화 등)

① 산업통상자원부장관은 신·재생에너지의 이용·보급을 촉진하고 신·재생에너지 산업의
활성화를 위하여 필요하다고 인정하면 다음 각 호의 어느 하나에 해당하는 자 중 대통령령
으로 정하는 자(이하 "공급의무자"라 한다)에게 발전량의 일정량 이상을 의무적으로 신·재
생에너지를 이용하여 공급하게 할 수 있다.

1. 「전기사업법」 제2조에 따른 발전사업자

2. 「집단에너지사업법」 제9조 및 제48조에 따라 「전기사업법」 제7조 제1항에 따른 발전사
   업의 허가를 받은 것으로 보는 자

3. 공공기관

② 제1항에 따라 공급의무자가 의무적으로 신·재생에너지를 이용하여 공급하여야 하는 발전
량(이하 "의무공급량"이라 한다)의 합계는 총 전력생산량의 25퍼센트 이내의 범위에서 연
도별로 대통령령으로 정한다. 이 경우 균형 있는 이용·보급이 필요한 신·재생에너지에
대하여는 대통령령으로 정하는 바에 따라 총 의무공급량 중 일부를 해당 신·재생에너지를
이용하여 공급하게 할 수 있다.

③ 공급의무자의 의무공급량은 산업통상자원부장관이 공급의무자의 의견을 들어 공급의무자
별로 정하여 고시한다. 이 경우 산업통상자원부장관은 공급의무자의 총 발전량 및 발전원
(發電源) 등을 고려하여야 한다.

④ 공급의무자는 의무공급량의 일부에 대하여 3년의 범위에서 그 공급의무의 이행을 연기할
수 있다.

⑤ 공급의무자는 제12조의 7에 따른 신·재생에너지 공급인증서를 구매하여 의무공급량에 충
당할 수 있다.

⑥ 산업통상자원부장관은 제1항에 따른 공급의무의 이행 여부를 확인하기 위하여 공급의무자
에게 대통령령으로 정하는 바에 따라 필요한 자료의 제출 또는 제5항에 따라 구매하여 의
무공급량에 충당하거나 제12조의 7 제1항에 따라 발급받은 신·재생에너지 공급인증서의
제출을 요구할 수 있다.

⑦ 제4항에 따라 공급의무의 이행을 연기할 수 있는 총량과 연차별 허용량, 그 밖에 필요한 사
항은 대통령령으로 정한다.

제12조의 6(신 · 재생에너지 공급 불이행에 대한 과징금)

① 산업통상자원부장관은 공급의무자가 의무공급량에 부족하게 신 · 재생에너지를 이용하여 에너지를 공급한 경우에는 대통령령으로 정하는 바에 따라 그 부족분에 제12조의 7에 따른 신 · 재생에너지 공급인증서의 해당 연도 평균 거래 가격의 100분의 150을 곱한 금액의 범위에서 과징금을 부과할 수 있다.

② 제1항에 따른 과징금을 납부한 공급의무자에 대하여는 그 과징금의 부과기간에 해당하는 의무공급량을 공급한 것으로 본다.

③ 산업통상자원부장관은 제1항에 따른 과징금을 납부하여야 할 자가 납부기한까지 그 과징금을 납부하지 아니한 때에는 국세 체납처분의 예를 따라 징수한다.

④ 제1항 및 제3항에 따라 징수한 과징금은 「전기사업법」에 따른 전력산업기반기금의 재원으로 귀속된다.

제12조의 7(신 · 재생에너지 공급인증서 등)

① 신 · 재생에너지를 이용하여 에너지를 공급한 자(이하 "신 · 재생에너지 공급자"라 한다)는 산업통상자원부장관이 신 · 재생에너지를 이용한 에너지 공급의 증명 등을 위하여 지정하는 기관(이하 "공급인증기관"이라 한다)으로부터 그 공급 사실을 증명하는 인증서(전자문서로 된 인증서를 포함한다. 이하 "공급인증서"라 한다)를 발급받을 수 있다. 다만, 제17조에 따라 발전 차액을 지원받거나 신 · 재생에너지 설비에 대한 지원 등 대통령령으로 정하는 정부의 지원을 받은 경우에는 대통령령으로 정하는 바에 따라 공급인증서의 발급을 제한할 수 있다.

② 공급인증서를 발급받으려는 자는 공급인증기관에 대통령령으로 정하는 바에 따라 공급인증서의 발급을 신청하여야 한다.

③ 공급인증기관은 제2항에 따른 신청을 받은 경우에는 신 · 재생에너지의 종류별 공급량 및 공급기간 등을 확인한 후 다음 각 호의 기재사항을 포함한 공급인증서를 발급하여야 한다. 이 경우 균형 있는 이용 · 보급과 기술 개발 촉진 등이 필요한 신 · 재생에너지에 대하여는 대통령령으로 정하는 바에 따라 실제 공급량에 가중치를 곱한 양을 공급량으로 하는 공급인증서를 발급할 수 있다.

1. 신 · 재생에너지 공급자
2. 신 · 재생에너지의 종류별 공급량 및 공급기간
3. 유효기간

④ 공급인증서의 유효기간은 발급받은 날부터 3년으로 하되, 제12조의 5 제5항 및 제6항에 따라 공급의무자가 구매하여 의무공급량에 충당하거나 발급받아 산업통상자원부장관에게 제출한 공급인증서는 그 효력을 상실한다. 이 경우 유효기간이 지나거나 효력을 상실한 해당 공급인증서는 폐기하여야 한다.

⑤ 공급인증서를 발급받은 자는 그 공급인증서를 거래하려면 제12조의 9 제2항에 따른 공급인증서 발급 및 거래시장 운영에 관한 규칙으로 정하는 바에 따라 공급인증기관이 개설한 거래시장(이하 "거래시장"이라 한다)에서 거래하여야 한다.

⑥ 산업통상자원부장관은 다른 신 · 재생에너지와의 형평을 고려하여 공급인증서가 일정 규모 이상의 수력을 이용하여 에너지를 공급하고 발급된 경우 등 산업통상자원부령으로 정하는 사유에 해당할 때에는 거래시장에서 해당 공급인증서가 거래될 수 없도록 할 수 있다.

⑦ 산업통상자원부장관은 거래시장의 수급 조절과 가격 안정화를 위하여 대통령령으로 정하는 바에 따라 국가에 대하여 발급된 공급인증서를 거래할 수 있다. 이 경우 산업통상자원부장관은 공급의무자의 의무공급량, 의무이행 실적 및 거래시장 가격 등을 고려하여야 한다.

⑧ 신 · 재생에너지 공급자가 신 · 재생에너지 설비에 대한 자원 등 대통령령으로 정하는 정부의 지원을 받은 경우에는 대통령령으로 정하는 바에 따라 공급인증서의 발급을 제한할 수 있다.

제12조의 8(공급인증기관의 지정 등)

① 산업통상자원부장관은 공급인증서 관련 업무를 전문적이고 효율적으로 실시하고 공급인증서의 공정한 거래를 위하여 다음 각 호의 어느 하나에 해당하는 자를 공급인증기관으로 지정할 수 있다.

  1. 제31조에 따른 신 · 재생에너지센터

  2. 「전기사업법」 제35조에 따른 한국전력거래소

  3. 제12조의 9에 따른 공급인증기관의 업무에 필요한 인력 · 기술능력 · 시설 · 장비 등 대통령령으로 정하는 기준에 맞는 자

② 제1항에 따라 공급인증기관으로 지정받으려는 자는 산업통상자원부장관에게 지정을 신청하여야 한다.

③ 공급인증기관의 지정방법 · 지정절차, 그 밖에 공급인증기관의 지정에 필요한 사항은 산업통상자원부령으로 정한다.

제12조의 9(공급인증기관의 업무 등)

① 제12조의 8에 따라 지정된 공급인증기관은 다음 각 호의 업무를 수행한다.

  1. 공급인증서의 발급, 등록, 관리 및 폐기

  2. 국가가 소유하는 공급인증서의 거래 및 관리에 관한 사무의 대행

  3. 거래시장의 개설

  4. 공급의무자가 제12조의 5에 따른 의무를 이행하는 데 지급한 비용의 정산에 관한 업무

  5. 공급인증서 관련 정보의 제공

  6. 그 밖에 공급인증서의 발급 및 거래에 딸린 업무

② 공급인증기관은 업무를 시작하기 전에 산업통상자원부령으로 정하는 바에 따라 공급인증서 발급 및 거래시장 운영에 관한 규칙(이하 "운영규칙"이라 한다)을 제정하여 산업통상자원부장관의 승인을 받아야 한다. 운영규칙을 변경하거나 폐지하는 경우(산업통상자원부령으로 정하는 경미한 사항의 변경은 제외한다)에도 또한 같다.

③ 산업통상자원부장관은 공급인증기관에 제1항에 따른 업무의 계획 및 실적에 관한 보고를 명하거나 자료의 제출을 요구할 수 있다.

④ 산업통상자원부장관은 다음 각 호의 어느 하나에 해당하는 경우에는 공급인증기관에 시정기간을 정하여 시정을 명할 수 있다.

1. 운영규칙을 준수하지 아니한 경우

2. 제3항에 따른 보고를 하지 아니하거나 거짓으로 보고한 경우

3. 제3항에 따른 자료의 제출 요구에 따르지 아니하거나 거짓의 자료를 제출한 경우

제12조의 10(공급인증기관 지정의 취소 등)

① 산업통상자원부장관은 공급인증기관이 다음 각 호의 어느 하나에 해당하는 경우에는 산업통상자원부령으로 정하는 바에 따라 그 지정을 취소하거나 1년 이내의 기간을 정하여 그 업무의 전부 또는 일부의 정지를 명할 수 있다. 다만, 제1호 또는 제2호에 해당하는 때에는 그 지정을 취소하여야 한다.

1. 거짓이나 그 밖의 부정한 방법으로 지정을 받은 경우

2. 업무정지 처분을 받은 후 그 업무정지 기간에 업무를 계속한 경우

3. 제12조의 8 제1항 제3호에 따른 지정기준에 부적합하게 된 경우

4. 제12조의 9 제4항에 따른 시정명령을 시정기간에 이행하지 아니한 경우

② 산업통상자원부장관은 공급인증기관이 제1항 제3호 또는 제4호에 해당하여 업무정지를 명하여야 하는 경우로서 그 업무의 정지가 그 이용자 등에게 심한 불편을 주거나 그 밖에 공익을 해칠 우려가 있으면 그 업무정지 처분을 갈음하여 5천만원 이하의 과징금을 부과할 수 있다.

③ 제2항에 따라 과징금을 부과하는 위반행위의 종별·정도 등에 따른 과징금의 금액과 그 밖에 필요한 사항은 대통령령으로 정한다.

④ 산업통상자원부장관은 제2항에 따른 과징금을 납부하여야 할 자가 납부기한까지 그 과징금을 납부하지 아니한 때에는 국세 체납처분의 예를 따라 징수한다.

제12조의 11(신·재생에너지 연료 품질기준)

① 산업통상자원부장관은 신·재생에너지 연료(신·재생에너지를 이용한 연료 중 대통령령으로 정하는 기준 및 범위에 해당하는 것을 말하며, 「폐기물관리법」 제2조 제1호에 따른 폐기물을 이용하여 제조한 것은 제외한다. 이하 같다)의 적정한 품질을 확보하기 위하여 품질기준을 정할 수 있다. 대기환경에 영향을 미치는 품질기준을 정하는 경우에는 미리 환경부장관과 협의를 하여야 한다.

② 산업통상자원부장관은 제1항에 따라 품질기준을 정한 경우에는 이를 고시하여야 한다.

③ 제1항에 따른 신·재생에너지 연료를 제조·수입 또는 판매하는 사업자(이하 "신·재생에너지 연료사업자"라 한다)는 산업통상자원부장관이 제1항에 따라 품질기준을 정한 경우에는 그 품질기준에 맞도록 신·재생에너지 연료의 품질을 유지하여야 한다.

제12조의 12(신·재생에너지 연료 품질검사)

① 신·재생에너지 연료사업자는 제조·수입 또는 판매하는 신·재생에너지 연료가 제12조의 11 제1항에 따른 품질기준에 맞는지를 확인하기 위하여 대통령령으로 정하는 신·재생에너지 품질검사기관(이하 "품질검사기관"이라 한다)의 품질검사를 받아야 한다.

② 제1항에 따른 품질검사의 방법과 절차, 그 밖에 필요한 사항은 산업통상자원부령으로 정한다.

제13조(신 · 재생에너지 설비의 인증 등)

① 신 · 재생에너지 설비를 제조하거나 수입하여 판매하려는 자는 「산업표준화법」 제15조에 따른 제품의 인증(이하 "설비 인증"이라 한다)을 받을 수 있다.

② 산업통상자원부장관은 산업통상자원부령으로 정하는 바에 따라 제1항에 따른 설비 인증에 드는 경비의 일부를 지원하거나, 「산업표준화법」 제13조에 따라 지정된 설비인증기관(이하 "설비인증기관"이라 한다)에 대하여 지정 목적상 필요한 범위에서 행정상의 지원 등을 할 수 있다.

③ 설비 인증에 관하여 이 법에 특별한 규정이 있는 경우를 제외하고는 「산업표준화법」에서 정하는 바에 따른다.

제13조의 2(보험 · 공제 가입)

① 제13조에 따라 설비 인증을 받은 자는 신 · 재생에너지 설비의 결함으로 인하여 제3자가 입을 수 있는 손해를 담보하기 위하여 보험 또는 공제에 가입하여야 한다.

② 제1항에 따른 보험 또는 공제의 기간 · 종류 · 대상 및 방법에 필요한 사항은 대통령령으로 정한다.

제16조(수수료)

① 품질검사기관은 품질검사를 신청하는 자로부터 산업통상자원부령으로 정하는 바에 따라 수수료를 받을 수 있다.

② 공급인증기관은 공급인증서의 발급(발급에 딸린 업무를 포함한다)을 신청하는 자 또는 공급인증서를 거래하는 자로부터 산업통상자원부령으로 정하는 바에 따라 수수료를 받을 수 있다.

제17조(신 · 재생에너지 발전 기준가격의 고시 및 차액 지원)

① 산업통상자원부장관은 신 · 재생에너지 발전에 의하여 공급되는 전기의 기준가격을 발전원별로 정한 경우에는 그 가격을 고시하여야 한다. 이 경우 기준가격의 산정기준은 대통령령으로 정한다.

② 산업통상자원부장관은 신 · 재생에너지 발전에 의하여 공급한 전기의 전력거래가격(「전기사업법」 제33조에 따른 전력거래가격을 말한다)이 제1항에 따라 고시한 기준가격보다 낮은 경우에는 그 전기를 공급한 신 · 재생에너지 발전사업자에 대하여 기준가격과 전력거래가격의 차액(이하 "발전차액"이라 한다)을 「전기사업법」 제48조에 따른 전력산업기반기금에서 우선적으로 지원한다.

③ 산업통상자원부장관은 제1항에 따라 기준가격을 고시하는 경우에는 발전차액을 지원하는 기간을 포함하여 고시할 수 있다.

④ 산업통상자원부장관은 발전차액을 지원받은 신 · 재생에너지 발전사업자에게 결산재무제표(決算財務諸表) 등 기준가격 설정을 위하여 필요한 자료를 제출할 것을 요구할 수 있다.

제18조(지원 중단 등)

① 산업통상자원부장관은 발전차액을 지원받은 신 · 재생에너지 발전사업자가 다음 각 호의 어느 하나에 해당하면 산업통상자원부령으로 정하는 바에 따라 경고를 하거나 시정을 명하고, 그 시정명령에 따르지 아니하는 경우에는 발전차액의 지원을 중단할 수 있다.

1. 거짓이나 부정한 방법으로 발전차액을 지원받은 경우

2. 제17조 제4항에 따른 자료 요구에 따르지 아니하거나 거짓으로 자료를 제출한 경우

② 산업통상자원부장관은 발전차액을 지원받은 신·재생에너지 발전사업자가 제1항 제1호에 해당하면 산업통상자원부령으로 정하는 바에 따라 그 발전차액을 환수(還收)할 수 있다. 이 경우 산업통상자원부장관은 발전차액을 반환할 자가 30일 이내에 이를 반환하지 아니하면 국세 체납처분의 예에 따라 징수할 수 있다.

제20조(신·재생에너지 기술의 국제 표준화 지원)

① 산업통상자원부장관은 국내에서 개발되었거나 개발 중인 신·재생에너지 관련 기술이 「국가표준기본법」 제3조 제2호에 따른 국제 표준에 부합되도록 하기 위하여 설비인증기관에 대하여 표준화 기반 구축, 국제활동 등에 필요한 지원을 할 수 있다.

② 제1항에 따른 지원 범위 등에 관하여 필요한 사항은 대통령령으로 정한다.

제21조(신·재생에너지 설비 및 그 부품의 공용화)

① 산업통상자원부장관은 신·재생에너지 설비 및 그 부품의 호환성(互換性)을 높이기 위하여 그 설비 및 부품을 산업통상자원부장관이 정하여 고시하는 바에 따라 공용화 품목으로 지정하여 운영할 수 있다.

② 다음 각 호의 어느 하나에 해당하는 자는 신·재생에너지 설비 및 그 부품 중 공용화가 필요한 품목을 공용화 품목으로 지정하여 줄 것을 산업통상자원부장관에게 요청할 수 있다.

1. 제31조에 따른 신·재생에너지센터

2. 그 밖에 산업통상자원부령으로 정하는 기관 또는 단체

③ 산업통상자원부장관은 신·재생에너지 설비 및 그 부품의 공용화를 효율적으로 추진하기 위하여 필요한 지원을 할 수 있다.

④ 제1항부터 제3항까지의 규정에 따른 공용화 품목의 지정·운영, 지정 요청, 지원기준 등에 관하여 필요한 사항은 대통령령으로 정한다.

제23조의 2(신·재생에너지 연료 혼합의무 등)

① 산업통상자원부장관은 신·재생에너지의 이용·보급을 촉진하고 신·재생에너지 산업의 활성화를 위하여 필요하다고 인정하는 경우 대통령령으로 정하는 바에 따라 「석유 및 석유대체연료 사업법」 제2조에 따른 석유정제업자 또는 석유수출입업자(이하 "혼합의무자"라 한다)에게 일정 비율(이하 "혼합의무비율"이라 한다) 이상의 신·재생에너지 연료를 수송용 연료에 혼합하게 할 수 있다.

② 산업통상자원부장관은 제1항에 따른 혼합의무의 이행 여부를 확인하기 위하여 혼합의무자에게 대통령령으로 정하는 바에 따라 필요한 자료의 제출을 요구할 수 있다.

제23조의 3(의무 불이행에 대한 과징금)

① 산업통상자원부장관은 혼합의무자가 혼합의무비율을 충족시키지 못한 경우에는 대통령령으로 정하는 바에 따라 그 부족분에 해당 연도 평균 거래가격의 100분의 150을 곱한 금액의 범위에서 과징금을 부과할 수 있다.

② 산업통상자원부장관은 제1항에 따른 과징금을 납부하여야 할 자가 납부기한까지 그 과징금을 납부하지 아니한 때에는 국세 체납처분의 예에 따라 징수한다.

③ 제1항 및 제2항에 따라 징수한 과징금은 「에너지 및 자원사업 특별회계법」에 따른 에너지 및 자원사업 특별회계의 재원으로 귀속된다.

제23조의 4(관리기관의 지정)

① 산업통상자원부장관은 혼합의무자의 혼합의무비율 이행을 효율적으로 관리하기 위하여 다음 각 호의 어느 하나에 해당하는 자를 혼합의무 관리기관(이하 "관리기관"이라 한다)으로 지정할 수 있다.

1. 제31조에 따른 신 · 재생에너지센터

2. 「석유 및 석유대체연료 사업법」 제25조의 2에 따른 한국석유관리원

② 관리기관으로 지정받으려는 자는 산업통상자원부장관에게 지정을 신청하여야 한다.

③ 관리기관의 신청 및 지정기준 · 방법 및 절차, 그 밖에 필요한 사항은 산업통상자원부령으로 정한다.

제23조의 5(관리기관의 업무)

① 제23조의 4에 따라 지정된 관리기관은 다음 각 호의 업무를 수행한다.

1. 혼합의무 이행실적의 집계 및 검증

2. 의무이행 관련 정보의 수집 및 관리

3. 그 밖에 혼합의무의 이행과 관련하여 산업통상자원부장관이 필요하다고 인정하는 업무

② 관리기관은 제1항에 따른 업무를 수행하기 위하여 필요한 기준(이하 "혼합의무 관리기준"이라 한다)을 정하여 산업통상자원부장관의 승인을 받아야 한다. 승인받은 혼합의무 관리기준을 변경하는 경우에도 또한 같다.

③ 산업통상자원부장관은 관리기관에 혼합의무 관리에 관한 계획, 실적 및 정보에 관한 보고를 명하거나 자료의 제출을 요구할 수 있다.

④ 제3항에 따른 관리기관의 보고, 자료제출 및 그 밖에 혼합의무 운영에 필요한 사항은 산업통상자원부령으로 정한다.

⑤ 산업통상자원부장관은 관리기관이 다음 각 호의 어느 하나에 해당하는 경우에는 기간을 정하여 시정을 명할 수 있다.

1. 혼합의무 관리기준을 준수하지 아니한 경우

2. 제3항에 따른 보고 또는 자료제출을 하지 아니하거나 거짓으로 보고 또는 자료제출을 한 경우

제23조의 6(관리기관의 지정 취소 등)

① 산업통상자원부장관은 관리기관이 다음 각 호의 어느 하나에 해당하는 경우에는 그 지정을 취소하거나 1년 이내의 기간을 정하여 업무의 전부 또는 일부의 정지를 명할 수 있다. 다만 제1호 또는 제2호에 해당하는 경우에는 그 지정을 취소하여야 한다.

1. 거짓이나 그 밖의 부정한 방법으로 관리기관 지정을 받은 경우
2. 업무정지 기간에 관리업무를 계속한 경우
3. 제23조의 4에 따른 지정기준에 부적합하게 된 경우
4. 제23조의 5 제5항에 따른 시정명령을 이행하지 아니한 경우

② 산업통상자원부장관은 관리기관이 제1항 제3호 또는 제4호에 해당하여 업무정지를 명하여야 하는 경우로서 그 업무의 정지가 그 이용자 등에게 심한 불편을 주거나 그 밖에 공익을 해칠 우려가 있으면 그 업무정지 처분을 갈음하여 5천만원 이하의 과징금을 부과할 수 있다.

③ 제2항에 따라 과징금을 부과하는 위반행위의 종별·정도 등에 따른 과징금의 금액과 그 밖에 필요한 사항은 대통령령으로 정한다.

④ 산업통상자원부장관은 제2항에 따른 과징금을 납부하여야 할 자가 납부기한까지 그 과징금을 납부하지 아니한 때에는 국세 체납처분의 예에 따라 징수한다.

⑤ 제1항에 따른 지정 취소, 업무정지의 기준 및 절차, 그 밖에 필요한 사항은 산업통상자원부령으로 정한다.

제24조(청문) 산업통상자원부장관은 다음 각 호에 해당하는 처분을 하려면 청문을 하여야 한다.

1. 제12조의 10 제1항에 따른 공급인증기관의 지정 취소
2. (삭제)
3. 제23조의 6에 따른 관리기관의 지정 취소

제25조(관련 통계의 작성 등)

① 산업통상자원부장관은 기본계획 및 실행계획 등 신·재생에너지 관련 시책을 효과적으로 수립·시행하기 위하여 필요한 국내외 신·재생에너지의 수요·공급에 관한 통계자료를 조사·작성·분석 및 관리할 수 있으며, 이를 위하여 필요한 자료와 정보를 제11조 제1항에 따른 기관이나 신·재생에너지 설비의 생산자·설치자·사용자에게 요구할 수 있다.

② 산업통상자원부장관은 산업통상자원부령으로 정하는 바에 따라 전문성이 있는 기관을 지정하여 제1항에 따른 통계의 조사·작성·분석 및 관리에 관한 업무의 전부 또는 일부를 하게 할 수 있다.

제26조(국유재산·공유재산의 임대 등)

① 국가 또는 지방자치단체는 국유재산 또는 공유재산을 신·재생에너지 기술개발 및 이용·보급에 관한 사업을 하는 자에게 대부계약의 체결 또는 사용허가(이하 "임대"라 한다)를 하거나 처분할 수 있다. 이 경우 국가 또는 지방자치단체는 신·재생에너지 기술개발 및 이용·보급에 관한 사업을 위하여 필요하다고 인정하면 「국유재산법」 또는 「공유재산 및 물품관리법」에도 불구하고 수의계약(隨意契約)으로 국유재산 또는 공유재산을 임대 또는 처분할 수 있다.

② 국가 또는 지방자치단체가 제1항에 따라 국유재산 또는 공유재산을 임대하는 경우에는 「국유재산법」 또는 「공유재산 및 물품관리법」에도 불구하고 자진철거 및 철거비용의 공탁을

조건으로 영구시설물을 축조하게 할 수 있다. 다만, 공유재산에 영구시설물을 축조하려면 지방의회의 동의를 받아야 하며, 지방의회의 동의절차에 관하여는 지방자치단체의 조례로 정할 수 있다.

③ 제1항에 따른 국유재산 및 공유재산의 임대기간은 10년 이내로 하되, 제31조에 따른 신 · 재생에너지센터(이하 "센터"라 한다)로부터 신 · 재생에너지 설비의 정상가동 여부를 확인받는 등 운영의 특별한 사유가 없으면 각각 10년 이내의 기간에서 2회에 걸쳐 갱신할 수 있다.

④ 제1항에 따라 국유재산 또는 공유재산을 임차하거나 취득한 자가 임대일 또는 취득일부터 2년 이내에 해당 재산에서 신 · 재생에너지 기술 개발 및 이용 · 보급에 관한 사업을 시행하지 아니하는 경우에는 대부계약 또는 사용허가를 취소하거나 환매할 수 있다.

⑤ 국가 또는 지방자치단체가 제1항에 따라 국유재산 또는 공유재산을 임대하는 경우에는 「국유재산법」 또는 「공유재산 및 물품관리법」에도 불구하고 임대료를 100분의 50의 범위에서 경감할 수 있다.

⑥ 산업통상자원부장관은 제1항에 따라 임대 또는 처분할 수 있는 국유재산의 범위와 대상을 기획재정부장관과 협의하여 산업통상자원부령으로 정할 수 있다.

제27조(보급사업)

① 산업통상자원부장관은 신 · 재생에너지의 이용 · 보급을 촉진하기 위하여 필요하다고 인정하면 대통령령으로 정하는 바에 따라 다음 각 호의 보급사업을 할 수 있다.

1. 신기술의 적용사업 및 시범사업
2. 환경친화적 신 · 재생에너지 집적화 단지(集積化團地) 및 시범단지 조성사업
3. 지방자치단체와 연계한 보급사업
4. 실용화된 신 · 재생에너지 설비의 보급을 지원하는 사업
5. 그 밖에 신 · 재생에너지 기술의 이용 · 보급을 촉진하기 위하여 필요한 사업으로서 산업통상자원부장관이 정하는 사업

② 산업통상자원부장관은 개발된 신 · 재생에너지 설비가 설비 인증을 받거나 신 · 재생에너지 기술의 국제 표준화 또는 신 · 재생에너지 설비와 그 부품의 공용화가 이루어진 경우에는 우선적으로 제1항에 따른 보급사업을 추진할 수 있다.

③ 관계 중앙행정기관의 장은 환경 개선과 신 · 재생에너지의 보급 촉진을 위하여 필요한 협조를 할 수 있다.

제27조의 2(신 · 재생에너지 발전사업에 대한 주민 참여)

① 신 · 재생에너지 설비가 설치된 지역의 주민은 다음 각 호의 어느 하나에 따른 방식으로 해당 지역의 신 · 재생에너지 발전사업에 참여할 수 있다.

1. 신 · 재생에너지 발전사업에 출자하는 방식
2. 신 · 재생에너지 발전사업을 목적으로 하는 협동조합(「협동조합 기본법」에 따라 설립된 협동조합을 말한다)에 조합원으로 출자하는 방식
3. 그 밖에 산업통상자원부장관이 정하는 방식

② 신·재생에너지 발전사업자는 제12조의 7 제3항에 따라 발급받은 공급인증서 중 제1항에 따른 주민 참여로 인한 가중치로 발생한 수익을 지역주민에게 제공하여야 한다.

③ 제1항에 따른 지역의 범위 및 제2항에 따라 지역주민에게 제공하는 수익과 관련한 기준·절차·내용, 그 밖에 필요한 사항은 산업통상자원부장관이 정한다.

제28조(신·재생에너지 기술의 사업화)

① 산업통상자원부장관은 자체 개발한 기술이나 제10조에 따른 사업비를 받아 개발한 기술의 사업화를 촉진시킬 필요가 있다고 인정하면 다음 각 호의 지원을 할 수 있다.

1. 시험제품 제작 및 설비투자에 드는 자금의 융자

2. 신·재생에너지 기술의 개발 사업을 하여 정부가 취득한 산업재산권의 무상 양도

3. 개발된 신·재생에너지 기술의 교육 및 홍보

4. 그 밖에 개발된 신·재생에너지 기술을 사업화하기 위하여 필요하다고 인정하여 산업통상자원부장관이 정하는 지원사업

② 제1항에 따른 지원의 대상, 범위, 조건 및 절차, 그 밖에 필요한 사항은 산업통상자원부령으로 정한다.

제29조(재정상 조치 등)

정부는 제12조에 따라 권고를 받거나 의무를 준수하여야 하는 자, 신·재생에너지 기술 개발 및 이용·보급을 하고 있는 자 또는 제13조에 따라 설비 인증을 받은 자에 대하여 필요한 경우 금융상·세제상의 지원 대책이나 그 밖에 필요한 지원 대책을 마련하여야 한다.

제30조(신·재생에너지의 교육·홍보 및 전문인력 양성)

① 정부는 교육·홍보 등을 통하여 신·재생에너지의 기술 개발 및 이용·보급에 관한 국민의 이해와 협력을 구하도록 노력하여야 한다.

② 산업통상자원부장관은 신·재생에너지 분야 전문인력의 양성을 위하여 신·재생에너지 분야 특성화 대학 및 핵심기술연구센터를 지정하여 육성·지원할 수 있다.

제30조의 2(신·재생에너지 사업자의 공제조합 가입 등)

① 신·재생에너지 발전사업자, 신·재생에너지 연료사업자, 신·재생에너지 설비 전문기업, 신·재생에너지 설비의 제조·수입 및 판매 등의 사업을 영위하는 자(이하 "신·재생에너지 사업자"라 한다)는 신·재생에너지의 기술 개발 및 이용·보급에 필요한 사업(이하 "신·재생에너지 사업"이라 한다)을 원활히 수행하기 위하여 「엔지니어링 산업 진흥법」 제34조에 따른 공제조합의 조합원으로 가입할 수 있다.

② 제1항에 따른 공제조합은 다음 각 호의 사업을 실시할 수 있다.

1. 신·재생에너지 사업에 따른 채무 또는 의무 이행에 필요한 공제, 보증 및 자금의 융자

2. 신·재생에너지 사업의 수출에 따른 공제 및 주거래 은행의 설정에 관한 보증

3. 신·재생에너지 사업의 대가로 받은 어음의 할인

4. 신·재생에너지 사업에 필요한 기자재의 공동구매·조달 알선 또는 공동위탁판매

5. 조합원 및 조합원에게 고용된 자의 복지 향상을 위한 공제사업

6. 조합원의 정보처리 및 컴퓨터 운용과 관련된 서비스 제공

7. 조합원이 공동으로 이용하는 시설의 설치, 운영, 그 밖에 조합원의 편익 증진을 위한 사업

8. 그 밖에 제1호부터 제7호까지의 사업에 부대되는 사업으로서 정관으로 정하는 공제사업

③ 제2항에 따른 공제 규정, 공제 규정으로 정할 내용, 공제 사업의 절차 및 운영방법에 필요한 사항은 대통령령으로 정한다.

제30조의 3(하자 보수)

① 신 · 재생에너지 설비를 설치한 시공자는 해당 설비에 대하여 성실하게 무상으로 하자 보수를 실시하여야 하며 그 이행을 보증하는 증서를 신 · 재생에너지 설비의 소유자 또는 산업통상자원부령으로 정하는 자에게 제공하여야 한다. 다만, 하자 보수에 관하여 「국가를 당사자로 하는 계약에 관한 법률」 또는 「지방자치단체를 당사자로 하는 계약에 관한 법률」에 특별한 규정이 있는 경우에는 해당 법률이 정하는 바에 따른다.

② 제1항에 따른 하자 보수의 대상이 되는 신 · 재생에너지 설비 및 하자보수기간 등은 산업통상자원부령으로 정한다.

제30조의 4(신 · 재생에너지 설비에 대한 사후관리)

① 신 · 재생에너지 보급사업의 시행기관 등 대통령령으로 정하는 기관의 장(이하 이 조에서 "시행기관의 장"이라 한다)은 제27조 제1항에 따라 설치된 신 · 재생에너지 설비 등 산업통상자원부장관이 정하여 고시하는 신 · 재생에너지 설비에 대하여 사후관리에 관한 계획을 매년 수립 · 시행하여야 한다.

② 시행기관의 장은 제1항에 따라 고시된 신 · 재생에너지 설비에 대한 사후관리 계획을 수립할 때에는 신 · 재생에너지 설비의 시공자에게 해당 설비의 가동상태 등을 조사하여 그 결과를 보고하게 할 수 있다.

③ 제1항에 따라 고시된 신 · 재생에너지 설비의 시공자는 대통령령으로 정하는 바에 따라 연 1회 이상 사후관리를 의무적으로 실시하고, 그 실적을 시행기관의 장에게 보고하여야 한다.

④ 시행기관의 장은 제1항에 따른 사후관리 시행결과를 센터에 제출하여야 하고, 센터는 이를 종합하여 산업통상자원부장관에게 보고하여야 한다.

⑤ 제1항에 따른 사후관리 계획에 포함될 점검사항 및 점검시기, 제3항 또는 제4항에 따른 보고의 절차 등에 관하여 필요한 사항은 산업통상자원부령으로 정한다.

⑥ 산업통상자원부장관은 제4항에 따라 센터로부터 보고받은 신 · 재생에너지 설비에 대한 사후관리 시행결과를 확정한 후 국회 소관 상임위원회에 제출하여야 한다.

제31조(신 · 재생에너지센터)

① 산업통상자원부장관은 신 · 재생에너지의 이용 및 보급을 전문적이고 효율적으로 추진하기 위하여 대통령령으로 정하는 에너지 관련 기관에 신 · 재생에너지센터를 두어 신 · 재생에너지 분야에 관한 다음 각 호의 사업을 하게 할 수 있다.

1. 제11조 제1항에 따른 신 · 재생에너지의 기술 개발 및 이용 · 보급사업의 실시자에 대한 지원 · 관리

2. 제12조 제2항 및 제3항에 따른 신·재생에너지 이용 의무의 이행에 관한 지원·관리

3. (삭제)

4. 제12조의 5에 따른 신·재생에너지 공급 의무의 이행에 관한 지원·관리

5. 제12조의 9에 따른 공급인증기관의 업무에 관한 지원·관리

6. 제13조에 따른 설비 인증에 관한 지원·관리

7. 이미 보급된 신·재생에너지 설비에 대한 기술 지원

8. 제20조에 따른 신·재생에너지 기술의 국제 표준화에 대한 지원·관리

9. 제21조에 따른 신·재생에너지 설비 및 그 부품의 공용화에 관한 지원·관리

10. 신·재생에너지 설비 설치 사업에 대한 지원·관리

11. 제23조의 2에 따른 신·재생에너지 연료 혼합의무의 이행에 관한 지원·관리

12. 제25조에 따른 통계관리

13. 제27조에 따른 신·재생에너지 보급사업의 지원·관리

14. 제28조에 따른 신·재생에너지 기술의 사업화에 관한 지원·관리

15. 제30조에 따른 교육·홍보 및 전문인력 양성에 관한 지원·관리

15의 2. 신·재생에너지 설비의 효율적 사용에 관한 지원·관리

16. 국내외 조사·연구 및 국제협력 사업

17. 제1호·제3호 및 제5호부터 제8호까지의 사업에 딸린 사업

18. 그 밖에 신·재생에너지의 이용·보급 촉진을 위하여 필요한 사업으로서 산업통상자원
부장관이 위탁하는 사업

② 산업통상자원부장관은 센터가 제1항의 사업을 하는 경우 자금 출연이나 그 밖에 필요한 지
원을 할 수 있다.

③ 센터의 조직·인력·예산 및 운영에 관하여 필요한 사항은 산업통상자원부령으로 정한다.

제32조(권한의 위임·위탁)

① 이 법에 따른 산업통상자원부장관의 권한은 그 일부를 대통령령으로 정하는 바에 따라 소속기
관의 장, 특별시장·광역시장·특별자치시장·도지사 또는 특별자치도지사(이하 "시·도지
사"라 한다)에게 위임할 수 있다.

② 이 법에 따른 산업통상자원부장관 또는 시·도지사의 업무는 그 일부를 대통령령으로 정하는
바에 따라 센터 또는 「에너지법」 제13조에 따른 한국에너지기술평가원에 위탁할 수 있다.

제33조(벌칙 적용 시의 공무원 의제) 다음 각 호에 해당하는 사람은 「형법」 제129조부터 제132조
까지의 규정을 적용할 때에는 공무원으로 본다.

1. (삭제)

2. 공급인증서의 발급·거래 업무에 종사하는 공급인증기관의 임직원

3. 설비 인증 업무에 종사하는 설비인증기관의 임직원

4. (삭제)

5. 신 · 재생에너지 연료 품질검사 업무에 종사하는 품질검사기관의 임직원

6. 혼합의무비율 이행을 효율적으로 관리하는 업무에 종사하는 관리기관의 임직원

제34조(벌칙)

① 거짓이나 부정한 방법으로 제17조에 따른 발전차액을 지원받은 자와 그 사실을 알면서 발전차액을 지급한 자는 3년 이하의 징역 또는 지원받은 금액의 3배 이하에 상당하는 벌금에 처한다.

② 거짓이나 부정한 방법으로 공급인증서를 발급받은 자와 그 사실을 알면서 공급인증서를 발급한 자는 3년 이하의 징역 또는 3천만원 이하의 벌금에 처한다.

③ 제12조의 7 제5항을 위반하여 공급인증기관이 개설한 거래시장 외에서 공급인증서를 거래한 자는 2년 이하의 징역 또는 2천만원 이하의 벌금에 처한다.

④ 법인의 대표자나 법인 또는 개인의 대리인, 사용인, 그 밖의 종업원이 그 법인 또는 개인의 업무에 관하여 제1항부터 제3항까지의 어느 하나에 해당하는 위반행위를 하면 그 행위자를 벌하는 외에 그 법인 또는 개인에게도 해당 조문의 벌금형을 과(科)한다. 다만, 법인 또는 개인이 그 위반행위를 방지하기 위하여 해당 업무에 관하여 상당한 주의와 감독을 게을리하지 아니한 경우에는 그러하지 아니하다.

제35조(과태료)

① 다음 각 호의 어느 하나에 해당하는 자에게는 **1천만원 이하의 과태료를 부과**한다.

1. (삭제)

2. (삭제)

3. (삭제)

4. 제13조의 2를 위반하여 보험 또는 공제에 가입하지 아니한 자

4의 2. (삭제)

② 제1항에 따른 과태료는 대통령령으로 정하는 바에 따라 산업통상자원부장관이 부과 · 징수한다.

 신에너지 및 재생에너지 개발 · 이용 · 보급 촉진법 시행령

제1조(목적) 이 영은 「신에너지 및 재생에너지 개발 · 이용 · 보급 촉진법」에서 위임된 사항과 그 시행에 필요한 사항을 규정함을 목적으로 한다.

제2조(석탄을 액화 · 가스화한 에너지 등의 기준 및 범위)

① 「신에너지 및 재생에너지 개발 · 이용 · 보급 촉진법」(이하 "법"이라 한다) 제2조 제1호 다목에서 "대통령령으로 정하는 기준 및 범위에 해당하는 에너지"란 [별표 1] 제1호 및 제2호에 따른 석탄을 액화 · 가스화한 에너지 및 중질잔사유(重質殘渣油)를 가스화한 에너지를 말한다.

② 법 제2조 제2호 바목에서 "대통령령으로 정하는 기준 및 범위에 해당하는 에너지"란 [별표 1] 제3호에 따른 바이오에너지를 말한다.

③ 법 제2조 제2호 사목에서 "대통령령으로 정하는 기준 및 범위에 해당하는 에너지"란 [별표 1] 제4호에 따른 폐기물에너지를 말한다.

④ 법 제2조 제2호 아목에서 "대통령령으로 정하는 에너지"란 [별표 1] 제5호에 따른 수열에너지를 말한다.

┃[별표 1] 바이오에너지 등의 기준 및 범위(제2조 관련)┃

에너지원의 종류		기준 및 범위
1. 석탄을 액화·가스화한 에너지	기준	석탄을 액화 및 가스화하여 얻어지는 에너지로서 다른 화합물과 혼합되지 않은 에너지
	범위	1) 증기 공급용 에너지 2) 발전용 에너지
2. 중질잔사유(重質殘査油)를 가스화한 에너지	기준	1) 중질잔사유(원유를 정제하고 남은 최종 잔재물로서 감압증류 과정에서 나오는 감압잔사유, 아스팔트와 열분해 공정에서 나오는 코크, 타르 및 피치 등을 말한다)를 가스화한 공정에서 얻어지는 연료 2) 1)의 연료를 연소 또는 변환하여 얻어지는 에너지
	범위	합성가스
3. 바이오에너지	기준	1) 생물유기체를 변환시켜 얻어지는 기체, 액체 또는 고체의 연료 2) 1)의 연료를 연소 또는 변환시켜 얻어지는 에너지 ※ 1) 또는 2)의 에너지가 신·재생에너지가 아닌 석유제품 등과 혼합된 경우에는 생물유기체로부터 생산된 부분만을 바이오에너지로 본다.
	범위	1) 생물유기체를 변환시킨 바이오가스, 바이오에탄올, 바이오액화유 및 합성가스 2) 쓰레기매립장의 유기성 폐기물을 변환시킨 매립지 가스 3) 동물·식물의 유지(油脂)를 변환시킨 바이오디젤 및 바이오중유 4) 생물유기체를 변환시킨 땔감, 목재칩, 펠릿 및 숯 등의 고체연료
4. 폐기물에너지	기준	1) 폐기물을 변환시켜 얻어지는 기체, 액체 또는 고체의 연료 2) 1)의 연료를 연소 또는 변환시켜 얻어지는 에너지 3) 폐기물의 소각열을 변환시킨 에너지 ※ 1)부터 3)까지의 에너지가 신·재생에너지가 아닌 석유제품 등과 혼합되는 경우에는 폐기물로부터 생산된 부분만을 폐기물에너지로 보고, 1)부터 3)까지의 에너지 중 비재생폐기물(석유, 석탄 등 화석연료에 기원한 화학섬유, 인조가죽, 비닐 등으로서 생물 기원이 아닌 폐기물)로부터 생산된 것은 제외한다.
5. 수열에너지	기준	물의 표층의 열을 히트펌프(heat pump)를 사용하여 변환시켜 얻어지는 에너지
	범위	해수(海水)의 표층 및 하천수의 열을 변환시켜 얻어지는 에너지

제3조(신·재생에너지 기술 개발 등에 관한 계획의 사전협의)

① 법 제7조에서 "대통령령으로 정하는 자"란 다음 각 호의 어느 하나에 해당하는 자를 말한다.

　1. 정부로부터 출연금을 받은 자

　2. 정부출연기관 또는 제1호에 따른 자로부터 납입자본금의 100분의 50 이상을 출자받은 자

② 법 제7조에 따라 신에너지 및 재생에너지(이하 "신·재생에너지"라 한다) 기술 개발 및 이용·보급에 관한 계획을 협의하려는 자는 그 시행 사업연도 개시 4개월 전까지 산업통상자원부장관에게 계획서를 제출하여야 한다.

③ 산업통상자원부장관은 제2항에 따라 계획서를 받았을 때에는 다음 각 호의 사항을 검토하여 협의를 요청한 자에게 그 의견을 통보하여야 한다.

1. 법 제5조에 따른 신 · 재생에너지의 기술 개발 및 이용 · 보급을 촉진하기 위한 기본계획(이하 "기본계획"이라 한다)과의 조화성
2. 시의성(時宜性)
3. 다른 계획과의 중복성
4. 공동 연구의 가능성

제4조(신 · 재생에너지정책심의회의 구성)

① 법 제8조 제1항에 따른 신 · 재생에너지정책심의회(이하 "심의회"라 한다)는 위원장 1명을 포함한 20명 이내의 위원으로 구성한다.

② 심의회의 위원장은 산업통상자원부 소속 에너지 분야의 업무를 담당하는 고위 공무원단에 속하는 일반직 공무원 중에서 산업통상자원부장관이 지명하는 사람으로 하고, 위원은 다음 각 호의 사람으로 한다.

1. 기획재정부, 과학기술정보통신부, 농림축산식품부, 산업통상자원부, 환경부, 국토교통부, 해양수산부의 3급 공무원 또는 고위 공무원단에 속하는 일반직 공무원 중 해당 기관의 장이 지명하는 사람 각 1명
2. 신 · 재생에너지 분야에 관한 학식과 경험이 풍부한 사람 중 산업통상자원부장관이 위촉하는 사람

제4조의 2(심의회 위원의 해촉 등)

① 제4조 제2항 제1호에 따라 위원을 지명한 자는 위원이 다음 각 호의 어느 하나에 해당하는 경우에는 그 지명을 철회할 수 있다.

1. 심신장애로 인하여 직무를 수행할 수 없게 된 경우
2. 직무와 관련된 비위사실이 있는 경우
3. 직무태만, 품위손상이나 그 밖의 사유로 인하여 위원으로 적합하지 아니하다고 인정되는 경우
4. 위원 스스로 직무를 수행하는 것이 곤란하다고 의사를 밝히는 경우

② 산업통상자원부장관은 제4조 제2항 제2호에 따른 위원이 제1항 각 호의 어느 하나에 해당하는 경우에는 해당 위원을 해촉(解囑)할 수 있다.

제5조(심의회의 운영)

① 심의회의 위원장은 심의회의 회의를 소집하고 그 의장이 된다.

② 심의회의 회의는 재적위원 과반수의 출석으로 개의(開議)하고, 출석위원 과반수의 찬성으로 의결한다.

제6조(간사 등)

① 심의회에 간사 및 서기 각 1명을 둔다.

② 간사 및 서기는 산업통상자원부 소속 공무원 중에서 산업통상자원부장관이 지명하는 사람으로 한다.

제7조(신 · 재생에너지전문위원회)

① 심의회의 원활한 심의를 위하여 필요한 경우에는 심의회에 신 · 재생에너지전문위원회(이하 "전문위원회"라 한다)를 둘 수 있다.

② 전문위원회의 위원은 신 · 재생에너지 분야에 관한 전문지식을 가진 사람으로서 산업통상자원부장관이 위촉하는 사람으로 한다.

제7조의 2(전문위원회 위원의 해촉) 산업통상자원부장관은 제7조 제2항에 따른 전문위원회의 위원이 제4조의 2 제1항 각 호의 어느 하나에 해당하는 경우에는 해당 위원을 해촉할 수 있다.

제8조(수당 등) 심의회 또는 전문위원회의 위원 중 회의에 참석한 위원에게는 예산의 범위에서 수당과 여비를 지급할 수 있다. 다만, 공무원인 위원이 그 소관 업무와 직접 관련되어 심의회에 출석하는 경우에는 그러하지 아니하다.

제9조(운영세칙) 제4조, 제4조의 2, 제5조부터 제7조까지, 제7조의 2 및 제8조에서 규정한 사항 외에 심의회 또는 전문위원회의 운영에 필요한 사항은 심의회의 의결을 거쳐 심의회의 위원장이 정한다.

제10조(심의회의 심의사항에서 제외되는 기본계획의 경미한 변경) 법 제8조 제2항 제1호 단서에서 "대통령령으로 정하는 경미한 사항을 변경하는 경우"란 기본계획에서 정한 예산의 규모에 영향을 미치지 아니하는 범위에서 기본계획의 내용 중 그 계획의 집행을 위한 세부사항을 변경하는 경우를 말한다.

제11조(조성된 사업비를 사용하는 사업) 법 제10조 제16호에서 "대통령령으로 정하는 사업"이란 다음 각 호의 사업을 말한다.

1. 신 · 재생에너지 기술 개발 및 이용 · 보급에 관한 학술활동의 지원
2. 법 제31조 제1항에 따른 신 · 재생에너지센터(이하 "센터"라 한다)의 신 · 재생에너지 기술 개발 및 이용 · 보급 사업에 대한 지원 및 관리
3. 신 · 재생에너지 관련 사업자에 대한 융자, 보증 등 금융 지원

제12조(기술료의 징수 등)

① 법 제11조 제1항에 따라 산업통상자원부장관과 협약을 맺은 자(이하 이 조에서 "사업주관기관"이라 한다)의 장 또는 대표자는 신 · 재생에너지 연구 · 개발사업의 성과를 생산과정에 이용하려는 자로부터 신청을 받아 이용하게 할 수 있다.

② 제1항에 따라 신 · 재생에너지 연구 · 개발사업의 성과를 생산과정에 이용한 자가 신제품 생산 · 원가절감 또는 품질 향상의 효과를 얻을 경우에는 사업주관기관의 장 또는 대표자는 해당 이용자로부터 협약의 내용에 따라 기술료를 징수할 수 있다. 다만, 그 이용자가 해당 신 · 재생에너지 연구 · 개발사업에 참여한 자로서 「중소기업기본법」 제2조에 따른 중소기업자에 해당하는 경우에는 기술료를 감면할 수 있다.

제13조(출연금의 지급방법) 산업통상자원부장관은 법 제11조 제2항에 따른 출연금(이하 "출연금"이라 한다)을 분할하여 지급한다. 다만, 사업의 규모 및 착수시기를 고려하여 필요하다고 인정될 때에는 한번에 지급할 수 있다.

제14조(출연금의 사용 및 관리)

① 출연금은 법 제10조 각 호의 사업의 수행과 관련되는 비용 외의 용도로 사용해서는 아니 된다.

② 출연금을 받은 자는 별도의 계정(計定)을 만들어 관리하여야 한다.

제15조(신 · 재생에너지 공급의무 비율 등)

① 법 제12조 제2항에 따른 예상 에너지 사용량에 대한 신 · 재생에너지 공급의무 비율은 다음 각 호와 같다.

1. 「건축법 시행령」 별표 1 제5호부터 제16호까지, 제23호, 제24호 및 제26호부터 제28호까지의 용도의 건축물로서 신축 · 증축 또는 개축하는 부분의 연면적이 1천제곱미터 이상인 건축물(해당 건축물의 건축 목적, 기능, 설계 조건 또는 시공 여건상의 특수성으로 인하여 신 · 재생에너지 설비를 설치하는 것이 불합리하다고 인정되는 경우로서 산업통상자원부장관이 정하여 고시하는 건축물은 제외한다) : [별표 2]에 따른 비율 이상

2. 제1호 외의 건축물 : 산업통상자원부장관이 용도별 건축물의 종류로 정하여 고시하는 비율 이상

② 제1항 제1호에서 "연면적"이란 「건축법 시행령」 제119조 제1항 제4호에 따른 연면적을 말하되, 하나의 대지(垈地)에 둘 이상의 건축물이 있는 경우에는 동일한 건축허가를 받은 건축물의 연면적 합계를 말한다.

③ 제1항에 따른 건축물의 예상 에너지 사용량의 산정기준 및 산정방법 등은 신 · 재생에너지의 균형 있는 보급과 기술 개발의 촉진 및 산업 활성화 등을 고려하여 산업통상자원부장관이 정하여 고시한다.

┃ [별표 2] 신 · 재생에너지의 공급의무 비율(제15조 제1항 제1호 관련) ┃

해당 연도	2020~2021	2022~2023	2024~2025	2026~2027	2028~2029	2030 이후
공급의무비율(%)	30	32	34	36	38	40

제16조(신 · 재생에너지 설비 설치의무기관)

① 법 제12조 제2항 제3호에서 "대통령령으로 정하는 금액 이상"이란 연간 50억원 이상을 말한다.

② 법 제12조 제2항 제5호에서 "대통령령으로 정하는 비율 또는 금액 이상을 출자한 법인"이란 다음 각 호의 어느 하나에 해당하는 법인을 말한다.

1. 납입자본금의 100의 50 이상을 출자한 법인

2. 납입자본금으로 50억원 이상을 출자한 법인

제17조(신 · 재생에너지 설비의 설치계획서 제출 등)

① 법 제12조 제2항에 따라 같은 항 각 호의 어느 하나에 해당하는 자(이하 "설치의무기관"이라 한다)의 장 또는 대표자가 제15조 제1항 각 호의 어느 하나에 해당하는 건축물을 신축 · 증축 또는 개축하려는 경우에는 신 · 재생에너지 설비의 설치계획서(이하 "설치계획서"라 한다)를 해당 건축물에 대한 건축허가를 신청하기 전에 산업통상자원부장관에게 제출하여야 한다.

② 산업통상자원부장관은 설치계획서를 받은 날부터 30일 이내에 타당성을 검토한 후 그 결과를 해당 설치의무기관의 장 또는 대표자에게 통보하여야 한다.

③ 산업통상자원부장관은 설치계획서를 검토한 결과 제15조 제1항에 따른 기준에 미달한다고 판단한 경우에는 미리 그 내용을 설치의무기관의 장 또는 대표자에게 통지하여 의견을 들을 수 있다.

제18조(신·재생에너지 설비의 설치 및 확인 등)

① 설치의무기관의 장 또는 대표자는 제17조 제2항에 따른 검토 결과를 반영하여 신·재생에너지 설비를 설치하여야 하며, 설치를 완료하였을 때에는 30일 이내에 신·재생에너지 설비 설치확인신청서를 산업통상자원부장관에게 제출하여야 한다.

② 산업통상자원부장관은 제1항에 따른 신·재생에너지 설비 설치확인신청서를 받았을 때에는 제17조 제2항에 따른 검토 결과를 반영하였는지 확인한 후 신·재생에너지 설비 설치확인서를 발급하여야 한다.

③ 산업통상자원부장관은 설치의무기관의 신·재생에너지 설비 설치 및 신·재생에너지 이용 현황을 주기적으로 점검하여 공표할 수 있다.

제18조의 3(신·재생에너지 공급의무자)

① 법 제12조의 5 제1항에서 "대통령령으로 정하는 자"란 다음 각 호의 어느 하나에 해당하는 자를 말한다.

1. 법 제12조의 5 제1항 제1호 및 제2호에 해당하는 자로서 50만킬로와트 이상의 발전설비(신·재생에너지 설비는 제외한다)를 보유하는 자
2. 「한국수자원공사법」에 따른 한국수자원공사
3. 「집단에너지사업법」 제29조에 따른 한국지역난방공사

② 산업통상자원부장관은 제1항 각 호에 해당하는 자(이하 "공급의무자"라 한다)를 공고하여야 한다.

제18조의 4(연도별 의무공급량의 합계 등)

① 법 제12조의 5 제2항 전단에 따른 의무공급량(이하 "의무공급량"이라 한다)의 연도별 합계는 공급의무자의 다음 계산식에 따른 총 전력생산량에 [별표 3]에 따른 비율을 곱한 발전량 이상으로 한다. 이 경우 의무공급량은 법 제12조의 7에 따른 공급인증서(이하 "공급인증서"라 한다)를 기준으로 산정한다.

> 총 전력생산량 = 지난 연도 총 전력생산량 − (신·재생에너지 발전량 + 「전기사업법」 제2조 제16호 나목 중 산업통상자원부장관이 정하여 고시하는 설비에서 생산된 발전량)

② 산업통상자원부장관은 3년마다 신 · 재생에너지 관련 기술 개발의 수준 등을 고려하여 [별표 3]
   에 따른 비율을 재검토하여야 한다. 다만, 신 · 재생에너지의 보급 목표 및 그 달성 실적과
   그 밖의 여건 변화 등을 고려하여 재검토 기간을 단축할 수 있다.

③ 법 제12조의 5 제2항 후단에 따라 공급하게 할 수 있는 신 · 재생에너지의 종류 및 의무공급량에
   대하여 적용하는 기준은 [별표 4]와 같다. 이 경우 공급의무자별 의무공급량은 산업통상자원부
   장관이 정하여 고시한다.

④ 제3항에 따라 공급하는 신 · 재생에너지에 대해서는 산업통상자원부장관이 정하여 고시하
   는 비율 및 방법 등에 따라 공급인증서를 구매하여 의무공급량에 충당할 수 있다.

⑤ 공급의무자는 법 제12조의 5 제4항에 따라 연도별 의무공급량(공급의무의 이행이 연기된 의
   무공급량은 포함하지 아니한다. 이하 같다)의 100분의 20을 넘지 아니하는 범위에서 공급의
   무의 이행을 연기할 수 있다. 이 경우 공급의무자는 연기된 의무공급량의 공급이 완료되기까
   지는 그 연기된 의무공급량 중 매년 100분의 20 이상을 연도별 의무공급량에 우선하여 공급
   하여야 한다.

⑥ 공급의무자는 법 제12조의 5 제4항에 따라 공급의무의 이행을 연기하려는 경우에는 연기할
   의무공급량, 연기 사유 등을 산업통상자원부장관에게 다음 연도 2월 말일까지 제출하여야 한다.

‖ [별표 3] 연도별 의무공급량의 비율(제18조의 4 제1항 관련) ‖

해당 연도	비 율(%)	해당 연도	비 율(%)
2012년	2.0	2020년	7.0
2013년	2.5	2021년	9.0
2014년	3.0	2022년	12.5
2015년	3.0	2023년	14.5
2016년	3.5	2024년	17.0
2017년	4.0	2025년	20.5
2018년	5.0	2026년 이후	25.0
2019년	6.0	–	–

‖ [별표 4] 신 · 재생에너지의 종류 및 의무공급량(제18조의 4 제3항 전단 관련) ‖

1. 종류
   태양에너지(태양의 빛에너지를 변환시켜 전기를 생산하는 방식에 한정한다)
2. 연도별 의무공급량

해당 연도	의무공급량(단위 : GWh)
2012년	276
2013년	723
2014년	1,353
2015년 이후	1,971

제18조의 5(과징금의 산정방법)

① 법 제12조의 6 제1항에 따른 과징금은 법 제12조의 5 제2항 전단 및 후단에 따른 신·재생에너지의 종류별 공급인증서의 해당 연도 평균 거래가격을 기준으로 구분하여 산정한다.

② 제1항에 따른 공급인증서의 평균 거래가격은 공급인증서의 거래량과 거래가격의 가중평균으로 산정한다.

③ 제2항에 따라 산정한 가격이 공급인증서의 거래량 부족 및 그 밖의 사정으로 인하여 해당 연도 공급인증서의 평균 거래가격으로 보는 것이 어렵다고 인정될 때에는 다음 각 호의 사항을 고려하여 산정한 금액을 공급인증서의 평균 거래가격으로 본다.

   1. 해당 연도의 공급인증서 평균 거래가격

   2. 직전 3개 연도의 공급인증서 평균 거래가격

   3. 신·재생에너지원의 종류별 발전 원가

④ 산업통상자원부장관은 제1항에 따른 과징금을 부과할 때에는 공급 불이행분과 불이행 사유, 공급 불이행에 따른 경제적 이익의 규모, 과징금 부과횟수 등을 고려하여 그 금액을 늘리거나 줄일 수 있다. 이 경우 늘리는 경우에도 과징금의 총액은 법 제12조의 6 제1항에 따른 금액을 초과할 수 없다.

제18조의 6(과징금의 부과 및 납부)

① 산업통상자원부장관은 법 제12조의 6 제1항에 따라 과징금을 부과하기 위하여 과징금 부과 통지를 할 때에는 공급 불이행분과 과징금의 금액을 분명하게 적은 문서로 하여야 한다.

② 제1항에 따라 통지를 받은 자는 통지를 받은 날부터 30일 이내에 과징금을 산업통상자원부장관이 정하는 수납기관에 내야 한다. 다만, 천재지변이나 그 밖의 부득이한 사유로 그 기간에 과징금을 낼 수 없을 때에는 그 사유가 해소된 날부터 7일 이내에 내야 한다.

③ 제2항에 따라 과징금을 받은 수납기관은 과징금을 낸 자에게 영수증을 내주어야 한다.

④ 과징금의 수납기관은 제2항에 따라 과징금을 받았을 때에는 지체없이 그 사실을 산업통상자원부장관에게 통보하여야 한다.

제18조의 7(신·재생에너지 공급인증서의 발급 제한 등)

① 산업통상자원부장관은 법 제12조의 7 제7항에 따라 국가에 대하여 발급된 공급인증서의 거래가격과 거래물량 등을 포함한 거래계획을 수립하고, 그 계획에 따라 공급인증서를 거래할 수 있다.

② 법 제12조의 7 제8항에서 "신·재생에너지 설비에 대한 지원 등 대통령령으로 정하는 정부의 지원을 받은 경우"란 법 제10조 각 호의 사업 또는 다른 법령에 따라 지원된 신·재생에너지 설비로서 그 설비에 대하여 국가나 지방자치단체로부터 무상지원금을 받은 경우를 말한다.

③ 제2항에 따른 무상지원금을 받은 신·재생에너지 공급자(신·재생에너지를 이용하여 에너지를 공급한 자를 말한다)에 대해서는 지원받은 무상지원금에 해당하는 비율을 제외한 부분에 대한 공급인증서를 발급하되, 무상지원금에 해당하는 부분에 대한 공급인증서는 국가 또는 지방자치단체에 대하여 그 지원 비율에 따라 발급한다.

④ 법 제12조의 7 제1항 단서 및 이 조 제3항에 따라 발급된 공급인증서의 거래 및 관리에 관한 사무는 산업통상자원부장관이 담당하되, 산업통상자원부장관이 지정하는 기관으로 하여금 대행하게 할 수 있다.

⑤ 제4항에 따라 공급인증서를 거래하여 얻은 수익금은 「전기사업법」에 따른 전력산업기반기금의 재원(財源)으로 한다.

제18조의 8(신 · 재생에너지 공급인증서의 발급 신청 등)

① 법 제12조의 7 제2항에 따라 공급인증서를 발급받으려는 자는 법 제12조의 9 제2항에 따른 공급인증서 발급 및 거래시장 운영에 관한 규칙에서 정하는 바에 따라 신 · 재생에너지를 공급한 날부터 90일 이내에 발급 신청을 하여야 한다.

② 제1항에 따른 신청기간 내에 공급인증서 발급을 신청하지 못했으나 법 제12조의 7 제1항에 따른 공급인증기관(이하 이 조에서 "공급인증기관"이라 한다)이 그 신청기간 내에 신 · 재생에너지 공급사실을 확인한 경우에는 제1항에도 불구하고 제1항에 따른 신청기간이 만료되는 날에 공급인증서 발급을 신청한 것으로 본다.

③ 제1항 및 제2항에 따라 발급 신청을 받은 공급인증기관은 발급 신청을 한 날부터 30일 이내에 공급인증서를 발급해야 한다.

제18조의 9(신 · 재생에너지의 가중치) 법 제12조의 7 제3항 후단에 따른 신 · 재생에너지의 가중치는 해당 신 · 재생에너지에 대한 다음 각 호의 사항을 고려하여 산업통상자원부장관이 정하여 고시하는 바에 따른다.

    1. 환경, 기술 개발 및 산업 활성화에 미치는 영향

    2. 발전 원가

    3. 부존(賦存) 잠재량

    4. 온실가스 배출 저감(低減)에 미치는 효과

    5. 전력 수급의 안정에 미치는 영향

    6. 지역 주민의 수용(受容) 정도

제18조의 10(과징금의 금액) 법 제12조의 10 제3항에 따른 위반행위의 종별과 정도 등에 따른 과징금의 금액은 [별표 5]와 같다.

‖ [별표 5] 과징금의 금액(제18조의 10 관련) ‖

1. 일반기준

    과징금의 금액은 업무정지기간에 따라 산정하며, 업무정지기간은 법 제12조의 10 제1항에 따른 업무정지의 기준에 따라 부과되는 기간을 말한다.

2. 개별기준

위반행위	근거법령	업무정지기간	과징금(단위 : 만원)
1. 법 제12조의 8 제1항 제3호에 따른 지정기준에 부적합하게 된 경우	법 제12조의 10 제2항	1개월 이하	2,000
		1개월 초과~3개월 이하	4,000
2. 법 제12조의 9 제4항에 따른 시정명령을 시정기간에 이행하지 않은 경우	법 제12조의 10 제2항	1개월 이하	3,000
		1개월 초과~3개월 이하	5,000

제18조의 11(공급의무자의 의무이행 비용 보전) 정부는 공급의무자가 공급의무의 이행에 드는 추가 비용의 적정 수준을 「전기사업법」 제2조 제13호에 따른 전력시장을 통하여 보전(補塡)할 수 있도록 노력해야 하고, 전력시장에 참여하는 같은 법 제2조 제10호에 따른 전기판매사업자 또는 같은 조 제12호에 따른 구역전기사업자가 그 비용을 전기요금에 반영하여 회수할 수 있도록 노력해야 한다.

제18조의 12(신·재생에너지 연료의 기준 및 범위) 법 제12조의 11 제1항에서 "대통령령으로 정하는 기준 및 범위에 해당하는 것"이란 다음 각 호의 연료(「폐기물관리법」 제2조 제1호에 따른 폐기물을 이용하여 제조한 것은 제외한다)를 말한다.

    1. 수소

    2. 중질잔사유를 가스화한 공정에서 얻어지는 합성가스

    3. 생물유기체를 변환시킨 바이오가스, 바이오에탄올, 바이오액화유 및 합성가스

    4. 동물·식물의 유지(油脂)를 변환시킨 바이오디젤 및 바이오중유

    5. 생물유기체를 변환시킨 목재칩, 펠릿 및 숯 등의 고체 연료

제18조의 13(신·재생에너지 품질검사기관) 법 제12조의 12 제1항에서 "대통령령으로 정하는 신·재생에너지 품질검사기관"이란 다음 각 호의 기관을 말한다.

    1. 「석유 및 석유대체연료 사업법」 제25조의 2에 따라 설립된 한국석유관리원

    2. 「고압가스 안전관리법」 제28조에 따라 설립된 한국가스안전공사

    3. 「임업 및 산촌 진흥 촉진에 관한 법률」 제29조의 2에 따라 설립된 한국임업진흥원

제19조(신·재생에너지의 이용·보급의 촉진) 산업통상자원부장관은 신·재생에너지의 이용·보급을 촉진하기 위하여 필요한 경우 관계 중앙행정기관 또는 지방자치단체에 대하여 관련 계획의 수립, 제도의 개선, 필요한 예산의 반영, 법 제13조 제1항에 따라 인증(이하 "설비 인증"이라 한다)을 받은 신·재생에너지 설비의 사용 등을 요청할 수 있다.

제20조의 2(보험·공제 가입 등)

① 설비 인증을 받은 자가 법 제13조의 2 제1항에 따라 가입하여야 하는 보험 또는 공제는 다음 각 호의 기준을 모두 충족하는 것이어야 한다.

    1. 사고당 배상한도액이 1억원 이상일 것

    2. 피해자 1인당 배상한도액이 1억원 이상일 것

    3. 설비 인증을 받은 신·재생에너지설비의 「제조물책임법」 제2조 제2호에 따른 결함으로 인한 같은 법 제3조 제1항에 따른 손해를 보장하는 것일 것

② 법 제13조의 2 제2항에 따른 보험 또는 공제의 가입기간 및 가입대상은 다음 각 호와 같다.

    1. 가입기간 : 법 제13조 제2항에 따른 설비인증기관(이하 "설비인증기관"이라 한다)으로부터 부여받은 인증유효기간

    2. 가입대상 : 설비 인증을 받은 신·재생에너지설비

③ 설비 인증을 받은 자는 보험증서 또는 공제증서를 설비인증기관의 장에게 제출하여야 한다.

④ 제1항부터 제3항까지의 규정에 따른 보험 또는 공제의 가입절차, 가입금액, 보험증서 또는 공제증서의 제출시기 등에 관하여 필요한 사항은 산업통상자원부장관이 정하여 고시한다.

제22조(발전차액의 지원을 위한 기준가격의 산정기준) 법 제17조 제1항 후단에 따른 발전원(發電源)별 기준가격의 산정기준은 다음 각 호와 같다.

1. 신·재생에너지 발전소의 표준공사비, 운전유지비, 투자보수비 및 각종 세금과 공과금
2. 신·재생에너지 발전소의 설비 이용률, 수명기간, 사고 보수율과 발전소에서의 신·재생에너지 소비율 등의 설계치 및 실적치
3. 신·재생에너지 발전사업자의 송전·배전선로 이용요금
4. 신·재생에너지 발전기술의 상용화 수준 및 시장 보급 여건
5. 운전 중인 신·재생에너지 발전사업자의 경영 여건 및 운전 실적
6. 전기요금 및 전력시장에서의 신·재생에너지 발전에 의하여 공급한 전력의 거래가격의 수준

제23조(신·재생에너지 기술의 국제 표준화를 위한 지원 범위) 법 제20조 제2항에 따른 지원 범위는 다음 각 호와 같다.

1. 국제 표준 적합성의 평가 및 상호 인정의 기반 구축에 필요한 장비·시설 등의 구입 비용
2. 국제 표준 개발 및 국제 표준 제안 등에 드는 비용
3. 국제 표준화 관련 국제 협력의 추진에 드는 비용
4. 국제 표준화 관련 전문인력의 양성에 드는 비용

제24조(신·재생에너지 설비 및 그 부품 중 공용화 품목의 지정절차 등)

① 법 제21조 제2항 및 제4항에 따라 신·재생에너지 설비 및 그 부품 중 공용화 품목의 지정을 요청하려는 자는 산업통상자원부령으로 정하는 바에 따라 대상 품목의 명칭, 규격, 지정 요청 사유 및 기대효과 등을 적은 지정요청서에 대상 품목에 대한 설명서를 첨부하여 산업통상자원부장관에게 제출하여야 한다.

② 산업통상자원부장관은 제1항에 따른 지정 요청을 받은 경우에는 산업통상자원부령으로 정하는 바에 따라 전문가 및 이해관계인의 의견을 들은 후 해당 신·재생에너지 설비 및 그 부품을 공용화 품목으로 지정할 수 있다.

③ 산업통상자원부장관은 법 제21조 제3항에 따라 공용화 품목의 개발, 제조 및 수요·공급 조절에 필요한 자금을 다음 각 호의 구분에 따른 범위에서 융자할 수 있다.

1. 중소기업자 : 필요한 자금의 80퍼센트
2. 중소기업자와 동업하는 중소기업자 외의 자 : 필요한 자금의 70퍼센트
3. 그 밖에 산업통상자원부장관이 인정하는 자 : 필요한 자금의 50퍼센트

제26조의 2(신·재생에너지 연료 혼합 의무) 「석유 및 석유 대체 연료 사업법」 제2조에 따른 석유정제업자 또는 석유수출입업자(이하 "혼합의무자"라 한다)는 법 제23조의 2 제1항에 따라 연도별로 [별표 6]의 계산식에 의하여 산정하는 양 이상의 신·재생에너지 연료를 수송용 연료에 혼합하여야 한다.

▮ [별표 6] 신·재생에너지 연료의 혼합량 산정 계산식(제26조의 2 관련) ▮

「석유 및 석유 대체 연료 사업법」 제2조에 따른 석유정제업자 또는 석유수출입업자가 수송용 연료에 혼합하여야 하는 신·재생에너지 연료의 연도별 의무 혼합량은 다음 계산식에 따라 산정한다.

> 연도별 의무 혼합량＝(연도별 혼합 의무 비율)×[수송용 연료(혼합된 신·재생에너지 연료를 포함한다)의 내수 판매량]

비고) 1. 연도별 혼합 의무 비율은 다음과 같다.

해당 연도		수송용 연료에 대한 신·재생에너지 연료 혼합 의무 비율
2021년	1월 1일~6월 30일까지	0.03
	7월 1일~12월 31일까지	0.035
2022년		0.035
2023년		0.035
2024년		0.04
2025년		0.04
2026년		0.04
2027년		0.045
2028년		0.045
2029년		0.045
2030년 이후		0.05

※ 연도별 혼합 의무 비율은 신·재생에너지 기술 개발수준, 연료 수급상황 등을 고려하여 2021년 7월 1일을 기준으로 3년마다(매 3년이 되는 해의 7월 1일 전까지를 말한다) 재검토한다. 다만, 신·재생에너지 연료 혼합 의무의 이행실적과 국내외 시장 여건 변화 등을 고려하여 재검토기간을 단축할 수 있다.
2. 수송용 연료의 종류 : 자동차용 경유
3. 신·재생에너지 연료의 종류 : 바이오디젤
4. 내수판매량 : 해당 연도의 내수판매량
5. 그 밖에 신·재생에너지 연료의 혼합량 산정에 필요한 사항은 산업통상자원부장관이 정하여 고시한다.

제26조의 3(자료 제출)

① 산업통상자원부장관은 법 제23조의 2 제2항에 따라 혼합 의무자에게 다음 각 호의 자료 제출을 요구할 수 있다.

　1. 신·재생에너지 연료 혼합 의무 이행 확인에 관한 다음 각 목의 자료

　　가. 수송용 연료의 생산량

　　나. 수송용 연료의 내수 판매량

　　다. 수송용 연료의 재고량

　　라. 수송용 연료의 수출입량

　　마. 수송용 연료의 자가 소비량

　2. 신·재생에너지 연료 혼합시설에 관한 다음 각 목의 자료

　　가. 신·재생에너지 연료 혼합시설 현황

　　나. 신·재생에너지 연료 혼합시설 변동사항

　　다. 신·재생에너지 연료 혼합시설의 사용 실적

　3. 혼합 의무자의 사업에 관한 다음 각 목의 자료

　　　가. 수송용 연료 및 신 · 재생에너지 연료 거래 실적

　　　나. 신 · 재생에너지 연료 평균 거래 가격

　　　다. 결산 재무제표

　4. 그 밖에 혼합 의무의 이행 여부를 확인하기 위하여 산업통상자원부장관이 필요하다고 인정하는 자료

② 제1항에 따라 혼합 의무자가 제출하여야 하는 자료의 제출 시기와 방법, 그 밖에 필요한 사항은 산업통상자원부장관이 정하여 고시한다.

제26조의 4(신 · 재생에너지 연료 혼합 의무 불이행에 대한 과징금의 산정방법)

① 법 제23조의 3 제1항에 따른 과징금은 연도별 혼합 의무 불이행분(연도별로 별표 6의 계산식에 의하여 산정하는 양에서 해당 연도에 실제로 혼합한 신 · 재생에너지 연료의 양을 차감한 것을 말한다. 이하 같다)에 혼합하여야 하는 신 · 재생에너지 연료의 해당 연도 평균 거래 가격을 곱하여 산정한 금액으로 한다.

② 산업통상자원부장관은 혼합 의무 불이행분과 불이행 사유, 혼합 의무 불이행에 따른 경제적 이익의 규모 및 과징금 부과횟수 등을 고려하여 제1항에 따라 산정한 금액을 늘리거나 줄일 수 있다. 이 경우 늘리는 경우에도 과징금의 총액은 법 제23조의 3 제1항에 따른 과징금의 상한액을 초과할 수 없다.

제26조의 5(신 · 재생에너지 연료 혼합 의무 불이행에 대한 과징금의 부과 및 납부)

① 산업통상자원부장관은 법 제23조의 3 제1항에 따라 과징금을 부과하기 위하여 과징금 부과 통지를 할 때에는 혼합 의무 불이행분과 과징금의 금액을 분명하게 적은 문서로 하여야 한다.

② 제1항에 따라 통지를 받은 자는 통지를 받은 날부터 30일 이내에 과징금을 산업통상자원부장관이 정하는 수납기관에 내야 한다. 다만, 천재지변이나 그 밖의 부득이한 사유로 그 기간에 과징금을 낼 수 없을 때에는 그 사유가 해소된 날부터 7일 이내에 내야 한다.

③ 제2항에 따라 과징금을 받은 수납기관은 과징금을 낸 자에게 영수증을 내주어야 한다.

④ 과징금의 수납기관은 제2항에 따라 과징금을 받았을 때에는 지체 없이 그 사실을 산업통상자원부장관에게 통보하여야 한다.

제26조의 6(혼합 의무 관리기관의 업무정지를 갈음하는 과징금의 금액)

법 제23조의 6 제3항에 따른 위반행위의 종별 · 정도 등에 따른 과징금의 금액은 [별표 7]과 같다.

[별표 7] 혼합 의무 관리기관의 업무정지를 갈음하는 과징금의 금액(제26조의 6 관련)

1. 일반 기준

과징금의 금액은 업무정지 기간에 따라 산정하며, 업무정지 기간은 법 제23조의 6 제1항에 따른 업무정지의 기준에 따라 부과되는 기간으로 한다.

2. 개별 기준

위반행위	근거 법조문	업무정지 기간	과징금(단위 : 만원)
가. 법 제23조의 4 제3항에 따른 지정 기준에 부적합하게 된 경우	법 제23조의 6 제2항	1개월	2,000
		3개월	4,000
나. 법 제23조의 5 제5항에 따른 시정명령을 시정 기간에 이행하지 않은 경우	법 제23조의 6 제2항	1개월	3,000
		3개월	5,000

제27조(보급사업의 실시기관)

① 산업통상자원부장관은 법 제27조 제1항 각 호에 따른 보급사업(이하 이 조에서 "보급사업"이라 한다)을 시행하는 경우에는 다음 각 호의 어느 하나에 해당하는 자 중에서 보급사업의 실시기관을 선정하여 시행한다. 다만, 법 제27조 제1항 제2호에 따른 환경친화적 신·재생에너지 집적화단지(이하 "집적화단지"라 한다) 조성사업을 시행하는 경우에는 지방자치단체를 해당 사업의 실시기관으로 선정하여 시행한다.

1. 법 제11조 제1항 각 호의 어느 하나에 해당하는 자

2. 센터

② 산업통상자원부장관은 보급사업을 촉진하기 위하여 필요한 경우에는 보급사업의 시행에 필요한 비용을 예산의 범위에서 제1항에 따른 실시기관에 지원할 수 있다.

③ 보급사업의 지원대상, 지원 조건 및 추진절차, 그 밖에 필요한 사항은 산업통상자원부장관이 정하여 고시한다.

제27조의 2(집적화단지 조성사업의 시행 등)

① 제27조 제1항 단서에 따라 집적화단지 조성사업의 실시기관으로 선정되려는 지방자치단체의 장은 다음 각 호의 사항이 포함된 집적화단지 개발계획을 수립하여 산업통상자원부장관에게 제출해야 한다.

1. 집적화단지의 위치 및 면적

2. 집적화단지 조성사업의 개요 및 시행방법

3. 집적화단지 조성 및 기반시설 설치에 필요한 부지 확보계획

4. 집적화단지 조성사업에 대한 주민수용성 및 친환경성 확보계획

5. 그 밖에 집적화단지 조성에 필요하다고 산업통상자원부장관이 인정하여 고시하는 사항

② 산업통상자원부장관은 제1항에 따른 집적화단지 개발계획이 다음 각 호의 요건을 모두 갖춘 경우에는 심의회의 심의를 거쳐 해당 지방자치단체를 집적화단지 조성사업의 실시기관으로 선정하고, 해당 사업이 시행되는 지역을 집적화단지 조성사업지로 지정할 수 있다.

1. 태양광, 풍력 등 집적화단지 조성에 적합한 자원을 보유할 것

2. 신·재생에너지 개발이 가능할 것

3. 집적화단지 부지 및 기반시설의 조성이 가능할 것

4. 주민수용성 확보 및 환경친화적 집적화단지 조성이 가능할 것

5. 집적화단지 조성지역과 신·재생에너지 산업에 기여할 수 있을 것

③ 제1항 및 제2항에 따른 집적화단지 조성사업의 시행 및 조성사업지의 지정 등 집적화단지 조성사업에 관한 구체적인 사항은 산업통상자원부장관이 정하여 고시한다.

제28조(공제 규정)

① 법 제30조의 2 제1항에 따른 공제조합이 같은 조 제2항에 따른 공제사업을 하려면 공제 규정을 정하여야 한다.

② 제1항에 따른 공제 규정에는 다음 각 호의 사항이 포함되어야 한다.

    1. 공제사업의 범위

    2. 공제계약의 내용

    3. 공제금 및 공제료

    4. 공제금에 충당하기 위한 책임준비금

    5. 그 밖에 공제사업의 운영에 필요한 사항

제28조의 2(신 · 재생에너지 설비에 대한 사후관리)

① 법 제30조의 4 제1항에서 "신 · 재생에너지 보급사업의 시행기관 등 대통령령으로 정하는 기관의 장"이란 제27조 제1항에 따라 선정된 보급사업 실시기관의 장을 말한다.

② 법 제30조의 4 제3항에 따라 연 1회 이상 사후관리를 실시해야 하는 신 · 재생에너지 설비는 설치한 날부터 3년 이내인 신 · 재생에너지 설비로 한다.

제29조(센터의 설치기관) 법 제31조 제1항 각 호 외의 부분에서 "대통령령으로 정하는 에너지 관련 기관"이란 「에너지 이용 합리화법」 제45조 제1항에 따른 한국에너지공단(이하 "공단"이라 한다)을 말하며, 센터는 공단의 부설기관으로 한다.

제30조(권한의 위임 · 위탁)

① 산업통상자원부장관은 법 제32조 제1항에 따라 다음 각 호의 권한을 국가기술표준원장에게 위임한다.

    1. (삭제)

    2. 법 제13조 제2항에 따른 설비인증기관에 대한 행정상 지원

    3. (삭제)

    4. 법 제20조 제1항에 따른 설비인증기관에 대한 표준화 기반 구축 및 국제활동 등의 지원

    5. 법 제21조에 따른 공용화 품목의 지정

    6. (삭제)

    7. (삭제)

② 산업통상자원부장관은 법 제32조 제1항에 따라 법 제27조 제1항 제3호에 따른 보급사업에 관한 권한을 특별시장, 광역시장, 도지사 또는 특별자치도지사에게 위임한다.

③ 산업통상자원부장관은 법 제32조 제2항에 따라 다음 각 호의 업무를 센터에 위탁한다.

    1. 법 제12조 제2항 및 이 영 제17조에 따른 설치계획서의 접수, 검토 결과 통보 및 의견 청취

    2. 법 제12조 제2항 및 이 영 제18조에 따른 신 · 재생에너지 설비 설치확인신청서 접수 및 신 · 재생에너지 설비 설치확인서 발급

    3. (삭제)

    4. (삭제)

④ 산업통상자원부장관은 법 제32조 제2항에 따라 법 제11조 제1항에 따른 신 · 재생에너지 기술개발사업에 대한 협약 체결 업무를 「에너지법」 제13조에 따른 한국에너지기술평가원에 위탁한다.

제30조의 2(규제의 재검토) 산업통상자원부장관은 제20조의 2에 따른 보험 또는 공제의 기준, 가입기간 및 가입대상에 대하여 2015년 1월 1일을 기준으로 2년마다(매 2년이 되는 해의 기준일과 같은 날 전까지를 말한다) 그 타당성을 검토하여 개선 등의 조치를 하여야 한다.

제31조(과태료의 부과기준) 법 제35조 제1항에 따른 과태료의 부과기준은 [별표 8]과 같다.

┃[별표 8] 과태료 부과기준(제31조 관련)┃

1. 일반기준

    가. 위반행위 횟수에 따른 과태료의 가중된 부과기준은 최근 2년간 같은 위반행위로 과태료 부과처분을 받은 경우에 적용한다. 이 경우 기간의 계산은 위반행위에 대하여 과태료 부과처분을 받은 날과 그 처분 후 다시 같은 위반행위를 하여 적발한 날을 기준으로 한다.

    나. 가목에 따라 가중된 부과처분을 하는 경우 가중처분의 적용 차수는 그 위반행위 전 부과처분 차수(가목에 따른 기간 내에 과태료 부과처분이 둘 이상 있었던 경우에는 높은 차수를 말한다)의 다음 차수로 한다.

    다. 산업통상자원부장관은 다음의 어느 하나에 해당하는 경우에는 제2호의 개별기준에 따른 과태료 금액의 2분의 1 범위에서 그 금액을 줄일 수 있다. 다만, 과태료를 체납하고 있는 위반행위자의 경우에는 그 금액을 줄일 수 없다.

    1) 위반행위자가 「질서위반행위규제법 시행령」 제2조의 2 제1항 각 호의 어느 하나에 해당하는 경우

    2) 위반행위가 사소한 부주의나 오류로 인한 것으로 인정되는 경우

    3) 위반행위자가 법 위반상태를 시정하거나 해소하기 위하여 노력한 것으로 인정되는 경우

    4) 그 밖에 위반행위의 정도, 위반행위의 동기와 그 결과 등을 고려하여 줄일 필요가 있다고 인정되는 경우

    라. 산업통상자원부장관은 다음의 어느 하나에 해당하는 경우에는 제2호의 개별기준에 따른 과태료 금액의 2분의 1 범위에서 그 금액을 늘릴 수 있다. 다만, 법 제35조 제1항 각 호 외의 부분에 따른 과태료 금액의 상한을 넘을 수 없다.

    1) 위반의 내용·정도가 중대하다고 인정되는 경우

    2) 그 밖에 위반행위의 동기와 결과, 위반정도 등을 고려하여 과태료 금액을 늘릴 필요가 있다고 인정되는 경우

2. 개별기준

위반행위	근거법령	과태료 1회 위반	과태료 2회 이상 위반
가. 법 제13조의 2를 위반하여 보험 또는 공제에 가입하지 아니한 경우 1) 가입하지 않은 기간이 30일 이하인 경우	법 제35조 제1항 제4호	200만원	
2) 가입하지 않은 기간이 30일을 초과하는 경우		200만원에 31일째부터 계산하여 1일마다 2만원을 더한 금액. 다만, 과태료의 총액은 500만원을 초과할 수 없다.	
나. 법 제23조의 제2항에 따른 자료제출 요구에 따르지 않거나 거짓 자료를 제출한 경우	법 제35조 제1항 제5호	300만원	500만원

신에너지 및 재생에너지 개발 · 이용 · 보급 촉진법 시행규칙

제1조(목적) 이 규칙은 「신에너지 및 재생에너지 개발 · 이용 · 보급 촉진법」 및 같은 법 시행령에서 위임된 사항과 그 시행에 필요한 사항을 규정함을 목적으로 한다.

제2조(신 · 재생에너지 설비) 「신에너지 및 재생에너지 개발 · 이용 · 보급 촉진법」(이하 "법"이라 한다) 제2조 제3호에서 "산업통상자원부령으로 정하는 것"이란 다음 각 호의 설비 및 그 부대설비(이하 "신 · 재생에너지 설비"라 한다)를 말한다..

1. 수소에너지 설비 : 물이나 그 밖에 연료를 변환시켜 수소를 생산하거나 이용하는 설비
2. 연료전지 설비 : 수소와 산소의 전기화학 반응을 통하여 전기 또는 열을 생산하는 설비
3. 석탄을 액화 · 가스화한 에너지 및 중질잔사유(重質殘渣油)를 가스화한 에너지 설비 : 석탄 및 중질잔사유의 저급 연료를 액화 또는 가스화시켜 전기 또는 열을 생산하는 설비
4. 태양에너지 설비
   가. 태양열 설비 : 태양의 열에너지를 변환시켜 전기를 생산하거나 에너지원으로 이용하는 설비
   나. 태양광 설비 : 태양의 빛에너지를 변환시켜 전기를 생산하거나 채광(採光)에 이용하는 설비
5. 풍력 설비 : 바람의 에너지를 변환시켜 전기를 생산하는 설비
6. 수력 설비 : 물의 유동(流動) 에너지를 변환시켜 전기를 생산하는 설비
7. 해양에너지 설비 : 해양의 조수, 파도, 해류, 온도차 등을 변환시켜 전기 또는 열을 생산하는 설비
8. 지열에너지 설비 : 물, 지하수 및 지하의 열 등의 온도차를 변환시켜 에너지를 생산하는 설비
9. 바이오에너지 설비 : 「신에너지 및 재생에너지 개발 · 이용 · 보급 촉진법 시행령」(이하 "영"이라 한다) [별표 1]의 바이오에너지를 생산하거나 이를 에너지원으로 이용하는 설비
10. 폐기물에너지 설비 : 폐기물을 변환시켜 연료 및 에너지를 생산하는 설비
11. 수열에너지 설비 : 물의 열을 변환시켜 에너지를 생산하는 설비
12. 전력저장 설비 : 신에너지 및 재생에너지(이하 "신 · 재생에너지"라 한다)를 이용하여 전기를 생산하는 설비와 연계된 전력저장 설비

제2조의 2(신 · 재생에너지 공급인증서의 거래 제한) 법 제12조의 7 제6항에서 "산업통상자원부령으로 정하는 사유"란 다음 각 호의 경우를 말한다.

1. 공급인증서가 발전소별로 5천킬로와트를 넘는 수력을 이용하여 에너지를 공급하고 발급된 경우
2. 공급인증서가 기존 방조제를 활용하여 건설된 조력(潮力)을 이용하여 에너지를 공급하고 발급된 경우
3. 공급인증서가 영 [별표 1]의 석탄을 액화 · 가스화한 에너지 또는 중질잔사유를 가스화한 에너지를 이용하여 에너지를 공급하고 발급된 경우

4. 공급인증서가 영 [별표 1]의 폐기물에너지 중 화석연료에서 부수적으로 발생하는 폐가스로부터 얻어지는 에너지를 이용하여 에너지를 공급하고 발급된 경우

제2조의 3(공급인증기관의 지정방법 등)

① 법 제12조의 8 제1항에 따른 공급인증기관(이하 "공급인증기관"이라 한다)으로 지정을 받으려는 자는 별지 제1호 서식의 공급인증기관 지정신청서에 다음 각 호의 서류를 첨부하여 산업통상자원부장관에게 제출하여야 한다.

1. 정관(법인인 경우만 해당한다)

2. 공급인증기관의 운영계획서

3. 공급인증기관의 업무에 필요한 인력·기술능력·시설 및 장비 현황에 관한 자료

② 제1항에 따른 신청을 받은 산업통상자원부장관은 「전자정부법」 제36조 제1항에 따른 행정정보의 공동 이용을 통하여 법인 등기사항증명서(법인인 경우만 해당한다)를 확인하여야 한다.

③ 산업통상자원부장관은 제1항에 따른 공급인증기관 지정 신청을 받으면 그 신청 내용이 다음 각 호의 기준에 맞는지 심사하여야 한다.

1. 공급인증기관의 업무를 공정하고 신속하게 처리할 능력이 있는지 여부

2. 공급인증기관의 업무에 필요한 인력·기술능력·시설 및 장비 등을 갖추었는지 여부

④ 산업통상자원부장관은 제3항에 따른 심사에 필요하다고 인정할 때에는 신청인에게 관련 자료의 제출을 요구하거나 신청인의 의견을 들을 수 있다.

⑤ 산업통상자원부장관은 제3항 및 제4항에 따라 심사한 결과 공급인증기관을 지정하였을 때에는 신청인에게 별지 제2호 서식의 공급인증기관 지정서를 발급하고, 그 사실을 지체없이 공고하여야 한다.

제2조의 4(운영규칙의 제정 등)

① 법 제12조의 9 제2항에 따라 공급인증기관이 제정하는 공급인증서 발급 및 거래시장 운영에 관한 규칙에는 다음 각 호의 사항이 포함되어야 한다.

1. 공급인증서의 발급, 등록, 거래 및 폐기 등에 관한 사항

2. 신·재생에너지 공급량의 증명에 관한 사항

3. 공급인증서의 거래방법에 관한 사항

4. 공급인증서 가격의 결정방법에 관한 사항

5. 공급인증서 거래의 정산 및 결제에 관한 사항

6. 제1호와 관련된 정보의 공개 및 분쟁조정에 관한 사항

7. 그 밖에 공급인증서의 발급 및 거래시장 운영에 필요한 사항

② 법 제12조의 9 제2항 후단에서 "산업통상자원부령으로 정하는 경미한 사항의 변경"이란 계산착오, 오기(誤記), 누락, 그 밖에 이에 준하는 사유로 제1항의 사항을 변경하는 것을 말한다.

제2조의 5(공급인증기관의 처분기준) 법 제12조의 10 제1항에 따른 공급인증기관의 구체적인 처분기준은 [별표 1]과 같다.

[별표 1] 공급인증기관의 처분기준(제2조의 5 관련)

1. 일반기준

위반행위의 횟수에 따른 처분기준은 최근 1년간 같은 위반행위를 한 경우에 적용한다. 이 경우 처분기준의 적용은 같은 위반행위에 대하여 최초로 행정처분을 한 날을 기준으로 한다.

2. 개별기준

위반행위	근거 법령	처분기준		
		1차 위반	2차 위반	3차 위반
가. 거짓이나 그 밖의 부정한 방법으로 지정을 받은 경우	법 제12조의 10 제1항 제1호	지정취소	–	–
나. 업무정지 처분을 받은 후 그 업무정지 기간에 업무를 계속한 경우	법 제12조의 10 제1항 제2호	지정취소	–	–
다. 법 제12조의 8 제1항 제3호에 따른 지정기준에 부적합하게 된 경우	법 제12조의 10 제1항 제3호	업무정지 1개월	업무정지 3개월	지정취소
라. 법 제12조의 9 제4항에 따른 시정명령을 시정기간에 이행하지 않은 경우	법 제12조의 10 제1항 제4호	업무정지 1개월	업무정지 3개월	지정취소

제2조의6(신·재생에너지 연료 품질검사의 방법 등) 다음 각 호의 어느 하나에 해당하는 신·재생에너지 연료에 대하여 법 제12조의 12 제1항에 따라 실시하는 품질검사의 방법 및 절차는 해당 호에서 정하는 방법 및 절차에 따른다.

1. 영 제18조의 12 제4호에 따른 바이오디젤 및 바이오중유 : 「석유 및 석유대체연료 사업법 시행규칙」 별표 7에 따른 품질검사의 방법 및 절차

2. 영 제18조의 12 제5호에 따른 목재칩, 펠릿 및 숯 등의 고체연료 : 다음 각 목의 품질검사 방법 및 절차

가. 「목재의 지속 가능한 이용에 관한 법률」 제20조 제1항에 따라 고시된 품질검사의 방법

나. 「목재의 지속 가능한 이용에 관한 법률 시행규칙」 제15조에 따른 품질검사의 절차

제8조(성능검사비용의 지원) 산업통상자원부장관은 「중소기업기본법」 제2조에 따른 중소기업이 신·재생에너지 설비에 대하여 「산업표준화법」 제15조에 따른 제품의 인증을 받는 경우에는 법 제13조 제2항에 따라 그 제품심사에 드는 수수료의 일부를 해당 중소기업에 지원할 수 있다.

제10조(수수료)

① 법 제16조 제1항에 따른 품질검사 수수료는 다음 각 호의 구분에 따른 금액으로 한다.

1. 영 제18조의 12 제4호에 따른 바이오디젤 및 바이오중유 : 「석유 및 석유대체연료 사업법 시행규칙」 제47조 제1항에 따라 산업통상자원부장관이 정하여 고시하는 금액

2. 영 제18조의 12 제5호에 따른 목재칩, 펠릿 및 숯 등의 고체연료 : 「목재의 지속 가능한 이용에 관한 법률 시행규칙」 제31조 제1항에 따라 산림청장이 정하여 고시하는 금액

② 법 제16조 제2항에 따른 공급인증서 발급(발급에 딸린 업무는 제외한다) 수수료 및 거래 수수료는 공급인증서 거래금액의 1천분의 2 이내에서 산업통상자원부장관이 정하여 고시한다.

③ 법 제16조 제2항에 따른 공급인증서 발급에 딸린 업무로서 공급인증서 발급 대상 설비 확인에 관한 수수료는 소요 경비 및 에너지원별 설비용량 등을 고려하여 산업통상자원부장관이 정하여 고시한다.

제11조(발전차액의 지원 중단 및 환수절차)

① 산업통상자원부장관은 법 제18조 제1항에 따라 신·재생에너지 발전사업자가 법 제18조 제1항 제2호에 해당하는 행위(이하 이 항에서 "위반행위"라 한다)를 한 경우에는 다음 각 호의 구분에 따라 조치한다.

1. 위반행위를 1회 한 경우 : 경고

2. 위반행위를 2회 한 경우 : 시정명령

3. 제2호의 시정명령에 따르지 아니한 경우 : 법 제17조 제2항에 따른 발전차액의 지원 중단

② 산업통상자원부장관은 법 제18조 제2항 전단에 따라 신·재생에너지 발전사업자가 법 제18조 제1항 제1호에 해당하는 행위를 한 경우에는 발전차액을 환수하여야 한다. 이 경우 산업통상자원부장관은 미리 해당 신·재생에너지 발전사업자에게 10일 이상의 기간을 정하여 의견을 제출할 기회를 주어야 한다.

③ 산업통상자원부장관은 제2항에 따라 발전차액을 환수하는 경우에는 위반 사실, 환수금액, 납부기간, 수납기관, 이의제기의 기간 및 방법을 구체적으로 적은 문서로 해당 신·재생에너지 발전사업자에게 발전차액을 낼 것을 통보하여야 한다.

제12조(신·재생에너지 설비 및 그 부품에 대한 공용화 품목의 지정절차 등)

① 법 제21조 제2항 제2호에서 "산업통상자원부령으로 정하는 기관 또는 단체"란 신·재생에너지의 개발·이용 및 보급 관련 단체를 말한다.

② 영 제24조 제1항에 따라 공용화 품목의 지정을 요청하려는 자는 지정요청서에 다음 각 호의 서류를 첨부하여 국가기술표준원장에게 제출하여야 한다.

1. 대상 품목의 명칭·규격 및 설명서

2. 공용화 품목으로 지정받으려는 사유

3. 공용화 품목으로 지정될 경우의 기대 효과

③ 제2항에서 규정한 사항 외에 공용화 품목의 지정에 관한 세부사항은 국가기술표준원장이 정하여 고시한다.

제13조(신·재생에너지 연료 혼합의무 통지) 산업통상자원부장관은 「석유 및 석유대체연료 사업법」 제2조에 따른 석유정제업자 또는 석유수출입업자(이하 "혼합의무자"라 한다)에게 신·재생에너지 연료 혼합의무에 관한 사항을 「석유 및 석유대체연료 사업법 시행규칙」 제4조 제6항 및 제8조 제7항에 따라 석유정제업 등록증 및 석유수출입업 등록증을 발급할 때 알려야 한다.

제13조의 2(관리기관의 신청 및 지정방법 등)

① 법 제23조의 4 제1항에 따른 혼합의무 관리기관(이하 "관리기관"이라 한다)으로 지정을 받으려는 자는 별지 제3호 서식의 관리기관 지정신청서에 다음 각 호의 서류를 첨부하여 산업통상자원부장관에게 제출하여야 한다.

1. 정관
2. 관리기관의 운영계획서
3. 관리기관의 업무에 필요한 인력·기술능력·시설 및 장비 현황에 관한 자료

② 산업통상자원부장관은 제1항에 따른 관리기관 지정 신청 내용이 다음 각 호의 기준에 적합한지 심사하여야 한다.

1. 관리기관의 업무를 공정하고 신속하게 처리할 능력이 있는지 여부
2. 관리기관의 업무에 필요한 인력·기술능력·시설 및 장비 등을 갖추었는지 여부

③ 산업통상자원부장관은 제2항에 따른 심사에 필요하다고 인정할 때에는 신청인에게 관련 자료의 제출을 요구하거나 신청인의 의견을 청취할 수 있다.

④ 산업통상자원부장관은 제2항 및 제3항에 따라 관리기관을 지정하는 경우에 신청인에게 별지 제4호 서식의 관리기관 지정서를 발급하고 그 사실을 지체없이 공고하여야 한다.

제13조의 3(혼합의무 관리기준의 내용 등)

① 법 제23조의 5 제2항에 따라 관리기관이 정하는 혼합의무 관리기준에는 다음 각 호의 사항이 포함되어야 한다.

1. 혼합의무 이행실적의 집계 및 검증 방법, 절차에 관한 사항
2. 혼합의무자의 혼합시설 현황, 혼합시설 변동사항 및 혼합시설의 사용실적 확인 방법 및 절차에 관한 사항
3. 혼합의무 이행 관련 정보의 수집 및 관리에 관한 사항
4. 제1호부터 제3호까지와 관련된 정보의 공개 및 분쟁조정에 관한 사항
5. 그 밖에 혼합의무 관리 업무를 수행하기 위하여 필요한 사항

② 산업통상자원부장관은 법 제23조의 5 제3항에 따라 관리기관에 혼합의무 관리에 관한 계획, 실적 및 정보에 관한 보고를 명하거나 자료의 제출을 요구하려는 경우에는 그 내용과 제출기간을 정하여 미리 알려야 한다.

제13조의 4(관리기관의 지정 취소 및 업무정지의 기준 등)

① 법 제23조의 6 제1항에 따른 관리기관에 대한 지정 취소 및 업무정지의 기준은 [별표 2]와 같다.

② 산업통상자원부장관은 제1항에 따라 관리기관의 지정을 취소하거나 업무의 전부 또는 일부의 정지 처분을 하였을 때에는 지체없이 이를 공고하여야 한다.

‖ [별표 2] 관리기관에 대한 지정 취소 및 업무정지의 기준(제13조의 4 제1항 관련) ‖

1. 일반기준

    위반행위의 횟수에 따른 행정처분의 기준은 최근 1년간 같은 위반행위로 행정처분을 받은 경우에 적용한다. 이 경우 위반횟수는 같은 위반행위에 대하여 행정처분을 한 날과 다시 같은 위반행위를 적발한 날을 각각 기준으로 하여 계산한다.

2. 개별기준

위반행위	근거 법령	처분기준		
		1차 위반	2차 위반	3차 위반
가. 거짓이나 그 밖의 부정한 방법으로 관리기관 지정을 받은 경우	법 제23조의 6 제1항 제1호	지정취소	–	–
나. 업무정지기간에 관리업무를 계속한 경우	법 제23조의 6 제1항 제2호	지정취소	–	–
다. 법 제23조의 4에 따른 지정기준에 부적합하게 된 경우	법 제23조의 6 제1항 제3호	업무정지 1개월	업무정지 3개월	지정취소
라. 법 제23조의 5 제5항에 따른 시정명령을 이행하지 않은 경우	법 제23조의6 제1항 제4호	업무정지 1개월	업무정지 3개월	지정취소

제14조(신·재생에너지 통계의 전문기관) 법 제25조 제2항에 따른 통계에 관한 업무를 수행하는 전문성이 있는 기관은 법 제31조 제1항에 따른 신·재생에너지센터(이하 "센터"라 한다)로 한다.

제14조의 2(국유재산의 임대 등의 범위와 대상)

① 법 제26조 제1항에 따라 임대 또는 처분할 수 있는 국유재산의 범위는 「국유재산법」 제5조 제1항 제1호에 따른 부동산과 그 종물(從物)로 하되, 그 대상은 신·재생에너지 기술개발 및 이용·보급에 관한 사업 외의 용도로 활용하기 어려운 것으로서 중앙관서의 장 등(「국유재산법」 제2조 제11호에 따른 중앙관서의 장 등을 말한다. 이하 이 조에서 같다)이 정하는 것으로 한다.

② 산업통상자원부장관은 중앙관서의 장 등에게 제1항에 따라 정한 국유재산의 종류, 면적 등에 관한 정보를 요청할 수 있다.

제15조(신·재생에너지 기술 사업화의 지원절차 등)

① 법 제28조 제1항에 따라 신·재생에너지 기술 사업화에 대한 지원을 받으려는 자는 별지 제8호 서식의 신·재생에너지 기술 사업화 지원신청서에 다음 각 호의 서류를 첨부하여 산업통상자원부장관에게 제출하여야 한다.

1. 사업계획서

2. 다음 각 목의 어느 하나에 해당함을 증명하는 서류 사본. 이 경우 가목에 해당하는 자는 자체 개발내역서를 포함한다.

    가. 해당 신·재생에너지 관련 기술을 자체적으로 개발한 자로서 그 사용권을 가지고 있는 자

나. 해당 신 · 재생에너지 관련 기술을 개발한 국공립연구기관, 대학, 기업 또는 개인으로부터 해당 신 · 재생에너지 관련 기술을 이전받은 자

다. 정부, 국공립연구기관, 대학, 기업 또는 개인이 보유하는 신 · 재생에너지 관련 기술에 대한 사용권을 가지고 있는 자

3. 해당 신 · 재생에너지 관련 기술이 지원 신청 당시 아직 사업화되지 아니한 기술임을 증명하는 자료

② 법 제28조 제1항에 따른 신 · 재생에너지 기술의 사업화에 관한 지원 범위는 다음 각 호와 같다.

1. 법 제28조 제1항 제1호에 따른 시험제품 제작 및 설비투자의 경우 : 필요한 자금의 100퍼센트의 범위에서 융자 지원

2. 법 제28조 제1항 제3호에 따른 신 · 재생에너지 기술의 교육 및 홍보의 경우 : 필요한 자금의 80퍼센트의 범위에서 자금 지원

3. 법 제28조 제1항 제4호에 따라 산업통상자원부장관이 정하는 지원사업의 경우 : 필요한 자금의 80퍼센트의 범위에서 자금 지원

③ 제1항 및 제2항에서 규정한 사항 외에 신 · 재생에너지 기술 사업화의 지원에 관한 세부사항은 산업통상자원부장관이 정하여 고시한다.

제16조(신 · 재생에너지 분야 특성화 대학 및 핵심기술연구센터의 지정 신청) 법 제30조 제2항에 따라 신 · 재생에너지 분야 특성화 대학 또는 핵심기술연구센터로 지정 받으려는 자는 별지 제9호 서식의 신 · 재생에너지 분야 특성화 대학 지정신청서 또는 별지 제10호 서식의 신 · 재생에너지 분야 핵심기술연구센터 지정신청서에 다음 각 호의 서류를 첨부하여 산업통상자원부장관에게 제출하여야 한다.

1. 중장기 인력양성 사업계획서

2. 신 · 재생에너지 분야 특성화 대학 또는 핵심기술연구센터 운영계획서

제16조의 2(신 · 재생에너지 설비의 하자보수)

① 법 제30조의 3 제1항에서 "산업통상자원부령으로 정하는 자"란 법 제27조 제1항 각 호의 어느 하나에 해당하는 보급사업에 참여한 지방자치단체 또는 공공기관을 말한다.

② 법 제30조의 3 제1항에 따른 하자보수의 대상이 되는 신 · 재생에너지 설비는 법 제12조 제2항 및 제27조에 따라 설치한 설비로 한다.

③ 법 제30조의 3 제1항에 따른 하자보수의 기간은 5년의 범위에서 산업통상자원부장관이 정하여 고시한다.

제16조의 3(신 · 재생에너지 설비의 사후관리절차 등)

① 법 제30조의 4 제1항에 따른 시행기관의 장(이하 "시행기관의 장"이라 한다)은 매년 1월 말일까지 다음 각 호의 사항을 포함하는 해당 연도의 사후관리계획을 수립 · 시행하고, 같은 항에 따라 고시된 신 · 재생에너지 설비의 시공자에게 통보하여 사후관리를 실시하도록 해야 한다.

1. 신 · 재생에너지 설비의 가동상태, 구조물 외관 및 각종 부재의 체결상태 등 점검사항
2. 신 · 재생에너지 설비별 점검시기 및 점검방법
3. 그 밖에 신 · 재생에너지 설비의 효율적인 사후관리를 위해 필요한 사항으로서 산업통상 자원부장관이 정하여 고시하는 사항

② 시공자는 법 제30조의 4 제3항에 따라 신 · 재생에너지 설비에 대한 사후관리실적을 별지 제11호 서식에 따라 해당 연도의 5월 말일까지 시행기관의 장에게 보고해야 한다.

③ 시행기관의 장은 법 제30조의 4 제4항에 따라 신 · 재생에너지 설비에 대한 사후관리 시행 결과를 별지 제12호 서식에 따라 해당 연도의 6월 말일까지 센터에 제출해야 하고, 센터는 이를 종합하여 별지 제12호 서식에 따라 해당 연도의 7월 말일까지 산업통상자원부장관에 게 보고해야 한다.

제17조(센터의 조직 및 운영 등)

① 센터에는 소장 1명을 둔다.

② 소장은 「에너지 이용 합리화법」 제45조 제1항에 따른 에너지관리공단(이하 "공단"이라 한 다) 이사장의 제청에 의하여 산업통상자원부장관이 임명한다.

③ 소장은 센터를 대표하고, 센터의 사무를 총괄한다.

④ 센터의 운영에 관한 다음 각 호의 사항을 심의하기 위하여 센터에 운영위원회를 둔다.
1. 연도별 사업계획 및 예산 · 결산에 관한 사항
2. 센터 운영 규정의 제정 또는 개정에 관한 사항
3. 그 밖에 센터의 운영에 관하여 소장이 필요하다고 인정하는 사항

⑤ 소장은 제4항에 따른 운영위원회의 구성 및 운영 등에 필요한 사항을 산업통상자원부장관 의 승인을 받아 정한다.

⑥ 제1항부터 제5항까지에서 규정한 사항 외에 센터의 조직 · 정원 및 예산에 관한 사항은 공 단의 정관으로 정하며, 센터의 인사 등 운영에 필요한 사항은 소장이 자율적으로 관장한다.

제18조(규제의 재검토)

① 산업통상자원부장관은 제13조에 따른 신 · 재생에너지 전문기업의 신고 등에 대하여 2014년 1월 1일을 기준으로 3년마다(매 3년이 되는 해의 1월 1일 전까지를 말한다) 그 타당성을 검 토하여 개선 등의 조치를 하여야 한다.

② 산업통상자원부장관은 제13조의 2에 따른 공개할 수 있는 신 · 재생에너지 전문기업의 정 보에 대하여 2015년 1월 1일을 기준으로 3년마다(매 3년이 되는 해의 1월 1일 전까지를 말 한다) 그 타당성을 검토하여 개선 등의 조치를 하여야 한다.

③ 산업통상자원부장관은 다음 각 호의 사항에 대하여 다음 각 호의 기준일을 기준으로 2년마 다(매 2년이 되는 해의 기준일과 같은 날 전까지를 말한다) 그 타당성을 검토하여 개선 등 의 조치를 하여야 한다.
1. 제4조에 따른 설비인증의 대상 : 2015년 1월 1일

2. 제5조 제2항에 따른 설비인증의 심사 일정 통보기한 : 2015년 1월 1일

3. 제6조 제1항에 따른 성능검사기관 지정 신청 시의 제출서류 : 2015년 1월 1일

4. 제7조 제1항 및 [별표 2]에 따른 설비인증 심사기준 : 2015년 1월 1일

5. 제11조 제1항에 따른 위반행위에 따른 조치사항 : 2015년 1월 1일

제19조(재생에너지 공급인증서 발급 등에 관한 특례)

① 법률 제16236호 신에너지 및 재생에너지 개발 · 이용 · 보급 촉진법 일부개정법률(이하 이 조에서 "이 법"이라 한다) 부칙 제2조에 따라 이 법 시행 당시 종전의 규정에 따라 비재생폐기물로 생산된 재생에너지를 공급하고 있는 자 또는 이 법 시행 전 비재생폐기물로 생산된 재생에너지를 공급하기 위하여 「전기사업법」 제61조 제1항에 따라 공사계획의 인가를 받거나 같은 조 제3항에 따라 신고한 자(「집단에너지사업법」 제22조 제1항에 따라 공사계획 승인을 받은 자를 포함한다)로서 공사에 착수(「건축법 시행규칙」 제14조에 따른 착공신고필증 또는 착공연기확인서에 명시된 착공예정일자에 따른다)한 자에 대하여는 법 제12조의 7에 따른 공급인증서를 공급인증서 최초 발급개시일부터 16년까지 발급한다. 다만, 제철공정, 석유화학공정 등에서 발생한 부생가스를 활용하여 재생에너지를 공급하고 있는 자에 대한 공급인증서는 2020년 12월 31일까지 발급한다.

② 이 법 시행 당시 종전의 규정에 따라 비재생폐기물로 생산된 재생에너지를 공급하고 있는 자에 대한 법 제12조의 5 제1항에 따른 공급의무는 2027년 12월 31일까지 부과하지 아니한다.

01 다음 중 재생에너지에 포함되는 에너지의 형태가 아닌 것은?

① 수소에너지
② 태양에너지
③ 풍력
④ 수력

[해설] 수소에너지는 신에너지에 포함된다.
재생에너지의 종류 : 태양에너지, 풍력, 수력, 해양에너지, 지열에너지, 바이오에너지, 폐기물에너지, 그 밖에 석유·석탄·원자력 또는 천연가스가 아닌 에너지로서 대통령령으로 정하는 에너지

02 신·재생에너지의 기술 개발 및 이용·보급 촉진을 위한 기본계획의 계획기간은 몇 년 이상하는가?

① 5년 이상
② 10년 이상
③ 15년 이상
④ 20년 이상

[해설] 기본계획의 계획기간은 10년 이상으로 한다.

03 신·재생에너지 공급의무화와 관련하여 ( ) 안에 들어갈 말로 알맞은 것은?

> 제1항에 따라 공급의무자가 의무적으로 신·재생에너지를 이용하여 공급하여야 하는 발전량(이하 "의무공급량"이라 한다)의 합계는 총 전력생산량의 ( ) 이내의 범위에서 연도별로 대통령령으로 정한다.

① 3%
② 5%
③ 25%
④ 30%

[해설] 제1항에 따라 공급의무자가 의무적으로 신·재생에너지를 이용하여 공급하여야 하는 발전량(이하 "의무공급량"이라 한다)의 합계는 총 전력생산량의 25% 이내의 범위에서 연도별로 대통령령으로 정한다.

04 신·재생에너지 공급 불이행에 따라 부족분에 대하여 과징금을 부과할 수 있는데, 이에 대한 설명으로 옳은 것은?

① 공급인증서의 해당 연도 평균 거래가격의 100분의 110을 곱한 금액 범위
② 공급인증서의 해당 연도 평균 거래가격의 100분의 120을 곱한 금액 범위
③ 공급인증서의 해당 연도 평균 거래가격의 100분의 130을 곱한 금액 범위
④ 공급인증서의 해당 연도 평균 거래가격의 100분의 150을 곱한 금액 범위

[해설] 부족분에 공급인증서의 해당 연도 평균 거래가격의 100분의 150을 곱한 금액의 범위에서 과징금을 부과할 수 있다.

05 거짓이나 부정한 방법으로 발전차액을 지원받은 자와 그 사실을 알면서 발전차액을 지급한 자에 대한 벌칙으로 알맞은 것은?

① 1년 이하의 징역 또는 지원받은 금액의 2배 이하에 상당하는 벌금에 처한다.
② 1년 이하의 징역 또는 지원받은 금액의 3배 이하에 상당하는 벌금에 처한다.
③ 3년 이하의 징역 또는 지원받은 금액의 2배 이하에 상당하는 벌금에 처한다.
④ 3년 이하의 징역 또는 지원받은 금액의 3배 이하에 상당하는 벌금에 처한다.

[해설] 거짓이나 부정한 방법으로 제17조에 따른 발전차액을 지원받은 자와 그 사실을 알면서 발전차액을 지급한 자는 3년 이하의 징역 또는 지원받은 금액의 3배 이하에 상당하는 벌금에 처한다.

Answer　01.①　02.②　03.③　04.④　05.④

06 거짓이나 부정한 방법으로 공급인증서를 발급받은 자와 그 사실을 알면서 공급인증서를 발급한 자에 관한 벌칙으로 옳은 것은?

① 1년 이하의 징역 또는 3천만원 이하의 벌금에 처한다.
② 1년 이하의 징역 또는 5천만원 이하의 벌금에 처한다.
③ 3년 이하의 징역 또는 3천만원 이하의 벌금에 처한다.
④ 3년 이하의 징역 또는 5천만원 이하의 벌금에 처한다.

해설 거짓이나 부정한 방법으로 공급인증서를 발급받은 자와 그 사실을 알면서 공급인증서를 발급한 자는 3년 이하의 징역 또는 3천만원 이하의 벌금에 처한다.

07 거짓이나 부정한 방법으로 설비 인증을 받은 자에 대한 과태료로 알맞은 것은?

① 1천만원 이하   ② 2천만원 이하
③ 3천만원 이하   ④ 5천만원 이하

해설 거짓이나 부정한 방법으로 설비 인증을 받은 자는 1천만원 이하의 과태료를 부과한다.

08 신 · 재생에너지정책심의회에 관한 설명으로 알맞지 않은 것은?

① 기본계획의 수립 및 변경에 관한 사항(다만, 기본계획의 내용 중 대통령령으로 정하는 경미한 사항을 변경하는 경우는 제외)
② 신 · 재생에너지의 기술 개발 및 이용 · 보급에 관한 중요 사항
③ 신 · 재생에너지 발전에 의하여 공급되는 전기의 기준가격 및 그 변경에 관한 사항
④ 심의회의 구성 · 운영과 그 밖에 필요한 사항은 산업통상자원부장관이 정한다.

해설 심의회의 구성 · 운영과 그 밖에 필요한 사항은 대통령령으로 정한다.

09 신 · 재생에너지정책심의회의 구성으로 알맞은 것은?

① 위원장 1명을 포함한 20명 이내의 위원으로 구성한다.
② 위원장 1명을 포함한 30명 이내의 위원으로 구성한다.
③ 위원장 2명을 포함한 20명 이내의 위원으로 구성한다.
④ 위원장 2명을 포함한 30명 이내의 위원으로 구성한다.

해설 신 · 재생에너지정책심의회는 위원장 1명을 포함한 20명 이내의 위원으로 구성한다.

10 다음 중 심의회의 간사 및 서기의 인원으로 옳은 것은?

① 간사 1명, 서기 1명
② 간사 2명, 서기 2명
③ 간사 1명, 서기 2명
④ 간사 2명, 서기 1명

해설 심의회의 간사 및 서기는 각 1명을 둔다.

11 다음 중 심의회의 간사 및 서기를 지명하는 사람으로 옳은 것은?

① 대통령
② 국무총리
③ 환경부장관
④ 산업통상자원부장관

해설 간사 및 서기는 산업통상자원부 소속 공무원 중에서 산업통상자원부장관이 지명하는 사람으로 한다.

12 신·재생에너지 설비 설치의무기관의 비율 또는 금액 이상의 출자한 법인으로 알맞은 것은?

① 납입자본금의 100의 20 이상 또는 30억원 이상을 출자한 법인
② 납입자본금의 100의 30 이상 또는 50억원 이상을 출자한 법인
③ 납입자본금의 100의 40 이상 또는 30억원 이상을 출자한 법인
④ 납입자본금의 100의 50 이상 또는 50억원 이상을 출자한 법인

해설 납입자본금의 100의 50 이상 또는 50억원 이상을 출자한 법인 둘 중 하나가 해당하는 법인은 신·재생에너지 설비 설치의무기관이다.

13 신·재생에너지 공급의무자로 해당하는 발전설비의 규모로 옳은 것은?

① 10만킬로와트 이상의 발전설비
② 30만킬로와트 이상의 발전설비
③ 50만킬로와트 이상의 발전설비
④ 70만킬로와트 이상의 발전설비

해설 50만킬로와트 이상의 발전설비의 경우 공급의무자로 해당하게 된다.

14 다음 중 신·재생에너지의 공급의무 비율로 옳은 것은? (단, 2030년 이후 기준)

① 10%   ② 20%
③ 30%   ④ 40%

해설 신·재생에너지 공급의무 비율은 2030년 이후 40%의 공급의무 비율로 적용한다.

15 다음 중 2020~2021년 이후 신·재생에너지 공급의무 비율로 알맞은 것은?

① 10%   ② 13%
③ 15%   ④ 30%

해설 신·재생에너지 공급의무 비율은 2020~2021년 이후 30%이다.

16 다음 중 연도별 의무공급량의 비율 중 2014년 기준 비율로 옳은 것은?

① 2.5%   ② 3.0%
③ 3.5%   ④ 4.0%

해설 연도별 의무공급량은 2014년 기준 3.0%이다.

17 다음 중 해당 연도별 의무공급량의 비율로 알맞지 않은 것은?

① 2012년, 2.5%
② 2014년, 3.0%
③ 2017년, 4.0%
④ 2020년, 7.0%

해설 연도별 의무공급량은 다음과 같다.

해당 연도	비율(%)	해당 연도	비율(%)
2012년	2.0	2020년	7.0
2013년	2.5	2021년	9.0
2014년	3.0	2022년	12.5
2015년	3.0	2023년	14.5
2016년	3.5	2024년	17.0
2017년	4.0	2025년	20.5
2018년	5.0	2026년 이후	25.0
2019년	6.0	–	–

18 다음 중 신·재생에너지 중 태양에너지의 연도별 의무공급량으로 알맞은 것은? (단, 2013년 해당 기준)

① 276GWh   ② 723GWh
③ 1,156GWh   ④ 1,577GWh

해설 태양에너지의 2013년 기준 연도별 의무공급량은 723GWh이다.

19 공급인증기관 업무정지처분을 받은 후 그 업무
정지기간에 업무를 계속한 경우 과징금의 금액으로
알맞은 것은? (단, 업무정지기간이 1개월 초과 3개월
이하인 경우에 한한다.)

① 2,000만원
② 3,000만원
③ 4,000만원
④ 5,000만원

해설 공급인증기관 업무정지기간이 1개월 초과 3개월 이
하인 경우 업무정지기간에 업무를 계속한 경우 과징
금은 4,000만원을 부과한다.

20 다음 중 신·재생에너지 전문기업의 신고기준
에서 태양에너지원을 이용하는 경우 자본금 및 기술
인력에 관한 설명으로 알맞은 것은?

① 자본금 또는 자산 평가액 1억원 이상, 「국가기술
자격법」에 따른 건설, 기계, 전기·전자, 환경·
에너지 분야의 기사 2명 이상
② 자본금 또는 자산 평가액 1억원 이상, 「국가기술
자격법」에 따른 건설, 기계, 전기·전자, 안전관
리, 환경·에너지 분야의 기사 2명 이상. 다만,
안전관리 분야는 가스기사만 해당한다.
③ 자본금 또는 자산 평가액 3억원 이상, 「국가기술
자격법」에 따른 건설, 기계, 전기·전자, 환경·
에너지 분야의 기사 2명 이상
④ 자본금 또는 자산 평가액 3억원 이상, 「국가기술
자격법」에 따른 건설, 기계, 전기·전자, 안전관
리, 환경·에너지 분야의 기사 2명 이상(다만,
안전관리 분야는 가스기사만 해당)

해설 태양에너지를 이용하는 기업은 자본금 또는 자산 평
가액 1억원 이상, 「국가기술자격법」에 따른 건설,
기계, 전기·전자, 환경·에너지 분야의 기사 2명
이상이 필요하다.

21 다음 중 설치인증기관으로부터 설비 인증을 받지 않고
설비 인증의 표시 또는 이와 유사한 표시를 하거나 설비
인증을 받은 것으로 홍보한 경우 과태료로 알맞은 것은?

① 1회 위반 시 200만원
② 1회 위반 시 500만원
③ 2회 이상 위반 시 200만원
④ 2회 이상 위반 시 500만원

해설 위의 경우 1회 위반 시 500만원, 2회 이상 위반 시
1,000만원의 과태료를 부과한다.

22 다음 중 총 전력생산량에 관한 계산식으로 알
맞은 것은?

① 총 전력생산량=지난 연도 총 전력생산량+(신·
재생에너지 발전량+「전기사업법」제2조 제16
호 나목 중 산업통상자원부장관이 정하여 고시
하는 설비에서 생산된 발전량)
② 총 전력생산량=지난 연도 총 전력생산량-(신·
재생에너지 발전량+「전기사업법」제2조 제16
호 나목 중 산업통상자원부장관이 정하여 고시
하는 설비에서 생산된 발전량)
③ 총 전력생산량=당해 연도 총 전력생산량+(신·
재생에너지 발전량+「전기사업법」제2조 제16
호 나목 중 산업통상자원부장관이 정하여 고시
하는 설비에서 생산된 발전량)
④ 총 전력생산량=당해 연도 총 전력생산량-(신·
재생에너지 발전량+「전기사업법」제2조 제16
호 나목 중 산업통상자원부장관이 정하여 고시
하는 설비에서 생산된 발전량)

해설 총 전력생산량=지난 연도 총 전력생산량-(신·재생
에너지 발전량+「전기사업법」제2조 제16호 나목 중
산업통상자원부장관이 정하여 고시하는 설비에서 생
산된 발전량)이 알맞은 식이다.

23 다음 중 공급의무자가 다음 연도로 의무이행을 연기할 수 있는 양은 어느 정도인가?

① 의무공급량의 100분의 20 이내
② 의무공급량의 100분의 30 이내
③ 의무공급량의 100분의 40 이내
④ 의무공급량의 100분의 50 이내

해설 공급의무자가 다음 연도로 공급의무의 이행을 연기할 수 있는 양은 의무공급량의 100분의 20 이내로 한다.

24 다음 중 설비 인증을 받은 자가 가입하여야 하는 보험 또는 공제에 관한 설명으로 알맞은 것은?

① 사고당 배상한도액이 5억원 이상일 것
② 피해자 1인당 배상한도액이 2억원 이상일 것
③ 설비 인증을 받은 신·재생에너지설비의 「제조물책임법」제2조 제2호에 따른 결함으로 인한 같은 법 제3조 제1항에 따른 손해를 보장하는 것일 것
④ 가입기간은 설비의 공급의무자가 선정한 유효기간과 설비인증기관으로부터 부여받은 인증 유효기간을 모두 포함하는 기간

해설 ① 사고당 배상한도액이 1억원 이상일 것
② 피해자 1인당 배상한도액이 1억원 이상일 것
④ 가입기간은 법 제13조 제1항에 따른 설비인증기관(이하 "설비인증기관"이라 한다)으로부터 부여받은 인증 유효기간

25 신·재생에너지 설비 및 부품 중 공용화 시 자금융자 범위로 알맞은 것은?

① 중소기업자 : 필요한 자금의 50퍼센트
② 중소기업자 : 필요한 자금의 60퍼센트
③ 중소기업자 : 필요한 자금의 70퍼센트
④ 중소기업자 : 필요한 자금의 80퍼센트

해설 중소기업자는 필요한 자금의 80퍼센트를 융자할 수 있다.

26 신·재생에너지의 공급의무비율에 관하여 알맞은 것은? (단, 해당 연도는 2022~2023년일 경우이다.)

① 30%   ② 32%
③ 34%   ④ 36%

해설 신·재생에너지 공급의무비율은 다음과 같다.

해당 연도	2020~2021	2022~2023	2024~2025
공급의무 비율 (%)	30	32	34

해당 연도	2026~2027	2028~2029	2030 이후
공급의무 비율 (%)	36	38	40

27 다음 중 신·재생에너지 설비에 관한 설명으로 옳지 않은 것은?

① 태양열 설비 : 태양의 빛에너지를 변환시켜 전기를 생산하거나 채광을 이용하는 설비
② 풍력 설비 : 바람의 에너지를 변환시켜 전기를 생산하는 설비
③ 수력 설비 : 물의 유동에너지를 변환시켜 전기를 생산하는 설비
④ 연료전지 설비 : 수소와 산소의 전기화학 반응을 통하여 전기 또는 열을 생산하는 설비

해설 태양의 빛에너지를 변환시켜 전기를 생산하거나 채광을 이용하는 설비는 태양광 설비에 관한 설명이다.

28 다음의 ( ) 안에 들어갈 말로 알맞은 것은 어느 것인가?

> 설비인증기관에서 설비 인증의 신청을 받은 경우 신청일로부터 ( )일 이내에 신청인에게 설비 인증의 심사 일정을 통보하여야 한다.

① 3   ② 5
③ 7   ④ 10

해설 설비인증기관에서 설비 인증의 신청을 받은 경우 신청일로부터 7일 이내에 신청인에게 설비 인증의 심사 일정을 통보하여야 한다.

29 다음 중 성능검사기관을 지정할 때 공고하여야 할 사항으로 옳지 않은 것은?

① 성능검사기관의 명칭
② 인력사항
③ 대표자 성명
④ 지정번호

해설 성능검사기관의 지정절차와 관련하여 지정서를 발급할 경우 공고하여야 할 사항은 성능검사기관의 명칭, 대표자 성명, 사무소(주된 사무소 및 지방사무소 등 모든 사무소를 말한다)의 주소, 지정일, 지정번호, 성능검사 대상에 해당하는 신 · 재생에너지 설비의 범위, 업무개시일이 포함된다.

30 발전차액의 지원 중단 및 환수절차에 관한 설명으로 알맞지 않은 것은?

① 위반행위를 1회 한 경우 경고조치한다.
② 위반행위를 2회 한 경우 시정명령을 내린다.
③ 시정명령에 따르지 아니한 경우 발전차액 지원금액을 축소한다.
④ 발전차액을 환수할 경우에는 위반사실, 환수금액, 납부기간, 수납기관, 이의제기의 기간 및 방법을 구체적으로 적은 문서로 해당 신 · 재생에너지 발전사업자에게 발전차액을 낼 것을 통보하여야 한다.

해설 시정명령에 따르지 아니한 경우 발전차액 지원을 중단한다.

31 설비 인증 심사기준 중 설비심사기준으로 옳지 않은 것은?

① 국제 또는 국내의 성능 및 규격에의 적합성
② 설비의 사후관리 적정성
③ 설비의 효율성
④ 설비의 내구성

해설 설비의 사후관리 적정성은 일반심사기준에 속한다.

32 다음 중 공급인증기관 지정신청서 서식에 들어갈 말로 알맞지 않은 것은?

① 기관명
② 대표자 성명
③ 사업자등록번호
④ 지정일

해설 지정일의 경우 공급인증기관 지정서의 서식에 포함된다.

33 다음 중 건축물 인증 수수료 규정에서 주거용 건물 60,000~80,000m²인 경우 수수료는 얼마인가?

① 9,200,000원, 부가세 별도
② 10,600,000원, 부가세 별도
③ 11,900,000원, 부가세 별도
④ 13,200,000원, 부가세 별도

해설 주거용 건물 전용면적 60,000~80,000m²의 경우 수수료는 10,600,000원이며, 부가가치세 10%는 별도이다.

〈주거용 건물〉 부가세 별도(10%)

전용면적	수수료(원)
10,000m² 미만	3,900,000
10,000~20,000m²	5,300,000
20,000~30,000m²	6,600,000
30,000~40,000m²	7,900,000
40,000~60,000m²	9,200,000
60,000~80,000m²	10,600,000
80,000~120,000m²	11,900,000
120,000m² 초과	13,200,000

34 다음 중 건축물 인증에서 비주거용 건물의 면적이 5,000m² 미만일 경우 수수료로 알맞은 것은?

① 5,900,000원, 부가세 별도
② 7,900,000원, 부가세 별도
③ 9,900,000원, 부가세 별도
④ 11,900,000원, 부가세 별도

해설 비주거용 건물 연면적 5,000m² 미만의 경우 수수료는 5,900,000원(부가세 10% 별도)이다.

〈비주거용 건물〉 부가세 별도(10%)

연면적	수수료(원)
5,000m² 미만	5,900,000
5,000~10,000m²	7,900,000
10,000~15,000m²	9,900,000
15,000~20,000m²	11,900,000
20,000~30,000m²	13,900,000
30,000~40,000m²	15,900,000
40,000~60,000m²	17,800,000
60,000m² 초과	19,800,000

35 다음 중 설비 인증 수수료 중 기술료의 산정내역 중 옳은 것은?

① 인건비의 10퍼센트 이내로 한다.
② 인건비의 20퍼센트 이내로 한다.
③ 인건비의 30퍼센트 이내로 한다.
④ 인건비의 50퍼센트 이내로 한다.

해설 기술료의 경우 인건비의 20퍼센트 이내로 한다. 각종 경비의 경우 인건비의 50퍼센트 이내로 한다.

부록

최신 ✓

기출문제

■ 최근 과년도 출제문제 --

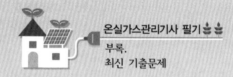

온실가스관리기사 필기

부록.
최신 기출문제

온실가스관리기사 (2020. 6. 6. 시행)

제1과목 | 기후변화 개론

01 기후변화 문제의 국제화 과정에 대한 설명으로 틀린 것은?

① 인간활동이 기후체계에 미치는 영향에 대한 국제과학계의 논의는 1957년부터 시작되었다.
② 1979년에 세계기상기구(WMO)는 제1차 세계기후회의를 개최하였다.
③ 1988년 국제연합환경계획(UNEP)은 세계기상기구(WMO)와 기후변화정부 간 패널(IPCC)을 설립하였다.
④ 1992년 브라질 유엔환경개발회의(UNCED)에서 기후변화협약(UNFCCC)이 채택되었다.

해설 지구온난화로 인한 지구 환경피해를 방지하기 위하여 1972년 2월 스위스 제네바에서 세계기상기구(WMO) 주관으로 제1차 세계기후회의가 개최되었다.

02 다음 중 온실가스면서 대기 중에 가장 저농도로 존재하는 것은?

① 아산화질소 　② 메탄
③ 육불화황 　④ 아르곤

해설 대기에 존재하는 온실가스 중 가장 적은 농도로 존재하는 것은 육불화황이고, 가장 많은 양을 차지하고 있는 것은 이산화탄소이다.

※ 6대 온실가스 : 이산화탄소(CO_2), 메탄(CH_4), 아산화질소(N_2O), 수소불화탄소(HFCs), 과불화탄소(PFCs), 육불화황(SF_6)

03 자연적인 기후변화 요인이 아닌 것은?

① 토지이용의 변화
② 밀란코비치 이론
③ 태양 흑점 수의 변화
④ 지구의 공전궤도 변화

해설 기후변화의 자연적인 원인에는 태양 흑점 수 변화, 밀란코비치 효과, 지구 공전궤도 변화, 화산활동 등이 있으며, 인위적인 원인으로는 산림훼손, 토지이용, 화석연료 사용 등이 있다.

04 한국정부가 범국가적인 관점에서 기후변화 문제에 대한 관심을 표명하기 시작한 것은 언제부터인가?

① 1992년 기후변화협약에 서명 이후
② 1998년 '범정부 기후변화 대책기구' 구성 이후
③ 2007년 '기후변화 대책기획단' 신설 이후
④ 2009년 '저탄소 녹색성장기본법' 제정 이후

해설 우리나라는 1998년 4월 범정부 기후변화 대책기구를 구성하고, 이 대책기구를 중심으로 제1차 기후변화종합대책을 수립하였다.

05 제2차 국가 기후변화적응대책 보고서의 정책방향 중 "지속가능한 자연자원 관리"의 핵심계획지표에 해당하지 않은 것은?

① 기후변화 대응품종 개발
② 한반도 생물유전자원 DB 구축
③ 산악기상관측망 서비스 운영
④ 해양생태계 구조변화 모니터링 지점

> **해설** ① 기후변화 대응품종 개발은 기후변화를 활용한 산업계 경쟁력 강화의 계획지표이다.
> 지속가능한 자연자원 관리와 관련된 계획지표로는 한반도 생물유전자원 DB 구축, 한반도 핵심 생태계 복원율, 산악기상관측망 서비스 운영, 해양생태계 구조변화 모니터링 지점 수가 있다.

06 국가 온실가스 감축 로드맵에 관한 설명 중 옳지 않은 것은?

① 국가 온실가스 감축목표 달성을 위한 전략, 이행, 평가 등이 수록되어 있다.
② 시장 친화적인 온실가스 감축제도 활용을 핵심전략 중 하나로 규정하였다.
③ 배출권거래제 외에 신재생에너지 공급의무화제도 등 제도 측면의 도입일정도 수록되었다.
④ 실질적 감축전략으로 국민 실천 등 행태개선보다는 제도 및 감축수단 중심으로 수립되었다.

> **해설** 국가 온실가스 감축 로드맵은 국내·외 국가 온실가스 감축 이행전략을 제시하여 각 부문별 자발적 감축노력을 유도·지원하기 위한 것으로, 온실가스 예상배출량 및 감축잠재량을 재검증하고 부문별 감축 이행계획을 수립하여 이행실적 평가체계를 마련하고자 하는 제도이다.

07 지구의 복사평형에 관한 설명으로 잘못된 것은?

① 지구에 입사되는 태양복사에너지 중 대기분자의 산란으로 25%, 구름의 반사가 3%, 지표면의 반사가 2% 정도로서 30%의 알베도를 가진다.
② 대기권에 흡수된 에너지 70%는 대기분자에 의해 17%, 구름에 의한 흡수 3%, 지표면에 흡수하는 태양에너지의 양은 50% 정도이다.
③ 반사되지 않고 지구에 흡수되는 70% 정도의 에너지가 지구 온도에 직접적인 원인이 된다.
④ 지구복사와 관련된 용어 중 알베도는 입사에너지에 대한 반사에너지의 비로 나타낸다.

> **해설** 지구에 입사되는 태양복사에너지 중 대기분자의 산란으로 6%, 구름의 반사가 20%, 지표면의 반사가 4% 정도로서, 30%의 알베도를 가진다.

08 온실가스를 배출하는 다음 4개의 공정 중에서 지구온난화 영향이 가장 큰 공정은?

① 이산화탄소를 3ton 배출하는 공정
② 메탄을 150kg 배출하는 공정
③ 아산화질소를 10kg 배출하는 공정
④ 육불화황을 130g 배출하는 공정

> **해설** ① $3tCO_2-eq$
> ② $150kgCH_4 \times \frac{tCH_4}{10^3kgCH_4} \times \frac{21tCO_2-eq}{tCH_4}$
> $= 3.15tCO_2-eq$
> ③ $10kgN_2O \times \frac{tN_2O}{10^3kgN_2O} \times \frac{310tCO_2-eq}{tN_2O}$
> $= 3.1tCO_2-eq$
> ④ $130gSF_6 \times \frac{tSF_6}{10^6SF_6} \times \frac{23,900tCO_2-eq}{SF_6}$
> $= 3.107tCO_2-eq$

09 전 세계 온실가스 배출량에서 가장 높은 비율을 차지하는 부문은?

① 농업
② 폐기물
③ 에너지
④ 토지이용 변화

해설 전 세계 온실가스 배출량 중 가장 높은 부문을 차지하는 것은 에너지 부문이며, 수송 분야가 그 뒤를 따른다.
※ 선진국의 경우 배출량 증가속도가 둔화되거나 정체되었으며, 개도국은 선진국의 배출량을 상회하고 있다.

10 다음 중 우리나라에 없는 기후변화 관련 기구는?

① GGGI
② GCF
③ GTC
④ GCOS

해설 GCOS(Global Climate Observing System)는 전 지구 기후관측시스템으로 1992년 기후와 관련된 이슈들에 대처하기 위해 필요한 관측과 정보를 잠재적 수요자에게 제공하는 것을 목적으로 설립된 것이다. WMO를 비롯한 IOC, UNEP 및 ICSU에게 지원받고 있으며, 사무국은 스위스 제네바에 위치하고 있다.
① GGGI(Global Green Growth Institute) : 글로벌 녹색성장기구로 2012년 6월 20일 개막한 유엔 지속가능발전 정상회의(리우+20)를 통해 국제기구로 공인되었다. 사무국은 서울 중구에 위치하고 있다.
② GCF(Green Climate Fund) : 녹색기후기금으로 개발도상국의 온실가스 배출을 줄이고 기후변화에 대한 적응을 위해 설립된 국제 금융기구로, 인천 송도에 사무국이 있다.
③ GTC(Green Technology Center) : 녹색기술센터로 기후변화대응 기술정책과 국제협력 연구를 통해 개도국 기후기술 이전 플랫폼을 구축하고, 기술분야 국가전략 전담지원 및 글로벌 협력사업을 수행한다. 센터는 서울 중구에 위치하고 있다.

11 다음은 어떤 회의에서 논의된 중요 사항인가?

┤ 보기 ├
• 2012년까지로 만료되는 교토의정서의 효력을 2020년까지 8년 연장 결정
• 2020년 이후에 나타날 새로운 기후변화 대응체제를 2015년까지 마련한다는 결정
• GCF의 위치를 공식적으로 한국의 송도로 확정

① 2009년 코펜하겐 회의(COP 15)
② 2010년 칸쿤 회의(COP 16)
③ 2011년 더반 회의(COP 17)
④ 2012년 도하 회의(COP 18)

해설 카타르 도하에서 개최된 제18차 당사국총회(COP 18)에 관한 설명이다.
① 제15차 당사국총회(COP 15)는 덴마크 코펜하겐에서 개최되었다. 선진국과 개도국 간의 대립으로 난항을 겪었으며, 민감한 주요 쟁점들을 미해결과제로 남기고 정치적 합의문 수준으로 종료하였다.
② 제16차 당사국총회(COP 16)는 멕시코 칸쿤에서 개최되었다. 개도국 기후변화 대응을 재정적으로 지원하기 위해 UNFCCC에서 국제기구인 GCF(녹색기후기금)를 설립하기로 하였다.
③ 제17차 당사국총회(COP 17)는 남아프리카공화국 더반에서 개최되었다. 2012년 효력이 만료되는 교토의정서를 연장하고 교토의정서 제2차 공약기간 설정에 합의하였다.

12 국제 기후변화협약과 관련된 과학적·기술적 문제에 필요한 정보를 제공하는 기구는?

① SBI
② COP
③ CMP
④ SBSTA

해설 SBSTA(Subsidiary Body for Scientific and Technological Advice) : 국가보고서 및 배출통계방법론, 기술개발 및 기술이전에 관한 실무를 수행하는 기구
① SBI(Subsidiary Body for Implementation) : 협약이행 관련 사항, 국가보고서 및 배출통계자료 검토, 행정 및 재정 관리
② COP(Conference Of Parties, 당사국총회) : 최고의사결정기구, COP/MOP[MOP(Meeting Of Parties)는 교토의정서 발효 시 COP의 역할 수행]
③ CMP(the Conference of the Parties serving as the meeting of the Parties to the Kyoto Protocol) : 교토의정서 발효 시 COP의 역할 수행

13 배출권거래제도의 성격에 관한 설명으로 옳지 않은 것은?

① 배출권거래제도는 시장원리에 기반한 제도이다.
② 배출권거래제도는 자발적인 제도로서 의무를 수반하지 않는다.
③ 배출권거래제도는 배출총량이 고정되어 있다.
④ 배출권거래제도의 운영에는 일정 수준의 거래비용이 발생한다.

해설 배출권거래제도는 국가의 온실가스 감축 보조수단으로, 의무감축량을 초과한 나라가 그 초과분에 대하여 의무감축량을 채우지 못한 나라에 팔 수 있도록 한 제도이다. 나라 간의 거래뿐만 아니라 국내 업체 간에 시장원리를 기반으로 적용하여 시행할 수 있으며, 각 업종과 업체는 의무감축량을 할당받는다.

14 주요국의 배출권거래제도에 관한 설명으로 옳지 않은 것은?

① RGGI는 미국 북동부 및 대서양 연안 중부지역 주에서 시행한 배출권거래제로서 2009년 1월부터 시작되어 미국 최초로 강제적인 감축의무가 시행되는 프로그램이다.
② WCI와 MGGA는 미국과 캐나다 주정부 간의 국경을 뛰어넘는 협정이다.
③ 일본은 2002년 Baseline−and−Credit 방식인 자발적 배출권거래제도인 JVETS를 도입하여 큰 성과를 보였다.
④ 일본의 JVETS 제도는 일정량의 온실가스 감축을 달성한 참가자에게 CO_2 배출감소 시설의 설치비를 보조하는 제도였다.

해설 ③ 일본은 2005년 Baseline−and−Credit 방식인 자발적 배출권거래제도 JVETS를 도입하였으나, 큰 성과가 없었다.

15 온실가스에 관한 설명으로 옳지 않은 것은?

① 육불화황은 전기제품이나 변압기 등의 절연체로 사용된다.
② 수소불화탄소와 과불화탄소는 CFCs의 대체물질로 냉매, 소화기 등에 사용된다.
③ 이산화탄소는 탄소성분과 대기 중의 산소가 결합하는 연소반응을 통해 대기 중에 배출된다.
④ 아산화질소는 온실가스 중에서 가장 높은 비중을 차지하고 있다.

해설 ④ 온실가스 중 가장 많은 비중을 차지하고 있는 것은 이산화탄소(CO_2)이다.
※ 지구온난화지수(GWP)가 가장 큰 온실가스 : 육불화황(SF_6)

16 우리나라의 기후변화 영향과 취약성에 대한 설명으로 틀린 것은?

① 가뭄과 홍수 취약지역이 증가한다.
② 식물의 서식지가 이동한다.
③ 직접 또는 간접적으로 식량 생산에 영향을 준다.
④ 질병 전파기간이 짧아진다.

해설 기후변화 영향으로 질병 전파기간이 길어지며, 지속성이 증가하게 된다.

17 기후변화에 의해 우리나라에서 나타나는 곤충 생태계의 변화로 가장 거리가 먼 것은?

① 북방계 곤충의 증가
② 남방계 곤충의 증가
③ 일반 곤충의 해충화 현상
④ 곤충 생활주기의 변화

해설 기후변화에 의해 우리나라에는 꽃매미, 열대모기 등 남방계 외래곤충이 증가하고, 고온으로 병해충 발생 가능성이 높아진다.

18 선진국과 개발도상국이 모두 온실가스 감축에 참여하는 신기후체제의 합의를 도출한 협정이 체결된 UNFCCC의 당사국총회 개최지는?

① 교토   ② 파리
③ 리마   ④ 도하

해설 제21차 당사국총회(COP 21)인 파리 총회에 관한 설명으로, 신기후체제 합의문인 파리 협정(Paris agreement)을 채택하였다. 전 세계 국가들은 스스로 온실가스 감축목표를 정하는 국가별 기여방안(INDCs)을 제출하였고, 5년마다 최고의 욕수준을 반영하여 이전보다 진전된 목표를 제시해야 한다고 정하고 있다.

19 기후변화 영향 모형과 대응비용 구조를 나타내는 아래의 수식들 중 틀린 것은?

① 기후변동량＝인위적인 요인(온실가스 변화량)＋자연적인 요인
② 기후변화의 영향＝기후민감도＋기후변동량
③ 기후변화대응 총비용＝기후변동 감축 투자액＋기후민감도 감축 투자액
④ 기후변화대응 총편익＝기후변화 피해비용 감소액＋기후변화대응 투자의 경제유발 효과

해설 기후변화의 영향은 기후변화 민감도와 적응능력의 비로, 민감도가 높고 적응능력이 낮을수록 취약성이 나타나며, 민감도가 낮고 적응능력이 높을 경우 지속가능한 발전이 가능하다.

20 기후변화 관련 국제기구 중 (   ) 안에 알맞은 것은?

┤ 보기 ├
(   )는 기후변화협약이나 교토의정서와 관련된 과학적·기술적 문제에 대하여 적기에 필요한 정보를 제공하여 당사국총회(COP)와 CMP를 지원한다.

① SBSTA   ② SBI
③ WMO   ④ GEO

해설 보기는 SBSTA(Subsidiary Body for Science and Technological Advice, 과학기술자문기구)에 관한 설명이다.
② SBI(Subsidiary Body for Implementation) : 협약이행 관련 사항, 국가보고서 및 배출통계자료 검토, 행정 및 재정 관리를 담당하는 이행자문 부속기구

③ WMO(World Meteorological Organization) : 세계기상기구로 세계적인 기상관측체제의 수립, 관측의 표준화 및 국제적인 교환, 타 분야에 대한 기상학의 응용, 저개발국에서의 국가적 기상서비스의 개발 추진을 위해 설립된 국제연합의 특별기구

※ ④의 GEO는 없다.

제2과목 온실가스 배출의 이해

21 온실가스 배출권거래제의 배출량 보고 및 인증에 관한 지침상 이동연소(선박) 보고대상 배출시설의 적용범위에 관한 설명으로 옳지 않은 것은?

① 여객선 : 선박을 추진하기 위해 사용된 연료연소 배출

② 화물선 : 화물 운송을 주목적으로 하는 선박의 연료연소 배출

③ 어선 : 내륙, 연안, 심해 어업에서의 연료연소 배출

④ 기타 : 화물선, 여객선, 어선을 제외한 모든 수상 이동의 연료연소 배출

해설 ① 여객선은 여객 운송을 주목적으로 하는 선박의 연료연소 배출을 적용한다.

22 온실가스 배출권거래제의 배출량 보고 및 인증에 관한 지침상 이동연소 선박 부문의 배출량을 Tier 2, 3 수준으로 산정 시 적용하는 활동자료로 가장 거리가 먼 것은?

① 연료 종류

② 선박 종류

③ 엔진 종류별 연료 사용량

④ 엔진 부하율

해설 Tier 2, 3 산정방법은 선박 종류, 연료 종류, 엔진 종류에 따라 배출량을 산정하며, 국가 고유배출계수를 이용하여 배출량을 산정하는 방법이다.

23 온실가스 배출권거래제의 배출량 보고 및 인증에 관한 지침상 석회석($CaCO_3$)이 사용되는 공정으로 가장 거리가 먼 것은?

① 유리 생산공정

② 암모니아 생산공정

③ 카바이드 생산공정

④ 철강 생산공정

해설 석회석이 사용되는 공정으로는 탄산염의 기타 공정(도자기·요업제품 제조시설 중 소성시설, 용융·용해시설, 펄프·종이 및 종이제품 제조시설 중 약품회수시설, 배연탈황시설), 시멘트 생산, 석회석 생산, 유리 생산, 카바이드 생산, 소다회 생산, 철강 생산 등이 있다.

② 암모니아 생산공정의 원료는 나프타이다.

24 온실가스 배출권거래제의 배출량 보고 및 인증에 관한 지침상 시멘트 생산의 배출활동과 보고대상 배출시설(소성로)에 관한 설명으로 옳지 않은 것은?

① 소성시설(kiln)은 물체를 높은 온도에서 구워내는 시설을 말하며 일종의 열처리 시설에 해당된다.

② 소성의 목적은 소성물질의 종류에 따라 다소 다르나 보통 고온에서 안정된 조직 및 광물상으로 변화시키거나 충분한 강도를 부여함으로써 물체의 형상을 정확하게 유지시키기 위한 목적으로 이용되는 경우가 많다.

③ 시멘트 공정에서의 CO_2 배출특성은 소성시설(kiln)의 생석회 생성량과 연료 사용량 및 폐기물 소각량에 의하여 영향을 받으며, 그 밖에 주원료인 석회석과 함께 점토 등 부원료의 사용량에 의해서도 영향을 받을 수 있다.

④ 소성시설의 보고대상 온실가스는 CO_2, CH_4이다.

해설 시멘트 생산시설 중 보고대상 배출시설은 소성시설로, 보고대상 온실가스는 이산화탄소(CO_2)이다.

25 온실가스 배출권거래제의 배출량 보고 및 인증에 관한 지침상 카바이드에 관한 설명으로 옳지 않은 것은?

① 일반적으로 칼륨의 탄소화합물인 탄산칼륨을 말한다.

② 공업적으로 생석회나 코크스, 무연탄 등의 탄소를 전기로 속에서 가열하여 제조한다.

③ 아세틸렌의 원료로 사용된다.

④ 카바이드 생산공정에서 CO_2가 발생한다.

해설 카바이드(칼슘카바이드)는 칼슘의 탄소화합물로, 탄화칼슘(CaC_2)을 말한다.

26 온실가스 배출권거래제의 배출량 보고 및 인증에 관한 지침상 유리 생산활동에서 융해공정 중 CO_2를 배출하는 주요 원료와 가장 거리가 먼 것은?

① $CaCO_3$
② $MtCO_3$
③ Na_2CO_3
④ $CaMg(CO_3)_2$

해설 유리 생산활동에서의 융해공정 중 CO_2를 배출하는 주요 원료는 석회석($CaCO_3$), 백운석[$CaMg(CO_3)_2$] 및 소다회(Na_2CO_3), 탄산바륨($BaCO_3$), 골회(bone ash), 탄산칼륨(K_2CO_3) 및 탄산스트론튬($SrCO_3$) 등이 있다.

27 온실가스 배출권거래제의 배출량 보고 및 인증에 관한 지침상 석회 생산공정의 보고대상 온실가스를 모두 나열한 것으로 옳은 것은?

① CO_2
② CO_2, CH_4
③ CO_2, N_2O
④ CO_2, CH_4, N_2O

해설 석회 생산공정 중 보고대상 배출시설은 소성시설로, 보고대상 온실가스는 이산화탄소(CO_2)이다.

28 다음은 온실가스 배출권거래제의 배출량 보고 및 인증에 관한 지침상 철강 생산공정의 어떤 공정(시설)을 설명한 것인가?

┤ 보기 ├
아크로와 유도로로 구분하며, 아크로는 주로 대용량의 연강 및 고합금강의 제조에 사용되고 유도로는 주로 고급 특수강이나 주물을 주조하는 데 사용한다.

① 주물로
② 전기로
③ 소성로
④ 특수로

해설 보기는 전기로에 관한 설명이다.
전기로(아크로)는 전기양도체인 전극(탄소봉)에 전류를 통하여 고철과 전극 사이에 발생하는 아크(arc) 열을 이용하여 고철 등 내용물을 산화·정련하며, 산화·정련 후 환원성의 광재로 환원·정련함으로써 탈산·탈황 작업을 하게 된다.

29 온실가스 배출권거래제의 배출량 보고 및 인증에 관한 지침상 고정연소(액체연료) 보고대상 배출시설 중 "공정연소시설"에 해당하지 않는 것은?

① 나프타 분해시설(NCC)

② 배연탈질시설

③ 소둔로

④ 용융 · 용해시설

> **해설** 고정연소(액체연료) 보고대상 배출시설 중 공정연소시설에는 건조시설, 가열시설, 나프타 분해시설(NCC), 용융 · 용해시설, 소둔로, 기타 노가 있다.
> ② 배연탈질시설은 고정연소(액체연료) 중 대기오염물질 방지시설에 해당된다.

30 온실가스 배출권거래제의 배출량 보고 및 인증에 관한 지침상 "부생연료 1호"에 관한 설명으로 옳지 않은 것은?

① 등유성상에 해당하는 제품으로 열효율은 보일러등유와 유사하다.

② 방향족 성분의 다량 함유로 일부 제품은 냄새가 심하며 연소성의 척도인 10% 잔류탄소분이 매우 높으므로 그을음 발생으로 집진시설을 설치해야 한다.

③ 석유화학제품 생산의 전처리과정에서 나오는 제품으로 물성이 다양하며, 목욕탕, 숙박업소 등에서 보일러등유, 경유 등이 연료를 사용하는 상업용 보일러에 대체 연료로 사용된다.

④ 부생연료 1호 사용에 따른 고정연소 배출활동의 경우, 산정등급 1(Tier 1) CO_2 배출계수는 등유계수를 활용하여 온실가스 배출량을 산정한다.

> **해설** ②번의 설명은 부생연료 2호에 관한 설명이다.
> 부생연료 1호는 황분 0.1wt% 이하의 제품으로, 연소설비 사용 시 경질유와 마찬가지로 집진시설 없이 사용이 가능하며, 저온연소성이 보일러등유와 유사하므로 계절에 관계없이 사용 가능하다.

31 온실가스 배출권거래제의 배출량 보고 및 인증에 관한 지침상 폐기물 소각의 보고대상 배출시설과 가장 거리가 먼 것은?

① 일반 소각시설

② 분리형 소각시설

③ 폐가스 소각시설

④ 폐수 소각시설

> **해설** 폐기물 소각의 보고대상 배출시설에는 소각보일러, 일반 소각시설, 고온 소각시설, 열분해시설(가스화시설 포함), 고온 용융시설, 열처리 조합시설, 폐가스 소각시설(배출가스 연소탑, flare stack 등), 폐수 소각시설이 있다.
> ※ ② 분리형 소각시설은 없다.

32 온실가스 배출권거래제의 배출량 보고 및 인증에 관한 지침상 전자산업에서 온실가스 보고대상 배출시설이 옳게 짝지어진 것은?

① 식각시설, 증착시설

② 식각시설, 결정성장로

③ 결정성장로, 증착시설

④ 웨이퍼 세정시설, 잉곳 절단시설

> **해설** 전자산업에서의 온실가스 보고대상 배출시설은 식각시설, 증착시설(CVD 등)이 있으며, 보고대상 온실가스는 불소화합물(FCs)과 아산화질소(N_2O)가 있다.

33 온실가스 배출권거래제의 배출량 보고 및 인증에 관한 지침상 "관리형 매립지−혐기성"의 MCF 기본값(메탄 보정계수)은?

① 1.0   ② 0.5

③ 0.4   ④ 0.1

[해설] MCF 기본값의 구분

   ㉠ 관리형 매립지−혐기성 : 1.0

   ㉡ 관리형 매립지−준호기성 : 0.5

   ㉢ 비관리형 매립지−매립고 5m 이상 : 0.8

   ㉣ 비관리형 매립지−매립고 5m 미만 : 0.4

   ㉤ 기타 : 0.6

34 온실가스 배출권거래제의 배출량 보고 및 인증에 관한 지침상 카프로락탐 생산과 관련한 배출활동에 관한 설명으로 옳지 않은 것은?

① 카프로락탐 생산공정은 출발 원료에 따라 사이클로헥산, 페놀 및 톨루엔의 3가지로 대별할 수 있다.

② 카프로락탐 생산공정에서 사이클로헥산은 촉매 존재하에 사이클로헥사논과 사이크로헥사놀로 산화된다.

③ 사이클로헥사놀은 탈수소 촉매하에서 사이클로헥사논으로 전환된다.

④ 카프로락탐 생산공정에서 온실가스를 배출하는 단위공정은 불소성분에 의한 SF_6 배출공정과 접촉개질 분해반응에 의한 CH_4 배출공정으로 구분한다.

[해설] 카프로락탐 생산공정은 다양한 단위공정으로 구성되며, 온실가스를 배출하는 단위공정은 배출되는 온실가스의 종류에 따라 원료 중 탄소성분에 의해 CO_2를 배출하는 CO_2 배출공정과 하이드록실아민 반응에 의해 N_2O를 배출하는 N_2O 배출공정으로 구분할 수 있다.

35 온실가스 배출권거래제의 배출량 보고 및 인증에 관한 지침상 마그네슘 생산 시 주조공정에서 용융된 마그네슘의 사용 및 처리 공정에서 사용하는 표면가스로 가장 적합한 것은 어느 것인가?

① SF_6

② CH_4

③ N_2O

④ CO_2

[해설] 일반적으로 마그네슘 산업에서는 SF_6를 표면가스로 사용하지만, 최근 기술개발과 SF_6 대체에 대한 요구에 의하여 SF_6를 대체하는 표면가스를 도입하고 있다.

향후 10년 이내에 SF_6를 대체할 수 있는 표면가스로는 fluorinated hydrocarbon HFC−134a, fluorinated ketone FK 5−1−12[$C_3F_7C(O)C_2F_5$] 등이 있다.

36 다음 중 온실가스 배출권거래제의 배출량 보고 및 인증에 관한 지침상 카프로락탐 생산공정에서 보고대상 온실가스로만 옳게 나열된 것은 어느 것인가?

① CO_2, CH_4

② CH_4, N_2O

③ CO_2, N_2O

④ CO_2, CH_4, N_2O

[해설] 카프로락탐 생산공정의 보고대상 배출시설은 CO_2 제조공정, 하이드록실아민 공정, 기타 제조공정이 있으며, 보고대상 온실가스에는 CO_2, N_2O가 있다.

37 온실가스 배출권거래제의 배출량 보고 및 인증에 관한 지침상 석유 정제공정 배출의 보고대상 배출시설에 해당하지 않은 것은?

① 수소 제조시설
② 하이드록실아민 제조시설
③ 촉매 재생시설
④ 코크스 제조시설

해설 석유 정제공정 중 보고대상 배출시설에는 수소 제조시설, 촉매 재생시설, 코크스 제조시설이 있다.
② 하이드록실아민 제조시설은 카프로락탐 생산의 보고대상 배출시설이다.

38 온실가스 배출권거래제의 배출량 보고 및 인증에 관한 지침상 온실가스 배출시설 중 고정연소 배출시설이 아닌 것은?

① 열병합 발전시설
② 일반 보일러시설
③ 공정연소시설
④ 수상항해 선박

해설 고정연소 보고대상 배출시설에는 화력발전시설, 열병합 발전시설, 발전용 내연기관, 일반 보일러시설, 공정연소시설, 대기오염물질 방지시설이 있다.
④ 수상항해 선박은 이동연소(선박)에 해당된다.

39 옥탄가가 낮은 경질 유분의 탄화수소 구조를 바꾸어 옥탄가가 높은 유분으로 변환시키는 공정은?

① 메록스(Merox)
② 수첨탈황(hydrodesulfurization)
③ 개질(reforming)
④ 감압증류(vaccum distillaton)

해설 원유 정제공정 중 개질(reforming) 공정은 저옥탄가의 나프타를 백금계 촉매하에서 수소를 첨가·반응시킴으로써 휘발유의 주성분인 고옥탄가의 접촉개질유(reformate)를 생산하는 공정이다.

40 농업 작물, 농임산 부산물 또는 유기성 폐기물 등으로 생물 또는 생물기원의 모든 유기체 및 유기물을 포함하여 에너지를 생산하기 위한 원료로 사용되기도 하는 것은?

① 원유
② 부생연료
③ 바이오매스
④ 코크스

해설 바이오매스에 관한 설명으로, 재생 가능한 에너지로 변환될 수 있는 생물자원 및 생물자원을 이용해 생산한 연료를 말한다.
① 원유(crude oil) : 자연적으로 발생하며 다양한 농도 및 점도를 가지는 탄화수소의 혼합물로 구성된 광물성 오일
④ 가스 코크스(가스공장 코크스, gas coke) : 가스공장에서 가스의 생산을 위해 이용된 원료탄의 부산물(가열을 위해 이용됨)

제3과목 온실가스 산정과 데이터 품질관리

41 LNG를 원료로 사용하는 연료전지공장을 운영하는 어떤 관리업체가 연료전지 원료 LNG를 100만 Nm^3 사용하였다. 이때 온실가스 배출량을 산정할 경우 발생된 온실가스량(tCO_2-eq)은? (단, LNG 밀도 $=1.965kg/Nm^3$, 배출계수 $=2.6928tCO_2/t-LNG$)

① 5291.4
② 5291352.0
③ 2692.8
④ 2692800.0

해설 온실가스 발생량
= 원료 사용량(Nm^3)
$\times$ 원료 밀도($kg-$원료$/Nm^3$)
$\times$ 배출계수($tCO_2/t-$원료)
$\times 10^{-3}kg-$원료$/t-$원료
$=1,000,000Nm^3$
$\times 1.965kg-LNG/Nm^3$
$\times 2.6928tCO_2/t-LNG$
$\times 10^{-3}kg-LNG/t-LNG$
$=5291.352 \fallingdotseq 5291.4tCO_2-eq$

42 온실가스 배출권거래제의 배출량 보고 및 인증에 관한 지침상 온실가스 측정불확도 산정절차로 옳은 것은?

┤ 보기 ├
- ㉠ 매개변수의 불확도 산정
- ㉡ 사전검토
- ㉢ 배출시설에 대한 불확도 산정
- ㉣ 사업장 또는 업체에 대한 불확도 산정

① ㉠ → ㉡ → ㉢ → ㉣
② ㉡ → ㉠ → ㉢ → ㉣
③ ㉢ → ㉠ → ㉡ → ㉣
④ ㉣ → ㉠ → ㉡ → ㉢

해설 온실가스 측정불확도 산정절차
사전검토 → 매개변수의 불확도 산정 → 배출시설에 대한 불확도 산정 → 사업장 또는 업체에 대한 불확도 산정

43 온실가스 배출권거래제의 운영을 위한 검증지침상 온실가스 배출량 등의 검증절차 중 아래의 Ⓐ에 들어갈 검증절차로 옳은 것은?

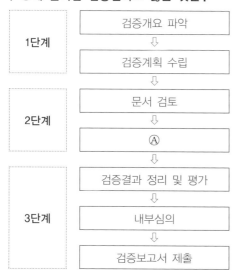

1단계	검증개요 파악
	⇩
	검증계획 수립
2단계	문서 검토
	⇩
	Ⓐ
	⇩
3단계	검증결과 정리 및 평가
	내부심의
	⇩
	검증보고서 제출

① 검증범위 확인   ② 오류의 평가
③ 현장검증   ④ 중요성 평가

해설 온실가스 배출량 등의 검증절차
검증개요 파악 → 검증계획 수립 → 문서 검토 → 현장검증 → 검증결과 정리 및 평가 → 내부심의 → 검증보고서 제출

44 온실가스 배출권거래제하에서 직접배출원 중 원료나 연료의 생산, 중간생성물의 저장·이송 과정에서 대기 중으로 배출되는 배출원을 의미하는 것은?

① 고정연소배출
② 이동연소배출
③ 탈루배출
④ 공정배출

해설 탈루배출에는 석탄 채굴 및 처리활동, 석유 산업, 천연가스 산업 등의 배출활동이 있다.

45 온실가스 배출권거래제의 배출량 보고 및 인증에 관한 지침상 석탄 채굴 및 처리활동에서의 탈루성 보고대상 배출시설은 지하탄광, 처리 및 저장에 의한 탈루배출시설이 있다. 이 활동에서 보고대상 온실가스는?

① CO_2 ② CH_4
③ N_2O ④ SF_6

해설 석탄 채굴 및 처리활동에서의 보고대상 온실가스는 메탄(CH_4)이다.

46 온실가스 배출 경계범위 적용에서 직접배출에 해당되지 않는 것은?

① 고정연소   ② 이동연소
③ 공정배출   ④ 구매스팀

해설 온실가스 직접배출에는 고정연소, 이동연소, 공정배출, 탈루배출이 있다.
④ 외부로부터 구매한 스팀(열)이나 전기의 경우 간접배출에 해당된다.

47 온실가스 배출권거래제의 배출량 보고 및 인증에 관한 지침에서 이동연소(도로)의 Tier 2 산정방법론에 대한 설명이다. CH₄ 및 N₂O 배출량 산정 시 요구되는 활동자료에 관한 설명으로 ( )에 가장 부적합한 것은?

┤ 보기 ├
Tier 2 산정방법은 ( ), ( ), ( )을 활동자료로 하고 국가 고유계수를 적용하여 배출량을 산정하는 방법이다.

① 주행거리
② 연료 종류별
③ 차종별
④ 제어기술별 연료 사용량

해설 Tier 2 산정방법은 연료 종류별, 차종별, 제어기술별 연료 사용량을 활동자료로 하고, 국가 고유계수를 적용하여 배출량을 산정하는 방법이다.

48 A씨는 하루 30L의 휘발유를 소모한다. 이로 인해 매일 A씨가 지구온난화에 기여하는 이산화탄소의 하루 동안의 배출총량(kgCO₂/일)은? (단, 순발열량은 30.3MJ/L(Tier 2), 차량용 휘발유의 CO₂ 배출계수는 69,300kg/TJ이다.)

① 123
② 92
③ 85
④ 63

해설 온실가스 배출량(kgCO₂/일)
= 연료 사용량(L/일) × 순발열량(MJ/L)
$\times$ CO₂ 배출계수(kgCO₂/TJ)
$\times 10^{-6}$TJ/MJ
= 30L/일 × 30.3MJ/L × 69,300kg/TJ
$\times 10^{-6}$TJ/MJ
= 62.994 ≒ 63kgCO₂/일

49 온실가스 배출권거래제의 배출량 보고 및 인증에 관한 지침상 Tier 1A 방법에 따른 아연 생산공정의 보고대상 온실가스 배출량(tCO₂)은?

(단, 생산된 아연의 양 2,000톤, 아연 생산량당 기본배출계수 1.72tCO₂/t, 건식 야금법에 대한 아연 생산량당 배출계수 0.43tCO₂/t, Waelz Kiln 과정에 대한 아연 생산량당 배출계수 3.66tCO₂/t)

① 860
② 3,440
③ 7,320
④ 11,620

해설 $E_{CO_2} = Zn \times EF_{\text{default}}$
여기서, E_{CO_2} : 아연 생산으로 인한 CO₂ 배출량 (tCO₂)
Zn : 생산된 아연의 양(t)
EF_{default} : 아연 생산량당 배출계수 (tCO₂/t − 생산된 아연)
∴ 온실가스 배출량
= 2,000t − 생산된 아연
× 1.72tCO₂/t − 생산된 아연
= 3,440tCO₂

50 온실가스 목표관리 운영 등에 관한 지침에서 정한 온실가스가 아닌 것은?

① CFCs
② HFCs
③ PFCs
④ SF₆

해설 온실가스란 적외선 복사열을 흡수하거나 재방출하여 온실효과를 유발하는 가스 상태의 물질로, 이산화탄소(CO₂), 메탄(CH₄), 아산화질소(N₂O), 수소불화탄소(HFCs), 과불화탄소(PFCs) 또는 육불화황(SF₆) 등을 말한다.

51 다음은 온실가스 배출권거래제의 배출량 보고 및 인증에 관한 지침에서 연속측정방법의 배출량 산정방법 및 측정기기의 설치·관리 기준 중 굴뚝 연속자동측정기와 배출가스 유량계 측정자료의 수치맺음 및 배출량 산정기준이다. ( ) 안에 알맞은 것은?

┤ 보기 ├
자동측정자료의 배출량 산정기준으로 월 배출량은 g 단위의 (㉠)을 월 단위로 합산하고, kg 단위로 환산한 후, (㉡) 산정한다.

① ㉠ 10분 배출량,
　㉡ 소수점 이하는 버림 처리하여 정수로
② ㉠ 30분 배출량,
　㉡ 소수점 이하는 버림 처리하여 정수로
③ ㉠ 10분 배출량,
　㉡ 소수점 둘째 자리에서 반올림 처리
　하여 소수 첫째 자리까지
④ ㉠ 30분 배출량,
　㉡ 소수점 둘째 자리에서 반올림 처리
　하여 소수 첫째 자리까지

해설 자동측정자료의 배출량 산정기준
　㉠ 30분 배출량은 g 단위로 계산하고, 소수점 이하는 버림 처리하여 정수로 산정한다.
　㉡ 월 배출량은 g 단위의 30분 배출량을 월 단위로 합산하고, kg 단위로 환산한 후, 소수점 이하는 버림 처리하여 정수로 산정한다.

52 품질관리(QC) 활동 목적과 관련된 설명으로 틀린 것은?

① 자료의 무결성, 정확성 및 완전성을 보장하기 위한 일상적이고 일관적인 검사의 제공
② 오류 및 누락의 확인 및 설명
③ 배출량 산정자료의 문서화 및 보관, 모든 품질관리활동의 기록
④ 독립적인 제3자에 의한 검토

해설 ④ 독립적인 제3자에 의한 검토는 품질보증(QA)에 해당된다.

53 온실가스 배출권거래제의 배출량 보고 및 인증에 관한 지침에 따른 시멘트 생산과정에서의 온실가스 배출량 산정에 대한 설명으로 틀린 것은?

① Tier 1 방법론 적용 시 시멘트킬른먼지(CKD)의 하소율 측정값이 없다면 100% 하소를 가정한다.
② Tier 2 방법론 적용 시 시멘트킬른먼지(CKD)의 하소율 측정값이 없다면 100% 하소를 가정한다.
③ Tier 3 방법론 적용 시 클링커의 CaO 및 MgO 성분을 측정·분석하여 배출계수를 개발하여 활용한다.
④ Tier 3 방법론 적용 시 클링커에 남아 있는 소성되지 않은 CaO 측정값이 없을 경우 기본값인 1.0을 적용한다.

해설 Tier 3 방법론 적용 시 소성되지 않은 CaO는 $CaCO_3$ 형태로 클링커에 남아 있는 CaO 및 비탄산염 종류로 킬른에 들어가서 클링커에 있는 CaO를 의미한다. 측정값이 없을 경우 기본값인 '0'을 적용한다.

54 온실가스 배출권거래제의 배출량 보고 및 인증에 관한 지침상 고체연료를 고정연소하는 배출시설이 Tier 2를 적용받을 경우 매개변수별 관리기준에 관한 설명으로 옳지 않은 것은?

① 활동자료는 사업자 또는 연료공급자에 의해 측정된 측정불확도 ±2.5% 이내의 연료 사용량 자료를 활용한다.
② 열량계수는 국가 고유발열량값을 사용한다.
③ 배출계수는 국가 고유배출계수를 사용한다.
④ 산화계수는 발전 부문 0.99, 기타 부문 0.98을 적용한다.

해설 ① Tier 2의 경우 측정불확도 ±5.0% 이내의 연료 사용량 자료를 활용한다.

55 온실가스 배출권거래제의 배출량 보고 및 인증에 관한 지침상 석유 정제공정 배출의 보고대상 배출시설이 아닌 것은?

① 수소 제조시설
② 촉매 재생시설
③ 코크스 제조시설
④ 실리콘카바이드 제조시설

해설 석유 정제공정 배출의 보고대상 배출시설은 수소 제조시설, 촉매 재생시설, 코크스 제조시설이 있다.
④ 실리콘카바이드 제조시설은 카바이드 생산의 보고대상 배출시설에 해당된다.

56 품질보증(QA) 활동 중 배출량 정보 자체검증(내부검사)에 대한 설명으로 (   )에 들어갈 내용이 올바르게 짝지어진 것은?

┤ 보기 ├
평가된 위험을 완화하기 위하여 할당대상 업체는 온실가스 산정 근거자료에 대하여 (㉠)을 수행하고 이를 문서화한다.
산정 관련 (㉡), (㉢) 등을 포함한 자체검증계획을 수립하고 이에 따라 검증하며, 검증결과 발견된 오류 및 수정결과를 보고서 형태로 작성할 수 있다.

① ㉠ 자체검증, ㉡ 서류 검토, ㉢ 현장 점검
② ㉠ 자체감사, ㉡ 서류 심사, ㉢ 현장 조사
③ ㉠ 자체검증, ㉡ 서류 검토, ㉢ 현장 조사
④ ㉠ 내부감사, ㉡ 서류 심사, ㉢ 현장 점검

해설 평가된 위험을 완화하기 위하여 할당대상 업체는 온실가스 산정 근거자료에 대하여 자체검증을 수행하고 이를 문서화한다. 산정 관련 서류 검토, 현장 점검 등을 포함한 자체검증계획을 수립하고 이에 따라 검증하며, 검증결과 발견된 오류 및 수정결과를 보고서 형태로 작성할 수 있다.

57 소다회를 생산하는 업체로 트로나 광석을 45,000t 사용할 때 발생되는 온실가스 배출량(tCO_2)은?
(단, 이때 배출계수는 0.097tCO_2/t-Trona)

① 4,325   ② 4,365
③ 4,435   ④ 4,475

해설 $E_{CO_2} = AD \times EF$
여기서, E_{CO_2} : 소다회 생산공정에서의 CO_2 배출량(tCO_2)
AD : 사용된 트로나(Trona) 광석의 양 또는 생산된 소다회의 양(ton)
EF : 배출계수(tCO_2/t-Trona 투입량, tCO_2/t-소다회 생산량)
∴ 온실가스 배출량
= 45,000t-Trona
× 0.097tCO_2/t-Trona
= 4,365 tCO_2

58 온실가스 배출권거래제의 배출량 보고 및 인증에 관한 지침상 온실가스 배출량 등의 산정절차를 순서대로 나열한 것은?

① 조직경계의 설정 → 모니터링 유형 및 방법의 설정 → 배출활동별 배출량 산정방법론 선택 → 배출량 산정 및 모니터링 체계의 구축
② 배출량 산정 및 모니터링 체계의 구축 → 조직경계의 설정 → 모니터링 유형 및 방법의 설정 → 배출활동별 배출량 산정방법론 선택
③ 모니터링 유형 및 방법의 설정 → 조직경계의 설정 → 배출량 산정 및 모니터링 체계의 구축 → 배출활동별 배출량 산정방법론 선택
④ 조직경계의 설정 → 모니터링 유형 및 방법의 설정 → 배출량 산정 및 모니터링 체계의 구축 → 배출활동별 배출량 산정방법론 선택

해설 배출량 등의 산정절차

조직경계의 설정 → 배출활동의 확인·구분 → 모니터링 유형 및 방법의 설정 → 배출량 산정 및 모니터링 체계의 구축 → 배출활동별 배출량 산정방법론의 선택 → 배출량 산정(계산법 혹은 연속측정방법) → 명세서의 작성

59 온실가스 배출권거래제의 배출량 보고 및 인증에 관한 지침에 따른 이동연소(선박)의 온실가스 배출량 산정방법에 대한 설명 중 옳은 것은?

① 보고대상 온실가스는 CO_2, CH_4, N_2O 이다.
② 국제 수상 운송에 의한 온실가스 배출량은 산정대상이다.
③ Tier 4 산정방법론이 있다.
④ Tier 2 배출계수는 사업자가 자체 개발한 계수이다.

해설 ② 국제 수상 운송(국제 벙커링)에 의한 온실가스 배출량은 산정·보고에서 제외한다.
③ 산정방법론은 Tier 1~3가 있다.
④ 사업자가 자체 개발한 계수는 Tier 3 배출계수이다.

60 온실가스 배출권거래제의 배출량 보고 및 인증에 관한 지침상 배출활동별 온실가스 배출량 등의 세부 산정기준에 대한 설명으로 잘못된 것은?

① 사업장별 배출량은 정수로 보고한다.
② 배출활동별 배출량 세부 산정 중 활동자료의 보고값은 소수점 넷째 자리에서 반올림하여 셋째 자리까지로 한다.
③ 사업장 고유배출계수 개발 시, 활동자료 측정주기와 동 활동자료에 대한 조성분석 주기를 기준으로 가중평균을 적용한다.
④ 석유제품의 기체연료는 15℃, 1기압 상태의 체적과 관련된 활동자료를 사용한다.

해설 석유제품의 기체연료에 대해 특별한 언급이 없으면 모든 조건은 0℃, 1기압 상태의 체적과 관련된 활동자료이고, 액체연료는 15℃를 기준으로 한 체적을 적용한다.

제4과목 온실가스 감축관리

61 하·폐수 처리시설에서 온실가스 배출량을 줄이는 방법으로는 소화조에서 배출되는 소화가스의 회수 및 이용과 시설 개선에 의한 에너지 이용 효율을 높이는 방법 등이 있다. 다음 중 소화조의 효율을 악화시키는 요인이 아닌 것은?

① 낮은 유기물 함량
② 소화조 내 온도 저하
③ 가스발생량의 저하
④ pH 상승

해설 혐기성 소화조의 소화효율 개선방법
㉠ 소화조 내 스컴층 및 하부 침적물 제거를 위한 준설공사 실시
㉡ 소화가스 내 함유된 불순물 제거를 위한 여과기, 수분제거기 설치
㉢ 분류식 하수도를 이용하여 모래 및 흙의 동시유입 방지
㉣ 소화조 내 운전온도(30~47℃) 유지
㉤ 적정 pH(7.2~8.2) 유지

62 보일러의 효율을 높여 온실가스 배출량을 줄이기 위한 방법으로 적합하지 않은 것은?

① 보일러에 공급되는 물을 예열한다.
② 연소를 위해 공급되는 공기를 예열한다.
③ 증기과열기를 연도에 설치한다.
④ 배기가스의 온도를 높게 유지한다.

해설 열손실을 줄이기 위해서는 배기가스 온도를 감소시켜야 한다.

Answer 59.① 60.④ 61.④ 62.④

63 CCS(Carbon Capture Storage)에 관한 설명으로 거리가 먼 것은?

① CCS 기술은 발전소 및 각종 산업에서 발생하는 CO_2를 대기로 배출시키기 전에 고농도로 포집·압축·수송하여 안전하게 저장하는 기술로 정의될 수 있다.

② CCS 중 포집은 배가스로부터 CO_2만을 선택적으로 분리포집하는 기술을 의미한다.

③ 포집은 세부 기술에 따라, 연소 후 포집, 연소 전 포집, 순산소 연소포집기술로 구분할 수 있다.

④ CCS는 처리비용이 저렴하나, CO_2 제거효율은 낮아 소규모 사업장에서 다소 타당성이 있다.

해설 ④ CCS는 처리비용이 비싸지만, CO_2 제거효율이 높아 대규모 시설(발전소 등)에서 타당성이 크다.

64 한계저감비용(MAC ; Marginal Abatement Cost)에 관한 설명으로 옳은 것은?

① 온실가스 1톤을 줄이는 데 소요되는 비용이다.

② 온실가스 감축수단별 초기 비용을 제외한 1년간 운영비를 반영한 비용이다.

③ 온실가스 감축을 위한 운영비용은 반영하지 않는다.

④ 총사업기간 중 최초 1년간 감축에 지출된 비용만 반영한다.

해설 한계저감비용(MAC)은 온실가스 1톤을 감축하는 데 드는 비용으로, MAC를 산정하기 위해서는 저감기술의 투자비용(시설비, 운영비 등), 관련 수익(에너지 저감에 따른 비용 절감액 등), 온실가스 감축량 등이 필요하다.

65 온실가스 배출량 산정 및 보고 원칙과 가장 거리가 먼 것은?

① 완전성
② 윤리성
③ 일관성
④ 투명성

해설 온실가스 배출량 산정 및 보고 원칙
㉠ 투명성 : 배출량 산정원칙을 준수하고, 배출량 산정에 적용되는 데이터 및 정보관리과정을 투명하게 알 수 있도록 작성되어야 한다.
㉡ 일관성 : 동일 배출시설 및 배출활동에 관한 데이터는 상호 비교가 가능하도록 가능한 한 일관성을 유지하여야 한다.
㉢ 정확성 : 관리업체는 배출량의 정확성을 제고할 수 있도록 모니터링 계획을 수립하여야 한다.
㉣ 완전성 : 산정범위에 해당하는 모든 배출원에 대한 누락이 없어야 한다.

66 CDM 사업계획서(PDD)의 구성항목에 관한 내용으로 옳지 않은 것은?

① A : 프로젝트 활동에 대한 일반사항 기술
② B : 베이스라인 및 모니터링 방법론의 적용
③ C : 프로젝트 활동 이행기간, 유효기간
④ D : 프로젝트 활동에 대한 평가

해설 PDD의 구성항목
㉠ 프로젝트에 대한 일반적인 설명
㉡ 베이스라인 방법론에 대한 설명
㉢ 프로젝트 수행기간 및 유효(크레디트) 기간
㉣ 모니터링 방법론 및 계획
㉤ 배출원별 온실가스 배출량 계산
㉥ 환경에 미치는 영향에 대한 기술
㉦ 이해당사자의 의견

67 감축목표의 설정방식 중 원단위를 이용하는 방식의 온실가스 배출량 표현방법으로 틀린 것은 어느 것인가?

① 에너지사용량 대비 온실가스 배출량
② 제품생산량 대비 온실가스 배출량
③ 생산공정 대비 온실가스 배출량
④ 매출액 대비 온실가스 배출량

해설 원단위란 어떤 제품 또는 용역 1단위를 산출하는 데 투입된 재화(자본, 시간, 에너지 등)의 단위를 의미하며, 일반적으로 GDP, 제품생산량, 에너지사용량, 매출액 등을 기준으로 한다.

68 외부사업의 모니터링 원칙에 대한 설명으로 옳지 않은 것은?

① 모니터링 방법은 등록된 사업계획서 및 승인방법론을 준수하여야 한다.
② 외부사업은 불확도를 최소화할 수 있는 방식으로 측정되어야 한다.
③ 외부사업 온실가스 감축량 산정에 필요한 데이터의 추정 시, 값은 객관적으로 적용되어야 한다.
④ 외부사업 온실가스 감축량은 일관성, 재현성, 투명성 및 정확성을 갖고 산정되어야 한다.

해설 ③ 외부사업 온실가스 감축량 산정에 필요한 데이터의 추정 시, 값은 보수적으로 적용되어야 한다.

69 연소 전 포집기술에 대한 설명으로 (   )에 들어갈 말로 가장 맞게 짝지어진 것은?

┤ 보기 ├
연소 전 CO_2 포집기술이란 화석연료를 부분 산화시켜 (㉠)를 제조하고, 연이어 (㉡) 전이반응을 통해 합성가스를 수소와 이산화탄소로 전환한 후, 수소 또는 이산화탄소를 분리함으로써 굴뚝 배가스로 배출 전에 CO_2를 분리하는 기술을 말한다.

① ㉠ 합성가스, ㉡ 수성가스
② ㉠ 연소가스, ㉡ 수성가스
③ ㉠ 산화가스, ㉡ 혼합가스
④ ㉠ 합성가스, ㉡ 혼합가스

해설 연소 전 CO_2 포집기술이란 다양한 화석연료를 부분 산화시켜 합성가스(H_2+CO)를 제조하고, 연이어 수성가스 전이반응을 통해 합성가스를 수소와 이산화탄소로 전환한 후, 수소 또는 이산화탄소를 분리함으로써 굴뚝 배가스로 배출 전에 CO_2를 분리하는 기술을 말한다.

70 목표관리제에서 조기감축실적 인증기준으로 틀린 것은?

① 관리업체의 조직경계 안에서 발생한 것에 한하여 그 실적을 인정한다. 다만, 복수의 사업자가 참여하여 조직경계 외에서 실적이 발생한 경우에는 이를 인정할 수 있다.
② 국내와 해외에서 실시한 행동에 의한 감축분에 대하여 그 실적을 인정한다.
③ 관리업체 사업장 단위에서의 감축분 또는 사업 단위에서의 감축분에 대하여 인정할 수 있다.
④ 실적으로 인정되기 위해서는 조기행동으로 인한 감축이 실제적이고 지속적이어야 하며, 정량화되어야 하고 검증 가능하여야 한다.

해설 ② 조기감축실적은 국내에서 실시한 행동에 의한 감축분에 한하여 그 실적을 인정한다.

71 다음 중 배출시설별 그룹과 산정기준이 옳지 않은 것은?

① A철강업체는 철강 생산과정에서 연간 200만톤(tCO_2-eq)의 온실가스를 배출하여 C그룹으로 분류되어 배출량 산정은 Tier 3을 적용한다.

② B운수업체는 항공 부문에서 연간 60만톤(tCO_2-eq)의 온실가스를 배출하여 C그룹으로 분류되어 배출량 산정은 Tier 1을 적용한다.

③ C반도체회사는 LCD 생산과정에서 연간 2만톤(tCO_2-eq)의 온실가스를 배출하여 A그룹으로 분류되어 배출량 산정은 Tier 1을 적용한다.

④ D화학업체는 암모니아 생산과정에서 연간 120만톤(tCO_2-eq)의 온실가스를 배출하여 C그룹으로 분류되어 배출량 산정은 Tier 1을 적용한다.

해설 연간 50만톤 이상을 배출하는 경우 C그룹에 해당되며, 이동연소(항공)의 경우 산정방법론은 Tier 2를 적용한다.

72 최근 온실가스 처리 및 재활용 문제의 일환인 CO_2의 화학적 전환처리기술 중 촉매화학법의 전환생성물로 옳지 않은 것은? (단, CO_2의 화학적 전환처리기술은 촉매화학법, 전기화학법, 광화학법 등이 있다.)

① CO_2에서 CO로의 전환
② CO_2에서 HCOOH와 HCHO로의 전환
③ CO_2에서 CH_4와 O_2로의 전환
④ CO_2에서 CH_3OH로의 전환

해설 촉매화학법의 전환생성물은 다음과 같다.
ⓐ $CO_2 + 2H^+ + 2e^- \longrightarrow CO + H_2O$
ⓑ $CO_2 + 2H^+ + 2e^- \longrightarrow HCOOH$
ⓒ $CO_2 + 4H^+ + 4e^- \longrightarrow HCHO + H_2O$
ⓓ $CO_2 + 6H^+ + 6e^- \longrightarrow CH_3OH + H_2O$
ⓔ $CO_2 + 8H^+ + 8e^- \longrightarrow CH_4 + 2H_2O$

73 감축프로젝트에 의한 온실가스 감축량을 산정하고자 할 때 감축량($tonCO_2$/yr)은?

┤ 보기 ├
• 프로젝트 배출량=15,000$tonCO_2$/yr
• 베이스라인 배출량=3,000$kgCO_2$/hr
• 누출량=1,000$kgCO_2$/day
• 1년은 365일로 계산

① 10,616　　② 10,714
③ 10,813　　④ 10,915

해설 온실가스 감축량
＝베이스라인 배출량－프로젝트 배출량－누출량
$$= (3,000kgCO_2/hr \times 24hr/day \times 365day/yr \times 10^{-3}ton/kg)$$
$$\quad - 15,000tonCO_2/yr$$
$$\quad - (1,000kgCO_2/day \times 365day/yr \times 10^{-3}ton/kg)$$
$$= 10,915 tonCO_2/yr$$

74 미래의 운송수단을 위하여 연료전지와 연계된 수소 저장기술은 현재 중요한 이슈(issue)가 되고 있는데, 다음 중 수소의 저장기술과 관련한 설명으로 잘못된 것은?

① 수소저장합금은 안정성이 크고 가벼운 반면, 체적밀도가 크며 열에 의한 방출이 어려운 특성을 갖고 있다.

② 고압기체수소 저장방법은 수소를 15MPa 내외로 저장하는 것으로, 보다 많은 양의 수소를 저장하기 위해 철강재료가 아닌 복합재료를 이용하여 30MPa 이상까지 저장할 수 있는 초고압 저장기술이 연구개발되고 있다.

Answer　71.② 72.③ 73.④ 74.①

③ 수소저장합금에 의한 수소 저장기술은 실용화 단계에 있는데, 현재 가장 널리 사용되는 LaNi계 및 FeTi계 합금의 수소 저장량은 1~2wt%에 불과하지만 Mg계 합금의 수소 저장량은 5~7wt%에 달하고 있다.

④ 제올라이트(Zeolite)의 물리화학적 특성과 분말이라는 물리적인 특성을 이용하여 수소의 저장시스템으로 활용하고자 하는 연구들이 1960년대 초반부터 시작되었는데, 미국의 Sandra Laboratory에서는 제올라이트와 함께 구조화합물을 이용한 연구가 진행되고 있다.

해설 수소가스의 저장법으로는 금속산화물에 흡착시키는 방법이 오늘날 가장 유망하다. 마그네슘을 비롯하여 금속 중에는 수소를 잘 흡수하는 금속수산화물이 들어있는데, 이를 수소저장합금이라고 한다. 이 합금은 일정량의 열을 가해서 압력을 감소시키면 흡수한 수소를 다시 방출하는 성질이 있다. 따라서 수소를 잘 흡수하는 금속 분말에 흡착시켜 수송하거나 저장할 수 있다. 이 방법을 쓰면 가스를 저장하는 경우보다 1/3~1/5 정도로 부피를 줄일 수 있고, 폭발될 염려도 없다.

75 베이스라인 설정 시 기준이 되는 원칙으로 알맞은 것은?

① 투명성과 보수성 ② 투명성과 합리성
③ 보수성과 객관성 ④ 객관성과 합리성

해설 CDM의 베이스라인방법론으로는 투명성의 원칙과 보수성의 원칙을 따라야 한다.

76 베이스라인 접근법 중 기술의 성능을 고려하여 베이스라인 시나리오를 선정할 때 사용할 수 있는 접근법의 내용으로 ( )에 알맞은 값은?

보기
비슷한 사회, 경제, 환경 및 기술적 조건에서 과거 (㉠)년간 수행된 유사 사업들의 평균 배출량. 단, 평균에 포함된 사업들의 기술성능은 상위 (㉡)%에 속해야 함.

① ㉠ 5, ㉡ 10 ② ㉠ 5, ㉡ 20
③ ㉠ 10, ㉡ 10 ④ ㉠ 10, ㉡ 20

해설 베이스라인 접근법은 비슷한 사회, 경제, 환경 및 기술적 조건에서 과거 5년간 수행된 유사 사업들의 평균배출량이다. 단, 평균에 포함된 사업들의 기술성능은 상위 20%에 속해야 하며, 이는 현재 또는 과거의 실제 배출량을 기준으로 한다.

77 CO_2 포집기술에 관한 내용으로 ( )에 옳은 내용은?

보기
( ) 공정은 CO_2를 포집하기 위하여 여러 성분이 혼합된 가스기류 중에서 목적성분을 다른 성분보다 선택적으로 통과시키는 소재를 이용하여 목적성분만을 분리하는 공정을 말한다.

① 막분리 ② 흡착
③ 저온냉각분리 ④ 건식 세정

해설 ② 흡착 : 고농도 H_2 분리·회수에 사용되고 있는 방식으로 PSA 공정이 널리 사용되고 있고, CO_2의 경우 40~50% 농도로 분리되며, 고농도 CO_2로 분리·회수하기 위해서는 분리공정을 한 번 더 거쳐야 한다.
③ 저온냉각분리(심랭법) : 혼합가스에서 연소배가스의 경우 다른 혼합가스 성분을 변화시키지 않고 CO_2만의 상변화를 위해 몇 단계를 거치는 고농도 CO_2가스 혼합물의 압축과 냉각을 반복한다.
※ ④ 건식 세정은 CO_2 포집기술이 아니다.

78 조기감축실적 인정가능대상 사업의 유형과 관계가 가장 적은 것은?

① 산업통상자원부 – 온실가스 감축실적 등록사업

② 농림부 – 농업, 농촌 자발적 온실가스 감축사업

③ 환경부 – 온실가스 배출권거래제 시범사업

④ 국토교통부 – 에너지 목표관리 시범사업

해설 위 문제는 출제된 이후에 법이 개정되면서 관련 법 조항이 삭제되었습니다. 따라서 이 문제는 학습하지 않으셔도 됩니다.

79 연료를 대체하여 온실가스를 감축하기 위한 기술로 가장 적합한 것은?

① 보일러에서 사용하는 B–C유를 LNG로 대체한다.

② 발전소 증기터빈 보일러에 사용하는 연료를 등유에서 무연탄으로 대체한다.

③ 스팀보일러의 연료로 사용하는 우드칩과 폐목을 LNG로 대체한다.

④ 공장의 LNG보일러를 경유보일러로 대체한다.

해설 B–C유(벙커씨유)에서 발생하는 온실가스 및 오염물질의 양이 많은 편이며, 이를 천연가스(LNG)로 대체함으로써 저탄소 연료 전환에 따른 온실가스 감축효과를 얻고 있다.

80 아래의 그림은 온실가스 감축활동을 유도하는 정책수단이다. 이 제도의 이름은 무엇인가?

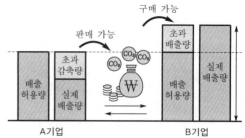

① 공동이행(JI)

② 목표관리제

③ 배출권거래제(ET)

④ 청정기술개발(CDM)

해설 문제의 그림은 초과감축량을 배출권으로 판매하여 구매하는 경제적 유인책인 배출권거래제(ET ; Emission Trading)를 의미한다.

제5과목 **온실가스 관련 법규**

81 탄소중립기본법령에서 사용하는 용어의 뜻으로 옳지 않은 것은?

① "탄소중립"이란 대기 중에 배출·방출 또는 누출되는 온실가스의 양에서 온실가스 흡수의 양을 상쇄한 순배출량이 영(零)이 되는 상태를 말한다.

② "온실가스"란 적외선 복사열을 흡수하거나 재방출하여 온실효과를 유발하는 대기 중의 가스 상태의 물질로서 이산화탄소(CO_2), 메탄(CH_4), 아산화질소(N_2O), 수소불화탄소(HFCs), 과불화탄소(PFCs), 육불화황(SF_6) 및 그 밖에 대통령령으로 정하는 물질을 말한다.

③ "녹색경제"란 기후변화의 심각성을 인식하고 에너지를 절약하여 온실가스와 오염물질의 발생을 최소화하는 경영을 말한다.

④ "온실가스 흡수"란 토지이용, 토지이용의 변화 및 임업활동 등에 의하여 대기로부터 온실가스가 제거되는 것을 말한다.

해설 법 제2조(정의)에 관한 문제로, 녹색경제란 화석에너지의 사용을 단계적으로 축소하고 녹색기술과 녹색산업을 육성함으로써 국가경쟁력을 강화하고 지속가능발전을 추구하는 경제를 말한다.

82 온실가스 배출권의 할당 및 거래에 관한 법령상 배출권을 거래한 자가 그 사실을 거짓으로 주무관청에 신고한 경우에 대한 과태료 부과기준은?

① 1천만원 이하의 과태료
② 500만원 이하의 과태료
③ 300만원 이하의 과태료
④ 100만원 이하의 과태료

해설 법 제43조(과태료)에 관한 문제이다. 다음과 같은 경우 1천만원 이하의 과태료를 부과·징수한다.
㉠ 기한 내 보고를 하지 아니하거나 사실과 다르게 보고한 자
㉡ 신고를 거짓으로 한 자
㉢ 보고를 하지 아니하거나 거짓으로 보고한 자
㉣ 시정이나 보완 명령을 이행하지 아니한 자
㉤ 검증업무 수행결과를 제출하지 아니한 검증기관
㉥ 배출권 제출을 하지 아니한 자

83 온실가스 배출권의 할당 및 거래에 관한 법령상 할당대상업체로 지정·고시하는 기준으로 ( )에 옳은 것은?

┤ 보기 ├
관리업체 중 최근 3년간 온실가스 배출량의 연평균총량이 (㉠)tCO_2-eq 이상인 업체이거나 (㉡)tCO_2-eq 이상인 사업장의 해당 업체

① ㉠ 100,000, ㉡ 25,000
② ㉠ 125,000, ㉡ 25,000
③ ㉠ 150,000, ㉡ 25,000
④ ㉠ 175,000, ㉡ 25,000

해설 법 제8조(할당대상업체의 지정 및 지정취소)에 관한 내용으로, 할당대상업체란 최근 3년간 온실가스 배출량의 연평균총량이 125,000이산화탄소상당량톤(tCO_2-eq) 이상인 업체이거나 25,000이산화탄소상당량톤(tCO_2-eq) 이상인 사업장을 하나 이상 보유한 업체를 말한다.

84 탄소중립기본법령상 부문별 관장기관은 소관 부문별 온실가스 정보 및 통계를 매년 언제까지 온실가스 종합정보센터에 제출하여야 하는가?

① 1월 31일까지
② 3월 31일까지
③ 6월 30일까지
④ 12월 31일까지

해설 시행령 제39조(온실가스 종합정보 관리체계의 구축 및 관리 등)에 관한 문제로, 부문별 관장기관은 소관 부문별 온실가스 정보 및 통계를 매년 3월 31일까지 센터에 제출하여야 한다.

85 탄소중립기본법상 2050 탄소중립 녹색성장위원회의 설치에 대한 설명으로 틀린 것은?

① 위원회는 위원장 1명을 포함한 50명 이내의 위원으로 구성한다.

② 위원장은 국무총리와 위원 중에서 대통령이 지명하는 사람이 된다.

③ 위원회에는 간사위원 1명을 둔다.

④ 위원의 임기는 2년으로 하며 연임할 수 있다.

해설 법 제15조(2050 탄소중립 녹색성장위원회의 설치)에 관한 문제로, 2050 탄소중립 녹색성장위원회의 설치에 관한 주요한 내용에는 다음과 같은 것이 있다.

㉠ 정부의 탄소중립 사회로의 이행과 녹색성장의 추진을 위한 주요 정책 및 계획과 그 시행에 관한 사항을 심의·의결하기 위하여 대통령 소속으로 2050 탄소중립 녹색성장위원회를 둔다.

㉡ 위원회는 위원장 2명을 포함한 50명 이상 100명 이내의 위원으로 구성한다.

㉢ 위원장은 국무총리와 위원 중에서 대통령이 지명하는 사람이 된다.

㉣ 위원회의 사무를 처리하게 하기 위하여 간사위원 1명을 두며, 간사위원은 국무조정실장이 된다.

㉤ 위원장이 부득이한 사유로 직무를 수행할 수 없는 때에는 국무총리인 위원장이 미리 정한 위원이 위원장의 직무를 대행한다.

㉥ 위원의 임기는 2년으로 하며 한 차례에 한정하여 연임할 수 있다.

㉦ 위원회의 구성과 운영 등에 관하여 필요한 사항은 대통령령으로 정한다.

86 온실가스 배출권의 할당 및 거래에 관한 법령상 배출권거래제 2차 계획기간에는 할당대상업체별로 할당되는 배출권의 얼마를 무상으로 할당하는가?

① 100분의 97　　② 100분의 95

③ 100분의 93　　④ 100분의 90

해설 시행령 제18조(배출권의 무상할당비율 등)에 따라, 2차 계획기간에는 할당대상업체별로 할당되는 배출권의 100분의 97을 무상으로 할당한다.

87 온실가스 배출권의 할당 및 거래에 관한 법령상 온실가스별 지구온난화계수가 가장 큰 것은?

① HFC$-$41　　② HFC$-$152a

③ PFC$-$116　　④ N_2O

해설 시행령 [별표 2] 온실가스별 지구온난화계수(제31조 제1항 관련)에 관한 문제로, 지구온난화계수가 큰 순서대로 온실가스를 나열하면 다음과 같다.
PFC$-$116(9,200) > N_2O(310) > HFC$-$41(150) > HFC$-$152a(140)

88 온실가스 배출권의 할당 및 거래에 관한 법령상 정부가 배출권거래제를 수립하거나 시행할 때 따라야 하는 기본원칙으로 거리가 먼 것은?

① 기후변화에 관한 국제연합 기본협약 및 관련 의정서에 따른 원칙을 준수하고, 기후변화 관련 국제협상을 고려할 것

② 배출권거래제가 경제 부문의 국제경쟁력에 미치는 영향을 고려할 것

③ 국가 온실가스 감축목표를 효과적으로 달성할 수 있도록 시장기능을 최대한 활용할 것

④ 배출권거래가 일반적인 시장거래 원칙보다는 특수성 원칙을 준수하고, 국내기준만 부합되는 정책을 고려할 것

해설 법 제3조(기본원칙)에 관한 문제로, 정부는 배출권의 할당 및 거래에 관한 제도(배출권거래제)를 수립하거나 시행할 때에는 다음 기본원칙에 따라야 한다.

㉠ 기후변화에 관한 국제연합 기본협약 및 관련 의정서에 따른 원칙을 준수하고, 기후변화 관련 국제협상을 고려할 것

Answer 85.① 86.① 87.③ 88.④

ⓛ 배출권거래제가 경제 부문의 국제경쟁력에 미치는 영향을 고려할 것
ⓒ 국가 온실가스 감축목표를 효과적으로 달성할 수 있도록 시장기능을 최대한 활용할 것
ⓔ 배출권의 거래가 일반적인 시장거래 원칙에 따라 공정하고 투명하게 이루어지도록 할 것
ⓜ 국제 탄소시장과의 연계를 고려하여 국제적 기준에 적합하게 정책을 운영할 것

89 탄소중립기본법령상 교통 부문의 온실가스 감축, 에너지 절약 및 에너지 이용효율 목표는 누가 수립 · 시행하여야 하는가?

① 환경부장관
② 산업통상자원부장관
③ 국토교통부장관
④ 기획재정부장관

해설 시행령 제31조(녹색교통의 활성화)에 관한 문제로, 국토교통부장관은 교통 부문의 온실가스 감축 목표를 관계 중앙행정기관의 장과 협의 및 위원회의 심의를 거쳐 수립 · 시행하여야 한다.

90 온실가스 배출권거래제 운영을 위한 검증지침상 검증팀장이 온실가스 배출량 검증결과에 따라 확정할 수 있는 최종 검증의견이 아닌 것은?

① 적정   ② 부적정
③ 조건부적정   ④ 조건부부적정

해설 온실가스 배출권거래제 운영을 위한 검증지침 제16조(검증의견의 결정)에 따라, 검증팀장은 모든 검증절차 및 시정조치가 완료되면 해당 검증대상에 대한 최종 검증의견을 확정하여야 한다. 온실가스 배출량 검증결과에 따른 최종 검증의견은 적정, 조건부적정, 부적정 중 하나로 하여야 하며, 외부사업 온실가스 감축량 검증결과에 따른 최종 검증의견은 적정, 부적정 중 하나로 해야 한다.

91 온실가스 배출권거래제의 배출량 보고 및 인증에 관한 지침상 온실가스 배출시설의 배출량에 따른 시설규모 분류기준 중 B그룹 규모기준으로 옳은 것은?

① 연간 10만톤 이상, 연간 25만톤 미만의 배출시설
② 연간 5만톤 이상, 연간 25만톤 미만의 배출시설
③ 연간 10만톤 이상, 연간 50만톤 미만의 배출시설
④ 연간 5만톤 이상, 연간 50만톤 미만의 배출시설

해설 지침 제11조(배출량 등의 산정방법 및 적용기준) 관련 [별표 5] 배출활동별, 시설규모별 산정등급(Tier) 최소적용기준에서, 배출량에 따른 시설규모 분류는 다음과 같다.
ⓐ A그룹 : 연간 5만톤 미만의 배출시설
ⓑ B그룹 : 연간 5만톤 이상, 연간 50만톤 미만의 배출시설
ⓒ C그룹 : 연간 50만톤 이상의 배출시설

92 온실가스 배출권의 할당 및 거래에 관한 법령상 과징금에 대한 가산금 징수기준으로 (   )에 알맞은 것은?

| 보기 |
환경부장관은 과징금 납부의무자에게 납부기한이 지난 날부터 1개월이 지날 때마다 체납된 과징금의 (ⓐ)에 해당하는 가산금을 징수한다. 다만, 가산금을 가산하여 징수하는 기간은 (ⓑ)을 초과하지 못한다.

① ⓐ 100분의 1, ⓑ 30개월
② ⓐ 100분의 1, ⓑ 60개월
③ ⓐ 1천분의 12, ⓑ 30개월
④ ⓐ 1천분의 12, ⓑ 60개월

해설 시행령 제52조(과징금에 대한 가산금)에 관한 문제이다. 환경부장관은 납부기한이 지난 날부터 1개월이 지날 때마다 체납된 과징금의 1천분의 12에 해당하는 가산금을 징수한다. 다만, 가산금을 가산하여 징수하는 기간은 60개월을 초과하지 못한다.

93 탄소중립기본법령상 국가 탄소중립 녹색성장 기본계획 수립·시행에 관한 사항으로 ( )에 알맞은 것은?

┤ 보기 ├

정부는 기본원칙에 따라 국가비전 및 중장기 감축목표 등의 달성을 위하여 (㉠)을 계획기간으로 하는 국가 탄소중립 녹색성장 기본계획(국가기본계획)을 (㉡)마다 수립·시행하여야 한다.

① ㉠ 10년, ㉡ 3년 ② ㉠ 10년, ㉡ 5년
③ ㉠ 20년, ㉡ 3년 ④ ㉠ 20년, ㉡ 5년

해설 법 제10조(국가 탄소중립 녹색성장 기본계획의 수립·시행)에 관한 문제이다.
정부는 기본원칙에 따라 국가비전 및 중장기 감축목표 등의 달성을 위하여 20년을 계획기간으로 하는 국가 탄소중립 녹색성장 기본계획(국가기본계획)을 5년마다 수립·시행하여야 한다.

94 탄소중립기본법상 탄소중립 사회로의 이행과 녹색성장을 위한 기본원칙으로 가장 적합한 것은?

① 국내 탄소시장을 활성화하여 국제 탄소시장 개방에 적극 대비
② 미래 세대의 생존을 보장하기 위하여 현재 세대가 져야 할 책임이라는 세대 간 형평성의 원칙과 지속가능발전의 원칙에 입각
③ 온실가스를 획기적으로 감축하기 위하여 생산자 부담 원칙을 부여
④ 기후변화 문제의 심각성을 인식하고, 산업별 역량을 모아 총체적으로 대응

해설 법 제3조(기본원칙)에 관한 문제로, 탄소중립 사회로의 이행과 녹색성장은 다음의 기본원칙에 따라 추진되어야 한다.
㉠ 미래 세대의 생존을 보장하기 위하여 현재 세대가 져야 할 책임이라는 세대 간 형평성의 원칙과 지속가능발전의 원칙에 입각한다.

㉡ 범지구적인 기후위기의 심각성과 그에 대응하는 국제적 경제환경의 변화에 대한 합리적 인식을 토대로 종합적인 위기 대응전략으로서 탄소중립 사회로의 이행과 녹색성장을 추진한다.

㉢ 기후변화에 대한 과학적 예측과 분석에 기반하고, 기후위기에 영향을 미치거나 기후위기로부터 영향을 받는 모든 영역과 분야를 포괄적으로 고려하여 온실가스 감축과 기후위기 적응에 관한 정책을 수립한다.

㉣ 기후위기로 인한 책임과 이익이 사회 전체에 균형 있게 분배되도록 하는 기후정의를 추구함으로써 기후위기와 사회적 불평등을 동시에 극복하고, 탄소중립 사회로의 이행과정에서 피해를 입을 수 있는 취약한 계층·부문·지역을 보호하는 등 정의로운 전환을 실현한다.

㉤ 환경오염이나 온실가스 배출로 인한 경제적 비용이 재화 또는 서비스의 시장가격에 합리적으로 반영되도록 조세체계와 금융체계 등을 개편하여 오염자 부담의 원칙이 구현되도록 노력한다.

㉥ 탄소중립 사회로의 이행을 통하여 기후위기를 극복함과 동시에, 성장 잠재력과 경쟁력이 높은 녹색기술과 녹색산업에 대한 투자 및 지원을 강화함으로써 국가 성장동력을 확충하고 국제 경쟁력을 강화하며, 일자리를 창출하는 기회로 활용하도록 한다.

㉦ 탄소중립 사회로의 이행과 녹색성장의 추진과정에서 모든 국민의 민주적 참여를 보장한다.

㉧ 기후위기가 인류 공통의 문제라는 인식 아래 지구 평균기온 상승을 산업화 이전 대비 최대 섭씨 1.5도로 제한하기 위한 국제사회의 노력에 적극 동참하고, 개발도상국의 환경과 사회정의를 저해하지 아니하며, 기후위기 대응을 지원하기 위한 협력을 강화한다.

95 온실가스 에너지 목표관리 운영 등에 관한 지침 상 관리업체가 조기감축실적을 인정받고자 하는 경우 조기감축실적 인정신청서를 작성하여 부문별 관장기관에게 제출해야 하는 시기는?

① 관리업체로 최초 지정된 해의 다음 연도 3월 31일까지
② 관리업체로 최초 지정된 해의 다음 연도 7월 31일까지
③ 관리업체로 최초 지정된 해의 다음 연도 8월 31일까지
④ 관리업체로 최초 지정된 해의 다음 연도 12월 31일까지

해설 위 문제는 출제된 이후에 법이 개정되면서 관련 법 조항이 삭제되었습니다. 따라서 이 문제는 학습하지 않으셔도 됩니다.

96 탄소중립기본법상 국가 온실가스 감축목표는 2030년의 국가 온실가스 총배출량을 2018년의 온실가스 총배출량 대비 얼마까지 감축하는 것으로 하는가?

① 10% 이상 ② 20% 이상
③ 25% 이상 ④ 35% 이상

해설 법 제8조(중장기 국가 온실가스 감축목표 등)에 관한 문제이다. 온실가스 감축목표는 2030년의 국가 온실가스 총배출량을 2018년 국가 온실가스 배출량 대비 35% 이상 감축하는 것으로 한다.

97 탄소중립기본법 시행령상 심사위원회의 구성에 관한 설명으로 적절하지 않은 것은?

① 명세서의 비공개 요청이 있는 경우 비공개 요청 대상 정보의 전부 또는 일부의 공개 여부를 심사·결정하기 위하여 종합정보센터에 심사위원회를 둔다.
② 심사위원회의 위원장은 종합정보센터의 장이 된다.
③ 민간위원의 임기는 2년으로 하며, 1회에 한하여 연임할 수 있다.
④ 심사위원회는 위원장 1명과 10명 이내의 위원으로 구성한다.

해설 시행령 제24조(온실가스 정보공개 심사위원회의 구성 등)에 따라, 심사위원회는 위원장 1명을 포함하여 12명 이내의 위원으로 구성하며, 심사위원회의 위원장은 종합정보센터의 장이 된다.

98 온실가스 배출권거래제 운영을 위한 검증지침 상 검증기관의 준수사항으로 ( )에 알맞은 것은?

보기
검증기관은 반기별 검증업무 수행내역을 작성하여 매 반기 종료일로부터 (㉠)에 (㉡)에게 제출하여야 한다.

① ㉠ 15일 이내, ㉡ 온실가스 종합정보센터장
② ㉠ 15일 이내, ㉡ 국립환경과학원장
③ ㉠ 30일 이내, ㉡ 온실가스 종합정보센터장
④ ㉠ 30일 이내, ㉡ 국립환경과학원장

해설 지침 제24조(검증기관의 준수사항)에 관한 설명이다. 검증기관은 검증결과보고서, 검증업무 수행내역 등 관련 자료를 5년 이상 보관하여야 하며, 반기별 검증업무 수행내역을 작성하여 매 반기 종료일로부터 30일 이내에 국립환경과학원장에게 제출하여야 한다.

99 온실가스 배출권의 할당 및 거래에 관한 법령상 배출권 제출에 관한 내용으로 ( )에 옳은 것은?

┤ 보기 ├

할당대상업체는 ( )에 대통령령으로 정하는 바에 따라 인증받은 온실가스 배출량에 상응하는 배출권(종료된 이행연도의 배출권을 말한다)을 주무관청에 제출하여야 한다.

① 이행연도 종료일부터 1개월 이내
② 이행연도 종료일부터 2개월 이내
③ 이행연도 종료일부터 3개월 이내
④ 이행연도 종료일부터 6개월 이내

해설 법 제27조(배출권의 제출)에 관한 문제이다. 할당대상업체는 이행연도 종료일부터 6개월 이내에 인증받은 온실가스 배출량에 상응하는 배출권을 주무관청에 제출하여야 한다.

100 온실가스 배출권의 할당 및 거래에 관한 법령상 배출권 이월 및 차입에 관한 사항으로 ( )에 알맞은 것은?

┤ 보기 ├

할당대상업체가 아닌 자로서 배출권을 보유한 자는 이행연도 종료일에서 ( )에 보유한 배출권의 이월에 관한 신청서를 전자적 방식으로 환경부장관에게 제출하여야 한다.

① 2개월이 지난 날부터 5일 이내
② 3개월이 지난 날부터 7일 이내
③ 5개월이 지난 날부터 10일 이내
④ 6개월이 지난 날부터 15일 이내

해설 시행령 제46조(배출권 이월 및 차입의 절차)에 관한 문제이다. 할당대상업체가 아닌 자로서 배출권을 보유한 자는 이행연도 종료일에서 5개월이 지난 날부터 10일 이내에 보유한 배출권의 이월에 관한 신청서를 전자적 방식으로 환경부장관에게 제출하여야 한다.

부록 온실가스관리기사 (2020. 9. 23. 시행)

제1과목 기후변화 개론

01 기후시스템 중 에어로졸에 대한 설명으로 틀린 것은?

① 에어로졸의 크기는 약 수백 나노미터부터 수십 마이크로미터에 이르기까지 그 범위가 넓다.

② 에어로졸은 불규칙한 친수성, 광학적 특성, 다른 종류의 에어로졸과 혼합 등의 복잡한 과정을 거치기 때문에 그 특성을 파악하기 어렵다.

③ 에어로졸은 크게 인류기원 에어로졸과 자연기원 에어로졸로 나눌 수 있다.

④ 1일 내외의 짧은 에어로졸의 잔류시간으로 인해 시공간적 분포는 오염배출원을 중심으로 좁다.

> **해설** 에어로졸은 대기 중에 체류하는 시간이 짧고 배출원에 따라 종류 및 광학적·화학적 성질이 다양하게 나타날 뿐만 아니라, 물리적·화학적·광화학적 반응을 통해 그 특성이 변할 수 있기 때문에 기후변화에 미치는 영향을 산정하는 데 불확실성이 매우 크다. 오염배출원의 범위는 매우 넓다고 볼 수 있다.

02 기후변화에 의한 잠재적인 영향과 잔여 영향에 관한 설명으로 가장 적합한 것은?

① 잠재적인 영향은 적응을 고려할 경우 나타나는 기후변화로 인한 영향을 의미하며, 잔여 영향은 적응으로 회피될 수 있는 영향 부분을 포함한 영향을 말한다.

② 잠재적인 영향은 적응을 고려할 경우 나타나는 기후변화로 인한 영향을 의미하며, 잔여 영향은 적응으로 회피될 수 있는 영향 부분을 제외한 영향을 말한다.

③ 잠재적인 영향은 적응을 고려하지 않을 경우 나타나는 기후변화로 인한 영향을 의미하며, 잔여 영향은 적응으로 회피될 수 있는 영향 부분을 포함한 영향을 말한다.

④ 잠재적인 영향은 적응을 고려하지 않을 경우 나타나는 기후변화로 인한 영향을 의미하며, 잔여 영향은 적응으로 회피될 수 있는 영향 부분을 제외한 영향을 말한다.

> **해설** ⊙ 잠재적인 영향(potential impact) : 적응을 고려하지 않을 경우 나타나는 기후변화로 인한 영향
> ⓛ 잔여 영향(residual impact) : 적응으로 회피될 수 있는 영향 부분을 제외한 영향

03 온실가스 배출량 정량화 단계가 아닌 것은 어느 것인가?

① 배출량 계산
② 활동데이터 선택 및 수집
③ 배출계수 선택 또는 개발
④ 프로젝트 개발

해설 ④ 프로젝트 개발은 배출량 산정절차에 해당하지 않으며, 청정개발체제(CDM) 절차에 해당한다.

04 온실가스 목표관리제의 협의 및 설정에 관한 설명으로 옳은 것은?

① 목표관리대상 기간은 2년 단위이다.
② 발전과 철도는 BAU 대비 총량 제한으로 한정한다.
③ 목표설정방식은 과거실적 기반 및 벤치마크 기반 2단계로 구분한다.
④ 기준연도 배출량의 시간기준은 관리업체로 최초 지정된 해의 직전연도를 포함한 5년간 연평균배출량으로 설정한다.

해설 온실가스 목표관리제의 협의 및 설정에 관한 사항은 다음과 같다.
ㄱ 목표관리대상 기간 : 3년
ㄴ 기준연도 배출량의 시간기준 : 관리업체로 최초 지정된 해의 직전연도를 포함한 3년간 연평균배출량으로 설정
ㄷ 발전, 철도(지하철 포함)는 국제적 동향, 국가 온실가스 감축목표 관리와의 연계성, 국가 온실가스 감축효과 및 기여도, 전력수급계획 등을 종합적으로 고려하여 필요하다고 인정되는 부분은 다른 방식으로 목표설정 가능
ㄹ 목표설정방식 : 과거실적 기반, 벤치마크 기반의 2단계로 구분

05 제2차 국가 기후변화 적응대책 수립 시 기후변화 리스크의 기반 선진화된 적응 관리체계 마련을 위한 단계별 기후변화 리스크 평가절차가 순서대로 바르게 나열된 것은?

① 분석 → 파악 → 평가 → 우선순위 설정
② 파악 → 분석 → 평가 → 우선순위 설정
③ 분석 → 파악 → 우선순위 설정 → 평가
④ 파악 → 분석 → 우선순위 설정 → 평가

해설 기후변화 리스크는 건강, 물, 산림·생태계, 국토·연안, 산업·에너지, 농축산, 해양·수산, 재난·재해 부문 리스크(관련되는 각 부문에 포함)로 구분되며, "파악(식별) → 분석 → 평가 → 우선순위 설정"의 4단계 과정으로 진행된다.

06 IPCC 5차 평가보고서에 따른 지구복사강제력(RF)이 높은 순서에서부터 낮은 순서대로 가장 적합하게 나열된 것은?

┤ 보기 ├
ㄱ NMVOC(비메탄계 휘발성 유기화합물)
ㄴ CO
ㄷ N_2O
ㄹ CO_2
ㅁ NO_x

① ㄷ → ㄱ → ㄹ → ㅁ → ㄴ
② ㄹ → ㄴ → ㄷ → ㄱ → ㅁ
③ ㄷ → ㄴ → ㅁ → ㄱ → ㄹ
④ ㄹ → ㄱ → ㄷ → ㄴ → ㅁ

해설 지구복사강제력(RF ; Radiative Forcing)이 높은 순서는 $CO_2 > CH_4 > CO >$ 할로카본 $> N_2O > NMVOC > NO_x$이며, 이에 따라 보기에 주어진 물질을 나열하면 ②번과 같다.

07 우리나라의 메탄(CH_4) 배출량 중에서 가장 비중이 높은 분야는?

① 에너지 분야　　② 폐기물 분야
③ 산업공정 분야　④ 농업 분야

해설 메탄 배출량 비중이 가장 높은 분야는 농업 분야로, 부분별 비중은 벼 재배 29.7%, 농경지 토양 25.8%, 가축분뇨 처리 23.3%, 장내발효 21.1%의 순으로 나타났다(2018년 기준).

08 화석연료의 연소로 인해 야기된 전지구적 기후변화를 보여주는 심벌로 인식되고 있는 아래 그림은 마치 톱니처럼 주기적으로 위아래로 진동하면서 오른쪽 위를 향해 뻗어간다. 이 그림의 명칭과 그 원인은?

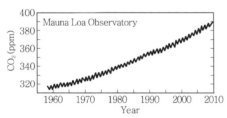

① Keeling curve, 식물의 광합성에 따른 계절적인 차이
② Keeling curve, 기온증가로 인한 빙하의 감소 차이
③ James curve, 폭우와 폭설에 따른 강수의 차이
④ James curve, 태양복사에 의한 알베도의 차이

해설 기후변화 관측소 중 마우나로아 관측소에서 관측된 55년간의 기록을 킬링 곡선 (keeling curve)이라고 한다. 이는 대기 중 CO_2 농도 추세를 나타내는 것으로, 식물의 광합성에 따라 계절적으로 CO_2 농도가 차이를 나타내는 것으로 밝혀졌다.

09 극한기후지수에 대한 설명 중 옳지 않은 것은?

① 서리일수 : 일 최고기온이 0℃ 미만인 날의 연중 일수
② 열대야일수 : 일 최저기온이 25℃ 이상인 날의 연중 일수
③ 폭염일수 : 일 최고기온이 33℃ 이상인 날의 연중 일수
④ 호우일수 : 일 강수량이 80mm 이상인 날의 연중 일수

해설 ① 서리일수란 일 최저기온이 0℃ 미만인 날의 연중 일수를 의미한다.

10 다음 탄소시장에 관한 내용 중 틀린 것은?

① 배출권을 배분하는 과정을 배출권할당 이라고 한다.
② 개별 경제주체에 대해 배출권을 할당하는 방식 중 무상배분방식은 배출권을 과거 배출량을 기준으로 비용 없이 발행하여 배분하는 방식이다.
③ 탄소배출권을 리스크에 따라 분류할 경우 2차 시장은 등록된 CDM 사업으로부터 예상되는 배출권을 거래하는 시장이다.
④ 배출권거래제를 통하여 발행되는 배출권으로는 AAU, EAU 등이 대표적 배출권이다.

해설 탄소배출권 거래시장은 크게 2가지로, 할당량 거래시장과 프로젝트 거래시장으로 구분할 수 있다. 할당량 거래시장은 온실가스 배출량이 할당된 국가나 기업들이 할당량 대비 잉여분과 부족분을 거래하는 시장을 말하며, 프로젝트 거래시장은 온실가스 감축 프로젝트를 실시해 거둔 감축량에 따라 획득한 크레디트를 배출권 형태로 거래하는 시장으로 CDM, JI가 있다.

11 1992년 체결된 기후변화에 관한 유엔기본협약의 이론적 틀을 마련하고, 기후변화와 관련된 과학적 연구결과를 종합적으로 검토하는 국제기구는?

① 기후변화에 관한 정부간 패널(IPCC)
② 세계기상기구(WMO)
③ 유엔환경계획(UNEP)
④ 유엔개발계획(UNDP)

해설 문제는 기후변화에 관한 정부간 패널(IPCC ; Intergovernmental Panel on Climate Change)에 관한 설명이다.
② 세계기상기구(WMO ; World Meteorological Organization) : 세계적인 기상관측체제 수립·관측의 표준화 및 국제적인 교환, 타 분야에 대한 기상학의 응용, 저개발국에서의 국가적 기상서비스 개발을 추진하기 위해 설립된 국제연합의 특별기구
③ 유엔환경계획(UNEP ; United Nations Environment Program) : 기후변화 관련 국제기구 중 UN 조직 내 환경활동을 촉진·조정·활성화하기 위해 설립된 환경 전담 국제정부간 기구로, 환경문제에 대한 국제적 협력을 도모하기 위한 기구
④ 유엔개발계획(UNDP ; United Nations Development Program) : 개발도상국에 대한 유엔의 개발 원조계획을 조정하기 위한 기관

12 UNFCCC에서 규제하고 있는 온실가스가 아닌 것은?

① 수소불화탄소 ② 이산화질소
③ 육불화황 ④ 과불화탄소

해설 ② 이산화질소(NO_2)는 대기오염물질이나 UNFCCC 규제대상 직접 온실가스에는 해당되지 않는다.
UNFCCC에서 규제하는 온실가스는 총 6가지로 이산화탄소(CO_2), 메탄(CH_4), 아산화질소(N_2O), 수소불화탄소(HFCs), 과불화탄소(PFCs), 육불화황(SF_6)이 있다.

13 우리나라 국가 배출량 통계에 대한 설명 중 옳지 않은 것은?

① 국가 온실가스 관리위원회 심의·의결 후 확정된다.
② IPCC 제3차 보고서에서 제시한 지구온난화지수를 활용하여 산정된다.
③ 활동자료 개선이나 산정방법론이 변경됨에 따라 매년 재계산될 수 있다.
④ 관장기관에서 산정 후, 환경부 온실가스 종합정보센터는 이를 수정·보완한다.

해설 우리나라 국가 온실가스 배출량 통계 시 이산화탄소 환산량으로 값을 제시하기 위하여 IPCC에서 1995년에 발표한 제2차 평가보고서에 제시된 지구온난화지수를 활용하여 산정한다.

14 우리나라 기후변화 영향 중 식생변화로 가장 거리가 먼 것은?

① 개엽시기가 빨라진다.
② 개화시기가 지연된다.
③ 고립된 고산대 식물이 멸종되기 쉽다.
④ 고도가 낮은 곳의 온대성 식물이 산 위로 확장한다.

해설 생태계 부문에서는 식생이 북상하고, 개화시기가 빨라지는 특징을 가진다.

15 2006 IPCC 가이드라인의 폐기물 부문에 포함되지 않는 것은?

① 고형 폐기물 매립에 의한 배출

② 고형 폐기물의 소각 및 노천 소각에 의한 배출

③ 분뇨 처리에 의한 배출

④ 폐수 처리 및 배출

해설 폐기물 부문에서 배출되는 형태에는 고형 폐기물의 매립과 생물학적 처리, 폐기물의 소각 및 노천 소각, 폐수처리 및 배출 등이 있다.

16 기후시스템에서 구름의 영향에 관한 설명으로 가장 적합한 것은?

① 구름과 온난화는 관련이 없다.

② 낮은 구름이 증가하면 온난화 효과가 크다.

③ 낮은 구름보다 높은 구름이 증가하면 지구 복사에너지를 더 많이 흡수한다.

④ 현재까지는 온난화로 높은 구름이 감소할 가능성이 지배적인 것으로 알려져 있다.

해설 ① 구름층은 태양열을 방어하는 역할을 하고 있으나, 극지방으로 이동하여 기존 구름층이 사라지면서 태양열을 흡수하게 되어 지구 온도를 높이는 요인으로 작용할 수 있다.
② 낮은 구름의 증가는 온난화 효과를 감소시킨다.
④ 높은 구름이 지구복사에너지를 더 많이 흡수하므로, 온난화로 높은 구름이 증가할 가능성이 큰 것으로 알려져 있다.

17 IPCC 가이드라인에 대한 설명 중 틀린 것은?

① UNFCCC에서 국제표준으로 인정한 지침서이다.

② 국가 온실가스 배출량 산정을 위한 지침서이다.

③ 상향식 배출량 산정방식을 이용한다.

④ 국제적 표준이 되는 온실가스 종류와 지구온난화지수 등을 포함하고 있다.

해설 IPCC 가이드라인은 대표적인 하향식 배출량 산정방식으로 온실가스 배출량 산정을 위한 공공기관 및 정부기관에서 발표하는 국가 공식통계, 관련 협회가 제공하는 자료, 목표관리제 및 배출권거래제 사업장 통계, 통계청 발표자료 등을 활동자료로 사용하며 통계의 정확성을 파악하여 자료로 활용된다.

18 ISO 국제표준(ISO 14064) 지침 원칙에서 배출량 산정보고서와 관련하여 충족해야 하는 4가지 조건과 거리가 먼 것은?

① 완전성   ② 추가성

③ 정확성   ④ 일관성

해설 ISO 국제표준(ISO 14064) 지침 원칙 중 배출량 산정보고서와 관련하여 충족해야 하는 4가지 조건은 다음과 같다.

ⓐ 완전성(completeness) : 모든 정보의 조사경계, 범위, 기간, 보고목적이 구성된 양식에 따라 보고하여야 함

ⓑ 일관성(consistency) : 보고기준 변화와 그로 인한 결과의 변화는 명확히 지적되고 해명되어야 함

ⓒ 정확성(accuracy) : 불확실성은 정량화되고 감소되어야 함

ⓓ 투명성(transparency) : 정보는 명확하고 사실에 입각하며, 정기적으로 제공되어야 함

19 아산화질소 0.1톤, 메탄 1톤, 이산화탄소 20톤을 이산화탄소 상당량톤(tCO2-eq)으로 환산한 값은? (단, 아산화질소(N2O)와 메탄(CH4)의 GWP는 각각 310, 21이다.)

① 52
② 53
③ 62
④ 72

해설 온실가스 배출 환산량(tCO2-eq)
= Σ[각 온실가스 배출량(tGHG)$\times$GWP]
= $(0.1tN_2O \times 310tCO_2-eq/tN_2O)$
+ $(1tCH_4 \times 21tCO_2-eq/tCH_4)$
+ $(20tCO_2 \times 1tCO_2-eq/tCO_2)$
= $72tCO_2-eq$

20 기후변화에 대한 국제기구의 논의과정에 대한 설명으로 옳지 않은 것은?

① 국제사회가 기후변화 문제를 환경문제로 처음 논의하기 시작한 것은 1972년 스톡홀름에서 개최된 인간환경회의(UN Conference on the Human Environment)로 볼 수 있다.
② WMO(세계기상기구)와 UNEP는 1988년 공동으로 IPCC(기후변화 정부간 패널)를 설립하고 지구온난화 문제에 각국 정부의 연구 및 대응역량을 결집하였다.
③ IPCC는 1990년 제2차 세계기후회의에서 제1차 기후변화보고서를 발표하고 여기에서 기후변화 문제를 다루기 위한 국제협약이나 규범의 제정을 권고하였다.
④ IPCC는 1990년 제2차 세계기후회의에서 국제협약이나 규범의 권고에 따라 1999년 브라질 리우에서 개최된 유엔환경개발회의(UNCED)에서 기후변화협약(UNFCCC)을 체결하고 선진국의 온실가스 감축목표를 명확히 합의하였다.

해설 선진국의 온실가스 감축목표를 명확히 합의한 것은 제3차 당사국총회(COP 3)에서 채택된 교토의정서이다. 교토의정서에서는 선진국(Annex I)의 온실가스를 2020년까지 1990년 수준 대비 평균 5.2% 의무감축하는 것을 목표로 하였다.

제2과목 온실가스 배출의 이해

21 온실가스 배출권거래제의 배출량 보고 및 인증에 관한 지침상 고형 폐기물의 생물학적 처리의 보고대상 배출시설과 거리가 먼 것은?

① 퇴비화시설
② 고도처리시설
③ 부숙토 생산시설
④ 혐기성 분해시설

해설 고형 폐기물의 생물학적 처리 보고대상 배출시설에는 사료화·퇴비화·소멸화시설, 부숙토 생산시설, 혐기성 분해시설이 있다.

22 유리 생산활동의 용해공정 중 CO2가 배출되지 않는 원료는?

① 경소백운석
② 마그네사이트
③ 철백운석
④ 능철광

해설 유리 생산활동에서의 용해공정 중 CO2를 배출하는 주요 원료는 석회석(CaCO3), 백운석[CaMg(CO3)2] 및 소다회(Na2CO3)가 있으며, 그 외 CO2 배출 유리 원료로는 탄산바륨(BaCO3), 골회(bone ash), 탄산칼륨(K2CO3) 및 탄산스트론튬(SrCO3) 등이 있다.

23 도로 부문의 보고대상 배출시설 중에서 배기량이 1,530cc인 승용자동차가 해당하는 것은 어느 것인가?

① 경형
② 소형
③ 중형
④ 대형

[해설] 이동연소(도로) 부문 보고대상 배출시설 중 승용자동차의 구분

종 류	승용자동차
경형	배기량이 1,000cc 미만인 것으로서 길이 3.6m, 너비 1.6m, 높이 2.0m 이하인 것
소형	배기량이 1,600cc 미만인 것으로서 길이 4.7m, 너비 1.7m, 높이 2.0m 이하인 것
중형	배기량이 1,600cc 이상 2,000cc 미만이거나 길이, 너비, 높이 중 어느 하나라도 소형을 초과하는 것
대형	배기량이 2,000cc 이상이거나, 길이, 너비, 높이 모두 소형을 초과하는 것

24 온실가스 배출권거래제의 배출량 보고 및 인증에 관한 지침상 제트연료를 사용하는 항공기의 온실가스 배출량 산정순서가 알맞은 것은 어느 것인가?

┤ 보기 ├
㉠ 총연료소비량 산정
㉡ 순항과정의 연료소비량 산정
㉢ 이착륙과 순항과정에서의 온실가스 배출량 산정
㉣ 이착륙과정의 연료소비량 산정

① ㉠ → ㉡ → ㉣ → ㉢
② ㉡ → ㉣ → ㉠ → ㉢
③ ㉣ → ㉡ → ㉠ → ㉢
④ ㉠ → ㉣ → ㉡ → ㉢

[해설] 제트연료를 사용하는 항공기의 경우 온실가스 배출량 산정 시 이착륙과정(LTO 모드)과 순항과정(Cruise 모드)을 구분하여 산정한다. 배출량 산정과정은 '총연료소비량 산정 → 이착륙과정의 연료소비량 산정 → 순항과정의 연료소비량 산정 → 이착륙과 순항과정에서의 온실가스 배출량 산정'의 순으로 진행한다.

25 온실가스 배출권거래제의 배출량 보고 및 인증에 관한 지침상 질산 생산에서 온실가스가 발생되는 주요 공정은 제1산화공정의 부반응에 의한 것이다. 다음 중 제1산화공정의 반응과 가장 거리가 먼 것은?

① $2NH_3 \rightarrow N_2 + 3H_2$
② $4NH_3 + 6NO \rightarrow 5N_2 + 6H_2O$
③ $NO(g) + 0.5O_2 \rightarrow NO_2(g) + 13.45kcal$
④ $NH_3 + 4NO \rightarrow 2.5N_2O + 1.5H_2O$

[해설] 제1산화공정의 부반응은 N_2 생성반응과 N_2O 생성반응으로, 다음과 같다.
㉠ N_2 생성반응
• $2NH_3 \rightarrow N_2 + 3H_2$
• $2NO \rightarrow N_2 + O_2$
• $4NH_3 + 3O_2 \rightarrow 2N_2 + 6H_2O$
• $4NH_3 + 6NO \rightarrow 5N_2 + 6H_2O$
㉡ N_2O 생성반응
• $NH_3 + O_2 \rightarrow 0.5H_2O + 1.5H_2O$
• $NH_3 + 4NO \rightarrow 2.5N_2O + 1.5H_2O$
• $NH_3 + NO + 0.75O_2 \rightarrow N_2O + 1.5H_2O$

26 온실가스 배출권거래제의 배출량 보고 및 인증에 관한 지침상 석유 정제활동에서의 온실가스 배출량 보고대상시설이 아닌 것은?

① 소성시설
② 수소 제조시설
③ 촉매 재생시설
④ 코크스 제조시설

해설 석유 정제활동에서의 온실가스 배출량 보고대상시설에는 수소 제조시설, 촉매 재생시설, 코크스 제조시설이 있다.
① 소성시설은 시멘트 생산에서의 온실가스 배출량 보고대상시설에 해당된다.

27 온실가스 목표관리 운영 등에 관한 지침상 최적가용기술(BAT) 개발 시 고려요소와 가장 거리가 먼 것은?

① 환경피해를 방지함으로써 얻을 수 있는 이익이 최적가용기술을 적용하는 데 필요한 비용보다 커야 한다.

② 폐기물의 발생을 적게 하고 폐기물 회수와 재사용 등을 촉진할 수 있는지 여부를 고려하여야 한다.

③ 기술의 진보와 과학의 발전을 고려한다.

④ 실증된 기술이라도 파일롯 규모인 경우는 원칙적으로 최적가용기술 범위에서 제외한다.

해설 ④ 최적가용기술 개발 시 파일롯 규모를 제외한다는 사항은 없다.

최적가용기술 개발 시 고려요소

㉠ 환경피해를 방지함으로써 얻을 수 있는 이익이 최적가용기술을 적용하는 데 필요한 비용보다 커야 한다.

㉡ 기존 및 신규 공장에 최적가용기술을 설치하는 데 필요한 시간을 고려한다.

㉢ 폐기물의 발생을 적게 하고 폐기물 회수와 재사용 등을 촉진할 수 있는지 여부를 고려하여야 한다.

㉣ 관련 법률에 따른 환경규제, 인·허가 등이 해당 기술을 적용하는 데 상당한 제약이 발생하는지 여부를 고려하여야 한다.

㉤ 기술의 진보와 과학의 발전을 고려한다.

㉥ 온실가스와 기타 오염물질의 통합 감축을 촉진하여야 한다.

28 온실가스 배출권거래제의 배출량 보고 및 인증에 관한 지침상 다음 연료에 해당하는 것은?

┤ 보기 ├

열분해(pyrolysis, 고온으로 암석을 가열하는 것으로 구성되는 처리)될 때, 다양한 고체 생성물과 함께, 탄화수소를 산출하는 상당한 양의 고체 유기물을 포함하는 무기(inorganic), 비다공성(non-porous) 암석을 말한다.

① 유모혈암(oil shale)

② 역청암(tar sands)

③ 갈탄연탄(brown coal briquettes)

④ 점결탄(coking coal)

해설 문제에서 설명하는 연료는 유모혈암이다.

② 역청암 : 종종 역청(bitumen)으로 불리는 점성이 있는 형태의 무거운 원유와 자연적으로 혼합된 모래(또는 다공성 탄산염암석)를 말한다.

③ 갈탄연탄 : 고압에서 굳혀 생산하는 갈탄으로부터 제조된 혼합연료이며, 이 형태는 건조된 갈탄 미립자와 재를 포함한다.

④ 점결탄 : 석탄을 건류·연소할 때 석탄 입자가 연화용융하여 서로 점결하는 성질이 있는 석탄을 말하며, 건류용탄, 원료탄이라고도 한다. 점결성의 정도에 따라 약점결탄(탄소함유량 80~83%), (미)점결탄(탄소함유량 83~85%), 강점결탄(탄소함유량 85~95%)으로 구분된다.

29 매립시설의 기능을 3가지로 대별한 구분으로 거리가 먼 것은?

① 저류기능

② 회복기능

③ 차수기능

④ 처리기능

해설 매립시설의 기능은 저류기능, 차수기능, 처리기능으로 구분된다.

30 온실가스 배출권거래제의 배출량 보고 및 인증에 관한 지침상 외부 스팀 공급업체에 공급받은 열(스팀)에 대한 간접배출량 산정·보고 범위로 가장 적합한 것은?

① 사업장 단위
② 전력 배출시설 단위
③ 10MJ당 스팀 사용설비 단위
④ 50GJ당 스팀 사용공정 단위

[해설] 외부에서 공급된 열(스팀) 사용에 대한 간접배출량의 산정·보고 범위는 관리업체 사업장 단위로 정한다.

31 직전연도 1년 동안 가스보일러에서 사용한 LNG 사용량을 고지서를 통해 확인한 결과 1,100,000MJ이었다. 고지서에 제시된 총발열량은 44MJ/Nm³이고, 에너지법의 별표에는 순발열량이 39.4MJ/Nm³이라고 되어 있었다. 아래의 정보를 토대로 산정된 온실가스 배출량(tCO₂-eq)은? (단, 산정방식 : Tier 1, LNG IPCC 2006 배출계수(kgGHG/TJ) : CO₂의 경우 56,100, CH₄의 경우 1, N₂O의 경우 0.1)

① 75   ② 65
③ 55   ④ 45

[해설] 고정연소(기체연료) Tier 1 산정식으로 계산하며, 연료의 산화계수(f_i)는 Tier 1의 경우 1을 적용하고 이산화탄소 배출량 산정 시에만 적용된다.
$$E_{i,j} = Q_i \times EC_i \times EF_{i,j} \times f_i \times 10^{-6}$$
여기서,
$E_{i,j}$: 연료(i)의 연소에 따른 온실가스(j)의 배출량(tGHG)
Q_i : 연료(i)의 사용량(측정값, 천m³-연료)
EC_i : 연료(i)의 열량계수(연료 순발열량, MJ/m³-연료)
$EF_{i,j}$: 연료(i)에 따른 온실가스(j)의 배출계수(kgGHG/TJ-연료)
f_i : 연료(i)의 산화계수(CH₄, N₂O 미적용)

ⓐ 연료의 사용량
=고지서 연료 열량(MJ)÷고지서 내 발열량(총발열량, MJ/Nm³)
=1,100,000MJ÷44MJ/Nm³÷1,000천Nm³/m³
=25천Nm³

ⓑ 온실가스 배출량
$E_i = (25$천Nm³$\times 39.4$MJ/Nm³$\times 56,100$kgCO₂/TJ$\times 1$tCO₂-eq/tCO₂$\times 1\times 10^{-6})$
$+(25$천Nm³$\times 39.4$MJ/Nm³$\times 1$kgCH₄/TJ$\times 21$tCO₂-eq/tCH₄$\times 10^{-6})$
$+(25$천Nm³$\times 39.4$MJ/Nm³$\times 0.1$kgN₂O/TJ$\times 310$tCO₂-eq/tN₂O$\times 10^{-6})$
$=55.30972$
$≒55.310$tCO₂-eq

32 온실가스 배출권거래제의 배출량 보고 및 인증에 관한 지침상 연료전지의 배출활동 개요에 관한 설명으로 옳지 않은 것은?

① 연료전지는 외부에서 수소와 산소를 공급받아 수용액에서 전자를 교환하는 산화·환원 반응을 한다.
② 연료전지는 산화·환원 반응에서 생성된 화학적 에너지를 전기에너지로 변환시키는 발전장치이다.
③ 연료전지는 물의 전기분해와는 다른 역반응으로 수소와 산소로부터 전기와 물을 생산한다.
④ 수소를 생산하기 위하여 연료전지 후단에서 탄산과 물을 반응시키고 이 과정에서 CO₂가 발생된다.

[해설] ④ 수소를 생산하기 위하여 연료전지 앞단에서 탄화수소와 물을 반응시키고 이 과정에서 CO₂가 발생된다.

33 온실가스 배출권거래제의 배출량 보고 및 인증에 관한 지침상 고체연료(고정연소) 연소의 산화계수 Tier 2에 대한 설명으로 ( )에 알맞은 것은?

┨ 보기 ┠

(㉠) 부문은 산화계수(f) (㉡)를 적용하고, 기타 부문은 (㉢)을 적용한다. 단, 온실가스 종합정보센터에서 별도의 계수를 공표하여 지침에 수록된 경우 그 값을 적용한다.

① ㉠ 에너지, ㉡ 0.99, ㉢ 0.995
② ㉠ 에너지, ㉡ 0.995, ㉢ 0.98
③ ㉠ 발전, ㉡ 0.99, ㉢ 0.98
④ ㉠ 발전, ㉡ 0.995, ㉢ 0.99

해설 발전 부문은 산화계수(f) 0.99를 적용하고, 기타 부문은 0.98을 적용한다. 단, 온실가스 종합정보센터에서 별도의 계수를 공표하여 지침에 수록된 경우 그 값을 적용한다.

34 철강 생산의 고로공정 구성으로 ( )에 들어갈 부생가스로 옳은 것은?

┨ 보기 ┠

소결광+코크스+석회석 → 이송 → 고로 투입 → ( ) 배출 → 열풍로 → 열풍 고로 투입 → 쇳물 및 슬래그 배출

① COG
② BFG
③ LDG
④ FOG

해설 철강 생산의 고로에서 발생되는 공정 부생가스에는 고로가스(BFG ; Blast Furnace Gas)가 있다.

35 시멘트 생산 공정배출에서 배출량 산정방법에 필요한 자료가 아닌 것은?

① 클링커 생산에 따른 CO_2 배출량
② 클링커 생산량당 CO_2 배출계수
③ 시멘트킬른먼지(CKD) 생산량
④ 석회 생산량

해설 시멘트 생산 공정배출에서 배출량 산정방법에 필요한 자료에는 클링커 생산에 따른 CO_2 배출량, 클링커 생산량당 CO_2 배출계수, 투입원료(탄산염, 제강슬래그 등) 중 탄산염 성분이 아닌 기타 탄소성분에 기인하는 CO_2 배출계수, 클링커 생산량, 시멘트킬른먼지(CKD) 반출량, 킬른에서 유실된 시멘트킬른먼지(CKD)의 하소율, 클링커 생산량, 시멘트킬른먼지 배출계수, 원료 투입량 등이 있다.
④ 석회 생산량은 석회 생산공정의 배출량 산정 시 필요한 자료에 해당된다.

36 온실가스 배출권거래제의 배출량 보고 및 인증에 관한 지침상 일반보일러(고정연소)시설에서 석유류 연료 연소에 따른 CO_2 배출계수가 큰 순으로 올바르게 표기된 것은?

┨ 보기 ┠

㉠ 휘발유
㉡ 등유
㉢ 경유
㉣ B-C유

① ㉠ < ㉡ < ㉢ < ㉣
② ㉠ < ㉢ < ㉡ < ㉣
③ ㉡ < ㉠ < ㉢ < ㉣
④ ㉡ < ㉢ < ㉠ < ㉣

해설 보기에 주어진 연료들을 이산화탄소 배출계수($kgCO_2$/TJ)가 큰 순서대로 나열하면, B-C유(77,400) > 경유(74,100) > 등유(71,900) > 휘발유(69,300) 순이다.

37 온실가스 배출권거래제의 배출량 보고 및 인증에 관한 지침상 하·폐수 처리 및 배출의 보고대상 배출시설에 해당하지 않는 것은?

① 가축분뇨 공공처리시설
② 공공하수 처리시설
③ 분뇨 처리시설
④ 부숙토 처리시설

해설 하·폐수 처리 및 배출의 보고대상 배출시설에는 가축분뇨 공공처리시설, 공공폐수 처리시설, 공공하수 처리시설, 분뇨 처리시설, 기타 하·폐수 처리시설이 있다.

38 온실가스 배출권거래제의 배출량 보고 및 인증에 관한 지침상 이동연소(도로)의 보고대상 배출시설에 해당하지 않는 것은?

① 경형 승용자동차
② 대형 승합자동차
③ 대형 화물자동차
④ 경형 이륜자동차

해설 이동연소(도로)의 보고대상 배출시설에는 승용자동차(경형, 소형, 중형, 대형), 승합자동차(경형, 소형, 중형, 대형), 화물자동차(경형, 소형, 중형, 대형), 특수자동차(경형, 소형, 중형, 대형), 이륜자동차(소형, 중형, 대형), 비도로 및 기타 자동차(건설기계, 농기계 등)가 있다.

39 고형 폐기물 매립시설에서 매립시설별 유형별 메탄 보정계수가 적절한 것은?

① 관리형 매립지(혐기성) − 0.8
② 관리형 매립지(준호기성) − 0.5
③ 비관리형 매립지(매립고 5m 이상) − 0.6
④ 비관리형 매립지(매립고 5m 미만) − 0.3

해설 관리형 매립지(준호기성)의 경우 0.5를 적용한다. 그 외의 경우에는 0.6을 적용한다.

40 암모니아 생산공정 − 수증기개질법의 1차 개질에서 생산되는 중간물질과 가장 거리가 먼 것은?

① 이산화탄소
② 산소
③ 수소
④ 메탄

해설 1차 나프타 개질의 목적은 탄화수소의 화합물인 나프타를 수증기와 반응시켜 암모니아 합성에 필요한 수소를 얻는 것이다.

제3과목 온실가스 산정과 데이터 품질관리

41 온실가스 배출권거래제의 배출량 보고 및 인증에 관한 지침상 ( )에 들어갈 용어로 가장 적합한 것은?

┤ 보기 ├

(㉠)은/는 배출량 산정(명세서 작성 등) 과정에 직접적으로 관여하지 않은 사람에 의해 수행되는 검토절차의 계획된 시스템을 의미하고, (㉡)은/는 배출량 산정결과의 품질을 평가 및 유지하기 위한 일상적인 기술적 활동의 시스템이다.

① ㉠ 품질보증,   ㉡ 품질관리
② ㉠ 품질관리,   ㉡ 품질보증
③ ㉠ 현장검증,   ㉡ 리스크 분석
④ ㉠ 리스크 분석, ㉡ 현장검증

해설 ㉠ 품질보증(QA) : 배출량 산정과정에서 직접적으로 관여하지 않은 제3의 전문가 또는 기관에 의해 점검되는 과정
㉡ 품질관리(QC) : 배출량 산정과 측정, 불확도 산정, 정보와 보고에 대한 문서화 등 기술적 활동이 이루어지는 과정

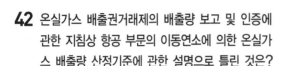

42 온실가스 배출권거래제의 배출량 보고 및 인증에 관한 지침상 항공 부문의 이동연소에 의한 온실가스 배출량 산정기준에 관한 설명으로 틀린 것은?

① 배출량 산정방법론은 Tier 1, 2, 3의 세 등급으로 구분할 수 있다.
② Tier 2 수준의 배출량 산정방법론은 제트연료를 사용하는 항공기에 적용된다.
③ Tier 1 수준에서 활동자료의 측정불확도는 ±7.5% 이내이다.
④ Tier 2 수준에서 활동자료의 측정불확도는 ±5.0% 이내이다.

해설 배출량 산정방법론은 Tier 1, 2의 두 등급으로 구분할 수 있으며, 보고대상 온실가스는 CO_2, CH_4, N_2O가 있다.

43 온실가스 배출권거래제의 배출량 보고 및 인증에 관한 지침상 온실가스 배출량 등의 산정절차에 해당되지 않은 것은?

① 조직경계의 설정
② 모니터링 유형 및 방법의 설정
③ 배출량 산정 및 모니터링 체계의 구축
④ 목표 설정

해설 온실가스 배출량의 산정절차
조직경계의 설정 → 배출활동의 확인 · 구분 → 모니터링 유형 및 방법의 설정 → 배출량 산정 및 모니터링 체계의 구축 → 배출활동별 배출량 산정방법론의 선택 → 배출량 산정 → 명세서의 작성

44 다음 중 품질보증(Quality Assurance) 활동 요소가 아닌 것은?

① 내부감사 담당자, 책임자 지정
② 산정과정의 적절성
③ 배출량 정보 자체검증
④ 품질감리

해설 ② 산정과정의 적절성은 품질관리(Quality Control)에 해당된다.

45 과거에 제출한 명세서를 수정하여 검증기관의 검증을 거쳐 관장기관에게 재제출하여야 하는 경우로 적절하지 않은 것은?

① 관리업체의 권리와 의무가 승계된 경우
② 배출량 등의 산정방법론이 변경되어 온실가스 배출량 등에 변경이 유발된 경우
③ 동일한 배출활동 및 활동자료를 사용하는 소규모 배출시설의 일부가 신증설 또는 폐쇄되었을 경우
④ 환경부장관으로부터 사업장 고유배출계수를 검토 · 확인을 받거나, 그 값이 변경된 경우

해설 온실가스 배출권거래제의 배출량 보고 및 인증에 관한 지침 제29조(명세서의 제출)에 따라, 할당대상업체는 다음의 사항에 해당할 경우 해당 사유가 적용되는 계획기간 과거 4년부터의 기제출한 명세서를 수정하여 검증기관의 검증을 거쳐 해당 사유가 발생한 시점으로부터 1개월 이내에 환경부장관에게 전자적 방식으로 제출하여야 한다.
㉠ 「온실가스 배출권의 할당, 조정 및 취소에 관한 지침」 제36조에 따라 할당대상업체의 권리와 의무가 승계된 경우
㉡ 조직경계 내 · 외부로 온실가스 배출원 또는 흡수원의 변경이 발생한 경우
㉢ 배출량 등의 산정방법론이 변경되어 온실가스 배출량 등에 상당한 변경이 유발된 경우
㉣ 환경부장관으로부터 고유배출계수에 대한 검토 · 확인을 받거나, 그 값이 변경된 경우
㉤ 환경부장관이 시정 · 보완을 명한 경우

Answer   42.①   43.④   44.②   45.③

46 배출량 산정등급에서 국가 고유배출계수 및 발열량 등 일정 부분 시험분석을 통하여 개발한 매개변수값을 활용하는 배출량 산정방법은?

① Tier 1　　　　② Tier 2
③ Tier 3　　　　④ Tier 4

해설 국가 고유배출계수 및 발열량 등을 매개변수로 활용하는 것은 Tier 2 산정방법이다.
　ㄱ Tier 1 : IPCC 기본배출계수 및 발열량 활용
　ㄴ Tier 3 : 사업장·배출시설별 배출계수
　ㄷ Tier 4 : 굴뚝 자동측정기기 등 배출가스 연속측정방법을 활용

47 온실가스 배출권거래제의 배출량 보고 및 인증에 관한 지침상 A업체에서는 전기로에서 흩뿌림 충진방식(sprinkle charging)으로 600℃ 조건에서 합금철이 연간 3,700ton 생산되고 있다. 아래 단서조항에 의거, Tier 1에 따른 연간 온실가스 배출량(tCO₂-eq)은? (단, 생산된 합금철은 65% Si로 CO_2 배출계수는 3.6tCO₂/t-합금철이며, CH₄ 배출계수는 1.0kgCH₄/t-합금철이다.)

① 13,397.700　　② 91,020.000
③ 8,708.505　　④ 59,163.000

해설 합금철 생산 시 발생되는 온실가스 배출량을 구하는 산정식은 다음과 같다.
$$E_{i,j} = Q_i \times EF_{i,j}$$
여기서,
$E_{i,j}$: 각 합금철(i) 생산에 따른 CO_2 및 CH_4 배출량(tGHG)
Q_i : 합금철 제조공정에 생산된 각 합금철(i)의 양(ton)
$EF_{i,j}$: 합금철(i) 생산량당 배출계수 (tCO₂/t-합금철, tCH₄/t-합금철)
$E = 3,700$t-합금철$\times(3.6$tCO₂/t-합금철
　$\times 1$tCO₂-eq/tCO₂$+1.0$kgCH₄/t-합금철
　$\times$tCH₄$/10^3$kgCH₄$\times 21$tCO₂-eq/tCH₄)
　$=13,397.700$tCO₂-eq

48 온실가스 배출권거래제의 배출량 보고 및 인증에 관한 지침상 활동자료 수집에 따른 모니터링 유형에 관한 설명으로 옳지 않은 것은?

① B유형은 배출시설별로 주기적으로 교정검사를 실시하는 내부 측정기기가 설치되어 있을 경우 해당 측정기기를 활용하여 활동자료를 결정하는 방법이다.

② C유형은 연료 및 원료의 공급자가 상거래 등의 목적으로 설치·관리하는 측정기기를 이용하여 배출시설의 활동자료를 모니터링하는 방법이다.

③ B유형은 구매량 기반 측정기기와 무관하게 배출시설 활동자료를 교정된 자체 측정기기를 이용하여 모니터링하는 방법이다.

④ C유형은 각 배출시설별 활동자료를 구매 연료 및 원료 등의 메인 측정기기 활동자료에서 타당한 배분방식으로 모니터링하는 방법이다.

해설 C유형은 근사법에 따른 모니터링 유형으로 각 배출시설별 활동자료를 구매 연료 및 원료 등의 메인 측정기기 활동자료에서 타당한 배분방식으로 모니터링하는 방법이다.

49 온실가스 배출권거래제의 배출량 보고 및 인증에 관한 지침상 이동연소 중 철도 부문의 보고대상 배출시설이 아닌 것은?

① 고속차량　　　② 비도로차량
③ 전기동차　　　④ 디젤기관차

해설 이동연소(철도)의 보고대상 배출시설은 고속차량, 전기기관차, 전기동차, 디젤기관차, 디젤동차, 특수차량이 있다.
② 비도로차량은 이동연소(도로)에 해당된다.

50 온실가스 배출권거래제의 배출량 보고 및 인증에 관한 지침상 암모니아 생산시설의 순서로 알맞은 것은?

① 나프타 탈황 → 가스전환 → 나프타 개질 → 암모니아 합성 → 가스정제

② 나프타 개질 → 가스전환 → 가스정제 → 암모니아 합성 → 나프타 탈황

③ 암모니아 합성 → 나프타 탈황 → 나프타 개질 → 가스전환 → 가스정제

④ 나프타 탈황 → 나프타 개질 → 가스전환 → 가스정제 → 암모니아 합성

해설 암모니아는 일반적으로 나프타 탈황, 나프타 개질(1차 개질 및 2차 개질), 가스전환, 가스정제, 암모니아 합성 등 5단계와 단위공정을 통해 제조된다.

51 온실가스 배출권거래제의 배출량 보고 및 인증에 관한 지침상 외부에서 공급을 받아 전력을 사용하는 A사업장은 2016년에 100,500kWh, 2017년에 110,600kWh를 사용하였다. A사업장의 2017년 외부전력 사용으로 인한 온실가스 배출량(tCO_2-eq)은? (단, 전력배출계수 및 GWP는 다음과 같다.)

구 분	CO_2 (tCO_2/MWh)	CH_4 (kgCH_4/MWh)	N_2O (kgN_2O/MWh)
배출계수	0.4653	0.0054	0.0027
GWP	1	21	310

① 47
② 52
③ 62
④ 73

해설 외부에서 공급된 전기는 다음의 식을 활용하여 계산한다. 2017년 전력량을 계산에 적용하면 된다.

$$GHG_{\text{Emissions}} = Q \times EF_j$$

여기서,

$GHG_{\text{Emissions}}$: 전력 사용에 따른 온실가스(j)별 배출량(tGHG)

Q : 외부에서 공급받은 전력 사용량(MWh)

EF_j : 전력 배출계수(tGHG/MWh)

$GHG_{\text{Emissions}}$

$$= 110,600\,\text{kWh} \times \frac{\text{MWh}}{10^3\,\text{kWh}}$$

$$\times \left[\left(\frac{0.4653\,\text{tCO}_2}{\text{MWh}} \times \frac{1\,\text{tCO}_2-\text{eq}}{\text{tCO}_2} \right) \right.$$

$$+ \left(\frac{0.0054\,\text{kgCH}_4}{\text{MWh}} \times \frac{\text{tCH}_4}{10^3\,\text{kgCH}_4} \times \frac{21\,\text{tCO}_2-\text{eq}}{\text{tCH}_4} \right)$$

$$+ \left. \left(\frac{0.0027\,\text{kgN}_2\text{O}}{\text{MWh}} \times \frac{\text{tN}_2\text{O}}{10^3\,\text{kgN}_2\text{O}} \times \frac{310\,\text{tCO}_2-\text{eq}}{\text{tN}_2\text{O}} \right) \right]$$

$$= 51.5673 \fallingdotseq 52\,\text{tCO}_2-\text{eq}$$

52 온실가스 목표관리 운영 등에 관한 지침상 관리업체 지정과 관련하여 건물이 건축물 대장 또는 등기부에 각각 등재되어 있거나 소유지분을 달리하고 있는 경우에 관한 사항으로 옳지 않은 것은?

① 인접한 대지에 동일 법인이 여러 건물을 소유한 경우에는 한 건물로 본다.

② 건물의 소유 구분이 지분 형식으로 되어 있을 경우에는 지분별로 건물의 소유지분을 구분한다.

③ 에너지 관리의 연계성이 있는 복수의 건물은 한 건물로 본다.

④ 동일 부지 내에 있거나 인접 또는 연접한 집합건물이 동일한 조직에 의해 에너지 공급·관리 또는 온실가스 관리 등을 받을 경우에도 한 건물로 간주한다.

해설 ② 건물의 소유 구분이 지분 형식으로 되어 있을 경우에는 최대지분을 보유한 법인 등을 해당 건물의 소유자로 본다.

53 온실가스 배출권거래제의 배출량 보고 및 인증에 관한 지침상 온실가스 측정불확도 산정절차를 4단계로 구분할 때, 다음 중 2단계에 해당하는 것은?

① 매개변수 분류 및 검토, 불확도 평가대상 파악

② 활동자료, 배출계수 등의 매개변수에 대한 불확도 산정

③ 배출시설별 온실가스 배출량에 대한 상대불확도 산정

④ 불확도 평가체계 수립

> **해설** 매개변수의 불확도 산정 → 배출시설에 대한 불확도 산정 → 사업장 또는 업체에 대한 불확도 산정의 절차로 진행된다. 여기서, 2단계인 불확도 산정 단계에는 측정횟수에 따른 확률분포값의 결정, 측정값에 대한 표준편차, 평균, 표준불확도의 추정이 해당된다.

54 온실가스 배출권거래제의 배출량 보고 및 인증에 관한 지침상 폐기물 소각의 배출활동 개요에 관한 설명으로 ( )에 들어갈 수 있는 물질로 알맞게 짝지어진 것은?

> ┤ 보기 ├
>
> 폐기물 소각시설에서 바이오매스 폐기물(㉠)의 소각으로 인한 CO_2 배출은 생물학적 배출량이므로 배출량 산정 시 제외되어야 하며, 화석연료로 인한 폐기물(㉡)의 소각으로 인한 CO_2 배출량은 배출량에 포함되어야 한다.

① ㉠ 목재 ,폐지 등
   ㉡ 공원폐기물, 폐합성고무 등

② ㉠ 음식물, 기저귀, 하수슬러지 등
   ㉡ 플라스틱, 폐섬유류 등

③ ㉠ 음식물, 목재 등
   ㉡ 플라스틱, 합성섬유, 폐유 등

④ ㉠ 목재, 폐지 등
   ㉡ 플라스틱, 폐합성고무 등

> **해설** 바이오매스 폐기물(음식물, 목재 등)의 소각으로 인한 이산화탄소 배출은 생물학적 배출량이므로 배출량 산정 시 제외되어야 하며, 화석연료로 인한 폐기물(플라스틱, 합성섬유, 폐유 등)의 소각으로 인한 이산화탄소만 배출량에 포함되어야 한다.

55 다음 중 온실가스 목표관리 운영 등에 관한 지침상 교통 부문의 조직경계 결정방법으로 틀린 것은?

① 동일 법인 등이 여객자동차 운수사업자로부터 차량을 일정 기간 임대 등의 방법을 통해 실질적으로 지배하고 통제할 경우에는 당해 법인 등의 소유로 본다.

② 일반화물자동차 운송사업을 경영하는 법인 등이 허가받은 차량은 차량 소유 유무에 상관없이 당해 법인 등이 지배적인 영향력을 미치는 차량으로 본다.

③ 관리업체 지정을 위해 온실가스 배출량 등을 산정할 때에는 항공 및 선박의 국제항공과 국제해운 부문을 포함한다.

④ 화물운송량이 연간 3천만톤−km 이상인 화주기업의 물류 부문에 대해서는 교통 부문 관장기관인 국토교통부에서 다른 부문의 소관 관장기관에게 관련 자료의 제출 또는 공유를 요청할 수 있다.

> **해설** ③ 교통 부문에서 국제항공과 국제해운 부문은 제외되며, 국내 운행되는 항목만을 포함한다.

56 아연 생산업체 A에서 발생된 온실가스의 양은 690tCO₂이었다. 이때 제조된 아연의 양(ton)은 얼마인가? (단, CO₂ 배출계수=1.72tCO₂/t−아연이고, 배출량 산정에 Tier 1A가 적용됨)

① 350

② 400

③ 450

④ 500

해설 아연 생산에서 Tier 1A 식에 대입하여 산정하는 문제이다.

$$E_{CO_2} = Zn \times EF_{default}$$

여기서,

E_{CO_2} : 아연 생산으로 인한 CO₂ 배출량 (tCO₂)

Zn : 생산된 아연의 양(t)

$EF_{default}$: 아연 생산량당 배출계수 (tCO₂/t−생산된 아연)

690tCO₂=생산된 아연(t) ×1.72tCO₂/t−생산된 아연

생산된 아연(t)

=690tCO₂÷(1.72tCO₂/t−생산된 아연)

=401.163

≒400t

57 온실가스 배출권거래제의 배출량 보고 및 인증에 관한 지침상 코크스로를 운영하고 있는 관리업체 A에서 석탄 15만톤을 사용하여 코크스 10만톤을 생산하였다. 온실가스 배출량을 산정할 경우 발생된 온실가스량(tCO₂−eq)은? (단, 공정배출계수는 CO₂ : 0.56tCO₂/t코크스, CH₄ : 0.1gCH₄/t코크스)

① 56,000.210

② 84,000.320

③ 140,000.530

④ 266,000.000

해설 코크스로에서 발생되는 온실가스의 양은 다음 식에 대입하여 구한다.

$$E_{Coke,i} = Q_{Coke} \times EF_{Coke} \times F_{eq,i}$$

여기서,

$E_{Coke,i}$: 코크스로에서의 온실가스(CO₂, CH₄) 배출량(tCO₂−eq)

Q_{Coke} : 코크스 생산량(t)

EF_{Coke} : 온실가스(CO₂, CH₄) 배출계수 (tCO₂/t, tCH₄/t)

$F_{eq,i}$: 온실가스(CO₂, CH₄)의 CO₂ 등가 계수 또는 지구온난화지수(CO₂=1, CH₄=21)

i : 온실가스 종류로서 CO₂ 또는 CH₄

∴ 온실가스 배출량

=(100,000t×0.56tCO₂/t×1) +(100,000t×0.1×10⁻⁶tCH₄/t×21)

=56,000+0.21

=56,000.21tCO₂−eq

58 온실가스 배출권거래제의 배출량 보고 및 인증에 관한 지침상 카프로락탐 생산공정에 관한 설명으로 옳지 않은 것은?

① 카프로락탐 생산 시 원료는 시클로헥산, 페놀, 톨루엔 3가지로 구분된다.

② 카프로락탐 생산공정에서 시클로헥산은 촉매 존재하에 시클로헥사놀이 70%, 시클로헥사논이 30%로 구성되어 있다.

③ 시클로헥사놀은 탈수소 촉매하에서 시클로헥사논으로 전환된다.

④ 보고대상 온실가스는 CO₂, N₂O이다.

해설 카프로락탐 생산공정에서 시클로헥산은 촉매 존재하에 시클로헥사논과 시클로헥사놀로 산화된다. 이때 생산된 산화물은 시클로헥사놀 60%, 시클로헥사논 40%로 구성되어 있으며, 시클로헥사놀은 탈수소 촉매하에서 시클로헥사논으로 전환된다.

59 온실가스 배출권거래제의 배출량 보고 및 인증에 관한 지침상 관리업체인 A매립장에서 고형폐기물의 매립에 따른 온실가스 배출량을 산정할 경우 매개변수별 관리기준에 관한 설명으로 옳지 않은 것은?

① 메탄보정계수(MCF)는 IPCC 가이드라인 기본값을 적용한다.
② 폐기물 성상별 매립량은 1991년 1월 1일 이후 매립된 폐기물에 대해서만 수집한다.
③ 메탄으로 전환 가능한 DOC 비율은 IPCC 가이드라인 기본값인 0.5를 적용한다.
④ 산화율은 IPCC 가이드라인 기본계수를 사용한다.

해설 폐기물 성상별 매립량은 1981년 1월 1일 이후 매립된 폐기물에 대해서만 수집한다. 단, 매립된 폐기물을 굴착하여 반출하는 경우, 활동자료는 기매립된 폐기물에서 반출된 폐기물을 제외한다. 반출된 폐기물은 매립연도가 증빙된 경우 해당 매립연도 활동자료에서 차감하며, 증빙이 불가능한 경우 최초 매립연도부터 차감한다.

60 탄소중립기본법령상 (   )에 들어갈 내용으로 적절한 것은?

| 보기 |
관리업체는 관리업체로 최초 지정된 연도에 과거 (   )간의 온실가스 배출량에 대한 명세서를 작성하여 다음 연도 3월 31일까지 제출하여야 한다.

① 1년　　② 3년
③ 4년　　④ 5년

해설 관리업체로 최초 지정된 해의 직전연도를 포함한 3년간 연평균 온실가스 배출량에 대한 명세서를 작성하여 다음 연도 3월 31일까지 제출하여야 한다.

제4과목 온실가스 감축관리

61 이산화탄소(CO_2) 포집기술 중 '연소 후 포집기술'에 관한 설명으로 거리가 먼 것은?

① 배가스는 굴뚝을 통해 대기 중으로 배출되기 때문에 대기압, 상온에서의 운전이 가능하며, 상용화에 근접해 있는 기술이다.
② 연소 후 공정에서 배가스의 CO_2 농도가 약 70~75% 정도의 수준이기 때문에 CO_2와 잘 결합할 수 있는 화학흡수제를 적용하기에는 곤란한 편이다.
③ 액상이 아닌 건식으로 CO_2를 흡수시키는 '연소 후 건식 CO_2 포집공정'도 개발되고 있다.
④ 포집비용이 상대적으로 높은 편이나, 기존 발전소에 설치하여 CO_2를 줄일 수 있어 시장성 확보에 유리한 편이다.

해설 연소 후 포집기술은 대표적인 화학적(습식, 건식) 흡수법을 활용하는 기술로, 습식 아민, 암모니아, 탄산칼륨 등이 대표적인 흡수제로 활용되고 있다.

62 고온형 연료전지에 해당하는 것은?

① 직접메탄올 연료전지
② 용융탄산염 연료전지
③ 알칼리 연료전지
④ 고분자 전해질막 연료전지

해설 연료전지의 종류
㉠ 고온형 연료전지 : 용융탄산염 연료전지(MCFC), 고체산화물 연료전지(SOFC)
㉡ 저온형 연료전지 : 인산염 연료전지(PAFC), 알칼리 연료전지(AFC), 고분자 전해질막 연료전지(PEMFC), 직접메탄올 연료전지(DMFC)

63 목재칩(wood chip)의 특성에 관한 설명으로 옳지 않은 것은? (단, 목재펠릿(wood pellet)과 상대비교)

① 연료의 특성이 비균일하다.
② 정제된 원료만 사용하며, 안정적인 공급 설비가 가능하다.
③ 제조비용이 저렴한 편이다.
④ 저장규모가 큰 편이다.

해설 목재칩은 공장에서뿐 아니라 벌채지와 집하장 등에서 이동식 파쇄기로도 생산이 가능하다. 따라서 목재칩은 생산장소와 건조방식이 연료의 물성에 영향을 주기 때문에 함수율을 일정하게 관리하기가 어렵고 회분의 함량도 그만큼 많아진다. 목재칩은 펠릿과 달리, 건조·압축·성형을 거치지 않으므로 생산비용이 적게 들고, 이동식 파쇄기를 사용하여 원료 발생현장에서 연료로 생산이 가능하므로 근거리에서 연료의 생산과 공급이 이루어진다. 다만, 펠릿보다는 부피가 크기 때문에 저장 공간이 크고 이에 따라 설비 비용이 더 든다는 것이 단점이다.

64 강원도 원주시에 10MWh 규모의 태양광발전소 개발을 검토 중에 있다. 사업의 타당성조사를 실시한 결과, 태양광발전소를 설치할 경우의 이용률은 20%로 추정되었으며, 해당 태양광발전 사업을 CDM 사업으로 추진하고자 한다. 이때 예상되는 연간 발전량에 따른 온실가스 감축량(tCO₂-eq/yr)은? (단, 사업에 따른 배출 및 누출은 없으며, 소규모 CDM 사업으로 가정하고 전력배출계수는 0.6060tCO₂-eq/MWh이다.)

① 117,108
② 20,869
③ 18,834
④ 10,617

해설 온실가스 감축량(tCO₂-eq/yr)
= 시설용량(MWh) × 이용률(%) × 전력배출계수(tCO₂-eq/MWh) × 24hr/day × 365day/yr
= 10MWh × 0.2 × 0.6060tCO₂-eq/MWh × 24hr/day × 365day/yr
= 10,617.12 ≒ 10,617tCO₂-eq/yr

65 CDM 프로젝트 활동으로 인한 온실가스 감축량을 산정하고자 한다. 다음 인자를 이용한 감축량 산정식을 표현한 것으로 옳은 것은?

보기
• ER : 감축량
• BE : 베이스라인 배출량
• PE : 프로젝트 배출량
• LE : 누출량

① ER = PE - BE - LE
② ER = BE - PE - LE
③ ER = PE - BE + LE
④ ER = PE + BE + LE

해설 CDM 프로젝트 활동으로 인한 온실가스 감축량(ER) = 베이스라인 배출량(BE) - 프로젝트 배출량(PE) - 누출량(LE)

66 온실가스 감축기술의 하나로 연료의 대체에 관한 내용 중 바이오에탄올에 관한 내용으로 옳지 않은 것은?

① 알코올기를 갖고 있고, 발효의 과정을 거친다.
② 오염물질의 발생이 적은 장점이 있다.
③ 석유계 디젤과 혼합하여 사용한다.
④ 가급적 저렴한 원료를 선정하는 것이 바람직하다.

해설 ③ 석유계 디젤과 혼합하여 사용하는 것은 바이오디젤이다.

67 온실가스 감축목표 설정에 관한 설명으로 옳지 않은 것은?

① 온실가스 감축목표는 기업, 공공기관, 지방자치단체 등의 조직이 일정 기간 동안 감축해야 할 정도를 정량적으로 설정하는 것을 말한다.

② 온실가스 감축목표의 설정은 '강제적 목표할당에 따른 목표설정'과 '자발적 감축활동 선언에 따른 목표설정'으로 구분할 수 있다.

③ 온실가스 에너지 목표관리제, 배출권거래제 등은 자발적 감축활동 선언에 따른 목표설정에 해당한다.

④ 감축목표의 설정방식은 '원단위를 이용하는 방식'과 '온실가스 배출총량을 기반으로 하는 방식'으로 구분할 수 있다.

해설 ③ 온실가스 에너지 목표관리제, 배출권거래제는 자발적 감축활동이 아닌, 국가에서 운영 중인 온실가스 감축목표, 에너지 절약목표를 달성하기 위한 관리제도에 해당된다.

68 태양광발전의 특징 및 설치조건에 관한 설명으로 옳지 않은 것은?

① 에너지밀도가 낮은 편이다.

② 기상조건에 따라 출력에 영향을 받는다.

③ 교류로 변환하는 과정에서 고조파가 발생한다.

④ 효율에 비해 저가이지만, 설치장소가 좁아도 되는 장점이 있다.

해설 시스템 비용이 고가이므로 초기투자비와 발전단가가 높으며, 에너지밀도가 낮아 넓은 설치장소를 필요로 한다.

69 다음 중 CDM 사업절차와 수행기관이 잘못 연결된 것은?

① 사업계획서 등록 – CDM 집행위원회

② 사업계획서 타당성평가 – CDM 운영기구

③ 사업감축량 검증 및 인증 – CDM 운영기구

④ 크레디트(CERs) 발행 – 국가 CDM

해설 ④ 크레디트(CERs) 발행은 검증보고서에 근거하여 요청하며, CDM 집행위원회(EB ; Executive Board)에서 수행한다.

70 발전소 및 각종 산업에서 발생하는 이산화탄소를 대기로 배출시키기 전에 고농도로 포집·압축·수송하여 안전하게 저장하는 기술로 정의될 수 있는 것은?

① ET

② CCS

③ CDM

④ VCM

해설 이산화탄소 포집 및 저장(CCS ; Carbon dioxide Capture and Storage)에 관한 설명이다.

① ET(Emission Trading, 배출권거래제) : 각국에 할당된 온실가스 배출허용량을 무형 상품으로 간주하고, 각국이 시장원리에 따라 직접 혹은 거래소를 통해 거래함으로써 배출저감비용을 줄이고, 저감 실현을 용이하게 하는 제도

③ CDM(Clean Development Mechanism, 청정개발체제) : 선진국이 개도국에서 온실가스 저감사업을 수행하여 발생한 저감분(CERs)을 선진국의 저감실적으로 인정하는 제도

④ VCM(Vinyl Chloride Monomer) : EDC의 열분해로 생성되는 무색의 기체로, PVC의 원료로 사용되며, 석유화학제품 생산공정 중 하나

71 온실가스를 처리하거나 활용하여 감축하는 기술로 가장 거리가 먼 것은?

① 매립장에서 매립가스를 포집한 후 연소시켜 에너지 발전을 한다.
② 하수처리시설에서 소화조의 가스를 회수하여 소화조 가온용 연료로 재사용한다.
③ 음식물쓰레기 사료화ㆍ퇴비화 시설에서 메탄을 회수하여 취사용 연료로 사용한다.
④ 대기오염방지시설에서 휘발성 유기화합물을 소각한다.

해설 휘발성 유기화합물(VOC ; Volatile Organic Compounds)은 비점이 낮아 대기 중으로 쉽게 증발되는 액체 또는 기체상 유기화합물을 총칭하는 용어로, 산업체에서 많이 사용하는 용매에서 화학 및 제약 공장이나 플라스틱 건조공정에서 배출되는 유기가스에 이르기까지 매우 다양하며, 끓는점이 낮은 액체연료, 파라핀, 올레핀, 방향족 화합물 등 생활 주변에서 흔히 사용하는 탄화수소류는 거의 해당된다.
VOC는 대기 중에서 질소산화물(NO_x)과 함께 광화학반응으로 오존 등 광화학산화제를 생성하여 광화학스모그를 유발하기도 하고, 벤젠과 같은 물질은 발암성 물질로 인체에 매우 유해하다.

72 바이오가스 시설현황 중 매립지가스(LFG) 생성단계에 관한 설명으로 가장 적합한 단계는?

┤ 보기 ├
메탄과 이산화탄소의 농도가 일정하게 유지되는 단계로 메탄이 55~60% 정도, 이산화탄소가 40~45% 정도, 기타 미량 가스가 1% 내외로 발생한다.

① 호기성 분해단계
② 산 생성단계
③ 불안정한 메탄 생성단계
④ 안정된 메탄 생성단계

해설 보기는 안정한 메탄 생성단계의 설명이며, 매립지가스(LFG) 생성단계는 다음과 같다.
ⓐ 1단계(초기 조절단계) : 생물학적으로 분해 가능한 성분들이 미생물에 의해 분해되는 단계
ⓑ 2단계(전이단계) : 산소는 고갈되고 혐기성 조건이 지배하기 시작하면서 질산염과 황산염이 질소가스와 황화수소로 환원되는 단계
ⓒ 3단계(산 생성단계) : 2단계에서 시작된 미생물의 활동이 유기산과 약간의 수소를 발생시키면서 가속화되고, 이에 따라 이산화탄소가 발생되는 단계
ⓓ 4단계(메탄 생성단계) : 산 생성균에 의해 생성된 아세트산과 수소를 메탄과 이산화탄소로 전환하기 시작하는 단계

73 A지방자치단체의 관할구역 내에서 연간 350일 점등하고 있는 가로등 전구 모두를 LED등으로 교체하고자 한다. 관련 자료가 아래 조건과 같을 경우, 연간 온실가스 감축량(tCO_2–eq)은? (단, $1tCO_2$–eq 미만 온실가스 감축량은 무시)

┤ 보기 ├
• 관할구역 내 가로등 수 : 25,000개
• 기존 전구 전력사용량 : 150W/개
• 교체할 LED등 전력사용량 : 50W/개
• 가로등 점등일 평균 점등시간 : 8hr/day
• 전력배출계수값 : $0.46625tCO_2$–eq/MWh

① 3,263
② 3,527
③ 4,464
④ 5,403

해설 연간 온실가스 감축량(tCO_2–eq/yr)
=개당 전력감소량×가로등 수
×전력배출계수×전력사용시간
=(150−50)W/개×25,000개
×(1MW/10^6W)×$0.46625tCO_2$–eq/MWh
×8hr/day×350day/yr
=3,263.75 ≒ $3,263tCO_2$–eq/yr

74 발전 분야의 공정 개선 중 열병합발전(CHP ; Combined Heat and Power Generation)에 대한 설명으로 가장 거리가 먼 것은 어느 것인가?

① 고온 스팀으로는 전기를 생산하며 동시에 중온열을 활용한다.

② 지역난방열 혹은 산업단지 스팀으로 사용하는 에너지 시스템이다.

③ 산소를 이용하여 연료를 가스화시켜 합성가스를 제조한 후 연소시켜 터빈으로 발전하는 기술이다.

④ 향후 에너지효율이 90%까지 증가할 수 있는 잠재력을 가지고 있다.

해설 ③번의 설명은 가스화 복합발전기술(IGCC ; Integrated Gasification Combined Cycle)에 관한 내용이다.

75 지구온난화지수가 높은 온실가스부터 순서대로 옳게 나열한 것은?

① $CO_2 > CH_4 > N_2O > SF_6$
② $SF_6 > N_2O > CH_4 > CO_2$
③ $SF_6 > CH_4 > N_2O > CO_2$
④ $N_2O > SF_6 > CO_2 > CH_4$

해설 지구온난화지수(GWP ; Global Warming Potential)는 이산화탄소 1kg과 비교했을 때 어떤 온실기체가 대기 중에 방출된 후 특정 기간 그 기체 1kg의 가열효과가 어느 정도인가를 평가하는 척도이다.
온실기체를 지구온난화지수가 큰 순서대로 나열하면 다음과 같다.
$SF_6(23,900) > HFCs(140 \sim 11,700) > PFCs(6,500 \sim 9,200) > N_2O(310) > CH_4(21) > CO_2(1)$

76 CDM 사업계획서(PDD)의 구성항목에 관한 내용으로 옳지 않은 것은?

① 이해관계자 코멘트
② 베이스라인 및 모니터링 방법론의 적용
③ 프로젝트 활동 이행기간, 유효기간
④ 환경영향

해설 CDM 사업계획서(PDD)의 구성항목
㉠ 사업 개론(general description of project activity)
㉡ 베이스라인 방법론 적용(application of a baseline methodology)
㉢ 사업기간/CER 발급기간(duration of project activity/crediting period)
㉣ 모니터링 방법론 및 계획 적용(application of a monitoring methodology and plan)
㉤ 배출원별 지구온난화가스 배출량 계산 (estimations of GHG emissions by sources)
㉥ 환경영향(environmental impacts)
㉦ CDM 사업으로부터 영향을 받을 수 있는 지역, 단체 또는 개인의 의견(stakeholders comments)

77 온실가스 감축방법 중 간접감축방법에 해당하는 것은?

① 탄소배출권 구매 ② 대체물질 개발
③ 대체공정   ④ 공정 개선

해설 온실가스 간접감축방법에는 외부로부터 탄소배출권을 구매하는 방식과 신재생에너지를 적용하여 배출원의 온실가스 배출을 상쇄하는 방법 등이 있으며, 직접감축방법으로는 대체물질 개발, 대체공정, 온실가스 활용, 온실가스 전환, 온실가스 처리 등이 있다.

78 연료전지의 장 · 단점으로 가장 거리가 먼 것은?

① 열효율이 높은 편이다.

② 자연환경을 해치지 않는다.

③ 다양한 크기로 설치가 가능하고, 탄력적으로 가동할 수 있다.

④ 비용 대비 효율성이 뛰어나서, 대량 및 다각도의 상용화에 유리하다.

해설 연료전지는 수소 원가가 비싸고 연료공급 인프라가 초기단계이다. 설치비용이 높아 적은 전력(600kW 미만)을 사용하는 가정에는 효율이 낮으며, 상용화까지 시간이 더 필요한 상황이다.

79 우리나라 법령에서 정한 신 · 재생에너지 중 신에너지에 속하는 것은?

① 태양에너지   ② 지열에너지

③ 풍력   ④ 수소에너지

해설 신에너지는 연료전지, 석탄 액화가스화, 수소에너지의 3개 분야이고, 재생에너지는 태양열, 태양광발전, 바이오매스, 풍력, 소수력, 지열, 해양에너지, 폐기물에너지의 8개 분야이다.

80 온실가스 · 에너지 목표관리 운영 등에 관한 지침상 "관리업체가 당해 업체의 조직경계 외부의 배출시설 또는 배출활동 등에서 온실가스를 감축, 흡수 또는 제거한 실적"을 의미하는 용어로 가장 적합한 것은?

① 온실가스 감축실적

② 탄소중립실적

③ 외부감축실적

④ 온실가스 인증실적

해설 위 문제는 출제된 이후에 법이 개정되면서 관련 법 조항이 삭제되었습니다. 따라서 이 문제는 학습하지 않으셔도 됩니다.

제5과목 온실가스 관련 법규

81 다음 중 부문별 관장기관과 관장 부문이 잘못 연결된 것은?

① 농림축산식품부 − 농업 · 임업 · 축산 · 식품 분야

② 국토교통부 − 건물 · 모든 교통 분야

③ 산업통상자원부 − 산업 · 발전 분야

④ 환경부 − 폐기물 분야

해설 온실가스 목표관리 운영 등에 관한 지침 제9조(소관부문별 관장기관 등)에 따른 부문별 관장기관은 다음과 같다.

㉠ 농림축산식품부 : 농업 · 임업 · 축산 · 식품 분야

㉡ 산업통상자원부 : 산업 · 발전(發電) 분야

㉢ 환경부 : 폐기물 분야

㉣ 국토교통부 : 건물 · 교통(해운 · 항만 분야는 제외) · 건설 분야

㉤ 해양수산부 : 해양 · 수산 · 해운 · 항만 분야

82 온실가스 배출권의 할당 및 거래에 관한 법령상 국가 온실가스 감축목표를 효과적으로 달성하기 위하여 계획기간별로 국가 배출권 할당계획을 수립하여야 하는 시기는 매 계획시간 시작 몇 개월 전까지인가?

① 3개월   ② 4개월

③ 5개월   ④ 6개월

해설 법 제5조(국가 배출권 할당계획의 수립 등)에 따라, 정부는 국가 온실가스 감축목표를 효과적으로 달성하기 위하여 계획기간별로 국가 배출권 할당계획을 매 계획기간 시작 6개월 전까지 수립하여야 한다.

Answer   78.④ 79.④ 80.문제 삭제 81.② 82.④

83 탄소중립기본법상 저탄소 녹색성장 실현을 위한 국가와 지방자치단체의 책무와 거리가 먼 것은?

① 가정과 학교 및 사업장 등에서 녹색생활을 적극 실천하여야 한다.

② 지역주민에게 저탄소 녹색성장에 대한 교육과 홍보를 강화하여야 한다.

③ 저탄소 녹색성장 대책을 수립·시행할 때 해당 지방자치단체의 지역적 특성과 여건을 고려하여야 한다.

④ 관할구역 내의 사업자, 주민 및 민간단체의 저탄소 녹색성장을 위한 활동을 장려하기 위하여 정보제공, 재정지원 등 필요한 조치를 강구하여야 한다.

해설 ①의 내용은 국민의 책무이다.
법 제4조(국가와 지방자치단체의 책무)에 따른 국가와 지방자치단체의 책무는 다음과 같다.

㉠ 국가와 지방자치단체는 경제·사회·교육·문화 등 모든 부문에 기본원칙이 반영될 수 있도록 노력하여야 하며, 관계 법령 개선과 재정투자, 시설 및 시스템 구축 등 제반여건을 마련하여야 한다.

㉡ 국가와 지방자치단체는 각종 계획의 수립과 사업의 집행과정에서 기후위기에 미치는 영향과 경제와 환경의 조화로운 발전 등을 종합적으로 고려하여야 한다.

㉢ 지방자치단체는 탄소중립 사회로의 이행과 녹색성장의 추진을 위한 대책을 수립·시행할 때 해당 지방자치단체의 지역적 특성과 여건 등을 고려하여야 한다.

㉣ 국가와 지방자치단체는 기후위기 대응정책을 정기적으로 점검하여 이행성과를 평가하고, 국제협상의 동향과 주요 국가 및 지방자치단체의 정책을 분석하여 면밀한 대책을 마련하여야 한다.

㉤ 국가와 지방자치단체는 공공기관과 사업자 및 국민이 온실가스를 효과적으로 감축하고 기후위기 적응역량을 강화할 수 있도록 필요한 조치를 강구하여야 한다.

㉥ 국가와 지방자치단체는 기후정의와 정의로운 전환의 원칙에 따라 기후위기로부터 국민의 안전과 재산을 보호하여야 한다.

㉦ 국가와 지방자치단체는 기후변화현상에 대한 과학적 연구와 영향 예측 등을 추진하고, 국민과 사업자에게 관련 정보를 투명하게 제공하며, 이들이 의사결정과정에 적극 참여하고 협력할 수 있도록 보장하여야 한다.

㉧ 국가와 지방자치단체는 탄소중립 사회로의 이행과 녹색성장의 추진을 위한 국제적 노력에 능동적으로 참여하고, 개발도상국에 대한 정책적·기술적·재정적 지원 등 기후위기 대응을 위한 국제협력을 적극 추진하여야 한다.

㉨ 국가와 지방자치단체는 탄소중립 사회로의 이행과 녹색성장의 추진 등 기후위기 대응에 필요한 전문인력의 양성에 노력하여야 한다.

84 온실가스 배출권의 할당 및 거래에 관한 법령상 배출권거래소의 업무가 아닌 것은?

① 배출권거래시장의 개설·운영

② 배출권거래 중개회사의 등록 취소에 관한 업무

③ 배출권의 매매(경매를 포함한다) 및 청산 결제

④ 불공정거래에 관한 심리 및 회원의 감리

해설 시행령 제35조(배출권거래소의 업무 및 감독)에 따른 배출권거래소의 업무는 다음과 같다.

㉠ 배출권거래시장의 개설·운영

㉡ 배출권의 매매(경매를 포함한다) 및 청산 결제

㉢ 불공정거래에 관한 심리(審理) 및 회원의 감리(監理)

㉣ 배출권의 매매와 관련된 분쟁의 자율조정(당사자가 신청하는 경우만 해당한다)

㉤ 그 밖에 배출권거래소의 장이 필요하다고 인정하여 운영규정으로 정하는 업무

85 다음 중 온실가스에 해당되지 않은 것은?

① 메탄   ② 육불화황

③ 이산화질소   ④ 과불화탄소

해설 탄소중립기본법 제2조(정의)에 따른 "온실가스"란 이산화탄소(CO_2), 메탄(CH_4), 아산화질소(N_2O), 수소불화탄소(HFCs), 과불화탄소(PFCs), 육불화황(SF_6) 및 그 밖에 대통령령으로 정하는 것으로 적외선 복사열을 흡수하거나 재방출하여 온실효과를 유발하는 대기 중 가스 상태의 물질을 말한다.

86 탄소중립기본법령상 관리업체 온실가스 목표관리의 원칙 및 역할에 대한 설명으로 가장 거리가 먼 것은?

① 환경부장관은 관리업체의 온실가스 감축목표의 설정·관리 등에 관하여 총괄·조정 기능을 수행한다.

② 환경부장관은 목표관리의 신뢰성을 높이기 위하여 필요한 경우에는 부문별 관장기관의 소관 사무에 종합적인 점검·평가를 할 수 있다.

③ 환경부장관은 관리업체의 온실가스 감축 및 에너지 절약 목표 등의 이행실적, 명세서 신뢰성 여부 등에 중대한 문제가 있다고 인정되는 경우 단독으로 관리업체에 실태조사를 실시하여야 한다.

④ 부문별 관장기관은 소관 부문별로 목표의 설정·관리 및 필요한 조치에 관한 사항을 관장하되, 관리업체의 목표가 국가 온실가스 감축목표의 세부 감축목표에 부합하도록 하여야 한다.

해설 위 문제는 출제된 이후에 법이 개정되면서 관련 법 조항이 삭제되었습니다. 따라서 이 문제는 학습하지 않으셔도 됩니다.

87 배출량 인증위원회는 위원장 1명을 포함하여 16인 이내의 위원으로 구성한다. 인증위원회의 위원장은?

① 환경부차관
② 기획재정부1차관
③ 국토교통부차관
④ 산업통상자원부차관

해설 온실가스 배출권의 할당 및 거래에 관한 법률 시행령 제43조(배출량 인증위원회)에 따라, 인증위원회는 위원장 1명을 포함하여 16명 이내의 위원으로 구성하며, 위원장은 환경부차관이 된다.

88 탄소중립기본법 시행령상 관리업체의 지정기준 등에 관한 설명으로 옳지 않은 것은?

① 부문별 관장기관은 대통령령으로 정하는 기준량 이상에 만족하는 곳을 관리업체로 선정하고, 그 관련 자료를 첨부하여 매 계획기간 7개월 전까지 환경부장관에게 통보하여야 한다.

② 환경부장관은 관리업체 선정의 중복·누락, 규제의 적절성 등을 확인한 후 부문별 관장기관에게 통보하고, 통보를 받은 부문별 관장기관은 매년 6월 30일까지 관리업체를 지정하여 관보에 고시한다.

③ 관리업체는 온실가스 관리목표에 이의가 있는 경우 고시된 날부터 60일 이내에 부문별 관장기관에게 소명자료를 첨부하여 이의를 신청할 수 있다.

④ 부문별 관장기관은 이의신청을 받았을 때에는 이에 관하여 재심사하고 환경부장관의 확인을 거쳐 이의신청을 받은 날부터 30일 이내에 그 결과를 해당 관리업체에 통보하여야 한다.

해설 시행령 제21조(온실가스 배출 관리업체에 대한 목표관리 방법 및 절차)에 관한 문제로, 관리업체는 온실가스 관리목표에 이의가 있는 경우 고시된 날부터 30일 이내에 부문별 관장기관에게 소명자료를 첨부하여 이의를 신청할 수 있다.

Answer 86.문제 삭제 87.① 88.③

89 배출량의 보고 및 검증과 관련하여 할당대상업체가 제출하는 명세서에 포함되지 않는 것은?

① 업체의 업종, 매출액, 공정도, 시설배치도 등 총괄 정보
② 온실가스 사용·감축 실적 및 온실가스·에너지의 판매·구매 등 이동정보
③ 사업장 고유배출계수의 개발 결과
④ 공정별, 생산품별 온실가스 사용량 및 에너지 배출량(벤치마크방식으로 배출권을 할당하는 경우는 제외)

해설 온실가스 배출권의 할당 및 거래에 관한 법률 시행령 제39조(배출량의 보고 및 검증)에 따라, 할당대상업체는 명세서에 다음 사항을 포함하여 작성하여 검증기관의 검증을 수행하여야 한다.
㉠ 업체의 업종, 매출액, 공정도, 시설배치도, 온실가스 배출량 및 에너지 사용량 등 총괄 정보
㉡ 사업장별 온실가스 배출시설의 종류·규모·부하율, 온실가스 배출량 및 에너지 사용량
㉢ 배출시설·배출활동별 온실가스 배출량의 계산·측정 방법 및 그 근거, 온실가스 배출량
㉣ 온실가스 배출시설·배출량 산정방법의 변동사항 및 온실가스 배출량 산정 제외 관련 보고사항
㉤ 사업장별 제품 생산량 또는 용역량, 공정별 배출효율(배출효율 기준방식으로 배출권을 할당하는 경우에는 사업장·시설·공정별, 생산제품 또는 용역별 온실가스 배출량 및 에너지 사용량)
㉥ 온실가스 사용·감축 실적 및 온실가스·에너지의 판매·구매 등 이동정보
㉦ 사업장 고유배출계수의 개발 결과
㉧ 그 밖에 환경부장관이 관계 중앙행정기관의 장과 협의하여 고시하는 사항

90 온실가스 배출권 거래제하에서 배출권 거래시장 안정화조치 기준으로 옳은 것은?

① 최근 1개월의 평균거래량이 직전 2개 연도의 같은 월평균거래량 중 많은 경우보다 1.5배 이상으로 증가한 경우
② 최근 1개월의 평균가격이 직전 2개 연도의 배출권 평균가격보다 1.5배 이상 높은 경우
③ 최근 1개월의 배출권 평균가격이 직전 2개 연도의 배출권 평균가격의 100분의 60 이하가 된 경우
④ 배출권 가격이 유럽연합(EU)의 배출권 가격보다 2배 이상 높은 경우

해설 온실가스 배출권의 할당 및 거래에 관한 법률 시행령 제38조(시장 안정화조치의 기준 등)에 따라, 배출권 거래시장의 질서를 유지하거나 공익을 보호하기 위하여 시장 안정화조치가 필요하다고 인정되는 경우는 다음과 같다.
㉠ 최근 1개월의 배출권 평균가격이 직전 2개 연도 배출권 평균가격의 100분의 60 이하가 된 경우
㉡ 할당대상업체가 보유하고 있는 배출권을 매매하지 않은 사유 등으로 배출권 거래시장에서 거래되는 배출권의 공급이 수요보다 현저하게 부족하여 할당대상업체 간 배출권 거래가 어려운 경우

91 온실가스·에너지 목표관리 운영 등에 관한 지침상 조기감축으로 매년 인정받을 수 있는 전체 총량은 전체 관리업체 배출허용량의 몇 %인가?

① 1% ② 2% ③ 3% ④ 5%

해설 위 문제는 출제된 이후에 법이 개정되면서 관련 법 조항이 삭제되었습니다. 따라서 이 문제는 학습하지 않으셔도 됩니다.

92 탄소중립기본법령상 관리업체가 매년 제출하여야 하는 온실가스 배출량에 관한 명세서에 포함되어야 하는 사항이 아닌 것은?

① 사업장별 사용 에너지의 종류 및 사용량, 사용연료의 성분, 에너지 사용시설의 종류·규모·수량 및 가동시간
② 업체의 규모, 생산공정도, 생산제품 및 생산량
③ 배출권의 할당대상이 되는 부문 및 업종에 관한 사항
④ 사업장별 배출 온실가스의 종류 및 배출량

해설 시행령 제21조(온실가스 배출관리업체에 대한 목표관리 방법 및 절차)에 따라, 명세서에 포함되어야 하는 사항은 다음과 같다.
㉠ 업체의 규모, 생산공정도, 생산제품 및 생산량
㉡ 사업장별 배출 온실가스의 종류 및 배출량
㉢ 사업장별 사용 에너지의 종류 및 사용량, 사용연료의 성분, 에너지 사용시설의 종류·규모·수량 및 가동시간
㉣ 온실가스 배출시설의 종류·규모·수량 및 가동시간, 배출시설별 온실가스 배출량·종류
㉤ 그 밖에 온실가스 배출관리업체의 온실가스 배출량 관리를 위해 필요한 사항으로서 환경부장관이 정하여 고시한 사항

93 신에너지 및 재생에너지 개발·이용·보급 촉진법령상 신에너지 또는 재생에너지가 아닌 것은?

① 연료전지   ② 수력
③ 폐열   ④ 지열에너지

해설 법 제2조(정의)에 따른 신에너지와 재생에너지의 정의는 다음과 같다.
㉠ "신에너지"란 기존의 화석연료를 변환시켜 이용하거나 수소·산소 등의 화학반응을 통하여 전기 또는 열을 이용하는 에너지로서, 다음의 어느 하나에 해당하는 것을 말한다.
• 수소에너지
• 연료전지
• 석탄을 액화·가스화한 에너지 및 중질잔사유(重質殘渣油)를 가스화한 에너지로서 대통령령으로 정하는 기준 및 범위에 해당하는 에너지
• 그 밖에 석유·석탄·원자력 또는 천연가스가 아닌 에너지
㉡ "재생에너지"란 햇빛·물·지열(地熱)·강수(降水)·생물유기체 등을 포함하는 재생 가능한 에너지를 변환시켜 이용하는 에너지로서, 다음의 어느 하나에 해당하는 것을 말한다.
• 태양에너지   • 풍력
• 수력   • 해양에너지
• 지열에너지
• 생물자원을 변환시켜 이용하는 바이오에너지
• 폐기물에너지(비재생폐기물로부터 생산된 것은 제외한다)
• 그 밖에 석유·석탄·원자력 또는 천연가스가 아닌 에너지

94 탄소중립기본법상 2050 지방 탄소중립 녹색성장위원회의 구성에 관한 사항으로 잘못된 것은?

① 지방자치단체의 탄소중립 사회로의 이행과 녹색성장의 추진을 위한 주요 정책 및 계획과 그 시행에 관한 사항을 심의·의결하기 위하여 지방자치단체별로 2050 지방 탄소중립 녹색성장위원회를 둘 수 있다.
② 시·도지사 또는 시장·군수·구청장은 지방위원회가 설치되지 아니한 경우 심의 또는 통보를 생략할 수 있다.
③ 지방위원회는 지방자치단체의 장과 협의하여 지방위원회의 운영 및 업무를 지원하는 사무국을 둘 수 있다.
④ 지방위원회의 구성, 운영 및 기능 등 필요한 사항은 대통령령으로 정한다.

해설 법 제22조(2050 지방 탄소중립 녹색성장위원회의 구성 및 운영 등)에 따라, 지방위원회의 구성, 운영 및 기능 등 필요한 사항은 조례로 정한다.

95 온실가스 목표관리 운영 등에 관한 지침상 부문별 관장기관은 관리업체가 목표달성을 못하거나, 제출한 이행실적이 미흡한 경우에는 개선명령을 하여야 한다. 부문별 관장기관은 개선명령 등 관련업체에 대해 필요한 조치를 하고, 그 결과를 작성하여 누구에게 통보하여야 하는가?

① 대통령   ② 국무총리
③ 기획재정부장관   ④ 환경부장관

해설 지침 제35조(개선명령)에 따라, 부문별 관장기관은 개선명령 등 관리업체에 대해 필요한 조치를 하는 경우에는 환경부장관에게 그 사실을 즉시 통보하여야 한다.

96 탄소중립기본법상 국가 탄소중립 녹색성장 기본계획에 대한 설명으로 틀린 것은?

① 정부는 20년을 계획기간으로 하는 국가 탄소중립 녹색성장 기본계획을 5년마다 수립·시행하여야 한다.

② 국가 탄소중립 녹색성장 기본계획을 수립하거나 변경하는 경우에는 위원회의 심의를 거친 후 국무회의의 심의를 거쳐야 한다. 다만, 대통령령으로 정하는 경미한 사항을 변경하는 경우에는 위원회 및 국무회의의 심의를 생략할 수 있다.

③ 국가 탄소중립 녹색성장 기본계획에는 온실가스 감축사업에 대한 방법론 개발계획이 포함되어야 한다.

④ 기후위기 대응을 위한 국가와 지방자치단체의 협력에 관한 사항이 국가 탄소중립 녹색성장 기본계획에 포함되어야 한다.

해설 제10조(국가 탄소중립 녹색성장 기본계획의 수립·시행)에 따라, 국가 탄소중립 녹색성장 기본계획(국가기본계획)에는 다음의 사항이 포함되어야 한다.
㉠ 국가비전과 온실가스 감축목표에 관한 사항
㉡ 국내외 기후변화 경향 및 미래 전망과 대기 중의 온실가스 농도 변화

㉢ 온실가스 배출·흡수 현황 및 전망
㉣ 중장기 감축목표 등의 달성을 위한 부문별·연도별 대책
㉤ 기후변화의 감시·예측·영향·취약성 평가 및 재난방지 등 적응대책에 관한 사항
㉥ 정의로운 전환에 관한 사항
㉦ 녹색기술·녹색산업 육성, 녹색금융 활성화 등 녹색성장 시책에 관한 사항
㉧ 기후위기 대응과 관련된 국제협상 및 국제협력에 관한 사항
㉨ 기후위기 대응을 위한 국가와 지방자치단체의 협력에 관한 사항
㉩ 탄소중립 사회로의 이행과 녹색성장의 추진을 위한 재원의 규모와 조달방안
㉪ 그 밖에 탄소중립 사회로의 이행과 녹색성장의 추진을 위하여 필요한 사항으로서 대통령령으로 정하는 사항
※ ③의 방법론 개발에 관한 사항은 국가기본계획에 포함되어야 하는 사항이 아닌 배출량 산정원칙에 포함되는 내용이다.

97 온실가스 목표관리 운영 등에 관한 지침상 건물이 건축물대장 또는 등기부에 각각 등재되어 있거나 소유지분을 달리하고 있는 경우에 건축물에 대한 특례기준으로 옳지 않은 것은?

① 건물의 소유 구분이 지분 형식으로 되어 있을 경우에는 최대지분을 보유한 법인 등을 당해 건물의 소유자로 본다.

② 인접 또는 연접한 대지에 동일 법인이 여러 건물을 소유한 경우에는 한 건물로 본다.

③ 에너지관리의 연계성이 있는 복수의 건물 등은 한 건물로 보며, 동일 부지 내 있거나 인접 또는 연접한 집합건물이 동일한 조직에 의해 에너지 공급·관리 또는 온실가스 관리 등을 받을 경우에도 한 건물로 간주한다.

④ 동일 건물에 구분 소유자와 임차인에 있는 경우에는 각각의 건물로 본다.

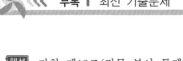

해설 지침 제12조(건물 분야 특례)에 의거한 문제로, 건물이 건축물대장 또는 등기부에 각각 등재되어 있거나 소유지분을 달리하고 있는 경우에는 조건에 따라 본다. ④ 동일 건물에 구분 소유자와 임차인이 있는 경우에도 하나의 건물로 본다. 다만, 동일 건물 내에 관리업체에 포함된 경우에 한해서는 적용을 제외한다.

98 탄소중립기본법령상 온실가스 감축목표의 설정 · 관리 및 권리와 의무의 승계에 관하여 총괄 · 조정 기능을 하는 자는?

① 기획재정부장관   ② 국무조정실장
③ 환경부장관   ④ 산업통상자원부장관

해설 제27조(관리업체 온실가스 목표관리의 원칙 및 역할)에 따라, 환경부장관은 온실가스 감축목표의 설정 · 관리 및 권리와 의무의 승계에 관하여 총괄 · 조정 기능을 수행한다.

99 '녹색기술 · 녹색산업의 표준화 및 인증'과 관련된 사항 중 옳은 것은?

① 정부는 국내에서 개발된 기술이 국제표준화에 부합되도록 표준화 기반 구축을 지원할 수 있고, 개발 단계의 기술 등은 개발 이전에 표준화 취득을 의무화한다.
② 녹색기술의 표준화, 인증 및 취소 등에 관하여 그 밖에 필요한 사항은 산업통상자원부장관령으로 정한다.
③ 기업은 녹색기술 및 녹색산업의 적합성에 대해 제3자 검증을 의무적으로 추진해야 한다.
④ 정부는 녹색기술 · 녹색산업의 발전을 촉진하기 위하여 적합성 인증을 하거나, 공공기관의 구매의무화 또는 기술지도 등을 할 수 있다.

해설 탄소중립기본법 제60조(녹색기술 · 녹색산업의 표준화 및 인증 등)에 관한 문제이다. 정부는 국내에서 개발되었거나 개발 중인 녹색기술 · 녹색산업이 국제표준에 부합되도록 표준화 기반을 구축하고 녹색기술 · 녹색산업의 국제표준화 활동 등에 필요한 지원을 할 수 있다. 또한, 녹색기술 · 녹색산업의 발전을 촉진하기 위하여 녹색기술, 녹색사업, 녹색제품 등에 대한 적합성 인증을 하거나 녹색전문기업 확인, 공공기관의 구매의무화 또는 기술지도 등을 할 수 있다.

100 온실가스 · 에너지 목표관리 운영 등에 관한 지침상 관리업체가 조기감축실적에 대하여 인정을 받고자 하는 경우 조기감축실적 인정 신청서를 작성하여 관리업체별로 부문별 관장기관에게 제출하여야 하는 기간(기준)은?

① 최초 지정된 해의 7월 31일까지
② 최초 지정된 해의 12월 31일까지
③ 최초 지정된 해의 다음 연도 7월 31일까지
④ 최초 지정된 해의 다음 연도 12월 31일까지

해설 위 문제는 출제된 이후에 법이 개정되면서 관련 법 조항이 삭제되었습니다. 따라서 이 문제는 학습하지 않으셔도 됩니다.

온실가스관리기사 (2021. 5. 15. 시행)

제1과목 기후변화 개론

01 2012년까지 감축의무를 규정한 교토의정서의 대상기간의 한정과 미국, 중국, 인도 등 온실가스 대량 배출국가의 감축이 포함되지 않은 교토의정서를 대체할 새로운 기후변화협약의 마련을 위해 채택한 것은?

① 뉴델리 합의문
② 마라케시 합의문
③ 발리 로드맵
④ 도하 합의문

해설 발리 총회는 선진국과 개도국이 모두 참여하는 Post-2012 체제 구축을 합의한 회의로 발리 로드맵을 발표하였다.

02 탄소배출권 계약에 관한 설명 중 ( )에 알맞은 것은?

┤ 보기 ├
( )은/는 현물로 증권을 매도(매수)함과 동시에 사전에 정한 기일에 증권을 환매수(환매도)하기로 하는 2개의 매매계약이 동시에 이루어지는 계약을 말한다.

① 레포 ② 현물
③ 선도 ④ 옵션

해설 보기는 레포(Repo)에 대한 설명이다.

03 기후변화협약과 관련된 내용으로 ( )에 알맞은 것은?

┤ 보기 ├
교토의정서 이후 신기후체제 합의문 ( )은/는 16개의 전문으로 구성되며, 이행절차에 관해 구속력을 지님. 전문에서 '공통의 그러나 차별화된 책임', '개별 국가의 능력' 및 '국가별 상황' 등의 원칙을 명시함. 향후 55개국 이상 또는 전 세계 배출량의 55% 이상에 해당하는 국가가 비준할 경우 발효

① 파리협정
② 카타르선언
③ 칸쿤합의
④ 코펜하겐합의

해설 파리협정은 제21차 기후변화협약 당사국총회(COP 21)에서 체결된 합의문으로 국제사회 공동의 장기목표로 '산업화 이전 대비 지구 기온의 상승폭(2100년 기준)을 $2℃$보다 훨씬 낮게 유지하고, 나아가 온도 상승을 $1.5℃$ 이하로 제한하기 위한 노력을 추구한다'고 합의했다. 이에 따라 세계 각국은 스스로 온실가스 감축목표를 정하는 국가별 기여방안(INDCs)을 제출하였고, 앞으로 매 5년마다 최고의욕수준을 반영하여 이전보다 진전된 목표를 제시해야 한다고 정하고 있다.

04 온실가스에 관한 내용으로 옳지 않은 것은?

① 온실가스는 넓은 파장범위의 적외선을 흡수하여 지구의 온도를 상승시킨다.
② 기후변화협약 제3차 당사국 총회에서 6종의 온실가스에 대해 저감 및 관리대상 온실가스로 규정하였다.
③ 화석연료의 연소와 관련된 인간의 활동은 자연적 온실효과를 완화시킨다.
④ 지구온난화지수가 클수록 지구온난화에 대한 기여도가 크다는 의미이다.

> **해설** ③ 화석연료의 연소를 통한 인위적 온실가스 생성·배출이 주된 원인으로 온실효과를 강화하여 지구온난화를 가속화시켜 기후변화에 악영향을 미친다.

05 탄소배출권의 종류에 관한 설명으로 옳지 않은 것은?

① AAU : 교토의정서 Annex 1 국가들에게 할당된 온실가스 배출권
② ERU : EU ETS하에서의 북미 국가들에게 할당된 배출권
③ CER : 선진국과 개도국 간의 CDM을 통해서 발생되는 배출권
④ RMU : 교토의정서에 명시된 토지이용, 토지이용변화 및 산림활동에 대한 온실가스 흡수원 관련 배출권

> **해설** ERU(Emission Reduction Unit)는 공동이행제도(JI)에 의해 발생한 배출권이다.
> ① AAU(Assigned Amount Unit) : 교토의정서 의무국에 대한 국가별 할당량
> ③ CER(Certified Emission Reduction) : 청정개발(CDM)에 의해 발생한 배출권
> ④ RMU(Removal Unit) : 토지이용, 토지이용변화 및 산림활동(LULUCF) 부문 중 1990년 이후 수행된 온실가스 흡수량만큼 추가적 배출을 허용하는 것으로 할당되는 배출권

06 아산화질소 0.1톤, 메탄 2톤, 이산화탄소 15톤을 이산화탄소 상당량톤(tCO_2-eq)으로 환산한 값은? (단, 아산화질소(N_2O)와 메탄(CH_4)의 GWP는 각각 310, 21이다.)

① 56 ② 72
③ 88 ④ 96

> **해설** 온실가스 배출 환산량(tCO_2-eq)
> =배출량(t)×GWP
> =$(0.1t×310)+(2t×21)+(15t×1)$
> =$88tCO_2-eq$

07 기후변화와 관련된 복사법칙 중 "입사하는 모든 복사선을 완전히 흡수하는 가상적인 물체를 흑체라 할 때, 흑체 표면의 단위면적에서 방출되는 에너지의 양은 그 흑체의 절대온도(K)의 4승에 비례한다"는 법칙은?

① 알베도의 법칙
② 플랑크의 법칙
③ 비인의 변위법칙
④ 스테판볼츠만의 법칙

> **해설** 문제는 스테판볼츠만의 법칙에 대한 설명이다.

08 지구대기의 연직구조에 관한 설명으로 틀린 것은?

① 대류권은 기상현상이 일어나는 곳이며, 고도 증가에 따라 기온이 증가한다.
② 열대지역에서의 대류권의 두께는 극지방의 대류권 두께보다 두꺼우며, 겨울보다는 여름철에 보다 더 두껍다.
③ 성층권 상부의 열은 대부분이 오존에 의해 흡수된 자외선 복사의 결과이며, 오존층은 해발 25km 전후이다.
④ 중간권은 고도 증가에 따라 온도가 감소한다.

> **해설** 대류권에서는 일반적으로 고도가 1km 상승함에 따라 온도는 약 6.5℃ 비율로 감소한다.

09 기후변화 관련 국제기구에 관한 설명으로 ( )에 가장 적합한 것은?

| 보기 |
( )은 유엔산업개발기구의 약자로서 청정생산기술, 환경친화적인 공정과 기술이전, 농약 생산 및 개발 시 위해 저감 등에 관한 사업을 주도한다.

① UNIDO　　② UNEP
③ UNFCCC　　④ UNDP

해설 보기는 UNIDO(United Nations Industrial Development Organization, 유엔산업개발기구)에 관한 설명이다.
② UNEP(United Nations Environment Program, 유엔환경계획) : 기후변화 관련 국제기구 중 UN 조직 내 환경활동을 촉진·조정·활성화하기 위해 설립된 환경전담 국제정부 간 기구로, 환경문제에 대한 국제적 협력을 도모하기 위한 기구이다.
③ UNFCCC(United Nations Framework Convention on Climate Change, 유엔기후변화협약) : 기후체제가 위험한 인위적 간섭을 받지 않을 수준으로 대기 중 온실가스 농도를 안정화하는 것을 궁극적인 목표로 삼는 것이며, 유엔환경개발회의에서 채택되었다.
④ UNDP(United Nations Development Program, 유엔개발계획) : 개도국에 대한 유엔의 개발 원조계획을 조정하기 위한 기관이다.

10 온실가스 배출권거래제의 원칙과 가장 거리가 먼 것은?

① 국제협약의 원칙 준수
② 기업이윤의 극대화 추구
③ 시장기능의 최대한 활용
④ 국제기준에 부합

해설 배출권거래제도의 기본원칙 (「온실가스 배출권의 할당 및 거래에 관한 법률」에 의거한다.)
㉠ 「기후변화에 관한 국제연합 기본협약」 및 관련 의정서에 따른 원칙을 준수하고, 기후변화 관련 국제협상을 고려할 것
㉡ 배출권거래제가 경제 부문의 국제경쟁력에 미치는 영향을 고려할 것
㉢ 국가 온실가스감축목표를 효과적으로 달성할 수 있도록 시장기능을 최대한 활용할 것
㉣ 배출권의 거래가 일반적인 시장 거래 원칙에 따라 공정하고 투명하게 이루어지도록 할 것
㉤ 국제 탄소시장과의 연계를 고려하여 국제적 기준에 적합하게 정책을 운영할 것

11 부문별 관장기관이 생성한 국가 온실가스 배출통계를 최종 확정하기까지의 절차를 순서대로 옳게 나열한 것은?

| 보기 |
㉠ 통계청 및 외부 전문가 검증
㉡ 국가 온실가스 종합정보센터 검증
㉢ 부문별 관장기관 산정결과 수정
㉣ 국가 온실가스 통계관리위원회 확정

① ㉡ → ㉠ → ㉢ → ㉣
② ㉡ → ㉢ → ㉣ → ㉠
③ ㉡ → ㉣ → ㉢ → ㉠
④ ㉠ → ㉡ → ㉣ → ㉢

해설 국가 온실가스 배출통계 확정 절차는 다음과 같다.
국가 온실가스 종합정보센터 검증 → 통계청 및 외부 전문가 검증 → 부문별 관장기관 산정결과 수정 → 국가 온실가스 통계관리위원회 확정

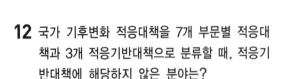

12 국가 기후변화 적응대책을 7개 부문별 적응대책과 3개 적응기반대책으로 분류할 때, 적응기반대책에 해당하지 않은 분야는?

① 기후변화감시예측 분야
② 적응산업에너지 분야
③ 교육홍보국제협력 분야
④ 해양수산업 분야

해설 적응기반대책에는 기후변화감시예측, 적응산업에너지, 교육홍보국제협력 분야로 구분된다.
④ 해양수산업 분야는 부문별 적응대책에 해당한다.

13 GWP가 큰 온실가스부터 순서대로 옳게 나열한 것은? (단, IPCC 2차 평가보고서 기준)

① $SF_6 > CH_3F > N_2O > C_2F_6$
② $SF_6 > CH_3F > C_2F_6 > N_2O$
③ $SF_6 > N_2O > CH_3F > C_2F_6$
④ $SF_6 > C_2F_6 > N_2O > CH_3F$

해설 $SF_6(23,900) > C_2F_6(9,200) > N_2O(310) > CH_3F(150)$

14 국제 기후변화 관련 협약이 시대순으로 옳게 나열된 것은?

① 마라케시 합의 → 코펜하겐 합의 → 발리 로드맵 → 칸쿤 합의
② 발리 로드맵 → 코펜하겐 합의 → 칸쿤 합의 → 더반 결과물
③ 교토의정서 → 마라케시 합의 → 더반 결과물 → 칸쿤 합의
④ 코펜하겐 합의 → 발리 로드맵 → 칸쿤 합의 → 더반 결과물

해설 기후변화협약의 순서
COP 13(발리 로드맵) → COP 15(코펜하겐 합의) → COP 16(칸쿤 합의) → COP 17(더반 결과물(플랫폼))

15 CDM 사업 관련 주요 기관의 기능 및 역할에 관한 설명으로 ( )에 알맞은 것은?

┤ 보기 ├
(   )는 교토의정서 이행방안이 합의된 제7차 당사국총회에서 구성된 기구로서 국제적으로 시행되는 청정개발체제 사업의 총괄 역할을 수행한다. 주요 업무로는 청정개발체제 운영기구 지정 및 감독, 운영기구에 의해 제출된 배출권의 감독 및 등록 청정개발체제 사업이행 관련 규정사항 검토 등 관련 사업에 대하여 전반적인 업무를 수행한다.

① 국가 CDM 승인기구(DNA)
② CDM 집행이사회(EB)
③ CDM 사업운영기구(DOE)
④ 당사국총회(COP/MOP)

해설 CDM 집행이사회(EB)는 당사국총회의 지침에 따라 CDM 사업을 관리·감독하는 역할을 한다.

16 녹색기후기금(GCF)에 관한 설명으로 가장 거리가 먼 것은?

① 환경 분야의 세계은행이라 할 수 있다.
② 개도국의 온실가스 감축 분야만 지원하는 기후변화 관련 금융기구로서 더반에서 유치인준을 결정했다.
③ 사무국은 인천 송도에 있다.
④ GCF는 UN 산하기구로서 Green Climate Fund의 약자이다.

해설 녹색기후기금(GCF ; Green Climate Fund) UN 산하기구로, 환경 분야의 세계은행으로 사무국은 인천 송도에 있다. 개도국 지원의 연속성을 확보하기 위해 중기 지원기금으로 2015년까지 매년 100억 달러 규모의 기금을 제공하는 데 합의가 이루어졌으며, 카타르 도하에서 이루어졌다.

Answer   12.④ 13.④ 14.② 15.② 16.②

17 대류권 건조공기의 조성비율을 크기순으로 옳게 배열한 것은?

① $CO_2 > O_3 > H_2 > CH_4$
② $Ne > CH_4 > CO > I_2$
③ $CO_2 > CO > H_2 > CH_4$
④ $CH_4 > Ne > CO > H_2$

> **[해설]** 건조공기의 조성비(부피 기준)
> $N_2(78\%) > O_2(21\%) > Ar(0.93\%) > CO_2$
> $(0.03\%) > Ne(18.18ppm) > He(5.24ppm)$
> $> CH_4(1.60ppm) > Kr(1.14ppm) > H_2$
> $(0.50ppm) > N_2O(0.3ppm) > CO(0.1ppm)$
> $> Xe(0.087ppm) > O_3(0.03ppm) > NO_2$
> $(0.02ppm) > NH_3, I_2(0.01ppm) > SO_2$
> $(0.002ppm)$ 등

18 우리나라의 기후변화 취약성 평가방법에 관한 설명으로 옳지 않은 것은?

① 취약성 평가는 영향에 대한 가치판단이 배제된 개념이며, 과학적 불확실성은 포함되지 않는다.
② 하향식 접근법은 기후 시나리오와 기후모형을 기반으로 하여 기후변화에 의한 순영향 평가를 통해 물리적 취약성을 평가하는 접근법이다.
③ 상향식 접근법은 지역에 기반을 둔 여러 지표들을 바탕으로 하여 그 시스템의 적응능력을 평가함으로써 사회 · 경제적인 취약성을 파악하는 접근법이다.
④ 우리나라는 비교적 영향평가의 기초연구가 잘 진행된 분야(농업, 수자원, 산림, 보건 분야 등)에 일부 취약성 평가가 이루어져 왔다.

> **[해설]** 기후변화 취약성은 기후변화의 영향으로 특정 시스템의 기후 위해에 노출된 위험정도를 말하며, 과학적 불확실성을 고려하여 기후변화 영향에 대한 평가가 이루어진다.

19 IPCC 5차 평가보고서에서 새롭게 제시된 기후변화 시나리오인 대표농도경로(RCP)의 시나리오별 대기 중 CO_2(2100년 기준) 모의농도가 알맞게 연결된 것은?

① RCP 8.5 : CO_2 농도 936ppm
② RCP 6.0 : CO_2 농도 789ppm
③ RCP 4.5 : CO_2 농도 450ppm
④ RCP 2.6 : CO_2 농도 320ppm

> **[해설]** RCP 시나리오에 따른 내용과 CO_2 모의농도는 아래와 같다.
>
> | RCP 분류 | 설 명 | CO_2 모의농도 (ppm) |
> |---|---|---|
> | RCP 2.6 | 온실가스 배출을 당장 적극적으로 감축하는 경우 | 421 |
> | RCP 4.5 | 온실가스 저감정책이 상당히 실현되는 경우 | 538 |
> | RCP 6.0 | 온실가스 저감정책이 어느 정도 실현되는 경우 | 670 |
> | RCP 8.5 | 현재 추세(저감 없이)로 온실가스가 배출되는 경우(BAU 시나리오, 실현 불가) | 936 |

20 제2차 기후변화협약대응 종합대책에 포함되지 않는 것은?

① 의무부담 협상의 회피
② 온실가스 감축 시책의 지속적인 추진
③ 교토메커니즘 대응기반 구축 및 활용
④ 민간부문의 참여유도 및 대응능력 제고

> **[해설]** 제2차 종합대책에 포함되는 주요 내용은 의무부담 협상에의 적극적인 대응, 온실가스 감축 시책의 지속 촉진, 교토메커니즘 대응기반 구축 및 활용, 민간부문의 참여유도 및 대응능력 제고 등이 있다.

제2과목 온실가스 배출의 이해

21 온실가스 배출권거래제의 배출량 보고 및 인증에 관한 지침상 합금철 생산공정에서 온실가스의 주된 배출시설은?

① 전기로   ② 배소로
③ 소결로   ④ 전해로

> **해설** 합금철 생산시설의 배출공정은 전로와 전기로가 있으며, 전로에서 코크스와 같은 환원제인 야금환원 과정에서 CO_2가 주로 발생한다.

22 온실가스 배출권거래제의 배출량 보고 및 인증에 관한 지침상 석유 정제활동(석유 정제공정)의 온실가스 배출활동을 분류한 것으로 가장 거리가 먼 것은?

① 원유 예열시설, 증류공정 등에 열을 공급하기 위한 고정연소 배출
② 수소 제조공정, 촉매 재생공정 및 코크스 제조공정 등 공정배출원
③ 그 밖에 공정 중에서의 배기(venting) 및 폐가스 연소처리(flaring) 등 탈루성 배출
④ 산 · 알칼리 조정을 위한 미세 활성탄 흡착처리시설

> **해설** 석유 정제공정의 온실가스 배출은 원유 예열시설, 증류공정 등에 열을 공급하기 위한 고정연소 배출과 수소 제조공정, 촉매 재생공정, 코크스 제조공정 등 공정배출원, 그 밖에 공정 중에서의 배기(venting) 및 폐가스 연소처리(flaring) 등 탈루성 배출로 구분할 수 있다.
> ④ 산 · 알칼리 조정을 위한 미세 활성탄 흡착처리시설은 해당되지 않는다.

23 다음 중 온실가스 배출권거래제의 배출량 보고 및 인증에 관한 지침상 N_2O를 산정하지 않는 처리시설은?

① 하수처리시설
② 폐수처리시설
③ 혐기성 분해시설
④ 폐가스 소각시설

> **해설** 폐수처리 시 발생되는 보고대상 온실가스는 CH_4이며, N_2O는 포함되지 않는다.
> ① 하수처리시설 : CH_4, N_2O
> ③ 혐기성 분해시설 : CH_4, N_2O
> ④ 폐가스 소각시설 : CO_2, CH_4, N_2O

24 온실가스 배출권거래제의 배출량 보고 및 인증에 관한 지침상 단위 배출시설의 배출량이 60만tCO_2/년인 전력사용시설에 대하여 외부에서 공급된 전기사용에 따른 온실가스 간접배출을 산정하고자 한다. 산정방법론, 전력사용량, 배출계수에 대한 산정등급(Tier)이 옳게 나열된 것은?

① 산정방법론 Tier 1, 전력사용량 Tier 2, 배출계수 Tier 2
② 산정방법론 Tier 1, 전력사용량 Tier 2, 배출계수 Tier 3
③ 산정방법론 Tier 2, 전력사용량 Tier 3, 배출계수 Tier 3
④ 산정방법론 Tier 3, 전력사용량 Tier 3, 배출계수 Tier 3

> **해설** 시설규모는 온실가스 배출량이 50만톤 이상인 B그룹에 해당하며, 이에 따라 산정방법론은 Tier 1, 전력사용량은 Tier 2, 간접배출계수는 Tier 2로 산정등급이 적용되어야 한다.

25 온실가스 배출권거래제의 배출량 보고 및 인증에 관한 지침상 석유화학제품 생산공정의 공정배출 보고대상 배출시설로 옳지 않은 것은?

① 메탄올 반응시설
② 하이드록실아민 반응시설
③ 테레프탈산 생산시설
④ 아크릴로니트릴 반응시설

해설 석유화학제품 생산공정의 공정배출 보고대상 배출시설은 메탄올 반응시설, EDC/VCM 반응시설, 에틸렌옥사이드(EO) 반응시설, 아크릴로니트릴(AN) 반응시설, 카본블랙(CB) 반응시설, 에틸렌 생산시설, 테레프탈산(TPA) 생산시설이 있다.
② 하이드록실아민 반응시설은 석유화학제품 생산공정에 해당되지 않는다.

26 온실가스 배출권거래제의 배출량 보고 및 인증에 관한 지침상 질산 생산공정에서 배출되는 N_2O에 관련된 설명으로 거리가 먼 것은?

① 암모니아 공정에서 형성되는 N_2O의 양은 연소조건, 촉매 구성물과 사용기간, 연소기 디자인에 달려있다.
② N_2O의 배출은 생산공정에서 재생된 양과 그 후의 완화공정에서 분해된 양에 따라 차이가 있다.
③ 질산 생산 시 매개가 되는 N_2O는 NH_3를 $30\sim50℃$의 온도와 낮은 압력 하에서 N_2O와 NO_2로 분해된다.
④ 질산 생산공정의 제1산화공정에서 NH_3를 촉매연소과정에서 N_2O가 발생된다.

해설 산화공정은 전체적인 환원조건이 N_2O의 잠재적 배출원으로 고려되는 상황에서 발생되며, 질산 생산 시 매개가 되는 NO는 NH_3를 $30\sim50℃$의 온도와 높은 압력하에서 N_2O와 NO_2로 분해하게 된다.

27 온실가스 배출권거래제의 배출량 보고 및 인증에 관한 지침상 시멘트 생산의 배출활동에 관한 설명으로 옳은 것은?

① 시멘트 공정에서의 온실가스 배출원은 클링커의 제조공정인 소성공정에서 탄산칼륨의 산화반응에 의하여 이산화탄소가 배출된다.
② 시멘트 공정에서의 CO_2 배출 특성은 주원료인 석회석과 함께 점토 등 부원료의 사용량에 의한 영향이 소성시설(kiln)의 생석회 생성량과 연료사용량 및 폐기물 소각량에 의하여 받는 영향보다 크다.
③ 연료 중 목재와 같은 바이오매스 재활용 연료의 경우 배출량 산정에서 제외하여야 하나 합성수지 및 폐타이어 등 폐연료의 경우는 배출량 산정 시 포함되어야 한다.
④ CKD(소성로에서 발생되는 비산먼지)는 소성공정의 회수시스템에 의해 다량 회수되어 소성공정에 재사용되므로, 회수되지 못한 CKD 내 탄산염 성분은 탈탄산반응에 포함되지 않으므로 보정이 필요 없다.

해설 ① 시멘트 공정에서의 온실가스 배출원은 클링커의 제조공정인 소성공정에서 탄산칼슘의 탈탄산반응에 의하여 이산화탄소가 배출된다.
② 시멘트 공정에서의 CO_2 배출 특성은 소성시설(kiln)의 생석회 생성량과 연료사용량 및 폐기물 소각량에 의하여 영향을 받으며, 그 밖에 주원료인 석회석과 함께 점토 등 부원료의 사용량에 의해서도 영향을 받을 수 있다.
④ CKD는 소성공정의 회수시스템에 의해 다량 회수되어 소성공정에 재사용되므로, 회수되지 못한 CKD 내 탄산염 성분은 탈탄산반응에 포함되지 않으므로 보정이 필요하다.

28 온실가스 배출권거래제의 배출량 보고 및 인증에 관한 지침상 마그네슘 생산공정의 보고대상 배출시설이 아닌 것은?

① 배소로　　　　② 전기로
③ 소성로　　　　④ 주조로

해설 마그네슘 생산공정의 보고대상 배출시설은 배소로, 소성로, 용융·융해로, 주조로가 있다.
② 전기로는 철강 생산, 합금철 생산에서의 보고대상 배출시설이다.

29 온실가스 배출권거래제의 배출량 보고 및 인증에 관한 지침상 활동자료에 대한 설명으로 ( )에 알맞은 것은?

┤ 보기 ├
이 지침에서 석유제품의 기체연료에 대해 특별한 언급이 없으면 모든 조건은 (㉠) 상태의 체적과 관련된 활동자료이고, (㉡) 연료는 (㉢)를 기준으로 한 체적을 적용한다.

① ㉠ 275℃, 1기압, ㉡ 고체, ㉢ 15℃
② ㉠ 0℃, 1기압, ㉡ 액체, ㉢ 15℃
③ ㉠ 0℃, 2기압, ㉡ 고체, ㉢ 25℃
④ ㉠ 275℃, 2기압, ㉡ 액체, ㉢ 25℃

해설 석유제품의 기체연료에 대한 특별한 언급이 없으면 모든 조건은 0℃, 1기압 상태의 체적을 적용한다. 액체연료에 대해 특별한 언급이 없으면 15℃를 기준으로 한 체적을 적용한다.

30 온실가스 배출권거래제의 배출량 보고 및 인증에 관한 지침상 고정연소(고체연료) 온실가스 보고대상 배출시설 중 공정연소시설에 해당하지 않는 시설은?

① 배연탈황시설　② 건조시설
③ 가열시설　　　④ 용융·융해시설

해설 공정연소시설은 제품 등의 생산공정에 사용되는 특정 시설에 열을 제공하거나 장치로부터 멀리 떨어져 이용하기 위해 연료를 의도적으로 연소시키는 시설을 말한다. 공정연소시설에는 건조시설, 가열시설(열매체 가열 포함), 용융·융해시설, 소둔로, 기타 노 등이 있다.
① 배연탈황시설은 대기오염물질 방지시설에 해당된다.

31 온실가스 배출권거래제의 배출량 보고 및 인증에 관한 지침상 이동연소(선박) 배출활동의 온실가스 배출량 산정에 관련된 설명으로 옳지 않은 것은?

① 휴양용 선박에서 대형 화물 선박까지 운항되는 모든 수상교통에 의해 배출되는 온실가스를 포함하여야 한다.
② Tier 2 산정방법은 선박 종류, 연료 종류, 엔진 종류에 따라 배출량을 산정한다.
③ Tier 3 활동데이터는 선박 운항 및 휴항에 따른 연료 종류, 선박 종류, 선박에 탑재된 엔진 종류별 연료사용량을 활동자료로 하고, 측정불확도 ±2.5% 이내의 활동자료를 사용한다.
④ 선박부문의 온실가스 배출시설은 여객선, 화물선, 어선, 국제 수상운송(국제 벙커링) 및 기타 모든 수상시설을 포함한다.

해설 국제 수상운송(국제 벙커링)에 의한 온실가스 배출량은 산정·보고에서 제외한다.

32 온실가스 배출권거래제의 배출량 보고 및 인증에 관한 지침상 고형폐기물의 생물학적 처리유형 중 혐기성 소화과정에서 주로 발생되는 대표적인 온실가스는?

① 일산화탄소　　② 아산화질소
③ 육불화황　　　④ 메탄

해설 고형폐기물의 생물학적 처리는 혐기성 소화에 의한 온실가스 배출(N_2O, CH_4)이 주를 이루며, 여기에는 퇴비화, 유기폐기물의 혐기성 소화, 폐기물의 기계-생물학적(MB) 처리 등이 있다.
※ 혐기성 소화에서는 메탄 약 60%, 아산화질소 약 30%, 수소 등 기타 가스가 약 10% 정도 배출된다.

33 온실가스 배출권거래제의 배출량 보고 및 인증에 관한 지침상 시멘트 생산과정에서 배출되는 공정배출을 산정하는 방법은 배출시설 규모에 따라 산정방법이 있다. 그 중에서 Tier 3의 배출량 산정에 필요한 활동데이터와 거리가 먼 것은?

① 클링커(clinker) 생산량
② 시멘트 킬른먼지(CKD) 반출량
③ 원료투입량
④ 순수탄산염 소비량

해설 시멘트 생산과정의 Tier 3 배출량 산정에 필요한 활동데이터는 클링커 생산량, 클링커 생산량당 CO_2 배출계수, 시멘트 킬른먼지 반출량, 시멘트 킬른먼지 배출계수, 원료투입량, 투입원료(탄산염, 제강슬래그 등) 중 탄산염 성분이 아닌 기타 탄소성분에 기인하는 CO_2 배출계수가 있다.

34 휘발유 215L, 등유 750L, 경유 654L의 에너지 환산량의 합(TJ)은? (단, 총발열량계수는 휘발유 33.5MJ/L, 등유 37.5MJ/L, 경유는 37.9MJ/L이며, 단위는 TJ로 하고 소수점 넷째 자리에서 반올림하여 계산한다.)

① 6.010
② 0.601
③ 0.060
④ 0.006

해설 에너지 합산량
$= [(215 \times 33.5) + (750 \times 37.5) + (654 \times 37.9)] MJ \times 1TJ/10^6 MJ$
$= 0.060 TJ$

35 다음 ( )에 가장 적합한 내용은?

┤ 보기 ├
전자산업에서는 플라즈마 식각, 반응챔버의 세정 및 온도 조절을 위해 ( )이 이용되며, 이런 전자산업으로는 반도체, 박막 트랜지스터 평면 디스플레이, 광전지 제조업 등이 포함된다.

① 백금화합물
② 질소화합물
③ 불소화합물
④ 구리화합물

해설 여러 가지 고급 전자산업에서는 플라즈마 식각, 반응챔버의 세정 및 온도 조절을 위해 불소화합물(FCs, Fluorinated Compounds)이 이용되며, 이런 전자산업으로는 반도체, 박막 트랜지스터 평면 디스플레이, 광전지 제조업 등이 포함된다.

36 온실가스 배출권거래제의 배출량 보고 및 인증에 관한 지침상 K업체 소유 항공기의 온실가스 배출량 산정 시 운항실적에 따른 LTO 횟수가 알맞은 것은?

┤ 보기 ├
[운항실적] • 국내선 : 226,832회
• 국제선 : 72,364회
※ 운항실적은 항공통계상 '공항별 기종별 운항실적' 자료 기준임(각 공항에서 이륙과 착륙을 각 1회 운항으로 작성된 자료임)

① 598,932회
② 453,664회
③ 149,598회
④ 113,416회

해설 온실가스 배출량 산정 시 이·착륙(LTO)은 국내선 운항만 해당되며, 운항실적 전체를 2로 나눈 값이 된다.
LTO 횟수 $= \dfrac{\text{국내선 운행실적}}{2}$
$= \dfrac{226,832}{2}$
$= 113,416$회

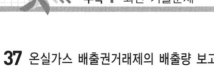

37 온실가스 배출권거래제의 배출량 보고 및 인증에 관한 지침상 하·폐수 처리의 가축분뇨 공공처리시설에서 배출되는 온실가스 종류의 조합으로 맞는 것은?

① CO_2, CH_4

② CO_2, N_2O

③ CO_2, CH_4, N_2O

④ CH_4, N_2O

해설 가축분뇨 공공처리시설에서 배출되는 온실가스는 CH_4, N_2O이다.

38 온실가스 배출권거래제의 배출량 보고 및 인증에 관한 지침상 폐기물 소각시설 중 열분해시설의 생성물질에 따른 성상 분류로 거리가 먼 것은?

① 가스화방식   ② 액화방식

③ 용융방식   ④ 탄화방식

해설 열분해시설은 공기가 부족한 상태에서 폐기물을 무산소 또는 저산소 분위기에서 가열하여 가스, 액체 및 고체 상태의 연료를 생성하는 시설이다. 열분해소각시설은 생성물질의 성상에 따라 가스화방식, 액화방식, 탄화방식으로 구분할 수 있다.

39 온실가스 배출권거래제의 배출량 보고 및 인증에 관한 지침상 석탄 채굴 및 처리활동에서의 탈루성 보고대상 온실가스로만 모두 옳게 나열한 것은?

① CO_2

② CH_4

③ N_2O, CO_2, CH_4

④ CH_4, N_2O

해설 보고대상 온실가스는 CH_4이다.

40 온실가스 배출권거래제의 배출량 보고 및 인증에 관한 지침상 제품 등의 생산공정에 사용되는 특정 시설에 열을 제공하거나 장치로부터 멀리 떨어져 이용하기 위해 연료를 의도적으로 연소시키는 시설은?

① 공정배출시설

② 대기오염물질 방지시설

③ 스팀사용시설

④ 공정연소시설

해설 문제는 공정연소시설에 관한 정의로, 공정연소시설은 화력발전시설, 열병합발전시설, 내연기관 및 일반 보일러를 제외하고 제품 등의 생산공정에 사용되는 특정 시설에 열을 제공하거나 장치로부터 멀리 떨어져 이용하기 위해 연료를 의도적으로 연소시키는 시설이다.

제3과목 온실가스 산정과 데이터 품질관리

41 온실가스 배출권거래제의 배출량 보고 및 인증에 관한 지침상 배출량에 따른 시설규모 분류기준 중 연간 배출량이 가장 많은 배출시설이 속한 그룹은?

① A그룹   ② B그룹

③ C그룹   ④ D그룹

해설 배출시설 배출량 규모별 산정등급은 3개로 A~C그룹으로 나뉜다. 배출량이 가장 많은 것은 C그룹이다.

ㄱ A그룹 : 연간 5만톤(50,000tCO_2-eq) 미만의 배출시설

ㄴ B그룹 : 연간 5만톤(50,000tCO_2-eq) 이상, 연간 50만톤(500,000tCO_2-eq) 미만의 배출시설

ㄷ C그룹 : 연간 50만톤(500,000tCO_2-eq) 이상의 배출시설

※ ④ D그룹은 없다.

42 온실가스 배출권거래제의 배출량 보고 및 인증에 관한 지침상 시멘트 생산과정에서 배출되는 온실가스의 발생 반응식으로 가장 적합한 것은?

① $CaCO_3 + H_2SO_4 \rightarrow CaSO_4 + CO_2 + H_2O$
② $2NaHCO_3 + Heat \rightarrow Na_2CO_3 + CO_2 + H_2O$
③ $CH_4 + 2O_2 \rightarrow CO_2 + 2H_2O$
④ $CaCO_3 + Heat \rightarrow CaO + CO_2$

해설 시멘트 생산공정은 탄산칼슘($CaCO_3$)과 열이 반응하여 CaO와 CO_2가 생성되는 소성과정에서 배출된다.

43 Scope 1과 Scope 2에 관한 설명으로 옳은 것은?

① 전기, 스팀 등의 구매에 의한 외부에서의 온실가스 배출은 Scope 1에 해당된다.
② 중간 생성물의 저장·이송과정에서의 온실가스 배출은 Scope 2에 해당된다.
③ 배출원 관리영역에 있는 차량운행을 통한 온실가스 배출은 Scope 2에 해당된다.
④ 화학반응을 통한 부산물로서의 온실가스 배출은 Scope 1에 해당된다.

해설 화학반응을 통한 부산물로서의 온실가스 배출은 Scope 1에 해당되며, 공정배출이라 한다.

44 온실가스 배출권거래제의 배출량 보고 및 인증에 관한 지침상 구매한 연료 및 원료, 전력 및 열에너지를 정도검사를 받지 않은 내부 측정기기를 이용하여 활동자료를 분배·결정하는 모니터링 유형은?

① A-1　　　　② A-2
③ C-1　　　　④ D-5

해설 구매한 연료 및 원료, 전력 및 열에너지에 대한 정도검사를 받지 않은 내부 측정기기를 이용하여 활동자료를 분배·결정하는 모니터링 유형은 C-1이다.
① A-1 : 연료 및 원료 공급자가 상거래 등을 목적으로 설치·관리하는 측정기기를 이용하여 연료 사용량 등 활동자료를 수집하는 방법이다.
② A-2 : 연료 및 원료 공급자가 상거래 등을 목적으로 설치·관리하는 측정기기와 주기적인 정도검사를 실시하는 내부 측정기기가 설치되어 있을 경우 활동자료를 수집하는 방법이다.
④ D-5 모니터링 유형은 없다. D는 모니터링 기타 유형이며, A~C 유형 이외에 기타 유형을 이용하여 활동자료를 수집하는 방법으로 이행계획에 세부사항을 포함하여 관장기관에 전자적 방식으로 제출해야 한다.

45 온실가스 배출권거래제의 배출량 보고 및 인증에 관한 지침상 납 생산에 대한 온실가스 배출량 산정을 산정하는 방법에 대한 설명으로 옳지 않은 것은?

① 보고대상 온실가스는 CO_2와 CH_4이다.
② 배출량 산정방법론으로 Tier 1~4까지 4가지 방법론이 있다.
③ Tier 1 방법론은 생산된 납의 양(t)에 납생산량당 배출계수(tCO_2/t-생산된 납)를 곱하여 배출량을 산정하는 방법이다.
④ Tier 3 방법론 적용을 위해서는 사업자가 자체적으로 고유 배출계수를 개발하여 적용하여야 한다.

해설 납 생산공정에서 보고대상 온실가스는 CO_2이다.

46 온실가스 배출권거래제의 배출량 보고 및 인증에 관한 지침에 따라 Tier 2a에 따른 반도체/LCD/PV 생산부문에서 온실가스 배출량 산정방법에 관한 설명으로 옳지 않은 것은?

① 가스 소비량과 배출제어 기술 등 사업장별 데이터를 기반으로 사용된 각각의 FCs 배출량을 계산하는 방법이다.

② 적용된 변수들은 반도체나 TFT-FPD 제조공정에서 사용된 가스량, 사용 후에 Bombe에 잔류하는 가스량 등이다.

③ 배출량 산정은 공정 중 사용되는 가스 및 CF_4, C_2F_6, C_3F_8 등의 부생가스까지 합산해야 한다.

④ 식각·증착 공정의 구분을 할 수 없거나 단일시설(식각 또는 증착)로 구성된 경우에는 적용할 수 없다.

> **해설** ④ Tier 2a 방법론은 식각·증착 공정의 구분을 할 수 없는 경우 적용할 수 있다.

47 온실가스 배출권거래제의 배출량 보고 및 인증에 관한 지침에 따라 관리업체 A의 기체연료 고정연소시설 배출량이 621,000톤으로 산정되었다고 한다면, 온실가스 배출량 산정방법론에 대한 최소 산정등급은?

① Tier 1
② Tier 2
③ Tier 3
④ Tier 4

> **해설** 배출시설 배출량 규모별 산정등급에 따라 50만톤 이상의 배출시설은 C그룹에 해당한다. 이때 고정연소시설의 C그룹의 경우 Tier 3 산정등급에 해당한다.

48 온실가스 배출권거래제의 배출량 보고 및 인증에 관한 지침에 따라 온실가스 측정불확도를 산정하는 절차를 순서대로 옳게 나열한 것은?

┤ 보기 ├
㉠ 배출시설에 대한 불확도 산정
㉡ 매개변수의 불확도 산정
㉢ 사전검토
㉣ 사업장 또는 업체에 대한 불확도 산정

① ㉢ - ㉡ - ㉣ - ㉠
② ㉢ - ㉡ - ㉠ - ㉣
③ ㉢ - ㉣ - ㉠ - ㉡
④ ㉢ - ㉠ - ㉡ - ㉣

> **해설** 온실가스 측정불확도 산정절차
> 사전검토 → 매개변수의 불확도 산정 → 배출시설에 대한 불확도 산정 → 사업장 또는 업체에 대한 불확도 산정

49 온실가스 배출권거래제의 배출량 보고 및 인증에 관한 지침에 따라 화석연료의 고정연소와 이동연소로 인해 배출되는 온실가스가 아닌 것은?

① 이산화탄소
② 메탄
③ 아산화질소
④ 육불화황

> **해설** 고정연소와 이동연소에서 배출되는 온실가스는 이산화탄소(CO_2), 메탄(CH_4), 아산화질소(N_2O)가 해당된다.

50 온실가스 배출권거래제의 배출량 보고 및 인증에 관한 지침상 "고형폐기물의 생물학적 처리"에서 보고대상 배출시설에 해당하지 않는 것은?

① 사료화 시설
② 퇴비화 시설
③ 차단형 매립시설
④ 부숙토 생산시설

> **해설** 고형폐기물의 생물학적 처리는 혐기 소화에 의한 온실가스 배출(N_2O, CH_4)이 주를 이루며, 이 EO 보고대상 배출시설은 사료화, 퇴비화, 소멸화, 부숙토 생산시설, 혐기성 분해시설이 해당된다.

Answer 46.④ 47.③ 48.② 49.④ 50.③

51 에너지생산업체인 B사업장에서는 1년간 유연탄을 200,000t 사용하였다. 온실가스 배출권거래제의 배출량 보고 및 인증에 관한 지침에 따라 Tier 1을 이용하여 산정한 온실가스 배출량($kgCO_2-eq$)은? (단, 산화계수는 1로 한다.)

순발열량	배출계수(kg/TJ)		
	CO_2	CH_4	N_2O
25.8TJ/Gg	94,600	1	1.5

① 478,148,900
② 490,643,760
③ 503,155,840
④ 539,155,880

해설 $E_{i,j} = Q_i \times EC_i \times EF_{i,j} \times f_i \times 10^{-6}$
여기서,
$E_{i,j}$: 연료(i)의 연소에 따른 온실가스(j)의 배출량(tGHG)
Q_i : 연료(i)의 사용량(측정값, t-연료)
EC_i : 연료(i)의 열량계수(연료 순발열량, MJ/kg-연료)
$EF_{i,j}$: 연료(i)에 따른 온실가스(j)의 배출계수(kgGHG/TJ-연료)
f_i : 연료(i)의 산화계수(CH_4, N_2O는 미적용)

$E_{i,j} = 200,000\text{t} - 연료 \times \dfrac{25.8\,\text{MJ}}{\text{kg} - 연료}$

$\times \dfrac{10^3\text{kg} - 연료}{\text{t} - 연료} \times \left(\dfrac{94,600\text{kgCO}_2}{\text{TJ}} \right.$

$\times \dfrac{\text{tCO}_2}{10^3\text{kgCO}_2} \times \dfrac{\text{tCO}_2 - \text{eq}}{\text{tCO}_2} \times 1$

$+ \dfrac{1.0\,\text{kgCH}_4}{\text{TJ}} \times \dfrac{\text{tCH}_4}{10^3\text{kgCH}_4}$

$\times \dfrac{21\text{tCO}_2 - \text{eq}}{\text{tCH}_4} + \dfrac{1.5\,\text{kgN}_2\text{O}}{\text{TJ}}$

$\left. \times \dfrac{\text{tN}_2\text{O}}{10^3\text{kgN}_2\text{O}} \times \dfrac{310\text{tCO}_2 - \text{eq}}{\text{tN}_2\text{O}} \right)$

$\times \dfrac{\text{GJ}}{10^3\text{MJ}} \times \dfrac{\text{TJ}}{10^3\,\text{GJ}} \times \dfrac{10^3\text{kgCO}_2 - \text{eq}}{\text{tCO}_2 - \text{eq}}$

$= 490,643,760\,\text{kgCO}_2 - \text{eq}$

52 온실가스 배출권거래제의 배출량 보고 및 인증에 관한 지침에 따른 배출활동별 온실가스 배출량 등의 세부산정방법 및 기준사항으로 ( )에 알맞은 것은?

┤ 보기 ├
사업장별 배출량은 정수로 보고한다. 배출활동별 배출량 세부산정 중 활동자료의 보고값은 소수점 ( )로 하며, 각 배출활동별 배출량 산정방법론의 단위를 따른다.

① 셋째 자리에서 절사하여 둘째 자리까지
② 셋째 자리에서 반올림하여 둘째 자리까지
③ 넷째 자리에서 절사하여 셋째 자리까지
④ 넷째 자리에서 반올림하여 셋째 자리까지

해설 사업장별 배출량은 정수로 보고한다. 배출활동별 배출량 세부산정 중 활동자료의 보고값은 소수점 넷째 자리에서 반올림하여 셋째 자리까지로 하며, 각 배출활동별 배출량 산정방법론의 단위를 따른다.

53 온실가스 배출권거래제의 배출량 보고 및 인증에 관한 지침에 따라 B사업장에서 1년간 도시가스(LNG)를 58,970Nm^3 사용했을 때 Tier 1을 이용하여 산정한 온실가스 배출량(tCO_2-eq)은? (단, 발열량과 배출계수는 아래 표 참조)

에너지원	순발열량	배출계수(kg/TJ)		
		CO_2	CH_4	N_2O
도시가스 (LNG)	0.04TJ/ 1,000Nm³	56,467	5.0	0.1

① 113.461
② 121.242
③ 127.453
④ 133.515

해설 온실가스 배출량
$= 58,970\text{Nm}^3 \times 0.04\text{TJ}/1,000\text{Nm}^3 \times$
$[(1 \times 56,467) + (21 \times 5) + (310 \times 0.1)]$
$\text{kg/TJ} \times 1\text{t}/1,000\text{kg}$
$= 133.515\text{tCO}_2 - \text{eq}$

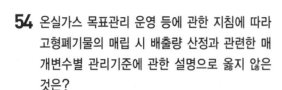

54 온실가스 목표관리 운영 등에 관한 지침에 따라 고형폐기물의 매립 시 배출량 산정과 관련한 매개변수별 관리기준에 관한 설명으로 옳지 않은 것은?

① 폐기물 성상별 매립량은 1981년 1월 1일 이후 매립된 폐기물에 대해서만 수집한다.
② Tier 1인 경우 메탄 회수량은 측정불확도 ±2.5% 이내의 메탄 회수량(회수한 LFG 중 순수메탄만을 회수량으로 활용한다) 자료를 사용한다.
③ DOC_f(메탄으로 전환 가능한 DOC 비율)는 IPCC 가이드라인 기본값인 0.5를 적용한다.
④ F(메탄 부피비)는 실측자료가 없을 경우 IPCC 가이드라인 기본값인 0.5를 적용한다.

해설 메탄 회수량(RT)은 Tier 1인 경우 측정불확도 ±7.5% 이내의 메탄 회수량(회수한 LFG 중 순수메탄만을 회수량으로 활용) 자료를 활용한다.

55 온실가스 배출권거래제의 배출량 보고 및 인증에 관한 지침에 따른 품질관리의 목적으로 가장 거리가 먼 것은?

① 자료의 무결성, 정확성 및 완전성을 보장하기 위한 일상적이고 일관적인 검사의 제공
② 오류 및 누락의 확인 및 설명
③ 배출량 산정자료의 문서화 및 보관, 모든 품질관리 활동의 기록
④ 발생된 오류의 책임소재 파악

해설 ④ 발생된 오류의 책임소재 파악은 품질관리에 해당하지 않는다.

56 온실가스 배출권거래제의 배출량 보고 및 인증에 관한 지침상 연료 등 구매량 기반 모니터링 방법에 대해서 설명하고 있다. 아래 유형은 어디에 해당하는가?

┤ 보기 ├
연료 및 원료 공급자가 상거래 등을 목적으로 설치·관리하는 측정기기와 주기적인 정도검사를 실시하는 내부 측정기기가 같이 설치되어 있을 경우 활동자료를 수집하는 방법이다. 배출시설에 다수의 교정된 측정기기가 부착된 경우, 교정된 자체 측정기기 값을 사용하는 것을 원칙으로 한다. 다만, 전체 활동자료 합계와 거래용 측정기기의 활동자료를 비교할 수 있으며 구매거래용 측정기기 값과 교차 분석하여 관리하여야 한다.

① A-1 유형
② A-2 유형
③ A-3 유형
④ A-4 유형

해설 보기는 A-2 유형에 관한 설명이다.
① A-1 유형 : 연료 및 원료 공급자가 상거래 등을 목적으로 설치·관리하는 측정기기를 이용하여 연료 사용량 등 활동자료를 수집하는 방법이다.
③ A-3 유형 : 연료·원료 공급자가 상거래를 목적으로 설치·관리하는 측정기기와 주기적인 정도검사를 실시하는 내부 측정기기를 모두 사용하여 활동자료를 수집하는 방법이다.
④ A-4 유형 : 연료나 원료 공급자가 상거래를 목적으로 설치·관리하는 측정기기와 주기적인 정도검사를 실시하는 내부 측정기기를 사용하며 연료나 원료 일부를 파이프 등을 통해 연속적으로 외부 사업장이나 배출시설에 공급할 경우 활동자료를 결정하는 방법이다.

57 온실가스 목표관리 운영 등에 관한 지침에 따른 배출량 산정원칙, 범위 등의 사항으로 옳지 않은 것은?

① 관리업체는 이 지침에 제시된 범위 내에서 모든 배출활동과 배출시설에서 온실가스 배출량 등을 산정하여야 하며, 온실가스 배출량 등의 산정에서 제외되는 배출활동과 배출시설이 있는 경우에는 그 제외사유를 명확하게 제시하여야 한다.

② 관리업체는 시간의 경과에 따른 온실가스 배출량 등의 변화를 비교·분석할 수 있도록 일관된 자료와 산정방법론 등을 사용하여야 한다.

③ 관리업체는 온실가스 직접배출과 간접배출로 온실가스 배출유형을 구분하여 온실가스 배출량 등을 산정하여야 한다.

④ 보고대상 배출시설 중 연간배출량(배출권거래제의 경우 기준연도 온실가스 배출량의 연평균 총량)이 150tCO₂-eq 미만인 소규모 배출시설이 동일한 배출활동 및 활동자료인 경우 부문별 관장기관의 확인 없이 자체적으로 배출시설 단위로 구분하여 보고하여야 한다.

해설 보고대상 배출시설 중 연간배출량(배출권거래제의 경우 기준연도 온실가스 배출량의 연평균 총량)이 100tCO₂-eq 미만인 소규모 배출시설이 동일한 배출활동 및 활동자료인 경우 부문별 관장기관의 확인을 거쳐 배출시설 단위로 구분하여 보고하지 않고 시설군으로 보고할 수 있다.

58 온실가스 배출권거래제의 배출량 보고 및 인증에 관한 지침에 따른 온실가스 배출량 산정등급에 관한 설명으로 옳지 않은 것은?

① Tier 2는 일정부분 시험·분석을 통하여 개발한 매개변수 값을 활용하는 배출량 산정방법론이다.

② Tier 3는 상당부분 시험·분석을 통하여 개발하거나 공급자로부터 제공받은 매개변수값을 활용하는 배출량 산정방법론이다.

③ Tier 2는 기본 산화계수, 발열량 등을 활용하여 배출량을 산정하는 기본방법론이다.

④ Tier 4는 배출가스 연속측정방법을 활용한 배출량 산정방법론이다.

해설 기본 산화계수, 발열량 등을 활용하여 배출량을 산정하는 기본방법론은 Tier 1이다.

59 온실가스 배출권거래제의 배출량 보고 및 인증에 관한 지침에 따른 배출활동별 온실가스 배출량 등의 세부산정방법 및 기준으로 옳지 않은 것은?

① 세부적인 온실가스 흡수량 등의 산정방법이 제시되지 않은 배출활동은 관리업체가 자체적으로 산정방법을 개발하여 온실가스 배출량을 산정하여야 한다.

② 석유제품의 기체연료에 대해 특별한 언급이 없으면 모든 조건은 0℃, 1기압 상태의 체적과 관련된 활동자료를 적용한다.

③ 액체연료는 20℃를 기준으로 한 체적을 적용한다.

④ 사업장 고유 배출계수 개발 시, 활동자료 측정주기와 동 활동자료에 대한 조성분석 주기를 기준으로 가중평균을 적용한다.

해설 액체연료에 대해 특별한 언급이 없으면 15℃를 기준으로 한 체적을 적용한다.

60 온실가스 배출권거래제의 배출량 보고 및 인증에 관한 지침에 따른 배출량 산정계획 작성원칙 중 "조직경계 내 모든 배출시설의 배출활동에 대해 배출량 산정계획을 수립·작성하여야 한다"는 원칙은?

① 준수성
② 일관성
③ 투명성
④ 완전성

해설 배출량 산정계획 작성원칙에는 준수성, 완전성, 일관성, 투명성, 정확성, 일치성 및 관련성, 지속적 개선이 있으며, 위 문제의 내용은 완전성에 대한 설명이다.

제4과목 온실가스 감축관리

61 교토메커니즘 종류 중 CDM에 대한 설명으로 올바르지 않은 것은?

① 교토의정서상의 감축 의무국의 의무 이행수단으로 허용된 상쇄 프로그램
② 선진국들이 온실가스를 줄일 수 있는 여지가 상대적으로 많은 개발도상국에 투자해 얻은 감축분을 배출권으로 가져가거나 판매하는 제도
③ CDM 활성화를 위하여 온실가스 감축의무가 없는 개도국이 직접투자 및 시행하는 사업도 CDM으로 인정
④ 배출쿼터를 받은 온실가스 감축의무 국가 간에 배출쿼터의 거래를 허용한 제도

해설 ④ 배출쿼터를 받은 온실가스 감축의무 국가 간에 배출쿼터의 거래를 허용한 제도는 배출권거래제(ET ; Emission Trading)이다.

62 A업체는 2016년도에 온실가스·에너지 목표관리제의 관리업체로 최초 지정되었다. 이 경우 동 업체의 목표관리를 위한 기준연도 선정기준으로 옳은 것은?

① 2015년도
② 2013~2015년도
③ 2011~2015년도
④ 2006~2015년도

해설 기준연도는 관리업체가 최초로 지정된 연도의 직전 3개년으로 하여 이 기간의 연평균 온실가스 배출량을 기준연도 배출량으로 한다.
문제에서 2016년에 관리업체로 최초 지정되었으므로 직전 3개년인 2013, 2014, 2015년이 해당된다.

63 이산화탄소 전환에 대한 설명 중 가장 관계가 적은 것은?

① 촉매화학적 이산화탄소 수소화 반응 분야
② 광에너지 및 태양열 활용 이산화탄소 전환 분야
③ 이산화탄소 유래 고분자 제조기술
④ 개질 및 가스화 반응에서의 이산화탄소 활용 분야

해설 이산화탄소의 전환기술은 크게 화학적 전환과 생물학적 전환으로 분류되며 그 기술적 특성에 따라 다시 열적 촉매화학적 전환, 광화학적 전환, 전기화학적 전환 등으로 나눌 수 있다. 전환공정은 상별로 구분할 경우 기상반응과 액상반응으로 나눌 수 있다. 기상반응은 열화학 또는 열촉매 반응 기술을 의미하며, 액상반응은 전기/광/바이오 화학 전환 기술이 포함된다.
④ 개질 및 가스화는 해당되지 않는다.

64 CDM 사업의 추가성에 대한 설명으로 가장 거리가 먼 것은?

① 경제적 추가성 분석에 있어서 추가성 입증이 어려울 경우, 사업활동을 방해하는 장벽 분석을 통하여도 추가성을 입증할 수 있다.

② 추가성 검증은 기술적, 환경적, 경제적 추가성을 함께 고려하여 평가한다.

③ 기술적 추가성을 고려하는 기준 중 하나는 해당 사업 이외에도 다른 사업이나 분야에서 부수적인 기술 이전 효과의 기대이다.

④ 온실가스 배출원에 의한 인위적 배출량은 등록된 CDM 프로젝트 활동이 부재할 경우 발생하는 수준 이하로 감축되는 성질을 말한다.

해설 CDM 사업의 추가성 검증에는 기술적·환경적·경제적·재정적 추가성을 분석해야 한다.
　㉠ 기술적 추가성(Technological Additionality) : CDM 사업에 활용되는 기술은 현재 유치국에 존재하지 않거나 개발되었지만 여러 가지 장해요인으로 인해 활용도가 낮은 선진화된(more advanced) 기술이어야 한다.
　㉡ 환경적 추가성(Environmental Additionality) : 해당 사업의 온실가스 배출량이 베이스라인 배출량보다 적게 배출할 경우 대상 사업은 환경적 추가성이 있다.
　㉢ 경제적 추가성(Commercial /Economical Additionality) : 기술의 낮은 경제성, 기술에 대한 이해부족 등의 여러 장해요인으로 인해 현재 투자가 이루어지지 않는 사업을 대상으로 하여야 한다.

　㉣ 재정적 추가성(Financial Additionality) : CDM 사업의 경우 투자국이 유치국에 투자하는 자금은 투자국이 의무적으로 부담하고 있는 해외원조기금(Official Development Assistance)과는 별도로 조달되어야 한다.

65 과거실적 기반의 목표설정방법의 신·증설 배출시설에 대한 배출허용량을 고려할 사항으로 잘못된 것은?

① 해당 신·증설 시설에 대한 활동자료당 최대배출량

② 해당 신·증설 시설의 목표설정 대상연도의 예상가동시간

③ 해당 신·증설 시설의 설계용량 및 부하율(또는 가동률)

④ 해당 업종의 목표설정 대상연도 감축률

해설 신·증설 시설에 대한 배출허용량 설정 시 해당 신·증설 시설의 목표설정 대상연도의 예상가동시간, 설계용량, 부하율(가동률), 최근 과거연도에 해당하는 활동자료당 평균배출량, 대상연도 감축률 등이 해당된다.

66 연료전지의 발전시스템 구성요소에 관한 설명으로 ( )에 가장 적합한 것은?

┤ 보기 ├
( )은/는 연료인 천연가스, 메탄올, 석탄, 석유 등을 수소가 많은 연료로 변화시키는 장치이다.

① 스택　　　　　② 단위전지
③ 전력변환기　　④ 연료개질기

해설 연료로부터 수소로 바꿔주는 것은 연료개질기(fuel processor)이다.

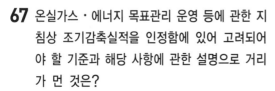

67 온실가스·에너지 목표관리 운영 등에 관한 지침상 조기감축실적을 인정함에 있어 고려되어야 할 기준과 해당 사항에 관한 설명으로 거리가 먼 것은?

① 조기감축실적은 국내에서 실시한 행동에 의한 감축분에 한하여 그 실적을 인정한다.

② 조기감축실적은 관리업체의 조직경계 안에서 발생한 것에 한하여 그 실적을 인정한다. 다만, 복수의 사업자가 참여하여 조직경계 외에서 실적이 발생한 경우에는 이를 인정할 수 있다.

③ 조기감축실적은 배출시설 단위에서의 감축분에 대해서만 인정된다.

④ 조기감축실적으로 인정되기 위해서는 조기행동으로 인한 감축이 실제적이고 지속적이어야 하며, 정량화되어야 하고 검증 가능하여야 한다.

> **해설** 위 문제는 출제된 이후에 법이 개정되면서 관련 법 조항이 삭제되었습니다. 따라서 이 문제는 학습하지 않으셔도 됩니다.

68 다음 설명에 해당하는 가장 적합한 기술은?

┤ 보기 ├
하나의 에너지원으로부터 전력과 열을 동시에 발생시키는 종합에너지시스템으로 발전에 수반하여 발생하는 배열을 회수하여 이용하므로 에너지의 종합 열이용 효율을 높이는 것이 가능하기 때문에 기존 방식보다 고효율 에너지 이용 기술이다.

① IGCC
② 가스화 복합발전
③ 열병합발전
④ 석탄화력발전

> **해설** 보기는 열병합발전시설의 설명이다.
> ① IGCC(Integrated Gasification Combined Cycle, 석탄가스화 복합발전) : 석탄을 고온·고압에서 가스화하여 전기를 생산하는 친환경 발전 기술이다. 석탄을 수소와 일산화탄소를 주성분으로 한 합성가스로 전환한 뒤, 합성가스 중에 포함된 분진과 황산화물 등 유해물질을 제거하고 천연가스와 유사한 수준으로 정제한 후, 합성가스 중의 수소와 일산화탄소를 이용하여 가스 터빈을 구동하고 공정 중 생성되는 배출가스의 열을 이용하여 증기 터빈을 돌림으로써 전기를 생산하는 청정복합발전기술이다.
> ② 가스화 복합발전 : ①번의 석탄가스화 복합발전을 말한다.
> ④ 석탄화력발전 : 석탄을 연소시켜 발생된 열로 물을 끓이고, 이때 발생된 증기를 압축시켜 터빈을 돌려 전기를 생산하는 시설을 말한다.

69 자동차 온실가스 저감기술이 아닌 것은?

① 마찰저항 저감과 경량화
② CO_2를 냉매제로 사용한 에어컨시스템
③ 에코타이어
④ 에코브레이크

> **해설** 에코브레이크는 없으며, 에코타이어, 에코브레이크패드 등 자동차에 투입되는 물품들의 친환경 제품 생산, 에너지 저소비형 설비사양 표준화 및 에너지 경영시스템 구축, 생산성 향상을 통한 단위당 에너지 사용 절감 및 고효율 에너지 설비 도입 확대, 각종 폐열을 생산공정에 재활용, 열처리공정 삭제 등 에너지 저소비형 공법 개발 필요성이 나타나고 있다. 또한, 중·장기적으로는 환경성 위주로 열병합발전 및 해수, 지열, 태양광 등 신·재생에너지 도입을 통한 공급 에너지원의 다변화에 관한 연구들이 수행되고 있다.

70 석유 정제공정 중 에너지 효율 개선을 위한 기술에 해당하지 않는 것은?

① 가스터빈, 열병합발전 등을 사용하고 효율이 낮은 보일러와 히터 등을 교체
② Stripping 공정에서 스팀의 사용 최적화
③ 스팀 생산에 연료소비 저감을 위한 폐열 보일러 사용
④ 용매 보관용기로부터의 VOC 배출방지를 위한 기술 적용

해설 ④ 용매 보관용기로부터 VOC 배출방지를 위한 기술 적용은 기초연료 생산과 관련된 부분이다.

71 CCS(Carbon Capture and Storage)에 대한 설명으로 옳지 않은 것은?

① 간접감축방법의 일종이다.
② CO_2를 대기로 배출시키기 전에 고농도로 포집·압축·수송·저장하는 기술이다.
③ 배기가스로부터 CO_2만을 선택적으로 분리 포집하는 기술이다.
④ 연소 후 포집, 연소 전 포집, 순산소 연소 포집기술로 구분할 수 있다.

해설 CCS는 온실가스를 직접감축할 수 있는 방법 중 하나로 2050년까지 전체 배출량 중 13%를 감축할 것으로 예측되고 있는 기술이다.

72 바이오매스 생산·가공 기술이 아닌 것은?

① 에너지 작물 기술
② 생물학적 CO_2 고정화 기술
③ 바이오매스 가스화 기술(열적 전환)
④ 바이오 고형연료 생산 및 이용 기술

해설 ③ 바이오매스 가스화 기술은 없으며, 바이오매스 액화 기술(열적 전환)은 바이오 액체연료 생산기술에 해당된다.

바이오매스 생산·가공 기술로는 크게 에너지 작물 기술, 생물학적 CO_2 고정화 기술, 바이오 고형연료 생산 및 이용 기술로 나눌 수 있다.

㉠ 에너지 작물 기술 : 에너지 작물 재배, 육종, 수집, 운반, 가공 기술
㉡ 생물학적 CO_2 고정화 기술 : 바이오매스 재배, 산림녹화, 미세조류 배양 기술
㉢ 바이오 고형연료 생산 및 이용 기술 : 왕겨탄, 칩, RDF(폐기물연료) 등

73 온실가스 배출량 산정결과의 품질을 평가 및 유지하기 위한 일상적인 기술적 활동의 시스템인 품질관리의 목적으로 적정하지 않은 것은?

① 자료의 무결성, 정확성 및 완전성을 보장하기 위한 일상적이고 일관적인 검사의 제공
② 오류 및 누락의 확인 및 설명
③ 배출량 산정자료의 문서화 및 보관, 모든 품질관리 활동의 기록
④ 관리업체의 온실가스 감축목표 수립 지원

해설 관리업체의 온실가스 감축목표 수립 지원은 품질관리에 해당하지 않는다.

74 택지개발 완료 후 사용되는 전기사용량에 따라 배출되는 온실가스 배출량(tCO_2/년)은? (단, 운영 시 전력사용량=138,412MWh/년, 전력 CO_2 배출원 단위=0.424kgCO_2/kW)

① 58,386
② 58,687
③ 58,988
④ 59,389

해설 온실가스 배출량
=전력사용량×전력 CO_2 배출원 단위
=138,412MWh/년×0.424kgCO_2/kW
$\times tCO_2/10^3 kgCO_2 \times 10^3 kW/MW$
=58686.688
≒58,687tCO_2/년

75 CDM 사업을 위한 모니터링 시스템 구축 내용에 관한 설명으로 옳지 않은 것은?

① CDM 사업의 최종 목표는 CER을 발급받는 것으로 모니터링은 CDM 사업에 있어서 매우 중요한 과정으로 평가받고 있다.

② 모니터링 시스템의 신뢰성을 높이기 위해서는 계측기관리 절차서, 기록관리 절차서, 검사 및 시험 절차서, 교육 및 훈련 절차서, 문서관리 절차서, 시정 및 예방조치 절차서 등을 구축할 것을 검토하여야 한다.

③ CDM 사업의 모니터링 계획 검증을 성공적으로 수행하기 위해서는 등록된 PDD에 대한 정확한 이해가 필요하며, CDM 사업 등록을 추진하는 조직과 모니터링을 담당하는 조직이 서로 다른 경우 등록된 PDD에 대한 내용을 담당부서에게 명확하게 전달 및 교육을 하여야 한다.

④ 계측되는 모니터링 데이터나 방법론이 PDD에 규정한 모니터링 인자의 단위와는 일부 일치하지 않을 수 있으므로 모든 데이터에 단위 명시를 하지 않는 것이 일반적이다.

해설 CDM 사업에 대한 모니터링은 사업자가 CDM 사업계획서(CDM-PDD)에 제시한 모니터링 계획에 따라 CDM 사업자 또는 제3의 기관에서 실시하며, CDM 운영기관(DOE)에 제출한 사업계획서에 포함된 계획에 따라 사업 전체기간 동안 실시하여야 한다. 모니터링 데이터의 경우 단위를 명시하여 계산 시 오류가 없도록 해야 한다.

76 포집한 이산화탄소의 영구적 또는 반영구적 저장기술의 구분과 가장 거리가 먼 것은?

① 지중저장기술
② 탱크저장기술
③ 해양저장기술
④ 지표저장기술

해설 CCS 저장기술은 지중저장, 해양저장, 지표저장으로 구분된다.

77 다음 설명에 부합되는 연료전지를 보기 중에서 고른 것은?

┤ 보기 ├
• 고정형 연료전지 시장에 점차 입자를 다져가는 중
• 백금 촉매 사용으로 단가가 높음
• 생산 가능한 열과 전력을 합할 경우 전체 효율이 80% 수준

① 용융탄산염 연료전지(MCFC)
② 인산형 연료전지(PAFC)
③ 고분자 전해질 연료전지(PEMFC)
④ 직접 메탄올 연료전지(DMFC)

해설 보기는 인산형 연료전지(PAFC)에 관한 설명이다.
※ 고온형·저온형 연료전지의 구분
ㄱ 고온형 연료전지 : 용융탄산염 연료전지(MCFC), 고체산화물 연료전지(SOFC)
ㄴ 저온형 연료전지 : 인산형 연료전지(PAFC), 알칼리 연료전지(AFC), 고분자 전해질막 연료전지(PEMFC), 직접 메탄올 연료전지(DMFC)

78 온실가스 감축기술로 가장 거리가 먼 것은?

① 건물의 실내조명등을 백열등(60W)에서 LED등(12W)으로 교체
② 인쇄기드라이어에서 발생되는 폐열을 회수하기 위하여 열교환기를 설치하여 보일러를 사용하지 않아도 온수를 공급
③ 식당, 기숙사, 복도 등에 설치되어 있는 자판기에 타이머를 달아 영업시간 외에는 가동을 중지
④ 포장재로 종이가방을 제공하다가 비닐봉지로 대체

해설 2018년 5월 '비닐 대란'으로 환경부는 2030년까지 플라스틱 폐기물 발생량을 절반으로 줄이는 '재활용 폐기물관리 종합대책'을 마련하였다. 특히, 일회용 컵의 사용제한(매장 내 사용금지), 비닐봉투의 무상제공 금지 등을 추진하는 등 일회용품 사용에 대한 규제가 강화되고 있다.

79 다음 보기 중 온실가스 목표관리제의 기준연도 배출량에 대한 설명으로 잘못된 것은 어느 것인가?

① 기준연도는 관리업체가 최초로 지정된 연도의 직전 3개년으로 한다.

② 기준연도 기간 중 신·증설이 발생한 경우 해당 신·증설 시설의 기준연도 배출량은 최근 2개년 평균 또는 단년도 배출량으로 정할 수 있다.

③ 관리업체의 최근 3개년 배출량 자료가 없는 경우에는 활용 가능한 최근 2개년 평균 또는 단년도 배출량을 기준연도 배출량으로 정할 수 있다.

④ 기준연도 기간의 월평균 온실가스 배출량을 기준연도 배출량으로 한다.

> **해설** 시설 규모를 최초로 결정할 경우에는 기준연도 기간 중 해당 시설의 최근 연도 온실가스 배출량에 따라 결정된다.

80 온실가스·에너지 목표관리 지침에 따른 관리업체의 이행실적보고서의 제출기한은 언제까지인가?

① 12월 31일까지
② 9월 31일까지
③ 6월 30일까지
④ 3월 31일까지

> **해설** 위 문제는 출제된 이후에 법이 개정되면서 관련 법 조항이 삭제되었습니다. 따라서 이 문제는 학습하지 않으셔도 됩니다.

제5과목 온실가스 관련 법규

81 온실가스 배출권의 할당 및 거래에 관한 법령상 정부는 배출권거래제 도입으로 인한 기업의 경쟁력 감소를 방지하고 배출권 거래를 활성화하기 위하여 대통령령으로 정하는 사업에 대하여 금융상·세제상의 지원을 할 수 있는데, 이 대통령령으로 정하는 사업에 해당하지 않는 것은?

① 온실가스 감축모형 개발 및 배출량 통계 고도화 사업
② 온실가스 저장기술 개발 및 저장설비 설치 사업
③ 온실가스 배출량에 대한 측정 및 체계적 관리 시스템의 구축 사업
④ 부문별 온실가스 배출량 증가 촉진 고도화 구축 사업

> **해설** 시행령 제53조(금융상·세제상의 지원)에 따라, 온실가스 감축설비를 설치하거나 관련 기술을 개발하는 사업 등 대통령령으로 정하는 사업은 다음 사업들을 말한다.
> ㉠ 온실가스 감축 관련 기술·제품·시설·장비의 개발 및 보급 사업
> ㉡ 온실가스 배출량에 대한 측정 및 체계적 관리 시스템의 구축 사업
> ㉢ 온실가스 저장기술 개발 및 저장설비 설치 사업
> ㉣ 온실가스 감축모형 개발 및 배출량 통계 고도화 사업
> ㉤ 부문별 온실가스 배출·흡수 계수의 검증·평가 기술개발 사업
> ㉥ 온실가스 감축을 위한 신·재생에너지 기술개발 및 보급 사업
> ㉦ 온실가스 감축을 위한 에너지 절약, 효율 향상 등의 촉진 및 설비투자 사업
> ㉧ 그 밖에 온실가스 감축과 관련된 중요 사업으로서 할당위원회의 심의를 거쳐 인정된 사업

82 온실가스 배출권거래제의 배출량 보고 및 인증에 관한 지침상 바이오매스로 취급되는 항목이 아닌 것은?

① 사탕수수

② 해조류

③ 천연가스

④ 음식물 쓰레기

해설 바이오매스로 취급되는 항목(제18조 제1항 [별표 16] 관련)

형 태	항 목
농업작물	유채, 옥수수, 콩, 사탕수수, 고구마 등
농 · 임산 부산물	임목 및 임목 부산물, 볏짚, 왕겨, 건초, 수피 등
유기성 폐기물	폐목재, 펄프 및 제지(바이오매스 부문만 해당), 펄프 및 제지 슬러지, 동 · 식물성 기름, 음식물 쓰레기, 축산 분뇨, 하수슬러지, 식물류 폐기물 등
기타	해조류, 조류, 수생식물, 흑액 등

83 할당대상업체 지정기준과 관련된 설명으로 적절하지 않은 것은?

① 할당대상업체는 관리업체 중 최근 3년간 온실가스 배출량의 연평균 총량이 12만 5천 이산화탄소상당량톤 이상인 업체이거나 2만 5천 이산화탄소상당량톤 이상인 사업장의 해당 업체 중 지정 · 고시된 업체

② 관리업체 중 할당대상업체로 지정받기 위하여 신청한 업체

③ 할당대상업체 지정 시 최근 3년간이란 매 계획기간 시작 전부터 3년간을 말함

④ 배출권거래제 할당대상업체 신규 진입자에 대한 최근 3년간은 신규 진입자로 지정 · 고시하는 연도의 직전 3년간을 말함

해설 온실가스 배출권의 할당 및 거래에 관한 법률 시행령 제9조(할당대상업체의 지정 등)에 따라, 최근 3년간은 매 계획기간 시작 4년 전부터 3년간을 기준기간으로 한다.

84 목표관리제의 관리업체 지정과 관련된 절차의 내용이 옳은 것은?

① 환경부장관은 지정대상 관리업체의 목록 및 산정 근거를 매년 4월 30일까지 마련해야 한다.

② 환경부장관은 관리업체 선정의 중복 · 누락, 규제의 적절성 등을 확인하고 그 결과를 부문별 관장기관에게 통보한다.

③ 환경부장관은 매년 6월 30일까지 관리업체를 관보에 고시하여야 한다.

④ 부문별 관장기관이 관리업체를 고시할 때에는 관리업체의 대략적인 배출량을 포함하여야 한다.

해설 온실가스 목표관리 운영 등에 관한 지침 제18조(적절성 등 확인)에 관한 문제로, 환경부장관은 부문별 관장기관이 통보한 관리업체의 중복 · 누락, 규제의 적절성 등을 확인하고 그 결과를 매년 5월 31일까지 부문별 관장기관에게 통보한다.

85 품질관리(Quality Control) 활동 중 기초자료의 수집 및 정리에 대한 설명이 아닌 것은?

① 측정기기의 주기적인 검 · 교정 실시

② 내부감사 및 제3자 검증을 위한 온실가스 배출량 관련 정보의 보관 · 관리

③ 산정방법론, 발열량, 배출계수의 출처 기록관리

④ 내부감사 및 제3자 검증단계에서 배출량 산정의 재현 가능성 여부의 확인

해설 온실가스 배출권거래제의 배출량 보고 및 인증에 관한 지침 [별표 19] 품질관리 (QC) 및 품질보증(QA) 활동(제23조 제3항 관련) 내용에 해당한다.

④ 내부감사 및 제3자 검증단계에서 배출량 산정의 재현 가능성 여부의 확인은 산정과정의 적절성에 해당된다.

※ 기초자료의 수집 및 정리

ㄱ 측정자료(연료·원료 사용량, 제품생산량, 전력 및 열에너지 구매량, 유량 및 농도 등)의 정확한 취합·보관·관리

ㄴ 측정기기의 주기적인 검·교정 실시

ㄷ 측정지점(하위레벨)에서 배출량 산정 담당자(부서)(상위레벨)까지의 정확한 자료 수집·정리 체계의 구축

ㄹ 측정 관련 담당자가 직접 자료를 기록하는 과정에서 발생할 수 있는 오류의 점검

ㅁ 산정방법론, 발열량, 배출계수의 출처 기록관리

ㅂ 내부감사(internal audit) 및 제3자 검증을 위한 온실가스 배출량 관련 정보의 보관·관리

ㅅ 보고된 온실가스 배출량 관련 데이터의 안전한 기록·관리

86 검증기관이 국립환경과학원장에게 변경신고를 하여야 할 대상이 아닌 것은?

① 검증기관 사무실 소재지의 변경

② 검증 관련 내부 업무규정의 변경

③ 법인 및 대표자가 변경된 경우

④ 검증기관 대표자의 주소가 변경된 경우

해설 온실가스 배출권거래제 운영을 위한 검증지침 제22조(검증기관의 변경신고 등)에 따라, 검증기관은 아래와 같은 사유가 발생한 경우 국립환경과학원장에게 변경신고를 하여야 한다.

ㄱ 검증기관 사무실 소재지의 변경

ㄴ 법인 및 대표자가 변경된 경우

ㄷ 검증심사원의 변경

ㄹ 검증 지정 분야의 변경

87 온실가스 배출권의 할당 및 거래에 관한 법령상 규정하고 있는 배출권 할당 취소사유에 해당되지 않는 것은?

① 할당대상업체가 전체 또는 일부 사업장을 폐쇄한 경우

② 할당계획 변경으로 배출허용총량이 감소한 경우

③ 할당대상업체의 시설 가동이 6개월 동안 정지된 경우

④ 사실과 다른 내용으로 배출권의 할당 또는 추가 할당을 신청하여 배출권을 할당받은 경우

해설 법률 제17조(배출권 할당의 취소)에 관한 내용이다.

배출권 할당 취소사유

ㄱ 할당계획 변경으로 배출허용총량이 감소한 경우

ㄴ 할당대상업체가 전체 또는 일부 사업장을 폐쇄한 경우

ㄷ 시설의 가동중지·정지·폐쇄 등으로 인하여 그 시설이 속한 사업장의 온실가스 배출량이 대통령령으로 정하는 기준 이상으로 감소한 경우

ㄹ 사실과 다른 내용으로 배출권의 할당 또는 추가 할당을 신청하여 배출권을 할당받은 경우

ㅁ 할당대상업체의 지정이 취소된 경우

88 다음 중 2050 탄소중립 녹색성장위원회에서 심의하는 사항이 아닌 것은?

① 녹색성장의 추진을 위한 정책의 기본방향에 관한 사항

② 지방자치단체 녹색성장책임관 지정에 관한 사항

③ 국가전략의 수립·변경에 관한 사항

④ 국가비전 및 중장기 감축목표 등의 설정 등에 관한 사항

해설 제16조(위원회의 기능)에 따라, 위원회는 다음의 사항을 심의·의결한다.
　㉠ 탄소중립 사회로의 이행과 녹색성장의 추진을 위한 정책의 기본방향에 관한 사항
　㉡ 국가비전 및 중장기 감축목표 등의 설정 등에 관한 사항
　㉢ 국가전략의 수립·변경에 관한 사항
　㉣ 이행현황의 점검에 관한 사항
　㉤ 국가기본계획의 수립·변경에 관한 사항
　㉥ 국가기본계획, 시·도계획 및 시·군·구계획의 점검결과 및 개선의견 제시에 관한 사항
　㉦ 국가 기후위기 적응대책의 수립·변경 및 점검에 관한 사항
　㉧ 탄소중립 사회로의 이행과 녹색성장에 관련된 법·제도에 관한 사항
　㉨ 탄소중립 사회로의 이행과 녹색성장의 추진을 위한 재원의 배분방향 및 효율적 사용에 관한 사항
　㉩ 탄소중립 사회로의 이행과 녹색성장에 관련된 연구개발, 인력양성 및 산업육성에 관한 사항
　㉪ 탄소중립 사회로의 이행과 녹색성장에 관련된 국민이해 증진 및 홍보·소통에 관한 사항
　㉫ 탄소중립 사회로의 이행과 녹색성장에 관련된 국제협력에 관한 사항
　㉬ 다른 법률에서 위원회의 심의를 거치도록 한 사항
　㉭ 그 밖에 위원장이 온실가스 감축, 기후위기 적응, 정의로운 전환 및 녹색성장과 관련하여 필요하다고 인정하는 사항

89 관리업체의 소관 부문별 관장기관으로 잘못된 것은?

① 농림축산식품부 : 농업·임업·축산·식품 분야
② 산업통상자원부 : 산업·에너지 분야
③ 환경부 : 폐기물 분야
④ 국토교통부 : 건물·교통(해운·항만 분야 제외)·건설 분야

해설 온실가스 목표관리 운영 등에 관한 지침 제9조(소관 부문별 관장기관 등)에 따른 소관 부문별 관장기관은 다음과 같다.
　㉠ 농림축산식품부 : 농업·임업·축산·식품 분야
　㉡ 산업통상자원부 : 산업·발전(發電) 분야
　㉢ 환경부 : 폐기물 분야
　㉣ 국토교통부 : 건물·교통(해운·항만 분야는 제외)·건설 분야
　㉤ 해양수산부 : 해양·수산·해운·항만 분야

90 다음 중 국제감축실적의 거래단위로 알맞은 것은?

① 이산화탄소상당량톤
② 이산화탄소상당량킬로그램
③ 메탄상당량톤
④ 메탄상당량킬로그램

해설 탄소중립기본법 시행령 제35조(국제감축 등록부)에 따라, 국제감축실적은 온실가스별 지구온난화지수에 따라 이산화탄소상당량톤(tCO₂-eq)으로 환산한 단위로 거래한다.

91 상쇄배출권의 설명에서 (　)에 들어갈 내용으로 알맞은 것은?

┤ 보기 ├
상쇄배출권의 제출한도는 해당 할당대상업체가 환경부장관에게 제출해야 하는 배출권의 100분의 (　) 이내 범위에서 할당계획으로 정한다.

① 10　　　　　　② 30
③ 50　　　　　　④ 80

해설 온실가스 배출권의 할당 및 거래에 관한 법률 시행령 제47조(상쇄)에 따라, 상쇄배출권의 제출한도는 해당 할당대상업체가 환경부장관에게 제출해야 하는 배출권의 100분의 10 이내의 범위에서 할당계획으로 정한다.

92 제품의 지속가능성을 높이고 버려지는 자원의 순환망을 구축하여 투입되는 자원과 에너지를 최소화하는 친환경 경제체계를 활성화하기 위하여 정부가 수립·시행하여야 하는 시책에 해당되지 않는 것은?

① 국내외 경제여건 및 전망에 관한 사항
② 지속가능한 제품 사용기반 구축 및 이용 확대에 관한 사항
③ 폐기물의 선별·재활용 체계 및 재제조 산업의 활성화에 관한 사항
④ 에너지자원으로 이용되는 목재, 식물, 농산물 등 바이오매스의 수집·활용에 관한 사항

해설 법 제64조(순환경제의 활성화)에 따라, 정부는 제품의 지속가능성을 높이고 버려지는 자원의 순환망을 구축하여 투입되는 자원과 에너지를 최소화함으로써, 생태계의 보전과 온실가스 감축을 동시에 구현하기 위한 친환경 경제체계(순환경제)를 활성화하기 위하여 다음의 사항을 포함하는 시책을 수립·시행하여야 한다.
㉠ 제조공정에서 사용되는 원료·연료 등의 순환성 강화에 관한 사항
㉡ 지속가능한 제품 사용기반 구축 및 이용 확대에 관한 사항
㉢ 폐기물의 선별·재활용 체계 및 재제조산업의 활성화에 관한 사항
㉣ 에너지자원으로 이용되는 목재, 식물, 농산물 등 바이오매스의 수집·활용에 관한 사항
㉤ 국가 자원 통계관리체계의 구축 등 자원 모니터링 강화에 관한 사항

93 온실가스·에너지 목표관리 운영 등에 관한 지침상 용어 정의 중 관리업체가 법 및 시행령에 따른 목표관리를 받기 이전에 자발적이고 추가적으로 온실가스 감축을 위하여 행한 일련의 행동을 의미하는 것은?

① 자율행동 ② 조기행동
③ 조직행동 ④ 관리행동

해설 위 문제는 출제된 이후에 법이 개정되면서 관련 법 조항이 삭제되었습니다. 따라서 이 문제는 학습하지 않으셔도 됩니다.

94 국내 온실가스 배출권거래제도에서 할당대상업체로 지정된 업체가 온실가스 배출권 할당 신청을 해야 하는 시기로 옳은 것은?

① 매 계획기간 시작 3개월 전(신규 진입자는 배출권을 할당받은 이행연도 시작 3개월 전)
② 매 계획기간 시작 4개월 전(신규 진입자는 배출권을 할당받은 이행연도 시작 4개월 전)
③ 매 계획기간 시작 5개월 전(신규 진입자는 배출권을 할당받은 이행연도 시작 3개월 전)
④ 매 계획기간 시작 5개월 전(신규 진입자는 배출권을 할당받은 이행연도 시작 4개월 전)

해설 온실가스 배출권의 할당 및 거래에 관한 법률 제13조(배출권 할당의 신청 등)에 따라, 할당대상업체는 매 계획기간 시작 4개월 전까지(할당대상업체가 신규 진입자인 경우에는 배출권을 할당받은 이행연도 시작 4개월 전까지) 자신의 모든 사업장에 대하여 배출권 할당신청서를 작성하여 주무관청에 제출하여야 한다.

95 배출권거래제 기본계획에 포함될 내용이 아닌 것은?

① 배출권거래제에 관한 국내외 현황 및 전망에 관한 사항
② 무역집약도 또는 탄소집약도 등을 고려한 국내 산업의 지원대책에 관한 사항
③ 국가 온실가스감축목표를 고려하여 설정한 온실가스 배출허용총량에 관한 사항
④ 재원조달, 전문인력 양성, 교육·홍보 등 배출권거래제의 효과적 운영에 관한 사항

해설 온실가스 배출권의 할당 및 거래에 관한 법률 제4조(배출권거래제 기본계획의 수립 등)에 관한 문제이다.

정부는 이 법의 목적을 효과적으로 달성하기 위하여 10년 단위로 하여 5년마다 배출권거래제에 관한 중장기 정책목표와 기본방향을 정하는 배출권거래제 기본계획을 수립하여야 한다. 기본계획에는 다음 사항을 포함하여야 한다.
- ㉠ 배출권거래제에 관한 국내외 현황 및 전망에 관한 사항
- ㉡ 배출권거래제 운영의 기본방향에 관한 사항
- ㉢ 국가 온실가스감축목표를 고려한 배출권거래제 계획기간의 운영에 관한 사항
- ㉣ 경제성장과 부문별·업종별 신규 투자 및 시설(온실가스를 배출하는 사업장 또는 그 일부를 말한다. 이하 같다) 확장 등에 따른 온실가스 배출 전망에 관한 사항
- ㉤ 배출권거래제 운영에 따른 에너지 가격 및 물가변동 등 경제적 영향에 관한 사항
- ㉥ 무역집약도 또는 탄소집약도 등을 고려한 국내 산업의 지원대책에 관한 사항
- ㉦ 국제 탄소시장과의 연계 방안 및 국제협력에 관한 사항
- ㉧ 그 밖에 재원조달, 전문인력 양성, 교육·홍보 등 배출권거래제의 효과적 운영에 관한 사항

96 탄소중립기본법령상 다음 연도 온실가스 감축, 에너지 절약 및 에너지 이용효율 목표를 통보받은 관리업체는 연도별 관리목표 등을 포함한 다음 연도 이행계획을 전자적 방식으로 언제까지 부문별 관장기관에게 제출하여야 하는가?

① 매년 3월 31일　② 매년 6월 30일
③ 매년 9월 30일　④ 매년 12월 31일

해설 위 문제는 출제된 이후에 법이 개정되면서 관련 법 조항이 삭제되었습니다. 따라서 이 문제는 학습하지 않으셔도 됩니다.

97 신에너지 및 재생에너지 개발·이용·보급 촉진 법령상 바이오에너지 등의 기준 및 범위에서 바이오에너지에 해당하는 범위로 거리가 먼 것은?

① 생물유기체를 변환시킨 바이오가스, 바이오에탄올, 바이오액화유 및 합성가스
② 동물·식물의 유지를 변환시킨 바이오디젤 및 바이오중유
③ 쓰레기매립장의 유기성 폐기물을 변환시킨 매립지 가스
④ 해수 표층의 열을 변환시켜 얻는 에너지

해설 ④ 해수 표층의 열을 변환시켜 얻는 에너지는 수열에너지에 해당된다.

시행령 [별표 1] 바이오에너지 등의 기준 및 범위(제2조 관련)에 관한 문제이다. 바이오에너지는 생물유기체를 변환시켜 얻어지는 기체, 액체 또는 고체의 연료로 이 연료를 연소 또는 변환시켜 얻어지는 에너지 또한 포함하는 것으로, 범위는 다음과 같다.
- ㉠ 생물유기체를 변환시킨 바이오가스, 바이오에탄올, 바이오액화유 및 합성가스
- ㉡ 쓰레기매립장의 유기성 폐기물을 변환시킨 매립지 가스
- ㉢ 동물·식물의 유지(油脂)를 변환시킨 바이오디젤 및 바이오중유
- ㉣ 생물유기체를 변환시킨 땔감, 목재칩, 펠릿 및 숯 등의 고체연료

98 탄소중립기본법상 2050 탄소중립 녹색성장위원회의 설치에 대한 설명으로 틀린 것은?

① 위원회는 위원장 1명을 포함한 50명 이내의 위원으로 구성한다.
② 위원장은 국무총리와 위원 중에서 대통령이 지명하는 사람이 된다.
③ 위원회에는 간사위원 1명을 둔다.
④ 위원의 임기는 2년으로 하며 연임할 수 있다.

해설 법 제15조(2050 탄소중립 녹색성장위원회의 설치)에 관한 문제로, 2050 탄소중립 녹색성장위원회의 설치에 관한 주요한 내용에는 다음과 같은 것이 있다.

ㄱ 정부의 탄소중립 사회로의 이행과 녹색성장의 추진을 위한 주요 정책 및 계획과 그 시행에 관한 사항을 심의·의결하기 위하여 대통령 소속으로 2050 탄소중립 녹색성장위원회를 둔다.

ㄴ 위원회는 위원장 2명을 포함한 50명 이상 100명 이내의 위원으로 구성한다.

ㄷ 위원장은 국무총리와 위원 중에서 대통령이 지명하는 사람이 된다.

ㄹ 위원회의 사무를 처리하게 하기 위하여 간사위원 1명을 두며, 간사위원은 국무조정실장이 된다.

ㅁ 위원장이 부득이한 사유로 직무를 수행할 수 없는 때에는 국무총리인 위원장이 미리 정한 위원이 위원장의 직무를 대행한다.

ㅂ 위원의 임기는 2년으로 하며 한 차례에 한정하여 연임할 수 있다.

ㅅ 위원회의 구성과 운영 등에 관하여 필요한 사항은 대통령령으로 정한다.

99 온실가스 배출권거래제의 배출량 보고 및 인증에 관한 지침상 배출시설의 배출량에 따른 시설규모 분류 중 A그룹에 해당하는 시설규모 분류기준은?

① 연간 5만톤 미만의 배출시설
② 연간 15만톤 이상의 배출시설
③ 연간 5만톤 이상, 연간 50만톤 미만의 배출시설
④ 연간 50만톤 이상의 배출시설

해설 지침 [별표 5] 배출활동별, 시설규모별 산정등급(Tier) 최소적용기준(제11조 관련)에 관한 내용으로, 배출량에 따른 시설규모 분류는 다음과 같다.

ㄱ A그룹 : 연간 5만톤 미만의 배출시설
ㄴ B그룹 : 연간 5만톤 이상, 연간 50만톤 미만의 배출시설
ㄷ C그룹 : 연간 50만톤 이상의 배출시설

100 온실가스 배출시설의 배출량에 따른 시설규모 분류 중 C그룹에 해당하는 시설은?

① 연간 5만톤 미만의 배출시설
② 연간 5만톤 이상, 연간 25만톤 미만의 배출시설
③ 연간 25만톤 이상, 연간 50만톤 미만의 배출시설
④ 연간 50만톤 이상의 배출시설

해설 ※ 99번 해설 참조

---

01 온실가스 배출원/흡수원과 온실가스 종류가 알맞게 짝지어지지 않은 것은?

① 장내발효 : CH_4
② 농경지 토양 : N_2O
③ 벼 재배 : CO_2
④ 산림지 : CO_2

해설 ③ 벼 재배과정에서는 혐기성 소화가 발생하므로 메탄(CH_4)을 온실가스로 포함하여 산정하여야 한다.

02 2015년 유엔기후변화협약의 제21차 당사국총회에서 채택된 파리협정에 대한 내용이 아닌 것은?

① 교토의정서의 경우 주요 선진국에 한해서 온실가스 감축의무가 주어지지만 파리협정에서는 모든 국가가 감축의무를 가진다.
② 파리협정은 각 국이 온실가스 감축목표를 스스로 정하는 상향식 체제로서 목표의 설정은 자율적으로 하되 감축목표를 이행하지 못할 경우에는 제재할 수 있도록 국제법적 구속력을 부과하였다.
③ 협약을 비준한 국가들의 온실가스 배출 총량이 전 세계 온실가스 배출량의 55% 이상이며 55개국 이상이 비준할 경우에 한하여 협약이 발효되며, 2016년 11월 4일에 공식 발효되었다.
④ 파리협정은 각 당사국 사이의 폭넓은 온실가스 감축사업의 추진과 거래를 인정하는 등 자발적인 협력을 포함하는 다양한 형태의 국제탄소시장(IMM) 메커니즘 설립에 합의하였다.

해설 ② 파리협정은 각 국이 온실가스 감축목표를 스스로 정하는 상향식 체제로서 목표의 설정은 자율적으로 하되 감축목표를 이행하지 못할 경우에는 국제법적 구속력이 없으며 종료 시점을 규정하지 않아 지속 가능한 대응을 추진하여 다양한 행위자의 참여를 독려하고 있다.

03 전 지구 기후변화 시나리오 "순차접근"의 순서로 가장 적합한 것은?

┤ 보기 ├
㉠ 배출과 사회경제 시나리오(IAMs)
㉡ 복사강제력
㉢ 기후 전망(CMs)
㉣ 영향, 적응, 취약성(IAV)

① ㉠ → ㉡ → ㉢ → ㉣
② ㉢ → ㉡ → ㉣ → ㉠
③ ㉢ → ㉣ → ㉡ → ㉠
④ ㉡ → ㉠ → ㉣ → ㉢

Answer 01.③ 02.② 03.①

해설 전 지구 기후변화 시나리오 개발의 순차적 접근방식은 '사회경제 시나리오 → 배출량 시나리오 → 복사강제력 시나리오 → 기후모델 시나리오 → 영향, 적응, 취약성 연구'로 진행된다.

04 CDM 사업 관련 주요 기관의 기능 및 역할에 관한 설명으로 ( )에 가장 적합한 기관은?

┤ 보기 ├

( )는 교토의정서 비준국으로 구성되어 있으며, CDM 사업 관련 최고의사결정기관이다. 세부 역할로는 CDM 집행위원회의 절차에 대한 결정, 집행위원회가 인증한 운영기구의 지정 및 인증기관 결정, CDM 집행위원회 연간보고서 등을 검토하고, DOE와 CDM 사업의 지역적 분배 등을 검토한다.

① 국가 CDM 승인기구(DNA)
② CDM 사업운영기구(DOE)
③ CDM 집행위원회(EB)
④ 당사국총회(COP/MOP)

해설 COP(Conference Of the Parties, 기후변화 당사국총회) : 최고의사결정기구로 COP/MOP(Meeting Of Parties)에 관한 설명이다.
① DNA(국가 CDM 승인기구) : CDM 사업승인서 발급
② DOE(CDM 사업운영기구) : CDM 사업 타당성 확인 및 배출감축량 검증, 사업의 검·인증을 수행
③ EB(CDM 집행위원회) : CDM 운영기구 지정 및 감독, 운영기구에 의해 제출된 배출권의 감독 및 등록, 청정개발체제 사업이행 관련 규정 사항 검토 등 관련 사업에 대하여 전반적인 업무를 수행하며 업무수행 내용은 당사국회의에 제출하여 승인을 득하는 형식

05 온실가스 배출량이 많은 업종부터 적은 업종 순으로 배열한 순서가 맞는 것은?

① 발전에너지 → 운수 → 정유 → 철강
② 발전에너지 → 철강 → 정유 → 운수
③ 철강 → 발전에너지 → 정유 → 운수
④ 철강 → 발전에너지 → 운수 → 정유

해설 국내 온실가스 부문별 배출량이 많은 업종 순으로 살펴보면 발전에너지>철강>정유>운수 순이다.

06 신에너지 및 재생에너지 개발 이용보급 촉진법령상 신에너지에 속하지 않는 것은?

① 수소에너지
② 바이오에너지
③ 석탄 액화·가스화
④ 연료전지

해설 신에너지는 연료전지, 석탄 액화·가스화, 수소에너지를 말한다.
② 바이오에너지는 재생에너지에 해당한다.

07 기후변화 취약성 평가방법 중 지역에 기반을 둔 여러 지표들을 바탕으로 하여 그 시스템의 적응능력을 평가함으로써 사회·경제적인 취약성을 파악하는 방법은?

① 좌향식 접근법
② 하향식 접근법
③ 우향식 접근법
④ 상향식 접근법

해설 ④ 상향식 접근법은 지역에 기반을 둔 여러 지표들을 바탕으로 하여 그 시스템의 적응능력을 평가함으로써 사회·경제적인 취약성을 파악하는 접근법이다.

08 $CO_2 = 1$로 볼 때, 지구온난화지수(GWP)가 가장 큰 온실가스는? (단, GWP는 IPCC 2차 평가보고서의 지속기간 100년 기준)

① HFC-23
② HFC-125
③ HFC-245ca
④ PFC-14

> **해설** ① GWP가 가장 큰 것은 HFC-23이다.
> HFC-23(11,700) > PFC-14(6,500) > HFC-125(2,800) > HFC-245ca(560)

09 온실가스 목표관리제에 대한 설명으로 틀린 것은?

① 온실가스 목표관리제도는 소규모 사업장의 온실가스 감축목표를 설정하고 관리하는 제도로 '탄소중립기본법'의 온실가스 감축정책 중 하나이다.
② 온실가스 목표관리제 운영은 관리업체 지정, 목표설정, 산정·보고·검증, 검증기관 관리 등에 관한 사항을 포괄적으로 담고 있다.
③ 온실가스 목표관리 운영지침을 제정하면서 국제사회에 통용될 수 있는 온실가스 산정·보고·검증체계를 구축하는데 주력한다.
④ 온실가스 목표관리 운영지침의 주요 내용은 원자력 기술개발 확대, 온실가스 배출 감축기술 개발, 기초·원천기술 개발, 연구개발 투자의 전략 강화 및 종합 조정기능 보강 등이 포함되어 있다.

> **해설** ④ 운영지침의 주요 내용은 원자력 기술개발보다는 신재생에너지 확대 등으로 관련 연구개발이 추진되고 있다.

10 화석연료 사용으로 인해 발전소, 철강, 시멘트 공장 등 대량 발생원으로부터 배출되는 이산화탄소를 직접 효율적으로 줄일 수 있는 기술의 70~80%를 차지하는 핵심 기술로서 크게 '연소 후 회수기술', '연소 전 회수기술' 그리고 '순산소 연소기술'로 구분되는 것은?

① 저장기술
② 수송기술
③ 포집기술
④ 전환기술

> **해설** 문제에서 설명하는 기술은 이산화탄소 포집 및 저장(CCS ; Carbon Capture and Storage)기술로, CCS는 온실가스를 직접 감축할 수 있는 방법 중 하나로 2050년까지 전체 배출량 중 13%를 감축할 것으로 예측되고 있다. 연소 후 회수기술, 연소 전 회수기술, 순산소 연소기술은 포집기술의 종류이다.

11 극지방의 빙하가 녹게 되면 눈과 얼음에 덮여 있던 육지와 수면이 드러나 지구 표면의 온도 상승을 가속화시키게 되는데 그 이유를 바르게 설명한 것은?

① 해수면을 상승시키기 때문에
② 지구의 알베도(Albedo)를 증가시키기 때문에
③ 빙하가 융해될 때 잠열이 발생되기 때문에
④ 지구의 알베도(Albedo)를 감소시키기 때문에

> **해설** 지표의 기온 상승으로 극지방의 눈과 얼음이 녹으면 지표의 반사율(알베도)이 감소되어 태양에너지 흡수량이 증가함에 따라 기온이 더욱 상승한다.

12 기후변화에 대한 정부 간 패널(IPCC)의 실행 그룹 중 기후변화의 영향평가와 적응 및 취약성 분야의 역할을 담당하는 것은?

① Working Group 1
② Working Group 2
③ Working Group 3
④ Task Force

해설 IPCC WG 업무 중 기후변화 영향평가, 적응 및 취약성 분야는 Working Group 2(WG 2)의 역할이다.
  ㉠ WG 1 : 기후변화 과학 분야
  ㉡ WG 2 : 기후변화 영향평가, 적응 및 취약성 분야
  ㉢ WG 3 : 배출량 완화, 사회·경제적 비용−편익 분석 등 정책 분야
  ㉣ Task Force : 국가 온실가스 배출 가이드라인 및 사례 가이드라인 작성, 배출계수 데이터베이스 운영

13 기후변화협약 당사국총회의 주요 내용에 대한 설명으로 가장 적합한 것은?

① COP 7(마라케시) : 교토메커니즘, 의무준수체제, 흡수원 등에 대한 합의
② COP 13(발리) : 지구온도 2℃ 상승 억제재확인 및 2050년까지 장기 감축목표에 노력
③ COP 15(코펜하겐) : 선진국과 개도국이 모두 참여하는 새로운 기후변화 체제 마련에 합의
④ COP 18(도하) : 교토의정서를 2022년까지 연장 합의

해설 ② COP 13(발리) : 선진국과 개도국이 모두 참여하는 Post−2012 체제 구축을 합의한 회의로 산림훼손방지(REDD)가 주요 논의사항임. 발리로드맵을 채택함
③ COP 15(코펜하겐) : 100여개 국의 정상들이 모인 제15차 UN 기후변화협상에서는 선진국과 개도국 간의 대립으로 난항을 겪었으며, 최종적으로 코펜하겐 합의라는 형태로 합의를 도출했으나 법적 구속력은 없고 선진국과 개도국 사이의 민감한 주요 쟁점들을 미해결 과제로 남기고 정치적 합의문 수준으로 종료
④ COP 18(도하) : 제2차 교토의정서 공약기간은 2013~2020년(8년)으로 확정하고 2020년까지 1990년 대비 18%를 감축하는 새로운 감축목표를 설정함. 발리 행동계획 관련 실무그룹 논의 종결, 더반 플랫폼 이행 작업계획에 합의하였으며 녹색기후기금(GCF ; Green Climate Fund)을 송도에 유치하기로 하였음

14 미래 기후변화의 영향에 관한 설명으로 가장 거리가 먼 것은?

① 난대성 상록 활엽수인 후박나무는 북부 지역으로 확대된다.
② 꽃매미, 열대모기 등 북방계 외래곤충이 감소하고 고온으로 인해 병해충 발생 가능성이 감소된다.
③ 농업에 있어서는 생산성 감소의 위협과 신영농기법 도입의 기회가 공존한다.
④ 산업 전반에서는 산업리스크 증가와 새로운 시장 창출 기회가 공존한다.

해설 ② 미래 기후변화로 인해 꽃매미, 열대모기 등 남방계 외래곤충이 증가하고 고온으로 병해충 발생 가능성이 증가할 것으로 예측되고 있다.

15 21세기에 발생할 것으로 예상되는 이상기후 현상으로 가장 거리가 먼 것은?

① 집중적인 호우
② 중위도 지역 폭풍의 강도 증가
③ 대부분 중위도 내륙에서의 혹서피해와 한발 위험 증가
④ 최고기온의 하강, 무더운 일수와 혹서 기간의 감소

해설 기후변화로 인하여 예상되는 이상기후 현상으로 대표적인 것은 최고기온의 상승, 무더운 일수와 혹서기간의 증가이다.

16 다음 설명에 해당하는 기체는?

┤ 보기 ├
지표 대기 중 농도가 약 1.5ppm, 매년 0.9% 증가하고, 가축 배설물이 부패할 때 주로 발생한다. 그리고 습지에서 자연적 과정으로도 발생한다. 또한 석유, 석탄 및 천연가스 시스템에서 탈루되어 생성하기도 한다.

① 오존   ② 메탄
③ 이산화탄소   ④ 아산화질소

해설 석유, 석탄 및 천연가스 시스템에서 탈루되어 생성되는 온실가스는 메탄에 관한 설명이다.

17 교토의정서상에서 6대 온실가스가 아닌 것은?

① 염화불화탄소
② 수소불화탄소
③ 과불화탄소
④ 육불화황

해설 6대 온실가스는 이산화탄소(CO_2), 메탄(CH_4), 아산화질소(N_2O), 수소불화탄소(HFCs), 과불화탄소(PFCs), 육불화황(SF_6)이다.

18 기후시스템에 대한 내용 중 틀린 것은?

① 기후변화는 기후시스템의 과정에 대응하여 일어난다.
② 기후강제력은 기후시스템을 움직이는 요소이다.
③ 기후시스템을 구분할 때 화산폭발은 내적 요인에 해당한다.
④ 대기는 기후특성을 가장 분명하게 보여주는 기후 구성요소이다.

해설 기후변화의 원인은 자연적 요인과 인위적 요인으로 구분할 수 있다. 자연적 요인으로는 태양활동, 화산폭발, 천문학적 요인 등이 있으며, 인위적 요인으로는 온실가스 발생, 화석연료의 연소, 에너지 수요의 증가가 해당된다.

19 교토의정서에 대한 설명으로 가장 거리가 먼 것은?

① 1997년 일본 교토에서 개최된 기후변화협약 제3차 당사국총회에서 채택되고 2005년 2월 16일 공식 발효되었다.
② 한국은 2002년 11월 국회의 비준을 얻었으며, 제3차 당사국총회에서 부속서-I 국가로 분류되어 온실가스 감축의무를 부여받았다.
③ 감축의무이행 당사국이 온실가스 감축이행 시 신축적으로 대응하도록 하기 위하여 배출권거래제(ETS), 공동이행(JI), 청정개발체제(CDM) 등의 신축성 기제를 도입하였다.
④ 공동이행(JI)은 부속서-I 국가가 다른 선진국의 온실가스 감축사업에 참여하여 얻은 온실가스 감축실적을 자국의 온실가스 감축목표 달성에 이용하는 제도이다.

해설 우리나라는 교토의정서 채택 당시 비부속서 국가인 감축의무를 부담하지 않는 개도국으로 분류되었다.

20 유엔기후변화협약(UNFCCC)의 주요 기준이 되는 원칙으로 가장 거리가 먼 것은?

① 과학적 확실성의 원칙
② 공통이지만 차별화된 책임의 원칙
③ 각자 능력의 원칙
④ 사전예방의 원칙

해설 ②~④의 내용은 UNFCCC의 주요 원칙이 되는 내용에 해당된다.
① 확실성의 원칙은 조세정책에서 사용되는 용어이다.

제2과목 **온실가스 배출의 이해**

21 온실가스 배출권거래제의 배출량 보고 및 인증에 관한 지침상 촉매를 활용한 수증기 개질로 암모니아를 생산하는 공정이다. ( )에 알맞은 것은?

┤ 보기 ├
(㉠) → 수증기 1차 개질 → 공기로 2차 개질 → (㉡) → (㉢) → (㉣) → 암모니아 합성

① ㉠ 천연가스 탈황, ㉡ 이산화탄소 제거, ㉢ 메탄화, ㉣ 일산화탄소의 전환
② ㉠ 일산화탄소의 전환, ㉡ 천연가스 탈황, ㉢ 메탄화, ㉣ 이산화탄소 제거
③ ㉠ 이산화탄소 제거, ㉡ 천연가스 탈황, ㉢ 메탄화, ㉣ 일산화탄소의 전환
④ ㉠ 천연가스 탈황, ㉡ 일산화탄소의 전환, ㉢ 이산화탄소 제거, ㉣ 메탄화

해설 수증기 개질법의 순서
원료납사의 예열·증발 → 천연가스 탈황 → 수증기 1차 개질 → 공기로 2차 개질 → CO 전환(일산화탄소 전환) → CO_2 제거(이산화탄소 제거) → 메탄화 → 암모니아 합성

22 우리나라 건축물의 온실가스 배출 벤치마크 계수 개발 시 적용되는 배출량의 범위로 맞는 것은?

① 간접배출만 반영
② 직접배출만 반영
③ 간접 및 직접 배출 모두 반영
④ 건축물의 용도에 따라 다름

해설 최적가용기법(BAT)을 고려한 벤치마크 방식에 따라 관리업체의 목표를 설정과 배출계수 개발이 기존 배출시설에 대한 배출허용량과 신·증설 시설에 대한 배출허용량을 합산하여 관리한다고 되어 있다. 건축물의 온실가스 벤치마크 계수를 개발할 때 직접배출량과 간접배출량을 모두 반영하여 산정하여야 한다.

23 다음은 철강 생산공정 온실가스 배출량 산정 방법 중 물질수지법(Tier 3)이다. 각 인자의 설명으로 맞는 것은?

┤ 보기 ├
$$E_f = \sum (Q_i \times EF_i) - \sum (Q_p \times EF_p) - \sum (Q_e \times EF_e)$$

① Q_i : 공정에 투입되는 각 원료 사용량(ton)
Q_p : 공정에서 배출되는 각 부산물 반출량(ton)
Q_e : 공정에서 생산되는 각 제품 생산량(ton)

② Q_i : 공정에서 생산되는 각 제품 생산량(ton)
Q_p : 공정에서 배출되는 각 부산물 반출량(ton)
Q_e : 공정에 투입되는 각 원료 사용량(ton)

③ Q_i : 공정에서 생산되는 각 제품 생산량(ton)
Q_p : 공정에 투입되는 각 원료 사용량(ton)
Q_e : 공정에서 배출되는 각 부산물 반출량(ton)

④ Q_i : 공정에 투입되는 각 원료 사용량(ton)
Q_p : 공정에서 생산되는 각 제품 생산량(ton)
Q_e : 공정에서 배출되는 각 부산물 반출량(ton)

Answer 20.① 21.④ 22.③ 23.④

해설 각 인자의 설명은 다음과 같다.

E_f : 공정에서의 온실가스(f) 배출량(tCO$_2$)

Q_i : 공정에 투입되는 각 원료(i)의 사용량(ton)

Q_p : 공정에서 생산되는 각 제품(p)의 생산량(ton)

Q_e : 공정에서 배출되는 각 부산물(e)의 반출량(ton)

EF_X : X물질의 배출계수(tCO$_2$/t)

경형	배기량이 1,000cc 미만으로서 길이 3.6m, 너비 1.6m, 높이 2.0m 이하인 것
소형	최대적재량이 1톤 이하인 것으로, 총중량이 3.5톤 이하인 것
중형	최대적재량이 1톤 초과 5톤 미만이거나, 총중량이 3.5톤 초과 10톤 미만인 것
대형	최대적재량이 5톤 이상이거나, 총중량이 10톤 이상인 것

24 다음 중 목표관리제 보고대상이 아닌 것은?

① 에어로졸 사용단계에서의 HFCs

② 에어컨 생산단계에서의 HFCs

③ 전기설비 사용단계에서의 SF$_6$

④ 발포제 생산단계에서의 HFCs

해설 ① 에어로졸 사용단계에서 탈루성 배출을 보고대상으로 하지 않는다.

25 온실가스 배출권거래제의 배출량 보고 및 인증에 관한 지침상 이동연소(도로) 부분의 보고대상 배출시설 중 "소형 화물자동차" 기준에 해당하는 것은?

① 배기량이 1,000cc 미만으로서 길이 3.6m, 너비 1.6m, 높이 2.0m 이하인 것

② 최대적재량이 0.8톤 이하인 것으로서, 총중량이 5톤 이하인 것

③ 최대적재량이 1톤 이하인 것으로서, 총중량이 3.5톤 이하인 것

④ 최대적재량이 3톤 이하인 것으로서, 총중량이 5톤 이하인 것

해설 소형 화물자동차는 최대적재량이 1톤 이하인 것으로, 총중량이 3.5톤 이하인 것을 말한다. 화물자동차의 형태별 기준은 다음과 같다.

26 이동연소(도로)의 온실가스 배출량 산정방법에 대한 설명으로 가장 거리가 먼 것은?

① Tier 1 방법은 연료 종류별 사용량을 활동자료로 하고 기본 배출계수를 이용하여 배출량을 산정하는 방법으로, CO$_2$, CH$_4$, N$_2$O에 대해 산정한다.

② Tier 2 방법은 연료 종류별, 차종별, 제어기술별 연료사용량을 활동자료로 하고, 국가 고유계수를 적용하여 배출량을 산정하는 방법이며, CO$_2$, CH$_4$, N$_2$O에 대해 산정한다.

③ Tier 3 산정방법은 차량의 주행거리를 활동자료로 하고, 차종별, 연료별, 배출제어 기술별 고유배출계수를 개발·적용하여 산정하는 방법이며, CO$_2$, CH$_4$, N$_2$O에 대해 산정한다.

④ 이동연소(도로) 부분의 경우 Tier 4 연속측정법은 현재 개발되어 있지 않다.

해설 ③ Tier 3 산정방법은 차량의 주행거리를 활동자료로 하고, 차종별, 연료별, 배출제어 기술별 고유배출계수를 개발·적용하여 산정하는 방법이며, CH$_4$, N$_2$O에 대해서만 유효한 산정방법이다.

27 인산 생산에서 배출되는 온실가스는?

① CO_2

② CH_4

③ N_2O

④ CH_4, N_2O

해설 인산 생산에서 보고대상 온실가스는 이산화탄소(CO_2)이다.

28 혐기성 소화조의 소화효율 저하원인과 가장 거리가 먼 것은?

① pH 저하

② 알칼리제 주입

③ 소화조 내 온도 저하

④ 독성물질 유입

해설 혐기성 소화조의 소화효율 저하원인으로는 pH 저하, 소화조 내 온도 저하, 낮은 유기물 함량 등이 있다.
② 알칼리제 주입은 소화효율 저하요인 중 pH 저하를 개선하기 위한 노력에 해당한다.

29 온실가스 배출권거래제의 배출량 보고 및 인증에 관한 지침상 고형 폐기물의 생물학적 처리와 관련한 배출시설에 해당하지 않는 것은?

① 사료화 시설

② 분뇨처리시설

③ 퇴비화 시설

④ 부숙토 생산시설

해설 고형 폐기물의 생물학적 처리는 혐기 소화에 의한 온실가스 배출(N_2O, CH_4)이 주를 이루며 여기에는 퇴비화, 유기폐기물의 혐기성 소화, 폐기물의 기계-생물학적(MB) 처리 등이 있다.
② 분뇨처리시설은 하·폐수처리의 보고대상 배출시설에 해당한다.

30 고정연소(기체연료) 온실가스 배출량 산정방법론에 적용되는 산화계수에 대한 설명 중 틀린 것은?

① Tier 1의 산화계수는 기본값인 1.0이다.

② Tier 2의 산화계수는 0.995이다.

③ Tier 3의 산화계수는 0.990이다.

④ Tier 4는 연속측정방식으로 산화계수 값을 정하지 않는다.

해설 ③ Tier 3의 산화계수는 0.995를 적용한다.

31 국내 목표관리제의 소각시설에서 발생하는 온실가스 산정방법 특성이 아닌 것은?

① CO_2 배출량 산정은 활동자료인 폐기물의 소각량과 총탄소의 건조 탄소함량비율에 의해 결정된다.

② 바이오매스 폐기물(음식물, 목재 등)의 소각으로 인한 CO_2 배출은 생물학적 배출량이므로 배출량 산정 시 제외되어야 한다.

③ non-CO_2(CH_4 및 N_2O)의 경우에는 제시된 배출계수 또는 측정을 통하여 배출량을 산정한다.

④ 국내 목표관리제에서 고상과 액상 폐기물의 소각에 의한 온실가스 CO_2 산정방법으로 Tier 1 이상을 요구하고 있으며, 연속측정방법인 Tier 4도 허용하고 있다.

해설 화석연료로 인한 폐기물(플라스틱, 합성섬유, 폐유 등)의 소각으로 인한 CO_2만 배출량에 포함되어야 한다. 이러한 이유로 폐기물 소각으로 인한 CO_2 배출은 mass-balance 또는 측정방법에 따라 폐기물의 화석탄소함량을 기준으로 산정된다.

32 온실가스 배출권거래제의 배출량 보고 및 인증에 관한 지침상 질산제조공정 중 온실가스 발생을 최소화하기 위해서는 산화율을 높여야 하는데, 암모니아 산화율에 특히 영향이 커서 가장 중요하게 다루어야 할 운전인자로 옳게 짝지어진 것은?

① 온도, 압력
② 촉매투입량, 산소농도
③ 공기 투입량, 촉매를 통과하는 가스 유속
④ 암모니아 예열온도, 암모니아 혼합비

해설 일반적으로 산화공정은 전체적인 환원조건이 N_2O의 잠재적 배출원으로 고려되는 상황하에서 발생되며, 질산 생산 시 매개가 되는 NO는 NH_3를 30~50℃의 온도와 높은 압력하에서 N_2O와 NO_2로 분해하게 된다. 그러므로 온도와 압력이 중요한 운전인자이다.

33 연소 시 온실가스 배출 산정 Tier에 대해 옳게 설명한 것은?

① Tier 1은 연료에 기초한 배출량 산정단계로서 주로 원료의 탄소함유량에 의존한다.
② Tier 1은 연소의 조건(연소 효율성, 슬래그 및 재의 탄소함량)은 상대적으로 중요하지 않다.
③ Tier 1에서 CO_2 배출은 연소되는 연료의 총량과 연료의 최대탄소함유량에 기초하여 산정한다.
④ 메탄 배출계수는 연소기술 및 작동조건에 의존하므로 메탄의 평균배출계수 이용은 불확도가 작다.

해설 ① Tier 1은 IPCC 가이드라인 기본배출계수를 활용하여 연료사용량에 따라 배출량을 산정한다.
③ Tier 1에서 CO_2 배출은 연료가 연소될 때 CO_2 산화율에 대한 매개변수인 산화계수를 사용하여 산정한다.
④ Tier 1의 배출계수는 IPCC 가이드라인 기본배출계수를 사용하여 Tier가 커질수록 정확도와 정밀도가 높아 불확도가 작아지며, Tier 1은 불확도가 크다.

34 석유화학제품 생산공정의 공정배출 보고대상 배출시설이 아닌 것은?

① 메탄올 반응시설
② 카바이드 제조시설
③ EDC/VCM 반응시설
④ 에틸렌 생산시설

해설 석유화학제품 생산공정의 공정배출 보고대상 배출시설은 메탄올 반응시설, EDC/VCM 반응시설, 에틸렌옥사이드(EO) 반응시설, 아크릴로니트릴(AN) 반응시설, 카본블랙(CB) 반응시설, 에틸렌 생산시설, 테레프탈산(TPA) 생산시설, 코크스 제거공정(De-Coking)이 있다.

35 국가 온실가스 배출량 산정방식 중 가축분뇨에 대한 메탄(CH_4)량 산정 시 필요한 자료가 아닌 것은?

① 가축의 종류
② 가축 종류별 두수
③ 가축 종류별 수명
④ 가축 종류별 분뇨의 메탄 배출계수

해설 가축분뇨처리에 대한 메탄 배출량 산정 시 가축의 종류, 가축 종류별 두수, 가축 종류별 분뇨의 메탄 배출계수를 통해 배출량을 산정할 수 있다.

36 전기사용 측면에서 최적가용기법이 아닌 것은?

① 에너지효율적인 모터 적용
② 압축공기시스템의 가변속도 드라이브 적용
③ 공기압축기의 열회수
④ 초고압의 전기아크로 적용

해설 ④ 전기아크로는 합금철 생산에서 보고 대상 배출시설로 전기사용 측면 최적 가용기술과는 거리가 멀다.

37 온실가스 배출권거래제의 배출량 보고 및 인증에 관한 지침상 아디프산 생산시설 중 시클로헥산으로부터 아디프산을 합성하는 방법 중 하나인 Farbon법에 관한 설명으로 옳지 않은 것은?

① 시클로헥산을 산화하여 시클로헥산올과 시클로헥사논을 만들고, 이 시클로헥산올과 시클로헥사논을 다시 산화하여 아디프산을 만든다.
② 혼합된 초산망간, 바듐을 촉매로써 사용한다.
③ 제2반응기로부터 생성물이 표백기로 들어가고 용존 NO_x 가스는 공기와 수증기로 인해 아디프산 및 질산용액으로부터 탈기된다.
④ 부산물의 생성이 없고, 아디프산 및 질산용액은 증류되어 최종산물(결정)이 된다.

해설 Farbon법은 공정과정에서 여러 가지 유기산부산물, 아세트산, 글루타린산 및 호박산 등이 형성되고 회수되어 판매된다. 아디프산 및 질산용액은 냉각되어서 결정화기로 보내져서 아디프산 결정을 만든다.

38 다음 중 A사업장과 B사업장의 온실가스 배출량 산정에서 제외되는 경우는?

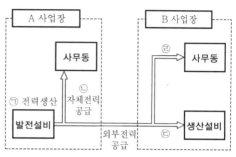

① ㉠
② ㉡
③ ㉢
④ ㉣

해설 A사업장에서 생산한 전력을 A사업장 내에서 자체적으로 공급한 경우로 전력사용에 따른 간접적 온실가스 배출량 산정에서 제외하는 경우는 ㉡이다.
㉠ : A사업장 내에 위치한 발전설비에서의 전력생산에 따른 직접 온실가스 배출량(A사업장의 직접적 온실가스 배출량으로서 보고)
㉢, ㉣ : A사업장에서 생산한 전력을 B사업장에 공급한 경우(B사업장의 간접적 온실가스 배출량으로서 보고)

39 온실가스 배출권거래제의 배출량 보고 및 인증에 관한 지침상 시멘트 생산공정 중 다량의 온실가스를 발생하는 시설(공정)로 가장 적합한 것은?

① 가스회수시설
② 소성시설
③ 접촉개질시설
④ 세척시설

해설 시멘트 생산시설 중 소성시설에서 전체 온실가스 배출량의 90%가 배출되며, 이 가운데 약 60%가 공정배출이고, 30%는 소성로 킬른 내 가열연료 사용분이다.

40 이동연소(항공)의 Tier 1 배출량 산정방법론에서 "항공사업법 제44조"에 따라 항공기취급업을 등록한 계열회사로부터 항공기 지상조업 지원을 받는 경우의 연료사용량 보정계수는?

① 0.0461 ② 0.0251
③ 0.0215 ④ 0.0164

해설 「항공사업법」 제44조에 따라 항공기취급업을 등록한 계열회사로부터 항공기 지상조업 지원을 받는 경우 0.0164, 그렇지 아니한 경우 0.0215를 연료사용량 보정계수로 사용한다.

제3과목 온실가스 산정과 데이터 품질관리

41 온실가스 배출활동은 직접배출과 간접배출로 구분된다. 다음 중 직접배출에 해당되지 않는 것은?

① 마그네슘 생산 시 배출
② 폐기물 소각에 의한 배출
③ 자동차의 연료사용으로 인한 배출
④ 외부에서 공급받은 전기의 사용

해설 ④ 외부에서 공급받은 전기의 사용은 간접배출에 해당한다.

42 관리토양에서 직접적인 N_2O 배출의 활동자료로 사용할 수 없는 것은?

① 농작물 생산량
② 석회질 비료의 연간 사용량
③ 가축두수
④ 유기질 비료의 시비량

해설 ② 석회질 비료는 CO_2를 배출하는 형태이므로 질소공급원으로 고려되지 않는다.

43 배출량 산정·보고의 5대 원칙 중 다음 설명에 해당하는 것은?

┤ 보기 ├
사용예정자가 적절한 확신을 가지고 의사결정을 할 수 있도록 충분하고 적절한 온실가스 관련 정보를 공개하는 것으로 모든 관련 사항에 대해 감사증거를 명확히 남길 수 있도록 하고 객관적이고 일관된 형태로 게시하는 것이다. 또한 추정이나 사용한 산정·계산방법 정보원의 출처는 분명하게 해야 한다.

① 완전성
② 일관성
③ 투명성
④ 정확성

해설 배출량 산정·보고 원칙은 5가지로 적절성(Relevance), 완전성(Completeness), 일관성(Consistency), 정확성(Accuracy), 투명성(Transparency)이 있다. 본 문제에서 설명하는 것은 투명성이다.
① 완전성 : 규정 내 제시된 범위에서 모든 배출활동과 배출시설의 온실가스 배출량 등을 산정·보고해야 하며, 온실가스 배출량 등의 산정·보고에서 제외되는 배출활동과 배출시설이 있는 경우에는 그 제외 사유를 명확하게 제시하여야 한다.
② 일관성 : 시간의 경과에 따른 온실가스 배출량 등의 변화를 비교·분석할 수 있도록 일관된 자료와 산정방법론 등을 사용해야 한다. 또한, 온실가스 배출량 등의 산정과 관련된 요소의 변화가 있는 경우에는 이를 명확히 기록·유지해야 한다.
④ 정확성 : 배출량 등을 과대 또는 과소 산정하는 등의 오류가 발생하지 않도록 최대한 정확하게 온실가스 배출량 등을 산정·보고해야 한다.

44 배출활동별 배출량 산정방법론에 해당하지 않는 것은?

① 확보 가능한 관련 자료의 수준이 어느 정도인지를 조사·분석한 다음에 이에 적합한 선정방법을 결정하는 것이 합리적임

② 현재 우리나라에서 추진하고 있는 보고제에 의하면 배출량 규모에 따라 관리업체에서 적용하여야 할 최소산정 Tier가 제시되어 있기 때문에 관리업체에서는 배출 규모에 적합한 Tier 적용이 가능하도록 자료를 확보하여야 함

③ 산정등급은 4단계가 있으며, Tier가 높을수록 결과의 불확실도가 높아짐

④ 배출원의 온실가스 배출특성 및 확보 가능한 자료수준에 적합한 배출량 산정방법을 선정할 수 있는 의사결정도를 개발·적용하여야 함

[해설] ③ 산정등급은 4단계가 있으며 Tier가 높을수록 결과의 불확실도가 낮아지며, Tier가 낮을수록 불확실도가 높아진다.

45 배출활동별 온실가스 배출량 등의 세부산정기준에 대한 설명으로 가장 거리가 먼 것은?

① 사업장별 배출량은 정수로 보고한다.

② 배출활동별 배출량 세부산정 중 활동자료의 보고값은 소수점 넷째 자리에서 반올림하여 셋째 자리까지로 한다.

③ 활동자료를 제외한 매개변수의 수치맺음은 센터에서 공표하는 바에 따른다.

④ 사업장 고유배출계수 개발 시 활동자료 측정주기와 동 활동자료에 대한 조성분석주기를 기준으로 산술평균을 적용한다.

[해설] ④ 사업장 고유배출계수 개발 시, 활동자료 측정주기와 동 활동자료에 대한 조성분석주기를 기준으로 가중평균을 적용한다.

46 온실가스 배출권거래제의 배출량 보고 및 인증에 관한 지침상 산정등급(Tier)과 배출계수 적용에 관한 설명으로 가장 거리가 먼 것은?

① Tier 1 – IPCC 기본배출계수 활용

② Tier 2 – 국가 고유배출계수 활용

③ Tier 3 – 사업장·배출시설별 배출계수 사용

④ Tier 4 – 전 세계 공통의 배출계수 사용

[해설] ④ Tier 4는 굴뚝자동측정기기 등 배출가스 연속측정방법을 활용한 배출량 산정방법이다.

47 온실가스 배출권거래제 운영을 위한 검증 지침상 온실가스 배출량의 산정결과와 관련하여 정형화된 양을 합리적으로 추정한 값의 분산특성을 나타내는 정도는?

① 리스크   ② 중요성

③ 합리적 보증   ④ 불확도

[해설] 본 문제에서 설명하는 내용은 불확도에 관한 정의이다.

① 리스크 : 증기관이 온실가스 배출량의 산정과 연관된 오류를 간과하여 잘못된 검증 의견을 제시할 위험의 정도

② 중요성 : 온실가스 배출량의 최종확정에 영향을 미치는 개별적 또는 총체적 오류, 누락 및 허위 기록 등의 정도

③ 합리적 보증 : 검증기관(검증심사원을 포함한다)이 검증 결론을 적극적인 형태로 표명함에 있어 검증과정에서 이와 관련된 리스크가 수용 가능한 수준 이하임을 보증하는 것

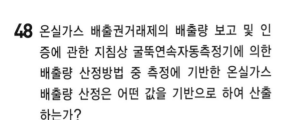

48 온실가스 배출권거래제의 배출량 보고 및 인증에 관한 지침상 굴뚝연속자동측정기에 의한 배출량 산정방법 중 측정에 기반한 온실가스 배출량 산정은 어떤 값을 기반으로 하여 산출하는가?

① 건가스 기준의 30분 CO_2 부피 평균농도(%)를 사용하여 산정

② 습가스 기준의 30분 CO_2 부피 평균농도(%)를 사용하여 산정

③ 건가스 기준의 10분 CO_2 부피 평균농도(%)를 사용하여 산정

④ 습가스 기준의 10분 CO_2 부피 평균농도(%)를 사용하여 산정

해설 굴뚝연속자동측정기에 의한 배출량 산정 시 건가스 기준의 30분 CO_2 부피 평균농도(%)를 사용하여 산정한다.

49 모니터링 유형 중 C-4형에 관한 설명으로 알맞지 않은 것은?

① 데이터의 누락이 발생할 경우 배출시설의 활동자료인 "연료(원료) 사용량"에 상관관계가 가장 높은 활동자료를 선정하여 이를 바탕으로 추정의 타당성을 설명하여야 한다.

② 추정식은 다음과 같이 계산된다.

결측기간의 연료(또는 원료 사용량)=

$$\frac{정상시간\ 사용된\ 연료(또는\ 연료)\ 사용량(Q)}{정상기간\ 중\ 생산량(P)}$$

×결측기간 총생산량(P)

③ 고장난 측정기기의 유량측정값을 활용하여 추정할 수 있다.

④ 각각의 누락데이터에 대한 대체 데이터를 활용·추산하여 활동자료를 결정하는 방법이다.

해설 ③ 고장난 측정기기의 유량측정값은 유용하지 않고, 측정기기의 질량 및 유량측정은 제품 생산량으로 추정하여야 한다. 즉 이전의 제품 생산량 대비 연료 유량값과 질량값을 추정한다.

50 온실가스 배출권거래제의 배출량 보고 및 인증에 관한 지침상 아디프산 생산량이 320t일 때 (감축기술은 촉매분해방법 적용) 발생되는 온실가스 배출량(tCO_2-eq)은?

┤ 보기 ├

• 배출계수 : $300kgN_2O$/t-아디프산
• 촉매 분해 시 분해계수 : 0.925
• 이용계수 : 0.89

① 3458.07   ② 3874.92

③ 4338.02   ④ 5260.08

해설

$$E_{N_2O} = \sum_{k,h} [EF_k \times AAP_k \times (1 - DF_h \times ASUF_h)] \times 10^{-3}$$

여기서,

E_{N_2O} : N_2O 배출량(tN_2O)

EF_k : 기술유형(k)에 따른 아디프산의 N_2O 배출계수(kgN_2O/t-아디프산)

AAP_k : 기술유형(k)에 따른 아디프산 생산량(ton)

DF_h : 저감기술(h)별 분해계수(0에서 1 사이의 소수)

$ASUF_h$: 저감기술(h)별 저감시스템 이용계수(0에서 1 사이의 소수)

$$E_{N_2O} = 320t아디프산 \times \frac{300kgN_2O}{t아디프산}$$

$$\times (1 - 0.925 \times 0.89) \times \frac{tN_2O}{10^3 kgN_2O}$$

$$\times \frac{310tCO_2 - eq}{tN_2O}$$

$$= 5260.08tCO_2 - eq$$

51 배출량 산정계획 작성 시에 관리업체는 배출활동별 배출량 산정방법론을 준수하고, 배출량 산정과 관련된 활동자료, 매개변수 및 사업장 고유배출계수의 정확성과 신뢰성이 향상될 수 있도록 배출량 산정계획을 작성해야 하는데 이 계획을 작성하는 데 여러 가지 원칙이 있다. 다음 중 배출량 산정계획 작성 시 해당되지 않는 원칙은?

① 완전성　　　　② 준수성
③ 일관성　　　　④ 보수성

해설 배출량 산정계획 작성 시 원칙은 준수성, 완전성, 일관성, 투명성, 정확성, 일치성 및 관련성, 지속적 개선이 있다.

52 관리업체는 명세서를 작성할 때 탄소중립기본법에 정의된 온실가스에 대하여 온실가스 배출유형을 구분하여 법인, 사업장, 배출시설 및 배출활동별로 온실가스 배출량을 산정하여야 한다. 명세서 작성 시 구분하여야 할 온실가스 배출유형으로 적절한 것은?

① 직접배출, 간접배출
② A유형, B유형, C유형, D유형
③ 고정연소, 이동연소, 외부 전기 사용, 공정배출
④ Tier 1, Tier 2, Tier 3

해설 탄소중립기본법상 '온실가스 배출'의 정의를 살펴보면 사람의 활동에 수반하여 발생하는 온실가스를 대기 중에 배출·방출 또는 누출시키는 직접배출과 다른 사람으로부터 공급된 전기 또는 열(연료 또는 전기를 열원으로 하는 것만 해당한다)을 사용함으로써 온실가스가 배출되도록 하는 간접배출을 말한다. 그러므로 배출 유형은 직접배출과 간접배출로 구분된다.

53 연속 측정에 따른 배출량 산정방법에 대한 설명 중 틀린 것은?

① 30분 배출량은 g단위로 계산하고, 소수점 이하는 버림처리하여 정수로 산정한다.
② 월배출량은 g단위의 30분 배출량을 월단위로 합산하고, kg단위로 환산한 후, 소수점 이하는 버림처리하여 정수로 산정한다.
③ 측정자료의 수치맺음은 한국산업표준 KS Q 5002(데이터의 통계해석방법)에 따라서 계산한다.
④ 연속측정 시 유량은 습가스 기준으로 한다.

해설 ④ 연속측정 시 유량은 30분 적산 유량이며 건가스 기준으로 적용한다.

54 사업장에서 B－C유의 연간 사용량이 50만kL라고 할 경우, 산정방법 및 매개변수의 산정등급이 올바르게 연결된 것은?

① 산정방법 : 3, CO_2 배출계수 : 3, 순발열량 : 3
② 산정방법 : 3, CH_4 배출계수 : 3, 산화계수 : 3
③ 산정방법 : 1, CO_2 배출계수 : 1, 산화계수 : 1
④ 산정방법 : 2, CO_2 배출계수 : 2, 산화계수 : 2

해설 고정연소(액체연료)의 경우 연간 사용량이 50만kL일 경우 다량 배출 사업장이므로 연간 50만톤 이상 배출시설에 해당하여 C그룹에 해당한다. 이 경우 산정방법론, 연료사용량, 순발열량, 배출계수, 산화계수 모두 Tier 3를 적용한다.

55 고정연소(고체연료)의 보고대상 시설 중 일반보일러 시설에 관한 설명으로 알맞지 않은 것은?

① 일반보일러 시설은 연료의 연소열을 물에 전달하여 증기를 발생시키는 시설을 말한다.

② 일반보일러 시설은 크게 물 및 증기를 넣는 철제용기(보일러 본체)와 연료의 연소장치 및 연소실(화로)로 나눌 수 있다.

③ 원통형 보일러는 주물계의 section을 몇 개 전후로 짜맞춘 보일러로써 하부는 연소실, 상부는 굴뚝으로 되어 있다.

④ 수관식 보일러는 작은 직경의 드럼과 여러 개의 수관으로 나누어져 있고 수관 내에서 증발이 일어나도록 되어 있으며 고압, 대용량으로 적합하다.

〔해설〕 ③ 주물계의 section을 몇 개 전후로 짜맞춘 보일러로써 하부는 연소실, 상부는 굴뚝으로 되어 있는 것은 주철형 보일러에 관한 설명이다.
원통형 보일러는 본체 내에 노통화로, 연관 등을 설치한 것으로 구조가 간단하고 일반적으로 널리 쓰이고 있으나, 고압용이나 대용량에는 적합하지 않으며, 입식 보일러, 연관 보일러 등이 해당된다.

56 다음 Scope 분류 및 그에 대한 배출활동이 잘못 연결된 것은?

① Scope 1 : 이동연소, 철강 생산, 공공하수처리

② Scope 1 : 폐기물 소각, 고정연소, 시멘트 생산

③ Scope 2 : 구입 증기, 구입 전기, 구입 열

④ Scope 3 : 종업원 출퇴근, 구매된 원료의 생산공정배출, 공장 내 기숙사 난방

〔해설〕 기타 간접 배출원(Scope 3)은 Scope 2에 속하지 않는 간접배출로 원재료의 생산, 제품 사용 및 폐기과정에서 배출되는 형태이다.

57 온실가스 배출권거래제의 배출량 보고 및 인증에 관한 지침상 비선택적 촉매환원법을 사용하여 질산 350t을 생산하였다. 이때 발생되는 온실가스 배출량($tCO_2 - eq$)은?

┤ 보기 ├
- 비선택적 촉매환원법의 N_2O 배출계수 : $2kgN_2O/t$-질산
- 분해계수 및 이용계수는 각각 0을 적용

① 156 ② 217
③ 340 ④ 412

〔해설〕 $$E_{N_2O} = \sum_{k,h} [EF_{N_2O} \times NAP_k \times (1 - DF_h \times ASUF_h)] \times 10^{-3}$$

여기서,

E_{N_2O} : N_2O 배출량(tN_2O)

EF_{N_2O} : 질산 1ton 생산당 N_2O 배출량 (kgN_2O/t - 질산)

NAP_k : 생산기술(k)별 질산생산량(t - 질산)

DF_h : 저감기술(h)별 분해계수(0에서 1 사이의 소수)

$ASUF_h$: 저감기술(h)별 저감시스템 이용계수(0에서 1 사이의 소수)

$$\therefore E_{N_2O} = 350t질산 \times \frac{2kgN_2O}{t질산}$$
$$\times \frac{tN_2O}{10^3 kgN_2O} \times \frac{310tCO_2 - eq}{tN_2O}$$
$$= 217tCO_2 - eq$$

58 A관리업체 하수를 다음과 같은 조건에서 처리하고자 할 때 N₂O 배출에 따른 온실가스 연간 배출량(tCO₂−eq/yr)에 가장 가까운 값은? (단, 온실가스 배출권거래제의 배출량 보고 및 인증에 관한 지침기준, 반출슬러지는 고려하지 않는다.)

┤ 보기 ├
- TN_{in} : 50mg−T−N/L
- TN_{out} : 5mg−T−N/L
- Q_{in} : 5,000m³/day
- Q_{out} : 4,800m³/day
- EF : 0.005kg N₂O−N/kg−T−N

① 200   ② 300
③ 400   ④ 500

해설 N₂O Emissions
$$= (TN_{in} \times Q_{in} - TN_{out} \times Q_{out} - TN_{sl} \times Q_{sl}) \times 10^{-6} \times EF \times 1.571$$

여기서,

N₂O Emissions : 하수처리에서 배출되는 N₂O 배출량(tN₂O)

TN_{in} : 유입수의 총 질소농도(mg−T−N/L)

TN_{out} : 방류수의 총 질소농도(mg−T−N/L)

TN_{sl} : 반출슬러지의 총 질소농도(mg−T−N/L)

Q_{in} : 유입수의 유량(m³)

Q_{out} : 방류수의 유량(m³)

Q_{sl} : 슬러지의 반출량(m³)

EF : 아산화질소 배출계수(kgN₂O−N/kg−T−N)

1.571 : N₂O의 분자량(44.013)/N₂의 분자량(28.013)

N₂O Emissions
$$= \left(\frac{50mgT-N}{L} \times \frac{5,000m^3}{day} - \frac{5mgT-N}{L} \times \frac{4,800m^3}{day} - \frac{0mgT-N}{L} \times \frac{5,000m^3}{day} \right)$$
$$\times \frac{kgT-N}{10^6 mgT-N} \times \frac{10^3 L}{m^3}$$

$$\times \frac{365day}{yr} \times \frac{0.005kgN_2O-N}{kg-T-N}$$
$$\times \frac{tN_2O-N}{10^3 kgN_2O-N} \times \frac{310tCO_2-eq}{tN_2O-N}$$
$$\times 1.571$$
$$= 200.867 ≒ 200tCO_2-eq/yr$$

59 고체연료의 고정연소 시 발생되는 온실가스 배출량을 산정하기 위해 Tier 3 방법론에 따라 산화계수(f)를 개발하여 사용할 경우 개발에 요구되는 인자가 아닌 것은?

① 재 중 탄소의 질량분율
② 연료 중 재의 질량분율
③ 연료 중 탄소의 질량분율
④ 연료의 순발열량

해설 Tier 3 산화계수를 산정하는 식은 다음과 같으며, 재 중 탄소의 질량분율, 연료 중 재의 질량분율, 연료 중 탄소의 질량분율이 있으며, 순발열량은 해당하지 않는다.
$$f_i = 1 - \frac{C_{a,i} \times A_{ar,i}}{(1-C_{a,i}) \times C_{ar,i}}$$ 에 값을 대입하여 구한다.

㉠ $C_{a,i}$: 재(灰) 중 탄소의 질량분율(비산재와 바닥재의 가중평균, 측정값, 0에서 1 사이의 소수)

㉡ $A_{ar,i}$: 연료 중 재(灰)의 질량분율(인수식, 측정값, 0에서 1 사이의 소수)

㉢ $C_{ar,i}$: 연료 중 탄소의 질량분율(인수식, 계산값, 0에서 1 사이의 소수)

60 온실가스 목표관리제하에서 운영경계 설정 시 운영경계 구분에서 다음 중 Scope 2에 해당하는 사항은?

① 외부에서 구매한 전기 또는 열
② 고정연소 배출원
③ 이동연소 배출원
④ 하·폐수처리시설 배출원

[해설] 간접배출원(Scope 2)은 배출원의 일상적인 활동을 위해서 전기, 스팀 등을 구매함으로써 간접적으로 외부에서 배출하는 형태이다.

제4과목 온실가스 감축관리

61 외부감축실적과 관련한 내용으로 틀린 것은?

① 관리업체는 업체의 조직경계 외부에서 온실가스를 감축·흡수·제거하는 사업을 수행하고 그 실적을 관리업체의 목표이행실적으로 사용할 수 있다.

② 외부감축사업과 외부감축실적의 인정은 온실가스 감축 국가목표를 달성하는 데 필요한 제반사항과 그 범위 내에서 고려되어야 한다.

③ 외부감축실적은 관련된 국제기준과 지침을 고려하여 추진되어야 하며, 관리업체의 감축의무가 특정 업체 및 부문에 전가되지 않도록 투명하고 공정하게 관리되어야 한다.

④ 외부감축사업의 유형 및 방법론, 외부감축사업의 타당성 평가 및 등록, 외부감축실적의 산정·모니터링·검증, 인정방법, 외부감축실적 인증서의 발급·등록·관리 등에 관한 구체적인 사항은 관장기관이 정하여 고시한다.

[해설] ④ 외부감축사업의 유형 및 방법론, 외부감축사업의 타당성 평가 및 등록, 외부감축실적의 산정·모니터링·검증, 인정방법, 외부감축실적 인증서의 발급·등록·관리 등에 관한 구체적인 사항은 환경부장관이 부문별 관장기관과 협의하여 따로 정하여 고시한다.

62 자발적 감축사업의 기준 또는 내용으로 틀린 것은?

① VCS, GS 등 크레딧의 가격은 기준과 사업유형에 따라 상이함

② 높은 발행비용이 소모되므로 품질에 대한 신뢰성이 제고됨

③ 외부감축사업 CDM/JI 크레딧을 허용하지만 국가별로 그 비율을 일정하게 한정하고 있음

④ 크레딧의 인증절차 등이 CDM처럼 엄격할수록 자발적 감축사업 크레딧에 대한 국제적 신뢰도는 제고됨

[해설] ② 사업설계와 운영에 대한 자문을 제공하는 각종 패널 및 작업반 등이 운영되어 품질에 대한 신뢰성이 확보되며, 발행비용은 세제 혜택이나 시설투자자금 지원 등이 있으므로 발행비용이 크지 않다.

63 화학산업에서 우선적으로 추진해야 할 온실가스 감축 수단은 에너지 효율을 높이고 화석연료 사용을 최소화하는 것이다. 다음 중 에너지 효율 개선을 위해 적용할 수 있는 "공정개선"과 가장 거리가 먼 것은?

① 에너지 효율 제고를 위해 제조법의 전환 및 공정 개발

② 설비 및 기기 효율의 개선

③ 폐에너지의 회수

④ 배출량 원단위 지수 개선

[해설] 에너지 효율 개선을 위한 공정개선에는 다음과 같은 항목들이 필요하다.
㉠ 에너지 효율 제고를 위한 제조법의 전환 및 공정 개발
㉡ 설비 및 기기 효율의 개선
㉢ 운전방법의 개선
㉣ 배출에너지(폐에너지)의 회수
㉤ 공정의 합리화

64 CDM 사업 등록절차별 단계 수행 및 수행내용과 설명의 연결로 옳지 않은 것은?

① 타당성 확인(Validation) – 사업에 적합한 DOE 선정, DOE에 타당성 확인 시 필요한 자료 제공, DOE 현장심사 준비

② CDM 사업등록 – 자료 송부, CDM 사업화 방안 도출, DOE를 통한 UNFCCC에 발급 요청

③ 운전 및 모니터링, 모니터링 보고서 작성 – 사업운전 데이터 수집, 실제 배출감축량의 산정, 배출감축량 확보에 대한 보고서 작성

④ 검증(Verification) – 사업에 적합한 DOE 선정, DOE 검증 시 필요한 자료 제공, DOE 지적사항에 대한 해결방안 도출

해설 CDM 사업등록
CDM 사업운영기구(DOE)는 제안된 CDM 사업계획서(CDM-PDD), 작성한 CDM 사업 타당성 보고서(Validation Report)와 관련 국가의 사업승인서를 첨부하여 CDM 집행위원회에 CDM 사업 등록을 요청한다.
②의 설명은 CERs 발급에 관한 내용이다.

65 산업 및 주거용으로 이용되는 높은 등급의 석탄으로서 일반적으로 10% 이하의 휘발물과 높은 탄소 함유량(약 90%의 고정된 탄소)을 가지는 연료는?

① 갈탄
② 무연탄
③ 점결탄
④ 역청탄

해설 문제는 무연탄(Anthracite)에 대한 설명이다.

① 갈탄(Lignite) : 가연성, 고체, 검은색을 띤 갈색, 화석 탄화물의 침강성 퇴적물이다. 갈탄, 경성탄의 구분에 필요한 확실한 근거가 연구되어 확인되기 전까지는 각 국에서 여러 다른 특성을 근거로 하여 갈탄으로 분류되던 석탄은 열량에 관계없이(30℃, 96% 상대습도의 공기와 평형을 이룬 석탄의 총열량이 24MJ/kg을 넘는 경우도 포함) 갈탄으로 분류된다.

③ 점결탄(Coking Coal) : 석탄을 건류·연소할 때 석탄입자가 연화 용융하여 서로 점결하는 성질이 있는 석탄을 말하며 건류용탄·원료탄이라고도 한다. 점결성의 정도에 따라 약점결탄(탄소 함유량 80~83%), 점결탄(탄소 함유량 83~85%), 강점결탄(탄소 함유량 85~95%)으로 구분된다.

④ 기타 역청탄(Other Bituminous Coal) : 기타 역청탄은 증기용으로 이용되며 원료탄에 포함되지 않는 모든 역청탄을 포함한다. 무연탄보다 높은 휘발물(10% 이상)과 낮은 탄소 함유량(90% 이하의 고정된 탄소)의 특성을 가진다.

66 온실가스 배출량 등의 산정 결과와 관련하여 정량된 양을 합리적으로 추정한 값의 분산특성을 나타내는 정도를 의미하는 것은?

① 정확도
② 정밀도
③ 분산특성
④ 불확도

해설 ① 정확도(Accuracy) : 참값과 측정값(또는 계산값)의 일치하는 근접성 정도를 말한다.

② 정밀도(Precision) : 동일한 변수에 대한 결과들의 근접성 정도로 정밀도가 높다는 것은 확률오차가 적음을 의미한다.

③ 분산특성 : 관측값에서 평균을 뺀 차이값을 제공한 후 평균한 값의 특성을 말한다.

67 온실가스 배출권거래제의 조기감축실적 인정기준으로 옳지 않은 것은?

① 조기감축실적은 국내·외에서 실시한 행동에 의한 감축분에 대하여 그 실적을 인정한다.

② 조기감축실적은 관리업체의 조직경계 안에서 발생한 것에 한하여 그 실적을 인정한다.

③ 조기감축실적은 관리업체 사업장 단위에서의 감축분 또는 사업단위에서의 감축분에 대하여 인정할 수 있다.

④ 조기감축실적으로 인정되기 위해서는 조기행동으로 인한 감축이 실제적이고 지속적이어야 하며, 정량화되어야 하고 검증 가능하여야 한다.

해설 ① 조기감축실적은 국내에서 실시한 행동에 의한 감축분에 한하여 그 실적을 인정한다.

68 CCS 기술 중 CO_2 저장기술의 구분에 해당되지 않는 것은?

① 지중저장　　② 해양저장
③ 지상저장　　④ 회수저장

해설 CCS 저장기술은 크게 3가지로 지중저장, 지상저장, 해양저장으로 구분할 수 있다.

69 투자분석은 CDM 사업 관련 수입을 제외하고 제안된 CDM 사업이 경제적 또는 재정적으로 이익이 없음을 증명하는 단계이다. 다음 중 사업의 경제적 추가성을 입증하는 분석방법으로 적절하지 않은 것은?

① 단순비용 분석　　② 투자비교 분석
③ 벤치마크 분석　　④ 원가 분석

해설 외부사업 경제적 추가성 입증을 위한 투자분석 시 제안된 외부사업이 대안사업에 비해 CDM 사업 관련 수입을 제외하고 경제적 또는 재정적으로 이익이 없다는 것을 증명하는 단계로 단순비용 분석, 투자비교 분석, 벤치마크 분석 중 하나를 결정하여 분석을 실시한다.

70 각 국이 자국에 합당하다고 판단하는 감축행동을 비구속적으로 등록하고 이를 이행하면 크레딧을 부여하는 것으로서, 각 국가의 역량 차이를 인정하는 새로운 유형의 감축 메커니즘은?

① NAMA　　② GGGI
③ IPCC G/L　　④ NGMS

해설 2010년 개최된 제16차 당사국총회(COP 16) 칸쿤합의를 통해 개도국은 2020년 BAU 배출량 대비 감축을 달성하기 위해 감축행동(NAMA)을 취하며, 이 NAMA는 기후변화협약 트랙의 참고문서에 수록하였다.

71 탄소자원화(CCU)에 대한 개념으로 관계가 가장 적은 것은?

① CO_2만을 선택적으로 분리 포집하는 기술을 의미한다.

② 화학제품의 원료로 전환하는 기술을 의미한다.

③ 광물의 탄산화로 전환하는 기술을 의미한다.

④ 바이오 연료 등으로 전환하는 기술을 의미한다.

해설 CCU는 에너지, 산업공정 등에서 배출되는 CO_2를 직접 또는 전환하여 잠재적 시장가치가 있는 제품으로 활용하는 기술로 CO_2 외 탄소원(CO, CH_4 등) 자원화 기술도 포함한다.

72 CDM 사업은 조림 및 재조림 등을 통해 온실가스를 흡수하는 사업도 포함하고 있다. 흡수원의 범위와 관계가 먼 것은?

① 조림 규모는 나무의 종류에 따라 차이가 있으나, 통상 300~1,000ha 정도
② 재조림 사업은 1990년 이전에 산림이 아닌 토지를 산림으로 전환하는 사업
③ 조림 CDM 사업은 50년간 산림이거나 산림이 아닌 토지를 산림으로 전환하는 사업
④ 소규모 조림, 재조림 CDM 사업은 CDM 사업 유치국에서 연간 8,000ton 이하를 순흡수하는 사업에 적용

해설 신규 조림 CDM 사업은 50년간 산림이 아니던 토지를 산림으로 전환하는 사업을 말하며, 재조림 CDM 사업은 1990년 이전에 산림이 아닌 토지를 산림으로 전환하는 사업을 말한다.

73 연소공정의 아산화질소(N_2O) 처리기술에 대한 설명으로 옳지 않은 것은?

① 유동층 연소에서 발생하는 아산화질소를 저감시키기 위해서는 유동층의 온도를 높여서 아산화질소의 열분해를 유도하는 방법이 있다.
② 생성된 아산화질소의 분해기술은 고온처리와 저온처리로 나눌 수 있는데, 고온처리에는 기상열분해와 매체입자에 의한 접촉분해방법이 있고, 저온처리는 SCR 혹은 SNCR 등 촉매분해방법이 있다.
③ 유동층 연소에서 배출되는 아산화질소를 촉매분해, N_2O-SCR 등의 방법으로 처리할 수 있다.
④ 폐기물 소각공정에서 석회석을 사용한 아산화질소 처리기술이 가장 보편적으로 적용되고 있다.

해설 N_2O를 처리하여 온실가스 배출을 줄이는 6차 방법론 적용이 가능하지만 N_2O만을 저감하는 기술은 없어 대기 중의 NO_x를 제거하는 선택적 촉매환원법(SCR), 선택적 비촉매환원처리방법(SNCR)에 의해 N_2O가 부수적으로 제거되는 것으로 알려져 있다.

74 이산화탄소 저장기술에 대한 설명 중 틀린 것은?

① 포집된 이산화탄소를 영구 또는 반영구적으로 격리하는 것으로 지정저장, 해양저장, 지표저장 등으로 구분할 수 있다.
② 석유 및 천연가스 회수와 석탄층 메탄가스 회수를 증진시키는 부가가치 효과가 있다.
③ 이산화탄소를 해양에 저장하는 기술은 해양에 방출하는 방법으로 해저 3,000m 이하에 분사함으로써 이산화탄소 하이드레이트 형태로 저장시키는 방법이다.
④ 지표저장법은 플루오르나 수소와 같은 이산화탄소 첨가 가능 광물에 반응시켜 화학적으로 자정하는 방법이다.

해설 ④ 지표저장법은 마그네슘이나 칼륨과 같은 첨가 가능 광물에 이산화탄소를 반응시켜 화학적으로 저장하는 방법이다. 그러나 이 방법은 느린 속도에 의한 과다한 처리비용과 완료 후 생성된 물질을 처리하는 비용 등 2차 문제가 발생하여 대부분 연구가 미비하다.

75 합성불확도 산정방법인 몬테카를로 시뮬레이션(Tier 2)을 사용하기에 적절한 경우로 가장 거리가 먼 것은?

① 불확도가 작을 경우
② 알고리즘이 복잡한 경우
③ 인벤토리가 작성된 연도별로 불확도가 다를 경우
④ 분포가 정규분포를 따르지 않을 경우

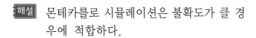

해설 몬테카를로 시뮬레이션은 불확도가 클 경우에 적합하다.

76 광흡수층에 따른 태양전지를 분류할 때 비실리콘계 태양전지가 아닌 것은?

① 다결정 실리콘 태양전지
② 유기 태양전지
③ 염료감응 태양전지
④ 페로브스카이트 태양전지

해설 현재 실용화되어 전원용으로 사용되고 있는 것은 주로 결정질 실리콘(Si) 태양전지이다. 실리콘 태양전지 기술은 반도체 분야의 기술과 더불어 발전되어 왔으며, 기술의 신뢰성이 높다. 현재 결정질 실리콘 태양전지는 전체 태양전지 시장의 90% 이상을 차지한다. 다결정 실리콘 태양전지는 실리콘계 태양전지에 해당한다.

77 온실가스 감축효과가 유발되는 원리에 따라 분류할 수 있는 프로젝트 유형을 잘못 설명하고 있는 것은?

① 재생에너지 대신 값이 저렴하고 구하기 쉬운 화석연료로 대체 사용
② 고탄소 연료 대신 저탄소 연료로의 대체 및 원료의 전환
③ 에너지 효율을 향상시키는 활동
④ 온실가스 파괴 및 배출 회피활동

해설 ① 화석연료로 대체하는 것이 아니라 신재생에너지로 에너지 전환될 경우 온실가스 감축효과가 있다.

78 CDM 사업에서 절차와 수행주체가 바르게 연결된 것은?

① CDM 사업 발굴 – 국가승인기구
② 타당성 확인 – 사업자
③ 검증 및 인증 – CDM 운영기구
④ CER 배분 – CDM 집행위원회

해설 사업 감축량 검증 및 인증은 CDM 운영기구(CDM 인증센터)에서 수행한다.
① CDM 사업 발굴 – 사업자
② 사업계획서 타당성 승인 – CDM 운영기구(CDM 인증센터)
④ CER 배분 – 사업자

79 A관리업체는 다음과 같은 기준연도 배출량을 가진 C시설에 대한 시설규모를 최초 결정하고자 한다. 이때 적용되는 배출량은? (단, 단위 tCO_2 eq/년)

연도	2014	2015	2016
연간 배출량	48,000	49,000	51,000

① 51,000
② 49,333
③ 49,000
④ 48,000

해설 시설규모를 최초로 결정할 경우에는 기준연도 기간 중 해당 시설의 최근 연도 온실가스 배출량에 따라 결정된다. 따라서, 2016년 배출량인 $51,000tCO_2-eq$/년이 적용된다.

80 배출권거래제의 사용 형태에 대한 다음 설명에 해당하는 것은?

┤ 보기 ├

특정 공장이 기존 오염원의 생산설비를 개조하거나 확장할 때, 그 공장이 속한 전체 오염원으로부터의 오염물질 배출량이 순증하지 않음을 입증하는 경우, 설비 변경이나 수정 등에 대한 복잡한 인·허가 의무, 신규 오염원의 점검의무를 면제해주는 제도, 또한 오염물질의 증가분을 산출함에 있어서 동일 공장 내의 타 오염원에서 취득한 배출권이 사용될 수 있도록 허용해주는 제도

① Carbon Neutral
② Netting
③ Borrowing
④ Banking

[해설] 보기는 상계(Netting)에 관한 설명이다.
① Carbon neutral(탄소중립) : 대기 중에 배출·방출 또는 누출되는 온실가스의 양에서 온실가스 흡수의 양을 상쇄한 순배출량이 영이 되는 상태를 말한다.
③ Borrowing(차입) : 참여자가 보유하고 있는 다음 분기 혹은 차기년도의 배출권을 이전 분기 혹은 이전 년도에 사용하는 것을 말한다.
④ Banking(예탁 또는 이월) : 배출량 삭감 인정량(ERC ; Emission Reduction Credit)을 미래에 사용할 수 있도록 예탁하는 제도

제5과목 온실가스 관련 법규

81 관리업체가 온실가스 배출량 및 에너지 사용량 명세서를 거짓으로 작성하여 보고한 경우 과태료 금액은?

① 300만원　　② 500만원
③ 700만원　　④ 1,000만원

[해설] 탄소중립기본법 제83조(과태료)에 따라 온실가스 배출량 및 에너지 사용량을 보고하지 않거나 거짓으로 보고한 자는 1,000만원의 과태료를 부과한다.

82 온실가스 배출량 등의 보고에 관한 설명으로 (　) 안에 알맞은 것은?

┤ 보기 ├
관리업체는 사업장별로 매년 온실가스 배출량에 대하여 측정·보고·검증 가능한 방식으로 (　　)를 작성하여 정부에 보고하여야 한다.

① 실적서　　② 명세서
③ 운영보고서　　④ 시행보고서

[해설] 온실가스 목표관리 운영 등에 관한 지침 제37조(명세서의 제출)에 따라 관리업체는 검증기관의 검증을 거친 명세서를 매년 3월 31일까지 전자적 방식으로 부문별 관장기관에 제출하여야 한다.

83 주무관청이 검증기관의 지정을 취소하거나 1년 이내의 기간을 정하여 업무의 정지 또는 시정을 명할 수 있다. 다음 중 지정을 취소하는 사유에 해당하지 않는 것은?

① 거짓이나 부정한 방법으로 지정을 받은 경우
② 검증기관이 폐업·해산 등의 사유로 사실상 영업을 종료한 경우
③ 정당한 사유 없이 전문분야 추가과정 교육을 이수하지 않은 경우
④ 고의 또는 중대한 과실로 검증업무를 부실하게 수행한 경우

[해설] 온실가스 배출권의 할당 및 거래에 관한 법률 제24조의 2(검증기관)에 따라 검증기관의 지정을 취소할 수 있는 사유는 다음과 같다.
㉠ 거짓이나 부정한 방법으로 지정을 받은 경우
㉡ 검증기관이 폐업·해산 등의 사유로 사실상 영업을 종료한 경우
㉢ 고의 또는 중대한 과실로 검증업무를 부실하게 수행한 경우
㉣ 이 법 또는 다른 법률을 위반한 경우
㉤ 지정기준을 갖추지 못하게 된 경우

84 온실가스·에너지 목표관리 운영 등에 관한 지침상 매년 조기감축실적으로 인정할 수 있는 전체 총량은 얼마로 하는가?

① 전체 관리업체 배출허용량의 1%
② 전체 관리업체 배출허용량의 5%
③ 전체 관리업체 배출허용량의 10%
④ 전체 관리업체 배출허용량의 50%

해설 위 문제는 출제된 이후에 법이 개정되면서 관련 법 조항이 삭제되었습니다. 따라서 이 문제는 학습하지 않으셔도 됩니다.

85 다음 설명에서 (   )에 들어갈 내용은?

┤ 보기 ├

중앙행정기관, 지방자치단체와 공공기관의 장은 매년 1월 31일까지 해당연도 온실가스 감축 및 에너지 절약에 관한 (   )을 전자적 방식으로 센터에 제출하여야 한다.

① 목표 이행실적
② 목표 이행계획
③ 배출권 이행계획
④ 배출량 적합성 평가계획

해설 위 문제는 출제된 이후에 법이 개정되면서 관련 법 조항이 삭제되었습니다. 따라서 이 문제는 학습하지 않으셔도 됩니다.

86 배출량 산정결과의 품질을 평가 및 유지하기 위한 일상적인 기술적 활동의 시스템을 무엇이라 하는가?

① 품질관리(QC)
② 품질보증(QA)
③ 품질감리
④ 내부감사(Audit)

해설 온실가스 배출권거래제의 배출량 보고 및 인증에 관한 지침 [별표 19] 품질관리(QC) 및 품질보증(QA) 활동에 따라 품질관리(QC)에 관한 설명이다.
② 품질보증(Quality Assurance)은 배출량 산정(명세서 작성 등) 과정에 직접적으로 관여하지 않은 사람에 의해 수행되는 검토 절차의 계획된 시스템을 의미한다.

87 배출량 산정계획 작성방법에 포함되어야 할 사항으로 가장 거리가 먼 것은?

① 벤치마크 계수 개발계획
② 조직경계 결정
③ 배출시설별 모니터링 대상 및 측정지점 결정
④ 배출활동 및 배출시설 파악

해설 온실가스 배출권거래제의 배출량 보고 및 인증에 관한 지침 제24조(배출량 산정계획의 작성 등)에 따라 산정계획을 작성할 때 다음의 사항을 포함하여야 한다.
㉠ 업체 일반정보(법인명, 대표자, 계획기간, 담당자 정보 등)
㉡ 사업장의 일반정보 및 조직경계(사업장명, 사업장 대표자, 업종, BM 적용시설 포함 여부, 사업장 사진, 시설배치도, 공정도, 온실가스 및 에너지 흐름도 등)
㉢ 배출시설별 모니터링 방법(배출시설 정보, 산정등급 분류기준, 예상 신·증설 시설의 온실가스 배출 정보 및 활동자료 측정지점 등)
㉣ 활동자료의 모니터링(측정) 방법(배출시설 및 배출활동별 측정기기 정보, 측정기기 개선 및 설치계획 등)
㉤ 배출시설별 배출활동의 산정등급 적용계획(배출시설별 산정방법론의 산정등급, 배출활동별 매개변수 산정등급, 최소산정등급 미충족 사유 등)
㉥ 에너지 외부유입 및 구매계획
㉦ 사업장 고유배출계수(Tier 3) 등 개발계획(개발 예정인 계수의 종류, 시험·분석 관련 정보, 계수 산정식, 예상 불확도 등)
㉧ 사업장별 품질관리(QC)/품질보증(QA) 활동계획(배출량 산정·보고 등의 품질관리 문서 및 담당자 정보)
㉨ 기타 배출량 산정계획의 작성과 관련된 특이사항

88 온실가스 배출권거래제의 배출량 보고 및 인증에 관한 지침상 배출량 산정계획 작성원칙이 아닌 것은?

① 준수성 및 완전성
② 일관성 및 투명성
③ 일치성 및 관련성
④ 품질관리 및 품질보증

> **해설** 온실가스 배출권거래제의 배출량 보고 및 인증에 관한 지침 [별표 20] 모니터링 계획 작성방법에 관한 사항으로 작성원칙에는 준수성, 완전성, 일관성, 투명성, 정확성, 일치성 및 관련성, 지속적 개선이 해당한다.

89 배출권을 거래하는 자가 주무관청에 거래신고서를 전자적 방식으로 제출할 때 포함되지 않는 사항은?

① 거래한 배출권의 종류, 수량 및 가격
② 양도인과 양수인 간의 배출권 거래 합의에 관한 공증 서류
③ 양수인의 배출권 거래계정을 등록한 자인지 여부
④ 거래일시, 거래자 정보 등 거래 내용의 확인을 위해 필요한 사항으로서 환경부장관이 정하여 고시하는 사항

> **해설** 온실가스 배출권의 할당 및 거래에 관한 법률 시행령 제33조(배출권 거래의 신고)에 관한 문제로 양수인의 배출권 거래계정을 등록한 자인지 여부는 해당하지 않는다.

90 저탄소 녹색성장 기본법령상 정부가 범지구적인 온실가스 감축에 적극 대응하고 저탄소 녹색성장을 효율적·체계적으로 추진하기 위하여 중장기 및 단계별 목표를 설정하고 그 달성을 위하여 필요한 조치를 강구해야 하는 사항과 가장 거리가 먼 것은?

① 온실가스 감축목표
② 에너지 절약 목표 및 에너지 이용효율 목표
③ 자원순환 촉진 목표
④ 신·재생에너지 보급 목표

> **해설** 위 문제는 출제된 이후에 법이 개정되면서 관련 법 조항이 삭제되었습니다. 따라서 이 문제는 학습하지 않으셔도 됩니다.

91 공공부문 온실가스 목표관리 운영 등에 관한 지침상 공공부문에 해당하지 않는 것은?

① 「공공기관의 운영에 관한 법률」에 따른 공공기관
② 「지방공기업법」에 따른 지방공사 및 지방공단
③ 「국립대학병원 설치법」, 「국립대학치과병원 설치법」, 「서울대학교병원 설치법」 및 「서울대학교치과병원 설치법」에 따른 병원
④ 「고등교육법」에 따른 국립대학, 공립대학 및 사립대학

> **해설** 공공부문 온실가스 목표관리 운영 등에 관한 지침 제2조(용어의 정의)에 관한 문제로 공공부문이란 공공기관(중앙행정기관, 지방자치단체) 등과 헌법기관 등을 말한다.
> ㉠ 「공공기관의 운영에 관한 법률」 제4조에 따른 공공기관
> ㉡ 「지방공기업법」 제49조에 따른 지방공사 및 같은 법 제76조에 따른 지방공단
> ㉢ 「국립대학병원 설치법」, 「국립대학치과병원 설치법」, 「서울대학교병원 설치법」 및 「서울대학교치과병원 설치법」에 따른 병원
> ㉣ 「고등교육법」 제3조에 따른 국립대학 및 공립대학

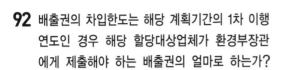

92 배출권의 차입한도는 해당 계획기간의 1차 이행 연도인 경우 해당 할당대상업체가 환경부장관에게 제출해야 하는 배출권의 얼마로 하는가?

① $\frac{10}{100}$ ② $\frac{15}{100}$

③ $\frac{20}{100}$ ④ $\frac{25}{100}$

해설 온실가스 배출권의 할당 및 거래에 관한 법률 시행령 제45조(배출권의 차입)에 관한 문제로 차입할 수 있는 배출권의 한도는 다음과 같다.
㉠ 해당 계획기간의 1차 이행연도 : 해당 할당대상업체가 환경부장관에게 제출해야 하는 배출권 수량× $\frac{15}{100}$
㉡ 해당 계획기간의 2차 이행연도부터 마지막 이행연도 직전 이행연도까지 : 해당 할당대상업체가 환경부장관에게 제출해야 하는 배출권 수량×[해당 계획기간 내 직전 이행연도에 제출해야 하는 배출권 수량 중 차입할 수 있는 배출권 한도의 비율-(해당 계획기간 내 직전 이행연도에 제출해야 하는 배출권 수량 중 차입한 배출권 수량의 비율× $\frac{50}{100}$)]

93 탄소중립기본법령상 국가 온실가스 감축목표는 2030년까지 2018년의 국가 온실가스 총 배출량의 얼마만큼 감축하는 것으로 하는가?

① 25% 이상 ② 35% 이상
③ 45% 이상 ④ 50% 이상

해설 탄소중립기본법 제8조(중장기 국가 온실가스 감축 목표 등)에 관한 문제로 2030년까지 2018년의 국가 온실가스 배출량 대비 35% 이상의 범위에서 감축하는 중장기 국가 온실가스 감축목표로 한다.

94 온실가스 배출활동별 산정방법론 중 잘못된 것은?

구 분	CO_2	CH_4	N_2O
①	Tier 1, 2, 3, 4	–	Tier 1, 2, 3
②	Tier 1, 4	Tier 1	–
③	Tier 1, 2, 3, 4	Tier 1	–
④	Tier 1, 2, 3, 4	Tier 1, 2	–

① 아디프산 생산 산정방법론
② 칼슘카바이드 생산 산정방법론
③ 석유화학제품 생산 산정방법론
④ 합금철 생산 산정방법론

해설 온실가스 배출권거래제의 배출량 보고 및 인증에 관한 지침 [별표 6] 배출활동별 온실가스 배출량 등의 세부산정방법 및 기준에 관한 문제이다.
① 아디프산의 경우 보고대상 온실가스는 N_2O이며, 산정방법론은 Tier 1, 2, 3을 적용한다.

95 배출권거래제에서 외부사업 온실가스 감축량 인증을 위하여 외부사업에 대한 타당성 평가 항목으로 잘못된 것은?

① 인위적으로 온실가스를 줄이기 위하여 일반적인 경영 여건에서 할 수 있는 노력이 있었는지 여부
② 온실가스 감축사업을 통한 온실가스 감축효과가 장기적으로 지속 가능한지 여부
③ 온실가스 감축사업이 고시에서 정하는 기준과 방법을 준수하는지 여부
④ 온실가스 감축사업을 통하여 계량화가 가능할 정도로 온실가스 감축이 이루어질 수 있는지 여부

해설 온실가스 배출권의 할당 및 거래에 관한 법률 시행령 제48조(외부사업에 대한 타당성 평가 및 승인·승인취소)에 관한 문제로 타당성 평가와 관련하여 인위적으로 온실가스를 줄이기 위하여 일반적인 경영 여건에서 할 수 있는 활동 이상의 추가적인 노력이 있었는지 여부가 필요하다.

96 우리나라 배출권거래제법에서 정한 수수료 납부 대상에 해당하는 것은?

① 명세서 제출
② 배출권의 인증
③ 배출권 거래계정 등록 신청
④ 이의신청

해설 온실가스 배출권의 할당 및 거래에 관한 법률 제39조(수수료)에 따라 증명서 발급을 신청하는 자나 배출권 거래계정의 등록을 신청하는 자는 수수료를 내야 한다.

97 탄소중립기본법상 탄소중립 사회로의 이행과 녹색성장을 위한 기본원칙으로 가장 적합한 것은?

① 국내 탄소시장을 활성화하여 국제 탄소시장 개방에 적극 대비
② 미래 세대의 생존을 보장하기 위하여 현재 세대가 져야 할 책임이라는 세대 간 형평성의 원칙과 지속가능발전의 원칙에 입각
③ 온실가스를 획기적으로 감축하기 위하여 생산자 부담 원칙을 부여
④ 기후변화 문제의 심각성을 인식하고, 산업별 역량을 모아 총체적으로 대응

해설 법 제3조(기본원칙)에 관한 문제로, 탄소중립 사회로의 이행과 녹색성장은 다음의 기본원칙에 따라 추진되어야 한다.
㉠ 미래 세대의 생존을 보장하기 위하여 현재 세대가 져야 할 책임이라는 세대 간 형평성의 원칙과 지속가능발전의 원칙에 입각한다.
㉡ 범지구적인 기후위기의 심각성과 그에 대응하는 국제적 경제환경의 변화에 대한 합리적 인식을 토대로 종합적인 위기대응전략으로서 탄소중립 사회로의 이행과 녹색성장을 추진한다.

㉢ 기후변화에 대한 과학적 예측과 분석에 기반하고, 기후위기에 영향을 미치거나 기후위기로부터 영향을 받는 모든 영역과 분야를 포괄적으로 고려하여 온실가스 감축과 기후위기 적응에 관한 정책을 수립한다.
㉣ 기후위기로 인한 책임과 이익이 사회 전체에 균형 있게 분배되도록 하는 기후정의를 추구함으로써 기후위기와 사회적 불평등을 동시에 극복하고, 탄소중립 사회로의 이행과정에서 피해를 입을 수 있는 취약한 계층·부문·지역을 보호하는 등 정의로운 전환을 실현한다.
㉤ 환경오염이나 온실가스 배출로 인한 경제적 비용이 재화 또는 서비스의 시장가격에 합리적으로 반영되도록 조세체계와 금융체계 등을 개편하여 오염자 부담의 원칙이 구현되도록 노력한다.
㉥ 탄소중립 사회로의 이행을 통하여 기후위기를 극복함과 동시에, 성장 잠재력과 경쟁력이 높은 녹색기술과 녹색산업에 대한 투자 및 지원을 강화함으로써 국가 성장동력을 확충하고 국제 경쟁력을 강화하며, 일자리를 창출하는 기회로 활용하도록 한다.
㉦ 탄소중립 사회로의 이행과 녹색성장의 추진과정에서 모든 국민의 민주적 참여를 보장한다.
㉧ 기후위기가 인류 공통의 문제라는 인식 아래 지구 평균기온 상승을 산업화 이전 대비 최대 섭씨 1.5도로 제한하기 위한 국제사회의 노력에 적극 동참하고, 개발도상국의 환경과 사회정의를 저해하지 아니하며, 기후위기 대응을 지원하기 위한 협력을 강화한다.

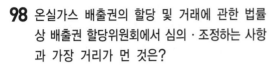

98 온실가스 배출권의 할당 및 거래에 관한 법률상 배출권 할당위원회에서 심의·조정하는 사항과 가장 거리가 먼 것은?

① 할당계획에 관한 사항
② 시장 안정화 조치에 관한 사항
③ 배출량의 인증 및 상쇄와 관련된 정책의 조정 및 지원에 관한 사항
④ 독립적인 국내 탄소시장 체제 확립에 관한 사항

해설 온실가스 배출권의 할당 및 거래에 관한 법률 제6조(배출권 할당위원회의 설치)에 따라 할당위원회 심의·조정하는 사항에 따라 독립적인 국내 탄소시장 체제 확립이 아니라 국제 탄소시장과의 연계 및 국제협력에 관한 사항이 필요하다.

99 탄소중립기본법령상 국토교통부장관이 교통부문의 온실가스 감축목표를 수립·시행 시 포함해야 하는 사항과 거리가 먼 것은?

① 에너지 종류별 온실가스 배출권 실거래 현황
② 연차별 교통부문 감축목표와 그 이행계획
③ 5년 단위의 교통부문 감축목표와 그 이행계획
④ 교통수단별·연료별 온실가스 배출현황 및 에너지소비율

해설 탄소중립기본법 시행령 제31조(녹색교통의 활성화)에 관한 문제로, 에너지 종류별 온실가스 배출권 실거래 현황은 해당되지 않는다.

100 할당대상업체는 이행연도 종료일로부터 얼마 이내에 인증받은 온실가스 배출량에 상응하는 배출권을 주무관청에 제출해야 하는가?

① 1개월　　② 3개월
③ 5개월　　④ 6개월

해설 온실가스 배출권의 할당 및 거래에 관한 법률 제27조(배출권의 제출)에 관한 문제로, 할당대상업체는 이행연도 종료일부터 6개월 이내 인증받은 온실가스 배출량에 상응하는 배출권을 주무관청에 제출하여야 한다.

부록

온실가스관리기사 (2022. 5. 15. 시행)

제1과목 기후변화 개론

01 환경 분야의 국제협력을 촉진하기 위해 UN 내에 설치된 국제협력 추진기구로 환경에 관한 종합적인 고찰, 감시 및 평가를 수행하는 곳은?

① IAEA
② UNIDO
③ UNDP
④ UNEP

해설 문제에서 설명하는 기구는 UNEP(United Nations Environment Programme)이다. UNEP는 1972년 6월 5일 스웨덴의 수도인 스톡홀름에서 '하나뿐인 지구'를 주제로 개최된 인류 최초의 국제환경회의인 유엔 인간회의(United Nations Conference of the Environment ; UNCHE)에서 처음 그 설립이 논의되었다. 총 113개 국가와 3개 국제기구, 257개의 민간단체가 참여한 이 회의에서 인간은 환경을 창조하고 변화시킬 수 있는 존재인 동시에 환경의 형성자임을 인정하고, 인간환경이 인간의 복지와 기본적 인권, 나아가 생존권 자체의 본질(인간환경의 갈등은 현 인류의 존립마저 위태롭게 할 수 있을 만큼 위험수위에 도달하였기에 이러한 문제를 해결하지 않고서는 더 이상의 발전은 의미가 없음을 인정)임을 규정한 인간환경선언을 채택하였다. 그 후 제27차 유엔총회에서 지구환경문제를 다루기 위한 유엔전문기구를 만들어야 한다는 데 합의한 결과 UNEP가 설립되었다.

02 교토의정서에서 기후변화의 주범으로 지정한 6대 온실가스에 해당하지 않는 것은?

① 수소불화탄소
② 염화불화수소
③ 육불화황
④ 과불화탄소

해설 6대 온실가스는 이산화탄소(CO_2), 메탄(CH_4), 아산화질소(N_2O), 수소불화탄소(HFCs), 과불화탄소(PFCs), 육불화황(SF_6)이다.
② 염화불화수소는 6대 온실가스에 포함되지 않는다.

03 탄소성적표지 제도에 관한 내용으로 옳지 않은 것은?

① 온실가스 배출량을 제품에 표기하여 소비자에게 제공함으로써 시장주도 저탄소 소비문화 확산에 기여한다.
② 법적 강제 인증제도가 아니라 기업의 자발적 참여에 의한 인증제도이다.
③ 탄소배출량 인증, 저탄소제품 인증, 탄소중립제품 인증의 3단계로 구성된다.
④ 탄소배출량 인증제품은 기후변화에 대응한 제품임을 기업에서 인증한 것이다.

해설 탄소배출량 인증(환경성적표지-탄소발자국)은 '환경기술 및 환경산업 지원법'에 따라 환경부(한국환경산업기술원)에서 인증하는 제도이다.

04 기후변화 시나리오 공통사회 경제경로(SSP ; Shared Socioeconomic Pathways)에 관한 내용으로 옳지 않은 것은?

① SSP 1-2.6 : 친환경기술의 빠른 발달로 화석연료 사용이 최소화되고 지속가능한 경제성장을 이룰 것으로 가정하는 경우

② SSP 2-4.5 : 기후변화 완화 및 사회경제의 발전 정도를 중간단계로 가정하는 경우

③ SSP 3-7.0 : 기후변화 완화정책에 적극적이며 기술개발이 빨라 기후변화에 빠른 대응이 가능한 사회구조를 가정하는 경우

④ SSP 5-8.5 : 산업기술의 빠른 발전에 중심을 두어 화석연료 사용이 많고 도시 위주의 무분별한 개발이 확대될 것으로 가정하는 경우

해설 SSP란 IPCC가 6차 평가보고서 작성을 위해 각국의 기후변화 예측모델로 온실가스 감축수준 및 기후변화 적응대책 수행 여부 등에 따라 미래 사회·경제 구조가 어떻게 달라질 것인지 고려한 시나리오를 말한다.
③ SSP 3-7.0은 기후변화 완화정책에 소극적이며 기술개발이 늦어 기후변화에 취약한 사회구조를 가정하는 경우를 말한다.

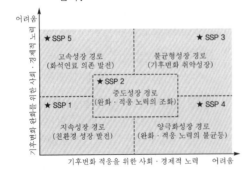

05 온실가스 배출권거래제에 관한 내용으로 옳지 않은 것은?

① 주무관청은 배출권시장 조성자의 시장 조성활동을 위해 일정 수량의 배출권을 예비분으로 보유해야 한다.

② 계획기간 중 사업장이 신설되어 해당 이행연도에 온실가스를 배출한 경우 할당대상업체에 배출권을 추가 할당할 수 없다.

③ 배출권 할당방식에는 배출량 기준 할당방식(GF)과 배출효율 기준 할당방식(BM)이 있다.

④ 온실가스 감축 여력이 낮은 사업장은 직접적인 감축을 하지 않고 배출권을 살 수 있다.

해설 계획기간 시작 직전연도 또는 계획기간 중에 사업장이 신설되거나 사업장 내 시설이 신설이나 증설 등으로 인해 해당 이행연도의 온실가스 배출량이 해당 할당대상업체의 해당 이행연도 배출권 할당량 중에서 그 사업장 단위로 결정된 할당량보다 증가한 경우 추가 할당할 수 있다.

06 유엔 기후변화협약의 모든 당사국이 이행해야 하는 사항에 해당하지 않는 것은?

① 온실가스 배출량 및 흡수량에 대한 국가통계와 온실가스 저감정책 현황을 담은 국가보고서를 제출한다.

② 기후변화에 특히 취약한 개발도상국에 대한 재정과 기술을 지원한다.

③ 온실가스 배출량 감축을 위한 국가전략을 자체적으로 수립·시행한다.

④ 기후변화와 관련된 과학적, 기술적, 사회·경제적, 법률적 정보의 신속한 교환을 도모하고 이에 협력한다.

해설 유엔 기후변화협약의 이행사항
　㉠ Annex Ⅱ 국가 및 선진국은 개발도
　　상국, 특히 기후변화의 영향에 취약
　　한 국가에 협력해야 하고, 또한 환경
　　적으로 건전한 기술을 이전하기 위한
　　실제적인 조치를 취해야 한다.
　㉡ 교토의정서와 그 정책 중에는 개발도
　　상국들이 협약으로 인해서 특별한 불
　　이익을 받지 않도록 개도국들의 필요
　　를 고려한 조항도 포함된다.
　㉢ 기후변화에 큰 영향을 받는 열악한
　　환경의 개발도상국과 의정서에 의해
　　경제적 타격을 받는 국가들을 고려하
　　고 있으며, 국가들의 적응을 돕기 위
　　한 보조금의 설립 등을 제시하였다.

07 온실가스 목표관리 운영 등에 관한 지침상 온실가스 목표관리제에서 사용되는 용어 정의로 옳지 않은 것은?

① 검증 : 온실가스 배출량의 산정이 지침에서 정하는 절차와 기준 등에 적합하게 이루어졌는지를 검토·확인하는 체계적이고 문서화된 일련의 활동
② 공정배출 : 제품의 생산공정에서 원료의 물리·화학적 반응 등에 따라 발생하는 온실가스 배출
③ 기준연도 : 온실가스 배출량 등의 관련 정보를 비교하기 위해 지정한 과거의 특정 기간에 해당하는 연도
④ 배출계수 : 연간 배출된 온실가스의 양을 이산화탄소 무게로 환산하여 나타낸 것

해설 ㉠ "배출계수"란 해당 배출시설의 단위 연료 사용량, 단위 제품 생산량, 단위 원료 사용량, 단위 폐기물 소각량 또는 처리량 등 단위 활동자료당 발생하는 온실가스 배출량을 나타내는 계수(係數)를 말한다.
　㉡ 연간 배출된 온실가스의 양을 이산화탄소 무게로 환산하여 나타낸 것은 배출허용량이다.

08 녹색기후기금(GCF)에 관한 내용으로 옳지 않은 것은?

① 우리나라 인천 송도에 본부가 있다.
② 멕시코 칸쿤에서 열린 제16차 당사국총회에서 녹색기후기금을 조성하기로 합의했다.
③ 선진국의 온실가스 감축 기술개발 지원을 주목적으로 하는 금융기구이다.
④ 온실가스 감축 등 기후변화 대응에 재원을 집중적으로 투입하기 위해 설립되었다.

해설 녹색기후기금(GCF ; Green Climate Fund)
선진국이 아닌 개도국의 온실가스 감축 기술개발 지원을 목적으로 하며 온실가스 감축과 기후변화 적응을 위한 지원을 목표로 한다.

09 다음은 복사에 관한 용어 설명이다. ( ) 안에 알맞은 것은?

┤ 보기 ├
지면에 도달하는 복사에너지의 일부분은 반사되고 나머지는 지면에 흡수된다. 이때, 입사하는 에너지에 대한 반사되는 에너지의 비를 ( )(이)라 한다.

① 코리올리　　　② 플랑크
③ 돕슨　　　　　④ 알베도

해설 보기는 알베도(Albedo)에 관한 설명이다.
① 코리올리 효과(Coriolis effect) : 전향력 또는 코리올리 힘(Coriolis force)이라고도 하며, 회전하는 계에서 느껴지는 관성력을 말한다.
② 플랑크의 복사법칙(Planck's radiation law) : 흑체에서 방출되는 복사에너지 분포를 설명하기 위한 공식으로, 방출되는 복사의 파장은 진동수에 반비례한다.
③ 돕슨(Dobson Unit ; DU) : 지상에서 상공까지 대기 중에 존재하는 전체 오존을 통합하여 0℃, 1기압 상태에서 $1cm^2$당 오존의 두께를 나타낸다.

10 기후변화를 과학적으로 입증하고 기후변화의 심각성을 전파한 공로로 IPCC가 노벨평화상을 수상한 것과 가장 관련 있는 평가보고서는?

① 제1차 평가보고서
② 제2차 평가보고서
③ 제3차 평가보고서
④ 제4차 평가보고서

해설 IPCC의 주요 업무는 기후변화에 관한 국제연합 기본 협약(UNFCCC)의 실행에 관한 보고서를 발행하는 것으로, 2007년 미국의 앨 고어 전 부통령과 함께 수상자로 선정되었다. 이는 제4차 평가보고서에 관한 설명이다.

11 대류에 의한 해수의 순환이 북대서양에 있는 해수의 침강으로 시작될 때, 해수 침강의 원인은?

① 낮은 온도, 높은 염분
② 높은 온도, 낮은 염분
③ 낮은 온도, 낮은 염분
④ 높은 온도, 높은 염분

해설 낮은 온도와 높은 염분에 의한 밀도 차이 발생으로 인해 해수의 심층 순환이 발생하면서 해수 침강이 나타난다.

12 다음 중 총배출량을 기준으로 할 때, 실질적으로 지구에 미치는 온실효과 기여도가 가장 높은 물질은?

① SF_6
② CH_4
③ CO_2
④ N_2O

해설 지구온난화지수로만 본다면 SF_6가 23,900으로 가장 큰 값을 나타내지만, 전체 온실가스 중 가장 많은 양을 차지하는 것은 CO_2로 온실효과 기여도가 가장 큰 물질이다.

13 기후변화 관련 기구 중 "SBSTA"에 관한 내용으로 옳은 것은?

① CDM 관련 활동의 선도적 수행과 CERs 발급을 총괄한다.
② 기후변화 관련 최고의사결정기구이다.
③ 협약 관련 불발사항 관리 및 행정적 · 재정적 관리를 수행한다.
④ 과학적 · 기술적 정보와 자문을 제공한다.

해설 SBSTA(Subsidiary Body for Science and Technological Advice, 과학기술자문기구) 기후변화협약이나 교토의정서와 관련된 과학적 · 기술적 문제에 대하여 적기에 필요한 정보를 제공하여 당사국총회(COP)와 교토의정서 당사국회의(CMP)를 지원하는 기관으로, 역할은 국가보고서 및 배출량 통계 방법론, 기술개발 및 기술이전에 관한 실무를 수행한다.
① CDM 집행위원회(EB ; Executive Board)에 관한 설명이다.
② COP(Conference Of the Parties)/MOP (Meeting Of Parties)에 관한 설명이다.
③ SBI(Subsidiary Body for Implementation)에 관한 설명이다.

14 다음 중 기후변화에 따른 해수면 상승의 가장 주된 요인은?

① 열팽창
② 가뭄
③ 그린란드 빙상
④ 녹조현상

해설 해수면 상승의 직접적인 원인은 지구 표면 온도 상승으로 인한 빙하 해빙과 바다 열팽창으로 인한 해수면 상승이며, 이에 따른 해안습지 감소, 투발루와 같이 환경난민 발생, 온도 상승과 환경변화에 따른 전통생활방식의 위협 등이 대표적인 현상이다.
해수면 상승과 강수량 변화는 직접적인 원인은 아니며, 기후변화를 나타내는 지표로 지역별 강수량 불균형과 가뭄 및 홍수 등 피해가 늘어날 것이라는 것은 알 수 있다.

15 유엔 기후변화협약과 당사국총회에 관한 내용으로 옳지 않은 것은?

① 유엔 기후변화협약에서 모든 당사국은 공동의, 그러나 차별화된 책임 및 능력에 입각한 의무부담 원칙에 따라 차별화된 기후변화 대응 노력을 기울일 것을 약속했다.

② COP 26에는 메탄과 같은 non-CO_2 GHGs 감축 등의 내용이 포함되었다.

③ COP 7에서 잔류성 유기오염물질(POPs) 생산과 사용의 금지·제한을 다룬 스톡홀름 협약을 채택했다.

④ COP 3에서 청정개발체제, 배출권거래제도, 공동이행제의 도입이 포함된 교토의정서를 채택했다.

> **해설** 스톡홀름 협약의 공식 명칭은 잔류성 유기오염물질(POPs)에 관한 스톡홀름 협약이며, POPs 감소를 목적으로 지정물질의 제조, 사용, 수출입을 금지 또는 제한하는 협약으로, 2001년 채택되었고 2004년 발효되었다. 이는 당사국총회와는 관련이 없다.
> ③ COP 7(마라케시) : 교토메커니즘, 의무준수체제, 흡수원 등에 대한 합의

16 다음 중 온실가스 총배출량이 가장 많은 업체는?

① 이산화탄소 100톤, 아산화질소 10톤을 배출하는 업체

② 메탄 50톤, 아산화질소 5톤을 배출하는 업체

③ 이산화탄소 50톤, 육불화황 0.1톤을 배출하는 업체

④ 아산화질소 5톤, 육불화황 0.1톤을 배출하는 업체

> **해설** 연간 온난화 기여도(tCO_2-eq/yr)
> = 연간 배출량(t/yr)×GWP
> ① $(100tCO_2 \times 1)+(10tN_2O \times 310)$
> $= 3,200tCO_2$-eq
> ② $(50tCH_4 \times 21)+(5tN_2O \times 310)$
> $= 2,600tCO_2$-eq
> ③ $(50tCO_2 \times 1)+(0.1SF_6 \times 23,900)$
> $= 2,440tCO_2$-eq
> ④ $(5tN_2O \times 310)+(0.1SF_6 \times 23,900)$
> $= 3,940tCO_2$-eq
> 따라서, 온실가스 배출량이 가장 많은 업체는 ④ 아산화질소 5톤, 육불화황 0.1톤을 배출하는 업체이다.

17 우리나라 유엔기후변화협약(UNFCCC)에 가입한 연도와 교토의정서를 비준한 연도를 순서대로 나열한 것은?

① 2002년, 1998년

② 1993년, 2002년

③ 2010년, 2005년

④ 1997년, 2008년

> **해설** 우리나라는 유엔 기후변화협약(UNFCCC)에 1993년 12월에 47번째로 가입하였으며, 교토의정서 비준 연도는 2002년이다.

18 신기후체제에 대응하기 위해 우리나라가 2021년 유엔 기후변화협약 사무국에 제출한 '2030 국가 온실가스 감축목표(NDC)'는?

① 2030년까지 BAU 대비 15% 감축

② 2018년 대비 2030년까지 40% 감축

③ 2030년까지 BAU 대비 37% 감축

④ 2018년 대비 2030년까지 20% 감축

> **해설** 우리나라는 2030년까지 온실가스를 2018년 대비 35% 이상 40%까지 감축하는 것을 목표로 하고 있다.

19 기후시스템에 관한 내용으로 옳지 않은 것은?

① 대기권, 수권, 지권, 빙권, 생물권의 각 요소가 상호작용하며 끊임없이 변화하기 때문에 기후시스템은 자연적으로 변할 수 있다.

② 대기권과 수권의 상호작용으로 발생하는 엘니뇨와 라니냐는 전 지구 기후에 영향을 미친다.

③ 기후시스템 구성요소 사이의 에너지는 적은 쪽에서 많은 쪽으로 이동하여 새로운 균형을 이루려는 경향이 있다.

④ 태양의 방출에너지나 이산화탄소 농도 변화와 같은 기후시스템의 외부 강제력 변화나 내부 변화에 의한 대류권계면에서의 연직방향 순복사조도 변화량을 복사강제력이라 한다.

해설 ③ 기후시스템 구성요소 사이의 에너지는 많은 쪽에서 적은 쪽으로 이동하여 새로운 균형을 이루려는 경향이 있다.

20 기후변화의 영향과 취약성의 설명으로 틀린 것은?

① 기후변화의 영향이 크고 적응력이 낮을 경우 그 시스템은 취약성이 높다고 할 수 있다.

② 기후변화의 영향이 크고 적응력이 높은 경우 그 시스템은 개발의 기회를 가질 수 있다.

③ 기후변화의 영향과 적응력이 모두 낮을 경우 그 시스템은 잔여위험을 가질 수 있다.

④ 기후변화의 영향이 작고 적응력이 높을 경우 그 시스템은 지속가능한 발전을 하지 못한다.

해설 ④ 기후변화의 영향이 낮고 적응력이 높을 경우 사회시스템은 지속가능한 발전을 할 수 있다.

제2과목 **온실가스 배출의 이해**

21 온실가스 배출권거래제의 배출량 보고 및 인증에 관한 지침상 "기체, 액체 또는 고체 상태의 원료화합물을 반응기 내에 공급하여 기판 표면에서의 화학반응을 유도함으로써 반도체 기판 위에 고체 반응생성물인 박막층을 형성하는 공정"으로 반도체 제조에 주로 사용되는 공정은?

① 식각공정
② 화학기상증착공정
③ 성형공정
④ 세정공정

해설 문제는 화학기상증착공정(CVD)에 관한 설명이다.

① 식각공정 : 산이나 알칼리 용액에 어떤 제품을 표면처리하기 위하여 담그거나 원료 및 제품을 중화시키는 시설을 말한다. 대표적인 것으로서 전자산업에서의 화학약품을 사용하여 금속 표면을 부분적 또는 전면적으로 용해·제거하는 부식(식각)시설이 있다.

③ 성형공정 : 칩과 연결된 금선 부분을 보호하기 위해 화학수지로 밀봉해주는 공정이다.

④ 세정공정 : 공정의 불순물을 제거하는 과정을 말한다.

22 온실가스 배출권거래제의 배출량 보고 및 인증에 관한 지침상 고형폐기물 매립의 보고대상 배출시설에 해당하지 않는 것은?

① 차단형 매립시설
② 혐기성 매립시설
③ 관리형 매립시설
④ 비관리형 매립시설

해설 고형폐기물 매립의 보고대상 배출시설은 차단형 매립시설, 관리형 매립시설, 비관리형 매립시설로 구분된다.

23 온실가스 배출권거래제의 배출량 보고 및 인증에 관한 지침상 암모니아 제조공정에 해당하지 않는 것은?

① 질소화 공정
② 나프타 개질 공정
③ 나프타 탈황 공정
④ 가스 전환 공정

해설 암모니아 제조공정은 5단계의 단위공정으로 운영된다.
  ㉠ 1단계 : 나프타 탈황
  ㉡ 2단계 : 나프타 개질
  ㉢ 3단계 : 가스 전환
  ㉣ 4단계 : 가스 정제
  ㉤ 5단계 : 암모니아 합성

24 자동차의 온실가스 배출저감기술에 관한 내용으로 옳지 않은 것은?

① 에어컨의 구조와 냉매를 변경하여 온실가스 배출을 줄일 수 있다.
② 배기관에 후처리장치를 부착하여 온실가스 배출을 줄일 수 있다.
③ 가솔린 자동차를 하이브리드 자동차로 변경하여 온실가스 배출을 줄일 수 있다.
④ 자동차의 중량을 증가시켜 온실가스 배출을 줄일 수 있다.

해설 ④ 자동차 중량을 증가시키는 것은 온실가스 증가를 유발하며, 중량을 줄이는 것이 배출 저감에 도움이 된다.

25 온실가스 배출권거래제의 배출량 보고 및 인증에 관한 지침상 유리 생산활동에 관한 내용으로 옳지 않은 것은?

① 유리 생산공정의 보고대상 온실가스에는 CO_2, CH_4가 있다.
② 배출원 카테고리에는 유리 생산뿐만 아니라 생산공정이 유사한 글라스울(glass wool) 생산으로 인한 배출도 포함된다.
③ 유리 제조에 유리 원료뿐만 아니라 컬릿(cullet)을 일정량 사용하기도 한다.
④ 재활용 유리는 이미 반응을 마친 석회성분을 함유하고 있기 때문에 탄산염광물과 함께 용해로에서 용해되어도 이산화탄소를 발생시키지 않는다.

해설 ① 유리 생산공정의 보고대상 온실가스는 이산화탄소(CO_2)이다.

26 유리 생산을 위해 다음 연료를 용융·용해시설에 투입했을 때, 일반적으로 연료성분으로 인한 CO_2 배출이 없는 것은?

① 석회석
② 백운석
③ 소석회
④ 소다회

해설 용해공정 중 CO_2를 배출하는 주요 원료는 석회석($CaCO_3$), 백운석[$CaMg(CO_3)_2$] 및 소다회(Na_2CO_3)이며, 또 다른 CO_2 배출 유리 원료로는 탄산바륨($BaCO_3$), 골회(bone ash), 탄산칼륨(K_2CO_3) 및 탄산스트론튬($SrCO_3$)이 있다.
  ※ 연수를 위한 소석회의 사용은 CO_2와 석회의 반응으로 탄산칼슘($CaCO_3$)을 재생성하여 대기 중으로의 CO_2 순배출을 발생시키지 않는다.

27 온실가스 배출권거래제의 배출량 보고 및 인증에 관한 지침상 석유 정제공정의 보고대상 배출시설에 해당하지 않는 것은?

① 소성시설   ② 수소 제조시설
③ 촉매 재생시설   ④ 코크스 제조시설

[해설] 석유 정제공정 내 보고대상 배출시설은 수소 제조시설, 촉매 재생시설, 코크스 제조시설이다.
① 소성시설은 석회 생산공정에 해당한다.

28 온실가스 배출권거래제의 배출량 보고 및 인증에 관한 지침상 항공기 운항으로 인한 온실가스 배출량 산정에 관한 설명으로 옳은 것은?

① 항공기 운항으로 인한 온실가스 배출량은 항공기의 운전조건, 운항횟수에 따라 달라지지만 비행거리, 비행단계별 운항시간, 배출고도의 영향을 받지는 않는다.
② 제트연료를 사용하는 항공기는 Tier 1 산정방법론으로 온실가스 배출량을 산정해야 한다.
③ Tier 2 산정방법론으로 온실가스 배출량을 산정할 때 이착륙과정(LTO 모드)과 순항과정(cruise 모드)을 구분해야 한다.
④ 새로운 데이터가 없을 경우 CH_4의 기본 배출계수는 10kg/TJ로 한다.

[해설] ① 항공기 운항으로 인한 온실가스 배출량은 항공기의 운전조건, 운항횟수, 비행거리, 비행단계별 운항시간, 배출고도 등의 영향을 받는다.
② 제트연료를 사용하는 항공기는 Tier 2 산정방법론을 적용해야 한다.
④ 특별한 언급이 없는 경우 모든 연료에 대해 CH_4 기본배출계수는 0.5kg/TJ로 한다.

29 다음 중 소다회의 생산제법에 해당하지 않는 것은?

① 르블랑(Leblanc)법
② 암모니아소다법
③ 메록스(Merox)법
④ 염안소다법

[해설] 소금을 원료로 하는 공업적 제법은 르블랑(Leblanc)법, 암모니아소다법(Solvay법), 염안소다법이 있다.
③ 메록스(Merox)법은 석유 정제공정에서 정제단계에 사용되는 방법 중 하나이다.

30 온실가스 배출권거래제의 배출량 보고 및 인증에 관한 지침상 고형폐기물 매립의 보고대상 온실가스는?

① CO_2 ② CH_4
③ N_2O ④ SF_6

[해설] 고형폐기물 매립시설의 보고대상 온실가스는 메탄(CH_4)이다.

31 온실가스 배출권거래제의 배출량 보고 및 인증에 관한 지침상 일반적인 배연탈황시설의 반응생성물에 해당하지 않는 것은?

① $CaSO_3$ ② $CaSO_4 \cdot 2H_2O$
③ CaO ④ H_2SO_3

[해설] 대표적인 배연탈황시설의 반응은 다음과 같다.
㉠ $SO_2 + H_2O \rightarrow H_2SO_3$
㉡ $CaCO_3 + H_2SO_3 \rightarrow CaSO_3 + CO_2 + H_2O$
㉢ $CaSO_3 + \frac{1}{2}O_2 + 2H_2O$
$\rightarrow CaSO_4 \cdot 2H_2O$(석고)
㉣ $CaCO_3 + SO_2 + \frac{1}{2}O_2 + 2H_2O$
$\rightarrow CaSO_4 \cdot 2H_2O$(석고)$+CO_2$
㉤ $CaSO_3 + \frac{1}{2}H_2O \rightarrow CaSO_3 \cdot \frac{1}{2}H_2O$

32 온실가스 배출권거래제의 배출량 보고 및 인증에 관한 지침상 아연 생산공정의 보고대상 배출시설에 관한 내용으로 옳지 않은 것은?

① 전해로는 주로 비철금속 계통의 물질을 용융시키는 데 이용되며 대표적인 것으로 알루미늄전해로가 있다.

② 배소로는 광석이 융해되지 않을 정도의 온도에서 광석과 산소, 수증기, 염소 등을 상호작용시켜 다음 제련조작에서 처리하기 쉬운 화합물로 변화시키는 데 사용되는 노를 말한다.

③ 전해로는 전해질용액, 용융전해질 등의 이온전도체에 전류를 흘려 화학변화를 일으키는 노를 말한다.

④ TSL 공정은 잔재 또는 폐기물로부터 각종 유가금속을 회수하고 최종 잔여물을 친환경적인 청정 슬래그로 만드는 공정으로 보고대상 배출시설에는 포함되지 않는다.

[해설] TSL 공정은 아연 제련을 비롯한 각종 비철 제련 시 필연적으로 발생하는 잔재물(residue/cake) 또는 타 산업에서 배출되는 폐기물로부터 각종 유가금속(아연, 연, 동, 은, 인듐 등)을 회수하고, 최종 잔여물을 친환경적인 청정 슬래그로 만들어 산업용 골재로 사용하는 공정으로, 아연 생산공정의 보고대상 배출시설에 해당한다.

33 온실가스 배출권거래제의 배출량 보고 및 인증에 관한 지침상 이동연소(철도) 부문의 온실가스 배출량을 Tier 3 산정방법론으로 산정할 때 사용되는 활동자료에 해당하지 않는 것은?

① 기관차의 수
② 기관차의 연간 운행시간
③ 기관차종, 엔진에 따른 연료소비량
④ 기관차의 평균 정격출력

[해설] Tier 3 산정방법론 적용 시 활동자료로는 기관차의 수, 기관차의 연간 운행시간, 기관차의 평균 정격출력, 기관차의 전형적인 부하율, 기관차의 배출계수 등이 포함된다.

34 온실가스 배출권거래제의 배출량 보고 및 인증에 관한 지침상 이동연소의 온실가스 보고대상 배출시설에 해당하지 않는 것은?

① 특수자동차　　② 전기기관차
③ 이륜자동차　　④ 이동식 소각로

[해설] 특수자동차, 이륜자동차는 이동연소(도로)에 해당하며, 전기기관차는 이동연소(철도)에 해당한다.
④ 이동식 소각로는 해당하지 않는다.

35 온실가스 배출권거래제의 배출량 보고 및 인증에 관한 지침상 다음의 철강 생산공정 중 CO_2 배출계수값(tCO_2/t−생산물)이 가장 큰 곳은?

① 직접 환원철 생산
② 전기로
③ 코크스 오븐
④ 전로

[해설] 철강 생산공정의 CO_2 배출계수

공정 과정		배출계수 (tCO_2/ t−생산물)
철	소결물 생산	0.20
	코크스 오븐	0.56
	선철(pig iron) 생산(고로)	1.35
	직접 환원철(DRI) 생산	0.70
	펠렛 생산	0.03
강	전로(BOF)	1.46
	전기로(EAF)	0.08
	평로(OHF)	1.72
	국제기준값(65% BOF, 30% EAF, 5% OHF 기준) (강 1톤 생산당 나오는 CO_2의 양)	1.06

36 온실가스 배출권거래제의 배출량 보고 및 인증에 관한 지침상 카바이드 생산공정의 보고대상 온실가스를 모두 나열한 것은?

① N_2O
② CH_4, N_2O
③ CO_2, N_2O
④ CO_2, CH_4

해설 카바이드 생산공정의 보고대상 온실가스는 이산화탄소(CO_2), 메탄(CH_4)이다.

37 온실가스 배출권거래제의 배출량 보고 및 인증에 관한 지침상 납 생산공정에 관한 설명으로 옳지 않은 것은?

① 연정광으로부터 미가공 조연(bullion)을 생산하는 1차 생산공정에서는 소결과정을 생략할 수 없다.
② 소결공정에서 연정광을 재활용 소결물, 석회석, 실리카, 산소, 납 고함유 슬러지 등과 혼합·연소하여 황과 휘발성 금속을 제거한다.
③ 제련공정에는 일반적인 고로 또는 ISF(Imperial Smelting Furnace)가 이용되며 납산화물의 환원과정에서 CO_2가 배출된다.
④ 정제납의 2차 생산은 재활용 납을 재사용하기 위한 준비과정이다.

해설 1차 납 생산공정은 소결과 제련 과정을 연속적으로 거치는 소결/제련 공정으로, 전체 납 생산공정의 약 78%를 차지하며, 직접 제련공정의 경우 소결과정이 생략되고 1차 납 생산공정의 22%를 차지한다.

38 온실가스 배출권거래제의 배출량 보고 및 인증에 관한 지침상 석유화학제품 생산공정의 보고대상 배출시설에 해당하지 않는 것은?

① 메탄올 반응시설
② 에틸렌옥사이드 반응시설
③ 테레프탈산 생산시설
④ 하이드록실아민 생산시설

해설 석유화학제품 생산공정의 공정배출 보고대상 배출시설에는 메탄올 생산공정, EDC/VCM 생산공정, 에틸렌옥사이드 생산공정, 아크릴로니트릴 생산공정, 카본블랙 생산공정, 에틸렌 생산공정, 테레프탈산 생산공정, 코크스 제거공정이 있다.

39 사업장의 월평균 전기 사용량이 1,000kWh일 때, 온실가스 배출량(tCO_2-eq/yr)은?

구 분	배출계수
CO_2	$0.4567 tCO_2/MWh$
CH_4	$0.0036 kgCH_4/MWh$
N_2O	$0.0085 kgN_2O/MWh$

① 0.434
② 0.559
③ 4.341
④ 5.513

해설 $GHG_{Emissions} = Q \times EF_j$
여기서,
$GHG_{Emissions}$: 전력 사용에 따른 온실가스(j)별 배출량(tGHG)
Q : 외부에서 공급받은 전력 사용량(MWh)
EF_j : 전력배출계수(tGHG/MWh)
j : 배출 온실가스 종류
$GHG_{Emissions}$
$= 1,000 kWh/month \times 12 month/yr \times (1MWh/10^3 kWh) \times [(0.4567 tCO_2/MWh \times 1 tCO_2-eq/tCO_2) + (0.0036 kgCH_4/MWh \times 1 tCH_4/10^3 kgCH_4 \times 21 tCO_2-eq/tCH_4) + (0.0085 kgN_2O/MWh \times 1 tN_2O/10^3 kgN_2O \times 310 tCO_2-eq/tN_2O)]$
$= 5.512927 ≒ 5.513 tCO_2-eq/yr$

40 온실가스 배출권거래제의 배출량 보고 및 인증에 관한 지침에 따라 Tier 1 산정방법론으로 반도체 제조공정의 FC가스 배출량을 구하고자 한다. 이때 활용되는 다음 식에서 Q_i의 의미는? (단, FC_{gas}는 FC가스의 배출량, EF_{FC}는 배출계수임)

$$FC_{gas} = Q_i \times EF_{FC}$$

① 원료 투입량(kg)
② FC가스 주입량(m^3/yr)
③ 제품 생산량(t/yr)
④ 제품 생산실적(m^2/yr)

해설 FC_{gas} : FC가스(j)의 배출량(tGHG)
Q_i : 제품 생산실적(m^2/yr)
EF_{FC} : 배출계수, 제품 생산실적 m^2당 사용되는 가스량(kg/m^2)

제3과목 온실가스 산정과 데이터 품질관리

41 온실가스 배출권거래제의 배출량 보고 및 인증에 관한 지침상 경유의 고정연소를 통해 연간 20만tCO₂-eq의 온실가스를 배출하는 시설의 산정등급(Tier) 최소적용기준은?

① Tier 1
② Tier 2
③ Tier 3
④ Tier 4

해설 연간 5만톤 이상 50만톤 미만의 배출시설로, 배출시설 규모가 B그룹에 해당한다. 이 경우 산정등급 최소적용기준은 Tier 2를 적용한다.

42 온실가스 배출권거래제 운영을 위한 검증지침에 따른 온실가스 배출량 등의 검증절차 중 (   ) 안에 알맞은 것은?

┤ 보기 ├
검증개요 파악 → 검증계획 수립 → 문서검토 → (㉠) → (㉡) → (㉢) → 검증보고서 제출

① ㉠ 내부검증, ㉡ 시정조치 요구 및 확인, ㉢ 외부검증
② ㉠ 현장검증, ㉡ 검증결과 정리 및 평가, ㉢ 내부심의
③ ㉠ 시정조치 요구 및 확인, ㉡ 내부검증, ㉢ 현장검증
④ ㉠ 현장검증, ㉡ 외부심의, ㉢ 검증결과 정리 및 평가

해설 지침 [별표 1] 온실가스 배출량 등의 검증절차에 관한 설명이다.
검증절차는 검증개요 파악 → 검증계획 수립 → 문서검토 → 현장검증 → 검증결과 정리 및 평가 → 내부심의 → 검증보고서 제출 순으로 진행된다.

43 온실가스 배출권거래제의 배출량 보고 및 인증에 관한 지침상 철강 생산공정의 보고대상 배출시설에 해당하지 않는 곳은?

① 소결로
② 전기로
③ 코크스로
④ 증착로

해설 철강 생산공정에서 보고대상 배출시설은 7가지로, 일관제철시설, 코크스로, 소결로, 용선로 또는 제선로(고로), 전로, 전기아크로, 평로가 있다.
④ 증착로는 없는 시설이며, 증착시설(CVD 등)은 전자산업에서의 보고대상 배출시설에 해당된다.

44 L시멘트사의 #4 Kiln에서 연간 80,000t의 클링커가 생산되며 이로 인해 500t의 시멘트 킬른먼지(CKD)가 발생하고 있다. 온실가스 배출권거래제의 배출량 보고 및 인증에 관한 지침에 따라 Tier 1 산정방법론으로 구한 L시멘트사 #4 Kiln의 클링커 생산에 따른 CO_2 배출량(tCO_2/yr)은? (단, CKD를 전량 회수하여 Kiln에 투입함. 클링커 생산량당 CO_2 배출계수는 $0.51tCO_2$/t-클링커, 투입원료 중 탄산염이 아닌 기타 탄소성분에 기인하는 CO_2 배출계수는 $0.01tCO_2$/t-클링커, 킬른에서 유실된 CKD의 하소율은 0)

① 40,800　　② 40,880

③ 41,600　　④ 41,860

해설 $E_i = (EF_i + EF_{toc}) \times (Q_i + Q_{CKD} \times F_{CKD})$
여기서,

E_i : 클링커(i) 생산에 따른 CO_2 배출량 (tCO_2)

EF_i : 클링커(i) 생산량당 CO_2 배출계수 $(tCO_2$/t-clinker)

EF_{toc} : 투입원료(탄산염, 제강슬래그 등) 중 탄산염 성분이 아닌 기타 탄소성분에 기인하는 CO_2 배출계수(기본값으로 $0.010tCO_2$/t-clinker를 적용한다)

Q_i : 클링커(i) 생산량(ton)

Q_{CKD} : 킬른에서 시멘트킬른먼지(CKD)의 반출량(ton)

F_{CKD} : 킬른에서 유실된 시멘트킬른먼지(CKD)의 하소율(0에서 1 사이의 소수)

∴ 온실가스 배출량
$= (0.51tCO_2$/t$-$clinker$+0.01tCO_2$/t$-$clinker$) \times (80,000$t/yr$+500$t/yr$\times 0)$
$= 41,600 tCO_2$/yr

45 온실가스 배출권거래제의 배출량 보고 및 인증에 관한 지침상 폐열 이용 특례로 인정받기 위한 대상 폐기물 또는 고형 연료에 해당하지 않는 것은?

① 폐기물관리법에 따라 수집·운반, 재활용 또는 처분되는 사업장 폐기물 중 저위발열량이 3,000kcal/kg 이상인 폐유

② 폐기물관리법에 따른 지정폐기물

③ 폐기물관리법에 따른 자체 발생한 사업장폐기물

④ 폐기물관리법에 따른 생활폐기물

해설 폐열 이용 특례대상 폐기물 또는 고형 연료에 해당하는 것은 폐기물관리법상 생활폐기물, 자체 발생한 사업장 폐기물, 공동으로 수집·운반, 재활용 및 처분되는 사업장 폐기물, 수집·운반, 재활용 또는 처분되는 사업장 폐기물 중 저위발열량이 3,000kcal/kg 이상인 가연성 고형 폐기물 또는 폐유, 자원의 절약과 재활용 촉진에 관한 법률 시행규칙상 품질·등급기준에 따른 고형 연료 제품이 해당된다.
② 지정폐기물은 포함되지 않는다.

46 온실가스 배출권거래제의 배출량 보고 및 인증에 관한 지침상 사업장 고유배출계수 등을 개발하기 위해 시료를 채취 및 분석할 때, 연료 및 원료와 시료 최소분석주기의 연결이 옳지 않은 것은? (단, 연 반입량이 24만톤을 초과하지 않으며, 기타 사항을 고려하지 않음)

① 고체연료 : 월 1회

② 액체연료 : 분기 1회

③ 천연가스 : 반기 1회

④ 공정부생가스 : 반기 1회

해설 공정부생가스의 시료 최소분석주기는 월 1회이다.

47 온실가스 배출권거래제의 배출량 보고 및 인증에 관한 지침상 다음 모니터링 유형에 관한 내용으로 옳은 것은?

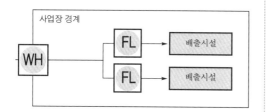

① 배출시설 활동자료를 구매량 기반 측정기기와 무관하게 교정된 자체 측정기기를 이용하여 모니터링하는 방법이다.
② 연료·원료 공급자가 상거래 등을 목적으로 설치하는 측정기기와 주기적인 정도검사를 실시하는 내부 측정기기가 같이 설치되어 있을 경우 활동자료를 수집하는 방법이다.
③ 다수의 교정된 측정기기가 부착된 경우 교정된 자체 측정기기값을 사용하지 않아야 한다.
④ 각 배출시설별 활동자료를 구매 연료·원료 등의 메인 측정기기 활동자료에서 타당한 배분방식으로 모니터링하는 방법이다.

해설 문제의 그림은 모니터링 유형 A-2이며, 해당 항목은 구매전력, 구매열 및 증기, 도시가스, 화석연료가 속한다. 연료 및 원료 공급자가 상거래 등을 목적으로 설치·관리하는 측정기기와 주기적인 정도검사를 실시하는 내부 측정기기가 설치되어 있을 경우 활동자료를 수집하는 방법이다.

48 온실가스 배출권거래제의 배출량 보고 및 인증에 관한 지침상 기체연료 고정연소시설의 온실가스 배출량을 Tier 2 산정방법론으로 산정할 때, 매개변수에 관한 내용으로 옳지 않은 것은? (단, 온실가스 종합정보센터에서 별도의 계수를 공표하여 지침에 수록하지 않은 경우)

① 사업자 또는 연료 공급자에 의해 측정된 측정불확도 ±5.0% 이내의 연료 사용량 자료를 활동자료로 활용한다.
② 열량계수는 국가 고유발열량값을 사용한다.
③ 배출계수는 국가 고유배출계수를 사용한다.
④ 산화계수는 기본값인 1.0을 적용한다.

해설 ④ Tier 2 산화계수는 발전 부문 0.99, 기타 부문 0.98을 적용한다.

49 온실가스 배출권거래제의 배출량 보고 및 인증에 관한 지침상 고상 폐기물의 소각에 의한 온실가스 배출량을 Tier 1 산정방법론으로 산정할 때, FCF값(화석탄소 질량분율)이 0인 생활폐기물은?

① 섬유   ② 플라스틱
③ 음식물   ④ 종이

해설 폐기물 소각시설에서 배출량을 산정할 때 CO_2 배출량이 '0'이 되는 경우 배출계수는 FCF(화석탄소 질량분율)가 0인 경우에 해당된다. 해당되는 폐기물 조성은 생활폐기물인 경우는 음식물류, 나무류, 정원 및 공원 폐기물, 사업장 폐기물인 경우는 음식물류, 폐목재류, 하수슬러지, 폐수슬러지 등이 해당된다.

50 A지자체에서 혐기성 생활폐기물 관리형 매립지를 운영하고 있으며 최근에 제출한 명세서에 온실가스 배출량을 1,175,000톤으로 보고했다. 이 매립지의 온실가스 배출량 산정에 관한 내용으로 옳지 않은 것은? (단, 시설 규모를 최초 결정해야 하는 경우가 아님)

① 배출량에 따라 시설 규모를 분류할 때 매립지는 C그룹에 속하며 Tier 1 산정방법론으로 온실가스 배출량을 산정해야 한다.

② 회수된 메탄가스가 외부 공급/판매, 자체 연료 사용 및 Flaring 등으로 처리되기 위한 별도의 측정이 없을 경우 메탄회수량 기본값을 1로 처리한다.

③ 폐기물 성상별 매립량 활동자료는 1981년 1월 1일 이후 매립된 폐기물에 대해서만 수집한다.

④ 혐기성 관리형 매립지이기 때문에 메탄보정계수(MCF)는 2006 IPCC 국가 인벤토리 작성을 위한 가이드라인에 따라 1.0을 적용해야 한다.

> **해설** ② 회수된 메탄가스가 외부 공급/판매, 자체 연료 사용 및 Flaring 등으로 처리되기 위한 별도의 측정이 없을 경우는 기본값 R_T는 0으로 처리한다.

51 온실가스 배출권거래제 운영을 위한 검증지침상 검증팀장이 수립하는 검증계획에 포함되어야 하는 항목에 해당하지 않는 것은?

① 검증대상
② 검증수행방법 및 검증절차
③ 배출량 산정방법
④ 현장검증단계에서의 인터뷰 대상 부서 또는 담당자

> **해설** 검증팀장은 아래 내용을 포함한 검증계획을 수립해야 한다.
> ㉠ 검증대상·검증관점, 검증수행방법 및 검증절차
> ㉡ 정보의 중요성
> ㉢ 현장검증단계에서의 인터뷰 대상 부서 또는 담당자
> ㉣ 현장검증을 포함한 검증일정 등
> ③ 배출량 산정방법은 온실가스 산정기준 평가 시 확인항목에 해당한다.

52 온실가스 배출권거래제의 배출량 보고 및 인증에 관한 지침에 따라 고형 폐기물의 매립활동에 의한 온실가스 배출량을 Tier 1 산정방법론으로 산정하고자 한다. 기타 유형 매립시설에서 발생 가능한 최대 메탄 발생량이 1,000tCH₄/yr, 메탄 회수량이 800tCH₄/yr일 때, 메탄 배출량(tCH₄/yr)은?

① 200
② 267
③ 300
④ 367

> **해설** $\dfrac{R_T}{\text{CH}_4\,\text{generated}_T} > 0.75$인 경우 배출량 산정 시 CH₄ 발생량($\text{CH}_4\,\text{generated}_T$)을 먼저 산정한 후 CH₄ 배출량 계산식에 대입하여 적용한다.
>
> CH₄ 발생량($\text{CH}_4\,\text{generated}_T$)
> $= R_T \times \left(\dfrac{1}{0.75}\right)$
> $= 800\text{tCH}_4/\text{yr} \times \left(\dfrac{1}{0.75}\right)$
> $= 1066.6666$
> $\fallingdotseq 1066.667\text{tCH}_4/\text{yr}$
>
> $\text{CH}_4\text{Emissions}_T$
> $= \left[\sum_x \text{CH}_4\text{generated}_{x,T} - R_T\right] \times (1 - OX)$
> $= (1066.667 - 800)\text{tCH}_4/\text{yr} \times (1 - 0)$
> $= 266.6666 \fallingdotseq 267\text{tCH}_4/\text{yr}$

53 온실가스 배출권거래제의 배출량 보고 및 인증에 관한 지침상 신설되는 배출시설의 시설 규모 결정에 관한 내용으로 옳지 않은 것은?

① 신설되는 배출시설의 예상 온실가스 배출량을 계산하여 그 값에 따라 시설 규모를 결정한다.

② 배출시설에서 여러 종류의 연료를 사용하는 경우 각 연료의 사용에 따른 배출량의 총합으로 배출시설 규모 및 산정등급(Tier)을 결정해야 한다.

③ C그룹의 배출시설에서 초기 가동·착화연료 등 소량으로 사용하는 보조연료의 배출량이 시설 총배출량의 5% 미만이며 보조연료의 배출량 총합이 25,000 tCO_2-eq 미만일 때 차하위 산정등급을 적용할 수 있다.

④ B그룹의 배출시설에서 초기 가동·착화연료 등 소량으로 사용하는 보조연료의 배출량이 시설 총배출량의 10% 미만이며 보조연료의 배출량 총합이 35,000 tCO_2-eq 미만일 때 차하위 산정등급을 적용할 수 있다.

해설 ④번의 내용은 해당하지 않는다.

54 온실가스 배출권거래제의 배출량 보고 및 인증에 관한 지침상 탄산염의 기타 공정 사용에 의한 온실가스 배출량을 Tier 2 산정방법론으로 산정할 때, 활동자료의 측정불확도 기준은?

① ±9.5% 이내
② ±7.5% 이내
③ ±5.0% 이내
④ ±2.5% 이내

해설 Tier 2 산정방법론 산정 시 측정불확도는 ±5.0% 이내로 한다.

55 온실가스 배출권거래제의 배출량 보고 및 인증에 관한 지침상 품질관리(QC) 활동 중 "보고의 적절성"의 세부내용에 해당하지 않는 것은?

① 조직경계 설정의 적절성·정확성 확인

② 배출량 산정 및 보고 업무 담당자, 내부감사 담당자의 책임·권한의 문서화 여부 확인

③ 이행계획, 명세서, 이행실적 등 지침에서 요구하는 자료의 목차, 내용, 서식에 따라 적절하게 배출량을 보고하는지 여부 확인

④ 배출량 산정에 관한 정보화 시스템을 구축하거나 활용할 경우 자료의 입력 및 처리과정의 적절성 여부 확인

해설 보고의 적절성

ㄱ 조직경계 설정의 적절성·정확성 확인 : 사업자등록증 등 정부에 허가받거나 신고한 문서를 근거로 수립한 조직경계와 실제 온실가스 배출시설, 배출활동에 따라 수립된 조직경계의 일치 여부 확인

ㄴ 배출량 산정 및 보고 업무 담당자(실무자, 책임자) 및 내부감사 담당자 등에 책임·권한의 문서화 여부

ㄷ 이행계획, 명세서, 이행실적 등 지침에서 요구하는 자료의 목차, 내용, 서식에 따라 적절하게 배출량을 보고하는지 여부

ㄹ 품질보증(QA) 활동과 관련하여, 내부감사 담당자의 감사·검토 활동의 실시 여부 및 관련 규정(매뉴얼 등) 존재 여부

④는 산정과정의 적절성에 해당된다.

56 온실가스 배출권거래제의 배출량 보고 및 인증에 관한 지침상 오존파괴물질(ODS)의 대체물질 사용에 의한 온실가스 배출량을 Tier 1 산정방법론으로 산정하고자 한다. 비에어로졸 용매 부문과 에어로졸 부문의 온실가스 배출량 산정에 관한 내용으로 옳은 것은?

① 에어로졸 제품의 수명이 1년 이하로 가정되기 때문에 초기 충진량의 90%를 기본배출계수로 사용한다.

② 비에어로졸 용매는 제품을 사용하기 시작한 후 5년 내에 서서히 배출되는 것으로 간주한다.

③ 에어로졸은 제품 사용시점을 최종 사용자에게 공급되는 시기로 정의하지 않으므로 회수, 재활용, 파기 등을 고려하지 않는다.

④ 에어로졸과 비에어로졸 용매 부문에서 보고되는 항목은 할당대상업체의 온실가스 총배출량에 합산한다.

해설 에어로졸 제품의 수명이 2년 이하로 가정되기 때문에 초기 충진량의 50%를 기본배출계수로 사용한다. 그러나 구매시점을 정의하는 데 유의해야 한다.
또한, 에어로졸은 용매와 달리 제품 사용시점을 최종 사용자에게 공급되는 시기로 정의하지 않으므로 회수나 재활용, 파기 등을 고려하지 않는다.

57 온실가스 배출권거래제의 배출량 보고 및 인증에 관한 지침상 바이오매스로 취급되는 항목에 해당하지 않는 것은?

① 폐목재　　　② 하수슬러지
③ 산업폐기물　④ 조류

해설 지침 [별표 16] 바이오매스로 취급되는 항목(제18조 제1항 관련)

형 태	항 목
농업 작물	유채, 옥수수, 콩, 사탕수수, 고구마 등
농·임산 부산물	임목 및 임목부산물, 볏짚, 왕겨, 건초, 수피 등
유기성 폐기물	폐목재, 펄프 및 제지(바이오매스 부문만 해당), 펄프 및 제지 슬러지, 동·식물성 기름, 음식물 쓰레기, 축산 분뇨, 하수슬러지, 식물류 폐기물 등
기타	해조류, 조류, 수생식물, 흑액 등

58 온실가스 배출권거래제의 배출량 보고 및 인증에 관한 지침에 따라 열병합 발전시설의 열(스팀) 생산에 따른 온실가스 배출량을 다음 식으로 산출하고자 한다. 이때, 각 변수에 관한 내용으로 옳지 않은 것은?

$$E_{H,i} = \left\{ \frac{H}{H + P \times R_{eff}} \right\} \times E_{T,i}$$

① H는 열생산량(TJ)을 의미한다.

② P는 전기생산량(TJ)을 의미한다.

③ R_{eff}는 전기생산효율을 열생산효율로 나눈 값이다.

④ $E_{T,i}$는 열병합 발전설비의 총온실가스 배출량(tGHG)을 의미한다.

해설 R_{eff}는 열생산효율과 전력생산효율의 비율(0에서 1 사이의 소수)로, 열생산효율을 전기생산효율로 나눈 값이다.

59 온실가스 목표관리 운영 등에 관한 지침상 건물이 건축물대장 또는 등기부에 각각 등재되어 있거나 소유지분을 달리하고 있는 경우에 관한 내용으로 옳지 않은 것은?

① 인접한 대지에 동일 법인이 여러 건물을 소유한 경우에는 한 건물로 본다.

② 동일 부지 내 있거나 인접한 집합건물이 동일한 조직에 의해 에너지 공급 · 관리를 받을 경우 한 건물로 간주한다.

③ 에너지 관리의 연계성이 있는 복수의 건물은 한 건물로 본다.

④ 건물의 소유 구분이 지분 형식으로 되어 있을 경우에는 지분별로 건물의 소유자를 구분한다.

해설 지침 제12조(건물분야 특례)에 의거하여, 건물이 건축물대장 또는 등기부에 각각 등재되어 있거나 소유지분을 달리하고 있는 경우에는 조건에 따라 본다.
④항의 경우 동일 건물에 구분 소유자와 임차인이 있는 경우에도 하나의 건물로 본다. 다만, 동일 건물 내에 관리업체에 포함된 경우에 한해서는 적용을 제외한다.

60 온실가스 배출권거래제의 배출량 보고 및 인증에 관한 지침상 다음 내용과 관련 있는 기호는?

┤ 보기 ├
할당대상업체가 자체적으로 설치한 계량기이나 주기적인 정도검사를 실시하지 않는 측정기기

①

②

③

④

해설 관리업체가 자체적으로 설치한 계량기이나 주기적인 정도검사를 실시하지 않는 측정기기는 FL 이다.

① 상거래 또는 증명에 사용하기 위한 목적으로 측정량을 결정하는 법정 계량에 사용하는 측정기기로서 계량에 관한 법률에 따른 법정 계량기

③ 관리업체가 자체적으로 설치한 계량기이나 주기적인 정도검사를 실시하지 않는 측정기기

④ 관리업체가 자체적으로 설치한 계량기로서, 국가표준기본법에 따른 시험기관, 교정기관, 검사기관에 의하여 주기적인 정도검사를 받는 측정기기

※ ②번의 측정기기 기호는 없다.

제4과목 온실가스 감축관리

61 제7차 당사국총회에서 지정한 소규모 CDM 사업에 해당하지 않는 것은?

① 최대발전용량이 15MW 이하인 신재생에너지 사업

② 에너지 소비량을 연간 60GWh 저감하는 에너지 절약사업

③ 직접배출량이 연간 60,000tCO_2-eq 이하인 인위적 배출 감축사업

④ 연간 5,000톤 이상의 폐기물을 재활용하는 사업

해설 소규모 CDM으로 지정한 사업의 종류는 다음과 같다.
㉠ 연간 60GWh(또는 상당분) 이하의 에너지를 감축하는 에너지효율 향상사업
㉡ 연간 배출 감축량이 60ktCO_2-eq 이하의 사업
㉢ 최대발전용량이 15MW(또는 상당분) 이하의 재생에너지 사업

62 어떤 철강회사에서 온실가스 감축을 위해 주연료인 경유 100,000L를 프로판 50,000kg으로 대체했을 때, 이론적으로 온실가스 배출량(tCO_2-eq)이 얼마나 감소했는가?

구 분		경유	프로판
순발열량		35.2MJ/L	46.3MJ/kg
배출 계수	CO_2	74,100kg/TJ	63,100kg/TJ
	CH_4	3kg/TJ	1kg/TJ
	N_2O	0.6kg/TJ	0.1kg/TJ

① 152,012 ② 162,270
③ 172,070 ④ 115,512

[해설] ㉠ 경유 온실가스 배출량
$$=100,000L \times 35.2MJ/L \times TJ/10^6MJ$$
$$\times (74,100kgCO_2/TJ \times 1tCO_2/10^3kgCO_2$$
$$\times 1tCO_2-eq/tCO_2 \times 1 + 3kgCH_4/TJ$$
$$\times 1tCH_4/10^3kgCH_4 \times 21tCO_2-eq/tCH_4$$
$$+0.6kgN_2O/TJ \times 1tN_2O/10^3kgN_2O$$
$$\times 310tCO_2-eq/tN_2O)$$
$$=261.708480tCO_2-eq$$
㉡ 프로판 온실가스 배출량
$$=50,000kg \times 46.3MJ/kg \times TJ/10^6MJ$$
$$\times (63,100kgCO_2/TJ \times 1tCO_2/10^3kgCO_2$$
$$\times 1tCO_2-eq/tCO_2 \times 1 + 1kgCH_4/TJ \times$$
$$1tCH_4/10^3kgCH_4 \times 21tCO_2-eq/tCH_4 +$$
$$0.1kgN_2O/TJ \times 1tN_2O/10^3kgN_2O \times$$
$$310tCO_2-eq/tN_2O)$$
$$=146.196880tCO_2-eq$$
∴ 온실가스 감축량
$$=경유 온실가스 배출량 - 프로판 온실$$
$$가스 배출량$$
$$=261.708480 - 146.196880$$
$$=115.512tCO_2-eq$$

63 온실가스 감축을 위해 건물 옥상에 설치용량이 1MW, 발전효율이 12%인 태양광 발전시설을 설치했을 때, 3년 동안 태양광 발전시설에 의해 감축된 온실가스 배출량(tCO_2-eq)은? (단, 배출계수는 0.4594tCO_2-eq/MWh임)

① 489 ② 690
③ 980 ④ 1,449

[해설] $1MWh \times 24hr/day \times 365day/yr \times 3yr$
$$\times 0.12 \times 0.4594tCO_2-eq/MWh$$
$$=1449.0792 ≒ 1,449tCO_2-eq$$

64 액상 유기화합물을 사용하여 수소를 저장하는 방법에 관한 내용으로 옳지 않은 것은?

① 수소는 가솔린, 천연가스에 비해 에너지 밀도가 낮기 때문에 대용량 이용보다 소용량 이용에 적합하다.
② 수소화, 탈수소화 반응 등을 통해 수소를 저장 및 사용할 수 있다.
③ 기존 화석연료의 저장·운송 인프라를 활용할 수 있다.
④ 액상 유기수소 운반체(LOHC)로 사용할 수 있는 물질에는 방향족 물질과 헤테로고리 화합물 등이 있다.

[해설] 수소의 질량당 에너지밀도는 142kJ/g으로 다른 화석연료와 비교했을 때 휘발유의 4배, 천연가스의 3배 수준이다.

65 온실가스 감축기술 중 원료 및 연료의 개선 또는 대체물질의 적용에 관한 내용으로 옳은 것은?

① 원료 공급자의 온실가스 배출 감축량에 따라 배출권 구매권을 부여한다.
② 공정에 사용되는 온실가스를 온실가스가 아닌 물질 또는 지구온난화지수가 낮은 물질로 대체한다.
③ 온실가스를 처리하여 대기로 배출되는 양을 감축한다.
④ 온실가스를 재활용하거나 다른 목적으로 활용한다.

Answer 　62.④　63.④　64.①　65.②

해설 연료 개선 또는 대체물질을 적용하여 온실가스 배출량을 줄이거나 지구온난화지수가 낮은 물질로 배출하도록 하는 기술이다.
① 간접 감축방법 중 탄소배출권 구매에 해당된다.
③ 직접 감축방법 중 온실가스 처리에 해당된다.
④ 직접 감축방법 중 온실가스 활용에 해당된다.

66 연료전지(fuel cell)의 형태별 특징으로 옳지 않은 것은?

① 인산형(PAFC) 연료전지는 인산염을 전해질로 사용하며 운전온도는 150~250℃ 정도이다.
② 알칼리형(AFC) 연료전지는 수산화칼륨과 같은 알칼리를 전해질로 사용하며 비교적 저온에서 운전한다.
③ 고분자 전해질형(PEMFC) 연료전지는 CO 농도가 높거나 연료에 황이 포함되어 있으면 성능이 현저하게 떨어진다.
④ 고체 산화물형(SOFC) 연료전지는 백금을 주촉매로 사용하며 비교적 저온에서 운전한다.

해설 고체 산화물형(SOFC) 연료전지는 도핑된 지르코니아, 세리아, 페로브스카이트형 등을 고체 전해질로 사용하는 형태로, 주로 구성요소로 세라믹을 사용하여 세라믹 연료전지라고도 한다. SOFC는 연소공정이 필요하지 않은 에너지 변환장치이며 화석연료와 같이 연료를 태워서 발전하는 방식이 아니기 때문에 NO_x 배출량이 98% 저감되는 효과가 있고 기존 화력발전소에 비해 발전효율이 높아 CO_2 배출량이 대폭적으로 감소한다.

67 화학산업에서 온실가스 배출량을 감축하기 위해서는 에너지효율을 높이고 화석연료의 사용을 최소화해야 한다. 이때, 에너지효율을 높이기 위해 적용할 수 있는 공정 개선방법으로 적합하지 않은 것은?

① 설비 및 기기 효율 개선
② 에너지효율 제고를 위한 제조법의 전환 및 공정 개발
③ 배출에너지의 회수
④ 생산량 증가를 통한 원단위 개선

해설 에너지효율 개선을 위한 공정 개선에는 다음과 같은 항목들이 필요하다.
㉠ 에너지효율 제고를 위해 제조법의 전환 및 공정 개발
㉡ 설비 및 기기 효율의 개선
㉢ 운전방법의 개선
㉣ 배출에너지의 회수
㉤ 공정의 합리화

68 온실가스 목표관리 운영 등에 관한 지침상 기준연도 배출량을 재산정해야 하는 경우에 해당하지 않는 것은?

① 관리업체의 합병·분할 또는 영업, 자산 양수도 등 권리와 의무의 승계 사유가 발생한 경우
② 조직경계 내·외부로 온실가스 배출원 또는 흡수원의 변경이 발생한 경우
③ 온실가스 배출량 산정방법론이 변경된 경우
④ 관리업체의 자본금이 5% 이상 증액된 경우

해설 ④항은 해당하지 않는다.

69 할당대상업체의 조직경계 외부의 배출시설에서 국제적 기준에 부합하는 방식으로 온실가스를 감축·흡수·제거하는 사업을 무엇이라고 하는가?

① 외부사업
② 공정사업
③ 경계사업
④ 상쇄사업

해설 문제에서 설명하는 사업은 외부사업이다.

70 미분탄 화력발전소에서 배출되는 이산화탄소를 흡수제를 사용하여 포집할 때에 관한 내용으로 옳지 않은 것은?

① MEA를 사용하는 아민흡수법은 현재 상용화되어 있는 대표적인 기술이다.
② 배출가스의 이산화탄소 농도가 50~65% 정도로 높기 때문에 적어도 3가지 이상의 흡수제를 동시에 사용해야 한다.
③ 사용된 흡수제를 재사용하기 위한 재생공정에 많은 에너지와 운전비용이 소모되는 단점이 있다.
④ 기존 발전소에 적용이 용이하다는 장점이 있다.

해설 일반적으로 화력발전소 배출가스 내 이산화탄소 농도는 약 14~15% 수준이고, 흡수제는 여러 개를 동시에 사용하는 것이 아니라 단일 흡수제를 사용하며, 일반적으로 포집효율은 90% 이상이다.

71 다음 셰일가스에 관한 설명에서 ( ) 안에 알맞은 내용은?

┤ 보기 ├
셰일가스는 모래와 진흙 등이 단단하게 굳어진 셰일층에 매장되어 있는 천연가스로 (㉠)이/가 70~90%, (㉡)이/가 5~10%, 프로판 및 부탄이 5~25% 정도 존재한다.

① ㉠ 에탄, ㉡ 콘덴세이트
② ㉠ 메탄, ㉡ 에탄
③ ㉠ 수소, ㉡ 벤젠
④ ㉠ 산소, ㉡ 수소

해설 셰일가스는 0.005mm 이하의 아주 작은 입자로 구성된 셰일층에서 만들어진 천연가스로 메탄(70~90%)과 에탄(5%), 콘덴세이트(프로판, 부탄 등, 5~25%)로 구성된다.

72 외부사업 타당성 평가 및 감축량 인증에 관한 지침상 외부사업 온실가스 감축량을 객관적으로 증명하기 위한 외부사업 모니터링 원칙으로 옳지 않은 것은?

① 모니터링 방법은 등록된 사업계획서 및 승인방법론을 준수해야 한다.
② 외부사업은 불확도를 최소화할 수 있는 방식으로 측정되어야 한다.
③ 외부사업 온실가스 감축량은 일관성, 재현성, 투명성 및 정확성을 갖고 산정되어야 한다.
④ 외부사업 온실가스 감축량 산정에 필요한 데이터 추정 시 값은 진보적으로 적용되어야 한다.

해설 ④ 외부사업 온실가스 감축량 산정에 필요한 데이터 추정 시 값은 보수적으로 적용되어야 한다.

73 CDM 사업에서 기준 배출량을 도출하기 위한 베이스라인 시나리오 설정방법으로 적합하지 않은 것은?

① 현재 실제로 배출되고 있는 양 또는 과거 배출량

② 투자 장애요인을 고려했을 때 경제적으로 매력 있는 기술로부터의 배출량

③ 해당 지역 내에서 활용되는 사례가 존재하지 않는 기술로부터의 배출량

④ 유사한 사회적, 경제적, 환경적, 기술적 환경에서 과거 5년 동안 수행된 비슷한 사업활동(성과가 동일 범주의 상위 20% 이내)으로부터의 평균 배출량

해설 ③항은 해당하지 않는다.

74 청정개발체제(CDM) 추진체계를 순서대로 나열한 것은?

① 사업계획 → 타당성 확인 및 승인 획득 → 등록 → 모니터링 → 검증 및 인증 → CERs 발행

② 사업계획 → 타당성 확인 및 승인 획득 → 모니터링 → 등록 → 검증 및 인증 → CERs 발행

③ 사업계획 → 타당성 확인 및 승인 획득 → CERs 발행 → 등록 → 모니터링 → 검증 및 인증

④ 사업계획 → 타당성 확인 및 승인 획득 → 모니터링 → 등록 → CERs 발행 → 검증 및 인증

해설 청정개발체제(CDM) 진행절차는 사업 개발/계획 → 타당성 확인 및 정부 승인 → 사업의 확인 및 등록 → 모니터링 → 검증 및 인증 → CERs 발행 순으로 이루어진다.

75 온실가스 배출권거래제의 배출량 보고 및 인증에 관한 지침상 품질관리(QC) 및 품질보증(QA) 활동에 관한 내용으로 옳지 않은 것은?

① 할당대상업체는 자료의 품질을 지속적으로 개선하는 체제를 갖추는 등 배출량 산정의 품질보증활동을 수행해야 한다.

② 배출량 보고와 관련된 위험을 완화하는 일련의 활동을 내부감사라 한다.

③ 품질관리는 산정절차 수행 이후 독립적인 제3자에 의해 완성된 배출량 산정결과를 검토하는 과정이다.

④ 품질관리에는 배출활동, 활동자료, 배출계수, 기타 산정 매개변수 및 방법론에 관한 기술적 검토가 포함된다.

해설 ③ 독립적인 제3자에 의해 산정절차 수행 이후 완성된 배출량 산정결과에 대한 검토를 수행하는 것은 품질보증(QA ; Quality Assurance)이다.

76 CCS 사업 중 CO_2 저장기술에 해당하지 않는 것은?

① 지중저장　　　② 해양저장
③ 지표저장　　　④ 회수저장

해설 CCS 기술의 CO_2 저장기술은 해양저장, 지중저장, 지상(지표)저장으로 구분된다.

77 온실가스 배출권거래제의 배출량 보고 및 인증에 관한 지침상 (　) 안에 알맞은 용어는?

┤ 보기 ├
(　　)(이)란 온실가스 배출량 등의 산정 결과와 관련하여 정량화된 양을 합리적으로 추정한 값의 분산특성을 나타내는 정도를 말한다.

① 불확도　　　② 표준편차
③ 평균　　　　④ 중요도

해설 보기는 불확도에 관한 설명이다.

78 온실가스 목표관리 운영 등에 관한 지침상 벤치마크 기반의 목표 설정방법에 관한 내용 중 ( ) 안에 알맞은 용어는?

┤ 보기 ├

( )을 고려한 벤치마크 방식에 따라 관리업체의 목표를 설정하는 경우에는 기존 배출시설에 대한 배출허용량과 신·증설 시설에 대한 배출허용량을 합산하여 관리업체의 배출허용량을 설정한다.

① 최적가용기법(BAT)
② 외부감축실적
③ 조기감축실적
④ 관리업체의 성장률

해설 괄호 안에 들어갈 내용은 최적가용기법(BAT ; Best Available Technology)이다.

79 온실가스 목표관리 운영 등에 관한 지침상 온실가스 배출량 산정에 관한 내용으로 틀린 것은?

① 관리업체는 시간 경과에 따른 온실가스 배출량 등의 변화를 비교·분석할 수 있도록 일관된 자료와 산정방법론을 사용해야 한다.
② 관리업체가 자체적으로 개발한 산정방법으로 배출량을 산정할 경우 부문별 관장기관으로부터 배출시설 또는 공정단위의 산정방법 또는 고유배출계수의 사용 가능 여부를 통보받은 후 사용해야 한다.
③ 온실가스 배출량 산정에 관한 요소에 변화가 있는 경우 별도의 기록이 필요하지는 않다.
④ 관리업체는 온실가스 배출량 산정에 활용된 방법론, 관련 자료와 출처 및 적용된 가정 등을 명확하게 제시할 수 있어야 한다.

해설 ③ 온실가스 배출량 등의 산정과 관련된 요소의 변화가 있는 경우에는 이를 명확히 기록·유지하여야 한다.

80 온실가스 모니터링 실적보고서에 포함되는 내용에 해당하지 않는 것은?

① 베이스라인 배출량
② 온실가스 배출 감축량 산정
③ 사업 후 온실가스 배출량
④ 이해관계자의 의견수렴을 위한 모니터링 결과

해설 ④항은 해당하지 않는다.

┌──────────────────────────┐
│ 제5과목 **온실가스 관련 법규** │
└──────────────────────────┘

81 온실가스 배출권의 할당 및 거래에 관한 법령상 배출권의 이월 및 차입, 소멸에 관한 내용으로 옳지 않은 것은?

① 법령에 따라 주무관청에 제출되지 않은 배출권은 각 이행연도 종료일부터 6개월이 경과하면 그 효력을 잃는다.
② 배출권을 보유한 자는 보유한 배출권을 주무관청의 승인을 받아 계획기간 내의 다음 이행연도로 이월할 수 있다.
③ 배출권을 보유한 자는 보유한 배출권을 주무관청의 승인을 받아 다음 계획기간의 최초 이행연도로 이월할 수 없다.
④ 할당대상업체는 주무관청의 승인을 받아 계획기간 내의 다른 이행연도에 할당된 배출권의 일부를 차입할 수 있다.

해설 법 제28조(배출권의 이월 및 차입)에 따라, 배출권을 보유한 자는 보유한 배출권을 주무관청의 승인을 받아 계획기간 내의 다음 이행연도 또는 다음 계획기간의 최초 이행연도로 이월할 수 있다.

82 기후위기 대응을 위한 탄소중립·녹색성장 기본법령상 탄소중립도시의 지정에 관한 내용으로 옳지 않은 것은?

① 정부는 도시 내 생태축 보전 및 생태계 복원사업을 시행하고자 하는 도시를 직접 탄소중립도시로 지정할 수 있다.

② 정부는 탄소중립도시 조성사업의 시행을 위해 필요한 비용의 전부 또는 일부를 보조할 수 있다.

③ 정부는 기후위기 대응을 위한 자원순환형 도시 조성사업을 시행하고자 하는 도시를 지방자치단체 장의 요청을 받아 탄소중립도시로 지정할 수 있다.

④ 정부는 지정된 탄소중립도시가 지정기준에 맞지 않게 된 경우 개선명령을 내려야 하며 지정을 취소할 수는 없다.

해설 법 제29조(탄소중립도시의 지정 등)에 관한 문제로, 정부는 지정된 탄소중립도시가 대통령령으로 정하는 지정기준에 맞지 아니하게 된 경우에는 그 지정을 취소할 수 있다.

83 온실가스 배출권의 할당 및 거래에 관한 법령상 배출권시장 조성자로 지정할 수 있는 곳이 아닌 것은? (단, 기타 사항은 고려하지 않음)

① 한국산업은행
② 한국수출입은행
③ 농협은행
④ 중소기업은행

해설 법 제22조의 2(배출권시장 조성자)에 관한 문제로, 배출권시장 조성자는 한국산업은행, 중소기업은행, 한국수출입은행, 그 밖에 시장 조성업무에 관한 전문성과 공공성을 갖춘 자로서 대통령령으로 정하는 자가 해당한다.

84 온실가스 배출권의 할당 및 거래에 관한 법령상 할당대상업체가 인증받은 온실가스 배출량보다 제출한 배출권이 적은 경우 부족한 부분에 대해 부과할 수 있는 과징금 기준은?

① 이산화탄소 1톤당 10만원의 범위에서 해당 이행연도의 배출권 평균 시장가격의 3배 이하

② 이산화탄소 1톤당 10만원의 범위에서 해당 이행연도의 배출권 평균 시장가격의 2배 이하

③ 이산화탄소 1톤당 5만원의 범위에서 해당 이행연도의 배출권 평균 시장가격의 3배 이하

④ 이산화탄소 1톤당 5만원의 범위에서 해당 이행연도의 배출권 평균 시장가격의 2배 이하

해설 법 제33조(과징금)에 관한 문제로, 주무관청은 할당대상업체가 제출한 배출권이 인증한 온실가스 배출량보다 적은 경우에는 그 부족한 부분에 대하여 이산화탄소 1톤당 10만원의 범위에서 해당 이행연도의 배출권 평균 시장가격의 3배 이하의 과징금을 부과할 수 있다.

85 온실가스 배출권의 할당 및 거래에 관한 법령상 주무관청이 보고 또는 자료 제출을 요구하거나 필요한 최소한의 범위에서 현장조사 등의 방법으로 실태조사를 시행할 수 있는 실태조사 대상자에 해당하지 않는 것은?

① 할당대상업체
② 시장조성자
③ 검증기관
④ 온실가스 감축 최적가용기술자

해설 법 제37조(실태조사)에 따라, 실태조사 대상자는 할당대상업체, 시장조성자, 검증기관 또는 검증심사원 등이 해당된다.

86 온실가스 배출권의 할당 및 거래에 관한 법령상 배출권 할당의 취소 사유에 해당하지 않는 것은?

① 할당계획 변경으로 배출허용총량이 증가한 경우

② 할당대상업체가 전체 또는 일부 사업장을 폐쇄한 경우

③ 할당대상업체의 지정이 취소된 경우

④ 사실과 다른 내용으로 배출권의 할당 또는 추가 할당을 신청하여 배출권을 할당받은 경우

[해설] 법 제17조(배출권 할당의 취소)에 따른 배출권 할당의 취소사유는 다음과 같다.
㉠ 할당계획 변경으로 배출허용총량이 감소한 경우
㉡ 할당대상업체가 전체 또는 일부 사업장을 폐쇄한 경우
㉢ 시설의 가동 중지·정지·폐쇄 등으로 인하여 그 시설이 속한 사업장의 온실가스 배출량이 대통령령으로 정하는 기준 이상으로 감소한 경우
㉣ 사실과 다른 내용으로 배출권의 할당 또는 추가 할당을 신청하여 배출권을 할당받은 경우
㉤ 할당대상업체의 지정이 취소된 경우

87 온실가스 목표관리 운영 등에 관한 지침상 "연료, 열 또는 전기의 공급점을 공유하고 있는 상태, 즉 건물 등에 타인으로부터 공급된 에너지를 변환하지 않고 다른 건물 등에 공급하고 있는 상태"를 뜻하는 용어는?

① 에너지 관리의 연계성

② 에너지 관리 상태

③ 에너지 관리의 상호의존성

④ 에너지 관리 경계

[해설] 지침 제2조(정의)에 관한 설명으로, "에너지 관리의 연계성(連繫性)"이란 연료, 열 또는 전기의 공급점을 공유하고 있는 상태, 즉 건물 등에 타인으로부터 공급된 에너지를 변환하지 않고 다른 건물 등에 공급하고 있는 상태를 말한다.

88 다음 중 온실가스 목표관리 운영 등에 관한 지침상 교통분야 특례에 관한 내용으로 옳지 않은 것은?

① 동일 법인 등이 여객자동차 운수사업자로부터 차량을 일정 기간 임대 등의 방법을 통해 실질적으로 지배하고 통제할 경우 해당 법인 등의 소유로 본다.

② 일반화물자동차 운송사업을 경영하는 법인 등이 허가받은 차량은 차량 소유 유무에 상관없이 해당 법인 등이 지배적인 영향력을 미치는 차량으로 본다.

③ 교통 분야에 속하는 관리업체를 지정할 때 동일한 사업자등록번호로 등록된 복수의 교통 분야 사업장은 하나의 사업장에 속한 배출시설로 본다.

④ 관리업체 지정을 위해 온실가스 배출량을 산정할 때에는 항공 및 선박의 국제 항공과 국제 해운 부문을 포함한다.

[해설] 지침 제13조(교통 분야 특례)에 관한 문제로, 관리업체 지정을 위해 온실가스 배출량 등을 산정할 때에는 항공 및 선박의 국제 항공과 국제 해운 부문은 제외한다.

89 온실가스 배출권의 할당 및 거래에 관한 법령상 배출권 할당위원회에 관한 설명으로 옳지 않은 것은?

① 할당위원회는 위원장 1명과 20명 이내의 위원으로 구성한다.

② 할당위원회에는 환경부령으로 정하는 바에 따라 간사위원 2명을 둔다.

③ 배출권 할당위원회의 회의는 재적위원 과반수의 출석으로 개의하고 출석위원 과반수의 찬성으로 의결한다.

④ 배출권 할당위원회의 회의는 할당위원회의 위원장이 필요하다고 인정하거나 재적위원의 3분의 1 이상이 요구할 때 개최한다.

해설 법 제7조(할당위원회의 구성 및 운영)에 관한 문제이다. 할당위원회에는 대통령령으로 정하는 바에 따라 간사위원 1명을 둔다.

90 온실가스 목표관리 운영 등에 관한 지침상 '매개변수'에 관한 내용이 아닌 것은?

① 두 개 이상 변수 사이의 상관관계를 나타내는 변수

② 온실가스 배출량을 산정하는 데 필요한 탄소함량

③ 온실가스 배출량을 산정하는 데 필요한 불확도

④ 온실가스 배출량을 산정하는 데 필요한 발열량

해설 지침 제2조(정의)에 따라, "매개변수"란 두 개 이상 변수 사이의 상관관계를 나타내는 변수로서 온실가스 배출량 등을 산정하는 데 필요한 활동자료, 배출계수, 발열량, 산화율, 탄소함량 등을 말한다.

91 온실가스 배출권의 할당 및 거래에 관한 법령상 온실가스 배출권 할당신청서를 주무관청에 제출할 때 포함되어야 하는 사항에 해당하지 않는 것은?

① 계획기간 내 신·재생에너지 등 친환경에너지 사용계획

② 할당대상업체로 지정된 연도의 직전 3년간 온실가스 배출량

③ 공익을 목적으로 설립된 기관·단체 또는 비영리법인으로서 대통령령으로 정하는 업체임을 확인할 수 있는 서류

④ 배출효율을 기준으로 대통령령으로 정하는 방법에 따라 산정한 이행연도별 배출권 할당신청량

해설 법 제12조(배출권의 할당)에 관한 문제로, ①항은 해당되지 않는다.

92 온실가스 배출권의 할당 및 거래에 관한 법령상 객관적이고 전문적인 검증을 위해 외부 검증 전문기관을 지정하여 검증하는 항목이 아닌 것은? (단, 기타 사항은 고려하지 않음)

① 외부사업 온실가스 감축량

② 실제 배출된 온실가스 배출량에 대해 배출량 산정계획서를 기준으로 작성한 명세서

③ 이행계획서

④ 배출량 산정계획서

해설 법 제24조의 2(검증기관)에 관한 문제로, 외부 검증 전문기관을 지정하여 검증하는 항목은 다음과 같다.
ⓐ 배출량 산정계획서
ⓑ 명세서
ⓒ 외부사업 온실가스 감축량
ⓓ 그 밖에 할당대상업체의 온실가스 감축량

93 기후위기 대응을 위한 탄소중립·녹색성장 기본법령상의 내용으로 옳은 것은? (단, 기타 사항은 고려하지 않음)

① 정부는 국가비전과 중장기 감축목표 등의 달성에 기여하기 위해 이산화탄소를 배출단계에서 포집하여 이용하거나 저장하는 기술의 개발·발전을 지원하기 위한 시책을 마련해야 한다.

② 정부는 국가비전 및 중장기 감축목표 등의 달성을 위해 20년을 계획기간으로 하는 국가기본계획을 2년마다 수립·시행해야 한다.

③ 시·도지사는 국가기본계획과 관할구역의 지역적 특성 등을 고려하여 7년을 계획기간으로 하는 시·도 계획을 7년마다 수립·시행해야 한다.

④ 국가기본계획을 수립하거나 변경하는 경우 위원회의 심의를 거친 후 국회와 대통령의 심의를 거쳐야 한다.

해설 법 제34조(탄소 포집·이용·저장기술의 육성)에 따라, ①번이 알맞은 설명이다.
  ② 정부는 기본원칙에 따라 국가비전 및 중장기 감축목표 등의 달성을 위하여 20년을 계획기간으로 하는 국가 탄소중립 녹색성장 기본계획(국가기본계획)을 5년마다 수립·시행하여야 한다(법 제10조 국가 탄소중립 녹색성장 기본계획의 수립·시행).
  ③ 특별시장·광역시장·특별자치시장·도지사 및 특별자치도지사는 국가기본계획과 관할구역의 지역적 특성 등을 고려하여 10년을 계획기간으로 하는 시·도 탄소중립 녹색성장 기본계획을 5년마다 수립·시행하여야 한다(법 제11조 시·도 계획의 수립 등).
  ④ 국가기본계획을 수립하거나 변경하는 경우에는 위원회의 심의를 거친 후 국무회의의 심의를 거쳐야 한다.

다만, 대통령령으로 정하는 경미한 사항을 변경하는 경우에는 위원회 및 국무회의의 심의를 생략할 수 있다(법 제10조 국가 탄소중립 녹색성장 기본계획의 수립·시행).

94 온실가스 배출권거래제의 배출량 보고 및 인증에 관한 지침에 따른 배출량 등의 산정절차 중 (   ) 안에 알맞은 내용을 순서대로 나열한 것은?

┤ 보기 ├
조직경계의 설정 → (   ) → 배출량 산정 → 명세서의 작성

① 배출활동의 확인·구분 → 배출활동별 배출량 산정방법론의 선택 → 배출량 산정 및 모니터링 체계의 구축 → 모니터링 유형 및 방법의 설정

② 배출활동별 배출량 산정방법론의 선택 → 모니터링 유형 및 방법의 설정 → 배출량 산정 및 모니터링 체계의 구축 → 배출활동의 확인·구분

③ 배출활동별 배출량 산정방법론의 선택 → 배출량 산정 및 모니터링 체계의 구축 → 배출활동의 확인·구분 → 모니터링 유형 및 방법의 설정

④ 배출활동의 확인·구분 → 모니터링 유형 및 방법의 설정 → 배출량 산정 및 모니터링 체계의 구축 → 배출활동별 배출량 산정방법론의 선택

해설 지침 [별표 2] 배출량 등의 산정절차(제8조 관련)에 따른 배출량 산정절차는 다음과 같다.
  조직경계의 설정 → 배출활동의 확인·구분 → 모니터링 유형 및 방법의 설정 → 배출량 산정 및 모니터링 체계의 구축 → 배출활동별 배출량 산정방법론의 선택 → 배출량 산정 → 명세서의 작성

Answer 93.① 94.④

95 온실가스 목표관리 운영 등에 관한 지침상 배출량 산정에 관한 내용으로 옳지 않은 것은?

① 관리업체는 온실가스 배출유형을 온실가스 직접배출과 간접배출로 구분하여 온실가스 배출량을 산정해야 한다.

② 관리업체는 기준치를 초과하지 않은 온실가스에 대해서는 배출량을 산정하지 않아도 된다.

③ 관리업체는 법인 단위, 사업장 단위, 배출시설 단위 및 배출활동별로 온실가스 배출량을 산정해야 한다.

④ 보고대상 배출시설 중 연간 배출량이 $100tCO_2-eq$ 미만인 소규모 배출시설이 동일한 배출활동 및 활동자료인 경우 부문별 관장기관의 확인을 거쳐 배출시설 단위로 구분하여 보고하지 않고 시설군으로 보고할 수 있다.

해설 지침 제65조(배출량 등의 산정범위)에 따라, 관리업체는 온실가스에 대하여 빠짐이 없도록 배출량을 산정하여야 한다.

96 신에너지 및 재생에너지 개발·이용·보급 촉진법령상 "재생에너지"에 해당하지 않는 것은? (단, 기타 사항은 고려하지 않음)

① 수소에너지
② 태양에너지
③ 풍력
④ 지열에너지

해설 법 제2조(정의)에 관한 문제로, 신에너지에는 연료전지, 석탄액화가스화, 수소에너지의 3개 분야가 있고, 재생에너지에는 태양열, 태양광발전, 바이오매스, 풍력, 소수력, 지열, 해양에너지, 폐기물에너지의 8개 분야가 있다.

97 온실가스 배출권의 할당 및 거래에 관한 법령상 할당대상업체에 배출권을 할당하는 기준을 정할 때 고려사항에 해당하지 않는 것은?

① 유상으로 할당하는 배출권의 비율
② 조기감축실적
③ 할당대상업체의 배출권 제출실적
④ 할당대상업체의 시설투자 등이 국가 온실가스 감축목표 달성에 기여하는 정도

해설 법 제12조(배출권의 할당)에 따라, 배출권 할당기준은 다음을 고려해야 한다.
㉠ 할당대상업체의 이행연도별 배출권 수요
㉡ 조기감축실적
㉢ 할당대상업체의 배출권 제출실적
㉣ 할당대상업체의 무역집약도 및 탄소집약도
㉤ 할당대상업체 간 배출권 할당량의 형평성
㉥ 부문별·업종별 온실가스 감축기술 수준 및 국제경쟁력
㉦ 할당대상업체의 시설투자 등이 국가온실가스 감축목표 달성에 기여하는 정도
㉧ 관리업체의 목표 준수 실적

98 온실가스 목표관리 운영 등에 관한 지침상 기존 배출시설의 예상배출량 산정방법으로 가장 적합하지 않은 것은?

① 기준연도 배출시설 배출량의 선형 증감 추세
② 기준연도 배출시설 배출량의 증감률
③ 국제 연평균 온실가스 배출량의 증감 추세
④ 기준연도 배출시설의 단위활동자료와 온실가스 배출량의 상관관계식을 이용한 배출량

해설 지침 제28조(과거 실적 기반의 목표설정 방법)에 관한 내용으로, ③항은 해당하지 않는다.

99 온실가스 목표관리 운영 등에 관한 지침상 조직의 온실가스 배출과 관련하여 지배적인 영향력을 행사할 수 있는 지리적 경계, 물리적 경계, 업무활동 경계를 의미하는 용어는?

① 조직경계
② 운영경계
③ 운영통제 범위
④ 사업장

해설 지침 제2조(정의)에 관한 문제로, 운영통제 범위에 관한 설명이다.
　① 조직경계 : 업체의 지배적인 영향력 아래에서 발생되는 활동에 의한 인위적인 온실가스 배출량 산정 및 보고의 기준이 되는 조직의 범위
　② 운영경계 : 온실가스 배출의 유형을 결정하는 것으로, 관리범위의 온실가스 배출유형을 설정하는 것
　④ 사업장 : 동일한 법인, 공공기관 또는 개인 등이 지배적인 영향력을 가지고 재화의 생산, 서비스의 제공 등 일련의 활동을 행하는 일정한 경계를 가진 장소, 건물 및 부대시설 등

100 온실가스 배출권의 할당 및 거래에 관한 법령상 할당결정심의위원회에서 심의·조정하는 사항에 해당하지 않는 것은?

① 배출권 할당의 취소
② 배출권 거래시장의 개설·운영
③ 할당계획 변경으로 인한 배출권의 추가 할당
④ 할당대상업체별 배출권의 할당

해설 ② 배출권 거래시장의 개설·운영은 배출권거래소 운영을 위한 사항에 해당한다.
　시행령 제23조(할당결정심의위원회)에 관한 설명으로, 할당결정위원회에서 심의·조정하기 위한 사항은 다음과 같다.
　㉠ 할당대상업체별 배출권의 할당
　㉡ 할당계획 변경으로 인한 배출권의 추가 할당
　㉢ 배출권의 추가 할당
　㉣ 배출권 할당의 취소

제1과목 기후변화 개론

01 교토의정서에서 기후변화의 주범으로 지정한 6대 온실가스에 해당하지 않는 것은?

① 수소불화탄소
② 염화불화수소
③ 육불화황
④ 과불화탄소

> [해설] 6대 온실가스는 이산화탄소(CO_2), 메탄(CH_4), 아산화질소(N_2O), 수소불화탄소(HFCs), 과불화탄소(PFCs), 육불화황(SF_6)이다.

02 유엔기후변화협약의 모든 당사국이 이행해야 하는 사항에 해당하지 않는 것은?

① 온실가스 배출량 및 흡수량에 대한 국가 통계와 온실가스 저감정책 현황을 담은 국가보고서를 제출한다.
② 기후변화에 특히 취약한 개발도상국에 대한 재정과 기술을 지원한다.
③ 온실가스 배출량 감축을 위한 국가전략을 자체적으로 수립 · 시행한다.
④ 기후변화와 관련된 과학적, 기술적, 사회 · 경제적, 법률적 정보의 신속한 교환을 도모하고 이에 협력한다.

> [해설] 유엔기후변화협약의 이행사항
> ㉠ Annex Ⅱ 국가 및 선진국은 개발도상국, 특히 기후변화의 영향에 취약한 국가에 협력해야 하고, 또한 환경적으로 건전한 기술을 이전하기 위한 실제적인 조치를 취해야 한다.
> ㉡ 교토의정서와 그 정책 중에는 개발도상국들이 협약으로 인해서 특별한 불이익을 받지 않도록 개도국들의 필요를 고려한 조항도 포함된다.
> ㉢ 기후변화에 큰 영향을 받는 열악한 환경의 개발도상국과 의정서에 의해 경제적 타격을 받는 국가들을 고려하고 있으며, 국가들의 적응을 돕기 위한 보조금의 설립 등을 제시하였다.

03 1988년 세계기상기구와 유엔환경계획이 공동 설립하였고, 보고서를 통해 기후변화 추세, 원인, 영향, 대응을 분석한 국제기구의 이름으로 가장 적합한 것은?

① WHO
② IPCC
③ UNFCCC
④ GCF

> [해설] IPCC(Intergovernmental Panel on Climate Change)는 기후변화에 관한 정부간 패널로, UN 산하 세계기상기구와 유엔환경계획이 기후변화와 관련된 전 지구적인 환경문제에 대처하기 위해 각 국의 기상학자, 해양학자, 빙하전문가, 경제학자 등 수천여 명의 전문가로 구성한 정부간 기후변화합의체이다.

04 극한기후지수에 대한 설명 중 옳지 않은 것은?

① 서리일수 : 일 최고기온이 0℃ 미만인 날의 연중 일수

② 열대야일수 : 일 최저기온이 25℃ 이상인 날의 연중 일수

③ 폭염일수 : 일 최고기온이 33℃ 이상인 날의 연중 일수

④ 호우일수 : 일 강수량이 80mm 이상인 날의 연중 일수

해설 ① 서리일수란 일 최저기온이 0℃ 미만인 날의 연중 일수를 의미한다.

05 2015년 유엔기후변화협약의 제21차 당사국총회에서 채택된 파리협정에 대한 내용이 아닌 것은?

① 교토의정서의 경우 주요 선진국에 한해서 온실가스 감축의무가 주어지지만 파리협정에서는 모든 국가가 감축의무를 가진다.

② 파리협정은 각 국이 온실가스 감축목표를 스스로 정하는 상향식 체제로서 목표의 설정은 자율적으로 하되 감축목표를 이행하지 못할 경우에는 제재할 수 있도록 국제법적 구속력을 부과하였다.

③ 협약을 비준한 국가들의 온실가스 배출 총량이 전 세계 온실가스 배출량의 55% 이상이며 55개국 이상이 비준할 경우에 한하여 협약이 발효되며, 2016년 11월 4일에 공식 발효되었다.

④ 파리협정은 각 당사국 사이의 폭넓은 온실가스 감축사업의 추진과 거래를 인정하는 등 자발적인 협력을 포함하는 다양한 형태의 국제탄소시장(IMM) 메커니즘 설립에 합의하였다.

해설 ② 파리협정은 각 국이 온실가스 감축목표를 스스로 정하는 상향식 체제로서 목표의 설정은 자율적으로 하되 감축목표를 이행하지 못할 경우에는 국제법적 구속력이 없으며, 종료시점을 규정하지 않아 지속 가능한 대응을 추진하여 다양한 행위자의 참여를 독려하고 있다.

06 전 지구 기후변화 시나리오 "순차접근"의 순서로 가장 적합한 것은?

┤ 보기 ├
㉠ 배출과 사회경제 시나리오(IAMs)
㉡ 복사강제력
㉢ 기후 전망(CMs)
㉣ 영향, 적응, 취약성(IAV)

① ㉠ → ㉡ → ㉢ → ㉣
② ㉢ → ㉡ → ㉣ → ㉠
③ ㉢ → ㉣ → ㉡ → ㉠
④ ㉡ → ㉠ → ㉣ → ㉢

해설 전 지구 기후변화 시나리오 개발의 순차적 접근은 '사회경제 시나리오 → 배출량 시나리오 → 복사강제력 시나리오 → 기후모델 시나리오 → 영향, 적응, 취약성 연구'의 순으로 진행된다.

07 자연적인 기후변화 요인이 아닌 것은?

① 토지이용의 변화
② 밀란코비치 이론
③ 태양 흑점 수의 변화
④ 지구의 공전궤도 변화

해설 기후변화의 자연적인 원인에는 태양 흑점 수 변화, 밀란코비치 효과, 지구 공전궤도 변화, 화산활동 등이 있으며, 인위적인 원인으로는 산림훼손, 토지이용, 화석연료 사용 등이 있다.

08 아산화질소 0.1톤, 메탄 2톤, 이산화탄소 15톤을 이산화탄소 상당량톤(tCO_2-eq)으로 환산한 값은? (단, 아산화질소(N_2O)와 메탄(CH_4)의 GWP는 각각 310, 21이다.)

① 56 ② 72
③ 88 ④ 96

해설 온실가스 배출 환산량(tCO_2-eq)
= 배출량(t)×GWP
= $(0.1t×310)+(2t×21)+(15t×1)$
= $88tCO_2-eq$

09 2006 IPCC 가이드라인의 폐기물 부문에 포함되지 않는 것은?

① 고형 폐기물 매립에 의한 배출
② 고형 폐기물의 소각 및 노천 소각에 의한 배출
③ 분뇨 처리에 의한 배출
④ 폐수 처리 및 배출

해설 폐기물 부문에서 배출되는 형태에는 고형 폐기물의 매립과 생물학적 처리, 폐기물의 소각 및 노천 소각, 폐수 처리 및 배출 등이 있다.

10 기후변화의 영향과 취약성에 관한 설명으로 가장 거리가 먼 것은?

① 기후변화의 영향이 높고 적응력이 낮을 경우 사회시스템의 기후변화 취약성은 높다고 볼 수 있다.
② 기후변화의 영향이 높고 적응력이 높을 경우 사회시스템은 발전의 기회를 가질 수 있다.
③ 기후변화에 대한 영향과 적응력이 모두 낮을 경우 사회시스템은 잔여위험을 가질 수 있다.
④ 기후변화의 영향이 낮고 적응력이 높을 경우 사회시스템은 지속 가능한 발전을 하지 못한다.

해설 ④ 기후변화의 영향이 낮고 적응력이 높을 경우 사회시스템은 지속 가능한 발전을 할 수 있다.

11 탄소배출권 계약에 관한 설명 중 ( )에 알맞은 것은?

┤ 보기 ├
( )은/는 현물로 증권을 매도(매수)함과 동시에 사전에 정한 기일에 증권을 환매수(환매도)하기로 하는 2개의 매매계약이 동시에 이루어지는 계약을 말한다.

① 레포 ② 현물
③ 선도 ④ 옵션

해설 보기는 레포(Repo)에 대한 설명이다.

12 유엔기후변화협약(UNFCCC)에 관한 설명으로 가장 거리가 먼 것은?

① 1992년 브라질 리우데자네이루에서 개최된 유엔환경개발회의에서 채택되었으며, 선진국과 개도국이 "공통의 그러나 차별화된 책임"에 따라 온실가스를 감축할 것을 합의하였다.
② 주요 기구로서 당사국총회는 협약의 최고결정기구이다.
③ 당사국총회에는 협약의 이행 및 과학적·기술적 검토를 위해 이행부속기구(SBI)와 과학기술자문부속기구(SBSTA)를 두고 있다.
④ 협약은 각국의 온실가스 감축목표 달성을 위하여 개도국의 특수상황에 대한 고려 없이 강력한 국제법적 구속력을 가진다.

해설 유엔기후변화협약은 1992년 브라질 리우데자네이루에서 개최되었고, 선진국과 개도국의 공통되지만 차별화된 책임에 의거하여 온실가스를 감축하는 데 합의하였다. 국가별 온실가스 감축목표 달성에 대한 법적 구속력은 없어 강제성을 띠지는 않는다.

13 제2차 국가 기후변화 적응대책 수립 시 기후변화 리스크 기반 선진화된 적응관리체계 마련을 위한 단계별 기후변화 리스크 평가절차가 순서대로 바르게 나열된 것은?

① 분석 → 파악 → 평가 → 우선순위 설정
② 파악 → 분석 → 평가 → 우선순위 설정
③ 분석 → 파악 → 우선순위 설정 → 평가
④ 파악 → 분석 → 우선순위 설정 → 평가

해설 기후변화 리스크는 건강, 물, 산림·생태계, 국토·연안, 산업·에너지, 농축산, 해양·수산, 재난·재해 부문 리스크(관련되는 각 부문에 포함)로 구분되며, "파악(식별) → 분석 → 평가 → 우선순위 설정"의 4단계 과정으로 진행된다.

14 미래 기후변화의 영향에 관한 설명으로 가장 거리가 먼 것은?

① 난대성 상록활엽수인 후박나무는 북부지역으로 확대된다.
② 꽃매미, 열대모기 등 북방계 외래곤충이 감소하고 고온으로 인해 병해충 발생 가능성이 감소된다.
③ 농업에 있어서는 생산성 감소의 위협과 신영농기법 도입의 기회가 공존한다.
④ 산업 전반에서는 산업리스크 증가와 새로운 시장창출기회가 공존한다.

해설 미래 기후변화의 영향
ㄱ 난대성 상록활엽수가 북부지역으로 확대됨
ㄴ 꽃매미, 열대모기 등 남방계 외래곤충이 증가하고 고온으로 병해충 발생 가능성이 증가함
ㄷ 농업의 경우 기존 생산성 감소 위협과 신영농기법 도입의 기회가 공존함
ㄹ 산업 전반에서 산업리스크 증가, 새로운 시장창출기회가 공존함

15 다음 중 지자체 기후변화 적응대책 수립을 위한 일반적인 행동요령으로 가장 거리가 먼 것은?

① 지역 내 기후변화에 관심이 많은 영향력 있는 인물 탐색
② 적응전담조직의 명확한 임무 설정
③ 기후변화가 지역에 미치는 영향을 지속적으로 관찰
④ 정성적보다 정량적인 취약성평가 수행

해설 취약성평가 시 정성적 평가와 정량적 평가를 조화롭게 활용하여야 한다.

16 다음 중 국내 5가지 온실가스 배출분야에서 배출량이 가장 많은 분야는?

① 산업공정
② 에너지
③ 폐기물
④ LULUCF

해설 국가 온실가스 인벤토리 보고서에 따르면 온실가스 배출량이 많은 순서는 에너지 → 산업공정 → 농업 → 폐기물 → LULUCF 순이다.

17 교토의정서에 규정되어 있는 사항으로서 선진국인 A국이 개도국인 B국에 투자하여 발생된 온실가스 배출 감축분을 자국의 감축실적에 반영할 수 있도록 하는 제도는?

① 공동이행제도
② 청정개발체제
③ 배출권거래제도
④ 재정 및 기술 이전제도

해설 교토메커니즘은 배출권거래제도(ET), 공동이행제도(JI), 청정개발체제(CDM)의 3가지로 구분되며, 문제에서 설명하는 제도는 청정개발체제(CDM)이다.

Answer 13.② 14.② 15.④ 16.② 17.②

18 온실가스 조기감축실적 인정에 대한 설명으로 옳지 않은 것은?

① 감축목표 이행실적의 평가단계에서 반영한다.
② 사업장단위와 사업단위 감축실적 모두 인정한다.
③ 연간 인정총량은 전체 관리업체 목표총량의 5%로 설정한다.
④ 감축실적을 정부재정으로 보상한 경우는 인정에서 제외된다.

해설 연간 인정총량은 매년 조기감축실적으로 인정할 수 있는 전체 총량(연간 인정총량)은 전체 관리업체 배출허용량의 1%로 한다.

19 ISO 국제표준(ISO 14064) 지침 원칙에서 배출량 산정보고서와 관련하여 충족해야 하는 4가지 조건과 거리가 먼 것은?

① 완전성
② 추가성
③ 정확성
④ 일관성

해설 ISO 국제표준(ISO 14064) 지침 원칙 중 배출량 산정보고서와 관련하여 충족해야 하는 4가지 조건
㉠ 완전성(Completeness) : 모든 정보의 조사경계, 범위, 기간, 보고목적이 구성된 양식에 따라 보고해야 함
㉡ 일관성(Consistency) : 보고 기준 변화와 그로 인한 결과의 변화는 명확히 지적되고 해명되어야 함
㉢ 정확성(Accuracy) : 불확실성은 정량화되고 감소되어야 함
㉣ 투명성(Transparency) : 정보는 명확하고 사실에 입각하며 정기적으로 제공될 것임

20 평균온도가 15°C인 지구 표면을 완전 흑체($\varepsilon=1$)라고 가정할 때 방출되는 최대복사량은? (단, 스테판－볼츠만 상수는 5.67×10^{-8}Watt/m²K⁴이다.)

① 315Watt/m²
② 390Watt/m²
③ 445Watt/m²
④ 495Watt/m²

해설 스테판－볼츠만 법칙은 $E_b=\delta T^4$[Watt/m²], 단, 상수 δ는 5.67×10^{-8}Watt/m²K⁴이다.
식에 대입하기 위해서는 T(온도)를 절대온도인 K로 환산하여야 한다.
주어진 값에서 온도는 15°C이므로 273을 더한 288K가 된다.
$E_b=5.67\times10^{-8}$Watt/m²K⁴$\times(288K)^4$
　$=390.0794$
　$\fallingdotseq390$Watt/m²

제2과목 온실가스 배출의 이해

21 온실가스 배출권거래제의 배출량 보고 및 인증에 관한 지침상 이동연소(도로)에서 도로 부문의 배출시설에 해당하지 않는 것은?

① 건설기계
② 무동력 자전거
③ 화물자동차
④ 농기계

해설 이동연소(도로)에서 도로 부문의 보고대상 배출시설은 승용자동차, 승합자동차, 화물자동차, 특수자동차, 이륜자동차, 비도로 및 기타(건설기계, 농기계 등)로 구분된다.

22 온실가스 배출권거래제의 배출량 보고 및 인증에 관한 지침상 전자산업에서 화학기상증착시설(CVD)의 공정배출로 배출되는 온실가스가 아닌 것은?

① CF_4

② CH_4

③ CHF_3

④ C_3F_8

해설 화학기상증착시설(CVD)에서 배출되는 온실가스는 불소화합물(FCs)의 형태이며, $PFC-14(CF_4)$, $PFC-116(C_2F_6)$, $HFC-23(CHF_3)$, $PFC-218(C_3F_8)$, $PFC-318$ $(c-C_4F_8)$, SF_6 등이 있다.

23 온실가스 배출권거래제의 배출량 보고 및 인증에 관한 지침상 단위 배출시설의 배출량이 60만tCO_2/년인 전력사용시설에 대하여 외부에서 공급된 전기사용에 따른 온실가스 간접배출을 산정하고자 한다. 산정방법론, 전력사용량, 배출계수에 대한 산정등급(Tier)이 옳게 나열된 것은?

① 산정방법론 Tier 1, 전력사용량 Tier 2, 배출계수 Tier 2

② 산정방법론 Tier 1, 전력사용량 Tier 2, 배출계수 Tier 3

③ 산정방법론 Tier 2, 전력사용량 Tier 3, 배출계수 Tier 3

④ 산정방법론 Tier 3, 전력사용량 Tier 3, 배출계수 Tier 3

해설 시설규모는 온실가스 배출량이 50만톤 이상인 B그룹에 해당하며, 이에 따라 산정방법론은 Tier 1, 전력사용량은 Tier 2, 간접배출계수는 Tier 2로 산정등급이 적용되어야 한다.

24 온실가스 배출권거래제의 배출량 보고 및 인증에 관한 지침상 석유화학제품 생산공정 배출시설에서의 보고대상 배출시설에 해당하지 않는 것은?

① 메탄올 반응시설

② 에틸렌옥사이드 반응시설

③ 테레프탈산 생산시설

④ 수소 제조시설

해설 석유화학제품 생산공정의 공정배출 보고대상 배출시설에는 메탄올 반응시설, EDC/VCM 반응시설, 에틸렌옥사이드(EO) 반응시설, 아크릴로니트릴(AN) 반응시설, 카본블랙(CB) 반응시설, 에틸렌 생산시설, 테레프탈산(TPA) 생산시설이 있다.
④ 수소 제조시설은 석유 정제시설의 공정배출시설에 해당된다.

25 온실가스 배출권거래제의 배출량 보고 및 인증에 관한 지침상 이동연소(선박) 보고대상 배출시설의 적용범위에 관한 설명으로 옳지 않은 것은?

① 여객선 : 선박을 추진하기 위해 사용된 연료연소 배출

② 화물선 : 화물 운송을 주목적으로 하는 선박의 연료연소 배출

③ 어선 : 내륙, 연안, 심해 어업에서의 연료연소 배출

④ 기타 : 화물선, 여객선, 어선을 제외한 모든 수상 이동의 연료연소 배출

해설 ① 여객선은 여객 운송을 주목적으로 하는 선박의 연료연소 배출을 적용한다

26 온실가스 배출권거래제의 배출량 보고 및 인증에 관한 지침상 질산 생산에서 온실가스가 발생되는 주요 공정은 제1산화공정의 부반응에 의한 것이다. 다음 중 제1산화공정의 반응과 가장 거리가 먼 것은?

① $2NH_3 \rightarrow N_2 + 3H_2$

② $4NH_3 + 6NO \rightarrow 5N_2 + 6H_2O$

③ $NO(g) + 0.5O_2 \rightarrow NO_2(g) + 13.45kcal$

④ $NH_3 + 4NO \rightarrow 2.5N_2O + 1.5H_2O$

해설 제1산화공정의 부반응은 N_2 생성반응과 N_2O 생성반응이다.
　ㄱ N_2 생성반응
　　• $2NH_3 \rightarrow N_2 + 3H_2$
　　• $2NO \rightarrow N_2 + O_2$
　　• $4NH_3 + 3O_2 \rightarrow 2N_2 + 6H_2O$
　　• $4NH_3 + 6NO \rightarrow 5N_2 + 6H_2O$
　ㄴ N_2O 생성반응
　　• $NH_3 + O_2 \rightarrow 0.5H_2O + 1.5H_2O$
　　• $NH_3 + 4NO \rightarrow 2.5N_2O + 1.5H_2O$
　　• $NH_3 + NO + 0.75O_2 \rightarrow N_2O + 1.5H_2O$

27 온실가스 목표관리 운영 등에 관한 지침상 최적가용기술(BAT) 개발 시 고려요소와 가장 거리가 먼 것은?

① 환경피해를 방지함으로써 얻을 수 있는 이익이 최적가용기술을 적용하는 데 필요한 비용보다 커야 한다.

② 폐기물의 발생을 적게 하고 폐기물 회수와 재사용 등을 촉진할 수 있는지 여부를 고려하여야 한다.

③ 기술의 진보와 과학의 발전을 고려한다.

④ 실증된 기술이라도 파일럿 규모인 경우는 원칙적으로 최적가용기술 범위에서 제외한다.

해설 ④ 최적가용기술 개발 시 파일럿 규모를 제외한다는 사항은 없다.
최적가용기술 개발 시 고려요소
　ㄱ 환경피해를 방지함으로써 얻을 수 있는 이익이 최적가용기술을 적용하는 데 필요한 비용보다 커야 한다.
　ㄴ 기존 및 신규 공장에 최적가용기술을 설치하는 데 필요한 시간을 고려한다.
　ㄷ 폐기물의 발생을 적게 하고 폐기물 회수와 재사용 등을 촉진할 수 있는지 여부를 고려하여야 한다.
　ㄹ 관련 법률에 따른 환경규제, 인·허가 등이 해당 기술을 적용하는 데 상당한 제약이 발생하는지 여부를 고려하여야 한다.
　ㅁ 기술의 진보와 과학의 발전을 고려한다.
　ㅂ 온실가스와 기타 오염물질의 통합 감축을 촉진하여야 한다.

28 다음 중 온실가스 배출권거래제의 배출량 보고 및 인증에 관한 지침상 합금철 생산공정에서 온실가스의 주된 배출시설은?

① 전기아크로

② 배소로

③ 소결로

④ 전해로

해설 합금철 생산공정에서 주된 배출시설은 전로, 전기아크로가 있다.
　② 배소로 : 아연 생산공정 중 보고대상 배출시설에 해당된다.
　③ 소결로 : 철강 생산공정 중 보고대상 배출시설에 해당된다.
　④ 전해로 : 아연 생산공정 중 보고대상 배출시설에 해당된다.

29 온실가스 배출권거래제의 배출량 보고 및 인증에 관한 지침상 활동자료에 대한 설명으로 ( )에 알맞은 것은?

┤ 보기 ├
이 지침에서 석유제품의 기체연료에 대해 특별한 언급이 없으면 모든 조건은 (㉠) 상태의 체적과 관련된 활동자료이고, (㉡)연료는 (㉢)를 기준으로 한 체적을 적용한다.

① ㉠ 275℃, 1기압, ㉡ 고체, ㉢ 15℃
② ㉠ 0℃, 1기압, ㉡ 액체, ㉢ 15℃
③ ㉠ 0℃, 2기압, ㉡ 고체, ㉢ 25℃
④ ㉠ 275℃, 2기압, ㉡ 액체, ㉢ 25℃

해설 석유제품의 기체연료에 대한 특별한 언급이 없으면 모든 조건은 0℃, 1기압 상태의 체적을 적용한다. 액체연료에 대해 특별한 언급이 없으면 15℃를 기준으로 한 체적을 적용한다.

30 다음은 철강 생산공정 온실가스 배출량 산정방법 중 물질수지법(Tier 3)이다. 각 인자의 설명으로 맞는 것은?

┤ 보기 ├
$$E_f = \sum(Q_i \times EF_i) - \sum(Q_p \times EF_p) - \sum(Q_e \times EF_e)$$

① Q_i : 공정에 투입되는 각 원료 사용량(ton)
Q_p : 공정에서 배출되는 각 부산물 반출량(ton)
Q_e : 공정에서 생산되는 각 제품 생산량(ton)
② Q_i : 공정에서 생산되는 각 제품 생산량(ton)
Q_p : 공정에서 배출되는 각 부산물 반출량(ton)
Q_e : 공정에 투입되는 각 원료 사용량(ton)
③ Q_i : 공정에서 생산되는 각 제품 생산량(ton)
Q_p : 공정에 투입되는 각 원료 사용량(ton)
Q_e : 공정에서 배출되는 각 부산물 반출량(ton)
④ Q_i : 공정에 투입되는 각 원료 사용량(ton)
Q_p : 공정에서 생산되는 각 제품 생산량(ton)
Q_e : 공정에서 배출되는 각 부산물 반출량(ton)

해설 각 인자의 설명은 다음과 같다.
E_f : 공정에서의 온실가스(f) 배출량(tCO2)
Q_i : 공정에 투입되는 각 원료(i)의 사용량(ton)
Q_p : 공정에서 생산되는 각 제품(p)의 생산량(ton)
Q_e : 공정에서 배출되는 각 부산물(e)의 반출량(ton)
EF_X : X물질의 배출계수(tCO2/t)

31 혐기성 소화조의 소화효율 저하원인과 가장 거리가 먼 것은?

① pH 저하
② 알칼리제 주입
③ 소화조 내 온도 저하
④ 독성물질 유입

해설 혐기성 소화조의 소화효율 저하원인으로는 pH 저하, 소화조 내 온도 저하, 낮은 유기물 함량 등이 있다.
② 알칼리제 주입은 소화효율 저하요인 중 pH 저하를 개선하기 위한 노력에 해당한다.

32 온실가스 배출권거래제의 배출량 보고 및 인증에 관한 지침상 유리 생산활동에 관한 내용으로 옳지 않은 것은?

① 유리 생산공정의 보고대상 온실가스에는 CO_2, CH_4가 있다.
② 배출원 카테고리에는 유리 생산뿐만 아니라 생산공정이 유사한 글라스울(glass wool) 생산으로 인한 배출도 포함된다.
③ 유리 제조에 유리 원료뿐만 아니라 컬릿(cullet)을 일정량 사용하기도 한다.
④ 재활용 유리는 이미 반응을 마친 석회성분을 함유하고 있기 때문에 탄산염광물과 함께 용해로에서 용해되어도 이산화탄소를 발생시키지 않는다.

해설 ① 유리 생산공정의 보고대상 온실가스는 이산화탄소(CO_2)이다.

33 온실가스 배출권거래제의 배출량 보고 및 인증에 관한 지침상 카바이드 생산공정의 보고대상 온실가스를 모두 나열한 것은?

① N_2O

② CH_4, N_2O

③ CO_2, N_2O

④ CO_2, CH_4

해설 카바이드 생산공정의 보고대상 온실가스는 이산화탄소(CO_2), 메탄(CH_4)이다.

34 고정연소시설에 사용하는 연료 중 천연가스의 일반적인 주성분은? (단, 온실가스 배출권거래제의 배출량 보고 및 인증에 관한 지침 기준)

① 메탄

② 부탄

③ 프로탄

④ 에탄

해설 천연가스의 주요 성분은 메탄이며 그 외에 가변량의 에탄과 소량의 질소, 헬륨, 이산화탄소도 포함되어 있다.

35 외부에서 공급된 전기 사용량에 대한 온실가스 중 보고 대상의 조합이 올바른 것은?

① CO_2

② CO_2, CH_4

③ CH_4, N_2O

④ CO_2, CH_4, N_2O

해설 간접배출원(Scope 2)의 운영경계 중 외부 전기 및 외부 열·증기 사용에서 고려하는 온실가스는 CO_2, CH_4, N_2O이다.

36 매립지의 기능을 3가지로 대별한 구분으로 틀린 것은? (단, 온실가스 배출권거래제의 배출량 보고 및 인증에 관한 지침 기준)

① 저류기능

② 회복기능

③ 차수기능

④ 처리기능

해설 매립지의 기능은 저류, 차수, 처리 기능이 있으며, 회복기능은 포함되지 않는다.

37 수송연료로 사용될 수 있는 바이오연료에 대한 설명으로 틀린 것은? (단, 온실가스 배출권거래제의 배출량 보고 및 인증에 관한 지침 기준)

① 수송용 바이오연료는 액체형과 가스형으로 분류된다.

② 바이오에탄올은 가솔린의 옥탄가를 높이는 첨가제로 주로 사용된다.

③ 바이오디젤은 식물성 기름으로서 석유계 디젤과 혼합하여 사용한다.

④ 우리나라에서는 2015년 현재 바이오디젤로서 BD25가 판매되고 있다.

해설 우리나라의 경우 2005년 기준으로 대체에너지 사용량 중 바이오에너지의 비중은 3.7%에 불과하나 지속적으로 증가하는 추세이다. 바이오디젤이 국내 바이오연료 중에서 가장 주목을 받고 있으며, 2002년 5월부터 BD20이 168개의 지정된 주유소에서 시범적으로 공급되었다.
반면에 바이오에탄올의 국내 보급 전망은 불투명한 상황이다. 저장과 유통 인프라 구축비용 및 원료의 수입 문제로 연료용으로 사용된 실적은 없다. 향후 바이오에탄올 생산기술 확보와 보급을 위해서는 정부 차원의 적극적 노력이 필요하다.
우리나라는 바이오연료 개발에서 EU와 미국과 비교하여 5~10년 정도의 격차를 보이고 있음을 감안하여 2030년까지 경유 및 휘발유의 20%를 바이오디젤과 바이오에탄올이 대체할 것으로 전망하고 있다.

38 본체 내부에 노동화로, 연관 등을 설치한 것으로 구조가 간단하고 일반적으로 널리 쓰이고 있으나, 고압용이나 대용량에는 적합하지 않은 배출시설은?

① 수관식 보일러 ② 주철형 보일러
③ 원통형 보일러 ④ 소각 보일러

해설 원통형 보일러의 경우 구멍이 큰 원통을 본체로 하여 그 내부에 노통화로, 연관 등을 설치한 것으로, 구조가 간단하고 일반적으로 널리 쓰이고는 있지만, 고압용이나 대용량에는 적합하지 않다.

39 온실가스 배출권거래제의 배출량 보고 및 인증에 관한 지침상 하·폐수 처리 및 배출의 보고대상 배출시설에 해당하지 않는 것은?

① 가축분뇨 공공처리시설
② 공공하수처리시설
③ 분뇨처리시설
④ 부숙토처리시설

해설 보고대상 배출시설은 가축분뇨 공공처리시설, 폐수종말처리시설, 공공하수처리시설, 분뇨처리시설, 기타 하·폐수 처리시설 등이 있다.
④ 부숙토처리시설은 해당되지 않는다.

40 온실가스 배출권거래제의 배출량 보고 및 인증에 관한 지침상 다음 조건에서 산정한 시멘트 소성시설의 클링커 배출계수(tCO₂/t-clinker)는? (단, 미소성된 CaO, MgO는 0으로 가정한다.)

┤ 보기 ├
• 클링커 생산량 : 3,470,000ton
• 생산된 클링커에 함유된 CaO의 질량분율 : 0.6387
• 생산된 클링커에 함유된 MgO의 질량분율 : 0.0253

① 0.4291 ② 0.5290
③ 0.6440 ④ 0.7431

해설 클링커 배출계수(EF_i)는 다음 식에 대입하여 구한다.
$$EF_i = (Cli_{CaO} - Cli_{nCaO}) \times 0.785 + (Cli_{MgO} - Cli_{nMgO}) \times 1.092$$
여기서,
EF_i : 클링커(i) 생산량당 배출계수 (tCO₂/t-clinker)
Cli_{CaO} : 생산된 클링커(i)에 함유된 CaO의 질량분율(0에서 1 사이의 소수)
Cli_{nCaO} : $Cli_{미소성nCaO}$와 $Cli_{비탄산염nCaO}$를 합한 CaO의 질량분율(0에서 1 사이의 소수)
　※ $Cli_{미소성nCaO}$: CaCO₃ 중 소성되지 못하고 클링커(i)에 잔존하여 분석된 CaO의 질량분율
　※ $Cli_{비탄산염nCaO}$: 비탄산염 원료가 소성되어 클링커(i)에 함유된 CaO의 질량분율
Cli_{MgO} : 생산된 클링커(i)에 함유된 MgO의 질량분율(0에서 1 사이의 소수)
Cli_{nMgO} : $Cli_{미소성nMgO}$와 $Cli_{비탄산염nMgO}$를 합한 MgO의 질량분율(0에서 1 사이의 소수)
　※ $Cli_{미소성nMgO}$: MgCO₃ 중 소성되지 못하고 클링커(i)에 잔존하여 분석된 MgO의 질량분율
　※ $Cli_{비탄산염nMgO}$: 비탄산염 원료가 소성되어 클링커(i)에 함유된 MgO의 질량분율
$$\therefore EF_i = (0.6387 - 0) \times 0.785 + (0.0253 - 0) \times 1.092 = 0.5290 tCO_2/t-clinker$$

제3과목 온실가스 산정과 데이터 품질관리

41 온실가스 배출권거래제의 배출량 보고 및 인증에 관한 지침상 철강 생산공정에서 전기로시설의 배출활동이 다음과 같을 때, Tier 2 산정방법으로 전기로에서 조강 생산에 따른 CO_2 배출량(tCO_2)을 계산하면?

┤ 보기 ├
- 탄소전극봉 투입량 1,000ton
- 탄소전극봉 CO_2 배출계수 3.0045tCO_2/ton
- 가탄제 투입량 15,000ton
- 가탄제 CO_2 배출계수 3.0411tCO_2/ton
- 조강 생산량 20,000톤
- 조강 CO_2 배출계수 0.08tCO_2/t-생산물

① 48,621 ② 49,376
③ 50,221 ④ 53,276

해설 Tier 2 산정방법으로 조강 생산을 위해 사용된 원료 및 연료 사용량, 조강 생산량 등을 기준으로 하여 CO_2를 산정한다.

$$E_{EAF} = (CE \times EF_{CE}) + (CA \times EF_{CA}) + \sum (O \times EF_O)$$

여기서,
E_{EAF} : 전기로에서 조강 생산에 따른 CO_2 배출량(tCO_2)
CE : 전기로에서 사용된 탄소전극봉의 양(ton)
CA : 전기로에 투입된 가탄제의 양(ton)
O : 전로에 투입된 기타 공정물질(소결물, 폐플라스틱 등)의 양(ton)
EF_X : X물질의 배출계수(tCO_2/t)

$$\therefore E_{EAF} = (1,000ton \times 3.0045tCO_2/ton) + (15,000ton \times 3.0411tCO_2/ton) = 48,621tCO_2$$

42 다음은 온실가스 배출권거래제 운영을 위한 검증지침에서 온실가스 배출량 등의 검증절차이다. ( ) 안에 가장 적합한 것은?

┤ 보기 ├
검증개요 파악 → 검증계획 수립 → 문서 검토 → (㉠) → (㉡) → (㉢) → 검증보고서 제출

① ㉠ 내부검증, ㉡ 시정조치 요구 및 확인, ㉢ 외부검증
② ㉠ 현장검증, ㉡ 검증결과 정리 및 평가, ㉢ 내부심의
③ ㉠ 시정조치 요구 및 확인, ㉡ 내부검증, ㉢ 현장검증
④ ㉠ 현장검증, ㉡ 외부심의, ㉢ 검증결과 정리 및 평가

해설 온실가스 배출량 등의 검증절차
검증개요 파악 → 검증계획 수립 → 문서 검토 → 현장검증 → 검증결과 정리 및 평가 → 내부심의 → 검증보고서 제출

43 온실가스 배출권거래제의 배출량 보고 및 인증에 관한 지침상 굴뚝연속자동측정기에 의한 배출량 산정방법 중 측정에 기반한 온실가스 배출량 산정은 어떤 값을 기반으로 하여 산출하는가?

① 건가스 기준의 30분 CO_2 부피 평균농도(%)를 사용하여 산정
② 습가스 기준의 30분 CO_2 부피 평균농도(%)를 사용하여 산정
③ 건가스 기준의 10분 CO_2 부피 평균농도(%)를 사용하여 산정
④ 습가스 기준의 10분 CO_2 부피 평균농도(%)를 사용하여 산정

해설 건가스(Dry Basis) 기준의 30분 CO_2 부피 평균농도(%)를 사용하여 산정하도록 되어 있다.

44 온실가스 배출권거래제의 배출량 보고 및 인증에 관한 지침상 온실가스 배출량 산정결과의 정확성을 향상시키기 위해서는 배출계수의 고도화가 필요하다. 다음 중 온실가스 배출량 산정 시 신뢰도가 가장 낮은 것은?

① 사업장 고유배출계수
② 국가 고유배출계수
③ IPCC 기본배출계수
④ 사업장 내 연속측정방법에 따른 배출량 산정

> **해설** Tier 1 산정방법론은 IPCC 기본배출계수이다. Tier 1은 배출량 산정 시 신뢰도가 가장 낮으며, 산정방법론이 커질수록 배출량의 신뢰도와 정확성이 높아진다.
> ※ 정확성의 크기
> 사업장 내 연속측정방법에 따른 배출량 산정 > 사업장 고유배출계수 > 국가 고유배출계수 > IPCC 기본배출계수

45 LNG를 원료로 사용하는 연료전지공장을 운영하는 어떤 관리업체가 연료전지 원료 LNG를 100만Nm^3 사용하였다. 이때 온실가스 배출량을 산정할 경우 발생된 온실가스 양(tCO_2-eq)은? (단, LNG 밀도=1.965kg/Nm^3, 배출계수=2.6928tCO_2/t-LNG)

① 5291.4
② 5291352.0
③ 2692.8
④ 2692800.0

> **해설** 온실가스 발생량
> = 원료 사용량(Nm^3)
> $\times$ 원료 밀도(kg-원료$/Nm^3$)
> $\times$ 배출계수(tCO_2/t-원료)
> $\times 10^{-3}kg$-원료$/t$-원료
> = 1,000,000Nm^3
> $\times 1.965kg$-LNG$/Nm^3$
> $\times 2.6928tCO_2/t$-LNG
> $\times 10^{-3}kg$-LNG$/t$-LNG
> = 5291.352 ≒ 5291.4tCO_2-eq

46 온실가스 배출권거래제의 배출량 보고 및 인증에 관한 지침상 ( )에 들어갈 용어로 가장 적합한 것은?

┤ 보기 ├
(㉠)은/는 배출량 산정(명세서 작성 등) 과정에 직접적으로 관여하지 않은 사람에 의해 수행되는 검토절차의 계획된 시스템을 의미하고, (㉡)은/는 배출량 산정결과의 품질을 평가 및 유지하기 위한 일상적인 기술적 활동의 시스템이다.

① ㉠ 품질보증, ㉡ 품질관리
② ㉠ 품질관리, ㉡ 품질보증
③ ㉠ 현장검증, ㉡ 리스크 분석
④ ㉠ 리스크 분석, ㉡ 현장검증

> **해설** ㉠ 품질보증(QA) : 배출량 산정과정에서 직접적으로 관여하지 않은 제3의 전문가 또는 기관에 의해 점검되는 과정
> ㉡ 품질관리(QC) : 배출량 산정과 측정, 불확도 산정, 정보와 보고에 대한 문서화 등 기술적 활동이 이루어지는 과정

47 온실가스 배출권거래제의 배출량 보고 및 인증에 관한 지침상 활동자료 수집에 따른 모니터링 유형에 관한 설명으로 옳지 않은 것은?

① B유형은 배출시설별로 주기적으로 교정검사를 실시하는 내부 측정기기가 설치되어 있을 경우 해당 측정기기를 활용하여 활동자료를 결정하는 방법이다.

② C유형은 연료 및 원료의 공급자가 상거래 등의 목적으로 설치·관리하는 측정기기를 이용하여 배출시설의 활동자료를 모니터링하는 방법이다.

③ B유형은 구매량 기반 측정기기와 무관하게 배출시설 활동자료를 교정된 자체 측정기기를 이용하여 모니터링하는 방법이다.

④ C유형은 각 배출시설별 활동자료를 구매 연료 및 원료 등의 메인 측정기기 활동자료에서 타당한 배분방식으로 모니터링하는 방법이다.

> **해설** C유형은 근사법에 따른 모니터링 유형으로 각 배출시설별 활동자료를 구매 연료 및 원료 등의 메인 측정기기 활동자료에서 타당한 배분방식으로 모니터링하는 방법이다.

48 온실가스 배출권거래제의 배출량 보고 및 인증에 관한 지침상 시멘트 생산과정에서 배출되는 온실가스의 발생 반응식으로 가장 적합한 것은?

① $CaCO_3+H_2SO_4 \rightarrow CaSO_4+CO_2+H_2O$
② $2NaHCO_3+Heat \rightarrow Na_2CO_3+CO_2+H_2O$
③ $CH_4+2O_2 \rightarrow CO_2+2H_2O$
④ $CaCO_3+Heat \rightarrow CaO+CO_2$

> **해설** 시멘트 생산공정은 탄산칼슘($CaCO_3$)과 열이 반응하여 CaO와 CO_2가 생성되는 소성과정에서 배출된다.

49 온실가스 배출권거래제의 배출량 보고 및 인증에 관한 지침에 따라 관리업체 A의 기체연료 고정연소시설 배출량이 621,000톤으로 산정되었다고 한다면, 온실가스 배출량 산정방법론에 대한 최소 산정등급은?

① Tier 1 ② Tier 2
③ Tier 3 ④ Tier 4

> **해설** 배출시설 배출량 규모별 산정등급에 따라 50만톤 이상의 배출시설은 C그룹에 해당한다. 이때 고정연소시설의 C그룹의 경우 Tier 3 산정등급에 해당한다.

50 배출활동별 온실가스 배출량 등의 세부 산정기준에 대한 설명으로 가장 거리가 먼 것은?

① 사업장별 배출량은 정수로 보고한다.
② 배출활동별 배출량 세부 산정 중 활동자료의 보고값은 소수점 넷째 자리에서 반올림하여 셋째 자리까지로 한다.
③ 활동자료를 제외한 매개변수의 수치맺음은 센터에서 공표하는 바에 따른다.
④ 사업장 고유배출계수 개발 시 활동자료 측정주기와 동 활동자료에 대한 조성분석주기를 기준으로 산술평균을 적용한다.

> **해설** ④ 사업장 고유배출계수 개발 시, 활동자료 측정주기와 동 활동자료에 대한 조성분석주기를 기준으로 가중평균을 적용한다.

51 온실가스 배출권거래제의 배출량 보고 및 인증에 관한 지침상 비선택적 촉매환원법을 사용하여 질산 350t을 생산하였다. 이때 발생되는 온실가스 배출량(tCO₂ – eq)은?

┤ 보기 ├
- 비선택적 촉매환원법의 N_2O 배출계수 : $2kgN_2O/t$-질산
- 분해계수 및 이용계수는 각각 0을 적용

① 156　　　　② 217

③ 340　　　　④ 412

해설
$$E_{N_2O} = \sum_{k,h}[EF_{N_2O} \times NAP_k \times (1-DF_h \times ASUF_h)] \times 10^{-3}$$

여기서,

E_{N_2O} : N_2O 배출량(tN₂O)

EF_{N_2O} : 질산 1ton 생산당 N_2O 배출량 $(kgN_2O/t$-질산)

NAP_k : 생산기술(k)별 질산 생산량 (t-질산)

DF_h : 저감기술(h)별 분해계수(0에서 1 사이의 소수)

$ASUF_h$: 저감기술(h)별 저감시스템 이용계수(0에서 1 사이의 소수)

$\therefore E_{N_2O} = 350\text{t질산} \times \dfrac{2kgN_2O}{t\text{질산}}$

$\times \dfrac{tN_2O}{10^3 kgN_2O} \times \dfrac{310tCO_2 - eq}{tN_2O}$

$= 217tCO_2 - eq$

52 온실가스 배출권거래제의 배출량 보고 및 인증에 관한 지침상 폐열 이용 특례로 인정받기 위한 대상 폐기물 또는 고형 연료에 해당하지 않는 것은?

① 폐기물관리법에 따라 수집·운반, 재활용 또는 처분되는 사업장 폐기물 중 저위발열량이 3,000kcal/kg 이상인 폐유

② 폐기물관리법에 따른 지정폐기물

③ 폐기물관리법에 따른 자체 발생한 사업장폐기물

④ 폐기물관리법에 따른 생활폐기물

해설 폐열 이용 특례대상 폐기물 또는 고형 연료에 해당하는 것은 폐기물관리법상 생활 폐기물, 자체 발생한 사업장 폐기물, 공동으로 수집·운반, 재활용 및 처분되는 사업장 폐기물, 수집·운반, 재활용 또는 처분되는 사업장 폐기물 중 저위발열량이 3,000kcal/kg 이상인 가연성 고형 폐기물 또는 폐유, 자원의 절약과 재활용 촉진에 관한 법률 시행규칙상 품질·등급기준에 따른 고형 연료 제품이 해당된다.
② 지정폐기물은 포함되지 않는다.

53 Scope 1과 Scope 2에 관한 설명으로 옳은 것은?

① 전기, 스팀 등의 구매에 의한 외부에서의 온실가스 배출은 Scope 1에 해당된다.

② 중간생성물의 저장·이송 과정에서의 온실가스 배출은 Scope 2에 해당된다.

③ 배출권 관리영역에 있는 차량운행을 통한 온실가스 배출은 Scope 2에 해당된다.

④ 화학반응을 통한 부산물로서의 온실가스 배출은 Scope 1에 해당된다.

해설 화학반응을 통한 부산물로서의 온실가스 배출은 Scope 1에 해당되며, 공정배출이라 한다.
① 전기, 스팀 등의 구매에 의한 외부에서의 온실가스 배출은 Scope 2인 간접배출원이다.
② 중간생성물의 저장·이송 과정에서 온실가스 배출은 Scope 1인 직접배출원이며 그 중 탈루배출에 해당한다.
③ 배출권 관리영역에 있는 차량운행을 통한 온실가스 배출은 Scope 1인 직접배출원이며, 이동연소에 해당한다.

54 온실가스 배출권거래제의 배출량 보고 및 인증에 관한 지침상 오존파괴물질(ODS)의 대체물질 사용에 의한 온실가스 배출량을 Tier 1 산정방법론으로 산정하고자 한다. 비에어로졸 용매 부문과 에어로졸 부문의 온실가스 배출량 산정에 관한 내용으로 옳은 것은?

① 에어로졸 제품의 수명이 1년 이하로 가정되기 때문에 초기 충진량의 90%를 기본배출계수로 사용한다.

② 비에어로졸 용매는 제품을 사용하기 시작한 후 5년 내에 서서히 배출되는 것으로 간주한다.

③ 에어로졸은 제품 사용시점을 최종 사용자에게 공급되는 시기로 정의하지 않으므로 회수, 재활용, 파기 등을 고려하지 않는다.

④ 에어로졸과 비에어로졸 용매 부문에서 보고되는 항목은 할당대상업체의 온실가스 총배출량에 합산한다.

해설 에어로졸 제품의 수명이 2년 이하로 가정되기 때문에 초기 충진량의 50%를 기본배출계수로 사용한다. 그러나 구매시점을 정의하는 데 유의해야 한다.
또한, 에어로졸은 용매와 달리 제품 사용시점을 최종 사용자에게 공급되는 시기로 정의하지 않으므로 회수나 재활용, 파기 등을 고려하지 않는다.

55 목표관리대상업체에서 근사법에 의한 모니터링 방법을 적용할 경우에 관한 설명으로 옳지 않은 것은?

① 관리업체는 근사법을 사용할 수밖에 없는 합당한 이유 등을 모니터링계획에 포함하여야 한다.

② 관리업체는 배출시설 단위로 측정기기의 신규설치 및 정도검사 일정 등을 모니터링계획에 포함하여야 한다.

③ 이동연소배출원(사업장에서 개별차량별로 온실가스 배출량을 산정하는 경우를 의미한다)에는 근사법에 의한 모니터링을 적용할 수 없다.

④ 식당 LPG, 비상발전기에는 근사법에 의한 모니터링을 적용할 수 있다.

해설 다음과 같은 배출시설 등에 대하여 모니터링 유형 C(근사법에 따른 모니터링)를 적용할 수 있다.
㉠ 식당 LPG, 비상발전기, 소방펌프 및 소방설비 등 저배출원
㉡ 이동연소배출원(사업장에서 차량별로 온실가스 배출량을 산정하는 경우를 의미)
㉢ 타 사업장 또는 법인과의 수급계약서에 명시된 근거를 이용하여 활동자료를 배출시설별로 구분하는 경우
㉣ 기타 모니터링이 불가능하다고 관장기관이 인정하는 경우

56 온실가스 배출권거래제의 배출량 보고 및 인증에 관한 지침하에서 이동연소(항공) 온실가스 배출량 산정을 위한 LTO에 관한 설명으로 가장 적합한 것은?

① 항공기 운항 중 순항단계를 의미한다.

② 항공기 운항 중 이착륙단계를 의미한다.

③ 항공기 운항 중 국제선 운항을 의미한다.

④ 항공기 운항 중 국내선 운항을 의미한다.

해설 항공의 온실가스 배출량 산정 시 사용되는 계수로 LTO는 항공기의 운항 중에 이착륙 단계를 의미한다.

57 온실가스 배출권거래제의 배출량 보고 및 인증에 관한 지침에서 정하는 바에 따라 고형 폐기물의 매립 시 배출량 산정과 관련한 매개변수별 관리기준에 대한 설명 중 옳지 않은 것은?

① 폐기물 성상별 매립량은 1981년 1월 1일 이후 매립된 폐기물에 대해서만 수집한다.

② 메탄 회수량은 측정불확도 ±2.5% 이내의 메탄 회수량 자료를 활용한다.

③ 메탄으로 전환 가능한 DOC 비율은 IPCC 가이드라인 기본값인 0.5를 적용한다.

④ 메탄 부피비는 IPCC 기본값인 0.5를 적용한다.

해설 메탄 회수량은 측정불확도 ±5.0% 이내의 메탄 회수량 자료를 활용한다.

58 온실가스 배출권거래제의 배출량 보고 및 인증에 관한 지침에 따라 합성불확도 산정 시 활동자료의 상대확장불확도가 30%, 배출계수의 상대확장불확도가 20%일 경우, 배출량의 상대확장불확도는?

① 46.05% ② 36.05%
③ 25.00% ④ 22.25%

해설 $U_{r,E} = \sqrt{U_{r,A}^2 + U_{r,B}^2 + U_{r,C}^2 + U_{r,D}^2 + \cdots}$

여기서, $U_{r,E}$: 배출량(E)의 상대확장불확도(%)
$U_{r,A}$: 활동자료(A)의 상대확장불확도(%)
$U_{r,B}$: 배출계수(B)의 상대확장불확도(%)
$U_{r,C}$: 매개변수 C의 상대확장불확도(%)
$U_{r,D}$: 매개변수 D의 상대확장불확도(%)

∴ 상대확장불확도 $= \sqrt{30^2 + 20^2}$
$= 36.0555 = 36.05\%$

59 배출량 산정·보고 원칙 중 배출량을 과대 또는 과소 평가되지 않도록 산정해야 함을 나타내는 원칙은?

① 투명성 ② 일관성
③ 완전성 ④ 정확성

해설 배출량을 과대 또는 과소평가 하지 않도록 불확실성을 최소화하는 것은 정확성에 해당된다.

① 투명성 : 배출량 산정에 적용되는 데이터 및 정보관리 과정 및 객관적인 근거를 투명하게 할 수 있도록 산정되어야 한다.

② 일관성 : 동일 배출시설 및 배출활동에 관한 데이터는 상호비교가 가능하도록 일관성을 유지하여 배출시설을 구분하여 작성하여야 한다.

③ 완전성 : 모든 배출시설의 배출활동에 대한 모니터링 계획 수립 및 작성을 하여야 한다.

60 온실가스 배출권거래제의 배출량 보고 및 인증에 관한 지침상 Tier 1A 방법에 따른 아연 생산 공정의 보고대상 온실가스 배출량(tCO_2)은? (단, 생산된 아연의 양 2,000톤, 아연 생산량당 기본배출계수 $1.72tCO_2/t$, 건식 야금법에 대한 아연 생산량당 배출계수 $0.43tCO_2/t$, Waelz Kiln 과정에 대한 아연 생산량당 배출계수 $3.66tCO_2/t$)

① 860 ② 3,440
③ 7,320 ④ 11,620

해설 Tier 1A 식에 대입하여 구하는 문제로, 배출량 산정식은 아래와 같다. 이때 사용하는 배출계수는 기본배출계수만을 사용한다.

$E_{CO_2} = Zn \times EF_{default}$

E_{CO_2} : 아연 생산으로 인한 CO_2 배출량 (tCO_2)
Zn : 생산된 아연의 양(t)
$EF_{default}$: 아연 생산량당 배출계수 (tCO_2/t-생산된 아연)

$E_{CO_2} = 2,000t$-생산된 아연
$\times 1.72tCO_2/t$-생산된 아연
$= 3,440tCO_2$

제4과목 온실가스 감축관리

61 온실가스 감축 프로젝트들에 대한 경제성 분석 평가 시 비용편익 분석에 있어서 적용되는 판단의 기준으로 거리가 먼 것은?

① NPV(Net Present Value)
② Benefit Cost Ratio
③ IRR(Internal Rate of Return)
④ RMU(Removal Unit)

[해설] RMU는 토지의 용도전환, 조림사업(LULUCF)으로부터 생성된 배출권이다.
① NPV : 순현재가치, 순편익이라고도 하며, 사업에 수반된 모든 비용과 편익을 기준연도의 현재가치로 할인하여 총편익에서 총비용을 제한 값을 말한다.
② B/C Ratio : 편익-비용의 비로, 비용의 현재가치에 대한 편익의 현재가치의 비율을 말한다. 가장 일반적으로 이용되고 있는 경제적 능률성의 척도이다.
③ IRR : 내부수익률이라고 하며 어떤 사업에 대해 사업기간 동안의 현금수익 흐름을 현재가치로 환산하여 합한 값이 투자지출과 같아지도록 할인하는 이자율을 말한다.

62 광물산업의 시멘트 생산 관련 소성로(Kiln)에서 온실가스 배출 감축을 위한 공정 개선사항과 가장 거리가 먼 것은?

① 최적화된 킬른의 "길이 : 직경" 비율
② 킬른 내에서의 기체 누출 감소
③ 부원료에 석고 사용량 증가
④ 동일하고 안정적인 운전조건

[해설] 시멘트 생산공정의 온실가스 감축방법
㉠ 원료물질 개선
• 원료의 수분함량 감소
• 미세분말의 고체연료 사용
㉡ 예열기 개선
• 예열기 내 압력을 낮게 유지
• 가스관에 원료를 균질 분배
• 사이클론의 단수 증가
• 2단 현열 예결기의 사용
㉢ 분쇄기 개선
• 시멘트 원료물질의 대체로, 클링커 함량 감소
• 모래, 슬래그, 석회암, 비산재 등과 같은 물질을 석회석에 첨가
• 에너지효율이 높은 장비 설치
㉣ 소성로 개선
• 공정효율 및 에너지효율이 높은 시설로 교체
• 최적화된 킬른의 "길이 : 직경" 비율을 적용하여, 연료의 성상 및 종류에 적합한 최적화된 킬른 설계
• 동일하고 안정적인 운전조건 적용
• 3단 에어덕트 및 Mineralizer 사용
• 킬른 내에서의 기체 누출 감소
• 낮은 수분함량으로 개선

63 고온형 연료전지에 해당하는 것은?

① 직접메탄올 연료전지
② 용융탄산염 연료전지
③ 알칼리 연료전지
④ 고분자 전해질막 연료전지

[해설] 연료전지의 종류
㉠ 고온형 연료전지 : 용융탄산염 연료전지(MCFC), 고체산화물 연료전지(SOFC)
㉡ 저온형 연료전지 : 인산염 연료전지(PAFC), 알칼리 연료전지(AFC), 고분자 전해질막 연료전지(PEMFC), 직접메탄올 연료전지(DMFC)

64 온실가스 감축목표의 설정 및 관리를 위한 감축 목표 설정의 원칙과 가장 거리가 먼 것은?

① 목표의 설정방법과 수준 등은 관리업체 가 예측할 수 있도록 가능한 범위에서 사후에 공표되어야 한다.

② 목표의 협의 및 설정은 다수 이해관계자 들의 신뢰를 확보할 수 있도록 투명하 게 진행되어야 한다.

③ 관리업체의 과거 온실가스 배출량과 에 너지 사용량의 이력을 적절하게 반영하 여야 한다.

④ 관리업체의 신·증설 계획과 국제경쟁 력 등을 적절하게 고려하여야 한다.

해설 목표의 설정방법과 수준 등은 관리업체 가 예측할 수 있도록 가능한 범위에서 사전에 공표되어야 한다.

65 다음은 고형 연료화 기술 중 바이오매스에 관 한 설명이다. ( ) 안에 알맞은 것은?

┤ 보기 ├

바이오매스 열 생산을 위해서는 연소가 불가 피하고, 기본적으로 연소의 기본조건인 ( ) 을/를 고려하여 완전연소를 통한 오염물질 배출 최소화를 달성할 수 있는 조건에서 운 전하여야 한다.

① Resistance(저항성)

② 3T(Temperature, Time, Turbulence)

③ Conversion Rate(전환율)

④ Hazard Risk(위험도)

해설 좋은 연소란 물질을 태움으로써 방출되는 에너지를 최대한으로 끌어내는 것이며, 이를 달성하기 위한 가장 중요한 조건을 3T라고 한다. 3T는 연소시간(Time), 연소 온도(Temperature), 난류(Turbulence) 라고 하는 요소이다.

66 CCS(Carbon Capture Storage)에 관한 설 명으로 거리가 먼 것은?

① CCS 기술은 발전소 및 각종 산업에 서 발생하는 CO_2를 대기로 배출시키기 전에 고농도로 포집·압축·수송하여 안전하게 저장하는 기술로 정의될 수 있다.

② CCS 중 포집은 배가스로부터 CO_2만을 선택적으로 분리포집하는 기술을 의미 한다.

③ 포집은 세부 기술에 따라, 연소 후 포집, 연소 전 포집, 순산소 연소포집기술로 구분할 수 있다.

④ CCS는 처리비용이 저렴하나, CO_2 제거 효율은 낮아 소규모 사업장에서 다소 타 당성이 있다.

해설 ④ CCS는 처리비용이 비싸지만, CO_2 제 거효율이 높아 대규모 시설(발전소 등) 에서 타당성이 크다.

67 태양광발전의 특징 및 설치조건에 관한 설명으 로 옳지 않은 것은?

① 에너지밀도가 낮은 편이다.

② 기상조건에 따라 출력에 영향을 받는다.

③ 교류로 변환하는 과정에서 고조파가 발 생한다.

④ 효율에 비해 저가이지만, 설치장소가 좁 아도 되는 장점이 있다.

해설 시스템 비용이 고가이므로 초기투자비와 발전단가가 높으며, 에너지밀도가 낮아 넓 은 설치장소를 필요로 한다.

68 온실가스 감축기술로 가장 거리가 먼 것은?

① 건물의 실내조명등을 백열등(60W)에서 LED등(12W)으로 교체

② 인쇄기드라이어에서 발생되는 폐열을 회수하기 위하여 열교환기를 설치하여 보일러를 사용하지 않아도 온수를 공급

③ 식당, 기숙사, 복도 등에 설치되어 있는 자판기에 타이머를 달아 영업시간 외에는 가동을 중지

④ 포장재로 종이가방을 제공하다가 비닐봉지로 대체

> 해설 2018년 5월 '비닐 대란'으로 환경부는 2030년까지 플라스틱 폐기물 발생량을 절반으로 줄이는 '재활용 폐기물관리 종합대책'을 마련하였다. 특히, 일회용 컵의 사용제한(매장 내 사용금지), 비닐봉투의 무상제공 금지 등을 추진하는 등 일회용품 사용에 대한 규제가 강화되고 있다.

69 다음 보기 중 온실가스 목표관리제의 기준연도 배출량에 대한 설명으로 잘못된 것은 어느 것인가?

① 기준연도는 관리업체가 최초로 지정된 연도의 직전 3개년으로 한다.

② 기준연도 기간 중 신·증설이 발생한 경우 해당 신·증설 시설의 기준연도 배출량은 최근 2개년 평균 또는 단년도 배출량으로 정할 수 있다.

③ 관리업체의 최근 3개년 배출량 자료가 없는 경우에는 활용 가능한 최근 2개년 평균 또는 단년도 배출량을 기준연도 배출량으로 정할 수 있다.

④ 기준연도 기간의 월평균 온실가스 배출량을 기준연도 배출량으로 한다.

> 해설 시설 규모를 최초로 결정할 경우에는 기준연도 기간 중 해당 시설의 최근 연도 온실가스 배출량에 따라 결정된다.

70 화학산업에서 우선적으로 추진해야 할 온실가스 감축수단은 에너지효율을 높이고 화석연료 사용을 최소화하는 것이다. 다음 중 에너지효율 개선을 위해 적용할 수 있는 "공정 개선"과 가장 거리가 먼 것은?

① 에너지효율 제고를 위해 제조법의 전환 및 공정 개발

② 설비 및 기기 효율의 개선

③ 폐에너지의 회수

④ 배출량 원단위 지수 개선

> 해설 에너지효율 개선을 위한 공정 개선에는 다음과 같은 항목들이 필요하다.
> ㉠ 에너지효율 제고를 위한 제조법의 전환 및 공정 개발
> ㉡ 설비 및 기기 효율의 개선
> ㉢ 운전방법의 개선
> ㉣ 배출에너지(폐에너지)의 회수
> ㉤ 공정의 합리화

71 A관리업체는 다음과 같은 기준연도 배출량을 가진 C시설에 대한 시설규모를 최초 결정하고자 한다. 이때 적용되는 배출량은? (단, 단위 $tCO_2-eq/년$)

연 도	2014	2015	2016
연간 배출량	48,000	49,000	51,000

① 51,000　　② 49,333

③ 49,000　　④ 48,000

> 해설 시설규모를 최초로 결정할 경우에는 기준연도 기간 중 해당 시설의 최근 연도 온실가스 배출량에 따라 결정된다. 따라서, 2016년 배출량인 $51,000tCO_2-eq/년$이 적용된다.

72 제7차 당사국총회에서 지정한 소규모 CDM 사업에 해당하지 않는 것은?

① 최대발전용량이 15MW 이하인 신재생에너지 사업

② 에너지 소비량을 연간 60GWh 저감하는 에너지 절약사업

③ 직접배출량이 연간 60,000tCO₂-eq 이하인 인위적 배출 감축사업

④ 연간 5,000톤 이상의 폐기물을 재활용하는 사업

해설 소규모 CDM으로 지정한 사업의 종류는 다음과 같다.
ㄱ 연간 60GWh(또는 상당분) 이하의 에너지를 감축하는 에너지효율 향상사업
ㄴ 연간 배출 감축량이 60ktCO₂-eq 이하의 사업
ㄷ 최대발전용량이 15MW(또는 상당분) 이하의 재생에너지 사업

73 온실가스 감축을 위해 건물 옥상에 설치용량이 1MW, 발전효율이 12%인 태양광 발전시설을 설치했을 때, 3년 동안 태양광 발전시설에 의해 감축된 온실가스 배출량(tCO₂-eq)은? (단, 배출계수는 0.4594tCO₂-eq/MWh이다.)

① 489
② 690
③ 980
④ 1,449

해설 $1MWh \times 24hr/day \times 365day/yr \times 3yr$
$\times 0.12 \times 0.4594tCO_2-eq/MWh$
$=1449.0792 ≒ 1,449tCO_2-eq$

74 다음은 CO₂ 포집기술에 관한 내용이다. ( ) 안에 옳은 내용은?

┤ 보기 ├
( )공정은 CO₂를 포집하기 위하여 여러 성분이 혼합된 가스기류 중에서 목적성분을 다른 성분보다 선택적으로 빠르게 통과시키는 소재를 이용하여 목적성분만을 분리하는 공정을 말한다.

① 막분리(Membrane)

② 흡착(Adsorption)

③ 저온냉각분리(Cryogenic Separation)

④ 건식 세정(Dry Scrubbing)

해설 막분리방식은 선택적으로 투과시키는 막을 이용하는 방식으로 상용화가 아직 미흡한 상태이지만, 상업화가 될 경우 장치비와 운전비가 저렴하여 경쟁력이 있을 것으로 기대되고 있다.

75 감축프로젝트를 기획하고자 하는 A회사가 100tCO₂-eq의 감축의무 달성을 위해 내부적으로 감축프로젝트를 조사한 결과, 총 1,000,000원이 소요되는 A1 투자안이 존재하는 것으로 조사되었다. 이러한 투자를 통해 감축되는 온실가스는 총 100tCO₂-eq이며, 에너지 및 생산효율 증가로 인해 총 100,000원의 별도 수익이 예상된다. 한편 배출권거래제도하에서 배출권 가격이 10,000원/tCO₂-eq에 형성되었다고 할 때, ㄱ A회사의 단위당 감축단가와, ㄴ 해당 사업성 검토(타당성)가 가장 적합하게 짝지어진 것은? (단, 배출권 가격 변동 등에 대한 기타 사항은 고려하지 않는다.)

① ㄱ 9,000원/tCO₂-eq, ㄴ 사업 기각

② ㄱ 9,000원/tCO₂-eq, ㄴ 사업 수행

③ ㄱ 10,000원/tCO₂-eq, ㄴ 사업 기각

④ ㄱ 10,000원/tCO₂-eq, ㄴ 사업 수행

해설 감축프로젝트 CO₂ 1톤 감축비용
$=(1,000,000-100,000)원/100tCO_2$
$=9,000원/tCO_2$
배출권 가격 $=10,000원/tCO_2$
∴ 감축프로젝트 < 배출권 가격
※ 감축프로젝트 수행이 배출권을 구매하여 감축의무를 달성하는 것보다 경제적이다.

Answer   72.④ 73.④ 74.① 75.②

76 우리나라에서 법적으로 규제하고 있는 온실가스 중에서 Non−CO_2 온실가스와 가장 거리가 먼 것은?

① NO_2　　　　② CH_4
③ HFCs　　　　④ PFCs

해설 6대 온실가스는 이산화탄소(CO_2), 메탄(CH_4), 아산화질소(N_2O), 수소불화탄소(HFCs), 과불화탄소(PFCs), 육불화황(SF_6)이다.

77 수소에너지의 장단점에 대한 설명으로 틀린 것은?

① 수소는 물을 원료로 할 수 있다.
② 수소에너지는 사용 후에 다시 물로 재순환한다.
③ 수소는 물의 전기분해로 쉽게 제조가 가능하여 경제성이 높은 것이 특징이다.
④ 수소를 연료로 사용할 경우, NO_x를 제외하고는 공해물질이 거의 생성되지 않는다.

해설 수소는 물의 전기분해로 제조가 가능하나 경제성이 확보되어 있지 않다는 단점을 가지고 있다.

78 온실가스 감축 이행계획서 작성절차 중 QC 수립에 관한 내용과 가장 거리가 먼 것은?

① 산정과정의 적절성
② 자체검증과정의 적절성
③ 산정결과의 적절성
④ 보고의 적절성

해설 QC 수립을 위해서는 산정과정의 적절성, 산정결과의 적절성, 보고의 적절성 등 품질관리 내용을 검토하여야 한다.

79 탄소흡수원 중 산림의 특성에 관한 설명으로 틀린 것은?

① 식물체의 광합성과 호흡 작용은 기온에 따라 크게 영향을 받는다.
② 산림 바이오매스에는 낙엽 등의 고사 유기물과 토양 내 탄소가 포함된다.
③ 산림은 탄소흡수원과 저장고의 기능과 더불어, 배출원이기도 하다.
④ 산불과 병충해와 같은 산림재해도 산림으로부터 온실가스를 배출하는 배출원이다.

해설 고사 유기물의 증가와 분해가 평형을 이루며 이로 인해 탄소 축적량의 변화는 발생하지 않는다. 따라서 임지로 유지되는 임지에서는 산정을 제외한다.

80 다음은 온실가스 감축활동을 유도하는 정책수단이다. 이 제도의 이름은 무엇인가?

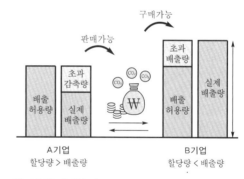

A기업
할당량 > 배출량

B기업
할당량 < 배출량

① 공동이행(JI)
② 목표관리제
③ 배출권거래제(ET)
④ 청정기술개발(CDM)

해설 배출권거래제(ET ; Emission Trading)에 관한 설명으로, 배출권거래제는 초과감축량을 배출권으로 판매하여 구매하는 경제적 유인책이다.

제5과목 온실가스관련 법규

81 온실가스 배출권의 할당 및 거래에 관한 법률상 할당대상업체는 이행연도 종료일부터 6개월 이내에 대통령령으로 정하는 바에 따라 배출권(종료된 이행연도의 배출권을 말한다)을 주무관청에 제출하여야 하는데, 이 배출권을 제출하지 아니한 자에 대한 과태료 부과·징수기준은?

① 2백만원 이하의 과태료를 부과·징수한다.
② 3백만원 이하의 과태료를 부과·징수한다.
③ 5백만원 이하의 과태료를 부과·징수한다.
④ 1천만원 이하의 과태료를 부과·징수한다.

해설 법 제43조(과태료)에 의거하여, 다음에 해당하는 자에게 1천만원 이하의 과태료를 부과·징수한다.
　㉠ 신고를 거짓으로 한 자
　㉡ 보고를 하지 아니하거나 거짓으로 보고한 자
　㉢ 온실가스 배출량 및 에너지 사용량 보고를 위반하여 시정이나 보완 명령을 이행하지 아니한 자
　㉣ 배출권 제출을 하지 아니한 자

82 탄소중립기본법상 국토교통부장관이 교통 부문의 온실가스 감축목표를 수립·시행 시 포함해야 하는 사항과 거리가 먼 것은?

① 에너지 종류별 온실가스 배출권 실거래 현황
② 연차별 교통 부문 감축목표와 그 이행계획
③ 5년 단위의 교통 부문 감축목표와 그 이행계획
④ 교통수단별·연료별 온실가스 배출현황 및 에너지소비율

해설 시행령 제31조(녹색교통의 활성화)에 따라, 교통 부문의 온실가스 감축목표를 관계 중앙행정기관의 장과 협의 및 위원회 심의를 거쳐 수립·시행하여야 한다. 그 세부 내용은 다음과 같다.
　㉠ 교통수단별·연료별 온실가스 배출현황 및 에너지소비율
　㉡ 5년 단위의 교통 부문 감축목표와 그 이행계획
　㉢ 연차별 교통 부문 감축목표와 그 이행계획

83 신에너지 및 재생에너지 개발·이용·보급 촉진법상에서 정한 "재생에너지"에 해당하지 않는 것은?

① 수소에너지
② 태양에너지
③ 풍력
④ 지열에너지

해설 법 제2조(정의)에 따른 "재생에너지"란 햇빛·물·지열·강수·생물유기체 등을 포함하는 재생 가능한 에너지를 변환시켜 이용하는 에너지로 다음 항목 중 어느 하나에 해당하는 것을 말한다.
　㉠ 태양에너지
　㉡ 풍력
　㉢ 수력
　㉣ 해양에너지
　㉤ 지열에너지
　㉥ 생물자원을 변환시켜 이용하는 바이오에너지로서 대통령령으로 정하는 기준 및 범위에 해당하는 에너지
　㉦ 폐기물에너지로서 대통령령으로 정하는 기준 및 범위에 해당하는 에너지
　㉧ 그 밖에 석유·석탄·원자력 또는 천연가스가 아닌 에너지로서 대통령령으로 정하는 에너지

Answer 81.④ 82.① 83.①

84 온실가스 배출권의 할당 및 거래에 관한 법률 시행령상 배출권거래제 3차 계획기간 이후의 무상할당비율은 얼마 이내의 범위에서 이전 계획기간의 평가 및 관련 국제동향 등을 고려하여 정하는가?

① 100분의 90 이내
② 100분의 80 이내
③ 100분의 70 이내
④ 100분의 60 이내

해설 시행령 제18조(배출권의 무상할당비율 등)에 따라 1차 계획기간에는 할당되는 배출권의 전부를 무상으로 할당하고, 2차 계획기간은 100분의 97을 무상으로, 3차 계획기간 이후의 무상할당비율은 100분의 90 이내의 범위에서 한다.

85 탄소중립기본법상 국가 탄소중립 녹색성장 기본계획에 대한 설명으로 틀린 것은?

① 정부는 20년을 계획기간으로 하는 국가 탄소중립 녹색성장 기본계획을 5년마다 수립·시행하여야 한다.
② 국가 탄소중립 녹색성장 기본계획을 수립하거나 변경하는 경우에는 위원회의 심의를 거친 후 국무회의의 심의를 거쳐야 한다. 다만, 대통령령으로 정하는 경미한 사항을 변경하는 경우에는 위원회 및 국무회의의 심의를 생략할 수 있다.
③ 국가 탄소중립 녹색성장 기본계획에는 온실가스 감축사업에 대한 방법론 개발 계획이 포함되어야 한다.
④ 기후위기 대응을 위한 국가와 지방자치단체의 협력에 관한 사항이 국가 탄소중립 녹색성장 기본계획에 포함되어야 한다.

해설 제10조(국가 탄소중립 녹색성장 기본계획의 수립·시행)에 따라, 국가 탄소중립 녹색성장 기본계획(국가기본계획)에는 다음의 사항이 포함되어야 한다.
㉠ 국가비전과 온실가스 감축목표에 관한 사항
㉡ 국내외 기후변화 경향 및 미래 전망과 대기 중의 온실가스 농도 변화
㉢ 온실가스 배출·흡수 현황 및 전망
㉣ 중장기 감축목표 등의 달성을 위한 부문별·연도별 대책
㉤ 기후변화의 감시·예측·영향·취약성평가 및 재난방지 등 적응대책에 관한 사항
㉥ 정의로운 전환에 관한 사항
㉦ 녹색기술·녹색산업 육성, 녹색금융 활성화 등 녹색성장 시책에 관한 사항
㉧ 기후위기 대응과 관련된 국제협상 및 국제협력에 관한 사항
㉨ 기후위기 대응을 위한 국가와 지방자치단체의 협력에 관한 사항
㉩ 탄소중립 사회로의 이행과 녹색성장의 추진을 위한 재원의 규모와 조달방안
㉪ 그 밖에 탄소중립 사회로의 이행과 녹색성장의 추진을 위하여 필요한 사항으로서 대통령령으로 정하는 사항
※ ③의 방법론 개발에 관한 사항은 국가기본계획에 포함되어야 하는 사항이 아닌 배출량 산정원칙에 포함되는 내용이다.

86 탄소중립기본법령상 관리업체가 정부의 개선명령을 3차 이상 이행하지 않았을 경우 부과되는 과태료 기준으로 옳은 것은?

① 1천만원 이하   ② 5백만원 이하
③ 3백만원 이하   ④ 2백만원 이하

해설 시행령 제76조(과태료의 부과·징수)의 [별표 4] 과태료의 부과기준에 해당된다. 시정이나 보완명령을 이행하지 않은 경우 1차 위반 시 500만원, 2차 위반 시 700만원, 3차 이상 위반 시 1,000만원의 과태료를 부과한다.

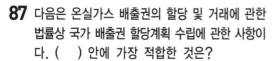

87 다음은 온실가스 배출권의 할당 및 거래에 관한 법률상 국가 배출권 할당계획 수립에 관한 사항이다. ( ) 안에 가장 적합한 것은?

┤ 보기 ├

정부는 국가온실가스 감축 목표를 효과적으로 달성하기 위하여 계획기간별로 필수사항이 포함된 국가 배출권 할당계획을 매 계획기간 시작 (   )까지 수립하여야 한다.

① 1개월 전   ② 3개월 전
③ 6개월 전   ④ 12개월 전

해설 법 제5조(국가 배출권 할당계획의 수립 등)에 따라, 정부는 국가 온실가스 감축 목표를 효과적으로 달성하기 위하여 계획기간별로 국가 배출권 할당계획을 매 계획기간 시작 6개월 전까지 수립하여야 한다.

88 다음은 온실가스 배출권의 할당 및 거래에 관한 법률상 과징금 부과에 관한 사항이다. ( ) 안에 가장 적합한 것은?

┤ 보기 ├

주무관청은 할당대상업체가 제출한 배출권이 인증한 온실가스 배출량보다 적은 경우에는 그 부족한 부분에 대하여 이산화탄소 1톤당 (㉠)의 범위에서 해당 이행연도의 배출권 평균 시장가격의 (㉡)의 과징금을 부과할 수 있다.

① ㉠ 10만원, ㉡ 3배 이하
② ㉠ 10만원, ㉡ 5배 이하
③ ㉠ 5만원, ㉡ 3배 이하
④ ㉠ 5만원, ㉡ 5배 이하

해설 법 제33조(과징금)에 관한 문제로, 주무관청은 할당대상업체가 제출한 배출권이 인증한 온실가스 배출량보다 적은 경우에는 그 부족한 부분에 대하여 이산화탄소 1톤당 10만원의 범위에서 해당 이행연도의 배출권 평균 시장가격의 3배 이하의 과징금을 부과할 수 있다.

89 온실가스 배출권의 할당 및 거래에 관한 법령상 정부가 배출권거래제를 수립하거나 시행할 때 따라야 하는 기본원칙으로 거리가 먼 것은?

① 기후변화에 관한 국제연합 기본협약 및 관련 의정서에 따른 원칙을 준수하고, 기후변화 관련 국제협상을 고려할 것
② 배출권거래제가 경제 부문의 국제경쟁력에 미치는 영향을 고려할 것
③ 국가 온실가스 감축목표를 효과적으로 달성할 수 있도록 시장기능을 최대한 활용할 것
④ 배출권거래가 일반적인 시장거래 원칙보다는 특수성 원칙을 준수하고, 국내기준만 부합되는 정책을 고려할 것

해설 법 제3조(기본원칙)에 관한 문제로, 정부는 배출권의 할당 및 거래에 관한 제도(배출권거래제)를 수립하거나 시행할 때에는 다음 기본원칙에 따라야 한다.
㉠ 기후변화에 관한 국제연합 기본협약 및 관련 의정서에 따른 원칙을 준수하고, 기후변화 관련 국제협상을 고려할 것
㉡ 배출권거래제가 경제 부문의 국제경쟁력에 미치는 영향을 고려할 것
㉢ 국가 온실가스 감축목표를 효과적으로 달성할 수 있도록 시장기능을 최대한 활용할 것
㉣ 배출권의 거래가 일반적인 시장거래 원칙에 따라 공정하고 투명하게 이루어지도록 할 것
㉤ 국제 탄소시장과의 연계를 고려하여 국제적 기준에 적합하게 정책을 운영할 것

90 온실가스 배출권거래제 운영을 위한 검증지침상 검증팀장이 온실가스 배출량 검증결과에 따라 확정할 수 있는 최종 검증의견이 아닌 것은?

① 적정   ② 부적정
③ 조건부 적정   ④ 조건부 부적정

해설 온실가스 배출권거래제 운영을 위한 검증지침 제16조(검증의견의 결정)에 따라, 검증팀장은 모든 검증절차 및 시정조치가 완료되면 해당 검증대상에 대한 최종 검증의견을 확정하여야 한다. 온실가스 배출량 검증결과에 따른 최종 검증의견은 적정, 조건부 적정, 부적정 중 하나로 하여야 하며, 외부사업 온실가스 감축량 검증결과에 따른 최종 검증의견은 적정, 부적정 중 하나로 해야 한다.

91 다음 중 부문별 관장기관과 관장 부문이 잘못 연결된 것은?

① 농림축산식품부 – 농업 · 임업 · 축산 · 식품 분야

② 국토교통부 – 건물 · 모든 교통 분야

③ 산업통상자원부 – 산업 · 발전 분야

④ 환경부 – 폐기물 분야

해설 온실가스 목표관리 운영 등에 관한 지침 제9조(소관부문별 관장기관 등)에 따른 부문별 관장기관은 다음과 같다.
㉠ 농림축산식품부 : 농업 · 임업 · 축산 · 식품 분야
㉡ 산업통상자원부 : 산업 · 발전(發電) 분야
㉢ 환경부 : 폐기물 분야
㉣ 국토교통부 : 건물 · 교통(해운 · 항만 분야는 제외) · 건설 분야
㉤ 해양수산부 : 해양 · 수산 · 해운 · 항만 분야

92 온실가스 목표관리 운영 등에 관한 지침상 부문별 관장기관은 관리업체가 목표달성을 못하거나, 제출한 이행실적이 미흡한 경우에는 개선명령을 하여야 한다. 부문별 관장기관은 개선명령 등 관련업체에 대해 필요한 조치를 하고, 그 결과를 작성하여 누구에게 통보하여야 하는가?

① 대통령 ② 국무총리
③ 기획재정부장관 ④ 환경부장관

해설 지침 제35조(개선명령)에 따라, 부문별 관장기관은 개선명령 등 관리업체에 대해 필요한 조치를 하는 경우에는 환경부장관에게 그 사실을 즉시 통보하여야 한다.

93 할당대상업체 지정기준과 관련된 설명으로 적절하지 않은 것은?

① 할당대상업체는 관리업체 중 최근 3년간 온실가스 배출량의 연평균 총량이 12만 5천 이산화탄소상당량톤 이상인 업체이거나 2만 5천 이산화탄소상당량톤 이상인 사업장의 해당 업체 중 지정 · 고시된 업체

② 관리업체 중 할당대상업체로 지정받기 위하여 신청한 업체

③ 할당대상업체 지정 시 최근 3년간이란 매 계획기간 시작 전부터 3년간을 말함

④ 배출권거래제 할당대상업체 신규 진입자에 대한 최근 3년간은 신규 진입자로 지정 · 고시하는 연도의 직전 3년간을 말함

해설 온실가스 배출권의 할당 및 거래에 관한 법률 시행령 제9조(할당대상업체의 지정 등)에 따라, 최근 3년간은 매 계획기간 시작 4년 전부터 3년간을 기준기간으로 한다.

94 다음 중 국제감축실적의 거래단위로 알맞은 것은?

① 이산화탄소 상당량톤

② 이산화탄소 상당량킬로그램

③ 메탄 상당량톤

④ 메탄 상당량킬로그램

해설 탄소중립기본법 시행령 제35조(국제감축 등록부)에 따라, 국제감축실적은 온실가스별 지구온난화지수에 따라 이산화탄소 상당량톤(tCO_2-eq)으로 환산한 단위로 거래한다.

95 공공부문 온실가스 목표관리 운영 등에 관한 지침상 공공부문에 해당하지 않는 것은?

① 「공공기관의 운영에 관한 법률」에 따른 공공기관

② 「지방공기업법」에 따른 지방공사 및 지방공단

③ 「국립대학병원 설치법」, 「국립대학치과병원 설치법」, 「서울대학교병원 설치법」 및 「서울대학교치과병원 설치법」에 따른 병원

④ 「고등교육법」에 따른 국립대학, 공립대학 및 사립대학

해설 공공부문 온실가스 목표관리 운영 등에 관한 지침 제2조(용어의 정의)에 관한 문제로, 공공부문이란 공공기관(중앙행정기관, 지방자치단체) 등과 헌법기관 등을 말한다.
ㄱ 「공공기관의 운영에 관한 법률」 제4조에 따른 공공기관
ㄴ 「지방공기업법」 제49조에 따른 지방공사 및 같은 법 제76조에 따른 지방공단
ㄷ 「국립대학병원 설치법」, 「국립대학치과병원 설치법」, 「서울대학교병원 설치법」 및 「서울대학교치과병원 설치법」에 따른 병원
ㄹ 「고등교육법」 제3조에 따른 국립대학 및 공립대학

96 할당대상업체는 이행연도 종료일로부터 얼마 이내에 인증받은 온실가스 배출량에 상응하는 배출권을 주무관청에 제출해야 하는가?

① 1개월 ② 3개월
③ 5개월 ④ 6개월

해설 온실가스 배출권의 할당 및 거래에 관한 법률 제27조(배출권의 제출)에 관한 문제로, 할당대상업체는 이행연도 종료일부터 6개월 이내 인증받은 온실가스 배출량에 상응하는 배출권을 주무관청에 제출하여야 한다.

97 배출권의 차입한도는 해당 계획기간의 1차 이행연도인 경우 해당 할당대상업체가 환경부장관에게 제출해야 하는 배출권의 얼마로 하는가?

① $\frac{10}{100}$

② $\frac{15}{100}$

③ $\frac{20}{100}$

④ $\frac{25}{100}$

해설 온실가스 배출권의 할당 및 거래에 관한 법률 시행령 제45조(배출권의 차입)에 관한 문제로 차입할 수 있는 배출권의 한도는 다음과 같다.
ㄱ 해당 계획기간의 1차 이행연도 : 해당 할당대상업체가 환경부장관에게 제출해야 하는 배출권 수량 $\times \frac{15}{100}$
ㄴ 해당 계획기간의 2차 이행연도부터 마지막 이행연도 직전 이행연도까지 : 해당 할당대상업체가 환경부장관에게 제출해야 하는 배출권 수량 $\times$ [해당 계획기간 내 직전 이행연도에 제출해야 하는 배출권 수량 중 차입할 수 있는 배출권 한도의 비율 - (해당 계획기간 내 직전 이행연도에 제출해야 하는 배출권 수량 중 차입한 배출권 수량의 비율 $\times \frac{50}{100}$)]

98 기후위기 대응을 위한 탄소중립·녹색성장 기본법령상의 내용으로 옳은 것은? (단, 기타 사항은 고려하지 않음)

① 정부는 국가비전과 중장기 감축목표 등의 달성에 기여하기 위해 이산화탄소를 배출단계에서 포집하여 이용하거나 저장하는 기술의 개발·발전을 지원하기 위한 시책을 마련해야 한다.

② 정부는 국가비전 및 중장기 감축목표 등의 달성을 위해 20년을 계획기간으로 하는 국가기본계획을 2년마다 수립·시행해야 한다.

③ 시·도지사는 국가기본계획과 관할구역의 지역적 특성 등을 고려하여 7년을 계획기간으로 하는 시·도 계획을 7년마다 수립·시행해야 한다.

④ 국가기본계획을 수립하거나 변경하는 경우 위원회의 심의를 거친 후 국회와 대통령의 심의를 거쳐야 한다.

해설 법 제34조(탄소 포집·이용·저장기술의 육성)에 따라, ①번이 알맞은 설명이다.
② 정부는 기본원칙에 따라 국가비전 및 중장기 감축목표 등의 달성을 위하여 20년을 계획기간으로 하는 국가 탄소중립 녹색성장 기본계획(국가기본계획)을 5년마다 수립·시행하여야 한다(법 제10조 국가 탄소중립 녹색성장 기본계획의 수립·시행).
③ 특별시장·광역시장·특별자치시장·도지사 및 특별자치도지사는 국가기본계획과 관할구역의 지역적 특성 등을 고려하여 10년을 계획기간으로 하는 시·도 탄소중립 녹색성장 기본계획을 5년마다 수립·시행하여야 한다(법 제11조 시·도 계획의 수립 등).

④ 국가기본계획을 수립하거나 변경하는 경우에는 위원회의 심의를 거친 후 국무회의의 심의를 거쳐야 한다.
다만, 대통령령으로 정하는 경미한 사항을 변경하는 경우에는 위원회 및 국무회의의 심의를 생략할 수 있다(법 제10조 국가 탄소중립 녹색성장 기본계획의 수립·시행).

99 기후위기 대응을 위한 탄소중립·녹색성장 기본법령상 탄소중립도시의 지정에 관한 내용으로 옳지 않은 것은?

① 정부는 도시 내 생태축 보전 및 생태계 복원사업을 시행하고자 하는 도시를 직접 탄소중립도시로 지정할 수 있다.

② 정부는 탄소중립도시 조성사업의 시행을 위해 필요한 비용의 전부 또는 일부를 보조할 수 있다.

③ 정부는 기후위기 대응을 위한 자원순환형 도시 조성사업을 시행하고자 하는 도시를 지방자치단체 장의 요청을 받아 탄소중립도시로 지정할 수 있다.

④ 정부는 지정된 탄소중립도시가 지정기준에 맞지 않게 된 경우 개선명령을 내려야 하며 지정을 취소할 수는 없다.

해설 법 제29조(탄소중립도시의 지정 등)에 관한 문제로, 정부는 지정된 탄소중립도시가 대통령령으로 정하는 지정기준에 맞지 아니하게 된 경우에는 그 지정을 취소할 수 있다.

100 온실가스 목표관리 운영 등에 관한 지침상 "연료, 열 또는 전기의 공급점을 공유하고 있는 상태, 즉 건물 등에 타인으로부터 공급된 에너지를 변환하지 않고 다른 건물 등에 공급하고 있는 상태"를 뜻하는 용어는?

① 에너지 관리의 연계성

② 에너지 관리 상태

③ 에너지 관리의 상호의존성

④ 에너지 관리 경계

해설 지침 제2조(정의)에 관한 설명으로, "에너지 관리의 연계성(連繫性)"이란 연료, 열 또는 전기의 공급점을 공유하고 있는 상태, 즉 건물 등에 타인으로부터 공급된 에너지를 변환하지 않고 다른 건물 등에 공급하고 있는 상태를 말한다.

온실가스관리기사 (2023. 5. 13. 시행)

제1과목 기후변화 개론

01 녹색기후기금(GCF)에 관한 내용으로 옳지 않은 것은?

① 우리나라 인천 송도에 본부가 있다.

② 멕시코 칸쿤에서 열린 제16차 당사국총회에서 녹색기후기금을 조성하기로 합의했다.

③ 선진국의 온실가스 감축 기술개발 지원을 주목적으로 하는 금융기구이다.

④ 온실가스 감축 등 기후변화 대응에 재원을 집중적으로 투입하기 위해 설립되었다.

> **해설** 녹색기후기금(GCF ; Green Climate Fund) 선진국이 아닌 개도국의 온실가스 감축 기술개발 지원을 목적으로 하며 온실가스 감축과 기후변화 적응을 위한 지원을 목표로 한다.

02 다음 중 총배출량을 기준으로 할 때, 실질적으로 지구에 미치는 온실효과 기여도가 가장 높은 물질은?

① SF_6

② CH_4

③ CO_2

④ N_2O

> **해설** 지구온난화지수로만 본다면 SF_6가 23,900으로 가장 큰 값을 나타내지만, 전체 온실가스 중 가장 많은 양을 차지하는 것은 CO_2로 온실효과 기여도가 가장 큰 물질이다.

03 탄소배출권의 종류에 관한 설명으로 옳지 않은 것은?

① AAU : 교토의정서 Annex I 국가들에게 할당된 온실가스 배출권

② ERU : EU ETS하에서의 북미 국가들에게 할당된 배출권

③ CER : 선진국과 개도국 간의 CDM을 통해서 발생되는 배출권

④ RMU : 교토의정서에 명시된 토지이용, 토지이용변화 및 산림활동에 대한 온실가스 흡수원 관련 배출권

> **해설** ERU(Emission Reduction Unit)는 공동이행제도(JI)에 의해 발생한 배출권이다.
> ① AAU(Assigned Amount Unit) : 교토의정서 의무국에 대한 국가별 할당량
> ③ CER(Certified Emission Reduction) : 청정개발(CDM)에 의해 발생한 배출권
> ④ RMU(Removal Unit) : 토지이용, 토지이용변화 및 산림활동(LULUCF) 부문 중 1990년 이후 수행된 온실가스 흡수량만큼 추가적 배출을 허용하는 것으로 할당되는 배출권

04 부문별 관장기관이 생성한 국가 온실가스 배출통계를 최종 확정하기까지의 절차를 순서대로 옳게 나열한 것은?

┤ 보기 ├
- ㉠ 통계청 및 외부 전문가 검증
- ㉡ 국가 온실가스 종합정보센터 검증
- ㉢ 부문별 관장기관 산정결과 수정
- ㉣ 국가 온실가스 통계관리위원회 확정

① ㉡ → ㉠ → ㉢ → ㉣
② ㉡ → ㉢ → ㉣ → ㉠
③ ㉡ → ㉣ → ㉢ → ㉠
④ ㉠ → ㉡ → ㉣ → ㉢

해설 국가 온실가스 배출통계 확정절차는 다음과 같다.
국가 온실가스 종합정보센터 검증 → 통계청 및 외부 전문가 검증 → 부문별 관장기관 산정결과 수정 → 국가 온실가스 통계관리위원회 확정

05 CDM 사업 관련 주요 기관의 기능 및 역할에 관한 설명으로 (   )에 가장 적합한 기관은?

┤ 보기 ├
(   )는 교토의정서 비준국으로 구성되어 있으며, CDM 사업 관련 최고의사결정기관이다. 세부 역할로는 CDM 집행위원회의 절차에 대한 결정, 집행위원회가 인증한 운영기구의 지정 및 인증기관 결정, CDM 집행위원회 연간보고서 등을 검토하고, DOE와 CDM 사업의 지역적 분배 등을 검토한다.

① 국가 CDM 승인기구(DNA)
② CDM 사업운영기구(DOE)
③ CDM 집행위원회(EB)
④ 당사국총회(COP/MOP)

해설 COP(Conference Of the Parties, 기후변화 당사국총회)는 최고의사결정기구로 COP/MOP(Meeting Of Parties)에 관한 설명이다.
① DNA(국가 CDM 승인기구) : CDM 사업승인서 발급
② DOE(CDM 사업운영기구) : CDM 사업 타당성 확인 및 배출감축량 검증, 사업의 검·인증을 수행
③ EB(CDM 집행위원회) : CDM 운영기구 지정 및 감독·운영 기구에 의해 제출된 배출권의 감독 및 등록, 청정개발체제 사업이행 관련 규정 사항 검토 등 관련 사업에 대하여 전반적인 업무를 수행하며 업무수행 내용은 당사국회의에 제출하여 승인을 득하는 형식

06 기후변화에 대한 유럽연합의 대응에 관한 설명으로 가장 거리가 먼 것은?

① 유럽에서는 기후변화 문제에 적극적으로 대응해야 한다는 인식이 사회 전반적으로 넓게 퍼져 있었다.
② 2000년 교토의정서 비준 논쟁 당시, 유럽연합에서는 산업계와 석유업계를 제외한 유럽연합 차원의 교토의정서 비준을 지지하는 입장을 견지하였다.
③ 유럽연합은 내부적으로 온실가스 감축에 관한 부담공유협정을 맺고 있었다.
④ 유럽연합의 적극적인 기후변화정책은 유럽연합체제의 독특한 정치적 구조인 분산된 거버넌스를 토대로 하고 있다.

해설 교토의정서의 온실가스 배출량은 2008년부터 2012년까지 미국을 제외한 38개국이 1990년 대비 평균 5.2% 감축하는 것을 목표로 하였으며, 유럽연합의 경우 1990년 대비 평균 8% 감축이 할당되었다.

07 온실가스를 배출하는 다음 4개의 공정 중에서 지구온난화 영향이 가장 큰 공정은?

① 이산화탄소를 3ton 배출하는 공정
② 메탄을 150kg 배출하는 공정
③ 아산화질소를 10kg 배출하는 공정
④ 육불화황을 130g 배출하는 공정

해설 ① $3tCO_2 - eq$

② $150kgCH_4 \times \dfrac{tCH_4}{10^3 kgCH_4} \times \dfrac{21tCO_2 - eq}{tCH_4}$

$= 3.15tCO_2 - eq$

③ $10kgN_2O \times \dfrac{tN_2O}{10^3 kgN_2O} \times \dfrac{310tCO_2 - eq}{tN_2O}$

$= 3.1tCO_2 - eq$

④ $130gSF_6 \times \dfrac{tSF_6}{10^6 SF_6} \times \dfrac{23.900tCO_2 - eq}{SF_6}$

$= 3.107tCO_2 - eq$

08 기후변화에 의한 잠재적인 영향과 잔여 영향에 관한 설명으로 가장 적합한 것은?

① 잠재적인 영향은 적응을 고려할 경우 나타나는 기후변화로 인한 영향을 의미하며, 잔여 영향은 적응으로 회피될 수 있는 영향 부분을 포함한 영향을 말한다.
② 잠재적인 영향은 적응을 고려할 경우 나타나는 기후변화로 인한 영향을 의미하며, 잔여 영향은 적응으로 회피될 수 있는 영향 부분을 제외한 영향을 말한다.
③ 잠재적인 영향은 적응을 고려하지 않을 경우 나타나는 기후변화로 인한 영향을 의미하며, 잔여 영향은 적응으로 회피될 수 있는 영향 부분을 포함한 영향을 말한다.
④ 잠재적인 영향은 적응을 고려하지 않을 경우 나타나는 기후변화로 인한 영향을 의미하며, 잔여 영향은 적응으로 회피될 수 있는 영향 부분을 제외한 영향을 말한다.

해설 ⊙ 잠재적인 영향(potential impact) : 적응을 고려하지 않을 경우 나타나는 기후변화로 인한 영향
ⓒ 잔여 영향(residual impact) : 적응으로 회피될 수 있는 영향 부분을 제외한 영향

09 UNFCCC에서 규제하고 있는 온실가스가 아닌 것은?

① 수소불화탄소   ② 이산화질소
③ 육불화황   ④ 과불화탄소

해설 ② 이산화질소(NO_2)는 대기오염물질이지만, UNFCCC 규제대상 직접 온실가스에는 해당되지 않는다.
UNFCCC에서 규제하는 온실가스는 총 6가지로 이산화탄소(CO_2), 메탄(CH_4), 아산화질소(N_2O), 수소불화탄소(HFCs), 과불화탄소(PFCs), 육불화황(SF_6)이 있다.

10 기후변화가 수자원 요소에 미치는 영향으로 거리가 먼 것은?

① 지하수의 염수화
② 증발산량의 증가
③ 담수자원의 증가
④ 지표 및 지하수의 수질 악화

해설 수자원에 미치는 영향은 지표 및 지하수 수질 악화, 지하수의 염수화, 증발산량 증가, 수자원의 수요 증가, 물 스트레스 증가, 담수자원의 감소 등이 있다.

11 기후변화로 인한 해수면 상승이 직접 원인이 되어 나타나는 현상과 가장 거리가 먼 것은?

① 해안습지 감소
② 환경난민 발생
③ 강수량 변화
④ 전통생활방식의 위협

해설 해수면 상승의 직접적인 원인은 지구 표면 온도 상승으로 인한 빙하 해빙과 바다 열팽창으로 인한 해수면이 상승하는 것이다. 이에 따라 해안습지가 감소하며, 투발루와 같이 환경난민 발생, 온도 상승과 환경변화에 따른 전통생활방식의 위협 등이 대표적인 현상이다. 해수면 상승과 강수량 변화는 직접적인 원인은 아니며, 기후변화를 나타내는 지표로 지역별 강수량 불균형과 가뭄 및 홍수 등 피해가 늘어날 것이라는 것은 알 수 있다.

12 다음 중 교토의정서의 Annex I 온실가스 의무 감축국이 아닌 나라는?

① 영국 ② 일본
③ 호주 ④ 한국

해설 교토의정서(1997년)의 Annex I 국가(의무감축국)는 총 38개국으로 호주, 오스트리아, 벨기에, 불가리아, 캐나다, 크로아티아, 체코 공화국, 덴마크, 에스토니아, 유럽 공동체, 핀란드, 프랑스, 독일, 그리스, 헝가리, 아이슬란드, 아일랜드, 이탈리아, 일본, 라트비아, 리히텐슈타인, 리투아니아, 룩셈부르크, 모나코, 네덜란드, 뉴질랜드, 노르웨이, 폴란드, 포르투갈, 루마니아, 러시아, 슬로바키아, 슬로베니아, 스페인, 스위스, 우크라이나, 영국, 미국이다.
우리나라는 Non-Annex I(비의무감축국)에 속해 있었다.

13 지구의 복사균형이 변하게 되는 3가지 주요 요인으로 거리가 먼 것은?

① 태양복사 입사량의 변화
② 지하 화석연료 개발의 변화
③ 지구에서 외부로 되돌아가는 장파 복사의 변화
④ Albedo의 변화

해설 지구 복사균형이 변화되는 주요 요인
㉠ 태양복사 입사량의 변화(지구 궤도의 변화 혹은 태양 자체의 변화)
㉡ 태양복사가 반사되는 비율(Albedo)의 변화(운량, 대기입자, 식생 등의 변화)
㉢ 지구에서 외부로 되돌아가는 장파 복사의 변화(온실가스 농도의 변화)

14 화석연료 사용으로 인해 발전소, 철강, 시멘트 공장 등 대량 발생원으로부터 배출되는 이산화탄소를 직접 효율적으로 줄일 수 있는 기술의 70~80%를 차지하는 핵심 기술로서 크게 '연소 후 회수기술', '연소 전 회수기술' 그리고 '순산소 연소기술'로 구분되는 것은?

① 저장기술 ② 수송기술
③ 포집기술 ④ 전환기술

해설 문제에서 설명하는 기술은 이산화탄소 포집 및 저장(CCS ; Carbon Capture and Storage) 기술로, CCS는 온실가스를 직접 감축할 수 있는 방법 중 하나로 2050년까지 전체 배출량 중 13%를 감축할 것으로 예측된다.
연소 후 회수기술, 연소 전 회수기술, 순산소 연소기술은 포집기술의 종류이다.

15 국가 기후변화 적응대책을 7개의 부문별 적응대책과 3개의 적응기반대책으로 분류할 때, 다음 중 적응기반대책에 해당하지 않는 분야는?

① 기후변화 감시예측 분야
② 적응산업에너지 분야
③ 교육홍보 국제협력 분야
④ 해양수산업 분야

해설 적응기반대책은 기후변화 감시예측, 적응산업에너지, 교육홍보 국제협력 분야로 구분된다.
④ 해양수산업 분야 : 부문별 적응대책

16 한국 정부가 범국가적인 관점에서 기후변화 문제에 대한 관심을 표명하기 시작한 것은 언제부터인가?

① 1992년 '기후변화협약'에 서명 이후
② 1998년 '기후변화협약 범정부 대책기구' 구성 이후
③ 2007년 '기후변화 대책기획단' 신설 이후
④ 2009년 '저탄소 녹색성장 기본법' 제정 이후

해설 우리나라는 기후변화협약에 대응하기 위해 1998년 4월에 관계부처 장관 회의를 통해 국무총리를 위원장으로 하는 기후변화협약 범정부 대책기구를 설치하여 기후변화협약에 대응하는 정책 추진체제를 갖추었다.

17 IPCC 온실가스 시나리오 중에서 인간활동에 의한 영향을 지구 스스로 회복 가능한 시나리오는?

① RCP 2.6   ② RCP 4.5
③ RCP 6.0   ④ RCP 8.5

해설 ① RCP 2.6 : 인간활동에 의한 영향을 지구 스스로가 회복 가능한 경우
② RCP 4.5 : 온실가스 저감 정책이 상당히 실행되는 경우
③ RCP 6.0 : 온실가스 저감 정책이 어느 정도 실현되는 경우
④ RCP 8.5 : 현재 추세(저감 없이)로 온실가스가 배출되는 경우(BAU 시나리오)
※ BAU(Business As Usual) : 배출전망치

18 2020년 기준 국가 온실가스 배출 전망치 가운데 가장 높은 비율을 차지하는 부문은?

① 수송   ② 산업
③ 공공   ④ 폐기물

해설 2020년 기준 온실가스 배출 전망치가 가장 많은 부문은 산업 부문이다.
※ 2020년까지 온실가스 감축률이 가장 큰 부문은 수송 부문이다.

19 탄소세와 비교하였을 때 배출권거래제만의 장점으로 옳은 것은?

① 최소 저감비용으로 감축이 가능하고, 시행에 필요한 인프라는 거의 없다.
② 관리되는 업체에 안정적인 탄소가격 신호전달이 가능하다.
③ 초기부터 재원조달이 가능하며, 탄소세 수준을 상향 조절할수록 재원확보가 증가한다.
④ 배출량 관리가 용이하다.

해설 탄소세와 배출권거래제는 환경정책 중 경제적 수단으로 널리 알려져 있는 정책들로 대부분의 OECD 국가들은 이미 탄소세를 도입하고 있으며 최근에 배출권거래제도와 함께 보완적으로 활용되고 있다. 배출권거래제는 상한선인 총량을 설정할 수 있어 탄소세 부과보다 환경보호에 유리하며 국가들과 연계가 가능한 제도이다.
① 배출권거래 시장이 왜곡되는 경우 배출권 가격은 적정 균형가격에서 벗어나게 되어 탄소세의 부과보다 높은 저감비용을 유발시킬 수 있으며 수용 시 일부 집단에서의 강한 반발을 초래할 수 있다. 거래시스템을 위한 인프라 구축이 필요하다.
② 탄소가격은 저감비용에 따라 변동될 수 있어서 안정적인 측면은 탄소세에 가깝다.
③ 탄소세의 경우 세수가 정부에 귀속되지만 배출권거래제는 구입비용이 배출권 소유자의 수입이 된다.

20 대기의 연직구조 중 대류권에 관한 설명으로 옳지 않은 것은?

① 눈, 비 등의 기상현상이 일어난다.

② 고도가 높아질수록 기온은 낮아진다.

③ 고도가 1km 상승함에 따라 온도는 약 6.5℃씩 감소한다.

④ 일반적으로 고위도 지방이 저위도 지방에 비해 대류권의 고도가 높다.

해설 대류권(Troposhere) : 대기권 중 가장 낮은 부분이며, 온실효과가 발생되는 곳으로 대류권은 0~11km까지이다. 대류권 고도는 열대지방일 경우 16~18km, 극지방일 경우 10km로 고위도 지방이 저위도 지방에 비해 고도가 낮다. 대류권에서는 고도에 따른 온도변화는 고도가 1km 상승할수록 온도는 대략 6.5℃ 비율로 감소한다.

제2과목 온실가스 배출의 이해

21 온실가스 배출권거래제의 배출량 보고 및 인증에 관한 지침상 폐기물 소각의 보고대상 배출시설에 해당하지 않는 것은?

① 폐열 보일러

② 적출물 소각시설

③ 폐가스 소각시설

④ 폐수 소각시설

해설 폐기물 소각공정의 보고대상 배출시설은 총 6개 시설이 있다.
6개 시설은 소각 보일러, 특정 폐기물 소각시설, 일반폐기물 소각시설, 폐가스 소각시설, 적출물 소각시설, 폐수 소각시설이다.

22 다음 중 CaO와 물이 반응하여 생성되는 것은?

① 생석회 ② 석회석

③ 소석회 ④ 수산화칼륨

해설 생석회(CaO)와 물이 반응하여 생성되는 것은 소석회[Slaked Lime, $Ca(OH)_2$]이다.
$$CaO + H_2O \rightarrow Ca(OH)_2$$
① 생석회(Quick Lime, CaO) : 석회석을 탄산화시켜서 제조하는 것이다.
② 석회석(Limestone, $CaCO_3$) : 석회석의 경우 시멘트 제조에 대부분 사용되며 그 외에도 제철·제강공업, 카바이드, 표백제, 소다공업, 펄프공업, 마그네시아, 비료, 건축재료, 아스팔트 포장 혼합제 등 산업 부문과 배연탈황, 하수정화 등의 다양한 용도로 사용된다.
④ 수산화칼륨(Potassium hydroxide, KOH) : 탄산칼륨의 가성화, 염화칼륨 수용액의 전해에 의해 만들어진다.

23 고형 폐기물 매립시설 중 침출수가 매립시설에서 흘러나가는 것을 방지하기 위해 매립시설의 바닥과 측면에 폐기물의 성질·상태, 매립높이, 지형조건 등을 고려하여 점토류 라이너 및 토목합성수지 라이너 등의 재질로 이루어진 차수시설을 설치·운영하는 것은? (단, 온실가스 배출권거래제의 배출량 보고 및 인증에 관한 지침 기준)

① 차단형 매립시설 ② 관리형 매립시설

③ 저류형 매립시설 ④ 차수형 매립시설

해설 문제는 관리형 매립시설에 관한 설명이다.
① 차단형 매립시설 : 주변의 지하수나 빗물의 유입으로부터 폐기물을 안전하게 저류하기 위한 시설로서 보통 콘크리트 구조물을 설치하고 그 내·외부를 방수처리하는 것이 일반적이다.
※ ③ 저류형 매립시설, ④ 차수형 매립시설은 없다.

24 다음은 온실가스 배출권거래제의 배출량 보고 및 인증에 관한 지침상 항공기에서의 배출활동 개요이다. ( ) 안에 알맞은 것은?

┤ 보기 ├

온실가스 배출량은 항공기의 운항횟수, 운전조건, 엔진효율, 비행거리, 비행단계별 운항시간, 연료종류 및 배출고도 등에 따라 달라진다. 항공기 운항은 이착륙단계와 순항단계로 구분되고, 항공기에서 배출되는 오염물질의 약 (㉠)는 공항 내에서의 운행과 이착륙 중에 발생하고, (㉡) 가량이 높은 고도에서 발생한다.

① ㉠ 90%, ㉡ 10%

② ㉠ 10%, ㉡ 90%

③ ㉠ 50%, ㉡ 50%

④ ㉠ 75%, ㉡ 25%

해설 항공기에서 배출되는 오염물질의 약 10%는 공항 내에서의 운행과 이착륙 중에 발생하고, 90% 가량이 높은 고도에서 발생한다.

25 온실가스 배출권거래제의 배출량 보고 및 인증에 관한 지침상 카바이드에 관한 설명으로 옳지 않은 것은?

① 일반적으로 칼륨의 탄소화합물인 탄산칼륨을 말한다.

② 공업적으로 생석회나 코크스, 무연탄 등의 탄소를 전기로 속에서 가열하여 제조한다.

③ 아세틸렌의 원료로 사용된다.

④ 카바이드 생산공정에서 CO_2가 발생한다.

해설 카바이드(칼슘카바이드)는 칼슘의 탄소화합물로, 탄화칼슘(CaC_2)을 말한다.

26 온실가스 배출권거래제의 배출량 보고 및 인증에 관한 지침상 질산제조공정 중 온실가스 발생을 최소화하기 위해서는 산화율을 높여야 하는데, 암모니아 산화율에 특히 영향이 커서 가장 중요하게 다루어야 할 운전인자로 바르게 짝지어진 것은?

① 온도, 압력

② 촉매투입량, 산소농도

③ 공기 투입량, 촉매를 통과하는 가스 유속

④ 암모니아 예열온도, 암모니아 혼합비

해설 일반적으로 산화공정은 전체적인 환원조건이 N_2O의 잠재적 배출원으로 고려되는 상황에서 발생되며, 질산 생산 시 매개가 되는 NO는 NH_3를 30~50℃의 온도와 높은 압력하에서 N_2O와 NO_2로 분해하게 된다. 그러므로 온도와 압력이 중요한 운전인자이다.

27 온실가스 배출권거래제의 배출량 보고 및 인증에 관한 지침상 일반적인 배연탈황시설의 반응 생성물에 해당하지 않는 것은?

① $CaSO_3$

② $CaSO_4 \cdot 2H_2O$

③ CaO

④ H_2SO_3

해설 대표적인 배연탈황시설의 반응은 다음과 같다.

㉠ $SO_2 + H_2O \rightarrow H_2SO_3$

㉡ $CaCO_3 + H_2SO_3 \rightarrow CaSO_3 + CO_2 + H_2O$

㉢ $CaSO_3 + \frac{1}{2}O_2 + 2H_2O$
　　$\rightarrow CaSO_4 \cdot 2H_2O(석고)$

㉣ $CaCO_3 + SO_2 + \frac{1}{2}O_2 + 2H_2O$
　　$\rightarrow CaSO_4 \cdot 2H_2O(석고) + CO_2$

㉤ $CaSO_3 + \frac{1}{2}H_2O \rightarrow CaSO_3 \cdot \frac{1}{2}H_2O$

28 온실가스 배출권거래제의 배출량 보고 및 인증에 관한 지침상 연료전지의 배출활동 개요에 관한 설명으로 옳지 않은 것은?

① 연료전지는 외부에서 수소와 산소를 공급받아 수용액에서 전자를 교환하는 산화·환원 반응을 한다.

② 연료전지는 산화·환원 반응에서 생성된 화학적 에너지를 전기에너지로 변환시키는 발전장치이다.

③ 연료전지는 물의 전기분해와는 다른 역반응으로 수소와 산소로부터 전기와 물을 생산한다.

④ 수소를 생산하기 위하여 연료전지 후단에서 탄산과 물을 반응시키고 이 과정에서 CO_2가 발생된다.

> **해설** ④ 수소를 생산하기 위하여 연료전지 앞단에서 탄화수소와 물을 반응시키고 이 과정에서 CO_2가 발생된다.

29 온실가스 배출권거래제의 배출량 보고 및 인증에 관한 지침상 석유 정제활동(석유 정제공정)의 온실가스 배출활동을 분류한 것으로 가장 거리가 먼 것은?

① 원유 예열시설, 증류공정 등에 열을 공급하기 위한 고정연소 배출

② 수소 제조공정, 촉매 재생공정 및 코크스 제조공정 등 공정배출원

③ 그 밖에 공정 중에서의 배기(venting) 및 폐가스 연소처리(flaring) 등 탈루성 배출

④ 산·알칼리 조정을 위한 미세 활성탄 흡착처리시설

> **해설** 석유 정제공정의 온실가스 배출은 원유 예열시설, 증류공정 등에 열을 공급하기 위한 고정연소 배출과 수소 제조공정, 촉매 재생공정, 코크스 제조공정 등 공정배출원, 그 밖에 공정 중에서의 배기(venting) 및 폐가스 연소처리(flaring) 등 탈루성 배출로 구분할 수 있다.
> ④ 산·알칼리 조정을 위한 미세 활성탄 흡착처리시설은 해당되지 않는다.

30 온실가스 배출권거래제의 배출량 보고 및 인증에 관한 지침상 시멘트 생산의 배출활동에 관한 설명으로 옳은 것은?

① 시멘트 공정에서의 온실가스 배출원은 클링커의 제조공정인 소성공정에서 탄산칼륨의 산화반응에 의하여 이산화탄소가 배출된다.

② 시멘트 공정에서의 CO_2 배출특성은 주원료인 석회석과 함께 점토 등 부원료의 사용량에 의한 영향이 소성시설(kiln)의 생석회 생성량과 연료사용량 및 폐기물 소각량에 의하여 받는 영향보다 크다.

③ 연료 중 목재와 같은 바이오매스 재활용 연료의 경우 배출량 산정에서 제외하여야 하나 합성수지 및 폐타이어 등 폐연료의 경우는 배출량 산정 시 포함되어야 한다.

④ CKD(소성로에서 발생되는 비산먼지)는 소성공정의 회수시스템에 의해 다량 회수되어 소성공정에 재사용되므로, 회수되지 못한 CKD 내 탄산염 성분은 탈탄산반응에 포함되지 않으므로 보정이 필요 없다.

해설 ① 시멘트 공정에서의 온실가스 배출원은 클링커의 제조공정인 소성공정에서 탄산칼슘의 탈탄산반응에 의하여 이산화탄소가 배출된다.
② 시멘트 공정에서의 CO_2 배출특성은 소성시설의 생석회 생성량과 연료 사용량 및 폐기물 소각량에 의하여 영향을 받으며, 그 밖에 주원료인 석회석과 함께 점토 등 부원료의 사용량에 의해서도 영향을 받을 수 있다.
④ CKD는 소성공정의 회수시스템에 의해 다량 회수되어 소성공정에 재사용되므로, 회수되지 못한 CKD 내 탄산염 성분은 탈탄산반응에 포함되지 않으므로 보정이 필요하다.

31 이동연소(도로)의 온실가스 배출량 산정방법에 대한 설명으로 가장 거리가 먼 것은?

① Tier 1 방법은 연료 종류별 사용량을 활동자료로 하고 기본배출계수를 이용하여 배출량을 산정하는 방법으로, CO_2, CH_4, N_2O에 대해 산정한다.
② Tier 2 방법은 연료 종류별 · 차종별 · 제어기술별 연료 사용량을 활동자료로 하고, 국가 고유계수를 적용하여 배출량을 산정하는 방법이며, CO_2, CH_4, N_2O에 대해 산정한다.
③ Tier 3 산정방법은 차량의 주행거리를 활동자료로 하고, 차종별 · 연료별 · 배출제어기술별 고유배출계수를 개발 · 적용하여 산정하는 방법이며, CO_2, CH_4, N_2O에 대해 산정한다.
④ 이동연소(도로) 부분의 경우 Tier 4 연속측정법은 현재 개발되어 있지 않다.

해설 ③ Tier 3 산정방법은 차량의 주행거리를 활동자료로 하고, 차종별 · 연료별 · 배출제어기술별 고유배출계수를 개발 · 적용하여 산정하는 방법이며, CH_4, N_2O에 대해서만 유효한 산정방법이다.

32 온실가스 배출권거래제의 배출량 보고 및 인증에 관한 지침상 다음 연료에 해당하는 것은?

┤ 보기 ├

열분해(pyrolysis, 고온으로 암석을 가열하는 것으로 구성되는 처리)될 때, 다양한 고체 생성물과 함께, 탄화수소를 산출하는 상당한 양의 고체 유기물을 포함하는 무기(inorganic), 비다공성(non-porous) 암석을 말한다.

① 유모혈암(oil shale)
② 역청암(tar sands)
③ 갈탄연탄(brown coal briquettes)
④ 점결탄(coking coal)

해설 문제에서 설명하는 연료는 유모혈암이다.
② 역청암 : 종종 역청(bitumen)으로 불리는 점성이 있는 형태의 무거운 원유와 자연적으로 혼합된 모래(또는 다공성 탄산염암석)를 말한다.
③ 갈탄연탄 : 고압에서 굳혀 생산하는 갈탄으로부터 제조된 혼합연료이며, 이 형태는 건조된 갈탄 미립자와 재를 포함한다.
④ 점결탄 : 석탄을 건류 · 연소할 때 석탄 입자가 연화용융하여 서로 점결하는 성질이 있는 석탄을 말하며, 건류용탄, 원료탄이라고도 한다. 점결성의 정도에 따라 약점결탄(탄소함유량 80~83%), (미)점결탄(탄소함유량 83~85%), 강점결탄(탄소함유량 85~95%)으로 구분된다.

33 사업장의 월평균 전기 사용량이 1,000kWh일 때, 온실가스 배출량(tCO₂-eq/yr)은?

구 분	배출계수
CO_2	0.4567tCO₂/MWh
CH_4	0.0036kgCH₄/MWh
N_2O	0.0085kgN₂O/MWh

① 0.434 ② 0.559

③ 4.341 ④ 5.513

해설 $GHG_{Emissions} = Q \times EF_j$

여기서,

$GHG_{Emissions}$: 전력 사용에 따른 온실가스(j)별 배출량(tGHG)

Q : 외부에서 공급받은 전력 사용량(MWh)

EF_j : 전력배출계수(tGHG/MWh)

j : 배출 온실가스 종류

$GHG_{Emissions}$

$= 1,000 kWh/month \times 12month/yr \times (1MWh/10^3kWh) \times [(0.4567tCO_2/MWh \times 1tCO_2-eq/tCO_2) + (0.0036kgCH_4/MWh \times 1tCH_4/10^3kgCH_4 \times 21tCO_2-eq/tCH_4) + (0.0085kgN_2O/MWh \times 1tN_2O/10^3kgN_2O \times 310tCO_2-eq/tN_2O)]$

$= 5.512927 ≒ 5.513tCO_2-eq/yr$

34 다음 (   ) 안에 옳은 내용은? (단, 온실가스 배출권거래제의 배출량 보고 및 인증에 관한 지침 기준)

| 보기 |

여러 가지 고급 전자산업에서는 플라스마 시각, 반응챔버의 세정 및 온도조절을 위해 (   )이 이용되며 이런 전자산업으로는 반도체, 박막 트랜지스터 평면 디스플레이, 광전지 제조업 등이 포함된다.

① 백금화합물 ② 질소화합물

③ 불소화합물 ④ 구리화합물

해설 여러 가지 고급 전자산업에서는 플라스마 시각, 반응챔버의 세정 및 온도조절을 위해 불소화합물(Fluorinated Compounds, FCs)이 이용되며 이런 전자산업으로는 반도체, 박막 트랜지스터 평면 디스플레이, 광전지 제조업 등이 포함된다.

35 대체연료인 바이오에탄올에 관한 내용으로 틀린 것은? (단, 온실가스 배출권거래제의 배출량 보고 및 인증에 관한 지침 기준)

① 가솔린 옥탄가를 높이는 첨가제로 사용한다.

② 연소율이 높고 오염물질 발생이 적은 장점이 있다.

③ 추출 가능한 원재료가 제한적이라는 단점이 있다.

④ 기존 첨가제인 MTBE를 대체하는 용도로 사용한다.

해설 바이오에탄올로 쓰이는 주요 바이오매스는 임목 및 임목 부산물, 옥수수, 폐지, 볏짚, 왕겨, 가축분뇨, 식물류 폐기물 등 원재료가 다양하다.

36 온실가스 배출시설 중 고정연소 배출시설이 아닌 것은? (단, 온실가스 배출권거래제의 배출량 보고 및 인증에 관한 지침 기준)

① 열병합발전시설

② 일반보일러시설

③ 공정연소시설

④ 수상항해시설

해설 고정연소의 대표적인 보고대상 배출시설 화력발전시설, 열병합발전시설, 발전용 내연기관, 일반보일러시설, 공정연소시설, 대기오염물질 방지시설

※ 수상항해시설은 이동연소시설의 선박에 해당된다.

37 제품의 생산공정 및 제품 사용에 따른 온실가스 배출활동에 포함되지 않는 것은?

① 석유 정제활동
② 철강 생산
③ 석탄의 채굴
④ 오존층 파괴물질의 대체물질 사용

해설 석탄의 채굴은 원료의 채취 단계이기 때문에 온실가스 배출활동에 포함되지 않는다.

38 온실가스 배출권거래제의 배출량 보고 및 인증에 관한 지침상 마그네슘 생산 시 주조공정에서 용융된 마그네슘의 사용 및 처리 공정에서 사용하는 표면가스로 가장 적합한 것은?

① SF_6
② CH_4
③ N_2O
④ CO_2

해설 융해된 마그네슘의 사용 및 처리 공정에서 SF_6를 표면가스로 사용하여 산화를 방지하는 데 사용한다.
  ※ 최근의 기술개발과 SF_6 대체에 대한 요구에 의해 SF_6를 대체하는 표면가스를 도입하고 있다. 대체 표면가스로는 fluorinated hydrocarbon HFC-134a나 fluorinated ketone FK 5-1-12($C_3F_7C(O)C_2F_5$) 등이 있다.

39 온실가스 배출권거래제의 배출량 보고 및 인증에 관한 지침상 하·폐수 처리공정 중 질소, 인으로 대표되는 영양염류의 제거를 주목적으로 수행하는 처리과정은?

① 고도 처리
② 2차 처리
③ 호기성 처리
④ 열분해 처리

해설 고도 처리 또는 3차 처리라고 한다.
  ㉠ 1차 처리(물리적 처리) : 부유물질을 스크린, 여과 침강 등 물리적 작용으로 처리하는 공법이다.
  ㉡ 2차 처리(생물학적 처리) : 폐수 중 유기물 성분을 제거하는 공법이다.

40 온실가스 배출권거래제의 배출량 보고 및 인증에 관한 지침상 원료별 사용비율에 따른 전 세계 카프로락탐 생산능력이 큰 순서부터 작은 순서로 옳게 나열된 것은?

① 페놀 > 톨루엔 > 시클로헥산
② 톨루엔 > 시클로헥산 > 페놀
③ 시클로헥산 > 페놀 > 톨루엔
④ 페놀 > 시클로헥산 > 톨루엔

해설 전 세계 카프로락탐 생산능력은 시클로헥산이 70%, 페놀이 25%이고 나머지 5%는 톨루엔이 차지하는데, 우리나라의 경우 주로 시클로헥산을 출발 원료로 하여 카프로락탐을 생산하는 것으로 알려져 있다 (시클로헥산 > 페놀 > 톨루엔).

제3과목 **온실가스 산정과 데이터 품질관리**

41 온실가스 배출권거래제의 배출량 보고 및 인증에 관한 지침상 모니터링 계획 작성원칙 중 "모니터링 계획에 보고된 동일 배출시설 및 배출활동에 관한 데이터는 상호 비교가 가능하도록 해야 한다"는 것과 관련이 깊은 원칙은?

① 준수성
② 일관성
③ 투명성
④ 완전성

해설 문제는 모니터링 계획 중 일관성에 관한 설명이다.
  ① 준수성 : 모니터링 계획은 배출량 산정 및 모니터링 계획 작성에 대한 기준을 준수하여 작성하여야 한다.
  ③ 투명성 : 모니터링 계획은 배출량 산정 원칙을 준수하고, 배출량 산정에 적용되는 데이터 및 정보관리과정을 투명하게 알 수 있도록 작성되어야 한다.
  ④ 완전성 : 관리업체는 조직경계 내 모든 배출시설의 배출활동에 대해 모니터링 계획을 수립·작성하여야 한다.

42 A하수처리장은 메탄을 450톤 회수하여 연료로 사용하였으며(메탄 회수율은 80%), 아래와 같은 조건으로 처리장을 운영한다. 이때 온실가스 배출량(tCO_2-eq)으로 가장 가까운 값은? (단, 온실가스·배출권거래제의 배출량 보고 및 인증에 관한 지침 기준, 회수한 메탄의 고정연소활동 배출량은 제외, CH_4 배출계수 0.48kgCH₄/kgBOD, N_2O 배출계수 0.005kgN₂O-N/kg-T-N, N_2O의 분자량 44.013, N_2의 분자량 28.013, 슬러지 반출은 없다.)

구 분	유입수	방류수
유량(m³)	25,000,000	25,000,000
BOD 농도(mg/L)	55	5
COD 농도(mg/L)	60	10
TN 농도(mg/L)	100	10

① 3,150
② 8,629
③ 11,787
④ 18,087

해설 하수처리장 온실가스 배출량은 메탄과 아산화질소 배출량을 합하여 이산화탄소 환산량으로 제시할 수 있다.

㉠ 메탄 배출량

$CH_4 Emissions$
$= (BOD_{in} \times Q_{in} - BOD_{out} \times Q_{out}$
$\quad - BOD_{sl} \times Q_{sl}) \times 10^{-6} \times EF - R$

여기서,
$CH_4 Emissions$: 하수처리에서 배출되는 CH_4 배출량(tCH_4)
BOD_{in} : 유입수의 BOD_5 농도 (mg-BOD/L)
BOD_{out} : 방류수의 BOD_5 농도 (mg-BOD/L)
BOD_{sl} : 반출 슬러지의 BOD_5 농도 (mg-BOD/L)

Q_{in} : 유입수의 유량(m^3)
Q_{out} : 방류수의 유량(m^3)
Q_{sl} : 슬러지의 반출량(m^3)
EF : 배출계수(kgCH₄/kg-BOD)
R : 메탄 회수량(tCH_4)

$CH_4 Emissions$
$= [(55mg/L \times 25,000,000m^3$
$\quad - 5mg/L \times 25,000,000m^3) \times 10^{-6}$
$\quad \times 0.48kgCH_4/kgBOD - 450tCH_4]$
$\quad \times 21tCO_2-eq/tCH_4$
$= 3,150tCO_2-eq$

㉡ 아산화질소 배출량

$N_2O Emissions$
$= (TN_{in} \times Q_{in} - TN_{out} \times Q_{out} - TN_{sl}$
$\quad \times Q_{sl}) \times 10^{-6} \times EF \times 1.571$

여기서,
$N_2O Emissions$: 하수처리에서 배출되는 N_2O 배출량(tN_2O)
TN_{in} : 유입수의 총 질소농도 (mg-T-N/L)
TN_{out} : 방류수의 총 질소농도 (mg-T-N/L)
TN_{sl} : 반출 슬러지의 총 질소농도 (mg-T-N/L)
Q_{in} : 유입수의 유량(m^3)
Q_{out} : 방류수의 유량(m^3)
Q_{sl} : 슬러지의 반출량(m^3)
EF : 아산화질소 배출계수 (kgN₂O-N/kg-T-N)
1.571 : N_2O의 분자량(44.013) /N_2의 분자량(28.013)

$N_2O Emissions$
$= [(100mg/L \times 25,000,000m^3$
$\quad - 10mg/L \times 25,000,000m^3) \times 10^{-6}$
$\quad \times 0.005kgN_2O-N/kgT-N \times 1.571]$
$\quad \times 310tCO_2-eq/tN_2O$
$= 5478.863tCO_2-eq$

∴ ㉠+㉡ = 8628.863
$\quad \fallingdotseq 8,629tCO_2-eq$

43 온실가스 배출권거래제의 배출량 보고 및 인증에 관한 지침상 산정등급(Tier)과 배출계수 적용에 관한 설명으로 가장 거리가 먼 것은?

① Tier 1 – IPCC 기본배출계수 활용
② Tier 2 – 국가 고유배출계수 활용
③ Tier 3 – 사업장·배출시설별 배출계수 사용
④ Tier 4 – 전 세계 공통의 배출계수 사용

해설 Tier 4는 굴뚝 자동측정기기 등 배출가스를 연속 측정하는 방법을 활용한 배출량 산정방법론을 말한다.

44 다음 Scope 분류 및 그에 대한 배출활동이 잘못 연결된 것은?

① Scope 1 : 이동연소, 철강 생산, 공공하수 처리
② Scope 1 : 폐기물 소각, 고정연소, 시멘트 생산
③ Scope 2 : 구입 증기, 구입 전기, 구입 열
④ Scope 3 : 종업원 출퇴근, 구매된 원료의 생산공정배출, 공장 내 기숙사 난방

해설 공정배출은 직접배출(Scope 1)에 해당된다.

45 다음 중 품질보증(Quality Assurance) 활동 요소가 아닌 것은?

① 내부감사 담당자, 책임자 지정
② 산정과정의 적절성
③ 배출량 정보 자체검증
④ 품질감리

해설 ② 산정과정의 적절성은 품질관리(Quality Control)에 해당된다.

46 온실가스 배출권거래제의 배출량 보고 및 인증에 관한 지침상 온실가스 측정불확도 산정절차로 옳은 것은?

┤ 보기 ├
㉠ 매개변수의 불확도 산정
㉡ 사전검토
㉢ 배출시설에 대한 불확도 산정
㉣ 사업장 또는 업체에 대한 불확도 산정

① ㉠ → ㉡ → ㉢ → ㉣
② ㉡ → ㉠ → ㉢ → ㉣
③ ㉢ → ㉠ → ㉡ → ㉣
④ ㉣ → ㉠ → ㉡ → ㉢

해설 온실가스 측정불확도 산정절차
사전검토 → 매개변수의 불확도 산정 → 배출시설에 대한 불확도 산정 → 사업장 또는 업체에 대한 불확도 산정

47 온실가스 배출권거래제의 배출량 보고 및 인증에 관한 지침상 온실가스 배출량 등의 산정절차에 해당되지 않는 것은?

① 조직경계의 설정
② 모니터링 유형 및 방법의 설정
③ 배출량 산정 및 모니터링 체계의 구축
④ 목표 설정

해설 온실가스 배출량의 산정절차
조직경계의 설정 → 배출활동의 확인·구분 → 모니터링 유형 및 방법의 설정 → 배출량 산정 및 모니터링 체계의 구축 → 배출활동별 배출량 산정방법론의 선택 → 배출량 산정 → 명세서의 작성

48 온실가스 배출권거래제의 배출량 보고 및 인증에 관한 지침상 납 생산에 대한 온실가스 배출량 산정을 산정하는 방법의 설명으로 틀린 것은?

① 보고대상 온실가스는 CO_2와 CH_4이다.
② 배출량 산정방법론으로 Tier 1~4까지 4가지 방법론이 있다.
③ Tier 1 방법론은 생산된 납의 양(t)에 납 생산량당 배출계수(tCO_2/t-생산된 납)를 곱하여 배출량을 산정하는 방법이다.
④ Tier 3 방법론 적용을 위해서는 사업자가 자체적으로 고유배출계수를 개발하여 적용하여야 한다.

[해설] 납 생산공정에서 보고대상 온실가스는 CO_2이다.

49 온실가스 배출권거래제의 배출량 보고 및 인증에 관한 지침에 따라 화석연료의 고정연소와 이동연소로 인해 배출되는 온실가스가 아닌 것은?

① 이산화탄소 ② 메탄
③ 아산화질소 ④ 육불화황

[해설] 고정연소와 이동연소에서 배출되는 온실가스는 이산화탄소(CO_2), 메탄(CH_4), 아산화질소(N_2O)가 해당된다.

50 온실가스 배출권거래제의 배출량 보고 및 인증에 관한 지침상 아디프산 생산량이 320t일 때 (감축기술은 촉매분해방법 적용) 발생되는 온실가스 배출량(tCO_2-eq)은?

보기
• 배출계수 : $300kgN_2O$/t-아디프산
• 촉매 분해 시 분해계수 : 0.925
• 이용계수 : 0.89

① 3458.07 ② 3874.92
③ 4338.02 ④ 5260.08

[해설]
$$E_{N_2O} = \sum_{k,h}[EF_k \times AAP_k \times (1-DF_h \times ASUF_h)] \times 10^{-3}$$
여기서,
E_{N_2O} : N_2O 배출량(tN_2O)
EF_k : 기술유형(k)에 따른 아디프산의 N_2O 배출계수(kgN_2O/t-아디프산)
AAP_k : 기술유형(k)에 따른 아디프산 생산량(ton)
DF_h : 저감기술(h)별 분해계수(0에서 1 사이의 소수)
$ASUF_h$: 저감기술(h)별 저감시스템 이용계수(0에서 1 사이의 소수)

$$E_{N_2O} = 320t아디프산 \times \frac{300kgN_2O}{t아디프산}$$
$$\times (1-0.925\times0.89) \times \frac{tN_2O}{10^3 kgN_2O}$$
$$\times \frac{310tCO_2-eq}{tN_2O}$$
$$= 5260.08tCO_2-eq$$

51 연속 측정에 따른 배출량 산정방법에 대한 설명 중 틀린 것은?

① 30분 배출량은 g단위로 계산하고, 소수점 이하는 버림 처리하여 정수로 산정한다.
② 월배출량은 g단위의 30분 배출량을 월 단위로 합산하고, kg단위로 환산한 후, 소수점 이하는 버림 처리하여 정수로 산정한다.
③ 측정자료의 수치맺음은 한국산업표준 KS Q 5002(데이터의 통계해석방법)에 따라서 계산한다.
④ 연속 측정 시의 유량은 습가스 기준으로 한다.

[해설] ④ 연속 측정 시 유량은 30분 적산 유량이며 건가스 기준으로 적용한다.

52 온실가스 배출권거래제의 배출량 보고 및 인증에 관한 지침상 탄산염의 기타 공정 사용에 의한 온실가스 배출량을 Tier 2 산정방법론으로 산정할 때, 활동자료의 측정불확도 기준은?

① ±9.5% 이내　　② ±7.5% 이내
③ ±5.0% 이내　　④ ±2.5% 이내

해설 Tier 2 산정방법론 산정 시 측정불확도는 ±5.0% 이내로 한다.

53 온실가스 배출권거래제의 배출량 보고 및 인증에 관한 지침상 다음 내용과 관련 있는 기호는?

┤ 보기 ├
할당대상업체가 자체적으로 설치한 계량기이나 주기적인 정도검사를 실시하지 않는 측정기기

① 　　②
③ 　　④

해설 관리업체가 자체적으로 설치한 계량기이나 주기적인 정도검사를 실시하지 않는 측정기기는 FL 이다.
① 상거래 또는 증명에 사용하기 위한 목적으로 측정량을 결정하는 법정 계량에 사용하는 측정기기로서 계량에 관한 법률에 따른 법정 계량기
③ 관리업체가 자체적으로 설치한 계량기이나 주기적인 정도검사를 실시하지 않는 측정기기
④ 관리업체가 자체적으로 설치한 계량기로서, 국가표준기본법에 따른 시험기관, 교정기관, 검사기관에 의하여 주기적인 정도검사를 받는 측정기기
※ ②번의 측정기기 기호는 없다.

54 온실가스 배출권거래제의 배출량 보고 및 인증에 관한 지침하에서 고정연소 배출량 산정 시 산화계수에 관한 설명으로 옳지 않은 것은?

① 고체연료, 기체연료, 액체연료 모두 Tier 1의 경우 1.0을 적용한다.
② 고체연료 중 발전 부문 Tier 2의 경우 0.98을 적용한다.
③ 액체연료 Tier 2의 경우 0.99를 적용한다.
④ 기체연료 Tier 2의 경우 0.995를 적용한다.

해설 산화계수와 관련하여 Tier 2일 경우 발전 부문은 산화계수를 0.99를 적용하고, 기타 부문은 0.98을 적용한다.

55 온실가스 배출권거래제의 배출량 보고 및 인증에 관한 지침하에서 오존 파괴물질의 대체물질 사용 시 폐쇄형 기포(closed – cell) 발포제에 의한 온실가스 배출량 산정에 요구되는 매개변수로만 옳게 나열된 것은?

┤ 보기 ├
㉠ 폐쇄형 기포 발포제의 수명
㉡ 제품 반응률
㉢ 첫 해의 손실배출계수
㉣ 연간 손실배출계수

① ㉡, ㉢, ㉣
② ㉠, ㉡, ㉣
③ ㉠, ㉢, ㉣
④ ㉠, ㉡, ㉢

해설 발포제의 사용에서 배출량 산정 시 매개변수는 폐쇄형 기포 발포제의 수명, 첫 해의 손실배출계수, 연간 손실배출계수가 해당된다.

56 온실가스 배출권거래제의 배출량 보고 및 인증에 관한 지침에 따른 조직경계 결정방법에 대한 내용으로 옳지 않은 것은?

① 조직경계 내에 타 법인이 상주하는 경우, 타 법인의 운영통제권을 관리업체가 가지고 있는 경우 관리업체는 상주하고 있는 타 법인의 온실가스 배출시설 및 에너지 사용시설을 조직경계에 포함하여야 한다.

② 조직경계 내에 타 법인이 상주하는 경우 관리업체가 상주하고 있는 타 법인의 운영통제권을 가지고 있지 않으며, 해당 상주업체의 온실가스 배출시설 및 에너지 사용시설에 대한 정보 및 활동자료를 파악할 수 있는 경우는 관리업체의 조직경계에서 제외할 수 있다.

③ 다수의 관리업체에서 에너지를 연계하여 사용한다면 법인이 서로 다르더라도 각 관리업체는 에너지 사용량을 통합하여 모니터링하도록 경계를 설정하여야 한다.

④ 사업장의 특징에 따라 조직경계를 결정하고 조직경계 결정과 관련된 설명을 모니터링 계획에 구체적으로 작성하여야 한다.

해설 다수의 관리업체에서 에너지를 연계하여 사용할 경우 법인이 다르기 때문에 각 관리업체는 별도로 에너지 사용량을 모니터링하도록 경계를 설정하여야 한다.

57 기록과 문서의 정확성을 판단하기 위하여 검증심사원이 직접 계산하고 확인하는 검증기법은?

① 재계산 ② 분석
③ 역추적 ④ 열람

해설 문제에서 설명하는 검증기법은 재계산기법이다.

58 온실가스 배출권거래제의 배출량 보고 및 인증에 관한 지침하에서 하·폐수에서 발생하는 온실가스 배출량 산정 시 CO_2는 배출량 산정에서 제외하고 있는데, 그 주된 원인으로 가장 적합한 사항은?

① 배출계수의 부재
② 생물에서 기원
③ 하·폐수에서는 CO_2가 발생하지 않으므로
④ 소량 발생하므로

해설 고형폐기물의 매립과 생물학적 처리, 하·폐수에서 발생하는 온실가스 배출량 산정 시 CO_2는 생물에서 기원이라는 이유로 제외하고 있다.

59 온실가스 배출권거래제의 배출량 보고 및 인증에 관한 지침에 따른 열(스팀)의 외부 공급 시 간접배출계수 개발방법 중 열병합 발전시설에서 열(스팀) 생산에 따른 온실가스 배출량 산출식을 설명한 내용으로 옳지 않은 것은?

보기
$$E_{H,i} = \frac{H}{H+P \times R_{eff}} \times E_{T,i}$$

① H는 열 생산량(TJ)을 의미한다.
② P는 전기 생산량(TJ)을 의미한다.
③ R_{eff}는 전기 생산효율을 열 생산효율로 나눈 값이다.
④ $E_{T,i}$는 열병합 발전설비의 총 온실가스 배출량을 말한다.

해설 R_{eff}는 열생산 효율과 전력생산 효율의 비율(0에서 1 사이의 소수)로 열 생산효율을 전기 생산효율로 나눈 값이다.

60 온실가스 배출권거래제의 배출량 보고 및 인증에 관한 지침상 관리업체인 L시멘트사 #4 Kiln은 연간 80,000톤의 클링커를 생산하고 있고, 그 과정에서 시멘트킬른먼지(CKD)가 500톤 발생하나, L사는 백필터(Bag Filter)를 활용하여 CKD를 전량 회수하여 다시 Kiln에 투입한다고 가정할 때, Tier 1을 이용한 온실가스 배출량(tCO_2/y)은? (단, 클링커 생산량당 CO_2 배출계수는 0.51tCO_2/t-클링커, 투입원료 중 기타 탄소성분에 기인하는 CO_2 배출계수는 0.01tCO_2/t-클링커)

① 40800.000　　② 40880.000
③ 41600.000　　④ 41860.000

해설 클링커 생산에 따른 CO_2 배출량을 구하는 식에 대입한다. CKD의 경우 전량 회수하여 킬른에 투입되기 때문에 유실된 CKD의 하소율은 없다고 보아 0으로 대입한다.

$$E_i = (EF_i + EF_{toc}) \times (Q_i + Q_{\text{CKD}} \times F_{\text{CKD}})$$

E_i : 클링커(i) 생산에 따른 CO_2 배출량 (tCO_2)

EF_i : 클링커(i) 생산량당 CO_2 배출계수 (tCO_2/t-clinker)

EF_{toc} : 투입원료(탄산염, 제강슬래그 등) 중 탄산염 성분이 아닌 기타 탄소 성분에 기인하는 CO_2 배출계수(기본값으로 0.010tCO_2/t-clinker 를 적용.)

Q_i : 클링커(i) 생산량(ton)

Q_{CKD} : 킬른에서 시멘트 킬른먼지(CKD)의 반출량(ton)

F_{CKD} : 킬른에서 유실된 시멘트 킬른먼지(CKD)의 하소율(0에서 1 사이의 소수)

$$E_i = (0.51tCO_2/t-\text{clinker} + 0.01tCO_2/t-\text{clinker}) \times (80,000\,t/yr + 500\,t \times 0)$$
$$= 41600.000\,tCO_2/yr$$

제4과목　온실가스 감축관리

61 CDM EB가 제시하는 추가성 분석방법에서는 프로젝트의 추가성을 단계적으로 평가할 수 있도록 구성하고 있는데, 다음 중 그 단계가 순서대로 옳게 배열된 것은?

① 최초시도 여부(First-of-its-kind project activities) - 대안분석(Identification of alternatives) - 투자분석(Investment analysis) - 장벽분석(Barrier analysis) - 관례분석(Common Practice analysis)

② 최초시도 여부(First-of-its-kind project activities) - 투자분석(Investment analysis) - 대안분석(Identification of alternatives) - 장벽분석(Barrier analysis) - 관례분석(Common Practice analysis)

③ 최초시도 여부(First-of-its-kind project activities) - 대안분석(Identification of alternatives) - 투자분석(Investment analysis) - 관례분석(Common Practice analysis) - 장벽분석(Barrier analysis)

④ 최초시도 여부(First-of-its-kind project activities) - 장벽분석(Barrier analysis) - 대안분석(Identification of alternatives) - 투자분석(Investment analysis) - 관례분석(Common Practice analysis)

해설 추가성 입증과 평가를 위한 도구(Tool)
최초시도 여부 → 프로젝트 활동에 대한 대안의 식별 → 투자분석 → 장벽(장애물)분석 → 일반관행분석

62 조직의 감축수단 선택과 목표 달성을 위한 시나리오가 선택되었을 때 이행계획을 구체화해야 할 필요가 있는데, 이때 반드시 고려해야 할 사항으로 거리가 먼 것은?

① 감축수단 적용에 따른 조직 내 에너지 및 온실가스 저감의 중복성, 종속성 및 독립성을 고려

② 감축수단의 효과가 발생하는 시기를 고려

③ 예산확보에 대한 계획을 수립

④ 감축수단 적용에 따른 세부 제품 생산량 및 매출액 증대계획을 수립

해설 이행계획 수립 시 고려사항
　ㄱ 감축수단 적용에 따른 조직 내 에너지 및 온실가스 저감의 중복성, 종속성 및 독립성
　ㄴ 감축수단의 효과가 발생하는 시기
　ㄷ 예산확보에 대한 계획 수립
　ㄹ 감축수단 적용에 따른 사후관리계획 및 모니터링 계획 수립

63 기존의 화석연료를 변환시켜 이용하거나 햇빛, 물, 지열, 강수, 생물유기체 등을 포함하는 재생 가능한 에너지를 변환시켜 이용하는 에너지를 신·재생에너지라고 부르는데, 다음 중 신에너지에 해당하지 않는 것은?

① 연료전지(Fuel Cell)

② 중질 잔사유를 가스화한 에너지

③ 수소에너지

④ 폐기물에너지

해설 신에너지에는 연료전지, 석탄 액화·가스화 에너지, 수소에너지가 해당된다.
④ 폐기물에너지는 재생에너지에 속한다.

64 다음 연료전지(Fuel Cell)의 형태에 따른 설명으로 옳지 않은 것은?

① 인산형(PAFC) 연료전지는 백금을 주촉매로 사용하고, 150~250℃ 정도에서 운전한다.

② 알칼리형(AFC) 연료전지는 외부 연료 개질기가 필요하며, 50~120℃ 정도에서 운전한다.

③ 용융탄산염형(MCFC) 연료전지는 550~700℃ 정도에서 운전하며, 대규모 발전에 사용한다.

④ 고체산화물형(SOFC) 연료전지는 백금을 주촉매로 사용하고, 100~150℃ 정도에서 운전한다.

해설 고체산화물형(SOFC) 연료전지는 도핑된 지르코니아, 세리아, 페로브스카이트형 등을 고체 전해질로 사용하는 형태로, 주로 구성요소로 세라믹을 사용하여 세라믹 연료전지라고도 한다. SOFC는 연소공정이 필요하지 않은 에너지 변환장치이며 화석연료와 같이 연료를 태워서 발전하는 방식이 아니기 때문에 NO_x 배출량이 98% 저감되는 효과가 있고, 700~1,000℃의 높은 온도에서 운전되어 기존 화력발전소에 비해 발전효율이 높아 CO_2 배출량이 대폭적으로 감소한다.

65 온실가스 배출량 산정 및 보고 원칙과 가장 거리가 먼 것은?

① 완전성

② 윤리성

③ 일관성

④ 투명성

해설 온실가스 배출량 산정 및 보고 원칙

㉠ 투명성 : 배출량 산정원칙을 준수하고, 배출량 산정에 적용되는 데이터 및 정보관리과정을 투명하게 알 수 있도록 작성되어야 한다.

㉡ 일관성 : 동일 배출시설 및 배출활동에 관한 데이터는 상호 비교가 가능하도록 가능한 한 일관성을 유지하여야 한다.

㉢ 정확성 : 관리업체는 배출량의 정확성을 제고할 수 있도록 모니터링 계획을 수립하여야 한다.

㉣ 완전성 : 산정범위에 해당하는 모든 배출원에 대한 누락이 없어야 한다.

66 발전소 및 각종 산업에서 발생하는 이산화탄소를 대기로 배출시키기 전에 고농도로 포집·압축·수송하여 안전하게 저장하는 기술로 정의될 수 있는 것은?

① ET
② CCS
③ CDM
④ VCM

해설 이산화탄소 포집 및 저장(CCS ; Carbon dioxide Capture and Storage)에 관한 설명이다.

① ET(Emission Trading, 배출권거래제) : 각국에 할당된 온실가스 배출허용량을 무형 상품으로 간주하고, 각국이 시장원리에 따라 직접 혹은 거래소를 통해 거래함으로써 배출저감비용을 줄이고, 저감 실현을 용이하게 하는 제도

③ CDM(Clean Development Mechanism, 청정개발체제) : 선진국이 개도국에서 온실가스 저감사업을 수행하여 발생한 저감분(CERs)을 선진국의 저감실적으로 인정하는 제도

④ VCM(Vinyl Chloride Monomer) : EDC의 열분해로 생성되는 무색의 기체로, PVC의 원료로 사용되며, 석유화학제품 생산공정 중 하나

67 지구온난화지수가 높은 온실가스부터 순서대로 옳게 나열한 것은?

① $CO_2 > CH_4 > N_2O > SF_6$
② $SF_6 > N_2O > CH_4 > CO_2$
③ $SF_6 > CH_4 > N_2O > CO_2$
④ $N_2O > SF_6 > CO_2 > CH_4$

해설 지구온난화지수(GWP ; Global Warming Potential)는 이산화탄소 1kg과 비교했을 때 어떤 온실기체가 대기 중에 방출된 후 특정 기간 그 기체 1kg의 가열효과가 어느 정도인가를 평가하는 척도이다.
온실기체를 지구온난화지수가 큰 순서대로 나열하면 다음과 같다.
$SF_6(23,900) > HFCs(140 \sim 11,700) > PFCs(6,500 \sim 9,200) > N_2O(310) > CH_4(21) > CO_2(1)$

68 교토메커니즘 종류 중 CDM에 대한 설명으로 올바르지 않은 것은?

① 교토의정서상의 감축 의무국의 의무 이행수단으로 허용된 상쇄 프로그램

② 선진국들이 온실가스를 줄일 수 있는 여지가 상대적으로 많은 개발도상국에 투자해 얻은 감축분을 배출권으로 가져가거나 판매하는 제도

③ CDM 활성화를 위하여 온실가스 감축의무가 없는 개도국이 직접투자 및 시행하는 사업도 CDM으로 인정

④ 배출쿼터를 받은 온실가스 감축의무 국가 간에 배출쿼터의 거래를 허용한 제도

해설 ④ 배출쿼터를 받은 온실가스 감축의무 국가 간에 배출쿼터의 거래를 허용한 제도는 배출권거래제(ET ; Emission Trading)이다.

69 외부감축실적과 관련한 내용으로 틀린 것은?

① 관리업체는 업체의 조직경계 외부에서 온실가스를 감축·흡수·제거하는 사업을 수행하고 그 실적을 관리업체의 목표이행실적으로 사용할 수 있다.

② 외부감축사업과 외부감축실적의 인정은 온실가스 감축 국가목표를 달성하는 데 필요한 제반사항과 그 범위 내에서 고려되어야 한다.

③ 외부감축실적은 관련된 국제기준과 지침을 고려하여 추진되어야 하며, 관리업체의 감축의무가 특정 업체 및 부문에 전가되지 않도록 투명하고 공정하게 관리되어야 한다.

④ 외부감축사업의 유형 및 방법론, 외부감축사업의 타당성 평가 및 등록, 외부감축실적의 산정·모니터링·검증, 인정방법, 외부감축실적 인증서의 발급·등록·관리 등에 관한 구체적인 사항은 관장기관이 정하여 고시한다.

해설 ④ 외부감축사업의 유형 및 방법론, 외부감축사업의 타당성 평가 및 등록, 외부감축실적의 산정·모니터링·검증, 인정방법, 외부감축실적 인증서의 발급·등록·관리 등에 관한 구체적인 사항은 환경부장관이 부문별 관장기관과 협의하여 따로 정하여 고시한다.

70 이산화탄소 전환에 대한 설명 중 가장 관계가 적은 것은?

① 촉매화학적 이산화탄소 수소화 반응 분야

② 광에너지 및 태양열 활용 이산화탄소 전환 분야

③ 이산화탄소 유래 고분자 제조기술

④ 개질 및 가스화 반응에서의 이산화탄소 활용 분야

해설 이산화탄소의 전환기술은 크게 화학적 전환과 생물학적 전환으로 분류되며 그 기술적 특성에 따라 다시 열적·촉매화학적 전환, 광화학적 전환, 전기화학적 전환 등으로 나눌 수 있다. 전환공정은 상별로 구분할 경우 기상반응과 액상반응으로 나눌 수 있다. 기상반응은 연화학 또는 열촉매 반응기술을 의미하며, 액상 반응은 전기/광/바이오 화학 전환기술이 포함된다.
④ 개질 및 가스화는 해당되지 않는다.

71 연소공정의 아산화질소(N_2O) 처리기술에 대한 설명으로 옳지 않은 것은?

① 유동층 연소에서 발생하는 아산화질소를 저감시키기 위해서는 유동층의 온도를 높여서 아산화질소의 열분해를 유도하는 방법이 있다.

② 생성된 아산화질소의 분해기술은 고온처리와 저온처리로 나눌 수 있는데, 고온처리에는 기상열분해와 매체입자에 의한 접촉분해방법이 있고, 저온처리는 SCR 혹은 SNCR 등 촉매분해방법이 있다.

③ 유동층 연소에서 배출되는 아산화질소를 촉매분해, N_2O-SCR 등의 방법으로 처리할 수 있다.

④ 폐기물 소각공정에서 석회석을 사용한 아산화질소 처리기술이 가장 보편적으로 적용되고 있다.

해설 N_2O를 처리하여 온실가스 배출을 줄이는 6차 방법론 적용이 가능하지만 N_2O만을 저감하는 기술은 없어 대기 중의 NO_x를 제거하는 선택적 촉매환원법(SCR), 선택적 비촉매환원처리방법(SNCR)에 의해 N_2O가 부수적으로 제거되는 것으로 알려져 있다.

72 할당대상업체의 조직경계 외부의 배출시설에서 국제적 기준에 부합하는 방식으로 온실가스를 감축 · 흡수 · 제거하는 사업을 무엇이라 하는가?

① 외부사업
② 공정사업
③ 경계사업
④ 상쇄사업

해설 문제에서 설명하는 사업은 외부사업이다.

73 온실가스 배출권거래제의 배출량 보고 및 인증에 관한 지침상 품질관리(QC) 및 품질보증(QA) 활동에 관한 내용으로 옳지 않은 것은?

① 할당대상업체는 자료의 품질을 지속적으로 개선하는 체제를 갖추는 등 배출량 산정의 품질보증활동을 수행해야 한다.
② 배출량 보고와 관련된 위험을 완화하는 일련의 활동을 내부감사라 한다.
③ 품질관리는 산정절차 수행 이후 독립적인 제3자에 의해 완성된 배출량 산정결과를 검토하는 과정이다.
④ 품질관리에는 배출활동, 활동자료, 배출계수, 기타 산정 매개변수 및 방법론에 관한 기술적 검토가 포함된다.

해설 ③ 독립적인 제3자에 의해 산정절차 수행 이후 완성된 배출량 산정결과에 대한 검토를 수행하는 것은 품질보증이다.

74 온실가스 저감 노력으로 인한 온실가스 저감량을 계산하는 비교기준으로서, 온실가스 저감 해당 사업이 수행되지 않았을 경우의 배출량 및 흡수량에 대한 계산 또는 예측을 의미하는 것은?

① 시나리오
② 벤치마크
③ 베이스라인
④ 모니터링

해설 베이스라인 배출량은 사업시행자가 감축사업을 하지 않았을 경우 사업경계 내에서 발생 가능성이 가장 높은 조건을 고려한 온실가스 배출량이다.

75 온실가스 감축을 위한 경제성 평가방법 중 ( ) 안에 가장 적합한 것은?

┤ 보기 ├
( )은 온실가스 1톤을 줄이는 데 소요되는 비용을 말하는 것으로, 각 온실가스 감축수단별 초기비용 및 운영비용 등 총 소용비용을 감축수단에 따른 온실가스 감축량으로 나누어 1톤의 온실가스 감축량 대비 소요비용을 계산하여 산출한다.

① 한계저감비용
② 효과비용
③ 투자비용
④ 감축비용

해설 한계저감비용은 온실가스 1톤을 줄이는 데 소요되는 비용으로 감축에 필요한 운영비 및 설비비를 말한다. 온실가스를 줄이기 위해 전력생산을 줄인다면 이때 손실분에 대한 기회비용이기도 한다.

76 음식물 처리시설에서 온실가스를 저감할 수 있는 기술의 구분으로 틀린 것은?

① 혐기성 소화방식을 호기성 소화방식으로 전환시키는 대체공정 적용
② 공정 개선을 통한 메탄 포집 · 회수 · 이용의 극대화
③ 혐기성 소화과정에서 발생하는 메탄을 포집 · 회수 · 이용하는 활용공정 적용
④ 음식물 건조 및 분쇄 후 생물학적 공정 활용

해설 음식물 처리시설에서 온실가스를 저감할 수 있는 기술은 크게 세 가지로 구분할 수 있다.
㉠ 혐기성 소화방식을 호기성 소화방식으로 전환시키는 대체공정 적용인 2차 방법론
㉡ 공정 개선을 통한 CH_4 포집 · 회수 · 이용의 극대화로 3차 방법론
㉢ 혐기성 소화과정에서 발생하는 CH_4을 포집 · 회수 · 이용하는 활용공정 적용으로 4차 방법론

77 지열에너지의 특징으로 잘못된 것은?

① 일반적으로 열을 생산하는 직접이용과 전기를 생산하는 간접이용기술로 구분된다.

② 직접이용기술 중 가장 큰 부분을 차지하는 기술은 지열펌프(히트펌프) 시스템이다.

③ 일반적으로 지열에너지란 땅이 지구 내부의 마그마 열에 의해 보유하고 있는 에너지로 정의한다.

④ 우리나라의 경우 심층지열을 통한 직접이용방식이 적합하다.

[해설] 우리나라에서는 지중열원으로 지반과 지하수를 주로 이용하는 방식을 활용하고 있다.

78 A철강회사는 온실가스 감축을 위해 주 연료로 사용되는 경유를 프로판으로 대체하였다. 경유 100,000kL를 프로판 50,000kL로 대체할 경우 약 몇 tCO₂–eq의 온실가스 배출량을 감축하였는가?

구 분	단 위	경 유	프로판
단위환산계수	GJ/kL	35.4	23.5
배출계수 (kg/TJ)	CO_2	72,600	64,500
	CH_4	3	1
	N_2O	0.6	0.1

① 약 152,000

② 약 162,000

③ 약 172,000

④ 약 182,000

[해설] 온실가스 배출량
＝연료사용량×단위환산계수×배출계수×GWP

⊙ 경유 사용 시 온실가스 배출량

$= 100,000\,\mathrm{kL} \times 35.4\,\mathrm{GJ/kL}$

$\times \left(\dfrac{72,600\,\mathrm{kgCO_2}}{\mathrm{TJ}} \times \dfrac{1\,\mathrm{kgCO_2-eq}}{\mathrm{kgCO_2}} \right.$

$+ \dfrac{3\,\mathrm{kgCH_4}}{\mathrm{TJ}} \times \dfrac{21\,\mathrm{kgCO_2-eq}}{\mathrm{kgCH_4}}$

$\left. + \dfrac{0.6\,\mathrm{kgN_2O}}{\mathrm{TJ}} \times \dfrac{310\,\mathrm{kgCO_2-eq}}{\mathrm{kgN_2O}} \right)$

$\times \dfrac{\mathrm{tCO_2-eq}}{10^3\,\mathrm{kgCO_2-eq}} \times \dfrac{\mathrm{TJ}}{10^3\,\mathrm{GJ}}$

$= 257,885.46\,\mathrm{tCO_2-eq}$

⊙ 프로판 사용 시 온실가스 배출량

$= 50,000\,\mathrm{kL} \times \dfrac{23.5\,\mathrm{GJ}}{\mathrm{kL}}$

$\times \left(\dfrac{64,500\,\mathrm{kgCO_2}}{\mathrm{TJ}} \times \dfrac{1\,\mathrm{kgCO_2-eq}}{\mathrm{kgCO_2}} \right.$

$+ \dfrac{1\,\mathrm{kgCH_4}}{\mathrm{TJ}} \times \dfrac{21\,\mathrm{kgCO_2-eq}}{\mathrm{kgCH_4}}$

$\left. + \dfrac{0.1\,\mathrm{kgN_2O}}{\mathrm{TJ}} \times \dfrac{310\,\mathrm{kgCO_2-eq}}{\mathrm{kgN_2O}} \right)$

$\times \dfrac{\mathrm{tCO_2-eq}}{10^3\,\mathrm{kgCO_2-eq}} \times \dfrac{\mathrm{TJ}}{10^3\,\mathrm{GJ}}$

$= 75,848.6\,\mathrm{tCO_2-eq}$

프로판으로 연료 대체 시 온실가스 감축량
$= 257,885.46 - 75,848.6$
$= 182,036.86\,\mathrm{tCO_2-eq}$
$\therefore$ 약 $182,000\,\mathrm{tCO_2-eq}$

79 디젤엔진의 온실가스 저감기술로 옳지 않은 것은?

① 예·혼합 압축착화 연소

② 고압 연료분사시스템

③ 배기가스재순환(EGR)

④ 페이저시스템

[해설] 페이저시스템은 가솔린엔진의 온실가스 저감을 위한 공정 개선 측면에 해당된다.

80 시간당 1MW 규모의 풍력발전소를 건설하여 전력을 생산하는 사업을 CDM 사업으로 추진하려고 한다. 풍력발전의 이용률은 15%이고, 매일 24시간으로 연간 연속가동되며, 생산된 전력은 모두 전력계통으로 공급된다고 가정할 때, 이 사업에 의한 연간 온실가스 감축량은? (단, 전력계통의 온실가스 배출계수는 0.8톤 CO_2/MWh이고, 풍력발전소 자체 전기사용량과 1톤 이하 온실가스 감축량은 무시한다.)

① 1,002CO_2톤/년
② 1,051CO_2톤/년
③ 1,078CO_2톤/년
④ 1,098CO_2톤/년

해설 연간 온실가스 감축량은 '전력량×전력계통의 온실가스 배출계수×풍력발전의 이용률'로 구한다.
1MW/hr×24hr/day×365day/yr
×0.8tCO$_2$/MWh×0.15
=1,051.2tCO$_2$/yr

제5과목 온실가스 관련 법규

81 탄소중립기본법에서 정하는 공공기관, 사업자 및 국민의 책무와 가장 거리가 먼 것은?

① 탄소중립사회로의 이행과 녹색성장의 추진 등 기후위기 대응에 필요한 전문인력의 양성에 노력하여야 한다.
② 녹색경영을 통하여 사업활동으로 인한 온실가스 배출을 최소화해야 한다.
③ 가정과 학교 및 사업장 등에서 녹색생활을 적극 실천하고, 국가와 지방자치단체의 시책에 참여하며 협력하여야 한다.

④ 녹색기술 연구개발과 녹색산업에 대한 투자 및 고용을 확대하도록 노력하여야 한다.

해설 ①은 법 제4조(국가와 지방자치단체의 책무)에 따른 국가와 지방자치단체의 책무이며, ②, ③, ④는 제5조(공공기관, 사업자 및 국민의 책무)에 따라, ②, ④는 사업자의 책무, ③은 국민의 책무이다.

82 신에너지 및 재생에너지 개발·이용·보급 촉진법 시행령상 바이오에너지 등의 기준 및 범위에서 바이오에너지에 해당하는 범위로 거리가 먼 것은?

① 생물유기체를 변환시킨 바이오가스, 바이오에탄올, 바이오액화류 및 합성가스
② 동물·식물의 유지를 변환시킨 바이오디젤 및 바이오중유
③ 쓰레기 매립장의 유기성 폐기물을 변환시킨 매립지 가스
④ 해수 표층의 열을 변환시켜 얻는 에너지

해설 ④ 해수 표층의 열을 변환시켜 얻는 에너지는 수열에너지에 해당된다.
시행령 [별표 1] 바이오에너지 등의 기준 및 범위에 따른 바이오에너지의 범위는 다음과 같다.
㉠ 생물유기체를 변환시킨 바이오가스, 바이오에탄올, 바이오액화유 및 합성가스
㉡ 쓰레기매립장의 유기성 폐기물을 변환시킨 매립지 가스
㉢ 동물·식물의 유지(油脂)를 변환시킨 바이오디젤 및 바이오중유
㉣ 생물유기체를 변환시킨 땔감, 목재칩, 펠릿 및 숯 등의 고체연료

83 온실가스 배출권의 할당 및 거래에 관한 법률 시행령상 정부는 배출권거래제 도입으로 인한 기업의 경쟁력 감소를 방지하고 배출권 거래를 활성화하기 위하여 대통령령으로 정하는 사업에 대하여 금융상·세제상의 지원을 할 수 있는데, 이 "대통령령으로 정하는 사업"에 해당하지 않는 것은?

① 온실가스 감축모형 개발 및 배출량 통계 고도화사업
② 온실가스 저장기술 개발 및 저장설비 설치사업
③ 온실가스 배출량에 대한 측정 및 체계적 관리시스템의 구축사업
④ 부문별 온실가스 배출량 증가 촉진 고도화 구축사업

해설 시행령 제53조(금융상·세제상의 지원)에 관한 내용으로, 부문별 온실가스 배출량을 증가 촉진하는 것이 아니라, 배출·흡수 배출계수의 검증·평가 기술개발사업이 있다.
ㄱ 온실가스 감축 관련 기술·제품·시설·장비의 개발 및 보급사업
ㄴ 온실가스 배출량에 대한 측정 및 체계적 관리시스템의 구축사업
ㄷ 온실가스 저장기술 개발 및 저장설비 설치사업
ㄹ 온실가스 감축모형 개발 및 배출량 통계 고도화사업
ㅁ 부문별 온실가스 배출·흡수계수의 검증·평가 기술개발사업
ㅂ 온실가스 감축을 위한 신재생에너지 기술개발 및 보급사업
ㅅ 온실가스 감축을 위한 에너지 절약, 효율 향상 등의 촉진 및 설비투자사업
ㅇ 그 밖에 온실가스 감축과 관련된 중요 사업으로서 할당위원회의 심의를 거쳐 인정된 사업

84 탄소중립기본법상 2050 탄소중립 녹색성장위원회의 설치에 대한 설명으로 틀린 것은?

① 위원회는 위원장 1명을 포함한 50명 이내의 위원으로 구성한다.
② 위원장은 국무총리와 위원 중에서 대통령이 지명하는 사람이 된다.
③ 위원회에는 간사위원 1명을 둔다.
④ 위원의 임기는 2년으로 하며 연임할 수 있다.

해설 법 제15조(2050 탄소중립 녹색성장위원회의 설치)에 관한 문제로, 2050 탄소중립 녹색성장위원회의 설치에 관한 주요한 내용에는 다음과 같은 것이 있다.
ㄱ 정부의 탄소중립 사회로의 이행과 녹색성장의 추진을 위한 주요 정책 및 계획과 그 시행에 관한 사항을 심의·의결하기 위하여 대통령 소속으로 2050 탄소중립 녹색성장위원회를 둔다.
ㄴ 위원회는 위원장 2명을 포함한 50명 이상 100명 이내의 위원으로 구성한다.
ㄷ 위원장은 국무총리와 위원 중에서 대통령이 지명하는 사람이 된다.
ㄹ 위원회의 사무를 처리하게 하기 위하여 간사위원 1명을 두며, 간사위원은 국무조정실장이 된다.
ㅁ 위원장이 부득이한 사유로 직무를 수행할 수 없는 때에는 국무총리인 위원장이 미리 정한 위원이 위원장의 직무를 대행한다.
ㅂ 위원의 임기는 2년으로 하며 한 차례에 한정하여 연임할 수 있다.
ㅅ 위원회의 구성과 운영 등에 관하여 필요한 사항은 대통령령으로 정한다.

85 탄소중립기본법상 정부가 국가 온실가스 감축을 위한 중장기 감축목표를 설정 또는 변경할 때 고려하여야 하는 사항이 아닌 것은?

① 국가 중장기 온실가스 배출·흡수 전망
② 국가비전 및 국가전략
③ 폐기물 자원순환 목표
④ 국가 에너지정책에 미치는 영향

> **해설** 법 제8조(중장기 국가 온실가스 감축목표 등)에 따라, 중장기 감축목표 등을 설정 또는 변경할 때에는 다음의 사항을 고려하여야 한다.
> ㉠ 국가 중장기 온실가스 배출·흡수 전망
> ㉡ 국가비전 및 국가전략
> ㉢ 중장기 감축목표 등의 달성 가능성
> ㉣ 부문별 온실가스 배출 및 감축 기여도
> ㉤ 국가 에너지정책에 미치는 영향
> ㉥ 국내 산업, 특히 화석연료 의존도가 높은 업종 및 지역에 미치는 영향
> ㉦ 국가 재정에 미치는 영향
> ㉧ 온실가스 감축 등 관련 기술 전망
> ㉨ 국제사회의 기후위기 대응 동향

86 온실가스 목표관리 운영 등에 관한 지침에서 사용하는 용어의 뜻으로 틀린 것은?

① "배출활동"이란 온실가스를 배출하거나 에너지를 소비하는 일련의 활동을 말한다.
② "기준연도"란 온실가스 배출량 등의 관련 정보를 비교하기 위해 지정한 과거의 특정기간에 해당하는 연도를 말한다.
③ "연소배출"이란 연료 또는 물질을 연소함으로써 발생하는 온실가스 배출을 말한다.
④ "이산화탄소 상당량"이란 이산화탄소에 대한 온실가스의 복사 강제력을 비교하는 단위로서 해당 온실가스의 양에 지구온난화지수를 나누어 산출한 값을 말한다.

> **해설** 지침 제2조(정의)에 관한 설명이다.
> "이산화탄소 상당량"이란 이산화탄소에 대한 온실가스의 복사 강제력을 비교하는 단위로서 해당 온실가스의 양에 지구온난화지수를 곱하여 산출한 값을 말한다.

87 제품의 지속 가능성을 높이고 버려지는 자원의 순환망을 구축하여 투입되는 자원과 에너지를 최소화하는 친환경 경제체계를 활성화하기 위하여 정부가 수립·시행하여야 하는 시책에 해당되지 않는 것은?

① 국내외 경제여건 및 전망에 관한 사항
② 지속 가능한 제품 사용기반 구축 및 이용 확대에 관한 사항
③ 폐기물의 선별·재활용 체계 및 재제조 산업의 활성화에 관한 사항
④ 에너지자원으로 이용되는 목재, 식물, 농산물 등 바이오매스의 수집·활용에 관한 사항

> **해설** 법 제64조(순환경제의 활성화)에 따라, 정부는 제품의 지속 가능성을 높이고 버려지는 자원의 순환망을 구축하여 투입되는 자원과 에너지를 최소화함으로써, 생태계의 보전과 온실가스 감축을 동시에 구현하기 위한 친환경 경제체계(순환경제)를 활성화하기 위하여 다음의 사항을 포함하는 시책을 수립·시행하여야 한다.
> ㉠ 제조공정에서 사용되는 원료·연료 등의 순환성 강화에 관한 사항
> ㉡ 지속 가능한 제품 사용기반 구축 및 이용 확대에 관한 사항
> ㉢ 폐기물의 선별·재활용 체계 및 재제조산업의 활성화에 관한 사항
> ㉣ 에너지자원으로 이용되는 목재, 식물, 농산물 등 바이오매스의 수집·활용에 관한 사항
> ㉤ 국가 자원 통계관리체계의 구축 등 자원 모니터링 강화에 관한 사항

88 탄소중립기본법령상 정부는 국가 탄소중립 녹색성장 기본계획을 몇 년마다 수립 · 시행하여야 하는가?

① 3년
② 5년
③ 10년
④ 15년

해설 법 제10조(국가 탄소중립 녹색성장 기본계획의 수립 · 시행)에 관한 문제이다. 정부는 기본원칙에 따라 국가비전 및 중장기 감축목표 등의 달성을 위하여 20년을 계획기간으로 하는 국가 탄소중립 녹색성장 기본계획(국가기본계획)을 5년마다 수립 · 시행하여야 한다.

89 온실가스 배출권의 할당 및 거래에 관한 법령상 할당대상업체로 지정 · 고시하는 기준으로 ( )에 옳은 것은?

┤ 보기 ├
관리업체 중 최근 3년간 온실가스 배출량의 연평균총량이 (㉠)tCO₂-eq 이상인 업체이거나 (㉡)tCO₂-eq 이상인 사업장의 해당 업체

① ㉠ 100,000, ㉡ 25,000
② ㉠ 125,000, ㉡ 25,000
③ ㉠ 150,000, ㉡ 25,000
④ ㉠ 175,000, ㉡ 25,000

해설 법 제8조(할당대상업체의 지정 및 지정취소)에 관한 내용으로, 할당대상업체란 최근 3년간 온실가스 배출량의 연평균총량이 125,000이산화탄소상당량톤(tCO_2-eq) 이상인 업체이거나 25,000이산화탄소상당량톤(tCO_2-eq) 이상인 사업장을 하나 이상 보유한 업체를 말한다.

90 탄소중립기본법령상 온실가스 감축 국가 목표는 2030년 기준 2018년의 총 배출량 대비 얼마까지 감축하는 것으로 하는가?

① 20% 이상
② 27% 이상
③ 30% 이상
④ 35% 이상

해설 탄소중립법 제정에 따라 2030년까지 2018년의 국가 온실가스 배출량 대비 35% 이상의 범위를 감축목표로 한다.

91 온실가스 배출권의 할당 및 거래에 관한 법령상 배출권거래소의 업무가 아닌 것은?

① 배출권거래시장의 개설 · 운영
② 배출권거래 중개회사의 등록 취소에 관한 업무
③ 배출권의 매매(경매를 포함한다) 및 청산 결제
④ 불공정거래에 관한 심리 및 회원의 감리

해설 시행령 제35조(배출권거래소의 업무 및 감독)에 따른 배출권거래소의 업무는 다음과 같다.
㉠ 배출권거래시장의 개설 · 운영
㉡ 배출권의 매매(경매를 포함한다) 및 청산 결제
㉢ 불공정거래에 관한 심리(審理) 및 회원의 감리(監理)
㉣ 배출권의 매매와 관련된 분쟁의 자율조정(당사자가 신청하는 경우만 해당한다)
㉤ 그 밖에 배출권거래소의 장이 필요하다고 인정하여 운영규정으로 정하는 업무

92 배출량의 보고 및 검증과 관련하여 할당대상업체가 제출하는 명세서에 포함되지 않는 것은?

① 업체의 업종, 매출액, 공정도, 시설배치도 등 총괄정보
② 온실가스 사용·감축 실적 및 온실가스·에너지의 판매·구매 등 이동정보
③ 사업장 고유배출계수의 개발 결과
④ 공정별·생산품별 온실가스 사용량 및 에너지 배출량(벤치마크방식으로 배출권을 할당하는 경우는 제외)

해설 온실가스 배출권의 할당 및 거래에 관한 법률 시행령 제39조(배출량의 보고 및 검증)에 따라, 할당대상업체는 명세서에 다음 사항을 포함하여 작성하여 검증기관의 검증을 수행하여야 한다.
ㄱ 업체의 업종, 매출액, 공정도, 시설배치도, 온실가스 배출량 및 에너지 사용량 등 총괄정보
ㄴ 사업장별 온실가스 배출시설의 종류·규모·부하율, 온실가스 배출량 및 에너지 사용량
ㄷ 배출시설·배출활동별 온실가스 배출량의 계산·측정 방법 및 그 근거, 온실가스 배출량
ㄹ 온실가스 배출시설·배출량 산정방법의 변동사항 및 온실가스 배출량 산정 제외 관련 보고사항
ㅁ 사업장별 제품 생산량 또는 용역량, 공정별 배출효율(배출효율 기준방식으로 배출권을 할당하는 경우에는 사업장·시설·공정별, 생산제품 또는 용역별 온실가스 배출량 및 에너지 사용량)
ㅂ 온실가스 사용·감축 실적 및 온실가스·에너지의 판매·구매 등 이동정보
ㅅ 사업장 고유배출계수의 개발 결과
ㅇ 그 밖에 환경부장관이 관계 중앙행정기관의 장과 협의하여 고시하는 사항

93 품질관리(Quality Control) 활동 중 기초자료의 수집 및 정리에 대한 설명으로 적절하지 않은 것은?

① 측정기기의 주기적인 검·교정 실시
② 내부감사 및 제3자 검증을 위한 온실가스 배출량 관련 정보의 보관·관리
③ 산정방법론, 발열량, 배출계수의 출처 기록관리
④ 내부감사 및 제3자 검증단계에서 배출량 산정의 재현 가능성 여부의 확인

해설 온실가스 배출권거래제의 배출량 보고 및 인증에 관한 지침 [별표 19] 품질관리(QC) 및 품질보증(QA) 활동(제23조 제3항 관련) 내용에 해당한다.
④ 내부감사 및 제3자 검증단계에서 배출량 산정의 재현 가능성 여부의 확인은 산정과정의 적절성에 해당된다.
※ 기초자료의 수집 및 정리
ㄱ 측정자료(연료·원료 사용량, 제품생산량, 전력 및 열에너지 구매량, 유량 및 농도 등)의 정확한 취합·보관·관리
ㄴ 측정기기의 주기적인 검·교정 실시
ㄷ 측정지점(하위레벨)에서 배출량 산정 담당자(부서)(상위레벨)까지의 정확한 자료 수집·정리 체계의 구축
ㄹ 측정 관련 담당자가 직접 자료를 기록하는 과정에서 발생할 수 있는 오류의 점검
ㅁ 산정방법론, 발열량, 배출계수의 출처 기록관리
ㅂ 내부감사(internal audit) 및 제3자 검증을 위한 온실가스 배출량 관련 정보의 보관·관리
ㅅ 보고된 온실가스 배출량 관련 데이터의 안전한 기록·관리

94 탄소중립기본법상 탄소중립사회로의 이행과 녹색성장을 위한 기본원칙으로 가장 적합한 것은?

① 국내 탄소시장을 활성화하여 국제 탄소시장 개방에 적극 대비

② 미래 세대의 생존을 보장하기 위하여 현재 세대가 져야 할 책임이라는 세대 간 형평성의 원칙과 지속 가능발전의 원칙에 입각

③ 온실가스를 획기적으로 감축하기 위하여 생산자 부담 원칙을 부여

④ 기후변화 문제의 심각성을 인식하고, 산업별 역량을 모아 총체적으로 대응

해설 법 제3조(기본원칙)에 관한 문제로, 탄소중립 사회로의 이행과 녹색성장은 다음의 기본원칙에 따라 추진되어야 한다.

ⓐ 미래 세대의 생존을 보장하기 위하여 현재 세대가 져야 할 책임이라는 세대 간 형평성의 원칙과 지속 가능발전의 원칙에 입각한다.

ⓑ 범지구적인 기후위기의 심각성과 그에 대응하는 국제적 경제환경의 변화에 대한 합리적 인식을 토대로 종합적인 위기 대응전략으로서 탄소중립사회로의 이행과 녹색성장을 추진한다.

ⓒ 기후변화에 대한 과학적 예측과 분석에 기반하고, 기후위기에 영향을 미치거나 기후위기로부터 영향을 받는 모든 영역과 분야를 포괄적으로 고려하여 온실가스 감축과 기후위기 적응에 관한 정책을 수립한다.

ⓓ 기후위기로 인한 책임과 이익이 사회 전체에 균형 있게 분배되도록 하는 기후정의를 추구함으로써 기후위기와 사회적 불평등을 동시에 극복하고, 탄소중립 사회로의 이행과정에서 피해를 입을 수 있는 취약한 계층·부문·지역을 보호하는 등 정의로운 전환을 실현한다.

ⓔ 환경오염이나 온실가스 배출로 인한 경제적 비용이 재화 또는 서비스의 시장가격에 합리적으로 반영되도록 조세체계와 금융체계 등을 개편하여 오염자 부담의 원칙이 구현되도록 노력한다.

ⓕ 탄소중립사회로의 이행을 통하여 기후위기를 극복함과 동시에, 성장 잠재력과 경쟁력이 높은 녹색기술과 녹색산업에 대한 투자 및 지원을 강화함으로써 국가 성장동력을 확충하고 국제 경쟁력을 강화하며, 일자리를 창출하는 기회로 활용하도록 한다.

ⓖ 탄소중립사회로의 이행과 녹색성장의 추진과정에서 모든 국민의 민주적 참여를 보장한다.

ⓗ 기후위기가 인류 공통의 문제라는 인식 아래 지구 평균기온 상승을 산업화 이전 대비 최대 섭씨 1.5도로 제한하기 위한 국제사회의 노력에 적극 동참하고, 개발도상국의 환경과 사회정의를 저해하지 아니하며, 기후위기 대응을 지원하기 위한 협력을 강화한다.

95 상쇄배출권의 설명에서 (   )에 들어갈 내용으로 알맞은 것은?

┤ 보기 ├

상쇄배출권의 제출한도는 해당 할당대상업체가 환경부장관에게 제출해야 하는 배출권의 100분의 (   ) 이내 범위에서 할당계획으로 정한다.

① 10 　　　　　② 30

③ 50 　　　　　④ 80

해설 온실가스 배출권의 할당 및 거래에 관한 법률 시행령 제47조(상쇄)에 따라, 상쇄배출권의 제출한도는 해당 할당대상업체가 환경부장관에게 제출해야 하는 배출권의 100분의 10 이내의 범위에서 할당계획으로 정한다.

96 배출권거래제에서 외부사업 온실가스 감축량 인증을 위하여 외부사업에 대한 타당성 평가 항목으로 잘못된 것은?

① 인위적으로 온실가스를 줄이기 위하여 일반적인 경영 여건에서 할 수 있는 노력이 있었는지 여부
② 온실가스 감축사업을 통한 온실가스 감축 효과가 장기적으로 지속 가능한지 여부
③ 온실가스 감축사업이 고시에서 정하는 기준과 방법을 준수하는지 여부
④ 온실가스 감축사업을 통하여 계량화가 가능할 정도로 온실가스 감축이 이루어질 수 있는지 여부

[해설] 온실가스 배출권의 할당 및 거래에 관한 법률 시행령 제48조(외부사업에 대한 타당성 평가 및 승인·승인취소)에 관한 문제로 타당성 평가와 관련하여 인위적으로 온실가스를 줄이기 위하여 일반적인 경영 여건에서 할 수 있는 활동 이상의 추가적인 노력이 있었는지 여부가 필요하다.

97 온실가스 배출권의 할당 및 거래에 관한 법률상 배출권 할당위원회에서 심의·조정하는 사항과 가장 거리가 먼 것은?

① 할당계획에 관한 사항
② 시장 안정화 조치에 관한 사항
③ 배출량의 인증 및 상쇄와 관련된 정책의 조정 및 지원에 관한 사항
④ 독립적인 국내 탄소시장 체제 확립에 관한 사항

[해설] 온실가스 배출권의 할당 및 거래에 관한 법률 제6조(배출권 할당위원회의 설치)에 따라 할당위원회 심의·조정하는 사항에 따라 독립적인 국내 탄소시장 체제 확립이 아니라 국제 탄소시장과의 연계 및 국제협력에 관한 사항이 필요하다.

98 온실가스 배출권의 할당 및 거래에 관한 법령상 배출권시장 조성자로 지정할 수 있는 곳이 아닌 것은? (단, 기타 사항은 고려하지 않는다.)

① 한국산업은행   ② 한국수출입은행
③ 농협은행   ④ 중소기업은행

[해설] 법 제22조의 2(배출권시장 조성자)에 관한 문제로, 배출권시장 조성자는 한국산업은행, 중소기업은행, 한국수출입은행, 그 밖에 시장 조성업무에 관한 전문성과 공공성을 갖춘 자로서 대통령령으로 정하는 자가 해당한다.

99 다음 중 온실가스 목표관리 운영 등에 관한 지침상 교통 분야 특례에 관한 내용으로 옳지 않은 것은?

① 동일 법인 등이 여객자동차 운수사업자로부터 차량을 일정 기간 임대 등의 방법을 통해 실질적으로 지배하고 통제할 경우 해당 법인 등의 소유로 본다.
② 일반화물자동차 운송사업을 경영하는 법인 등이 허가받은 차량은 차량 소유 유무에 상관없이 해당 법인 등이 지배적인 영향력을 미치는 차량으로 본다.
③ 교통 분야에 속하는 관리업체를 지정할 때 동일한 사업자등록번호로 등록된 복수의 교통 분야 사업장은 하나의 사업장에 속한 배출시설로 본다.
④ 관리업체 지정을 위해 온실가스 배출량을 산정할 때에는 항공 및 선박의 국제 항공과 국제 해운 부문을 포함한다.

[해설] 지침 제13조(교통 분야 특례)에 관한 문제로, 관리업체 지정을 위해 온실가스 배출량 등을 산정할 때에는 항공 및 선박의 국제 항공과 국제 해운 부문은 제외한다.

100 온실가스 배출권의 할당 및 거래에 관한 법령상 객관적이고 전문적인 검증을 위해 외부 검증 전문기관을 지정하여 검증하는 항목이 아닌 것은? (단, 기타 사항은 고려하지 않는다.)

① 외부사업 온실가스 감축량
② 실제 배출된 온실가스 배출량에 대해 배출량 산정계획서를 기준으로 작성한 명세서
③ 이행계획서
④ 배출량 산정계획서

해설 법 제24조의 2(검증기관)에 관한 문제로, 외부 검증 전문기관을 지정하여 검증하는 항목은 다음과 같다.
㉠ 배출량 산정계획서
㉡ 명세서
㉢ 외부사업 온실가스 감축량
㉣ 그 밖에 할당대상업체의 온실가스 감축량

제1과목 기후변화 개론

01 다음은 우리나라 제2차 국가 기후변화 적응 대책에서 기후변화 리스크에 대한 정의이다. ( ) 안에 가장 적합한 것은?

> ┤ 보기 ├
> 기후변화 리스크란 기후변화 영향으로 인하여 자연 및 인간 시스템에 긍정적이거나 부정적인 영향을 줄 수 있는 사건의 발생 가능성과 사건 발생으로 인한 결과를 말하며, 기후변화로 인한 영향의 (   )로 정의한다.

① 선별효과×크기
② 노출도×빈도
③ 발생확률×규모
④ 민감도×영향정도

[해설] 기후변화 리스크는 기후변화로 인한 영향의 발생확률(probability)과 규모(magnitude)의 곱으로 정의한다.

02 우리나라 기상청의 지구대기감시 관측망 중 기본 관측소에 해당하지 않는 곳은?

① 안면도
② 고산(제주)
③ 목포
④ 울릉도·독도

[해설] 우리나라 지구대기감시 관측망의 구분
ⓐ 기본 관측소 : 안면도, 고산, 울릉도·독도, 독도 무인 기후변화감시소
ⓑ 보조 관측소 : 강원 지방기상청, 포항 관측소, 목포 기상대 등

03 개발도상국의 산림전용 및 황폐화 방지, 산림 보전, 지속 가능한 산림경영 등 활동을 통한 기후변화 저감활동은 무엇인가?

① LULUCF
② A/R CDM
③ REDD+
④ AFOLU

[해설] REDD+(Reducing Emission from Deforestation and forest Degradation in developing countries, 산림 분야 온실가스 감축을 위한 산림전용·황폐화 방지) : 선진국이 개발도상국의 산림파괴와 산림전용 등을 막고 숲을 조성함으로써 온실가스 배출을 감축하는 대신에 그에 맞는 투자 혹은 지원을 하는 것이다.

① LULUCF(Land Use, Land-Use Change and Forestry, 토지이용, 토지이용변화 및 산림) : 교토의정서에서 채택된 용어로 온실가스의 배출 감축을 위한 방법으로 산림의 증대를 통해서 온실가스의 순감축을 할 수 있다는 논리이다.

② A/R CDM(탄소배출권 조림) : 기후변화협약을 이행하기 위해 교토의정서에서 인정하는 탄소배출권을 확보하기 위한 조림을 의미한다.

④ AFOLU(Agriculture, Forestry and Other Land Use, 농업·임업 및 기타 토지 이용) : LULUCF를 포함한 하나의 분야로 통합되었으며, 이에 따라 관리되는 국가 육상 생태계와 토지에서 일어나는 모든 인위적 혹은 자연적 활동에 따른 온실가스 변화가 인벤토리에 반영되도록 하였다.

04 청정개발체제 사업에서 배출권의 투명성과 신뢰성 있는 관리를 위하여 구성하고 운영하는 기구와 거리가 먼 것은?

① 적응기금(Adaptation Fund)
② 운영기구(Designated Operation Entity)
③ 집행이사회(Executive Board)
④ 국가승인기구(Designated National Authority)

해설 적응기금(AF ; Adaptation Fund)은 교토의정서 당사국 중 개발도상국의 적응 관련 프로젝트 및 프로그램에 대한 재원을 마련하기 위한 것으로 적응기금위원회(AFB ; Adaptation Fund Board)에 의해 관리·운영되고 있다. 적응기금의 사무국은 지구환경기금(GEF ; Global Environment Facility)이 진행하게 되며, 적응기금의 신탁관리자는 세계은행(World Bank)이 담당하게 된다.

05 인위적인 지구온난화 현상에 대한 논란에 관한 내용으로 가장 거리가 먼 것은?

① 윌리엄 루디만은 지구는 중세 소빙기 이래 빙하기로 가는 추세에 있는데 현재 인위적인 요인에 의해 온난화 현상이 일어나고 있다고 보았다.
② 윌리엄 루디만은 약 2만년 전부터 시작되었던 간빙기가 약 8천년 전에 끝나고, 자연적인 기후변화 추이는 다시 장기적인 빙하기를 향하고 있다고 하였다.
③ 제임스 러브록은 현재 지구는 오랜 빙하기에서 간빙기로 이행하고 있으며 태양도 보다 더 뜨거워지고 있다고 하였다.
④ 인위적 요인에 의한 지구온난화 주장에 대해 회의적인 견해를 표명하거나, 지구가 더워지고 있다는 사실 그 자체에 대해서 반대하는 견해는 전혀 없다.

해설 인위적 요인에 의한 지구온난화 주장에 대해 기후과학자 97%는 원인이 맞다고 주장하고 있지만, 일부의 경우 지구온난화가 인위적 요인에 의한 것이 아니라는 반대 의견도 나오고 있다.

06 기후변화에 관한 정부간 협의체(IPCC)가 3개의 실행그룹에서 다루는 분야로 거리가 먼 것은?

① 기후변화 과학
② 배출량 거래제
③ 기후변화 영향평가, 적응 및 취약성
④ 배출량 완화, 사회·경제적 비용-편익 분석 등

해설 배출량 거래제는 교토 프로토콜로 발표된 경제적 유인수단 중 하나이며, IPCC 실행그룹 내 다루는 분야에 해당되지 않는다. IPCC 실행그룹(WG ; Working Group)별 분야는 다음과 같다.
㉠ WG1 : 기후변화 과학 분야
㉡ WG2 : 기후변화 영향평가, 적응 및 취약성 분야
㉢ WG3 : 배출량 완화, 사회·경제적 비용-편익 분석 등 정책 분야

07 이동 오염원의 탄소배출량 저감방법으로 가장 거리가 먼 것은?

① 공기역학기술 적용차량 보급
② 바이오연료 사용
③ 에코드라이빙 교육
④ 단거리 물류운송차량의 대형화

해설 이동 오염원의 탄소배출량 저감을 위한 방법으로는 공기역학기술 적용차량 보급, 바이오연료 사용, 에코드라이빙 교육, 장거리 물류운송차량의 대형화, 물류차량 운행효율 증대 등이 있다.

08 기후변화 대응 기술 및 정책에 대한 내용으로 가장 거리가 먼 것은?

① 무경농법은 수확한 농토를 갈지 않고 그루터기에 파종하는 방법으로서 농경지에서 온실가스 배출을 저감하는 방법에 활용할 수 있다.

② 보호지역제도 관리 대안으로 UNESCO는 생물권 보전지역 지정제도를 운영하고 있다.

③ 산림이 농경지나 산업용지, 도시용지로 바뀌면 자연의 이산화탄소 흡수능력이 약화되므로 토지이용 형태를 고려해야 한다.

④ 생물 멸종을 막기 위해서는 특히 먹이사슬의 아래쪽에 있는 동물의 멸종을 막도록 하는 것이 보다 중요하고, 로드킬 예방을 위해 생태이동통로에 충분한 먹이공급시설을 갖춘다.

해설 생물 멸종을 막기 위해서는 먹이사슬의 아래쪽이 아닌 멸종위기에 놓인 동물군을 번식시켜 멸종을 막음으로써 먹이사슬의 연결관계를 고려하여야 한다.

09 다음 중 우리나라에 없는 기후변화 관련 기구는?

① GGGI
② GCF
③ GTC
④ GCOS

해설 GCOS(Global Climate Observing System)는 전 지구 기후관측시스템으로 1992년 기후와 관련된 이슈들에 대처하기 위해 필요한 관측과 정보를 잠재적 수요자에게 제공하는 것을 목적으로 설립된 것이다. WMO를 비롯한 IOC, UNEP 및 ICSU에게 지원받고 있으며, 사무국은 스위스 제네바에 위치하고 있다.

① GGGI(Global Green Growth Institute) : 글로벌 녹색성장기구로 2012년 6월 20일 개막한 유엔 지속 가능발전 정상회의(리우＋20)를 통해 국제기구로 공인되었다. 사무국은 서울 중구에 위치하고 있다.

② GCF(Green Climate Fund) : 녹색기후기금으로 개발도상국의 온실가스 배출을 줄이고 기후변화에 대한 적응을 위해 설립된 국제 금융기구로, 인천 송도에 사무국이 있다.

③ GTC(Green Technology Center) : 녹색기술센터로 기후변화대응 기술정책과 국제협력 연구를 통해 개도국 기후기술 이전 플랫폼을 구축하고, 기술분야 국가전략 전담지원 및 글로벌 협력사업을 수행한다. 센터는 서울 중구에 위치하고 있다.

10 기후변화 영향 모형과 대응비용 구조를 나타내는 아래의 수식들 중 틀린 것은?

① 기후변동량＝인위적인 요인(온실가스 변화량)＋자연적인 요인

② 기후변화의 영향＝기후민감도＋기후변동량

③ 기후변화대응 총비용＝기후변동 감축 투자액＋기후민감도 감축 투자액

④ 기후변화대응 총편익＝기후변화 피해비용 감소액＋기후변화대응 투자의 경제유발 효과

해설 기후변화의 영향은 기후변화 민감도와 적응능력의 비로, 민감도가 높고 적응능력이 낮을수록 취약성이 나타나며, 민감도가 낮고 적응능력이 높을 경우 지속 가능한 발전이 가능하다.

11 기후시스템 중 에어로졸에 대한 설명으로 틀린 것은?

① 에어로졸의 크기는 약 수백 나노미터부터 수십 마이크로미터에 이르기까지 그 범위가 넓다.

② 에어로졸은 불규칙한 친수성, 광학적 특성, 다른 종류의 에어로졸과 혼합 등의 복잡한 과정을 거치기 때문에 그 특성을 파악하기 어렵다.

③ 에어로졸은 크게 인류기원 에어로졸과 자연기원 에어로졸로 나눌 수 있다.

④ 1일 내외의 짧은 에어로졸의 잔류시간으로 인해 시공간적 분포는 오염배출원을 중심으로 좁다.

> **해설** 에어로졸은 대기 중에 체류하는 시간이 짧고 배출원에 따라 종류 및 광학적·화학적 성질이 다양하게 나타날 뿐만 아니라, 물리적·화학적·광화학적 반응을 통해 그 특성이 변할 수 있기 때문에 기후변화에 미치는 영향을 산정하는 데 불확실성이 매우 크다. 오염배출원의 범위는 매우 넓다고 볼 수 있다.

12 GWP가 큰 온실가스부터 순서대로 옳게 나열한 것은? (단, IPCC 2차 평가보고서 기준)

① $SF_6 > CH_3F > N_2O > C_2F_6$

② $SF_6 > CH_3F > C_2F_6 > N_2O$

③ $SF_6 > N_2O > CH_3F > C_2F_6$

④ $SF_6 > C_2F_6 > N_2O > CH_3F$

> **해설** $SF_6(23,900) > C_2F_6(9,200) > N_2O(310) > CH_3F(150)$

13 아산화질소 0.1톤, 메탄 1톤, 이산화탄소 20톤을 이산화탄소 상당량톤(tCO_2-eq)으로 환산한 값은? (단, 아산화질소(N_2O)와 메탄(CH_4)의 GWP는 각각 310, 21이다.)

① 52

② 53

③ 62

④ 72

> **해설** 온실가스 배출 환산량(tCO_2-eq)
> $= \Sigma[$각 온실가스 배출량(tGHG)$\times$GWP$]$
> $= (0.1tN_2O \times 310tCO_2$-eq$/tN_2O)$
> $\quad + (1tCH_4 \times 21tCO_2$-eq$/tCH_4)$
> $\quad + (20tCO_2 \times 1tCO_2$-eq$/tCO_2)$
> $= 72tCO_2$-eq

14 국제 기후변화 관련 협약이 시대순으로 옳게 나열된 것은?

① 마라케시 합의 → 코펜하겐 합의 → 발리 로드맵 → 칸쿤 합의

② 발리 로드맵 → 코펜하겐 합의 → 칸쿤 합의 → 더반 결과물

③ 교토의정서 → 마라케시 합의 → 더반 결과물 → 칸쿤 합의

④ 코펜하겐 합의 → 발리 로드맵 → 칸쿤 합의 → 더반 결과물

> **해설** 기후변화협약의 순서
> COP 13(발리 로드맵) → COP 15(코펜하겐 합의) → COP 16(칸쿤 합의) → COP 17(더반 결과물(플랫폼))

15 교토의정서에 대한 설명으로 가장 거리가 먼 것은?

① 1997년 일본 교토에서 개최된 기후변화협약 제3차 당사국총회에서 채택되고 2005년 2월 16일 공식 발효되었다.

② 한국은 2002년 11월 국회의 비준을 얻었으며, 제3차 당사국총회에서 부속서-I 국가로 분류되어 온실가스 감축의무를 부여받았다.

③ 감축의무이행 당사국이 온실가스 감축 이행 시 신축적으로 대응하도록 하기 위하여 배출권거래제(ETS), 공동이행(JI), 청정개발체제(CDM) 등의 신축성 기제를 도입하였다.

④ 공동이행(JI)은 부속서-I 국가가 다른 선진국의 온실가스 감축사업에 참여하여 얻은 온실가스 감축실적을 자국의 온실가스 감축목표 달성에 이용하는 제도이다.

해설 우리나라는 교토의정서 채택 당시 비부속서 국가인 감축의무를 부담하지 않는 개도국으로 분류되었다.

16 유엔기후변화협약(UNFCCC)의 주요 기준이 되는 원칙으로 가장 거리가 먼 것은?

① 과학적 확실성의 원칙
② 공통이지만 차별화된 책임의 원칙
③ 각자 능력의 원칙
④ 사전예방의 원칙

해설 ②~④의 내용은 UNFCCC의 주요 원칙이 되는 내용에 해당된다.
① 확실성의 원칙은 조세정책에서 사용되는 용어이다.

17 온실가스 배출권거래제에 관한 내용으로 옳지 않은 것은?

① 주무관청은 배출권시장 조성자의 시장 조성활동을 위해 일정 수량의 배출권을 예비분으로 보유해야 한다.

② 계획기간 중 사업장이 신설되어 해당 이행연도에 온실가스를 배출한 경우 할당대상업체에 배출권을 추가 할당할 수 없다.

③ 배출권 할당방식에는 배출량 기준 할당방식(GF)과 배출효율 기준 할당방식(BM)이 있다.

④ 온실가스 감축 여력이 낮은 사업장은 직접적인 감축을 하지 않고 배출권을 살 수 있다.

해설 계획기간 시작 직전연도 또는 계획기간 중에 사업장이 신설되거나 사업장 내 시설이 신설이나 증설 등으로 인해 해당 이행연도의 온실가스 배출량이 해당 할당대상업체의 해당 이행연도 배출권 할당량 중에서 그 사업장 단위로 결정된 할당량보다 증가한 경우 추가 할당할 수 있다.

18 다음은 복사에 관한 용어 설명이다. ( ) 안에 알맞은 것은?

┤ 보기 ├
지면에 도달하는 복사에너지의 일부분은 반사되고 나머지는 지면에 흡수된다. 이때, 입사하는 에너지에 대한 반사되는 에너지의 비를 ( )(이)라 한다.

① 코리올리
② 플랑크
③ 돕슨
④ 알베도

해설 보기는 알베도(Albedo)에 관한 설명이다.

① 코리올리 효과(Coriolis effect) : 전향력 또는 코리올리 힘(Coriolis force)이라고도 하며, 회전하는 계에서 느껴지는 관성력을 말한다.

② 플랑크의 복사법칙(Planck's radiation law) : 흑체에서 방출되는 복사에너지 분포를 설명하기 위한 공식으로, 방출되는 복사의 파장은 진동수에 반비례한다.

③ 돕슨(Dobson Unit ; DU) : 지상에서 상공까지 대기 중에 존재하는 전체 오존을 통합하여 0℃, 1기압 상태에서 1cm^{2}당 오존의 두께를 나타낸다.

19 우리나라의 국가 배출권 할당계획(온실가스 배출권거래제 제1차 계획기간 〈2015년~2017년〉)에 대해 바르게 설명한 것은?

① 할당대상 온실가스는 CO_2, CH_4, N_2O, HFCs, PFCs로 5종류다.

② 각 기업은 온실가스 감축비용에 따라 직접 감축활동을 하거나 시장에서 배출권을 매입할 수 있다.

③ 배출권거래제 주무관청은 산업통상자원부이다.

④ 계획기간 4년 전부터 3년간 온실가스 배출량의 연평균총량이 업체 기준으로 25,000톤CO_2-eq 이상인 업체는 할당대상업체다.

해설 각 기업은 온실가스 감축비용에 따라 직접 감축활동을 하거나 시장에서 배출권을 매입할 수 있다.

① 할당대상 온실가스는 6대 온실가스로 CO_2, CH_4, N_2O, HFCs, PFCs, SF_6이다.

③ 배출권 거래제 주무관청은 산업통상자원부가 아니라, 기획재정부이다.

④ 계획기간은 2011년부터 2013년까지 연간 온실가스 배출량으로 하여 업체 기준은 125,000톤 이상, 사업장 기준은 25,000톤 이상을 할당대상업체로 하였다.

20 1958년 이후 지금까지 하와이 마우나로아에서 측정한 이산화탄소의 대기 중 농도는 남극에서 측정한 이산화탄소와 달리 여름과 겨울 사이에 전체 농도의 약 1%에 해당하는 3~4ppm만큼의 차이가 난다(여름철이 최저). 이 같은 계절차는 우리나라를 비롯한 고위도 북반구 지역에 더 뚜렷한데, 다음 중 이 계절 변동의 원인으로 가장 적절한 것은?

① 대기의 습도

② 식물 광합성

③ 해수면 온도

④ 인간의 활동

해설 킬링 곡선은 1958년부터 마우나로아 관측소에서 측정한 대기 중 CO_2 농도의 추세를 나타내는데, 매년 오르고 내리기를 반복하며 지속적으로 상승하는 모양을 하고 있다. 관측 지점과 관계없이 CO_2 농도는 봄부터 여름에 걸쳐서 줄어들다가 가을부터 증가한다. 이런 현상은 식물의 광합성의 영향 때문이다. 봄부터 여름 사이에는 식물은 광합성을 활발하게 한다. 대기 중의 CO_2를 흡수해 탄수화물을 축적한 뒤 산소(O_2)를 배출한다. 이때 흡수하는 CO_2 양이 동물의 호흡이나 식물이 야간에 배출하는 CO_2, 미생물이 분해하는 CO_2의 양보다 많다. 그러나 가을에서 겨울에는 광합성활동이 줄거나 멈춰 흡수하는 것보다 더 많은 CO_2를 배출한다.

제2과목 온실가스 배출의 이해

21 온실가스 배출권거래제의 배출량 보고 및 인증에 관한 지침상 고정연소(액체연료) 보고대상 배출시설 중 "공정연소시설"에 해당하지 않는 것은?

① 나프타 분해시설(NCC)
② 배연탈질시설
③ 소둔로
④ 용융 · 용해시설

해설 고정연소(액체연료) 보고대상 배출시설 중 공정연소시설에는 건조시설, 가열시설, 나프타 분해시설(NCC), 용융 · 용해시설, 소둔로, 기타 노가 있다.
② 배연탈질시설은 고정연소(액체연료) 중 대기오염물질 방지시설에 해당된다.

22 온실가스 배출권거래제의 배출량 보고 및 인증에 관한 지침상 HCFC-22 생산과정에서 부산물 형태로 배출되는 온실가스로 가장 적합한 것은?

① SH_6
② HFC-12
③ HFC-23
④ N_2O

해설 HCFC-22 생산공정 중 극소량의 HFC-23이 반응시설에서 부수적으로 생성되어 배출되며, 기타 불소화합물 생산에서는 CFC-11 및 CFC-12 생산공정, PFCs 물질의 할로겐 전환공정, NF_3 제조공정, 불소비료나 마취제용 불소화합물 생산공정 등에서 불소화합물이 배출된다.

23 온실가스 배출권거래제의 배출량 보고 및 인증에 관한 지침상 철도 부문 보고대상 배출시설을 [보기]에서 모두 선택한 것은?

┤ 보기 ├
㉠ 전기기관차
㉡ 디젤기관차
㉢ 디젤동차
㉣ 특수차량

① ㉠
② ㉠, ㉡
③ ㉠, ㉡, ㉢
④ ㉠, ㉡, ㉢, ㉣

해설 철도 부문의 보고대상 배출시설은 고속차량, 전기기관차, 전기동차, 디젤기관차, 디젤동차, 특수차량으로 6종류가 있다.

24 온실가스 배출권거래제의 배출량 보고 및 인증에 관한 지침상 이동연소(항공) 배출시설에서 온실가스 배출량에 영향을 주는 인자가 아닌 것은?

① 항공기 비행단계별 운항시간
② 항공기 연료 종류
③ 항공기 비행거리
④ 항공기 이착륙 시의 온도

해설 이동연소(항공) 배출시설에서 온실가스 배출량을 산정할 때 항공기의 운항횟수, 운전조건, 엔진 효율, 비행거리, 비행단계별 운항시간, 연료 종류 및 배출고도 등을 고려한다.
항공기 운항은 이착륙 단계와 순항 단계로 구분하여 배출량을 산정하며, 항공기 이착륙 시의 온도는 고려하지 않는다.

25 다음 중 온실가스 배출권거래제의 배출량 보고 및 인증에 관한 지침상 "부생연료 2호"에 해당하는 내용이 아닌 것은?

① 등유·중유 성상에 해당하는 제품으로 열효율은 보일러 등유와 중유의 중간 정도이다.

② 방향족 성분의 다량 함유로 일부 제품은 냄새가 심하며 연소성이 척도인 10% 잔류탄소분이 매우 높으므로 그을음 발생으로 집진시설을 설치해야 한다.

③ 석유화학제품을 생산하는 전처리과정에서 나오는 제품으로 생산업체에 따라 물성이 다양하며, 보일러 등유, 경유, 중유 등 액체연료를 사용하는 열원 공급시설(산업용 보일러 등)의 연료계통 부품을 교체하여 대체연료로 사용된다.

④ 부생연료 2호 사용에 따른 고정연소 배출활동의 경우, 산정등급 1(Tier 1) CO_2 배출계수는 등유계수를 활용하여 온실가스 배출량을 산정한다.

해설 부생연료 2호 사용에 따른 고정연소 배출활동의 경우, 산정등급 1(Tier 1) CO_2 배출계수는 B−C유 계수를 활용하여 온실가스 배출량을 산정한다.

26 각 탄산염에 따른 광물명의 연결로 옳지 않은 것은?

① $MgCO_3$: 마그네사이트
② $CaMg \cdot (CO_3)_2$: 백운석
③ Na_2CO_3 : 소다회
④ $CaCO_3$: 능철광

해설 $CaCO_3$는 석회석이다. 능철광은 $FeCO_3$이다.

27 다음은 온실가스 배출권거래제의 배출량 보고 및 인증에 관한 지침상 아연 생산을 위한 배출공정이다. ( ) 안에 알맞은 것은?

┤ 보기 ├
( )는 광석이 융해되지 않을 정도의 온도에서 광석과 산소, 수증기, 탄소, 염화물 또는 염소 등을 상호작용시켜서 다음 제련 조작에서 처리하기 쉬운 화합물로 변화시키거나 어떤 성분을 기화시켜 제거하는 데 사용되는 노를 말한다.

① 전해로   ② 용해로
③ 용융로   ④ 배소로

해설 보기는 아연 생산공정의 배소로에 대한 설명이다. 배소로에는 유동 배소로, 다단 배소로, 로터리킬른 등이 있으며, 그 중에서 가장 많이 사용하는 것은 유동 배소로이다.

28 온실가스 배출권거래제의 배출량 보고 및 인증에 관한 지침상 소다회 생산의 배출활동 개요에 관한 설명으로 옳지 않은 것은?

① 천연 소다회 생산공정에서는 이 공정 중에 트로나(Trona, 천연 소다회를 만들어내는 중요한 광석)는 로터리킬른 속에서 소성되고, 화학적으로 천연 소다회로 변형된다.

② 천연 소다회 생산공정에서 이산화탄소와 물이 이 공정의 부산물로 생성된다.

③ 솔베이법 합성공정에서는 염화나트륨 수용액, 석회석, 야금 코크스, 암모니아는 소다회의 생산을 유도하는 일련의 반응에 사용되는 원료이다.

④ 솔베이법 합성공정에서 암모니아는 급속도로 손실되므로, 일정 반응 후 계속 주입이 필요하다.

해설 암모니아 흡수공정에서는 흡수탑을 사용하여 정제된 함수에 NH_3가스를 흡수시켜 암모니아 함수를 만든다. 흡수시킬 NH_3는 증류탑에서 아래의 반응식과 같이 NH_3를 회수하여 순환시키지만, 이것만으로는 부족하므로 부족한 만큼 합성 NH_3로 보충한다.

$$2NH_4Cl + Ca(OH)_2$$
$$\rightarrow 2NH_3 + CaCl_2 + 2H_2O$$

29 온실가스 배출권거래제의 배출량 보고 및 인증에 관한 지침상 시멘트 생산의 배출활동과 보고대상 배출시설(소성로)에 관한 설명으로 옳지 않은 것은?

① 소성시설(kiln)은 물체를 높은 온도에서 구워내는 시설을 말하며 일종의 열처리 시설에 해당된다.

② 소성의 목적은 소성물질의 종류에 따라 다소 다르나 보통 고온에서 안정된 조직 및 광물상으로 변화시키거나 충분한 강도를 부여함으로써 물체의 형상을 정확하게 유지시키기 위한 목적으로 이용되는 경우가 많다.

③ 시멘트 공정에서의 CO_2 배출특성은 소성시설(kiln)의 생석회 생성량과 연료 사용량 및 폐기물 소각량에 의하여 영향을 받으며, 그 밖에 주원료인 석회석과 함께 점토 등 부원료의 사용량에 의해서도 영향을 받을 수 있다.

④ 소성시설의 보고대상 온실가스는 CO_2, CH_4이다.

해설 시멘트 생산시설 중 보고대상 배출시설은 소성시설로, 보고대상 온실가스는 이산화탄소(CO_2)이다.

30 온실가스 배출권거래제의 배출량 보고 및 인증에 관한 지침상 암모니아 생산공정인 수소 제조공정에서 유체 연료로부터 수소를 제조하는 다음의 방법 중 가장 많이 이용되고 있는 것은?

① 변성 개질법
② 메탄 개질법
③ 수증기 개질법
④ 질소 개질법

해설 국내에서는 대부분의 합성 암모니아가 천연가스의 수증기 개질(촉매변환)에 의해 생산된다.

31 온실가스 배출권거래제의 배출량 보고 및 인증에 관한 지침상 고형 폐기물의 생물학적 처리의 보고대상 배출시설과 거리가 먼 것은?

① 퇴비화시설
② 고도처리시설
③ 부숙토 생산시설
④ 혐기성 분해시설

해설 고형 폐기물의 생물학적 처리 보고대상 배출시설에는 사료화 · 퇴비화 · 소멸화 시설, 부숙토 생산시설, 혐기성 분해시설이 있다.

32 온실가스 배출권거래제의 배출량 보고 및 인증에 관한 지침상 외부 스팀 공급업체에 공급받은 열(스팀)에 대한 간접배출량 산정 · 보고 범위로 가장 적합한 것은?

① 사업장 단위
② 전력 배출시설 단위
③ 10MJ당 스팀 사용설비 단위
④ 50GJ당 스팀 사용공정 단위

해설 외부에서 공급된 열(스팀) 사용에 대한 간접배출량의 산정 · 보고 범위는 관리업체 사업장 단위로 정한다.

33 다음 중 온실가스 배출권거래제의 배출량 보고 및 인증에 관한 지침상 N_2O를 산정하지 않는 처리시설은?

① 하수처리시설
② 폐수처리시설
③ 혐기성 분해시설
④ 폐가스 소각시설

> 해설 폐수처리 시 발생되는 보고대상 온실가스는 CH_4이며, N_2O는 포함되지 않는다.
> ① 하수처리시설 : CH_4, N_2O
> ③ 혐기성 분해시설 : CH_4, N_2O
> ④ 폐가스 소각시설 : CO_2, CH_4, N_2O

34 온실가스 배출권거래제의 배출량 보고 및 인증에 관한 지침상 폐기물 소각시설 중 열분해시설의 생성물질에 따른 성상 분류로 거리가 먼 것은?

① 가스화방식
② 액화방식
③ 용융방식
④ 탄화방식

> 해설 열분해시설은 공기가 부족한 상태에서 폐기물을 무산소 또는 저산소 분위기에서 가열하여 가스, 액체 및 고체 상태의 연료를 생성하는 시설이다.
> 열분해소각시설은 생성물질의 성상에 따라 가스화방식, 액화방식, 탄화방식으로 구분할 수 있다.

35 전기 사용 측면에서 최적가용기법으로 적절하지 않은 것은?

① 에너지효율적인 모터 적용
② 압축공기시스템의 가변속도 드라이브 적용
③ 공기압축기의 열회수
④ 초고압의 전기아크로 적용

> 해설 ④ 전기아크로는 합금철 생산에서 보고대상 배출시설로 전기 사용 측면의 최적가용기술과는 거리가 멀다.

36 온실가스 배출권거래제의 배출량 보고 및 인증에 관한 지침상 아디프산 생산시설 중 시클로헥산으로부터 아디프산을 합성하는 방법 중 하나인 Farbon법에 관한 설명으로 옳지 않은 것은?

① 시클로헥산을 산화하여 시클로헥산올과 시클로헥사논을 만들고, 이 시클로헥산올과 시클로헥사논을 다시 산화하여 아디프산을 만든다.
② 혼합된 초산망간, 바듐을 촉매로써 사용한다.
③ 제2반응기로부터 생성물이 표백기로 들어가고 용존 NO_x 가스는 공기와 수증기로 인해 아디프산 및 질산 용액으로부터 탈기된다.
④ 부산물의 생성이 없고, 아디프산 및 질산 용액은 증류되어 최종산물(결정)이 된다.

> 해설 Farbon법은 공정과정에서 여러 가지 유기산부산물, 아세트산, 글루타린산 및 호박산 등이 형성되고 회수되어 판매된다. 아디프산 및 질산 용액은 냉각되어서 결정화기로 보내져서 아디프산 결정을 만든다.

37 온실가스 배출권거래제의 배출량 보고 및 인증에 관한 지침상 다음의 철강 생산공정 중 CO_2 배출계수값(tCO_2/t-생산물)이 가장 큰 곳은?

① 직접 환원철 생산
② 전기로
③ 코크스 오븐
④ 전로

△nswer   33.② 34.③ 35.④ 36.④ 37.④

해설 철강 생산공정의 CO_2 배출계수

공정 과정		배출계수 (tCO₂/ t-생산물)
철	소결물 생산	0.20
	코크스 오븐	0.56
	선철(pig iron) 생산(고로)	1.35
	직접 환원철(DRI) 생산	0.70
	펠렛 생산	0.03
강	전로(BOF)	1.46
	전기로(EAF)	0.08
	평로(OHF)	1.72
	국제기준값(65% BOF, 30% EAF, 5% OHF 기준) (강 1톤 생산당 나오는 CO_2의 양)	1.06

38 온실가스 배출권거래제의 배출량 보고 및 인증에 관한 지침상 납 생산공정에 관한 설명으로 옳지 않은 것은?

① 연정광으로부터 미가공 조연(bullion)을 생산하는 1차 생산공정에서는 소결 과정을 생략할 수 없다.

② 소결공정에서 연정광을 재활용 소결물, 석회석, 실리카, 산소, 납 고함유 슬러지 등과 혼합·연소하여 황과 휘발성 금속을 제거한다.

③ 제련공정에는 일반적인 고로 또는 ISF (Imperial Smelting Furnace)가 이용되며 납산화물의 환원과정에서 CO_2가 배출된다.

④ 정제납의 2차 생산은 재활용 납을 재사용하기 위한 준비과정이다.

해설 1차 납 생산공정은 소결과 제련 과정을 연속적으로 거치는 소결/제련 공정으로, 전체 납 생산공정의 약 78%를 차지하며, 직접 제련공정의 경우 소결과정이 생략되고 1차 납 생산공정의 22%를 차지한다.

39 온실가스 배출권거래제의 배출량 보고 및 인증에 관한 지침상 유리 생산공정 중 융해공정에서 CO_2를 배출하는 주요 원료와 가장 거리가 먼 것은?

① 생석회   ② 소다회

③ 백운석   ④ 석회석

해설 유리 생산활동에서의 융해공정 중 CO_2를 배출하는 주요 원료는 석회석($CaCO_3$), 백운석($CaMg(CO_3)_2$) 및 소다회(Na_3CO_3)이다.
또 다른 CO_2 배출 유리 원료로는 탄산바륨($BaCO_3$), 골회(bone ash), 탄산칼륨(K_2CO_3) 및 탄산스트론튬($SrCO_3$)이 있다.

40 온실가스 배출권거래제의 배출량 보고 및 인증에 관한 지침상 기타 온실가스 배출에 속하지 않는 배출활동은?

① CO_2 용접

② 에틸렌 절단

③ 아세틸렌 용접

④ SF_6 전기절연제 사용

해설 SF_6 전기절연제 사용은 오존파괴물질(ODS)의 대체물질 사용에 해당된다.

㉠ 용접설비에 의한 CO_2 배출(CO_2 용접, 에틸렌 절단, 아세틸렌 용접, LPG 용접 등)

㉡ 황연 제거설비 등 대기오염 방지시설의 탄화수소류 등의 사용으로 인한 CO_2 배출

㉢ 구리 제련공정 중 환원제, 전극봉, 석회석 등의 사용으로 인한 공정배출 등 PCB 생산공정에서의 CO_2 사용에 따른 배출량

㉣ 요소수 사용 등 탄산염 이외의 배연 탈황 및 배연 탈질시설에 의한 배출량

㉤ 식각·증착 공정에서의 불소화합물 외 N_2O 등 기타 온실가스 사용에 따른 배출량

제3과목 온실가스 산정과 데이터 품질관리

41 온실가스 배출권거래제의 배출량 보고 및 인증에 관한 지침상 항공 부문의 이동연소에 의한 온실가스 배출량 산정기준에 관한 설명으로 옳지 않은 것은?

① 배출량 산정방법론은 Tier 1, 2, 3의 세 등급으로 구분할 수 있다.
② Tier 2 수준의 배출량 산정방법론은 제트연료를 사용하는 항공기에 적용된다.
③ Tier 1 수준에서 활동자료의 측정불확도는 ±7.5% 이내이다.
④ Tier 2 수준에서 활동자료의 측정불확도는 ±5.0% 이내이다.

> **해설** 배출량 산정방법론은 Tier 1, 2의 두 등급으로 구분할 수 있으며, 보고대상 온실가스는 CO_2, CH_4, N_2O가 있다.

42 온실가스 배출권거래제의 배출량 보고 및 인증에 관한 지침상 연속측정방법에서 결측자료에 따른 대체자료 생성기준으로 옳지 않은 것은?

① 정도검사기간의 경우에는 정상 마감된 전 월의 최근 1개월간 30분 평균자료
② 교정검사 불합격의 경우에는 정상자료 중 최근 30분 평균자료
③ 장비점검 시에는 정상자료 중 최근 30분 평균자료
④ 미수신자료의 경우에는 정상자료 중 최근 30분 평균자료

> **해설** 교정검사 불합격의 경우에 정상 마감된 전 월의 최근 1개월간 30분 평균자료를 대체자료로 한다.

43 온실가스 배출권거래제의 배출량 보고 및 인증에 관한 지침상 관리업체인 A사는 별도 법인 H사로부터 구매한 원료인 산화칼슘(CaO) 1,000톤을 사용하여 칼슘카바이드(CaC_2) 1,100톤을 생산하였다. 이때 칼슘카바이드 생산에 의한 A사의 공정배출량을 산정하면 몇 tCO_2-eq인가? (단, CaC_2 생산 배출계수 : $1.70tCO_2/tCaO$, CaO 소성활동 배출계수 : $10tCO_2/tCaO$)

① 1,700
② 11,700
③ 1,870
④ 11,870

> **해설** $E_{i,j} = AD_i \times EF_{i,j}$
> 여기서,
> $E_{i,j}$: 카바이드 생산에 따른 온실가스(j) 배출량(tGHG)
> AD_i : 활동자료(i) 사용량(사용된 원료, 카바이드 생산량, ton)
> $EF_{i,j}$: 활동자료(i)에 따른 온실가스(j) 배출계수(tGHG/t-카바이드, tGHG/t-사용된 원료)
> ※ 탄화칼슘(칼슘카바이드) 생산 시 산화칼슘(CaO)을 원료로 직접 사용하는 경우에는 위 식에 의한 배출량만 산정한다.
> ∴ $E_{i,j} = (1,000tCaO \times 1.70tCO_2/tCaO)$
> $= 1,700tCO_2$

44 도시가스(LNG) 사용량의 측정값이 1기압, 15℃에서 $10,000m^3$이다. 1기압, 0℃로 온도 보정을 실시한 결과로 가장 가까운 값은?

① $10,549m^3$
② $8,500m^3$
③ $9,479m^3$
④ $9,985m^3$

> **해설** 같은 압력조건에서 온도만 보정해주면 사용량은 다음과 같다.
> $$10,000m^3 \times \frac{273K}{(273+15)K}$$
> $$= 9479.167 ≒ 9,479m^3$$

45 온실가스 배출권거래제의 배출량 보고 및 인증에 관한 지침상 온실가스 배출활동별 산정방법론에 따른 보고대상 온실가스의 연결로 옳지 않은 것은?

구 분	CO_2	CH_4	N_2O
㉠ 고정연소 (액체연료)	Tier 1, 2, 3, 4	Tier 1	Tier 1
㉡ 이동연소 (도로)	Tier 1, 2	Tier 1, 2, 3	Tier 1, 2, 3
㉢ 철강 생산	Tier 1, 2	Tier 1, 2	Tier 1
㉣ 폐기물 소각	Tier 1, 4	Tier 1	Tier 1

① ㉠
② ㉡
③ ㉢
④ ㉣

해설 철강 생산 시 보고대상 온실가스는 CO_2 (Tier 1, 2, 3, 4), CH_4(Tier 1)이다.

46 A관리업체 하수를 다음과 같은 조건에서 처리하고자 할 때 N_2O 배출에 따른 온실가스 연간 배출량에 가장 가까운 값은? (단, 온실가스 배출권거래제의 배출량 보고 및 인증에 관한 지침기준, 반출 슬러지는 고려하지 않는다.)

┌─ 보기 ├─
- TN_{in} : 50mg-T-N/L
- TN_{out} : 5mg-T-N/L
- Q_{in} : 5,000m³/day
- Q_{out} : 5,000m³/day
- EF : 0.005kgN₂O-N/kg-T-N

① 200tCO₂-eq/yr
② 300tCO₂-eq/yr
③ 400tCO₂-eq/yr
④ 500tCO₂-eq/yr

해설 $N_2O_{Emissions}$

$$= (TN_{in} \times Q_{in} - TN_{out} \times Q_{out} - TN_{sl} \times Q_{sl}) \times 10^{-6} \times EF \times 1.571$$

여기서,

$N_2O_{Emissions}$: 하수 처리에서 배출되는 N_2O 배출량(tN_2O)

TN_{in} : 유입수의 총 질소 농도 (mg-T-N/L)

TN_{out} : 방류수의 총 질소 농도 (mg-T-N/L)

TN_{sl} : 반출 슬러지의 총 질소 농도 (mg-T-N/L)

Q_{in} : 유입수의 유량(m³)

Q_{out} : 방류수의 유량(m³)

Q_{sl} : 슬러지의 반출량(m³)

EF : 아산화질소 배출계수 (kgN_2O-N/kg-T-N)

1.571 : N_2O의 분자량(44.013)/N_2의 분자량(28.013)

$N_2O_{Emissions}$

$$= \left(\frac{50mgT-N}{L} \times \frac{5,000m^3}{day} - \frac{5mgT-N}{L} \times \frac{5,000m^3}{day} - \frac{0mgT-N}{L} \times \frac{5,000m^3}{day} \right)$$

$$\times \frac{kgT-N}{10^6 mgT-N} \times \frac{10^3 L}{m^3}$$

$$\times \frac{365day}{yr} \times \frac{0.005kgN_2O-N}{kgT-N}$$

$$\times \frac{tN_2O-N}{10^3 kgN_2O-N} \times \frac{310tCO_2-eq}{tN_2O-N}$$

$$\times 1.571$$

$$= 199.978 ≒ 200tCO_2-eq/yr$$

47 온실가스 배출권거래제의 배출량 보고 및 인증에 관한 지침상 "생산물"의 원소함량 등을 분석하고자 하는 경우 최소분석주기 기준으로 옳은 것은?

① 주 1회   ② 월 1회
③ 분기 1회   ④ 반기 1회

해설 지침 제92조 관련 [별표 23] 시료 채취 및 분석의 최소주기 등에 따라, 생산물은 원소함량 등을 월 1회를 최소주기로 분석해야 한다.

48 온실가스 배출권거래제의 배출량 보고 및 인증에 관한 지침상 측정기기 설치 및 운영관리를 위한 "상대정확도 시험"에 관한 설명으로 가장 적합한 것은 어느 것인가?

① 관리업체의 측정기기 또는 데이터 수집 기간의 통신상태 및 대기분야 환경오염 공정시험기준에 적합한지 여부를 확인하는 시험
② 측정자료 간의 오차율을 비교하여 정확성을 확인하는 시험으로 대기분야 환경오염 공정시험기준에 따라 적합한지 여부를 확인하는 시험
③ 측정기기의 설치위치, 환경조건, 기능, 성능 등이 대기분야 환경오염 공정시험기준에 적합한지 여부를 확인하는 것
④ 상대정확도 시험은 확인검사와 통합시험으로 구분할 수 있음

해설 상대정확도 시험은 굴뚝연속자동측정기기 및 배출가스 유량계에서 생산되는 측정자료의 상대정확도 시험방법에 따라 측정한 자료 간의 오차율을 비교하여 정확성을 확인하는 시험으로, 대기분야 환경오염 공정시험기준에 따라 적합한지 여부를 확인하는 시험이다.
※ ③은 확인검사에 해당되는 내용이다.

49 온실가스 배출권거래제의 운영을 위한 검증지침상 온실가스 배출량 등의 검증절차 중 아래의 Ⓐ에 들어갈 검증절차로 옳은 것은?

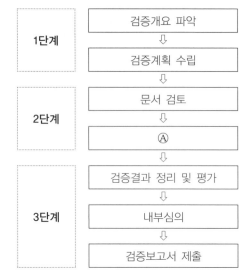

1단계	검증개요 파악 ⇩ 검증계획 수립
2단계	문서 검토 ⇩ Ⓐ
3단계	검증결과 정리 및 평가 ⇩ 내부심의 ⇩ 검증보고서 제출

① 검증범위 확인   ② 오류의 평가
③ 현장검증   ④ 중요성 평가

해설 온실가스 배출량 등의 검증절차
검증개요 파악 → 검증계획 수립 → 문서 검토 → 현장검증 → 검증결과 정리 및 평가 → 내부심의 → 검증보고서 제출

50 온실가스 배출권거래제하에서 직접배출원 중 원료나 연료의 생산, 중간생성물의 저장·이송 과정에서 대기 중으로 배출되는 배출원을 의미하는 것은?

① 고정연소배출   ② 이동연소배출
③ 탈루배출   ④ 공정배출

해설 탈루배출에는 석탄 채굴 및 처리활동, 석유산업, 천연가스산업 등의 배출활동이 있다.

51 온실가스 배출권거래제의 배출량 보고 및 인증에 관한 지침상 구매한 연료 및 원료, 전력 및 열에너지를 정도검사를 받지 않은 내부 측정기기를 이용하여 활동자료를 분배·결정하는 모니터링 유형은?

① A-1　　　　　② A-2
③ C-1　　　　　④ D-5

해설 구매한 연료 및 원료, 전력 및 열에너지에 대한 정도검사를 받지 않은 내부 측정기기를 이용하여 활동자료를 분배·결정하는 모니터링 유형은 C-1이다.

① A-1 : 연료 및 원료 공급자가 상거래 등을 목적으로 설치·관리하는 측정기기를 이용하여 연료 사용량 등 활동자료를 수집하는 방법이다.

② A-2 : 연료 및 원료 공급자가 상거래 등을 목적으로 설치·관리하는 측정기기와 주기적인 정도검사를 실시하는 내부 측정기기가 설치되어 있을 경우 활동자료를 수집하는 방법이다.

④ D-5 모니터링 유형은 없다. D는 모니터링 기타 유형이며, A~C 유형 이외에 기타 유형을 이용하여 활동자료를 수집하는 방법으로 이행계획에 세부사항을 포함하여 관장기관에 전자적 방식으로 제출해야 한다.

52 온실가스 배출권거래제의 배출량 보고 및 인증에 관한 지침에 따른 품질관리의 목적으로 가장 거리가 먼 것은?

① 자료의 무결성, 정확성 및 완전성을 보장하기 위한 일상적이고 일관적인 검사의 제공
② 오류 및 누락의 확인 및 설명
③ 배출량 산정자료의 문서화 및 보관, 모든 품질관리 활동의 기록
④ 발생된 오류의 책임소재 파악

해설 ④ 발생된 오류의 책임소재 파악은 품질관리에 해당하지 않는다.

53 과거에 제출한 명세서를 수정하여 검증기관의 검증을 거쳐 관장기관에게 재제출하여야 하는 경우로 적절하지 않은 것은?

① 관리업체의 권리와 의무가 승계된 경우
② 배출량 등의 산정방법론이 변경되어 온실가스 배출량 등에 변경이 유발된 경우
③ 동일한 배출활동 및 활동자료를 사용하는 소규모 배출시설의 일부가 신·증설 또는 폐쇄되었을 경우
④ 환경부장관으로부터 사업장 고유배출계수를 검토·확인을 받거나, 그 값이 변경된 경우

해설 온실가스 배출권거래제의 배출량 보고 및 인증에 관한 지침 제29조(명세서의 제출)에 따라, 할당대상업체는 다음의 사항에 해당할 경우 해당 사유가 적용되는 계획기간 과거 4년부터의 기제출한 명세서를 수정하여 검증기관의 검증을 거쳐 해당 사유가 발생한 시점으로부터 1개월 이내에 환경부장관에게 전자적 방식으로 제출하여야 한다.

㉠ 「온실가스 배출권의 할당, 조정 및 취소에 관한 지침」 제36조에 따라 할당대상업체의 권리와 의무가 승계된 경우

㉡ 조직경계 내·외부로 온실가스 배출원 또는 흡수원의 변경이 발생한 경우

㉢ 배출량 등의 산정방법론이 변경되어 온실가스 배출량 등에 상당한 변경이 유발된 경우

㉣ 환경부장관으로부터 고유배출계수에 대한 검토·확인을 받거나, 그 값이 변경된 경우

㉤ 환경부장관이 시정·보완을 명한 경우

54 온실가스 배출권거래제의 배출량 보고 및 인증에 관한 지침상 외부에서 공급을 받아 전력을 사용하는 A사업장은 2016년에 100,500kWh, 2017년에 110,600kWh를 사용하였다. A사업장의 2017년 외부전력 사용으로 인한 온실가스 배출량(tCO_2-eq)은? (단, 전력배출계수 및 GWP는 다음과 같다.)

구 분	CO_2 (tCO_2/MWh)	CH_4 ($kgCH_4$/MWh)	N_2O (kgN_2O/MWh)
배출계수	0.4653	0.0054	0.0027
GWP	1	21	310

① 47
② 52
③ 62
④ 73

해설 외부에서 공급된 전기는 다음의 식을 활용하여 계산한다. 2017년 전력량을 계산에 적용하면 된다.

$$GHG_{Emissions} = Q \times EF_j$$

여기서, $GHG_{Emissions}$: 전력 사용에 따른 온실가스(j)별 배출량(tGHG)

Q : 외부에서 공급받은 전력 사용량 (MWh)

EF_j : 전력 배출계수(tGHG/MWh)

$GHG_{Emissions}$

$= 110,600 \, \text{kWh} \times \dfrac{\text{MWh}}{10^3 \text{kWh}}$

$\times \left[\left(\dfrac{0.4653 \text{tCO}_2}{\text{MWh}} \times \dfrac{1\text{tCO}_2-\text{eq}}{\text{tCO}_2} \right) \right.$

$+ \left(\dfrac{0.0054 \text{kgCH}_4}{\text{MWh}} \times \dfrac{\text{tCH}_4}{10^3 \text{kgCH}_4} \times \dfrac{21\text{tCO}_2-\text{eq}}{\text{tCH}_4} \right)$

$+ \left. \left(\dfrac{0.0027 \text{kgN}_2\text{O}}{\text{MWh}} \times \dfrac{\text{tN}_2\text{O}}{10^3 \text{kgN}_2\text{O}} \times \dfrac{310\text{tCO}_2-\text{eq}}{\text{tN}_2\text{O}} \right) \right]$

$= 51.5673 \fallingdotseq 52\text{tCO}_2-\text{eq}$

55 Scope 분류 및 그에 대한 배출활동이 잘못 연결된 것은?

① Scope 1 : 이동연소, 철강 생산, 공공하수 처리
② Scope 1 : 폐기물 소각, 고정연소, 시멘트 생산
③ Scope 2 : 구입 증기, 구입 전기, 구입 열
④ Scope 3 : 종업원 출퇴근, 구매된 원료의 생산공정배출, 공장 내 기숙사 난방

해설 기타 간접배출원(Scope 3)은 Scope 2에 속하지 않는 간접배출로 원재료의 생산, 제품 사용 및 폐기 과정에서 배출되는 형태이다.

56 온실가스 목표관리제하에서 운영경계 설정 시 운영경계 구분에서 다음 중 Scope 2에 해당하는 사항은?

① 외부에서 구매한 전기 또는 열
② 고정연소 배출원
③ 이동연소 배출원
④ 하·폐수 처리시설 배출원

해설 간접배출원(Scope 2)은 배출원의 일상적인 활동을 위해서 전기, 스팀 등을 구매함으로써 간접적으로 외부에서 배출하는 형태이다.

57 온실가스 배출권거래제의 배출량 보고 및 인증에 관한 지침상 경유의 고정연소를 통해 연간 20만tCO₂-eq의 온실가스를 배출하는 시설의 산정등급(Tier) 최소적용기준은?

① Tier 1
② Tier 2
③ Tier 3
④ Tier 4

해설 연간 5만톤 이상 50만톤 미만으로, 배출시설 규모가 B그룹에 해당하며, 산정등급 최소적용기준은 Tier 2를 적용한다.

58 A지자체에서 혐기성 생활폐기물 관리형 매립지를 운영하고 있으며 최근에 제출한 명세서에 온실가스 배출량을 1,175,000톤으로 보고했다. 이 매립지의 온실가스 배출량 산정에 관한 내용으로 옳지 않은 것은? (단, 시설 규모를 최초 결정해야 하는 경우가 아니다.)

① 배출량에 따라 시설 규모를 분류할 때 매립지는 C그룹에 속하며 Tier 1 산정방법론으로 온실가스 배출량을 산정해야 한다.

② 회수된 메탄가스가 외부 공급 · 판매, 자체 연료 사용 및 Flaring 등으로 처리되기 위한 별도의 측정이 없을 경우 메탄회수량 기본값을 1로 처리한다.

③ 폐기물 성상별 매립량 활동자료는 1981년 1월 1일 이후 매립된 폐기물에 대해서만 수집한다.

④ 혐기성 관리형 매립지이기 때문에 메탄보정계수(MCF)는 2006 IPCC 국가 인벤토리 작성을 위한 가이드라인에 따라 1.0을 적용해야 한다.

> **해설** ② 회수된 메탄가스가 외부 공급 · 판매, 자체 연료 사용 및 Flaring 등으로 처리되기 위한 별도의 측정이 없을 경우는 기본값 R_T는 0으로 처리한다.

59 산정된 개별 온실가스의 배출량은 지구온난화지수를 이용하여 합산한다. 다음 중 다양한 온실가스의 총 배출량을 나타내는 단위로 가장 적절한 것은?

① tC　　② TOE
③ tCO_2　　④ tCO_2-eq

> **해설** 온실가스 배출권거래제의 배출량 보고 및 인증에 관한 지침 배출권거래제에서 사용되는 온실가스의 총 배출량 표기는 ton CO_2 equivalent 를 줄여서 tCO_2-eq를 사용하고 있다.

60 검증절차 중 리스크 분석에 대한 내용으로 옳지 않은 것은?

① 오류 발생 가능성에 대한 대응절차를 결정하기 위해 수행된다.

② 통제리스크는 검증대상 내부의 데이터 관리구조상 오류를 적발하지 못할 리스크이다.

③ 고유리스크는 검증팀의 검증과정에서 발생하는 리스크이다.

④ 검증팀은 피검증자에 의해 발생하는 리스크를 평가한다.

> **해설** 고유리스크는 검증대상의 업종 자체가 가지고 있는 리스크로 업종의 특성 및 산정방법의 특수성 등이 있다. 검증과정에서 발생하는 리스크는 검출리스크로, 검증팀이 검증을 통해 오류를 적발하지 못할 리스크이다.

제4과목 온실가스 감축관리

61 프로젝트 활동에 적합한 베이스라인(baseline) 방법론을 선정할 때의 접근법이 아닌 것은?

① 현재의 실제 온실가스 배출
② 과거의 온실가스 배출
③ 경제성 측면에서 가장 유리한 기술을 적용할 때의 온실가스 배출
④ 이전 유사한 프로젝트의 최소배출량

> **해설** 이전 유사한 프로젝트의 최소배출량이 아닌, 비슷한 사회적 · 경제적 및 기술적 환경에서 과거 5년 동안 수행된 비슷한 사업활동(성과가 동일 범주의 상위 20% 이내)의 평균배출량을 활용할 수 있다.

62 온실가스 배출량 감축을 위해 정부정책 세부 방향을 설정하고자 한다. 다음 중 온실가스 배출량 감축방법으로 옳은 것은?

① 풍력발전을 화력발전으로 대체
② 건축물 내 LED등을 형광등으로 교체
③ 매립장에서 발생하는 LFG(Land Fill Gas)를 연료로 활용
④ 사업장 내 수소자동차를 가솔린자동차로 교체

해설 │ 매립지에서 발생하는 메탄(CH_4)을 LFG (Land Fill Gas)라 하며 연료원으로 활용하는 방식은 온실가스 배출량 감축방법 중 하나이다.
※ ①, ②, ④의 경우 반대로 되어야 한다.

63 다음 중 CDM 사업 모니터링 보고서의 QA/QC 절차 작성법에 관한 내용으로 가장 거리가 먼 것은?

① 절차서는 CDM 프로젝트의 모니터링 계획에 기준하여 작성한다.
② 베이스라인 배출계수는 PDD 베이스라인 방법론에 의거한 값이다.
③ 모니터링 매개변수의 변경이 있는 경우 DOE의 평가를 거쳐 CDM EB의 승인을 득하여야 한다.
④ 전기안전 담당자는 모니터링 담당 업무를 겸할 수 없지만 모니터링 담당자는 전기안전관리를 담당할 수 있다.

해설 │ 사업장에서는 모니터링 방법론 개발자와 모니터링 담당자를 명시하여 추후 데이터의 신뢰도 및 책임성을 명확히 해야 한다.

64 다음 중 소규모 CDM 사업의 기준으로 가장 적합한 것은?

① 에너지 공급/수요 측면에서의 에너지 소비량을 최대 연간 30GWh(또는 상당분) 저감하는 에너지 절약사업
② 에너지 공급/수요 측면에서의 에너지 소비량을 최대 연간 40GWh(또는 상당분) 저감하는 에너지 절약사업
③ 에너지 공급/수요 측면에서의 에너지 소비량을 최대 연간 50GWh(또는 상당분) 저감하는 에너지 절약사업
④ 에너지 공급/수요 측면에서의 에너지 소비량을 최대 연간 60GWh(또는 상당분) 저감하는 에너지 절약사업

해설 │ 소규모 CDM으로 지정한 사업의 종류
㉠ 연간 60GWh(또는 상당분) 이하의 에너지를 감축하는 에너지효율 향상 사업
㉡ 연간 배출 감축량이 $60ktCO_2-eq$ 이하인 사업
㉢ 최대발전용량이 15MW(또는 상당분) 이하인 재생에너지 사업

65 시멘트 생산 시 에너지 소비효율 개선을 위한 온실가스 감축방법 및 기술과 가장 거리가 먼 것은?

① 원료 수분함량 감소
② 원료 전처리 분쇄공정 도입
③ 예열기 설치
④ 클링커 함량 증대

해설 │ 클링커 함량이 증가할수록 온실가스 배출량은 증가한다.

66 다음은 온실가스 감축과 관련된 매립지 바이오가스(LFG)의 생성단계 중 어디에 해당하는가?

┤ 보기 ├

메탄과 이산화탄소의 농도가 일정하게 유지되는 단계로 메탄이 55~60% 정도, 이산화탄소가 40~45% 정도가 되며, 기타 미량 성분의 가스가 1% 내외로 발생한다.

① 호기성 분해단계
② 산 생성단계
③ 불안정한 메탄 생성단계
④ 안정한 메탄 생성단계

해설 안정한 메탄 생성단계에 해당된다.
　㉠ 1단계(초기 조절단계) : 생물학적으로 분해 가능한 성분들이 미생물에 의해 분해되는 단계
　㉡ 2단계(전이단계) : 산소는 고갈되고 혐기성 조건이 지배하기 시작하면서 질산염과 황산염이 질소가스와 황화수소로 환원되는 단계
　㉢ 3단계(산 생성단계) : 2단계에서 시작된 미생물의 활동이 유기산과 약간의 수소를 발생시키면서 가속화되면서 이산화탄소가 발생되는 단계
　㉣ 4단계(메탄 생성단계) : 산 생성균에 의해 생성된 아세트산과 수소를 메탄과 이산화탄소로 전환하기 시작하는 단계
　㉤ 5단계(숙성단계) : 분해 가능한 유기물질이 4단계에서 메탄과 이산화탄소로 전환된 이후 수분이 폐기물층을 계속 이동하면서 미처 분해되지 않은 유기물질이 계속하여 분해되면서 매립가스 발생량이 급격히 감소하는 단계

67 자료의 불확실성이 결과에 미치는 영향을 정량화하여 규명하는 시스템적인 절차인 불확도 분석에 관한 내용으로 옳지 않은 것은?

① 정량적인 분석 결과를 제공하므로 결과의 신뢰성이 높다.
② 모든 입력자료를 확률분포로 나타내는 데 한계가 있다.
③ 수행과정이 간단하고, 전문지식이 필요 없다.
④ 분석결과에 대하여 의사결정이 용이하다.

해설 불확도의 종류는 표준불확도, 확장불확도, 상대불확도, 합성불확도 등으로 구분할 수 있으며, 수행과정이 간단하고, 전문적인 지식이 필요하다.

68 지열 냉난방 열교환시스템을 설치할 경우의 특징으로 거리가 먼 것은?

① 연중 원하는 온도를 조절해 냉난방과 온수를 사용할 수 있어 편리하다.
② 수동 작동 위주여서 관리인이 상주해야 하고, CO_2의 배출이 많아 환경오염의 발생 우려가 큰 편이다.
③ 보일러 등의 설치공간을 기존에 비해 줄일 수 있어 부가가치가 높은 편이다.
④ 경유, 석유, 가스 등 연료 없이 난방이 이루어질 수 있어 폭발이나 화재의 위험은 없는 편이다.

해설 지열 냉난방 열교환시스템은 공해물질 배출이 없으며 온실가스(이산화탄소)를 배출하지 않는 청정에너지로, 장비의 유지비 외에 다른 비용이 들지 않아 구동비용이 저렴하며 자동 운영이 가능하다.

69 CDM 사업계획서(PDD)의 구성항목에 관한 내용으로 옳지 않은 것은?

① A : 프로젝트 활동에 대한 일반사항 기술
② B : 베이스라인 및 모니터링 방법론의 적용
③ C : 프로젝트 활동 이행기간, 유효기간
④ D : 프로젝트 활동에 대한 평가

해설 PDD의 구성항목
　㉠ 프로젝트에 대한 일반적인 설명
　㉡ 베이스라인 방법론에 대한 설명
　㉢ 프로젝트 수행기간 및 유효(크레디트) 기간
　㉣ 모니터링 방법론 및 계획
　㉤ 배출원별 온실가스 배출량 계산
　㉥ 환경에 미치는 영향에 대한 기술
　㉦ 이해당사자의 의견

70 최근 온실가스 처리 및 재활용 문제의 일환인 CO_2의 화학적 전환 처리기술 중 촉매화학법의 전환생성물로 옳지 않은 것은? (단, CO_2의 화학적 전환처리기술은 촉매화학법, 전기화학법, 광화학법 등이 있다.)

① CO_2에서 CO로의 전환
② CO_2에서 HCOOH와 HCHO로의 전환
③ CO_2에서 CH_4와 O_2로의 전환
④ CO_2에서 CH_3OH로의 전환

해설 촉매화학법의 전환생성물은 다음과 같다.
　㉠ $CO_2 + 2H^+ + 2e^- \rightarrow CO + H_2O$
　㉡ $CO_2 + 2H^+ + 2e^- \rightarrow HCOOH$
　㉢ $CO_2 + 4H^+ + 4e^- \rightarrow HCHO + H_2O$
　㉣ $CO_2 + 6H^+ + 6e^- \rightarrow CH_3OH + H_2O$
　㉤ $CO_2 + 8H^+ + 8e^- \rightarrow CH_4 + 2H_2O$

71 이산화탄소(CO_2) 포집기술 중 '연소 후 포집기술'에 관한 설명으로 거리가 먼 것은?

① 배가스는 굴뚝을 통해 대기 중으로 배출되기 때문에 대기압·상온에서의 운전이 가능하며, 상용화에 근접해 있는 기술이다.
② 연소 후 공정에서 배가스의 CO_2 농도가 약 70~75% 정도의 수준이기 때문에 CO_2와 잘 결합할 수 있는 화학흡수제를 적용하기에는 곤란한 편이다.
③ 액상이 아닌 건식으로 CO_2를 흡수시키는 '연소 후 건식 CO_2 포집공정'도 개발되고 있다.
④ 포집비용이 상대적으로 높은 편이나, 기존 발전소에 설치하여 CO_2를 줄일 수 있어 시장성 확보에 유리한 편이다.

해설 연소 후 포집기술은 대표적인 화학적(습식, 건식) 흡수법을 활용하는 기술로, 습식 아민, 암모니아, 탄산칼륨 등이 대표적인 흡수제로 활용되고 있다.

72 연료전지의 발전시스템 구성요소에 관한 설명으로 (　)에 가장 적합한 것은?

┤ 보기 ├
(　)은/는 연료인 천연가스, 메탄올, 석탄, 석유 등을 수소가 많은 연료로 변화시키는 장치이다.

① 스택
② 단위전지
③ 전력변환기
④ 연료개질기

해설 연료로부터 수소로 바꿔주는 것은 연료개질기(fuel processor)이다.

73 목재칩(wood chip)의 특성에 관한 설명으로 옳지 않은 것은? (단, 목재펠릿(wood pellet)과 상대 비교한다.)

① 연료의 특성이 비균일하다.
② 정제된 원료만 사용하며, 안정적인 공급 설비가 가능하다.
③ 제조비용이 저렴한 편이다.
④ 저장규모가 큰 편이다.

> **해설** 목재칩은 공장에서뿐 아니라 벌채지와 집하장 등에서 이동식 파쇄기로도 생산이 가능하다. 따라서 목재칩은 생산장소와 건조방식이 연료의 물성에 영향을 주기 때문에 함수율을 일정하게 관리하기가 어렵고 회분의 함량도 그만큼 많아진다. 목재칩은 펠릿과 달리, 건조·압축·성형을 거치지 않으므로 생산비용이 적게 들고, 이동식 파쇄기를 사용하여 원료 발생현장에서 연료로 생산이 가능하므로 근거리에서 연료의 생산과 공급이 이루어진다. 다만, 펠릿보다는 부피가 크기 때문에 저장 공간이 크고 이에 따라 설비 비용이 더 든다는 것이 단점이다.

74 A업체는 2016년도에 온실가스·에너지 목표관리제의 관리업체로 최초 지정되었다. 이 경우 동 업체의 목표관리를 위한 기준연도 선정기준으로 옳은 것은?

① 2015년도
② 2013~2015년도
③ 2011~2015년도
④ 2006~2015년도

> **해설** 기준연도는 관리업체가 최초로 지정된 연도의 직전 3개년으로 하여 이 기간의 연평균 온실가스 배출량을 기준연도 배출량으로 한다.

문제에서 2016년에 관리업체로 최초 지정되었으므로 직전 3개년인 2013, 2014, 2015년이 해당된다.

75 산업 및 주거용으로 이용되는 높은 등급의 석탄으로서 일반적으로 10% 이하의 휘발물과 높은 탄소 함유량(약 90%의 고정된 탄소)을 가지는 연료는?

① 갈탄
② 무연탄
③ 점결탄
④ 역청탄

> **해설** 문제는 무연탄(Anthracite)에 대한 설명이다.
>
> ① 갈탄(Lignite) : 가연성, 고체, 검은색을 띤 갈색, 화석 탄화물의 침강성 퇴적물이다. 갈탄, 경성탄의 구분에 필요한 확실한 근거가 연구되어 확인되기 전까지는 각 국에서 여러 다른 특성을 근거로 하여 갈탄으로 분류되던 석탄은 열량에 관계없이(30℃, 96% 상대습도의 공기와 평형을 이룬 석탄의 총열량이 24MJ/kg을 넘는 경우도 포함) 갈탄으로 분류된다.
>
> ③ 점결탄(Coking Coal) : 석탄을 건류·연소할 때 석탄입자가 연화 용융하여 서로 점결하는 성질이 있는 석탄을 말하며 건류용탄·원료탄이라고도 한다. 점결성의 정도에 따라 약점결탄(탄소 함유량 80~83%), 점결탄(탄소 함유량 83~85%), 강점결탄(탄소 함유량 85~95%)으로 구분된다.
>
> ④ 기타 역청탄(Other Bituminous Coal) : 기타 역청탄은 증기용으로 이용되며 원료탄에 포함되지 않는 모든 역청탄을 포함한다. 무연탄보다 높은 휘발물(10% 이상)과 낮은 탄소 함유량(90% 이하의 고정된 탄소)의 특성을 가진다.

76 온실가스 배출권거래제의 조기감축실적 인정기준으로 옳지 않은 것은?

① 조기감축실적은 국내·외에서 실시한 행동에 의한 감축분에 대하여 그 실적을 인정한다.

② 조기감축실적은 관리업체의 조직경계 안에서 발생한 것에 한하여 그 실적을 인정한다.

③ 조기감축실적은 관리업체 사업장 단위에서의 감축분 또는 사업 단위에서의 감축분에 대하여 인정할 수 있다.

④ 조기감축실적으로 인정되기 위해서는 조기행동으로 인한 감축이 실제적이고 지속적이어야 하며, 정량화되어야 하고 검증 가능하여야 한다.

해설 ① 조기감축실적은 국내에서 실시한 행동에 의한 감축분에 한하여 그 실적을 인정한다.

77 액상 유기화합물을 사용하여 수소를 저장하는 방법에 관한 내용으로 옳지 않은 것은?

① 수소는 가솔린, 천연가스에 비해 에너지 밀도가 낮기 때문에 대용량 이용보다 소용량 이용에 적합하다.

② 수소화, 탈수소화 반응 등을 통해 수소를 저장 및 사용할 수 있다.

③ 기존 화석연료의 저장·운송 인프라를 활용할 수 있다.

④ 액상 유기수소 운반체(LOHC)로 사용할 수 있는 물질에는 방향족 물질과 헤테로고리 화합물 등이 있다.

해설 수소의 질량당 에너지밀도는 142kJ/g으로 다른 화석연료와 비교했을 때 휘발유의 4배, 천연가스의 3배 수준이다.

78 연료전지(fuel cell)의 형태별 특징으로 옳지 않은 것은?

① 인산형(PAFC) 연료전지는 인산염을 전해질로 사용하며 운전온도는 150~250℃ 정도이다.

② 알칼리형(AFC) 연료전지는 수산화칼륨과 같은 알칼리를 전해질로 사용하며 비교적 저온에서 운전한다.

③ 고분자 전해질형(PEMFC) 연료전지는 CO 농도가 높거나 연료에 황이 포함되어 있으면 성능이 현저하게 떨어진다.

④ 고체 산화물형(SOFC) 연료전지는 백금을 주촉매로 사용하며 비교적 저온에서 운전한다.

해설 고체 산화물형(SOFC) 연료전지는 도핑된 지르코니아, 세리아, 페로브스카이트형 등을 고체 전해질로 사용하는 형태로, 주로 구성요소로 세라믹을 사용하여 세라믹 연료전지라고도 한다. SOFC는 연소공정이 필요하지 않은 에너지 변환장치이며 화석연료와 같이 연료를 태워서 발전하는 방식이 아니기 때문에 NO_x 배출량이 98% 저감되는 효과가 있고, 700~1,000℃의 높은 온도에서 운전되어 기존 화력발전소에 비해 발전효율이 높아 CO_2 배출량이 대폭적으로 감소한다.

79 외부 사업 타당성 평가 및 감축량 인증지침에서 외부 사업 타당성 평가를 위한 추가성 평가항목으로 거리가 먼 것은?

① 환경적 추가성 ② 법적 추가성

③ 제도적 추가성 ④ 경제적 추가성

해설 추가성 입증의 적절성에 대한 평가(추가성 평가)는 법적 추가성, 제도적 추가성, 경제적 추가성이 있다.

80 다음 바이오에탄올과 바이오디젤의 설명으로 옳지 않은 것은?

① 바이오에탄올의 원료는 주로 녹말 작물이며, 바이오디젤은 식물성 기름이 원료이다.

② 바이오에탄올은 휘발유 첨가제로 사용되며, 바이오디젤은 경유와 혼합하여 사용된다.

③ 바이오에탄올은 원재료가 고가이며 제한적인 반면, 바이오디젤의 경우 이론적으로는 모든 식물을 대상으로 할 수 있다.

④ 바이오에탄올은 미국과 중남미 등에서 사용되고 있으며, 바이오디젤은 유럽, 미국 및 동남아 등에서 사용되고 있다.

해설 바이오에탄올은 재생성이 있는 바이오매스를 원료로 생산할 수 있어 이론적으로는 모든 식물을 대상으로 할 수 있다. 바이오디젤의 경우 식물성 기름으로부터 만들어지며 고분자 물질이어서 점도가 높아 디젤엔진에 직접적인 적용이 어렵다.

제5과목 온실가스 관련 법규

81 온실가스 목표관리 운영 등에 관한 지침상 온실가스 소량배출사업장 기준으로 옳은 것은?

① 온실가스 배출량이 업체 내 모든 사업장의 온실가스 배출량 등 총합의 1,000분의 5 미만이어야 하고, 온실가스 배출량은 5kilotonnes CO_2-eq 미만인 사업장

② 온실가스 배출량이 업체 내 모든 사업장의 온실가스 배출량 등 총합의 1,000분의 50 미만이어야 하고, 온실가스 배출량은 3kilotonnes CO_2-eq 미만인 사업장

③ 온실가스 배출량이 업체 내 모든 사업장의 온실가스 배출량 등 총합의 1,000분의 5 미만이어야 하고, 온실가스 배출량은 15kilotonnes CO_2-eq 미만인 사업장

④ 온실가스 배출량이 업체 내 모든 사업장의 온실가스 배출량 등 총합의 1,000분의 50 미만이어야 하고, 온실가스 배출량은 15kilotonnes CO_2-eq 미만인 사업장

해설 지침 제11조(관리업체의 적용제외 등) 관련 [별표 4] 온실가스 소량배출사업장 등에 대한 기준에 의거하여, 온실가스 배출량은 3kilotonnes CO_2-eq 미만이며, 업체 내 모든 사업장의 온실가스 배출량 등 총합의 1,000분의 50 미만이어야 한다.

82 탄소중립기본법령상 온실가스 감축목표의 설정·관리 및 권리와 의무의 승계에 관하여 총괄·조정 기능을 하는 자는?

① 국토교통부장관
② 환경부장관
③ 기획재정부장관
④ 산업통상자원부장관

해설 제27조(관리업체 온실가스 목표관리의 원칙 및 역할)에 따라, 환경부장관은 온실가스 감축목표의 설정·관리 및 권리와 의무의 승계에 관하여 총괄·조정 기능을 수행한다.

83 온실가스 배출권의 할당 및 거래에 관한 법률 시행령상 외부사업 온실가스 감축량의 인증에 관한 업무를 부문별 관장기관이 공동으로 정하여 관보에 고시하는 바에 따라 위탁할 수 있는데, 이에 해당하지 않는 것은? (단, 그 밖의 사항 등은 고려하지 않는다.)

① 한국농업기술진흥원
② 한국에너지공단
③ 한국환경공단
④ 생태계보전공사

해설 시행령 제57조(권한 또는 업무의 위임·위탁)에 의거하여, 부문별 관장기관이 공동으로 정하여 위탁업무를 수행하는 기관으로는 한국농업기술진흥원, 한국에너지공단, 한국환경공단, 한국교통안전공단, 한국해양교통안전공단, 해양환경공단, 한국임업진흥원 등이 있다.

84 온실가스 배출권의 할당 및 거래에 관한 법률상 주무관청은 매 계획기간 시작 몇 개월 전까지 배출권 할당대상업체를 지정·고시하여야 하는가?

① 1개월
② 3개월
③ 5개월
④ 6개월

해설 법 제8조(할당대상업체의 지정)에 따라, 중앙행정기관의 장(주무관청)은 매 계획기간 시작 5개월 전까지 할당계획에서 정하는 배출권의 할당대상이 되는 부문 및 업종에 속하는 온실가스 배출업체를 지정·고시한다.

85 탄소중립기본법령상 관리업체는 연도별 관리목표 이행계획을 언제까지 부문별 관장기관에게 제출하여야 하는가?

① 연도별 관리목표를 통보받은 연도의 3월 31일
② 연도별 관리목표를 통보받은 연도의 6월 30일
③ 연도별 관리목표를 통보받은 연도의 9월 30일
④ 연도별 관리목표를 통보받은 연도의 12월 31일

해설 시행령 제21조(온실가스 배출 관리업체에 대한 목표관리 방법 및 절차)에 따라 목표를 통보받은 관리업체는 연도별 관리목표 이행계획을 전자적 방식으로 연도별 관리목표를 통보받은 연도의 12월 31일까지 부문별 관장기관에게 제출하여야 하며, 부문별 관장기관은 이를 확인하여 다음 연도 1월 31일까지 센터에 제출하여야 한다.

86 다음은 탄소중립기본법상 국가기본계획 수립·시행에 관한 사항이다. ( ) 안에 알맞은 것은?

┤ 보기 ├

정부는 국가기본계획을 수립·변경하였을 때에는 지체 없이 국회에 보고하고, 위원회는 국가기본계획의 추진상황 점검결과를 ( ) 국회에 보고하여야 한다.

① 분기별로
② 반기별로
③ 매년
④ 3년마다

해설 법 제78조(국회 보고 등)에 따라, 위원회는 국가기본계획의 추진상황 점검결과를 매년 국회에 보고하고, 시·도지사 또는 시장·군수·구청장은 시·도계획 또는 시·군·구계획의 추진상황 점검결과를 매년 지방의회에 보고하여야 한다.

87 외부사업 타당성 평가 및 감축량 인증에 관한 지침에서 외부사업 시작일에 해당될 수 없는 것은?

① 외부사업의 시행과 관련된 계약일
② 사업의 타당성 연구, 사전조사를 위한 계약일
③ 외부사업의 시행과 관련된 최초 지출일
④ 외부사업의 작업 실행 또는 장치의 설치 시작일

해설 지침 제10조(사업 시작일)에 관한 문제로, 사업 시작일은 외부사업을 시작하는 날로서 다음과 같다.
㉠ 외부사업의 시행과 관련된 계약일
㉡ 외부사업의 시행과 관련된 최초 지출일
㉢ 외부사업의 작업 실행 또는 장치의 설치 시작일

88 온실가스 배출권의 할당 및 거래에 관한 법률상 국가 온실가스 감축 목표를 효과적으로 달성하기 위해 정부는 계획기간별로 국가 배출권 할당계획을 수립한다. 다음 중 국가 배출권 할당계획에 포함되어야 할 내용과 가장 거리가 먼 것은?

① 국가 온실가스 감축목표를 고려하여 설정한 온실가스 배출허용총량
② 배출허용총량에 따른 해당 계획기간 및 이행연도별 배출권의 총 수량에 관한 사항
③ 배출사업장별 배출권의 변동과 할당거래를 위해 환경부장관이 지시하는 사항
④ 이행연도별 배출권의 할당기준 및 할당량에 관한 사항

해설 법 제5조(국가 배출권 할당계획의 수립 등)에 따라, 국가 배출권 할당계획을 수립할 때 포함되어야 할 사항은 다음과 같다.
㉠ 국가 온실가스 감축목표를 고려하여 설정한 온실가스 배출허용총량(이하 "배출허용총량")에 관한 사항
㉡ 배출허용총량에 따른 해당 계획기간 및 이행연도별 배출권의 총 수량에 관한 사항
㉢ 배출권의 할당대상이 되는 부문 및 업종에 관한 사항
㉣ 부문별·업종별 배출권의 할당기준 및 할당량에 관한 사항
㉤ 이행연도별 배출권의 할당기준 및 할당량에 관한 사항
㉥ 할당대상업체에 대한 배출권의 할당기준 및 할당방식에 관한 사항
㉦ 배출권을 유상으로 할당하는 경우 그 방법에 관한 사항
㉧ 조기감축실적의 인정기준에 관한 사항
㉨ 배출권 예비분의 수량 및 배분기준에 관한 사항
㉩ 배출권의 이월·차입 및 상쇄의 기준 및 운영에 관한 사항
㉪ 그 밖에 해당 계획기간의 배출권 할당 및 거래를 위하여 필요한 사항으로서 대통령령으로 정하는 사항

89 탄소중립기본법령상 부문별 관장기관은 소관 부문별 온실가스 정보 및 통계를 매년 언제까지 온실가스 종합정보센터에 제출하여야 하는가?

① 1월 31일까지 ② 3월 31일까지
③ 6월 30일까지 ④ 12월 31일까지

해설 시행령 제39조(온실가스 종합정보 관리체계의 구축 및 관리 등)에 관한 문제로, 부문별 관장기관은 소관 부문별 온실가스 정보 및 통계를 매년 3월 31일까지 센터에 제출하여야 한다.

90 온실가스 배출권거래제의 배출량 보고 및 인증에 관한 지침상 온실가스 배출시설의 배출량에 따른 시설규모 분류기준 중 B그룹 규모기준으로 옳은 것은?

① 연간 10만톤 이상, 연간 25만톤 미만의 배출시설

② 연간 5만톤 이상, 연간 25만톤 미만의 배출시설

③ 연간 10만톤 이상, 연간 50만톤 미만의 배출시설

④ 연간 5만톤 이상, 연간 50만톤 미만의 배출시설

해설 지침 제11조(배출량 등의 산정방법 및 적용기준) 관련 [별표 5] 배출활동별, 시설규모별 산정등급(Tier) 최소적용기준에서, 배출량에 따른 시설규모 분류는 다음과 같다.
ㄱ A그룹 : 연간 5만톤 미만의 배출시설
ㄴ B그룹 : 연간 5만톤 이상, 연간 50만톤 미만의 배출시설
ㄷ C그룹 : 연간 50만톤 이상의 배출시설

91 다음 중 온실가스에 해당되지 않은 것은?

① 메탄

② 육불화황

③ 이산화질소

④ 과불화탄소

해설 탄소중립기본법 제2조(정의)에 따른 "온실가스"란 이산화탄소(CO_2), 메탄(CH_4), 아산화질소(N_2O), 수소불화탄소($HFCs$), 과불화탄소($PFCs$), 육불화황(SF_6) 및 그 밖에 대통령령으로 정하는 것으로 적외선 복사열을 흡수하거나 재방출하여 온실효과를 유발하는 대기 중 가스 상태의 물질을 말한다.

92 탄소중립기본법령상 관리업체가 매년 제출하여야 하는 온실가스 배출량에 관한 명세서에 포함되어야 하는 사항이 아닌 것은?

① 사업장별 사용 에너지의 종류 및 사용량, 사용연료의 성분, 에너지 사용시설의 종류·규모·수량 및 가동시간

② 업체의 규모, 생산공정도, 생산제품 및 생산량

③ 배출권의 할당대상이 되는 부문 및 업종에 관한 사항

④ 사업장별 배출 온실가스의 종류 및 배출량

해설 시행령 제21조(온실가스 배출관리업체에 대한 목표관리 방법 및 절차)에 따라, 명세서에 포함되어야 하는 사항은 다음과 같다.
ㄱ 업체의 규모, 생산공정도, 생산제품 및 생산량
ㄴ 사업장별 배출 온실가스의 종류 및 배출량
ㄷ 사업장별 사용 에너지의 종류 및 사용량, 사용연료의 성분, 에너지 사용시설의 종류·규모·수량 및 가동시간
ㄹ 온실가스 배출시설의 종류·규모·수량 및 가동시간, 배출시설별 온실가스 배출량·종류
ㅁ 그 밖에 온실가스 배출관리업체의 온실가스 배출량 관리를 위해 필요한 사항으로서 환경부장관이 정하여 고시한 사항

93 검증기관이 국립환경과학원장에게 변경신고를 하여야 할 대상이 아닌 것은?

① 검증기관 사무실 소재지의 변경

② 검증 관련 내부 업무규정의 변경

③ 법인 및 대표자가 변경된 경우

④ 검증기관 대표자의 주소가 변경된 경우

해설 온실가스 배출권거래제 운영을 위한 검증지침 제22조(검증기관의 변경신고 등)에 따라, 검증기관은 아래와 같은 사유가 발생한 경우 국립환경과학원장에게 변경신고를 하여야 한다.
㉠ 검증기관 사무실 소재지의 변경
㉡ 법인 및 대표자가 변경된 경우
㉢ 검증심사원의 변경
㉣ 검증 지정 분야의 변경

94 목표관리제의 관리업체 지정과 관련된 절차의 내용이 옳은 것은?

① 환경부장관은 지정대상 관리업체의 목록 및 산정근거를 매년 4월 30일까지 마련해야 한다.
② 환경부장관은 관리업체 선정의 중복·누락, 규제의 적절성 등을 확인하고 그 결과를 부문별 관장기관에게 통보한다.
③ 환경부장관은 매년 6월 30일까지 관리업체를 관보에 고시하여야 한다.
④ 부문별 관장기관이 관리업체를 고시할 때에는 관리업체의 대략적인 배출량을 포함하여야 한다.

해설 온실가스 목표관리 운영 등에 관한 지침 제18조(적절성 등 확인)에 관한 문제로, 환경부장관은 부문별 관장기관이 통보한 관리업체의 중복·누락, 규제의 적절성 등을 확인하고 그 결과를 매년 5월 31일까지 부문별 관장기관에게 통보한다.

95 관리업체가 온실가스 배출량 및 에너지 사용량 명세서를 거짓으로 작성하여 보고한 경우 과태료 금액은?

① 300만원 　② 500만원
③ 700만원 　④ 1,000만원

해설 탄소중립기본법 제83조(과태료)에 따라 온실가스 배출량 및 에너지 사용량을 보고하지 않거나 거짓으로 보고한 자는 1,000만원의 과태료를 부과한다.

96 배출권을 거래하는 자가 주무관청에 거래신고서를 전자적 방식으로 제출할 때 포함되지 않는 사항은?

① 거래한 배출권의 종류, 수량 및 가격
② 양도인과 양수인 간의 배출권 거래 합의에 관한 공증서류
③ 양수인의 배출권 거래계정을 등록한 자인지 여부
④ 거래일시, 거래자 정보 등 거래내용의 확인을 위해 필요한 사항으로서 환경부장관이 정하여 고시하는 사항

해설 온실가스 배출권의 할당 및 거래에 관한 법률 시행령 제33조(배출권 거래의 신고)에 관한 문제로 양수인의 배출권 거래계정을 등록한 자인지 여부는 해당하지 않는다.

97 온실가스 배출권의 할당 및 거래에 관한 법령상 주무관청이 보고 또는 자료 제출을 요구하거나 필요한 최소한의 범위에서 현장조사 등의 방법으로 실태조사를 시행할 수 있는 실태조사 대상자에 해당하지 않는 것은?

① 할당대상업체
② 시장조성자
③ 검증기관
④ 온실가스 감축 최적가용기술자

해설 법 제37조(실태조사)에 따라, 실태조사 대상자는 할당대상업체, 시장조성자, 검증기관 또는 검증심사원 등이 해당된다.

98 온실가스 배출권거래제의 배출량 보고 및 인증에 관한 지침에 따른 배출량 등의 산정절차 중 ( ) 안에 알맞은 내용을 순서대로 나열한 것은?

┤ 보기 ├
조직경계의 설정 → ( ) → 배출량 산정 → 명세서의 작성

① 배출활동의 확인 · 구분 → 배출활동별 배출량 산정방법론의 선택 → 배출량 산정 및 모니터링 체계의 구축 → 모니터링 유형 및 방법의 설정
② 배출활동별 배출량 산정방법론의 선택 → 모니터링 유형 및 방법의 설정 → 배출량 산정 및 모니터링 체계의 구축 → 배출활동의 확인 · 구분
③ 배출활동별 배출량 산정방법론의 선택 → 배출량 산정 및 모니터링 체계의 구축 → 배출활동의 확인 · 구분 → 모니터링 유형 및 방법의 설정
④ 배출활동의 확인 · 구분 → 모니터링 유형 및 방법의 설정 → 배출량 산정 및 모니터링 체계의 구축 → 배출활동별 배출량 산정방법론의 선택

해설 지침 [별표 2] 배출량 등의 산정절차(제8조 관련)에 따른 배출 산정절차는 다음과 같다.
조직경계의 설정 → 배출활동의 확인 · 구분 → 모니터링 유형 및 방법의 설정 → 배출량 산정 및 모니터링 체계의 구축 → 배출활동별 배출량 산정방법론의 선택 → 배출량 산정 → 명세서의 작성

99 온실가스 배출권의 할당 및 거래에 관한 법령상 온실가스 배출권 할당신청서를 주무관청에 제출할 때 포함되어야 하는 사항에 해당하지 않는 것은?

① 계획기간 내 신 · 재생에너지 등 친환경 에너지 사용계획
② 할당대상업체로 지정된 연도의 직전 3년간 온실가스 배출량
③ 공익을 목적으로 설립된 기관 · 단체 또는 비영리법인으로서 대통령령으로 정하는 업체임을 확인할 수 있는 서류
④ 배출효율을 기준으로 대통령령으로 정하는 방법에 따라 산정한 이행연도별 배출권 할당신청량

해설 법 제12조(배출권의 할당)에 관한 문제로, ①은 해당되지 않는다.

100 신에너지 및 재생에너지 개발 · 이용 · 보급 촉진법령상 "재생에너지"에 해당하지 않는 것은? (단, 기타 사항은 고려하지 않는다.)

① 수소에너지   ② 태양에너지
③ 풍력   ④ 지열에너지

해설 법 제2조(정의)에 관한 문제로, 신에너지에는 연료전지, 석탄 액화 · 가스화, 수소에너지의 3개 분야가 있고, 재생에너지에는 태양열, 태양광발전, 바이오매스, 풍력, 소수력, 지열, 해양에너지, 폐기물에너지의 8개 분야가 있다.

부록

온실가스관리기사 (2024. 5. 9. 시행)

제1과목 기후변화 개론

01 환경 분야의 국제협력을 촉진하기 위해 UN 내에 설치된 국제협력 추진기구로 환경에 관한 종합적인 고찰, 감시 및 평가를 수행하는 곳은?

① IAEA
② UNIDO
③ UNDP
④ UNEP

해설 문제에서 설명하는 기구는 UNEP(United Nations Environment Programme)이다. UNEP는 1972년 6월 5일 스웨덴의 수도인 스톡홀름에서 '하나뿐인 지구'를 주제로 개최된 인류 최초의 국제환경회의인 유엔 인간회의(United Nations Conference of the Environment ; UNCHE)에서 처음 그 설립이 논의되었다. 총 113개 국가와 3개 국제기구, 257개의 민간단체가 참여한 이 회의에서 인간은 환경을 창조하고 변화시킬 수 있는 존재인 동시에 환경의 형성자임을 인정하고, 인간환경이 인간의 복지와 기본적 인권, 나아가 생존권 자체의 본질(인간 환경의 갈등은 현 인류의 존립마저 위태롭게 할 수 있을 만큼 위험수위에 도달하였기에 이러한 문제를 해결하지 않고서는 더 이상의 발전은 의미가 없음을 인정)임을 규정한 인간환경선언을 채택하였다. 그 후 제27차 유엔총회에서 지구환경문제를 다루기 위한 유엔전문기구를 만들어야 한다는 데 합의한 결과 UNEP가 설립되었다.

02 기후변화 시나리오 공통사회 경제경로(SSP ; Shared Socioeconomic Pathways)에 관한 내용으로 옳지 않은 것은?

① SSP 1-2.6 : 친환경기술의 빠른 발달로 화석연료 사용이 최소화되고 지속가능한 경제성장을 이룰 것으로 가정하는 경우
② SSP 2-4.5 : 기후변화 완화 및 사회경제의 발전 정도를 중간단계로 가정하는 경우
③ SSP 3-7.0 : 기후변화 완화정책에 적극적이며 기술개발이 빨라 기후변화에 빠른 대응이 가능한 사회구조를 가정하는 경우
④ SSP 5-8.5 : 산업기술의 빠른 발전에 중심을 두어 화석연료 사용이 많고 도시 위주의 무분별한 개발이 확대될 것으로 가정하는 경우

해설 SSP란 IPCC가 6차 평가보고서 작성을 위해 각국의 기후변화 예측모델로 온실가스 감축수준 및 기후변화 적응대책 수행 여부 등에 따라 미래 사회·경제 구조가 어떻게 달라질 것인지 고려한 시나리오를 말한다.
③ SSP 3-7.0은 기후변화 완화정책에 소극적이며 기술개발이 늦어 기후변화에 취약한 사회구조를 가정하는 경우를 말한다.

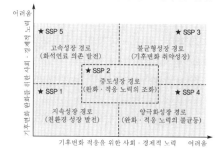

03 기후변화를 과학적으로 입증하고 기후변화의 심각성을 전파한 공로로 IPCC가 노벨평화상을 수상한 것과 가장 관련 있는 평가보고서는?

① 제1차 평가보고서
② 제2차 평가보고서
③ 제3차 평가보고서
④ 제4차 평가보고서

> **해설** IPCC의 주요 업무는 기후변화에 관한 국제연합 기본 협약(UNFCCC)의 실행에 관한 보고서를 발행하는 것으로, 2007년 미국의 앨 고어 전 부통령과 함께 수상자로 선정되었다. 이는 제4차 평가보고서에 관한 설명이다.

04 다음 중 기후변화에 따른 해수면 상승의 가장 주된 요인은?

① 열팽창 　　　 ② 가뭄
③ 그린란드 빙상 　 ④ 녹조현상

> **해설** 해수면 상승의 직접적인 원인은 지구 표면 온도 상승으로 인한 빙하 해빙과 바다 열팽창으로 인한 해수면 상승이며, 이에 따른 해안습지 감소, 투발루와 같은 환경난민 발생, 온도 상승과 환경변화에 따른 전통생활방식의 위협 등이 대표적인 현상이다.
> 해수면 상승과 강수량 변화는 직접적인 원인은 아니며, 기후변화를 나타내는 지표로 지역별 강수량 불균형과 가뭄 및 홍수 등 피해가 늘어날 것이라는 것은 알 수 있다.

05 다음 중 온실가스 총배출량이 가장 많은 업체는?

① 이산화탄소 100톤, 아산화질소 10톤을 배출하는 업체
② 메탄 50톤, 아산화질소 5톤을 배출하는 업체
③ 이산화탄소 50톤, 육불화황 0.1톤을 배출하는 업체
④ 아산화질소 5톤, 육불화황 0.1톤을 배출하는 업체

> **해설** 연간 온난화 기여도(tCO_2-eq/yr)
> = 연간 배출량(t/yr) × GWP
> ① $(100tCO_2 \times 1) + (10tN_2O \times 310)$
> $= 3,200tCO_2-eq$
> ② $(50tCH_4 \times 21) + (5tN_2O \times 310)$
> $= 2,600tCO_2-eq$
> ③ $(50tCO_2 \times 1) + (0.1SF_6 \times 23,900)$
> $= 2,440tCO_2-eq$
> ④ $(5tN_2O \times 310) + (0.1SF_6 \times 23,900)$
> $= 3,940tCO_2-eq$
> 따라서, 온실가스 배출량이 가장 많은 업체는 ④ 아산화질소 5톤, 육불화황 0.1톤을 배출하는 업체이다.

06 기후변화협약과 관련된 내용으로 (　)에 알맞은 것은?

> ┤ 보기 ├
> 교토의정서 이후 신기후체제 합의문 (　)은/는 16개의 전문으로 구성되며, 이행절차에 관해 구속력을 지님. 전문에서 '공통의 그러나 차별된 책임', '개별 국가의 능력' 및 '국가별 상황' 등의 원칙을 명시함. 향후 55개국 이상 또는 전 세계 배출량의 55% 이상에 해당하는 국가가 비준할 경우 발효

① 파리협정 　　 ② 카타르선언
③ 칸쿤합의 　　 ④ 코펜하겐합의

> **해설** 파리협정은 제21차 기후변화협약 당사국총회(COP 21)에서 체결된 합의문으로 국제사회 공동의 장기목표로 '산업화 이전 대비 지구 기온의 상승폭(2100년 기준)을 2℃보다 훨씬 낮게 유지하고, 나아가 온도 상승을 1.5℃ 이하로 제한하기 위한 노력을 추구한다'고 합의했다. 이에 따라 세계 각국은 스스로 온실가스 감축목표를 정하는 국가별 기여방안(INDCs)을 제출하였고, 앞으로 매 5년마다 최고의욕수준을 반영하여 이전보다 진전된 목표를 제시해야 한다고 정하고 있다.

Answer 　　03.④　04.①　05.④　06.①

07 기후변화와 관련된 복사법칙 중 "입사하는 모든 복사선을 완전히 흡수하는 가상적인 물체를 흑체라 할 때, 흑체 표면의 단위면적에서 방출되는 에너지의 양은 그 흑체의 절대온도(K)의 4승에 비례한다"는 법칙은?

① 알베도의 법칙
② 플랑크의 법칙
③ 비인의 변위법칙
④ 스테판볼츠만의 법칙

해설 문제는 스테판볼츠만의 법칙에 대한 설명이다.

08 온실가스 배출권거래제의 원칙과 가장 거리가 먼 것은?

① 국제협약의 원칙 준수
② 기업이윤의 극대화 추구
③ 시장기능의 최대한 활용
④ 국제기준에 부합

해설 배출권거래제도의 기본원칙
(「온실가스 배출권의 할당 및 거래에 관한 법률」에 의거한다.)
㉠ 「기후변화에 관한 국제연합 기본협약」 및 관련 의정서에 따른 원칙을 준수하고, 기후변화 관련 국제협상을 고려할 것
㉡ 배출권거래제가 경제 부문의 국제경쟁력에 미치는 영향을 고려할 것
㉢ 국가 온실가스 감축목표를 효과적으로 달성할 수 있도록 시장기능을 최대한 활용할 것
㉣ 배출권의 거래가 일반적인 시장 거래 원칙에 따라 공정하고 투명하게 이루어지도록 할 것
㉤ 국제 탄소시장과의 연계를 고려하여 국제적 기준에 적합하게 정책을 운영할 것

09 녹색기후기금(GCF)에 관한 설명으로 가장 거리가 먼 것은?

① 환경 분야의 세계은행이라 할 수 있다.
② 개도국의 온실가스 감축 분야만 지원하는 기후변화 관련 금융기구로서 더반에서 유치인준을 결정했다.
③ 사무국은 인천 송도에 있다.
④ GCF는 UN 산하기구로서 Green Climate Fund의 약자이다.

해설 녹색기후기금(GCF ; Green Climate Fund) UN 산하기구로, 환경 분야의 세계은행으로 사무국은 인천 송도에 있다. 개도국 지원의 연속성을 확보하기 위해 중기 지원기금으로 2015년까지 매년 100억 달러 규모의 기금을 제공하는 데 합의가 이루어졌으며, 이 합의는 카타르 도하에서 이루어졌다.

10 IPCC 5차 평가보고서에 따른 지구복사강제력(RF)이 높은 순서에서부터 낮은 순서대로 가장 적합하게 나열된 것은?

┤ 보기 ├
㉠ NMVOC(비메탄계 휘발성 유기화합물)
㉡ CO
㉢ N_2O
㉣ CO_2
㉤ NO_x

① ㉢ → ㉠ → ㉣ → ㉤ → ㉡
② ㉣ → ㉢ → ㉡ → ㉠ → ㉤
③ ㉢ → ㉡ → ㉤ → ㉠ → ㉣
④ ㉣ → ㉠ → ㉢ → ㉡ → ㉤

해설 지구복사강제력(RF ; Radiative Forcing)이 높은 순서는 $CO_2 > CH_4 > CO >$ 할로카본 $> N_2O > NMVOC > NO_x$이며, 이에 따라 보기에 주어진 물질을 나열하면 ②번과 같다.

11 온실가스 목표관리제에 대한 설명으로 틀린 것은?

① 온실가스 목표관리제도는 소규모 사업장의 온실가스 감축목표를 설정하고 관리하는 제도로 '탄소중립기본법'의 온실가스 감축정책 중 하나이다.

② 온실가스 목표관리제 운영은 관리업체 지정, 목표설정, 산정 · 보고 · 검증, 검증기관 관리 등에 관한 사항을 포괄적으로 담고 있다.

③ 온실가스 목표관리 운영지침을 제정하면서 국제사회에 통용될 수 있는 온실가스 산정 · 보고 · 검증 체계를 구축하는 데 주력한다.

④ 온실가스 목표관리 운영지침의 주요 내용은 원자력 기술개발 확대, 온실가스 배출 감축기술 개발, 기초 · 원천기술 개발, 연구개발 투자의 전략 강화 및 종합 조정기능 보강 등이 포함되어 있다.

[해설] ④ 운영지침의 주요 내용은 원자력 기술개발보다는 신재생에너지 확대 등으로 관련 연구개발이 추진되고 있다.

12 기후변화협약 당사국총회의 주요 내용에 대한 설명으로 가장 적합한 것은?

① COP 7(마라케시) : 교토메커니즘, 의무준수체제, 흡수원 등에 대한 합의

② COP 13(발리) : 지구온도 2℃ 상승 억제 재확인 및 2050년까지 장기 감축목표에 노력

③ COP 15(코펜하겐) : 선진국과 개도국이 모두 참여하는 새로운 기후변화 체제 마련에 합의

④ COP 18(도하) : 교토의정서를 2022년까지 연장 합의

[해설] ② COP 13(발리) : 선진국과 개도국이 모두 참여하는 Post-2012 체제 구축을 합의한 회의로 산림훼손방지(REDD)가 주요 논의사항임. 발리로드맵을 채택함

③ COP 15(코펜하겐) : 100여개국의 정상들이 모인 제15차 UN 기후변화협상에서는 선진국과 개도국 간의 대립으로 난항을 겪었으며, 최종적으로 코펜하겐 합의라는 형태로 합의를 도출했으나 법적 구속력은 없고 선진국과 개도국 사이의 민감한 주요 쟁점들을 미해결 과제로 남기고 정치적 합의문 수준으로 종료

④ COP 18(도하) : 제2차 교토의정서 공약기간은 2013~2020년(8년)으로 확정하고 2020년까지 1990년 대비 18%를 감축하는 새로운 감축목표를 설정함. 발리 행동계획 관련 실무그룹 논의 종결, 더반 플랫폼 이행 작업계획에 합의하였으며 녹색기후기금(GCF ; Green Climate Fund)을 송도에 유치하기로 하였음

13 온실가스에 관한 설명으로 옳지 않은 것은?

① 육불화황은 전기제품이나 변압기 등의 절연체로 사용된다.

② 수소불화탄소와 과불화탄소는 CFCs의 대체물질로 냉매, 소화기 등에 사용된다.

③ 이산화탄소는 탄소성분과 대기 중의 산소가 결합하는 연소반응을 통해 대기 중에 배출된다.

④ 아산화질소는 온실가스 중에서 가장 높은 비중을 차지하고 있다.

[해설] ④ 온실가스 중 가장 많은 비중을 차지하고 있는 것은 이산화탄소(CO_2)이다.
※ 지구온난화지수(GWP)가 가장 큰 온실가스 : 육불화황(SF_6)

14 기후변화에 의해 우리나라에서 나타나는 곤충 생태계의 변화로 가장 거리가 먼 것은?

① 북방계 곤충의 증가
② 남방계 곤충의 증가
③ 일반 곤충의 해충화 현상
④ 곤충 생활주기의 변화

해설 기후변화에 의해 우리나라에는 꽃매미, 열대모기 등 남방계 외래곤충이 증가하고, 고온으로 병해충 발생 가능성이 높아진다.

15 기후변화에 의한 잠재적인 영향과 잔여 영향에 관한 설명으로 가장 적합한 것은?

① 잠재적인 영향은 적응을 고려할 경우 나타나는 기후변화로 인한 영향을 의미하며, 잔여 영향은 적응으로 회피될 수 있는 영향 부분을 포함한 영향을 말한다.
② 잠재적인 영향은 적응을 고려할 경우 나타나는 기후변화로 인한 영향을 의미하며, 잔여 영향은 적응으로 회피될 수 있는 영향 부분을 제외한 영향을 말한다.
③ 잠재적인 영향은 적응을 고려하지 않을 경우 나타나는 기후변화로 인한 영향을 의미하며, 잔여 영향은 적응으로 회피될 수 있는 영향 부분을 포함한 영향을 말한다.
④ 잠재적인 영향은 적응을 고려하지 않을 경우 나타나는 기후변화로 인한 영향을 의미하며, 잔여 영향은 적응으로 회피될 수 있는 영향 부분을 제외한 영향을 말한다.

해설 ㉠ 잠재적인 영향(potential impact) : 적응을 고려하지 않을 경우 나타나는 기후변화로 인한 영향
㉡ 잔여 영향(residual impact) : 적응으로 회피될 수 있는 영향 부분을 제외한 영향

16 온실가스 배출량이 많은 업종부터 적은 업종 순으로 배열한 순서가 맞는 것은?

① 발전에너지 → 운수 → 정유 → 철강
② 발전에너지 → 철강 → 정유 → 운수
③ 철강 → 발전에너지 → 정유 → 운수
④ 철강 → 발전에너지 → 운수 → 정유

해설 국내 온실가스 부문별 배출량이 많은 업종 순으로 살펴보면 발전에너지>철강>정유>운수 순이다.

17 기후변화 취약성 평가방법 중 지역에 기반을 둔 여러 지표들을 바탕으로 하여 그 시스템의 적응능력을 평가함으로써 사회·경제적인 취약성을 파악하는 방법은?

① 좌향식 접근법
② 하향식 접근법
③ 우향식 접근법
④ 상향식 접근법

해설 ④ 상향식 접근법은 지역에 기반을 둔 여러 지표들을 바탕으로 하여 그 시스템의 적응능력을 평가함으로써 사회·경제적인 취약성을 파악하는 접근법이다.

18 한국정부가 범국가적인 관점에서 기후변화 문제에 대한 관심을 표명하기 시작한 것은 언제부터인가?

① 1992년 기후변화협약에 서명 이후
② 1998년 '범정부 기후변화 대책기구' 구성 이후
③ 2007년 '기후변화 대책기획단' 신설 이후
④ 2009년 '저탄소 녹색성장기본법' 제정 이후

해설 우리나라는 1998년 4월 범정부 기후변화 대책기구를 구성하고, 이 대책기구를 중심으로 제1차 기후변화 종합대책을 수립하였다.

19 화석연료의 연소로 인해 야기된 전지구적 기후변화를 보여주는 심벌로 인식되고 있는 아래 그림은 마치 톱니처럼 주기적으로 위아래로 진동하면서 오른쪽 위를 향해 뻗어간다. 이 그림의 명칭과 그 원인은?

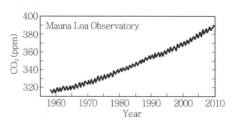

① Keeling curve, 식물의 광합성에 따른 계절적인 차이
② Keeling curve, 기온증가로 인한 빙하의 감소 차이
③ James curve, 폭우와 폭설에 따른 강수의 차이
④ James curve, 태양복사에 의한 알베도의 차이

해설 기후변화 관측소 중 마우나로아 관측소에서 관측된 55년간의 기록을 킬링 곡선(keeling curve)이라고 한다. 이는 대기 중 CO_2 농도 추세를 나타내는 것으로, 식물의 광합성에 따라 계절적으로 CO_2 농도가 차이를 나타내는 것으로 밝혀졌다.

20 우리나라 국가 배출량 통계에 대한 설명 중 옳지 않은 것은?

① 국가 온실가스 관리위원회 심의 · 의결 후 확정된다.
② IPCC 제3차 보고서에서 제시한 지구온난화지수를 활용하여 산정된다.
③ 활동자료 개선이나 산정방법론이 변경됨에 따라 매년 재계산될 수 있다.
④ 관장기관에서 산정 후, 환경부 온실가스 종합정보센터는 이를 수정 · 보완한다.

해설 우리나라 국가 온실가스 배출량 통계 시 이산화탄소 환산량으로 값을 제시하기 위하여 IPCC에서 1995년에 발표한 제2차 평가보고서에 제시된 지구온난화지수를 활용하여 산정한다.

제2과목 **온실가스 배출의 이해**

21 온실가스 배출권거래제의 배출량 보고 및 인증에 관한 지침상 "기체, 액체 또는 고체 상태의 원료화합물을 반응기 내에 공급하여 기판 표면에서의 화학반응을 유도함으로써 반도체 기판 위에 고체 반응생성물인 박막층을 형성하는 공정"으로 반도체 제조에 주로 사용되는 공정은?

① 식각공정
② 화학기상증착공정
③ 성형공정
④ 세정공정

해설 문제는 화학기상증착공정(CVD)에 관한 설명이다.
① 식각공정 : 산이나 알칼리 용액에 어떤 제품을 표면 처리하기 위하여 담그거나 원료 및 제품을 중화시키는 시설을 말한다. 대표적인 것으로서 전자산업에서의 화학약품을 사용하여 금속 표면을 부분적 또는 전면적으로 용해 · 제거하는 부식(식각)시설이 있다.
③ 성형공정 : 칩과 연결된 금선 부분을 보호하기 위해 화학수지로 밀봉해주는 공정이다.
④ 세정공정 : 공정의 불순물을 제거하는 과정을 말한다.

22 온실가스 배출권거래제의 배출량 보고 및 인증에 관한 지침상 암모니아 제조공정에 해당하지 않는 것은?

① 질소화 공정
② 나프타 개질 공정
③ 나프타 탈황 공정
④ 가스 전환 공정

> **해설** 암모니아 제조공정은 5단계의 단위공정으로 운영된다.
> ㉠ 1단계 : 나프타 탈황
> ㉡ 2단계 : 나프타 개질
> ㉢ 3단계 : 가스 전환
> ㉣ 4단계 : 가스 정제
> ㉤ 5단계 : 암모니아 합성

23 자동차의 온실가스 배출저감기술에 관한 내용으로 옳지 않은 것은?

① 에어컨의 구조와 냉매를 변경하여 온실가스 배출을 줄일 수 있다.
② 배기관에 후처리장치를 부착하여 온실가스 배출을 줄일 수 있다.
③ 가솔린 자동차를 하이브리드 자동차로 변경하여 온실가스 배출을 줄일 수 있다.
④ 자동차의 중량을 증가시켜 온실가스 배출을 줄일 수 있다.

> **해설** ④ 자동차 중량을 증가시키는 것은 온실가스 증가를 유발하며, 중량을 줄이는 것이 배출 저감에 도움이 된다.

24 온실가스 배출권거래제의 배출량 보고 및 인증에 관한 지침상 석유화학제품 생산공정의 공정배출 보고대상 배출시설로 옳지 않은 것은?

① 메탄올 반응시설
② 하이드록실아민 반응시설
③ 테레프탈산 생산시설
④ 아크릴로니트릴 반응시설

> **해설** 석유화학제품 생산공정의 공정배출 보고대상 배출시설은 메탄올 반응시설, EDC/VCM 반응시설, 에틸렌옥사이드(EO) 반응시설, 아크릴로니트릴(AN) 반응시설, 카본블랙(CB) 반응시설, 에틸렌 생산시설, 테레프탈산(TPA) 생산시설이 있다.
> ② 하이드록실아민 반응시설은 석유화학제품 생산공정에 해당되지 않는다.

25 온실가스 배출권거래제의 배출량 보고 및 인증에 관한 지침상 항공기 운항으로 인한 온실가스 배출량 산정에 관한 설명으로 옳은 것은?

① 항공기 운항으로 인한 온실가스 배출량은 항공기의 운전조건, 운항횟수에 따라 달라지지만 비행거리, 비행단계별 운항시간, 배출고도의 영향을 받지는 않는다.
② 제트연료를 사용하는 항공기는 Tier 1 산정방법론으로 온실가스 배출량을 산정해야 한다.
③ Tier 2 산정방법론으로 온실가스 배출량을 산정할 때 이착륙과정(LTO 모드)과 순항과정(cruise 모드)을 구분해야 한다.
④ 새로운 데이터가 없을 경우 CH_4의 기본배출계수는 10kg/TJ로 한다.

> **해설** ① 항공기 운항으로 인한 온실가스 배출량은 항공기의 운전조건, 운항횟수, 비행거리, 비행단계별 운항시간, 배출고도 등의 영향을 받는다.
> ② 제트연료를 사용하는 항공기는 Tier 2 산정방법론을 적용해야 한다.
> ④ 특별한 언급이 없는 경우 모든 연료에 대해 CH_4 기본배출계수는 0.5kg/TJ로 한다.

26 온실가스 배출권거래제의 배출량 보고 및 인증에 관한 지침상 고형폐기물 매립의 보고대상 온실가스는?

① CO_2 ② CH_4
③ N_2O ④ SF_6

해설 고형폐기물 매립시설의 보고대상 온실가스는 메탄(CH_4)이다.

27 온실가스 배출권거래제의 배출량 보고 및 인증에 관한 지침상 마그네슘 생산공정의 보고대상 배출시설이 아닌 것은?

① 배소로   ② 전기로
③ 소성로   ④ 주조로

해설 마그네슘 생산공정의 보고대상 배출시설은 배소로, 소성로, 용융·용해로, 주조로가 있다.
② 전기로는 철강 생산, 합금철 생산에서의 보고대상 배출시설이다.

28 온실가스 배출권거래제의 배출량 보고 및 인증에 관한 지침상 고형폐기물의 생물학적 처리유형 중 혐기성 소화과정에서 주로 발생되는 대표적인 온실가스는?

① 일산화탄소   ② 아산화질소
③ 육불화황   ④ 메탄

해설 고형폐기물의 생물학적 처리는 혐기성 소화에 의한 온실가스 배출(N_2O, CH_4)이 주를 이루며, 여기에는 퇴비화, 유기폐기물의 혐기성 소화, 폐기물의 기계-생물학적(MB) 처리 등이 있다.
※ 혐기성 소화에서는 메탄 약 60%, 아산화질소 약 30%, 수소 등 기타 가스가 약 10% 정도 배출된다.

29 온실가스 배출권거래제의 배출량 보고 및 인증에 관한 지침상 시멘트 생산과정에서 배출되는 공정배출을 산정하는 방법은 배출시설 규모에 따른 산정방법이 있다. 그 중에서 Tier 3의 배출량 산정에 필요한 활동데이터와 거리가 먼 것은?

① 클링커(clinker) 생산량
② 시멘트 킬른먼지(CKD) 반출량
③ 원료 투입량
④ 순수탄산염 소비량

해설 시멘트 생산과정의 Tier 3 배출량 산정에 필요한 활동데이터는 클링커 생산량, 클링커 생산량당 CO_2 배출계수, 시멘트 킬른먼지 반출량, 시멘트 킬른먼지 배출계수, 원료 투입량, 투입원료(탄산염, 제강슬래그 등) 중 탄산염 성분이 아닌 기타 탄소성분에 기인하는 CO_2 배출계수가 있다.

30 다음은 온실가스 배출권거래제의 배출량 보고 및 인증에 관한 지침상 철강 생산공정의 어떤 공정(시설)을 설명한 것인가?

┤ 보기 ├
아크로와 유도로로 구분하며, 아크로는 주로 대용량의 연강 및 고합금강의 제조에 사용되고 유도로는 주로 고급 특수강이나 주물을 주조하는 데 사용한다.

① 주물로   ② 전기로
③ 소성로   ④ 특수로

해설 보기는 전기로에 관한 설명이다.
전기로(아크로)는 전기양도체인 전극(탄소봉)에 전류를 통하여 고철과 전극 사이에 발생하는 아크(arc) 열을 이용하여 고철 등 내용물을 산화·정련하며, 산화·정련 후 환원성의 광재로 환원·정련함으로써 탈산·탈황 작업을 하게 된다.

31 우리나라 건축물의 온실가스 배출 벤치마크 계수 개발 시 적용되는 배출량의 범위로 맞는 것은?

① 간접배출만 반영
② 직접배출만 반영
③ 간접 및 직접 배출 모두 반영
④ 건축물의 용도에 따라 다름

해설 건축물의 온실가스 벤치마크 계수를 개발할 때 직접배출량과 간접배출량을 모두 반영하여 산정하여야 한다.

32 온실가스 배출권거래제의 배출량 보고 및 인증에 관한 지침상 이동연소(도로) 부분의 보고대상 배출시설 중 "소형 화물자동차" 기준에 해당하는 것은?

① 배기량이 1,000cc 미만으로서 길이 3.6m, 너비 1.6m, 높이 2.0m 이하인 것
② 최대적재량이 0.8톤 이하인 것으로서, 총중량이 5톤 이하인 것
③ 최대적재량이 1톤 이하인 것으로서, 총중량이 3.5톤 이하인 것
④ 최대적재량이 3톤 이하인 것으로서, 총중량이 5톤 이하인 것

해설 화물자동차의 형태별 기준

경형	배기량이 1,000cc 미만으로서 길이 3.6m, 너비 1.6m, 높이 2.0m 이하인 것
소형	최대적재량이 1톤 이하인 것으로, 총중량이 3.5톤 이하인 것
중형	최대적재량이 1톤 초과 5톤 미만이거나, 총중량이 3.5톤 초과 10톤 미만인 것
대형	최대적재량이 5톤 이상이거나, 총중량이 10톤 이상인 것

33 고정연소(기체연료) 온실가스 배출량 산정방법론에 적용되는 산화계수에 대한 설명 중 틀린 것은?

① Tier 1의 산화계수는 기본값인 1.0이다.
② Tier 2의 산화계수는 0.995이다.
③ Tier 3의 산화계수는 0.990이다.
④ Tier 4는 연속측정방식으로 산화계수 값을 정하지 않는다.

해설 ③ Tier 3의 산화계수는 0.995를 적용한다.

34 국내 목표관리제의 소각시설에서 발생하는 온실가스 산정방법 특성이 아닌 것은?

① CO_2 배출량 산정은 활동자료인 폐기물의 소각량과 총탄소의 건조 탄소함량비율에 의해 결정된다.
② 바이오매스 폐기물(음식물, 목재 등)의 소각으로 인한 CO_2 배출은 생물학적 배출량이므로 배출량 산정 시 제외되어야 한다.
③ non-CO_2(CH_4 및 N_2O)의 경우에는 제시된 배출계수 또는 측정을 통하여 배출량을 산정한다.
④ 국내 목표관리제에서 고상과 액상 폐기물의 소각에 의한 온실가스 CO_2 산정방법으로 Tier 1 이상을 요구하고 있으며, 연속측정방법인 Tier 4도 허용하고 있다.

해설 화석연료로 인한 폐기물(플라스틱, 합성섬유, 폐유 등)의 소각으로 인한 CO_2만 배출량에 포함되어야 한다. 이러한 이유로 폐기물 소각으로 인한 CO_2 배출은 mass-balance 또는 측정방법에 따라 폐기물의 화석탄소함량을 기준으로 산정된다.

35 온실가스 배출권거래제의 배출량 보고 및 인증에 관한 지침상 석회석($CaCO_3$)이 사용되는 공정으로 가장 거리가 먼 것은?

① 유리 생산공정
② 암모니아 생산공정
③ 카바이드 생산공정
④ 철강 생산공정

해설 석회석이 사용되는 공정으로는 탄산염의 기타 공정(도자기·요업제품 제조시설 중 소성시설, 용융·용해 시설, 펄프·종이 및 종이제품 제조시설 중 약품 회수시설, 배연탈황시설), 시멘트 생산, 석회석 생산, 유리 생산, 카바이드 생산, 소다회 생산, 철강 생산 등이 있다.
② 암모니아 생산공정의 원료는 나프타이다.

36 온실가스 배출권거래제의 배출량 보고 및 인증에 관한 지침상 유리 생산활동에서 융해공정 중 CO_2를 배출하는 주요 원료와 가장 거리가 먼 것은?

① $CaCO_3$
② $MtCO_3$
③ Na_2CO_3
④ $CaMg(CO_3)_2$

해설 유리 생산활동에서의 융해공정 중 CO_2를 배출하는 주요 원료는 석회석($CaCO_3$), 백운석[$CaMg(CO_3)_2$] 및 소다회(Na_2CO_3), 탄산바륨($BaCO_3$), 골회(bone ash), 탄산칼륨(K_2CO_3) 및 탄산스트론튬($SrCO_3$) 등이 있다.

37 휘발유 215L, 등유 750L, 경유 654L의 에너지 환산량의 합(TJ)은 얼마인가? (단, 총발열량계수는 휘발유 33.5MJ/L, 등유 37.5MJ/L, 경유 37.9MJ/L이며, 단위는 TJ로 하고 소수점 넷째 자리에서 반올림하여 계산한다.)

① 6.010   ② 0.601
③ 0.060   ④ 0.006

해설 에너지 합산량
$$= [(215 \times 33.5) + (750 \times 37.5) + (654 \times 37.9)]MJ \times 1TJ/10^6 MJ$$
$$= 0.060TJ$$

38 온실가스 배출권거래제의 배출량 보고 및 인증에 관한 지침상 제트연료를 사용하는 항공기의 온실가스 배출량 산정순서가 알맞은 것은 어느 것인가?

┤ 보기 ├
㉠ 총연료소비량 산정
㉡ 순항과정의 연료소비량 산정
㉢ 이착륙과 순항과정에서의 온실가스 배출량 산정
㉣ 이착륙과정의 연료소비량 산정

① ㉠ → ㉡ → ㉣ → ㉢
② ㉡ → ㉣ → ㉠ → ㉢
③ ㉣ → ㉡ → ㉠ → ㉢
④ ㉠ → ㉣ → ㉡ → ㉢

해설 제트연료를 사용하는 항공기의 경우 온실가스 배출량 산정 시 이착륙과정(LTO 모드)과 순항과정(Cruise 모드)을 구분하여 산정한다. 배출량 산정과정은 '총연료소비량 산정 → 이착륙과정의 연료소비량 산정 → 순항과정의 연료소비량 산정 → 이착륙과 순항과정에서의 온실가스 배출량 산정'의 순으로 진행한다.

39 직전연도 1년 동안에 가스보일러에서 사용한 LNG 사용량을 고지서를 통해 확인한 결과 1,100,000MJ이었다. 고지서에 제시된 총발열량은 44MJ/Nm³이고, 에너지법의 별표에는 순발열량이 39.4MJ/Nm³이라고 되어 있었다. 아래의 정보를 토대로 산정된 온실가스 배출량(tCO_2-eq)은? (단, 산정방식 : Tier 1, LNG IPCC 2006 배출계수(kgGHG/TJ) : CO_2의 경우 56,100, CH_4의 경우 1, N_2O의 경우 0.1)

① 75   ② 65

③ 55   ④ 45

해설 고정연소(기체연료) Tier 1 산정식으로 계산하며, 연료의 산화계수(f_i)는 Tier 1의 경우 1을 적용하고 이산화탄소 배출량 산정 시에만 적용된다.

$$E_{i,j} = Q_i \times EC_i \times EF_{i,j} \times f_i \times 10^{-6}$$

여기서,

$E_{i,j}$: 연료(i)의 연소에 따른 온실가스(j)의 배출량(tGHG)

Q_i : 연료(i)의 사용량(측정값, 천m³-연료)

EC_i : 연료(i)의 열량계수(연료 순발열량, MJ/m³-연료)

$EF_{i,j}$: 연료(i)에 따른 온실가스(j)의 배출계수(kgGHG/TJ-연료)

f_i : 연료(i)의 산화계수(CH_4, N_2O 미적용)

㉠ 연료의 사용량

= 고지서 연료 열량(MJ)÷고지서 내 발열량(총발열량, MJ/Nm³)

= 1,100,000MJ÷44MJ/Nm³ ÷1,000천Nm³/m³

= 25천Nm³

㉡ 온실가스 배출량 E_i

= (25천Nm³×39.4MJ/Nm³ ×56,100kgCO₂/TJ ×1tCO₂-eq/tCO₂×1×10⁻⁶)

+ (25천Nm³×39.4MJ/Nm³ ×1kgCH₄/TJ ×21tCO₂-eq/tCH₄×10⁻⁶)

+ (25천Nm³×39.4MJ/Nm³ ×0.1kgN₂O/TJ ×310tCO₂-eq/tN₂O×10⁻⁶)

= 55.30972 ≒ 55.310tCO₂-eq

40 온실가스 배출권거래제의 배출량 보고 및 인증에 관한 지침상 하·폐수 처리 및 배출의 보고대상 배출시설에 해당하지 않는 것은?

① 가축분뇨 공공처리시설

② 공공하수 처리시설

③ 분뇨 처리시설

④ 부숙토 처리시설

해설 하·폐수 처리 및 배출의 보고대상 배출시설에는 가축분뇨 공공처리시설, 공공폐수 처리시설, 공공하수 처리시설, 분뇨 처리시설, 기타 하·폐수 처리시설이 있다.

제3과목   **온실가스 산정과 데이터 품질관리**

41 온실가스 배출권거래제의 배출량 보고 및 인증에 관한 지침상 배출량에 따른 시설규모 분류기준 중 연간 배출량이 가장 많은 배출시설이 속한 그룹은?

① A그룹

② B그룹

③ C그룹

④ D그룹

해설 배출시설 배출량 규모별 산정등급은 3개로, A~C그룹으로 구분되며, 배출량이 가장 많은 것은 C그룹이다.

㉠ A그룹 : 연간 5만톤(50,000tCO₂-eq) 미만의 배출시설

㉡ B그룹 : 연간 5만톤(50,000tCO₂-eq) 이상, 연간 50만톤(500,000tCO₂-eq) 미만의 배출시설

㉢ C그룹 : 연간 50만톤(500,000tCO₂-eq) 이상의 배출시설

※ ④ D그룹은 없다.

42 L시멘트사의 #4 Kiln에서 연간 80,000t의 클링커가 생산되며 이로 인해 500t의 시멘트 킬른먼지(CKD)가 발생하고 있다. 온실가스 배출권거래제의 배출량 보고 및 인증에 관한 지침에 따라 Tier 1 산정방법론으로 구한 L시멘트사 #4 Kiln의 클링커 생산에 따른 CO_2 배출량(tCO_2/yr)은? (단, CKD를 전량 회수하여 Kiln에 투입함. 클링커 생산량당 CO_2 배출계수는 0.51tCO_2/t-클링커, 투입원료 중 탄산염이 아닌 기타 탄소성분에 기인하는 CO_2 배출계수는 0.01tCO_2/t-클링커, 킬른에서 유실된 CKD의 하소율은 0)

① 40,800   ② 40,880
③ 41,600   ④ 41,860

[해설] $E_i = (EF_i + EF_{toc}) \times (Q_i + Q_{CKD} \times F_{CKD})$
여기서,
E_i : 클링커(i) 생산에 따른 CO_2 배출량 (tCO_2)
EF_i : 클링커(i) 생산량당 CO_2 배출계수 (tCO_2/t-clinker)
EF_{toc} : 투입원료(탄산염, 제강슬래그 등) 중 탄산염 성분이 아닌 기타 탄소성분에 기인하는 CO_2 배출계수(기본값으로 0.010tCO_2/t-clinker를 적용한다)
Q_i : 클링커(i) 생산량(ton)
Q_{CKD} : 킬른에서 시멘트킬른먼지(CKD)의 반출량(ton)
F_{CKD} : 킬른에서 유실된 시멘트킬른먼지(CKD)의 하소율(0에서 1 사이의 소수)
∴ 온실가스 배출량
$= (0.51tCO_2$/t-clinker$+ 0.01tCO_2$/t-clinker$) \times (80,000t$/yr$+ 500t$/yr$\times 0)$
$= 41,600 tCO_2$/yr

43 온실가스 배출권거래제의 배출량 보고 및 인증에 관한 지침상 기체연료 고정연소시설의 온실가스 배출량을 Tier 2 산정방법론으로 산정할 때, 매개변수에 관한 내용으로 옳지 않은 것은? (단, 온실가스 종합정보센터에서 별도의 계수를 공표하여 지침에 수록하지 않은 경우)

① 사업자 또는 연료 공급자에 의해 측정된 측정불확도 ±5.0% 이내의 연료 사용량 자료를 활동자료로 활용한다.
② 열량계수는 국가 고유발열량값을 사용한다.
③ 배출계수는 국가 고유배출계수를 사용한다.
④ 산화계수는 기본값인 1.0을 적용한다.

[해설] ④ Tier 2 산화계수는 발전 부문 0.99, 기타 부문 0.98을 적용한다.

44 온실가스 배출권거래제의 배출량 보고 및 인증에 관한 지침상 고상 폐기물의 소각에 의한 온실가스 배출량을 Tier 1 산정방법론으로 산정할 때, FCF값(화석탄소 질량분율)이 0인 생활 폐기물은?

① 섬유   ② 플라스틱
③ 음식물   ④ 종이

[해설] 폐기물 소각시설에서 배출량을 산정할 때 CO_2 배출량이 '0'이 되는 경우 배출계수는 FCF(화석탄소 질량분율)가 0인 경우에 해당된다. 해당되는 폐기물 조성은 생활폐기물인 경우는 음식물류, 나무류, 정원 및 공원 폐기물, 사업장 폐기물인 경우는 음식물류, 폐목재류, 하수슬러지, 폐수슬러지 등이 해당된다.

45 온실가스 배출권거래제의 배출량 보고 및 인증에 관한 지침상 신설되는 배출시설의 시설 규모 결정에 관한 내용으로 옳지 않은 것은?

① 신설되는 배출시설의 예상 온실가스 배출량을 계산하여 그 값에 따라 시설 규모를 결정한다.

② 배출시설에서 여러 종류의 연료를 사용하는 경우 각 연료의 사용에 따른 배출량의 총합으로 배출시설 규모 및 산정등급(Tier)을 결정해야 한다.

③ C그룹의 배출시설에서 초기 가동·착화연료 등 소량으로 사용하는 보조연료의 배출량이 시설 총배출량의 5% 미만이며 보조연료의 배출량 총합이 25,000tCO$_2$-eq 미만일 때 차하위 산정등급을 적용할 수 있다.

④ B그룹의 배출시설에서 초기 가동·착화연료 등 소량으로 사용하는 보조연료의 배출량이 시설 총배출량의 10% 미만이며 보조연료의 배출량 총합이 35,000tCO$_2$-eq 미만일 때 차하위 산정등급을 적용할 수 있다.

해설 ④번의 내용은 해당하지 않는다.

46 온실가스 배출권거래제 운영을 위한 검증지침에 따른 온실가스 배출량 등의 검증절차 중 ( ) 안에 알맞은 것은?

보기
검증개요 파악 → 검증계획 수립 → 문서검토 → (㉠) → (㉡) → (㉢) → 검증보고서 제출

① ㉠ 내부검증, ㉡ 시정조치 요구 및 확인, ㉢ 외부검증

② ㉠ 현장검증, ㉡ 검증결과 정리 및 평가, ㉢ 내부심의

③ ㉠ 시정조치 요구 및 확인, ㉡ 내부검증, ㉢ 현장검증

④ ㉠ 현장검증, ㉡ 외부심의, ㉢ 검증결과 정리 및 평가

해설 지침 [별표 1] 온실가스 배출량 등의 검증절차에 관한 설명이다.
검증절차는 검증개요 파악 → 검증계획 수립 → 문서검토 → 현장검증 → 검증결과 정리 및 평가 → 내부심의 → 검증보고서 제출 순으로 진행된다.

47 온실가스 배출권거래제의 배출량 보고 및 인증에 관한 지침에 따라 Tier 2a에 따른 반도체/LCD/PV 생산 부문에서 온실가스 배출량 산정방법에 관한 설명으로 옳지 않은 것은?

① 가스 소비량과 배출제어기술 등 사업장별 데이터를 기반으로 사용된 각각의 FCs 배출량을 계산하는 방법이다.

② 적용된 변수들은 반도체나 TFT-FPD 제조공정에서 사용된 가스량, 사용 후에 Bombe에 잔류하는 가스량 등이다.

③ 배출량 산정은 공정 중 사용되는 가스 및 CF$_4$, C$_2$F$_6$, C$_3$F$_8$ 등의 부생가스까지 합산해야 한다.

④ 식각·증착 공정의 구분을 할 수 없거나 단일시설(식각 또는 증착)로 구성된 경우에는 적용할 수 없다.

해설 ④ Tier 2a 방법론은 식각·증착 공정의 구분을 할 수 없는 경우 적용할 수 있다.

48 온실가스 배출권거래제의 배출량 보고 및 인증에 관한 지침에 따른 배출활동별 온실가스 배출량 등의 세부산정방법 및 기준사항으로 ( )에 알맞은 것은?

┤ 보기 ├

사업장별 배출량은 정수로 보고한다. 배출활동별 배출량 세부 산정 중 활동자료의 보고값은 소수점 ( )로 하며, 각 배출활동별 배출량 산정방법론의 단위를 따른다.

① 셋째 자리에서 절사하여 둘째 자리까지
② 셋째 자리에서 반올림하여 둘째 자리까지
③ 넷째 자리에서 절사하여 셋째 자리까지
④ 넷째 자리에서 반올림하여 셋째 자리까지

해설 사업장별 배출량은 정수로 보고한다. 배출활동별 배출량 세부 산정 중 활동자료의 보고값은 소수점 넷째 자리에서 반올림하여 셋째 자리까지로 하며, 각 배출활동별 배출량 산정방법론의 단위를 따른다.

49 온실가스 배출권거래제의 배출량 보고 및 인증에 관한 지침에 따라 B사업장에서 1년간 도시가스(LNG)를 58,970Nm³ 사용했을 때 Tier 1을 이용하여 산정한 온실가스 배출량(tCO₂-eq)은? (단, 발열량과 배출계수는 아래 표 참조)

에너지원	순발열량	배출계수(kg/TJ)		
		CO₂	CH₄	N₂O
도시가스 (LNG)	0.04TJ/ 1,000Nm³	56,467	5.0	0.1

① 113.461
② 121.242
③ 127.453
④ 133.515

해설 온실가스 배출량
$= 58,970 \text{Nm}^3 \times 0.04 \text{TJ}/1,000 \text{Nm}^3 \times$
$[(1 \times 56,467) + (21 \times 5) + (310 \times 0.1)]$
$\text{kg/TJ} \times 1\text{t}/1,000\text{kg}$
$= 133.515 \text{tCO}_2\text{-eq}$

50 온실가스 배출권거래제의 배출량 보고 및 인증에 관한 지침상 연료 등 구매량 기반 모니터링 방법에 대해서 설명하고 있다. 아래 유형은 어디에 해당하는가?

┤ 보기 ├

연료 및 원료 공급자가 상거래 등을 목적으로 설치·관리하는 측정기기와 주기적인 정도검사를 실시하는 내부 측정기기가 같이 설치되어 있을 경우 활동자료를 수집하는 방법이다. 배출시설에 다수의 교정된 측정기기가 부착된 경우, 교정된 자체 측정기기 값을 사용하는 것을 원칙으로 한다. 다만, 전체 활동자료 합계와 거래용 측정기기의 활동자료를 비교할 수 있으며 구매거래용 측정기기 값과 교차 분석하여 관리하여야 한다.

① A-1 유형
② A-2 유형
③ A-3 유형
④ A-4 유형

해설 보기는 A-2 유형에 관한 설명이다.
① A-1 유형 : 연료 및 원료 공급자가 상거래 등을 목적으로 설치·관리하는 측정기기를 이용하여 연료 사용량 등 활동자료를 수집하는 방법이다.
③ A-3 유형 : 연료 및 원료 공급자가 상거래를 목적으로 설치·관리하는 측정기기와 주기적인 정도검사를 실시하는 내부 측정기기를 모두 사용하여 활동자료를 수집하는 방법이다.
④ A-4 유형 : 연료 및 원료 공급자가 상거래를 목적으로 설치·관리하는 측정기기와 주기적인 정도검사를 실시하는 내부 측정기기를 사용하며 연료나 원료 일부를 파이프 등을 통해 연속적으로 외부 사업장이나 배출시설에 공급할 경우 활동자료를 결정하는 방법이다.

51 배출량 산정·보고의 5대 원칙 중 다음 설명에 해당하는 것은?

┤ 보기 ├

사용 예정자가 적절한 확신을 가지고 의사결정을 할 수 있도록 충분하고 적절한 온실가스 관련 정보를 공개하는 것으로 모든 관련 사항에 대해 감사 증거를 명확히 남길 수 있도록 하고 객관적이고 일관된 형태로 게시하는 것이다. 또한 추정이나 사용한 산정·계산 방법 정보원의 출처는 분명하게 해야 한다.

① 완전성
② 일관성
③ 투명성
④ 정확성

해설 배출량 산정·보고 원칙은 5가지로 적절성(Relevance), 완전성(Completeness), 일관성(Consistency), 정확성(Accuracy), 투명성(Transparency)이 있다.
본 문제에서 설명하는 것은 투명성이다.
① 완전성 : 규정 내 제시된 범위에서 모든 배출활동과 배출시설의 온실가스 배출량 등을 산정·보고해야 하며, 온실가스 배출량 등의 산정·보고에서 제외되는 배출활동과 배출시설이 있는 경우에는 그 제외 사유를 명확하게 제시하여야 한다.
② 일관성 : 시간의 경과에 따른 온실가스 배출량 등의 변화를 비교·분석할 수 있도록 일관된 자료와 산정방법론 등을 사용해야 한다. 또한, 온실가스 배출량 등의 산정과 관련된 요소의 변화가 있는 경우에는 이를 명확히 기록·유지해야 한다.
④ 정확성 : 배출량 등을 과대 또는 과소 산정하는 등의 오류가 발생하지 않도록 최대한 정확하게 온실가스 배출량 등을 산정·보고해야 한다.

52 온실가스 배출활동은 직접배출과 간접배출로 구분된다. 다음 중 직접배출에 해당되지 않는 것은?

① 마그네슘 생산 시 배출
② 폐기물 소각에 의한 배출
③ 자동차의 연료 사용으로 인한 배출
④ 외부에서 공급받은 전기의 사용

해설 ④ 외부에서 공급받은 전기의 사용은 간접배출에 해당한다.

53 배출활동별 배출량 산정방법론에 해당하지 않는 것은?

① 확보 가능한 관련 자료의 수준이 어느 정도인지를 조사·분석한 다음에 이에 적합한 선정방법을 결정하는 것이 합리적임
② 현재 우리나라에서 추진하고 있는 보고제에 의하면 배출량 규모에 따라 관리업체에서 적용하여야 할 최소산정 Tier가 제시되어 있기 때문에 관리업체에서는 배출 규모에 적합한 Tier 적용이 가능하도록 자료를 확보하여야 함
③ 산정등급은 4단계가 있으며, Tier가 높을수록 결과의 불확실도가 높아짐
④ 배출원의 온실가스 배출특성 및 확보 가능한 자료수준에 적합한 배출량 산정방법을 선정할 수 있는 의사결정도를 개발·적용하여야 함

해설 ③ 산정등급은 4단계가 있으며 Tier가 높을수록 결과의 불확실도가 낮아지며, Tier가 낮을수록 불확실도가 높아진다.

54 온실가스 배출권거래제의 배출량 보고 및 인증에 관한 지침상 산정등급(Tier)과 배출계수 적용에 관한 설명으로 가장 거리가 먼 것은?

① Tier 1 – IPCC 기본배출계수 활용

② Tier 2 – 국가 고유배출계수 활용

③ Tier 3 – 사업장·배출시설별 배출계수 사용

④ Tier 4 – 전 세계 공통의 배출계수 사용

[해설] ④ Tier 4는 굴뚝자동측정기기 등 배출가스 연속측정방법을 활용한 배출량 산정방법이다.

55 온실가스 배출권거래제의 배출량 보고 및 인증에 관한 지침상 석탄 채굴 및 처리 활동에서의 탈루성 보고대상 배출시설은 지하탄광, 처리 및 저장에 의한 탈루배출시설이 있다. 이 활동에서 보고대상 온실가스는?

① CO_2

② CH_4

③ N_2O

④ SF_6

[해설] 석탄 채굴 및 처리 활동에서의 보고대상 온실가스는 메탄(CH_4)이다.

56 A씨는 하루 30L의 휘발유를 소모한다. 이로 인해 매일 A씨가 지구온난화에 기여하는 이산화탄소의 하루 동안의 배출총량($kgCO_2$/일)은? (단, 순발열량은 30.3MJ/L(Tier 2), 차량용 휘발유의 CO_2 배출계수는 69,300kg/TJ이다.)

① 123

② 92

③ 85

④ 63

[해설] 온실가스 배출량($kgCO_2$/일)

$$= 연료 \ 사용량(L/일) \times 순발열량(MJ/L) \times CO_2 \ 배출계수(kgCO_2/TJ) \times 10^{-6}TJ/MJ$$

$$= 30L/일 \times 30.3MJ/L \times 69,300kg/TJ \times 10^{-6}TJ/MJ$$

$$= 62.994 ≒ 63kgCO_2/일$$

57 품질관리(QC) 활동 목적과 관련된 설명으로 틀린 것은?

① 자료의 무결성, 정확성 및 완전성을 보장하기 위한 일상적이고 일관적인 검사의 제공

② 오류 및 누락의 확인 및 설명

③ 배출량 산정자료의 문서화 및 보관, 모든 품질관리활동의 기록

④ 독립적인 제3자에 의한 검토

[해설] ④ 독립적인 제3자에 의한 검토는 품질보증(QA)에 해당된다.

58 온실가스 배출권거래제의 배출량 보고 및 인증에 관한 지침상 이동연소 중 철도 부문의 보고대상 배출시설이 아닌 것은?

① 고속차량

② 비도로차량

③ 전기동차

④ 디젤기관차

[해설] 이동연소(철도)의 보고대상 배출시설은 고속차량, 전기기관차, 전기동차, 디젤기관차, 디젤동차, 특수차량이 있다.
② 비도로차량은 이동연소(도로)에 해당된다.

Answer 54.④ 55.② 56.④ 57.④ 58.②

59 온실가스 목표관리 운영 등에 관한 지침상 관리업체 지정과 관련하여 건물이 건축물대장 또는 등기부에 각각 등재되어 있거나 소유지분을 달리하고 있는 경우에 관한 사항으로 옳지 않은 것은?

① 인접한 대지에 동일 법인이 여러 건물을 소유한 경우에는 한 건물로 본다.
② 건물의 소유 구분이 지분 형식으로 되어 있을 경우에는 지분별로 건물의 소유지분을 구분한다.
③ 에너지 관리의 연계성이 있는 복수의 건물은 한 건물로 본다.
④ 동일 부지 내에 있거나 인접 또는 연접한 집합건물이 동일한 조직에 의해 에너지 공급·관리 또는 온실가스 관리 등을 받을 경우에도 한 건물로 간주한다.

해설 ② 건물의 소유 구분이 지분 형식으로 되어 있을 경우에는 최대지분을 보유한 법인 등을 해당 건물의 소유자로 본다.

60 온실가스 배출권거래제의 배출량 보고 및 인증에 관한 지침상 온실가스 측정불확도 산정절차를 4단계로 구분할 때, 다음 중 2단계에 해당하는 것은?

① 매개변수 분류 및 검토, 불확도 평가대상 파악
② 활동자료, 배출계수 등의 매개변수에 대한 불확도 산정
③ 배출시설별 온실가스 배출량에 대한 상대불확도 산정
④ 불확도 평가체계 수립

해설 매개변수의 불확도 산정 → 배출시설에 대한 불확도 산정 → 사업장 또는 업체에 대한 불확도 산정의 절차로 진행되며, 2단계인 불확도 산정 단계에는 측정횟수에 따른 확률분포값의 결정, 측정값에 대한 표준편차, 평균, 표준불확도의 추정이 해당된다.

제4과목 온실가스 감축관리

61 어떤 철강회사에서 온실가스 감축을 위해 주연료인 경유 100,000L를 프로판 50,000kg으로 대체했을 때, 이론적으로 온실가스 배출량(tCO_2-eq)이 얼마나 감소했는가?

구 분		경 유	프로판
순발열량		35.2MJ/L	46.3MJ/kg
배출계수	CO_2	74,100kg/TJ	63,100kg/TJ
	CH_4	3kg/TJ	1kg/TJ
	N_2O	0.6kg/TJ	0.1kg/TJ

① 152.012
② 162.270
③ 172.070
④ 115.512

해설
㉠ 경유 온실가스 배출량
$= 100,000L \times 35.2MJ/L \times TJ/10^6MJ$
$\times (74,100kgCO_2/TJ \times 1tCO_2/10^3kgCO_2$
$\times 1tCO_2-eq/tCO_2 \times 1 + 3kgCH_4/TJ$
$\times 1tCH_4/10^3kgCH_4 \times 21tCO_2-eq/tCH_4$
$+ 0.6kgN_2O/TJ \times 1tN_2O/10^3kgN_2O$
$\times 310tCO_2-eq/tN_2O)$
$= 261.708480tCO_2-eq$

㉡ 프로판 온실가스 배출량
$= 50,000kg \times 46.3MJ/kg \times TJ/10^6MJ$
$\times (63,100kgCO_2/TJ \times 1tCO_2/10^3kgCO_2$
$\times 1tCO_2-eq/tCO_2 \times 1 + 1kgCH_4/TJ \times$
$1tCH_4/10^3kgCH_4 \times 21tCO_2-eq/tCH_4 +$
$0.1kgN_2O/TJ \times 1tN_2O/10^3kgN_2O \times$
$310tCO_2-eq/tN_2O)$
$= 146.196880tCO_2-eq$

∴ 온실가스 감축량
$=$ 경유 온실가스 배출량 - 프로판 온실가스 배출량
$= 261.708480 - 146.196880$
$= 115.512tCO_2-eq$

62 화학산업에서 온실가스 배출량을 감축하기 위해서는 에너지효율을 높이고 화석연료의 사용을 최소화해야 한다. 이때, 에너지효율을 높이기 위해 적용할 수 있는 공정 개선방법으로 적합하지 않은 것은?

① 설비 및 기기 효율 개선
② 에너지효율 제고를 위한 제조법의 전환 및 공정 개발
③ 배출에너지의 회수
④ 생산량 증가를 통한 원단위 개선

해설 에너지효율 개선을 위한 공정 개선에는 다음과 같은 항목들이 필요하다.
㉠ 에너지효율 제고를 위해 제조법의 전환 및 공정 개발
㉡ 설비 및 기기 효율의 개선
㉢ 운전방법의 개선
㉣ 배출에너지의 회수
㉤ 공정의 합리화

63 미분탄 화력발전소에서 배출되는 이산화탄소를 흡수제를 사용하여 포집할 때에 관한 내용으로 옳지 않은 것은?

① MEA를 사용하는 아민흡수법은 현재 상용화되어 있는 대표적인 기술이다.
② 배출가스의 이산화탄소 농도가 50~65% 정도로 높기 때문에 적어도 3가지 이상의 흡수제를 동시에 사용해야 한다.
③ 사용된 흡수제를 재사용하기 위한 재생공정에 많은 에너지와 운전비용이 소모되는 단점이 있다.
④ 기존 발전소에 적용이 용이하다는 장점이 있다.

해설 일반적으로 화력발전소 배출가스 내 이산화탄소 농도는 약 14~15% 수준이고, 흡수제는 여러 개를 동시에 사용하는 것이 아니라 단일 흡수제를 사용하며, 일반적으로 포집효율은 90% 이상이다.

64 다음 셰일가스에 관한 설명에서 (   ) 안에 알맞은 내용은?

┤ 보기 ├
셰일가스는 모래와 진흙 등이 단단하게 굳어진 셰일 층에 매장되어 있는 천연가스로 (㉠)이/가 70~90%, (㉡)이/가 5~10%, 프로판 및 부탄이 5~25% 정도 존재한다.

① ㉠ 에탄, ㉡ 콘덴세이트
② ㉠ 메탄, ㉡ 에탄
③ ㉠ 수소, ㉡ 벤젠
④ ㉠ 산소, ㉡ 수소

해설 셰일가스는 0.005mm 이하의 아주 작은 입자로 구성된 셰일 층에서 만들어진 천연가스로 메탄(70~90%)과 에탄(5%), 콘덴세이트(프로판, 부탄 등, 5~25%)로 구성된다.

65 청정개발체제(CDM) 추진체계를 순서대로 나열한 것은?

① 사업계획 → 타당성 확인 및 승인 획득 → 등록 → 모니터링 → 검증 및 인증 → CERs 발행
② 사업계획 → 타당성 확인 및 승인 획득 → 모니터링 → 등록 → 검증 및 인증 → CERs 발행
③ 사업계획 → 타당성 확인 및 승인 획득 → CERs 발행 → 등록 → 모니터링 → 검증 및 인증
④ 사업계획 → 타당성 확인 및 승인 획득 → 모니터링 → 등록 → CERs 발행 → 검증 및 인증

해설 청정개발체제(CDM) 진행절차는 사업 개발/계획 → 타당성 확인 및 정부 승인 → 사업의 확인 및 등록 → 모니터링 → 검증 및 인증 → CERs 발행 순으로 이루어진다.

Answer　62.④　63.②　64.②　65.①

66 다음 설명에 해당하는 가장 적합한 기술은?

┤ 보기 ├

하나의 에너지원으로부터 전력과 열을 동시에 발생시키는 종합에너지시스템으로 발전에 수반하여 발생하는 배열을 회수하여 이용하므로 에너지의 종합 열이용효율을 높이는 것이 가능하기 때문에 기존 방식보다 고효율 에너지 이용기술이다.

① IGCC
② 가스화 복합발전
③ 열병합발전
④ 석탄화력발전

해설 보기는 열병합발전시설의 설명이다.
① IGCC(Integrated Gasification Combined Cycle, 석탄가스화 복합발전) : 석탄을 고온·고압에서 가스화하여 전기를 생산하는 친환경 발전 기술이다. 석탄을 수소와 일산화탄소를 주성분으로 한 합성가스로 전환한 뒤, 합성가스 중에 포함된 분진과 황산화물 등 유해물질을 제거하고 천연가스와 유사한 수준으로 정제한 후, 합성가스 중의 수소와 일산화탄소를 이용하여 가스 터빈을 구동하고 공정 중 생성되는 배출가스의 열을 이용하여 증기 터빈을 돌림으로써 전기를 생산하는 청정복합발전기술이다.
② 가스화 복합발전 : ①번의 석탄가스화 복합발전을 말한다.
④ 석탄화력발전 : 석탄을 연소시켜 발생된 열로 물을 끓이고, 이때 발생된 증기를 압축시켜 터빈을 돌려 전기를 생산하는 시설을 말한다.

67 자동차 온실가스 저감기술이 아닌 것은?

① 마찰저항 저감과 경량화
② CO_2를 냉매제로 사용한 에어컨시스템
③ 에코타이어
④ 에코브레이크

해설 에코타이어, 에코브레이크패드 등 자동차에 투입되는 물품들의 친환경제품 생산, 에너지 저소비형 설비사양 표준화 및 에너지경영시스템 구축, 생산성 향상을 통한 단위당 에너지 사용 절감 및 고효율 에너지설비 도입 확대, 각종 폐열을 생산공정에 재활용, 열처리공정 삭제 등 에너지 저소비형 공법 개발의 필요성이 나타나고 있다. 또한, 중·장기적으로는 환경성 위주로 열병합발전 및 해수, 지열, 태양광 등 신·재생에너지 도입을 통한 공급 에너지원의 다변화에 관한 연구들이 수행되고 있다.
※ ④ 에코브레이크는 없다.

68 석유 정제공정 중 에너지효율 개선을 위한 기술에 해당하지 않는 것은?

① 가스터빈, 열병합발전 등을 사용하고 효율이 낮은 보일러와 히터 등을 교체
② Stripping 공정에서 스팀의 사용 최적화
③ 스팀 생산에 연료소비 저감을 위한 폐열보일러 사용
④ 용매 보관용기로부터의 VOC 배출 방지를 위한 기술 적용

해설 ④ 용매 보관용기로부터 VOC 배출 방지를 위한 기술 적용은 기초연료 생산과 관련된 부분이다.

69 보일러의 효율을 높여 온실가스 배출량을 줄이기 위한 방법으로 적합하지 않은 것은?

① 보일러에 공급되는 물을 예열한다.
② 연소를 위해 공급되는 공기를 예열한다.
③ 증기과열기를 연도에 설치한다.
④ 배기가스의 온도를 높게 유지한다.

해설 열손실을 줄이기 위해서는 배기가스 온도를 감소시켜야 한다.

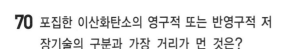

70 포집한 이산화탄소의 영구적 또는 반영구적 저장기술의 구분과 가장 거리가 먼 것은?

① 지중저장기술
② 탱크저장기술
③ 해양저장기술
④ 지표저장기술

해설 CCS 저장기술은 지중저장, 해양저장, 지표저장으로 구분된다.

71 다음 중 자발적 감축사업의 기준 또는 내용으로 틀린 것은?

① VCS, GS 등 크레딧의 가격은 기준과 사업유형에 따라 상이함
② 높은 발행비용이 소모되므로 품질에 대한 신뢰성이 제고됨
③ 외부감축사업 CDM/JI 크레딧을 허용하지만 국가별로 그 비율을 일정하게 한정하고 있음
④ 크레딧의 인증절차 등이 CDM처럼 엄격할수록 자발적 감축사업 크레딧에 대한 국제적 신뢰도는 제고됨

해설 ② 사업 설계와 운영에 대한 자문을 제공하는 각종 패널 및 작업반 등이 운영되어 품질에 대한 신뢰성이 확보되며, 세제혜택이나 시설투자자금 지원 등이 있어 발행비용은 크지 않다.

72 온실가스 배출량 등의 산정 결과와 관련하여 정량된 양을 합리적으로 추정한 값의 분산특성을 나타내는 정도를 의미하는 것은?

① 정확도
② 정밀도
③ 분산특성
④ 불확도

해설 ① 정확도(Accuracy) : 참값과 측정값(또는 계산값)의 일치하는 근접성 정도를 말한다.
② 정밀도(Precision) : 동일한 변수에 대한 결과들의 근접성 정도로 정밀도가 높다는 것은 확률오차가 적음을 의미한다.
③ 분산특성 : 관측값에서 평균을 뺀 차이값을 제공한 후 평균한 값의 특성을 말한다.

73 합성불확도 산정방법인 몬테카를로 시뮬레이션(Tier 2)을 사용하기에 적절한 경우로 가장 거리가 먼 것은?

① 불확도가 작을 경우
② 알고리즘이 복잡한 경우
③ 인벤토리가 작성된 연도별로 불확도가 다를 경우
④ 분포가 정규분포를 따르지 않을 경우

해설 몬테카를로 시뮬레이션은 불확도가 클 경우에 적합하다.

74 광흡수층에 따른 태양전지를 분류할 때 비실리콘계 태양전지가 아닌 것은?

① 다결정 실리콘 태양전지
② 유기 태양전지
③ 염료감응 태양전지
④ 페로브스카이트 태양전지

해설 현재 실용화되어 전원용으로 사용되고 있는 것은 주로 결정질 실리콘(Si) 태양전지이다. 실리콘 태양전지 기술은 반도체 분야의 기술과 더불어 발전되어 왔으며, 기술의 신뢰성이 높다. 현재 결정질 실리콘 태양전지는 전체 태양전지 시장의 90% 이상을 차지한다. 다결정 실리콘 태양전지는 실리콘계 태양전지에 해당한다.

75 감축목표의 설정방식 중 원단위를 이용하는 방식의 온실가스 배출량 표현방법으로 적절하지 않은 것은?

① 에너지사용량 대비 온실가스 배출량
② 제품생산량 대비 온실가스 배출량
③ 생산공정 대비 온실가스 배출량
④ 매출액 대비 온실가스 배출량

해설 원단위란 어떤 제품 또는 용역 1단위를 산출하는 데 투입된 재화(자본, 시간, 에너지 등)의 단위를 의미하며, 일반적으로 GDP, 제품생산량, 에너지사용량, 매출액 등을 기준으로 한다.

76 목표관리제에서 조기감축실적 인증기준으로 틀린 것은?

① 관리업체의 조직경계 안에서 발생한 것에 한하여 그 실적을 인정한다. 다만, 복수의 사업자가 참여하여 조직경계 외에서 실적이 발생한 경우에는 이를 인정할 수 있다.
② 국내와 해외에서 실시한 행동에 의한 감축분에 대하여 그 실적을 인정한다.
③ 관리업체 사업장 단위에서의 감축분 또는 사업 단위에서의 감축분에 대하여 인정할 수 있다.
④ 실적으로 인정되기 위해서는 조기행동으로 인한 감축이 실제적이고 지속적이어야 하며, 정량화되어야 하고 검증 가능하여야 한다.

해설 ② 조기감축실적은 국내에서 실시한 행동에 의한 감축분에 한하여 그 실적을 인정한다.

77 CCS(Carbon Capture and Storage)에 대한 설명으로 옳지 않은 것은?

① 간접감축방법의 일종이다.
② CO_2를 대기로 배출시키기 전에 고농도로 포집·압축·수송·저장하는 기술이다.
③ 배기가스로부터 CO_2만을 선택적으로 분리·포집하는 기술이다.
④ 연소 후 포집, 연소 전 포집, 순산소 연소 포집기술로 구분할 수 있다.

해설 CCS는 온실가스를 직접감축할 수 있는 방법 중 하나로, 2050년까지 전체 배출량 중 13%를 감축할 것으로 예측되는 기술이다.

78 감축프로젝트에 의한 온실가스 감축량을 산정하고자 할 때 감축량($tonCO_2/yr$)은?

┤ 보기 ├
• 프로젝트 배출량=$15,000 tonCO_2/yr$
• 베이스라인 배출량=$3,000 kgCO_2/hr$
• 누출량=$1,000 kgCO_2/day$
• 1년은 365일로 계산

① 10,616　② 10,714
③ 10,813　④ 10,915

해설 온실가스 감축량
＝베이스라인 배출량－프로젝트 배출량－누출량
$= (3,000 kgCO_2/hr \times 24hr/day \times 365day/yr \times 10^{-3} ton/kg)$
$- 15,000 tonCO_2/yr$
$- (1,000 kgCO_2/day \times 365day/yr \times 10^{-3} ton/kg)$
$= 10,915 tonCO_2/yr$

79 온실가스 감축기술의 하나로 연료의 대체에 관한 내용 중 바이오에탄올에 관한 내용으로 옳지 않은 것은?

① 알코올기를 갖고 있고, 발효의 과정을 거친다.

② 오염물질의 발생이 적은 장점이 있다.

③ 석유계 디젤과 혼합하여 사용한다.

④ 가급적 저렴한 원료를 선정하는 것이 바람직하다.

해설 ③ 석유계 디젤과 혼합하여 사용하는 것은 바이오디젤이다.

80 온실가스 감축목표 설정에 관한 설명으로 옳지 않은 것은?

① 온실가스 감축목표는 기업, 공공기관, 지방자치단체 등의 조직이 일정 기간 동안 감축해야 할 정도를 정량적으로 설정하는 것을 말한다.

② 온실가스 감축목표의 설정은 '강제적 목표할당에 따른 목표설정'과 '자발적 감축활동 선언에 따른 목표설정'으로 구분할 수 있다.

③ 온실가스 에너지 목표관리제, 배출권거래제 등은 자발적 감축활동 선언에 따른 목표설정에 해당한다.

④ 감축목표의 설정방식은 '원단위를 이용하는 방식'과 '온실가스 배출총량을 기반으로 하는 방식'으로 구분할 수 있다.

해설 ③ 온실가스 에너지 목표관리제, 배출권거래제는 자발적 감축활동이 아닌, 국가에서 운영 중인 온실가스 감축목표, 에너지 절약목표를 달성하기 위한 관리제도에 해당된다.

제5과목 온실가스 관련 법규

81 온실가스 배출권의 할당 및 거래에 관한 법령상 배출권의 이월 및 차입, 소멸에 관한 내용으로 옳지 않은 것은?

① 법령에 따라 주무관청에 제출되지 않은 배출권은 각 이행연도 종료일부터 6개월이 경과하면 그 효력을 잃는다.

② 배출권을 보유한 자는 보유한 배출권을 주무관청의 승인을 받아 계획기간 내의 다음 이행연도로 이월할 수 있다.

③ 배출권을 보유한 자는 보유한 배출권을 주무관청의 승인을 받아 다음 계획기간의 최초 이행연도로 이월할 수 없다.

④ 할당대상업체는 주무관청의 승인을 받아 계획기간 내의 다른 이행연도에 할당된 배출권의 일부를 차입할 수 있다.

해설 법 제28조(배출권의 이월 및 차입)에 따라, 배출권을 보유한 자는 보유한 배출권을 주무관청의 승인을 받아 계획기간 내의 다음 이행연도 또는 다음 계획기간의 최초 이행연도로 이월할 수 있다.

82 온실가스 배출권의 할당 및 거래에 관한 법령상 배출권 할당의 취소 사유에 해당하지 않는 것은?

① 할당계획 변경으로 배출허용총량이 증가한 경우

② 할당대상업체가 전체 또는 일부 사업장을 폐쇄한 경우

③ 할당대상업체의 지정이 취소된 경우

④ 사실과 다른 내용으로 배출권의 할당 또는 추가 할당을 신청하여 배출권을 할당받은 경우

해설 법 제17조(배출권 할당의 취소)에 따른 배출권 할당의 취소사유는 다음과 같다.
㉠ 할당계획 변경으로 배출허용총량이 감소한 경우
㉡ 할당대상업체가 전체 또는 일부 사업장을 폐쇄한 경우
㉢ 시설의 가동 중지·정지·폐쇄 등으로 인하여 그 시설이 속한 사업장의 온실가스 배출량이 대통령령으로 정하는 기준 이상으로 감소한 경우
㉣ 사실과 다른 내용으로 배출권의 할당 또는 추가 할당을 신청하여 배출권을 할당받은 경우
㉤ 할당대상업체의 지정이 취소된 경우

83 온실가스 목표관리 운영 등에 관한 지침상 '매개변수'에 관한 내용이 아닌 것은?

① 두 개 이상 변수 사이의 상관관계를 나타내는 변수
② 온실가스 배출량을 산정하는 데 필요한 탄소함량
③ 온실가스 배출량을 산정하는 데 필요한 불확도
④ 온실가스 배출량을 산정하는 데 필요한 발열량

해설 지침 제2조(정의)에 따라, "매개변수"란 두 개 이상 변수 사이의 상관관계를 나타내는 변수로서 온실가스 배출량 등을 산정하는 데 필요한 활동자료, 배출계수, 발열량, 산화율, 탄소함량 등을 말한다.

84 온실가스 목표관리 운영 등에 관한 지침상 기존 배출시설의 예상배출량 산정방법으로 가장 적합하지 않은 것은?

① 기준연도 배출시설 배출량의 선형 증감 추세
② 기준연도 배출시설 배출량의 증감률
③ 국제 연평균 온실가스 배출량의 증감 추세
④ 기준연도 배출시설의 단위활동자료와 온실가스 배출량의 상관관계식을 이용한 배출량

해설 지침 제28조(과거 실적 기반의 목표설정 방법)에 관한 내용으로, ③항은 해당하지 않는다.

85 온실가스 배출권의 할당 및 거래에 관한 법령상 할당결정심의위원회에서 심의·조정하는 사항에 해당하지 않는 것은?

① 배출권 할당의 취소
② 배출권 거래시장의 개설·운영
③ 할당계획 변경으로 인한 배출권의 추가 할당
④ 할당대상업체별 배출권의 할당

해설 ② 배출권 거래시장의 개설·운영은 배출권거래소 운영을 위한 사항에 해당한다.
시행령 제23조(할당결정심의위원회)에 관한 설명으로, 할당결정위원회에서 심의·조정하기 위한 사항은 다음과 같다.
㉠ 할당대상업체별 배출권의 할당
㉡ 할당계획 변경으로 인한 배출권의 추가 할당
㉢ 배출권의 추가 할당
㉣ 배출권 할당의 취소

86 온실가스 배출권의 할당 및 거래에 관한 법령 상 정부는 배출권거래제 도입으로 인한 기업의 경쟁력 감소를 방지하고 배출권 거래를 활성화하기 위하여 대통령령으로 정하는 사업에 대하여 금융상·세제상의 지원을 할 수 있는데, 이 대통령령으로 정하는 사업에 해당하지 않는 것은?

① 온실가스 감축모형 개발 및 배출량 통계 고도화 사업
② 온실가스 저장기술 개발 및 저장설비 설치 사업
③ 온실가스 배출량에 대한 측정 및 체계적 관리 시스템의 구축 사업
④ 부문별 온실가스 배출량 증가 촉진 고도화 구축 사업

해설 시행령 제53조(금융상·세제상의 지원)에 따라, 온실가스 감축설비를 설치하거나 관련 기술을 개발하는 사업 등 대통령령으로 정하는 사업은 다음 사업들을 말한다.
  ㉠ 온실가스 감축 관련 기술·제품·시설·장비의 개발 및 보급 사업
  ㉡ 온실가스 배출량에 대한 측정 및 체계적 관리 시스템의 구축 사업
  ㉢ 온실가스 저장기술 개발 및 저장설비 설치 사업
  ㉣ 온실가스 감축모형 개발 및 배출량 통계 고도화 사업
  ㉤ 부문별 온실가스 배출·흡수 계수의 검증·평가 기술개발 사업
  ㉥ 온실가스 감축을 위한 신·재생에너지 기술개발 및 보급 사업
  ㉦ 온실가스 감축을 위한 에너지 절약, 효율 향상 등의 촉진 및 설비 투자 사업
  ㉧ 그 밖에 온실가스 감축과 관련된 중요 사업으로서 할당위원회의 심의를 거쳐 인정된 사업

87 다음 중 2050 탄소중립 녹색성장위원회에서 심의하는 사항이 아닌 것은?

① 녹색성장의 추진을 위한 정책의 기본방향에 관한 사항
② 지방자치단체 녹색성장책임관 지정에 관한 사항
③ 국가전략의 수립·변경에 관한 사항
④ 국가비전 및 중장기 감축목표 등의 설정 등에 관한 사항

해설 제16조(위원회의 기능)에 따라, 위원회는 다음의 사항을 심의·의결한다.
  ㉠ 탄소중립사회로의 이행과 녹색성장의 추진을 위한 정책의 기본방향에 관한 사항
  ㉡ 국가비전 및 중장기 감축목표 등의 설정 등에 관한 사항
  ㉢ 국가전략의 수립·변경에 관한 사항
  ㉣ 이행현황의 점검에 관한 사항
  ㉤ 국가기본계획의 수립·변경에 관한 사항
  ㉥ 국가기본계획, 시·도계획 및 시·군·구계획의 점검결과 및 개선의견 제시에 관한 사항
  ㉦ 국가 기후위기 적응대책의 수립·변경 및 점검에 관한 사항
  ㉧ 탄소중립사회로의 이행과 녹색성장에 관련된 법·제도에 관한 사항
  ㉨ 탄소중립사회로의 이행과 녹색성장의 추진을 위한 재원의 배분방향 및 효율적 사용에 관한 사항
  ㉩ 탄소중립사회로의 이행과 녹색성장에 관련된 연구개발, 인력 양성 및 산업 육성에 관한 사항
  ㉪ 탄소중립사회로의 이행과 녹색성장에 관련된 국민이해 증진 및 홍보·소통에 관한 사항
  ㉫ 탄소중립사회로의 이행과 녹색성장에 관련된 국제협력에 관한 사항
  ㉬ 다른 법률에서 위원회의 심의를 거치도록 한 사항
  ㉭ 그 밖에 위원장이 온실가스 감축, 기후위기 적응, 정의로운 전환 및 녹색성장과 관련하여 필요하다고 인정하는 사항

Answer   86.④ 87.②

88 관리업체의 소관 부문별 관장기관으로 잘못된 것은?

① 농림축산식품부 : 농업·임업·축산· 식품 분야
② 산업통상자원부 : 산업·에너지 분야
③ 환경부 : 폐기물 분야
④ 국토교통부 : 건물·교통(해운·항만 분야 제외)·건설 분야

해설 온실가스 목표관리 운영 등에 관한 지침 제9조(소관 부문별 관장기관 등)에 따른 소관 부문별 관장기관은 다음과 같다.
㉠ 농림축산식품부 : 농업·임업·축산·식품 분야
㉡ 산업통상자원부 : 산업·발전(發電) 분야
㉢ 환경부 : 폐기물 분야
㉣ 국토교통부 : 건물·교통(해운·항만 분야는 제외)·건설 분야
㉤ 해양수산부 : 해양·수산·해운·항만 분야

89 신에너지 및 재생에너지 개발·이용·보급 촉진법령상 바이오에너지 등의 기준 및 범위에서 바이오에너지에 해당하는 범위로 거리가 먼 것은?

① 생물유기체를 변환시킨 바이오가스, 바이오에탄올, 바이오액화유 및 합성가스
② 동물·식물의 유지를 변환시킨 바이오디젤 및 바이오중유
③ 쓰레기매립장의 유기성 폐기물을 변환시킨 매립지 가스
④ 해수 표층의 열을 변환시켜 얻는 에너지

해설 ④ 해수 표층의 열을 변환시켜 얻는 에너지는 수열에너지에 해당된다.
시행령 [별표 1] 바이오에너지 등의 기준 및 범위(제2조 관련)에 관한 문제이다. 바이오에너지는 생물유기체를 변환시켜 얻어지는 기체, 액체 또는 고체의 연료로 이 연료를 연소 또는 변환시켜 얻어지는 에너지 또한 포함하는 것으로, 범위는 다음과 같다.
㉠ 생물유기체를 변환시킨 바이오가스, 바이오에탄올, 바이오액화유 및 합성가스
㉡ 쓰레기매립장의 유기성 폐기물을 변환시킨 매립지 가스
㉢ 동물·식물의 유지(油脂)를 변환시킨 바이오디젤 및 바이오중유
㉣ 생물유기체를 변환시킨 펠감, 목재칩, 펠릿 및 숯 등의 고체연료

90 온실가스 배출량 등의 보고에 관한 설명으로 (   ) 안에 알맞은 것은?

┤ 보기 ├
관리업체는 사업장별로 매년 온실가스 배출량에 대하여 측정·보고·검증 가능한 방식으로 (   )를 작성하여 정부에 보고하여야 한다.

① 실적서
② 명세서
③ 운영보고서
④ 시행보고서

해설 온실가스 목표관리 운영 등에 관한 지침 제37조(명세서의 제출)에 따라 관리업체는 검증기관의 검증을 거친 명세서를 매년 3월 31일까지 전자적 방식으로 부문별 관장기관에 제출하여야 한다.

91 다음 중 온실가스 배출활동별 산정방법론으로 잘못된 것은?

구 분	CO_2	CH_4	N_2O
①	Tier 1, 2, 3, 4	–	Tier 1, 2, 3
②	Tier 1, 4	Tier 1	–
③	Tier 1, 2, 3, 4	Tier 1	–
④	Tier 1, 2, 3, 4	Tier 1, 2	–

① 아디프산 생산 산정방법론
② 칼슘카바이드 생산 산정방법론
③ 석유화학제품 생산 산정방법론
④ 합금철 생산 산정방법론

해설 온실가스 배출권거래제의 배출량 보고 및 인증에 관한 지침 [별표 6] 배출활동별 온실가스 배출량 등의 세부 산정방법 및 기준에 관한 문제이다.
① 아디프산의 경우 보고대상 온실가스는 N_2O이며, 산정방법론은 Tier 1, 2, 3을 적용한다.

92 탄소중립기본법령상 국토교통부장관이 교통부문의 온실가스 감축목표를 수립·시행 시 포함해야 하는 사항과 거리가 먼 것은?

① 에너지 종류별 온실가스 배출권 실거래현황
② 연차별 교통 부문 감축목표와 그 이행계획
③ 5년 단위의 교통 부문 감축목표와 그 이행계획
④ 교통수단별·연료별 온실가스 배출현황 및 에너지소비율

해설 탄소중립기본법 시행령 제31조(녹색교통의 활성화)에 관한 문제로, 에너지 종류별 온실가스 배출권 실거래 현황은 해당되지 않는다.

93 온실가스 배출권거래제의 배출량 보고 및 인증에 관한 지침상 배출량 산정계획 작성원칙이 아닌 것은?

① 준수성 및 완전성
② 일관성 및 투명성
③ 일치성 및 관련성
④ 품질관리 및 품질보증

해설 온실가스 배출권거래제의 배출량 보고 및 인증에 관한 지침 [별표 20] 모니터링 계획 작성방법에 관한 사항으로 작성원칙에는 준수성, 완전성, 일관성, 투명성, 정확성, 일치성 및 관련성, 지속적 개선이 해당한다.

94 온실가스 배출권의 할당 및 거래에 관한 법령상 과징금에 대한 가산금 징수기준으로 ( )에 알맞은 것은?

┤ 보기 ├
환경부장관은 과징금 납부의무자에게 납부기한이 지난 날부터 1개월이 지날 때마다 체납된 과징금의 (㉠)에 해당하는 가산금을 징수한다. 다만, 가산금을 가산하여 징수하는 기간은 (㉡)을 초과하지 못한다.

① ㉠ 100분의 1, ㉡ 30개월
② ㉠ 100분의 1, ㉡ 60개월
③ ㉠ 1천분의 12, ㉡ 30개월
④ ㉠ 1천분의 12, ㉡ 60개월

해설 시행령 제52조(과징금에 대한 가산금)에 관한 문제이다. 환경부장관은 납부기한이 지난 날부터 1개월이 지날 때마다 체납된 과징금의 1천분의 12에 해당하는 가산금을 징수한다. 다만, 가산금을 가산하여 징수하는 기간은 60개월을 초과하지 못한다.

Answer   91.① 92.① 93.④ 94.④

95 탄소중립기본법령에서 사용하는 용어의 뜻으로 옳지 않은 것은?

① "탄소중립"이란 대기 중에 배출·방출 또는 누출되는 온실가스의 양에서 온실가스 흡수의 양을 상쇄한 순배출량이 영(零)이 되는 상태를 말한다.

② "온실가스"란 적외선 복사열을 흡수하거나 재방출하여 온실효과를 유발하는 대기 중의 가스 상태의 물질로서 이산화탄소(CO_2), 메탄(CH_4), 아산화질소(N_2O), 수소불화탄소(HFCs), 과불화탄소(PFCs), 육불화황(SF_6) 및 그 밖에 대통령령으로 정하는 물질을 말한다.

③ "녹색경제"란 기후변화의 심각성을 인식하고 에너지를 절약하여 온실가스와 오염물질의 발생을 최소화하는 경영을 말한다.

④ "온실가스 흡수"란 토지이용, 토지이용의 변화 및 임업활동 등에 의하여 대기로부터 온실가스가 제거되는 것을 말한다.

해설 법 제2조(정의)에 관한 문제로, 녹색경제란 화석에너지의 사용을 단계적으로 축소하고 녹색기술과 녹색산업을 육성함으로써 국가경쟁력을 강화하고 지속가능발전을 추구하는 경제를 말한다.

96 온실가스 배출권거래제 운영을 위한 검증지침상 검증기관의 준수사항으로 (   )에 알맞은 것은?

┤ 보기 ├
검증기관은 반기별 검증업무 수행내역을 작성하여 매 반기 종료일로부터 (㉠)에 (㉡)에게 제출하여야 한다.

① ㉠ 15일 이내, ㉡ 온실가스 종합정보센터장
② ㉠ 15일 이내, ㉡ 국립환경과학원장
③ ㉠ 30일 이내, ㉡ 온실가스 종합정보센터장
④ ㉠ 30일 이내, ㉡ 국립환경과학원장

해설 지침 제24조(검증기관의 준수사항)에 관한 설명이다. 검증기관은 검증결과보고서, 검증업무 수행내역 등 관련 자료를 5년 이상 보관하여야 하며, 반기별 검증업무 수행내역을 작성하여 매 반기 종료일로부터 30일 이내에 국립환경과학원장에게 제출하여야 한다.

97 온실가스 배출권의 할당 및 거래에 관한 법령상 배출권 제출에 관한 내용으로 (   )에 옳은 것은?

┤ 보기 ├
할당대상업체는 (   )에 대통령령으로 정하는 바에 따라 인증받은 온실가스 배출량에 상응하는 배출권(종료된 이행연도의 배출권을 말한다)을 주무관청에 제출하여야 한다.

① 이행연도 종료일부터 1개월 이내
② 이행연도 종료일부터 2개월 이내
③ 이행연도 종료일부터 3개월 이내
④ 이행연도 종료일부터 6개월 이내

해설 법 제27조(배출권의 제출)에 관한 문제이다. 할당대상업체는 이행연도 종료일부터 6개월 이내에 인증받은 온실가스 배출량에 상응하는 배출권을 주무관청에 제출하여야 한다.

98 온실가스 배출권의 할당 및 거래에 관한 법령 상 국가 온실가스 감축목표를 효과적으로 달성하기 위하여 계획기간별로 국가 배출권 할당계획을 수립하여야 하는 시기는 매 계획시간 시작 몇 개월 전까지인가?

① 3개월
② 4개월
③ 5개월
④ 6개월

해설 법 제5조(국가 배출권 할당계획의 수립 등)에 따라, 정부는 국가 온실가스 감축목표를 효과적으로 달성하기 위하여 계획기간별로 국가 배출권 할당계획을 매 계획기간 시작 6개월 전까지 수립하여야 한다.

99 배출량 인증위원회는 위원장 1명을 포함하여 16명 이내의 위원으로 구성한다. 이때, 인증위원회의 위원장은?

① 환경부차관
② 기획재정부1차관
③ 국토교통부차관
④ 산업통상자원부차관

해설 온실가스 배출권의 할당 및 거래에 관한 법률 시행령 제43조(배출량 인증위원회)에 따라, 인증위원회는 위원장 1명을 포함하여 16명 이내의 위원으로 구성하며, 위원장은 환경부차관이 된다.

100 온실가스 배출권 거래제하에서 배출권 거래 시장 안정화조치 기준으로 옳은 것은?

① 최근 1개월의 평균거래량이 직전 2개 연도의 같은 월평균거래량 중 많은 경우보다 1.5배 이상으로 증가한 경우
② 최근 1개월의 평균가격이 직전 2개 연도의 배출권 평균가격보다 1.5배 이상 높은 경우
③ 최근 1개월의 배출권 평균가격이 직전 2개 연도의 배출권 평균가격의 100분의 60 이하가 된 경우
④ 배출권 가격이 유럽연합(EU)의 배출권 가격보다 2배 이상 높은 경우

해설 온실가스 배출권의 할당 및 거래에 관한 법률 시행령 제38조(시장 안정화조치의 기준 등)에 따라, 배출권 거래시장의 질서를 유지하거나 공익을 보호하기 위하여 시장 안정화조치가 필요하다고 인정되는 경우는 다음과 같다.
ㄱ 최근 1개월의 배출권 평균가격이 직전 2개 연도 배출권 평균가격의 100분의 60 이하가 된 경우
ㄴ 할당대상업체가 보유하고 있는 배출권을 매매하지 않은 사유 등으로 배출권 거래시장에서 거래되는 배출권의 공급이 수요보다 현저하게 부족하여 할당대상업체 간 배출권 거래가 어려운 경우

부록 온실가스관리기사 (2024. 7. 5. 시행)

제1과목 기후변화 개론

01 온실가스 목표관리 운영 등에 관한 지침상 온실가스 목표관리제에서 사용되는 용어 정의로 옳지 않은 것은?

① 검증 : 온실가스 배출량의 산정이 지침에서 정하는 절차와 기준 등에 적합하게 이루어졌는지를 검토·확인하는 체계적이고 문서화된 일련의 활동
② 공정배출 : 제품의 생산공정에서 원료의 물리·화학적 반응 등에 따라 발생하는 온실가스 배출
③ 기준연도 : 온실가스 배출량 등의 관련 정보를 비교하기 위해 지정한 과거의 특정 기간에 해당하는 연도
④ 배출계수 : 연간 배출된 온실가스의 양을 이산화탄소 무게로 환산하여 나타낸 것

해설 ㉠ "배출계수"란 해당 배출시설의 단위 연료 사용량, 단위 제품 생산량, 단위 원료 사용량, 단위 폐기물 소각량 또는 처리량 등 단위 활동자료당 발생하는 온실가스 배출량을 나타내는 계수(係數)를 말한다.
ㄴ 연간 배출된 온실가스의 양을 이산화탄소 무게로 환산하여 나타낸 것은 배출허용량이다.

02 탄소성적표지 제도에 관한 내용으로 옳지 않은 것은?

① 온실가스 배출량을 제품에 표기하여 소비자에게 제공함으로써 시장주도 저탄소 소비문화 확산에 기여한다.
② 법적 강제 인증제도가 아니라 기업의 자발적 참여에 의한 인증제도이다.
③ 탄소배출량 인증, 저탄소제품 인증, 탄소중립제품 인증의 3단계로 구성된다.
④ 탄소배출량 인증제품은 기후변화에 대응한 제품임을 기업에서 인증한 것이다.

해설 탄소배출량 인증(환경성적표지-탄소발자국)은 '환경기술 및 환경산업 지원법'에 따라 환경부(한국환경산업기술원)에서 인증하는 제도이다.

03 대류에 의한 해수의 순환이 북대서양에 있는 해수의 침강으로 시작될 때, 해수 침강의 원인은?

① 낮은 온도, 높은 염분
② 높은 온도, 낮은 염분
③ 낮은 온도, 낮은 염분
④ 높은 온도, 높은 염분

해설 낮은 온도와 높은 염분에 의한 밀도 차이 발생으로 인해 해수의 심층 순환이 발생하면서 해수 침강이 나타난다.

Answer 01.④ 02.④ 03.①

24-29

04 기후변화 관련 기구 중 "SBSTA"에 관한 내용으로 옳은 것은?

① CDM 관련 활동의 선도적 수행과 CERs 발급을 총괄한다.

② 기후변화 관련 최고의사결정기구이다.

③ 협약 관련 불발사항 관리 및 행정적·재정적 관리를 수행한다.

④ 과학적·기술적 정보와 자문을 제공한다.

해설 SBSTA(Subsidiary Body for Science and Technological Advice, 과학기술자문기구)

기후변화협약이나 교토의정서와 관련된 과학적·기술적 문제에 대하여 적기에 필요한 정보를 제공하여 당사국총회(COP)와 교토의정서 당사국회의(CMP)를 지원하는 기관으로, 역할은 국가보고서 및 배출량 통계 방법론, 기술개발 및 기술이전에 관한 실무를 수행한다.

① CDM 집행위원회(EB ; Executive Board)에 관한 설명이다.

② COP(Conference Of the Parties)/MOP (Meeting Of Parties)에 관한 설명이다.

③ SBI(Subsidiary Body for Implementation)에 관한 설명이다.

05 유엔 기후변화협약과 당사국총회에 관한 내용으로 옳지 않은 것은?

① 유엔 기후변화협약에서 모든 당사국은 공동의, 그러나 차별화된 책임 및 능력에 입각한 의무부담 원칙에 따라 차별화된 기후변화 대응 노력을 기울일 것을 약속했다.

② COP 26에는 메탄과 같은 non-CO$_2$ GHGs 감축 등의 내용이 포함되었다.

③ COP 7에서 잔류성 유기오염물질(POPs) 생산과 사용의 금지·제한을 다룬 스톡홀름 협약을 채택했다.

④ COP 3에서 청정개발체제, 배출권거래제도, 공동이행제의 도입이 포함된 교토의정서를 채택했다.

해설 스톡홀름 협약의 공식 명칭은 잔류성 유기오염물질(POPs)에 관한 스톡홀름 협약이며, POPs 감소를 목적으로 지정물질의 제조·사용·수출입을 금지 또는 제한하는 협약으로, 2001년 채택되었고 2004년 발효되었다. 이는 당사국총회와는 관련이 없다.

③ COP 7(마라케시) : 교토메커니즘, 의무준수체제, 흡수원 등에 대한 합의

06 온실가스에 관한 내용으로 옳지 않은 것은?

① 온실가스는 넓은 파장범위의 적외선을 흡수하여 지구의 온도를 상승시킨다.

② 기후변화협약 제3차 당사국 총회에서 6종의 온실가스에 대해 저감 및 관리대상 온실가스로 규정하였다.

③ 화석연료의 연소와 관련된 인간의 활동은 자연적 온실효과를 완화시킨다.

④ 지구온난화지수가 클수록 지구온난화에 대한 기여도가 크다는 의미이다.

해설 ③ 화석연료의 연소를 통한 인위적 온실가스 생성·배출이 주된 원인으로 온실효과를 강화하여 지구온난화를 가속화시켜 기후변화에 악영향을 미친다.

07 지구대기의 연직구조에 관한 설명으로 틀린 것은?

① 대류권은 기상현상이 일어나는 곳이며, 고도 증가에 따라 기온이 증가한다.

② 열대지역에서의 대류권의 두께는 극지방의 대류권 두께보다 두꺼우며, 겨울보다는 여름철에 보다 더 두껍다.

③ 성층권 상부의 열은 대부분이 오존에 의해 흡수된 자외선 복사의 결과이며, 오존층은 해발 25km 전후이다.

④ 중간권은 고도 증가에 따라 온도가 감소한다.

> **해설** 대류권에서는 일반적으로 고도가 1km 상승함에 따라 온도는 약 6.5℃ 비율로 감소한다.

08 CDM 사업 관련 주요 기관의 기능 및 역할에 관한 설명으로 ( )에 알맞은 것은?

┤ 보기 ├

( )는 교토의정서 이행방안이 합의된 제7차 당사국총회에서 구성된 기구로서 국제적으로 시행되는 청정개발체제 사업의 총괄 역할을 수행한다. 주요 업무로는 청정개발체제 운영기구 지정 및 감독, 운영기구에 의해 제출된 배출권의 감독 및 등록 청정개발체제 사업이행 관련 규정사항 검토 등 관련 사업에 대하여 전반적인 업무를 수행한다.

① 국가 CDM 승인기구(DNA)

② CDM 집행이사회(EB)

③ CDM 사업운영기구(DOE)

④ 당사국총회(COP/MOP)

> **해설** CDM 집행이사회(EB)는 당사국총회의 지침에 따라 CDM 사업을 관리·감독하는 역할을 한다.

09 국가 기후변화 적응대책을 7개 부문별 적응대책과 3개 적응기반대책으로 분류할 때, 적응기반대책에 해당하지 않은 분야는?

① 기후변화감시예측 분야

② 적응산업에너지 분야

③ 교육홍보국제협력 분야

④ 해양수산업 분야

> **해설** 적응기반대책은 기후변화감시예측, 적응산업에너지, 교육홍보국제협력 분야로 구분된다.
> ④ 해양수산업 분야는 부문별 적응대책에 해당한다.

10 온실가스 배출원/흡수원과 온실가스 종류가 알맞게 짝지어지지 않은 것은?

① 장내발효 : CH_4

② 농경지 토양 : N_2O

③ 벼 재배 : CO_2

④ 산림지 : CO_2

> **해설** ③ 벼 재배과정에서는 혐기성 소화가 발생하므로 메탄(CH_4)을 온실가스로 포함하여 산정하여야 한다.

11 신에너지 및 재생에너지 개발 이용보급 촉진법령상 신에너지에 속하지 않는 것은?

① 수소에너지

② 바이오에너지

③ 석탄 액화·가스화

④ 연료전지

> **해설** 신에너지는 연료전지, 석탄 액화·가스화, 수소에너지를 말한다.
> ② 바이오에너지는 재생에너지에 해당한다.

12 극지방의 빙하가 녹게 되면 눈과 얼음에 덮여 있던 육지와 수면이 드러나 지구 표면의 온도 상승을 가속화시키게 되는데 그 이유를 바르게 설명한 것은?

① 해수면을 상승시키기 때문에
② 지구의 알베도(Albedo)를 증가시키기 때문에
③ 빙하가 융해될 때 잠열이 발생되기 때문에
④ 지구의 알베도(Albedo)를 감소시키기 때문에

[해설] 지표의 기온 상승으로 극지방의 눈과 얼음이 녹으면 지표의 반사율(알베도)이 감소하여 태양에너지 흡수량이 증가함에 따라 기온이 더욱 상승한다.

13 기후변화에 대한 정부 간 패널(IPCC)의 실행 그룹 중 기후변화의 영향평가와 적응 및 취약성 분야의 역할을 담당하는 것은?

① Working Group 1
② Working Group 2
③ Working Group 3
④ Task Force

[해설] IPCC WG 업무 중 기후변화 영향평가, 적응 및 취약성 분야는 Working Group 2(WG 2)의 역할이다.
ㄱ WG 1 : 기후변화 과학 분야
ㄴ WG 2 : 기후변화 영향평가, 적응 및 취약성 분야
ㄷ WG 3 : 배출량 완화, 사회·경제적 비용-편익 분석 등 정책 분야
ㄹ Task Force : 국가 온실가스 배출 가이드라인 및 사례 가이드라인 작성, 배출계수 데이터베이스 운영

14 국가 온실가스 감축 로드맵에 관한 설명 중 옳지 않은 것은?

① 국가 온실가스 감축목표 달성을 위한 전략, 이행, 평가 등이 수록되어 있다.
② 시장 친화적인 온실가스 감축제도 활용을 핵심전략 중 하나로 규정하였다.
③ 배출권거래제 외에 신재생에너지 공급의무화제도 등 제도 측면의 도입일정도 수록되었다.
④ 실질적 감축전략으로 국민 실천 등 행태개선보다는 제도 및 감축수단 중심으로 수립되었다.

[해설] 국가 온실가스 감축 로드맵은 국내·외 국가 온실가스 감축 이행전략을 제시하여 각 부문별 자발적 감축노력을 유도·지원하기 위한 것으로, 온실가스 예상배출량 및 감축잠재량을 재검증하고 부문별 감축 이행계획을 수립하여 이행실적 평가체계를 마련하고자 하는 제도이다.

15 주요국 배출권거래제도의 설명으로 틀린 것은?

① RGGI는 미국 북동부 및 대서양 연안 중부 지역 주에서 시행한 배출권거래제로서 2009년 1월부터 시작되어 미국 최초로 강제적 감축의무가 시행되는 프로그램이다.
② WCI와 MGGA는 미국과 캐나다 주정부 간의 국경을 뛰어넘는 협정이다.
③ 일본은 2002년 Baseline-and-Credit 방식인 자발적 배출권거래제도인 JVETS를 도입하여 큰 성과를 보였다.
④ 일본의 JVETS 제도는 일정량의 온실가스 감축을 달성한 참가자에게 CO_2 배출감소 시설의 설치비를 보조하는 제도였다.

[해설] ③ 일본은 2005년 Baseline-and-Credit 방식인 자발적 배출권거래제도 JVETS를 도입하였으나, 큰 성과가 없었다.

16 우리나라의 기후변화 영향과 취약성에 대한 설명으로 틀린 것은?

① 가뭄과 홍수 취약지역이 증가한다.

② 식물의 서식지가 이동한다.

③ 직접 또는 간접적으로 식량 생산에 영향을 준다.

④ 질병 전파기간이 짧아진다.

해설 기후변화 영향으로 질병 전파기간이 길어지며, 지속성이 증가하게 된다.

17 온실가스 배출량 정량화 단계가 아닌 것은 어느 것인가?

① 배출량 계산

② 활동데이터 선택 및 수집

③ 배출계수 선택 또는 개발

④ 프로젝트 개발

해설 ④ 프로젝트 개발은 배출량 산정절차에 해당하지 않으며, 청정개발체제(CDM) 절차에 해당한다.

18 극한기후지수에 대한 설명 중 옳지 않은 것은?

① 서리일수 : 일 최고기온이 0℃ 미만인 날의 연중 일수

② 열대야일수 : 일 최저기온이 25℃ 이상인 날의 연중 일수

③ 폭염일수 : 일 최고기온이 33℃ 이상인 날의 연중 일수

④ 호우일수 : 일 강수량이 80mm 이상인 날의 연중 일수

해설 ① 서리일수란 일 최저기온이 0℃ 미만인 날의 연중 일수를 의미한다.

19 우리나라의 메탄(CH_4) 배출량 중에서 가장 비중이 높은 분야는?

① 에너지 분야　　② 폐기물 분야

③ 산업공정 분야　　④ 농업 분야

해설 메탄 배출량 비중이 가장 높은 분야는 농업 분야로, 부분별 비중은 벼 재배 29.7%, 농경지 토양 25.8%, 가축분뇨 처리 23.3%, 장내발효 21.1%의 순으로 나타났다(2018년 기준).

20 우리나라 기후변화 영향 중 식생변화로 가장 거리가 먼 것은?

① 개엽시기가 빨라진다.

② 개화시기가 지연된다.

③ 고립된 고산대 식물이 멸종되기 쉽다.

④ 고도가 낮은 곳의 온대성 식물이 산 위로 확장한다.

해설 생태계 부문에서는 식생이 북상하고, 개화시기가 빨라지는 특징을 가진다.

제2과목 온실가스 배출의 이해

21 온실가스 배출권거래제의 배출량 보고 및 인증에 관한 지침상 고형폐기물 매립의 보고대상 배출시설에 해당하지 않는 것은?

① 차단형 매립시설

② 혐기성 매립시설

③ 관리형 매립시설

④ 비관리형 매립시설

해설 고형폐기물 매립의 보고대상 배출시설은 차단형 매립시설, 관리형 매립시설, 비관리형 매립시설로 구분된다.

Answer 　16.④　17.④　18.①　19.④　20.②　21.②

22 유리 생산을 위해 다음 연료를 용융·용해시설에 투입했을 때, 일반적으로 연료성분으로 인한 CO_2 배출이 없는 것은?

① 석회석　　　　② 백운석
③ 소석회　　　　④ 소다회

해설 용해공정 중 CO_2를 배출하는 주요 원료는 석회석($CaCO_3$), 백운석[$CaMg(CO_3)_2$] 및 소다회(Na_2CO_3)이며, 또 다른 CO_2 배출 유리 원료로는 탄산바륨($BaCO_3$), 골회(bone ash), 탄산칼륨(K_2CO_3) 및 탄산스트론튬($SrCO_3$)이 있다.
※ 연수를 위한 소석회의 사용은 CO_2와 석회의 반응으로 탄산칼슘($CaCO_3$)을 재생성하여 대기 중으로의 CO_2 순배출을 발생시키지 않는다.

23 온실가스 배출권거래제의 배출량 보고 및 인증에 관한 지침상 석유 정제공정의 보고대상 배출시설에 해당하지 않는 것은?

① 소성시설
② 수소 제조시설
③ 촉매 재생시설
④ 코크스 제조시설

해설 석유 정제공정 내 보고대상 배출시설은 수소 제조시설, 촉매 재생시설, 코크스 제조시설이다.
① 소성시설은 석회 생산공정에 해당한다.

24 다음 중 소다회의 생산제법에 해당하지 않는 것은?

① 르블랑(Leblanc)법
② 암모니아소다법
③ 메록스(Merox)법
④ 염안소다법

해설 소금을 원료로 하는 공업적 제법은 르블랑(Leblanc)법, 암모니아소다법(Solvay법), 염안소다법이 있다.
③ 메록스(Merox)법은 석유 정제공정에서 정제단계에 사용되는 방법 중 하나이다.

25 온실가스 배출권거래제의 배출량 보고 및 인증에 관한 지침상 아연 생산공정의 보고대상 배출시설에 관한 내용으로 옳지 않은 것은?

① 전해로는 주로 비철금속 계통의 물질을 용융시키는 데 이용되며 대표적인 것으로 알루미늄전해로가 있다.
② 배소로는 광석이 융해되지 않을 정도의 온도에서 광석과 산소, 수증기, 염소 등을 상호작용시켜 다음 제련조작에서 처리하기 쉬운 화합물로 변화시키는 데 사용되는 노를 말한다.
③ 전해로는 전해질용액, 용융전해질 등의 이온전도체에 전류를 흘려 화학변화를 일으키는 노를 말한다.
④ TSL 공정은 잔재 또는 폐기물로부터 각종 유가금속을 회수하고 최종 잔여물을 친환경적인 청정 슬래그로 만드는 공정으로 보고대상 배출시설에는 포함되지 않는다.

해설 TSL 공정은 아연 제련을 비롯한 각종 비철 제련 시 필연적으로 발생하는 잔재물(residue/cake) 또는 타 산업에서 배출되는 폐기물로부터 각종 유가금속(아연, 연, 동, 은, 인듐 등)을 회수하고, 최종 잔여물을 친환경적인 청정 슬래그로 만들어 산업용 골재로 사용하는 공정으로, 아연 생산공정의 보고대상 배출시설에 해당한다.

Answer　22.③　23.①　24.③　25.④

26 온실가스 배출권거래제의 배출량 보고 및 인증에 관한 지침상 합금철 생산공정에서 온실가스의 주된 배출시설은?

① 전기로
② 배소로
③ 소결로
④ 전해로

해설 합금철 생산시설의 배출공정은 전로와 전기로가 있으며, 전로에서 코크스와 같은 환원제인 야금환원 과정에서 CO_2가 주로 발생한다.

27 온실가스 배출권거래제의 배출량 보고 및 인증에 관한 지침상 질산 생산공정에서 배출되는 N_2O에 관련된 설명으로 거리가 먼 것은?

① 암모니아 공정에서 형성되는 N_2O의 양은 연소조건, 촉매 구성물과 사용기간, 연소기 디자인에 달려있다.
② N_2O의 배출은 생산공정에서 재생된 양과 그 후의 완화공정에서 분해된 양에 따라 차이가 있다.
③ 질산 생산 시 매개가 되는 N_2O는 NH_3를 30~50℃의 온도와 낮은 압력하에서 N_2O와 NO_2로 분해된다.
④ 질산 생산공정의 제1산화공정에서 NH_3를 촉매연소과정에서 N_2O가 발생된다.

해설 산화공정은 전체적인 환원조건이 N_2O의 잠재적 배출원으로 고려되는 상황에서 발생되며, 질산 생산 시 매개가 되는 NO는 NH_3를 30~50℃의 온도와 높은 압력하에서 N_2O와 NO_2로 분해하게 된다.

28 온실가스 배출권거래제의 배출량 보고 및 인증에 관한 지침상 고정연소(고체연료) 온실가스 보고대상 배출시설 중 공정연소시설에 해당하지 않는 시설은?

① 배연탈황시설
② 건조시설
③ 가열시설
④ 용융 · 융해시설

해설 공정연소시설은 제품 등의 생산공정에 사용되는 특정 시설에 열을 제공하거나 장치로부터 멀리 떨어져 이용하기 위해 연료를 의도적으로 연소시키는 시설을 말한다. 공정연소시설에는 건조시설, 가열시설(열매체 가열 포함), 용융 · 융해시설, 소둔로, 기타 노 등이 있다.
① 배연탈황시설은 대기오염물질 방지시설에 해당된다.

29 온실가스 배출권거래제의 배출량 보고 및 인증에 관한 지침상 이동연소(선박) 배출활동의 온실가스 배출량 산정에 관련된 설명으로 옳지 않은 것은?

① 휴양용 선박에서 대형 화물 선박까지 운항되는 모든 수상교통에 의해 배출되는 온실가스를 포함하여야 한다.
② Tier 2 산정방법은 선박 종류, 연료 종류, 엔진 종류에 따라 배출량을 산정한다.
③ Tier 3 활동데이터는 선박 운항 및 휴항에 따른 연료 종류, 선박 종류, 선박에 탑재된 엔진 종류별 연료사용량을 활동자료로 하고, 측정불확도 ±2.5% 이내의 활동자료를 사용한다.
④ 선박부문의 온실가스 배출시설은 여객선, 화물선, 어선, 국제 수상운송(국제 벙커링) 및 기타 모든 수상시설을 포함한다.

해설 국제 수상운송(국제 벙커링)에 의한 온실가스 배출량은 산정 · 보고에서 제외한다.

30 온실가스 배출권거래제의 배출량 보고 및 인증에 관한 지침상 K업체 소유 항공기의 온실가스 배출량 산정 시 운항실적에 따른 LTO 횟수가 알맞은 것은?

┤ 보기 ├

[운항실적] • 국내선 : 226,832회
　　　　　 • 국제선 : 72,364회
※ 운항실적은 항공통계상 '공항별 기종별 운항실적' 자료 기준임(각 공항에서 이륙과 착륙을 각 1회 운항으로 작성된 자료임)

① 598,932회　　　② 453,664회
③ 149,598회　　　④ 113,416회

해설 온실가스 배출량 산정 시 이·착륙(LTO)은 국내선 운항만 해당되며, 운항실적 전체를 2로 나눈 값이 된다.

$$LTO \ 횟수 = \frac{국내선 \ 운행실적}{2}$$
$$= \frac{226,832}{2}$$
$$= 113,416회$$

31 온실가스 배출권거래제의 배출량 보고 및 인증에 관한 지침상 고형 폐기물의 생물학적 처리와 관련한 배출시설에 해당하지 않는 것은?

① 사료화 시설
② 분뇨처리시설
③ 퇴비화 시설
④ 부숙토 생산시설

해설 고형 폐기물의 생물학적 처리는 혐기 소화에 의한 온실가스 배출(N_2O, CH_4)이 주를 이루며 여기에는 퇴비화, 유기폐기물의 혐기성 소화, 폐기물의 기계-생물학적(MB) 처리 등이 있다.
② 분뇨처리시설은 하·폐수처리의 보고대상 배출시설에 해당한다.

32 온실가스 배출권거래제의 배출량 보고 및 인증에 관한 지침상 촉매를 활용한 수증기 개질로 암모니아를 생산하는 공정이다. ( )에 알맞은 것은?

┤ 보기 ├

(㉠) → 수증기 1차 개질 → 공기로 2차 개질 → (㉡) → (㉢) → (㉣) → 암모니아 합성

① ㉠ 천연가스 탈황, ㉡ 이산화탄소 제거, ㉢ 메탄화, ㉣ 일산화탄소의 전환
② ㉠ 일산화탄소의 전환, ㉡ 천연가스 탈황, ㉢ 메탄화, ㉣ 이산화탄소 제거
③ ㉠ 이산화탄소 제거, ㉡ 천연가스 탈황, ㉢ 메탄화, ㉣ 일산화탄소의 전환
④ ㉠ 천연가스 탈황, ㉡ 일산화탄소의 전환, ㉢ 이산화탄소 제거, ㉣ 메탄화

해설 수증기 개질법의 순서
원료납사의 예열·증발 → 천연가스 탈황 → 수증기 1차 개질 → 공기로 2차 개질 → CO 전환(일산화탄소 전환) → CO_2 제거(이산화탄소 제거) → 메탄화 → 암모니아 합성

33 다음 중 인산 생산에서 배출되는 온실가스는 무엇인가?

① CO_2
② CH_4
③ N_2O
④ CH_4, N_2O

해설 인산 생산에서 보고대상 온실가스는 이산화탄소(CO_2)이다.

34 연소 시 온실가스 배출 산정 Tier에 대해 옳게 설명한 것은?

① Tier 1은 연료에 기초한 배출량 산정단계로서 주로 원료의 탄소함유량에 의존한다.

② Tier 1은 연소의 조건(연소 효율성, 슬래그 및 재의 탄소함량)은 상대적으로 중요하지 않다.

③ Tier 1에서 CO_2 배출은 연소되는 연료의 총량과 연료의 최대탄소함유량에 기초하여 산정한다.

④ 메탄 배출계수는 연소기술 및 작동조건에 의존하므로 메탄의 평균배출계수 이용은 불확도가 작다.

> **해설** ① Tier 1은 IPCC 가이드라인 기본배출계수를 활용하여 연료사용량에 따라 배출량을 산정한다.
> ③ Tier 1에서 CO_2 배출은 연료가 연소될 때 CO_2 산화율에 대한 매개변수인 산화계수를 사용하여 산정한다.
> ④ Tier 1의 배출계수는 IPCC 가이드라인 기본배출계수를 사용하여 Tier가 커질수록 정확도와 정밀도가 높아 불확도가 작아지며, Tier 1은 불확도가 크다.

35 온실가스 배출권거래제의 배출량 보고 및 인증에 관한 지침상 석회 생산공정의 보고대상 온실가스를 모두 나열한 것으로 옳은 것은?

① CO_2

② CO_2, CH_4

③ CO_2, N_2O

④ CO_2, CH_4, N_2O

> **해설** 석회 생산공정 중 보고대상 배출시설은 소성시설로, 보고대상 온실가스는 이산화탄소(CO_2)이다.

36 온실가스 배출권거래제의 배출량 보고 및 인증에 관한 지침상 "부생연료 1호"에 관한 설명으로 옳지 않은 것은?

① 등유 성상에 해당하는 제품으로 열효율은 보일러등유와 유사하다.

② 방향족 성분의 다량 함유로 일부 제품은 냄새가 심하며 연소성의 척도인 10% 잔류탄소분이 매우 높으므로 그을음 발생으로 집진시설을 설치해야 한다.

③ 석유화학제품 생산의 전처리과정에서 나오는 제품으로 물성이 다양하며, 목욕탕, 숙박업소 등에서 보일러등유, 경유 등이 연료를 사용하는 상업용 보일러에 대체연료로 사용된다.

④ 부생연료 1호 사용에 따른 고정연소 배출활동의 경우, 산정등급 1(Tier 1) CO_2 배출계수는 등유계수를 활용하여 온실가스 배출량을 산정한다.

> **해설** ②번의 설명은 부생연료 2호에 관한 설명이다.
> 부생연료 1호는 황분 0.1wt% 이하의 제품으로, 연소설비 사용 시 경질유와 마찬가지로 집진시설 없이 사용이 가능하며, 저온연소성이 보일러등유와 유사하므로 계절에 관계없이 사용 가능하다.

37 매립시설의 기능을 3가지로 대별한 구분으로 거리가 먼 것은?

① 저류기능　　② 회복기능

③ 차수기능　　④ 처리기능

> **해설** 매립시설의 기능은 저류기능, 차수기능, 처리기능으로 구분된다.

38 온실가스 배출권거래제의 배출량 보고 및 인증에 관한 지침상 폐기물 소각의 보고대상 배출시설과 가장 거리가 먼 것은?

① 일반 소각시설
② 분리형 소각시설
③ 폐가스 소각시설
④ 폐수 소각시설

해설 폐기물 소각의 보고대상 배출시설에는 소각보일러, 일반 소각시설, 고온 소각시설, 열분해시설(가스화시설 포함), 고온 용융시설, 열처리 조합시설, 폐가스 소각시설(배출가스 연소탑, flare stack 등), 폐수 소각시설이 있다.
※ ② 분리형 소각시설은 없다.

39 온실가스 배출권거래제의 배출량 보고 및 인증에 관한 지침상 고체연료(고정연소) 연소의 산화계수 Tier 2에 대한 설명으로 ( )에 알맞은 것은?

┤ 보기 ├
(㉠) 부문은 산화계수(f) (㉡)를 적용하고, 기타 부문은 (㉢)을 적용한다. 단, 온실가스 종합정보센터에서 별도의 계수를 공표하여 지침에 수록된 경우 그 값을 적용한다.

① ㉠ 에너지, ㉡ 0.99, ㉢ 0.995
② ㉠ 에너지, ㉡ 0.995, ㉢ 0.98
③ ㉠ 발전, ㉡ 0.99, ㉢ 0.98
④ ㉠ 발전, ㉡ 0.995, ㉢ 0.99

해설 발전 부문은 산화계수(f) 0.99를 적용하고, 기타 부문은 0.98을 적용한다. 단, 온실가스 종합정보센터에서 별도의 계수를 공표하여 지침에 수록된 경우 그 값을 적용한다.

40 철강 생산의 고로공정 구성으로 ( )에 들어갈 부생가스로 옳은 것은?

┤ 보기 ├
소결광+코크스+석회석 → 이송 → 고로 투입 → ( ) 배출 → 열풍로 → 열풍 고로 투입 → 쇳물 및 슬래그 배출

① COG
② BFG
③ LDG
④ FOG

해설 철강 생산의 고로에서 발생되는 공정 부생가스에는 고로가스(BFG ; Blast Furnace Gas)가 있다.

제3과목 **온실가스 산정과 데이터 품질관리**

41 온실가스 배출권거래제의 배출량 보고 및 인증에 관한 지침상 철강 생산공정의 보고대상 배출시설에 해당하지 않는 곳은?

① 소결로
② 전기로
③ 코크스로
④ 증착로

해설 철강 생산공정에서 보고대상 배출시설은 7가지로, 일관제철시설, 코크스로, 소결로, 용선로 또는 제선로(고로), 전로, 전기아크로, 평로가 있다.
※ ④ 증착로는 없는 시설이며, 증착시설(CVD 등)은 전자산업에서의 보고대상 배출시설에 해당된다.

42 온실가스 배출권거래제의 배출량 보고 및 인증에 관한 지침상 사업장 고유배출계수 등을 개발하기 위해 시료를 채취 및 분석할 때, 연료 및 원료와 시료 최소분석주기의 연결이 옳지 않은 것은? (단, 연 반입량이 24만톤을 초과하지 않으며, 기타 사항을 고려하지 않음)

① 고체연료 : 월 1회

② 액체연료 : 분기 1회

③ 천연가스 : 반기 1회

④ 공정부생가스 : 반기 1회

해설 공정부생가스의 시료 최소분석주기는 월 1회이다.

43 온실가스 배출권거래제의 배출량 보고 및 인증에 관한 지침상 다음 모니터링 유형에 관한 내용으로 옳은 것은?

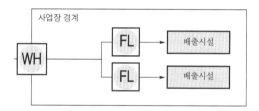

① 배출시설 활동자료를 구매량 기반 측정기기와 무관하게 교정된 자체 측정기기를 이용하여 모니터링하는 방법이다.

② 연료·원료 공급자가 상거래 등을 목적으로 설치하는 측정기기와 주기적인 정도검사를 실시하는 내부 측정기기가 같이 설치되어 있을 경우 활동자료를 수집하는 방법이다.

③ 다수의 교정된 측정기기가 부착된 경우 교정된 자체 측정기기값을 사용하지 않아야 한다.

④ 각 배출시설별 활동자료를 구매 연료·원료 등의 메인 측정기기 활동자료에서 타당한 배분방식으로 모니터링하는 방법이다.

해설 문제의 그림은 모니터링 유형 A-2이며, 해당 항목은 구매전력, 구매열 및 증기, 도시가스, 화석연료가 속한다. 연료 및 원료 공급자가 상거래 등을 목적으로 설치·관리하는 측정기기와 주기적인 정도검사를 실시하는 내부 측정기기가 설치되어 있을 경우 활동자료를 수집하는 방법이다.

44 온실가스 배출권거래제의 배출량 보고 및 인증에 관한 지침에 따라 고형 폐기물의 매립활동에 의한 온실가스 배출량을 Tier 1 산정방법론으로 산정하고자 한다. 기타 유형 매립시설에서 발생 가능한 최대 메탄 발생량이 1,000tCH$_4$/yr, 메탄 회수량이 800tCH$_4$/yr일 때, 메탄 배출량(tCH$_4$/yr)은?

① 200 　　　　② 267

③ 300 　　　　④ 367

해설 $\dfrac{R_T}{CH_4 \text{generated}_T} > 0.75$인 경우 배출량 산정 시 CH$_4$ 발생량(CH$_4$ generated$_T$)을 먼저 산정한 후 CH$_4$ 배출량 계산식에 대입하여 적용한다.

CH$_4$ 발생량(CH$_4$ generated$_T$)

$= R_T \times \left(\dfrac{1}{0.75}\right)$

$= 800\text{tCH}_4/\text{yr} \times \left(\dfrac{1}{0.75}\right)$

$= 1066.6666 ≒ 1066.667\text{tCH}_4/\text{yr}$

CH$_4$Emissions$_T$

$= \left[\sum_x CH_4\text{generated}_{x,T} - R_T\right] \times (1 - OX)$

$= (1066.667 - 800)\text{tCH}_4/\text{yr} \times (1-0)$

$= 266.6666 ≒ 267\text{tCH}_4/\text{yr}$

45 온실가스 배출권거래제 운영을 위한 검증지침상 검증팀장이 수립하는 검증계획에 포함되어야 하는 항목에 해당하지 않는 것은?

① 검증대상
② 검증수행방법 및 검증절차
③ 배출량 산정방법
④ 현장검증단계에서의 인터뷰 대상 부서 또는 담당자

해설 ③ 배출량 산정방법은 온실가스 산정기준 평가 시 확인항목에 해당한다.
검증팀장은 아래 내용을 포함한 검증계획을 수립해야 한다.
㉠ 검증대상·검증관점, 검증수행방법 및 검증절차
㉡ 정보의 중요성
㉢ 현장검증단계에서의 인터뷰 대상 부서 또는 담당자
㉣ 현장검증을 포함한 검증일정 등

46 온실가스 배출권거래제의 배출량 보고 및 인증에 관한 지침상 시멘트 생산과정에서 배출되는 온실가스의 발생 반응식으로 가장 적합한 것은?

① $CaCO_3+H_2SO_4 \rightarrow CaSO_4+CO_2+H_2O$
② $2NaHCO_3+Heat \rightarrow Na_2CO_3+CO_2+H_2O$
③ $CH_4+2O_2 \rightarrow CO_2+2H_2O$
④ $CaCO_3+Heat \rightarrow CaO+CO_2$

해설 시멘트 생산공정은 탄산칼슘($CaCO_3$)과 열이 반응하여 CaO와 CO_2가 생성되는 소성과정에서 배출된다.

47 Scope 1과 Scope 2에 관한 설명으로 옳은 것은?

① 전기, 스팀 등의 구매에 의한 외부에서의 온실가스 배출은 Scope 1에 해당된다.
② 중간 생성물의 저장·이송 과정에서의 온실가스 배출은 Scope 2에 해당된다.
③ 배출원 관리영역에 있는 차량운행을 통한 온실가스 배출은 Scope 2에 해당된다.
④ 화학반응을 통한 부산물로서의 온실가스 배출은 Scope 1에 해당된다.

해설 화학반응을 통한 부산물로서의 온실가스 배출은 Scope 1에 해당되며, 공정배출이라 한다.

48 온실가스 배출권거래제의 배출량 보고 및 인증에 관한 지침에 따라 온실가스 측정불확도를 산정하는 절차를 순서대로 옳게 나열한 것은?

┤ 보기 ├
㉠ 배출시설에 대한 불확도 산정
㉡ 매개변수의 불확도 산정
㉢ 사전검토
㉣ 사업장 또는 업체에 대한 불확도 산정

① ㉢ - ㉡ - ㉣ - ㉠
② ㉢ - ㉡ - ㉠ - ㉣
③ ㉢ - ㉡ - ㉣ - ㉠
④ ㉢ - ㉠ - ㉡ - ㉣

해설 온실가스 측정불확도 산정절차
사전검토 → 매개변수의 불확도 산정 → 배출시설에 대한 불확도 산정 → 사업장 또는 업체에 대한 불확도 산정

49 관리토양에서 직접적인 N_2O 배출의 활동자료로 사용할 수 없는 것은?

① 농작물 생산량
② 석회질 비료의 연간 사용량
③ 가축두수
④ 유기질 비료의 시비량

해설 ② 석회질 비료는 CO_2를 배출하는 형태이므로 질소공급원으로 고려되지 않는다.

50 에너지 생산업체인 B사업장에서는 1년간 유연탄을 200,000t 사용하였다. 온실가스 배출권거래제의 배출량 보고 및 인증에 관한 지침에 따라 Tier 1을 이용하여 산정한 온실가스 배출량($kgCO_2-eq$)은? (단, 산화계수는 1로 한다.)

순발열량	배출계수(kg/TJ)		
	CO_2	CH_4	N_2O
25.8TJ/Gg	94,600	1	1.5

① 478,148,900 ② 490,643,760
③ 503,155,840 ④ 539,155,880

해설 $E_{i,j} = Q_i \times EC_i \times EF_{i,j} \times f_i \times 10^{-6}$
여기서,
$E_{i,j}$: 연료(i)의 연소에 따른 온실가스(j)의 배출량(tGHG)
Q_i : 연료(i)의 사용량(측정값, t-연료)
EC_i : 연료(i)의 열량계수(연료 순발열량, MJ/kg-연료)
$EF_{i,j}$: 연료(i)에 따른 온실가스(j)의 배출계수(kgGHG/TJ-연료)
f_i : 연료(i)의 산화계수(CH_4, N_2O는 미적용)

$E_{i,j} = 200,000\text{t}-\text{연료} \times \dfrac{25.8\,\text{MJ}}{\text{kg}-\text{연료}}$

$\times \dfrac{10^3\text{kg}-\text{연료}}{\text{t}-\text{연료}} \times \left(\dfrac{94,600\text{kgCO}_2}{\text{TJ}} \right.$

$\times \dfrac{\text{tCO}_2}{10^3\text{kgCO}_2} \times \dfrac{\text{tCO}_2-\text{eq}}{\text{tCO}_2} \times 1$

$+ \dfrac{1.0\,\text{kgCH}_4}{\text{TJ}} \times \dfrac{\text{tCH}_4}{10^3\text{kgCH}_4}$

$\times \dfrac{21\text{tCO}_2-\text{eq}}{\text{tCH}_4} + \dfrac{1.5\,\text{kgN}_2\text{O}}{\text{TJ}}$

$\times \dfrac{\text{tN}_2\text{O}}{10^3\text{kgN}_2\text{O}} \times \dfrac{310\text{tCO}_2-\text{eq}}{\text{tN}_2\text{O}} \Big)$

$\times \dfrac{\text{GJ}}{10^3\text{MJ}} \times \dfrac{\text{TJ}}{10^3\text{GJ}} \times \dfrac{10^3\text{kgCO}_2-\text{eq}}{\text{tCO}_2-\text{eq}}$

$= 490,643,760\,\text{kgCO}_2-\text{eq}$

51 온실가스 배출권거래제의 배출량 보고 및 인증에 관한 지침에 따른 온실가스 배출량 산정등급에 관한 설명으로 옳지 않은 것은?

① Tier 2는 일정 부분 시험·분석을 통하여 개발한 매개변수값을 활용하는 배출량 산정방법론이다.
② Tier 3는 상당 부분 시험·분석을 통하여 개발하거나 공급자로부터 제공받은 매개변수값을 활용하는 배출량 산정방법론이다.
③ Tier 2는 기본산화계수, 발열량 등을 활용하여 배출량을 산정하는 기본방법론이다.
④ Tier 4는 배출가스 연속측정방법을 활용한 배출량 산정방법론이다.

해설 기본산화계수, 발열량 등을 활용하여 배출량을 산정하는 기본방법론은 Tier 1이다.

52 온실가스 배출권거래제 운영을 위한 검증지침상 온실가스 배출량의 산정결과와 관련하여 정형화된 양을 합리적으로 추정한 값의 분산특성을 나타내는 정도는?

① 리스크 ② 중요성
③ 합리적 보증 ④ 불확도

해설 문제에서 설명하는 내용은 불확도에 관한 정의이다.
① 리스크 : 증기관이 온실가스 배출량의 산정과 연관된 오류를 간과하여 잘못된 검증의견을 제시할 위험의 정도
② 중요성 : 온실가스 배출량의 최종 확정에 영향을 미치는 개별적 또는 총체적 오류, 누락 및 허위기록 등의 정도
③ 합리적 보증 : 검증기관(검증심사원을 포함)이 검증결론을 적극적인 형태로 표명함에 있어 검증과정에서 이와 관련된 리스크가 수용 가능한 수준 이하임을 보증하는 것

53 배출량 산정계획 작성 시에 관리업체는 배출활동별 배출량 산정방법론을 준수하고, 배출량 산정과 관련된 활동자료, 매개변수 및 사업장 고유배출계수의 정확성과 신뢰성이 향상될 수 있도록 배출량 산정계획을 작성해야 하는데 이 계획을 작성하는 데 여러 가지 원칙이 있다. 다음 중 배출량 산정계획 작성 시 해당되지 않는 원칙은?

① 완전성   ② 준수성
③ 일관성   ④ 보수성

해설 배출량 산정계획 작성 시 원칙은 준수성, 완전성, 일관성, 투명성, 정확성, 일치성 및 관련성, 지속적 개선이 있다.

54 온실가스 배출권거래제의 배출량 보고 및 인증에 관한 지침상 Tier 1A 방법에 따른 아연 생산공정의 보고대상 온실가스 배출량(tCO_2)은? (단, 생산된 아연의 양 2,000톤, 아연 생산량당 기본배출계수 $1.72tCO_2/t$, 건식 야금법에 대한 아연 생산량당 배출계수 $0.43tCO_2/t$, Waelz Kiln 과정에 대한 아연 생산량당 배출계수 $3.66tCO_2/t$)

① 860   ② 3,440
③ 7,320   ④ 11,620

해설 $E_{CO_2} = Zn \times EF_{de\,fault}$

여기서, E_{CO_2} : 아연 생산으로 인한 CO_2 배출량 (tCO_2)

Zn : 생산된 아연의 양(t)

$EF_{de\,fault}$: 아연 생산량당 배출계수 (tCO_2/t – 생산된 아연)

∴ 온실가스 배출량
= 2,000t – 생산된 아연
　× $1.72tCO_2/t$ – 생산된 아연
= $3,440tCO_2$

55 온실가스 배출권거래제의 배출량 보고 및 인증에 관한 지침상 굴뚝연속자동측정기에 의한 배출량 산정방법 중 측정에 기반한 온실가스 배출량 산정은 어떤 값을 기반으로 하여 산출하는가?

① 건가스 기준의 30분 CO_2 부피 평균농도(%)를 사용하여 산정
② 습가스 기준의 30분 CO_2 부피 평균농도(%)를 사용하여 산정
③ 건가스 기준의 10분 CO_2 부피 평균농도(%)를 사용하여 산정
④ 습가스 기준의 10분 CO_2 부피 평균농도(%)를 사용하여 산정

해설 굴뚝연속자동측정기에 의한 배출량 산정 시 건가스 기준의 30분 CO_2 부피 평균농도(%)를 사용하여 산정한다.

56 온실가스 배출권거래제의 배출량 보고 및 인증에 관한 지침에 따른 시멘트 생산과정에서의 온실가스 배출량 산정에 대한 설명으로 틀린 것은?

① Tier 1 방법론 적용 시 시멘트킬른먼지(CKD)의 하소율 측정값이 없다면 100% 하소를 가정한다.
② Tier 2 방법론 적용 시 시멘트킬른먼지(CKD)의 하소율 측정값이 없다면 100% 하소를 가정한다.
③ Tier 3 방법론 적용 시 클링커의 CaO 및 MgO 성분을 측정 · 분석하여 배출계수를 개발하여 활용한다.
④ Tier 3 방법론 적용 시 클링커에 남아 있는 소성되지 않은 CaO 측정값이 없을 경우 기본값인 1.0을 적용한다.

해설 Tier 3 방법론 적용 시 소성되지 않은 CaO는 $CaCO_3$ 형태로 클링커에 남아 있는 CaO 및 비탄산염 종류로 킬른에 들어가서 클링커에 있는 CaO를 의미한다. 측정값이 없을 경우 기본값인 '0'을 적용한다.

57 품질보증(QA) 활동 중 배출량 정보 자체검증(내부검사)에 대한 설명으로 ( )에 들어갈 내용이 올바르게 짝지어진 것은?

─┤ 보기 ├─
평가된 위험을 완화하기 위하여 할당대상 업체는 온실가스 산정 근거자료에 대하여 (㉠)을 수행하고 이를 문서화한다.
산정 관련 (㉡), (㉢) 등을 포함한 자체검증계획을 수립하고 이에 따라 검증하며, 검증결과 발견된 오류 및 수정결과를 보고서 형태로 작성할 수 있다.

① ㉠ 자체검증, ㉡ 서류 검토, ㉢ 현장 점검
② ㉠ 자체감사, ㉡ 서류 심사, ㉢ 현장 조사
③ ㉠ 자체검증, ㉡ 서류 검토, ㉢ 현장 조사
④ ㉠ 내부감사, ㉡ 서류 심사, ㉢ 현장 점검

해설 평가된 위험을 완화하기 위하여 할당대상 업체는 온실가스 산정 근거자료에 대하여 자체검증을 수행하고 이를 문서화한다. 산정 관련 서류 검토, 현장 점검 등을 포함한 자체검증계획을 수립하고 이에 따라 검증하며, 검증결과 발견된 오류 및 수정결과를 보고서 형태로 작성할 수 있다.

58 온실가스 배출권거래제의 배출량 보고 및 인증에 관한 지침상 A업체에서는 전기로에서 흩뿌림 충진방식(sprinkle charging)으로 600℃ 조건에서 합금철이 연간 3,700ton 생산되고 있다. 아래 단서조항에 의거, Tier 1에 따른 연간 온실가스 배출량(tCO₂-eq)은? (단, 생산된 합금철은 65% Si로 CO_2 배출계수는 3.6tCO₂/t-합금철이며, CH_4 배출계수는 1.0kgCH₄/t-합금철이다.)

① 13,397.700   ② 91,020.000
③ 8,708.505   ④ 59,163.000

해설 합금철 생산 시 발생되는 온실가스 배출량을 구하는 산정식은 다음과 같다.
$$E_{i,j} = Q_i \times EF_{i,j}$$
여기서,
$E_{i,j}$: 각 합금철(i) 생산에 따른 CO_2 및 CH_4 배출량(tGHG)
Q_i : 합금철 제조공정에 생산된 각 합금철(i)의 양(ton)
$EF_{i,j}$: 합금철(i) 생산량당 배출계수 (tCO₂/t-합금철, tCH₄/t-합금철)
$$E = 3,700\text{t-합금철} \times (3.6\text{tCO}_2/\text{t-합금철}$$
$$\times 1\text{tCO}_2\text{-eq/tCO}_2 + 1.0\text{kgCH}_4/\text{t-합금철}$$
$$\times \text{tCH}_4/10^3\text{kgCH}_4 \times 21\text{tCO}_2\text{-eq/tCH}_4)$$
$$= 13,397.700\text{tCO}_2\text{-eq}$$

59 온실가스 목표관리 운영 등에 관한 지침상 교통 부문의 조직경계 결정방법으로 틀린 것은?

① 동일 법인 등이 여객자동차 운수사업자로부터 차량을 일정 기간 임대 등의 방법을 통해 실질적으로 지배하고 통제할 경우에는 당해 법인 등의 소유로 본다.
② 일반화물자동차 운송사업을 경영하는 법인 등이 허가받은 차량은 차량 소유 유무에 상관없이 당해 법인 등이 지배적인 영향력을 미치는 차량으로 본다.
③ 관리업체 지정을 위해 온실가스 배출량 등을 산정할 때에는 항공 및 선박의 국제항공과 국제해운 부문을 포함한다.
④ 화물운송량이 연간 3천만톤-km 이상인 화주기업의 물류 부문에 대해서는 교통부문 관장기관인 국토교통부에서 다른 부문의 소관 관장기관에게 관련 자료의 제출 또는 공유를 요청할 수 있다.

해설 ③ 교통 부문에서 국제항공과 국제해운 부문은 제외되며, 국내 운행되는 항목만을 포함한다.

60 온실가스 배출권거래제의 배출량 보고 및 인증에 관한 지침상 항공 부문의 이동연소에 의한 온실가스 배출량 산정기준에 관한 설명으로 틀린 것은?

① 배출량 산정방법론은 Tier 1, 2, 3의 세 등급으로 구분할 수 있다.

② Tier 2 수준의 배출량 산정방법론은 제트연료를 사용하는 항공기에 적용된다.

③ Tier 1 수준에서 활동자료의 측정불확도는 ±7.5% 이내이다.

④ Tier 2 수준에서 활동자료의 측정불확도는 ±5.0% 이내이다.

해설 배출량 산정방법론은 Tier 1, 2의 두 등급으로 구분할 수 있으며, 보고대상 온실가스는 CO_2, CH_4, N_2O가 있다.

제4과목 온실가스 감축관리

61 온실가스 감축기술 중 원료 및 연료의 개선 또는 대체물질의 적용에 관한 내용으로 옳은 것은?

① 원료 공급자의 온실가스 배출 감축량에 따라 배출권 구매권을 부여한다.

② 공정에 사용되는 온실가스를 온실가스가 아닌 물질 또는 지구온난화지수가 낮은 물질로 대체한다.

③ 온실가스를 처리하여 대기로 배출되는 양을 감축한다.

④ 온실가스를 재활용하거나 다른 목적으로 활용한다.

해설 연료 개선 또는 대체물질을 적용하는 기술은 온실가스 배출량을 줄이거나 지구온난화지수가 낮은 물질로 배출하는 것이다.
① 간접감축방법 중 탄소배출권 구매에 해당된다.
③ 직접감축방법 중 온실가스 처리에 해당된다.
④ 직접감축방법 중 온실가스 활용에 해당된다.

62 온실가스 목표관리 운영 등에 관한 지침상 기준연도 배출량을 재산정해야 하는 경우에 해당하지 않는 것은?

① 관리업체의 합병·분할 또는 영업, 자산 양수도 등 권리와 의무의 승계 사유가 발생한 경우

② 조직경계 내·외부로 온실가스 배출원 또는 흡수원의 변경이 발생한 경우

③ 온실가스 배출량 산정방법론이 변경된 경우

④ 관리업체의 자본금이 5% 이상 증액된 경우

해설 ④항은 해당하지 않는다.

63 외부사업 타당성 평가 및 감축량 인증에 관한 지침상 외부사업 온실가스 감축량을 객관적으로 증명하기 위한 외부사업 모니터링 원칙으로 옳지 않은 것은?

① 모니터링 방법은 등록된 사업계획서 및 승인방법론을 준수해야 한다.

② 외부사업은 불확도를 최소화할 수 있는 방식으로 측정되어야 한다.

③ 외부사업 온실가스 감축량은 일관성, 재현성, 투명성 및 정확성을 갖고 산정되어야 한다.

④ 외부사업 온실가스 감축량 산정에 필요한 데이터 추정 시 값은 진보적으로 적용되어야 한다.

> **해설** ④ 외부사업 온실가스 감축량 산정에 필요한 데이터 추정 시 값은 보수적으로 적용되어야 한다.

64 CDM 사업에서 기준 배출량을 도출하기 위한 베이스라인 시나리오 설정방법으로 적합하지 않은 것은?

① 현재 실제로 배출되고 있는 양 또는 과거 배출량

② 투자 장애요인을 고려했을 때 경제적으로 매력 있는 기술로부터의 배출량

③ 해당 지역 내에서 활용되는 사례가 존재하지 않는 기술로부터의 배출량

④ 유사한 사회적·경제적·환경적·기술적 환경에서 과거 5년 동안 수행된 비슷한 사업활동(성과가 동일 범주의 상위 20% 이내)으로부터의 평균 배출량

> **해설** ③항은 해당하지 않는다.

65 CCS 사업 중 CO₂ 저장기술에 해당하지 않는 것은?

① 지중저장 ② 해양저장
③ 지표저장 ④ 회수저장

> **해설** CCS 기술의 CO₂ 저장기술은 해양저장, 지중저장, 지상(지표)저장으로 구분된다.

66 CDM 사업의 추가성에 대한 설명으로 가장 거리가 먼 것은?

① 경제적 추가성 분석에 있어서 추가성 입증이 어려울 경우, 사업활동을 방해하는 장벽 분석을 통하여도 추가성을 입증할 수 있다.

② 추가성 검증은 기술적·환경적·경제적 추가성을 함께 고려하여 평가한다.

③ 기술적 추가성을 고려하는 기준 중 하나는 해당 사업 이외에도 다른 사업이나 분야에서 부수적인 기술 이전 효과의 기대이다.

④ 온실가스 배출원에 의한 인위적 배출량은 등록된 CDM 프로젝트 활동이 부재할 경우 발생하는 수준 이하로 감축되는 성질을 말한다.

> **해설** CDM 사업의 추가성 검증에는 기술적·환경적·경제적·재정적 추가성을 분석해야 한다.
> ㉠ 기술적 추가성(Technological Additionality) : CDM 사업에 활용되는 기술은 현재 유치국에 존재하지 않거나 개발되었지만 여러 가지 장해요인으로 인해 활용도가 낮은 선진화된(more advanced) 기술이어야 한다.
> ㉡ 환경적 추가성(Environmental Additionality) : 해당 사업의 온실가스 배출량이 베이스라인 배출량보다 적게 배출할 경우 대상 사업은 환경적 추가성이 있다.
> ㉢ 경제적 추가성(Commercial /Economical Additionality) : 기술의 낮은 경제성, 기술에 대한 이해부족 등의 여러 장해요인으로 인해 현재 투자가 이루어지지 않는 사업을 대상으로 하여야 한다.
> ㉣ 재정적 추가성(Financial Additionality) : CDM 사업의 경우 투자국이 유치국에 투자하는 자금은 투자국이 의무적으로 부담하고 있는 해외원조기금(Official Development Assistance)과는 별도로 조달되어야 한다.

67 과거 실적 기반 목표설정방법의 신·증설 배출시설에 대한 배출허용량을 고려할 사항으로 잘못된 것은?

① 해당 신·증설 시설에 대한 활동자료당 최대배출량

② 해당 신·증설 시설의 목표설정 대상 연도의 예상가동시간

③ 해당 신·증설 시설의 설계용량 및 부하율(또는 가동률)

④ 해당 업종의 목표설정 대상 연도 감축률

해설 신·증설 시설에 대한 배출허용량 설정 시 해당 신·증설 시설의 목표설정 대상 연도의 예상가동시간, 설계용량, 부하율(가동률), 최근 과거연도에 해당하는 활동자료당 평균배출량, 대상연도 감축률 등이 해당된다.

68 바이오매스 생산·가공 기술이 아닌 것은?

① 에너지 작물 기술

② 생물학적 CO_2 고정화 기술

③ 바이오매스 가스화 기술(열적 전환)

④ 바이오 고형연료 생산 및 이용 기술

해설 ③ 바이오매스 가스화 기술은 없으며, 바이오매스 액화 기술(열적 전환)은 바이오 액체연료 생산기술에 해당된다.
바이오매스 생산·가공 기술로는 크게 에너지 작물 기술, 생물학적 CO_2 고정화 기술, 바이오 고형연료 생산 및 이용 기술로 나눌 수 있다.
㉠ 에너지 작물 기술 : 에너지 작물 재배, 육종, 수집, 운반, 가공 기술
㉡ 생물학적 CO_2 고정화 기술 : 바이오매스 재배, 산림녹화, 미세조류 배양 기술
㉢ 바이오 고형연료 생산 및 이용 기술 : 왕겨탄, 칩, RDF(폐기물연료) 등

69 택지개발 완료 후 사용되는 전기사용량에 따라 배출되는 온실가스 배출량(tCO_2/년)은? (단, 운영 시 전력사용량=138,412MWh/년, 전력 CO_2 배출원 단위=0.424kgCO_2/kW)

① 58,386   ② 58,687
③ 58,988   ④ 59,389

해설 온실가스 배출량
=전력사용량×전력 CO_2 배출원 단위
=138,412MWh/년×0.424kgCO_2/kW
　　×tCO_2/10^3kgCO_2×10^3kW/MW
=58686.688
≒58,687tCO_2/년

70 다음 설명에 부합되는 연료전지는?

┌─ 보기 ┐
• 고정형 연료전지 시장에 점차 입자를 다져가는 중
• 백금 촉매 사용으로 단가가 높음
• 생산 가능한 열과 전력을 합할 경우 전체 효율이 80% 수준

① 용융탄산염 연료전지(MCFC)

② 인산형 연료전지(PAFC)

③ 고분자 전해질 연료전지(PEMFC)

④ 직접 메탄올 연료전지(DMFC)

해설 보기는 인산형 연료전지(PAFC)에 관한 설명이다.
고온형·저온형 연료전지의 구분
㉠ 고온형 연료전지 : 용융탄산염 연료전지(MCFC), 고체산화물 연료전지(SOFC)
㉡ 저온형 연료전지 : 인산형 연료전지(PAFC), 알칼리 연료전지(AFC), 고분자 전해질막 연료전지(PEMFC), 직접 메탄올 연료전지(DMFC)

71 탄소자원화(CCU)에 대한 개념으로 관계가 가장 적은 것은?

① CO_2만을 선택적으로 분리·포집하는 기술을 의미한다.

② 화학제품의 원료로 전환하는 기술을 의미한다.

③ 광물의 탄산화로 전환하는 기술을 의미한다.

④ 바이오연료 등으로 전환하는 기술을 의미한다.

해설 CCU는 에너지, 산업공정 등에서 배출되는 CO_2를 직접 또는 전환하여 잠재적 시장가치가 있는 제품으로 활용하는 기술로 CO_2 외 탄소원(CO, CH_4 등) 자원화 기술도 포함한다.

72 CDM 사업은 조림 및 재조림 등을 통해 온실가스를 흡수하는 사업도 포함하고 있다. 흡수원의 범위와 관계가 먼 것은?

① 조림 규모는 나무의 종류에 따라 차이가 있으나, 통상 300~1,000ha 정도

② 재조림 사업은 1990년 이전에 산림이 아닌 토지를 산림으로 전환하는 사업

③ 조림 CDM 사업은 50년간 산림이거나 산림이 아닌 토지를 산림으로 전환하는 사업

④ 소규모 조림, 재조림 CDM 사업은 CDM 사업 유치국에서 연간 8,000ton 이하를 순흡수하는 사업에 적용

해설 신규 조림 CDM 사업은 50년간 산림이 아니던 토지를 산림으로 전환하는 사업을 말하며, 재조림 CDM 사업은 1990년 이전에 산림이 아닌 토지를 산림으로 전환하는 사업을 말한다.

73 투자분석은 CDM 사업 관련 수입을 제외하고 제안된 CDM 사업이 경제적 또는 재정적으로 이익이 없음을 증명하는 단계이다. 다음 중 사업의 경제적 추가성을 입증하는 분석방법으로 적절하지 않은 것은?

① 단순비용 분석   ② 투자비교 분석

③ 벤치마크 분석   ④ 원가 분석

해설 외부사업 경제적 추가성 입증을 위한 투자분석 시 제안된 외부사업이 대안사업에 비해 CDM 사업 관련 수입을 제외하고 경제적 또는 재정적으로 이익이 없다는 것을 증명하는 단계로 단순비용 분석, 투자비교 분석, 벤치마크 분석 중 하나를 결정하여 분석을 실시한다.

74 연소 전 포집기술에 대한 설명으로 (   )에 들어갈 말로 가장 맞게 짝지어진 것은?

┤ 보기 ├

연소 전 CO_2 포집기술이란 화석연료를 부분 산화시켜 (㉠)를 제조하고, 연이어 (㉡) 전이반응을 통해 합성가스를 수소와 이산화탄소로 전환한 후, 수소 또는 이산화탄소를 분리함으로써 굴뚝 배가스로 배출 전에 CO_2를 분리하는 기술을 말한다.

① ㉠ 합성가스, ㉡ 수성가스

② ㉠ 연소가스, ㉡ 수성가스

③ ㉠ 산화가스, ㉡ 혼합가스

④ ㉠ 합성가스, ㉡ 혼합가스

해설 연소 전 CO_2 포집기술이란 다양한 화석연료를 부분 산화시켜 합성가스(H_2+CO)를 제조하고, 연이어 수성가스 전이반응을 통해 합성가스를 수소와 이산화탄소로 전환한 후, 수소 또는 이산화탄소를 분리함으로써 굴뚝 배가스로 배출 전에 CO_2를 분리하는 기술을 말한다.

75 하·폐수 처리시설에서 온실가스 배출량을 줄이는 방법으로는 소화조에서 배출되는 소화가스의 회수 및 이용과 시설 개선에 의한 에너지 이용효율을 높이는 방법 등이 있다. 다음 중 소화조의 효율을 악화시키는 요인이 아닌 것은?

① 낮은 유기물 함량
② 소화조 내 온도 저하
③ 가스발생량의 저하
④ pH 상승

해설 혐기성 소화조의 소화효율 개선방법
ㄱ 소화조 내 스컴 층 및 하부 침적물 제거를 위한 준설공사 실시
ㄴ 소화가스 내 함유된 불순물 제거를 위한 여과기, 수분제거기 설치
ㄷ 분류식 하수도를 이용하여 모래 및 흙의 동시 유입 방지
ㄹ 소화조 내 운전온도(30~47℃) 유지
ㅁ 적정 pH(7.2~8.2) 유지

76 한계저감비용(MAC ; Marginal Abatement Cost)에 관한 설명으로 옳은 것은?

① 온실가스 1톤을 줄이는 데 소요되는 비용이다.
② 온실가스 감축수단별 초기 비용을 제외한 1년간 운영비를 반영한 비용이다.
③ 온실가스 감축을 위한 운영비용은 반영하지 않는다.
④ 총사업기간 중 최초 1년간 감축에 지출된 비용만 반영한다.

해설 한계저감비용(MAC)은 온실가스 1톤을 감축하는 데 드는 비용으로, MAC를 산정하기 위해서는 저감기술의 투자비용(시설비, 운영비 등), 관련 수익(에너지 저감에 따른 비용 절감액 등), 온실가스 감축량 등이 필요하다.

77 온실가스 감축효과가 유발되는 원리에 따라 분류할 수 있는 프로젝트 유형을 잘못 설명하고 있는 것은?

① 재생에너지 대신 값이 저렴하고 구하기 쉬운 화석연료로 대체 사용
② 고탄소 연료 대신 저탄소 연료로의 대체 및 원료의 전환
③ 에너지효율을 향상시키는 활동
④ 온실가스 파괴 및 배출 회피활동

해설 ① 화석연료로 대체하는 것이 아니라 신재생에너지로 에너지 전환될 경우 온실가스 감축효과가 있다.

78 강원도 원주시에 10MWh 규모의 태양광발전소 개발을 검토 중에 있다. 사업의 타당성조사를 실시한 결과, 태양광발전소를 설치할 경우의 이용률은 20%로 추정되었으며, 해당 태양광발전 사업을 CDM 사업으로 추진하고자 한다. 이때 예상되는 연간 발전량에 따른 온실가스 감축량(tCO$_2$-eq/yr)은? (단, 사업에 따른 배출 및 누출은 없으며, 소규모 CDM 사업으로 가정하고 전력배출계수는 0.6060tCO$_2$-eq/MWh이다.)

① 117,108
② 20,869
③ 18,834
④ 10,617

해설 온실가스 감축량(tCO$_2$-eq/yr)
= 시설용량(MWh) × 이용률(%) × 전력배출계수(tCO$_2$-eq/MWh) × 24hr/day × 365day/yr
= 10MWh × 0.2 × 0.6060tCO$_2$-eq/MWh × 24hr/day × 365day/yr
= 10,617.12 ≒ 10,617tCO$_2$-eq/yr

79 온실가스를 처리하거나 활용하여 감축하는 기술로 가장 거리가 먼 것은?

① 매립장에서 매립가스를 포집한 후 연소시켜 에너지 발전을 한다.

② 하수처리시설에서 소화조의 가스를 회수하여 소화조 가온용 연료로 재사용한다.

③ 음식물쓰레기 사료화·퇴비화 시설에서 메탄을 회수하여 취사용 연료로 사용한다.

④ 대기오염 방지시설에서 휘발성 유기화합물을 소각한다.

해설 휘발성 유기화합물(VOC ; Volatile Organic Compounds)은 비점이 낮아 대기 중으로 쉽게 증발되는 액체 또는 기체상 유기화합물을 총칭하는 용어로, 산업체에서 많이 사용하는 용매에서 화학 및 제약 공장이나 플라스틱 건조공정에서 배출되는 유기가스에 이르기까지 매우 다양하며, 끓는점이 낮은 액체연료, 파라핀, 올레핀, 방향족 화합물 등 생활 주변에서 흔히 사용하는 탄화수소류는 거의 해당된다.
VOC는 대기 중에서 질소산화물(NO_x)과 함께 광화학반응으로 오존 등 광화학산화제를 생성하여 광화학스모그를 유발하기도 하고, 벤젠과 같은 물질은 발암성 물질로 인체에 매우 유해하다.

80 바이오가스 시설현황 중 매립지가스(LFG) 생성단계에 관한 설명으로 가장 적합한 단계는?

┤ 보기 ├

메탄과 이산화탄소의 농도가 일정하게 유지되는 단계로 메탄이 55~60% 정도, 이산화탄소가 40~45% 정도, 기타 미량 가스가 1% 내외로 발생한다.

① 호기성 분해단계

② 산 생성단계

③ 불안정한 메탄 생성단계

④ 안정된 메탄 생성단계

해설 보기는 안정한 메탄 생성단계의 설명이며, 매립지가스(LFG) 생성단계는 다음과 같다.

㉠ 1단계(초기 조절단계) : 생물학적으로 분해 가능한 성분들이 미생물에 의해 분해되는 단계

㉡ 2단계(전이단계) : 산소는 고갈되고 혐기성 조건이 지배하기 시작하면서 질산염과 황산염이 질소가스와 황화수소로 환원되는 단계

㉢ 3단계(산 생성단계) : 2단계에서 시작된 미생물의 활동이 유기산과 약간의 수소를 발생시키면서 가속화되고, 이에 따라 이산화탄소가 발생되는 단계

㉣ 4단계(메탄 생성단계) : 산 생성균에 의해 생성된 아세트산과 수소를 메탄과 이산화탄소로 전환하기 시작하는 단계

제5과목 온실가스 관련 법규

81 온실가스 배출권의 할당 및 거래에 관한 법령상 배출권 할당위원회에 관한 설명으로 옳지 않은 것은?

① 할당위원회는 위원장 1명과 20명 이내의 위원으로 구성한다.

② 할당위원회에는 환경부령으로 정하는 바에 따라 간사위원 2명을 둔다.

③ 배출권 할당위원회의 회의는 재적위원 과반수의 출석으로 개의하고 출석위원 과반수의 찬성으로 의결한다.

④ 배출권 할당위원회의 회의는 할당위원회의 위원장이 필요하다고 인정하거나 재적위원의 3분의 1 이상이 요구할 때 개최한다.

해설 법 제7조(할당위원회의 구성 및 운영)에 관한 문제이다. 할당위원회에는 대통령령으로 정하는 바에 따라 간사위원 1명을 둔다.

82 온실가스 배출권의 할당 및 거래에 관한 법령상 할당대상업체가 인증받은 온실가스 배출량보다 제출한 배출권이 적은 경우 부족한 부분에 대해 부과할 수 있는 과징금 기준은?

① 이산화탄소 1톤당 10만원의 범위에서 해당 이행연도의 배출권 평균 시장가격의 3배 이하

② 이산화탄소 1톤당 10만원의 범위에서 해당 이행연도의 배출권 평균 시장가격의 2배 이하

③ 이산화탄소 1톤당 5만원의 범위에서 해당 이행연도의 배출권 평균 시장가격의 3배 이하

④ 이산화탄소 1톤당 5만원의 범위에서 해당 이행연도의 배출권 평균 시장가격의 2배 이하

해설 법 제33조(과징금)에 관한 문제로, 주무관청은 할당대상업체가 제출한 배출권이 인증한 온실가스 배출량보다 적은 경우에는 그 부족한 부분에 대하여 이산화탄소 1톤당 10만원의 범위에서 해당 이행연도의 배출권 평균 시장가격의 3배 이하의 과징금을 부과할 수 있다.

83 온실가스 목표관리 운영 등에 관한 지침상 배출량 산정에 관한 내용으로 옳지 않은 것은?

① 관리업체는 온실가스 배출유형을 온실가스 직접배출과 간접배출로 구분하여 온실가스 배출량을 산정해야 한다.

② 관리업체는 기준치를 초과하지 않은 온실가스에 대해서는 배출량을 산정하지 않아도 된다.

③ 관리업체는 법인 단위, 사업장 단위, 배출시설 단위 및 배출활동별로 온실가스 배출량을 산정해야 한다.

④ 보고대상 배출시설 중 연간 배출량이 $100tCO_2-eq$ 미만인 소규모 배출시설이 동일한 배출활동 및 활동자료인 경우 부문별 관장기관의 확인을 거쳐 배출시설 단위로 구분하여 보고하지 않고 시설군으로 보고할 수 있다.

해설 지침 제65조(배출량 등의 산정범위)에 따라, 관리업체는 온실가스에 대하여 빠짐이 없도록 배출량을 산정하여야 한다.

84 온실가스 배출권의 할당 및 거래에 관한 법령상 할당대상업체에 배출권을 할당하는 기준을 정할 때 고려사항에 해당하지 않는 것은?

① 유상으로 할당하는 배출권의 비율
② 조기감축실적
③ 할당대상업체의 배출권 제출실적
④ 할당대상업체의 시설투자 등이 국가 온실가스 감축목표 달성에 기여하는 정도

해설 법 제12조(배출권의 할당)에 따라, 배출권 할당기준은 다음을 고려해야 한다.
㉠ 할당대상업체의 이행연도별 배출권 수요
㉡ 조기감축실적
㉢ 할당대상업체의 배출권 제출실적
㉣ 할당대상업체의 무역집약도 및 탄소집약도
㉤ 할당대상업체 간 배출권 할당량의 형평성
㉥ 부문별·업종별 온실가스 감축기술 수준 및 국제경쟁력
㉦ 할당대상업체의 시설투자 등이 국가온실가스 감축목표 달성에 기여하는 정도
㉧ 관리업체의 목표 준수 실적

85 온실가스 목표관리 운영 등에 관한 지침상 조직의 온실가스 배출과 관련하여 지배적인 영향력을 행사할 수 있는 지리적 경계, 물리적 경계, 업무활동 경계를 의미하는 용어는?

① 조직경계　　　　② 운영경계
③ 운영통제 범위　　④ 사업장

해설 지침 제2조(정의)에 관한 문제로, 운영통제 범위에 관한 설명이다.
① 조직경계 : 업체의 지배적인 영향력 아래에서 발생되는 활동에 의한 인위적인 온실가스 배출량 산정 및 보고의 기준이 되는 조직의 범위
② 운영경계 : 온실가스 배출의 유형을 결정하는 것으로, 관리범위의 온실가스 배출유형을 설정하는 것
④ 사업장 : 동일한 법인, 공공기관 또는 개인 등이 지배적인 영향력을 가지고 재화의 생산, 서비스의 제공 등 일련의 활동을 행하는 일정한 경계를 가진 장소, 건물 및 부대시설 등

86 온실가스 배출권거래제의 배출량 보고 및 인증에 관한 지침상 바이오매스로 취급되는 항목이 아닌 것은?

① 사탕수수　　　　② 해조류
③ 천연가스　　　　④ 음식물 쓰레기

해설 바이오매스로 취급되는 항목(제18조 제1항 [별표 16] 관련)

형 태	항 목
농업작물	유채, 옥수수, 콩, 사탕수수, 고구마 등
농·임산 부산물	임목 및 임목 부산물, 볏짚, 왕겨, 건초, 수피 등
유기성 폐기물	폐목재, 펄프 및 제지(바이오매스 부문만 해당), 펄프 및 제지 슬러지, 동·식물성 기름, 음식물 쓰레기, 축산 분뇨, 하수슬러지, 식물류 폐기물 등
기타	해조류, 조류, 수생식물, 흑액 등

87 제품의 지속가능성을 높이고 버려지는 자원의 순환망을 구축하여 투입되는 자원과 에너지를 최소화하는 친환경 경제체계를 활성화하기 위하여 정부가 수립·시행하여야 하는 시책에 해당되지 않는 것은?

① 국내외 경제여건 및 전망에 관한 사항
② 지속가능한 제품 사용기반 구축 및 이용 확대에 관한 사항
③ 폐기물의 선별·재활용 체계 및 재제조 산업의 활성화에 관한 사항
④ 에너지자원으로 이용되는 목재, 식물, 농산물 등 바이오매스의 수집·활용에 관한 사항

해설 법 제64조(순환경제의 활성화)에 따라, 정부는 제품의 지속가능성을 높이고 버려지는 자원의 순환망을 구축하여 투입되는 자원과 에너지를 최소화함으로써, 생태계의 보전과 온실가스 감축을 동시에 구현하기 위한 친환경 경제체계(순환경제)를 활성화하기 위하여 다음의 사항을 포함하는 시책을 수립·시행하여야 한다.
㉠ 제조공정에서 사용되는 원료·연료 등의 순환성 강화에 관한 사항
㉡ 지속가능한 제품 사용기반 구축 및 이용 확대에 관한 사항
㉢ 폐기물의 선별·재활용 체계 및 재제조산업의 활성화에 관한 사항
㉣ 에너지자원으로 이용되는 목재, 식물, 농산물 등 바이오매스의 수집·활용에 관한 사항
㉤ 국가 자원 통계관리체계의 구축 등 자원 모니터링 강화에 관한 사항

Answer　85.③　86.③　87.①

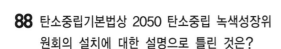

88 탄소중립기본법상 2050 탄소중립 녹색성장위원회의 설치에 대한 설명으로 틀린 것은?

① 위원회는 위원장 1명을 포함한 50명 이내의 위원으로 구성한다.

② 위원장은 국무총리와 위원 중에서 대통령이 지명하는 사람이 된다.

③ 위원회에는 간사위원 1명을 둔다.

④ 위원의 임기는 2년으로 하며 연임할 수 있다.

해설 법 제15조(2050 탄소중립 녹색성장위원회의 설치)에 관한 문제로, 2050 탄소중립 녹색성장위원회의 설치에 관한 주요한 내용에는 다음과 같은 것이 있다.
㉠ 정부의 탄소중립사회로의 이행과 녹색성장의 추진을 위한 주요 정책 및 계획과 그 시행에 관한 사항을 심의·의결하기 위하여 대통령 소속으로 2050 탄소중립 녹색성장위원회를 둔다.
㉡ 위원회는 위원장 2명을 포함한 50명 이상 100명 이내의 위원으로 구성한다.
㉢ 위원장은 국무총리와 위원 중에서 대통령이 지명하는 사람이 된다.
㉣ 위원회의 사무를 처리하게 하기 위하여 간사위원 1명을 두며, 간사위원은 국무조정실장이 된다.
㉤ 위원장이 부득이한 사유로 직무를 수행할 수 없는 때에는 국무총리인 위원장이 미리 정한 위원이 위원장의 직무를 대행한다.
㉥ 위원의 임기는 2년으로 하며 한 차례에 한정하여 연임할 수 있다.
㉦ 위원회의 구성과 운영 등에 관하여 필요한 사항은 대통령령으로 정한다.

89 온실가스 배출권거래제의 배출량 보고 및 인증에 관한 지침상 배출시설의 배출량에 따른 시설규모 분류 중 A그룹에 해당하는 시설규모 분류기준은?

① 연간 5만톤 미만의 배출시설

② 연간 15만톤 이상의 배출시설

③ 연간 5만톤 이상, 연간 50만톤 미만의 배출시설

④ 연간 50만톤 이상의 배출시설

해설 지침 [별표 5] 배출활동별, 시설규모별 산정등급(Tier) 최소적용기준(제11조 관련)에 관한 내용으로, 배출량에 따른 시설규모 분류는 다음과 같다.
㉠ A그룹 : 연간 5만톤 미만의 배출시설
㉡ B그룹 : 연간 5만톤 이상, 연간 50만톤 미만의 배출시설
㉢ C그룹 : 연간 50만톤 이상의 배출시설

90 주무관청이 검증기관의 지정을 취소하거나 1년 이내의 기간을 정하여 업무의 정지 또는 시정을 명할 수 있다. 다음 중 지정을 취소하는 사유에 해당하지 않는 것은?

① 거짓이나 부정한 방법으로 지정을 받은 경우

② 검증기관이 폐업·해산 등의 사유로 사실상 영업을 종료한 경우

③ 정당한 사유 없이 전문분야 추가과정 교육을 이수하지 않은 경우

④ 고의 또는 중대한 과실로 검증업무를 부실하게 수행한 경우

해설 온실가스 배출권의 할당 및 거래에 관한 법률 제24조의 2(검증기관)에 따라 검증기관의 지정을 취소할 수 있는 사유는 다음과 같다.
㉠ 거짓이나 부정한 방법으로 지정을 받은 경우
㉡ 검증기관이 폐업·해산 등의 사유로 사실상 영업을 종료한 경우
㉢ 고의 또는 중대한 과실로 검증업무를 부실하게 수행한 경우
㉣ 이 법 또는 다른 법률을 위반한 경우
㉤ 지정기준을 갖추지 못하게 된 경우

91 온실가스 배출권의 할당 및 거래에 관한 법령 상 배출권거래제 2차 계획기간에는 할당대상업체별로 할당되는 배출권의 얼마를 무상으로 할당하는가?

① 100분의 97　　② 100분의 95

③ 100분의 93　　④ 100분의 90

[해설] 시행령 제18조(배출권의 무상할당비율 등)에 따라, 2차 계획기간에는 할당대상업체별로 할당되는 배출권의 100분의 97을 무상으로 할당한다.

92 탄소중립기본법령상 국가 온실가스 감축목표는 2030년까지 2018년의 국가 온실가스 총배출량의 얼마만큼 감축하는 것으로 하는가?

① 25% 이상　　② 35% 이상

③ 45% 이상　　④ 50% 이상

[해설] 탄소중립기본법 제8조(중장기 국가 온실가스 감축 목표 등)에 관한 문제로 2030년까지 2018년의 국가 온실가스 배출량 대비 35% 이상의 범위에서 감축하는 중장기 국가 온실가스 감축목표로 한다.

93 우리나라 배출권거래제법에서 정한 수수료 납부 대상에 해당하는 것은?

① 명세서 제출

② 배출권의 인증

③ 배출권 거래계정 등록 신청

④ 이의신청

[해설] 온실가스 배출권의 할당 및 거래에 관한 법률 제39조(수수료)에 따라 증명서 발급을 신청하는 자나 배출권 거래계정의 등록을 신청하는 자는 수수료를 내야 한다.

94 온실가스 배출권의 할당 및 거래에 관한 법령상 배출권을 거래한 자가 그 사실을 거짓으로 주무관청에 신고한 경우에 대한 과태료 부과기준은?

① 1천만원 이하의 과태료

② 500만원 이하의 과태료

③ 300만원 이하의 과태료

④ 100만원 이하의 과태료

[해설] 법 제43조(과태료)에 관한 문제이다. 다음과 같은 경우 1천만원 이하의 과태료를 부과·징수한다.

ㄱ 기한 내 보고를 하지 아니하거나 사실과 다르게 보고한 자

ㄴ 신고를 거짓으로 한 자

ㄷ 보고를 하지 아니하거나 거짓으로 보고한 자

ㄹ 시정이나 보완 명령을 이행하지 아니한 자

ㅁ 검증업무 수행결과를 제출하지 아니한 검증기관

ㅂ 배출권 제출을 하지 아니한 자

95 배출량 산정결과의 품질을 평가 및 유지하기 위한 일상적인 기술적 활동의 시스템을 무엇이라 하는가?

① 품질관리(QC)

② 품질보증(QA)

③ 품질감리

④ 내부감사(Audit)

[해설] 온실가스 배출권거래제의 배출량 보고 및 인증에 관한 지침 [별표 19] 품질관리(QC) 및 품질보증(QA) 활동에 따라 품질관리(QC)에 관한 설명이다.

※ 품질보증(Quality Assurance)은 배출량 산정(명세서 작성 등) 과정에 직접적으로 관여하지 않은 사람에 의해 수행되는 검토절차의 계획된 시스템을 의미한다.

Answer 91.① 92.② 93.③ 94.① 95.①

96 탄소중립기본법령상 국가 탄소중립 녹색성장 기본계획 수립·시행에 관한 사항으로 ( )에 알맞은 것은?

| 보기 |

정부는 기본원칙에 따라 국가비전 및 중장기 감축목표 등의 달성을 위하여 (㉠)을 계획기간으로 하는 국가 탄소중립 녹색성장 기본계획(국가기본계획)을 (㉡)마다 수립·시행하여야 한다.

① ㉠ 10년, ㉡ 3년
② ㉠ 10년, ㉡ 5년
③ ㉠ 20년, ㉡ 3년
④ ㉠ 20년, ㉡ 5년

해설 법 제10조(국가 탄소중립 녹색성장 기본계획의 수립·시행)에 관한 문제이다.
정부는 기본원칙에 따라 국가비전 및 중장기 감축목표 등의 달성을 위하여 20년을 계획기간으로 하는 국가 탄소중립 녹색성장 기본계획(국가기본계획)을 5년마다 수립·시행하여야 한다.

97 탄소중립기본법상 탄소중립사회로의 이행과 녹색성장을 위한 기본원칙으로 가장 적합한 것은?

① 국내 탄소시장을 활성화하여 국제 탄소시장 개방에 적극 대비
② 미래 세대의 생존을 보장하기 위하여 현재 세대가 져야 할 책임이라는 세대 간 형평성의 원칙과 지속가능발전의 원칙에 입각
③ 온실가스를 획기적으로 감축하기 위하여 생산자 부담 원칙을 부여
④ 기후변화 문제의 심각성을 인식하고, 산업별 역량을 모아 총체적으로 대응

해설 법 제3조(기본원칙)에 관한 문제로, 탄소중립사회로의 이행과 녹색성장은 다음의 기본원칙에 따라 추진되어야 한다.

㉠ 미래 세대의 생존을 보장하기 위하여 현재 세대가 져야 할 책임이라는 세대 간 형평성의 원칙과 지속가능발전의 원칙에 입각한다.
㉡ 범지구적인 기후위기의 심각성과 그에 대응하는 국제적 경제환경의 변화에 대한 합리적 인식을 토대로 종합적인 위기 대응전략으로써 탄소중립사회로의 이행과 녹색성장을 추진한다.
㉢ 기후변화에 대한 과학적 예측과 분석에 기반하고, 기후위기에 영향을 미치거나 기후위기로부터 영향을 받는 모든 영역과 분야를 포괄적으로 고려하여 온실가스 감축과 기후위기 적응에 관한 정책을 수립한다.
㉣ 기후위기로 인한 책임과 이익이 사회 전체에 균형 있게 분배되도록 하는 기후정의를 추구함으로써 기후위기와 사회적 불평등을 동시에 극복하고, 탄소중립사회로의 이행과정에서 피해를 입을 수 있는 취약한 계층·부문·지역을 보호하는 등 정의로운 전환을 실현한다.
㉤ 환경오염이나 온실가스 배출로 인한 경제적 비용이 재화 또는 서비스의 시장가격에 합리적으로 반영되도록 조세체계와 금융체계 등을 개편하여 오염자 부담의 원칙이 구현되도록 노력한다.
㉥ 탄소중립사회로의 이행을 통하여 기후위기를 극복함과 동시에, 성장 잠재력과 경쟁력이 높은 녹색기술과 녹색산업에 대한 투자 및 지원을 강화함으로써 국가 성장동력을 확충하고 국제 경쟁력을 강화하며, 일자리를 창출하는 기회로 활용하도록 한다.
㉦ 탄소중립사회로의 이행과 녹색성장의 추진과정에서 모든 국민의 민주적 참여를 보장한다.
㉧ 기후위기가 인류 공통의 문제라는 인식 아래 지구 평균기온 상승을 산업화 이전 대비 최대 섭씨 1.5도로 제한하기 위한 국제사회의 노력에 적극 동참하고, 개발도상국의 환경과 사회정의를 저해하지 아니하며, 기후위기 대응을 지원하기 위한 협력을 강화한다.

Answer   96.④ 97.②

98 탄소중립기본법상 2050 지방 탄소중립 녹색성장위원회의 구성에 관한 사항으로 잘못된 것은?

① 지방자치단체의 탄소중립사회로의 이행과 녹색성장의 추진을 위한 주요 정책 및 계획과 그 시행에 관한 사항을 심의·의결하기 위하여 지방자치단체별로 2050 지방 탄소중립 녹색성장위원회를 둘 수 있다.

② 시·도지사 또는 시장·군수·구청장은 지방위원회가 설치되지 아니한 경우 심의 또는 통보를 생략할 수 있다.

③ 지방위원회는 지방자치단체의 장과 협의하여 지방위원회의 운영 및 업무를 지원하는 사무국을 둘 수 있다.

④ 지방위원회의 구성, 운영 및 기능 등 필요한 사항은 대통령령으로 정한다.

해설 법 제22조(2050 지방 탄소중립 녹색성장위원회의 구성 및 운영 등)에 따라, 지방위원회의 구성, 운영 및 기능 등 필요한 사항은 조례로 정한다.

99 탄소중립기본법상 저탄소 녹색성장 실현을 위한 국가와 지방자치단체의 책무와 거리가 먼 것은?

① 가정과 학교 및 사업장 등에서 녹색생활을 적극 실천하여야 한다.

② 지역주민에게 저탄소 녹색성장에 대한 교육과 홍보를 강화하여야 한다.

③ 저탄소 녹색성장 대책을 수립·시행할 때 해당 지방자치단체의 지역적 특성과 여건을 고려하여야 한다.

④ 관할구역 내의 사업자, 주민 및 민간단체의 저탄소 녹색성장을 위한 활동을 장려하기 위하여 정보제공, 재정지원 등 필요한 조치를 강구하여야 한다.

해설 ①의 내용은 국민의 책무이다.
법 제4조(국가와 지방자치단체의 책무)에 따른 국가와 지방자치단체의 책무는 다음과 같다.

㉠ 국가와 지방자치단체는 경제·사회·교육·문화 등 모든 부문에 기본원칙이 반영될 수 있도록 노력하여야 하며, 관계 법령 개선과 재정투자, 시설 및 시스템 구축 등 제반여건을 마련하여야 한다.

㉡ 국가와 지방자치단체는 각종 계획의 수립과 사업의 집행과정에서 기후위기에 미치는 영향과 경제와 환경의 조화로운 발전 등을 종합적으로 고려하여야 한다.

㉢ 지방자치단체는 탄소중립사회로의 이행과 녹색성장의 추진을 위한 대책을 수립·시행할 때 해당 지방자치단체의 지역적 특성과 여건 등을 고려하여야 한다.

㉣ 국가와 지방자치단체는 기후위기 대응 정책을 정기적으로 점검하여 이행성과를 평가하고, 국제협상의 동향과 주요 국가 및 지방자치단체의 정책을 분석하여 면밀한 대책을 마련하여야 한다.

㉤ 국가와 지방자치단체는 공공기관과 사업자 및 국민이 온실가스를 효과적으로 감축하고 기후위기 적응역량을 강화할 수 있도록 필요한 조치를 강구하여야 한다.

㉥ 국가와 지방자치단체는 기후정의와 정의로운 전환의 원칙에 따라 기후위기로부터 국민의 안전과 재산을 보호하여야 한다.

㉦ 국가와 지방자치단체는 기후변화현상에 대한 과학적 연구와 영향 예측 등을 추진하고, 국민과 사업자에게 관련 정보를 투명하게 제공하며, 이들이 의사결정과정에 적극 참여하고 협력할 수 있도록 보장하여야 한다.

㉧ 국가와 지방자치단체는 탄소중립사회로의 이행과 녹색성장의 추진을 위한 국제적 노력에 능동적으로 참여하고, 개발도상국에 대한 정책적·기술적·재정적 지원 등 기후위기 대응을 위한 국제협력을 적극 추진하여야 한다.

㉨ 국가와 지방자치단체는 탄소중립사회로의 이행과 녹색성장의 추진 등 기후위기 대응에 필요한 전문인력의 양성에 노력하여야 한다.

100 탄소중립기본법 시행령상 관리업체의 지정 기준 등에 관한 설명으로 옳지 않은 것은?

① 부문별 관장기관은 대통령령으로 정하는 기준량 이상에 만족하는 곳을 관리업체로 선정하고, 그 관련 자료를 첨부하여 매 계획기간 7개월 전까지 환경부장관에게 통보하여야 한다.

② 환경부장관은 관리업체 선정의 중복·누락, 규제의 적절성 등을 확인한 후 부문별 관장기관에게 통보하고, 통보를 받은 부문별 관장기관은 매년 6월 30일까지 관리업체를 지정하여 관보에 고시한다.

③ 관리업체는 온실가스 관리목표에 이의가 있는 경우 고시된 날부터 60일 이내에 부문별 관장기관에게 소명자료를 첨부하여 이의를 신청할 수 있다.

④ 부문별 관장기관은 이의신청을 받았을 때에는 이에 관하여 재심사하고 환경부장관의 확인을 거쳐 이의신청을 받은 날부터 30일 이내에 그 결과를 해당 관리업체에 통보하여야 한다.

해설 시행령 제21조(온실가스 배출 관리업체에 대한 목표관리 방법 및 절차)에 관한 문제로, 관리업체는 온실가스 관리목표에 이의가 있는 경우 고시된 날부터 30일 이내에 부문별 관장기관에게 소명자료를 첨부하여 이의를 신청할 수 있다.

인생에서 가장 멋진 일은
사람들이 당신이 해내지 못할 것이라 장담한 일을
해내는 것이다.

-월터 배젓(Walter Bagehot)-

☆

항상 긍정적인 생각으로 도전하고 노력한다면,
언젠가는 멋진 성공을 이끌어 낼 수 있다는 것을 잊지 마세요.^^

온실가스관리기사 필기

2016. 7. 12. 초판 1쇄 발행
2025. 1. 8. 개정 10판 1쇄(통산 16쇄) 발행

저자와의
협의하에
검인생략

지은이 | 강헌, 박기학, 김서현
펴낸이 | 이종춘
펴낸곳 | BM (주)도서출판 **성안당**
주소 | 04032 서울시 마포구 양화로 127 첨단빌딩 3층(출판기획 R&D 센터)
     | 10881 경기도 파주시 문발로 112 파주 출판 문화도시(제작 및 물류)
전화 | 02) 3142-0036
     | 031) 950-6300
팩스 | 031) 955-0510
등록 | 1973. 2. 1. 제406-2005-000046호
출판사 홈페이지 | **www.cyber.co.kr**
ISBN | 978-89-315-8452-3 (13500)
정가 | **45,000원**

이 책을 만든 사람들
책임 | 최옥현
진행 | 이용화, 곽민선
교정·교열 | 곽민선
전산편집 | 이다혜, 이다은
표지 디자인 | 임흥순
홍보 | 김계향, 임진성, 김주승, 최정민
국제부 | 이선민, 조혜란
마케팅 | 구본철, 차정욱, 오영일, 나진호, 강호묵
마케팅 지원 | 장상범
제작 | 김유석